AF566143

Marc Bongers

PORSCHE

Serienfahrzeuge und Sportwagen seit 1948

Einbandgestaltung: Luis dos Santos

Bildnachweis:
Alle Fotos stammen aus dem Historischen Archiv der Dr. Ing. h.c.F. Porsche AG
Bild Seite 164: 911 Cabriolet turbo, Richard Oetker, Bielefeld

Gewidmet:
Ferdinand Alexander Porsche und Anatole Carl Lapine

ISBN 978-3-613-03588-1

1. Auflage 2014

Sie finden uns im Internet unter www.motorbuch-verlag.de

Lektorat: Joachim Köster
Innengestaltung: Jürgen Knopf/Luis dos Santos
Druck und Bindung: Gorenjski tisk storitve, Kranj
Printed in Slovenia

Inhaltsverzeichnis

Der ganz persönliche Dank des Autors geht an alle nachstehend genannten Personen und Unternehmen, die bei der Entstehung dieses Buchs entscheidend beigetragen haben:

Dr.-Ing. h.c. F. Porsche AG
Dieter Landenberger, Dieter Gross, Yvonne Knotek, Jens Torner

Porsche Zentrum Oberschwaben in Weingarten
Max Lang, Wilhelm Lang, Michael Stallbaumer, Markus Ardemani, Gerda Theuer

Porsche Zentrum Nürnberg
Joachim Schlumberger, Kristin Hahn

ThyssenKrupp Bilstein
Jörg Hoffmann

REINEMA – SERVICE ENGINEERING AUTOMOTIVE
Dipl.-Ing. (FH) Christian Reinema

Heckel & Schropp Kraftfahrzeuge OHG in Babenhausen
Florian Heckel, Stefan Heckel

Jörg Austen, Weissach und Richard Oetker, Bielefeld.

Seit 1948 begeistern Porsche-Fahrzeuge die Sportwagen-Enthusiasten in aller Welt. Porsche verbindet seit 65 Jahren handwerkliche Qualität mit der technischen Höchstleistung der Ingenieure und individueller Fahrzeugfertigung für die anspruchsvollen Wünsche der Kunden. Keine andere Automobil-Marke war erfolgreicher im Motorsport. Porsche steht für die konsequente Umsetzung der aus dem Motorsport gewonnenen Erkenntnisse in der Serie. Ein Porsche-Sportwagen verbindet hohe Fahrleistungen, ein sportliches Fahrerlebnis, Individualität, aktive und passive Sicherheit sowie Umweltfreundlichkeit mit vollkommener Alltagstauglichkeit.

Heute ist das Unternehmen Porsche nicht nur der größte Sportwagenhersteller der Welt, sondern auch der erfolgreichste. Porsche geht neue Wege und gewinnt mit dem Ausbau der Modellreihen wie mit den sportlichen Geländewagen Cayenne und Macan sowie dem viersitzigen Gran Turismo Panamera neue Käuferschichten hinzu. Das schwäbische Unternehmen geht mit der Zeit und beginnt im Frühjahr 2009 mit der Auslieferung des Cayenne Diesel. Die Kombination Porsche und Dieselmotor wäre vor ein paar Jahren noch undenkbar gewesen. Fahrzeuge mit Hybridantrieb ergänzen das Angebot und machen Porsche fit für eine ökologische Zukunft.

Dieses Buch soll als komplettes Nachschlagewerk die Entwicklung sämtlicher Porsche-Serienfahrzeuge aufzeigen. Von den ersten Porsche 356, die in Gmünd/Kärnten in Österreich gebaut wurden, über die Heckmotorklassiker Porsche 356 und Porsche 911, den Transaxle-Fahrzeugen mit 4- oder 8-Zylindern, zu den Mittelmotormodellen Porsche 914, Porsche Boxster und Porsche Cayman. Selbstverständlich werden auch die in Leipzig gefertigten Porsche-Modellreihen, die geländetauglichen SUV Cayenne und Macan, der viertürige Gran Turismo Panamera sowie die High-End-Sportwagen Carrera GT und 918 Spyder detailliert beschrieben. Alle Fahrzeuge werden ausführlich mit technischen Tabellen, Texten über die Modellpflege und Fotos umfangreich dargestellt.

Aber auch Sondermodelle, die in kleiner Stückzahl produziert worden sind, werden berücksichtigt. Kurzum, alle luftgekühlten und wassergekühlten Serien-Porsche »Made in Zuffenhausen« und „Made in Leipzig" werden ausführlich und übersichtlich dargestellt.

Porsche bedeutet Faszination pur – oder – „Fahren in seiner schönsten Form!"

Im Jahr 2013 feierte Porsche ein ganz besonderes Jubiläum: 50 Jahre 911. Seit 50 Jahren hat Porsche den Elfer stets jung und auf der Höhe der Zeit gehalten und bis heute ist er ein Benchmark im Sportwagenbau. Die klassischen luftgekühlten Elfer betören durch ihren unverwechselbaren Charme und Klang, dagegen beeindrucken die wassergekühlten 911 mit der Leichtigkeit, mit der sie schnell gefahren werden können.

Seit über 125 Jahren machen Autos unabhängig – eines macht seit über 50 Jahren abhängig!

Marc Bongers
Stuttgart im Mai 2014

EINLEITUNG

Als Ferdinand Porsche Ende 1930 beschließt, sich selbständig zu machen, hatte er sich bereits in der Automobilbranche einen guten Namen gemacht. Am 25. April 1931 wird die Firma »Dr. Ing. h.c. F. Porsche Gesellschaft mit beschränkter Haftung, Konstruktionen und Beratungen für Motoren- und Fahrzeugbau« mit Sitz in Stuttgart in der Kronenstraße 24 in das Handelsregister eingetragen. Es folgen Konstruktionen wie der Auto-Union-Rennwagen oder der Volkswagen.

Im Juni 1938 zieht das Konstruktionsbüro nach Stuttgart-Zuffenhausen in die Spitalwaldstraße um. Gegenüber befindet sich das Werk der Firma Reutter-Karosserien. Im selben Jahr wird das Unternehmen von der GmbH in eine Kommanditgesellschaft umgewandelt. 1939 werden für die Langstreckenrallye Berlin-Rom drei Aluminium-Stromlinien-Coupés mit leistungsgesteigerten Volkswagenmotoren gebaut. Wegen des Kriegsausbruchs findet das Rennen nicht statt.

Um eventuellen Fliegerangriffen durch die Alliierten zu entgehen, zieht das Unternehmen im Herbst 1944 nach Gmünd/Kärnten in Österreich um. Unter der Leitung von Ferry Porsche entstehen dort im Juli 1947 die ersten Zeichnungen für einen Sportwagen mit dem Namen Porsche. Am 6. Juni 1948 erhält Porsche für einen Roadster mit Mittelmotor, dem 356/1, die Einzelgenehmigung von der Kärntner Landesregierung. Der 356/1 bleibt ein Einzelstück. Ab dem zweiten Wagen, dem 356/2, wird der Motor hinter der Hinterachse eingebaut. Insgesamt entstehen in Gmünd 53 Fahrzeuge in Handarbeit.

Im November 1949 erhält die Firma Reutter in Stuttgart den Auftrag 500 Stahlkarosserien für den Porsche 356 zu bauen. Am Gründonnerstag 1950 wird das allererste Porsche 356 Coupé in Stuttgart-Zuffenhausen fertig gestellt. Am 2.3.1951 ist der 500. Porsche 356 gebaut. Auf dem Pariser Salon wird 1953 der Porsche 550 Spyder mit dem von Ernst Fuhrmann konstruierten Vier-Nockenwellen-Motor vorgestellt. Anfang Dezember 1955 wird das Werk I von den Amerikanern wieder freigegeben. Zur gleichen Zeit wird das von dem Architekten Rolf Gutbrod entworfene Werk II fertig gestellt. Im März 1956 feiert Porsche das 25-jährige Bestehen des Unternehmens, gleichzeitig wird der 10.000. Porsche gefeiert. Schon zwei Jahre später rollt der 25.000. Wagen aus den Werkshallen.

Im Jahr 1961 übernimmt Ferdinand Alexander Porsche die Leitung des Design-Studios und damit die Gestaltung des 356-Nachfolgers. Ferdinand Piëch tritt im April 1963 nach Beendigung seines Ingenieurstudiums an der ETH Zürich in das Unternehmen ein. Im Herbst 1963 stellt Porsche den neuen Porsche 901 auf der Internationalen Automobil Ausstellung in Frankfurt der Weltöffentlichkeit vor. Im März 1964 übernimmt Porsche die Karosseriefertigung der Firma Reutter. Am 14. September 1964 läuft der erste Porsche 901 vom Band. Kurze Zeit später erfolgt die Umbenennung auf 911, da Peugeot dreistellige Typenbezeichnungen mit einer Null in der Mitte patentrechtlich geschützt hat. Die Fertigung des neuen 911 und des 356 läuft noch einige Monate parallel. Am 28. April 1965 verläßt der letzte in Serie gebaute 356 das Band. Im Mai 1966 legt Porsche nochmals eine Kleinserie von zehn weißen 356 Cabriolets für die holländische Reichspolizei auf. Im Frühjahr 1965 beginnt die Produktion des preiswerteren Porsche 912 mit einem 4-Zylinder-Motor, da vielen bisherigen Porsche-Kunden der 911 zu teuer geworden ist. Ab Herbst 1966 sind der 911 und der 912 auch als Targa mit einem herausnehmbaren Dach und herunterklappbarer Kunststoffheckscheibe lieferbar. Im gleichen Jahr wird der 100.000. Porsche, ein 912 Targa, der Polizei übergeben. Ab 1968 leitet Ferdinand Piech die gesamte Entwicklung bei Porsche. Der 912 wird im Jahr 1969 eingestellt. Im gleichen Jahr wird auf der IAA in Frankfurt der Porsche 914 als Gemeinschaftsprojekt mit Volkswagen vorgestellt. Zur Vermarktung dieses Wagens wird die »Porsche-VW-Vertriebsgesellschaft mbH« gegründet. Die Karosserien für den 914 werden bei Karmann in Osnabrück gefertigt. Die Endmontage des 914/4 übernimmt Karmann selbst, den 914/6 montiert Porsche in Zuffenhausen.

Im Oktober 1971 eröffnet Porsche das Entwicklungszentrum in Weissach mit 500 Mitarbeitern. 1972 wird das Unternehmen in eine Aktiengesellschaft umgewandelt, gleichzeitig ziehen sich die Familien Porsche und Piëch aus der Geschäftsführung zurück. Dr. Ernst Fuhrmann wird Sprecher des Vorstands. Im Herbst 1972 startet die Produktion des 911 Carrera RS. Im Frühjahr 1975 beginnt Porsche mit der Fertigung des 911 turbo. Ab Mitte 1975 setzt Porsche beidseitig feuerverzinkte Stahlbleche für die Karosserie ein und gibt eine Garantie gegen Durchrostung auf alle tragenden Teile. Ab Januar 1976 läuft bei Audi in Neckarsulm der Porsche 924 vom Band. Im selben Jahr läuft die Produktion des 914 aus. Im November 1976 wird Dr. Ernst Fuhrmann durch den Aufsichtsrat zum Vorstandsvorsitzenden bestellt. 1977 wird der 250.000. Porsche-Sportwagen produziert, im Herbst läuft die Produktion des Porsche 928 an. Dieser wird ein Jahr später als erster und bis heute einziger Sportwagen von einer Jury europäischer Automobil-Journalisten zum »Auto des

Jahres 1978« gewählt. Anfang 1979 ergänzt der 924 turbo die Vierzylinder-Baureihe.
Ab dem Modelljahr 1981 erweitert Porsche die Durchrostungsgarantie auf die gesamte Karosserie. Zum 1. Januar 1981 übernimmt Peter W. Schutz den Vorsitz im Vorstand. 1981 ist für Porsche ein Jahr der Jubiläen: 50 Jahre Porsche, im Frühjahr läuft der 100.000. Porsche 924 vom Band, im September der 200.000. Porsche 911 und in Zuffenhausen wird der 300.000. Porsche gebaut. Anfang 1982 wird der Porsche 944 am Markt eingeführt. Im Januar 1983 ist die cabrioletlose Zeit bei Porsche zu Ende, das 911 SC Cabriolet geht in Serie. Im Frühjahr 1984 erhöht Porsche das Grundkapital der Aktiengesellschaft und führt stimmrechtlose Vorzugsaktien an der Börse ein. Ab dem Modelljahr 1985 sind alle Porsche-Modelle serienmäßig mit einem Seitenaufprallschutz ausgerüstet. Ende Januar 1985 wird der 944 turbo der internationalen Presse präsentiert. Der im Herbst 1985 auf der IAA in Frankfurt vorgestellte Porsche 959 wird ab 1987 in limitierter Serie gebaut. Zum 1. Januar 1988 wird Heinz Branitzki zum Vorstandsvorsitzenden ernannt. Die Produktion der Porsche 924-Baureihe wird im Herbst 1988 eingestellt. Zum gleichen Zeitpunkt läuft die Produktion des 944 S2 Cabriolet bei ASC in Weinsberg an. In Zuffenhausen läuft mit dem 911 Carrera 4 das erste Modell der neuen 964-Baureihe an. Im Sommer 1989 werden die letzten Fahrzeuge der 911 Carrera-Baureihe mit dem Torsionsstabfahrwerk gebaut. Gleichzeitig wird auch das alte Reutter-Karosseriewerk stillgelegt. Mit der Produktion des 911 Carrera 2 wird das neue Karosseriewerk, das Werk V, in Betrieb genommen. Ab Herbst 1989 sind alle Porsche-Fahrzeuge serienmäßig mit dem Anti-Blockier-System für die Bremse ausgestattet.
Prof. Dr. Ferry Porsche tritt im März 1990 als Aufsichtsratsvorsitzender zurück und wird zum Ehrenvorsitzenden berufen, sein Nachfolger wird Ferdinand Alexander Porsche. Gleichzeitig wird Arno Bohn, der seit Januar 1990 Mitglied des Vorstands ist, zum Vorstandsvorsitzenden benannt. Der im Frühjahr 1990 schon auf dem Genfer Automobilsalon vorgestellte 964 turbo geht im Herbst in Serie. Ab dem 1. Februar 1991 liefert Porsche als erster Automobilhersteller überhaupt alle linksgesteuerten Serienfahrzeuge serienmäßig mit Airbags für Fahrer und Beifahrer aus. Die Umstrukturierung des Porsche-Vertriebs in Deutschland wird beendet. Aus den ursprünglich 220 Porsche-Händlern werden 80 Porsche-Zentren. Im April 1991 läuft der letzte in Neckarsulm produzierte Porsche 944 vom Band, danach wird der 944 S2 noch bis Jahresende in Zuffenhausen produziert. Im Herbst ist der Anlauf des Porsche 968 in Zuffenhausen. Dr. Wendelin Wiedeking wird im Oktober 1992 zum Sprecher des Vorstands ernannt. Im Januar 1993 wird auf der Detroit Motor Show die Studie des Porsche Boxster ausgestellt. Prof. Dr. Ferry Porsche legt im März 1993 sein Mandat im Aufsichtsrat nieder. Gleichzeitig wird Prof. Dr. Helmut Sihler als Nachfolger von Ferdinand Alexander Porsche zum Vorsitzenden des Aufsichtsrats bestellt. Der Aufsichtsrat bestellt Dr. Wendelin Wiedeking mit Wirkung zum 1. August 1993 zum Vorsitzenden des Vorstands. Im Herbst 1993 wird der 993 Carrera auf der IAA in Frankfurt präsentiert und auf dem Markt eingeführt. Im April 1995 wird der 993 turbo mit Allradantrieb vorgestellt. Im Sommer 1995 wird die Produktion der Transaxle-Modelle 968 und 928 eingestellt. Die hohe Entwicklungskompetenz von Porsche bei der Reduzierung von Schadstoffen wird durch die Gründung des Abgaszentrums der Automobilindustrie ADA im Januar 1996 im Porsche-Entwicklungszentrum in Weissach anerkannt. Die Gründungsmitglieder sind: Audi, BMW, Mercedes-Benz, Volkswagen und Porsche. Im Rahmen einer Feier wird am 15. Juli 1996 das millionste Porsche-Fahrzeug, ein 993 Carrera Coupé mit Tiptronic S, an die Autobahnpolizei in Stuttgart übergeben.
Ab Herbst 1996 läuft der Porsche Boxster, ein zweisitziger Roadster, mit einem neu konstruierten wassergekühlten 6-Zylinder-Boxermotor vom Band. Die Nachfrage nach dem Boxster ist derart groß, daß Porsche nach zusätzlichen Produktionskapazitäten sucht und diese bei der Firma Valmet in Finnland findet. Dort werden in erster Linie Fahrzeuge für den Export nach Übersee gebaut. Auf der Internationalen Automobil Ausstellung in Frankfurt am Main präsentiert Porsche 1997 den Nachfolger der luftgekühlten Elfer-Baureihe der Weltöffentlichkeit. Der Porsche 996 Carrera wird mit einem wassergekühlten 6-Zylinder-Boxermotor ausgeliefert. Der Porsche 996 und der Boxster werden mit einem kostensparenden Gleichteilekonzept gefertigt. Am 27. März 1998 stirbt Prof. Dr. Ferry Porsche im Alter von 88 Jahren in Zell am See. Das Produktionsende der luftgekühlten 911-Modelle vier Tage später hat er nicht mehr erlebt.
Ab Ende der 90er Jahre baut Porsche das Modellprogramm mit dem Boxster und dem 996 kontinuierlich aus. Beim 996 gibt es eine noch nie zuvor da gewesene Variantenvielfalt. Porsche möchte neben dem klassischen Sportwagenmarkt noch weitere Marktsegmente erschließen. Im Herbst 2002 betritt Porsche mit dem geländetauglichen Cayenne, einem Sports Utility Vehicle, kurz SUV genannt, gänzlich neues Terrain. Ein Jahr später geht der auf 1.500 Exemplare limitierte High-End-Sportwagen Carrera GT in Serie. Die Modelle Cayenne und Carrera GT werden im neuen Porsche-Werk in Leipzig gefertigt. Im Sommer 2004 beginnt die Auslieferung der ersten 997 Carrera, welche die 996 Baureihe ablösen. Auf Wunsch vieler Kunden orientiert sich Porsche beim Exterieur- und Interieur-Design wieder mehr an der klassischen Linie der letzten luftgekühlten Modellreihe 993. Wenige Monate später wird im November 2004 die zweite Generation des Porsche Boxster, der Typ 987, in den 85 deutschen Porsche Zentren vorgestellt. Technisch basiert der 987 Boxster auf dem 997 Carrera, optisch erhält der neue Mittelmotor-Roadster mehr Eigenständigkeit. Die vorderen Scheinwerfer unterscheiden sich deutlich vom größeren Schwestermodell

und im Interieur fallen ein unterschiedlich gestaltetes Armaturenbrett und andere Türverkleidungen auf. Ein Jahr später, im November 2005, präsentiert Porsche auf der technischen und formalen Basis des 987 Boxster ein zweisitziges Coupé mit großer Heckklappe, den Cayman S. Dieser ist leistungsmäßig und preislich zwischen dem Boxster und dem 997 Carrera positioniert. Das Mittelmotor-Coupé überzeugt durch ein sehr sportliches und agiles Fahrverhalten. Am 6. Mai 2006 wird der letzte von 1.270 Carrera GT in Leipzig gefertigt. Auch wenn der Carrera GT damit unter der geplanten Stückzahl liegt, ist er der erfolgreichste Supersportwagen, der bisher gebaut worden ist. Ab Februar 2007 beginnt die Markteinführung der überarbeiteten Cayenne-Modellreihe. Neben einer modernisierten Karosserie mit einer deutlich verbesserten Aerodynamik ermöglichen hubraumstärkere Motoren mit Benzin-Direkteinspritzung einen spürbar reduzierten Kraftstoffverbrauch. Der Porsche 997 wird einer optisch dezenten Modellpflege unterzogen. Ab dem Sommer 2008 werden alle 911 Carrera mit neu konstruierten 6-Zylinder-Boxer-Motoren und Benzin-Direkteinspritzung ausgerüstet. Das Porsche-Doppel-Kupplungs-Getriebe mit sieben Gängen, kurz PDK, ersetzt das bisherige Tiptronic S Automatikgetriebe. Nachdem Porsche das PDK Mitte der 80er Jahre erfolgreich im Rennsport in der Gruppe C eingesetzt hat, sind die elektronischen Steuerungen jetzt so weit fortgeschritten, daß diese Technik nun, auch komfortabel genug für den Alltagsbetrieb, eingesetzt werden kann. Im Herbst 2008 erhält die erst vor drei Jahren vorgestellte Cayman-Baureihe ein Facelift. Der Motor des Cayman S wird dabei auf Benzin-Direkteinspritzung umgestellt und als Option ist erstmals auch das PDK-Getriebe für Porsche Mittelmotorfahrzeuge lieferbar. Ab Januar 2009 wird auch der Boxster mit diesen Modellpflegemaßnahmen ausgeliefert. Am Ende des Monats wird das neue Porsche-Museum eröffnet. Im Frühjahr 2009 wird der Cayenne Diesel am Markt eingeführt. Parallel laufen die ersten Geländewagen mit Hydridantrieb in der Erprobung. Am 19. April 2009 findet die offizielle Weltpremiere des Panamera auf der Pressekonferenz der Auto Shanghai in China statt. Die weltweite Auslieferung des viersitzigen Grand Tourisme beginnt im Spätsommer, in Deutschland am 12. September 2009.

Der Aufsichtsrat der Porsche Automobil Holding SE hat sich am 23. Juli 2009 mit Dr. Wendelin Wiedeking und Holger P. Härter über ihre Demission geeinigt. Beide Vorstände verlassen die Porsche SE und die Dr. Ing. h.c. F. Porsche AG mit sofortiger Wirkung, stehen den Gesellschaften aber auf Wunsch des Aufsichtsrats weiterhin beratend zur Verfügung. Ihre Aufsichtsratsmandate bei der Volkswagen AG und der Audi AG legen sie ebenfalls nieder. Wiedekings Nachfolger wird der bisherige Vorstand Produktion und Logistik Michael Macht, sein Stellvertreter wird Thomas Edig, Vorstand Personal- und Sozialwesen. Im November 2009 wird Lutz Meschke vom Aufsichtsrat als Finanzvorstand berufen. Der Panamera wird als beste Automobilneuheit des Jahres in der Luxusklasse mit dem »Goldenen Lenkrad« ausgezeichnet. Kurz danach läuft am 14. Dezember 2009 in Leipzig der 10.000 Panamera vom Band. Durch die Schaffung eines integrierten Automobilkonzerns mit Volkswagen beschließt die Hauptversammlung der Porsche SA am 29. Januar 2010 das bisher vom 1. August bis zum 31. Juli des folgenden Kalenderjahres dauernde Geschäftsjahr mit Wirkung ab dem 1. Januar 2011 auf das Kalenderjahr umzustellen. Für den Zeitraum von 1. August bis 31. Dezember 2010 wird ein Rumpfjahr gebildet. Im Jahr 2010 feiert das Unternehmen »25 Jahre Porsche Exclusive« mit dem limitierten Sondermodell 911 Speedster der Baureihe 997. Am 6. Juli 2010 wird Matthias Müller vom Aufsichtsrat der Porsche AG mit Wirkung auf den 1. Oktober des gleichen Jahres zum Vorstandsvorsitzenden der Porsche AG berufen. Er folgt Michael Macht, der zum 30. September 2010 aus dem Vorstand ausscheidet und als Vorstand für Produktion zur Volkswagen AG wechselt. Der neue Cayenne wird mit dem Goldenen Lenkrad 2010 ausgezeichnet. Am 1. Februar 2011 wird Wolfgang Hatz Nachfolger von Wolfgang Dürheimer als Entwicklungsvorstand. Der Porsche Aufsichtsrat beschließt im März 2011, den kompakten SUV mit dem Projektnamen »Cajun«, für Cayenne-Junior, im Porsche Werk Leipzig zu bauen. Im Juni 2011, ungefähr 15 Jahre nach dem Produktionsbeginn des 986 Boxster, läuft das 300.000ste Fahrzeug der erfolgreichen Boxster-/Cayman-Baureihe vom Band. Ende Juni 2011 gibt Porsche AG bekannt, im Jahr 2014 erstmals wieder mit einer Werksmannschaft in Le Mans zu starten.

Am 19. September 2011 wird die neue Lackiererei im Stammwerk Zuffenhausen in Anwesenheit von Baden-Württembergs Ministerpräsidenten Winfried Kretschmann, Stuttgarts Oberbürgermeister Dr. Wolfgang Schuster und Aufsichtsratschef Dr. Wolfgang Porsche eingeweiht. Am 20. Januar 2012 läuft der 100.000ste Cayenne der neuen Generation in Leipzig vom Band. Im Februar 2012 gibt Porsche den Namen des kompakten SUV bekannt, der ab Ende 2013 in Leipzig gefertigt werden soll. Er erhält den Namen Macan, abgeleitet vom indonesischen Wort für Tiger, und soll Geschmeidigkeit, Kraft, Faszination und Dynamik ausstrahlen.

Große Trauer bei Porsche. Professor Ferdinand Alexander Porsche, der Ehrenvorsitzende des Aufsichtsrats der Porsche AG und Designer der legendären Sportwagen 904 Carrera GTS und 911 stirbt am 5. April 2012 in Salzburg im Alter von 76 Jahren. Am 29. April 2012 stirbt der langjährige Chefdesigner Anatole Carl Lapine in Baden-Baden, der von 1969 bis 1988 als Leiter des Designstudios Style Porsche die Formgebung der Sportwagen entscheidend geprägt hat. Im Mai 2012 feiert das schwäbische Unternehmen »10 Jahre Porsche Leipzig«. Gleichzeitig investiert Porsche 500 Millionen Euro für Karosseriebau und Lackiererei und schafft zusätzlich 1.000 neue Arbeitsplätze. Ende Juni 2012

rollt der 500.000ste Porsche »Made in Leipzig« vom Band – ein weißer Cayenne mit V8-Motor. Dieser wird mit Unterstützung der Porsche-Auszubildenden zum Kommandofahrzeug für die Leipziger Feuerwehr umgerüstet. Mit der Konzeptstudie Panamera Sport Turismo zeigt Porsche im September 2012, wie faszinierend intelligente und effiziente Antriebstechnologie in der Designsprache von morgen aussehen kann. Der Sport Turismo verbindet die nächste Generation des Hybridantriebs mit neuen Ideen für ein evolutionäres, sportliches und alltagstaugliches Karosseriekonzept. Matthias Müller, Vorstandsvorsitzender der Dr. Ing. h.c. F. Porsche AG bekommt von der Fachzeitschrift »Automotive News Europe« im Rahmen des Pariser Automobilsalons Anfang Oktober 2012 den »Eurostar 2012« in der Rubrik Car Division CEO" verliehen.

Im Jahr 2013 feiert Porsche das 50-jährige Jubiläum des Porsche 911 mit einem Jubiläumsmodell. In knapp 50 Jahren wurden über 820.000 Elfer gefertigt. Vom 4. Juni bis zum 9. November 2013 würdigt Porsche »50 Jahre 911« mit einer Sonderausstellung im Porsche Museum in Zuffenhausen. Beim 20. Festival of Speed im englischen Goodwood, dem größten Motorsportfest der Welt, wird dieses Jubiläum vom 11. bis 14. Juli 2013 ebenfalls gebührend gefeiert. Anfang Juli 2013 wird der 500.000ste in Leipzig gefertigte Porsche-SUV, ein weißer Cayenne S Diesel, an seinen österreichischen Besitzer übergeben. Am 19. Juli 2013 werden die Bauarbeiten der neuen Lackiererei im Porsche Werk Leipzig abgeschlossen. Damit ist ein weiterer wichtiger Schritt in Richtung Produktionsanlauf des Porsche Macan getan. Der Macan erweitert die Porsche-SUV-Modellpalette auf der Plattform des Audi Q5. Auf der IAA in Frankfurt am Main präsentiert Porsche den Hochleistungs-Hybrid-Supersportwagen 918 Spyder.

Zum Jahresende 2013 zündet Porsche ein wahres Neuheitenfeuerwerk. Auf der Auto Show in Los Angeles stellt Porsche am Abend des 19. November 2013 erstmals den kompakten Geländewagen Macan, zusammen mit dem 911 turbo Cabriolet und dem 911 turbo S Cabriolet, der Weltöffentlichkeit vor. Am nächsten Tag feiern der Panamera turbo S und Panamera turbo S Executive auf der Tokio Auto Show Premiere. Fast zeitgleich hat der 918 Spyder auf den Automobil-Messen in Los Angeles und Guangzhou die Länderdebüts für die USA und China. Ende Dezember 2013 erwirbt Porsche 51 Prozent der Anteile an der Manthey-Racing GmbH mit 40 Mitarbeitern und Sitz in Meuspath am Nürburgring. Porsche baut damit die erfolgreiche Zusammenarbeit im Rennsport weiter aus. Das von Rennlegende und Fairnesspreisträger Olaf Manthey 1996 gegründete Unternehmen ist Spezialist bei der Entwicklung und dem Einsatz von Porsche-Rennfahrzeugen, zudem bündelt es ein großes Know-how bei Porsche-Straßenfahrzeugen. Im Geschäftsjahr 2013 feiert Porsche einen Absatzrekord. Erstmals in der Unternehmensgeschichte liefert Porsche weltweit mehr als 162.000 Fahrzeuge aus. Topseller ist nach wie vor der Cayenne mit 84.000 Fahrzeugen. Im Jubiläumsjahr entscheiden sich rund 30.000 Enthusiasten für den Klassiker 911. Nicht nur die Absatzzahlen wachsen rasant, auch die Belegschaft. Im Februar 2014 zählt Porsche über 20.000 Mitarbeiter. Der Aufsichtsrat verlängert am 28. Februar 2014 den Vertrag von Matthias Müller, dem Porsche-Vorstandsvorsitzenden, mit Wirkung vom 1. Januar 2015 um weitere fünf Jahre. Ende März 2014 gibt Porsche bekannt, bis zum Jahr 2016 insgesamt 300 Millionen Euro in Zuffenhausen zu investieren, unter anderem in den Bau eines neuen Motorenwerks, eines neuen Ausbildungszentrums sowie in Büro- und Versorgungsgebäude. Durch den Kauf der ehemaligen Daimler-, Deltona- und Layher-Gelände stehen die benötigten Flachen zur Verfügung. Damit wird sich die Grundfläche des Stammwerks in Zuffenhausen von 284.000 auf 614.000 Quadratmeter mehr als verdoppeln.

Auf der North American International Auto Show (NAIAS) in Detroit stellt Porsche, am 13. Januar 2014, den 911 Targa der siebten Elfer-Generation mit klassischem Design und Überrollbügel der Weltöffentlichkeit vor. Ab dem 5. April 2014 steht der kompakte SUV Macan in Deutschland in den Porsche-Zentren. Der Boxster GTS und der Cayman GTS feiern auf der Pressekonferenz der Auto China in Peking, am 20. April 2014, Weltpremiere. Die Markteinführung der beiden kompakten Mittelmotorsportler findet ab Mai 2014 satt.

Vom 14. bis 15. Juni 2014 findet das 24-Stunden-Rennen von Le Mans, der *82e Grand Prix d'Endurance les 24 Heures du Mans*, statt. Nach 16 Gesamtsiegen und 16 Jahre nach dem letzten Doppelsieg des Porsche 911 GT1 beim 24-Stunden-Klassiker 1998 will Porsche mit dem neuen LMP1-Rennwagen 919 Hybrid erstmals wieder in der höchsten Klasse antreten und um den Gesamtsieg fahren. Die Werksfahrer sind Timo Bernhard, Romain Dumas, Brendon Hartley, Neel Jani, Marc Lieb und Mark Webber.

Es ist und bleibt spannend bei Porsche.

Porsche 356
aus Gmünd

Bisher hat Ferdinand Porsche mit seinen Konstruktionen seit der Selbständigkeit 1931 in erster Linie Fremdaufträge bearbeitet. Der wohl bekannteste Konstruktionsauftrag ist der Volkswagen (Typ 60), der VW Käfer, von dem bis zu seiner Produktionseinstellung im Sommer 2003 rund 21,52 Millionen Fahrzeuge gebaut wurden. Doch immer wieder kommt der Gedanke auf, einen eigenen kleinen Sportwagen zu bauen.

Der Berlin-Rom-Wagen (Typ 64), auf der technischen Basis des Volkswagens, kann als direkter Vorfahre des ersten Fahrzeugs mit dem Namen Porsche gelten. Von diesem 40 PS (29 kW) Stromlinienwagen entstehen nur 3 Exemplare, die technisch und formal schon einige Merkmale vorweg nehmen.

In den Kriegswirren siedelt das Porsche Konstruktionsbüro 1944 nach Gmünd/Kärnten in Österreich um. Mitte Juni 1947 entstehen unter der Leitung von Ferry Porsche erste Zeichnungen für einen offenen Sportwagen. Bei der Entwicklung greifen die Konstrukteure bewußt auf technische Komponenten des Volkswagens wie Motor, Getriebe und Fahrwerksteile zurück.

Am 8. Juni 1948 ist es dann soweit, der erste Porsche erhält seine Einzelgenehmigung erteilt. Der Wagen ist ein zweisitziger Roadster mit Notverdeck und einem Motor, der vor der Hinterachse eingebaut ist. Ein echter Mittelmotor-Sportwagen! Der luftgekühlte Vierzylinder-Boxermotor des Volkswagens leistet aus 1.131 cm³ 24,5 PS (18 kW), dieser wird mit klassischen Tuningmaßnahmen auf ganze 35 PS (26 kW) bei 4.000/min gebracht. Diese Leistung reicht aus, um den 585 Kilogramm leichten auf einen Gitterrohrrahmen und Aluminiumkarosserie aufgebauten 356/1 Roadster auf 135 km/h zu beschleunigen. Die vier Trommelbremsen werden über Seilzug betätigt. Der Wagen findet für 7.000 sFr mit dem Autohändler Rupprecht von Senger aus Zürich auch schnell einen Abnehmer, der den Wagen für 7.500 sFr an den ersten Porsche-Kunden verkauft. Das Geld aus dem Verkauf verwendet Porsche für die Materialbeschaffung zum Bau neuer Wagen.

Ab dem zweiten Wagen, einem Coupé, ist der Motor hinter der Hinterachse eingebaut, um mehr Platz im Innenraum für Gepäck oder Notsitze zu erhalten. Der 356/2 soll mehr Komfort und Alltagstauglichkeit bieten als der erste Wagen. Parallel wird neben dem Coupé auch eine Cabriolet-Version entwickelt. Beide Varianten erhalten einen Kastenrahmen aus Stahlblech. Die Aluminium-Karosserie wird über ein Holzmodell von Hand gedengelt. Die Stoßstangen schließen bündig mit der Karosserie ab. Die Frontscheibe ist durch einen Steg in der Mitte geteilt. An den Türen der Coupés sind kleine Dreiecksfenster befestigt. Die Radführung vorn erfolgt durch Kurbelarme, die durch querliegende, abgekapselte Drehstäbe gefedert werden. Hinten wird eine durch Schubstreben geführte Pendelhalbachse mit ebenfalls querliegenden Drehstäben eingebaut. Der Vierzylinder-Boxermotor ist mit hängenden Ventilen ausgestattet. Aus 1.131 cm³ leistet das Aggregat 40 PS (29 kW) bei 4.000/min. Das auf 7,0 : 1 verdichtete Aggregat ist mit 2 Fallstromvergasern vom Typ Solex 26 VFI, die mit 2 Trockenluftfiltern versehen sind, bestückt. Das maximale Drehmoment von 64 Nm wird bei 2.600/min erreicht. Der Benzinverbrauch dieser nur 680 Kilogramm schweren Fahrzeuge ist mit 7 bis 8 Litern sehr güstig. In Hinblick auf den Einsatz im Motorsport wird der Hubraum des Motors, bei gleicher Leistung, auf 1.086 cm³ reduziert. Die ersten vier Fahrzeuge mit dem neuen Motor entstehen schon 1948.

In Gmünd entstehen vom Typ 356/2 ganze 52 Fahrzeuge. Der letzte Gmünder Porsche 356 wird am 20.03.1951 ausgeliefert. Fünf Gmünder-Coupés verbleiben im Porsche Besitz, um sie im Rennsport einzusetzen.

356/1 Roadster Gmünd 1948

Motor

Bauart:	4-Zylinder-Boxermotor
Einbauposition:	Mittelmotor
Kühlung:	luftgekühlt
Motor-Typ:	VW
Hubraum (cm³):	1131
Bohrung x Hub:	75 x 64
Leistung (kW/PS):	26/35 bei 4000/min
Drehmoment (Nm):	69 bei 2600/min
Literleistung (kW/l / PS/l):	23,0 / 30,9
Verdichtung:	7,0 : 1
Ventilsteuerung:	ohv über Stoßstangen, 2 Ventile pro Zylinder
Gemischaufbereitung:	1 Fallstromvergaser Solex 26 VFI
Zündung:	Batteriezündung
Zündfolge:	1 - 4 - 3 - 2
Kurbelwellenlagerung:	4 Gleitlager
Schmierung:	Druckumlaufschmierung
Ölmenge bei Erstbefüllung (l):	3,0
Ölwechselmenge (l):	2,5

Kraftübertragung

Antrieb:	Heckantrieb
Schaltgetriebe:	4-Gang
Getriebe-Typ:	VW
Übersetzungen:	
1. Gang:	3,60
2. Gang:	2,07
3. Gang:	1,25
4. Gang:	0,80
Rückwärtsgang:	6,60
Achsübersetzung:	4,43

Karosserie, Fahrwerk, Bremse, Räder und Reifen

Karosserie:	2-türige, 2-sitzige Aluminium-Roadster-Karosserie über Gitterrohrrahmen aus Stahl, geteilte Windschutzscheibe, bündig an die Karosserie anliegende Stoßstangen, ungefüttertes Notverdeck
Vorderradaufhängung:	längsliegende Lenkerparallelogramme, querliegende Drehstabfedern, hydraulisch einfachwirkende Stoßdämpfer
Hinterradaufhängung:	Pendelhalbachsen, durch Schwingstreben geführt, querliegende Drehstabfedern, hydraulisch doppeltwirkende Stoßdämpfer
Bremse v/h (Durchm. x B (mm)):	Trommeln Simplex (230 x 30) / Trommeln Simplex (230 x 30)
Räder v/h:	3,00 D x 16 / 3,00 D x 16
Reifen v/h:	5,00-16 / 5,00-16

Elektrik

Lichtmaschine (W):	130
Batterie (V/Ah):	6 / 75

Abmessungen, Gewichte und Volumen

Spurweite v/h (mm):	1290 / 1250
Radstand (mm):	2150
Maße (L x B x H (mm)):	3860 x 1670 x 1250
Leergewicht fahrfertig (kg):	585
zul. Gesamtgewicht (kg):	785
Tankvolumen (l):	50, davon 5 Reserve
c_W x A (m²):	0,46 x 1,41 = 0,648*
Leistungsgewicht (kg/kW / kg/PS):	22,50 / 16,71

***offen mit zwei Personen**

Kraftstoffverbrauch

(l/100 km):	7 - 8; 74 - 80 OZ Normal verbleit

Fahrleistungen, Stückzahlen, Preise

Beschleunigung 0–100 km/h (s):	23,0
Höchstgeschw. (km/h):	135 (mit abgedecktem Beifahrersitz: 140)
Stückzahl:	1
Verkaufspreis an Händler:	sFr 7.000,–
Verkaufspreis an Endkunden:	sFr 7.500,–

356/2 Coupé und Cabriolet Gmünd 1948 bis 1950

Motor

Bauart:	4-Zylinder-Boxermotor
Einbauposition:	Heckmotor
Kühlung:	luftgekühlt
Motor-Typ:	VW
ab 1949:	369*
Hubraum (cm³):	1131
ab 1949:	1086*
Bohrung x Hub:	75 x 64
ab 1949:	73,5 x 64*
Leistung (kW/PS):	29/40 bei 4000/min
Drehmoment (Nm):	69 bei 2600/min
ab 1949:	64 bei 3300/min*
Literleistung (kW/l / PS/l):	25,6 / 35,4
ab 1949:	26,7 / 36,8*
Verdichtung:	7,0 : 1
Ventilsteuerung:	ohv über Stoßstangen, 2 Ventile pro Zylinder
Gemischaufbereitung:	2 Fallstromvergaser Solex 26 VFI
Zündung:	Batteriezündung
Zündfolge:	1 - 4 - 3 - 2
Kurbelwellenlagerung:	4 Gleitlager
Schmierung:	Druckumlaufschmierung
Ölmenge bei Erstbefüllung (l):	3,0
Ölwechselmenge (l):	2,5
***schon 1948 vier Fahrzeuge mit Motor-Typ 369**	

Kraftübertragung

Antrieb:	Heckantrieb
Schaltgetriebe:	4-Gang
Getriebe-Typ:	VW
Übersetzungen:	
1. Gang:	3,60
2. Gang:	2,07
3. Gang:	1,25
4. Gang:	0,80
Rückwärtsgang:	6,60
Achsübersetzung:	4,43

Karosserie, Fahrwerk, Bremse, Räder und Reifen

Karosserie:	2-türige, 2-sitzige Aluminiumkarosserie, gepreßter und geschweißter Stahlblechkastenrahmen, geteilte Windschutzscheibe, ein Lufteinlaßgitter in der Motorhaube, bündig an die Karosserie anliegende Stoßstangen
Coupé:	Festes verschweißtes Aluminiumdach
Cabriolet:	Gefüttertes Stoffverdeck mit kleiner Glasheckscheibe
Vorderradaufhängung:	längsliegende Lenkerparallelogramme, querliegende Drehstabfedern, hydraulisch einfachwirkende Stoßdämpfer
Hinterradaufhängung:	Pendelhalbachsen, durch Schwingstreben geführt, querliegende Drehstabfedern, hydraulisch doppeltwirkende Stoßdämpfer
Bremse v/h (Durchm. x B (mm)):	Trommeln Simplex (230 x 30) / Trommeln Simplex (230 x 30)
Räder v/h:	3,00 D x 16 / 3,00 D x 16
Reifen v/h:	5,00-16 / 5,00-16

Elektrik

Lichtmaschine (W):	130
Batterie (V/Ah):	6 / 75

Abmessungen, Gewichte und Volumen

Spurweite v/h (mm):	1290 / 1250
Radstand (mm):	2100
Maße (L x B x H (mm)):	3870 x 1660 x 1300
Leergewicht fahrfertig (kg):	680*
zul. Gesamtgewicht (kg):	880**
Tankvolumen (l):	50, davon 5 Reserve
CW x A (m²) Coupé:	0,29 x 1,62 = 0,469
Leistungsgewicht (kg/kW / kg/PS):	23,44 / 17,00
***im ersten Prospekt: 600 kg**	
****im ersten Prospekt: 800 kg**	

Kraftstoffverbrauch

(l/100 km):	7 - 8; 74 - 80 OZ Normal verbleit

Fahrleistungen, Stückzahlen, Preise

Beschleunigung 0–100 km/h (s):	23,5
Höchstgeschw. (km/h):	140
Stückzahl:	52
Listenpreise:	
Coupé:	sFr 14.500,–
Cabriolet:	sFr 16.500,–

Porsche 356

Die Stuttgarter

Die frühen Porsche 356

Ende 1949 beauftragt Porsche die Firma Reutter-Karosserien in Stuttgart mit dem Bau von 500 Karosserien. Ab dem Frühjahr 1950 beginnt in Stuttgart-Zuffenhausen die Produktion. Am Gründonnerstag 1950 wird das allererste Porsche 356 Coupé in Zuffenhausen fertiggestellt.

Modelljahr 1950

Die Karosserie der Stuttgarter 356 ist aus Stahlblech gefertigt und mit dem kastenförmigen Rahmen und der Bodengruppe verschweißt. Vorne und hinten schließen die Stoßstangen bündig mit der Karosserie ab. Die Sekurit-Windschutzscheibe ist durch einen Steg zweigeteilt. Auf der Kofferraumhaube ist ein schmaler Chromgriff befestigt. In der Motorhaube ist ein verchromtes Lüftungsgitter eingelassen. Die kleinen runden Blinker sind vorn unterhalb der Scheinwerfer und hinten unterhalb der rechteckigen Rückleuchten angebracht. Bremslicht und Kennzeichenbeleuchtung sind in einem gemeinsamen Chromgehäuse überhalb der Nummerntafel untergebracht. Die Karosserieform ist im Vergleich zu den Gmünder Coupés in der Dachpartie fließender, die Flanken sind stärker gewölbt und die Dreiecksfenster an den Türen fehlen. Die Seitenfenster in den Türen sind als Kurbelfenster ausgelegt. Der Luftwiderstand des 356 Coupés ist mit einem Cw-Wert von 0,296 sehr niedrig. Durch die enganliegende Frontstoßstange hat der Wagen Abtrieb an der Vorderachse. Außer dem Coupé ist auch ein Cabriolet im Programm.

Im Heck arbeitet ein luftgekühlter Vierzylinder-Boxermotor, der vom Volkswagen-Aggregat abgeleitet ist. Aus 1.086 cm^3 Hubraum mit einer Bohrung von 73,5 Millimeter und einem Hub von 64 Millimeter leistet der auf 7 : 1 verdichtete Motor 40 PS (29 kW) bei 4.200/min. Zwei Solex-Fallstrom-Vergaser vom Typ 32 PBI sorgen für das richtige Benzin-Luftgemisch. Die V-förmig im Zylinderkopf hängenden Ventile werden über Stoßstangen und Kipphebel betätigt. Ein Röhrenölkühler im Kühlluftstrom des Gebläses sorgt für erträgliche Öltemperaturen der Druckumlaufschmierung.

Auf den 16-Zoll-Stahlscheibenrädern der Größe 3,00 D x 16, die noch ohne Kühlöffnungen auskommen müssen, sind Reifen der Dimension 4,75-16 oder 5,00-16 montiert. Die Radkappen stammen von Volkswagen, tragen jedoch kein Markenemblem. Vorne sind die Räder an zwei längsliegenden, auf Drehstabfedern arbeitenden Tragheben aufgehängt, hinten an Pendelhalbachsen und durch Federstreben geführte Drehstäbe. Die vorderen Stoßdämpfer wirken doppelt, die hinteren einfach. Eine Porsche Spindellenkung überträgt die Kräfte auf das Lenkgetriebe. Die vier Bremstrommeln haben einen Innendurchmesser von 230 Millimeter und eine Bremsbackenbreite von 30 Millimeter. Die Armaturentafel ist aus Blech gefertigt, welches in Wagenfarbe lackiert und noch gänzlich ungepolstert ist. Hinter dem

weißen Dreispeichenlenkrad sind zwei Rundinstrumente, ein Tachometer und eine Uhr eingelassen, im rechteckigen Ausschnitt in der Mitte kann ein Radio eingebaut werden. Das Zündschloß sitzt beim 356 auf der linken Seite. Fahrer und Beifahrer sitzen auf einer durchgehenden Sitzbank. Auf Wunsch können auch zwei Einzelsitze eingebaut werden. Notsitze gibt es noch nicht. Hinten kann trotzdem ein weiterer Passagier mitgenommen werden.

Über eine Einscheiben-Trockenkupplung wird die Antriebsleistung über ein 4-Gang-Schaltgetriebe zum Kegeldifferential an die Hinterräder weitergeleitet. Die Höchstgeschwindigkeit beträgt 140 km/h, von Null auf Tempo 100 vergehen 23,5 Sekunden.

Modelljahr 1951

Am 21. März 1951 läuft der 500ste Porsche vom Band. Auf der IAA (Internationale Automobil Ausstellung) in Frankfurt am Main, die Anfang der 50er Jahre noch im Frühjahr stattfindet, präsentiert Porsche das neue weiterentwickelte Modelljahr. Hier erfolgt auch die Einführung des neuen 1,3 Liter Motors.

Beim 1,3-Liter-Motor wird die Bohrung der Leichtmetallzylinder auf 80 mm erweitert. Dazu kommen Leichtmetall-Nasenkolben. Zum Brennraum hin haben diese Kolben eine Erhöhung, die wie eine Nase aussieht. Bei einer Verdichtung von 6,5 : 1 leistet der Motor 44 PS (32 kW) bei 4.200/min. Die beiden Solex-Fallstromvergaser vom Typ 32 PBI sind mit geänderten Düsen bestückt. Die Stößelstangen werden in modifizierter Form auf den Motor angepaßt.

Beim weiterhin verwendeten 4-Gang-Schaltgetriebe von Volkswagen sind die ersten beiden Gänge nach wie vor gerade verzahnt, während die Gänge drei und vier geräuscharm schräg verzahnt sind.

Die hinteren Seitenfenster im Coupé sind zur besseren Belüftung aufstellbar. Es werden Tests zur besseren Fahrzeugentdröhnung gemacht. Im Mai 1951 gibt es die ersten Überlegungen für ein rechtsgelenktes Fahrzeug für England und die Commonwealthstaaten. Weitere Überlegungen werden wegen einer speziellen Stoßstange für den amerikanischen Markt angestellt.

Ab April 1951 werden die bisher verwendeten Hebelstoßdämpfer hinten durch Teleskopstoßdämpfer ersetzt und die Befestigungspunkte an den Achsen angepaßt. Die Bremstrommeln erhalten zur besseren Kühlung gerippte Aluminiumgehäuse.

Auf Wunsch ist ein Drehzahlmesser statt der großen Uhr neben dem Tachometer erhältlich. Die Lenksäule kann für Personen

Ein frühes 356 Coupé mit geteilter Frontscheibe aus Stuttgarter Produktion.

mit kurzen Armen in einer verlängerten Ausführung geliefert werden. Durch ein neues Doppelklanghorn kann sich der Porsche-Fahrer besser bemerkbarmachen.
Die Fahrleistungen des neuen 1,3-Liter-Modells sind etwas besser als die der 1,1-Liter-Variante. Im Frühjahr 1951 werden im Test der Zeitschrift »Auto, Motor und Sport« in der Beschleunigung von 0 auf 100 km/h 19 Sekunden gemessen. Die Höchstgeschwindigkeit wird in mehreren Versuchen im Mittel mit echten 155 km/h ermittelt. Dieser Wagen bietet bessere Fahrleistungen als die Werksangaben von Porsche. Der Tester und Herausgeber dieses Motormagazins, Paul Pietsch, ist von dem Fahrzeug derart begeistert, daß er das Coupé nach dem Test kauft!

MODELLJAHR 1952

Auffälligste Änderung an der Karosserie des 356 ist die Einführung der einteiligen Windschutzscheibe mit einer senkrechten Kante in der Scheibenmitte, der sogenannten Knickscheibe. Ab Oktober 1951 sind auch die ersten rechtsgelenkten Fahrzeuge lieferbar.
Die neue Top-Motorisierung des 356 Modellprogramms ist der neue 1.488 cm^3 große Motor mit 60 PS (44 kW) bei 5.000/min. Das maximale Drehmoment beträgt durchzugsstarke 102 Nm bei 3.000/min. Die Kurbelwelle ist rollengelagert.
An der Karosserie fallen auf den ersten Blick neben der einteiligen Knickscheibe vor allem die von der Karosserie abgesetzten Stoßstangen auf. Der vordere Haubengriff fällt etwas größer aus und ist zur besseren Handhabung mit einem Durchbruch versehen.
Im Fond wird der Karosserieboden tiefer gesetzt, um Platz für Sitzpolster und eine umklappbare Rücksitzlehne zu schaffen, die auch als Kofferablage verwendet werden kann. Ein Drehzahlmesser ist jetzt serienmäßig eingebaut, ebenso Instrumente mit grünen Ziffern, die am oberen Rand mit kleinen Abdeckungen gegen Spiegelungen versehen sind.
Die Stahlräder sind jetzt mit Lüftungslöchern zur besseren Bremsenkühlung versehen. Die vorderen Bremsen sind als Duplex-Bremstrommeln ausgeführt.
Die Fahrleistungen des 356 mit dem 1500er Motor sind Anfang der 50er Jahre bemerkenswert. Die Höchstgeschwindigkeit liegt bei 170 km/h. Schneller ist 1952 kaum ein anderes deutsches Serienfahrzeug. In der Beschleunigung auf 100 km/h vergehen kurzweilige 15,5 Sekunden.
Für den amerikanischen Markt wird ein Roadster in einer Kleinstserie konzipiert: Der »America Roadster«. Das Fahrzeug ist mit einer leichten offenen Aluminiumkarosserie, einem Notklappverdeck, leichten Schalensitzen und seitlichen Steckscheiben erheblich leichter als das Coupé. Ein 1,5-Liter-Motor mit 70 PS (51 kW) verhilft dem leichten Roadster zu respektablen Fahrleistungen.

MODELLJAHR 1953

Das Motorenprogramm wird durch zwei neue 1,5-Liter-Motoren erweitert. Ein 55 PS-(40 kW)-Motor ersetzt das bisherige 60 PS-(44 kW)-Aggregat. Die neue Spitzenmotorisierung heißt 356 1500 Super, diese leistet durch eine höhere Verdichtung und eine größere Vergaserbestückung ganze 70 PS (51 kW) bei 5.000/min. Das maximale Drehmoment von 108 Nm liegt bei 3.600/min an. Bei allen Modellen kommt ein synchronisiertes Schaltgetriebe mit der patentierten Porsche-Synchronisierung zum Einsatz.
Eine wichtige Neuerung für mehr Sicherheit stellt die verbesserte Bremsanlage dar. Die Bremstrommeln werden im Innendurchmesser von 230 auf 280 Millimeter vergrößert, die Bremsbelagsbreite wächst dabei von 30 auf 40 Millimeter.
Die Stoßstangen werden abermals überarbeitet, sie werden noch weiter von der Karosserie abgesetzt und mit Stoßstangenhörnern versehen. Die vorderen Blinker sind jetzt genau unter den Scheinwerfern positioniert. Am Heck sind nun zwei gleichgroße runde Heckleuchten angebracht. Diese haben die Funktionen Blinker, Brems- und Rücklicht. Das Cabriolet erhält eine vergrößerte flexible Kunststoff-Heckscheibe.
Das neue Zweispeichenlenkrad ist mit dem neu eingeführten Porschewappen auf dem Hupenknopf bestückt. Der Schalthebel ist um 120 Millimeter nach vorn versetzt und nach hinten gekröpft. Auf Sonderwunsch ist die Scheibenwischeranlage auch mit zwei Schaltstufen lieferbar.
Dank hervorragender Aerodynamik laufen gut eingefahrene 356 1500 Super über 180 km/h schnell. Tempo 100 wird aus dem Stand in nur 14,0 Sekunden erreicht.

MODELLJAHR 1954

Der bewährte 1,1-Liter-Motor geht in sein letztes Modelljahr. Mit dem 1300 Super präsentiert Porsche einen neuen Motor mit rollengelagerter Hirth-Kurbelwelle, der aus 1.290 cm^3 60 PS (44 kW) bei 5.500/min freisetzt. Das maximale Drehmoment von 88 Nm erreicht dieses 1,3-Liter-Aggregat bei 3.600/min.
Der 356 1300 Super ist 160 km/h schnell. In der Beschleunigung sind 100 km/h in gut 17 Sekunden erreicht.
Die Wagenfront erhält innen neben den runden Blinkern kleine verchromte Hupengitter. Dahinter verbergen sich neue Fanfaren von Bosch. Ab dem 1. Juni 1954 ist ein mechanisches Stahlschiebedach der Firma Golde für die Coupés lieferbar. Das Geräuschniveau im Wageninneren sinkt wegen der verbesserten Entdröhnung der Karosserie.
An den Türverkleidungen werden neugestaltete Ablagetaschen angebracht. Eine pneumatische Benzinuhr zeigt den Füllungsgrad des Kraftstofftanks an. Zwei Kleiderhaken gestatten das knitterfreie Aufhängen von Kleidungsstücken. Für den Beifahrer erhält die Schalttafel rechts einen Haltegriff. Im unteren Seg-

ment des Lenkrads ist ein Hupenring integriert, dieser erlaubt das Betätigen des Signalhorns ohne die Hand beim Fahren vom Lenkrad zu nehmen. Die vorderen Sitze erhalten für eine erweiterte Verstellmöglichkeit der Rückenlehne Liegesitzbeschläge.

Modelljahr 1955

Der 356 ist wieder komfortabler und fahrsicherer als das Modell des Vorjahres geworden, allerdings hat er auch im Gewicht zugenommen. Im Herbst 1954 erscheint mit dem 356 Speedster ein einfach ausgestattetes offenes Fahrzeug. Porsche bringt dieses Modell auf Anraten von Max Hoffman, dem Porsche-Importeur in den USA, auf den Markt. Während ein Cabriolet ein Fahrzeug ist, welches auch offen gefahren werden kann, ist der Speedster ein Fahrzeug, welches zur Not auch geschlossen gefahren werden kann. Der Speedster ist in erster Linie für den US-Markt konzipiert und wird zum Preis von 2.995 US-$ angeboten.

Das Modelljahr 1955 ist das letzte in dem die 1,5-Liter-Stoßstangenmotoren angeboten werden. Im September 1954 werden alle Aggregate auf dreiteilige Kurbelgehäuse umgestellt, da Porsche bisher immer noch die Volkswagen-Gehäuse verwendet hat. Die 1,3-Liter-Motoren erhalten Kurbelwellen des Herstellers Alfing. Für den Speedster sind nur die beiden 1500er-Motoren lieferbar.

Mit dem Speedster bietet Porsche eine weitere offene Karosserie-Variante an. Der verchromte Rahmen der flachen Frontscheibe ist mit der Karosserie verschraubt und an den oberen Ecken stark gerundet. Das leichte, ungefütterte Notverdeck bietet im geschlossenen Zustand weniger Kopffreiheit als das Cabriolet. Statt Kurbelfenster in den Türen hat der Speedster aufsteckbare Seitenscheiben. Die Türhöhe ist um 35 Millimeter niedriger als bei den Serienbrüdern. Auf Höhe der Türgriffe verlaufen an den Seitenflanken verchromte Zierleisten. Darüber ist auf den vorderen Kotflügeln je ein goldfarbener »Speedster«-Schriftzug angebracht.

Auch der Speedster rollt wie die anderen 356 auf 16-Zoll-Rädern. Erst ab dem 356 A werden 15-Zoll-Räder montiert.

Der Speedster hat ein neugestaltetes Armaturenbrett. Unter einer gepolsterten, gewölbten Abdeckung sitzen drei Rundinstrumente, zwei große und ein kleines, etwas höhergesetztes, in der Mitte. Das Zündschloß ist rechts angeordnet, daneben ist ein Porsche-Schriftzug mit zwei Zierleisten angebracht. Ein Handschuhfach ist nicht vorhanden. Die Schalensitze geben auch in schnellgefahrenen Kurven guten Seitenhalt. In den Sitzlehnen sind je zwei Langlöcher ausgespart.

In der Beschleunigung ist der Speedster etwas schneller als ein Coupé mit gleicher Motorisierung. In der Endgeschwindigkeit kann er dem Coupé nicht ganz folgen. Von den frühen Porsche 356 werden insgesamt 9.100 Stück gebaut.

Ein 356 Cabriolet mit Knickscheibe

356 1100 Coupé und Cabriolet MJ 1950 bis MJ 1954

Motor

Bauart:	4-Zylinder-Boxermotor
Einbauposition:	Heckmotor
Kühlung:	luftgekühlt
Motor-Typ:	369
Hubraum (cm³):	1086
Bohrung x Hub:	73,5 x 64
Leistung (kW/PS):	29/40 bei 4200/min
Drehmoment (Nm):	70 bei 2800/min
Literleistung (kW/l / PS/l):	26,7 / 36,8
Verdichtung:	7,0 : 1
Ventilsteuerung:	ohv über Stoßstangen, 2 Ventile pro Zylinder
Gemischaufbereitung:	2 Fallstromvergaser Solex 32 PBI
Zündung:	Batteriezündung
Zündfolge:	1 - 4 - 3 - 2
Kurbelwellenlagerung:	4 Gleitlager
Schmierung:	Druckumlaufschmierung
Ölmenge bei Erstbefüllung (l):	3,0
Ölwechselmenge (l):	2,5

Kraftübertragung

Antrieb:	Heckantrieb
Schaltgetriebe:	4-Gang
Getriebe-Typ:	VW (519)*
Übersetzungen:	
1. Gang:	3,60 (3,182)
2. Gang:	2,07 (1,765)
3. Gang:	1,25 (1,130)
4. Gang:	0,80 (0,815)
Rückwärtsgang:	6,60 (3,560)
Achsübersetzung:	4,43 (4,375)
***ab MJ 1953**	

Karosserie, Fahrwerk, Bremse, Räder und Reifen

Karosserie:	2-türige, 2-sitzige, selbsttragende Karosserie aus Stahlblech, gepreßter und geschweißter Stahl-blechkastenrahmen, geteilte Windschutzscheibe, ein Lufteinlaßgitter in der Motorhaube, bündig an die Karosserie anliegende Stoßstangen
ab MJ 1953:	2 + 2-sitzig, einteilige, geknickte Windschutzscheibe, von der Karosserie abgesetzte Stoßstangen mit Stoßstangenhörnern
Coupé:	Festes verschweißtes Stahldach
Sonderwunsch ab Juni 1954:	Manuelles Schiebedach
Cabriolet:	Gefüttertes Stoffverdeck mit kleiner Glasheckscheibe
Cabriolet ab April 1953:	Vergrößerte flexible Kunststoffheckscheibe
Vorderradaufhängung:	Einzelradaufhängung an zwei Kurbellängslenkern (als Traghebel ausgebildet), zwei durchgehende je aus einzelnen Federblättern gebündelte Vierkant-Drehfederstäbe, oben 6 Blatt- unten 5 Blattausführung, doppeltwirkende hydraulische Teleskop-Stoßdämpfer
Hinterradaufhängung:	Pendelhalbachsen durch Längslenker geführt (als Federstreben ausgebildet), Einzelradfederung durch je einen runden querliegenden Drehstab (Torsionsstab) auf jeder Seite, Hebelstoßdämpfer hinten
ab April 1951:	doppeltwirkende hydraulische Teleskop-Stoßdämpfer
Bremse v/h (Durchm. x B (mm)):	Trommeln Simplex (230 x 30) / Trommeln Simplex (230 x 30)
MJ 1952:	Trommeln Duplex (230 x 30) / Trommeln Simplex (230 x 30)
ab MJ 1953:	Trommeln Duplex (280 x 40) / Trommeln Simplex (280 x 40)
Räder v/h:	3,00 D x 16 / 3,00 D x 16
Reifen v/h:	5,00-16 / 5,00-16

Elektrik

Lichtmaschine (W):	130
Batterie (V/Ah):	6 / 75

Abmessungen, Gewichte und Volumen

Spurweite v/h (mm):	1290 / 1250
Radstand (mm):	2100
Maße (L x B x H (mm)):	3850 x 1660 x 1300
ab MJ 1953:	3950 x 1660 x 1300
Leergewicht fahrfertig (kg):	770
ab MJ 1953:	810
zul. Gesamtgewicht (kg):	1100
ab MJ 1953:	1200
Tankvolumen (l):	52, davon 5 Reserve
C_w x A (m²) Coupé bis MJ 1952:	0,296 x 1,677 = 0,496
C_w x A (m²) Coupé: ab MJ 1953:	0,365 x 1,692 = 0,618
Leistungsgewicht (kg/kW / kg/PS):	24,06 / 17,50
ab MJ 1953:	25,31 / 18,40

Kraftstoffverbrauch

(l/100 km):	7,0; 76 - 80 OZ Normal verbleit

Fahrleistungen, Stückzahlen, Preise

Beschleunigung 0–100 km/h (s):	23,5
Höchstgeschw. (km/h):	140
Stückzahlen:	
356 Coupé gesamt:*	6.252
356 Cabriolet gesamt:*	1.593
davon 356 Cabriolet Heuer:*	237
***Stückzahl alle Motorvarianten**	
Listenpreise:	
05/1950 Coupé:	DM 10.200,–
Cabriolet:	DM 12.200,–
04/1951 Coupé:	DM 10.200,–
Cabriolet:	DM 12.200,–
04/1952 Coupé:	DM 10.200,–
Cabriolet:	DM 12.200,–
10/1952 Coupé:	DM 11.400,–
Cabriolet:	DM 13.400,–
10/1953 Coupé:	DM 11.400,–
Cabriolet:	DM 13.400,–
01/1954 Coupé:	DM 11.400,–
Cabriolet:	DM 13.400,–

356 1300 Coupé und Cabriolet MJ 1951 bis MJ 1953

Motor

Bauart:	4-Zylinder-Boxermotor
Einbauposition:	Heckmotor
Kühlung:	luftgekühlt
Motor-Typ:	506
Hubraum (cm^3):	1286
Bohrung x Hub:	80 x 64
Leistung (kW/PS):	32/44 bei 4200/min
Drehmoment (Nm):	81 bei 2800/min
Literleistung (kW/l / PS/l):	24,9 / 34,2
Verdichtung:	6,5 : 1
Ventilsteuerung:	ohv über Stoßstangen, 2 Ventile pro Zylinder
Gemischaufbereitung:	2 Fallstromvergaser Solex 32 PBI
Zündung:	Batteriezündung
Zündfolge:	1 - 4 - 3 - 2
Kurbelwellenlagerung:	4 Gleitlager
Schmierung:	Druckumlaufschmierung
Ölmenge bei Erstbefüllung (l):	3,0
Ölwechselmenge (l):	2,5

Kraftübertragung

Antrieb:	Heckantrieb
Schaltgetriebe:	4-Gang
Getriebe-Typ:	VW (519)*
Übersetzungen:	
1. Gang:	3,60 (3,182)
2. Gang:	2,07 (1,765)
3. Gang:	1,25 (1,130)
4. Gang:	0,80 (0,815)
Rückwärtsgang:	6,60 (3,560)
Achsübersetzung:	4,43 (4,375)
***MJ 1953**	

Karosserie, Fahrwerk, Bremse, Räder und Reifen

Karosserie:	2-türige, 2-sitzige, selbsttragende Karosserie aus Stahlblech, gepreßter und geschweißter Stahlblechkastenrahmen, geteilte Windschutzscheibe, ein Lufteinlaßgitter in der Motorhaube, bündig an die Karosserie anliegende Stoßstangen,
MJ 1953:	2 + 2-sitzig, einteilige, geknickte Windschutzscheibe, von der Karosserie abgesetzte Stoßstangen mit Stoßstangenhörnern
Coupé:	Festes verschweißtes Stahldach
Cabriolet:	Gefüttertes Stoffverdeck mit kleiner Glasheckscheibe
ab April 1953:	Vergrößerte flexible Kunststoffheckscheibe
Vorderradaufhängung:	Einzelradaufhängung an zwei Kurbellängslenkern (als Traghebel ausgebildet), zwei durchgehende je aus einzelnen Federblättern gebündelte Vierkant-Drehfederstäbe, oben 6 Blatt- unten 5 Blattausführung, doppeltwirkende hydraulische Teleskop-Stoßdämpfer
Hinterradaufhängung:	Pendelhalbachsen durch Längslenker geführt (als Federstreben ausgebildet), Einzelradfederung durch je einen runden querliegenden Drehstab (Torsionsstab) auf jeder Seite, Hebelstoßdämpfer hinten
ab April 1951:	doppeltwirkende hydraulische Teleskop-Stoßdämpfer
Bremse v/h (Durchm. x B (mm)):	Trommeln Duplex (230 x 30) / Trommeln Simplex (230 x 30)
MJ 1953:	Trommeln Duplex (280 x 40) / Trommeln Simplex (280 x 40)
Räder v/h:	3,00 D x 16 / 3,00 D x 16
Reifen v/h:	5,00-16 / 5,00-16

Elektrik

Lichtmaschine (W):	130
Batterie (V/Ah):	6 / 75

Abmessungen, Gewichte und Volumen

Spurweite v/h (mm):	1290 / 1250
Radstand (mm):	2100
Maße (L x B x H (mm)):	3850 x 1660 x 1300
MJ 1953:	3950 x 1660 x 1300
Leergewicht fahrfertig (kg):	770
MJ 1953:	810
zul. Gesamtgewicht (kg):	1100
MJ 1953:	1200
Tankvolumen (l):	52, davon 5 Reserve
C_w x A (m^2) Coupé bis MJ 1952:	0,296 x 1,677 = 0,496
C_w x A (m^2) Coupé MJ 1953:	0,365 x 1,692 = 0,618
Leistungsgewicht (kg/kW / kg/PS):	24,06 / 17,50
MJ 1953:	25,31 / 18,40

Kraftstoffverbrauch

(l/100 km):	7,4; 76 - 80 OZ Normal verbleit

Fahrleistungen, Stückzahlen, Preise

Beschleunigung 0–100 km/h (s):	22,0
Höchstgeschw. (km/h):	145
Stückzahlen:	
356 Coupé gesamt:*	6.252
356 Cabriolet gesamt:*	1.593
davon 356 Cabriolet Heuer:*	237
***Stückzahl alle Motorvarianten**	
Listenpreise:	
04/1951 Coupé:	DM 10.200,-
Cabriolet:	DM 12.200,-
04/1952 Coupé:	DM 10.200,-
Cabriolet:	DM 12.200,-
01/1952 Coupé:	DM 11.400,-
Cabriolet:	DM 13.400,-
10/1953 Coupé:	DM 11.400,-
Cabriolet:	DM 13.400,-
01/1954 Coupé:	DM 11.400,-
Cabriolet:	DM 13.400,-
10/1954 Coupé:	DM 11.400,-
Cabriolet:	DM 13.400,-

356 1500 Coupé und Cabriolet MJ 1952

Motor	
Bauart:	4-Zylinder-Boxermotor
Einbauposition:	Heckmotor
Kühlung:	luftgekühlt
Motor-Typ:	527
Hubraum (cm³):	1488
Bohrung x Hub:	80 x 74
Leistung (kW/PS):	44/60 bei 5000/min
Drehmoment (Nm):	102 bei 3000/min
Literleistung (kW/l / PS/l):	29,6 / 40,3
Verdichtung:	7,0 : 1
Ventilsteuerung:	ohv über Stoßstangen, 2 Ventile pro Zylinder
Gemischaufbereitung:	2 Fallstromvergaser Solex 40 PBIC
Zündung:	Batteriezündung
Zündfolge:	1 - 4 - 3 - 2
Kurbelwellenlagerung:	4 Gleitlager
Schmierung:	Druckumlaufschmierung
Ölmenge bei Erstbefüllung (l):	3,0
Ölwechselmenge (l):	2,5

Kraftübertragung	
Antrieb:	Heckantrieb
Schaltgetriebe:	4-Gang
Getriebe-Typ:	VW
Übersetzungen:	
1. Gang:	3,60
2. Gang:	2,07
3. Gang:	1,25
4. Gang:	0,80
Rückwärtsgang:	6,60
Achsübersetzung:	4,43

Karosserie, Fahrwerk, Bremse, Räder und Reifen	
Karosserie:	2-türige, 2-sitzige, selbsttragende Karosserie aus Stahlblech, gepreßter und geschweißter Stahlblechkastenrahmen, geteilte Windschutzscheibe, ein Lufteinlaßgitter in der Motorhaube, bündig an die Karosserie anliegende Stoßstangen
Coupé:	Festes verschweißtes Stahldach
Cabriolet:	Gefüttertes Stoffverdeck mit kleiner Glasheckscheibe
Vorderradaufhängung:	Einzelradaufhängung an zwei Kurbellängslenkern (als Traghebel ausgebildet), zwei durchgehende je aus einzelnen Federblättern gebündelte Vierkant-Drehfederstäbe, oben 6 Blatt- unten 5 Blattausführung, doppeltwirkende hydraulische Teleskop-Stoßdämpfer
Hinterradaufhängung:	Pendelhalbachsen durch Längslenker geführt (als Federstreben ausgebildet), Einzelradfederung durch je einen runden querliegenden Drehstab (Torsionsstab) auf jeder Seite, doppeltwirkende hydraulische Teleskop-Stoßdämpfer
Bremse v/h (Durchm. x B (mm)):	Trommeln Duplex (230 x 30) / Trommeln Simplex (230 x 30)
Räder v/h:	3,25 D x 16 / 3,25 D x 16
Reifen v/h:	5,00-16 / 5,00-16

Elektrik	
Lichtmaschine (W):	130
Batterie (V/Ah):	6 / 75

Abmessungen, Gewichte und Volumen	
Spurweite v/h (mm):	1290 / 1250
Radstand (mm):	2100
Maße (L x B x H (mm)):	3850 x 1660 x 1300
Leergewicht fahrfertig (kg):	770
zul. Gesamtgewicht (kg):	1100
Tankvolumen (l):	52, davon 5 Reserve
C_W x A (m²) Coupé:	0,296 x 1,677 = 0,496
Leistungsgewicht (kg/kW / kg/PS):	17,50 / 12,83

Kraftstoffverbrauch	
(l/100 km):	8,5; 76 - 80 OZ Normal verbleit

Fahrleistungen, Stückzahlen, Preise	
Beschleunigung 0–100 km/h (s):	15,5
Höchstgeschw. (km/h):	170
Stückzahlen:	
356 Coupé gesamt:*	6.252
356 Cabriolet gesamt:*	1.593
davon 356 Cabriolet Heuer:*	237
***Stückzahl alle Motorvarianten**	
Listenpreise:	
04/1952 Coupé:	DM 12.700,–
Cabriolet:	DM 14.700,

356 1500 America Roadster (Typ 540) MJ 1952 bis MJ 1953

Motor

Bauart:	4-Zylinder-Boxermotor
Einbauposition:	Heckmotor
Kühlung:	luftgekühlt
Motor-Typ:	528
Hubraum (cm³):	1488
Bohrung x Hub:	80 x 74
Leistung (kW/PS):	51/70 bei 5000/min
Drehmoment (Nm):	108 bei 3600/min
Literleistung (kW/l / PS/l):	34,3 / 47,0
Verdichtung:	8,2 : 1
Ventilsteuerung:	ohv über Stoßstangen, 2 Ventile pro Zylinder
Gemischaufbereitung:	2 Fallstromvergaser Solex 40 PBIC
Zündung:	Batteriezündung
Zündfolge:	1 - 4 - 3 - 2
Kurbelwellenlagerung:	4 Gleitlager
Schmierung:	Druckumlaufschmierung
Ölmenge bei Erstbefüllung (l):	3,0
Ölwechselmenge (l):	2,5

Kraftübertragung

Antrieb:	Heckantrieb
Schaltgetriebe:	4-Gang
Getriebe-Typ:	VW
MJ 1953	(519)
Übersetzungen:	
1. Gang:	3,60 (3,182)
2. Gang:	2,07 (1,765)
3. Gang:	1,25 (1,130)
4. Gang:	0,80 (0,815)
Rückwärtsgang:	6,60 (3,560)
Achsübersetzung:	4,43 (4,375)

Karosserie, Fahrwerk, Bremse, Räder und Reifen

Karosserie:	2-türige, 2-sitzige Aluminium-Roadster-Karosserie, gepreßter und geschweißter Stahlblechkastenrahmen, geteilte Windschutzscheibe, zwei Lufteinlaßgitter in der Motorhaube, von der Karosserie abgesetzte Stoßstangen mit Stoßstangenhörnern, ungefüttertes Stoffverdeck mit flexibler Kunststoffheckscheibe, Steckscheiben an den Türen
Vorderradaufhängung:	Einzelradaufhängung an zwei Kurbellängslenkern (als Traghebel ausgebildet), zwei durchgehende je aus einzelnen Federblättern gebündelte Vierkant-Drehfederstäbe, oben 6 Blatt- unten 5 Blattausführung, doppeltwirkende hydraulische Teleskop-Stoßdämpfer
Hinterradaufhängung:	Pendelhalbachsen durch Längslenker geführt (als Federstreben ausgebildet), Einzelradfederung durch je einen runden querliegenden Drehstab (Torsionsstab) auf jeder Seite, doppeltwirkende hydraulische Teleskop-Stoßdämpfer
Bremse v/h (Durchm. x B (mm)):	Trommeln Duplex (230 x 30) / Trommeln Simplex (230 x 30)
MJ 1953:	Trommeln Duplex (280 x 40) / Trommeln Simplex (280 x 40)
Räder v/h:	3,25 D x 16 / 3,25 D x 16
Reifen v/h:	5,25-16 / 5,25-16

Elektrik

Lichtmaschine (W):	130
Batterie (V/Ah):	6 / 75

Abmessungen, Gewichte und Volumen

Spurweite v/h (mm):	1306 / 1248
Radstand (mm):	2100
Maße (L x B x H (mm)):	3850 x 1660 x 1250*
Leergewicht fahrfertig (kg):	605
zul. Gesamtgewicht (kg):	n/a
Tankvolumen (l):	52, davon 5 Reserve
C_w x A (m²):	n/a
Leistungsgewicht (kg/kW / kg/PS):	11,86 / 8,64
***mit geschlossenem Verdeck**	

Kraftstoffverbrauch

Normverbrauch (l/100 km):	7,6; 76 - 80 MOZ Normal verbleit

Fahrleistungen, Stückzahlen, Preise

Beschleunigung 0–100 km/h (s):	ca. 10,0
Höchstgeschw. (km/h):	180
Stückzahl:	21*
***andere Quellen: 16 Stück, davon eine Stahlkarosserie**	
Listenpreis:	US$ 4.600,-

356 1500 Coupé und Cabriolet MJ 1953 bis MJ 1955

Motor

Bauart:	4-Zylinder-Boxermotor
Einbauposition:	Heckmotor
Kühlung:	luftgekühlt
Motor-Typ:	546
MJ 1955:	546/2
Hubraum (cm³):	1488
Bohrung x Hub:	80 x 74
Leistung (kW/PS):	40/55 bei 4400/min
Drehmoment (Nm):	106 bei 2800/min
Literleistung (kW/l / PS/l):	26,9 / 37,0
Verdichtung:	7,0 : 1
Ventilsteuerung:	ohv über Stoßstangen, 2 Ventile pro Zylinder
Gemischaufbereitung:	2 Fallstromvergaser Solex 32 PBI
Zündung:	Batteriezündung
Zündfolge:	1 - 4 - 3 - 2
Kurbelwellenlagerung:	4 Gleitlager
Schmierung:	Druckumlaufschmierung
Ölmenge bei Erstbefüllung (l):	3,0
Ölwechselmenge (l):	2,5
MJ 1955 Ölmenge bei Erstbef. (l):	5,0
Ölwechselmenge (l):	4,0

Kraftübertragung

Antrieb:	Heckantrieb
Schaltgetriebe:	4-Gang
Getriebe-Typ:	519
Übersetzungen:	
1. Gang:	3,182
2. Gang:	1,765
3. Gang:	1,130
4. Gang:	0,815
Rückwärtsgang:	3,560
Achsübersetzung:	4,375

Karosserie, Fahrwerk, Bremse, Räder und Reifen

Karosserie:	2-türige, 2 + 2-sitzige, selbsttragende Karosserie aus Stahlblech, gepreßter und geschweißter Stahlblechkastenrahmen einteilige, geknickte Windschutzscheibe, ein Lufteinlaßgitter in der Motorhaube, von der Karosserie abgesetzte Stoßstangen mit Stoßstangenhörnern
Coupé:	Festes verschweißtes Stahldach
Sonderwunsch ab Juni 1954:	Manuelles Schiebedach
Cabriolet:	Gefüttertes Stoffverdeck mit kleiner Glasheckscheibe
ab April 1953:	Vergrößerte flexible Kunststoffheckscheibe
Vorderradaufhängung:	Einzelradaufhängung an zwei Kurbellängslenkern (als Traghebel ausgebildet), zwei durchgehende je aus einzelnen Federblättern gebündelte Vierkant-Drehfederstäbe, oben 6 Blatt- unten 5 Blattausführung, doppeltwirkende hydraulische Teleskop-Stoßdämpfer
Hinterradaufhängung:	Pendelhalbachsen durch Längslenker geführt (als Federstreben ausgebildet), Einzelradfederung durch je einen runden querliegenden Drehstab (Torsionsstab) auf jeder Seite, doppeltwirkende hydraulische Teleskop-Stoßdämpfer
Bremse v/h (Durchm. x B (mm)):	Trommeln Duplex (280 x 40) / Trommeln Simplex (280 x 40)
Räder v/h:	3,25 D x 16 / 3,25 D x 16
Reifen v/h:	5,0-16 Sport / 5,00-16 Sport

Elektrik

Lichtmaschine (W):	130
Batterie (V/Ah):	6 / 75

Abmessungen, Gewichte und Volumen

Spurweite v/h (mm):	1290 / 1250
Radstand (mm):	2100
Maße (L x B x H (mm)):	3950 x 1660 x 1300
Leergewicht fahrfertig (kg):	810
MJ 1955:	830
zul. Gesamtgewicht (kg):	1200
Tankvolumen (l):	52, davon 5 Reserve
C_w x A (m²) Coupé:	0,365 x 1,692 = 0,618
Leistungsgewicht (kg/kW / kg/PS):	20,25 / 14,72
MJ 1955:	20,75 / 15,09

Kraftstoffverbrauch

Normverbrauch (l/100 km):	7,3; 76 - 80 MOZ Normal verbleit

Fahrleistungen, Stückzahlen, Preise

Beschleunigung 0–100 km/h (s):	17,0
Höchstgeschw. (km/h):	160
Stückzahlen:	
356 Coupé gesamt:*	6.252
356 Cabriolet gesamt:*	1.593
***Stückzahl alle Motorvarianten**	
Listenpreise:	
10/1952 Coupé:	DM 12.700,-
Cabriolet:	DM 14.700,-
10/1953 Coupé:	DM 12.700,-
Cabriolet:	DM 14.700,-
01/1954 Coupé:	DM 12.700,-
Cabriolet:	DM 14.700,-
10/1954 Coupé:	DM 12.700,-
Cabriolet:	DM 14.700,-

356 1500 Super Coupé und Cabriolet MJ 1953 bis MJ 1955

Motor

Bauart:	4-Zylinder-Boxermotor
Einbauposition:	Heckmotor
Kühlung:	luftgekühlt
Motor-Typ:	528
MJ 1955:	528/2
Hubraum (cm³):	1488
Bohrung x Hub:	80 x 74
Leistung (kW/PS):	51/70 bei 5000/min
Drehmoment (Nm):	108 bei 3600/min
Literleistung (kW/l / PS/l):	34,3 / 47,0
Verdichtung:	8,2 : 1
Ventilsteuerung:	ohv über Stoßstangen, 2 Ventile pro Zylinder
Gemischaufbereitung:	2 Fallstromvergaser Solex 40 PBIC
Zündung:	Batteriezündung
Zündfolge:	1 - 4 - 3 - 2
Kurbelwellenlagerung:	4 Gleitlager
Schmierung:	Druckumlaufschmierung
Ölmenge bei Erstbefüllung (l):	3,0
Ölwechselmenge (l):	2,5
MJ 1955 - Ölmenge b. Erstbef. (l):	5,0
Ölwechselmenge (l):	4,0

Kraftübertragung

Antrieb:	Heckantrieb
Schaltgetriebe:	4-Gang
Getriebe-Typ:	519
Übersetzungen:	
1. Gang:	3,182
2. Gang:	1,765
3. Gang:	1,130
4. Gang:	0,815
Rückwärtsgang:	3,560
Achsübersetzung:	4,375

Karosserie, Fahrwerk, Bremse, Räder und Reifen

Karosserie:	2-türige, 2 + 2-sitzige, selbsttragende Karosserie aus Stahlblech, gepreßter und geschweißter Stahlblechkastenrahmen einteilige, geknickte Windschutzscheibe, ein Lufteinlaßgitter in der Motorhaube, von der Karosserie abgesetzte Stoßstangen mit Stoßstangenhörnern
Coupé:	Festes verschweißtes Stahldach
Sonderwunsch ab Juni 1954:	Manuelles Schiebedach
Cabriolet:	Gefüttertes Stoffverdeck mit kleiner Glasheckscheibe
ab April 1953:	Vergrößerte flexible Kunststoffheckscheibe
Vorderradaufhängung:	Einzelradaufhängung an zwei Kurbellängslenkern (als Traghebel ausgebildet), zwei durchgehende je aus einzelnen Federblättern gebündelte Vierkant-Drehfederstäbe, oben 6 Blatt- unten 5 Blattausführung, doppeltwirkende hydraulische Teleskop-Stoßdämpfer
Hinterradaufhängung:	Pendelhalbachsen durch Längslenker geführt (als Federstreben ausgebildet), Einzelradfederung durch je einen runden querliegenden Drehstab (Torsionsstab) auf jeder Seite, doppeltwirkende hydraulische Teleskop-Stoßdämpfer
Bremse v/h (Durchm. x B (mm)):	Trommeln Duplex (280 x 40) / Trommeln Simplex (280 x 40)
Räder v/h:	3,25 D x 16 / 3,25 D x 16
Reifen v/h:	5,00-16 Sport / 5,00-16 Sport

Elektrik

Lichtmaschine (W):	130
Batterie (V/Ah):	6 / 75

Abmessungen, Gewichte und Volumen

Spurweite v/h (mm):	1290 / 1250
Radstand (mm):	2100
Maße (L x B x H (mm)):	3950 x 1660 x 1300
Leergewicht fahrfertig (kg):	810
MJ 1955:	830
zul. Gesamtgewicht (kg):	1200
Tankvolumen (l):	52, davon 5 Reserve
C_w x A (m²) Coupé:	0,365 x 1,692 = 0,618
Leistungsgewicht (kg/kW / kg/PS):	15,88 / 11,57
MJ 1955:	16,27 / 11,85

Kraftstoffverbrauch

Normverbrauch (l/100 km):	7,8; 76 - 80 MOZ Normal verbleit

Fahrleistungen, Stückzahlen, Preise

Beschleunigung 0–100 km/h (s):	13,5
Höchstgeschw. (km/h):	175
Stückzahlen:	
356 Coupé gesamt:*	6.252
356 Cabriolet gesamt:*	1.593
*Stückzahl alle Motorvarianten	
Listenpreise:	
10/1952 Coupé:	DM 13.800,-
Cabriolet:	DM 15.800,-
10/1953 Coupé:	DM 13.800,-
Cabriolet:	DM 15.800,-
01/1954 Coupé:	DM 13.800,-
Cabriolet:	DM 15.800,-
10/1954 Coupé:	DM 13.800,-
Cabriolet:	DM 15.800,-

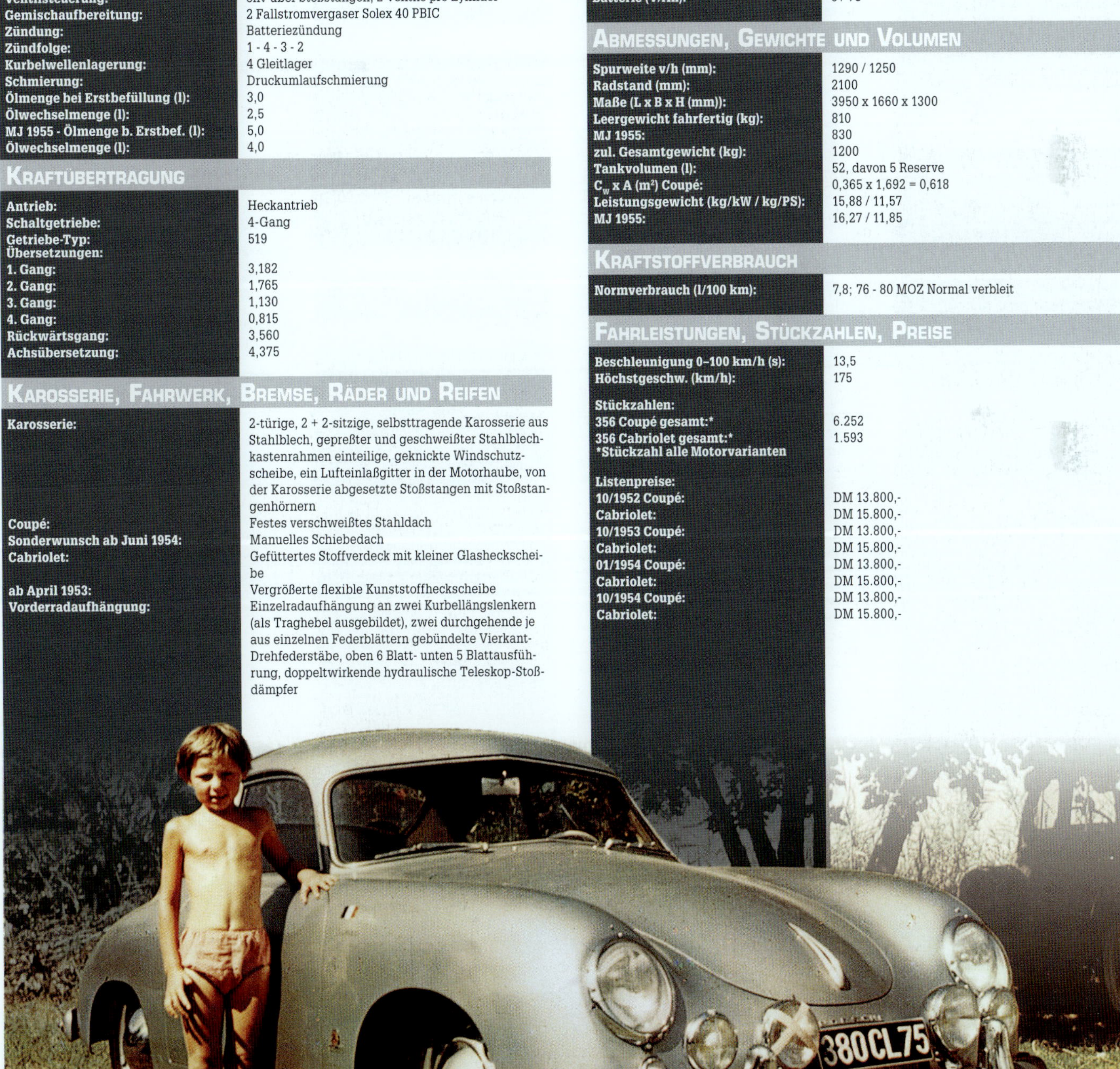

356 1300 Coupé und Cabriolet MJ 1954 bis MJ 1955

Motor

Bauart:	4-Zylinder-Boxermotor
Einbauposition:	Heckmotor
Kühlung:	luftgekühlt
Motor-Typ:	506/2
Hubraum (cm³):	1290
Bohrung x Hub:	74,5 x 74
Leistung (kW/PS):	32/44 bei 4200/min
Drehmoment (Nm):	81 bei 2800/min
Literleistung (kW/l / PS/l):	24,8 / 34,1
Verdichtung:	6,5 : 1
Ventilsteuerung:	ohv über Stoßstangen, 2 Ventile pro Zylinder
Gemischaufbereitung:	2 Fallstromvergaser Solex 32 PBI
Zündung:	Batteriezündung
Zündfolge:	1 - 4 - 3 - 2
Kurbelwellenlagerung:	4 Gleitlager
Schmierung:	Druckumlaufschmierung
Ölmenge bei Erstbefüllung (l):	5,0
Ölwechselmenge (l):	4,0

Kraftübertragung

Antrieb:	Heckantrieb
Schaltgetriebe:	4-Gang
Getriebe-Typ:	519
Übersetzungen:	
1. Gang:	3,182
2. Gang:	1,765
3. Gang:	1,130
4. Gang:	0,815
Rückwärtsgang:	3,560
Achsübersetzung:	4,375

Karosserie, Fahrwerk, Bremse, Räder und Reifen

Karosserie:	2-türige, 2 + 2-sitzige, selbsttragende Karosserie aus Stahlblech, gepreßter und geschweißter Stahlblechkastenrahmen einteilige, geknickte Windschutzscheibe, ein Lufteinlaßgitter in der Motorhaube, von der Karosserie abgesetzte Stoßstangen mit Stoßstangenhörnern
Coupé:	Festes verschweißtes Stahldach
Sonderwunsch ab Juni 1954:	Manuelles Schiebedach
Cabriolet:	Gefüttertes Stoffverdeck mit großer flexibler Kunststoffheckscheibe
Vorderradaufhängung:	Einzelradaufhängung an zwei Kurbellängslenkern (als Traghebel ausgebildet), zwei durchgehende je aus einzelnen Federblättern gebündelte Vierkant-Drehfederstäbe, oben 6 Blatt- unten 5 Blattausführung, doppeltwirkende hydraulische Teleskop-Stoßdämpfer
Hinterradaufhängung:	Pendelhalbachsen durch Längslenker geführt (als Federstreben ausgebildet), Einzelradfederung durch je einen runden querliegenden Drehstab (Torsionsstab) auf jeder Seite, doppeltwirkende hydraulische Teleskop-Stoßdämpfer
Bremse v/h (Durchm. x B (mm)):	Trommeln Duplex (280 x 40) / Trommeln Simplex (280 x 40)
Räder v/h:	3,25 D x 16 / 3,25 D x 16
Reifen v/h:	5,00-16 Sport / 5,00-16 Sport

Elektrik

Lichtmaschine (W):	130
Batterie (V/Ah):	6 / 75

Abmessungen, Gewichte und Volumen

Spurweite v/h (mm):	1290 / 1250
Radstand (mm):	2100
Maße (L x B x H (mm)):	3950 x 1660 x 1300
Leergewicht fahrfertig (kg):	810
MJ 1955:	830
zul. Gesamtgewicht (kg):	1200
Tankvolumen (l):	52, davon 5 Reserve
C_W x A (m²) Coupé:	0,365 x 1,692 = 0,618
Leistungsgewicht (kg/kW / kg/PS):	25,31 / 18,40
MJ 1955:	25,93 / 18,86

Kraftstoffverbrauch

Normverbrauch (l/100 km):	6,7; 76 - 80 MOZ Normal verbleit

Fahrleistungen, Stückzahlen, Preise

Beschleunigung 0–100 km/h (s):	22,0
Höchstgeschw. (km/h):	145
Stückzahlen:	
356 Coupé gesamt:*	6.252
356 Cabriolet gesamt:*	1.593
***Stückzahl alle Motorvarianten**	
Listenpreise:	
10/1953 Coupé:	DM 11.400,-
Cabriolet:	DM 13.400,-
01/1954 Coupé:	DM 11.400,-
Cabriolet:	DM 13.400,-
10/1954 Coupé:	DM 11.400,
Cabriolet:	DM 13.400,-

356 1300 Super Coupé und Cabriolet MJ 1954 bis MJ 1955

Motor

Bauart:	4-Zylinder-Boxermotor
Einbauposition:	Heckmotor
Kühlung:	luftgekühlt
Motor-Typ:	589
MJ 1955:	589/2
Hubraum (cm³):	1290
Bohrung x Hub:	74,5 x 74
Leistung (kW/PS):	44/60 bei 5500/min
Drehmoment (Nm):	88 bei 3600/min
Literleistung (kW/l / PS/l):	34,1 / 46,5
Verdichtung:	8,2 : 1
Ventilsteuerung:	ohv über Stoßstangen, 2 Ventile pro Zylinder
Gemischaufbereitung:	2 Fallstromvergaser Solex 32 PBI
MJ 1955:	32 PBIC und 40 PICB
Zündung:	Batteriezündung
Zündfolge:	1 - 4 - 3 - 2
Kurbelwellenlagerung:	4 Gleitlager
Schmierung:	Druckumlaufschmierung
Ölmenge bei Erstbefüllung (l):	3,0
Ölwechselmenge (l):	2,5
MJ 1955 - Ölmenge bei Erstbef. (l):	5,0
Ölwechselmenge (l):	4,0

Kraftübertragung

Antrieb:	Heckantrieb
Schaltgetriebe:	4-Gang
Getriebe-Typ:	519/2
Übersetzungen:	
1. Gang:	3,182
2. Gang:	1,765
3. Gang:	1,227
4. Gang:	0,885
Rückwärtsgang:	3,560
Achsübersetzung:	4,375

Karosserie, Fahrwerk, Bremse, Räder und Reifen

Karosserie:	2-türige, 2 + 2-sitzige, selbsttragende Karosserie aus Stahlblech, gepreßter und geschweißter Stahlblechkastenrahmen einteilige, geknickte Windschutzscheibe, ein Lufteinlaßgitter in der Motorhaube, von der Karosserie abgesetzte Stoßstangen mit Stoßstangenhörnern
Coupé:	Festes verschweißtes Stahldach
Sonderwunsch ab Juni 1954:	Manuelles Schiebedach
Cabriolet:	Gefüttertes Stoffverdeck mit großer flexibler Kunststoffheckscheibe
Vorderradaufhängung:	Einzelradaufhängung an zwei Kurbellängslenkern (als Traghebel ausgebildet), zwei durchgehende je aus einzelnen Federblättern gebündelte Vierkant-Drehfederstäbe, oben 6 Blatt- unten 5 Blattausführung, doppeltwirkende hydraulische Teleskop-Stoßdämpfer
Hinterradaufhängung:	Pendelhalbachsen durch Längslenker geführt (als Federstreben ausgebildet), Einzelradfederung durch je einen runden querliegenden Drehstab (Torsionsstab) auf jeder Seite, doppeltwirkende hydraulische Teleskop-Stoßdämpfer
Bremse v/h (Durchm. x B (mm)):	Trommeln Duplex (280 x 40) / Trommeln Simplex (280 x 40)
Räder v/h:	3,25 D x 16 / 3,25 D x 16
Reifen v/h:	5,00-16 Sport / 5,00-16 Sport

Elektrik

Lichtmaschine (W):	130
Batterie (V/Ah):	6 / 75

Abmessungen, Gewichte und Volumen

Spurweite v/h (mm):	1290 / 1250
Radstand (mm):	2100
Maße (L x B x H (mm)):	3950 x 1660 x 1300
Leergewicht fahrfertig (kg):	810
MJ 1955:	830
zul. Gesamtgewicht (kg):	1200
Tankvolumen (l):	52, davon 5 Reserve
C_w x A (m²) Coupé:	0,365 x 1,692 = 0,618
Leistungsgewicht (kg/kW / kg/PS):	18,40 / 13,50
MJ 1955:	18,86 / 13,83

Kraftstoffverbrauch

Normverbrauch (l/100 km):	7,3; 76 - 80 MOZ Normal verbleit

Fahrleistungen, Stückzahlen, Preise

Beschleunigung 0–100 km/h (s):	17,0
Höchstgeschw. (km/h):	160
Stückzahlen:	
356 Coupé gesamt:*	6.252
356 Cabriolet gesamt:*	1.593
*Stückzahl alle Motorvarianten	
Listenpreise:	
10/1953 Coupé:	DM 13.500,-
Cabriolet:	DM 15.500,-
01/1954 Coupé:	DM 13.500,-
Cabriolet:	DM 15.500,-
10/1954 Coupé:	DM 13.500,-
Cabriolet:	DM 15.500,-

356 1500 Speedster MJ 1955

Motor

Bauart:	4-Zylinder-Boxermotor
Einbauposition:	Heckmotor
Kühlung:	luftgekühlt
Motor-Typ:	546/2
Hubraum (cm³):	1488
Bohrung x Hub:	80 x 74
Leistung (kW/PS):	40/55 bei 4400/min
Drehmoment (Nm):	106 bei 2800/min
Literleistung (kW/l / PS/l):	26,9 / 37,0
Verdichtung:	7,0 : 1
Ventilsteuerung:	ohv über Stoßstangen, 2 Ventile pro Zylinder
Gemischaufbereitung:	2 Fallstromvergaser Solex 32 PBI
Zündung:	Batteriezündung
Zündfolge:	1 - 4 - 3 - 2
Kurbelwellenlagerung:	4 Gleitlager
Schmierung:	Druckumlaufschmierung
Ölmenge bei Erstbefüllung (l):	5,0
Ölwechselmenge (l):	4,0

Kraftübertragung

Antrieb:	Heckantrieb
Schaltgetriebe:	4-Gang
Getriebe-Typ:	519/2
Übersetzungen:	
1. Gang:	3,182
2. Gang:	1,765
3. Gang:	1,227
4. Gang:	0,885
Rückwärtsgang:	3,560
Achsübersetzung:	4,375

Karosserie, Fahrwerk, Bremse, Räder und Reifen

Karosserie:	2-türige, 2-sitzige, selbsttragende Speedster-Karosserie aus Stahlblech, gepreßter und geschweißter Stahlblechkastenrahmen,gebogene einteilige Windschutzscheibe mit abgerundeten oberen Ecken, ein Lufteinlaßgitter in der Motorhaube, von der Karosserie abgesetzte Stoßstangen mit Stoßstangenhörnern, ungefüttertes Stoffverdeck mit flexibler Kunststoffheckscheibe, Steckscheiben an den Türen
Vorderradaufhängung:	Einzelradaufhängung an zwei Kurbellängslenkern (als Traghebel ausgebildet), zwei durchgehende je aus einzelnen Federblättern gebündelte Vierkant-Drehfederstäbe, oben 6 Blatt- unten 5 Blattausführung, doppeltwirkende hydraulische Teleskop-Stoßdämpfer
Hinterradaufhängung:	Pendelhalbachsen durch Längslenker geführt (als Federstreben ausgebildet), Einzelradfederung durch je einen runden querliegenden Drehstab (Torsionsstab) auf jeder Seite, doppeltwirkende hydraulische Teleskop-Stoßdämpfer
Bremse v/h (Durchm. x B (mm)):	Trommeln Duplex (280 x 40) / Trommeln Simplex (280 x 40)
Räder v/h:	3,25 D x 16 / 3,25 D x 16
Reifen v/h:	5,00-16 Sport / 5,00-16 Sport
Sonderwunsch:	5,25-16 / 5,25-16

Elektrik

Lichtmaschine (W):	130
Batterie (V/Ah):	6 / 75

Abmessungen, Gewichte und Volumen

Spurweite v/h (mm):	1290 / 1250
Radstand (mm):	2100
Maße (L x B x H (mm)):	3950 x 1660 x 1220*
Leergewicht fahrfertig (kg):	760
zul. Gesamtgewicht (kg):	1100
Tankvolumen (l):	52, davon 5 Reserve
C_w x A (m²):	0,377 x 1,640 = 0,618
Leistungsgewicht (kg/kW / kg/PS):	19,00 / 13,81
***mit geschlossenem Verdeck**	

Kraftstoffverbrauch

Normverbrauch (l/100 km):	7,3; 76 - 80 MOZ Normal verbleit

Fahrleistungen, Stückzahlen, Preise

Beschleunigung 0–100 km/h (s):	17,0
Höchstgeschw. (km/h):	160
Stückzahlen:	
356 Speedster gesamt:*	1.234
***Stückzahl alle Motorvarianten**	
Listenpreis:	
10/1954 Speedster:	DM 12.200,-

356 1500 Super Speedster MJ 1955

Motor

Bauart:	4-Zylinder-Boxermotor
Einbauposition:	Heckmotor
Kühlung:	luftgekühlt
Motor-Typ:	528/2
Hubraum (cm³):	1488
Bohrung x Hub:	80 x 74
Leistung (kW/PS):	51/70 bei 5000/min
Drehmoment (Nm):	108 bei 3600/min
Literleistung (kW/l / PS/l):	34,3 / 47,0
Verdichtung:	8,2 : 1
Ventilsteuerung:	ohv über Stoßstangen, 2 Ventile pro Zylinder
Gemischaufbereitung:	2 Fallstromvergaser Solex 40 PBIC
Zündung:	Batteriezündung
Zündfolge:	1 - 4 - 3 - 2
Kurbelwellenlagerung:	4 Gleitlager
Schmierung:	Druckumlaufschmierung
Ölmenge bei Erstbefüllung (l):	5,0
Ölwechselmenge (l):	4,0

Kraftübertragung

Antrieb:	Heckantrieb
Schaltgetriebe:	4-Gang
Getriebe-Typ:	519/2
Übersetzungen:	
1. Gang:	3,182
2. Gang:	1,765
3. Gang:	1,227
4. Gang:	0,885
Rückwärtsgang:	3,560
Achsübersetzung:	4,375

Karosserie, Fahrwerk, Bremse, Räder und Reifen

Karosserie:	2-türige, 2-sitzige, selbsttragende Speedster-Karosserie aus Stahlblech, gepreßter und geschweißter Stahlblechkastenrahmen, gebogene einteilige Windschutzscheibe mit abgerundeten oberen Ecken, ein Lufteinlaßgitter in der Motorhaube, von der Karosserie abgesetzte Stoßstangen mit Stoßstangenhörnern, ungefüttertes Stoffverdeck mit flexibler Kunststoffheckscheibe, Steckscheiben an den Türen
Vorderradaufhängung:	Einzelradaufhängung an zwei Kurbellängslenkern (als Traghebel ausgebildet), zwei durchgehende je aus einzelnen Federblättern gebündelte Vierkant-Drehfederstäbe, oben 6 Blatt- unten 5 Blattausführung, doppeltwirkende hydraulische Teleskop-Stoßdämpfer
Hinterradaufhängung:	Pendelhalbachsen durch Längslenker geführt (als Federstreben ausgebildet), Einzelradfederung durch je einen runden querliegenden Drehstab (Torsionsstab) auf jeder Seite, doppeltwirkende hydraulische Teleskop-Stoßdämpfer
Bremse v/h (Durchm. x B (mm)):	Trommeln Duplex (280 x 40) / Trommeln Simplex (280 x 40)
Räder v/h:	3,25 D x 16 / 3,25 D x 16
Reifen v/h:	5,00-16 Sport / 5,00-16 Sport

Elektrik

Lichtmaschine (W):	130
Batterie (V/Ah):	6 / 75

Abmessungen, Gewichte und Volumen

Spurweite v/h (mm):	1290 / 1250
Radstand (mm):	2100
Maße (L x B x H (mm)):	3950 x 1660 x 1220*
Leergewicht fahrfertig (kg):	760
zul. Gesamtgewicht (kg):	1100
Tankvolumen (l):	52, davon 5 Reserve
C_w x A (m²):	0,377 x 1,640 = 0,618
Leistungsgewicht (kg/kW / kg/PS):	14,90 / 10,85

***mit geschlossenem Verdeck**

Kraftstoffverbrauch

Normverbrauch (l/100 km):	7,8; 76 - 80 MOZ Normal verbleit

Fahrleistungen, Stückzahlen, Preise

Beschleunigung 0–100 km/h (s):	13,5
Höchstgeschw. (km/h):	175
Stückzahl:	
356 Speedster gesamt:*	1.234
Listenpreis:	
10/1954 Speedster:	DM 13.300,-

***Stückzahl alle Motorvarianten**

Porsche 356 A

Im Herbst 1955 löst der weiterentwickelte 356 A den 356 ab. Der 356 A wird in den Karosserieversionen Coupé, Cabriolet und Speedster ausgeliefert. 1,6-Liter-Motoren ersetzen die 1,5-Liter-Maschinen. Am 12. März 1956 feiert die Belegschaft das 25-jährige Firmenjubiläum. Bei dieser Feier präsentiert das Unternehmen den 10.000. Porsche, einen 356 A. Im gleichen Jahr wird das im Krieg beschlagnahmte Werk I wieder übernommen. Dort sind das Konstruktionsbüro, der Versuch, die Reparaturabteilung und die Finanzverwaltung untergebracht.

Modelljahr 1956

Der 356 A wird bei seiner Markteinführung mit fünf verschiedenen Motorisierungen angeboten:
356 A 1300 mit 44 PS (32 kW) bei 4.200/min,
356 A 1300 Super mit 60 PS (44 kW) bei 5.500/min,
356 A 1600 mit 60 PS (44 kW) bei 4.500/min,
356 A 1600 Super mit 75 PS (55 kW) bei 5.000/min;
356 A Carrera 1500 GS mit 100 PS (74 kW) bei 6.200/min.
Bei allen Motoren sind Kurbelgehäuse, Zylinderköpfe und Kolben aus Leichtmetall gegossen. Die Laufflächen der Zylinder sind chrombeschichtet. Bei den Stoßstangenmotoren erfolgt die Steuerung der Ventile über eine zentrale Nockenwelle und Stößelstangen. Die Kurbelwelle ist gleitgelagert. Die Druckumlaufschmierung erfolgt über eine Zahnradpumpe. Die Gänge, des vollsynchronisierten 4-Gang-Schaltgetriebes werden über eine Einscheiben-Trockenkupplung getrennt.
Die Ganzstahlkarosserie des 356 A verfügt über einen selbsttragenden Verbundbau mit Bodenrahmen. Die »Panorama«-Windschutzscheibe ist einteilig und gebogen. Die vorderen Blinker

Der 356 A Carrera mit dem bekannten Kennzeichen »WN-V 2«des Schorndorfers Paul-Ernst Strähe im Windkanal

sind in das Hupengitter integriert. Alle Modelle erhalten einen geänderten Fronthaubengriff mit eingelassenem Porsche-Wappen. Durch Schieber können die Warmluftöffnungen der Heizung ganz oder teilweise geöffnet werden. Die Scheibenwaschanlage kann über eine Fußpumpe betätigt werden.

Zwei durchgehende Vierkant-Blattfederstäbe übernehmen die Federung, längsliegende Traghebel die Führung der vorderen Räder. An der Vorderachse erhalten alle 356 A verstärkte Achsschenkel und einen Stabilisator zur Verbesserung der Fahrstabilität in Kurven. Die hinteren Räder sind an Pendelhalbachsen durch Federstreben geführt und mit einem runden Drehstab auf jeder Seite gefedert. Stoßdämpfer und Federung werden neu abgestimmt. Die Aufnahmen der Torsionsstäbe sind verstellbar. Die Lagerung der Traghebel erfolgt mit Nadellagern. Die hydraulische Bremsanlage arbeitet mit vier 280-Millimeter-Trommelbremsen der Firma Teves. Bei der Größe der Räder erfolgt die Umstellung von 16 Zoll auf 15 Zoll Durchmesser. 5.60-15-Sportreifen sind auf 4,5 J x 15 Zoll Stahlscheibenräder aufgezogen. Die Spindellenkung arbeitet nach dem System Porsche.

Auf der Oberseite ist das Armaturenbrett mit einer gepolsterten Kunstlederabdeckung versehen. Hinter dem Zweispeichenlenkrad sind drei gleichgroße Instrumente installiert: Tachometer links, Drehzahlmesser mittig und ein Kombiinstrument rechts. In der Schalttafel sind ein elektrischer Zigarrenanzünder, der Aschenbecher und eine Radioblende integriert. Rechts neben dem Handschuhfachdeckel ist ein Haltegriff für den Beifahrer angebracht. Die Handbremse sitzt links neben der Lenksäule, die Heizungsbetätigung auf dem Mitteltunnel hinter dem Schalthebel. Die vorderen Sitze sind mit Liegesitzbeschlägen ausgerüstet, im Fond kann durch Umklappen der Rücksitzlehne der Gepäckraum vergrößert werden. Die Seitenverkleidungen im Fußraum vorn, die Innenschweller und das Fond sind mit Bouclé-Teppichen ausgekleidet.

Auch das schlichte Armaturenbrett des Speedster erhält die drei gleichgroßen Instrumente, bei denen der Drehzahlmesser in der Schalttafel nach oben gerückt ist. Das Zündschloß sitzt beim Speedster nach wie vor rechts.

Die Fahrleistungen des 356 A 1300 liegen auf dem Niveau des Vorgängermodells. Der 356 A 1300 Super und der 356 A 1600, der auch als »Dame« bezeichnet wird, sind in Beschleunigung und Höchstgeschwindigkeit mit dem 356 1300 Super vergleichbar. Im Test erreicht ein 356 A 1600 Super die 100 km/h-Marke in 14,2 Sekunden und eine Spitzengeschwindigkeit von 182 km/h.

Auf der IAA steht im Herbst 1955 einer der absoluten Traumwagen der fünfziger Jahre, ein Porsche 356 mit einem reinrassigen Renntriebwerk. Der 356 A 1500 GS (Grand Sport) Carrera präsentiert sich zum ersten Mal der Öffentlichkeit. Der Carrera ist als Coupé, Cabriolet oder Speedster erhältlich. Carrera ist das spanische Wort für Rennen, bekannt durch die Carrera Panamericana, einem bekannten Straßenrennen in Mexico. Mit 100 PS (74 kW) bei 6.200/min leistet der 1,5-Liter-Carrera-Motor ganze 25 PS (18kW) mehr als der bisher stärkste Stoßstangenmotor. Dieses Triebwerk giert geradezu nach hohen Drehzahlen und

356 A Carrera 1600 GS Cabriolet

vermittelt durch seinen heißeren Klang Rennatmosphäre pur! Der Carrera-Motor, den Ernst Fuhrmann entwickelt hat und ihn später als seine Jugendsünde bezeichnet, hat eine geteilte, rollengelagerte Hirth-Kurbelwelle. Je zwei obenliegende Nockenwellen pro Zylinderkopf werden über eine Königswellensteuerung angetrieben. Die Ölversorgung übernimmt eine Trockensumpfschmierung mit einem separaten Öltank, um auch in schnellen Kurven die bestmögliche Schmierung zu gewährleisten. Eine Doppelzündung mit jeweils zwei Zündkerzen pro Brennraum und zwei Doppelvergaser setzen das Benzin-Luft-Gemisch in Leistung um. Fast 200 km/h werden realistert und in der Beschleunigung von 0-100 km/h vergehen nur 12 Sekunden. Optisch unterscheidet sich der Carrera von seinen Serienbrüdern durch etwas breitere Reifen, Carrera-Schriftzügen auf den vorderen Kotflügeln und dem Heckdeckel, einem etwas größeren Lenkrad aus Holz, modifizierten Instrumenten mit einer Tachometerskalierung bis 250 km/h und einem Drehzahlmesser mit 8.000/min als Endwert, sowie Schalensitzen für Fahrer und Beifahrer.
Die Getriebeabstufung in den beiden oberen Gängen ist länger gewählt. Für den engagierten Privatfahrer ist dieser Wagen das ultimative Sportgerät für den Renneinsatz.

Modelljahr 1957

1957 ist das letzte Modelljahr in dem die 1300er Motoren im Angebot stehen.
In der Modellpflege erhält der Speedster ein geändertes Verdeck für mehr Kopffreiheit. Die Verdecke für Cabriolet und Speedster erhalten größere Heckscheiben. Im März 1957 tauschen bei allen Modellen das Kombiinstrument und der Tachometer die Plätze. Der Tacho sitzt jetzt rechts vom Drehzahlmesser, das Kombiinstrument links. Der Aschenbecher ist vergrößert und unter dem Armaturenbrett angeordnet.
Beim Getriebe weicht das bisher verwendete mittig zweigeteilte Getriebegehäuse einem Tunnelgehäuse.
Der 356 Carrera ist in einer noch stärkeren und agileren Ausführung lieferbar. Der 356 A 1500 GS Carrera »Grand Tourisme« ist nur in der Coupé- oder Speedster-Version lieferbar. Der Motor leistet 110 PS (81 kW) bei 6.400/min. Zur Gewichtsreduktion kommen Türen und Hauben aus Aluminium zum Einsatz. Im Heckdeckel trägt der Carrera neben dem verchromten Heckgrill links und rechts zusätzliche Lüftungsschlitze. Beim Coupé entfällt die Rücksitzanlage, Heck- und Seitenscheiben sind aus leichtem Plexiglas gefertigt. Bei allen Carrera GT-Modellen fallen auch die Stoßstangenhörner der Gewichtsoptimierung zum Opfer.

Modelljahr 1958 (T 2)

Mit dem Modelljahr 1958, in dem die Fahrzeuge intern als technisches Programm II (T 2) genannt werden, entfallen der 356 A 1300 und der 356 A 1300 Super aus der Modellpalette. Bei den Stoßstangenmotoren ist nur noch die 1600 »Dame« und die 1600 Super-Motorisierung im Programm. Der Super- und der Dame-Motor erhalten neue Zenith-Doppelfallstromvergaser, die jedem Zylinder einen eigenen Einlauftrichter zuordnen. Ein neues Kurbelgehäuse verbessert den Ölkreislauf und die Ölverteilung. Bei niedrigen Drehzahlen ergibt sich ein höherer Öldruck. Beim Super-Motor geht man von der rollengelagerten Hirth- zu einer Gleitlagerkurbelwelle über. Die Dame erhält Graugußzylinder.
Die neue Tellerfeder-Kupplung erleichtert das Kuppeln des Dame-Modells.
Als zusätzliche Karosserievarianten sind das, bei Karmann in Osnabrück gefertigte, Hardtop-Coupé mit festverschweißtem Hardtop und das Hardtop/Cabriolet mit einem abnehmbaren Hardtop-Aufsatz lieferbar.
Die Auspuffendrohre der 1600er Stoßstangenmotoren münden jetzt durch die Stoßstangenhörner, um mehr Bodenfreiheit zu erhalten. Bei den Carrera-Modellen verlaufen die Auspuffrohre in Wagenmitte ins Freie. Die neuen, schon im März 1957 eingeführten, tropfenförmigen Heckleuchten (tear drops) vereinen Blinker, Rück- und Bremsleuchten. Die Nummernschildbeleuchtung und der Rückfahrscheinwerfer sind jetzt unterhalb des Kennzeichens montiert. Für Cabriolet und Speedster ist je ein Hardtop für den Winter als Sonderwunsch lieferbar. Eine Abschleppöse ist unter dem Bug angebracht. Im Karosserieboden sind Verstärkungen eingeschweißt, um Sicherheitsgurte montieren zu können. Die Türen erhalten neue Schlösser, eine Arretierung, die das Zufallen der Tür auch bei Gefälle verhindert und eine andere Übersetzung des Fensterhebermechanismus. Das Cabriolet erhält drehbare Dreiecksfenster für eine bessere Belüftung, die auch beim Coupé auf Wunsch eingebaut werden können. Das Coupé ist mit zwei Innenleuchten ausgestattet.
Als Sonderwunsch sind verchromte Räder mit Zentralverschluß (Rudge-Räder) lieferbar. Die Super-Varianten erhalten flachere Radkappen mit Porsche-Emblem in der Mitte. Die Dame-Ausführung ist weiterhin mit den gewölbten Radkappen (baby moon) ausgestattet. Statt der Spindellenkung wird ein Einfinger-Lenkgetriebe von ZF (Zahnradfabrik Friedrichshafen) eingebaut. Neue anatomisch überarbeitete Sitze passen sich der Körperform besser an.
Im Modelljahr 1958 löst der luxuriöser ausgestattete, aber auch schwerere 356 A 1500 GS Carrera de Luxe den bisherigen 356 A 1500 GS Carrera ab. Der Carrera de Luxe ist in allen Karosserievarianten lieferbar. Serienmäßig ist der Wagen statt der motorabhängigen Heizung mit einem benzinbetriebenen Heizaggregat ausgerüstet.

Modelljahr 1959

Das letzte Modelljahr der 356 A-Baureihe. Alle Modelle der 356 A-Baureihe erhalten verstärkte Achsschenkel. Der Speedster ist nicht mehr im Programm. Er wird durch den Convertible D ersetzt. Das D steht für die Karosseriefirma Drauz in Heilbronn, die die Karosserien für dieses Modell baut.

Der Convertible D ist an der vergrößerten Frontscheibe, den Kurbelfenstern und der vergrößerten Heckscheibe im Verdeck von seinem Vorgänger, dem Speedster, zu unterscheiden. Die seitlichen Chromzierleisten sind auch auf den Karosserieflanken des Convertible D montiert. Der Convertible D wiegt 40 Kilogramm mehr als der Speedster, hat dafür aber auch eine komfortablere Ausstattung. Nur die ersten 14 Convertible D tragen einen »Speedster D«-Schriftzug auf den vorderen Kotflügeln.

Der Convertible D hat das gleiche Armaturenbrett wie der Speedster mit dem Zündschloß rechts neben der Lenksäule. Die Schalensitze weichen im Convertible den normalen Komfortsitzen. Im Fond stehen zwei einzeln gepolsterte Notsitze mit umklappbarer Lehne zur Verfügung. Zusätzlich erhält dieses Modell eine Scheibenwaschanlage.

Zum Modelljahr 1959 wird der Hubraum des Carrera-Motors auf 1,6 Liter erhöht. Porsche bietet den Carrera in zwei verschiedenen Ausstattungsvarianten an. Den 356 A 1600 GS Carrera »de Luxe« für den verwöhnten Straßenfahrer mit 105 PS (77 kW) und Solex-Doppel-Vergasern in den Karosserieversionen Coupé, Cabriolet, Hardtop-Coupé und Hardtop/Cabriolet und für aktive Motorsportler den leichteren 356 A 1600 GS Carrera »Gran Turismo« mit 115 PS (85 kW) und Weber-Doppel-Vergasern nur als Coupé. Für aktive Motorsportler steht das leichtere 356 A 1600 GS Carrera »Gran Turismo« Coupé mit 115 PS (85 kW) und Weber-Doppel-Vergasern im Programm. Beide Carrera-Motoren laufen auf Gleitlagerkurbelwellen. Als Sonderwunsch sind beide Carrera-Varianten erstmals mit einer elektrischen 12 Volt-Anlage lieferbar.

An der Karosserie des »Gran Turismo« gibt es zahlreiche Änderungen. Die Stoßstangen werden ohne die Stoßstangenhörner ausgeliefert. Türen und Hauben sind aus Aluminium gefertigt. Im Heckdeckel sind neben dem Lüftungsgrill auf beiden Seiten jeweils sechs Lüftungsschlitze in das Blech geschnitten. Die Heck- und Seitenscheiben bestehen aus gewichtsreduzierendem Plexiglas.

Nur 686 Fahrzeuge der 356 A-Modellreihe werden mit einem Carrera-Motor ausgeliefert.

Insgesamt verlassen 20.541 Exemplare des 356 A die Werkshallen.

Ein rechtsgelenkter 356 A Speedster

356 A 1300 Coupé und Cabriolet MJ 1956 bis MJ 1957

Motor

Bauart:	4-Zylinder-Boxermotor
Einbauposition:	Heckmotor
Kühlung:	luftgekühlt
Motor-Typ:	506/2
Hubraum (cm³):	1290
Bohrung x Hub:	74,5 x 74
Leistung (kW/PS):	32/44 bei 4200/min
Drehmoment (Nm):	81 bei 2800/min
Literleistung (kW/l / PS/l):	24,8 / 34,1
Verdichtung:	6,5 : 1
Ventilsteuerung:	ohv über Stoßstangen, 2 Ventile pro Zylinder
Gemischaufbereitung:	2 Fallstromvergaser Solex 32 PBIC auch 32 PBI
Zündung:	Batteriezündung
Zündfolge:	1 - 4 - 3 - 2
Kurbelwellenlagerung:	4 Gleitlager
Schmierung:	Druckumlaufschmierung
Ölmenge bei Erstbefüllung (l):	5,0
Ölwechselmenge (l):	4,0

Kraftübertragung

Antrieb:	Heckantrieb
Schaltgetriebe:	4-Gang
Getriebe-Typ:	644
Übersetzungen:	
1. Gang:	3,182
2. Gang:	1,765
3. Gang:	1,130
4. Gang:	0,815
Rückwärtsgang:	3,560
Achsübersetzung:	4,428

Karosserie, Fahrwerk, Bremse, Räder und Reifen

Karosserie:	2-türige, 2 + 2-sitzige, selbsttragende Karosserie aus Stahlblech, gepreßter und geschweißter Stahlblechkastenrahmen, gebogene einteilige Windschutzscheibe, ein Lufteinlaßgitter in der Motorhaube, von der Karosserie abgesetzte Stoßstangen mit Stoßstangenhörnern,
Coupé:	Festes verschweißtes Stahldach
Sonderwunsch:	Manuelles Schiebedach
Cabriolet:	Gefüttertes Stoffverdeck mit flexibler Kunststoffheckscheibe
Sonderwunsch 1957:	Hardtop
Vorderradaufhängung:	Einzelradaufhängung an zwei Kurbellängslenkern (als Traghebel ausgebildet), zwei durchgehende je aus einzelnen Federblättern gebündelte Vierkant-Drehfederstäbe mit zusätzlichem Stabilisator, doppeltwirkende hydraulische Teleskop-Stoßdämpfer
Hinterradaufhängung:	Pendelhalbachsen durch Längslenker geführt (als Federstreben ausgebildet), Einzelradfederung durch je einen runden querliegenden Drehstab (Torsionsstab) auf jeder Seite, doppeltwirkende hydraulische Teleskop-Stoßdämpfer
Bremse v/h (Durchm. x B (mm)):	Trommeln Duplex (280 x 40) / Trommeln Simplex (280 x 40)
Räder v/h:	4,5 J x 15 / 4,5 J x 15
Reifen v/h:	5,60-15 Sport / 5,60-15 Sport

Elektrik

Lichtmaschine (W):	160
Batterie (V/Ah):	6 / 84

Abmessungen, Gewichte und Volumen

Spurweite v/h (mm):	1306 / 1272
Radstand (mm):	2100
Maße (L x B x H (mm)):	3950 x 1670 x 1310
Leergewicht nach DIN (kg):	850
zul. Gesamtgewicht (kg):	1200
Tankvolumen (l):	52, davon 5 Reserve
C_w x A (m²) Coupé:	0,365 x 1,692 = 0,618
Leistungsgewicht (kg/kW / kg/PS):	26,56 / 19,31

Kraftstoffverbrauch

nach DIN 70 030 (l/100 km):	7,7; 86 ROZ Normal verbleit

Fahrleistungen, Stückzahlen, Preise

Beschleunigung 0–100 km/h (s):	22,0
Höchstgeschw. (km/h):	145
Stückzahlen:	
356 A Coupé gesamt:*	13.016
356 A Cabriolet gesamt:*	3.285
***Stückzahl alle Motorvarianten**	
Listenpreise:	
09/1955 Coupé:	DM 11.400,-
Cabriolet:	DM 12.600,-
09/1956 Coupé:	DM 11.400,-
Cabriolet:	DM 12.600,-

356 A 1300 Super Coupé und Cabriolet MJ 1956 bis MJ 1957

Motor	
Bauart:	4-Zylinder-Boxermotor
Einbauposition:	Heckmotor
Kühlung:	luftgekühlt
Motor-Typ:	589/2
Hubraum (cm^3):	1290
Bohrung x Hub:	74,5 x 74
Leistung (kW/PS):	44/60 bei 5500/min
Drehmoment (Nm):	88 bei 3600/min
Literleistung (kW/l / PS/l):	34,1 / 46,5
Verdichtung:	7,5 : 1
Ventilsteuerung:	ohv über Stoßstangen, 2 Ventile pro Zylinder
Gemischaufbereitung:	2 Fallstromvergaser Solex 32 PBIC auch 40 PICB
Zündung:	Batteriezündung
Zündfolge:	1 - 4 - 3 - 2
Kurbelwellenlagerung:	4 Gleitlager
Schmierung:	Druckumlaufschmierung
Ölmenge bei Erstbefüllung (l):	5,0
Ölwechselmenge (l):	4,0

Kraftübertragung	
Antrieb:	Heckantrieb
Schaltgetriebe:	4-Gang
Getriebe-Typ:	644
Übersetzungen:	
1. Gang:	3,182
2. Gang:	1,765
3. Gang:	1,227
4. Gang:	0,885
Rückwärtsgang:	3,560
Achsübersetzung:	4,428

Karosserie, Fahrwerk, Bremse, Räder und Reifen	
Karosserie:	2-türige, 2 + 2-sitzige, selbsttragende Karosserie aus Stahlblech, gepreßter und geschweißter Stahlblechkastenrahmen, gebogene einteilige Windschutzscheibe, ein Lufteinlaßgitter in der Motorhaube, von der Karosserie abgesetzte Stoßstangen mit Stoßstangenhörnern,
Coupé:	Festes verschweißtes Stahldach
Sonderwunsch:	Manuelles Schiebedach
Cabriolet:	Gefüttertes Stoffverdeck mit flexibler Kunststoffheckscheibe
Sonderwunsch 1957:	Hardtop
Vorderradaufhängung:	Einzelradaufhängung an zwei Kurbellängslenkern (als Traghebel ausgebildet), zwei durchgehende je aus einzelnen Federblättern gebündelte Vierkant-Drehfederstäbe mit zusätzlichem Stabilisator, doppeltwirkende hydraulische Teleskop-Stoßdämpfer
Hinterradaufhängung:	Pendelhalbachsen durch Längslenker geführt (als Federstreben ausgebildet), Einzelradfederung durch je einen runden querliegenden Drehstab (Torsionsstab) auf jeder Seite, doppeltwirkende hydraulische Teleskop-Stoßdämpfer
Bremse v/h (Durchm. x B (mm)):	Trommeln Duplex (280 x 40) / Trommeln Simplex (280 x 40)
Räder v/h:	4,5 J x 15 / 4,5 J x 15
Reifen v/h:	5,60-15 Sport / 5,60-15 Sport

Elektrik	
Lichtmaschine (W):	160
Batterie (V/Ah):	6 / 84

Abmessungen, Gewichte und Volumen	
Spurweite v/h (mm):	1306 / 1272
Radstand (mm):	2100
Maße (L x B x H (mm)):	3950 x 1670 x 1310
Leergewicht nach DIN (kg):	850
zul. Gesamtgewicht (kg):	1200
Tankvolumen (l):	52, davon 5 Reserve
C_W x A (m^2) Coupé:	0,365 x 1,692 = 0,618
Leistungsgewicht (kg/kW / kg/PS):	19,31 / 14,16

Kraftstoffverbrauch	
nach DIN 70 030 (l/100 km):	7,8; 86 ROZ Normal verbleit

Fahrleistungen, Stückzahlen, Preise	
Beschleunigung 0–100 km/h (s):	17,0
Höchstgeschw. (km/h):	160
Stückzahlen:	
356 A Coupé gesamt:*	13.016
356 A Cabriolet gesamt:*	3.285
*Stückzahl alle Motorvarianten	
Listenpreise:	
09/1955 Coupé:	DM 13.500,-
Cabriolet:	DM 14.700,-
09/1956 Coupé:	DM 13.500,-
Cabriolet:	DM 14.700,-

356 A 1600 Coupé und Cabriolet MJ 1956 bis MJ 1957

Motor

Bauart:	4-Zylinder-Boxermotor
Einbauposition:	Heckmotor
Kühlung:	luftgekühlt
Motor-Typ:	616/1
Hubraum (cm³):	1582
Bohrung x Hub:	82,5 x 74
Leistung (kW/PS):	44/60 bei 4500/min
Drehmoment (Nm):	110 bei 2800/min
Literleistung (kW/l / PS/l):	27,8 / 37,9
Verdichtung:	7,5 : 1
Ventilsteuerung:	ohv über Stoßstangen, 2 Ventile pro Zylinder
Gemischaufbereitung:	2 Fallstromvergaser Zenith 32 NDIX
Zündung:	Batteriezündung
Zündfolge:	1 - 4 - 3 - 2
Kurbelwellenlagerung:	4 Gleitlager
Schmierung:	Druckumlaufschmierung
Ölmenge bei Erstbefüllung (l):	5,0
Ölwechselmenge (l):	4,0

Kraftübertragung

Antrieb:	Heckantrieb
Schaltgetriebe:	4-Gang
Getriebe-Typ:	644
Übersetzungen:	
1. Gang:	3,182
2. Gang:	1,765
3. Gang:	1,130
4. Gang:	0,815
Rückwärtsgang:	3,560
Achsübersetzung:	4,428

Karosserie, Fahrwerk, Bremse, Räder und Reifen

Karosserie:	2-türige, 2 + 2-sitzige, selbsttragende Karosserie aus Stahlblech, gepreßter und geschweißter Stahlblechkastenrahmen, gebogene einteilige Windschutzscheibe, ein Lufteinlaßgitter in der Motorhaube, von der Karosserie abgesetzte Stoßstangen mit Stoßstangenhörnern,
ab MJ 1958:	Auspuffendrohre münden durch Stoßstangenhörner
Coupé:	Festes verschweißtes Stahldach
Sonderwunsch:	Manuelles Schiebedach
Cabriolet:	Gefüttertes Stoffverdeck mit flexibler Kunststoffheckscheibe
Sonderwunsch ab 1957:	Hardtop
Vorderradaufhängung:	Einzelradaufhängung an zwei Kurbellängslenkern (als Traghebel ausgebildet), zwei durchgehende je aus einzelnen Federblättern gebündelte Vierkant-Drehfederstäbe mit zusätzlichem Stabilisator, doppeltwirkende hydraulische Teleskop-Stoßdämpfer
Hinterradaufhängung:	Pendelhalbachsen durch Längslenker geführt (als Federstreben ausgebildet), Einzelradfederung durch je einen runden querliegenden Drehstab (Torsionsstab) auf jeder Seite, doppeltwirkende hydraulische Teleskop-Stoßdämpfer
Bremse v/h (Durchm. x B (mm)):	Trommeln Duplex (280 x 40) / Trommeln Simplex (280 x 40)
Räder v/h:	4,5 J x 15 / 4,5 J x 15
Reifen v/h:	5,60-15 Sport / 5,60-15 Sport

Elektrik

Lichtmaschine (W):	160
Batterie (V/Ah):	6 / 84

Abmessungen, Gewichte und Volumen

Spurweite v/h (mm):	1306 / 1272
Radstand (mm):	2100
Maße (L x B x H (mm)):	3950 x 1670 x 1310
Leergewicht nach DIN (kg):	850
MJ 1959:	885
zul. Gesamtgewicht (kg):	1200
MJ 1959:	1250
Tankvolumen (l):	52, davon 5 Reserve
c_w x A (m²) Coupé:	0,365 x 1,692 = 0,618
Leistungsgewicht (kg/kW / kg/PS):	19,31 / 14,16
MJ 1959:	20,11 / 14,75

Kraftstoffverbrauch

nach DIN 70 030 (l/100 km):	7,6; 86 ROZ Normal verbleit

Fahrleistungen, Stückzahlen, Preise

Beschleunigung 0–100 km/h (s):	16,5
Höchstgeschw. (km/h):	160
Stückzahlen:	
356 A Coupé gesamt:*	13.016
356 A Cabriolet gesamt:*	3.285
***Stückzahl alle Motorvarianten**	
Listenpreise:	
09/1955 Coupé:	DM 12.700,-
Cabriolet:	DM 13.900,-
09/1956 Coupé:	DM 12.700,-
Cabriolet:	DM 13.900,-
09/1957 Coupé:	DM 12.700,-
Cabriolet:	DM 13.900,-
08/1958 Coupé:	DM 12.700,-
Cabriolet:	DM 13.900,-

356 A 1600 Hardtop-Coupé und Hardtop/Cabriolet MJ 1958 bis MJ 1959

Motor

Bauart:	4-Zylinder-Boxermotor
Einbauposition:	Heckmotor
Kühlung:	luftgekühlt
Motor-Typ:	616/1
Hubraum (cm³):	1582
Bohrung x Hub:	82,5 x 74
Leistung (kW/PS):	44/60 bei 4500/min
Drehmoment (Nm):	110 bei 2800/min
Literleistung (kW/l / PS/l):	27,8 / 37,9
Verdichtung:	7,5 : 1
Ventilsteuerung:	ohv über Stoßstangen, 2 Ventile pro Zylinder
Gemischaufbereitung:	2 Fallstromvergaser Solex 32 PBIC
ab MJ 1958:	Zenith 32 NDIX
Zündung:	Batteriezündung
Zündfolge:	1 - 4 - 3 - 2
Kurbelwellenlagerung:	4 Gleitlager
Schmierung:	Druckumlaufschmierung
Ölmenge bei Erstbefüllung(l):	5,0
Ölwechselmenge (l):	4,0

Kraftübertragung

Antrieb:	Heckantrieb
Schaltgetriebe:	4-Gang
Getriebe-Typ:	644
Übersetzungen:	
1. Gang:	3,182
2. Gang:	1,765
3. Gang:	1,130
4. Gang:	0,815
Rückwärtsgang:	3,560
Achsübersetzung:	4,428

Karosserie, Fahrwerk, Bremse, Räder und Reifen

Karosserie:	2-türige, 2 + 2-sitzige, selbsttragende Karosserie aus Stahlblech, gepreßter und geschweißter Stahlblechkastenrahmen, gebogene einteilige Windschutzscheibe, ein Lufteinlaßgitter in der Motorhaube, von der Karosserie abgesetzte Stoßstangen mit Stoßstangenhörnern, Auspuffendrohre münden durch Stoßstangenhörner
Hardtop-Coupé:	Festverschweißter Hardtop-Aufsatz
Hardtop/Cabriolet:	Abnehmbarer Hardtop-Aufsatz
Vorderradaufhängung:	Einzelradaufhängung an zwei Kurbellängslenkern (als Traghebel ausgebildet), zwei durchgehende je aus einzelnen Federblättern gebündelte Vierkant-Drehfederstäbe mit zusätzlichem Stabilisator, doppeltwirkende hydraulische Teleskop-Stoßdämpfer
Hinterradaufhängung:	Pendelhalbachsen durch Längslenker geführt (als Federstreben ausgebildet), Einzelradfederung durch je einen runden querliegenden Drehstab (Torsionsstab) auf jeder Seite, doppeltwirkende hydraulische Teleskop-Stoßdämpfer
Bremse v/h (Durchm. x B (mm)):	Trommeln Duplex (280 x 40) / Trommeln Simplex (280 x 40)
Räder v/h:	4,5 J x 15 / 4,5 J x 15
Reifen v/h:	5,60-15 Sport / 5,60-15 Sport

Elektrik

Lichtmaschine (W):	160
Batterie (V/Ah):	6 / 84

Abmessungen, Gewichte und Volumen

Spurweite v/h (mm):	1306 / 1272
Radstand (mm):	2100
Maße (L x B x H (mm)):	3950 x 1670 x 1290
Leergewicht nach DIN (kg):	850
MJ 1959:	885
zul. Gesamtgewicht (kg):	1200
MJ 1959:	1250
Tankvolumen (l):	52, davon 5 Reserve
C_w x A (m²) Coupé:	0,365 x 1,692 = 0,618
Leistungsgewicht (kg/kW / kg/PS):	19,31 / 14,16
MJ 1959:	20,11 / 14,75

Kraftstoffverbrauch

nach DIN 70 030 (l/100 km):	7,6; 86 ROZ Normal verbleit

Fahrleistungen, Stückzahlen, Preise

Beschleunigung 0–100 km/h (s):	16,5
Höchstgeschw. (km/h):	160
Stückzahlen:	
356 A Coupé gesamt:*	13.016
356 A Cabriolet gesamt:*	3.285
***Stückzahl alle Motorvarianten**	
Listenpreise:	
09/1957 Hardtop-Coupé:	DM 13.600,-
Hardtop/Cabriolet:	DM 14.960,-
08/1958 Hardtop-Coupé:	DM 13.600,-
Hardtop/Cabriolet:	DM 14.960,-

356 A 1600 Speedster MJ 1956 bis MJ 1958

Motor

Bauart:	4-Zylinder-Boxermotor
Einbauposition:	Heckmotor
Kühlung:	luftgekühlt
Motor-Typ:	616/1
Hubraum (cm³):	1582
Bohrung x Hub:	82,5 x 74
Leistung (kW/PS):	44/60 bei 4500/min
Drehmoment (Nm):	110 bei 2800/min
Literleistung (kW/l / PS/l):	27,8 / 37,9
Verdichtung:	7,5 : 1
Ventilsteuerung:	ohv über Stoßstangen, 2 Ventile pro Zylinder
Gemischaufbereitung:	2 Fallstromvergaser Solex 32 PBIC
MJ 1958:	Zenith 32 NDIX
Zündung:	Batteriezündung
Zündfolge:	1 - 4 - 3 - 2
Kurbelwellenlagerung:	4 Gleitlager
Schmierung:	Druckumlaufschmierung
Ölmenge bei Erstbefüllung (l):	5,0
Ölwechselmenge (l):	4,0

Kraftübertragung

Antrieb:	Heckantrieb
Schaltgetriebe:	4-Gang
Getriebe-Typ:	644
Übersetzungen:	
1. Gang:	3,182
2. Gang:	1,765
3. Gang:	1,227
4. Gang:	0,885
Rückwärtsgang:	3,560
Achsübersetzung:	4,428

Karosserie, Fahrwerk, Bremse, Räder und Reifen

Karosserie:	2-türige, 2-sitzige, selbsttragende Karosserie aus Stahlblech, gepreßter und geschweißter Stahlblechkastenrahmen, gebogene einteilige Windschutzscheibe mit abgerundeten oberen Ecken, ein Lufteinlaßgitter in der Motorhaube, von der Karosserie abgesetzte Stoßstangen mit Stoßstangenhörnern, ungefüttertes Stoffverdeck mit flexibler Kunststoffheckscheibe, Steckscheiben an den Türen
MJ 1958:	Auspuffendrohre münden durch Stoßstangenhörner
Sonderwunsch ab 1957:	Hardtop
Vorderradaufhängung:	Einzelradaufhängung an zwei Kurbellängslenkern (als Traghebel ausgebildet), zwei durchgehende je aus einzelnen Federblättern gebündelte Vierkant-Drehfederstäbe mit zusätzlichem Stabilisator, doppeltwirkende hydraulische Teleskop-Stoßdämpfer
Hinterradaufhängung:	Pendelhalbachsen durch Längslenker geführt (als Federstreben ausgebildet), Einzelradfederung durch je einen runden querliegenden Drehstab (Torsionsstab) auf jeder Seite, doppeltwirkende hydraulische Teleskop-Stoßdämpfer
Bremse v/h (Durchm. x B (mm)):	Trommeln Duplex (280 x 40) / Trommeln Simplex (280 x 40)
Räder v/h:	4,5 J x 15 / 4,5 J x 15
Reifen v/h:	5,60-15 Sport / 5,60-15 Sport

Elektrik

Lichtmaschine (W):	160
Batterie (V/Ah):	6 / 84

Abmessungen, Gewichte und Volumen

Spurweite v/h (mm):	1306 / 1272
Radstand (mm):	2100
Maße (L x B x H (mm)):	3950 x 1670 x 1220*
Leergewicht nach DIN (kg):	760
zul. Gesamtgewicht (kg):	1100
Tankvolumen (l):	52, davon 5 Reserve
c_w x A (m²):	0,377 x 1,640 = 0,618
Leistungsgewicht (kg/kW / kg/PS):	17,27 / 12,66

*mit geschlossenem Verdeck

Kraftstoffverbrauch

nach DIN 70 030 (l/100 km):	7,6; 86 ROZ Normal verbleit

Fahrleistungen, Stückzahlen, Preise

Beschleunigung 0–100 km/h (s):	16,5
Höchstgeschw. (km/h):	160
Stückzahlen:	
356 A Speedster gesamt:*	2.910

*Stückzahl alle Motorvarianten

Listenpreise:	
09/1955 Speedster:	DM 11.900,-
09/1956 Speedster:	DM 11.900,-
09/1957 Speedster:	DM 11.500,-

356 A 1600 Super Coupé und Cabriolet MJ 1956 bis MJ 1959

Motor

Bauart:	4-Zylinder-Boxermotor
Einbauposition:	Heckmotor
Kühlung:	luftgekühlt
Motor-Typ:	616/2
Hubraum (cm³):	1582
Bohrung x Hub:	82,5 x 74
Leistung (kW/PS):	55/75 bei 5000/min
Drehmoment (Nm):	117 bei 3700/min
Literleistung (kW/l / PS/l):	34,8 / 47,4
Verdichtung:	8,5 : 1
Ventilsteuerung:	ohv über Stoßstangen, 2 Ventile pro Zylinder
Gemischaufbereitung:	2 Fallstromvergaser Solex 40 PICB
ab MJ 1958:	Zenith 32 NDIX
Zündung:	Batteriezündung
Zündfolge:	1 - 4 - 3 - 2
Kurbelwellenlagerung:	4 Gleitlager
Schmierung:	Druckumlaufschmierung
Ölmenge bei Erstbefüllung (l):	5,0
Ölwechselmenge (l):	4,0

Kraftübertragung

Antrieb:	Heckantrieb
Schaltgetriebe:	4-Gang
Getriebe-Typ:	644
Übersetzungen:	
1. Gang:	3,182
2. Gang:	1,765
3. Gang:	1,130
4. Gang:	0,815
Rückwärtsgang:	3,560
Achsübersetzung:	4,428

Karosserie, Fahrwerk, Bremse, Räder und Reifen

Karosserie:	2-türige, 2 + 2-sitzige, selbsttragende Karosserie aus Stahlblech, gepreßter und geschweißter Stahlblechkastenrahmen, gebogene einteilige Windschutzscheibe, ein Lufteinlaßgitter in der Motorhaube, von der Karosserie abgesetzte Stoßstangen mit Stoßstangenhörnern,
ab MJ 1958:	Auspuffendrohre münden durch Stoßstangenhörner,
Coupé:	Festes verschweißtes Stahldach
Sonderwunsch:	Manuelles Schiebedach
Cabriolet:	Gefüttertes Stoffverdeck mit flexibler Kunststoffheckscheibe
Sonderwunsch ab 1957:	Hardtop
Vorderradaufhängung:	Einzelradaufhängung an zwei Kurbellängslenkern (als Traghebel ausgebildet), zwei durchgehende je aus einzelnen Federblättern gebündelte Vierkant-Drehfederstäbe mit zusätzlichem Stabilisator, doppeltwirkende hydraulische Teleskop-Stoßdämpfer
Hinterradaufhängung:	Pendelhalbachsen durch Längslenker geführt (als Federstreben ausgebildet), Einzelradfederung durch je einen runden querliegenden Drehstab (Torsionsstab) auf jeder Seite, doppeltwirkende hydraulische Teleskop-Stoßdämpfer
Bremse v/h (Durchm. x B (mm)):	Trommeln Duplex (280 x 40) / Trommeln Simplex (280 x 40)
Räder v/h:	4,5 J x 15 / 4,5 J x 15
Reifen v/h:	5,60-15 Sport / 5,60-15 Sport
Sonderwunsch:	5,90-15 Sport / 5,90-15 Sport

Elektrik

Lichtmaschine (W):	160
Batterie (V/Ah):	6 / 84

Abmessungen, Gewichte und Volumen

Spurweite v/h (mm):	1306 / 1272
Radstand (mm):	2100
Maße (L x B x H (mm)):	3950 x 1670 x 1310
Leergewicht nach DIN (kg):	850
MJ 1959:	885
zul. Gesamtgewicht (kg):	1200
MJ 1959:	1250
Tankvolumen (l):	52, davon 5 Reserve
c_w x A (m²) Coupé:	0,365 x 1,692 = 0,618
Leistungsgewicht (kg/kW / kg/PS):	15,45 / 11,33
MJ 1959:	16,09 / 11,80

Kraftstoffverbrauch

nach DIN 70 030 (l/100 km):	8,2; 86 ROZ Normal verbleit

Fahrleistungen, Stückzahlen, Preise

Beschleunigung 0–100 km/h (s):	14,5
Höchstgeschw. (km/h):	175
Stückzahlen:	
356 A Coupé gesamt:*	13.016
356 A Cabriolet gesamt:*	3.285
*Stückzahl alle Motorvarianten	
Listenpreise:	
09/1955 Coupé:	DM 13.800,-
Cabriolet:	DM 15.000,-
09/1956 Coupé:	DM 13.800,-
Cabriolet:	DM 15.000,-
09/1957 Coupé:	DM 13.800,-
Cabriolet:	DM 15.000,-
08/1958 Coupé:	DM 13.800,-
Cabriolet:	DM 15.000,-

356 A 1600 Super Hardtop-Coupé und Hardtop/Cabriolet MJ 1958 bis MJ 1959

Motor

Bauart:	4-Zylinder-Boxermotor
Einbauposition:	Heckmotor
Kühlung:	luftgekühlt
Motor-Typ:	616/2
Hubraum (cm³):	1582
Bohrung x Hub:	82,5 x 74
Leistung (kW/PS):	55/75 bei 5000/min
Drehmoment (Nm):	117 bei 3700/min
Literleistung (kW/l / PS/l):	34,8 / 47,4
Verdichtung:	8,5 : 1
Ventilsteuerung:	ohv über Stoßstangen, 2 Ventile pro Zylinder
Gemischaufbereitung:	2 Fallstromvergaser Zenith 32 NDIX
Zündung:	Batteriezündung
Zündfolge:	1 - 4 - 3 - 2
Kurbelwellenlagerung:	4 Gleitlager
Schmierung:	Druckumlaufschmierung
Ölmenge bei Erstbefüllung (l):	5,0
Ölwechselmenge (l):	4,0

Kraftübertragung

Antrieb:	Heckantrieb
Schaltgetriebe:	4-Gang
Getriebe-Typ:	644
Übersetzungen:	
1. Gang:	3,182
2. Gang:	1,765
3. Gang:	1,130
4. Gang:	0,815
Rückwärtsgang:	3,560
Achsübersetzung:	4,428

Karosserie, Fahrwerk, Bremse, Räder und Reifen

Karosserie:	2-türige, 2 + 2-sitzige, selbsttragende Karosserie aus Stahlblech, gepreßter und geschweißter Stahlblechkastenrahmen, gebogene einteilige Windschutzscheibe, ein Lufteinlaßgitter in der Motorhaube, von der Karosserie abgesetzte Stoßstangen mit Stoßstangenhörnern, Auspuffendrohre münden durch Stoßstangenhörner
Hardtop-Coupé:	Festverschweißter Hardtop-Aufsatz
Hardtop/Cabriolet:	Abnehmbarer Hardtop-Aufsatz
Vorderradaufhängung:	Einzelradaufhängung an zwei Kurbellängslenkern (als Traghebel ausgebildet), zwei durchgehende je aus einzelnen Federblättern gebündelte Vierkant-Drehfederstäbe mit zusätzlichem Stabilisator, doppeltwirkende hydraulische Teleskop-Stoßdämpfer
Hinterradaufhängung:	Pendelhalbachsen durch Längslenker geführt (als Federstreben ausgebildet), Einzelradfederung durch je einen runden querliegenden Drehstab (Torsionsstab) auf jeder Seite, doppeltwirkende hydraulische Teleskop-Stoßdämpfer
Bremse v/h (Durchm. x B (mm)):	Trommeln Duplex (280 x 40) / Trommeln Simplex (280 x 40)
Räder v/h:	4,5 J x 15 / 4,5 J x 15
Reifen v/h:	5,60-15 Sport / 5,60-15 Sport
Sonderwunsch:	5,90-15 Sport / 5,90-15 Sport

Elektrik

Lichtmaschine (W):	160
Batterie (V/Ah):	6 / 84

Abmessungen, Gewichte und Volumen

Spurweite v/h (mm):	1306 / 1272
Radstand (mm):	2100
Maße (L x B x H (mm)):	3950 x 1670 x 1290
Leergewicht nach DIN (kg):	850
MJ 1959:	885
zul. Gesamtgewicht (kg):	1200
MJ 1959:	1250
Tankvolumen (l):	52, davon 5 Reserve
C_w x A (m²) Coupé:	0,365 x 1,692 = 0,618
Leistungsgewicht (kg/kW / kg/PS):	15,45 / 11,33
MJ 1959:	16,09 / 11,80

Kraftstoffverbrauch

nach DIN 70 030 (l/100 km):	8,2; 86 ROZ Normal verbleit

Fahrleistungen, Stückzahlen, Preise

Beschleunigung 0–100 km/h (s):	14,5
Höchstgeschw. (km/h):	175
Stückzahlen:	
356 A Coupé gesamt:*	13.016
356 A Cabriolet gesamt:*	3.285
***Stückzahl alle Motorvarianten**	
Listenpreise:	
09/1957 Hardtop-Coupé:	DM 14.700,-
Hardtop/Cabriolet:	DM 15.750,-
08/1958 Hardtop-Coupé:	DM 14.700,-
Hardtop/Cabriolet:	DM 15.750,-

356 A 1600 Super Speedster MJ 1956 bis MJ 1958

Motor

Bauart:	4-Zylinder-Boxermotor
Einbauposition:	Heckmotor
Kühlung:	luftgekühlt
Motor-Typ:	616/2
Hubraum (cm^3):	1582
Bohrung x Hub:	82,5 x 74
Leistung (kW/PS):	55/75 bei 5000/min
Drehmoment (Nm):	117 bei 3700/min
Literleistung (kW/l / PS/l):	34,8 / 47,4
Verdichtung:	8,5 : 1
Ventilsteuerung:	ohv über Stoßstangen, 2 Ventile pro Zylinder
Gemischaufbereitung:	2 Fallstromvergaser Solex 32 PBIC
MJ 1958:	Zenith 32 NDIX
Zündung:	Batteriezündung
Zündfolge:	1 - 4 - 3 - 2
Kurbelwellenlagerung:	4 Gleitlager
Schmierung:	Druckumlaufschmierung
Ölmenge bei Erstbefüllung (l):	5,0
Ölwechselmenge (l):	4,0

Kraftübertragung

Antrieb:	Heckantrieb
Schaltgetriebe:	4-Gang
Getriebe-Typ:	644
Übersetzungen:	
1. Gang:	3,182
2. Gang:	1,765
3. Gang:	1,227
4. Gang:	0,885
Rückwärtsgang:	3,560
Achsübersetzung:	4,428

Karosserie, Fahrwerk, Bremse, Räder und Reifen

Karosserie:	2-türige, 2-sitzige, selbsttragende Karosserie aus Stahlblech, gepreßter und geschweißter Stahlblechkastenrahmen, gebogene einteilige Windschutzscheibe mit abgerundeten oberen Ecken, ein Lufteinlaßgitter in der Motorhaube, von der Karosserie abgesetzte Stoßstangen mit Stoßstangenhörnern, ungefüttertes Stoffverdeck mit flexibler Kunststoffheckscheibe, Steckscheiben an den Türen
MJ 1958:	Auspuffendrohre münden durch Stoßstangenhörner
Sonderwunsch ab 1957:	Hardtop
Vorderradaufhängung:	Einzelradaufhängung an zwei Kurbellängslenkern (als Traghebel ausgebildet), zwei durchgehende je aus einzelnen Federblättern gebündelte Vierkant-Drehfederstäbe mit zusätzlichem Stabilisator, doppeltwirkende hydraulische Teleskop-Stoßdämpfer
Hinterradaufhängung:	Pendelhalbachsen durch Längslenker geführt (als Federstreben ausgebildet), Einzelradfederung durch je einen runden querliegenden Drehstab (Torsionsstab) auf jeder Seite, doppeltwirkende hydraulische Teleskop-Stoßdämpfer
Bremse v/h (Durchm. x B (mm)):	Trommeln Duplex (280 x 40) / Trommeln Simplex (280 x 40)
Räder v/h:	4,5 J x 15 / 4,5 J x 15
Reifen v/h:	5,60-15 Sport / 5,60-15 Sport
Sonderwunsch:	5,90-15 Sport / 5,90-15 Sport

Elektrik

Lichtmaschine (W):	160
Batterie (V/Ah):	6 / 84

Abmessungen, Gewichte und Volumen

Spurweite v/h (mm):	1306 / 1272
Radstand (mm):	2100
Maße (L x B x H (mm)):	3950 x 1670 x 1220*
Leergewicht nach DIN (kg):	760
zul. Gesamtgewicht (kg):	1100
Tankvolumen (l):	52, davon 5 Reserve
C_W x A (m^2):	0,377 x 1,640 = 0,618
Leistungsgewicht (kg/kW / kg/PS):	13,81 / 10,13
*mit geschlossenem Verdeck	

Kraftstoffverbrauch

nach DIN 70 030 (l/100 km):	8,2; 86 ROZ Normal verbleit

Fahrleistungen, Stückzahlen, Preise

Beschleunigung 0–100 km/h (s):	14,5
Höchstgeschw. (km/h):	175
Stückzahlen:	
356 A Speedster gesamt:*	2.910
*Stückzahl alle Motorvarianten	
Listenpreise:	
09/1955 Speedster:	DM 13.000,-
09/1956 Speedster:	DM 13.000,-
09/1957 Speedster:	DM 12.600,-

356 A 1600 Convertible D MJ 1959

Motor

Bauart:	4-Zylinder-Boxermotor
Einbauposition:	Heckmotor
Kühlung:	luftgekühlt
Motor-Typ:	616/1
Hubraum (cm³):	1582
Bohrung x Hub:	82,5 x 74
Leistung (kW/PS):	44/60 bei 4500/min
Drehmoment (Nm):	110 bei 2800/min
Literleistung (kW/l / PS/l):	27,8 / 37,9
Verdichtung:	7,5 : 1
Ventilsteuerung:	ohv über Stoßstangen, 2 Ventile pro Zylinder
Gemischaufbereitung:	2 Fallstromvergaser Zenith 32 NDIX
Zündung:	Batteriezündung
Zündfolge:	1 - 4 - 3 - 2
Kurbelwellenlagerung:	4 Gleitlager
Schmierung:	Druckumlaufschmierung
Ölmenge bei Erstbefüllung (l):	5,0
Ölwechselmenge (l):	4,0

Kraftübertragung

Antrieb:	Heckantrieb
Schaltgetriebe:	4-Gang
Getriebe-Typ:	716/0
Übersetzungen:	
1. Gang:	3,091
2. Gang:	1,765
3. Gang:	1,130
4. Gang:	0,815
Rückwärtsgang:	3,560
Achsübersetzung:	4,428

Karosserie, Fahrwerk, Bremse, Räder und Reifen

Karosserie:	2-türige, 2 + 2-sitzige, selbsttragende Convertible-Karosserie aus Stahlblech, gepreßter und geschweißter Stahlblechkastenrahmen, gebogene einteilige Windschutzscheibe, ein Lufteinlaßgitter in der Motorhaube, von der Karosserie abgesetzte Stoßstangen mit Stoßstangenhörnern, Auspuffendrohre münden durch Stoßstangenhörner, ungefüttertes Stoffverdeck mit flexibler Kunststoffheckscheibe, versenkbare Scheiben an den Türen
Sonderwunsch:	Hardtop
Vorderradaufhängung:	Einzelradaufhängung an zwei Kurbellängslenkern (als Traghebel ausgebildet), zwei durchgehende je aus einzelnen Federblättern gebündelte Vierkant-Drehfederstäbe mit zusätzlichem Stabilisator, doppeltwirkende hydraulische Teleskop-Stoßdämpfer
Hinterradaufhängung:	Pendelhalbachsen durch Längslenker geführt (als Federstreben ausgebildet), Einzelradfederung durch je einen runden querliegenden Drehstab (Torsionsstab) auf jeder Seite, doppeltwirkende hydraulische Teleskop-Stoßdämpfer
Bremse v/h (Durchm. x B (mm)):	Trommeln Duplex (280 x 40) / Trommeln Simplex (280 x 40)
Räder v/h:	4,5 J x 15 / 4,5 J x 15
Reifen v/h:	5,60-15 Sport / 5,60-15 Sport

Elektrik

Lichtmaschine (W):	160
Batterie (V/Ah):	6 / 84

Abmessungen, Gewichte und Volumen

Spurweite v/h (mm):	1306 / 1272
Radstand (mm):	2100
Maße (L x B x H (mm)):	3950 x 1670 x 1220*
Leergewicht nach DIN (kg):	855
zul. Gesamtgewicht (kg):	1250
Tankvolumen (l):	52, davon 5 Reserve
c_w x A (m²):	0,377 x 1,640 = 0,618
Leistungsgewicht (kg/kW / kg/PS):	19,43 / 14,25
***mit geschlossenem Verdeck**	

Kraftstoffverbrauch

nach DIN 70 030 (l/100 km):	7,6; 86 ROZ Normal verbleit

Fahrleistungen, Stückzahlen, Preise

Beschleunigung 0–100 km/h (s):	16,5
Höchstgeschw. (km/h):	160
Stückzahl:	
356 A Convertible D gesamt:*	1.330
***Stückzahl alle Motorvarianten**	
Listenpreis:	
08/1958 Convertible D:	DM 12.650,-

356 A 1600 Super Convertible D MJ 1959

Motor

Bauart:	4-Zylinder-Boxermotor
Einbauposition:	Heckmotor
Kühlung:	luftgekühlt
Motor-Typ:	616/2
Hubraum (cm³):	1582
Bohrung x Hub:	82,5 x 74
Leistung (kW/PS):	55/75 bei 5000/min
Drehmoment (Nm):	117 bei 3700/min
Literleistung (kW/l / PS/l):	34,8 / 47,4
Verdichtung:	8,5 : 1
Ventilsteuerung:	ohv über Stoßstangen, 2 Ventile pro Zylinder
Gemischaufbereitung:	2 Fallstromvergaser Solex Zenith 32 NDIX
Zündung:	Batteriezündung
Zündfolge:	1 - 4 - 3 - 2
Kurbelwellenlagerung:	4 Gleitlager
Schmierung:	Druckumlaufschmierung
Ölmenge bei Erstbefüllung (l):	5,0
Ölwechselmenge (l):	4,0

Kraftübertragung

Antrieb:	Heckantrieb
Schaltgetriebe:	4-Gang
Getriebe-Typ:	716/0
Übersetzungen:	
1. Gang:	3,091
2. Gang:	1,765
3. Gang:	1,130
4. Gang:	0,815
Rückwärtsgang:	3,560
Achsübersetzung:	4,428

Karosserie, Fahrwerk, Bremse, Räder und Reifen

Karosserie:	2-türige, 2 + 2-sitzige, selbsttragende Convertible-Karosserie aus Stahlblech, gepreßter und geschweißter Stahlblechkastenrahmen, gebogene einteilige Windschutzscheibe, ein Lufteinlaßgitter in der Motorhaube, von der Karosserie abgesetzte Stoßstangen mit Stoßstangenhörnern, Auspuffendrohre münden durch Stoßstangenhörner, ungefüttertes Stoffverdeck mit flexibler Kunststoffheckscheibe, versenkbare Scheiben an den Türen
Sonderwunsch:	Hardtop
Vorderradaufhängung:	Einzelradaufhängung an zwei Kurbellängslenkern (als Traghebel ausgebildet), zwei durchgehende je aus einzelnen Federblättern gebündelte Vierkant-Drehfederstäbe mit zusätzlichem Stabilisator, doppeltwirkende hydraulische Teleskop-Stoßdämpfer
Hinterradaufhängung:	Pendelhalbachsen durch Längslenker geführt (als Federstreben ausgebildet), Einzelradfederung durch je einen runden querliegenden Drehstab (Torsionsstab) auf jeder Seite, doppeltwirkende hydraulische Teleskop-Stoßdämpfer
Bremse v/h (Durchm. x B (mm)):	Trommeln Duplex (280 x 40) / Trommeln Simplex (280 x 40)
Räder v/h:	4,5 J x 15 / 4,5 J x 15
Reifen v/h:	5,60-15 Sport / 5,60-15 Sport
Sonderwunsch:	5,90-15 Sport / 5,90-15 Sport

Elektrik

Lichtmaschine (W):	160
Batterie (V/Ah):	6 / 84

Abmessungen, Gewichte und Volumen

Spurweite v/h (mm):	1306 / 1272
Radstand (mm):	2100
Maße (L x B x H (mm)):	3950 x 1670 x 1220*
Leergewicht nach DIN (kg):	855
zul. Gesamtgewicht (kg):	1250
Tankvolumen (l):	52, davon 5 Reserve
C_w x A (m²):	0,377 x 1,640 = 0,618
Leistungsgewicht (kg/kW / kg/PS):	15,54 / 11,40
*mit geschlossenem Verdeck	

Kraftstoffverbrauch

nach DIN 70 030 (l/100 km):	8,2; 86 ROZ Normal verbleit

Fahrleistungen, Stückzahlen, Preise

Beschleunigung 0–100 km/h (s):	14,5
Höchstgeschw. (km/h):	175
Stückzahl:	
356 A Convertible D gesamt:*	1.330
*Stückzahl alle Motorvarianten	
Listenpreis:	
08/1958 Convertible D:	DM 13.750,-

356 A 1500 GS Carrera Coupé und Cabriolet MJ 1956 bis MJ 1957

Motor

Bauart:	4-Zylinder-Boxermotor
Einbauposition:	Heckmotor
Kühlung:	luftgekühlt
Motor-Typ:	547/1
Hubraum (cm³):	1498
Bohrung x Hub:	85 x 66
Leistung (kW/PS):	74/100 bei 6200/min
Drehmoment (Nm):	119 bei 5200/min
Literleistung (kW/l / PS/l):	49,4 / 66,8
Verdichtung:	9,0: 1
Ventilsteuerung:	dohc über Königswellen, 2 Ventile pro Zylinder
Gemischaufbereitung:	2 Doppel-Fallstromvergaser Solex 40 PII
Zündung:	Batterie-Doppelzündung
Zündfolge:	1 - 4 - 3 - 2
Kurbelwellenlagerung:	4 Rollenlager
Schmierung:	Trockensumpfschmierung
Ölmenge (l):	8,0

Kraftübertragung

Antrieb:	Heckantrieb
Schaltgetriebe:	4-Gang
Getriebe-Typ:	644 Carrera
Übersetzungen:	
1. Gang:	3,182
2. Gang:	1,765
3. Gang:	1,227
4. Gang:	0,960
Rückwärtsgang:	3,560
Achsübersetzung:	4,428

Karosserie, Fahrwerk, Bremse, Räder und Reifen

Karosserie:	2-türige, 2 + 2-sitzige, selbsttragende Karosserie aus Stahlblech, gepreßter und geschweißter Stahlblechkastenrahmen, gebogene einteilige Windschutzscheibe, ein Lufteinlaßgitter in der Motorhaube, von der Karosserie abgesetzte Stoßstangen mit Stoßstangenhörnern,
Coupé:	Festes verschweißtes Stahldach
Sonderwunsch:	Manuelles Schiebedach
Cabriolet:	Gefüttertes Stoffverdeck mit flexibler Kunststoffheckscheibe
Sonderwunsch 1957:	Hardtop
Vorderradaufhängung:	Einzelradaufhängung an zwei Kurbellängslenkern (als Traghebel ausgebildet), zwei durchgehende je aus einzelnen Federblättern gebündelte Vierkant-Drehfederstäbe mit zusätzlichem Stabilisator, doppeltwirkende hydraulische Teleskop-Stoßdämpfer
Hinterradaufhängung:	Pendelhalbachsen durch Längslenker geführt (als Federstreben ausgebildet), Einzelradfederung durch je einen runden querliegenden Drehstab (Torsionsstab) auf jeder Seite, doppeltwirkende hydraulische Teleskop-Stoßdämpfer
Bremse v/h (Durchm. x B (mm)):	Trommeln Duplex (280 x 40) / Trommeln Simplex (280 x 40)
Räder v/h:	4,5 J x 15 / 4,5 J x 15
Reifen v/h:	5,90-15 Supersport / 5,90-15 Supersport

Elektrik

Lichtmaschine (W):	160
Batterie (V/Ah):	6 / 84

Abmessungen, Gewichte und Volumen

Spurweite v/h (mm):	1306 / 1272
Radstand (mm):	2100
Maße (L x B x H (mm)):	3950 x 1670 x 1310
Leergewicht nach DIN (kg):	850
zul. Gesamtgewicht (kg):	1200
Tankvolumen (l):	52, davon 5 Reserve
C_w x A (m²) Coupé:	0,365 x 1,692 = 0,618
Leistungsgewicht (kg/kW / kg/PS):	11,48 / 8,50

Kraftstoffverbrauch

nach DIN 70 030 (l/100 km):	9,4; 86 ROZ Normal verbleit

Fahrleistungen, Stückzahlen, Preise

Beschleunigung 0–100 km/h (s):	12,0
Höchstgeschw. (km/h):	200
Stückzahl 356 A 1500 GS gesamt:	447
Listenpreise:	
09/1955 Coupé:	DM 18.500,-
Cabriolet:	DM 19.700,-
09/1956 Coupé:	DM 18.500,-
Cabriolet:	DM 19.700,-

356 A 1500 GS Carrera Speedster MJ 1956 bis MJ 1957

Motor

Bauart:	4-Zylinder-Boxermotor
Einbauposition:	Heckmotor
Kühlung:	luftgekühlt
Motor-Typ:	547/1
Hubraum (cm³):	1498
Bohrung x Hub:	85 x 66
Leistung (kW/PS):	74/100 bei 6200/min
Drehmoment (Nm):	119 bei 5200/min
Literleistung (kW/l / PS/l):	49,4 / 66,8
Verdichtung:	9,0: 1
Ventilsteuerung:	dohc über Königswellen, 2 Ventile pro Zylinder
Gemischaufbereitung:	2 Doppel-Fallstromvergaser Solex 40 PII
Zündung:	Batterie-Doppelzündung
Zündfolge:	1 - 4 - 3 - 2
Kurbelwellenlagerung:	4 Rollenlager
Schmierung:	Trockensumpfschmierung
Ölmenge (l):	8,0

Kraftübertragung

Antrieb:	Heckantrieb
Schaltgetriebe:	4-Gang
Getriebe-Typ:	644 Carrera
Übersetzungen:	
1. Gang:	3,182
2. Gang:	1,765
3. Gang:	1,227
4. Gang:	0,960
Rückwärtsgang:	3,560
Achsübersetzung:	4,428

Karosserie, Fahrwerk, Bremse, Räder und Reifen

Karosserie:	2-türige, 2-sitzige, selbsttragende Speedster-Karosserie aus Stahlblech, gepreßter und geschweißter Stahlblechkastenrahmen, gebogene einteilige Windschutzscheibe mit abgerundeten oberen Ecken, ein Lufteinlaßgitter in der Motorhaube, von der Karosserie abgesetzte Stoßstangen mit Stoßstangenhörnern, ungefüttertes Stoffverdeck mit flexibler Kunststoffheckscheibe, Steckscheiben an den Türen
Sonderwunsch 1957:	Hardtop
Vorderradaufhängung:	Einzelradaufhängung an zwei Kurbellängslenkern (als Traghebel ausgebildet), zwei durchgehende je aus einzelnen Federblättern gebündelte Vierkant-Drehfederstäbe mit zusätzlichem Stabilisator, doppeltwirkende hydraulische Teleskop-Stoßdämpfer
Hinterradaufhängung:	Pendelhalbachsen durch Längslenker geführt (als Federstreben ausgebildet), Einzelradfederung durch je einen runden querliegenden Drehstab (Torsionsstab) auf jeder Seite, doppeltwirkende hydraulische Teleskop-Stoßdämpfer
Bremse v/h (Durchm. x B (mm)):	Trommeln Duplex (280 x 40) / Trommeln Simplex (280 x 40)
Räder v/h:	4,5 J x 15 / 4,5 J x 15
Reifen v/h:	5,90-15 Supersport / 5,90-15 Supersport

Elektrik

Lichtmaschine (W):	160
Batterie (V/Ah):	6 / 84

Abmessungen, Gewichte und Volumen

Spurweite v/h (mm):	1306 / 1272
Radstand (mm):	2100
Maße (L x B x H (mm)):	3950 x 1670 x 1220*
Leergewicht nach DIN (kg):	790
zul. Gesamtgewicht (kg):	1100
Tankvolumen (l):	52, davon 5 Reserve
C_W x A (m²):	0,377 x 1,640 = 0,618
Leistungsgewicht (kg/kW / kg/PS):	10,67 / 7,90
***mit geschlossenem Verdeck**	

Kraftstoffverbrauch

nach DIN 70 030 (l/100 km):	9,4; 86 ROZ Normal verbleit

Fahrleistungen, Stückzahlen, Preise

Beschleunigung 0–100 km/h (s):	12,0
Höchstgeschw. (km/h):	200
Stückzahl 356 A 1500 GS gesamt:	447
356 A 1500 GS & GT Speedster:	167
Preis:	
09/1955 Speedster:	DM 17.700,-
09/1956 Speedster:	DM 17.700,-

356 A 1500 GS Carrera GT Coupé MJ 1957 bis MJ 1958

Motor

Bauart:	4-Zylinder-Boxermotor
Einbauposition:	Heckmotor
Kühlung:	luftgekühlt
Motor-Typ:	
Mot.-Nr. P91001 - P92021:	692/0
Mot.-Nr. P92001 - P92014:	692/1
Hubraum (cm³):	1498
Bohrung x Hub:	85 x 66
Leistung (kW/PS):	81/110 bei 6400/min
Drehmoment (Nm):	124 bei 5200/min
Literleistung (kW/l / PS/l):	54,1 / 73,4
Verdichtung:	9,0: 1
Ventilsteuerung:	dohc über Königswellen, 2 Ventile pro Zylinder
Gemischaufbereitung:	2 Doppel-Fallstromvergaser Solex 40 PII-4
Zündung:	Batterie-Doppelzündung
Zündfolge:	1 - 4 - 3 - 2
Kurbelwellenlagerung bei 692/0:	4 Rollenlager
Kurbelwellenlagerung bei 692/1:	3 Gleitlager
Schmierung:	Trockensumpfschmierung
Ölmenge (l):	8,0

Kraftübertragung

Antrieb:	Heckantrieb
Schaltgetriebe:	4-Gang
Getriebe-Typ:	716/1
Übersetzungen:	
1. Gang:	3,091
2. Gang:	1,765
3. Gang:	1,227
4. Gang:	0,960
Rückwärtsgang:	3,560
Achsübersetzungen:	4,428

Karosserie, Fahrwerk, Bremse, Räder und Reifen

Karosserie:	2-türige, 2-sitzige, selbsttragende Coupé-Karosserie aus Stahlblech, gepreßter und geschweißter Stahlblechkastenrahmen, gebogene einteilige Windschutzscheibe, ein Lufteinlaßgitter und zusätzliche Lüftungsschlitze links und rechts in der Motorhaube, von der Karosserie abgesetzte Stoßstangen ohne Stoßstangenhörner, Hauben und Türen aus Leichtmetall, Heck- und Seitenscheiben aus Plexiglas
Vorderradaufhängung:	Einzelradaufhängung an zwei Kurbellängslenkern (als Traghebel ausgebildet), zwei durchgehende je aus einzelnen Federblättern gebündelte Vierkant-Drehfederstäbe mit zusätzlichem Stabilisator, doppeltwirkende hydraulische Teleskop-Stoßdämpfer
Hinterradaufhängung:	Pendelhalbachsen durch Längslenker geführt (als Federstreben ausgebildet), Einzelradfederung durch je einen runden querliegenden Drehstab (Torsionsstab) auf jeder Seite, doppeltwirkende hydraulische Teleskop-Stoßdämpfer
Bremse v/h (Durchm. x B (mm)):	Trommeln Duplex (280 x 60) / Trommeln Simplex (280 x 40)
Räder v/h:	4,5 J x 15 / 4,5 J x 15
Reifen v/h:	5,90-15 Supersport / 5,90-15 Supersport

Elektrik

Lichtmaschine (W):	160
Batterie (V/Ah):	6 / 84

Abmessungen, Gewichte und Volumen

Spurweite v/h (mm):	1306 / 1272
Radstand (mm):	2100
Maße (L x B x H (mm)):	3950 x 1670 x 1310
Leergewicht nach DIN (kg):	865
zul. Gesamtgewicht (kg):	1225
Tankvolumen (l):	80, davon 15 Reserve
C_w x A (m²) Coupé:	0,365 x 1,692 = 0,618
Leistungsgewicht (kg/kW / kg/PS):	10,67 / 7,86

Kraftstoffverbrauch

nach DIN 70 030 (l/100 km):	9,4; 86 ROZ Normal verbleit

Fahrleistungen, Stückzahlen, Preise

Beschleunigung 0–100 km/h (s):	11,0
Höchstgeschw. (km/h):	200
Stückzahl 356 A 1500 GS/GT ges.:	35
Listenpreise:	
09/1956 Coupé:	DM 18.500,-
09/1957 Coupé:	DM 18.500,-

356 A 1500 GS Carrera GT Speedster MJ 1957 bis MJ 1958

Motor

Bauart:	4-Zylinder-Boxermotor
Einbauposition:	Heckmotor
Kühlung:	luftgekühlt
Motor-Typ:	
Mot.-Nr. P91001 - P92021:	692/0
Mot.-Nr. P92001 - P92014:	692/1
Hubraum (cm³):	1498
Bohrung x Hub:	85 x 66
Leistung (kW/PS):	81/110 bei 6400/min
Drehmoment (Nm):	124 bei 5200/min
Literleistung (kW/l / PS/l):	54,1 / 73,4
Verdichtung:	9,0: 1
Ventilsteuerung:	dohc über Königswellen, 2 Ventile pro Zylinder
Gemischaufbereitung:	2 Doppel-Fallstromvergaser Solex 40 PII-4
Zündung:	Batterie-Doppelzündung
Zündfolge:	1 - 4 - 3 - 2
Kurbelwellenlagerung bei 692/0:	4 Rollenlager
Kurbelwellenlagerung bei 692/1:	3 Gleitlager
Schmierung:	Trockensumpfschmierung
Ölmenge (l):	8,0

Kraftübertragung

Antrieb:	Heckantrieb
Schaltgetriebe:	4-Gang
Getriebe-Typ:	
Übersetzungen:	
1. Gang:	3,180
2. Gang:	1,765
3. Gang:	1,130
4. Gang:	0,815
Rückwärtsgang:	3,560
Achsübersetzungen:	4,429

Karosserie, Fahrwerk, Bremse, Räder und Reifen

Karosserie:	2-türige, 2-sitzige, selbsttragende Speedster-Karosserie aus Stahlblech, gepreßter und geschweißter Stahlblechkastenrahmen, gebogene einteilige Windschutzscheibe mit abgerundeten oberen Ecken, ein Lufteinlaßgitter und zusätzliche Lüftungsschlitze links und rechts in der Motorhaube, von der Karosserie abgesetzte Stoßstangen ohne Stoßstangenhörner, Hauben und Türen aus Leichtmetall, ungefüttertes Stoffverdeck mit flexibler Kunststoffheckscheibe, Steckscheiben an den Türen
Sonderwunsch:	Hardtop
Vorderradaufhängung:	Einzelradaufhängung an zwei Kurbellängslenkern (als Traghebel ausgebildet), zwei durchgehende je aus einzelnen Federblättern gebündelte Vierkant-Drehfederstäbe mit zusätzlichem Stabilisator, doppeltwirkende hydraulische Teleskop-Stoßdämpfer
Hinterradaufhängung:	Pendelhalbachsen durch Längslenker geführt (als Federstreben ausgebildet), Einzelradfederung durch je einen runden querliegenden Drehstab (Torsionsstab) auf jeder Seite, doppeltwirkende hydraulische Teleskop-Stoßdämpfer
Bremse v/h (Durchm. x B (mm)):	Trommeln Duplex (280 x 60) / Trommeln Simplex (280 x 40)
Räder v/h:	4,5 J x 15 / 4,5 J x 15
Reifen v/h:	5,90-15 Supersport / 5,90-15 Supersport

Elektrik

Lichtmaschine (W):	160
Batterie (V/Ah):	6 / 84

Abmessungen, Gewichte und Volumen

Spurweite v/h (mm):	1306 / 1272
Radstand (mm):	2100
Maße (L x B x H (mm)):	3950 x 1670 x 1220*
Leergewicht nach DIN (kg):	840
zul. Gesamtgewicht (kg):	1180
Tankvolumen (l):	80, davon 15 Reserve
C_w x A (m²):	0,377 x 1,640 = 0,618
Leistungsgewicht (kg/kW / kg/PS):	10,37 / 7,63
***mit geschlossenem Verdeck**	

Kraftstoffverbrauch

nach DIN 70 030 (l/100 km):	9,4; 86 ROZ Normal verbleit

Fahrleistungen, Stückzahlen, Preise

Beschleunigung 0–100 km/h (s):	11,0
Höchstgeschw. (km/h):	200
Stückzahl 356 A 1500 GS/GT ges.:	35
356 A 1500 GS & GT Speedster:	167
Preis:	
09/1956 Speedster:	DM 17.700,-
09/1957 Speedster:	DM 17.300,-

356 A 1500 GS Carrera de Luxe Coupé, Cabriolet, Hardtop-Coupé und Hardtop/Cabriolet MJ 1958

Motor

Bauart:	4-Zylinder-Boxermotor
Einbauposition:	Heckmotor
Kühlung:	luftgekühlt
Motor-Typ:	547/1
Hubraum (cm³):	1498
Bohrung x Hub:	85 x 66
Leistung (kW/PS):	74/100 bei 6200/min
Drehmoment (Nm):	119 bei 5200/min
Literleistung (kW/l / PS/l):	49,4 / 66,8
Verdichtung:	9,0: 1
Ventilsteuerung:	dohc über Königswellen, 2 Ventile pro Zylinder
Gemischaufbereitung:	2 Doppel-Fallstromvergaser Solex 40 PII-4
Zündung:	Batterie-Doppelzündung
Zündfolge:	1 - 4 - 3 - 2
Kurbelwellenlagerung:	4 Rollenlager
Schmierung:	Trockensumpfschmierung
Ölmenge (l):	8,0

Kraftübertragung

Antrieb:	Heckantrieb
Schaltgetriebe:	4-Gang
Getriebe-Typ:	644 Carrera
Übersetzungen:	
1. Gang:	3,182
2. Gang:	1,765
3. Gang:	1,227
4. Gang:	0,960
Rückwärtsgang:	3,560
Achsübersetzung:	4,428

Karosserie, Fahrwerk, Bremse, Räder und Reifen

Karosserie:	2-türige, 2 + 2-sitzige, selbsttragende Karosserie aus Stahlblech, gepreßter und geschweißter Stahlblechkastenrahmen, gebogene einteilige Windschutzscheibe, ein Lufteinlaßgitter in der Motorhaube, von der Karosserie abgesetzte Stoßstangen mit Stoßstangenhörnern
Coupé:	Festes verschweißtes Stahldach
Sonderwunsch:	Manuelles Schiebedach
Cabriolet:	Gefüttertes Stoffverdeck mit flexibler Kunststoffheckscheibe
Sonderwunsch:	Hardtop
Hardtop-Coupé:	Festverschweißter Hardtop-Aufsatz
Hardtop/Cabriolet:	Abnehmbarer Hardtop-Aufsatz
Vorderradaufhängung:	Einzelradaufhängung an zwei Kurbellängslenkern (als Traghebel ausgebildet), zwei durchgehende je aus einzelnen Federblättern gebündelte Vierkant-Drehfederstäbe mit zusätzlichem Stabilisator, doppeltwirkende hydraulische Teleskop-Stoßdämpfer
Hinterradaufhängung:	Pendelhalbachsen durch Längslenker geführt (als Federstreben ausgebildet), Einzelradfederung durch je einen runden querliegenden Drehstab (Torsionsstab) auf jeder Seite, doppeltwirkende hydraulische Teleskop-Stoßdämpfer
Bremse v/h (Durchm. x B (mm)):	Trommeln Duplex (280 x 40) / Trommeln Simplex (280 x 40)
Räder v/h:	4,5 J x 15 / 4,5 J x 15
Reifen v/h:	5,90-15 Supersport / 5,90-15 Supersport

Elektrik

Lichtmaschine (W):	160
Batterie (V/Ah):	6 / 84

Abmessungen, Gewichte und Volumen

Spurweite v/h (mm):	1306 / 1272
Radstand (mm):	2100
Maße (L x B x H (mm)):	3950 x 1670 x 1310
Hardtop-Coupé:	3950 x 1670 x 1290
Hardtop/Cabriolet:	3950 x 1670 x 1290
Leergewicht nach DIN (kg):	930
zul. Gesamtgewicht (kg):	1225
Tankvolumen (l):	52, davon 5 Reserve
C_W x A (m²) Coupé:	0,365 x 1,692 = 0,618
Leistungsgewicht (kg/kW / kg/PS):	12,56 / 9,30

Kraftstoffverbrauch

nach DIN 70 030 (l/100 km):	9,4; 86 ROZ Normal verbleit

Fahrleistungen, Stückzahlen, Preise

Beschleunigung 0–100 km/h (s):	12,0
Höchstgeschw. (km/h):	200
Stückzahl 356 A 1500 GS gesamt:	447
Listenpreise:	
09/1957 Coupé:	DM 18.500,-
Cabriolet:	DM 19.700,-
Hardtop-Coupé:	DM 19.400,-
Hardtop/Cabriolet:	DM 20.490,-

356 A 1500 GS Carrera de Luxe Speedster MJ 1958

Motor

Bauart:	4-Zylinder-Boxermotor
Einbauposition:	Heckmotor
Kühlung:	luftgekühlt
Motor-Typ:	547/1
Hubraum (cm³):	1498
Bohrung x Hub:	85 x 66
Leistung (kW/PS):	74/100 bei 6200/min
Drehmoment (Nm):	119 bei 5200/min
Literleistung (kW/l / PS/l):	49,4 / 66,8
Verdichtung:	9,0: 1
Ventilsteuerung:	dohc über Königswellen, 2 Ventile pro Zylinder
Gemischaufbereitung:	2 Doppel-Fallstromvergaser Solex 40 PII-4
Zündung:	Batterie-Doppelzündung
Zündfolge:	1 - 4 - 3 - 2
Kurbelwellenlagerung:	4 Rollenlager
Schmierung:	Trockensumpfschmierung
Ölmenge (l):	8,0

Kraftübertragung

Antrieb:	Heckantrieb
Schaltgetriebe:	4-Gang
Getriebe-Typ:	644 Carrera
Übersetzungen:	
1. Gang:	3,182
2. Gang:	1,765
3. Gang:	1,227
4. Gang:	0,960
Rückwärtsgang:	3,560
Achsübersetzung:	4,428

Karosserie, Fahrwerk, Bremse, Räder und Reifen

Karosserie:	2-türige, 2-sitzige, selbsttragende Speedster-Karosserie aus Stahlblech, gepreßter und geschweißter Stahlblechkastenrahmen,gebogene einteilige Windschutzscheibe mit abgerundeten oberen Ecken, ein Lufteinlaßgitter in der Motorhaube, von der Karosserie abgesetzte Stoßstangen mit Stoßstangenhörnern, ungefüttertes Stoffverdeck mit flexibler Kunststoffheckscheibe, Steckscheiben an den Türen
Sonderwunsch:	Hardtop
Vorderradaufhängung:	Einzelradaufhängung an zwei Kurbellängslenkern (als Traghebel ausgebildet), zwei durchgehende je aus einzelnen Federblättern gebündelte Vierkant-Drehfederstäbe mit zusätzlichem Stabilisator, doppeltwirkende hydraulische Teleskop-Stoßdämpfer
Hinterradaufhängung:	Pendelhalbachsen durch Längslenker geführt (als Federstreben ausgebildet), Einzelradfederung durch je einen runden querliegenden Drehstab (Torsionsstab) auf jeder Seite, doppeltwirkende hydraulische Teleskop-Stoßdämpfer
Bremse v/h (Durchm. x B (mm)):	Trommeln Duplex (280 x 40) / Trommeln Simplex (280 x 40)
Räder v/h:	4,5 J x 15 / 4,5 J x 15
Reifen v/h:	5,90-15 Supersport / 5,90-15 Supersport

Elektrik

Lichtmaschine (W):	160
Batterie (V/Ah):	6 / 84

Abmessungen, Gewichte und Volumen

Spurweite v/h (mm):	1306 / 1272
Radstand (mm):	2100
Maße (L x B x H (mm)):	3950 x 1670 x 1220*
Leergewicht nach DIN (kg):	885
zul. Gesamtgewicht (kg):	1180
Tankvolumen (l):	52, davon 5 Reserve
C_W x A (m²):	0,377 x 1,640 = 0,618
Leistungsgewicht (kg/kW / kg/PS):	11,95 / 8,85
***mit geschlossenem Verdeck**	

Kraftstoffverbrauch

nach DIN 70 030 (l/100 km):	9,4; 86 ROZ Normal verbleit

Fahrleistungen, Stückzahlen, Preise

Beschleunigung 0–100 km/h (s):	12,0
Höchstgeschw. (km/h):	200
Stückzahl 356 A 1500 GS gesamt:	447
356 A 1500 GS & GT Speedster:	167
Preis:	
09/1957 Speedster:	DM 17.300,-

356 A 1600 GS Carrera de Luxe Coupé, Cabriolet, Hardtop-Coupé und Hardtop/Cabriolet [356 A 1600 GS Carrera GT Coupé] MJ 1959

Motor

Bauart:	4-Zylinder-Boxermotor
Einbauposition:	Heckmotor
Kühlung:	luftgekühlt
Motor-Typ:	692/2 [692/3]
Hubraum (cm³):	1588
Bohrung x Hub:	87,5 x 66
Leistung (kW/PS):	77/105 [85/115] bei 6500/min
Drehmoment (Nm):	121 [135] bei 5000 [5500]/min
Literleistung (kW/l / PS/l):	48,5 [53,5] / 66,1 [72,4]
Verdichtung:	9,5: 1 [9,8: 1]
Ventilsteuerung:	dohc über Königswellen, 2 Ventile pro Zylinder
Gemischaufbereitung:	2 Doppel-Fallstromvergaser Solex 40 PII-4 [2 Doppel-Fallstromvergaser Weber 40 DCM 1]
Zündung:	Batterie-Doppelzündung
Zündfolge:	1 - 4 - 3 - 2
Kurbelwellenlagerung:	3 Gleitlager
Schmierung:	Trockensumpfschmierung
Ölmenge (l):	8,0

Kraftübertragung

Antrieb:	Heckantrieb
Schaltgetriebe:	4-Gang
Getriebe-Typ:	741/3 [716/5]
Übersetzungen:	
1. Gang:	3,091 [3,091]
2. Gang:	1,938 [1,938]
3. Gang:	1,350 [1,350]
4. Gang:	0,960 [0,885]
Rückwärtsgang:	3,560 [3,560]
Achsübersetzung:	4,428 [4,428]

Karosserie, Fahrwerk, Bremse, Räder und Reifen

Karosserie:	2-türige, 2 + 2-sitzige, selbsttragende Karosserie aus Stahlblech, gepreßter und geschweißter Stahlblechkastenrahmen, gebogene einteilige Windschutzscheibe, ein Lufteinlaßgitter in der Motorhaube von der Karosserie abgesetzte Stoßstangen mit Stoßstangenhörnern,
Coupé:	Festes verschweißtes Stahldach
Sonderwunsch:	Manuelles Schiebedach
Cabriolet:	Gefüttertes Stoffverdeck mit flexibler Kunststoffheckscheibe
Hardtop-Coupé:	Festverschweißter Hardtop-Aufsatz
Hardtop/Cabriolet:	Abnehmbarer Hardtop-Aufsatz
Coupé GT:	2-türige, 2-sitzige, selbsttragende Coupé-Karosserie aus Stahlblech, gepreßter und geschweißter Stahlblechkastenrahmen, gebogene einteilige Windschutzscheibe, ein Lufteinlaßgitter und zusätzliche Lüftungsschlitze links und rechts in der Motorhaube, von der Karosserie abgesetzte Stoßstangen ohne Stoßstangenhörner, Hauben und Türen aus Leichtmetall, Heck- und Seitenscheiben aus Plexiglas
Vorderradaufhängung:	Einzelradaufhängung an zwei Kurbellängslenkern (als Traghebel ausgebildet), zwei durchgehende je aus einzelnen Federblättern gebündelte Vierkant-Drehfederstäbe mit zusätzlichem Stabilisator, doppeltwirkende hydraulische Teleskop-Stoßdämpfer
Hinterradaufhängung:	Pendelhalbachsen durch Längslenker geführt (als Federstreben ausgebildet), Einzelradfederung durch je einen runden querliegenden Drehstab (Torsionsstab) auf jeder Seite, doppeltwirkende hydraulische Teleskop-Stoßdämpfer
Bremse v/h (Durchm. x B (mm)):	Trommeln Duplex (280 x 40 [60]) / Trommeln Simplex (280 x 40)
Räder v/h:	4,5 J x 15 / 4,5 J x 15
Reifen v/h:	5,90-15 Supersport / 5,90-15 Supersport

Elektrik

Lichtmaschine (W):	160
Batterie (V/Ah):	6 / 84
Sonderwunsch:	12 / 50

Abmessungen, Gewichte und Volumen

Spurweite v/h (mm):	1306 / 1272
Radstand (mm):	2100
Maße (L x B x H (mm)):	3950 x 1670 x 1310
Hardtop-Coupé:	3950 x 1670 x 1290
Hardtop/Cabriolet:	3950 x 1670 x 1290
Leergewicht nach DIN (kg):	950 [870]
zul. Gesamtgewicht (kg):	1250 [1250]
Tankvolumen (l):	52 [80], davon 5 [15] Reserve
c_w x A (m²) Coupé:	0,365 x 1,692 = 0,618
Leistungsgewicht (kg/kW / kg/PS):	12,33 [10,23] / 9,04 [7,56]

Kraftstoffverbrauch

nach DIN 70 030 (l/100 km):	9,6 [9,8]; 88 ROZ Normal verbleit

Fahrleistungen, Stückzahlen, Preise

Beschleunigung 0–100 km/h (s):	11,0 [10,0]
Höchstgeschw. (km/h):	200 [200]
Stückzahl 356 A 1600 GS gesamt:	101 [103]
Listenpreise:	
09/1958 Coupé:	DM 18.500,- [DM 18.500,-]
Cabriolet:	DM 19.700,-
Hardtop-Coupé:	DM 19.400,-
Hardtop/Cabriolet:	DM 20.490,-

Ein Carrera-Triebwerk mit vier obenliegenden Nockenwellen und Königswellensteuerung

Porsche 356 B

Im Herbst 1959 kommt der völlig überarbeitete 356 B auf den Markt. Diese Form wird intern als T 5 (Technisches Programm V) bezeichnet. Alle Stoßstangenmotoren haben 1,6 Liter Hubraum. Der 356 B wird in vier Karosserievarianten angeboten: Coupé, Cabriolet, Roadster und das Hardtop-Coupé. Coupé- und Cabriolet-Karosserien baut Reutter in Stuttgart, die Hardtop-Coupé-Karosserien mit festgeschweißtem Hardtop fertigt Karmann in Osnabrück und die Karosserien für den Roadster entstehen bei Drauz in Heilbronn. Der Roadster ist mit einem ungefütterten Verdeck und Kurbelfenstern in den Türen ausgestattet.

Modelljahr 1960 (T 5)

Die Karosserie des 356 B fällt durch höhergesetzte Scheinwerfer auf. Dadurch ist der Verlauf der vorderen Kotflügel steiler. Die vordere Stoßstange ist um 95 Millimeter höher aufgehängt und mit größeren Stoßstangenhörnern bestückt. Vorne sind die runden Blinker etwas größer und stehen weiter hervor, die Schallgitter daneben sind länger und flacher. Unterhalb der Stoßstange sind in der »Brille« (Bugteil) zwei ovale Lufteinlässe mit Ziergittern zur besseren Kühlung der Bremsen integriert. Unter dem Stoßfänger können Nebelscheinwerfer eingepaßt werden. Die vordere Nummerntafel ist am unteren Teil der Stoßstange befestigt. Auf dem Kofferraumdeckel ist ein breiterer verchromter Griff montiert. Die hintere Stoßstange sitzt 105 Millimeter höher. Die beiden Auspuffendrohre münden durch neu geformte Stoßstangenhörner. Auf der Stoßstange sind zwei Nummernschildleuchten eingepaßt, an der Unterseite hängt mittig ein Rückfahrscheinwerfer.

Neue Querrippen an den Trommelbremsen versprechen eine noch bessere Kühlung. Die Radkappen der leistungsstärkeren Super und Super 90 Fahrzeuge haben die Form der 356 A Super-Modelle mit einem aufgesetzten Porsche-Wappen. Nur das Einstiegsmodell wird mit den konvexen »Baby-Moon«-Radkappen ohne Wappen ausgeliefert. Für den 356 B Super 90 und den Carrera ist eine Ausgleichsfeder an der Hinterachse montiert, diese stützt sich am Getriebegehäuse ab. Sie hat die Funktion das entlastete, kurveninnere Rad auf den Boden zu drücken.

Im Angebot sind anfangs der 1600er »Dame«-Motor mit 60 PS (44 kW) und die 1600 Super Maschine mit 75 PS (55 kW). Bei beiden Aggregaten werden geänderte Ventilfedern auf verstärkte Ventilfederteller montiert. Die neue Top-Motorisierung stellt der Super-90-Motor ab dem Frühjahr 1960 dar. Aus 1.582 cm^3 holt der auf 9 : 1 verdichtete Boxer 90 PS (66 kw) bei 5.500/min heraus. Das höchste Drehmoment von 121 Nm erreicht das Super-90-Triebwerk bei 4.300/min.

Bei der Tellerfeder-Kupplung entfällt der Druckring. Das Getriebe ist tiefer eingebaut, die Schaltung darauf angepaßt. Neu ist auch die Sperrsynchronisierung.

In Innenraum fällt zuerst das neue, schwarze dreispeichige Lenkrad mit versenkter Nabe (Tulpen- oder Schüsselform) auf. Die Schalttafel ist im Detail modifziert. Der Schalthebel ist um 40 Millimeter verkürzt. Die vorderen Sitze sind für mehr Fahrkomfort überarbeitet, die Lehnen der hinteren Notsitze geteilt umlegbar und die hinteren Sitzmulden um 60 Millimeter vertieft. Beim Coupé kann durch die drehbaren Dreiecksfenster Frischluft ins Wageninnere geleitet werden. Die Heckscheibe wird über eine an das Heizungssystem gekoppelte Ausströmdüse beschlagfrei gehalten.

Der Roadster hat das puristische Armaturenbrett mit dem höhergesetzten Drehzahlmesser und dem Zündschloß auf der rechten Seite.

»Auto, Motor und Sport« hat im Frühjahr 1960 drei Coupés mit allen Motorisierungen getestet: Die »Dame« beschleunigt in 15,4 Sekunden auf 100 km/h. Ihre Endgeschwindigkeit liegt bei 164 km/h. Der 356 B 1600 Super benötigt im Spurt 14,6 Sekunden und erreicht als Spitze 175 km/h. Das Spitzenmodell, der 356 B Super 90, sprintet in nur 13,6 Sekunden aus dem Stand auf Tempo 100. In der Höchstgeschwindigkeit werden 188 km/h gemessen.

In den Modelljahren 1960 und 1961 wird der 356 B 1600 GS Carrera GT (Grand Tourisme) als Spitzenmodell angeboten. Eine luxuriös ausgestattete Carrera-Variante steht nicht im Angebot. Beim Karosseriebauer Reutter in Stuttgart-Zuffenhausen entstehen 40 Leichtbaukarosserien vom 356 B (T 5). Bei dieser nur als Coupé gebauten Variante sind der Kastenrahmen und der Karosserieaufbau aus Stahlblech gefertigt. Türen und Hauben bestehen, um Gewicht zu sparen, aus Leichtmetall. Selbst bei den Sitzschalen wird dieser Leichtbauwerkstoff eingesetzt. Heck- und Seitenscheiben bestehen aus leichten Plexiglas. Im Heckdeckel sind links und rechts neben dem Lüftungsgitter je sechs Lüftungsschlitze eingelassen. Selbst die Stoßstangenhörner fallen der Gewichtsreduktion zum Opfer. Der mit zwei Weber-Doppel-Fallstromvergasern bestückte 1,6-Liter-Carrera-Motor leistet 115 PS (85 kW) bei 6.500/min, diese reichen für 200 km/h Spitze. Mehrere Getriebeübersetzungen stehen zu Wahl. Serienmäßig ist eine elektrische 12-Volt-Anlage.

MODELLJAHR 1961

Der Roadster wird nur noch bis Februar 1961 bei Drauz in Heilbronn gebaut. Danach wird die Produktion bei D'Ieteren in Brüssel weitergeführt. Bei Karmann in Osnabrück werden weiterhin Cabriolets mit festaufgeschweißtem Hardtop, die Hardtop-Coupés, gefertigt.

MODELLJAHR 1962 (T 6)

Ab September 1961 läuft die Produktion des 356 B T 6 (Technisches Programm VI) an. Die Karosserie wird in vielen Punkten optimiert. Die Öffnung des Kofferraums ist vergrößert, die Haube ist vorne etwas eckiger geformt. Durch den neuen flacheren Kraftstofftank hat der Kofferraum im Bug jetzt mehr Volumen. Durch die Tankklappe im rechten vorderen Kotflügel kann der 356 B jetzt betankt werden, ohne daß zuerst die Fronthaube geöffnet werden muß. Vor der Windschutzscheibe ist ein Lüftungsgitter für eine verbesserte Frischluftzufuhr des Innenraums eingelassen. Regelbare Klappen verteilen die Luft zu den Defrosterdüsen oder in den Fußraum. Die vergrößerte Motorhaube ist mit zwei senkrechten Luftgittern (twin grill) versehen. Im Coupé erhellt sich der Innenraum durch größere Fensterflächen. Als Sonderausstattung ist ein elektrisches Stahlschiebedach im Angebot. Die Scheibenwischeranlage ist stufenlos einstellbar und mit einem neuen Wasserbehälter kombiniert.

Der Innenspiegel ist jetzt abblendbar, die Sitzschienen sind nun besser geführt und die Sitzbeschläge haben eine Lehnensicherung (nicht beim Roadster). Zur Serie gehört ebenfalls eine elektrische Zeituhr.

Das Lufteintrittsgitter des Gehäuses der Motorkühlung entfällt. Kraftstoffleitung und Lagerung des Vergasergestänges werden geändert. Der 1600-Super-Motor erhält einen Satz Ringkolben und Graugußzylinder, kombinierte Stahl-Leichtmetall-Stößelstangen und einen verbesserten Ölkühler.

Der Super 90 wird mit einer Tellerfeder-Kupplung mit 200 Millimeter Durchmesser und einem neuen Schwungrad ausgerüstet. Im Frühjahr 1962 kommt der bereits Ende 1961 vorgestellte 356 B 2000 GS Carrera 2 mit dem 2-Liter-Königswellen-Motor mit 130 PS (96 kW) auf den Markt. Der bekannte Carrera-Motor wird auf zwei Liter Hubraum erweitert. Deshalb wird dieses Fahrzeug auch als Carrera 2 bezeichnet. Genau 1.966 cm³ setzen in der komfortableren Straßenausführung 130 PS (96 kW) bei 6.200/min frei. In der gewichtsreduzierten GT-Version stehen 140 PS (103 kW) bei 6.200/min, mit der Sportauspuffanlage sogar 155 PS (114 kW) bei 6.600/min zur Verfügung. Karosserie,

Schnittzeichnung 356 B T6 Coupé-Karosserie

Fahrwerk und Austattung sind vom Vorgänger 356 B 1600 GS Carrera abgeleitet. Allerdings hat der Carrera 2 schon die neue T 6-Karosserie. Äußerlich ist der Carrera 2 an den fehlenden Stoßstangenhörnern und den fehlenden Hupenziergittern neben den vorderen Blinkern zu erkennen.
Unter der hinteren Stoßstange münden die beiden Auspuffendrohre durch eine mit der Karosserie verschraubten und mit senkrechten Kühlschlitzen versehene Metallheckschürze ins Freie. Im Innenraum fällt vor allem das große Holzlenkrad auf. Während sich der 356 B 2000 GS Carrera 2 an der Ausstattung der normalen 356 B orientiert, finden in den GT-Versionen Türen und Hauben aus Aluminium, sowie Plexiglasscheiben für Heck- und Seitenscheiben Verwendung.
Für den 356 B 2000 GS Carrera 2 wird neben der Standard- auch eine USA-Getriebeübersetzung angeboten. Bei der GT-Ausführung stehen vier verschiedene Übersetzungen des Schaltgetriebes zur Wahl.
Die ersten Carrera 2 werden noch mit der Trommelbremse ausgeliefert. Ab April 1962 baut Porsche erstmals eine Scheibenbremsanlage in einen 356 ein. Es handelt sich hierbei um eine Eigenentwicklung mit innenumfassenden Bremsscheiben. Durch diese Konstruktion, bei der die Bremszange die Bremsscheibe nicht von außen, sondern von innen umgreift ist es möglich, bei gleich großen Rädern einen größeren Bremsscheibendurchmesser zu verwenden. Die Konstruktion selbst wird an einer sternförmigen Halterung befestigt. Die Handbremse wirkt ebenfalls direkt auf die Bremsscheibe. In der Rennsaison 1962 kommt diese Bremse auch im Porsche Formel-1-Fahrzeug (Typ 804) zum Einsatz.
Insgesamt werden vom 356 B Carrera 2 nur 310 Exemplare gebaut. Für die Homologation der GT-Klasse hätten schon 100 Stück ausgereicht.

Modelljahr 1963

Die Entwicklung des 356 Nachfolgers 901 ist voll im Gange. Der 356 B wird ohne große Änderungen weitergebaut. Ungefähr 50 Fahrzeuge der 356 B-Serie werden schon mit den neuen Scheibenbremsen des 356 C ausgeliefert.

Mit 31.440 gebauten Fahrzeugen ist der 356 B der am häufigsten gebaute 356.

356 B T 5 Coupé

356 B 1600 Coupé, Cabriolet, Hardtop- Coupé und Hardtop/Cabriolet MJ 1960 bis MJ 1963

Motor

Bauart:	4-Zylinder-Boxermotor
Einbauposition:	Heckmotor
Kühlung:	luftgekühlt
Motor-Typ:	616/1
Hubraum (cm³):	1582
Bohrung x Hub:	82,5 x 74
Leistung (kW/PS):	44/60 bei 4500/min
Drehmoment (Nm):	110 bei 2800/min
Literleistung (kW/l / PS/l):	27,8 / 37,9
Verdichtung:	7,5 : 1
Ventilsteuerung:	ohv über Stoßstangen, 2 Ventile pro Zylinder
Gemischaufbereitung:	2 Fallstromvergaser Zenith 32 NDIX
Zündung:	Batteriezündung
Zündfolge:	1 - 4 - 3 - 2
Kurbelwellenlagerung:	4 Gleitlager
Schmierung:	Druckumlaufschmierung
Ölmenge bei Erstbefüllung (l):	5,0
Ölwechselmenge (l):	4,0

Kraftübertragung

Antrieb:	Heckantrieb
Schaltgetriebe:	4-Gang
Getriebe-Typ:	741/0 A
Übersetzungen:	
1. Gang:	3,091
2. Gang:	1,765
3. Gang:	1,130
4. Gang:	0,815
Rückwärtsgang:	3,560
Achsübersetzung:	4,428

Karosserie, Fahrwerk, Bremse, Räder und Reifen

Karosserie:	2-türige, 2 + 2-sitzige, selbsttragende Karosserie aus Stahlblech, gepreßter und geschweißter Stahlblechkastenrahmen, gebogene einteilige Windschutzscheibe, ein Lufteinlaßgitter in der Motorhaube, höhergesetzte Stoßstangen mit Stoßstangenhörnern, zwei Lufteinlaßgitter unterhalb der Stoßstange vorn, Auspuffendrohre münden durch Stoßstangenhörner
ab MJ 1962 (T 6):	Zwei Lufteinlaßgitter in der Motorhaube, Tankklappe im vorderen rechten Kotflügel
Coupé:	Festes verschweißtes Stahldach
Sonderwunsch:	Manuelles Schiebedach
Sonderwunsch ab MJ 1962 (T 6):	Elektrisches Schiebedach
Cabriolet:	Gefüttertes Stoffverdeck mit flexibler Kunststoffheckscheibe
Hardtop-Coupé:	Festverschweißter Hardtop-Aufsatz
Hardtop/Cabriolet:	Abnehmbarer Hardtop-Aufsatz
Vorderradaufhängung:	Einzelradaufhängung an zwei Kurbellängslenkern (als Traghebel ausgebildet), zwei durchgehende je aus einzelnen Federblättern gebündelte Vierkant-Drehfederstäbe mit zusätzlichem Stabilisator, doppeltwirkende hydraulische Teleskop-Stoßdämpfer
Hinterradaufhängung:	Pendelhalbachsen durch Längslenker geführt (als Federstreben ausgebildet), Einzelradfederung durch je einen runden querliegenden Drehstab (Torsionsstab) auf jeder Seite, doppeltwirkende hydraulische Teleskop-Stoßdämpfer
Sonderwunsch:	Querliegende Ausgleichsfeder als Anti-Stabilisator wirkend
Bremse v/h (Durchm. x B (mm)):	Trommeln Duplex (280 x 40) / Trommeln Simplex (280 x 40)
Räder v/h:	4,5 J x 15 / 4,5 J x 15
Reifen v/h:	5,60-15 Sport / 5,60-15 Sport
Sonderwunsch Gürtelreifen:	165-15 Sport / 165-15 Sport

Elektrik

Lichtmaschine (W):	200
Batterie (V/Ah):	6 / 84
Sonderwunsch ab MJ 1962 (T 6):	12 / 50

Abmessungen, Gewichte und Volumen

Spurweite v/h (mm):	1306 / 1272
Radstand (mm):	2100
Maße (L x B x H (mm)):	4010 x 1670 x 1330
Hardtop-Coupé:	4010 x 1670 x 1315
Hardtop/Cabriolet:	4010 x 1670 x 1315
Leergewicht nach DIN (kg):	900
ab MJ 1962 (T 6):	935
zul. Gesamtgewicht (kg):	1250
Tankvolumen (l):	52, davon 5 Reserve
ab MJ 1962 (T 6):	50, davon 6 Reserve
C_w x A (m²) Coupé:	0,398 x 1,611 = 0,641
Leistungsgewicht (kg/kW / kg/PS):	20,45 / 15,00
ab MJ 1962 (T 6):	21,25 / 15,58

Kraftstoffverbrauch

nach DIN 70 030 (l/100 km):	7,6, 88 ROZ Normal verbleit

Fahrleistungen, Stückzahlen, Preise

Beschleunigung 0–100 km/h (s):	16,5
Höchstgeschw. (km/h):	155
Stückzahlen:	
356 B Coupé gesamt:*	20.597
356 B Coupé T 5:*	8.559
356 B Coupé T 6:*	12.038
356 B Cabriolet gesamt:*	6.194
356 B Cabriolet T 5:*	3.094
356 B Cabriolet T 6:*	3.100
356 B Hardtop-Coupé gesamt:*	1.747
356 B Hardtop-Coupé T 5:*	1.048
356 B Hardtop-Coupé T 6:*	699
*Stückzahl alle Motorvarianten	
Listenpreise:	
09/1959 Coupé:	DM 12.700,-
Cabriolet:	DM 13.900,-
Hardtop-Coupé:	DM 13.600,-
Hardtop/Cabriolet:	DM 14.390,-
07/1960 Coupé:	DM 13.300,-
Cabriolet:	DM 14.500,-
Hardtop-Coupé:	DM 13.300,-
Hardtop/Cabriolet:	DM 15.290,-
09/1961 Coupé:	DM 13.850,-
Cabriolet:	DM 14.950,-
Hardtop-Coupé:	DM 13.850,-
Hardtop-Cabriolet:	DM 15.820,-
05/1962 Coupé:	DM 14.300,-
Cabriolet:	DM 15.400,-
Hardtop-Cabriolet:	DM 16.200,-
10/1962 Coupé:	DM 14.300,-
Cabriolet:	DM 15.400,-
Hardtop-Cabriolet:	DM 16.200,-

356 B 1600 Roadster MJ 1960 bis MJ 1962

Motor

Bauart:	4-Zylinder-Boxermotor
Einbauposition:	Heckmotor
Kühlung:	luftgekühlt
Motor-Typ:	616/1
Hubraum (cm³):	1582
Bohrung x Hub:	82,5 x 74
Leistung (kW/PS):	44/60 bei 4500/min
Drehmoment (Nm):	110 bei 2800/min
Literleistung (kW/l / PS/l):	27,8 / 37,9
Verdichtung:	7,5 : 1
Ventilsteuerung:	ohv über Stoßstangen, 2 Ventile pro Zylinder
Gemischaufbereitung:	2 Fallstromvergaser Zenith 32 NDIX
Zündung:	Batteriezündung
Zündfolge:	1 - 4 - 3 - 2
Kurbelwellenlagerung:	4 Gleitlager
Schmierung:	Druckumlaufschmierung
Ölmenge bei Erstbefüllung (l):	5,0
Ölwechselmenge (l):	4,0

Kraftübertragung

Antrieb:	Heckantrieb
Schaltgetriebe:	4-Gang
Getriebe-Typ:	741/2 A
Übersetzungen:	
1. Gang:	3,091
2. Gang:	1,765
3. Gang:	1,130
4. Gang:	0,852
Rückwärtsgang:	3,560
Achsübersetzung:	4,428

Karosserie, Fahrwerk, Bremse, Räder und Reifen

Karosserie:	2-türige, 2-sitzige, selbsttragende Roadster-Karosserie aus Stahlblech, gepreßter und geschweißter Stahlblechkastenrahmen, gebogene einteilige Windschutzscheibe, ungefüttertes Stoffverdeck mit flexibler Kunststoffheckscheibe, ein Lufteinlaßgitter in der Motorhaube, höhergesetzte Stoßstangen mit Stoßstangenhörnern, zwei Lufteinlaßgitter unterhalb der Stoßstange vorn, Auspuffendrohre münden durch Stoßstangenhörner
MJ 1962 (T 6):	Zwei Lufteinlaßgitter in der Motorhaube, Tankklappe im vorderen rechten Kotflügel
Vorderradaufhängung:	Einzelradaufhängung an zwei Kurbellängslenkern (als Traghebel ausgebildet), zwei durchgehende je aus einzelnen Federblättern gebündelte Vierkant-Drehfederstäbe mit zusätzlichem Stabilisator, doppeltwirkende hydraulische Teleskop-Stoßdämpfer
Hinterradaufhängung:	Pendelhalbachsen durch Längslenker geführt (als Federstreben ausgebildet), Einzelradfederung durch je einen runden querliegenden Drehstab (Torsionsstab) auf jeder Seite, doppeltwirkende hydraulische Teleskop-Stoßdämpfer
Sonderwunsch:	Querliegende Ausgleichsfeder als Anti-Stabilisator wirkend
Bremse v/h (Durchm. x B (mm)):	Trommeln Duplex (280 x 40) / Trommeln Simplex (280 x 40)
Räder v/h:	4,5 J x 15 / 4,5 J x 15
Reifen v/h:	5,60-15 Sport / 5,60-15 Sport
Sonderwunsch Gürtelreifen:	165-15 Sport / 165-15 Sport

Elektrik

Lichtmaschine (W):	200
Batterie (V/Ah):	6 / 84
Sonderwunsch MJ 1962 (T 6):	12 / 50

Abmessungen, Gewichte und Volumen

Spurweite v/h (mm):	1306 / 1272
Radstand (mm):	2100
Maße (L x B x H (mm)):	4010 x 1670 x 1310*
Leergewicht nach DIN (kg):	870
zul. Gesamtgewicht (kg):	1250
Tankvolumen (l):	52, davon 5 Reserve
MJ 1962 (T 6):	50, davon 6 Reserve
c_w x A (m²):	0,386 x 1,599 = 0,617
Leistungsgewicht (kg/kW / kg/PS):	19,77 / 14,50
*mit geschlossenem Verdeck	

Kraftstoffverbrauch

nach DIN 70 030 (l/100 km):	7,6; 88 ROZ Normal verbleit

Fahrleistungen, Stückzahlen, Preise

Beschleunigung 0–100 km/h (s):	16,5
Höchstgeschw. (km/h):	155
Stückzahl 356 B Roadster ges.:*	2.902
356 B Roadster T 5:	2.653
356 B Roadster T 6:	249
*Stückzahl alle Motorvarianten	
Listenpreise:	
09/1959 Roadster:	DM 12.650,-
07/1960 Roadster:	DM 13.200,-

356 B 1600 Super Coupé, Cabriolet, Hardtop-Coupé und Hardtop/Cabriolet MJ 1960 bis MJ 1963

Motor

Bauart:	4-Zylinder-Boxermotor
Einbauposition:	Heckmotor
Kühlung:	luftgekühlt
Motor-Typ:	616/2
Hubraum (cm³):	1582
Bohrung x Hub:	82,5 x 74
Leistung (kW/PS):	55/75 bei 5000/min
Drehmoment (Nm):	117 bei 3700/min
Literleistung (kW/l / PS/l):	34,8 / 47,4
Verdichtung:	8,5 : 1
Ventilsteuerung:	ohv über Stoßstangen, 2 Ventile pro Zylinder
Gemischaufbereitung:	2 Fallstromvergaser Zenith 32 NDIX
Zündung:	Batteriezündung
Zündfolge:	1 - 4 - 3 - 2
Kurbelwellenlagerung:	4 Gleitlager
Schmierung:	Druckumlaufschmierung
Ölmenge bei Erstbefüllung (l):	5,0
Ölwechselmenge (l):	4,0

Kraftübertragung

Antrieb:	Heckantrieb
Schaltgetriebe:	4-Gang
Getriebe-Typ:	741/0 A
Übersetzungen:	
1. Gang:	3,091
2. Gang:	1,765
3. Gang:	1,130
4. Gang:	0,815
Rückwärtsgang:	3,560
Achsübersetzung:	4,428

Karosserie, Fahrwerk, Bremse, Räder und Reifen

Karosserie:	2-türige, 2 + 2-sitzige, selbsttragende Karosserie aus Stahlblech, gepreßter und geschweißter Stahlblechkastenrahmen, gebogene einteilige Windschutzscheibe, ein Lufteinlaßgitter in der Motorhaube, höhergesetzte Stoßstangen mit Stoßstangenhörnern, zwei Lufteinlaßgitter unterhalb der Stoßstange vorn, Auspuffendrohre münden durch Stoßstangenhörner
ab MJ 1962 (T 6):	Zwei Lufteinlaßgitter in der Motorhaube, Tankklappe im vorderen rechten Kotflügel
Coupé:	Festes verschweißtes Stahldach
Sonderwunsch:	Manuelles Schiebedach
Sonderwunsch ab MJ 1962 (T 6):	Elektrisches Schiebedach
Cabriolet:	Gefüttertes Stoffverdeck mit flexibler Kunststoffheckscheibe
Hardtop-Coupé:	Festverschweißter Hardtop-Aufsatz
Hardtop/Cabriolet:	Abnehmbarer Hardtop-Aufsatz
Vorderradaufhängung:	Einzelradaufhängung an zwei Kurbellängslenkern (als Traghebel ausgebildet), zwei durchgehende je aus einzelnen Federblättern gebündelte Vierkant-Drehfederstäbe mit zusätzlichem Stabilisator, doppeltwirkende hydraulische Teleskop-Stoßdämpfer
Hinterradaufhängung:	Pendelhalbachsen durch Längslenker geführt (als Federstreben ausgebildet), Einzelradfederung durch je einen runden querliegenden Drehstab (Torsionsstab) auf jeder Seite, doppeltwirkende hydraulische Teleskop-Stoßdämpfer
Sonderwunsch:	Querliegende Ausgleichsfeder als Anti-Stabilisator wirkend
Bremse v/h (Durchm. x B (mm)):	Trommeln Duplex (280 x 40) / Trommeln Simplex (280 x 40)
Räder v/h:	4,5 J x 15 / 4,5 J x 15
Reifen v/h:	5,60-15 Sport / 5,60-15 Sport
Sonderwunsch Gürtelreifen:	165-15 Sport / 165-15 Sport

Elektrik

Lichtmaschine (W):	200
Batterie (V/Ah):	6 / 84
Sonderwunsch ab MJ 1962 (T 6):	12 / 50

Abmessungen, Gewichte und Volumen

Spurweite v/h (mm):	1306 / 1272
Radstand (mm):	2100
Maße (L x B x H (mm)):	4010 x 1670 x 1330
Hardtop-Coupé:	4010 x 1670 x 1315
Hardtop/Cabriolet:	4010 x 1670 x 1315
Leergewicht nach DIN (kg):	900
ab MJ 1962 (T 6):	935
zul. Gesamtgewicht (kg):	1250
Tankvolumen (l):	52, davon 5 Reserve
ab MJ 1962 (T 6):	50, davon 6 Reserve
C_w x A (m²) Coupé:	0,398 x 1,611 = 0,641
Leistungsgewicht (kg/kW / kg/PS):	16,36 / 12,00
ab MJ 1962 (T 6):	17,00 / 12,46

Kraftstoffverbrauch

nach DIN 70 030 (l/100 km):	8,2; 94 ROZ Super verbleit

Fahrleistungen, Stückzahlen, Preise

Beschleunigung 0–100 km/h (s):	15,0
Höchstgeschw. (km/h):	175
Stückzahlen:	
356 B Coupé gesamt:*	20.597
356 B Coupé T 5:*	8.559
356 B Coupé T 6:*	12.038
356 B Cabriolet gesamt:*	6.194
356 B Cabriolet T 5:*	3.094
356 B Cabriolet T 6:*	3.100
356 B Hardtop-Coupé gesamt:*	1.747
356 B Hardtop-Coupé T 5:*	1.048
356 B Hardtop-Coupé T 6:*	699
***Stückzahl alle Motorvarianten**	
Listenpreise:	
09/1959 Coupé:	DM 13.500,-
Cabriolet:	DM 14.700,-
Hardtop-Coupé:	DM 14.400,-
Hardtop/Cabriolet:	DM 15.190,-
07/1960 Coupé:	DM 14.100,-
Cabriolet:	DM 15.300,-
Hardtop-Coupé:	DM 15.000,-
Hardtop/Cabriolet:	DM 16.090,-
06/1961 Coupé:	DM 14.650,-
Cabriolet:	DM 15.750,-
Hardtop-Coupé:	DM 14.650,-
Hardtop/Cabriolet:	DM 16.620,-
05/1962 Coupé:	DM 14.950,-
Cabriolet:	DM 16.050,-
Hardtop/Cabriolet:	DM 16.950,-
10/1962 Coupé:	DM 14.950,-
Cabriolet:	DM 16.050,-
Hardtop/Cabriolet:	DM 16.950,-

356 B 1600 Super Roadster MJ 1960 bis MJ 1962

Motor

Bauart:	4-Zylinder-Boxermotor
Einbauposition:	Heckmotor
Kühlung:	luftgekühlt
Motor-Typ:	616/2
Hubraum (cm³):	1582
Bohrung x Hub:	82,5 x 74
Leistung (kW/PS):	55/75 bei 5000/min
Drehmoment (Nm):	117 bei 3700/min
Literleistung (kW/l / PS/l):	34,8 / 47,4
Verdichtung:	8,5 : 1
Ventilsteuerung:	ohv über Stoßstangen, 2 Ventile pro Zylinder
Gemischaufbereitung:	2 Fallstromvergaser Zenith 32 NDIX
Zündung:	Batteriezündung
Zündfolge:	1 - 4 - 3 - 2
Kurbelwellenlagerung:	4 Gleitlager
Schmierung:	Druckumlaufschmierung
Ölmenge bei Erstbefüllung (l):	5,0
Ölwechselmenge (l):	4,0

Kraftübertragung

Antrieb:	Heckantrieb
Schaltgetriebe:	4-Gang
Getriebe-Typ:	741/2 A
Übersetzungen:	
1. Gang:	3,091
2. Gang:	1,765
3. Gang:	1,130
4. Gang:	0,852
Rückwärtsgang:	3,560
Achsübersetzung:	4,428

Karosserie, Fahrwerk, Bremse, Räder und Reifen

Karosserie:	2-türige, 2-sitzige, selbsttragende Roadster-Karosserie aus Stahlblech, gepreßter und geschweißter Stahlblechkastenrahmen, gebogene einteilige Windschutzscheibe, ungefüttertes Stoffverdeck mit flexibler Kunststoffheckscheibe, ein Lufteinlaßgitter in der Motorhaube, höhergesetzte Stoßstangen mit Stoßstangenhörnern, zwei Lufteinlaßgitter unterhalb der Stoßstange vorn, Auspuffendrohre münden durch Stoßstangenhörner
MJ 1962 (T 6):	Zwei Lufteinlaßgitter in der Motorhaube, Tankklappe im vorderen rechten Kotflügel
Vorderradaufhängung:	Einzelradaufhängung an zwei Kurbellängslenkern (als Traghebel ausgebildet), zwei durchgehende je aus einzelnen Federblättern gebündelte Vierkant-Drehfederstäbe mit zusätzlichem Stabilisator, doppeltwirkende hydraulische Teleskop-Stoßdämpfer
Hinterradaufhängung:	Pendelhalbachsen durch Längslenker geführt (als Federstreben ausgebildet), Einzelradfederung durch je einen runden querliegenden Drehstab (Torsionsstab) auf jeder Seite, doppeltwirkende hydraulische Teleskop-Stoßdämpfer
Sonderwunsch:	Querliegende Ausgleichsfeder als Anti-Stabilisator wirkend
Bremse v/h (Durchm. x B (mm)):	Trommeln Duplex (280 x 40) / Trommeln Simplex (280 x 40)
Räder v/h:	4,5 J x 15 / 4,5 J x 15
Reifen v/h:	5,60-15 Sport / 5,60-15 Sport
Sonderwunsch Gürtelreifen:	165-15 Sport / 165-15 Sport

Elektrik

Lichtmaschine (W):	200
Batterie (V/Ah):	6 / 84
Sonderwunsch MJ 1962 (T 6):	12 / 50

Abmessungen, Gewichte und Volumen

Spurweite v/h (mm):	1306 / 1272
Radstand (mm):	2100
Maße (L x B x H (mm)):	4010 x 1670 x 1310*
Leergewicht nach DIN (kg):	870
zul. Gesamtgewicht (kg):	1250
Tankvolumen (l):	52, davon 5 Reserve
MJ 1962 (T 6):	50, davon 6 Reserve
C_w x A (m²):	0,386 x 1,599 = 0,617
Leistungsgewicht (kg/kW / kg/PS):	15,81 / 11,60
***mit geschlossenem Verdeck**	

Kraftstoffverbrauch

nach DIN 70 030 (l/100 km):	8,2; 94 ROZ Super verbleit

Fahrleistungen, Stückzahlen, Preise

Beschleunigung 0–100 km/h (s):	15,0
Höchstgeschw. (km/h):	175
Stückzahl 356 B Roadster ges.:*	2.902
356 B Roadster T 5:	2.653
356 B Roadster T 6:	249
***Stückzahl alle Motorvarianten**	
Listenpreise:	
09/1959 Roadster:	DM 13.450,-
07/1960 Roadster:	DM 14.000,-

356 B 1600 Super 90 Coupé, Cabriolet, Hardtop-Coupé und Hardtop/Cabriolet MJ 1960 bis MJ 1963

Motor

Bauart:	4-Zylinder-Boxermotor
Einbauposition:	Heckmotor
Kühlung:	luftgekühlt
Motor-Typ:	616/7
Hubraum (cm³):	1582
Bohrung x Hub:	82,5 x 74
Leistung (kW/PS):	66/90 bei 5500/min
Drehmoment (Nm):	121 bei 4300/min
Literleistung (kW/l / PS/l):	41,7 / 56,9
Verdichtung:	9,0 : 1
Ventilsteuerung:	ohv über Stoßstangen, 2 Ventile pro Zylinder
Gemischaufbereitung:	2 Doppel-Fallstromvergaser Solex 40 PII-4
Zündung:	Batteriezündung
Zündfolge:	1 - 4 - 3 - 2
Kurbelwellenlagerung:	4 Gleitlager
Schmierung:	Druckumlaufschmierung
Ölmenge bei Erstbefüllung (l):	5,0
Ölwechselmenge (l):	4,0

Kraftübertragung

Antrieb:	Heckantrieb
Schaltgetriebe:	4-Gang
Getriebe-Typ:	741/2 A
Übersetzungen:	
1. Gang:	3,091
2. Gang:	1,765
3. Gang:	1,130
4. Gang:	0,852
Rückwärtsgang:	3,560
Achsübersetzung:	4,428

Karosserie, Fahrwerk, Bremse, Räder und Reifen

Karosserie:	2-türige, 2 + 2-sitzige, selbsttragende Karosserie aus Stahlblech, gepreßter und geschweißter Stahlblechkastenrahmen, gebogene einteilige Windschutzscheibe, ein Lufteinlaßgitter in der Motorhaube, höhergesetzte Stoßstangen mit Stoßstangenhörnern, zwei Lufteinlassgitter unterhalb der Stoßstange vorn, Auspuffendrohre münden durch Stoßstangenhörner
ab MJ 1962 (T 6):	Zwei Lufteinlaßgitter in der Motorhaube, Tankklappe im vorderen rechten Kotflügel
Coupé:	Festes verschweißtes Stahldach
Sonderwunsch:	Manuelles Schiebedach
Sonderwunsch ab MJ 1962 (T 6):	Elektrisches Schiebedach
Cabriolet:	Gefüttertes Stoffverdeck mit flexibler Kunststoffheckscheibe
Hardtop-Coupé:	Festverschweißter Hardtop-Aufsatz
Hardtop/Cabriolet:	Abnehmbarer Hardtop-Aufsatz
Vorderradaufhängung:	Einzelradaufhängung an zwei Kurbellängslenkern (als Traghebel ausgebildet), zwei durchgehende je aus einzelnen Federblättern gebündelte Vierkant-Drehfederstäbe mit zusätzlichem Stabilisator, doppeltwirkende hydraulische Teleskop-Stoßdämpfer
Hinterradaufhängung:	Pendelhalbachsen durch Längslenker geführt (als Federstreben ausgebildet), Einzelradfederung durch je einen runden querliegenden Drehstab (Torsionsstab) auf jeder Seite, querliegende Ausgleichsfeder als Anti-Stabilisator wirkend, doppelt wirkende hydraulische Teleskop-Stoßdämpfer
Bremse v/h (Durchm. x B (mm)):	Trommeln Duplex (280 x 40) / Trommeln Simplex (280 x 40)
Räder v/h:	4,5 J x 15 / 4,5 J x 15
Reifen v/h:	5,90-15 Sport / 5,90-15 Sport
Sonderwunsch Gürtelreifen:	165-15 Sport / 165-15 Sport

Elektrik

Lichtmaschine (W):	200
Batterie (V/Ah):	6 / 84
Sonderwunsch ab MJ 1962 (T 6):	12 / 50

Abmessungen, Gewichte und Volumen

Spurweite v/h (mm):	1306 / 1272
Radstand (mm):	2100
Maße (L x B x H (mm)):	4010 x 1670 x 1330
Hardtop-Coupé:	4010 x 1670 x 1315
Hardtop/Cabriolet:	4010 x 1670 x 1315
Leergewicht nach DIN (kg):	900
ab MJ 1962 (T 6):	935
zul. Gesamtgewicht (kg):	1250
Tankvolumen (l):	52, davon 5 Reserve
ab MJ 1962 (T 6):	50, davon 6 Reserve
C_w x A (m²) Coupé:	0,398 x 1,611 = 0,641
Leistungsgewicht (kg/kW / kg/PS):	13,63 / 10,00
ab MJ 1962 (T 6):	14,16 / 10,38

Kraftstoffverbrauch

nach DIN 70 030 (l/100 km):	8,5; 96 ROZ Super verbleit

Fahrleistungen, Stückzahlen, Preise

Beschleunigung 0–100 km/h (s):	13,5
Höchstgeschw. (km/h):	180
Stückzahlen:	
356 B Coupé gesamt:*	20.597
356 B Coupé T 5:*	8.559
356 B Coupé T 6:*	12.038
356 B Cabriolet gesamt:*	6.194
356 B Cabriolet T 5:*	3.094
356 B Cabriolet T 6:*	3.100
356 B Hardtop-Coupé gesamt:*	1.747
356 B Hardtop-Coupé T 5:*	1.048
356 B Hardtop-Coupé T 6:*	699
***Stückzahl alle Motorvarianten**	
Listenpreise:	
09/1959 Coupé:	DM 14.500,-
Cabriolet:	DM 15.700,-
Hardtop-Coupé:	DM 15.400,-
Hardtop/Cabriolet:	DM 16.190,-
07/1960 Coupé:	DM 15.300,-
Cabriolet:	DM 16.500,-
Hardtop-Coupé:	DM 15.300,-
Hardtop/Cabriolet:	DM 17.290,-
09/1961 Coupé:	DM 15.850,-
Cabriolet:	DM 16.950,-
Hardtop-Coupé:	DM 15.850,-
Hardtop/Cabriolet:	DM 17.820,-
05/1962 Coupé:	DM 16.450,-
Cabriolet:	DM 17.550,-
Hardtop/Cabriolet:	DM 18.450,-
10/1962 Coupé:	DM 16.450,-
Cabriolet:	DM 17.550,-
Hardtop/Cabriolet:	DM 18.450,-

356 B 1600 Super 90 Roadster MJ 1960 bis MJ 1962

Motor

Bauart:	4-Zylinder-Boxermotor
Einbauposition:	Heckmotor
Kühlung:	luftgekühlt
Motor-Typ:	616/7
Hubraum (cm³):	1582
Bohrung x Hub:	82,5 x 74
Leistung (kW/PS):	66/90 bei 5500/min
Drehmoment (Nm):	121 bei 4300/min
Literleistung (kW/l / PS/l):	41,7 / 56,9
Verdichtung:	9,0 : 1
Ventilsteuerung:	ohv über Stoßstangen, 2 Ventile pro Zylinder
Gemischaufbereitung:	2 Doppel-Fallstromvergaser Solex 40 PII-4
Zündung:	Batteriezündung
Zündfolge:	1 - 4 - 3 - 2
Kurbelwellenlagerung:	4 Gleitlager
Schmierung:	Druckumlaufschmierung
Ölmenge bei Erstbefüllung (l):	5,0
Ölwechselmenge (l):	4,0

Kraftübertragung

Antrieb:	Heckantrieb
Schaltgetriebe:	4-Gang
Getriebe-Typ:	741/2 A
Übersetzungen:	
1. Gang:	3,091
2. Gang:	1,765
3. Gang:	1,130
4. Gang:	0,852
Rückwärtsgang:	3,560
Achsübersetzung:	4,428

Karosserie, Fahrwerk, Bremse, Räder und Reifen

Karosserie:	2-türige, 2-sitzige, selbsttragende Roadster-Karosserie aus Stahlblech, gepreßter und geschweißter Stahlblechkastenrahmen, gebogene einteilige Windschutzscheibe, ungefüttertes Stoffverdeck mit flexibler Kunststoffheckscheibe, ein Lufteinlaßgitter in der Motorhaube, höhergesetzte Stoßstangen mit Stoßstangenhörnern, zwei Lufteinlaßgitter unterhalb der Stoßstange vorn, Auspuffendrohre münden durch Stoßstangenhörner
MJ 1962 (T 6):	Zwei Lufteinlassgitter in der Motorhaube, Tankklappe im vorderen rechten Kotflügel
Vorderradaufhängung:	Einzelradaufhängung an zwei Kurbellängslenkern (als Traghebel ausgebildet), zwei durchgehende je aus einzelnen Federblättern gebündelte Vierkant-Drehfederstäbe mit zusätzlichem Stabilisator, doppeltwirkende hydraulische Teleskop-Stoßdämpfer
Hinterradaufhängung:	Pendelhalbachsen durch Längslenker geführt (als Federstreben ausgebildet), Einzelradfederung durch je einen runden querliegenden Drehstab (Torsionsstab) auf jeder Seite, querliegende Ausgleichsfeder als Anti-Stabilisator wirkend, doppelt wirkende hydraulische Teleskop-Stoßdämpfer
Bremse v/h (Durchm. x B (mm)):	Trommeln Duplex (280 x 40) / Trommeln Simplex (280 x 40)
Räder v/h:	4,5 J x 15 / 4,5 J x 15
Reifen v/h:	5,90-15 Sport / 5,90-15 Sport
Sonderwunsch Gürtelreifen:	165-15 Sport / 165-15 Sport

Elektrik

Lichtmaschine (W):	200
Batterie (V/Ah):	6 / 84
Sonderwunsch MJ 1962 (T 6):	12 / 50

Abmessungen, Gewichte und Volumen

Spurweite v/h (mm):	1306 / 1272
Radstand (mm):	2100
Maße (L x B x H (mm)):	4010 x 1670 x 1310*
Leergewicht nach DIN (kg):	870
zul. Gesamtgewicht (kg):	1250
Tankvolumen (l):	52, davon 5 Reserve
MJ 1962 (T 6):	50, davon 6 Reserve
C_w x A (m²):	0,386 x 1,599 = 0,617
Leistungsgewicht (kg/kW / kg/PS):	13,18 / 9,66
***mit geschlossenem Verdeck**	

Kraftstoffverbrauch

nach DIN 70 030 (l/100 km):	8,5; 96 ROZ Super verbleit

Fahrleistungen, Stückzahlen, Preise

Beschleunigung 0–100 km/h (s):	13,5
Höchstgeschw. (km/h):	180
Stückzahl 356 B Roadster ges.:*	2.902
356 B Roadster T 5:*	2.653
356 B Roadster T 6:*	249
***Stückzahl alle Motorvarianten**	
Listenpreise:	
09/1959 Roadster:	DM 14.450,-
07/1960 Roadster:	DM 15.200,-

356 B 1600 GS Carrera GT Coupé MJ 1960 bis MJ 1961

Motor

Bauart:	4-Zylinder-Boxermotor
Einbauposition:	Heckmotor
Kühlung:	luftgekühlt
Motor-Typ:	692/3
Hubraum (cm³):	1588
Bohrung x Hub:	87,5 x 66
Leistung (kW/PS):	85/115 bei 6500/min
mit Sportauspuff I:	94/128 bei 6700/min
mit Sportauspuff II:	99/135 bei 7400/min
Drehmoment (Nm):	135 bei 5500/min
mit Sportauspuff I:	139 bei 6000/min
mit Sportauspuff II:	145 bei 5900/min
Literleistung (kW/l / PS/l):	53,5 / 72,4
mit Sportauspuff I:	59,2 / 80,6
mit Sportauspuff II:	62,3 / 85,0
Verdichtung:	9,8: 1
Ventilsteuerung:	dohc über Königswellen, 2 Ventile pro Zylinder
Gemischaufbereitung:	2 Doppel-Fallstromvergaser Weber 40 DCM 2
Zündung:	Batterie-Doppelzündung
Zündfolge:	1 - 4 - 3 - 2
Kurbelwellenlagerung:	3 Gleitlager
Schmierung:	Trockensumpfschmierung
Ölmenge (l):	8,0

Kraftübertragung

Antrieb:	Heckantrieb
Schaltgetriebe:	4-Gang
Getriebe-Typ:	741/1
Übersetzungen:	
1. Gang:	3,091
2. Gang:	1,765
3. Gang:	1,227
4. Gang:	0,960
Rückwärtsgang:	3,560
Achsübersetzung:	4,429
Sonderwunsch:	Sperrdifferential

Karosserie, Fahrwerk, Bremse, Räder und Reifen

Karosserie:	2-türige, 2 sitzige, selbsttragende Coupé-Karosserie aus Stahlblech, gepreßter und geschweißter Stahlblechkastenrahmen, gebogene einteilige Windschutzscheibe, ein Lufteinlaßgitter und zusätzliche Lüftungsschlitze links und rechts in der Motorhaube, höhergesetzte Stoßstangen, zwei Lufteinlaßgitter unterhalb der Stoßstange vorn, Hauben und Türen aus Leichtmetall, Heck- und Seitenscheiben aus Plexiglas
Vorderradaufhängung:	Einzelradaufhängung an zwei Kurbellängslenkern (als Traghebel ausgebildet), zwei durchgehende je aus einzelnen Federblättern gebündelte Vierkant-Drehfederstäbe mit zusätzlichem Stabilisator, verstellbare hydraulische Teleskop-Stoßdämpfer
Hinterradaufhängung:	Pendelhalbachsen durch Längslenker geführt (als Federstreben ausgebildet), Einzelradfederung durch je einen runden querliegenden Drehstab (Torsionsstab) auf jeder Seite, querliegende Ausgleichsfeder als Anti-Stabilisator wirkend, verstellbare hydraulische Teleskop-Stoßdämpfer
Bremse v/h (Durchm. x B (mm)):	Trommeln Duplex (280 x 60) / Trommeln Simplex (280 x 40)
Räder v/h:	4,5 J x 15 / 4,5 J x 15
Reifen v/h:	5,90-15 Supersport / 5,90-15 Supersport
Sonderwunsch:	165 x 15 Gürtel / 165 x 15 Gürtel

Elektrik

Lichtmaschine (W):	200/300
Batterie (V/Ah):	12 / 50

Abmessungen, Gewichte und Volumen

Spurweite v/h (mm):	1306 / 1272
Radstand (mm):	2100
Maße (L x B x H (mm)):	3980* x 1670 x 1320
Leergewicht nach DIN (kg):	845
zul. Gesamtgewicht (kg):	1250
Tankvolumen (l):	80, davon 15 Reserve
C_w x A (m²) Coupé:	0,398 x 1,611 = 0,641
Leistungsgewicht (kg/kW / kg/PS):	9,94 / 7,34
mit Sportauspuff I:	8,98 / 6,60
mit Sportauspuff II:	8,53 / 6,25
***Länge ohne Stoßstangen**	3810

Kraftstoffverbrauch

nach DIN 70 030 (l/100 km):	9,6; 96 ROZ Super verbleit

Fahrleistungen, Stückzahlen, Preise

Beschleunigung 0–100 km/h (s):	10,5*
Höchstgeschw. (km/h):	200*
***mit Serienauspuffanlage**	
Stückzahl:	40
Listenpreise:	
09/1959 Coupé:	DM 21.500,-
07/1960 Coupé:	DM 21.500,-

356 B 2000 GS Carrera 2 Coupé, Cabriolet, Hardtop/Cabriolet [356 B 2000 GS-GT Carrera 2 Coupé]

Motor

Bauart:	4-Zylinder-Boxermotor
Einbauposition:	Heckmotor
Kühlung:	luftgekühlt
Motor-Typ:	587/1 [587/2]
Hubraum (cm^3):	1966
Bohrung x Hub:	92 x 74
Leistung (kW/PS):	96/130 [102/140] bei 6200/min
GT mit Sportauspuffanlage:	[114/155 bei 6600/min]
Drehmoment (Nm):	162 [174] bei 4600 [4700]/min
GT mit Sportauspuffanlage:	[196 bei 5000/min]
Literleistung (kW/l / PS/l):	48,8 [51,9] / 66,1 [71,2]
GT mit Sportauspuffanlage:	[58,0 / 78,8]
Verdichtung:	9,5 : 1 [9,8 : 1]
Ventilsteuerung:	dohc über Königswellen, 2 Ventile pro Zylinder
Gemischaufbereitung:	2 Doppel-Fallstromvergaser Solex 40 PII-4 [2 Doppel-Fallstromvergaser Weber 46 IDM 2]
Zündung:	Batterie-Doppelzündung
Zündfolge:	1 - 4 - 3 - 2
Kurbelwellenlagerung:	3 Gleitlager
Schmierung:	Trockensumpfschmierung
Ölmenge (l):	8,0

Kraftübertragung

Antrieb:	Heckantrieb
Schaltgetriebe:	4-Gang
Getriebe-Typ:	741/2 A [741/9 A]
Übersetzungen:	
1. Gang:	3,091 [3,091] [2,750]* [3,091]** [3,091][2] [3,091][3]
2. Gang:	1,765 [1,765] [1,611]* [1,938]** [1,765][2] [1,611][3]
3. Gang:	1,130 [1,227] [1,130]* [1,611]** [1,350][2] [1,130][3]
4. Gang:	0,852 [0,855] [0,885]* [1,227]** [1,227][2] [1,042][3]
Rückwärtsgang:	3,560 [3,560]
Achsübersetzung:	4,428 [4,428]
Sonderwunsch:	Sperrdifferential
***Nürburgringübersetzung**	
****Bergübersetzung**	
[2] Flugplatzübersetzung	
[3] Le Mans-Übersetzung	

Karosserie, Fahrwerk, Bremse, Räder und Reifen

Karosserie:	2-türige, 2 + 2-sitzige, selbsttragende Karosserie aus Stahlblech, gepreßter und geschweißter Stahlblechkastenrahmen, gebogene einteilige Windschutzscheibe, zwei Lufteinlaßgitter in der Motorhaube, höhergesetzte Stoßstangen, zwei Lufteinlaßgitter unterhalb der Stoßstange vorn, keine Ziergitter in den Lufteinlässen überhalb der Stoßstange vorn, Auspuffendrohre münden durch eine zusätzliche Heckblende unterhalb der Stoßstange hinten, Tankklappe im vorderen rechten Kotflügel
Sonderwunsch:	Stoßstangenhörner vorn und hinten
Coupé:	Festes verschweißtes Stahldach
Sonderwunsch:	Elektrisches Schiebedach
Cabriolet:	Gefüttertes Stoffverdeck mit flexibler Kunststoffheckscheibe
Hardtop/Cabriolet:	Abnehmbarer Hardtop-Aufsatz
Coupé GT:	2-türige, 2 sitzige, selbsttragende Coupé-Karosserie aus Stahlblech, gepreßter und geschweißter Stahlblechkastenrahmen, gebogene einteilige Windschutzscheibe, zwei Lufteinlaßgitter in der Motorhaube, höhergesetzte Stoßstangen, zwei Lufteinlaßgitter unterhalb der Stoßstange vorn, keine Ziergitter in den Lufteinlässen überhalb der Stoßstange vorn, Auspuffendrohre münden durch eine zusätzliche Heckblende unterhalb der Stoßstange hinten, Hauben und Türen aus Leichtmetall, Tankdeckel mittig durch Haube vorn, Heck- und Seitenscheiben aus Plexiglas
Vorderradaufhängung:	Einzelradaufhängung an zwei Kurbellängslenkern (als Traghebel ausgebildet), zwei durchgehende je aus einzelnen Federblättern gebündelte Vierkant-Drehfederstäbe mit zusätzlichem Stabilisator, verstellbare hydraulische Teleskop-Stoßdämpfer
Hinterradaufhängung:	Pendelhalbachsen durch Längslenker geführt (als Federstreben ausgebildet), Einzelradfederung durch je einen runden querliegenden Drehstab (Torsionsstab) auf jeder Seite, querliegende Ausgleichsfeder als Anti-Stabilisator wirkend, verstellbare hydraulische Teleskop-Stoßdämpfer
Bremse v/h (Durchm. x B (mm)):	Trommeln Duplex (280 x 60) / Trommeln Simplex (280 x 40)
ab April 1962:	innenumfassende Scheiben (297 x 10) / innenumfassende Scheiben (297 x 10) Aluminium-Bremssättel / Aluminium-Bremssättel
Räder v/h:	4,5 J x 15 / 4,5 J x 15
Reifen v/h:	165 x 15 Gürtel / 165 x 15 Gürtel [165 R 15 / 165 R 15]

Elektrik

Lichtmaschine (W):	200/300
Batterie (V/Ah):	12 / 50

Abmessungen, Gewichte und Volumen

Spurweite v/h (mm):	1306 / 1272
Radstand (mm):	2100
Maße (L x B x H (mm)):	3980* x 1670 x 1320
Hardtop/Cabriolet:	3980* x 1670 x 1305
Leergewicht nach DIN (kg):	1010 [850]
zul. Gesamtgewicht (kg):	1360 [1250]
Tankvolumen (l):	50 [110], davon 6 [6] Reserve
C_W x A (m^2) Coupé:	0,398 x 1,611 = 0,641
Leistungsgewicht (kg/kW / kg/PS):	10,52 [8,33] / 7,76 [6,07]
GT mit Sportauspuffanlage:	[7,45 / 5,48]
***mit Stoßstangenhörnern**	4010
bei GT Länge ohne Stoßstangen	3810

Kraftstoffverbrauch

nach DIN 70 030 (l/100 km):	9,8; 96 ROZ Super verbleit

Fahrleistungen, Stückzahlen, Preise

Beschleunigung 0–100 km/h (s):	9,0 [ca. 8,0]
Höchstgeschw. (km/h):	200 [210]*
*** je nach Übersetzung**	
Stückzahl 356 B Carrera 2 gesamt:	310
Listenpreise:	
09/1961 Coupé:	DM 23.700,- [DM 23.700,-]
Cabriolet:	DM 24.850,-
Hardtop/Cabriolet:	DM 25.750,-
05/1962 Coupé:	DM 23.700,- [DM 23.700,-]
Cabriolet:	DM 24.850,-
Hardtop/Cabriolet:	DM 25.750,-
10/1962 Coupé:	DM 23.700,- [DM 23.700,-]
Cabriolet:	DM 24.850,-
Hardtop/Cabriolet:	DM 25.750,-

Porsche 356 B Carrera GTL-Abarth (Typ 756)

Im Laufe der Jahre sind die 356 Carrera immer luxuriöser und damit auch immer schwerer geworden. Dieser Umstand ist im Rennsport ein entscheidender Nachteil. So entschließt sich das Porsche Werk einen leichten und aerodynamisch optimierten Wagen zu bauen. Bei Carlo Abarth in Turin entstehen von Januar bis Juni 1960 nur 21 Aluminium-Karosserien. Die Kleinserie des 356 B Carrera GTL-Abarth ist äußerst begehrt und deshalb zum Stückpreis von 25.000 DM auch schnell ausverkauft. In der Aerodynamik ist der Carrera GTL (L=leicht) dem vergleichbaren 356 B mit Reutter-Serienkarosserie überlegen. Die Form wirkt länger gestreckt und insgesamt flacher, wobei die Scheiben zur besseren Sicht etwas vergößert werden. Der Innenraum ist spartanisch-funktionell. Auf sämtliche luxuriösen Attribute wird im Sinne der Gewichtsersparnis verzichtet. Das Antriebsaggregat des Carrera GTL ist der 1,6-Liter-Carrera-Motor mit Königswellensteuerung, der in drei Leistungsstufen zum Einsatz kommt: Mit Serienauspuff 115 PS (85 kW) bei 6.500/min, mit Sportauspuff 128 PS (94 kW) bei 6.700/min und mit dem Sebringauspuff 135 PS (99 kW) bei 7.400/min. Die Vergasereinstellung der beiden Weber-Doppel-Fallstromvergaser vom Typ 40 DCM 2 ist der jeweiligen Auspuffanlage angepaßt. In der stärksten Ausführung wird eine Beschleunigung von 0 auf 100 km/h in nur 8,8 Sekunden und einer Höchstgeschwindigkeit von über 220 km/h gemessen.

Der bekannteste 356 B Carrera GTL-Abarth ist wohl der Wagen des Schorndorfers Paul-Ernst-Strähle mit der amtlichen Zulassungsnummer WN-V 1.

Fuhrmann-Motor mit Königswellensteuerung im Heck eines 356 B 1600 GS Carrera GTL Abarth Coupé

356 B 1600 GS Carrera GTL Abarth Coupé (Typ 756) 1960

Motor

Bauart:	4-Zylinder-Boxermotor
Einbauposition:	Heckmotor
Kühlung:	luftgekühlt
Motor-Typ:	692/3 und 692/3A
Hubraum (cm³):	1588
Bohrung x Hub:	87,5 x 66
Leistung (kW/PS):	85/115 bei 6500/min
mit Sportauspuff:	94/128 bei 6700/min
mit Sebringauspuff:	99/135 bei 7400/min
Literleistung (kW/l / PS/l):	53,5 / 72,4
mit Sportauspuff:	59,2 / 80,6
mit Sebringauspuff:	62,3 / 85,0
Verdichtung:	9,8 : 1
Ventilsteuerung:	dohc über Königswellen, 2 Ventile pro Zylinder
Gemischaufbereitung:	2 Doppel-Fallstromvergaser Weber 40 DCM 2
Zündung:	Batterie-Doppelzündung
Zündfolge:	1 - 4 - 3 - 2
Schmierung:	Trockensumpfschmierung
Ölmenge (l):	8,0

Kraftübertragung

Antrieb:	Heckantrieb
Schaltgetriebe:	4-Gang
Getriebe-Typ:	741/1
Übersetzungen:	
1. Gang:	3,091
2. Gang:	1,765
3. Gang:	1,227
4. Gang:	0,960
Rückwärtsgang:	3,560
Achsübersetzung:	4,429
Ausgleichsgetriebe:	ZF-Sperrdifferential

Karosserie, Fahrwerk, Bremse, Räder und Reifen

Karosserie:	2-türige, 2-sitzige, selbsttragende Coupé-Karosserie mit Aluminiumaußenhaut, gepreßter und geschweißter Stahlblechkastenrahmen, Motorraumklappe für bessere Kühlluftzufuhr in der Motorhaube, spätere Karosserievarianten mit zusätzlichen Lüftungsschlitzen in der Motorhaube
Vorderradaufhängung:	Einzelradaufhängung an zwei Kurbellängslenkern (als Traghebel ausgebildet), zwei durchgehende je aus einzelnen Federblättern gebündelte Vierkant-Drehfederstäbe mit zusätzlichem Stabilisator, verstellbare hydraulische Teleskop-Stoßdämpfer
Hinterradaufhängung:	Pendelhalbachsen durch Längslenker geführt (als Federstreben ausgebildet), Einzelradfederung durch je einen runden querliegenden Drehstab (Torsionsstab) auf jeder Seite, querliegende Ausgleichsfeder als Anti-Stabilisator wirkend, verstellbare hydraulische Teleskop-Stoßdämpfer
Bremse v/h (Durchm. x B (mm)):	Trommeln Duplex (280 x 60) / Trommeln Simplex (280 x 40)
Räder v/h:	4,5 J x 15 / 4,5 J x 15
Reifen v/h:	5,90-15 Supersport / 5,90-15 Supersport
***alternativ mögliche Reifengröße**	165 R 15 / 165 R 15*

Elektrik

Lichtmaschine (W):	200/300
Batterie (V/Ah):	12 / 50

Abmessungen, Gewichte und Volumen

Spurweite v/h (mm):	1306 / 1272
Radstand (mm):	2100
Maße (L x B x H (mm)):	3980 x 1550 x 1200
Leergewicht nach DIN (kg):	845
zul. Gesamtgewicht (kg):	n/a
Tankvolumen (l):	80
C_W x A (m²):	0,389 x 1,495 = 0,581
Leistungsgewicht (kg/kW / kg/PS):	9,94 / 7,35
mit Sportauspuff:	8,99 / 6,60
mit Sebringauspuff:	8,54 / 6,26

Kraftstoffverbrauch

nach DIN 70 030 (l/100 km):	9,6; 96 ROZ Super verbleit

Fahrleistungen, Stückzahlen, Preise

Beschleunigung 0–100 km/h (s):	8,8*
Höchstgeschw. (km/h):	über 220*
***mit Sebringauspuff**	
Stückzahl:	21
Listenpreise:	
1960 Coupé:	DM 25.000,-

Porsche 356 C

Während im Herbst 1963 der neue Porsche 901 schon für die Internationale Automobil Ausstellung in Frankfurt am Main bereitsteht, geht der 356 in seine letzte Baureihe.

Modelljahr 1964

Der 356 C löst den 356 B ab. Äußerlich fallen die neugestalteten Räder mit den flachen Radkappen auf. Die beiden Modelle mit Stoßstangenmotoren heißen 356 C und 356 SC, sie werden als Coupé und als Cabriolet angeboten. Beide Karosserien sind mit der zuletzt gebauten T 6 Karosserie des 356 B identisch. Beim Cabriolet kann das Kunststoffheckfenster mit einem Reißverschluß von innen oder von außen geöffnet und heruntergeklappt werden. Hierdurch ergibt sich eine weitere Möglichkeit des Offenfahrens. Weiterhin im Angebot ist auch das Cabriolet mit abnehmbarem Hardtop-Aufsatz.

Der 60 PS Dame-Motor wird aus dem Lieferprogramm gestrichen. Die beiden verbleibenden 1,6-Liter-Motoren sind im Vergleich zu den 356 B Aggregaten in vielen Punkten überarbeitet. In den Zylinderköpfen der beiden Varianten sind gleich große Ventile eingebaut; 38 Millimeter große Einlaßventile und 34 Millimeter große Auslaßventile. Während der Motor des 356 C auf Durchzugskraft und Langlebigkeit getrimmt wird, ist das Herz des 356 SC ein Sportmotor alter Schule mit einem kernigeren Ansauggeräusch, der zur zügigen Fortbewegung Drehzahl braucht und beim Fahren entsprechend im richtigen Drehzahlbereich gehalten werden will. Möglichst über 2.500/min für gute Durchzugskraft und keine Dauerdrehzahlen über 5.500/min zur Schonung der Kurbelwellenlager. Im einzelnen werden Steuerzeiten, Bearbeitung der Kurbelwelle und deren Hauptlager, Ein- und Auslaßkanäle und die Form der Kolbenböden geändert. Das sehr zuverlässige Aggregat des 356 C leistet 75 PS (55 kW) bei 5.200/min, das maximale Drehmoment beträgt 123 Nm bei 3.600/min. Die höchste Leistung aller 356 Stoßstangenmotoren setzt die Maschine des 356 SC mit 95 PS (70 kW) bei 5.800/min frei. Bei 4.200/min liegt ein Drehmoment von 124 Nm

Blick in den Motorraum eines 356 C 2000 GS Carrera 2

an der Kurbelwelle an. Während beim 75 PS (55 kW) Motor die Kolben in Graugußzylindern laufen, erhält der SC-Motor ferralbeschichtete Leichtmetallzylinder.
Der Carrera-Motor im 356 C 2000 GS Carrera 2 wird ohne große Änderungen weitergebaut. Einzig die Leistung der Lichtmaschine wird auf 450 Watt aufgestockt.
Beide Stoßstangenmotoren werden mit einer Kupplung mit 200 Millimeter Durchmesser ausgerüstet. Die Synchronringe des 4-Gang-Schaltgetriebes werden für eine längere Lebensdauer verstärkt. Auf Wunsch ist ein Sperrdifferential erhältlich.
Der 356 C spurtet in 14 Sekunden auf 100 km/h, der Vortrieb endet erst bei 175 km/h. Der noch sportlichere 356 SC beschleunigt besser als alle anderen 356 mit Stoßstangenmotoren, nach nur 11,5 Sekunden durchbricht er die 100 km/h-Marke bis 185 km/h erreicht sind.
Alle Fahrzeuge der 356 C Baureihe werden mit einer Vier-Scheiben-Bremsanlage von Ate, System Dunlop, ausgestattet. Deshalb erhalten die Räder ein neues Design mit einem kleineren Lochkreis von 130 Millimeter und flacheren Radkappen. Auch der 356 Carrera 2 erhält diese Scheibenbremsanlage. Die Größe der Reifen und Räder bleibt unverändert. Die Straßenlage verbessert sich durch den um einen Millimeter dickeren Stabilisator an der Vorderachse. An der Hinterachse sind die Drehstäbe vorgespannt und weicher abgestimmt. Die Stoßdämpferaufhängungen sind wegen der neuen Bremse ebenfalls geändert. Boge liefert die Dämpfer für den 356 C, Koni für den 356 SC. Bei beiden Modellen entfällt die Ausgleichsfeder an der Hinterachse, diese kann aber auf Wunsch geordert werden. Nur beim Carrera 2 gehört die Ausgleichsfeder weiterhin zur Serie. Durch die geänderte Verbindung der Lenksäule zum Lenkgetriebe ist die Lenksäule etwas kürzer ausgeführt.
Im Innenraum ist der mittlere Bereich der Schalttafel nach unten hin erweitert. Dadurch wird der Schalthebel verkürzt. Die Schalter für die Scheibenwischer, der Lichtschalter und der Zigarettenanzünder sind rechts neben der Lenksäule platziert. Die Bedienungselemente für Lüftung und Heizung werden überarbeitet. Ein Schieberegler übernimmt die Warmluftregelung der Heizung. Im Coupé ist eine Leselampe für den Beifahrer eingebaut. Eine Warnleuchte im Kombiinstrument signalisiert die angezogene Handbremse. Zwei Luftausströmer halten die Heckscheibe beschlagfrei. Die Auflagefläche der vorderen Sitze ist neu geformt. Im Fond verhindert eine erhöhte Lehnenkante der umgeklappten Notsitzlehnen, daß Gepäckstücke nach vorne rutschen können. Eine Armlehne an der Türinnenverkleidung erhöht den Komfort und dient zugleich als Griff zum Zuziehen der Tür.

Modelljahr 1965

Karosserie, Fahrwerk und Ausstattung des 356 C gehen ohne Änderungen in das letzte Modelljahr. Beim 356 SC Motor werden die ferralbeschichteten Zylinder durch Biral-Zylinder ersetzt. Bei Biral erhalten die Graugußbüchsen einen Kühlrippenmantel aus Leichtmetall.
Der 356 C Carrera 2 ist nach nur 126 gebauten Exemplaren nicht mehr im Lieferprogramm. Dessen Platz hat leistungsmäßig der neue, preiswertere Porsche 901 eingenommen.
Ab dem 14. September 1964 läuft der neue Porsche 901 vom Band. Anfangs werden nur 5 Porsche 901, aber noch 40 Porsche 356 C und 356 SC pro Tag gebaut. Am 28. April 1965 verläßt ein weißes mit Blumen geschmücktes 356 C Cabriolet das Band - der letzte 356, der in Serie gebaut wird!

1966

Der allerletzte 356 wird am 26. Mai 1966 ausgeliefert. Für die holländische Reichspolizei legt Porsche im Mai 1966 nochmals eine Sonderserie von zehn weißen Cariolets mit schwarzem Verdeck auf.
Es entstehen 16.685 Fahrzeuge der 356 C-Baureihe.
Von allen 356 Modellen werden von 1950 bis 1966 insgesamt 77.766 Exemplare gebaut.

Porsche 356 C

356 C 1600 Coupé, Cabriolet, Hardtop/Cabriolet MJ 1964 bis MJ 1965

Motor

Bauart:	4-Zylinder-Boxermotor
Einbauposition:	Heckmotor
Kühlung:	luftgekühlt
Motor-Typ:	616/15
Hubraum (cm³):	1582
Bohrung x Hub:	82,5 x 74
Leistung (kW/PS):	55/75 bei 5200/min
Drehmoment (Nm):	123 bei 3600/min
Literleistung (kW/l / PS/l):	34,8 / 47,4
Verdichtung:	8,5 : 1
Ventilsteuerung:	ohv über Stoßstangen, 2 Ventile pro Zylinder
Gemischaufbereitung:	2 Doppel-Fallstromvergaser Zenith 32 NDIX
Zündung:	Batteriezündung
Zündfolge:	1 - 4 - 3 - 2
Kurbelwellenlagerung:	4 Gleitlager
Schmierung:	Druckumlaufschmierung
Ölmenge bei Erstbefüllung (l):	5,0
Ölwechselmenge (l):	4,0

Kraftübertragung

Antrieb:	Heckantrieb
Schaltgetriebe:	4-Gang
Getriebe-Typ:	741/0 A
Übersetzungen:	
1. Gang:	3,091
2. Gang:	1,765
3. Gang:	1,130
4. Gang:	0,815
Rückwärtsgang:	3,560
Achsübersetzung:	4,428
Sonderwunsch:	Sperrdifferential

Karosserie, Fahrwerk, Bremse, Räder und Reifen

Karosserie:	2-türige, 2 + 2-sitzige, selbsttragende Karosserie aus Stahlblech, gepreßter und geschweißter Stahlblechkastenrahmen, gebogene einteilige Windschutzscheibe, zwei Lufteinlaßgitter in der Motorhaube, höhergesetzte Stoßstangen mit Stoßstangenhörnern, zwei Lufteinlaßgitter unterhalb der Stoßstange vorn, Auspuffendrohre münden durch Stoßstangenhörner, Tankklappe im vorderen rechten Kotflügel
Coupé:	Festes verschweißtes Stahldach
Sonderwunsch:	Elektrisches Schiebedach
Cabriolet:	Gefüttertes Stoffverdeck mit flexibler Kunststoffheckscheibe
Hardtop/Cabriolet:	Abnehmbarer Hardtop-Aufsatz
Vorderradaufhängung:	Einzelradaufhängung an zwei Kurbellängslenkern (als Traghebel ausgebildet), zwei durchgehende je aus einzelnen Federblättern gebündelte Vierkant-Drehfederstäbe mit zusätzlichem Stabilisator, doppeltwirkende hydraulische Teleskop-Stoßdämpfer
Hinterradaufhängung:	Pendelhalbachsen durch Längslenker geführt (als Federstreben ausgebildet), Einzelradfederung durch je einen runden querliegenden Drehstab (Torsionsstab) auf jeder Seite, doppeltwirkende hydraulische Teleskop-Stoßdämpfer
Sonderwunsch:	Querliegende Ausgleichsfeder als Anti-Stabilisator wirkend
Bremse v/h (Durchm. x B (mm)):	Scheiben (274,5 x 10,5) / Scheiben (285 x 10) 2-Kolben-Grauguß-Festsättel / 2-Kolben-Grauguß-Festsättel
Räder v/h:	4,5 J x 15 / 4,5 J x 15
Reifen v/h:	5,60-15 Sport / 5,60-15 Sport

Elektrik

Lichtmaschine (W):	200/300
Batterie (V/Ah):	6 / 84
Sonderwunsch:	12 / 50

Abmessungen, Gewichte und Volumen

Spurweite v/h (mm):	1306 / 1272
Radstand (mm):	2100
Maße (L x B x H (mm)):	4010 x 1670 x 1315
Hardtop/Cabriolet:	4010 x 1670 x 1300
Leergewicht nach DIN (kg):	935
zul. Gesamtgewicht (kg):	1250
Tankvolumen (l):	50, davon 6 Reserve
C_W x A (m²) Coupé:	0,398 x 1,611 = 0,641
Leistungsgewicht (kg/kW / kg/PS):	17,0 / 12,46

Kraftstoffverbrauch

nach DIN 70 030 (l/100 km):	8,2; 94 ROZ Super verbleit

Fahrleistungen, Stückzahlen, Preis

Beschleunigung 0–100 km/h (s):	14,0
Höchstgeschw. (km/h):	175
Stückzahlen:	
356 C Coupé:*	13.510
356 C Cabriolet:*	3.175
***Stückzahl alle Motorvarianten**	
Listenpreise:	
07/1963 Coupé:	DM 14.950,-
Cabriolet:	DM 15.950,-
Hardtop/Cabriolet:	DM 16.900,-
04/1965 Coupé:	DM 14.950,-
Cabriolet:	DM 15.950,-
Hardtop/Cabriolet:	DM 16.900,-

356 C 1600 SC Coupé, Cabriolet, Hardtop/Cabriolet MJ 1964 bis MJ 1965

Motor

Bauart:	4-Zylinder-Boxermotor
Einbauposition:	Heckmotor
Kühlung:	luftgekühlt
Motor-Typ:	616/16
Hubraum (cm³):	1582
Bohrung x Hub:	82,5 x 74
Leistung (kW/PS):	70/95 bei 5800/min
Drehmoment (Nm):	124 bei 4200/min
Literleistung (kW/l / PS/l):	44,2 / 60,0
Verdichtung:	9,5 : 1
Ventilsteuerung:	ohv über Stoßstangen, 2 Ventile pro Zylinder
Gemischaufbereitung:	2 Doppel-Fallstromvergaser Solex 40 PII-4
Zündung:	Batteriezündung
Zündfolge:	1 - 4 - 3 - 2
Kurbelwellenlagerung:	4 Gleitlager
Schmierung:	Druckumlaufschmierung
Ölmenge bei Erstbefüllung (l):	5,0
Ölwechselmenge (l):	4,0

Kraftübertragung

Antrieb:	Heckantrieb
Schaltgetriebe:	4-Gang
Getriebe-Typ:	741/2 A
Übersetzungen:	
1. Gang:	3,091
2. Gang:	1,765
3. Gang:	1,130
4. Gang:	0,852
Rückwärtsgang:	3,560
Achsübersetzung:	4,428
Sonderwunsch:	Sperrdifferential

Karosserie, Fahrwerk, Bremse, Räder und Reifen

Karosserie:	2-türige, 2 + 2-sitzige, selbsttragende Karosserie aus Stahlblech, gepreßter und geschweißter Stahlblechkastenrahmen, gebogene einteilige Windschutzscheibe, zwei Lufteinlaßgitter in der Motorhaube, höhergesetzte Stoßstangen mit Stoßstangenhörnern, zwei Lufteinlaßgitter unterhalb der Stoßstange vorn, Auspuffendrohre münden durch Stoßstangenhörner, Tankklappe im vorderen rechten Kotflügel
Coupé:	Festes verschweißtes Stahldach
Sonderwunsch:	Elektrisches Schiebedach
Cabriolet:	Gefüttertes Stoffverdeck mit flexibler Kunststoffheckscheibe
Hardtop/Cabriolet:	Abnehmbarer Hardtop-Aufsatz
Vorderradaufhängung:	Einzelradaufhängung an zwei Kurbellängslenkern (als Traghebel ausgebildet), zwei durchgehende je aus einzelnen Federblättern gebündelte Vierkant-Drehfederstäbe mit zusätzlichem Stabilisator, doppeltwirkende hydraulische Teleskop-Stoßdämpfer
Hinterradaufhängung:	Pendelhalbachsen durch Längslenker geführt (als Federstreben ausgebildet), Einzelradfederung durch je einen runden querliegenden Drehstab (Torsionsstab) auf jeder Seite, doppeltwirkende hydraulische Teleskop-Stoßdämpfer
Sonderwunsch:	Querliegende Ausgleichsfeder als Anti-Stabilisator wirkend
Bremse v/h (Durchm. x B (mm)):	Scheiben (274,5 x 10,5) / Scheiben (285 x 10) 2-Kolben-Graugußfestsättel / 2-Kolben-Grauguß-Festsättel
Räder v/h:	4,5 J x 15 / 4,5 J x 15
Reifen v/h:	165-15 Gürtel / 165-15 Gürtel

Elektrik

Lichtmaschine (W):	200/300
Batterie (V/Ah):	6 / 84
Sonderwunsch:	12 / 50

Abmessungen, Gewichte und Volumen

Spurweite v/h (mm):	1306 / 1272
Radstand (mm):	2100
Maße (L x B x H (mm)):	4010 x 1670 x 1315
Hardtop/Cabriolet:	4010 x 1670 x 1300
Leergewicht nach DIN (kg):	935
zul. Gesamtgewicht (kg):	1250
Tankvolumen (l):	50, davon 6 Reserve
C_W x A (m²) Coupé:	0,398 x 1,611 = 0,641
Leistungsgewicht (kg/kW / kg/PS):	13,35 / 9,84

Kraftstoffverbrauch

nach DIN 70 030 (l/100 km):	8,5; 96 ROZ Super verbleit

Fahrleistungen, Stückzahlen, Preise

Beschleunigung 0–100 km/h (s):	11,5
Höchstgeschw. (km/h):	185
Stückzahlen:	
356 C Coupé:*	13.510
356 C Cabriolet:*	3.175
***Stückzahl alle Motorvarianten**	
Listenpreise:	
07/1963 Coupé:	DM 16.450,-
Cabriolet:	DM 17.450,-
Hardtop/Cabriolet:	DM 18.400,-
04/1965 Coupé:	DM 16.450,-
Cabriolet:	DM 17.450,-
Hardtop/Cabriolet:	DM 18.400,-

356 C 2000 GS Carrera 2 Coupé, Cabriolet, Hardtop/Cabriolet MJ 1964

Motor

Bauart:	4-Zylinder-Boxermotor
Einbauposition:	Heckmotor
Kühlung:	luftgekühlt
Motor-Typ:	587/1
Hubraum (cm³):	1966
Bohrung x Hub:	92 x 74
Leistung (kW/PS):	96/130 bei 6200/min
Drehmoment (Nm):	162 bei 4600/min
Literleistung (kW/l / PS/l):	48,8 / 66,1
Verdichtung:	9,5 : 1
Ventilsteuerung:	dohc über Königswellen, 2 Ventile pro Zylinder
Gemischaufbereitung:	2 Doppel-Fallstromvergaser Solex 40 PII-4
Zündung:	Batterie-Doppelzündung
Zündfolge:	1 - 4 - 3 - 2
Kurbelwellenlagerung:	3 Gleitlager
Schmierung:	Trockensumpfschmierung
Ölmenge (l):	8,0

Kraftübertragung

Antrieb:	Heckantrieb
Schaltgetriebe:	4-Gang
Getriebe-Typ:	741/20 C
Übersetzungen:	
1. Gang:	3,091
2. Gang:	1,765
3. Gang:	1,130
4. Gang:	0,852
Rückwärtsgang:	3,560
Achsübersetzung:	4,428
Sonderwunsch:	Sperrdifferential

Karosserie, Fahrwerk, Bremse, Räder und Reifen

Karosserie:	2-türige, 2 + 2-sitzige, selbsttragende Karosserie aus Stahlblech, gepreßter und geschweißter Stahlblechkastenrahmen, gebogene einteilige Windschutzscheibe, zwei Lufteinlaßgitter in der Motorhaube, höhergesetzte Stoßstangen, zwei Lufteinlaßgitter unterhalb der Stoßstange vorn, keine Ziergitter in den Lufteinlässen überhalb der Stoßstange vorn, Auspuffendrohre münden durch eine zusätzliche Heckblende unterhalb der Stoßstange hinten, Tankklappe im vorderen rechten Kotflügel
Sonderwunsch:	Stoßstangenhörner vorn und hinten
Coupé:	Festes verschweißtes Stahldach
Sonderwunsch:	Elektrisches Schiebedach
Cabriolet:	Gefüttertes Stoffverdeck mit flexibler Kunststoffheckscheibe
Hardtop/Cabriolet:	Abnehmbarer Hardtop-Aufsatz
Vorderradaufhängung:	Einzelradaufhängung an zwei Kurbellängslenkern (als Traghebel ausgebildet), zwei durchgehende je aus einzelnen Federblättern gebündelte Vierkant-Drehfederstäbe mit zusätzlichem Stabilisator, verstellbare hydraulische Teleskop-Stoßdämpfer
Hinterradaufhängung:	Pendelhalbachsen durch Längslenker geführt (als Federstreben ausgebildet), Einzelradfederung durch je einen runden querliegenden Drehstab (Torsionsstab) auf jeder Seite, querliegende Ausgleichsfeder als Anti-Stabilisator wirkend, verstellbare hydraulische Teleskop-Stoßdämpfer
Bremse v/h (Durchm. x B (mm)):	Scheiben (274,5 x 10,5) / Scheiben (285 x 10) 2-Kolben-Graugguß-Festsättel / 2-Kolben-Graugruß-Festsättel
Räder v/h:	4,5 J x 15 / 4,5 J x 15
Reifen v/h:	165 x 15 Gürtel / 165 x 15 Gürtel

Elektrik

Lichtmaschine (W):	450
Batterie (V/Ah):	12 / 50

Abmessungen, Gewichte und Volumen

Spurweite v/h (mm):	1306 / 1272
Radstand (mm):	2100
Maße (L x B x H (mm)):	3980* x 1670 x 1320
Leergewicht nach DIN (kg):	1010
zul. Gesamtgewicht (kg):	1360
Tankvolumen (l):	50, davon 6 Reserve
C_w x A (m²) Coupé:	0,398 x 1,611 = 0,641
Leistungsgewicht (kg/kW / kg/PS):	10,52 / 7,76
*mit Stoßstangenhörnern 4010	

Kraftstoffverbrauch

nach DIN 70 030 (l/100 km):	9,8; 96 ROZ Super verbleit

Fahrleistungen, Stückzahlen, Preise

Beschleunigung 0–100 km/h (s):	9,0
Höchstgeschw. (km/h):	200
Stückzahl:	126
Listenpreise:	
07/1963 Coupé:	DM 23.700,-
Cabriolet:	DM 24.700,-
Hardtop/Cabriolet:	DM 25.650,-

Porsche 550

Porsche 550 1500 RS Spyder

Schon ab 1950 setzen Privatfahrer wie der Frankfurter Walter Glöckler selbstgebaute, offene Spyder mit Porsche-Technik in Rennen ein. Während die Spider in Italien mit einem »i« geschrieben werden, wird für die Schreibweise der Porsche-Spyder ein »y« verwendet. Im Winter 1952 beginnen Ingenieure im Werk in Zuffenhausen mit dem Bau eines eigenen Spyders. Zeitgleich startet unter der Leitung von Dr. Ernst Fuhrmann die Konstruktion eines völlig neuen Motors. Das Ergebnis ist das Viernockenwellen-Triebwerk mit der Königswellensteuerung, welches als Carrera-Motor in die Porsche-Geschichte eingeht. Die ersten beiden 1953 gebauten 550 Spyder können offen aber auch geschlossen mit einem Coupé-Aufsatz gefahren werden. Die geschlossene Version hat aerodynamische Vorteile. Als Antrieb dient noch ein leistungsgesteigerter 1,5-Liter-Stoßstangenmotor mit 78 PS (57 kW).

Die Karosserie des 550 1500 RS Spyder ist aus Aluminium gefertigt. Der Rahmen ist ein sogenannter Flachrahmen, der aus Stahlrohren zusammengeschweißt ist. Die Aluminiumtüren sind mit Schlössern ausgestattet. Die gebogene Windschutzscheibe ist aus Verbundglas gefertigt. Sie kann mit einigen Handgriffen vom Fahrzeug abgenommen werden. Am Windschutzscheibenrahmen kann ein einfaches Notverdeck oder ein Coupé-Aufsatz befestigt werden. Die Seitenscheiben sind als Steckscheiben ausgeführt. Der Spyder wird mit einem einfachen Notverdeck ausgeliefert. Optional kann auch eine kleine Windschutzscheibe nur für den Fahrer und eine Sitzabdeckung geliefert werden. Durch einen Reißverschluß kann der Einstieg für den Fahrer geöffnet werden. Das komplette Heckteil kann nach hinten hin aufgeklappt werden. Im Heckdeckel sind zwei verchromte Lüftungsgitter einglassen. Unter der vorderen Haube ist der über einen Schnellverschluß betankbare Kraftstoffbehälter mit 65 Liter untergebracht. Als Sonderwunsch kann für den Langstreckeneinsatz auch ein 90-Liter-Tank montiert werden. Die 550 1500 RS Spyder bringen ein DIN-Leergewicht von 685 Kilogramm auf die Waage. Das Modell des Jahrgangs 1955 ist an Bug und Heck im Bereich der Leuchten flacher geformt.

Die eingeschweißte Schalttafel ist ein tragendes Teil der Karosseriestrukur. Sie ist auf der Oberseite mit Kunstleder überzogen. Im Armaturenbrett sind drei Rundinstrumente, Schalter für Scheibenwischer, Instrumenten-Beleuchtung und Scheinwerfer, sowie Leuchten für Ladekontrolle, Öldruck und Fernlicht eingelassen. Zusätzlich sind noch das Zündschloß, eine Steckdose und der Startknopf angebracht. Für die Heizung kann durch die Längsträger ins Wageninnere geführte Warmluft über eine Klappe geregelt werden und durch seitliche Schieber geschlossen werden. Die beiden Schalensitze können in Längsrichtung verstellt werden. Die Türverkleidungen bestehen aus Pappe die mit Kunstleder bespannt ist. Beim Fahrwerk sind alle vier Räder einzeln aufgehängt und über Teleskopstoßdämpfer gedämpft. Vorn sind längsliegende Traghebel, zwei querliegende Vierkant-Blattfederstäbe und ein Stabilisator eingebaut. Die hintere Pendellenkerachse wird an Längslenkern geführt und durch einen runden quer liegenden Drehstab gefedert. Die hydraulische Bremsanlage bringt den Wagen über vier Bremstrommeln zum Stehen. Auf Räder der Dimension 3,50 D x 16 sind vorn Reifen der Größe 5,00-16 und hinten 5,25-16 aufgezogen.

Das Antriebsaggregat ist als Mittelmotor hinter dem Fahrer, vor der Hinterachse, eingebaut. Der Motor leistet 110 PS (81 kW) bei 6.200/min, das maximale Drehmoment von 119 Newtonmetern liegt bei 5.000 Kurbelwellenumdrehungen an. Die vier obenliegenden Nockenwellen werden über Königwellen gesteuert. Kurbelgehäuse, Zylinder und Zylinderköpfe sind aus Leichtmetall gegossen. Zwei Solex-Doppel-Fallstromvergaser vom Typ 40 PII übernehmen die Gemischaufbereitung. Die Doppelzündanlage besteht aus zwei Zündverteilern, zwei Zündspulen und je zwei Zündkerzen pro Brennraum. Anfangs werden die Verteiler von einer Verlängerung von zwei Nockenwellen aus angetrieben, später V-förmig von der Kurbelwelle aus. Die Kühlung des Motors übernimmt ein stehendes Gebläse. Die Trockensumpfschmierung ist mit einem separaten Öltank mit acht Litern Inhalt versehen. Die Spannungsversorgung übernimmt eine 6-Volt-Anlage. Das 4-Gang-Schaltgetriebe sitzt hinter der Hinterachse. Der Achsantrieb ist mit einem ZF-Sperrdifferential bestückt.

Aus dem Stand erreicht der 550 1500 RS Spyder in 10 Sekunden die 100 km/h-Marke, die Höchstgeschwindigkeit liegt bei 220 km/h.

550 1500 RS Spyder
1954 bis 1956

Motor

Bauart:	4-Zylinder-Boxermotor
Einbauposition:	Heckmotor
Kühlung:	luftgekühlt
Motor-Typ:	547/1
Hubraum (cm³):	1498
Bohrung x Hub:	85 x 66
Leistung (kW/PS):	81/110 bei 6200/min
Drehmoment (Nm):	129 bei 5300/min
Literleistung (kW/l / PS/l):	54,1 / 73,4
Verdichtung:	9,5 : 1
Ventilsteuerung:	dohc über Königswellen, 2 Ventile pro Zylinder
Gemischaufbereitung:	2 Doppel-Fallstromvergaser Solex 40 PII 2 Doppel-Fallstromvergaser Weber 40 DCM
Zündung:	Batterie-Doppelzündung
Zündfolge:	1 - 4 - 3 - 2
Schmierung:	Trockensumpfschmierung
Ölmenge (l):	8,0

Kraftübertragung

Antrieb:	Heckantrieb
Schaltgetriebe:	4-Gang
Getriebe-Typ:	550
Übersetzungen:	
1. Gang:	3,182
2. Gang:	1,765 [1,938] [1,611]
3. Gang:	1,130 [1,227] [1,042]
4. Gang:	0,815 [0,960] [0,885]
Rückwärtsgang:	3,560
Achsübersetzung:	4,375 [4,429] [4,576]
Ausgleichsgetriebe:	ZF-Sperrdifferential

Karosserie, Fahrwerk, Bremse, Räder und Reifen

Karosserie:	2-türige, 2-sitzige, offene Aluminiumkarosserie in selbsttragender Verbundweise mit Notverdeck, Leiterrohrrahmen aus nahtlosem Stahlrohr, Haube im Bug und aufklappbarem Heckteil
Vorderradaufhängung:	zwei längsliegende Traghebel, außen Nadellager, zwei durchgehende querliegende Vierkant-Blattfederdrehstäbe, verstellbar, hydraulische Stoßdämpfer, Stabilisator
Hinterradaufhängung:	Pendelhalbachsen, durch Federstreben geführt, je ein querliegender Drehstab auf jeder Seite hydraulische Stoßdämpfer
Bremse v/h (Durchm. x B (mm)):	Trommeln Duplex (280 x 40) / Trommeln Simplex (280 x 40)
Räder v/h:	3,50 D x 16 / 3,50 D x 16
Reifen v/h:	5,00-16 / 5,25-16

Elektrik

Lichtmaschine (W)	160
Batterie /V/Ah)	6 / 70

Abmessungen, Gewichte und Volumen

Spurweite v/h (mm):	1290 / 1250
Radstand (mm):	2100
Maße (L x B x H (mm)):	3600 x 1550 x 1015
Leergewicht nach DIN (kg):	685
zul. Gesamtgewicht (kg):	900
Tankvolumen (l):	65, ohne Reserve
Sonderwunsch:	90, ohne Reserve
C_w x A (m²):	n/a
Leistungsgewicht (kg/kW / kg/PS):	8,47 / 6,23

Kraftstoffverbrauch

nach DIN 70 030 (l/100 km):	9,4; 86 ROZ Normal verbleit

Fahrleistungen, Stückzahlen, Preise

Beschleunigung 0–100 km/h (s):	ca. 10,0
Höchstgeschw. (km/h):	ca. 220
Stückzahl 550 1500 RS:	90
Listenpreis:	
Spyder:	DM 24.600,-

Porsche 904 Carrera GTS

Mit dem 904 Carrera GTS präsentiert Porsche im November 1963 auf der Solitude nicht nur einen der schönsten jemals gebauten Rennwagen des Hauses, sondern auch eine neue Bauweise. Mit dem Design ist Ferdinand Alexander (Butzi) Porsche ein großer Wurf gelungen. Der Porsche 904 besitzt eine Mischbauweise aus einem Leiterrahmen aus Stahl und einer damit verbundenen Karosserie aus glasfaserverstärktem Kunststoff. Der ungefähr 50 Kilogramm schwere Rahmen ist punktverschweißt, so ist er schnell aufgebaut und auch schnell zu reparieren. Die Karosserie wird bei der Heinkel Flugzeugbau GmbH in Speyer von Hand 2 Millimeter stark laminiert. Auf diese Art entstehen bis zu zwei Karosserien pro Tag. Rahmen und Karosserie werden miteinander verklebt und an einigen Stellen zusätzlich noch verschraubt. Diese neue Mischbauweise läßt einen leichten, aber auch steifen Wagen entstehen. Die Stirnfläche des 904 ist mit etwas mehr als 1,4 Quardratmetern extrem klein und verhilft dem nur 1.065 Millimeter hohen Coupé zu einer sehr guten Windschlüpfrigkeit. Die Türen sind zum besseren Einstieg etwas ins Dach hereingezogen und mit Schiebefenstern aus Plexiglas ausgestattet. Die Lenksäule ist als Sicherheitslenksäule konzipiert, sie ist zur Sicherheit des Fahrers zweifach geknickt. Lenkrad und Pedalerie sind in der Längsrichtung verstellbar, da die dünngepolsterten Sitze fest mit der Karosserie verbaut sind.

Ansonsten ist der Innenraum auf das Nötigste, was man zum Fahren braucht beschränkt. Vorn im Bug liegt das Reserverad und der 110 Liter große Benzintank. Hinter dem Fahrer in Mittelmotoranordnung ist das bekannte Vierzylinder-Aggregat mit Königswellensteuerung implantiert. Im 904 Carrera GTS leistet es mit der Sportauspuffanlage III aus 1966 cm^3 180 PS (132 kW) bei 7.200/min. Durch die gute Aerodynamik ist der 904 bis zu 263 km/h schnell. In der Beschleunigung von 0 auf 100 km/h sind 5,5 Sekunden für den nur 740 Kilogramm leichten Wagen möglich.

Die hydraulisch betätigte Zweikreis-Scheibenbremsanlage ist eine überarbeitete Ausführung der 911 Bremsanlage. Auf den wahlweise 5 bis 7 Zoll breiten 15-Zoll-Stahlscheibenrädern können Gürtel- oder Rennreifen montiert werden. Im Fahrwerk befinden sich an beiden Achsen Schraubenfedern, gummigelagerte Querlenker und je ein Stabilisator, der quer zur Fahrtrichtung eingebaut ist. Ein neu konstruiertes 5-Gang-Schaltgetriebe mit steifem, verrippten Tunnelgehäuse bringt die Motorleistung über ein ZF-Sperrdifferential sicher auf die Straße. Am 31. März 1964 sind die erforderlichen 100 Stück für die Homologation in der GT-Klasse offiziell vollendet. Insgesamt entstehen 106 Exemplare mit dem Carrera-Motor. Zusätzlich baut Porsche noch vier Fahrzeuge für Renneinsätze mit einem 210 PS (154 kW) starken Sechszylinder auf 911-Basis und zwei Fahrzeuge mit dem Achtzylinder des 718 mit 240 PS (176 kW). Der 29.700 DM teure 904 Carrera GTS ist für den öffentlichen Straßenverkehr zugelassen, kann aber ebenso auf der Rennstrecke eingesetzt werden. Bei ersten Tests der Prototypen auf der Nürburgring-Nordschleife unterbietet ein 904 Carrera GTS mit dem 155 PS- (114 kW-) Motor und der Serienauspuffanlage die magische 10-Minutengrenze mit einer Rundenzeit von 9.55,3 Minuten. Eine verbesserte Version ist daraufhin noch einmal 10 Sekunden schneller.

904 Carrera GTS Coupé 1964 bis 1965

Motor

Bauart:	4-Zylinder-Boxermotor
Einbauposition:	Heckmotor
Kühlung:	luftgekühlt
Motor-Typ:	587/3
Hubraum (cm³):	1966
Bohrung x Hub:	92 x 74
Leistung (kW/PS):	114/155 bei 6900/min
mit Sportauspuffanlage III:	132/180 bei 7200/min
Drehmoment (Nm):	169 bei 5000/min
mit Sportauspuffanlage III:	196 bei 5000/min
Literleistung (kW/l / PS/l):	58,0 / 78,8
mit Sportauspuffanlage III:	67,1 / 91,6
Verdichtung:	9,8 : 1
Ventilsteuerung:	dohc über Königswellen, 2 Ventile pro Zylinder
Gemischaufbereitung:	2 Doppel-Fallstromvergaser Weber 46 IDA 2/3*
ab dem 26. Fahrzeug:	2 Doppel-Fallstromvergaser Solex 44 PII-4
Zündung:	Batterie-Doppelzündung
Zündfolge:	1 - 4 - 3 - 2
Schmierung:	Trockensumpfschmierung
Ölmenge (l):	10,0
*identisch mit Weber 46 IDM 2	

Kraftübertragung

Antrieb:	Heckantrieb
Schaltgetriebe:	5-Gang
Getriebe-Typ:	904/0 [904/1] [904/2]* [904/3]**
Übersetzungen:	
1. Gang:	2,643 [2,833] [2,643]* [2,643]**
2. Gang:	1,684 [2,000] [1,833]* [1,550]**
3. Gang:	1,318 [1,476] [1,364]* [1,125]**
4. Gang:	1,040 [1,217] [1,125]* [0,889]**
5. Gang:	0,821 [1,040] [0,962]* [0,759]**
Rückwärtsgang:	2,690 [2,690] [2,690]* [2,690]**
Achsübersetzung:	4,428 [4,428] [4,428]* [4,428]**
Ausgleichsgetriebe:	ZF-Sperrdifferential
Standard- oder Nürburgringübersetzung [Bergübersetzung] *[Flugplatzübersetzung] **[Übersetzung für schnelle Rennstrecken]	

Karosserie, Fahrwerk, Bremse, Räder und Reifen

Karosserie:	2-türig, 2-sitzig geschlossene Kunststoffkarosserie mit Kastenrahmen aus Stahlblech, Deckel vorn abnehmbar, Heckteil abnehmbar
Vorderradaufhängung:	Einzelradaufhängung mit schrägliegenden Doppelquerlenkern, Schraubenfedern mit Stoßdämpfern kombiniert, doppeltwirkende Teleskopstoßdämpfer einstellbar, querliegender Stabilisator
Hinterradaufhängung:	Einzelradaufhängung mit schrägliegenden Doppelquerlenkern, Schraubenfedern mit Stoßdämpfern kombiniert, doppeltwirkende Teleskopstoßdämpfer einstellbar, querliegender Stabilisator
Bremse v/h (Durchm. x B (mm)):	Scheiben (274,5 x 12,7) / Scheiben (285 x 10,5)
1965:	Scheiben (282 x 12,7) / Scheiben (288 x 10,5) 2-Kolben-Aluminium-Bremssättel / 2-Kolben-Aluminium-Bremssättel
Räder v/h:	5,0 JK x 15 / 5,0 JK x 15
alternativ:	5,0 JK x 15 / 6,0 JK x 15
alternativ ab August 1965:	6,0 K x 15 / 7,0 K x 15
Reifen v/h:	165 HR 15 Dunlop Sp CB 59 / 165 HR 15 Dunlop Sp CB 59
Sonderwunsch:	Dunlop Racing 5,50 L 15 R 6 D 12 / Dunlop Racing 5,50 L 15 R 6 D 12

Elektrik

Lichtmaschine (W):	450
Batterie (V/Ah)	12 / 50

Abmessungen, Gewichte und Volumen

Spurweite v/h (mm):	1316 / 1312
mit 6,0 K x 15 / 7,0 K x 15:	1328 / 1352
Radstand (mm):	2300
Maße (L x B x H (mm)):	4090 x 1540 x 1065
Leergewicht nach DIN (kg):	740
zul. Gesamtgewicht (kg):	n/a
Tankvolumen (l):	110, ohne Reserve
C_W x A (m²):	0,383 x 1,401 = 0,536
Leistungsgewicht (kg/kW / kg/PS):	6,49 / 4,77
mit Sportauspuffanlage III:	5,61 / 4,11

Kraftstoffverbrauch

nach DIN 70 030 (l/100 km)	9,8; 96 ROZ Super verbleit

Fahrleistungen, Stückzahlen, Preise

Beschleunigung 0–100 km/h (s):	5,5
mit Sportauspuffanlage III:	5,4
Höchstgeschw. (km/h):	252
mit Sportauspuffanlage III:	263
Stückzahl 904 Carrera GTS:	106
Listenpreis:	
1964 Coupé:	DM 29.700,-

Porsche 911

Die frühen Porsche 911 und Porsche 912

Schon Mitte der 50er Jahre gibt es bei Porsche erste Überlegungen in welchen Punkten der 356 verbessert werden kann. Diese Verbesserungen gehen aber in vielen Bereichen über reine Modellpflegemaßnahmen hinaus, so daß für die Umsetzung dieser Ideen ein neues Fahrzeug gebaut werden müßte. Gegen Ende der 50er Jahre werden diese Pläne dann konkret in die Tat umgesetzt. Der neue Porsche soll den Passagieren mehr Platz bieten und im Gepäckraum soll genügend Raum für Golfbesteck vorhanden sein. Die Fahrleistungen sollen auf dem Niveau des 356 Carrera 2 mit 130 PS (96 kW) liegen, in der Laufkultur aber die »Dame« der 356-Baureihe mit 60 PS (44 kW) erreichen. Das Konstruktionsprinzip mit einem luftgekühlten Heckmotor soll erhalten bleiben. Auch soll dem Kunden etwas mehr Komfort geboten werden. Die inzwischen weltbekannte Porsche-Form soll aber erhalten bleiben. Für das Design ist Ferdinand Alexander Porsche, der älteste Sohn von Ferry Porsche zuständig. Im Versuchsstadium wird sogar mit einem Viersitzer (Typ 745 T 7) experimentiert, wobei dessen Vorderwagen der endgültigen Form des neuen Modells schon sehr nahe kommt. Doch ein Fahrzeug mit Fließheck ist nach wie vor die favorisierte Lösung. Auch beim Konzept bleibt es beim 2 + 2 Sitzer, um nach der Ansicht von Ferry Porsche nicht mit Mercedes-Benz konkurrieren zu müssen, bleibt man bei dem, was man ohnehin gut kann. Auch bei der Konstruktion des Motors werden verschiedene Konzepte ausgetüftelt.
Schließlich wird die Konstruktion mit der Nummer 901 mit einem luftgekühlten Sechszylinder-Boxermotor als Nachfolger des 356 verabschiedet.
Am 12. September 1963 wird der neue Porsche 901 auf der IAA in Frankfurt am Main zum ersten Mal der Öffentlichkeit präsentiert. Der Preis wird mit 23.900 DM festgelegt. Dieser liegt um etwa 9.000 DM über dem Preis des günstigsten 356. Der anfänglichen Zurückhaltung dem neuen Fahrzeug gegenüber folgt aber bald Begeisterung. In der Folgezeit laufen im Porsche-Fahrversuch 13 Prototypen des 901, zwei davon sind 902. Im Oktober 1964 stellt Porsche den 901 auf dem Pariser Automobilsalon aus. Peugeot wird auf die Ziffernfolge mit der Null in der Mitte aufmerksam und legt ein Veto ein, da Typenbezeichnungen mit einer Null in der Mitte für die französische Automobilmarke geschützt sind. Porsche reagiert darauf schnell und benennt den neuen Wagen in 911 um. 911 ist in den USA die Notrufnummer, so daß auf diesem für Porsche wichtigen Markt jeder diese Ziffernkombination schon kennt.
Am 14. September 1964 läuft der erste in Serie gebaute 901 mit der Fahrgestellnummer 300.007 vom Band. Es entstehen 82 Fahrzeuge vom Typ 901, bevor die Umstellung der Typenbezeichnung auf 911 in der Produktion eingeführt wird. Der Preis des neuen Porsche beträgt 21.900 DM. Damit liegt er unter dem zuerst kalkulierten Preis von 1963. Der 356 wird zu diesem Zeitpunkt noch weitergebaut. Die Produktion erfolgt in Modelljahren. Ein Modelljahr beginnt in der Regel am 1. August und endet am 31. Juli des nächsten Jahres. Das Jahr in dem die Produktion endet, ist auch die Jahreszahl, die das Modelljahr angibt.

Modelljahr 1965

Die selbsttragende Karosserie des Porsche 911 ist aus Stahlblech gefertigt. Anfangs ist diese nur als Coupé lieferbar. Auch ein Schiebedach ist noch nicht erhältlich. Aber die klassische Porsche-Silhouette ist voll erhalten geblieben. Die vorderen Kotflügel sind jetzt für einen kostengünstigen Austausch mit der Karosserie verschraubt. Die in Wagenfarbe lackierten Stoßfänger sind mit verchromten Stoßstangenhörnern (noch ohne Gummiauflage) bestückt. Unter den Türen ist eine verchromte Schwellerzierleiste angebracht. Vorne sind überhalb der Stoßstange zwischen den Blinkern und der weit nach unten gezogenen Kofferraumhaube kleine verchromte Ziergitter angebracht. Die verchromten Scheibenwischer liegen in ihrer Ruhestellung auf der rechten Seite. Die Fenstereinfassungen, Lampenzierringe und die runden Außenspiegel sind ebenfalls in Chrom gehalten. Unter dem chrombeschichteten Lüftungsgitter im Heckdeckel ist ein mattschwarz lackierter Rand zu erkennen. Unterhalb des Heckgrills ist ein goldfarbener Porsche-Schriftzug angebracht, daneben sitzt das schräg nach oben verlaufende 911 Emblem. Die Windschutzscheibe ist aus Verbundglas gefertigt. Vorn im Kofferraum ist das Reserverad und der 62 Liter fassende Kraftstofftank untergebracht.
Das Antriebsaggregat des 911 ist eine vollkommene Neukonstruktion. Der Sechszylinder-Boxermotor ist kurzhubig ausgelegt, dadurch ist der Motor sehr drehfreudig. Die Bohrung beträgt 80 Millimeter, der Hub 66 Millimeter; daraus resultieren 1.991 cm^3 Hubraum. Der mittlere Zylinderabstand beträgt 118 Millimeter, dieser bleibt auch bei allen nachfolgenden weiterentwickelten 911 Motoren immer gleich. Der mit 9 : 1 verdichtete Boxermotor leistet 130 PS (96 kW) bei 6.100/min. Das maxima-

le Drehmoment von 174 Nm wird bei 4.200/min erreicht. Beim klassischen Boxermotor sitzt jedes Pleuel auf einem separaten Hubzapfen der Kurbelwelle. Die geschmiedete Kurbelwelle ist mit acht Gleitlagern gelagert. Kurbelgehäuse und Zylinderköpfe bestehen aus einer Aluminiumlegierung, die Zylinder aus Biral, einer Grauguß-Büchse mit Leichtmetall-Kühlrippen. Die Ventile sind V-förmig, hängend angeordnet. In jedem Zylinderkopf ist eine über eine Doppelkette angetriebene Nockenwelle, die über Kipphebel je ein Einlaß- und ein Auslaßventil pro Zylinder betätigt. Die Kühlung erfolgt durch das senkrechtstehende, über einen Keilriemen angetriebene Kühlgebläse, welches auf der Antriebswelle der Lichtmaschine montiert ist. Die Ölversorgung übernimmt eine Trockensumpfschmierung mit separatem Öltank. Die Gemischaufbereitung übernehmen sechs Solex-Überlauf-Fallstromvergaser vom Typ 40 PI. Die Benzinpumpe arbeitet elektrisch. Die Batteriezündung hat die Zündfolge 1 - 6 - 2 - 4 - 3 - 5.

Der 911 wird mit einem 5-Gang-Schaltgetriebe ausgeliefert. Getriebe und Ausgleichsgetriebe sind im selben Gehäuse untergebracht. Der Antrieb auf die Hinterräder erfolgt über Nadella-Gelenkwellen.

Die vorderen Räder sind einzeln aufgehängt. Die Führung übernimmt ein Querlenker in Verbindung mit einem hydraulisch wirkenden Stoßdämpferbein, in das eine progressiv wirkende Gummihohlfeder eingebaut ist. Die Federung führt ein in Längsrichtung angeordneter, einstellbarer Federstab (Dreh- oder Torsionsstab) aus. Die Führung der Hinterräder übernehmen Schräglenker. Jedes Rad wird durch einen querliegenden Drehstab abgefedert. Im Gehäuse der hydraulischen Teleskopstoßdämpfer ist jeweils eine progressiv wirkende Gummihohlfeder angeordnet. Das hydraulisch betätigte Einkreis-Bremssystem ist mit vier Bremsscheiben ausgestattet. In die hinteren Scheiben sind Trommeln für die Handbremse integriert. Die Stahlscheibenräder der Größe 4,5 J x 15 sind silber lackiert, sie

Ein früher Porsche 902. Am Steuer sitzt Thora Hornung, eine Mitarbeiterin der Porsche-Presseabteilung

können als Sonderwunsch auch verchromt geliefert werden. Die Radschüssel ist mit zehn länglichen Löchern zur Belüftung der Bremsen versehen. Die Räder werden mit fünf Muttern an den Radbolzen der Radaufnahme verbunden. Der Lochkreisdurchmesser beträgt 130 Millimeter. Die montierte Bereifung hat die Dimension 165 HR 15. Die ZF-Zahnstangenlenkung ist mit einer doppelt geknickten Sicherheitslenksäule ausgeführt. Der Radstand des Ur-Elfers beträgt 2.211 Millimeter.
Anfangs ist das Fahrverhalten des 911 sehr unausgewogen und schwer beherrschbar, so daß schon im ersten Modelljahr ab den Fahrzeug mit der Fahrgestellnummer 301.340 schwere Graugußteile in die beiden vorderen Stoßstangenecken integriert werden. Durch die höhere Belastung der Vorderachse ist eine deutliche Verbesserung des Fahrverhaltens spürbar.
Im Armaturenträger sind fünf Rundinstrumente eingelassen. In der Mitte sitzt dominierend der Drehzahlmesser, links davon ist das Ölthermometer, das Ölmanometer und ganz links die Benzinuhr mit Restanzeige sowie der Ölstandsanzeiger untergebracht. Halb rechts ist der Tachometer und ganz rechts die Zeituhr angeordnet. Die Armaturentafel ist oben und unten gepolstert. Die Schalttafelblende besteht aus Edelholz auf der rechts, auf dem Deckel des abschließbaren Handschuhfachs, ein silberner »911« Schriftzug montiert ist. In diese Blende integriert sind links vom Lenkrad das Zündschloß, in der Mitte der Zigarettenanzünder, der Aschenbecher und eine Abdeckung für das Radio. Das Vierspeichen-Lenkrad hat einen Edelholzkranz. Auf den Türverkleidungen sind Türtaschen aufgesetzt. Die Liegesitze sind anatomisch ausgeformt. Die Rücksitzlehnen der Fondsitze können einzeln umgelegt werden, damit mehr Gepäckraum zur Verfügung steht. In der Karosserie sind vorn schon Befestigungspunkte für Sicherheitsgurte vorgesehen. In der Beifahrer Sonnenblende befindet sich ein Make-up-Spiegel. Die Scheibenwaschanlage funktioniert elektrisch. Die Scheibenwischer arbeiten mit 3 Geschwindigkeitsstufen. Die Heckscheibe ist elektrisch beheizbar. Zur Ausstattung gehören auch zwei Fanfaren und eine benzinbetriebene Webasto-Standheizung.
Auch die Fahrleistungen des ersten Porsche 911 können sich sehen lassen: 9,1 Sekunden von 0 auf 100 km/h und eine Höchstgeschwindigkeit von 210 km/h.
Im April 1965 wird der Porsche 912 der Öffentlichkeit vorgestellt. Dieser wird mit einem vom 356 SC abgeleiteten 1,6-Liter-Vierzylindermotor und einer etwas reduzierten Ausstattung angeboten. Der Grund für die Einführung eines Modells unterhalb des 911 besteht darin, daß der Elfer für viele bisherige Kunden zu teuer geworden ist. Der 912 liegt preislich gut 5.500 DM unter dem 911.
Karosserie, Fahrwerk, Bremsen und Räder des Porsche 912 sind weitgehend mit dem 911 identisch. Im Fahrverhalten ist der 912 gutmütiger als der 911, da der Wagen wegen des leichteren Vierzylinders weniger hecklastig ist. Der 1,6-Liter-Motor des 912 ist vom 356 SC entliehen. Für den 912 wird das Vierzylinder-Aggregat überarbeitet. Die Leistung wird von 95 PS (70 kW) auf 90 PS (66 kW) bei 5.800/min reduziert, um den Motor auf mehr Durchzug und höhere Standfestigkeit zu trimmen. Der Stoßstangenmotor ist mit einer Druckumlaufschmierung und zwei Doppel-Fallstomvergaser vom Typ Solex PII-4 versehen.
Der 912 wird mit einem 4-Gang-Schaltgetriebe angeboten. Die Käufer entscheiden sich aber meist für das aufpreispflichtige 5-Gang-Schaltgetriebe. Der Antrieb erfolgt wie beim 911 über die Hinterräder.
Ausstattung und Interieur des Porsche 912 fallen ebenfalls einfacher aus. So sind beim 912 nur drei Rundinstrumente serienmäßig. Zentral eingebaut der Drehzahlmesser, rechts der Tachometer und links ein Kombiinstrument mit Tank- und Öltemperaturanzeige. Zwei weitere Instrumente sind auf Wunsch erhältlich. Bei den allerersten 912 ist das Armaturenbrett, wie beim 356 in Wagenfarbe lackiert. Danach ist die Schalttafel mit einer Metallblende verkleidet.
In der Beschleunigung von 0 auf 100 km/h benötigt der 912 ganze 13,5 Sekunden. Als Höchstgeschwindigkeit sind bis zu 185 km/h möglich.

Modelljahr 1966

Im Herbst 1965 präsentiert Porsche auf der IAA in Frankfurt am Main ein Sicherheitscabriolet, den 911 Targa, mit einem feststehenden Überrollbügel, herausnehmbarem Faltdach und flexibler, herunterklappbarer Kunststoffheckscheibe. Porsche reagiert damit auf die gestiegenen Sicherheitsbedürfnisse für offene Fahrzeuge auf dem amerikanischen Markt und gegen die Stimmen, die Cabriolets aus Sicherheitsgründen bei einem Überschlag in den USA ganz verbieten wollen. Der Name »Targa« ist aus dem Italienischen entliehen und bedeutet Schild, außerdem erinnert er an die Targa Florio, einem Straßenrennen auf Sizilien, bei dem Porsche immer sehr erfolgreich gewesen ist.
Das 911 Coupé wird einer leichten Modellpflege unterzogen. Der Motor des 911 wird auf Weber-Vergaser vom Typ 40 IDA 3L und 3C1 umgerüstet, da sich diese Vergaser leichter einstellen lassen als die zuerst verwendeten Solex-Vergaser. Gleichzeitig wird eine stärkere Lichtmaschine mit 490 Watt Leistung eingebaut. Die Bremsanlage wird mit modifizierten Bremssätteln ausgerüstet. Von außen ist das 1966er Modell am gerade montierten 911-Schriftzug zu erkennen.
Im Innenraum fällt das neue Lederlenkrad auf, welches serienmäßig statt dem Holzlenkrad eingebaut wird. Auch die hölzerne Schalttafelblende entfällt, sie wird durch einen Bezug aus schwarzem Kunstleder ersetzt.

Modelljahr 1967

Im Herbst 1966 präsentiert Porsche mit dem 911 S erstmals eine weitere, leistungsgesteigerte Motorversion. Außerdem ergänzt der 911 Targa als zweite Karosserievariante das Programm. Porsche bietet die Modelle 912, 911 und 911 S als Coupé und als Targa an.

Der 911 Targa ist ein Sicherheitscabriolet mit festmontiertem Überrollbügel aus Edelstahl. Das Dachmittelteil kann abgenommen, zusammengefaltet und im Kofferraum verstaut werden. Die flexible Kunststoffheckscheibe kann nach unten geklappt werden. So verbindet der Targa die Sicherheit eines Coupés mit dem Frischluftvergnügen eines Cabriolets. Der Targa kann auf vier verschiedene Arten gefahren werden: Komplett offen, mit offenem Dach aber geschlossener Heckscheibe, mit geschlossenem Dach aber offener Heckscheibe oder total geschlossen.

Ab Modelljahr 1967 wird der Innenspiegel bei allen Fahrzeugen auf die Windschutzscheibe geklebt. Die Griffe des Aschenbechers und des Handschuhfachdeckels werden geändert. An den Stoßstangenhörnern fällt die Gummiauflage auf. Die Schwellerzierleisten und die Zierleisten der Stoßstangen erhalten überarbeitete Gummis. Der 912 erhält ein 5-Gang-Schaltgetriebe serienmäßig, da die meisten Kunden dieses im vorigen Modelljahr als Extra geordert haben.

Der Motor des 911 S wird auf 9,8 : 1 verdichtet, mit geschmiedeten Leichtmetallkolben, geänderten Nockenwellen und größeren Ventilen ausgerüstet. Durch diese Maßnahmen steigt die Leistung auf 160 PS (118 kW) bei 6.600/min, das Drehmoment auf 179 Nm bei 5.200/min. Als höchste Drehzahl sind 7.200/min erlaubt. Die Weber-Vergaser werden der höheren Leistung angepaßt. Der 911 S ist mit einem 5-Gang-Schaltgetriebe ausgestattet. Auf Wunsch können vier weitere Getriebeübersetzungen geliefert werden.

Das Fahrwerk des 911 S ist an beiden Achsen mit Stabilisatoren und Koni-Stoßdämpfern optimiert. Als erster Porsche ist der 911 S vorne und hinten mit innenbelüfteten Bremsscheiben ausgestattet. Serienmäßig sind auch geschmiedete Aluminiumräder, die bei der Firma Fuchs gefertigt werden, in der Größe 4,5 J x 15, auf die 165 VR 15 Reifen aufgezogen sind.

Im Cockpit ist der 911 S mit einem griffigen Lederlenkrad und einer schwarzen Schalttafelverkleidung mit Flechtnarbung ausgerüstet.

Der 911 S bietet erstklassige Fahrleistungen. In der Beschleunigung sind nach 7,6 Sekunden 100 km/h erreicht. Der Vortrieb wird erst bei 225 km/h vom Luftwiderstand gestoppt.

Modelljahr 1968 (A-Serie)

Porsche erweitert das Modellangebot des 911. Der 911 T (Touring) wird als neues Einstiegsmodell mit Sechszylindermotor angeboten. Der normale 911 wird jetzt als 911 L bezeichnet. Alle 911 können auf Kundenwunsch mit dem halbautomatischen Sportomatic-Getriebe ausgeliefert werden. Die Sportomatic ist ein Schaltgetriebe, welches über einen Drehmomentwandler und eine Schaltkupplung verfügt, dafür fehlt das Kupplungspedal. Wird der Schalthebel zum Schalten bewegt, betätigt ein unterdruckgesteuerter Servomotor die Schaltkupplung. Zum Anfahren übernimmt ein Drehmomentwandler die Funktion der Anfahrkupplung.

Der 911 T entspricht in der Ausstattung dem 912. Die Schriftzüge am Heck sind beim 912 und 911 T in silber, beim 911 L und 911 S in gold ausgeführt. Der Aschenbecher ist zur verbesserten Unfallsicherheit mit einem Gummigriff bestückt. Die neue Instrumentengeneration fällt mit schwarzen Instrumentenringen und weißer Skalierung schlichter aus. Der 911 T und der 912 haben die gleiche Instrumentierung mit fünf Rundinstrumenten, bei der allerdings Öldruck- und Ölstandsanzeige fehlen.

Der Motor des 911 T stellt die Einstiegsmotorisierung der Sechszylinder dar. Der 110 PS (81 kW) starke Boxer ist mit Graugußzylindern ausgestattet und erreicht seine Nennleistung bei 5.800/min. Die Verdichtung wird auf 8,6 : 1 heruntergenommen. Das maximale Drehmoment von 157 Nm erreicht der kleinste Sechszylinder bei 4.200/min. Zur Gemischaufbereitung dienen zwei Weber-Dreifach-Vergaser.

Alle 911 Modelle sind bis auf den 911 T mit einem 5-Gang-Schaltgetriebe ausgerüstet. Beim 912 ist wieder, wie beim 911 T, ein 4-Gang-Schaltgetriebe serienmäßig.

Die Scheibenwischer liegen jetzt in der Ruhestellung auf der linken Seite. So kann die Fläche vor dem Fahrer mit kürzerer Ansprechzeit gewischt werden. Die Scheibenwischer sind in matt-schwarz gehalten, um Reflexionen zu vermeiden. Die Türöffnungsknöpfe sind versenkt angeordnet. An den geänderten Türgriffen fallen die Stege über- und unterhalb des Schließzylinderdrückknopfes auf. Diese sollen bei einem Unfall mit Überschlag ein Öffnen der Türen durch das Betätigen des Drückknopfes verhindern. Die Karosserie erhält Aufnahmen für Sicherheitsgurte an den Fondsitzen. Die Targa-Modelle können optional mit einer festeingebauten, beheizbaren Heckscheibe aus Sicherheitsglas geordert werden.

Bis auf das 911 S Coupé erhalten alle 911 und 912 Modelle Boge-Stoßdämpfer. Das 911 S Coupé ist nach wie vor mit Koni-Stoßdämpfern ausgerüstet. Bei allen 911 wird die Bremsanlage in zwei Bremskreise aufgeteilt. Die Räder sind jetzt zur Verbesserung des Fahrverhaltens 5,5 J x 15 groß. Der 911 L erhält einen Stabilisator mit 11 Millimeter Durchmesser an der Vorderachse, der 911 S Stabilisatoren mit 15 Millimeter Durchmesser an beiden Achsen. Der 911 L wird mit den innenbelüfteten Bremsscheiben des 911 S ausgerüstet.

Der 911 T ist in der Beschleunigung von 0 auf 100 km/h mit 10 Sekunden der langsamste 911. In der Höchstgeschwindigkeit erreicht er genau 200 km/h. Fahrzeuge mit Sportomatic-Getriebe sind in der Regel in der Endgeschwindigkeit um 5 km/h langsamer.

MODELLJAHR 1969 (B-SERIE)

Mit dem Modelljahr 1969 geht der 912 und der 911 mit den 2-Liter-Motoren in das letzte Baujahr.

Die Motoren des 911 E, der den 911 L ablöst, und des 911 S werden erstmals mit einer mechanischen Doppelreiheneinspritzpumpe von Bosch bestückt. Durch diese Maßnahme steigt die Leistung dieser Triebwerke um jeweils 10 PS (7 kW). Bei 6.500/min stehen dem Fahrer eines 911 E 140 PS (103 kW) zur Verfügung. Das Drehmoment von 175 Nm wird bei einer Drehzahl von 4.600/min erreicht. Der Boxer des 911 S mobilisiert 170 PS (125 kW) bei 6.800/min, damit hat er mit 85 PS pro Liter Hubraum die höchste Literleistung aller (auch zukünftigen) luftgekühlten Serien-Saugmotoren. Beim maximalen Drehmoment liegen 182 Nm bei sportlich hohen 5.500/min an der Kurbelwelle an. Dieser Sportmotor kann bis 7.200/min ausgedreht werden. Nur der 911 T behält als einziger Sechszylinder die beiden Weber-Dreifach-Fallstromvergaser. Alle Einspritz-Motoren sind mit einer Kondensatorzündung ausgerüstet. Die Kupplung des 911 S arbeitet mit verstärktem Anpreßdruck.

Der Radstand der 911 und 912 Modelle wird von 2.211 Millimeter um 57 Millimeter auf 2.268 Millimeter verlängert. Der 911 E und der 911 S werden serienmäßig mit Leichtmetallrädern der Größe 6 J x 15 und der Bereifung 185/70 VR 15 bestückt. Für die Modelle 911 T und 911 E mit Sportomatic sind auch die sehr komfortablen 185 HR 14 Reifen auf 5,5 J x 14 Rädern freigegeben. Da die maximale Höchstgeschwindigkeit dieser Sportomatic-Fahrzeuge unter 210 km/h liegt, können die Reifen der HR-Kategorie verwendet werden. Der 911 E wird an der Vorderachse serienmäßig mit hydropneumatischen Federbeinen ausgerüstet, die eine selbstniveauregulierende Wirkung haben und den Fahrkomfort weiter verbessern. Für die 911 T und 911 S Coupé-Versionen sind diese hydropneumatischen Federbeine auf Wunsch erhältlich. Der wirksame Bremsscheibendurchmesser und die Bremsbelagsfläche an der Vorderachse wird vergrößert.

Die Radläufe aller 911 und 912 Modelle werden ausgestellt, um die Freigängigkeit der neuen 6 Zoll breiten Räder zu gewährleisten. Die vorderen Blinker werden vergrößert, die Hupengitter entsprechend verkleinert. Der Targa wird nur noch mit der festeingebauten Heckscheibe aus beheizbarem Sicherheitsglas ausgeliefert. Der Edelstahl-Targa-Bügel erhält links und rechts Lüftungsschlitze. Zur Verbesserung des Fahrverhaltens wer-

Schnittzeichnung eines Porsche 911 2-Liter-Vergasermotors

den statt einer Batterie mit 45 Ah jetzt zwei kleinere Batterien mit je 36 Ah eingebaut. Je eine Batterie ist links und rechts im Kofferraum im vorderen Bereich der Kotflügel untergebracht. Durch die verbesserte Gewichtsverteilung im Vorderwagen können die beiden Graugußgewichte in den Stoßstangenecken entfallen.
Auch der Innenraum wird in vielen Details ständig verbessert. So ist das neue Lenkrad im Durchmesser kleiner und mit einer gepolsterten Signaltaste für die Hupe versehen. Der Innenspiegel ist jetzt abblendbar. Der Aschenbecher wird klappbar in die untere Polsterung des Armaturenbretts eingelassen. Die Türtafeln sind mit einem in der Armlehne integrierten Türöffner und größeren Ablagekästen versehen. Die Verriegelung der vorderen Sitze wird ebenfalls verbessert.
Die Fahrleistungen der Fahrzeuge mit Einspritzmotor sind mit denen der vergaserbestückten Vorgängermodelle vergleichbar.

Modelljahr 1970 (C-Serie)

Erstmals wird zur weiteren Leistungssteigerung des 911 der Hubraum vergrößert. Der 912 ist im Modelljahr 1970 nicht mehr lieferbar.
Durch Vergrößerung der Zylinderbohrungen auf 84 Millimeter wächst der Hubraum aller 911 Motoren auf 2,2 Liter an. Zur Gewichtseinsparung werden die Kurbelgehäuse aus Magnesium gegossen. Die Kurbelwellen sind aus geschmiedetem Stahl, die Kolben aus Leichtmetall-Kokillenguß. Der 911 S erhält geschmiedete Kolben. Die Motoren des 911 E und 911 S sind mit Biral-Zylindern bestückt. Die Zylinderköpfe erhalten größere Ventile, im Einlaß 46 Millimeter, im Auslaß 40 Millimeter. Alle Motoren sind mit einer kontaktgesteuerten Batterie-Hochleistungs-Kondensatorzündung (BHKZ) vom Zulieferer Bosch versehen. Der Motor des 911 T ist mit zwei Dreifach-Fallstromvergasern bestückt, die E- und S-Aggregate mit einer mechanischen Bosch-Doppelreiheneinspritzpumpe. Der T-Motor ist mit 8,6 : 1 verdichtet und leistet bei 5.800/min 125 PS (92 kW). Das maximale Drehmoment von 176 Nm liegt bei 4.200/min an. Mit einer Verdichtung von 9,1 : 1 mobilisiert das Einspritzaggregat des 911 E 155 PS (114 kW) bei 6.200/min. Bei 4.500/min sind 191 Nm Drehmoment abrufbar. Das Spitzentriebwerk des 911 S setzt ganze 180 PS (132 kW) bei 6.500/min frei. Der mit 9,8 : 1 am höchsten verdichtete Sportmotor hat das höchste Drehmoment von 199 Nm erst bei 5.200/min.
In allen Modellen wird eine Kupplung mit 225 Millimeter Durchmesser eingebaut. Der 911 T ist serienmäßig mit vier Gängen, der 911 E und 911 S mit fünf Gängen ausgestattet. Die 4-Gang-Sportomatic ist nur für den 911 T und 911 E lieferbar.
Die gesamte Bodengruppe des 911 wird aus verzinktem Stahlblech gefertigt. Alle Fahrzeuge werden mit einem PVC-Unterbodenschutz besprüht. Beim 911 E und 911 S sind die Motorhaube und das Heckmittelteil aus Gewichtsgründen aus Aluminium gefertigt. An den Türen sind außen neue Griffe (Pistolengriffe) befestigt, die sich durch Drücken eines Hebels auf der Innenseite betätigen lassen.
Der 911 T ist nun auch mit innenbelüfteten Bremsscheiben ausgerüstet. Beim 911 E sind vorn weiterhin serienmäßig die hydropneumatischen Federbeine eingebaut.
Die Instrumente werden nun vom Innenraum aus montiert und mit einer Gummilippe fixiert. Die Innenraumbelüftung ist als Zwangsentlüftung ausgelegt und mit einem Dreistufengebläse kombiniert. Im Innenraum wird das Kunstleder »Skai« verwendet. Auf Sonderwunsch gibt es eine zweistufig beheizbare Windschutzscheibe. Der 911 S ist mit einer benzinelektrischen Zusatzheizung ausgestattet.
Der 911 T läuft genau 200 km/h schnell. Tempo 100 werden in 9,5 Sekunden erreicht. Mit 215 km/h ist der 911 E etwas schneller, für den Spurt auf 100 vergehen 9,0 Sekunden. In kurzweiligen 7,0 Sekunden beschleunigt der 911 S auf 100 km/h. Erst bei 225 km/h halten sich Antriebskraft und Luftwiderstand die Waage.

Modelljahr 1971 (D-Serie)

Für das Modelljahr 1971 erhält die 911-Reihe nur geringfügige Änderungen. Der 911 S erhält Stoßstangenhörner mit einer Gummiauflage. Die benzinelektrische Zusatzheizung beim 911 S entfällt, er wird wie bei den anderen 911 Typen nur noch über den Motor beheizt.
Anstelle von zwei Wischergeschwindigkeiten und einer Intervallstufe hat die Scheibenwischeranlage jetzt drei Geschwindigkeiten.
Schärfere Abgasgesetze in verschiedenen Exportländern veranlassen Änderungen an den Einspritzanlagen. Druckfühler, Zündverteiler, Drosselklappenstutzen und Steuergerät werden überarbeitet.
Alle 911 Modelle sind im Vergleich zum vorigen Modelljahr in der Endgeschwindigkeit um 5 Stundenkilometer schneller, dafür in der Beschleunigung geringfügig langsamer.

Modelljahr 1972 (E-Serie)

Verschärfte Abgasgesetze in den USA erfordern eine neue Motorengeneration. Auf einigen Exportmärkten ist hochoktaniger Kraftstoff mit hohem Bleitetraäthylenanteil nicht mehr erhältlich. So wird die 2,4-Liter-Motorenserie niedriger verdichtet, um Normalbenzin verwenden zu können. Trotz dieser Maßnahme gelingt es den Porsche-Ingenieuren Motorleistung, Durchzugskraft und Fahrleistungen zu steigern. Durch eine neu konstruierte Kurbelwelle mit 70,4 Millimeter Hub wächst der Hubraum auf 2.341 cm³ an. Pro Zylinder hat die Kurbelwelle ein Gegen-

gewicht. Der mit neuen Solex-Zenith-Vergasern bestückte 911 T-Motor hat mit 130 PS (96 kW) bei 5.600/min die gleiche Leistung wie der Ur-Elfer von 1964. Allerdings ist dieses Aggregat mit 196 Nm bei 4.000/min erheblich durchzugsstärker. Die übrigen Boxer sind weiterhin mit mechanischen Einspritzanlagen ausgestattet. Der Motor des 911 E leistet 165 PS (121 kW) bei 6.200/min. Maximal 206 Nm stemmen bei 4.500/min auf die Kurbelwelle. Stärkster Motor ist mit 190 PS (140 kW) bei 6.500/min das Triebwerk des 911 S, dessen Drehmomentkurve bei 5.200/min ihren Höhepunkt mit 216 Newtonmetern hat.
Neu ist auch die Schaltgetriebegeneration von Typ 915, die auf das höhere Drehmoment der 2,4-Liter-Motoren ausgelegt ist. Auch das Schaltschema wird geändert. Erster und zweiter Gang liegen auf einer Ebene, der erste ist vorne links. Diese Anordnung ist im Renn- und Rallyesport von Vorteil, wenn in engen Kurven bis in den ersten Gang herunter geschalten werden muß. Alle 911 Modelle sind serienmäßig nur mit einem 4-Gang-Schaltgetriebe ausgestattet. Ein 5-Gang-Schaltgetriebe oder eine 4-Gang-Sportomatic sind als Sonderwunsch lieferbar.
Beim Modelljahr 1972 fällt die Klappe für den Öltank an der hinteren rechten Seitenwand auf. Der Öltank wird zur besseren Gewichtsverteilung vor die Hinterachse verlegt. Am 911 S ist eine Kunststoffbugschürze befestigt, die als Spoiler ausgeformt ist. Dadurch hat der Vorderwagen weniger Auftrieb bei hohen Geschwindigkeiten. Die vorderen Stoßstangenhörner entfallen. Außerdem sind die Schweller des 911 S unterhalb der Türen mit Chromblenden verkleidet. Das Lüftungsgitter auf der Motorhaube ist jetzt schwarz, darauf ist auf der rechten Seite ein verchromter 2.4-Schriftzug angebracht. Die Schriftzüge auf dem Heckdeckel sind schwarz eloxiert. Für die Modelle 911 T und 911 E ist der Frontspoiler als Sonderwunsch lieferbar.
Der Radstand aller Elfer wird um 3 Millimeter auf 2.271 Millimeter verlängert. Beim 911 E entfallen vorne die serienmäßig montierten hydropneumatischen Federbeine, sie sind aber weiterhin für alle 911 Modelle als Sonderwunsch erhältlich. Alle Fahrzeuge sind mit etwas weicher abgestimmten Boge-Stoßdämpfern ausgerüstet. Während der 911 T und der 911 E ohne Stabilisatoren auskommen müssen, sind diese beim 911 S an beiden Achsen mit einem Durchmesser von 15 Millimeter serienmäßig montiert.
Statt der Aluminium-Schmiederäder ist der 911 E serienmäßig mit lackierten Stahlrädern der Größe 6 J x 15 ausgerüstet. Auf Wunsch sind die Leichtmetallräder weiterhin erhältlich.
Die Türtafeln und das Schalttafelmittelteil aller 911 sind in der gleichen Farbe wie das übrige Interieur ausgeführt. Die Ausstattung des 911 E wird der des 911 T angepaßt.
Mit 205 km/h läuft der Einstiegs-Elfer jetzt über 200 km/h schnell. Auch in der Beschleunigung bleibt der 911 T mit 9,5 Sekunden aus dem Stand auf Hundert deutlich unter der 10-Sekunden-Marke. Der 911 E meistert den Spurt auf 100 km/h in nur 7,9 Sekunden. Erst bei Tempo 220 hört der Vortrieb auf. Das Spitzenmodell, der 911 S, braucht gerade einmal 7,0 Sekunden auf Tempo 100. Seine Höchstgeschwindigkeit liegt bei respektablen 230 km/h.

MODELLJAHR 1973 (F-SERIE)

A new star is born: Der 911 Carrera RS! Mit diesem Fahrzeug fließt erstmals der legendäre Name Carrera in die 911 Baureihe ein. Der Zusatz RS steht für Rennsport.
Dieser Elfer ist nicht nur das ultimative Sportgerät schlechthin, er ist in vielen Punkten auch eine Schnittstelle zwischen den frühen Elfern und der ab Herbst 1973 eingeführten G-Serie. Vom Carrera RS werden insgesamt 1.580 Exemplare gebaut. Ursprünglich wurden »optimistisch« nur 500 Fahrzeuge geplant, um die Mindeststückzahl für die Homologation in der GT-Sportwagenklasse für den Rennsport zu erhalten. Doch die Planer des Porsche-Vertriebs sollten sich gründlich irren.
Die Karosserie des 911 Carrera RS ist ganz im Zeichen des Motorsports auf konsequenten Leichtbau getrimmt. Wo es konstruktiv vertretbar ist, finden Karosserieteile aus Dünnblech Verwendung. Die Front- und die hinteren Seitenscheiben bestehen aus Dünnglas des belgischen Herstellers Glaverbel. Heck- und Türseitenscheiben liefert Sekurit. Auffälligstes Karosseriemerkmal ist die aus Kunststoff geformte Motorhaube mit dem integrierten Heckspoiler, der im Volksmund »Entenbürzel« genannt wird. Dieses aerodynamische Hilfsmittel soll den Auftrieb an der Hinterachse vermindern. Zusammen mit dem Kunststoff-Frontspoiler liegt das Fahrzeug ruhiger auf der Straße, die Kurvengeschwindigkeiten sind höher und sogar die Höchstgeschwindigkeit nimmt um 4,5 km/h zu. Die hinteren Kotflügel sind zur Aufnahme breitere Räder auf jeder Seite um 21 Millimeter verbreitet. Der Carrera RS wird in einer Sport- und in einer Touring-Version angeboten. Die Sportversion ist noch weiter abgespeckt, so ist die hintere Stoßstange aus Kunststoff. Klebestreifen sind auf den Stoßstangen aufgeklebt. Der Touring hat eine hintere Stoßstange aus Stahlblech, Gummizierleisten auf den Stoßstangen und verchromte Schwellerverkleidungen. Auffallend sind auch die seitlichen »Donauwellen«-Carrera-Schriftzüge. Bei allen erhältlichen Lackfarben sind diese schwarz ausgeführt. Nur bei der Farbe Grand-Prix-Weiß sind sie in den Farben rot, blau und grün erhältlich.
Passend zum Carrera-Schriftzug sind auch die Räder. Bei schwarzem Schriftzug sind die Felgensterne schwarz/poliert. Bei den Schriftzugfarben rot, blau und grün sind die Felgensterne in derselben Farbe lackiert, das Felgenhorn mattiert. Erstmals werden bei einem Serienfahrzeug an Vorder- und Hinterachse verschieden breite Räder montiert. An der Vorderachse werden die Fuchs-Schmiederäder in der bekannten Größe 6 J x 15 mit 185/70 VR 15 Reifen montiert. An der Hinterachse werden

215/60 VR 15 Reifen auf 7 J x 15 Räder aufgezogen. Dadurch verbessert sich die mögliche Querbeschleunigung erheblich. Das Fahrwerk ist mit Bilstein-Stoßdämpfern und Stabilisatoren abgestimmt.

Der Carrera RS ist nicht nur leichter, sein Motor ist auch um 20 PS stärker als der 911 S. Durch neue Leichtmetallzylinder mit 90 Millimeter Bohrung und Nikasil-Laufflächen steigt das Hubvolumen des Motors auf 2.687 cm³. Kurbelwelle, Pleuel, Verdichtung und Steuerzeiten sind mit dem Motor des 911 S identisch. Auch der Carrera RS Motor gibt sich mit Normalbenzin zufrieden. 210 PS (154 kW) stehen bei 6.300/min zur Verfügung. Das maximale Drehmoment steigt durch die Hubraumerhöhung auf 255 Nm bei 5.100/min an.

Auch das 5-Gang-Schaltgetriebe wird speziell für den Carrera RS entwickelt. Die Gänge vier und fünf sind etwas länger übersetzt. Zur Kühlung erhalten die meisten Carrera RS einen Getriebeölkühler. Der Schalthebel wird ebenfalls für schnellere Gangwechsel modifiziert.

Während die Touring-Version sich an der Ausstattung des 911 S orientiert, ist die Sport-Ausführung äußerst spartanisch ausgefallen. Fahrer und Beifahrer nehmen auf verstellbaren Schalensitzen Platz. Die Türverkleidungen sind extrem schicht nur mit Fensterkurbel, Öffnerschlaufe und Zuziehgriff versehen. Fondsitze und -verkleidungen fehlen ganz. Sogar die Zeituhr und der Deckel des Handschuhfachs werden der Diät geopfert.

Anfang der 70er Jahre ist der Leichtbau-Carrera RS in der Beschleunigung atemberaubend. In nur 5,8 Sekunden sind 100 km/h erreicht, damit läßt der Carrera RS sämtliche viel teurere und leistungsstärkere italienische Exoten im klassischen Spurt hinter sich. Die Höchstgeschwindigkeit beträgt 245 km/h. Auch bei den anderen 911 Modellen geht die Modellpflege weiter. Bei allen 911 sind die kleinen vorderen Schallgitter und die Umrandungen für Blinker und Heckleuchteneinheiten aus schwarzem Kunststoff gefertigt. Beim 2,4-Liter-Modell sind die Außenspiegel jetzt nicht mehr rund sondern eckig. Der Öltank sitzt wieder hinter der Hinterachse und die seitliche Einfüllklappe ist verschwunden, weil die Klappe oft vom Tankwart mit dem Kraftstofftank verwechselt wurde und Benzin eingefüllt wurde. Ein 85-Liter-Kunststofftank und ein platzsparendes Faltreserverad wird im 911 E, 911 S und im Carrera RS serienmäßig eingebaut. Für den 911 T ist dieser Tank als Sonderwunsch erhältlich. Einen weiteren Schritt in Richtung Langzeitauto geht Porsche mit Endschalldämpfern aus Edelstahl.

Der 911 E ist serienmäßig mit gegossenen, silber lackierten 6 J x 15 Gußrädern des Herstellers ATS ausgerüstet. Für den 911 T sind diese Räder auf Wunsch lieferbar.

In den USA wird der 911 T mit einem 140 PS (103 kW) starken 2,4-Liter-Motor mit einer Bosch-K-Jetronic-Einspritzung ausgeliefert, vom 912 werden 30.985 Stück gebaut.

901 Coupé 1964

Motor

Bauart:	6-Zylinder-Boxermotor
Einbauposition:	Heckmotor
Kühlung:	luftgekühlt
Anzahl & Form d. Lüfterradflügel:	11, gerade
Lüfterrad Außendurchm. (mm):	245
Motor-Typ:	901/01
Hubraum (cm³):	1991
Bohrung x Hub:	80 x 66
Leistung (kW/PS):	96/130 bei 6100/min
Drehmoment (Nm):	174 bei 4200/min
Literleistung (kW/l / PS/l):	48,2 / 65,3
Verdichtung:	9,0 : 1
Ventilsteuerung:	ohc über Doppelkette, 2 Ventile pro Zylinder
Gemischaufbereitung:	Solex Überlauf-Fallstromvergaser 40 PI
Zündung:	Batteriezündung
Zündfolge:	1 - 6 - 2 - 4 - 3 - 5
Schmierung:	Trockensumpfschmierung
Ölmenge (l):	9,0

Kraftübertragung

Antrieb:	Heckantrieb
Schaltgetriebe:	5-Gang
Getriebe-Typ:	901/0
Übersetzungen:	
1. Gang:	2,833
2. Gang:	1,778
3. Gang:	1,217
4. Gang:	0,962
5. Gang:	0,821
Rückwärtsgang:	3,127
Achsübersetzung:	4,428

Karosserie, Fahrwerk, Bremse, Räder und Reifen

Karosserie:	2-türige, 2 + 2-sitzige, selbsttragende Coupé-Karosserie aus Stahlblech, an die Karosserie anliegende Stoßstangen, verchromte Hupengitter neben den Blinkleuchten, Heckdeckel mit verchromtem Lüftungsgitter, runde Außenspiegel verchromt
Vorderradaufhängung:	Einzelradaufhängung an Federbeinen und Querlenkern, je Rad ein runder Drehstab in Längsrichtung liegend, doppelt wirkende hydraulische Stoßdämpfer
Hinterradaufhängung:	Einzelradaufhängung an Längslenkern, je Rad ein runder Drehstab in Querrichtung liegend, doppelt wirkende hydraulische Stoßdämpfer
Bremse v/h (Durchm. x B (mm)):	Scheiben (282 x 12,7) / Scheiben (285 x 10) 2-Kolben-Grauguß-Festsättel / 2-Kolben-Grauguß-Festsättel
Räder v/h:	4,5 J x 15 / 4,5 J x 15
Reifen v/h:	165-15 Gürtel / 165-15 Gürtel

Elektrik

Lichtmaschinenleistung (W/A):	490 / 30
Batterie (V/Ah):	12 / 45

Abmessungen, Gewichte und Volumen

Spurweite v/h (mm):	1337 / 1317
Radstand (mm):	2211
Maße (L x B x H (mm)):	4163 x 1610 x 1320
Leergewicht nach DIN (kg):	1080
zul. Gesamtgewicht (kg):	1400
Kofferraumvolumen (l):	200
Gepäckraum im Innenraum*:	250
Tankvolumen (l):	62, davon 6 Reserve
C_W x A (m²):	0,363 x 1,685 = 0,612
Leistungsgewicht (kg/kW / kg/PS):	11,25 / 8,30

***bei umgeklappten Rücksitzlehnen**

Kraftstoffverbrauch

nach DIN 70 030 (l/100 km):	9,6; 98 ROZ Super verbleit

Fahrleistungen, Stückzahlen, Preise

Beschleunigung 0–100 km/h (s):	9,1
Höchstgeschw. (km/h):	210
Stückzahl:	82
Listenpreis:	DM 21.900,-

911 Coupé MJ 1965 bis MJ 1967

Motor

Bauart:	6-Zylinder-Boxermotor
Einbauposition:	Heckmotor
Kühlung:	luftgekühlt
Anzahl & Form d. Lüfterradflügel:	11, gerade
Lüfterrad Außendurchm. (mm):	245
Motor-Typ:	901/01
ab Februar 1966:	901/05
ab November 1966:	901/06
Hubraum (cm³):	1991
Bohrung x Hub:	80 x 66
Leistung (kW/PS):	96/130 bei 6100/min
Drehmoment (Nm):	174 bei 4200/min
Literleistung (kW/l / PS/l):	48,2 / 65,3
Verdichtung:	9,0 : 1
Ventilsteuerung:	ohc über Doppelkette, 2 Ventile pro Zylinder
Gemischaufbereitung:	Solex Überlauf-Fallstromvergaser 40 PI
ab Februar 1966:	Weber-Vergaser 40 IDA 3L bzw. 3C1
Zündung:	Batteriezündung
Zündfolge:	1 - 6 - 2 - 4 - 3 - 5
Schmierung:	Trockensumpfschmierung
Ölmenge (l):	9,0

Kraftübertragung

Antrieb:	Heckantrieb
Schaltgetriebe:	5-Gang
Getriebe-Typ:	901/0
ab MJ 1966	901/02
Übersetzungen:	
1. Gang:	2,833 (3,091)
2. Gang:	1,778 (1,889)
3. Gang:	1,217 (1,318)
4. Gang:	0,962 (1,004)
5. Gang:	0,821 (0,793)
Rückwärtsgang:	3,127 (3,127)
Achsübersetzung:	4,428 (4,428)
Sonderwunsch:	Sperrdifferential

Karosserie, Fahrwerk, Bremse, Räder und Reifen

Karosserie:	2-türige, 2 + 2-sitzige, selbsttragende Coupé-Karosserie aus Stahlblech, an die Karosserie anliegende Stoßstangen, verchromte Hupengitter neben den Blinkleuchten, Heckdeckel mit verchromtem Lüftungsgitter, runde Außenspiegel verchromt
Sonderwunsch:	Elektrisches Schiebedach
Vorderradaufhängung:	Einzelradaufhängung an Federbeinen und Querlenkern, je Rad ein runder Drehstab in Längsrichtung liegend, doppelt wirkende hydraulische Stoßdämpfer
Sonderwunsch:	Stabilisator
Hinterradaufhängung:	Einzelradaufhängung an Längslenkern, je Rad ein runder Drehstab in Querrichtung liegend, doppelt wirkende hydraulische Stoßdämpfer
Sonderwunsch:	Stabilisator
Bremse v/h (Durchm. x B (mm)):	Scheiben (282 x 12,7) / Scheiben (285 x 10) 2-Kolben-Graugußl-Festsättel / 2-Kolben-Grauguß-Festsättel
Räder v/h:	4,5 J x 15 / 4,5 J x 15
Reifen v/h:	165-15 Gürtel / 165-15 Gürtel

Elektrik

Lichtmaschinenleistung (W/A):	490 / 30
Batterie (V/Ah):	12 / 45

Abmessungen, Gewichte und Volumen

Spurweite v/h (mm):	1337 / 1317
MJ 1967:	1353 / 1321
Radstand (mm):	2211
Maße (L x B x H (mm)):	4163 x 1610 x 1320
Leergewicht nach DIN (kg):	1080
zul. Gesamtgewicht (kg):	1400
Kofferraumvolumen (l):	200
Gepäckraum im Innenraum*:	250
Tankvolumen (l):	62, davon 6 Reserve
C_w x A (m²):	0,363 x 1,685 = 0,612
Leistungsgewicht (kg/kW / kg/PS):	11,25 / 8,30
***bei umgeklappten Rücksitzlehnen**	

Kraftstoffverbrauch

nach DIN 70 030 (l/100 km):	9,6; 98 ROZ Super verbleit

Fahrleistungen, Stückzahlen, Preise

Beschleunigung 0–100 km/h (s):	9,1
Höchstgeschw. (km/h):	210
Stückzahl:	6.607
Listenpreise:	
04/1965:	DM 21.900,-
08/1965:	DM 22.900,-
07/1966:	DM 20.980,-
10/1966:	DM 20.980,-

912 Coupé, April 1965 bis MJ 1969
912 Targa, MJ 1967 bis MJ 1969

Motor

Bauart:	4-Zylinder-Boxermotor
Einbauposition:	Heckmotor
Kühlung:	luftgekühlt
Motor-Typ:	616/36
Hubraum (cm³):	1582
Bohrung x Hub:	82,5 x 74
Leistung (kW/PS):	66/90 bei 5800/min
Drehmoment (Nm):	122 bei 3500/min
Literleistung (kW/l / PS/l):	41,7 / 56,9
Verdichtung:	9,3 : 1
Ventilsteuerung:	ohv über Stoßstangen, 2 Ventile pro Zylinder
Gemischaufbereitung:	2 Doppelfallstromvergaser Solex 40 PII-4
Zündung:	Batteriezündung
Zündfolge:	1 - 4 - 3 - 2
Schmierung:	Druckumlaufschmierung
Ölmenge (l):	4,0

Kraftübertragung

Antrieb:	Heckantrieb
Schaltgetriebe:	4-Gang
Sonderwunsch, nur MJ 1966/MJ 1967 Serie:	5-Gang
Getriebe-Typ:	616/36 (902/1)
Übersetzungen:	
1. Gang:	3,091 (3,091)
2. Gang:	1,684 (1,889)
3. Gang:	1,125 (1,318)
4. Gang:	0,857 (1,040)
5. Gang:	(0,857)
Rückwärtsgang:	3,127 (3,127)
Achsübersetzung:	4,429 (4,429)
Sonderwunsch:	Sperrdifferential

Karosserie, Fahrwerk, Bremse, Räder und Reifen

Karosserie:	2-türige, 2 + 2-sitzige, selbsttragende Karosserie aus Stahlblech, an die Karosserie anliegende Stoßstangen, verchromte Hupengitter neben den Blinkleuchten, Heckdeckel mit verchromtem Lüftungsgitter, runde Außenspiegel verchromt
Coupé:	Festes verschweißtes Stahldach
Sonderwunsch:	Elektrisches Schiebedach
Targa:	Herausnehmbares Faltdach, feststehender Targa-Überrollbügel aus gebürstetem Nirosta-Stahl, herunterklappbare Heckscheibe aus flexiblem Kunststoff
MJ 1968 optional, MJ 1969 Serie:	Feste Heckscheibe aus Sicherheitsglas
Vorderradaufhängung:	Einzelradaufhängung an Federbeinen und Querlenkern , je Rad ein runder Drehstab in Längsrichtung liegend, doppelt wirkende Teleskop-Stoßdämpfer
Hinterradaufhängung:	Einzelradaufhängung an Längslenkern, je Rad ein runder Drehstab quer liegend, doppelt wirkende Teleskop-Stoßdämpfer
Bremse v/h (mm):	Scheiben (282 x 12,7) / Scheiben (285 x 10) 2-Kolben-Grauguß-Festsättel / 2-Kolben-Grauguß-Festsättel
Räder v/h:	4,5 J x 15 / 4,5 J x 15
ab MJ 1968:	5,5 J x 15 / 5,5 J x 15
Reifen v/h:	6,95 H 15 / 6,95 H 15
Sonderwunsch:	165 HR 15 / 165 HR 15

Elektrik

Lichtmaschinenleistung (W):	300
ab MJ 1968:	420
Batterie (V/Ah):	12 / 45

Abmessungen, Gewichte und Volumen

Spurweite v/h (mm):	1337 / 1317
MJ 1967:	1353 / 1321
MJ 1968:	1367 / 1335
MJ 1969:	1362 / 1343
Radstand (mm):	2211
MJ 1969:	2268
Maße (L x B x H (mm)):	4163 x 1610 x 1320
Leergewicht nach DIN (kg):	970
MJ 1969:	950
zul. Gesamtgewicht (kg):	1290
MJ 1969:	1300
Kofferraumvolumen (l):	200
Gepäckraum im Innenraum*:	250
Tankvolumen (l):	62, davon 6 Reserve
C_w x A (m²):	0,363 x 1,685 = 0,612
MJ 1968:	0,38 x 1,685 = 0,640
MJ 1969:	0,408 x 1,71 = 0,697
Leistungsgewicht (kg/kW / kg/PS):	14,69 / 10,77
MJ 1969:	14,39 / 10,55

***bei umgeklappten Rücksitzlehnen**

Kraftstoffverbrauch

nach DIN 70 030 (l/100 km):	8,5; 96 ROZ Super verbleit

Fahrleistungen, Stückzahlen, Preise

Beschleunigung 0–100 km/h (s):	13,5
Höchstgeschw. (km/h):	185
Stückzahl:	
Coupé:	28.333
Targa:	2.562
Listenpreise:	
04/1965 Coupé:	DM 16.250,-
08/1965 Coupé:	DM 17.590,-
07/1966 Coupé:	DM 17.590,-
Targa:	DM 18.990,-
10/1966 Coupé:	DM 17.590,-
Targa:	DM 18.990,-
09/1967 Coupé:	DM 16.980,-
Targa:	DM 18.380,-
03/1968 Coupé:	DM 16.995,-
Targa:	DM 18.425,-
07/1968 Coupé:	DM 17.150,-
Targa:	DM 18.593,-
10/1968 Coupé:	DM 17.538,-
Targa:	DM 19.314,-

911 Targa MJ 1967

Motor

Bauart:	6-Zylinder-Boxermotor
Einbauposition:	Heckmotor
Kühlung:	luftgekühlt
Anzahl & Form d. Lüfterradflügel:	11, gerade
Lüfterrad Außendurchm. (mm):	245
Motor-Typ:	901/06
Hubraum (cm³):	1991
Bohrung x Hub:	80 x 66
Leistung (kW/PS):	96/130 bei 6100/min
Drehmoment (Nm):	174 bei 4200/min
Literleistung (kW/l / PS/l):	48,2 / 65,3
Verdichtung:	9,0 : 1
Ventilsteuerung:	ohc über Doppelkette, 2 Ventile pro Zylinder
Gemischaufbereitung:	Weber-Vergaser 40 IDA 3L bzw. 3C1
Zündung:	Batteriezündung
Zündfolge:	1 - 6 - 2 - 4 - 3 - 5
Schmierung:	Trockensumpfschmierung
Ölmenge (l):	9,0

Kraftübertragung

Antrieb:	Heckantrieb
Schaltgetriebe:	5-Gang
Getriebe-Typ:	901/02
Übersetzungen:	
1. Gang:	3,091
2. Gang:	1,889
3. Gang:	1,318
4. Gang:	1,004
5. Gang:	0,793
Rückwärtsgang:	3,127
Achsübersetzung:	4,428
Sonderwunsch:	Sperrdifferential

Karosserie, Fahrwerk, Bremse, Räder und Reifen

Karosserie:	2-türige, 2 + 2-sitzige, selbsttragende Targa-Karosserie aus Stahlblech, an die Karosserie anliegende Stoßstangen, verchromte Hupengitter neben den Blinkleuchten, Heckdeckel mit verchromtem Lüftungsgitter, runde Außenspiegel verchromt, herausnehmbares Faltdach, feststehender Targa-Überrollbügel aus gebürstetem Nirosta-Stahl, herunterklappbare Heckscheibe aus flexiblem Kunststoff
Vorderradaufhängung:	Einzelradaufhängung an Federbeinen und Querlenkern, je Rad ein runder Drehstab in Längsrichtung liegend, doppelt wirkende hydraulische Stoßdämpfer
Sonderwunsch:	Stabilisator
Hinterradaufhängung:	Einzelradaufhängung an Längslenkern, je Rad ein runder Drehstab in Querrichtung liegend, doppelt wirkende hydraulische Stoßdämpfer
Sonderwunsch:	Stabilisator
Bremse v/h (Durchm. x B (mm)):	Scheiben (282 x 12,7) / Scheiben (285 x 10) 2-Kolben-Grauguß-Festsättel / 2-Kolben-Grauguß-Festsättel
Räder v/h:	4,5 J x 15 / 4,5 J x 15
Reifen v/h:	165-15 Gürtel / 165-15 Gürtel

Elektrik

Lichtmaschinenleistung (W/A):	490 / 30
Batterie (V/Ah):	12 / 45

Abmessungen, Gewichte und Volumen

Spurweite v/h (mm):	1353 / 1321
Radstand (mm):	2211
Maße (L x B x H (mm)):	4163 x 1610 x 1320
Leergewicht nach DIN (kg):	1080
zul. Gesamtgewicht (kg):	1400
Kofferraumvolumen (l):	200
Gepäckraum im Innenraum*:	250
Tankvolumen (l):	62, davon 6 Reserve
C_w x A (m²):	0,363 x 1,685 = 0,612
Leistungsgewicht (kg/kW / kg/PS):	11,25 / 8,30

*bei umgeklappten Rücksitzlehnen

Kraftstoffverbrauch

nach DIN 70 030 (l/100 km):	9,6; 98 ROZ Super verbleit

Fahrleistungen, Stückzahlen, Preise

Beschleunigung 0–100 km/h (s):	9,1
Höchstgeschw. (km/h):	210
Stückzahl:	236
Listenpreise:	
07/1966:	DM 22.380,-
10/1966:	DM 22.380,-

911 S Coupé und Targa [Sportomatic] MJ 1967 bis MJ 1968

Motor

Bauart:	6-Zylinder-Boxermotor
Einbauposition:	Heckmotor
Kühlung:	luftgekühlt
Anzahl & Form d. Lüfterradflügel:	11, gerade
Lüfterrad Außendurchm. (mm):	245
Motor-Typ:	901/02 [901/08]
Hubraum (cm³):	1991
Bohrung x Hub:	80 x 66
Leistung (kW/PS):	118/160 bei 6600/min
Drehmoment (Nm):	179 bei 5200/min
Literleistung (kW/l / PS/l):	59,3 / 80,4
Verdichtung:	9,8 : 1
Ventilsteuerung:	ohc über Doppelkette, 2 Ventile pro Zylinder
Gemischaufbereitung:	Weber-Vergaser 40 IDS
Zündung:	Batteriezündung
Zündfolge:	1 - 6 - 2 - 4 - 3 - 5
Schmierung:	Trockensumpfschmierung
Ölmenge (l):	9,0 [11,5]

Kraftübertragung

Antrieb:	Heckantrieb
Schaltgetriebe:	5-Gang
Sonderw. Sportomatic MJ 1968:	[4-Gang]
Getriebe-Typ:	901/03 [905/01]
Übersetzungen:	
1. Gang:	3,091 [2,400]
2. Gang:	1,889 [1,631]
3. Gang:	1,318 [1,217]
4. Gang:	1,004 [0,926]
5. Gang:	0,793
Rückwärtsgang:	3,127 [3,127]
Achsübersetzung:	4,428 [3,857]
Sonderwunsch:	Sperrdifferential

Karosserie, Fahrwerk, Bremse, Räder und Reifen

Karosserie:	2-türige, 2 + 2-sitzige, selbsttragende Karosserie aus Stahlblech, an die Karosserie anliegende Stoßstangen, verchromte Hupengitter neben den Blinkleuchten, Heckdeckel mit verchromtem Lüftungsgitter, runde Außenspiegel verchromt
Coupé:	Festes verschweißtes Stahldach
Sonderwunsch:	Elektrisches Schiebedach
Targa:	Herausnehmbares Faltdach, feststehender Targa-Überrollbügel aus gebürstetem Nirosta-Stahl, herunterklappbare Heckscheibe aus flexiblem Kunststoff
MJ 1968 optional:	Feste Heckscheibe aus Sicherheitsglas
Vorderradaufhängung:	Einzelradaufhängung an Federbeinen und Querlenkern, je Rad ein runder Drehstab in Längsrichtung liegend, doppelt wirkende hydraulische Stoßdämpfer, Stabilisator
Hinterradaufhängung:	Einzelradaufhängung an Längslenkern, je Rad ein runder Drehstab in Querrichtung liegend, doppelt wirkende hydraulische Stoßdämpfer, Stabilisator
Bremse v/h (Durchm. x B (mm)):	innenbelüftete Scheiben (282 x 20) / innenbelüftete Scheiben (285 x 20) 2-Kolben-Graugguß-Festsättel / 2-Kolben-Grauguß-Festsättel
Räder v/h:	4,5 J x 15 / 4,5 J x 15
Reifen v/h:	165-15 Gürtel / 165-15 Gürtel
MJ 1968:	5,5 J x 15 / 5,5 J x 15 165 VR 15 / 165 VR 15

Elektrik

Lichtmaschinenleistung (W/A):	490 / 30
Batterie (V/Ah):	12 / 45

Abmessungen, Gewichte und Volumen

Spurweite v/h (mm):	1353 / 1325,4
MJ 1968:	1367 / 1339
Radstand (mm):	2211
Maße (L x B x H (mm)):	4163 x 1610 x 1320
Leergewicht nach DIN (kg):	1030
zul. Gesamtgewicht (kg):	1400
Kofferraumvolumen (l):	200
Gepäckraum im Innenraum*:	250
Tankvolumen (l):	62, davon 6 Reserve
C_w x A (m²):	0,363 x 1,685 = 0,612
MJ 1968:	0,38 x 1,685 = 0,640
Leistungsgewicht (kg/kW / kg/PS):	8,72/ 6,43

***bei umgeklappten Rücksitzlehnen**

Kraftstoffverbrauch

nach DIN 70 030 (l/100 km):	10,2; 96 ROZ Super verbleit

Fahrleistungen, Stückzahlen, Preise

Beschleunigung 0–100 km/h (s):	7,6 [7,6]
Höchstgeschw. (km/h):	225 [220]
Stückzahl:	
Coupé:	3.573
Targa:	925
Listenpreise:	
07/1966 Coupé:	DM 24.480,-
Targa:	DM 25.880,-
10/1966 Coupé:	DM 24.480,-
Targa:	DM 25.880,-
09/1967 Coupé:	DM 24.480,- [DM 25.470,-]
Targa:	DM 25.880,- [DM 26.870,-]
03/1968 Coupé:	DM 24.970,- [DM 25.960,-]
Targa:	DM 26.400,- [DM 27.390,-]

911 T Coupé und Targa [Sportomatic] MJ 1968

Motor

Bauart:	6-Zylinder-Boxermotor
Einbauposition:	Heckmotor
Kühlung:	luftgekühlt
Anzahl & Form d. Lüfterradflügel:	11, gerade
Lüfterrad Außendurchm. (mm):	245
Motor-Typ:	901/03 [901/13]
Hubraum (cm³):	1991
Bohrung x Hub:	80 x 66
Leistung (kW/PS):	81/110 bei 5800/min
Drehmoment (Nm):	157 bei 4200/min
Literleistung (kW/l / PS/l):	40,7 / 55,2
Verdichtung:	8,6 : 1
Ventilsteuerung:	ohc über Doppelkette, 2 Ventile pro Zylinder
Gemischaufbereitung:	Weber-Vergaser 40 IDT P
Zündung:	Batteriezündung
Zündfolge:	1 - 6 - 2 - 4 - 3 - 5
Schmierung:	Trockensumpfschmierung
Ölmenge (l):	9,0 [11,5]

Kraftübertragung

Antrieb:	Heckantrieb
Schaltgetriebe:	4-Gang
Sonderwunsch:	5-Gang
Sonderwunsch Sportomatic:	[4-Gang]
Getriebe-Typ:	901/10 (901/03) [905/01]
Übersetzungen:	
1. Gang:	3,091 (3,091) [2,400]
2. Gang:	1,631 (1,889) [1,613]
3. Gang:	1,040 (1,318) [1,217]
4. Gang:	0,793 (1,004) [0,926]
5. Gang:	(0,793)
Rückwärtsgang:	3,127 (3,127) [3,127]
Achsübersetzung:	4,428 (4,428) [3,857]
Sonderwunsch:	Sperrdifferential

Karosserie, Fahrwerk, Bremse, Räder und Reifen

Karosserie:	2-türige, 2 + 2-sitzige, selbsttragende Karosserie aus Stahlblech, an die Karosserie anlie-gende Stoßstangen, verchromte Hupengitter neben den Blinkleuchten, Heckdeckel mit verchromtem Lüftungsgitter, runde Außenspiegel verchromt
Coupé:	Festes verschweißtes Stahldach
Sonderwunsch:	Elektrisches Schiebedach
Targa:	Herausnehmbares Faltdach, feststehender Targa-Überrollbügel aus gebürstetem Nirosta-Stahl, herunterklappbare Heckscheibe aus flexiblem Kunststoff
optional:	Feste Heckscheibe aus Sicherheitsglas
Vorderradaufhängung:	Einzelradaufhängung an Federbeinen und Querlenkern, je Rad ein runder Drehstab in Längsrichtung liegend, doppelt wirkende hydraulische Stoßdämpfer
Sonderwunsch:	Stabilisator
Hinterradaufhängung:	Einzelradaufhängung an Längslenkern, je Rad ein runder Drehstab in Querrichtung liegend, doppelt wirkende hydraulische Stoßdämpfer
Sonderwunsch:	Stabilisator
Bremse v/h (Durchm. x B (mm)):	Scheiben (282 x 12,7) / Scheiben (285 x 10)
mit Sportomatic:	innenbelüftete Scheiben (282 x 20) / innenbelüftete Scheiben (285 x 20)
	2-Kolben-Grauguß-Festsättel / 2-Kolben-Grauguß-Festsättel
Räder v/h:	5,5 J x 15 / 5,5 J x 15
Reifen v/h:	165 HR 15 / 165 HR 15

Elektrik

Lichtmaschinenleistung (W/A):	490 / 30
Batterie (V/Ah):	12 / 45

Abmessungen, Gewichte und Volumen

Spurweite v/h (mm):	1367 / 1335
Radstand (mm):	2211
Maße (L x B x H (mm)):	4163 x 1610 x 1320
Leergewicht nach DIN (kg):	1080
zul. Gesamtgewicht (kg):	1400
Kofferraumvolumen (l):	200
Gepäckraum im Innenraum*:	250
Tankvolumen (l):	62, davon 6 Reserve
C_w x A (m²):	0,38 x 1,685 = 0,640
Leistungsgewicht (kg/kW / kg/PS):	13,33 / 9,81
***bei umgeklappten Rücksitzlehnen**	

Kraftstoffverbrauch

nach DIN 70 030 (l/100 km):	9,0; 98 ROZ Super verbleit

Fahrleistungen, Stückzahlen, Preise

Beschleunigung 0–100 km/h (s):	10,0 [10,0]
Höchstgeschw. (km/h):	200 [195]
Stückzahl:	
Coupé:	1.611
Targa:	789
Listenpreise:	
09/1967 Coupé:	DM 18.980,- [DM 19.970,-]
Targa:	DM 20.380,- [DM 21.370,-]
03/1968 Coupé:	DM 19.305,- [DM 20.295,-]
Targa:	DM 20.735,- [DM 21.725,-]

911 L Coupé und Targa [Sportomatic] MJ 1968

Motor

Bauart:	6-Zylinder-Boxermotor
Einbauposition:	Heckmotor
Kühlung:	luftgekühlt
Anzahl & Form d. Lüfterradflügel:	11, gerade
Lüfterrad Außendurchm. (mm):	245
Motor-Typ:	901/06 [901/07]
Hubraum (cm³):	1991
Bohrung x Hub:	80 x 66
Leistung (kW/PS):	96/130 bei 6100/min
Drehmoment (Nm):	174 bei 4600/min
Literleistung (kW/l / PS/l):	48,2 / 65,3
Verdichtung:	9,0 : 1
Ventilsteuerung:	ohc über Doppelkette, 2 Ventile pro Zylinder
Gemischaufbereitung:	Weber-Vergaser 40 IDA
Zündung:	Batteriezündung
Zündfolge:	1 - 6 - 2 - 4 - 3 - 5
Schmierung:	Trockensumpfschmierung
Ölmenge (l):	9,0 [11,5]

Kraftübertragung

Antrieb:	Heckantrieb
Schaltgetriebe:	5-Gang
Sonderwunsch Sportomatic:	[4-Gang]
Getriebe-Typ:	902/1 [905/00]
Übersetzungen:	
1. Gang:	3,091 [2,400]
2. Gang:	1,889 [1,631]
3. Gang:	1,318 [1,217]
4. Gang:	1,004 [0,961]
5. Gang:	0,857
Rückwärtsgang:	3,127 [3,127]
Achsübersetzung:	4,428 [3,857]
Sonderwunsch:	Sperrdifferential

Karosserie, Fahrwerk, Bremse, Räder und Reifen

Karosserie:	2-türige, 2 + 2-sitzige, selbsttragende Karosserie aus Stahlblech, an die Karosserie anliegende Stoßstangen, verchromte Hupengitter neben den Blinkleuchten, Heckdeckel mit verchromtem Lüftungsgitter, runde Außen-spiegel verchromt
Coupé:	Festes verschweißtes Stahldach
Sonderwunsch:	Elektrisches Schiebedach
Targa:	Herausnehmbares Faltdach, feststehender Targa-Überrollbügel aus gebürstetem Nirosta-Stahl, herunterklappbare Heckscheibe aus flexiblem Kunststoff
optional:	Feste Heckscheibe aus Sicherheitsglas
Vorderradaufhängung:	Einzelradaufhängung an Federbeinen und Querlenkern, je Rad ein runder Drehstab in Längsrichtung liegend, doppelt wirkende hydraulische Stoßdämpfer, Stabilisator
Hinterradaufhängung:	Einzelradaufhängung an Längslenkern, je Rad ein runder Drehstab in Querrichtung liegend, doppelt wirkende hydraulische Stoßdämpfer
Sonderwunsch:	Stabilisator
Bremse v/h (Durchm. x B (mm)):	innenbelüftete Scheiben (282 x 20) / innenbelüftete Scheiben (285 x 20) 2-Kolben-Grauguß-Festsättel / 2-Kolben-Grauguß-Festsättel
Räder v/h:	5,5 J x 15 / 5,5 J x 15
Reifen v/h:	165 HR 15 / 165 HR 15

Elektrik

Lichtmaschinenleistung (W/A):	490 / 30
Batterie (V/Ah):	12 / 45

Abmessungen, Gewichte und Volumen

Spurweite v/h (mm):	1367 / 1339
Radstand (mm):	2211
Maße (L x B x H (mm)):	4163 x 1610 x 1320
Leergewicht nach DIN (kg):	1080
zul. Gesamtgewicht (kg):	1400
Kofferraumvolumen (l):	200
Gepäckraum im Innenraum*:	250
Tankvolumen (l):	62, davon 6 Reserve
C_w x A (m²):	0,38 x 1,685 = 0,640
Leistungsgewicht (kg/kW / kg/PS):	11,25 / 8,30

***bei umgeklappten Rücksitzlehnen**

Kraftstoffverbrauch

nach DIN 70 030 (l/100 km):	9,6; 98 ROZ Super verbleit

Fahrleistungen, Stückzahlen, Preise

Beschleunigung 0–100 km/h (s):	9,1 [9,1]
Höchstgeschw. (km/h):	210 [205]
Stückzahl:	
Coupé:	1.169
Targa:	444
Listenpreise:	
09/1967 Coupé:	DM 20.980,- [DM 21.970,-]
Targa:	DM 22.380,- [DM 23.370,-]
03/1968 Coupé:	DM 21.450,- [DM 22.440,-]
Targa:	DM 28.880,- [DM 29.870,-]

911 T Coupé und Targa [Sportomatic] MJ 1969

Motor

Bauart:	6-Zylinder-Boxermotor
Einbauposition:	Heckmotor
Kühlung:	luftgekühlt
Anzahl & Form d. Lüfterradflügel:	11, gerade
Lüfterrad Außendurchm. (mm):	245
Motor-Typ:	901/03 [901/13]
Hubraum (cm^3):	1991
Bohrung x Hub:	80 x 66
Leistung (kW/PS):	81/110 bei 5800/min
Drehmoment (Nm):	157 bei 4200/min
Literleistung (kW/l / PS/l):	40,7 / 55,2
Verdichtung:	8,6 : 1
Ventilsteuerung:	ohc über Doppelkette, 2 Ventile pro Zylinder
Gemischaufbereitung:	Weber-Vergaser 40 IDT P
Zündung:	Batteriezündung
Zündfolge:	1 - 6 - 2 - 4 - 3 - 5
Schmierung:	Trockensumpfschmierung
Ölmenge (l):	9,0 [11,5]

Kraftübertragung

Antrieb:	Heckantrieb
Schaltgetriebe:	4-Gang
Sonderwunsch:	5-Gang
Sonderwunsch Sportomatic:	[4-Gang]
Getriebe-Typ:	901/06 (901/13) [905/13]
Übersetzungen:	
1. Gang:	3,091 (3,091) [2,400]
2. Gang:	1,631 (1,889) [1,613]
3. Gang:	1,040 (1,318) [1,217]
4. Gang:	0,793 (1,004) [0,926]
5. Gang:	(0,793)
Rückwärtsgang:	3,127 (3,127) [3,127]
Achsübersetzung:	4,428 (4,428) [3,857]
Sonderwunsch:	Sperrdifferential

Karosserie, Fahrwerk, Bremse, Räder und Reifen

Karosserie:	2-türige, 2 + 2-sitzige, selbsttragende Karosserie aus Stahlblech, herausgezogene Radläufe, an die Karosserie anliegende Stoßstangen, verchromte Hupengitter neben den Blinkleuchten, Heckdeckel mit verchromtem Lüftungsgitter, runde Außenspiegel verchromt
Coupé:	Festes verschweißtes Stahldach
Sonderwunsch:	Elektrisches Schiebedach
Targa:	Herausnehmbares Faltdach, feststehender Targa-Überrollbügel aus gebürstetem Nirosta-Stahl, feste Heckscheibe aus Sicherheitsglas
Vorderradaufhängung:	Einzelradaufhängung an Federbeinen und Querlenkern, je Rad ein runder Drehstab in Längsrichtung liegend, doppelt wirkende hydraulische Stoßdämpfer
Sonderwunsch:	Stabilisator
Sonderwunsch nur Coupé:	Selbstniveauregulierende hydropneumatische Federbeine
Hinterradaufhängung:	Einzelradaufhängung an Längslenkern, je Rad ein runder Drehstab in Querrichtung liegend, doppelt wirkende hydraulische Stoßdämpfer,
Sonderwunsch:	Stabilisator
Bremse v/h (Durchm. x B (mm)):	Scheiben (282 x 12,7) / Scheiben (285 x 10,5)
mit Sportomatic:	[innenbelüftete Scheiben (282 x 20)] / [innenbelüftete Scheiben (285 x 20)]
	2-Kolben-Graugruß-Festsättel / 2-Kolben-Graugruß-Festsättel
Räder v/h:	5,5 J x 15 / 5,5 J x 15
Reifen v/h:	165 HR 15 / 165 HR 15
Sonderwunsch:	6 J x 15 / 6 J x 15
	185/70 HR 15 / 185/70 HR 15
Sonderwunsch:	5,5 J x 14 / 5,5 J x 14
	185 HR 14 / 185 HR 14

Elektrik

Lichtmaschinenleistung (W/A):	770 / 55
Batterie (V/Ah):	2 x 12 / 36

Abmessungen, Gewichte und Volumen

Spurweite v/h (mm):	1362 / 1343
mit 6 J x 15 / 6 J x 15:	1374 / 1355
mit 5,5 J x 14 / 5,5 J x 14:	1364 / 1345
Radstand (mm):	2268
Maße (L x B x H (mm)):	4163 x 1610 x 1320
Leergewicht nach DIN (kg):	1020
zul. Gesamtgewicht (kg):	1400
Kofferraumvolumen (l):	200
Gepäckraum im Innenraum*:	250
Tankvolumen (l):	62, davon 6 Reserve
C_w x A (m^2):	0,408 x 1,71 = 0,697
Leistungsgewicht (kg/kW / kg/PS):	13,33 / 9,81
***bei umgeklappten Rücksitzlehnen**	

Kraftstoffverbrauch

nach DIN 70 030 (l/100 km):	9,0; 96 ROZ Super verbleit

Fahrleistungen, Stückzahlen, Preise

Beschleunigung 0–100 km/h (s):	10,0 [10,0]
Höchstgeschw. (km/h):	200 [195]
Stückzahl:	
Coupé:	1.611
Targa:	789
Listenpreise:	
07/1968 Coupé:	DM 19.481,- [DM 20.471,-]
Targa:	DM 20.924,- [DM 21.914,-]
10/1968 Coupé:	DM 19.969,- [DM 20.959,-]
Targa:	DM 21.745,- [DM 22.735,-]

911 E Coupé und Targa [Sportomatic] MJ 1969

Motor

Bauart:	6-Zylinder-Boxermotor
Einbauposition:	Heckmotor
Kühlung:	luftgekühlt
Anzahl & Form d. Lüfterradflügel:	11, gerade
Lüfterrad Außendurchm. (mm):	245
Motor-Typ:	901/09 [901/11]
Hubraum (cm³):	1991
Bohrung x Hub:	80 x 66
Leistung (kW/PS):	103/140 bei 6500/min
Drehmoment (Nm):	175 bei 4500/min
Literleistung (kW/l / PS/l):	51,7 / 70,3
Verdichtung:	9,1 : 1
Ventilsteuerung:	ohc über Doppelkette, 2 Ventile pro Zylinder
Gemischaufbereitung:	Mechanische Bosch Saugrohreinspritzung mit 6-Stempel-Doppelreiheneinspritzpumpe
Zündung:	Batterie-Hochspannungs-Kondensatorzündung (BHKZ)
Zündfolge:	1 - 6 - 2 - 4 - 3 - 5
Schmierung:	Trockensumpfschmierung
Ölmenge (l):	9,0 [11,5]

Kraftübertragung

Antrieb:	Heckantrieb
Schaltgetriebe:	5-Gang
Sonderwunsch Sportomatic:	[4-Gang]
Getriebe-Typ:	901/07 [905/13]
Übersetzungen:	
1. Gang:	3,091 [2,400]
2. Gang:	1,889 [1,631]
3. Gang:	1,318 [1,217]
4. Gang:	1,004 [0,926]
5. Gang:	0,793
Rückwärtsgang:	3,127 [3,127]
Achsübersetzung:	4,428 [3,857]
Sonderwunsch:	Sperrdifferential

Karosserie, Fahrwerk, Bremse, Räder und Reifen

Karosserie:	2-türige, 2 + 2-sitzige, selbsttragende Karosserie aus Stahlblech, herausgezogene Radläufe, an die Karosserie anliegende Stoßstangen, verchromte Hupengitter neben den Blinkleuchten, Heckdeckel mit verchromtem Lüftungsgitter, runde Außenspiegel verchromt
Coupé:	Festes verschweißtes Stahldach
Sonderwunsch:	Elektrisches Schiebedach
Targa:	Herausnehmbares Faltdach, feststehender Targa-Überrollbügel aus gebürstetem Nirosta-Stahl, Feste Heckscheibe aus Sicherheitsglas
Vorderradaufhängung:	Einzelradaufhängung an selbstniveauregulierenden hydropneumatischen Federbeinen und Querlenkern
Sonderwunsch:	Stabilisator
Hinterradaufhängung:	Einzelradaufhängung an Längslenkern, je Rad ein runder Drehstab in Querrichtung liegend, doppelt wirkende hydraulische Stoßdämpfer,
Sonderwunsch:	Stabilisator
Bremse v/h (Durchm. x B (mm)):	innenbelüftete Scheiben (282 x 20) / innenbelüftete Scheiben (285 x 20) 2-Kolben-Grauguß-Festsättel / 2-Kolben-Grauguß-Festsättel
Räder v/h:	6 J x 15 / 6 J x 15
Reifen v/h:	185/70 VR 15 / 185/70 VR 15

Elektrik

Lichtmaschinenleistung (W/A):	770 / 55
Batterie (V/Ah):	2 x 12 / 36

Abmessungen, Gewichte und Volumen

Spurweite v/h (mm):	1374 / 1355
Radstand (mm):	2268
Maße (L x B x H (mm)):	4163 x 1610 x 1320
Leergewicht nach DIN (kg):	1020
zul. Gesamtgewicht (kg):	1400
Kofferraumvolumen (l):	200
Gepäckraum im Innenraum*:	250
Tankvolumen (l):	62, davon 6 Reserve
C_W x A (m²):	0,408 x 1,71 = 0,697
Leistungsgewicht (kg/kW / kg/PS):	9,90/ 7,28
***bei umgeklappten Rücksitzlehnen**	

Kraftstoffverbrauch

nach DIN 70 030 (l/100 km):	9,6; 98 ROZ Super verbleit

Fahrleistungen, Stückzahlen, Preise

Beschleunigung 0–100 km/h (s):	9,0 [9,0]
Höchstgeschw. (km/h):	215 [210]
Stückzahl:	
Coupé:	1.968
Targa:	858
Listenpreise:	
07/1968 Coupé:	DM 21.645,- [DM 22.635,-]
Targa:	DM 23.088,- [DM 24.078,-]
10/1968 Coupé:	DM 24.698,- [DM 25.688,-]
Targa:	DM 26.474,- [DM 27.464,-]

911 S Coupé und Targa [Sportomatic] MJ 1969

Motor

Bauart:	6-Zylinder-Boxermotor
Einbauposition:	Heckmotor
Kühlung:	luftgekühlt
Anzahl & Form d. Lüfterradflügel:	11, gerade
Lüfterrad Außendurchm. (mm):	245
Motor-Typ:	901/10
Hubraum (cm³):	1991
Bohrung x Hub:	80 x 66
Leistung (kW/PS):	125/170 bei 6800/min
Drehmoment (Nm):	182 bei 5500/min
Literleistung (kW/l / PS/l):	62,8 / 85,4
Verdichtung:	9,8 : 1
Ventilsteuerung:	ohc über Doppelkette, 2 Ventile pro Zylinder
Gemischaufbereitung:	Mechanische Bosch Saugrohreinspritzung mit 6-Stempel-Doppelreiheneinspritzpumpe
Zündung:	Batterie-Hochspannungs-Kondensatorzündung (BHKZ)
Zündfolge:	1 - 6 - 2 - 4 - 3 - 5
Schmierung:	Trockensumpfschmierung
Ölmenge (l):	10,0

Kraftübertragung

Antrieb:	Heckantrieb
Schaltgetriebe:	5-Gang
Getriebe-Typ:	901/07
Übersetzungen:	
1. Gang:	3,091
2. Gang:	1,889
3. Gang:	1,318
4. Gang:	1,004
5. Gang:	0,793
Rückwärtsgang:	3,127
Achsübersetzung:	4,428
Sonderwunsch:	Sperrdifferential

Karosserie, Fahrwerk, Bremse, Räder und Reifen

Karosserie:	2-türige, 2 + 2-sitzige, selbsttragende Karosserie aus Stahlblech, herausgezogene Radläufe, an die Karosserie anliegende Stoßstangen, verchromte Hupengitter neben den Blinkleuchten, Heckdeckel mit verchromtem Lüftungsgitter, runde Außenspiegel verchromt
Coupé:	Festes verschweißtes Stahldach
Sonderwunsch:	Elektrisches Schiebedach
Targa:	Herausnehmbares Faltdach, feststehender Targa-Überrollbügel aus gebürstetem Nirosta-Stahl, feste Heckscheibe aus Sicherheitsglas
Vorderradaufhängung:	Einzelradaufhängung an Federbeinen und Querlenkern, je Rad ein runder Drehstab in Längsrichtung liegend, doppelt wirkende hydraulische Stoßdämpfer, Stabilisator
Sonderwunsch nur Coupé:	Selbstniveauregulierende hydropneumatische Federbeine
Hinterradaufhängung:	Einzelradaufhängung an Längslenkern, je Rad ein runder Drehstab in Querrichtung liegend, doppelt wirkende hydraulische Stoßdämpfer, Stabilisator
Bremse v/h (Durchm. x B (mm)):	innenbelüftete Scheiben (282 x 20) / innenbelüftete Scheiben (285 x 20) 2-Kolben-Aluminium-Festsättel / 2-Kolben-Grauguß-Festsättel
Räder v/h:	6 J x 15 / 6 J x 15
Reifen v/h:	185/70 VR 15 / 185/70 VR 15

Elektrik

Lichtmaschinenleistung (W/A):	770 / 55
Batterie (V/Ah):	2 x 12 / 36

Abmessungen, Gewichte und Volumen

Spurweite v/h (mm):	1374 / 1355
Radstand (mm):	2268
Maße (L x B x H (mm)):	4163 x 1610 x 1320
Leergewicht nach DIN (kg):	1020
zul. Gesamtgewicht (kg):	1400
Kofferraumvolumen (l):	200
Gepäckraum im Innenraum*:	250
Tankvolumen (l):	62, davon 6 Reserve
C_w x A (m²):	0,408 x 1,71 = 0,697
Leistungsgewicht (kg/kW / kg/PS):	8,16 / 6,37

*bei umgeklappten Rücksitzlehnen

Kraftstoffverbrauch

nach DIN 70 030 (l/100 km):	10,2; 98 ROZ Normal verbleit

Fahrleistungen, Stückzahlen, Preise

Beschleunigung 0–100 km/h (s):	8,0
Höchstgeschw. (km/h):	225
Stückzahl:	
Coupé:	1.492
Targa:	614
Listenpreise:	
07/1968 Coupé:	DM 25.197,-
Targa:	DM 26.640,-
10/1968 Coupé:	DM 26.918,-
Targa:	DM 28.694,-

911 T Coupé und Targa [Sportomatic] MJ 1970 bis MJ 1971

Motor

Bauart:	6-Zylinder-Boxermotor
Einbauposition:	Heckmotor
Kühlung:	luftgekühlt
Anzahl & Form d. Lüfterradflügel:	11, gerade
Lüfterrad Außendurchm. (mm):	245
Motor-Typ:	911/03 [911/06]
Hubraum (cm³):	2195
Bohrung x Hub:	84 x 66
Leistung (kW/PS):	92/125 bei 5800/min
Drehmoment (Nm):	176 bei 4200/min
Literleistung (kW/l / PS/l):	41,9 / 56,9
Verdichtung:	8,6 : 1
Ventilsteuerung:	ohc über Doppelkette, 2 Ventile pro Zylinder
Gemischaufbereitung:	Weber-Vergaser 40 IDT 3C
Zündung:	Batterie-Hochspannungs-Kondensatorzündung (BHKZ)
Zündfolge:	1 - 6 - 2 - 4 - 3 - 5
Schmierung:	Trockensumpfschmierung
Ölmenge (l):	9,0 [11,5]

Kraftübertragung

Antrieb:	Heckantrieb
Schaltgetriebe:	4-Gang
Sonderwunsch:	(5-Gang)
Sonderwunsch Sportomatic:	[4-Gang]
Getriebe-Typ:	911/00 (911/01) [905/20]
Übersetzungen:	
1. Gang:	3,091 (3,091) [2,400]
2. Gang:	1,631 (1,778) [1,550]
3. Gang:	1,040 (1,217) [1,125]
4. Gang:	0,758 (0,926) [0,857]
5. Gang:	(0,758)
Rückwärtsgang:	3,127 (3,127) [3,127]
Achsübersetzung:	4,428 (4,428) [3,857]
Sonderwunsch:	Sperrdifferential

Karosserie, Fahrwerk, Bremse, Räder und Reifen

Karosserie:	2-türige, 2 + 2-sitzige, selbsttragende Karosserie aus Stahlblech, feuerverzinkte Bodengruppe, herausgezogene Radläufe, an die Karosserie anliegende Stoßstangen, verchromte Hupengitter neben den Blinkleuchten, Heckdeckel mit verchromtem Lüftungsgitter, runde Außenspiegel verchromt
Coupé:	Festes verschweißtes Stahldach
Sonderwunsch:	Elektrisches Schiebedach
Targa:	Herausnehmbares Faltdach, feststehender Targa-Überrollbügel aus gebürstetem Nirosta-Stahl, feste Heckscheibe aus Sicherheitsglas
Vorderradaufhängung:	Einzelradaufhängung an Federbeinen und Querlenkern, je Rad ein runder Drehstab in Längsrichtung liegend, doppelt wirkende hydraulische Stoßdämpfer
Sonderwunsch:	Stabilisator
Sonderwunsch nur Coupé:	Selbstniveauregulierende hydropneumatische Federbeine
Hinterradaufhängung:	Einzelradaufhängung an Längslenkern, je Rad ein runder Drehstab in Querrichtung liegend, doppelt wirkende hydraulische Stoßdämpfer
Sonderwunsch:	Stabilisator
Bremse v/h (Durchm. x B (mm)):	innenbelüftete Scheiben (282,5 x 20) / innenbelüftete Scheiben (290 x 20) 2-Kolben-Graugruß-Festsättel / 2-Kolben-Graugruß-Festsättel
Räder v/h:	5,5 J x 15 / 5,5 J x 15
Reifen v/h:	165 HR 15 / 165 HR 15
Sonderwunsch:	6 J x 15 / 6 J x 15 185/70 HR 15 / 185/70 HR 15
Sonderwunsch:	5,5 J x 14 / 5,5 J x 14 185 HR 14 / 185 HR 14

Elektrik

Lichtmaschinenleistung (W/A):	770 / 55
Batterie (V/Ah):	2 x 12 / 36

Abmessungen, Gewichte und Volumen

Spurweite v/h (mm):	1362 / 1343
mit 6 J x 15:	1374 / 1355
mit 5,5 J x 14:	1364 / 1345
Radstand (mm):	2268
Maße (L x B x H (mm)):	4163 x 1610 x 1320
Leergewicht nach DIN (kg):	1020
zul. Gesamtgewicht (kg):	1400
Kofferraumvolumen (l):	200
Gepäckraum im Innenraum*:	250
Tankvolumen (l):	62, davon 6 Reserve
C_w x A (m²):	0,408 x 1,71 = 0,697
Leistungsgewicht (kg/kW / kg/PS):	11,08 / 8,16
***bei umgeklappten Rücksitzlehnen**	

Kraftstoffverbrauch

nach DIN 70 030 (l/100 km):	9,0; 96 ROZ Super verbleit

Fahrleistungen, Stückzahlen, Preise

Beschleunigung 0–100 km/h (s):	10,0 [10,0]
Höchstgeschw. (km/h):	205 [200]
Stückzahl:	
Coupé:	11.019
Targa:	6.000
Listenpreise:	
10/1969 Coupé:	DM 19.969,- [DM 20.959,-]
Targa:	DM 21.911,- [DM 22.901,-]
01/1970 Coupé:	DM 20.979,- [DM 21.969,-]
Targa:	DM 23.199,- [DM 24.189,-]
09/1970 Coupé:	DM 20.979,- [DM 21.969,-]
Targa:	DM 23.199,- [DM 24.189,-]
01/1971 Coupé:	DM 21.980,- [DM 22.970,-]
Targa:	DM 24.200,- [DM 25.190,-]

911 E Coupé und Targa [Sportomatic] MJ 1970 bis MJ 1971

Motor

Bauart:	6-Zylinder-Boxermotor
Einbauposition:	Heckmotor
Kühlung:	luftgekühlt
Anzahl & Form d. Lüfterradflügel:	11, gerade
Lüfterrad Außendurchm. (mm):	245
Motor-Typ:	911/01 [911/04]
Hubraum (cm³):	2195
Bohrung x Hub:	84 x 66
Leistung (kW/PS):	114/155 bei 6200/min
Drehmoment (Nm):	191 bei 4500/min
Literleistung (kW/l / PS/l):	51,9 / 70,6
Verdichtung:	9,1 : 1
Ventilsteuerung:	ohc über Doppelkette, 2 Ventile pro Zylinder
Gemischaufbereitung:	Mechanische Bosch Saugrohreinspritzung mit 6-Stempel-Doppelreiheneinspritzpumpe
Zündung:	Batterie-Hochspannungs-Kondensatorzündung (BHKZ)
Zündfolge:	1 - 6 - 2 - 4 - 3 - 5
Schmierung:	Trockensumpfschmierung
Ölmenge (l):	9,0 [11,5]

Kraftübertragung

Antrieb:	Heckantrieb
Schaltgetriebe:	5-Gang
Sonderwunsch Sportomatic:	[4-Gang]
Getriebe-Typ:	911/01 [905/20]
Übersetzungen:	
1. Gang:	3,091 [2,400]
2. Gang:	1,778 [1,550]
3. Gang:	1,217 [1,125]
4. Gang:	0,926 [0,857]
5. Gang:	0,758
Rückwärtsgang:	3,127 [3,127]
Achsübersetzung:	4,428 [3,857]
Sonderwunsch:	Sperrdifferential

Karosserie, Fahrwerk, Bremse, Räder und Reifen

Karosserie:	2-türige, 2 + 2-sitzige, selbsttragende Karosserie aus Stahlblech, feuerverzinkte Bodengruppe, herausgezogene Radläufe, an die Karosserie anliegende Stoßstangen, verchromte Hupengitter neben den Blinkleuchten, Aluminium-Heckdeckel mit verchromtem Lüftungsgitter, Heckmittelteil aus Aluminium, runde Außenspiegel verchromt
Coupé:	Festes verschweißtes Stahldach
Sonderwunsch:	Elektrisches Schiebedach
Targa:	Herausnehmbares Faltdach, feststehender Targa-Überrollbügel aus gebürstetem Nirosta-Stahl, feste Heckscheibe aus Sicherheitsglas
Vorderradaufhängung:	Einzelradaufhängung an selbstniveauregulierenden hydropneumatischen Federbeinen und Querlenkern
Sonderwunsch:	Stabilisator
Hinterradaufhängung:	Einzelradaufhängung an Längslenkern, je Rad ein runder Drehstab in Querrichtung liegend, doppelt wirkende hydraulische Stoßdämpfer,
Sonderwunsch:	Stabilisator
Bremse v/h (Durchm. x B (mm)):	innenbelüftete Scheiben (282,5 x 20) / innenbelüftete Scheiben (290 x 20) 2-Kolben-Grauguß-Festsättel / 2-Kolben-Grauguß-Festsättel
Räder v/h:	6 J x 15 / 6 J x 15
Reifen v/h:	185/70 VR 15 / 185/70 VR 15

Elektrik

Lichtmaschinenleistung (W/A):	770 / 55
Batterie (V/Ah):	2 x 12 / 36

Abmessungen, Gewichte und Volumen

Spurweite v/h (mm):	1374 / 1355
Radstand (mm):	2268
Maße (L x B x H (mm)):	4163 x 1610 x 1320
Leergewicht nach DIN (kg):	1020
zul. Gesamtgewicht (kg):	1400
Kofferraumvolumen (l):	200
Gepäckraum im Innenraum*:	250
Tankvolumen (l):	62, davon 6 Reserve
C_w x A (m²):	0,408 x 1,71 = 0,697
Leistungsgewicht (kg/kW / kg/PS):	8,94 / 6,58

*bei umgeklappten Rücksitzlehnen

Kraftstoffverbrauch

nach DIN 70 030 (l/100 km):	9,5; 96 ROZ Super verbleit

Fahrleistungen, Stückzahlen, Preise

Beschleunigung 0–100 km/h (s):	8,0 [8,0]
Höchstgeschw. (km/h):	220 [215]
Stückzahl:	
Coupé:	3.028
Targa:	1.848
Listenpreise:	
10/1969 Coupé:	DM 24.975,- [DM 25.965,-]
Targa:	DM 26.918,- [DM 27.908,-]
01/1970 Coupé:	DM 26.473,- [DM 27.463,-]
Targa:	DM 28.694,- [DM 29.684,-]
09/1970 Coupé:	DM 26.473,- [DM 27.463,-]
Targa:	DM 28.694,- [DM 29.684,-]
01/1971 Coupé:	DM 26.980,- [DM 27.970,-]
Targa:	DM 29.200,- [DM 30.190,-]

911 S Coupé und Targa MJ 1970 bis MJ 1971

Motor

Bauart:	6-Zylinder-Boxermotor
Einbauposition:	Heckmotor
Kühlung:	luftgekühlt
Anzahl & Form d. Lüfterradflügel:	11, gerade
Lüfterrad Außendurchm. (mm):	245
Motor-Typ:	911/02
Hubraum (cm³):	2195
Bohrung x Hub:	84 x 66
Leistung (kW/PS):	132/180 bei 6500/min
Drehmoment (Nm):	199 bei 5200/min
Literleistung (kW/l / PS/l):	60,1 / 82,0
Verdichtung:	9,8 : 1
Ventilsteuerung:	ohc über Doppelkette, 2 Ventile pro Zylinder
Gemischaufbereitung:	Mechanische Bosch Saugrohreinspritzung mit 6-Stempel-Doppelreiheneinspritzpumpe
Zündung:	Batterie-Hochspannungs-Kondensatorzündung (BHKZ)
Zündfolge:	1 - 6 - 2 - 4 - 3 - 5
Schmierung:	Trockensumpfschmierung
Ölmenge (l):	10,0

Kraftübertragung

Antrieb:	Heckantrieb
Schaltgetriebe:	5-Gang
Getriebe-Typ:	911/01
Übersetzungen:	
1. Gang:	3,091
2. Gang:	1,778
3. Gang:	1,217
4. Gang:	0,926
5. Gang:	0,758
Rückwärtsgang:	3,127
Achsübersetzung:	4,428
Sonderwunsch:	Sperrdifferential

Karosserie, Fahrwerk, Bremse, Räder und Reifen

Karosserie:	2-türige, 2 + 2-sitzige, selbsttragende Karosserie aus Stahlblech, feuerverzinkte Bodengruppe, herausgezogene Radläufe, an die Karosserie anliegende Stoßstangen, verchromte Hupengitter neben den Blinkleuchten, Aluminium-Heckdeckel mit verchromtem Lüftungsgitter, Heckmittelteil aus Aluminium, runde Außenspiegel verchromt
Coupé:	Festes verschweißtes Stahldach
Sonderwunsch:	Elektrisches Schiebedach
Targa:	Herausnehmbares Faltdach, feststehender Targa-Überrollbügel aus gebürstetem Nirosta-Stahl, feste Heckscheibe aus Sicherheitsglas
Vorderradaufhängung:	Einzelradaufhängung an Federbeinen und Querlenkern, je Rad ein runder Drehstab in Längsrichtung liegend, doppelt wirkende hydraulische Stoßdämpfer, Stabilisator
Sonderwunsch nur Coupé:	Selbstniveauregulierende hydropneumatische Federbeine
Hinterradaufhängung:	Einzelradaufhängung an Längslenkern, je Rad ein runder Drehstab in Querrichtung liegend, doppelt wirkende hydraulische Stoßdämpfer, Stabilisator
Bremse v/h (Durchm. x B (mm)):	innenbelüftete Scheiben (282,5 x 20) / innenbelüftete Scheiben (290 x 20) 2-Kolben-Aluminium-Festsättel / 2-Kolben-Grauguß-Festsättel
Räder v/h:	6 J x 15 / 6 J x 15
Reifen v/h:	185/70 VR 15 / 185/70 VR 15

Elektrik

Lichtmaschinenleistung (W/A):	770 / 55
Batterie (V/Ah):	2 x 12 / 36

Abmessungen, Gewichte und Volumen

Spurweite v/h (mm):	1374 / 1355
Radstand (mm):	2268
Maße (L x B x H (mm)):	4163 x 1610 x 1320
Leergewicht nach DIN (kg):	1020
zul. Gesamtgewicht (kg):	1400
Kofferraumvolumen (l):	200
Gepäckraum im Innenraum*:	250
Tankvolumen (l):	62, davon 6 Reserve
C_w x A (m²):	0,408 x 1,71 = 0,697
Leistungsgewicht (kg/kW / kg/PS):	7,27 / 5,66

***bei umgeklappten Rücksitzlehnen**

Kraftstoffverbrauch

nach DIN 70 030 (l/100 km):	10,2; 98 ROZ Super verbleit

Fahrleistungen, Stückzahlen, Preise

Beschleunigung 0–100 km/h (s):	7,5
Höchstgeschw. (km/h):	230
Stückzahl:	
Coupé:	3.154
Targa:	1.496
Listenpreise:	
10/1969 Coupé:	DM 27.139,-
Targa:	DM 29.193,-
01/1970 Coupé:	DM 28.749,-
Targa:	DM 31.080,-
09/1970 Coupé:	DM 28.749,-
Targa:	DM 31.080,-
01/1971 Coupé:	DM 29.980,-
Targa:	DM 32.200,-

911 T Coupé und Targa [Sportomatic] MJ 1972 bis MJ 1973

Motor

Bauart:	6-Zylinder-Boxermotor
Einbauposition:	Heckmotor
Kühlung:	luftgekühlt
Anzahl & Form d. Lüfterradflügel:	11, gerade
Lüfterrad Außendurchm. (mm):	245
Motor-Typ:	911/57 [911/67]
Hubraum (cm^3):	2341
Bohrung x Hub:	84 x 70,4
Leistung (kW/PS):	96/130 bei 5600/min
Drehmoment (Nm):	196 bei 4000/min
Literleistung (kW/l / PS/l):	41,0 / 55,5
Verdichtung:	7,5 : 1
Ventilsteuerung:	ohc über Doppelkette, 2 Ventile pro Zylinder
Gemischaufbereitung:	Solex-Zenith-Vergaser 40 TIN
Zündung:	Batterie-Hochspannungs-Kondensatorzündung (BHKZ)
Zündfolge:	1 - 6 - 2 - 4 - 3 - 5
Schmierung:	Trockensumpfschmierung
Ölmenge (l):	8,0 [10,0]
MJ 1973:	10,5 [13,0]

Kraftübertragung

Antrieb:	Heckantrieb
Schaltgetriebe:	4-Gang
Sonderwunsch:	(5-Gang)
Sonderwunsch Sportomatic:	[4-Gang]
Getriebe-Typ:	915/12 (915/03) [905/21]
Übersetzungen:	
1. Gang:	3,182 (3,182) [2,400]
2. Gang:	1,778 (1,833) [1,550]
3. Gang:	1,125 (1,261) [1,125]
4. Gang:	0,821 (0,962) [0,857]
5. Gang:	(0,759)
Rückwärtsgang:	3,325 (3,325) [2,553]
Achsübersetzung:	4,428 (4,428) [3,857]
Sonderwunsch:	Sperrdifferential 80%

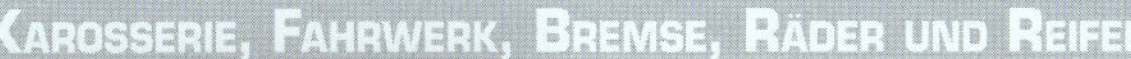

Karosserie, Fahrwerk, Bremse, Räder und Reifen

Karosserie:	2-türige, 2 + 2-sitzige, selbsttragende Karosserie aus Stahlblech, feuerverzinkte Bodengruppe, herausgezogene Radläufe, an die Karosserie anliegende Stoßstangen, verchromte Hupengitter neben den Blinkleuchten, Heckdeckel mit schwarzem Lüftungsgitter, runde Außenspiegel verchromt
MJ 1972:	Öldeckel in rechtem Fondseitenteil
Sonderwunsch:	Frontspoiler aus Kunststoff
MJ 1973:	Schwarze Hupengitter neben den Blinkleuchten, eckige Außenspiegel verchromt
Coupé:	Festes verschweißtes Stahldach
Sonderwunsch:	Elektrisches Schiebedach
Targa:	Herausnehmbares Faltdach, feststehender Targa-Überrollbügel aus gebürstetem Nirosta-Stahl, feste Heckscheibe aus Sicherheitsglas
Vorderradaufhängung:	Einzelradaufhängung an Federbeinen und Querlenkern, je Rad ein runder Drehstab in Längsrichtung liegend, doppelt wirkende hydraulische Stoßdämpfer
Sonderwunsch:	Stabilisator
Sonderwunsch:	Selbstniveauregulierende hydropneumatische Federbeine
Hinterradaufhängung:	Einzelradaufhängung an Längslenkern, je Rad ein runder Drehstab in Querrichtung liegend, doppelt wirkende hydraulische Stoßdämpfer
Sonderwunsch:	Stabilisator
Bremse v/h (Durchm. x B (mm)):	innenbelüftete Scheiben (282,5 x 20) / innenbelüftete Scheiben (290 x 20) 2-Kolben-Graugruß-Festsättel / 2-Kolben-Graugruß-Festsättel
Räder v/h:	5,5 J x 15 / 5,5 J x 15
Reifen v/h:	165 HR 15 / 165 HR 15
Sonderwunsch:	6 J x 15 / 6 J x 15 185/70 HR 15 / 185/70 HR 15

Elektrik

Lichtmaschinenleistung (W/A):	770 / 55
Batterie (V/Ah):	2 x 12 / 36

Abmessungen, Gewichte und Volumen

Spurweite v/h (mm):	1366 / 1342
mit 6 J x 15 / 6 J x 15:	1372 / 1354
Radstand (mm):	2271
Maße (L x B x H (mm)):	4127 x 1610 x 1320
Leergewicht nach DIN (kg):	1050 [1065]
zul. Gesamtgewicht (kg):	1400 [1400]
Kofferraumvolumen (l):	200
Gepäckraum im Innenraum*:	250
Tankvolumen (l):	62, davon 6 Reserve
Sonderwunsch, MJ 1973:	85, davon 9 Reserve
C_w x A (m^2):	0,408 x 1,71 = 0,697
Leistungsgewicht (kg/kW / kg/PS):	10,93 [11,09] / 8,07 [8,19]

***bei umgeklappten Rücksitzlehnen**

Kraftstoffverbrauch

nach DIN 70 030 (l/100 km):	9,2; 91 ROZ Normal verbleit

Fahrleistungen, Stückzahlen, Preise

Beschleunigung 0–100 km/h (s):	9,5 [9,5]
Höchstgeschw. (km/h):	205 [200]
Stückzahl:	
Coupé:	10.173
Targa:	7.147
Listenpreise:	
09/1971 Coupé:	DM 22.980,- [DM 23.980,-]
Targa:	DM 25.200,- [DM 26.200,-]
03/1972 Coupé:	DM 23.480,- [DM 24.480,-]
Targa:	DM 25.700,- [DM 26.700,-]
08/1972 Coupé:	DM 23.480,- [DM 24.480,-]
Targa:	DM 25.700,- [DM 26.700,-]
03/1973 Coupé:	DM 24.480,- [DM 25.480,-]
Targa:	DM 26.700,- [DM 27.700,-]

911 E Coupé und Targa [Sportomatic] MJ 1972 bis MJ 1973

Motor	
Bauart:	6-Zylinder-Boxermotor
Einbauposition:	Heckmotor
Kühlung:	luftgekühlt
Anzahl & Form d. Lüfterradflügel:	11, gerade
Lüfterrad Außendurchm. (mm):	245
Motor-Typ:	911/52 [911/62]
Hubraum (cm³):	2341
Bohrung x Hub:	84 x 70,4
Leistung (kW/PS):	121/165 bei 6200/min
Drehmoment (Nm):	206 bei 4500/min
Literleistung (kW/l / PS/l):	51,7 / 70,5
Verdichtung:	8,0 : 1
Ventilsteuerung:	ohc über Doppelkette, 2 Ventile pro Zylinder
Gemischaufbereitung:	Mechanische Bosch Saugrohreinspritzung mit 6-Stempel-Doppelreiheneinspritzpumpe
Zündung:	Batterie-Hochspannungs-Kondensatorzündung (BHKZ)
Zündfolge:	1 - 6 - 2 - 4 - 3 - 5
Schmierung:	Trockensumpfschmierung
Ölmenge (l):	8,0 [10,0]
MJ 1973:	10,5 [13,0]

Kraftübertragung	
Antrieb:	Heckantrieb
Schaltgetriebe:	4-Gang
Sonderwunsch:	(5-Gang)
Sonderwunsch Sportomatic:	[4-Gang]
Getriebe-Typ:	915/12 (915/03) [925/00]
Übersetzungen:	
1. Gang:	3,182 (3,182) [2,400]
2. Gang:	1,778 (1,833) [1,550]
3. Gang:	1,125 (1,261) [1,125]
4. Gang:	0,821 (0,962) [0,857]
5. Gang:	(0,759)
Rückwärtsgang:	3,325 (3,325) [2,533]
Achsübersetzung:	4,428 (4,428) [3,857]
Sonderwunsch:	Sperrdifferential 80%

Karosserie, Fahrwerk, Bremse, Räder und Reifen	
Karosserie:	2-türige, 2 + 2-sitzige, selbsttragende Karosserie aus Stahlblech, feuerverzinkte Bodengruppe, herausgezogene Radläufe, an die Karosserie anliegende Stoßstangen, verchromte Hupengitter neben den Blinkleuchten, Heckdeckel mit schwarzem Lüftungsgitter, runde Außenspiegel verchromt
MJ 1972:	Öldeckel in rechtem Fondseitenteil
Sonderwunsch MJ 1972:	Frontspoiler aus Kunststoff
MJ 1973:	Frontspoiler aus Kunststoff, Schwarze Hupengitter neben den Blinkleuchten, eckige Außenspiegel verchromt
Coupé:	Festes verschweißtes Stahldach
Sonderwunsch:	Elektrisches Schiebedach
Targa:	Herausnehmbares Faltdach, feststehender Targa-Überrollbügel aus gebürstetem Nirosta-Stahl, feste Heckscheibe aus Sicherheitsglas
Vorderradaufhängung:	Einzelradaufhängung an Federbeinen und Querlenkern, je Rad ein runder Drehstab in Längsrichtung liegend, doppelt wirkende hydraulische Stoßdämpfer
Sonderwunsch:	Stabilisator
Sonderwunsch:	Selbstniveauregulierende hydropneumatische Federbeine
Hinterradaufhängung:	Einzelradaufhängung an Längslenkern, je Rad ein runder Drehstab in Querrichtung liegend, doppelt wirkende hydraulische Stoßdämpfer
Sonderwunsch:	Stabilisator
Bremse v/h (Durchm. x B (mm)):	innenbelüftete Scheiben (282,5 x 20) / innenbelüftete Scheiben (290 x 20) 2-Kolben-Grauguß-Festsättel / 2-Kolben-Grauguß-Festsättel
Räder v/h:	6 J x 15 / 6 J x 15
Reifen v/h:	185/70 VR 15 / 185/70 VR 15

Elektrik	
Lichtmaschinenleistung (W/A):	770 / 55
Batterie (V/Ah):	2 x 12 / 36

Abmessungen, Gewichte und Volumen	
Spurweite v/h (mm):	1372 / 1354
Radstand (mm):	2271
Maße (L x B x H (mm)):	4127 x 1610 x 1320
Leergewicht nach DIN (kg):	1075 [1090]
zul. Gesamtgewicht (kg):	1400 [1400]
Kofferraumvolumen (l):	200
Gepäckraum im Innenraum*:	250
Tankvolumen (l):	62, davon 6 Reserve
MJ 1973:	85, davon 9 Reserve
C_W x A (m²):	0,408 x 1,71 = 0,697
Leistungsgewicht (kg/kW / kg/PS):	8,88 [9,00] / 6,51 [6,60]
***bei umgeklappten Rücksitzlehnen**	

Kraftstoffverbrauch	
nach DIN 70 030 (l/100 km):	9,5; 91 ROZ Normal verbleit

Fahrleistungen, Stückzahlen, Preise	
Beschleunigung 0–100 km/h (s):	7,9 [7,9]
Höchstgeschw. (km/h):	220 [215]
Stückzahl:	
Coupé:	2.470
Targa:	1.896
Listenpreise:	
09/1971 Coupé:	DM 25.980,- [DM 26.980,-]
Targa:	DM 28.200,- [DM 29.200,-]
03/1972 Coupé:	DM 26.480,- [DM 27.480,-]
Targa:	DM 28.700,- [DM 29.700,-]
08/1972 Coupé:	DM 27.775,- [DM 28.775,-]
Targa:	DM 29.995,- [DM 30.995,-]
02/1973 Coupé:	DM 28.780,- [DM 29.780,-]
Targa:	DM 31.000,- [DM 32.000,-]

911 S Coupé und Targa [Sportomatic] MJ 1972 bis MJ 1973

Motor

Bauart:	6-Zylinder-Boxermotor
Einbauposition:	Heckmotor
Kühlung:	luftgekühlt
Anzahl & Form d. Lüfterradflügel:	11, gerade
Lüfterrad Außendurchm. (mm):	245
Motor-Typ:	911/53 [911/63]
Hubraum (cm³):	2341
Bohrung x Hub:	84 x 70,4
Leistung (kW/PS):	140/190 bei 6500/min
Drehmoment (Nm):	216 bei 5200/min
Literleistung (kW/l / PS/l):	59,8 / 81,2
Verdichtung:	8,5 : 1
Ventilsteuerung:	ohc über Doppelkette, 2 Ventile pro Zylinder
Gemischaufbereitung:	Mechanische Bosch Saugrohreinspritzung mit 6-Stempel-Doppelreiheneinspritzpumpe
Zündung:	Batterie-Hochspannungs-Kondensatorzündung (BHKZ)
Zündfolge:	1 - 6 - 2 - 4 - 3 - 5
Schmierung:	Trockensumpfschmierung
Ölmenge (l):	9,0 [11,0]
MJ 1973:	13,0 [15,5]

Kraftübertragung

Antrieb:	Heckantrieb
Schaltgetriebe:	4-Gang
Sonderwunsch:	(5-Gang)
Sonderwunsch Sportomatic:	[4-Gang]
Getriebe-Typ:	915/12 (915/03) [925/01]
Übersetzungen:	
1. Gang:	3,182 (3,182) [2,400]
2. Gang:	1,778 (1,833) [1,550]
3. Gang:	1,125 (1,261) [1,125]
4. Gang:	0,821 (0,926) [0,857]
5. Gang:	(0,759)
Rückwärtsgang:	3,325 (3,325) [2,533]
Achsübersetzung:	4,428 (4,428) [3,857]
Sonderwunsch:	Sperrdifferential 80%

Karosserie, Fahrwerk, Bremse, Räder und Reifen

Karosserie:	2-türige, 2 + 2-sitzige, selbsttragende Karosserie aus Stahlblech, feuerverzinkte Bodengruppe, herausgezogene Radläufe, an die Karosserie anliegende Stoßstangen, Frontspoiler aus Kunststoff, verchromte Hupengitter neben den Blinkleuchten, Heckdeckel mit schwarzem Lüftungsgitter, Heckmittelteil aus Aluminium, runde Außenspiegel verchromt
MJ 1972:	Öldeckel in rechtem Fondseitenteil
MJ 1973:	Schwarze Hupengitter neben den Blinkleuchten, eckige Außenspiegel verchromt
Coupé:	Festes verschweißtes Stahldach
Sonderwunsch:	Elektrisches Schiebedach
Targa:	Herausnehmbares Faltdach, feststehender Targa-Überrollbügel aus gebürstetem Nirosta-Stahl, feste Heckscheibe aus Sicherheitsglas
Vorderradaufhängung:	Einzelradaufhängung an Federbeinen und Querlenkern, je Rad ein runder Drehstab in Längsrichtung liegend, doppelt wirkende hydraulische Stoßdämpfer, Stabilisator
Sonderwunsch:	Selbstniveauregulierende hydropneumatische Federbeine
Hinterradaufhängung:	Einzelradaufhängung an Längslenkern, je Rad ein runder Drehstab in Querrichtung liegend, doppelt wirkende hydraulische Stoßdämpfer, Stabilisator
Bremse v/h (Durchm. x B (mm)):	innenbelüftete Scheiben (282,5 x 20) / innenbelüftete Scheiben (290 x 20) 2-Kolben-Aluminium-Festsättel / 2-Kolben-Graugruß-Festsättel
Räder v/h:	6 J x 15 / 6 J x 15
Reifen v/h:	185/70 VR 15 / 185/70 VR 15

Elektrik

Lichtmaschinenleistung (W/A):	770 / 55
Batterie (V/Ah):	2 x 12 / 36

Abmessungen, Gewichte und Volumen

Spurweite v/h (mm):	1372 / 1354
Radstand (mm):	2271
Maße (L x B x H (mm)):	4147 x 1610 x 1320
Leergewicht nach DIN (kg):	1075 [1090]
zul. Gesamtgewicht (kg):	1400 [1400]
Kofferraumvolumen (l):	200
Gepäckraum im Innenraum*:	250
Tankvolumen (l):	62, davon 6 Reserve
MJ 1973:	85, davon 9 Reserve
c_w x A (m²):	0,408 x 1,71 = 0,697
Leistungsgewicht (kg/kW / kg/PS):	7,67 [7,73] / 5,65 [5,73]

*bei umgeklappten Rücksitzlehnen

Kraftstoffverbrauch

nach DIN 70 030 (l/100 km):	10,2; 91 ROZ Normal verbleit

Fahrleistungen, Stückzahlen, Preise

Beschleunigung 0–100 km/h (s):	7,0 [7,0]
Höchstgeschw. (km/h):	230 [225]
Stückzahl:	
Coupé:	3.160
Targa:	1.894
Listenpreise:	
09/1971 Coupé:	DM 30.680,- [DM 31.680,-]
Targa:	DM 32.900,- [DM 33.900,-]
03/1972 Coupé:	DM 31.180,- [DM 32.180,-]
Targa:	DM 33.400,- [DM 34.400,-]
08/1972 Coupé:	DM 31.500,- [DM 32.500,-]
Targa:	DM 33.720,- [DM 34.720,-]
02/1973 Coupé:	DM 32.480,- [DM 33.480,-]
Targa:	DM 34.700,- [DM 35.700,-]

911 Carrera RS Coupé »Touringversion« MJ 1973

Motor

Bauart:	6-Zylinder-Boxermotor
Einbauposition:	Heckmotor
Kühlung:	luftgekühlt
Anzahl & Form d. Lüfterradflügel:	11, gerade
Lüfterrad Außendurchm. (mm):	245
Motor-Typ:	911/83
Hubraum (cm³):	2687
Bohrung x Hub:	90 x 70,4
Leistung (kW/PS):	154/210 bei 6300/min
Drehmoment (Nm):	255 bei 5100/min
Literleistung (kW/l / PS/l):	57,3 / 78,2
Verdichtung:	8,5 : 1
Ventilsteuerung:	ohc über Doppelkette, 2 Ventile pro Zylinder
Gemischaufbereitung:	Mechanische Bosch Saugrohreinspritzung mit 6-Stempel-Doppelreiheneinspritzpumpe
Zündung:	Batterie-Hochspannungs-Kondensatorzündung (BHKZ)
Zündfolge:	1 - 6 - 2 - 4 - 3 - 5
Schmierung:	Trockensumpfschmierung
Ölmenge (l):	13,0

Kraftübertragung

Antrieb:	Heckantrieb
Schaltgetriebe:	5-Gang
Getriebe-Typ:	915/08
Übersetzungen:	
1. Gang:	3,182
2. Gang:	1,834
3. Gang:	1,261
4. Gang:	0,925
5. Gang:	0,724
Rückwärtsgang:	3,325
Achsübersetzung:	4,429
Sonderwunsch:	Sperrdifferential 80%

Karosserie, Fahrwerk, Bremse, Räder und Reifen

Karosserie:	2-türige, 2 + 2-sitzige, selbsttragende gewichtsreduzierte Coupé-Karosserie aus Stahlblech mit Dünblechteilen und Kotflügelverbreiterungen hinten, feuerverzinkte Bodengruppe an die Karosserie anliegende Stoßstangen, Frontspoiler aus Kunststoff, schwarze Hupengitter neben den Blinkleuchten, Heckdeckel aus Kunststoff mit Heckspoiler (Entenbürzel), Heckmittelteil aus Aluminium, leichte Dünnglasscheiben, eckige Außenspiegel verchromt, »Carrera«-Folie auf den Flanken
Sonderwunsch:	Elektrisches Schiebedach
Vorderradaufhängung:	Einzelradaufhängung an Federbeinen und Querlenkern, je Rad ein runder Drehstab in Längsrichtung liegend, doppelt wirkende hydraulische Stoßdämpfer, Stabilisator
Hinterradaufhängung:	Einzelradaufhängung an Längslenkern, je Rad ein runder Drehstab in Querrichtung liegend, doppelt wirkende hydraulische Stoßdämpfer, Stabilisator
Bremse v/h (Durchm. x B (mm)):	innenbelüftete Scheiben (282,5 x 20) / innenbelüftete Scheiben (290 x 20) 2-Kolben-Aluminium-Festsättel / 2-Kolben-Grauguß-Festsättel
Räder v/h:	6 J x 15 / 7 J x 15
Reifen v/h:	185/70 VR 15 / 215/60 VR 15

Elektrik

Lichtmaschinenleistung (W/A):	770 / 55
Batterie (V/Ah):	12 / 36

Abmessungen, Gewichte und Volumen

Spurweite v/h (mm):	1372 / 1394
Radstand (mm):	2271
Maße (L x B x H (mm)):	4147 x 1652 x 1320
Leergewicht nach DIN (kg):	1075
zul. Gesamtgewicht (kg):	1400
Kofferraumvolumen (l):	200
Gepäckraum im Innenraum*:	250
Tankvolumen (l):	85, davon 9 Reserve
C_w x A (m²):	0,397 x 1,73 = 0,686
Leistungsgewicht (kg/kW / kg/PS):	6,98/ 5,11

***bei umgeklappten Rücksitzlehnen**

Kraftstoffverbrauch

nach DIN 70 030 (l/100 km):	10,8; 91 ROZ Normal verbleit

Fahrleistungen, Stückzahlen, Preise

Beschleunigung 0–100 km/h (s):	6,3
Höchstgeschw. (km/h):	240
Stückzahl Touring (M 472):	1.308
Listenpreise:	
08/1972:	DM 34.000,-
incl. M 472:	DM 36.500,-
02/1973:	DM 34.000,-
incl. M 472:	DM 36.500,-

911 Carrera RS Coupé »Sportversion« MJ 1973

Motor

Bauart:	6-Zylinder-Boxermotor
Einbauposition:	Heckmotor
Kühlung:	luftgekühlt
Anzahl & Form d. Lüfterradflügel:	11, gerade
Lüfterrad Außendurchm. (mm):	245
Motor-Typ:	911/83
Hubraum (cm³):	2687
Bohrung x Hub:	90 x 70,4
Leistung (kW/PS):	154/210 bei 6300/min
Drehmoment (Nm):	255 bei 5100/min
Literleistung (kW/l / PS/l):	57,3 / 78,2
Verdichtung:	8,5 : 1
Ventilsteuerung:	ohc über Doppelkette, 2 Ventile pro Zylinder
Gemischaufbereitung:	Mechanische Bosch Saugrohreinspritzung mit 6-Stempel-Doppelreiheneinspritzpumpe
Zündung:	Batterie-Hochspannungs-Kondensatorzündung (BHKZ)
Zündfolge:	1 - 6 - 2 - 4 - 3 - 5
Ölmenge (l):	13,0

Kraftübertragung

Antrieb:	Heckantrieb
Schaltgetriebe:	5-Gang
Getriebe-Typ:	915/08
Übersetzungen:	
1. Gang:	3,182
2. Gang:	1,834
3. Gang:	1,261
4. Gang:	0,925
5. Gang:	0,724
Rückwärtsgang:	3,325
Achsübersetzung:	4,429
Sonderwunsch:	Sperrdifferential 80%

Karosserie, Fahrwerk, Bremse, Räder und Reifen

Karosserie:	2-türige, 2-sitzige, selbsttragende gewichtsreduzierte Coupé-Karosserie aus Stahlblech mit Dünblechteilen und Kotflügelverbreiterungen hinten, feuerverzinkte Bodengruppe, an die Karosserie anliegende Kunststoffstoßstangen, Frontspoiler aus Kunststoff, schwarze Hupengitter neben den Blinkleuchten, Heckdeckel aus Kunststoff mit Heckspoiler (Entenbürzel), Heckmittelteil aus Aluminium, leichte Dünnglasscheiben, eckige Außenspiegel verchromt, »Carrera«-Folie auf den Flanken
Vorderradaufhängung:	Einzelradaufhängung an Federbeinen und Querlenkern, je Rad ein runder Drehstab in Längsrichtung liegend, doppelt wirkende hydraulische Stoßdämpfer, Stabilisator
Hinterradaufhängung:	Einzelradaufhängung an Längslenkern, je Rad ein runder Drehstab in Querrichtung liegend, doppelt wirkende hydraulische Stoßdämpfer, Stabilisator
Bremse v/h (Durchm. x B (mm)):	innenbelüftete Scheiben (282,5 x 20) / innenbelüftete Scheiben (290 x 20)
Räder v/h:	6 J x 15 / 7 J x 15
Reifen v/h:	185/70 VR 15 / 215/60 VR 15

Elektrik

Lichtmaschinenleistung (WA):	770 / 55
Batterie (V/Ah):	12 / 36

Abmessungen, Gewichte und Volumen

Spurweite v/h (mm):	1372 / 1394
Radstand (mm):	2271
Maße (L x B x H (mm)):	4102 x 1652 x 1320
Leergewicht nach DIN (kg):	960
zul. Gesamtgewicht (kg):	1400
Kofferraumvolumen (l):	200
Tankvolumen (l):	85, davon 9 Reserve
C_w x A (m²):	0,397 x 1,73 = 0,686
Leistungsgewicht (kg/kW / kg/PS):	6,23 / 4,57

Kraftstoffverbrauch

nach DIN 70 030 (l/100 km):	10,8; 91 ROZ Normal verbleit

Fahrleistungen, Stückzahlen, Preise

Beschleunigung 0–100 km/h (s):	5,8
Höchstgeschw. (km/h):	245
Stückzahl Sportversion (M 471):	200
plus Homologationsfahrzeuge:	17
Listenpreise:	
08/1972:	DM 34.000,-
incl. M 471:	DM 34.700,-
02/1973:	DM 34.000,-
incl. M 471:	DM 34.700,-

Porsche 911 (»G-Serie«) und Porsche 912 E

Modelljahr 1974 (G-Serie)

Zum ersten Mal in seiner Bauzeit wird die Karosserie des Porsche 911 im Design nachhaltig modifiziert. Eine neue Gesetzgebung in den USA fordert neue höhergesetzte Stoßfänger, die Stöße bis fünf Meilen pro Stunde ohne Schäden an der Karosserie absorbieren. Die neue Modellpalette heißt 911, 911 S und 911 Carrera. Auf dem Pariser Salon wird das neue Spitzenmodell der 911 Modellreihe, der 911 turbo, präsentiert.
An der überarbeiteten 911-Karosserie fallen sofort die neuen kastenförmigen Stoßstangen mit den schwarzen Faltenbälgen an den Seiten auf. Diese halten Stöße bis 8 km/h ohne Schaden an der Karosserie aus. Die vorderen Ziergitter entfallen, die Blinker sind in der Stoßstange integriert. Zwischen den Rückleuchten ist eine rote, nichtreflektierende Blende mit schwarzem Porsche-Schriftzug angebracht. Die hintere Nummerntafel ist zwischen zwei Gummipuffern mit integrierter Nummernschildbeleuchtung direkt auf den Stoßfänger geschraubt. An den Seitenschwellern ist eine dicke schwarze Gummileiste montiert. Beim 911 und 911 S sind die Zierleisten um die Scheiben, Türgriffe, Außenspiegel und die Scheinwerferringe verchromt. Die Scheibeneinfassungen und Türgriffe des Carrera sind schwarz. Die Carrera-Karosserie ist im Bereich der hinteren Kotflügel dezent verbreitert. Alle 911-Modelle sind auch als Targa lieferbar. Der 911 Targa ist mit einem festen Kunststoffdach zum Herausnehmen ausgerüstet. Diese Ausführung des Targa-Dachs ist nur zum Anfang des Modelljahrs im Programm. Als Sonderwunsch ist jedoch weiterhin das bekannte Faltdach gegen Aufpreis lieferbar. Danach gehört das Faltdach wieder zur Serie. Im Kofferraum ist in der Mulde des 80-Liter-Stahltanks ein Faltreserverad untergebracht, welches im Pannenfall mit einem mitgelieferten Kompressor elektrisch aufgepumpt werden kann. Als Sonderausstattung ist eine Hochdruck-Scheinwerferreinigungsanlage erhältlich.
Alle Motoren haben mit 2,7 Liter den gleichen Hubraum und sind auf den Betrieb mit Normalbenzin abgestimmt. Die Nikasil-Leichtmetallzylinder weisen eine Bohrung von 90 Millimeter auf. Die Kolben des Carrera sind geschmiedet, die Kastenkolben der beiden anderen Modelle gegossen. Ventile, Kipphebel und Nockenwellenantrieb bleiben unverändert. Die Modell 911 und 911 S erhalten neue Steuerzeiten. Während die Aggregate für das Basis- und das S-Modell mit einer Bosch K-Jetronic bestückt sind, arbeitet die Carrera-Maschine noch mit der mechanischen Saugrohreinspritzung des Carrera RS. Die Auspuffanlagen sind wegen der anderen Heckschürze geändert. Der Motor des Basis-911 leistet 150 PS (110 kW) bei 5.700/min und verfügt über ein maximales Drehmoment von 235 Nm bei 3.800/min. Das 911 S-Aggregat liefert 175 PS (129 kW) bei 5.800 Kurbelwellenumdrehungen und einen Drehmomenthöchstwert von 235 Nm bei 4.000/min. Die Motordaten des 911 Carrera sind mit denen des 911 Carrera RS des Modelljahrs 1973 identisch.
Alle Modelle sind serienmäßig mit einem 4-Gang-Schaltgetriebe ausgerüstet. Auf Wunsch ist für alle Modelle ein 5-Gang-Schaltgetriebe, ein Sperrdifferential und für den 911 und 911 S eine Sportomatic lieferbar.
An der Vorderachse werden Naben für Räder mit Mittenzentrierung verwendet. An der Hinterachse kommem Aluminiumschräglenker mit größeren Radlagern zum Einbau. Der vordere Stabilisator hat beim 911 und 911 S 16 Millimeter Durchmesser, beim Carrera 20 Millimeter. Der 911 Carrera besitzt an der Hinterachse einen 18 Millimeter starken Stabilisator, der auf Wunsch auch beim 911 und 911 S montiert werden kann. Der 911 rollt auf 5,5 J x 15 Stahlscheibenrädern und 165 HR 15 Bereifung. Beim 911 S sind die 6 J x 15 Aluminiumgußräder des Herstellers ATS und Reifen der Dimension 185/70 VR 15 Serie. Der Carrera ist mit der gleichen Rad-/Reifengröße wie der Carrera RS von 1973 ausgestattet.
Auch der Innenraum wird für noch mehr Sicherheit gründlich überarbeitet. Neue Sitze mit integrierten Kopfstützen sind mit automatischen Sicherheitsgurten ausgestattet. Die Armaturentafel erhält kleine Seitenscheiben-Entfrosterdüsen und gepolsterte Schalter und Knöpfe. Die neuen Türverkleidungen haben Ablagekästen mit Klappdeckel. Das Lenkrad ist mit einer großflächigen Prallplatte versehen. Der Carrera erhält ein Dreispeichen-Lederlenkrad. Beim Carrera Coupé sind elektrische Fensterheber serienmäßig eingebaut.
Der 911 ist 210 km/h schnell. Nach 8,5 Sekunden durcheilt er die Einhunderter Marke. Im Spurt auf Tempo 100 ist der 911

S mit 7,6 Sekunden noch etwas flotter. Die Endgeschwindigkeit erreicht der 911 S bei 225 km/h. Das Top-Modell, der 911 Carrera schafft als Spitzengeschwindigkeit 240 km/h und die 100 km/h aus dem Stand in nur 6,3 Sekunden.

Damit der 911 Carrera RS auf der Rennstrecke auch weiterhin wettbewerbsfähig ist, paßt Porsche dieses Modell den weiterentwickelten Serienfahrzeugen an. Der 911 Carrera RS 3.0 ist für Wettbewerbszwecke ausgelegt, kann aber auch für den Straßengebrauch zugelassen werden. Im Herbst 1973 beginnt man im Werk in Zuffenhausen mit der Kleinserie. Insgesamt entstehen vom 911 Carrera RS 3.0 nur 110 Fahrzeuge, davon werden 50 zum Carrera RSR umgebaut. Die ersten 15 Fahrzeuge bestellt der Amerikaner Roger Penske um sie für den International Race of Champions (IROC) einzusetzen. Der Carrera RS 3.0 wird von Kundenteams in Rennen eingesetzt, nicht aber vom Werk selbst.

Äußerlich fallen vor allem die stark verbreiterten Stahlkotflügel auf. Diese bieten vorn 9-Zoll-Rädern und hinten 11-Zoll-Rädern Platz. Serienmäßig sind vorn 215/60 VR 15 Pirelli-CN-36-Reifen auf 8 J x 15 Aluminiumrädern, hinten 235/60 VR 15 auf 9 J x 15. Die größeren und höhergesetzten Kunststoffstoßstangen, vorne mit dem integrierten Ölkühlerschacht, die Kofferraumhaube und die Motorhaube mit einem neuen integrierten flachen Heckspoiler mit schwarzer Polyurethanumrandung sind aus glasfaserverstärktem Kunststoff (GfK) gefertigt. Dünnblechteile für die Türen, das Dach, die hinteren Sitzmulden und die Schalttafel sparen zusätzliche Kilogramm an Gewicht. Die Windschutzscheibe stammt aus der Serie, die anderen Scheiben sind aus Dünnglas gefertigt. Die Scheinwerferringe sind in Wagenfarbe lackiert. Außenspiegel und Fensterumfassungen sind schwarz eloxiert. Der Innenraum ist wie beim Vorgänger spartanisch gehalten. Der Dachhimmel ist mit schwarzem Filz verkleidet. Der Fahrersitz ist eine Recaro-Leichtbauschale, der Beifahrersitz ein Recaro-Rennsitz.

Der Motor leistet aus 2.994 cm^3 Hubraum 230 PS (169 kW) bei 6200/min und hat ein maximales Drehmoment von 275 Nm bei 5.000/min. Das Kurbelgehäuse wird für eine höhere Standfestigkeit aus einer Aluminiumlegierung gegossen. Der Ölinhalt der Trockensumpfschmierung beträgt 16 Liter. Das 5-Gang-Schaltgetriebe hat einen Ölkühler und ein Sperrdifferential mit einen Sperrfaktor von 80 Prozent. Nur die Kupplung stammt aus der Serie.

Das Fahrwerk entspricht in den meisten Punkten dem 911 Carrera RSR 2.8 von 1973. Es wird aber an vielen Stellen verstärkt. Auf Wunsch sind für die Hinterachse Schraubenfedern erhältlich. Auch beim 911 Carrera RS 3.0 greift Porsche auf die bewährte Bremsanlage aus dem 917 zurück. 4-Kolben-Festsattelbremssättel umgreifen die gelochten, innenbelüfteten Bremsscheiben. Die 300 Millimeter großen Bremsscheiben sind trotz größerem Durchmesser leichter als die Serienteile. In der Straßenlage ist der 911 Carrera RS 3.0 seinem Vorgänger überlegen. Der Preis des 1.060 Kilogramm schweren Wagens liegt bei 64.980 DM.

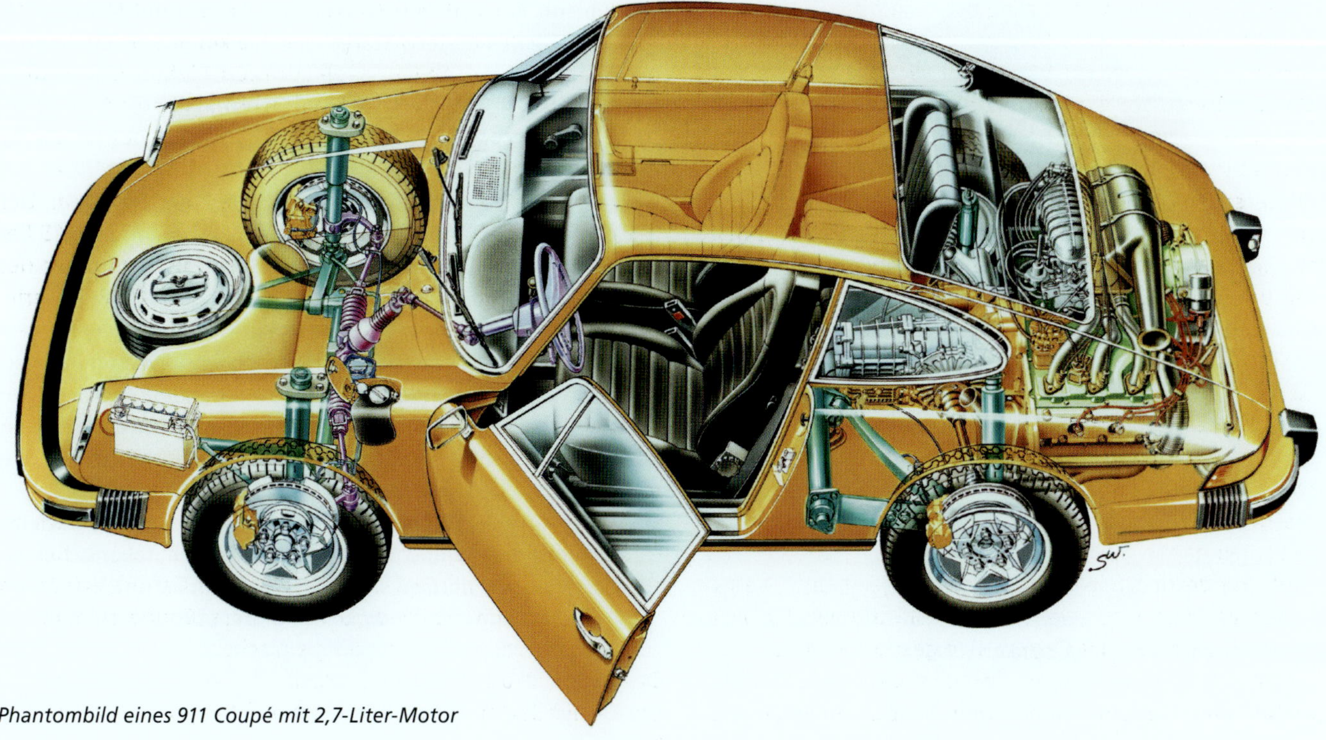

Phantombild eines 911 Coupé mit 2,7-Liter-Motor

Modelljahr 1975 (H-Programm)

Seit 25 Jahren baut Porsche Fahrzeuge in Stuttgart-Zuffenhausen. Porsche feiert dieses Ereignis mit einem silber lackierten Sondermodell mit schwarzblauer Kunstlederinnenausstattung und einer Plakette mit der Signatur von Ferry Porsche auf dem Deckel des Handschuhfachs. Von diesem Sondermodell, das als 911, 911 S und 911 Carrera angeboten wird, entstehen 400 Exemplare. Im Frühjahr 1975 führt Porsche sein neues Flaggschiff, den 911 turbo, mit einem aufgeladenem 3-Liter-Motor am Markt ein. Der turbo ist das schnellste Serienfahrzeug in Deutschland.

Der 911 turbo, intern als 930 bezeichnet, fällt durch seine, im Vergleich zum 911 Carrera, etwa 12 Zentimeter breiteren Karosserie auf. Die Kotflügel sind vorne und hinten erheblich verbreitert. Am Bug ist der turbo mit einem Frontspoiler aus schwarzem Polyurethan (PU) zu erkennen. Hinten ragt, aus der aus glasfaserverstärktem Kunststoff gefertigten Motorhaube, ein flacher mit PU-umrandeter Heckflügel. Spiegel und Scheinwerferringe sind in Wagenfarbe lackiert. Scheibeneinfassungen und Türgriffe sind schwarz.

Der Hubraum des aufgeladenen Triebwerks wächst durch die auf 95 Millimeter erweiterte Bohrung auf 2.994 cm^3. Das Kurbelgehäuse besteht ab den Motoren mit drei Liter Hubraum wieder aus einer stabilen Aluminiumlegierung. Die Verdichtung wird unter Verwendung spezieller Leichtmetall-Schmiedekolben auf 6,5 : 1 reduziert. Mit Hilfe eines Turboladers des Typs KKK 3 LDZ vom Frankenthaler Hersteller Kühnle, Kopp, Kausch (KKK) leistet der Motor 260 PS (191 kW) bei nur 5.500/min und 343 Nm Drehmoment bei 4.000/min. Bei vollem Ladedruck wird die Luft mit 0,8 bar Überdruck in die Brennräume gedrückt. Dabei dreht der Lader unter Vollast 90.000/min. Das für die Verbrennung nötige Superbenzin wird über eine Bosch K-Jetronic eingespritzt. Bei der Zündung handelt es sich um eine Batterie-Hochspannungs-Kondensator-Zündung (BHKZ). Um eine sichere Kraftstoffversorgung auch bei hohen Drehzahlen zu gewährleisten werden zwei elektrische Kraftstoffpumpen hintereinander geschaltet, ein Prinzip, welches sich auch schon bei den aufgeladenen 917-Motoren bewährt hat. Der 911 turbo ist ausschließlich mit einem verstärkten 4-Gang-Schaltgetriebe lieferbar, da man bei Porsche noch recht lange der Meinung ist, daß bei einem so hohen Drehmoment vier Gänge genügen. Als Sonderwunsch ist ein Sperrdifferential erhältlich.

Ein 3,0-Liter-turbo-Motor ohne Ladeluftkühler

Das Fahrwerk wird für den turbo komplett überarbeitet. Querlenker vorn und Schräglenker hinten aus Aluminiumguß sind neukonstruierte Teile. Die Stabilisatoren vorn und hinten haben 18 Millimeter Durchmesser. Die Gasdruckstoßdämpfer liefert Bilstein. Die 2-Kolben-Bremssättel der Zweikreis-Bremsanlage sind vorn aus Aluminium, hinten aus Grauguß gefertigt. Alle vier Bremsscheiben sind innenbelüftet. Auf den geschmiedeten Fuchs-Aluminiumrädern der Größe 7 J x 15 sind vorn 185/70 VR 15 Reifen montiert, hinten sind 215/60 VR 15 Reifen auf 8 Zoll beiten Rädern montiert. Der Radstern ist schwarz, das Felgenhorn blank. Zur Verbreiterung der Spur sind vorne Distanzscheiben mit 21 Millimetern Stärke und hinten mit 28 Millimetern montiert.

Auch in der Ausstattung läßt der turbo kaum noch Wünsche offen. So gehören ein Radio mit vier Lautsprechern, Klimaanlage, Heckscheibenwischer, elektrische Fensterheber, 66-Ah-Batterie, 980-Watt-Lichtmaschine, automatisch geregelte Heizung, das Dreispeichen-Sportlenkrad aus dem Carrera und eine Ganzlederausstattung, die auch mit einem Schottenkarostoff kombiniert werden kann, zur Serienausstattung.

Alle 911-Modelle mit Saugmotor erhalten eine verbesserte Geräuschdämmung. Das Basismodell rollt jetzt serienmäßig auf den vom 911 S bekannten 6 J x 15 ATS-Aluminiumrädern mit Reifen der Dimension 185/70 VR 15. Beim Carrera sind die Scheinwerferringe und der Außenspiegel in Wagenfarbe lackiert. Der Carrera Targa ist am schwarzen Bügel zu erkennen.

Die Beschleunigung des 911 turbo ist äußerst explosiv: Nach nur 5,5 Sekunden ist Tempo 100 erreicht. Selbst die italienischen Super-Sportwagen müssen sich in dieser Disziplin geschlagen geben. Die Höchstgeschwindigkeit liegt bei über 250 km/h.

Modelljahr 1976 (J-Serie)

Das Modellprogramm wird gestrafft. Das neue Basismodell erhält einen 2,7-Liter-Motor mit 165 PS (121 kW) und ersetzt damit die beiden bisherigen Motoren mit 150 (110 kW) und 175 PS (129 kW). Der 911 S wird aus dem Programm gestrichen und der Carrera bekommt einen 3-Liter-Motor mit 200 PS (147 kW) mit K-Jetronic-Einspritzung. Alle Sechszylinder arbeiten jetzt mit der K-Jetronic. Ab Herbst 1975 werden alle Porsche-Fahrzeuge unter Verwendung feuerverzinkter Bleche für die Karosserie und unter Anwendung modernster Korrosionsschutzverfahren gefertigt. Alle tragenden Teile bestehen aus feuerverzinkten Blechen. Auf die Bodengruppe gewährt Porsche eine Langzeit-Garantie gegen Durchrostung von sechs Jahren.
Nur im Modelljahr 1976 bietet Porsche für den amerikanischen Markt das 912 E Coupé zu einem Verkaufspreis von 10.845 US-Dollar an. Nach nur 2.099 Fahrzeugen wird dieser Typ schon wieder eingestellt. Der 912 E wird von einem luftgekühlten 2-Liter-Vierzylinder-Boxer angetrieben, der vom Motor des Porsche 914/2.0 abgeleitet worden ist. Dieses Aggregat leistet 86 PS (62 kW). Damit erreicht der 912 E eine Höchstgeschwindigkeit von 176 km/h und eine Beschleunigung von 0 auf 100 Kilometer pro Stunde in 13,5 Sekunden.
Der 2,7-Liter-Motor des Basis-911 wird mit 8,5 : 1 höher verdichtet. Die Leistung erhöht sich auf 165 PS (121 kW) bei 5.800/min. Mit dem 3-Liter-Saugmotor des Carrera 3.0 ist jetzt auch das letzte Aggregat mit der K-Jetronic ausgerüstet. Neben der Hubraumerweiterung sind auch größere Ventile im Carrera-Motor eingebaut. Genau 200 PS (147 kW) bei 6.000/min leistet das neue Carrera-Triebwerk. Das maximale Drehmoment von 255 Nm ist mit dem 2,7-Liter-Carrera-Aggregat identisch, wird aber schon bei 4.200/min erreicht.
Beide Saugmotoren erhalten ein geändertes, schneller übersetztes Kühlgebläse mit nur fünf Lüfterradflügeln, alle 911-Kühlgebläse hatten bisher immer 11 Luftschaufeln. Der Außendurchmesser des Lüfterrades sinkt von 245 Millimeter auf 226 Millimeter. Durch diese beiden Maßnahmen erhalten diese Motoren auch ein anderes Klangbild. Der turbo-Motor ist mit einem Zusatzluftschieber und einer Zusatzlufteinblasung zur Reduzierung der Schadstoffe im Abgas ausgerüstet.
Die Übersetzungen der Schaltgetriebe für die Saugmotoren werden an die Motorleistung angepaßt. Serie sind nur vier Gänge, als Sonderwunsch ist aber ein 5-Gang-Schaltgetriebe erhältlich. Für die Modelle 911 und 911 Carrera 3.0 ist eine 3-Gang-Sportomatic lieferbar, für den Carrera 3.0 sogar ohne Aufpreis.
Auf den geschmiedeten Aluminiumrädern des 911 turbo sind jetzt vorn Niederquerschnittsreifen der Größe 205/50 VR 15 und hinten 225/50 VR 15 montiert. Die bisherigen Reifengrößen können auf Wunsch weiterhin geliefert werden. Für die Niederquerschnittsreifen wird die Achsübersetzung des 911 turbo angepaßt.
Von Außen ist die 911-Generation 1976 am neuen elektrisch verstell- und beheizbaren Außenspiegel in Wagenfarbe zu erkennen. Beim 911 Carrera 3.0 und 911 turbo ist die Scheinwerferreinigungsanlage mit Spritzdüsenhörnern serienmäßig.
Die Türtafeln des Carrera 3.0 und des turbo sind abgesteppt und mit Ziernähten versehen. Die Türablagekästen sind mit Teppich bezogen. Im 911 und im 911 Carrera 3.0 ist ein elektronischer Tachometer und in den Türen je ein Lautsprecher eingebaut. Ein Tempostat kann auf Wunsch geliefert werden, dieser hält die eingestellte Geschwindigkeit konstant. Die serienmäßige automatische Heizungsregulierung des Carrera 3.0 und des turbo kann als Sonderausstattung auch für den 911 geliefert werden.
Die Fahrleistungen des Basis 911 sind etwas über dem Niveau des Vorgänger-Modelljahrs. Der Carrera 3.0 ist durchzugsstärker als der 2,7 Liter Carrera, aber in der Höchstgeschwindigkeit mit 230 km/h etwas langsamer.

Modelljahr 1977 (K-Serie)

Alle drei 911-Modelle gehen in ihr letztes Modelljahr. Neue Abgas-Gesetze in den USA, Kanada und Japan erfordern den Einsatz von einer Sekundärlufteinblasung und Thermoreaktoren, einer Art Katalysator. Die neuen Kraftstoffpumpen arbeiten leiser und sind leistungsstärker. Durch Verbesserungen am Kupplungssystem ist das Auskuppeln beim Carrera 3.0 und turbo komfortabler geworden, außerdem erhalten diese beiden Modelle serienmäßig einen Bremskraftverstärker. Dieser ist auch beim 911 mit Sportomatic eingebaut.
Der Carrera 3.0 wird jetzt serienmäßig mit den gegossenen ATS-Aluminiumrädern ausgeliefert. Der 911 turbo wird als erster 911 überhaupt mit 16-Zoll-Schmiederädern ausgeliefert. Vorne sind 205/55 VR 16 Reifen auf 7 J x 16 Rädern montiert, hinten 225/50 VR 16 auf 8 J x 16. Der Stabilisator beim turbo an der Vorderachse wächst auf 20 Millimeter Durchmesser.
Vor den hinteren Radläufen der turbo-Karosserie werden schwarze Folien als Steinschlagschutz aufgeklebt. Beim Targa entfallen die vorderen drehbaren Dreiecksfenster, um die Fahrzeuge besser gegen Diebstahl zu schützen. Der Carrera 3.0 ist jetzt serienmäßig mit einem Heckscheibenwischer ausgestattet.
Im Innenraum gibt es im Modelljahr 1977 einige Verbesserungen. In der Mitte des Armaturenbretts sind zwei zusätzliche Luftausstömer für eine verbesserte Klimatisierung eingelassen. Der Luftstrom dieser Mitteldüsen kann individuell eingestellt werden. Die Bedieneinheit der Lüftungsregelung ist jetzt nachts beleuchtet. Auf der Schalttafelblende ist eine große rote Gurtwarnanzeige angebracht. In den Türverkleidungen sind versenkt angebrachte Drehknöpfe eingelassen. Diese Drehknöpfe dienen der Ver- und Entriegelung der Türen von innen und verbessern die Diebstahlsicherheit. In diesem Zusammenhang können die üblichen Türstifte jetzt beim Verriegeln

der Tür voll versenkt werden, damit sie nicht über einen Draht von außen entriegelt werden können. Auf Wunsch sind Nadelstreifensitzbezüge lieferbar. Im Drehzahlmesser des 911 turbo ist eine analoge Ladedruckanzeige integriert.

Modelljahr 1978 (L-Serie)

Das 911 Programm wird auf nur zwei Modelle gestrafft. Der 911 SC (S für Super und C für Carrera) ist die einzige Saugmotorversion, sie liegt in der Leistung zwischen den früheren 911 S- und Carrera-Modellen. Der als Coupé und Targa lieferbare 911 SC ist mit einem 3,0-Liter-Motor ausgerüstet. Der 911 turbo ist mit einem neuen 3,3 Liter großen aufgeladenen Aggregat bestückt.
Der 911 SC ist auf der etwas breiteren Karosserie des früheren Carrera aufgebaut. Die Scheibenrahmen, Türgriffe und Scheinwerferringe sind verchromt. Der turbo erhält einen Heckdeckel aus Stahlblech, auf dem ein vergrößerter Heckflügel aus Kunststoff mit hochgezogener Polyurethanumrandung sitzt. Darunter ist der Ladeluftkühler untergebracht. Der Frontspoiler ist leicht modifiziert. Die hinteren seitlichen Scheiben sind jetzt fest verglast.
Das Fahrwerk des 911 SC ist serienmäßig mit Stabilisatoren versehen, vorn 20 Millimeter, hinten 18 Millimeter. Ein Bremskraftverstärker erleichtert das Bremsen. Serienmäßig sind an der Vorderachse die 6 J x 15 ATS-Aluminiumgußräder mit 185/70 VR 15 Reifen montiert, an der Hinterachse 215/60 VR 15 Reifen auf 7 J x 15 Rädern. Auf Wunsch sind die geschmiedeten 16-Zoll-Fuchs-Räder lieferbar.
Der turbo wird mit einer neuen Bremsanlage ausgerüstet, die von der Bremse des Rennwagens 917 abgeleitet wird. Die innenbelüfteten Bremsscheiben sind für ein besseres Ansprechverhalten bei Nässe gelocht. Zum ersten Mal setzt Porsche die selbst entwickelten 4-Kolben-Festsattel-Bremszangen aus Leichtmetall in einem Serienfahrzeug ein. Der 3,3 Liter turbo rollt auf den 16-Zoll-Schmiederädern.
Im Heck des 911 SC ist ein 3-Liter-Aggregat mit einer Leistung von 180 PS (132 kW) bei 5.500/min implantiert. Die niedrige Verdichtung von 8,5 : 1 erlaubt weiterhin die Verwendung von Normalbenzin. Im Vergleich zum Carrera 3.0 fehlen dem 911 SC 20 PS in der Höchstleistung, weil das Triebwerk auf mehr Durchzugskraft optimiert ist. Das maximale Drehmoment liegt mit 265 Nm bei 4.200/min höher als der Wert des Carrera 3.0. Die Kurbelwelle wird verstärkt, die Hauptlager auf 60 Millimeter Durchmesser vergrößert und die Pleuel der Kurbelwelle angepaßt. Das Lüfterrad ist wieder mit 11 Flügeln ausgerüstet, hat aber immer noch den kleineren Außendurchmesser von 226 Millimeter.
Durch eine Vergrößerung der Bohrung auf 97 Millimeter und eine neue Kurbelwelle mit 74,4 Millimeter Hub steigt der Hubraum des Turbomotors auf 3.299 cm^3 an. Die Pleuel werden angepaßt, gleichzeitig wird die Verdichtung auf 7,0 : 1 angehoben und ein Ladeluftkühler eingebaut. Diese Maßnahmen verhelfen dem 911 turbo zur einer Motorleistung von 300 PS (221 kW) bei 5.500/min. Stärker ist bislang noch kein anderer Serien-Porsche gewesen. Auch das Drehmoment von 412 Nm bei 4.000/min ist ein bisheriger Spitzenwert. Für dieses Aggregat ist Super-Benzin mit 98 Oktan vorgeschrieben. Für die Länder USA, Kanada und Japan ist der Motor für bleifreien Kraftstoff ausgelegt und zusätzlich zur Sekundärlufteinblasung mit Thermoreaktoren und Abgasrückführung ausgestattet. Die Leistung sinkt durch diese Maßnahmen auf 265 PS (195 kW).
Während der 911 SC entweder mit 5-Gang-Schaltgetriebe oder auf Wunsch mit einer 3- Gang-Sportomatic erhältlich ist, kann der 911 turbo nur mit dem 4-Gang-Schaltgetriebe, mit einem länger übersetzten vierten Gang, geordert werden.
Die Skalierung der Kombiinstrumente wird geändert. Der Drehzahlmesser hat als Skalenendwert jetzt 7.000/min. Nur der Tachometer des 3,3 Liter turbo zeigt 300 km/h als Endwert an. Die Ladedruckanzeige des 911 turbo ist ist verbessert.
Der 911 SC erreicht in 7,0 Sekunden die 100 km/h-Marke. Bei 225 km/h ist die Endgeschwindigkeit erreicht. Der 911 turbo spurtet in nur 5,4 Sekunden auf Tempo 100. Die Höchstgeschwindigkeit liegt bei 260 km/h.

Modelljahr 1979 (M-Serie)

Im Modelljahr 1979 sind nur wenige Änderungen zu verzeichnen. Die Scheinwerferringe des 911 SC sind jetzt in Wagenfarbe lackiert, Türgriffe und Fensterrahmen schwarz eloxiert. Beim Targa ist der Überrollbügel schwarz.
Im Innenraum werden neue Kurzflorteppiche eingeführt. Der turbo erhält serienmäßig rundum grün getönte Scheiben, dafür entfällt das bisher serienmäßige Radio.

Modelljahr 1980 (A-Programm)

Nach der M-Serie von 1979 wird 1980 mit dem A-Programm eine neue interne Bezeichnung für die Modelljahre eingeführt. Der 911 SC erhält eine kleine Leistungssteigerung um 8 PS (6 kW). Der 911 turbo des Modelljahrs 1980 ist von außen an der neuen Doppelrohr-Auspuffanlage zu erkennen. Für die USA baut Porsche die ersten Motoren mit geregeltem Katalysator und Lambda-Sonde.
Alle Motoren erhalten Ventildeckel mit Versteifungsrippen und eine verbesserte Ventildeckeldichtung. Beim SC-Motor wird wieder das größere Lüfterrad mit 245 Millimeter Außendurchmesser eingebaut und die Ölansaugung im Kurbelgehäuse verbessert. Die Leistung steigt auf 188 PS (138 kW) an. Drehmoment und Fahrleistungen bleiben aber unverändert. Die Sportomatic wird nicht mehr in der Aufpreisliste geführt.

Phantombild eines 911 SC Coupé mit 3,0-Liter-Motor

Alle Porsche-Modelle werden mit einheitlichen Sicherheitsgurten ausgestattet. Die Tachometer erhalten eine in 20 km/h eingeteilte Skalierung. Der 911 SC bekommt serienmäßig das Dreispeichen-Lederlenkrad, eine Mittelkonsole und elektrische Fensterheber. Der Motorraum ist jetzt beleuchtet. Auf Wunsch ist eine Alarmanlage lieferbar.

Modelljahr 1981 (B-Programm)

Die Langzeit-Garantie gegen Durchrostung wird auf sieben Jahre angehoben. Sie gilt für die gesamte Karosserie, die komplett aus feuerverzinktem Stahlblech hergestellt wird. Die Fahrzeuge des neuen Modelljahrs erkennt man an den seitlichen Blinkleuchten an den vorderen Kotflügeln. Die Spritzdüsenhörner der Scheinwerferwaschanlage weichen flachen Düsen.

Wurden Anfang der 70er Jahre die Saugmotoren bei Porsche im Sinne des Umweltschutzes auf weniger bleihaltigen Normal-Kraftstoff umgestellt, so steht jetzt die Verbrauchsreduzierung im Mittelpunkt der Motorenentwickler. Durch eine Erhöhung der Verdichtung auf 9,8 : 1 und geänderte Steuerzeiten wird die Verwendung von Super-Benzin mit 98 Oktan nötig. Als Nebeneffekt dieser verbrauchsreduzierenden Maßnahmen erhält der Motor auch noch deutlich mehr Leistung. Das Ergebnis sind 204 PS (150 kW) bei 5.900/min und ein leicht erhöhtes Drehmoment von 267 Nm bei 4.300/min. Die Kupplungsmitnehmerscheibe des 911 SC wird ebenfalls verbessert.

Am Armaturenbrett kommen beleuchtete Zugschalter zum Einsatz, um die verwechslungssichere Bedienung bei Nacht zu verbesseren. Auf Wunsch sind Sitzbezüge mit Berberstoff und neue Sportsitze lieferbar.

Die Fahrleistungen des 911 SC sind spürbar besser geworden. Die Höchstgeschwindigkeit liegt bei 235 km/h und nach 6,8 Sekunden sind aus dem Stand 100 km/h erreicht.

Modelljahr 1982 (C-Programm)

Im August 1981 feiert Porsche das Jubiläum »50 Jahre Porsche« mit einem in Meteormetallic lackierten Sondermodell. Nur 200 Exemplare werden als 911 SC Coupé oder Targa gebaut. Eine Besonderheit stellt die weinrote Leder-Stoff-Innenausstattung dar. Sitzmittelbahnen, Tür- und hintere Seitenverkleidungen sind mit weinrot-silber-gestreiftem Stoff überzogen, Lenkrad und Sitzseitenwangen mit weinrotem Leder. In die Kopfstützen ist die Signatur »F. Porsche« eingestickt. Das Sondermodell ist darüberhinaus noch mit einem Heckscheibenwischer, grün getönten Scheiben und den 15-Zoll-Schmiederädern ausgerüstet. An der Vorderachse sind diese sieben und an der Hinterachse acht Zoll breit. Die Bereifung entspricht der Serie.

Auf der Internationalen Automobil Ausstellung in Frankfurt am Main präsentiert Porsche im Herbst 1981 die Studie eines 911 turbo Cabriolet mit Allradantrieb. Doch wer Porsche kennt,

weiß, daß sowohl ein 911 Cabriolet und auch die Allradtechnik in Zukunft in der Serie zu erwarten sind.
Mit dem Porsche Dachträgersystem können jetzt beim 911 Coupé 75 kg Dachlast transportiert werden.
Der 911 SC kann auf Kundenwusch mit dem Frontspoiler und dem Heckflügel des 911 turbo geliefert werden. Die Scheinwerferwaschanlage gehört jetzt beim 911 SC zur Serie. Aus den seitlichen Lüftausströmdüsen im Armaturenbrett kann jetzt auch Warmluft zu den Seitenscheiben geführt werden. Die Skalierung der Öltemperaturanzeige ist neu eingeteilt.
Alle Sechszylinder-Motoren werden mit einer stärkeren Lichtmaschine mit 1050 Watt Leistung und 75 Ampère ausgerüstet. Der 911 SC erhält ein verstärktes Ausgleichsgetriebe. Die ATS-Gußräder sind am Felgenhorn blankgedreht und in der Mitte schwarz lackiert, um sie optisch an das attraktivere Schmiederad anzupassen.

Modelljahr 1983 (D-Programm)

Im Frühjahr 1983 ist die cabrioletlose Zeit zu Ende. Nach 18 Jahren ist wieder ein Porsche als Cabriolet im Programm. Der 911 SC wird als eines der schnellsten Cabriolets weltweit ausgeliefert. Der 911 SC geht in sein letztes Modelljahr.
Die Rohkarosse des neuen 911 Cabriolet wird vom Targa abgeleitet. Das Verdeck des 911 SC Cabriolet ist mit Stahlblechprofilen so konstruiert, daß 50 Prozent des Verdecks Festdachanteil sind. Dieses ermöglich auch schnelles Fahren mit geschlossenem Verdeck, ohne daß sich dieses aufbläht. Auch bei einem Überschlag bietet diese Konstruktion besten Schutz für die Passagiere. Die Betätigung des Verdecks ist sehr einfach und erfolgt manuell. Die flexible Heckscheibe kann mit einem Reißverschluß geöffnet werden. Das Cabriolet ist zur besseren Sicht mit zwei elektrisch verstell- und beheizbaren Außenspiegeln bestückt.
Versteifungen im Bereich der Bodengruppe machen den offenen Elfer zu einem der verwindungssteifsten Cabriolets überhaupt. Zu einem späteren Zeitpunkt wird auch ein Hardtop lieferbar.
Ab diesem Modelljahr bietet die Porsche-Reparaturabteilung

Motorraum eines 911 SC mit 3,0-Liter-Motor und Sekundärlufteinblasung

für die turbobreite Karosserie auf Wunsch einen sogenannten Flachbau an. Dieser Umbau wird bei neu bestellten Fahrzeugen an der Rohkarosserie vorgenommen, so daß die Werksgarantie und der Rostschutz voll erhalten bleibt. Der Flachbau beinhaltet vorn flachere Kotflügel mit den Klappscheinwerfern aus dem Porsche 944 und ein Bugspoiler mit intergriertem Ölkühler. Zusätzlich wählen viele Kunden dazu spezielle Schwellerverkleidungen und die Zusatzlufteinlässe in den hinteren Kotflügeln. Diese dienen zur besseren Bremsenbelüftung hinten.
Alle 911 erhalten statische Zweipunktgurte für die Rücksitze. Mit dem Blaupunkt Radio Köln stellt Porsche eine neue moderne Radiogeneration vor. Der 911 SC ist beim Coupé und beim Targa mit einer automatischen Heizungsregelung ausgestattet. Das Cabriolet hat jedoch eine manuelle Heizungsregelung, da die Automatik beim Offenfahren die Heizung falsch regulieren würde. Das Cabriolet ist serienmäßig mit Ledersitzen ausgestattet. Der turbo erhält zwei zusätzliche elektrische Heizgebläse, die in der Warmlaufphase des Motors mehr Wärme liefern.
Ein neuer Abgas-Vorschalldämpfer wird an die Auspuffanlage des 911 SC adaptiert. Fahrzeuge für den Export in die Schweiz haben einen speziellen Schalldämpfer.
Beim Turbomotor werden Feinarbeiten an der K-Jetronic und der Zündanlage durchgeführt. Der Hauptschalldämpfer wird geändert. Das Bypass-System endet jetzt über einen separaten kleinen Schalldämpfer unter den Endrohren ins Freie. Durch diese Maßnahmen ist der Motor etwas sparsamer geworden. Das Drehmoment steigt auf 430 Nm bei gleicher Drehzahl an. Speziell für die Schweiz erhalten die turbos ein geändertes Getriebe mit einem länger übersetzten zweiten Gang, um das Fahrgeräusch beim Vorbeifahren im Test durch die niedrigere Drehzahl bei gleicher Geschwindigkeit leiser zu gestalten.
Ab Modelljahr 1983 bietet die Porsche-Reparaturabteilung für den 911 turbo eine Leistungssteigerung mit offiziell 330 PS an. Wobei Porsche bei der Leistung kundenfreundlich die gesetzlich erlaubten 5 Prozent Streuung nach oben hin ausnutzt. Diese wird durch einen größeren Turbolader, eine 4-Rohr-Auspuffanlage und einen optimierten Ladeluftkühler erreicht.
Die Fahrleistungen erhöhen sich spürbar. In nur 5,2 Sekunden spurtet der leistungsgesteigerte Turbo auf Tempo 100. Die Endgeschwindigkeit liegt bei 270 km/h, beim Flachbau sogar bei 275 km/h.

MODELLJAHR 1984 (E-PROGRAMM)

Ab Herbst 1983 wird der 911 SC im Lieferprogramm durch den 911 Carrera mit 3,2 Liter Hubraum abgelöst. Für den Motorsport baut Porsche mit dem 911 SC/RS eine Kleinserie mit 20 Fahrzeugen. Auf der IAA in Frankfurt stellt Porsche die Studie des Porsche 959 aus.

Die wichtigste Neuerung am 911 Carrera ist der 3,2 Liter große Boxermotor. Durch einen auf 74,4 Millimeter erweiterten Hub bei einer unveränderten Bohrung mit 95 Millimeter wächst der Hubraum auf 3.164 cm^3 an. Einspritzung und kennfeldgesteuerte Zündung werden über eine Digitale Motor Elektronik (DME) mit Schubabschaltung und Leerlauf-Füllungsregelung gesteuert. Die Einspritzanlage basiert auf der bekannten L-Jetronic mit Luftmengenmesser. Zur besseren Füllung der Zylinder bei hohen Drehzahlen ist eine Resonanzansauganlage eingebaut. Der auf 10,3 : 1 verdichtete Motor leistet 231 PS (170 kW) bei 5.900/min. Das maximale Drehmoment ist auf 284 Nm bei 4.800/min angestiegen.
Für die Exportmärkte USA und Japan ist noch ein weiteres Triebwerk entwickelt worden. Dieser Motor ist nur auf 9,5 : 1 verdichtet und auf bleifreien Normalkraftstoff mit 91 Oktan abgestimmt. Die Leistung fällt mit 207 PS (152 kW) bei 5.900/min deutlich schwächer aus. Auch das Drehmoment von 260 Nm bei 4.800/min ist niedriger. Die DME für dieses Aggregat ist mit einer Lambdaregelung für die elektrisch beheizte Lambdasonde versehen.
Das Kurbelgehäuse aller 3,2-Liter-Motoren ist verstärkt und mit einem verbesserten, an den Ölkreislauf des Motors angeschlossenen Kettenspanner ausgerüstet. Damit ist die große Schwachstelle des Boxermotors eliminiert.
Die stärkere 90-A-Lichtmaschine leistet für den Carrera und den turbo jeweils 1260 Watt, die Batterie 66 Ah. Alle 911-Modelle haben im vorderen rechten Radhaus einen zusätzlichen Röhrenölkühler untergebracht, der das Motoröl auch bei hohen Drehzahlen bei erträglichen Temperaturen hält.
Das 5-Gang-Schaltgetriebe des Carrera ist wie das Getriebe des turbo mit einer geschwindigkeitsabhängigen Getriebeölpumpe und einen am Getriebegehäuse angebrachten Rippenrohrkühler versehen. Auf Wunsch kann für den Carrera und den turbo ein Sperrdifferential mit 40 Prozent Sperrfaktor eingebaut werden.
Der neue 911 Carrera kann in den bekannten Karosserieformen Coupé, Targa und Cabriolet geliefert werden. Optional können diese Modelle mit einem Bugspoiler aus Polyurethan und einem flachen, speziell für den Carrera entwickelten, Heckflügel mit PU-Umrandung geordert werden. Dadurch wird der Auftrieb an den Achsen bei hohen Geschwindigkeiten reduziert, mit dem Ergebnis, daß das Fahrzeug ruhiger auf der Straße liegt und in der Höchstgeschwindigkeit noch etwas schneller ist. Alle Serien-911 haben Nebelscheinwerfer in der Bugschürze integriert. Für das 911 Carrera Coupé kann auf Wunsch auch der »Turbo-Look« bestellt werden. Dieser beinhaltet neben der breiten Karosserie und den Spoilern des turbo auch dessen Fahrwerk, die 4-Kolben-Festsattelbremsanlage mit den gelochten Scheiben und die 16- Zoll-Schmiederäder mit Niederquerschnittsreifen.

Serienmäßig ist der Carrera mit 15-Zoll-Leichtmetallgußrädern im sogenannten »Telefon-Design« ausgerüstet. Vorn mit der Bereifung 185/70 VR 15 auf 6 Zoll breiten Rädern, hinten 215/60 VR 15 auf 7 Zoll. Optional kann die gleiche Reifenkombination auf je einem Zoll breiteren Schmiederädern der Firma Fuchs geliefert werden. Ebenfalls auf Sonderwunsch sind die 16-Zoll-Schmiederäder in den bekannten Dimensionen lieferbar. Die verstärkte Bremsanlage des Carrera ist mit Bremskraftregler, Saugstrahlpumpe und größerem Bremskraftverstärker nochmals verbessert worden. Alle 911 sind mit einer Bremsbelagsverschleißanzeige ausgestattet. Stabilisatoren an Vorder- und Hinterachse gehören zur Serienausführung. Für Coupé und Targa sind sportlicher abgestimmte Stoßdämpfer auf Wunsch erhältlich.
Die Serienausstattung der Carrera-Modelle ist mit grün getönter Heckscheibe, elektrischen Fensterhebern, elektrisch verstell- und beheizbarem Außenspiegel (beim Cabriolet zwei), Hochdruck-Scheinwerferwaschanlage und Lederlenkrad sehr umfangreich. Das Coupé und der Targa sind mit einer automatischen Heizungsregulierung und 2-stufig beheizbarer Heckscheibe ausgestattet. Beim Cabriolet ist die Heizung manuell für links und rechts getrennt einstellbar. Dafür sind beim Cabriolet Ledersitze serienmäßig. Neu im Programm sind Stoffbezüge mit Ton in Ton eingewebtem Porsche-Schriftzug.
Der Carrera beschleunigt in 6,1 Sekunden von 0 auf 100 km/h. Die Endgeschwindigkeit ist mit 245 km/h angegeben. Gut eingefahrene Exemplare mit dem Spoilerpaket sind über 250 km/h schnell.
Ende 1983 legt Porsche eine Evolutionsserie von 20 Fahrzeugen auf, um die Homologation für die Gruppe B zu erhalten. Da zu diesen Zeitpunkt in Zuffenhausen schon das Serienmodell Carrera 3.2 vom Band läuft, wird dieses neue Sportfahrzeug, das in erster Linie in Rallyes seinen Einsatz finden wird, 911 SC/RS und nicht Carrera getauft, da der 3-Liter-Motor des 911 SC als technische Basis verwendet wird.
Karosserie, Fahrwerk, Räder und Bremsen sind vom 911 Serienturbo. Allerdings kommen sehr viele Leichtbaukomponenten zum Einbau: Kunststoffstoßstangen, Aluminiumteile und Dünnglas. Innen fehlen die Deckel der Türablagekästen, die hinteren Verkleidungen, die Fondsitze und die Zeituhr. Die bequemen Seriensitze weichen dünngepolsterten Rennschalen.
Der Saugmotor erhält nur eine maßvolle Leistungssteigerung durch eine auf 10,3 : 1 erhöhte Verdichtung, geschmiedete Kolben, die Zylinderköpfe des 935 mit einem größeren Ventilhub und eine mechanische Kugelfischer-Einspritzung von Bosch. Daraus resultieren 250 PS (184 kW) bei 7000/min. Vollgetankt bringt der 911 SC/RS nur 1057 kg auf die Waage. Bis drei Liter Hubraum erlaubt das Reglement eine weitere Gewichtsreduzierung bis auf 960 kg. In der Beschleunigung bis 160 km/h in nur 11,7 Sekunden läßt der 911 SC/RS so ziemlich alles hinter sich, was sonst noch eine Straßenzulassung besitzt, einschließlich des stärkeren aber auch schwereren 911 turbo! Aber auf der Straße wird man dem 188.100 DM teuren, nur in weiß ausgelieferten, 911 SC/RS wohl nur sehr selten begegnen.

MODELLJAHR 1985 (F-PROGRAMM)

Porsche erweitert die Modellvielfalt der Carrera-Modelle. Der Turbo-Look ist jetzt auch für den Targa und das Cabriolet lieferbar. Für alle Modelle ist jetzt ein Seitenaufprallschutz in den Türen serienmäßig, der den Insaßenschutz bei einem Seitenaufprall noch weiter verbessert.
Für die Targa- und Cabriolet-Modelle im Turbo-Look sind zusätzliche Verstärkungen an der Karosserie nötig, da das Turbo-Fahrwerk höhere Kräfte übertragen kann.
Das Fahrwerk des 911 turbo wird neu abgestimmt. Die Stabilisatoren wachsen im Durchmesser um 2 Millimeter. An der Vorderachse sind sie jetzt 22 Millimeter dick, an der Hinterachse 20 Millimeter. Die Schmiederäder können auf Wunsch auch mit einem Felgenstern in den Farben »Grand-Prix-Weiß« oder »Weiß-Gold-Metallic« lackiert werden.
Der 911 wird mit einer neuen Sitzgeneration ausgestattet. Das neue Design der Sitze wirkt etwas schlanker. Die Seriensitze aller Carrera-Modelle sind in der Mitte mit Stoff, an den Seiten jedoch mit Leder bezogen. Der Fahrersitz ist vorn und hinten getrennt in Höhe und Neigung elektrisch einstellbar. Die auf Sonderwunsch lieferbaren Sportsitze haben die gleiche elektrische Verstellung. Die ebenfalls als Option erhältlichen Komfortsitze sind zusätzlich mit einer elektrischen Längs- und Lehnenverstellung versehen. Das Vierspeichen-Lederlenkrad ist in der gleichen Farbe wie die Innenraumverkleidungen lieferbar. Die Manschette des Schalthebels ist mit Leder bezogen. Die Scheibenwaschdüsen sind elektrisch beheizbar. Eine Radiovorbereitung mit integrierter Frontscheibenantenne, vier Lautsprechern und Überblendregler runden die Ausstattung ab. Auf Wunsch ist eine besonders stabile Sekuriflex-Windschutzscheibe erhältlich. Beim 911 turbo gehört jetzt eine Klimaanlage und eine von der Mittelkonsole aus betätigbare Zentralverriegelung zur Serie.
Die Porsche-Synchronisierung wird überarbeitet, die Schaltkräfte dadurch reduziert. Die Änderung der Schalthebelübersetzung ergibt kürzere und damit sportlichere Schaltwege.

MODELLJAHR 1986 (G-PROGRAMM)

Porsche erweitert die Garantieleistungen erheblich. Die Langzeitgarantie gegen Durchrostung wird auf 10 Jahre, die Lackgarantie auf 3 Jahre und die Garantie für das Fahrzeug auf 2 Jahre ohne Kilometerbegrenzung angehoben. Auf Orginal-Ersatzteile gewährt Porsche ein Jahr Garantie. Porsche ist der erste Hersteller, der 10 Jahre Garantie gegen Durchrostung gewährt. Der Turbo-Look der Carrera-Modelle kann alternativ auch ohne die Spoiler bestellt werden. Für eine saubere Umwelt ist der Carrera als Sonderwunsch auch mit Katalysator-Konzept lieferbar.

Die Fahrwerksabstimmung der Carrera-Modelle wird durch verstärkte Stabilisatoren, vorne 22 Millimeter, hinten 21 Millimeter und größere Drehstäbe an der Hinterachse, von 24 auf 25 Millimeter Durchmesser verbessert. Als Sonderwunsch sind die sportlicher abgestimmten Stoßdämpfer nun auch für das Cabriolet lieferbar. An der Hinterachse des turbo sind jetzt Räder der Dimension 9 J x 16 und 245/45 VR 16 Reifen montiert.

Im Innenraum fällt das überarbeitete Armaturenbrett mit den vergrößerten Belüftungsdüsen und den geänderten Schaltern ins Auge. Alle Fahrzeuge haben jetzt eine Intensiv-Scheibenreinigungsanlage und Schiebeblenden für die Make-up-Spiegel in den Sonnenblenden. Die Vordersitze sind 20 Millimeter tiefer angebracht, so haben auch große Fahrer mehr Kopffreiheit. Die Heizanlage bekommt einen neuen Innenraumfühler spendiert, dadurch ist jetzt auch das Carrera Cabriolet mit der automatischen Heizungsregelung ausgestattet.

Erstmals ist auch für den deutschen Markt ein Katalysator-Motor mit 207 PS (152 kW), der mit bleifreiem Normalbenzin mit 91 Oktan betrieben werden kann, im Programm. Die Carrera-Modelle mit Katalysator erhalten ein verstärktes Getriebegehäuse ohne Getriebeölkühler. Der turbo ist in der US-Version mit einem in Zündung und Gemischaufbereitung modifizierten Motor mit 3-Wege-Katalysator, Lambdasonde und Sekundärlufteinblasung versehen. Dieses Aggregat leistet 282 PS (207 kW) bei 5.500/min. Das Drehmoment fällt bei unveränderter Drehzahl um 40 Nm niedriger aus.

Die Fahrleistungen des Carrera mit Katalysator-Konzept sind langsamer als die der unentgifteten Version. Auf Tempo 100 vergehen 6,5 Sekunden. Die Endgeschwindigkeit liegt bei 235 km/h.

Modelljahr 1987 (H-Programm)

Im Frühjahr 1987 ist der 911 turbo auch als Targa und Cabriolet im Programm. Wie der 911 Carrera ist jetzt auch der turbo in drei verschiedenen Karosserie-Variationen im Modellprogramm.

Der Katalysator-Motor des Carrera wird überarbeitet und auf bleifreies Euro-Superbenzin mit 95 Oktan abgestimmt. Dadurch steigt die Leistung auf 217 PS (160 kW) bei 5.900/min an. Auch das Drehmoment erhöht sich geringfügig auf 265 Nm bei 4.800/min.

Die Carrera-Modelle werden mit dem neuen G 50-Schaltgetriebe ausgestattet. Das Getriebe ist verstärkt und durch die neue Borg-Warner-Sychronisierung leichter schaltbar. Der vollsynchronisierte Rückwärtsgang ist jetzt im Schaltbild vorne links, somit ergeben sich vier Schaltgassen. Die Kupplung der Carrera-Modelle ist jetzt hydraulisch betätigt. Durch das neue Schaltgetriebe wird hinten ein neues Achsquerrohr eingebaut. Die Drehstäbe an der Hinterachse sind mit einer Feinverzahnung ausgeführt. An der Vorderachse sind beim Carrera Reifen der Größe 195/65 VR 15 montiert.

Äußerlich zeigt sich der 911 des Modelljahrs 1987 leicht verändert. Im roten Heckleuchtenband sind nun zwei Nebelschlußleuchten integriert. Der runde Deckel im Schweller vor dem hinteren Radlauf ist wegen des geänderten Drehstabs im Durchmesser vergrößert. Das Carrera Cabriolet wird gegen Aufpreis mit einem elektrisch betätigten Verdeck ausgeliefert, beim turbo Cabriolet ist diese Option kostenlos. In diesem Modelljahr sind die Intensivreinigungsanlage für die Frontscheibe und die Scheinwerferreinigungsanlage beim Carrera ausnahmsweise nicht Serie. Die Heckscheibe ist nur noch einstufig beheizbar.

Die Betätigung der elektrischen Außenspiegel wird geändert. Der Schaltknopf wird im gleichen Farbton wie die Innenausstattung mit Leder bezogen. Der 911 turbo wird serienmäßig mit den vollelektrischen Sitzen ausgerüstet.

Die Fahrleistungen der Fahrzeuge mit dem stärkeren Katalysator-Motor sind leicht verbessert, aber dennoch fehlt der Biß der unentgifteten Version ab 4.000/min. In der Beschleunigung auf 100 km/h vergehen 6,3 Sekunden. Die Höchstgeschwindigkeit pendelt sich bei 240 km/h ein.

Modelljahr 1988 (J-Programm)

Im Sommer 1987 läuft der 250.000. Elfer vom Band. Porsche feiert dieses Ereignis mit einem Sondermodell von dem 875 Stück produziert werden. Davon werden 250 Exemplare in Deutschland verkauft, 300 gehen in die USA und die restlichen 325 sind für die übrigen Exportmärkte bestimmt. Das Sondermodell wird in allen drei Karosserie-Versionen in der Farbe diamantblaumetallic angeboten. Beim Coupé ist das Schiebedach, beim Cabriolet die elektrische Verdeckbetätigung in der Ausstattung enthalten. Der Felgenstern der geschmiedeten 15- Zoll-Fuchs-Räder ist in Wagenfarbe lackiert. Die Innenausstattung ist mit einer Teillederausstattung in silberblaumetallic mit Rafflederstizen, in deren Kopfstützen die Signatur »F. Porsche« eingestickt ist, ausgestattet. Lenkrad und der verkürzte Schalthebel sind mit dem gleichen Leder bezogen. Die Seidenvelourteppiche im Innen- und Gepäckraum sind in der Farbe silbergrau ausgeführt. Auf dem Handschuhfachdeckel ist eine Plakette angebracht. Im Herbst 1987 präsentiert Porsche auf der IAA den 911 Speedster in der schmalen Carrera-Karosserie.

Statt der Gußräder im »Telefon-Design« gehören jetzt beim 911 Carrera die Schmiederäder von Fuchs in den Größen 7 J x 15 vorn und 8 J x 15 hinten zur Serienausführung. Die Kupplungsbeläge aller Elfer-Modelle sind jetzt asbestfrei. Für Skandinavien sind auf allen Fahrzeugen asbestfreie Bremsbeläge montiert.

Bei allen 911 werden die Gasdruckfedern an den Hauben überarbeitet. Die schwarz eloxierte Alu-Zierleiste an der Frontscheibe wird durch eine aus Kunststoff ersetzt. Der zweite Außenspiegel, die Intensivscheibenwaschanlage und die Scheinwerferreinigungsanlage gehören wieder zur Standardausrüstung.

Auf der Lenkradprallplatte, die auch als Hupentaste dient, ist ein Hornsymbol aufgeprägt, da in den USA dieses Symbol zur Erkennung der Hupe vorgeschrieben ist. Der Beifahrersitz ist jetzt im Carrera mit den gleichen elektrischen Funktionen ausgestattet wie der Fahrersitz. Die Zentralverriegelung mit Verriegelungstaste auf der Mittelkonsole ist im Carrera Serie.

Mit dem 911 Carrera Club Sport bietet Porsche ein erleichtertes besonders sportliches Coupé an, das äußerlich durch die serienmäßigen Spoiler, das Fehlen der Nebelscheinwerfer und dem geklebten Clubsport-Dekor auf dem linken vorderen Kotflügel auffällt.

Der Club Sport ist mit einer reduzierten Ausstattung auf noch mehr Sportlichkeit getrimmt. Weniger ist eben doch mehr, so fehlen die Rücksitze, Seiten- und Rückwandverkleidungen, Dämmaterial, elektrische Heizungsregulierung, Beifahrersonnenblende, Türablagekastendeckel, Radiovorbereitung, elektrische Fensterheber und Kleiderhaken. Gegenüber einem gut ausgestatteten Normal-Carrera wiegt der Club Sport gut 100 Kilogramm weniger.

Mit 231 PS (170 kW) bei 5.900/min hat der Club Sport Motor nominell die gleiche Leistung wie der Serien-Carrera. Allerdings verhelfen erleichterte Einlaßventile und eine von 6.520/min auf 6.840/min hochgesetzte Abregeldrehzahl dem Triebwerk zu noch mehr Drehwilligkeit. Das Fahrwerk des 911 Club Sport ist straffer abgestimmt.

Der Club Sport Carrera kann sich in der Beschleunigung und im Durchzug deutlich vom Serien-Carrera absetzen. In der Endgeschwindigkeit ist er gleich schnell.

Modelljahr 1989 (K-Programm)

Die Carrera- und turbo-Modelle gehen in ihr letztes Modelljahr. Der Carrera ist als Speedster lieferbar. Schon bei Erscheinen ist der Speedster ein Sammlerstück. Der turbo erhält nun endlich ein 5-Gang-Schaltgetriebe. Aber die wichtigste Neuerscheinung ist der 911 Carrera 4 (964) mit Allradantrieb, ABS, neuem 3,6 Liter-Motor, neuem Fahrwerk und aerodynamisch stark verbesserter Karosserie.

Der 911 Speedster wird serienmäßig im Turbo-Look ohne Spoiler, mit dem Fahrwerk, der Bremsanlage und den Rädern des 911 turbo ausgeliefert. Echte Raritäten sind die 171 Exemplare, die in der schmaleren Carrera-Karosserie für den Export gebaut werden. Die verkürzte Windschutzscheibe mit den abgerundeten oberen Ecken wird von einem Aluminiumrahmen gehalten. Die Scheibe kann auch abgenommen werden. Die Türseitenscheiben werden entsprechend angepaßt. Unter der hochklappbaren Kunststoffabdeckung mit den beiden Höckern wird das manuell zu bedienende Notverdeck nach dem Öffnen verstaut. Für diese Mechanik ist ein elektrischer Antrieb nicht intelligent genug. Die Ausstattung des Speedster ist einfacher, so sind die Fensterheber über eine Kurbel von Hand zu bedienen. Die 3,2-Liter-Motoren sind mit oder ohne Katalysator lieferbar.

Der 911 Carrera wird serienmäßig mit den Fuchs-Schmiederädern vorn in der Größe 6 J x 16 mit 205/55 ZR 16 Reifen und hinten mit 8 J x 16 mit 225/50 ZR 16 ausgeliefert. Außerdem ist ein neues Alarmsystem mit Leuchtdioden in den Türverriegelungsstiften Serie.

Der 911 turbo ist mit einem verstärkten 5-Gang-Schaltgetriebe und einer hydraulischen Kupplung ausgestattet. Beim Fahrwerk des turbo sind vorne Stabilisatoren im Durchmesser von 22 Millimeter, hinten mit 18 Millimeter montiert.

Der 911 turbo beschleunigt mit dem 5-Gang-Getriebe in nur 5,2 Sekunden von 0 auf die 100 km/h. Die Endgeschwindigkeit bleibt mit 260 km/h gleich.

Vom Porsche 911 der »G-Serie« entstehen insgesamt 196.392 Fahrzeuge, dazu kommen noch 2.099 Fahrzeuge des 912 E.

Phantomzeichnung 930 turbo 3.3 Coupé

911 Coupé und Targa [Sportomatic] MJ 1974 bis MJ 1975

Motor

Bauart:	6-Zylinder-Boxermotor
Einbauposition:	Heckmotor
Kühlung:	luftgekühlt
Anzahl & Form d. Lüfterradflügel:	11, gerade
Lüfterrad Außendurchm. (mm):	245
Motor-Typ:	911/92 [911/97]
Hubraum (cm³):	2687
Bohrung x Hub:	90 x 70,4
Leistung (kW/PS):	110/150 bei 5700/min
Drehmoment (Nm):	235 bei 3800/min
Literleistung (kW/l / PS/l):	40,9 / 55,8
Verdichtung:	8,0 : 1
Ventilsteuerung:	ohc über Doppelkette, 2 Ventile pro Zylinder
Gemischaufbereitung:	Bosch K-Jetronic-Einspritzung
Zündung:	Batterie-Hochspannungs-Kondensatorzündung (BHKZ)
Zündfolge:	1 - 6 - 2 - 4 - 3 - 5
Schmierung:	Trockensumpfschmierung
Ölmenge (l):	11,0 [13,0]

Kraftübertragung

Antrieb:	Heckantrieb
Schaltgetriebe:	4-Gang
Sonderwunsch:	(5-Gang)
Sonderwunsch Sportomatic:	[4-Gang]
Getriebe-Typ:	915/16 (915/06) [925/02]
Übersetzungen:	
1. Gang:	3,182 (3,182) [2,400]
2. Gang:	1,600 (1,883) [1,550]
3. Gang:	1,104 (1,261) [1,125]
4. Gang:	0,724 (0,926) [0,821]
5. Gang:	(0,724)
Rückwärtsgang:	3,325 (3,325) [2,533]
Achsübersetzung:	4,428 (4,428) [3,857]
Sonderwunsch:	Sperrdifferential 40%

Karosserie, Fahrwerk, Bremse, Räder und Reifen

Karosserie:	2-türige, 2 + 2-sitzige, selbsttragende Karosserie aus Stahlblech, feuerverzinkte Bodengruppe, kastenförmige Leichtmetallstoßfänger mit schwarzen Faltenbälgen, an Prallrohren befestigt, Heckdeckel mit schwarzem Lüftungsgitter, rotes Leuchtenband, Außenspiegel verchromt
Coupé:	Festes verschweißtes Stahldach
Sonderwunsch:	Elektrisches Schiebedach
Targa:	Herausnehmbares Kunststoffdach, feststehender Targa-Überrollbügel aus gebürstetem Nirosta-Stahl, Heckscheibe aus Sicherheitsglas
Sonderwunsch, Serie ab 4/1974:	Herausnehmbares Faltdach
Vorderradaufhängung:	Einzelradaufhängung an Federbeinen und Querlenkern, je Rad ein runder Drehstab in Längsrichtung liegend, doppelt wirkende hydraulische Stoßdämpfer, Stabilisator
Hinterradaufhängung:	Einzelradaufhängung an Schräglenkern aus Leichtmetall, je Rad ein runder Drehstab in Querrichtung liegend, doppelt wirkende hydraulische Stoßdämpfer, Stabilisator
Sonderwunsch:	
Bremse v/h (Durchm. x B (mm)):	innenbelüftete Scheiben (282,5 x 20) / innenbelüftete Scheiben (290 x 20) 2-Kolben-Grauguß-Festsättel / 2-Kolben-Grauguß-Festsättel
Räder v/h:	5,5 J x 15 / 5,5 J x 15
Reifen v/h:	165 HR 15 / 165 HR 15
Sonderwunsch, MJ 1975 Serie:	6 J x 15 / 6 J x 15 185/70 VR 15 / 185/70 VR 15

Elektrik

Lichtmaschinenleistung (W/A):	770 / 55
MJ 1975:	980 / 70
Batterie (V/Ah):	12 / 66
Sonderwunsch:	12 / 88

Abmessungen, Gewichte und Volumen

Spurweite v/h (mm):	1360 / 1342
mit 6 J x 15 / 6 J x 15:	1372 / 1354
Radstand (mm):	2271
Maße (L x B x H (mm)):	4291 x 1610 x 1320
Leergewicht nach DIN (kg):	1075 [1090]
zul. Gesamtgewicht (kg):	1440
Kofferraumvolumen (l):	200
nach VDA (l):	130
Gepäckraum im Innenraum*:	175
Tankvolumen (l):	80, davon 8 Reserve
C_W x A (m²):	0,39 x 1,76 = 0,686
Leistungsgewicht (kg/kW / kg/PS):	9,77 [9,90] / 7,16 [7,26]
*bei umgeklappten Rücksitzlehnen	

Kraftstoffverbrauch

nach DIN 70 030 (l/100 km):	9,4; 91 ROZ Normal verbleit
bei durchschnittlicher, gemischter Autobahn- und Landstraßenfahrt:*	ca. 14
*Angabe aus Bedienungsanleitung	

Fahrleistungen, Stückzahlen, Preise

Beschleunigung 0–100 km/h (s):	8,5 [8,5]
Höchstgeschw. (km/h):	210 [205]
Stückzahl:	
Coupé:	5.232
Targa:	4.088
Listenpreise:	
08/1973 Coupé:	DM 26.980,- [DM 27.980,-]
Targa:	DM 28.980,- [DM 29.980,-]
03/1974 Coupé:	DM 29.250,- [DM 30.250,-]
Targa:	DM 31.740,- [DM 32.740,-]
08/1974 Coupé:	DM 29.950,- [DM 30.950,-]
Targa:	DM 31.950,- [DM 32.950,-]
01/1975 Coupé:	DM 32.350,- [DM 33.350,-]
Targa:	DM 34.510,- [DM 35.510,-]

911 S Coupé und Targa [Sportomatic] MJ 1974 bis MJ 1975

Motor

Bauart:	6-Zylinder-Boxermotor
Einbauposition:	Heckmotor
Kühlung:	luftgekühlt
Anzahl & Form d. Lüfterradflügel:	11, gerade
Lüfterrad Außendurchm. (mm):	245
Motor-Typ:	911/93 [911/98]
Hubraum (cm³):	2687
Bohrung x Hub:	90 x 70,4
Leistung (kW/PS):	129/175 bei 5800/min
Drehmoment (Nm):	235 bei 4000/min
Literleistung (kW/l / PS/l):	48,0 / 65,1
Verdichtung:	8,5 : 1
Ventilsteuerung:	ohc über Doppelkette, 2 Ventile pro Zylinder
Gemischaufbereitung:	Bosch K-Jetronic-Einspritzung
Zündung:	Batterie-Hochspannungs-Kondensatorzündung (BHKZ)
Zündfolge:	1 - 6 - 2 - 4 - 3 - 5
Schmierung:	Trockensumpfschmierung
Ölmenge (l):	13,0 [15,0]

Kraftübertragung

Antrieb:	Heckantrieb
Schaltgetriebe:	4-Gang
Sonderwunsch:	(5-Gang)*
Sonderwunsch Sportomatic:	[4-Gang]
Getriebe-Typ:	915/16 (915/06) [925/02]
Übersetzungen:	
1. Gang:	3,182 (3,182) [2,400]
2. Gang:	1,600 (1,833) [1,550]
3. Gang:	1,104 (1,261) [1,125]
4. Gang:	0,724 (0,926) [0,821]
5. Gang:	(0,724)
Rückwärtsgang:	3,325 (3,325) [2,533]
Achsübersetzung:	4,428 (4,428) [3,857]
Sonderwunsch:	Sperrdifferential 40%

Karosserie, Fahrwerk, Bremse, Räder und Reifen

Karosserie:	2-türige, 2 + 2-sitzige, selbsttragende Karosserie aus Stahlblech, feuerverzinkte Bodengruppe, kastenförmige Leichtmetallstoßfänger mit schwarzen Faltenbälgen, an Prallrohren befestigt, Heckdeckel mit schwarzem Lüftungsgitter, rotes Leuchtenband, Außenspiegel verchromt
MJ 1975:	Außenspiegel in Wagenfarbe
Coupé:	Festes verschweißtes Stahldach
Sonderwunsch:	Elektrisches Schiebedach
Targa:	Herausnehmbares Kunststoffdach, feststehender Targa-Überrollbügel aus gebürstetem Nirosta-Stahl, Heckscheibe aus Sicherheitsglas
Sonderwunsch, Serie ab 4/1974:	Herausnehmbares Faltdach
Vorderradaufhängung:	Einzelradaufhängung an Federbeinen und Querlenkern, je Rad ein runder Drehstab in Längsrichtung liegend, doppelt wirkende hydraulische Stoßdämpfer, Stabilisator
Hinterradaufhängung:	Einzelradaufhängung an Schräglenkern aus Leichtmetall, je Rad ein runder Drehstab in Querrichtung liegend, doppelt wirkende hydraulische Stoßdämpfer,
Sonderwunsch:	Stabilisator
Bremse v/h (Durchm. x B (mm)):	innenbelüftete Scheiben (282,5 x 20) / innenbelüftete Scheiben (290 x 20) 2-Kolben-Grauguß-Festsättel / 2-Kolben-Grauguß-Festsättel
Räder v/h:	6 J x 15 / 6 J x 15
Reifen v/h:	185/70 VR 15 / 185/70 VR 15

Elektrik

Lichtmaschinenleistung (W/A):	770 / 55
MJ 1975:	980 / 70
Batterie (V/Ah):	12 / 66
Sonderwunsch:	12 / 88

Abmessungen, Gewichte und Volumen

Spurweite v/h (mm):	1372 / 1354
Radstand (mm):	2271
Maße (L x B x H (mm)):	4291 x 1610 x 1320
Leergewicht nach DIN (kg):	1075 [1090]
zul. Gesamtgewicht (kg):	1440
Kofferraumvolumen (l):	200
nach VDA (l):	130
Gepäckraum im Innenraum*:	175
Tankvolumen (l):	80, davon 8 Reserve
c_w x A (m²):	0,39 x 1,76 = 0,686
Leistungsgewicht (kg/kW / kg/PS):	8,33 [8,44] / 6,14 [6,22]
***bei umgeklappten Rücksitzlehnen**	

Kraftstoffverbrauch

nach DIN 70 030 (l/100 km):	9,4; 91 ROZ Normal verbleit
bei durchschnittlicher, gemischter Autobahn- und Landstraßenfahrt:*	ca. 15
***Angabe aus Bedienungsanleitung**	

Fahrleistungen, Stückzahlen, Preise

Beschleunigung 0–100 km/h (s):	7,6 [7,6]
Höchstgeschw. (km/h):	225 [220]
Stückzahl:	
Coupé:	4.927
Targa:	3.051
Listenpreise:	
08/1973 Coupé:	DM 30.980,- [DM 31.980,-]
Targa:	DM 32.980,- [DM 33.980,-]
03/1974 Coupé:	DM 32.950,- [DM 33.950,-]
Targa:	DM 35.440,- [DM 36.440,-]
08/1974 Coupé:	DM 33.450,- [DM 34.450,-]
Targa:	DM 35.450,- [DM 36.450,-]
01/1975 Coupé:	DM 36.130,- [DM 37.130,-]
Targa:	DM 38.290,- [DM 39.290,-]

911 Carrera Coupé und Targa
MJ 1974 bis MJ 1975

Motor

Bauart:	6-Zylinder-Boxermotor
Einbauposition:	Heckmotor
Kühlung:	luftgekühlt
Anzahl & Form d. Lüfterradflügel:	11, gerade
Lüfterrad Außendurchm. (mm):	245
Motor-Typ:	911/83
Hubraum (cm^3):	2687
Bohrung x Hub:	90 x 70,4
Leistung (kW/PS):	154/210 bei 6300/min
Drehmoment (Nm):	255 bei 5100/min
Literleistung (kW/l / PS/l):	57,3 / 78,2
Verdichtung:	8,5 : 1
Ventilsteuerung:	ohc über Doppelkette, 2 Ventile pro Zylinder
Gemischaufbereitung:	Mechanische Bosch Saugrohreinspritzung mit 6-Stempel-Doppelreiheneinspritzpumpe
Zündung:	Batterie-Hochspannungs-Kondensatorzündung (BHKZ)
Zündfolge:	1 - 6 - 2 - 4 - 3 - 5
Schmierung:	Trockensumpfschmierung
Ölmenge (l):	13,0

Kraftübertragung

Antrieb:	Heckantrieb
Schaltgetriebe:	4-Gang
Sonderwunsch:	(5-Gang)
Getriebe-Typ:	915/16 (915/06)
Übersetzungen:	
1. Gang:	3,182 (3,182)
2. Gang:	1,600 (1,833)
3. Gang:	1,104 (1,261)
4. Gang:	0,724 (0,926)
5. Gang:	(0,724)
Rückwärtsgang:	3,325 (3,325)
Achsübersetzung:	4,428 (4,428)
Sonderwunsch:	Sperrdifferential 40%

Karosserie, Fahrwerk, Bremse, Räder und Reifen

Karosserie:	2-türige, 2 + 2-sitzige, selbsttragende Karosserie aus Stahlblech mit Kotflügelverbreiterungen hinten, feuerverzinkte Bodengruppe, astenförmige Leichtmetallstoßfänger mit schwarzen Faltenbälgen, an Prallrohren befestigt, Heckdeckel mit schwarzem Lüftungsgitter, rotes Leuchtenband, Außenspiegel in Wagenfarbe
Coupé:	Festes verschweißtes Stahldach
Sonderwunsch:	Elektrisches Schiebedach
Targa:	Herausnehmbares Kunststoffdach, feststehender Targa-Überrollbügel aus gebürstetem Nirosta-Stahl, Heckscheibe aus Sicherheitsglas
MJ 1975:	Schwarzer Targa-Überrollbügel
ohne Mehrpreis, Serie ab 4/1974:	Herausnehmbares Faltdach
Vorderradaufhängung:	Einzelradaufhängung an Federbeinen und Querlenkern, je Rad ein runder Drehstab in Längsrichtung liegend, doppelt wirkende hydraulische Stoßdämpfer, Stabilisator
Hinterradaufhängung:	Einzelradaufhängung an Schräglenkern aus Leichtmetall, je Rad ein runder Drehstab in Querrichtung liegend, doppelt wirkende hydraulische Stoßdämpfer, Stabilisator
Bremse v/h (Durchm. x B (mm)):	innenbelüftete Scheiben (282,5 x 20) / innenbelüftete Scheiben (290 x 20) 2-Kolben-Grauguß-Festsättel / 2-Kolben-Grauguß-Festsättel
Räder v/h:	6 J x 15 / 7 J x 15
Reifen v/h:	185/70 VR 15 / 215/60 VR 15

Elektrik

Lichtmaschinenleistung (W):	770 / 55
MJ 1975:	980 / 70
Batterie (V/Ah):	12 / 66
Sonderwunsch:	12 / 88

Abmessungen, Gewichte und Volumen

Spurweite v/h (mm):	1372 / 1380
Radstand (mm):	2271
Maße (L x B x H (mm)):	4291 x 1652 x 1320
Leergewicht nach DIN (kg):	1075
zul. Gesamtgewicht (kg):	1400
Kofferraumvolumen (l):	200
nach VDA (l):	130
Gepäckraum im Innenraum*:	175
Tankvolumen (l):	80, davon 8 Reserve
C_w x A (m^2):	0,40 x 1,77 = 0,708
Leistungsgewicht (kg/kW / kg/PS):	6,98 / 5,11
***bei umgeklappten Rücksitzlehnen**	

Kraftstoffverbrauch

nach DIN 70 030 (l/100 km):	10,8; 91 ROZ Normal verbleit
bei durchschnittlicher, gemischter Autobahn- und Landstraßenfahrt:*	ca. 18
***Angabe aus Bedienungsanleitung**	

Fahrleistungen, Stückzahlen, Preise

Beschleunigung 0–100 km/h (s):	6,3
Höchstgeschw. (km/h):	240
Stückzahl:	
Coupé:	1.534
Targa:	610
Listenpreise:	
08/1973 Coupé:	DM 37.980,-
Targa:	DM 39.980,-
03/1974 Coupé:	DM 39.950,-
Targa:	DM 41.950,-
08/1974 Coupé:	DM 40.950,-
Targa:	DM 42.950,-
03/1975 Coupé:	DM 44.230,-
Targa:	DM 46.390,-

911 Carrera RS 3.0 Coupé MJ 1974

Motor

Bauart:	6-Zylinder-Boxermotor
Einbauposition:	Heckmotor
Kühlung:	luftgekühlt
Anzahl & Form d. Lüfterradflügel:	11, gerade
Lüfterrad Außendurchm. (mm):	245
Motor-Typ:	911/77
Hubraum (cm³):	2994
Bohrung x Hub:	95 x 70,4
Leistung (kW/PS):	169/230 bei 6200/min
Drehmoment (Nm):	275 bei 5000/min
Literleistung (kW/l / PS/l):	56,4 / 76,8
Verdichtung:	9,8 : 1
Ventilsteuerung:	ohc über Doppelkette, 2 Ventile pro Zylinder
Gemischaufbereitung:	Mechanische Bosch Saugrohreinspritzung mit 6-Stempel-Doppelreiheneinspritzpumpe
Zündung:	Batterie-Hochspannungs-Kondensatorzündung (BHKZ)
Zündfolge:	1 - 6 - 2 - 4 - 3 - 5
Schmierung:	Trockensumpfschmierung
Ölmenge (l):	16,0

Kraftübertragung

Antrieb:	Heckantrieb
Schaltgetriebe:	5-Gang
Getriebe-Typ:	915
Übersetzungen:	
1. Gang:	3,182
2. Gang:	1,833
3. Gang:	1,261
4. Gang:	0,926
5. Gang:	0,724
Rückwärtsgang:	3,325
Achsübersetzung:	4,429
Serie:	Sperrdifferential 80%

Karosserie, Fahrwerk, Bremse, Räder und Reifen

Karosserie:	2-türige, 2-sitzige, selbsttragende gewichtsreduzierte Coupé-Karosserie aus Stahlblech mit Dünnblechteilen bei Dach- und Türaußenhaut, Kotflügelverbreiterungen für vorn 9 und hinten 11 Zoll breite Räder, feuerverzinkte Bodengruppe, Kunststoffstoßstangen, Frontspoiler mit integriertem Ölkühler aus Kunststoff, Kofferraumhaube aus Kunststoff, Heckdeckel aus Kunststoff mit flachem Heckspoiler mit schwarzer PU-Umrandung, rotes Leuchtenband, Heck- und Seitenscheiben aus leichtem Dünnglas, schwarze Außenspiegel, »Carrera«-Folie auf den Flanken
Vorderradaufhängung:	Einzelradaufhängung an Dreieckslenkern und Dämpferbeinen, je Rad ein runder Drehstab in Längsrichtung liegend, hydraulische Teleskopstoßdämpfer, Stabilisator
Hinterradaufhängung:	Einzelradaufhängung an Längslenkern, je Rad ein runder Drehstab quer liegend hydraulische Teleskopstoßdämpfer, Stabilisator
Sonderwunsch:	Schraubenfedern
Bremse v/h (Durchm. x B (mm)):	innenbelüftete gelochte Scheiben (300 x 28) innenbelüftete gelochte Scheiben (300 x 28) 4-Kolben-Aluminium-Festsättel / 4-Kolben-Aluminium-Festsättel
Räder v/h:	8 J x 15 / 9 J x 15
Reifen v/h:	215/60 VR 15 / 235/60 VR 15

Elektrik

Lichtmaschinenleistung (W/A):	770 / 55
Batterie (V/Ah):	12 / 36

Abmessungen, Gewichte und Volumen

Spurweite v/h (mm):	1437 / 1462
Radstand (mm):	2271
Maße (L x B x H (mm)):	4235 x 1775 x 1320
Leergewicht nach DIN (kg):	1060
zul. Gesamtgewicht (kg):	1400
Kofferraumvolumen (l):	200
nach VDA (l):	130
Tankvolumen (l):	80, davon 8 Reserve
C_w x A (m²):	n/a
Leistungsgewicht (kg/kW / kg/PS):	5,32 / 3,91

Kraftstoffverbrauch

(l/100 km):	ca. 17; 98 ROZ Super verbleit

Fahrleistungen, Stückzahlen, Preise

Beschleunigung 0–100 km/h (s):	5,3
0-200 km/h (s):	21,1
Höchstgeschw. (km/h):	245
Stückzahl (incl. IROC und RSR):	110
Listenpreis:	DM 64.980,-

911 Turbo Coupé
MJ 1975 bis MJ 1977

Motor

Bauart:	6-Zylinder-Boxermotor mit Turboaufladung
Einbauposition:	Heckmotor
Kühlung:	luftgekühlt
Anzahl & Form d. Lüfterradflügel:	11, gerade
Lüfterrad Außendurchm. (mm):	245
Motor-Typ:	930/50
MJ 1977:	930/52
Hubraum (cm^3):	2994
Bohrung x Hub:	95 x 70,4
Leistung (kW/PS):	191/260 bei 5500/min
Drehmoment (Nm):	343 bei 4000/min
Literleistung (kW/l / PS/l):	63,8 / 86,8
Verdichtung:	6,5 : 1
Maximaler Ladedruck (bar):	0,8
Ventilsteuerung:	ohc über Doppelkette, 2 Ventile pro Zylinder
Gemischaufbereitung:	Bosch K-Jetronic-Einspritzung
Zündung:	Batterie-Hochspannungs-Kondensatorzündung (BHKZ), kontaktlos
Zündfolge:	1 - 6 - 2 - 4 - 3 - 5
Schmierung:	Trockensumpfschmierung
Ölmenge (l):	13,0

Kraftübertragung

Antrieb:	Heckantrieb
Schaltgetriebe:	4-Gang
Getriebe-Typ:	930/30 (930/32)*
MJ 1977:	930/33
Übersetzungen:	
1. Gang:	2,250 (2,250)
2. Gang:	1,304 (1,304)
3. Gang:	0,893 (0,893)
4. Gang:	0,656 (0,656)
Rückwärtsgang:	2,438 (2,438)
Achsübersetzung:	4,222 (4,000)
Sonderwunsch:	Sperrdifferential 40%
***MJ 1976 bei Reifen mit 50er Querschnitt**	

Karosserie, Fahrwerk, Bremse, Räder und Reifen

Karosserie:	2-türige, 2 + 2-sitzige, selbsttragende Coupé-Karosserie aus Stahlblech mit Kotflügelverbreiterungen vorne und hinten, feuerverzinkte Bodengruppe, kastenförmige Leichtmetallstoßfänger mit schwarzen Faltenbälgen, an Prallrohren befestigt, schwarze PU-Frontspoilerlippe, Kunststoff-Heckdeckel mit feststehendem flachen Heckspoiler mit schwarzer PU-Umrandung, rotes Leuchtenband, Außenspiegel in Wagenfarbe
ab MJ 1976:	Alle tragenden Teile aus feuerverzinkten Blechen, Außenspiegel in Wagenfarbe elektrisch verstellbar
Sonderwunsch:	Elektrisches Schiebedach
Vorderradaufhängung:	Einzelradaufhängung an Federbeinen und Querlenkern, je Rad ein runder Drehstab in Längsrichtung liegend, Zweirohr-Gasdruckstoßdämpfer, Stabilisator
Hinterradaufhängung:	Einzelradaufhängung an Schräglenkern aus Leichtmetall, je Rad ein runder Drehstab in Querrichtung liegend, Zweirohr-Gasdruckstoßdämpfer, Stabilisator
Bremse v/h (Durchm. x B (mm)):	innenbelüftete Scheiben (282,5 x 20) / innenbelüftete Scheiben (290 x 20) 2-Kolben-Aluminium-Festsättel / 2-Kolben-Grauguß-Festsättel
Räder v/h:	7 J x 15* / 8 J x 15*
Reifen v/h:	185/70 VR 15 / 215/60 VR 15
Sonderwunsch, Serie MJ 1976:	205/50 VR 15 / 225/50 VR 15
Serie MJ 1977:	7 J x 16* / 8 J x 16*
	205/55 VR 16 / 225/50 VR 16
***Stärke Distanzscheiben vorne 21 mm, hinten 28 mm**	

Elektrik

Lichtmaschinenleistung (W/A):	980 / 70
Batterie (V/Ah):	12 / 66
Sonderwunsch:	12 / 88

Abmessungen, Gewichte und Volumen

Spurweite v/h (mm):	1438 / 1511
Radstand (mm):	2272
Maße (L x B x H (mm)):	4291 x 1775 x 1320
Leergewicht nach DIN (kg):	1140
ab MJ 1976:	1195
zul. Gesamtgewicht (kg):	1470
ab MJ 1976:	1525
Kofferraumvolumen (l):	200
MJ 1977:	190
nach VDA (l):	130
Gepäckraum im Innenraum*:	175
Tankvolumen (l):	80, davon 8 Reserve
C_w x A (m^2):	0,39 x 1,86 = 0,725
Leistungsgewicht (kg/kW / kg/PS):	6,00 / 4,38
ab MJ 1976:	6,25 / 4,59
***bei umgeklappten Rücksitzlehnen**	

Kraftstoffverbrauch

nach DIN 70 030 (l/100 km):	10,8; 96 ROZ Super verbleit
MJ 1977:	10,0
bei durchschnittlicher, gemischter Autobahn- und Landstraßenfahrt:*	ca. 14 - 18
***Angabe aus Bedienungsanleitung**	

Fahrleistungen, Stückzahlen, Preise

Beschleunigung 0–100 km/h (s):	5,5
Höchstgeschw. (km/h):	über 250
Stückzahl:	2.850
Listenpreis:	
08/1974:	DM 65.800,-
03/1975:	DM 65.800,-
08/1975:	DM 66.450,-
03/1976:	DM 67.850,-
08/1976:	DM 67.850,-
03/1977:	DM 70.000,-

912 E Coupé (nur USA) MJ 1976

Motor

Bauart:	4-Zylinder-Boxermotor
Einbauposition:	Heckmotor
Kühlung:	luftgekühlt
Motor-Typ:	923/02
Hubraum (cm³):	1971
Bohrung x Hub:	94 x 71
Leistung (kW/PS):	64/86* bei 4900/min
Drehmoment (Nm):	133* bei 4000/min
Literleistung (kW/l / PS/l):	32,5 / 43,6
Verdichtung:	7,6 : 1
Ventilsteuerung:	ohv über Zahnräder, 2 Ventile pro Zylinder
Gemischaufbereitung:	Bosch L-Jetronic
Zündung:	Batteriezündung
Zündfolge:	1 - 4 - 3 - 2
Schmierung:	Druckumlaufschmierung
Ölmenge (l):	3,5
***nach SAE**	

Kraftübertragung

Antrieb:	Heckantrieb
Schaltgetriebe:	5-Gang
Getriebe-Typ:	923/02
Übersetzungen:	
1. Gang:	3,181
2. Gang:	1,833
3. Gang:	1,261
4. Gang:	0,962
5. Gang:	0,724
Rückwärtsgang:	3,325
Achsübersetzung:	4,428
Sonderwunsch:	Sperrdifferential 40%

Karosserie, Fahrwerk, Bremse, Räder und Reifen

Karosserie:	2-türige, 2 + 2-sitzige, selbsttragende Karosserie mit allen tragenden Teilen aus feuerverzinktem Stahlblech, kastenförmige Leichtmetallstoßfänger mit schwarzen Faltenbälgen, an Prallrohren befestigt, Heckdeckel mit schwarzem Lüftungsgitter, rotes Leuchtenband, Außenspiegel verchromt
Sonderwunsch:	Elektrisches Schiebedach
Vorderradaufhängung:	Einzelradaufhängung an Federbeinen und Querlenkern , je Rad ein runder Drehstab in Längsrichtung liegend, doppelt wirkende hydraulische Stoßdämpfer, Stabilisator
Hinterradaufhängung:	Einzelradaufhängung an Schräglenkern aus Leichtmetall, je Rad ein runder Drehstab in Querrichtung liegend, doppelt wirkende hydraulische Stoßdämpfer,
Sonderwunsch:	Stabilisator
Bremse v/h (Durchm. x B (mm)):	Scheiben (282,5 x 12,7) / Scheiben (290 x 12,7) 2-Kolben-Graugruß-Festsättel / 2-Kolben-Graugruß-Festsättel
Räder v/h:	5,5 J x 15 / 5,5 J x 15
Reifen v/h:	165 HR 15 / 165 HR 15
Sonderwunsch:	5,5 J x 14 / 5,5 J x 15 185 HR 14 / 185 HR 14

Elektrik

Lichtmaschinenleistung (W/A):	700 / 50
Batterie (V/Ah):	12 / 44
Sonderwunsch:	12 / 66

Abmessungen, Gewichte und Volumen

Spurweite v/h (mm):	1349 / 1330
Radstand (mm):	2272
Maße (L x B x H (mm)):	4291 x 1610 x 1340
Leergewicht nach DIN (kg):	1160
zul. Gesamtgewicht (kg):	1400
Kofferraumvolumen (l):	200
nach VDA (l):	130
Gepäckraum im Innenraum*:	175
Tankvolumen (l):	80, davon 8 Reserve
c_w x A (m²):	0,39 x 1,76 = 0,686
Leistungsgewicht (kg/kW / kg/PS):	18,12 / 13,48
***bei umgeklappten Rücksitzlehnen**	

Kraftstoffverbrauch

(l/100 km):	ca. 9; 91 ROZ Normal verbleit

Fahrleistungen, Stückzahlen, Preise

Beschleunigung 0–100 km/h (s):	13,5
Höchstgeschw. (km/h):	176
Stückzahl:	2.099
Listenpreis:	US $ 10.845,-

911 Coupé und Targa [Sportomatic] MJ 1976 bis MJ 1977

Motor

Bauart:	6-Zylinder-Boxermotor
Einbauposition:	Heckmotor
Kühlung:	luftgekühlt
Anzahl & Form d. Lüfterradflügel:	5, gerade
Lüfterrad Außendurchm. (mm):	226
Motor-Typ:	911/81 [911/86]
Hubraum (cm³):	2687
Bohrung x Hub:	90 x 70,4
Leistung (kW/PS):	121/165 bei 5800/min
Drehmoment (Nm):	235 bei 4000/min
Literleistung (kW/l / PS/l):	45,0 / 61,4
Verdichtung:	8,5 : 1
Ventilsteuerung:	ohc über Doppelkette, 2 Ventile pro Zylinder
Gemischaufbereitung:	Bosch K-Jetronic-Einspritzung
Zündung:	Batterie-Hochspannungs-Kondensatorzündung (BHKZ)
Zündfolge:	1 - 6 - 2 - 4 - 3 - 5
Schmierung:	Trockensumpfschmierung
Ölmenge (l):	13,0 [15,0]

Kraftübertragung

Antrieb:	Heckantrieb
Schaltgetriebe:	4-Gang
Sonderwunsch:	(5-Gang)
Sonderwunsch Sportomatic:	[3-Gang]
Getriebe-Typ:	915/49 (915/44) [925/09]
Übersetzungen:	
1. Gang:	3,182 (3,182) [2,400]
2. Gang:	1,600 (1,833) [1,429]
3. Gang:	1,080 (1,261) [0,926]
4. Gang:	0,821 (1,000)
5. Gang:	(0,821)
Rückwärtsgang:	3,325 (3,325) [2,533]
Achsübersetzung:	3,875 (3,875) [3,375]
Sonderwunsch:	Sperrdifferential 40%

Karosserie, Fahrwerk, Bremse, Räder und Reifen

Karosserie:	2-türige, 2 + 2-sitzige, selbsttragende Karosserie mit allen tragenden Teilen aus feuerverzinktem Stahlblech, kastenförmige Leichtmetallstoßfänger mit schwarzen Faltenbälgen, an Prallrohren befestigt, Heckdeckel mit schwarzem Lüftungsgitter, rotes Leuchtenband, Außenspiegel in Wagenfarbe elektrisch verstellbar
Coupé:	Festes verschweißtes Stahldach
Sonderwunsch:	Elektrisches Schiebedach
Targa:	Herausnehmbares Faltdach, feststehender Targa-Überrollbügel aus gebürstetem Nirosta-Stahl, Heckscheibe aus Sicherheitsglas
Vorderradaufhängung:	Einzelradaufhängung an Federbeinen und Querlenkern, je Rad ein runder Drehstab in Längsrichtung liegend, doppelt wirkende hydraulische Stoßdämpfer, Stabilisator
Hinterradaufhängung:	Einzelradaufhängung an Schräglenkern aus Leichtmetall, je Rad ein runder Drehstab in Querrichtung liegend, doppelt wirkende hydraulische Stoßdämpfer,
Sonderwunsch:	Stabilisator
Bremse v/h (Durchm. x B (mm)):	innenbelüftete Scheiben (282,5 x 20) / innenbelüftete Scheiben (290 x 20) 2-Kolben-Grauguß-Festsättel / 2-Kolben-Grauguß-Festsättel
Räder v/h:	6 J x 15 / 6 J x 15
Reifen v/h:	185/70 VR 15 / 185/70 VR 15

Elektrik

Lichtmaschinenleistung (W/A):	980 / 70
Batterie (V/Ah):	12 / 66
Sonderwunsch:	12 / 88

Abmessungen, Gewichte und Volumen

Spurweite v/h (mm):	1369 / 1354
Radstand (mm):	2272
Maße (L x B x H (mm)):	4291 x 1610 x 1320
Leergewicht nach DIN (kg):	1120
zul. Gesamtgewicht (kg):	1440
Kofferraumvolumen (l):	200
MJ 1977 mit Sportomatic:	190
nach VDA (l):	130
Gepäckraum im Innenraum*:	175
Tankvolumen (l):	80, davon 8 Reserve
C_w x A (m²):	0,39 x 1,76 = 0,686
Leistungsgewicht (kg/kW / kg/PS):	9,25/ 6,78

*bei umgeklappten Rücksitzlehnen

Kraftstoffverbrauch

nach DIN 70 030 (l/100 km):	91 ROZ Normal verbleit
Bei 90 km/h konstant:	7,5 (7,5)* [8,2]
Bei 120 km/h konstant:	9,5 (9,5)* [9,1]
Stadtzyklus:	17,2 (17,8)* [17,6]
Drittelmix:	11,4 (11,6)* [11,6]

*mit 5-Gang-Schaltgetriebe

Fahrleistungen, Stückzahlen, Preise

Beschleunigung 0–100 km/h (s):	7,8 [7,8]
MJ 1977:	7,5 [7,5]
Höchstgeschw. (km/h):	über 210 [210]
Stückzahl:	
Coupé:	9.904
Targa:	8.182
Listenpreise:	
09/1975 Coupé:	DM 34.350,- [DM 35.340,-]
Targa:	DM 36.850,- [DM 37.840,-]
02/1976 Coupé:	DM 35.750,- [DM 36.740,-]
Targa:	DM 38.250,- [DM 39.240,-]
08/1976 Coupé:	DM 35.950,- [DM 37.140,-]
Targa:	DM 38.450,- [DM 39.640,-]
02/1977 Coupé:	DM 37.300,- [DM 38.490,-]
Targa:	DM 39.800,- [DM 40.990,-]

911 Carrera 3.0 Coupé und Targa [Sportomatic] MJ 1976 bis MJ 1977

Motor

Bauart:	6-Zylinder-Boxermotor
Einbauposition:	Heckmotor
Kühlung:	luftgekühlt
Anzahl & Form d. Lüfterradflügel:	5, gerade
Lüfterrad Außendurchm. (mm):	226
Motor-Typ:	930/02 [930/12]
Hubraum (cm³):	2994
Bohrung x Hub:	95 x 70,4
Leistung (kW/PS):	147/200 bei 6000/min
Drehmoment (Nm):	255 bei 4200/min
Literleistung (kW/l / PS/l):	49,1 / 66,8
Verdichtung:	8,5 : 1
Ventilsteuerung:	ohc über Doppelkette, 2 Ventile pro Zylinder
Gemischaufbereitung:	Bosch K-Jetronic-Einspritzung
Zündung:	Batterie-Hochspannungs-Kondensatorzündung (BHKZ)
Zündfolge:	1 - 6 - 2 - 4 - 3 - 5
Schmierung:	Trockensumpfschmierung
Ölmenge (l):	13,0 [15,0]

Kraftübertragung

Antrieb:	Heckantrieb
Schaltgetriebe:	4-Gang
Sonderwunsch:	(5-Gang)
Sonderwunsch Sportomatic:	[3-Gang]
Getriebe-Typ:	915/49 (915/44) [925/13]
Übersetzungen:	
1. Gang:	3,182 (3,182) [2,400]
2. Gang:	1,600 (1,833) [1,429]
3. Gang:	1,080 (1,261) [0,926]
4. Gang:	0,821 (1,000)
5. Gang:	(0,821)
Rückwärtsgang:	3,325 (3,325) [2,533]
Achsübersetzung:	3,875 (3,875) [3,375]
Sonderwunsch:	Sperrdifferential 40%

Karosserie, Fahrwerk, Bremse, Räder und Reifen

Karosserie:	2-türige, 2 + 2-sitzige, selbsttragende Karosserie mit allen tragenden Teilen aus feuerverzinktem Stahlblech mit Kotflügelverbreiterungen hinten, kastenförmige Leichtmetallstoßfänger mit schwarzen Faltenbälgen, an Prallrohren befestigt, Heckdeckel mit schwarzem Lüftungsgitter, rotes Leuchtenband, Außenspiegel in Wagenfarbe elektrisch verstellbar
Coupé:	Festes verschweißtes Stahldach
Sonderwunsch:	Elektrisches Schiebedach
Targa:	Herausnehmbares Faltdach, feststehender Targa-Überrollbügel aus gebürstetem Nirosta-Stahl, Heckscheibe aus Sicherheitsglas
Vorderradaufhängung:	Einzelradaufhängung an Federbeinen und Querlenkern, je Rad ein runder Drehstab in Längsrichtung liegend, doppelt wirkende hydraulische Stoßdämpfer, Stabilisator
Hinterradaufhängung:	Einzelradaufhängung an Schräglenkern aus Leichtmetall, je Rad ein runder Drehstab in Querrichtung liegend, doppelt wirkende hydraulische Stoßdämpfer, Stabilisator
Bremse v/h (Durchm. x B (mm)):	innenbelüftete Scheiben (282,5 x 20) / innenbelüftete Scheiben (290 x 20) 2-Kolben-Grauguß-Festsättel / 2-Kolben-Grauguß-Festsättel
Räder v/h:	6 J x 15 / 7 J x 15
Reifen v/h:	185/70 VR 15 / 215/60 VR 15
Sonderwunsch MJ 1976:	7 J x 15 / 8 J x 15 205/50 VR 15 / 225/50 VR 15*
Sonderwunsch MJ 1977:	6 J x 16 / 7 J x 16 205/55 VR 16 / 225/50 VR 16
***mit angepaßtem Tachometer**	

Elektrik

Lichtmaschinenleistung (W/A):	980 / 70
Batterie (V/Ah):	12 / 66
Sonderwunsch:	12 / 88

Abmessungen, Gewichte und Volumen

Spurweite v/h (mm):	1369 / 1380
Radstand (mm):	2272
Maße (L x B x H (mm)):	4291 x 1652 x 1320
Leergewicht nach DIN (kg):	1120
zul. Gesamtgewicht (kg):	1440
Kofferraumvolumen (l):	200
MJ 1977:	190
nach VDA (l):	130
Gepäckraum im Innenraum*:	175
Tankvolumen (l):	80, davon 8 Reserve
C_w x A (m²):	0,40 x 1,77 = 0,708
Leistungsgewicht (kg/kW / kg/PS):	7,61/ 5,6
***bei umgeklappten Rücksitzlehnen**	

Kraftstoffverbrauch

nach DIN 70 030 (l/100 km):	91 ROZ Normal verbleit
Bei 90 km/h konstant:	9,2 (9,2)* [9,3]
Bei 120 km/h konstant:	10,2 (10,2)* [10,6]
Stadtzyklus:	18,9 (20,8)* [22,1]
Drittelmix:	12,8 (13,4)* [14,0]
***mit 5-Gang-Schaltgetriebe**	

Fahrleistungen, Stückzahlen, Preise

Beschleunigung 0–100 km/h (s):	6,5 [6,5]
MJ 1977:	6,3 [6,3]
Höchstgeschw. (km/h):	über 230 [230]
Stückzahl:	
Coupé:	2.546
Targa:	1.105
Listenpreise:	
09/1975 Coupé:	DM 44.950,- [DM 44.950,-]*
Targa:	DM 46.950,- [DM 46.950,-]
02/1976 Coupé:	DM 46.350,- [DM 46.350,-]
Targa:	DM 48.350,- [DM 48.350,-]
08/1976 Coupé:	DM 46.350,- [DM 46.350,-]
Targa:	DM 48.850,- [DM 48.850,-]
02/1977 Coupé:	DM 47.700,- [DM 47.700,-]
Targa:	DM 50.200,- [DM 50.200,-]
***Sportomatic ohne Aufpreis**	

911 SC Coupé und Targa [Sportomatic] MJ 1978 bis MJ 1979

Motor

Bauart:	6-Zylinder-Boxermotor
Einbauposition:	Heckmotor
Kühlung:	luftgekühlt
Anzahl & Form d. Lüfterradflügel:	11, gerade
Lüfterrad Außendurchm. (mm):	226
Motor-Typ:	930/03 [930/13]
Hubraum (cm³):	2994
Bohrung x Hub:	95 x 70,4
Leistung (kW/PS):	132/180 bei 5500/min
Drehmoment (Nm):	265 bei 4200/min
Literleistung (kW/l / PS/l):	44,1 / 60,1
Verdichtung:	8,5 : 1
Ventilsteuerung:	ohc über Doppelkette, 2 Ventile pro Zylinder
Gemischaufbereitung:	Bosch K-Jetronic-Einspritzung
Zündung:	Batterie-Hochspannungs-Kondensatorzündung (BHKZ)
Zündfolge:	1 - 6 - 2 - 4 - 3 - 5
Schmierung:	Trockensumpfschmierung
Ölmenge (l):	13,0 [15,0]

Kraftübertragung

Antrieb:	Heckantrieb
Schaltgetriebe:	5-Gang
Sonderwunsch Sportomatic:	[3-Gang]
Getriebe-Typ:	915/61 [925/16]
Übersetzungen:	
1. Gang:	3,182 [2,400]
2. Gang:	1,833 [1,429]
3. Gang:	1,261 [0,926]
4. Gang:	1,000
5. Gang:	0,821
Rückwärtsgang:	3,325 [2,533]
Achsübersetzung:	3,875 [3,375]
Sonderwunsch:	Sperrdifferential 40%

Karosserie, Fahrwerk, Bremse, Räder und Reifen

Karosserie:	2-türige, 2 + 2-sitzige, selbsttragende Karosserie mit allen tragenden Teilen aus feuerverzinktem Stahlblech mit Kotflügelverbreiterungen hinten, kastenförmige Leichtmetallstoßfänger mit schwarzen Faltenbälgen, an Prallrohren befestigt, Heckdeckel mit schwarzem Lüftungsgitter, rotes Leuchtenband, Außenspiegel in Wagenfarbe elektrisch verstellbar
Coupé:	Festes verschweißtes Stahldach
Sonderwunsch:	Elektrisches Schiebedach
Targa:	Herausnehmbares Faltdach, feststehender Targa-Überrollbügel aus gebürstetem Nirosta-Stahl, Heckscheibe aus Sicherheitsglas
MJ 1979:	Schwarzer Targa-Überrollbügel
Vorderradaufhängung:	Einzelradaufhängung an Federbeinen und Querlenkern, je Rad ein runder Drehstab in Längsrichtung liegend, doppelt wirkende hydraulische Stoßdämpfer, Stabilisator
Hinterradaufhängung:	Einzelradaufhängung an Schräglenkern aus Leichtmetall, je Rad ein runder Drehstab in Querrichtung liegend, doppelt wirkende hydraulische Stoßdämpfer, Stabilisator
Bremse v/h (Durchm. x B (mm)):	innenbelüftete Scheiben (282,5 x 20,5) / innenbelüftete Scheiben (290 x 20) 2-Kolben-Graugguß-Festsättel / 2-Kolben-Graugguß-Festsättel
Räder v/h:	6 J x 15 / 7 J x 15
Reifen v/h:	185/70 VR 15 / 215/60 VR 15
Sonderwunsch:	6 J x 16 / 7 J x 16 205/55 VR 16 / 225/50 VR 16

Elektrik

Lichtmaschinenleistung (W/A):	980 / 70
Batterie (V/Ah):	12 / 66
Sonderwunsch:	12 / 88

Abmessungen, Gewichte und Volumen

Spurweite v/h (mm):	1369 / 1379
Radstand (mm):	2272
Maße (L x B x H (mm)):	4291 x 1652 x 1320
Leergewicht nach DIN (kg):	1160
zul. Gesamtgewicht (kg):	1500
Kofferraumvolumen (l):	190
nach VDA (l):	130
Gepäckraum im Innenraum*:	175
Tankvolumen (l):	80, davon 8 Reserve
c_w x A (m²):	0.40 x 1,77 = 0,708
Leistungsgewicht (kg/kW / kg/PS):	8,78 / 6,44
*bei umgeklappten Rücksitzlehnen	

Kraftstoffverbrauch

nach DIN 70 030/1 (l/100 km):	91 ROZ Normal verbleit
Bei 90 km/h konstant:	10,2 [10,0]
Bei 120 km/h konstant:	12,5 [12,3]
EG-Abgas-Stadtzyklus:	18,1 [18,0]
Drittelmix:	13,6 [13,4]

Fahrleistungen, Stückzahlen, Preise

Beschleunigung 0–100 km/h (s):	7,0 [7,0]	
Höchstgeschw. (km/h):	225 [225]	
Stückzahl:		
Coupé:	10.832	
Targa:	8.108	
Listenpreise:		
06/1977 Coupé:	DM 39.900,-	[DM 41.090,-]
Targa:	DM 42.700,-	[DM 43.890,-]
01/1978 Coupé:	DM 41.850,-	[DM 43.050,72]
Targa:	DM 44.790,-	[DM 45.990,72]
08/1978 Coupé:	DM 42.950,-	[DM 44.200,-]
Targa:	DM 45.890,-	[DM 47.140,-]
01/1979 Coupé:	DM 42.950,-	[DM 44.200,-]
Targa:	DM 45.890,-	[DM 47.140,-]
Coupé*:	DM 43.333,48	[DM 44.594,64]
Targa*:	DM 46.299,73	[DM 47.560,89]
*Auslieferung nach 30. Juni 1979		

911 Turbo Coupé MJ 1978 bis MJ 1988

Motor

Bauart:	6-Zylinder-Boxermotor mit Turboaufladung und Ladeluftkühlung
Einbauposition:	Heckmotor
Kühlung:	luftgekühlt
Anzahl & Form d. Lüfterradflügel:	11, gerade
Lüfterrad Außendurchm. (mm):	245
Motor-Typ:	930/60
ab MJ 1983:	930/66
Hubraum (cm³):	3299
Bohrung x Hub:	97 x 74,4
Leistung (kW/PS):	221/300 bei 5500/min
Drehmoment (Nm):	412 bei 4000/min
ab MJ 1983:	430 bei 4000/min
Literleistung (kW/l / PS/l):	68,4 / 92,9
Verdichtung:	7,0 : 1
Maximaler Ladedruck (bar):	0,8
Ventilsteuerung:	ohc über Doppelkette, 2 Ventile pro Zylinder
Gemischaufbereitung:	Bosch K-Jetronic-Einspritzung
Zündung:	Batterie-Hochspannungs-Kondensatorzündung (BHKZ), kontaktlos
Zündfolge:	1 - 6 - 2 - 4 - 3 - 5
Schmierung:	Trockensumpfschmierung
Ölmenge (l):	13,0

Kraftübertragung

Antrieb:	Heckantrieb
Schaltgetriebe:	4-Gang
Getriebe-Typ:	930/34
ab MJ 1985:	930/36
Übersetzungen:	
1. Gang:	2,250
2. Gang:	1,304
3. Gang:	0,893
4. Gang:	0,625
Rückwärtsgang:	2,438
Achsübersetzung:	4,222
Sonderwunsch:	Sperrdifferential 40%

Karosserie, Fahrwerk, Bremse, Räder und Reifen

Karosserie:	2-türige, 2 + 2-sitzige, selbsttragende Karosserie mit allen tragenden Teilen aus feuerverzinktem Stahlblech mit Kotflügelverbreiterungen vorne und hinten, kastenförmige Leichtmetallstoßfänger mit schwarzen Faltenbälgen, an Prallrohren befestigt, schwarze PU-Frontspoilerlippe, Heckdeckel mit aufgesetztem feststehenden Heckspoiler mit schwarzer PU-Umrandung, rotes Leuchtenband, Außenspiegel in Wagenfarbe elektrisch verstellbar
ab MJ 1981:	Feuerverzinkte Karosserie, seitliche Blinkleuchten an den Kotflügeln vorn
ab MJ 1984:	Nebelscheinwerfer in der Bugschürze eingelassen
ab MJ 1987:	Rotes Leuchtenband mit integrierten Nebelschlußleuchten
Sonderwunsch:	Elektrisches Schiebedach
Vorderradaufhängung:	Einzelradaufhängung an Federbeinen und Querlenkern, je Rad ein runder Drehstab in Längsrichtung liegend, Zweirohr-Gasdruckstoßdämpfer, Stabilisator
Hinterradaufhängung:	Einzelradaufhängung an Schräglenkern aus Leichtmetall, je Rad ein runder Drehstab in Querrichtung liegend, Zweirohr-Gasdruckstoßdämpfer, Stabilisator
Bremse v/h (Durchm. x B (mm)):	innenbelüftete gelochte Scheiben (304 x 32) / innenbelüftete gelochte Scheiben (309 x 28) schwarze 4-Kolben-Aluminium-Festsättel / schwarze 4-Kolben-Aluminium-Festsättel
Räder v/h:	7 J x 16 / 8 J x 16
Reifen v/h:	205/55 VR 16 / 225/50 VR 16
ab MJ 1986:	7 J x 16 / 9 J x 16 205/55 VR 16 / 245/45 VR 16

Elektrik

Lichtmaschinenleistung (W/A):	980 / 70
ab MJ 1982:	1050 / 75
ab MJ 1984:	1260 / 90
Batterie (V/Ah):	12 / 66
Sonderwunsch:	12 / 88

Abmessungen, Gewichte und Volumen

Spurweite v/h (mm):	1432 / 1501
ab MJ 1986:	1432 / 1492
Radstand (mm):	2272
Maße (L x B x H (mm)):	4291 x 1775 x 1310
Leergewicht nach DIN (kg):	1300
ab MJ 1986:	1335
zul. Gesamtgewicht (kg):	1680
Kofferraumvolumen (l):	190
nach VDA (l):	130
Gepäckraum im Innenraum*:	175
Tankvolumen (l):	80, davon 8 Reserve
C_w x A (m²):	0,39 x 1,86 = 0,725
Leistungsgewicht (kg/kW / kg/PS):	5,88 / 4,33
ab MJ 1986:	6,04 / 4,45
***bei umgeklappten Rücksitzlehnen**	

Kraftstoffverbrauch

nach DIN 70 030/1 (l/100 km):	98 ROZ Super verbleit
Bei 90 km/h konstant:	8,1
Bei 120 km/h konstant:	15,3
EG-Abgas-Stadtzyklus:	20,0
Drittelmix:	14,5
ab MJ 1983:	
nach DIN 70 030/1 (l/100 km):	98 ROZ Super verbleit
Bei 90 km/h konstant:	9,7
Bei 120 km/h konstant:	11,8
EG-Abgas-Stadtzyklus:	15,5
Drittelmix:	12,3

Fahrleistungen, Stückzahlen, Preise

Beschleunigung 0–100 km/h (s):	5,4
Höchstgeschw. (km/h):	260
Stückzahl:	14.476
Listenpreis:	
06/1977 Coupé:	DM 78.500,-
01/1978 Coupé:	DM 79.900,-
08/1978 Coupé:	DM 79.900,-
01/1979 Coupé:	DM 79.900,-
Auslieferung nach 30. Juni 1979:	DM 80.613,40
08/1979 Coupé:	DM 82.950,-
03/1980 Coupé:	DM 85.950,-
08/1980 Coupé:	DM 85.950,-
03/1981 Coupé:	DM 88.450,-
08/1981 Coupé:	DM 89.800,-
03/1982 Coupé:	DM 92.800,-
08/1982 Coupé:	DM 96.400,-
03/1983 Coupé:	DM 99.800,-
08/1983 Coupé:	DM 102.000,-
02/1984 Coupé:	DM 105.300,-
08/1984 Coupé:	DM 111.000,-
02/1985 Coupé:	DM 114.000,-
08/1985 Coupé:	DM 119.000,-
03/1986 Coupé:	DM 119.000,-
08/1986 Coupé:	DM 125.000,-
03/1987 Coupé:	DM 127.850,-
08/1987 Coupé:	DM 131.000,-
04/1988 Coupé:	DM 133.500,-

911 SC Coupé und Targa MJ 1980

Motor

Bauart:	6-Zylinder-Boxermotor
Einbauposition:	Heckmotor
Kühlung:	luftgekühlt
Anzahl & Form d. Lüfterradflügel:	11, gerade
Lüfterrad Außendurchm. (mm):	245
Motor-Typ:	930/09
Hubraum (cm³):	2994
Bohrung x Hub:	95 x 70,4
Leistung (kW/PS):	138/188 bei 5500/min
Drehmoment (Nm):	265 bei 4200/min
Literleistung (kW/l / PS/l):	46,1 / 62,8
Verdichtung:	8,6 : 1
Ventilsteuerung:	ohc über Doppelkette, 2 Ventile pro Zylinder
Gemischaufbereitung:	Bosch K-Jetronic-Einspritzung
Zündung:	Batterie-Hochspannungs-Kondensatorzündung (BHKZ)
Zündfolge:	1 - 6 - 2 - 4 - 3 - 5
Schmierung:	Trockensumpfschmierung
Ölmenge (l):	13,0

Kraftübertragung

Antrieb:	Heckantrieb
Schaltgetriebe:	5-Gang
Getriebe-Typ:	915/62
Übersetzungen:	
1. Gang:	3,182
2. Gang:	1,833
3. Gang:	1,261
4. Gang:	1,000
5. Gang:	0,786
Rückwärtsgang:	3,325
Achsübersetzung:	3,875
Sonderwunsch:	Sperrdifferential 40%

Karosserie, Fahrwerk, Bremse, Räder und Reifen

Karosserie:	2-türige, 2 + 2-sitzige, selbsttragende Karosserie mit allen tragenden Teilen aus feuerverzinktem Stahlblech mit Kotflügelverbreiterungen hinten, kastenförmige Leichtmetallstoßfänger mit schwarzen Faltenbälgen, an Prallrohren befestigt, Heckdeckel mit schwarzem Lüftungsgitter, rotes Leuchtenband, Außenspiegel in Wagenfarbe elektrisch verstellbar
Coupé:	Festes verschweißtes Stahldach
Sonderwunsch:	Elektrisches Schiebedach
Targa:	Herausnehmbares Faltdach, feststehender schwarzer Targa-Überrollbügel, Heckscheibe aus Sicherheitsglas
Vorderradaufhängung:	Einzelradaufhängung an Federbeinen und Querlenkern, je Rad ein runder Drehstab in Längsrichtung liegend, doppelt wirkende hydraulische Stoßdämpfer, Stabilisator
Hinterradaufhängung:	Einzelradaufhängung an Schräglenkern aus Leichtmetall, je Rad ein runder Drehstab in Querrichtung liegend, doppelt wirkende hydraulische Stoßdämpfer, Stabilisator
Bremse v/h (Durchm. x B (mm)):	innenbelüftete Scheiben (282,5 x 20,5) / innenbelüftete Scheiben (290 x 20) 2-Kolben-Graugauß-Festsättel / 2-Kolben-Graugauß-Festsättel
Räder v/h:	6 J x 15 / 7 J x 15
Reifen v/h:	185/70 VR 15 / 215/60 VR 15
Sonderwunsch:	6 J x 16 / 7 J x 16 205/55 VR 16 / 225/50 VR 16

Elektrik

Lichtmaschinenleistung (W/A):	980 / 70
Batterie (V/Ah):	12 / 66
Sonderwunsch:	12 / 88

Abmessungen, Gewichte und Volumen

Spurweite v/h (mm):	1369 / 1379
Radstand (mm):	2272
Maße (L x B x H (mm)):	4291 x 1652 x 1320
Leergewicht nach DIN (kg):	1160
zul. Gesamtgewicht (kg):	1500
Kofferraumvolumen (l):	190
nach VDA (l):	130
Gepäckraum im Innenraum*:	175
Tankvolumen (l):	80, davon 8 Reserve
C_W x A (m²):	0,40 x 1,77 = 0,708
Leistungsgewicht (kg/kW / kg/PS):	8,78 / 6,44
***bei umgeklappten Rücksitzlehnen**	

Kraftstoffverbrauch

nach DIN 70 030/1 (l/100 km):	91 ROZ Normal verbleit
Bei 90 km/h konstant:	9,2
Bei 120 km/h konstant:	11,4
EG-Abgas-Stadtzyklus:	17,3
Drittelmix:	12,6

Fahrleistungen, Stückzahlen, Preise

Beschleunigung 0–100 km/h (s):	7,0
0–160 km/h (s):	17,8
Höchstgeschw. (km/h):	225
Stückzahl:	
Coupé:	5.010
Targa:	3.603
Listenpreise:	
08/1979 Coupé:	DM 46.950,-
Targa:	DM 49.950,-
04/1980 Coupé:	DM 48.750,-
Targa:	DM 51.750,-

911 SC Coupé und Targa MJ 1981 bis MJ 1983

Motor

Bauart:	6-Zylinder-Boxermotor
Einbauposition:	Heckmotor
Kühlung:	luftgekühlt
Anzahl & Form d. Lüfterradflügel:	11, gerade
Lüfterrad Außendurchm. (mm):	245
Motor-Typ:	930/10
Hubraum (cm³):	2994
Bohrung x Hub:	95 x 70,4
Leistung (kW/PS):	150/204 bei 5900/min
Drehmoment (Nm):	267 bei 4300/min
Literleistung (kW/l / PS/l):	50,1 / 68,1
Verdichtung:	9,8 : 1
Ventilsteuerung:	ohc über Doppelkette, 2 Ventile pro Zylinder
Gemischaufbereitung:	Bosch K-Jetronic-Einspritzung
Zündung:	Batterie-Hochspannungs-Kondensatorzündung (BHKZ)
Zündfolge:	1 - 6 - 2 - 4 - 3 - 5
Schmierung:	Trockensumpfschmierung
Ölmenge (l):	13,0

Kraftübertragung

Antrieb:	Heckantrieb
Schaltgetriebe:	5-Gang
Getriebe-Typ:	915/62
Übersetzungen:	
1. Gang:	3,182
2. Gang:	1,833
3. Gang:	1,261
4. Gang:	1,000
5. Gang:	0,786
Rückwärtsgang:	3,325
Achsübersetzung:	3,875
Sonderwunsch:	Sperrdifferential 40%

Karosserie, Fahrwerk, Bremse, Räder und Reifen

Karosserie:	2-türige, 2 + 2-sitzige, selbsttragende Karosserie aus beidseitig feuerverzinktem Stahlblech mit Kotflügelverbreiterungen hinten, kastenförmige Leichtmetallstoßfänger mit schwarzen Faltenbälgen, an Prallrohren befestigt, Heckdeckel mit schwarzem Lüftungsgitter, rotes Leuchtenband, Außenspiegel in Wagenfarbe elektrisch verstellbar, seitliche Blinkleuchten an den Kotflügeln vorn
Coupé:	Festes verschweißtes Stahldach
Sonderwunsch:	Elektrisches Schiebedach
Targa:	Herausnehmbares Faltdach, feststehender schwarzer Targa-Überrollbügel, Heckscheibe aus Sicherheitsglas
Vorderradaufhängung:	Einzelradaufhängung an Federbeinen und Querlenkern, je Rad ein runder Drehstab in Längsrichtung liegend, doppelt wirkende hydraulische Stoßdämpfer, Stabilisator
Hinterradaufhängung:	Einzelradaufhängung an Schräglenkern aus Leichtmetall, je Rad ein runder Drehstab in Querrichtung liegend, doppelt wirkende hydraulische Stoßdämpfer, Stabilisator
Bremse v/h (Durchm. x B (mm)):	innenbelüftete Scheiben (282,5 x 20,5) / innenbelüftete Scheiben (290 x 20) 2-Kolben-Graugruß-Festsättel / 2-Kolben-Graugruß-Festsättel
Räder v/h:	6 J x 15 / 7 J x 15
Reifen v/h:	185/70 VR 15 / 215/60 VR 15
Sonderwunsch:	6 J x 16 / 7 J x 16 205/55 VR 16 / 225/50 VR 16

Elektrik

Lichtmaschinenleistung (W/A):	980 / 70
ab MJ 1982:	1050 / 75
Batterie (V/Ah):	12 / 66
Sonderwunsch:	12 / 88

Abmessungen, Gewichte und Volumen

Spurweite v/h (mm):	1369 / 1379
Radstand (mm):	2272
Maße (L x B x H (mm)):	4291 x 1652 x 1320
Leergewicht nach DIN (kg):	1160
zul. Gesamtgewicht (kg):	1500
Kofferraumvolumen (l):	190
nach VDA (l):	130
Gepäckraum im Innenraum*:	175
Tankvolumen (l):	80, davon 8 Reserve
C_W x A (m²):	0,40 x 1,77 = 0,708
Leistungsgewicht (kg/kW / kg/PS):	7,73/ 5,68

*bei umgeklappten Rücksitzlehnen

Kraftstoffverbrauch

nach DIN 70 030/1 (l/100 km):	98 ROZ Super verbleit
Bei 90 km/h konstant:	8,0
Bei 120 km/h konstant:	9,7
EG-Abgas-Stadtzyklus:	13,4
Drittelmix:	10,4

Fahrleistungen, Stückzahlen, Preise

Beschleunigung 0–100 km/h (s):	6,8
Höchstgeschw. (km/h):	235
Stückzahl:	
Coupé:	16.099
Targa:	9.837
Listenpreise:	
08/1980 Coupé:	DM 49.900,-
Targa:	DM 52.900,-
03/1981 Coupé:	DM 51.350,-
Targa:	DM 54.350,-
08/1981 Coupé:	DM 51.850,-
Targa:	DM 54.850,-
03/1982 Coupé:	DM 53.600,-
Targa:	DM 56.700,-
08/1982 Coupé:	DM 55.690,-
Targa:	DM 58.910,-
03/1983 Coupé:	DM 57.800,-
Targa:	DM 60.620,-

911 SC Cabriolet MJ 1983

Motor

Bauart:	6-Zylinder-Boxermotor
Einbauposition:	Heckmotor
Kühlung:	luftgekühlt
Anzahl & Form d. Lüfterradflügel:	11, gerade
Lüfterrad Außendurchm. (mm):	245
Motor-Typ:	930/10
Hubraum (cm³):	2994
Bohrung x Hub:	95 x 70,4
Leistung (kW/PS):	150/204 bei 5900/min
Drehmoment (Nm):	267 bei 4300/min
Literleistung (kW/l / PS/l):	50,1 / 68,1
Verdichtung:	9,8 : 1
Ventilsteuerung:	ohc über Doppelkette, 2 Ventile pro Zylinder
Gemischaufbereitung:	Bosch K-Jetronic-Einspritzung
Zündung:	Batterie-Hochspannungs-Kondensatorzündung (BHKZ)
Zündfolge:	1 - 6 - 2 - 4 - 3 - 5
Schmierung:	Trockensumpfschmierung
Ölmenge (l):	13,0

Kraftübertragung

Antrieb:	Heckantrieb
Schaltgetriebe:	5-Gang
Getriebe-Typ:	915/62
Übersetzungen:	
1. Gang:	3,182
2. Gang:	1,833
3. Gang:	1,261
4. Gang:	1,000
5. Gang:	0,786
Rückwärtsgang:	3,325
Achsübersetzung:	3,875
Sonderwunsch:	Sperrdifferential 40%

Karosserie, Fahrwerk, Bremse, Räder und Reifen

Karosserie:	2-türige, 2 + 2-sitzige, selbsttragende Cabriolet-Karosserie aus beidseitig feuerverzinktem Stahlblech mit Kotflügelverbreiterungen hinten, kastenförmige Leichtmetallstoßfänger mit schwarzen Faltenbälgen, an Prallrohren befestigt, Heckdeckel mit schwarzem Lüftungsgitter, rotes Leuchtenband, Außenspiegel in Wagenfarbe elektrisch verstellbar, seitliche Blinkleuchten an den Kotflügeln vorn, manuelles Stoffverdeck mit flexibler Kunststoffheckscheibe
Vorderradaufhängung:	Einzelradaufhängung an Federbeinen und Querlenkern, je Rad ein runder Drehstab in Längsrichtung liegend, doppelt wirkende hydraulische Stoßdämpfer, Stabilisator
Hinterradaufhängung:	Einzelradaufhängung an Schräglenkern aus Leichtmetall, je Rad ein runder Drehstab in Querrichtung liegend, doppelt wirkende hydraulische Stoßdämpfer, Stabilisator
Bremse v/h (Durchm. x B (mm)):	innenbelüftete Scheiben (282,5 x 20,5) / innenbelüftete Scheiben (290 x 20) 2-Kolben-Graugußm-Festsättel / 2-Kolben-Grauguß-Festsättel
Räder v/h:	6 J x 15 / 7 J x 15
Reifen v/h:	185/70 VR 15 / 215/60 VR 15
Sonderwunsch:	6 J x 16 / 7 J x 16 205/55 VR 16 / 225/50 VR 16

Elektrik

Lichtmaschinenleistung (W/A):	1050 / 75
Batterie (V/Ah):	12 / 66
Sonderwunsch:	12 / 88

Abmessungen, Gewichte und Volumen

Spurweite v/h (mm):	1369 / 1379
Radstand (mm):	2272
Maße (L x B x H (mm)):	4291 x 1652 x 1320
Leergewicht nach DIN (kg):	1160
zul. Gesamtgewicht (kg):	1500
Kofferraumvolumen (l):	190
nach VDA (l):	130
Gepäckraum im Innenraum*:	175
Tankvolumen (l):	80, davon 8 Reserve
C_W x A (m²):	0,40 x 1,77 = 0,708
Leistungsgewicht (kg/kW / kg/PS):	7,73/ 5,68

***bei umgeklappten Rücksitzlehnen**

Kraftstoffverbrauch

nach DIN 70 030/1 (l/100 km):	98 ROZ Super verbleit
Bei 90 km/h konstant:	8,0
Bei 120 km/h konstant:	9,7
EG-Abgas-Stadtzyklus:	13,4
Drittelmix:	10,4

Fahrleistungen, Stückzahlen, Preise

Beschleunigung 0–100 km/h (s):	6,8
Höchstgeschw. (km/h):	235
Stückzahl:	4.096
Listenpreis:	
08/1982 Cabriolet:	DM 64.500,-
03/1983 Cabriolet:	DM 64.500,-

911 Turbo Coupé Flachbau mit Leistungssteigerung MJ 1983 bis MJ 1989

Motor

Bauart:	6-Zylinder-Boxermotor mit Turboaufladung und Ladeluftkühlung
Einbauposition:	Heckmotor
Kühlung:	luftgekühlt
Anzahl & Form d. Lüfterradflügel:	11, gerade
Lüfterrad Außendurchm. (mm):	245
Motor-Typ:	930/60 S
Hubraum (cm³):	3299
Bohrung x Hub:	97 x 74,4
Leistung (kW/PS):	243/330 bei 5750/min
Drehmoment (Nm):	467 bei 4000/min
Literleistung (kW/l / PS/l):	75,2 / 102,1
Verdichtung:	7,0 : 1
Maximaler Ladedruck (bar):	0,85
Ventilsteuerung:	ohc über Doppelkette, 2 Ventile pro Zylinder
Gemischaufbereitung:	Bosch K-Jetronic-Einspritzung
Zündung:	Batterie-Hochspannungs-Kondensatorzündung (BHKZ), kontaktlos
Zündfolge:	1 - 6 - 2 - 4 - 3 - 5
Schmierung:	Trockensumpfschmierung
Ölmenge (l):	13,0

Kraftübertragung

Antrieb:	Heckantrieb
Schaltgetriebe:	4-Gang (5-Gang)*
Getriebe-Typ:	930/36 (G 50/50)
Übersetzungen:	
1. Gang:	2,250 (3,145)
2. Gang:	1,304 (1,789)
3. Gang:	0,893 (1,269)
4. Gang:	0,625 (0,967)
5. Gang:	(0,756)
Rückwärtsgang:	2,438 (2,857)
Achsübersetzung:	4,222 (3,444)
Sonderwunsch:	Sperrdifferential 40%
***MJ 1989**	

Karosserie, Fahrwerk, Bremse, Räder und Reifen

Karosserie:	2-türige, 2 + 2-sitzige, selbsttragende Coupé-Karosserie aus beidseitig feuerverzinktem Stahlblech mit Kotflügelverbreiterungen vorne und hinten, Lufteinlässe in den Fondseitenwänden, flache vordere Kotflügel mit Klappscheinwerfer vom Porsche 944, Seitenschwellerblenden, kastenförmige Leichtmetallstoßfänger mit schwarzen Faltenbälgen, an Prallrohren befestigt, Exclusive-Frontspoiler mit integriertem Ölkühler und Nebelscheinwerfern, Heckdeckel mit aufgesetztem feststehenden Heckspoiler mit schwarzer PU-Umrandung, rotes Leuchtenband, Außenspiegel in Wagenfarbe elektrisch verstellbar, seitliche Blinkleuchten an den Kotflügeln vorn
ab MJ 1985:	Seitenaufprallschutz in den Türen
ab MJ 1987:	Rotes Leuchtenband mit integrierten Nebelschlußleuchten
Sonderwunsch:	Elektrisches Schiebedach
Vorderradaufhängung:	Einzelradaufhängung an Federbeinen und Querlenkern, je Rad ein runder Drehstab in Längsrichtung liegend, Zweirohr-Gasdruckstoßdämpfer, Stabilisator
Hinterradaufhängung:	Einzelradaufhängung an Schräglenkern aus Leichtmetall, je Rad ein runder Drehstab in Querrichtung liegend, Zweirohr-Gasdruckstoßdämpfer, Stabilisator
Bremse v/h (Durchm. x B (mm)):	innenbelüftete gelochte Scheiben (304 x 32) / innenbelüftete gelochte Scheiben (309 x 28) schwarze 4-Kolben-Aluminium-Festsättel / schwarze 4-Kolben-Aluminium-Festsättel
Räder v/h:	7 J x 16 / 8 J x 16
Reifen v/h:	205/55 VR 16 / 225/50 VR 16
ab MJ 1986:	7 J x 16 / 9 J x 16 205/55 VR 16 / 245/45 VR 16

Elektrik

Lichtmaschinenleistung (W/A):	980 / 70
ab MJ 1984:	1260 / 90
Batterie (V/Ah):	12 / 66
Sonderwunsch:	12 / 88

Abmessungen, Gewichte und Volumen

Spurweite v/h (mm):	1432 / 1501
ab MJ 1986:	1432 / 1492
Radstand (mm):	2272
Maße (L x B x H (mm)):	4291 x 1775 x 1310
Leergewicht nach DIN (kg):	1300
ab MJ 1986:	1335
zul. Gesamtgewicht (kg):	1680
Kofferraumvolumen (VDA (l)):	130
Gepäckraum im Innenraum*:	175
Tankvolumen (l):	80, davon 8 Reserve
C_w x A (m²):	0,39 x 1,86 = 0,725
Leistungsgewicht (kg/kW / kg/PS):	5,88 / 4,33
ab MJ 1986:	6,04 / 4,45
***bei umgeklappten Rücksitzlehnen**	

Kraftstoffverbrauch

(l/100 km):	ca. 20; 98 ROZ Super verbleit

Fahrleistungen, Stückzahlen, Preise

Beschleunigung 0–100 km/h (s):	5,2
MJ 1989:	5,0
Höchstgeschw. (km/h):	275*
***Leistungssteigerung in Serienkarosserie**	270 km/h
***Flachbau mit Serienmotor**	265 km/h
Stückzahl Flachbau:	948
Umbaupreise:	
12/1984 (09/1986):	
Flachbau mit Klappscheinwerfer, GfK-Bugspoiler mit Mittelölkühler:	DM 38.340,- (DM 39.810,-)
Einstiegsverkleidungen links und rechts:	DM 3.137,- (DM 3.300,-)
Lufteinlaßschächte in hinteren Kotflügel:	DM 7.635,- (DM 8.145,-)
Radhausentlüftungen in vorderen Kotflügel:	DM 2.185,- (DM 2.490,-)
Leistungssteigerung auf 330 PS mit 4-Rohr-Auspuffanlage:	DM 20.975,- (DM 23.585,-)
Komplettpreis Fahrzeug mit oben genannter Ausführung:	DM 183.272,- (DM 202.330,-)

911 SC/RS COUPÉ (TYP 954) MJ 1984

MOTOR

Bauart:	6-Zylinder-Boxermotor
Einbauposition:	Heckmotor
Kühlung:	luftgekühlt
Anzahl & Form d. Lüfterradflügel:	11, gerade
Lüfterrad Außendurchm. (mm):	245
Motor-Typ:	930/18
Hubraum (cm³):	2994
Bohrung x Hub:	95 x 70,4
Leistung (kW/PS):	184/250 bei 7000/min
Drehmoment (Nm):	250 bei 6500/min
Literleistung (kW/l / PS/l):	61,5 / 83,5
Verdichtung:	10,3 : 1
Ventilsteuerung:	ohc über Doppelkette, 2 Ventile pro Zylinder
Gemischaufbereitung:	Bosch Kugelfischer-Einspritzung
Zündung:	Batterie-Hochspannungs-Kondensatorzündung (BHKZ)
Zündfolge:	1 - 6 - 2 - 4 - 3 - 5
Schmierung:	Trockensumpfschmierung
Ölmenge (l):	13,0

KRAFTÜBERTRAGUNG

Antrieb:	Heckantrieb
Schaltgetriebe:	5-Gang
Getriebe-Typ:	915/71
Übersetzungen:	
1. Gang:	3,182
2. Gang:	2,000
3. Gang:	1,381
4. Gang:	1,080
5. Gang:	0,888
Rückwärtsgang:	3,325
Achsübersetzung:	3,875
Serie:	Sperrdifferential 40%

KAROSSERIE, FAHRWERK, BREMSE, RÄDER UND REIFEN

Karosserie:	2-türige, 2-sitzige, selbsttragende Coupé-Karosserie aus beidseitig feuerverzinktem Stahlblech mit Kotflügelverbreiterungen vorne und hinten, Stoßfänger aus glasfaserverstärktem Kunststoff (GfK), Kofferraumdeckel und Türen aus Aluminium, schwarze PU-Frontspoilerlippe, Heckdeckel mit aufgesetztem flachen Heckspoiler mit schwarzer PU-Umrandung, rotes Leuchtenband, Heck- und Seitenscheiben aus leichtem Dünnglas, Außenspiegel schwarz
Sonderwunsch:	Überrollkäfig
Vorderradaufhängung:	Einzelradaufhängung an Federbeinen und Querlenkern, je Rad ein runder Drehstab in Längsrichtung liegend, Zweirohr-Gasdruckstoßdämpfer, Stabilisator
Hinterradaufhängung:	Einzelradaufhängung an Schräglenkern aus Leichtmetall, je Rad ein runder Drehstab in Querrichtung liegend, Zweirohr-Gasdruckstoßdämpfer, Stabilisator
Bremse v/h (Durchm. x B (mm)):	innenbelüftete gelochte Scheiben (304 x 32) / innenbelüftete gelochte Scheiben (309 x 28) schwarze 4-Kolben-Aluminium-Festsättel / schwarze 4-Kolben-Aluminium-Festsättel
Räder v/h:	7 J x 16 / 8 J x 16
Reifen v/h:	205/55 VR 16 / 225/50 VR 16

ELEKTRIK

Lichtmaschinenleistung (W/A):	980 / 70
Batterie (V/Ah):	12 / 44

ABMESSUNGEN, GEWICHTE UND VOLUMEN

Spurweite v/h (mm):	1432 / 1501
Radstand (mm):	2272
Maße (L x B x H (mm)):	4235 x 1775 x 1290
Leergewicht nach DIN (kg):	1057
zul. Gesamtgewicht (kg):	1300
Kofferraumvolumen (VDA (l)):	130
Tankvolumen (l):	80, davon 8 Reserve
C_w x A (m²):	0,39 x 1,86 = 0,725
Leistungsgewicht (kg/kW / kg/PS):	5,74 / 4,22

KRAFTSTOFFVERBRAUCH

(l/100 km):	ca. 20; 98 ROZ Super verbleit

FAHRLEISTUNGEN, STÜCKZAHLEN, PREISE

Beschleunigung 0–100 km/h (s):	5,3
Höchstgeschw. (km/h):	255
Stückzahl:	20
Listenpreis:	DM 188.100,-

911 Carrera Coupé, Targa und Cabriolet MJ 1984 bis MJ 1989 [Katalysator: MJ 1986 bis MJ 1989]

Motor

Bauart:	6-Zylinder-Boxermotor
Einbauposition:	Heckmotor
Kühlung:	luftgekühlt
Anzahl & Form d. Lüfterradflügel:	11, gerade
Lüfterrad Außendurchm. (mm):	245
Motor-Typ:	930/20
Hubraum (cm³):	3164
Bohrung x Hub:	95 x 70,4
Leistung (kW/PS):	170/231 [152/207] bei 5900/min
ab MJ 1987:	[160/217] bei 5900/min
Drehmoment (Nm):	284 [264] bei 4800/min
Literleistung (kW/l / PS/l):	53,7 [48,0] / 73,0 [65,4]
ab MJ 1987:	[50,6 / 68,6]
Verdichtung:	10,3 : 1 [9,5 : 1]
Ventilsteuerung:	ohc über Doppelkette, 2 Ventile pro Zylinder
Gemischaufbereitung:	Bosch Digitale Motor Elektronic (DME) mit L-Jetronic-Einspritzung
Zündung:	Bosch DME kennfeldgesteuerte Zündung
Zündfolge:	1 - 6 - 2 - 4 - 3 - 5
Schmierung:	Trockensumpfschmierung
Ölmenge (l):	13,0

Kraftübertragung

Antrieb:	Heckantrieb
Schaltgetriebe:	5-Gang
Getriebe-Typ:	915/67
ab MJ 1986:	915/72
ab MJ 1987 Getriebe Typ G50:	(G50/00)
Übersetzungen:	
1. Gang:	3,182 (3,500)
2. Gang:	1,833 (2,059)
3. Gang:	1,261 (1,409)
4. Gang:	0,965 (1,074)
5. Gang:	0,763 (0,861)
Rückwärtsgang:	3,325 (2,857)
Achsübersetzung:	3,875 (3,444)
Sonderwunsch:	Sperrdifferential 40%

Karosserie, Fahrwerk, Bremse, Räder und Reifen

Karosserie:	2-türige, 2 + 2-sitzige, selbsttragende Karosserie aus beidseitig feuerverzinktem Stahlblech mit Kotflügelverbreiterungen hinten, kastenförmige Leichtmetallstoßfänger mit schwarzen Faltenbälgen, an Prallrohren befestigt, Nebelscheinwerfer in der Bugschürze eingelassen, Heckdeckel mit schwarzem Lüftungsgitter, rotes Leuchtenband, Außenspiegel in Wagenfarbe elektrisch verstellbar, seitliche Blinkleuchten an den Kotflügeln vorn
ab MJ 1985:	Seitenaufprallschutz in den Türen
ab MJ 1987:	Rotes Leuchtenband mit integrierten Nebelschlußleuchten
Sonderwunsch:	schwarze PU-Frontspoilerlippe, Heckdeckel mit aufgesetztem flachen Heckspoiler mit schwarzer PU-Umrandung
Coupé:	Festes verschweißtes Stahldach
Sonderwunsch:	Elektrisches Schiebedach
Targa:	Herausnehmbares Faltdach, feststehender schwarzer Targa-Überrollbügel, Heckscheibe aus Sicherheitsglas
Cabriolet:	manuelles Stoffverdeck mit flexibler Kunststoffheckscheibe
Sonderwunsch ab MJ 1987:	Elektrisch betätigtes, vollautomatisches Stoffverdeck mit flexibler Kunststoffheckscheibe
Vorderradaufhängung:	Einzelradaufhängung an Federbeinen und Querlenkern, je Rad ein runder Drehstab in Längsrichtung liegend, Zweirohr-Gasdruckstoßdämpfer, Stabilisator
Hinterradaufhängung:	Einzelradaufhängung an Schräglenkern aus Leichtmetall, je Rad ein runder Drehstab in Querrichtung liegend, Zweirohr-Gasdruckstoßdämpfer, Stabilisator
Bremse v/h (Durchm. x B (mm)):	innenbelüftete Scheiben (282,5 x 24) / innenbelüftete Scheiben (290 x 24) 2-Kolben-Graugauß-Festsättel / 2-Kolben-Graugauß-Festsättel
Räder v/h:	6 J x 15 / 7 J x 15
Reifen v/h:	185/70 VR 15 / 215/60 VR 15
Sonderwunsch, MJ 1988 Serie:	7 J x 15 / 8 J x 15 195/65 VR 15 / 215/60 VR 15
Sonderwunsch bis MJ 1988:	6 J x 16 / 7 J x 16 205/55 VR 16 / 225/50 VR 16

MJ 1989 Serie:	6 J x 16 / 8 J x 16 205/55 VR 16 / 225/50 VR 16

Elektrik

Lichtmaschinenleistung (W/A):	1260 / 90
Batterie (V/Ah):	12 / 66
Sonderwunsch:	12 / 88

Abmessungen, Gewichte und Volumen

Spurweite v/h (mm):	1372 / 1380
mit 7 J x 15 / 8 J x 15:	1398 / 1405
mit 6 J x 16 / 8 J x 16:	1372 / 1405
Radstand (mm):	2272
Maße (L x B x H (mm)):	4291 x 1652 x 1320
Leergewicht nach DIN (kg):	1160
ab MJ 1986:	1210
zul. Gesamtgewicht (kg):	1500
ab MJ 1986:	1530
Kofferraumvolumen (VDA (l)):	130
Gepäckraum im Innenraum*:	175
Tankvolumen (l):	80, davon 8 Reserve
C_w x A (m²):	0,39 x 1,77 = 0,690
mit Front- und Heckspoiler:	0,38 x 1,77 = 0,672
Leistungsgewicht (kg/kW / kg/PS):	6,82 / 5,02
ab MJ 1986:	7,11 [7,96] / 5,23 [5,84]
ab MJ 1987:	[7,56 / 5,57]

***bei umgeklappten Rücksitzlehnen**

Kraftstoffverbrauch

nach DIN 70 030/1, ab MJ 1985	
nach EG-Norm 80/1268 (l/100 km):	98 ROZ Super verbleit
mit Katalysator:	91 ROZ Normal bleifrei
mit Katalysator ab MJ 1987:	95 ROZ Super bleifrei
Bei 90 km/h konstant:	6,8 [7,9] [7,9]*
Bei 120 km/h konstant:	9,0 [9,8] [9,8]*
EG-Abgas-Stadtzyklus:	13,6 [15,5] [14,9]*
Drittelmix:	9,8 [11,1] [10,9]*

***ab MJ 1987**

Fahrleistungen, Stückzahlen, Preise

Beschleunigung 0–100 km/h (s):	6,1 [6,5] [6,3]*
Höchstgeschw. (km/h):	245 [235] [240]*

***ab MJ 1987**

Stückzahl alle Carrera 3.2*:	
Coupé:	35.571
Targa:	18.468
Cabriolet:	19.987

***schmale Karosserie und Turbolook**

Listenpreise:	
08/1983 Coupé:	DM 61.950,-
Targa:	DM 64.950,-
Cabriolet:	DM 68.990,-
02/1984 Coupé:	DM 63.950,-
Targa:	DM 67.050,-
Cabriolet:	DM 71.200,-
08/1984 Coupé:	DM 66.950,-
Targa:	DM 69.980,-
Cabriolet:	DM 74.200,-
02/1985 Coupé:	DM 68.560,-
Targa:	DM 71.660,-
Cabriolet:	DM 75.980,-
08/1985 Coupé:	DM 72.000,- [DM 74.190,-]
Targa:	DM 66.000,- [DM 78.190,-]
Cabriolet:	DM 82.000,- [DM 84.190,-]
03/1986 Coupé:	DM 73.800,- [DM 75.990,-]
Targa:	DM 77.900,- [DM 80.090,-]
Cabriolet:	DM 84.050,- [DM 86.240,-]
08/1986 Coupé:	DM 75.250,- [DM 76.825,-]
Targa:	DM 79.250,- [DM 80.825,-]
Cabriolet:	DM 85.250,- [DM 86.825,-]
03/1987 Coupé:	DM 76.880,- [DM 78.455,-]
Targa:	DM 80.880,- [DM 82.455,-]
Cabriolet:	DM 86.880,- [DM 88.455,-]
08/1987 Coupé:	DM 80.500,- [DM 82.075,-]
Targa:	DM 84.600,- [DM 86.175,-]
Cabriolet:	DM 90.800,- [DM 92.375,-]
04/1988 Coupé:	DM 82.000,- [DM 83.575,-]
Targa:	DM 86.200,- [DM 87.775,-]
Cabriolet:	DM 92.500,- [DM 94.075,-]
08/1988 Coupé:	DM 83.700,- [DM 85.275,-]
Targa:	DM 88.000,- [DM 89.575,-]
Cabriolet:	DM 94.200,- [DM 95.775,-]
04/1989 Coupé:	DM 86.000,- [DM 87.575,-]
Targa:	DM 90.500,- [DM 92.075,-]
Cabriolet:	DM 96.800,- [DM 98.375,-]

911 Carrera Coupé / Targa / Cabriolet Turbolook [Katalysator] MJ 1984 / 1986 / 1985 bis MJ 1989

Motor

Bauart:	6-Zylinder-Boxermotor
Einbauposition:	Heckmotor
Kühlung:	luftgekühlt
Anzahl & Form d. Lüfterradflügel:	11, gerade
Lüfterrad Außendurchm. (mm):	245
Motor-Typ:	930/20
Hubraum (cm³):	3164
Bohrung x Hub:	95 x 70,4
Leistung (kW/PS):	170/231 [152/207] bei 5900/min
ab MJ 1987:	[160/217] bei 5900/min
Drehmoment (Nm):	284 [264] bei 4800/min
Literleistung (kW/l / PS/l):	53,7 [48,0] / 73,0 [65,4]
ab MJ 1987:	[50,6 / 68,6]
Verdichtung:	10,3 : 1 [9,5 : 1]
Ventilsteuerung:	ohc über Doppelkette, 2 Ventile pro Zylinder
Gemischaufbereitung:	Bosch Digitale Motor Elektronic (DME) mit L-Jetronic-Einspritzung
Zündung:	Bosch DME kennfeldgesteuerte Zündung
Zündfolge:	1 - 6 - 2 - 4 - 3 - 5
Schmierung:	Trockensumpfschmierung
Ölmenge (l):	13,0

Kraftübertragung

Antrieb:	Heckantrieb
Schaltgetriebe:	5-Gang
Getriebe-Typ:	915/67 (G 50/00)*
MJ 1986:	915/72
Übersetzungen:	
1. Gang:	3,182 (3,500)
2. Gang:	1,833 (2,059)
3. Gang:	1,261 (1,409)
4. Gang:	0,965 (1,074)
5. Gang:	0,763 (0,861)
Rückwärtsgang:	3,325 (2,857)
Achsübersetzung:	3,875 (3,444)
Sonderwunsch:	Sperrdifferential 40%

***ab MJ 1987 Getriebe Typ G 50**

Karosserie, Fahrwerk, Bremse, Räder und Reifen

Karosserie:	2-türige, 2 + 2-sitzige, selbsttragende Karosserie aus beidseitig feuerverzinktem Stahlblech mit Kotflügelverbreiterungen vorne und hinten, Seitenaufprallschutz in den Türen, kastenförmige Leichtmetallstoßfänger mit schwarzen Faltenbälgen, an Prallrohren befestigt, Nebelscheinwerfer in der Bugschürze eingelassen, schwarze PU-Frontspoilerlippe, Heckdeckel mit aufgesetztem feststehenden Heckspoiler mit schwarzer PU-Umrandung, rotes Leuchtenband, Außenspiegel in Wagenfarbe elektrisch verstellbar, seitliche Blinkleuchten an den Kotflügeln vorn
ab MJ 1987:	Rotes Leuchtenband mit integrierten Nebelschlußleuchten
Alternativ:	Turbo-Look ohne Front- und Heckspoiler
Coupé:	Festes verschweißtes Stahldach
Sonderwunsch:	Elektrisches Schiebedach
Targa:	Herausnehmbares Faltdach, feststehender schwarzer Targa-Überrollbügel, Heckscheibe aus Sicherheitsglas
Cabriolet:	manuelles Stoffverdeck mit flexibler Kunststoffheckscheibe
Sonderwunsch ab MJ 1987:	Elektrisch betätigtes, vollautomatisches Stoffverdeck mit flexibler Kunststoffheckscheibe
Vorderradaufhängung:	Einzelradaufhängung an Federbeinen und Querlenkern, je Rad ein runder Drehstab in Längsrichtung liegend, Zweirohr-Gasdruckstoßdämpfer, Stabilisator
Hinterradaufhängung:	Einzelradaufhängung an Schräglenkern aus Leichtmetall, je Rad ein runder Drehstab in Querrichtung liegend, Zweirohr-Gasdruckstoßdämpfer, Stabilisator
Bremse v/h (Durchm. x B (mm)):	innenbelüftete gelochte Scheiben (304 x 32) / innenbelüftete gelochte Scheiben (309 x 28) schwarze 4-Kolben-Aluminium-Festsättel / schwarze 4-Kolben-Aluminium-Festsättel
Räder v/h:	7 J x 16 / 8 J x 16
Reifen v/h:	205/55 VR 16 / 225/50 VR 16
ab MJ 1986:	7 J x 16 / 9 J x 16 205/55 VR 16 / 245/45 VR 16

Elektrik

Lichtmaschinenleistung (W/A):	1260 / 90
Batterie (V/Ah):	12 / 66
Sonderwunsch:	12 / 88

Abmessungen, Gewichte und Volumen

Spurweite v/h (mm):	1432 / 1501
ab MJ 1986:	1432 / 1492
Radstand (mm):	2272
Maße (L x B x H (mm)):	4291 x 1775 x 1310
Leergewicht nach DIN (kg):	1210
ab MJ 1986:	1260
zul. Gesamtgewicht (kg):	1530
ab MJ 1986:	1580
Kofferraumvolumen (VDA (l)):	130
Gepäckraum im Innenraum*:	175
Tankvolumen (l):	80, davon 8 Reserve
Cw x A (m2)	
mit Front- und Heckspoiler:	0,39 x 1,86 = 0,725
Leistungsgewicht (kg/kW / kg/PS):	7,11 / 5,23
ab MJ 1986:	7,41 [8,28] / 5,45 [608]
ab MJ 1987:	[7,87 / 5,80]
***bei umgeklappten Rücksitzlehnen**	

Kraftstoffverbrauch

nach DIN 70 030/1, ab MJ 1985	
nach EG-Norm 80/1268 (l/100 km):	98 ROZ Super verbleit
mit Katalysator:	91 ROZ Normal bleifrei
mit Katalysator ab MJ 1987:	95 ROZ Super bleifrei
Bei 90 km/h konstant:	7,8 [7,9] [7,9]*
Bei 120 km/h konstant:	10,1 [9,8] [9,8]*
EG-Abgas-Stadtzyklus:	13,6 [15,5] [14,9]*
Drittelmix:	10,5 [11,1] [10,9]*
***ab MJ 1987**	

Fahrleistungen, Stückzahlen, Preise

Beschleunigung 0–100 km/h (s):	6,1 [6,5] [6,3]*
Höchstgeschw. (km/h):	245 [235] [240]*
***ab MJ 1987**	
Stückzahl alle Carrera 3.2*:	
Coupé:	35.571
Targa:	18.468
Cabriolet:	19.987
***schmale Karosserie und Turbo-Look**	
Listenpreise inkl. Turbo-Look mit / ohne Spoiler ab MJ 1986:	
08/1983 Coupé:	DM 86.850,-
02/1984 Coupé:	DM 88.850,-
08/1984 Coupé:	DM 92.900,-
Targa:	DM 95.930,-
Cabriolet:	DM 100.150,-
02/1985 Coupé:	DM 94.510,-
Targa:	DM 97.500,-
Cabriolet:	DM 101.930,-
08/1985 Coupé*:	DM 99.950,- / DM 97.950,-
Targa*:	DM 103.950,- / DM 101.950,-
Cabriolet*:	DM 109.950,- / DM 107.950,-
03/1986 Coupé*:	DM 101.750,- / DM 99.750,-
Targa*:	DM 105.850,- / DM 103.850,-
Cabriolet*:	DM 112.000,- / DM 110.000,-
08/1986 Coupé:**	DM 104.600,- / DM 102.600,-
Targa:**	DM 108.600,- / DM 106.600,-
Cabriolet:**	DM 114.600,- / DM 112.600,-
03/1987 Coupé:**	DM 106.230,- / DM 104.230,-
Targa:**	DM 110.230,- / DM 108.230,-
Cabriolet:**	DM 116.230,- / DM 114.230,-
08/1987 Coupé:**	DM 109.850,- / DM 107.850,-
Targa:**	DM 113.950,- / DM 111.950,-
Cabriolet:**	DM 120.150,- / DM 118.150,-
04/1988 Coupé:**	DM 111.350,- / DM 109.350,-
Targa:**	DM 115.550,- / DM 113.550,-
Cabriolet:**	DM 121.850,- / DM 119.850,-
08/1988 Coupé:**	DM 113.490,- / DM 111.490,-
Targa:**	DM 117.790,- / DM 115.790,-
Cabriolet:**	DM 123.990,- / DM 121.990,-
04/1989 Coupé:**	DM 115.790,- / DM 113.790,-
Targa:**	DM 120.290,- / DM 118.290,-
Cabriolet:**	DM 126.590,- / DM 124.590,-
***Aufpreis für Katalysator MJ 1986: DM 2.190,-**	
****Aufpreis für Katalysator ab MJ 1987: DM 1.575,-**	

911 Turbo Targa und Cabriolet MJ 1987 bis MJ 1989

Motor

Bauart:	6-Zylinder-Boxermotor mit Turboaufladung und Ladeluftkühlung
Einbauposition:	Heckmotor
Kühlung:	luftgekühlt
Anzahl & Form d. Lüfterradflügel:	11, gerade
Lüfterrad Außendurchm. (mm):	245
Motor-Typ:	930/66
Hubraum (cm³):	3299
Bohrung x Hub:	97 x 74,4
Leistung (kW/PS):	221/300 bei 5500/min
Drehmoment (Nm):	430 bei 4000/min
Literleistung (kW/l / PS/l):	68,4 / 92,9
Verdichtung:	7,0 : 1
Maximaler Ladedruck (bar):	0,8
Ventilsteuerung:	ohc über Doppelkette, 2 Ventile pro Zylinder
Gemischaufbereitung:	Bosch K-Jetronic-Einspritzung
Zündung:	Batterie-Hochspannungs-Kondensatorzündung (BHKZ), kontaktlos
Zündfolge:	1 - 6 - 2 - 4 - 3 - 5
Schmierung:	Trockensumpfschmierung
Ölmenge (l):	13,0

Kraftübertragung

Antrieb:	Heckantrieb
Schaltgetriebe:	4-Gang
Getriebe-Typ:	930/36
Übersetzungen:	
1. Gang:	2,250
2. Gang:	1,304
3. Gang:	0,893
4. Gang:	0,625
Rückwärtsgang:	2,438
Achsübersetzung:	4,222
Sonderwunsch:	Sperrdifferential 40%

Karosserie, Fahrwerk, Bremse, Räder und Reifen

Karosserie:	2-türige, 2 + 2-sitzige, selbsttragende Karosserie aus beidseitig feuerverzinktem Stahlblech mit Kotflügelverbreiterungen vorne und hinten, Seitenaufprallschutz in den Türen, kastenförmige Leichtmetallstoßfänger mit schwarzen Faltenbälgen, an Prallrohren befestigt, Nebelscheinwerfer in der Bugschürze eingelassen, schwarze PU-Frontspoilerlippe, Heckdeckel mit aufgesetztem feststehenden Heckspoiler mit schwarzer PU-Umrandung, rotes Leuchtenband mit integrierten Nebelschlußleuchten, Außenspiegel in Wagenfarbe elektrisch verstellbar, seitliche Blinkleuchten an den den Kotflügeln vorn
Targa:	Herausnehmbares Faltdach, feststehender schwarzer Targa-Überrollbügel, Heckscheibe aus Sicherheitsglas
Cabriolet:	manuelles Stoffverdeck mit flexibler Kunststoffheckscheibe
Sonderwunsch ohne Mehrpreis:	Elektrisch betätigtes, vollautomatisches Stoffverdeck mit flexibler Kunststoffheckscheibe
Vorderradaufhängung:	Einzelradaufhängung an Federbeinen und Querlenkern, je Rad ein runder Drehstab in Längsrichtung liegend, Zweirohr-Gasdruckstoßdämpfer, Stabilisator
Hinterradaufhängung:	Einzelradaufhängung an Schräglenkern aus Leichtmetall, je Rad ein runder Drehstab in Querrichtung liegend, Zweirohr-Gasdruckstoßdämpfer, Stabilisator
Bremse v/h (Durchm. x B (mm)):	innenbelüftete gelochte Scheiben (304 x 32) / innenbelüftete gelochte Scheiben (309 x 28) schwarze 4-Kolben-Aluminium-Festsättel / schwarze 4-Kolben-Aluminium-Festsättel
Räder v/h:	7 J x 16 / 9 J x 16
Reifen v/h:	205/55 VR 16 / 245/45 VR 16

Elektrik

Lichtmaschinenleistung (W/A):	1260 / 90
Batterie (V/Ah):	12 / 66
Sonderwunsch:	12 / 88

Abmessungen, Gewichte und Volumen

Spurweite v/h (mm):	1432 / 1492
Radstand (mm):	2272
Maße (L x B x H (mm)):	4291 x 1775 x 1310
Leergewicht nach DIN (kg):	1335
zul. Gesamtgewicht (kg):	1680
Kofferraumvolumen (VDA (l)):	130
Gepäckraum im Innenraum*:	175
Tankvolumen (l):	80, davon 8 Reserve
C_w x A (m²):	0,39 x 1,86 = 0,725
Leistungsgewicht (kg/kW / kg/PS):	6,04 / 4,45
***bei umgeklappten Rücksitzlehnen**	

Kraftstoffverbrauch

nach EG-Norm 80/1268 (l/100 km):	98 ROZ Super verbleit
Bei 90 km/h konstant:	9,7
Bei 120 km/h konstant:	11,8
EG-Abgas-Stadtzyklus:	15,5
Drittelmix:	12,3

Fahrleistungen, Stückzahlen, Preise

Beschleunigung 0–100 km/h (s):	5,4
Höchstgeschw. (km/h):	260
Stückzahl:	
Targa:	193
Cabriolet:	918
Listenpreis:	
03/1987 Targa:	DM 134.850,-
Cabriolet:	DM 147.850,-
08/1987 Targa:	DM 138.000,-
Cabriolet:	DM 152.000,-
04/1988 Targa:	DM 140.500,-
Cabriolet:	DM 155.000,-

911 Carrera Clubsport Coupé [Katalysator] / Targa MJ 1987 bis MJ 1989

Motor

Bauart:	6-Zylinder-Boxermotor
Einbauposition:	Heckmotor
Kühlung:	luftgekühlt
Anzahl & Form d. Lüfterradflügel:	11, gerade
Lüfterrad Außendurchm. (mm):	245
Motor-Typ:	930/20 [930/25]
Hubraum (cm^3)	3164
Bohrung x Hub:	95 x 70,4
Leistung (kW/PS):	170/231 [160/217] bei 5900/min
Drehmoment (Nm):	284 [264] bei 4800/min
Literleistung (kW/l / PS/l):	53,7 [50,6] / 73,0 [68,6]
Verdichtung:	10,3 : 1 [9,5 : 1]
Ventilsteuerung:	ohc über Doppelkette, 2 Ventile pro Zylinder
Gemischaufbereitung:	Bosch Digitale Motor Elektronic (DME) mit L-Jetronic-Einspritzung
Zündung:	Bosch DME kennfeldgesteuerte Zündung
Zündfolge:	1 - 6 - 2 - 4 - 3 - 5
Schmierung:	Trockensumpfschmierung
Ölmenge (l):	13,0

Kraftübertragung

Antrieb:	Heckantrieb
Schaltgetriebe:	5-Gang
Getriebe-Typ:	G 50/00
Übersetzungen:	
1. Gang:	3,500
2. Gang:	2,059
3. Gang:	1,409
4. Gang:	1,074
5. Gang:	0,861
Rückwärtsgang:	2,857
Achsübersetzung:	3,444
Sonderwunsch:	Sperrdifferential 40%

Karosserie, Fahrwerk, Bremse, Räder und Reifen

Karosserie:	2-türige, 2-sitzige, selbsttragende Karosserie aus beidseitig feuerverzinktem Stahlblech mit Kotflügelverbreiterungen hinten, Seitenaufprallschutz in den Türen, kastenförmige Leichtmetallstoßfänger mit schwarzen Faltenbälgen, an Prallrohren befestigt, schwarze PU-Frontspoilerlippe, Heckdeckel mit aufgesetztem feststehenden flachen Heckspoiler mit schwarzer PU-Umrandung, rotes Leuchtenband mit integrierten Nebelschlußleuchten, Außenspiegel in Wagenfarbe elektrisch verstellbar, seitliche Blinkleuchten an den Kotflügeln vorn
Coupé:	Festes verschweißtes Stahldach
Targa:	Herausnehmbares Faltdach, feststehender schwarzer Targa-Überrollbügel, Heckscheibe aus Sicherheitsglas
Vorderradaufhängung:	Einzelradaufhängung an Federbeinen und Querlenkern, je Rad ein runder Drehstab in Längsrichtung liegend, Zweirohr-Gasdruckstoßdämpfer, Stabilisator
Hinterradaufhängung:	Einzelradaufhängung an Schräglenkern aus Leichtmetall, je Rad ein runder Drehstab in Querrichtung liegend, Zweirohr-Gasdruckstoßdämpfer, Stabilisator
Bremse v/h (Durchm. x B (mm)):	innenbelüftete Scheiben (282,5 x 24) / innenbelüftete Scheiben (290 x 24) 2-Kolben-Graugruß-Festsättel / 2-Kolben-Graugruß-Festsättel
Räder v/h:	7 J x 15 / 8 J x 15
Reifen v/h:	195/65 VR 15 / 215/60 VR 15
Sonderwunsch, MJ 1989 Serie:	6 J x 16 / 8 J x 16 205/55 VR 16 / 225/50 VR 16

Elektrik

Lichtmaschinenleistung (W/A):	1260 / 90
Batterie (V/Ah):	12 / 66
Sonderwunsch:	12 / 88

Abmessungen, Gewichte und Volumen

Spurweite v/h (mm):	1398 / 1405
mit 6 J x 16 / 8 J x 16:	1372 / 1405
Radstand (mm):	2272
Maße (L x B x H (mm)):	4291 x 1652 x 1320
Leergewicht nach DIN (kg):	1160
zul. Gesamtgewicht (kg):	1530
Kofferraumvolumen (VDA (l)):	130
Tankvolumen (l):	80, davon 8 Reserve
C_w x A (m^2):	0,38 x 1,77 = 0,672
Leistungsgewicht (kg/kW / kg/PS):	6,82 [7,25] / 5,02 [5,34]

Kraftstoffverbrauch

nach EG-Norm 80/1268 (l/100 km):	98 ROZ Super verbleit
mit Katalysator:	95 ROZ Super bleifrei
Bei 90 km/h konstant:	6,8 [7,9]
Bei 120 km/h konstant:	9,0 [9,8]
EG-Abgas-Stadtzyklus:	13,6 [14,9]
Drittelmix:	9,8 [10,9]

Fahrleistungen, Stückzahlen, Preise

Beschleunigung 0–100 km/h (s):	6,1 [6,3]
Höchstgeschw. (km/h):	245 [240]
Stückzahl:	
Coupé:	189
Targa:	1
Listenpreise:	
08/1987:	DM 80.500,- [DM 82.075,-]
04/1988:	DM 82.000,- [DM 83.575,-]
08/1988:	DM 83.700,- [DM 85.275,-]

911 Carrera Speedster [Katalysator] MJ 1989

Motor

Bauart:	6-Zylinder-Boxermotor
Einbauposition:	Heckmotor
Kühlung:	luftgekühlt
Anzahl & Form d. Lüfterradflügel:	11, gerade
Lüfterrad Außendurchm. (mm):	245
Motor-Typ:	930/20
Hubraum (cm³):	3164
Bohrung x Hub:	95 x 70,4
Leistung (kW/PS):	170/231 [160/217] bei 5900/min
Drehmoment (Nm):	284 [264] bei 4800/min
Literleistung (kW/l / PS/l):	53,7 [50,6] / 73,0 [68,6]
Verdichtung:	10,3 : 1 [9,5 : 1]
Ventilsteuerung:	ohc über Doppelkette, 2 Ventile pro Zylinder
Gemischaufbereitung:	Bosch Digitale Motor Elektronic (DME) mit L-Jetronic-Einspritzung
Zündung:	Bosch DME kennfeldgesteuerte Zündung
Zündfolge:	1 - 6 - 2 - 4 - 3 - 5
Schmierung:	Trockensumpfschmierung
Ölmenge (l):	13,0

Kraftübertragung

Antrieb:	Heckantrieb
Schaltgetriebe:	5-Gang
Getriebe-Typ:	G 50/00
Übersetzungen:	
1. Gang:	3,500
2. Gang:	2,059
3. Gang:	1,409
4. Gang:	1,074
5. Gang:	0,861
Rückwärtsgang:	2,857
Achsübersetzung:	3,444
Sonderwunsch:	Sperrdifferential 40%

Karosserie, Fahrwerk, Bremse, Räder und Reifen

Karosserie:	2-türige, 2 + 2-sitzige, selbsttragende Speedster-Karosserie aus beidseitig feuerverzinktem Stahlblech mit Kotflügelverbreiterungen hinten, kleine aufgesetzte Frontscheibe, Seitenaufprallschutz in den Türen, kastenförmige Leichtmetallstoßfänger mit schwarzen Faltenbälgen, an Prallrohren befestigt, Nebelscheinwerfer in der Bugschürze eingelassen, Heckdeckel mit schwarzem Lüftungsgitter, rotes Leuchtenband mit integrierten Nebelschlußleuchten, Außenspiegel in Wagenfarbe elektrisch verstellbar, seitliche Blinkleuchten an den Kotflügeln vorn, manuelles Stoffverdeck mit flexibler Kunststoffheckscheibe, Speedster-Verdeckabdeckung aus Kunststoff mit zwei Höckern
Vorderradaufhängung:	Einzelradaufhängung an Federbeinen und Querlenkern, je Rad ein runder Drehstab in Längsrichtung liegend, Zweirohr-Gasdruckstoßdämpfer, Stabilisator
Hinterradaufhängung:	Einzelradaufhängung an Schräglenkern aus Leichtmetall, je Rad ein runder Drehstab in Querrichtung liegend, Zweirohr-Gasdruckstoßdämpfer, Stabilisator
Bremse v/h (Durchm. x B (mm)):	innenbelüftete Scheiben (282,5 x 24) / innenbelüftete Scheiben (290 x 24) 2-Kolben-Grauguß-Festsättel / 2-Kolben-Grauguß-Festsättel
Räder v/h:	6 J x 16 / 8 J x 16
Reifen v/h:	205/55 ZR 16 / 225/50 ZR 16

Elektrik

Lichtmaschinenleistung (W/A):	1260 / 90
Batterie (V/Ah):	12 / 66
Sonderwunsch:	12 / 88

Abmessungen, Gewichte und Volumen

Spurweite v/h (mm):	1372 / 1405
Radstand (mm):	2272
Maße (L x B x H (mm)):	4291 x 1652 x 1220
Leergewicht nach DIN (kg):	1210
zul. Gesamtgewicht (kg):	1530
Kofferraumvolumen (VDA (l)):	130
Tankvolumen (l):	80, davon 8 Reserve
C_w x A (m²):	n/a
Leistungsgewicht (kg/kW / kg/PS):	7,17 [7,62] / 5,28 [5,62]

Kraftstoffverbrauch

nach EG-Norm 80/1268 (l/100 km):	98 ROZ Super verbleit
mit Katalysator:	95 ROZ Super bleifrei
Bei 90 km/h konstant:	6,8 [7,9]
Bei 120 km/h konstant:	9,0 [9,8]
EG-Abgas-Stadtzyklus:	13,6 [14,9]
Drittelmix:	9,8 [10,9]

Fahrleistungen, Stückzahlen, Preise

Beschleunigung 0–100 km/h (s):	6,1 [6,3]
Höchstgeschw. (km/h):	245 [240]
Stückzahl:	171
Listenpreise:	nur Export

911 Carrera Speedster Turbo-Look [Katalysator] MJ 1989

Motor

Bauart:	6-Zylinder-Boxermotor
Einbauposition:	Heckmotor
Kühlung:	luftgekühlt
Anzahl & Form d. Lüfterradflügel:	11, gerade
Lüfterrad Außendurchm. (mm):	245
Motor-Typ:	930/20
Hubraum (cm³):	3164
Bohrung x Hub:	95 x 70,4
Leistung (kW/PS):	170/231 [160/217] bei 5900/min
Drehmoment (Nm):	284 [264] bei 4800/min
Literleistung (kW/l / PS/l):	53,7 [50,6] / 73,0 [68,6]
Verdichtung:	10,3 : 1 [9,5 : 1]
Ventilsteuerung:	ohc über Doppelkette, 2 Ventile pro Zylinder
Gemischaufbereitung:	Bosch Digitale Motor Elektronic (DME) mit L-Jetronic-Einspritzung
Zündung:	Bosch DME kennfeldgesteuerte Zündung
Zündfolge:	1 - 6 - 2 - 4 - 3 - 5
Schmierung:	Trockensumpfschmierung
Ölmenge (l):	13,0

Kraftübertragung

Antrieb:	Heckantrieb
Schaltgetriebe:	5-Gang
Getriebe-Typ:	G 50/00
Übersetzungen:	
1. Gang:	3,500
2. Gang:	2,059
3. Gang:	1,409
4. Gang:	1,074
5. Gang:	0,861
Rückwärtsgang:	2,857
Achsübersetzung:	3,444
Sonderwunsch:	Sperrdifferential 40%

Karosserie, Fahrwerk, Bremse, Räder und Reifen

Karosserie:	2-türige, 2-sitzige, selbsttragende Speedster-Karosserie aus beidseitig feuerverzinktem Stahlblech mit Kotflügelverbreiterungen vorne und hinten, kleine aufgesetzte Frontscheibe, Seitenaufprallschutz in den Türen, kastenförmige Leichtmetallstoßfänger mit schwarzen Faltenbälgen, an Prallrohren befestigt, Nebelscheinwerfer in der Bugschürze eingelassen, Heckdeckel mit schwarzem Lüftungsgitter, rotes Leuchtenband mit integrierten Nebelschlußleuchten, Außenspiegel in Wagenfarbe elektrisch verstellbar, seitliche Blinkleuchten an den Kotflügeln vorn, manuelles Stoffverdeck mit flexibler Kunststoffheckscheibe, Speedster-Verdeckabdeckung aus Kunststoff mit zwei Höckern
Vorderradaufhängung:	Einzelradaufhängung an Federbeinen und Querlenkern, je Rad ein runder Drehstab in Längsrichtung liegend, Zweirohr-Gasdruckstoßdämpfer, Stabilisator
Hinterradaufhängung:	Einzelradaufhängung an Schräglenkern aus Leichtmetall, je Rad ein runder Drehstab in Querrichtung liegend, Zweirohr-Gasdruckstoßdämpfer, Stabilisator
Bremse v/h (Durchm. x B (mm)):	innenbelüftete gelochte Scheiben (304 x 32) / innenbelüftete gelochte Scheiben (309 x 28) schwarze 4-Kolben-Aluminium-Festsättel / schwarze 4-Kolben-Aluminium-Festsättel
Räder v/h:	7 J x 16 / 9 J x 16
Reifen v/h:	205/55 ZR 16 / 245/45 ZR 16

Elektrik

Lichtmaschinenleistung (W/A):	1260 / 90
Batterie (V/Ah):	12 / 66
Sonderwunsch:	12 / 88

Abmessungen, Gewichte und Volumen

Spurweite v/h (mm):	1432 / 1492
Radstand (mm):	2272
Maße (L x B x H (mm)):	4291 x 1775 x 1220
Leergewicht nach DIN (kg):	1290
zul. Gesamtgewicht (kg):	1530
Kofferraumvolumen (VDA (l)):	130
Tankvolumen (l):	80, davon 8 Reserve
C_w x A (m²):	n/a
Leistungsgewicht (kg/kW / kg/PS):	7,58 [8,06] / 5,58 [5,94]

Kraftstoffverbrauch

nach EG-Norm 80/1268 (l/100 km):	98 ROZ Super verbleit
mit Katalysator:	95 ROZ Super bleifrei
Bei 90 km/h konstant:	6,8 [7,9]
Bei 120 km/h konstant:	9,0 [9,8]
EG-Abgas-Stadtzyklus:	13,6 [14,9]
Drittelmix:	9,8 [10,9]

Fahrleistungen, Stückzahlen, Preise

Beschleunigung 0–100 km/h (s):	6,1 [6,3]
Höchstgeschw. (km/h):	245 [240]
Stückzahl:	2.103
Listenpreise:	
04/1989:	DM 110.000,- [DM 111.575,-]

911 Turbo Coupé, Targa und Cabriolet MJ 1989

Motor

Bauart:	6-Zylinder-Boxermotor mit Turboaufladung und Ladeluftkühlung
Einbauposition:	Heckmotor
Kühlung:	luftgekühlt
Anzahl & Form d. Lüfterradflügel:	11, gerade
Lüfterrad Außendurchm. (mm):	245
Motor-Typ:	930/66
Hubraum (cm³):	3299
Bohrung x Hub:	97 x 74,4
Leistung (kW/PS):	221/300 bei 5500/min
Drehmoment (Nm):	430 bei 4000/min
Literleistung (kW/l / PS/l):	68,4 / 92,9
Verdichtung:	7,0 : 1
Maximaler Ladedruck (bar):	0,8
Ventilsteuerung:	ohc über Doppelkette, 2 Ventile pro Zylinder
Gemischaufbereitung:	Bosch K-Jetronic-Einspritzung
Zündung:	Batterie-Hochspannungs-Kondensatorzündung (BHKZ), kontaktlos
Zündfolge:	1 - 6 - 2 - 4 - 3 - 5
Schmierung:	Trockensumpfschmierung
Ölmenge (l):	13,0

Kraftübertragung

Antrieb:	Heckantrieb
Schaltgetriebe:	5-Gang
Getriebe-Typ:	G 50/50
Übersetzungen:	
1. Gang:	3,154
2. Gang:	1,789
3. Gang:	1,269
4. Gang:	0,967
5. Gang:	0,756
Rückwärtsgang:	2,857
Achsübersetzung:	3,444
Sonderwunsch:	Sperrdifferential 40%

Karosserie, Fahrwerk, Bremse, Räder und Reifen

Karosserie:	2-türige, 2 + 2-sitzige, selbsttragende Karosserie aus beidseitig feuerverzinktem Stahlblech mit Kotflügelverbreiterungen vorne und hinten, Seitenaufprallschutz in den Türen, kastenförmige Leichtmetallstoßfänger mit schwarzen Faltenbälgen, an Prallrohren befestigt, Nebelscheinwerfer in der Bugschürze eingelassen, schwarze PU-Frontspoilerlippe, Heckdeckel mit aufgesetztem feststehenden Heckspoiler mit schwarzer PU-Umrandung, rotes Leuchtenband mit integrierten Nebelschlußleuchten, Außenspiegel in Wagenfarbe elektrisch verstellbar, seitliche Blinkleuchten an den Kotflügeln vorn
Coupé:	Festes verschweißtes Stahldach
Sonderwunsch:	Elektrisches Schiebedach
Targa:	Herausnehmbares Faltdach, feststehender schwarzer Targa-Überrollbügel, Heckscheibe aus Sicherheitsglas
Cabriolet:	Elektrisch betätigtes, vollautomatisches Stoffverdeck mit flexibler Kunststoffheckscheibe
Vorderradaufhängung:	Einzelradaufhängung an Federbeinen und Querlenkern, je Rad ein runder Drehstab in Längsrichtung liegend, Zweirohr-Gasdruckstoßdämpfer, Stabilisator
Hinterradaufhängung:	Einzelradaufhängung an Schräglenkern aus Leichtmetall, je Rad ein runder Drehstab in Querrichtung liegend, Zweirohr-Gasdruckstoßdämpfer, Stabilisator
Bremse v/h (Durchm. x B (mm)):	innenbelüftete gelochte Scheiben (304 x 32) / innenbelüftete gelochte Scheiben (309 x 28) schwarze 4-Kolben-Aluminium-Festsättel / schwarze 4-Kolben-Aluminium-Festsättel
Räder v/h:	7 J x 16 / 9 J x 16
Reifen v/h:	205/55 VR 16 / 245/45 VR 16

Elektrik

Lichtmaschinenleistung (W/A):	1260 / 90
Batterie (V/Ah):	12 / 66
Sonderwunsch:	12 / 88

Abmessungen, Gewichte und Volumen

Spurweite v/h (mm):	1432 / 1492
Radstand (mm):	2272
Maße (L x B x H (mm)):	4291 x 1775 x 1310
Leergewicht nach DIN (kg):	1335
zul. Gesamtgewicht (kg):	1680
Kofferraumvolumen (VDA (l)):	130
Gepäckraum im Innenraum*:	175
Tankvolumen (l):	80, davon 8 Reserve
C_w x A (m²):	0,39 x 1,86 = 0,725
Leistungsgewicht (kg/kW / kg/PS):	6,04 / 4,45

*bei umgeklappten Rücksitzlehnen

Kraftstoffverbrauch

nach EG-Norm 80/1268 (l/100 km):	98 ROZ Super verbleit
Bei 90 km/h konstant:	10,7
Bei 120 km/h konstant:	13,0
EG-Abgas-Stadtzyklus:	14,3
Drittelmix:	12,7

Fahrleistungen, Stückzahlen, Preise

Beschleunigung 0–100 km/h (s):	5,2
Höchstgeschw. (km/h):	260
Stückzahl:	
Coupé:	1.376
Targa:	104
Cabriolet:	724
Listenpreis:	
08/1988 Coupé:	DM 135.000,-
Targa:	DM 142.000,-
Cabriolet:	DM 156.500,-
04/1989 Coupé:	DM 138.800,-
Targa:	DM 146.000,-
Cabriolet:	DM 160.900,-

Porsche 911
(Typ 964)

Modelljahr 1989 (K-Programm)

Die 911 Carrera- und turbo-Modelle der »G-Serie« gehen in ihr letztes Modelljahr. Parallel dazu läutet der 911 Carrera 4 (Typ 964) mit Allradantrieb, ABS, 3,6-Liter-Motor, einem Fahrwerk mit Schraubenfedern und aerodynamisch stark verbesserter Karosserie die nächste Elfergeneration ein. Porsche hält an der klassischen Karosserieform fest, aber 85 Prozent der Teile des 964 sind neu.

Die Karosserie des 911 Carrera 4 ist aerodynamisch sehr stark verbessert. Der Cw-Wert beträgt nur noch 0,32, multipliziert mit einer Stirnfläche von 1,79 m² ergibt sich ein Produkt für den Gesamtluftwiderstand von nur 0,57. Beim 3,2 Liter-Carrera ohne Spoiler beträgt dieses Produkt noch 0,69. Die neue Carrera-Generation ist der windschlüpfrigste jemals gebaute luftgekühlte Serien-Elfer. Zu dieser Verbesserung tragen aerodynamisch geformte Kunststoffbug- und Heckteile, optimierte Regenrinnen an der A-Säule, die modifizierten Schwellerblenden, der völlig glatte Unterboden und der bei 80 km/h automatisch aus der Motorhaube ausfahrbare Heckspoiler bei. Bei Schrittgeschwindigkeit bewegt sich der Spoiler wieder automatisch in den Heckdeckel zurück. Selbst bei hohen Geschwindigkeiten ist der Auftrieb an der Hinterachse nahezu Null. An der Vorderachse hat der Carrera 4 sogar leichten Abtrieb. Im Bugteil sind Nummerntafel, Luftschlitze, Blinkleuchten und Nebelscheinwerfer integriert. Im Heckteil ist die Nummerntafel und ein Ausschnitt für das Auspuffendrohr, welches jetzt rechts sitzt, eingelassen. Das Leuchtenband am Heck und die komplett in rot gehaltene Rückleuchteneinheit verlaufen zum Stoßfänger hin in einer leichten Schräge. Die gesamte Bodengruppe ist ebenfalls neu konstruiert, um den Allradantrieb unterzubringen. Bei seiner Markteinführung ist der 911 Carrera 4 nur als Coupé lieferbar.

Der Carrera 4 ist mit einem völlig neu entwickelten 3,6-Liter-Motor ausgestattet. Dieser leistet 250 PS (184 kW) bei 6.100/min und verfügt über ein Drehmoment von 310 Nm bei 4.800/min. Durch eine größere Bohrung von 100 Millimeter und einer neuen Kurbelwelle mit 76,4 Millimeter Hub und zusätzlichem Drehschwingungstilger wächst der Hubraum auf genau 3.600 cm³ an. Das Kettengehäuse ist aus leichtem wie auch geräuschreduzierendem Magnesium gefertigt. Die Duplex-Ketten des Nockenwellenantriebs laufen über zwei hydraulische Kettenspanner und auf geräuschsenkenden Kunststoffspann- und -gleitschienen. Der mit 11,3 : 1 sehr hoch verdichtete Motor ist mit einer Doppelzündung ausgerüstet, diese bietet sich bei einem großen Kolbendurchmesser geradezu an, um die Zündfunken zu optimieren. Der zweite Zündverteiler wird über einen kleinen Zahnriemen vom ersten Zündverteiler aus angetrieben. Die Zündung der beiden Kerzen erfolgt parallel. Die Digitale-Motor-Elektronik (DME) ist für die Doppelzündung, die Klopfregelung und die Einspritzung zuständig. Für eine optimale Zylinderfüllung bei hohen Drehzahlen sorgt das zweistufige Resonanzansaugsystem. Der auf bleifreies Euro-Super mit 95 Oktan abgestimmte Boxer wird in der Regel mit Katalysator ausgeliefert. Nur auf ausdrücklichen Kundenwunsch wird auf den Katalysator verzichtet. Die Auslaßkanäle der Zylinderköpfe sind mit keramischen Portlinern ausgekleidet. Der Werkstoff Keramik bewirket, daß die Abgase so heiß wie nur möglich zum Katalysator gelangen und weniger Wärme direkt an die Zylinderköpfe abgegeben wird. Eine Hohlwelle bewirkt, daß das Lüftergebläse und die Lichtmaschine mit zwei verschiedenen Übersetzungen angetrieben werden können. Der Carrera 4 ist der erste PKW mit geregeltem Metallkatalysator. Bei der neuen Edelstahlauspuffanlage sitzt das Endrohr jetzt auf der rechten Seite.

Der Carrera 4 ist mit einem 5-Gang-Schaltgetriebe und einem elektronisch gesteuerten permanenten Allradantrieb ausgestattet. Das Vorderachsdifferential erhält die Antriebskraft über ein Transaxle-System. Im Normalfall werden 31 Prozent des Antriebsmomentes an die Vorderachse und 69 Prozent an die Hinterachse geleitet. Die Verteilung kann aber je nach Fahrsituation variabel erfolgen. Durch einen Drehschalter auf der Mittelkonsole kann der Fahrer zum Anfahren auf besonders schwierigem Untergrund auch das integrierte Sperrensystem von Hand aktivieren.

Das Fahrwerk des Carrera 4 ist eine völlige Neuentwicklung. Erstmals kommen in einem Serien-911 Schraubenfedern an Vorder- und Hinterachse zum Einsatz. An der Vorderachse werden McPherson Einzelradaufhängungen an Querlenkern aus Leichtmetall eingebaut. Die Hinterräder werden einzeln an Schräglenkern aus Leichtmetall geführt. Stabilisatoren runden das neue Fahrwerk ab. Die vier innenbelüfteten Bremsscheiben sind mit 4-Kolben-Festsattelbremszangen aus Aluminium kombiniert. Erstmals ist ein 911 serienmäßig mit einem Anti-Blockier-System ausgerüstet. Die Aluminiumgußräder im Design 90 werden vorn in der Größe 6 J x 16 mit 205/55 ZR 16 Reifen und hinten

8 J x 16 mit 225/50 ZR 16 Reifen montiert. Eine weitere völlige Neuheit in einem Porsche 911 stellt die Servolenkung dar. Sie macht den Elfer noch handlicher.
Auch im Innenraum ist der Carrera 4 weiterentwickelt worden. Die Instrumente werden durch die neue Durchlichttechnik beleuchtet. In die Instrumentierung integriert ist ein neues Warnsystem, welches mit Warnlampen wichtige Informationen anzeigt. Aus der durchgehenden Mittelkonsole ragt ein kurzer Schalhebel heraus. Die Heizungsregelung arbeitet wie beim Porsche 944 mit zwei Dreh- und zwei Schiebereglern. Die Heizung ist stark verbessert, sie spricht sehr schnell an und bietet nun eine ausgezeichnete Heizleistung. Damit gehört eine weitere Schwachstelle des 911 der Vergangenheit an. Einige der Schalter sind neu plaziert. In die Zentralverriegelung ist ein Alarmsystem integriert. Die Teilledersitze sind elektrisch höhenverstellbar. Elektrische Fensterheber, Radiovorbereitung und Scheinwerferreinigungsanlage runden die Ausstattung ab.
In der Endgeschwindigkeit ist der neue Carrera 4 mit 260 km/h gleich schnell wie der bisherige 911 turbo. Auch in der Beschleunigung mit 5,7 Sekunden auf Tempo 100 kommt er dem 930 turbo recht nahe.

Modeljahr 1990 (L-Programm)

Der 911 ist nur noch in der 964er Karosserieform lieferbar. Die Karosserien werden alle im neuen Karosseriewerk, Werk V, gebaut. Über eine Brücke werden die Rohkarossen automatisch auf die andere Straßenseite zum Lackieren und zur Endmontage transportiert. Neu im Programm ist der Carrera 2 mit Heckantrieb. Für den Carrera 2 und den Carrera 4 sind jetzt die drei Karosserie-Varianten, Coupé, Targa und Cabriolet lieferbar. Ab dem Frühjahr 1990 ist für den Carrera 2 mit der Tiptronic erstmals auch ein automatisches Getriebe für einen Porsche 911 lieferbar. Ein 911 turbo ist derzeit nicht im Programm.
Die Karosserien für den Carrera 2 und den Carrera 4 sind weitgehend identisch. Das Cabriolet wird serienmäßig mit dem elektrischen Verdeck ausgeliefert. Im Carrera 2 kommt der schon vom Carrera 4 bekannte 3,6-Liter-Motor zum Einsatz. Für den deutschen Markt sind nur noch Motoren mit Katalysator im Angebot. Auch in den Fahrwerkskomponenten sind der Carrera 2 und der Carrera 4 mit Gleichteilen bestückt. Bei der Bremsanlage gibt es Unterschiede. Während beim Carrera 4 die Servounterstützung der Bremse über ein Hochdruck-Hydraulik-System arbeitet, wird beim Carrera 2 ein Unterdrucksystem verwendet. An der Hinterachse ist die Bremse des Carrera 2 nur mit 2-Kolben-Festsattelbremszangen ausgerüstet. Die Räder und Reifen sind bei Carrera 2 und Carrera 4 identisch. Als Sonderwunsch sind geschmiedete Leichtmetallräder im Scheibenstyling der gleichen Größe erhältlich.

Für den Carrera 2 ist optional auch eine 4-Gang-Tiptronic lieferbar. Die Tiptronic kann wie eine herkömmliche Getriebeautomatik gefahren werden, dazu sind intelligente Schaltprogramme installiert, die das automatische Schalten perfektionieren. Die zweite Möglichkeit ist, durch einen Wechsel in die zweite Schaltgasse nach rechts, durch Betätigung des Schalthebels nach vorn (+) oder nach hinten (-) selbst zu schalten.
Die Ausstattung bei Carrera 2 und Carrera 4 ist nahezu identisch. Neu sind beim Coupé und Targa die 3-Punkt-Automatikgurte im Fond. Alle Fahrzeuge erhalten eine Leuchtweitenregulierung und einen Drehschalter in der Mittelkonsole zum manuellen Ein- und Ausfahren des Heckspoilers. Bei Tiptronic-Fahrzeugen ist im Tachometer statt des mechanischen Tageskilometerzählers eine Anzeige für den gerade eingelegten Gang integriert. Dafür ist die Tageskilometeranzeige im serienmäßigen Bordcomputer enthalten.
Alle Carrera 2 und Carrera 4 mit 5-Gang-Schaltgetriebe sind mit einem Zweimassenschwungrad ausgerüstet, welches lästige Getriebegeräusche bei niedrigen Drehzahlen vermindert.
In den Fahrleistungen liegt der in etwa 100 Kilogramm leichtere Carrera 2 auf dem gleichen hohen Niveau des Carrera 4. In der Beschleunigung bei höheren Geschwindigkeiten ist der Carrera 2 etwas schneller. Mit der Tiptronic ausgestattet, ist der Carrera 2 etwas weniger temperamentvoll und mit einer Höchstgeschwindigkeit vom 256 km/h auch eine Idee langsamer.

Modelljahr 1991 (M-Programm)

Nach einem turbolosen Jahr ist wieder ein 911 turbo im Programm. Ab dem 1. Februar 1991 sind alle linksgesteuerten Porsche-Fahrzeuge serienmäßig mit einer Doppelairbaganlage für Fahrer und Beifahrer ausgestattet.
Die verbreiterte turbo-Karosserie wird mit neuen Bug- und Heckteilen, sowie Schwellerblenden optisch an die neue Carrera-Generation angepaßt. Der turbo-Heckflügel wird leicht modifiziert und mit einer niedrigeren schwarzen Umrandung versehen. Neu sind die aerodynamisch günstiger geformten ovalen Cup-Außenspiegel.
Die Basis des neuen turbo-Triebwerks bildet der bekannte 3,3-Liter-Motor. Durch einen größeren Abgasturbolader, der von den US-Modellen bekannten K-Jetronic mit Lambdaregelung, einer elektronischen Kennfeldzündung, einem vergrößerten Ladeluftkühler und einem Metallkatalysator gelingt es die Leistung auf 320 PS (235 kW) bei 5.750/min anzuheben und gleichzeitig die Schadstoffe im Abgas zu reduzieren. Das maximale Drehmoment von 450 Nm erreicht dieser saubere Turbomotor bei 4.500/min. Der Motor ist nur mit einer einfachen Zündanlage ausgestattet. Die Auspuffanlage hat jeweils links und rechts ein ovales Endrohr. Der 911 turbo ist nur mit Heckantrieb und 5-Gang-Schaltgetriebe erhältlich. Ein Sperdifferential

mit unterschiedlichen Sperrwerten für Zug und Schub gehört beim turbo zur Serienausstattung.

Das turbo-Fahrwerk basiert auf dem Fahrwerk des Carrera 2, wird aber für den turbo weiter entwickelt und straffer abgestimmt. Die Stabilisatoren haben vorn 21 Millimeter Durchmesser, hinten 22 Millimeter. Die größere turbo-Bremsanlage ist mit gelochten Bremsscheiben und vergrößerten 4-Kolben-Aluminium-Festsätteln ausgerüstet. Das ABS wird ebenfalls neu abgestimmt. Erstmals kommen 17-Zoll-Aluminiumräder im Cup-Design zum Serieneinsatz. Vorne sind auf den 7 J x 17 Rädern 205/50 ZR 17 Reifen montiert, hinten auf 9 J x 17 sind 255/40 ZR 17-Reifen aufgezogen.

Der 911 turbo ist noch besser als die Carrera-Modelle ausgestattet. So gehören eine Ganzlederausstattung, Klimaanlage, Bordcomputer, Heckscheibenwischer und das Cassetten-Radio »Symphonie« zur Serienausstattung.

In der Modellpflege erhalten die Carrera-Motoren ein neues Saugrohr für die zweistufige Resonanzansauganlage aus Kunststoff und neue Kolben. Die Abdichtung der Zylinderköpfe wird ebenfalls überarbeitet.

Im Innenraum erhalten alle 911-Modelle eine geänderte Rücksitzlehnenentriegelung mit zwei runden Knöpfen zum Drücken auf der Oberseite der Lehnen.

Die Fahrleistungen des 911 turbo sind nur etwas besser als die eines gut laufenden Carrera 2. In der Beschleunigung auf Tempo 100 vergehen 5,0 Sekunden. Die maximal erreichbare Geschwindigkeit liegt bei 270 km/h.

Modelljahr 1992 (N-Programm)

Die Modellpalette wird durch den Extremsportler 911 Carrera RS und ein 911 Carrera 2 Cabriolet im Turbo-Look erweitert.

Die Carrera-Modelle des Modelljahrs 1992 erkennt man an den serienmäßigen 16-Zoll-Rädern im Cup-Design und den ovalen Cup-Außenspiegeln. Als Sonderwunsch ist die 17-Zoll-Rad-/Reifenkombination des 911 turbo erhältlich, wobei die Räder für die schmaleren Carrera-Modelle an der Hinterachse nur 8 Zoll breit sind. Gegen Mitte des Modelljahrs wird eine kleine Metallplakette mit der Fahrgestellnummer links an der A-Säule angebracht, damit die Polizei bei Kontrollen sofort durch die Windschutzscheibe das Fahrzeug identifizieren kann.

Aber auch die Tiptronic wird verbessert. So erhält das Steuergerät ein spezielles Anfahrprogramm beim Kaltstart und zur Motorbremswirkung ist auch ein Herunterschalten in den ersten Gang unter 55 km/h möglich. Für den USA- und Kanada-Markt wird ein Key- und Shiftlock eingeführt. (Keylock = Wählhebel- und Zündschloßsperre, Shiftlock = Wählhebelsperre).

Die Porsche Exclusive-Abteilung bietet für den 911 turbo eine Leistungssteigerung durch andere Nockenwellen mit geänderten Steuerzeiten, modifizierte Einlaufkrümmer und überarbeitete Zylinderköpfe auf 355 PS (261 kW) an. Außerdem entstehen 6 Exemplare eines 911 turbo Cabriolets mit dem leistungsgesteigerten Motor. Die Fahrleistungen liegen mit einer Beschleunigung von Null auf Einhundert in 4,7 Sekunden und einer Höchstgeschwindigkeit von über 280 km/h deutlich über dem Serienturbo.

Der 911 Carrera RS ist auf einer leichteren Karosserie aufgebaut. Die Fronthaube ist aus Aluminium, die Seiten- und die nicht beheizbare Heckscheibe aus Dünnglas, der Unterbodenschutz entfällt und sogar an den Dämmatten wird Gewicht eingespart. Zur besseren Steifigkeit wird die Karosserie an den Schweißpunkten an einigen Stellen von Hand nachgeschweißt. Statt der Nebelscheinwerfer hat der Carrera RS vorne transparente Kunststoffabdeckungen. Der hintere Stoßfänger trägt ein speziell geformtes RS-Heckmittelteil.

Der Carrera RS erhält einen überarbeiteten 3,6-Liter-Boxermotor. Die Kolben und Zylinder werden speziell ausgewählt. Anstelle der hydraulischen Motorlager werden steifere Gummilager eingebaut. Das Steuergerät wird geändert und der Motor auf bleifreies Super-Plus mit 98 Oktan abgestimmt. Das Ergebnis sind 260 PS (191 kW) bei 6.100/min und ein auf 325 Nm verbessertes Drehmoment. Durch den erleichterten Kabelbaum hat der Carrera RS weniger Stromverbraucher und so werden die Lichtmaschine und das Lüfterrad von der gleichen Welle angetrieben. Das Getriebe erhält einen verlängerten ersten und zweiten Gang. Ein ZF-Sperrdifferential mit Sperrwerten von 20 Prozent im Zug und 100 Prozent im Schub ist serienmäßig eingebaut. Das Zweimassen-Schwungrad entfällt.

Der Carrera RS ist mit einem sehr harten, um 40 Millimeter tiefergelegten, Fahrwerk versehen. Während die gelochten Bremsscheiben und die 4-Kolben-Festsattelbremszangen vorn vom 911 turbo stammen, sind die hinteren Komponenten der Bremse vom Cup-Carrera entliehen. Das ABS gehört auch beim RS zum Lieferumfang. Die 17-Zoll-Cup-Räder sind beim RS aus Magnesium gegossen. Diese Maßnahme bringt 10 Kilogramm an Gewichtsersparnis. An der Vorderachse sind die Räder 7,5 Zoll breit und mit 205/50 ZR 17 Bereifung versehen, an der Hinterachse sind 255/40 ZR 17 auf 9 Zoll aufgezogen. Selbst die Servolenkung fehlt beim RS aus Gewichtsgründen.

Im Interieur des Carrera RS muß der Fahrer auf allen erdenklichen Luxus im Sinne der Sportlicheit verzichten. Einziger »Luxus« im voll auf Leichtbau getrimmten Innenraum sind die mit Leder bezogenen Schalensitze. Die schlichten Türverkleidungen sind mit einer farbigen Schleife zum Öffnen der Tür, einem Zuziehgriff, dem Drehknopf für die Türentriegelung und einer Fensterkurbel versehen. Wohnliche Verkleidungsteile oder gar Rücksitze sucht man vergebens. Der Carrera RS wird nur als Coupé und ohne Airbags ausgeliefert. Es stehen aber drei Versionen zur Verfügung. Die Basisversion mit gar keinem Komfort, die Touringversion mit einem Hauch von Komfort mit Sportsit-

zen und elektrischen Fensterhebern und die N/GT-Sportversion mit Straßenzulassung, die mit einem völlig ausgeräumten Innenraum und einem Überrollkäfig versehen für den Sporteinsatz auf der Rennstrecke vorbereitet ist.
Der Carrera RS läßt den serienmäßigen Carrera 2 im Durchzug und in der Beschleunigung deutlich hinter sich. Von 0 auf 200 km/h benötigt der RS mit ungefähr 19,0 Sekunden gut zwei Sekunden weniger als ein gut eingefahrener Carrera 2. In der Endgeschwindigkeit sind beide gleich schnell, da der Drehzahlbegrenzer bei maximal 6.720/min und 260 km/h das Ende des Vortriebs setzt.
Das genaue Gegenteil zum Carrera RS stellt das komfortabel ausgestattete Carrera 2 Cabriolet im Turbo-Look mit der breiteren Karosserie des turbo, dessen Fahrwerk, Bremsen und Rädern dar. Allerdings arbeitet im Heck der bekannte 3,6-Liter-Saugmotor. Es stehen sowohl das 5-Gang-Schaltgetriebe als auch die Tiptronic zur Wahl. Das Cabriolet im Turbo-Look ist zusätzlich zum Serienequipment der Carrera-Modelle mit einer Radioanlage mit Zusatzverstärker, automatischer Klimaanlage, vollelektrischen Sitzen mit Sitzheizung, Bordcomputer und Ganzlederausstattung angereichert. In der Beschleunigung, im Durchzug und mit einer Höchstgeschwindigkeit von 255 km/h ist das relativ schwere turbobreite Cabriolet etwas langsamer.
Auf dem Genfer Automobil Salon präsentiert Porsche im Frühjahr 1992 den 911 turbo S. Dessen Karosserie fällt von außen durch die seitlichen Lufteinlässe in den Fondseitenteilen, dem flacheren, ganz in Wagenfarbe lackierten Heckflügel, den vorderen Lufteinlässen zur Bremsenkühlung statt der Nebelscheinwerfer und dem RS-Heckmittelteil auf. Kofferraumdeckel und Türen bestehen aus leichtem Kunststoff, die Heck- und Seitenscheiben aus gewichtsoptimiertem Dünnglas. Die Innenausstattung ist ähnlich wie beim Carrera RS in Ausstattung und Gewicht reduziert. Durch die konsequente Umsetzung dieser Leichtbauphilosophie werden insgesamt 180 Kilogramm eingespart. Der 3,3-Liter-Turbomotor wird durch geänderte Nockenwellen, feinbearbeitete Ansaugwege, ein um 0,1 bar erhöhter Ladedruck und eine optimierte Zünd- und Einspritzanlage auf 381 PS (280 kW) leistungsgesteigert. Das maximale Drehmoment von 490 Nm liegt bei 4.800/min an. Das Fahrwerk ist um 40 Millimeter tiefer gelegt und straffer abgestimmt. Die Stabilisatoren haben den gleichen Durchmesser wie beim Serienturbo. Der turbo S ist der erste Straßen-Porsche der mit den dreiteiligen 18-Zoll-Speedline-Aluminiumrädern ausgeliefert wird. An der Vorderachse sind 8 Zoll breite Räder mit 225/40 ZR 18 Reifen montiert, an der Hinterachse 265/35 ZR 18 Reifen auf 10 Zoll breiten Rädern. Dahinter sind die rotlackierten 4-Kolben-Festsattelbremszangen und die gelochten, innenbelüfteten Bremsscheiben zu erkennen. Auch die Beschleunigung ist beeindrukkend, in nur 4,6 Sekunden erreicht der turbo S 100 km/h, in 14,2 Sekunden 200 km/h und in 25,1 Sekunden 250 km/h. Die Höchstgeschwindigkeit liegt bei 290 km/h. Nur 86 Stück Fahrzeuge werden gebaut.

Modelljahr 1993 (P-Programm)

Der 964 steht kurz vor seiner Ablösung. Sein Nachfoger, der 993, soll im Herbst auf der IAA präsentiert werden. Der 911 turbo 3.6 wird jetzt mit einem 3,6-Liter-Motor angeboten. Als zusätzliche Karosserievariante ist der Speedster wieder im Programm. Im Frühjahr 1993 wird das Sondermodell »30 Jahre 911« angeboten.
Da der 911 Carrera RS nicht für die USA typisiert ist, wird für diesen Markt der 911 RS America gebaut. Dieses Fahrzeug basiert auf der Serienversion des Carerra 2 ist aber mit 17-Zoll-Cup-Rädern, einem starren Heckspoiler und einem sportlicher abgestimmten Fahrwerk versehen. Im Interieur sind zwei mit Stoff bezogene Sportsitze, die Türtafeln des Carerra RS mit elektrischen Fensterhebern, Zentralverriegelung, Alarmanlage und eine Gepäckablage im Fond zu finden.
Der Speedster wird in der schmaleren Carrera-Karosserie angeboten. Die Windschutzscheibe ist fest mit der Karosserie verbunden, d. h. sie ist nicht mehr abnehmbar. Das Verdeck ist im Vergleich zur ersten 911 Speedster-Version verbessert. Die Kunststoffhaube hat wieder die beiden Höcker. Serienmäßig sind die 17-Zoll-Cup-Räder montiert, die bei den Standardfarben in Wagenfarbe lackiert sind. Bei Metallicfarben oder schwarz sind die Räder silber. Das Interieur ist mit den Schalensitzen und den Türtafeln des Carrera RS ausgestattet. Fast alle Speedster werden mit einem Dreispeichen-Sportlenkrad ausgerüstet. Nur wenige Speedster werden mit den Doppelairbags ausgeliefert, da man anfangs dachte, die flache Windschutzscheibe würde dem Druck der Airbags bei der Entfaltung nicht standhalten. Serienmäßig sind elektrische Fensterheber und die aus dem Carrera RS bekannten lederbezogenen Schalensitze, bei denen die Rückseite in Wagenfarbe lackiert ist. Bei metallic oder schwarzer Außenfarbe sind die Rückseiten schwarz. Der Speedster ist nur mit dem 250 PS (184 kW)-Motor und Heckantrieb lieferbar, dafür ab Frühjahr 1993 auch mit Tiptronic erhältlich. Ungefähr 15 Speedster werden in der Porsche-Exclusiv-Abteilung in den breiten Turbo-Look umgebaut. Auf Wunsch kann sogar die Bremsanlage aus dem 911 turbo nachgerüstet werden.
Porsche hat die Standfestigkeit der 3,6-Liter-Motoren mit großem Erfolg im Carrera-Cup getestet, so daß der 911 turbo jetzt auch mit einem aufgeladenen 3,6-Liter-Motor versehen wird. Zylinder und Kurbeltrieb werden mit speziellen Kolben und der bekannten turbo-Peripherie versehen und abgestimmt. Das Ergebnis sind 360 PS (265 kW) bei 5.500/min. Das Drehmoment wächst auf 520 Nm bei 4.200/min, damit ist dieser Motor noch drehmomentstärker als der 5,4-Liter-V-8 »Big-Block« des 928

GTS. Serie ist ein 5-Gang-Schaltgetriebe und ein Sperrdifferential mit Sperrwerten von 20 Prozent im Zug und 100 Prozent im Schub. Der 911 turbo 3.6 hat ein verbessertes Bremssystem mit nach innen vergrößerten Reibringen an den vorderen Bremsscheiben und mit den vom 911 turbo S bekannten rotlackierten 4-Kolben-Aluminium-Festsätteln. Das Fahrwerk ist 20 Millimeter tiefergelegt und neu abgestimmt. Der 911 turbo 3.6 ist mit dreiteiligen 18-Zoll-Speedline-Rädern ausgerüstet. Vorn sind auf den 8 Zoll breiten Rädern Reifen der Größe 225/40 ZR 18 montiert, hinten sind 265/35 ZR 18 Reifen auf einem 10 Zoll breiten Rad aufgezogen. Die Karosserie des 911 turbo 3.6 entspricht bis auf das RS-Heckmittelteil und dem verchromten »turbo 3.6«-Schriftzug auf dem Heckdeckel dem Vorgängermodell. Im Interieur ist der 3,6-Liter-turbo am Tachometer mit dem Skalenendwert 320 km/h zu erkennen. Die Beschleunigung erfolgt in nur 4,8 Sekunden auf 100 km/h. Die Werksangabe für die Höchstgeschwindigkeit von 280 km/h wird in vielen Tests deutlich überboten.

Durch die Modellpflege wird bei den Carrera 2-Modellen das standfestere Zweimassenschwungrad des 911 turbo und die 4-Kolben-Aluminium-Festsättel an der Hinterachse eingebaut. Porsche ist der erste Hersteller weltweit, der alle Klimaanlagen mit dem FCKW-freien Kältemittel R 134 a befüllt. In der Lackiererei werden die meisten verwendeten Farben auf lösungsmittelarme Wasserbasislacke umgestellt.

Das Jubiläumsmodell »30 Jahre 911« ist nur als Carrera 4 Coupé lieferbar. Die turbobreite Karosserie wird allerdings mit dem kleinen ausfahrbaren Heckspoiler kombiniert. Die Farbe »violametallic« ist exklusiv für dieses Modell reserviert. Alternativ sind auch die Farben »silbermetallic« und »amethistmetallic« erhältlich. Den Heckdeckel ziert ein titanfarbener 911-Schriftzug. Das Jubiläumsmodell ist mit dem breiten Fahrwerk und einer modifizierten Bremsanlage ausgestattet. Die 17-Zoll-Räder runden das gelungene Outfit dieses Elfers ab. Saugmotor, 5-Gang-Schaltgetriebe und Allradantrieb stammen vom Carrera 4. Das Interieur des »Jubi« ist mit einer rubicongrauen Ganzlederausstattung, welche auch die Abdeckung des Airbags im Lenkrad beinhaltet, ausstaffiert. Die Zifferblätter der Instrumente sind ebenfalls in rubicongrau lackiert. Das Schaltschema im Schaltknopf ist in eine titanfarbene Scheibe graviert. Auf der Heckablage ist eine kleine titanfarbene Plakette mit der Nummer des auf 911 Stück limitierten Sondermodells montiert.

Die Endgeschwindigkeit des Sondermodells »30-Jahre-911« liegt wegen der breiten Karosserie bei 255 km/h. Es entstehen auch außerhalb dieser Sonderserie noch weitere Exemplare des 911 Carrera 4 Coupé in der turbobreiten Karosserie.

In der Rennsportabteilung in Weissach-Flacht entsteht der 911 Carrera RS 3.8 in kleiner Stückzahl in Handarbeit. Schon optisch fällt der Wagen durch die turbobreite Karosserie, den zusätzlichen Spoilerecken vorn und dem großen Doppelheckflügel auf. Der Heckdeckel ist in einer Einheit mit dem 6-fach verstellbaren Heckflügel gefertigt. Türen und Fronthaube sind zur Gewichtsersparnis aus Aluminium. Seiten- und Heckfenster sind in Dünnglas gehalten. Das Interieur bietet nur das Nötigste was man zum Fahren braucht. Keine Airbags, keine Rücksitzanlage, keine Fondseitenverkleidungen, aber dafür lederbespannte eng konturierte Schalensitze, ein griffiges Dreispeichen-Sportlenkrad und Leichtbau-Türtafeln. »Spaß wird nicht vom Komfort erzeugt, eher vom Gegenteil«, dieses Zitat von Ferry Porsche paßt bei diesem Wagen ganz genau.

Im Heck sorgt ein 3,8-Liter großer Boxermotor mit 300 PS (221 kW) bei 6.500/min für entsprechenden Vortrieb. Bei 5.250/min stemmen 360 Nm Drehmoment auf die Kurbelwelle, die einen angepaßten Schwingungsdämpfer erhält. Der vergrößerte Hubraum wird über Zylinder mit einer auf 102 Millimeter erweiterten Bohrung realisiert. Größere Kolben, erleichterte Kipphebel, eine Auspuffanlage mit reduziertem Abgasgegendruck und je ein Metallkatalysator vor dem beiden Endtöpfen sind weitere Veränderungen am Motor. Die Ansauganlage ist mit sechs Einzeldrosselklappen für zügigen Gaswechsel bestückt. Die Motronic 2.10 mit Heißfilm-Luftmassenmessung greift der neuen 993 Carrera-Generation vor. Das Fahrwerk ist sportlich straff ausgelegt, es bietet aber mehr Restfederungskomfort als der normale Carrera RS. Die Bremse mit den roten Bremssätteln stammt vorne vom 911 turbo S und hinten vom Cup-Carrera. An der Vorderachse sind Reifen der Größe 235/40 ZR 18 auf dreiteiligen Speedline-Rädern im Format 9 J x 18 montiert, hinten 285/35 ZR 18 Reifen auf 11 J x 18 Rädern. Die Farbpalette des RS ist auf ein paar besonders sportliche Farbtöne reduziert: Indischrot, Grandprixweiß, Maritimblau, Schwarz und Speedgelb. In 4,9 Sekunden katapultiert der nur 1210 Kilogramm schwere Leichtbau-Carrera auf Tempo 100. Erst bei 270 km/h halten sich Motorleistung und Fahrwiderstände die Waage.

Für den 911 turbo 3.6 bietet die Porsche Exclusive Abteilung eine in nur 76 Stück gebaute Flachbauvariante an. Auf den flachen Kotflügeln vorn sind die ausklappbaren Hauptscheinwerfer des Porsche 968 montiert. Weitere Veränderungen an der Karosserie sind der »Exclusive Frontspoiler 3.6« und die Lufteinlässe vorn für die Ölkühlung. Die Lufteinlaßschächte in den hinteren Fondseitenteilen erinnern an den Porsche 959. Auf der Motorhaube sitzt ein modifizierter, ganz in Wagenfarbe lackierter Heckflügel. Zum Lieferumfang gehört auch der leistungsgesteigerte Motor, der mit einem größeren Turbolader, Nockenwellen mit geänderten Steuerzeiten, feinbearbeiteten Zylinderköpfen, modifizierten Einlaufkrümmern und Zwischenflanschen, einem Zusatzölkühler und einer 4-Rohr-Auspuffanlage auf eine Leistung von 385 PS (283 kW) gebracht wird.

Im Herbst 1993 steht ein optisch und technisch stark überarbeiteter 911 auf dem Porsche-Stand der IAA. Der neue 911 Carrera wird intern 993 genannt. Dieses Modell löst den Carrera 2 und Carrera 4 der Baureihe 964 ab. Bis zum Jahresende 1993 werden noch folgende 911 in der alten 964er-Karosserie weitergebaut: 911 turbo 3.6, 911 Carrera 2 Cabriolet, 911 Carrera 2 Speedster und der Carrera 4 im Turbolook.

Der Porsche 911 vom Typ 964 läuft in 63.750 Exemplaren vom Band.

Phantombild 911 turbo mit 3,3-Liter-Motor der 964-Baureihe

911 CARRERA 4 COUPÉ MJ 1989 BIS MJ 1993, 911 CARRERA 4 TARGA UND CABRIOLET MJ 1990 BIS MJ 1993

MOTOR

Bauart:	6-Zylinder-Boxermotor
Einbauposition:	Heckmotor
Kühlung:	luftgekühlt
Anzahl & Form d. Lüfterradflügel:	12, gebogen
Lüfterrad Außendurchm. (mm):	253
Motor-Typ:	M 64/01
Hubraum (cm³):	3600
Bohrung x Hub:	100 x 76,4
Leistung (kW/PS):	184/250 bei 6100/min
Drehmoment (Nm):	310 bei 4800/min
Literleistung (kW/l / PS/l):	51,1 / 69,4
Verdichtung:	11,3 : 1
Ventilsteuerung:	ohc über Doppelkette, 2 Ventile pro Zylinder
Gemischaufbereitung:	Bosch DME sequentielle Einspritzung
Zündung:	Bosch DME kennfeldgesteuerte Doppelzündung
Zündfolge:	1 - 6 - 2 - 4 - 3 - 5
Schmierung:	Trockensumpfschmierung
Ölmenge (l):	11,5

KRAFTÜBERTRAGUNG

Antrieb:	elektronisch geregelter Allradantrieb, Transaxlebauweise
Schaltgetriebe:	5-Gang
Getriebe-Typ:	G 64/00
Übersetzungen:	
1. Gang:	3,500
2. Gang:	2,118
3. Gang:	1,444
4. Gang:	1,086
5. Gang:	0,868
Rückwärtsgang:	2,857
Achsübersetzung:	3,444
Sperrdifferential Zug/Schub (%):	variabel 0 bis 100

KAROSSERIE, FAHRWERK, BREMSE, RÄDER UND REIFEN

Karosserie:	2-türige, 2 + 2-sitzige, selbsttragende Karosserie aus beidseitig feuerverzinktem Stahlblech, Seitenaufprallschutz in den Türen, Kunststoffseitenschweller, verformbare Bug- und Heckverkleidungen aus Kunststoff mit integrierten Leichtmetallstoßfängern, an Prallrohren befestigt, Heckdeckel mit integriertem automatisch ausfahrbarem Heckspoiler, rotes Leuchtenband mit integrierten Rückfahr- und Nebelschlußleuchten
ab MJ 1992:	Außenspiegel im Cup-Design
Coupé:	Festes verschweißtes Stahldach
Sonderwunsch:	Elektrisches Schiebedach
Targa:	Herausnehmbares Faltdach, feststehender schwarzer Targa-Überrollbügel, Heckscheibe aus Sicherheitsglas
Cabriolet:	Elektrisch betätigtes, vollautomatisches Stoffverdeck mit flexibler Kunststoffheckscheibe
Vorderradaufhängung:	Einzelradaufhängung an McPherson-Federbeinen und Querlenkern aus Leichtmetall mit negativem Lenkrollradius , Schraubenfedern, Zweirohr-Gasdruckstoßdämpfer, Stabilisator
Hinterradaufhängung:	Einzelradaufhängung an Federbeinen und Schräglenkern aus Leichtmetall, Schraubenfedern, Zweirohr-Gasdruckstoßdämpfer, Stabilisator
Bremse v/h (Durchm. x B (mm)):	innenbelüftete Scheiben (298 x 28) / innenbelüftete Scheiben (299 x 24)
	schwarze 4-Kolben-Aluminium-Festsättel / schwarze 4-Kolben-Aluminium-Festsättel
	Bosch ABS
Räder v/h:	6 J x 16 / 8 J x 16
Reifen v/h:	205/55 ZR 16 / 225/50 ZR 16
Sonderwunsch ab MJ 1992:	7 J x 17 / 8 J x 17
	205/50 ZR 17 / 255/40 ZR 17

ELEKTRIK

Lichtmaschinenleistung (W/A):	1610 / 115
Batterie (V/Ah):	12 / 72
ab MJ 1992:	12 / 75

ABMESSUNGEN, GEWICHTE UND VOLUMEN

Spurweite v/h (mm):	1380 / 1374
mit 7 J x 17 / 8 J x 17:	1374 / 1374
Radstand (mm):	2272
Maße (L x B x H (mm)):	4250 x 1652 x 1310
Leergewicht nach DIN (kg):	1450
zul. Gesamtgewicht (kg):	1790
Kofferraumvolumen (VDA (l)):	88
Gepäckraum im Innenraum*:	175
Tankvolumen (l):	77, davon 10 Reserve
Sonderwunsch ab MJ 1993, nur Coupé und Cabriolet:	92, davon 12,5 Reserve
C_w x A (m²):	0,32 x 1,79 = 0,573
Leistungsgewicht (kg/kW / kg/PS):	7,88 / 5,80

***bei umgeklappten Rücksitzlehnen**

KRAFTSTOFFVERBRAUCH

nach EG-Norm 80/1268 (l/100 km):	95 ROZ Super bleifrei
Bei 90 km/h konstant:	8,0
Bei 120 km/h konstant:	9,5
EG-Abgas-Stadtzyklus:	17,9
Drittelmix:	11,8

FAHRLEISTUNGEN, STÜCKZAHLEN, PREISE

Beschleunigung 0-100 km/h (s):	5,7
Höchstgeschw. (km/h):	260
Stückzahl:	
Coupé:	13.353
Targa:	1.329
Cabriolet:	4.802
Listenpreise:	
08/1988 Coupé:	DM 114.500,-
04/1989 Coupé:	DM 114.500,-
08/1989 Coupé:	DM 116.600,-
Targa:	DM 121.800,-
Cabriolet:	DM 131.100,-
02/1990 Coupé:	DM 120.550,-
Targa:	DM 125.900,-
Cabriolet:	DM 135.400,-
07/1990 Coupé:	DM 122.600,-
Targa:	DM 128.040,-
Cabriolet:	DM 137.705,-
02/1991 Coupé:	DM 126.100,-
Targa:	DM 131.540,-
Cabriolet:	DM 141.205,-
07/1991 Coupé:	DM 129.450,-
Targa:	DM 135.100,-
Cabriolet:	DM 145.100,-
03/1992 Coupé:	DM 131.985,-
Targa:	DM 137.740,-
Cabriolet:	DM 147.955,-
08/1992 Coupé:	DM 135.550,-
Targa:	DM 141.460,-
Cabriolet:	DM 151.950,-
01/1993 Coupé:	DM 136.739,04
Targa:	DM 142.700,88
Cabriolet:	DM 153.282,89
03/1993 Coupé:	DM 139.340,-
Targa:	DM 145.410,-
Cabriolet:	DM 156.200,-

911 Carrera 2 Coupé, Targa und Cabriolet [Tiptronic] MJ 1990 bis MJ 1993

Motor

Bauart:	6-Zylinder-Boxermotor
Einbauposition:	Heckmotor
Kühlung:	luftgekühlt
Anzahl & Form d. Lüfterradflügel:	12, gebogen
Lüfterrad Außendurchm. (mm):	253
Motor-Typ:	M 64/01 [M 64/02]
Hubraum (cm3):	3600
Bohrung x Hub:	100 x 76,4
Leistung (kW/PS):	184/250 bei 6100/min
Drehmoment (Nm):	310 bei 4800/min
Literleistung (kW/l / PS/l):	51,1 / 69,4
Verdichtung:	11,3 : 1
Ventilsteuerung:	ohc über Doppelkette, 2 Ventile pro Zylinder
Gemischaufbereitung:	Bosch DME sequenzielle Einspritzung
Zündung:	Bosch DME kennfeldgesteuerte Doppelzündung
Zündfolge:	1 - 6 - 2 - 4 - 3 - 5
Schmierung:	Trockensumpfschmierung
Ölmenge (l):	11,5

Kraftübertragung

Antrieb:	Heckantrieb
Schaltgetriebe:	5-Gang
Sonderwunsch Tiptronic:	[4-Gang]
Getriebe-Typ:	G 50/03 [A 50/01]
ab MJ 1992:	[A 50/02]
Übersetzungen:	
1. Gang:	3,500 [2,479]
2. Gang:	2,059 [1,479]
3. Gang:	1,407 [1,000]
4. Gang:	1,086 [0,728]
5. Gang:	0,868
Rückwärtsgang:	2,857 [2,086]
Achsübersetzung:	3,444 [3,667]

Karosserie, Fahrwerk, Bremse, Räder und Reifen

Karosserie:	2-türige, 2 + 2-sitzige, selbsttragende Karosserie aus beidseitig feuerverzinktem Stahlblech, Seitenaufprallschutz in den Türen, Kunststoffseitenschweller, verformbare Bug- und Heckverkleidungen aus Kunststoff mit integrierten Leichtmetallstoßfängern, an Prallrohren befestigt, Heckdeckel mit integriertem automatisch ausfahrbarem Heckspoiler, rotes Leuchtenband mit integrierten Rückfahr- und Nebelschlußleuchten
ab MJ 1992:	Außenspiegel im Cup-Design
Coupé:	Festes verschweißtes Stahldach
Sonderwunsch:	Elektrisches Schiebedach
Targa:	Herausnehmbares Faltdach, feststehender schwarzer Targa-Überrollbügel, Heckscheibe aus Sicherheitsglas
Cabriolet:	Elektrisch betätigtes, vollautomatisches Stoffverdeck mit flexibler Kunststoffheckscheibe
Vorderradaufhängung:	Einzelradaufhängung an McPherson-Federbeinen und Querlenkern aus Leichtmetall mit negativem Lenkrollradius , Schraubenfedern, Zweirohr-Gasdruckstoßdämpfer, Stabilisator
Hinterradaufhängung:	Einzelradaufhängung an Federbeinen und Schräglenkern aus Leichtmetall, Schraubenfedern, Zweirohr-Gasdruckstoßdämpfer, Stabilisator
Bremse v/h (Durchm. x B (mm)):	innenbelüftete Scheiben (298 x 28) / innenbelüftete Scheiben (299 x 24)
	schwarze 4-Kolben-Aluminium-Festsättel / schwarze 2-Kolben-Aluminium-Festsättel,
MJ 1993:	schwarze 4-Kolben-Aluminium-Festsättel / schwarze 4-Kolben-Aluminium-Festsättel
	Bosch ABS
Räder v/h:	6 J x 16 / 8 J x 16
Reifen v/h:	205/55 ZR 16 / 225/50 ZR 16
Sonderwunsch ab MJ 1992:	7 J x 17 / 8 J x 17
	205/50 ZR 17 / 255/40 ZR 17

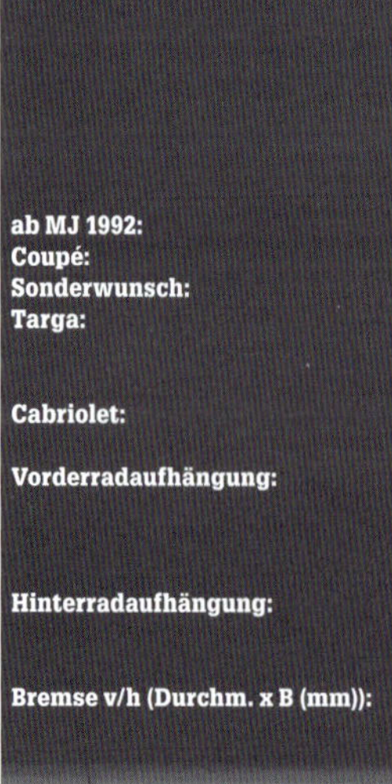

Elektrik

Lichtmaschinenleistung (W/A):	1610 / 115
Batterie (V/Ah):	12 / 72
ab MJ 1992:	12 / 75

Abmessungen, Gewichte und Volumen

Spurweite v/h (mm):	1380 / 1374
mit 7 J x 17 / 8 J x 17:	1374 / 1374
Radstand (mm):	2272
Maße (L x B x H (mm)):	4250 x 1652 x 1310
Leergewicht nach DIN (kg):	1350 [1380]
zul. Gesamtgewicht (kg):	1690 [1720]
Kofferraumvolumen (VDA (l)):	88
Gepäckraum im Innenraum*:	175
Tankvolumen (l):	77, davon 10 Reserve
Sonderwunsch ab MJ 1993, nur Coupé und Cabriolet:	92, davon 12,5 Reserve
C_w x A (m2):	0,32 x 1,79 = 0,573
Leistungsgewicht (kg/kW / kg/PS):	7,33 [7,50] / 5,40 [5,52]
***bei umgeklappten Rücksitzlehnen**	

Kraftstoffverbrauch

nach EG-Norm 80/1268 (l/100 km):	95 ROZ Super bleifrei
Bei 90 km/h konstant:	7,8 [7,9]
Bei 120 km/h konstant:	9,7 [9,6]
EG-Abgas-Stadtzyklus:	17,1 [16,8]
Drittelmix:	11,5 [11,4]

Fahrleistungen, Stückzahlen, Preise

Beschleunigung 0–100 km/h (s):	5,7 [6,6]	
Höchstgeschw. (km/h):	260 [256]	
Stückzahl:		
Coupé:	18.219	
Targa:	3.534	
Cabriolet:	11.013	
Listenpreise:		
08/1989 Coupé:	DM 103.500,-	[DM 109.500,-]
Targa:	DM 108.700,-	[DM 114.700,-]
Cabriolet:	DM 118.000,-	[DM 124.000,-]
02/1990 Coupé:	DM 107.100,-	[DM 113.250,-]
Targa:	DM 112.450,-	[DM 118.600,-]
Cabriolet:	DM 121.950,-	[DM 128.100,-]
07/1990 Coupé:	DM 108.920,-	[DM 115.175,-]
Targa:	DM 114.360,-	[DM 120.615,-]
Cabriolet:	DM 124.025,-	[DM 130.280,-]
02/1991 Coupé:	DM 112.420,-	[DM 118.675,-]
Targa:	DM 117.860,-	[DM 124.115,-]
Cabriolet:	DM 127.525,-	[DM 133.780,-]
07/1991 Coupé:	DM 116.800,-	[DM 123.300,-]
Targa:	DM 122.450,-	[DM 128.950,-]
Cabriolet:	DM 132.450,-	[DM 138.950,-]
03/1992 Coupé:	DM 119.120,-	[DM 125.720,-]
Targa:	DM 124.875,-	[DM 131.475,-]
Cabriolet:	DM 135.090,-	[DM 141.690,-]
08/1992 Coupé:	DM 122.340,-	[DM 128.940,-]
Targa:	DM 128.250,-	[DM 134.850,-]
Cabriolet:	DM 138.740,-	[DM 145.340,-]
0/1993 Coupé:	DM 123.413,16	[DM 130.071,05]
Targa:	DM 129.375,-	[DM 126.032,89]
Cabriolet:	DM 139.957,01	[DM 146.614,90]
03/1993 Coupé:	DM 125.760,-	[DM 132.420,-]
Targa:	DM 131.530,-	[DM 138.480,-]
Cabriolet:	DM 142.620,-	[DM 149.280,-]
08/1993 Cabriolet:	DM 142.620,-	[DM 149.280,-]

911 Turbo Coupé
MJ 1991 bis MJ 1992

Motor

Bauart:	6-Zylinder-Boxermotor mit Turboaufladung und Ladeluftkühlung
Einbauposition:	Heckmotor
Kühlung:	luftgekühlt
Anzahl & Form d. Lüfterradflügel:	11, gerade
Lüfterrad Außendurchm. (mm):	245
Motor-Typ:	M 30/69
Hubraum (cm³):	3299
Bohrung x Hub:	97 x 74,4
Leistung (kW/PS):	235/320 bei 5750/min
Drehmoment (Nm):	450 bei 4500/min
Literleistung (kW/l / PS/l):	71,2 / 97,0
Verdichtung:	7,0 : 1
Maximaler Ladedruck (bar):	0,8
Ventilsteuerung:	ohc über Doppelkette, 2 Ventile pro Zylinder
Gemischaufbereitung:	Bosch K-Jetronic Einspritzung
Zündung:	Batterie-Hochspannungs-Kondensatorzündung (BHKZ), kontaktlos
Zündfolge:	1 - 6 - 2 - 4 - 3 - 5
Schmierung:	Trockensumpfschmierung
Ölmenge (l):	13,0

Kraftübertragung

Antrieb:	Heckantrieb
Schaltgetriebe:	5-Gang
Getriebe-Typ:	G 50/52
Übersetzungen:	
1. Gang:	3,154
2. Gang:	1,789
3. Gang:	1,269
4. Gang:	0,967
5. Gang:	0,756
Rückwärtsgang:	2,857
Achsübersetzung:	3,444
Sperrdifferential Zug/Schub (%):	20 / 100

Karosserie, Fahrwerk, Bremse, Räder und Reifen

Karosserie:	2-türige, 2 + 2-sitzige, selbsttragende Coupé-Karosserie aus beidseitig feuerverzinktem Stahlblech, Seitenaufprallschutz in den Türen, verbreiterte Kotflügel vorne und hinten, Kunststoffseitenschweller, verformbare Bug- und Heckverkleidungen aus Kunststoff mit integrierten Leichtmetallstoßfängern, an Prallrohren befestigt, Heckdeckel mit aufgesetztem feststehenden Heckspoiler, rotes Leuchtenband mit integrierten Rückfahr- und Nebelschlußleuchten, Außenspiegel im Cup-Design
Sonderwunsch:	Elektrisches Schiebedach
Vorderradaufhängung:	Einzelradaufhängung an McPherson-Federbeinen und Querlenkern aus Leichtmetall mit negativem Lenkrollradius , Schraubenfedern, Zweirohr-Gasdruckstoßdämpfer, Stabilisator
Hinterradaufhängung:	Einzelradaufhängung an Federbeinen und Schräglenkern aus Leichtmetall, Schraubenfedern, Zweirohr-Gasdruckstoßdämpfer, Stabilisator
Bremse v/h (Durchm. x B (mm)):	innenbelüftete gelochte Scheiben (322 x 32) / innenbelüftete gelochte Scheiben (299 x 28) schwarze 4-Kolben-Aluminium-Festsättel / schwarze 4-Kolben-Aluminium-Festsättel Bosch ABS
Räder v/h:	7 J x 17 / 9 J x 17
Reifen v/h:	205/50 ZR 17 / 255/40 ZR 17

Elektrik

Lichtmaschinenleistung (W/A):	1610 / 115
Batterie (V/Ah):	12 / 72
MJ 1992:	12 / 75

Abmessungen, Gewichte und Volumen

Spurweite v/h (mm):	1434 / 1493
Radstand (mm):	2272
Maße (L x B x H (mm)):	4250 x 1775 x 1310
Leergewicht nach DIN (kg):	1470
zul. Gesamtgewicht (kg):	1810
Kofferraumvolumen (VDA (l)):	88
Gepäckraum im Innenraum*:	175
Tankvolumen (l):	77, davon 10 Reserve
C_w x A (m²):	0,36 x 1,89 = 0,680
Leistungsgewicht (kg/kW / kg/PS):	6,25 / 4,59

***bei umgeklappten Rücksitzlehnen**

Kraftstoffverbrauch

nach EG-Norm 80/1268 (l/100 km):	95 ROZ Super bleifrei
Bei 90 km/h konstant:	8,5
Bei 120 km/h konstant:	10,4
EG-Abgas-Stadtzyklus:	21,0
Drittelmix:	13,3

Fahrleistungen, Stückzahlen, Preise

Beschleunigung 0-100 km/h (s):	5,0
Höchstgeschw. (km/h):	270
Stückzahl:	
Coupé:	3.660
Listenpreis:	
07/1990 Coupé:	DM 178.500,-
02/1991 Coupé:	DM 183.600,-
07/1991 Coupé:	DM 190.250,-
03/1992 Coupé:	DM 191.550,-

911 Carrera 2 Cabriolet Turbo-Look [Tiptronic] MJ 1992 bis MJ 1993

Motor

Bauart:	6-Zylinder-Boxermotor
Einbauposition:	Heckmotor
Kühlung:	luftgekühlt
Anzahl & Form d. Lüfterradflügel:	12, gebogen
Lüfterrad Außendurchm. (mm):	253
Motor-Typ:	M 64/01 [M 64/02]
Hubraum (cm³):	3600
Bohrung x Hub:	100 x 76,4
Leistung (kW/PS):	184/250 bei 6100/min
Drehmoment (Nm):	310 bei 4800/min
Literleistung (kW/l / PS/l):	51,1 / 69,4
Verdichtung:	11,3 : 1
Ventilsteuerung:	ohc über Doppelkette , 2 Ventile pro Zylinder
Gemischaufbereitung:	Bosch DME sequenzielle Einspritzung
Zündung:	Bosch DME kennfeldgesteuerte Doppelzündung
Zündfolge:	1 - 6 - 2 - 4 - 3 - 5
Schmierung:	Trockensumpfschmierung
Ölmenge (l):	11,5

Kraftübertragung

Antrieb:	Heckantrieb
Schaltgetriebe:	5-Gang
Sonderwunsch Tiptronic:	[4-Gang]
Getriebe-Typ:	G 50/03 [A 50/02]
Übersetzungen:	
1. Gang:	3,500 [2,479]
2. Gang:	2,059 [1,479]
3. Gang:	1,407 [1,000]
4. Gang:	1,086 [0,728]
5. Gang:	0,868
Rückwärtsgang:	2,857 [2,086]
Achsübersetzung:	3,444 [3,667]

Karosserie, Fahrwerk, Bremse, Räder und Reifen

Karosserie:	2-türige, 2 + 2-sitzige, selbsttragende Cabriolet-Karosserie aus beidseitig feuerverzinktem Stahlblech, Seitenaufprallschutz in den Türen, verbreiterte Kotflügel vorne und hinten, Kunststoffseitenschweller, verformbare Bug- und Heckverkleidungen aus Kunststoff mit integrierten Leichtmetallstoßfängern, an Prallrohren befestigt, Heckdeckel mit integriertem automatisch ausfahrbahrem Heckspoiler, rotes Leuchtenband mit integrierten Rückfahr- und Nebelschlußleuchten, Außenspiegel im Cup-Design, elektrisch betätigtes, vollautomatisches Stoffverdeck mit flexibler Kunststoffheckscheibe
Vorderradaufhängung:	Einzelradaufhängung an McPherson-Federbeinen und Querlenkern aus Leichtmetall mit negativem Lenkrollradius , Schraubenfedern, Zweirohr-Gasdruckstoßdämpfer, Stabilisator
Hinterradaufhängung:	Einzelradaufhängung an Federbeinen und Schräglenkern aus Leichtmetall, Schraubenfedern, Zweirohr-Gasdruckstoßdämpfer, Stabilisator
Bremse v/h (Durchm. x B (mm)):	innenbelüftete gelochte Scheiben (322 x 32) / innenbelüftete gelochte Scheiben (299 x 28) schwarze 4-Kolben-Aluminium-Festsättel / schwarze 4-Kolben-Aluminium-Festsättel Bosch ABS
Räder v/h:	7 J x 17 / 9 J x 17
Reifen v/h:	205/50 ZR 17 / 255/40 ZR 17

Elektrik

Lichtmaschinenleistung (W/A):	1610 / 115
Batterie (V/Ah):	12 / 75

Abmessungen, Gewichte und Volumen

Spurweite v/h (mm):	1434 / 1493
Radstand (mm):	2272
Maße (L x B x H (mm)):	4250 x 1775 x 1310
Leergewicht nach DIN (kg):	1420 [1450]
zul. Gesamtgewicht (kg):	1760 [1790]
Kofferraumvolumen (VDA (l)):	88
Gepäckraum im Innenraum*:	175
Tankvolumen (l):	77, davon 10 Reserve
Sonderwunsch MJ 1993:	92, davon 12,5 Reserve
C_w x A (m²):	0,36 x 1,89 = 0,680
Leistungsgewicht (kg/kW / kg/PS):	7,71 [7,88] / 5,68 [5,80]
***bei umgeklappten Rücksitzlehnen**	

Kraftstoffverbrauch

nach EG-Norm 80/1268 (l/100 km):	95 ROZ Super bleifrei
Bei 90 km/h konstant:	8,0 [8,2]
Bei 120 km/h konstant:	10,0 [10,3]
EG-Abgas-Stadtzyklus:	16,8 [16,8]
Drittelmix:	11,6 [11,8]

Fahrleistungen, Stückzahlen, Preise

Beschleunigung 0–100 km/h (s):	5,7 [6,6]	
Höchstgeschw. (km/h):	255 [251]	
Stückzahl:	702	
Listenpreise:		
07/1991 Cabriolet:	DM 169.300,-	[DM 175.300,-]
08/1992 Cabriolet:	DM 173.870,-	[DM 179.870,-]
01/1993 Cabriolet:	DM 175.395,17	[DM 181.447,81]
03/1993 Cabriolet:	DM 175.395,17	[181.447,81]

911 Carrera RS Coupé MJ 1992

Motor

Bauart:	6-Zylinder-Boxermotor
Einbauposition:	Heckmotor
Kühlung:	luftgekühlt
Anzahl & Form d. Lüfterradflügel:	12, gebogen
Lüfterrad Außendurchm. (mm):	253
Motor-Typ:	M 64/03
Hubraum (cm³):	3600
Bohrung x Hub:	100 x 76,4
Leistung (kW/PS):	191/260 bei 6100/min
Drehmoment (Nm):	325 bei 4800/min
Literleistung (kW/l / PS/l):	51,1 / 69,4
Verdichtung:	11,3 : 1
Ventilsteuerung:	ohc über Doppelkette, 2 Ventile pro Zylinder
Gemischaufbereitung:	Bosch DME sequenzielle Einspritzung
Zündung:	Bosch DME kennfeldgesteuerte Doppelzündung
Zündfolge:	1 - 6 - 2 - 4 - 3 - 5
Schmierung:	Trockensumpfschmierung
Ölmenge (l):	11,5

Kraftübertragung

Antrieb:	Heckantrieb
Schaltgetriebe:	5-Gang
Getriebe-Typ:	G 50/10
Übersetzungen:	
1. Gang:	3,154
2. Gang:	1,895
3. Gang:	1,407
4. Gang:	1,086
5. Gang:	0,868
Rückwärtsgang:	2,857
Achsübersetzung:	3,444
Sperrdifferential Zug/Schub (%):	20 / 100

Karosserie, Fahrwerk, Bremse, Räder und Reifen

Karosserie:	Karosserie:2-türige, 2-sitzige, selbsttragende Coupé-Karosserie aus beidseitig feuerverzinktem Stahlblech, Seitenaufprallschutz in den Türen, Kunststoffseitenschweller, verformbare Bug- und Heckverkleidungen aus Kunststoff mit integrierten Leichtmetallstoßfängern, an Prallrohren befestigt, RS-Stoßfängermittelteil hinten, Heckdeckel mit integriertem automatisch ausfahrbarem Heckspoiler, Kofferraumdeckel aus Aluminium, rotes Leuchtenband mit integrierten Rückfahr- und Nebelschlußleuchten, Heck- und Seitenscheinem aus Dünnglas, Außenspiegel im Cup-Design
Vorderradaufhängung:	Einzelradaufhängung an McPherson-Federbeinen und Querlenkern aus Leichtmetall mit negativem Lenkrollradius , Schraubenfedern, Zweirohr-Gasdruckstoßdämpfer, Stabilisator
Hinterradaufhängung:	Einzelradaufhängung an Federbeinen und Schräglenkern aus Leichtmetall, Schraubenfedern, Zweirohr-Gasdruckstoßdämpfer, Stabilisator
Bremse v/h (Durchm. x B (mm)):	innenbelüftete gelochte Scheiben (322 x 32) / innenbelüftete gelochte Scheiben (299 x 24) schwarze 4-Kolben-Aluminium-Festsättel / schwarze 4-Kolben-Aluminium-Festsättel Bosch ABS
Räder v/h:	7,5 J x 17 / 9 J x 17
Reifen v/h:	205/50 ZR 17 / 255/40 ZR 17

Elektrik

Lichtmaschinenleistung (W/A):	1610 / 115
Batterie (V/Ah):	12 / 36
Touring:	12 / 75

Abmessungen, Gewichte und Volumen

Spurweite v/h (mm):	1379 / 1380
Radstand (mm):	2272
Maße (L x B x H (mm)):	4275 x 1652 x 1270
Leergewicht nach DIN (kg):	1220
Touring:	1320
zul. Gesamtgewicht (kg):	1420
Touring:	1520
Kofferraumvolumen (VDA (l)):	88
Tankvolumen (l):	77, davon 10 Reserve
Sonderwunsch:	92, davon 12,5 Reserve
c_w x A (m²):	0,32 x 1,79 = 0,573
Leistungsgewicht (kg/kW / kg/PS):	6,38 / 4,69
Touring:	7,17 / 5,07

Kraftstoffverbrauch

nach EG-Norm 80/1268 (l/100 km):	98 ROZ Super plus bleifrei
Bei 90 km/h konstant:	7,7
Bei 120 km/h konstant:	9,5
EG-Abgas-Stadtzyklus:	15,7
Drittelmix:	11,0

Fahrleistungen, Stückzahlen, Preise

Beschleunigung 0–100 km/h (s):	5,3
Touring:	5,3
Höchstgeschw. (km/h):	260
Touring:	260
Stückzahl, gesamt incl. M003:	2.282
Basisversion:	1.916
davon Rechtslenker:	72
Touring-Version (M002):	76
davon Rechtslenker:	14
Listenpreise:	
08/1991 Coupé:	DM 145.450,-
03/1992 Coupé:	DM 145.450,-

911 Carrera RS Coupé N/GT MJ 1992

Motor

Bauart:	6-Zylinder-Boxermotor
Einbauposition:	Heckmotor
Kühlung:	luftgekühlt
Anzahl & Form d. Lüfterradflügel:	12, gebogen
Lüfterrad Außendurchm. (mm):	253
Motor-Typ:	M 64/03
Hubraum (cm³):	3600
Bohrung x Hub:	100 x 76,4
Leistung (kW/PS):	191/260 bei 6100/min
Drehmoment (Nm):	325 bei 4800/min
Literleistung (kW/l / PS/l):	51,1 / 69,4
Verdichtung:	11,3 : 1
Ventilsteuerung:	ohc über Doppelkette, 2 Ventile pro Zylinder
Gemischaufbereitung:	Bosch DME sequenzielle Einspritzung
Zündung:	Bosch DME kennfeldgesteuerte Doppelzündung
Zündfolge:	1 - 6 - 2 - 4 - 3 - 5
Ölmenge (l):	11,5

Kraftübertragung

Antrieb:	Heckantrieb
Schaltgetriebe:	5-Gang
Getriebe-Typ:	G 50/10
Übersetzungen:	
1. Gang:	3,154
2. Gang:	1,895
3. Gang:	1,407
4. Gang:	1,086
5. Gang:	0,868
Rückwärtsgang:	2,857
Achsübersetzung:	3,444
Sperrdifferential Zug/Schub (%):	20 / 100

Karosserie, Fahrwerk, Bremse, Räder und Reifen

Karosserie:	2-türige, 2-sitzige, selbsttragende Coupé-Karosserie aus beidseitig feuerverzinktem Stahlblech, Seitenaufprallschutz in den Türen, Kunststoffseitenschweller, verformbare Bug- und Heckverkleidungen aus Kunststoff mit integrierten Leichtmetallstoßfängern, an Prallrohren befestigt, RS-Stoßfängermittelteil hinten, Heckdeckel mit integriertem automatisch ausfahrbarem Heckspoiler, Kofferraumdeckel aus Aluminium, rotes Leuchtenband mit integrierten Rückfahr- und Nebelschlußleuchten, Heck- und Seitenscheinem aus Dünnglas, Außenspiegel im Cup-Design, Überrollkäfig
Vorderradaufhängung:	Einzelradaufhängung an McPherson-Federbeinen und Querlenkern aus Leichtmetall mit negativem Lenkrollradius , Schraubenfedern, Zweirohr-Gasdruckstoßdämpfer, Stabilisator
Hinterradaufhängung:	Einzelradaufhängung an Federbeinen und Schräglenkern aus Leichtmetall, Schraubenfedern, Zweirohr-Gasdruckstoßdämpfer, Stabilisator
Bremse v/h (Durchm. x B (mm)):	innenbelüftete gelochte Scheiben (322 x 32) / innenbelüftete gelochte Scheiben (299 x 24) schwarze 4-Kolben-Aluminium-Festsättel / schwarze 4-Kolben-Aluminium-Festsättel Bosch ABS
Räder v/h:	7,5 J x 17 / 9 J x 17
Reifen v/h:	205/50 ZR 17 / 255/40 ZR 17

Elektrik

Lichtmaschinenleistung (W/A):	1610 / 115
Batterie (V/Ah):	12 / 36

Abmessungen, Gewichte und Volumen

Spurweite v/h (mm):	1379 / 1380
Radstand (mm):	2272
Maße (L x B x H (mm)):	4275 x 1652 x 1270
Leergewicht nach DIN (kg):	1220
zul. Gesamtgewicht (kg):	1420
Kofferraumvolumen (VDA (l)):	88
Tankvolumen (l):	77, davon 10 Reserve
Sonderwunsch:	92, davon 12,5 Reserve
C_W x A (m²):	0,32 x 1,79 = 0,573
Leistungsgewicht (kg/kW / kg/PS):	6,38 / 4,69

Kraftstoffverbrauch

nach EG-Norm 80/1268 (l/100 km):	98 ROZ Super plus bleifrei
Bei 90 km/h konstant:	7,7
Bei 120 km/h konstant:	9,5
EG-Abgas-Stadtzyklus:	15,7
Drittelmix:	11,0

Fahrleistungen, Stückzahlen, Preise

Beschleunigung 0–100 km/h (s):	5,3
Höchstgeschw. (km/h):	260
Stückzahl	
Sport-Version N/GT (M003):	290
Listenpreise:	
08/1991 Coupé:	DM 160.000,-
03/1992 Coupé:	DM 160.000,-

911 Turbo Coupé und Cabriolet mit Leistungssteigerung MJ 1992 bis MJ 1993

Motor

Bauart:	6-Zylinder-Boxermotor mit Turboaufladung und Ladeluftkühlung
Einbauposition:	Heckmotor
Kühlung:	luftgekühlt
Anzahl & Form d. Lüfterradflügel:	11, gerade
Lüfterrad Außendurchm. (mm):	245
Motor-Typ:	M 30/69 S
Hubraum (cm³):	3299
Bohrung x Hub:	97 x 74,4
Leistung (kW/PS):	261/355 bei 5750/min
Drehmoment (Nm):	471 bei 5000/min
Literleistung (kW/l / PS/l):	79,1 / 107,6
Verdichtung:	7,0 : 1
Maximaler Ladedruck (bar):	0,85
Ventilsteuerung:	ohc über Doppelkette, 2 Ventile pro Zylinder
Gemischaufbereitung:	Bosch K-Jetronic Einspritzung
Zündung:	Batterie-Hochspannungs-Kondensatorzündung (BHKZ), kontaktlos
Zündfolge:	1 - 6 - 2 - 4 - 3 - 5
Schmierung:	Trockensumpfschmierung
Ölmenge (l):	13,0

Kraftübertragung

Antrieb:	Heckantrieb
Schaltgetriebe:	5-Gang
Getriebe-Typ:	G 50/52
Übersetzungen:	
1. Gang:	3,154
2. Gang:	1,789
3. Gang:	1,269
4. Gang:	0,967
5. Gang:	0,756
Rückwärtsgang:	2,857
Achsübersetzung:	3,444
Sperrdifferential Zug/Schub (%):	20 / 100

Karosserie, Fahrwerk, Bremse, Räder und Reifen

Karosserie:	2-türige, 2 + 2-sitzige, selbsttragende Coupé-Karosserie aus beidseitig feuerverzinktem Stahlblech, Seitenaufprallschutz in den Türen, verbreiterte Kotflügel vorne und hinten, Kunststoffseitenschweller, verformbare Bug- und Heckverkleidungen aus Kunststoff mit integrierten Leichtmetallstoßfängern, an Prallrohren befestigt, Heckdeckel mit aufgesetztem feststehenden Heckspoiler, rotes Leuchtenband mit integrierten Rückfahr- und Nebelschlußleuchten, Außenspiegel im Cup-Design
Sonderwunsch:	Elektrisches Schiebedach
Vorderradaufhängung:	Einzelradaufhängung an McPherson-Federbeinen und Querlenkern aus Leichtmetall mit negativem Lenkrollradius , Schraubenfedern, Zweirohr-Gasdruckstoßdämpfer, Stabilisator
Hinterradaufhängung:	Einzelradaufhängung an Federbeinen und Schräglenkern aus Leichtmetall, Schraubenfedern, Zweirohr-Gasdruckstoßdämpfer, Stabilisator
Bremse v/h (Durchm. x B (mm)):	innenbelüftete gelochte Scheiben (322 x 32) / innenbelüftete gelochte Scheiben (299 x 28) schwarze 4-Kolben-Aluminium-Festsättel / schwarze 4-Kolben-Aluminium-Festsättel Bosch ABS
Räder v/h:	7 J x 17 / 9 J x 17
Reifen v/h:	205/50 ZR 17 / 255/40 ZR 17

Elektrik

Lichtmaschinenleistung (W/A):	1610 / 115
Batterie (V/Ah):	12 / 75

Abmessungen, Gewichte und Volumen

Spurweite v/h (mm):	1434 / 1493
Radstand (mm):	2272
Maße (L x B x H (mm)):	4250 x 1775 x 1310
Leergewicht nach DIN (kg):	1470
zul. Gesamtgewicht (kg):	1810
Kofferraumvolumen (VDA (l)):	88
Gepäckraum im Innenraum*:	175
Tankvolumen (l):	77, davon 10 Reserve
Sonderwunsch MJ 1993.	92, davon 12,5 Reserve
C_w x A (m²):	0,36 x 1,89 = 0,680
Leistungsgewicht (kg/kW / kg/PS):	5,63 / 4,14
*bei umgeklappten Rücksitzlehnen	

Kraftstoffverbrauch

nach EG-Norm 80/1268 (l/100 km):	95 ROZ Super bleifrei
Bei 90 km/h konstant:	8,5
Bei 120 km/h konstant:	10,4
EG-Abgas-Stadtzyklus:	21,0
Drittelmix:	13,3

Fahrleistungen, Stückzahlen, Preise

Beschleunigung 0–100 km/h (s):	4,7
Höchstgeschw. (km/h):	280
Stückzahl:	
Coupé:	n/a
Cabriolet:	6
Listenpreise:	
08/1991 Coupé:	DM 209.750,-
03/1992 Coupé:	DM 211.050,-
Cabriolet:	DM 254.150,-

911 Turbo S Coupé MJ 1992

Motor

Bauart:	6-Zylinder-Boxermotor mit Turboaufladung und Ladeluftkühlung
Einbauposition:	Heckmotor
Kühlung:	luftgekühlt
Anzahl & Form d. Lüfterradflügel:	11, gerade
Lüfterrad Außendurchm. (mm):	245
Motor-Typ:	M 30/69 SL
Hubraum (cm³):	3299
Bohrung x Hub:	97 x 74,4
Leistung (kW/PS):	280/381 bei 5750/min
Drehmoment (Nm):	490 bei 4800/min
Literleistung (kW/l / PS/l):	84,9 / 115,5
Verdichtung:	7,0 : 1
Maximaler Ladedruck (bar):	0,9
Ventilsteuerung:	ohc über Doppelkette, 2 Ventile pro Zylinder
Gemischaufbereitung:	Bosch K-Jetronic Einspritzung
Zündung:	Batterie-Hochspannungs-Kondensatorzündung (BHKZ), kontaktlos
Zündfolge:	1 - 6 - 2 - 4 - 3 - 5
Schmierung:	Trockensumpfschmierung
Ölmenge (l):	13,0

Kraftübertragung

Antrieb:	Heckantrieb
Schaltgetriebe:	5-Gang
Getriebe-Typ:	G 50/52
Übersetzungen:	
1. Gang:	3,154
2. Gang:	1,789
3. Gang:	1,269
4. Gang:	0,967
5. Gang:	0,756
Rückwärtsgang:	2,857
Achsübersetzung:	3,444
Sperrdifferential Zug/Schub (%):	20 / 100

Karosserie, Fahrwerk, Bremse, Räder und Reifen

Karosserie:	2-türige, 2-sitzige, selbsttragende Coupé-Karosserie aus beidseitig feuerverzinktem Stahlblech, Seitenaufprallschutz in den Türen, verbreiterte Kotflügel vorne und hinten, Lufteinlässe in den Fondseitenteilen, Kunststoffseitenschweller, verformbare Bug- und Heckverkleidungen aus Kunststoff mit integrierten Leichtmetallstoßfängern, an Prallrohren befestigt, RS-Stoßfängermittelteil hinten, Lufteinlässe zur Bremsenkühlung statt Nebelscheinwerfer Heckdeckel mit aufgesetztem, feststehenden, fachem Heckspoiler ohne schwarze PU-Umrandung, Kofferraumdeckel und Türen aus Kunststoff, rotes Leuchtenband mit integrierten Rückfahr- und Nebelschlußleuchten, Heck- und Seitenscheiben aus leichtem Dünnglas, Außenspiegel im Cup-Design
Vorderradaufhängung:	Einzelradaufhängung an McPherson-Federbeinen und Querlenkern aus Leichtmetall mit negativem Lenkrollradius , Schraubenfedern, Zweirohr-Gasdruckstoßdämpfer, Stabilisator
Hinterradaufhängung:	Einzelradaufhängung an Federbeinen und Schräglenkern aus Leichtmetall, Schraubenfedern, Zweirohr-Gasdruckstoßdämpfer, Stabilisator
Bremse v/h (Durchm. x B (mm)):	innenbelüftete gelochte Scheiben (322 x 32) / innenbelüftete gelochte Scheiben (299 x 28) rote 4-Kolben-Aluminium-Festsättel / rote 4-Kolben-Aluminium-Festsättel Bosch ABS
Räder v/h:	8 J x 18 / 10 J x 18
Reifen v/h:	225/40 ZR 18 / 265/35 ZR 18

Elektrik

Lichtmaschinenleistung (W/A):	1610 / 115
Batterie (V/Ah):	12 / 75

Abmessungen, Gewichte und Volumen

Spurweite v/h (mm):	1440 / 1481
Radstand (mm):	2272
Maße (L x B x H (mm)):	4275 x 1775 x 1270
Leergewicht nach DIN (kg):	1290
zul. Gesamtgewicht (kg):	1510
Kofferraumvolumen (VDA (l)):	88
Tankvolumen (l):	92, davon 12,5 Reserve
C_w x A (m²):	0,35 x 1,89 = 0,662
Leistungsgewicht (kg/kW / kg/PS):	4,60 / 3,38

Kraftstoffverbrauch

(l/100 km):	ca. 20; 98 ROZ Super plus bleifrei

Fahrleistungen, Stückzahlen, Preise

Beschleunigung 0–100 km/h (s):	4,6
0–200 km/h (s):	14,2
0–250 km/h (s):	25,1
Höchstgeschw. (km/h):	290
Stückzahl:	
Coupé:	86
Listenpreise:	
08/1991 Coupé:	DM 295.000,-

911 Carrera 2 Speedster [Tiptronic] MJ 1993

Motor

Bauart:	6-Zylinder-Boxermotor
Einbauposition:	Heckmotor
Kühlung:	luftgekühlt
Anzahl & Form d. Lüfterradflügel:	12, gebogen
Lüfterrad Außendurchm. (mm):	253
Motor-Typ:	M 64/01 [M 64/02]
Hubraum (cm³):	3600
Bohrung x Hub:	100 x 76,4
Leistung (kW/PS):	184/250 bei 6100/min
Drehmoment (Nm):	310 bei 4800/min
Literleistung (kW/l / PS/l):	51,1 / 69,4
Verdichtung:	11,3 : 1
Ventilsteuerung:	ohc über Doppelkette, 2 Ventile pro Zylinder
Gemischaufbereitung:	Bosch DME sequenzielle Einspritzung
Zündung:	Bosch DME kennfeldgesteuerte Doppelzündung
Zündfolge:	1 - 6 - 2 - 4 - 3 - 5
Schmierung:	Trockensumpfschmierung
Ölmenge (l):	11,5

Kraftübertragung

Antrieb:	Heckantrieb
Schaltgetriebe:	5-Gang
Sonderwunsch Tiptronic:	[4-Gang]
Getriebe-Typ:	G 50/03 [A 50/02]
Übersetzungen:	
1. Gang:	3,500 [2,479]
2. Gang:	2,059 [1,479]
3. Gang:	1,407 [1,000]
4. Gang:	1,086 [0,728]
5. Gang:	0,868
Rückwärtsgang:	2,857 [2,086]
Achsübersetzung:	3,444 [3,667]
Sonderwunsch, nur Schaltgetriebe:	Sperrdifferential 40%/40%

Karosserie, Fahrwerk, Bremse, Räder und Reifen

Karosserie:	2-türige, 2-sitzige, selbsttragende Speedster-Karosserie aus beidseitig feuerverzinktem Stahlblech, kleine aufgesetzte Frontscheibe, Seitenaufprallschutz in den Türen, Kunststoffseitenschweller, verformbare Bug- und Heckverkleidungen aus Kunststoff mit integrierten Leichtmetallstoßfängern, an Prallrohren befestigt, Heckdeckel mit integriertem automatisch ausfahrbarem Heckspoiler, rotes Leuchtenband mit integrierten Rückfahr- und Nebelschlußleuchten, Außenspiegel im Cup-Design, manuelles Stoffverdeck mit flexibler Kunststoffheckscheibe, Speedster-Verdeckabdeckung aus Kunststoff mit zwei Höckern
Vorderradaufhängung:	Einzelradaufhängung an McPherson-Federbeinen und Querlenkern aus Leichtmetall mit negativem Lenkrollradius , Schraubenfedern, Zweirohr-Gasdruckstoßdämpfer, Stabilisator
Hinterradaufhängung:	Einzelradaufhängung an Federbeinen und Schräglenkern aus Leichtmetall, Schraubenfedern, Zweirohr-Gasdruckstoßdämpfer, Stabilisator
Bremse v/h (Durchm. x B (mm)):	innenbelüftete Scheiben (298 x 28) / innenbelüftete Scheiben (299 x 24) schwarze 4-Kolben-Aluminium-Festsättel / schwarze 4-Kolben-Aluminium-Festsättel Bosch ABS
Räder v/h:	7 J x 17 / 8 J x 17
Reifen v/h:	205/50 ZR 17 / 255/40 ZR 17

Elektrik

Lichtmaschinenleistung (W/A):	1610 / 115
Batterie (V/Ah):	12 / 75

Abmessungen, Gewichte und Volumen

Spurweite v/h (mm):	1374 / 1374
Radstand (mm):	2272
Maße (L x B x H (mm)):	4250 x 1652 x 1280
Leergewicht nach DIN (kg):	1350 [1380]
zul. Gesamtgewicht (kg):	1600 [1630]
Kofferraumvolumen (VDA (l)):	88
Tankvolumen (l):	77, davon 10 Reserve
Sonderwunsch:	92, davon 12,5 Reserve
C_w x A (m²):	n/a
Leistungsgewicht (kg/kW / kg/PS):	7,33 [7,50] / 5,40 [5,52]

Kraftstoffverbrauch

nach EG-Norm 80/1268 (l/100 km):	95 ROZ Super bleifrei
Bei 90 km/h konstant:	7,8 [7,9]
Bei 120 km/h konstant:	9,7 [9,6]
EG-Abgas-Stadtzyklus:	17,1 [16,8]
Drittelmix:	11,5 [11,4]

Fahrleistungen, Stückzahlen, Preise

Beschleunigung 0–100 km/h (s):	5,7 [6,6]
Höchstgeschw. (km/h):	260 [256]
Stückzahl:	930
Listenpreise:	
08/1992 Speedster:	DM 131.500,-
03/1993 Speedster:	DM 134.000,- [DM 140.660,-]

911 Carrerea 2 Speedster Turbo-Look [Tiptronic] MJ 1993

Motor

Bauart:	6-Zylinder-Boxermotor
Einbauposition:	Heckmotor
Kühlung:	luftgekühlt
Anzahl & Form d. Lüfterradflügel:	12, gebogen
Lüfterrad Außendurchm. (mm):	253
Motor-Typ:	M 64/01 [M 64/02]
Hubraum (cm³):	3600
Bohrung x Hub:	100 x 76,4
Leistung (kW/PS):	184/250 bei 6100/min
Drehmoment (Nm):	310 bei 4800/min
Literleistung (kW/l / PS/l):	51,1 / 69,4
Verdichtung:	11,3 : 1
Ventilsteuerung:	ohc über Doppelkette, 2 Ventile pro Zylinder
Gemischaufbereitung:	Bosch DME sequenzielle Einspritzung
Zündung:	Bosch DME kennfeldgesteuerte Doppelzündung
Zündfolge:	1 - 6 - 2 - 4 - 3 - 5
Schmierung:	Trockensumpfschmierung
Ölmenge (l):	11,5

Kraftübertragung

Antrieb:	Heckantrieb
Schaltgetriebe:	5-Gang
Sonderwunsch Tiptronic:	[4-Gang]
Getriebe-Typ:	G 50/03 [A 50/02]
Übersetzungen:	
1. Gang:	3,500 [2,479]
2. Gang:	2,059 [1,479]
3. Gang:	1,407 [1,000]
4. Gang:	1,086 [0,728]
5. Gang:	0,868
Rückwärtsgang:	2,857 [2,086]
Achsübersetzung:	3,444 [3,667]
Sonderwunsch, nur Schaltgetriebe:	Sperrdifferential 40%/40%

Karosserie, Fahrwerk, Bremse, Räder und Reifen

Karosserie:	2-türige, 2-sitzige, selbsttragende Speedster-Karosserie aus beidseitig feuerverzinktem Stahlblech, kleine aufgesetzte Frontscheibe, Seitenaufprallschutz in den Türen, verbreiterte Kotflügel vorne und hinten, Kunststoffseitenschweller, verformbare Bug- und Heckverkleidungen aus Kunststoff mit integrierten Leichtmetallstoßfängern, an Prallrohren befestigt, Heckdeckel mit integriertem automatisch ausfahrbarem Heckspoiler, rotes Leuchtenband mit integrierten Rückfahr- und Nebelschlußleuchten, Außenspiegel im Cup-Design, manuelles Stoffverdeck mit flexibler Kunststoffheckscheibe, Speedster-Verdeckabdeckung aus Kunststoff mit zwei Höckern
Vorderradaufhängung:	Einzelradaufhängung an McPherson-Federbeinen und Querlenkern aus Leichtmetall mit negativem Lenkrollradius , Schraubenfedern, Zweirohr-Gasdruckstoßdämpfer, Stabilisator
Hinterradaufhängung:	Einzelradaufhängung an Federbeinen und Schräglenkern aus Leichtmetall, Schraubenfedern, Zweirohr-Gasdruckstoßdämpfer, Stabilisator
Bremse v/h (Durchm. x B (mm)):	innenbelüftete Scheiben (322 x 32) / innenbelüftete Scheiben (299 x 28) schwarze 4-Kolben-Aluminium-Festsättel / schwarze 4-Kolben-Aluminium-Festsättel Bosch ABS
Räder v/h:	7 J x 17 / 9 J x 17
Reifen v/h:	205/50 ZR 17 / 255/40 ZR 17

Elektrik

Lichtmaschinenleistung (W/A):	1610 / 115
Batterie (V/Ah):	12 / 75

Abmessungen, Gewichte und Volumen

Spurweite v/h (mm):	1434 / 1493
Radstand (mm):	2272
Maße (L x B x H (mm)):	4250 x 1775 x 1280
Leergewicht nach DIN (kg):	1420 [1450]
zul. Gesamtgewicht (kg):	1670 [1700]
Kofferraumvolumen (VDA (l)):	88
Tankvolumen (l):	77, davon 10 Reserve
Sonderwunsch:	92, davon 12,5 Reserve
C_w x A (m²):	n/a
Leistungsgewicht (kg/kW / kg/PS):	7,71 [7,88] / 5,68 [5,80]

Kraftstoffverbrauch

nach EG-Norm 80/1268 (l/100 km):	95 ROZ Super bleifrei
Bei 90 km/h konstant:	8,0 [8,2]
Bei 120 km/h konstant:	10,0 [10,3]
EG-Abgas-Stadtzyklus:	16,8 [16,8]
Drittelmix:	11,6 [11,8]

Fahrleistungen, Stückzahlen, Preise

Beschleunigung 0–100 km/h (s):	5,7 [6,6]
Höchstgeschw. (km/h):	255 [251]
Stückzahl:	ca. 15
Listenpreise:	Preis je nach Umbauaufwand

911 Carrera 4 Coupé Turbo-Look & »30 Jahre 911« MJ 1993 bis Dezember 1993

Motor

Bauart:	6-Zylinder-Boxermotor
Einbauposition:	Heckmotor
Kühlung:	luftgekühlt
Anzahl & Form d. Lüfterradflügel:	12, gebogen
Lüfterrad Außendurchm. (mm):	253
Motor-Typ:	M 64/01
Hubraum (cm³):	3600
Bohrung x Hub:	100 x 76,4
Leistung (kW/PS):	184/250 bei 6100/min
Drehmoment (Nm):	310 bei 4800/min
Literleistung (kW/l / PS/l):	51,1 / 69,4
Verdichtung:	11,3 : 1
Ventilsteuerung:	ohc über Doppelkette, 2 Ventile pro Zylinder
Gemischaufbereitung:	Bosch DME sequenzielle Einspritzung
Zündung:	Bosch DME kennfeldgesteuerte Doppelzündung
Zündfolge:	1 - 6 - 2 - 4 - 3 - 5
Schmierung:	Trockensumpfschmierung
Ölmenge (l):	11,5

Kraftübertragung

Antrieb:	elektronisch geregelter Allradantrieb, Transaxlebauweise
Schaltgetriebe:	5-Gang
Getriebe-Typ:	G 64/00
Übersetzungen:	
1. Gang:	3,500
2. Gang:	2,118
3. Gang:	1,444
4. Gang:	1,086
5. Gang:	0,868
Rückwärtsgang:	2,857
Achsübersetzung:	3,444
Sperrdifferential Zug/Schub (%):	variabel 0 bis 100

Karosserie, Fahrwerk, Bremse, Räder und Reifen

Karosserie:	2-türige, 2 + 2-sitzige, selbsttragende Coupé-Karosserie aus beidseitig feuerverzinktem Stahlblech, Seitenaufprallschutz in den Türen, verbreiterte Kotflügel vorne und hinten, Kunststoffseitenschweller, verformbare Bug- und Heckverkleidungen aus Kunststoff mit integrierten Leichtmetallstoßfängern, an Prallrohren befestigt, Heckdeckel mit integriertem automatisch ausfahrbarem Heckspoiler, rotes Leuchtenband mit integrierten Rückfahr- und Nebelschlußleuchten, Außenspiegel im Cup-Design
Exklusivfarbe »30 Jahre 911«:	Violametallic
Sonderwunsch:	Elektrisches Schiebedach
Vorderradaufhängung:	Einzelradaufhängung an McPherson-Federbeinen und Querlenkern aus Leichtmetall mit negativem Lenkrollradius , Schraubenfedern, Zweirohr-Gasdruckstoßdämpfer, Stabilisator
Hinterradaufhängung:	Einzelradaufhängung an Federbeinen und Schräglenkern aus Leichtmetall, Schraubenfedern, Zweirohr-Gasdruckstoßdämpfer, Stabilisator
Bremse v/h (Durchm. x B (mm)):	innenbelüftete Scheiben (298 x 28) / innenbelüftete Scheiben (299 x 28) schwarze 4-Kolben-Aluminium-Festsättel / schwarze 4-Kolben-Aluminium-Festsättel Bosch ABS
Räder v/h:	7 J x 17 / 9 J x 17
Reifen v/h:	205/50 ZR 17 / 255/40 ZR 17

Elektrik

Lichtmaschinenleistung (W/A):	1610 / 115
Batterie (V/Ah):	12 / 75

Abmessungen, Gewichte und Volumen

Spurweite v/h (mm):	1434 / 1493
Radstand (mm):	2272
Maße (L x B x H (mm)):	4250 x 1775 x 1310
Leergewicht nach DIN (kg):	1500
zul. Gesamtgewicht (kg):	1810
Kofferraumvolumen (VDA (l)):	88
Gepäckraum im Innenraum*:	175
Tankvolumen (l):	77, davon 10 Reserve
Sonderwunsch:	92, davon 12,5 Reserve
C_w x A (m²):	0,36 x 1,89 = 0,680
Leistungsgewicht (kg/kW / kg/PS):	8,15 / 6,00
*bei umgeklappten Rücksitzlehnen	

Kraftstoffverbrauch

nach EG-Norm 80/1268 (l/100 km):	95 ROZ Super bleifrei
Bei 90 km/h konstant:	8,0
Bei 120 km/h konstant:	9,5
EG-Abgas-Stadtzyklus:	17,9
Drittelmix:	11,8

Fahrleistungen, Stückzahlen, Preise

Beschleunigung 0–100 km/h (s):	5,7
Höchstgeschw. (km/h):	255
Stückzahl:	
Coupé „30 Jahre 911“:	911
Coupé:	174
Listenpreis:	
03/1993 Coupé:	DM 145.900,-
08/1993 Coupé:	DM 145.900,-

911 Carrera RS 3.8 Coupé 1993

Motor

Bauart:	6-Zylinder-Boxermotor
Einbauposition:	Heckmotor
Kühlung:	luftgekühlt
Anzahl & Form d. Lüfterradflügel:	12, gebogen
Lüfterrad Außendurchm. (mm):	253
Motor-Typ:	M 64/04
Hubraum (cm³):	3746
Bohrung x Hub:	102 x 76,4
Leistung (kW/PS):	221/300 bei 6500/min
Drehmoment (Nm):	360 bei 5250/min
Literleistung (kW/l / PS/l):	59,0 / 80,1
Verdichtung:	11,0 : 1
Ventilsteuerung:	ohc über Doppelkette, 2 Ventile pro Zylinder
Gemischaufbereitung:	Bosch DME sequenzielle Einspritzung
Zündung:	Bosch DME kennfeldgesteuerte Doppelzündung
Zündfolge:	1 - 6 - 2 - 4 - 3 - 5
Schmierung:	Trockensumpfschmierung
Ölmenge (l):	11,5

Kraftübertragung

Antrieb:	Heckantrieb
Schaltgetriebe:	5-Gang
Getriebe-Typ:	G 50/10
Übersetzungen:	
1. Gang:	3,154
2. Gang:	1,895
3. Gang:	1,407
4. Gang:	1,086
5. Gang:	0,868
Rückwärtsgang:	2,857
Achsübersetzung:	3,444
Sperrdifferential Zug/Schub (%):	20 / 100

Karosserie, Fahrwerk, Bremse, Räder und Reifen

Karosserie:	2-türige, 2-sitzige, selbsttragende Coupé-Karosserie aus beidseitig feuerverzinktem Stahlblech, Seitenaufprallschutz in den Türen, verbreiterte Kotflügel vorne und hinten, Kunststoffseitenschweller, verformbare Bug- und Heckverkleidungen aus Kunststoff mit integrierten Leichtmetallstoßfängern, an Prallrohren befestigt, Frontspoilerlippe, Lufteinlässe zur Bremsenkühlung statt Nebelscheinwerfer, RS-Stoßfängermittelteil hinten, Heckdeckel aus Kunststoff mit feststehendem, verstellbaren Heckflügel, Kofferraumdeckel und Türen aus Aluminium, rotes Leuchtenband mit integrierten Rückfahr- und Nebelschlußleuchten, Heck- und Seitenscheiben aus leichtem Dünnglas, Außenspiegel im Cup-Design
Vorderradaufhängung:	Einzelradaufhängung an McPherson-Federbeinen und Querlenkern aus Leichtmetall mit negativem Lenkrollradius , Schraubenfedern, Zweirohr-Gasdruckstoßdämpfer, Stabilisator
Hinterradaufhängung:	Einzelradaufhängung an Federbeinen und Schräglenkern aus Leichtmetall, Schraubenfedern, Zweirohr-Gasdruckstoßdämpfer, Stabilisator
Bremse v/h (Durchm. x B (mm)):	innenbelüftete gelochte Scheiben (322 x 32) / innenbelüftete gelochte Scheiben (299 x 28) rote 4-Kolben-Aluminium-Festsättel / rote 4-Kolben-Aluminium-Festsättel Bosch ABS
Räder v/h:	9 J x 18 / 11 J x 18
Reifen v/h:	235/40 ZR 18 / 285/35 ZR 18

Elektrik

Lichtmaschinenleistung (W/A):	1610 / 115
Batterie (V/Ah):	12 / 36

Abmessungen, Gewichte und Volumen

Spurweite v/h (mm):	1440 / 1481
Radstand (mm):	2272
Maße (L x B x H (mm)):	4275 x 1775 x 1270
Leergewicht nach DIN (kg):	1210
zul. Gesamtgewicht (kg):	1410
Kofferraumvolumen (VDA (l)):	88
Tankvolumen (l):	92, davon 12,5 Reserve
C_W x A (m²):	0,35 x 1,89 = 0,662
Leistungsgewicht (kg/kW / kg/PS):	5,47 / 4,03

Kraftstoffverbrauch

nach 80/1268/EWG (l/100 km):	98 ROZ Super plus bleifrei
Bei 90 km/h konstant:	8,5
Bei 120 km/h konstant:	10,6
EG-Abgas-Stadtzyklus:	13,9
Drittelmix:	11,0

Fahrleistungen, Stückzahlen, Preise

Beschleunigung 0–100 km/h (s):	4,9
0–200 km/h (s):	16,6
Höchstgeschw. (km/h):	270
Stückzahl incl. RSR:	90
Listenpreise:	
1993 Coupé:	DM 225.000,-

911 TURBO 3.6 COUPÉ
MJ 1993 BIS DEZEMBER 1993

MOTOR

Bauart:	6-Zylinder-Boxermotor mit Turboaufladung und Ladeluftkühlung
Einbauposition:	Heckmotor
Kühlung:	luftgekühlt
Anzahl & Form d. Lüfterradflügel:	11, gerade
Lüfterrad Außendurchm. (mm):	245
Motor-Typ:	M 64/50
Hubraum (cm³):	3600
Bohrung x Hub:	100 x 76,4
Leistung (kW/PS):	265/360 bei 5500/min
Drehmoment (Nm):	520 bei 4200/min
Literleistung (kW/l / PS/l):	73,6 / 100
Verdichtung:	7,5 : 1
Maximaler Ladedruck (bar):	0,9
Ventilsteuerung:	ohc über Doppelkette, 2 Ventile pro Zylinder
Gemischaufbereitung:	Bosch K-Jetronic Einspritzung
Zündung:	Batterie-Hochspannungs-Kondensatorzündung (BHKZ), kontaktlos
Zündfolge:	1 - 6 - 2 - 4 - 3 - 5
Schmierung:	Trockensumpfschmierung
Ölmenge (l):	13,0

KRAFTÜBERTRAGUNG

Antrieb:	Heckantrieb
Schaltgetriebe:	5-Gang
Getriebe-Typ:	G 50/52
Übersetzungen:	
1. Gang:	3,154
2. Gang:	1,789
3. Gang:	1,269
4. Gang:	0,967
5. Gang:	0,756
Rückwärtsgang:	2,857
Achsübersetzung:	3,444
Sperrdifferential Zug/Schub (%):	20 / 100

KAROSSERIE, FAHRWERK, BREMSE, RÄDER UND REIFEN

Karosserie:	2-türige, 2 + 2-sitzige, selbsttragende Coupé-Karosserie aus beidseitig feuerverzinktem Stahlblech, Seitenaufprallschutz in den Türen, verbreiterte Kotflügel vorne und hinten, Kunststoffseitenschweller, verformbare Bug- und Heckverkleidungen aus Kunststoff mit integrierten Leichtmetallstoßfängern, an Prallrohren befestigt, RS-Stoßfängermittelteil hinten, Heckdeckel mit aufgesetztem feststehenden Heckspoiler, rotes Leuchtenband mit integrierten Rückfahr- und Nebelschlußleuchten, Außenspiegel im Cup-Design
Sonderwunsch:	Elektrisches Schiebedach
Vorderradaufhängung:	Einzelradaufhängung an McPherson-Federbeinen und Querlenkern aus Leichtmetall mit negativem Lenkrollradius , Schraubenfedern, Zweirohr-Gasdruckstoßdämpfer, Stabilisator
Hinterradaufhängung:	Einzelradaufhängung an Federbeinen und Schräglenkern aus Leichtmetall, Schraubenfedern, Zweirohr-Gasdruckstoßdämpfer, Stabilisator
Bremse v/h (Durchm. x B (mm)):	innenbelüftete gelochte Scheiben (322 x 32) / innenbelüftete gelochte Scheiben (299 x 28) rote 4-Kolben-Aluminium-Festsättel / rote 4-Kolben-Aluminium-Festsättel Bosch ABS
Räder v/h:	8 J x 18 / 10 J x 18
Reifen v/h:	225/40 ZR 18 / 265/35 ZR 18

ELEKTRIK

Lichtmaschinenleistung (W/A):	1610 / 115
Batterie (V/Ah):	12 / 75

ABMESSUNGEN, GEWICHTE UND VOLUMEN

Spurweite v/h (mm):	1442 / 1488
Radstand (mm):	2272
Maße (L x B x H (mm)):	4275 x 1775 x 1290
Leergewicht nach DIN (kg):	1470
zul. Gesamtgewicht (kg):	1810
Kofferraumvolumen (VDA (l)):	88
Gepäckraum im Innenraum*:	175
Tankvolumen (l):	77, davon 10 Reserve
Sonderwunsch:	92, davon 12,5 Reserve
C_w x A (m²):	0,35 x 1,89 = 0,662
Leistungsgewicht (kg/kW / kg/PS):	5,54 / 4,08

***bei umgeklappten Rücksitzlehnen**

KRAFTSTOFFVERBRAUCH

nach 80/1268/EWG (l/100 km):	95 ROZ Super bleifrei
Bei 90 km/h konstant:	8,3
Bei 120 km/h konstant:	10,3
EG-Abgas-Stadtzyklus:	21,3
Drittelmix:	13,3

FAHRLEISTUNGEN, STÜCKZAHLEN, PREISE

Beschleunigung 0–100 km/h (s):	4,8
Höchstgeschw. (km/h):	280
Stückzahl:	1.437
Listenpreise:	
08/1992 Coupé:	DM 204.000,-
03/1993 Coupé:	DM 207.880,-
08/1993 Coupé:	DM 207.880,-

911 RS America Coupé (nur USA) MJ 1993 bis MJ 1994

Motor

Bauart:	6-Zylinder-Boxermotor
Einbauposition:	Heckmotor
Kühlung:	luftgekühlt
Anzahl & Form d. Lüfterradflügel:	12, gebogen
Lüfterrad Außendurchm. (mm):	253
Motor-Typ:	M 64/01
Hubraum (cm³):	3600
Bohrung x Hub:	100 x 76,4
Leistung (kW/PS):	182/247 bei 6100/min
Drehmoment (Nm):	310 bei 4800/min
Literleistung (kW/l / PS/l):	50,6 / 68,6
Verdichtung:	11,3 : 1
Ventilsteuerung:	ohc über Doppelkette, 2 Ventile pro Zylinder
Gemischaufbereitung:	Bosch DME sequenzielle Einspritzung
Zündung:	Bosch DME kennfeldgesteuerte Doppelzündung
Zündfolge:	1 - 6 - 2 - 4 - 3 - 5
Schmierung:	Trockensumpfschmierung
Ölmenge (l):	11,5

Kraftübertragung

Antrieb:	Heckantrieb
Schaltgetriebe:	5-Gang
Getriebe-Typ:	G 50/05
Übersetzungen:	
1. Gang:	3,500
2. Gang:	2,059
3. Gang:	1,407
4. Gang:	1,086
5. Gang:	0,868
Rückwärtsgang:	2,857
Achsübersetzung:	3,333

Karosserie, Fahrwerk, Bremse, Räder und Reifen

Karosserie:	2-türige, 2-sitzige, selbsttragende Coupé-Karosserie aus beidseitig feuerverzinktem Stahlblech, Seitenaufprallschutz in den Türen, Kunststoffseitenschweller, verformbare Bug- und Heckverkleidungen aus Kunststoff mit integrierten Leichtmetallstoßfängern, an Prallrohren befestigt, Heckdeckel mit aufgesetztem, feststehenden „Carrera 3.2" Heckspoiler, rotes Leuchtenband mit integrierten Rückfahr- und Nebelschlußleuchten, Außenspiegel im Cup-Design
Vorderradaufhängung:	Einzelradaufhängung an McPherson-Federbeinen und Querlenkern aus Leichtmetall mit negativem Lenkrollradius , Schraubenfedern, Zweirohr-Gasdruckstoßdämpfer, Stabilisator
Hinterradaufhängung:	Einzelradaufhängung an Federbeinen und Schräglenkern aus Leichtmetall, Schraubenfedern, Zweirohr-Gasdruckstoßdämpfer, Stabilisator
Bremse v/h (Durchm. x B (mm)):	innenbelüftete Scheiben (298 x 28) / innenbelüftete Scheiben (299 x 24) schwarze 4-Kolben-Aluminium-Festsättel / schwarze 4-Kolben-Aluminium-Festsättel Bosch ABS
Räder v/h:	7 J x 17 / 8 J x 17
Reifen v/h:	205/50 ZR 17 / 255/40 ZR 17

Elektrik

Lichtmaschinenleistung (W/A):	1610 / 115
Batterie (V/Ah):	12 / 72

Abmessungen, Gewichte und Volumen

Spurweite v/h (mm):	1374 / 1368
Radstand (mm):	2272
Maße (L x B x H (mm)):	4275 x 1652 x 1310
Leergewicht nach DIN (kg):	1340
zul. Gesamtgewicht (kg):	1520
Kofferraumvolumen (VDA (l)):	88
Gepäckraum im Innenraum*:	175
Tankvolumen (l):	77, davon 10 Reserve
C_w x A (m²):	0,32 x 1,79 = 0,573
Leistungsgewicht (kg/kW / kg/PS):	7,36 / 5,42
***auf Gepäckablage hinten**	

Kraftstoffverbrauch

nach 80/1268 EWG (l/100 km):	95 ROZ Super bleifrei
Bei 90 km/h konstant:	7,8
Bei 120 km/h konstant:	9,7
EG-Abgas-Stadtzyklus:	17,1
Drittelmix:	11,5

Fahrleistungen, Stückzahlen, Preise

Beschleunigung 0–100 km/h (s):	5,6
Höchstgeschw. (km/h):	260
Stückzahl:	701
Listenpreis:	US $ 53.900,-

911 Turbo 3.6 Coupé Flachbau mit Leistungssteigerung MJ 1994

Motor

Bauart:	6-Zylinder-Boxermotor mit Turboaufladung und Ladeluftkühlung
Einbauposition:	Heckmotor
Kühlung:	luftgekühlt
Anzahl & Form d. Lüfterradflügel:	11, gerade
Lüfterrad Außendurchm. (mm):	245
Motor-Typ:	M 64/50 S
Hubraum (cm³):	3600
Bohrung x Hub:	100 x 76,4
Leistung (kW/PS):	283/385 bei 5750/min
Drehmoment (Nm):	520 bei 5000/min
Literleistung (kW/l / PS/l):	78,6 / 106,9
Verdichtung:	7,5 : 1
Maximaler Ladedruck (bar):	0,9
Ventilsteuerung:	ohc über Doppelkette, 2 Ventile pro Zylinder
Gemischaufbereitung:	Bosch K-Jetronic Einspritzung
Zündung:	Batterie-Hochspannungs-Kondensatorzündung (BHKZ), kontaktlos
Zündfolge:	1 - 6 - 2 - 4 - 3 - 5
Schmierung:	Trockensumpfschmierung
Ölmenge (l):	13,0

Kraftübertragung

Antrieb:	Heckantrieb
Schaltgetriebe:	5-Gang
Getriebe-Typ:	G 50/52
Übersetzungen:	
1. Gang:	3,154
2. Gang:	1,789
3. Gang:	1,269
4. Gang:	0,967
5. Gang:	0,756
Rückwärtsgang:	2,857
Achsübersetzung:	3,444
Sperrdifferential Zug/Schub (%):	20 / 100

Karosserie, Fahrwerk, Bremse, Räder und Reifen

Karosserie:	2-türige, 2 + 2-sitzige, selbsttragende Coupé-Karosserie aus beidseitig feuerverzinktem Stahlblech, Seitenaufprallschutz in den Türen, verbreiterte Kotflügel vorne und hinten, flache vordere Kotflügel mit Klappscheinwerfern des Porsche 968, Lufteinlässe in den Fondseitenteilen, Kunststoffseitenschweller, verformbare Bug- und Heckverkleidungen aus Kunststoff mit integrierten Leichtmetallstoßfängern, an Prallrohren befestigt, Lufteinlässe zur Bremsenkühlung statt Nebelscheinwerfer, Heckdeckel mit aufgesetztem feststehenden Exclusive-Heckspoiler, rotes Leuchtenband mit integrierten Rückfahr- und Nebelschlußleuchten, Außenspiegel im Cup-Design
Sonderwunsch:	Elektrisches Schiebedach
Vorderradaufhängung:	Einzelradaufhängung an McPherson-Federbeinen und Querlenkern aus Leichtmetall mit negativem Lenkrollradius , Schraubenfedern, Zweirohr-Gasdruckstoßdämpfer, Stabilisator
Hinterradaufhängung:	Einzelradaufhängung an Federbeinen und Schräglenkern aus Leichtmetall, Schraubenfedern, Zweirohr-Gasdruckstoßdämpfer, Stabilisator
Bremse v/h (Durchm. x B (mm)):	innenbelüftete gelochte Scheiben (322 x 32) / innenbelüftete gelochte Scheiben (299 x 28) rote 4-Kolben-Aluminium-Festsättel / rote 4-Kolben-Aluminium-Festsättel Bosch ABS
Räder v/h:	8 J x 18 / 10 J x 18
Reifen v/h:	225/40 ZR 18 / 265/35 ZR 18

Elektrik

Lichtmaschinenleistung (W/A):	1610 / 115
Batterie (V/Ah):	12 / 75

Abmessungen, Gewichte und Volumen

Spurweite v/h (mm):	1442 / 1488
Radstand (mm):	2272
Maße (L x B x H (mm)):	4275 x 1775 x 1290
Leergewicht nach DIN (kg):	1470
zul. Gesamtgewicht (kg):	1810
Kofferraumvolumen (VDA (l)):	88
Gepäckraum im Innenraum*:	175
Tankvolumen (l):	77, davon 10 Reserve
Sonderwunsch:	92, davon 12,5 Reserve
C_w x A (m²):	0,35 x 1,89 = 0,662
Leistungsgewicht (kg/kW / kg/PS):	5,19 / 3,81

***bei umgeklappten Rücksitzlehnen**

Kraftstoffverbrauch

(l/100 km):	ca. 20; 95 ROZ Super bleifrei

Fahrleistungen, Stückzahlen, Preise

Beschleunigung 0–100 km/h (s):	unter 4,8
Höchstgeschw. (km/h):	über 280
Stückzahl:	76
Listenpreis:	
1994 Coupé.	DM 290.000,-

Porsche 911
(Typ 993)

Modelljahr 1994 (R-Programm)

Im Herbst 1993 steht ein optisch und technisch stark überarbeiteter 911 auf dem Porsche-Stand der IAA in Frankfurt am Main. Der neue 911 Carrera wird intern 993 genannt. Dieses Modell löst den Carrera 2 und Carrera 4 der Baureihe 964 ab.

Zum ersten Mal in der Geschichte des Elfers wird das Design der Grundform nachhaltig verändert. Die vorderen Kotflügel sind breiter und verlaufen flacher. Die Streuscheiben der neuen Elipsoid-Scheinwerfer sind ebenfalls flacher angeordnet. Der Kofferraumdeckel ist um 40 Millimeter angehoben, dadurch steigt das Gepäckraumvolumen mit dem serienmäßigen Kraftstofftank auf 123 Liter an. Im geänderten Bugteil sind Standlicht, Nebelscheinwerfer und Blinker untergebracht. Die hinteren Kotflügel sind breiter geformt und verlaufen geradliniger zum Heck über. Die Heckleuchten sind höhergesetzt und mit gelben Blinkern versehen. Das gesamte Leuchtenband, in dem neben den beiden Nebelschlußleuchten auch die Rückfahrscheinwerfer integriert sind, läuft schräg von der Motorhaube in den Stoßfänger über. Im Kunststoffstoßfänger sind jeweils links und rechts Aussparungen für ein ovales Auspuffendrohr. Der ausfahrbare Heckspoiler ist größer und in der Form neu gestaltet. Die Scheibenwischerachsen sind für ein größeres Wischfeld zentral in der Mitte angeordnet. Die Türgriffe sind in Wagenfarbe lackiert. Bei der Markteinführung ist der neue 911 Carrera nur als Coupé lieferbar.

Der 3,6-Liter-Motor wird gründlich überarbeitet. Eine torsionssteifere Kurbelwelle, erleichterte Pleuel, leichtere Kolben, erweiterte Einlaßkanäle, leichtere Ventile und Kipphebel mit hydraulischem Ventilspielausgleich sind die mechanischen Veränderungen. Der aus dem 964-Motor bekannte Drehschwingungstilger der Kubelwelle enfällt. Die Motronic wird mit einem Heißfilm-Luftmassenmesser versehen. Die Abgasanlage arbeitet mit weniger Abgasgegendruck. Die Abgase werden jetzt durch eine gemeinsame Mischkammer in zwei kleine Metallatalysatoren geleitet. Die beiden Endschalldämpfer sind links und rechts hinter den Rädern eingebaut und mit je einem ovalen Endrohr versehen. Mit der gleichen Verdichtung von 11,3 : 1, aber auf bleifreies Super-Plus mit 98 Oktan abgestimmt, leistet der Motor 272 PS (200 kW) bei 6.100/min. Das maximale Drehmoment steigt auf 330 Nm bei 5.000/min.

In der sogenannten Rest-der-Welt-Ausführung ist ein kurz übersetztes 6-Gang-Schaltgetriebe eingebaut. Für die Länder USA, Österreich und Schweiz wird ein ab dem zweiten Gang länger übersetztes Getriebe ausgeliefert. Die neue Doppelkonus-Synchronisierung reduziert die Schaltkräfte der ersten beiden Gänge. Auf Wunsch ist eine verbesserte 4-Gang-Tiptronic lieferbar. Eine Besonderheit ist das als Sonderwunsch lieferbare fahrdynamische Sperrensystem, welches aus einem aktiven Bremsdifferential (ABD) und einem Sperrdifferential besteht. Das aktive Bremsdifferential ist als Anfahrhilfe auf rutschigem Untergrund bis 70 km/h gedacht.

Die Vorderachse ist eine Weiterentwicklung der Achse des Vorgängermodells mit negativem Lenkrollradius. Die Räder sind einzeln an Federbeinen aufgehängt. In den progressiven Schraubenfedern sind doppelt wirkende hydraulische Zweirohr-Gasdruckstoßdämpfer eingebaut. Für einen besseren Geradeauslauf und ein feinfühligeres Ansprechen wird die Servolenkung geändert. Die an einem Fahrschemel montierte Mehrlenker-Hinterachse wird LSA-Achse genannt. LSA steht für Leichtbau, Stabilität und Agilität. Auch hier wird je Rad eine Schraubenfeder mit innenliegendem doppeltwirkendem hydraulischen Zweirohr-Gasdruckstoßdämpfer eingesetzt. Die Bremsanlage ist stark verbessert. Sie hat eine Bremsleistung von 1.000 kW (1.360 PS)! Innenbelüftete und gelochte Bremsscheiben werden mit schwarzen 4-Kolben-Aluminium-Festsätteln kombiniert. Das neue Bosch ABS 5 verkürzt den Bremsweg besonders auf unebener Fahrbahn. Serienmäßig sind 16-Zoll-Aluminium-Gußräder im neuen »Cup-Design 93«. An der Vorderachse sind die 205/55 ZR 16 Reifen auf 7 Zoll breiten Rädern montiert, an der Hinterachse 245/45 ZR 16 auf 9 Zoll. Als Sonderausstattung sind 17-Zoll-Cup-Räder im neuen Design erhältlich: Vorn 7 Zoll mit 205/50 ZR 17 Bereifung, hinten 255/40 ZR 17 Reifen auf einer 9 Zoll breiten Felge. Auf Wunsch ist ein Sportfahrwerk mit einer Tieferlegung von 10 Millimeter an der Vorderachse und 20 Millimeter an der Hinterachse lieferbar.

Im Innenraum fällt sofort das neu gestaltete schlankere Airbaglenkrad ins Auge. Die Sitze und die Türverkleidungen sind ebenfalls in einem neuen Design ausgeführt. Die Lenkstockhebel sind griffgünstiger geformt, und viele Schalter sind übersichtlicher angeordnet. Die Sitzflächen der Vordersitze sind serienmäßig mit Leder bezogen.

Ab dem Frühjahr 1994 wird das 993 Cabriolet mit einem überarbeiteten Verdeck ausgeliefert. Als Sonderwunsch ist ein integriertes selbstaufstellendes Windschott erhältlich. Zum Öffnen des elektrischen Verdecks muß der Motor nicht mehr abgestellt werden, es genügt im Stand die Handbremse anzuziehen.

Mit Schaltgetriebe hat der neue Carrera Tempo 100 nach 5,6 Sekunden erreicht, mit Tiptronic in 6,6 Sekunden. Die Endgeschwindigkeit mit 6-Gang-Schaltgetriebe liegt bei 270 km/h, mit Tiptronic bei 265 km/h.

Die Porsche-Exclusiv-Abteilung im Werk I bietet für den neuen 911 Carrera eine Leistungssteigerung auf 285 PS (210 kW) bei 6.000/min an. Das maximale Drehmoment von 350 Nm liegt bei 5.000/min an. Die Zusatzleistung wird in erster Linie durch eine Erhöhung des Hubraums auf 3,8 Liter erzielt. Das zusätzliche Hubvolumen wird durch neue Kolben und Zylinder mit 102 Millimeter Durchmesser erreicht. Zwei Nockenwellen mit geänderten Steuerzeiten, eine geänderte Riemenscheibe und ein neu abgestimmtes Motormanagement runden das Paket ab. Die Leistungssteigerung ist sowohl für Fahrzeuge mit 6-Gang-Schaltgetriebe als auch mit Tiptronic erhältlich.

Porsche Motorsport in Weissach bietet mit dem Motor-Kit 2 eine noch sportlichere Möglichkeit der Leistungssteigerung an. Der 3,8-Liter-Motor basiert auf den Erfahrungen des 911 Carrera RS 3.8 und des Rennsports. Der Motor-Kit 2 beinhaltet sechs 102-Millimeter-Kolben und Zylinder, sechs Zylinderköpfe mit 51,5 Millimeter großen Einlaßventilen und 43,5 Millimeter großen Auslaßventilen, zwei Nockenwellen mit neuen Steuerzeiten, einen Satz einstellbare Kipphebel mit mechanischen Einstellelementen für die Ventile und eine neu programmierte Motorelektronik. Durch die drehzahlfesteren mechanischen Kipphebel entfällt der hydraulische Ventilspielausgleich. Porsche empfiehlt bei diesem Motor alle 10.000 Kilometer eine Ventilspielkontrolle. Die Nennleistung dieses Sportmotors wird mit 299 PS (220 kW) bei 6.100/min angegeben. Das maximale Drehmoment von 365 Nm wird bei einer Drehzahl von 5.250/min erreicht. Der Umbau benötigt etwa 50 Arbeitsstunden und kostet 23.432,- DM. Porsche empfiehlt die Hinterachse neu zu vermessen. Nach dem Umbau sollte der Motor die ersten 200 Kilometer mit Drehzahlen von maximal 5.000/min bewegt werden. Nach 2.000 Kilometern sollte das Motorenöl gewechselt und das Ventilspiel kontrolliert werden. Dieser Motor ist nur für Fahrzeuge mit 6-Gang-Schaltgetriebe und dem 17-Zoll-Radsatz lieferbar. Die Höchstgeschwindigkeit gibt Porsche mit 280 km/h an, im Test werden sogar 287 km/h gemessen.

Phantombild 911 Carrera Coupé mit 3,6-Liter-Motor der 993-Baureihe

Modelljahr 1995 (S-Programm)

Das Modellprogramm wird im Herbst 1994 durch den Carrera 4 mit Allradantrieb ergänzt. Der Carrera 4 ist als Coupé und als Cabriolet erhältlich. Im Früjahr 1995 steht auf dem Genfer Salon der neue 911 turbo mit Bi-Turboaufladung. Weitere Neuheiten sind der Carrera RS und der sehr sportliche 911 GT2. Diese drei Fahrzeuge sind nur als Coupé lieferbar.
Porsche Exclusive bietet 14 Cabriolets des Typs 993 mit einem aufgeladenen 3,6-Liter-Boxer an. Der Turbomotor, das 5-Gang-Schaltgetriebe, die Bremsanlage und der fest installierte Heckflügel sind vom 964 turbo 3.6 entliehen. Der Preis für den Umbau eines 993 Cabriolets beträgt 89.500 DM.
Die Karosserie des 911 Carrera 4 unterscheidet sich vom 911 Carrera mit Heckantrieb nur an weißen Blinkerstreuscheiben vorn und einem durchgehend roten Leuchtenband hinten. Der Carrera 4 Schriftzug am Heck ist titanfarben. Im Heck des Carrera 4 ist der bewährte 3,6-Liter-Motor mit einer Leistung von 272 PS (200 kW) bei 6.100/min eingebaut. Auf Wunsch kann für einen Neuwagen bei Porsche Exclusive ein 3,8-Liter-Motor mit 285 PS (210 kW) bei 6.000/min und einem fülligen Drehmoment von 350 Nm bei 5.000 Touren geordert werden. Als Nachrüstsatz ist der 3,8-Liter-Motor auch bei Porsche Tequipment erhältlich. Neben Zylindern und Kolben mit 102 Millimeter Durchmesser sowie zwei speziellen Nockenwellen gehört auch eine geänderte Riemenscheibe zum Umbausatz.
Der Carrera 4 und ist mit Allradantrieb und einem 6-Gang-Schaltgetriebe ausgestattet. Bei den Allradfahrzeugen ist das fahrdynamische Sperrensystem, welches ein Sperrdifferential und das aktive Bremsdifferential (ABD) enthält, serienmäßig. Der Allradantrieb arbeitet über eine Visco-Lamellenkupplung am Getriebegehäuse. Diese verteilt die Antriebskraft zwischen Vorder- und Hinterachse. Mindestens fünf Prozent der Antriebskraft sind an der Vorderachse, im normalen Fahrbetrieb sind es ungefähr 35 Prozent, im Extremfall 40 Prozent. Der gesamte Allradantrieb bringt nur 50 Kilogramm Mehrgewicht auf die Waage und ist damit etwa 50 Kilogramm leichter als das Allradsystem des Vorgängermodells. Das Fahrverhalten ist so, wie man es von einem heckgetriebenen 911 kennt. Der Carrera 4 ist mit der gleichen Bremsanlage wie der Carrera ausgerüstet, nur zur optischen Unterscheidung sind die Bremssättel titanfarben lackiert. Auch Räder und Fahrwerk sind mit dem heckgetriebenen Carrera identisch. Der Carrera 4 ist wie der normale Carrera ausgestattet, allerdings ist der Carrera 4 nur mit Schaltgetriebe lieferbar. Die Plakette mit dem eingravierten Schaltschema auf dem Schalthebel ist beim Carrera 4 titanfarben. Die Fahrleistungen des Carrera 4 sind mit denen des Carrera vergleichbar.
Die Tiptronic der heckangetriebenen Carrera-Modelle wird überarbeitet. In den oberen Lenkradspeichen ist links und rechts je eine Schaltwippe integriert, mit der vom Lenkrad aus hoch- oder heruntergeschaltet werden kann. Die Hände können so beim Schalten am Lenkrad gelassen werden. Schaltkomfort und Fahrsicherheit werden verbessert. Das System wird jetzt Tiptronic S genannt. Es ist auch für Tiptronic-Fahrzeuge des Modelljahrs 1994 nachrüstbar.
Der 911 turbo hat eine im Heck um 60 Millimeter verbreiterte Karosserie, die auch im Bereich der Türschweller etwas nach außen gezogen ist. Das geänderte Bugteil ist mit drei Lufteinlässen versehen, das Heckteil ist den breiteren Kotflügeln angepaßt. Der turbo ist mit einem neugestalteten feststehenden Heckspoiler ausgerüstet. Dieser ist ganz in Wagenfarbe lackiert. Die Blinkleuchten sind die gleichen wie beim Carrera 4. Der »turbo«-Schriftzug ist titanfarben. Der 3,6-Liter-Bi-Turbomotor ist mit zwei KKK-Turboladern von Typ K-16 und zwei Ladeluftkühlern ausgerüstet. Durch die beiden kleineren Turbolader wird das Ansprechverhalten bei niederen Drehzahlen erheblich gesteigert, so daß fast kein Turboloch mehr spürbar ist. Der mit 8,0 : 1 verdichtete Motor leistet bei einer Drehzahl von 5.750/min 408 PS (300 kW). Das maximale Drehmoment von 540 Nm steht bei 4.500/min an, bereits bei 2.500/min sind 450 Nm abrufbar. Die Hydrostößel des Turboaggregats sind gegenüber dem Saugmotor weiterentwickelt. Der Heißfilm-Luftmassenmesser wird mit der Bosch-Motoronic M 5.2 für die Bi-Turboaufladung angepaßt. Die Abgasanlage ist mit zwei Metallkatalysatoren und vier Lambdasonden bestückt. Einen wertvollen Beitrag zum Umweltschutz leistet das On-Board-Diagnose II-System (OBD II). Dieses System ist weltweit in allen 911 turbo-Fahrzeugen eingebaut. Permanent werden alle abgasrelevanten Bauteile überprüft. Auftretende Fehler werden sofort erkannt und über eine Warnlampe im Cockpit angezeigt. Der 911 turbo ist weltweit das Fahrzeug mit den geringsten Abgasemissionen. Der turbo ist serienmäßig mit dem Allradantrieb des Carrera 4 und einem 6-Gang-Schaltgetriebe ausgestattet. Das Getriebe im 911 turbo ist länger übersetzt. Das fahrdynamische Sperrensystem mit Sperrdifferential und aktivem Bremsdifferential (ABD) ist ebenfalls Serie. Der 911 turbo ist mit einem straffer abgestimmten und tiefergelegten Fahrwerk ausgestattet. Die Bremsanlage des turbo ist mit größeren, rot lackierten Bremszangen und 322-Millimeter-Bremsscheiben an Vorder- und Hinterachse bestückt. Das ABS ist speziell auf die höheren Fahrleistungen abgestimmt. Wird bei 280 km/h voll gebremst, so steht eine Bremsleistung von 1.941 PS (1.427 kW) zur Verfügung. In nur 4,5 Sekunden bremst der Turbo von 200 km/h auf 0! Dies entspricht einem gemessenen Bremsweg von nur 130,3 Metern! Der turbo ist mit 18-Zoll-Rädern mit Hohlspeichentechnologie ausgestattet. Die Felge und die Radschüssel mit den hohlen Speichen werden separat gegossen. Anschließend werden die beiden Teile mit dem Reibschweißverfahren unter 90 Tonnen Druck und Rotation unlösbar miteinander verbunden. Durch diese Technik können bei einem Radsatz 11 Kilogramm Gewicht eingespart werden. Dadurch werden die ungefederten Massen geringer,

Fahrkomfort und Fahrverhalten besser. An der Vorderachse sind 225/40 ZR 18 Reifen auf 8 Zoll breiten Rädern montiert, hinten 285/30 ZR 18 auf 10 Zoll. Die sehr vollständige Serienausstattung des 911 turbo läßt kaum noch Wünsche offen. Zur erweiterten Ausstattung gegenüber dem Carrera gehören: Litronic (Xenonlicht), Metallicfarbe, Klimaanlage, Ganzlederausstattung, vollelektrische Sitze, Heckscheibenwischer, Bordcomputer und eine Radioanlage mit Soundsystem. Der Schalthebel ist mit einer titanfarbenen Plakette mit dem Schaltschema versehen. Nur ganze 4,5 Sekunden vergehen im 911 turbo aus dem Stand auf 100 km/h. Bei freier Strecke auf der Autobahn können bei Bedarf über 290 km/h auf dem Tachometer stehen.

Der 911 Carrera RS ist am Bugteil an den Seiten mit Spoilerecken versehen. Auf dem Heckdeckel sitzt ein feststehender flacher Spoiler, der ganz in Wagenfarbe lackiert ist. Am Schweller vor dem hinteren Rad ist eine Anspoilerung aus schwarzem Polyurethan angebracht. Der Carrera RS kann optional mit einem Clubsportpaket mit großem Front- und Heckspoiler geliefert werden. Durch Leichtbaumaßnahmen gerät der Carrera RS 100 Kilogramm leichter als der komfortablere Carrera. Die Fronthaube aus Aluminium spart 7,5 Kilogramm, Dünnglas an Heck- und Seitenscheiben weitere fünf Kilogramm. Selbst die Drähte für eine beheizbare Heckscheibe fehlen. Auf Dämmaterial und die Scheinwerferwaschanlage wird ebenso verzichtet. Das Antriebsaggregat des 911 Carrera RS ist mit einer größeren Bohrung von 102 Millimetern versehen. Dadurch wächst der Hubraum auf 3.746 cm³ und die Leistung auf 221 kW (300 PS) bei 6.500/min. Das Drehmoment von 355 Nm wird bei 5.400/min erreicht. Wichtigste Änderung ist die Ansauganlage mit variablen Ansaugrohrlängen. Dieses »Varioram-System« ist mit unterdruckgesteuerten Schiebern ausgestattet, die die Saugrohrlänge verändern. So sorgen bei niederen und mittleren Drehzahlen lange Ansaugwege für einen fülligeren Drehmomentverlauf und kurze Ansaugwege bei hohen Drehzahlen für eine hohe Motorleistung. Auch der Ventiltrieb wird überarbeitet. Die Einlaßventile sind auf 51,5 Millimeter Durchmesser gewachsen, die Auslaßventile auf 43 Millimeter. Die Hydrostößel sind auch in diesem Triebwerk eingebaut. Für den Carrera RS stehen zwei 6-Gang-Getriebeübersetzungen zur Verfügung. Im Clubsportpaket ist der 5. und 6. Gang etwas kürzer übersetzt. In beiden Versionen ist ein Sperrdifferential mit 40 Prozent Zug- und 65 Prozent Schub-Sperrwert eingebaut. Für längere Renneinsätze ist der Carrera RS mit einem 92 Liter Kraftstofftank ausgestattet. Der 911 Carrera RS ist mit der gleichen Bremsanlage wie der turbo ausgerüstet, natürlich auch mit dem ABS. Er verfügt über ein tiefergelegtes und härter abgestimmtes Fahrwerk ohne jedoch so hart zu sein wie der 3,6 Liter Carrera RS von 1992. Eine Servolenkung ist in beiden Modellen serienmäßig. Der Carrera RS ist mit dreiteiligen 18-Zoll-Cup-Rädern von Speedline bestückt. Vorne sind auf den 8 Zoll breiten Rädern Reifen der Dimension 225/40 ZR 18 montiert, hinten 265/35 ZR 18 auf 10 Zoll. Im Innenraum des Carrera RS geht es im Sinne der sportlichen Gewichtsersparnis spartanisch schlicht zu. Für Fahrer und Beifahrer sind leichte, mit Leder bezogene Schalensitze installiert. Bei den Serienfarben ist die Rückseite der Kunststoffschale in Wagenfarbe lackiert. Ein griffiges Dreispeichen-Lederlenkrad und ein besonders griffgünstiger Schalthebel sind eingebaut. Die mit schwarzem Kunstleder bezogenen Türtafeln sind mit einer Kurbel für die Fensterheber, einem Zuziehgriff und einer farbigen Türöffnerschlaufe versehen. Die Rücksitzanlage und Verkleidungen entfallen. Die Sicherheitsgurte haben farbige Gurtbänder, passend zur Außenfarbe. Als Extras sind eine Klimaanlage, Ledersportsitze, ein Radio mit zwei Lautsprechern, Fahrerairbag oder eine Airbaganlage für Fahrer und Beifahrer mit elektrischen Fensterhebern lieferbar. Das Clubsportpaket für den Carrera RS beinhaltet folgende geänderte Ausstattung: Überrollkäfig, Batterie-Hauptschalter, Feuerlöscher, 6-Punkt-Gurte, Schalensitze mit Stoffbezug, Sonnenblende nur auf Fahrerseite, Wegfahrsperre, Domstrebe und Türschloß mit Notbetätigung. Der ausgeräumte Innenraum ist in Wagenfarbe lackiert. Es entfallen Teppiche, der Dachhimmel sowie die A- und B-Säulenverkleidungen. Diese Ausstattung ist für den Einsatz auf der Rennstrecke optimiert. Der Sportler unter den Carrera-Modellen spurtet in 5,0 Sekunden auf Tempo 100. Sein Temperament reicht bis zu einer Höchstgeschwindigkeit von 277 km/h.

Das sportlichste und schnellste Modell im Programm ist die Straßenversion des 911 GT2. Er trägt seine Rennsportambitionen offen zur Schau. Die Basis bildet die Karosserie des 911 turbo. Das Blech an den Radläufen wird großzügig weggeschnitten und durch angeschraubte Kunststoffverbreiterungen ersetzt. Hier wird nicht auf optische Effekthascherei gesetzt, nein, hier steht der Rennsport Pate. Form follows function, die Kunststoffteile können nach kleinen Rempeleien, wie sie im Rennsport schon einmal vorkommen können, kostengünstig ausgetauscht werden. Vorn kommt ein großer Spoiler, ähnlich der Carrera RS Clubsportvariante, zum Einsatz. Im großen Heckflügel sind links und rechts Zusatzlufteinlässe integriert. Der 911 GT2 ist mit den gleichen Leichtbaumaßnahmen gebaut wie der Carrera RS. Allerdings ist der GT2 mit der Scheinwerferreinigungsanlage ausgerüstet, dafür sind die Türen aus Aluminium gefertigt. Der GT2 ist mit dem großen 92-Liter-Tank bestückt. Der Motor des 911 GT2 basiert auf dem Triebwerk des 911 turbo. Durch ein modifiziertes Steuergerät und einem zusätzlichen Ölkühler wird die Leistung auf 430 PS (316 kW) bei 5.750/min erhöht. Der Drehmomentverlauf ist mit der Drehmomentkurve des Serienturbos vergleichbar. Die Getriebeübersetzung des 6-Gang-Schaltgetriebes im 911 GT2 ist mit der Übersetzung des 911 turbo identisch. Durch die Bereifung mit dem 35er-Querschnitts an der Hinterachse ist die Gesamtübersetzung des GT2 etwas länger. Ein Sperrdifferential mit unterschiedlichen Sperrwerten für Zug (25 Prozent) und Schub (40 Prozent) gehört zur Serie. Die Verzögerung übernimmt beim 911 GT2 die gleiche Bremsanlage mit ABS wie beim turbo. Das Fahrwerk ist tiefergelegt und sportlich straff abgestimmt. Eine Servolenkung ist auch beim 911 GT2 serienmäßig. Der 911 GT2 steht auf dreiteiligen Speedline-Rädern. Während die beiden Teile der Felgen aus Aluminium bestehen, ist die Radschüssel aus noch leichterem Magnesium gefertigt. An der Vorderachse sind Reifen der Größe 235/40 ZR 18 auf 9 J x 18 Rädern aufgezogen, an der Hinterachse ist die 285/35 ZR 18 Bereifung auf Rädern der Dimension 11 J x 18 montiert. Der gewichtsoptimierte Innenraum des 911 GT2 entspricht dem 911 Carrera RS. Der 911 GT2 beschleunigt in nur 4,4 Sekunden auf 100 km/h. Erst bei 295 km/h hört der Vortrieb des derzeit schnellsten Porsche im Programm auf.

Für Ferdinand Alexander Porsche baut die Exclusive Abteilung einen Speedster auf der Basis des 911 Carrera. Der Wagen rollt auf 17-Zoll-Rädern und ist mit einer Tiptronic S ausgerüstet. In dieser Form bleibt der 993 Speedster ein Einzelstück.

Modelljahr 1996 (T-Programm)

Am 15. Juli 1996 läuft der 1.000.000. Posche vom Band. Dieses mit einer Tiptronic S ausgestattete Carrera Coupé stiftet Porsche der Autobahn-Polizei in Baden-Württemberg. Im neuen Modelljahr erhalten die 3,6-Liter-Saugmotoren eine Leistungssteigerung auf 285 PS (210 kW). Zudem werden zwei neue 911-Kreationen präsentiert: Der 911 Targa mit dem genialen Glasdach und das 911 Carrera 4S Coupé in der breiten Turbokarosserie.

Alle 911 Fahrzeuge sind mit einem ausklappbaren Zündschlüssel ausgestattet mit dem über Fernbedienung auch das Alarmsystem und die Zentralverriegelung betätigt werden können. Eine Mobil-Telefonanlage von Nokia wird mit Freisprechanlage und Dachantenne serienmäßig mitgeliefert. Auf Wunsch ist ohne Aufpreis auch eine festeingebaute Telefonanlage von Motorola erhältlich.

Für das Modelljahr 1996 wird der 3,6-Liter-Saugmotor für alle Carrera-Modelle gründlich überarbeitet. Hubraum und Verdichtung bleiben unangetastet. Das vom Carrera RS bekannte Varioram-Ansaugsystem wird auch für den 3,6-Liter-Motor verwendet. Das hydraulische Ventilspielausgleichselement wird verbessert, es stammt vom 911 turbo. Diese verbesserte Version ist auch bei den 272 PS-Motoren nachrüstbar. Die Ein- und Auslaßkanäle im Zylinderkopf werden erweitert und die Ventile im Durchmesser um einen Millimeter vergrößert. Der Durchmesser des Einlaßventils mißt jetzt 50 Millimeter, das Auslaßventil 43,5 Millimeter. Kolben und Nockenwellenkontur werden angepaßt. Durch das Varioram-System ist der Drehmomentverlauf im unteren und mittleren Drehzahlbereich verbessert. Das maximale Drehmoment von 340 Nm wird bei 5.250/min erreicht. Die Motorleistung steigt auf 285 PS (210 kW) bei 6.100/min an. Von außen ist das Modelljahr 1996 an geänderten, leicht eckigen Auspuffendrohren zu erkennen.

Für Kunden, für die es etwas mehr sein darf, bietet Porsche-Exclusive die Krönung der Elfer-Saugmotoren an. Ein 3,8-Liter-Aggregat mit einem bulligen Drehmoment von 355 Nm bei 5.400/min. Durch die auf 102 Millimeter vergrößerten Kolben und Zylinder wächst der Hubraum auf 3.746 cm^3. Auch die Leistung mit 300 PS (221 kW) bei 6.600/min dürfte die meisten Carrera-Kunden zufriedenstellen. Beim Fahren macht dieser Motor nochmal soviel Spaß... Der gleiche Motor-Kit ist bei Porsche-Tequipment auch zum Nachrüsten für schon vorhandene Fahrzeuge erhältlich.

Aber auch für turbo-Kunden hat Exclusive eine Leistungssteigerung auf 430 PS (316 kW) bei 5.750/min parart. Durch ein modifiziertes Steuergerät und einen zusätzlichen Ölkühler entspricht dieser überarbeitete Motor dem Aggregat der 911-GT2-Straßenversion.

Äußerlich gleicht der 911 Carrera 4S dem 911 turbo, allerdings hat der Carrera 4S den kleinen ausfahrbaren Spoiler, der sich im Ruhezustand harmonisch in die Karosserieform schmiegt. Der Carrera 4S wird nur mit 6-Gang-Schaltgetriebe und Allradantrieb ausgeliefert. Serie sind die leistungsstärkere Bremsanlage des 911 turbo und die 18-Zoll-Räder im turbo-Design. Die Räder sind in massiver »Monobloc«-Bauweise und nicht wie beim 911 turbo mit Hohlspeichentechnik gefertigt. Das Fahrwerk ist vorne um 10 Millimeter, hinten um 20 Millimeter tiefergelegt. Auch in der Ausstattung ist der 911 Carrera 4S auf Turboniveau. Zur überaus reichhaltigen Serienausstattung gehören: Klimaanlage, Ganzlederausstattung, Bordcomputer, vollelektrische Sitze, Heckscheibenwischer und ein Kassettenradio mit Klangpaket. Der Carrera 4 S erreicht wegen der breiteren Karosserie »nur« 270 km/h Spitze.

Der 911 Targa basiert auf einer modifizierten Cabriolet-Karosserie. Diese wird mit Aufnahmepunkten für das Glasdach versehen. Dieses Dach wird als eine Einheit vormontiert, und dann komplett in der Fahrzeugendmontage mit der Karosserie durch Verschrauben und Verkleben fixiert. Das Glasdach besteht aus drei Glaselementen, Windabweiser, bewegliches Dach und Heckscheibe sowie zwei in Wagenfarbe lackierten Längsträgern aus Stahlblech, die einen Überrollschutz bieten. Die Glaselemente sind aus grün getöntem Drei-Schichten-Sicherheitsverbundglas gefertigt. Das kleine vordere Element wird vor dem Öffnen des Dachs als Windabweiser aufgestellt, bevor das Glasdach elektrisch betätigt nach innen vor die Heckscheibe fährt. Bei geschlossenem Dach oder mit angestelltem Windabweiser kann ein elektrisch bedienbares Rollo zum Schutz gegen Kälte oder zu viel Sonne ausgefahren werden. Wird das Glasdach geöffnet, schließt sich zuerst automatisch das Rollo. Eine leistungsstarke Klimaanlage ist serienmäßig eingebaut. Der 911 Targa ist mit 6-Gang-Schaltgetriebe, alternativ auch mit 4-Gang-Tiptronic S erhältlich. Eine Allradvariante des Targa ist nicht im Programm. Exklusiv für den Targa sind die zweiteiligen verschraubten 17-Zoll-Räder.

Durch den stärkeren Motor sind die Carrera-Modelle mit 6-Gang-Schaltgetriebe jetzt 275 km/h, mit Tiptronic S 270 km/h, schnell. Die Beschleunigung ist im Vergleich zum Vorgängermodell nur um Nuancen besser.

Das Reglement für die GT1-Klasse schreibt die Herstellung von mindestens einem Fahrzeug mit Straßenzulassung vor. Porsche fertigte zwei GT1-Fahrzeuge des Jahrgangs 1996 mit Straßenzulassung. Optisch sind in der Silhouette und in Details die Stilelemente der 993-Baureihe zu erkennen. Die Karosserie aus Stahlblech und kohlefaserverstärktem Kunststoff erhält einen integrierten Überrollbügel. Der wassergekühlte 3,2-Liter-Sechszylinder-Boxer leistet mit einer Bi-Turboaufladung 544 PS (400 kW) bei 7.200/min. Das Fahrwerk des 911 GT1 bietet mit Doppelquerlenkerachsen mit Pushrods an Vorder- und Hinterachse reinrassige Renntechnik. Im Jahr darauf legt Porsche dann eine Kleinserie der Straßenversion des 911 GT1 auf.

Modelljahr 1997 (V-Programm)

Das Modellprogramm wird durch das 911 Carrera S Coupé ergänzt. Hiermit wird dem Wunsch vieler Tiptronic S-Kunden entsprochen, ein Fahrzeug mit der breiten turbo-Karosserie anzubieten, welches auch mit der Tiptronic S erhältlich ist. Der besonders sportliche 911 Carrera RS ist dagegen nicht mehr im Programm.

In der Modellpflege erhalten die Porsche 911 kleinere, optisch dezentere Dachantennen für das Telefon. Alle Carrera-Modelle werden einheitlich mit dem länger übersetzten 6-Gang-Schaltgetriebe ausgestattet, welches bisher nur in den USA, der Schweiz und in Österreich eingebaut wurde. Im Innenraum ist links eine kleine Lampe in Armaturenbrett eingebaut, die das Zündschloß beleuchtet.

Die Karosserie des 911 Carrera S Coupé stammt vom 911 turbo, ebenso die modifizierten Bug- und Heckteile. Die orangefarbenen Blinkleuchten vorne und hinten stammen vom 911 Carrera. Auffällig ist das geteilte, in Wagenfarbe lackierte, Lüftungsgitter im Heckspoiler, welches nur beim Carrera S eingebaut wird. Exklusiv für den Carrera S ist die Serienfarbe vesuviometallic, bei der Türgriffe, Außenspiegelgehäuse, Radsterne, Lüftungsgitter im Heckspoiler und der Carrera S-Schriftzug in stahlgrau lackiert sind. Der 911 Carrera S ist mit dem 3,6-Liter-Carrera-Motor ausgerüstet und nur mit Heckantrieb lieferbar. Auf Wunsch ist der Carrera S auch mit der Tiptronic S lieferbar. Das Fahrwerk des Carrera S ist vorn um 10 Millimeter, hinten um 20 Millimeter tiefergelegt. Die Bremsanlage mit den schwarzen Bremssätteln stammt vom 911 Carrera. Der Carrera S ist serienmäßig mit den 17-Zoll-Cup-Rädern ausgerüstet. In der Mitte ist der Radnabendeckel mit dem farbigen Porsche-Wappen verziert. An der Hinterachse sind 31 Millimeter starke Distanzscheiben montiert. Auf Wunsch sind die 18-Zoll-Leichtmetallräder des 911 turbo erhältlich. Auch im Innenraum sind einige Ausstattungsdetails wie die Instrumentenringe, die Einstiegsleisten, der kugelförmige Schaltknauf und die Blende an Griff des Handbremshebels in stahlgrau lackiert. Im Drehzahlmesser ist der Schriftzug Carrera S aufgedruckt.

Die Beschleunigungswerte des Carrera S sind mit denen des 911 Carrera vergleichbar. In der Endgeschwindigkeit ist der breite Carrera S mit 270 km/h aber fünf Stundenkilometer langsamer.

Modelljahr 1998 (W-Programm)

Mit dem Porsche 996, der weiterhin unter dem Namen 911 Carrera verkauft wird, präsentiert Porsche den Nachfolger des luftgekühlten Klassikers.

Porsche legt eine Kleinserie von 21 Fahrzeugen des 911 GT1 mit Straßenzulassung zum Preis von 1.550.000 DM auf. Die Straßenversion ist ein direkter Ableger des siegreichen Le Mans-Fahrzeugs. Optisch wird der GT1 mit den Scheinwerfern, Heckleuchten und Türgriffen der neuen 996-Carrera-Generation angepaßt. Die Coupé-Karosserie ist eine Mischbauweise aus Stahlblech und kohlefaserverstärktem Kunststoff. Die vorderen Kotflügel haben im Vergleich zur Version von 1996 einen geänderten Radausschnitt. Auf dem Dach verläuft die Hutze für die Luftführung zum Motor. Am Heck endet die Karosserie mit einer Abrißkante. Zusätzlich ist ein über die ganze Karosseriebreite gehender Heckflügel montiert.

Der wassergekühlte Bi-Turbomotor basiert auf dem Kurbelgehäuse des 964. Aus 3.164 cm^3 Hubraum leistet das 4-Ventil-Sechszylindertriebwerk 544 PS (400 kW) bei 7.200/min. Das maximale Drehmoment von 600 Nm wird bei 4.250/min freigesetzt. Das 6-Gang-Schaltgetriebe ist mit einem Sperrdifferential mit einem Sperrwert von 40 Prozent Zug und 60 Prozent Schub kombiniert.

Das Fahrwerk ist Renntechnik pur. Vorne und hinten sind Doppelquerlenkerachsen mit Pushrods eingebaut. In den zylindrischen Schraubenfedern laufen koaxial innenliegende Einrohr-Gasdruckstoßdämpfer. Die Stabilisatoren an Vorder- und Hinterachse sind verstellbar. An der Vorderachse umgreifen 8-Kolben-Monobloc-Bremssättel die 380 Millimeter großen innenbelüfteten, gelochten Bremsscheiben, an der Hinterachse sind 4-Kolben-Monobloc-Bremssättel montiert. Die mehrteiligen 18-Zoll-Leichtmetallräder sind im gewichtsoptimierten Kreuzspeichenstyling ausgeführt. Vorne sind Reifen der Größe 295/35 ZR 18 auf einer 11 Zoll breiten Felge montiert, hinten 335/30 ZR 18 Reifen auf 13 Zoll.

Die Fahrleistungen bewegen sich auf Rennwagenniveau. Von 0 auf 100 Kilometer katapultiert der GT1 in nur 3,7 Sekunden, nach nur 10,5 Sekunden durcheilt der Wagen die 200 Kilometermarke. Erst bei einer Höchtsgeschwindigkeit von 310 km/h stellt sich eine weitere Beschleunigung ein.

Um den Kunden eine Übergangszeit zur Gewöhnung an die neue 911 Carrera Generation zu bieten, bleibt der luftgekühlte Evergreen mit einer etwas eingeschränkten Modellpalette weiterhin im Programm. Die Ausführungen 911 Carrera Coupé, 911 Carrera 4 Coupé, 911 Carrera Cabriolet und 911 Carrera 4 Cabriolet sind im Modelljahr 1998 nicht mehr im Angebot. Weiter gebaut werden: 911 turbo Coupé, 911 Carrera 4S Coupé, 911 Carrera S Coupé und 911 Targa. Für den Carrera S und den Targa sind auch weiterhin die Tiptronic S-Versionen lieferbar. Ab April 1998 werden 21 Fahrzeuge des überarbeiteten 911 GT2 als Straßenversion mit dem 450-PS-Motor verkauft.

Porsche 911 Targa 3.6

Bei Porsche-Exclusive ist das Sportfahrwerk für den 911 turbo lieferbar, auf das die turbo-Kunden schon lange gewartet haben. Das Fahrwerk kann ab Werk in Neuwagen eingebaut werden oder aber nachgerüstet werden.

Ebenfalls bei der Exclusive-Abteilung im Werk I kann ein neuer Leistungskit für den 911 turbo mit 450 PS (331 kW) bei 6.000/min geordert werden. Nicht nur die Leistung, auch das Drehmoment steigt merkbar um 45 Nm auf 585 Nm bei 4.500 Touren an. Dieser Kit kann direkt in das Neufahrzeug installiert werden oder aber nachgerüstet werden. Der Motor bekommt zwei größere Turbolader, ein angepaßtes Steuergerät und einen zusätzlichen Ölkühler spendiert. In den Fahrleistungen ist jetzt Tempo 300 problemlos realisierbar.

In der Exclusive-Abteilung entstehen 345 Fahrzeuge des 911 turbo S mit dem 450 PS-Motor. Die Karosserie wird mit dem Aerokit II mit einem geänderten Front- und Heckspoiler ausgerüstet. Im Bugteil sind neben den Blinkleuchten zusätzliche kleine Öffnungen zur besseren Bremsenkühlung. In den Fondseitenteilen ist ein zusätzlicher Lufteinlaß im Stil des 959 eingelassen. Auf dem Heckdeckel ist der Schriftzug »turbo S« in Titan gehalten. Auffällig sind am Fahrzeugheck auch die vier Auspuffendrohre. Karosserieseitig sind die Federbeindome verstärkt, um die höheren Seitenführungskräfte des um 15 Millimeter tiefergelegten Sportfahrwerks sicher aufnehmen zu können. Die Bremssättel sind speedgelb lackiert. Auf den 18-Zoll-Rädern ist eine Nabenabdeckung mit »turbo S« befestigt. Im Kofferraum ist eine Aluminium-Domstrebe mit Carbonbeschichtung zu sehen und der im Teppich mit silbernem Garn eingestickte »turbo S«-Schriftzug. Im Interieur sind der Dachhimmel, das 3-Speichen-Sportlenkrad und beinahe alle Kunststoffteile zusätzlich mit Leder überzogen. Dazu passende Carbonteile finden Verwendung an: Instrumententräger, Schalttafel, Türspiegel, Türinnenöffner, am Schalthebelknopf und am Handbremshebel in Verbindung mit Aluminium. Die inneren Instrumentenringe sind verchromt, die Ziffernblätter der Instrumente sind alufarben lackiert. Im Teppich hinter den Notsitzen ist in silber »turbo S« eingestickt. Der Kunde kann für die vorderen Sicherheitsgurte zwischen den Farben Schwarz, Gelb, Blau und Rot wählen.

Auf Basis der breiten Karosserie des 911 Carrera S entsteht für den amerikanischen Markt bei Porsche Exclusive ein einziger Speedster. Dieser wird mit dem 3,6-Liter-Motor, 6-Gang-Schaltgetriebe und 18-Zoll-Rädern ausgeliefert.

Am 31. März 1998 läuft der letzte luftgekühlte Elfer, ein 911 Carrera 4S Coupé, das vom amerikanischen Filmschauspieler Jerry Seinfeld gekauft wird, vom Band. Die automobile Welt ist um einen großen Charakter ärmer.

Der Porsche 911 vom Typ 993 wird 68.839 Mal gefertigt.

Vom 912 werden insgesamt 30.895 Fahrzeuge gebaut, dazu kommen 2.099 Fahrzeuge des 912 E. Der luftgekühlte Porsche 911 läuft insgesamt in 409.081 Exemplaren vom Band.

911 Carrera Coupé und Cabriolet [Tiptronic] MJ 1994 bis MJ 1995

Motor

Bauart:	6-Zylinder-Boxermotor
Einbauposition:	Heckmotor
Kühlung:	luftgekühlt
Anzahl & Form d. Lüfterradflügel:	12, gebogen
Lüfterrad Außendurchm. (mm):	253
Motor-Typ:	M 64/05 [M 64/06]
Hubraum (cm³):	3600
Bohrung x Hub:	100 x 76,4
Leistung (kW/PS):	200/272 bei 6100/min
Drehmoment (Nm):	330 bei 5000/min
Literleistung (kW/l / PS/l):	55,6 / 75,6
Verdichtung:	11,3 : 1
Ventilsteuerung:	ohc über Doppelkette, 2 Ventile pro Zylinder
Gemischaufbereitung:	Bosch DME, Motronic M 2.10, sequenzielle Einspritzung
Zündung:	Bosch DME kennfeldgesteuerte Doppelzündung
Zündfolge:	1 - 6 - 2 - 4 - 3 - 5
Schmierung:	Trockensumpfschmierung
Ölmenge (l):	11,5

Kraftübertragung

Antrieb:	Heckantrieb
Schaltgetriebe:	6-Gang
Sonderwunsch Tiptronic*:	[4-Gang]
Getriebe-Typ:	G 50/21 [A 50/04]
Übersetzungen:	
1. Gang:	3,818 [2,479]
2. Gang:	2,150 [1,479]
3. Gang:	1,560 [1,000]
4. Gang:	1,242 [0,728]
5. Gang:	1,027
6. Gang:	0,821
Rückwärtsgang:	2,857 [2,086]
Achsübersetzung:	3,444 [3,667]
***ab MJ 1995 Tiptronic S**	

Karosserie, Fahrwerk, Bremse, Räder und Reifen

Karosserie:	2-türige, 2 + 2-sitzige, selbsttragende Karosserie aus beidseitig feuerverzinktem Stahlblech, Seitenaufprallschutz in den Türen, verformbare Bug- und Heckverkleidungen aus Kunststoff mit integrierten Leichtmetallstoßfängern, an Prallrohren befestigt, Heckdeckel mit integriertem automatisch ausfahrbarem Heckspoiler, rotes Leuchtenband mit integrierten Rückfahr- und Nebelschlußleuchten
Coupé:	Festes verschweißtes Stahldach
Sonderwunsch:	Elektrisches Schiebedach
Cabriolet:	Elektrisch betätigtes, vollautomatisches Stoffverdeck mit flexibler Kunststoffheckscheibe
Sonderwunsch:	Automatisch aufstellendes Windschott
Vorderradaufhängung:	Einzelradaufhängung an McPherson-Federbeinen und Querlenkern aus Leichtmetall, Schraubenfedern, Zweirohr-Gasdruckstoßdämpfer, Stabilisator
Hinterradaufhängung:	Einzelradaufhängung an je vier Lenkern der Mehrlenkerhinterachse mit LSA-System (Leichtbau-Stabilität-Agilität) und Fahrschemel aus Leichtmetall, Schraubenfedern, Zweirohr-Gasdruckstoßdämpfer, Stabilisator
Bremse v/h (Durchm. x B (mm)):	innenbelüftete gelochte Scheiben (304 x 32) / innenbelüftete gelochte Scheiben (299 x 24) schwarze 4-Kolben-Aluminium-Festsättel / schwarze 4-Kolben-Aluminium-Festsättel Bosch ABS 5
Räder v/h:	7 J x 16 / 9 J x 16
Reifen v/h:	205/55 ZR 16 / 245/45 ZR 16
Sonderwunsch:	7 J x 17 / 9 J x 17 205/50 ZR 17 / 255/40 ZR 17

Elektrik

Lichtmaschinenleistung (W/A):	1610 / 115
Batterie (V/Ah):	12 / 75

Abmessungen, Gewichte und Volumen

Spurweite v/h (mm):	1405 / 1444
Radstand (mm):	2272
Maße (L x B x H (mm)):	4245 x 1735 x 1300
mit Sportfahrwerk:	4245 x 1735 x 1285
Leergewicht nach DIN (kg):	1370 [1395]
zul. Gesamtgewicht (kg):	1710 [1735]
Kofferraumvolumen (VDA (l)):	123
mit 92 Liter Tank:	100
Gepäckraum im Innenraum*:	175
Tankvolumen (l):	73,5, davon 10 Reserve
Sonderwunsch:	92, davon 12,5 Reserve
C_W x A (m²):	0,33 x 1,86 = 0,614
Leistungsgewicht (kg/kW / kg/PS):	6,85 [6,97] / 5,03 [5,12]
***bei umgeklappten Rücksitzlehnen**	

Kraftstoffverbrauch

nach 80/1268/EWG (l/100 km):	98 ROZ Super plus bleifrei
Bei 90 km/h konstant:	7,5 [7,7]
Bei 120 km/h konstant:	9,2 [9,5]
EG-Abgas-Stadtzyklus:	17,4 [16,8]
Drittelmix:	11,4 [11,3]

Fahrleistungen, Stückzahlen, Preise

Beschleunigung 0–100 km/h (s):	5,6 [6,6]
Höchstgeschw. (km/h):	270 [265]
Stückzahl:	
Coupé:	14.541
Cabriolet:	7.730
Listenpreise:	
08/1993 Coupé:	DM 125.760,- [DM 132.420,-]
03/1994 Coupé:	DM 125.760,- [DM 132.420,-]
Cabriolet:	DM 142.620,- [DM 149.280,-]
08/1994 Coupé:	DM 125.760,- [DM 132.420,-]
Cabriolet:	DM 142.620,- [DM 149.280,-]
02/1995 Coupé:	DM 128.270,- [DM 134.930,-]
Cabriolet:	DM 145.470,- [DM 152.130,-]

911 Carrera Coupé und Cabriolet mit Leistungssteigerung [Tiptronic] MJ 1994 bis MJ 1995

Motor

Bauart:	6-Zylinder-Boxermotor
Einbauposition:	Heckmotor
Kühlung:	luftgekühlt
Anzahl & Form d. Lüfterradflügel:	12, gebogen
Lüfterrad Außendurchm. (mm):	253
Motor-Typ:	M 64/05 S [M 64/06 S]
Hubraum (cm³):	3746
Bohrung x Hub:	102 x 76,4
Leistung (kW/PS):	210/285 bei 6000/min
Drehmoment (Nm):	350 bei 5000/min
Literleistung (kW/l / PS/l):	56,1 / 76,1
Verdichtung:	11,3 : 1
Ventilsteuerung:	ohc über Doppelkette, 2 Ventile pro Zylinder
Gemischaufbereitung:	Bosch DME, Motronic M 2.10, sequenzielle Einspritzung
Zündung:	Bosch DME kennfeldgesteuerte Doppelzündung
Zündfolge:	1 - 6 - 2 - 4 - 3 - 5
Schmierung:	Trockensumpfschmierung
Ölmenge (l):	11,5

Kraftübertragung

Antrieb:	Heckantrieb
Schaltgetriebe:	6-Gang
Sonderwunsch Tiptronic*:	[4-Gang]
Getriebe-Typ:	G 50/21 [A 50/04]
Übersetzungen:	
1. Gang:	3,818 [2,479]
2. Gang:	2,150 [1,479]
3. Gang:	1,560 [1,000]
4. Gang:	1,242 [0,728]
5. Gang:	1,027
6. Gang:	0,821
Rückwärtsgang:	2,857 [2,086]
Achsübersetzung:	3,444 [3,667]
***ab MJ 1995 Tiptronic S**	

Karosserie, Fahrwerk, Bremse, Räder und Reifen

Karosserie:	2-türige, 2 + 2-sitzige, selbsttragende Karosserie aus beidseitig feuerverzinktem Stahlblech, Seitenaufprallschutz in den Türen, verformbare Bug- und Heckverkleidungen aus Kunststoff mit integrierten Leichtmetallstoßfängern, an Prallrohren befestigt, Heckdeckel mit integriertem automatisch ausfahrbarem Heckspoiler, rotes Leuchtenband mit integrierten Rückfahr- und Nebelschlußleuchten
Coupé:	Festes verschweißtes Stahldach
Sonderwunsch:	Elektrisches Schiebedach
Cabriolet:	Elektrisch betätigtes, vollautomatisches Stoffverdeck mit flexibler Kunststoffheckscheibe
Sonderwunsch:	Automatisch aufstellendes Windschott
Vorderradaufhängung:	Einzelradaufhängung an McPherson-Federbeinen und Querlenkern aus Leichtmetall, Schraubenfedern, Zweirohr-Gasdruckstoßdämpfer, Stabilisator
Hinterradaufhängung:	Einzelradaufhängung an je vier Lenkern der Mehrlenkerhinterachse mit LSA-System (Leichtbau-Stabilität-Agilität) und Fahrschemel aus Leichtmetall, Schraubenfedern, Zweirohr-Gasdruckstoßdämpfer, Stabilisator
Bremse v/h (Durchm. x B (mm)):	innenbelüftete gelochte Scheiben (304 x 32) / innenbelüftete gelochte Scheiben (299 x 24) schwarze 4-Kolben-Aluminium-Festsättel / schwarze 4-Kolben-Aluminium-Festsättel Bosch ABS 5
Räder v/h:	7 J x 16 / 9 J x 16
Reifen v/h:	205/55 ZR 16 / 245/45 ZR 16
Sonderwunsch:	7 J x 17 / 9 J x 17 205/50 ZR 17 / 255/40 ZR 17

Elektrik

Lichtmaschinenleistung (W/A):	1610 / 115
Batterie (V/Ah):	12 / 75

Abmessungen, Gewichte und Volumen

Spurweite v/h (mm):	1405 / 1444
Radstand (mm):	2272
Maße (L x B x H (mm)):	4245 x 1735 x 1300
mit Sportfahrwerk:	4245 x 1735 x 1285
Leergewicht nach DIN (kg):	1370 [1395]
zul. Gesamtgewicht (kg):	1710 [1735]
Kofferraumvolumen (VDA (l)):	123
mit 92 Liter Tank:	100
Gepäckraum im Innenraum*:	175
Tankvolumen (l):	73,5, davon 10 Reserve
Sonderwunsch:	92, davon 12,5 Reserve
C_W x A (m²):	0,33 x 1,86 = 0,614
Leistungsgewicht (kg/kW / kg/PS):	6,52 [6,64] / 4,80 [4,89]
***bei umgeklappten Rücksitzlehnen**	

Kraftstoffverbrauch

nach 80/1268/EWG (l/100 km):	98 ROZ Super plus bleifrei
Bei 90 km/h konstant:	7,5 [7,7]
Bei 120 km/h konstant:	9,2 [9,5]
EG-Abgas-Stadtzyklus:	17,4 [16,8]
Drittelmix:	11,4 [11,3]

Fahrleistungen, Stückzahlen, Preise

Beschleunigung 0–100 km/h (s):	unter 5,6 [unter 6,6]
Höchstgeschw. (km/h):	über 270 [über 265]
Stückzahl:	n/a
Listenpreis Motorkit:	DM 12.850,-

911 Carrera Coupé und Cabriolet mit Leistungssteigerung Porsche Motorsport Weissach, MJ 1994 und MJ 1995

Motor

Bauart:	6-Zylinder-Boxermotor
Einbauposition:	Heckmotor
Kühlung:	luftgekühlt
Anzahl & Form d. Lüfterradflügel:	12, gebogen
Lüfterrad Außendurchm. (mm):	253
Motor-Typ:	M 64/05 R
Hubraum (cm³):	3746
Bohrung x Hub:	102 x 76,4
Leistung (kW/PS):	220/299 bei 6100/min
Drehmoment (Nm):	365 bei 5250/min
Literleistung (kW/l / PS/l):	58,7 / 79,8
Verdichtung:	11,3 : 1
Ventilsteuerung:	ohc über Doppelkette, 2 Ventile pro Zylinder
Gemischaufbereitung:	Bosch DME, Motronic M 2.10, sequenzielle Einspritzung
Zündung:	Bosch DME kennfeldgesteuerte Doppelzündung
Zündfolge:	1 - 6 - 2 - 4 - 3 - 5
Schmierung:	Trockensumpfschmierung
Ölmenge (l):	11,5

Kraftübertragung

Antrieb:	Heckantrieb
Schaltgetriebe:	6-Gang
Getriebe-Typ:	G 50/21
Übersetzungen:	
1. Gang:	3,818
2. Gang:	2,150
3. Gang:	1,560
4. Gang:	1,242
5. Gang:	1,027
6. Gang:	0,821
Rückwärtsgang:	2,857
Achsübersetzung:	3,444

Karosserie, Fahrwerk, Bremse, Räder und Reifen

Karosserie:	2-türige, 2 + 2-sitzige, selbsttragende Karosserie aus beidseitig feuerverzinktem Stahlblech, Seitenaufprallschutz in den Türen, verformbare Bug- und Heckverkleidungen aus Kunststoff mit integrierten Leichtmetallstoßfängern, an Prallrohren befestigt, Heckdeckel mit integriertem automatisch ausfahrbarem Heckspoiler, rotes Leuchtenband mit integrierten Rückfahr- und Nebelschlußleuchten
Coupé:	Festes verschweißtes Stahldach
Sonderwunsch:	Elektrisches Schiebedach
Cabriolet:	Elektrisch betätigtes, vollautomatisches Stoffverdeck mit flexibler Kunststoffheckscheibe
Sonderwunsch:	Automatisch aufstellendes Windschott
Vorderradaufhängung:	Einzelradaufhängung an McPherson-Federbeinen und Querlenkern aus Leichtmetall, Schraubenfedern, Zweirohr-Gasdruckstoßdämpfer, Stabilisator
Hinterradaufhängung:	Einzelradaufhängung an je vier Lenkern der Mehrlenkerhinterachse mit LSA-System (Leichtbau-Stabilität-Agilität) und Fahrschemel aus Leichtmetall, Schraubenfedern, Zweirohr-Gasdruckstoßdämpfer, Stabilisator
Bremse v/h (Durchm. x B (mm)):	innenbelüftete gelochte Scheiben (304 x 32) / innenbelüftete gelochte Scheiben (299 x 24) schwarze 4-Kolben-Aluminium-Festsättel / schwarze 4-Kolben-Aluminium-Festsättel Bosch ABS 5
Räder v/h:	7 J x 17 / 9 J x 17*
Reifen v/h:	205/50 ZR 17 / 255/40 ZR 17*
***Leistungssteigerung nur in Verbindung mit 17-Zoll-Radsatz**	

Elektrik

Lichtmaschinenleistung (W/A):	1610 / 115
Batterie (V/Ah):	12 / 75

Abmessungen, Gewichte und Volumen

Spurweite v/h (mm):	1405 / 1444
Radstand (mm):	2272
Maße (L x B x H (mm)):	4245 x 1735 x 1300
mit Sportfahrwerk:	4245 x 1735 x 1285
Leergewicht nach DIN (kg):	1370
zul. Gesamtgewicht (kg):	1710
Kofferraumvolumen (VDA (l)):	123
mit 92 Liter Tank:	100
Gepäckraum im Innenraum*:	175
Tankvolumen (l):	73,5, davon 10 Reserve
Sonderwunsch:	92, davon 12,5 Reserve
C_W x A (m²):	0,33 x 1,86 = 0,614
Leistungsgewicht (kg/kW / kg/PS):	6,22 / 4,58
***bei umgeklappten Rücksitzlehnen**	

Kraftstoffverbrauch

nach 80/1268/EWG (l/100 km):	98 ROZ Super plus bleifrei
Bei 90 km/h konstant:	7,5
Bei 120 km/h konstant:	9,2
EG-Abgas-Stadtzyklus:	17,4
Drittelmix:	11,4

Fahrleistungen, Stückzahlen, Preise

Beschleunigung 0–100 km/h (s):	5,2
Höchstgeschw. (km/h):	280
Stückzahl:	n/a
Listenpreis Motorumbaukit:	DM 23.432,-

911 Carrera 4 Coupé und Cabriolet MJ 1995

Motor

Bauart:	6-Zylinder-Boxermotor
Einbauposition:	Heckmotor
Kühlung:	luftgekühlt
Anzahl & Form d. Lüfterradflügel:	12, gebogen
Lüfterrad Außendurchm. (mm):	253
Motor-Typ:	M 64/05
Hubraum (cm³):	3600
Bohrung x Hub:	100 x 76,4
Leistung (kW/PS):	200/272 bei 6100/min
Drehmoment (Nm):	330 bei 5000/min
Literleistung (kW/l / PS/l):	55,6 / 75,6
Verdichtung:	11,3 : 1
Ventilsteuerung:	ohc über Doppelkette, 2 Ventile pro Zylinder
Gemischaufbereitung:	Bosch DME, Motronic M 2.10, sequenzielle Einspritzung
Zündung:	Bosch DME kennfeldgesteuerte Doppelzündung
Zündfolge:	1 - 6 - 2 - 4 - 3 - 5
Schmierung:	Trockensumpfschmierung
Ölmenge (l):	11,5

Kraftübertragung

Antrieb:	Allradantrieb mit Viscolamellenkupplung, Transaxlebauweise
Schaltgetriebe:	6-Gang
Getriebe-Typ:	G 64/21
Übersetzungen:	
1. Gang:	3,818
2. Gang:	2,150
3. Gang:	1,560
4. Gang:	1,242
5. Gang:	1,027
6. Gang:	0,821
Rückwärtsgang:	2,857
Achsübersetzung:	3,444

Karosserie, Fahrwerk, Bremse, Räder und Reifen

Karosserie:	2-türige, 2 + 2-sitzige, selbsttragende Karosserie aus beidseitig feuerverzinktem Stahlblech, Seitenaufprallschutz in den Türen, verformbare Bug- und Heckverkleidungen aus Kunststoff mit integrierten Leichtmetallstoßfängern, an Prallrohren befestigt, Heckdeckel mit integriertem automatisch ausfahrbarem Heckspoiler, rotes Leuchtenband mit integrierten Rückfahr- und Nebelschlußleuchten
Coupé:	Festes verschweißtes Stahldach
Sonderwunsch:	Elektrisches Schiebedach
Cabriolet:	Elektrisch betätigtes, vollautomatisches Stoffverdeck mit flexibler Kunststoffheckscheibe
Sonderwunsch:	Automatisch aufstellendes Windschott
Vorderradaufhängung:	Einzelradaufhängung an McPherson-Federbeinen und Querlenkern aus Leichtmetall, Schraubenfedern, Zweirohr-Gasdruckstoßdämpfer, Stabilisator
Hinterradaufhängung:	Einzelradaufhängung an je vier Lenkern der Mehrlenkerhinterachse mit LSA-System (Leichtbau-Stabilität-Agilität) und Fahrschemel aus Leichtmetall, Schraubenfedern, Zweirohr-Gasdruckstoßdämpfer, Stabilisator
Bremse v/h (Durchm. x B (mm)):	innenbelüftete gelochte Scheiben (304 x 32) / innenbelüftete gelochte Scheiben (299 x 24) titanfarbene 4-Kolben-Aluminium-Festsättel / titanfarbene 4-Kolben-Aluminium-Festsättel Bosch ABS 5
Räder v/h:	7 J x 16 / 9 J x 16
Reifen v/h:	205/55 ZR 16 / 245/45 ZR 16
Sonderwunsch:	7 J x 17 / 9 J x 17 205/50 ZR 17 / 255/40 ZR 17

Elektrik

Lichtmaschinenleistung (W/A):	1610 / 115
Batterie (V/Ah):	12 / 75

Abmessungen, Gewichte und Volumen

Spurweite v/h (mm):	1405 / 1444
Radstand (mm):	2272
Maße (L x B x H (mm)):	4245 x 1735 x 1300
mit Sportfahrwerk:	4245 x 1735 x 1285
Leergewicht nach DIN (kg):	1420
zul. Gesamtgewicht (kg):	1760
Kofferraumvolumen (VDA (l)):	123
mit 92 Liter Tank:	100
Gepäckraum im Innenraum*:	175
Tankvolumen (l):	73,5, davon 10 Reserve
Sonderwunsch:	92, davon 12,5 Reserve
C_W x A (m²):	0,33 x 1,86 = 0,614
Leistungsgewicht (kg/kW / kg/PS):	7,10 / 5,22

***bei umgeklappten Rücksitzlehnen**

Kraftstoffverbrauch

nach 80/1268/EWG (l/100 km):	98 ROZ Super plus bleifrei
Bei 90 km/h konstant:	7,5
Bei 120 km/h konstant:	9,2
EG-Abgas-Stadtzyklus:	17,6
Drittelmix:	11,4

Fahrleistungen, Stückzahlen, Preise

Beschleunigung 0–100 km/h (s):	5,6
Höchstgeschw. (km/h):	270
Stückzahl:	
Coupé:	2.884
Cabriolet:	1.284
Listenpreise:	
08/1994 Coupé:	DM 134.340,-
Cabriolet:	DM 151.190,-
02/1995 Coupé:	DM 137.030,-
Cabriolet:	DM 154.210,-

911 Carrera Speedster
MJ 1995

Motor

Bauart:	6-Zylinder-Boxermotor
Einbauposition:	Heckmotor
Kühlung:	luftgekühlt
Anzahl & Form d. Lüfterradflügel:	12, gebogen
Lüfterrad Außendurchm. (mm):	253
Motor-Typ:	M 64/06
Hubraum (cm³):	3600
Bohrung x Hub:	100 x 76,4
Leistung (kW/PS):	200/272 bei 6100/min
Drehmoment (Nm):	330 bei 5000/min
Literleistung (kW/l / PS/l):	55,6 / 75,6
Verdichtung:	11,3 : 1
Ventilsteuerung:	ohc über Doppelkette, 2 Ventile pro Zylinder
Gemischaufbereitung:	Bosch DME, Motronic M 2.10, sequenzielle Einspritzung
Zündung:	Bosch DME kennfeldgesteuerte Doppelzündung
Zündfolge:	1 - 6 - 2 - 4 - 3 - 5
Schmierung:	Trockensumpfschmierung
Ölmenge (l):	11,5

Kraftübertragung

Antrieb:	Heckantrieb
Tiptronic S:	4-Gang
Getriebe-Typ:	A 50/04
Übersetzungen:	
1. Gang:	2,479
2. Gang:	1,479
3. Gang:	1,000
4. Gang:	0,728
Rückwärtsgang:	2,086
Achsübersetzung:	3,667

Karosserie, Fahrwerk, Bremse, Räder und Reifen

Karosserie:	2-türige, 2-sitzige, selbsttragende Speedster-Karosserie aus beidseitig feuerverzinktem Stahlblech, kleine aufgesetzte Frontscheibe, Seitenaufprallschutz in den Türen, verformbare Bug- und Heckverkleidungen aus Kunststoff mit integrierten Leichtmetallstoßfängern, an Prallrohren befestigt, Heckdeckel mit integriertem automatisch ausfahrbarem Heckspoiler, rotes Leuchtenband mit integrierten Rückfahr- und Nebelschlußleuchten, manuelles Stoffverdeck mit flexibler Kunststoffheckscheibe, Speedster-Verdeckabdeckung aus Kunststoff mit zwei Höckern
Vorderradaufhängung:	Einzelradaufhängung an McPherson-Federbeinen und Querlenkern aus Leichtmetall, Schraubenfedern, Zweirohr-Gasdruckstoßdämpfer, Stabilisator
Hinterradaufhängung:	Einzelradaufhängung an je vier Lenkern der Mehrlenkerhinterachse mit LSA-System (Leichtbau-Stabilität-Agilität) und Fahrschemel aus Leichtmetall, Schraubenfedern, Zweirohr-Gasdruckstoßdämpfer, Stabilisator
Bremse v/h (Durchm. x B (mm)):	innenbelüftete gelochte Scheiben (304 x 32) / innenbelüftete gelochte Scheiben (299 x 24) schwarze 4-Kolben-Aluminium-Festsättel / schwarze 4-Kolben-Aluminium-Festsättel Bosch ABS 5
Räder v/h:	7 J x 17 / 9 J x 17
Reifen v/h:	205/50 ZR 17 / 255/40 ZR 17

Elektrik

Lichtmaschinenleistung (W/A):	1610 / 115
Batterie (V/Ah):	12 / 75

Abmessungen, Gewichte und Volumen

Spurweite v/h (mm):	1405 / 1444
Radstand (mm):	2272
Maße (L x B x H (mm)):	4245 x 1735 x 1280
Leergewicht nach DIN (kg):	1395
zul. Gesamtgewicht (kg):	1650
Kofferraumvolumen (VDA (l)):	123
Tankvolumen (l):	73,5, davon 10 Reserve
C_W x A (m²):	n/a
Leistungsgewicht (kg/kW / kg/PS):	6,98 / 5,13

Kraftstoffverbrauch

nach 80/1268/EWG (l/100 km):	98 ROZ Super bleifrei
Bei 90 km/h konstant:	7,7
Bei 120 km/h konstant:	9,5
EG-Abgas-Stadtzyklus:	16,8
Drittelmix:	11,3

Fahrleistungen, Stückzahlen, Preise

Beschleunigung 0–100 km/h (s):	6,6
Höchstgeschw. (km/h):	265
Stückzahl:	1

911 Cabriolet Turbo MJ 1995

Motor

Bauart:	6-Zylinder-Boxermotor mit Turboaufladung und Ladeluftkühlung
Einbauposition:	Heckmotor
Kühlung:	luftgekühlt
Anzahl & Form d. Lüfterradflügel:	11, gerade
Lüfterrad Außendurchm. (mm):	245
Motor-Typ:	M 64/50
Hubraum (cm³):	3600
Bohrung x Hub:	100 x 76,4
Leistung (kW/PS):	265/360 bei 5500/min
Drehmoment (Nm):	520 bei 4200/min
Literleistung (kW/l / PS/l):	73,6 / 100
Verdichtung:	7,5 : 1
Maximaler Ladedruck (bar):	0,9
Ventilsteuerung:	ohc über Doppelkette, 2 Ventile pro Zylinder
Gemischaufbereitung:	Bosch K-Jetronic Einspritzung
Zündung:	Batterie-Hochspannungs-Kondensatorzündung (BHKZ) kontaktlos
Zündfolge:	1 - 6 - 2 - 4 - 3 - 5
Schmierung:	Trockensumpfschmierung
Ölmenge (l):	13,0

Kraftübertragung

Antrieb:	Heckantrieb
Schaltgetriebe:	5-Gang
Getriebe-Typ:	G 50/52
Übersetzungen:	
1. Gang:	3,154
2. Gang:	1,789
3. Gang:	1,269
4. Gang:	0,967
5. Gang:	0,756
Rückwärtsgang:	2,857
Achsübersetzung:	3,444
Sperrdifferential Zug/Schub (%):	25 / 40

Karosserie, Fahrwerk, Bremse, Räder und Reifen

Karosserie:	2-türige, 2 + 2-sitzige, selbsttragende Cabriolet-Karosserie aus beidseitig feuerverzinktem Stahlblech, Seitenaufprallschutz in den Türen, verformbare Bug- und Heckverkleidungen aus Kunststoff mit integrierten Leichtmetallstoßfängern, an Prallrohren befestigt, Heckdeckel mit aufgesetztem feststehendem Heckspoiler mit schwarzer PU-Umrandung (vom 964 Turbo 3.6), rotes Leuchtenband mit integrierten Rückfahr- und Nebelschlußleuchten, elektrisch betätigtes, vollautomatisches Stoffverdeck mit flexibler Kunststoffheckscheibe
Sonderwunsch:	Automatisch aufstellendes Windschott
Vorderradaufhängung:	Einzelradaufhängung an McPherson-Federbeinen und Querlenkern aus Leichtmetall, Schraubenfedern, Zweirohr-Gasdruckstoßdämpfer, Stabilisator
Hinterradaufhängung:	Einzelradaufhängung an je vier Lenkern der Mehrlenkerhinterachse mit LSA-System (Leichtbau-Stabilität-Agilität) und Fahrschemel aus Leichtmetall, Schraubenfedern, Zweirohr-Gasdruckstoßdämpfer, Stabilisator
Bremse v/h (Durchm. x B (mm)):	innenbelüftete gelochte Scheiben (322 x 32) / innenbelüftete gelochte Scheiben (299 x 28) rote 4-Kolben-Aluminium-Festsättel / rote 4-Kolben-Aluminium-Festsättel Bosch ABS 5
Räder v/h:	7 J x 17 / 9 J x 17
Reifen v/h:	205/50 ZR 17 / 255/40 ZR 17

Elektrik

Lichtmaschinenleistung (W/A):	1610 / 115
Batterie (V/Ah):	12 / 75

Abmessungen, Gewichte und Volumen

Spurweite v/h (mm):	1405 / 1444
Radstand (mm):	2272
Maße (L x B x H (mm)):	4245 x 1735 x 1300
Leergewicht nach DIN (kg):	1395
zul. Gesamtgewicht (kg):	1735
Kofferraumvolumen (VDA (l)):	123
mit 92 Liter Tank:	100
Gepäckraum im Innenraum*:	175
Tankvolumen (l):	73,5, davon 10 Reserve
Sonderwunsch:	92, davon 12,5 Reserve
C_W x A (m²):	0,33 x 1,86 = 0,614
Leistungsgewicht (kg/kW / kg/PS):	5,26 / 3,87

***bei umgeklappten Rücksitzlehnen**

Kraftstoffverbrauch

nach 80/1268/EWG (l/100 km):	95 ROZ Super bleifrei
Bei 90 km/h konstant:	8,3
Bei 120 km/h konstant:	10,3
EG-Abgas-Stadtzyklus:	21,3
Drittelmix:	13,3

Fahrleistungen, Stückzahlen, Preise

Beschleunigung 0–100 km/h (s):	4,6
Höchstgeschw. (km/h):	280
Stückzahl:	14
Umbaupreis:	DM 89.500,-

911 CARRERA RS COUPÉ MJ 1995 BIS MJ 1966

MOTOR

Bauart:	6-Zylinder-Boxermotor
Einbauposition:	Heckmotor
Kühlung:	luftgekühlt
Anzahl & Form d. Lüfterradflügel:	12, gebogen
Lüfterrad Außendurchm. (mm):	253
Motor-Typ:	M 64/20
Hubraum (cm³):	3746
Bohrung x Hub:	102 x 76,4
Leistung (kW/PS):	221/300 bei 6500/min
Drehmoment (Nm):	355 bei 5400/min
Literleistung (kW/l / PS/l):	60,0 / 80,1
Verdichtung:	11,3 : 1
Ventilsteuerung:	ohc über Doppelkette, 2 Ventile pro Zylinder
Gemischaufbereitung:	Bosch DME, Motronic M 2.10, sequenzielle Einspritzung
Zündung:	Bosch DME kennfeldgesteuerte Doppelzündung
Zündfolge:	1 - 6 - 2 - 4 - 3 - 5
Schmierung:	Trockensumpfschmierung
Ölmenge (l):	11,5

KRAFTÜBERTRAGUNG

Antrieb:	Heckantrieb
Schaltgetriebe:	6-Gang
Getriebe-Typ:	G 50/31 (G 50/32)*
Übersetzungen:	
1. Gang:	3,154 (3,154)
2. Gang:	2,000 (2,000)
3. Gang:	1,522 (1,522)
4. Gang:	1,242 (1,241)
5. Gang:	1,024 (1,031)
6. Gang:	0,821 (0,829)
Rückwärtsgang:	2,857 (2,857)
Achsübersetzung:	3,444 (3,444)
Sperrdifferential Zug/Schub (%):	40 / 65
***Clubsport**	

KAROSSERIE, FAHRWERK, BREMSE, RÄDER UND REIFEN

Karosserie:	2-türige, 2-sitzige, selbsttragende Coupé-Karosserie aus beidseitig feuerverzinktem Stahlblech, Schwellerverkleidungen vor den hinteren Radläufen, Seitenaufprallschutz in den Türen, verformbare Bug- und Heckverkleidungen aus Kunststoff mit integrierten Leichtmetallstoßfängern, an Prallrohren befestigt, Bugteil mit zusätzlichen seitlichen Spoilerecken, Heckdeckel mit aufgesetztem feststehendem Heckspoiler, Kofferraumdeckel aus Aluminium, rotes Leuchtenband mit integrierten Rückfahr- und Nebelschlußleuchten, Heck- und Seitenscheiben aus leichtem Dünnglas
Clubsport:	Bugteil mit seitlich hochgezogenen Spoilerecken, Heckdeckel mit aufgesetztem feststehendem verstellbaren Heckflügel und seitlichen Lufteinlässen
Vorderradaufhängung:	Einzelradaufhängung an McPherson-Federbeinen und Querlenkern aus Leichtmetall, Schraubenfedern, Zweirohr-Gasdruckstoßdämpfer, Stabilisator
Hinterradaufhängung:	Einzelradaufhängung an je vier Lenkern der Mehrlenkerhinterachse mit LSA-System (Leichtbau-Stabilität-Agilität) und Fahrschemel aus Leichtmetall, Schraubenfedern, Zweirohr-Gasdruckstoßdämpfer, Stabilisator
Bremse v/h (Durchm. x B (mm)):	innenbelüftete gelochte Scheiben (322 x 32) / innenbelüftete gelochte Scheiben (322 x 28) rote 4-Kolben-Aluminium-Festsättel / rote 4-Kolben-Aluminium-Festsättel Bosch ABS 5
Räder v/h:	8 J x 18 / 10 J x 18
Reifen v/h:	225/40 ZR 18 / 265/35 ZR 18

ELEKTRIK

Lichtmaschinenleistung (W/A):	1610 / 115
Batterie (V/Ah):	12 / 36

ABMESSUNGEN, GEWICHTE UND VOLUMEN

Spurweite v/h (mm):	1413 / 1452
Radstand (mm):	2272
Maße (L x B x H (mm)):	4245 x 1735 x 1270
Leergewicht nach DIN (kg):	1270
zul. Gesamtgewicht (kg):	1550
Kofferraumvolumen (VDA (l)):	93
Tankvolumen (l):	92, davon 12,5 Reserve
C_W x A (m²):	0,33 x 1,86 = 0,614
Clubsport Heckflügel bei 0°:	0,34 x 1,86 = 0,632
Heckflügel bei 9° Anstellwinkel:	0,36 x 1,86 = 0,669
Leistungsgewicht (kg/kW / kg/PS):	5,74 / 4,23

KRAFTSTOFFVERBRAUCH

nach 89/491/EWG (l/100 km):	98 ROZ Super plus bleifrei
Bei 90 km/h konstant:	7,6
Bei 120 km/h konstant:	9,5
EG-Stadtzyklus:	20,1
Drittelmix:	12,4
nach 93/116/EG (l/100 km):	98 ROZ Super plus bleifrei
Städtisch:	21,0
Außerstädtisch:	9,5
Insgesamt:	13,8
CO_2-Emissionen (g/km):	327

FAHRLEISTUNGEN, STÜCKZAHLEN, PREISE

Beschleunigung 0–100 km/h (s):	5,0
Höchstgeschw. (km/h):	277
Stückzahl gesamt:	1.014
mit Clubsport-Paket:	227
Listenpreise:	
02/1995 Coupé:	DM 147.900,-
Coupé mit Clubsport-Paket:	DM 164.700,-
08/1995 Coupé:	DM 153.350,-
Coupé mit Clubsport-Paket:	DM 170.650,-

911 Turbo Coupé
MJ 1995 bis MJ 1998

Motor

Bauart:	6-Zylinder-Boxermotor mit Bi-Turboaufladung und Ladeluftkühlung
Einbauposition:	Heckmotor
Kühlung:	luftgekühlt
Anzahl & Form d. Lüfterradflügel:	11, gerade
Lüfterrad Außendurchm. (mm):	245
Motor-Typ:	M 64/60
Hubraum (cm³):	3600
Bohrung x Hub:	100 x 76,4
Leistung (kW/PS):	300/408 bei 5750/min
Drehmoment (Nm):	540 bei 4500/min
Literleistung (kW/l / PS/l):	83,3 / 113,3
Verdichtung:	8,0 : 1
Maximaler Ladedruck (bar):	0,8
Ventilsteuerung:	ohc über Doppelkette, 2 Ventile pro Zylinder
Gemischaufbereitung:	Bosch DME, Motronic M 5.2, sequenzielle Einspritzung
Zündung:	Bosch DME kennfeldgesteuerte Zündung
Zündfolge:	1 - 6 - 2 - 4 - 3 - 5
Schmierung:	Trockensumpfschmierung
Ölmenge (l):	11,5

Kraftübertragung

Antrieb:	Allradantrieb mit Viscolamellenkupplung, Transaxlebauweise
Schaltgetriebe:	6-Gang
Getriebe-Typ:	G 64/51
Übersetzungen:	
1. Gang:	3,818
2. Gang:	2,150
3. Gang:	1,560
4. Gang:	1,212
5. Gang:	0,937
6. Gang:	0,750
Rückwärtsgang:	2,857
Achsübersetzung:	3,444
Sperrdifferential Zug/Schub (%):	25 / 40

Karosserie, Fahrwerk, Bremse, Räder und Reifen

Karosserie:	2-türige, 2 + 2-sitzige, selbsttragende Coupé-Karosserie aus beidseitig feuerverzinktem Stahlblech, verbreiterte Karosserie mit Schwellerverkleidungen, Seitenaufprallschutz in den Türen, verformbare Bug- und Heckverkleidungen aus Kunststoff mit integrierten Leichtmetallstoßfängern, an Prallrohren befestigt, Bugteil mit drei Kühlöffnungen, Heckdeckel aus Kunststoff mit eingearbeitem Heckspoiler, rotes Leuchtenband mit integrierten Rückfahr- und Nebelschlußleuchten
Sonderwunsch:	Elektrisches Schiebedach
Vorderradaufhängung:	Einzelradaufhängung an McPherson-Federbeinen und Querlenkern aus Leichtmetall, Schraubenfedern, Zweirohr-Gasdruckstoßdämpfer, Stabilisator
Hinterradaufhängung:	Einzelradaufhängung an je vier Lenkern der Mehrlenkerhinterachse mit LSA-System (Leichtbau-Stabilität-Agilität) und Fahrschemel aus Leichtmetall, Schraubenfedern, Zweirohr-Gasdruckstoßdämpfer, Stabilisator
Bremse v/h (Durchm. x B (mm)):	innenbelüftete gelochte Scheiben (322 x 32) / innenbelüftete gelochte Scheiben (322 x 28) rote 4-Kolben-Aluminium-Festsättel / rote 4-Kolben-Aluminium-Festsättel Bosch ABS 5
Räder v/h:	8 J x 18 / 10 J x 18
Reifen v/h:	225/40 ZR 18 / 285/30 ZR 18

Elektrik

Lichtmaschinenleistung (W/A):	1610 / 115
Batterie (V/Ah):	12 / 75

Abmessungen, Gewichte und Volumen

Spurweite v/h (mm):	1411 / 1504
Radstand (mm):	2272
Maße (L x B x H (mm)):	4245 x 1795 x 1285
Leergewicht nach DIN (kg):	1500
zul. Gesamtgewicht (kg):	1840
Kofferraumvolumen (VDA (l)):	123
mit 92 Liter Tank:	100
Gepäckraum im Innenraum*:	175
Tankvolumen (l):	73,5, davon 15 Reserve
Sonderwunsch:	92, davon 15 Reserve
C_W x A (m²):	0,34 x 1,93 = 0,656
Leistungsgewicht (kg/kW / kg/PS):	5,00 / 3,67
***bei umgeklappten Rücksitzlehnen**	

Kraftstoffverbrauch

nach 89/491/EWG (l/100 km):	98 ROZ Super plus bleifrei
Bei 90 km/h konstant:	8,2
Bei 120 km/h konstant:	10,3
EG-Stadtzyklus:	21,0
Drittelmix:	13,2
nach 93/115/EG (l/100 km):	98 ROZ Super plus bleifrei
Städtisch:	23,5
Außerstädtisch:	11,2
Insgesamt:	15,7
CO_2-Emissionen (g/km):	376

Fahrleistungen, Stückzahlen, Preise

Beschleunigung 0–100 km/h (s):	4,5
Höchstgeschw. (km/h):	290
Stückzahl:	5.978
Listenpreise:	
02/1995 Coupé:	DM 212.040,-
08/1995 Coupé:	DM 219.850,-
08/1996 Coupé:	DM 222.500,-
08/1997 Coupé:	DM 222.500,-

911 GT2 Coupé
MJ 1995 bis MJ 1997

Motor

Bauart:	6-Zylinder-Boxermotor mit Bi-Turboaufladung und Ladeluftkühlung
Einbauposition:	Heckmotor
Kühlung:	luftgekühlt
Anzahl & Form d. Lüfterradflügel:	11, gerade
Lüfterrad Außendurchm. (mm):	245
Motor-Typ:	M 64/60 R
Hubraum (cm³):	3600
Bohrung x Hub:	100 x 76,4
Leistung (kW/PS):	316/430 bei 5750/min
Drehmoment (Nm):	540 bei 4500/min
Literleistung (kW/l / PS/l):	87,8 / 119,4
Verdichtung:	8,0 : 1
Maximaler Ladedruck (bar):	0,9
Ventilsteuerung:	ohc über Doppelkette, 2 Ventile pro Zylinder
Gemischaufbereitung:	Bosch DME, Motronic M 5.2, sequenzielle Einspritzung
Zündung:	Bosch DME kennfeldgesteuerte Zündung
Zündfolge:	1 - 6 - 2 - 4 - 3 - 5
Schmierung:	Trockensumpfschmierung
Ölmenge (l):	11,5

Kraftübertragung

Antrieb:	Heckantrieb
Schaltgetriebe:	6-Gang
Getriebe-Typ:	G 64/51
Übersetzungen:	
1. Gang:	3,818
2. Gang:	2,150
3. Gang:	1,560
4. Gang:	1,212
5. Gang:	0,937
6. Gang:	0,750
Rückwärtsgang:	2,857
Achsübersetzung:	3,444
Sperrdifferential Zug/Schub (%):	25 / 40

Karosserie, Fahrwerk, Bremse, Räder und Reifen

Karosserie:	2-türige, 2-sitzige, selbsttragende Coupé-Karosserie aus beidseitig feuerverzinktem Stahlblech, verbreiterte Karosserie mit Schwellerverkleidungen, Seitenaufprallschutz in den Türen, verformbare Bug- und Heckverkleidungen aus Kunststoff mit integrierten Leichtmetallstoßfängern, an Prallrohren befestigt, Bugteil mit aufgestetztem Spoilerunterteil, Heckdeckel aus Kunststoff mit eingearbeitem verstellbaren Heckflügel und seitlichen Lufteinlässen, aufgeschraubte Kotflügelverbreiterungen aus Kunststoff, Kofferraumdeckel und Türen aus Aluminium, rotes Leuchtenband mit integrierten Rückfahr- und Nebelschlußleuchten, Heck- und Seitenscheiben aus leichtem Dünnglas
Vorderradaufhängung:	Einzelradaufhängung an McPherson-Federbeinen und Querlenkern aus Leichtmetall, Schraubenfedern, Zweirohr-Gasdruckstoßdämpfer, Stabilisator
Hinterradaufhängung:	Einzelradaufhängung an je vier Lenkern der Mehrlenkerhinterachse mit LSA-System (Leichtbau-Stabilität-Agilität) und Fahrschemel aus Leichtmetall, Schraubenfedern, Zweirohr-Gasdruckstoßdämpfer, Stabilisator
Bremse v/h (Durchm. x B (mm)):	innenbelüftete gelochte Scheiben (322 x 32) / innenbelüftete gelochte Scheiben (322 x 28) rote 4-Kolben-Aluminium-Festsättel / rote 4-Kolben-Aluminium-Festsättel Bosch ABS 5
Räder v/h:	9 J x 18 / 11 J x 18
Reifen v/h:	235/40 ZR 18 / 285/35 ZR 18

Elektrik

Lichtmaschinenleistung (W/A):	1610 / 115
Batterie (V/Ah):	12 / 36

Abmessungen, Gewichte und Volumen

Spurweite v/h (mm):	1475 / 1550
Radstand (mm):	2272
Maße (L x B x H (mm)):	4245 x 1855 x 1270
Leergewicht nach DIN (kg):	1295
zul. Gesamtgewicht (kg):	1575
Kofferraumvolumen (VDA (l)):	100
Tankvolumen (l):	92, davon 15 Reserve
C_W x A (m²):	0,34 x 2,04 = 0,694
Leistungsgewicht (kg/kW / kg/PS):	4,09 / 3,01

Kraftstoffverbrauch

nach 89/491/EWG (l/100 km):	98 ROZ Super plus bleifrei
Bei 90 km/h konstant:	8,4
Bei 120 km/h konstant:	10,0
EG-Stadtzyklus:	21,0
Drittelmix:	13,1

Fahrleistungen, Stückzahlen, Preise

Beschleunigung 0–100 km/h (s):	4,4
Höchstgeschw. (km/h):	295
Stückzahl:	172
Listenpreise:	
02/1995 Coupé:	DM 268.000,-
08/1995 Coupé:	DM 276.000,-
08/1996 Coupé:	DM 278.875,-
08/1997 Coupé:	DM 278.875,-

911 Carrera Coupé und Cabriolet [Tiptronic S] MJ 1996 bis MJ 1997

Motor

Bauart:	6-Zylinder-Boxermotor
Einbauposition:	Heckmotor
Kühlung:	luftgekühlt
Anzahl & Form d. Lüfterradflügel:	12, gebogen
Lüfterrad Außendurchm. (mm):	253
Motor-Typ:	M 64/21 [M 64/22]
Hubraum (cm³):	3600
Bohrung x Hub:	100 x 76,4
Leistung (kW/PS):	210/285 bei 6100/min
Drehmoment (Nm):	340 bei 5250/min
Literleistung (kW/l / PS/l):	58,3 / 79,2
Verdichtung:	11,3 : 1
Ventilsteuerung:	ohc über Doppelkette, 2 Ventile pro Zylinder
Gemischaufbereitung:	Bosch DME, Motronic M 5.2, sequenzielle Einspritzung
Zündung:	Bosch DME kennfeldgesteuerte Doppelzündung
Zündfolge:	1 - 6 - 2 - 4 - 3 - 5
Schmierung:	Trockensumpfschmierung
Ölmenge (l):	11,5

Kraftübertragung

Schaltgetriebe:	6-Gang (6-Gang)
Sonderwunsch Tiptronic S:	[4-Gang]
Getriebe-Typ:	G 50/21 (G 50/20)* [A 50/04]
Übersetzungen:	
1. Gang:	3,818 (3,181) [2,479]
2. Gang:	2,150 (2,048) [1,479]
3. Gang:	1,560 (1,407) [1,000]
4. Gang:	1,242 (1,118) [0,728]
5. Gang:	1,027 (0,921)
6. Gang:	0,821 (0,775)
Rückwärtsgang:	2,857 (2,857) [2,086]
Achsübersetzung:	3,444 (3,444) [3,667]
***ab MJ 1997**	

Karosserie, Fahrwerk, Bremse, Räder und Reifen

Karosserie:	2-türige, 2 + 2-sitzige, selbsttragende Karosserie aus beidseitig feuerverzinktem Stahlblech, Seitenaufprallschutz in den Türen, verformbare Bug- und Heckverkleidungen aus Kunststoff mit integrierten Leichtmetallstoßfängern, an Prallrohren befestigt, Heckdeckel mit integriertem automatisch ausfahrbarem Heckspoiler, rotes Leuchtenband mit integrierten Rückfahr- und Nebelschlußleuchten
Coupé:	Festes verschweißtes Stahldach
Sonderwunsch:	Elektrisches Schiebedach
Cabriolet:	Elektrisch betätigtes, vollautomatisches Stoffverdeck mit flexibler Kunststoffheckscheibe
Sonderwunsch:	Automatisch aufstellendes Windschott
Vorderradaufhängung:	Einzelradaufhängung an McPherson-Federbeinen und Querlenkern aus Leichtmetall, Schraubenfedern, Zweirohr-Gasdruckstoßdämpfer, Stabilisator
Hinterradaufhängung:	Einzelradaufhängung an je vier Lenkern der Mehrlenkerhinterachse mit LSA-System (Leichtbau-Stabilität-Agilität) und Fahrschemel aus Leichtmetall, Schraubenfedern, Zweirohr-Gasdruckstoßdämpfer, Stabilisator
Bremse v/h (Durchm. x B (mm)):	innenbelüftete gelochte Scheiben (304 x 32) / innenbelüftete gelochte Scheiben (299 x 24) schwarze 4-Kolben-Aluminium-Festsättel / schwarze 4-Kolben-Aluminium-Festsättel Bosch ABS 5
Räder v/h:	7 J x 16 / 9 J x 16
Reifen v/h:	205/55 ZR 16 / 245/45 ZR 16
Sonderwunsch:	7 J x 17 / 9 J x 17 205/50 ZR 17 / 255/40 ZR 17

Elektrik

Lichtmaschinenleistung (W/A):	1610 / 115
Batterie (V/Ah):	12 / 75

Abmessungen, Gewichte und Volumen

Spurweite v/h (mm):	1405 / 1444
Radstand (mm):	2272
Maße (L x B x H (mm)):	4245 x 1735 x 1300
mit Sportfahrwerk:	4245 x 1735 x 1285
Leergewicht nach DIN (kg):	1370 [1395]
zul. Gesamtgewicht (kg):	1710 [1735]
Kofferraumvolumen (VDA (l)):	123
mit 92 Liter Tank:	100
Gepäckraum im Innenraum*:	175
Tankvolumen (l):	73,5, davon 10 Reserve
Sonderwunsch:	92, davon 12,5 Reserve
C_W x A (m²):	0,33 x 1,86 = 0,614
Leistungsgewicht (kg/kW / kg/PS):	6,85 [6,97] / 5,03 [5,12]
***bei umgeklappten Rücksitzlehnen**	

Kraftstoffverbrauch

nach 89/491/EWG (l/100 km):	98 ROZ Super plus bleifrei
Bei 90 km/h konstant:	7,6 [8,2]
Bei 120 km/h konstant:	9,3 [9,8]
EG-Stadtzyklus:	16,3 [15,8]
Drittelmix:	11,1 [11,3]
nach 93/116/EG (l/100 km):	98 ROZ Super plus bleifrei
Städtisch:	17,9 [18,2]
Außerstädtisch:	8,9 [8,7]
Insgesamt:	12,2 [12,2]
CO_2-Emissionen (g/km):	289 [289]
ab MJ 1997:	
nach 89/491/EWG (l/100 km):	98 ROZ Super plus bleifrei
Bei 90 km/h konstant:	7,5 [8,1]
Bei 120 km/h konstant:	9,1 [9,6]
EG-Stadtzyklus:	16,0 [15,8]
Drittelmix:	10,9 [11,2]
nach 93/116/EG (l/100 km):	98 ROZ Super plus bleifrei
Städtisch:	17,6 [18,2]
Außerstädtisch:	8,6 [8,7]
Insgesamt:	11,9 [12,2]
CO_2-Emissionen (g/km):	295 [303]

Fahrleistungen, Stückzahlen, Preise

Beschleunigung 0–100 km/h (s):	5,4 [6,4]
Höchstgeschw. (km/h):	275 [270]
Stückzahl:	
Coupé:	8.586
Cabriolet:	7.769
Listenpreise:	
08/1995 Coupé:	DM 132.950,- [DM 139.610,-]
Cabriolet:	DM 150.800,- [DM 157.460,-]
08/1996 Coupé:	DM 132.950,- [DM 139.610,-]
Cabriolet:	DM 150.800,- [DM 157.460,-]
08/1997 Coupé:*	DM 132.950,- [DM 139.610,-]
Cabriolet:*	DM 150.800,- [DM 157.460,-]
***Nur noch begrenzt ab Porsche Zentrum lieferbar**	

911 Carrera Coupé und Cabriolet mit Leistungssteigerung MJ 1996 bis MJ 1997

Motor

Bauart:	6-Zylinder-Boxermotor
Einbauposition:	Heckmotor
Kühlung:	luftgekühlt
Anzahl & Form d. Lüfterradflügel:	12, gebogen
Lüfterrad Außendurchm. (mm):	253
Motor-Typ:	M 64/21 S
Hubraum (cm³):	3746
Bohrung x Hub:	102 x 76,4
Leistung (kW/PS):	221/300 bei 6600/min
Drehmoment (Nm):	355 bei 5400/min
Literleistung (kW/l / PS/l):	59,0 / 80,1
Verdichtung:	11,3 : 1
Ventilsteuerung:	ohc über Doppelkette, 2 Ventile pro Zylinder
Gemischaufbereitung:	Bosch DME, Motronic M 5.2, sequenzielle Einspritzung
Zündung:	Bosch DME kennfeldgesteuerte Doppelzündung
Zündfolge:	1 - 6 - 2 - 4 - 3 - 5
Schmierung:	Trockensumpfschmierung
Ölmenge (l):	11,5

Kraftübertragung

Antrieb:	Heckantrieb
Schaltgetriebe:	6-Gang (6-Gang)
Getriebe-Typ:	G 50/21 (G 50/20)*
Übersetzungen:	
1. Gang:	3,818 (3,181)
2. Gang:	2,150 (2,048)
3. Gang:	1,560 (1,407)
4. Gang:	1,242 (1,118)
5. Gang:	1,027 (0,921)
6. Gang:	0,821 (0,775)
Rückwärtsgang:	2,857 (2,857)
Achsübersetzung:	3,444 (3,444)
*ab MJ 1997	

Karosserie, Fahrwerk, Bremse, Räder und Reifen

Karosserie:	2-türige, 2 + 2-sitzige, selbsttragende Karosserie aus beidseitig feuerverzinktem Stahlblech, Seitenaufprallschutz in den Türen, verformbare Bug- und Heckverkleidungen aus Kunststoff mit integrierten Leichtmetallstoßfängern, an Prallrohren befestigt, Heckdeckel mit integriertem automatisch ausfahrbarem Heckspoiler, rotes Leuchtenband mit integrierten Rückfahr- und Nebelschlußleuchten
Coupé:	Festes verschweißtes Stahldach
Sonderwunsch:	Elektrisches Schiebedach
Cabriolet:	Elektrisch betätigtes, vollautomatisches Stoffverdeck mit flexibler Kunststoffheckscheibe
Sonderwunsch:	Automatisch aufstellendes Windschott
Vorderradaufhängung:	Einzelradaufhängung an McPherson-Federbeinen und Querlenkern aus Leichtmetall, Schraubenfedern, Zweirohr-Gasdruckstoßdämpfer, Stabilisator
Hinterradaufhängung:	Einzelradaufhängung an je vier Lenkern der Mehrlenkerhinterachse mit LSA-System (Leichtbau-Stabilität-Agilität) und Fahrschemel aus Leichtmetall, Schraubenfedern, Zweirohr-Gasdruckstoßdämpfer, Stabilisator
Bremse v/h (Durchm. x B (mm)):	innenbelüftete gelochte Scheiben (304 x 32) / innenbelüftete gelochte Scheiben (299 x 24) schwarze 4-Kolben-Aluminium-Festsättel / schwarze 4-Kolben-Aluminium-Festsättel Bosch ABS 5
Räder v/h:	7 J x 17 / 9 J x 17*
Reifen v/h:	205/50 ZR 17 / 255/40 ZR 17*
*Leistungssteigerung nur in Verbindung mit 17-Zoll-Radsatz	

Elektrik

Lichtmaschinenleistung (W/A):	1610 / 115
Batterie (V/Ah):	12 / 75

Abmessungen, Gewichte und Volumen

Spurweite v/h (mm):	1405 / 1444
Radstand (mm):	2272
Maße (L x B x H (mm)):	4245 x 1735 x 1300
mit Sportfahrwerk:	4245 x 1735 x 1285
Leergewicht nach DIN (kg):	1370
zul. Gesamtgewicht (kg):	1710
Kofferraumvolumen (VDA (l)):	123
mit 92 Liter Tank:	100
Gepäckraum im Innenraum*:	175
Tankvolumen (l):	73,5, davon 10 Reserve
Sonderwunsch:	92, davon 12,5 Reserve
C_W x A (m²):	0,33 x 1,86 = 0,614
Leistungsgewicht (kg/kW / kg/PS):	6,19 / 4,56
*bei umgeklappten Rücksitzlehnen	

Kraftstoffverbrauch

nach 89/491/EWG (l/100 km):	98 ROZ Super plus bleifrei
Bei 90 km/h konstant:	7,6 Basismotor 285 PS
Bei 120 km/h konstant:	9,3
EG-Stadtzyklus:	16,3
Drittelmix:	11,1
nach 93/116/EG (l/100 km):	98 ROZ Super plus bleifrei
Städtisch:	17,9
Außerstädtisch:	8,9
Insgesamt:	12,2
CO_2-Emissionen (g/km):	289
ab MJ 1997:	
nach 89/491/EWG (l/100 km):	98 ROZ Super plus bleifrei
Bei 90 km/h konstant:	7,5
Bei 120 km/h konstant:	9,1
EG-Stadtzyklus:	16,0
Drittelmix:	10,9
nach 93/116/EG (l/100 km):	98 ROZ Super plus bleifrei
Städtisch:	17,6
Außerstädtisch:	8,6
Insgesamt:	11,9
CO_2-Emissionen (g/km):	295

Fahrleistungen, Stückzahlen, Preise

Beschleunigung 0-100 km/h (s):	unter 5,4
Höchstgeschw. (km/h):	über 275
Stückzahl:	n/a
Listenpreis Motorkit:	DM 12.850,-

911 Carrera 4 Coupé und Cabriolet MJ 1996 bis MJ 1997

Motor

Bauart:	6-Zylinder-Boxermotor
Einbauposition:	Heckmotor
Kühlung:	luftgekühlt
Anzahl & Form d. Lüfterradflügel:	12, gebogen
Lüfterrad Außendurchm. (mm):	253
Motor-Typ:	M 64/21
Hubraum (cm³):	3600
Bohrung x Hub:	100 x 76,4
Leistung (kW/PS):	210/285 bei 6100/min
Drehmoment (Nm):	340 bei 5250/min
Literleistung (kW/l / PS/l):	58,3 / 79,2
Verdichtung:	11,3 : 1
Ventilsteuerung:	ohc über Doppelkette, 2 Ventile pro Zylinder
Gemischaufbereitung:	Bosch DME, Motronic M 5.2, sequenzielle Einspritzung
Zündung:	Bosch DME kennfeldgesteuerte Doppelzündung
Zündfolge:	1 - 6 - 2 - 4 - 3 - 5
Schmierung:	Trockensumpfschmierung
Ölmenge (l):	11,5

Kraftübertragung

Antrieb:	Allradantrieb mit Viscolamellenkupplung, Transaxlebauweise
Schaltgetriebe:	6-Gang (6-Gang)
Getriebe-Typ:	G 64/21 (G 64/20)*
Übersetzungen:	
1. Gang:	3,818 (3,818)
2. Gang:	2,150 (2,048)
3. Gang:	1,560 (1,407)
4. Gang:	1,242 (1,118)
5. Gang:	1,027 (0,921)
6. Gang:	0,821 (0,775)
Rückwärtsgang:	2,857 (2,857)
Achsübersetzung:	3,444 (3,444)
Sperrdifferential Zug/Schub (%):	25 / 40
***ab MJ 1997**	

Karosserie, Fahrwerk, Bremse, Räder und Reifen

Karosserie:	2-türige, 2 + 2-sitzige, selbsttragende Karosserie aus beidseitig feuerverzinktem Stahlblech, Seitenaufprallschutz in den Türen, verformbare Bug- und Heckverkleidungen aus Kunststoff mit integrierten Leichtmetallstoßfängern, an Prallrohren befestigt, Heckdeckel mit integriertem automatisch ausfahrbarem Heckspoiler, rotes Leuchtenband mit integrierten Rückfahr- und Nebelschlußleuchten
Coupé:	Festes verschweißtes Stahldach
Sonderwunsch:	Elektrisches Schiebedach
Cabriolet:	Elektrisch betätigtes, vollautomatisches Stoffverdeck mit flexibler Kunststoffheckscheibe
Sonderwunsch:	Automatisch aufstellendes Windschott
Vorderradaufhängung:	Einzelradaufhängung an McPherson-Federbeinen und Querlenkern aus Leichtmetall, Schraubenfedern, Zweirohr-Gasdruckstoßdämpfer, Stabilisator
Hinterradaufhängung:	Einzelradaufhängung an je vier Lenkern der Mehrlenkerhinterachse mit LSA-System (Leichtbau-Stabilität-Agilität) und Fahrschemel aus Leichtmetall, Schraubenfedern, Zweirohr-Gasdruckstoßdämpfer, Stabilisator
Bremse v/h (Durchm. x B (mm)):	innenbelüftete gelochte Scheiben (304 x 32) / innenbelüftete gelochte Scheiben (299 x 24) titanfarbene 4-Kolben-Aluminium-Festsättel / titanfarbene 4-Kolben-Aluminium-Festsättel Bosch ABS 5
Räder v/h:	7 J x 16 / 9 J x 16
Reifen v/h:	205/55 ZR 16 / 245/45 ZR 16
Sonderwunsch:	7 J x 17 / 9 J x 17 205/50 ZR 17 / 255/40 ZR 17

Elektrik

Lichtmaschinenleistung (W/A):	1610 / 115
Batterie (V/Ah):	12 / 75

Abmessungen, Gewichte und Volumen

Spurweite v/h (mm):	1405 / 1444
Radstand (mm):	2272
Maße (L x B x H (mm)):	4245 x 1735 x 1300
mit Sportfahrwerk:	4245 x 1735 x 1285
Leergewicht nach DIN (kg):	1420
zul. Gesamtgewicht (kg):	1760
Kofferraumvolumen (VDA (l)):	123
mit 92 Liter Tank:	100
Gepäckraum im Innenraum*:	175
Tankvolumen (l):	73,5, davon 10 Reserve
Sonderwunsch:	92, davon 12,5 Reserve
C_W x A (m²):	0,33 x 1,86 = 0,614
Leistungsgewicht (kg/kW / kg/PS):	6,76 / 4,98
***bei umgeklappten Rücksitzlehnen**	

Kraftstoffverbrauch

nach 89/491/EWG (l/100 km):	98 ROZ Super plus bleifrei
Bei 90 km/h konstant:	7,8
Bei 120 km/h konstant:	9,3
EG-Stadtzyklus:	16,9
Drittelmix:	11,3
nach 93/116/EG (l/100 km):	98 ROZ Super plus bleifrei
Städtisch:	18,4
Außerstädtisch:	9,2
Insgesamt:	12,6
CO_2-Emissionen (g/km):	289
ab MJ 1997:	
nach 89/491/EWG (l/100 km):	98 ROZ Super plus bleifrei
Bei 90 km/h konstant:	7,7
Bei 120 km/h konstant:	9,2
EG-Stadtzyklus:	16,6
Drittelmix:	11,2
nach 93/116/EG (l/100 km):	98 ROZ Super plus bleifrei
Städtisch:	17,9
Außerstädtisch:	8,9
Insgesamt:	12,2
CO_2-Emissionen (g/km):	299

Fahrleistungen, Stückzahlen, Preise

Beschleunigung 0–100 km/h (s):	5,3
Höchstgeschw. (km/h):	275
Stückzahl:	
Coupé:	1.860
Cabriolet:	1.138
Listenpreise:	
08/1995 Coupé:	DM 142.000,-
Cabriolet:	DM 159.850,-
08/1996 Coupé:	DM 143.500,-
Cabriolet:	DM 161.500,-
08/1997 Coupé:*	DM 143.500,-
Cabriolet:*	DM 161.500,-
***Nur noch begrenzt ab Porsche Zentrum lieferbar**	

911 TARGA [TIPTRONIC S] MJ 1996 BIS MJ 1998

MOTOR

Bauart:	6-Zylinder-Boxermotor
Einbauposition:	Heckmotor
Kühlung:	luftgekühlt
Anzahl & Form d. Lüfterradflügel:	12, gebogen
Lüfterrad Außendurchm. (mm):	253
Motor-Typ:	M 64/21 [M 64/22]
Hubraum (cm³):	3600
Bohrung x Hub:	100 x 76,4
Leistung (kW/PS):	210/285 bei 6100/min
Drehmoment (Nm):	340 bei 5250/min
Literleistung (kW/l / PS/l):	58,3 / 79,2
Verdichtung:	11,3 : 1
Ventilsteuerung:	ohc über Doppelkette, 2 Ventile pro Zylinder
Gemischaufbereitung:	Bosch DME, Motronic M 5.2, sequenzielle Einspritzung
Zündung:	Bosch DME kennfeldgesteuerte Doppelzündung
Zündfolge:	1 - 6 - 2 - 4 - 3 - 5
Schmierung:	Trockensumpfschmierung
Ölmenge (l):	11,5

KRAFTÜBERTRAGUNG

Antrieb:	Heckantrieb
Schaltgetriebe:	6-Gang (6-Gang)
Sonderwunsch Tiptronic S:	[4-Gang]
Getriebe-Typ:	G 50/21 (G 50/20)* [A 50/04]
Übersetzungen:	
1. Gang:	3,818 (3,818) [2,479]
2. Gang:	2,150 (2,048) [1,479]
3. Gang:	1,560 (1,407) [1,000]
4. Gang:	1,242 (1,118) [0,728]
5. Gang:	1,027 (0,921)
6. Gang:	0,821 (0,775)
Rückwärtsgang:	2,857 (2,857) [2,086]
Achsübersetzung:	3,444 (3,444) [3,667]
***ab MJ 1997**	

KAROSSERIE, FAHRWERK, BREMSE, RÄDER UND REIFEN

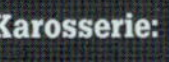

Karosserie:	2-türige, 2 + 2-sitzige, selbsttragende Targa-Karosserie aus beidseitig feuerverzinktem Stahlblech, Seitenaufprallschutz in den Türen, großes Targa-Dach aus getöntem Verbundglas, elektrisch verschiebbar mit separatem, elektrischen Windabweiser, elektrisches Kälte-und Sonnenschutzrollo, verformbare Bug- und Heckverkleidungen aus Kunststoff mit integrierten Leichtmetallstoßfängern, an Prallrohren befestigt, Heckdeckel mit integriertem automatisch ausfahrbarem Heckspoiler, rotes Leuchtenband mit integrierten Rückfahr- und Nebelschlußleuchten
Vorderradaufhängung:	Einzelradaufhängung an McPherson-Federbeinen und Querlenkern aus Leichtmetall, Schraubenfedern, Zweirohr-Gasdruckstoßdämpfer, Stabilisator
Hinterradaufhängung:	Einzelradaufhängung an je vier Lenkern der Mehrlenkerhinterachse mit LSA-System (Leichtbau-Stabilität-Agilität) und Fahrschemel aus Leichtmetall, Schraubenfedern, Zweirohr-Gasdruckstoßdämpfer, Stabilisator
Bremse v/h (Durchm. x B (mm)):	innenbelüftete gelochte Scheiben (304 x 32) / innenbelüftete gelochte Scheiben (299 x 24) schwarze 4-Kolben-Aluminium-Festsättel / schwarze 4-Kolben-Aluminium-Festsättel Bosch ABS 5
Räder v/h:	7 J x 17 / 9 J x 17
Reifen v/h:	205/50 ZR 17 / 255/40 ZR 17

ELEKTRIK

Lichtmaschinenleistung (W/A):	1610 / 115
Batterie (V/Ah):	12 / 75

ABMESSUNGEN, GEWICHTE UND VOLUMEN

Spurweite v/h (mm):	1405 / 1444
Radstand (mm):	2272
Maße (L x B x H (mm)):	4245 x 1735 x 1300
mit Sportfahrwerk:	4245 x 1735 x 1285
Leergewicht nach DIN (kg):	1400 [1425]
zul. Gesamtgewicht (kg):	1740 [1765]
Kofferraumvolumen (VDA (l)):	123
mit 92 Liter Tank:	100
Gepäckraum im Innenraum*:	175
Tankvolumen (l):	73,5, davon 10 Reserve
Sonderwunsch:	92, davon 12,5 Reserve
C_W x A (m²):	0,33 x 1,86 = 0,614
Leistungsgewicht (kg/kW / kg/PS):	6,66 [6,78] / 4,91 [5,00]
***bei umgeklappten Rücksitzlehnen**	

KRAFTSTOFFVERBRAUCH

nach 89/491/EWG (l/100 km):	98 ROZ Super plus bleifrei
Bei 90 km/h konstant:	7,6 [8,2]
Bei 120 km/h konstant:	9,3 [9,8]
EG-Stadtzyklus:	16,7 [15,8]
Drittelmix:	11,2 [11,3]
nach 93/116/EG (l/100 km):	98 ROZ Super plus bleifrei
Städtisch:	18,2 [18,3]
Außerstädtisch:	9,1 [8,9]
Insgesamt:	12,4 [12,4]
CO_2-Emissionen (g/km):	289 [289]
ab MJ 1997:	
nach 89/491/EWG (l/100 km):	98 ROZ Super plus bleifrei
Bei 90 km/h konstant:	7,5 [8,1]
Bei 120 km/h konstant:	9,1 [9,6]
EG-Stadtzyklus:	16,4 [15,8]
Drittelmix:	11,0 [11,2]
nach 93/116/EG (l/100 km):	98 ROZ Super plus bleifrei
Städtisch:	17,6 [18,2]
Außerstädtisch:	8,6 [8,7]
Insgesamt:	11,9 [12,2]
CO_2-Emissionen (g/km):	295 [303]

FAHRLEISTUNGEN, STÜCKZAHLEN, PREISE

Beschleunigung 0–100 km/h (s):	5,4 [6,4]
Höchstgeschw. (km/h):	275 [270]
Stückzahl:	4.583
Listenpreise:	
08/1995 Targa:	DM 145.000,- [DM 151.660,-]
08/1996 Targa:	DM 146.500,- [DM 153.160,-]
08/1997 Targa:	DM 146.500,- [DM 153.160,-]

911 Carrera 4S Coupé MJ 1996 bis MJ 1998

Motor

Bauart:	6-Zylinder-Boxermotor
Einbauposition:	Heckmotor
Kühlung:	luftgekühlt
Anzahl & Form d. Lüfterradflügel:	12, gebogen
Lüfterrad Außendurchm. (mm):	253
Motor-Typ:	M 64/21
Hubraum (cm³):	3600
Bohrung x Hub:	100 x 76,4
Leistung (kW/PS):	210/285 bei 6100/min
Drehmoment (Nm):	340 bei 5250/min
Literleistung (kW/l / PS/l):	58,3 / 79,2
Verdichtung:	11,3 : 1
Ventilsteuerung:	ohc über Doppelkette, 2 Ventile pro Zylinder
Gemischaufbereitung:	Bosch DME, Motronic M 5.2, sequenzielle Einspritzung
Zündung:	Bosch DME kennfeldgesteuerte Doppelzündung
Zündfolge:	1 - 6 - 2 - 4 - 3 - 5
Schmierung:	Trockensumpfschmierung
Ölmenge (l):	11,5

Kraftübertragung

Antrieb:	Allradantrieb mit Viscolamellenkupplung, Transaxlebauweise
Schaltgetriebe:	6-Gang (6-Gang)
Getriebe-Typ:	G 64/21 (G 64/20)*
Übersetzungen:	
1. Gang:	3,818 (3,818)
2. Gang:	2,150 (2,048)
3. Gang:	1,560 (1,407)
4. Gang:	1,242 (1,118)
5. Gang:	1,027 (0,921)
6. Gang:	0,821 (0,775)
Rückwärtsgang:	2,857 (2,857)
Achsübersetzung:	3,444 (3,444)
***ab MJ 1997**	

Karosserie, Fahrwerk, Bremse, Räder und Reifen

Karosserie:	2-türige, 2 + 2-sitzige, selbsttragende Coupé-Karosserie aus beidseitig feuerverzinktem Stahlblech, verbreiterte Karosserie mit Schwellerverkleidungen, Seitenaufprallschutz in den Türen, verformbare Bug- und Heckverkleidungen aus Kunststoff mit integrierten Leichtmetallstoßfängern, an Prallrohren befestigt, Bugteil mit drei Kühlöffnungen, Heckdeckel mit integriertem automatisch ausfahrbarem Heckspoiler, rotes Leuchtenband mit integrierten Rückfahr- und Nebelschlußleuchten
Sonderwunsch:	Elektrisches Schiebedach
Vorderradaufhängung:	Einzelradaufhängung an McPherson-Federbeinen und Querlenkern aus Leichtmetall, Schraubenfedern, Zweirohr-Gasdruckstoßdämpfer, Stabilisator
Hinterradaufhängung:	Einzelradaufhängung an je vier Lenkern der Mehrlenkerhinterachse mit LSA-System (Leichtbau-Stabilität-Agilität) und Fahrschemel aus Leichtmetall, Schraubenfedern, Zweirohr-Gasdruckstoßdämpfer, Stabilisator
Bremse v/h (Durchm. x B (mm)):	innenbelüftete gelochte Scheiben (322 x 32) / innenbelüftete gelochte Scheiben (322 x 28) rote 4-Kolben-Aluminium-Festsättel / rote 4-Kolben-Aluminium-Festsättel Bosch ABS 5
Räder v/h:	8 J x 18 / 10 J x 18
Reifen v/h:	225/40 ZR 18 / 285/30 ZR 18

Elektrik

Lichtmaschinenleistung (W/A):	1610 / 115
Batterie (V/Ah):	12 / 75

Abmessungen, Gewichte und Volumen

Spurweite v/h (mm):	1411 / 1504
Radstand (mm):	2272
Maße (L x B x H (mm)):	4245 x 1795 x 1285
Leergewicht nach DIN (kg):	1450
zul. Gesamtgewicht (kg):	1790
Kofferraumvolumen (VDA (l)):	123
mit 92 Liter Tank:	100
Gepäckraum im Innenraum*:	175
Tankvolumen (l):	73,5, davon 10 Reserve
Sonderwunsch:	92, davon 12,5 Reserve
C_W x A (m²):	0,34 x 1,93 = 0,656
Leistungsgewicht (kg/kW / kg/PS):	6,90 / 5,08
***bei umgeklappten Rücksitzlehnen**	

Kraftstoffverbrauch

nach 89/491/EWG (l/100 km):	98 ROZ Super plus bleifrei
Bei 90 km/h konstant:	8,0
Bei 120 km/h konstant:	9,6
EG-Stadtzyklus:	16,9
Drittelmix:	11,5
nach 93/116/EG (l/100 km):	98 ROZ Super plus bleifrei
Städtisch:	18,4
Außerstädtisch:	9,5
Insgesamt:	12,8
CO_2-Emissionen (g/km):	298
ab MJ 1997:	
nach 89/491/EWG (l/100 km):	98 ROZ Super plus bleifrei
Bei 90 km/h konstant:	7,8
Bei 120 km/h konstant:	9,4
EG-Stadtzyklus:	16,6
Drittelmix:	11,3
nach 93/116/EG (l/100 km):	98 ROZ Super plus bleifrei
Städtisch:	18,0
Außerstädtisch:	9,1
Insgesamt:	12,3
CO_2-Emissionen (g/km):	301

Fahrleistungen, Stückzahlen, Preise

Beschleunigung 0–100 km/h (s):	5,3
Höchstgeschw. (km/h):	270
Stückzahl:	6.948
Listenpreise:	
08/1995 Coupé:	DM 158.100,-
08/1996 Coupé:	DM 159.800,-
08/1997 Coupé:	DM 159.800,-

911 TURBO COUPÉ MIT LEISTUNGSSTEIGERUNG MJ 1996 BIS MJ 1998

MOTOR

Bauart:	6-Zylinder-Boxermotor mit Bi-Turboaufladung und Ladeluftkühlung
Einbauposition:	Heckmotor
Kühlung:	luftgekühlt
Anzahl & Form d. Lüfterradflügel:	11, gerade
Lüfterrad Außendurchm. (mm):	245
Motor-Typ:	M 64/60 R
Hubraum (cm³):	3600
Bohrung x Hub:	100 x 76,4
Leistung (kW/PS):	316/430 bei 5750/min
Drehmoment (Nm):	540 bei 4500/min
Literleistung (kW/l / PS/l):	87,8 / 119,4
Verdichtung:	8,0 : 1
Maximaler Ladedruck (bar):	0,9
Ventilsteuerung:	ohc über Doppelkette, 2 Ventile pro Zylinder
Gemischaufbereitung:	Bosch DME, Motronic M 5.2, sequenzielle Einspritzung
Zündung:	Bosch DME kennfeldgesteuerte Zündung
Zündfolge:	1 - 6 - 2 - 4 - 3 - 5
Schmierung:	Trockensumpfschmierung
Ölmenge (l):	11,5

KRAFTÜBERTRAGUNG

Antrieb:	Allradantrieb mit Viscolamellenkupplung, Transaxlebauweise
Schaltgetriebe:	6-Gang
Getriebe-Typ:	G 64/51
Übersetzungen:	
1. Gang:	3,818
2. Gang:	2,150
3. Gang:	1,560
4. Gang:	1,212
5. Gang:	0,937
6. Gang:	0,750
Rückwärtsgang:	2,857
Achsübersetzung:	3,444
Sperrdifferential Zug/Schub (%):	25 / 40

KAROSSERIE, FAHRWERK, BREMSE, RÄDER UND REIFEN

Karosserie:	2-türige, 2 + 2-sitzige, selbsttragende Coupé-Karosserie aus beidseitig feuerverzinktem Stahlblech, verbreiterte Karosserie mit Schwellerverkleidungen, Seitenaufprallschutz in den Türen, verformbare Bug- und Heckverkleidungen aus Kunststoff mit integrierten Leichtmetallstoßfängern, an Prallrohren befestigt, Bugteil mit drei Kühlöffnungen, Heckdeckel aus Kunststoff mit eingearbeitem Heckspoiler, rotes Leuchtenband mit integrierten Rückfahr- und Nebelschlußleuchten
Sonderwunsch:	Elektrisches Schiebedach
Vorderradaufhängung:	Einzelradaufhängung an McPherson-Federbeinen und Querlenkern aus Leichtmetall, Schraubenfedern, Zweirohr-Gasdruckstoßdämpfer, Stabilisator
Hinterradaufhängung:	Einzelradaufhängung an je vier Lenkern der Mehrlenkerhinterachse mit LSA-System (Leichtbau-Stabilität-Agilität) und Fahrschemel aus Leichtmetall, Schraubenfedern, Zweirohr-Gasdruckstoßdämpfer, Stabilisator
Bremse v/h (Durchm. x B (mm)):	innenbelüftete gelochte Scheiben (322 x 32) / innenbelüftete gelochte Scheiben (322 x 28) rote 4-Kolben-Aluminium-Festsättel / rote 4-Kolben-Aluminium-Festsättel Bosch ABS 5
Räder v/h:	8 J x 18 / 10 J x 18
Reifen v/h:	225/40 ZR 18 / 285/30 ZR 18

ELEKTRIK

Lichtmaschinenleistung (W/A):	1610 / 115
Batterie (V/Ah):	12 / 75

ABMESSUNGEN, GEWICHTE UND VOLUMEN

Spurweite v/h (mm):	1411 / 1504
Radstand (mm):	2272
Maße (L x B x H (mm)):	4245 x 1795 x 1285
Leergewicht nach DIN (kg):	1500
zul. Gesamtgewicht (kg):	1840
Kofferraumvolumen (VDA (l)):	123
mit 92 Liter Tank:	100
Gepäckraum im Innenraum*:	175
Tankvolumen (l):	73,5, davon 15 Reserve
Sonderwunsch:	92, davon 15 Reserve
C_W x A (m²):	0,34 x 1,93 = 0,656
Leistungsgewicht (kg/kW / kg/PS):	4,74 / 3,48
***bei umgeklappten Rücksitzlehnen**	

KRAFTSTOFFVERBRAUCH

nach 89/491/EWG (l/100 km):	98 ROZ Super plus bleifrei
Bei 90 km/h konstant:	8,4
Bei 120 km/h konstant:	10,0
EG-Stadtzyklus:	21,0
Drittelmix:	13,1

FAHRLEISTUNGEN, STÜCKZAHLEN, PREISE

Beschleunigung 0–100 km/h (s):	4,3
Höchstgeschw. (km/h):	297
Stückzahl:	n/a
Listenpreis:	
01/1996:	DM 12.500
Umbau nachträglich:	DM 13.150
Teilekit:	DM 11.900

911 Carrera S Coupé [Tiptronic S] MJ 1997 bis MJ 1998

Motor

Bauart:	6-Zylinder-Boxermotor
Einbauposition:	Heckmotor
Kühlung:	luftgekühlt
Anzahl & Form d. Lüfterradflügel:	12, gebogen
Lüfterrad Außendurchm. (mm):	253
Motor-Typ:	M 64/21 [M 64/22]
Hubraum (cm³):	3600
Bohrung x Hub:	100 x 76,4
Leistung (kW/PS):	210/285 bei 6100/min
Drehmoment (Nm):	340 bei 5250/min
Literleistung (kW/l / PS/l):	58,3 / 79,2
Verdichtung:	11,3 : 1
Ventilsteuerung:	ohc über Doppelkette, 2 Ventile pro Zylinder
Gemischaufbereitung:	Bosch DME, Motronic M 5.2, sequenzielle Einspritzung
Zündung:	Bosch DME kennfeldgesteuerte Doppelzündung
Zündfolge:	1 - 6 - 2 - 4 - 3 - 5
Schmierung:	Trockensumpfschmierung
Ölmenge (l):	11,5

Kraftübertragung

Antrieb:	Heckantrieb
Schaltgetriebe:	6-Gang
Sonderwunsch Tiptronic S:	[4-Gang]
Getriebe-Typ:	G 50/20 [A 50/04]
Übersetzungen:	
1. Gang:	3,818 [2,479]
2. Gang:	2,048 [1,479]
3. Gang:	1,407 [1,000]
4. Gang:	1,118 [0,728]
5. Gang:	0,921
6. Gang:	0,775
Rückwärtsgang:	2,857 [2,086]
Achsübersetzung:	3,444 [3,667]

Karosserie, Fahrwerk, Bremse, Räder und Reifen

Karosserie:	2-türige, 2 + 2-sitzige, selbsttragende Coupé-Karosserie aus beidseitig feuerverzinktem Stahlblech, verbreiterte Karosserie mit Schwellerverkleidungen, Seitenaufprallschutz in den Türen, verformbare Bug- und Heckverkleidungen aus Kunststoff mit integrierten Leichtmetallstoßfängern, an Prallrohren befestigt, Bugteil mit drei Kühlöffnungen, Heckdeckel mit integriertem automatisch ausfahrbarem Heckspoiler mit geteiltem, in Wagenfarbe lackiertem, Lufteinlassgitter, rotes Leuchtenband mit integrierten Rückfahr- und Nebelschlußleuchten
Sonderwunsch:	Elektrisches Schiebedach
Vorderradaufhängung:	Einzelradaufhängung an McPherson-Federbeinen und Querlenkern aus Leichtmetall, Schraubenfedern, Zweirohr-Gasdruckstoßdämpfer, Stabilisator
Hinterradaufhängung:	Einzelradaufhängung an je vier Lenkern der Mehrlenkerhinterachse mit LSA-System (Leichtbau-Stabilität-Agilität) und Fahrschemel aus Leichtmetall, Schraubenfedern, Zweirohr-Gasdruckstoßdämpfer, Stabilisator
Bremse v/h (Durchm. x B (mm)):	innenbelüftete gelochte Scheiben (304 x 32) / innenbelüftete gelochte Scheiben (299 x 24) schwarze 4-Kolben-Aluminium-Festsättel / schwarze 4-Kolben-Aluminium-Festsättel Bosch ABS 5
Räder v/h:	7 J x 17 / 9 J x 17
Reifen v/h:	205/50 ZR 17 / 255/40 ZR 17
Sonderwunsch:	8 J x 18 / 10 J x 18 225/40 ZR 18 / 285/30 ZR 18

Elektrik

Lichtmaschinenleistung (W/A):	1610 / 115
Batterie (V/Ah):	12 / 75

Abmessungen, Gewichte und Volumen

Spurweite v/h (mm):	1405 / 1536
Radstand (mm):	2272
Maße (L x B x H (mm)):	4245 x 1795 x 1285
Leergewicht nach DIN (kg):	1400 [1425]
zul. Gesamtgewicht (kg):	1740 [1765]
Kofferraumvolumen (VDA (l)):	123
mit 92 Liter Tank:	100
Gepäckraum im Innenraum*:	175
Tankvolumen (l):	73,5, davon 10 Reserve
Sonderwunsch:	92, davon 12,5 Reserve
C_W x A (m²):	0,34 x 1,93 = 0,656
Leistungsgewicht (kg/kW / kg/PS):	6,66 [6,78] / 4,91 [5,00]
***bei umgeklappten Rücksitzlehnen**	

Kraftstoffverbrauch

nach 89/491/EWG (l/100 km):	98 ROZ Super plus bleifrei
Bei 90 km/h konstant:	7,6 [8,2]
Bei 120 km/h konstant:	9,3 [9,8]
Stadtzyklus:	16,4 [15,8]
EG-Drittelmix:	11,1 [11,3]
nach 93/116/EG (l/100 km):	98 ROZ Super plus bleifrei
Städtisch:	17,7 [18,5]
Außerstädtisch:	8,8 [8,7]
Insgesamt:	12,0 [12,4]
CO_2-Emissionen (g/km):	296 [307]

Fahrleistungen, Stückzahlen, Preise

Beschleunigung 0–100 km/h (s):	5,4 [6,4]
Höchstgeschw. (km/h):	270 [265]
Stückzahl:	3.714
Listenpreise:	
08/1996 Coupé:	DM 137.500,- [144.160,-]
08/1997 Coupé:	DM 137.500,- [144.160,-]

911 turbo S Coupé MJ 1998

Motor

Bauart:	6-Zylinder-Boxermotor mit Bi-Turboaufladung und Ladeluftkühlung
Einbauposition:	Heckmotor
Kühlung:	luftgekühlt
Anzahl & Form d. Lüfterradflügel:	11, gerade
Lüfterrad Außendurchm. (mm):	245
Motor-Typ:	M 64/60 S
Hubraum (cm³):	3600
Bohrung x Hub:	100 x 76,4
Leistung (kW/PS):	331/450 bei 6000/min
Drehmoment (Nm):	585 bei 4500/min
Literleistung (kW/l / PS/l):	91,9 / 125,0
Verdichtung:	8,0 : 1
Maximaler Ladedruck (bar):	0,9
Ventilsteuerung:	ohc über Doppelkette, 2 Ventile pro Zylinder
Gemischaufbereitung:	Bosch DME, Motronic M 5.2, sequenzielle Einspritzung
Zündung:	Bosch DME kennfeldgesteuerte Zündung
Zündfolge:	1 - 6 - 2 - 4 - 3 - 5
Schmierung:	Trockensumpfschmierung
Ölmenge (l):	11,5

Kraftübertragung

Antrieb:	Allradantrieb mit Viscolamellenkupplung, Transaxlebauweise
Schaltgetriebe:	6-Gang
Getriebe-Typ:	G 64/51
Übersetzungen:	
1. Gang:	3,818
2. Gang:	2,150
3. Gang:	1,560
4. Gang:	1,212
5. Gang:	0,937
6. Gang:	0,750
Rückwärtsgang:	2,857
Achsübersetzung:	3,444
Sperrdifferential Zug/Schub (%):	25 / 40

Karosserie, Fahrwerk, Bremse, Räder und Reifen

Karosserie:	2-türige, 2 + 2-sitzige, selbsttragende Coupé-Karosserie aus beidseitig feuerverzinktem Stahlblech, verbreiterte Karosserie mit Schwellerverkleidungen, Fondseitenteile mit Lufteinlässen, Seitenaufprallschutz in den Türen, verformbare Bug- und Heckverkleidungen aus Kunststoff mit integrierten Leichtmetallstoßfängern, an Prallrohren befestigt, Bugteil mit aufgesetztem Spoiler mit drei Kühlöffnungen und zusätzlichen Öffnungen zur Kühlung der Bremsen, Heckdeckel aus Kunststoff mit eingearbeitem Heckflügel (Aerokit II), rotes Leuchtenband mit integrierten Rückfahr- und Nebelschlußleuchten
Sonderwunsch:	Elektrisches Schiebedach
Vorderradaufhängung:	Einzelradaufhängung an McPherson-Federbeinen und Querlenkern aus Leichtmetall, Schraubenfedern, Zweirohr-Gasdruckstoßdämpfer, Stabilisator
Hinterradaufhängung:	Einzelradaufhängung an je vier Lenkern der Mehrlenkerhinterachse mit LSA-System (Leichtbau-Stabilität-Agilität) und Fahrschemel aus Leichtmetall, Schraubenfedern, Zweirohr-Gasdruckstoßdämpfer, Stabilisator
Bremse v/h (Durchm. x B (mm)):	innenbelüftete gelochte Scheiben (322 x 32) / innenbelüftete gelochte Scheiben (322 x 28) gelbe 4-Kolben-Aluminium-Festsättel / gelbe 4-Kolben-Aluminium-Festsättel Bosch ABS 5
Räder v/h:	8 J x 18 / 10 J x 18
Reifen v/h:	225/40 ZR 18 / 285/30 ZR 18

Elektrik

Lichtmaschinenleistung (W/A):	1610 / 115
Batterie (V/Ah):	12 / 75

Abmessungen, Gewichte und Volumen

Spurweite v/h (mm):	1411 / 1504
Radstand (mm):	2272
Maße (L x B x H (mm)):	4245 x 1795 x 1285
Leergewicht nach DIN (kg):	1500
zul. Gesamtgewicht (kg):	1840
Kofferraumvolumen (VDA (l)):	123
mit 92 Liter Tank:	100
Gepäckraum im Innenraum*:	175
Tankvolumen (l):	73,5, davon 15 Reserve
Sonderwunsch:	92, davon 15 Reserve
C_W x A (m²):	0,34 x 1,93 = 0,656
Leistungsgewicht (kg/kW / kg/PS):	4,53 / 3,33
***bei umgeklappten Rücksitzlehnen**	

Kraftstoffverbrauch

nach 89/491/EWG (l/100 km):	98 ROZ Super plus bleifrei
Bei 90 km/h konstant*:	8,2 Werte Turbo 408 PS
Bei 120 km/h konstant*:	8,4
EG-Stadtzyklus*:	10,0
Drittelmix*:	21,0
***Werte Basismotor mit 430 PS**	13,1

Fahrleistungen, Stückzahlen, Preise

Beschleunigung 0–100 km/h (s):	ca. 4,1
Höchstgeschw. (km/h):	300
Stückzahl:	345
Listenpreis:	
08/1997 Coupé:	DM 304.650,-
04/1998 Coupé:	DM 307.300,-

911 turbo Coupé mit Leistungssteigerung MJ 1998

Motor

Bauart:	6-Zylinder-Boxermotor mit Bi-Turboaufladung und Ladeluftkühlung
Einbauposition:	Heckmotor
Kühlung:	luftgekühlt
Anzahl & Form d. Lüfterradflügel:	11, gerade
Lüfterrad Außendurchm. (mm):	245
Motor-Typ:	M 64/60 RS
Hubraum (cm³):	3600
Bohrung x Hub:	100 x 76,4
Leistung (kW/PS):	331/450 bei 6000/min
Drehmoment (Nm):	585 bei 4500/min
Literleistung (kW/l / PS/l):	91,9 / 125,0
Verdichtung:	8,0 : 1
Maximaler Ladedruck (bar):	0,9
Ventilsteuerung:	ohc über Doppelkette, 2 Ventile pro Zylinder
Gemischaufbereitung:	Bosch DME, Motronic M 5.2, sequenzielle Einspritzung
Zündung:	Bosch DME kennfeldgesteuerte Zündung
Zündfolge:	1 - 6 - 2 - 4 - 3 - 5
Schmierung:	Trockensumpfschmierung
Ölmenge (l):	11,5

Kraftübertragung

Antrieb:	Allradantrieb mit Viscolamellenkupplung, Transaxlebauweise
Schaltgetriebe:	6-Gang
Getriebe-Typ:	G 64/51
Übersetzungen:	
1. Gang:	3,818
2. Gang:	2,150
3. Gang:	1,560
4. Gang:	1,212
5. Gang:	0,937
6. Gang:	0,750
Rückwärtsgang:	2,857
Achsübersetzung:	3,444
Sperrdifferential Zug/Schub (%):	25 / 40

Karosserie, Fahrwerk, Bremse, Räder und Reifen

Karosserie:	2-türige, 2 + 2-sitzige, selbsttragende Coupé-Karosserie aus beidseitig feuerverzinktem Stahlblech, verbreiterte Karosserie mit Schwellerverkleidungen, Seitenaufprallschutz in den Türen, verformbare Bug- und Heckverkleidungen aus Kunststoff mit integrierten Leichtmetallstoßfängern, an Prallrohren befestigt, Bugteil mit drei Kühlöffnungen, Heckdeckel aus Kunststoff mit eingearbeitem Heckspoiler, rotes Leuchtenband mit integrierten Rückfahr- und Nebelschlußleuchten
Sonderwunsch:	Elektrisches Schiebedach
Vorderradaufhängung:	Einzelradaufhängung an McPherson-Federbeinen und Querlenkern aus Leichtmetall, Schraubenfedern, Zweirohr-Gasdruckstoßdämpfer, Stabilisator
Hinterradaufhängung:	Einzelradaufhängung an je vier Lenkern der Mehrlenkerhinterachse mit LSA-System (Leichtbau-Stabilität-Agilität) und Fahrschemel aus Leichtmetall, Schraubenfedern, Zweirohr-Gasdruckstoßdämpfer, Stabilisator
Bremse v/h (Durchm. x B (mm)):	innenbelüftete gelochte Scheiben (322 x 32) / innenbelüftete gelochte Scheiben (322 x 28) rote 4-Kolben-Aluminium-Festsättel / rote 4-Kolben-Aluminium-Festsättel Bosch ABS 5
Räder v/h:	8 J x 18 / 10 J x 18
Reifen v/h:	225/40 ZR 18 / 285/30 ZR 18

Elektrik

Lichtmaschinenleistung (W/A):	1610 / 115
Batterie (V/Ah):	12 / 75

Abmessungen, Gewichte und Volumen

Spurweite v/h (mm):	1411 / 1504
Radstand (mm):	2272
Maße (L x B x H (mm)):	4245 x 1795 x 1285
Leergewicht nach DIN (kg):	1500
zul. Gesamtgewicht (kg):	1840
Kofferraumvolumen (VDA (l)):	123
mit 92 Liter Tank:	100
Gepäckraum im Innenraum*:	175
Tankvolumen (l):	73,5, davon 15 Reserve
Sonderwunsch:	92, davon 15 Reserve
C_W x A (m²):	0,34 x 1,93 = 0,656
Leistungsgewicht (kg/kW / kg/PS):	4,53 / 3,33
*bei umgeklappten Rücksitzlehnen	

Kraftstoffverbrauch

nach 89/491/EWG (l/100 km):	98 ROZ Super plus bleifrei
Bei 90 km/h konstant*:	8,2 Werte Turbo 408 PS
Bei 120 km/h konstant*:	8,4
EG-Stadtzyklus:*	10,0
Drittelmix*:	21,0
*Werte Basismotor mit 430 PS	13,1

Fahrleistungen, Stückzahlen, Preise

Beschleunigung 0–100 km/h (s):	ca. 4,1
Höchstgeschw. (km/h):	300
Stückzahl:	n/a
Listenpreis:	
08/1997 Coupé:	DM 29.800,-
04/1998 Coupé:	DM 29.800,-

911 GT2 Coupé MJ 1995 bis MJ 1997

Motor

Bauart:	6-Zylinder-Boxermotor mit Bi-Turboaufladung und Ladeluftkühlung
Einbauposition:	Heckmotor
Kühlung:	luftgekühlt
Anzahl & Form d. Lüfterradflügel:	11, gerade
Lüfterrad Außendurchm. (mm):	245
Motor-Typ:	M 64/60 S
Hubraum (cm³):	3600
Bohrung x Hub:	100 x 76,4
Leistung (kW/PS):	331/450 bei 5750/min
Drehmoment (Nm):	585 bei 4500/min
Literleistung (kW/l / PS/l):	91,9 / 125,0
Verdichtung:	8,0 : 1
Maximaler Ladedruck (bar):	0,9
Ventilsteuerung:	ohc über Doppelkette, 2 Ventile pro Zylinder
Gemischaufbereitung:	Bosch DME, Motronic M 5.2, sequenzielle Einspritzung
Zündung:	Bosch DME kennfeldgesteuerte Zündung
Zündfolge:	1 - 6 - 2 - 4 - 3 - 5
Schmierung:	Trockensumpfschmierung
Ölmenge (l):	11,5

Kraftübertragung

Antrieb:	Heckantrieb
Schaltgetriebe:	6-Gang
Getriebe-Typ:	G 64/51
Übersetzungen:	
1. Gang:	3,818
2. Gang:	2,150
3. Gang:	1,560
4. Gang:	1,212
5. Gang:	0,937
6. Gang:	0,750
Rückwärtsgang:	2,857
Achsübersetzung:	3,444
Sperrdifferential Zug/Schub (%):	25 / 40

Karosserie, Fahrwerk, Bremse, Räder und Reifen

Karosserie:	2-türige, 2-sitzige, selbsttragende Coupé-Karosserie aus beidseitig feuerverzinktem Stahlblech, verbreiterte Karosserie mit Schwellerverkleidungen, Seitenaufprallschutz in den Türen, verformbare Bug- und Heckverkleidungen aus Kunststoff mit integrierten Leichtmetallstoßfängern, an Prallrohren befestigt, Bugteil mit aufgestetztem Spoilerunterteil, Heckdeckel aus Kunststoff mit eingearbeitem verstellbaren Heckflügel und seitlichen Lufteinlässen, aufgeschraubte Kotflügelverbreiterungen aus Kunststoff, Kofferraumdeckel und Türen aus Aluminium, rotes Leuchtenband mit integrierten Rückfahr- und Nebelschlußleuchten, Heck- und Seitenscheiben aus leichtem Dünnglas
Vorderradaufhängung:	Einzelradaufhängung an McPherson-Federbeinen und Querlenkern aus Leichtmetall, Schraubenfedern, Zweirohr-Gasdruckstoßdämpfer, Stabilisator
Hinterradaufhängung:	Einzelradaufhängung an je vier Lenkern der Mehrlenkerhinterachse mit LSA-System (Leichtbau-Stabilität-Agilität) und Fahrschemel aus Leichtmetall, Schraubenfedern, Zweirohr-Gasdruckstoßdämpfer, Stabilisator
Bremse v/h (Durchm. x B (mm)):	innenbelüftete gelochte Scheiben (322 x 32) / innenbelüftete gelochte Scheiben (322 x 28) rote 4-Kolben-Aluminium-Festsättel / rote 4-Kolben-Aluminium-Festsättel Bosch ABS 5
Räder v/h:	9 J x 18 / 11 J x 18
Reifen v/h:	235/40 ZR 18 / 285/35 ZR 18

Elektrik

Lichtmaschinenleistung (W/A):	1610 / 115
Batterie (V/Ah):	12 / 36

Abmessungen, Gewichte und Volumen

Spurweite v/h (mm):	1475 / 1550
Radstand (mm):	2272
Maße (L x B x H (mm)):	4245 x 1855 x 1270
Leergewicht nach DIN (kg):	1295
zul. Gesamtgewicht (kg):	1575
Kofferraumvolumen (VDA (l)):	100
Tankvolumen (l):	92, davon 15 Reserve
C_W x A (m²):	0,34 x 2,04 = 0,694
Leistungsgewicht (kg/kW / kg/PS):	3,91 / 2,87

Kraftstoffverbrauch

nach 89/491/EWG (l/100 km):	98 ROZ Super plus bleifrei
Bei 90 km/h konstant*:	8,2 Werte Turbo 408 PS
Bei 120 km/h konstant*:	8,4
EG-Stadtzyklus*:	10,0
Drittelmix*:	21,0
***Werte Basismotor mit 430 PS**	13,1

Fahrleistungen, Stückzahlen, Preise

Beschleunigung 0–100 km/h (s):	unter 4,4
Höchstgeschw. (km/h):	300
Stückzahl:	21
Listenpreis:	
08/1997 Coupé:	DM 287.500,-

Porsche GT1 1996

Motor

Bauart:	6-Zylinder-Boxermotor mit Bi-Turboaufladung und Ladeluftkühlung
Einbauposition:	Mittelmotor
Kühlung:	wassergekühlt
Motor-Typ:	M 96/83
Hubraum (cm³):	3164
Bohrung x Hub:	95 x 74,4
Leistung (kW/PS):	400/544 bei 7200/min
Drehmoment (Nm):	600 bei 4250/min
Literleistung (kW/l / PS/l):	126,4 / 171,9
Verdichtung:	9,0 : 1
Maximaler Ladedruck (bar):	1,0
Ventilsteuerung:	dohc über Doppelkette, 4 Ventile pro Zylinder
Gemischaufbereitung:	DME, TAG 3.8, sequenzielle Einspritzung
Zündung:	DME kennfeldgesteuerte Zündung
Ladedruck max. (bar):	0,95 - 1,05
Zündfolge:	1 - 6 - 2 - 4 - 3 - 5
Ölmenge (l):	15,0

Kraftübertragung

Antrieb:	Heckantrieb
Schaltgetriebe:	6-Gang
Getriebe-Typ:	G 96/82
Übersetzungen:	
1. Gang:	3,153
2. Gang:	2,000
3. Gang:	1,440
4. Gang:	1,133
5. Gang:	0,941
6. Gang:	0,829
Rückwärtsgang:	2,857
Achsübersetzung:	3,444
Sperrdifferential Zug/Schub (%):	40 / 60

Karosserie, Fahrwerk, Bremse, Räder und Reifen

Karosserie:	2-türige, 2-sitzige selbstragende Coupé-Karosserie aus beidseiti feuerverzinktem Stahlblech, Karosserie-außenteile aus kohlefaserverstärktem Kunststoff (CfK), Heckflügel rotes Leuchtband mit integrierten Rückfahr- und Nebelschlußleuchten
Vorderradaufhängung:	Einzeln an Doppelquerlenkern mit Pushrods aufgehängte Räder, zylindrische Schraubenfedern mit koaxial innenliegenden Einrohr-Gasdruckdämpfern, Stabilisator
Hinterradaufhängung:	Einzeln an Doppelquerlenkern mit Pushrods aufgehängte Räder, zylindrische Schraubenfedern mit koaxial innenliegenden Einrohr-Gasdruckdämpfern, Stabilisator
Bremse v/h (Durchm. x B (mm)):	innenbelüftete gelochte Scheiben (380 x 32) / innenbelüftete gelochte Scheiben (380 x 32) titanfarbene 8-Kolben-Monobloc-Aluminium-Festsättel / titanfarbene 4-Kolben-Monobloc-Aluminium-Festsättel Bosch ABS
Räder v/h:	11 J x 18 / 13 J x 18
Reifen v/h:	295/35 ZR 18 / 335/30 ZR 18

Elektrik

Lichtmaschinenleistung (W/A):	1610 / 115
Batterie (V/Ah):	12 / 50

Abmessungen, Gewichte und Volumen

Spurweite v/h (mm):	1502 / 1588
Radstand (mm):	2500
Maße (L x B x H (mm)):	4710 x 1970 x 1170
Leergewicht nach DIN (kg):	1120
Kofferraumvolumen (l):	150*
Tankvolumen (l):	73, davon 10 Reserve
C_W x A (m²):	n/a
Leistungsgewicht (kg/kW / kg/PS):	2,80 / 2,05
***nach Reglement**	

Kraftstoffverbrauch

(l/100 km):	15 - 29; 98 ROZ Super plus bleifrei

Fahrleistungen, Stückzahlen, Preise

Beschleunigung 0–100 km/h (s):	3,7
0–160 km/h (s):	7,1
0–200 km/h (s):	10,5
Höchstgeschw. (km/h):	310
Stückzahl:	2

Porsche GT1 1997 bis 1998

Motor

Bauart:	6-Zylinder-Boxermotor mit Bi-Turboaufladung und Ladeluftkühlung
Einbauposition:	Mittelmotor
Kühlung:	wassergekühlt
Motor-Typ:	M 96/83
Hubraum (cm³):	3164
Bohrung x Hub:	95 x 74,4
Leistung (kW/PS):	400/544 bei 7200/min
Drehmoment (Nm):	600 bei 4250/min
Literleistung (kW/l / PS/l):	126,4 / 171,9
Verdichtung:	9,0 : 1
Maximaler Ladedruck (bar):	1,0
Ventilsteuerung:	dohc über Doppelkette, 4 Ventile pro Zylinder
Gemischaufbereitung:	DME, TAG 3.8, sequenzille Einspritzung
Zündung:	DME kennfeldgesteuerte Zündung
Ladedruck max. (bar):	0,95 - 1,05
Zündfolge:	1 - 6 - 2 - 4 - 3 - 5
Ölmenge (l):	15,0

Kraftübertragung

Antrieb:	Heckantrieb
Schaltgetriebe:	6-Gang
Getriebe-Typ:	G 96/82
Übersetzungen:	
1. Gang:	3,153
2. Gang:	2,000
3. Gang:	1,440
4. Gang:	1,133
5. Gang:	0,941
6. Gang:	0,829
Rückwärtsgang:	2,857
Achsübersetzung:	3,444
Sperrdifferential Zug/Schub (%):	40 / 60

Karosserie, Fahrwerk, Bremse, Räder und Reifen

Karosserie:	2-türige, 2-sitzige selbsttragende Coupé-Karosserie aus beidseitig feuerverzinktem Stahlblech, Karosserieaußenteile aus kohlefaserverstärktem Kunststoff (CfK), Heckflügel
Vorderradaufhängung:	Einzeln an Doppelquerlenkern mit Pushrods aufgehängte Räder, zylindrische Schraubenfedern mit koaxial innenliegenden Einrohr-Gasdruckdämpfern, Stabilisator
Hinterradaufhängung:	Einzeln an Doppelquerlenkern mit Pushrods aufgehängte Räder, zylindrische Schraubenfedern mit koaxial innenliegenden Einrohr-Gasdruckdämpfern, Stabilisator
Bremse v/h (Durchm. x B (mm)):	innenbelüftete gelochte Scheiben (380 x 32) / innenbelüftete gelochte Scheiben (380 x 32) titanfarbene 8-Kolben-Monobloc-Aluminium-Festsättel / titanfarbene 4-Kolben-Monobloc-Aluminium-Festsättel Bosch ABS
Räder v/h:	11 J x 18 / 13 J x 18
Reifen v/h:	295/35 ZR 18 / 335/30 ZR 18

Elektrik

Lichtmaschinenleistung (W/A):	1610 / 115
Batterie (V/Ah):	12 / 50

Abmessungen, Gewichte und Volumen

Spurweite v/h (mm):	1502 / 1588
Radstand (mm):	2500
Maße (L x B x H (mm)):	4710 x 1980 x 1173
Leergewicht nach DIN (kg):	1120
Kofferraumvolumen (l):	150*
Tankvolumen (l):	73, davon 10 Reserve
C_W x A (m²):	n/a
Leistungsgewicht (kg/kW / kg/PS):	2,80 / 2,05
***nach Reglement**	

Kraftstoffverbrauch

(l/100 km):	15 - 29; 98 ROZ Super plus bleifrei

Fahrleistungen, Stückzahlen, Preise

Beschleunigung 0–100 km/h (s):	3,7
0–160 km/h (s):	7,1
0–200 km/h (s):	10,5
Höchstgeschw. (km/h):	310
Stückzahl:	21
Listenpreis:	
08/1997 Coupé:	DM 1.550.000,-

Porsche 911
(Typ 996)

Modelljahr 1998 (W-Programm)

Mit dem neuen 911 Carrera, der intern als Typ 996 bezeichnet wird, präsentiert Porsche den Nachfolger des luftgekühlten Klassikers. Der 996 Carrera ist eine völlige Neuentwicklung. Außer der Bezeichnung 911 Carrera und einem 6-Zylinder-Boxermotor im Heck hat dieses Fahrzeug nichts mehr mit dem bisherigen 911 gemeinsam.

Die Karosserie ist insgesamt größer geworden. Sie bietet deutlich mehr Platz im Innenraum. Der Radstand wächst auf 2.350 Millimeter. Da beim neuen 911 Carrera und beim Boxster ein Gleichteilekonzept verwendet wird, sind die Fronthaube, die Frontscheinwerfereinheiten mit Abblend- und Fernlicht, Blink- und Nebelleuchten, die vorderen Kotflügel und die Türen identisch. Das Bugteil des 911 ist jedoch anders geformt. Auch die Bodengruppe ist von den Blechteilen her bis zur B-Säule gleich. Eine Besonderheit der Karosserie ist, daß dieselbe Rohkarosserie sowohl als Links- als auch als Rechtslenker aufgebaut werden kann. Trotz der größeren Abmessungen wiegt der neue 911 Carrera durch den Einsatz intelligenter Leichtbaumaßnahmen im DIN-Leergewicht im Vergleich zum Vorgängermodell 50 Kilogramm weniger. Porsche setzt beim Rohbau neben beidseitig verzinkten Stahlblechen zur Verstärkung der Karosseriesteifigkeit auch höherfeste Stähle ein. Der Seitenaufprallschutz in den Türen besteht aus extrem hochfesten Borstahl. Hinzukommen so gennannte Tailored Blanks, ein Verfahren, bei dem Karosserieteile unterschiedlicher Blechstärken im Laserschweißverfahren an den Blechkanten miteinander verschweißt werden. Das dicke Blech wird nur an den Stellen eingesetzt, wo es wirklich nötig ist. Ungefähr zehn weitere Kilogramm werden an der Rohkarosse eingespart, indem die Kanten der übereinandergesetzten Bleche so zugeschnitten werden, daß nur die Blechlaschen stehen bleiben, an denen die Schweißpunkte gesetzt werden. Diese speziell geschnittenen Blechkanten bringen außerdem zusätzliche Torsionssteifigkeit. Insgesamt ist die Torsionssteifigkeit der neuen Karosserie um 45 Prozent höher, die Biegefestigkeit sogar um 50 Prozent. Am Fahrzeugheck fallen die großen höhergesetzten Rückleuchten mit den orangefarbenen Blinkleuchten auf. Die elfertypische durchgehende rote Heckblende fehlt beim neuen Carrera. Die Außenspiegel sind nicht mehr auf den Türen befestigt, sondern vor den Seitenscheiben. Der C_W-Wert des neuen 911 Carrera liegt bei 0,30. Im 130 Liter fassenden Kofferraum ist ein schmales Notrad senkrecht vor dem 64-Liter-Tank befestigt.

Die neue Motorengeneration des 911 Carrera ist wie beim Boxster wassergekühlt. Die immer strenger werdenen Auflagen bei Abgas- und Geräuschvorschriften machen diesen Schritt notwendig. Zum einen dämpft das Kühlwasser um die Zylinder die Verbrennungsgeräusche nach außen, zum anderen ist der Einsatz von Mehrventiltechnik bei Hochleistungsmotoren für eine saubere Abgasqualität von Vorteil. Die Wasserkühlung der Zylinder ist als Querstromkühlung ausgelegt, damit alle Zylinder mit der gleichen Wassertemperatur umspült werden. Die beiden Wasserkühler sitzen im Wagenbug jeweils vor den Rädern. Der Hubraum des kurzhubig ausgelegten 6-Zylinder-Vierventil-Boxers beträgt 3.387 cm^3. Die Bohrung fällt mit 96 Millimetern kleiner aus als beim Vorgänger, der Hub mit 78 Millimeter etwas größer. Das Verdichtungsverhältnis bleibt bei 11,3 : 1, ebenso der mittlere Zylinderabstand von 118 Millimetern. Die Laufflächen der Zylinder werden nach dem Lokasil-Verfahren gefertigt. Die im mikroskopischen Bereich gewollt rauhe Zylinderoberfläche besitzt besondere Eigenschaften auf der sich der Ölfilm besser hält. Die Ölversorgung übernimmt eine integrierte Trockensumpfschmierung mit 10,25 Liter Inhalt, die ohne einen separaten Öltank auskommt. Die beiden Teile des Zylinderkurbelgehäuses werden im neuen »Squeeze-Cast«-Verfahren, einer besonderen Form des Aluminiumdruckgusses gegossen. Die siebenfach gelagerte Kurbelwelle sitzt in einer Aluminium-Kurbelwellenlagerbrücke mit eingegossenen Graugußelementen im Lagerbereich. Die Auslaßnockenwellen werden von der Kurbelwelle aus über Doppelketten und einer Zwischenwelle angetrieben. Von der Auslaßnockenwelle erfolgt der Antrieb der Einlaßnockenwelle über eine einfache Kette. Die Einlaßnokkenwelle kann durch das VarioCam-System drehzahlabhängig um 25 Grad verstellt werden. Bei niedrigen Drehzahlen werden so die Abgaswerte verringert und der Leerlauf stabilisiert, im mittleren Drehzahlbereich steigt das Drehmoment und im oberen Drehzahlbereich wird die maximale Motorleistung erreicht. Ein hydraulischer Ventilspielausgleich ist selbstverständlich auch im neuen 911-Motor Serie. Das Motormanagement wird von einer Bosch Motronic M 5.2 übernommen. Diese steuert die sequenzielle Einspritzanlage und die sechs Einzelzündspulen der ruhenden Hochspannungsverteilung. Die zweistufige Resonanzansauganlage setzt drehzahlabhängig die Luftmasse im Ansaugtrakt für eine bessere Füllung in Schwingungen. Die Resonanzklappe wird für einen besseren Drehmomentverlauf bei 2.700/min geschlossen und erst bei 5.100/min wieder geöffnet. Die Abgasanlage ist aus Edelstahl gefertigt. Sie besteht aus je einem eigenständigen Abgasstrang mit je einem Metallkatalysator und einer Lambdasonde pro Zylinderreihe. Die Abgase werden durch je ein ovales Endrohr pro Seite ins Freie gelassen. Auch die Leistungsdaten des neuen Motors stimmen. Der wassergekühlte Boxer leistet 300 PS (221 kW) bei 6.800/min. Die Abregeldrehzahl liegt bei 7.300/min. Das maximale Drehmoment von 350 Nm erreicht der Motor bei 4.600/min.

Die sechs Gänge des Schaltgetriebes werden über eine neu entwickelte Seilzugschaltung gewechselt. Der Kupplungsdurchmesser beträgt 240 Millimeter. Auf Wunsch ist eine neue 5-Gang-Tiptonic S lieferbar.

Beim Fahrwerk setzt Porsche an der Vorderachse auf eine McPherson-Achse mit »aufgelösten« Aluminium-Achslenkern. Ein Längslenker und ein zusätzlicher Querlenker sind über ein elastisches Gummilager miteinander verbunden. Die Federbeinachse bildet eine Einheit mit dem Vorderachsquerträger, dem Stabilisator und dem Lenkgetriebe. Die LSA-Hinterachse ist eine gewichtsoptimierte Mehrlenkerachse mit Fahrschemel, die für weiter verbesserte fahrdynamische Eigenschaften optimiert ist. LSA steht für leicht, stabil und agil. Die maximal erreichbare Querbeschleunigung liegt bei über 1,0 g. Die Bremsanlage besteht aus schwarz lackierten 4-Kolben-Monobloc-Festsätteln und innenbelüfteten, gelochten Scheiben. Die Monobloc-Bremssättel sind aus einem Stück gefertigt. Im neuen Carrera kommt das weiterentwickelte Anti-Blockier-System ABS 5.3 von Bosch zum Einsatz.

Serienmäßig rollt der neue Carrera auf 17-Zoll-Rädern im Carrera-Design. Vorne sind Reifen der Größe 205/50 ZR 17 auf einer 7 Zoll breiten Felge aufgezogen, hinten sind auf einer Felgenbreite von 9 Zoll 255/40 ZR 17 Reifen montiert. Als Sonderwunsch können die turbo-Räder geordert werden. Vorne 7,5 J x 18 mit 225/40 ZR 18 Bereifung und hinten 10 J x 18 mit 265/35 ZR 18.

Auch im Innenraum wird das Gleichteilekonzept mit dem Boxster fortgeführt. So sieht das Armaturenbrett schon auf den ersten Blick vertraut aus. Allerdings sind beim 911 Carrera fünf Instrumente eingebaut. Zentral in der Mitte sitzt der analoge Drehzahlmesser, bei dem im unteren Segment noch eine digitale Anzeige für die Geschwindigkeit oder für den Bordcomputer integriert ist. Halb links sitzt der analoge Tachometer mit einer digitalen Kilometeranzeige für die zurückgelegte Fahrstrecke. Ganz links ist ein Voltmeter angesetzt. Rechts neben dem Drehzahlmesser ist ein Kombiinstrument mit analogen Anzeigen für die Kühlwassertemperatur und den Tankinhalt, sowie ein digitales Display für die Uhrzeit und die neue Ölstandskontrolle, die bei stehendem Motor abgelesen werden kann. Bei Fahrzeugen mit Tiptronic S ist zusätzlich noch eine Ganganzeige mit Leuchtdioden integriert. Ganz rechts zeigt ein Manometer den Öldruck an. Brems- und Kupplungspedal sind wie beim Boxster hängend ausgeführt. Fahrer- und Beifahrerairbags sind Serie. Wie beim Boxster gibt es auch beim 911 Carrera kein Handschuhfach im Armaturenbrett. Als Sonderwunsch sind unter dem Namen Porsche Side Impact Protection System (POSIP) 30 Liter große Seitenairbags lieferbar. Diese schützen den Oberkörper und den Kopf der Passagiere bei einem Seitenaufprall. Durch Größe und Konstruktion schützen die Sidebags auch bei einem offenen Cabriolet. Die Kopfstützen sind wie bei Porsche üblich in den Sitz integriert. Die mit Teilleder bezogenen vorderen Sitze sind mit einer elektrischen Lehnenverstellung ausgerüstet. Die Längs- und Höhenverstellung erfolgt manuell. Der Lenkradkranz des axial um plus/minus 40 Millimeter verstellbaren Lenkrads, Schalthebel, Handbremshebelgriff und die Türzuziehgriffe sind mit Leder bezogen. Elektrische Fensterheber mit Tip up/down-Funktion und elektrisch verstell- und beheizbare Außenspiegel gehören zur Serie. Neu ist ein kleiner Gepäckraum hinter den Rücksitzen mit 65 Litern, dieser kann durch Umklappen der Rücksitzlehnen auf 200 Liter vergrößert werden. Als Sonderausstattung ist das Porsche Communication Management (PCM) mit einem großen Farbmonitor in der Mittelkonsole lieferbar. Das PCM ist ein Informations- und Navigationssystem mit Kassettenradio, GSM-Freisprechtelefon, GPS-Navigationssystem mit separatem CD-ROM-Laufwerk und Bordcomputer. Ein weiteres interessantes Extra ist die Traction Control (TC) mit automatischem Bremsdifferential (ABD) und Antriebsschlupfregelung (ASR), welches bei Fahrzeugen mit Schaltgetriebe noch zusätzlich ein antriebsmomentgesteuertes Sperrdifferential beinhaltet.

Ab April 1998 ist das 911 Carrera Cabriolet lieferbar. Das vollelektrische Stoffverdeck ist mit einer flexiblen Heckscheibe aus Kunststoff und einem geräuschdämmenden Innenhimmel ausgerüstet. Es läßt sich bei stehendem Fahrzeug in nur 20 Sekunden öffnen oder schließen. Durch die Z-Faltung bleibt auch im geöffneten Zustand stets nur die Verdeckaußenseite oben. Der hintere Teil des Verdecks wird im geöffneten Zustand von einer automatisch bewegten Blechklappe abgedeckt. Das umständliche Aufknöpfen einer Persenning wie beim Vorgängermodell gehört jetzt der Vergangenheit an. Zur besseren Rundumsicht hat das Cabriolet jetzt zwei kleine hintere Seitenscheiben. Hinter den Rücksitzen sind zwei versenkte Überrollbügel eingebaut, die im Bedarfsfall in Sekundenbruchteilen nach oben schnellen. Ein 33 Kilogramm schweres Aluminium-Hardtop mit elektrisch beheizbarer Heckscheibe ist im Lieferumfang des Cabriolets enthalten.

Das 911 Carrera Coupé mit 6-Gang-Schaltung beschleunigt in nur 5,2 Sekunden von 0 auf 100 km/h, mit der Tiptronic S vergehen 6,0 Sekunden. Das 911 Carrera Cabriolet benötigt wegen des etwas höheren Gewichts in der gleichen Disziplin 0,2 Sekunden mehr. Bei beiden Karosserievarianten liegt die Höchstgeschwindigkeit mit Schaltgetriebe bei 280 km/h, mit der Tiptronic S bei 275 km/h.

Modelljahr 1999 (X-Programm)

Ab Oktober 1998 ergänzt der 911 Carrera 4 mit permanentem Allradantrieb das Modellprogramm. Dieser wird als Coupé und als Cabriolet angeboten. Ab Mai 1999 wird das sehr sportliche 911 GT3 Coupé aufgelegt, welches aber von der Zuordnung der Fahrgestell-Nummern schon zum Modelljahr 2000 gezählt wird. Die vorderen und seitlichen Blinkleuchten sind ab diesem Modelljahr bei allen 911 weiß, die hinteren weiß-grau. Bei den Motoren werden jetzt Zylinderlaufbüchsen aus einer Silizium-Leichtmetall-Legierung vor dem Gießvorgang der Kurbelgehäuse eingelegt und anschließend bearbeitet. Durch die Modellpflege sind jetzt bei allen Porsche 911 die beiden Seitenairbags (POSIP) serienmäßig. An den Becker-Radios der neusten Generation fallen die beiden Drehregler ins Auge.

Die Karosserie des Carrera 4 ist von außen identisch mit der des Carrera mit Heckantrieb. Nur der »Carrera 4«-Schriftzug am Heck ist titanfarben. Einzig das Kofferraumvolumen sinkt durch den Platz den das Vorderachsdifferential einnimmt von 130 auf 100 Liter. Der permanente Allradantrieb unterscheidet sich durch eine Kardanwelle von den vorherigen Systemen mit Transaxle. Die Viscokupplung ist im Gehäuse des Vorderachsdifferentials integriert. Die Antriebsleistung an der Vorderachse variiert zwischen 5 und 40 Prozent. Erstmals kann der Carrera-4-Kunde zwischen einem 6-Gang-Schaltgetriebe und einer 5-Gang-Tiptronic S wählen. Die Übersetzungen der einzelnen Gänge sind wie beim Carrera mit Heckantrieb gewählt. Serienmäßig ist der 911 Carrera 4 mit dem Porsche Stability Management (PSM) ausgestattet. Diese Fahrdynamikregelung greift in kritischen Fahrsituationen in das Motormanagement ein und stabilisiert das Fahrzeug zusätzlich durch gezielten Bremseingriff. Dieses System macht ein sogenanntes E-Gas, ein elektronisches Gaspedal, nötig. Beim Betätigen des Gaspedals wird dessen Stellung über ein Potentiometer an die Motorelektronik weitergegeben. Über einen elektrischen Stellmotor wird die Drosselklappe geöffnet oder geschlossen. Zum Vergleich: Beim Carrera mit Heckantrieb wird die Drosselklappe mechanisch über einen Seilzug vom Gaspedal betätigt. Das aus dem Carrera bekannte Fahrwerk wird für den Allradantrieb abgestimmt. Die Bremsanlage ist in der Dimension und Ausführung mit der Bremse des Carrera mit Heckantrieb identisch. Einzig die 4-Kolben-Monobloc-Festsättel sind titanfarben lackiert. Der Carrera 4 rollt auf speziell gestalteten 17-Zoll-Rädern, die Erinnerungen an die klassische »Fuchs-Felge« aufkommen lassen. Die Größe der Serienräder unterscheidet sich hingegen nicht vom Carrera. Für den Carrera und den Carrera 4 mit Schaltgetriebe bietet Porsche Exclusive bei Neuwagen ab Werk eine Leistungssteigerung auf 320 PS (235 kW) bei 6.800/min an. Das maximale Drehmoment bleibt durch die Leistungskur mit 350 Nm bei 4.600/min weitgehend unverändert. Die zusätzliche Leistung wird durch Modifikationen an der Ansauganlage, den Zylinderköpfen, der Abgaskrümmer, geänderten Nockenwellen und einer angepaßten Motorelektronik erreicht. Bei Porsche Tequipment ist der Carrera Powerkit auch zum Nachrüsten erhältlich. Den Einbau des Kits kann jedes Porsche-Zentrum übernehmen. Leistungsgesteigerte Fahrzeuge erreichen etwas bessere Beschleunigungswerte und eine um 5 km/h höhere Endgeschwindigkeit. Die Karosserie des 911 GT3 basiert auf der geänderten Rohkarosse des Carrera 4. Einige Modifikationen sind nötig, um den separaten Öltank für die Trockensumpfschmierung unterzubringen. Die Aufnahmen für Motor und Getriebe sind beim GT3 ebenfalls geändert. Der Tank wird auf 89 Liter Volumen vergrößert, dafür entfällt das Notrad. Der GT3 wird mit einem Reifenreparatursystem mit Reifenfüllflasche ausgeliefert. Von außen fallen das geänderte Bugteil, die Seitenschweller und der große, feststehende in der Motorhaube integrierte Heckflügel auf. Der Motor des GT3 basiert auf dem Kurbelgehäuse des Porsche 964, welches auch im GT1 eingebaut ist. Er ist mit einer Trockensumpfschmierung mit separatem Öltank ausgerüstet. Die 8fach gelagerte Kurbelwelle ist plasmanitriert. Die Pleuel sind aus Titan gefertigt. Durch die geringeren Massen wird ein spontaneres Hochdrehen des Motors unterstützt. Zylindergehäuse, Zylinderkopf und Nockenwellengehäuse werden für je drei Zylinder zu einer Einheit zusammengefaßt. Selbstverständlich verfügt auch das GT3-Triebwerk über eine Wasserkühlung, 4-Ventil-Zylinderköpfe und das VarioCam-System zur drehzahlabhängigen Verstellung der Einlaßnockenwellen. Für die hohe spezifische Leistung von 100 PS (73,6 kW) pro Liter Hubraum wird die Verdichtung auf 11,7 : 1 hochgesetzt. Bohrung und Hub sind mit den früheren luftgekühlten 3,6-Liter-Motoren identisch. Aus 3.600 cm^3 Hubraum leistet der Motor 360 PS (265 kW) bei 7.200/min. Das maximale Drehmoment von 370 Nm wird bei 5.000/min erreicht. Die Leistung wird über ein 6-Gang-Schaltgetriebe mit Zweimassenschwungrad und ein Sperrdifferential mit einem Sperrfaktor von 40 Prozent Zug und 60 Prozent Schub an die Hinterräder weitergeleitet. Das Fahrwerk ist im Vergleich zum Carrera um 30 Millimeter tiefer gelegt und straffer abgestimmt. Die Stabilisatoren sind einstellbar. Die gelochten, innenbelüfteten Bremsscheiben haben einen Durchmesser von 330 Millimeter. Die 4-Kolben-Monobloc-Festsättel sind in einem Stück aus Aluminium gefertigt und gegen Korrosion rot lackiert. Das ABS 5.3 ist für den GT3 angepaßt. Die 18-Zoll-Leichtmetallräder im 10-Speichen-Design sind vorne 8 und hinten 10 Zoll breit. An der Vorderachse sind Reifen der Größe 225/40 ZR 18, an der Hinterachse 285/30 ZR 18 montiert. Eine zusätzliche Spurverbreiterung wird durch Distanzscheiben mit einer Dicke von 5 Millimetern erreicht. Im Innenraum fallen die auf den Sitzflächen mit Leder bezogenen Schalensitze für Fahrer und Beifahrer auf. Die Rücksitze und der untere Teil der Mittelkonsole entfallen aus Gewichtsgründen. Front-, Seitenairbags und die elektrischen Fensterheber bleiben auch beim GT 3 in der Grundausstattung erhalten. Zum gleichen Preis ist der GT3 auch mit einem Clubsportpaket für den Einsatz im Motorsport lieferbar. Die Änderungen im Vergleich zum Serien-GT3 sind: 6-Gang-Schaltgetriebe mit Einmassenschwungrad, ein verschraubter Überrollkäfig, Schalensitze mit schwer entflammbarem Bezugsstoff, 3-Punkt-Sicherheitsgurt in rot, 6-Punkt-Sicherheitsgurt für die Fahrerseite (beigelegt), Entfall der Seitenairbags, Abschaltautomatik für den Beifahrerairbag (beigelegt), Feuerlöscher (beigelegt) und ein Batteriehauptschalter. Auch die Fahrleistungen des 911 GT3 unterstreichen seine sehr sportliche Ausrichtung. In nur 4,8 Sekunden beschleunigt der 1.350 Kilogramm schwere GT3 von 0 auf 100 Kilometer. Mit einer Höchstgeschwindigkeit von 302 km/h durchbricht er sogar die magische 300-Kilometer-Schallmauer.

Modelljahr 2000 (Y-Programm)

Zum Wechsel in das Jahr 2000 bietet Porsche das Millennium-Sondermodell auf Basis des Carrera 4 Coupés an. Ab dem Frühjahr 2000 wird das neue 911 turbo Coupé angeboten, die Fahrgestellnummern gehören aber schon zum Modelljahr 2001.

Ab dem Modelljahr 2000 ist eine automatische Klimaanlage in allen 911 Carrera-Modellen serienmäßig. Außerdem sind die Kunststoffteile im Innenraum für eine höherwertige Anmutung mit Softlack überzogen. Das weiterentwickelte ABS 5.7 ersetzt das bisherige ABS 5.3.

Anläßlich des bevorstehenden Millenniums präsentiert Porsche im Herbst 1999 ein Sondermodell auf Basis des Carrera 4 Coupé. Diesen auf 911 Stück limitierten Elfer gibt es nur in der Sonderfarbe Violettchromaflair. Je nach Lichteinfall wechselt der Farbton von Schwarz über ein dunkles Grün zu Violett. Auf dem Heckdeckel sitzt ein »911«-Schriftzug in Hochglanzoptik. Die Exterieurausstattung des Millennium-Elfers wird serienmäßig durch Auspuffblenden aus verchromten Edelstahl, Heckscheibenwischer, Windschutzscheibe mit Grünkeil, Schiebedach, Litronic-Scheinwerfern mit Scheinwerferreinigungsanlage und Einstiegsblenden mit 911-Schriftzug ergänzt. Das um 10 Millimeter tiefergelegte Sportfahrwerk ist auf die hochglanzpolierten 18-Zoll-Monobloc-Leichtmetallräder abgestimmt. An der Vorderachse sind die Räder 7,5 Zoll breit, an der Hinterachse 10 Zoll. Vorne sind Reifen der Dimension 225/40 ZR 40 aufgezogen, hinten in der Größe 265/35 ZR 18. Auf Wunsch ist auch die 5-Gang-Tiptronic S lieferbar. Im Interieur wird die Ausstattung aus braunem Naturleder und dem dunklen Ahornholz höchsten Ansprüchen gerecht. Mit Naturleder bezogen sind: Sitze von und hinten, Schalttafel, Türverkleidungen, Fenstersäulen, Lenksäulenverkleidung, Mittelkonsole, Telefonpassivhörer inklusive Konsole und die Airbagmodule. Die Teppiche sind dem Farbton des Leders angepaßt. Der Dachhimmel ist mit schwarzem Alcantara bespannt, die Sonnenblenden mit schwarzem Kunstleder. Die Kunststoffteile sind mit schwarzem Softlack überzogen. Die Zifferblätter der Instrumente sind in Aluminiumoptik gehalten. Innentürgriffe, Türablagedeckel und Teile des 3-Speichen-Lenkrads, Schalthebels und des Handbremshebels sind mit Wurzelahorn furniert. Auf der Mittelkonsole ist eine »911«-Plakette mit der Stückzahl angebracht. Die vorderen Sitze sind voll elektrisch verstell- und beheizbar. Der Fahrersitz ist zusätzlich mit einer Lordosenstütze und einer Memoryfunktion für die Sitz- und Außenspiegelverstellung ausgestattet. Zur Serienausstattung des Millennium-Modells gehören das Porsche Communication Management (PCM) mit Navigationssystem, CD-Wechsler und Digital Sound Processing (DSP) sowie Tempostat und Bordcomputer.

Ab Januar 2000 ist die turbolose Zeit bei Porsche zu Ende. Das 911 turbo Coupé wird der Öffentlichkeit vorgestellt. Die Karosserie des 911 turbo unterscheidet sich durch ein geändertes Bugteil mit drei großen Lufteinlässen, die mit schwarzen Ziergittern verdeckt sind. Die an der Unterkante abgerundeten Bi-Xenon-Scheinwerfer unterscheiden sich deutlich von den Scheinwerfern der Carrera-Modelle. Die Seitenschweller verlaufen in die verbreiterten hinteren Kotflügel über. In den Fondseitenwänden sind Lufteinlässe für die Ladeluftkühler ausgespart. An den Seiten des Heckteils sind jeweils drei waagrechtliegende Lüftungsschlitze eingelassen. Die Heckleuchten des turbo fallen größer aus. Im Heckdeckel ist eine Spoiler-Abrißkante integriert. Aus dieser fährt bei 120 km/h automatisch ein Spaltflügel aus. Der Bi-Turbomotor hat die gleiche technische Basis wie das Aggregat des 911 GT3. Er basiert auf dem Kurbelgehäuse der 964-Motorengeneration und ist mit einer Trockensumpfschmierung mit einem separaten Öltank ausgerüstet. Aus 3,6 Liter Hubraum leistet der mit 9,4 : 1 recht hoch verdichtete Bi-Turbomotor 420 PS (309 kW) bei 6.000/min. Das maximale Drehmoment von 560 Nm liegt bei einer Drehzahl zwischen 2.700 bis 4.600/min an. Der maximale Ladedruck von 0,8 bar wird bei 2.700/min erreicht. Der 911 turbo ist mit dem VarioCam Plus, einer Weiterentwicklung des bekannten VarioCam Systems, ausgerüstet. Es ermöglicht durch die Verstellung der Einlaßnockenwellen sowie die Schaltung des Hubs der Einlaßventile eine Optimierung von Leistung, Drehmoment und Verbrauch über das gesamte Drehzahlband. Das Motormanagement übernimmt eine Digitale Motorelektronic, die Motronic ME 7.8 mit E-Gas.

Serienmäßig ist der turbo mit Allradantrieb und einem 6-Gang-Schaltgetriebe ausgestattet. Erstmals ist bei einem 911 turbo auf Wunsch auch eine 5-Gang-Tiptronic S lieferbar. Damit erschließt Porsche die Faszination eines 911 turbo auch Käufern, die bisher nur leistungsstarke Fremdfabrikate mit Automatikgetriebe gefahren sind. Das Fahrwerk ist im Vergleich zum Carrera 4 straffer abgestimmt. Die Bremsanlage ist mit rot lackierten 4-Kolben-Aluminium-Monobloc-Festsätteln und gelochten, innenbelüfteten Bremsscheiben mit 330 Millimetern Durchmesser ausgerüstet. Das Porsche Stability Management (PSM) mit ABS 5.7, ASR und ABD ist Serie. Zusammen mit dem neuen 911 turbo stellt das Zuffenhausener Unternehmen die Porsche Ceramic Composite Brake (PCCB) vor, die ab Frühjahr 2001 lieferbar ist. Die innenbelüfteten, gelochten Keramik-Bremsscheiben sind aus speziell behandelten Carbon-Fasern gefertigt, die in einem Hochvakuumprozeß bei 1.700 Grad Celsius siliziert werden. Neben dem geringen Abrieb an den Bremsscheiben, der eine Lebensdauer von bis zu 300.000 km ermöglicht, ist das um über 50 Prozent geringere Gewicht ein weiterer Vorteil. Die geringeren ungefederten Massen beeinflussen das Fahrverhalten positiv. An der Vorderachse sind gelbe 6-Kolben-Monobloc-Festsättel montiert, an der Hinterachse 4-Kolben-Monobloc-Festsättel. Die PCCB ist gegen Aufpreis bei einem Neufahrzeug lieferbar oder über Porsche Tequipment für einige ausgesuchte Fahrzeuge auch nachrüstbar. Die 18-Zoll-Räder sind in Hohlspeichentechnologie gegossen. Vorne sind die Räder 8 Zoll breit, hinten 11 Zoll. An der Vorderachse sind Reifen der Dimension 225/40 ZR 18 montiert, an der Hinterachse 295/30 ZR 18. Im Cockpit des 911 turbo fallen die überarbeiteten Instrumente auf. Der analoge Tachometer reicht bis 320 km/h, der digitale Tacho ist im selben Instrument integriert. Im Drehzahlmesser ist der Bordcomputer mit Ladedruckanzeige platziert. Die digitale Uhr sitzt im Kombiinstrument rechts. Die Ausstattung ist mit einer Vollederausstattung, Klimaanlage und Cassettenradio mit Bose-Sound-System sehr komplett. Der Dachhimmel des turbo ist mit Alcantara bespannt. Mit Schaltgetriebe beschleunigt der 911 turbo von 0 auf 100 km/h in nur 4,2 Sekunden. Mit Tiptronic S vergehen 4,9 Sekunden. Die Höchstgeschwindigkeit pendelt sich beim handgeschaltenen turbo bei 305 km/h ein, mit Tiptronic S bei 298 km/h.

Modelljahr 2001 (1-Programm)

Im Herbst 2000 führt Porsche den Extremsportler 911 GT2 auf dem Markt ein. Der 911 GT2 basiert auf der Karosserie des 911 turbo. Sie unterscheidet sich jedoch durch ein anderes Bugteil mit drei geänderten Lufteinlässen und zusätzlichen Lüftungsschlitzen an der Oberseite des Bugteils für die Kühlerabluft. Die vordere Spoilerlippe ist im Vergleich zum turbo vergrößert. Die abgerundeten Bi-Xenon-Scheinwerfer stammen ebenfalls vom turbo. Die Seitenschweller verlaufen in die verbreiterten hintern Kotflügel über. In den Fontseitenwänden sind Lufteinlässe für die Ladeluftkühler eingelassen. An den Seiten des Heckteils sind ebenfalls drei waagrechtliegende Lüftungsschlitze. Zwischen den turbo-Heckleuchten ist der Heckdeckel mit dem großen, feststehenden Heckflügel mit manuell einstellbarem Flügelprofil montiert.
Der Bi-Turbomotor des GT2 hat die gleiche technische Basis wie das Aggregat des 911 turbo. Es hat allerdings 10 Prozent mehr Leistung. Aus 3,6 Liter Hubraum leistet der mit 9,4 : 1 verdichtete Motor 462 PS (340 kW) bei 5.700/min. Das maximale Drehmoment von 620 Nm liegt zwischen 3.500 und 4.500/min an. Der GT2 ist wie der 911 turbo mit dem VarioCam Plus ausgerüstet. Es ermöglicht durch die Verstellung der Einlaßnockenwellen sowie die Schaltung des Hubs der Einlaßventile eine Optimierung von Leistung, Drehmoment und Verbrauch über das gesamte Drehzahlband. Die Motorsteuerung übernimmt die Motronic ME 7.8 mit E-Gas.
Im Gegensatz zum 911 turbo ist der GT2 nur mit Heckantrieb und einem 6-Gang-Schaltgetriebe mit Sperrdifferential lieferbar. Das Fahrwerk ist um 20 Millimeter tiefer gelegt und mit sportlicher abgestimmten Federn und Stoßdämpfern bestückt. Für den Einsatz im Motorsport ist das Fahrwerk in Höhe, Spur, Sturz und dem Stabilisator einstellbar.
Die gewichtsoptimierten 18-Zoll-Monobloc-Leichtmetallräder sind im Turbo Look II-Design ausgeführt. An der Vorderachse werden 8,5 J x 18 Räder mit 235/40 ZR 18 Reifen montiert, an der Hinterachse 315/30 ZR 18 Reifen auf 12 J x 18 Rädern. Die Porsche Ceramic Composite Brake (PCCB) ist beim 911 GT2 serienmäßig. Die innenbelüfteten, gelochten Keramik-Bremsscheiben haben haben einen Durchmesser von 350 Millimeter. An der Vorderachse sind 6-Kolben-Monobloc-Festsättel montiert, an der Hinterachse 4-Kolben-Monobloc-Festsättel. Die Bremssättel sind gelb lackiert.
Im Cockpit des 911 GT 2 fallen die Instrumente des 911 turbo auf. Die Sitzflächen der Schalensitze für Fahrer und Beifahrer sind mit Leder bezogen. Die Rücksitze und der untere Teil der Mittelkonsole entfallen aus Gewichtsgründen. Front-, Seitenairbags und die elektrischen Fensterheber bleiben auch beim GT2 in der Grundausstattung erhalten. Der Dachhimmel des GT2 ist mit Aclantara bespannt. Eine Klimaanlage ist beim 911 GT2 serienmäßig, eine Radioanlage ist Wunsch ohne Aufpreis lieferbar.
Porsche bietet den 911 GT2 zum gleichen Preis auch mit einem Clubsportpaket für den Einsatz im Motorsport an. Die Änderungen im Vergleich zum Serien-GT2 sind: Ein verschraubter Überrollbügel, der für Motorsporteinsätze zum Überrollkäfig erweitert werden kann, Schalensitze mit schwer entflammbarem Bezugsstoff, 3-Punkt-Sicherheitsgurt in rot, 6-Punkt-Sicherheitsgurt für die Fahrerseite (beigelegt), Feuerlöscher (beigelegt) und ein Batteriehauptschalter, der als Nachrüstkit erhältlich ist.
Die Fahrleistungen des 911 GT2 sind auf höchstem Niveau. In der Beschleunigung von 0 auf 100 km/h vergehen nur 4,1 Sekunden, von 0 auf 160 km/h gerade einmal 8,5 Sekunden. Die Höchstgeschwindigkeit beträgt 315 km/h.

Modelljahr 2002 (2-Programm)

Mit dem Modelljahr 2002 wird die Carrera-Baureihe einem größeren Facelift unterzogen. Zudem erweitert Porsche das Angebot um zwei weitere attraktive Modelle. Der 911 Targa und das 911 Carrera 4S Coupé.

Um den 911 optisch weiter vom Boxster zu distanzieren, erhält der 911 Carrera die nach unten hin abgerundeten Frontscheinwerfer des 911 turbo. Das Bugteil ist ebenfalls neu gestaltet, entsprechend wird die Formgebung des Heckteils angepaßt. Die geänderten Auspuffendrohre runden die neue Heckansicht ab. Alle 911-Cabriolet-Modelle erhalten ein überarbeitetes Verdeck mit einer beheizbaren Heckscheibe aus Sicherheitsglas.

Im Interieur sind die Instrumente des 911 turbo jetzt auch bei allen 911 Carrera serienmäßig eingebaut. Der Dachhimmel ist mit Aclantara bespannt. Alle Oberflächen der Schalter sind matt schwarz gehalten. Applikationen in Aluminiumoptik werten den Innenraum zusätzlich auf. Rechts unten im Armaturenbrett ist jetzt ein Handschuhfach mit nach unten hin wegklappbarem Deckel eingebaut. Eine Klimaanlage ist bei allen 911 Carrera serienmäßig an Bord.

Neben den optischen Retuschen ist der neue 3,6-Liter-Motor die wichtigste Neuerung. Durch eine geänderte Kurbelwelle mit 82,8 Millimeter Hub steigt der Hubraum bei einer unveränderten Bohrung von 96 Millimeter auf exakt 3.596 cm^3 an. Die Leistung steigt auf 320 PS (235 kW) bei 6.800/min. Noch wichtiger als die gestiegene Nennleistung ist der verbesserte Drehmomentverlauf. Das maximale Drehmoment von 370 Nm liegt jetzt schon bei 4.250/min an. Der überarbeitete Boxer erhält das aus dem 911 turbo bekannte VarioCam Plus System für die Einlaßnockenwellen und das digitale Motormanagement Motronic ME 7.8.

Porsche positioniert den neuen 911 Targa zwischen den beiden Extremen Coupé als geschlossenes Fahrzeug und dem Cabriolet als offenes Fahrzeug. Wie schon beim Vorgänger, dem 993 Targa, besteht das Glasdach aus drei Glaselementen. Vorn ist ein schmaler Glasstreifen, gefolgt vom beweglichen Dach und der Heckscheibe. Seitlich verlaufen zwei in Wagenfarbe lackierte Längsträger aus Stahlblech, die einen Überrollschutz bieten. Diese sind fest mit der Rohkarosserie verschweißt. Die Glaselemente sind aus grün getöntem Drei-Schichten-Sicherheits-Verbundglas gefertigt. Beim Öffnen des Dachs wird ein kleiner Windabweiser aufgestellt, sobald das Glasdach elektrisch nach innen vor die Heckscheibe fährt. Bei geschlossenem Dach kann ein elektrisch bedienbares Rollo zum Schutz gegen Kälte oder zu viel Sonne ausgefahren werden. Wird das Glasdach geöffnet, schließt sich zuerst automatisch das Rollo. Neu ist die hochklappbare Heckscheibe. Diese kann vor dem Be- und Entladen der Fondablage elektrisch entriegelt werden. Aus Sicherheitsgründen kann die Heckklappe nur bei geschlossenem Glasdach geöffnet werden. An dieser gläsernen Heckklappe hätte Ferry Porsche seine wahre Freude gehabt, wollte er schon Anfang der 60er Jahre den Urelfer mit einer solchen Heckklappe haben. Allerdings war man sich damals nicht ganz sicher, ob diese Heckklappe auch dauerhaft dicht zu halten wäre. Der 911 Targa ist mit dem 3,6-Liter-Saugmotor mit 6-Gang-Schaltgetriebe, alternativ auch mit der 5-Gang-Tipronic S erhältlich. Eine Allradvariante des 911 Targa ist nicht im Programm.

Die breite Karosserie des Carrera 4S Coupé ist vom 911 turbo entliehen. Bug- und Heckteile, die geänderten Seitenschweller und die verbreiterten hinteren Kotflügel mit den größeren Heckleuchten sind wie beim turbo. Allerdings kommen die Fondseitenwände ohne die zusätzlichen Lufteinlässe aus. Der Heckdeckel ist mit dem ausfahrbaren Heckspoiler der übrigen Carrera-Modelle versehen. Darunter verläuft ein durchgehendes rotes Leuchtenband, das sich zwischen den rotgefärbten Teilen der Heckleuchten spannt. Serienmäßig ist der Carrera 4S mit dem 320 PS (235 kW) starken 3,6-Liter-Saugmotor, Allradantrieb und einem 6-Gang-Schaltgetriebe ausgestattet. Auf Wunsch ist der breite Carrera 4S auch mit einer 5-Gang-Tiptronic S lieferbar. Damit gibt Porsche auch den Kunden die Möglichkeit auf einen Carrera 4S, die bisher nur leistungsstarke Fremdfabrikate mit Automatic gefahren sind. Das Sportfahrwerk ist im Vergleich zum Carrera 4 um 10 Millimeter tiefer gelegt und straffer abgestimmt. Die Bremsanlage stammt aus dem 911 turbo. Sie ist mit rot lackierten 4-Kolben-Aluminium-Monobloc-Festsätteln und gelochten, innenbelüfteten Bremsscheiben mit 330 Millimetern Durchmesser ausgerüstet. Die 18-Zoll-Turbo-Look II-Räder sind als Monobloc-Räder gegossen. Vorne sind die Räder 8 Zoll breit, hinten 11 Zoll. An der Vorderachse sind Reifen der Dimension 225/40 ZR 18 montiert, an der Hinterachse 295/30 ZR 18. Das Porsche Stability Management (PSM) mit ABS 5.7, ASR und ABD ist beim 911 Carrera 4S serienmäßig. Die Serienaustattung ist mit einer Metalliclackierung, Vollederausstattung, vollelektrischen Sitzen mit Memory-Funktion für Sitz und Außenspiegel fahrerseitig, Klimaanlage und CD-Radio mit digitalem Klangpaket sehr komplett. Mit Schaltgetriebe beschleunigt der Carrera 4S von 0 auf 100 km/h in 5,1 Sekunden. Mit Tiptronic S vergehen 5,6 Sekunden. Die Höchstgeschwindigkeit pendelt sich beim handgeschaltenen Wagen bei 280 km/h ein, mit Tiptronic S bei 275 km/h.

Modelljahr 2003 (3-Programm)

Im Modelljahr 2003 bietet Porsche für alle Carrera-Modelle eine Leistungssteigerung an. Die beiden Spitzensportler 911 GT2 und 911 GT3 werden als weiterentwickelte und noch leistungsstärkere Neuauflagen angeboten. Der breite Carrera 4S wird im Frühjahr 2003 als Cabriolet am Markt eingeführt.

Bei allen 911 Carrera Cabriolets kann jetzt das Verdeck auch während der Fahrt bis zu einer Geschwindigkeit von etwa 50 km/h in ungefähr 20 Sekunden elektrisch geöffnet oder geschlossen werden. Die vorderen Sitze des 911 Targa sind zur

Erhöhung der Kopffreiheit um 10 Millimeter abgepolstert, die Kopfstützen entsprechend aufgepolstert.
Für alle Carrera- und Carrera 4-Modelle mit Schaltgetriebe bietet Porsche Exclusive bei Neuwagen ab Werk eine Leistungssteigerung auf 345 PS (254 kW) bei 6.800/min an. Das maximale Drehmoment wird durch die Leistungskur mit 370 Nm bei 4.800/min erst bei etwas höheren Drehzahlen erreicht. Die zusätzliche Leistung wird durch eine Aluminium-Ansauganlage, Modifikationen der Abgaskrümmer, geänderten Nockenwellen, einer optimierten Motorelektronik und einem zusätzlichen Wasserkühler (mit Ausnahme des Carrera 4S) erreicht. Bei Porsche Tequipment ist der Carrera Powerkit auch zum Nachrüsten erhältlich. Den Einbau des Kits kann jedes Porsche-Zentrum übernehmen. Leistungsgesteigerte Fahrzeuge erreichen etwas bessere Beschleunigungswerte und eine um 5 km/h höhere Endgeschwindigkeit.

Die Karosserie des neuen 911 GT3 zeigt sich verändert. Neben den Scheinwerfern im neuen Design zeigen sich auch die Bug- und Heckteile in der Form modifiziert. Am auffälligsten ist der neu gestaltete feststehende Heckflügel. Der überarbeitete Motor bietet noch mehr Leistung und kann noch höher gedreht werden. Aus 3.600 cm^3 Hubraum leistet der Motor jetzt 381 PS (280 kW) bei 7.400/min. Das maximale Drehmoment von 385 Nm wird bei 5.000/min erreicht. Die Leistung wird über ein 6-Gang-Schaltgetriebe mit Zweimassenschwungrad und ein Sperrdifferential an die Hinterräder weitergeleitet. Das Fahrwerk ist im Vergleich zum Carrera um 30 Millimeter tiefer gelegt und straffer abgestimmt. Die Stabilisatoren sind einstellbar. Die Bremsanlage beim neuen GT3 wird nochmals verbessert. Die gelochten, innenbelüfteten Bremsscheiben haben an der Vorderachse einen Durchmesser von 350 Millimeter, an der Hinterachse 330 Millimeter. Vorne sind 6-Kolben-Monobloc-Festsättel montiert,

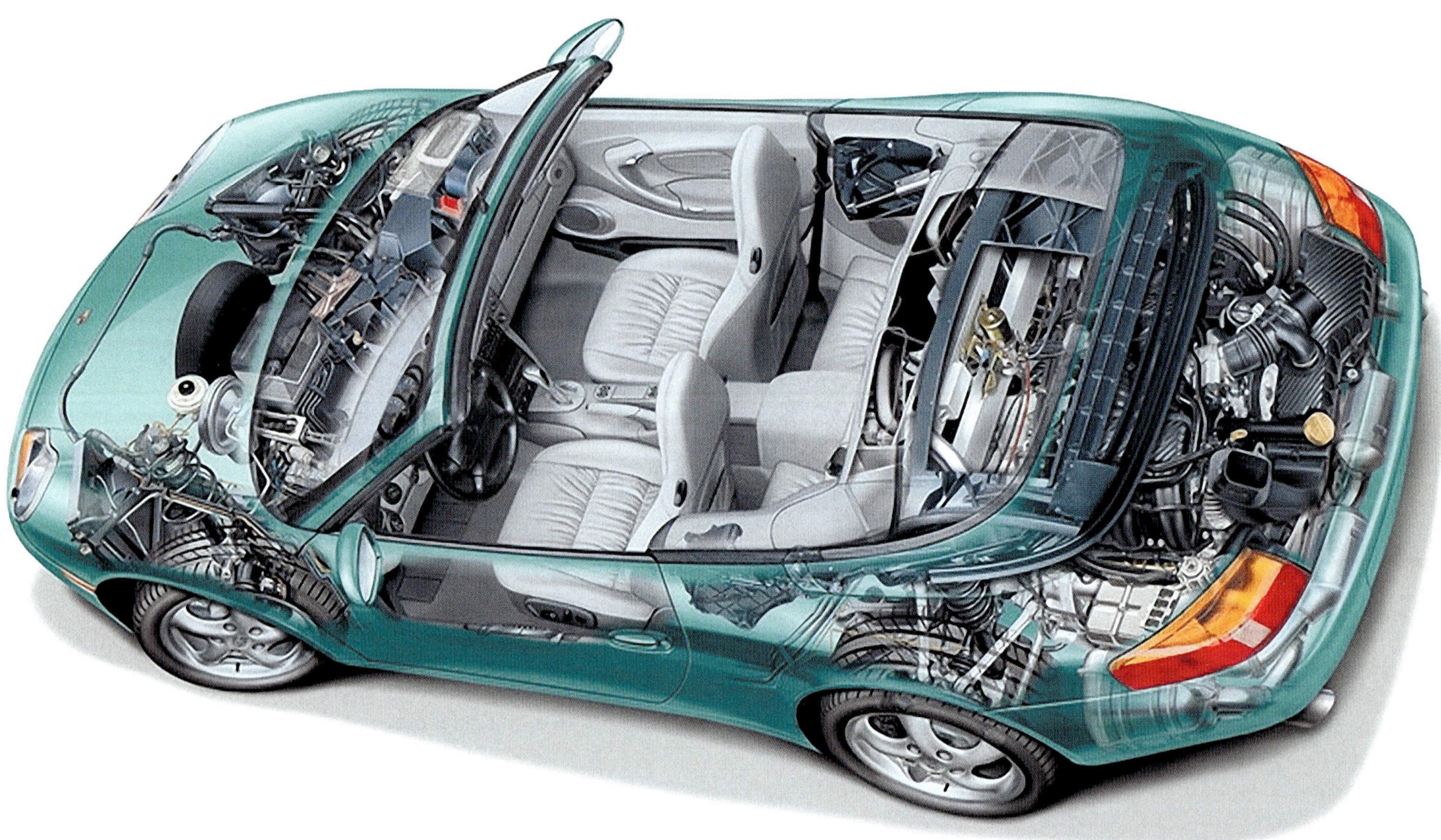

Phantombild 911 Cabriolet der 996-Baureihe

hinten 4-Kolben-Monobloc-Festsättel. Sie sind rot lackiert. Das ABS 5.7 ist für den GT3 angepaßt. Gegen Aufpreis ist die Porsche Ceramic Composite Brake (PCCB) lieferbar. Die 18-Zoll-Leichtmetallräder im geänderten 10-Speichen-Design sind vorne 8,5 und hinten 11 Zoll breit. An der Vorderachse sind Reifen der Größe 235/40 ZR 18, an der Hinterachse 295/30 ZR 18 montiert. Im Innenraum fallen die auf den Sitzflächen mit Leder bezogenen Schalensitze für Fahrer und Beifahrer auf. Die Rücksitze und der untere Teil der Mittelkonsole entfallen aus Gewichtsgründen. Front-, Seitenairbags, elektrische Fensterheber und die aus der Mittelkonsole ausfahrbaren Getränkehalter bleiben auch beim GT3 in der Grundausstattung erhalten. Die Fahrleistungen des neuen 911 GT3 sind nochmals verbessert. In nur 4,5 Sekunden beschleunigt der 1.380 Kilogramm schwere GT3 von 0 auf 100 Kilometer. Von 0 auf 200 km/h vergehen gerade einmal 14,3 Sekunden. Die Höchstgeschwindigkeit beträgt 306 km/h.

Ohne Aufpreis ist der GT3 auch mit einem Club-Sportpaket für den Einsatz im Motorsport lieferbar. Die Änderungen im Vergleich zum Serien-GT3 sind: Überrollkäfig (Überrollbügel geschraubt, vorderer Teil beigelegt), Schalensitze mit schwer entflammbarem Bezugsstoff, 3-Punkt-Sicherheitsgurt in Rot, 6-Punkt-Sicherheitsgurt für die Fahrerseite in Rot (beigelegt, Feuerlöscher (beigelegt) und die Vorrüstung für den Batteriehauptschalter.

Auch der neue 911 GT2 basiert auf der Karosserie des 911 turbo. Sie ist im Vergleich zum Vorgängermodell nicht verändert. Der Bi-Turbomotor des neuen GT2 hat noch mehr Leistung. Aus 3,6 Liter Hubraum mobilisiert der mit 9,4 : 1 verdichtete Motor 483 PS (355 kW) bei 5.700/min. Das maximale Drehmoment von 640 Nm liegt zwischen 3.500 und 4.500/min an. Der GT2 ist nur mit Heckantrieb und einem 6-Gang-Schaltgetriebe mit Sperrdifferential lieferbar. Das Fahrwerk ist um 20 Millimeter tiefer gelegt und mit sportlicher abgestimmten Federn und Stoßdämpfern bestückt. Für den Einsatz im Motorsport ist das Fahrwerk in Höhe, Spur und Sturz an den Stabilisatoren einstellbar. Die gewichtsoptimierten 18-Zoll-Leichtmetallräder mit 10 Speichen sind vom 911 GT3 übernommen. An der Vorderachse werden 8,5 J x 18 Räder mit 235/40 ZR 18 Reifen montiert, an der Hinterachse 315/30 ZR 18 Reifen auf 12 J x 18 Rädern. Die Porsche Ceramic Composite Brake (PCCB) ist beim 911 GT2 serienmäßig. An der Vorderachse sind 6-Kolben-Monobloc-Festsättel montiert, an der Hinterachse 4-Kolben-Monobloc-Festsättel. Die Bremssättel sind gelb lackiert. Der Bremsscheibendurchmesser beträgt 350 Millimeter.

Im Cockpit des 911 GT2 fallen die mit Leder bezogenen Schalensitze auf. Auf Wunsch sind ohne Aufpreis Sportsitze lieferbar. Die Rücksitze und der untere Teil der Mittelkonsole entfallen aus Gewichtsgründen. Front-, Seitenairbags, die elektrischen Fensterheber und die Cup-Holder bleiben auch beim GT2 in der Grundausstattung erhalten. Eine Klimaanlage ist serienmäßig, eine Radioanlage ist auf Wunsch ohne Aufpreis lieferbar. Der Kunde kann bei der Farbe der Sicherheitsgurte zwischen indischrot, speedgelb und maritimblau wählen. Ohne Aufpreis ist das Exterieurpaket Carbon mit einem Heckflügel aus sichtbarem Carbon, zwei Außenspiegeln und Kühler-Abluftrahmen im Bugteil in Carbon-Optik lieferbar. Die Fahrleistungen des neuen 911 GT2 sind weiter verbessert. In der Beschleunigung von 0 auf 100 km/h vergehen kurze 4,0 Sekunden, von 0 auf 160 km/h nur 8,3 Sekunden. Die Höchstgeschwindigkeit liegt bei 319 km/h.

Porsche bietet den 911 GT2 ohne Aufpreis auch mit einem Clubsportpaket an. Die Änderungen im Vergleich zum Serien-GT2 sind: Heckflügel aus Sicht-Carbon, Außenspiegel in Carbon-Look, Kühler-Abluftrahmen im Bugteil im Carbon-Optik, Überrollkäfig (Überrollbügel geschraubt, vorderer Teil beigelegt) Schalensitze mit schwer entflammbarem Bezugsstoff, 3-Punkt-Sicherheitsgurte in Rot, 6-Punkt-Sicherheitsgurt für die Fahrerseite in Rot (beigelegt), Feuerlöscher (beigelegt) und eine Vorrüstung für den Batteriehauptschalter.

Das 911 Carrera 4S Cabriolet wird mit der turbobreiten Karosserie und den besonderen Merkmalen des Carrera 4S Coupé ausgeliefert. Die Windschutzscheibe ist mit einem Grünkeil versehen. Ein Windschott gehört zum Lieferumfang. Serienmäßig ist das Carrera 4S Cabriolet mit dem 320 PS (235 kW) starken 3,6-Liter-Saugmotor, Allradantrieb und einem 6-Gang-Schaltgetriebe ausgestattet. Auf Wunsch ist auch eine 5-Gang-Tiptronic S lieferbar. Das Sportfahrwerk ist um 10 Millimeter tiefer gelegt und straffer abgestimmt. Die Bremsanlage mit rot lackierten 4-Kolben-Aluminium-Monobloc-Festsätteln und gelochten Bremsscheiben stammt aus dem 911 turbo. Die 18-Zoll-Turbo-Look II-Monobloc-Räder sind vorne 8 Zoll breit und hinten 11 Zoll. An der Vorderachse sind Reifen der Dimension 225/40 ZR 18 und an der Hinterachse 295/30 ZR 18 montiert. Die Serienausstattung entspricht im Umfang dem Carrera 4S Coupé. Mit Schaltgetriebe beschleunigt das Carrera 4S Cabriolet aus dem Stand auf 100 km/h in 5,3 Sekunden, mit Tiptronic S in 5,9 Sekunden. Die Höchstgeschwindigkeit pendelt sich mit 6-Gang-Schaltgetriebe bei 280 km/h, mit Tiptronic S bei 275 km/h ein.

Phantombild 911 Carrera der 996-Baureihe

Modelljahr 2004 (4-Programm)

Für das Modelljahr 2004 erweitert Porsche die 911-Modellpalette um das 911 turbo Cabriolet, den 911 GT3 RS und das Sondermodell »40 Jahre 911«. Noch nie zuvor war der 911 in so vielen Varianten erhältlich. Für alle 911 Carrera-Serienmodelle und für den 911 turbo bietet Porsche zudem eine Leistungssteigerung an.

Ab Sommer 2003 wird seit 1989 erstmals wieder ein 911 turbo Cabriolet in Serie produziert. Das Cabriolet basiert auf der breiten Karosserie, der Technik und der Ausstattung des 911 turbo. Durch zusätzliche Verstärkungen wiegt der offene 911 turbo 70 Kilogramm mehr als sein geschlossenes Pendant. Bei der Motorisierung kann der Kunde zwischen dem Serienmotor mit 420 PS (309 kW) und der leistungsgesteigerten Exclusive-Version mit 450 PS (331 kW) und einem um 60 Nm höheren maximalen Drehmoment wählen. Beide Motorleistungen können mit dem 6-Gang-Schaltgetriebe und der 5-Gang-Tiptronic S kombiniert werden. Das optionale Sportfahrwerk ist für das Cabriolet nicht lieferbar. Mit Schaltgetriebe beschleunigt das turbo Cabriolet mit dem Serienmotor in 4,3 Sekunden von Null auf einhundert, mit Tiptronic S vergehen 4,9 Sekunden. Geschlossen erreicht das handgeschaltene Cabriolet eine Höchstgeschwindigkeit von 305 km/h, offen immerhin noch 290 km/h.

Mit dem 911 GT3 RS legt Porsche ein Homologationsmodell für den Motorsport auf. Der 911 GT3 RS ist als straßenzugelassene Version eines reinrassigen Rennwagens nach dem FIA-N/GT und ACO Reglement konzipiert. Die Karosserie des 911 GT3 RS ist in carraraweiß lackiert. Wahlweise sind rote oder blaue Folienschriftzüge »911 GT3 RS« auf den Fahrzeugflanken und am Heck aufgeklebt. Passend dazu sind die Radsterne in Rot oder Blau lackiert. Die Felgenhörner der Räder sind poliert. Das Bugteil ist mit einer Spoilerlippe und oben mit zusätzlichen Öffnungen für die Kühlerabluft versehen. Der Kofferraumdeckel ist aus leichtem kohlefaserverstärktem Kunststoff (CfK) gefertigt. Aus dem Kunststoffheckdeckel ragt eine Abrißkante und ein Stauluftsammler heraus. Der feststehende Heckflügel ist aus Sichtcarbon gefertigt. Die Außenspiegel sind ebenfalls in Carbon-Optik gehalten. Eine Kunststoffheckscheibe spart zusätzliche Kilogramm ein. Der 381 PS (280 kW) starke Saugmotor, das 6-Gang-Schaltgetriebe und die Bremse entsprechen dem normalen 911 GT3. Das Fahrwerk ist für die Rundstrecke optimiert. Es kann für den Einsatz im Motorsport in Spur, Sturz und an den Stabilisatoren eingestellt werden. Die Schalensitze sind mit schwer entflammbarem Stoff überzogen. Lenkradkranz, Schalthebel und Handbremshebelgriff haben einen Alcantara-Bezug. Die 3-Punkt-Sicherheitsgurte sind in rot oder blau ausgeführt. Zusätzlich ist ein 6-Punkt-Gurt für den Fahrer beigelegt. Der Bügel des Überrollkäfigs ist verschraubt, der vordere Teil beigelegt. Ein Feuerlöscher ist ebenfalls beigefügt. Mit 1.360 Kilogramm ist der 911 GT3 RS 20 Kilogramm leichter als der normale GT3. Für die Beschleunigung von 0 auf 100 km/h vergehen im GT3 RS nur 4,4 Sekunden, von 0 auf 200 km/h gerade einmal 14,0 Sekunden. Die Höchstgeschwindigkeit pendelt sich bei 306 km/h ein.

Im Sommer 2003 präsentiert Porsche das Jubiläumsmodell »40 Jahre 911« auf Basis des 911 Carrera Coupé mit dem auf 345 PS (254 kW) leistungsgesteigerten Saugmotor und 6-Gang-Schaltgetriebe. Serienmäßig ist ein Sperrdifferential mit einem Sperrfaktor von 22 Prozent im Zug und 27 Prozent im Schub sowie das Porsche Stability Management (PSM) mit ABS, ASR und ABD. Das Sportfahrwerk ist 10 Millimeter tiefergelegt. Die 18-Zoll-Carrera-Räder sind kugelstrahlpoliert. Vorne sind auf einer 8 Zoll breiten Felge Reifen der Größe 225/40 ZR 18 montiert, hinten sind 285/30 ZR 18 Reifen auf einer 10 Zoll breiten Felge aufgezogen. Die Karosserie des Jubiläumsmodells ist in der Farbe GT-silbermetallic lackiert. Beim Bugteil mit den vergrößerten Kühlluftöffnungen sind die seitlichen Lufteinlaßgitter in Wagenfarbe lackiert. An den Seiten sind Schwellerblenden montiert. Am Heckdeckel ist ein »911«-Schriftzug aus Aluminium aufgeklebt. Die beiden Auspuffendrohre sind poliert. Bi-Xenon-Scheinwerfer mit dynamischer Leuchtweitenregulierung und Scheinwerferreinigungsanlage sowie ein elektrisches Schiebe-/Hebedach gehören ebenfalls zur serienmäßigen Ausstattung. Im Innenraum fällt die Lederausstattung aus dunkelgrauem Naturleder ins Auge. Die Sportsitze sind mit einer Sitzheizung ausgestattet. Sitzmittelbahnen, Türgriffe, Handbremshebelgriff, Schalthebel und der Griffbereich des Lenkrads sind mit Leder in Sonderprägung bezogen. Die Kunststoffschalen der Rückenlehnen der Sportsitze, die Mittelkonsole und der Handbremshebel sind in der Exterieurfarbe GT-silbermetallic lackiert. Die Instrumentenringe und die Nutleiste des Armaturenbretts sind in Aluminium-Optik lackiert. Auf der Mittelkonsole trägt das Jubiläumsmodell eine numerierte Plakette mit »40 Jahre 911«. Auch in der Türeinstiegsleiste ist ein »911«-Schriftzug eingelegt. Als zusätzliche Goodies werden je ein Lederkoffer in der Größe M und L, ein Schlüsseletui und eine Brieftasche mitgeliefert.

Wassergekühlter 6-Zylinder-Boxermotor der 996-Baureihe

Diese exklusiven Accessoires sind aus dem selben handverarbeiteten dunkelgrauen Naturleder mit Sonderprägung gefertigt. Das Sondermodell ist auf 1.963 Exemplare limitiert. In der Beschleunigung aus dem Stand auf 100 km/h vergehen 4,9 Sekunden, auf 200 km/h 16,5 Sekunden. Die Höchstgeschwindigkeit liegt bei 290 km/h.

Modelljahr 2005 (5-Programm)

Porsche erweitert die Modelpalette um den 911 turbo S, der als Coupé und als Cabriolet angeboten wird. Optische Unterscheidungsmerkmale sind ein turbo S-Schriftzug auf dem Heckdeckel, die Porsche Ceramic Composite Brake (PCCB) und die in der Farbe «GT- Silbermetallic« lackierten 18-Zoll-Turbo-Räder, welche Radnabendeckel mit dem farbigen Porsche-Wappen zieren. Der Grünkeil in der Windschutzscheibe gehört zur Serie. Die Sonderfarbe Dunkelolivemetallic ist bei diesem Modell ohne Aufpreis lieferbar. Der leistungsgesteigerte Motor des turbo S leistet mit 450 PS (331 kW) bei 5.700 Umdrehungen pro Minute, ganze 30 PS (22 kW) mehr als der normale 911 turbo. Das maximale Drehmoment wird um 60 Nm auf 620 Newtonmeter zwischen 3.500 und 4.500 Umdrehungen pro Minute gesteigert. Die Leistungssteigerung wird durch zwei größere Turbolader, einer Anpassung der Motorelektronik und zwei optimierte Ladeluftkühler erreicht.

Porsche hat beim 911 turbo S nicht nur die Motorleistung gesteigert, sondern auch die Bremsenleistung angepaßt. Charakteristisch für den turbo S ist die serienmäßige Porsche Ce-

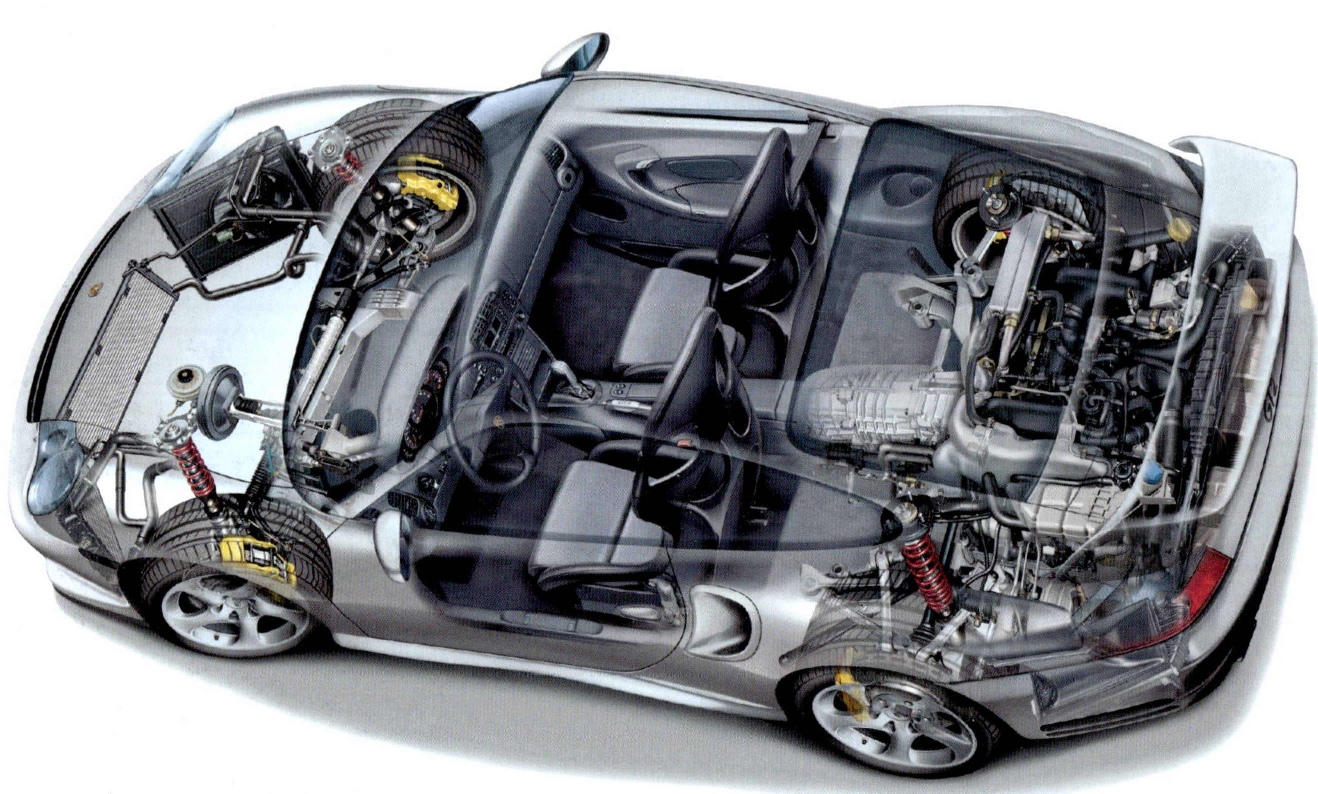

Phantombild 911 GT2 Coupé der 996-Baureihe

ramic Composite Brake (PCCB) mit innenbelüfteten, gelochten 350-Millimetern-Keramikbremsscheiben. Die Bremszangen sind gelb lackiert. An der Vorderachse sind 6-Kolben-Monobloc-Aluminum-Festsättel montiert, an der Hinterachse 4-Kolben-Monobloc-Aluminum-Festsättel.

Im Interieur fallen nicht nur die aluminiumfarbenen Zifferblätter auf, sondern auch die »turbo S«-Schriftzüge im Drehzahlmesser, auf der Mittelkonsole und den Einstiegsblenden. Bei der Naturlederausstattung sind die Sitzmittelbahnen, der Griffbereich des Lenkradkranzes, der Schalthebel und der Griff des Handbremshebels besonders geprägt. Zur erweiterten Serienausstattung gehören zudem ein Tempostat und ein 6-fach-CD-Wechsler.

Für die Beschleunigung von 0 auf 100 Stundenkilometer vergehen beim 911 turbo S Coupé mit Schaltgetriebe 4,2 Sekunden, beim Cabrio 4,3 Sekunden. Im Sprint von 0 auf 160 km/h macht sich der Leistungsunterschied zum Serienturbo bemerkbar. Nur 9,0 Sekunden benötigt das 911 turbo S Coupé, um diese Geschwindigkeit zu durcheilen. Den Spurt aus dem Stand auf 200 km/h absolviert das Coupé in 13,6 Sekunden. Das ist 0,8 Sekunden schneller als der normale 911 turbo. Die Höchstgeschwindigkeit liegt bei 307 km/h.

Innenausstattung des 911 turbo

911 Carrera Coupé und Cabriolet [Tiptronic S] MJ 1998/April 1998 bis MJ 2001

Motor

Bauart:	6-Zylinder-Boxermotor
Einbauposition:	Heckmotor
Kühlung:	wassergekühlt
Motor-Typ:	M 96/01 [M 96/01]
Hubraum (cm³):	3387
Bohrung x Hub:	96 x 78
Leistung (kW/PS):	221/300 bei 6800/min
Drehmoment (Nm):	350 bei 4600/min
Literleistung (kW/l / PS/l):	65,2 / 88,6
Verdichtung:	11,3 : 1
Ventilsteuerung:	dohc über Doppelkette, 4 Ventile pro Zylinder, Vario-Cam, Einlaß-Nockenwellenverstellung 25°
Gemischaufbereitung:	Bosch DME, Motronic M 5.2, sequenzielle Multi-Point-Saugrohreinspritzung
ab MJ 2000:	Bosch DME, Motronic M 7.2, sequenzielle Multi-Point-Saugrohreinspritzung
Zündung:	Bosch DME, Kennfeldzündung mit ruhender Hochspannungsverteilung mit Einzelzündspulen
Zündfolge:	1 - 6 - 2 - 4 - 3 - 5
Schmierung:	Integrierte Trockensumpfschmierung
Ölmenge (l):	10,25

Kraftübertragung

Antrieb:	Heckantrieb
Schaltgetriebe:	6-Gang
Sonderwunsch Tiptronic S:	[5-Gang]
Getriebe-Typ:	G 96/00 [A 96/00]
Übersetzungen:	
1. Gang:	3,82 [3,66]
2. Gang:	2,20 [2,00]
3. Gang:	1,52 [1,41]
4. Gang:	1,22 [1,00]
5. Gang:	1,02 [0,74]
6. Gang:	0,84
Rückwärtsgang:	3,55 [4,10]
Achsübersetzung:	3,44 [3,68]

Karosserie, Fahrwerk, Bremse, Räder und Reifen

Karosserie:	2-türige, 2 + 2-sitzige, selbsttragende Karosserie aus beidseitig feuerverzinktem Stahlblech, Seitenaufprallschutz in den Türen, verformbare Bug- und Heckverkleidungen aus Kunststoff mit integrierten Leichtmetallstoßfängern, an Prallrohren befestigt, Heckdeckel mit automatisch ausfahrbarem Heckspoiler
Coupé:	Festes verschweißtes Stahldach
Sonderwunsch:	Elektrisches Hebe-/Schiebedach
Cabriolet:	Elektrisch betätigtes, vollautomatisches Stoffverdeck mit flexibler Kunststoffheckscheibe, automatisch ausfahrbarer Überrollschutz
Serie:	Hardtop aus Aluminium mit beheizbarer Heckscheibe
Vorderradaufhängung:	Einzelradaufhängung an McPherson-Federbeinen mit Längslenkern und Querlenkern aus Leichtmetall, Schraubenfedern, Zweirohr-Gasdruckstoßdämpfer, Stabilisator
Hinterradaufhängung:	Einzelradaufhängung an je fünf Lenkern der Mehrlenkerhinterachse mit LSA-System (Leichtbau-Stabilität-Agilität) und Fahrschemel aus Leichtmetall, Schraubenfedern, Einrohr-Gasdruckstoßdämpfer, Stabilisator
Bremse v/h (Durchm. x B (mm)):	innenbelüftete gelochte Scheiben (318 x 28) / innenbelüftete gelochte Scheiben (299 x 24) schwarze 4-Kolben-Monobloc-Aluminium-Festsättel / schwarze 4-Kolben-Monobloc-Aluminium-Festsättel Bosch ABS 5.3
Räder v/h:	7 J x 17 / 9 J x 17
Reifen v/h:	205/50 ZR 17 / 255/40 ZR 17
Sonderwunsch:	7,5 J x 18 / 10 J x 18 225/40 ZR 18 / 265/35 ZR 18

Elektrik

Lichtmaschinenleistung (W/A):	1680 / 120
Batterie (V/Ah):	12 / 70

Abmessungen, Gewichte und Volumen

Spurweite v/h (mm):	1455 / 1500
mit 7,5 J x 18 / 10 J x 18:	1465 / 1480
Radstand (mm):	2350
Maße (L x B x H (mm)):	4430 x 1765 x 1305
Leergewicht nach DIN (kg):	1320 [1365]
Cabriolet:	1395 [1440]
zul. Gesamtgewicht (kg):	1720 [1765]
Cabriolet:	1795 [1840]
Kofferraumvolumen (VDA (l)):	130
Gepäckraum im Innenraum*:	200/210**
Tankvolumen (l):	64, davon 10 Reserve
C_W x A (m²):	0,30 x 1,94 = 0,582
Leistungsgewicht (kg/kW / kg/PS):	5,97 [6,31] / 4,40 [4,65]
Cabriolet:	6,31 [6,51] / 4,65 [4,80]
***bei umgeklappten Rücksitzlehnen**	
****Cabriolet bei geschl. Verdeck**	

Kraftstoffverbrauch

nach 89/491/EWG (l/100 km):	98 ROZ Super plus bleifrei
Bei 90 km/h konstant:	6,8 [7,3]
Bei 120 km/h konstant:	8,7 [8,7]
Stadtzyklus:	14,9 [15,9]
Drittelmix:	10,1 [10,6]
nach 93/116/EG (l/100 km):	98 ROZ Super plus bleifrei
Innerstädtisch:	17,2 [18,3]
Außerstädtisch:	8,5 [8,5]
Gesamt:	11,8 [12,0]
CO_2-Emissionen (g/km):	285 [290]

Fahrleistungen, Stückzahlen, Preise

Beschleunigung 0–100 km/h (s):	5,2 [6,0]
Cabriolet:	5,4 [6,2]
0–160 km/h (s):	11,5 [13,0]
Cabriolet:	11,9 [13,4]
Höchstgeschw. (km/h):	280 [275]
Cabriolet:	280 [275]
Stückzahl:	
Coupé:	31.135
Cabriolet:	23.598
Listenpreise:	
08/1997 Coupé:	DM 135.610,- [DM 141.170,-]
04/1998 Coupé:	DM 136.790,- [DM 142.400,-]
Cabriolet:	DM 155.160,- [DM 160.770,-]
08/1998 Coupé:	DM 136.790,- [DM 142.400,-]
Cabriolet:	DM 155.160,- [DM 160.770,-]
08/1999 Coupé:	DM 139.530,- [DM 145.140,-]
Cabriolet:	DM 158.340,- [DM 163.950,-]
08/2000 Coupé:	DM 140.940,- [DM 146.550,-]
Cabriolet:	DM 159.940,- [DM 165.550,-]

911 Carrera 4 Coupé und Cabriolet [Tiptronic S] MJ 1999 bis MJ 2001

Motor

Bauart:	6-Zylinder-Boxermotor
Einbauposition:	Heckmotor
Kühlung:	wassergekühlt
Motor-Typ:	M 90/02 [M 96/02]
Hubraum (cm³):	3387
Bohrung x Hub:	96 x 78
Leistung (kW/PS):	221/300 bei 6800/min
Drehmoment (Nm):	350 bei 4600/min
Literleistung (kW/l / PS/l):	65,2 / 88,6
Verdichtung:	11,3 : 1
Ventilsteuerung:	dohc über Doppelkette, 4 Ventile pro Zylinder, Vario-Cam, Einlaß-Nockenwellenverstellung 25°
Gemischaufbereitung:	Bosch DME, Motronic M 5.2, sequenzielle Multi-Point-Saugrohreinspritzung
ab MJ 2000:	Bosch DME, Motronic M 7.2, sequenzielle Multi-Point-Saugrohreinspritzung
Zündung:	Bosch DME, Kennfeldzündung mit ruhender Hochspannungsverteilung mit Einzelzündspulen
Zündfolge:	1 - 6 - 2 - 4 - 3 - 5
Schmierung:	Integrierte Trockensumpfschmierung
Ölmenge (l):	10,25

Kraftübertragung

Antrieb:	Allradantrieb über Viscolamellenkupplung und Kardanwelle
Schaltgetriebe:	6-Gang
Sonderwunsch Tiptronic S:	[5-Gang]
Getriebe-Typ:	G 96/30 [A 96/30]
Übersetzungen:	
1. Gang:	3,82 [3,66]
2. Gang:	2,20 [2,00]
3. Gang:	1,52 [1,41]
4. Gang:	1,22 [1,00]
5. Gang:	1,02 [0,74]
6. Gang:	0,84
Rückwärtsgang:	3,55 [4,10]
Achsübersetzung:	3,44 [3,68]

Karosserie, Fahrwerk, Bremse, Räder und Reifen

Karosserie:	2-türige, 2 + 2-sitzige, selbsttragende Karosserie aus beidseitig feuerverzinktem Stahlblech, Seitenaufprallschutz in den Türen, verformbare Bug- und Heckverkleidungen aus Kunststoff mit integrierten Leichtmetallstoßfängern, an Prallrohren befestigt, Heckdeckel mit automatisch ausfahrbarem Heckspoiler
Coupé:	Festes verschweißtes Stahldach
Sonderwunsch:	Elektrisches Hebe-/Schiebedach
Cabriolet:	Elektrisch betätigtes, vollautomatisches Stoffverdeck mit flexibler Kunststoffheckscheibe, automatisch ausfahrbarer Überrollschutz
Serie:	Hardtop aus Aluminium mit beheizbarer Heckscheibe
Vorderradaufhängung:	Einzelradaufhängung an McPherson-Federbeinen mit Längslenkern und Querlenkern aus Leichtmetall, Schraubenfedern, Zweirohr-Gasdruckstoßdämpfer, Stabilisator
Hinterradaufhängung:	Einzelradaufhängung an je fünf Lenkern der Mehrlenkerhinterachse mit LSA-System (Leichtbau-Stabilität-Agilität) und Fahrschemel aus Leichtmetall, Schraubenfedern, Einrohr-Gasdruckstoßdämpfer, Stabilisator
Bremse v/h (Durchm. x B (mm)):	innenbelüftete gelochte Scheiben (318 x 28) / innenbelüftete gelochte Scheiben (299 x 24) titanfarbene 4-Kolben-Monobloc-Aluminium-Festsättel / titanfarbene 4-Kolben-Monobloc-Aluminium-Festsättel Bosch ABS 5.3
Räder v/h:	7 J x 17 / 9 J x 17
Reifen v/h:	205/50 ZR 17 / 255/40 ZR 17
Sonderwunsch:	7,5 J x 18 / 10 J x 18 225/40 ZR 18 / 265/35 ZR 18

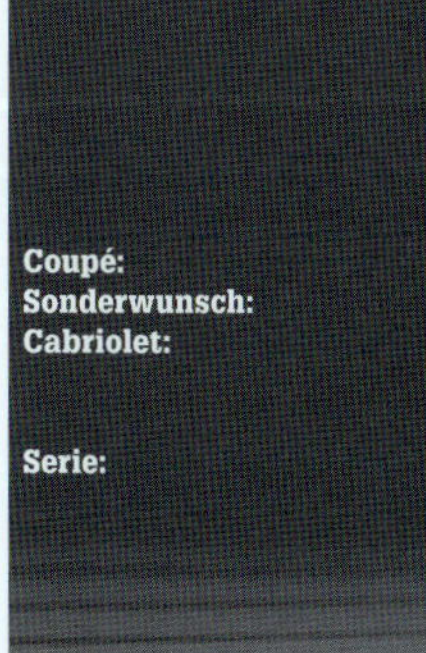

Elektrik

Lichtmaschinenleistung (W/A):	1680 / 120
Batterie (V/Ah):	12 / 70

Abmessungen, Gewichte und Volumen

Spurweite v/h (mm):	1455 / 1500
mit 7,5 J x 18 / 10 J x 18:	1465 / 1480
Radstand (mm):	2350
Maße (L x B x H (mm)):	4430 x 1765 x 1305
Leergewicht nach DIN (kg):	1375 [1420]
Cabriolet:	1450 [1495]
zul. Gesamtgewicht (kg):	1775 [1820]
Cabriolet:	1850 [1895]
Kofferraumvolumen (VDA (l)):	100
Gepäckraum im Innenraum*:	200 / 210**
Tankvolumen (l):	64, davon 10 Reserve
C_W x A (m²):	0,30 x 1,94 = 0,582
Leistungsgewicht (kg/kW / kg/PS):	6,22 [6,42] / 4,58 [4,73]
Cabriolet:	6,56 [6,76] / 4,83 [4,98]
***bei umgeklappten Rücksitzlehnen**	
****Cabriolet bei geschl. Verdeck**	

Kraftstoffverbrauch

nach 89/491/EWG (l/100 km):	98 ROZ Super plus bleifrei
Bei 90 km/h konstant:	6,9 [7,4]
Bei 120 km/h konstant:	8,9 [8,9]
Stadtzyklus:	15,5 [16,5]
Drittelmix:	10,4 [10,9]
nach 93/116/EG (l/100 km):	98 ROZ Super plus bleifrei
Innerstädtisch:	17,4 [18,6]
Außerstädtisch:	8,8 [8,8]
Gesamt:	12,0 [12,4]
CO_2-Emissionen (g/km):	295 [304]

Fahrleistungen, Stückzahlen, Preise

Beschleunigung 0–100 km/h (s):	5,2 [6,0]
Cabriolet:	5,4 [6,2]
0–160 km/h (s):	11,6 [13,1]
Cabriolet:	12,0 [13,5]
Höchstgeschw. (km/h):	280 [275]
Cabriolet:	280 [275]
Stückzahl:	
Coupé:	12.643
Cabriolet:	9.411
Listenpreise:	
08/1998 Coupé:	DM 147.640,- [DM 153.250,-]
Cabriolet:	DM 166.160,- [DM 171.770,-]
08/1999 Coupé:	DM 150.590,- [DM 156.200,-]
Cabriolet:	DM 169.400,- [DM 175.010,-]
08/2000 Coupé:	DM 152.100,- [DM 157.710,-]
Cabriolet:	DM 171.100,- [DM 176.710,-]

911 GT3 Coupé MJ 2000 bis MJ 2001

Motor

Bauart:	6-Zylinder-Boxermotor
Einbauposition:	Heckmotor
Kühlung:	wassergekühlt
Motor-Typ:	M 96/76
Hubraum (cm³):	3600
Bohrung x Hub:	100 x 76,4
Leistung (kW/PS):	265/360 bei 7200/min
Drehmoment (Nm):	370 bei 5000/min
Literleistung (kW/l / PS/l):	73,6 / 100,0
Verdichtung:	11,7 : 1
Ventilsteuerung:	dohc über Doppelkette, 4 Ventile pro Zylinder, Vario-Cam, Einlaß-Nockenwellenverstellung 25°
Gemischaufbereitung:	Bosch DME, Motronic M 5.2.2, sequenzielle Multi-Point-Saugrohreinspritzung
Zündung:	Bosch DME, Kennfeldzündung mit ruhender Hochspannungsverteilung mit Einzelzündspulen
Zündfolge:	1 - 6 - 2 - 4 - 3 - 5
Schmierung:	Trockensumpfschmierung
Ölmenge (l):	12,5

Kraftübertragung

Antrieb:	Heckantrieb
Schaltgetriebe:	6-Gang
Getriebe-Typ:	G 96/90
Übersetzungen:	
1. Gang:	3,82
2. Gang:	2,15
3. Gang:	1,56
4. Gang:	1,21
5. Gang:	0,97
6. Gang:	0,83
Rückwärtsgang:	2,86
Achsübersetzung:	3,44
Sperrdifferential Zug/Schub (%):	40 / 60

Karosserie, Fahrwerk, Bremse, Räder und Reifen

Karosserie:	2-türige, 2-sitzige, selbsttragende Coupé-Karosserie aus beidseitig feuerverzinktem Stahlblech, Seitenaufprallschutz in den Türen, verformbare Bug- und Heckverkleidungen aus Kunststoff mit integrierten Leichtmetallstoßfängern, an Prallrohren befestigt, Bugteil mit Spoilerlippe, Heckdeckel aus Kunststoff mit Abrißkante und feststehendem Heckspoiler
Clubsport:	Überrollkäfig (geschraubt)
Vorderradaufhängung:	Einzelradaufhängung an McPherson-Federbeinen mit Längslenkern und Querlenkern aus Leichtmetall, Schraubenfedern, Zweirohr-Gasdruckstoßdämpfer, Stabilisator
Hinterradaufhängung:	Einzelradaufhängung an je fünf Lenkern der Mehrlenkerhinterachse mit LSA-System (Leichtbau-Stabilität-Agilität) und Fahrschemel aus Leichtmetall, Schraubenfedern, Einrohr-Gasdruckstoßdämpfer, Stabilisator
Bremse v/h (Durchm. x B (mm)):	innenbelüftete gelochte Scheiben (330 x 34) / innenbelüftete gelochte Scheiben (330 x 28) rote 4-Kolben-Monobloc-Aluminium-Festsättel / rote 4-Kolben-Monobloc-Aluminium-Festsättel Bosch ABS 5.3
Räder v/h:	8 J x 18* / 10 J x 18*
Reifen v/h:	225/40 ZR 18 / 285/30 ZR 18
***plus Distanzscheiben 5 mm**	

Elektrik

Lichtmaschinenleistung (W/A):	1680 / 120
Batterie (V/Ah):	12 / 36
mit Klimaanlage:	12 / 46

Abmessungen, Gewichte und Volumen

Spurweite v/h (mm):	1475 / 1495
Radstand (mm):	2350
Maße (L x B x H (mm)):	4430 x 1765 x 1270
Leergewicht nach DIN (kg):	1350
zul. Gesamtgewicht (kg):	1630
Kofferraumvolumen (VDA (l)):	110
Tankvolumen (l):	89, davon 12,5 Reserve
C_W x A (m²):	0,30 x 1,95 = 0,585
Leistungsgewicht (kg/kW / kg/PS):	5,09 / 3,75

Kraftstoffverbrauch

nach 93/116/EG (l/100 km):	98 ROZ Super plus bleifrei
Innerstädtisch:	20,1
Außerstädtisch:	8,9
Gesamt:	12,9
CO_2-Emissionen (g/km):	320

Fahrleistungen, Stückzahlen, Preise

Beschleunigung 0–100 km/h (s):	4,8
0–160 km/h (s):	10,2
Höchstgeschw. (km/h):	302
Stückzahl:	1.868
Listenpreise:	
03/1999 Coupé:	DM 179.500,-
Coupé mit Clubsport-Paket:	DM 179.500,-
08/2000 Coupé:	DM 181.295,-
Coupé mit Clubsport-Paket:	DM 181.295,-

911 Carrera Coupé und Cabriolet mit Leistungssteigerung MJ 1999 bis MJ 2001

Motor

Bauart:	6-Zylinder-Boxermotor
Einbauposition:	Heckmotor
Kühlung:	wassergekühlt
Motor-Typ:	M 96/01 S
Hubraum (cm³):	3387
Bohrung x Hub:	96 x 78
Leistung (kW/PS):	235/320 bei 6800/min
Drehmoment (Nm):	350 bei 4600/min
Literleistung (kW/l / PS/l):	69,4 / 94,5
Verdichtung:	11,3 : 1
Ventilsteuerung:	dohc über Doppelkette, 4 Ventile pro Zylinder, Vario-Cam, Einlaß-Nockenwellenverstellung 25°
Gemischaufbereitung:	Bosch DME, Motronic M 5.2, sequenzielle Multi-Point-Saugrohreinspritzung
ab MJ 2000:	Bosch DME, Motronic M 7.2, sequenzielle Multi-Point-Saugrohreinspritzung
Zündung:	Bosch DME, Kennfeldzündung mit ruhender Hochspannungsverteilung mit Einzelzündspulen
Zündfolge:	1 - 6 - 2 - 4 - 3 - 5
Schmierung:	Integrierte Trockensumpfschmierung
Ölmenge (l):	10,25

Kraftübertragung

Antrieb:	Heckantrieb
Schaltgetriebe:	6-Gang
Getriebe-Typ:	G 96/00
Übersetzungen:	
1. Gang:	3,82
2. Gang:	2,20
3. Gang:	1,52
4. Gang:	1,22
5. Gang:	1,02
6. Gang:	0,84
Rückwärtsgang:	3,55
Achsübersetzung:	3,44

Karosserie, Fahrwerk, Bremse, Räder und Reifen

Karosserie:	2-türige, 2 + 2-sitzige, selbsttragende Karosserie aus beidseitig feuerverzinktem Stahlblech, Seitenaufprallschutz in den Türen, verformbare Bug- und Heckverkleidungen aus Kunststoff mit integrierten Leichtmetallstoßfängern, an Prallrohren befestigt, Heckdeckel mit automatisch ausfahrbarem Heckspoiler
Coupé:	Festes verschweißtes Stahldach
Sonderwunsch:	Elektrisches Hebe-/Schiebedach
Cabriolet:	Elektrisch betätigtes, vollautomatisches Stoffverdeck mit flexibler Kunststoffheckscheibe, automatisch ausfahrbarer Überrollschutz
Serie:	Hardtop aus Aluminium mit beheizbarer Heckscheibe
Vorderradaufhängung:	Einzelradaufhängung an McPherson-Federbeinen mit Längslenkern und Querlenkern aus Leichtmetall, Schraubenfedern, Zweirohr-Gasdruckstoßdämpfer, Stabilisator
Hinterradaufhängung:	Einzelradaufhängung an je fünf Lenkern der Mehrlenkerhinterachse mit LSA-System (Leichtbau-Stabilität-Agilität) und Fahrschemel aus Leichtmetall, Schraubenfedern, Einrohr-Gasdruckstoßdämpfer, Stabilisator
Bremse v/h (Durchm. x B (mm)):	innenbelüftete gelochte Scheiben (318 x 28) / innenbelüftete gelochte Scheiben (299 x 24) schwarze 4-Kolben-Monobloc-Aluminium-Festsättel / schwarze 4-Kolben-Monobloc-Aluminium-Festsättel Bosch ABS 5.3
Räder v/h:	7 J x 17 / 9 J x 17
Reifen v/h:	205/50 ZR 17 / 255/40 ZR 17
Sonderwunsch:	7,5 J x 18 / 10 J x 18 225/40 ZR 18 / 265/35 ZR 18

Elektrik

Lichtmaschinenleistung (W/A):	1680 / 120
Batterie (V/Ah):	12 / 70

Abmessungen, Gewichte und Volumen

Spurweite v/h (mm):	1455 / 1500
mit 7,5 J x 18 7 10 x 18:	1465 / 1480
Radstand (mm):	2350
Maße (L x B x H (mm)):	4430 x 1765 x 1305
Leergewicht nach DIN (kg):	1320
Cabriolet:	1395
zul. Gesamtgewicht (kg):	1720
Cabriolet:	1795
Kofferraumvolumen (VDA (l)):	130
Gepäckraum im Innenraum*:	200 / 210**
Tankvolumen (l):	64, davon 10 Reserve
C_W x A (m²):	0,30 x 1,94 = 0,582
Leistungsgewicht (kg/kW / kg/PS):	5,61 / 4,12
Cabriolet:	5,93 / 4,35

***bei umgeklappten Rücksitzlehnen**
****Cabriolet bei geschl. Verdeck**

Kraftstoffverbrauch

nach 93/116/EG (l/100 km):	98 ROZ Super plus bleifrei
Innerstädtisch:	17,4
Außerstädtisch:	8,8
Gesamt:	12,0
CO_2-Emissionen (g/km):	295

Fahrleistungen, Stückzahlen, Preise

Beschleunigung 0–100 km/h (s):	unter 5,2
Cabriolet:	unter 5,4
0–160 km/h (s):	unter 11,5
Cabriolet:	unter 12,0
Höchstgeschw. (km/h):	285
Stückzahl:	n/a
Aufpreis für Leistungssteigerung:	
08/2000 Tequipment:	DM 14.500,-
08/2001 Tequipment:	DM 14.997,-

911 Carrera 4 Coupé Millennium [Tiptronic S] MJ 2000

Motor

Bauart:	6-Zylinder-Boxermotor
Einbauposition:	Heckmotor
Kühlung:	wassergekühlt
Motor-Typ:	M 96/02 [M 96/02]
Hubraum (cm³):	3387
Bohrung x Hub:	96 x 78
Leistung (kW/PS):	221/300 bei 6800/min
Drehmoment (Nm):	350 bei 4600/min
Literleistung (kW/l / PS/l):	65,2 / 88,6
Verdichtung:	11,3 : 1
Ventilsteuerung:	dohc über Doppelkette, 4 Ventile pro Zylinder, Vario-Cam, Einlaß-Nockenwellenverstellung 25°
Gemischaufbereitung:	Bosch DME, Motronic M 7.2, sequenzielle Multi-Point-Saugrohreinspritzung
Zündung:	Bosch DME, Kennfeldzündung mit ruhender Hochspannungsverteilung mit Einzelzündspulen
Zündfolge:	1 - 6 - 2 - 4 - 3 - 5
Schmierung:	Integrierte Trockensumpfschmierung
Ölmenge (l):	10,25

Kraftübertragung

Antrieb:	Allradantrieb über Viscolamellenkupplung und Kardanwelle
Schaltgetriebe:	6-Gang
Sonderwunsch Tiptronic S:	[5-Gang]
Getriebe-Typ:	G 96/30 [A 96/30]
Übersetzungen:	
1. Gang:	3,82 [3,66]
2. Gang:	2,20 [2,00]
3. Gang:	1,52 [1,41]
4. Gang:	1,22 [1,00]
5. Gang:	1,02 [0,74]
6. Gang:	0,84
Rückwärtsgang:	3,55 [4,10]
Achsübersetzung:	3,44 [3,68]

Karosserie, Fahrwerk, Bremse, Räder und Reifen

Karosserie:	2-türige, 2 + 2-sitzige, selbsttragende Coupé-Karosserie aus beidseitig feuerverzinktem Stahlblech, Seitenaufprallschutz in den Türen, verformbare Bug- und Heckverkleidungen aus Kunststoff mit integrierten Leichtmetallstoßfängern, an Prallrohren befestigt, Heckdeckel mit automatisch ausfahrbarem Heckspoiler
Exklusivfarbe:	Violettchromaflair
Serie:	Elektrisches Hebe-/Schiebedach
Vorderradaufhängung:	Einzelradaufhängung an McPherson-Federbeinen mit Längslenkern und Querlenkern aus Leichtmetall, Schraubenfedern, Zweirohr-Gasdruckstoßdämpfer, Stabilisator
Hinterradaufhängung:	Einzelradaufhängung an je fünf Lenkern der Mehrlenkerhinterachse mit LSA-System (Leichtbau-Stabilität-Agilität) und Fahrschemel aus Leichtmetall, Schraubenfedern, Einrohr-Gasdruckstoßdämpfer, Stabilisator
Bremse v/h (Durchm. x B (mm)):	innenbelüftete gelochte Scheiben (318 x 28) / innenbelüftete gelochte Scheiben (299 x 24) titanfarbene 4-Kolben-Monobloc-Aluminium-Festsättel / titanfarbene 4-Kolben-Monobloc-Aluminium-Festsättel Bosch ABS 5.3
Räder v/h:	7,5 J x 18 / 10 J x 18
Reifen v/h:	225/40 ZR 18 / 265/35 ZR 18

Elektrik

Lichtmaschinenleistung (W/A):	1680 / 120
Batterie (V/Ah):	12 / 70

Abmessungen, Gewichte und Volumen

Spurweite v/h (mm):	1465 / 1480
Radstand (mm):	2350
Maße (L x B x H (mm)):	4430 x 1765 x 1305
Leergewicht nach DIN (kg):	1375 [1420]
zul. Gesamtgewicht (kg):	1775 [1820]
Kofferraumvolumen (VDA (l)):	100
Gepäckraum im Innenraum*:	200
Tankvolumen (l):	64, davon 10 Reserve
C_W x A (m²):	0,30 x 1,94 = 0,582
Leistungsgewicht (kg/kW / kg/PS):	6,22 [6,42] / 4,58 [4,73]
***bei umgeklappten Rücksitzlehnen**	

Kraftstoffverbrauch

nach 93/116/EG (l/100 km):	98 ROZ Super plus bleifrei
Innerstädtisch:	17,4 [18,6]
Außerstädtisch:	8,8 [8,8]
Gesamt:	12,0 [12,4]
CO_2-Emissionen (g/km):	295 [304]

Fahrleistungen, Stückzahlen, Preise

Beschleunigung 0–100 km/h (s):	5,2 [6,0]
0–160 km/h (s):	11,6 [13,1]
Höchstgeschw. (km/h):	280 [275]
Stückzahl:	911 – limitiert
Listenpreise:	
09/1999 Coupé:	DM 185.000,- [DM 190.610,-]

911 Turbo Coupé [Tiptronic S]
Januar 2000 bis MJ 2005

Motor

Bauart:	6-Zylinder-Boxermotor mit Bi-Turboaufladung und Ladeluftkühlung
Einbauposition:	Heckmotor
Kühlung:	wassergekühlt
Motor-Typ:	M 96/70 [M 96/70]
Hubraum (cm³):	3600
Bohrung x Hub:	100 x 76,4
Leistung (kW/PS):	309/420 bei 6000/min
Drehmoment (Nm):	560 bei 2700-4600/min
Literleistung (kW/l / PS/l):	85,8 / 116,7
Verdichtung:	9,4 : 1
Maximaler Ladedruck (bar):	0,8
Ventilsteuerung:	dohc über Doppelkette, 4 Ventile pro Zylinder, VarioCam Plus, Einlaß-Nockenwellenverstellung 25°, Ventilhubschaltung
Gemischaufbereitung:	Bosch DME, Motronic M 7.8, sequenzielle Multi-Point-Saugrohreinspritzung
Zündung:	Bosch DME, Kennfeldzündung mit ruhender Hochspannungsverteilung mit Einzelzündspulen
Zündfolge:	1 - 6 - 2 - 4 - 3 - 5
Schmierung:	Trockensumpfschmierung
Ölmenge (l):	11,0

Kraftübertragung

Antrieb:	Allradantrieb über Viscolamellenkupplung und Kardanwelle
Schaltgetriebe:	6-Gang
Sonderwunsch Tiptronic S:	[5-Gang]
Getriebe-Typ:	G 96/50 [A 96/50]
Übersetzungen:	
1. Gang:	3,82 [3,59]
2. Gang:	2,05 [2,19]
3. Gang:	1,41 [1,41]
4. Gang:	1,12 [1,00]
5. Gang:	0,92 [0,83]
6. Gang:	0,75
Rückwärtsgang:	2,86 [1,99/3,16]
Achsübersetzung:	3,44 [2,89]

Karosserie, Fahrwerk, Bremse, Räder und Reifen

Karosserie:	2-türige, 2 + 2-sitzige, selbsttragende Coupé-Karosserie aus beidseitig feuerverzinktem Stahlblech, verbreiterte Karosserie mit Schwellerverkleidungen, Fondseitenteile mit Lufteinlässen für Ladeluftkühlung, Seitenaufprallschutz in den Türen, verformbare Bug- und Heckverkleidungen aus Kunststoff mit integrierten Leichtmetallstoßfängern, an Prallrohren befestigt, Bugteil mit vergrößerten Kühlöffnungen, Heckteil mit seitlichen Kühlöffnungen, Heckdeckel aus Kunststoff mit Abrißkante und zusätzlich automatisch ausfahrbarem Spaltflügel
Vorderradaufhängung:	Einzelradaufhängung an McPherson-Federbeinen mit Längslenkern und Querlenkern aus Leichtmetall, Schraubenfedern, Zweirohr-Gasdruckstoßdämpfer, Stabilisator
Hinterradaufhängung:	Einzelradaufhängung an je fünf Lenkern der Mehrlenkerhinterachse mit LSA-System (Leichtbau-Stabilität-Agilität) und Fahrschemel aus Leichtmetall, Schraubenfedern, Einrohr-Gasdruckstoßdämpfer, Stabilisator
Bremse v/h (Durchm. x B (mm)):	innenbelüftete gelochte Scheiben (330 x 34) / innenbelüftete gelochte Scheiben (330 x 28) rote 4-Kolben-Monobloc-Aluminium-Festsättel / rote 4-Kolben-Monobloc-Aluminium-Festsättel, Bosch ABS 5.7
Sonderwunsch ab MJ 2003:	Porsche Ceramic Composite Brake (PCCB) innenbelüftete gelochte Keramikfaser-Scheiben (350 x 34) / innenbelüftete gelochte Keramikfaser-Scheiben (350 x 28) gelbe 6-Kolben-Monobloc-Aluminium-Festsättel / gelbe 4-Kolben-Monobloc-Aluminium-Festsättel Bosch ABS 5.7
Räder v/h:	8 J x 18 / 11 J x 18
Reifen v/h:	225/40 ZR 18 / 295/30 ZR 18

Elektrik

Lichtmaschinenleistung (W/A):	1680 / 120
Batterie (V/Ah):	12 / 80

Abmessungen, Gewichte und Volumen

Spurweite v/h (mm):	1465 / 1522
ab MJ 2003:	1472 / 1528
Radstand (mm):	2350
Maße (L x B x H (mm)):	4435 x 1830 x 1295
Leergewicht nach DIN (kg):	1540 [1585]
ab MJ 2004:	1590 [1630]
zul. Gesamtgewicht (kg):	1885 [1930]
ab MJ 2004:	1935 [1975]
Kofferraumvolumen (VDA (l)):	100
Gepäckraum im Innenraum*:	200
Tankvolumen (l):	64, davon 10 Reserve
C_W x A (m²):	0,31 x 2,00 = 0,62
Leistungsgewicht (kg/kW / kg/PS):	4,98 [5,12] / 3,66 [3,77]

***bei umgeklappten Rücksitzlehnen**

Kraftstoffverbrauch

nach 1999/100/EG (l/100 km):	98 ROZ Super plus bleifrei
Innerstädtisch:	18,9 [21,9]
Außerstädtisch:	9,2 [9,6]
Gesamt:	12,9 [13,9]
CO_2-Emissionen (g/km):	309 [339]

Fahrleistungen, Stückzahlen, Preise

Beschleunigung 0–100 km/h (s):	4,2 [4,9]
ab MJ 2004:	4,2 [4,8]
0–160 km/h (s):	9,2 [10,6]
ab MJ 2004:	9,3 [10,4]
Höchstgeschw. (km/h):	305 [298]
Stückzahl:	22.062
Listenpreise:	
01/2000 Coupé:	DM 234.900,- [DM 240.510,-]
08/2001 Coupé:	DM 244.346,- [DM 249.961,-]
08/2002 Coupé:	Euro 126.208,- [Euro 129.079,-]
08/2003 Coupé:	Euro 128.676,- [Euro 131.547,-]

911 GT2
MJ 2001 bis Dezember 2002

Motor

Bauart:	6-Zylinder-Boxermotor mit Bi-Turboaufladung und Ladeluftkühlung
Einbauposition:	Heckmotor
Kühlung:	wassergekühlt
Motor-Typ:	M 96/70 S
Hubraum (cm³):	3600
Bohrung x Hub:	100 x 76,4
Leistung (kW/PS):	340/462 bei 5700/min
Drehmoment (Nm):	620 bei 3500-4500/min
Literleistung (kW/l / PS/l):	94,4 / 128,3
Verdichtung:	9,4 : 1
Maximaler Ladedruck (bar):	0,9
Ventilsteuerung:	dohc über Doppelkette, 4 Ventile pro Zylinder, VarioCam Plus, Einlaß-Nockenwellenverstellung 30°, Ventilhubschaltung
Gemischaufbereitung:	Bosch DME, Motronic M 7.8, sequenzielle Multi-Point-Saugrohreinspritzung
Zündung:	Bosch DME, Kennfeldzündung mit ruhender Hochspannungsverteilung mit Einzelzündspulen
Zündfolge:	1 - 6 - 2 - 4 - 3 - 5
Schmierung:	Trockensumpfschmierung
Ölmenge (l):	11,0

Kraftübertragung

Antrieb:	Heckantrieb
Schaltgetriebe:	6-Gang
Getriebe-Typ:	G 96/88
Übersetzungen:	
1. Gang:	3,82
2. Gang:	2,05
3. Gang:	1,41
4. Gang:	1,12
5. Gang:	0,92
6. Gang:	0,75
Rückwärtsgang:	2,86
Achsübersetzung:	3,44
Sperrdifferential Zug/Schub (%):	40 / 60

Karosserie, Fahrwerk, Bremse, Räder und Reifen

Karosserie:	2-türige, 2-sitzige, selbsttragende Coupé-Karosserie aus beidseitig feuerverzinktem Stahlblech, verbreiterte Karosserie mit Schwellerverkleidungen, Fondseitenteile mit Lufteinlässen für Ladeluftkühlung, Seitenaufprallschutz in den Türen, verformbare Bug- und Heckverkleidungen aus Kunststoff mit integrierten Leichtmetallstoßfängern, an Prallrohren befestigt, Bugteil mit vergrößerten Kühlöffnungen und obenliegender Ausströmöffnung, Heckteil mit seitlichen Kühlöffnungen, Heckdeckel mit feststehendem Heckflügel mit manuell einstellbarem Flügelprofil
Clubsport:	Überrollkäfig (Überrollbügel verschraubt, vorderer Teil beigelegt)
Vorderradaufhängung:	Einzelradaufhängung an McPherson-Federbeinen mit Längslenkern und Querlenkern aus Leichtmetall, Schraubenfedern, Zweirohr-Gasdruckstoßdämpfer, Stabilisator
Hinterradaufhängung:	Einzelradaufhängung an je fünf Lenkern der Mehrlenkerhinterachse mit LSA-System (Leichtbau-Stabilität-Agilität) und Fahrschemel aus Leichtmetall, Schraubenfedern, Einrohr-Gasdruckstoßdämpfer, Stabilisator
Bremse v/h (Durchm. x B (mm)):	Porsche Ceramic Composite Brake (PCCB) innenbelüftete gelochte Keramikfaser-Scheiben (350 x 34) / innenbelüftete gelochte Keramikfaser-Scheiben (350 x 28) gelbe 6-Kolben-Monobloc-Aluminium-Festsättel / gelbe 4-Kolben-Monobloc-Aluminium-Festsättel Bosch ABS 5.7
Räder v/h:	8,5 J x 18 / 12 J x 18
Reifen v/h:	235/40 ZR 18 / 315/30 ZR 18

Elektrik

Lichtmaschinenleistung (W/A):	1680 / 120
Batterie (V/Ah):	12 / 60

Abmessungen, Gewichte und Volumen

Spurweite v/h (mm):	1495 / 1520
Radstand (mm):	2355
Maße (L x B x H (mm)):	4450 x 1830 x 1275
Leergewicht nach DIN (kg):	1440
ab MJ 2003:	1420
zul. Gesamtgewicht (kg):	1730
Kofferraumvolumen (VDA (l)):	110
Tankvolumen (l):	89, davon 12,5 Reserve
C_W x A (m²):	0,34 x 1,96 = 0,666
Leistungsgewicht (kg/kW / kg/PS):	4,23 / 3,11
ab MJ 2003:	4,17 / 3,07

Kraftstoffverbrauch

nach 1999/100/EG (l/100 km):	98 ROZ Super plus bleifrei
Innerstädtisch:	18,9
Außerstädtisch:	9,3
Gesamt:	12,9
CO_2-Emissionen (g/km):	309

Fahrleistungen, Stückzahlen, Preise

Beschleunigung 0–100 km/h (s):	4,1
0–160 km/h (s):	8,5
Höchstgeschw. (km/h):	315
Stückzahl bis MJ 2002:	963
Listenpreise:	
08/2000 Coupé:	DM 339.000,-
Coupé mit Clubsport-Paket:	DM 339.000,-
07/2001 Coupé:	Euro 173.328,-
Coupé mit Clubsport-Paket:	Euro 173.328,-
08/2002 Coupé:	Euro 175.044,-
Coupé mit Clubsport-Paket:	Euro 175.044,-

911 Carrera Coupé und Cabriolet [Tiptronic S] MJ 2002 bis Mai/Oktober 2004

Motor

Bauart:	6-Zylinder-Boxermotor
Einbauposition:	Heckmotor
Kühlung:	wassergekühlt
Motor-Typ:	M 96/03 [M 96/03]
Hubraum (cm^3):	3596
Bohrung x Hub:	96 x 82,8
Leistung (kW/PS):	235/320 bei 6800/min
Drehmoment (Nm):	370 bei 4250/min
Literleistung (kW/l / PS/l):	65,4 / 89,0
Verdichtung:	11,3 : 1
Ventilsteuerung:	dohc über Doppelkette, 4 Ventile pro Zylinder, VarioCam Plus, Einlaß-Nockenwellenverstellung 40°, Ventilhubschaltung
Gemischaufbereitung:	Bosch DME, Motronic M 7.8, sequenzielle Multi-Point-Saugrohreinspritzung
Zündung:	Bosch DME, Kennfeldzündung mit ruhender Hochspannungsverteilung mit Einzelzündspulen
Zündfolge:	1 - 6 - 2 - 4 - 3 - 5
Schmierung:	Integrierte Trockensumpfschmierung
Ölmenge (l):	8,75

Kraftübertragung

Antrieb:	Heckantrieb
Schaltgetriebe:	6-Gang
Sonderwunsch Tiptronic S:	[5-Gang]
Getriebe-Typ:	G 96/01 [A96/10]
Übersetzungen:	
1. Gang:	3,82 [3,60]
2. Gang:	2,20 [2,19]
3. Gang:	1,52 [1,41]
4. Gang:	1,22 [1,00]
5. Gang:	1,02 [0,83]
6. Gang:	0,84
Rückwärtsgang:	3,55 [3,17]
Achsübersetzung:	3,44 [3,37]

Karosserie, Fahrwerk, Bremse, Räder und Reifen

Karosserie:	2-türige, 2 + 2-sitzige, selbsttragende Karosserie aus beidseitig feuerverzinktem Stahlblech, Seitenaufprallschutz in den Türen, verformbare Bug- und Heckverkleidungen aus Kunststoff mit integrierten Leichtmetallstoßfängern, an Prallrohren befestigt, Heckdeckel mit automatisch ausfahrbarem Heckspoiler
Coupé:	Festes verschweißtes Stahldach
Sonderwunsch:	Elektrisches Hebe-/Schiebedach
Cabriolet:	Elektrisch betätigtes, vollautomatisches Stoffverdeck mit beheizbarer Festglasheckscheibe, automatisch ausfahrbarer Überrollschutz
Serie:	Hardtop aus Aluminium mit beheztbarer Heckscheibe
Vorderradaufhängung:	Einzelradaufhängung an McPherson-Federbeinen mit Längslenkern und Querlenkern aus Leichtmetall, Schraubenfedern, Zweirohr-Gasdruckstoßdämpfer, Stabilisator
Hinterradaufhängung:	Einzelradaufhängung an je fünf Lenkern der Mehrlenkerhinterachse mit LSA-System (Leichtbau-Stabilität-Agilität) und Fahrschemel aus Leichtmetall, Schraubenfedern, Einrohr-Gasdruckstoßdämpfer, Stabilisator
Bremse v/h (Durchm. x B (mm)):	innenbelüftete gelochte Scheiben (318 x 28) / innenbelüftete gelochte Scheiben (299 x 24) schwarze 4-Kolben-Monobloc-Aluminium-Festsättel / schwarze 4-Kolben-Monobloc-Aluminium-Festsättel Bosch ABS 5.7
Räder v/h:	7 J x 17 / 9 J x 17
Reifen v/h:	205/50 ZR 17 / 255/40 ZR 17
Sonderwunsch:	8 J x 18 / 10 J x 18 225/40 ZR 18 / 285/30 ZR 18

Elektrik

Lichtmaschinenleistung (W/A):	1680 / 120
Batterie (V/Ah):	12 / 80

Abmessungen, Gewichte und Volumen

Spurweite v/h (mm):	1465 / 1500
mit 8 J x 18 7 10 J x 18:	1465 / 1480
Radstand (mm):	2350
Maße (L x B x H (mm)):	4430 x 1770 x 1305
Leergewicht nach DIN (kg):	1345 [1400]
Cabriolet:	1425 [1480]
ab MJ 2003:	1370 [1425]
Cabriolet:	1450 [1505]
zul. Gesamtgewicht (kg):	1790 [1845]
Cabriolet:	1855 [1910]
Kofferraumvolumen (VDA (l)):	130
Gepäckraum im Innenraum*:	200 / 210**
Tankvolumen (l):	64, davon 10 Reserve
C_W x A (m^2):	0,30 x 1,94 = 0,582
Leistungsgewicht (kg/kW / kg/PS):	5,72 [5,95] / 4,20 [4,37]
Cabriolet:	6,06 [6,29] / 4,45 [4,62]
ab MJ 2003:	5,82 [6,06] / 4,28 [4,45]
Cabriolet:	6,17 [6,40] / 4,53 [4,70]
***bei umgeklappten Rücksitzlehnen**	
****Cabriolet bei geschl. Verdeck**	

Kraftstoffverbrauch

nach 1999/100/EG (l/100 km):	98 ROZ Super plus bleifrei
Innerstädtisch:	16,1 [16,9]
Außerstädtisch:	8,1 [8,1]
Gesamt:	11,1 [11,3]
CO_2-Emissionen (g/km):	269 [274]

Fahrleistungen, Stückzahlen, Preise

Beschleunigung 0–100 km/h (s):	5,0 [5,5]
Cabriolet:	5,2 [5,7]
0–160 km/h (s):	11,0 [12,0]
Cabriolet:	11,4 [12,4]
Höchstgeschw. (km/h):	285 [280]
Cabriolet:	285 [280]
Stückzahl:	
Coupé:	16.521
Cabriolet:	9.249
Listenpreise:	
08/2001 Coupé:	DM 143.840,- [DM 149.455,-]
Cabriolet:	DM 163.125,- [DM 168.740,-]
08/2002 Coupé:	Euro 74.356,- [Euro 77.227,-]
Cabriolet:	Euro 84.322,- [Euro 87.193,-]
08/2003 Coupé:	Euro 74.504,- [Euro 77.375,-]
Cabriolet:	Euro 84.480,- [Euro 87.351,-]
06/2004 Cabriolet:	Euro 84.480,- [Euro 87.351,-]

911 Carrera 4 Coupé und Cabriolet [Tiptronic S] MJ 2002 bis Juli 2004

Motor

Bauart:	6-Zylinder-Boxermotor
Einbauposition:	Heckmotor
Kühlung:	wassergekühlt
Motor-Typ:	M 96/03 [M 96/03]
Hubraum (cm^3):	3596
Bohrung x Hub:	96 x 82,8
Leistung (kW/PS):	235/320 bei 6800/min
Drehmoment (Nm):	370 bei 4250/min
Literleistung (kW/l / PS/l):	65,4 / 89,0
Verdichtung:	11,3 : 1
Ventilsteuerung:	dohc über Doppelkette, 4 Ventile pro Zylinder, VarioCam Plus, Einlaß-Nockenwellenverstellung 40°, Ventilhubschaltung
Gemischaufbereitung:	Bosch DME, Motronic M 7.8, sequenzielle Multi-Point-Saugrohreinspritzung
Zündung:	Bosch DME, Kennfeldzündung mit ruhender Hochspannungsverteilung mit Einzelzündspulen
Zündfolge:	1 - 6 - 2 - 4 - 3 - 5
Schmierung:	Integrierte Trockensumpfschmierung
Ölmenge (l):	8,75

Kraftübertragung

Antrieb:	Allradantrieb über Viscolamellenkupplung und Kardanwelle
Schaltgetriebe:	6-Gang
Sonderwunsch Tiptronic S:	[5-Gang]
Getriebe-Typ:	G 96/31 [A 96/35]
Übersetzungen:	
1. Gang:	3,82 [3,60]
2. Gang:	2,20 [2,19]
3. Gang:	1,52 [1,41]
4. Gang:	1,22 [1,00]
5. Gang:	1,02 [0,83]
6. Gang:	0,84
Rückwärtsgang:	3,55 [3,17]
Achsübersetzung:	3,44 [3,37]

Karosserie, Fahrwerk, Bremse, Räder und Reifen

Karosserie:	2-türige, 2 + 2-sitzige, selbsttragende Karosserie aus beidseitig feuerverzinktem Stahlblech, Seitenaufprallschutz in den Türen, verformbare Bug- und Heckverkleidungen aus Kunststoff mit integrierten Leichtmetallstoßfängern, an Prallrohren befestigt, Heckdeckel mit automatisch ausfahrbarem Heckspoiler
Coupé:	Festes verschweißtes Stahldach
Sonderwunsch:	Elektrisches Hebe-/Schiebedach
Cabriolet:	Elektrisch betätigtes, vollautomatisches Stoffverdeck mit beheizbarer Festglasheckscheibe, automatisch ausfahrbarer Überrollschutz
Serie:	Hardtop aus Aluminium mit beheizbarer Heckscheibe
Vorderradaufhängung:	Einzelradaufhängung an McPherson-Federbeinen mit Längslenkern und Querlenkern aus Leichtmetall, Schraubenfedern, Zweirohr-Gasdruckstoßdämpfer, Stabilisator
Hinterradaufhängung:	Einzelradaufhängung an je fünf Lenkern der Mehrlenkerhinterachse mit LSA-System (Leichtbau-Stabilität-Agilität) und Fahrschemel aus Leichtmetall, Schraubenfedern, Einrohr-Gasdruckstoßdämpfer, Stabilisator
Bremse v/h (Durchm. x B (mm)):	innenbelüftete gelochte Scheiben (318 x 28) / innenbelüftete gelochte Scheiben (299 x 24) titanfarbene 4-Kolben-Monobloc-Aluminium-Festsättel / titanfarbene 4-Kolben-Monobloc-Aluminium-Festsättel Bosch ABS 5.7
Räder v/h:	7 J x 17 / 9 J x 17
Reifen v/h:	205/50 ZR 17 / 255/40 ZR 17
Sonderwunsch:	8 J x 18 / 10 J x 18
	225/40 ZR 18 / 285/30 ZR 18

Elektrik

Lichtmaschinenleistung (W/A):	1680 / 120
Batterie (V/Ah):	12 / 80

Abmessungen, Gewichte und Volumen

Spurweite v/h (mm):	1465 / 1500
mit 8 J x 18 / 10 J x 18:	1465 / 1480
Radstand (mm):	2350
Maße (L x B x H (mm)):	4430 x 1770 x 1305
Leergewicht nach DIN (kg):	1405 [1460]
Cabriolet:	1485 [1540]
ab MJ 2003:	1430 [1485]
Cabriolet:	1510 [1565]
zul. Gesamtgewicht (kg):	1850 [1905]
Cabriolet:	1915 [1970]
Kofferraumvolumen (VDA (l)):	100
Gepäckraum im Innenraum*:	200 / 210**
Tankvolumen (l):	64, davon 10 Reserve
c_W x A (m^2):	0,30 x 1,94 = 0,582
Leistungsgewicht (kg/kW / kg/PS):	5,97 [6,21] / 4,39 [4,56]
Cabriolet:	6,31 [6,55] / 4,64 [4,81]
ab MJ 2003:	6,08 [6,31] / 4,46 [4,64]
Cabriolet:	6,42 [6,65] / 4,71 [4,89]
***bei umgeklappten Rücksitzlehnen**	
****Cabriolet bei geschl. Verdeck**	

Kraftstoffverbrauch

nach 1999/100/EG (l/100 km):	98 ROZ Super plus bleifrei
Innerstädtisch:	16,3 [18,1]
Außerstädtisch:	8,3 [8,7]
Gesamt:	11,3 [11,9]
CO_2-Emissionen (g/km):	274 [289]

Fahrleistungen, Stückzahlen, Preise

Beschleunigung 0–100 km/h (s):	5,0 [5,5]
Cabriolet:	5,2 [5,7]
0–160 km/h (s):	11,1 [12,1]
Cabriolet:	11,5 [12,5]
Höchstgeschw. (km/h):	285 [280]
Cabriolet:	285 [280]
Stückzahl:	Coupé 3.231 Cabriolet 7.155
Listenpreise:	
08/2001 Coupé:	DM 155.184,- [DM 160.799,-]
Cabriolet:	DM 174.468,- [DM 180.083,-]
08/2002 Coupé:	Euro 80.156,- [Euro 83.027,-]
Cabriolet:	Euro 90.132,- [Euro 93.003,-]
08/2003 Coupé:	Euro 80.304,- [Euro 83.175,-]
Cabriolet:	Euro 90.280,- [Euro 93.151,-]

911 Targa [Tiptronic S] MJ 2002 bis MJ 2005

Motor

Bauart:	6-Zylinder-Boxermotor
Einbauposition:	Heckmotor
Kühlung:	wassergekühlt
Motor-Typ:	M 96/03 [M 96/03]
Hubraum (cm³):	3596
Bohrung x Hub:	96 x 82,8
Leistung (kW/PS):	235/320 bei 6800/min
Drehmoment (Nm):	370 bei 4250/min
Literleistung (kW/l / PS/l):	65,4 / 89,0
Verdichtung:	11,3 : 1
Ventilsteuerung:	dohc über Doppelkette, 4 Ventile pro Zylinder, VarioCam Plus, Einlaß-Nockenwellenverstellung 40°, Ventilhubschaltung
Gemischaufbereitung:	Bosch DME, Motronic M 7.8, sequenzielle Multi-Point-Saugrohreinspritzung
Zündung:	Bosch DME, Kennfeldzündung mit ruhender Hochspannungsverteilung mit Einzelzündspulen
Zündfolge:	1 - 6 - 2 - 4 - 3 - 5
Schmierung:	Integrierte Trockensumpfschmierung
Ölmenge (l):	8,75

Kraftübertragung

Antrieb:	Heckantrieb
Schaltgetriebe:	6-Gang
Sonderwunsch Tiptronic S:	[5-Gang]
Getriebe-Typ:	G 96/01 [A96/10]
Übersetzungen:	
1. Gang:	3,82 [3,60]
2. Gang:	2,20 [2,19]
3. Gang:	1,52 [1,41]
4. Gang:	1,22 [1,00]
5. Gang:	1,02 [0,83]
6. Gang:	0,84
Rückwärtsgang:	3,55 [3,17]
Achsübersetzung:	3,44 [3,37]

Karosserie, Fahrwerk, Bremse, Räder und Reifen

Karosserie:	2-türige, 2 + 2-sitzige, selbsttragende Targa-Karosserie aus beidseitig feuerverzinktem Stahlblech, Glasdachmodul mit Schiebefunktion und aufklappbarer Heckscheibe, Seitenaufprallschutz in den Türen, verformbare Bug- und Heckverkleidungen aus Kunststoff mit integrierten Leichtmetallstoßfängern, an Prallrohren befestigt, Heckdeckel mit automatisch ausfahrbarem Heckspoiler
Vorderradaufhängung:	Einzelradaufhängung an McPherson-Federbeinen mit Längslenkern und Querlenkern aus Leichtmetall, Schraubenfedern, Zweirohr-Gasdruckstoßdämpfer, Stabilisator
Hinterradaufhängung:	Einzelradaufhängung an je fünf Lenkern der Mehrlenkerhinterachse mit LSA-System (Leichtbau-Stabilität-Agilität) und Fahrschemel aus Leichtmetall, Schraubenfedern, Einrohr-Gasdruckstoßdämpfer, Stabilisator
Bremse v/h (Durchm. x B (mm)):	innenbelüftete gelochte Scheiben (318 x 28) / innenbelüftete gelochte Scheiben (299 x 24) schwarze 4-Kolben-Monobloc-Aluminium-Festsättel / schwarze 4-Kolben-Monobloc-Aluminium-Festsättel Bosch ABS 5.7
Räder v/h:	7 J x 17 / 9 J x 17
Reifen v/h:	205/50 ZR 17 / 255/40 ZR 17
Sonderwunsch:	8 J x 18 / 10 J x 18 225/40 ZR 18 / 285/30 ZR 18

Elektrik

Lichtmaschinenleistung (W/A):	1680 / 120
Batterie (V/Ah):	12 / 80

Abmessungen, Gewichte und Volumen

Spurweite v/h (mm):	1465 / 1500
mit 8 J x 18 / 10 J x 18:	1465 / 1480
Radstand (mm):	2350
Maße (L x B x H (mm)):	4430 x 1770 x 1305
Leergewicht nach DIN (kg):	1415 [1470]
ab MJ 2003:	1440 [1495]
zul. Gesamtgewicht (kg):	1845 [1900]
Kofferraumvolumen (VDA (l)):	130
Gepäckraum im Innenraum*:	230
Tankvolumen (l):	64, davon 10 Reserve
C_W x A (m²):	0,30 x 1,94 = 0,582
Leistungsgewicht (kg/kW / kg/PS):	6,02 [6,25] / 4,42 [4,59]
ab MJ 2003:	6,12 [6,36] / 4,50 [4,67]

*bei umgeklappten Rücksitzlehnen

Kraftstoffverbrauch

nach 1999/100/EG (l/100 km):	98 ROZ Super plus bleifrei
Innerstädtisch:	16,1 [16,9]
Außerstädtisch:	8,1 [8,1]
Gesamt:	11,1 [11,3]
CO_2-Emissionen (g/km):	269 [274]

Fahrleistungen, Stückzahlen, Preise

Beschleunigung 0–100 km/h (s):	5,2 [5,7]
0–160 km/h (s):	11,4 [12,4]
Höchstgeschw. (km/h):	285 [280]
Stückzahl:	5.142
Listenpreise:	
08/2001 Targa:	DM 159.041,- [DM 164.656,-]
08/2002 Targa:	Euro 82.128,- [Euro 84.999,-]
08/2003 Targa:	Euro 82.276,- [Euro 85.147,-]
06/2004 Targa:	Euro 82.276,- [Euro 85.147,-]

911 Carrera 4S Coupé [Tiptronic S] MJ 2002 bis MJ 2005

Motor

Bauart:	6-Zylinder-Boxermotor
Einbauposition:	Heckmotor
Kühlung:	wassergekühlt
Motor-Typ:	M 96/03 [M 96/03]
Hubraum (cm³):	3596
Bohrung x Hub:	96 x 82,8
Leistung (kW/PS):	235/320 bei 6800/min
Drehmoment (Nm):	370 bei 4250/min
Literleistung (kW/l / PS/l):	65,4 / 89,0
Verdichtung:	11,3 : 1
Ventilsteuerung:	dohc über Doppelkette, 4 Ventile pro Zylinder, VarioCam Plus, Einlaß-Nockenwellenverstellung 40°, Ventilhubschaltung
Gemischaufbereitung:	Bosch DME, Motronic M 7.8, sequenzielle Multi-Point-Saugrohreinspritzung
Zündung:	Bosch DME, Kennfeldzündung mit ruhender Hochspannungsverteilung mit Einzelzündspulen
Zündfolge:	1 - 6 - 2 - 4 - 3 - 5
Schmierung:	Integrierte Trockensumpfschmierung
Ölmenge (l):	8,75

Kraftübertragung

Antrieb:	Allradantrieb über Viscolamellenkupplung und Kardanwelle
Schaltgetriebe:	6-Gang
Sonderwunsch Tiptronic S:	[5-Gang]
Getriebe-Typ:	G 96/31 [A96/35]
Übersetzungen:	
1. Gang:	3,82 [3,60]
2. Gang:	2,20 [2,19]
3. Gang:	1,52 [1,41]
4. Gang:	1,22 [1,00]
5. Gang:	1,02 [0,83]
6. Gang:	0,84
Rückwärtsgang:	3,55 [3,17]
Achsübersetzung:	3,44 [3,37]

Karosserie, Fahrwerk, Bremse, Räder und Reifen

Karosserie:	2-türige, 2 + 2-sitzige, selbsttragende Coupé-Karosserie aus beidseitig feuerverzinktem Stahlblech, verbreiterte Karosserie mit Schwellerverkleidungen, Seitenaufprallschutz in den Türen, verformbare Bug- und Heckverkleidungen aus Kunststoff mit integrierten Leichtmetallstoßfängern, an Prallrohren befestigt, Bugteil mit vergrößerten Kühlöffnungen, Heckteil mit seitlichen Kühlöffnungen, Heckdeckel mit integriertem roten Leuchtenband und automatisch ausfahrbarem Heckspoiler
Vorderradaufhängung:	Einzelradaufhängung an McPherson-Federbeinen mit Längslenkern und Querlenkern aus Leichtmetall, Schraubenfedern, Zweirohr-Gasdruckstoßdämpfer, Stabilisator
Hinterradaufhängung:	Einzelradaufhängung an je fünf Lenkern der Mehrlenkerhinterachse mit LSA-System (Leichtbau-Stabilität-Agilität) und Fahrschemel aus Leichtmetall, Schraubenfedern, Einrohr-Gasdruckstoßdämpfer, Stabilisator
Bremse v/h (Durchm. x B (mm)):	innenbelüftete gelochte Scheiben (330 x 34) / innenbelüftete gelochte Scheiben (330 x 28) rote 4-Kolben-Monobloc-Aluminium-Festsättel / rote 4-Kolben-Monobloc-Aluminium-Festsättel Bosch ABS 5.7
Sonderwunsch ab MJ 2003:	Porsche Ceramic Composite Brake (PCCB) innenbelüftete gelochte Keramikfaser-Scheiben (350 x 34) / innenbelüftete gelochte Keramikfaser-Scheiben (350 x 28) gelbe 6-Kolben-Monobloc-Aluminium-Festsättel / gelbe 4-Kolben-Monobloc-Aluminium-Festsättel Bosch ABS 5.7
Räder v/h:	8 J x 18 / 11 J x 18
Reifen v/h:	225/40 ZR 18 / 295/30 ZR 18

Elektrik

Lichtmaschinenleistung (W/A):	1680 / 120
Batterie (V/Ah):	12 / 80

Abmessungen, Gewichte und Volumen

Spurweite v/h (mm):	1472 / 1528
Radstand (mm):	2350
Maße (L x B x H (mm)):	4435 x 1830 x 1295
Leergewicht nach DIN (kg):	1470 [1525]
ab MJ 2003:	1495 [1550]
zul. Gesamtgewicht (kg):	1870 [1925]
Kofferraumvolumen (VDA (l)):	100
Gepäckraum im Innenraum*:	200
Tankvolumen (l):	64, davon 10 Reserve
C_W x A (m²):	0,30 x 2,00 = 0,60
Leistungsgewicht (kg/kW / kg/PS):	6,25 [6,48] / 4,59 [4,76]
ab MJ 2003:	6,36 [6,59] / 4,67 [4,84]
***bei umgeklappten Rücksitzlehnen**	

Kraftstoffverbrauch

nach 1999/100/EG (l/100 km):	98 ROZ Super plus bleifrei
Innerstädtisch:	16,3 [18,2]
Außerstädtisch:	8,5 [8,9]
Gesamt:	11,4 [12,1]
CO_2-Emissionen (g/km):	277 [294]

Fahrleistungen, Stückzahlen, Preise

Beschleunigung 0–100 km/h (s):	5,1 [5,6]
0–160 km/h (s):	11,3 [12,3]
Höchstgeschw. (km/h):	280 [275]
Stückzahl:	17.298
Listenpreise:	
08/2001 Coupé:	DM 170.158,- [DM 175.773,-]
08/2002 Coupé:	Euro 88.740,- [Euro 91.611,-]
08/2003 Coupé:	Euro 89.816,- [Euro 92.687,-]
06/2004 Coupé:	Euro 89.816,- [Euro 92.687,-]

911 Carrera Coupé und Cabriolet mit Leistungssteigerung MJ 2003 bis Mai/Oktober 2004

Motor

Bauart:	6-Zylinder-Boxermotor
Einbauposition:	Heckmotor
Kühlung:	wassergekühlt
Motor-Typ:	M 96/03 S
Hubraum (cm³):	3596
Bohrung x Hub:	96 x 82,8
Leistung (kW/PS):	254/345 bei 6800/min
Drehmoment (Nm):	370 bei 4800/min
Literleistung (kW/l / PS/l):	70,6 / 95,9
Verdichtung:	11,3 : 1
Ventilsteuerung:	dohc über Doppelkette, 4 Ventile pro Zylinder, VarioCam Plus, Einlaß-Nockenwellenverstellung 40°, Ventilhubschaltung
Gemischaufbereitung:	Bosch DME, Motronic M 7.8, sequenzielle Multi-Point-Saugrohreinspritzung
Zündung:	Bosch DME, Kennfeldzündung mit ruhender Hochspannungsverteilung mit Einzelzündspulen
Zündfolge:	1 - 6 - 2 - 4 - 3 - 5
Schmierung:	Integrierte Trockensumpfschmierung
Ölmenge (l):	8,75

Kraftübertragung

Antrieb:	Heckantrieb
Schaltgetriebe:	6-Gang
Getriebe-Typ:	G 96/01
Übersetzungen:	
1. Gang:	3,82
2. Gang:	2,20
3. Gang:	1,52
4. Gang:	1,22
5. Gang:	1,02
6. Gang:	0,84
Rückwärtsgang:	3,55
Achsübersetzung:	3,44

Karosserie, Fahrwerk, Bremse, Räder und Reifen

Karosserie:	2-türige, 2 + 2-sitzige, selbsttragende Karosserie aus beidseitig feuerverzinktem Stahlblech, Seitenaufprallschutz in den Türen, verformbare Bug- und Heckverkleidungen aus Kunststoff mit integrierten Leichtmetallstoßfängern, an Prallrohren befestigt, Heckdeckel mit automatisch ausfahrbarem Heckspoiler
Coupé:	Festes verschweißtes Stahldach
Sonderwunsch:	Elektrisches Hebe-/Schiebedach
Cabriolet:	Elektrisch betätigtes, vollautomatisches Stoffverdeck mit beheizbarer Festglasheckscheibe, automatisch ausfahrbarer Überrollschutz
Serie:	Hardtop aus Aluminium mit beheizbarer Heckscheibe
Vorderradaufhängung:	Einzelradaufhängung an McPherson-Federbeinen mit Längslenkern und Querlenkern aus Leichtmetall, Schraubenfedern, Zweirohr-Gasdruckstoßdämpfer, Stabilisator
Hinterradaufhängung:	Einzelradaufhängung an je fünf Lenkern der Mehrlenkerhinterachse mit LSA-System (Leichtbau-Stabilität-Agilität) und Fahrschemel aus Leichtmetall, Schraubenfedern, Einrohr-Gasdruckstoßdämpfer, Stabilisator
Bremse v/h (Durchm. x B (mm)):	innenbelüftete gelochte Scheiben (318 x 28) / innenbelüftete gelochte Scheiben (299 x 24) schwarze 4-Kolben-Monobloc-Aluminium-Festsättel / schwarze 4-Kolben-Monobloc-Aluminium-Festsättel Bosch ABS 5.7
Räder v/h:	7 J x 17 / 9 J x 17
Reifen v/h:	205/50 ZR 17 / 255/40 ZR 17
Sonderwunsch:	8 J x 18 / 10 J x 18 225/40 ZR 18 / 285/30 ZR 18

Elektrik

Lichtmaschinenleistung (W/A):	1680 / 120
Batterie (V/Ah):	12 / 80

Abmessungen, Gewichte und Volumen

Spurweite v/h (mm):	1465 / 1500
mit 8 J x 18 / 10 J x 18:	1465/ 1480
Radstand (mm):	2350
Maße (L x B x H (mm)):	4430 x 1770 x 1305
Leergewicht nach DIN (kg):	1345
ab MJ 2003:	1370
Cabriolet:	1425
ab MJ 2003:	1450
zul. Gesamtgewicht (kg):	1790
Cabriolet:	1855
Kofferraumvolumen (VDA (l)):	130
Gepäckraum im Innenraum*:	200 /210**
Tankvolumen (l):	64, davon 10 Reserve
C_W x A (m²):	0,30 x 1,94 = 0,582
Leistungsgewicht (kg/kW / kg/PS):	5,29 / 3,89
ab MJ 2003:	5,39 / 3,97
Cabriolet:	5,61 / 4,13
ab MJ 2003:	5,70 / 4,20
***bei umgeklappten Rücksitzlehnen**	
****Cabriolet bei geschl. Verdeck**	

Kraftstoffverbrauch

nach 1999/100/EG (l/100 km):	98 ROZ Super plus bleifrei
Innerstädtisch:	16,5
Außerstädtisch:	8,3
Gesamt:	11,3
CO_2-Emissionen (g/km):	274

Fahrleistungen, Stückzahlen, Preise

Beschleunigung 0–100 km/h (s):	4,9
Cabriolet:	5,1
0–200 km/h (s):	16,5
Cabriolet:	n/a
Höchstgeschw. (km/h):	290
Cabriolet:	290
Stückzahl:	n/a
Aufpreise:	
08/2002 Leistungssteigerung X51:	Euro 9.727,-
als Tequipment Carrera Powerkit:	Euro 7.946,-
08/2003 Leistungssteigerung X51:	Euro 9.727,-
als Tequipment Carrera Powerkit:	Euro 7.946,-
08/2004 Leistungssteigerung X51:	Euro 9.727,-
als Tequipment Carrera Powerkit:	Euro 7.946,-

911 Turbo Coupé und Cabriolet mit Leistungssteigerung [Tiptronic S] November 2001/MJ 2004 bis MJ 2005

Motor

Bauart:	6-Zylinder-Boxermotor mit Bi-Turboaufladung und Ladeluftkühlung
Einbauposition:	Heckmotor
Kühlung:	wassergekühlt
Motor-Typ:	M 96/70 E (M 96/70 E)
Hubraum (cm³):	3600
Bohrung x Hub:	100 x 76,4
Leistung (kW/PS):	331/450 bei 5700/min
Drehmoment (Nm):	620 bei 3500-4500/min
Literleistung (kW/l / PS/l):	91,4 / 125,0
Verdichtung:	9,4 : 1
Maximaler Ladedruck (bar):	0,9
Ventilsteuerung:	dohc über Doppelkette, 4 Ventile pro Zylinder, VarioCam Plus, Einlaß-Nockenwellenverstellung 25°, Ventilhubschaltung
Gemischaufbereitung:	Bosch DME, Motronic M 7.8, sequenzielle Multi-Point-Saugrohreinspritzung
Zündung:	Bosch DME, Kennfeldzündung mit ruhender Hochspannungsverteilung mit Einzelzündspulen
Zündfolge:	1 - 6 - 2 - 4 - 3 - 5
Schmierung:	Trockensumpfschmierung
Ölmenge (l):	11,0

Kraftübertragung

Antrieb:	Allradantrieb über Viscolamellenkupplung und Kardanwelle
Schaltgetriebe:	6-Gang*
Sonderwunsch Tiptronic S:	[5-Gang]
Getriebe-Typ:	G 96/50 [A96/50]
Übersetzungen:	
1. Gang:	3,82 [3,59]
2. Gang:	2,15 [2,19]
3. Gang:	1,41 [1,41]
4. Gang:	1,12 [1,00]
5. Gang:	0,92 [0,83]
6. Gang:	0,75
Rückwärtsgang:	2,86 [1,99/3,16]
Achsübersetzung:	3,44 [2,89]
***modifiziertes Schaltgetriebe**	

Karosserie, Fahrwerk, Bremse, Räder und Reifen

Karosserie:	2-türige, 2 + 2-sitzige, selbsttragende Karosserie aus beidseitig feuerverzinktem Stahlblech, verbreiterte Karosserie mit Schwellerverkleidungen, Fondseitenteile mit Lufteinlässen für Ladeluftkühlung, Seitenaufprallschutz in den Türen, verformbare Bug- und Heckverkleidungen aus Kunststoff mit integrierten Leichtmetallstoßfängern, an Prallrohren befestigt, Bugteil mit vergrößerten Kühlöffnungen, Heckteil mit seitlichen Kühlöffnungen, Heckdeckel aus Kunststoff mit Abrißkante und zusätzlich automatisch ausfahrbarem Spaltflügel
Coupé:	Festes verschweißtes Stahldach
Sonderwunsch:	Elektrisches Hebe-/Schiebedach
Cabriolet:	Elektrisch betätigtes, vollautomatisches Stoffverdeck mit beheizbarer Festglasheckscheibe, automatisch ausfahrbarer Überrollschutz
Serie:	Hardtop aus Aluminium mit beheizbarer Heckscheibe
Vorderradaufhängung:	Einzelradaufhängung an McPherson-Federbeinen mit Längslenkern und Querlenkern aus Leichtmetall, Schraubenfedern, Zweirohr-Gasdruckstoßdämpfer, Stabilisator
Hinterradaufhängung:	Einzelradaufhängung an je fünf Lenkern der Mehrlenkerhinterachse mit LSA-System (Leichtbau-Stabilität-Agilität) und Fahrschemel aus Leichtmetall, Schraubenfedern, Einrohr-Gasdruckstoßdämpfer, Stabilisator
Bremse v/h (Durchm. x B (mm)):	innenbelüftete gelochte Scheiben (330 x 34) / innenbelüftete gelochte Scheiben (330 x 28) rote 4-Kolben-Monobloc-Aluminium-Festsättel / rote 4-Kolben-Monobloc-Aluminium-Festsättel, Bosch ABS 5.7
Sonderwunsch ab MJ 2003:	Porsche Ceramic Composite Brake (PCCB) innenbelüftete gelochte Keramikfaser-Scheiben (350 x 34) / innenbelüftete gelochte Keramikfaser-Scheiben (350 x 28) gelbe 6-Kolben-Monobloc-Aluminium-Festsättel / gelbe 4-Kolben-Monobloc-Aluminium-Festsättel, Bosch ABS 5.7
Räder v/h:	8 J x 18 / 11 J x 18
Reifen v/h:	225/40 ZR 18 / 295/30 ZR 18

Elektrik

Lichtmaschinenleistung (W/A):	1680 / 120
Batterie (V/Ah):	12 / 80

Abmessungen, Gewichte und Volumen

Spurweite v/h (mm):	1465 / 1522
ab MJ 2003:	1472 / 1528
Radstand (mm):	2350
Maße (L x B x H (mm)):	4435 x 1830 x 1295
Leergewicht nach DIN (kg):	1540 [1585]
ab MJ 2004:	1590 [1630]
Cabriolet:	1660 [1700]
zul. Gesamtgewicht (kg):	1885 [1930]
ab MJ 2004:	1935 [1975]
Cabriolet:	1980 [2020]
Kofferraumvolumen (VDA (l)):	100
Gepäckraum im Innenraum*:	200/210**
Tankvolumen (l):	64, davon 10 Reserve
C_W x A (m²):	0,31 x 2,00 = 0,62
Leistungsgewicht (kg/kW / kg/PS):	4,65 [4,78] / 3,42 [3,52]
ab MJ 2004:	4,80 [4,92] / 3,53 [3,62]
Cabriolet:	5,01 [5,13] / 3,68 [3,77]
***bei umgeklappten Rücksitzlehnen**	
****Cabriolet bei geschl. Verdeck**	

Kraftstoffverbrauch

nach 1999/100/EG (l/100 km):	98 ROZ Super plus bleifrei
Innerstädtisch:	19,6 [22,2]
Außerstädtisch:	9,7 [9,8]
Gesamt:	13,3 [14,2]
CO_2-Emissionen (g/km):	324 [345]

Fahrleistungen, Stückzahlen, Preise

Beschleunigung 0–100 km/h (s):	4,2 [4,5]
ab MJ 2004:	4,2 [4,5]
Cabriolet.	4,3 [4,6]
Höchstgeschw. (km/h):	307 [300]
Cabriolet:	307 [300]
Stückzahl:	n/a
Aufpreise:	
08/2001 Leistungssteigerung X50:	DM 24.730,-
08/2002 Leistungssteigerung X50:	Euro 12.748,-
08/2003 Leistungssteigerung X50:	Euro 12.748,-
08/2004 Leistungssteigerung X50:	Euro 12.748,-

911 GT3 Coupé
MJ 2003 bis November 2004

Motor

Bauart:	6-Zylinder-Boxermotor
Einbauposition:	Heckmotor
Kühlung:	wassergekühlt
Motor-Typ:	M 96/79
Hubraum (cm³):	3600
Bohrung x Hub:	100 x 76,4
Leistung (kW/PS):	280/381 bei 7400/min
Drehmoment (Nm):	385 bei 5000/min
Literleistung (kW/l / PS/l):	77,7 / 105,8
Verdichtung:	11,7 : 1
Ventilsteuerung:	dohc über Doppelkette, 4 Ventile pro Zylinder, VarioCam, Einlaß-Nockenwellenverstellung 45°
Gemischaufbereitung:	Bosch DME, Motronic M 7.8, sequenzielle Multi-Point-Saugrohreinspritzung
Zündung:	Bosch DME, Kennfeldzündung mit ruhender Hochspannungsverteilung mit Einzelzündspulen
Zündfolge:	1 - 6 - 2 - 4 - 3 - 5
Schmierung:	Trockensumpfschmierung
Ölmenge (l):	12,5

Kraftübertragung

Antrieb:	Heckantrieb
Schaltgetriebe:	6-Gang
Getriebe-Typ:	G 96/96
Übersetzungen:	
1. Gang:	3,82
2. Gang:	2,15
3. Gang:	1,56
4. Gang:	1,21
5. Gang:	1,00
6. Gang:	0,85
Rückwärtsgang:	2,86
Achsübersetzung:	3,44
Sperrdifferential Zug/Schub (%):	40 / 60

Karosserie, Fahrwerk, Bremse, Räder und Reifen

Karosserie:	2-türige, 2-sitzige, selbsttragende Coupé-Karosserie aus beidseitig feuerverzinktem Stahlblech, Seitenaufprallschutz in den Türen, verformbare Bug- und Heckverkleidungen aus Kunststoff mit integrierten Leichtmetallstoßfängern, an Prallrohren befestigt, Bugteil mit Spoilerlippe, Heckdeckel aus Kunststoff mit Abrißkante und feststehendem Heckflügel
Clubsport:	Überrollkäfig (Überrollbügel verschraubt, vorderer Teil beigelegt)
Vorderradaufhängung:	Einzelradaufhängung an McPherson-Federbeinen mit Längslenkern und Querlenkern aus Leichtmetall, Schraubenfedern, Zweirohr-Gasdruckstoßdämpfer, Stabilisator
Hinterradaufhängung:	Einzelradaufhängung an je fünf Lenkern der Mehrlenkerhinterachse mit LSA-System (Leichtbau-Stabilität-Agilität) und Fahrschemel aus Leichtmetall, Schraubenfedern, Einrohr-Gasdruckstoßdämpfer, Stabilisator
Bremse v/h (Durchm. x B (mm)):	innenbelüftete gelochte Scheiben (350 x 34) / innenbelüftete gelochte Scheiben (330 x 28) rote 6-Kolben-Aluminium-Monobloc-Festsättel / rote 4-Kolben-Aluminium-Monobloc-Festsättel, Bosch ABS 5.7
Sonderwunsch:	Porsche Ceramic Composite Brake (PCCB) innenbelüftete gelochte Keramikfaser-Scheiben (350 x 34) / innenbelüftete gelochte Keramikfaser-Scheiben (350 x 28) gelbe 6-Kolben-Monobloc-Aluminium-Festsättel / gelbe 4-Kolben-Monobloc-Aluminium-Festsättel, Bosch ABS 5.7
Räder v/h:	8,5 J x 18 / 11 J x 18
Reifen v/h:	235/40 ZR 18 / 295/30 ZR 18

Elektrik

Lichtmaschinenleistung (W/A):	1680 / 120
Batterie (V/Ah):	12 / 60

Abmessungen, Gewichte und Volumen

Spurweite v/h (mm):	1485 / 1495
Radstand (mm):	2355
Maße (L x B x H (mm)):	4435 x 1770 x 1275
Leergewicht nach DIN (kg):	1380
zul. Gesamtgewicht (kg):	1660
Kofferraumvolumen (VDA (l)):	110
Tankvolumen (l):	89, davon 12,5 Reserve
C_W x A (m²):	0,30 x 1,95 = 0,585
Leistungsgewicht (kg/kW / kg/PS):	4,92 / 3,62

Kraftstoffverbrauch

nach 1999/100/EG (l/100 km):	98 ROZ Super plus bleifrei
Innerstädtisch:	20,3
Außerstädtisch:	8,8
Gesamt:	12,9
CO_2-Emissionen (g/km):	328

Fahrleistungen, Stückzahlen, Preise

Beschleunigung 0–100 km/h (s):	4,5
0–200 km/h (s):	14,3
Höchstgeschw. (km/h):	306
Stückzahl:	2.589
Listenpreise:	
01/2003 Coupé:	Euro 102.112,-
Coupé mit Clubsportpaket:	Euro 102.112,-
04/2004 Coupé:	Euro 102.112,-
Coupé mit Clubsportpaket:	Euro 102.112,-

911 GT2 Coupé MJ 2003 bis Februar 2005

Motor

Bauart:	6-Zylinder-Boxermotor mit Bi-Turboaufladung und Ladeluftkühlung
Einbauposition:	Heckmotor
Kühlung:	wassergekühlt
Motor-Typ:	M 96/70 SL
Hubraum (cm³):	3600
Bohrung x Hub:	100 x 76,4
Leistung (kW/PS):	355/483 bei 5700/min
Drehmoment (Nm):	640 bei 3500-4500/min
Literleistung (kW/l / PS/l):	98,6 / 134,2
Verdichtung:	9,4 : 1
Maximaler Ladedruck (bar):	1,0
Ventilsteuerung:	dohc über Doppelkette, 4 Ventile pro Zylinder, VarioCam Plus, Einlaß-Nockenwellenverstellung 30°, Ventilhubschaltung
Gemischaufbereitung:	Bosch DME, Motronic M 7.8, sequenzielle Multi-Point-Saugrohreinspritzung
Zündung:	Bosch DME, Kennfeldzündung mit ruhender Hochspannungsverteilung mit Einzelzündspulen
Zündfolge:	1 - 6 - 2 - 4 - 3 - 5
Schmierung:	Trockensumpfschmierung
Ölmenge (l):	11,0

Kraftübertragung

Antrieb:	Heckantrieb
Schaltgetriebe:	6-Gang
Getriebe-Typ:	G 96/88
Übersetzungen:	
1. Gang:	3,82
2. Gang:	2,05
3. Gang:	1,41
4. Gang:	1,12
5. Gang:	0,92
6. Gang:	0,75
Rückwärtsgang:	2,86
Achsübersetzung:	3,44
Sperrdifferential Zug/Schub (%):	40 / 60

Karosserie, Fahrwerk, Bremse, Räder und Reifen

Karosserie:	2-türige, 2-sitzige, selbsttragende Coupé-Karosserie aus beidseitig feuerverzinktem Stahlblech, verbreiterte Karosserie mit Schwellerverkleidungen, Fondseitenteile mit Lufteinlässen für Ladeluftkühlung, Seitenaufprallschutz in den Türen, verformbare Bug- und Heckverkleidungen aus Kunststoff mit integrierten Leichtmetallstoßfängern, an Prallrohren befestigt, Bugteil mit vergrößerten Kühlöffnungen und obenliegender Ausströmöffnung, Heckteil mit seitlichen Kühlöffnungen, Heckdeckel aus Kunststoff mit Abrißkante und feststehendem Heckflügel mit manuell einstellbarem Flügelprofil
Clubsport:	Kühler-Abluftrahmen in Carbon-Optik, feststehender Heckflügel aus sichtbarem Carbon mit manuell, einstellbarem Flügelprofil, Außenspiegel in Carbon-Optik, Überrollkäfig (Überrollkäfig geschraubt, vorderer Teil beigelegt)
Vorderradaufhängung:	Einzelradaufhängung an McPherson-Federbeinen mit Längslenkern und Querlenkern aus Leichtmetall, Schraubenfedern, Zweirohr-Gasdruckstoßdämpfer, Stabilisator
Hinterradaufhängung:	Einzelradaufhängung an je fünf Lenkern der Mehrlenkerhinterachse mit LSA-System (Leichtbau-Stabilität-Agilität) und Fahrschemel aus Leichtmetall, Schraubenfedern, Einrohr-Gasdruckstoßdämpfer, Stabilisator
Bremse v/h (Durchm. x B (mm)):	Porsche Ceramic Composite Brake (PCCB) innenbelüftete gelochte Keramikfaser-Scheiben (350 x 34) / innenbelüftete gelochte Keramikfaser-Scheiben (350 x 28) gelbe 6-Kolben-Monobloc-Aluminium-Festsättel / gelbe 4-Kolben-Monobloc-Aluminium-Festsättel, Bosch ABS 5.7
Räder v/h:	8,5 J x 18 / 12 J x 18
Reifen v/h:	235/40 ZR 18 / 315/30 ZR 18

Elektrik

Lichtmaschinenleistung (W/A):	1680 / 120
Batterie (V/Ah):	12 / 60

Abmessungen, Gewichte und Volumen

Spurweite v/h (mm):	1495 / 1520
Radstand (mm):	2355
Maße (L x B x H (mm)):	4450 x 1830 x 1275
Leergewicht nach DIN (kg):	1420
zul. Gesamtgewicht (kg):	1730
Kofferraumvolumen (VDA (l)):	110
Tankvolumen (l):	89, davon 12,5 Reserve
C_W x A (m²):	0,34 x 1,96 = 0,666
Leistungsgewicht (kg/kW / kg/PS):	4,00 / 2,93

Kraftstoffverbrauch

nach 1999/100/EG (l/100 km):	98 ROZ Super plus bleifrei
Innerstädtisch:	18,9
Außerstädtisch:	9,3
Gesamt:	12,9
CO_2-Emissionen (g/km):	309

Fahrleistungen, Stückzahlen, Preise

Beschleunigung 0–100 km/h (s):	4,0
0–160 km/h (s):	8,3
Höchstgeschw. (km/h):	319
Stückzahl:	324
Listenpreise:	
04/2003 Coupé:	Euro 184.674,-
Coupé mit Clubsportpaket:	Euro 184.674,-
08/2003 Coupé:	Euro 184.674,-
Coupé mit Clubsportpaket:	Euro 184.674,-

911 Carrera 4S Cabriolet [Tiptronic S] MJ 2003 bis MJ 2005

Motor

Bauart:	6-Zylinder-Boxermotor
Einbauposition:	Heckmotor
Kühlung:	wassergekühlt
Motor-Typ:	M 96/03 [M 96/03]
Hubraum (cm^3):	3596
Bohrung x Hub:	96 x 82,8
Leistung (kW/PS):	235/320 bei 6800/min
Drehmoment (Nm):	370 bei 4250/min
Literleistung (kW/l / PS/l):	65,4 / 89,0
Verdichtung:	11,3 : 1
Ventilsteuerung:	dohc über Doppelkette, 4 Ventile pro Zylinder, VarioCam Plus, Einlaß-Nockenwellenverstellung 40°, Ventilhubschaltung
Gemischaufbereitung:	Bosch DME, Motronic M 7.8, sequenzielle Multi-Point-Saugrohreinspritzung
Zündung:	Bosch DME, Kennfeldzündung mit ruhender Hochspannungsverteilung mit Einzelzündspulen
Zündfolge:	1 - 6 - 2 - 4 - 3 - 5
Schmierung:	Integrierte Trockensumpfschmierung
Ölmenge (l):	8,75

Kraftübertragung

Antrieb:	Allradantrieb über Viscolamellenkupplung und Kardanwelle
Schaltgetriebe:	6-Gang
Sonderwunsch Tiptronic S:	[5-Gang]
Getriebe-Typ:	G 96/31 [A96/35]
Übersetzungen:	
1. Gang:	3,82 [3,60]
2. Gang:	2,20 [2,19]
3. Gang:	1,52 [1,41]
4. Gang:	1,22 [1,00]
5. Gang:	1,02 [0,83]
6. Gang:	0,84
Rückwärtsgang:	3,55 [3,17]
Achsübersetzung:	3,44 [3,37]

Karosserie, Fahrwerk, Bremse, Räder und Reifen

Karosserie:	2-türige, 2 + 2-sitzige, selbsttragende Cabriolet-Karosserie aus beidseitig feuerverzinktem Stahlblech, verbreiterte Karosserie mit Schwellerverkleidungen, Seitenaufprallschutz in den Türen, verformbare Bug- und Heckverkleidungen aus Kunststoff mit integrierten Leichtmetallstoßfängern, an Prallrohren befestigt, Bugteil mit vergrößerten Kühlöffnungen, Heckteil mit seitlichen Kühlöffnungen, Heckdeckel mit integriertem roten Leuchtenband und automatisch ausfahrbarem Heckspoiler, elektrisch betätigtes, vollautomatisches Stoffverdeck mit beheizbarer Festglasheckscheibe, automatisch ausfahrbarer Überrollschutz
Serie:	Hardtop aus Aluminium mit beheizbarer Heckscheibe
Vorderradaufhängung:	Einzelradaufhängung an McPherson-Federbeinen mit Längslenkern und Querlenkern aus Leichtmetall, Schraubenfedern, Zweirohr-Gasdruckstoßdämpfer, Stabilisator
Hinterradaufhängung:	Einzelradaufhängung an je fünf Lenkern der Mehrlenkerhinterachse mit LSA-System (Leichtbau-Stabilität-Agilität) und Fahrschemel aus Leichtmetall, Schraubenfedern, Einrohr-Gasdruckstoßdämpfer, Stabilisator
Bremse v/h (Durchm. x B (mm)):	innenbelüftete gelochte Scheiben (330 x 34) / innenbelüftete gelochte Scheiben (330 x 28) rote 4-Kolben-Monobloc-Aluminium-Festsättel / rote 4-Kolben-Monobloc-Aluminium-Festsättel, Bosch ABS 5.7
Sonderwunsch:	Porsche Ceramic Composite Brake (PCCB) innenbelüftete gelochte Keramikfaser-Scheiben (350 x 34) / innenbelüftete gelochte Keramikfaser-Scheiben (350 x 28) gelbe 6-Kolben-Monobloc-Aluminium-Festsättel / gelbe 4-Kolben-Monobloc-Aluminium-Festsättel, Bosch ABS 5.7
Räder v/h:	8 J x 18 / 11 J x 18
Reifen v/h:	225/40 ZR 18 / 295/30 ZR 18

Elektrik

Lichtmaschinenleistung (W/A):	1680 / 120
Batterie (V/Ah):	12 / 80

Abmessungen, Gewichte und Volumen

Spurweite v/h (mm):	1472 / 1528
Radstand (mm):	2350
Maße (L x B x H (mm)):	4435 x 1830 x 1295
Leergewicht nach DIN (kg):	1565 [1620]
zul. Gesamtgewicht (kg):	1965 [2020]
Kofferraumvolumen (VDA (l)):	100
Gepäckraum im Innenraum*:	210
Tankvolumen (l):	64, davon 10 Reserve
C_W x A (m^2):	0,30 x 2,00 = 0,60
Leistungsgewicht (kg/kW / kg/PS):	6,65 [6,89] / 4,89 [5,06]
*bei umgeklappten Rücksitzlehnen und geschlossenem Verdeck	

Kraftstoffverbrauch

nach 1999/100/EG (l/100 km):	98 ROZ Super plus bleifrei
Innerstädtisch:	16,3 [18,3]
Außerstädtisch:	8,5 [8,9]
Gesamt:	11,4 [12,2]
CO_2-Emissionen (g/km):	277 [299]

Fahrleistungen, Stückzahlen, Preise

Beschleunigung 0–100 km/h (s):	5,3 [5,9]
0–160 km/h (s):	11,8 [13,4]
Höchstgeschw. (km/h):	280 [275]
Stückzahl:	5.757
Listenpreis:	
08/2003 Cabriolet:	Euro 99.792,- [Euro 102.663,-]
06/2004 Cabriolet:	Euro 99.792,- [Euro 102.663,-]

911 Turbo Cabriolet [Tiptronic S] MJ 2004 bis MJ 2005

Motor

Bauart:	6-Zylinder-Boxermotor mit Bi-Turboaufladung und Ladeluftkühlung
Einbauposition:	Heckmotor
Kühlung:	wassergekühlt
Motor-Typ:	M 96/70 [M 96/70]
Hubraum (cm³):	3600
Bohrung x Hub:	100 x 76,4
Leistung (kW/PS):	309/420 bei 6000/min
Drehmoment (Nm):	560 bei 2700-4600/min
Literleistung (kW/l / PS/l):	85,8 / 116,7
Verdichtung:	9,4 : 1
Maximaler Ladedruck (bar):	0,8
Ventilsteuerung:	dohc über Doppelkette, 4 Ventile pro Zylinder, VarioCam Plus, Einlaß-Nockenwellenverstellung 25°, Ventilhubschaltung
Gemischaufbereitung:	Bosch DME, Motronic M 7.8, sequenzielle Multi-Point-Saugrohreinspritzung
Zündung:	Bosch DME, Kennfeldzündung mit ruhender Hochspannungsverteilung mit Einzelzündspulen
Zündfolge:	1 - 6 - 2 - 4 - 3 - 5
Schmierung:	Trockensumpfschmierung
Ölmenge (l):	11,0

Kraftübertragung

Antrieb:	Allradantrieb über Viscolamellenkupplung und Kardanwelle
Schaltgetriebe:	6-Gang
Sonderwunsch Tiptronic S:	[5-Gang]
Getriebe-Typ:	G 96/50 [A 96/50]
Übersetzungen:	
1. Gang:	3,82 [3,59]
2. Gang:	2,05 [2,19]
3. Gang:	1,41 [1,41]
4. Gang:	1,12 [1,00]
5. Gang:	0,92 [0,83]
6. Gang:	0,75
Rückwärtsgang:	2,86 [1,99/3,16]
Achsübersetzung:	3,44 [2,89]

Karosserie, Fahrwerk, Bremse, Räder und Reifen

Karosserie:	2-türige, 2 + 2-sitzige, selbsttragende Cabriolet-Karosserie aus beidseitig feuerverzinktem Stahlblech, verbreiterte Karosserie mit Schwellerverkleidungen, Fondseitenteile mit Lufteinlässen für Ladeluftkühlung, Seitenaufprallschutz in den Türen, verformbare Bug- und Heckverkleidungen aus Kunststoff mit integrierten Leichtmetallstoßfängern, an Prallrohren befestigt, Bugteil mit vergrößerten Kühlöffnungen, Heckteil mit seitlichen Kühlöffnungen, Heckdeckel aus Kunststoff mit Abrißkante und zusätzlich automatisch ausfahrbarem Spaltflügel, elektrisch betätigtes, vollautomatisches Stoffverdeck mit beheizbarer Festglasheckscheibe, automatisch ausfahrbarer Überrollschutz
Serie:	Hardtop aus Aluminium mit beheizbarer Heckscheibe
Vorderradaufhängung:	Einzelradaufhängung an McPherson-Federbeinen mit Längslenkern und Querlenkern aus Leichtmetall, Schraubenfedern, Zweirohr-Gasdruckstoßdämpfer, Stabilisator
Hinterradaufhängung:	Einzelradaufhängung an je fünf Lenkern der Mehrlenkerhinterachse mit LSA-System (Leichtbau-Stabilität-Agilität) und Fahrschemel aus Leichtmetall, Schraubenfedern, Einrohr-Gasdruckstoßdämpfer, Stabilisator
Bremse (Durchm. x B (mm)):	innenbelüftete gelochte Scheiben (330 x 34) / innenbelüftete gelochte Scheiben (330 x 28) rote 4-Kolben-Monobloc-Aluminium-Festsättel / rote 4-Kolben-Monobloc-Aluminium-Festsättel, Bosch ABS 5.7
Sonderwunsch:	Porsche Ceramic Composite Brake (PCCB) innenbelüftete gelochte Keramikfaser-Scheiben (350 x 34) / innenbelüftete gelochte Keramikfaser-Scheiben (350 x 28) gelbe 6-Kolben-Monobloc-Aluminium-Festsättel / gelbe 4-Kolben-Monobloc-Aluminium-Festsättel, Bosch ABS 5.7
Räder v/h:	8 J x 18 / 11 J x 18
Reifen v/h:	225/40 ZR 18 / 295/30 ZR 18

Elektrik

Lichtmaschinenleistung (W/A):	1680 / 120
Batterie (V/Ah):	12 / 80

Abmessungen, Gewichte und Volumen

Spurweite v/h (mm):	1465 / 1522
Radstand (mm):	2350
Maße (L x B x H (mm)):	4435 x 1830 x 1295
Leergewicht nach DIN (kg):	1660 [1700]
zul. Gesamtgewicht (kg):	1980 [2020]
Kofferraumvolumen (VDA (l)):	100
Gepäckraum im Innenraum*:	210
Tankvolumen (l):	64, davon 10 Reserve
C_W x A (m²):	0,31 x 2,00 = 0,62
Leistungsgewicht (kg/kW / kg/PS):	5,37 [5,50] / 3,95 [4,04]
***bei umgeklappten Rücksitzlehnen und geschlossenem Verdeck**	

Kraftstoffverbrauch

nach 1999/100/EG (l/100 km):	98 ROZ Super plus bleifrei
Innerstädtisch:	18,9 [21,9]
Außerstädtisch:	9,2 [9,6]
Gesamt:	12,9 [13,9]
CO_2-Emissionen (g/km):	309 [339]

Fahrleistungen, Stückzahlen, Preise

Beschleunigung 0–100 km/h (s):	4,3 [4,9]
0–160 km/h (s):	9,5 [10,7]
Höchstgeschw. (km/h):	305 [298]
Stückzahl:	3.534
Listenpreis:	
08/2003 Cabriolet:	Euro 138.652,- [Euro 141.523,-]
06/2004 Cabriolet:	Euro 138.652,- [Euro 141.523,-]

911 GT3 RS Coupé MJ 2004

Motor

Bauart:	6-Zylinder-Boxermotor
Einbauposition:	Heckmotor
Kühlung:	wassergekühlt
Motor-Typ:	M 96/79
Hubraum (cm³):	3600
Bohrung x Hub:	100 x 76,4
Leistung (kW/PS):	280/381 bei 7400/min
Drehmoment (Nm):	385 bei 5000/min
Literleistung (kW/l / PS/l):	77,8 / 105,8
Verdichtung:	11,7 : 1
Ventilsteuerung:	dohc über Doppelkette, 4 Ventile pro Zylinder, Vario-Cam, Einlaß-Nockenwellenverstellung 45°
Gemischaufbereitung:	Bosch DME, Motronic M 7.8, sequenzielle Multi-Point-Saugrohreinspritzung
Zündung:	Bosch DME, Kennfeldzündung mit ruhender Hochspannungsverteilung mit Einzelzündspulen
Zündfolge:	1 - 6 - 2 - 4 - 3 - 5
Schmierung:	Trockensumpfschmierung
Ölmenge (l):	12,5

Kraftübertragung

Antrieb:	Heckantrieb
Schaltgetriebe:	6-Gang
Getriebe-Typ:	G 96/96
Übersetzungen:	
1. Gang:	3,82
2. Gang:	2,15
3. Gang:	1,56
4. Gang:	1,21
5. Gang:	1,00
6. Gang:	0,85
Rückwärtsgang:	2,86
Achsübersetzung:	3,44
Sperrdifferential Zug/Schub (%):	40 / 60

Karosserie, Fahrwerk, Bremse, Räder und Reifen

Karosserie:	2-türige, 2-sitzige, selbsttragende gewichtsoptimierte Coupé-Karosserie aus beidseitig feuerverzinktem Stahlblech, Seitenaufprallschutz in den Türen, verformbare Bug- und Heckverkleidungen aus Kunststoff mit integrierten Leichtmetallstoßfängern, an Prallrohren befestigt, Bugteil mit Spoilerlippe und zusätzlichen Öffnungen für Kühlerabluft, Kofferraumdeckel aus kohlefaserverstärktem Kunststoff (CfK), Heckdeckel aus Kunststoff mit Abrißkante und Stauluftsammler und feststehendem Heckflügel aus Sicht-Carbon, Außenspiegel in Carbon-Optik, gewichtssparende Kunststoffheckscheibe
Exklusivaußenfarbe:	Carraraweiß, wahlweise rote oder blaue Folienschriftzüge „GT 3 RS" auf den Türen und am Heck
Vorderradaufhängung:	Einzelradaufhängung an McPherson-Federbeinen mit Längslenkern und Querlenkern aus Leichtmetall, Schraubenfedern, Zweirohr-Gasdruckstoßdämpfer, Stabilisator
Hinterradaufhängung:	Einzelradaufhängung an je fünf Lenkern der Mehrlenkerhinterachse mit LSA-System (Leichtbau-Stabilität-Agilität) und Fahrschemel aus Leichtmetall, Schraubenfedern, Einrohr-Gasdruckstoßdämpfer, Stabilisator
Bremse (Durchm. x B (mm)) v/h:	innenbelüftete gelochte Scheiben (350 x 34) / innenbelüftete gelochte Scheiben (330 x 28) rote 6-Kolben-Aluminium-Monobloc-Festsättel / rote 4-Kolben-Aluminium-Monobloc-Festsättel, Bosch ABS 5.7
Sonderwunsch:	Porsche Ceramic Composite Brake (PCCB) innenbelüftete gelochte Keramikfaser-Scheiben (350 x 34) / innenbelüftete gelochte Keramikfaser-Scheiben (350 x 28) gelbe 6-Kolben-Monobloc-Aluminium-Festsättel / gelbe 4-Kolben-Monobloc-Aluminium-Festsättel, Bosch ABS 5.7
Räder v/h:	8,5 J x 18 / 11 J x 18
Reifen v/h:	235/40 ZR 18 / 295/30 ZR 18

Elektrik

Lichtmaschinenleistung (W/A):	1680 / 120
Batterie (V/Ah):	12 / 60

Abmessungen, Gewichte und Volumen

Spurweite v/h (mm):	1485 / 1495
Radstand (mm):	2355
Maße (L x B x H (mm)):	4435 x 1770 x 1275
Leergewicht nach DIN (kg):	1360
zul. Gesamtgewicht (kg):	1660
Kofferraumvolumen (VDA (l)):	110
Tankvolumen (l):	89, davon 12,5 Reserve
C_W x A (m²):	0,30 x 1,95 = 0,585
Leistungsgewicht (kg/kW / kg/PS):	4,85 / 3,56

Kraftstoffverbrauch

nach 80/1268/EWG (l/100 km):	98 ROZ Super plus bleifrei
Innerstädtisch:	19,9
Außerstädtisch:	9,0
Gesamt:	12,9
CO_2-Emissionen (g/km):	315

Fahrleistungen, Stückzahlen, Preise

Beschleunigung 0–100 km/h (s):	4,4
0–200 km/h (s):	14,0
Höchstgeschw. (km/h):	306
Stückzahl:	682
Listenpreis:	
08/2003 Coupé:	Euro 120.788,-

911 Carrera Coupé »40 Jahre 911« MJ 2004

Motor

Bauart:	6-Zylinder-Boxermotor
Einbauposition:	Heckmotor
Kühlung:	wassergekühlt
Motor-Typ:	M 96/03 S
Hubraum (cm³):	3596
Bohrung x Hub:	96 x 82,8
Leistung (kW/PS):	254/345 bei 6800/min
Drehmoment (Nm):	370 bei 4800/min
Literleistung (kW/l / PS/l):	70,6 / 95,9
Verdichtung:	11,3 : 1
Ventilsteuerung:	dohc über Doppelkette, 4 Ventile pro Zylinder, VarioCam Plus, Einlaß-Nockenwellenverstellung 40°, Ventilhubschaltung
Gemischaufbereitung:	Bosch DME, Motronic M 7.8, sequenzielle Multi-Point-Saugrohreinspritzung
Zündung:	Bosch DME, Kennfeldzündung mit ruhender Hochspannungsverteilung mit Einzelzündspulen
Zündfolge:	1 - 6 - 2 - 4 - 3 - 5
Schmierung:	Integrierte Trockensumpfschmierung
Ölmenge (l):	8,75

Kraftübertragung

Antrieb:	Heckantrieb
Schaltgetriebe:	6-Gang
Getriebe-Typ:	G 96/01
Übersetzungen:	
1. Gang:	3,82
2. Gang:	2,20
3. Gang:	1,52
4. Gang:	1,22
5. Gang:	1,02
6. Gang:	0,84
Rückwärtsgang:	3,55
Achsübersetzung:	3,44
Sperrdifferential Zug/Schub (%):	22 / 27

Karosserie, Fahrwerk, Bremse, Räder und Reifen

Karosserie:	2-türige, 2 + 2-sitzige, selbsttragende Coupé-Karosserie aus beidseitig feuerverzinktem Stahlblech, Seitenaufprallschutz in den Türen, verformbare Bug- und Heckverkleidungen aus Kunststoff mit integrierten Leichtmetallstoßfängern, an Prallrohren befestigt, Bugteil mit vergrößerten Kühlöffnungen, optimierter Lufteinlass mittig, seitliche Lufteinlassgitter vorne in Wagenfarbe lackiert, Schwellerverkleidungen, automatisch ausfahrbarer Heckspoiler
Exklusivaußenfarbe:	GT-silbermetallic
Serie:	Elektrisches Hebe-/Schiebedach
Vorderradaufhängung:	Einzelradaufhängung an McPherson-Federbeinen mit Längslenkern und Querlenkern aus Leichtmetall, Schraubenfedern, Zweirohr-Gasdruckstoßdämpfer, Stabilisator
Hinterradaufhängung:	Einzelradaufhängung an je fünf Lenkern der Mehrlenkerhinterachse mit LSA-System (Leichtbau-Stabilität-Agilität) und Fahrschemel aus Leichtmetall, Schraubenfedern, Einrohr-Gasdruckstoßdämpfer, Stabilisator
Bremse (Durchm. x B (mm)) v/h:	innenbelüftete gelochte Scheiben (318 x 28) / innenbelüftete gelochte Scheiben (299 x 24) schwarze 4-Kolben-Monobloc-Aluminium-Festsättel / schwarze 4-Kolben-Monobloc-Aluminium-Festsättel Bosch ABS 5.7
Räder v/h:	8 J x 18 / 10 J x 18
Reifen v/h:	225/40 ZR 18 / 285/30 ZR 18

Elektrik

Lichtmaschinenleistung (W/A):	1680 / 120
Batterie (V/Ah):	12 / 80

Abmessungen, Gewichte und Volumen

Spurweite v/h (mm):	1455 / 1480
Radstand (mm):	2350
Maße (L x B x H (mm)):	4430 x 1770 x 1295
Leergewicht nach DIN (kg):	1370
zul. Gesamtgewicht (kg):	1790
Kofferraumvolumen (VDA (l)):	130
Gepäckraum im Innenraum*:	200
Tankvolumen (l):	64, davon 10 Reserve
C_W x A (m²):	0,30 x 1,94 = 0,582
Leistungsgewicht (kg/kW / kg/PS):	5,29 / 3,89

***bei umgeklappten Rücksitzlehnen**

Kraftstoffverbrauch

nach 1999/100/EG (l/100 km):	98 ROZ Super plus bleifrei
Innerstädtisch:	16,5
Außerstädtisch:	8,3
Gesamt:	11,3
CO_2-Emissionen (g/km):	274

Fahrleistungen, Stückzahlen, Preise

Beschleunigung 0–100 km/h (s):	4,9
0–200 km/h (s):	16,5
Höchstgeschw. (km/h):	290
Stückzahl:	1963 – limitiert
Listenpreis:	
08/2003 Coupé:	Euro 95.616,-

911 Turbo S Coupé [Tiptronic S] MJ 2005

Motor

Bauart:	6-Zylinder-Boxermotor mit Bi-Turboaufladung und Ladeluftkühlung
Einbauposition:	Heckmotor
Kühlung:	wassergekühlt
Motor-Typ:	M 96/70 E (M 96/70 E)
Hubraum (cm^3):	3600
Bohrung x Hub:	100 x 76,4
Leistung (kW/PS):	331/450 bei 5700/min
Drehmoment (Nm):	620 bei 3500-4500/min
Literleistung (kW/l / PS/l):	91,4 / 125,0
Verdichtung:	9,4 : 1
Maximaler Ladedruck (bar):	0,9
Ventilsteuerung:	dohc über Doppelkette, 4 Ventile pro Zylinder, VarioCam Plus, Einlaß-Nockenwellenverstellung 25°, Ventilhubschaltung
Gemischaufbereitung:	Bosch DME, Motronic M 7.8, sequenzielle Multi-Point-Saugrohreinspritzung
Zündung:	Bosch DME, Kennfeldzündung mit ruhender Hochspannungsverteilung mit Einzelzündspulen
Zündfolge:	1 - 6 - 2 - 4 - 3 - 5
Schmierung:	Trockensumpfschmierung
Ölmenge (l):	11,0

Kraftübertragung

Antrieb:	Allradantrieb über Viscolamellenkupplung und Kardanwelle
Schaltgetriebe:	6-Gang*
Sonderwunsch Tiptronic S:	[5-Gang]
Getriebe-Typ:	G 96/50 [A 96/50]
Übersetzungen:	
1. Gang:	3,82 [3,59]
2. Gang:	2,15 [2,19]
3. Gang:	1,41 [1,41]
4. Gang:	1,12 [1,00]
5. Gang:	0,92 [0,83]
6. Gang:	0,75
Rückwärtsgang:	2,86 [1,99/3,16]
Achsübersetzung:	3,44 [2,89]

***modifiziertes Schaltgetriebe**

Karosserie, Fahrwerk, Bremse, Räder und Reifen

Karosserie:	2-türige, 2 + 2-sitzige, selbsttragende Coupé-Karosserie aus beidseitig feuerverzinktem Stahlblech, verbreiterte Karosserie mit Schwellerverkleidungen, Fondseitenteile mit Lufteinlässen für Ladeluftkühlung, Seitenaufprallschutz in den Türen, verformbare Bug- und Heckverkleidungen aus Kunststoff mit integrierten Leichtmetallstoßfängern, an Prallrohren befestigt, Bugteil mit vergrößerten Kühlöffnungen, Heckteil mit seitlichen Kühlöffnungen, Heckdeckel aus Kunststoff mit Abrißkante und zusätzlich automatisch ausfahrbarem Spaltflügel
Sonderwunsch:	Elektrisches Hebe-/Schiebedach
Vorderradaufhängung:	Einzelradaufhängung an McPherson-Federbeinen mit Längslenkern und Querlenkern aus Leichtmetall, Schraubenfedern, Zweirohr-Gasdruckstoßdämpfer, Stabilisator
Hinterradaufhängung:	Einzelradaufhängung an je fünf Lenkern der Mehrlenkerhinterachse mit LSA-System (Leichtbau-Stabilität-Agilität) und Fahrschemel aus Leichtmetall, Schraubenfedern, Einrohr-Gasdruckstoßdämpfer, Stabilisator
Bremse v/h (Durchm. x B (mm)):	Porsche Ceramic Composite Brake (PCCB) innenbelüftete gelochte Keramikfaser-Scheiben (350 x 34) / innenbelüftete gelochte Keramikfaser-Scheiben (350 x 28) gelbe 6-Kolben-Monobloc-Aluminium-Festsättel / gelbe 4-Kolben-Monobloc-Aluminium-Festsättel Bosch ABS 5.7
Räder v/h:	8 J x 18 / 11 J x 18
Reifen v/h:	225/40 ZR 18 / 295/30 ZR 18

Elektrik

Lichtmaschinenleistung (W/A):	1680 / 120
Batterie (V/Ah):	12 / 80

Abmessungen, Gewichte und Volumen

Spurweite v/h (mm):	1472 / 1528
Radstand (mm):	2350
Maße (L x B x H (mm)):	4435 x 1830 x 1295
Leergewicht nach DIN (kg):	1590 [1630]
zul. Gesamtgewicht (kg):	1935 [1975]
Kofferraumvolumen (VDA (l)):	100
Gepäckraum im Innenraum*:	200
Tankvolumen (l):	64, davon 10 Reserve
C_W x A (m^2):	0,31 x 2,00 = 0,62
Leistungsgewicht (kg/kW / kg/PS):	4,80 [4,92] / 3,53 [3,62]

***bei umgeklappten Rücksitzlehnen**

Kraftstoffverbrauch

nach 1999/100/EG (l/100 km):	98 ROZ Super plus bleifrei
Innerstädtisch:	19,6 [22,2]
Außerstädtisch:	9,7 [9,8]
Gesamt:	13,3 [14,2]
CO_2-Emissionen (g/km):	324 [345]

Fahrleistungen, Stückzahlen, Preise

Beschleunigung 0–100 km/h (s):	4,2 [4,5]
Höchstgeschw. (km/h):	307 [300]
Stückzahl:	600
Listenpreise:	
05/2004:	Euro 142.248,-
Tiptronic:	[Euro 145.119,-]

911 Turbo S Cabriolet [Tiptronic S] MJ 2005

Motor

Bauart:	6-Zylinder-Boxermotor mit Bi-Turboaufladung und Ladeluftkühlung
Einbauposition:	Heckmotor
Kühlung:	wassergekühlt
Motor-Typ:	M 96/70 E (M 96/70 E)
Hubraum (cm³):	3600
Bohrung x Hub:	100 x 76,4
Leistung (kW/PS):	331/450 bei 5700/min
Drehmoment (Nm):	620 bei 3500-4500/min
Literleistung (kW/l / PS/l):	91,4 / 125,0
Verdichtung:	9,4 : 1
Maximaler Ladedruck (bar):	0,9
Ventilsteuerung:	dohc über Doppelkette, 4 Ventile pro Zylinder, VarioCam Plus, Einlaß-Nockenwellenverstellung 25°, Ventilhubschaltung
Gemischaufbereitung:	Bosch DME, Motronic M 7.8, sequenzielle Multi-Point-Saugrohreinspritzung
Zündung:	Bosch DME, Kennfeldzündung mit ruhender Hochspannungsverteilung mit Einzelzündspulen
Zündfolge:	1 - 6 - 2 - 4 - 3 - 5
Schmierung:	Trockensumpfschmierung
Ölmenge (l):	11,0

Kraftübertragung

Antrieb:	Allradantrieb über Viscolamellenkupplung und Kardanwelle
Schaltgetriebe:	6-Gang*
Sonderwunsch Tiptronic S:	[5-Gang]
Getriebe-Typ:	G 96/50 [A 96/50]
Übersetzungen:	
1. Gang:	3,82 [3,59]
2. Gang:	2,15 [2,19]
3. Gang:	1,41 [1,41]
4. Gang:	1,12 [1,00]
5. Gang:	0,92 [0,83]
6. Gang:	0,75
Rückwärtsgang:	2,86 [1,99/3,16]
Achsübersetzung:	3,44 [2,89]
***modifiziertes Schaltgetriebe**	

Karosserie, Fahrwerk, Bremse, Räder und Reifen

Karosserie:	2-türige, 2 + 2-sitzige, selbsttragende Cabriolet-Karosserie aus beidseitig feuerverzinktem Stahlblech, verbreiterte Karosserie mit Schwellerverkleidungen, Fondseitenteile mit Lufteinlässen für Ladeluftkühlung, Seitenaufprallschutz in den Türen, verformbare Bug- und Heckverkleidungen aus Kunststoff mit integrierten Leichtmetallstoßfängern, an Prallrohren befestigt, Bugteil mit vergrößerten Kühlöffnungen, Heckteil mit seitlichen Kühlöffnungen, Heckdeckel aus Kunststoff mit Abrißkante und zusätzlich automatisch ausfahrbarem Spaltflügel, elektrisch betätigtes, vollautomatisches Stoffverdeck mit beheizbarer Festglasheckscheibe, automatisch ausfahrbarer Überrollschutz
Serie:	Hardtop aus Aluminium mit beheizbarer Heckscheibe
Vorderradaufhängung:	Einzelradaufhängung an McPherson-Federbeinen mit Längslenkern und Querlenkern aus Leichtmetall, Schraubenfedern, Zweirohr-Gasdruckstoßdämpfer, Stabilisator
Hinterradaufhängung:	Einzelradaufhängung an je fünf Lenkern der Mehrlenkerhinterachse mit LSA-System (Leichtbau-Stabilität-Agilität) und Fahrschemel aus Leichtmetall, Schraubenfedern, Einrohr-Gasdruckstoßdämpfer, Stabilisator
Bremse v/h (Durchm. x B (mm)):	Porsche Ceramic Composite Brake (PCCB) innenbelüftete gelochte Keramikfaser-Scheiben (350 x 34) / innenbelüftete gelochte Keramikfaser-Scheiben (350 x 28) gelbe 6-Kolben-Monobloc-Aluminium-Festsättel / gelbe 4-Kolben-Monobloc-Aluminium-Festsättel Bosch ABS 5.7
Räder v/h:	8 J x 18 / 11 J x 18
Reifen v/h:	225/40 ZR 18 / 295/30 ZR 18

Elektrik

Lichtmaschinenleistung (W/A):	1680 / 120
Batterie (V/Ah):	12 / 80

Abmessungen, Gewichte und Volumen

Spurweite v/h (mm):	1472 / 1528
Radstand (mm):	2350
Maße (L x B x H (mm)):	4435 x 1830 x 1295
Leergewicht nach DIN (kg):	1660 [1700]
zul. Gesamtgewicht (kg):	1980 [2020]
Kofferraumvolumen (VDA (l)):	100
Gepäckraum im Innenraum*:	210
Tankvolumen (l):	64, davon 10 Reserve
C_W x A (m²):	0,31 x 2,00 = 0,62
Leistungsgewicht (kg/kW / kg/PS):	5,01 [5,13] / 3,68 [3,77]
***bei umgeklappten Rücksitzlehnen und geschlossenem Verdeck**	

Kraftstoffverbrauch

nach 1999/100/EG (l/100 km):	98 ROZ Super plus bleifrei
Innerstädtisch:	19,6 [22,2]
Außerstädtisch:	9,7 [9,8]
Gesamt:	13,3 [14,2]
CO_2-Emissionen (g/km):	324 [345]

Fahrleistungen, Stückzahlen, Preise

Beschleunigung 0–100 km/h (s):	4,3 [4,6]
Höchstgeschw. (km/h):	307 [300]
Stückzahl:	963
Listenpreise:	
05/2004:	Euro 152.224,-
Tiptronic:	[Euro 155.095,-]

Porsche 911
(Typ 997)

Modelljahr 2005 (5-Programm)

Das Design des Porsche 911 (Typ 997) ist eine Weiterentwicklung der bisherigen Modellreihe, das sich allerdings wieder mehr an klassischen Porsche-Stilelementen, wie den runden Scheinwerfern und die Zusatzleuchten im Bugteil, orientiert. Es ist das Verschmelzen von Klassik und Moderne. Durch die evolutionäre Neugestaltung gewinnt die Carrera-Baureihe an optischer Dynamik. Die Modelle 911 Carrera und 911 Carrera S unterscheiden sich nur in Nuancen. Durch die verbreiterte Spur und die stärkere Taillierung mit betonten Kotflügeln wirkt der Elfer besonders kraftvoll und athletisch. Die runden Klarglasscheinwerfer und die Zusatzleuchten im Bugteil mit Positionslichtern, Blinkern und Nebelscheinwerfern erinnern an den 993 Carrera, den letzten Vertreter der luftgekühlten Elfertradition. Die Carrera mit 3,6-Liter-Motor sind mit H7-Projektionsscheinwerfern, alle Carrera S-Modelle mit Bi-Xenonscheinwerfern mit dynamischer Leuchtweitenregulierung und Scheinwerferreinigungsanlage ausgestattet, die auf Wunsch auch für den Carrera lieferbar sind. Das Bugteil trägt drei große Kühlluftöffnungen. Durch die beiden äußeren mit einem horizontalen Steg geteilten Schächte werden die Wasserkühler des Motors mit Frischluft versorgt. Hinter der zentralen Öffnung wird bei Fahrzeugen mit Tiptronic S ein Zusatzkühler für das Automatikgetriebe eingebaut. Bei Fahrzeugen mit 6-Gang-Schaltgetriebe wird stattdessen ein Blinddeckel aus schwarzem Kunststoff montiert. Aus Gewichtsgründen sind die Stoßfängerelemente hinter den verformbaren Kunststoffteilen an Bug und Heck sowie der Kofferraumdeckel aus Aluminium gefertigt. Die Tankklappe der neuen 911 Generation ist weiterhin im rechten vorderen Kotflügel integriert. Eine grüngetönte Wärmeschutzverglasung gehört zur Serienausstattung. Im vorderen Dreieck der hydrophob beschichteten Türseitenscheiben sind elektrisch verstell- und beheizbare Doppelarm-Außenspiegel befestigt. Der Rückspiegel ist auf der Fahrerseite asphärisch ausgeführt. Ergonomisch griffgünstig sind die Türgriffe in Bügeloptik. An der Heckansicht fällt der ausfahrbare, aerodynamisch optimierte Heckspoiler auf, der sich im eingefahrenen Zustand noch ebenmäßiger in die Motorhaube einfügt. Darüber ist die dritte Bremsleuchte, die in LED-Technik ausgeführt ist, in einer den Lüftungschlitzen des Heckspoilers nachempfundenen Sicke integriert. Die Trennfugen zwischen den hinteren Kotflügeln und dem Heckteil verlaufen oberhalb der Rückleuchten. Von hinten ist der Carrera an großen länglich-ovalen Endrohren und einem silberfarben Schriftzug zu erkennen, der Carrera S unterscheidet sich durch zwei runde Doppelendrohre und einer titanfarbenen Typenbezeichnung. Zur Abrundung der aerodynamischen Überarbeitung sind alle Carrera mit einer vollständigen Unterbodenverkleidung ausgestattet. Die weiterentwickelte Form des Porsche 911 bietet gleichzeitig auch aerodynamische Vorteile und verbessert den Luftwiderstands-Beiwert im Vergleich zum Vorgänger von $c_w = 0{,}30$ auf $c_w = 0{,}28$ beim Carrera und auf $c_w = 0{,}29$ beim Carrera S.

Die Karosserien von Coupé und Cabriolet sind simultan entwikkelt worden und aus beidseitig feuerverzinktem Stahlblech gefertigt. Verstärkungen in der Karosseriestruktur sorgen für eine hohe Unfallsicherheit, insbesondere beim Offset-Crash. An den entscheidenden Stellen sind deshalb bereits Verstärkungen für das Cabriolet vorsehen, die allerdings beim Coupé nicht nötig sind. Durch diese parallele Entwicklung wiegt die Rohkarosserie des Cabriolets nur sieben Kilogramm mehr als die des Coupés. Die Torsionssteifigkeit der Rohkarosse steigt um fünf Prozent, die statische Biegesteifigkeit sogar um neun Prozent gegenüber dem 996 Carrera. Diese Maßnahmen sind auf die hohen Sicherheitsanforderungen in Europa und USA abgestimmt. Das 911 Carrera Cabriolet bietet den gewohnt hohen passiven Sicherheitsstandard. Der Überschlagschutz des Carrera Cabriolets besteht aus zwei höchstfesten Stahlrohren, die in den A-Säulen integriert sind und zwei automatisch ausfahrbaren Überrollbügeln hinter den Fondsitzen. Der Überrollsensor im Airbagsteuergerät löst bei einem Überschlag die Verriegelung der beiden Bügel, die dann durch Federkraft in Sekundenbruchteilen ausfahren. Gleichzeitig werden die Insassen durch die Gurtstraffer fest in die Vordersitze gezogen. Das Carrera Cabriolet erfüllt die in allen Vertriebsländern geltenden Sicherheitsvorschriften. Die vom Gesetzgeber geforderten Grenzwerte für Frontal-, Schräg-, Seiten- und Heckaufprall sowie Überschlag werden deutlich unterboten.

Das aerodynamisch optimierte Faltverdeck läßt sich auch während der Fahrt bis zu einer Geschwindigkeit von 50 Stundenkilometer per Knopfdruck innerhalb von 20 Sekunden bequem öffnen oder schließen und wird dabei mit der Z-Faltung so im Verdeckkasten abgelegt, daß die Verdeckaußenseite oben liegt und die beheizbare Heckscheibe aus Glas geschützt wird. Spezielle Wasserführungen über den Türen verringern das Abtropfen von Regenwasser und leiten das Wasser in einen Türdichtungsablauf in der A-Säule. Das Stoffverdeck zeichnet sich durch beste Wintertauglichkeit bei einem Systemgewicht einschließlich der Bedienhydraulik im Fond von nur 42 Kilogramm aus und wiegt im Vergleich zu Vario-Dächern nur die Hälfte. Der Schwerpunkt des Fahrzeugs liegt dadurch niedriger, was einem dynamischeren Kurvenverhalten sehr entgegen kommt. Die Leichtbauweise der Karosserie trägt zudem zu einer hohen Kurvendynamik bei. Durch den Leichtbau hat der offene Carrera ein Leergewicht von 1.480 Kilogramm und das Carrera S Cabriolet von 1.505 Kilogramm. Die Cabriolet-Versionen erreichen genau dieselbe Höchstgeschwindigkeit wie die Coupé-Varianten und demonstrieren damit eine effiziente Aerodynamik. Bei geschlossenem Verdeck entspricht der c_W-Wert von 0,29 dem des Carrera S Coupé. Der Heckspoiler des Cabriolets ist im Vergleich zum Coupé um 20 Millimeter weiter ausfahrbar. Auch bei höchsten Geschwindigkeiten herrschen deshalb an Vorder- und Hinterachse nur geringe Auftriebskräfte, die für eine sehr hohe Fahrsicherheit sorgen. Das serienmäßige Windschott bietet einen ausgezeichneten, zugarmen Offenfahrkomfort. Auf Wunsch ist ein Hardtop aus Aluminium lieferbar.

Alle Carrera-Modelle mit Allradantrieb erhalten jeweils um 22 Millimeter ausgestellte hintere Kotflügel, die sich weiter nach außen wölben. Trotz der breiteren Radhäuser an der Hinterachse bleibt die Aerodynamik der Allrad-Elfer auf einem niedrigen Niveau. Der 911 Carrera 4 hat einen Luftwiderstandbeiwert von $c_w = 0,30$, der Carrera 4S sogar nur $c_w = 0,29$.

Seit dem Modelljahr 1977 wird der Porsche 911 erstmals wieder mit zwei Saugmotoren in unterschiedlichen Leistungsstufen und Hubräumen angeboten. Der Carrera hat einen 3.6-Liter-Motor mit 325 PS (239 kW) und der Carrera S ein 3,8-Liter-Aggregat mit 355 PS (261 kW). Beide wassergekühlten Triebwerke sind aus einem Aluminium-Kurbelgehäuse mit integrierter Trokkensumpfschmierung und Aluminium-4-Ventil-Zylinderköpfen mit hydraulischem Ventilspielausgleich sowie dem VarioCam Plus-System mit Einlaßnockenwellenverstellung und Ventilhubschaltung aufgebaut. Gaspedalbewegungen werden elektronisch (Drive by wire) von der Motronic ME 7.8 umgesetzt. Die Gemischaufbereitung erfolgt über einen Heißfilm-Luftmassenmesser und eine sequentielle Multipoint-Kraftstoffeinspritzung mit Leerlauffüllungsregelung. Das Benzin-Luft-Gemisch wird in den Brennräumen über Einzelzündspulen mit ruhender Hochspannungsverteilung gezündet. Zur Sicherheit einer kontrollierten Verbrennung ist eine selektive Klopfregelung angebracht, die beim ersten Anzeichen eines Klopfens die Zündung entsprechend zurücknimmt. Die Abgasreinigung übernehmen zwei 3-Wege-Katalysatoren mit Stereo-Lambda-Regelung und ein On-Board-Diagnose-System (OBD) zur Überwachung des Systems. Der Sechszylinder-Boxer des 911 Carrera entspricht weitgehend dem aus dem 996 Carrera bekannten 3,6-Liter-Motor. Porsche hat allerdings die Ladungswechsel optimiert und so die Motorleistung um fünf Pferdestärken angehoben. Das auf 11,3 : 1 verdichtete Basisaggregat leistet 325 PS (239 kW) bei 6.800 Umdrehungen pro Minute und hat ein maximales Drehmoment von 370 Newtonmeter bei 4.250 Umdrehungen pro Minute. Auf dieser Basis entsteht auch der neue Hochleistungsmotor mit 3,8-Liter-Hubraum für den Porsche 911 Carrera S. Um eine Motorleistung von 261 kW (355 PS) bei 6.600/min und ein maximales Drehmoment von 400 Newtonmeter bei 4.600 Umdrehungen pro Minute zu erreichen, wird der Bohrungsdurchmesser von 96 Millimeter auf 99 Millimeter erweitert, die Verdichtung auf 11,8 : 1 erhöht, die Brennraumgeometrie neu gestaltet und die Ladungswechsel neu abgestimmt. Die zulässige Höchstdrehzahl für beide Motoren liegt bei 7.300 Umdrehungen pro Minute.

Serienmäßig sind die 3,6- und 3,8-Liter-Carrera-Modelle mit einem verstärkten 6-Gang-Schaltgetriebe ausgerüstet, welches ein höheres Drehmoment übertragen kann, mit verkürzten Schaltwegen zu bedienen ist und dennoch kein Mehrgewicht auf die Waage bringt. Das maximale Drehmoment von 400 Newtonmeter des 911 Carrera S-Motors hat eine Neuentwicklung des 6-Gang-Schaltgetriebes notwendig gemacht. Beide Modelle verfügen deshalb über ein identisches Schaltgetriebe, welches beim S-Motor mit einer selbstnachstellenden Kupplung ausgerüstet ist. Trotz der breiteren Zahnräder und der größeren Wellendurchmesser, die mehr Kraft übertragen können und deshalb auch schwerer geworden sind, bleibt das Gesamtgewicht der Getriebe durch entsprechende Leichtbaumaßnahmen gleich. Als Option zur Handschaltung ist eine 5-stufige Tiptronic S mit verbessertem Schaltprogramm und optimierter Schaltqualität lieferbar.

Der Allradantrieb des Carrera 4 und Carrera 4S leitet permanent zwischen fünf und 40 Prozent der Antriebskraft an die Vorderräder. Davon profitiert vor allem die Fahrstabilität in Kurven, ebenso der absolut stabile Geradeauslauf bis zur Höchstgeschwindigkeit und natürlich auch die Traktion auf wenig griffigen Fahrbahnoberflächen. Die zentrale Kraftverteilung übernimmt eine Visco-Lamellenkupplung. Das Vorderachsgetriebe entspricht dem der allradangetriebenen Vorgängermodelle, jedoch mit einer auf die neue Reifenkombination angepaßten Übersetzung.

Erstmals wird beim 911 Carrera eine Zahnstangenlenkung mit variabler Lenkübersetzung eingebaut, die bei Lenkradeinschlägen von mehr als 30 Grad zunehmend direkter wird. Diese steigert insbesondere die Agilität auf kurvenreichen Strecken. Im Stadtverkehr verbessert die wesentlich spontanere Lenkung die Handlichkeit beim Einparken und Abbiegen. Beide Carrera-Versionen verfügen über ein überarbeitetes Fahrwerk. Das Basisfahrwerk des 3,6-Liter-Carrera zeigt sich im Vergleich zum 996 Carrera um 30 Millimeter verbreitert und neu abgestimmt. An Vorder- und Hinterachse sind Stabilisatoren montiert. Darüber hinaus werden optional zwei weitere Fahrwerksoptionen angeboten: das aktive PASM-Fahrwerk (Porsche Active Suspension

Phantombild des 997 Carrera 4 Cabriolet Modelljahr 2009

Management) mit einer Tieferlegung von 10 Millimetern und das um 20 Millimeter tiefergelegte Sportfahrwerk mit mechanischer Hinterachsquersperre. Das PASM gehört beim 911 Carrera S zur Serienausstattung, für den 911 Carrera ist es auf Wunsch lieferbar. Beim Porsche Active Suspension Management kann der Fahrer über eine Taste in der Mittelkonsole zwischen zwei Fahrwerkprogrammen wählen. Im Display des Kombiinstruments erscheint für vier Sekunden ein Stoßdämpfersymbol mit dem Hinweis PASM-Normal oder PASM-Sport. Die Normal-Stufe bietet eine komfortablere Grundabstimmung der Dämpfer, die bei dynamischer Fahrweise automatisch zunehmend sportlicher werden. Besonders auf längeren Fahrten spüren die Insassen einen deutlich besseren Federungskomfort, denn kleinere und mittlere Fahrbahnunebenheiten absorbiert das PASM besser als das Standardfahrwerk. In der Sport-Stufe werden härtere Dämpferkennlinien angesteuert, die eine sehr agile, sportliche Fahrweise unterstützen. Diese Stufe bietet die Vorteile eines Sportfahrwerks, denn durch die nochmals verringerten Aufbaubewegungen lassen sich schnelle Rundenzeiten leichter erzielen. Messungen auf dem Nürburgring ergaben eine um fünf Sekunden schnellere Zeit als mit dem Basisfahrwerk. Da offene Karosserien stets empfindlich auf Vibrationen reagieren, sind für die Carrera Cabriolet-Versionen das konventionelle und das aktive PASM-Fahrwerk sowie die Aggregatlager komfortabler abgestimmt.

Für den besonders sportlich ambitionierten Fahrer bietet Porsche das optionale Sport Chrono Paket Plus an. Über die Sporttaste auf der Mittelkonsole wird das Programm aktiviert. Es verändert die Gaspedalkennlinie, indem das Gaspedal sensibler anspricht, das Motorverhalten an der Drehzahlgrenze und bei Lastwechsel, die Eingreifschwellen des PSM, die Kennlinien von PASM und Tiptronic S. Das PSM läßt mehr Schlupf, Drift- und Gierwinkel zu. Bei Fahrzeugen mit PASM schaltet die Steuerung entsprechend der Straßenbeschaffenheit auf die härtere Stoßdämpferkennung. Auf der Armaturentafel sitzt ein analog/digitaler Chronograph mit dem sich über den Bedienhebel des Bordcomputers an der Lenksäule die Rundenzeiten messen lassen. Durch einfaches Drükken lassen sich die Rundenzeiten stoppen, addieren und speichern. Anschließend können die Werte über den Bordcomputer des Porsche Communication Managements aufgerufen und auf dem Monitor graphisch ausgewertet werden.

Die leistungsfähige Bremsanlage der 3,6-Liter-Carrera-Model-

le wird weitgehend vom Vorgängermodell übernommen. Der Verstärkungsfaktor im Bremskraftverstärker wird um 17 Prozent auf 4,5 : 1 angehoben, damit die Bremse noch spontaner anspricht und die Pedalkräfte geringer ausfallen. Schwarz eloxierte, verstärkte 4-Kolben-Monobloc-Aluminium-Festsättel und innenbelüftete, gelochte Bremsscheiben in einem Durchmesser von 318 Millimeter an der Vorderachse und 299 Millimeter an der Hinterachse garantieren selbst bei hoher Belastung eine extreme Bremsleistung. Die 3,8-Liter Carrera S-Versionen erhalten wegen der höheren Fahrleistungen ein überarbeitetes Bremssystem, das noch bessere Verzögerungswerte verspricht. Der größere Durchmesser des Hauptbremszylinders ermöglicht ein weiter verbessertes Pedalgefühl mit einem noch präziseren Druckpunkt. An Vorder- und Hinterachse erhalten die S-Modelle größere, rot lackierte 4-Kolben-Monobloc-Aluminium-Festsättel und innenbelüftete, gelochte 330-Millimeter-Bremsscheiben. Größere Bremsbeläge erhöhen die wirksame Gesamtbremsbelagsfläche und die Belaglebensdauer. Bei den Carrera mit Heckantrieb reduziert ein leistungsfähiger 10-Zoll-Vakuumbremskraftverstärker die Betätigungskräfte, bei den Allradfahrzeugen unterstützt ein 9-Zoll-Tandem-Bremskraftverstärker die Pedalbetätigung.
Als Option kann die weiterentwickelte Porsche Ceramic Composite Brake (PCCB) mit 350 Millimeter großen Keramikscheiben bestellt werden. An der Vorderachse kommen gelb lackierte 6-Kolben-Monobloc-Aluminium-Festsättel und an der Hinterachse 4-Kolben-Monobloc-Aluminium-Festsättel zum Einsatz. Keramikverbundbremsscheiben wiegen 50 Prozent weniger als gleich große Graugußbremsscheiben. In Verbindung mit einem speziell abgestimmten Bremsbelag entwickeln die Keramikbremsscheiben beim Verzögern sofort hohe und konstante Reibwerte. Bei den Carrera-Modellen werden weiterentwickelte Keramikbremsscheiben eingesetzt, bei denen die Innenkühlkanäle durch eine neue Formgebung mehr Kühlluft durch die drehende Scheibe fördern. Gleichzeitig erhöht die größere Anzahl von Kühlkanälen die Formsteifigkeit der Bremsscheibe. Die PCCB reduziert die ungefederten Massen. Der Verschleiß im Alltagsbetrieb liegt deutlich unter dem von Graugußbremsscheiben und sie ist absolut korrosionssicher.
Das serienmäßige Porsche Stability Management (PSM) mit ABS 8.0, ASR, ABD und MSR verfügt über zwei zusätzliche Funktionen, die das Bremsverhalten weiter optimieren. Die Vorbefüllung der Bremsanlage legt die Bremsbeläge unmittelbar vor schnellen Bremsmanövern an die Scheiben an. Der daraus resultierte spontanere Verzögerungsaufbau führt zu einem kürzeren Anhalteweg. Die zweite Funktion, der Bremsassistent, wird bei einer Vollbremsung aktiviert. Tritt der Fahrer schnell, aber nicht mit voller Kraft auf die Bremse, gleicht die Hydraulikpumpe den fehlenden Druck aus und bringt damit alle Räder für eine optimale Bremsleistung in den ABS-Regelbereich. Der Zusatzdruck an der Bremse wird danach sofort wieder abgebaut, wenn die Pedalkraft nicht erhöht oder reduziert wird. Das System bietet bei sportlicher Fahrweise die von einem Porsche gewohnte Dosierbarkeit der Bremsanlage.
Erstmals in der Elfer-Entwicklung wird der Abrollumfang der Räder um 2,5 Prozent an der Vorder- und um fünf Prozent an der Hinterachse vergrößert. Dadurch können deutlich höhere Kräfte bei einer geringeren spezifischen Reifenbelastung übertragen werden. Teilweise reduzierte Reifendrücke ermöglichen eine erhöhte Performance. Zur Reduzierung der ungefederten Massen ist die neue Leichtmetallrädergeneration in der Flow-Forming-Technologie gefertigt. Bei den aktuellen Carrera-Modellen mit 3,6-Liter-Motor werden serienmäßig 18-Zoll-Carrera-III-Aluminiumräder montiert. Bei Fahrzeugen mit Hinterradantrieb sind Hochgeschwindigkeitsreifen der Dimension 235/40 ZR 18 vorn auf 8 J x 18 Räder und 265/40 ZR 18 hinten auf 10 J x 18 ausgezogen. Unter den breiteren hinteren Kotflügeln der Allradmodelle sind noch breitere 295/35 ZR 18 Reifen auf einer 11 Zoll breiten Felge montiert. Alle Carrera S rollen vorne auf 8 J x 19 Carrera-S-Rädern mit 235/35 ZR 19 Reifen und hinten sind auf 11 J x 19 Rädern, die beim Carrera S mit Reifen der Größe 295/30 ZR 19 und bei den breiteren Carrera 4S-Modellen mit 305/30 ZR 19 kombiniert werden. Für den Fall einer Reifenpanne verfügen alle 911 Carrera-Modelle serienmäßig über ein Reifenreparatursystem mit Dichtmittel und Druckluftkompressor.
Zusammen mit dem Carrera wird die neueste Generation des optionalen Reifendruckkontrollsystems RDK vorgestellt. Neben mehr Sicherheit vor eventuellen Reifenschäden schützt das System durch die einfache Kontrollmöglichkeit des korrekten Luftdrucks vor ungleichmäßigem Reifenverschleiß und zu hohem Kraftstoffverbrauch. Es zeigt exakt an, an welchem Reifen der Luftdruck erhöht oder abgesenkt werden muß. Bei einem Minderdruck ab 0,3 bar gibt das System selbstständig einen Warnhinweis. Ab einem Minderdruck von 0,5 bar leuchtet im Display während der Fahrt ein rotes Warnsignal auf, zusätzlich macht ein Gongton den Fahrer darauf aufmerksam.
Auch das Interieur trägt nach einer grundlegenden Überarbeitung wieder klassische Porsche-Züge. Die obere Linie des Cockpits haben die Designer an die sportlichen Akzente der letzten luftgekühlten 911 Carrera-Generation angepaßt. Selbst der Griffverlauf der neu gestalteten Türverkleidungen erinnert an den Porsche 964. Hochwertige Materialien sorgen für ein sehr angenehmes Ambiente. Lenkradkranz, Schalthebel, Handbremshebelgriff und die Türgriffe sind mit genarbten Leder bezogen. Kunststoffteile sind mit Softlack in Interieurfarbe überzogen. Diverse Interieurzierteile sind in mattem Vulkangrau lackiert. Beim Carrera S sind die Rahmen der Luftdüsen, die Zierblenden an Armaturentafel und Schalthebel sowie das Schaltschema im Schaltknopf durch Aluminiumoptik aufgewertet. Bei den Coupés ist der Dachhimmel mit Alcantara bezogen. Schon beim Öffnen der Türen fällt der Blick auf die Türeinstiegsleisten mit der jewei-

ligen Modellbezeichnung des Fahrzeugs. Neben dem Fahrersitz sind die Schalter zur elektrischen Entriegelung der Kofferraum- und der Motorhaube in der Schwellerblende eingelassen. Im Instrumententräger werden die Rundinstrumente deutlicher betont. Die fünf Rundinstrumente tragen im Carrera schwarze Zifferblätter, im Carrera S aluminiumfarbene, die allerdings ohne Aufpreis auch in schwarz ausgeliefert werden können. Als Sonderausstattung können die Instrumente in den Interieurfarben sandbeige, terrakotta und naturbraun oder in den Exterieurfarben indischrot, speedgelb und carraraweiß geordert werden. Zentral in der Mitte sitzt der analoge Drehzahlmesser, bei dem im unteren Segment eine Digitalanzeige für die Geschwindigkeit und eine Punktmatrix für den Bordcomputer integriert ist. Halb links sitzt der analoge Tachometer mit einem Skalenendwert von 330 km/h und einer digitalen Kilometeranzeige für die zurückgelegte Gesamt- und Tagesfahrstrecke. Ganz links ist die Öltemperaturanzeige angesetzt. Rechts neben dem Drehzahlmesser informiert ein Kombiinstrument mit analogen Anzeigen über die Kühlwassertemperatur und den Tankinhalt, sowie ein digitales Display über die Uhrzeit und die Außentemperatur. Bei Fahrzeugen mit Tiptronic S ist zusätzlich noch eine Ganganzeige integriert. Ganz rechts zeigt ein Manometer den Öldruck an. Die abgesenkte Sitzposition, die nach vorne versetzten Pedale und das axial als auch vertikal verstellbare Lenkrad bieten auch sehr groß gewachsenen Personen mehr Sitzkomfort. Das für den Carrera auf Wunsch lieferbare Sportlenkrad mit der runden Prallplatte und den Griffmulden über den oberen Speichen ist beim Carrera S Serie. Für beide Modelle ist optional ein Multifunktionslenkrad lieferbar. Schon die teillederbezogenen Seriensitze bieten einen sehr guten Seitenhalt. Die Kontur des Sitzgestells unterstützt die Seitenwangenpolster stärker als bisher. Auf Wunsch sind vollelektrisch verstellbare Sitze erhältlich. Bei den optional lieferbaren Sportsitzen wird der Seitenhalt im Vergleich zu den Seriensitzen um nochmals 50 Prozent erhöht. Die adaptiven Sportsitze bieten zusätzlich die Möglichkeit, die Seitenwangen der Sitzfläche und der Rückenlehne individuell auf Fahrer und Beifahrer anzupassen. Neben den Farben der Grund- und Sonderausstattung werden attraktive Zweifarben-Kombinationen angeboten. Die Bi-Color-Ausstattung kann in den drei verschiedenen Lederkombinationen Schwarz/Sandbei-

Cockpit des 997 Carrera S Cabriolets Modelljahr 2009

ge, Schwarz/Steingrau und Schwarz/Terrakotta gewählt werden. Eine Vorrüstung für die Kindersitzbefestigung ISOFIX ist serienmäßig. Die Rücksitzlehnen können – elfertypisch – geteilt umgelegt werden und die Zusatzablage hinter den Fondsitzen für Gepäck vergrößern. Die Insassen aller 911-Modelle können auf die passiven Sicherheitselemente vertrauen, die serienmäßig eingebaut werden. Dazu zählen 3-Punkt-Automatikgurte für alle vier Sitzplätze, vorne zusätzlich mit Gurtstraffer und Gurtkraftbegrenzer. Die sechs Airbags sind in die beiden zweistufigen Fullsize-Frontairbags und das POSIP-System (Porsche Side Impact Protection), welches die vorderen Insassen bei einen Seitenaufprall schützt, aufgeteilt. Das System besteht aus einem Thorax-Airbag an der Außenseite der Sitzlehne und einem weltweit neuartigen Kopf-Airbag, der im Ruhezustand in der Fensterbrüstung am unteren Rand der Seitenscheibe sitzt. Dieser Kopf-Airbag kann auch für Cabriolets verwendet werden. Bei einem Seitenaufprall entfaltet sich der acht Liter große flache Kopf-Airbag. Die Schutzwirkung für den Kopf wird vor einem Aufprall gegen die Seitenscheibe und anderen Gegenständen, wie Splittern, erzielt.
Zur Serienausstattung gehören auch eine Klimaautomatik mit kombiniertem Aktivkohle- und Polleninnenraumfilter und Diebstahlwarnanlage mit Radarinnenraumüberwachung. Über die Funkfernbedienung der Zentralverriegelung kann neben den Türen auch der Kofferraum entriegelt werden. Hinter der Zierleiste über dem großen, abschließbaren Handschuhfach sind zwei ausklappbare und in der Größe verstellbare Getränkehalter integriert. Das serienmäßige Porsche Communication Management (PCM) besteht in allen 911-Modellen aus einem 5,8-Zoll-Bildschrim mit 12er-Tastatur, Doppel-Tuner-Radio mit Antennendiversity und integriertem Audio-CD-Laufwerk, dem Sound Package Plus mit neun Lautsprechern, 280 Watt Gesamtleistung und CD-Ablage im Handschuhfach. Außerdem ist eine Vorrüstung für den nachträglichen Einbau eines CD-Wechslers vorhanden. Auf Wunsch kann das Klangerlebnis durch das BOSE® Surround-Sound-System mit 13 Lautsprechern beim Coupé bzw. 12 Lautsprechern beim Cabriolet und beim Targa und einer Gesamtmusikleistung von 325 Watt noch optimiert werden. Der CD-Player des PCM kann jetzt MP3-komprimierte Musiktitel abspielen und durch weitere optional erhältliche Module, wie Navigationssystem mit DVD-Laufwerk oder Telefon ergänzt werden. Auf Wunsch kann ein elektronisches Fahrtenbuch integriert werden, welches bis zu 1.500 Fahrten aufzeichnen kann und alle Anforderungen erfüllt, die von den Finanzbehörden in Deutschland für automatische Fahrtenbuchaufzeichnungen gestellt werden. Die gespeicherten Daten werden mittels Infrarotschnittstelle über einen Laptop ausgelesen.
Die Wartungsintervalle des 911 Carrera werden von 20.000 auf 30.000 Kilometer angehoben. Bei einer jährlichen Fahrleistung von 15.000 Kilometern bedeutet das weniger Werkstattaufenthalte und eine Reduzierung der Regelwartungskosten in vier Jahren um 25 Prozent. Darüber hinaus werden die Reparaturkosten bei Bagatellschäden deutlich gesenkt. Im Vorderwagen sorgen zahlreiche Optimierungen, wie neue Prallelemente im Stoßfänger, daß die Karosserie bei leichten Unfällen vor größeren Schäden geschützt wird.
Ein Carrera Coupé beschleunigt in 5,0 Sekunden von 0 auf 100 km/h bzw. in 17,5 Sekunden von 0 auf 200 km/h und erreicht eine Höchstgeschwindigkeit von 285 Kilometer pro Stunde. Das 911 Carrera S Coupé stürmt in 4,8 Sekunden aus dem Stand auf 100 Stundenkilometer und in 16,5 Sekunden auf Tempo 200. Die Höchstgeschwindigkeit liegt bei 293 km/h. Ein routinierter Fahrer durchfährt die Nürburgring-Nordschleife mit dem 911 Carrera S gut zwanzig Sekunden schneller als mit einem 996 Carrera. Die Höchstgeschwindigkeit beträgt beim Carrera Cabriolet 285 Kilometer pro Stunde, das Carrera S-Modell erreicht 293 Stundenkilometer. Das Carrera Cabriolet sprintet aus dem Stand in 5,2 Sekunden auf Tempo 100, der offene Carrera S ist nochmals 0,3 Sekunden schneller. Das 911 Carrera 4 Coupé beschleunigt in 5,1 Sekunden von 0 auf 100 km/h. Die Höchstgeschwindigkeit wird bei 280 Stundenkilometer erreicht. Der 911 Carrera 4S ist mit 4,8 Sekunden nochmals spürbar spurtstärker. Seine Spitzengeschwindigkeit beträgt 288 km/h. Das Carrera 4 Cabriolet spurtet in 5,3 Sekunden auf Tempo 100 und erreicht 280 Stundenkilometer. Die Höchstgeschwindigkeit des Carrera 4S Cabriolets liegt bei 288 km/h, für den Sprint von 0 auf 100 vergehen 4,9 Sekunden. Alle 911 Carrera und 911 Carrera S-Modelle unterschreiten die Abgasgrenzwerte nach EU4 und zeichnen sich durch ihren unverwechselbaren Klang aus.
Anläßlich des 50-Jahre-Jubiläums des Porsche Club of America (PCA) legt Porsche ein auf 50 Fahrzeuge limitiertes Sondermodell auf Basis des 911 Carrera S Coupé speziell für die Clubmitglieder auf. Der Preis für das limitierte Modell liegt mit 99.911,- US-Dollar genau 20.811,- US-Dollar über einem serienmäßigen Carrera S Coupé. Der Kunde kann die Lackfarbe individuell bestimmen, in der nicht nur die Karosserie sondern auch die Blende der Mittelkonsole und die Rückseite der Kunststoffschalen der Sportsitze lackiert sind. Die Edelstahleinstiegsleisten tragen den Clubschriftzug. Das Interieur wird zusätzlich mit neu gezeichneten Zifferblättern, einem Sportlenkrad, einem besonderen Schaltknopf und einer Sonderplakette aufgewertet. Das Jubiläumsmodell rollt auf 19-Zoll-Aluminiumräder im Vielspeichen-Design.
Der 3,8-Liter-Motor des Carrera S wird mit einer Werksleistungssteigerung von 381 PS (280 kW) bei 7.200/min und einem maximalen Drehmoment von 415 Nm bei 5.500/min ausgeliefert. Damit beschleunigt der PCA-Elfer aus dem Stand heraus auf 100 Stundenkilometer in 4,4 Sekunden und erreicht eine Höchstgeschwindigkeit von 299 Kilometer pro Stunde.

Modelljahr 2006 (6-Programm)

Für alle 3,8-Liter-S-Modelle mit Schaltgetriebe und Tiptronic S bietet Porsche Exclusive bei Neuwagen ab Werk eine Leistungssteigerung auf 381 PS (280 kW) bei 7.200/min an. Das maximale Drehmoment wird durch die Leistungskur mit 415 Nm bei 5.500/min erst bei etwas höheren Drehzahlen erreicht. Die zusätzliche Leistung wird durch optimierte Strömungsverhältnisse auf der Ansaug- und Abgasseite erreicht. Die Kanalgeometrie der Zylinderköpfe wird geändert. Für bessere Gaswechsel wird eine groß dimensionierte Aluminium-Ansauganlage und Abgaskrümmer mit größeren Querschnitten montiert. Eine entsprechend neu abgestimmte Motorelektronik vervollständigt die leistungsfördernden Maßnahmen. Optischer Höhepunkt ist das Luftfiltergehäuse aus Carbon. Bei Porsche Tequipment ist der Carrera Powerkit auch zum Nachrüsten erhältlich. Den Einbau des Kits kann jedes Porsche-Zentrum übernehmen. Im Fahrbetrieb macht sich die Leistungssteigerung vor allem ab 5.000 Umdrehungen pro Minute durch eine erhöhte Drehfreude beim Ausdrehen der Gänge bemerkbar. Ein Carrera S Coupé mit Schaltgetriebe beschleunigt in nur 4,6 Sekunden aus dem Stand auf 100 Stundenkilometer oder in 14,9 Sekunden von 0 auf 200! Die Höchstgeschwindigkeit wird bei exakt 300 Kilometer pro Stunde erreicht. Am 28. Februar 2006 feiert die sechste Generation des 911 turbo auf dem Genfer Automobilsalon Weltpremiere. Die Markteinführung in Deutschland erfolgt am 24. Juni 2006. Ab dem 8. Juli 2006 steht der turbo bei den amerikanischen Händlern. Gleichzeitig wird der Porsche GT3 präsentiert, dessen Auslieferung im Mai 2006 beginnt.

Ein charakteristisches Designmerkmal des 911 turbo der 997 Baureihe ist das neu geformte Bugteil mit seinen drei großen, straff ausmodellierten Kühllufteinlässen. Die aerodynamisch sehr wirksame Kühlluftführung für die Wasserkühler ist für den 911 turbo weiterentwickelt worden. Die beiden Kühler vor den Vorderrädern sowie ein zentraler Kühler werden durch große Öffnungen im Bugteil mit Luft versorgt. So können bei 300 Stundenkilometern circa 4.000 Liter Luft pro Sekunde durch die Wärmetauscher strömen. Um den höheren Kühlbedarf des kraftvollen Biturbo-Motors sicherzustellen, wurde die Luftführung durch einen »Bypass« modifiziert. Diese Verbindung zwischen der Kühlluftöffnung in der Mitte sowie der linken und rechten Seite ermöglicht eine deutlich wirkungsvollere Luftverteilung auf die drei Wasserkühler in der Fahrzeugfront. Zur weiteren Optimierung des Strömungswiderstands leitet eine Umlenkschaufel die Abluft des mittigen Kühlers gezielt und ohne Auftrieb zu verursachen unter den Wagenboden. Gleichzeitig werden die Umlenkschaufeln für die seitlichen Kühler zur Verbesserung des Luftstroms vergrößert. Abgerundet wird die Frontansicht von den neuen LED-Blinkleuchten, die in den seitlichen Lufteinlässen des Bugteils positioniert sind und den runden, seitlich angebrachten Nebelscheinwerfern. In Verbindung mit den serienmäßigen ovalen Bi-Xenon-Scheinwerfern prägen sie sein unverwechselbares Gesicht. Der 911 turbo verfügt über eine Fronthaube und Türen aus Aluminium. Die Türen wiegen zusammen nur noch 22 Kilogramm. Sie sind um 14 Kilogramm leichter als Stahltüren. Das tragende Element ist ein im Serienautomobilbau erstmals im Sichtbereich eingesetzter Aluminiumdruckgußrahmen. Die seitlichen Lufteinlässe in der Fondseitenwand sind ebenfalls neu geformt und ermöglichen zusammen mit den optimierten Luftkanälen eine strömungsgünstige Kühlluftzufuhr zu den Ladeluftkühlern. Die hinteren Kotflügel sind im Vergleich zum Vorgängermodell um insgesamt 22 Millimeter breiter geworden. Der Heckdeckel mit dem integrierten Heckflügel ist aus Faserverbundkunststoff gefertigt. Der neu gestaltete Spaltflügel neigt sich an den Flanken leicht nach unten und schmiegt sich an die Form der hinteren Kotflügel an. Von hinten betrachtet wirkt der turbo durch die großen seitlichen Lüftungsschlitze und die beiden, wie beim 959, durch das Heckteil geführten Auspuffendrohre noch kraftvoller als bisher. Durch ihre verbesserte Form wird die Luft so geleitet, daß vor dem Rad kein zusätzlicher Auftrieb entsteht. Der 911 turbo zeigt sich in einer aerodynamischen Ausgewogenheit. Durch den automatischen Spaltflügel am Heck, der bei Geschwindigkeiten über 120 km/h um 35 Millimeter ausfährt und bei 60 km/h wieder einfährt, werden herausragende Abtriebswerte erreicht. Bei einer Höchstgeschwindigkeit von 310 km/h entstehen nur 18 Kilogramm Auftrieb an der Vorderachse, aber 27 Kilogramm Abtrieb an der Hinterachse. Das aerodynamische Verhältnis zwischen Vorder- und Hinterachse ergibt ein positives Nickmoment, welches bei hohen Geschwindigkeiten zu einem gutmütigen, eher untersteuernden Fahrverhalten führt. Wie bei den anderen 911-Modellen ist der Fahrzeugboden des 911 turbo nahezu vollständig verkleidet. Dies führt zu einer kontrollierten Unterströmung mit einer geringen Verwirbelung der Luft. Beim 911 turbo mit Schaltgetriebe sind sechs Verkleidungssegmente aus Polypropylen angebracht. Zur Belüftung des Vorderachsgetriebes des Allradantriebs sorgen vier Kühlluftkanäle in der vorderen Unterbodenverkleidung. Einen ausgewogenen Temperaturhaushalt des Schaltgetriebes oder des Tiptronic S-Getriebes ermöglicht eine weitere Anströmöffnung in der hinteren Unterbodenverkleidung.

Die sehr hohe spezifische Leistung des Turbomotors von 133,3 PS (98,1 kW) pro Liter Hubraum kann durch den erstmaligen Serieneinsatz von Turboladern mit variabler Geometrie in einem Ottomotor erzielt werden. Der Abgasstrom kann im gesamten Drehzahlbereich geregelt und die Strömung optimal auf die Turbinenschaufeln geleitet werden. In der Praxis bedeutet dies einen kraftvollen und spontanen Schub schon ab der Leerlaufdrehzahl. Das Ergebnis ist ein Spitzenwert bei der Motorleistung und beim maximalen Drehmoment. Der 3,6 Liter große Boxermotor leistet 480 PS (353 kW) bei 6.000 Umdrehungen. Das maximale Drehmoment von 620 Newtonmeter liegt zwischen 1.950 und 5.000 Umdrehungen pro Minute an der Kurbelwelle an. Das Prinzip der variablen Turbinengeometrie (VTG) wird von Audi bei Dieselmotoren schon seit 1996 eingesetzt. Die variable Turbinengeometrie verbindet die Vorteile eines kleinen mit den eines großen Abgasturboladers. Dies ermöglicht der Turbine, den gesamten Abgasstrom bei jeder Drehzahl effizient für die Aufladung zu nutzen. Aus thermischen Gründen ließen sich die bisherigen VTG-Abgasturbolader nicht für Ottomotoren anwenden. So betragen die Abgastemperaturen bei Dieselmotoren nur 700 Grad Celsius. Die Abgastemperatur des Porsche-Turbomotors kann dagegen bis zu 1.000 Grad Celsius ansteigen, was zu einer erheblichen thermischen Mehrbelastungen der verstellbaren Leitschaufeln führt. Durch den Einsatz neuer, extrem hochtemperaturfester Werkstoffe und von neuen Simulationsverfahren konnten in Zusammenarbeit mit dem Turboladerzulieferer serienreife Lader mit der erforderlichen Dauerfestigkeit und Lebenserwartung entwickelt werden. Ein Wasserkühlsystem mit Nachlaufpumpe wird parallel zur vorhandenen Ölkühlung zur Absenkung der hohen Bauteiltemperaturen eingesetzt. Mit der variablen Turbinengeometrie werden für den Abgasstrom die jeweils optimalen Querschnitte über verstellbare Leitschaufeln erzielt. Bei niedrigen Drehzahlen schließen sich die Schaufeln und erzeugen kleine Luftspalte. Die Abgase strömen durch den kleinen Querschnitt, werden dadurch beschleunigt und treffen mit hoher Energie, wie bei einem kleinen Abgasturbolader, radial auf das Turbinenrad. Diese Winkelstellung der Leitschaufeln wird, bis der gewünschte Ladedruck von einem bar erreicht ist, beibehalten. Der Ladedruck wird auf Meereshöhe, bei Volllast und einer Außentemperatur von 20 Grad Celsius ermittelt. Diese Parameter beeinflussen den Druck, mit dem die Verbrennungsluft in die Zylinder gedrückt wird, da sich mit ihnen auch die Qualität der Verbrennung ändert. Mit steigender Motordrehzahl wächst der Abgasstrom weiter an, die Leitschaufeln vergrößern den Durchlaß und regulieren damit den Ladedruck. Die Motronic übernimmt die elektronische Regelung des elektrisch betriebenen Verstellmechanismus. Die maximale Verstelldauer der Leitschaufeln beträgt nur 100 Millisekunden. Die variable Turbinengeometrie des Abgasturboladers ist so berechnet, daß auch der maximal auftretende Abgasstrom bewältigt werden kann. Dadurch kann das bei einer konventionellen Abgasturboaufladung verwendete Bypass-Ventil entfallen. Der Motor besteht aus einem vertikal geteilten Leichtmetall-Druckguß-Kurbelgehäuse mit achtfach gelagerter Kurbelwelle. Der Hubraum beträgt 3.600 Kubikzentimeter, die Zylinderbohrungen 100 Millimeter und der Kolbenhub 76,4 Millimeter. Die geschmiedeten Leichtmetallkolben laufen in mit Nikasil beschichteten Aluminium-Zylinderlaufbüchsen. Der Aufbau des Rumpfmotors erfolgt in einer Sandwichbauweise, bei der die einzelnen Komponenten Nockenwellen-, Zylindergehäuse und Zylinderköpfe mit dem Kurbelgehäuse verschraubt werden. Die Gaswechsel werden von der variablen Ventilsteuerung VarioCam Plus gesteuert, welche den Hub und Öffnungszeiten der Einlaßventile verändert. Dies geschieht durch einen Flügelzellenversteller, der die Relativposition der Einlaßnockenwelle zur Kurbelwelle in einem Verstellbereich von 40 Grad kontinuierlich variieren kann. Das Ventilhubverstellsystem besteht aus zwei ineinanderliegenden, schaltbaren Tassenstößeln, die von zwei verschieden großen Einlaßnocken betätigt werden. Um dem enormen Längs- und Querbeschleunigungskräften gerecht zu werden, kommt nur eine Trockensumpfschmierung mit separatem Motoröltank in Frage. Insgesamt sorgen neun Ölpumpen selbst bei länger anhaltenden Horizontalkräften für den sicheren Kreislauf des Leichtlauföls: Zwei Ölabsaugpumpen für die Abgasturbolader, jeweils zwei Ölabsaugpumpen für die Zylinderköpfe sowie zwei Absaug- und eine Druckpumpe für das Kurbelgehäuse. Die in Fahrtrichtung vorn im Kurbelgehäuse liegenden Saugpumpen sorgen für zusätzliche Schmiersicherheit beim starken, langen Bremsen. Für eine erhöhte Motorölkühlung kommen zwei Öl-Wasser-Wärmetauscher zum Einsatz, die die Abwärme des Öls über das Kühlwasser abtransportieren. Die Kühlleistung steigt um 15 Prozent. Die Lagergehäuse der beiden Turbolader sind wassergekühlt. Eine Zusatzpumpe erhöht den Wasserdurchsatz bei

Phantombild des 997 turbo-Motors

niedrigen Drehzahlen und ermöglicht so auch bei einem heißen, stehenden Motor eine effiziente Kühlung der Turbolader. Ein Prinzip, welches Porsche schon in ähnlicher Form beim Motor des 944 turbo angewendet hat.

Das manuelle 6-Gang-Schaltgetriebe läßt sich trotz des hohen zu übertragenden Drehmoments ohne große Kraftanstrengung präzise und schnell schalten. Dies kommt nicht nur einer sportlichen Fahrweise zu Gute, sondern trägt auch zur Erhöhung des Komforts und der aktiven Sicherheit bei. Die hydraulisch unterstützte Servokupplung ermöglicht geringe Pedalkräfte. Optional ist eine 5-Stufen-Tiptronic S lieferbar, mit der der 911 turbo nochmals etwas bessere Beschleunigungswerte erzielt.

Mit dem als Sonderausstattung angebotenen Sport Chrono Paket Turbo läßt sich die Elastizität des 911 turbo noch etwas verbessern. Durch betätigen der Sporttaste neben dem Schalthebel, wird bei voller Beschleunigung kurzzeitig ein Overboost aktiviert und der Ladedruck im mittleren Drehzahlbereich bis zu zehn Sekunden lang um 0,2 bar angehoben. Dabei steigt das maximale Drehmoment von 620 auf 680 Newtonmeter.

Der gesteuerte Allrad-Antrieb Porsche Traction Management (PTM) des 911 turbo verbindet die typische Heckmotorcharakteristik mit noch mehr Traktion, Fahrstabilität und agilem Handling, in dem es das optimale Motormoment über eine variabel steuerbare Lamellenkupplung zusätzlich an die Vorderräder leitet. Mit Schaltzeiten von höchstens 100 Millisekunden ist das PTM deutlich schneller als die Lastwechselreaktion eines Motors und auch erheblich schneller als die Wahrnehmung des Fahrers. Der Allradantrieb bietet eine hohe Agilität ein engen Kurven, bestmögliche Traktion und außergewöhnliche Fahrsicherheit auch in extremen Fahrsituationen bei hohen Geschwindigkeiten. Das PTM gehört mit diesen Eigenschaften zu den leistungsfähigsten und leichtesten Allradantrieben.

Das PTM besitzt fünf wesentliche Basisfunktionen:

- Die Grundmomentenverteilung regelt im normalen Fahrbetrieb das Motormoment in Abhängigkeit von der aktuellen Fahrsituation stufenlos zwischen Vorder- und Hinterachse. Im Millisekundentakt wird der Momentenbedarf an der Vorderachse ermittelt, dies bedeutet vor allem bei sehr hohen Geschwindigkeiten einen deutlichen Gewinn an Fahrstabilität.
- Die Vorhaltesteuerung erkennt an typischen Parametern eine dynamische Fahrzustandsänderung frühzeitig und vermeidet den Antriebsschlupf schon im Vorfeld. Beim Start ermittelt das PTM, wie schnell ein Fahrer Gas gibt. Noch bevor das Fahrzeug beschleunigt, schließt sich die Lamellenkupplung soweit, daß durchdrehende Räder vermieden werden und beim Anfahren alle vier Räder mit der größtmöglichen Antriebskraft eine optimale Beschleunigung erreichen.
- Der Schlupfregler verstärkt den Eingriff der Lamellenkupplung damit mehr Moment und damit mehr Antriebskraft an die Vorderachse geleitet wird, wenn auf nasser Fahrbahnoberfläche bereits die Traktionsgrenze an der Hinterachse erreicht ist.
- Die Übersteuerkorrektur leitet zur fahrdynamischen Fahrzeugstabilisierung mehr Antriebskraft an die Vorderachse, wenn das Fahrzeug in der Kurve durch Störeinflüsse mit dem Heck nach außen drängt. Lenkt der Fahrer beim Übersteuern gegen, paßt sich das PTM, unter Berücksichtigung des Lenkwinkels bei der Kraftverteilung an die Vorderachse an und das Fahrzeug stabilisiert sich noch schneller.
- Die Untersteuerkorrektur reduziert beim PTM die Momentenzuteilung an die Vorderachse, wenn das Fahrzeug dazu tendiert, über die Vorderräder aus der Kurve zu schieben.

Das PTM reagiert durch die fein ansprechende Sensorik, bevor der Fahrer überhaupt eine Instabilität bemerkt, mit einer schnellen und aktiven Stabilisierung des Fahrzeugs bei flotter Kurvenfahrt. Gemeinsam mit dem Stabilitätsprogramm PSM vorgenommene Korrekturen setzten sanfter und für den Fahrer noch beherrschbarer ein.

Der sportlich ausgelegte Allradantrieb verbindet mit der elektronischen Fahrdynamikregelung Porsche Stability Management (PSM) ein hohes Maß an Fahrsicherheit und Fahrspaß. Das agile, sportliche Fahrverhalten bleibt bis in den Grenzbereich erhalten. Durch die hohen Sicherheitsreserven des Fahrwerks sind Eingriffe in das Eigenlenkverhalten des Wagens auf trockener Straße erst bei extremer Fahrweise erforderlich. Geringe Abweichungen der Spurtreue durch Lastwechsel oder beim Bremsen in der Kurve korrigiert das PSM diskret und beinahe unbemerkt. Bei nasser oder glatter Fahrbahnoberfläche und ganz besonders bei unterschiedlichen oder wechselnden Reibwerten der Straßenoberfläche greift das PSM schon früher regelnd ein. Für den Einsatz auf der Rennstrecke kann das Porsche Stability Management über eine Taste in der Schalttafel vorübergehend abgeschaltet werden. Wird der Schwimmwinkel zu groß, genügt ein starker Tritt aufs Bremspedal und das PSM wird wieder aktiviert. So wird ein sportlicher Drift nicht zum Risiko.

Gegenüber dem Vorgängermodell hat der 911 turbo ein leichteres Fahrwerk. Die vier Leichtbaufederbeine reduzieren das Gesamtgewicht um 2,4 Kilogramm. An der Vorderachse wird die Spur um 18 Millimeter breiter, an der Hinterachse um 20 Millimeter. Die breitere Abstützbasis macht sich insbesondere bei sportlicher Fahrweise bemerkbar.

Die variable Lenkübersetzung ist durch noch mehr Agilität auf kurvenreichen Strecken spürbar und verbessert zudem die Fahrstabilität bei hohen Geschwindigkeiten. Einen weiteren Beitrag zur aktiven Sicherheit leistet das serienmäßige Reifendruckkontrollsystem (RDK) mit permanenter Luftdrucküberwachung in jedem Reifen. Die hohen Fahrleistungen des 911 turbo werden durch eine Hochleistungsbremse auch wieder sicher zum Stillstand gebracht. Zum Einsatz kommen vorne rote 6-Kolben-Monobloc-Aluminium-Festsättel und hinten eine 4-Kolben-Ausführung. Der Durchmesser der innenbelüfteten, gelochten

Bremsscheiben wird an der Vorder- und Hinterachse auf 350 Millimeter vergrößert. Optional bietet Porsche die weiterentwickelte PCCB-Keramikbremsanlage, die Porsche Ceramic Composite Brake an, welche 17 Kilogramm gegenüber der Serienbremsanlage einspart. An der Vorderachse beträgt der Scheibendurchmesser 380 Millimeter und an der Hinterachse 350 Millimeter. Die Bremssättel sind gelb lackiert.
Serienmäßig wird der 911 turbo mit 19-Zoll-Schmiederädern ausgeliefert. Das neue Design wird mit fünf 3-fach-Speichen ausgeführt. Die Innenseite der Felge und die Seitenflanken der Speichen sind titanfarben lackiert. Die gesamte Stirnseite mit Speichen und Felgenhorn ist poliert.
Vorne rollt der 911 turbo auf 8,5 J x 19 Rädern mit 235/35 ZR 19 Reifen und hinten sind 305/30 ZR 19 Reifen auf 11 J x 19 Rädern montiert.
Traditionell gehört beim 911 turbo eine komplette Lederausstattung zur Serie. Im Drehzahlmesser tragen die charakteristischen 911-Instrumente einen turbo-Schriftzug. Die Zifferblätter sind aluminiumfarben lackiert. Weiße Leuchtdioden (LED) verbessern die Durchleuchtung der Zifferblätter bei Nacht. Im Display des zentralen Rundinstruments wird der Ladedruck auch als Balkendiagramm dargestellt. Die Anzeige geht bis 1,0 bar beziehungsweise in Verbindung mit dem »Sport Chrono Paket turbo« bis 1,2 bar. Das Lenkrad läßt sich in der Höhe und Längsrichtung verstellen und ist mit einen elektrischen Lenkradschloß ausgestattet. Serienmäßig ist das Porsche Communication Management (PCM) mit Navigationsmodul und dem BOSE® Surround-Sound-System mit 13 Lautsprechern inklusive Subwoofer und 325 Watt Gesamtleistung ausgestattet. Optional kann das PCM mit einem Telefonmodul und einem elektronischen Fahrtenbuch erweitert werden. Das PCM besitzt einen großen 5,8-Zoll-Bildschirm, über dem ein MP3-fähiges CD-Laufwerk zum Abspielen von Musik-CDs untergebracht ist. Das DVD-Laufwerk im Gepäckraum gehört zum Navigationssystem. Als Option kann im Kofferraum ein CD-Wechsler für sechs Compact-Discs eingebaut werden. Zur weiteren serienmäßigen Ausstattung zählen automatisch abblendende Spiegel und eine Diebstahlwarnanlage, die über Radarsensoren das gesamte Fahrzeug überwacht. Auf Wunsch sind zusätzliche Sonderausstattungen wie der ParkAssistent oder das programmierbare HomeLink-System lieferbar.
Für die Beschleunigung von 0 auf 100 km/h benötigt der 911 turbo mit 6-Gang-Schaltgetriebe 3,9 Sekunden. Nach 12,8 Sekunden durcheilt er die Marke von 200 km/h. Trotz höherer Motorleistung sinkt der durchschnittliche Kraftstoffverbrauch um 10 Prozent auf 12,8 Liter pro 100 Kilometer. Noch etwas schneller ist der 911 turbo mit der Tiptronic S. Durch eine optimierte Abstimmung sprintet das Coupé in nur 3,7 Sekunden von Null auf Hundert und erreicht bereits nach 12,2 Sekunden 200 Stundenkilometer. Mit Tiptronic S sinkt der Kraftstoffverbrauch im Vergleich zum 996 turbo um 0,3 Liter auf 13,6 Liter. Die Höchstgeschwindigkeit ist bei beiden Getriebeversionen identisch. Sie liegt bei 310 km/h.
Der neue Porsche 911 GT3 ist der ideale Sportwagen für die Straße und für die Rennstrecke. Seine Fahrdynamik ist in jedem Fall beeindruckend.
Die Frontansicht des GT3 ist durch sein markantes Bugteil mit fünf Lufteinlässen und der schwarzen Spoilerlippe mit kleinen seitlichen Einströmöffnungen geprägt. Die Aluminium-Fronthaube wird durch eine schwarze Luftauslaßöffung optisch verlängert. Die durch den Mittelkühler strömende Luft wird nach oben über das Fahrzeug geleitet und sorgt dadurch für mehr Abtrieb und einen erhöhten Anpreßdruck. Zur Gewichtsreduktion sind die Türen wie beim 911 turbo aus Aluminium gefertigt. Pro Tür werden ungefähr sieben Kilogramm an Gewicht eingespart. Eine horizontal verlaufende Aluminiumstrebe sorgt für einen guten Seitenaufprallschutz. Die beheizbare Heckscheibe ist aus Gewichtsgründen aus Dünnglas gefertigt. Ein feststehender Doppelflügel dominiert die Heckansicht. Am unteren Flügel ist eine zusätzliche Gummilippe (Gurney Flap) als Luftabrißkante angebracht. Auf dem Heckdeckel pressen zwei Staudrucksammler bei steigender Geschwindigkeit zusätzliche Luft in den Motor. Der GT3-Schriftzug ist schwarz ausgeführt. Zwei zentrale runde Auspuffendrohre münden durch das mit zusätzlichen seitlichen Luftauslässen versehene Heckteil. Eine Meisterleistung gelingt Porsche bei der Aerodynamik. Obwohl das Fahrzeug an Vorder- und Hinterachse bei jeder Geschwindigkeit Abtrieb erzeugt, bietet die sportliche Karosserieform gleichzeitig einen niedrigen Luftwiderstandsbeiwert von 0,29. Eine ganze Reihe von Detailoptimierungen wie die obere Abluftführung des mittleren Kühlers, der verkleidete Unterboden und der neu gestaltete Heckflügel tragen zu diesem Ergebnis bei. Der GT3 liegt auch bei sehr hohen Geschwindigkeiten sicher auf der Straße.
Herzstück des 911 GT3 ist der weiterentwickelte Sechszylinder-Boxermotor mit dem vom Porsche 964 abgeleiteten Kurbelgehäuse und einer Trockensumpfschmierung mit separatem Öltank. Der Hubraum, des mit 12,0 : 1 verdichteten Motors, beträgt exakt 3.600 Kubikzentimeter, die Zylinderbohrung 100 Millimeter und der Kolbenhub 76,4 Millimeter. Bei einer Drehzahl von 7.600 Umdrehungen pro Minute leistet das Hochleistungstriebwerk 415 PS (305 kW). Die Abregeldrehzahl liegt bei 8.400 Touren. Das maximale Drehmoment von 405 Newtonmeter liegt bei 5.500/min an der Kurbelwelle an. Mit einer spezifischen Leistung von 115,3 PS (84,7 kW) pro Liter liegt er mit an der Spitze für straßenzugelassene Saugmotoren. Neben dem Hochdrehzahlkonzept, welches nur durch die konsequente Reduzierung der bewegten Massen, wie Titanpleuel, realisiert werden kann, bringt die weiter verbesserte Luftzufuhr des Sechszylinders einen entscheidenden Beitrag zur Leistungssteigerung. Die im Durchmesser von 76 auf 82 Millimeter vergrößerte Drosselklappe und optimierte Zylinderköpfe erhöhen den

Luftdurchsatz und verbessern den Ladungswechsel. Die variable Aluminiumsauganlage verfügt über zwei Verbindungsrohre mit Resonanzklappen zwischen den Luftsammlern der beiden Zylinderbänke. Durch eine genau abgestimmte Schaltstrategie ergibt sich eine füllige Drehmomentkurve über einen großen Drehzahlbereich zusammen mit einer hohen Maximalleistung. Die Steuerzeiten der beiden Einlaßnockenwellen werden stufenlos über den Flügelzellenversteller des VarioCam-Systems verstellt. Die Verstellung erfolgt über das elektronische Motormanagement Motronic ME 7.8. Die Abgasanlage des 911 GT3 bietet dem Abgasstrom wenig Gegendruck. Sie besteht aus zwei Fächerkrümmern, zwei schaltbaren Vorschalldämpfern und einem großvolumigen Hauptschalldämpfer mit zwei zentralen Endrohren. Die Abgasklappen geben last- und drehzahlabhängig einen Bypass um die Vorschalldämpfer frei, der den Abgasgegendruck senkt. Das gesamte Volumen der neuen Anlage ist gegenüber dem Vorgängermodell um 12 Liter gewachsen und gleichzeitig um 10 Kilogramm leichter geworden. Der 911 GT3 begeistert mit einem unvergleichlichen Sound und hält alle Geräusch- und Abgasgrenzwerte nach Euro 4 und LEV II ein. Das manuelle 6-Gang-Schaltgetriebe ist an den erweiterten Drehzahlbereich des GT3-Motors durch eine kürzere Abstufung angepaßt. Es besticht durch sehr kurze Schaltwege und paßt durch die verkürzten Übersetzungen der Gänge zwei bis sechs ideal zum drehzahlgierigen Motor. Da durch das weiterentwikkelte Hochdrehzahlkonzept des Motors die Schaltdrehzahlen ebenfalls gestiegen sind, verbessert sich der Kraftanschluß nach dem Schaltvorgang. Eine Hochschaltanzeige im Drehzahlmesser signalisiert dem Fahrer den optimalen Schaltpunkt. Der 911 GT3 erhält serienmäßig ein mechanisches Sperrdifferential und eine abschaltbare Traction Control. So bietet das Sperrdifferential eine asymmetrische Sperrwirkung von 28 Prozent unter Last und 40 Prozent bei Schub. Die von Carrera GT bekannte Traction Control sorgt für sichere Traktion vor allem bei nasser Fahrbahnoberfläche. Sie beinhaltet die elektronischen Regelsysteme ABD (Automatisches-Bremsen-Differenzial), ASR (Antriebs-Schlupf-Regelung) und MSR (Motor-Schleppmoment-Regelung).

Mit dem betont sportlich abgestimmten Porsche Active Suspension Management (PASM) erhält der neue 911 GT3 ein aktives Fahrwerk. Die beiden wählbaren Dämpferprogramme bestehen aus einer Grundabstimmung, die weitgehend dem bisherigen Fahrwerk des Vorgängermodells entspricht und sich für Strecken mit unebenen Fahrbahnbelägen eignet, sowie einem Sport-Modus. In der sportlichen Einstellung werden die Aufbaubewegungen auf ein Minimum reduziert, was insbesondere auf Rundstrecken mit ebener Fahrbahn noch mehr Dynamik ermöglicht. Im Vergleich zum Carrera liegt der GT3 um 30 Millimeter tiefer auf der Straße. Das Fahrwerk des GT3 kann über die Spur, den Sturz und die Stabilisatoren individuell für den Renneinsatz eingestellt werden.

Phantombild des 997 GT3-Motors

An Vorder- und Hinterachse beträgt der Durchmesser der Graugußbremsscheiben 350 Millimeter. Vorne werden die Scheiben von 6-Kolben- und hinten von 4-Kolben-Monobloc-Aluminium-Festsätteln in die Zange genommen. Eine neu ausgelegte Bremskraftverteilung leitet zum Beginn des Bremsvorgangs mehr Kraft an die Hinterachse und verkürzt somit den Bremsweg. Optional ist der GT3 mit der Porsche Ceramic Composite Brake (PCCB) lieferbar. Der Bremsscheibendurchmesser der PCCB beträgt an der Vorderachse 380 Millimeter und an der Hinterachse 350 Millimeter. Die Bremssättel sind gelb lackiert.

Um das sportliche Potential von Motor und Fahrwerk auch optimal auf die Straße übertragen zu können, rollt der 911 GT3 auf speziell entwickelten Sportreifen. An der Vorderachse sind 235/35 ZR 19 Reifen auf 8,5 J x 19 Aluminiumleichtbauräder aufgezogen, an der Hinterachse 305/30 ZR 19 auf 12 J x 19 Rädern. Auf den Radnabenabdeckungen ist ein GT3-Emblem eingelassen.

Die Innenausstattung des 911 GT3 ist vom aktuellen 911 Carrera abgeleitet. Sie besticht aber in der Serienausführung durch die zusätzliche Verwendung von hochwertigem Alcantara am Dachhimmel, Schalt- und Handbremshebel sowie am Lenkradkranz des GT3-Lenkrads mit beledertem Airbag-Modul. Die ab Werk installierten Sportsitze können gegen die optional erhältlichen Kohlefaserschalensitze ausgetauscht werden. Diese Leichtbausitze reduzieren das Sitzgewicht um mehr als die Hälfte. Das Audiosystem CDR-24 ist mit einem 2x 25 Watt-Verstärker und vier Lautsprechern ausgerüstet. Darüber hinaus gibt es eine Reihe weiterer Optionen zur individuellen Gestaltung, die von der Lederausstattung bis zum Clubsportpaket ohne Aufpreis für Motorsporteinsätze reichen. Dieses ist nur in Verbindung mit den Leichtbauschalensitzen erhältlich, gleichzeitig entfällt der Thorax-Airbag und die Ablagefächer in den Türverkleidungen. Dafür sind zusätzliche Polsterelemente an den Türverkleidungen angebracht. Es enthält einen geschraubten hinteren Überrollkäfig, einen roten 6-Punkt-Gurt für den Fahrer, einen Feuerlöscher mit Halterung sowie eine Vorrüstung für den Batteriehauptschalter. Die Naturlederausstattung ist nicht in Verbindung mit dem Clubsportpaket lieferbar.

Die Beschleunigung von 0 auf 100 km/h beträgt nur 4,3 Sekunden, 160 km/h erreicht der GT3 aus dem Stand nach 8,7 Sekunden. Als Höchstgeschwindigkeit zeigt der digitale Tachometer 310 Kilometer pro Stunde an.

Zum Ende des Modelljahrs komplettiert der 911 Targa die Modellreihe. Als einziges Fahrzeug der Carrera-Baureihe ist der Targa nur in der breiten Karosserie und mit Allradantrieb als Targa 4 und Targa 4S lieferbar. Mit seinem Glasdach, das vom Windschutzscheibenrahmen bis zur Motorhaube reicht, setzt der elegante Targa nach wie vor ganz eigene Akzente. Ein zusätzlicher Blickfang sind die hochglanzpolierten und eloxierten Aluminiumleisten, die die Dachkante von der A-Säule bis zum Ansatz der C-Säule einrahmen. Die hintere Seitenscheibe läuft in einem spitzen Winkel aus. Auch dies ist ein typisches Designmerkmal des Targa.

Technisches Highlight des 911 Targa ist nach wie vor das 1,54 Quadratmeter große Glasdach, welches die Insassen im geschlossenen Zustand wirkungsvoll durch einen Ultraviolettfilter vor allzu kräftiger Sonneneinstrahlung schützt. Das Dachmodul des 911 Targa 4 besteht aus zwei Lagen getöntem Spezialglas. Im Vergleich zum Vorgänger ist es um 1,9 Kilogramm leichter geworden. Die serienmäßige Klimaautomatik sorgt selbst bei hohen Außentemperaturen für angenehme Innenraumtemperaturen. Durch ein elektrisches Rollo läßt sich die Sonneneinstrahlung verringern. Das Glasdach des Targa besteht aus dem beweglichen vorderen Glasschiebeelement mit integriertem Rollo und aus der hochklappbaren Heckscheibe. Dach und Rollo werden über einen zweistufigen Wippschalter in die Mittelkonsole betätigt. Das Rollo läßt sich nur bei geschlossenem Dach öffnen und schließen. Das Dach senkt sich zunächst ab und gleitet anschließend beim Öffnen unter die Heckscheibe. Gleichzeitig stellt sich automatisch ein Windabweiser auf, der den Innenraum zugfrei hält und so auch das Offenfahren bei winterlichen Temperaturen ermöglicht. Aus Sicherheitsgründen muß beim Öffnen des Dachs die Heckklappe geschlossen sein. Das Dach muß ebenfalls geschlossen sein, wenn die Heckklappe geöffnet werden soll. Der Targa hat als einziger 911 eine hochklappbare Heckscheibe, damit der bei umgeklappten Rücksitzlehnen 230 Liter große Gepäckraum gut beladen werden kann. Das Volumen ist sogar 25 Liter größer als beim Coupé. Die elektrisch ent- und verriegelbare Heckscheibe besteht aus getöntem Einscheibensicherheitsglas. Auf Wunsch ist ein in die Heckscheibe integrierter Wischer lieferbar. Die hochklappbare Heckscheibe kann im Stand von innen über eine Taste im Türschweller der Fahrerseite oder von außen über eine Taste am Fahrzeugschlüssel per Funkfernbedienung entriegelt werden. Zum Öffnen hebt sich die Heckscheibe um rund 20 Millimeter an und läßt sich von Hand bequem aufstellen. Zwei Gasdruckfedern erleichtern das Heben der Glasklappe. Zum Schließen wird die Heckscheibe nur leicht auf das Schloß gedrückt, eine elektrische Zuziehhilfe beendet den Schließvorgang dann automatisch.

Die Fahrleistungen der 911 Targa-Modelle sind mit denen der Carrera 4 Cabriolet-Versionen identisch.

MODELLJAHR 2007 (7-PROGRAMM)

Im Herbst 2006 wird der 911 GT3 RS auf dem Markt eingeführt. Er basiert technisch und in der Ausstattung auf dem normalen GT3 und unterscheidet sich in erster Linie durch am Motorsport orientierte Details. Der 911 GT3 RS verbindet die Leistungsfähigkeit und das ungefilterte Fahrerlebnis eines Rennwagens mit allen Anforderungen eines straßenzugelassenen Sportwagens. Von vorne unterscheidet sich der GT3 RS durch eine breite, sehr schmale Zusatzöffnung in der schwarzen Frontspoilerlippe. Seitlich fällt, das in einer Kontrastfarbe gehaltene GT3 RS Dekor auf, welches über die gesamte Fahrzeuglänge verläuft. Bei den Serienfarben Schwarz und Arktissilbermetallic ist die Kontrastfarbe orange. In Verbindung mit den beiden Sonderfarben orange und grün ist die Kontrastfarbe Schwarz. In dieser Kontrastfarbe sind außer dem Seitendekor auch die Außenspiegelgehäuse, die Räder, die Seitenteile des Heckflügels und der GT3 RS-Schriftzug auf dem Heckdeckel lackiert. Die Karosserie des 911 GT3 RS ist im Heckbereich um 44 Millimeter verbreitert. Die breitere Spur verbessert nicht nur die Wankstabilität, sondern erhöht auch das Querbeschleunigungspotential des zweisitzigen Coupés. Die 12 J x 19 GT3-Räder sind mit Radnabenabdeckungen mit RS-Schriftzug ausgestattet. Für einen bündigen Abschluß der Räder in den hinteren Radhäusern sorgt eine Einpreßtiefe von 51 statt 68 Millimetern. Die Reifengröße ist unverändert. Zusammen mit der größeren Stirnfläche steigt der Luftwiderstandsbeiwert auf 0,30. Die Gewichtsreduzierung gelingt durch den Einsatz eines einstellbaren Kohlefaserheckflügels in Sichtcarbon, die Verwendung einer extrem leichten Kunststoffheckscheibe ohne Beheizung und dem Einbau von Leichtbauschalensitzen. Der 911 GT3 RS ist nochmals 20 Kilogramm leichter als der GT3 und wiegt mit vollem Tank nur 1.375 Kilogramm. Das Leistungsgewicht beträgt nur noch 4,5 kg/kW.

Der Motor des GT3 RS dreht wegen des Einmassenschwungrads am 6-Gang-Schaltgetriebe noch spontaner hoch.

Mit Blick auf die Homologationsvorschriften der wichtigen Gran-Turismo-Meisterschaften als zukünftige Einsatzgebiete verfügt der 911 GT3 RS auch in der Straßenversion über technische Lösungen, die in der Rennversion zu finden sind. Neben den Karosseriekomponenten aus Kohlefaser sind dies auch die kompletten Radträger sowie geteilte Querlenker an der Hinterachse.

Das Interieur des GT3 RS entspricht der sportlichen Ambition des Fahrzeugs. Die beiden Leichtbauschalensitze aus Kohlefaserverbundmaterial sind analog zu den Carrera GT-Sitzen ohne Thorax-Airbag aufgebaut. Deshalb enthalten die Türverkleidungen statt Ablagefächern zusätzliche Polsterelemente. Zum Lieferumfang gehört ebenso das Clubsportpaket. Es besteht aus einem geschraubten Überrollkäfig, einer Vorrüstung des Batteriehauptschalters, einem 6-Punkt-Gurt für den Fahrer sowie einem Feuerlöscher. Am Lenkrad ist zur besseren Orientierung auf der Rennstrecke an der 12-Uhr-Position eine gelbe Markierung angebracht. Auf den Türeinstiegsleisten und auf dem Fondteppich ist ein RS-Schriftzug angebracht.

Beim GT3 RS dauert der Sprint aus dem Stand auf 100 Stundenkilometer gerade einmal 4,2 Sekunden, 9,1 Sekunden später ist dann schon Tempo 200 erreicht. Als Höchstgeschwindigkeit zeigt der digitale Tachometer wie beim Serien-GT3 ganze 310 Kilometer pro Stunde an.

Nach etwas über drei Jahren Bauzeit läuft im Juli 2007 der 100.000ste Porsche 997 vom Band.

Modelljahr 2008 (8-Programm)

Im Sommer 2007 ergänzt Porsche die Modellpalette mit dem 911 turbo Cabriolet, welches ab dem 8. September in den Porsche Zentren steht. Damit führt das Zuffenhausener Unternehmen die über 20-jährige Tradition der offenen 2 plus 2-Sitzer mit Turbomotor und Stoffverdeck fort.

Analog zum 911 turbo Coupé prägen die markanten Kühllufteinlässe und die serienmäßigen ovalen Bi-Xenon-Scheinwerfer die Bugpartie. Ein stilistisches Merkmal der 911 turbo-Modelle sind die LED-Blinkleuchten in den seitlichen Kühlluftöffnungen des Bugteils. Zu den charakteristischen Merkmalen des turbo zählen außerdem die von einem horizontalen Steg durchzogenen Lufteinlässe in den Fondseitenteilen und der ausfahrbare Spaltheckflügel. Die erforderliche Steifigkeit der Rohkarosse wird über zusätzliche Schwellerverstärkungen und Bauteile in doppelter Blechstärke erzielt. Dabei handelt es sich um Stegbleche in die Schwellern und um dreidimensionale Knotenbleche in den Anschlußbereichen von Schwellern und den Scharniersäulen beziehungsweise der A-Säulen. Ein großer Anteil der hohen Karosseriestruktursteifigkeit wird durch das Punktschweiß-Klebeverfahren zwischen den Seitenteilen und der Bodengruppe erreicht. Die Komponenten werden also nicht nur durch eine Vielzahl von Schweißpunkten zusammengefügt, sondern zusätzlich noch verklebt. Die Verbindung ist dadurch erheblich belastbarer. Um

Phantombil des 997 GT3 RS

Leichtbau in Verbindung mit hoher passiver Sicherheit zu gewährleisten, bestehen die vorderen und hinteren Längsträger aus »Tailored Blanks«. Dabei handelt es sich um unterschiedlich starke Feinbleche aus höher- und hochfesten Stählen, die per Laser an den Kanten aneinandergeschweißt werden. Auf diese Art können die Eigenschaften hochfester Materialien mit geringem Gesamtgewicht kombiniert werden. Das Ergebnis ist eine hohe Torsions- und Biegesteifigkeit. Durch intelligenten Leichtbau wiegt das turbo Cabriolet mit einem Leergewicht von 1.655 Kilogramm nur 70 Kilogramm mehr als das Coupé. Im Vergleich zum Vorgängermodell ist das Cabriolet mit Schaltgetriebe um fünf, mit Tiptronic S sogar um zehn Kilogramm leichter geworden. Ganz im Sinne des Leichtbaus hat auch das turbo Cabrio eine Fronthaube und Türen aus Aluminium. Wie die Stahltüren erfüllen die Aluminiumtüren die hohen Anforderungen im Bereich der passiven Sicherheit bei einem Frontal- oder Seitenaufprall. Im Falle eines Frontalaufpralls leitet die Türverstärkung aus einem Strangpreßprofil die bei einem Unfall auftretenden Kräfte in den Hinterwagen. Diese Bauweise schützt die Fahrgastzelle bei einem Seitenaufprall ebenso. Die Karosserie des 911 turbo Cabriolets verbindet geringes Gewicht und hoher Karosserie-Steifigkeit. Durch den intelligenten Leichtbau liegt die für die Fahrpräzision und den Qualitätseindruck wesentliche Torsionssteifigkeit über 9.000 Newtonmeter pro Grad. Im vorderen Kofferraumboden dient eine dreieckförmige Trägerstruktur aus Aluminiumprofilen zur Energieaufnahme und Weiterleitung der Kräfte auf die Längsträger des Vorderwagens. Im Crashfall werden die vorn auftreffenden Kräfte sowohl zu den seitlichen Radträgern, als auch zum Vorderachsgetriebe geleitet. Die Karosserie erfüllt damit nicht nur die hohen Anforderungen an die Stabilität eines Sportwagens, sondern auch alle aktuellen Sicherheitsbestimmungen. Der beim 911 turbo Coupé optional erhältliche Graukeil für die Windschutzscheibe ist beim Cabriolet serienmäßig.

Ein großer Pluspunkt ist die hervorragende aerodynamische Qualität des Stoffverdecks. Der Luftwiderstandsbeiwert wird durch die Gewebestruktur des Stoffs nur geringfügig beeinflußt. Die aerodynamischen Meßwerte sind mit denen des Coupés vergleichbar. Im Windkanal ist das Cabriolet mit einen c_w-Wert von 0,31 mit dem Coupé identisch. Um einen optimalen Abtrieb zu erzeugen, fährt der Spaltflügel im Heck bei einer Geschwindigkeit von 120 km/h automatisch um 65 Millimeter nach oben und damit 30 Millimeter höher als beim turbo Coupé. Das 911 turbo Cabriolet ist damit das weltweit einzige Serien-Cabriolet mit Abtrieb an der Hinterachse. Bei niedrigen Fahrgeschwindigkeiten spielen aerodynamische Kräfte eine geringere Rolle, deshalb fährt der Hecksflügel bei 60 km/h wieder ein. Große Sorgfalt wird auch beim Fahrkomfort von Fahrer und Beifahrer beim Offenfahren gelegt. So läßt das serienmäßige Windschott nur sehr geringe Luftverwirbelungen im Cockpit zu. Das 3-lagige Stoffverdeck bietet eine sehr gute Geräuschdämmung und einen sehr hohen Witterungsschutz. Das Außengewebe aus Polyacrylnitril ist wasser- und schmutzabweisend imprägniert. Außerdem wird es in einem für Porsche exklusiven Verfahren beflammt. Dadurch wird der feine Flaum auf dem Textilgewebe entfernt. Dies führt zu einer verbesserten Schmutzunempfindlichkeit und verhilft dem Stoffdach zu einer hochwertigeren sowie homogenen optischen Anmutung. Die Zwischenschicht des Verdecks besteht aus synthetischem Kautschuk. Sie bildet eine dichte Sperrschicht gegen Geräusch- und Klimaeinflüsse. Das abschließende Untergewebe aus Polyester übernimmt eine zusätzliche Verstärkung. Im vorderen Dachbereich zwischen dem Windschutzscheibenrahmen und dem ersten Spriegel, auf der Höhe der B-Säule, wird der Stoff über ein sehr stabiles, aber gewichtsreduziertes Festdachteil aus Magnesiumguß gespannt. Eine zwischen Außenstoff und Innenhimmel angebrachte Kunststoffplatte dient als Stoffauflage, sowie als weiterer Wärme- und Geräuschschutz. Bei stehendem Fahrzeug dauert der komplette Öffnungs- oder Schließvorgang nur jeweils 20 Sekunden, dazu genügt ein einfacher Tastendruck auf der Mittelkonsole.

Das Verdeck kann auch während der Fahrt bis zu einer Geschwindigkeit von 50 km/h betätigt werden. Für viele Länder kann das Verdeck auch bequem über die Funkfernbedienung am Fahrzeugschlüssel durch permanentes Drücken der Verdeckbetätigungstaste geöffnet und geschlossen werden. Bei geöffnetem Verdeck und hochgefahrenen vorderen Seitenscheiben können jetzt auch die hinteren Seitenscheiben elektrisch nach oben gefahren werden. Dies reduziert die Verwirbelungen im Innenraum und erhöht damit den Offenfahrkomfort.

Bei offenen Fahrzeugen steht bei der passiven Sicherheit auch der Überschlagschutz im Mittelpunkt. Durch Verbesserungen in der Karosseriestruktur und der Sensorik sowie durch eine sicherheitsorientierte Auslegung des Innenraums, entstand ein aufeinander abgestimmtes Überrollschutzsystem. Höchstfeste Stahlrohre in den A-Säulen und zwei ausfahrbare U-förmige Überrollbügel sorgen für einen großen Überlebensraum. Als Sonderausstattung ist ein Hardtop aus Aluminium lieferbar. Mit einem Gewicht von nur 33 Kilogramm und ist es für zwei Personen einfach zu handhaben und zu montieren. Über die hinteren Aufnahmepunkte wird automatisch und ohne zusätzliche Kabel die elektrische Verbindung zur Heckscheibenheizung hergestellt.

Das 911 turbo Cabriolet leistet jetzt 480 PS (353 kW) bei 6.000 Umdrehungen pro Minute. Das sind 60 PS mehr als beim Vorgängermodell. Das maximale Drehmoment steigt von 560 auf 620 Newtonmeter. Gleichzeitig steht diese Kraft nun in einem breiteren Drehzahlband zur Verfügung. Während das maximale Drehmoment beim 996 turbo im Drehzahlbereich von 2.700 bis 4.600 Touren anstand, liegt es sich nun zwischen 1.950 und 5.000 Umdrehungen pro Minute an. Gleich geblieben ist die Konstruk-

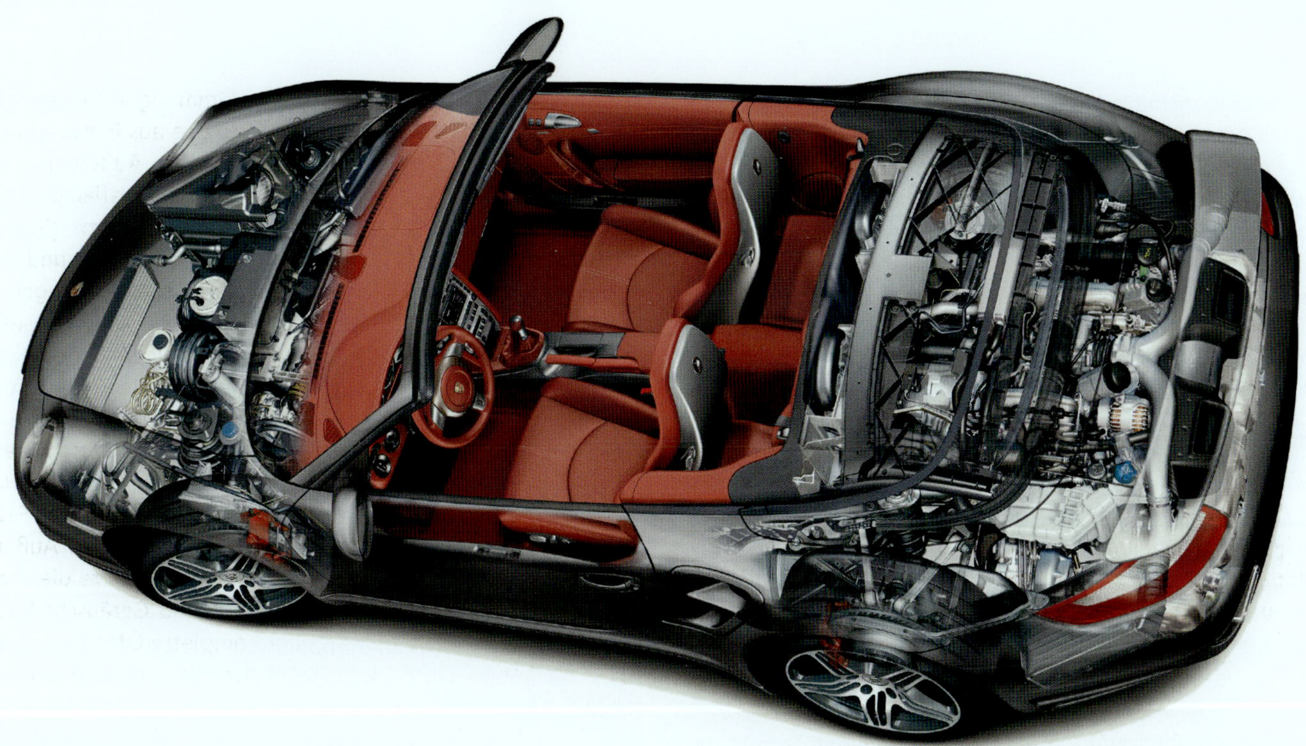

Phantombild des 997 turbo Cabriolets

tion mit dem geteilten Kurbelgehäuse und der echten Trockensumpfschmierung.

Serienmäßig ist das 911 turbo Cabriolet mit einem 6-Gang-Schaltgetriebe ausgestattet. Auf Wunsch ist auch das Tiptronic S-Getriebe lieferbar. Das auch manuell über Wipptasten am Lenkrad schaltbare 5-Stufen-Automatikgetriebe ist speziell auf die Kraftentfaltung des Turbomotors abgestimmt. Die Schaltpunkte passen sich stufenlos an den Fahrstil und die Strecke an.

Das optionale »Sport Chrono Paket Turbo« bietet per Knopfdruck einen Overboost mit einer kurzzeitigen Anhebung des Ladedrucks zum Beschleunigen unter Vollast, der bei gedrückter Sporttaste auf der Mittelkonsole und Vollgas aktiviert wird. Durch die Verstellung der Turbolader-Leitschaufeln wird der um 0,2 bar erhöhte maximale Ladedruck geregelt. Das maximale Drehmoment steigt kurzfristig zwischen 2.100 und 4.000 Umdrehungen pro Minute um 60 auf 680 Newtonmeter an und verbessert die Beschleunigungselastizität spürbar. Im Overboost läßt sich die Elastizität im zweithöchsten Gang von 80 auf 120 km/h von 3,9 auf 3,6 Sekunden verkürzen. Ein Pfeilsymbol in der Ladedruckanzeige des Kombiinstruments macht auf den Overboost aufmerksam. Der sportliche Charakter läßt sich durch das Sport Chrono Paket Turbo nochmals steigern. Das Paket enthält eine betont sportliche Abstimmung verschiedener Regelfunktionen der Motorsteuerung, des Porsche Stability Management (PSM) und des Porsche Active Suspension Management (PASM). Beim 911 turbo Cabriolet wird außerdem das Allradsystem Porsche Traction Management (PTM) noch agiler abgestimmt. Bei Fahrzeugen mit Tiptronic S-Getriebe wird im ersten Gang angefahren und die beiden Abgasturbolader in den Overboost geschaltet.

Um das große Kraftpotential optimal auf die Straße zu übertragen, verfügt das 911 turbo Cabriolet über einen neu entwickelten Allradantrieb mit elektronisch gesteuerter Lamellenkupplung. Das Porsche Traction Management (PTM) verteilet die Kraft variabel auf die beiden Antriebsachsen. Abhängig vom Fahrzustand ermittelt die Allradelektronik kontinuierlich die jeweils optimale Momentverteilung und ermöglicht so den bestmöglichen Antrieb. Auf Wunsch ist für das 911 turbo Cabriolet mit 6-Gang-Schaltgetriebe ein mechanisches Sperrdifferential mit asymmetrischer Aufteilung erhältlich. Die Sperrwerte betragen 22 Prozent bei Zug und 27 Prozent bei Schub. Bei sehr schneller Kurvenfahrt sorgt die mechanische Hinterachsquersperre für eine noch höhere Traktion des kurveninneren Hinterrads. Dadurch greift das im PSM integrierte automatische Bremsendifferential (ABD) erst später ein und ermöglicht eine noch höhere Fahrdynamik.

Die mechanischen Fahrwerkskomponenten des 911 turbo Cabriolets sind weitgehend mit denen des 911 turbo Coupés identisch. Federn, Dämpfer und Stabilisatoren sind speziell abgestimmt. Im Vergleich zum Coupé hat das Cabriolet längere Federn an der Hinterachse. Das aktive Dämpfungssystem Porsche Active Suspension Management (PASM) ist beim 911 turbo Serie. Für den offenen 911 turbo zeigt sich das System so weiterentwickelt, daß es zusammen mit dem Allradantrieb PTM und dem Fahrstabilisierungssystem PSM zu einer außergewöhnlichen Fahrdynamik und hoher aktiver Sicherheit beiträgt. Bei PASM kann der Fahrer zwischen dem Normal- oder dem Sportmodus wählen. Die normale Stellung bietet eine komfortable Grundabstimmung der Stoßdämpfer. Das System wechselt bei dynamischer Fahrweise automatisch in den sportlicheren Modus. Bei langen Fahrten auf der Autobahn absorbiert das PASM kleinere und mittlere Fahrbahnunebenheiten besser als ein Fahrwerk mit konventionellen Stoßdämpfern. Im Sportmodus wird eine härtere Dämpferkennlinie verwendet, welche die sehr agile Fahrweise eines Sportfahrwerkes unterstützt. Dadurch gewinnt das Fahrverhalten an Fahrkomfort und auch spürbar an dynamischer Wankstabilität.

Wie bei allen Porsche turbo erhält auch das 911 turbo Cabriolet eine der leistungsfähigsten Bremsanlagen. An der Vorderachse greift Porsche auf die 6-Kolben-Monobloc-Aluminium-Festsättel des Carrera GT zurück, die mit innenbelüfteten, gelochten 350-Millimeter-Bremsscheiben kombiniert werden. Um die Übertragung der hohen Bremsentemperaturen auf die Hydraulikflüssigkeit zu reduzieren, sind die Kolben der Bremssättel mit Keramikeinsätzen thermisch isoliert. Dadurch wird die Bremsflüssigkeit auch bei extremer Belastung vor Überhitzung geschützt. Die Bremsenbelüftung kühlt die vorderen Bremsscheiben. Die Kühlluft wird durch zwei Öffnungen im Bugteil auf einen vergrößerten Luftkanal in der Unterbodenverkleidung gelenkt und zur Vorderachse geleitet. Erstmals werden die 350-Millimeter-Bremscheiben an der Hinterachse über einen Luftkanal gekühlt. Hinten sind 4-Kolben-Monobloc-Aluminium-Festsättel montiert. Optional wird für das 911 turbo Cabriolet eine Keramikbremsanlage, die Porsche Ceramic Composite Brake (PCCB), angeboten. Vorn sind 6-Kolben-Monobloc-Aluminium-Festsättel montiert, die Scheiben mit 380 Millimeter Durchmesser verzögern. An der Hinterachse wirken 4-Kolben-Monobloc-Aluminium-Festsättel auf 350-Millimeter-Bremsscheiben. Die Bremssättel sind gelb lackiert.

Serienmäßig rollt das 911 turbo Cabriolet auf 19-Zoll-Schmiederädern. Vorne sind 235/35 ZR 19 Reifen auf 8,5 J x 19 Rädern und hinten 305/30 ZR 19 Reifen auf 11 J x 19 Rädern aufgezogen.

Das serienmäßige Vollederinterieur ist bis auf cabrioletspezifische Teile mit dem Cockpit des turbo Coupés identisch. Der Dachhimmel ist für eine bessere Wärme- und Geräuschdämmung mit schwarzem Stoff verkleidet. Durch den Platzbedarf des geöffneten Verdecks entfällt die beim Coupé vorhandene Zusatzablage hinter den Rücksitzlehnen. Die Ausstattung des

911 turbo Cabriolet

911 turbo Cabriolets orientiert sich bis auf kleine Detailabweichungen am Coupé. So ist das 911 turbo Cabriolet mit dem Porsche Communication Management (PCM) mit Navigationsmodul und dem BOSE® Surround-Sound-System mit 12 Lautsprechern inklusive Subwoofer und 325-Watt-7-Kanal-Digitalverstärker ausgestattet. Die Baßbox ist beim Cabriolet im Beifahrerfußraum untergebracht. Das Cabriolet kann bis auf einige coupétypischen Sonderausstattungen analog zum 911 turbo Coupé individuell gestaltet werden.

In nur 4,0 Sekunden beschleunigt das 911 turbo Cabriolet von 0 auf 100 Kilometer pro Stunde, nach 12,8 Sekunden wird die 200 km/h-Marke durcheilt. Mit Tiptronic S sind die Beschleunigungswerte noch um 0,2 Sekunden schneller. Die Höchstgeschwindigkeit liegt bei 310 Kilometer pro Stunde.

Der 911 GT2 der 997-Baureihe ist das Spitzenmodell des Sportwagenprogramms mit Straßenzulassung. Von der Motorsportabteilung in Weissach entwickelt, trägt er alle sportlichen Gene, die ein rennstreckentaugliches Straßenfahrzeug benötigt. Hohe Motorleistung kombiniert mit niedrigem Gewicht, einer ausgefeilten Aerodynamik, einem rennsporterprobten Fahrwerk und herausragende Bremsen zeichnen diesen Spitzensportwagen aus. Der GT2 ist der leistungsstärkste und schnellste straßenzugelassene Werks-911, den Porsche je gebaut hat. Er verbindet die außergewöhnliche Sportlichkeit eines GT3 mit der hohen Leistungsfähigkeit eines 911 turbo. Mit einem Leergewicht von 1.440 Kilogramm wiegt der GT2 ganze 145 Kilogramm weniger als das 911 turbo Coupé mit Schaltgetriebe. Die Gewichtsreduzierung wird durch Hinterrad- statt Allradantrieb, einer serienmäßigen PCCB-Keramikbremsanlage, einem Endschalldämpfer und Auspuffendrohren aus Titan, Aluminium-Hinterachsquerträgern, Leichtbausportschalensitzen und dem Entfall der Rücksitze erzielt. Der GT2 baut auf der breiten Karosserie des 911 turbo auf. Die vorgenommenen Änderungen dienen der Anpassung an den Hinterradantrieb, der aerodynamischen Optimierung und der Gewichtsersparnis. Wegen der ausgeprägten Fahrdynamik und des hohen Drehmoments werden beim GT2 die Motoraufnahmen am hinteren Querträger durch eingeschweißte Hülsen verstärkt.

Das Design des Bugteils mit großen Lufteinlässen und den stegförmigen LED-Blinkleuchten greift die Designsprache des turbo auf und verbindet diese mit den GT2-Merkmalen. Beim 911 GT2 entfallen die Nebelscheinwerfer, um zusätzlichen Platz für die beiden äußeren Kühllufteinlässe zu schaffen und die Wärmetauscher mit zusätzlicher Kühlluft zu versorgen. Horizontale Lamellen in den Lufteinlässen unterscheiden den 911 GT2 zusätzlich. Bi-Xenon-Scheinwerfer mit einer Scheinwerferreinigungsanlage gehören zur Serienausstattung. Auf die dynamische Leuchtweitenregulierung kann aufgrund der straffen Fahrwerksabstimmung und der minimalen beladungsabhängigen Einfederung verzichtet werden. Trotzdem werden die gesetzlich vorgeschriebenen Toleranzbereiche zur Veränderung der Scheinwerferkegel eingehalten. Der zusätzliche Luftauslaß vor der Fronthaube leitet die Abluft des Mittenkühlers nach oben ab. Dadurch verbessert sich die Kühlerdurchströmung und zudem unterstützt die Luftführung den aerodynamischen Abtrieb an der Vorderachse. Unter dem Bugteil ist eine breite schwarze Spoilerlippe befestigt. Eine Schwellerblende in schwarzem Kunststoff führt diese Linie an der Seitenansicht fort und schützt die unteren Flanken vor Steinschlag. Kofferraumdeckel und Türen sind aus Aluminium gefertigt. Die mit einem horizontalen Steg versehenen seitlichen Lufteinlässe in den Fondseitenteilen sorgen für eine effiziente Luftversorgung der beiden Ladeluftkühler. Seitlich in der Heckverkleidung integrierte Kiemen für die Auslaßkanäle der Ladeluftkühler runden den dynamischen Gesamteindruck der Seitenansicht ab und sorgen für eine effiziente Durchströmung der Ladeluftkühler. In die Heckverkleidung sind die Einzelendrohre des GT2 integriert. Passend zur Frontspoilerlippe und den Schwellerblenden ist der untere Bereich schwarz ausgeführt. Zusätzliche, kiemenförmige Luftauslaßöffnungen im Bereich der Endrohre unterstützen die Wärmeabfuhr aus dem Motorraum und von den Endschalldämpfern. Wie beim 911 turbo ist der Unterboden großflächig verkleidet. Zusätzliche integrierte Luftführungen verbessern die Bremsenkühlung an der Hinterachse bei hoher Belastung. Die Kontur des feststehenden Heckflügels mit den charakteristischen Flügelenden (Sideplates) wird überarbeitet und im hinteren Bereich durch eine integrierte Spoilerlippe ergänzt. Der Heckdeckel ist aus glasfaserverstärktem Kunststoff (GfK) gefertigt. Der Heckflügel wird durch den Einsatz von GfK und kohlefaserverstärktem Kunststoff (CfK) in Sandwichbauweise hergestellt. Der Kern besteht aus GfK mit einer zusätzlich stabilisierenden Außenschicht aus CfK. Dieses Konstruktionsprinzip verbindet geringes Gewicht mit hoher Festigkeit. Neu sind die Form und die Position der Staudrucksammler (Ram Air), die zur Versorgung des Motors mit Verbrennungsluft in die Flügelstützen integriert sind. Aufwendige Windkanaltests und die im Rennsport gesammelte Erfahrung ermöglichen es, trotz des hohen Kühlluftbedarfs und der Spoiler einen Luftwiderstandsbeiwert von $c_w = 0{,}32$ zu erreichen. Das Ergebnis ist umso beeindruckender, da an Vorder- und Hinterachse ein deutlicher Abtrieb und dadurch ein stabiles Fahrverhalten auch bei sehr hohen Geschwindigkeiten erzielt wird.

Der GT2-Motor basiert auf dem Sechszylinderboxer des 911 turbo und zwei Abgasturboladern mit variabler Turbinengeometrie (VTG). In der Nennleistung von 530 PS (390 kW) bei 6.500 Umdrehungen pro Minute übertrifft der GT2 den turbo um ganze 50 PS (37 kW). Das maximale Drehmoment von 680 Newtonmeter liegt um 60 Newtonmeter höher. Es ist über ein Drehzahlband von 2.200 bis 4.500 Umdrehungen pro Minute permanent abrufbar. Die enorme Leistung benötigt eine neue Luftführung über Staudrucklufteinlässe, die seitlich in die Stützen des Heckflügels integriert sind. Da diese in der Luftströmung liegen, wird die Luft besonders bei hohen Geschwindigkeiten in die Öffnungen gedrückt und zum Luftfilter geführt. Die vorverdichtete Luft strömt zu den beiden überarbeiteten VTG-Abgasturboladern, die über eine variable Geometrie Luftdurchsatz und Anströmung des Turbinenrads über die Leitschaufeln steuern. Die Vorteile eines kleinen Abgasturboladers werden mit denen eines großen verbunden. Ein spontanes Ansprechverhalten mit hohen Drehmomentwerten bei niedrigen Drehzahlen wird mit einer hohen maximalen Motorleistung verknüpft. Die Leistungssteigerung erfolgt beim GT2-Turbolader durch ein größer dimensioniertes Verdichterrad und einer strömungsoptimierten Turbine. Die wassergekühlten Abgasturbolader sind auf einen maximalen Ladedruck von 1,4 bar ausgelegt. Im Vergleich zum 911 turbo sind das 0,4 bar mehr. Die Erhöhung des Ladedrucks erfolgt im Zusammenspiel mit der neu entwickelten Expansionssauganlage. Beim Ladungswechsel des Motors entstehen Luftschwingungen, die die Luft durch ein Pulsieren abwechselnd komprimieren und expandieren. Dabei entsteht alternierend Über- und Unterdruck. Heutige Sauganlagen sind so konzipiert, daß in der Kompressionsphase mehr Luft in die Brennräume gepreßt wird, um somit die Zylinderfüllung und Leistung zu erhöhen. Nachteil des Resonanzprinzips ist, daß mit dem Ladeeffekt die Luft nicht nur verdichtet, sondern gleichzeitig auch erwärmt wird. Deshalb kann das Kraftstoff-Luft-Gemisch nicht optimal für eine maximale Leistung gezündet werden. Der Unterdruck kühlt die Luft in der Expansionsphase ab. Diesen Effekt nutzt die Sauganlage des GT2, bei der kürzere Saugrohre und ein längeres Verteilerrohr mit kleinerem Querschnitt zum Einsatz kommen. Durch den gleichzeitig erhöhten Ladedruck wird der Minderdruck durch die Expansion mehr als kompensiert. Die Luft wird dabei erwärmt, jedoch kann dieser Temperaturanstieg durch die Ladeluftkühler nahezu ausgeglichen werden. Bei Höchstdrehzahl sorgt die neue Ansaugtechnik für eine Gemischtemperatur, die kurz vor dem Schließen der Einlaßventile niedriger ist als beim Motor des 911 turbo. Die Klopfempfindlichkeit wird dadurch verringert und das Gemisch kann früher gezündet werden. Das bedeutet eine deutliche Steigerung der Effizienz und somit eine höhere Maximalleistung bei geringerem Kraftstoffverbrauch unter Volllast. Bei vergleichbarer Leistung wird der Kraftstoffverbrauch des GT2-Motors um bis zu 15 Prozent reduziert. Der durchschnittliche Verbrauch von 12,5 Litern nach dem Neuen Europäischem Fahrzyklus (NEFZ) ist für ein Hochleistungsfahrzeug sehr niedrig. Der GT2 unterschreitet zudem die Abgasgrenzwerte der EU4.

Der Basismotor des GT2 ist vom turbo-Triebwerk abgeleitet. Er besteht ebenfalls aus dem vertikal geteilten Kurbelgehäuse aus

Phantombild des 997 GT2

Leichtmetalldruckguß und einer 8-fach gelagerten Kurbelwelle. Der Hubraum beträgt nach wie vor 3.600 Kubikzentimeter mit Zylinderbohrungen von 100 Millimeter und einem Kolbenhub von 76,4 Millimeter. Die Leichtmetallschmiedekolben laufen in nikasilbeschichteten Zylinderlaufbüchsen aus Aluminium. Der 911 GT2 verfügt über eine Trockensumpfschmierung mit separatem Motoröltank. Neun Ölpumpen sorgen für einen sicheren Ölkreislauf selbst bei länger anhaltenden Horizontalkräften auf der Rennstrecke. Der Ölinhalt beträgt elf Liter der Viskositätsklasse 0W40. Die Luftfilterkastenabdeckung besteht aus Sichtcarbon. Gaswechsel werden von der variablen Ventilsteuerung VarioCam Plus gesteuert, welche die Öffnungszeiten und den Hub der Einlaßventile verändert. Dies geschieht über einen Flügelzellenversteller, der die Position der Nockenwelle zur Kurbelwelle in einem Verstellbereich von insgesamt 40 Grad Kurbelwinkel kontinuierlich verändert. Die Ventilhubverstellung wird über zwei ineinanderliegende, schaltbare Tassenstößel von zwei unterschiedlich großen Nocken der Einlaßnockenwelle betätigt. Porsche setzt erstmals in einem straßenzugelassenen Sportwagen serienmäßig einen Endschalldämpfer und Endrohre aus Titan ein. Eine Technik, die im Motorradrennsport schon seit Jahren angewendet wird. Titan verbindet ein geringes spezifisches Gewicht mit hoher Material- und Temperaturfestigkeit. Der Endschalldämpfer des 911 GT2 ist leichter, kompakter und auf einen geringeren Abgasgegendruck ausgelegt. Die kompakte Bauweise des Titan-Endschalldämpfers vergrößert zudem den Abstand zu umgebenden Bauteilen und ermöglicht eine verbesserte Wärmeabfuhr. Der Schalldämpfer wiegt mit circa neun Kilogramm etwa 50 Prozent weniger als ein vergleichbares Edelstahlbauteil. Bereits im Leerlauf erzeugt die Auspuffanlage einen satten und sonoren Sound. Alle gesetzlichen Geräuschgrenzwerte werden selbstverständlich eingehalten. Je ein Katalysator pro Zylinderreihe und Sekundärlufteinblasung beim Kaltstart lassen die Abgaswerte deutlich unter den Grenzwerten der EU4 liegen.

Das manuelle 6-Gang-Schaltgetriebe ist für den Einsatz auf der Rennstrecke entwickelt worden. Es verfügt über kurze und präzise Schaltwege mit geringen Bedienkräften. Die Zahnräder sind auf die Getriebewellen aufgesteckt statt aufgepreßt und können somit ausgetauscht werden, um das Getriebe des GT2 bei einem Rundstreckeneinsatz individuell an die Rennstrecke anzupassen. Die Synchronringe der Gänge zwei bis sechs sind für den Sporteinsatz aus Stahl gefertigt. Sie sind für sehr schnelle und präzise Gangwechsel ausgelegt. Die Hinterachsübersetzung ist mit 3,444 : 1 gleich übersetzt wie der turbo und der GT3. Das Getriebeöl wird über einen in den Kühlwasserkreislauf integrierten Wärmetauscher gekühlt, um auch unter hoher Belastung standfest zu bleiben. Das Ausgleichsgetriebe des GT2 ist serienmäßig mit einem asymmetrisch wirkendem Sperrdifferential ausgerüstet. Der GT2 mit Heckmotor hat eine sehr gute Traktion, so daß ein Sperrwert bei Zug von 28 Prozent gewählt werden kann. Bei Schub beträgt der Sperrwert 40 Prozent, um eine zusätzliche Stabilisierung des Fahrzeugs gegen das Eindrehen in Kurven zu erzielen.

Eine Hochschaltanzeige im Drehzahlmesser signalisiert dem Fahrer den optimalen Schaltpunkt. Die Reaktionszeit des Fahrers findet dabei Berücksichtigung. So leuchtet die Anzeige in den unteren Gängen etwas früher auf als in den oberen Gangstufen. Damit rückt die optische Anzeige in den oberen Gängen ganz nahe an die Abregeldrehzahl des Motors.

Im Motorsport ist ein perfekter Start von großem Vorteil. Deshalb hat Porsche den Launch Assistant entwickelt, damit der Fahrer bei Bedarf die maximale Beschleunigung des GT2 aus dem Stand optimal nutzen kann. Der Launch Assistant wird aktiviert indem der Fahrer bei stehendem Fahrzeug, eingelegtem ersten Gang und voll durchgetretenem Kupplungspedal Vollgas gibt. Das Motormanagement öffnet dabei die Drosselklappen vollständig und regelt über die Leitschaufeln der beiden VTG-Abgasturbolader einen Ladedruck von 0,9 bar. Gleichzeitig stellt die Motronic eine Drehzahl von 5.000 Umdrehungen pro Minute ein. Der Fahrer nimmt seinen Fuß blitzschnell vom Kupplungspedal und schon beschleunigt das Fahrzeug schnellstmöglich. Die Antriebsräder drehen durch den plötzlichen Drehmomentaufbau kurz durch. Die Antriebsschlupfregelung des Porsche Stability Management (PSM) greift sofort ein und regelt die maximale Traktion. Die Traktionskontrolle (TC) des PSM darf dabei nicht abgeschaltet sein. Der schnelle Kraftschluß entlastet sogar die Kupplung.

Das Fahrwerk des GT2 basiert auf dem Chassis des GT3, welches im Vergleich zum 911 Carrera um 25 Millimeter tiefergelegt und straffer abgestimmt ist. Dies verbessert nicht nur den Fahrzeugschwerpunkt, sondern auch die Aerodynamik. Härtere Federraten ermöglichen zusammen mit individuell einstellbaren Vorder- und Hinterachsstabilisatoren ein sehr neutrales Fahrverhalten bis in den Grenzbereich. Der vordere Stabilisator ist in vier unterschiedlichen Federstufen einstellbar, der hintere in drei. Weitere Anpassungsmöglichkeiten für Einsätze im Motorsport bieten verstellbare Tragfedern. Über die Außengewinde an den Federbeinen läßt sich die Höhe der Federteller einstellen. Dies ermöglicht neben der Absenkung der Fahrzeughöhe auch ein Feinjustieren der einzelnen Radlasten. Um das ungewünschte Untersteuern zu vermieden wird die Geometrie und Kinematik der Vorderachse überarbeitet. Die Anlenkpunkte der Spurstangen am Radträger und die äußere Anbindung der Querlenker sind gegenüber dem GT3 zehn Millimeter weiter oben angebracht. Das Ergebnis ist ein neutrales Kurvenverhalten, ein sehr guter Geradeauslauf und eine hohe Fahrstabilität bis hin zur Höchstgeschwindigkeit. Für den Einsatz auf der Rennstrecke kann die Feineinstellung des Sturzes über Einstellplatten am unteren Querlenker justiert werden. Im Hinblick auf die

Anforderungen des Motorsports wird die Hinterachse des GT2 überarbeitet. Für eine steifere Anbindung der Längsträger an die Karosserie werden Metallbuchsen verwendet, die eine verbesserte Lenkpräzision und Fahrstabilität bieten. Zur Gewichtseinsparung und Erreichung einer ausgeglichenen Gewichtsverteilung der beiden Achsen, ist der Hinterachsquerträger aus Aluminium statt aus Stahl gefertigt. Bei vergleichbaren Belastungsgrenzen benötigt die Aluminiumausführung im Vergleich zum Stahl-Hinterachsquerträger etwas mehr Platz. Dieser steht uneingeschränkt zur Verfügung, da der GT2 ausschließlich mit einem 6-Gang-Schaltgetriebe ausgeliefert wird.
Das serienmäßige aktive Dämpfungssystem Porsche Active Suspension Management (PASM) ist ebenfalls speziell auf den GT2 abgestimmt. Im Normalmodus werden Straßenunebenheiten besser gedämpft. Im Sportmodus steht dagegen ein rennsportmäßig straffes Fahrwerk mit präzisen und zielgenauen Handlingeigenschaften für den Einsatz auf Rennstrecken zur Verfügung, indem die Aufbaubewegungen auf ein Minimum reduziert werden. Die Dämpfer gehen zunächst in eine sportlich straffe Kennlinie. Diese bietet auf ebenen Strecken eine herausragende Agilität mit einer weiteren Steigerung der Lenkpräzision. Je nach Fahrzustand und Straßenbeschaffenheit schaltet das System zur Verbesserung des Fahrbahnkontakts in Millisekunden auf die erforderliche Kennlinie um.
Mit dem GT2 erhält erstmals ein GT-Modell der 911 Baureihe serienmäßig ein maßgeschneidertes Porsche Stability Management (PSM). Damit hat der GT2 ein Fahrstabilisierungssystem, welches die aktive Sicherheit deutlich steigert, aber auch fahrdynamische Vorteile bietet. Durch die Abschaltmöglichkeit einzelner Funktionsparameter über zwei Tasten in der vorderen Mittelkonsole erfüllt dieses spezielle Fahrstabilisierungssystem selbst die Ansprüche extrem sportlicher Fahrer. Die Regeleingriffe des PSM können in drei Varianten gewählt werden. Die Schalter »SC OFF« und »SC+TC OFF« befinden sich im vorderen Bereich der Mittelkonsole. Im Normalmodus sind alle Funktionen des PSM inklusive der erweiterten Bremsfunktion aktiv: Die Funktion SC (Stability Control), eine Fahrdynamikregelung mit gezielten Bremseneingriffen zur Stabilisierung des Fahrzeugs um die Hochachse und TC (Traction Control), die Traktionskontrolle zur Regelung der Antriebskräfte sowie ABS für kurze, stabile Bremswege. In der ersten Abschaltstufe »SC OFF« wird die Stabilitätskontrolle SC mit Querdynamikregelung deaktiviert. Ein akustischer Ton und eine visuelle Anzeige im Display signalisieren die Abschaltung. Die Regelung für die Antriebskräfte TC bleibt weiterhin aktiv. In der zweiten Abschaltstufe »SC+TC OFF« wird zusätzlich die Funktion TC ausgeschaltet. Diese wird ebenfalls durch ein akustisches Signal sowie eine entsprechende Information im Display angezeigt. Eine Besonderheit des speziell für den GT2 entwickelten PSM ist, daß abgeschaltete Funktionen auch in extremen Fahrsituationen nicht automatisch eingeschaltet werden. So kann der Fahrer den GT2 auf der Rennstrecke durch starkes, kurzes Bremsen in einen kontrollierten Driftzustand bringen. Erst auf Knopfdruck sind die Funktionen wieder für den Fahrer bereitgestellt. Bei jedem Start des Fahrzeugs ist das System automatisch im Normalmodus mit allen aktivierten Funktionen SC, TC und ABS.
Konsequent auf höchste Fahrdynamik getrimmt, bringt der GT2 seine Antriebsleistung über die Hinterräder auf die Straße und verfügt für eine bestmögliche Verzögerung serienmäßig über die Keramikbremsanlage Porsche Ceramic Composite Brake (PCCB) mit innenbelüfteten, gelochten Bremsscheiben. Im Vergleich zu einer gleich dimensionierten Bremsanlage mit Graugußbremsscheiben verringern sich die ungefederten Massen um 20 Kilogramm. Die 380-Millimeter-Bremsscheiben an der Vorderachse sind an einem Aluminiumbremstopf befestigt, der im Vergleich zu einem Stahltopf rund 900 Gramm weniger wiegt. An der Hinterachse sind 350-Millimeter-Bremsscheiben befestigt. Vorne kommen gelb lackierte 6-Kolben-Monobloc-Aluminium-Festsättel zum Einsatz, hinten 4-Kolben-Monobloc-Aluminium-Festsättel. Das Bremspedal wird beim Bremsen durch einen 9-Zoll-Tandem-Bremskraftverstärker unterstützt.
Der 911 GT2 rollt auf GT2-Rädern mit zehn Speichen, die durch ihre spezielle Formgebung und große Öffnungsquerschnitte zwischen den Radspeichen eine effiziente Bremsenkühlung ermöglichen. An der Vorderachse sind Räder der Dimension 8,5 J x 19 mit speziell entwickelten Sportreifen der Größe 235/35 ZR 19 montiert, an der Hinterachse kommen 12 J x 19 Räder mit 325/30 ZR 19 Sportreifen zum Einsatz. Die ab Werk aufgezogenen Sportreifen sind in Zusammenarbeit mit den Fahrwerkspezialisten entwickelt worden. Die Sportreifen haben eine ausgewählte Gummimischung und einen besonderen Karkassenaufbau. Auf trockener Fahrbahn bieten sie guten Grip, hohe Querbeschleunigung und kurze Bremswege. Die geringe Profiltiefe erhöht die Aquaplaninggefahr bei Nässe. An der Hinterachse werden zwei fünf Millimeter starke Distanzscheiben verschraubt, die die Spur auf 1.550 Millimeter verbreitern. Wie schon beim turbo überwacht auch beim GT2 serienmäßig das Reifendruckkontrollsystem (RDK) permanent den Luftdruck jedes einzelnen Reifens.
Das Lenksystem des GT2 mit der variablen Lenkübersetzung verbessert die Agilität besonders auf kurvenreichen Straßen. Außerdem erhöht sich die Fahrstabilität bei hohen Geschwindigkeiten. Bei einem Lenkradeinschlag von über 30 Grad wird die Lenkübersetzung zunehmend direkter und der Fahrer spürt einen deutlichen Agilitätsgewinn auf Strecken mit engen Kurven. Über die manuelle Höhen- und Längsverstellung kann das Lenkrad sowohl axial als auch in der Höhe um jeweils 40 Millimeter verstellt werden.
Der 911 GT2 bietet seinen Insassen ein sehr hohes Sicherheitsniveau. Bei einem Aufprall nehmen die Längsträger im Vorder-

wagen zuerst Energie auf. Diese stützen sich am Stirnwandquerträger aus höchstfestem Stahl ab und reduzieren somit Intrusionen im Fußraum. Der Kraftstoffbehälter liegt durch den Vorderachsträger zusätzlich abgeschirmt hinter der Deformationszone. Die Kraftstoffleitungen sind außerhalb der Aufprallzone angeordnet. Für den Einsatz im Motorsport kann der Karosserieverbund noch zusätzlich mit einem Überrollkäfig versteift werden. Die GT2-Karosserie ist ab Werk mit den entsprechenden Befestigungspunkten ausgerüstet. Zusätzlich zum sehr sicheren, stabilen Karosserierohbau ist der GT2 mit sechs Airbags ausgestattet. Bei einer Frontkollision werden Fahrer und Beifahrer von zweistufigen Fullsize-Airbags aufgefangen. Bei einem Seitenaufprall schützen die in den Sitzaußenseiten integrierten Thorax-Airbags den Oberkörper und die im oberen Teil der Türverkleidung untergebrachten Kopf-Airbags.

Das Interieur mit der serienmäßigen Lederausstattung des GT2 betont die sportliche Ausrichtung des Fahrzeugs. Ab Werk wird der GT2 als erstes Serienmodell mit einem neu entwickelten Sportschalensitz ausgestattet. Die Sitzschale ist aus glas- und kohlefaserverstärktem Kunststoff (GfK/CfK) gefertigt. Die Oberfläche besteht aus Sichtcarbon. Die Verwendung dieser Materialien reduziert das Gewicht des Sitzes deutlich. Die Sitzseitenwangen sind mit schwarzem Leder, die Sitzmittelbahnen mit Alcantara bezogen. Die Besonderheit des neuen Sportschalensitzes ist die neuartige Konstruktion der klappbaren Rückenlehne. Beim Sportschalensitz des 911 GT2 sitzen die Drehpunkte der Rückenlehne im oberen Beckenbereich der Seitenwangen. So kann eine erstklassige Seitenführung über den ganzen Sitzbereich mit einer klappbaren Rückenlehne kombiniert werden. Erstmals sind bei Sportschalensitzen zusätzlich Thorax-Airbags integriert. Der Thorax-Airbag entspricht in Größe und Ausführung dem der aktuellen 911-Sitzreihe und bietet jetzt auch in Verbindung mit Sportschalensitzen einen weiter verbesserten Seitenaufprallschutz.

Zur Wahl stehen für den 911 GT2 auch adaptive Sportsitze. Diese bieten eine elektrische Verstellung aller Sitzfunktionen inklusive Memory-Funktion, eine individuelle Seitenwangenverstellung sowie eine Lordosenstütze für Fahrer- und Beifahrersitz. Analog zu den Seriensitzen sind auch beim 911 GT2 die Mittelbahnen mit Alcantara bezogen. Aus Gewichtsgründen wird auf Fondsitze verzichtet.

Das aufgepolsterte Lenkrad mit dem belederterm Airbag-Modul und dem Alcantaralenkradkranz entspricht dem Volant des GT3. Außerdem kommt Alcantara auch am Dachhimmel, an Schalt- und Handbremshebel, an den Türgriffen, an den Deckeln der Türablagefächer und beim Ablagefach der Mittelkonsole zum Einsatz. Alcantara verbessert die Griffigkeit am Lenkrad sowie am Schalt- und Handbremshebel und spannt optisch und haptisch den Bogen zum Motorsport. Auf dem Drehzahlmesser, den Türeinstiegsleisten und dem Fondteppich sind GT2-Schriftzüge angebracht. Auf den Komfort einer Klimaautomatik mit Aktivkohlefilter, elektrischer Fensterheber oder einer Zentralverriegelung mit Funkfernbedienung braucht trotz einer gewichtsreduzierten Batterie nicht verzichtet werden.

Zur Serienausstattung des 911 GT2 gehört das Porsche Communication Management (PCM) mit einem 5,8 Zoll großem Farbbildschirm, einem Doppeltuner, einem Endverstärker mit einer Gesamtleistung von 2x 25 Watt sowie vier Lautsprechern. Für höchste Ansprüche an ein Audio- und Informationssystem ist ohne Aufpreis das Sound Package Plus lieferbar. Auf Wunsch läßt sich der GT2 mit dem BOSE® Surround-Sound-System und verschiedenen Modulen für das PCM wie dem Navigationssystem, dem Telefonmodul oder dem elektronischen Fahrtenbuch weiter ausbauen. Eine weitere Option ist das Chrono Paket Plus mit einer analogen Stoppuhr auf der Armaturentafel, einer digitalen Stoppuhr im Kombiinstrument, einer Performanceanzeige im PCM sowie einem individuellen Datenspeicher, der über das PCM abgerufen werden kann.

Optional ist auch für den 911 GT2 ein Clubsportpaket ohne Aufpreis erhältlich. Dieses umfaßt einen geschraubten hinteren Überrollkäfig, einen roten 6-Punkt-Gurt für den Fahrer, einen Feuerlöscher mit Halterung sowie eine Vorrüstung für den Batteriehauptschalter. Beim Clubsportpaket sind die Sportschalensitze statt in einer Leder-Alcantara-Kombination mit schwer entflammbarem Stoff bezogen. Für FIA-Motorsportveranstaltungen sind die vorderen Käfigbügel bei der Porsche Motorsportabteilung erhältlich.

Mit einem Leistungsgewicht von nur 2,72 Kilogramm pro PS beschleunigt der GT2 in nur 3,7 Sekunden aus dem Stand auf Tem-

Cockpit des 997 GT2

po 100 oder in 7,4 Sekunden von 0 auf 160. Nach lediglich 11,2 Sekunden sind 200 Kilometer pro Stunde durcheilt. Die Höchstgeschwindigkeit liegt bei 329 Kilometer pro Stunde. Bisher war kein anderer Porsche 911 mit Straßenzulassung schneller auf der Nordschleife des Nürburgrings als der GT2. Der zweifache Rallye-Weltmeister Walter Röhrl umrundete mit dem 1.440 Kilogramm schweren GT2 die Nürburgring-Nordschleife in 7:32 Minuten. Diese Zeit liegt auf demselben Niveau eines Porsche Carrera GT!

MODELLJAHR 2009 (9-PROGRAMM)

Im Sommer 2008 wird der 911 Carrera einer gründlichen Überarbeitung unterzogen. Neu konstruierte Motoren mit Benzin-Direkteinspritzung, das Porsche Doppel-Kupplungsgetriebe PDK oder ein weiterentwickeltes Porsche Communication Management mit 6,5-Zoll-Touch-Screen-Montor sind nur einige technische Highlights.

Das Design der facegelifteten Carrera-Modelle zeigt auch die Qualität der technischen Weiterentwicklung an der Karosserie. Die Karosserien von Coupé und Cabriolet wurden simultan entwickelt. Die verstärkte Karosseriestruktur sorgt beim 911 Carrera für eine sehr hohe Crashsicherheit. So wird bei der Gestaltung der Bugverkleidung der Schwerpunkt auf Dynamik gelegt. Die größer dimensionierten, äußeren Lufteinlässe verleihen den Carrera ein souveränes Erscheinungsbild. Oberhalb der vorderen seitlichen Lufteinlässe befindet sich jeweils eine horizontale Zusatzleuchteneinheit, die das neue LED-Tagfahrlicht, Positionslicht und den Blinker mit einer konventionellen Glühlampe beherbergt. Das Tagfahrlicht besteht aus sechs LED (Light Emitting Diode, Leuchtdiode), die weit sichtbar sind. Im Positionslicht erstreckt sich der, von einer LED angestrahlte, Lichtleiter über die gesamte Breite der Leuchteneinheit. Hinter den Klarglasabdeckungen der Scheinwerfer sind jetzt bei allen Carrera-Modellen serienmäßig Bi-Xenon-Hauptscheinwerfer untergebracht. Beim Abblendlicht bietet das Bi-Xenon-Licht gegenüber Halogenscheinwerfern ein sehr hohes Lichtvolumen und gutes farbiges Sehen dank der hohen Farbtemperatur und der 2,5-fachen Lichtausbeute. Neben der automatischen und dynamischen Leuchtweitenregulierung gehört auch eine Scheinwerferreinigungsanlage zur Serie.

Als Option bietet Porsche beim neuen Carrera erstmals bei den Sportwagen ein dynamisches Xenon-Kurvenlicht an. Die Klarglasabdeckungen der Scheinwerfer ermöglichen den direkten Blick auf das neue System mit einem schwenkbaren Abblendlichtmodul und darunter positioniertem Fernlicht. Auf kurvenreichen Landstraßen oder in langgezogenen Autobahnkurven sorgt das Kurvenlicht für eine ausgezeichnete Ausleuchtung der Kurve und leistet somit einen deutlichen Sicherheitsgewinn. Das Abblendlicht der Bi-Xenon-Scheinwerfer folgt den Lenkbewegungen und paßt sich kontinuierlich der Fahrgeschwindigkeit an. Sensoren erfassen die Parameter Fahrgeschwindigkeit, Querbeschleunigung und Lenkeinschlag. Aus den gewonnenen Daten errechnet eine Steuereinheit den Kurvenverlauf und die optimalen Winkel zur Steuerung des dynamischen Kurvenlichts. Ab einer Geschwindigkeit von fünf Kilometern pro Stunde ist das dynamische Kurvenlicht aktiv. Der maximale Verstellwinkel des kurveninneren Scheinwerfers beträgt 15 Grad. Der kurvenäußere Reflektor kann um sieben Grad verstellt werden. Die unterschiedlichen kurveninneren und -äußeren Verstellwinkel ermöglichen eine breite Ausleuchtung der Kurve, da die beiden Lichtkegel nebeneinander liegen und ihr Licht nicht auf einen einzigen Punkt konzentriert wird. Das dynamische Kurvenlicht bleibt auch bei Fernlicht aktiv und trägt zu einer hervorragenden Ausleuchtung der Straße bei. Die neue Form der elektrisch verstell- und beheizbaren Doppelarm-Außenspiegel muß aufgrund neuer Gesetzesanforderungen an die Sichtfläche der Spiegel geringfügig vergrößert werden. Trotz der größeren Fläche sind weder die Optik noch die Aerodynamik wesentlich beeinflußt. Die am Rand des Spiegelgehäuses verlaufende Wasserrinne, trägt zu einer deutlich geringeren Verschmutzung der Spiegelfläche bei. Beim Coupé ist eine Vorrüstung für die Montage eines Dachtransportsystems mit bis zu 75 Kilogramm Zuladung Serie. Auf Wunsch ist ein elektrisches Schiebe-/Hubdach mit selbstaufstellendem Windabweiser lieferbar. Am Heck des neuen Carrera sind die neuen LED-Heckleuchten ein weiteres optisches und technisches Highlight. Sie verlaufen nach außen spitzer und fügen sich mit der schräg abgephasten unteren Ecke sehr elegant in das Fahrzeugheck ein. Die in rot und silber transparent gehaltene Optik sorgt für ein noch sportlich eleganteres Erscheinungsbild. Leuchtdioden sind besonders hell und verbrauchen auch nur einen Bruchteil der Energie, den Glühlampen benötigen. Neben der langen Lebensdauer und niedrigerem Stromverbrauch liegt der Hauptvorteil der Leuchtdioden in der kurzen Ansprechzeit. Diese beträgt bei LED nur 0,1 Millisekunden, bei Glühlampen 100 Millisekunden. Bei einer Geschwindigkeit von 100 Kilometer pro Stunde entspricht dies einer Fahrstrecke von drei Metern. Bei einem Bremsmanöver wird der nachfolgende Verkehr so deutlich schneller gewarnt. In den einteiligen Heckleuchten sind Blinker, Rücklicht, Bremslicht, Rückfahrscheinwerfer, fahrerseitige Nebelschlußleuchte sowie Rückstrahler in einem Gehäuse integriert. Jede Heckleuchte enthält 60 LED, die teilweise für mehrere Funktionen verwendet werden. Das Rücklicht besteht aus 37 Leuchtdioden, das Blinklicht aus 20 und das Bremslicht aus 40 LED. Ist die aus neun LED bestehende Nebelschlußleuchte eingeschaltet, reduziert sich das Bremslicht automatisch auf 17 LED. Einzig beim Rückfahrscheinwerfer wird noch eine konventionelle 16-Watt-Glühlampe verwendet. Schwarze Blenden an der Unterseite der neuen Heckverkleidung ermöglichen den geringen Abstand zwischen den Endrohren und dem Heckteil und tragen zu einer sportlichen und hochwertigen Optik bei. Einen wesentlichen Beitrag dazu leisten die aus gebürstetem Edelstahl gefertigten, in die Heckverkleidung integrierten, ovalen Einzelendrohre beim 911 Carrera und die runden Doppelendrohre beim Carrera S. Die Modellschriftzüge auf dem Heckdeckel sind bei den 3,6-Liter-Carrera-Modellen titanfarben, bei den S-Varianten silberfarben ausgeführt. Trotz des erhöhten Kühlluftbedarfs und der größeren, neu gestalteten Doppelarm-Außenspiegel, bietet auch die überarbeitete 911-Generation eine gute Aerodynamik. Bei minimalem Luftwiderstand wird die Kühlung aller funktionsrelevanten Komponenten auch unter hohen Außentemperaturbedingungen sichergestellt. Die sorgfältige aerodynamische Feinarbeit zeigt sich an der vollflächigen Unterbodenverkleidung, die nur von den Kühllufteinlässen für Bremsen und Getriebe unterbrochen ist. Die vergrößerten Lufteinlässe im Bugteil sind für eine um 20 Prozent höhere Kühlleistung auf die leistungsstärkeren Motoren angepaßt. Der mittlere Lufteinlaß leitet die Luft zu den beiden äußeren Kühlern. Das PDK-Getriebe kommt ohne den bei der Tiptronic S notwendigen Mittenkühler aus. Mit einem Luftwiderstandsbeiwert von $c_w = 0{,}29$ beim Coupé und $c_w = 0{,}30$ beim Cabriolet mit Heckantrieb gehört der 911 Carrera zu den strömungsgünstigsten Sportwagen. Niedrige Auftriebswerte an Vorder- und Hinterachse sorgen für eine hohe Fahrsicherheit bis hin zur Höchstgeschwindigkeit.

Die hinteren Kotflügel des Carrera 4 und Carrera 4S sind weiter ausgeformt. Ingesamt ist die Karosserie hinten um 44 Millimeter breiter und gibt den Allradmodellen eine noch breitere, kraftvollere Heckansicht. Das Carrera 4 Coupé hat einen geringen Luftwiderstandsbeiwert von $c_w = 0{,}30$, beim Carrera 4S Coupé fällt dieser mit $c_w = 0{,}29$ sogar noch geringer aus. Ein weiteres Differenzierungsmerkmal aller Carrera 4-Modelle ist das rote Heckleuchtenband, welches die beiden Rückleuchten optisch miteinander verbindet. Die Blenden der unteren Heckverkleidung sind bei den Allradmodellen analog zu den seitlichen Schwellerblende schwarz ausgeführt.

Das Carrera Cabriolet hat ein vollautomatisches Faltverdeck. Die Langzeitqualität des Stoffs zeigt sich beim neuen Carrera nochmals verbessert, so daß auch nach langjährigem Gebrauch des Verdecks nahezu kein Verschleiß sichtbar ist. Das verbesserte Verdeck beweist seine Qualitätsfortschritte bei Tests auf dem so genannten Hydropulser, die einem extremen Materialprüfungsdauerlauf mit geöffnetem Verdeck entsprechen. Serienmäßig

911 Carrera 4

ist ein Windschott. Ein Aluminium-Hardtop ist als Sonderausstattung lieferbar.
Mit dem 911 Targa schließt Porsche den Generationswechsel ab. Als einziges Modell der Carrera-Baureihe ist der 911 Targa nur in der breiten Karosserie und mit Allradantrieb als Targa 4 und Targa 4S lieferbar. Er ist der avantgardistische 911. Mit seinem Glasdach, das vom Frontscheibenrahmen bis zur Motorhaube reicht, setzt der elegante 911 Targa nach wie vor ganz eigene Akzente. Ein zusätzlicher Blickfang sind die hochglanzpolierten und eloxierten Aluminiumleisten, die die Dachkante von der A-Säule bis zum Ansatz der C-Säule einrahmen. Die hintere Seitenscheibe läuft in einem spitzen Winkel aus. Auch dies ist ein typisches Designmerkmal des Targa.
Technisches Highlight des 911 Targa ist nach wie vor das 1,54 Quadratmeter große Glasdach, welches die Insassen im geschlossenen Zustand wirkungsvoll durch einen Ultraviolettfilter vor allzu kräftiger Sonneneinstrahlung schützt. Eine Beschichtung läßt zwar rund ein Drittel des Sonnenlichts durch, aber nur etwa 17 Prozent Wärmeenergie und der Innenraum bleibt angenehm hell. Die serienmäßige Klimaautomatik sorgt selbst bei hohen Außentemperaturen von über 30 Grad für angenehmes Klima. Durch ein elektrisches Rollo läßt sich die Sonneneinstrahlung verringern. Die neue Stoffqualität ist lichtdichter und erhöht jetzt den Beschattungsgrad von 50 auf 96 Prozent und reduziert die Helligkeit von 1400 auf 600 Lux. Das entspricht einer normalen Zimmerbeleuchtung. Das Glasdach des Targa besteht aus dem beweglichen vorderen Glasschiebedeckel mit integriertem Rollo und aus der hochklappbaren Heckscheibe. Dach und Rollo werden über neue Zug-/Druckschalter in die Mittelkonsole betätigt. Der vordere Schalter öffnet oder schließt das Rollo, der hintere das Glasdach selbst. Das Rollo läßt sich auch über die Tippfunktion automatisch öffnen und schließen. Das Dach senkt sich zunächst ab und gleitet anschließend beim Öffnen unter die Heckscheibe. Das Dach läßt sich in nur sieben Sekunden öffnen oder schließen. Gleichzeitig stellt sich automatisch ein Windabweiser auf, der den Innenraum zugfrei hält und so auch das Offenfahren bei winterlichen Temperaturen ermöglicht. Die Insassen können sich selbst bei hohen Geschwindigkeiten unterhalten oder den Sound ihrer Audio-Anlage genießen. Die maximale Öffnung beträgt in der Länge einen halben Meter und in der Fläche 0,45 Quadratmetern. Aus Sicherheitsgründen muß beim Öffnen des Dachs die Heckklappe geschlossen sein. Das Dach muß ebenfalls geschlossen sein, wenn die Heckklappe geöffnet werden soll.
Der Targa hat als einziger 911 eine hochklappbare Heckscheibe, damit der bei umgeklappten Rücksitzlehnen 230 Liter große Gepäckraum gut beladen werden kann. Das Volumen ist sogar 25 Liter größer als beim Coupé. Die elektrisch ent- und verriegelbare Heckscheibe besteht aus getöntem Einscheibensicherheitsglas. Als Option ist ein in die Heckscheibe integrierter Wischer lieferbar. Die hochklappbare Heckscheibe kann im Stand von innen über eine Taste im Türschweller der Fahrerseite oder von außen über die Taste am Fahrzeugschlüssel per Funkfernbedienung entriegelt werden. Zum Öffnen hebt sich die Heckscheibe um rund 20 Millimeter an und läßt sich von Hand bequem aufstellen. Zwei Gasdruckfedern erleichtern das Heben der Glasklappe, die um rund 60 Grad nach oben schwenkt. Zeitgleich schalten sich zwei Innenraumleuchten am Fuß der C-Säulen ein. Bei Regen wird das Wasser beim Hochklappen der Heckscheibe über die am hinteren Ende des Schiebedeckels integrierte Wasserablaufrinne weggeführt. Zum Schließen wird die Heckscheibe nur leicht auf das Schloß gedrückt, eine elektrische Zuziehhilfe beendet den Schließvorgang dann leise und automatisch.
Porsche führt mit den neuen Carrera-Modellen die Benzin-Direkteinspritzung - Direct Fuel Injection (DFI) bei den Sportwagenserienmotoren ein. Durch die Gemischbildung direkt im Brennraum wird aus weniger Kraftstoff mehr Leistung und Drehmoment gewonnen. Die beiden 3,6- und 3,8-Liter-Motoren erzielen jetzt mehr Leistung bei weniger Benzinverbrauch. Nicht nur auf den Wirkungsgrad hat die Direkteinspritzung eine positive Wirkung, sondern auch auf die Motorcharakteristik. Der Fahrer spürt ein spontaneres Reagieren des Boxermotors auf jede Bewegung des elektronischen Gaspedals, da der Kraftstoff erst Sekundenbruchteile vor der Verbrennung eingespritzt wird. Auch bei der Gaswegnahme sinkt die Drehzahl schneller, da sich kein Benzin-Luftgemisch mehr in den Saugrohren befindet, welches erst noch verbrannt werden muß. Alle 911 Carrera-Versionen unterbieten die strengen Emissionsstandards der ab September 2009 gültigen Euro 5-Abgasnorm. Wie alle aktuellen Porsche-Fahrzeuge sind auch alle neuen 911 Carrera auf den Betrieb mit Kraftstoffen mit bis zu zehn Volumenprozent Ethanolbeimischung ausgelegt.
Die 3,6- und 3,8-Liter-Motoren der Carrera-Modellreihe erhalten eine Benzin-Direkteinspritzung – Direct Fuel Injection (DFI), die mit einem homogenen Gemisch arbeitet. Das Luft-Kraftstoff-Gemisch wird gleichmäßig im Brennraum verteilt und ermöglicht eine optimale Verbrennung. Bei diesem Verfahren wird das Benzin abhängig von Last und Drehzahl mit bis zu 120 bar direkt in den Brennraum eingespritzt. Im Gegensatz zur konventionellen Saugrohreinspritzung findet die Gemischbildung im Brennraum statt. Bei einer Saugrohreinspritzung wird der Kraftstoff zum Teil vor den geschlossenen Einlaßventilen zerstäubt. Bei der Direkteinspritzung hingegen wird das Benzin erst bei geöffneten Ventilen direkt in den Zylinder eingespritzt. Die Einspritzdüse ist zwischen den beiden Einlaßventilen angebracht und zielt direkt in die beiden Luftströme. Es entfallen die Wandfilmverluste, die sich bei der konventionellen Einspritzung durch den Niederschlag des Kraftstoffnebels an den Saugrohrwänden bilden. Luft und Kraftstoff werden im Zylinder für eine saubere und vollständige Verbrennung besser vermischt.

Die zur Kraftstoffverdampfung benötigte Wärmeenergie wird der Verbrennungsluft im Brennraum entzogen, wodurch sie abkühlt. Dadurch verringert sich das Volumen der Zylinderladung. Durch die geöffneten Einlaßventile wird zusätzliche Luft angesaugt, die die Zylinderfüllung verbessert. Diese Temperaturabsenkung verbessert zudem die Klopfempfindlichkeit und ermöglicht die Erhöhung der Verdichtung beider Motoren auf 12,5 : 1, was wiederum den thermischen Wirkungsgrad des Motors steigert. Das Ergebnis ist eine höhere Leistung bei geringerem Kraftstoffverbrauch.

Der Hochdruckschichtstart ermöglicht schon direkt nach dem Start des Motors einem niedrigen Kraftstoffverbrauch und geringe Emissionen während der ersten Arbeitstakte. Bei einer Saugrohreinspritzung kommt es während des Ansaugvorgangs zu Kraftstoffanlagerungen an den Saugrohrwänden und den Ventilen, so daß er nicht mehr für die Verbrennung zur Verfügung steht. Die direkte Einspritzung erfolgt beim Start des Motors erst kurz vor Ende des Kompressionstakts. Beim Hochdruckschichtstart wird einmal gezielt in die speziell geformte Kolbenmulde eingespritzt, damit eine Schichtung entsteht, die um die Zündkerze herum ein zündfähiges Gemisch erzeugt. Die Kolbenmulde trägt dazu bei, daß der eingespritzte Kraftstoff direkt zum Zündfunken geleitet wird. Im Vergleich zur Saugrohreinspritzung wird damit nicht nur die Kraftstoffmenge, sondern auch der Emissionsausstoß reduziert. Gleich nach dem Hochdruckschichtstart geht das Motormanagement in die Katalysatorheizphase über. Dabei erhöht eine Mehrfacheinspritzung die Abgastemperatur und heizt den Katalysator möglichst schnell auf Betriebstemperatur. Das Luft-Kraftstoff-Gemisch wird sehr spät gezündet, um die Abgastemperatur weiter zu erhöhen und die Emissionen während der Startphase zu reduzieren. Die Mehrfacheinspritzung wird auch im oberen Lastbereich bei Drehzahlen bis 3.500 Umdrehungen eingesetzt, wenn der Fahrer aus niedrigen Drehzahlen kurz beschleunigt. Die für die Verbrennung benötigte Benzinmenge wird dabei in mehrere aufeinander folgende Einspritzvorgänge aufgeteilt. Die Einspritzungen erfolgen jetzt schon während des Ansaugtaktes bei geöffneten Einlaßventilen und tragen so durch eine bessere Gemischbildung zur Verbrauchsreduzierung bei. Ansonsten wird der Kraftstoff nur in einem einzigen Arbeitsgang eingespritzt. Die Mehrfacheinspritzung gewährleistet eine sichere Verbrennung des Kraftstoffs in diesem Lastfall.

Die konsequente Weiterentwicklung der Motoren mit weniger Gewicht, reduzierter innerer Reibung und geringeren bewegten Massen sorgen bei den beiden Sechszylinderboxern für mehr Leistung bei einem gleichzeitig gesenkten Verbrauch. Die neuen Triebwerke sind um rund sechs Kilogramm leichter geworden. Ein zweiteiliges Kurbelgehäuse mit integrierten Kurbelwellenlagern löst den bisher vierteiligen Block mit separatem Lagergehäuse ab. Die Vorteile sind ein niedrigeres Gewicht und eine geringere Anzahl von Bauteilen. Durch die Umstellung der Kurbelgehäusekonstruktion von der Open- auf die Closed-Deck-Bauweise erhöht sich zudem die thermische und mechanische Solidität des Motors. Die bisher im Bereich der Zylinderkopfdichtung frei stehenden Zylinderlaufbüchsen sind jetzt mit dem Gehäuse durch eine eingegossene Deckplatte verbunden, welche den Wassermantel mit einschließt. Dieses wirkt sich in einer höheren Formstabilität, der Rundheit, der Zylinder aus. Ein weiterer Effekt ist der reduzierte Ölverbrauch und eine Senkung des Kraftstoffverbrauchs aufgrund der verringerten Reibleistung.

Phantombild des Carrera S-Motors Modelljahr 2009

Kurbelwellen und Brennräume sind bei den 3,6- und 3,8-Liter-Aggregaten komplett neu konstruiert. Der Hub des 3,6-Liter-Boxers wird um 1,3 Millimeter auf 81,5 Millimeter verkleinert und die Bohrung gleichzeitig von 96 Millimeter auf 97 Millimeter erweitert. Die Leistung wird um 20 PS (15 kW) auf nun 345 PS (254 kW) bei 6.500 Umdrehungen pro Minute angehoben. Das maximale Drehmoment steigt auf 390 Newtonmeter bei 4.400/min. Noch deutlicher ist die Auslegung der neuen Motoren auf höhere Drehzahlen am 3,8-Liter-Triebwerk zu erkennen. Die Kurbelwelle wird im Hub von 82,8 Millimeter auf 77,5 Millimeter verringert und gleichzeitig wird die Bohrung um drei Millimeter auf 102 Millimeter vergrößert. In der Leistung legt das S-Triebwerk um 30 PS (22 kW) auf 385 PS (283 kW) bei 6.500 Touren zu. Bei ebenfalls 4.400 Umdrehungen pro Minute wird das maximale Drehmoment von 420 Nm erreicht. Die Hubräume verändern sich dadurch nur geringfügig. Beim 3,6-Liter-Motor ergeben sich mit 18 Kubikzentimeter mehr exakt 3.614 cm³, beim Carrera S-Motor sind es 24 Kubikzentimeter weniger und damit genau 3,8 Liter.

Durch den Einsatz neuer hochbelastbarer Steuerketten entfällt die bisher eingesetzte Zwischenwelle für den Antrieb der Steuerketten. Dadurch werden nicht nur die bewegten Massen, sondern auch das Motorgewicht reduziert. Durch den verkürz-

ten Abstand zwischen dem Schwungrad und dem ersten Kurbelwellenlager verkleinert sich der Hebelarm für eine steifere Anbindung und einen noch geschmeidigeren Motorlauf. Die Zahnräder der beiden Doppelrollenketten für den Antrieb der Nockenwellen sitzen beide auf dem gegenüberliegenden, riemenseitigen Kurbelwellenstumpf. Die neuen einteiligen Zylinderköpfe sind mit integrierten Nockenwellenlagern und den Führungszylindern der hydraulischen Tassenstößel versehen. Die Gesamtkonstruktion ist leichter und auch stabiler. Die Triebwerke haben die bewährte Nockenwellenverstellung VarioCam Plus mit einlaßseitiger Steuerzeitenverstellung und Ventilhubumschaltung. Die Ventilhubverstellung erfolgt über hydraulisch schaltbare Tassenstößel auf der Einlaßseite des Motors, die von zwei unterschiedlich großen Nocken auf der Einlaßnockenwelle betätigt werden. Das VarioCam Plus erreicht ein Optimum an Leistung und Drehmoment, ebenso verbessert es Kraftstoffverbrauch, Emissionsverhalten und Laufkultur des Motors. In Verbindung mit der neuen Benzin-Direkteinspritzung ergibt sich so eine ideale Symbiose zur Leistungssteigerung und zur Drehmomenterhöhung bei gleichzeitiger Verbrauchsreduzierung.
Um die Spontaneität, die Wirtschaftlichkeit sowie die Drehzahlfestigkeit zu steigern, wird der Ventiltrieb neu ausgelegt. Der Durchmesser der Schaltstößel für die Einlaßventile reduziert sich von 33 auf 31 Millimeter und die Größe der Stößel für die Auslaßventile von 33 auf 28 Millimeter. Die kleineren Abmessungen und das geringere Gewicht der schnell bewegten Stößel reduzieren die Massenträgheit und erlauben höhere Drehzahlen. Beide Motoren erreichen ihre Nennleistung bei 6.500 Umdrehungen pro Minute, die maximale Motordrehzahl steigt auf 7.500 Touren.
Ein weiterer Schritt zur Steigerung der Effizienz der Motoren ist die Optimierung des Olkreislaufs, bei der die Ölversorgung auch bei hohen Quer- und Längsbeschleunigungen zuverlässig gegeben sein muß und eine Verringerung der Reibleistungs- und Antriebsverluste. Der Ölkreislauf mit der integrierten Trockensumpfschmierung besteht aus einer Ölpumpe mit vier Saug- und einer erstmals geregelten Druckstufe. Das Motormanagement paßt die Förderleistung an den jeweiligen Bedarf an. Dazu dient ein hydraulisch axial verschiebbares Zahnrad, mit dem die im Eingriff befindliche Zahnbreite und damit das geometrische Verdrängungsvolumen des Radsatzes der Druckstufe verändert werden kann. So verbraucht die Ölpumpe nur die gerade benötigte Energie und sichert gleichzeitig eine bedarfsgerechte Schmierung. Die Druckölstufe liegt auf einer Welle mit den vier Saugstufen im Bereich der Ölwanne. Über eine Kette wird die Ölpumpe direkt von der Kurbelwelle angetrieben. Jeweils zwei Saugstufen ziehen das Öl aus den Zylinderköpfen ab und leiten es in die Ölwanne. Dort trennt ein neues Schwallblech das Kurbelgehäuse weitgehend von der Ölwanne ab, was Panschverluste im Kurbelgehäuse und ein Aufschäumen des Öls in der Wanne reduziert. Zudem ist die Ölversorgung selbst bei höchster Beanspruchung gesichert. Durch die verminderte Reibung erhöht sich außerdem die Leistung des Motors.
Die Kühlkanäle im Zylinderkopf sind überarbeitet, um die Wärmeabfuhr im thermisch hoch belasteten Bereich des Zylinderkopfs sicherzustellen. Zudem werden die heißesten Stellen an den Sitzringen der Auslaßventile zusätzlich gekühlt. Die Wasserpumpe wird als separates Bauteil außerhalb des Kurbelgehäuses angebracht. Der Vorteil ist eine flexible Anpassung der Wasserpumpengröße sowie eine Verringerung der Instandsetzungskosten. Der maximale Volumenstrom der neuen Wasserpumpe wird um rund 20 Prozent angehoben, um eine ausreichende Motorkühlung des leistungsgesteigerten Aggregats zur gewährleisten.
Die beiden Boxermotoren erhalten ihre Luft durch eine neu entwickelte Sauganlage mit Luftfilterkastenoberteilen, die den Schriftzug »Direct Fuel Injection" und die Hubraumangabe »3.6" bzw. »3.8" tragen. Der bisher einflutige Luftfilter mit integriertem Ansaugschnorchel und einen Plattenluftfilter wird durch ein zweiflutiges Luftfiltersystem mit zwei runden Filtern und zwei getrennten, im Heckdeckel untergebrachten Ansaugschnorcheln ersetzt. Dadurch verringert sich der Einströmwiderstand. Außerdem können die Austauschintervalle für die Luftfiltereinsätze von 60.000 auf 90.000 Kilometer verlängert werden. Abgesehen von der Beschriftung unterscheidet sich das Luftfiltersystem des 911 Carrera S durch ein aktiv schaltbares Resonanzvolumen im Luftfilteroberteil. Die Zuschaltung erfolgt abhängig von der Motordrehzahl und temperaturkompensiert über eine unterdruckgesteuerte Klappe, um die Ansaugakustik zu verbessern. Die Kunststoffsauganlagen der beiden Carrera-Motoren sind mit einem Resonanzrohr und zusätzlichen Resonanzkammern völlig neu gestaltet. Anders als bei der Vorgängermotorengeneration ist das Resonanzrohr nicht mehr separat, sondern zusammen mit dem Verteilerrohr als gemeinsames Bauteil zwischen dem rechten und linken Ansaugverteiler montiert. Durch die schaltbare Resonanzklappe wird beim 3,8-Liter-Motor die Luftschwingung im Ansaugsystem an die jeweilige Motordrehzahl angepaßt. Der bessere Füllungsgrad des Motors wirkt sich in Form eines hohen Drehmomentverlaufs schon bei niedrigeren Drehzahlen aus. Die Drehmomentkurve verläuft gleichmäßiger, die maximale Motorleistung ist entsprechend hoch. Bei Vollast zwischen 2.600 und 5.100 Touren bleibt die Resonanzklappe geschlossen, bei niedrigeren und höheren Drehzahlen wird sie hingegen geöffnet. Die Resonanzkammern dämpfen akustisch störende Resonanzgeräusche im höheren Drehzahlbereich. Sie leisten einen entscheidenden Beitrag zu einem harmonischen und kraftvollen Sound im Vollastbetrieb.
Bei den beiden Motorversionen mit 3,6 und 3,8 Liter Hubraum wird die gleiche Abgasanlage montiert. Der 3,6-Liter-Motor erhält zwei ovale Einzelendrohre, der 3,8 Liter zwei runde Doppel-

endrohre aus gebürstetem Edelstahl. Neue Abgaskrümmer mit nahezu identischen Rohrlängen ermöglichen einen zwischen den einzelnen Zylindern ausgeglichenen Ladungswechsel für harmonische Verbrennungsabläufe. Die Katalysatoren der neuen Modelle befinden sich als integrierte Bauteile direkt hinter den beiden Auspuffkrümmern. Aufgrund des motornahen Einbaus wird das Ansprechverhalten der Katalysatoren nach dem Kaltstart verbessert. Zusammen mit der Benzin-Direkteinspritzung SDI 3.1 wirkt die Abgasreinigung so effizient, daß eine Sekundärlufteinblasung nicht nötig ist. Die neuen Fahrzeuge erfüllen die Abgasgrenzwerte nach der EU5-Norm für Europa und die LEVII-Vorschriften für die USA.

Serienmäßig werden beide Carrera-Modelle mit einem 6-Gang-Schaltgetriebe, welches auf die höhere Leistung der neuen Motoren angepaßt ist, ausgeliefert. Der dritte Gang wird um drei Prozent länger übersetzt. Am Getriebe beider Motorvarianten wird die vom Carrera S bekannte selbstnachstellende, verschleißausgleichende Kupplung verwendet. Diese reagiert auf die Abnahme der Belagstärke und gleicht die Differenz im Abstand durch Verdrehen eines Stellrings in der Druckplatte aus. Der Vorteil ist, daß die bis zur Verschleißgrenze anwachsende Pedalkraft im Vergleich zu einer konventionellen Kupplung um rund 50 Prozent reduziert wird. Eine dreieckige Hochschaltanzeige im Drehzahlmesser, rechts neben der digitalen Geschwindigkeitsanzeige, unterstützt den Fahrer bei einer ökonomischen Fahrweise. Sie erfolgt in Abhängigkeit vom gewählten Gang, der Motordrehzahl und der Gaspedalstellung. Leuchtet die Anzeige auf, gibt sie dem Fahrer den Hinweis in den nächst höheren Gang zu schalten, um die Drehzahl und damit den Kraftstoffverbrauch zu reduzieren. Die Empfehlung erfolgt nur dann, wenn im nächst höheren Gang die zuvor gewählte Geschwindigkeit oder Beschleunigung gleich bleiben kann.

Erstmals steht das aus dem Rennsport der Gruppe C abgeleitete Porsche-Doppelkupplungsgetriebe (PDK) für den 911 Carrera zur Wahl. Dafür entfällt die bewährte Tiptronic S. Das neue PDK besitzt sieben Gänge. Die ersten sechs Gänge sind sportlich kurz übersetzt. Die Höchstgeschwindigkeit wird im sechsten Gang erreicht. Der siebte Gang ist als Schongang ausgelegt. Er senkt durch die lange Übersetzung Drehzahl und Verbrauch. Das PDK besteht aus zwei Teilgetrieben und einer hydraulischen Steuereinheit. Kern des Getriebes sind zwei auf einer gemeinsamen Achse angeordnete Lamellenkupplungen mit je fünf Reibscheiben in einem Ölbad, die hydraulisch betätigt werden. Naßkupplungen weisen kompakte Abmessungen, eine hohe Leistungsfähigkeit und eine hohe Lebenserwartung auf. In einem Sportwagen mit hohem Motordrehmoment ist das Konstruktionsprinzip der naßlaufenden Lamellenkupplung aufgrund der thermischen Standfestigkeit, dem hohen Komfort und der Drehmomentkapazität sogar einer Doppeltrockenkupplung überlegen.

Die hydraulische Steuereinheit regelt über Druckventile die Kupplungen und die Schaltzylinder zum Einlegen der gewünschten Getriebeübersetzung. Ein Teilgetriebe trägt die ungeraden Gänge 1, 3, 5 und 7 sowie den Rückwärtsgang, das andere die geraden Gänge 2, 4 und 6. Die Gangwechsel erfolgen sehr schnell, ruckfrei und ohne Zugkraftunterbrechung, indem die Kupplung des einen Teilgetriebes geöffnet und gleichzeitig die Kupplung des anderen Teilgetriebes geschlossen wird. In der Wählhebelstellung D geschieht das vollautomatisch und komfortabel. Zwei wesentliche Vorteile sind um bis zu 60 Prozent schnellere Gangwechsel gegenüber Schalt- und Wandler-Automatikgetrieben, sowie zehn Kilogramm weniger Gewicht im Vergleich zum Tiptronic S-Getriebe. Über die Lenkradtasten oder das Antippen des Wählhebels kann aber auch manuell geschaltet werden. Das Kuppeln erfolgt automatisch, ganz ohne den Fahrer. Das PDK verbessert nicht nur den Schaltkomfort, es sorgt auch für bessere Fahrleistungen und nochmals geringere Verbrauchswerte als mit dem Schaltgetriebe.

Bereits in den 80er Jahren setzte Porsche als weltweit erster Hersteller diese Getriebetechnologie erfolgreich in den Rennsportsportwagen 956 und 962 C ein. Porsche hat damit die längste Erfahrung mit Doppelkupplungsgetrieben bei Hochleistungssportwagen. In der Langstrecken-Weltmeisterschaft der Gruppe C hat sich diese Getriebekonstruktion bewährt. Eine Serienentwicklung wurde damals nicht weiterverfolgt, da die Elektronik noch nicht so weit war, um die hohen Ansprüche für Serienfahrzeuge zu erfüllen. Im Porsche-Doppelkupplungsgetriebe (PDK) fließen jahrzehntelange Erfahrungen und modernste Technologie in die Serie ein. Das PDK vereint die Fahrdynamik und den sehr guten mechanischen Wirkungsgrad eines manuellen Schaltgetriebes mit dem hohen Schalt- und Fahrkomfort eines Automatikgetriebes. Damit stellt das neue PDK gleichzeitig sportliche und auch komfortorientierte Ansprüche zufrieden. Die einzelnen Gänge werden wie bei einem mechanischen Schaltgetriebe über Schaltgabeln gewählt. Beim PDK werden sie jedoch elektrohydraulisch betätigt. Beschleunigt der Fahrer beim Anfahren im ersten Gang, so ist der zweite Gang im lastfreien zweiten Teilgetriebe schon bei offener zweiten Kupplung eingelegt. Dies geschieht innerhalb weniger Millisekunden und ist für den Fahrer nicht wahrnehmbar. Beim Hochschalten in den zweiten Gang wird die erste Kupplung geöffnet und die zweite Kupplung gleichzeitig geschlossen. Das Drehmoment wird auch unter Vollast von der einen Kupplung zur anderen Kupplung übergeben, ohne den Vortrieb zu unterbrechen. Der Ablauf unterscheidet sich bei Hoch- und Herunterschaltungen nicht. Manuelle Lastschaltungen sind nur von ungeraden auf gerade Gänge und umgekehrt möglich. PDK bietet die Option, über kurz aufeinander ausgeführte Schaltbefehle schnell mehrere Gänge herunterzuschalten. Im Automatikmodus können einzelne Gänge übersprungen werden, wie direkt vom siebten in den zweiten Gang.

Soll innerhalb eines Teilgetriebes beispielsweise vom sechsten in den zweiten Gang geschaltet werden, wird kurzzeitig der fünfte Gang zwischengeschaltet. In der Zwischenzeit wird in der anderen Rädergasse der zweite Gang eingelegt und die Synchronisation von Motor- und Getriebedrehzahl durch einen kurzen Gasstoß aufeinander abgestimmt. Schnelles Schalten ohne Zugkraftunterbrechung, verbunden mit leichter Momentenüberhöhung in den Sportprogrammen, ermöglicht noch bessere Beschleunigungs- und Elastizitätswerte und damit schnellere Rundenzeiten auf der Rennstrecke. Gleichzeitig muß der Fahrer keine Komforteinbußen hinnehmen, da das PDK-Getriebe sanfte, automatisierte Kupplungs- und Schaltvorgänge bietet.
Beim Fahren kann das Doppelkupplungsgetriebe analog der bisherigen Tiptronic S bedient werden. Entweder über den ebenfalls neu geformten Wählhebel in der Mittelkonsole oder per Schalttasten am neu gestalteten 370 Millimeter großen PDK-Lenkrad. Das Lenkrad im sportlichen 3-Speichen-Design verfügt über zwei ergonomisch angebrachte Schalttasten, die beide die gleichen Funktionen haben. Zum Hochschalten wird die Taste in Richtung Instrumententräger gedrückt, zum Zurückschalten wird sie von der Rückseite des Lenkrads zum Fahrer hin gezogen. Die Bedienweise des Wählhebels auf der Mittelkonsole erfolgt analog zu den Schalttasten am Lenkrad. Die PDK-Schaltanzeige besteht aus einer gut ablesbaren numerischen Anzeige des eingelegten Gangs (eins bis sieben) und roten Leuchtdioden neben dem Schaltschema des verwendeten Fahrprogramms (P, R, N, D und M).
Das Doppelkupplungsgetriebe PDK ermöglicht mit dem optionalen Sport Chrono Paket Plus durch Drücken der Sport oder Sport Plus Taste in der Mittelkonsole, direkt die gewünschte Getriebeabstimmung zu wählen. Damit können je nach Modus und sportlicher Fahrweise die Schaltzeiten in »D« und auch in »M« nochmals deutlich verkürzt werden. Passend zum gewählten Sport-Modus werden die Schaltpunkte, in Abhängigkeit von der Fahrweise, stufenlos angepaßt. Über das Dynamik-Schaltprogramm wird bei einer schnellen Gaspedalbewegung auch ohne Kick-down schnell zurückgeschalten. Das Automatikprogramm berücksichtigt die Sonderfunktionen, Unterdrückung von Hochschaltungen bei schneller Gaswegnahme, frühes Zurückschalten beim Bremsen in Abhängigkeit von Fahrgeschwindigkeit und Verzögerung, Verschiebung der Schaltpunkte bei Steigung oder Gefälle, Verschiebung der Schaltpunkte in Abhängigkeit von der topographischen Höhe und eine Hochschaltverhinderung in Kurven, abhängig von der Fahrgeschwindigkeit und der Querbeschleunigung.
Trotz dieser Funktionen kann der Fahrer die Gänge direkt, über die Schalttasten am Lenkrad anwählen. Schaltbefehle im »D« Programm bleiben nur für ungefähr acht Sekunden aktiv. Die Haltezeit kann sich abhängig von Schub und Querbeschleunigung verlängern.
Bei beiden Getriebeversionen ist ein Anfahrassistent serienmäßig. Durch das Aufrechterhalten des Bremsdrucks, den der Fahrer durch Drücken des Bremspedals aufgebaut hat, dient das System zur Entlastung des Fahrers im Alltagsbetrieb und verhindert für zwei Sekunden das Vor- oder Zurückrollen des Fahrzeugs beim Anfahren am Berg durch automatisches Halten und Lösen der Fußbremse nach dem Loslassen des Bremspedals. Der Anfahrassistent ermöglicht auch ohne Handbremse ein einfaches Anfahren am Berg.
Für die Carrera-Modelle mit PDK bietet Porsche optional das Sport Chrono Paket Plus mit »Launch Control« und einer Schaltstrategie für extrem sportliches Fahren an. Das Sport Chrono Paket Plus bietet eine analoge und digitale Stoppuhr auf der Armaturentafel, Sportmodus für Motor, PASM-Fahrwerk und Getriebe inklusive Sport und Sport Plus-Taste, Performance-Anzeige im PCM und ein individuelles Memory. Die zweite neue Funktion im Sport Chrono Paket Plus in Verbindung mit PDK ist eine Schaltstrategie für extrem sportliches Fahren, die kürzeste Schaltzeiten und auf der Rennstrecke optimierte Schaltpunkte bietet. Diese Funktion läßt sich auch über die Sport Plus-Taste aktivieren. Das PDK stellt sich auf schnellste Reaktions- und Schaltzeiten ein. Dabei wird das Hochschalten unter Vollast an der Drehzahlgrenze mit Momentenüberhöhung ausgeführt. Rückschalten im Schub wird zur Leistungsoptimierung mit Zwischengas durchgeführt.
Als Option ist das Sport Chrono Paket lieferbar, in Verbindung mit dem Porsche Communication Management PCM das Sport Chrono Paket Plus. Beim PDK, beinhaltet das Sport Chrono Paket Plus das zusätzliche Anfahrprogramm »Launch Control« und eine über die Sport Plus-Taste wählbare Schaltstrategie für extrem sportliches Fahren. Mit »Launch Control« verkürzt sich die Beschleunigungszeit mit PDK von 0 auf 100 km/h um weitere 0,2 Sekunden. Mit der Betätigung des zusätzlichen Sport Plus-Tasters wird ein extrem sportliches Schaltprogramm für beste Fahrleistungen auf der Rennstrecke gewählt. In diesem Programm kann die »Launch Control« zur bestmöglichen Anfahrbeschleunigung eingesetzt werden. Sie wird durch »Launch Control aktiv« im Kombiinstrument angezeigt. Um einen Rennstart durchzuführen, muß der Fahrer mit dem linken Fuß auf das Bremspedal stehen und mit dem rechten das Gaspedal bis zum Anschlag durchtreten. Die Motordrehzahl steigt auf 6.500 Umdrehungen pro Minute. Nimmt der Fahrer den Fuß vom Bremspedal, startet das Fahrzeug mit maximaler Beschleunigung. Bei Fahrzeugen mit dem neuen Allradantrieb signalisiert die PDK-Steuerung dem Porsche Traction Management (PTM) den bevorstehenden Rennstart, worauf dieses auf 100 Prozent Traktion schaltet. Bleibt der Fahrer voll auf dem Gaspedal stehen, bleibt auch der Allradantrieb bis zu einer Geschwindigkeit von 45 km/h voll gesperrt.
Der elektronisch gesteuerte Allradantrieb Porsche Traction

Management (PTM) ist bisher nur exklusiv im 911 turbo eingesetzt worden. Im neuen Carrera 4 und Carrera 4S löst das PTM den bisherigen Allradantrieb mit Viscolamellenkupplung ab. Der neue Allradantrieb verbindet die Fahrfreude von Heckmotor und Hinterradantrieb mit noch mehr Fahrstabilität, Traktion und agilem Handling. Eine elektromagnetisch gesteuerte Lamellenkupplung reagiert in Sekundenbruchteilen und sorgt für eine optimale Kraftverteilung zwischen Vorder- und Hinterachse. Kernelement im Triebsstrang des aktiven Allradantriebes ist die elektromagnetisch gesteuerte Lamellenkupplung, die im Gehäuse des Vorderachsgetriebes sitzt und über einen eigenen Ölkreislauf mit Umwälzpumpe verfügt. Das spezielle ATF-Öl wird alle 90.000 Kilometer gewechselt. Ein Ringmagnet betätigt eine Steuerkupplung mit drei Lamellenpaaren, die mit dem mechanischen Verstärker, einer Kugelrampe, verbunden ist. Über diesen Verstärker wird die acht Reibscheibenpaare umfassende Hauptkupplung betätigt. Der PTM-Rechner, der über einen CAN-Bus mit den wichtigen Systemen zur Erfassung von Raddrehzahlen, Quer- und Längsbeschleunigung sowie Lenkwinkel kommuniziert, steuert die Kupplung. Parallel berechnete Kennfelder analysieren die aktuelle Fahrsituation und sorgen damit für eine sehr kurze Reaktionszeit des Systems. Mit einer Reaktionszeit von höchstens 100 Millisekunden ist das PTM schneller als die Wahrnehmung des Fahrers. In der Praxis bietet das PTM hohe Agilität auf engen Landstraßen, beste Traktion und hohe Fahrsicherheit auch bei extremen Fahraktionen bei hohen Geschwindigkeiten. Bei allen Carrera 4 ist serienmäßig ein mechanisches Sperrdifferential an der Hinterachse mit Sperrwerten von 22 Prozent im Zug und 27 Prozent im Schub eingebaut. Das PTM gehört zu den leistungsfähigsten und gleichzeitig zu den leichtesten Allradsystemen.

Das PTM besitzt fünf wesentliche Basisfunktionen:

- Die Grundmomentenverteilung regelt im normalen Fahrbetrieb das Motormoment in Abhängigkeit von der aktuellen Fahrsituation stufenlos zwischen Vorder- und Hinterachse. Im Millisekundentakt wird der Momentenbedarf an der Vorderachse ermittelt, dies bedeutet vor allem bei sehr hoher Geschwindigkeit einen deutlichen Gewinn an Fahrstabilität.
- Die Vorhaltesteuerung erkennt frühzeitig an typischen Parametern eine dynamische Fahrzustandsänderung und vermeidet den Antriebsschlupf schon im Vorfeld. Beim Start ermittelt das PTM, wie schnell ein Fahrer Gas gibt. Noch bevor das Fahrzeug beschleunigt, schließt sich die Lamellenkupplung soweit, daß durchdrehende Räder vermieden werden und beim Anfahren alle vier Räder mit der größtmöglichen Antriebskraft eine optimale Beschleunigung erreichen. Ein Sonderfall ist bei Fahrzeugen mit PDK-Getriebe der Rennstart mit »Launch Control«, bei dem das PTM bereits vor dem Start alle Lamellenkupplungen sperrt um eine maximale Traktion zu garantieren.
- Der Schlupfregler verstärkt den Eingriff der Lamellenkupplung damit mehr Moment und damit mehr Antriebskraft an die Vorderachse geleitet wird, wenn auf nasser Fahrbahnoberfläche bereits die Traktionsgrenze an der Hinterachse erreicht ist.
- Die Übersteuerkorrektur leitet zur fahrdynamischen Fahrzeugstabilisierung mehr Antriebskraft an die Vorderachse, wenn das Fahrzeug in der Kurve durch Störeinflüsse mit dem Heck nach außen drängt. Lenkt der Fahrer beim Übersteuern gegen, paßt sich das PTM, unter Berücksichtigung des Lenkwinkels bei der Kraftverteilung an die Vorderachse an und das Fahrzeug stabilisiert sich noch schneller.
- Die Untersteuerkorrektur reduziert beim PTM die Momentenzuteilung an die Vorderachse, wenn das Fahrzeug dazu tendiert, über die Vorderräder aus der Kurve zu schieben.

Das PTM reagiert durch die fein ansprechende Sensorik, bevor der Fahrer überhaupt eine Instabilität bemerkt und erreicht eine schnelle und aktive Stabilisierung des Fahrzeuges bei flotter Kurvenfahrt. Gemeinsam mit dem Stabilitätsprogramm PSM vorgenommene Korrekturen setzten sanfter und für den Fahrer noch beherrschbar ein.

Ein weiterer Vorteil der neuen Allradtechnologie der Carrera 4-Modelle ist die Vernetzung der Systeme PSM, PTM und PASM. Über den CAN-Bus werden permanent Informationen ausgetauscht, um höchste Fahrstabilität und kürzeste Bremswege zu erzielen. So veranlaßt der übergeordnete Fahrzeugregler bei einem ABS-Bremsmanöver das Öffnen der Längskupplung des Allradantriebs und das PASM stellt zusätzlich die optimale Dämpferkennlinie ein.

Auf Wunsch kann für die überarbeiteten Carrera mit Heckantrieb ein Sperrdifferential für die Hinterachse geordert werden, welches bei den Modellen mit Allradantrieb serienmäßig installiert ist. Die Quersperre ist für beide Motorisierungen, alle Karosserievarianten und für beide Getriebeversionen erhältlich. Die Sperrwerte betragen 22 Prozent bei Zug und 27 Prozent bei Schub. Das Sperrdifferential trägt zur Verbesserung der Traktion auf wechselnden Fahrbahnoberflächen und bei Kurvenfahrt im Grenzbereich bei. Sie erhöht außerdem die Fahrstabilität bei Lastwechseln in Kurven. Bei Allradfahrzeugen unterstützt die mechanische Hinterachsquersperre zudem die Fahrdynamik des gesteuerten Allradsystems Porsche Traction Management (PTM). Um auch bei den höheren Fahrleistungen genügend Sicherheitsreserven zu bieten, werden Federn, Dämpfer und Stabilisatoren neu abgestimmt. Die Vorderachse ist mit McPherson-Federbeinen aufgebaut, die Hinterachse als LSA-Mehrlenkerachse. An beiden Achsen sind Stabilisatoren montiert. Serienmäßig verfügt der Carrera wie bisher über ein passives Fahrwerk, der Carrera S über ein Fahrwerk mit aktiven Dämpfern. Das Porsche Active Suspension Management (PASM) inklusive 10 Millimeter Tieferlegung ist für das Basismodell als Option lieferbar. Die Fahrzeuge rollen bei gleicher Fahrdynamik komfortabler ab.

Das Serienfahrwerk des Carrera erhält an der Vorder- und Hinterachse zusätzliche Zuganschlagfedern. Diese wirken beim Ausfedern und verbessern dadurch den Fahrkomfort. Die Stoßdämpfer und Stabilisatoren des Fahrwerks werden für ein verbessertes Handling bei gleichzeitig hohem Komfort neu abgestimmt. Auch die Federn, Stabilisatoren und die Regelung des PASM-Fahrwerks werden für mehr Komfort optimiert. Die Insassen spüren im Normalmodus auf schlechten Straßen einen deutlichen Komfortgewinn. Auch im Sportmodus spricht die Federung des PASM bei gleichzeitig unverändert hoher Fahrdynamik harmonischer an. Unverändert bleiben die Grundfunktionen mit den einzeln regelbaren Stoßdämpfern und den beiden PASM-Programmen »Normal« und »Sport«. Die Normaleinstellung bietet eine komfortablere Grundabstimmung der Stoßdämpfer, die bei dynamischer Fahrweise in ein sportlicheres Niveau wechseln. Auf langen Strecken wird ein deutlicher Komfortgewinn spürbar, denn kleinere und mittlere Fahrbahnunebenheiten glättet das PASM noch besser als das konventionelle Fahrwerk. In der Sporteinstellung wird eine straffere Dämpferkennlinie für ein sehr agiles Fahrverhalten angesteuert. Als zusätzliche aktive Fahrwerksvariante bietet Porsche für alle 911 Coupé-Modelle das PASM-Sportfahrwerk an. Beim Carrera 4S kann dieses optional ohne Aufpreis gewählt werden. Dieses Fahrwerk richtet sich gezielt an besonders sportlich ambitionierte Fahrer. Es ersetzt im Lieferprogramm das Sportfahrwerk mit den konventionellen Stoßdämpfern. Das neue aktive PASM-Sportfahrwerk ist straffer abgestimmt und 20 Millimeter tiefergelegt. Diese aktive Variante steigert die Fahrperformance und erhöht gleichzeitig den Fahrkomfort. Beim Carrera und Carrera S mit aktivem Sportfahrwerk gehört ein mechanisches Sperrdifferential zum Lieferumfang. Das PASM-Sportfahrwerk ist für Fahrzeuge mit 6-Gang-Schaltgetrieb und mit PDK verfügbar.
Bei den Carrera-Modellen wird die Fahrdynamikregelung Porsche Stability Management (PSM) für hohe aktive Fahrsicherheit im längs- und querdynamischen Grenzbereich eingesetzt. Im PSM sind die Systeme ABS (Antiblockiersystem), ASR (Antriebsschlupfregelung), ABD (Automatisches Bremsendifferential) und MSR (Motorschleppmomentregelung) enthalten. Mit der neuen 911-Generation sind nun auch beim Carrera mit Hinterradantrieb die Funktionen »Vorbefüllung der Bremsanlage« und »Bremsassistent« enthalten, die bislang den Allradfahrzeugen vorbehalten waren.
Die neu im PSM hinzugekommene erhöhte Bremsbereitschaft durch »Vorbefüllung der Bremsanlage« dient der Verkürzung des Anhalteweges vor Notbremsungen. Bei sehr schnellem Lösen des Gaspedals wird schon vor dem Bremsen vom PSM-Hydraulikaggregat etwas Druck aufgebaut, um die Bremsbeläge leicht an die Bremsscheiben anzulegen und die Bremsanlage für die bevorstehende Vollbremsung optimal vorzubereiten. Das Ansprechverhalten der Bremsanlage wird dadurch deutlich verbessert und der Anhalteweg verkürzt. Die Aufgabe des Bremsassistenten ist es den Anhalteweg zu verkürzen. Neben der unterdruckgesteuerten Bremskraftunterstützung über den Bremskraftverstärker kommt bei einer Notbremsung eine zusätzliche hydraulische Bremskraftunterstützung zum Einsatz. Durch Überschreiten einer festgelegten Betätigungsgeschwindigkeit und definierten Pedalkraft am Bremspedal, wird eine Notbremsung erkannt und das PSM-Hydraulikaggregat stellt aktiv den zur maximalen Verzögerung benötigten Bremsdruck zur Verfügung. Für eine sportliche Fahrweise kann der Bremsassistent entweder durch Abschalten des PSM (PSM OFF) oder durch Betätigen der Sport-Taste des auf Wunsch erhältlichen Sport Chrono Paket Plus deaktiviert werden.
Um den hohen Ansprüchen an die Leistung der Bremsen gerecht werden, haben alle 911 Carrera-Modelle eine auf die jeweiligen Fahrzeugeigenschaften ausgelegte Bremsanlage erhalten. Die Bremsanlage der verschiedenen Modelle läßt sich wie bisher an der Farbe der Bremssättel erkennen. Der 911 Carrera mit 3,6-Liter-Motor hat schwarze Bremssättel. Der Carrera S mit dem 3,8-Liter-Motor trägt rote Bremssättel. Die optional erhältliche Keramikbremsanlage Porsche Ceramic Composite Brake (PCCB) ist an den gelbe Bremssätteln zu erkennen.
Die Bremsanlage der 911 Carrera-Modelle mit 3,6-Liter-Motor wird völlig überarbeitet. An der Vorderachse wächst der Durchmesser der innenbelüfteten, gelochten Bremsscheiben von 318 auf 330 Millimeter. Die Stärke der Scheiben beträgt 34 Millimeter. Vergrößerte Bremsluftspoiler an den vorderen Querlenkern verbessern die Bremsenbelüftung. Zur Verbesserung der Bremsleistung erhalten alle Carrera-Modelle die verstärkten 4-Kolben-Aluminium-Monobloc-Festsättel des 911 turbo mit den zusätzlichen Stegen an den beiden kolbentragenden Wangen. Das Ergebnis ist eine höhere Bremsleistung und eine noch bessere Standfestigkeit. An der Hinterachse sind jetzt innenbelüftete, gelochte Bremsscheiben mit einem Durchmesser von 330 statt 299 Millimeter mit einer Stärke von 28 Millimetern montiert.
Die Bremsanlage des Carrera S besteht aus rot lackierten 4-Kolben-Aluminium-Monobloc-Festsätteln an Vorder- und Hinterachse sowie innenbelüfteten, gelochten Bremsscheiben. Die Bremsscheibengröße beträgt 330 x 34 Millimeter an der Vorderachse und 330 x 28 Millimeter an der Hinterachse. An die gesteigerte Fahrleistung wird die Bremsenbelüftung an der Vorderachse durch größere Bremsluftspoiler angepaßt und zusätzlich eine aktive Bremsenbelüftung für die Hinterachse angebracht. Wie beim Carrera mit 3,6-Liter-Motor besteht diese aus zusätzlichen Öffnungen in der Unterbodenverkleidung, aus Strömungskanälen und neu entwickelten Bremsluftspoilern. Diese Maßnahmen erhöhen beim Carrera S die Bremsleistung unter Extrembelastung.
Zur weiteren Leistungssteigerung der Bremse ist auf Wunsch auch für die Carrera-Modelle eine Porsche Ceramic Composite

Brake (PCCB) mit Keramikbremsscheiben und gelb lackierten 6-Kolben-Aluminium-Monobloc-Festsättel an der Vorderachse und 4-Kolben-Aluminium-Monobloc-Festsättel an der Hinterachse lieferbar. Die innenbelüfteten, gelochten 350 Millimeter-Keramikverbundbremsscheiben wiegen ungefähr 50 Prozent weniger als vergleichbare Graugußbremsscheiben. Zusammen mit den passenden Bremsbelägen entwickeln die Keramikbremsscheiben hohe und vor allem konstante Reibwerte während des Bremsvorgangs. Im Vergleich zu Graugußbremsscheiben ist der Abrieb äußerst gering, was die Keramikbremsscheiben ihrer extrem harten Oberfläche verdanken, bei einer entsprechend hohen Lebenserwartung. Darüber hinaus werden die Aluminiumräder weniger durch Bremsstaub verschmutzt.

Die dynamische Seitenlinie der Carrera-Modellreihe wird vom neuen Rad-Design unterstrichen. Die 3,6-Liter-Carrera-Modelle rollen serienmäßig auf 18-Zoll-Carrera-IV-Rädern mit fünf V-förmigen Doppelspeichen. An der Vorderachse werden wie bisher Räder der Größe 8 J x 18 mit einer Einpreßtiefe von 57 Millimetern und Reifen der Dimension 235/40 ZR 18 montiert. An der Hinterachse wird die Radbreite von 10 auf 10,5 J x 18 mit einer 265/40 ZR 18 Bereifung und die Einpreßtiefe von 58 auf 60 Millimeter geändert. Durch diese Maßnahme vergrößert sich die Auflagefläche der Reifen zur Straße. Der Vorteil ist ein höheres Traktions- und Leistungspotential.

Die S-Modelle mit 3,8-Liter-Motor werden serienmäßig mit 19-Zoll-Carrera-S-II-Räder im 5-Doppelspeichen-Design mit parallel verlaufenden Speichen ausgestattet. Beim Carrera S sind an der Vorderachse unverändert Räder der Größe 8 J x 19 mit einer 235/35 ZR 19 Bereifung und einer Einpreßtiefe von 57 Millimeter montiert, an der Hinterachse lauten die Dimensionen 11 J x 19 mit 295/30 ZR 19 Reifen und 51 Millimeter Einpreßtiefe. Zur Reduzierung der ungefederten Massen und damit zur Verbesserung der Fahrdynamik sind die 19-Zoll-Räder in der Flowforming-Technik hergestellt, bei der durch Auswalzen des Felgenbetts dünnere Wandstärken in Verbindung mit hoher Festigkeit erzielt werden. Die Gummimischungen der Reifen werden permanent weiterentwickelt, um auch den gesteigerten Fahrleistungen der neuen Carrera-Modelle gerecht zu werden. Durch die neue Rezeptur kann nicht nur die Leistungsfähigkeit der Reifen, sondern auch der Fahrkomfort verbessert und in Verbindung mit einem optimierten Reifenprofil der Rollwiderstand weiter reduziert werden. Das Ergebnis ist ein niedrigerer Kraftstoffverbrauch in Verbindung mit einer Erhöhung der Laufleistung der Reifen. Für den Pannenfall verfügen alle Carrera-Modelle serienmäßig über ein gewichts- und platzsparendes Reifenreparaturset. Es besteht aus einer Flasche Reifendichtmittel und einem elektrischen Kompressor.

An der Vorderachse besitzen die Allradmodelle die gleichen Rad-/Reifenkombinationen wie die heckangetriebenen Fahrzeuge mit 8 J x 18 Rädern und Reifen 235/40 ZR 18 beim Carrera 4 und Targa 4 beziehungsweise 8 J x 19 Räder und Reifen 235/35 ZR 19 beim Carrera 4S und Targa 4S. Die weiter nach außen gezogenen hinteren Radhäuser bieten 11 Zoll breiten Rädern Platz, darauf sind beim Carrera 4 und Targa 4 Reifen der Größe 295/35 ZR 18 und beim Carrera 4S und Targa 4S die Dimension 305/30 ZR 19 montiert. Durch die geringe Einpreßtiefe der breiteren Räder wächst die hintere Spur auf 1.548 Millimeter. Dies kommt nicht nur der Optik, sondern auch der Fahrdynamik zugute. Eine weiter verbesserte Abstützung, eine geringere Wankneigung und ein noch höheres Querbeschleunigungspotential sind das Ergebnis.

Als Sonderwunsch ist das neue, schnellere Reifendruckkontrollsystem RDK lieferbar. Es schützt durch frühzeitige Warnung vor Druckverlust bei Reifenschäden sowie durch die Anzeige des korrekten Luftdrucks vor ungleichmäßigem Reifenverschleiß und zu hohem Kraftstoffverbrauch. Schon beim Öffnen der Fahrertür initialisiert sich das System. Beim Einschalten der Zündung beginnt bereits die Kontrollabfrage der Luftdrücke in den Reifen. Innerhalb weniger Sekunden werden die ermittelten Werte im Kombiinstrument angezeigt. Das gilt auch beim Nachfüllen des Reifenluftdrucks an der Tankstelle. Selbst nach einem Radwechsel, bei dem das System die neuen elektronischen Sensoren im Inneren des Reifens registrieren und anlernen muß, vergehen maximal drei Minuten, bis der Fahrer über die neuen Werte informiert wird. Das neue RDK bietet weiterentwickelte Radsensoren mit einer geänderten Kommunikationselektronik. Die größere Kapazität der Batterie weist jetzt eine Lebenserwartung von rund zehn statt bisher sieben Jahren auf. Die neuen Radsensoren haben statt der permanent übertragenden Sendelogik eine »Triggerlogic«. Der Radsensor sendet die Signale nach der Aufforderung des Steuergeräts. Bei schnellem Druckverlust wird kontinuierlich gesendet. Zum Empfang der Signale aus den Radsendern wird statt je einer Digitalantenne pro Radhaus nun eine zentrale Empfängerantenne unter dem Fahrzeugboden verwendet. Mit dem neuen System kann bei Ausfall von ein oder zwei elektronischen Sensoren der Reifendruck in den anderen Rädern weiterhin überwacht werden.

Im dezent luxuriös gestalteten Interieur des 911 Carrera gilt das besondere Augenmerk der Abstimmung von Materialien und Farben. Die Oberflächen machen optisch wie haptisch einen äußerst hochwertigen Eindruck. Serienmäßig mit Leder bezogen sind bei beiden Modellen die Sitz- und Lehnenflächen der Vordersitze, der Lenkradkranz, der Schalthebel, der Handbremshebelgriff, die Ablagefachdeckel in der Mittelkonsole, die Deckel der Türablagefächer und die Türzuziehgriffe. Beim Carrera S werden noch Ausstattungsmerkmale ergänzt wie das Sportlenkrad, aluminiumfarbene Instrumentenzifferblätter und in Aluminiumoptik lackierte Interieurteile wie die Rahmen der Lüftungsdüsen, die Zierblenden der Schalttafel und des Schalt- oder Wählhebels. Selbstverständlich erhält die Carrera-Modellreihe die gleichen passiven Sicherheitssysteme wie die anderen Porsche-Sportwagen. Mit einem Volumen von 62 Litern auf der Fahrerseite und 122 Litern auf der Beifahrerseite bieten die beiden zweistufigen Fullsize-Airbags einen hohen Schutz vor Verletzungen bei Frontalzusammenstößen. Auf der Fahrer- und Beifahrerseite bieten je ein Thorax-Seitenairbag über den gesamten Längsverstellbereich der Sitze verbunden mit je einem Kopfairbag, der sich im Ruhezustand in der Fensterbrüstung am unteren Rand der Seitenscheibe befindet, einen sehr guten Schutz bei einem Seitenaufprall. POSIP, die Kurzform für Porsche Side Impact Protection, steht für dieses System. Klassisch für die Gestaltung des Interieurs ist die Armaturentafel mit den fünf Rundinstrumenten. Das Design sowie die gute Ablesbarkeit bleiben unverändert. Der Bordcomputer bietet jetzt ein Check-Menü, über das auch das Service-Intervall abrufbar ist. In der neugestalteten Mittelkonsole fällt der Touchscreen-Monitor mit besserem Bedienkomfort und neuer Ergonomie auf. Dieser spielt eine zentrale Rolle im weiterentwickelten Anzeigen- und Bedienkonzept des Porsche Communication Managements (PCM).

Für die Carrera-Modelle stehen fünf verschiedene Sitze zur Auswahl. Neu ist eine Sitzbelüftung, die in Verbindung mit der Sitzheizung erhältlich ist.

- Die Seriensitze sind in sechs Richtungen verstellbar. Die Einstellung der Lehnenneigung erfolgt elektrisch, die der Länge und Höhe hingegen mechanisch.
- Die Komfortsitze, mit Memoryfunktion für den Fahrersitz, werden über elektrische Schalter an der Seite des Sitzes gesteuert und können in zwölf Richtungen verstellt werden. Zusätzlich ist die Neigung der Sitzfläche unabhängig von der Lehnenneigung variierbar. Ein weiterer Bestandteil der vollelektrischen Sitze ist die pneumatische Lordosenstütze mit vier aufblasbaren Luftkissen. Der Füllgrad der Lordosenstütze kann ebenfalls in der Memoryfunktion abgespeichert werden.
- Die Sportsitze bieten eine verbesserte Seitenführung des Körpers in Kurven. Diese wird durch erhöhte Seitenwangen auf Sitzfläche und Lehne, sowie durch eine zusätzliche Abstützung im Schulterbereich erreicht.
- Die adaptiven Sportsitze mit Fahrermemory verbinden die Annehmlichkeiten der vollelektrischen Sitze mit der besseren Seitenführung und dem Design der Sportsitze. Die Seitenwangen können über eine vierdimensionale Verstellmöglichkeit an die Insassen angepaßt werden, damit Sitzfläche und Lehne ganz individuell am Körper anliegen.
- Als weitere Option sind neuentwickelte Sportschalensitze lieferbar. Die Sitzschale ist aus glas- und kohlefaserverstärktem Kunststoff (GfK/CfK) gefertigt. Die Oberfläche der Schale besteht aus Sichtcarbon. Die Verwendung dieser Materialien reduziert sich das Gewicht des Sitzes deutlich. Die Besonderheit des neuen Sportschalensitzes ist die neuartige Konstruktion der klappbaren Rückenlehne. Beim Sportschalensitz sitzen die Drehpunkte der Rückenlehne im oberen Beckenbereich in den Seitenwangen. So kann eine erstklassige Seitenführung über den ganzen Sitzbereich mit einer klappbaren Rückenlehne kombiniert werden. Erstmals sind bei Sportschalensitzen zusätzlich Thorax-Airbags integriert. Der Thorax-Airbag entspricht in Größe und Ausführung dem der aktuellen 911-Sitzreihe. Er ist ein Bestandteil des Porsche Side Impact Protection Systems (POSIP) und bietet jetzt auch in Verbindung mit Sportschalensitzen einen weiter verbesserten Seitenaufprallschutz.

Cockpit des 997 Carrera 4 Coupé Modelljahr 2009

Ein Novum ist die in Verbindung mit der Sitzheizung auf Wunsch lieferbare Sitzbelüftung für Seriensitze und Komfortsitze mit Leder oder Teillederbezug. Die aktive Sitzbelüftung bietet in der warmen Jahreszeit ein komfortables und trockenes Klima an der Oberfläche des Sitzes. Diese ist an der charakteristischen Perforation des Sitzbezugs zu erkennen. Die Belüftung erfolgt durch je einen Lüfter in der Sitzfläche und in der Lehne, der die feuchte Luft zwischen den Fahrzeuginsassen und Sitzoberfläche durch die perforierte Sitz- und Lehnenmittelbahn ansaugt. Diese Luft strömt durch ein spezielles Luftleitgewebe und wird über eine Schlauchführung unter beziehungsweise hinter den Sitz abtransportiert. Per Tastendruck in der Mittelkonsole läßt sich die Sitzbelüftung zunächst in der höchsten der drei Komfortstufen aktivieren. Drei blaue Leuchtdioden zeigen die eingestellte Ventilationsstufe an. Diese bleibt so lange aktiv, bis Fahrer oder Beifahrer eine andere Stufe wählen. Um zu niedrige Temperaturen zu verhindern, schaltet das System ab einer Oberflächentemperatur des Sitzes von weniger als 15 Grad ab. Die Sitzfläche wird dabei gezielt an jenen Stellen ventiliert, an denen der Insasse Kontakt hat. Die Sitzbelüftung kann zusammen mit der Sitzheizung verwendet werden. Dies sichert einen kontinuierlichen Abtransport von Feuchtigkeit bei wohl temperierter Sitzoberfläche.

In Verbindung mit PDK und Sitzheizung kann das Sportlenkrad sowie das optional erhältliche Multifunktionslenkrad auf Wunsch mit einer Lenkradheizung ausgestattet werden. Die Heizung wird über eine Taste auf der unteren Speiche ein- und ausgeschaltet. Zur Temperatursteuerung greift die Lenkradheizung auf den Innenraumtemperatursensor der serienmäßigen Klimaautomatik zurück.
Das serienmäßige Porsche Communication Managements (PCM) ist die zentrale Steuereinheit für alle Ausstattungen im Bereich Audio, Kommunikation und Navigation. Das neue PCM ist noch leistungsfähiger, vielseitiger und einfacher in der Handhabung. Hauptmerkmal des neuen PCM ist der dauerhafte und leicht zu reinigende Touch-Screen-Monitor. Im Vergleich zur Vorgängergeneration ist der Farbbildschirm von 5,8 auf 6,5 Zoll gewachsen, da der bislang neben dem Monitor installierte Ziffernblock in die Touchscreen-Bedienung integriert wird. Im Vergleich zum Vorgängermodell halbierte sich die Anzahl der Tasten auf 16. Die Menü-Führung erfolgt über eine logische und übersichtliche Darstellung. So findet der Fahrer oder der Beifahrer die wichtigsten Funktionen in einem Hauptmenü. Selten genutzten Funktionen sind in die Option-Menü-Ebene verlagert. Die Menü-Felder werden im Vergleich zum Vorgängersystem von fünf auf drei reduziert. Das Navigationsmodul des PCM verfügt über eine integrierte 40-GB-Festplatte mit den Navigationsdaten. So ist eine sehr schnelle Routenberechnung möglich, welche drei alternative Routenvorschläge zur Auswahl anzeigen kann. Dank des Touchscreen-Monitors ist zudem eine einfache Zieleingabe möglich. Informationen zu Staus und Sonderzielen sind durch Antippen der Symbole auf der Karte abrufbar und in Verbindung mit dem optionalen Telefonmodul direkt anrufbar. Zwischenziele, wie die nächstgelegene Tankstelle, lassen sich schnell und einfach in die laufende Zielführung integrieren. Die Kartenansicht zeigt ab einem Maßstab von zehn Kilometern das Höhenprofil farblich an. Neben der zweidimensionalen ist hier auch eine perspektivische, dreidimensionale Darstellung möglich. Bei der Darstellung der gesamten Route erfolgt eine permanente Anpassung des Kartenmaßstabs, damit die restliche Fahrstrecke von der Fahrzeugposition bis zum Ziel in maximaler Größe angezeigt werden kann. Zur besseren Orientierung werden Autobahnausfahrten mit zusätzlichen grafischen Abbiegehinweisen angezeigt. Im Splitscreen-Modus läßt sich neben dem aktuellen Kartenausschnitt eine Liste mit den nächsten Fahrmanövern in Form von Piktogrammen anzeigen. Bei der Backtrace-Navigation ist die Routenführung entlang einer zuvor aufgezeichneten Strecke ebenso möglich wie die Navigation in nicht digitalisierten Regionen mit Kompaß und GPS.
Zusätzlichen Komfort und Sicherheit bietet in Verbindung mit dem neuen PCM erstmals eine Sprachbedienung der neuesten Generation mit Ganzworteingabe. Die Sprachbedienung wird durch Betätigen der Bordcomputertaste am Lenkstockhebel aktiviert. Nahezu alle Funktionen des PCM lassen sich so per Spracheingabe auswählen. Mit der Sprachbedienung kann jeder Menüpunkt so gesprochen werden, wie er auf dem Bildschirm angezeigt wird. Das System erkennt Kommandos oder Ziffernfolgen unabhängig vom jeweiligen Sprecher, ohne ein langwieriges Anlernen des Systems. Die Sprachbedienung gibt akustische Rückmeldung und führt dialoggestützt durch die Funktionen.
Das Radioteil des PCM bietet bis zu 48 Stationsspeicherplätze, einen FM-Doppeltuner mit RDS sowie die neueste Generation der Diversity-Funktion. Es wird stets die empfangsstärkste Frequenz des gewählten Senders gesucht sowie eine oder mehrere der vier FM-Radioantennen für einen optimalen Empfang zusammengeschaltet (Scan- und Phase-Diversity). Das integrierte Laufwerk kann Musik-CDs aber auch Audio- und Video-DVDs wiedergeben, mit der Sonderausstattung BOSE® Surround Sound-System sogar im 5.1 Discrete Surround Format. Folgende Formate können gelesen werden: MP3, AAC, WMA, Dolby Digital, MLP und DTS. Zur Serie gehört auch das Sound Package Plus mit neun Lautsprechern, 235 Watt Gesamtleistung und CD-Ablage im Handschuhfach.
Anstelle des serienmäßigen Einzel-CD-/DVD-Laufwerks kann optional ein im PCM integrierter 6-fach CD-/DVD-Wechsler geordert werden, der sich ergonomisch im Griffbereich des Fahrers befindet. Der Wechsler unterstützt dieselben Formate wie das Einzel-CD-/DVD-Laufwerk. Die Kapazität des Wechslers ist so groß, daß über Musik-DVD über 400 Stunden Musik gespeichert werden können. Das Einziehen und Auswerfen der CDs oder DVDs erfolgt nach vorheriger Auswahl des Magazinfachs nacheinander über den PCM-Schacht. Darüber hinaus bietet die neue optionale universelle Audio-Schnittstelle erstmals die Möglichkeit externe Audioquellen, wie einen iPod® oder einen USB-Stick, anzuschließen und über das PCM zu steuern. Im Ablagefach in der Mittelkonsole stehen dazu drei entsprechende Anschlüsse zur Verfügung. Der optional erhältliche TV-Tuner empfängt unverschlüsselte analoge und digitale DVB-T-Fernsehsignale. Aus Sicherheitsgründen und aufgrund der gesetzlichen Vorschriften ist während der Fahrt nur der Ton, aber kein Fernsehbild möglich. Für Musikliebhaber ist optional das BOSE® Surround-Sound-System, welches mit 13 Lautsprechern im Coupé bzw. 12 Schallwandler im Cabriolet inklusive Aktivsubwoofer und Centerspeaker sowie ein 7-Kanal-Digitalverstärker speziell für Porsche entwickelt und somit hervorragend auf die akustischen Verhältnisse im 911 Carrera abgestimmt ist. Die Verstärkerleistung steigt gegenüber den Vorgängermodellen von 325 auf 385 Watt. In Verbindung mit dem auf Wunsch erhältlichen PCM erschließt sich beim Abspielen von Audio- oder Video-DVDs das beeindruckende Klangspektrum digitaler 5.1 Aufnahmen. Im 5.1 Format ist die Musik bereits im Mehrka-

nalformat aufgenommen, die ursprüngliche Information bleibt bei der Wiedergabe originalgetreu erhalten.
Das optional erhältliche GSM-Telefonmodul bietet eine komfortable Bedienung und eine hochwertige Sprachqualität. Das System erlaubt zwei Betriebsarten: Telefonieren mit eingelegter SIM-Karte und die automatische Kopplung eines kompatiblen SAP-unterstützenden Mobiltelefons (SIM Access Profile) mit dem Telefonmoduls via Bluetooth®-Verbindung. Bei einem GSM-Bluetooth®-Handy stellt das Telefonmodul die technisch beste Lösung dar, da die Funkverbindung mit dem Netz über die externe Antenne und nicht über das mobile Telefon selbst erfolgt. Abhängig vom Mobiltelefon erfolgt dabei nicht nur ein Zugriff auf die Daten der SIM-Karte, sondern auch auf die Telefonnummern des internen Speichers. Das Mobiltelefon kann sogar in der Jackentasche bleiben, da die Bedienung über das PCM, das Multifunktionslenkrad oder die optionale Sprachbedienung erfolgt. Nach der einmaligen Synchronisierung mit dem Mobiltelefon erkennt das PCM jedes Mal beim Einsteigen ins Fahrzeug das konfigurierte Handy und verbindet es automatisch mit dem System. Es können bis zu fünf verschiedene Mobiltelefone synchronisiert werden. Für ein GSM-Bluetooth-Handy ist das Telefonmodul die beste technische Lösung. Damit aber auch ein GSM- oder CDMA-Handy, welches nur das Handsfree Profile (HFP) unterstützt, eine komfortable Bluetooth-Telefonlösung nutzen kann, ist statt des Telefonmoduls optional eine Handy-Vorbereitung erhältlich. Bei der Verbindung über das Handsfree Profile dient PCM als Freisprechanlage.
Eine weitere Option für das PCM ist das elektronische Fahrtenbuch, welches in Verbindung mit dem Navigationssystem bis zu 1.500 Fahrten eigenständig aufzeichnet. Es erfaßt automatisch den Kilometerstand, die Fahrstrecke, das Datum und die Uhrzeit sowie die Start- und Zieladresse. Die Daten können über eine Bluetooth®-Schnittstelle oder einen optionalen USB-Anschluß des PCM auf ein Notebook übertragen und mit der beigelegten Software bearbeitet werden. Die Anforderungen der deutschen Finanzverwaltung werden damit voll erfüllt.
Bei den neuen Carrera und Carrera S Modellen ist erstmals eine Inspektion nach einer Laufleistung von 30.000 Kilometer beziehungsweise nach zwei Jahren fällig. Eine neue zweijährige Garantie ersetzt die bisherige zweijährige Gewährleistung.
Das Carrera Coupé mit Schaltgetriebe absolviert den Sprint aus dem Stand auf 100 Stundenkilometer in 4,9 Sekunden, das Cabriolet in 5,1 Sekunden. Die Höchstgeschwindigkeit beträgt bei beiden Modellen 289 Kilometer pro Stunde. Die Beschleunigungswerte von 0 auf 100 km/h betragen beim Carrera S Coupé 4,7 Sekunden und beim Cabriolet 4,9 Sekunden. Beide Karosserieversionen knacken mit einer Endgeschwindigkeit von 302 Kilometer pro Stunde die magische 300er-Hürde.
Im Vergleich zum Schaltgetriebe verbessern sich bei allen 911 Carrera-Versionen mit PDK die Beschleunigungswerte von 0 auf 100 Stundenkilometer um 0,2 Sekunden. Mit optionalem Sport Chrono Paket Plus verkürzt sich dieser Wert bei aktivierter »Launch Control« um weitere zwei Zehntelsekunden. Die Spitzengeschwindigkeit der Fahrzeuge mit PDK ist dagegen um zwei Kilometer pro Stunde langsamer als mit 6-Gang-Schaltung.
Das Carrera Coupé mit PDK unterschreitet mit einem durchschnittlichen Kraftstoffverbrauch von 9,8 Liter pro 100 Kilometer erstmals die 10-Liter-Marke. Mit Schaltgetriebe verbraucht der Carrera nach dem neuen Europäischen Fahrzyklus (NEFZ) 10,3 Liter auf 100 Kilometer. Ebenso deutlich fallen die Verbesserungen beim 911 Carrera S mit 3,8 Liter-Motor aus. Im Gesamtverbrauch liegt das Carrera S Coupé mit 6-Gang-Schaltgetriebe bei 10,6 Liter auf 100 Kilometer und bei 10,2 Liter mit dem 7-Gang-PDK-Getriebe.
Das Carrera 4 Coupé erreicht bereits nach 5,0 Sekunden aus Stand 100 Stundenkilometer, der Carrera 4S benötigt nur 4,7 Sekunden. Kaum langsamer beschleunigen die etwas schwereren Cabriolets. Die Werte für den Carrera 4 liegen bei 5,2 Sekunden und 4,9 Sekunden beim Carrera 4S. Die Höchstgeschwindigkeit von Coupé und Cabriolet ist identisch. Sie liegt beim Carrera 4 bei 284 Kilometer pro Stunde und beim Carrera 4S bei 297 km/h. Die neue Carrera 4-Generation hat je nach Fahrzeug und Ausstattung bis zu 12,9 Prozent weniger Verbrauch und bis zu 15,4 Prozent weniger CO_2-Emissionen.
Der Targa 4 mit dem handgeschalteten 6-Gang-Getriebe sprintet aus dem Stand in 5,2 Sekunden auf Tempo 100, der stärkere Targa 4S verkürzt diese Zeit sogar auf 4,9 Sekunden. Die Basisversion erreicht eine Höchstgeschwindigkeit von 284 Kilometern pro Stunde. Der Targa 4S beschleunigt bis auf 297 km/h. Die neuen 911 Targa zeichnen sich durch einen bis zu 11,2 Prozent geringeren Verbrauch und bis zu 13,6 Prozent weniger CO_2-Emissionen aus.
Ab Januar 2009 ist, exklusiv für den Porsche 911 turbo, ein neues 19-Zoll-Rad im RS-Spyder-Design mit innovativem Zentralverschluß lieferbar. Hauptmerkmal des mit sieben U-förmigen Doppelspeichen geschmiedeten Aluminiumleichtbaurads ist der neu entwickelte Zentralverschluß. Statt der normalerweise im Rennsport verwendeten Radmutter besitzt dieser eine zentrale Radschraube, mit der das neue 19-Zoll-RS-Spyder-Rad stabil und sicher am Radträger befestigt wird. Deren innovative Verdrehsicherung besteht aus einer in die Radnabe eingesetzte Patrone mit federnd gelagerten Sperrbolzen. Die optisch auffälligen Schrauben des Zentralverschlusses sind titanfarben eloxiert und heben sich dadurch kontrastreich von der silbernen Lackierung des 19-Zoll-RS-Spyder-Rades ab. Das Design orientiert sich am Rad des Porsche-Rennfahrzeugs RS Spyder.
Der modellgepflegte 911 GT3 feiert seine Weltpremiere am 3. März 2008 auf dem Genfer Automobilsalon. Die zweite Generation des 997 GT3 präsentiert sich nochmals stärker, schneller

und ist noch präziser zu fahren als sein Vorgänger. Im Kernpunkt der Weiterentwicklung stehen die Erhöhung der Leistung und die Steigerung der Fahrdynamik. Durch zahlreiche Erkenntnisse aus dem Motorsport beeindruckt der modellgepflegte GT3 nicht nur auf der Straße, sondern auch auf der Rennstrecke.

Eine detaillierte aerodynamische Überarbeitung erhöht den Abtrieb an der Vorder- und an der Hinterachse. Der Anpreßdruck ist mehr als doppelt so hoch wie beim Vorgängermodell. Der GT3 bietet bei hoher Geschwindigkeit noch mehr Bodenhaftung und Stabilität.

Das weiterentwickelte Aerodynamikpaket verleiht dem GT3 ein neues Auftreten, welches durch die Bi-Xenon-Hauptscheinwerfer, LED-Heckleuchten und modifizierte Luftein- und -auslässe noch weiter betont wird.

Durch eine von 100 auf 102,7 Millimeter vergrößerte Bohrung steigt der Hubraum bei einem unveränderten Hub von 76,4 Millimeter auf 3.797 Kubikzentimeter. Die Leistung steigt um 20 PS (15 kW) auf 435 PS (320 kW) bei 7.600 Umdrehungen pro Minute, das maximale Drehmoment auf 430 Newtonmeter bei 6.250/min. Der auf 12,0 : 1 verdichtete Boxermotor bietet einen im Alltagsbetrieb besonders spürbaren Zuwachs des Drehmoments im mittleren Drehzahlbereich. Die höheren Leistungswerte sind das Resultat der Hubraumerhöhung und des verbesserten Gaswechsels. Auf der Ansaugseite des Motors sitzt ein vierstufiges Schaltsaugrohr. Erstmals sind beim VarioCam-System nicht nur die Einlaß-, sondern auch die Auslaßnockenwellen verstellbar. Die 12 Liter Ölinhalt der Trockensumpfschmierung sorgen auch bei schärfster Fahrt auf der Rennstrecke für eine zuverläßige Schmierung.

Der GT3 verfügt erstmals über ein besonders sportlich abgestimmtes Porsche Stability Management (PSM). Die Querdynamikregelung Stability Control (SC) und die Traction Control (TC) lassen sich stufenweise abschalten. Der Fahrer hat die uneingeschränkte individuelle Kontrolle über die Fahrdynamik des GT3, da die Funktionen selbst in extremen Fahrsituationen nicht automatisch reaktiviert werden, sondern erst auf erneuten Knopfdruck.

Das aktive PASM-Fahrwerk des 911 GT3 erlaubt, Federn und Stabilisatoren noch eine Spur härter abzustimmen, um im PASM-Sportmodus ein noch präziseres Handling zu bieten. Der alltagstaugliche Abrollkomfort bleibt im PASM-Normalmodus weiterhin erhalten. Auf neue, leichtere Räder im Rennsport-Design mit Zentralverschluß sind Ultra High Performance Reifen aufgezogen. Das Reifendruckkontrollsystem gehört zum Serienumfang.

Mit der höheren Motorleistung und Fahrdynamik wächst auch die Bremsleistung des 911 GT3. Die Bremsscheiben bestehen jetzt aus einem größeren Reibring und einem gewichtsreduzierten Aluminiumtopf. Eine weiter verbesserte Bremsenbelüftung optimiert zudem die Dauerbremsleistung. Auf Wunsch ist weiterhin eine speziell auf den GT3 abgestimmte Keramikbremse PCCB lieferbar.

Optional wird der GT3 mit der neuen dynamischen Motorlagerung Porsche Active Drivetrain Mount (PADM) noch rennstreckentauglicher. Bei rennmäßiger Fahrweise verhärtet die elastische Motorlagerung. Im Alltag bleibt der GT3 komfortabel, auf der Rennstrecke entfallen bei schneller Kurvenfahrt störende Massenimpulse durch den Motor. Ein zusätzlicher Vorteil ist die weiter verbesserte Traktion beim Beschleunigen aus dem Stand.

Ein neues interessantes Extra ist das optional lieferbare Liftsystem an der Vorderachse, mit dem der Vorderwagen zum Befahren von unebenen Fahrbahnen oder steilen Tiefgaragenein- und -ausfahrten per Knopfdruck um 30 Millimeter angehoben werden kann.

Der modellgepflegte GT3 wird in Deutschland ab Mai 2009 ausgeliefert. In den USA steht der GT3 ab Oktober 2009 bei den Händlern.

Der GT3 beschleunigt von 0 auf 100 km/h in 4,1 Sekunden, von 0 auf 160 km/h in 8,2 Sekunden und von 0 auf 200 km/h in 12,3 Sekunden. Die Höchstgeschwindigkeit liegt bei respektablen 312 Stundenkilometern.

911 GT3

997 Carrera 4 Coupé

Modelljahr 2010 (A-Programm)

Ab Herbst 2009 bietet Porsche Exclusive für alle Carrera S-Modelle die Möglichkeit, eine Leistungssteigerung ab Werk zu bestellen. Die Werksleistungssteigerung kann sowohl für Fahrzeuge mit 6-Gang-Schaltgetriebe als auch mit dem 7-Gang-Porsche-Doppelkupplungsgetriebe (PDK) geordert werden. Modifizierte Zylinderköpfe, eine neuentwickelte Resonanzansauganlage mit sechs schaltbaren Klappen, eine optimierte Motorsteuerung sowie eine Sportabgasanlage mit zwei Doppelendrohren in eigenständigem Design lassen die hinzugewonnene Kraft und Drehfreude des 3,8-Liter-Boxermotors vor allem im oberen Drehzahlbereich voll zur Geltung kommen. Das Ergebnis sind 408 PS (300 kW) bei 7.300 Umdrehungen pro Minute und ein maximales Drehmoment von 420 Newtonmetern bei 4.200/min. Erst bei 7.500 Touren setzt der Drehzahlbegrenzer der Drehfreude und dem Vortrieb ein Ende.

September 2009 – auf der 63. IAA in Frankfurt wird die vorerst letzte Evolutionsstufe eines extrem sportlichen Porsche 911 der Weltöffentlichkeit gezeigt. Der 911 GT3 RS ist das letzte Bindeglied zwischen einem puristischen, kompromißlosen Straßensportwagen und einem reinen Wettbewerbsfahrzeug für die Rundstrecke. Er ist als Homologationsbasis für den Renn-911-GT3 entwickelt worden und für Fahrer mit motorsportlichen Ambitionen gedacht. Der 911 GT3 RS wird in den beiden Serienfarben Carraraweiß und Aquablaumetallic ausgeliefert, jeweils in Kombination mit einer der beiden Kontrastfarben Indischrot und Weißgoldmetallic. Als Sonderfarbe ist Grauschwarz lieferbar, wieder in Verbindung mit einer der beiden Serienkontrastfarben.

Schon auf den ersten Blick erkennbar ist die rennsportnahe Ausrichtung des 911 GT3 RS an seinen aerodynamischen Komponenten. Charakteristisch für die Fahrzeugfront des 911 GT3 RS sind die fünf Lufteinläße und die LED-Tagfahr- und Positionslichter im Bugteil. Der Rahmen mit den beiden Diagonalstreben in der Bugteilmitte ist in Kontrastfarbe lackiert. Zur Sicherstellung der aerodynamischen Balance erhält der GT3 RS an der vorderen Spoilerlippe eine zusätzliche Anspoilerung, die einen höheren Abtrieb an der Vorderachse ermöglicht. Vor der Kofferraumhaube sind drei zusätzliche Luftauslaßschlitze in der Wagenfront eingelassen.

Statt der serienmäßigen Bi-Xenon-Scheinwerfer sind auf Wunsch, ohne Aufpreis, Halogen-Leichtbau-Scheinwerfer ohne Leuchtweitenregulierung sowie ohne Scheinwerferreinigungsanlage lieferbar, die gegenüber dem kompletten Serienscheinwerfersystem sechs Kilogramm an Gewicht einsparen. Zur Unterbringung der 9 Zoll breiten Vorderräder sind an den vorderen Aluminiumkotflügeln Radhausverbreiterungen von je 13 Millimetern angebracht. Die um je 22 Millimeter verbreiterten Fondseitenwände sind vom Carrera 4 entliehen.

Die beiden Türen und die Kofferraumhaube sind aus Aluminium gefertigt. Auf den Türen ist ein Dekorstreifen in Kontrastfarbe aufgeklebt, der bis zum hinteren Radhaus in ein kariertes Zielflaggendekor übergeht. Die Außenspiegelgehäuse sind ebenfalls in Kontrastfarbe lackiert. Aus leichtem Polycarbonat sind sowohl die hinteren Seitenscheiben als auch die Heckscheibe gefertigt. Die Blende unterhalb der Heckscheibe besteht aus glasfaserverstärktem Polyurethan, der Heckdeckel mit dem integrierten Heckbürzel aus glasfaserverstärktem Kunststoff (GfK). Auf der Vorderseite des Heckbürzels ist, aerodynamisch günstig, ein großer einteiliger Staudrucksammler für den Motorraum angeformt.

An der Rückseite ist knapp unterhalb der Abrißkante die dritte Bremsleuchte eingelassen. Auf dem Heckdeckel ist die Modellbezeichnung »GT3 RS« ebenfalls in der Kontrastfarbe angebracht. Im Heckstoßfänger sind mittig unterhalb der Kante zum Heckdeckel drei längliche Abluftöffnungen und seitlich zwei senkrechte Entlüftungsschlitze eingelassen. Der große feststehende Heckflügel ist in Sichtcarbon ausgeführt. Er sorgt mit einem hohen Abtrieb an der Hinterachse für eine ausgewogene aerodynamische Balance. Die Sideplates sind in der Kontrastfarbe, die beiden aus geschmiedetem Aluminium gefertigten Flügelstützen in Silbermetallic lackiert. Trotz der breiten Karosserie wiegt der GT3 RS mit einem Fahrzeuggewicht von 1.370 Kilogramm gegenüber dem GT3 ganze 25 Kilogramm weniger. Insgesamt bietet der 911 GT3 RS ein nochmals gesteigertes Querbeschleunigungspotential für noch höhere Kurvengeschwindigkeiten auf der Rundstrecke.

Das Triebwerk des 911 GT3 RS entsteht auf der Basis des 3,8-Liter großen GT3-Motors mit einer echten Trockensumpfschmierung mit externem Motoröltank, einer variablen Sauganlage mit zwei Resonanzklappen, einer weiterentwickelten VarioCam-Ventilsteuerung mit kleineren, hochdrehzahlfesten Tassenstößeln sowie Titanpleuel. Der Sechszylinder-Boxer ist konsequent auf Drehfreude und Agilität getrimmt. Die Mehrleistung gegenüber dem GT3 von 15 PS (11 kW) ist das Ergebnis einer auf 12,2 : 1 angehobenen Verdichtung und der verbesserten Ansaugkomponenten wie dem zweiflutigen Luftfiltergehäuse sowie der Sauganlage mit vergrößerten Saugrohren zur Verringerung des Durchflußwiderstandes um circa 20 Prozent. Das Ergebnis ist eine Nennleistung von 450 PS (331 kW) bei 7.900 Umdrehungen pro Minute, die maximale Motordrehzahl ist bei 8.500 Touren erreicht. Mit einer spezifischen Leistung von über 118 PS pro Liter Hubraum liegt der GT3 im Spitzenfeld bei Saugmotoren für straßenzugelassene Fahrzeuge.

Wie beim 911 GT3 kann der Fahrer auch beim GT3 RS die Kraftentfaltung des Hochleistungstriebwerks zusätzlich anheben. Ist die serienmäßige Sport-Taste in der Mittelkonsole gedrückt, erfolgt wie beim GT3 eine Drehmomentsteigerung im mittleren Drehzahlbereich um bis zu 35 Nm. Das maximale Drehmoment von 430 Newtonmeter bleibt dabei unverändert, nur die Drehzahl erhöht sich von 6.250 auf 6.750/min. Die Drehmomentanhebung im mittleren Drehzahlbereich wird durch eine zusätzliche Reduzierung des Abgasgegendrucks in der Sportabgasanlage und der damit verbundenen Verbesserung der Ladungswechsel erreicht.

Der Endschalldämpfer und die zentralen Doppelendrohre, welche im Vergleich zum GT3 im Durchmesser um 5 Millimeter vergrößert sind, sind aus leichtem Titan gefertigt. Zur Verbesserung der Fahrdynamik tragen ebenfalls die serienmäßigen dynamischen Motorlager bei, die je nach Fahrsituation ihre Steifigkeit und Dämpfung verändern und dadurch bei hochdynamischer Fahrweise eine fast starre Anbindung des Triebwerks an die Karosserie ermöglichen. Einen Gewichtsvorteil von gut acht Kilogramm bringt das Einmassenschwungrad im Vergleich zum Zweimassenschwungrad des 911 GT3, welches den Motor schneller und leichter hochdrehen läßt.

Der 911 GT3 RS ist ganz im Sinne des Leichtbaus nur mit einem manuellen 6-Gang-Schaltgetriebe lieferbar. Zur Steigerung der Beschleunigung durch bessere Anschlüsse beim Hochschalten sind die Gänge eins bis fünf im Vergleich zum 911 GT3 um elf Prozent kürzer übersetzt, der sechste Gang um 5 Prozent. Zu Gunsten einer größeren Leistungsfähigkeit auf Rundstrecken wird mit der kurzen Getriebeübersetzung bewußt auf eine höhere Endgeschwindigkeit verzichtet. Eine verstärkte Druckplatte der Kupplung gewährleistet eine zuverlässige Kraftübertragung auch bei höchster Beanspruchung. Eine asymmetrisch wirkende mechanische Hinterachsquersperre mit Sperrwerten von 28 Prozent im Zug und 40 Prozent im Schub bietet im fahrdynamischen Grenzbereich sowohl eine hohe Traktion bei wechselnden Fahrbahnoberflächen als auch ein optimiertes Kurvenverhalten bei Lastwechseln.

Das überarbeitete RS-Fahrwerk ist erstmals an Vorder- und Hinterachse mit einer breiteren Spur versehen, vorne mit 12 Millimetern, hinten mit 30 Millimetern. Eine weitere Besonderheit sind die geteilten Querlenker an der Hinterachse, die den Sturz noch präziser für die Anforderungen im Motorsport einstellen lassen. Die spezifische Abstimmung des Fahrstabilisierungssystems Porsche Stability Management (PSM) erfüllt auch die fahrdynamischen Ansprüche extrem sportlicher Fahrer. Sein eigenständiger Regelalgorithmus wurde für den sportlichen Einsatz auf der Rundstrecke entwickelt. Dieser ist in zwei Stufen auch komplett abschaltbar. Gegenüber dem noch beim Vorgänger GT3 verwendeten Fahrstabilisierungssystem, der Traction Control (TC), bietet PSM eine deutlich höhere aktive Sicherheit.

Die High-Performance-Bremsanlage des GT3 RS besteht aus rot lackierten 6-Kolben-Aluminium-Festsätteln vorn und 4-Kolben-Aluminium-Festsätteln hinten. Die Durchmesser der gelochten, innenbelüfteten Bremsscheiben betragen an der Vorderachse 380 Millimeter, an der Hinterachse 350 Millimeter. Zur Verringerung der ungefederten Maßen bestehen die Bremstöpfe der vier Verbund-Bremsscheiben aus Aluminium. Auf Wunsch, gegen Aufpreis, ist die PCCB-Bremsanlage mit Keramik-Bremsscheiben des gleichen Durchmessers lieferbar. Um das Bremspotential selbst bei höchsten Beanspruchungen zu gewährleisten, besitzt der 911 GT3 RS neben einer sehr wirkungsvollen Bremsbelüftung an der Vorderachse eine zusätzliche Bremsbelüftung an der Hinterachse. Spezielle Bremsluftkanäle, seitlich im Unterbodenbereich, leiten die Kühlluft gezielt an die hintere Bremse.

Der 911 GT3 RS rollt auf 19-Zoll-Rädern mit Zentralverschluß, die in der entsprechenden Kontrastfarbe Indischrot oder Weißgoldmetallic lackiert sind. An der Vorderachse sind neun Zoll breite Räder mit Sportreifen der Größe 245/35 ZR 19 montiert, an der Hinterachse zwölf Zoll breite Räder mit Reifen der Dimension 325/30 ZR 19 für eine hohe Traktion und Querbeschleunigung. Das serienmäßige Reifen-Druck-Kontrollsystem (RDK) überwacht permanent den Luftdruck in allen vier Reifen.

Ab 2010 bietet Porsche als erster Automobilhersteller eine knapp sechs Kilogramm schwere Lithium-Ionen-Starterbatterie an. Diese ist über zehn Kilogramm leichter als eine herkömmliche 60-Ah-Bleibatterie. Die Lithium-Ionen-Batterie wird dem Fahrzeug beigelegt und kann alternativ für den Rennstreckeneinsatz montiert werden. Durch die Auslieferung mit beiden Batterien ist das Fahrzeug ganzjährig einsatzbereit, denn obwohl die Leichtbau-Batterie eine sehr hohe Alltagstauglichkeit besitzt, nimmt ihre Startfähigkeit bei Außentemperaturen unter null Grad Celsius stark ab.

Die an den Rennsport angelehnte schwarze Innenausstattung mit schwarzen Alcantra-Elementen zeigt konsequent den sportlichen Einsatzzweck des 911 GT3 RS auf. So kommen rote Leichtbau-Türtafeln mit traditionellen Öffnerschlaufen, ein spezifisches 3-Speichen-GT3-Sport-Lenkrad mit gelber Mittellagemarkierung zum Einsatz. Der Innenhimmel, die Zuziehgriffe und die Armlehnen der Türen sowie Teile des Schalthebels und des Handbremsgriffs sind mit schwarzem Alcantara bezogen. Passend sind auch die Sicherheitsgurte in Rot ausgeführt. Auf dem Boden liegen gewichtserleichterte Teppiche. Ein weiteres Detail sind die Türeinstiegsblenden mit dem »RS 3.8«-Schriftzug, der sich auch im Drehzahlmesser, auf der Sichtcarbon-Zierblende über dem Handschuhfach und auf dem Fondteppich wiederfindet.

Aus Gewichtsgründen entfallen sogar die nur wenige Gramm wiegenden Cupholder. Zur weiteren Gewichtsoptimierung kann die Klimaanlage und das Radio im GT3 RS auch abbestellt werden. Dafür gehören das Clubsportpaket mit geschraubtem Überrollbügel in Kontrastfarbe, Feuerlöscher, 6-Punkt-Gurt- und die schwer entflammbaren Sitzbezüge mit RS-3.8-Logo zum Lieferumfang. Als Sonderwunsch ist ein pneumatisches Liftsystem für die Vorderachse lieferbar, mit dem sich der Vorderwagen, über eine Taste in der Mittelkonsole, im Stand oder bis zu einer Geschwindigkeit von 50 km/h um gut 30 Millimeter anheben läßt, um die Gefahr des Aufsetzens zu vermeiden. Auf Wunsch, ohne Mehrpreis, ist der 90 Liter fassende Langstreckentank lieferbar. Die Möglichkeiten zur Individualisierung sind gegenüber dem Vorgängermodell deutlich erweitert. So ist beispielsweise das dynamische Kurvenlicht ebenso erhältlich wie das Porsche Communication Management (PCM) mit Touchscreen oder der integrierte Garagentoröffner Home-Link®.

Mit einer Beschleunigung in glatten vier Sekunden von 0 auf 100 Kilometer pro Stunde ist der 911 GT3 RS der bisher spurtstärkste straßenzugelassene Elfer mit Saugmotor. Bedingt durch die bewußt kurz gewählte Getriebeübersetzung im sechsten Gang pendelt sich die Höchstgeschwindigkeit bei 310 km/h ein.

Auf der Internationalen Automobilausstellung in Frankfurt am Main vom 17. bis 27. September 2009 feiert die zweite Generation des 911 turbo der 997-Baureihe mit dem 500 PS starken Triebwerk mit Benzin-Direkteinspritzung und zwei VTG-Abgasturboladern Weltpremiere. Das Spitzenmodell ist nicht nur leistungsstärker und gleichzeitig deutlich sparsamer geworden, sondern auch nochmals schneller und fahrdynamischer. Der Verkaufsstart in Deutschland für das 911 turbo Coupé und das 911 turbo Cabriolet ist der 21. November 2009.

Der modellgepflegte 911 turbo ist von hinten an den von den Carrera-Modellen bekannten, nach außen spitzer zulaufenden rot-silbernen LED-Heckleuchten mit der schräg angephasten inneren Ecke an der Unterseite zu erkennen.

Das vorgestellte Triebwerk ist der erste von Grund auf neu konstruierte Motor in der 35-jährigen 911-turbo-Geschichte. Bei der Konstruktion haben die Porsche-Ingenieure die Mechanik des Sechszylinders mit Benzin-Direkteinspritzung und VTG-Biturboaufladung auf höchste Effizienz und Leistung ausgelegt. Die Nennleistung von 500 PS (368 kW) gibt der mit zwei Abgasturboladern bestückte Sechszylinder in einem Drehzahlbereich zwischen 6.000/min und 6.500/min ab. Das 9,8 : 1 verdichtete Bi-Turbo-Triebwerk kann bis maximal 7.000 Umdrehungen pro Minute gedreht werden. Das Drehmoment-Plateau mit 650 Newtonmeter ist von 1.950 bis 5.500 Touren stets präsent. Durch die kurzfristige Erhöhung des Ladedrucks von 1,0 auf 1,2 bar entsteht ein Overboost, der das maximale Drehmoment zwischen 2.100/min und 4.000/min auf 700 Nm ansteigen läßt und so Überholvorgänge noch kürzer werden läßt.

Die Gemischbildung erfolgt durch eine homogene Benzin-Direkteinspritzung. Der Motor ist mit einer Expansionssauganlage bestückt, welche die Luftschwingungen zwischen der Drosselklappe und den Einlaßventilen zur Verbesserung der Zylinderfüllung nutzt, um so für eine Verbesserung des Motorwirkungsgrads zu sorgen. Bei hohen Lasten und Drehzahlen wird zudem der Kraftstoffverbrauch reduziert. Porsche ist der erste und einzige Hersteller, der Abgasturbolader mit variabler Turbinengeometrie (VTG) bei Benzinmotoren einsetzt. Diese Aufladetechnik ermöglicht durch die Verstellung der variablen Turbinenleitschaufeln ein erstklassiges Ansprechverhalten bei niedrigen Drehzahlen sowie eine hohe Maximalleistung im oberen Drehzahlbereich.

Bei aufgeladenen Benzin-Motoren liegen die Abgastemperaturen deutlich höher, so daß VTG-Turbolader bisher nicht eingesetzt wurden. Porsche ist es nach langer Forschungs- und Entwicklungsarbeit gelungen, ein geeignetes, standfestes Material zu finden, welches den hohen Abgastemperaturen von bis zu 1.000 Grad Celsius standhält. Gegenüber dem Vorgängermodell reduziert sich der CO_2-Ausstoß des weiterentwickelten 911 turbo um knapp 18 Prozent. In den USA unterschreitet der turbo die Verbrauchsgrenzwerte der sogenannten »Gas Guzzler Tax«, eine Zusatzsteuer für verbrauchsintensive Fahrzeuge in diesem Marktsegment, deutlich.

Anstelle des serienmäßigen 6-Gang-Schaltgetriebes kann der 911 turbo auf Wunsch erstmals mit dem 7-Gang-Porsche-Doppelkupplungsgetriebe (PDK) bestellt werden. Die ersten sechs Gänge sind sportlich kurz abgestimmt. Die Höchstgeschwindigkeit wird entsprechend im sechsten Gang erreicht. Der lang übersetzte siebte Gang senkt Motordrehzahl und Verbrauch, gleichzeitig erhöht sich, insbesondere auf langen Strecken, der Geräuschkomfort. Für Fahrzeuge mit PDK steht statt dem Serienlenkrad mit den ergonomischen Schiebetasten optional ein neues 3-Speichen-Sportlenkrad mit Schaltpaddles zur Verfügung. Die Schaltpaddles sind fest am Lenkrad montiert, mit dem rechten wird hoch- und mit dem linken heruntergeschaltet. In Verbindung mit dem aufpreispflichtigen Sport Chrono-Paket turbo verfügt sowohl das Paddle- als auch das PDK-Lenkrad mit den Schiebetasten über integrierte Anzeigen für die Launch Control und den Sport-/Sport Plus-Modus. Bei den beiden Lenkrädern sind die Anzeigen jedoch unterschiedlich gestaltet.

Die Weiterentwicklung des geregelten Allradantriebes Porsche Traction Management (PTM) und des Porsche Stability Managements (PSM) setzten die Fahrdynamik nochmals ein Stück höher, zudem wird der turbo im Grenzbereich leichter beherrschbar. Neu ist beim turbo das optional erhältliche Porsche Torque Vectoring (PTV) mit variabler Momentenverteilung an den Hinterrädern mit mechanischer Hinterachsquersperre. Diese besitzt eine asymmetrische Sperrwirkung mit 22 Prozent im Zug und 27 Prozent im Schub. Beim Einlenken in die Kurve wird das kurveninnere Hinterrad leicht abgebremst, so daß das Antriebsmoment variabel über das Hinterachsdifferential vom kurveninneren auf das kurvenäußere Rad übertragen wird.

Mit PTV können höhere Kurvengeschwindigkeiten erzielt werden, zudem bietet es im fahrdynamischen Grenzbereich eine höhere Traktion bei wechselnden Fahrbahnoberflächen, eine verbesserte Fahrstabilität bei Lastwechseln in der Kurve und eine gesteigerte Kurvenagilität bei hoher Querbeschleunigung. Mit diesen Eigenschaften ist das PTV eine perfekte Ergänzung zum Porsche Stability Management (PSM). Während PSM die Bremseneingriffe zur Fahrzeugstabilisierung einsetzt, nutzt PTV die Bremseneingriffe zur aktiven Steigerung der Fahrdynamik, deshalb ist PTV auch bei abgeschaltetem Porsche Stability Management (PSM OFF) für ein agiles und dynamisches Fahrverhalten aktiv. Das Porsche Torque Vectoring steigert sowohl die Agilität als auch die Lenkpräzision und bereitet damit einen weiter erhöhten Fahrspaß.

Der 911 turbo Coupé spurtet mit PDK und Sport-Chrono Paket turbo von null auf 100 Kilometer pro Stunde in nur 3,4 Sekunden. Die Höchstgeschwindigkeit liegt bei 312 Stundenkilometern.

In rund drei Jahren hat die Porsche Exclusive Abteilung, welche in erster Linie ausgefallene Kundenwünsche erfüllt, die weit über die Sonderausstattungen des Serienangebots hinausgehen, in einem Projekt mit viel Liebe zum Detail ein ganz besonderes Elfer-Coupé zur Fertigungsreife gebracht. Auf der Internationalen Automobil Ausstellung in Frankfurt am Main präsentiert Porsche im Herbst 2009 den nur in einer exklusiven Kleinserie von 250 Fahrzeugen geplanten 911 Sport Classic. Der Verkauf des auf dem Carrera S basierenden Sondermodells beginnt im Januar 2010, wenige Tage später ist der 911 Sport Classic schon ausverkauft.

Das markante SportDesign-Bugteil mit fünf Kühlöffnungen, die Bugspoilerlippe mit zwei Zusatzlufteinlässen zur Bremsenkühlung und der feststehende Heckspoiler mit integrierter dritter Bremsleuchte in Form des legendären Entenbürzels des 1973er 911 Carrera RS 2.7 bestimmen die unverwechselbare Silhouette des 911 Sport Classic. Passend dazu wurde die breite Karosserie des Carrera 4 mit dem um 44 Millimeter verbreiterten Heck gewählt, um eine breitere Spur an der Hinterachse zu erhalten.

Ein weiteres, einzigartiges Detail dieses Elfers ist das neu entwickelte Doppelkuppel-Dach, im Stil von Elio Zagato's »Double-Bubble«, welches vom Carrera GT entliehen ist. Für die Außenlackierung in die Farbe Sportclassicgrau, ein helles Uni-Grau, kreiert worden. Von der Fronthaube, über die Dachaußenhaut sowie dem oberen Teil der Motorhaube und dem Heckbürzel erstreckt sich ein grauer Doppelstreifen, der etwas dunkler ausgeführt als dezenter Kontrast zur Wagenfarbe dient. Im gleichen Grau sind die Steinschlagschutzfolien, im Stil des 930 turbo, an den hinteren Seitenwänden angebracht. Auf dem Heckdeckel ist mittig, zwischen den rot-silbernen LED-Rückleuchten in Klarglasoptik, in silbernen Lettern »911« und darunter »Sport Classic« angebracht. Zur weiteren Unterscheidung von hinten verfügt der 911 Sport Classic über eine eigenständige Heckverkleidung. Im oberen Bereich greift sie mit den seitlichen, senkrechtstehenden Luftauslassöffnungen das besonders sportliche Design der GT-Fahrzeuge auf. Der eigenständige Kennzeichenausschnitt schafft eine Überleitung zu den Aussparungen für die beiden hochglänzenden Einzelendrohre mit 100-Millimetern Durchmesser.

Auch beim Motor schöpft Porsche Exclusive aus dem Vollen und baut das 3,8-Liter-Carrera-S-Triebwerk mit Werksleistungssteigerung ein. Durch den Einsatz modifizierter Zylinderköpfe, einem Luftfiltergehäuse mit Oberschale in Echtcarbon, einer neu entwickelten Resonanzsauganlage mit sechs unterdruckgesteuerten Schaltklappen, einer optimierten Motorsteuerung sowie einer Sportabgasanlage steigt die Leistung des Benzindirekteinspritzmotors um 23 PS (17 kW) auf 408 PS (300 kW) bei 7.300 Umdrehungen pro Minute. Das Drehmoment hat zwischen 4.200 und 5.600 Umdrehungen pro Minute einen Maximalwert von 420 Newtonmetern.

Der 911 Sport Classic ist ausschließlich mit Heckantrieb und 6-Gang-Schaltgetriebe lieferbar – ganz klassisch eben.

Für eine dem sportlichen Auftritt angemessenen Fahrdynamik sorgen die serienmäßige Porsche Ceramic Composite Brake (PCCB), das um 20 Millimeter tiefergelegte PASM-Sportfahrwerk sowie die mechanische Hinterachsquersperre mit einem Sperrwert von 22 Prozent bei Zug und 27 Prozent bei Schub. Das besondere Highlight sind jedoch die 19-Zoll-Räder im Design der klassischen »Fuchs-Felge« mit schwarz lackiertem Felgenstern, farbigem Porsche-Wappen und blankem Felgenbett.

Das sehr hochwertig ausgeführte Interieur ist großzügig mit Naturleder im Farbton »Espresso Natur« ausstaffiert. Die Schalttafel inklusive zahlreicher Einsatz- und Anbauteile sind mit Leder bezogen. Für die Türverkleidungen und die Sitzmittelbahnen der neu gestalteten adaptiven Sportsitze hat Porsche Exclusive ein neues Bezugsmaterial entwickelt. Das Flechtleder ist ein aus Glattlederstreifen und Garn gewobenes Material, welches eine ganz eigene Anmutung besitzt. An den Sitzen sind hellgraue Keder angebracht.

Passend zur Einführung der Kleinserie bietet die Porsche Design Driver's Selection exklusiv auf der IAA folgende Produkte an: Der limitierte AluFrame Trolley, ein Polo-Shirt, eine Kappe und ein Lanyard nehmen das farbliche Konzept des 911 Sport Classic auf. Rechtzeitig zum Verkaufsstart des Fahrzeuges gibt es auch ein hochwertiges Modellauto im Maßstab 1:43.

Auch die Fahrleistungen des 911 Sport Classic können sich sehen lassen. Im klassischen Sprint aus dem Stand auf 100 Stundenkilometer vergehen 4,6 Sekunden, auf 200 Kilometer pro Stunde 14,8 Sekunden. Die Höchstgeschwindigkeit wird bei 302 km/h erreicht.

MODELLJAHR 2011 (B-PROGRAMM)

Auf dem Genfer Salon 2010 präsentiert Porsche das 911 turbo S Coupé und das 911 turbo S Cabriolet. Porsche stellt dem 911 turbo eine leistungsgesteigerte und noch exklusiver ausgestattete Modellvariante zur Seite, die Sportwagenfahrer mit besonders exklusiven Ansprüchen an Leistung und Fahrdynamik zufrieden stellen sollen. Der 911 turbo S ist ab Mai 2010 im Handel erhältlich.

Das dynamische Kurvenlicht mit dem markanten Scheinwerferinnenstyling und Doppellinsenprojektor gehört beim 911 turbo S zur Serie. Ab einer Geschwindigkeit von rund zehn km/h verbessern die verstellbaren Scheinwerfer die Ausleuchtung der Fahrbahn und ermöglichen auf kurvenreichen Straßen eine frühe Erkennung des Fahrbahnverlaufs. Zur möglichst besten Ausleuchtung der Kurve beträgt der maximale Verstellwinkel des kurveninneren Scheinwerfers 15 Grad, der des kurvenäußeren Scheinwerfers sieben Grad.

Das Potential des 911-turbo-High-Tech-Triebwerks zeigt sich bei den geringen Modifikationen, die für den Motor des 911 turbo S nötig sind. Durch geänderte Steuerzeiten der Einlaßven-

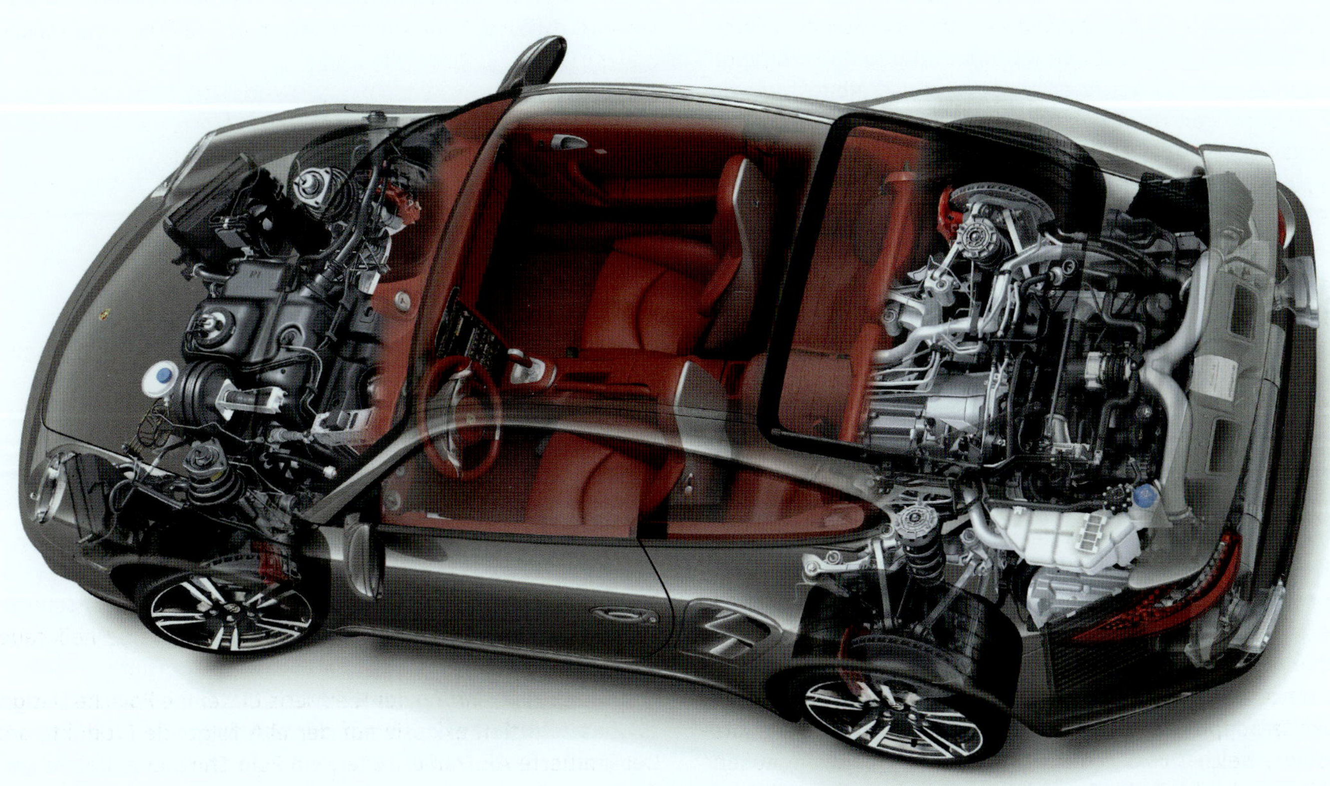

Phantombild des 997 turbo Coupé

tile und die Erhöhung des Ladedrucks um 0,2 auf maximal 1,2 bar steigt die maximale Leistung um 30 PS (22 kW) auf 530 PS (390 kW). Die Nennleistung des aufgeladenen Sechszylinders liegt in einem Drehzahlbereich zwischen 6.250/min und 6.750/min an der Kurbelwelle an. Analog dazu steigt das maximale Drehmoment um 50 Nm auf 700 Newtonmeter an, welches zwischen 2.100 und 4.250 Umdrehungen pro Minute permanent zur Verfügung steht. Zudem verfügt der Motor des turbo S über eine Expansionssauganlage. Der besonders sportliche Motorsound unterstreicht das Leistungspotential des neuen 911 turbo S. Die Leistungsentfaltung wird in erster Linie bei gedrückter Sport- beziehungsweise Sport-Plus Taste durch geänderte Zündwinkel und die Steuerung der Turbolader-Verstellschaufeln erreicht. Das Luftfiltergehäuse aus Sichtcarbon, welches eine Aluminiumblende mit »turbo S«-Schriftzug trägt, wertet den Motorraum auf. Der 911 turbo S liefert ein Musterbeispiel für das Prinzip »Porsche Intelligent Performance«, denn trotz des deutlichen Zuwachses an Motorleistung und exorbitanten Fahrleistungen verbraucht er genau so viel Kraftstoff wie der 911 turbo. Damit ist er der effizienteste Sportwagen in seiner Fahrzeugklasse.

Die Kraftübertragung beim 911 turbo S erfolgt serienmäßig über das 7-Gang-Porsche-Doppelkupplungsgetriebe (PDK). Manuelle Gangwechsel erfolgen über das 3-Speichen-Sportlenkrad mit Schaltpaddles.

Für eine effiziente Verteilung der Antriebskraft sorgt das aktive Allradsystem Porsche Traction Management (PTM) in einer betont fahrdynamischen Auslegung. PTM verbindet den Fahrspaß von Heckmotor und Hinterradantrieb mit zusätzlicher Fahrstabilität, Traktion und agilem Handling. Dazu leitet das PTM in jeder Fahrsituation den erforderlichen Anteil des Motormoments über eine Lamellenkupplung an die Vorderräder. Mit gedrückter Sporttaste sinkt dieser Anteil, der turbo S fährt sich wie mit Heckantrieb besonders sportlich.

Serienmäßig verfügt der 911 turbo S über das Porsche Torque Vectoring (PTV) mit mechanischer Hinterachsquersperre und variabler Momentenverteilung an der Hinterachse durch gezielte Bremseneingriffe am kurveninneren Rad. Mit dem serienmäßigen Sport Chrono Paket Turbo, welches dynamische Motorlager umfaßt, verfügt der 911 turbo S über die Möglichkeit einer zusätzlichen Performance-Steigerung. Durch die Einstellungen Sport- sowie Sport-Plus können sportlichere Schaltstrategien für PTM, PSM, PASM, dynamische Motorlager und PDK gewählt werden. Das Paket beinhaltet die analoge Stoppuhr auf der Schalttafel, die Performance-Anzeige im PCM und das individuelle Memory.

Die dynamischen Motorlager steigern mittels einer magnetisierbaren Flüssigkeit und einem elektrisch modifizierbaren Magnetfeld sowohl die Fahrperformance als auch den Fahr- und Schwingungskomfort, je nach Fahrsituation verändern sie dazu automatisch ihre Steifigkeit und Dämpfung. So verbinden sie den Motor mit dem Fahrzeug bei starker Beschleunigung oder bei schnell gefahrenen Wechselkurven sehr steif miteinander, so daß fahrdynamisch störende Impulse durch die Eigenbewegung der Motormasse weitgehend ausbleiben. Bei normaler Geradeausfahrt entkoppeln die Motorlager das Triebwerk weitgehend von der Karosserie. Das Ergebnis ist ein weiter gesteigerter Fahr- und Geräuschkomfort.

Das Fahrwerk des 911 turbo S entspricht weitgehend dem des 911 turbo mit dem variablen Dämpfungssystem Porsche Active Suspension Management (PASM). An der Vorderachse wurden die Radträger modifiziert. Durch die Anhebung des Anlenkpunkts der Spurstange am Radträger um 4,5 Millimeter wird beim Ein- und Ausfedern des Rads die damit verbundene kinematische Vorspuränderung an der Vorderachse reduziert. Die Agilität und Lenkpräzision sowie die Fahrstabilität beim Bremsen auf unebener Fahrbahn nimmt zu.

Porsche 997 turbo

Der 911 turbo S rollt auf 19-Zoll-RS-Spyder-Räder mit Zentralverschluß. An der Vorderachse sind 235/35 ZR 19-Reifen auf Räder der Größe 8,5 J x 19 aufgezogen, an der Hinterachse tragen die 11 J x 19-Räder eine Bereifung der Dimension 305/30 ZR 19. Zudem ist er mit der Keramikbremsanlage Porsche Ceramic Composite Brake (PCCB) mit gelb lackierten Bremssätteln ausgerüstet, die trotz der größer dimensionierten Bremsscheiben gegenüber den serienmäßigen Graugußbremsscheiben des 911 turbo rund 19 Kilogramm Gewicht einspart. Durch den Gewichtsvorteil ist der 911 turbo S trotz Mehrausstattung sogar zehn Kilogramm leichter als der 911 turbo mit PDK.

Die Ausstattung des 911 turbo S basiert auf der umfangreichen Serienausstattung des 911 turbo. Darüber hinaus wird die Serienausstattung durch die vielfach elektrisch verstellbaren adaptiven Sportsitze mit Lordosenstütze, einer Memoryfunktion für den Fahrersitz und die beiden Außenspiegel, einem 6-fach

CD/DVD-Wechsler im Porsche Communication Management PCM und dem Tempostat ergänzt. Die serienmäßige Bicolor-Lederausstattung des 911 turbo S gibt es in beiden Farbkombinationen Schwarz/Crema und Schwarz/Titanblau. In Kombination mit der Grundfarbe Schwarz sind die Türspiegel sowie die Sitzmittelbahnen vorne und hinten in Crema beziehungsweise Titanblau ausgeführt. Diese Ausstattungen wurden speziell für den 911 turbo S konzipiert, abgerundet durch eine farbliche Anpassung der sichtbaren Nähte. Für den 911 turbo S sind fast alle Sonderausstattungen analog zum 911 turbo verfügbar.
Mit gedrückter Sport Plus-Taste und Launch Control vergehen im 911 turbo S Coupé aus dem Stand nur 3,3 Sekunden, bis die Tachonadel die 100 Kilometermarke streift. Im 911 turbo S Cabriolet dauert es gerade einmal eine Zehntelsekunde länger. In 7,5 Sekunden (Cabriolet: 7,9 Sekunden) verdoppelt das 911 turbo S Coupé seine Geschwindigkeit von 100 auf 200 km/h. Der Vortrieb endet bei beiden Modellen erst bei 315 Stundenkilometern.
Am 25. August 2010 stellt Porsche auf dem Autosalon Moskau mit dem 911 GT2 RS nicht nur den stärksten Elfer mit Straßenzulassung, sondern auch den leistungsstärksten straßenzugelassenen Serien-Porsche aller Zeiten, vor. Mit dem 911 GT2 RS übernimmt ein motorsportnaher Hochleistungs-Sportwagen die Pole-Position der leistungsstärksten Seriensportwagen in der Geschichte des Hauses Porsche. Im Vergleich zum GT2 bietet der RS nicht nur 90 PS (66 kW) mehr Leistung, sondern auch 70 Kilogramm weniger Gewicht. Damit verschiebt sich das Leistungsgewicht auf genau 3 Kilogramm pro Kilowatt oder unglaubliche 2,21 Kilogramm pro PS. Beim Leichtbau des 911 GT2 RS zieht Porsche alle Register, das Ergebnis kann sich sehen lassen. 1.370 Kilogramm Leergewicht – vollgetankt und fahrfertig. Zum Vergleich: Ein 911 Carrera Coupé der Baureihe 993 von 1994 hatte genau das gleiche Leergewicht. Nebenbei bemerkt, der Porsche GT2 RS ist nicht nur stärker, schneller und leichter sondern auch sparsamer. Im NEFZ liegt der Kraftstoffverbrauch, je nach Land, um bis zu fünf Prozent niedriger als beim GT2. Zum Verkauf steht der auf 500 Fahrzeuge limitierte 911 GT2 RS in Europa ab September 2010, in den USA ab Oktober 2010. Am 20. Oktober 2010 ist das limitierte Kontingent bereits ausverkauft.
Schon die großen Lufteinlässe im Bugteil sowie der charakteristische Carbonheckflügel lassen auf den ersten Blick das Leistungspotential des 911 GT2 RS erahnen. Der optische Auftritt des 911 GT2 RS wird vor allem von zwei konsequent umgesetzten Eigenschaften bestimmt: Leichtbau und Aerodynamik. Detaillierte Feinarbeiten am Strömungsverhalten erzeugen einem Gesamtabtrieb, der um rund 60 Prozent höher liegt als der des 911 GT2. Auch bei sehr hohen Geschwindigkeiten wird ein stabiles Fahrzeugverhalten sicher gestellt. Die neue eigenständige Bugspoilerlippe des GT2 RS ist im Vergleich zum GT2 breiter ausgeführt und in den seitlichen Bereichen stärker schaufelförmig konturiert, wodurch der aerodynamische Abtrieb an der Vorderachse erhöht wird.
Zahlreiche Karosserieteile in Sichtcarbon machen den praktizierten Leichtbau sofort sichtbar und tragen entscheidend zur Verringerung des Gewichts bei. Große Luftein- und -auslässe charakterisieren den erhöhten Kühlluftbedarf der besonders sportlichen Modelle der GT-Serie. Ein weiteres markantes Merkmal ist die zusätzliche Luftaustrittsöffnung vor dem Kofferraumdeckel, welche die Abluft des mittleren Kühlers nach oben ausleitet. Dadurch verbessert sich nicht nur die Durchströmung des Kühlers, sondern die Luftführung unterstützt zusätzlich den aerodynamischen Abtrieb an der Vorderachse.
Der Kofferraumdeckel besteht komplett aus matt-schwarzem Sichtcarbon. Er bringt neben der optischen Differenzierung einen Gewichtsvorteil von rund 2,5 Kilogramm im Vergleich zur bereits sehr leichten Aluminiumhaube des 911 GT2. Im weiteren sind beim 911 GT2 RS die Oberflächen der Lamellen am Lufteinlaß im Bugteil, sowie am Luftauslaß vor dem Gepäckraumdeckel, die Außenspiegelgehäuse, die Lufteintrittsöffnungen in den Fondseitenwänden, das Heckmittelteil unterhalb der Heckscheibe sowie die Heckblende im Bereich der Endrohre zusammen mit den Auslaßöffnungen der Ladeluftkühler und den senkrecht stehenden Lamellen in Sichtcarbon gefertigt.
Neu sind beim 911 GT2 RS die aufgesetzten, in Wagenfarbe lakkierten 13-Millimeter-Kunststoff-Radhausverbreiterungen an den vorderen Kotflügeln, die die breiteren und weiter außen liegenden Räder abdecken. Schwarze »GT2 RS«-Schriftzüge auf den Türen und dem Heckdeckel runden das Bild ab. Beim 911 GT2 RS bestehen die hinteren Seitenscheiben und die Heckscheibe aus Kunststoff (Polycarbonat). Gegenüber den Glasscheiben im 911 GT2 reduzieren sie das Gewicht um gut vier Kilogramm pro Fahrzeug. Abgerundet wird das Heckdesign durch die Rückleuchten der aktuellen 911-Carrera-Modelle in LED-Technik. Die Rückleuchten sind jeweils innen an der Unterkante angephast und laufen zu den Kotflügeln hin spitz zu. Die LED-Grafik betont die Breite des 911 GT2 RS.
Form und Größe des feststehenden Heckflügels haben einen erheblichen Anteil am aerodynamischen Abtrieb an der Hinterachse. Charakteristisch sind die großen heruntergezogenen Flügelenden, die so genannten Sideplates. Formgebung und Oberfläche der in das Flügelprofil integrierten Spoilerlippe sind ebenfalls neu konzipiert. Die hintere Abrißkante der CfK-Spoilerlippe ist im Vergleich zum 911 GT2 um zehn Millimeter höher. Der genau definierte Luftabriß bietet aerodynamische Vorteile und generiert zusätzlichen Abtrieb an der Hinterachse. In der Basis des Flügels, welche das Oberteil mit dem Heckdeckel verbindet, sind seitlich in die Flügelstützen Öffnungen integriert, die als Staudrucksammler den Luftstrom zum Motor mit Verbrennungsluft fördern.
Der Leichtbau ist beim 911 GT2 RS auf Wunsch noch weiter fort-

setzbar. So sparen als Sonderwunsch erstmals in Wagenfarbe lackierte Vorderkotflügel aus kohlefaserverstärktem Kunststoff ungefähr 4,5 Kilogramm pro Fahrzeug. Eine weitere Option zur Gewichtseinsparung ist der Einbau einer 18-Ah-Lithium-Ionen-Batterie, die im Vergleich zum 60-Ah-Serien-Blei-Akku über zehn Kilogramm weniger wiegt. Auch die alternativ angebotenen Leichtbau-Halogenscheinwerfer verringern das Fahrzeuggewicht um weitere sechs Kilogramm.

Für den 911 GT2 RS wird das genau 3,6 Liter große Basistriebwerk des GT2 weiterentwickelt und zeigt, welche Leistungsreserven noch im bewährten 6-Zylinder-Boxer stecken, dessen Grundkonstruktion noch aus der Feder des genialen Porsche-Motorenpapstes Hans Mezger stammt. Der Motor basiert auf dem vertikal geteilten Kurbelgehäuse aus Aluminiumdruckguß, welches zuerst im Porsche 964 Verwendung fand, mit einer achtfach gelagerten Kurbelwelle, Nikasil-beschichteten Aluminium-Zylinderlaufbuchsen gepaart mit geschmiedeten Leichtmetallkolben sowie der variablen Ventilsteuerung VarioCam Plus.

Der mit 9,0 : 1 verdichtete Hochleistungsmotor wird über zwei Abgasturbolader mit variabler Turbinengeometrie (VTG) mit Verbrennungsluft zwangsbeatmet. Die wassergekühlten Abgasturbolader sind auf einen Ladedruck von bis zu 1,6 bar ausgelegt. Das sind 0,2 bar mehr Ladedruck als beim 911 GT2. Ein höherer Ladedruck ist eine Voraussetzung für mehr Leistung, die zweite ist eine verbesserte Kühlung der Ladeluft durch optimierte Ladeluftkühler. Ein neues Kühlernetz mit größerer Tiefe und verbesserter Anströmung steigern den Wirkungsgrad der beiden Ladeluftkühler um circa 15 Prozent.

Durch die effektivere Kühlung der komprimierten Luft steigt deren Dichte und damit deren Sauerstoffgehalt, zusammen mit mehr Kraftstoff kann eine intensivere Verbrennung für eine höhere Motorleistung erzielt werden. Final wird die Bosch-Motorsteuerung ME7.8.1 auf die leistungsfördernden Parameter abgestimmt. Ergebnis der Leistungskur sind 620 PS (456 kW) bei 6.500 Umdrehungen pro Minute. Analog zur Nennleistung steigt auch das maximale Drehmoment auf 700 Newtonmeter an, welches in einem breiten Drehzahlbereich von 2.250/min bis 5.500/min abgerufen werden kann. Der aufgeladene 6-Zylinder-Boxer kann bis zu einer Höchstdrehzahl von 6.750 Umdrehungen pro Minute gedreht werden. Ein anderer beeindruckender Wert ist die spezifische Leistung von über 172 PS pro Liter Hubraum. Der Turbomotor verfügt über eine Expansionssauganlage, die beim GT2 RS erstmalig aus Kunststoff gefertigt ist und gegenüber der Aluminiumsauganlage des GT2 drei Kilogramm weniger wiegt.

Die Expansionssauganlage ist eine Grundvoraussetzung für die hohen Ladedrücke des RS-Aggregats. Bei den Ladungswechseln des Motors schwingt die Luft im Ansaugbereich zwischen der Drosselklappe und den Einlaßventilen. Durch das Pulsieren der Luft entstehen alternierende Drücke. In der Regel sind heutige Sauganlagen so ausgelegt, daß die Kompressionsphase zur Füllung der Zylinder genutzt wird, um mehr Luft in die Brennräume zu pressen – je besser die Zylinderfüllung, desto höher die Leistung. Der Nachteil des Resonanzprinzips ist, daß mit dem Ladeeffekt die Luft nicht nur verdichtet, sondern auch erwärmt wird. Dadurch kann das Benzin-Luft-Gemisch nicht für die optimale Leistung gezündet werden. In der Expansionsphase kühlt die Luft durch den Unterdruck ab. Diesen Effekt nutzt die Expansionssauganlage des 911 GT2 RS, bei der lange Saugrohre mit geringerem Rohrquerschnitt eingesetzt werden.

Diese Ansaugtechnik ermöglicht bei Höchstdrehzahl eine Gemischtemperatur, die unmittelbar vor dem Schließen des Einlaßventils um rund 20 Grad Celsius niedriger liegt als bei einem Motor mit einer konventionellen Ansauganlage. Durch die deutliche Effizienzsteigerung reduziert sich bei Volllast und gleicher Leistung der Kraftstoffverbrauch um ungefähr 15 Prozent. Der Boxermotor ist mit speziell abgestimmten, performanceorientierten Motorlagern mit der Karosserie verbunden. Der 911 GT2 RS ist mit einer klassischen Trockensumpfschmierung mit einem separaten Öltank ausgerüstet. Neun Ölpumpen sorgen für einen sicheren Ölkreislauf, selbst bei länger anhaltender hoher Querbeschleunigung, wie sie typisch für die Rundstrecke ist. Dies sind zwei Ölabsaugpumpen für die Abgasturbolader, je zwei Ölabsaugpumpen der Zylinderköpfe sowie zwei Absaug- und eine Druckpumpe im Kurbelgehäuse.

Der Endschalldämpfer und die beiden Endrohre der Abgasanlage sind aus Titan gefertigt. Mit ungefähr neun Kilogramm ist er um 50 Prozent leichter als ein vergleichbarer Schalldämpfer aus Edelstahl. Titan verbindet geringes Gewicht mit hoher Temperatur- und Materialfestigkeit.

Für die Kraftübertragung des 911 GT2 RS ist ein 6-Gang-Schaltgetriebe mit Getriebeölkühlung zuständig, welches für den Wettbewerbseinsatz entwickelt wurde. Es ist auf sehr kurze, präzise Schaltwege ausgerichtet. Die Zahnräder sind auf die Getriebewellen aufgesteckt statt aufgepreßt und können somit individuell zur Anpassung an die Rennstrecke ausgetauscht werden. Für den harten Sporteinsatz sind die Synchronringe der Gänge zwei bis sechs aus Stahl statt aus Buntmetall gefertigt und erlauben somit sehr schnelle und präzise Gangwechsel. Einen Gewichtsvorteil von gut acht Kilogramm bringt das Einmassenschwungrad im Vergleich zum Zweimassenschwungrad des 911 GT2. Durch das geringere Gewicht dreht der Motor zudem schneller und leichter hoch. Im Ausgleichsgetriebe des 911 GT2 RS ist serienmäßig ein asymmetrisch wirkendes Sperrdifferential mit Sperrwerten von 28 Prozent im Zug und von 40 Prozent im Schub integriert, um ein Maximum an Traktion und Fahrstabilität bei gleichzeitig höchster Kurvenagilität zu erreichen.

Die Basis des GT2-RS-Fahrwerks ist vom GT2 übernommen. Für mehr Fahrdynamik verfügt der GT2 RS über ein besonders leich-

tes und sportlich präzises Fahrwerk, bei dem alle radführenden Elemente aus Aluminium gefertigt sind. So sind die Aluminium-Diagonalstreben an der Hinterachse rund 1,4 Kilogramm leichter als die im GT2 verwendeten Streben. Eine weitere Gewichtsersparnis von drei Kilogramm bringen neue Schraubenfedern an der Vorderachse und der Einsatz von Zusatzfedern (»Helperfedern« aus dem Motorsport) an der Hinterachse. Diese sind im unteren Bereich des Federelements untergebracht und ermöglichen so den Einsatz von kurzen und leichten Hauptfedern und stellen im komplett ausgefederten Zustand die Vorspannung der Hauptfeder sicher.
Untere Querlenker, Spurstangen, die Anbindungen der Zugstrebe an der Karosserie und des Federbeins am Radträger sind mit Kugelgelenken versehen, die eine höhere Präzision als übliche elastokinematische Lager bieten. Wie bei allen 911 GT-Modellen können beim 911 GT2 RS die Spur, die Stabilisatoren und das Federsystem inklusive der Fahrzeughöhe für den jeweiligen Einsatzzweck eingestellt werden. Zur Erhöhung der Wankstabilität ist die Spur an Vorder- und Hinterachse besonders breit ausgeführt. Die Vorteile sind ein agileres Einlenkverhalten und höhere Kurvengeschwindigkeiten. Im Vergleich zum 911 GT2 beträgt die Spurverbreiterung an der Vorderachse zwölf Millimeter. Diese entsteht durch eine Verringerung der Einpreßtiefe der Räder von 53 auf 47 Millimeter.
Beim 911 GT2 RS sind Kinematik und Fahrwerkseinstellungen an Vorder- und Hinterachse für motorsportliche Einsätze angepaßt. So ist die »Normal«-Stellung des PASM für die Nürburgring-Nordschleife abgestimmt, die »Sport«-Stellung für Rundstrecken mit ebenen Fahrbahnoberflächen. Das speziell auf den 911 GT2 RS abgestimmte Porsche Stability Management (PSM) gehört in einer besonders motorsportnahen Auslegung zur Serie. Bei Deaktivierung einzelner Funktionskomponenten kann es auch die Ansprüche von extrem sportlich orientierten Fahrern erfüllen. Per Tastendruck kann er die Querdynamikregelung Stability Control (SC) abschalten, während die Längsdynamikregelung Traction Control (TC) weiterhin aktiv bleibt. Erst in der zweiten Schaltstufe wird auch die TC deaktiviert. Die einmal abgeschalteten Funktionen bleiben selbst in extremen Fahrsituationen ausgeschaltet. Erst auf Knopfdruck des Fahrers werden die Funktionen wieder reaktiviert.
Der 911 GT2 RS rollt auf eigens für ihn entwickelten 19-Zoll-Rädern mit Zentralverschluß und Sportreifen mit besonders ausgeprägter Haftung für noch höhere Querbeschleunigungen. An der Vorderachse sind neun Zoll breite Räder mit Reifen der Größe 245/35 ZR 19 montiert. An der Hinterachse sorgen zwölf Zoll breite Räder mit Reifen der Dimension 325/30 ZR 19 für besten Grip. Das Reifendruck-Kontrollsystem (RDK) ist für den Einsatz im 911 GT2 RS überarbeitet worden. Gegenüber dem im 911 GT2 weltweit serienmäßigen RDK besitzt das System des GT2 RS eine zentrale Antenne und eine weiterentwickelte Rad-Elektronik. Es ermöglicht eine schnellere Luftdruckanzeige nach dem Einschalten der Zündung und eine schnellere sowie ständige Druckaktualisierung während des Befüllens mit Druckluft.
Die sehr leichte und äußerst leistungsfähige Keramikbremsanlage Porsche Ceramic Composite Brake (PCCB) verfügt über 6-Kolben-Aluminium-Festsättel mit gelochten, innenbelüfteten 380-Millimeter-Bremsscheiben vorn und 4-Kolben-Aluminium-Festsättel mit gelochten, innenbelüfteten 350-Millimeter-Bremsscheiben hinten. Zur Verringerung des Gewichts und der ungefederten Massen bestehen die vier Bremstöpfe aller Verbund-Bremsscheiben aus Aluminium, dadurch reduziert sich das Gewicht im Vergleich zu Bremstöpfen aus Edelstahl um 4,8 Kilogramm. Um die Standfestigkeit der Bremse bei hoher Beanspruchung weiter zu verbessern, hat der GT2 RS neben der besonders wirksamen Bremsenbelüftung an der Vorderachse zusätzliche Bremsluftkanäle, seitlich im Unterbodenbereich, die die Kühlluft gezielt zu den hinteren Bremsen leiten.
Sportlicher Leichtbau bestimmt das Interieur des 911 GT2 RS mit lederbezogenen Carrera-GT-Leichtbau-Schalensitzen aus kohlefaserverstärktem Kunststoff in Sichtcarbon und Leichtbau-Türtafeln mit roten Öffnerschlaufen. Die hinteren Sitze entfallen aus Gewichtsgründen. Die Grundfarbe des Innenraums ist Schwarz. Als sportiver Kontrast sind Ausstattungsteile wie Dachhimmel, Sitzmittelbahnen, Deckel der hinteren Mittelkonsole, Türzuziehgriffe, Türarmlehnen, sowie einzelne Segmente an Lenkradkranz, Schalt- und Handbremshebelgriff mit rotem Alcantara bezogen. Wahlweise, ohne Aufpreis, wird der 911 GT2 RS mit einer schwarzen Lederausstattung mit rotem oder schwarzem Alcantara angeboten. Der Lenkradkranz ist mit einer gelben 12-Uhr-Markierung und beledertem Airbag-Modul versehen.
Durch den Entfall der Dämmatten unter den Teppichen im Fondbereich wird zusätzliches Gewicht eingespart. Ganz im Zeichen des Leichtbaus sind die Türeinstiegsblenden und die Schalttafelzierblende aus Sichtcarbon gefertigt. Drehzahlmesser, Einstiegsblenden, die Zierblende über dem Handschuhfachdeckel und der Fondteppich sind mit dem Schriftzug »RS« versehen. Auf dem Handschuhfachdeckel ist die Limitierungsplakette mit der Fahrzeugnummer angebracht. Beim 911 GT2 RS gehört das Clubsportpaket mit dem geschraubten Überrollkäfig hinten, der Vorrüstung für den Batteriehauptschalter, dem beigelegten 6-Punkt-Gurt für die Fahrerseite und den beigelegten Feuerlöscher mit Halterung zum Lieferumfang.
Porsche bietet für den 911 GT2 RS zahlreiche Individualisierungsmöglichkeiten wie die Sportschalensitze mit klappbarer Lehne oder die adaptiven Sportsitze, jeweils mit Thorax-Airbags, welche in den Seitenwangen der Lehnen integriert sind. Weitere Sonderausstattungen sind Heckleuchten in Klarglasoptik, 6-Punkt-Gurte für den Beifahrer, Leder-, Alcantara- und Carbon-Ausstattungen, sowie das Porsche Communication Ma-

nagement (PCM) einschließlich Navigationsmodul und Touchscreen. Auf Wunsch kann der GT2 RS auch ohne die serienmäßige Klimaanlage, das Clubsportpaket oder das Audiosystem CDR-30 ausgeliefert werden.
Dieser Sport-Elfer setzt neue Maßstäbe auf der Straße und auf der Rennstrecke. »Die grüne Hölle« der Nürburgring-Nordschleife umrundet der GT2 RS in 7:18 Minuten und unterbietet damit die Rundenzeit des, gewiss nicht langsamen, GT2 um ganze 14 Sekunden. Auch das Beschleunigungsvermögen des 911 GT2 RS ist atemberaubend. Aus dem Stand katapultiert der Leichtbauelfer in nur 3,5 Sekunden auf 100 Kilometer pro Stunde, bei 6,5 Sekunden ist Tempo 160 erreicht, nach 9,8 Sekunden durcheilt er die magische 200-Stundenkilometer-Marke und nach 28,9 Sekunden stehen echte 300 km/h auf dem Tacho. Beim 911 GT2 RS wird als einzigem Porsche-Sportwagen die Höchstgeschwindigkeit abgeregelt – bei 330 km/h.
Am 30. September 2010 präsentiert der neue Vorstandsvorsitzende der Porsche AG, Matthias Müller, auf dem Automobilsalon in Paris mit den beiden 911-Carrera-GTS-Modellen und dem 911 Speedster gleich mehrere Elfer-Neuheiten. Porsche schließt mit dem 408 PS starken 911 Carrera GTS die leistungsmäßige Lücke zwischen dem Carrera S mit 381 PS und dem 435 PS leistenden GT3. Der als Coupé und Cabriolet angebotene Carrera GTS tritt mit breiter Karosserie, Hinterradantrieb und einer umfangreichen, betont sportlichen Serienausstattung an. Beide Modelle sind ab Dezember 2010 in Deutschland im Handel erhältlich. Zum sportlichen Plus kommt noch ein wirtschaftlicher Aspekt: Der Carrera GTS verbraucht im Neuen Europäischen Fahrzyklus (NEFZ) nicht mehr Kraftstoff als der 23 PS schwächere Carrera S und ist angesichts der umfangreichen Serienausstattung auch preislich ein attraktives Angebot.
Die Sport-Design-Bugverkleidung mit den zusätzlichen seitlichen Diagonalstreben im mittleren Lufteinlaß und die Bugspoilerlippe verleihen dem 911 Carrera GTS eine markant-dynamische Frontansicht und differenziert ihn damit deutlich von den übrigen 911-Carrera-Modellen. Die Abrißkante der Bugspoilerlippe und die aerodynamische Feinarbeit optimiert die Luftströmung unter dem Fahrzeug und die seitliche Umströmung. Das gewährleistet auch bei sehr hohem Tempo ein sicheres, stabiles Fahrverhalten, ohne negative Einflüsse auf den Verbrauch zu haben. Die motorsporttypisch schwarz lakkierte Bugspoilerlippe sorgt zusammen mit den schwarzen Seitenschwellerblenden sowie den Blenden der unteren Heckverkleidung für einen tiefen optischen Schwerpunkt der Karosserie.
Auf den Türen sind je nach Außenfarbe schwarze oder silberne »Carrera GTS«-Schriftzüge angebracht. Durch die um je 22 Millimeter verbreiterten Fondseitenteile des Carrera 4 und die breiteren Hinterräder wirkt die Heckansicht des 911 Carrera GTS besonders kraftvoll. Die schwarze Fläche zwischen den Endrohren betont die Breite der Karosserie zusätzlich und läßt sie optisch noch sportlicher wirken. Auch bei der serienmäßigen Sportabgasanlage setzt sich das eigenständige schwarze Oberflächendesign fort. Die Außenschalen der Endrohre sind schwarz lackiert, die Innenrohre sind außen poliert und nanobeschichtet, innen jedoch schwarz lackiert. Ebenfalls schwarz ist der »Carrera GTS«-Schriftzug auf dem Heckdeckel. Bei bestimmten Außenfarben ist er in Silber ausgeführt.
Zusammen mit der breiten Karosserie des 911 Carrera 4 übernimmt der GTS auch dessen vergrößertes Tankvolumen von 67 Liter. Für den Carrera GTS ist als Novum in der 911-Carrera-Baureihe wahlweise, ohne Aufpreis, ein 90-Liter-Tank erhältlich (außer USA).
Auf Basis des 3,8-Liter-Motors des Carrera S hat die Exclusive Abteilung eine Werksleistungssteigerung mit 23 PS (17 kW) entwickelt. Das optimierte 3,8-Liter-Triebwerk begeistert durch seine gesteigerte Drehfreude. So entwickelt der Boxermotor seine maximale Leistung von 408 PS (300 kW) bei 7.300/min, kurz vor der Höchstdrehzahl von 7.500/min. Damit nutzt der Motor das zur Verfügung stehende Drehzahlband noch besser aus als das Carrera S-Aggregat, welches seine Nennleistung schon bei 6.500/min erreicht. Die Mehrleistung des 3,8-Liter-Triebwerks mit Benzin-Direkteinspritzung ist in erster Linie das Ergebnis einer aufwendigen Überarbeitung des Ansaugtraktes. In der neu entwickelten Resonanzsauganlage schalten sechs unterdruckgesteuerte Luftklappen zwischen einer leistungs- und einer drehmomentoptimierten Geometrie um. Im Vergleich dazu: Beim Carrera S-Motor übernimmt nur eine zentrale Schaltklappe diese Aufgabe.
Die optimale Resonanzaufladung zur Zylinderfüllung erzeugt in einem Drehzahlbereich von 3.000/min bis 4.000/min im Vergleich zum Carrera S-Triebwerk eine deutliche Steigerung des Drehmoments, die in einer besseren Beschleunigung resultiert. Bei einer Drehzahl von 1.500/min liegen bereits 320 Newtonmeter an, ein Plus von gut sechs Prozent. Das maximale Drehmoment von 420 Nm wird beim werksleistungsgesteigerten Motor zwischen 4.200/min und 5.600/min anstelle von 4.400/min wie beim 911 Carrera S erreicht. Im oberen Drehzahlbereich ist der Motor leistungsstärker und dreht zudem leichter hoch. Die verbesserte Zylinderfüllung wird in den Zylinderköpfen zusätzlich durch strömungsgünstiger bearbeitete Ansaugkanäle unterstützt. Abgerundet wird die Optimierung durch eine eigens entwickelte Abgasanlage mit geringerem Abgasgegendruck. Damit bietet der Carrera GTS im Vergleich zum 911 Carrera S ein noch souveräneres Fahrerlebnis und einen unverkennbaren Sound. Auf dem Luftfilterkasten ist eine Aluminiumblende mit dem Schriftzug »Carrera GTS« angebracht.
Der Carrera GTS wird serienmäßig mit dem Porsche 6-Gang-Schaltgetriebe ausgeliefert. Als Option steht das 7-Gang-Porsche-Doppelkupplungsgetriebe (PDK) mit einem drehzahl- und

verbrauchssenkenden, lang übersetzten siebten Gang zur Wahl.
Als sportliches Top-Modell der Carrera-Varianten bietet der 911 Carrera GTS ein besonders dynamisches Fahrwerk mit breiterer Spur und großzügig dimensionierten Reifen. Vorne stützt sich der Carrera GTS auf einer um zwei Millimeter auf 1.488 Millimeter verbreiterten Spur ab. Bei einem puristischen Sportwagen mit Heckantrieb kommt der Hinterachse in Bezug auf Querdynamik und Traktion die entscheidende Bedeutung zu. Deshalb wurde die Spur der Antriebsachse um 32 Millimeter auf 1.548 Millimeter verbreitert und dazu passend der Durchmesser des Stabilisators vergrößert. Das Porsche Active Suspension Management (PASM) gehört beim Carrera GTS zur Serienausstattung. Als optionale Variante des aktiven Fahrwerks bietet Porsche das PASM-Sportfahrwerk an. Dieses Fahrwerk zielt auf besonders sportlich ambitionierte Fahrer. Das aktive PASM-Sportfahrwerk unterscheidet sich von der Serienversion durch eine straffer abgestimmte Federung in Kombination mit einer um 20 Millimeter tiefergelegten Karosserie. Das aktive Sportfahrwerk wird in Verbindung mit dem mechanischen Sperrdifferential angeboten.
Auf überlegene Fahrdynamik ist auch die Rad-Reifenkombination ausgelegt. Die Reifen sind serienmäßig auf 19-Zoll-RS-Spyder-Rädern mit Zentralverschluß aufgezogen, die bisher nur beim 911 turbo lieferbar waren. Nun sind die RS-Spyder-Räder innerhalb der Carrera-Modellreihe ausschließlich für den 911 Carrera GTS erhältlich. Mit schwarz lackiertem Felgenstern und Felgenbett sowie mit glanzgedrehtem Felgenhorn geben die Räder dem Carrera GTS einen besonderen stilistischen Akzent. Vorn beträgt die montierte Reifengröße 235/35 ZR 19, hinten 305/30 ZR 19. Passend zur Reifenbreite sind die Felgen gewählt, diese sind an der Vorderachse 8,5 Zoll und an der Hinterachse elf Zoll breit. Wahlweise, ohne Aufpreis, sind 19-Zoll-Carrera-Sporträder in den gleichen Dimensionen lieferbar.
Die Bremsanlage des Carrera GTS besteht aus rot lackierten 4-Kolben-Aluminium-Monobloc-Festsätteln an Vorder- und Hinterachse sowie gelochten, innenbelüfteten Bremsscheiben mit einem Durchmesser von 330 Millimetern. Optional steht zur weiteren Steigerung der Bremsleistung die Porsche Ceramic Composite Brake (PCCB) mit Keramikbremsscheiben und gelben 6-Kolben-Monobloc-Festsätteln an der Vorderachse sowie 4-Kolben-Monobloc-Festsätteln an der Hinterachse zur Wahl. Die gelochten, innenbelüfteten Keramikverbund-Bremsscheiben haben je einen Durchmesser von 350 Millimetern.
Die konsequente Sportlichkeit des 911 Carrera GTS wird auch im Interieur umgesetzt. Im Cockpit bieten die serienmäßigen Sportsitze den perfekten Seitenhalt bei gleichzeitig sehr gutem Langstreckenkomfort. Um das Leistungsgewicht zu verbessern, entfällt beim Coupé die Rücksitzanlage. Dadurch wiegt das 911 Carrera GTS Coupé trotz breiterer Karosserie und breiteren Hinterrädern fünf Kilogramm weniger als das 911 Carrera S Coupé. Die Rücksitze sind jedoch wahlweise, ohne Aufpreis, erhältlich. Das Interieur wird durch den großzügigen Einsatz von schwarzem Alcantara bestimmt. Mit diesem hochwertigen Material, das leichter als Leder ist, sind die Sitzmittelbahnen der Sportsitze, der Lenkradkranz, der Schalt- und Handbremshebel, die Türgriffe, der Deckel und die Verlängerung der Türablagefächer sowie beim Coupé der Dachhimmel und sofern vorhanden, die Sitzmittelbahnen der Rücksitze bezogen.
In Verbindung mit der optionalen Lederausstattung in »Schwarz Alcantara« ist auch der untere Teil der Schalttafel, der Handschuhfachdeckel, die Türtafeln und der Deckel des Ablagefachs in der Mittelkonsole mit Alcantara verkleidet. Auch die Zifferblätter der Instrumente sind in sportlichem Schwarz gehalten. Die serienmäßigen Edelstahl-Einstiegsblenden tragen die schwarze Modellbezeichnung »Carrera GTS«. Im Carrera GTS feiert das neue 3-Speichen-SportDesign-Lenkrad sein Debüt. Das bisher nur in Verbindung mit dem PDK erhältliche Lenkraddesign des 3-Speichen-Sportlenkrads mit Schaltpaddles kombiniert perfekte Ergonomie mit sportlich-attraktiver Optik. Der Lenkradkranz wird nicht durch die Doppel-Speichen unterbrochen und bietet deshalb eine noch bessere Bedienbarkeit, insbesondere bei schnellen Lenkradbewegungen im fahrdynamischen Grenzbereich. Bei Fahrzeugen mit PDK wird das Lenkrad mit Schaltpaddles eingesetzt und erhält zusätzlich in Verbindung mit dem optionalen Sport Chrono Paket Plus die Fahrmodusanzeigen »Sport«, »Sport Plus« und »Launch Control«. Das Porsche Communication Management (PCM) übernimmt die Aufgabe des zentralen Informations- und Kommunikationssystems. Es ist serienmäßig mit dem Sound Package Plus kombiniert, einem analogen Sound-System mit neun Lautsprechern und einer Gesamtleistung von 235 Watt.
Das 911 Carrera GTS Coupé mit 6-Gang-Schaltgetriebe beschleunigt von 0 auf 100 km/h in 4,6 Sekunden, mit PDK in 4,4 Sekunden. Mit dem Sport Chrono Paket und Launch Control verbessert sich diese Zeit auf 4,2 Sekunden. Bedingt durch das höhere Fahrzeuggewicht absolviert das 911 Carrera GTS Cabriolet die entsprechenden Sprints 0,2 Sekunden langsamer. Die Höchstgeschwindigkeit der beiden 911 Carrera GTS-Varianten liegt bei 306 Kilometer pro Stunde und bei 304 km/h mit PDK.
Porsche Exclusive hat den auf dem Automobilsalon in Paris vorgestellten 911 Speedster der Baureihe 997 konzipiert. Der unternehmenseigene Veredelungsbereich hat sich auf Individualisierungen aller Porsche-Fahrzeuge und -Kleinserien spezialisiert, selbstverständlich mit voller Werksgarantie. Mit dem 911 Speedster leitet Porsche Exclusive sein 25-jähriges Bestehen ein, welches im Jahr 2011 gefeiert wird. Der puristische Zweisitzer wird in den beiden exklusiven Uni-Farben Purblau und Carraraweiß angeboten. Der 911 Speedster zeigt nach dem großen Erfolg des 911 Sport Classic erneut die Kleinserien-Kompetenz

von Porsche Exclusive auf. Die vierte 911-Speedster-Baureihe ist als Hommage an den legendären 356 Speedster, der im Jahr 1954 auf dem Markt eingeführt wurde, auf 356 Fahrzeuge limitiert. Der besondere Charakter des Speedsters besteht darin: Ein Cabriolet ist ein Fahrzeug, mit dem man offen fahren kann, ein Speedster hingegen ist ein Fahrzeug, mit dem man zur Not auch geschlossen fahren kann.
Ausgangsbasis für den 911 Speedster ist die selbsttragende, vollverzinkte Rohkarosserie des 911 Carrera GTS Cabriolets mit den um je 22 Millimeter verbreiterten hinteren Seitenteilen. Zur Gewichtseinsparung von rund 14 Kilogramm tragen die Aluminium-Leichtbautüren des 911 turbo bei. Trotz umfangreicher Mehrausstattung bleibt der 911 Speedster mit 1.540 Kilogramm auf dem Gewichtsniveau des 911 Carrera S Cabriolets. Der Rahmen der Frontscheibe ist 60 Millimeter kürzer und flacher geneigt, um dem Speedster seine charakteristische geduckte Linienführung zu verleihen. Die Seitenansicht wird sowohl im offenen als auch im geschlossenen Zustand durch die konsequent umgesetzten Speedster-Proportionen geprägt. Mit geöffnetem Verdeck ist er mit einer Höhe von 1.230 Millimetern um 40 Millimeter flacher als das Carrera S Cabriolet (mit geschlossenem Dach: 1.284 Millimeter), der flachste Elfer der 997-Baureihe. Passend zur niedrigeren Frontscheiben- und Verdeckform sind die Speedster-Seitenscheiben ausgeführt. Auch der Speedster hat für einen besseren Schulterblick bei Spurwechseln mit geschlossenem Verdeck eine kleine hintere Seitenscheibe.
Individuelle Design-Merkmale in Verbindung mit aerodynamischem Feinschliff geben den 911 Speedster einen eigenständigen Auftritt. Dieser wird durch die beiden Farben Purblau, welche exklusiv für den Speedster konzipiert wurde, und dem klassischen Carraraweiß noch hervorgehoben. Dazu bilden in hochglänzendem Schwarz ausgeführte Akzente einen gewollten Kontrast. Das schon zuvor am 911 Sport Classic verwendete Bugteil unterscheidet sich von der Serienfrontverkleidung durch die beiden vertikal angeordneten Stege im mittleren Lufteinlaß. Für eine ausgeglichene aerodynamische Balance sorgen die Bugspoilerlippe mit den beiden Öffnungen zur Bremsenkühlung und der ausfahrbare Heckspoiler. Die mit schwarzem Hochglanzlack überzogenen Komponenten sind der Windschutzscheibenrahmen, die unteren Streben der Außenspiegel und die Spiegeldreiecke.
Ebenfalls in Schwarz ausgeführt sind die Lufteinlaßgitter und die Umrandungen der serienmäßigen Bi-Xenon-Hauptscheinwerfer mit dynamischem Kurvenlicht. Dazu passend sind erstmals abgedunkelte Bugleuchten montiert, ein weiteres Detail von Porsche Exclusive. Auf dem rechten vorderen Kotflügel trägt der 911 Speedster weltweit auf Höhe des Seitenblinkers die Porsche Exclusive-Jubiläums-Plakette mit den Silhouetten des 911 Sport Classic und des 911 Speedster und darunter »25 years Porsche Exclusive«. Die ausgeformten, in Wagenfarbe lackierten Seitenschweller betonen die Seitenlinie des 911 Speedster und leiten die Formensprache in das breite Heck über. An den Fondseitenteilen sind mattschwarze Steinschlagschutzfolien aufgeklebt, wie sie der turbobreite 911 Speedster in ähnlicher Form im Jahr 1989 hatte.
Das neu konstruierte, einfach manuell zu bedienende Stoffverdeck trägt dem puristischen Speedster-Gedanken auf besonders anspruchsvolle Weise Rechnung. Der Stoff des nur in Schwarz lieferbaren Speedster-Verdecks stammt vom 911 Carrera Cabriolet. Im vorderen Bereich ist der Innenhimmel mit schwarzem Stoff bespannt. Selbstverständlich ist das hochwertige manuelle Verdeck voll alltags- und höchstgeschwindigkeitstauglich. Im Gegensatz zu den früheren Speedstern liegt jetzt das Verdeckende auf dem Verdeckkastendeckel auf. Bei dieser Konstruktion wird das Verdeck beim manuellen Verriegeln so gespannt, daß die Dichtung des Verdeckstoffs wasserdicht auf den Verdeckkastendeckel gepreßt wird. Eine transparente Schutzfolie übernimmt den Schutz des lackierten Verdeckkastendeckels an der aufliegenden Dichtung des Spannspriegels.
Das ausgeklügelte Verdeck schützt den Innenraum wirkungsvoll gegen Nässe und Zugluft, auch bei Höchstgeschwindigkeit. Eine Person kann das Verdeck alleine leicht öffnen und schließen. Vor dem Verdeckkastendeckel befindet sich eine speziell für den Speedster entwickelte Quertraverse. Diese stellt durch ihren Softlacküberzug in Interieurfarbe einen optischen Übergang zwischen Exterieur und Interieur her. Analog zu den 911-Carrera-Cabriolet-Modellen ist auch der Speedster mit einem weiterentwickelten, selbstausfahrenden Überrollschutzsystem ausgestattet, welches sich unterhalb des Aluminium-Verdeckkastendeckels mit den beiden charakteristischen Höckern befindet. Im Notfall fährt es blitzschnell durch die beiden Abdeckklappen des Verdeckkastendeckels nach oben. Durch die flachere Silhouette des Speedsters neigt sich die Glasheckscheibe nun weiter in Richtung Fahrzeugmitte. Bei geschlossenem Verdeck zerbrechen zwei Dorne auf den beiden Bügeln beim Ausfahren die Heckscheibe aus Sicherheitsglas, die in kleine ungefährliche, stumpfe Glasstücke zerfällt. Im hinteren Bereich des Verdeckkastendeckels ist mittig die dritte Bremsleuchte integriert.
Der Speedster-Verdeckkastendeckel mit seinen charakteristischen Auswölbungen verlängert das Heck im Vergleich zum 911 Carrera S Cabriolet deutlich. Der in Hochglanzschwarz lackierte Speedster-Schriftzug auf dem Heckdeckel sitzt zwischen den serienmäßigen rot-silbernen LED-Heckleuchten in Klarglasoptik, die die Breite des Hecks zusätzlich betonen. Zur weiteren Abgrenzung zu den Serien-Elfern verfügt der 911 Speedster über die vom 911 Sport Classic bekannte Heckverkleidung, die beim Speedster serienmäßig mit Park-Assistent-Sensoren bestückt ist. Im oberen Bereich greift sie mit den seitlichen, senk-

rechtstehenden Luftauslaßöffnungen das sportliche Design der GT-Fahrzeuge auf. Der eigenständige Kennzeichenausschnitt schafft eine Überleitung zu den Aussparungen für die beiden schwarz lackierten und in Nanotechnologie beschichteten Einzelendrohre mit 100 Millimetern Durchmesser und Lochgittereinsatz.

Auf Basis des 3,8-Liter-Motors des Carrera S hat die Exclusive Abteilung eine Werksleistungssteigerung mit 23 PS (17 kW) entwickelt. So erreicht der Boxermotor seine maximale Leistung von 408 PS (300 kW) bei 7.300/min, kurz vor der Höchstdrehzahl von 7.500/min. Die Mehrleistung des 3,8-Liter-Triebwerks mit Benzin-Direkteinspritzung ist in erster Linie das Ergebnis einer aufwendigen Überarbeitung des Ansaugtraktes. In der neu entwickelten Resonanzsauganlage schalten sechs unterdruckgesteuerte Luftklappen zwischen einer leistungs- und einer drehmomentoptimierten Geometrie um.

Das maximale Drehmoment von 420 Nm wird beim werksleistungsgesteigerten Motor schon ab 4.200/min anstelle von 4.400/min wie beim 911 Carrera S erreicht. Im oberen Drehzahlbereich ist der Motor leistungsstärker und dreht zudem leichter hoch. Die verbesserte Zylinderfüllung wird in den Zylinderköpfen zusätzlich durch strömungsgünstiger bearbeitete Ansaugkanäle unterstützt. Abgerundet wird die Optimierung durch eine eigens entwickelte Abgasanlage mit geringerem Abgasgegendruck. Diese paßt akustisch und optisch perfekt zum Speedster: Der Sound ist von einer sportlichen Charakteristik.

Der 911 Speedster ist ausschließlich mit dem 7-Gang-PDK-Getriebe lieferbar, welches am 3-Speichen-Sportlenkrad über zwei ergonomisch angeordnete Schaltpaddles manuell geschaltet werden kann. Aufgrund des lang ausgelegten siebten Gangs ist auch eine ausgesprochen ökonomische und drehzahlschonende Fahrweise möglich. An der Hinterachse ist serienmäßig ein Sperrdifferential mit einem Sperrwert von 22 Prozent im Zug und 27 Prozent im Schub eingebaut. Die mechanische Hinterachsquersperre unterstützt die Fahrdynamik durch eine bessere Traktion bei Kurvenfahrt. Zur sportlichen Ausstattung des 911 Speedster gehört auch das Sport Chrono Paket Plus.

Von allen serienmäßigen Porsche 911 hat der neue Speedster das niedrigste Verhältnis von Fahrzeughöhe zu Spurweite. Mit einem Fahrzeugschwerpunkt, der unter 500 Millimetern liegt, verfügt er über beste Voraussetzungen für ein besonders agiles, kurvenwilliges Fahrverhalten. Die überragende Fahrdynamik ist das Ergebnis einer Fahrwerksgeometrie mit einer im Vergleich zum 911 Carrera S Cabriolet um sechs Millimeter größeren Spurbreite der Vorderachse sowie 34 Millimeter mehr Spurweite an der Hinterachse. Die Abstimmung des Fahrwerks ist an die breitere Spur angepaßt, deshalb kommt an der Hinterachse auch ein stärkerer Stabilisator zum Einsatz. Wie alle 911-Spitzenmodelle verfügt auch der Speedster serienmäßig über das aktive Dämpfungssystem PASM.

Eines der herausragendsten Merkmale des 911 Speedster sind die 19-Zoll-Sport-Classic-Räder mit hochglänzend-schwarz lackiertem Felgenstern und blankem Felgenhorn. Das Raddesign ist optisch stark an die sogenannte »Fuchsfelge« – dem wohl klassischsten Porsche-Rad schlechthin – angelehnt. Auch im Jahr 2010 weiß dieses Raddesign Porsche-Enthusiasten noch zu begeistern. Porsche Exclusive verleiht dem 911 Speedster damit zusätzlich eine exklusive, zeitlose Note. An der Vorderachse rollt der Speedster auf 8,5 Zoll breiten Rädern mit 235/35 ZR 19-Bereifung und hinten sind 305/30 ZR 19-Niederquerschnittsreifen auf 11,5-Zoll-Rädern aufgezogen. Da 62 Prozent des Fahrzeuggewichts hinten auf der Antriebsachse liegen, sorgen die breiten Hinterreifen für große Aufstandsflächen und damit für einen hohen Grip in Längs- und Querrichtung.

911 Speedster

Der 911 Speedster erhält von Porsche Exclusive mit der Porsche Ceramic Composite Brake (PCCB) die beste und leistungsfähigste Bremsanlage, die Porsche für Straßenfahrzeuge zu bieten hat. Die vier gelochten, innenbelüfteten Keramikverbund-Bremsscheiben haben einen Durchmesser von 350 Millimeter, die Bremssättel sind gelb lackiert.

Im Cockpit setzt sich der sportliche Auftritt mit Anleihen der Speedster-Tradition fort. Schon beim Öffnen der Fahrertür offenbart sich die bis in das kleinste Detail reichende Exklusivität des 911 Speedster. Die erstmals schwarz eloxierten Einstiegsblenden tragen einen »Speedster«-Schriftzug in Durchleuchttechnik und einen unbeleuchteten Porsche-Schriftzug sowie die Limitierungsnummer der Kleinserie. Die mit Leder bezogenen Innenschwellerverkleidungen, die farblich abgestimmten Fußmatten mit Ledereinfassung und abweichender Ziernaht leiten zu den Vordersitzen über.

Die Oberfläche der serienmäßigen adaptiven Sportsitze zeigt sich völlig neu gestaltet. Die Sitzmittelbahnen tragen im vorderen Bereich ein handwerklich präzise ausgeführtes Zielflaggen-Design aus schwarzem und in Exterieurfarbe gefärbtem Leder.

Zugunsten eines schwarzen Keders entfallen an den Sitzen die Doppelkappnähte. Die Sitzwangen sind mit Leder in Exterieurfarbe überzogen. Abgerundet wird das neue Sitzdesign durch zahlreiche in Glattleder ausgeführte und mit schwarzem Softlack beschichtete Anbauteile sowie mit dem gestickten »Speedster«-Schriftzug in den Kopfstützen. Bei der Exterieurfarbe Purblau wird der Speedster Schriftzug mit purblauem Faden, bei der Variante Carraraweiß mit schwarzem Faden ausgeführt.

Die Lederausstattung des Speedsters besteht aus schwarzem Glattleder und schafft im Zusammenspiel mit den hochglänzend-schwarz lackierten Exterieurteilen einen wirkungsvollen Kontrast zur Fahrzeuglackierung. Abhängig von der Exterieurfarbe wird das Interieur durch ebenfalls in Glattleder ausgeführte farbige Akzente aufgewertet. Ausgesuchte Ziernähte in Exterieurfarbe runden die Ausstattung ab. Selbstverständlich sind beim 911 Speedster alle zum Fahrzeugkonzept passenden lederbezogenen Optionen aus dem aktuellen Exclusive-Programm serienmäßig. Einige Cockpitteile sind mit farblich auf die jeweilige Exterieurfarbe abgestimmtem Leder bezogen, welches für den 911 Speedster entwickelt wurde. Zu diesen Interieurteilen gehören die mit Leder bezogenen Blenden der Türöffner, die Zierblenden und die daran angrenzenden Lüftungsdüsen der Schalttafel. Die verstellbaren Luftdüsenlamellen sind mit hauchdünn gespaltenem schwarzen Leder bezogen.

Am 3-Speichen-Sportlenkrad mit den bekannten Schaltpaddles, zur manuellen Bedienung des PDK, fällt sofort die aus dem Rennsport übernommene Zwölf-Uhr-Markierung ins Auge. Das eigenständige Kombiinstrument des 911 Speedster offeriert ein in Aluminium-Optik lackiertes Instrumentengehäuse, schwarzen Zifferblättern mit einem »Speedster«-Schriftzug im zentralen Drehzahlmesser. In die schwarz lackierte Metallplakette auf dem Handschuhkastendeckel ist die Limitierungsnummer des Fahrzeugs eingraviert. Eine weitere Besonderheit ist die aus Aluminium und Leder gefertigte Kombination von PDK-Wähl- und Handbremshebel. In der Aluminiumoberseite des Handbremshebels ist zudem ein »Speedster«-Schriftzug aus schwarzer Keramik im Stil einer Intarsie eingelegten.

Die Rücksitze entfallen, wie es sich für einen Porsche Speedster gehört. Dafür bietet der Zweisitzer mit dem voll geschlossenen Verdeckkastendeckel hinter den Vordersitzen weiteren Stauraum für zusätzliches Gepäck. Zusammen mit dem Kofferraum im Bug entsteht dadurch ein absolut alltags- und sogar urlaubstaugliches Gepäckraumvolumen. Selbstverständlich bietet der 911 Speedster auch all die Ausstattungsdetails und Komfortfunktionen als Standard, die die Kunden eines sehr exklusiven Kleinserienfahrzeuges erwarten: Navigationsmodul, Telefonmodul, Sprachbedienung, universelle Audio-Schnittstelle und CD-/DVD-Wechsler mit BOSE® Surround Sound-System gehören ebenso zur Serienausstattung wie die Homelink-Funktion. Der lederbezogene, automatisch abblendende Innenspiegel mit Regensensor folgt in seiner Formensprache den Auswölbungen des Speedster-Verdeckkastendeckels. Der Tempostat und die Vorrüstung für das Porsche Vehicle Tracking System runden die umfassende Serienausstattung ab.

Die Mitarbeiter bei Porsche Exclusive haben ein besonderes Auge für jedes noch so kleine Detail. Zum Schutz des Fahrzeugs liegt jedem 911 Speedster, der für besondere Porsche-Enthusiasten und Sammler aufgelegt wurde, serienmäßig ein paßgenaues Indoor-Car-Cover aus atmungsaktivem, antistatischem Material inklusive Tasche bei.

Da das PDK ohne Zugkraftunterbrechung schaltet, beschleunigt der Speedster in 4,6 Sekunden aus dem Stand auf 100 Stundenkilometer, nach 15,3 Sekunden ist Tempo 200 erreicht. Die Beschleunigung endet erst bei einer Höchstgeschwindigkeit von 305 km/h.

Modelljahr 2012 (C-Programm)

Zum Ende des Produktlebenszyklus der Modellreihe präsentiert Porsche noch eine Reihe von Sondermodellen, um sich angemessen von der 997-Baureihe zu verabschieden.

Parallel zum Verkaufsstart des neuen Supersportwagens 918 Spyder stellt Porsche im März 2011 das auf 918 Exemplare limitierte Sondermodell 911 turbo S »Edition 918 Spyder« vor. Das als Coupé und Cabriolet erhältliche Editionsmodell ist in erster Linie für die Kunden des 918 Spyder gedacht, um die Zeit bis zur Auslieferungen des neuen High-Tech-Sportwagens stilsicher überbrücken zu können. Es ist das erste Mal, daß Porsche ein Sondermodell präsentiert, das für einen ganz bestimmten Kundenkreis gedacht ist. Erwirbt ein Kunde beide Modelle, so erhalten diese die identische Limitierungsnummer und der 911 turbo S kann in der gleichen Lackierung bestellt werden. Es stehen acht verschiedene Farben zur Verfügung. Der Erwerb des 911 turbo S »Edition 918 Spyder« ist für die 918 Kunden nicht zwingend, sondern nur eine Möglichkeit, so daß auch Fahrzeuge an andere Interessenten verkauft werden. Alle Fahrzeuge der »Edition 918 Spyder« erhalten außen und innen ganz spezielle Erkennungsmerkmale, die sie vom normalen Turbo S unterscheiden. Die Auslieferung des 911 turbo S »Edition 918 Spyder« beginnt ab Juni 2011.

Als spezifische Kontrastfarbe dieses Sondermodells setzt »Acidgreen«, welches erstmals zusammen mit dem 918 Spyder in Genf gezeigt wurde, auffällige Akzente. So sind die unteren Streben der beiden Außenspiegel, die Bremssättel der Porsche Carbon Composite Bremsanlage PCCB, die »Edition 918 Spyder«-Schriftzüge auf den Türen sowie des »S« des »Turbo S«-Schriftzuges auf der Motorhaube in dieser Farbe abgesetzt. Die Gehäuse der Außenspiegel und die beiden Blenden der Lufteinlässe in den Fondseitenwänden sind aus Sichtcarbon gefertigt.

Der 530-PS-starke 3,8-Liter-Bi-Turbomotor wird ohne Änderungen zusammen mit dem serienmäßigen PDK und dem Allradantrieb des 911 turbo S übernommen.

Die 19-Zoll-RS-Spyder-Räder mit Zentralverschluß erstrahlen in hochglänzendem Schwarz. An der Vorderachse sind 235/35 ZR 19-Reifen auf Räder der Größe 8,5 J x 19 aufgezogen, an der Hinterachse tragen die 11 J x 19-Räder eine Bereifung der Dimension 305/30 ZR 19. Zudem ist er mit der Keramikbremsanlage Porsche Ceramic Composite Brake (PCCB) mit Acidgreen lackierten Bremssätteln ausgerüstet.

Auch im Interieur mit dem erweiterten Lederpaket werden ebenfalls Akzente in Acidgreen gesetzt. So sind die Ziernähte des Leders mit Faden in dieser Farbe ausgeführt, ebenso die 12-Uhr-Nullstellenmarkierung am Lenkradkranz, die Keder der Sport- und Rücksitze sowie das eingestickte »Edition 918 Spyder«-Logo in den Kopfstützen. Selbst die Zeiger, Skalierungen der Instrumente sowie der »turbo S«-Schriftzug im Drehzahlmesser sind in Acidgreen gehalten. Zur weiteren Ausstattung gehören Dekorblenden aus Sichtcarbon, das Sport Chrono Plus Paket und das PCM, welches mit einem eigenständigen Startbild »Edition 918 Spyder« seine Funktion aufnimmt. Auf dem Deckel des Handschuhfachs findet sich die von Porsche-Sondermodellen bekannte Limitierungsplakette, die bei Bestellung eines 918 Spyder die gleiche Nummer trägt.

Die Fahrleistungen des Sondermodells sind mit denen des 911 turbo S identisch. Das Coupé beschleunigt in 3,3 Sekunden auf 100 km/h, während das Cabrio dazu eine Zehntelsekunde länger braucht. Beide Versionen erreichen eine Höchstgeschwindigkeit von 315 Kilometer pro Stunde.

Blick auf das Bi-Turbo-Triebwerk des 997 turbo S

Im April 2011 beginnt Porsche mit der Markteinführung der Sonderedition 911 Black Edition, welches als Coupé und als Cabriolet mit Heckantrieb angeboten wird. Serienmäßig ist das umfangreich ausgestattete Sondermodell in Uni-Schwarz lackiert, auf Wunsch steht auch Basaltschwarzmetallic zur Wahl. Das Cabriolet-Verdeck ist grundsätzlich mit schwarzem Stoff bezogen. Das Beste daran ist jedoch, daß die auf 1.911 limitierte 911 Black Edition zum exakt gleichen Listenpreis wie die 345 PS starken Carrera-Basismodelle zu haben ist.
Bi-Xenon-Scheinwerfer mit dynamischem Kurvenlicht und LED-Tagfahrlicht und der Park-Assistent sind serienmäßig an Bord. Der serienmäßige Graukeil in der Windschutzscheibe der 911 Black Edition rundet das Gesamtbild von vorne harmonisch ab. Als Typenbezeichnung trägt der 911 Black Edition nur ein schlichtes, silberfarbenes 911 auf dem Heckdeckel.
Technisch entspricht der 911 Black Edition dem Standard-Carrera. Im Heck arbeitet der 3,6-Liter-Sechszylinder-Boxermotor, der seine maximale Leistung von 345 PS (254 kW) bei 6.500 Kurbelwellenumdrehungen pro Minute freisetzt. Statt dem serienmäßigen 6-Gang-Schaltgetriebe kann auch das 7-Gang-Porsche-Doppelkupplungsgetriebe (PDK) geordert werden.
Für einen dezenten Kontrast zur schwarzen Lackierung sorgen die 19-Zoll-Turbo-II-Räder in Bi-Color-Ausführung und schwarz-silbernem Porsche-Wappen. An der Vorderachse sind 8 J x 19-Räder mit Reifen der Größe 235/35 ZR 19 montiert, an der Hinterachse 11 J x 19 mit 295/30 ZR 19-Bereifung. Zudem erlaubt das offene Raddesign einen freien Blick auf die Carrera-Bremsanlage mit den schwarzen Vierkolben-Aluminium-Monobloc-Festsätteln.
Der schwarze »Black Edition«-Schriftzug auf den Edelstahl-Einstiegsblenden geben einen ersten Hinweis auf das hochwertige Innenraumkonzept. Das Cockpit ist mit schwarzen Teilledersitzen ausstaffiert. Ebenfalls zum Serienumfang gehört das bisher exklusiv dem Carrera GTS vorbehaltene SportDesign-Lenkrad. Die Zifferblätter der Analoginstrumente sind natürlich auch in Schwarz gehalten. Auf dem Deckel des Handschuhfachs weist eine Plakette auf die limitierte Stückzahlen der 911 Black Edition hin. Die Zierblenden auf der Schalttafel, Schalt- oder Wählhebel und Belüftungsdüsen bieten einen Kontrast durch ihre Lackierung in Aluminiumfarbe. Die hintere Mittelkonsole ist hingegen in der Exterieurfarbe lackiert.
Akustischer Höhepunkt der umfangreichen 911 Black Edition-Ausstattung ist das serienmäßige BOSE® Surround Sound-System mit dreizehn Lautsprechern (zwölf im Cabriolet) inklusive Centerspeaker und Aktivsubwoofer sowie einem Siebenkanal-Digitalverstärker mit 385 Watt Gesamtleistung. Das Porsche Communication Management (PCM) ist mit GPS-Navigationsmodul und einer universellen Audioschnittstelle im Ablagefach der Mittelkonsole ausgestattet. Der Tempostat rundet die Ausstattung ab. Die 911 Black Edition Modelle lassen sich durch viele der angebotenen Sonderausstattungen noch weiter individualisieren – mit allerdings einer Ausnahme, die Farbe muß Schwarz sein.
Die Fahrleistungen sind mit dem Serien-Carrera identisch. Handgeschaltet vergehen von 0 auf 100 km/h 4,9 Sekunden und mit PDK 4,7 Sekunden. Mit Sport Chrono Paket und Launch Control kann das schwarze Coupé auch in 4,5 Sekunden von null auf 100 km/h beschleunigen. Bedingt durch das höhere Fahrzeuggewicht absolviert das 911 Carrera Black Edition Cabriolet die entsprechenden Sprints 0,2 Sekunden langsamer. Die Höchstgeschwindigkeit beider 911 Carrera Black Edition-Varianten liegt bei 289 Stundenkilometern und bei 287 km/h mit PDK.
Ende April 2011 präsentiert Porsche mit dem 911 GT3 RS 4.0 den hubraum- und leistungsstärksten straßenzugelassenen Elfer mit Saugmotor, den Porsche jemals gebaut hat – natürlich nur echt mit dem 6-Zylinder-Boxermotor! Auf der IAA in Frankfurt am Main, im September 2011, wird der 911 GT3 RS 4.0 erstmals der Weltöffentlichkeit gezeigt. Der 500-PS-starke 911 GT3 RS 4.0 ist auf eine Stückzahl von 600 Fahrzeugen limitiert. Er vereint die Tugenden, welche die Porsche 911 GT3 auf der Rennstrecke zu Seriensiegern gemacht haben, in einem puristischen Kleinserienfahrzeug mit Straßenzulassung, welches kompromißlos in Richtung Fahrdynamik optimiert ist. Serienmäßig ist der GT3 RS 4.0 in Carraraweiß lackiert, als Sonderwunsch ist auch eine unischwarze Lackierung möglich.
Schon auf den ersten Blick ist die rennsportnahe Ausrichtung des 911 GT3 RS 4.0 an seinen aerodynamischen Komponenten erkennbar. Erstmals sind bei einem Porsche Seriensportwagen seitlich an der Bugverkleidung Luftleitschaufeln aus dem Motorsport angebracht. Diese aerodynamisch hochwirksamen Flics sind in GT-silbermetallic lackiert und erhöhen den Abtrieb an der Vorderachse. Charakteristisch für die Fahrzeugfront des 911 GT3 RS 4.0 sind die fünf Lufteinlässe im Bugteil, die drei zusätzlichen Luftauslaßschlitze vor der Kofferraumhaube, die LED-Tagfahr- und Positionslichter sowie die serienmäßigen Bi-Xenon-Scheinwerfer. Auf Wunsch, ohne Aufpreis, sind Halogen-Leichtbau-Scheinwerfer ohne Leuchtweitenregulierung und Scheinwerferreinigungsanlage lieferbar, die gegenüber dem kompletten Serienscheinwerfersystem sechs Kilogramm an Gewicht einsparen.
Der Kofferraumdeckel und die beiden vorderen Kotflügel mit weiter ausgestellten Radhäusern bestehen aus Carbon. Auffällig ist der zentrale, leicht hervorstehende Kühllufteinlaß mit den zwei seitlichen Diagonalstreben, der in GT-silbermetallic lackiert ist. Durch seine Formgebung steigert er die aerodynamische Effizienz und unterstützt mit dem integrierten Kühlluftkanal sowie der Abluftöffnung vor dem Kofferraumdeckel den aerodynamischen Abtrieb an der Vorderachse. Die stark konturierte Bugspoilerlippe aus schwarzem Polyurethan generiert zusätzlichen Abtrieb. Beim 911 GT3 RS 4.0 wird die Größe der

Lufteinlässe und die Breite des Fahrzeugs durch je eine breite sichelförmige Dekorlinie in GT-silbermetallic, welche um die seitlichen Lufteinlässe und die Bugleuchten herumgeführt ist, zusätzlich betont. Dazu passend, verläuft in der Mitte des Fahrzeug ein Dekorstreifen in GT-silbermetallic mit indischroten Begrenzungslinien.

Das Dekor beginnt unter dem Porsche-Wappen auf dem Kofferraumdeckel, verläuft geradewegs über die Dachaußenhaut und endet final auf dem Heckdeckel unter dem indischroten Modellschriftzug »RS 4.0«. Die Leichtbautüren sind aus Aluminium gefertigt. Darauf ist je ein indischrotes »RS 4.0«-Logo aufgeklebt und ein bis zum Heckteil reichendes Dekor in GT-silbermetallic mit einem oberen indischroten Begrenzungsstreifen. Die Außenspiegelgehäuse sind ebenfalls in GT-silbermetallic lackiert, die untere Gehäusestrebe in Indischrot. Aus leichtem Polycarbonat sind sowohl die hinteren Seitenscheiben als auch die Heckscheibe gefertigt.

Die Blende unterhalb der Heckscheibe besteht aus glasfaserverstärktem Polyurethan, der Heckdeckel mit dem integrierten Heckbürzel aus glasfaserverstärktem Kunststoff (GfK). Auf der Vorderseite des Heckbürzels ist aerodynamisch günstig ein großer einteiliger Staudrucksammler für den Motorraum angeformt, auf der Rückseite ist knapp unterhalb der Abrißkante die dritte Bremsleuchte eingelassen. Der große feststehende Heckflügel ist in Wagenfarbe lackiert, er sorgt mit einem hohen Abtrieb an der Hinterachse für eine ausgewogene aerodynamische Balance. Auf der Flügelfläche ist ein großer GT-silbermetallicfarbener Porsche-Schriftzug aufgebracht, der sich über die gesamte Flügelbreite erstreckt. Die Sideplates und die beiden aus geschmiedetem Aluminium gefertigten Flügelstützen sind ebenfalls in GT-silbermetallic lackiert. Die Sideplates bilden den aerodynamischen Ausgleich zu den seitlichen Flics am Bugteil. Bei Höchstgeschwindigkeit wird der 911 GT3 RS 4.0 durch die ausgefeilte Aerodynamik mit über 190 Kilogramm Anpreßdruck auf die Straße gedrückt. Durch den Abtrieb besitzt der 911 GT3 RS 4.0 ein höheres Querbeschleunigungspotential für höhere Kurvengeschwindigkeiten auf Rennstrecken.

Wahlweise, ohne Mehrpreis, ist statt des 67 Liter fassenden Serientanks ein 90-Liter-Langstreckentank lieferbar. Die konsequente Gewichtseinsparung, die sich an vielen umgesetzten Details erkennen läßt, zeigt Wirkung: Vollgetankt und fahrfertig wiegt der 911 GT3 RS 4.0 nur 1.360 Kilogramm, was einem Trockengewicht von ungefähr 1280 kg entspricht. Damit er nur noch rund 80 Kilogramm schwerer als ein reinrassiges GT3-Rennfahrzeug.

Um Beschädigungen an der Bugspoilerlippe beim Befahren von Rampen oder Tiefgaragen zu verhindern, ist auf Wunsch ein pneumatisches Liftsystems für die Vorderachse erhältlich, mit dem sich der Vorderwagen für rund 30 Millimeter mehr Bodenfreiheit anheben läßt.

Der extrem drehfreudige 4-Liter-Saugmotor wurde von den gleichen Ingenieuren entwickelt, die sonst für die Rennmotoren verantwortlich sind. Für die Nähe zum Rennsport steht die Trockensumpfschmierung mit separatem Öltank, die die Schmierung auch bei hoher Querbeschleunigung in Kurven sicherstellt. Das nach dem Hochdrehzahlkonzept entworfene Triebwerk ist kurzhubig ausgelegt. Zylinder mit einer Bohrung von 102,7 Millimetern werden mit der Rennkurbelwelle des 911 GT3 RS mit einem Hub von 80,4 Millimetern kombiniert. Über Titanpleuel verdichten geschmiedete Kolben das Benzin-Luftgemisch mit 12,6 : 1. Mit einer maximalen Leistung von 500 PS (368 kW) bei 8.250 Umdrehungen ist dies der leistungsstärkste Saugmotor, der je in einen straßenzugelassenen Elfer ab Werk eingebaut wurde. Erst bei 8.500 Touren setzt der Drehzahlbegrenzer weiterem Vortrieb ein Ende. Das maximale Drehmoment von 460 Newtonmetern liegt bei 5.750/min an der Kurbelwelle an. Bei gedrückter Sport-Taste erfolgt durch eine zusätzliche Reduzierung des Abgasgegendrucks in der Sportabgasanlage und die damit verbundene Verbesserung der Ladungswechsel eine Anhebung des Drehmoments im mittleren Drehzahlbereich um bis zu 35 Newtonmetern. Das maximale Drehmoment selbst verändert sich dabei nicht. Die spezifische Leistung von 125 PS/L ist ebenfalls die höchste aller straßenzugelassenen Porsche-Saugmotoren.

Weitere technische Details sind die VarioCam-Ventilsteuerung an Ein- und Auslaßnockenwellen mit kleinen, hochdrehzahlfesten Tassenstößeln sowie eine variable Sauganlage mit zwei Resonanzklappen. Die Sauganlage besteht aus kurzen Saugrohren mit großem Querschnitt und konischer Geometrie sowie dem extrem leichten Luftfiltergehäuse aus Sichtcarbon mit zwei Lufteintrittsöffnungen und einer »RS 4.0«-Aluminiumplakette. Die Luftfilteranlage ist dem Rennfahrzeug 911 GT3 R Hybrid entliehen. Diese komplette Neuentwicklung ermöglicht eine Reduzierung des Ansaugwiderstandes um über zehn Prozent. Große zweiflutige Eintrittsöffnungen ermöglichen die aerodynamisch günstige Ausströmung des Luftmassenmessers und den Einsatz von zwei runden, leicht konisch geformten Filterpatronen aus dem Motorsport. Die Patronen haben eine große Filterfläche sowie ein dünnes Filtermaterial mit geringem Strömungswiderstand. Die Abgase werden durch zwei Fächerkrümmer, zwei Katalysatoren und einer optimierten Abgasanlage mit reduziertem Abgasgegendruck ins Freie geleitet, selbstverständlich unter der strickten Einhaltung der Abgasgrenzwerte nach Euro 5. Die beiden runden Titan-Endrohre münden mittig aus der Aussparung im Heckteil.

Zur Verbesserung der Fahrdynamik tragen ebenfalls die serienmäßigen dynamischen Motorlager bei, die je nach Fahrsituation ihre Steifigkeit und Dämpfung verändern und dadurch bei hochdynamischer Fahrweise eine fast starre Anbindung des Triebwerks an die Karosserie ermöglichen. Einen Gewichtsvorteil von gut acht Kilogramm bringt das Einmassenschwungrad im Vergleich zum Zweimassenschwungrad des 911 GT3. Außer der Gewichtseinsparung dreht der Motor auch schneller und leichter hoch.

Der 911 GT3 RS 4.0 ist, ganz im Sinne des Leichtbaus, nur mit einem manuellen 6-Gang-Schaltgetriebe lieferbar. Zur Steigerung der Beschleunigung durch bessere Anschlüsse beim Hochschalten sind die Gänge eins bis fünf im Vergleich zum 911 GT3 um elf Prozent kürzer übersetzt, der sechste Gang um 5 Prozent. Zu Gunsten einer größeren Leistungsfähigkeit auf Rundstrecken wird mit der kurzen Getriebeübersetzung bewußt auf eine höhere Endgeschwindigkeit verzichtet. Die verstärkte Druckplatte der Kupplung gewährleistet eine zuverlässige Kraftübertragung auch bei höchster Beanspruchung. Eine asymmetrisch wirkende mechanische Hinterachsquersperre mit Sperrwerten von 28 Prozent im Zug und 40 Prozent im Schub bietet im fahrdynamischen Grenzbereich sowohl eine hohe Traktion bei wechselnden Fahrbahnoberflächen als auch ein optimiertes Kurvenverhalten bei Lastwechseln.

Kompromißlos auf Fahrdynamik ausgelegt, verfügt der 911 GT3 RS 4.0 über ein Fahrwerk mit spezieller Performanceabstimmung mit aktivem Dämpfersystem Porsche Active Suspension Management (PASM) und einer sportlich abgestimmten Variante des Fahrstabilisierungssystems Porsche Stability Management (PSM). Die spezifische Abstimmung des PSM erfüllt auch die fahrdynamischen Ansprüche extrem sportlicher Fahrer. Sein eigenständiger Regelalgorithmus wurde für den sportlichen Einsatz auf der Rundstrecke entwickelt. Dieser ist in zwei Stufen auch komplett abschaltbar. Für mehr Fahrdynamik verfügt der 911 GT3 RS 4.0 über ein besonders leichtes und sportlich-präzises Fahrwerk, bei dem alle radführenden Elemente aus Aluminium gefertigt sind.

Eine weitere Gewichtsersparnis bringen Schraubenfedern an der Vorderachse mit größerem Windungsabstand und der Einsatz von Zusatzfedern (»Helperfedern« aus dem Motorsport) an der Hinterachse. Diese sind im unteren Bereich des Federelementes untergebracht und ermöglichen so den Einsatz von kurzen und leichten Hauptfedern und stellen im komplett ausgefederten Zustand die Vorspannung der Hauptfeder sicher. Untere Querlenker, Spurstangen, die Anbindungen der Zugstrebe an der Karosserie und des Federbeins am Radträger sind mit Kugelgelenken versehen, die eine höhere Präzision als übliche elastokinematische Lager bieten. Wie bei allen 911 GT-Modellen können beim 911 GT3 RS 4.0 die Spur, die Stabilisatoren und das Federsystem inklusive der Fahrzeughöhe für den jeweiligen Einsatzzweck eingestellt werden. Zur Erhöhung der Wankstabilität ist die Spur an Vorder- und Hinterachse besonders breit ausgeführt. Die Vorteile sind ein agileres Einlenkverhalten und höhere Kurvengeschwindigkeiten.

Der 911 GT3 RS 4.0 rollt auf carraraweiß lackierten 19-Zoll-Rädern mit Zentralverschluß. An der Vorderachse sind auf neun Zoll breiten Rädern Sportreifen der Größe 245/35 ZR 19 montiert, an der Hinterachse zwölf Zoll breite Räder mit Reifen der Dimension 325/30 ZR 19, um die Traktion und die Querbeschleunigung zu erhöhen. Das serienmäßige Reifen-Druck-Kontrollsystem (RDK) überwacht permanent den Luftdruck in allen vier Reifen. Wahlweise, ohne Mehrpreis, können die Räder auch GT-silbermetallic lackiert (bei uni-schwarzer Karosserie Serie) ausgeliefert werden oder gegen Mehrpreis auch in Uni-Schwarz.

Die Hochleistungsbremsanlage besteht aus rot lackierten 6-Kolben-Aluminium-Festsätteln vorn und 4-Kolben-Aluminium-Festsätteln hinten. Der Durchmesser der gelochten, innenbelüfteten Bremsscheiben beträgt an der Vorderachse 380 Millimeter, an der Hinterachse 350 Millimeter. Zur Verringerung der ungefederten Massen bestehen die Bremstöpfe der vier Verbund-Bremsscheiben aus Aluminium. Auf Wunsch ist die PCCB-Bremsanlage mit Keramikbremsscheiben des gleichen Durchmessers lieferbar. Um das Bremspotential selbst bei höchsten Beanspruchungen zu gewährleisten, besitzt der 911 GT3 RS 4.0 neben einer sehr wirkungsvollen Bremsbelüftung an der Vorderachse eine zusätzliche Bremsbelüftung an der Hinterachse. Spezielle Bremsluftkanäle, seitlich im Unterbodenbereich, leiten die Kühlluft gezielt an die hintere Bremse.

Als weitere Option zur Gewichtseinsparung bietet Porsche als erster Automobilhersteller eine knapp sechs Kilogramm schwere Lithium-Ionen-Starterbatterie an. Diese ist über zehn Kilogramm leichter als eine herkömmliche 60-Ah-Bleibatterie. Die Lithium-Ionen-Batterie wird dem Fahrzeug beigelegt und kann alternativ montiert werden. Durch die Auslieferung mit beiden Batterien ist das Fahrzeug ganzjährig einsatzbereit, denn obwohl die Leichtbau-Batterie eine sehr hohe Alltagstauglichkeit besitzt, nimmt ihre Startfähigkeit bei Außentemperaturen unter null Grad Celsius stark ab.

Die an den Rennsport angelehnte schwarze Innenausstattung mit roten Alcantara-Elementen zeigt konsequent den sportlichen Einsatzzweck des 911 GT3 RS 4.0 auf. So kommen rote Leichtbau-Türtafeln mit traditionellen Öffnerschlaufen, ein spezifisches GT3-SportDesign-Lenkrad mit roter Mittellagemarkierung sowie Carbon-Elemente zum Einsatz. Serienmäßig ist das Clubsportpaket, bestehend aus verschraubbarem Überrollbügel, Feuerlöscher, 6-Punkt-Gurt und schwer entflammbaren Sitzbezügen. Die Leichtbau-Schalensitze mit feststehender Rückenlehne aus Carbon sind in Verbindung mit dem Clubsportpaket mit schwarzem Leder und je nach Ausstattung mit einer Sitzmittelbahn aus rotem oder schwarzem Alcantara bezogen. In die Kopfstützen ist der rote Schriftzug »RS 4.0« eingestickt.

Optional, ohne Aufpreis, werden beim 911 GT3 RS 4.0 sowohl Sportschalensitze mit klappbarer Rückenlehne als auch Adaptive Sportsitze mit integrierten Thorax-Airbags angeboten. Der Innenhimmel, der Deckel der hinteren Mittelkonsole, die Zuziehgriffe und die Armlehnen der Türen sowie Teile des Schalthebels und des Handbremsgriffs sind mit rotem Alcantara bezogen. Passend dazu sind auch die Sicherheitsgurte in Rot ausgeführt. Auf dem Boden liegen gewichtserleichterte Teppiche. Ein weiteres Detail sind die Türeinstiegsblenden aus Sichtcarbon mit dem »RS 4.0«-Schriftzug, der sich auch im Drehzahlmesser, auf der Zierblende in der Schalttafel über dem Handschuhfach und auf dem Fondteppich wiederfindet. Auf dem Deckel des Handschuhfachs ist die »GT3 RS 4.0«-Limitierungsplakette mit der fortlaufenden Seriennummer angebracht.

Aus Gewichtsgründen entfällt sogar der nur wenige Gramm wiegende Cupholder. Zur weiteren Gewichtsoptimierung kann der GT3 RS 4.0 selbstverständlich auch ohne Klima- und Audioanlage geordert werden. Das Interieur- und Audioangebot bietet attraktive Sonderausstattungen wie schwarze Leder-/Alcantara-Ausstattung, Tempostat, Porsche Communication Management (PCM) mit Navigationssystem, Sound Package Plus, Chrono Paket bzw. Chrono Paket Plus, Telefonmodul sowie universeller Audio-Schnittstelle.

Mit einer Beschleunigung von nur 3,9 Sekunden von 0 auf 100 Kilometer pro Stunde ist der 911 GT3 RS 4.0 der erste straßenzugelassene Elfer mit Saugmotor, der den klassischen Sprint in unter vier Sekunden absolviert. Ungehindert geht der Vorwärtsdrang weiter, exakt vier Sekunden später wird die 160-Stundenkilometer-Marke durcheilt, nach genau vier weiteren Sekunden werden 200 Kilometer pro Stunde erreicht. Bedingt durch die bewußt kurz gewählte Getriebeübersetzung im sechsten Gang pendelt sich die Höchstgeschwindigkeit bei 310 km/h ein – dafür umrundet der GT3 RS 4.0 die Nürburgring-Nordschleife in 7:27 Minuten – manchmal ist weniger eben doch mehr.

Der 911 Carrera 4 GTS mit dem intelligenten Allradantrieb Porsche Traction Management (PTM) schließt die letzte noch offene Lücke im 911-Carrera-Modellprogramm. Dem Carrera GTS mit klassischem Heckantrieb wird sein 408 PS starkes Allradpendant zur Seite gestellt. Ab Juli 2011 ist der Carrera 4 GTS als Coupé und als Cabriolet in Deutschland bei den Porsche-Zentren erhältlich.

Die Sport-Design-Bugverkleidung mit den zusätzlichen seitlichen Diagonalstreben im mittleren Lufteinlaß und Bugspoilerlippe verleiht dem 911 Carrera 4 GTS eine markant-dynamische Frontansicht. Die motorsporttypisch schwarz lackierte Bugspoilerlippe sorgt zusammen mit den schwarzen Seitenschwellerblenden sowie den Blenden der unteren Heckverkleidung für einen tiefen optischen Schwerpunkt der Karosserie. Optisch sind die 911 Carrera 4 GTS-Modelle mit Allradantrieb an einigen Details von den bisherigen Varianten mit Hinterradantrieb zu unterscheiden. Neben der Typbezeichnung »Carrera 4 GTS« auf den Türen und dem Heckdeckel ist das Erkennungsmerkmal aller Carrera-Modelle mit Allradantrieb das rote durchgehende Reflektorband zwischen den Heckleuchten. Gemeinsam haben alle Carrera GTS-Modelle die von den Allrad-Elfern übernommene breite Karosserie und die breite Spurweite an der Hinterachse.

Auf Basis des 3,8-Liter-Motors des Carrera S hat die Exclusive Abteilung eine Werksleistungssteigerung mit 23 PS (17 kW) entwickelt. Das optimierte 3,8-Liter-Triebwerk begeistert durch seine gesteigerte Drehfreude. So entwickelt der Boxermotor seine maximale Leistung von 408 PS (300 kW) bei 7.300/min, kurz vor der Höchstdrehzahl von 7.500/min. Die Mehrleistung des 3,8-Liter-Triebwerks mit Benzin-Direkteinspritzung ist in erster Linie das Ergebnis einer aufwendigen Überarbeitung des Ansaugtrakts. In der neu entwickelten Resonanzsauganlage schalten sechs unterdruckgesteuerte Luftklappen zwischen einer leistungs- und einer drehmomentoptimierten Geometrie um.

Die optimale Resonanzaufladung zur Zylinderfüllung erzeugt im Drehzahlbereich von 3.000/min bis 4.000/min im Vergleich zum Carrera S-Triebwerk eine deutliche Steigerung des Drehmoments, die in einer besseren Beschleunigung resultiert. Bei einer Drehzahl von 1.500/min liegen bereits 320 Newtonmeter an, ein Plus von gut sechs Prozent. Das maximale Drehmoment von 420 Nm wird beim werksleistungsgesteigerten Motor zwischen 4.200/min und 5.600/min anstelle von 4.400/min wie beim 911 Carrera S erreicht. Im oberen Drehzahlbereich ist der Motor leistungsstärker und dreht zudem leichter hoch. Die verbesserte Zylinderfüllung wird in den Zylinderköpfen zusätzlich durch strömungsgünstiger bearbeitete Ansaugkanäle unterstützt. Auf dem Luftfilterkasten ist eine Aluminiumblende mit dem Schriftzug »Carrera 4 GTS« angebracht. Abgerundet wird die Optimierung durch eine eigens dafür entwickelte Abgasanlage mit geringerem Abgasgegendruck. Damit bietet der Carrera 4 GTS einen unverkennbaren Motorsound und mit dem eigenständigen schwarzen Oberflächendesign der Endrohre in der Heckansicht auch eine unverwechselbare Optik.

Serienmäßig ist der Carrera 4 GTS mit einem 6-Gang-Schaltgetriebe ausgestattet, auf Wunsch ist ein 7-Gang-Porsche-Doppelkupplungsgetriebe (PDK) lieferbar. Der PTM-Allradantrieb verbindet auch im Carrera 4 GTS Fahrspaß mit einem hohen Maß an Fahrstabilität, Traktion und agilem Handling. Dazu leitet das PTM in jeder Fahrsituation den optimalen Anteil des Motormoments über eine Lamellenkupplung an die Vorderräder. Der Carrera 4 GTS ist konsequent auf Fahrdynamik ausgelegt, dies zeigt auch der serienmäßige Einsatz eines Sperrdifferentials mit einem Sperrwert von 22 Prozent im Zug und 27 Prozent im Schub. Diese mechanische Hinterachsquersperre unterstützt die Fahrdynamik des geregelten Allradantriebs.

Die Reifen sind serienmäßig auf 19-Zoll-RS-Spyder-Rädern mit Zentralverschluß aufgezogen, die bisher nur bei den Modellen 911 turbo und 911 Carrera GTS lieferbar waren. Mit schwarz lackiertem Felgenstern und Felgenbett sowie mit glanzgedrehtem Felgenhorn geben die Räder dem Carrera 4 GTS einen besonde-

PORSCHE

ren stilistischen Akzent. Vorn beträgt die montierte Reifengröße 235/35 ZR 19, hinten 305/30 ZR 19. Passend zur Reifenbreite sind die Felgen gewählt, diese sind an der Vorderachse 8,5 Zoll und an der Hinterachse elf Zoll breit. Wahlweise, ohne Aufpreis, sind 19-Zoll-Carrera-Sporträder in gleichen Dimensionen lieferbar.

Die Bremsanlage des Carrera 4 GTS besteht aus rot lackierten 4-Kolben-Aluminium-Monobloc-Festsätteln an Vorder- und Hinterachse sowie gelochten, innenbelüfteten Bremsscheiben mit einem Durchmesser von 330 Millimetern. Optional steht zur weiteren Steigerung der Bremsleistung die Porsche Ceramic Composite Brake (PCCB) mit Keramikbremsscheiben und gelben 6-Kolben-Monobloc-Festsätteln an der Vorderachse sowie 4-Kolben-Monobloc-Festsätteln an der Hinterachse zur Wahl. Die gelochten, innenbelüfteten Keramikverbund-Bremsscheiben haben je einem Durchmesser von 350 Millimetern.

Das sportlich-edle Interieur wird vom Carrera GTS übernommen, nur der »Carrera 4 GTS«-Schriftzug auf den Edelstahl-Einstiegsleisten weist auf das Allradmodell hin.

Bei Bedarf sprintet das Carrera 4 GTS Coupé mit 6-Gang-Schaltgetriebe in 4,6 Sekunden aus dem Stand auf 100 Kilometer pro Stunde, das Cabriolet in 4,8 Sekunden. Mit dem Porsche Doppelkupplungsgetriebe verkürzen sich die Beschleunigungszeiten von 0 auf 100 km/h um jeweils 0,2 Sekunden und mit gedrückter Sport Plus-Taste und Launch Control um weitere 0,2 Sekunden. Die Höchstgeschwindigkeit mit Schaltgetriebe liegt bei beiden Modellen bei 302 km/h mit PDK bei genau 300 Stundenkilometern.

Interieur des 997 turbo S Cabriolet »Edition 918 Spyder«

911 Carrera Coupé und Cabriolet [Tiptronic S] MJ 2005 bis MJ 2008

Motor

Bauart:	6-Zylinder-Boxermotor
Einbauposition:	Heckmotor
Kühlung:	wassergekühlt
Motor-Typ:	M 96/05
Hubraum (cm³):	3596
Bohrung x Hub:	96 x 82,8
Leistung (kW/PS):	239/325 bei 6800/min
Drehmoment (Nm):	370 bei 4250/min
Literleistung (kW/l / PS/l):	66,5 / 90,4
Verdichtung:	11,3 : 1
Ventilsteuerung:	dohc über Doppelkette, 4 Ventile pro Zylinder, VarioCam Plus, Einlaß-Nockenwellenverstellung, Ventilhubschaltung
Motorsteuerung:	Bosch Motronic ME 7.8, sequenzielle Einspritzung, E-Gas, ruhende Hochspannungsverteilung, Einzelzündspulen, zylinderselektive Klopfregelung, Stereo-Lambdaregelung
Zündfolge:	1 - 6 - 2 - 4 - 3 - 5
Schmierung:	Integrierte Trockensumpfschmierung
Ölmenge (l):	8,25

Kraftübertragung

Antrieb:	Heckantrieb
Schaltgetriebe:	6-Gang
Sonderwunsch Tiptronic S:	[5-Gang]
Getriebe-Typ:	G 97/01 [A 97/01]
Übersetzungen:	
1. Gang:	3,91 [3,60]
2. Gang:	2,32 [2,19]
3. Gang:	1,61 [1,41]
4. Gang:	1,28 [1,00]
5. Gang:	1,08 [0,83]
6. Gang:	0,88
Rückwärtsgang:	3,59 [3,17/1,93]
Achsübersetzung:	3,44 [3,56]

Karosserie, Fahrwerk, Bremse, Räder und Reifen

Karosserie:	2-türige, 2 + 2-sitzige, selbsttragende Karosserie aus beidseitig feuerverzinktem Stahlblech, Aluminium-Fronthaube, verformbare Bug- und Heckverkleidungen aus Kunststoff, Heckdeckel mit automatisch ausfahrbarem Heckspoiler
Coupé:	Festes verschweißtes Stahldach
Sonderwunsch:	Elektrisches Hebe-/Schiebedach
Cabriolet:	Elektrisch betätigtes, vollautomatisches Stoffverdeck mit beheizbarer Festglasheckscheibe, automatisch ausfahrbarer Überrollschutz
Sonderwunsch:	Hardtop aus Aluminium mit beheizbarer Heckscheibe
Vorderradaufhängung:	Einzelradaufhängung an McPherson-Federbeinen mit Längslenkern und Querlenkern aus Leichtmetall, Schraubenfedern, Gasdruckstoßdämpfer, Stabilisator
Hinterradaufhängung:	Einzelradaufhängung an Mehrlenkerhinterachse mit LSA-System und Fahrschemel aus Leichtmetall, Schraubenfedern, Gasdruckstoßdämpfer, Stabilisator
Bremse v/h (Durchm. x B (mm)):	innenbelüftete gelochte Scheiben (318 x 28) / innenbelüftete gelochte Scheiben (299 x 24) schwarze 4-Kolben-Monobloc-Aluminium-Festsättel / schwarze 4-Kolben-Monobloc-Aluminium-Festsättel Bosch ABS 8.0
Sonderwunsch:	Porsche Ceramic Composite Brake (PCCB) innenbelüftete gelochte Keramikfaser-Scheiben (350 x 34) / innenbelüftete gelochte Keramikfaser-Scheiben (350 x 28) gelbe 6-Kolben-Monobloc-Aluminium-Festsättel / gelbe 4-Kolben-Monobloc-Aluminium-Festsättel Bosch ABS 8.0
Räder v/h:	8 J x 18 – ET 57 / 10 J x 18 – ET 58
Reifen v/h:	235/40 ZR 18 / 265/40 ZR 18
Sonderwunsch:	8 J x 19 – ET 57 / 11 J x 19 – ET 67 235/35 ZR 19 / 295/30 ZR 19
Sonderwunsch ab Frühjahr 2005:	8,5 J x 19 – ET 55 / 11,5 J x 19 – ET 67 235/35 ZR 19 / 305/30 ZR 19

Elektrik

Lichtmaschinenleistung (W):	2100
Batterie (V/Ah):	12 / 70

Abmessungen, Gewichte und Volumen

Spurweite v/h (mm):	1486 / 1534
mit 19-Zoll:	1486 / 1516
Radstand (mm):	2350
Maße (L x B x H (mm)):	4427 x 1808 x 1310
Leergewicht nach DIN (kg):	1395 [1435]
Cabriolet:	1480 [1520]
zul. Gesamtgewicht (kg):	1810 [1855]
Cabriolet:	1875 [1920]
Kofferraumvolumen (VDA (l)):	135
Gepäckraum im Innenraum*:	205 / 155**
Tankvolumen (l):	64
C_W x A (m²):	0,28 x 2,00 = 0,56
Cabriolet:	0,29 x 2,00 = 0,58
Leistungsgewicht (kg/kW / kg/PS):	5,84 [6,00] / 4,29 [4,42]
Cabriolet:	6,19 [6,36] / 4,55 [4,68]

***bei umgeklappten Rücksitzlehnen**
****Cabriolet bei geschl. Verdeck**

Kraftstoffverbrauch

	Coupé	Cabriolet
nach 80/1268/EWG (l/100 km):	98 ROZ Super plus bleifrei	
Innerstädtisch:	16,1 [16,5]	16,4 [17,0]
Außerstädtisch:	8,1 [8,1]	8,1 [8,1]
Gesamt:	11,0 [11,2]	11,2 [11,4]
CO_2-Emissionen (g/km):	266 [270]	270 [275]

Fahrleistungen, Stückzahlen, Preise

Beschleunigung 0–100 km/h (s):	5,0 [5,5]
Cabriolet:	5,2 [5,7]
0–160 km/h (s):	11,0 [12,0]
Cabriolet:	11,4 [12,4]
0–200 km/h (s):	17,5 [20,4]
Cabriolet:	18,3 [21,3]
Höchstgeschw. (km/h):	285 [280]
Stückzahl:	
Coupé:	16.521
Cabriolet:	9.249
Listenpreise:	
06/2004 Coupé:	Euro 75.200,00 [Euro 78.071,00]
05/2005 Coupé:	Euro 76.741,00 [Euro 79.612,00]
Cabriolet:	Euro 86.949,00 [Euro 89.820,00]
05/2006 Coupé:	Euro 77.923,00 [Euro 80.794,00]
Cabriolet:	Euro 88.247,00 [Euro 91.118,00]
10/2006 Coupé:	Euro 79.938,25 [Euro 82.328,50]
Cabriolet:	Euro 90.529,25 [Euro 93.474,50]
05/2007 Coupé:	Euro 81.128,00 [Euro 84.073,25]
Cabriolet:	Euro 91.838,00 [Euro 94.783,25]
08/2007 Coupé:	Euro 81.128,00 [Euro 84.073,25]
Cabriolet:	Euro 91.838,00 [Euro 94.783,25]

911 Carrera 4 Coupé und Cabriolet MJ 2006 bis MJ 2008

Motor

Bauart:	6-Zylinder-Boxermotor
Einbauposition:	Heckmotor
Kühlung:	wassergekühlt
Motor-Typ:	M 96/05
Hubraum (cm^3):	3596
Bohrung x Hub:	96 x 82,8
Leistung (kW/PS):	239/325 bei 6800/min
Drehmoment (Nm):	370 bei 4250/min
Literleistung (kW/l / PS/l):	66,5 / 90,4
Verdichtung:	11,3 : 1
Ventilsteuerung:	dohc über Doppelkette, 4 Ventile pro Zylinder, VarioCam Plus, Einlaß-Nockenwellenverstellung, Ventilhubschaltung
Motorsteuerung:	Bosch Motronic ME 7.8, sequenzielle Einspritzung, E-Gas, ruhende Hochspannungsverteilung, Einzelzündspulen, zylinderselektive Klopfregelung, Stereo-Lambdaregelung
Zündfolge:	1 - 6 - 2 - 4 - 3 - 5
Schmierung:	Integrierte Trockensumpfschmierung
Ölmenge (l):	8,25

Kraftübertragung

Antrieb:	Allradantrieb über Viscolamellenkupplung und Kardanwelle
Schaltgetriebe:	6-Gang
Sonderwunsch Tiptronic S:	[5-Gang]
Getriebe-Typ:	G 97/31 [A 97/31]
Übersetzungen:	
1. Gang:	3,91 [3,60]
2. Gang:	2,32 [2,19]
3. Gang:	1,61 [1,41]
4. Gang:	1,28 [1,00]
5. Gang:	1,08 [0,83]
6. Gang:	0,88
Rückwärtsgang:	3,59 [3,17/1,93]
Achsübersetzung:	3,44 [3,56]

Karosserie, Fahrwerk, Bremse, Räder und Reifen

Karosserie:	2-türige, 2 + 2-sitzige, selbsttragende Karosserie aus beidseitig feuerverzinktem Stahlblech, verbreiterte Karosserie mit Schwellerverkleidungen, Aluminium-Fronthaube, verformbare Bug- und Heckverkleidungen aus Kunststoff, Heckdeckel mit automatisch ausfahrbarem Heckspoiler
Coupé:	Festes verschweißtes Stahldach
Sonderwunsch:	Elektrisches Hebe-/Schiebedach
Cabriolet:	Elektrisch betätigtes, vollautomatisches Stoffverdeck mit beheizbarer Festglasheckscheibe, automatisch ausfahrbarer Überrollschutz
Sonderwunsch:	Hardtop aus Aluminium mit beheizbarer Heckscheibe
Vorderradaufhängung:	Einzelradaufhängung an McPherson-Federbeinen mit Längslenkern und Querlenkern aus Leichtmetall, Schraubenfedern, Gasdruckstoßdämpfer, Stabilisator
Hinterradaufhängung:	Einzelradaufhängung an Mehrlenkerhinterachse mit LSA-System und Fahrschemel aus Leichtmetall, Schraubenfedern, Gasdruckstoßdämpfer, Stabilisator
Bremse v/h (Durchm. x B (mm)):	innenbelüftete gelochte Scheiben (318 x 28) / innenbelüftete gelochte Scheiben (299 x 24) schwarze 4-Kolben-Monobloc-Aluminium-Festsättel / schwarze 4-Kolben-Monobloc-Aluminium-Festsättel Bosch ABS 8.0
Sonderwunsch:	Porsche Ceramic Composite Brake (PCCB) innenbelüftete gelochte Keramikfaser-Scheiben (350 x 34) / innenbelüftete gelochte Keramikfaser-Scheiben (350 x 28) gelbe 6-Kolben-Monobloc-Aluminium-Festsättel / gelbe 4-Kolben-Monobloc-Aluminium-Festsättel Bosch ABS 8.0
Räder v/h:	8 J x 18 – ET 57 / 11 J x 18 – ET 51
Reifen v/h:	235/40 ZR 18 / 295/35 ZR 18
Sonderwunsch:	8 J x 19 – ET 57 / 11 J x 19 – ET 51 235/35 ZR 19 / 305/30 ZR 19 8,5 J x 19 – ET 55 / 11,5 J x 19 – ET 50* 235/35 ZR 19 / 305/30 ZR 19
*mit 17-mm-Distanzscheiben an der Hinterachse	

Elektrik

Lichtmaschinenleistung (W):	2100
Batterie (V/Ah):	12 / 70

Abmessungen, Gewichte und Volumen

Spurweite v/h (mm):	1488 / 1548
Radstand (mm):	2350
Maße (L x B x H (mm)):	4427 x 1852 x 1310
Leergewicht nach DIN (kg):	1450 [1490]
Cabriolet:	1535 [1575]
zul. Gesamtgewicht (kg):	1865 [1910]
Cabriolet:	1920 [1965]
Kofferraumvolumen (VDA (l)):	105
Gepäckraum im Innenraum*:	205 / 155**
Tankvolumen (l):	67
C_W x A (m^2):	0,30 x 2,04 = 0,612
Cabriolet:	0,30 x 2,04 = 0,612
Leistungsgewicht (kg/kW/kg/PS):	6,07 [6,23] / 4,46 [4,58]
Cabriolet:	6,42 [6,59] / 4,72 [4,85]
*bei umgeklappten Rücksitzlehnen	
**Cabriolet bei geschl. Verdeck	

Kraftstoffverbrauch

nach 80/1268/EWG (l/100 km):	98 ROZ Super plus bleifrei	
	Coupé	Cabriolet
Innerstädtisch:	16,6 [17,4]	16,6 [17,4]
Außerstädtisch:	8,4 [8,6]	8,4 [8,6]
Gesamt:	11,3 [11,6]	11,3 [11,6]
CO_2-Emissionen (g/km):	272 [280]	272 [280]

Fahrleistungen, Stückzahlen, Preise

Beschleunigung 0–100 km/h (s):	5,1 [5,6]
Cabriolet:	5,3 [5,8]
0–160 km/h (s):	11,2 [12,2]
Cabriolet:	11,6 [12,6]
0–200 km/h (s):	18,2 [21,1]
Cabriolet:	19,0 [22,0]
Höchstgeschw. (km/h):	280 [275]
Stückzahl:	
Coupé:	3.809
Cabriolet:	3.197
Listenpreise:	
05/2005 Coupé:	Euro 82.657,00 [Euro 85.528,00]
Cabriolet:	Euro 92.865,00 [Euro 95.736,00]
05/2006 Coupé:	Euro 83.955,00 [Euro 86.826,00]
Cabriolet:	Euro 94.279,00 [Euro 97.150,00]
10/2006 Coupé:	Euro 86.126,25 [Euro 89.071,50]
Cabriolet:	Euro 96.717,25 [Euro 99.662,50]
05/2007 Coupé:	Euro 87.435,00 [Euro 90.380,25]
Cabriolet:	Euro 98.145,00 [Euro 101.090,25]
08/2007 Coupé:	Euro 87.435,00 [Euro 90.380,25]
Cabriolet:	Euro 98.145,00 [Euro 101.090,25]

911 Targa 4 [Tiptronic S] MJ 2006 bis MJ 2008

Motor

Bauart:	6-Zylinder-Boxermotor
Einbauposition:	Heckmotor
Kühlung:	wassergekühlt
Motor-Typ:	M 96/05
Hubraum (cm³):	3596
Bohrung x Hub:	96 x 82,8
Leistung (kW/PS):	239/325 bei 6800/min
Drehmoment (Nm):	370 bei 4250/min
Literleistung (kW/l / PS/l):	66,5 / 90,4
Verdichtung:	11,3 : 1
Ventilsteuerung:	dohc über Doppelkette, 4 Ventile pro Zylinder, VarioCam Plus, Einlaß-Nockenwellenverstellung, Ventilhubschaltung
Motorsteuerung:	Bosch Motronic ME 7.8, sequenzielle Einspritzung, E-Gas, ruhende Hochspannungsverteilung, Einzelzündspulen, zylinderselektive Klopfregelung, Stereo-Lambdaregelung
Zündfolge:	1 - 6 - 2 - 4 - 3 - 5
Schmierung:	Integrierte Trockensumpfschmierung
Ölmenge (l):	8,25

Kraftübertragung

Antrieb:	Allradantrieb über Viscolamellenkupplung und Kardanwelle
Schaltgetriebe:	6-Gang
Sonderwunsch Tiptronic S:	[5-Gang]
Getriebe-Typ:	G 97/31 [A 97/31]
Übersetzungen:	
1. Gang:	3,91 [3,60]
2. Gang:	2,32 [2,19]
3. Gang:	1,61 [1,41]
4. Gang:	1,28 [1,00]
5. Gang:	1,08 [0,83]
6. Gang:	0,88
Rückwärtsgang:	3,59 [3,17/1,93]
Achsübersetzung:	3,44 [3,56]

Karosserie, Fahrwerk, Bremse, Räder und Reifen

Karosserie:	2-türige, 2 + 2-sitzige, selbsttragende Targa-Karosserie aus beidseitig feuerverzinktem Stahlblech, verbreiterte Karosserie mit Schwellerverkleidungen, Aluminium-Fronthaube, Glasdachmodul mit Schiebefunktion und aufklappbarer Heckscheibe, verformbare Bug- und Heckverkleidungen aus Kunststoff, Heckdeckel mit automatisch ausfahrbarem Heckspoiler
Vorderradaufhängung:	Einzelradaufhängung an McPherson-Federbeinen mit Längslenkern und Querlenkern aus Leichtmetall, Schraubenfedern, Gasdruckstoßdämpfer, Stabilisator
Hinterradaufhängung:	Einzelradaufhängung an Mehrlenkerhinterachse mit LSA-System und Fahrschemel aus Leichtmetall, Schraubenfedern, Gasdruckstoßdämpfer, Stabilisator
Bremse v/h (Durchm. x B (mm)):	innenbelüftete gelochte Scheiben (318 x 28) / innenbelüftete gelochte Scheiben (299 x 24) schwarze 4-Kolben-Monobloc-Aluminium-Festsättel / schwarze 4-Kolben-Monobloc-Aluminium-Festsättel Bosch ABS 8.0
Sonderwunsch:	Porsche Ceramic Composite Brake (PCCB) innenbelüftete gelochte Keramikfaser-Scheiben (350 x 34) / innenbelüftete gelochte Keramikfaser-Scheiben (350 x 28) gelbe 6-Kolben-Monobloc-Aluminium-Festsättel / gelbe 4-Kolben-Monobloc-Aluminium-Festsättel Bosch ABS 8.0
Räder v/h:	8 J x 18 – ET 57 / 11 J x 18 – ET 51
Reifen v/h:	235/40 ZR 18 / 295/35 ZR 18
Sonderwunsch:	8 J x 19 – ET 57 / 11 J x 19 – ET 51
an der Hinterachse	235/35 ZR 19 / 305/30 ZR 19
	8,5 J x 19 – ET 55 / 11,5 J x 19 – ET 50*
	235/35 ZR 19 / 305/30 ZR 19
***mit 17-mm-Distantzscheiben an der Hinterachse**	

Elektrik

Lichtmaschinenleistung (W):	2100
Batterie (V/Ah):	12 / 70

Abmessungen, Gewichte und Volumen

Spurweite v/h (mm):	1488 / 1548
Radstand (mm):	2350
Maße (L x B x H (mm)):	4427 x 1852 x 1310
Leergewicht nach DIN (kg):	1510 [1550]
zul. Gesamtgewicht (kg):	1900 [1945]
Kofferraumvolumen (VDA (l)):	105
Gepäckraum im Innenraum*:	230
Tankvolumen (l):	67
C_W x A (m²):	0,30 x 2,04 = 0,612
Leistungsgewicht (kg/kW / kg/PS):	6,32 [6,49] / 4,65 [4,77]
***bei umgeklappten Rücksitzlehnen**	

Kraftstoffverbrauch

nach 80/1268/EWG (l/100 km):	98 ROZ Super plus bleifrei
Innerstädtisch:	16,6 [17,4]
Außerstädtisch:	8,4 [8,6]
Gesamt:	11,3 [11,6]
CO_2-Emissionen (g/km):	272 [280]

Fahrleistungen, Stückzahlen, Preise

Beschleunigung 0–100 km/h (s):	5,3 [5,8]
0–160 km/h (s):	11,6 [12,6]
0–200 km/h (s):	19,0 [22,0]
Höchstgeschw. (km/h):	280 [275]
Stückzahl:	1.525
Listenpreise:	
12/2005 Targa:	Euro 91.843,00 [Euro 94.714,00]
05/2006 Targa:	Euro 91.843,00 [Euro 94.714,00]
10/2006 Targa:	Euro 94.218,25 [Euro 97.163,50]
05/2007 Targa:	Euro 95.646,00 [Euro 98.591,25]
08/2007 Targa:	Euro 95.646,00 [Euro 98.591,25]

911 Carrera Coupé S [Tiptronic S] MJ 2004 bis MJ 2008
911 Carrera Cabriolet S [Tiptronic S] MJ 2005 bis MJ 2008

Motor

Bauart:	6-Zylinder-Boxermotor
Einbauposition:	Heckmotor
Kühlung:	wassergekühlt
Motor-Typ:	M 97/01
Hubraum (cm³):	3824
Bohrung x Hub:	99 x 82,8
Leistung (kW/PS):	261/355 bei 6600/min
Drehmoment (Nm):	400 bei 4600/min
Literleistung (kW/l / PS/l):	68,3 / 92,8
Verdichtung:	11,8 : 1
Ventilsteuerung:	dohc über Doppelkette, 4 Ventile pro Zylinder, VarioCam Plus, Einlaß-Nockenwellenverstellung, Ventilhubschaltung
Motorsteuerung:	Bosch Motronic ME 7.8, sequenzielle Einspritzung, E-Gas, ruhende Hochspannungsverteilung, Einzelzündspulen, zylinderselektive Klopfregelung, Stereo-Lambdaregelung
Zündfolge:	1 - 6 - 2 - 4 - 3 - 5
Schmierung:	Integrierte Trockensumpfschmierung
Ölmenge (l):	8,5

Kraftübertragung

Antrieb:	Heckantrieb
Schaltgetriebe:	6-Gang
Sonderwunsch Tiptronic S:	[5-Gang]
Getriebe-Typ:	G 97/31 [A 97/31]
Übersetzungen:	
1. Gang:	3,91 [3,60]
2. Gang:	2,32 [2,19]
3. Gang:	1,61 [1,41]
4. Gang:	1,28 [1,00]
5. Gang:	1,08 [0,83]
6. Gang:	0,88
Rückwärtsgang:	3,59 [3,17/1,93]
Achsübersetzung:	3,44 [3,56]

Karosserie, Fahrwerk, Bremse, Räder und Reifen

Karosserie:	2-türige, 2 + 2-sitzige, selbsttragende Karosserie aus beidseitig feuerverzinktem Stahlblech, Aluminium-Fronthaube, verformbare Bug- und Heckverkleidungen aus Kunststoff, Heckdeckel mit automatisch ausfahrbarem Heckspoiler
Coupé:	Festes verschweißtes Stahldach
Sonderwunsch:	Elektrisches Hebe-/Schiebedach
Cabriolet:	Elektrisch betätigtes, vollautomatisches Stoffverdeck mit beheizbarer Festglasheckscheibe, automatisch ausfahrbarer Überrollschutz
Sonderwunsch:	Hardtop aus Aluminium mit beheizbarer Heckscheibe
Vorderradaufhängung:	Einzelradaufhängung an McPherson-Federbeinen mit Längslenkern und Querlenkern aus Leichtmetall, Schraubenfedern, Gasdruckstoßdämpfer, Stabilisator
Hinterradaufhängung:	Einzelradaufhängung an Mehrlenkerhinterachse mit LSA-System und Fahrschemel aus Leichtmetall, Schraubenfedern, Gasdruckstoßdämpfer, Stabilisator
Bremse v/h (Durchm. x B (mm)):	innenbelüftete gelochte Scheiben (330 x 34) / innenbelüftete gelochte Scheiben (330 x 28) rote 4-Kolben-Monobloc-Aluminium-Festsättel / rote 4-Kolben-Monobloc-Aluminium-Festsättel Bosch ABS 8.0
Sonderwunsch:	Porsche Ceramic Composite Brake (PCCB) innenbelüftete gelochte Keramikfaser-Scheiben (350 x 34) / innenbelüftete gelochte Keramikfaser-Scheiben (350 x 28) gelbe 6-Kolben-Monobloc-Aluminium-Festsättel / gelbe 4-Kolben-Monobloc-Aluminium-Festsättel Bosch ABS 8.0
Räder v/h:	8 J x 19 – ET 57 / 11 J x 19 – ET 67
Reifen v/h:	235/35 ZR 19 / 295/30 ZR 19
Sonderwunsch ab Frühjahr 2005:	8,5 J x 19 – ET 55 / 11,5 J x 19 – ET 67 235/35 ZR 19 / 305/30 ZR 19

Elektrik

Lichtmaschinenleistung (W):	2100
Batterie (V/Ah):	12 / 70

Abmessungen, Gewichte und Volumen

Spurweite v/h (mm):	1486 / 1516
Radstand (mm):	2350
Maße (L x B x H (mm)):	4427 x 1808 x 1300
Leergewicht nach DIN (kg):	1420 [1460]
Cabriolet:	1505 [1545]
zul. Gesamtgewicht (kg):	1820 [1865]
Cabriolet:	1885 [1930]
Kofferraumvolumen (VDA (l)):	135
Gepäckraum im Innenraum*:	205 / 155**
Tankvolumen (l):	64
C_W x A (m²):	0,29 x 2,00 = 0,58
Cabriolet:	0,29 x 2,00 = 0,58
Leistungsgewicht (kg/kW / kg/PS):	5,44 [5,59] / 4,00 [4,11]
Cabriolet:	5,77 [5,91] / 4,24 [4,35]

***bei umgeklappten Rücksitzlehnen**
****Cabriolet bei geschl. Verdeck**

Kraftstoffverbrauch

nach 80/1268/EWG (l/100 km):	98 ROZ Super plus bleifrei	
	Coupé	Cabriolet
Innerstädtisch:	17,1 [17,9]	17,3 [17,9]
Außerstädtisch:	8,4 [8,4]	8,4 [8,4]
Gesamt:	11,5 [11,7]	11,6 [11,7]
CO_2-Emissionen (g/km):	277 [283]	280 [283]

Fahrleistungen, Stückzahlen, Preise

Beschleunigung 0–100 km/h (s):	4,8 [5,3]	
Cabriolet:	4,9 [5,4]	
0–160 km/h (s):	10,7 [11,6]	
Cabriolet:	11,0 [12,0]	
0–200 km/h (s):	16,5 [18,9]	
Cabriolet:	17,1 [19,6]	
Höchstgeschw. (km/h):	293 [285]	
Stückzahl:		
Coupé:	27.237	
Cabriolet:	15.288	
Listenpreise:		
06/2004 Coupé:	Euro 85.176,00	[Euro 88.047,00]
05/2005 Coupé:	Euro 86.949,00	[Euro 89.820,00]
Cabriolet:	Euro 97.157,00	[Euro 100.028,00]
05/2006 Coupé:	Euro 88.247,00	[Euro 91.118,00]
Cabriolet:	Euro 98.571,00	[Euro 101.442,00]
10/2006 Coupé:	Euro 90.529,25	[Euro 93.474,50]
Cabriolet:	Euro 101.120,25	[Euro 104.065,50]
05/2007 Coupé:	Euro 91.838,00	[Euro 94.783,25]
Cabriolet:	Euro 102.548,00	[Euro 105.493,25]
08/2007 Coupé:	Euro 91.838,00	[Euro 94.783,25]
Cabriolet:	Euro 102.548,00	[Euro 105.493,25]

911 Carrera 4S Coupé und Cabriolet [Tiptronic S] MJ 2006 bis MJ 2008

Motor

Bauart:	6-Zylinder-Boxermotor
Einbauposition:	Heckmotor
Kühlung:	wassergekühlt
Motor-Typ:	M 97/01
Hubraum (cm³):	3824
Bohrung x Hub:	99 x 82,8
Leistung (kW/PS):	261/355 bei 6600/min
Drehmoment (Nm):	400 bei 4600/min
Literleistung (kW/l / PS/l):	68,3 / 92,8
Verdichtung:	11,8 : 1
Ventilsteuerung:	dohc über Doppelkette, 4 Ventile pro Zylinder, VarioCam Plus, Einlaß-Nockenwellenverstellung, Ventilhubschaltung
Motorsteuerung:	Bosch Motronic ME 7.8, sequenzielle Einspritzung, E-Gas, ruhende Hochspannungsverteilung, Einzelzündspulen, zylinderselektive Klopfregelung, Stereo-Lambdaregelung
Zündfolge:	1 - 6 - 2 - 4 - 3 - 5
Schmierung:	Integrierte Trockensumpfschmierung
Ölmenge (l):	8,5

Kraftübertragung

Antrieb:	Allradantrieb über Viscolamellenkupplung und Kardanwelle
Schaltgetriebe:	6-Gang
Sonderwunsch Tiptronic S:	[5-Gang]
Getriebe-Typ:	G 97/31 [A 97/31]
Übersetzungen:	
1. Gang:	3,91 [3,60]
2. Gang:	2,32 [2,19]
3. Gang:	1,61 [1,41]
4. Gang:	1,28 [1,00]
5. Gang:	1,08 [0,83]
6. Gang:	0,88
Rückwärtsgang:	3,59 [3,17/1,93]
Achsübersetzung:	3,44 [3,56]

Karosserie, Fahrwerk, Bremse, Räder und Reifen

Karosserie:	2-türige, 2 + 2-sitzige, selbsttragende Karosserie aus beidseitig feuerverzinktem Stahlblech, verbreiterte Karosserie mit Schwellerverkleidungen, Aluminium-Fronthaube, verformbare Bug- und Heckverkleidungen aus Kunststoff, Heckdeckel mit automatisch ausfahrbarem Heckspoiler
Coupé:	Festes verschweißtes Stahldach
Sonderwunsch:	Elektrisches Hebe-/Schiebedach
Cabriolet:	Elektrisch betätigtes, vollautomatisches Stoffverdeck mit beheizbarer Festglasheckscheibe, automatisch ausfahrbarer Überrollschutz
Sonderwunsch:	Hardtop aus Aluminium mit beheizbarer Heckscheibe
Vorderradaufhängung:	Einzelradaufhängung an McPherson-Federbeinen mit Längslenkern und Querlenkern aus Leichtmetall, Schraubenfedern, Gasdruckstoßdämpfer, Stabilisator
Hinterradaufhängung:	Einzelradaufhängung an Mehrlenkerhinterachse mit LSA-System und Fahrschemel aus Leichtmetall, Schraubenfedern, Gasdruckstoßdämpfer, Stabilisator
Bremse v/h (Durchm. x B (mm)):	innenbelüftete gelochte Scheiben (330 x 34) / innenbelüftete gelochte Scheiben (330 x 28) rote 4-Kolben-Monobloc-Aluminium-Festsättel / rote 4-Kolben-Monobloc-Aluminium-Festsättel Bosch ABS 8.0
Sonderwunsch:	Porsche Ceramic Composite Brake (PCCB) innenbelüftete gelochte Keramikfaser-Scheiben (350 x 34) / innenbelüftete gelochte Keramikfaser-Scheiben (350 x 28) gelbe 6-Kolben-Monobloc-Aluminium-Festsättel / gelbe 4-Kolben-Monobloc-Aluminium-Festsättel Bosch ABS 8.0
Räder v/h:	8 J x 19 – ET 57 / 11 J x 19 – ET 51
Reifen v/h:	235/35 ZR 19 / 305/30 ZR 19
Sonderwunsch:	8,5 J x 19 – ET 55 / 11,5 J x 19 – ET 50*
	235/35 ZR 19 / 305/30 ZR 19
***mit 17-mm-Distantzscheiben an der Hinterachse**	

Elektrik

Lichtmaschinenleistung (W):	2100
Batterie (V/Ah):	12 / 70

Abmessungen, Gewichte und Volumen

Spurweite v/h (mm):	1488 / 1548
Radstand (mm):	2350
Maße (L x B x H (mm)):	4427 x 1852 x 1300
Leergewicht nach DIN (kg):	1475 [1515]
Cabriolet:	1560 [1600]
zul. Gesamtgewicht (kg):	1875 [1920]
Cabriolet:	1930 [1975]
Kofferraumvolumen (VDA (l)):	105
Gepäckraum im Innenraum*:	201 / 155**
Tankvolumen (l):	67
C_W x A (m²):	0,29 x 2,04 = 0,592
Cabriolet:	0,29 x 2,04 = 0,592
Leistungsgewicht (kg/kW / kg/PS):	5,65 [5,80] / 4,15 [4,27]
Cabriolet:	5,98 [6,13] / 4,39 [4,51]
***bei umgeklappten Rücksitzlehnen**	
****Cabriolet bei geschl. Verdeck**	

Kraftstoffverbrauch

nach 80/1268/EWG (l/100 km):	98 ROZ Super plus bleifrei	
	Coupé	Cabriolet
Innerstädtisch:	17,5 [18,0]	17,5 [18,0]
Außerstädtisch:	8,5 [8,6]	8,5 [8,6]
Gesamt:	11,8 [11,9]	11,8 [11,9]
CO_2-Emissionen (g/km):	285 [286]	285 [286]

Fahrleistungen, Stückzahlen, Preise

Beschleunigung 0–100 km/h (s):	4,8	[5,3]
Cabriolet:	4,9	[5,4]
0–160 km/h (s):	10,8	[11,7]
Cabriolet:	11,1	[12,1]
0–200 km/h (s):	17,0	[19,4]
Cabriolet:	17,6	[20,1]
Höchstgeschw. (km/h):	288	[280]
Stückzahl:		
Coupé:	15.056	
Cabriolet:	12.587	
Listenpreise:		
05/2005 Coupé:	Euro 92.865,00	[Euro 95.736,00]
Cabriolet:	Euro 103.073,00	[Euro 105.944,00]
05/2006 Coupé:	Euro 94.279,00	[Euro 97.150,00]
Cabriolet:	Euro 104.603,00	[Euro 107.474,00]
10/2006 Coupé:	Euro 96.717,25	[Euro 99.662,50]
Cabriolet:	Euro 107.308,25	[Euro 110.253,50]
05/2007 Coupé:	Euro 98.145,00	[Euro 101.090,25]
Cabriolet:	Euro 108.855,00	[Euro 111.800,25]
08/2007 Coupé:	Euro 98.145,00	[Euro 101.090,25]
Cabriolet:	Euro 108.855,00	[Euro 111.800,25]

911 Targa 4S [Tiptronic S] MJ 2006 bis MJ 2008

Motor

Bauart:	6-Zylinder-Boxermotor
Einbauposition:	Heckmotor
Kühlung:	wassergekühlt
Motor-Typ:	M 97/01
Hubraum (cm^3):	3824
Bohrung x Hub:	99 x 82,8
Leistung (kW/PS):	261/355 bei 6600/min
Drehmoment (Nm):	400 bei 4600/min
Literleistung (kW/l / PS/l):	68,3 / 92,8
Verdichtung:	11,8 : 1
Ventilsteuerung:	dohc über Doppelkette, 4 Ventile pro Zylinder, VarioCam Plus, Einlaß-Nockenwellenverstellung, Ventilhubschaltung
Motorsteuerung:	Bosch Motronic ME 7.8, sequenzielle Einspritzung, E-Gas, ruhende Hochspannungsverteilung, Einzelzündspulen, zylinderselektive Klopfregelung, Stereo-Lambdaregelung
Zündfolge:	1 - 6 - 2 - 4 - 3 - 5
Schmierung:	Integrierte Trockensumpfschmierung
Ölmenge (l):	8,5

Kraftübertragung

Antrieb:	Allradantrieb über Viscolamellenkupplung und Kardanwelle
Schaltgetriebe:	6-Gang
Sonderwunsch Tiptronic S:	[5-Gang]
Getriebe-Typ:	G 97/31 [A 97/31]
Übersetzungen:	
1. Gang:	3,91 [3,60]
2. Gang:	2,32 [2,19]
3. Gang:	1,61 [1,41]
4. Gang:	1,28 [1,00]
5. Gang:	1,08 [0,83]
6. Gang:	0,88
Rückwärtsgang:	3,59 [3,17/1,93]
Achsübersetzung:	3,44 [3,56]

Karosserie, Fahrwerk, Bremse, Räder und Reifen

Karosserie:	2-türige, 2 + 2-sitzige, selbsttragende Targa-Karosserie aus beidseitig feuerverzinktem Stahlblech, verbreiterte Karosserie mit Schwellerverkleidungen, Aluminium-Fronthaube, Glasdachmodul mit Schiebefunktion und aufklappbarer Heckscheibe, verformbare Bug- und Heckverkleidungen aus Kunststoff, Heckdeckel mit automatisch ausfahrbarem Heckspoiler
Vorderradaufhängung:	Einzelradaufhängung an McPherson-Federbeinen mit Längslenkern und Querlenkern aus Leichtmetall, Schraubenfedern, Gasdruckstoßdämpfer, Stabilisator
Hinterradaufhängung:	Einzelradaufhängung an Mehrlenkerhinterachse mit LSA-System und Fahrschemel aus Leichtmetall, Schraubenfedern, Gasdruckstoßdämpfer, Stabilisator
Bremse v/h (Durchm. x B (mm)):	innenbelüftete gelochte Scheiben (330 x 34) / innenbelüftete gelochte Scheiben (330 x 28)
	rote 4-Kolben-Monobloc-Aluminium-Festsättel / rote 4-Kolben-Monobloc-Aluminium-Festsättel Bosch ABS 8.0
Sonderwunsch:	Porsche Ceramic Composite Brake (PCCB) innenbelüftete gelochte Keramikfaser-Scheiben (350 x 34) / innenbelüftete gelochte Keramikfaser-Scheiben (350 x 28) gelbe 6-Kolben-Monobloc-Aluminium-Festsättel / gelbe 4-Kolben-Monobloc-Aluminium-Festsättel Bosch ABS 8.0
Räder v/h:	8 J x 19 – ET 57 / 11 J x 19 – ET 51
Reifen v/h:	235/35 ZR 19 / 305/30 ZR 19
Sonderwunsch:	8,5 J x 19 – ET 55 / 11,5 J x 19 – ET 50* 235/35 ZR 19 / 305/30 ZR 19
***mit 17-mm-Distantzscheiben an der Hinterachse**	

Elektrik

Lichtmaschinenleistung (W):	2100
Batterie (V/Ah):	12 / 70

Abmessungen, Gewichte und Volumen

Spurweite v/h (mm):	1488 / 1548
Radstand (mm):	2350
Maße (L x B x H (mm)):	4435 x 1852 x 1300
Leergewicht nach DIN (kg):	1535 [1575]
zul. Gesamtgewicht (kg):	1915 [1960]
Kofferraumvolumen (VDA (l)):	105
Gepäckraum im Innenraum*:	230
Tankvolumen (l):	67
C_W x A (m^2):	0,29 x 2,04 = 0,592
Leistungsgewicht (kg/kW / kg/PS):	5,88 [6,03] / 4,32 [4,44]
***bei umgeklappten Rücksitzlehnen**	

Kraftstoffverbrauch

nach 80/1268/EWG (l/100 km):	98 ROZ Super plus bleifrei
Innerstädtisch:	17,5 [18,0]
Außerstädtisch:	8,5 [8,6]
Gesamt:	11,8 [11,9]
CO_2-Emissionen (g/km):	285 [286]

Fahrleistungen, Stückzahlen, Preise

Beschleunigung 0–100 km/h (s):	4,9 [5,4]
0–160 km/h (s):	11,1 [12,1]
0–200 km/h (s):	17,6 [20,1]
Höchstgeschw. (km/h):	288 [280]
Stückzahl:	3.328
Listenpreise:	
12/2005 Targa:	Euro 102.167,00 [Euro 105.038,00]
05/2006 Targa:	Euro 102.167,00 [Euro 105.038,00]
10/2006 Targa:	Euro 104.809,25 [Euro 107.754,50]
05/2007 Targa:	Euro 106.356,00 [Euro 109.301,25]
08/2007 Targa:	Euro 106.356,00 [Euro 109.301,25]

911 Carrera S Coupé und Cabriolet [Tiptronic S] mit Leistungssteigerung MJ 2006 bis MJ 2008

Motor

Bauart:	6-Zylinder-Boxermotor
Einbauposition:	Heckmotor
Kühlung:	wassergekühlt
Motor-Typ:	M 97/01 S
Hubraum (cm³):	3824
Bohrung x Hub:	99 x 82,8
Leistung (kW/PS):	280/381 bei 7200/min
Drehmoment (Nm):	415 bei 5500/min
Literleistung (kW/l / PS/l):	73,2 / 99,6
Verdichtung:	11,8 : 1
Ventilsteuerung:	dohc über Doppelkette, 4 Ventile pro Zylinder, VarioCam Plus, Einlaß-Nockenwellenverstellung, Ventilhubschaltung
Motorsteuerung:	Bosch Motronic ME 7.8, sequenzielle Einspritzung, E-Gas, ruhende Hochspannungsverteilung, Einzelzündspulen, zylinderselektive Klopfregelung, Stereo-Lambdaregelung
Zündfolge:	1 - 6 - 2 - 4 - 3 - 5
Schmierung:	Integrierte Trockensumpfschmierung
Ölmenge (l):	8,5

Kraftübertragung

Antrieb:	Heckantrieb
Schaltgetriebe:	6-Gang
Sonderwunsch Tiptronic S:	[5-Gang]
Getriebe-Typ:	G 97/01 [A 97/01]
Übersetzungen:	
1. Gang:	3,91 [3,60]
2. Gang:	2,32 [2,19]
3. Gang:	1,61 [1,41]
4. Gang:	1,28 [1,00]
5. Gang:	1,08 [0,83]
6. Gang:	0,88
Rückwärtsgang:	3,59 [3,17/1,93]
Achsübersetzung:	3,44 [3,56]

Karosserie, Fahrwerk, Bremse, Räder und Reifen

Karosserie:	2-türige, 2 + 2-sitzige, selbsttragende Karosserie aus beidseitig feuerverzinktem Stahlblech, Aluminium-Fronthaube, verformbare Bug- und Heckverkleidungen aus Kunststoff, Heckdeckel mit automatisch ausfahrbarem Heckspoiler
Coupé:	Festes verschweißtes Stahldach
Sonderwunsch:	Elektrisches Hebe-/Schiebedach
Cabriolet:	Elektrisch betätigtes, vollautomatisches Stoffverdeck mit beheizbarer Festglasheckscheibe, automatisch ausfahrbarer Überrollschutz
Sonderwunsch:	Hardtop aus Aluminium mit beheizbarer Heckscheibe
Vorderradaufhängung:	Einzelradaufhängung an McPherson-Federbeinen mit Längslenkern und Querlenkern aus Leichtmetall, Schraubenfedern, Gasdruckstoßdämpfer, Stabilisator
Hinterradaufhängung:	Einzelradaufhängung an Mehrlenkerhinterachse mit LSA-System und Fahrschemel aus Leichtmetall, Schraubenfedern, Gasdruckstoßdämpfer, Stabilisator
Bremse v/h (Durchm. x B (mm)):	innenbelüftete gelochte Scheiben (330 x 34) / innenbelüftete gelochte Scheiben (330 x 28) rote 4-Kolben-Monobloc-Aluminium-Festsättel / rote 4-Kolben-Monobloc-Aluminium-Festsättel Bosch ABS 8.0
Sonderwunsch:	Porsche Ceramic Composite Brake (PCCB) innenbelüftete gelochte Keramikfaser-Scheiben (350 x 34) / innenbelüftete gelochte Keramikfaser-Scheiben (350 x 28) gelbe 6-Kolben-Monobloc-Aluminium-Festsättel / gelbe 4-Kolben-Monobloc-Aluminium-Festsättel Bosch ABS 8.0
Räder v/h:	8 J x 19 – ET 57 / 11 J x 19 – ET 67
Reifen v/h:	235/35 ZR 19 / 295/30 ZR 19
Sonderwunsch:	8,5 J x 19 – ET 55 / 11,5 J x 19 – ET 67 235/35 ZR 19 / 305/30 ZR 19

Elektrik

Lichtmaschinenleistung (W):	2100
Batterie (V/Ah):	12 / 70

Abmessungen, Gewichte und Volumen

Spurweite v/h (mm):	1486 / 1516
Radstand (mm):	2350
Maße (L x B x H (mm)):	4427 x 1808 x 1300
Leergewicht nach DIN (kg):	1420 [1460]
Cabriolet:	1505 [1545]
zul. Gesamtgewicht (kg):	1820 [1865]
Cabriolet:	1885 [1930]
Kofferraumvolumen (VDA (l)):	135
Gepäckraum im Innenraum*:	205 / 155**
Tankvolumen (l):	64
C_W x A (m²):	0,29 x 2,00 = 0,58
Cabriolet:	0,29 x 2,00 = 0,58
Leistungsgewicht (kg/kW / kg/PS):	5,44 [5,59] / 4,00 [4,11]
Cabriolet:	5,77 [5,91] / 4,24 [4,35]
***bei umgeklappten Rücksitzlehnen**	
****Cabriolet bei geschl. Verdeck**	

Kraftstoffverbrauch

nach 80/1268/EWG (l/100 km):	98 ROZ Super plus bleifrei	
	Coupé	Cabriolet
Innerstädtisch:	18,1 [18,8]	18,3 [18,8]
Außerstädtisch:	8,6 [8,8]	8,7 [8,8]
Gesamt:	12,0 [12,3]	12,2 [12,3]
CO_2-Emissionen (g/km):	288 [296]	293 [296]

Fahrleistungen, Stückzahlen, Preise

Beschleunigung 0–100 km/h (s):	4,6 [5,1]
Cabriolet:	4,7 [5,2]
0–160 km/h (s):	9,8 [11,0]
Cabriolet:	10,1 [11,4]
0–200 km/h (s):	14,9 [17,6]
Cabriolet:	15,5 [18,3]
Höchstgeschw. (km/h):	300 [294]
Stückzahl:	
Coupé:	n/a
Cabriolet:	n/a
Listenpreise:	
05/2005 Coupé:	Euro 99.013,00 [Euro 101.884,00]
Cabriolet:	Euro 109.221,00 [Euro 112.092,00]
05/2006 Coupé:	Euro 100.311,00 [Euro 103.182,00]
Cabriolet:	Euro 110.635,00 [Euro 113.506,00]
10/2006 Coupé:	Euro 102.905,25 [Euro 105.850,50]
Cabriolet:	Euro 113.469,25 [Euro 116.441,50]
05/2007 Coupé:	Euro 104.214,00 [Euro 107.159,25]
Cabriolet:	Euro 114.924,00 [Euro 117.869,25]

911 Carrera 4S coupé und Cabriolet [Tiptronic S] mit Leistungssteigerung MJ 2006 bis MJ 2008

Motor

Bauart:	6-Zylinder-Boxermotor
Einbauposition:	Heckmotor
Kühlung:	wassergekühlt
Motor-Typ:	M 97/01 S
Hubraum (cm³):	3824
Bohrung x Hub:	99 x 82,8
Leistung (kW/PS):	280/381 bei 7200/min
Drehmoment (Nm):	415 bei 5500/min
Literleistung (kW/l / PS/l):	73,2 / 99,6
Verdichtung:	11,8 : 1
Ventilsteuerung:	dohc über Doppelkette, 4 Ventile pro Zylinder, VarioCam Plus, Einlaß-Nockenwellenverstellung, Ventilhubschaltung
Motorsteuerung:	Bosch Motronic ME 7.8, sequenzielle Einspritzung, E-Gas, ruhende Hochspannungsverteilung, Einzelzündspulen, zylinderselektive Klopfregelung, Stereo-Lambdaregelung
Zündfolge:	1 - 6 - 2 - 4 - 3 - 5
Schmierung:	Integrierte Trockensumpfschmierung
Ölmenge (l):	8,5

Kraftübertragung

Antrieb:	Allradantrieb über Viscolamellenkupplung und Kardanwelle
Schaltgetriebe:	6-Gang
Sonderwunsch Tiptronic S:	[5-Gang]
Getriebe-Typ:	G 97/31 [A 97/31]
Übersetzungen:	
1. Gang:	3,91 [3,60]
2. Gang:	2,32 [2,19]
3. Gang:	1,61 [1,41]
4. Gang:	1,28 [1,00]
5. Gang:	1,08 [0,83]
6. Gang:	0,88
Rückwärtsgang:	3,59 [3,17/1,93]
Achsübersetzung:	3,44 [3,56]

Karosserie, Fahrwerk, Bremse, Räder und Reifen

Karosserie:	2-türige, 2 + 2-sitzige, selbsttragende Karosserie aus beidseitig feuerverzinktem Stahlblech, verbreiterte Karosserie mit Schwellerverkleidungen, Aluminium-Fronthaube, verformbare Bug- und Heckverkleidungen aus Kunststoff, Heckdeckel mit automatisch ausfahrbarem Heckspoiler
Coupé:	Festes verschweißtes Stahldach
Sonderwunsch:	Elektrisches Hebe-/Schiebedach
Cabriolet:	Elektrisch betätigtes, vollautomatisches Stoffverdeck mit beheizbarer Festglasheckscheibe, automatisch ausfahrbarer Überrollschutz
Sonderwunsch:	Hardtop aus Aluminium mit beheizbarer Heckscheibe
Vorderradaufhängung:	Einzelradaufhängung an McPherson-Federbeinen mit Längslenkern und Querlenkern aus Leichtmetall, Schraubenfedern, Gasdruckstoßdämpfer, Stabilisator
Hinterradaufhängung:	Einzelradaufhängung an Mehrlenkerhinterachse mit LSA-System und Fahrschemel aus Leichtmetall, Schraubenfedern, Gasdruckstoßdämpfer, Stabilisator
Bremse v/h (Durchm. x B (mm)):	innenbelüftete gelochte Scheiben (330 x 34) / innenbelüftete gelochte Scheiben (330 x 28) rote 4-Kolben-Monobloc-Aluminium-Festsättel / rote 4-Kolben-Monobloc-Aluminium-Festsättel Bosch ABS 8.0
Sonderwunsch:	Porsche Ceramic Composite Brake (PCCB) innenbelüftete gelochte Keramikfaser-Scheiben (350 x 34) / innenbelüftete gelochte Keramikfaser-Scheiben (350 x 28) gelbe 6-Kolben-Monobloc-Aluminium-Festsättel / gelbe 4-Kolben-Monobloc-Aluminium-Festsättel Bosch ABS 8.0
Räder v/h:	8 J x 19 – ET 57 / 11 J x 19 – ET 51
Reifen v/h:	235/35 ZR 19 / 305/30 ZR 19
Sonderwunsch:	8,5 J x 19 – ET 55 / 11,5 J x 19 – ET 50* 235/35 ZR 19 / 305/30 ZR 19
***mit 17-mm-Distantzscheiben an der Hinterachse**	

Elektrik

Lichtmaschinenleistung (W):	2100
Batterie (V/Ah):	12 / 70

Abmessungen, Gewichte und Volumen

Spurweite v/h (mm):	1488 / 1548
Radstand (mm):	2350
Maße (L x B x H (mm)):	4427 x 1852 x 1300
Leergewicht nach DIN (kg):	1475 [1515]
Cabriolet:	1560 [1600]
zul. Gesamtgewicht (kg):	1875 [1920]
Cabriolet:	1930 [1975]
Kofferraumvolumen (VDA (l)):	105
Gepäckraum im Innenraum*:	205 / 155**
Tankvolumen (l):	67
C_W x A (m²):	0,29 x 2,04 = 0,592
Cabriolet:	0,29 x 2,04 = 0,592
Leistungsgewicht (kg/kW / kg/PS):	5,65 [5,80] / 4,15 [4,27]
Cabriolet:	5,98 [6,13] / 4,39 [4,51]
***bei umgeklappten Rücksitzlehnen**	
****Cabriolet bei geschl. Verdeck**	

Kraftstoffverbrauch

nach 80/1268/EWG (l/100 km):	98 ROZ Super plus bleifrei	
	Coupé	Cabriolet
Innerstädtisch:	18,4 [18,9]	18,4 [18,9]
Außerstädtisch:	8,9 [9,0]	8,9 [9,0]
Gesamt:	12,4 [12,5]	12,4 [12,5]
CO_2-Emissionen (g/km):	299 [300]	299 [300]

Fahrleistungen, Stückzahlen, Preise

Beschleunigung 0–100 km/h (s):	4,6 [5,1]
Cabriolet:	4,7 [5,2]
0–160 km/h (s):	9,9 [11,1]
Cabriolet:	10,2 [11,5]
0–200 km/h (s):	15,4 [18,1]
Cabriolet:	16,0 [18,8]
Höchstgeschw. (km/h):	296 [290]
Stückzahl:	
Coupé:	n/a
Cabriolet:	n/a
Listenpreise:	
05/2005 Coupé:	Euro 104.929,00 [Euro 107.800,00]
Cabriolet:	Euro 115.137,00 [Euro 118.008,00]
05/2006 Coupé:	Euro 106.343,00 [Euro 109.214,00]
Cabriolet:	Euro 116.667,00 [Euro 119.538,00]
10/2006 Coupé:	Euro 109.093,25 [Euro 112.038,50]
Cabriolet:	Euro 119.684,25 [Euro 122.629,50]
05/2007 Coupé:	Euro 110.521,00 [Euro 113.466,25]
Cabriolet:	Euro 121.231,00 [Euro 124.176,25]

911 Targa 4S [Tiptronic S] mit Leistungssteigerung MJ 2007 bis MJ 2008

Motor

Bauart:	6-Zylinder-Boxermotor
Einbauposition:	Heckmotor
Kühlung:	wassergekühlt
Motor-Typ:	M 97/01 S
Hubraum (cm³):	3824
Bohrung x Hub:	99 x 82,8
Leistung (kW/PS):	280/381 bei 7200/min
Drehmoment (Nm):	415 bei 5500/min
Literleistung (kW/l / PS/l):	73,2 / 99,6
Verdichtung:	11,8 : 1
Ventilsteuerung:	dohc über Doppelkette, 4 Ventile pro Zylinder, VarioCam Plus, Einlaß-Nockenwellenverstellung, Ventilhubschaltung
Motorsteuerung:	Bosch Motronic ME 7.8, sequenzielle Einspritzung, E-Gas, ruhende Hochspannungsverteilung, Einzelzündspulen, zylinderselektive Klopfregelung, Stereo-Lambdaregelung
Zündfolge:	1 - 6 - 2 - 4 - 3 - 5
Schmierung:	Integrierte Trockensumpfschmierung
Ölmenge (l):	8,5

Kraftübertragung

Antrieb:	Allradantrieb über Viscolamellenkupplung und Kardanwelle
Schaltgetriebe:	6-Gang
Sonderwunsch Tiptronic S:	[5-Gang]
Getriebe-Typ:	G 97/31 [A 97/31]
Übersetzungen:	
1. Gang:	3,91 [3,60]
2. Gang:	2,32 [2,19]
3. Gang:	1,61 [1,41]
4. Gang:	1,28 [1,00]
5. Gang:	1,08 [0,83]
6. Gang:	0,88
Rückwärtsgang:	3,59 [3,17/1,93]
Achsübersetzung:	3,44 [3,56]

Karosserie, Fahrwerk, Bremse, Räder und Reifen

Karosserie:	2-türige, 2 + 2-sitzige, selbsttragende Targa-Karosserie aus beidseitig feuerverzinktem Stahlblech, verbreiterte Karosserie mit Schwellerverkleidungen, Aluminium-Fronthaube, Glasdachmodul mit Schiebefunktion und aufklappbarer Heckscheibe, verformbare Bug- und Heckverkleidungen aus Kunststoff, Heckdeckel mit automatisch ausfahrbarem Heckspoiler
Vorderradaufhängung:	Einzelradaufhängung an McPherson-Federbeinen mit Längslenkern und Querlenkern aus Leichtmetall, Schraubenfedern, Gasdruckstoßdämpfer, Stabilisator
Hinterradaufhängung:	Einzelradaufhängung an Mehrlenkerhinterachse mit LSA-System und Fahrschemel aus Leichtmetall, Schraubenfedern, Gasdruckstoßdämpfer, Stabilisator
Bremse v/h (Durchm. x B (mm)):	innenbelüftete gelochte Scheiben (330 x 34) / innenbelüftete gelochte Scheiben (330 x 28) rote 4-Kolben-Monobloc-Aluminium-Festsättel / rote 4-Kolben-Monobloc-Aluminium-Festsättel Bosch ABS 8.0
Sonderwunsch:	Porsche Ceramic Composite Brake (PCCB) innenbelüftete gelochte Keramikfaser-Scheiben (350 x 34) / innenbelüftete gelochte Keramikfaser-Scheiben (350 x 28) gelbe 6-Kolben-Monobloc-Aluminium-Festsättel / gelbe 4-Kolben-Monobloc-Aluminium-Festsättel Bosch ABS 8.0
Räder v/h:	8 J x 19 – ET 57 / 11 J x 19 – ET 51
Reifen v/h:	235/35 ZR 19 / 305/30 ZR 19
Sonderwunsch:	8,5 J x 19 – ET 55 / 11,5 J x 19 – ET 50* 235/35 ZR 19 / 305/30 ZR 19
***mit 17-mm-Distantzscheiben an der Hinterachse**	

Elektrik

Lichtmaschinenleistung (W):	2100
Batterie (V/Ah):	12 / 70

Abmessungen, Gewichte und Volumen

Spurweite v/h (mm):	1488 / 1548
Radstand (mm):	2350
Maße (L x B x H (mm)):	4435 x 1852 x 1300
Leergewicht nach DIN (kg):	1535 [1575]
zul. Gesamtgewicht (kg):	1915 [1960]
Kofferraumvolumen (VDA (l)):	105
Gepäckraum im Innenraum*:	205
Tankvolumen (l):	67
C_W x A (m²):	0,29 x 2,04 = 0,592
Leistungsgewicht (kg/kW / kg/PS):	5,88 [6,03] / 4,32 [4,44]
***bei umgeklappten Rücksitzlehnen**	

Kraftstoffverbrauch

nach 80/1268/EWG (l/100 km):	98 ROZ Super plus bleifrei
Innerstädtisch:	18,4 [18,9]
Außerstädtisch:	8,9 [9,0]
Gesamt:	12,4 [12,5]
CO_2-Emissionen (g/km):	299 [300]

Fahrleistungen, Stückzahlen, Preise

Beschleunigung 0–100 km/h (s):	4,7 [5,2]
0–160 km/h (s):	10,2 [11,5]
0–200 km/h (s):	16,0 [18,8]
Höchstgeschw. (km/h):	296 [290]
Stückzahl:	n/a
Listenpreise:	
05/2006 Targa:	Euro 114.231,00 [Euro 117.102,00]
10/2006 Targa:	Euro 117.185,25 [Euro 120.130,50]
05/2007 Targa:	Euro 118.732,00 [Euro 121.677,25]

911 CARRERA COUPÉ S [TIPTRONIC S] JUBILÄUMSMODELL »50 YEARS PORSCHE CLUB OF AMERICA« 2005

MOTOR

Bauart:	6-Zylinder-Boxermotor
Einbauposition:	Heckmotor
Kühlung:	wassergekühlt
Motor-Typ:	M 97/01 S
Hubraum (cm³):	3824
Bohrung x Hub:	99 x 82,8
Leistung (kW/PS):	280/381 bei 7200/min
Drehmoment (Nm):	415 bei 5500/min
Literleistung (kW/l / PS/l):	73,2 / 99,6
Verdichtung:	11,8 : 1
Ventilsteuerung:	dohc über Doppelkette, 4 Ventile pro Zylinder, VarioCam Plus, Einlaß-Nockenwellenverstellung, Ventilhubschaltung
Motorsteuerung:	Bosch Motronic ME 7.8, sequenzielle Einspritzung, E-Gas, ruhende Hochspannungsverteilung, Einzelzündspulen, zylinderselektive Klopfregelung, Stereo-Lambdaregelung
Zündfolge:	1 - 6 - 2 - 4 - 3 - 5
Schmierung:	Integrierte Trockensumpfschmierung
Ölmenge (l):	8,5

KRAFTÜBERTRAGUNG

Antrieb:	Heckantrieb
Schaltgetriebe:	6-Gang
Sonderwunsch Tiptronic S:	[5-Gang]
Getriebe-Typ:	G 97/01 [A 97/01]
Übersetzungen:	
1. Gang:	3,91 [3,60]
2. Gang:	2,32 [2,19]
3. Gang:	1,61 [1,41]
4. Gang:	1,28 [1,00]
5. Gang:	1,08 [0,83]
6. Gang:	0,88
Rückwärtsgang:	3,59 [3,17/1,93]
Achsübersetzung:	3,44 [3,56]

KAROSSERIE, FAHRWERK, BREMSE, RÄDER UND REIFEN

Karosserie:	2-türige, 2 + 2-sitzige, selbsttragende Coupé-Karosserie aus beidseitig feuerverzinktem Stahlblech, Aluminium-Fronthaube, verformbare Bug- und Heckverkleidungen aus Kunststoff, Heckdeckel mit automatisch ausfahrbarem Heckspoiler
Sonderwunsch:	Elektrisches Hebe-/Schiebedach
Vorderradaufhängung:	Einzelradaufhängung an McPherson-Federbeinen mit Längslenkern und Querlenkern aus Leichtmetall, Schraubenfedern, Gasdruckstoßdämpfer, Stabilisator
Hinterradaufhängung:	Einzelradaufhängung an Mehrlenkerhinterachse mit LSA-System und Fahrschemel aus Leichtmetall, Schraubenfedern, Gasdruckstoßdämpfer, Stabilisator
Bremse v/h (Durchm. x B (mm)):	innenbelüftete gelochte Scheiben (330 x 34) / innenbelüftete gelochte Scheiben (330 x 28) rote 4-Kolben-Monobloc-Aluminium-Festsättel / rote 4-Kolben-Monobloc-Aluminium-Festsättel Bosch ABS 8.0
Sonderwunsch:	Porsche Ceramic Composite Brake (PCCB) innenbelüftete gelochte Keramikfaser-Scheiben (350 x 34) / innenbelüftete gelochte Keramikfaser-Scheiben (350 x 28) gelbe 6-Kolben-Monobloc-Aluminium-Festsättel / gelbe 4-Kolben-Monobloc-Aluminium-Festsättel Bosch ABS 8.0
Räder v/h:	8 J x 19 – ET 57 / 11 J x 19 – ET 67
Reifen v/h:	235/35 ZR 19 / 295/30 ZR 19
Sonderwunsch ab Frühjahr 2005:	8,5 J x 19 – ET 55 / 11,5 J x 19 – ET 67 235/35 ZR 19 / 305/30 ZR 19

ELEKTRIK

Lichtmaschinenleistung (W):	2100
Batterie (V/Ah):	12 / 70

ABMESSUNGEN, GEWICHTE UND VOLUMEN

Spurweite v/h (mm):	1486 / 1516
Radstand (mm):	2350
Maße (L x B x H (mm)):	4427 x 1808 x 1300
Leergewicht nach DIN (kg):	1420 [1460]
zul. Gesamtgewicht (kg):	1820 [1865]
Kofferraumvolumen (VDA (l)):	135
Gepäckraum im Innenraum*:	205
Tankvolumen (l):	64
C_W x A (m²):	0,29 x 2,00 = 0,58
Leistungsgewicht (kg/kW / kg/PS):	5,44 [5,59] / 4,00 [4,11]
***bei umgeklappten Rücksitzlehnen**	

KRAFTSTOFFVERBRAUCH

nach 80/1268/EWG (l/100 km):	98 ROZ Super plus bleifrei
Innerstädtisch:	18,1 [18,8]
Außerstädtisch:	8,6 [8,8]
Gesamt:	12,0 [12,3]
CO_2-Emissionen (g/km):	288 [296]

FAHRLEISTUNGEN, STÜCKZAHLEN, PREISE

Beschleunigung 0–100 km/h (s):	4,4 [5,1]
0–160 km/h (s):	9,8 [11,0]
0–200 km/h (s):	14,9 [17,6]
Höchstgeschw. (km/h):	299 [294]
Stückzahl:	
Coupé:	50, limitiert auf 50 Fahrzeuge
Listenpreise:	
06/2005 Coupé:	US $ 99.911,-

911 Turbo Coupé [Tiptronic S] MJ 2006 bis MJ 2009

Motor

Bauart:	6-Zylinder-Boxermotor mit VTG-Bi-Turboaufladung und Ladeluftkühlung
Einbauposition:	Heckmotor
Kühlung:	wassergekühlt
Motor-Typ:	M 97/70
Hubraum (cm³):	3600
Bohrung x Hub:	100 x 76,4
Leistung (kW/PS):	353/480 bei 6000/min
Drehmoment (Nm):	620 bei 1950–5000/min
Literleistung (kW/l / PS/l):	98,1 / 133,3
Verdichtung:	9,0 : 1
Maximaler Ladedruck (bar):	1,0
bei Overboost:	1,2
Ventilsteuerung:	dohc über Doppelkette, 4 Ventile pro Zylinder, VarioCam Plus, Einlaß-Nockenwellenverstellung, Ventilhubschaltung
Motorsteuerung:	Bosch Motronic ME 7.8.1, sequenzielle Einspritzung, E-Gas, ruhende Hochspannungsverteilung, Einzelzündspulen, zylinderselektive Klopfregelung, Stereo-Lambdaregelung
Zündfolge:	1 - 6 - 2 - 4 - 3 - 5
Schmierung:	Trockensumpfschmierung
Ölmenge (l):	11,0

Kraftübertragung

Antrieb:	gesteuerter Allradantrieb mit Kardanwelle
Schaltgetriebe:	6-Gang
Sonderwunsch Tiptronic S:	[5-Gang]
Getriebe-Typ:	G 97/50 [A 97/50]
Übersetzungen:	
1. Gang:	3,82 [3,59]
2. Gang:	2,14 [2,19]
3. Gang:	1,48 [1,41]
4. Gang:	1,18 [1,00]
5. Gang:	0,97 [0,83]
6. Gang:	0,79
Rückwärtsgang:	2,67 [3,17/1,93]
Achsübersetzung:	3,44 [3,06]

Karosserie, Fahrwerk, Bremse, Räder und Reifen

Karosserie:	2-türige, 2 + 2-sitzige, selbsttragende Coupé-Karosserie aus beidseitig feuerverzinktem Stahlblech, verbreiterte Karosserie mit Schwellerverkleidungen, Fondseitenteile mit Lufteinlässen für Ladeluftkühlung, Fronthaube und Türen aus Aluminium, verformbare Bug- und Heckverkleidungen aus Kunststoff, Bugteil mit runden Nebelscheinwerfern und LED-Blinkern in Kühlöffnungen, Heckteil mit seitlichen Kühlöffnungen, Heckdeckel aus Kunststoff mit Abrißkante und zusätzlich automatisch ausfahrbarem Spaltflügel
Sonderwunsch:	Elektrisches Hebe-/Schiebedach
Vorderradaufhängung:	Einzelradaufhängung an McPherson-Federbeinen mit Längslenkern und Querlenkern aus Leichtmetall, Schraubenfedern, Gasdruckstoßdämpfer, Stabilisator
Hinterradaufhängung:	Einzelradaufhängung an Mehrlenkerhinterachse mit LSA-System und Fahrschemel aus Leichtmetall, Schraubenfedern, Gasdruckstoßdämpfer, Stabilisator
Bremse v/h (Durchm. x B (mm)):	innenbelüftete gelochte Scheiben (350 x 34) / innenbelüftete gelochte Scheiben (350 x 28) rote 4-Kolben-Monobloc-Aluminium-Festsättel / rote 4-Kolben-Monobloc-Aluminium-Festsättel Bosch ABS 8.0
Sonderwunsch:	Porsche Ceramic Composite Brake (PCCB) innenbelüftete gelochte Keramikfaser-Scheiben (380 x 34) / innenbelüftete gelochte Keramikfaser-Scheiben (350 x 28) gelbe 6-Kolben-Monobloc-Aluminium-Festsättel / gelbe 4-Kolben-Monobloc-Aluminium-Festsättel Bosch ABS 8.0
Räder v/h:	8,5 J x 19 – ET 56 / 11 J x 19 – ET 51
Reifen v/h:	235/35 ZR 19 / 305/30 ZR 19

Elektrik

Lichtmaschinenleistung (W):	2100
Batterie (V/Ah):	12 / 70

Abmessungen, Gewichte und Volumen

Spurweite v/h (mm):	1490 / 1548
Radstand (mm):	2350
Maße (L x B x H (mm)):	4450 x 1852 x 1300
Leergewicht nach DIN (kg):	1585 [1620]
zul. Gesamtgewicht (kg):	1950 [1980]
Kofferraumvolumen (VDA (l)):	105
Gepäckraum im Innenraum*:	205
Tankvolumen (l):	67
C_W x A (m²):	0,31 x 2,04 = 0,632
Leistungsgewicht (kg/kW / kg/PS):	4,49 [4,59] / 3,30 [3,38]
***bei umgeklappten Rücksitzlehnen**	

Kraftstoffverbrauch

nach 80/1268/EWG (l/100 km):	98 ROZ Super plus bleifrei
Innerstädtisch:	18,8 [19,8]
Außerstädtisch:	9,5 [9,6]
Gesamt:	12,8 [13,6]
CO_2-Emissionen (g/km):	307 [326]

Fahrleistungen, Stückzahlen, Preise

Beschleunigung 0–100 km/h (s):	3,9 [3,7]
0–160 km/h (s):	8,4 [7,8]
0–200 km/h (s):	12,8 [12,2]
ab MJ 2008:	12,5 [12,2]
Höchstgeschw. (km/h):	310 [310]
Stückzahl:	15.626
Listenpreis:	
12/2005 Coupé:	Euro 133.603,00 [Euro 136.474,00]
10/2006 Coupé:	Euro 137.058,25 [Euro 140.003,50]
05/2007 Coupé:	Euro 140.152,00 [Euro 143.097,25]
08/2007 Coupé:	Euro 140.152,00 [Euro 143.097,25]
06/2008 Coupé:	Euro 143.008,00 [Euro 145.953,25]

911 Turbo Cabriolet [Tiptronic S] MJ 2007 bis MJ 2009

Motor

Bauart:	6-Zylinder-Boxermotor mit VTG-Bi-Turboaufladung und Ladeluftkühlung
Einbauposition:	Heckmotor
Kühlung:	wassergekühlt
Motor-Typ:	M 97/70
Hubraum (cm³):	3600
Bohrung x Hub:	100 x 76,4
Leistung (kW/PS):	353/480 bei 6000/min
Drehmoment (Nm):	620 bei 1950-5000/min
Literleistung (kW/l / PS/l):	98,1 / 133,3
Verdichtung:	9,0 : 1
Maximaler Ladedruck (bar):	1,0
bei Overboost:	1,2
Ventilsteuerung:	dohc über Doppelkette, 4 Ventile pro Zylinder, VarioCam Plus, Einlaß-Nockenwellenverstellung, Ventilhubschaltung
Motorsteuerung:	Bosch Motronic ME 7.8.1, sequenzielle Einspritzung, E-Gas, ruhende Hochspannungsverteilung, Einzelzündspulen, zylinderselektive Klopfregelung, Stereo-Lambdaregelung
Zündfolge:	1 - 6 - 2 - 4 - 3 - 5
Schmierung:	Trockensumpfschmierung
Ölmenge (l):	11,0

Kraftübertragung

Antrieb:	gesteuerter Allradantrieb mit Kardanwelle
Schaltgetriebe:	6-Gang
Sonderwunsch Tiptronic S:	[5-Gang]
Getriebe-Typ:	G 97/50 [A 97/50]
Übersetzungen:	
1. Gang:	3,82 [3,59]
2. Gang:	2,14 [2,19]
3. Gang:	1,48 [1,41]
4. Gang:	1,18 [1,00]
5. Gang:	0,97 [0,83]
6. Gang:	0,79
Rückwärtsgang:	2,67 [3,17/1,93]
Achsübersetzung:	3,44 [3,06]

Karosserie, Fahrwerk, Bremse, Räder und Reifen

Karosserie:	2-türige, 2 + 2-sitzige, selbsttragende Cabriolet-Karosserie aus beidseitig feuerverzinktem Stahlblech, verbreiterte Karosserie mit Schwellerverkleidungen, Fondseitenteile mit Lufteinlässen für Ladeluftkühlung, Fronthaube und Türen aus Aluminium, verformbare Bug- und Heckverkleidungen aus Kunststoff, Bugteil mit runden Nebelscheinwerfern und LED-Blinkern in Kühlöffnungen, Heckteil mit seitlichen Kühlöffnungen, Heckdeckel aus Kunststoff mit Abrißkante und zusätzlich automatisch ausfahrbarem Spaltflügel, elektrisch betätigtes, vollautomatisches Stoffverdeck mit beheizbarer Festglasheckscheibe, automatisch ausfahrbarer Überrollschutz
Sonderwunsch:	Hardtop aus Aluminium mit beheizbarer Heckscheibe
Vorderradaufhängung:	Einzelradaufhängung an McPherson-Federbeinen mit Längslenkern und Querlenkern aus Leichtmetall, Schraubenfedern, Gasdruckstoßdämpfer, Stabilisator
Hinterradaufhängung:	Einzelradaufhängung an Mehrlenkerhinterachse mit LSA-System und Fahrschemel aus Leichtmetall, Schraubenfedern, Gasdruckstoßdämpfer, Stabilisator
Bremse v/h (Durchm. x B (mm)):	innenbelüftete gelochte Scheiben (350 x 34) / innenbelüftete gelochte Scheiben (350 x 28) rote 4-Kolben-Monobloc-Aluminium-Festsättel / rote 4-Kolben-Monobloc-Aluminium-Festsättel Bosch ABS 8.0
Sonderwunsch:	Porsche Ceramic Composite Brake (PCCB) innenbelüftete gelochte Keramikfaser-Scheiben (380 x 34) / innenbelüftete gelochte Keramikfaser-Scheiben (350 x 28) gelbe 6-Kolben-Monobloc-Aluminium-Festsättel / gelbe 4-Kolben-Monobloc-Aluminium-Festsättel Bosch ABS 8.0
Räder v/h:	8,5 J x 19 – ET 56 / 11 J x 19 – ET 51
Reifen v/h:	235/35 ZR 19 / 305/30 ZR 19

Elektrik

Lichtmaschinenleistung (W):	2100
Batterie (V/Ah):	12 / 70

Abmessungen, Gewichte und Volumen

Spurweite v/h (mm):	1490 / 1548
Radstand (mm):	2350
Maße (L x B x H (mm)):	4450 x 1852 x 1300
Leergewicht nach DIN (kg):	1655 [1690]
zul. Gesamtgewicht (kg):	2000 [2035]
Kofferraumvolumen (VDA (l)):	105
Gepäckraum im Innenraum*:	155
Tankvolumen (l):	67
C_W x A (m²):	0,31 x 2,04 = 0,632
Leistungsgewicht (kg/kW / kg/PS):	4,69 [4,79] / 3,45 [3,52]
***bei umgeklappten Rücksitzlehnen**	

Kraftstoffverbrauch

nach 80/1268/EWG (l/100 km):	98 ROZ Super plus bleifrei
Innerstädtisch:	19,2 [20,2]
Außerstädtisch:	9,5 [9,6]
Gesamt:	12,9 [13,7]
CO_2-Emissionen (g/km):	309 [328]

Fahrleistungen, Stückzahlen, Preise

Beschleunigung 0–100 km/h (s):	4,0 [3,8]
0–160 km/h (s):	8,6 [8,1]
0–200 km/h (s):	12,8 [12,6]
Höchstgeschw. (km/h):	310 [310]
Stückzahl:	6.099
Listenpreis:	
10/2006 Cabriolet:	Euro 150.862,- [Euro 153.807,25]
05/2007 Cabriolet:	Euro 150.862,- [Euro 153.807,25]
08/2007 Cabriolet:	Euro 150.862,- [Euro 153.807,25]
06/2008 Cabriolet:	Euro 153.956,- [Euro 156.901,25]

911 GT3 Coupé MJ 2006 bis MJ 2008

Motor

Bauart:	6-Zylinder-Boxermotor
Einbauposition:	Heckmotor
Kühlung:	wassergekühlt
Motor-Typ:	M 97/76
Hubraum (cm³):	3600
Bohrung x Hub:	100 x 76,4
Leistung (kW/PS):	305/415 bei 7600/min
Drehmoment (Nm):	405 bei 5500/min
Literleistung (kW/l / PS/l):	84,7 / 115,3
Verdichtung:	12,0 : 1
Ventilsteuerung:	dohc über Doppelkette, 4 Ventile pro Zylinder, Vario-Cam, Einlaß-Nockenwellenverstellung
Motorsteuerung:	Bosch Motronic ME 7.8, sequenzielle Einspritzung, E-Gas, ruhende Hochspannungsverteilung, Einzelzündspulen, zylinderselektive Klopfregelung, Stereo-Lambdaregelung
Zündfolge:	1 - 6 - 2 - 4 - 3 - 5
Schmierung:	Trockensumpfschmierung
Ölmenge (l):	11,0

Kraftübertragung

Antrieb:	Heckantrieb
Schaltgetriebe:	6-Gang
Getriebe-Typ:	G 97/90
Übersetzungen:	
1. Gang:	3,82
2. Gang:	2,26
3. Gang:	1,64
4. Gang:	1,29
5. Gang:	1,06
6. Gang:	0,92
Rückwärtsgang:	2,86
Achsübersetzung:	3,44
Sperrdifferential Zug/Schub (%):	28 / 40

Karosserie, Fahrwerk, Bremse, Räder und Reifen

Karosserie:	2-türige, 2-sitzige, selbsttragende Coupé-Karosserie aus beidseitig feuerverzinktem Stahlblech, Fronthaube und Türen aus Aluminium, verformbare Bug- und Heckverkleidungen aus Kunststoff, Bugteil mit obenliegender Ausströmöffnung und Spoilerlippe, Lüftungsgitter vor Frontdeckel, Heckdeckel aus Kunststoff mit Staudrucksammler, Abrißkante und feststehendem Heckflügel
Clubsportpaket:	Verschraubter Überrollkäfig hinter den Vordersitzen
Vorderradaufhängung:	Einzelradaufhängung an McPherson-Federbeinen mit Längslenkern und Querlenkern aus Leichtmetall, Schraubenfedern, Gasdruckstoßdämpfer, Stabilisator
Hinterradaufhängung:	Einzelradaufhängung an Mehrlenkerhinterachse mit LSA-System und Fahrschemel aus Leichtmetall, Schraubenfedern, Gasdruckstoßdämpfer, Stabilisator
Bremse v/h (Durchm. x B (mm)):	innenbelüftete gelochte Scheiben (350 x 34) / innenbelüftete gelochte Scheiben (350 x 28) rote 6-Kolben-Aluminium-Monobloc-Festsättel / rote 4-Kolben-Aluminium-Monobloc-Festsättel Bosch ABS 8.0
Sonderwunsch:	Porsche Ceramic Composite Brake (PCCB) innenbelüftete gelochte Keramikfaser-Scheiben (380 x 34) / innenbelüftete gelochte Keramikfaser-Scheiben (350 x 28) gelbe 6-Kolben-Monobloc-Aluminium-Festsättel / gelbe 4-Kolben-Monobloc-Aluminium-Festsättel Bosch ABS 8.0
Räder v/h:	8,5 J x 19 – ET 53 / 12 J x 19 – ET 68
Reifen v/h:	235/35 ZR 19 / 305/30 ZR 19

Elektrik

Lichtmaschinenleistung (W):	2100
Batterie (V/Ah):	12 / 60

Abmessungen, Gewichte und Volumen

Spurweite v/h (mm):	1497 / 1524
Radstand (mm):	2355
Maße (L x B x H (mm)):	4445 x 1808 x 1280
Leergewicht nach DIN (kg):	1395
zul. Gesamtgewicht (kg):	1680
Kofferraumvolumen (VDA (l)):	105
Tankvolumen (l):	90
C_W x A (m²):	0,29 x 2,00 = 0,58
Leistungsgewicht (kg/kW / kg/PS):	4,57 / 3,36

Kraftstoffverbrauch

nach 1999/100/EG (l/100 km):	98 ROZ Super plus bleifrei
Innerstädtisch:	19,8
Außerstädtisch:	8,9
Gesamt:	12,8
CO_2-Emissionen (g/km):	307

Fahrleistungen, Stückzahlen, Preise

Beschleunigung 0–100 km/h (s):	4,3
0–160 km/h (s):	8,7
0–200 km/h (s):	13,5
Höchstgeschw. (km/h):	310
Stückzahl:	3.329
Listenpreise:	
01/2006 Coupé:	Euro 108.083,00
Coupé mit Clubsportpaket:	Euro 108.083,00
07/2006 Coupé:	Euro 108.083,00
Coupé mit Clubsportpaket:	Euro 108.083,00
10/2006 Coupé:	Euro 110.878,25
Coupé mit Clubsportpaket:	Euro 110.878,25
05/2008 Coupé:	Euro 112.544,00
Coupé mit Clubsportpaket:	Euro 112.544,00

911 GT 3 RS Coupé MJ 2007 bis MJ 2009

Motor

Bauart:	6-Zylinder-Boxermotor
Einbauposition:	Heckmotor
Kühlung:	wassergekühlt
Motor-Typ:	M 97/76
Hubraum (cm³):	3600
Bohrung x Hub:	100 x 76,4
Leistung (kW/PS):	305/415 bei 7600/min
Drehmoment (Nm):	405 bei 5500/min
Literleistung (kW/l / PS/l):	84,7 / 115,3
Verdichtung:	12,0 : 1
Ventilsteuerung:	dohc über Doppelkette, 4 Ventile pro Zylinder, Vario-Cam, Einlaß-Nockenwellenverstellung
Motorsteuerung:	Bosch Motronic ME 7.8, sequenzielle Einspritzung, E-Gas, ruhende Hochspannungsverteilung, Einzelzündspulen, zylinderselektive Klopfregelung, Stereo-Lambdaregelung
Zündfolge:	1 - 6 - 2 - 4 - 3 - 5
Schmierung:	Trockensumpfschmierung
Ölmenge (l):	11,0

Kraftübertragung

Antrieb:	Heckantrieb
Schaltgetriebe:	6-Gang
Getriebe-Typ:	G 97/90
Übersetzungen:	
1. Gang:	3,82
2. Gang:	2,26
3. Gang:	1,64
4. Gang:	1,29
5. Gang:	1,06
6. Gang:	0,92
Rückwärtsgang:	2,86
Achsübersetzung:	3,44
Sperrdifferential Zug/Schub (%):	28 / 40

Karosserie, Fahrwerk, Bremse, Räder und Reifen

Karosserie:	2-türige, 2-sitzige, selbsttragende Coupé-Karosserie aus beidseitig feuerverzinktem Stahlblech, verbreiterte Karosserie mit Schwellerverkleidungen, Fronthaube und Türen aus Aluminium, Kunststoffheckscheibe, verformbare Bug- und Heckverkleidungen aus Kunststoff, Bugteil mit obenliegender Ausströmöffnung und Spoilerlippe, Heckdeckel aus Kunststoff mit Staudrucksammler, Abrißkante und großem, feststehenden Heckflügel aus Kohlefaser (CfK), Folienschriftzüge »GT 3 RS« auf Türen und Heckdeckel, verschraubter Überrollkäfig hinter den Vordersitzen
Vorderradaufhängung:	Einzelradaufhängung an McPherson-Federbeinen mit Längslenkern und Querlenkern aus Leichtmetall, Schraubenfedern, Gasdruckstoßdämpfer, Stabilisator
Hinterradaufhängung:	Einzelradaufhängung an Mehrlenkerhinterachse mit LSA-System und Fahrschemel aus Leichtmetall, Schraubenfedern, Gasdruckstoßdämpfer, Stabilisator
Bremse v/h (Durchm. x B (mm)):	innenbelüftete gelochte Scheiben (350 x 34) / innenbelüftete gelochte Scheiben (350 x 28) rote 6-Kolben-Aluminium-Monobloc-Festsättel / rote 4-Kolben-Aluminium-Monobloc-Festsättel Bosch ABS 8.0
Sonderwunsch:	Porsche Ceramic Composite Brake (PCCB) innenbelüftete gelochte Keramikfaser-Scheiben (380 x 34) / innenbelüftete gelochte Keramikfaser-Scheiben (350 x 28) gelbe 6-Kolben-Monobloc-Aluminium-Festsättel / gelbe 4-Kolben-Monobloc-Aluminium-Festsättel Bosch ABS 8.0
Räder v/h:	8,5 J x 19 – ET 53 / 12 J x 19 – ET 51
Reifen v/h:	235/35 ZR 19 / 305/30 ZR 19

Elektrik

Lichtmaschinenleistung (W):	2100
Batterie (V/Ah):	12 / 60

Abmessungen, Gewichte und Volumen

Spurweite v/h (mm):	1497 / 1558
Radstand (mm):	2360
Maße (L x B x H (mm)):	4460 x 1852 x 1280
Leergewicht nach DIN (kg):	1375
zul. Gesamtgewicht (kg):	1680
Kofferraumvolumen (VDA (l)):	105
Tankvolumen (l):	90
C_W x A (m²):	0,30 x 2,04 = 0,612
Leistungsgewicht (kg/kW / kg/PS):	4,51 / 3,31

Kraftstoffverbrauch

nach 80/1268/EWG (l/100 km):	98 ROZ Super plus bleifrei
Innerstädtisch:	19,8
Außerstädtisch:	8,9
Gesamt:	12,8
CO_2-Emissionen (g/km):	307

Fahrleistungen, Stückzahlen, Preise

Beschleunigung 0–100 km/h (s):	4,2
0–160 km/h (s):	8,5
0–200 km/h (s):	13,3
Höchstgeschw. (km/h):	310
Stückzahl:	1.909
Listenpreis:	
07/2006 Coupé:	Euro 129.659,00
10/2006 Coupé:	Euro 133.012,25
08/2007 Coupé:	Euro 135.035,00
05/2008 Coupé:	Euro 135.035,00

911 GT2 Coupé MJ 2008 bis MJ 2009

Motor

Bauart:	6-Zylinder-Boxermotor mit VTG-Bi-Turboaufladung und Ladeluftkühlung
Einbauposition:	Heckmotor
Kühlung:	wassergekühlt
Motor-Typ:	M 97/70 S
Hubraum (cm³):	3600
Bohrung x Hub:	100 x 76,4
Leistung (kW/PS):	390/530 bei 6500/min
Max. Drehzahl:	6750
Drehmoment (Nm):	680 bei 2200-4500/min
Literleistung (kW/l / PS/l):	108,3 / 147,2
Verdichtung:	9,0 : 1
Maximaler Ladedruck (bar):	1,4
Ventilsteuerung:	dohc über Doppelkette, 4 Ventile pro Zylinder, VarioCam Plus, Einlaß-Nockenwellenverstellung, Ventilhubschaltung
Motorsteuerung:	Bosch Motronic ME 7.8.1, sequenzielle Einspritzung, E-Gas, ruhende Hochspannungsverteilung, Einzelzündspulen, zylinderselektive Klopfregelung, Stereo-Lambdaregelung
Zündfolge:	1 - 6 - 2 - 4 - 3 - 5
Schmierung:	Trockensumpfschmierung
Ölmenge (l):	11,0

Kraftübertragung

Antrieb:	Heckantrieb
Schaltgetriebe:	6-Gang
Getriebe-Typ:	G 97/88
Übersetzungen:	
1. Gang:	3,154
2. Gang:	1,889
3. Gang:	1,400
4. Gang:	1,094
5. Gang:	0,892
6. Gang:	0,733
Rückwärtsgang:	2,857
Achsübersetzung:	3,444
Sperrdifferential Zug/Schub (%):	28 / 40

Karosserie, Fahrwerk, Bremse, Räder und Reifen

Karosserie:	2-türige, 2-sitzige, selbsttragende Coupé-Karosserie aus beidseitig feuerverzinktem Stahlblech, verbreiterte Karosserie mit Schwellerverkleidungen, Fondseitenteile mit Lufteinlässen für Ladeluftkühlung, Fronthaube und Türen aus Aluminium, verformbare Bug- und Heckverkleidungen aus Kunststoff, Bugteil mit obenliegender Ausströmöffnung und Spoilerlippe, LED-Blinker in Kühlöffnungen, Heckteil mit vertikalen Kühlöffnungen, Heckdeckel aus Kunststoff mit Staudrucksammler, Abrißkante und feststehendem Heckflügel
Clubsportpaket:	Verschraubter Überrollkäfig hinter den Vordersitzen
Vorderradaufhängung:	Einzelradaufhängung an McPherson-Federbeinen mit Längslenkern und Querlenkern aus Leichtmetall, Schraubenfedern, Gasdruckstoßdämpfer, Stabilisator
Hinterradaufhängung:	Einzelradaufhängung an Mehrlenkerhinterachse mit LSA-System und Fahrschemel aus Leichtmetall, Schraubenfedern, Gasdruckstoßdämpfer, Stabilisator
Bremse v/h (Durchm. x B (mm)):	Porsche Ceramic Composite Brake (PCCB) innenbelüftete gelochte Keramikfaser-Scheiben (380 x 34) / innenbelüftete gelochte Keramikfaser-Scheiben (350 x 28) gelbe 6-Kolben-Monobloc-Aluminium-Festsättel / gelbe 4-Kolben-Monobloc-Aluminium-Festsättel Bosch ABS 8.0
Räder v/h:	8,5 J x 19 – ET 53 / 12 J x 19 – ET 51
Reifen v/h:	235/35 ZR 19 / 325/30 ZR 19 – Sportreifen

Elektrik

Lichtmaschinenleistung (W):	2100
Batterie (Ah/A):	70 / 340

Abmessungen, Gewichte und Volumen

Spurweite v/h (mm):	1515 / 1550
Radstand (mm):	2350
Maße (L x B x H (mm)):	4469 x 1852 x 1285
Leergewicht nach DIN (kg):	1440
zul. Gesamtgewicht (kg):	1750
Kofferraumvolumen (VDA (l)):	105
Gepäckraum im Innenraum:	205
Tankvolumen (l):	90
USA:	67
Rechtslenker:	66
C_W x A (m²):	0,32 x 2,048 = 0,655
Leistungsgewicht (kg/kW / kg/PS):	3,69 / 2,72

Kraftstoffverbrauch

nach 1999/100/EG (l/100 km):	98 ROZ Super plus bleifrei
Innerstädtisch:	18,8
Außerstädtisch:	8,9
Gesamt:	12,5
CO_2-Emissionen (g/km):	298

Fahrleistungen, Stückzahlen, Preise

Beschleunigung 0–100 km/h (s):	3,7
0–160 km/h (s):	7,4
0–200 km/h (s):	11,2
Höchstgeschw. (km/h):	329
Stückzahl:	1.242
Listenpreise:	
08/2007 Coupé:	Euro 189.496,-
Coupé mit Clubsportpaket:	Euro 189.496,-
05/2008 Coupé:	Euro 189.496,-
Coupé mit Clubsportpaket:	Euro 189.496,-
07/2008 Coupé:	Euro 189.496,-
Coupé mit Clubsportpaket:	Euro 189.496,-

911 Carrera Coupé und Cabriolet [PDK] MJ 2009 bis MJ 2011

Motor

Bauart:	6-Zylinder-Boxermotor
Einbauposition:	Heckmotor
Kühlung:	wassergekühlt
Motor-Typ:	MA 1.02
Hubraum (cm³):	3614
Bohrung x Hub:	97 x 81,5
Leistung (kW/PS):	254/345 bei 6500/min
Drehmoment (Nm):	390 bei 4400/min
Literleistung (kW/l / PS/l):	70,3 / 95,5
Verdichtung:	12,5 : 1
Ventilsteuerung:	dohc über Doppelkette, 4 Ventile pro Zylinder, VarioCam Plus, Einlaß-Nockenwellenverstellung, Ventilhubschaltung
Motorsteuerung:	elektronisches Motormanagement EMS SDI 3.1, E-Gas, Benzin-Direkteinspritzung Direct Fuel Injection - DFI, ruhende Hochspannungsverteilung, zylinderselektive Klopfregelung, Stereo-Lambdaregelung
Zündfolge:	1 - 6 - 2 - 4 - 3 - 5
Schmierung:	Integrierte Trockensumpfschmierung
Ölmenge (l):	10,0

Kraftübertragung

Antrieb:	Heckantrieb
Schaltgetriebe:	6-Gang
Sonderwunsch PDK:	[7-Gang]
Getriebe-Typ:	G 97/35 [CG 1/30]
Übersetzungen:	
1. Gang:	3,91 [3,91]
2. Gang:	2,32 [2,29]
3. Gang:	1,56 [1,65]
4. Gang:	1,28 [1,30]
5. Gang:	1,08 [1,08]
6. Gang:	0,88 [0,88]
7. Gang:	[0,62]
Rückwärtsgang:	3,59 [3,55]
Achsübersetzung:	3,44 [3,44]

Karosserie, Fahrwerk, Bremse, Räder und Reifen

Karosserie:	2-türige, 2 + 2-sitzige, selbsttragende Karosserie aus beidseitig feuerverzinktem Stahlblech, Aluminium-Fronthaube, verformbare Bug- und Heckverkleidungen aus Kunststoff, Heckdeckel mit automatisch ausfahrbarem Heckspoiler
Coupé:	Festes verschweißtes Stahldach
Sonderwunsch:	Elektrisches Hebe-/Schiebedach
Cabriolet:	Elektrisch betätigtes, vollautomatisches Stoffverdeck mit beheizbarer Festglasheckscheibe, automatisch ausfahrbarer Überrollschutz
Sonderwunsch:	Hardtop aus Aluminium mit beheizbarer Heckscheibe
Vorderradaufhängung:	Einzelradaufhängung an McPherson-Federbeinen mit Längslenkern und Querlenkern aus Leichtmetall, Schraubenfedern, Gasdruckstoßdämpfer, Stabilisator
Hinterradaufhängung:	Einzelradaufhängung an Mehrlenkerhinterachse mit LSA-System und Fahrschemel aus Leichtmetall, Schraubenfedern, Gasdruckstoßdämpfer, Stabilisator
Bremse v/h (Durchm. x B (mm)):	innenbelüftete gelochte Scheiben (330 x 28) / innenbelüftete gelochte Scheiben (330 x 28) schwarze 4-Kolben-Monobloc-Aluminium-Festsättel / schwarze 4-Kolben-Monobloc-Aluminium-Festsättel Bosch ABS 8.0
Sonderwunsch:	Porsche Ceramic Composite Brake (PCCB) innenbelüftete gelochte Keramikfaser-Scheiben (350 x 34) / innenbelüftete gelochte Keramikfaser-Scheiben (350 x 28) gelbe 6-Kolben-Monobloc-Aluminium-Festsättel / gelbe 4-Kolben-Monobloc-Aluminium-Festsättel Bosch ABS 8.0
Räder v/h:	8 J x 18 – ET 57 / 10,5 J x 18 – ET 60
Reifen v/h:	235/40 ZR 18 / 265/40 ZR 18
Sonderwunsch:	8 J x 19 – ET 57 / 11 J x 19 – ET 67 235/35 ZR 19 / 295/30 ZR 19
Sonderwunsch ab November 2008:	8,5 J x 19 – ET 55 / 11,5 J x 19 – ET 67 235/35 ZR 19 / 305/30 ZR 19

Elektrik

Lichtmaschinenleistung (W):	2100
Batterie (V/Ah):	12 / 70

Abmessungen, Gewichte und Volumen

Spurweite v/h (mm):	1486 / 1530
mit 19-Zoll:	1486 / 1516
Radstand (mm):	2350
Maße (L x B x H (mm)):	4435 x 1808 x 1300
Leergewicht nach DIN (kg):	1415 [1445]
Cabriolet:	1500 [1530]
zul. Gesamtgewicht (kg):	1820 [1850]
Cabriolet:	1880 [1910]
Kofferraumvolumen (VDA (l)):	135
Gepäckraum im Innenraum*:	205 / 155**
Tankvolumen (l):	64
C_W x A (m²):	0,29 x 2,01 = 0,583
Cabriolet:	0,30 x 2,01 = 0,630
Leistungsgewicht (kg/kW / kg/PS):	5,57 [5,69] / 4,10 [4,19]
Cabriolet:	5,91 [6,02] / 4,35 [4,43]

***bei umgeklappten Rücksitzlehnen**
****Cabriolet bei geschl. Verdeck**

Kraftstoffverbrauch

nach Euro 5 im NEFZ (l/100 km):	98 ROZ Super plus bleifrei	
	Coupé	Cabriolet
Innerstädtisch:	15,5 [14,7]	15,6 [14,9]
Außerstädtisch:	7,4 [7,0]	7,5 [7,0]
Gesamt:	10,3 [9,8]	10,4 [9,9]
CO_2-Emissionen (g/km):	242 [230]	245 [233]

Fahrleistungen, Stückzahlen, Preise

Beschleunigung 0–100 km/h (s):	4,9 [4,7] [4,5]*
Cabriolet:	5,1 [4,9] [4,7]*
0–160 km/h (s):	10,7 [10,4] [10,1]*
Cabriolet:	11,1 [10,8] [10,5]*
0–200 km/h (s):	16,6 [16,3] [16,0]*
Cabriolet:	17,5 [17,2] [16,9]*
Höchstgeschw. (km/h):	289 [287]
***mit Sport Plus-Taste gedrückt**	
Stückzahl:	
Coupé:	7.190
Cabriolet:	3.908
Listenpreise:	
08/2008 Coupé:	Euro 83.032,- [Euro 86.542,50]
Cabriolet:	Euro 93.980,- [Euro 97.490,50]
06/2009 Coupé:	Euro 84.705,- [Euro 88.215,50]
Cabriolet:	Euro 95.891,- [Euro 99.401,50]
05/2010 Coupé:	Euro 84.705,- [Euro 88.215,50]
Cabriolet:	Euro 95.891,- [Euro 99.401,50]
08/2010 Coupé:	Euro 85.538,- [Euro 89.048,50]
Cabriolet:	Euro 96.843,- [Euro 100.353,50]
04/2011 Coupé:	Euro 85.538,- [Euro 89.048,50]
Cabriolet:	Euro 96.843,- [Euro 100.353,50]

911 Carrera 4 Coupé und Cabriolet [PDK] MJ 2009 bis MJ 2011

Motor

Bauart:	6-Zylinder-Boxermotor
Einbauposition:	Heckmotor
Kühlung:	wassergekühlt
Motor-Typ:	MA 1.02
Hubraum (cm³):	3614
Bohrung x Hub:	97 x 81,5
Leistung (kW/PS):	254/345 bei 6500/min
Drehmoment (Nm):	390 bei 4400/min
Literleistung (kW/l / PS/l):	70,3 / 95,5
Verdichtung:	12,5 : 1
Ventilsteuerung:	dohc über Doppelkette, 4 Ventile pro Zylinder, VarioCam Plus, Einlaß-Nockenwellenverstellung, Ventilhubschaltung
Motorsteuerung:	elektronisches Motormanagement EMS SDI 3.1, E-Gas, Benzin-Direkteinspritzung Direct Fuel Injection - DFI, ruhende Hochspannungsverteilung, zylinderselektive Klopfregelung, Stereo-Lambdaregelung
Zündfolge:	1 - 6 - 2 - 4 - 3 - 5
Schmierung:	Integrierte Trockensumpfschmierung
Ölmenge (l):	10,0

Kraftübertragung

Antrieb:	Allradantrieb über Viscolamellenkupplung und Kardanwelle
Schaltgetriebe:	6-Gang
Sonderwunsch PDK:	[7-Gang]
Getriebe-Typ:	G 97/35 [CG 1/30]
Übersetzungen:	
1. Gang:	3,91 [3,91]
2. Gang:	2,32 [2,29]
3. Gang:	1,56 [1,65]
4. Gang:	1,28 [1,30]
5. Gang:	1,08 [1,08]
6. Gang:	0,88 [0,88]
7. Gang:	[0,62]
Rückwärtsgang:	3,59 [3,55]
Achsübersetzung:	3,44 [3,44]

Karosserie, Fahrwerk, Bremse, Räder und Reifen

Karosserie:	2-türige, 2 + 2-sitzige, selbsttragende Karosserie aus beidseitig feuerverzinktem Stahlblech, verbreiterte Karosserie mit Schwellerverkleidungen, Aluminium-Fronthaube, verformbare Bug- und Heckverkleidungen aus Kunststoff, Heckdeckel mit automatisch ausfahrbarem Heckspoiler, rotes Heckleuchtenband
Coupé:	Festes verschweißtes Stahldach
Sonderwunsch:	Elektrisches Hebe-/Schiebedach
Cabriolet:	Elektrisch betätigtes, vollautomatisches Stoffverdeck mit beheizbarer Festglasheckscheibe, automatisch ausfahrbarer Überrollschutz
Sonderwunsch:	Hardtop aus Aluminium mit beheizbarer Heckscheibe
Vorderradaufhängung:	Einzelradaufhängung an McPherson-Federbeinen mit Längslenkern und Querlenkern aus Leichtmetall, Schraubenfedern, Gasdruckstoßdämpfer, Stabilisator
Hinterradaufhängung:	Einzelradaufhängung an Mehrlenkerhinterachse mit LSA-System und Fahrschemel aus Leichtmetall, Schraubenfedern, Gasdruckstoßdämpfer, Stabilisator
Bremse v/h (Durchm. x B (mm)):	innenbelüftete gelochte Scheiben (330 x 28) / innenbelüftete gelochte Scheiben (330 x 28) schwarze 4-Kolben-Monobloc-Aluminium-Festsättel / schwarze 4-Kolben-Monobloc-Aluminium-Festsättel Bosch ABS 8.0
Sonderwunsch:	Porsche Ceramic Composite Brake (PCCB) innenbelüftete gelochte Keramikfaser-Scheiben (350 x 34) / innenbelüftete gelochte Keramikfaser-Scheiben (350 x 28) gelbe 6-Kolben-Monobloc-Aluminium-Festsättel / gelbe 4-Kolben-Monobloc-Aluminium-Festsättel Bosch ABS 8.0
Räder v/h:	8 J x 18 – ET 57 / 11 J x 18 – ET 51
Reifen v/h:	235/40 ZR 18 / 295/35 ZR 18
Sonderwunsch:	8 J x 19 – ET 57 / 11 J x 19 – ET 51 235/35 ZR 19 / 305/30 ZR 19
Sonderwunsch ab November 2008:	8,5 J x 19 – ET 55 / 11,5 J x 19 – ET 50 235/35 ZR 19 / 305/30 ZR 19

Elektrik

Lichtmaschinenleistung (W):	2100
Batterie (V/Ah):	12 / 70

Abmessungen, Gewichte und Volumen

Spurweite v/h (mm):	1488 / 1548
Radstand (mm):	2350
Maße (L x B x H (mm)):	4435 x 1852 x 1310
Leergewicht nach DIN (kg):	1470 [1500]
Cabriolet:	1555 [1585]
zul. Gesamtgewicht (kg):	1870 [1900]
Cabriolet:	1930 [1960]
Kofferraumvolumen (VDA (l)):	105
Gepäckraum im Innenraum*:	205 / 155**
Tankvolumen (l):	67
C_W x A (m²):	0,29 x 2,05 = 0,595
Cabriolet:	0,30 x 2,05 = 0,615
Leistungsgewicht (kg/kW / kg/PS):	5,79 [5,91] / 4,26 [4,35]
Cabriolet:	6,12 [6,24] / 4,51 [4,59]
***bei umgeklappten Rücksitzlehnen**	
****Cabriolet bei geschl.Verdeck**	

Kraftstoffverbrauch

nach Euro 5 im NEFZ (l/100 km):	98 ROZ Super plus bleifrei	
	Coupé	Cabriolet
Innerstädtisch:	15,9 [15,2]	16,2 [15,5]
Außerstädtisch:	7,7 [7,2]	7,8 [7,4]
Gesamt:	10,6 [10,1]	10,8 [10,3]
CO_2-Emissionen (g/km):	249 [237]	254 [242]

Fahrleistungen, Stückzahlen, Preise

Beschleunigung 0–100 km/h (s):	5,0 [4,8] [4,6]*
Cabriolet:	5,2 [5,0] [4,8]*
0–160 km/h (s):	10,9 [10,6] [10,3]*
Cabriolet:	11,3 [11,0] [10,7]*
0–200 km/h (s):	17,3 [17,0] [16,7]*
Cabriolet:	18,2 [17,9] [17,6]*
Höchstgeschw. (km/h):	284 [282]
***mit Sport Plus-Taste gedrückt**	
Stückzahl:	
Coupé:	1.748
Cabriolet:	1.244
Listenpreise:	
08/2008 Coupé:	Euro 89.577,- [Euro 93.087,50]
Cabriolet:	Euro 100.525,- [Euro 104.035,50]
06/2009 Coupé:	Euro 91.369,- [Euro 94.879,50]
Cabriolet:	Euro 102.555,- [Euro 106.065,50]
05/2010 Coupé:	Euro 91.369,- [Euro 94.879,50]
Cabriolet:	Euro 102.555,- [Euro 106.065,50]
08/2010 Coupé:	Euro 92.321,- [Euro 95.831,50]
Cabriolet:	Euro 103.626,- [Euro 107.136,50]

911 TARGA 4 [PDK] MJ 2009 BIS MJ 2011

MOTOR

Bauart:	6-Zylinder-Boxermotor
Einbauposition:	Heckmotor
Kühlung:	wassergekühlt
Motor-Typ:	MA 1.02
Hubraum (cm³):	3614
Bohrung x Hub:	97 x 81,5
Leistung (kW/PS):	254/345 bei 6500/min
Drehmoment (Nm):	390 bei 4400/min
Literleistung (kW/l / PS/l):	70,3 / 95,5
Verdichtung:	12,5 : 1
Ventilsteuerung:	dohc über Doppelkette, 4 Ventile pro Zylinder, VarioCam Plus, Einlaß-Nockenwellenverstellung, Ventilhubschaltung
Motorsteuerung:	elektronisches Motormanagement EMS SDI 3.1, E-Gas, Benzin-Direkteinspritzung Direct Fuel Injection - DFI, ruhende Hochspannungsverteilung, zylinderselektive Klopfregelung, Stereo-Lambdaregelung
Zündfolge:	1 - 6 - 2 - 4 - 3 - 5
Schmierung:	Integrierte Trockensumpfschmierung
Ölmenge (l):	10,0

KRAFTÜBERTRAGUNG

Antrieb:	Allradantrieb über Viscolamellenkupplung und Kardanwelle
Schaltgetriebe:	6-Gang
Sonderwunsch PDK:	[7-Gang]
Getriebe-Typ:	G 97/35 [CG 1/30]
Übersetzungen:	
1. Gang:	3,91 [3,91]
2. Gang:	2,32 [2,29]
3. Gang:	1,56 [1,65]
4. Gang:	1,28 [1,30]
5. Gang:	1,08 [1,08]
6. Gang:	0,88 [0,88]
7. Gang:	[0,62]
Rückwärtsgang:	3,59 [3,55]
Achsübersetzung:	3,44 [3,44]

KAROSSERIE, FAHRWERK, BREMSE, RÄDER UND REIFEN

Karosserie:	2-türige, 2 + 2-sitzige, selbsttragende Targa-Karosserie aus beidseitig feuerverzinktem Stahlblech, verbreiterte Karosserie mit Schwellerverkleidungen, Aluminium-Fronthaube, Glasdachmodul mit Schiebefunktion und aufklappbarer Heckscheibe, verformbare Bug- und Heckverkleidungen aus Kunststoff, Heckdeckel mit automatisch ausfahrbarem Heckspoiler, rotes Heckleuchtenband
Vorderradaufhängung:	Einzelradaufhängung an McPherson-Federbeinen mit Längslenkern und Querlenkern aus Leichtmetall, Schraubenfedern, Gasdruckstoßdämpfer, Stabilisator
Hinterradaufhängung:	Einzelradaufhängung an Mehrlenkerhinterachse mit LSA-System und Fahrschemel aus Leichtmetall, Schraubenfedern, Gasdruckstoßdämpfer, Stabilisator
Bremse v/h (Durchm. x B (mm)):	innenbelüftete gelochte Scheiben (330 x 28) / innenbelüftete gelochte Scheiben (330 x 28) schwarze 4-Kolben-Monobloc-Aluminium-Festsättel / schwarze 4-Kolben-Monobloc-Aluminium-Festsättel Bosch ABS 8.0
Sonderwunsch:	Porsche Ceramic Composite Brake (PCCB) innenbelüftete gelochte Keramikfaser-Scheiben (350 x 34) / innenbelüftete gelochte Keramikfaser-Scheiben (350 x 28) gelbe 6-Kolben-Monobloc-Aluminium-Festsättel / gelbe 4-Kolben-Monobloc-Aluminium-Festsättel Bosch ABS 8.0
Räder v/h:	8 J x 18 – ET 57 / 11 J x 18 – ET 51
Reifen v/h:	235/40 ZR 18 / 295/35 ZR 18
Sonderwunsch:	8 J x 19 – ET 57 / 11 J x 19 – ET 51 235/35 ZR 19 / 305/30 ZR 19
Sonderwunsch ab November 2008:	8,5 J x 19 – ET 55 / 11,5 J x 19 – ET 50 235/35 ZR 19 / 305/30 ZR 19

ELEKTRIK

Lichtmaschinenleistung (W):	2100
Batterie (V/Ah):	12 / 70

ABMESSUNGEN, GEWICHTE UND VOLUMEN

Spurweite v/h (mm):	1488 / 1548
Radstand (mm):	2350
Maße (L x B x H (mm)):	4435 x 1852 x 1310
Leergewicht nach DIN (kg):	1530 [1560]
zul. Gesamtgewicht (kg):	1910 [1940]
Kofferraumvolumen (VDA (l)):	105
Gepäckraum im Innenraum*:	230
Tankvolumen (l):	67
C_W x A (m²):	0,30 x 2,05 = 0,615
Leistungsgewicht (kg/kW / kg/PS):	6,02 [6,14] / 4,43 [4,52]
***bei umgeklappten Rücksitzlehnen**	

KRAFTSTOFFVERBRAUCH

nach Euro 5 im NEFZ (l/100 km):	98 ROZ Super plus bleifrei
Innerstädtisch:	15,9 [15,5]
Außerstädtisch:	7,7 [7,4]
Gesamt:	10,6 [10,3]
CO_2-Emissionen (g/km):	249 [242]

FAHRLEISTUNGEN, STÜCKZAHLEN, PREISE

Beschleunigung 0–100 km/h (s):	5,2 [5,0] [4,8]*
0–160 km/h (s):	11,3 [11,0] [10,7]*
0–200 km/h (s):	18,2 [17,9] [17,6]*
Höchstgeschw. (km/h):	284 [282]
***mit Sport Plus-Taste gedrückt**	
Stückzahl:	1.046
Listenpreise:	
08/2008 Targa:	Euro 97.907,- [Euro 101.417,50]
06/2009 Targa:	Euro 99.818,- [Euro 103.328,50]
05/2010 Targa:	Euro 99.818,- [Euro 103.328,50]
08/2010 Targa:	Euro 100.770,- [Euro 104.280,50]
04/2011 Targa:	Euro 100.770,- [Euro 104.280,50]

911 Carrera S Coupé und Cabriolet [PDK] MJ 2009 bis MJ 2011

Motor

Bauart:	6-Zylinder-Boxermotor
Einbauposition:	Heckmotor
Kühlung:	wassergekühlt
Motor-Typ:	MA 1.01
Hubraum (cm³):	3800
Bohrung x Hub:	102 x 77,5
Leistung (kW/PS):	283/385 bei 6500/min
Drehmoment (Nm):	420 bei 4400/min
Literleistung (kW/l / PS/l):	74,5 / 101,3
Verdichtung:	12,5 : 1
Ventilsteuerung:	dohc über Doppelkette, 4 Ventile pro Zylinder, VarioCam Plus, Einlaß-Nockenwellenverstellung, Ventilhubschaltung
Motorsteuerung:	elektronisches Motormanagement EMS SDI 3.1, E-Gas, Benzin-Direkteinspritzung Direct Fuel Injection - DFI, ruhende Hochspannungsverteilung, zylinderselektive Klopfregelung, Stereo-Lambdaregelung
Zündfolge:	1 - 6 - 2 - 4 - 3 - 5
Schmierung:	Integrierte Trockensumpfschmierung
Ölmenge (l):	10,0

Kraftübertragung

Antrieb:	Heckantrieb
Schaltgetriebe:	6-Gang
Sonderwunsch PDK:	[7-Gang]
Getriebe-Typ:	G 97/05 [CG 1/00]
Übersetzungen:	
1. Gang:	3,91 [3,91]
2. Gang:	2,32 [2,29]
3. Gang:	1,56 [1,65]
4. Gang:	1,28 [1,30]
5. Gang:	1,08 [1,08]
6. Gang:	0,88 [0,88]
7. Gang:	[0,62]
Rückwärtsgang:	3,59 [3,55]
Achsübersetzung:	3,44 [3,44]

Karosserie, Fahrwerk, Bremse, Räder und Reifen

Karosserie:	2-türige, 2 + 2-sitzige, selbsttragende Karosserie aus beidseitig feuerverzinktem Stahlblech, Aluminium-Fronthaube, verformbare Bug- und Heckverkleidungen aus Kunststoff, Heckdeckel mit automatisch ausfahrbarem Heckspoiler
Coupé:	Festes verschweißtes Stahldach
Sonderwunsch:	Elektrisches Hebe-/Schiebedach
Cabriolet:	Elektrisch betätigtes, vollautomatisches Stoffverdeck mit beheizbarer Festglasheckscheibe, automatisch ausfahrbarer Überrollschutz
Sonderwunsch:	Hardtop aus Aluminium mit beheizbarer Heckscheibe
Vorderradaufhängung:	Einzelradaufhängung an McPherson-Federbeinen mit Längslenkern und Querlenkern aus Leichtmetall, Schraubenfedern, Gasdruckstoßdämpfer, Stabilisator
Hinterradaufhängung:	Einzelradaufhängung an Mehrlenkerhinterachse mit LSA-System und Fahrschemel aus Leichtmetall, Schraubenfedern, Gasdruckstoßdämpfer, Stabilisator
Bremse v/h (Durchm. x B (mm)):	innenbelüftete gelochte Scheiben (330 x 34) / innenbelüftete gelochte Scheiben (330 x 28) rote 4-Kolben-Monobloc-Aluminium-Festsättel / rote 4-Kolben-Monobloc-Aluminium-Festsättel Bosch ABS 8.0
Sonderwunsch:	Porsche Ceramic Composite Brake (PCCB) innenbelüftete gelochte Keramikfaser-Scheiben (350 x 34) / innenbelüftete gelochte Keramikfaser-Scheiben (350 x 28) gelbe 6-Kolben-Monobloc-Aluminium-Festsättel / gelbe 4-Kolben-Monobloc-Aluminium-Festsättel Bosch ABS 8.0
Räder v/h:	8 J x 19 – ET 57 / 11 J x 19 – ET 67
Reifen v/h:	235/35 ZR 19 / 295/30 ZR 19
Sonderwunsch ab November 2008:	8,5 J x 19 – ET 55 / 11,5 J x 19 – ET 67 235/35 ZR 19 / 305/30 ZR 19

Elektrik

Lichtmaschinenleistung (W):	2100
Batterie (V/Ah):	12 / 70

Abmessungen, Gewichte und Volumen

Spurweite v/h (mm):	1486 / 1516
Radstand (mm):	2350
Maße (L x B x H (mm)):	4435 x 1808 x 1300
Leergewicht nach DIN (kg):	1425 [1455]
Cabriolet:	1510 [1540]
zul. Gesamtgewicht (kg):	1830 [1860]
Cabriolet:	1890 [1920]
Kofferraumvolumen (VDA (l)):	135
Gepäckraum im Innenraum*:	205 / 155**
Tankvolumen (l):	64
C_W x A (m²):	0,29 x 2,01 = 0,583
Cabriolet:	0,30 x 2,01 = 0,603
Leistungsgewicht (kg/kW / kg/PS):	5,04 [5,14] / 3,70 [3,78]
Cabriolet:	5,33 [5,44] / 3,92 [4,00]
***bei umgeklappten Rücksitzlehnen**	
****Cabriolet bei geschl. Verdeck**	

Kraftstoffverbrauch

nach Euro 5 im NEFZ (l/100 km):	98 ROZ Super plus bleifrei	
	Coupé	Cabriolet
Innerstädtisch:	15,9 [15,3]	16,2 [15,5]
Außerstädtisch:	7,6 [7,2]	7,7 [7,3]
Gesamt:	10,6 [10,2]	10,8 [10,3]
CO_2-Emissionen (g/km):	250 [240]	254 [242]

Fahrleistungen, Stückzahlen, Preise

Beschleunigung 0–100 km/h (s):	4,7 [4,5] [4,3]*
Cabriolet:	4,9 [4,7] [4,5]*
0–160 km/h (s):	9,9 [9,6] [9,3]*
Cabriolet:	10,3 [10,0] [9,7]*
0–200 km/h (s):	15,2 [14,8] [14,5]*
Cabriolet:	16,1 [15,7] [15,4]*
Höchstgeschw. (km/h):	302 [300]
***mit Sport Plus-Taste gedrückt**	
Stückzahl:	
Coupé:	9.470
Cabriolet:	6.577
Listenpreise:	
08/2008 Coupé:	Euro 93.980,- [Euro 97.490,50]
Cabriolet:	Euro 104.928,- [Euro 108.438,50]
06/2009 Coupé:	Euro 95.891,- [Euro 99.401,50]
Cabriolet:	Euro 107.077,- [Euro 110.587,50]
05/2010 Coupé:	Euro 97.676,- [Euro 101.186,50]
Cabriolet:	Euro 108.862,- [Euro 112.372,50]
08/2010 Coupé:	Euro 98.628,- [Euro 102.138,50]
Cabriolet:	Euro 109.933,- [Euro 113.443,50]
04/2011 Coupé:	Euro 98.628,- [Euro 102.138,50]
Cabriolet:	Euro 109.933,- [Euro 113.443,50]

911 CARRERA 4S COUPE UND CABRIOLET [PDK] MJ 2009 BIS MJ 2011

MOTOR

Bauart:	6-Zylinder-Boxermotor
Einbauposition:	Heckmotor
Kühlung:	wassergekühlt
Motor-Typ:	MA 1.01
Hubraum (cm³):	3800
Bohrung x Hub:	102 x 77,5
Leistung (kW/PS):	283/385 bei 6500/min
Drehmoment (Nm):	420 bei 4400/min
Literleistung (kW/l / PS/l):	74,5 / 101,3
Verdichtung:	12,5 : 1
Ventilsteuerung:	dohc über Doppelkette, 4 Ventile pro Zylinder, VarioCam Plus, Einlaß-Nockenwellenverstellung, Ventilhubschaltung
Motorsteuerung:	elektronisches Motormanagement EMS SDI 3.1, E-Gas, Benzin-Direkteinspritzung Direct Fuel Injection - DFI, ruhende Hochspannungsverteilung, zylinderselektive Klopfregelung, Stereo-Lambdaregelung
Zündfolge:	1 - 6 - 2 - 4 - 3 - 5
Schmierung:	Integrierte Trockensumpfschmierung
Ölmenge (l):	10,0

KRAFTÜBERTRAGUNG

Antrieb:	Allradantrieb über Viscolamellenkupplung und Kardanwelle
Schaltgetriebe:	6-Gang
Sonderwunsch PDK:	[7-Gang]
Getriebe-Typ:	G 97/35 [CG 1/30]
Übersetzungen:	
1. Gang:	3,91 [3,91]
2. Gang:	2,32 [2,29]
3. Gang:	1,56 [1,65]
4. Gang:	1,28 [1,30]
5. Gang:	1,08 [1,08]
6. Gang:	0,88 [0,88]
7. Gang:	[0,62]
Rückwärtsgang:	3,59 [3,55]
Achsübersetzung:	3,44 [3,44]

KAROSSERIE, FAHRWERK, BREMSE, RÄDER UND REIFEN

Karosserie:	2-türige, 2 + 2-sitzige, selbsttragende Karosserie aus beidseitig feuerverzinktem Stahlblech, verbreiterte Karosserie mit Schwellerverkleidungen, Aluminium-Fronthaube, verformbare Bug- und Heckverkleidungen aus Kunststoff, Heckdeckel mit automatisch ausfahrbarem Heckspoiler, rotes Heckleuchtenband
Coupé:	Festes verschweißtes Stahldach
Sonderwunsch:	Elektrisches Hebe-/Schiebedach
Cabriolet:	Elektrisch betätigtes, vollautomatisches Stoffverdeck mit beheizbarer Festglasheckscheibe, automatisch ausfahrbarer Überrollschutz
Sonderwunsch:	Hardtop aus Aluminium mit beheizbarer Heckscheibe
Vorderradaufhängung:	Einzelradaufhängung an McPherson-Federbeinen mit Längslenkern und Querlenkern aus Leichtmetall, Schraubenfedern, Gasdruckstoßdämpfer, Stabilisator
Hinterradaufhängung:	Einzelradaufhängung an Mehrlenkerhinterachse mit LSA-System und Fahrschemel aus Leichtmetall, Schraubenfedern, Gasdruckstoßdämpfer, Stabilisator
Bremse v/h (Durchm. x B (mm)):	innenbelüftete gelochte Scheiben (330 x 34) / innenbelüftete gelochte Scheiben (330 x 28) rote 4-Kolben-Monobloc-Aluminium-Festsättel / rote 4-Kolben-Monobloc-Aluminium-Festsättel Bosch ABS 8.0
Sonderwunsch:	Porsche Ceramic Composite Brake (PCCB) innenbelüftete gelochte Keramikfaser-Scheiben (350 x 34) / innenbelüftete gelochte Keramikfaser-Scheiben (350 x 28) gelbe 6-Kolben-Monobloc-Aluminium-Festsättel / gelbe 4-Kolben-Monobloc-Aluminium-Festsättel Bosch ABS 8.0
Räder v/h:	8 J x 19 – ET 57 / 11 J x 19 – ET 51
Reifen v/h:	235/35 ZR 19 / 305/30 ZR 19
Sonderwunsch ab November 2008:	8,5 J x 19 – ET 55 / 11,5 J x 19 – ET 50 235/35 ZR 19 / 305/30 ZR 19

ELEKTRIK

Lichtmaschinenleistung (W):	2100
Batterie (V/Ah):	12 / 70

ABMESSUNGEN, GEWICHTE UND VOLUMEN

Spurweite v/h (mm):	1488 / 1548
Radstand (mm):	2350
Maße (L x B x H (mm)):	4435 x 1852 x 1300
Leergewicht nach DIN (kg):	1480 [1510]
Cabriolet:	1565 [1595]
zul. Gesamtgewicht (kg):	1880 [1910]
Cabriolet:	1940 [1970]
Kofferraumvolumen (VDA (l)):	105
Gepäckraum im Innenraum*:	205 / 155**
Tankvolumen (l):	67
C_W x A (m²):	0,29 x 2,05 = 0,595
Cabriolet:	0,30 x 2,05 = 0,615
Leistungsgewicht (kg/kW / kg/PS):	5,23 [5,34] / 3,84 [3,92]
Cabriolet:	5,53 [5,64] / 4,06 [4,14]
***bei umgeklappten Rücksitzlehnen**	
****Cabriolet bei geschl. Verdeck**	

KRAFTSTOFFVERBRAUCH

nach Euro 5 im NEFZ (l/100 km):	98 ROZ Super plus bleifrei	
	Coupé	Cabriolet
Innerstädtisch:	16,5 [15,8]	16,8 [16,1]
Außerstädtisch:	7,9 [7,5]	8,0 [7,7]
Gesamt:	11,0 [10,5]	11,2 [10,7]
CO_2-Emissionen (g/km):	259 [247]	263 [251]

FAHRLEISTUNGEN, STÜCKZAHLEN, PREISE

Beschleunigung 0–100 km/h (s):	4,7 [4,5] [4,3]*
Cabriolet:	4,9 [4,7] [4,5]*
0–160 km/h (s):	10,0 [9,7] [9,4]*
Cabriolet:	10,4 [10,1] [9,8]*
0–200 km/h (s):	15,7 [15,3] [15,0]*
Cabriolet:	16,6 [16,2] [15,9]*
Höchstgeschw. (km/h):	297 [295]
***mit Sport Plus-Taste gedrückt**	
Stückzahl:	
Coupé:	9.188
Cabriolet:	7.775
Listenpreise:	
08/2008 Coupé:	Euro 100.525,- [Euro 104.035,50]
Cabriolet:	Euro 111.473,- [Euro 114.983,50]
06/2009 Coupé:	Euro 102.555,- [Euro 106.065,50]
Cabriolet:	Euro 113.741,- [Euro 117.251,50]
05/2010 Coupé:	Euro 104.340,- [Euro 107.850,50]
Cabriolet:	Euro 115.526,- [Euro 119.036,50]
08/2010 Coupé:	Euro 105.411,- [Euro 108.921,50]
Cabriolet:	Euro 116.716,- [Euro 120.226,50]
04/2011 Coupé:	Euro 105.411,- [Euro 108.921,50]
Cabriolet:	Euro 116.716,- [Euro 120.226,50]

911 TARGA 4S [PDK] MJ 2009 BIS MJ 2011

MOTOR

Bauart:	6-Zylinder-Boxermotor
Einbauposition:	Heckmotor
Kühlung:	wassergekühlt
Motor-Typ:	MA 1.01
Hubraum (cm³):	3800
Bohrung x Hub:	102 x 77,5
Leistung (kW/PS):	283/385 bei 6500/min
Drehmoment (Nm):	420 bei 4400/min
Literleistung (kW/l / PS/l):	74,5 / 101,3
Verdichtung:	12,5 : 1
Ventilsteuerung:	dohc über Doppelkette, 4 Ventile pro Zylinder, VarioCam Plus, Einlaß-Nockenwellenverstellung, Ventilhubschaltung
Motorsteuerung:	elektronisches Motormanagement EMS SDI 3.1, E-Gas, Benzin-Direkteinspritzung Direct Fuel Injection - DFI, ruhende Hochspannungsverteilung, zylinderselektive Klopfregelung, Stereo-Lambdaregelung
Zündfolge:	1 - 6 - 2 - 4 - 3 - 5
Schmierung:	Integrierte Trockensumpfschmierung
Ölmenge (l):	10,0

KRAFTÜBERTRAGUNG

Antrieb:	Allradantrieb über Viscolamellenkupplung und Kardanwelle
Schaltgetriebe:	6-Gang
Sonderwunsch PDK:	[7-Gang]
Getriebe-Typ:	G 97/35 [CG 1/30]
Übersetzungen:	
1. Gang:	3,91 [3,91]
2. Gang:	2,32 [2,29]
3. Gang:	1,56 [1,65]
4. Gang:	1,28 [1,30]
5. Gang:	1,08 [1,08]
6. Gang:	0,88 [0,88]
7. Gang:	[0,62]
Rückwärtsgang:	3,59 [3,55]
Achsübersetzung:	3,44 [3,44]

KAROSSERIE, FAHRWERK, BREMSE, RÄDER UND REIFEN

Karosserie:	2-türige, 2 + 2-sitzige, selbsttragende Targa-Karosserie aus beidseitig feuerverzinktem Stahlblech, verbreiterte Karosserie mit Schwellerverkleidungen, Aluminium-Fronthaube, Glasdachmodul mit Schiebefunktion und aufklappbarer Heckscheibe, verformbare Bug- und Heckverkleidungen aus Kunststoff, Heckdeckel mit automatisch ausfahrbarem Heckspoiler, rotes Heckleuchtenband
Vorderradaufhängung:	Einzelradaufhängung an McPherson-Federbeinen mit Längslenkern und Querlenkern aus Leichtmetall, Schraubenfedern, Gasdruckstoßdämpfer, Stabilisator
Hinterradaufhängung:	Einzelradaufhängung an Mehrlenkerhinterachse mit LSA-System und Fahrschemel aus Leichtmetall, Schraubenfedern, Gasdruckstoßdämpfer, Stabilisator
Bremse v/h (Durchm. x B (mm)):	innenbelüftete gelochte Scheiben (330 x 34) / innenbelüftete gelochte Scheiben (330 x 28) rote 4-Kolben-Monobloc-Aluminium-Festsättel / rote 4-Kolben-Monobloc-Aluminium-Festsättel Bosch ABS 8.0
Sonderwunsch:	Porsche Ceramic Composite Brake (PCCB) innenbelüftete gelochte Keramikfaser-Scheiben (350 x 34) / innenbelüftete gelochte Keramikfaser-Scheiben (350 x 28) gelbe 6-Kolben-Monobloc-Aluminium-Festsättel / gelbe 4-Kolben-Monobloc-Aluminium-Festsättel Bosch ABS 8.0
Räder v/h:	8 J x 19 – ET 57 / 11 J x 19 – ET 51
Reifen v/h:	235/35 ZR 19 / 305/30 ZR 19
Sonderwunsch ab November 2008:	8,5 J x 19 – ET 55 / 11,5 J x 19 – ET 50 235/35 ZR 19 / 305/30 ZR 19

ELEKTRIK

Lichtmaschinenleistung (W):	2100
Batterie (V/Ah):	12 / 70

ABMESSUNGEN, GEWICHTE UND VOLUMEN

Spurweite v/h (mm):	1488 / 1548
Radstand (mm):	2350
Maße (L x B x H (mm)):	4435 x 1852 x 1300
Leergewicht nach DIN (kg):	1540 [1570]
zul. Gesamtgewicht (kg):	1920 [1950]
Kofferraumvolumen (VDA (l)):	105
Gepäckraum im Innenraum*:	230
Tankvolumen (l):	67
C_W x A (m²):	0,30 x 2,05 = 0,615
Leistungsgewicht (kg/kW / kg/PS):	5,44 [5,58] / 4,00 [4,08]
***bei umgeklappten Rücksitzlehnen**	

KRAFTSTOFFVERBRAUCH

nach Euro 5 im NEFZ (l/100 km):	98 ROZ Super plus bleifrei
Innerstädtisch:	16,5 [15,8]
Außerstädtisch:	7,9 [7,7]
Gesamt:	11,0 [10,7]
CO_2-Emissionen (g/km):	259 [251]

FAHRLEISTUNGEN, STÜCKZAHLEN, PREISE

Beschleunigung 0–100 km/h (s):	4,9 [4,7] [4,5]*
0–160 km/h (s):	10,4 [10,1] [9,8]*
0–200 km/h (s):	16,6 [16,2] [15,9]*
Höchstgeschw. (km/h):	297 [295]
***mit Sport Plus-Taste gedrückt**	
Stückzahl:	2.560
Listenpreise:	
08/2008 Targa:	Euro 108.855,- [Euro 112.365,50]
06/2009 Targa:	Euro 111.004,- [Euro 114.514,50]
05/2010 Targa:	Euro 112.789,- [Euro 116.299,50]
08/2010 Targa:	Euro 113.860,- [Euro 117.370,50]
04/2011 Targa:	Euro 113.860,- [Euro 117.370,50]

911 GT3 Coupé MJ 2009 bis MJ 2010

Motor

Bauart:	6-Zylinder-Boxermotor, vierstufiges Schaltsaugrohr
Einbauposition:	Heckmotor
Kühlung:	wassergekühlt
Motor-Typ:	M 97/77
Hubraum (cm³):	3797
Bohrung x Hub:	102,7 x 76,4
Leistung (kW/PS):	320/435 bei 7600/min
Max. Drehzahl:	8500
Drehmoment (Nm):	430 bei 6250/min
Literleistung (kW/l / PS/l):	84,3 / 114,6
Verdichtung:	12,0 : 1
Ventilsteuerung:	dohc über Doppelkette, 4 Ventile pro Zylinder, Vario-Cam, Ein- und Auslaß-Nockenwellenverstellung
Motorsteuerung:	Bosch Motronic ME 7.8.2. sequenzielle Einspritzung, E-Gas, ruhende Hochspannungsverteilung, Einzelzündspulen, zylinderselektive Klopfregelung, Stereo-Lambdaregelung
Zündfolge:	1 - 6 - 2 - 4 - 3 - 5
Schmierung:	Trockensumpfschmierung
Ölmenge (l):	11,0

Kraftübertragung

Antrieb:	Heckantrieb
Schaltgetriebe:	6-Gang
Getriebe-Typ:	G 97/90
Übersetzungen:	
1. Gang:	3,82
2. Gang:	2,26
3. Gang:	1,64
4. Gang:	1,29
5. Gang:	1,06
6. Gang:	0,92
Rückwärtsgang:	2,86
Achsübersetzung:	3,44
Sperrdifferential Zug/Schub (%):	28 / 40

Karosserie, Fahrwerk, Bremse, Räder und Reifen

Karosserie:	2-türige, 2-sitzige, selbsttragende Coupé-Karosserie aus beidseitig feuerverzinktem Stahlblech, Fronthaube und Türen aus Aluminium, verformbare Bug- und Heckverkleidungen aus Kunststoff, Bugteil mit obenliegender Ausströmöffnung und Spoilerlippe, Lüftungsgitter vor Frontdeckel, Heckdeckel aus Kunststoff mit zweiteiligem Staudrucksammler, Abrißkante und feststehendem Heckflügel, Heckverkleidung mit zusätzlichen Entlüftungsschlitzen, Heckscheibe aus Dünnglas
Clubsportpaket:	Verschraubter Überrollkäfig hinter den Vordersitzen
Vorderradaufhängung:	Einzelradaufhängung an McPherson-Federbeinen mit Längslenkern und Querlenkern aus Leichtmetall, Schraubenfedern, geregelte Einrohr-Gasdruckstoßdämpfer (PASM), Stabilisator
Hinterradaufhängung:	Einzelradaufhängung an Mehrlenkerhinterachse mit LSA-System und Fahrschemel aus Leichtmetall, Schraubenfedern, geregelte Einrohr-Gasdruckstoßdämpfer (PASM), Stabilisator
Bremse v/h (Durchm. x B (mm)):	innenbelüftete gelochte Scheiben (380 x 34) / innenbelüftete gelochte Scheiben (350 x 28) rote 6-Kolben-Aluminium-Monobloc-Festsättel rote 4-Kolben-Aluminium-Monobloc-Festsättel Bosch ABS 8.0
Sonderwunsch:	Porsche Ceramic Composite Brake (PCCB) innenbelüftete gelochte Keramikfaser-Scheiben (380 x 34) / innenbelüftete gelochte Keramikfaser-Scheiben (350 x 28) gelbe 6-Kolben-Monobloc-Aluminium-Festsättel / gelbe 4-Kolben-Monobloc-Aluminium-Festsättel Bosch ABS 8.0
Räder v/h:	8,5 J x 19 – ET 53 / 12 J x 19 – ET 63
Reifen v/h:	235/35 ZR 19 / 305/30 ZR 19

Elektrik

Lichtmaschinenleistung (W):	2100
Batterie (Ah/A):	60 / 280

Abmessungen, Gewichte und Volumen

Spurweite v/h (mm):	1497 / 1524
Radstand (mm):	2355
Maße (L x B x H (mm)):	4460 x 1808 x 1280
Leergewicht nach DIN (kg):	1395
zul. Gesamtgewicht (kg):	1680
Kofferraumvolumen (VDA (l)):	105
Gepäckraum im Innenraum:	205
Tankvolumen (l):	67
Sonderwunsch (l):	90
C_W x A (m²):	0,32 x 2,013 = 0,644
Leistungsgewicht (kg/kW / kg/PS):	4,36 / 3,21

Kraftstoffverbrauch

nach Euro 5 im NEFZ (l/100 km):	98 ROZ Super plus bleifrei
Innerstädtisch:	19,2
Außerstädtisch:	9,0
Gesamt:	12,6
CO_2-Emissionen (g/km):	298

Fahrleistungen, Stückzahlen, Preise

Beschleunigung 0–100 km/h (s):	4,1
0–160 km/h (s):	8,2
0–200 km/h (s):	12,3
Höchstgeschw. (km/h):	312
Stückzahl:	2.256
Listenpreise:	
02/2009 Coupé:	Euro 116.947,-
Coupé mit Clubsportpaket:	Euro 116.947,-
08/2009 Coupé:	Euro 116.947,-
Coupé mit Clubsportpaket:	Euro 116.947,-
02/2010 Coupé:	Euro 120.643,-
Coupé mit Clubsportpaket:	Euro 120.643,-
05/2010 Coupé:	Euro 120.643,-
Coupé mit Clubsportpaket:	Euro 120.643,-
08/2010 Coupé:	Euro 121.833,-
Coupé mit Clubsportpaket:	Euro 121.833,-

911 Carrera S Coupé und Cabriolet [PDK] mit Leistungssteigerung MJ 2010 bis MJ 2011

Motor

Bauart:	6-Zylinder-Boxermotor, variable Resonanzsauganlage mit 6 schaltbaren Klappen
Einbauposition:	Heckmotor
Kühlung:	wassergekühlt
Motor-Typ:	MA 101S
Hubraum (cm³):	3800
Bohrung x Hub:	102 x 77,5
Leistung (kW/PS):	300/408 bei 7300/min
Drehmoment (Nm):	420 bei 4200–5600/min
Max. Drehzahl:	7500
Literleistung (kW/l / PS/l):	78,9 / 107,4
Verdichtung:	12,5 : 1
Ventilsteuerung:	dohc über Doppelkette, 4 Ventile pro Zylinder, VarioCam Plus, Einlaß-Nockenwellenverstellung, Ventilhubschaltung
Motorsteuerung:	elektronisches Motormanagement EMS SDI 3.1, E-Gas, Benzin-Direkteinspritzung Direct Fuel Injection - DFI, ruhende Hochspannungsverteilung, zylinderselektive Klopfregelung, Stereo-Lambdaregelung
Zündfolge:	1 - 6 - 2 - 4 - 3 - 5
Schmierung:	Integrierte Trockensumpfschmierung
Ölmenge (l):	10,0

Kraftübertragung

Antrieb:	Heckantrieb
Schaltgetriebe:	6-Gang
Sonderwunsch PDK:	[7-Gang]
Getriebe-Typ:	G 97/05 [CG 1/00]
Übersetzungen:	
1. Gang:	3,91 [3,91]
2. Gang:	2,32 [2,29]
3. Gang:	1,56 [1,65]
4. Gang:	1,28 [1,30]
5. Gang:	1,08 [1,08]
6. Gang:	0,88 [0,88]
7. Gang:	[0,62]
Rückwärtsgang:	3,59 [3,55]
Achsübersetzung:	3,44 [3,44]

Karosserie, Fahrwerk, Bremse, Räder und Reifen

Karosserie:	2-türige, 2 + 2-sitzige, selbsttragende Karosserie aus beidseitig feuerverzinktem Stahlblech, Aluminium-Fronthaube, verformbare Bug- und Heckverkleidungen aus Kunststoff, Heckdeckel mit automatisch ausfahrbarem Heckspoiler
Coupé:	Festes verschweißtes Stahldach
Sonderwunsch:	Elektrisches Hebe-/Schiebedach
Cabriolet:	Elektrisch betätigtes, vollautomatisches Stoffverdeck mit beheizbarer Festglasheckscheibe, automatisch ausfahrbarer Überrollschutz
Sonderwunsch:	Hardtop aus Aluminium mit beheizbarer Heckscheibe
Vorderradaufhängung:	Einzelradaufhängung an McPherson-Federbeinen mit Längslenkern und Querlenkern aus Leichtmetall, Schraubenfedern, Gasdruckstoßdämpfer, Stabilisator
Hinterradaufhängung:	Einzelradaufhängung an Mehrlenkerhinterachse mit LSA-System und Fahrschemel aus Leichtmetall, Schraubenfedern, Gasdruckstoßdämpfer, Stabilisator
Bremse v/h (Durchm. x B (mm)):	innenbelüftete gelochte Scheiben (330 x 34) / innenbelüftete gelochte Scheiben (330 x 28) rote 4-Kolben-Monobloc-Aluminium-Festsättel / rote 4-Kolben-Monobloc-Aluminium-Festsättel Bosch ABS 8.0
Sonderwunsch:	Porsche Ceramic Composite Brake (PCCB) innenbelüftete gelochte Keramikfaser-Scheiben (350 x 34) / innenbelüftete gelochte Keramikfaser-Scheiben (350 x 28) gelbe 6-Kolben-Monobloc-Aluminium-Festsättel / gelbe 4-Kolben-Monobloc-Aluminium-Festsättel Bosch ABS 8.0
Räder v/h:	8 J x 19 – ET 57 / 11 J x 19 – ET 67
Reifen v/h:	235/35 ZR 19 / 295/30 ZR 19
Sonderwunsch ab November 2008:	8,5 J x 19 – ET 55 / 11,5 J x 19 – ET 67 235/35 ZR 19 / 305/30 ZR 19

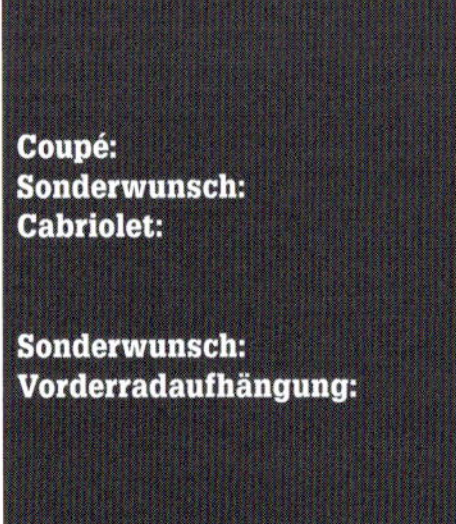

Elektrik

Lichtmaschinenleistung (W):	2100
Batterie (V/Ah):	12 / 70

Abmessungen, Gewichte und Volumen

Spurweite v/h (mm):	1486 / 1516
Radstand (mm):	2350
Maße (L x B x H (mm)):	4435 x 1808 x 1300
Leergewicht nach DIN (kg):	1425 [1455]
Cabriolet:	1510 [1540]
zul. Gesamtgewicht (kg):	1830 [1860]
Cabriolet:	1890 [1920]
Kofferraumvolumen (VDA (l)):	135
Gepäckraum im Innenraum*:	205 / 155**
Tankvolumen (l):	64
C_W x A (m²):	0,29 x 2,01 = 0,583
Cabriolet:	0,30 x 2,01 = 0,603
Leistungsgewicht (kg/kW / kg/PS):	4,75 [4,85] / 3,49 [3,57]
Cabriolet:	5,03 [5,13] / 3,70 [3,77]
***bei umgeklappten Rücksitzlehnen**	
****Cabriolet bei geschl. Verdeck**	

Kraftstoffverbrauch

nach Euro 5 im NEFZ (l/100 km):	98 ROZ Super plus bleifrei	
	Coupé	Cabriolet
Innerstädtisch:	15,9 [15,3]	16,2 [15,5]
Außerstädtisch:	7,6 [7,2]	7,7 [7,3]
Gesamt:	10,6 [10,2]	10,8 [10,3]
CO_2-Emissionen (g/km):	250 [240]	254 [242]

Fahrleistungen, Stückzahlen, Preise

Beschleunigung 0–100 km/h (s):	4,6 [4,4] [4,2]*
Cabriolet:	4,8 [4,6] [4,4]*
0–160 km/h (s):	9,7 [9,4] [9,1]*
Cabriolet:	10,1 [9,8] [9,5]*
0–200 km/h (s):	14,8 [14,4] [14,1]*
Cabriolet:	15,7 [15,3] [15,0]*
Höchstgeschw. (km/h):	307 [305]
***mit Sport Plus-Taste gedrückt**	
Stückzahl:	
Coupé:	n/a
Cabriolet:	n/a
Listenpreise:	
06/2009 Coupé:	Euro 108.267,- [Euro 111.777,50]
Cabriolet:	Euro 119.453,- [Euro 122.963,50]
05/2010 Coupé:	Euro 110.052,- [Euro 113.562,50]
Cabriolet:	Euro 121.238,- [Euro 124.748,50]
08/2010 Coupé:	Euro 111.004,- [Euro 114.514,50]
Cabriolet:	Euro 122.309,- [Euro 125.819,50]
04/2011 Coupé:	Euro 111.004,- [Euro 114.514,50]
Cabriolet:	Euro 122.309,- [Euro 125.819,50]

911 Carrera 4S Coupé und Cabriolet [PDK] mit Leistungssteigerung MJ 2010 bis MJ 2011

Motor

Bauart:	6-Zylinder-Boxermotor, variable Resonanzsauganlage mit 6 schaltbaren Klappen
Einbauposition:	Heckmotor
Kühlung:	wassergekühlt
Motor-Typ:	MA 101S
Hubraum (cm³):	3800
Bohrung x Hub:	102 x 77,5
Leistung (kW/PS):	300/408 bei 7300/min
Drehmoment (Nm):	420 bei 4200–5600/min
Max. Drehzahl:	7500
Literleistung (kW/l / PS/l):	78,9 / 107,4
Verdichtung:	12,5 : 1
Ventilsteuerung:	dohc über Doppelkette, 4 Ventile pro Zylinder, VarioCam Plus, Einlaß-Nockenwellenverstellung, Ventilhubschaltung
Motorsteuerung:	elektronisches Motormanagement EMS SDI 3.1, E-Gas, Benzin-Direkteinspritzung Direct Fuel Injection - DFI, ruhende Hochspannungsverteilung, zylinderselektive Klopfregelung, Stereo-Lambdaregelung
Zündfolge:	1 - 6 - 2 - 4 - 3 - 5
Schmierung:	Integrierte Trockensumpfschmierung
Ölmenge (l):	10,0

Kraftübertragung

Antrieb:	Allradantrieb über Viscolamellenkupplung und Kardanwelle
Schaltgetriebe:	6-Gang
Sonderwunsch PDK:	[7-Gang]
Getriebe-Typ:	G 97/35 [CG 1/30]
Übersetzungen:	
1. Gang:	3,91 [3,91]
2. Gang:	2,32 [2,29]
3. Gang:	1,56 [1,65]
4. Gang:	1,28 [1,30]
5. Gang:	1,08 [1,08]
6. Gang:	0,88 [0,88]
7. Gang:	[0,62]
Rückwärtsgang:	3,59 [3,55]
Achsübersetzung:	3,44 [3,44]

Karosserie, Fahrwerk, Bremse, Räder und Reifen

Karosserie:	2-türige, 2 + 2-sitzige, selbsttragende Karosserie aus beidseitig feuerverzinktem Stahlblech, verbreiterte Karosserie mit Schwellerverkleidungen, Aluminium-Fronthaube, verformbare Bug- und Heckverkleidungen aus Kunststoff, Heckdeckel mit automatisch ausfahrbarem Heckspoiler, rotes Heckleuchtenband
Coupé:	Festes verschweißtes Stahldach
Sonderwunsch:	Elektrisches Hebe-/Schiebedach
Cabriolet:	Elektrisch betätigtes, vollautomatisches Stoffverdeck mit beheizbarer Festglasheckscheibe, automatisch ausfahrbarer Überrollschutz
Sonderwunsch:	Hardtop aus Aluminium mit beheizbarer Heckscheibe
Vorderradaufhängung:	Einzelradaufhängung an McPherson-Federbeinen mit Längslenkern und Querlenkern aus Leichtmetall, Schraubenfedern, Gasdruckstoßdämpfer, Stabilisator
Hinterradaufhängung:	Einzelradaufhängung an Mehrlenkerhinterachse mit LSA-System und Fahrschemel aus Leichtmetall, Schraubenfedern, Gasdruckstoßdämpfer, Stabilisator
Bremse v/h (Durchm. x B (mm)):	innenbelüftete gelochte Scheiben (330 x 34) / innenbelüftete gelochte Scheiben (330 x 28) rote 4-Kolben-Monobloc-Aluminium-Festsättel / rote 4-Kolben-Monobloc-Aluminium-Festsättel Bosch ABS 8.0
Sonderwunsch:	Porsche Ceramic Composite Brake (PCCB) innenbelüftete gelochte Keramikfaser-Scheiben (350 x 34) / innenbelüftete gelochte Keramikfaser-Scheiben (350 x 28) gelbe 6-Kolben-Monobloc-Aluminium-Festsättel / gelbe 4-Kolben-Monobloc-Aluminium-Festsättel Bosch ABS 8.0
Räder v/h:	8 J x 19 – ET 57 / 11 J x 19 – ET 51
Reifen v/h:	235/35 ZR 19 / 305/30 ZR 19
Sonderwunsch ab November 2008:	8,5 J x 19 – ET 55 / 11,5 J x 19 – ET 50 235/35 ZR 19 / 305/30 ZR 19

Elektrik

Lichtmaschinenleistung (W):	2100
Batterie (V/Ah):	12 / 70

Abmessungen, Gewichte und Volumen

Spurweite v/h (mm):	1488 / 1548
Radstand (mm):	2350
Maße (L x B x H (mm)):	4435 x 1852 x 1300
Leergewicht nach DIN (kg):	1480 [1510]
Cabriolet:	1565 [1595]
zul. Gesamtgewicht (kg):	1880 [1910]
Cabriolet:	1940 [1970]
Kofferraumvolumen (VDA (l)):	105
Gepäckraum im Innenraum*:	205 / 155**
Tankvolumen (l):	67
C_W x A (m²):	0,29 x 2,05 = 0,595
Cabriolet:	0,30 x 2,05 = 0,615
Leistungsgewicht (kg/kW / kg/PS):	4,93 [5,03] / 3,63 [3,70]
Cabriolet:	5,22 [5,32] / 3,84 [3,91]

***bei umgeklappten Rücksitzlehnen**
****Cabriolet bei geschl. Verdeck**

Kraftstoffverbrauch

nach Euro 5 im NEFZ (l/100 km):	98 ROZ Super plus bleifrei	
	Coupé	Cabriolet
Innerstädtisch:	16,5 [15,8]	16,8 [16,1]
Außerstädtisch:	7,9 [7,5]	8,0 [7,7]
Gesamt:	11,0 [10,5]	11,2 [10,7]
CO_2-Emissionen (g/km):	259 [247]	263 [251]

Fahrleistungen, Stückzahlen, Preise

Beschleunigung 0–100 km/h (s):	4,6 [4,4] [4,2]*
Cabriolet:	4,8 [4,6] [4,4]*
0–160 km/h (s):	9,8 [9,5] [9,2]*
Cabriolet:	10,2 [9,9] [9,6]*
0–200 km/h (s):	15,3 [14,9] [14,6]*
Cabriolet:	16,2 [15,8] [15,5]*
Höchstgeschw. (km/h):	302 [300]

***mit Sport Plus-Taste gedrückt**

Stückzahl:	
Coupé:	n/a
Cabriolet:	n/a

Listenpreise:	
06/2009 Coupé:	Euro 114.931,- [Euro 118.441,50]
Cabriolet:	Euro 126.117,- [Euro 129.627,50]
05/2010 Coupé:	Euro 116.716,- [Euro 120.226,50]
Cabriolet:	Euro 127.902,- [Euro 131.412,50]
08/2010 Coupé:	Euro 117.787,- [Euro 121.297,50]
Cabriolet:	Euro 129.092,- [Euro 132.602,50]
04/2011 Coupé:	Euro 117.787,- [Euro 121.297,50]
Cabriolet:	Euro 129.092,- [Euro 132.602,50]

911 Targa 4S [PDK] mit Leistungssteigerung MJ 2010 bis MJ 2011

Motor

Bauart:	6-Zylinder-Boxermotor, variable Resonanzsauganlage mit 6 schaltbaren Klappen
Einbauposition:	Heckmotor
Kühlung:	wassergekühlt
Motor-Typ:	MA 101S
Hubraum (cm³):	3800
Bohrung x Hub:	102 x 77,5
Leistung (kW/PS):	300/408 bei 7300/min
Drehmoment (Nm):	420 bei 4200–5600/min
Max. Drehzahl:	7500
Literleistung (kW/l / PS/l):	78,9 / 107,4
Verdichtung:	12,5 : 1
Ventilsteuerung:	dohc über Doppelkette, 4 Ventile pro Zylinder, VarioCam Plus, Einlaß-Nockenwellenverstellung, Ventilhubschaltung
Motorsteuerung:	elektronisches Motormanagement EMS SDI 3.1, E-Gas, Benzin-Direkteinspritzung Direct Fuel Injection - DFI, ruhende Hochspannungsverteilung, zylinderselektive Klopfregelung, Stereo-Lambdaregelung
Zündfolge:	1 - 6 - 2 - 4 - 3 - 5
Schmierung:	Integrierte Trockensumpfschmierung
Ölmenge (l):	10,0

Kraftübertragung

Antrieb:	Allradantrieb über Viscolamellenkupplung und Kardanwelle
Schaltgetriebe:	6-Gang
Sonderwunsch PDK:	[7-Gang]
Getriebe-Typ:	G 97/35 [CG 1/30]
Übersetzungen:	
1. Gang:	3,91 [3,91]
2. Gang:	2,32 [2,29]
3. Gang:	1,56 [1,65]
4. Gang:	1,28 [1,30]
5. Gang:	1,08 [1,08]
6. Gang:	0,88 [0,88]
7. Gang:	[0,62]
Rückwärtsgang:	3,59 [3,55]
Achsübersetzung:	3,44 [3,44]

Karosserie, Fahrwerk, Bremse, Räder und Reifen

Karosserie:	2-türige, 2 + 2-sitzige, selbsttragende Targa-Karosserie aus beidseitig feuerverzinktem Stahlblech, verbreiterte Karosserie mit Schwellerverkleidungen, Aluminium-Fronthaube, Glasdachmodul mit Schiebefunktion und aufklappbarer Heckscheibe, verformbare Bug- und Heckverkleidungen aus Kunststoff, Heckdeckel mit automatisch ausfahrbarem Heckspoiler, rotes Heckleuchtenband
Vorderradaufhängung:	Einzelradaufhängung an McPherson-Federbeinen mit Längslenkern und Querlenkern aus Leichtmetall, Schraubenfedern, Gasdruckstoßdämpfer, Stabilisator
Hinterradaufhängung:	Einzelradaufhängung an Mehrlenkerhinterachse mit LSA-System und Fahrschemel aus Leichtmetall, Schraubenfedern, Gasdruckstoßdämpfer, Stabilisator
Bremse v/h (Durchm. x B (mm)):	innenbelüftete gelochte Scheiben (330 x 34) / innenbelüftete gelochte Scheiben (330 x 28) rote 4-Kolben-Monobloc-Aluminium-Festsättel / rote 4-Kolben-Monobloc-Aluminium-Festsättel Bosch ABS 8.0
Sonderwunsch:	Porsche Ceramic Composite Brake (PCCB) innenbelüftete gelochte Keramikfaser-Scheiben (350 x 34) / innenbelüftete gelochte Keramikfaser-Scheiben (350 x 28) gelbe 6-Kolben-Monobloc-Aluminium-Festsättel / gelbe 4-Kolben-Monobloc-Aluminium-Festsättel Bosch ABS 8.0
Räder v/h:	8 J x 19 – ET 57 / 11 J x 19 – ET 51
Reifen v/h:	235/35 ZR 19 / 305/30 ZR 19
Sonderwunsch ab November 2008:	8,5 J x 19 – ET 55 / 11,5 J x 19 – ET 50 235/35 ZR 19 / 305/30 ZR 19

Elektrik

Lichtmaschinenleistung (W):	2100
Batterie (V/Ah):	12 / 70

Abmessungen, Gewichte und Volumen

Spurweite v/h (mm):	1488 / 1548
Radstand (mm):	2350
Maße (L x B x H (mm)):	4435 x 1852 x 1300
Leergewicht nach DIN (kg):	1540 [1570]
zul. Gesamtgewicht (kg):	1920 [1950]
Kofferraumvolumen (VDA (l)):	105
Gepäckraum im Innenraum*:	230
Tankvolumen (l):	67
C_W x A (m²):	0,30 x 2,05 = 0,615
Leistungsgewicht (kg/kW / kg/PS):	5,13 [5,23] / 3,77 [3,85]
***bei umgeklappten Rücksitzlehnen**	

Kraftstoffverbrauch

nach Euro 5 im NEFZ (l/100 km):	98 ROZ Super plus bleifrei
Innerstädtisch:	16,5 [15,8]
Außerstädtisch:	7,9 [7,7]
Gesamt:	11,0 [10,7]
CO_2-Emissionen (g/km):	259 [251]

Fahrleistungen, Stückzahlen, Preise

Beschleunigung 0–100 km/h (s):	4,8 [4,6] [4,4]*
0–160 km/h (s):	10,2 [9,9] [9,6]*
0–200 km/h (s):	16,2 [15,8] [15,5]*
Höchstgeschw. (km/h):	302 [300]
***mit Sport Plus-Taste gedrückt**	
Stückzahl:	n/a
Listenpreise:	
06/2009 Targa:	Euro 123.380,- [Euro 126.890,50]
05/2010 Targa:	Euro 125.165,- [Euro 128.675,50]
08/2010 Targa:	Euro 126.236,- [Euro 129.746,50]
04/2011 Targa:	Euro 126.236,- [Euro 129.746,50]

911 GT 3 RS Coupé MJ 2010 bis MJ 2011

Motor

Bauart:	6-Zylinder-Boxermotor, vierstufiges Schaltsaugrohr
Einbauposition:	Heckmotor
Kühlung:	wassergekühlt
Motor-Typ:	M 97/77R
Hubraum (cm³):	3797
Bohrung x Hub:	102,7 x 76,4
Leistung (kW/PS):	331/450 bei 7900/min
Max. Drehzahl:	8500
Drehmoment (Nm):	430 bei 6750/min
Literleistung (kW/l / PS/l):	87,2 / 118,5
Verdichtung:	12,2 : 1
Ventilsteuerung:	dohc über Doppelkette, 4 Ventile pro Zylinder, Vario-Cam, Ein- und Auslaß-Nockenwellenverstellung
Motorsteuerung:	Bosch Motronic ME 7.8.2. sequenzielle Einspritzung, E-Gas, ruhende Hochspannungsverteilung, Einzelzündspulen, zylinderselektive Klopfregelung, Stereo-Lambdaregelung
Zündfolge:	1 - 6 - 2 - 4 - 3 - 5
Schmierung:	Trockensumpfschmierung
Ölmenge (l):	11,0

Kraftübertragung

Antrieb:	Heckantrieb
Schaltgetriebe:	6-Gang
Getriebe-Typ:	G 97/92
Übersetzungen:	
1. Gang:	3,82
2. Gang:	2,26
3. Gang:	1,64
4. Gang:	1,29
5. Gang:	1,06
6. Gang:	0,88
Rückwärtsgang:	2,86
Achsübersetzung:	3,89
Sperrdifferential Zug/Schub (%):	28 / 40

Karosserie, Fahrwerk, Bremse, Räder und Reifen

Karosserie:	2-türige, 2-sitzige, selbsttragende verbreiterte Coupé-Karosserie aus beidseitig feuerverzinktem Stahlblech, Fronthaube und Türen aus Aluminium, verformbare Bug- und Heckverkleidungen aus Kunststoff, Bugteil mit obenliegender Ausströmöffnung und verbreiterter Spoilerlippe, Lüftungsgitter vor Frontdeckel, Radhausverbreiterungen vorne, Schwellerblenden mit Anspoilerung vor Hinterrädern, Heckmittelteil aus Kunststoff, Heckdeckel aus Kunststoff mit einteiligem Staudrucksammler, Abrißkante und feststehendem Heckflügel aus Sichtcarbon, Flügelstützen aus geschmiedetem Aluminium, Heckverkleidung mit zusätzlichen Entlüftungsschlitzen, Heckscheibe aus Kunststoff (Polycarbonat)
Clubsportpaket:	Verschraubter Überrollkäfig hinter den Vordersitzen
Vorderradaufhängung:	Einzelradaufhängung an McPherson-Federbeinen mit Längslenkern und Querlenkern aus Leichtmetall, Schraubenfedern, geregelte Einrohr-Gasdruckstoßdämpfer (PASM), Stabilisator
Hinterradaufhängung:	Einzelradaufhängung an Mehrlenkerhinterachse mit LSA-System und Fahrschemel aus Leichtmetall, Schraubenfedern, geregelte Einrohr-Gasdruckstoßdämpfer (PASM), Stabilisator
Bremse v/h (Durchm. x B (mm)):	innenbelüftete gelochte Scheiben (380 x 34) / innenbelüftete gelochte Scheiben (350 x 28) rote 6-Kolben-Aluminium-Monobloc-Festsättel rote 4-Kolben-Aluminium-Monobloc-Festsättel Bosch ABS 8.0
Sonderwunsch:	Porsche Ceramic Composite Brake (PCCB) innenbelüftete gelochte Keramikfaser-Scheiben (380 x 34) / innenbelüftete gelochte Keramikfaser-Scheiben (350 x 28) gelbe 6-Kolben-Monobloc-Aluminium-Festsättel / gelbe 4-Kolben-Monobloc-Aluminium-Festsättel Bosch ABS 8.0
Räder v/h:	9 J x 19 – ET 47 / 12 J x 19 – ET 48
Reifen v/h:	245/35 ZR 19 / 325/30 ZR 19

Elektrik

Lichtmaschinenleistung (W):	2100
Batterie (Ah/A):	60 / 280

Abmessungen, Gewichte und Volumen

Spurweite v/h (mm):	1509 / 1554
Radstand (mm):	2355
Maße (L x B x H (mm)):	4460 x 1852 x 1280
Leergewicht nach DIN (kg):	1370
zul. Gesamtgewicht (kg):	1680
Kofferraumvolumen (VDA (l)):	105
Gepäckraum im Innenraum:	205
Tankvolumen (l):	67
Sonderwunsch (l):	90
C_W x A (m²):	0,33 x 2,071 = 0,683
Leistungsgewicht (kg/kW / kg/PS):	4,14 / 3,04

Kraftstoffverbrauch

nach Euro 5 im NEFZ (l/100 km):	98 ROZ Super plus bleifrei
Innerstädtisch:	19,4
Außerstädtisch:	9,6
Gesamt:	13,2
CO_2-Emissionen (g/km):	309

Fahrleistungen, Stückzahlen, Preise

Beschleunigung 0–100 km/h (s):	4,0
0–160 km/h (s):	8,1
0–200 km/h (s):	12,2
Höchstgeschw. (km/h):	310
Stückzahl:	1.619
Listenpreise:	
08/2009 Coupé:	Euro 145.871,-
Coupé ohne Clubsportpaket:	Euro 145.871,-
02/2010 Coupé:	Euro 148.727,-
Coupé ohne Clubsportpaket:	Euro 148.727,-
05/2010 Coupé:	Euro 148.727,-
Coupé ohne Clubsportpaket:	Euro 148.727,-
08/2010 Coupé:	Euro 150.155,-
Coupé ohne Clubsportpaket:	Euro 150.155,-

911 Turbo Coupé und Cabriolet [PDK] MJ 2010 bis MJ 2012

Motor

Bauart:	6-Zylinder-Boxermotor mit VTG-Bi-Turboaufladung und Ladeluftkühlung
Einbauposition:	Heckmotor
Kühlung:	wassergekühlt
Motor-Typ:	MA 170
Hubraum (cm³):	3800
Bohrung x Hub:	102 x 77,5
Leistung (kW/PS):	368/500 bei 6000–6500/min
Max. Drehzahl:	7000
Drehmoment (Nm):	650 bei 1950–5000/min
mit Overboost:	700 bei 2100–4000/min
Literleistung (kW/l / PS/l):	96,8 / 131,6
Verdichtung:	9,8 : 1
Maximaler Ladedruck (bar):	1,0
bei Overboost:	1,2
Ventilsteuerung:	dohc über Doppelkette, 4 Ventile pro Zylinder, VarioCam Plus, Einlaß-Nockenwellenverstellung, Ventilhubschaltung
Motorsteuerung:	Bosch Motronic ME 7.8.1, sequenzielle Einspritzung, E-Gas, ruhende Hochspannungsverteilung, Einzelzündspulen, zylinderselektive Klopfregelung, Stereo-Lambdaregelung
Zündfolge:	1 - 6 - 2 - 4 - 3 - 5
Schmierung:	Integrierte Trockensumpfschmierung
Ölmenge (l):	10,4

Kraftübertragung

Antrieb:	gesteuerter Allradantrieb mit Kardanwelle
Schaltgetriebe:	6-Gang
Sonderwunsch PDK:	[7-Gang]
Getriebe-Typ:	G 97/55 [CG 1.50]
Übersetzungen:	
1. Gang:	3,818 [3,909]
2. Gang:	2,316 [2,286]
3. Gang:	1,481 [1,577]
4. Gang:	1,182 [1,182]
5. Gang:	0,974 [0,944]
6. Gang:	0,791 [0,786]
7. Gang:	[0,622]
Rückwärtsgang:	2,667 [3,545]
Achsübersetzung Hinterachse:	3,444 [3,444]
Übersetzung Vorderachse:	3,333 [3,333]

Karosserie, Fahrwerk, Bremse, Räder und Reifen

Karosserie:	2-türige, 2 + 2-sitzige, selbsttragende Coupé-Karosserie aus beidseitig feuerverzinktem Stahlblech, verbreiterte Karosserie mit Schwellerverkleidungen, Fondseitenteile mit Lufteinlässen für Ladeluftkühlung, Fronthaube und Türen aus Aluminium, verformbare Bug- und Heckverkleidungen aus Kunststoff, Bugteil mit runden Nebelscheinwerfern und LED-Blinkern in Kühlöffnungen, Heckteil mit seitlichen Kühlöffnungen, Heckdeckel aus Kunststoff mit Abrißkante und zusätzlich automatisch ausfahrbarem Spaltflügel

Cabriolet:	2-türige, 2 + 2-sitzige, selbsttragende Cabriolet-Karosserie aus beidseitig feuerverzinktem Stahlblech, verbreiterte Karosserie mit Schwellerverkleidungen, Fondseitenteile mit Lufteinlässen für Ladeluftkühlung, Fronthaube und Türen aus Aluminium, verformbare Bug- und Heckverkleidungen aus Kunststoff, Bugteil mit runden Nebelscheinwerfern und LED-Blinkern in Kühlöffnungen, Heckteil mit seitlichen Kühlöffnungen, Heckdeckel aus Kunststoff mit Abrißkante und zusätzlich automatisch ausfahrbarem Spaltflügel, elektrisch betätigtes, vollautomatisches Stoffverdeck mit beheizbarer Festglasheckscheibe, automatisch ausfahrbarer Überrollschutz
Sonderwunsch:	Elektrisches Hebe-/Schiebedach
Cabriolet:	Hardtop aus Aluminium mit beheizbarer Heckscheibe
Vorderradaufhängung:	Einzelradaufhängung an McPherson-Federbeinen mit Längslenkern und Querlenkern aus Leichtmetall, Schraubenfedern, Gasdruckstoßdämpfer, Stabilisator
Hinterradaufhängung:	Einzelradaufhängung an Mehrlenkerhinterachse mit LSA-System und Fahrschemel aus Leichtmetall, Schraubenfedern, Gasdruckstoßdämpfer, Stabilisator
Bremse v/h (Durchm. x B (mm)):	innenbelüftete gelochte Scheiben (350 x 34) / innenbelüftete gelochte Scheiben (350 x 28) rote 4-Kolben-Monobloc-Aluminium-Festsättel / rote 4-Kolben-Monobloc-Aluminium-Festsättel Bosch ABS 8.0
Sonderwunsch:	Porsche Ceramic Composite Brake (PCCB) innenbelüftete gelochte Keramikfaser-Scheiben (380 x 34) / innenbelüftete gelochte Keramikfaser-Scheiben (350 x 28) gelbe 6-Kolben-Monobloc-Aluminium-Festsättel / gelbe 4-Kolben-Monobloc-Aluminium-Festsättel Bosch ABS 8.0
Räder v/h:	8,5 J x 19 – ET 56 / 11 J x 19 – ET 51
Reifen v/h:	235/35 ZR 19 / 305/30 ZR 19

Elektrik

Lichtmaschinenleistung (W):	2100
Batterie (Ah/A):	70 / 340

Abmessungen, Gewichte und Volumen

Spurweite v/h (mm):	1490 / 1548
Radstand (mm):	2350
Maße (L x B x H (mm)):	4450 x 1852 x 1300
Leergewicht nach DIN (kg):	1570 [1595]
Cabriolet:	1645 [1670]
zul. Gesamtgewicht (kg):	1935 [1960]
Cabriolet:	1995 [2020]
Kofferraumvolumen (VDA (l)):	105
Gepäckraum im Innenraum*:	190 / 155**
Tankvolumen (l):	67
C_W x A (m²):	0,31 x 2,05 = 0,636
Cabriolet:	0,32 x 2,05 = 0,656
Leistungsgewicht (kg/kW / kg/PS):	4,27 [4,33] / 3,14 [3,19]
Cabriolet:	4,47 [4,54] / 3,29 [3,34]
***bei umgeklappten Rücksitzlehnen**	
****Cabriolet bei gesch. Verdeck**	

Kraftstoffverbrauch

nach Euro 5 im NEFZ (l/100 km):	98 ROZ Super plus bleifrei	
	Coupé	Cabriolet
Innerstädtisch:	16,5 [16,5]	16,7 [16,7]
Außerstädtisch:	8,3 [8,1]	8,4 [8,2]
Gesamt:	11,6 [11,4]	11,7 [11,5]
CO_2-Emissionen (g/km):	272 [268]	275 [270]

Fahrleistungen, Stückzahlen, Preise

Beschleunigung 0–100 km/h (s):	3,7 3,6* [3,6] [3,4]*
Cabriolet:	3,8 3,7* [3,7] [3,5]*
0–160 km/h (s):	7,8 7,7* [7,7] [7,4]*
Cabriolet:	8,1 8,0* [8,0] [7,7]*
0–200 km/h (s):	11,9 11,6* [11,8] [11,3]*
Cabriolet:	12,4 12,1* [12,3] [11,8]*
Höchstgeschw. (km/h):	312 [312]
Cabriolet:	312 [312]
***mit Sport Plus-Taste gedrückt**	
Stückzahl:	
Coupé:	3.301
Cabriolet:	1.752
Listenpreis:	
09/2009 Coupé:	Euro 145.871,- [Euro 149.786,10]
Cabriolet:	Euro 157.057,- [Euro 160.972,10]
02/2010 Coupé:	Euro 148.727,- [Euro 152.642,10]
Cabriolet:	Euro 160.151,- [Euro 164.066,10]
05/2010 Coupé:	Euro 148.727,- [Euro 152.642,10]
Cabriolet:	Euro 160.151,- [Euro 164.066,10]
08/2010 Coupé:	Euro 150.155,- [Euro 154.070,10]
Cabriolet:	Euro 161.698,- [Euro 165.613,10]
04/2011 Coupé:	Euro 150.155,- [Euro 154.070,10]
Cabriolet:	Euro 161.698,- [Euro 165.613,10]
11/2011 Coupé:	Euro 150.155,- [Euro 154.070,10]
Cabriolet:	Euro 161.698,- [Euro 165.613,10]

911 Sport Classic Coupé MJ 2010

Motor

Bauart:	6-Zylinder-Boxermotor, variable Resonanzsauganlage mit 6 schaltbaren Klappen
Einbauposition:	Heckmotor
Kühlung:	wassergekühlt
Motor-Typ:	MA 101S
Hubraum (cm³):	3800
Bohrung x Hub:	102 x 77,5
Leistung (kW/PS):	300/408 bei 7300/min
Drehmoment (Nm):	420 bei 4200–5600/min
Max. Drehzahl:	7500
Literleistung (kW/l / PS/l):	78,9 / 107,4
Verdichtung:	12,5 : 1
Ventilsteuerung:	dohc über Doppelkette, 4 Ventile pro Zylinder, VarioCam Plus, Einlaß-Nockenwellenverstellung, Ventilhubschaltung
Motorsteuerung:	elektronisches Motormanagement EMS SDI 3.1, E-Gas, Benzin-Direkteinspritzung Direct Fuel Injection - DFI, ruhende Hochspannungsverteilung, zylinderselektive Klopfregelung, Stereo-Lambdaregelung
Zündfolge:	1 - 6 - 2 - 4 - 3 - 5
Schmierung:	Integrierte Trockensumpfschmierung
Ölmenge (l):	10,0

Kraftübertragung

Antrieb:	Heckantrieb
Schaltgetriebe:	6-Gang
Getriebe-Typ:	G 97/05
Übersetzungen:	
1. Gang:	3,91
2. Gang:	2,32
3. Gang:	1,56
4. Gang:	1,28
5. Gang:	1,08
6. Gang:	0,88
Rückwärtsgang:	3,59
Achsübersetzung Hinterachse*:	3,44
Sperrdifferential Zug/Schub (%):	22 / 27
***Achsübersetzung (3,091) x Zwischenübersetzung (1,114)**	

Karosserie, Fahrwerk, Bremse, Räder und Reifen

Karosserie:	2-türige, 2 + 2-sitzige, selbsttragende verbreiterte Coupé-Karosserie aus beidseitig feuerverzinktem Stahlblech, Doppel-Kuppeldach »Double-Bubble«, Aluminium-Fronthaube, SportDesign-Bugteil, verformbare Bug- und Heckverkleidungen aus Kunststoff, Heckteil mit senkrechten Lüftungsschlitzen, Heckdeckel mit integriertem feststehenden Heckbürzel mit Lufteintrittsöffnungen, Heckdeckel mit automatisch ausfahrbarem Heckspoiler, Exklusivfarbe: Sportclassicgrau
Vorderradaufhängung:	Einzelradaufhängung an McPherson-Federbeinen mit Längslenkern und Querlenkern aus Leichtmetall, Schraubenfedern, Gasdruckstoßdämpfer, Stabilisator
Hinterradaufhängung:	Einzelradaufhängung an Mehrlenkerhinterachse mit LSA-System und Fahrschemel aus Leichtmetall, Schraubenfedern, Gasdruckstoßdämpfer, Stabilisator
Bremse v/h (Durchm. x B (mm)):	Porsche Ceramic Composite Brake (PCCB) innenbelüftete gelochte Keramikfaser-Scheiben (350 x 34) / innenbelüftete gelochte Keramikfaser-Scheiben (350 x 28) gelbe 6-Kolben-Monobloc-Aluminium-Festsättel / gelbe 4-Kolben-Monobloc-Aluminium-Festsättel Bosch ABS 8.0
Räder v/h:	8,5 J x 19 – ET 55 / 11,5 J x 19 – ET 50, Rad-Sport Classic
Reifen v/h:	235/35 ZR 19 / 305/30 ZR 19

Elektrik

Lichtmaschinenleistung (W):	2100
Batterie (Ah/A):	80 / 380

Abmessungen, Gewichte und Volumen

Spurweite v/h (mm):	1492 / 1550
Radstand (mm):	2350
Maße (L x B x H (mm)):	4440 x 1852 x 1290
Leergewicht nach DIN (kg):	1425
zul. Gesamtgewicht (kg):	1830
Kofferraumvolumen (VDA (l)):	135
Gepäckraum im Innenraum*:	205
Tankvolumen (l):	64
C_W x A (m²):	0,32 x 2,05 = 0,656
Leistungsgewicht (kg/kW / kg/PS):	5,04 / 3,70
***bei umgeklappten Rücksitzlehnen**	

Kraftstoffverbrauch

nach Euro 5 im NEFZ (l/100 km):	98 ROZ Super plus bleifrei
Innerstädtisch:	15,9
Außerstädtisch:	7,6
Gesamt:	10,6
CO_2-Emissionen (g/km):	250

Fahrleistungen, Stückzahlen, Preise

Beschleunigung 0–100 km/h (s):	4,6
0–160 km/h (s):	9,7
0–200 km/h (s):	14,8
Höchstgeschw. (km/h):	302
Stückzahl:	256, limitiert auf 250 Fahrzeuge
Listenpreise:	
09/2009 Coupé:	Euro 201.682,-

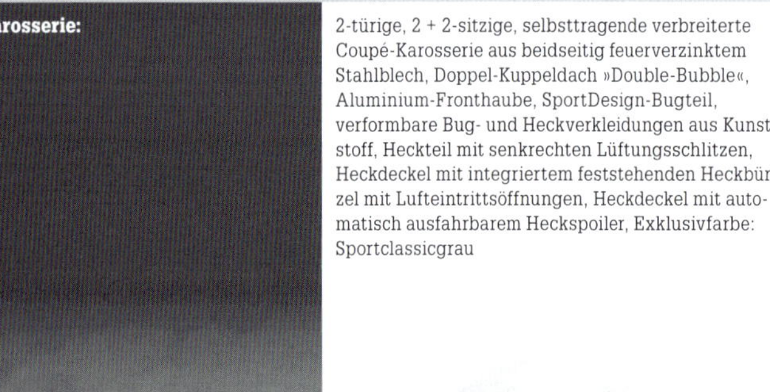

911 GT 2 RS Coupé MJ 2010 bis MJ 2011

Motor

Bauart:	6-Zylinder-Boxermotor mit VTG-Bi-Turboaufladung und Ladeluftkühlung
Einbauposition:	Heckmotor
Kühlung:	wassergekühlt
Motor-Typ:	M 97/70 R
Hubraum (cm³):	3600
Bohrung x Hub:	100 x 76,4
Leistung (kW/PS):	456/620 bei 6500/min
Max. Drehzahl:	6750
Drehmoment (Nm):	700 bei 2250–5500/min
Literleistung (kW/l / PS/l):	126,7 / 172,2
Verdichtung:	9,0 : 1
Maximaler Ladedruck (bar):	1,6
Ventilsteuerung:	dohc über Doppelkette, 4 Ventile pro Zylinder, VarioCam Plus, Einlaß-Nockenwellenverstellung, Ventilhubschaltung
Motorsteuerung:	Bosch Motronic ME 7.8.1, sequenzielle Einspritzung, E-Gas, ruhende Hochspannungsverteilung, Einzelzündspulen, zylinderselektive Klopfregelung, Stereo-Lambdaregelung
Zündfolge:	1 - 6 - 2 - 4 - 3 - 5
Schmierung:	Trockensumpfschmierung
Ölmenge (l):	11,0

Kraftübertragung

Antrieb:	Heckantrieb
Schaltgetriebe:	6-Gang
Getriebe-Typ:	G 97/88
Übersetzungen:	
1. Gang:	3,154
2. Gang:	1,889
3. Gang:	1,400
4. Gang:	1,094
5. Gang:	0,892
6. Gang:	0,733
Rückwärtsgang:	2,857
Achsübersetzung:	3,444
Sperrdifferential Zug/Schub (%):	28 / 40

Karosserie, Fahrwerk, Bremse, Räder und Reifen

Karosserie:	2-türige, 2-sitzige, selbsttragende Coupé-Karosserie aus beidseitig feuerverzinktem Stahlblech, verbreiterte Karosserie mit Schwellerverkleidungen, Fondseitenteile mit Lufteinlässen für Ladeluftkühlung, Fronthaube aus mattem Sichtcarbon, Türen aus Aluminium, verformbare Bug- und Heckverkleidungen aus Kunststoff, Bugteil mit obenliegender Ausströmöffnung und Spoilerlippe, LED-Blinker in Kühlöffnungen, Heckteil mit vertikalen Kühlöffnungen, Heckdeckel aus Kunststoff mit Staudrucksammler, Abrißkante und feststehendem Heckflügel, Heck- und Fondseitenscheiben aus Polycarbonat
Sonderwunsch:	Vorderkotflügel aus Carbon
Clubsportpaket:	Verschraubter Überrollkäfig hinter den Vordersitzen
Vorderradaufhängung:	Einzelradaufhängung an McPherson-Federbeinen mit Längslenkern und Querlenkern aus Leichtmetall, Schraubenfedern, Gasdruckstoßdämpfer, Stabilisator
Hinterradaufhängung:	Einzelradaufhängung an Mehrlenkerhinterachse mit LSA-System und Fahrschemel aus Leichtmetall, Schraubenfedern, Gasdruckstoßdämpfer, Stabilisator
Bremse v/h (Durchm. x B (mm)):	Porsche Ceramic Composite Brake (PCCB) innenbelüftete gelochte Keramikfaser-Scheiben (380 x 34) / innenbelüftete gelochte Keramikfaser-Scheiben (350 x 28) gelbe 6-Kolben-Monobloc-Aluminium-Festsättel / gelbe 4-Kolben-Monobloc-Aluminium-Festsättel Bosch ABS 8.0
Räder v/h:	9 J x 19 – ET 47 / 12 J x 19 – ET 48
Reifen v/h:	245/35 ZR 19 / 325/30 ZR 19 - Sportreifen

Elektrik

Lichtmaschinenleistung (W):	2100
Batterie (Ah/A):	60 / 280

Abmessungen, Gewichte und Volumen

Spurweite v/h (mm):	1509 / 1554
Radstand (mm):	2350
Maße (L x B x H (mm)):	4469 x 1852 x 1285
Leergewicht nach DIN (kg):	1370
zul. Gesamtgewicht (kg):	1680
Kofferraumvolumen (VDA (l)):	105
Gepäckraum im Innenraum:	205
Tankvolumen (l):	90
USA:	67
Rechtslenker:	66
C_W x A (m²):	0,34 x 2,049 = 0,697
Leistungsgewicht (kg/kW / kg/PS):	3,00 / 2,21

Kraftstoffverbrauch

nach Euro 5 im NEFZ (l/100 km):	98 ROZ Super plus bleifrei
Innerstädtisch:	17,9
Außerstädtisch:	8,7
Gesamt:	11,9
CO_2-Emissionen (g/km):	284

Fahrleistungen, Stückzahlen, Preise

Beschleunigung 0–100 km/h (s):	3,5
0–160 km/h (s):	6,5
0–200 km/h (s):	9,8
0–300 km/h (s):	28,9
Höchstgeschw. (km/h):	330 (abgeregelt)
Stückzahl:	510, limitiert auf 500 Fahrzeuge
Listenpreise:	Euro 237.578,-

911 Turbo S Coupé und Cabriolet MJ 2010 bis MJ 2012

Motor

Bauart:	6-Zylinder-Boxermotor mit VTG-Bi-Turboaufladung und Ladeluftkühlung
Einbauposition:	Heckmotor
Kühlung:	wassergekühlt
Motor-Typ:	MA 170S
Hubraum (cm³):	3800
Bohrung x Hub:	102 x 77,5
Leistung (kW/PS):	390/530 bei 6250-6750/min
Max. Drehzahl:	7000
Drehmoment (Nm):	700 bei 2100–4250/min
Literleistung (kW/l / PS/l):	102,6 / 139,5
Verdichtung:	9,8 : 1
Maximaler Ladedruck (bar):	1,2
Ventilsteuerung:	dohc über Doppelkette, 4 Ventile pro Zylinder, VarioCam Plus, Einlaß-Nockenwellenverstellung, Ventilhubschaltung
Motorsteuerung:	Bosch Motronic ME 7.8.1, sequenzielle Einspritzung, E-Gas, ruhende Hochspannungsverteilung, Einzelzündspulen, zylinderselektive Klopfregelung, Stereo-Lambdaregelung
Zündfolge:	1 - 6 - 2 - 4 - 3 - 5
Schmierung:	Integrierte Trockensumpfschmierung
Ölmenge (l):	10,4

Kraftübertragung

Antrieb:	gesteuerter Allradantrieb mit Kardanwelle
PDK:	7-Gang
Getriebe-Typ:	CG 1.50
Übersetzungen:	
1. Gang:	3,909
2. Gang:	2,286
3. Gang:	1,577
4. Gang:	1,182
5. Gang:	0,944
6. Gang:	0,786
7. Gang:	0,622
Rückwärtsgang:	3,545
Achsübersetzung Hinterachse:	3,444
Übersetzung Vorderachse:	3,333
Sperrdifferential Zug/Schub (%):	22 / 27

Karosserie, Fahrwerk, Bremse, Räder und Reifen

Karosserie:	2-türige, 2 + 2-sitzige, selbsttragende Coupé-Karosserie aus beidseitig feuerverzinktem Stahlblech, verbreiterte Karosserie mit Schwellerverkleidungen, Fondseitenteile mit Lufteinlässen für Ladeluftkühlung, Fronthaube und Türen aus Aluminium, verformbare Bug- und Heckverkleidungen aus Kunststoff, Bugteil mit runden Nebelscheinwerfern und LED-Blinkern in Kühlöffnungen, Heckteil mit seitlichen Kühlöffnungen, Heckdeckel aus Kunststoff mit Abrißkante und zusätzlich automatisch ausfahrbarem Spaltflügel
Cabriolet:	2-türige, 2 + 2-sitzige, selbsttragende Cabriolet-Karosserie aus beidseitig feuerverzinktem Stahlblech, verbreiterte Karosserie mit Schwellerverkleidungen, Fondseitenteile mit Lufteinlässen für Ladeluftkühlung, Fronthaube und Türen aus Aluminium, verformbare Bug- und Heckverkleidungen aus Kunststoff, Bugteil mit runden Nebelscheinwerfern und LED-Blinkern in Kühlöffnungen, Heckteil mit seitlichen Kühlöffnungen, Heckdeckel aus Kunststoff mit Abrißkante und zusätzlich automatisch ausfahrbarem Spaltflügel, elektrisch betätigtes, vollautomatisches Stoffverdeck mit beheizbarer Festglasheckscheibe, automatisch ausfahrbarer Überrollschutz
Sonderwunsch:	Elektrisches Hebe-/Schiebedach
Cabriolet:	Hardtop aus Aluminium mit beheizbarer Heckscheibe
Vorderradaufhängung:	Einzelradaufhängung an McPherson-Federbeinen mit Längslenkern und Querlenkern aus Leichtmetall, Schraubenfedern, Gasdruckstoßdämpfer, Stabilisator
Hinterradaufhängung:	Einzelradaufhängung an Mehrlenkerhinterachse mit LSA-System und Fahrschemel aus Leichtmetall, Schraubenfedern, Gasdruckstoßdämpfer, Stabilisator
Bremse v/h (Durchm. x B (mm)):	Porsche Ceramic Composite Brake (PCCB) innenbelüftete gelochte Keramikfaser-Scheiben (380 x 34) / innenbelüftete gelochte Keramikfaser-Scheiben (350 x 28) gelbe 6-Kolben-Monobloc-Aluminium-Festsättel / gelbe 4-Kolben-Monobloc-Aluminium-Festsättel Bosch ABS 8.0
Räder v/h:	8,5 J x 19 – ET 56 / 11 J x 19 – ET 51 RS-Spyder-Design Zentralverschluss
Reifen v/h:	235/35 ZR 19 / 305/30 ZR 19

Elektrik

Lichtmaschinenleistung (W):	2100
Batterie (Ah/A):	70 / 340

Abmessungen, Gewichte und Volumen

Spurweite v/h (mm):	1490 / 1548
Radstand (mm):	2350
Maße (L x B x H (mm)):	4450 x 1852 x 1300
Leergewicht nach DIN (kg):	1585
Cabriolet:	1670
zul. Gesamtgewicht (kg):	1950
Cabriolet:	2010
Kofferraumvolumen (VDA (l)):	105
Gepäckraum im Innenraum*:	190 / 155**
Tankvolumen (l):	67
C_W x A (m²):	0,31 x 2,05 = 0,636
Cabriolet:	0,32 x 2,05 = 0,656
Leistungsgewicht (kg/kW / kg/PS):	4,06 / 2,99
Cabriolet:	4,28 / 3,15
***bei umgeklappten Rücksitzlehnen**	
****Cabriolet bei geschl. Verdeck**	

Kraftstoffverbrauch

nach Euro 5 im NEFZ (l/100 km):	98 ROZ Super plus bleifrei	
	Coupé	Cabriolet
Innerstädtisch:	16,5	16,7
Außerstädtisch:	8,1	8,2
Gesamt:	11,4	11,5
CO_2-Emissionen (g/km):	268	270

Fahrleistungen, Stückzahlen, Preise

Beschleunigung 0–100 km/h (s):	3,3*
Cabriolet:	3,4*
0–160 km/h (s):	7,1*
Cabriolet:	7,4*
0–200 km/h (s):	10,8*
Cabriolet:	11,3*
Höchstgeschw. (km/h):	315
Cabriolet:	315
***mit Sport Plus-Taste gedrückt**	
Stückzahl:	
Coupé:	3.095
Cabriolet:	2.055
Listenpreis:	
02/2010 Coupé:	Euro 173.241,-
Cabriolet:	Euro 184.546,-
05/2010 Coupé:	Euro 173.241,-
Cabriolet:	Euro 184.546,-
08/2010 Coupé:	Euro 173.241,-
Cabriolet:	Euro 184.546,-
04/2011 Coupé:	Euro 173.241,-
Cabriolet:	Euro 184.546,-
11/2011 Coupé:	Euro 173.241,-
Cabriolet:	Euro 184.546,-

911 Carrera GTS Coupé und Cabriolet [PDK] MJ 2010 bis MJ 2011

Motor

Bauart:	6-Zylinder-Boxermotor, variable Resonanzsauganlage mit 6 schaltbaren Klappen
Einbauposition:	Heckmotor
Kühlung:	wassergekühlt
Motor-Typ:	MA 101S
Hubraum (cm³):	3800
Bohrung x Hub:	102 x 77,5
Leistung (kW/PS):	300/408 bei 7300/min
Drehmoment (Nm):	420 bei 4200–5600/min
Max. Drehzahl:	7500
Literleistung (kW/l / PS/l):	78,9 / 107,4
Verdichtung:	12,5 : 1
Ventilsteuerung:	dohc über Doppelkette, 4 Ventile pro Zylinder, VarioCam Plus, Einlaß-Nockenwellenverstellung, Ventilhubschaltung
Motorsteuerung:	elektronisches Motormanagement EMS SDI 3.1, E-Gas, Benzin-Direkteinspritzung Direct Fuel Injection - DFI, ruhende Hochspannungsverteilung, zylinderselektive Klopfregelung, Stereo-Lambdaregelung
Zündfolge:	1 - 6 - 2 - 4 - 3 - 5
Schmierung:	Integrierte Trockensumpfschmierung
Ölmenge (l):	10,0

Kraftübertragung

Antrieb:	Heckantrieb
Schaltgetriebe:	6-Gang
Sonderwunsch PDK:	[7-Gang]
Getriebe-Typ:	G 97/05 [CG 1.00]
Übersetzungen:	
1. Gang:	3,91 [3,91]
2. Gang:	2,32 [2,29]
3. Gang:	1,56 [1,65]
4. Gang:	1,28 [1,30]
5. Gang:	1,08 [1,08]
6. Gang:	0,88 [0,88]
7. Gang:	[0,62]
Rückwärtsgang:	3,59 [3,55]
Achsübersetzung Hinterachse*:	3,44 [3,44]
***Achsübersetzung (3,091) x Zwischenübersetzung (1,114)**	

Karosserie, Fahrwerk, Bremse, Räder und Reifen

Karosserie:	2-türige, selbsttragende Karosserie aus beidseitig feuerverzinktem Stahlblech, verbreiterte Karosserie mit Schwellerverkleidungen, Aluminium-Fronthaube, SportDesign-Bugteil mit schwarzer Spoilerlippe, verformbare Bug- und Heckverkleidungen aus Kunststoff, spezielle Seitenschwellerblenden, Heckdeckel mit automatisch ausfahrbarem Heckspoiler
Coupé:	Festes verschweißtes Stahldach, 2-sitzig
Sonderwunsch:	Elektrisches Hebe-/Schiebedach
Cabriolet:	Elektrisch betätigtes, vollautomatisches Stoffverdeck mit beheizbarer Festglasheckscheibe, automatisch ausfahrbarer Überrollschutz, 2 + 2-sitzig
Sonderwunsch:	Hardtop aus Aluminium mit beheizbarer Heckscheibe
Vorderradaufhängung:	Einzelradaufhängung an McPherson-Federbeinen mit Längslenkern und Querlenkern aus Leichtmetall, Schraubenfedern, Gasdruckstoßdämpfer, Stabilisator
Hinterradaufhängung:	Einzelradaufhängung an Mehrlenkerhinterachse mit LSA-System und Fahrschemel aus Leichtmetall, Schraubenfedern, Gasdruckstoßdämpfer, Stabilisator
Bremse v/h (Durchm. x B (mm)):	innenbelüftete gelochte Scheiben (330 x 34) / innenbelüftete gelochte Scheiben (330 x 28) rote 4-Kolben-Monobloc-Aluminium-Festsättel / rote 4-Kolben-Monobloc-Aluminium-Festsättel Bosch ABS 8.0
Sonderwunsch:	Porsche Ceramic Composite Brake (PCCB) innenbelüftete gelochte Keramikfaser-Scheiben (350 x 34) / innenbelüftete gelochte Keramikfaser-Scheiben (350 x 28) gelbe 6-Kolben-Monobloc-Aluminium-Festsättel / gelbe 4-Kolben-Monobloc-Aluminium-Festsättel Bosch ABS 8.0
Räder v/h:	8,5 J x 19 – ET 56 / 11,5 J x 19 – ET 51
Reifen v/h:	235/35 ZR 19 / 305/30 ZR 19

Elektrik

Lichtmaschinenleistung (W):	2100
Batterie (Ah/A):	70 / 340

Abmessungen, Gewichte und Volumen

Spurweite v/h (mm):	1488 / 1546
Radstand (mm):	2350
Maße (L x B x H (mm)):	4435 x 1852 x 1300
Coupé mit PASM-Sportfahrwerk:	4435 x 1852 x 1290
Leergewicht nach DIN (kg):	1420 [1450]
Cabriolet:	1515 [1545]
zul. Gesamtgewicht (kg):	1830 [1860]
Cabriolet:	1890 [1920]
Kofferraumvolumen (VDA (l)):	105
Gepäckraum im Innenraum*:	205 / 155**
Tankvolumen (l):	67
Sonderwunsch:	90
Rechtslenker:	66
C_W x A (m²):	0,30 x 2,05 = 0,615
mit PDK:	0,31 x 2,05 = 0,636
Cabriolet:	0,31 x 2,04 = 0,632
Leistungsgewicht (kg/kW / kg/PS):	5,04 [5,14] / 3,70 [3,78]
Cabriolet:	5,33 [5,44] / 3,92 [4,00]
***bei umgeklappten Rücksitzlehnen**	
****Cabriolet bei geschl. Verdeck**	

Kraftstoffverbrauch

nach Euro 5 im NEFZ (l/100 km):	98 ROZ Super plus bleifrei	
	Coupé	Cabriolet
Innerstädtisch:	15,9 [15,3]	16,2 [15,5]
Außerstädtisch:	7,6 [7,2]	7,7 [7,3]
Gesamt:	10,6 [10,2]	10,8 [10,3]
CO_2-Emissionen (g/km):	250 [240]	254 [242]

Fahrleistungen, Stückzahlen, Preise

Beschleunigung 0–100 km/h (s):	4,6 [4,4] [4,2]*
Cabriolet:	4,8 [4,6] [4,4]*
0–160 km/h (s):	9,7 [9,4] [9,1]*
Cabriolet:	10,1 [9,8] [9,5]*
0–200 km/h (s):	14,8 [14,4] [14,1]*
Cabriolet:	15,7 [15,3] [15,0]*
Höchstgeschw. (km/h):	306 [304]
***mit Sport Plus-Taste gedrückt**	
Stückzahl:	
Coupé:	2.656
Cabriolet:	1.813
Listenpreise:	
09/2010 Coupé:	Euro 104.935,- [Euro 108.647,80]
Cabriolet:	Euro 115.050,- [Euro 118.762,80]
12/2010 Coupé:	Euro 104.935,- [Euro 108.647,80]
Cabriolet:	Euro 115.050,- [Euro 118.762,80]
04/2011 Coupé:	Euro 104.935,- [Euro 108.647,80]
Cabriolet:	Euro 115.050,- [Euro 118.762,80]

911 Speedster MJ 2010 bis MJ 2011

Motor

Bauart:	6-Zylinder-Boxermotor, variable Resonanzsauganlage mit 6 schaltbaren Klappen
Einbauposition:	Heckmotor
Kühlung:	wassergekühlt
Motor-Typ:	MA 101S
Hubraum (cm³):	3800
Bohrung x Hub:	102 x 77,5
Leistung (kW/PS):	300/408 bei 7300/min
Drehmoment (Nm):	420 bei 4200–5600/min
Max. Drehzahl:	7500
Literleistung (kW/l / PS/l):	78,9 / 107,4
Verdichtung:	12,5 : 1
Ventilsteuerung:	dohc über Doppelkette, 4 Ventile pro Zylinder, VarioCam Plus, Einlaß-Nockenwellenverstellung, Ventilhubschaltung
Motorsteuerung:	elektronisches Motormanagement EMS SDI 3.1, E-Gas, Benzin-Direkteinspritzung Direct Fuel Injection - DFI, ruhende Hochspannungsverteilung, zylinderselektive Klopfregelung, Stereo-Lambdaregelung
Zündfolge:	1 - 6 - 2 - 4 - 3 - 5
Schmierung:	Integrierte Trockensumpfschmierung
Ölmenge (l):	10,0

Kraftübertragung

Antrieb:	Heckantrieb
Sonderwunsch PDK:	7-Gang
Getriebe-Typ:	CG 1/00
Übersetzungen:	
1. Gang:	3,91
2. Gang:	2,29
3. Gang:	1,65
4. Gang:	1,30
5. Gang:	1,08
6. Gang:	0,88
7. Gang:	0,62
Rückwärtsgang:	3,55
Achsübersetzung*:	3,44
***Achsübersetzung (3,091) x Zwischenübersetzung (1,114)**	

Karosserie, Fahrwerk, Bremse, Räder und Reifen

Karosserie:	2-türige, 2-sitzige, selbsttragende verbreiterte Speedster-Karosserie aus beidseitig feuerverzinktem Stahlblech, flacherer gekürzter Windschutzscheibenrahmen, verkürzte Seitenscheiben, Fronthaube, Türen und Verdeckklappe mit zwei Höckern aus Aluminium, SportDesign-Bugteil, verformbare Bug- und Heckverkleidungen aus Kunststoff, Heckteil mit senkrechten Lüftungsschlitzen, Heckdeckel mit automatisch ausfahrbarem Heckspoiler, manuelles Stoffverdeck mit beheizbarer Festglasheckscheibe, automatisch ausfahrbarer Überrollschutz, Exklusivfarbe: Purblau
Vorderradaufhängung:	Einzelradaufhängung an McPherson-Federbeinen mit Längslenkern und Querlenkern aus Leichtmetall, Schraubenfedern, Gasdruckstoßdämpfer, Stabilisator
Hinterradaufhängung:	Einzelradaufhängung an Mehrlenkerhinterachse mit LSA-System und Fahrschemel aus Leichtmetall, Schraubenfedern, Gasdruckstoßdämpfer, Stabilisator
Bremse v/h (Durchm. x B (mm)):	Porsche Ceramic Composite Brake (PCCB) innenbelüftete gelochte Keramikfaser-Scheiben (350 x 34) / innenbelüftete gelochte Keramikfaser-Scheiben (350 x 28) gelbe 6-Kolben-Monobloc-Aluminium-Festsättel / gelbe 4-Kolben-Monobloc-Aluminium-Festsättel Bosch ABS 8.0
Räder v/h:	8,5 J x 19 – ET 55 / 11,5 J x 19 – ET 50, Rad Sport Classic
Reifen v/h:	235/35 ZR 19 / 305/30 ZR 19

Elektrik

Lichtmaschinenleistung (W):	2100
Batterie (Ah/A):	70 / 340

Abmessungen, Gewichte und Volumen

Spurweite v/h (mm):	1492 / 1550
Radstand (mm):	2350
Maße (L x B x H (mm)):	4440 x 1852 x 1284
mit geöffnetem Verdeck:	4440 x 1852 x 1230
Leergewicht nach DIN (kg):	1540
zul. Gesamtgewicht (kg):	1920
Kofferraumvolumen (VDA (l)):	135
Tankvolumen (l):	64
C_W x A (m²):	0,31 x 2,05 = 0,635
Leistungsgewicht (kg/kW / kg/PS):	5,13 / 3,77

Kraftstoffverbrauch

nach Euro 5 im NEFZ (l/100 km):	98 ROZ Super plus bleifrei
Innerstädtisch:	15,5
Außerstädtisch:	7,3
Gesamt:	10,3
CO_2-Emissionen (g/km):	242

Fahrleistungen, Stückzahlen, Preise

Beschleunigung 0–100 km/h (s):	4,6 4,4*
0–160 km/h (s):	9,8 9,5*
0–200 km/h (s):	15,7 15,0*
Höchstgeschw. (km/h):	305
***mit Sport Plus-Taste gedrückt**	
Stückzahl:	361, limitiert auf 356 Fahrzeuge
Listenpreise:	
12/2010 Speedster:	Euro 201.682,-
06/2010 Speedster:	Euro 201.682,-

911 turbo S »Edition 918 Spyder« Coupé und Cabriolet MJ 2010 bis MJ 2012

Motor

Bauart:	6-Zylinder-Boxermotor mit VTG-Bi-Turboaufladung und Ladeluftkühlung
Einbauposition:	Heckmotor
Kühlung:	wassergekühlt
Motor-Typ:	MA 170S
Hubraum (cm³):	3800
Bohrung x Hub:	102 x 77,5
Leistung (kW/PS):	390/530 bei 6250–6750/min
Max. Drehzahl:	7000
Drehmoment (Nm):	700 bei 2100–4250/min
Literleistung (kW/l / PS/l):	102,6 / 139,5
Verdichtung:	9,8 : 1
Maximaler Ladedruck (bar):	1,2
Ventilsteuerung:	dohc über Doppelkette, 4 Ventile pro Zylinder, VarioCam Plus, Einlaß-Nockenwellenverstellung, Ventilhubschaltung
Motorsteuerung:	Bosch Motronic ME 7.8.1, sequenzielle Einspritzung, E-Gas, ruhende Hochspannungsverteilung, Einzelzündspulen, zylinderselektive Klopfregelung, Stereo-Lambdaregelung
Zündfolge:	1 - 6 - 2 - 4 - 3 - 5
Schmierung:	Integrierte Trockensumpfschmierung
Ölmenge (l):	10,4

Kraftübertragung

Antrieb:	gesteuerter Allradantrieb mit Kardanwelle
PDK:	7-Gang
Getriebe-Typ:	CG 1.50
Übersetzungen:	
1. Gang:	3,909
2. Gang:	2,286
3. Gang:	1,577
4. Gang:	1,182
5. Gang:	0,944
6. Gang:	0,786
7. Gang:	0,622
Rückwärtsgang:	3,545
Achsübersetzung Hinterachse:	3,444
Übersetzung Vorderachse:	3,333
Sperrdifferential Zug/Schub (%):	22 / 27

Karosserie, Fahrwerk, Bremse, Räder und Reifen

Karosserie:	2-türige, 2 + 2-sitzige, selbsttragende Coupé-Karosserie aus beidseitig feuerverzinktem Stahlblech, verbreiterte Karosserie mit Schwellerverkleidungen, Fondseitenteile mit Lufteinlässen für Ladeluftkühlung, Fronthaube und Türen aus Aluminium, verformbare Bug- und Heckverkleidungen aus Kunststoff, Bugteil mit runden Nebelscheinwerfern und LED-Blinkern in Kühlöffnungen, Heckteil mit seitlichen Kühlöffnungen, Heckdeckel aus Kunststoff mit Abrißkante und zusätzlich automatisch ausfahrbarem Spaltflügel
Cabriolet:	2-türige, 2 + 2-sitzige, selbsttragende Cabriolet-Karosserie aus beidseitig feuerverzinktem Stahlblech, verbreiterte Karosserie mit Schwellerverkleidungen, Fondseitenteile mit Lufteinlässen für Ladeluftkühlung, Fronthaube und Türen aus Aluminium, verformbare Bug- und Heckverkleidungen aus Kunststoff, Bugteil mit runden Nebelscheinwerfern und LED-Blinkern in Kühlöffnungen, Heckteil mit seitlichen Kühlöffnungen, Heckdeckel aus Kunststoff mit Abrißkante und zusätzlich automatisch ausfahrbarem Spaltflügel, elektrisch betätigtes, vollautomatisches Stoffverdeck mit beheizbarer Festglasheckscheibe, automatisch ausfahrbarer Überrollschutz
Sonderwunsch:	Elektrisches Hebe-/Schiebedach
Cabriolet:	Hardtop aus Aluminium mit beheizbarer Heckscheibe
Vorderradaufhängung:	Einzelradaufhängung an McPherson-Federbeinen mit Längslenkern und Querlenkern aus Leichtmetall, Schraubenfedern, Gasdruckstoßdämpfer, Stabilisator
Hinterradaufhängung:	Einzelradaufhängung an Mehrlenkerhinterachse mit LSA-System und Fahrschemel aus Leichtmetall, Schraubenfedern, Gasdruckstoßdämpfer, Stabilisator
Bremse v/h (Durchm. x B (mm)):	Porsche Ceramic Composite Brake (PCCB) innenbelüftete gelochte Keramikfaser-Scheiben (380 x 34) / innenbelüftete gelochte Keramikfaser-Scheiben (350 x 28) acidgrüne 6-Kolben-Monobloc-Aluminium-Festsättel / acidgrüne 4-Kolben-Monobloc-Aluminium-Festsättel Bosch ABS 8.0
Räder v/h:	8,5 J x 19 – ET 56 / 11 J x 19 – ET 51 RS-Spyder-Design Zentralverschluss
Reifen v/h:	235/35 ZR 19 / 305/30 ZR 19

Elektrik

Lichtmaschinenleistung (W):	2100
Batterie (Ah/A):	70 / 340

Abmessungen, Gewichte und Volumen

Spurweite v/h (mm):	1490 / 1548
Radstand (mm):	2350
Maße (L x B x H (mm)):	4450 x 1852 x 1300
Leergewicht nach DIN (kg):	1585
Cabriolet:	1670
zul. Gesamtgewicht (kg):	1950
Cabriolet:	2010
Kofferraumvolumen (VDA (l)):	105
Gepäckraum im Innenraum*:	190 / 155**
Tankvolumen (l):	67
C_W x A (m²):	0,31 x 2,05 = 0,636
Cabriolet:	0,32 x 2,05 = 0,656
Leistungsgewicht (kg/kW / kg/PS):	4,06 / 2,99
Cabriolet:	4,28 / 3,15
***bei umgeklappten Rücksitzlehnen**	
****Cabriolet bei geschl. Verdeck**	

Kraftstoffverbrauch

nach Euro 5 im NEFZ (l/100 km):	98 ROZ Super plus bleifrei	
	Coupé	Cabriolet
Innerstädtisch:	16,5	16,7
Außerstädtisch:	8,1	8,2
Gesamt:	11,4	11,5
CO_2-Emissionen (g/km):	268	270

Fahrleistungen, Stückzahlen, Preise

Beschleunigung 0–100 km/h (s):	3,3*
Cabriolet:	3,4*
0–160 km/h (s):	7,1*
Cabriolet:	7,4*
0–200 km/h (s):	10,8*
Cabriolet:	11,3*
Höchstgeschw. (km/h):	315
Cabriolet:	315
***mit Sport Plus-Taste gedrückt**	
Stückzahl:	Limitiert auf insgesamt 918 Fahrzeuge
Coupé:	78
Cabriolet:	43
Listenpreis:	
03/2011 Coupé:	Euro 173.241,-
Cabriolet:	Euro 184.546,-
11/2011 Coupé:	Euro 173.241,-
Cabriolet:	Euro 184.546,-

911 Black Edition Coupé und Cabriolet MJ 2011

Motor

Bauart:	6-Zylinder-Boxermotor
Einbauposition:	Heckmotor
Kühlung:	wassergekühlt
Motor-Typ:	MA 102
Hubraum (cm³):	3614
Bohrung x Hub:	97 x 81,5
Leistung (kW/PS):	254/345 bei 6500/min
Drehmoment (Nm):	390 bei 4400/min
Literleistung (kW/l / PS/l):	70,3 / 95,5
Verdichtung:	12,5 : 1
Ventilsteuerung:	dohc über Doppelkette, 4 Ventile pro Zylinder, VarioCam Plus, Einlaß-Nockenwellenverstellung, Ventilhubschaltung
Motorsteuerung:	elektronisches Motormanagement EMS SDI 3.1, E-Gas, Benzin-Direkteinspritzung Direct Fuel Injection - DFI, ruhende Hochspannungsverteilung, zylinder-selektive Klopfregelung, Stereo-Lambdaregelung
Zündfolge:	1 - 6 - 2 - 4 - 3 - 5
Schmierung:	Integrierte Trockensumpfschmierung
Ölmenge (l):	10,0

Kraftübertragung

Antrieb:	Heckantrieb
Schaltgetriebe:	6-Gang
Sonderwunsch PDK:	[7-Gang]
Getriebe-Typ:	G 97/35 [CG 1/30]
Übersetzungen:	
1. Gang:	3,91 [3,91]
2. Gang:	2,32 [2,29]
3. Gang:	1,56 [1,65]
4. Gang:	1,28 [1,30]
5. Gang:	1,08 [1,08]
6. Gang:	0,88 [0,88]
7. Gang:	[0,62]
Rückwärtsgang:	3,59 [3,55]
Achsübersetzung*:	3,44 [3,44]
*Achsübersetzung (3,091) x Zwischenübersetzung (1,114)	

Karosserie, Fahrwerk, Bremse, Räder und Reifen

Karosserie:	2-türige, 2 + 2-sitzige, selbsttragende Karosserie aus beidseitig feuerverzinktem Stahlblech, Aluminium-Fronthaube, verformbare Bug- und Heckverkleidungen aus Kunststoff, Heckdeckel mit automatisch ausfahrbarem Heckspoiler, Farbe: Uni-Schwarz
Sonderwunsch:	Basaltschwarzmetallic
Coupé:	Festes verschweißtes Stahldach
Sonderwunsch:	Elektrisches Hebe-/Schiebedach
Cabriolet:	Elektrisch betätigtes, vollautomatisches schwarzes Stoffverdeck mit beheizbarer Festglasheckscheibe, automatisch ausfahrbarer Überrollschutz
Sonderwunsch:	Hardtop aus Aluminium mit beheizbarer Heckscheibe
Vorderradaufhängung:	Einzelradaufhängung an McPherson-Federbeinen mit Längslenkern und Querlenkern aus Leichtmetall, Schraubenfedern, Gasdruckstoßdämpfer, Stabilisator
Hinterradaufhängung:	Einzelradaufhängung an Mehrlenkerhinterachse mit LSA-System und Fahrschemel aus Leichtmetall, Schraubenfedern, Gasdruckstoßdämpfer, Stabilisator
Bremse v/h (Durchm. x B (mm)):	innenbelüftete gelochte Scheiben (330 x 28) / innenbelüftete gelochte Scheiben (330 x 28) schwarze 4-Kolben-Monobloc-Aluminium-Festsättel / schwarze 4-Kolben-Monobloc-Aluminium-Festsättel Bosch ABS 8.0
Sonderwunsch:	Porsche Ceramic Composite Brake (PCCB) innenbelüftete gelochte Keramikfaser-Scheiben (350 x 34) / innenbelüftete gelochte Keramikfaser-Scheiben (350 x 28) gelbe 6-Kolben-Monobloc-Aluminium-Festsättel / gelbe 4-Kolben-Monobloc-Aluminium-Festsättel Bosch ABS 8.0
Räder v/h:	8 J x 19 – ET 57 / 11 J x 19 – ET 67
Reifen v/h:	235/35 ZR 19 / 295/30 ZR 19
Sonderwunsch:	8,5 J x 19 – ET 55 / 11,5 J x 19 – ET 67 235/35 ZR 19 / 305/30 ZR 19

Elektrik

Lichtmaschinenleistung (W):	2100
Batterie (Ah/A):	70 / 340

Abmessungen, Gewichte und Volumen

Spurweite v/h (mm):	1486 / 1516
Radstand (mm):	2350
Maße (L x B x H (mm)):	4435 x 1808 x 1310
Leergewicht nach DIN (kg):	1415 [1445]
Cabriolet:	1500 [1530]
zul. Gesamtgewicht (kg):	1820 [1850]
Cabriolet:	1880 [1910]
Kofferraumvolumen (VDA (l)):	135
Gepäckraum im Innenraum*:	205 / 155**
Tankvolumen (l):	64
C_W x A (m²):	0,29 x 2,01 = 0,583
Cabriolet:	0,30 x 2,01 = 0,630
Leistungsgewicht (kg/kW / kg/PS):	5,57 [5,69] / 4,10 [4,19]
Cabriolet:	5,91 [6,02] / 4,35 [4,43]
*bei umgeklappten Rücksitzlehnen	
**Cabriolet bei geschl. Verdeck	

Kraftstoffverbrauch

nach Euro 5 im NEFZ (l/100 km):	98 ROZ Super plus bleifrei	
	Coupé	Cabriolet
Innerstädtisch:	15,5 [14,7]	15,6 [14,9]
Außerstädtisch:	7,4 [7,0]	7,5 [7,0]
Gesamt:	10,3 [9,8]	10,4 [9,9]
CO_2-Emissionen (g/km):	242 [230]	245 [233]

Fahrleistungen, Stückzahlen, Preise

Beschleunigung 0–100 km/h (s):	4,9 [4,7] [4,5]*
Cabriolet:	5,1 [4,9] [4,7]*
0–160 km/h (s):	10,7 [10,4] [10,1]*
Cabriolet:	11,1 [10,8] [10,5]*
0–200 km/h (s):	16,6 [16,3] [16,0]*
Cabriolet:	17,5 [17,2] [16,9]*
Höchstgeschw. (km/h):	289 [287]
*mit Sport Plus-Taste gedrückt	
Stückzahl:	limitiert auf 1.911 Fahrzeuge
Coupé:	1.038
Cabriolet:	845
Listenpreise:	
02/2011 Coupé:	Euro 85.538,- [Euro 89.250,80]
Cabriolet:	Euro 96.843,- [Euro 100.555,80]

911 GT3 RS 4.0 Coupé MJ 2011 bis MJ 2012

Motor

Bauart:	6-Zylinder-Boxermotor, variable Sauganlage, zwei Resonanzrohre mit schaltbaren Resonanzklappen
Einbauposition:	Heckmotor
Kühlung:	wassergekühlt
Motor-Typ:	M 97/78
Hubraum (cm^3):	3996
Bohrung x Hub:	102,7 x 80,4
Leistung (kW/PS):	368/500 bei 8250/min
Max. Drehzahl:	8500
Drehmoment (Nm):	460 bei 5750/min
Literleistung (kW/l / PS/l):	92,1 / 125,1
Verdichtung:	12,6 : 1
Ventilsteuerung:	dohc über Doppelkette, 4 Ventile pro Zylinder, VarioCam, Ein- und Auslaß-Nockenwellenverstellung
Motorsteuerung:	Bosch Motronic ME 7.8,2. sequenzielle Einspritzung, E-Gas, ruhende Hochspannungsverteilung, Einzelzündspulen, zylinderselektive Klopfregelung, Stereo-Lambdaregelung
Zündfolge:	1 - 6 - 2 - 4 - 3 - 5
Schmierung:	Trockensumpfschmierung
Ölmenge (l):	12,0

Kraftübertragung

Antrieb:	Heckantrieb
Schaltgetriebe:	6-Gang
Getriebe-Typ:	G 97/92
Übersetzungen:	
1. Gang:	3,82
2. Gang:	2,26
3. Gang:	1,64
4. Gang:	1,29
5. Gang:	1,06
6. Gang:	0,88
Rückwärtsgang:	2,86
Achsübersetzung:	3,44
Sperrdifferential Zug/Schub (%):	28 / 40

Karosserie, Fahrwerk, Bremse, Räder und Reifen

Karosserie:	2-türige, 2-sitzige, selbsttragende Coupé-Karosserie aus beidseitig feuerverzinktem Stahlblech mit breiten Kotflügeln hinten, vordere Kotflügel mit Verbreiterungen und Kofferraumdeckel aus Carbon, Türen aus Aluminium, verformbare Bug- und Heckverkleidungen aus Kunststoff, Bugteil mit obenliegender Ausströmöffnung, Flicks und Spoilerlippe, Heckdeckel aus Kunststoff mit Staudrucksammler, Abrißkante und feststehendem Carbon-Heckflügel mit geschmiedeten Aluminiumstützen, Heckverkleidung mit zusätzlichen Entlüftungsschlitzen, Heck- und Fondseitenscheiben aus Polycarbonat
Clubsportpaket:	Verschraubter Überrollkäfig hinter den Vordersitzen
Vorderradaufhängung:	Einzelradaufhängung an McPherson-Federbeinen mit Längslenkern und Querlenkern aus Leichtmetall, Schraubenfedern, geregelte Einrohr-Gasdruckstoßdämpfer (PASM), Stabilisator
Hinterradaufhängung:	Einzelradaufhängung an Mehrlenkerhinterachse mit LSA-System und Fahrschemel aus Leichtmetall, Schraubenfedern, geregelte Einrohr-Gasdruckstoßdämpfer (PASM), Stabilisator
Bremse v/h (Durchm. x B (mm)):	innenbelüftete gelochte Verbund-Scheiben (380 x 34) / innenbelüftete gelochte Verbund-Scheiben (350 x 28) rote 6-Kolben-Aluminium-Monobloc-Festsättel rote 4-Kolben-Aluminium-Monobloc-Festsättel Bosch ABS 8.0
Sonderwunsch:	Porsche Ceramic Composite Brake (PCCB) innenbelüftete gelochte Keramikfaser-Scheiben (380 x 34) / innenbelüftete gelochte Keramikfaser-Scheiben (350 x 28) gelbe 6-Kolben-Monobloc-Aluminium-Festsättel / gelbe 4-Kolben-Monobloc-Aluminium-Festsättel Bosch ABS 8.0
Räder v/h:	9 J x 19 – ET 47 / 12 J x 19 – ET 48
Reifen v/h:	245/35 ZR 19 / 325/30 ZR 19

Elektrik

Lichtmaschinenleistung (W):	2100
Batterie (Ah/A):	60 / 280

Abmessungen, Gewichte und Volumen

Spurweite v/h (mm):	1497 / 1524
Radstand (mm):	2355
Maße (L x B x H (mm)):	4460 x 1852 x 1280
Leergewicht nach DIN (kg):	1360
zul. Gesamtgewicht (kg):	1680
Kofferraumvolumen (VDA (l)):	105
Gepäckraum im Innenraum:	205
Tankvolumen (l):	67
Sonderwunsch (l):	90
C_W x A (m^2):	0,34 x 2,071 = 0,704
Leistungsgewicht (kg/kW / kg/PS):	3,70 / 2,72

Kraftstoffverbrauch

nach Euro 5 im NEFZ (l/100 km):	98 ROZ Super plus bleifrei
Innerstädtisch:	20,4
Außerstädtisch:	9,9
Gesamt:	13,8
CO_2-Emissionen (g/km):	326

Fahrleistungen, Stückzahlen, Preise

Beschleunigung 0–100 km/h (s):	3,9
0–160 km/h (s):	7,9
0–200 km/h (s):	11,9
Höchstgeschw. (km/h):	310
Stückzahl:	613, limitiert auf 600 Fahrzeuge
Listenpreise:	
05/2011 Coupé mit Clubsportpaket:	Euro 178.596,-
ohne Clubsportpaket:	Euro 178.596,-

911 Carrera 4 GTS Coupé und Cabriolet [PDK] MJ 2011 bis MJ 2012

Motor

Bauart:	6-Zylinder-Boxermotor, variable Resonanzsauganlage mit 6 schaltbaren Klappen
Einbauposition:	Heckmotor
Kühlung:	wassergekühlt
Motor-Typ:	MA 101S
Hubraum (cm^3):	3800
Bohrung x Hub:	102 x 77,5
Leistung (kW/PS):	300/408 bei 7300/min
Drehmoment (Nm):	420 bei 4200-5600/min
Max. Drehzahl:	7500
Literleistung (kW/l / PS/l):	78,9 / 107,4
Verdichtung:	12,5 : 1
Ventilsteuerung:	dohc über Doppelkette, 4 Ventile pro Zylinder, VarioCam Plus, Einlaß-Nockenwellenverstellung, Ventilhubschaltung
Motorsteuerung:	elektronisches Motormanagement EMS SDI 3.1, E-Gas, Benzin-Direkteinspritzung Direct Fuel Injection - DFI, ruhende Hochspannungsverteilung, zylinderselektive Klopfregelung, Stereo-Lambdaregelung
Zündfolge:	1 - 6 - 2 - 4 - 3 - 5
Schmierung:	Integrierte Trockensumpfschmierung
Ölmenge (l):	10,0

Kraftübertragung

Antrieb:	Allradantrieb über Viscolamellenkupplung und Kardanwelle
Schaltgetriebe:	6-Gang
Sonderwunsch PDK:	[7-Gang]
Getriebe-Typ:	G 97/35 [CG 1/30]
Übersetzungen:	
1. Gang:	3,91 [3,91]
2. Gang:	2,32 [2,29]
3. Gang:	1,56 [1,65]
4. Gang:	1,28 [1,30]
5. Gang:	1,08 [1,08]
6. Gang:	0,88 [0,88]
7. Gang:	[0,62]
Rückwärtsgang:	3,59 [3,55]
Achsübersetzung:	3,44 [3,44]*
Achsübersetzung Vorderachse:	3,33 [3,33]
***Achsübersetzung (3,091) x Zwischenübersetzung (1,114)**	
Sperrdifferential	22 / 27

Karosserie, Fahrwerk, Bremse, Räder und Reifen

Karosserie:	2-türige, selbsttragende Karosserie aus beidseitig feuerverzinktem Stahlblech, verbreiterte Karosserie mit Schwellerverkleidungen, Aluminium-Fronthaube, SportDesign-Bugteil mit schwarzer Spoilerlippe, verformbare Bug- und Heckverkleidungen aus Kunststoff, spezielle Seitenschwellerblenden, Heckdeckel mit automatisch ausfahrbarem Heckspoiler, rotes Heckleuchtenband
Coupé:	Festes verschweißtes Stahldach, 2-sitzig
Sonderwunsch:	Elektrisches Hebe-/Schiebedach
Cabriolet:	Elektrisch betätigtes, vollautomatisches Stoffverdeck mit beheizbarer Festglasheckscheibe, automatisch ausfahrbarer Überrollschutz, 2 + 2-sitzig
Sonderwunsch:	Hardtop aus Aluminium mit beheizbarer Heckscheibe
Vorderradaufhängung:	Einzelradaufhängung an McPherson-Federbeinen mit Längslenkern und Querlenkern aus Leichtmetall, Schraubenfedern, Gasdruckstoßdämpfer, Stabilisator
Hinterradaufhängung:	Einzelradaufhängung an Mehrlenkerhinterachse mit LSA-System und Fahrschemel aus Leichtmetall, Schraubenfedern, Gasdruckstoßdämpfer, Stabilisator
Bremse v/h (Durchm. x B (mm)):	innenbelüftete gelochte Scheiben (330 x 34) / innenbelüftete gelochte Scheiben (330 x 28) rote 4-Kolben-Monobloc-Aluminium-Festsättel / rote 4-Kolben-Monobloc-Aluminium-Festsättel Bosch ABS 8.0
Sonderwunsch:	Porsche Ceramic Composite Brake (PCCB) innenbelüftete gelochte Keramikfaser-Scheiben (350 x 34) / innenbelüftete gelochte Keramikfaser-Scheiben (350 x 28) gelbe 6-Kolben-Monobloc-Aluminium-Festsättel / gelbe 4-Kolben-Monobloc-Aluminium-Festsättel Bosch ABS 8.0
Räder v/h:	8,5 J x 19 – ET 56 / 11,5 J x 19 – ET 51
Reifen v/h:	235/35 ZR 19 / 305/30 ZR 19

Elektrik

Lichtmaschinenleistung (W):	2100
Batterie (Ah/A):	70 / 340

Abmessungen, Gewichte und Volumen

Spurweite v/h (mm):	1490/ 1546
Radstand (mm):	2350
Maße (L x B x H (mm)):	4435 x 1852 x 1300
Coupé mit PASM-Sportfahrwerk:	4435 x 1852 x 1290
Leergewicht nach DIN (kg):	1480 [1510]
Cabriolet:	1565 [1595]
zul. Gesamtgewicht (kg):	1880 [1910]
Cabriolet:	1940 [1970]
Kofferraumvolumen (VDA (l)):	105
Gepäckraum im Innenraum*:	205 / 155**
Tankvolumen (l):	67
Rechtslenker:	66
C_W x A (m^2):	0,30 x 2,05 = 0,615
mit PDK:	0,31 x 2,05 = 0,636
Cabriolet:	0,31 x 2,04 = 0,632
Leistungsgewicht (kg/kW / kg/PS):	4,93 [5,03] / 3,63 [3,70]
Cabriolet:	5,22 [5,32] / 3,84 [3,91]
***bei umgeklappten Rücksitzlehnen**	
****Cabriolet bei geschl. Verdeck**	

Kraftstoffverbrauch

nach Euro 5 im NEFZ (l/100 km):	98 ROZ Super plus bleifrei	
	Coupé	Cabriolet
Innerstädtisch:	16,5 [15,8]	16,8 [16,1]
Außerstädtisch:	8,0 [7,6]	8,0 [7,7]
Gesamt:	11,0 [10,5]	11,2 [10,7]
CO_2-Emissionen (g/km):	259 [247]	263 [251]

Fahrleistungen, Stückzahlen, Preise

Beschleunigung 0–100 km/h (s):	4,6 [4,4] [4,2]*
Cabriolet:	4,8 [4,6] [4,4]*
0–160 km/h (s):	9,8 [9,5] [9,2]*
Cabriolet:	10,2 [9,9] [9,6]*
0–200 km/h (s):	15,3 [14,9] [14,6]*
Cabriolet:	16,2 [15,8] [15,5]*
Höchstgeschw. (km/h):	302 [300]
***mit Sport Plus-Taste gedrückt**	
Stückzahl:	
Coupé:	1.321
Cabriolet:	957
Listenpreise:	
04/2011 Coupé:	Euro 111.956,- [Euro 115.668,80]
Cabriolet:	Euro 122.071,- [Euro 125.783,80]

Porsche 911
(Typ 991)

Modelljahr 2012 (C-Programm)

Die siebte Generation des stets junggebliebenen Porsche 911 feiert ihre Weltpremiere am 13. September 2011 auf der IAA in Frankfurt am Main. Klassik trifft Moderne. Der Porsche 911 Carrera erlebt einen der größten Entwicklungsschritte in der jahrzehntelangen Geschichte. Fast 90 Prozent aller Bauteile sind weiterentwickelt oder neu konstruiert worden. Das 911 Carrera Coupé wartet mit einer völlig neuen Aluminium-Stahl-Leichtbaukarosserie auf sowie mit einem um 100 Millimeter verlängerten Radstand und einem völlig überarbeiteten, in den wesentlichen Komponenten neu entwickelten Fahrwerk. Die Verlängerung des Radstands ermöglicht in Verbindung mit der verbreiterten vorderen Spur eine höhere Spur- und Wankstabilität bei hohen Kurven- und Längsgeschwindigkeiten. In Verbindung mit dem effizienteren Powertrain werden bis zu 16 Prozent weniger Verbrauch und Emissionen erzielt. Ab dem 3. Dezember 2011 stehen die neuen 911 Carrera-Modelle bei den Porsche-Zentren in Deutschland.

Auch die stilistische Evolution des 911 Carrera ist aus den verschiedenen Perspektiven sichtbar. Von vorne fällt sofort die weiterentwickelte, breitere Wagenfront mit den größeren Lufteinlässen sowie den neu gestalteten Bugleuchten und den serienmäßigen Bi-Xenon-Scheinwerfern ins Auge. In der Seitenperspektive unterstützen die optimierte Linienführung und die stärker gewölbte Frontscheibe den Charakter der 911 Carrera Coupés. Die Außenspiegel sind beim 911 wieder, wie früher bei den luftgekühlten Elfern, auf der Tür aufgesetzt. Dies ermöglicht eine verbesserte Umströmung und deutlich reduzierte

991 Carrera Coupé Modelljahr 2012

Windgeräusche. Die Außenspiegel sind hinsichtlich Vibrationsverhalten und Verschmutzung optimiert und verfügen, auf Wunsch, über eine automatische Abklappfunktion, per Tastendruck können sie an- und wieder ausgeklappt werden. Im Lieferumfang enthalten ist eine Vorfeldbeleuchtung, die den Ein- und Ausstiegsbereich vor den Türen bei Dunkelheit ausleuchtet und somit das Ein- und Aussteigen noch sicherer macht.

Die Türen sind zur Gewichtsreduzierung aus Aluminium in einer Druckguß-/Blechbauweise gefertigt. Die in Wagenfarbe lackierten Türgriffe sind ergonomisch geformt und fügen sich stilistisch harmonisch an das neue Fahrzeugdesign ein. Neu gestaltete, schmalere LED-Rückleuchten und der breitere, variabel ausfahrende Spoiler betonen die Breite des Fahrzeughecks. Zudem sorgt der Heckspoiler zusammen mit den weiteren aerodynamischen Optimierungen für einen deutlich reduzierten Auftrieb an der Hinterachse bei unverändert gutem Luftwiderstandsbeiwert. Auf dem Heckdeckel ist in verchromten Einzellettern »P O R S C H E« aufgeklebt. Darunter ist ein »911 Carrera«-Schriftzug angebracht. Erstmals seit dem 911 SC von 1983 trägt wieder ein reguläres Porsche-Serienmodell (ausgenommen Sondermodelle) »911« auf dem Heckdeckel. Im unteren Bereich des Heckteils sind zwei rot-reflektierende Rückstrahler eingelassen.

Die Technik hat auch das Design und die Proportionen des 911 Carrera weiterentwickelt – Form follows Function. Eines der auffälligsten Unterscheidungsmerkmale ist der um 100 Millimeter auf 2.450 Millimeter verlängerte Radstand. (Zum Vergleich: Der Radstand eines 928 GTS ist um 50 Millimeter länger, der eines 944 S2 um 50 Millimeter kürzer.) Die Karosserie legt in der Länge um 56 Millimeter zu. Gleichzeitig werden die Überhänge vorn um 32 Millimeter und hinten um 12 Millimeter gekürzt. Die Coupé-Dachlinie des Carrera ist um sieben Millimeter niedriger als beim Vorgänger, die des Carrera S um sechs Millimeter. Im Interieur bleibt die maximale Kopffreiheit nahezu unverändert. Für Coupés mit erstmals außenlaufendem Schiebedach hat sich die Kopffreiheit sogar um 15 Millimeter erhöht. Trotz einer Gesamtlänge von knapp 4,50 Meter und der unveränderten Breite von rund 1,80 Metern bleibt der Elfer nach wie vor einer der kompaktesten Sportwagen in seiner Klasse.

Umfangreiche Innovationen stecken auch in der Coupé-Karosserie. Fast der komplette Rohbau besteht inklusive Kotflügeln, Türen, Hauben und Dach zur Hälfte aus Aluminium. Zusammen mit der ausgeklügelten Aerodynamik leistet die Karosserie in Aluminium-Stahl-Bauweise einen wesentlichen Beitrag zur Porsche Intelligent Performance. Die Idee hinter diesem intelligenten Leichtbaukonzept ist, das ideale Material am richtigen Ort zu verwenden. Neben Aluminium zur Senkung des Fahrzeuggewichts wird ultrahochfester Stahl für höhere Karosseriesteifigkeit und -sicherheit sowie optimalen Insassenschutz eingesetzt. Auch bei den Montageteilen wird der intelligente Leichtbau durch den Einsatz von Aluminium, Magnesium und wandstärkenoptimierte Kunststoffverkleidungen umgesetzt. Trotz der größeren Karosserieabmessungen kann durch die Summe der Maßnahmen, im Vergleich zum 997 Carrera, ein um rund 80 Kilogramm geringeres Rohbaugewicht erreicht werden. Neben einem möglichst niedrigen Leistungsgewicht tragen auch die Aerodynamik und die Karosseriesteifigkeit maßgeblich zur Fahrperformance bei. Die statische Torsionssteifigkeit ist im Vergleich zum Vorgängermodell um 25 Prozent gestiegen, die dynamische um 20 Prozent und die Biegeeigenfrequenz um 13 Prozent.

Durch die konsequente Weiterentwicklung des Karosserieleichtbaus konnte auch die Sicherheit gesteigert werden. Die bei einem Unfall einwirkenden Kräfte werden vordefiniert auf Längs- und Querträgerstrukturen von Vorder- und Hinterwagen verteilt. Ultrahochfeste Stähle gewährleisten eine hohe Festigkeit, optimale Verformbarkeit und Energieaufnahme. Dadurch werden die Insassen in der Fahrgastzelle wie von einem schützenden Käfig umgeben. Die extreme Formstabilität trägt entscheidend zum Erhalt des Überlebensraums bei. Global weiter steigende Anforderungen an den Fußgängerschutz werden durch das abgestimmte Deformationsverhalten des intelligenten Leichtbaus mit dem aus Aluminium gefertigten Kofferraumdeckel, den vorderen Kotflügeln sowie der in Aluminium-Stahl-Bauweise gefertigten Scharniere erfüllt.

Eine der Herausforderungen bei der Karosserieentwicklung ist die Anbindung der weitestgehend aus Aluminiumkomponenten hergestellten Bodengruppe an den Stahlaufbau. Zusätzliche großflächige Klebeverbindungen ergänzen Stanzniet-, Clinch- und Flow-Drill-Verschraubungen. Klebeverbindungen haben den Vorteil einer gesamtflächigen Krafteinleitung, wodurch die Festigkeit der Verbindung erhöht wird. Der Kleber wird an weiteren Stellen zum Abdichten der Karosserie, zur Geräuschminderung sowie zur elektrochemischen Isolation eingesetzt.

Als Sonderausstattung wird für das 911 Carrera-Coupé erstmals ein außenlaufendes Schiebedach angeboten, welches über die Dachaußenhaut geschoben wird. Hauptvorteile dieses Konzeptes sind eine um 30 Prozent vergrößerte Öffnungsfläche sowie die geringere Bauhöhe, welche die Kopffreiheit nicht einschränkt. Ein neu entwickelter Netzwindabweiser fährt je nach Geschwindigkeit mehrstufig ein und sorgt damit für erhöhten Windschutz und aeroakustischen Komfort. Die Stellung des Heckspoilers ist mit der Ausfahrhöhe des Windabweisers gekoppelt. Bei offenem Dach verschlechtert sich die Umströmung des Heckspoilers, diese wird durch die Anhebung des Spoileranstellwinkels von drei auf 14 Grad ausgeglichen. Das Schiebedach läßt sich bis zu einer maximalen Geschwindigkeit von 200 Kilometern pro Stunde öffnen und bis zur Höchstgeschwindigkeit schließen. Zusätzlich ist eine Lüfterstellung möglich.

Durch aerodynamische Feinabstimmung macht die neue Elfer-Generation bei den Auftriebswerten an beiden Achsen große

Fortschritte. Der Gesamtauftrieb (c_A) der 991-Carrera-Modelle reduziert sich um 0,02 und beträgt damit nur 0,05. In Verbindung mit dem optionalen PASM-Sportfahrwerk mit der um 20 Millimeter tiefergelegten Karosserie erzeugt der Heckspoiler erstmals beim 911 Carrera sogar Abtrieb an der Hinterachse. Bisher war Abtrieb an der Hinterachse nur bei den 911 GT-Modellen mit der für die Rennstrecke optimierten Aerodynamik vorhanden. Im Ergebnis bedeutet das mehr Sicherheit bei hohen Geschwindigkeiten, eine gesteigerte Fahrdynamik und schnellere Rundenzeiten auf der Rennstrecke. Die Basis des Aerodynamikkonzepts sind die windschlüpfige Karosserie, der ausfahrbare Heckspoiler und ein Kühlsystem, welches keine großen Lufteinlässe unter dem Fahrzeug benötigt und dadurch einen glatten Wagenboden ermöglicht. Die Kühlluftführung wird durch optimierte Lufteinlaß- und Luftauslaßquerschnitte derart verbessert, daß trotz der an die gesteigerten Motor- und Bremsleistungen angepaßten Kühlung beim 911 Carrera und Carrera S jeweils ein Luftwiderstandsbeiwert von 0,29 realisiert werden konnte.
Weitere aerodynamische Verbesserungen werden durch Anströmkörper an den Vorderrädern, optimierte Bremsluftspoiler, feinbearbeitete Außenspiegel sowie eine verbesserte Motorbelüftung erreicht. Die Kühlerlüfter werden bedarfsgeregelt abgebremst, um den Luftwiderstand zu reduzieren, neue, bürstenlose Motoren sparen ein Kilogramm Gewicht ein. Der Carrera S liegt durch das serienmäßige PASM-Fahrwerk um zehn Millimeter tiefer und bietet dadurch eine kleinere Stirnfläche, die den höheren Luftwiderstand der breiteren Reifen kompensiert.
Neu ist das variable Spoilerkonzept, bei dem der Heckspoiler je nach Fahrzeugkonfiguration und Schiebedachposition unterschiedliche Ausfahrhöhen und Winkel anfährt. Er fährt bei 120 Kilometer pro Stunde automatisch aus und bei 80 Stundenkilometer wieder ein. Zusätzlich kann er bei niedrigen Geschwindigkeiten auch per Knopfdruck ausgefahren werden. An der Spoilervorderkante wird über eine spezielle Gelenkkinematik ein Schließteil angesteuert, welches die optimale Überströmung des Spoilerblatts sicherstellt. Bei Höchstgeschwindigkeit wird eine Abtriebskraft von bis zu 880 Newton auf das Fahrzeugheck übertragen. Der Heckspoiler zeigt sich von 898 Millimeter auf 1.137 Millimeter verbreitert. Neben der verbesserten Aerodynamik verfügt der Heckspoiler über weitere technische Innovationen. Durch die geschickte Integration verschiedener Funktionen und der dazu passenden Werkstoffauswahl leistet der Heckspoiler ebenfalls einen Beitrag zur Gewichtsreduzierung. Das Heckspoilermodul basiert auf einem leichten, dünnwandigen Druckgußträger aus Aluminium. Die Spoilerkinematik setzt sich aus einer ausgetüftelten Werkstoffkombination zusammen. Die Lenker sind aus den Materialien Aluminium, Stahl oder faserverstärktem Kunststoff hergestellt. Das Spoilerblattoberteil besteht aus thermoplastischem Kunststoff, das Strukturunterteil ist glasfaserverstärkt.
Der 911 Carrera bleibt unter den hochwertigen Sportwagen weiterhin der Maßstab für effiziente Leistung. Bei der neuen Elfer-Generation setzt Porsche auf Intelligent Performance mit der Erhöhung der Leistung bei gleichzeitiger Reduzierung des Verbrauchs. Die neuen 12,5 : 1 verdichteten Boxertriebwerke sind bis zu 15 PS (11 kW) stärker und bis zu 16 Prozent sparsamer. Dies wird durch innermotorische Weiterentwicklungen sowie die neuen Funktionen Thermomanagement, Bordnetzrekuperation und Auto-Start-Stop-Funktion erreicht. Die bisherigen Boxermotoren und Getriebe bieten eine hervorragende Ausgangsbasis für weitere effizienzsteigernde Konzepte.
Porsche schlägt beim Sechszylinder-Boxermotor des Carrera erstmals den Weg des Downsizings ein und verringert den Kolbenhub durch die Kurbelwelle des Carrera S um vier Millimeter auf 77,5 Millimeter und damit den Hubraum von 3,6 auf 3,4 Liter. Gleichzeitig erhöht sich die Motorleistung um 5 PS auf 350 PS (257 kW) bei 7.400 Umdrehungen pro Minute an. Das maximale Drehmoment von 390 Newtonmetern wird bei sportlichen 5.600 Touren erreicht. Der 911 Carrera mit PDK unterbietet als erster Sportwagen von Porsche die Emissionsgrenze von 200 g/ CO_2 pro gefahrenem Kilometer. Bohrung und Hub bleiben beim 3,8-Liter-Sechszylindermotor des Carrera S unverändert, trotzdem steigt die Maximalleistung auf 400 PS (294 kW) bei 7.400 Umdrehungen pro Minute an. Bei 5.600 Umdrehungen pro Minute liegt das maximale Drehmoment von 440 Newtonmeter an der Kurbelwelle an. Die Auslegung der 911-Carrera-Motoren ist mit der Leistungssteigerung durch Drehzahlerhöhung an den Rennsport angelegt.
Bei beiden Triebwerken werden jetzt Mehrloch-Injektoren zur Direkteinspritzung des Kraftstoffs eingesetzt. Durch die verbesserte Gemischaufbereitung werden Leistung und Laufruhe weiter optimiert. Neue Nockenwellenversteller aus Aluminium senken zudem das Motorgewicht um jeweils ein Kilogramm und heben die maximal mögliche Drehzahl auf 7.800 Umdrehungen pro Minute an. Beide Motoren verfügen über einlaßseitig variable Steuerzeiten mit einem Verstellbereich von 50 Grad sowie Ventilhubumschaltung (VarioCam Plus) und atmen die Luft durch eine strömungsgünstig ausgelegte und dadurch leistungsfördernde Sauganlage.
Auch der Luftfilter ist auf geringere Strömungswiderstände optimiert. Ein Drucksensor erfaßt den Saugrohrdruck, statt eines konventionellen Heißfilm-Luftmassenmessers, der im Luftstrom steht und diesen dadurch abbremst. Beim 3,8-Liter-Sechszylinder des 911 Carrera S erhöht eine steuerbare Resonanzklappe den Füllungsgrad in den Zylindern und sorgt schon aus dem Drehzahlkeller heraus für ein hohes Drehmoment sowie einen gleichmäßigen Drehmomentverlauf. Erstmals ist der Motor eines 911 nicht zu sehen. Beim Öffnen des Heckdeckels wird

dem Fahrer der Blick auf den Boxer durch eine Abdeckung mit zwei integrierten Elektrolüftern verwehrt.
Bei der Auspuffanlage des 911 Carrera strömen die Abgase von jeder Zylinderbank durch einen Vor- sowie einen Hauptschalldämpfer und anschließend durch zwei ovale Einzelendrohre ins Freie. Die Abgasanlage des 911 Carrera S ist mit zwei zusätzlichen Abgasleitungen ausgerüstet, die von den Vorschalldämpfern direkt nach außen führen. Jede der beiden Leitungen wird von einer Klappe gesteuert, die bei hohen Drehzahlen zur Reduzierung des Abgasgegendrucks geöffnet wird. Charakteristisch für den 911 Carrera S sind die insgesamt vier Mündungen der Abgasanlage mit den beiden runden Doppelendrohren.
Die Porsche-Ingenieure haben eine völlig neue Sportabgasanlage entwickelt, die als Sonderausstattung erhältlich ist. Auf Knopfdruck entdrosselt die Anlage nicht nur die Abgasführung, sondern verbindet auch die beiden Abgasstränge miteinander. Ein zusätzlicher, über eine Klappe gesteuerter Abgang aus den beiden Vorschalldämpfern führt beide Abgänge in einer gemeinsamen Abgasleitung zusammen, deren beide Endrohre neben den Mündungen der Hauptschalldämpfer liegen. Die Sportabgasanlage wird über einen Schalter in der Mittelkonsole aktiviert, gepaart mit einem noch kernigeren, emotionaleren Auspuffsound und einem optimalen Leistungsvermögen des Boxermotors. Optisch ist die Sportabgasanlage an den beiden Doppelendrohren mit eigenständigem Design zu erkennen.
Porsche bietet allen 911-Carrera-Fahrern mit dem serienmäßigen Sound Symposer einen akustisch noch sportlicheren Fahrgenuß. Dieser sorgt im Innenraum für einen noch kernigeren und sportiveren Motorsound. Er wird über die serienmäßige Sport-Taste gesteuert. Der Sound Symposer ist ein passives System, welches keinen künstlichen Motorsound erzeugt, sondern den natürlichen Klang des Boxermotors verstärkt und ihn auf Knopfdruck in den Innenraum leitet. Ein Akustikkanal mit einer integrierten Membran greift die Ansaugschwingungen zwischen Drosselklappe und Luftfilter ab und überträgt die Schwingungen im Bereich der Hutablage in den Innenraum. Vor der Membran befindet sich eine steuerbare Klappe, mit der sich der Sound Symposer über die Sport-Taste je nach Fahrerwunsch aktivieren oder deaktivieren läßt.
Die Kühlung von Motor und Getriebe wird erstmals von einem gemeinsamen Thermomanagement geregelt. Alle betreffenden Komponenten werden möglichst schnell auf die wirkungsgradoptimale Betriebstemperatur gebracht und gewährleisten den Insassen mehr Komfort durch eine schnellere Aufheizung des Innenraums an kühlen Tagen. Die Aufgabe des Thermomanagements ist die gezielte Wärmeverteilung zwischen Motor, Getriebe und dem Fahrzeuginnenraum. Somit können luftseitig notwendige Kühlungsmaßnahmen am Getriebe entfallen. Zusätzlich verringert dies den Luftwiderstand des Fahrzeugs und somit auch den Kraftstoffverbrauch und ermöglicht zudem eine höhere Endgeschwindigkeit.
Das Gesamtkühlsystem verfügt über zwei Teilkreisläufe, die je nach Kühlwassertemperatur des Motors geschaltet werden. Zudem beinhaltet das Kühlsystem noch vier weitere Teilkreise, einen für die Motoröltemperierung, zwei für die Getriebeölerwärmung und -kühlung und einen für die Innenraumheizung. Die Regelung erfolgt über einen kennfeldgesteuerten Thermostaten sowie zusätzliche, getrennt über Unterdruck ansteuerbare Absperrventile. Der Thermostat ermöglicht eine automatische, bedarfsgerechte Reduzierung des Kühlmittelflusses beim Kaltstart des Motors. Dieser heizt sich dadurch schneller auf. Der innere Wirkungsgrad wird erhöht, gleichzeitig wird die Reibung und damit der Kraftstoffverbrauch sowie die Schadstoffemissionen in der Warmlaufphase reduziert. Abhängig von der Erhöhung der Motortemperatur wird anschließend in der Warmlaufphase der Kühlmitteldurchfluß des Motors gesteuert. Im Teillastbereich ermöglicht das Thermomanagement verbrauchsgünstig hohe Temperaturen, bei Vollast senkt das System die Temperatur für ein hohes Leistungsniveau. Die Einbindung des Getriebes in den Kühlkreislauf über die Wärmetauscher erlaubt durch die bedarfsgerechte Aufwärmung des Getriebes eine Kraftstoffeinsparung sowie eine optimale Kühlung unter Höchstbelastung. Das Thermomanagement senkt den Kraftstoffverbrauch im NEFZ um 0,2 Liter pro 100 Kilometer.
Ein weiteres Instrument zur Verbrauchsreduzierung ist die Bordnetzrekuperation. Bei allen Carrera-Modellen wird damit die Energieerzeugung über den Generator zum Laden der Starterbatterie, wenn möglich, in die Bremsphasen des Fahrzeugs verlegt. Ein Teil der Bewegungsenergie kann so in der Starterbatterie gespeichert werden. Bei konstanter Fahrt oder beim Beschleunigen erzeugt der Generator hingegen möglichst wenig Energie und das Bordnetz wird aus der beim Bremsen aufgeladenen Starterbatterie versorgt. Das entlastet den Verbrennungsmotor vom Generatorbetrieb, was sich in einem niedrigeren Kraftstoffverbrauch bemerkbar macht. Ein intelligenter Algorithmus des Energiemanagements wertet sämtliche Eingangsgrößen der beteiligten Bauteile aus und koordiniert aktiv die Rekuperationsvorgänge. Zur Nutzung dieses zusätzlichen Potentials verwendet Porsche eine neue Absorbent Glass Mat-Starterbatterie (AGM-Batterie), welche die höheren Anforderungen an Batterielebensdauer und Zyklenfestigkeit erfüllt. Die Bordnetzrekuperation bringt einen Verbrauchsvorteil im NEFZ von 0,15 Liter pro 100 Kilometer.
Zur Verbrauchs- und Komfortverbesserung sind alle Carrera-Modelle serienmäßig mit der Auto-Start-Stop-Funktion ausgestattet, erstmals auch mit Schaltgetriebe. Bis zu 0,6 Liter Kraftstoff pro 100 gefahrene Kilometer lassen sich mit dem System im neuen europäischen Fahrzyklus (NEFZ) einsparen. Während des Fahrzeugstillstands stellt diese den Verbrennungsmotor

unter definierten Rahmenbedingungen ab. Unnötiger Leerlauf des Motors wird während Ampelphasen verhindert, damit sinken im Stadtverkehr Kraftstoffverbrauch und Emissionen. Die Auto-Start-Stop-Funktion kann über eine Taste in der Mittelkonsole aktiviert oder deaktiviert werden, beim PDK gemeinsam mit der Funktion Segeln. Die Funktion steht zur Verfügung, sobald Motor und Getriebe die Betriebstemperatur erreicht haben. Beim 7-Gang-Schaltgetriebe schaltet der Motor ab, sobald im Stand der Leerlauf eingelegt und der Fuß vom Kupplungspedal genommen wird. Der Wiederstart erfolgt, sobald das Kupplungspedal durchgetreten und ein Gang eingelegt wird.

Kommt ein Fahrzeug mit Doppelkupplungsgetriebe (PDK) durch Bremsen zum Stillstand und bleibt das Bremspedal gedrückt, stellt die Auto-Start-Stop-Funktion nach gut einer Sekunde den Motor ab. Das grüne Auto-Start-Stop-Symbol im Kombiinstrument informiert den Fahrer. Der Wählhebel kann dabei in der Position D oder M stehen bleiben. Der Motor bleibt auch beim Wechsel in die Position N oder P gestoppt. Die Auto-Start-Stop-Funktion ist bei bestimmten Betriebszuständen nicht aktiv. Mit aktiviertem Sport-Modus wird der Motor nicht abgestellt oder wieder gestartet. Bei eingelegtem Rückwärtsgang oder stark eingeschlagenem Lenkrad erkennt das System einen Rangier- oder Einparkvorgang und bleibt somit ausgeschaltet. Sollte die Klimaautomatik mit Restwärmefunktion bei sehr niedrigen oder sehr hohen Außentemperaturen die eingestellte Temperatur ohne laufenden Motor nicht beibehalten können, ist die Motorabschaltung ebenfalls nicht möglich. Außerdem wird ein Wiederstart unterbunden, wenn die Fahrertür geöffnet oder der Sicherheitsgurt des Fahrers nicht angelegt bzw. der Kofferraumdeckel geöffnet ist.

In Verbindung mit der auf Wunsch lieferbaren PDK kann der Fahrer die Verbrauchsvorteile der Segel-Funktion nutzen, die analog zu den Porsche-Hybridmodellen für eine weitere Kraftstoffeinsparung von bis zu einem Liter Kraftstoff auf 100 Kilometer im Alltagsbetrieb sorgt. Der 911 Carrera der Modellreihe 991 ist der erste Sportwagen, der auch Segeln kann. Beim Sportwagen beschreibt »Segeln« den Fahrzeugbetrieb mit abgekoppeltem Motor, etwa bei leichtem Gefälle, wobei der Motor bei Leerlaufdrehzahl läuft und somit die Funktionen der Nebenaggregate wie Generator, Wasserpumpe, Servolenkung und Klimakompressor erhalten bleiben. Selbst mit laufendem Motor hilft Segeln mehr Kraftstoff zu sparen als im Schubbetrieb, denn beim Segeln wird die kinetische Fahrzeugenergie direkt zur Überwindung der Fahrwiderstände genutzt.

Im Schub mit der Schubabschaltung wird zwar kein Kraftstoff verbraucht, jedoch wird das Fahrzeug dabei merkbar abgebremst. Ist keine Verzögerung gewollt, so muß die dabei verlorene Strecke mit zusätzlichem Kraftstoffeinsatz wieder aufgeholt werden. Die Segel-Funktion wird aktiv, wenn keine Antriebsleistung abverlangt wird oder der Fahrer kontinuierlich nur leicht bremst. Sobald der Fahrer Gas gibt, durch stärkeres Bremsen oder manuelles Herunterschalten das Bremsmoment des Motors anfordert, kuppelt die Steuerung den Motor wieder ein. Das Segeln ist auch manuell aktivierbar, indem bei der jeweiligen Geschwindigkeit im höchsten möglichen Gang manuell hochgeschaltet wird.

Nach den langen Erfahrungen mit dem 7-Gang-Doppelkupplungsgetriebe (PDK) führt Porsche bei der neuen Carrera-Generation das weltweit erste 7-Gang-Schaltgetriebe in einem PKW ein. Es verbindet die Möglichkeit einer besonders dynamischen, sportlichen Fahrweise mit drehzahlschonendem Langstreckenkomfort und den daraus resultierenden Verbrauchsvorteilen. Die ersten sechs Gänge sind sportlich kurz abgestimmt. Entsprechend wird die Höchstgeschwindigkeit im sechsten Gang erreicht. Der siebte Gang ist als Overdrive lang übersetzt und bietet damit die Möglichkeit, durch eine reduzierte Motordrehzahl den Kraftstoffverbrauch zu senken, den Motorverschleiß zu reduzieren sowie den Langstreckenkomfort zu erhöhen. Die Drehzahlen werden bei gleicher Geschwindigkeit um bis zu 19 Prozent gesenkt und damit auch der Verbrauch um bis zu zehn Prozent bei konstanter Fahrt.

Das 7-Gang-Schaltgetriebe ist aus dem Baukasten des Porsche-Doppelkupplungsgetriebes (PDK) entwickelt worden. Unter Berücksichtigung manueller Schaltvorgänge ist die Übersetzung des dritten und des siebten Ganges gegenüber dem PDK angepaßt worden. Der dritte Gang ist zur Verbrauchsenkung länger übersetzt. Um einen guten Durchzug auch bei niedrigeren Geschwindigkeiten zu ermöglichen, ist der siebte Gang kürzer übersetzt. Eine Schaltsperre verhindert, daß beim Hochschalten aus Versehen in den siebten Gang geschaltet wird. Dies ist nur möglich, wenn zuvor der fünfte oder sechste Gang eingelegt war. Beim Zurückschalten aus dem siebten Gang gibt es keine Schaltsperre. Ein Display im Drehzahlmesser zeigt den eingelegten Gang an. Eine Hochschaltanzeige im Kombiinstrument unterstützt eine ökonomische Fahrweise.

Für die neue 911 Carrera-Generation ist das auf Wunsch lieferbare Porsche-Doppelkupplungsgetriebe (PDK) konsequent weiterentwickelt worden. Es verbindet die Sportlichkeit eines manuellen Schaltgetriebes und den Komfort einer Wandlerautomatik auf besonders effiziente Weise. Noch schnellere Gangwechsel erfolgen ohne Zugkraftunterbrechung, was sich in besseren Beschleunigungswerten als mit dem manuellen 7-Gang-Schaltgetriebe niederschlägt. Diese sind im Automatik- und im manuellen Modus realisierbar.

Die Neukonzeption des Carrera-Fahrwerks verbessert sowohl die Sportlichkeit als auch den Komfort und baut so die Spitzenstellung unter den Hochleistungssportwagen in den Bereichen Agilität und Fahrdynamik weiter aus. Der um 100 Millimeter verlängerte Radstand sorgt, nach der Regel »Länge läuft«, für deutlich mehr Fahrstabilität bei hohen Geschwindigkeiten.

Beim 911 Carrera wird die Spur der Vorderachse um 46 Millimeter verbreitert, beim 911 Carrera S um 52 Millimeter, dies erhöht die Agilität und Fahrstabilität in Kurven. Darüber hinaus sorgen, beim Carrera S serienmäßig oder beim Carrera optional, das weiterentwickelte Porsche Active Suspension Management (PASM), das um 20 Millimeter tiefergelegte PASM-Sportfahrwerk, die völlig neu entwickelte elektromechanische Servolenkung, die weiterentwickelten dynamischen Motorlager des GT3, die Porsche Dynamic Chassis Control (PDCC), das Porsche Torque Vectoring (PTV), die leistungsstärkere Bremsanlage sowie die weiterentwickelten Räder und Reifen für höchste Fahrperformance.

Der 911 Carrera ist mit einem konventionellen Fahrwerk mit neuer Dämpferkennung und veränderten Federraten ausgerüstet. Durch die Neuabstimmung ist es gelungen, das breite Spektrum zwischen Sportlichkeit und Komfort noch weiter zu steigern. Die neu konstruierte Vorderachse mit den gewichtsoptimierten Leichtbau-McPherson-Federbeinen reduziert das Fahrzeuggewicht um zwei Kilogramm. Gleichzeitig wird der Vorderachsquerträger crash- und steifigkeitsoptimiert. Die neuen Federbeine sind kompakter ausgelegt, dadurch sind sie steifer und genauer in der Einhaltung des Radsturzes. Ein neues, leichtes Aluminium-Federbein-Stützlager trennt die Krafteinleitung von Dämpfer und Zusatzfeder und ermöglicht eine noch präzisere Fahrwerksabstimmung. Durch eine Erhöhung der Anti-Dive-Eigenschaft reduziert sich das Eintauchen des Vorderwagens bei einer Vollbremsung und der Bremsweg wird dadurch kürzer. Auch die völlig neu konstruierte Hinterachse verbessert die Stabilität und Präzision gegenüber der bereits sehr guten Vorgängerachse deutlich. Die Mehrlenkerkonstruktion hat eine vergrößerte Abstützbasis und erreicht damit eine optimale Sturz- und Vorspursteifigkeit. Fünf Millimeter mehr Einfederweg bieten in Verbindung mit der verbesserten Elastokinematik für die Längsfederung mehr Fahrkomfort. Neue, hochelastische Mischungen der Gummi-Metall-Lager reduzieren die Abrollgeräusche.

Porsche setzt eine völlig neu entwickelte elektromechanische Servolenkung ein, die in puncto Leistungsfähigkeit und Präzision alle auf dem Markt vorhandenen Systeme um Längen übertrifft. Der Vorteil gegenüber einer hydraulischen Servolenkung besteht in einem reduzierten Kraftstoffverbrauch von mindestens 0,1 Liter auf 100 Kilometer. Die Lenkung benötigt nur dann Energie, wenn sie vom Fahrer betätigt wird. Da der Fahrer rein statistisch in rund 90 Prozent der Zeit geradeaus lenkt, ist dies relativ selten der Fall. Die elektromechanische Servolenkung erhöht durch Zusatzfunktionen den Komfort und die Sicherheit. Es werden gezielt Rückmeldungen über das Lenkrad an den Fahrer weitergegeben, aber negative oder unnötige Störungen gezielt herausgefiltert. Schon bei niedriger Geschwindigkeit sorgt eine aktive Rückstellung der Lenkung für ein automatisches Rückführen des Lenkrads in die Mittellage. Beim Bremsen auf Fahrbahnoberflächen mit unterschiedlichen Reibwerten wird ein minimaler Lenkimpuls am Lenkrad in die zu steuernde Richtung gegeben, so daß das Fahrzeug durch den Fahrer einfacher stabilisiert und in der gewünschten Fahrtrichtung gehalten werden kann.

Ein weiteres Merkmal ist die fahrdynamische Lenkinformation an den Fahrer, die ihm eine direkte Rückmeldung zum Fahrzustand vermittelt. Auf Wunsch ist die elektromechanische, geschwindigkeitsabhängige »Servolenkung Plus« lieferbar, die verringerte Lenkkräfte beim Rangieren bei niedrigen Geschwindigkeiten bis 50 km/h bereit hält.

Bei der Entwicklung der elektromechanischen Servolenkung hatten die Ingenieure Neuland zu betreten, denn zur Sicherstellung des Porsche-typischen Lenkgefühls sind die Anforderungen an die mechanische Grundauslegung und die elektronische Regelqualität deutlich gesteigert worden. Die elektromechanische Servolenkung ist nach einem völlig neuartigen regelungstechnischen Konzept aufgebaut. In der Lenkung ermittelt ein Fahrzustandssensor die präzise anliegende Zahnstangenkraft. Auf dessen Basis wird das passende Lenkmoment variabel geregelt, um für jede Fahrsituation das optimale Lenkgefühl mit gutem Fahrbahnkontakt zu gewährleisten.

Informationen über Fahrbahn- und Fahrzustand werden dem Fahrer über das Lenkrad uneingeschränkt mitgeteilt, störende Stöße entsprechend gefiltert. Durch diese innovative Regelungstechnik und eine solide Mechanik können die hohen Ansprüche an das Porsche-Lenkgefühl erfüllt werden. Das über das Lenkrad aufgebrachte Lenkmoment wird von einem Drehmomentsensor im Lenkgetriebe erfaßt und an das Steuergerät übertragen. Aus den Parametern Lenkmoment, Lenkwinkel und Fahrzeuggeschwindigkeit berechnet das System das notwendige Unterstützungsmoment. Der angesteuerte Elektromotor erzeugt das Moment, welches über einen Zahnriemen und ein Kugelumlaufgetriebe als axiale Kraft auf die Zahnstange übertragen wird. Durch umfassende Leichtbaumaßnahmen wie Aluminium-Spurstangen und gewichtsoptimierte Einzelkomponenten entspricht das Systemgewicht der elektromechanischen Servolenkung nahezu dem eines hydraulischen Lenksystems.

Der aktive Wankausgleich, Porsche Dynamic Chassis Control (PDCC), feiert im 911 Carrera S als Sonderausstattung seine Weltpremiere bei den Sportwagen von Porsche. Das völlig neu entwickelte PDCC sorgt im Elfer für neue Maßstäbe bei Querbeschleunigung und Handling. Das variable Stabilisatorsystem löst den Zielkonflikt von hoher Sportlichkeit mit geringer Wankneigung in Kurven und hohem Komfort durch weitgehende Entkoppelung des Stabilisators bei Geradeausfahrt und wechselseitigem Einfedern auf unebener Fahrbahn. Die Seitenneigung bei Fahrzeugen mit PDCC wird beim Einlenken in Kurven bis hin zur maximalen Querbeschleunigung fast vollständig kompensiert.

Die Reifen stehen durch die reduzierten Wankwinkel stets optimal auf der Fahrbahn und können somit höhere Seitenkräfte übertragen. Dies erhöht die möglichen Kurvengeschwindigkeiten, die wiederum schnellere Rundenzeiten auf der Rennstrecke zulassen.
Das System sorgt zudem für ein noch direkteres Lenkgefühl und eine höhere Lenkpräzision. Die intelligente Steuerung des PDCC ist in der Lage, die hydraulischen Aktoren je nach Fahrsituation individuell anzusteuern. Dies beeinflußt das Eigenlenkverhalten positiv und verbessert die Fahrzeugstabilisierung. Das PDCC des 911 Carrera ist anders aufgebaut als der Wankausgleich der Porsche Cayenne- oder Panamera-Modelle, auch wenn die Funktion vergleichbar ist. Statt des Systems mit geteiltem Stabilisator und hydraulischem Schwenkmotor wird beim 911 Carrera ein System mit vier aktiv verstellbaren Hydraulikzylindern, welche sich jeweils beim Federbein befinden, eingesetzt. Die Neuentwicklung ist auf die bei Sportwagen geringeren Platzverhältnisse abgestimmt und ermöglicht zudem eine Gewichtsreduzierung um rund 16 Prozent.
Die vier Hydraulikzylinder ersetzen die starren Koppelstangen an den Stabilisatoren. Der untere Teil der Hydraulikzylinder ist mit den äußeren Anschraubpunkten der Stabilisatoren und dem oberen Teil des jeweiligen Radträgers verbunden. Der Verstellweg beträgt bis zu 70 Millimeter, wodurch nahezu jegliche Seitenneigung des Fahrzeugs ausgeglichen werden kann. Je nach Fahrsituation wird dabei die Ober- bzw. die Unterkammer der Hydraulikzylinder mit Öl gefüllt oder entleert. Durch den veränderten Hub der Zylinder wird der jeweilige Stabilisator mehr oder weniger vorgespannt. Ein Hydrauliksystem mit Steuerventilen und Leitungen versorgt die Hydraulikzylinder über eine regelbare Pumpe, die vom Motor angetrieben wird. Zur Optimierung des Kraftstoffverbrauchs wird die Pump- und Förderleistung, je nach Bedarf, zwischen vier und zwölf Litern pro Minute kontinuierlich geregelt und angepaßt. Die Steuerventile sind, nahe an den Achsen, in zwei getrennten Ventilblöcken angebracht. Diese Aufteilung berücksichtigt nicht nur die geringen Platzverhältnisse, sondern ermöglicht auch kurze Wege zu den Hydraulikzylindern und schnelle Reaktionszeiten.
Das neue Porsche Torque Vectoring (PTV) bietet dem 911 Carrera noch mehr Agilität. Das System ist in zwei Varianten verfügbar. Beim Schaltgetriebe ist das PTV mit einer mechanischen Quersperre mit einer Sperrwirkung von 22 Prozent im Zug und 27 Prozent im Schub ausgerüstet. PDK-Fahrzeuge sind mit dem PTV Plus mit elektronisch geregelter, vollvariabler Quersperre ausgestattet. Im Carrera S ist das System serienmäßig, für den Carrera ist es als Sonderausstattung erhältlich. Durch gezielte Bremseingriffe am kurveninneren Hinterrad verbessern PTV/PTV Plus das Lenkverhalten und die Lenkpräzision des Fahrzeugs bei sehr dynamischer Fahrweise.
Beim Einlenken in Kurven bietet PTV/PTV Plus deutliche Vorteile. Mit dem Einschlagen der Lenkung wird das kurveninnere Hinterrad selektiv abgebremst, dadurch erhält das kurvenäußere Hinterrad ein höheres Antriebsmoment. Durch die Momentendifferenz zwischen den Hinterrädern erfährt das Fahrzeug ein Giermoment, welches den Lenkeinschlag zusätzlich unterstützt. Die Agilität und das Einlenkverhalten werden verbessert. PTV/PTV Plus ist die ideale Ergänzung zum Porsche Stability Management (PSM), wenn es um Fahrdynamik und Fahrstabilität geht. PSM setzt die Bremseingriffe zur Fahrzeugstabilisierung ein. PTV/PTV Plus nutzt die Bremseingriffe zur Steigerung der Fahrdynamik. Auch bei deaktiviertem Porsche Stability Management (PSM OFF) bleibt das PTV/PTV Plus für ein agiles und dynamisches Fahrverhalten aktiv.
Die aktiven Bremseingriffe bringen auch Vorteile für Agilität und Lenkpräzision bei Geschwindigkeiten bis zu 160 Kilometer pro Stunde. Bei hohen Geschwindigkeiten bietet das PTV/PTV Plus mit der Hinterachsquersperre neben fahrdynamischen Vorteilen auch zusätzliche Fahrstabilität. Bei Fahrzeugen mit PDK läßt sich die elektronisch geregelte Hinterachsquersperre im PTV Plus fahrsituationsunabhängig variabel und aktiv steuern. Hierbei werden alle Fahrzustands-Parameter des PSM berücksichtigt. Im fahrdynamischen Grenzbereich ermöglicht dies eine noch höhere Traktion sowie eine weiter gesteigerte Fahrstabilität bei Lastwechseln in Kurven und Spurwechseln. Gleichzeitig wird die Querbeschleunigung erhöht, bei verbesserter Gierdämpfung. Ein großer Vorteil der vollvariablen Hinterachsquersperre ist ein optimales Bremsverhalten bei Vollbremsungen, welches durch das komplette Auskuppeln der Sperre erreicht wird. Das ABS hat damit die Möglichkeit, jedes einzelne Rad optimal abbremsen zu können.
Für die neue Carrera-Generation ist das aktive Dämpfersystem PASM weiterentwickelt worden. Das PASM ist beim Carrera S Serienausstattung und beim Carrera Sonderausstattung. Über vier zusätzliche Vertikalsensoren an den Vorder- und Hinterrädern wird eine noch bessere Regelung erreicht. Über das gesamte Regelspektrum hinweg kann der Komfort spürbar gesteigert werden. Die optimal geregelte Dämpfung verbessert die Bodenhaftung des Fahrzeugs und sorgt für bessere Fahrstabilität, eine gesteigerte Agilität, mehr Fahrkomfort sowie einen verkürzten Bremsweg. Über die PASM-Fahrwerktaste auf der Mittelkonsole kann der Fahrer zwischen den Programmen »Normal« und »Sport« wählen.
Für die 911 Carrera-Modelle wird ein PASM-Sportfahrwerk inklusive einer Fahrzeugtieferlegung von 20 Millimetern und erweiterter Sensorik angeboten. Erstmals ist im PASM-Sportfahrwerk ein Aerodynamikpaket enthalten, welches eine aerodynamisch verbesserte Bugspoilerlippe und eine erweiterte Ausfahrhöhe des Heckspoilers für eine abtriebsorientierte Aerodynamik beinhaltet. In der Summe ist der Auftrieb gleich null. Der 911 Carrera mit PASM-Sportfahrwerk vermittelt einen be-

sonders guten Straßenkontakt bei hoher Geschwindigkeit und reagiert äußerst direkt auf Lenkbewegungen.
Die Bremsanlage der 911 Carrera-Modelle besitzt einen neu entwickelten, leistungsfähigen 8-/9-Zoll-Tandem-Bremskraftverstärker in Aluminiumleichtbauweise, der 800 Gramm leichter ist als das bisherige Bauteil, um die Bremsleistung den gesteigerten Fahrleistungen anzupassen. Die optimierte Bremsanlage des 911 Carrera erhält gewichtsreduzierte Bremsscheiben. Serienmäßig sind beim 400 PS starken 911 Carrera S vorne erstmals 6-Kolben-Aluminium-Monobloc-Festsättel und 340-Millimeter-Bremsscheiben montiert. Hinten verzögern bei allen Modellen 4-Kolben-Aluminium-Monobloc-Festsättel und Bremsscheiben mit einem Durchmesser von 330 Millimetern. Die weiterentwickelten Bremssättel weisen eine noch höhere Steifigkeit auf. Eine verbesserte Führung der Bremsbeläge reduziert die Restmomente weiter und verringert dadurch den Kraftstoffverbrauch. Die Kühlung der Bremsen wurde weiterentwickelt, indem sie gezielt mit Kühlluft aus der Unterbodenströmung versorgt werden.
Auf Wunsch werden die 911 Carrera Modelle mit der leistungsstarken Porsche Ceramic Composite Brake (PCCB) mit Keramikbremsscheiben und weiterentwickelten 6-Kolben-Aluminium-Monobloc-Festsätteln an der Vorderachse und vier 350-Millimeter-Bremsscheiben ausgeliefert. Die PCCB bietet gegenüber einer konventionellen Bremsanlage vergleichbarer Bauart und Größe die bekannten Vorteile wie schnelleres Ansprechverhalten bei trockener Fahrbahn, sehr hohe Fadingstabilität durch konstante Reibwerte und rund 50 Prozent Gewichtsersparnis gegenüber vergleichbaren Graugußbremsscheiben. Die Bremssättel der PCCB sind gelb lackiert und heben sich somit optisch von der Serienbremsanlage ab. Der 911 Carrera bietet erstmals ein adaptives Bremslicht, welches bei hohen Verzögerungswerten oder im Fall einer Vollbremsung zur Warnung des nachfolgenden Verkehrs blinkt. Das System ist ab einer Geschwindigkeit von über 70 Kilometer pro Stunde aktiv.
Erstmals gibt es in einem 911 keinen Handbremshebel mehr. Eine elektrisch betätigte Parkbremse übernimmt die Funktion der Feststellhilfe. Sie kann bequem über eine Taste links unterhalb des Lichtschalters manuell aktiviert und bei getretener Fußbremse deaktiviert werden. Zudem löst sie sich beim Anfahren automatisch. Die Auto-Hold-Funktion, eine neue Funktion des PSM, verhindert als Stillstandsmanagement ein Zurückrollen des Fahrzeuges. Kommt das Fahrzeug an einer Steigung durch Bremsen zum Stehen, so wird die Auto-Hold-Funktionalität aktiv und der dazu notwendige Bremsdruck wird über das PSM aufrechterhalten. Bei Fahrzeugen mit PDK hält die Auto-Hold-Funktion das Fahrzeug auch, wenn es an einer Steigung ausrollt. Sobald das Fahrzeug ohne Bremsen zum Stillstand kommt, wird der Bremsdruck über das PSM an der Steigung bis zum Wiederanfahren gehalten. Nach fünf Minuten oder beim Verlassen des Fahrzeugs wird die Haltefunktion des hydraulischen Bremssystems von der elektrischen Parkbremse übernommen.
Leichtbau spielt auch bei der Entwicklung der neuen Rädergeneration eine wichtige Rolle. Deshalb sind die Räder im gewichtssparenden Flow-Forming-Verfahren gefertigt. Ein geringeres Radgewicht bedeutet neben der Reduzierung der ungefederten Massen und dem damit höheren Fahrkomfort auch eine Kraftstoffeinsparung. Serienmäßig rollt der 911 Carrera auf 19-Zoll-Carrera-Rädern in Fünf-Doppelspeichen-Optik, die in silbernem Hochglanzlack ausgeführt sind. Vorne sind auf 8,5 J x 19-Leichtmetallrädern Reifen der Größe 235/40 ZR 19 montiert, hinten auf 11 J x 19 sind 285/35 ZR 19 aufgezogen. Der 911 Carrera S ist mit Carrera-S-Rädern in 20 Zoll ausgerüstet, diese sind wie alle 20-Zoll-Räder in einem Premium-Hochglanzlack in Silber ausgeführt. An der Vorderachse sind die 8,5 J x 20-Leichtmetallräder mit Reifen der Dimension 245/35 ZR 20 bestückt, an der Hinterachse wird die 295/30 ZR 20-Bereifung mit 11 J x 20-Rädern kombiniert. Ein optisches Highlight im Räderprogramm für den 911 Carrera ist das neue 20-Zoll-Carrera-Classic-Rad in Bi-Color-Optik.
Auf Wunsch sind für alle Räder Radnabenabdeckungen mit farbigem Porsche-Wappen lieferbar. Durch die Zusammenarbeit der Reifenhersteller mit Porsche ist die neue Reifengeneration in Bezug auf Handling, Bremsweg, Gewicht sowie Rollwiderstand optimiert worden. Die Reduzierung des Rollwiderstands um sieben Prozent gegenüber der vorherigen Reifengeneration trägt zur signifikanten Senkung des Kraftstoffverbrauchs bei. Serienmäßig ist ein platzsparendes Reifenpannensystem, welches aus dem Reifendichtmittel und dem elektrischen Luftdruckkompressor besteht. Auf Wunsch ist die Reifendruckkontrolle (RDK) erhältlich, die den Luftdruck permanent in allen vier Reifen einzeln überwacht. Der Luftdruck der einzelnen Reifen wird komfortabel über die Anzeige im Kombiinstrument angezeigt und das System warnt, wenn es eine kritische Abweichung vom Sollzustand gibt. Für einen höheren Fahrkomfort kann ein abgesenkter Komfortluftdruck bis zu einer Höchstgeschwindigkeit von 270 Kilometer pro Stunde verwendet werden, der ebenfalls vom RDK überwacht wird. Zudem stellt sich das System innerhalb kurzer Zeit auf einen neu montierten Radsatz ein und zeigt den aktuellen Druck für jeden Reifen an.
Serienmäßig verfügen die 911 Carrera-Modelle über eine Sport-Taste, mit der zwischen einer komfort- beziehungsweise verbrauchsoptimierten und einer sportbetonten Abstimmung gewählt werden kann. Bei aktiviertem Sport-Modus wird die Fahrzeugabstimmung sportlicher und das elektronische Motormanagement steuert das Triebwerk noch agiler und direkter. Bei Fahrzeugen mit PDK wird im Automatikmodus später hochgeschaltet und früher zurückgeschaltet. Die Auto-Start-Stop-Funktion und die PDK-Verbrauchsfunktion Segeln werden deaktiviert. Das optionale Sport Chrono-Paket mit zusätzlicher

Sport Plus-Taste ermöglicht eine noch weitere Spreizung zwischen der sportlichen Abstimmung für die Rennstrecke und dem Fahrkomfort für den Alltagsbetrieb. Neben der Anpassung aller relevanten Systeme und Funktionen für eine maximale Performance beinhaltet das Sport Chrono-Paket erstmals geregelte, dynamische Motorlager. Diese zuerst im 911 GT3 eingeführte Technologie ist für den 911 Carrera weiter optimiert worden. Das Funktionsprinzip der dynamischen Motorlager basiert auf einer magnetisierbaren Flüssigkeit in den Lagern. Ein genau definierter elektrischer Strom erzeugt ein Magnetfeld, welches die Partikel in der Flüssigkeit stärker oder weniger stark magnetisiert. Die Flüssigkeit ändert die Zähigkeit und die Motorlager werden entsprechend härter oder weicher eingestellt.
Die Dämpfungseigenschaften der Motorlager haben insbesondere bei Sportwagen mit Heckmotor erheblichen Einfluß auf das Fahrverhalten. Straffe Motorlager reduzieren beim Einlenken in Kurven sowie bei schnellen Wechselkurven den verzögerten Kraftimpuls durch die Massenträgheit des Antriebsstrangs deutlich und so wird ein »Nachdrängen« des Hecks minimiert. In Ableitung von Rennfahrzeugen, bei denen das Antriebsaggregat fest mit der Karosserie verbunden ist, führt dies zu einem stabileren und präziseren Fahrverhalten. Zu den Nachteilen gehören spürbare Motorvibrationen und eine reduzierte Alltagstauglichkeit mit geringerem Fahrkomfort. Weichere Lager filtern diese Vibrationen. Die dynamischen Motorlager verbinden beide Vorteile und reduzieren außerdem die vertikalen Schwingungen des Motors bei voller Beschleunigung. Das Ergebnis ist eine höhere und gleichmäßigere Antriebskraft für eine weiter verbesserte Traktion an der Hinterachse für eine noch bessere Beschleunigung.
Das System leistet einen weiteren Beitrag zur Verbesserung der Handlingeigenschaften in Verbindung mit hohem Fahr- und Schwingungskomfort. Ein separates Steuergerät mit einem schnell reagierenden Regelkreis und Schaltzeiten von wenigen Millisekunden regelt das System automatisch zwischen weichen und harten Motorlagern. Die Fahrzeugsensorik erfaßt permanent die Fahrsituation und stellt darauf hin die Steifigkeit und Dämpfung der Lager bedarfsgerecht ein. Durch die Voreinstellung der Sportfunktionen wird die Regelstrategie der dynamischen Motorlager beeinflußt. Mit der Aktivierung der Sport- oder Sport Plus-Taste werden die Motorlager passend zu den sportlichen Anforderungen bereits in ihrer Voreinstellung entsprechend gedämpft. Im Sport Plus-Modus wird eine für die Rennstrecke abgestimmte Regelstrategie mit hoher Steifigkeit der Motorlager eingestellt.
Die dynamischen Motorlager ergänzen die Funktionen des optionalen Sport Chrono-Pakets in idealer Weise. So ermöglicht die in Verbindung mit PDK enthaltene Launch Control bei gedrückter Sport-Taste die bestmögliche Anfahrbeschleunigung und verbessert den klassischen Sprint von 0 auf 100 Kilometer pro Stunde um weitere 0,2 Sekunden. Aktiviert die Sport Plus-Taste die PDK-Schaltstrategie »Rennstrecke«, so werden kürzestmögliche Schaltzeiten und optimale Schaltpunkte für maximale Beschleunigung und Performance realisiert. Das PSM greift bei aktivierter Sport Plus-Taste, sowohl beim Schaltgetriebe als auch beim PDK, später ein, um eine höhere Agilität und Fahrdynamik zu erreichen. Zusätzlich wird die Gaspedalkennlinie für ein direkteres Ansprechverhalten angepaßt. Die optionalen Systeme PASM, PDCC, PTV Plus und die dynamischen Motorlager wechseln für eine straffere und sportlichere Dämpfungs- und Fahrwerkseinstellung in den Sportmodus. Zudem werden der Sound Symposer sowie die auf Wunsch erhältliche Sportabgasanlage aktiviert und das optionale Porsche Dynamic Light System auf schnellere Reaktionen eingestellt. Das Sport Chrono Paket beinhaltet eine analoge und eine digitale Stopuhr. Beim optionalen PCM gehört zusätzlich eine Performanceanzeige mit Memory Funktion zum Lieferumfang.
Bei PDK-Fahrzeugen enthält das Sport Chrono-Paket im Lenkrad die Zusatzanzeigen »Sport«, »Sport Plus« und »Launch Control«. Fahrzeuge mit Schaltgetriebe erhalten im Kombiinstrument die Anzeigen »Sport« und »Sport Plus«. 911-Modelle mit manuellem Schaltgetriebe und Sport Chrono-Paket erhalten erstmals einen performanceorientierten Schaltassistenten im TFT-Bildschirm des Kombiinstruments. Dieser ist vollkommen unabhängig von der serienmäßigen und effizienzorientierten Hochschaltanzeige. Beim Schaltassistenten des Sport Chrono-Pakets wird der Fahrer kurz vor der Höchstdrehzahl von 7.800 Umdrehungen pro Minute in Form eines »+« Symbols und roter Einfärbung der Schaltanzeige aufgefordert, in den nächsthöheren Gang zu schalten. Die Hochschaltempfehlung wählt den Zeitpunkt in Abhängigkeit des eingelegten Gangs, um die bestmögliche Beschleunigung zu erreichen.
Im Cockpit empfängt die neue 911-Generation Fahrer und Beifahrer mit einem neuen, elfer-untypischen Ambiente, bei dem das Zündschloß selbstverständlich weiterhin links sitzt. Porsche bedient sich jetzt auch bei den Sportwagen dem ergonomisch weiterentwickelten Konzept, welches in den Modellen Panamera und Cayenne angewendet wird. Die nach vorne ansteigende Mittelkonsole ist im Stil des Carrera GT mit höhergesetztem Schalthebel ausgeführt. Sie integriert Fahrer und Beifahrer mehr in das Cockpit und verstärkt das sportlichere Innenraumgefühl. Auf der Mittelkonsole spielen die in sinnvollen Funktionsgruppen zusammengefaßten Tasten für die Bedienung der weiterentwickelten Ergonomie eine wesentliche Rolle. Die Anordnung der Schalter ist so ausgeführt, daß die Bedienung vom Fahrer schnell und einfach durchgeführt werden kann. Zentrale Funktionen müssen nicht lange und kompliziert in irgendwelchen Untermenüs des Bordcomputers gesucht werden.
Das großzügigere Raumgefühl im 911 Carrera Coupé wird durch das verbesserte Platzangebot mit 25 Millimeter mehr Beinraum

vorne sowie sechs Millimeter mehr Beinfreiheit hinten erzeugt. Bei Fahrzeugen mit Schiebedach sind auf den Vordersitzen bis zu 15 Millimeter mehr Kopffreiheit vorhanden. Die Armaturentafel mit den fünf Rundinstrumenten ist weiterhin klassisch übersichtlich gestaltet. In der Mitte sitzt nach wie vor der große Drehzahlmesser als wichtigstes Element für den Fahrer mit den Anzeigen aller wesentlichen Informationen zu Geschwindigkeit, Drehzahl, eingelegtem Gang sowie Warn- und Kontrolleuchten. Beim 911 Carrera ist das Ziffernblatt des Drehzahlmessers schwarz, beim 911 Carrera S ist es silber. Die vier äußeren Rundinstrumente sind stets in Schwarz ausgeführt. Im rechten Kombiinstrument neben dem Drehzahlmesser können umfassende, konfigurierbare Anzeigemöglichkeiten zu Fahrzeugzustand, Audio, Navigation, Kartendarstellung, Bordcomputer, Telefon und Reifendruckkontrolle in einem hochauflösenden 4,6-Zoll-TFT-Farbbildschirm dargestellt werden. Die Bedienung erfolgt über den rechten Hebel für den Bordcomputer oder die rechte Lenkrad-Drehwalze des, auf Wunsch erhältlichen, Multifunktionslenkrads.

In Verbindung mit dem optionalen Sport Chrono-Paket ist eine sogenannte G-Force-Anzeige zur Darstellung von Längs- und Querbeschleunigung im Multifunktionsbildschirm abrufbar. Bei Fahrzeugen mit Schaltgetriebe ist außerdem eine Schaltassistenzanzeige integriert. Vorne nimmt man auf den neugestalteten, serienmäßigen Sportsitzen mit elektrischer Vier-Wege-Einstellung für die Sitzhöhen- und Lehneneinstellung Platz. Groß gewachsene Fahrer mit langen Beinen schätzen die um 25 Millimeter erweiterte Längsverstellung der Sitze. Die Längsrichtung wird weiterhin rein mechanisch verstellt. Für eine perfekte Ergonomie ist auch eine individuelle Einstellung der Lenkradposition notwendig. Das Sportlenkrad ist serienmäßig mit einer mechanischen Lenksäulenverstellung mit einer um zehn Millimeter erweiterten Längsverstellung ausgerüstet. Bedienkomfort und Fahrerergonomie werden dadurch weiter verbessert.

Die Lehnen der neu konstruierten Rücksitze sind getrennt umklappbar und vergrößern den Fondladeraum von 150 auf bis zu 260 Liter. Sitze und Ambiente können je nach Geschmack weiter individualisiert werden. Auf Wunsch sind Sportsitze mit vollelektrischer 14-Wege-Einstellung für die elektrische Längseinstellung, Sitzkissenneigung, Sitzkissentiefe sowie Vier-Wege-Lordosenstütze lieferbar. Die ebenfalls als Sonderausstattung lieferbaren Adaptiven Sportsitze Plus mit 18-Wege-Einstellung und stärker konturierten Seitenwangen enthalten außerdem eine Einstellung der Seitenwangen an Sitzfläche und Sitzlehne für perfekten Seitenhalt in schnell gefahrenen Kurven. Bei beiden Varianten gehören das Memory-Paket und eine elektrische Lenksäulenverstellung zum Lieferumfang. Das Memory-Paket speichert eine Vielzahl von Sitz-, Lenksäulen- und Fahrzeugeinstellungen. In Verbindung mit der aufpreispflichtigen Sitzheizung ist die Sitzbelüftung jetzt auch für alle vier Sportsitzversionen bestellbar. Lederausstattungen stehen sowohl in Serien- oder Sonderfarbe als auch in Bi-Color oder als Naturleder zur Auswahl. Die Dekore sind von klassischem Holz über gebürstetes Aluminium bis hin zu sportlichem Carbon in vielschichtigen Stilrichtungen verfügbar.

Porsche setzt bei den 991 Carrera-Modellen auf den bestmöglichen Insassenschutz. Die Fahrer- und Beifahrer-Airbags werden je nach der Art und der Schwere des Unfalls in zwei Stufen gezündet. Bei leichteren Unfällen werden die Insassen von der ersten Stufe aufgefangen, wodurch die Belastung der Insassen durch den weicher aufgeblasenen Airbag gesenkt wird. Der Beifahrerairbag läßt sich über einen Schlüsselschalter deaktivieren. Das serienmäßige Porsche Side Impact Protection System POSIP enthält einen Seitenaufprallschutz in den Türen, Kopfairbags in den Türtafeln sowie in den Sitzlehnen integrierte Thorax-Seitenairbags. Ein Überschlagssensor erkennt einen sich anbahnenden Überschlag und aktiviert präventiv die Gurtstraffer und die Kopfairbags. Für eine sichere Verankerung von Kindersitzen ist auf den Fondsitzen eine serienmäßige ISOFIX-Befestigung sowie auf der Hutablage der obere Haltegurt Top Tether angebracht. Für den Beifahrersitz ist optional eine zusätzliche ISOFIX-Befestigung erhältlich.

Die serienmäßige Zweizonen-Klimaautomatik mit dem völlig neu entwickelten, leistungsfähigeren und leiseren Klimagerät erhöht den Komfort für Fahrer und Beifahrer. Die Wunschtemperatur kann über die zentral angeordnete Bedieneinheit auf der Mittelkonsole separat für die linke und rechte Innenraumseite eingestellt werden. Erstmals können im Klimatisierungsmenü des Kombiinstruments auch sanfte, normale und starke Luftströmungscharakteristiken vorgewählt werden. Über das Menü wird ebenfalls die automatische Umluftfunktion und das mittige Belüftungsfeld auf der Schalttafeloberseite zu- oder abgeschaltet. Über eine Taste in der Bedieneinheit der Mittelkonsole wird der Auto-Modus angewählt. Danach erfolgt die Regelung der von den Passagieren gewünschten Innenraumtemperatur automatisch. Die Klimaautomatik entscheidet selbstständig über den sinnvollen Einsatz des erweiterten Belüftungsfeldes je nach der Einstellung des Fahrers und der Umgebungsbedingungen.

Die Regelung hat das Ziel, die gewählte Innenraumtemperatur so schnell wie möglich zu erreichen. Im Sommer wird der aufgeheizte Innenraum mit maximaler Kälteleistung so lange heruntergekühlt, bis die gewünschte Temperatur erreicht ist. Durch das Betätigen der »A/C-Max«-Taste haben die Passagiere jederzeit die Möglichkeit, die maximale Klimaanlagenleistung abzurufen, um das Fahrzeug sehr schnell abzukühlen. Die Klimaautomatik ist mit einem Luftgütesensor ausgerüstet, der die Eingangswerte für die automatische Umluftsteuerung liefert, die bei schlechter Außenluftqualität selbstständig von Außen- auf Umluftbetrieb schaltet. Für ein angenehmes Klima im Fahrgastraum berücksichtigt die Innenraumregelung neben den durch die Passagiere gewählten Temperaturwerten eine Vielzahl von Eingangsgrößen wie Sonneneinstrahlung, Sonnenrichtung, Innenraumtemperatur, Außentemperatur, Beschlagrisiko, Fahrgeschwindigkeit, Düseneinstellung, Ausströmtemperatur, Standzeit und Motordrehzahl. Aus diesen Parametern wird permanent der benötigte Energiebedarf für die beiden Klimazonen ermittelt und die Leistung des Klimakompressors vollautomatisch und bedarfsgerecht geregelt. Der serienmäßige Aktivkohlefilter reinigt die Frischluft von Partikeln und Pollen, Gerüche werden absorbiert. Besonderer Wert wird auf den akustischen Komfort von Klimagerät und Luftausströmern gelegt.

Das serienmäßige Audiosystem CDR-31 mit Sound Package Plus, neun Lautsprechern, sieben Kanälen und einer Verstärkerleistung von 235 Watt bietet Unterhaltung und akustische Informationen. Mit Ausnahme der Lautstärkeneinstellung können sämtliche Funktionen des CDR-31 durch Berühren des 7-Zoll-TFT-Displays mit Touchscreen angewählt werden. Ein schnelles und einfaches Navigieren ist durch die verschiedenen Menüs ebenso möglich wie eine sehr gute und übersichtliche Ablesbarkeit. Nahezu alle Funktionen können, je nach Präferenz des einzelnen Nutzers, aber auch ganz konventionell über den rechten Dreh-/Drücksteller eingestellt werden. Das integrierte CD/DVD-Laufwerk ermöglicht die Audiowiedergabe von Audio- und Video-DVDs sowie von gängigen komprimierten Musikformaten wie MP3. Anstelle des serienmäßigen Einfach-CD-Laufwerks ist, auf Wunsch, ein integrierter 6-fach-CD-Wechsler lieferbar. Das Radio ist mit 36 Speicherplätzen ausgestattet, davon sind 30 frei belegbar. Die übrigen sechs Speicherplätze werden von der Best FM-Funktion des CDR-31, in regelmäßigen Abständen, automatisch mit den jeweils empfangsstärksten Sendern belegt. Im Handschuhfach befindet sich eine serienmäßige AUX-Schnittstelle für externe Audioquellen sowie eine 12-Volt-Steckdose zur deren Energieversorgung.

Porsche erweitert die Individualisierungsmöglichkeiten mit zusätzlichen Ausstattungsoptionen. Erstmals bietet Porsche das Burmester® High-End Surround Sound-System für den 911 Carrera an. Nicht nur in puncto Technik und Klangqualität, sondern auch beim Design erfüllt die Burmester®-Anlage allerhöchste Ansprüche. Dezente galvanisierte Metallblenden mit Burmester®-Schriftzügen machen die große Klasse auch visuell deutlich. Zwölf einzeln ansteuerbare Lautsprecher inklusive einem aktiven Rohbau-Subwoofer mit 140 Millimeter Membrandurchmesser und integrierter 300-Watt-Class-D-Endstufe sowie 12 Verstärkerkanäle mit einer Gesamtleistung von 821 Watt bieten beste Voraussetzungen für ein State-of-the-Art-Sounderlebnis. Im gesamten Interieur wird ein Frequenzbereich von 35 Hz bis 20 kHz abgebildet, der maximale unverzerrte Dauerschalldruckpegel bei Musik liegt bei über 120 dB. Mit dem serienmäßigen CDR-31 erfolgt die Wiedergabe in Stereo. In Kombination mit dem PCM überträgt das Burmester® High-End Surround Sound-System bei der Musikwiedergabe von Audio- oder Video-DVDs digitale 5.1-Aufnahmen. Höchstwertige Materialien und erprobte Technologien aus dem Burmester® Home-Hifi-Bereich erzeugen in der gesamten Signalkette die »Best-in-Class«-Klangqualität.

Für die Mitteltonlautsprecher werden Glasfasermembrane eingesetzt, die im Vergleich zu konventionellen Papiermembranen leichter sind. Dies ermöglicht eine höhere Steifigkeit mit stabileren Schwingungen und führt durch die höhere innere Dämpfung zu einem unverzerrten Klang. Die Bändchen-Hochtöner (Air-Motion-Transformer, AMT) haben als Membran eine gefaltete Folie. Durch die extrem kleine schwingende Masse bei dennoch unerreicht großer Membranfläche ergibt sich von leiser bis zu sehr hoher Lautstärke eine präzise und klare Hochtonwiedergabe. Die optimale akustische Anpassung der Lautsprecher in das Fahrzeug gewährleistet eine einzigartige authentische Musikwiedergabe. Weiterentwickelte Class-A/B- und Class-D-Endstufen sorgen für eine maximale Klangausbeute unter Berücksichtigung der Parameter Gewicht, Bauvolumen, Stromaufnahme und Verlustleistung. Burmester® hat das High-End Surround-Sound-System für den 911 konsequent auf maximale Soundperformance bei geringem Systemgewicht getrimmt. Der intelligente Leichtbau äußert sich im konsequenten Einsatz von hocheffizientem, besonders leichtem Neodym®-Magneten, Lautsprecherkörben aus Aluminiumdruckguß und leichten Kunststoffverbundwerkstoffen. Insgesamt beträgt das Systemgewicht nur 6,5 Kilogramm.

Als Option sorgt weiterhin das BOSE® Surround Sound-System mit zwölf Lautsprechern inklusive einem im Rohbau integrierten 100-Watt-Aktivsubwoofer mit Class-D-Endstufe und 130 Millimeter Membrandurchmesser sowie acht Verstärkerkanälen für ein beeindruckendes Klangerlebnis. Somit beträgt die Gesamtleistung 445 Watt. Im gesamten Innenraum kann ein Frequenzbereich von 40 Hz bis 20 kHz abgebildet werden. Der maximale unverzerrte Dauerschalldruckpegel liegt bei über 115 dB. Der BOSE®-Schriftzug an ausgewählten Lautsprechern kennzeichnet das System. Highlight der Soundsysteme von Burmester® und BOSE® ist der patentierte Rohbau-Subwoofer. Diese Entwicklung ersetzt die bisherigen separaten Subwooferboxen und nutzt die rohbauseitigen Karosseriestrukturen des Windlaufrahmens. Dies bringt eine Gewichtseinsparung von über vier Kilogramm und reduziert den benötigten Bauraum bei gleichzeitig erhöhter Bassleistung.

Im Vergleich zu bisherigen Systemen erhöht sich der Wirkungsgrad um bis zu zehn dB, was eine Verdoppelung der Lautstärke ergibt. Gleichzeitig wird die Leistungsaufnahme um 90 Prozent reduziert. Durch die in Fahrtrichtung symmetrische Anordnung ergibt sich eine sehr gleichmäßige Bassverteilung im Fahrzeuginnenraum mit nur einem Lautsprecherchassis. Der Rohbau-

Subwoofer ist so ausgelegt, daß sich zusammen mit den Türtieftonlautsprechern eine optimale Bassübertragung ergibt. Bei konventionellen Systemen entsteht durch die parallele Anordnung der beiden Türtieftonlautsprecher eine nicht vermeidbare Auslöschung des oberen Bassbereichs. Diese Lücke im Übertragungsbereich schließt der Rohbau-Subwoofer.

Mit dem Fahrzeug-Generationswechsel erhält auch das optionale Porsche Communication Management (PCM) eine weiterentwickelte Ausbaustufe. Die aktuellste PCM-Generation mit Navigationsmodul bietet einige Neuerungen wie den hochauflösenden 7-Zoll-WVGA (Wide Video Graphics Array)-Bildschirm, die 3D-Navigationskarte mit City- und Terrain-Modell sowie überlagerter Satellitenkarte und Kartendarstellung auch im Kombiinstrument. Hinzu kommen neue Assistenzfunktionen, wie die auf Navigationsdaten basierende Tempolimitanzeige im PCM und Kombiinstrument und die visuelle Fahrspurinformation auf komplexen Kreuzungen. Das Audiosystem CDR mit integriertem CD-/DVD-Laufwerk ermöglicht die Audio-Wiedergabe von Audio- und Video-DVDs, aber auch von komprimierten Musikformaten.

Für den Radioempfang können bis zu 48 Sender gespeichert werden, davon sind 42 Speicherplätze frei belegbar und sechs für die empfangsstärksten Sender »Best FM« reserviert. Mit dem optionalen TV-Tuner erweitert sich die Kapazität durch die 18 TV-Speicherplätze auf insgesamt 66 Speichermöglichkeiten. Die serienmäßige AUX-Schnittstelle wird um einen USB-Anschluß für diverse iPod®- und iPhone®-Modelle sowie sonstige MP3-Player erweitert. Die Bedienung dieser Geräte ist über die jeweiligen Optionen PCM, Multifunktionslenkrad oder Sprachbedienung möglich. Das PCM kann optional mit dem Telefonmodul, dem Telefonmodul mit schnurlosem Bluetooth®-Bedienhörer oder der Handyvorbereitung erweitert werden. Mit dem Telefonmodul sowie mit der Handyvorbereitung ist erstmals eine Audioübertragung per Bluetooth® möglich. Damit können Audiodaten von Musikplayern oder Mobiltelefonen über die Bluetooth®-Schnittstelle des PCM übertragen und vom Audiosystem abgespielt werden. In Kombination mit dem Festplattennavigationssystem ist eine Sprachbedienung der neuesten Generation lieferbar. Als Sonderausstattung ist ein TV-Tuner lieferbar, der unverschlüsselte analoge und digitale (DVB-T) Fernsehsignale empfängt. Weiterhin im Angebot ist das elektronische Fahrtenbuch, welches die Daten mittels eines USB-Sticks exportieren und mit der mitgelieferten PC-Software komfortabel auswerten kann.

Das optionale Licht-Design-Paket sorgt im Cockpit für ein besonderes Beleuchtungsambiente in einer hellen weißen Lichtfarbe. Über das Kombiinstrument kann die Dimmung der LEDs individuell sowie stufenlos geregelt werden. Das Licht-Design-Paket beinhaltet eine Ambientebeleuchtung in der Dachkonsole, im Bereich der Türgriffe, dem Türablagefach und der Fondsitze sowie im Fußraum vorne. Das Porsche Dynamic Light System (PDLS) sorgt für eine noch bessere Ausleuchtung der Fahrbahn bei Dunkelheit und beinhaltet eine geschwindigkeitsabhängige Fahrlichtsteuerung, die den Lichtkegel und die Lichtintensität in Abhängigkeit von der gefahrenen Geschwindigkeit für eine bessere Sicht anpaßt sowie das dynamische Kurvenlicht, welches ab einer Geschwindigkeit von rund vier Stundenkilometern aktiviert wird. Die Lichtsteuerung schwenkt die Hauptscheinwerfer in Abhängigkeit von Fahrgeschwindigkeit und Lenkwinkel um bis zu 15 Grad in die Kurve. Eine noch schnellere Anpassung des dynamischen Kurvenlichts an die Lenkbewegung des Fahrers erfolgt in Verbindung mit dem optionalen Sport Chrono-Paket. Das Kurvenlicht, welches auch bei eingeschaltetem Fernlicht aktiv bleibt, verbessert die Sicht des Fahrers. Ein Landstraßen- und ein Autobahnlicht verbessern die Sichtweite bei hohen Geschwindigkeiten. Wird die Nebelschlußleuchte eingeschaltet, aktiviert dies das Schlechtwetterlicht, das die Blendung des Fahrers bei widrigem Wetter wie bei Nebel reduziert, indem der linke Scheinwerfer um acht Grad nach außen geschwenkt wird. Gleichzeitig wird die Scheinwerferleistung auf 33 Watt reduziert und das Kurvenlicht deaktiviert.

Der neue Fahrlichtassistent erhöht die Sicherheit und den Komfort. Im Spiegelfuß des Innenspiegels ist der Sensor für den Fahrlichtassistenten untergebracht. Er schaltet bei einsetzender Dämmerung oder bei Tunneleinfahrten automatisch von Tagfahrlicht auf Abblendlicht um. Neben dem bereits im 997 Carrera angebotenen ParkAssistent hinten mit akustischer Abstandswarnung wird bei den 991-Carrera-Modellen optional auch ein ParkAssistent vorne und hinten mit Top-View angeboten. Neben einer akustischen Warnung zeigt das System auch durch eine optische Anzeige den Abstand vor und hinter dem Fahrzeug mit einer farbigen Darstellung des Nahbereichs mit Ansicht der Fahrzeugumrißlinien aus der Vogelperspektive im zentralen Bildschirm an.

Für das 911 Carrera-Coupé ist optional ein neues Dachtransportsystem lieferbar, welches aus einem Basisträger mit zwei abschließbaren Aluminiumquerträgern zur Verankerung in den seitlichen Dachkanälen besteht. Die Aufnahmen für das Dachtransportsystem ist, von außen nicht sichtbar, in den Rohbau unter den Dachdichtungen integriert. Um ein ruhigeres Erscheinungsbild des Dachs zu erhalten, sind die Dachkantenleisten des Vorgängermodells entfallen. Auf dem Basisträger können alle Porsche-Transportaufsätze wie Dachbox, Skiträger und Snowboardhalter montiert werden. Da die maximale Dachlast 75 Kilogramm beträgt, können bis zu 70 Kilogramm auf dem Dach zugeladen werden.

Das bequeme, schlüssellose Ver- und Entriegeln der Türen, des Kofferraums und das Starten des Fahrzeugs ermöglicht das auf Wunsch lieferbare Porsche Entry & Drive System. Berührt der

Fahrer den Türgriff, fragt Porsche Entry & Drive den im Fahrzeugschlüssel gespeicherten Zugangscode ab und entriegelt bei richtigem Code die Tür. Bei Annäherung an das Bugteil wird der Gepäckraumdeckel entriegelt und kann nun zum Be- und Entladen geöffnet werden. Der Motor wird über die Bedieneinheit im elektrischen Zündanlaßschalter gestartet oder abgestellt. Zum Verriegeln der Türen muß die Verriegelungstaste des Schlüssels oder eine der Verriegelungstasten in den Türgriffen gedrückt werden. Der Schlüssel muß sich zum Verriegeln der Türen außerhalb des Fahrzeuges im Empfangsbereich befinden, um zu verhindern, daß die Türen verriegelt werden, während der Schlüssel im Wagen liegen bleibt.

Das Carrera Coupé mit 7-Gang-Schaltgetriebe absolviert den Sprint aus dem Stand auf 100 Stundenkilometer in 4,8 Sekunden. Die Höchstgeschwindigkeit beträgt 289 Kilometer pro Stunde. Der Beschleunigungswert von 0 auf 100 km/h beträgt beim Carrera S Coupé 4,5 Sekunden. Zudem durchbricht es mit einer Endgeschwindigkeit von 304 Kilometer pro Stunde die magische 300er-Schallmauer.

Im Vergleich zum Schaltgetriebe verbessern sich bei allen 911 Carrera-Versionen mit PDK die Beschleunigungswerte von 0 auf 100 Stundenkilometer um 0,2 Sekunden. Mit optionalem Sport Chrono-Paket Plus verkürzt sich dieser Wert bei aktivierter »Launch Control« um weitere zwei Zehntelsekunden. Die Spitzengeschwindigkeit der Fahrzeuge mit PDK ist dagegen um zwei Kilometer pro Stunde langsamer als mit der manuellen 7-Gang-Schaltung.

Ein weiterer eindrucksvoller Beweise für den Gewinn an Performance ist die Rundenzeit von 7:40 Minuten, in der der 911 Carrera S mit sportlich optimaler Ausstattung die Nordschleife des Nürburgrings umrundet. Damit ist der neue Elfer um ganze 14 Sekunden schneller als der 997 Carrera S.

Auf der North American International Auto Show in Detroit präsentiert Porsche vom 9. bis 22. Januar 2012 erstmals das 911 Carrera Cabriolet der Baureihe 991. Als erste der größten Automobilmessen der Welt läutet die Detroit Motor Show traditionell das neue Autojahr ein. Die Markteinführung des neuen Elfer-Cabriolets in Deutschland ist am 3. März 2012. Am 6. März 2012 findet mit der Pressekonferenz auf dem Genfer Autosalon die Europapremiere des Frischluftelfers statt. Wenige Monate nach dem 911 Carrera Coupé folgt das Cabriolet und führt die neue Elfer-Generation bei den offenen Sportwagen ein. Was mit dem Coupé und der Aluminium-Stahl-Leichtbaukarosserie angefangen hat, setzt das Cabriolet mit der völlig neu entwickelten Verdeckkonstruktion und dem Einsatz von Magnesium fort. Gleichzeitig ermöglicht die neue Verdecktechnik die Dachkontur des Cabriolets ganz nahe an die Linie des Coupés anzulehnen. Bei geöffnetem Verdeck vermittelt das 911 Carrera Cabriolet eine einzigartige Fülle intensiver Emotionen und Fahreindrücke zwischen sportlicher Höchstleistung und gelassenem Cruisen.

Das Design des 911 Carrera Cabriolets orientiert sich in der Linienführung am 997 Vorgängermodell, zeigt aber völlig neue Proportionen. Durch den längeren Radstand und die kürzeren Überhänge wirkt der offene Elfer sehr harmonisch. Eine, im Vergleich zum 911 Carrera Coupé, nochmals um vier Millimeter (beim 911 Carrera S: drei Millimeter) geringere Fahrzeughöhe unterstreicht die sportliche Anmutung des Exterieurs. Vorne wächst die Fahrzeugbreite um 61 Millimeter, damit die Räder der um 52 Millimeter breiteren Spur in den Radhäusern Platz finden. Dadurch steht das 911 Carrera Cabriolet noch satter auf der Straße. Die neu entwickelten Bugleuchten oberhalb der vergrößerten seitlichen Lufteinlässe betonen die markante Wagenfront. In Verbindung mit den dreidimensional gewölbten Abdeckungen der Bi-Xenon-Scheinwerfer erhält das 911 Carrera Cabriolet ein typisches Elfer-Gesicht. Im Heck setzt sich die sportliche Linienführung des Vorderwagens konsequent fort. Es wird von der durchgehenden Designlinie geprägt, welche am unteren Ende des breiten Heckspoilers eine Abrißkante bildet und die Breite des Hecks betont. Im direkten Anschluß darunter sind die schmalen LED-Rückleuchten in das Heckteil eingelassen.

Die innovative Leichtbaukarosserie der 911-Carrera-Coupé- und Cabriolet-Modelle ist gemeinsam entwickelt worden. Der offene Elfer teilt die Gewichtsvorteile der Aluminium-Stahl-Bauweise mit dem Coupé. Lokale Verstärkungselemente verbessern die Steifigkeit zusätzlich. Im unteren Bereich zwischen den B-Säulen spannt sich ein durchgehendes Vierkantrohr aus ultrahochfestem Stahl zur Abstützung bei einem Seitencrash. Zudem versteifen Blechteile in Form von Schweller- und Schachtverstärkungen die Seitenwand sowie Stabilisierungselemente die A- und B-Säulen. Beim 911 Carrera Cabriolet ist die dynamische Torsionssteifigkeit, die einen entscheidenden Einfluß auf den Komfort hat, um 18 Prozent verbessert worden. Trotz der insgesamt größeren Abmessungen des 911 Carrera Cabriolets ist durch den gekonnten Einsatz aller Leichtbaumaßnahmen, im Vergleich zum Vorgängermodell, ein Mindergewicht von bis zu 60 Kilogramm erreicht worden.

Weniger Gewicht und eine höhere Steifigkeit bedeuten beim 911 Cabriolet, neben einer weiteren Steigerung der Fahrdynamik und Effizienz, auch mehr Sicherheit. Die bei einem Unfall einwirkenden Kräfte werden vordefiniert auf Längs- und Querträgerstrukturen von Vorder- und Hinterwagen verteilt. Ultrahochfeste Stähle gewährleisten eine hohe Festigkeit, optimale Verformbarkeit und Energieaufnahme. Dadurch werden die Insassen in der Fahrgastzelle wie von einem schützenden Käfig umgeben und tragen mit ihrer extremen Formstabilität entscheidend zum Erhalt des Überlebensraums bei.

Der automatisch ausfahrbare Überrollschutz ist auf Basis des bewährten Systems völlig neu konstruiert worden. Waren die bis-

Cockpit des 991 Carrera Coupé Modelljahr 2012

herigen Einzelkassetten an einem Hilfsrahmen aus Aluminium verschraubt, so hat das neue Cabriolet ein kompaktes, selbsttragendes System aus hochfesten, verschweißten Aluminiumprofilen. Durch die neue Konstruktion kann das Gewicht und der Platzbedarf verringert werden. Die hohe Bauteilsteifigkeit des Tragrahmens wird gleichzeitig zur Karosserieverstärkung genutzt, denn die diagonale Verstrebung zur B-Säule und zur Verdeckablage leistet einen erheblichen Beitrag zur Torsionssteifigkeit. Im Fall eines Überschlags fahren blitzschnell zwei neuentwickelte Überrollschutzprofile hinter den Fondsitzen per Federdruck aus. Die Auslösung selbst erfolgt pyrotechnisch. Ist das Verdeck geschlossen, so durchbricht jeweils ein Hartmetallpin auf jedem der beiden Überrollschutzprofile das Sicherheitsglas der Heckscheibe. Fehlauslösungen können ausgeschlossen werden, da die permanente Überwachung des hochsensiblen Airbagsteuergeräts von einem integrierten Überschlagsensor übernommen wird.

Das 911 Carrera Cabriolet ist mit dem einzigartigen, völlig neu entwickelten Flächenspriegelverdeck ausgestattet. Durch diese innovative Technik ist erstmals die coupéartige Dachwölbung bei einem geschlossenen Stoffverdeck erreicht worden, die zudem aerodynamische Vorteile bietet. Porsche ist es gelungen, das Gewicht des kompletten Verdecks trotz des Längenzuwachses und deutlich gesteigertem Komforts auf dem Niveau des Vorgängers zu halten. Das Verdeck läßt sich, bis zu einer Geschwindigkeit von 50 Kilometern pro Stunde, in kurzweiligen 13 Sekunden öffnen oder schließen. Die Bedienung im Fahrzeug erfolgt über eine Taste auf der Mittelkonsole oder von außen über die Funkfernbedienung des Wagenschlüssels. Porsche stellt an das Cabrioletverdeck stets die höchsten Anforderungen. Das

Carrera 991 Cabriolet

neue Faltdach ist daher, wie immer, eine vollständige Eigenentwicklung. Das Stoffverdeck spannt sich in einem eleganten Bogen vom Frontscheibenrahmen bis zum Verdeckkastendeckel. Es zeichnen sich keine Spriegel unter dem Stoff ab, auch gibt es keine Partien, die die fließenden Designlinien unterbrechen. Die heizbare Heckscheibe aus Sicherheitsglas ist mit einem neuen Verfahren flächenbündig, mit nur einer kleinen Fuge in die Bespannung eingebettet. Verantwortlich für diese bisher bei Stoffdächern nicht erreichbare Form ist die neuartige Konstruktion als Flächenspriegelverdeck. Das komplette Stoffverdeck spannt sich, mit Ausnahme der Seitenteile, über eine feste Dachfläche, bestehend aus vier Einzelsegmenten, die direkt aneinander anschließen. Die vier Elemente sind der vordere Dachrahmen, die beiden Flächenspriegel sowie die Heckscheibe, deren Rahmen, wie die anderen Segmente, aus Magnesium gefertigt ist. Ein Großteil der Gestellenker besteht ebenfalls aus diesem sehr leichten Werkstoff. In Aluminium sind hingegen die seitlichen Lenker, die Antriebshebel und der hintere Spannspriegel ausgeführt.

Alle Bauteile des Gestells sind kinematisch gekoppelt, so daß zum Öffnen oder Schließen des Verdecks pro Seite nur ein Hydraulikzylinder nötig ist. Porsche setzt auf eine Weiterentwicklung des bewährten elektrischen Zentralverschlusses am Windschutzscheibenrahmen, der von seitlichen Zentrierzapfen flankiert wird. Zwischen den Flächenspriegeln und dem Verdeck besteht keine feste Verbindung, so daß sich die vier Magnesiumsegmente beim Öffnen des Verdecks formgleich übereinander legen, während sich das Stoffverdeck in der bewährten Z-Faltung ablegt. Durch diese einzigartige Funktionsweise kann das geöffnete Dach, bestehend aus Dachrahmen, Flächenspriegeln, Verdeckstoff und Glasheckscheibe mit rund 55 Zentimetern Länge und etwa 23 Zentimetern Höhe, auf kleinstem Raum verstaut werden. Während der vordere Teil des Verdecks auch in geöffnetem Zustand sichtbar bleibt, bedeckt eine bogenförmige Klappe den hinteren Teil.

Anders als beim Vorgängermodell reicht der vergrößerte Verdeckkastendeckel bis an den ausfahrbaren Heckspoiler. Durch den Entfall einer Karosseriefuge wirkt das Heck jetzt noch eleganter. Bei geschlossenem Verdeck können die Insassen einen Klima- und Geräuschkomfort genießen, der dem Coupé schon recht nahe kommt. Der Außenstoff ist vollflächig mit einer Dämmatte unterfüttert. Innen sind die Dachsegmente mit formstabilen Himmelverkleidungen bedeckt, die ein wohnlich behagliches Gefühl vermitteln. Auch die Seitenteile werden komplett mit Stoff abgedeckt, so daß bei geschlossenem Verdeck keine technischen Komponenten sichtbar sind. Bei geschlossenem Verdeck entspricht die Kopffreiheit ungefähr der des Coupés.

Eine weitere Innovation ist das integrierte, elektrisch ausfahrbare Windschott. Damit gehören Ein- und Ausbau des Windschotts der Vergangenheit an. Das neue Windschott besteht

aus einem bogenförmigen Spannbügel, der zurückgeklappt vollkommen in den Fondbereich integriert ist und somit den Platz auf den Fondsitzen nicht einschränkt. Per Knopfdruck richtet sich der Bügel innerhalb von zwei Sekunden elektrisch auf und rollt dabei ein feinmaschiges Netz aus, welches ein zweiter beweglicher Umlenkbügel hinter den Vordersitzlehnen rechtwinklig spannt. Das Windschott läßt sich bis zu einer Geschwindigkeit von 120 Stundenkilometer elektrisch betätigen. Es sorgt bei offenem Verdeck für eine hohe Zugfreiheit und geringe Windgeräusche. Beim Schließen des Verdecks wird das aufgeklappte Windschott automatisch eingefahren.

Das variable Heckspoilerkonzept des Coupés wird mit angepaßten Parametern für das 911 Carrera Cabriolet übernommen. Bei geschlossenem Verdeck sind die einzelnen Spoilerstellungen vom Coupé übernommen worden, da das neue Verdeck eine annähernd gleiche Umströmung erzeugt. Bei geöffnetem Verdeck nimmt der Heckspoiler eine eigens dafür entwickelte Position ein. Der Heckspoiler fährt je nach Fahrzeugkonfiguration unterschiedliche Ausfahrhöhen und Winkel an. Bei 120 Kilometern pro Stunde fährt der Spoiler automatisch aus und bei 80 Stundenkilometern wieder automatisch ein. Unterhalb dieses Geschwindigkeitsbereichs kann der Spoiler auch per Knopfdruck ausgefahren werden. Die Basis für das Aerodynamikkonzept des 911 Carrera Cabriolets sind die strömungsgünstige Formgebung des Karosseriekörpers, das optimierte Verdeck sowie der variable Heckspoiler. Neu gestaltete Lufteinlaß- und Luftauslaßquerschnitte verbessern die Kühlluftführung. So kann trotz der an die höhere Motor- und Bremsleistung angepaßten Kühlung der gute Luftwiderstandsbeiwert des 911 Carrera Cabriolets (mit geschlossenem Verdeck) von 0,30 erhalten bleiben.

Die offenen Elfer-Modelle sind traditionell gleich wie die 911 Carrera Coupés motorisiert. Daran ändert sich auch bei der neuen Generation nichts.

Porsche setzt beim 911 Carrera Cabriolet serienmäßig ein 7-Gang-Schaltgetriebe ein. Die ersten sechs Gänge sind sportlich kurz abgestimmt. Entsprechend wird die Höchstgeschwindigkeit im sechsten Gang erreicht. Der siebte Gang ist als Overdrive lang übersetzt. Das auf Wunsch lieferbare Porsche-Doppelkupplungsgetriebe (PDK) verbindet die Sportlichkeit eines manuellen Schaltgetriebes und den Komfort einer Wandlerautomatik auf besonders effiziente Weise. Das 911 Carrera Cabriolet ist mit den gleichen Systemen zur Kraftstoffeinsparung ausgerüstet wie das 911 Carrera Coupé. Zudem bieten alle 911 Carrera Cabriolets mit dem serienmäßigen Sound Symposer einen akustisch noch sportlicheren Fahrgenuß. Dieser sorgt im Innenraum für einen noch kernigeren und sportlicheren Motorsound.

Die Neukonzeption des Carrera-Cabriolet-Fahrwerks verbessert sowohl die Sportlichkeit als auch den Komfort und baut so die Spitzenstellung unter den Hochleistungscabriolets in den Bereichen Agilität und Fahrdynamik weiter aus. Der um 100 Millimeter verlängerte Radstand sorgt, nach der Regel »Länge läuft«, für deutlich mehr Fahrstabilität bei hohen Geschwindigkeiten. Beim 911 Carrera Cabriolet wird die Spur der Vorderachse um 46 Millimeter verbreitert, beim 911 Carrera S Cabriolet um 52 Millimeter, dies erhöht die Agilität und Fahrstabilität in Kurven. Darüber hinaus sorgen, beim Carrera S Cabriolet serienmäßig oder beim Carrera Cabriolet optional, das weiterentwickelte Porsche Active Suspension Management (PASM), das um 20 Millimeter tiefergelegte PASM-Sportfahrwerk, die völlig neu entwickelte elektromechanische Servolenkung, weiterentwickelte dynamischen Motorlager, die Porsche Dynamic Chassis Control (PDCC), das Porsche Torque Vectoring (PTV), die leistungsstärkere Bremsanlage sowie die weiterentwickelten Räder und Reifen für höchste Fahrperformance.

Das 911 Carrera Cabriolet ist mit einem konventionellen Fahrwerk mit neuer Dämpferkennung und veränderten Federraten ausgerüstet. Durch die Neuabstimmung ist es gelungen, das breite Spektrum zwischen Sportlichkeit und Komfort noch weiter zu steigern. Die neu konstruierte Vorderachse mit den gewichtsoptimierten Leichtbau-McPherson-Federbeinen reduziert das Fahrzeuggewicht um zwei Kilogramm. Gleichzeitig wird der Vorderachsquerträger crash- und steifigkeitsoptimiert. Die neuen Federbeine sind kompakter ausgelegt, dadurch sind sie steifer und genauer in der Einhaltung des Radsturzes. Ein neues, leichtes Aluminium-Federbein-Stützlager trennt die Krafteinleitung von Dämpfer und Zusatzfeder und ermöglicht eine noch präzisere Fahrwerksabstimmung. Durch eine Erhöhung der Anti-Dive-Eigenschaft reduziert sich das Eintauchen des Vorderwagens bei einer Vollbremsung und der Bremsweg wird dadurch kürzer. Auch die völlig neu konstruierte Hinterachse verbessert die Stabilität und Präzision gegenüber der bereits sehr guten Vorgängerachse deutlich.

Porsche setzte stattdessen eine völlig neu entwickelte elektromechanische Servolenkung ein. Der Vorteil gegenüber einer hydraulischen Servolenkung besteht in einem reduzierten Kraftstoffverbrauch von mindestens 0,1 Liter auf 100 Kilometer. Die Lenkung benötigt nur dann Energie, wenn sie vom Fahrer betätigt wird. Das Porsche Torque Vectoring (PTV) bietet dem 911 Carrera Cabriolet noch mehr Agilität. Das System ist in zwei Varianten verfügbar. Beim Schaltgetriebe ist das PTV mit einer mechanischen Quersperre mit einer Sperrwirkung von 22 Prozent im Zug und 27 Prozent im Schub ausgerüstet. PDK-Fahrzeuge sind mit dem PTV Plus mit elektronisch geregelter, vollvariabler Quersperre ausgestattet. Im Carrera S Cabriolet ist das System serienmäßig, für das Carrera Cabriolet ist es als Sonderausstattung erhältlich.

Serienmäßig verfügen die 911-Carrera-Cabriolet-Modelle über eine Sport-Taste, mit der zwischen einer komfort- beziehungsweise verbrauchsoptimierten und einer betont sportiven Abstimmung gewählt werden kann. Bei aktiviertem Sport-Modus wird die Fahrzeugabstimmung sportlicher und das elektronische Motormanagement steuert das Triebwerk noch agiler und direkter. Bei Fahrzeugen mit PDK wird im Automatikmodus später hochgeschaltet und früher zurückgeschaltet. Die Auto-Start-Stop-Funktion und die PDK-Verbrauchsfunktion Segeln werden deaktiviert. Das optionale Sport Chrono-Paket mit zusätzlicher Sport Plus-Taste ermöglicht eine noch weitere Spreizung zwischen der sportlichen Abstimmung für die Rennstrecke und dem Fahrkomfort für den Alltagsbetrieb.

Neben der Anpassung aller relevanten Systeme und Funktionen für eine maximale Performance beinhaltet das Sport Chrono-Paket erstmals geregelte, dynamische Motorlager. So ermöglicht die in Verbindung mit PDK enthaltene Launch Control bei gedrückter Sport-Taste die bestmögliche Anfahrbeschleunigung und verbessert den klassischen Sprint von 0 auf 100 Kilometer pro Stunde um weitere 0,2 Sekunden. Aktiviert die Sport Plus-Taste die PDK-Schaltstrategie »Rennstrecke«, so werden kürzestmögliche Schaltzeiten und optimale Schaltpunkte für maximale Beschleunigung und Performance realisiert. Das PSM greift bei aktivierter Sport Plus-Taste – sowohl beim Schaltgetriebe als auch beim PDK – später ein, um eine höhere Agilität und Fahrdynamik zu erreichen. Zusätzlich wird die Gaspedalkennlinie für ein direkteres Ansprechverhalten angepaßt. Die optionalen Systeme PASM, PDCC, PTV Plus und die dynamischen Motorlager wechseln für eine straffere und sportlichere Dämpfungs- und Fahrwerkseinstellung in den Sportmodus. Zudem werden der Sound Symposer sowie die auf Wunsch erhältliche Sportabgasanlage aktiviert und das optionale Porsche Dynamic Light System auf schnellere Reaktionen eingestellt. Das Sport Chrono-Paket beinhaltet eine analoge und digitale Stopuhr. Beim optionalen PCM gehört zusätzlich eine Performance-Anzeige mit Memory Funktion zum Lieferumfang.

Einen entscheidenden Beitrag für den beeindruckenden Agilitätsgewinn leistet die Porsche Dynamic Chassis Control (PDCC), die als Sonderausstattung für das 911 Carrera S Cabriolet lieferbar ist. Das völlig neu entwickelte PDCC sorgt im offenen Elfer für neue Maßstäbe bei Querbeschleunigung und Handling. Das variable Stabilisatorsystem löst den Zielkonflikt von hoher Sportlichkeit mit geringer Wankneigung in Kurven und hohem Komfort durch weitgehende Entkoppelung des Stabilisators bei Geradeausfahrt und wechselseitigem Einfedern auf unebener Fahrbahn. Die Seitenneigung bei Fahrzeugen mit PDCC wird beim Einlenken in Kurven bis hin zur maximalen Querbeschleunigung fast vollständig kompensiert. Die Reifen stehen durch die reduzierten Wankwinkel stets optimal auf der Fahrbahn und können somit höhere Seitenkräfte übertragen. Dies erhöht die möglichen Kurvengeschwindigkeiten, die wiederum für schnellere Rundenzeiten auf der Rennstrecke sorgen. Das System sorgt zudem für ein noch direkteres Lenkgefühl und eine höhere Lenkpräzision. Die intelligente Steuerung des PDCC ist in der Lage, die hydraulischen Aktoren je nach Fahrsituation individuell anzusteuern. Dies beeinflußt das Eigenlenkverhalten positiv und verbessert die Fahrzeugstabilisierung.

Die Bremsanlage der beiden 911 Carrera Cabriolets wird von den Coupé-Modellen übernommen. Serienmäßig sind beim 400 PS starken 911 Carrera S Cabriolet vorne 6-Kolben-Aluminium-Monobloc-Festsättel mit gewichtsreduzierten 340-Millimeter-Bremsscheiben montiert. Hinten verzögern bei beiden Modellen 4-Kolben-Aluminium-Monobloc-Festsättel und Bremsscheiben mit einem Durchmesser von 330 Millimetern. Auf Wunsch werden die 911 Carrera Cabriolet-Modelle mit der leistungsstarken Porsche Ceramic Composite Brake (PCCB) mit Keramikbremsscheiben und weiterentwickelten 6-Kolben-Aluminium-Monobloc-Festsätteln an der Vorderachse und vier 350-Millimeter-Bremsscheiben ausgeliefert. Das 911 Carrera Cabriolet bietet ebenfalls ein adaptives Bremslicht, welches bei hohen Verzögerungswerten oder im Fall einer Vollbremsung zur Warnung des nachfolgenden Verkehrs blinkt. Das System ist ab einer Geschwindigkeit von 70 Kilometern pro Stunde aktiv. Erstmals gibt es in einem 911 Carrera Cabriolet keinen Handbremshebel mehr. Eine elektrisch betätigte Parkbremse übernimmt die Funktion der Feststellhilfe. Die elektrische Parkbremse kann bequem über eine Taste links unterhalb des Lichtschalters manuell aktiviert und bei getretener Fußbremse deaktiviert werden. Die elektrische Parkbremse löst sich beim Anfahren automatisch.

Serienmäßig rollt das 911 Carrera Cabriolet auf 19-Zoll-Carrera-Rädern im Fünf-Doppelspeichen-Design, die in silbernem Hochglanzlack ausgeführt sind. Vorne sind auf 8,5 J x 19-Leichtmetallrädern Reifen der Größe 235/40 ZR 19 montiert, hinten auf 11 J x 19 sind 285/35 ZR 19-Reifen aufgezogen. Das 911 Carrera S Cabriolet ist mit Carrera-S-Rädern in 20 Zoll ausgerüstet. Diese sind wie alle 20-Zoll-Räder in einem Premium-Hochglanzlack in Silber ausgeführt. An der Vorderachse sind die 8,5 J x 20-Leichtmetallräder mit Reifen der Dimension 245/35 ZR 20 bestückt, an der Hinterachse wird eine 295/30 ZR 20-Bereifung mit 11 J x 20-Rädern kombiniert. Serienmäßig ist ein platzsparendes Reifenpannensystem, welches aus dem Reifendichtmittel und dem elektrischen Luftdruckkompressor besteht. Auf Wunsch ist die Reifendruckkontrolle (RDK) erhältlich, die den Luftdruck permanent in allen vier Reifen einzeln überwacht.

Beim Innenraumkonzept sind die offenen 911 Carrera weitgehend vom Coupé abgeleitet. Im Cockpit empfängt diese 911-Generation Fahrer und Beifahrer mit einem neuen, elferuntypischen Ambiente, bei der das Zündschloß selbstverständlich weiterhin links sitzt. Porsche bedient sich jetzt bei den Sportwagen an dem ergonomisch weiterentwickelten Konzept, welches schon in den Modellen Panamera und Cayenne angewendet wird. Die nach vorne ansteigende Mittelkonsole ist im Stil des Carrera GT mit höhergesetztem Schalthebel ausgeführt. Sie integriert Fahrer und Beifahrer mehr in das Cockpit und verstärkt das sportlichere Innenraumgefühl. Auf der Mittelkonsole spielen die in sinnvollen Funktionsgruppen zusammengefaßten Tasten für die Bedienung der weiterentwickelten Ergonomie eine wesentliche Rolle. Das großzügigere Raumgefühl wird durch das verbesserte Platzangebot mit 25 Millimeter mehr Beinraum vorne sowie sechs Millimeter mehr Beinfreiheit hinten erzeugt.

Beim 911 Carrera Cabriolet sind die Fondseitenscheiben elektrisch versenkbar. Die Armaturentafel mit den fünf Rundinstrumenten ist weiterhin klassisch übersichtlich gestaltet. In der Mitte sitzt nach wie vor der große Drehzahlmesser als wichtigstes Element für den Fahrer mit den Anzeigen aller wesentlichen Informationen zu Geschwindigkeit, Drehzahl, eingelegtem Gang sowie Warn- und Kontrolleuchten. Beim 911 Carrera ist das Ziffernblatt des Drehzahlmessers schwarz, beim 911 Carrera S ist es silber. Die vier äußeren Rundinstrumente sind stets in schwarz ausgeführt. Im rechten Kombiinstrument neben dem Drehzahlmesser können umfassende, konfigurierbare Anzeigemöglichkeiten zu Fahrzeugzustand, Audio, Navigation, Kartendarstellung, Bordcomputer, Telefon und Reifendruckkontrolle in einem hochauflösenden 4,6-Zoll-TFT-Farbbildschirm dargestellt werden. Die Bedienung erfolgt über den rechten Hebel für den Bordcomputer oder die rechte Lenkraddrehwalze des, auf Wunsch erhältlichen, Multifunktionslenkrads.

Bei Fahrzeugen mit Schaltgetriebe ist außerdem eine Schaltassistenz-Anzeige integriert. Vorne nimmt man auf den neugestalteten, serienmäßigen Sportsitzen mit elektrischer Vier-Wege-Einstellung für die Sitzhöhen- und Lehneneinstellung Platz. Die Längsrichtung wird weiterhin rein mechanisch verstellt. Für eine perfekte Ergonomie ist auch eine individuelle Einstellung der Lenkradposition notwendig. Das Sportlenkrad ist serienmäßig mit einer mechanischen Lenksäulenverstellung mit einer um zehn Millimeter erweiterten Längsverstellung ausgerüstet. Bedienkomfort und Fahrerergonomie werden dadurch weiter verbessert. Die Lehnen der neu konstruierten Rücksitze sind getrennt umklappbar und vergrößern den Fondladeraum auf bis zu 160 Liter. Sitze und Ambiente können je nach Geschmack weiter individualisiert werden.

Auf Wunsch sind Sportsitze mit vollelektrischer 14-Wege-Einstellung für die elektrische Längseinstellung, Sitzkissenneigung, Sitzkissentiefe sowie Vier-Wege-Lordosenstütze lieferbar. Die ebenfalls als Sonderausstattung lieferbaren Adaptiven Sportsitze Plus mit 18-Wege-Einstellung und stärker konturierten Seitenwangen enthalten außerdem eine Einstellung der Seitenwangen an Sitzfläche und Sitzlehne für perfekten Seitenhalt in schnell gefahrenen Kurven. Bei beiden Varianten gehören das Memory-Paket und eine elektrische Lenksäulenverstellung zum Lieferumfang. Das Memory-Paket speichert eine Vielzahl von Sitz-, Lenksäulen- und Fahrzeugeinstellungen. In Verbindung mit der aufpreispflichtigen Sitzheizung ist die Sitzbelüftung jetzt auch für alle vier Sportsitzversionen bestellbar. Sollte das Fahren mit offenem Verdeck nicht gewünscht sein, so können die Insassen der 911 Carrera Cabriolets bei geschlossenem Verdeck den Komfort der serienmäßigen Zweizonen-Klimaautomatik genießen. Besonderer Wert ist auf den akustischen Komfort von Klimagerät und Luftausströmern gelegt worden. Der serienmäßige Aktivkohlefilter reinigt die Frischluft von Partikeln und Pollen, Gerüche werden absorbiert. Die Klimaautomatik ist mit einem Luftgütesensor ausgerüstet, der die Eingangswerte für die automatische Umluftsteuerung liefert, die bei schlechter Außenluftqualität selbstständig von Außen- auf Umluftbetrieb schaltet.

Das serienmäßige Audiosystem CDR-31 mit Sound Package Plus, neun Lautsprechern, sieben Kanälen und einer Verstärkerleistung von 235 Watt bietet Unterhaltung und akustische Informationen. Mit Ausnahme der Lautstärkeneinstellung können sämtliche Funktionen des CDR-31 durch Berühren des 7-Zoll-TFT-Displays mit Touchscreen angewählt werden. Dadurch ist ein schnelles und einfaches Navigieren durch die verschiedenen Menüs ebenso möglich wie eine sehr gute und übersichtliche Ablesbarkeit. Nahezu alle Funktionen können, je nach Präferenz, aber auch ganz konventionell über den rechten Dreh-/Drücksteller eingestellt werden. Das integrierte CD/DVD-Laufwerk ermöglicht die Audiowiedergabe von Audio- und Video-DVDs sowie von gängigen komprimierten Musikformaten wie MP3. Anstelle des serienmäßigen Einfach-CD-Laufwerks ist auf Wunsch ein integrierter 6-fach-CD-Wechsler lieferbar. Im Handschuhfach befindet sich eine serienmäßige AUX-Schnittstelle für externe Audioquellen sowie eine 12-Volt-Steckdose zur deren Energieversorgung.

Als Option sorgt weiterhin das BOSE® Surround Sound-System mit zwölf Lautsprechern inklusive einen im Rohbau integrierten 100-Watt-Aktivsubwoofer mit Class-D-Endstufe und 130 Millimeter Membrandurchmesser sowie acht Verstärkerkanälen für ein beeindruckendes Klangerlebnis. Somit beträgt die Gesamtleistung 445 Watt. Im gesamten Innenraum kann ein Frequenzumfang von 40 Hz bis 20 kHz abgebildet werden.

Erstmals bietet Porsche das Burmester® High-End Surround Sound-System für das 911 Carrera Cabriolet an. Nicht nur in puncto Technik und Klangqualität, sondern auch beim Design erfüllt die Burmester®-Anlage allerhöchste Ansprüche. Zwölf einzeln ansteuerbare Lautsprecher inklusive einem aktiven Rohbau-Subwoofer mit 140 Millimeter Membrandurchmesser und integrierter 300 Watt Class-D-Endstufe sowie 12 Verstärkerkanäle mit einer Gesamtleistung von 821 Watt bieten beste Voraussetzungen für ein State-of-the-Art-Sounderlebnis.

Das Porsche Dynamic Light System (PDLS) sorgt für eine noch bessere Ausleuchtung der Fahrbahn bei Dunkelheit und beinhaltet eine geschwindigkeitsabhängige Fahrlichtsteuerung, die den Lichtkegel und die Lichtintensität in Abhängigkeit von der gefahrenen Geschwindigkeit für eine bessere Sicht anpaßt sowie das dynamische Kurvenlicht, welches ab einer Geschwindigkeit von rund vier Stundenkilometern aktiviert wird. Die Lichtsteuerung schwenkt die Hauptscheinwerfer in Abhängigkeit von Fahrgeschwindigkeit und Lenkwinkel um bis zu 15 Grad in die Kurve. Eine noch schnellere Anpassung des dynamischen Kurvenlichts an die Lenkbewegung des Fahrers erfolgt in Ver-

bindung mit dem optionalen Sport Chrono-Paket. Das Kurvenlicht, welches auch bei eingeschaltetem Fernlicht aktiv bleibt, verbessert die Sicht des Fahrers. Ein Landstraßen- und ein Autobahnlicht verbessern die Sichtweite bei hohen Geschwindigkeiten. Wird die Nebelschlußleuchte eingeschaltet, aktiviert dies das Schlechtwetterlicht, das die Blendung des Fahrers bei Nebel reduziert, indem der linke Scheinwerfer um acht Grad nach außen geschwenkt wird. Gleichzeitig wird die Scheinwerferleistung auf 33 Watt reduziert und das Kurvenlicht deaktiviert.

Neben dem im 911 Carrera Cabriolet serienmäßigen hinteren ParkAssistent mit akustischer Abstandswarnung wird bei den 991-Carrera-Modellen optional auch ein ParkAssistent vorne und hinten mit Top-View angeboten. Neben einer akustischen Warnung zeigt das System auch durch eine optische Anzeige den Abstand vor und hinter dem Fahrzeug mit einer farbigen Darstellung des Nahbereichs mit Ansicht der Fahrzeugumrißlinien aus der Vogelperspektive im zentralen Bildschirm an. Der neue Fahrlichtassistent erhöht die Sicherheit und den Komfort. Im Spiegelfuß des Innenspiegels ist der Sensor für den Fahrlichtassistenten untergebracht. Er schaltet bei einsetzender Dämmerung oder bei Tunneleinfahrten automatisch von Tagfahrlicht auf Abblendlicht um. Das bequeme, schlüssellose Ver-

Blick ins Cockpit des 991 Carrera Cabriolet Modelljahr 2012

und Entriegeln der Türen, des Kofferraums und das Starten des Fahrzeugs ermöglicht das auf Wunsch lieferbare Porsche Entry & Drive System. Berührt der Fahrer den Türgriff, fragt Porsche Entry & Drive den im Fahrzeugschlüssel gespeicherten Zugangscode ab und entriegelt bei richtigem Code die Tür. Bei Annäherung an das Bugteil wird der Gepäckraumdeckel entriegelt und kann nun zum Be- und Entladen geöffnet werden. Der Motor wird über die Bedieneinheit im elektrischen Zündanlaßschalter gestartet oder abgestellt. Zum Verriegeln der Türen muß die Verriegelungstaste des Schlüssels oder eine der Verriegelungstasten in den Türgriffen gedrückt werden. Der Schlüssel muß sich zum Verriegeln der Türen außerhalb des Fahrzeugs im Empfangsbereich befinden, um zu verhindern, daß die Türen verriegelt werden, während der Schlüssel im Wagen verbleibt.

Das Carrera Cabriolet mit 7-Gang-Schaltgetriebe beschleunigt aus dem Stand auf 100 Stundenkilometer in 5,0 Sekunden. Die Höchstgeschwindigkeit beträgt 286 Kilometer pro Stunde. Der Beschleunigungswert von 0 auf 100 km/h beträgt beim Carrera S Cabriolet 4,7 Sekunden. Zudem durchstößt es mit einer Endgeschwindigkeit von 301 Kilometer pro Stunde ganz knapp die magische 300-km/h-Schallmauer. Bei allen 911 Carrera Cabriolet Versionen mit Porsche Doppelkupplungsgetriebe verbessern sich, im Vergleich zum Schaltgetriebe, die Beschleunigungswerte von 0 auf 100 Kilometer pro Stunde um 0,2 Sekunden. Mit optionalem Sport Chrono Paket Plus verkürzt sich dieser Wert bei aktivierter »Launch Control« um weitere zwei Zehntelsekunden. Die Spitzengeschwindigkeit der Fahrzeuge mit PDK ist dagegen um zwei Kilometer pro Stunde langsamer als mit der manuellen 7-Gang-Schaltung.

MODELLJAHR 2013 (D-PROGRAMM)

Ab Juni 2012 bietet Porsche Exclusive leistungsorientierten Kunden eine neu entwickelte Leistungssteigerung für den 911 Carrera S an. Der 3,8-Liter-Boxermotor leistet 430 PS (316 kW) bei 7.500 Umdrehungen pro Minute und hat ein maximales Drehmoment von 440 Newtonmeter bei 5750/min. Sieben Prozent Mehrleistung, ohne jedoch den Verbrauch zu erhöhen, ist das Ergebnis sorgfältig aufeinander abgestimmter, mechanischer Modifikationen mit einer angepaßten elektronischen Motorsteuerung. Hauptkomponenten der Leistungssteigerung sind modifizierte Zylinderköpfe mit speziellen Nockenwellen und eine komplett neu entwickelte variable Resonanzsauganlage mit sechs Schalt- sowie einer Resonanzklappe. Ein zusätzlicher Mittenkühler hält den Wärmehaushalt des leistungsgesteigerten Sechszylindermotors in einem thermisch gesunden Temperaturbereich.

Zur Leistungssteigerung gehört ebenfalls eine Sportabgasanlage, welche für einen geringeren Abgasgegendruck sorgt. Per Knopfdruck entdrosselt sie die Abgasführung und verbindet beide Abgasstränge, dadurch entwickelt sich auch ein kerniger sportiver Sound. Zwei Doppelendrohre in eigenständigem Design gehören zum Lieferumfang. Die Werksleistungssteigerung beinhaltet außerdem das Sport Chrono-Paket und die dynamischen Motorlager für noch agilere Fahreigenschaften. Optisches Erkennungszeichen der Leistungssteigerung ist die titanfarbene Motorraumabdeckung mit Carbon-Einlegern. Das 911 Carrera S Coupé mit Leistungskit benötigt mit PDK im Sport-Plus-Modus nur 4,0 Sekunden für den Spurt aus dem Stand auf 100 Kilometer pro Stunde. Die Höchstgeschwindigkeit steigt mit der Werksleistungssteigerung um vier Stundenkilometer auf 308 Kilometer pro Stunde, beziehungsweise auf 306 km/h in Verbindung mit der 7-Gang-PDK.

Porsche Exclusive bietet darüber hinaus Aerodynamikkomponenten in verschiedenen Ausbaustufen zur Individualisierung an. Basis ist das tief heruntergezogene Bugteil mit vergrößerten Lufteinlässen aus dem Sport-Design-Paket. Dieses beinhaltet zusätzlich einen festen Heckspoiler in Form des legendären »Entenbürzels«. Top-Angebot ist das Aerokit Cup mit zusätzlichem starren Heckflügel über dem Heckspoiler und spezieller Spoilerlippe vorn mit weiteren Lufteinlässen. Weitere neue Ausstattungen von Porsche Exclusive sind die Privacy-Verglasung mit abgedunkelten Heck- und Seitenscheiben sowie das Exterieur-Paket mit diversen in Wagenfarbe lackierten Anbauteilen. Für den Innenraum bietet Porsche Exclusive zahlreiche Individualisierungsmöglichkeiten in Leder oder Alcantara sowie Interieur-Pakete mit Zierleisten aus Mahagoni-Holz, gebürstetem Aluminium oder Carbon an.

Der 911 Carrera 4 mit Allradantrieb feiert seine Weltpremiere auf der LA Auto Show. Am 28. November 2012 um 12.05 Uhr präsentiert Porsche die 911-Carrera-4-Familie erstmals den internationalen Medien im Rahmen der Pressekonferenz auf dem Porsche-Stand. Porsche verdoppelt das Angebot der 991-Carrera-Generation und bringt vier Modellvarianten des 911 Carrera 4 auf den Markt. Die Allradsportwagen besitzen einzigartig kraftvolle Proportionen. Sie verbinden die hervorragende Traktion und Fahrstabilität des aktiven Porsche Traction Management (PTM) mit den Vorteilen der Aluminium-Stahl-Leichtbaukarosserie, den leistungsstärkeren sowie effizienteren Motoren und den zusätzlichen Assistenzsystemen. Trotz höherer Motor- und Fahrleistungen verbrauchen alle vier Allradmodelle bis zu 16 Prozent weniger Kraftstoff als ihre jeweiligen Vorgänger.

Auffälligstes Erkennungsmerkmal der Carrera 4 mit Allradantrieb bleibt nach wie vor das breite Heck. Durch das Porsche Traction Management (PTM) wird das hohe Fahrleistungspotential der 911-Carrera-Generation bei allen Wetterbedingungen optimal auf die Straße übertragen. In Sekundenbruchteilen steuert eine Lamellenkupplung aktiv die optimale Kraftverteilung zwischen Vorder- und Hinterachse. Dies bedeutet, je nach Fahrsituation, mehr Traktion, mehr Fahrstabilität oder ein agileres Handling. Daraus resultiert noch mehr Fahrspaß bei noch mehr Sicherheit.

Die Carrera-4-Modelle sind auf den ersten Blick zu identifizieren. In der Frontansicht wird der eigenständige Auftritt durch das modifizierte Bugteil mit seitlichen Lufteinlaßgittern in Spangenform und in der Seitenansicht durch die schwarzen Schwellerblenden abgerundet. Im Vergleich zu den heckangetriebenen 911 Carrera sind die Allradmodelle durch die um jeweils 22 Millimeter verbreiterten Fondseitenwände zu erkennen. Die Hinterreifen sind entsprechend um zehn Millimeter breiter ausgeführt, dadurch wächst die hintere Spur des 911 Carrera 4 um 42 Millimeter, die des Carrera 4S um 36 Millimeter. Das breite Heck wird durch das exklusive Heckleuchtenband mit Park- und Schlußlichtfunktion noch zusätzlich betont. Das Leuchtenband verläuft direkt unterhalb der Abrißkante des Heckspoilers und verbindet die beiden Rückleuchten miteinander. Es verleiht den Allradfahrzeugen ein optisch einzigartiges, differenziertes Nachtdesign. Bei eingeschaltetem Licht verbindet das illuminierte Heckleuchtenband die beiden Rücklichter und identifiziert die Carrera-4-Modelle auch bei Dunkelheit.

Die Aluminium-Stahl-Leichtbau-Karosserie der neuen 911 Carrera-Familie ist so konzipiert, daß sie sowohl für Coupé und Cabriolet als auch für Hinterrad- und Allradantrieb mit nur wenigen Anpassungen verwendet werden kann. Alle Modelle teilen sich die Gewichtsvorteile mit erheblich verbesserter Karosseriesteifigkeit. Die 911 Carrera 4 sind um bis zu 65 Kilogramm leichter als die Vorgängermodelle. Auch bei den offenen Allrad-Elfern wird das von Porsche neu entwickelte Flächenspriegelverdeck mit der innovativen Technik verwendet.

Das Porsche Dynamic Light System (PDLS) sorgt für eine noch bessere Ausleuchtung der Fahrbahn bei Dunkelheit und be-

991 Carrera S Cabriolet Modelljahr 2012

inhaltet eine geschwindigkeitsabhängige Fahrlichtsteuerung, die den Lichtkegel und die Lichtintensität in Abhängigkeit von der gefahrenen Geschwindigkeit für eine bessere Sicht angepaßt, sowie das dynamische Kurvenlicht, welches ab einer Geschwindigkeit von rund vier Stundenkilometern aktiviert wird.
Mit dem Debüt der 911-Carrera-4-Modelle führt Porsche neue Funktionen und Ausstattungen sowie ein neues Assistenzsystem in die Elferfamilie ein. So ist die optionale Abstands- und Geschwindigkeitsregelung Adaptive Cruise Control (ACC) für PDK-Fahrzeuge um die Sicherheitsfunktion Porsche Active Safe (PAS) erweitert worden. PAS hilft, selbst bei ausgeschaltetem ACC, Auffahrunfälle zu verhindern. Das Frontradarsystem überwacht dazu permanent den Verkehr auf deutlich langsamer vorausfahrende Fahrzeuge. Sobald das System die Gefahr eines Auffahrunfalls erkennt, konditioniert es die Bremsanlage vor und sensibilisiert gleichzeitig den Bremsassistenten. Bei Gefahr eines möglichen Auffahrunfalls wird eine akustische und optische Warnung ausgelöst und der Fahrer durch einen Bremsruck auf ein nötiges Eingreifen hingewiesen. Sollte der Fahrer mit zu geringem Pedaldruck reagieren, so verstärkt das System je nach Situation den Bremsdruck bis hin zur Vollbremsung.
Das PAS kann im Kombiinstrument deaktiviert werden. Das ACC dient dem PAS als Basisfunktion. Der Radarsensor in der mittleren Blende des Bugteils erfaßt die Straße vor dem Fahrzeug bis zu 200 Meter. Die Adaptive Cruise Control hält einen in vier Stufen vorwählbaren, geschwindigkeitsabhängigen Abstand zum vorausfahrenden Fahrzeug ein. Das System paßt die Geschwindigkeit automatisch an, wenn nötig bis zum Fahrzeugstillstand. Sobald das vor dem Elfer stehende Fahrzeug wieder anfährt, kann der Fahrer durch Antippen des Gaspedals oder über die »Resume«-Funktion am Lenkstockhebel wieder im geregelten ACC-Modus folgen. Dadurch wird der Fahrer im Stop-and-Go-Verkehr entlastet.

Porsche bietet für das 911 Carrera-4-Coupé als Sonderausstattung außer dem Stahlschiebedach auch ein neues Glasschiebedach an. Wie das Stahlschiebedach öffnet es sich nach außen. Es ist mit einem Windabweiser und einem Sonnenschutzrollo ausgestattet. Die Dachteile vor und hinter dem Glasschiebedach sind in hochglänzendem Schwarz lackiert und unterstreichen das Glasschiebedach auch optisch.
Die Carrera-4-Modelle sind mit dem Porsche Traction Management (PTM) der neuesten Generation ausgestattet, welches auf dem System des 997 turbo basiert. Die Steuerung ist für die Allradmodelle der Baureihe 991 weiter optimiert worden. Porsche legt ein besonderes Augenmerk auf die Steigerung der Effizienz und die Reduzierung des Kraftstoffverbrauchs. Erkennt das System abhängig von der Fahrsituation eine ökonomische Fahrweise, verringert es die Übertragung des Antriebsmoments auf die Vorderachse und dadurch auch die Verlustleistung. Bei PDK-Fahrzeugen unterstützt das PTM mit geöffneter Kupplung durch antriebsloses Rollen das sogenannte »Segeln«. Dadurch sinkt das durch den Allradantrieb verursachte Bremsmoment und damit auch der Kraftstoffverbrauch um bis zu einem Liter auf 100 Kilometer bei vorausschauender Fahrweise im Alltagsbetrieb. Das PTM verknüpft die Porsche-typische Fahrfreude des Heckmotors und des Hinterradantriebs mit noch mehr Traktion, Fahrstabilität und agilerem Handling.
Das PTM leitet das in jeder Fahrsituation optimale Motormoment über eine Lamellenkupplung an die Vorderräder. Mit einer Schaltzeit von höchstens 100 Millisekunden ist das PTM schneller als die Lastwechselreaktionen des Motors sowie die Wahrnehmung des Fahrers. In der Praxis bedeutet das eine hervorragende Traktion auch auf rutschigem Untergrund, eine hohe Agilität auf kurvigen Landstraßen und eine hohe Fahrsicherheit auch bei extremen Fahrmanövern bei hoher Geschwindigkeit. Mit diesen Eigenschaften gehört das Porsche Traction Management (PTM) zu den leichtesten und gleichzeitig zu den leistungsfähigsten Allradantrieben auf dem Markt. Die fahrdynamische Abstimmung des Allradantriebs ist in der Grundauslegung heckdominant sportlich. Die Kraftverteilung wird je nach Fahrsituation und Reibwert voll variabel angepaßt. Zur Erkennung des Reibwerts werden Parameter wie Radschlupf, Längs- und Querbeschleunigung sowie Über- und Untersteuern berücksichtigt. In Verbindung mit Lenkwinkel und Gaspedalstellung wird für die jeweilige Fahrsituation die Verteilung des Antriebsmoments zwischen der Vorder- und der Hinterachse schnell und präzise geregelt.
Durch den Generationswechsel verfügen auch die Allrad-Elfer Carrera 4 und Carrera 4S über die vom 911 Carrera mit Heckantrieb bekannten Motoren mit 3,4 Liter bzw. 3,8 Liter Hubraum. Beide Boxermotoren verfügen zur Effizienzsteigerung über Bordnetzrekuperation, ein kennfeldgesteuertes Kühlwasser-Thermomanagement sowie die Auto-Start-Stop-Funktion für beide Getriebearten. Zu den weiteren verbrauchssenkenden Maßnahmen gehören die Reibungsminimierung in den Motoren, die Einführung der elektromechanischen Servolenkung sowie rollwiderstandsoptimierte Reifen.
Alle 911 Carrera 4-Modelle bieten mit dem serienmäßigen Sound Symposer einen akustisch noch sportlicheren Fahrgenuß. Dieser sorgt im Innenraum für einen noch kernigeren und sportlicheren Motorsound. Die Porsche-Ingenieure haben eine völlig neue Sportabgasanlage entwickelt, die als Sonderausstattung erhältlich ist. Die Sportabgasanlage wird über einen Schalter in der Mittelkonsole aktiviert, gepaart mit einem noch kernigeren, emotionaleren Auspuffsound und einem optimalen Leistungsvermögen des Boxermotors. Optisch ist die Sportabgasanlage an den beiden Doppelendrohren mit eigenständigem Design zu erkennen.
Porsche setzt bei den Carrera-4-Modellen serienmäßig ein 7-Gang-Schaltgetriebe ein. Es verbindet die Möglichkeit einer besonders dynamischen, sportlichen Fahrweise mit drehzahlschonendem Langstreckenkomfort und den daraus resultierenden Verbrauchsvorteilen. Die ersten sechs Gänge sind sportlich kurz übersetzt. Entsprechend wird die Höchstgeschwindigkeit im sechsten Gang erreicht. Der lange siebte Gang ist als Overdrive ausgelegt und bietet damit die Möglichkeit, durch eine reduzierte Motordrehzahl den Kraftstoffverbrauch zu senken und den Motorverschleiß zu reduzieren. Der eingelegte Gang ist in der Ganganzeige im Kombiinstrument ablesbar. Das auf Wunsch lieferbare Porsche-Doppelkupplungsgetriebe (PDK) verbindet die Sportlichkeit eines manuellen Schaltgetriebes und den Komfort einer Wandlerautomatik auf besonders effiziente Weise.
Das Fahrwerk der neuen 911 Carrera-Generation ist bereits bei der Entwicklung für die Aufnahme eines zusätzlichen Vorderradantriebs abgestimmt worden und baut deshalb auf dem der heckgetriebenen Elfer auf. Eine Ausnahme ist die breitere Spur an der Hinterachse, die beim 911 Carrera 4 um 42 Millimeter breiter ausfällt und beim 911 Carrera 4S um 36 Millimeter. Zusammen mit dem Allradantrieb (PTM) ergibt dies eine souveräne Stabilität selbst bei kraftvoller Beschleunigung in Kurven. Der um 100 Millimeter verlängerte Radstand sorgt für wesentlich mehr Fahrstabilität bei hoher Geschwindigkeit.
Auf Wunsch ist für die 911 Carrera 4-Modelle das PASM-Sportfahrwerk inklusive einer 20-Millimeter-Tieferlegung und Aerodynamikpaket lieferbar. Die im Paket enthaltene eigenständige Bugspoilerlippe ist aerodynamisch optimiert, der Heckspoiler fährt weiter aus als bei den Fahrzeugen ohne Sportfahrwerk. Das aerodynamische Ergebnis ist weniger Auftrieb an der Vorderachse und mehr Abtrieb an der Hinterachse.
Insgesamt ist der Auftrieb gleich null. Der 911 Carrera 4 mit PASM-Sportfahrwerk vermittelt einen besonders guten Kontakt zur Straße bei hoher Geschwindigkeit und reagiert sehr

spontan und direkt auf Lenkbewegungen. Das Resultat ist eine weitere Steigerung der Performance auf der Rennstrecke.
Porsche setzt auch beim Carrera 4 eine elektromechanische Servolenkung ein, die in puncto Leistungsfähigkeit und Präzision eine Spitzenposition auf dem Markt einnimmt. Auf Wunsch ist die elektromechanische, geschwindigkeitsabhängige »Servolenkung Plus« lieferbar, die verringerte Lenkkräfte beim Rangieren bei niedrigen Geschwindigkeiten bis 50 km/h bereit hält. Das Porsche Torque Vectoring (PTV) sorgt für eine noch weiter gesteigerte Agilität. Im 911 Carrera 4S gehört das PTV zur Serienausstattung, für den 911 Carrera 4 ist es als Sonderausstattung lieferbar. Das System enthält in Verbindung mit dem 7-Gang-Schaltgetriebe als PTV eine mechanische Quersperre und bei PDK-Fahrzeugen als PTV Plus eine elektronisch geregelte, vollvariable Quersperre. PTV/PTV Plus verbessert durch gezielte Bremseingriffe am kurveninneren Hinterrad die Agilität und die Lenkpräzision des Fahrzeugs bei sehr dynamischer Fahrweise. Die Quersperre sorgt für ein noch besseres Beschleunigungspotential am Kurvenausgang.
Serienmäßig verfügen alle 911-Carrera-4-Modelle über die Sport-Taste. Mit ihr kann der Fahrer zwischen einer komfort- sowie verbrauchsoptimierten und einer betont sportlichen Abstimmung wählen. Eine weitere Spreizung zwischen Sportlichkeit und komfortablem Alltagsbetrieb ist durch das optionale Sport Chrono-Paket mit zusätzlicher Sport Plus-Taste möglich. Alle relevanten Systeme und Funktionen werden in Richtung maximale Leistung angepaßt. Zusätzlich verfügt das Sport Chrono-Paket über geregelte, dynamische Motorlager. Bei aktivierter Sport Plus-Taste greift das PSM bei beiden Getriebeversionen später ein, um eine noch höhere Agilität und Fahrdynamik zu erreichen. Die optionalen Systeme PASM, PTV Plus, PDCC und die dynamischen Motorlager wechseln in den Sportmodus mit einer strafferen und sportlicheren Fahrwerks- und Dämpfungseinstellung. Weitere Funktionen werden durch die serienmäßige Sport-Taste aktiviert, dadurch wird die Gaspedalkennlinie für ein direkteres Ansprechverhalten angepaßt und die Funktionen Segeln und Auto-Start-Stop deaktiviert. Zusätzlich werden der serienmäßige Sound Symposer und die optionale Sportabgasanlage aktiviert. Das auf Wunsch lieferbare Porsche Dynamic Light System (PDLS) wird zudem auf schnellere Reaktionen konditioniert.
Das Sport Chrono-Paket beinhaltet eine analoge und digitale Stopuhr. Beim optionalen PCM wird dieses durch eine Performance-Anzeige mit Memory Funktion erweitert. Bei Fahrzeugen mit manuellem Schaltgetriebe umfaßt das auf Wunsch lieferbare Sport Chrono-Paket im »Sport Plus«-Modus jetzt ein automatisches Zwischengas beim Zurückschalten. Die Motordrehzahl wird dadurch bei schnellen Schaltvorgängen besser an den niedrigeren Gang angepaßt und der Fahrer kann die Motorleistung oder -bremse besser nutzen. Weitere Funktionen kommen in Verbindung mit der PDK hinzu. Die Launch Control ermöglicht bei gedrückter Sport Plus-Taste die bestmögliche Anfahrbeschleunigung und verkürzt den Spurt von 0 auf 100 Kilometer pro Stunde um 0,2 Sekunden. Die Sport Plus-Taste aktiviert die PDK-Schaltstrategie »Rennstrecke« mit schnellsten Schaltzeiten und optimalen Schaltpunkten für maximale Beschleunigung und Leistung.
Einen entscheidenden Beitrag für den beeindruckenden Fahrdynamikgewinn leistet die für den 911 Carrera 4S als Option lieferbare Porsche Dynamic Chassis Control (PDCC). Mit PDCC erreicht der 911 Carrera 4S einen neuen Höhepunkt in puncto Handling und Querbeschleunigung.
Im Cockpit empfängt die neue Carrera-4-Generation Fahrer und Beifahrer mit einem neuen Ambiente, bei der das Zündschloß selbstverständlich weiterhin links sitzt. Porsche bedient sich bei den Sportwagen dem ergonomisch weiterentwickelten Konzept, welches schon in den Modellen Panamera und Cayenne angewendet wird. Die nach vorne ansteigende Mittelkonsole ist im Stil des Carrera GT mit höhergesetztem Schalthebel ausgeführt. Die Armaturentafel mit den fünf Rundinstrumenten ist weiterhin klassisch übersichtlich gestaltet. In der Mitte sitzt nach wie vor der große Drehzahlmesser. Beim 911 Carrera 4 ist das Ziffernblatt des Drehzahlmessers schwarz, beim 911 Carrera 4S ist es silbern ausgeführt. Die vier äußeren Rundinstrumente sind stets in Schwarz ausgeführt.
Im 911 Carrera 4 kann die Verteilung der Antriebskraft des PTM-Allradantriebs erstmals auch sichtbar – als Anzeigenfunktion im Display des Kombiinstruments – dargestellt werden. Eine Balkenanzeige mit zehn Segmenten pro Achse informiert den Fahrer permanent über das am Hauptgetriebeausgang anliegende Antriebsmoment sowie dessen aktuelle Verteilung an die beiden Antriebsachsen. Vorne nimmt man auf den neugestalteten, serienmäßigen Sportsitzen mit elektrischer Vier-Wege-Einstellung für die Sitzhöhen- und Lehneneinstellung Platz. Das Sportlenkrad ist serienmäßig mit einer mechanischen Lenksäulenverstellung mit einer um zehn Millimeter erweiterten Längsverstellung ausgerüstet. Für sportliche Elfer-Fahrer bietet Porsche besonders leichte Sportschalensitze mit klappbarer Rückenlehne und integriertem Thorax-Airbag an. Die Schale des Sitzes ist aus glas- und kohlefaserverstärktem Kunststoff gefertigt, die Oberfläche aus Sichtcarbon. Eine Besonderheit ist der hoch in den Seitenwangen liegende Drehpunkt der Rückenlehne, der die für Rennschalensitze charakteristische Seitenführung im Beckenbereich gewährleistet. Klappbare Rückenlehnen ermöglichen ein bequemes Be- und Entladen des Fondsgepäckraums.
Das serienmäßige Audiosystem CDR-31 mit dem Sound Package Plus mit neun Lautsprechern, sieben Kanälen und einer Verstärkerleistung von 235 Watt bietet Unterhaltung und akustische Informationen. Erstmals bietet Porsche das Burmester® High-

End Surround Sound-System für den 911 Carrera 4 an. Nicht nur in puncto Technik und Klangqualität, sondern auch beim Design erfüllt die Burmester®-Anlage allerhöchste Ansprüche. Als Option sorgt weiterhin das BOSE® Surround Sound-System mit zwölf Lautsprechern inklusive einen im Rohbau integrierten 100-Watt-Aktivsubwoofer mit Class-D-Endstufe und 130 Millimeter Membrandurchmesser sowie acht Verstärker-Kanälen für ein beeindruckendes Klangerlebnis.

Neben dem im 911 Carrera 4/4S Cabriolet serienmäßigen Park-Assistent hinten mit akustischer Abstandswarnung wird bei den 991-Carrera-Modellen optional auch ein ParkAssistent vorne und hinten mit Top-View angeboten. Das bequeme, schlüssellose Ver- und Entriegeln der Türen, des Kofferraums und das Starten des Fahrzeugs ermöglicht das auf Wunsch lieferbare Porsche Entry & Drive-System.

Mit 7-Gang-Schaltgetriebe beschleunigt das 911 Carrera 4 Coupé in 4,9 Sekunden von 0 auf 100 km/h, mit PDK in 4,7 Sekunden sowie gedrückter Sport Plus-Taste in 4,5 Sekunden. Die Höchstgeschwindigkeit liegt bei 285 Stundenkilometern an, mit PDK bei Tempo 283.

Handgeschaltet benötigt das 911 Carrera 4 Cabriolet aus dem Stand auf 100 Stundenkilometer nur 5,1 Sekunden, mit PDK 4,9 Sekunden und mit Launch Control nur 4,7 Sekunden. Erst bei 282 km/h, mit PDK bei 280 km/h, wird die Höchstgeschwindigkeit erreicht. Den klassischen Sprint von 0 auf 100 km/h absolviert das 911 Carrera 4S Coupé mit Schaltgetriebe in 4,5 Sekunden. Mit dem optionalen PDK vergehen 4,3 Sekunden, zusammen mit dem Sport Chrono-Paket nur 4,1 Sekunden. Der Vortrieb endet erst bei 299 km/h, mit PDK bei 297 km/h.

Das 911 Carrera 4S Cabriolet spurtet bei perfekt geführter Handschaltung in 4,7 Sekunden von Null auf 100 Kilometer pro Stunde. Das PDK wechselt die Gänge ohne Zugkraftunterbrechung, dadurch verbessert sich die Zeit auf 4,5 Sekunden. Mit Sport Chrono geht es nochmals zwei Zehntelsekunden schneller. Bei einer Endgeschwindigkeit von 296 Kilometern pro Stunde, mit PDK von 294 km/h, halten sich Motorleistung und Fahrwiderstände die Waage.

Porsche nimmt das 50. Jubiläum des 911 zum Anlaß, um den 911-Kunden ein maßgeschneidertes Ausstattungspaket anzubieten. Das Optionspaket »50 Jahre 911« ist für alle 911 Carrera inklusive dem auf 1.963 Exemplare limitierten Jubiläumsmodell »50 Jahre 911« zu haben. Es umfaßt die folgenden Ausstattungsoptionen: Sport Chrono-Paket, Porsche Communication Management (PCM) inklusive Navigationsmodul, Telefonmodul, Park Assistent vorne und hinten sowie Sitzheizung für die Vordersitze. Der Verkaufspreis für das Paket beträgt in Deutschland 4.911 Euro. Je nach 911-Modellvariante ergibt sich daraus ein Preisvorteil von bis zu 34 Prozent gegenüber den Einzelpreisen. Das Optionspaket »50 Jahre 911« ist für alle Länder in Europa erhältlich, mit Ausnahme von Rußland und der Schweiz.

991 Carrera 4S

MODELLJAHR 2013/14 (E-PROGRAMM)

Auf dem Genfer Autosalon läutet Porsche das Jubiläumsjahr »50 Jahre 911« ein. Der 911 GT3 der Baureihe 991 feiert vom 7. bis 17. März 2013 seine Weltpremiere. Nach insgesamt 14.145 produzierten GT3-Fahrzeugen der Modellreihen 996 und 997 übernimmt jetzt die fünfte Generation des 911 GT3 die Pole Position unter den sportlichsten Elfern mit Saugmotor. Die Mission des 911 GT3 heißt Fahrdynamik. Jedes Detail ist darauf abgestimmt. Das Ergebnis kann sich sehen lassen, in nur 7:25 Minuten umrundet Porsche-Testfahrer Timo Kluck im neuen 911 GT3 die Nordschleife des Nürburgrings. Dies ist ein Maßstab für sportliche Elfer. Rund 80 Prozent aller 911 GT3 werden auch auf Rennstrecken gefahren. Die Auslieferung der 911 GT3-Fahrzeuge beginnt ab August 2013.

Schon der erste Blick zeigt, die Karosserie und die Aerodynamik des 911 GT3 sind konsequent auf Fahrdynamik und Abtrieb ausgelegt. Der um 102 Millimeter verlängerte Radstand, die vorne um 54 Millimeter und hinten um 31 Millimeter verbreiterte Spur sowie die um 11 Millimeter flachere Silhouette deuten schon optisch auf die weiter verbesserte Längs- und Querdynamik hin. Erkennungsmerkmal des GT3 ist erneut der große, feststehende Heckflügel. Dieser hat einen entscheidenden Anteil an der ausgewogenen Aerodynamik des 911 GT3, welche einen geringen Gesamtluftwiderstand mit hohen

Phantombild des 991 Carrera 4S Coupé Modelljahr 2013

Abtriebswerten verbindet. Die weiterentwickelte Karosserie des 911 GT3 basiert auf dem aktuellen 911 Carrera. Der umfassende Einsatz von Aluminiumteilen im Vorder- und Hinterwagen sowie in der Bodengruppe reduziert das Gewicht der Rohkarosse im Vergleich zum 997 GT3 um rund 13 Prozent. Kofferraumdeckel, Kotflügel, Dachaußenhaut und Türen sind ebenfalls aus Aluminium gefertigt. Gleichzeitig konnte die Torsionssteifigkeit um rund 25 Prozent gesteigert werden. Das Resultat dieser Maßnahmen macht sich unmittelbar in der Fahrdynamik bemerkbar.

Die Aerodynamik ist das designbeherrschende Element des GT3. Die Bugverkleidung mit den fünf Kühlöffnungen ist eine Neuentwicklung, die neben der Integration der Bugleuchten durch die größeren Öffnungen auch die Luftversorgung der Kühler verbessert. Das Bugteil besteht optisch aus drei Bereichen: Dem durchgängig horizontalen mittleren Spoilerelement sowie der seitlichen Weiterführung bis zu den Radläufen. Alle drei Elemente werden von einer schaufelförmigen, nach vorne gezogenen Lippe umrandet, die den Abtrieb an der Vorderachse weiter erhöht. Ein weiteres charakteristisches GT3-Merkmal ist die zusätzliche Luftausströmöffnung vor dem Kofferraumdeckel. Auffallend ist an der besonders ausgeprägten schwarzen Spoilerlippe die seitlich bis zum Kotflügel hochgezogene Kontur. Erinnerungen an die Ausführung des schwarzen Frontspoilers des 930 turbos werden wach. Optisch wird diese Linie am Seitenschweller unten durch eine schwarze Blende weitergeführt.

Das Heck des neuen 911 GT3 hat ein charakteristisches Erkennungsmerkmal: Den Heckdeckel mit dem feststehenden Flügel. Der neu entwickelte Heckdeckel besteht aus einem Glas-/Kohlefaser-Verbundwerkstoff. Integrale Bestandteile der Konstruktion sind die beiden Flügelstützen, die große Stau-

lufthutze für die Luftansaugung des Motors sowie die Spoilerlippe. Auf den Stützen ist der Heckflügel mit der integrierten dritten Bremsleuchte montiert, der für den Einsatz auf der Rennstrecke individuell eingestellt werden kann. Die Heckverkleidung des GT3 ist weiterhin mit drei Luftauslaßöffnungen ausgeführt, eine mittig unterhalb des Heckdeckels und zwei senkrecht stehende, jeweils an der Seite.
Die Gestaltung der Bug- und Heckteile ist das Ergebnis der konsequenten aerodynamischen Abstimmung des 911 GT3. Form follows Function. Sie verbindet eine ausgewogene Balance zwischen den drei Hauptkriterien niedriger Luftwiderstand, ausreichende Kühlung des Powertrains und der Bremsen sowie genügend Abtrieb bei höheren Geschwindigkeiten. Bugspoiler und Heckflügel generieren den Abtrieb an Vorder- und Hinterachse, unterstützt von der Unterbodenverkleidung, die durch die im Motorbereich nach hinten ansteigende Kontur einen zusätzlichen Diffusoreffekt bewirkt.
Porsche hat für den 911 GT3 ein völlig neues Antriebsaggregat entwickelt. Der klassische Sechszylinder-Saugmotor ist erstmals in einem rennsportnahen Elfer mit einer Benzin-Direkteinspritzung ausgerüstet. Der Motor des 911 GT3 basiert auf dem Sechszylinder der aktuellen 911 Carrera-Modellreihe. Die konstruktiven Änderungen des Basismotors haben vor allem das Ziel, das für den GT3 charakteristische Hochdrehzahlkonzept weiter zu verfeinern. Hohe Drehzahlen sind eine Grundlage für eine hohe Motorleistung bei Saugmotoren. Zudem bleibt die Drehzahl auch nach dem Hochschalten im maximalen Leistungsbereich. So mobilisiert das Sechszylinder-Hochleistungstriebwerk seine maximale Leistung von 475 PS (350 kW) bei 8.250 Touren. Das maximale Drehmoment von 440 Newtonmetern liegt bei 6.250 Umdrehungen pro Minuten an der Kurbelwelle an. Eine Höchstdrehzahl von 9.000 Umdrehungen pro Minute ist ein Spitzenwert für straßenzugelassene Serienfahrzeuge. Dies bedeutet ein breites, nutzbares Drehzahlband, welches beim Einsatz des GT3 auf der Rennstrecke entscheidende Zeitvorteile bringen kann.
Das Ergebnis der konsequenten und gewissenhaften Entwicklungsarbeit der Porsche-Ingenieure in Weissach zeigt, welches Potential noch im 6-Zylinder-Boxermotor steckt, und was der sportlichste Elfer mit Saugmotor bestimmt nicht braucht, einen V8-Motor mit BMW-Genen, wie ihn ein Porsche-Tuner im Unterallgäu einbaut. Mit einer Literleistung von 125 PS/l stößt das Triebwerk noch weiter als bisher in Bereiche des Motorsports vor. Der GT3-Motor entwickelt durch seine geringen bewegten Massen eine hohe Drehzahldynamik und beeindruckt durch sein enormes Drehvermögen sowie durch sein spontanes Ansprechverhalten über den gesamten Drehzahlbereich. Er bringt damit ideale Voraussetzungen für ein sehr sportliches Fahrerlebnis unter allen Einsatzbedingungen mit. Speziell für den GT3 entwickelte Zylinderköpfe standen im Mittelpunkt der Neukonstruktion. Die neuen Zylinderköpfe besitzen große Ein- und Auslaßkanäle, große Ventile und eine eigenständige Ventilsteuerung über Schlepphebel mit hydraulischem Ventilspielausgleich.
Der Vorteil der Schlepphebel liegt vor allem an den geringen bewegten Massen, welche hohe Drehzahlen ermöglichen, sowie einer großen Kontaktfläche zwischen Schlepphebel und Nocken. Das Motorkonzept stammt aus dem Rennsport. Es erlaubt sehr hohe Motordrehzahlen sowie Nockenwellen mit leistungsorientierten Profilen für große Hübe und lange Ventilöffnungszeiten. Weitere Hochleistungskomponenten sind Titanpleuel, geschmiedete Kolben sowie eine Trockensumpfschmierung. Eine ambitionierte Fahrweise auf der Rennstrecke mit hoher Querbeschleunigung stellt eine besonders hohe Anforderung an die Ölversorgung. Selbstverständlich verfügt der 911 GT3 weiterhin über eine Trockensumpfschmierung, bei der das Öl permanent aus der Ölwanne abgesaugt und in den separaten Öltank zurück gepumpt wird.
Zusätzlich besitzt die Ölwanne des GT3-Triebwerks erstmals einen Ölhobel. Diese Konstruktion stammt ebenfalls aus dem Rennsport. Der Ölhobel besteht aus einer Abdeckung mit je drei Einzelöffnungen pro Zylinder mit sichelförmigen Schaufeln, die zwischen dem Kurbelgehäuse und der Ölwanne montiert ist. Bei hohen Drehzahlen wird das durch die Kurbelwelle aufgewirbelte Spritzöl an den sichelförmigen Schaufeln in die Ölwanne abgeschieden, die bezeichnet man im Fachjargon als »gehobelt«. Dies verringert die Spritzölmenge im Kurbelgehäuse und reduziert so die Panschverluste des Motors. Neben der bedarfsgeregelten Ölpumpe besitzt der GT3-Motor zwei Spritzöldüsen pro Kolben, die abhängig von Temperatur, Last und Drehzahl gemeinsam geöffnet werden, um die thermisch hochbelasteten Kolben zu kühlen. Auch der neue GT3 bietet die Möglichkeit, das Drehmoment im mittleren Drehzahlbereich per Tastendruck zwischen 3.000 und 4.000 Umdrehungen pro Minute nochmals spürbar zu steigern, indem der Abgasgegendruck in der Sportabgasanlage weiter gesenkt und die Ladungswechsel verbessert werden.
Porsche baut in den 911 GT3 erstmals serienmäßig dynamische Motorlager ein. Das aktive System verbessert die Fahrdynamik. Erkennt die Steuerung der im 911 GT3 vorhandenen Sensorik eine rennmäßige Fahrweise, so verhärtet sie die im Alltagsbetrieb elastische Motorlagerung. In den Lagern ist ein Fluid mit magnetischen Partikeln eingeschlossen, dessen Viskosität über ein elektrisches Feld verändert werden kann. Im Alltag bleibt der GT3 komfortabel. Auf der Rennstrecke entfallen in schnellen Kurven störende Massenimpulse durch den Motor. Als weiterer Vorteil kommt die verbesserte Traktion beim Beschleunigen aus dem Stand hinzu. Die Kennfelder für die dynamischen Motorlager werden beim 911 GT3 über die Taste für die PASM-Steuerung aktiviert.

Erstmals wird ein 911 GT3 serienmäßig mit der Porsche-Doppelkupplung (PDK) ausgeliefert. Back to the roots. Porsche hatte das PDK bereits im Jahr 1984 im 956-Gruppe-C-Rennwagen eingesetzt. Im 911 GT3 kehrt die PDK wieder auf die Rennstrecke zurück. Für den GT3 haben die Motorsport-Ingenieure das Doppelkupplungsgetriebe mechanisch und auch steuerungstechnisch grundlegend überarbeitet. Im Wesentlichen betreffen die mechanischen Veränderungen den inneren Aufbau des Doppelkupplungsgetriebes. Durch den Einsatz von leichteren Zahnrädern und Radsätzen unterstützt das PDK die Drehzahldynamik des Hochdrehzahlmotors optimal. Durch diese Maßnahmen sinkt das Gesamtgewicht des PDK-Getriebes um etwa zwei Kilogramm.
Kürzere Übersetzungen der Gänge ergeben eine ganz neue Charakteristik. So wird die Höchstgeschwindigkeit im siebten Gang erreicht. In Verbindung mit der um 15 Prozent kürzeren Achsübersetzung besitzt der 911 GT3 in allen Gängen eine deutlich kürzere Gesamtübersetzung als der 911 Carrera. Das Ergebnis ist ein Getriebe, welches dem Fahrer alle fahrdynamisch relevanten Eigenschaften eines Schaltgetriebes bietet und diese mit den Vorteilen des PDK ergänzt. Auf der Rennstrecke kann es deshalb mit einem sequenziellen Schaltgetriebe verglichen werden. Der Fahrer kann zwischen der manuellen Schaltung oder dem adaptiven Schaltprogramm wählen. Über zwei Paddles am Lenkrad wird manuell geschaltet, das rechte zum Hoch- und das linke zum Zurückschalten. Verkürzte Schaltwege der Paddles und erleichterte Bedienkräfte ermöglichen eine noch schnellere Schaltauslösung mit verbesserter Rückmeldung. Vergleichbar ist die Betätigungscharakteristik mit den 911-GT3-Cup-Rennfahrzeugen. Alternativ kann der Fahrer auch über den Wählhebel auf der Mittelkonsole schalten. Das Schaltschema orientiert sich am professionellen Motorsport. Hochschalten erfolgt durch Zurückziehen des Hebels, Zurückschalten durch Nach-Vorne-Drücken.
Im GT3 sind Schaltstrategie und Reaktionszeit des PDK konsequent auf maximale Performance ausgelegt. Damit unterscheiden sie sich grundlegend von denen der anderen Porsche-Sportwagen. Der Fahrer spürt das beim manuellen Hochschalten in Form einer »Blitzschaltung«, bei der Reaktionszeiten von unter 100 Millisekunden möglich sind. Die Schaltzeiten sind in einer Größenordnung, die bisher nur im Motorsport vorgekommen sind. Zur Steigerung der Fahrleistungen erfolgen die Blitzschaltungen mit einer Momentenüberhöhung und die Gangwechsel werden mit einer Anpassung der Motordrehzahl an den neu gewählten Gang umgesetzt.
Die Fahrdynamik bei einer optimal gefahrenen Rundenzeit wird unter anderem von der Kupplung mitbestimmt. Das PDK ist deshalb mit der Funktion »Paddle-Neutral« ausgestattet. Zieht der Fahrer an beiden Schaltpaddles gleichzeitig, werden die Kupplungen des PDK geöffnet und unterbrechen den Kraftfluß zwischen Motor und Antrieb. Die Kupplung schließt bei ausgeschaltetem PSM blitzartig, sobald die beiden Schaltpaddles wieder gelöst werden. Bei eingeschaltetem PSM wird die Kupplung schnell, aber weniger impulsartig geschlossen. Durch diese Funktion kann der Fahrer ein auf nasser Fahrbahn in der Kurve übersteuerndes Fahrzeug durch Ziehen der beiden Paddles stabilisieren und so mehr Seitenführungskraft an den Hinterrädern aufbauen.
Ein weiterer Aspekt ist die individuelle Beeinflussung der Fahrdynamik durch das impulsartige Einsetzen der Antriebskraft beim Einkuppeln. Vergleichbar mit einer konventionellen Kupplung bei einem Handschaltgetriebe kann so bei dynamischem Einlenken das Fahrzeugheck bewußt zu einem Drift bewegt werden. Der Fahrer kann zudem die »Paddle-Neutral«-Stellung zur Beschleunigung aus dem Stand nutzen. Wie bei einem Fahrzeug mit Schaltgetriebe bestimmt der Fahrer allein mit Kupplung und Gasfuß die Beschleunigung, ganz ohne die Hilfestellung antriebstechnischer und fahrdynamischer Regelsysteme.
Im 911 GT3 bietet das PDK erstmals auch die Alternative, das Schalten der adaptiven Getriebesteuerung zu überlassen. Das PDK besitzt die beiden Schaltstrategien »Normal« und »PDK Sport«. Die Gangwechsel erfolgen damit stets schnell. Schaltpunkte und Schaltvorgänge orientieren sich am Temperament des Fahrers. Der PDK-Sport-Modus wird durch Drücken der Taste auf der Mittelkonsole aktiviert. Das PDK orientiert sich an Schaltkennfeldern, die auf die Anforderungen im Rennbetrieb abgestimmt sind. Die einzelnen Gänge werden höher ausgedreht und das Hochschalten erfolgen erst im oberen Drehzahlbereich. In der Rundstreckenabstimmung bleibt das Schaltprogramm auch bei gemäßigt sportlicher Fahrweise unverändert fahrleistungsorientiert. Der GT3 bewegt sich immer in leistungsorientierten Betriebspunkten und es steht zu jedem Zeitpunkt, auch ohne Gangwechsel, ein erhöhtes Zugkraftpotential zur Verfügung. Wie die 911 Carrera-Modelle mit PDK ist auch der 911 GT3 mit der »Launch Control« für eine maximale Beschleunigung aus dem Stand ausgestattet. Diese Funktion kann jederzeit, ohne Betätigung einer Taste abgerufen werden. Die Bereitschaft für den Beschleunigungsstart signalisiert die Anzeige »Launch Control« im Drehzahlmesser.
Das GT3-Fahrwerk deckt eine große Bandbreite an fahrdynamischen Möglichkeiten ab. Auf der Basis des hochpräzisen Chassis passen die intelligenten aktiven Systeme die Fahreigenschaften jederzeit an die Fahrsituation an. Die aktive Dämpfung PASM, die Stabilitätsregelung PSM und die aktiven Motorlager werden durch die neue aktive Hinterachslenkung und das erstmals im 911 GT3 serienmäßig eingesetzte Porsche Torque Vectoring (PTV) Plus ergänzt. Diese Systeme erweitern das fahrerische Spektrum erheblich. Die aktive Hinterachslenkung besteht aus

zwei elektromechanischen Aktuatoren, die statt der beiden konventionellen Spurlenker an der Hinterachse montiert sind. Das komplette Hinterachslenksystem hat ein Mehrgewicht von fünf Kilogramm. Damit kann der Lenkwinkel der Hinterräder in Abhängigkeit von der Geschwindigkeit um bis zu 1,5 Grad verändert werden. Bei Geschwindigkeiten bis zu 50 Kilometer pro Stunde lenken die Vorder- und Hinterräder in die entgegengesetzte Richtung. Der 911 GT3 fährt sich jetzt wie ein Fahrzeug mit deutlich kürzerem Radstand, gefühlt noch kürzer als beim Vorgängermodell.

Der Sportelfer läßt sich besonders direkt einlenken und fährt noch agiler um Kurven. Auch das Rangieren und Einparken im Alltag wird durch den kleineren Wendekreis spürbar erleichtert. Beim Einschlagen der Vorder- und Hinterräder in die gleiche Richtung verlängert sich der gefühlte Radstand des 911 GT3, was zu mehr Stabilität bei Spurwechseln und damit zu einer Erhöhung der Fahrsicherheit bei hoher Geschwindigkeit führt. Der durch den Lenkimpuls des Fahrers ausgelöste Seitenkraftaufbau an der Hinterachse erfolgt deutlich schneller als bei einer konventionellen passiven Hinterachse, was zu einem agileren und harmonischeren Einleiten der Richtungsänderung führt. Das Lenken in die gleiche Richtung erfolgt ab einer Geschwindigkeit von 80 Kilometer pro Stunde. Damit leistet die Hinterachslenkung einen entscheidenden Beitrag zur Entschärfung des fahrdynamischen Zielkonflikts zwischen Fahrstabilität und Agilität. Die aktive Hinterachslenkung bietet nicht nur Vorteile bei der Fahrsicherheit, der Alltagstauglichkeit und der Wendigkeit, sondern auch eine spürbare Steigerung der Fahrdynamik. Die Hinterachslenkung hat damit einen entscheidenden Anteil an den deutlich besseren Rundenzeiten auf der Nürburgring Nordschleife.

Je nach Fahrsituation ergänzt das Porsche Torque Vectoring Plus (PTV Plus) die aktive Hinterachslenkung. Das PTV Plus besteht aus gezielten, individuellen Bremseingriffen am jeweiligen Hinterrad auf Fahrbahnoberflächen mit geringer Haftung sowie einer elektronisch geregelten, vollvariablen Hinterachsquersperre. Mit dem Einschlagen der Lenkung wird das kurveninnere Hinterrad leicht abgebremst, wodurch das kurvenäußere Hinterrad eine höhere Antriebskraft erhält, und ermöglicht dadurch einen zusätzlichen Drehimpuls in die eingeschlagene Richtung. Das Einlenken in die Kurve wird direkter und dynamischer. Im unteren und mittleren Geschwindigkeitsbereich erhöht das PTV Plus somit die Agilität und Lenkpräzision spürbar. Bei hoher Geschwindigkeit sowie beim Herausbeschleunigen aus Kurven sorgt die Hinterachsquersperre für zusätzliche Fahrstabilität.

Hatte das Vorgängermodell noch eine Hinterachsquersperre mit festen Sperrwerten, so läßt sich beim 911 GT3 aufgrund des PDK-Getriebes die elektronisch geregelte Hinterachsquersperre fahrsituationsunabhängig aktiv und vollvariabel steuern. Die vollvariable Hinterachsquersperre ermöglicht vor allem im fahrdynamischen Grenzbereich eine höhere Traktion, eine Steigerung der Querdynamik sowie eine spürbar gesteigerte Fahrstabilität bei Lastwechseln in der Kurve und beim Spurwechsel. Bei Vollbremsungen sorgt die vollvariable Hinterachsquersperre für ein verbessertes Bremsverhalten. Das vollständige Lösen der Quersperre erlaubt eine optimale Ansteuerung der einzelnen Räder bei einer Vollbremsung mit ABS und damit einen stabilen und effizienten Bremsvorgang mit der größtmöglichen Verzögerung.

Das Porsche Stability Management (PSM) wird von PTV Plus ergänzt, welches die Fahrdynamik ebenfalls über radselektive Bremseneingriffe beeinflußt. Analog zum Vorgängermodell ist auch beim 911 GT3 der 991-Baureihe das Fahrstabilisierungssystem sehr sportlich abgestimmt. Damit ist das PSM wieder in zwei Stufen über die Funktionen »ESC OFF« und »ESC+TC OFF« komplett abschaltbar. Das PSM bietet extrem sportlichen GT3-Fahrern die Einflußmöglichkeiten für einen besonders individuellen, dynamischen Fahrstil. Die spezifische Abstimmung des 911 GT3 erfolgt mit einer noch präziseren Steuerung und einer noch feinfühligeren Regelung. Die Grundabstimmung des PSM bietet eine sehr hohe aktive Sicherheit. Längsdynamisch erfolgt dies durch die Traction Control (TC) mit den Unterfunktionen Automatisches Bremsendifferenzial (ABD), Antriebsschlupfregelung (ASR), Motorschleppmomentregelung (MSR) sowie Antiblockiersystem (ABS). Querdynamisch regelt das die Electronic Stability Control (ESC), vor allem durch radselektive Bremseneingriffe bei unter- oder übersteuerndem Fahrzeug. In der ersten Deaktivierungsstufe »ESC OFF« steigt die mögliche Fahrdynamik auf Rundstrecken durch Abschalten des querdynamisch regelnden ESC. Somit kann der Fahrer das Heck des 911 GT3 durch gezielte Lenkbewegungen sowie Steuerung über das Gaspedal in Kurven gezielt zum Driften bringen. Die sportlich abgestimmten Funktionen zur Längsdynamikregelung bleiben in diesem Fahrmodus erhalten. In der zweiten Deaktivierungsstufe »ESC+TC OFF« werden alle fahrdynamischen Regelsysteme bis auf das ABS abgeschaltet. Nun hat der Fahrer allein die Kontrolle und Verantwortung bei seinem ganz individuellen, rennsportorientierten Fahrstil.

Die Dämpfung des 911 GT3 wird weiterhin durch das variable Dämpfungssystem PASM mit einer speziellen weiterentwickelten Abstimmung aktiv geregelt. Wie bisher stehen zwei Kennfelder zur Wahl. Im Normalmodus ist die Dämpfung sportlich straff, bestens geeignet für den öffentlichen Straßenverkehr oder die Nürburgring Nordschleife. Um das ganze fahrdynamische Potential des 911 GT3 auf ebenen Rennstrecken, wie dem kleinen Kurs in Hockenheim, auszuloten, ermöglicht der Sportmodus des PASM ein hochpräzises und zielgenaues Fahrverhalten durch ein Minimum an Aufbaubewegungen. Die weiterentwickelten Regelalgorithmen des 911 GT3 bieten sowohl im

Normalmodus als auch im Sportmodus eine weitere Spreizung der adaptiven Dämpferfunktion.
Auf Wunsch wird ein pneumatisches Liftsystem für den Vorderwagen angeboten, welches aus neuen Einzelkomponenten besteht. Die Alltagstauglichkeit erhöht sich durch eine Anhebung der Fahrzeugfront um rund 30 Millimeter bis zu einer Geschwindigkeit von 50 Kilometer pro Stunde deutlich. Dadurch können Beschädigungen am Bugteil durch Bordsteine, Tiefgarageneinfahrten sowie grobe Fahrbahnunebenheiten verhindert werden.
Porsche-typisch wird beim 911 GT3 zur gesteigerten fahrdynamischen Performance auch die Leistung der Bremsanlage erhöht. An Vorder- und Hinterachse kommen jetzt Bremsscheiben mit einem Durchmesser von 380 Millimeter zum Einsatz. Die Belüftungsbohrungen der Bremsscheiben sind überarbeitet. Zur Reduzierung des Gewichts und der ungefederten Massen sind die aus dem Rennsport abgeleiteten Verbundbremsscheiben mit Töpfen aus Aluminium und Reibringen aus Grauguß ausgerüstet. Beide Komponenten sind über Edelstahlstifte miteinander verbunden. Zusätzliche Bremsluftkanäle verbessern die Kühlung an der Hinterachse. Analog zur Serienbremsanlage zeigt sich auch die Leistung der optionalen Keramikbremsanlage Porsche Ceramic Composite Brake (PCCB) gesteigert. Die Keramikbremsscheiben an der Vorderachse sind von 380 Millimeter Durchmesser auf 410 Millimeter und an der Hinterachse von 350 Millimeter auf 390 Millimeter vergrößert. Damit steigt die wirksame Reibfläche an den vorderen Bremsscheiben um gut 14 Prozent und an den hinteren um rund 20 Prozent. Der höhere Keramikanteil im Carbonfaser-Verbundwerkstoff steigert die Verschleißfestigkeit der neuen Bremsscheibengeneration, auch unter besonders hohen Belastungen, nochmals deutlich.
Völlig neu entwickelte Räder runden die Maßnahmen zur Optimierung der Fahrdynamik ab. Die 20-Zoll-GT3-Räder sind, im Vergleich zum 997 GT3, nicht nur um einen Zoll größer im Durchmesser, sondern sind an der Vorderachse auch um ein halbes Zoll breiter. Der 911 GT3 rollt an der Vorderachse auf Rädern der Größe 9 J x 20 mit 245/35 ZR 20-Sportreifen und der Dimension 12 J x 20 mit 305/30 ZR 20-Sportreifen an der Hinterachse. Die größeren Aufstandsflächen machen sich fahrdynamisch deutlich bemerkbar. Die Räder bestehen beim GT3 erstmalig aus geschmiedetem Aluminium. Die Vorteile sind das geringe Gewicht und die höhere mechanische Festigkeit. Trotz größerer Räder liegt das Gesamtgewicht einschließlich der UHP-Sportreifen (Ultra High Performance) unter dem Wert des Vorgängers. Dies reduziert nicht nur das Fahrzeuggewicht, sondern auch die ungefederten Massen zur Steigerung der Fahrdynamik. Die Räder sind mit einem optimierten Zentralverschluß ausgerüstet.
Das Reifendruckkontrollsystem (RDK) wartet mit der Zusatzfunktion »Rundstreckenmodus« auf, welches den Gewinn an Fahrdynamik zusätzlich unterstützt. Beim intensiven Einsatz auf der Rundstrecke erhöht sich die Lufttemperatur und damit auch der Luftdruck im Reifen. Eine Erhöhung der Lufttemperatur im Reifen um 50° C ist gleichbedeutend mit der Erhöhung des Luftdrucks um rund 0,5 bar. Mit der Zunahme des Luftdrucks wölbt sich die Lauffläche des Reifens, dadurch wird die Kontaktfläche zur Fahrbahn reduziert. Um die größtmögliche Aufstandsfläche des Reifens und damit den besten Grip zu erhalten, muß der Luftdruck entsprechend angepaßt werden. Um dennoch eine präzise Luftdrucküberwachung für den Rundstreckeneinsatz zu gewährleisten, ermöglicht der »Rundstreckenmodus« eine entsprechende Anpassung des Reifen-Soll-Luftdrucks. Die Auswahl dieser Funktion erfolgt im Kombiinstrument über das Menü »Reifendruck«. Bei aktiviertem »Rundstreckenmodus« zeigt der Bildschirm des Kombiinstruments permanent eine stilisierte Rundstrecke mit einem gelben »R«. Sie erinnert den Fahrer daran, im normalen Straßenverkehr wieder die Standard-Überwachungsfunktion mit den fest vorgegebenen Luftdruckwerten einzuschalten.
Sportlich, aber nicht zu spartanisch – das Interieur des 911 GT3 bleibt seinem Charakter treu. Die Porsche Sportsitze Plus bieten durch die höheren Seitenwangen Fahrer und Beifahrer auch in schnell gefahrenen Kurven einen guten Seitenhalt und verfügen über einen ordentlichen Langstreckensitzkomfort. Neben der Lehnenverstellung ist erstmals auch die Sitzhöhenverstellung elektrisch ausgeführt, die Sitzlängsverstellung weiterhin mechanisch. Wie es sich für einen besonders sportlichen Zweisitzer gehört, sind die Sitzmulden des GT3 im Fond abgedeckt. 911-GT3-typisch ist das Interieur mit Elementen in Alcantara in Schwarz gehalten. So sind die Mittelbahnen der Sitze, der Lenkradkranz, der Griff des Wählhebels, die Türgriffe, die Armauflagen der Türverkleidung, der Deckel des Ablagefachs in der Mittelkonsole sowie die Verkleidung des Mitteltunnels hinten und der Dachhimmel einschließlich der C-Säulen mit edlem Alcantara überzogen.
Der 911 GT3 erhält zur optischen Aufwertung Zierblenden an Schalttafel und Mittelkonsole aus gebürstetem Aluminium. Weitere Interieurteile sind in Galvanosilber ausgeführt. In Verbindung mit der Lederausstattung sind auch die Zierblenden der Türtafeln aus gebürstetem Aluminium gefertigt, dazu passend sind optional rote Ziernähte erhältlich. Der Kranz des GT3 SportDesign-Lenkrads ist mit schwarzem Alcantara bezogen. Die weiterhin manuelle Höhen- und Längsverstellung des Lenkrads ist jetzt auf jeweils 40 Millimeter verlängert. Schalten wie im Motorsport, dafür sind die Schaltwege der Schaltpaddles am Lenkrad um 50 Prozent verkürzt. Dadurch werden die Schaltvorgänge noch direkter und präziser. Links neben der Wählhebelkulisse des PDK-Wählhebels ist in der Mittelkonsole eine Schaltrichtungsanzeige mit in Anlehnung

an den Motorsport rot ausgeführten Symbolen eingelassen. Die Hochschaltung »+« erfolgt nach hinten und die Zurückschaltung »–« nach vorne.

Der 911 GT3 absolviert den klassischen Sprint aus dem Stand auf 100 Stundenkilometer in 3,5 Sekunden – der bisher schnellsten Zeit für einen straßenzugelassenen 911 mit Saugmotor. Der Vortrieb endet durch die kurz gewählte Übersetzung im siebten Gang bei einer Höchstgeschwindigkeit von 315 Kilometern pro Stunde.

Porsche strebt mit der Modelloffensive des 911 im Jubiläumsjahr einem besonderen Höhepunkt entgegen. Debütierte vor 50 Jahren der Elfer – noch als 901 – auf der Internationalen Automobilausstellung in Frankfurt am Main, stand schon zehn Jahre später der Prototyp des ersten 911 turbo an gleicher Stelle. Passend zu diesen beiden Jubiläen stellt Porsche die neue Turbogeneration erstmals gemeinsam als 911 turbo und 911 turbo S vor. Die beiden Modelle bilden mit adaptiver Aerodynamik, neuem Allradantrieb, aktiver Hinterachslenkung sowie Voll-LED-Scheinwerfern die technische und fahrdynamische Doppelspitze der Elfer-Baureihe. Die beiden turbo-Modelle kommen Ende September 2013 auf den Markt.

Die Karosserie der beiden 911-turbo-Versionen ist nach den gleichen Aluminium-Stahl-Leichtbaukriterien gefertigt, die Porsche schon bei den 911 Carrera-Modellen angewendet hat. Der Rohbau besteht inklusive Kotflügel, Türen, Hauben und Dach zur Hälfte aus Aluminium. Die Idee hinter diesem intelligenten Leichtbaukonzept ist, das ideale Material am richtigen Ort zu verwenden. Neben Aluminium zur Senkung des Fahrzeuggewichts wird ultrahochfester Stahl für höhere Karosseriesteifigkeit und -sicherheit sowie optimalen Insassenschutz

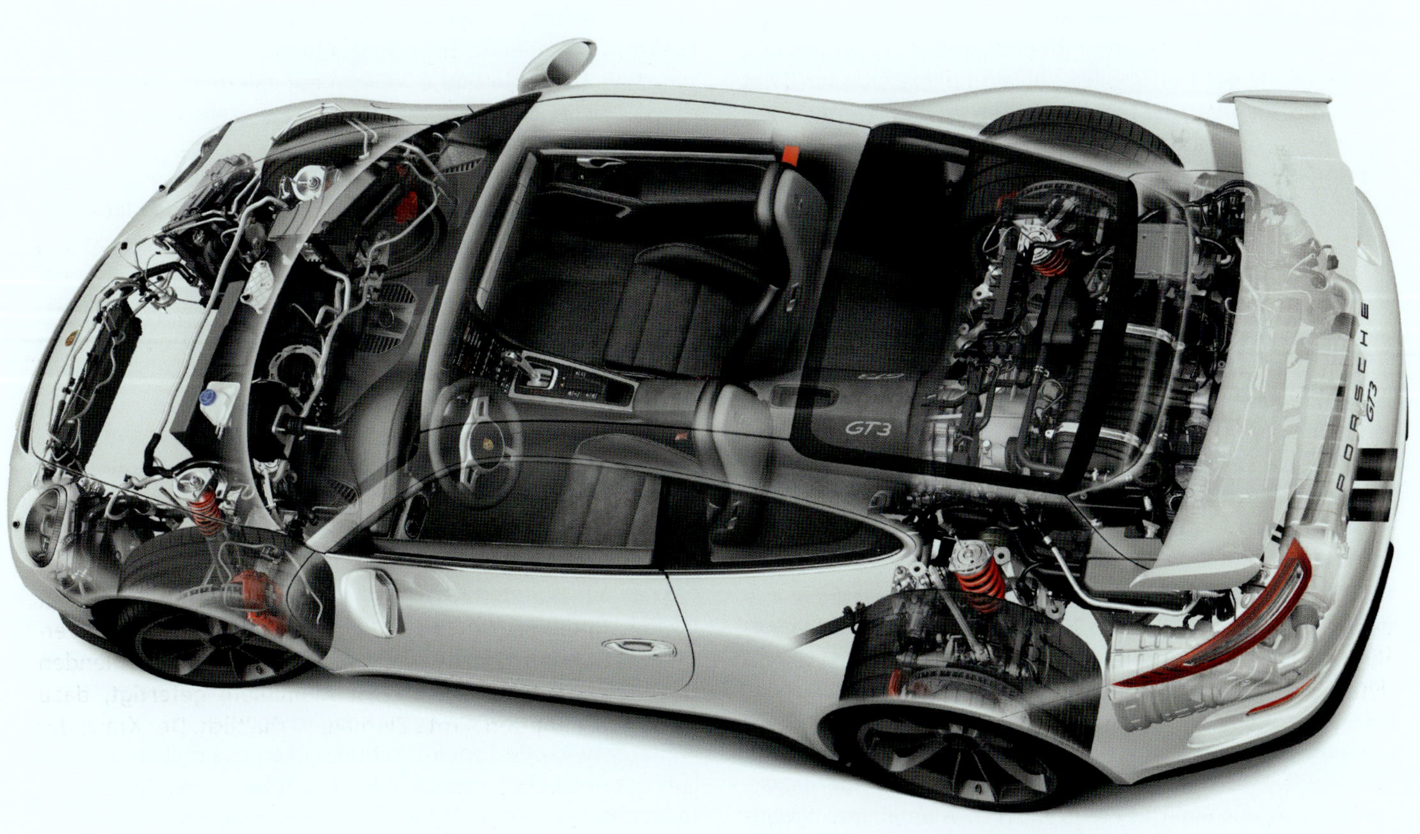

Phantombild des 991 GT3 Modelljahr 2013/14

eingesetzt. Auch bei den Montageteilen wird der intelligente Leichtbau durch den Einsatz von Aluminium, Magnesium und wandstärkenoptimierte Kunststoffverkleidungen umgesetzt. Wie bei den Carrera-Karosserien ist der Radstand um 100 Millimeter verlängert und die Spur an beiden Achsen verbreitert. Die beiden Spitzenmodelle machen ihre Performance mit der breitesten Karosserie aller Elfer auch optisch sehr deutlich. Die charakteristischen, weit herausgezogenen hinteren Kotflügel sind bei dieser 911 turbo-Generation um 28 Millimeter breiter als bei den 911 Carrera 4-Modellen. Erstmals seit dem 911 turbo der 964-Baureihe hat wieder ein turbo-Elfer breitere hintere Kotflügel als die verbreiterte Karosserie des 911 Carrera 4S.
Porsche hat mit dem Porsche Active Aerodynamics (PAA) ein aktives Aerodynamiksystem für die neue 911 turbo-Generation entwickelt. Das System besteht aus einem dreistufigen Frontspoiler mit pneumatisch ausfahrbaren Segmenten und einem ausfahrbaren Heckflügel mit den drei ansteuerbaren Flügelpositionen »Start«, »Speed« und »Performance«. Die Aerodynamik des 911 turbo kann je nach Fahrerwunsch, in der Speed-Position, auf optimale Effizienz oder auf beste Fahrdynamik abgestimmt werden. In der Performance-Position sind alle Segmente des Frontspoilers voll ausgefahren. Dadurch hat der turbo erstmals deutlichen Abtrieb an der Vorderachse. Gleichzeitig wird der Heckflügel auf die maximal ausfahrbare Höhe mit dem größten Anstellwinkel eingestellt und sorgt dadurch auch für einen höheren Anpreßdruck an der Hinterachse. Allein durch die optimierte Fahrdynamik des Systems verbessert sich die Rundenzeit auf der Nordschleife des Nürburgrings um bis zu zwei Sekunden.

Das Bugteil der beiden 911-turbo-Modelle ist mit vergrößerten Lufteinlässen versehen. Die Bugleuchten sind jetzt oberhalb der seitlichen Lufteintrittsöffnungen positioniert. Die Bugspoilerlippe ist mit dem geprägten Schriftzug »turbo« bzw. »turbo S« versehen. Beim 911 turbo S trägt das Bugteil seitlich zusätzliche Lufthutzen (Airblades) und die integrierten Parksensoren. Der Turbo S ist zudem serienmäßig mit den Voll-LED-Scheinwerfern mit Vier-Punkt-Tagfahrlicht und dynamischer, kamerabasierter Fernlicht-Steuerung, SportDesign-Außenspiegeln, einer Windschutzscheibe mit Graukeil sowie einem Tankdeckel in Aluminium-Optik ausgestattet. Diese Details sind für den 911 turbo als Sonderausstattung lieferbar.

Bei den weiterentwickelten Motoren verknüpft Porsche mehr Leistung bei einer gleichzeitigen Verbrauchsreduzierung von 16 Prozent. Kurbelgehäuse und Zylinder des 6-Zylinder-Boxermotors sind aus einer übereutektischen Aluminium-Silizium-Legierung gefertigt. Um die Standfestigkeit zu erhöhen, ist das Triebwerk mit geschmiedeten, durch Spritzöldüsen gekühlten Aluminiumkolben bestückt. Die gecrackten Pleuel sind ebenfalls geschmiedet. Die Benzin-Direkteinspritzung (DFI) spritzt den Kraftstoff durch Mehrlochhochdruckinjektoren direkt und millisekundengenau in den entsprechenden Brennraum ein. Strahl- und Kegelwinkel sind in Bezug auf Leistung, Drehmomentverlauf, Verbrauch und Emissionen optimiert. Die elektronische Motorsteuerung regelt Einspritzzeitpunkt und -menge separat für jeden Zylinder. Die so erreichte Verdichtung von 9,8 : 1 ermöglicht mehr Leistung in Verbindung mit einem besseren Wirkungsgrad des Motors. Porsche ist nach wie vor der einzige Hersteller, der zwei Turbolader mit variabler Turbinengeometrie (VTG) in einem Benzinmotor einsetzt.

Der aufgeladene 3,8-Liter-Sechszylinder wird in zwei Leistungsstufen angeboten. Im 911 turbo verfügt er zwischen 6.000/min und 6.500/min über 520 PS (383 kW). Maximale 660 Nm Drehmoment liegen zwischen 1.950/min und 5.000/min an der Kurbelwelle an. Mit der Funktion »Overboost« des optionalen Sport Chrono-Pakets sind es sogar kurzzeitig bis zu 710 Nm. Bei 7.000/min erreicht der aufgeladene Boxermotor seine Drehzahlgrenze. Das Antriebsaggregat des 911 turbo S leistet 560 PS (412 kW) bei 6.500 bis 6.750 Touren. Sein maximales Drehmoment liegt in einem Drehzahlbereich von 2.100 bis 4.200 Umdrehungen pro Minute bei 700 Newtonmetern. Durch die »Overboost«-Funktion des serienmäßigen Sport Chrono-Pakets erhöht es sich zwischen 2.200/min und 4.000/min auf 750 Newtonmeter. Das sportlicher ausgelegte turbo-S-Triebwerk dreht erst bei 7.200 Umdrehungen pro Minute aus.

Weitere Technologiebausteine sind die Expansionssauganlage und das VarioCam Plus. Bei einer Resonanzsauganlage gilt, je mehr Luft, desto mehr Leistung. Durch die Nutzung des Kompressionseffekts im Saugsystem wird möglichst viel Kraftstoff-Luft-Gemisch in den Zylinder gedrückt. Der Nachteil ist, beim Komprimieren erwärmt sich die Luft und das Gemisch wird nicht leistungsoptimal gezündet. Die Expansionssauganlage kehrt dieses Prinzip um. Durch ihre Geometrie im Vergleich zu einer herkömmlichen Sauganlage ist das Verteilerrohr länger und der Durchmesser kleiner. Die Saugrohre sind entsprechend kürzer. Die Luftschwingungen werden anders eingesetzt. Statt der bisherigen Kompressionsphase wird jetzt vor dem Brennraum die Expansionsphase mit der beim Ausdehnen abgekühlten Luft genutzt. Die Folge ist, das Gemisch im Brennraum ist kühler und läßt sich dadurch leistungsfördernder zünden. Durch die Expansion gelangt zwar weniger Luft in die Zylinder, dieser Effekt wird aber durch einen leicht erhöhten Ladedruck wieder ausgeglichen.

Weiterentwickelte Ladeluftkühler wirken der Erwärmung der Luft durch den höheren Ladedruck entgegen. Statt mehr Luft sorgt somit kühlere Luft für die Mehrleistung. Das Ergebnis ist ein deutlich verbesserter Wirkungsgrad des Motors für eine höhere Motorleistung bei gleichzeitig günstigerem Verbrauch bei hoher Last und Drehzahlen. VarioCam Plus ist ein System zur Verstellung der Einlaßnockenwellen sowie zur Schaltung des Ventilhubs der Einlaßventile mit einem maximalen Verstell-

bereich von 50 Kurbelwellen-Grad. Es verbindet normale Alltagstauglichkeit mit maximaler Leistung und stellt sich auf die jeweiligen Einsatzbedingungen des Motors ein. Durch die digitale Motorelektronik erfolgt die Umschaltung für den Fahrer nicht wahrnehmbar. Das Ergebnis ist ein spontanes Beschleunigungsvermögen, hohe Laufruhe und eine beeindruckende Durchzugskraft bei vergleichsweise niedrigem Verbrauch und Abgaswerten. Die Ölversorgung übernimmt eine integrierte Trockensumpfschmierung mit zusätzlichen Kühlfunktionen. Die elektronisch geregelte Ölpumpe ermöglicht eine bedarfsgerechte, effiziente Ölversorgung. Da das Ölreservoir im Motor integriert ist, entfällt der separate Öltank. Dies spart Platz, Gewicht und Kosten.
Bereits heute erfüllen die beiden 911 turbo-Modelle die Abgasnorm Euro 6, welche ab September 2015 für alle neu zugelassenen Fahrzeuge mit Ottomotor gelten wird. Beide Modelle sind mit zwei Doppelendrohren im turbo-Design aus Edelstahl ausgerüstet. Beim 911 turbo sind diese in Hochglanz verchromt ausgeführt, beim 911 turbo S in Schwarz chromatiert. Ein besonders intensives Fahr- und Klangerlebnis bietet der serienmäßige Sound-Symposer, der die Ansauggeräusche des Turbomotors per Membran in den Innenraum überträgt.
Selbstverständlich verfügen die beiden 911 turbo-Modelle über die gleichen Technologien zum Kraftstoffsparen wie die Carrera-Versionen. Dazu gehören die effizienzsteigernden Maßnahmen wie das Thermomanagement, die Bordnetzrekuperation, die Auto-Start-Stop-Funktion und die Funktion »Segeln«.
Die Kraftübertragung erfolgt serienmäßig über das 7-Gang-Doppelkupplungsgetriebe (PDK), welches bei den 911 turbo-Modellen schon beim Ausrollen die Funktionen Start-Stop mit Motorabschaltung und Segeln ermöglicht. In Verbindung mit dem neuen Thermomanagement für Turbomotor und PDK-Getriebe senken die Verbrauchspartechnologien den Kraftstoffkonsum im NEFZ für beide Modelle um bis zu 16 Prozent auf 9,7 Liter auf 100 Kilometer.
Porsche hat einen neuen Allradantrieb (PTM) mit elektronisch gesteuerter und betätigter Lamellenkupplung entwickelt, um eine noch schnellere und gezieltere Kraftverteilung an die beiden Antriebsachsen zu erzielen. Das Allradsystem ist jetzt mit einer Wasserkühlung ausgestattet und kann durch die bessere Kühlung bei Bedarf noch mehr Antriebsmoment an die Vorderachse weiterleiten. Das optimierte Zusammenspiel von Turbomotor, Doppelkupplungsgetriebe und Allradantrieb verhilft den beiden Turbo-Elfern zu einem noch besseren Beschleunigungsvermögen.
Die schon im 911 GT3 eingesetzte Hinterachslenkung steigert das alltags- und rundstreckentaugliche Handling der turbo-Modelle deutlich. Die aktive Hinterachslenkung besteht aus zwei elektromechanischen Aktuatoren, die statt der beiden konventionellen Spurlenker an der Hinterachse montiert sind. Damit kann der Lenkwinkel der Hinterräder in Abhängigkeit von der Geschwindigkeit von +3 bis -1,5 Grad gegensinnig bzw. gleichsinnig zum Lenkwinkel an der Vorderachse verändert werden. Bei einer Geschwindigkeit von bis zu 50 Kilometer pro Stunde lenken die Vorder- und Hinterräder in die entgegengesetzte Richtung. Dies entspricht einer virtuellen Verkürzung des Radstands um 250 Millimeter. Der 911 turbo läßt sich besonders direkt einlenken und fährt noch agiler um Kurven.
Auch das Rangieren und Einparken im Alltag wird durch den kleineren Wendekreis spürbar erleichtert. Ab einer Geschwindigkeit von 80 Kilometer pro Stunde lenken die Hinterräder parallel zu den eingeschlagenen Vorderrädern. Dies entspricht einer virtuellen Verlängerung des Radstandes um 500 Millimeter und verleiht dem 911 turbo bei hohen Geschwindigkeiten eine besondere Richtungsstabilität. Der durch den Lenkimpuls des Fahrers ausgelöste Seitenkraftaufbau an der Hinterachse erfolgt deutlich schneller als bei einer konventionellen, passiven Hinterachse, was zu einem agileren und harmonischeren Einleiten der Richtungsänderung führt. Eine weitere Steigerung der Fahrdynamik bewirken bekannte Systeme wie der aktive Wankausgleich (PDCC) und das Sport Chrono-Paket mit dynamischen Motorlagern, die beim 911 turbo S serienmäßig und beim 911 turbo optional lieferbar sind.
Der 911 turbo verzögert mit der leistungsstärksten konventionellen Bremsanlage, die Porsche für den Elfer entwickelt hat. Vier 380-Millimeter-Verbund-Bremsscheiben mit Bremstöpfen aus Aluminium und innenbelüfteten, gelochten Reibringen aus Grauguß werden an der Vorderachse von rot lackierten 6-Kolben-Aluminium-Monobloc-Festsätteln in die Zange genommen, an der Hinterachse von 4-Kolben-Aluminium-Monobloc-Festsätteln. Die für das 911 turbo Coupé als Sonderausstattung lieferbare Porsche Ceramic Composite Brake (PCCB) ist beim 911 turbo S Coupé serienmäßig montiert. In Gelb ausgeführte Aluminium-Monobloc-Festsättel sind vorne mit sechs und hinten mit vier Kolben bestückt. Die Keramik-Verbund-Bremsscheiben sind wie die Graugußscheiben innenbelüftet und gelocht, allerdings mit größerem Durchmesser. Dieser beträgt an der Vorderachse von 410 Millimeter und 390 Millimeter an der Hinterachse.
Der 911 turbo ist mit geschmiedeten Leichtmetallrädern in Bi-Color-Optik (titanfarben/glanzgedreht), Radnabenabdeckung mit monochromem Porsche-Wappen sowie Diebstahlsicherung ausgerüstet. Vorne sind 8,5 J x 20-Zoll-Turbo-Räder mit Reifen der Größe 245/35 ZR 20 montiert, hinten 11 J x 20-Zoll-Räder mit 305/30 ZR 20-Breitreifen. Der 911 turbo S rollt serienmäßig auf geschmiedeten Leichtmetallrädern in Bi-Color-Optik (schwarz/glanzgedreht) mit Zentralverschluß. Die schwarzen Zentralverschlußmuttern sind mit einer Radnabenabdeckung mit farbigem Porsche-Wappen bestückt. Gleichzeitig fungiert

der Zentralverschluß als Diebstahlschutz. An der Vorderachse sind 245/35 ZR 20-Reifen auf 9 J x 20-Zoll 911-Turbo-S-Räder aufgezogen, an der Hinterachse sind 11,5 J x 20-Zoll-Räder mit 305/30 ZR 20-Niederquerschnittsreifen kombiniert.
Das Interieur, welches auf der 911 Carrera-Modellreihe aufbaut, ist für die beiden 911 turbo-Modelle nochmals aufgewertet. Serienmäßig ist eine Lederausstattung und ein mit Alcantara bezogener Dachhimmel, inklusive sämtlicher A-, B- und C-Säulen. Im Cockpit des 911 turbo sind Sportsitze mit vollelektrischer 14-Wege-Einstellung für die elektrische Längseinstellung, Sitzkissenneigung, Sitzkissentiefe sowie Vier-Wege-Lordosenstütze montiert. Die als Sonderausstattung lieferbaren Adaptiven Sportsitze Plus mit 18-Wege-Einstellung und stärker konturierten Seitenwangen enthalten außerdem eine Einstellung der Seitenwangen an Sitzfläche und Sitzlehne für perfekten Seitenhalt in schnell gefahrenen Kurven. Diese Sportsitze sind im 911 turbo S serienmäßig installiert. Bei beiden Sitzvarianten gehören das Memory-Paket und eine elektrische Lenksäulenverstellung zum Lieferumfang. Das Memory-Paket speichert eine Vielzahl von Sitz-, Lenksäulen- und Fahrzeugeinstellungen. In Verbindung mit der aufpreispflichtigen Sitzheizung ist die Sitzbelüftung jetzt auch für alle vier Sportsitzversionen bestellbar.
Speziell der turbo S ist besonders umfangreich ausgestattet, so gehören der Tempostat sowie die Zierblende an der Schalttafel, der Blende an der Mittelkonsole und die Zierblende an den Türtafeln aus Carbon zur Serie. Die Lederausstattung des turbo S ist in der exklusiven Bicolor-Farbkombination Schwarz/Carrerarot ausgeführt. Die Sitzrückenschalen der adaptiven Sportsitze Plus mit 18-Wege-Verstellung sind beledert mit einer Doppel-Kappnaht versehen. Bei beiden turbo-Modellen ist das Bose®-Soundsystem serienmäßig installiert. Für besondere Musikliebhaber bietet Porsche im 911 turbo erstmals, auf Wunsch, eine Burmester®-Anlage an. Beim 911 turbo S ist der ParkAssistent vorne und hinten Serie, beim 911 turbo nur der hintere ParkAssistent. Als Sonderausstattung stehen jetzt der radargesteuerte Abstandsregeltempostat sowie eine kamerabasierte Verkehrszeichen- und Tempolimiterkennung zur Wahl.
Der 911 turbo beschleunigt in 3,4 Sekunden, mit optionalem Sport Chrono-Paket in 3,2 Sekunden, von null auf 100 Stundenkilometer. Mit dem serienmäßigen Sport Chrono-Paket sprintet der 911 turbo S in 3,1 Sekunden aus dem Stand auf die 100-Kilometer-Marke. Beim 911 turbo Coupé wird die Höchstgeschwindigkeit bei 315 Kilometer pro Stunde erreicht, beim 911 turbo S erst bei Tempo 318. Das 911 turbo S Coupé umrundet die Nordschleife des Nürburgrings auf Serienbereifung in 7:27 Minuten.
Pünktlich zum 50. Geburtstag des 911 präsentiert Porsche das Jubiläumsmodell »50 Jahre 911« auf der IAA in Frankfurt, die am 12. September 2013 ihre Pforten für die Messebesucher öffnet. Auf den Tag genau vor 50 Jahren wurde 1963 der Porsche 901 auf der internationalen Leitmesse des Automobilbaus erstmals dem Publikum vorgestellt. Seit der Präsentation begeistert der Elfer Automobilisten auf der ganzen Welt und gilt bis heute als Referenz im Sportwagenbau. Kontinuierlich ist die Baureihe seit ihrem Debüt ohne Unterbrechungen weiterentwickelt worden, doch der besondere Charakter des 911 ist dabei erhalten geblieben. Das Ergebnis der 50-jährigen Evolution, zu der auch unzählige Rennsiege zählen, ist ein Sportwagen, der zum Aushängeschild der Marke Porsche geworden ist. Das Jubiläumsmodell des 911 Carrera S ist wie der Ur-Elfer ein Coupé mit 6-Zylinder-Boxer und Hinterradantrieb. Die Edition ist, nach dem Jahr der Weltpremiere des Elfers, damals noch als 901, auf 1.963 Exemplare limitiert. Das Sondermodell steht ab dem 23. September 2013 in den deutschen Porsche-Zentren. Das ausschließlich als Coupé erhältliche Jubiläumsmodell besitzt das breite Heck, welches sonst nur den Allradmodellen vorbehalten ist. Es ist wahlweise in Uni-Schwarz oder in einer der beiden spezifischen Sonderfarben Uni-Graphitgrau und Geysirgraumetallic lieferbar.
Dazu passend verleihen einige ausgewählte Karosseriedetails mit verchromten Applikationen diesem Elfer eine besondere Eleganz. Serienmäßig ist das Porsche Dynamic Light System (PDLS) mit Bi-Xenon-Scheinwerfern und dynamischem Kurvenlicht. Die beiden seitlichen Lufteinlässe im Bugteil sind von zwei eleganten Chromstreben unterteilt. Auf den Türen sind Sport-Design-Außenspiegel montiert. Glanzzierleisten, welche die Seitenscheiben einrahmen, unterstreichen die klassische Seitenlinie des Jubiläumselfers. Dazu passend sind die Lamellen des Grills in der Motorhaube und die beiden Streben zwischen den Heckleuchten ebenfalls verchromt. Auf dem Heckdeckel trägt das Jubiläumsmodell, unterhalb des in Einzellettern ausgeführten »P O R S C H E«-Schriftzugs, ein verchromtes, dreidimensionales »911 50«-Emblem, bei dem die »50« innen rot ausgefüllt ist.
Serienmäßig ist die Sonder-Edition mit dem Triebwerk des 911 Carrera S ausgestattet. Dieses leistet 400 PS (294 kW) bei 7.400 Touren und mobilisiert ein maximales Drehmoment von 440 Newtonmetern bei 5.600/min. Dazu passend liefert die Sport-Abgasanlage den emotionalen Sound. Auf Wunsch kann die Werksleistungssteigerung von Porsche Exclusive mit 430 PS (316 kW) bei 7.500 Umdrehungen pro Minute gleich mitbestellt werden. Das maximale Drehmoment bleibt mit 440 Newtonmetern gleich, es liegt allerdings bei einer auf 5.750/min erhöhten Drehzahl an.
Der Jubiläumselfer erhält ein speziell auf die breite Spur abgestimmtes PASM-Fahrwerk, welches die überragende Querdynamik des 911 noch weiter unterstützt. Die 20-Zoll-Sonderräder sind eine optische Hommage und Neuinterpretation der

Rundinstrumente des 911 turbo S

legendären »Fuchs-Felge« mit mattschwarzer Lackierung sowie glanzgedrehtem Stern und Felgenhorn. Vorne sind 245/35 ZR 20-Reifen auf 9 J x 20-Rädern montiert, hinten ist eine 305/30 ZR 20-Bereifung auf 11,5 J x 20-Rädern aufgezogen.

Bei der Gestaltung des Interieurs greift Porsche – in einer Art Zeitreise zurück in die Sixties – auf Merkmale des Ur-Elfers zurück. Die Skalierung der Instrumente ist wie in den 1960ern in hellem Grün und die Zeiger in Weiß ausgeführt. Die Achsen der Zeiger sind mit silbernen Abdeckungen verziert. Die Volleder-Innenausstattung ist in den Farben Schwarz oder Achatgrau lieferbar. Dazu passend sind die Ziernähte teilweise in Kontrastfarbe ausgeführt. Die Mittelbahnen der Sportsitze sind mit Stoff in »Pepita«-Muster bespannt, die Seitenwangen mit Leder bezogen. Stoffe mit »Pepita«-Muster, auch Hahnentritt genannt, sind in den 60er Jahren sehr populär. Außer für Sitzbezüge ist er auch gerne für elegante Damenkostüme verwendet worden. Fahrer und Beifahrer bieten die serienmäßigen 14-Wege-Sportsitze oder die optionalen 18-Wege-Sportsitze Plus genügend Langstreckenkomfort sowie Seitenhalt in Kurven. Das Logo »^{911} $_{50}$« wiederholt sich zweifarbig in den gebürsteten Aluminiumeinstiegsleisten sowie im Innenraum auf der Blende des Cupholders, zusammen mit der eingravierten Limitierungsnummer, im Drehzahlmesser und dreifarbig gestickt in den Kopfstützen. Passend dazu zieren gebürstete Aluminiumblenden die Schalttafel, die Türverkleidungen und die Mittelkonsole. Der Schalt- oder Wählhebel stammt aus dem Porsche Exclusive Programm.

Die Fahrleistungen des Jubiläumsmodells »50 Jahre 911« entsprechen denen des 911 Carrera S. Der Jubi-Elfer beschleunigt mit 7-Gang-Schaltgetriebe in 4,5 Sekunden, mit PDK in 4,3 Sekunden, von null auf 100 km/h. Erst bei einer Höchstgeschwindigkeit von 300 Kilometern pro Stunde halten sich die Motorleistung und die Fahrwiderstände die Waage. Mit PDK ist die Höchstgeschwindigkeit um zwei Stundenkilometer langsamer.

Mit der Werksleistungssteigerung sprintet der Jubiläumselfer eine Zehntelsekunde schneller auf 100 Stundenkilometer und die Höchstgeschwindigkeit nimmt um drei Kilometer pro Stunde zu.
Einen weiteren Elfer mit einer ungewöhnlichen Entstehungsgeschichte stellt Porsche im August 2013 vor. Anläßlich 5 Millionen »Gefällt mir«-Klicks auf Facebook hat Porsche insgesamt 54.000 Facebook-User über die Wunschkonfiguration eines rechtsgelenkten Porsche 911 Carrera 4S Coupés abstimmen lassen. Herausgekommen ist bei der Facebook-Edition ein Unikat, welches von Porsche Exclusive entsprechend umgesetzt wird. Das in der Farbe Aquablaumetallic lackierte Porsche 911 Carrera 4S Coupé ist mit dem »Aerokit Cup« ausgerüstet, bestehend aus einer Bugverkleidung mit zusätzlicher Frontspoilerlippe und einem Heckdeckel mit feststehendem Spoiler. Auf beiden Seiten des Fahrzeugs ist jeweils eine weiße Folie mit »5M Porsche Fans« aufgeklebt. Passend dazu sind die 20-Zoll-Aluminiumräder in Weiß lackiert. In den Türeinstiegsblenden und auf der Aluminiumblende über dem Handschuhfachdeckel weist je ein »Personally built by 5 Million Porsche Fans«-Schriftzug auf das Facebook-Unikat hin. Porsche verlost eine Fahrt mit dem Fahrzeug im Porsche Driving Experience Center im englischen Silverstone. Die 2. bis 10. Platzierten des Gewinnspiels erhalten je ein Modell des 911 Carrera 4S »5M Porsche Fans« im Sammlermaßstab 1:43.
Das Jubiläumsjahr »50 Jahre 911« endet mit einer weiteren Weltpremiere zum Thema 911. Am 20. November 2013 präsentiert Porsche auf der Auto Show in Los Angeles das 911 turbo Cabriolet und das 911 turbo S Cabriolet und erweitert damit das Angebot auf insgesamt vier 911-turbo-Varianten. Beide Cabriolets multiplizieren den Fahrspaß des Open-Air-Vergnügens mit dem unglaublichen Schub des Turbosixpacks. Im Dezember 2013 ist die Markteinführung.
Die Cabrioletkarosserie der beiden 911-turbo-Versionen ist nach den gleichen Aluminium-Stahl-Leichtbaukriterien gefertigt wie bei den 911-Carrera-4-Cabriolet-Modellen. Fast die Hälfte des Rohbaus besteht inklusive Kotflügel, Türen und Hauben aus Aluminium. Die Idee hinter diesem intelligenten Leichtbaukonzept ist, das ideale Material am richtigen Ort zu verwenden. Neben Aluminium zur Senkung des Fahrzeuggewichts wird ultrahochfester Stahl für eine höhere Karosseriesteifigkeit und -sicherheit sowie optimalen Insassenschutz eingesetzt. Wie bei den Carrera-4-Cabriolet-Karosserien ist der Radstand um 100 Millimeter verlängert und die Spur an beiden Achsen verbreitert. Die beiden 911-turbo-Cabriolet-Modelle zeigen ihre außergewöhnliche Leistung auch optisch sehr deutlich. Die charakteristisch verbreiterten hinteren Kotflügel sind bei den beiden 911 turbo Cabriolets nochmals um 28 Millimeter breiter als bei den 911-Carrera-4-Cabriolet-Modellen. Bei offenem Verdeck kommt die zusätzliche Breite der Karosserie optisch noch stärker zur Geltung. Erinnerungen an die seltenen 930 turbo Cabriolets werden wach, denn erstmals hat wieder ein offener 911 turbo breitere hintere Kotflügel als die Karosserie des breitesten 911 Carrera 4.
Das exklusive Porsche-Flächenspriegelverdeck des 911 turbo Cabriolets mit dem Leichtbaurahmen aus Magnesium ist vom offenen Carrera-Modell übernommen. Diese innovative Technik macht die coupéhafte Dachwölbung des geschlossenen Verdecks möglich. Das Dach läßt sich bis zu einer Geschwindigkeit von 50 Stundenkilometern in rund 13 Sekunden öffnen oder schließen. Die auf das 911 turbo Cabriolet abgestimmte aktive Aerodynamik kann ebenfalls ganz nach Wunsch des Fahrers per Tastendruck auf beste Fahrdynamik oder optimale Effizienz eingestellt werden.
Das 911 turbo Cabriolet und das 911 turbo S Cabriolet bieten motorseitig die gleiche Leistung und Effizienz der vor wenigen Monaten präsentierten 911 turbo Coupés. Der aufgeladene 3,8-Liter-Sechszylinder-Boxer leistet im offenen 911 turbo 520 PS (383 kW) bei 6.000 bis 6.500/min, im S-Modell sogar 560 PS (412 kW) zwischen 6.500 und 6.750 Touren. Der serienmäßige Sound-Symposer, der die Ansauggeräusche des Turbomotors per Membran in den Innenraum überträgt, steigert gerade im offenen turbo das intensive Fahr- und Klangerlebnis noch deutlicher.
Serienmäßig erfolgt die Kraftübertragung über das 7-Gang-Doppelkupplungsgetriebe (PDK), welches bei den 911 turbo Cabriolets schon beim Ausrollen die Funktionen Start-Stop mit Motorabschaltung und Segeln ermöglicht. In Verbindung mit dem neuen Thermomanagement für Turbomotor und PDK-Getriebe senken die Verbrauchspartechnologien den Kraftstoffkonsum unter die magische Zehn-Liter-Grenze. Im NEFZ begnügen sich beide aufgeladenen Cabrios mit 9,9 Litern Kraftstoff auf 100 Kilometer, dies entspricht 231 g/km CO_2.
Der Allradantrieb (PTM) mit elektronisch gesteuerter Lamellenkupplung verteilt die Kraft noch schneller und gezielter an die beiden Antriebsachsen. Das Allradsystem ist mit einer Wasserkühlung ausgestattet und kann durch die bessere Kühlung bei Bedarf noch mehr Antriebsmoment an die Vorderachse weiterleiten. Das optimierte Zusammenspiel von Turbomotor, Doppelkupplungsgetriebe und Allradantrieb verhilft beiden turbo Cabriolets zu einem noch besseren Spurtvermögen.
Die schon im 911 GT3 und 911 turbo Coupé eingesetzte Hinterachslenkung steigert das alltags- und rundstreckentaugliche Handling der turbo-Cabriolet-Modelle spürbar. Das 911 turbo Cabriolet verzögert durch eine konventionelle Bremsanlage mit vier 380-Millimeter-Verbund-Bremsscheiben mit Bremstöpfen aus Aluminium und innenbelüfteten, gelochten Reibringen aus Grauguß. Diese werden an der Vorderachse von roten 6-Kolben-Aluminium-Monobloc-Festsätteln in die Zange genommen, an der Hinterachse von 4-Kolben-Aluminium-Monobloc-Festsätteln. Die für das 911 turbo Cabriolet als Sonderaus-

stattung lieferbare Porsche Ceramic Composite Brake (PCCB) ist beim 911 turbo S Cabriolet Serie. Gelb lackierte Aluminium-Monobloc-Festsättel verfügen vorne über sechs und hinten über vier Kolben. Die innenbelüfteten und gelochten Keramik-Verbund-Bremsscheiben haben vorne einen Durchmesser von 410 Millimetern und hinten von 390 Millimetern.

Das 911 turbo Cabriolet ist mit geschmiedeten 20-Zoll-Turbo-Rädern in Bi-Color-Optik (titanfarben/ glanzgedreht), Radnabenabdeckung mit monochromem Porsche-Wappen, sowie Diebstahlsicherung ausgestattet. Serienmäßig rollt das 911 turbo S Cabriolet auf geschmiedeten 911-Turbo-S-Rädern in Bi-Color-Optik (schwarz/glanzgedreht) mit Zentralverschluß. Die schwarzen Zentralverschlußmuttern sind mit farbigem Porsche-Wappen verziert. Die Breite der Räder und Reifen entsprechen denen der 911 turbo Coupé-Modelle.

Das Interieur der aufgeladenen Cabriolets orientiert sich an den 911 turbo Coupés. Dabei ist das turbo-S-Modell besonders umfangreich ausgestattet. Es bietet ein exklusives Interieur in den Bicolor-Farben Schwarz/Carrerarot. Die adaptiven Sportsitze Plus mit 18-Wege-Verstellung sind mit einer Memory-Funktion kombiniert. Die belederten Sitzrückenschalen sind mit einer Doppel-Kappnaht versehen. Verschiedene Elemente sind in Carbon-Optik ausgeführt. Wie bei den 997 turbo Cabriolets ist das Bose®-Soundsystem serienmäßig eingebaut. Auf Wunsch ist das Burmester® High-End Surround Sound-System lieferbar. Als Sonderausstattung stehen jetzt der radargesteuerte Abstandsregeltempostat, die kamerabasierte Verkehrszeichen- und Tempolimiterkennung sowie eine Rückfahrkamera zur Wahl.

Das 911 turbo Cabriolet beschleunigt in 3,5 Sekunden, mit gedrückter Sport Plus-Taste in 3,3 Sekunden, von Null auf 100 Stundenkilometer. Mit serienmäßigem Sport Chrono-Paket sprintet das 911 turbo S Cabriolet noch eine Zehntelsekunde schneller aus dem Stand auf die 100-Kilometer-Marke. Die Höchstgeschwindigkeit beträgt beim 911 turbo Cabriolet 315 Kilometer pro Stunde, beim 911 turbo S Cabriolet 318 km/h. Damit sind die offenen turbo-Elfer gleich schnell wie die geschlossenen Pendants.

Jubiläumsmodell »50 Jahre 911«

Modelljahr 2014/15 (F-Programm)

Porsche startet das Jahr 2014 auf der North American International Auto Show (NAIAS) in Detroit mit der Weltpremiere des 911 Targa der Baureihe 991. Am 13. Januar 2014 werden der 911 Targa 4 und der 911 Targa 4S der weltweiten Presse vorgestellt und ab dem 10. Mai 2014 auf dem Markt eingeführt.

Von mehr als 853.000 Elfern, die bisher gebaut worden sind, lag der 911-Targa-Anteil bei 13 Prozent. Porsche erweitert das aktuelle 911-Modellprogramm mit der siebten Generation des 911 Targa, die, wie schon bei der 997-Baureihe, nur als 911 Targa 4 und 911 Targa 4S mit breiter Karosserie und Allradantrieb angeboten wird. Back to the roots! Hatten die letzten drei Baureihen ein Targa-Modell mit dem nach hinten verschiebbaren Glasdach, so besinnt sich Porsche auf das klassische Targa-Konzept mit dem charakteristischen breiten Bügel, der sich auf Höhe der B-Säulen quer über das Fahrzeug spannt und so einen guten Überrollschutz bietet. Dahinter ist die große Panorama-Glasheckscheibe montiert. Der 911 Targa verbindet das zeitlose Design der ursprünglichen Targa-Modelle mit einem modernen, innovativen Dachkonzept.

Der 911 Targa baut auf der Aluminium-Stahl-Karosserie des 911 Carrera 4 Cabriolets mit den jeweils um 22 Millimeter verbreiterten hinteren Kotflügeln auf. Das Carrera 4-typische Heckleuchtenband unterhalb der Spoilerkante mit Park- und Schlußlichtfunktion, welches die beiden Rückleuchten miteinander verbindet, unterstreicht die breite Heckansicht. Diese wird durch die umlaufende Panorama-Heckscheibe ohne C-Säulen optisch noch verstärkt. Bei eingeschaltetem Licht verleiht es den Allradmodellen ein einmaliges Nachtdesign. Die Seitenansicht wird durch die schwarz abgesetzten Schwellerblenden ergänzt. Durch das modifizierte Bugteil mit seitlichen Lufteinlassgittern in Spangenform wird die Ansicht von vorne abgerundet.

Das Dachsystem des 911 Targa besteht aus zwei beweglichen Hauptkomponenten, dem soften Stoffdachanteil und der festen Glasheckscheibe. Per Tastendruck wird die Glasheckscheibe entriegelt und zusammen mit dem verbundenen Verdeckkastendeckel nach hinten weggeklappt. Zeitgleich klappen die beiden Außenecken des Targa-Bügels nach oben und geben die Kinematik des Stoffdachs frei. Gleich danach wird das Stoffdachelement entriegelt. Während des Öffnungsvorgangs nach hinten wird es z-förmig gefaltet und hinter den Fondsitzen abgelegt. Abschließend legen sich die beiden Außenecken wieder in den Targa-Bügel und die Einheit aus Glasheckscheibe und Verdeckkastendeckel wird wieder verriegelt.

Zur Verringerung der Zugluft in den Innenraum kann bei geöffnetem Dach ein oben im Windschutzscheibenrahmen integrierter, manueller Windabweiser ausgestellt werden. Bei stehendem Fahrzeug läßt sich das Dach elektrisch in rund 19 Sekunden öffnen oder schließen. Die Sensoren des serienmäßig integrierten hinteren Parkassistent überwacht beim Öffnen oder Schließen des Dachs den Bereich hinter dem Fahrzeug. Bei Gegenständen mit einem Abstand von weniger als 40 Zentimetern wird ein Warnsignal ausgegeben und vermieden, daß die nach hinten klappende Heckscheibe von einem dahinterstehenden Fahrzeug oder einer Mauer beschädigt wird. Das hochwertige Stoffdachelement wird durch einen Flächenspriegel und eine Dachschale aus Magnesium aufgespannt. Diese Technik ist vom Flächenspriegelverdeck des 911 Carrera Cabriolets abgeleitet. Unter dem Dachbezug ist eine temperaturisolierende Dämmatte eingearbeitet, welche zusätzlich die Fahrgeräusche bei geschlossenem Dach reduziert.

Die Dachhinterkante schließt am Targa-Bügel, welcher innen aus einem stabilen Stahlüberrollschutz besteht und außen mit lackierten Aluminiumdruckgußelementen verkleidet ist. Im Targa-Bügel sind auf beiden Seiten als klassisches Designmerkmal drei senkrechte Kiemen eingelassen und je ein verchromter »targa«-Schriftzug angebracht. Die Panorama-Heckscheibe ist aus besonders leichtem Verbundsicherheitsglas gefertigt. Eine Folie klebt zwischen zwei Lagen dünnwandigem, teilvorgespannten Glas. Die sehr dünnen Drähte der Heckscheibenheizung durchziehen die gesamte Glasfläche und sichern auch bei schlechtem Wetter eine gute hintere Rundumsicht. Zusätzlich ist als Sonderwunsch ein Heckscheibenwischer mit Intervallschaltung lieferbar.

Sicher hätten einige Puristen gerne ein leichtes, manuell zu entnehmendes Targa-Dach und bemängeln die, im Vergleich zum 911 Carrera 4 Cabriolet, 40 Kilogramm Mehrgewicht. Doch wer schon einmal beim Offenfahren von einem Wolkenbruch überrascht wurde, ist um jede Sekunde froh, in der das Verdeck schneller geschlossen werden kann, um das hochwertige Interieur vor dem Regen zu schützen.

Der Targa 4 und der Targa 4S sind mit den bekannten reibungsoptimierten Saugmotoren mit 3,4 Liter Hubraum mit 350 PS (257 kW) bzw. 3,8 Liter und 400 PS (294 kW) der 911-Carrera-Modelle ausgerüstet. Beide Targa-Modelle sind nach Euro 6-Norm zertifiziert. Die Boxermotoren verfügen zur Effizienzsteigerung über Bordnetzrekuperation, ein kennfeldgesteuertes Kühlwasser-Thermomanagement sowie eine Auto-Start-Stop-Funktion für beide Getriebearten. Als Sonderausstattung ist eine Sportauspuffanlage lieferbar, welche über die Sportabgasanlagen-Taste auf der Mittelkonsole die Abgasführung entdrosselt und beide Abgasstränge verbindet, dadurch wird der Motorsound noch kerniger und die Leistung des Triebwerks optimiert. Die Sportabgasanlage trägt zur optischen Differenzierung zwei Doppelendrohre in eigenständigem Design. Auf Wunsch ist der 911 Targa 4S, wie die anderen 911 Carrera S-Modelle, auch mit der 430 PS (316 kW) starken Werksleistungssteigerung lieferbar.

Serienmäßig sind die Targa 4-Modelle mit einem 7-Gang-Schaltgetriebe ausgestattet. Es verbindet die Möglichkeit einer sportlichen Fahrweise mit verbrauchsoptimiertem Langstreckenkomfort. Die ersten sechs Gänge sind sportlich kurz übersetzt, die Höchstgeschwindigkeit wird im sechsten Gang erreicht. Der sieb-

te Gang ist als Overdrive lang ausgelegt. Auf Wunsch verbindet das Porsche-Doppelkupplungsgetriebe (PDK) mit ebenfalls sieben Gängen die Sportlichkeit eines manuellen Schaltgetriebes mit dem Komfort einer Wandlerautomatik auf besonders effiziente Weise. Bei gleicher Geschwindigkeit ermöglichen bis zu 19 Prozent niedrigere Drehzahlen einen um bis zu zehn Prozent geringeren Benzinverbrauch. Zudem ermöglicht PDK das Segeln, das antriebslose Rollen bei streckenweisem möglichen Leerlaufverbrauch, was bei vorausschauender Fahrweise eine Kraftstoffeinsparung von bis zu einem Liter auf 100 Kilometer ausmacht.
Serienmäßig sind die Targa-4-Modelle mit dem vollvariablen Allradantrieb Porsche Traction Management (PTM) mit hecklastiger Auslegung ausgestattet, der Fahrspaß mit noch mehr Fahrstabilität, Traktion und agilem Handling auf jeder Fahrbahnoberfläche und bei allen Wetterbedingungen verbindet.
Das Fahrwerk des 911 Targa 4 basiert auf dem des 911 Carrera 4 Cabriolets mit Allradantrieb. Während der 911 Targa 4 über ein konventionelles Fahrwerk verfügt, ist der 911 Targa 4S serienmäßig mit dem Porsche Active Suspension Management (PASM) ausgerüstet, welches für das Basismodell auf Wunsch lieferbar ist. Das jeweilige Fahrwerk ist speziell auf den 911 Targa abgestimmt. An Vorder- und Hinterachse sind zusätzliche Zuganschlagfedern montiert, die das Kurvenverhalten noch weiter verbessern. An der Hinterachse sorgt die verbreiterte Spur auch bei voller Beschleunigung für besonders hohe Kurvenstabilität.
Für noch mehr Agilität sorgt das Porsche Torque Vectoring (PTV), welches beim 911 Targa 4S serienmäßig und beim 911 Targa 4 als Sonderausstattung lieferbar ist. Beim Elfer bietet Porsche das PVT, in Abhängigkeit von der Getriebevariante, in zwei Versionen an. Bei Fahrzeugen mit Schaltgetriebe ist das System als PTV mit mechanischer Quersperre verbaut, in Verbindung mit PDK hingegen als PTV Plus mit elektronisch geregelter, vollvariabler Quersperre. Durch gezielte Bremseneingriffe am kurveninneren Hinterrad verbessert PTV bzw. PTV Plus die Agilität und die Lenkpräzision bei sportlicher Fahrweise. Die Quersperre verbessert dabei das Beschleunigungspotential am Kurvenausgang.
Die Bremsanlagen der beiden 911 Targa-4-Modelle werden von den entsprechenden Carrera-Modellen übernommen. Auf Wunsch können die 911 Targa 4-Modelle auch mit der leistungsstarken Porsche Ceramic Composite Brake (PCCB) mit weiterentwickelten, gelb lackierten, 6-Kolben-Aluminium-Monobloc-Festsätteln an der Vorderachse und 350-Millimeter-Keramikbremsscheiben rundum ausgeliefert werden.
Serienmäßig rollt der 911 Targa 4 auf 19-Zoll-Carrera-Rädern im Fünf-Doppelspeichen-Design, die in silbernem Hochglanzlack ausgeführt sind. Vorne sind auf 8,5 J x 19 Leichtmetallrädern Reifen der Größe 235/40 ZR 19 montiert, hinten auf 11 J x 19 sind 295/35 ZR 19-Reifen aufgezogen. Der 911 Targa 4S ist mit Carrera-S-Rädern in 20 Zoll ausgerüstet. An der Vorderachse sind die 8,5 Zoll breiten Felgen mit Reifen der Dimension 245/35 ZR 20 bestückt, an der Hinterachse wird die 305/30 ZR 20-Bereifung mit 11-Zoll-Felgenbreite kombiniert.
Das Interieur des 911 Targa orientiert sich an der, vom 911 Carrera bekannten, Ergonomie und Ausstattung. Hinzu kommt der sehr gute Geräusch- und Klimakomfort des neuen Targa-Dachsystems, welcher bei geschlossenem Dach dem 911 Carrera Coupé nahezu ebenbürtig ist. Hinzu kommt eine ausgezeichnete Rundumsicht, das einzigartige Raumgefühl und die großzügige Helligkeit, die die gewölbte Panorama-Heckscheibe selbst bei geschlossenem Dach erzeugt. Das vordere Stoffdachelement zeigt sich im Innenraum mit einer schwarzen Stoffbespannung. Der Targa-Bügel ist entsprechend mit schwarzem Alcantara bezogen. Hinter den Fondsitzen befindet sich der Ablageplatz für das geöffnete Targa-Dach, welcher mit schwarzem Teppich ausgelegt ist. Dieser integriert das Dach im abgelegten Zustand zusammen mit der quer verlaufenden Blende harmonisch in den Innenraum.
Im Cockpit nehmen Fahrer und Beifahrer auf den serienmäßigen Sportsitzen mit elektrischer Lehnen- und Sitzhöhenverstellung Platz. Optional stehen vollelektrische Sportsitze, die Sportsitze Plus, die Adaptiven Sportsitze Plus oder leichte Sportschalensitze mit klappbarer Rückenlehne zur Wahl. Erstmals ist für die Sportschalensitze auch eine Sitzheizung lieferbar. Für Musik und Informationen sorgt das serienmäßige Audiosystem CDR-31, welches zusammen mit dem Sound Package Plus neun Lautsprecher umfaßt. Zur Serie gehört die universelle Audio-Schnittstelle. Sie bietet die Möglichkeit, eine externe Audioquelle über die AUX-Schnittstelle anzuschließen. Als Option sind, wie bei den 911 Carrera-Modellen, die Soundsysteme von Bose® oder Burmester® lieferbar. Selbstverständlich sind auch die zahlreichen anderen Sonderausstattungen der 911 Carrera-Modellreihe für den 911 Targa 4 lieferbar.
Handgeschaltet benötigt der 911 Targa 4 aus dem Stand auf 100 Stundenkilometer nur 5,2 Sekunden, mit PDK 5,0 Sekunden und aktivierter Launch Control nur 4,8 Sekunden. Erst bei 282 km/h, mit PDK bei 280 km/h, wird die Höchstgeschwindigkeit erreicht.
Mit 7-Gang-Schaltgetriebe beschleunigt der 911 Targa 4S in 4,8 Sekunden von Null auf 100 Kilometer pro Stunde. Das PDK wechselt die Gänge ohne Zugkraftunterbrechung, dadurch verbessert sich die Zeit auf 4,6 Sekunden. Mit Sport Chrono-Paket geht es nochmals zwei Zehntelsekunden schneller. Bei einer Endgeschwindigkeit von 296 Kilometern pro Stunde, mit PDK von 294 km/h, halten sich Motorleistung und Fahrwiderstände die Waage.
Den klassischen Sprint von 0 auf 100 km/h absolviert der werksleistungsgesteigerte 911 Targa 4S mit Schaltgetriebe in 4,7 Sekunden. Mit dem optionalen PDK vergehen 4,5 Sekunden, zusammen mit dem Sport Chrono-Paket und Launch Control nur 4,3 Sekunden. Der Vortrieb endet bei exakt 300 Stundenkilometer, mit PDK bei 298 km/h.

911 Carrera Coupé und Cabriolet [PDK] ab MJ 2012

Motor

Bauart:	6-Zylinder-Boxermotor
Einbauposition:	Heckmotor
Kühlung:	wassergekühlt
Motor-Typ:	MA104
Hubraum (cm³):	3436
Bohrung x Hub:	97 x 77,5
Leistung (kW/PS):	257/350 bei 7400/min
Max. Drehzahl/Begrenzung kalt:	7800/6300
Drehmoment (Nm):	390 bei 5600/min
Literleistung (kW/l / PS/l):	74,8 / 101,9
Verdichtung:	12,5 : 1
Ventilsteuerung:	dohc über Doppelkette, 4 Ventile pro Zylinder, VarioCam Plus, Einlaß-Nockenwellenverstellung, Ventilhubschaltung
Motorsteuerung:	elektronisches Motormanagement EMS SDI 9, E-Gas, Benzin-Direkteinspritzung Direct Fuel Injection – DFI, ruhende Hochspannungsverteilung, zylinderselektive Klopfregelung, Stereo-Lambdaregelung
Zündfolge:	1 - 6 - 2 - 4 - 3 - 5
Schmierung:	Integrierte Trockensumpfschmierung mit bedarfsgeregelter Ölpumpe
Ölmenge (l):	10,1

Kraftübertragung

Antrieb:	Heckantrieb
Schaltgetriebe:	7-Gang
Sonderwunsch PDK:	[7-Gang]
Getriebe-Typ:	G 91.00 [CG 1.05]
Übersetzungen:	
1. Gang:	3,909 [3,909]
2. Gang:	2,292 [2,292]
3. Gang:	1,552 [1,654]
4. Gang:	1,303 [1,303]
5. Gang:	1,081 [1,081]
6. Gang:	0,881 [0,881]
7. Gang:	0,711 [0,617]
Rückwärtsgang:	3,545 [3,545]
Achsübersetzung:	3,444 [3,444]

Karosserie, Fahrwerk, Bremse, Räder und Reifen

Karosserie:	2-türige, 2 + 2-sitzige, selbsttragende Karosserie aus Stahl-Aluminium-Stahl-Verbundbauweise, vordere Kotflügel, Hauben und Türen aus Aluminium, verformbare Bug- und Heckverkleidungen aus Kunststoff, Heckdeckel mit automatisch ausfahrbarem Heckspoiler
Coupé:	Festes Aluminiumdach
Sonderwunsch:	Außenlaufendes, elektrisches Schiebe-/Hubdach aus Stahl oder Glas
Cabriolet:	Elektrisch betätigtes, vollautomatisches Stoffverdeck mit beheizbarer Festglasheckscheibe, automatisch ausfahrbarer Überrollschutz
Vorderradaufhängung:	Einzelradaufhängung an McPherson-Federbeinen mit Längslenkern und Querlenkern aus Leichtmetall, Schraubenfedern, Gasdruckstoßdämpfer, Stabilisator
Hinterradaufhängung:	Einzelradaufhängung an Mehrlenkerhinterachse mit LSA-System und Fahrschemel aus Leichtmetall, Schraubenfedern, Gasdruckstoßdämpfer, Stabilisator
Bremse v/h (Durchm. x B (mm)):	innenbelüftete gelochte Scheiben (330 x 28) / innenbelüftete gelochte Scheiben (330 x 28) schwarze 4-Kolben-Monobloc-Aluminium-Festsättel / schwarze 4-Kolben-Monobloc-Aluminium-Festsättel
Sonderwunsch:	Porsche Ceramic Composite Brake (PCCB) innenbelüftete gelochte Keramikfaser-Scheiben (350 x 34) / innenbelüftete gelochte Keramikfaser-Scheiben (350 x 28) gelbe 6-Kolben-Monobloc-Aluminium-Festsättel / gelbe 4-Kolben-Monobloc-Aluminium-Festsättel PSM 9.0, ABS 8.0
Räder v/h:	8 J x 19 – ET 54 / 11 J x 19 – ET 69
Reifen v/h:	235/40 ZR 19 / 285/35 ZR 19
Sonderwunsch:	8,5 J x 20 – ET 51 / 11 J x 20 – ET 70 245/35 ZR 20 / 295/30 ZR 20 9 J x 20 – ET 51 / 11,5 J x 20 – ET 68 245/35 ZR 20 / 305/30 ZR 20

Elektrik

Lichtmaschinenleistung (W):	2100
Batterie (Ah/A):	70/450

Abmessungen, Gewichte und Volumen

Spurweite v/h (mm):	1532 / 1518
mit 8,5 J x 20 / 11 J x 20:	1538 / 1516
mit 9 J x 20 / 11,5 J x 20:	1538 / 1520
Radstand (mm):	2450
Maße (L x B x H (mm)):	4491 x 1808 x 1303
mit PASM:	4491 x 1808 x 1293
mit PASM-Sportfahrwerk:	4491 x 1808 x 1285
Cabriolet:	4491 x 1808 x 1299
mit PASM:	4491 x 1808 x 1290
Leergewicht nach DIN (kg):	1380 [1400]
Cabriolet:	1450 [1470]
zul. Gesamtgewicht (kg):	1795 [1815]
Cabriolet:	1850 [1870]
Kofferraumvolumen (VDA (l)):	145
Gepäckraum im Innenraum*:	260 / 160**
Tankvolumen (l):	64
C_W x A (m²):	0,29 x 2,01 = 0,583
Cabriolet:	0,30 x 2,02 = 0,606
Leistungsgewicht (kg/kW / kg/PS):	5,37 [5,45] / 3,94 [4,00]
Cabriolet:	5,64 [5,72] / 4,14 [4,20]

***bei umgeklappten Rücksitzlehnen**
****Cabriolet bei geschl. Verdeck**

Kraftstoffverbrauch

nach Euro 5 im NEFZ (l/100 km):	98 ROZ Super plus bleifrei	
	Coupé	Cabriolet
Innerstädtisch:	12,8 [11,2]	13,1 [11,4]
Außerstädtisch:	6,8 [6,5]	7,0 [6,7]
Gesamt:	9,0 [8,2]	9,2 [8,4]
CO_2-Emissionen (g/km):	212 [194]	217 [198]

Fahrleistungen, Stückzahlen, Preise

Beschleunigung 0–100 km/h (s):	4,8 [4,6] [4,4]*
Cabriolet:	5,0 [4,8] [4,6]*
0–160 km/h (s):	10,4 [10,0] [9,7]*
Cabriolet:	10,8 [10,4] [10,1]*
0–200 km/h (s):	16,2 [15,7] [15,4]*
Cabriolet:	16,9 [16,4] [16,1]*
Höchstgeschw. (km/h):	289 [287]
Cabriolet:	286 [284]
***mit Sport Plus-Taste gedrückt**	
Stückzahl:	
Coupé:	in Produktion
Cabriolet:	in Produktion
Listenpreise:	
09/2011 Coupé:	Euro 88.037,- [Euro 91.547,50]
11/2011 Coupé:	Euro 88.037,- [Euro 91.547,50]
Cabriolet:	Euro 100.532,- [Euro 104.042,50]
09/2012 Coupé:	Euro 88.037,- [Euro 91.547,50]
Cabriolet:	Euro 100.532,- [Euro 104.042,50]
01/2013 Coupé:	Euro 90.417,- [Euro 93.927,50]
Cabriolet:	Euro 103.150,- [Euro 106.660,50]
06/2013 Coupé:	Euro 90.417,- [Euro 93.927,50]
Cabriolet:	Euro 103.150,- [Euro 106.660,50]
06/2014 Coupé:	Euro 90.417,- [Euro 93.927,50]
Cabriolet:	Euro 103.150,- [Euro 106.660,50]

911 CARRERA 4 COUPÉ UND CABRIOLET [PDK] AB MJ 2013

MOTOR

Bauart:	6-Zylinder-Boxermotor
Einbauposition:	Heckmotor
Kühlung:	wassergekühlt
Motor-Typ:	MA104
Hubraum (cm³):	3436
Bohrung x Hub:	97 x 77,5
Leistung (kW/PS):	257/350 bei 7400/min
Max. Drehzahl/Begrenzung kalt:	7800/6300
Drehmoment (Nm):	390 bei 5600/min
Literleistung (kW/l / PS/l):	74,8 / 101,9
Verdichtung:	12,5 : 1
Ventilsteuerung:	dohc über Doppelkette, 4 Ventile pro Zylinder, VarioCam Plus, Einlaß-Nockenwellenverstellung, Ventilhubschaltung
Motorsteuerung:	elektronisches Motormanagement EMS SDI 9, E-Gas, Benzin-Direkteinspritzung Direct Fuel Injection – DFI, ruhende Hochspannungsverteilung, zylinderselektive Klopfregelung, Stereo-Lambdaregelung
Zündfolge:	1 - 6 - 2 - 4 - 3 - 5
Schmierung:	Integrierte Trockensumpfschmierung mit bedarfsgeregelter Ölpumpe
Ölmenge (l):	10,1

KRAFTÜBERTRAGUNG

Antrieb:	Allradantrieb mit kennfeldgesteuerter Lamellenkupplung
Schaltgetriebe:	7-Gang
Sonderwunsch PDK:	[7-Gang]
Getriebe-Typ:	G 91.30 [CG 1.35]
Übersetzungen:	
1. Gang:	3,909 [3,909]
2. Gang:	2,292 [2,292]
3. Gang:	1,552 [1,654]
4. Gang:	1,303 [1,303]
5. Gang:	1,081 [1,081]
6. Gang:	0,881 [0,881]
7. Gang:	0,711 [0,617]
Rückwärtsgang:	3,545 [3,545]
Achsübersetzung Hinterachse:	3,444 [3,444]
Achsübersetzung Vorderachse:	3,333 [3,333]

KAROSSERIE, FAHRWERK, BREMSE, RÄDER UND REIFEN

Karosserie:	2-türige, 2 + 2-sitzige, selbsttragende Karosserie aus Stahl-Aluminium-Stahl-Verbundbauweise, vordere Kotflügel, Hauben und Türen aus Aluminium, um 44 mm verbreiterte Kotflügel hinten, schmales Rückleuchtenband, verformbare Bug- und Heckverkleidungen aus Kunststoff, Heckdeckel mit automatisch ausfahrbarem Heckspoiler
Coupé:	Festes Aluminiumdach
Sonderwunsch:	Außenlaufendes, elektrisches Schiebe-/Hubdach aus Stahl oder Glas
Cabriolet:	Elektrisch betätigtes, vollautomatisches Stoffverdeck mit beheizbarer Festglasheckscheibe, automatisch ausfahrbarer Überrollschutz
Vorderradaufhängung:	Einzelradaufhängung an McPherson-Federbeinen mit Längslenkern und Querlenkern aus Leichtmetall, Schraubenfedern, Gasdruckstoßdämpfer, Stabilisator
Hinterradaufhängung:	Einzelradaufhängung an Mehrlenkerhinterachse mit LSA-System und Fahrschemel aus Leichtmetall, Schraubenfedern, Gasdruckstoßdämpfer, Stabilisator
Bremse v/h (Durchm. x B (mm)):	innenbelüftete gelochte Scheiben (330 x 28) / innenbelüftete gelochte Scheiben (330 x 28) schwarze 4-Kolben-Monobloc-Aluminium-Festsättel / schwarze 4-Kolben-Monobloc-Aluminium-Festsättel
Sonderwunsch:	Porsche Ceramic Composite Brake (PCCB) innenbelüftete gelochte Keramikfaser-Scheiben (350 x 34) / innenbelüftete gelochte Keramikfaser-Scheiben (350 x 28) gelbe 6-Kolben-Monobloc-Aluminium-Festsättel / gelbe 4-Kolben-Monobloc-Aluminium-Festsättel PSM 9.0, ABS 8.0
Räder v/h:	8 J x 19 – ET 54 / 11 J x 19 – ET 48
Reifen v/h:	235/40 ZR 19 / 295/35 ZR 19
Sonderwunsch:	8,5 J x 20 – ET 51 / 11 J x 20 – ET 52 245/35 ZR 20 / 305/30 ZR 20 9 J x 20 – ET 51 / 11,5 J x 20 – ET 48 245/35 ZR 20 / 305/30 ZR 20

ELEKTRIK

Lichtmaschinenleistung (W):	2100
Batterie (Ah/A):	70/450

ABMESSUNGEN, GEWICHTE UND VOLUMEN

Spurweite v/h (mm):	1532 / 1560
mit 8,5 J x 20 / 11 J x 20:	1538 / 1552
mit 9 J x 20 / 11,5 J x 20:	1538 / 1560
Radstand (mm):	2450
Maße (L x B x H (mm)):	4491 x 1852 x 1304
mit PASM:	4491 x 1852 x 1294
mit PASM-Sportfahrwerk:	4491 x 1852 x 1286
Cabriolet:	4491 x 1852 x 1300
mit PASM:	4491 x 1852 x 1291
Leergewicht nach DIN (kg):	1430 [1450]
Cabriolet:	1500 [1520]
zul. Gesamtgewicht (kg):	1845 [1865]
Cabriolet:	1900 [1920]
Kofferraumvolumen (VDA (l)):	125
Gepäckraum im Innenraum*:	260 / 160**
Tankvolumen (l):	68
C_W x A (m²):	0,30 x 2,05 = 0,615
Cabriolet:	0,31 x 2,05 = 0,636
Leistungsgewicht (kg/kW / kg/PS):	5,56 [5,64] / 4,08 [4,14]
Cabriolet:	5,84 [5,91] / 4,28 [4,34]
*bei umgeklappten Rücksitzlehnen	
**Cabriolet bei geschl. Verdeck	

KRAFTSTOFFVERBRAUCH

nach Euro 5 im NEFZ (l/100 km):	98 ROZ Super plus bleifrei	
	Coupé	Cabriolet
Innerstädtisch:	13,2 [11,7]	13,5 [11,9]
Außerstädtisch:	7,1 [6,8]	7,2 [6,9]
Gesamt:	9,3 [8,6]	9,5 [8,7]
CO_2-Emissionen (g/km):	219 [203]	224 [205]

FAHRLEISTUNGEN, STÜCKZAHLEN, PREISE

Beschleunigung 0–100 km/h (s):	4,9 [4,7] [4,5]*
Cabriolet:	5,1 [4,9] [4,7]*
0–160 km/h (s):	10,6 [10,2] [9,9]*
Cabriolet:	11,0 [10,6] [10,3]*
0–200 km/h (s):	16,7 [16,4] [16,1]*
Cabriolet:	17,6 [17,3] [17,0]*
Höchstgeschw. (km/h):	285 [283]
Cabriolet:	282 [280]
*mit Sport Plus-Taste gedrückt	
Stückzahl:	
Coupé:	in Produktion
Cabriolet:	in Produktion
Listenpreise:	
09/2012 Coupé:	Euro 97.557,- [Euro 101.067,50]
Cabriolet:	Euro 110.290,- [Euro 113.800,50]
01/2013 Coupé:	Euro 97.557,- [Euro 101.067,50]
Cabriolet:	Euro 110.290,- [Euro 113.800,50]
06/2013 Coupé:	Euro 97.557,- [Euro 101.067,50]
Cabriolet:	Euro 110.290,- [Euro 113.800,50]
06/2014 Coupé:	Euro 97.557,- [Euro 101.067,50]
Cabriolet:	Euro 110.290,- [Euro 113.800,50]

911 Carrera S Coupé und Cabriolet [PDK] ab MJ 2012

Motor

Bauart:	6-Zylinder-Boxermotor
Einbauposition:	Heckmotor
Kühlung:	wassergekühlt
Motor-Typ:	MA103
Hubraum (cm³):	3800
Bohrung x Hub:	102 x 77,5
Leistung (kW/PS):	294/400 bei 7400/min
Max. Drehzahl/Begrenzung kalt:	7800/6300
Drehmoment (Nm):	440 bei 5600/min
Literleistung (kW/l / PS/l):	77,4 / 105,3
Verdichtung:	12,5 : 1
Ventilsteuerung:	dohc über Doppelkette, 4 Ventile pro Zylinder, VarioCam Plus, Einlaß-Nockenwellenverstellung, Ventilhubschaltung
Motorsteuerung:	elektronisches Motormanagement EMS SDI 9, E-Gas, Benzin-Direkteinspritzung Direct Fuel Injection – DFI, ruhende Hochspannungsverteilung, zylinderselektive Klopfregelung, Stereo-Lambdaregelung
Zündfolge:	1 - 6 - 2 - 4 - 3 - 5
Schmierung:	Integrierte Trockensumpfschmierung mit bedarfsgeregelter Ölpumpe
Ölmenge (l):	10,1

Kraftübertragung

Antrieb:	Heckantrieb
Schaltgetriebe:	7-Gang
Sonderwunsch PDK:	[7-Gang]
Getriebe-Typ:	G 91.00 [CG 1.05]
Übersetzungen:	
1. Gang:	3,909 [3,909]
2. Gang:	2,292 [2,292]
3. Gang:	1,552 [1,654]
4. Gang:	1,303 [1,303]
5. Gang:	1,081 [1,081]
6. Gang:	0,881 [0,881]
7. Gang:	0,711 [0,617]
Rückwärtsgang:	3,545 [3,545]
Achsübersetzung:	3,444 [3,444]

Karosserie, Fahrwerk, Bremse, Räder und Reifen

Karosserie:	2-türige, 2 + 2-sitzige, selbsttragende Karosserie aus Stahl-Aluminium-Stahl-Verbundbauweise, vordere Kotflügel, Hauben und Türen aus Aluminium, verformbare Bug- und Heckverkleidungen aus Kunststoff, Heckdeckel mit automatisch ausfahrbarem Heck-spoiler
Coupé:	Festes Aluminiumdach
Sonderwunsch:	Außenlaufendes, elektrisches Schiebe-/Hubdach aus Stahl oder Glas
Cabriolet:	Elektrisch betätigtes, vollautomatisches Stoffverdeck mit beheizbarer Festglasheckscheibe, automatisch ausfahrbarer Überrollschutz
Vorderradaufhängung:	Einzelradaufhängung an McPherson-Federbeinen mit Längslenkern und Querlenkern aus Leichtmetall, Schraubenfedern, Gasdruckstoßdämpfer, Stabilisator
Hinterradaufhängung:	Einzelradaufhängung an Mehrlenkerhinterachse mit LSA-System und Fahrschemel aus Leichtmetall, Schraubenfedern, Gasdruckstoßdämpfer, Stabilisator
Bremse v/h (Durchm. x B (mm)):	innenbelüftete gelochte Scheiben (340 x 34) / innenbelüftete gelochte Scheiben (330 x 28) rote 6-Kolben-Monobloc-Aluminium-Festsättel / rote 4-Kolben-Monobloc-Aluminium-Festsättel
Sonderwunsch:	Porsche Ceramic Composite Brake (PCCB) innenbelüftete gelochte Keramikfaser-Scheiben (350 x 34) / innenbelüftete gelochte Keramikfaser-Scheiben (350 x 28) gelbe 6-Kolben-Monobloc-Aluminium-Festsättel / gelbe 4-Kolben-Monobloc-Aluminium-Festsättel PSM 9.0, ABS 8.0
Räder v/h:	8,5 J x 20 – ET 51 / 11 J x 20 – ET 70
Reifen v/h:	245/35 ZR 20 / 295/30 ZR 20
Sonderwunsch:	9 J x 20 – ET 51 / 11,5 J x 20 – ET 68 245/35 ZR 20 / 305/30 ZR 20

Elektrik

Lichtmaschinenleistung (W):	2100
Batterie (Ah/A):	70/450

Abmessungen, Gewichte und Volumen

Spurweite v/h (mm):	1538 / 1516
mit 9 J x 20 / 11,5 J x 20:	1538 / 1520
Radstand (mm):	2450
Maße (L x B x H (mm)):	4491 x 1808 x 1295
mit PASM-Sportfahrwerk:	4491 x 1808 x 1284
Cabriolet:	4491 x 1808 x 1292
Leergewicht nach DIN (kg):	1395 [1415]
Cabriolet:	1465 [1485]
zul. Gesamtgewicht (kg):	1830 [1850]
Cabriolet:	1885 [1905]
Kofferraumvolumen (VDA (l)):	145
Gepäckraum im Innenraum*:	260 / 160**
Tankvolumen (l):	64
C_W x A (m²):	0,29 x 2,00 = 0,580
Cabriolet:	0,30 x 2,01 = 0,603
Leistungsgewicht (kg/kW / kg/PS):	4,74 [4,81] / 3,48 [3,54]
Cabriolet:	4,98 [5,05] / 3,66 [3,71]
***bei umgeklappten Rücksitzlehnen**	
****Cabriolet bei geschl. Verdeck**	

Kraftstoffverbrauch

nach Euro 5 im NEFZ (l/100 km):	98 ROZ Super plus bleifrei	
	Coupé	Cabriolet
Innerstädtisch:	13,8 [12,2]	14,1 [12,4]
Außerstädtisch:	7,1 [6,7]	7,2 [6,9]
Gesamt:	9,5 [8,7]	9,7 [8,9]
CO_2-Emissionen (g/km):	224 [205]	229 [210]

Fahrleistungen, Stückzahlen, Preise

Beschleunigung 0–100 km/h (s):	4,5 [4,3] [4,1]*
Cabriolet:	4,7 [4,5] [4,3]*
0–160 km/h (s):	9,4 [9,0] [8,7]*
Cabriolet:	9,8 [9,4] [9,1]*
0–200 km/h (s):	14,4 [13,9] [13,6]*
Cabriolet:	15,1 [14,6] [14,3]*
Höchstgeschw. (km/h):	304 [302]
Cabriolet:	301 [299]
***mit Sport Plus-Taste gedrückt**	
Stückzahl:	
Coupé:	in Produktion
Cabriolet:	in Produktion
Listenpreise:	
09/2011 Coupé:	Euro 102.436,- [Euro 105.946,50]
11/2011 Coupé:	Euro 102.436,- [Euro 105.946,50]
Cabriolet:	Euro 114.931,- [Euro 118.441,50]
09/2012 Coupé:	Euro 102.436,- [Euro 105.946,50]
Cabriolet:	Euro 114.931,- [Euro 118.441,50]
01/2013 Coupé:	Euro 105.173,- [Euro 108.683,50]
Cabriolet:	Euro 117.906,- [Euro 121.416,50]
06/2013 Coupé:	Euro 105.173,- [Euro 108.683,50]
Cabriolet:	Euro 117.906,- [Euro 121.416,50]
06/2014 Coupé:	Euro 105.173,- [Euro 108.683,50]
Cabriolet:	Euro 117.906,- [Euro 121.416,50]

911 Carrera 4S Coupé und Cabriolet [PDK] ab MJ 2013

Motor

Bauart:	6-Zylinder-Boxermotor
Einbauposition:	Heckmotor
Kühlung:	wassergekühlt
Motor-Typ:	MA103
Hubraum (cm^3):	3800
Bohrung x Hub:	102 x 77,5
Leistung (kW/PS):	294/400 bei 7400/min
Max. Drehzahl/Begrenzung kalt:	7800/6300
Drehmoment (Nm):	440 bei 5600/min
Literleistung (kW/l / PS/l):	77,4 / 105,3
Verdichtung:	12,5 : 1
Ventilsteuerung:	dohc über Doppelkette, 4 Ventile pro Zylinder, VarioCam Plus, Einlaß-Nockenwellenverstellung, Ventilhubschaltung
Motorsteuerung:	elektronisches Motormanagement EMS SDI 9, E-Gas, Benzin-Direkteinspritzung Direct Fuel Injection – DFI, ruhende Hochspannungsverteilung, zylinderselektive Klopfregelung, Stereo-Lambdaregelung
Zündfolge:	1 - 6 - 2 - 4 - 3 - 5
Schmierung:	Integrierte Trockensumpfschmierung mit bedarfsgeregelter Ölpumpe
Ölmenge (l):	10,1

Kraftübertragung

Antrieb:	Allradantrieb mit kennfeldgesteuerter Lamellenkupplung
Schaltgetriebe:	7-Gang
Sonderwunsch PDK:	[7-Gang]
Getriebe-Typ:	G 91.30 [CG 1.35]
Übersetzungen:	
1. Gang:	3,909 [3,909]
2. Gang:	2,292 [2,292]
3. Gang:	1,552 [1,654]
4. Gang:	1,303 [1,303]
5. Gang:	1,081 [1,081]
6. Gang:	0,881 [0,881]
7. Gang:	0,711 [0,617]
Rückwärtsgang:	3,545 [3,545]
Achsübersetzung Hinterachse:	3,444 [3,444]
Achsübersetzung Vorderachse:	3,333 [3,333]

Karosserie, Fahrwerk, Bremse, Räder und Reifen

Karosserie:	2-türige, 2 + 2-sitzige, selbsttragende Karosserie aus Stahl-Aluminium-Stahl-Verbundbauweise, vordere Kotflügel, Hauben und Türen aus Aluminium, um 44 mm verbreiterte Kotflügel hinten, schmales Rückleuchtenband, verformbare Bug- und Heckverkleidungen aus Kunststoff, Heckdeckel mit automatisch ausfahrbarem Heckspoiler
Coupé:	Festes Aluminiumdach
Sonderwunsch:	Außenlaufendes, elektrisches Schiebe-/Hubdach aus Stahl oder Glas
Cabriolet:	Elektrisch betätigtes, vollautomatisches Stoffverdeck mit beheizbarer Festglasheckscheibe, automatisch ausfahrbarer Überrollschutz
Vorderradaufhängung:	Einzelradaufhängung an McPherson-Federbeinen mit Längslenkern und Querlenkern aus Leichtmetall, Schraubenfedern, Gasdruckstoßdämpfer, Stabilisator
Hinterradaufhängung:	Einzelradaufhängung an Mehrlenkerhinterachse mit LSA-System und Fahrschemel aus Leichtmetall, Schraubenfedern, Gasdruckstoßdämpfer, Stabilisator
Bremse v/h (Durchm. x B (mm)):	innenbelüftete gelochte Scheiben (340 x 34) / innenbelüftete gelochte Scheiben (330 x 28) rote 6-Kolben-Monobloc-Aluminium-Festsättel / rote 4-Kolben-Monobloc-Aluminium-Festsättel
Sonderwunsch:	Porsche Ceramic Composite Brake (PCCB) innenbelüftete gelochte Keramikfaser-Scheiben (350 x 34) / innenbelüftete gelochte Keramikfaser-Scheiben (350 x 28) gelbe 6-Kolben-Monobloc-Aluminium-Festsättel / gelbe 4-Kolben-Monobloc-Aluminium-Festsättel PSM 9.0, ABS 8.0
Räder v/h:	8,5 J x 20 – ET 51 / 11 J x 20 – ET 52
Reifen v/h:	245/35 ZR 20 / 305/30 ZR 20
Sonderwunsch:	9 J x 20 – ET 51 / 11,5 J x 20 – ET 48 245/35 ZR 20 / 305/30 ZR 20

Elektrik

Lichtmaschinenleistung (W):	2100
Batterie (Ah/A):	70/450

Abmessungen, Gewichte und Volumen

Spurweite v/h (mm):	1538 / 1552
mit 9 J x 20 / 11,5 J x 20:	1538 / 1560
Radstand (mm):	2450
Maße (L x B x H (mm)):	4491 x 1852 x 1296 [1295]
mit PASM-Sportfahrwerk:	4491 x 1852 x 1286
Cabriolet:	4491 x 1852 x 1294 [1293]
Leergewicht nach DIN (kg):	1445 [1465]
Cabriolet:	1515 [1535]
zul. Gesamtgewicht (kg):	1875 [1895]
Cabriolet:	1935 [1955]
Kofferraumvolumen (VDA (l)):	125
Gepäckraum im Innenraum*:	260 / 160**
Tankvolumen (l):	68
C_W x A (m^2):	0,30 x 2,04 = 0,612
Cabriolet:	0,31 x 2,04 = 0,632
Leistungsgewicht (kg/kW / kg/PS):	4,91 [4,98] / 3,61 [3,66]
Cabriolet:	5,15 [5,22] / 3,78 [3,84]
*bei umgeklappten Rücksitzlehnen	
**Cabriolet bei geschl. Verdeck	

Kraftstoffverbrauch

nach Euro 5 im NEFZ (l/100 km):	98 ROZ Super plus bleifrei	
	Coupé	Cabriolet
Innerstädtisch:	14,2 [12,7]	14,4 [12,9]
Außerstädtisch:	7,5 [7,0]	7,6 [7,1]
Gesamt:	9,9 [9,1]	10,0 [9,2]
CO_2-Emissionen (g/km):	234 [215]	236 [217]

Fahrleistungen, Stückzahlen, Preise

Beschleunigung 0–100 km/h (s):	4,5 [4,3] [4,1]*
Cabriolet:	4,7 [4,5] [4,3]*
0–160 km/h (s):	9,6 [9,2] [8,9]*
Cabriolet:	10,0 [9,6] [9,3]*
0–200 km/h (s):	14,9 [14,4] [14,1]*
Cabriolet:	15,8 [15,3] [15,0]*
Höchstgeschw. (km/h):	299 [297]
Cabriolet:	296 [294]
*mit Sport Plus-Taste gedrückt	
Stückzahl:	
Coupé:	in Produktion
Cabriolet:	in Produktion
Listenpreise:	
09/2012 Coupé:	Euro 112.313,- [Euro 115.823,50]
Cabriolet:	Euro 125.046,- [Euro 128.556,50]
01/2013 Coupé:	Euro 112.313,- [Euro 115.823,50]
Cabriolet:	Euro 125.046,- [Euro 128.556,50]
06/2013 Coupé:	Euro 112.313,- [Euro 115.823,50]
Cabriolet:	Euro 125.046,- [Euro 128.556,50]
06/2014 Coupé:	Euro 112.313,- [Euro 115.823,50]
Cabriolet:	Euro 125.046,- [Euro 128.556,50]

911 Carrera S Coupé und Cabriolet mit Leistungssteigerung [PDK] ab MJ 2013

Motor

Bauart:	6-Zylinder-Boxermotor
Einbauposition:	Heckmotor
Kühlung:	wassergekühlt
Motor-Typ:	MA103S
Hubraum (cm^3):	3800
Bohrung x Hub:	102 x 77,5
Leistung (kW/PS):	316/430 bei 7500/min
Max. Drehzahl/Begrenzung kalt:	7800/6300
Drehmoment (Nm):	440 bei 5750/min
Literleistung (kW/l / PS/l):	83,2 / 113,2
Verdichtung:	12,5 : 1
Saugrohr:	Sauganlage mit schaltbarer Sammelklappe und 6 schaltbaren Saugrohrklappen
Ventilsteuerung:	dohc über Doppelkette, 4 Ventile pro Zylinder, VarioCam Plus, Einlaß-Nockenwellenverstellung, Ventilhubschaltung
Motorsteuerung:	elektronisches Motormanagement EMS SDI 9, E-Gas, Benzin-Direkteinspritzung Direct Fuel Injection – DFI, ruhende Hochspannungsverteilung, zylinderselektive Klopfregelung, Stereo-Lambdaregelung
Zündfolge:	1 - 6 - 2 - 4 - 3 - 5
Schmierung:	Integrierte Trockensumpfschmierung mit bedarfsgeregelter Ölpumpe
Ölmenge (l):	10,1

Kraftübertragung

Antrieb:	Heckantrieb
Schaltgetriebe:	7-Gang
Sonderwunsch PDK:	[7-Gang]
Getriebe-Typ:	G 91.00 [CG 1.05]
Übersetzungen:	
1. Gang:	3,909 [3,909]
2. Gang:	2,292 [2,292]
3. Gang:	1,552 [1,654]
4. Gang:	1,303 [1,303]
5. Gang:	1,081 [1,081]
6. Gang:	0,881 [0,881]
7. Gang:	0,711 [0,617]
Rückwärtsgang:	3,545 [3,545]
Achsübersetzung:	3,444 [3,444]

Karosserie, Fahrwerk, Bremse, Räder und Reifen

Karosserie:	2-türige, 2 + 2-sitzige, selbsttragende Karosserie aus Stahl-Aluminium-Stahl-Verbundbauweise, vordere Kotflügel, Hauben und Türen aus Aluminium, verformbare Bug- und Heckverkleidungen aus Kunststoff, Heckdeckel mit automatisch ausfahrbarem Heck-spoiler
Coupé:	Festes Aluminiumdach
Sonderwunsch:	Außenlaufendes, elektrisches Schiebe-/Hubdach aus Stahl oder Glas
Cabriolet:	Elektrisch betätigtes, vollautomatisches Stoffverdeck mit beheizbarer Festglasheckscheibe, automatisch ausfahrbarer Überrollschutz
Vorderradaufhängung:	Einzelradaufhängung an McPherson-Federbeinen mit Längslenkern und Querlenkern aus Leichtmetall, Schraubenfedern, Gasdruckstoßdämpfer, Stabilisator
Hinterradaufhängung:	Einzelradaufhängung an Mehrlenkerhinterachse mit LSA-System und Fahrschemel aus Leichtmetall, Schraubenfedern, Gasdruckstoßdämpfer, Stabilisator
Bremse v/h (Durchm. x B (mm)):	innenbelüftete gelochte Scheiben (340 x 34) / innenbelüftete gelochte Scheiben (330 x 28) rote 6-Kolben-Monobloc-Aluminium-Festsättel / rote 4-Kolben-Monobloc-Aluminium-Festsättel
Sonderwunsch:	Porsche Ceramic Composite Brake (PCCB) innenbelüftete gelochte Keramikfaser-Scheiben (350 x 34) / innenbelüftete gelochte Keramikfaser-Scheiben (350 x 28) gelbe 6-Kolben-Monobloc-Aluminium-Festsättel / gelbe 4-Kolben-Monobloc-Aluminium-Festsättel PSM 9.0, ABS 8.0
Räder v/h:	8,5 J x 20 – ET 51 / 11 J x 20 – ET 70
Reifen v/h:	245/35 ZR 20 / 295/30 ZR 20
Sonderwunsch:	9 J x 20 – ET 51 / 11,5 J x 20 – ET 68 245/35 ZR 20 / 305/30 ZR 20

Elektrik

Lichtmaschinenleistung (W):	2100
Batterie (Ah/A):	70/450

Abmessungen, Gewichte und Volumen

Spurweite v/h (mm):	1538 / 1516
mit 9 J x 20 / 11,5 J x 20:	1538 / 1520
Radstand (mm):	2450
Maße (L x B x H (mm)):	4491 x 1808 x 1295
mit PASM-Sportfahrwerk:	4491 x 1808 x 1284
Cabriolet:	4491 x 1808 x 1292
Leergewicht nach DIN (kg):	1395 [1415]
Cabriolet:	1465 [1485]
zul. Gesamtgewicht (kg):	1830 [1850]
Cabriolet:	1885 [1905]
Kofferraumvolumen (VDA (l)):	145
Gepäckraum im Innenraum*:	260 / 160**
Tankvolumen (l):	64
C_W x A (m^2):	0,29 x 2,00 = 0,580
Cabriolet:	0,30 x 2,01 = 0,603
Leistungsgewicht (kg/kW / kg/PS):	4,41 [4,48] / 3,24 [3,29]
Cabriolet:	4,64 [4,70] / 3,41 [3,45]
***bei umgeklappten Rücksitzlehnen**	
****Cabriolet bei geschl. Verdeck**	

Kraftstoffverbrauch

nach Euro 5 im NEFZ (l/100 km):	98 ROZ Super plus bleifrei	
	Coupé	Cabriolet
Innerstädtisch:	13,6 [12,2]	13,9 [12,4]
Außerstädtisch:	7,3 [6,7]	7,5 [6,9]
Gesamt:	9,5 [8,7]	9,7 [8,9]
CO_2-Emissionen (g/km):	224 [205]	229 [210]

Fahrleistungen, Stückzahlen, Preise

Beschleunigung 0–100 km/h (s):	4,4 [4,2] [4,0]*
Cabriolet:	4,6 [4,4] [4,2]*
0–160 km/h (s):	9,2 [8,8] [8,5]*
Cabriolet:	9,6 [9,2] [8,9]*
0–200 km/h (s):	14,1 [13,6] [13,3]*
Cabriolet:	14,8 [14,3] [14,0]*
Höchstgeschw. (km/h):	308 [306]
Cabriolet:	305 [293]
***mit Sport Plus-Taste gedrückt**	
Stückzahl:	
Coupé:	in Produktion
Cabriolet:	in Produktion
Listenpreise:	
09/2012 Coupé:	Euro 116.240,- [Euro 120.178,90]
Cabriolet:	Euro 128.735,- [Euro 132.673,90]
01/2013 Coupé:	Euro 118.977,- [Euro 122.915,90]
Cabriolet:	Euro 131.710,- [Euro 135.648,90]
06/2013 Coupé:	Euro 118.977,- [Euro 122.915,90]
Cabriolet:	Euro 131.710,- [Euro 135.648,90]
06/2014 Coupé:	Euro 118.977,- [Euro 122.915,90]
Cabriolet:	Euro 131.710,- [Euro 135.648,90]

911 Carrera 4S Coupé und Cabriolet mit Leistungssteigerung [PDK] ab MJ 2013

Motor

Bauart:	6-Zylinder-Boxermotor
Einbauposition:	Heckmotor
Kühlung:	wassergekühlt
Motor-Typ:	MA103S
Hubraum (cm^3):	3800
Bohrung x Hub:	102 x 77,5
Leistung (kW/PS):	316/430 bei 7500/min
Max. Drehzahl/Begrenzung kalt:	7800/6300
Drehmoment (Nm):	440 bei 5750/min
Literleistung (kW/l / PS/l):	83,2 / 113,2
Verdichtung:	12,5 : 1
Saugrohr:	Sauganlage mit schaltbarer Sammelklappe und 6 schaltbaren Saugrohrklappen
Ventilsteuerung:	dohc über Doppelkette, 4 Ventile pro Zylinder, VarioCam Plus, Einlaß-Nockenwellenverstellung, Ventilhubschaltung
Motorsteuerung:	elektronisches Motormanagement EMS SDI 9, E-Gas, Benzin-Direkteinspritzung Direct Fuel Injection – DFI, ruhende Hochspannungsverteilung, zylinderselektive Klopfregelung, Stereo-Lambdaregelung
Zündfolge:	1 - 6 - 2 - 4 - 3 - 5
Schmierung:	Integrierte Trockensumpfschmierung mit bedarfsgeregelter Ölpumpe
Ölmenge (l):	10,1

Kraftübertragung

Antrieb:	Allradantrieb mit kennfeldgesteuerter Lamellenkupplung
Schaltgetriebe:	7-Gang
Sonderwunsch PDK:	[7-Gang]
Getriebe-Typ:	G 91.30 [CG 1.35]
Übersetzungen:	
1. Gang:	3,909 [3,909]
2. Gang:	2,292 [2,292]
3. Gang:	1,552 [1,654]
4. Gang:	1,303 [1,303]
5. Gang:	1,081 [1,081]
6. Gang:	0,881 [0,881]
7. Gang:	0,711 [0,617]
Rückwärtsgang:	3,545 [3,545]
Achsübersetzung Hinterachse:	3,444 [3,444]
Achsübersetzung Vorderachse:	3,333 [3,333]

Karosserie, Fahrwerk, Bremse, Räder und Reifen

Karosserie:	2-türige, 2 + 2-sitzige, selbsttragende Karosserie aus Stahl-Aluminium-Stahl-Verbundbauweise, vordere Kotflügel, Hauben und Türen aus Aluminium, um 44 mm verbreiterte Kotflügel hinten, schmales Rückleuchtenband, verformbare Bug- und Heckverkleidungen aus Kunststoff, Heckdeckel mit automatisch ausfahrbarem Heckspoiler
Coupé:	Festes Aluminiumdach
Sonderwunsch:	Außenlaufendes, elektrisches Schiebe-/Hubdach aus Stahl oder Glas
Cabriolet:	Elektrisch betätigtes, vollautomatisches Stoffverdeck mit beheizbarer Festglasheckscheibe, automatisch ausfahrbarer Überrollschutz
Vorderradaufhängung:	Einzelradaufhängung an McPherson-Federbeinen mit Längslenkern und Querlenkern aus Leichtmetall, Schraubenfedern, Gasdruckstoßdämpfer, Stabilisator
Hinterradaufhängung:	Einzelradaufhängung an Mehrlenkerhinterachse mit LSA-System und Fahrschemel aus Leichtmetall, Schraubenfedern, Gasdruckstoßdämpfer, Stabilisator
Bremse v/h (Durchm. x B (mm)):	innenbelüftete gelochte Scheiben (340 x 34) / innenbelüftete gelochte Scheiben (330 x 28) rote 6-Kolben-Monobloc-Aluminium-Festsättel / rote 4-Kolben-Monobloc-Aluminium-Festsättel
Sonderwunsch:	Porsche Ceramic Composite Brake (PCCB) innenbelüftete gelochte Keramikfaser-Scheiben (350 x 34) / innenbelüftete gelochte Keramikfaser-Scheiben (350 x 28) gelbe 6-Kolben-Monobloc-Aluminium-Festsättel / gelbe 4-Kolben-Monobloc-Aluminium-Festsättel PSM 9.0, ABS 8.0
Räder v/h:	8,5 J x 20 – ET 51 / 11 J x 20 – ET 52
Reifen v/h:	245/35 ZR 20 / 305/30 ZR 20
Sonderwunsch:	9 J x 20 – ET 51 / 11,5 J x 20 – ET 48 245/35 ZR 20 / 305/30 ZR 20

Elektrik

Lichtmaschinenleistung (W):	2100
Batterie (Ah/A):	70/450

Abmessungen, Gewichte und Volumen

Spurweite v/h (mm):	1538 / 1552
mit 9 J x 20 / 11,5 J x 20:	1538 / 1560
Radstand (mm):	2450
Maße (L x B x H (mm)):	4491 x 1852 x 1296 [1295]
mit PASM-Sportfahrwerk:	4491 x 1852 x 1286
Cabriolet:	4491 x 1852 x 1294 [1293]
Leergewicht nach DIN (kg):	1445 [1465]
Cabriolet:	1515 [1535]
zul. Gesamtgewicht (kg):	1875 [1895]
Cabriolet:	1935 [1955]
Kofferraumvolumen (VDA (l)):	125
Gepäckraum im Innenraum*:	260 / 160**
Tankvolumen (l):	68
C_W x A (m^2):	0,30 x 2,04 = 0,612
Cabriolet:	0,31 x 2,04 = 0,632
Leistungsgewicht (kg/kW / kg/PS):	4,47 [4,64] / 3,36 [3,41]
Cabriolet:	4,79 [4,86] / 3,53 [3,57]
***bei umgeklappten Rücksitzlehnen**	
****Cabriolet bei geschl. Verdeck**	4,79 [4,86] / 3,53 [3,57]

Kraftstoffverbrauch

nach Euro 5 im NEFZ (l/100 km):	98 ROZ Super plus bleifrei	
	Coupé	Cabriolet
Innerstädtisch:	14,1 [12,7]	14,3 [12,9]
Außerstädtisch:	7,7 [7,0]	7,7 [7,1]
Gesamt:	9,9 [9,1]	10,0 [9,2]
CO_2-Emissionen (g/km):	234 [215]	236 [217]

Fahrleistungen, Stückzahlen, Preise

Beschleunigung 0–100 km/h (s):	4,4 [4,2] [4,0]*
Cabriolet:	4,6 [4,4] [4,2]*
0–160 km/h (s):	9,4 [9,0] [8,7]*
Cabriolet:	9,8 [9,4] [9,1]*
0–200 km/h (s):	14,6 [14,1] [13,8]*
Cabriolet:	15,5 [14,8] [14,7]*
Höchstgeschw. (km/h):	303 [301]
Cabriolet:	
***mit Sport Plus-Taste gedrückt**	300 [298]
Stückzahl:	
Coupé:	in Produktion
Cabriolet:	in Produktion
Listenpreise:	
09/2012 Coupé:	Euro 126.117,- [Euro 130.055,90]
Cabriolet:	Euro 138.850,- [Euro 142.788,90]
01/2013 Coupé:	Euro 126.117,- [Euro 130.055,90]
Cabriolet:	Euro 138.850,- [Euro 142.788,90]
06/2013 Coupé:	Euro 126.117,- [Euro 130.055,90]
Cabriolet:	Euro 138.850,- [Euro 142.788,90]
06/2014 Coupé:	Euro 118.977,- [Euro 122.915,90]
Cabriolet:	Euro 131.710,- [Euro 135.648,90]

911 Carrera S Coupé »50 Jahre 911« [PDK] MJ 2013/14

Motor

Bauart:	6-Zylinder-Boxermotor
Einbauposition:	Heckmotor
Kühlung:	wassergekühlt
Motor-Typ:	MA103
mit Leistungssteigerung:	MA 103S
Hubraum (cm³):	3800
Bohrung x Hub:	102 x 77,5
Leistung (kW/PS):	294/400 bei 7400/min
mit Leistungssteigerung:	316/430 bei 7500/min
Max. Drehzahl/Begrenzung kalt:	7800/6300
Drehmoment (Nm):	440 bei 5600/min
mit Leistungssteigerung:	440 bei 5750/min
Literleistung (kW/l / PS/l):	77,4 / 105,3
mit Leistungssteigerung:	83,2 / 113,1
Verdichtung:	12,5 : 1
mit Leistungssteigerung:	Sauganlage mit schaltbarer Sammelklappe und 6 schaltbaren Saugrohrklappen
Ventilsteuerung:	dohc über Doppelkette, 4 Ventile pro Zylinder, VarioCam Plus, Einlaß-Nockenwellenverstellung, Ventilhubschaltung
Motorsteuerung:	elektronisches Motormanagement EMS SDI 9, E-Gas, Benzin-Direkteinspritzung Direct Fuel Injection – DFI, ruhende Hochspannungsverteilung, zylinderselektive Klopfregelung, Stereo-Lambdaregelung
Zündfolge:	1 - 6 - 2 - 4 - 3 - 5
Schmierung:	Integrierte Trockensumpfschmierung mit bedarfsgeregelter Ölpumpe
Ölmenge (l):	10,1

Kraftübertragung

Antrieb:	Heckantrieb
Schaltgetriebe:	7-Gang
Sonderwunsch PDK:	[7-Gang]
Getriebe-Typ:	G 91.00 [CG 1.05]
Übersetzungen:	
1. Gang:	3,909 [3,909]
2. Gang:	2,292 [2,292]
3. Gang:	1,552 [1,654]
4. Gang:	1,303 [1,303]
5. Gang:	1,081 [1,081]
6. Gang:	0,881 [0,881]
7. Gang:	0,711 [0,617]
Rückwärtsgang:	3,545 [3,545]
Achsübersetzung:	3,444 [3,444]

Karosserie, Fahrwerk, Bremse, Räder und Reifen

Karosserie:	2-türige, 2 + 2-sitzige, selbsttragende Karosserie aus Stahl-Aluminium-Stahl-Verbundbauweise, vordere Kotflügel, Dach, Hauben und Türen aus Aluminium, um 44 mm verbreiterte Kotflügel hinten, verformbare Bug- und Heckverkleidungen aus Kunststoff, Heckdeckel mit automatisch ausfahrbarem Heckspoiler
Sonderwunsch:	Außenlaufendes, elektrisches Schiebe-/Hubdach aus Stahl oder Glas
Vorderradaufhängung:	Einzelradaufhängung an McPherson-Federbeinen mit Längslenkern und Querlenkern aus Leichtmetall, Schraubenfedern, Gasdruckstoßdämpfer, Stabilisator
Hinterradaufhängung:	Einzelradaufhängung an Mehrlenkerhinterachse mit LSA-System und Fahrschemel aus Leichtmetall, Schraubenfedern, Gasdruckstoßdämpfer, Stabilisator
Bremse v/h (Durchm. x B (mm)):	innenbelüftete gelochte Scheiben (340 x 34) / innenbelüftete gelochte Scheiben (330 x 28) rote 6-Kolben-Monobloc-Aluminium-Festsättel / rote 4-Kolben-Monobloc-Aluminium-Festsättel
Sonderwunsch:	Porsche Ceramic Composite Brake (PCCB) innenbelüftete gelochte Keramikfaser-Scheiben (350 x 34) / innenbelüftete gelochte Keramikfaser-Scheiben (350 x 28) gelbe 6-Kolben-Monobloc-Aluminium-Festsättel / gelbe 4-Kolben-Monobloc-Aluminium-Festsättel PSM 9.0, ABS 8.0
Räder v/h:	9 J x 20 – ET 51 / 11,5 J x 20 – ET 48
Reifen v/h:	245/35 ZR 20 / 305/30 ZR 20

Elektrik

Lichtmaschinenleistung (W):	2100
Batterie (Ah/A):	70/450

Abmessungen, Gewichte und Volumen

Spurweite v/h (mm):	1538 / 1560
Radstand (mm):	2450
Maße (L x B x H (mm)):	4509 x 1852 x 1295
mit PASM-Sportfahrwerk:	4509 x 1852 x 1285
Leergewicht nach DIN (kg):	1410 [1430]
zul. Gesamtgewicht (kg):	1830 [1850]
Kofferraumvolumen (VDA (l)):	145
Gepäckraum im Innenraum*:	260
Tankvolumen (l):	64
C_W x A (m²):	0,30 x 2,04 = 0,612
Leistungsgewicht (kg/kW / kg/PS):	4,80 [4,86] / 3,53 [3,58]
mit Leistungssteigerung:	4,46 [4,53] / 3,28 [3,33]
***bei umgeklappten Rücksitzlehnen**	

Kraftstoffverbrauch

nach Euro 5 im NEFZ (l/100 km):	98 ROZ Super plus bleifrei	
	294 kW/400 PS	316 kW/430 PS
Innerstädtisch:	13,8 [12,2]	13,6 [12,2]
Außerstädtisch:	7,1 [6,7]	7,3 [6,7]
Gesamt:	9,5 [8,7]	9,5 [8,7]
CO_2-Emissionen (g/km):	224 [205]	224 [205]

Fahrleistungen, Stückzahlen, Preise

Beschleunigung 0–100 km/h (s):	4,5 [4,3] [4,1]*
mit Leistungssteigerung:	4,4 [4,2] [4,0]*
0–160 km/h (s):	9,5 [9,1] [8,8]*
mit Leistungssteigerung:	9,3 [8,9] [8,6]*
0–200 km/h (s):	14,6 [14,1] [13,8]*
mit Leistungssteigerung:	14,3 [13,8] [13,5]*
Höchstgeschw. (km/h):	300 [298]
mit Leistungssteigerung:	303 [301]
***mit Sport Plus-Taste gedrückt**	
Stückzahl:	
Coupé:	Limitiert auf 1.963 Fahrzeuge
06/2013 Coupé:	Euro 121.119,00 [Euro 124.831,80]
mit Leistungssteigerung:	Euro 132.316,90 [Euro 136.458,10]

911 GT3 COUPÉ AB MJ 2013/14

MOTOR	
Bauart:	6-Zylinder-Boxermotor, vierstufiges Schaltsaugrohr
Einbauposition:	Heckmotor
Kühlung:	wassergekühlt
Motor-Typ:	M106
Hubraum (cm^3):	3799
Bohrung x Hub:	102 x 77,5
Leistung (kW/PS):	350/475 bei 8250/min
Max. Drehzahl:	9000
Drehmoment (Nm):	440 bei 6250/min
Literleistung (kW/l / PS/l):	92,1 / 125,0
Verdichtung:	12,9 : 1
Ventilsteuerung:	dohc über Doppelkette, 4 Ventile pro Zylinder, Vario-Cam, Ein- und Auslaß-Nockenwellenverstellung
Motorsteuerung:	elektronisches Motormanagement Bosch Motronic MED 17.1.11, E-Gas, Benzin-Direkteinspritzung Direct Fuel Injection – DFI, ruhende Hochspannungsverteilung, zylinderselektive Klopfregelung, Stereo-Lambdaregelung
Zündfolge:	1 - 6 - 2 - 4 - 3 - 5
Schmierung:	Trockensumpfschmierung
Ölmenge (l):	12,9

KRAFTÜBERTRAGUNG	
Antrieb:	Heckantrieb
PDK:	7-Gang
Getriebe-Typ:	CG 1.95
Übersetzungen:	
1. Gang:	3,750
2. Gang:	2,381
3. Gang:	1,720
4. Gang:	1,344
5. Gang:	1,114
6. Gang:	0,957
7. Gang:	0,844
Rückwärtsgang:	3,417
Achsübersetzung:	3,973

KAROSSERIE, FAHRWERK, BREMSE, RÄDER UND REIFEN	
Karosserie:	2-türige, 2 + 2-sitzige, selbsttragende Karosserie aus Stahl-Aluminium-Stahl-Verbundbauweise, vordere Kotflügel, Dach, Hauben und Türen aus Aluminium, um 44 mm verbreiterte Kotflügel hinten, Bugteil mit obenliegender Ausströmöffnung und Spoilerlippe, Lüftungsgitter vor Frontdeckel, Heckdeckel aus Kunststoff mit Staudrucksammler, Abrisskante und feststehendem Heckflügel, Heckverkleidung mit zusätzlichen Entlüftungsschlitzen
Clubsportpaket:	Verschraubter Überrollkäfig hinter den Vordersitzen
Vorderradaufhängung:	Einzelradaufhängung an McPherson-Federbeinen mit Längslenkern und Querlenkern aus Leichtmetall, Schraubenfedern, geregelte Einrohr-Gasdruckstoßdämpfer (PASM), Stabilisator
Hinterradaufhängung:	Einzelradaufhängung an Mehrlenkerhinterachse mit LSA-System und Fahrschemel aus Leichtmetall, Schraubenfedern, geregelte Einrohr-Gasdruckstoßdämpfer (PASM), Stabilisator
Bremse v/h (Durchm. x B (mm)):	innenbelüftete gelochte Scheiben (380 x 34) / innenbelüftete gelochte Scheiben (380 x 28) rote 6-Kolben-Aluminium-Monobloc-Festsättel rote 4-Kolben-Aluminium-Monobloc-Festsättel
Sonderwunsch:	Porsche Ceramic Composite Brake (PCCB) innenbelüftete gelochte Keramikfaser-Scheiben (410 x 36) / innenbelüftete gelochte Keramikfaser-Scheiben (390 x 32) gelbe 6-Kolben-Monobloc-Aluminium-Festsättel / gelbe 4-Kolben-Monobloc-Aluminium-Festsättel zweistufiges PSM 9.0, ABS 8.0
Räder v/h:	9 J x 20 – ET 55 / 12 J x 20 – ET 47
Reifen v/h:	245/35 ZR 20 / 305/30 ZR 20-Sportreifen

ELEKTRIK	
Lichtmaschinenleistung (W):	2100
Batterie (Ah/A):	95/520

ABMESSUNGEN, GEWICHTE UND VOLUMEN	
Spurweite v/h (mm):	1551 / 1555
Radstand (mm):	2457
Maße (L x B x H (mm)):	4545 x 1852 x 1269
Leergewicht nach DIN (kg):	1430
zul. Gesamtgewicht (kg):	1720
Kofferraumvolumen (VDA (l)):	125
Gepäckraum im Innenraum:	260
Tankvolumen (l):	64
Sonderwunsch (l):	90
C_W x A (m^2):	0,33 x 2,04 = 0,6732
Leistungsgewicht (kg/kW / kg/PS):	4,09 / 3,01

KRAFTSTOFFVERBRAUCH	
nach Euro 5 im NEFZ (l/100 km):	98 ROZ Super plus bleifrei
Innerstädtisch:	18,9
Außerstädtisch:	8,9
Gesamt:	12,4
CO_2-Emissionen (g/km):	289

FAHRLEISTUNGEN, STÜCKZAHLEN, PREISE	
Beschleunigung 0–100 km/h (s):	3,5
0–160 km/h (s):	7,5
0–200 km/h (s):	11,4
Höchstgeschw. (km/h):	315
Stückzahl:	in Produktion
Listenpreise:	
03/2013 Coupé:	Euro 137.303,-
06/2013 Coupé:	Euro 137.303,-
06/2014 Coupé:	Euro 141.278,-

911 Turbo Coupé und Cabriolet ab MJ 2013/14

Motor

Bauart:	6-Zylinder-Boxermotor mit Expansionssaugrohr, VTG-Bi-Turboaufladung und Ladeluftkühlung
Einbauposition:	Heckmotor
Kühlung:	wassergekühlt
Motor-Typ:	MA171
Hubraum (cm^3):	3800
Bohrung x Hub:	102 x 77,5
Leistung (kW/PS):	383/520 bei 6000–6500/min
Max. Drehzahl:	7000
Drehmoment (Nm):	660 bei 1950–5000/min
mit Overboost:	710 bei 2100–4250/min
Literleistung (kW/l / PS/l):	100,8 / 136,8
Verdichtung:	9,8 : 1
Maximaler Ladedruck (bar):	1,0
mit Overboost:	1,2
Ventilsteuerung:	dohc über Doppelkette, 4 Ventile pro Zylinder, VarioCam Plus, Einlaß-Nockenwellenverstellung, Ventilhubschaltung
Motorsteuerung:	elektronisches Motormanagement EMS SDI 9, E-Gas, Benzin-Direkteinspritzung Direct Fuel Injection – DFI, ruhende Hochspannungsverteilung, zylinderselektive Klopfregelung, Stereo-Lambdaregelung
Zündfolge:	1 - 6 - 2 - 4 - 3 - 5
Schmierung:	Integrierte Trockensumpfschmierung mit bedarfsgeregelter Ölpumpe
Ölmenge (l):	10,4

Kraftübertragung

Antrieb:	Allradantrieb mit kennfeldgesteuerter Lamellenkupplung
PDK:	7-Gang
Getriebe-Typ:	CG 1.55
Übersetzungen:	
1. Gang:	3,909
2. Gang:	2,286
3. Gang:	1,577
4. Gang:	1,182
5. Gang:	0,944
6. Gang:	0,786
7. Gang:	0,622
Rückwärtsgang:	3,545
Achsübersetzung Hinterachse:	3,444
Achsübersetzung Vorderachse:	3,333

Karosserie, Fahrwerk, Bremse, Räder und Reifen

Karosserie:	2-türige, 2 + 2-sitzige, selbsttragende Karosserie aus Stahl-Aluminium-Stahl-Verbundbauweise, vordere Kotflügel, Hauben und Türen aus Aluminium, um 72 mm verbreiterte Kotflügel hinten mit Lufteinlässen, verformbare Bug- und Heckverkleidungen aus Kunststoff, Heckdeckel mit automatisch ausfahrbarem Heckflügel
Coupé:	Festes Aluminiumdach
Sonderwunsch:	Außenlaufendes, elektrisches Schiebe-/Hubdach aus Stahl oder Glas
Cabriolet:	Elektrisch betätigtes, vollautomatisches Stoffverdeck mit beheizbarer Festglasheckscheibe, automatisch ausfahrbarer Überrollschutz
Vorderradaufhängung:	Einzelradaufhängung an McPherson-Federbeinen mit Längslenkern und Querlenkern aus Leichtmetall, Schraubenfedern, Gasdruckstoßdämpfer, Stabilisator
Hinterradaufhängung:	Einzelradaufhängung an Mehrlenkerhinterachse mit LSA-System und Fahrschemel aus Leichtmetall, Schraubenfedern, Gasdruckstoßdämpfer, Stabilisator
Bremse v/h (Durchm. x B (mm)):	innenbelüftete gelochte Verbund-Scheiben (380 x 34) / innenbelüftete gelochte Verbund-Scheiben (380 x 30) rote 6-Kolben-Monobloc-Aluminium-Festsättel / rote 4-Kolben-Monobloc-Aluminium-Festsättel
Sonderwunsch:	Porsche Ceramic Composite Brake (PCCB) innenbelüftete gelochte Keramikfaser-Scheiben (410 x 36) / innenbelüftete gelochte Keramikfaser-Scheiben (390 x 32) gelbe 6-Kolben-Monobloc-Aluminium-Festsättel / gelbe 4-Kolben-Monobloc-Aluminium-Festsättel PSM 9.0, ABS 8.0
Räder v/h:	8,5 J x 20 – ET 51 / 11 J x 20 – ET 56
Reifen v/h:	245/35 ZR 20 / 305/30 ZR 20
Sonderwunsch:	9 J x 20 – ET 51 / 11,5 J x 20 – ET 56 245/35 ZR 20 / 305/30 ZR 20

Elektrik

Lichtmaschinenleistung (W):	2100
Batterie (Ah/A):	95/520

Abmessungen, Gewichte und Volumen

Spurweite v/h (mm):	1541 / 1590
mit 9 J x 20 / 11,5 J x 20:	1539 / 1590
Radstand (mm):	2450
Maße (L x B x H (mm)):	4506 x 1880 x 1296
Cabriolet:	4506 x 1880 x 1292
Leergewicht nach DIN (kg):	1595
Cabriolet:	1665
zul. Gesamtgewicht (kg):	1990
Cabriolet:	2045
Kofferraumvolumen (VDA (l)):	115
Gepäckraum im Innenraum*:	260/160**
Tankvolumen (l):	68
C_W x A (m^2) Speed:	0,31 x 2,07 = 0,642
Performance:	0,34 x 2,07 = 0,704
Leistungsgewicht (kg/kW / kg/PS):	4,16/3,07
Cabriolet:	4,35/3,20
*bei umgeklappten Rücksitzlehnen	
**Cabriolet bei geschl. Verdeck:	

Kraftstoffverbrauch

nach Euro 5 im NEFZ (l/100 km):	98 ROZ Super plus bleifrei	
	Coupé	Cabriolet
Innerstädtisch:	13,2	13,4
Außerstädtisch:	7,7	7,8
Gesamt:	9,7	9,9
CO_2-Emissionen (g/km):	227	231

Fahrleistungen, Stückzahlen, Preise

Beschleunigung 0–100 km/h (s):	3,4 3,2*
Cabriolet:	3,5 3,3*
0–160 km/h (s):	7,4 7,1*
Cabriolet:	7,7 7,4*
0–200 km/h (s):	11,1 10,8*
Cabriolet:	11,6 11,3*
Höchstgeschw. (km/h):	
*mit Sport Plus-Taste gedrückt	315
Stückzahl:	
Coupé:	in Produktion
Cabriolet:	in Produktion
Listenpreise:	
06/2013 Coupé:	Euro 162.055,-
09/2013 Cabriolet:	Euro 174.431,-
06/2014 Coupé:	Euro 165.149,-
Cabriolet:	Euro 177.882,-

911 Turbo S Coupé und Cabriolet ab MJ 2013/14

Motor

Bauart:	6-Zylinder-Boxermotor mit Expansionssaugrohr, VTG-Bi-Turboaufladung und Ladeluftkühlung
Einbauposition:	Heckmotor
Kühlung:	wassergekühlt
Motor-Typ:	MA171S
Hubraum (cm³):	3800
Bohrung x Hub:	102 x 77,5
Leistung (kW/PS):	412/560 bei 6500–6750/min
Max. Drehzahl:	7200
Drehmoment (Nm):	700 bei 2100–4200/min
mit Overboost:	750 bei 2200–4000/min
Literleistung (kW/l / PS/l):	108,4 / 147,4
Verdichtung:	9,8 : 1
Maximaler Ladedruck (bar):	1,2
mit Overboost:	1,4
Ventilsteuerung:	dohc über Doppelkette, 4 Ventile pro Zylinder, VarioCam Plus, Einlaß-Nockenwellenverstellung, Ventilhubschaltung
Motorsteuerung:	elektronisches Motormanagement EMS SDI 9, E-Gas, Benzin-Direkteinspritzung Direct Fuel Injection – DFI, ruhende Hochspannungsverteilung, zylinderselektive Klopfregelung, Stereo-Lambdaregelung
Zündfolge:	1 - 6 - 2 - 4 - 3 - 5
Schmierung:	Integrierte Trockensumpfschmierung mit bedarfsgeregelter Ölpumpe
Ölmenge (l):	10,4

Kraftübertragung

Antrieb:	Allradantrieb mit kennfeldgesteuerter Lamellenkupplung
PDK:	7-Gang
Getriebe-Typ:	CG 1.55
Übersetzungen:	
1. Gang:	3,909
2. Gang:	2,286
3. Gang:	1,577
4. Gang:	1,182
5. Gang:	0,944
6. Gang:	0,786
7. Gang:	0,622
Rückwärtsgang:	3,545
Achsübersetzung Hinterachse:	3,444
Achsübersetzung Vorderachse:	3,333

Karosserie, Fahrwerk, Bremse, Räder und Reifen

Karosserie:	2-türige, 2 + 2-sitzige, selbsttragende Karosserie aus Stahl-Aluminium-Stahl-Verbundbauweise, vordere Kotflügel, Hauben und Türen aus Aluminium, um 72 mm verbreiterte Kotflügel hinten mit Lufteinlässen, verformbare Bug- und Heckverkleidungen aus Kunststoff, Heckdeckel mit automatisch ausfahrbarem Heckflügel
Coupé:	Festes Aluminiumdach
Sonderwunsch:	Außenlaufendes, elektrisches Schiebe-/Hubdach aus Stahl oder Glas
Cabriolet:	Elektrisch betätigtes, vollautomatisches Stoffverdeck mit beheizbarer Festglasheckscheibe, automatisch ausfahrbarer Überrollschutz
Vorderradaufhängung:	Einzelradaufhängung an McPherson-Federbeinen mit Längslenkern und Querlenkern aus Leichtmetall, Schraubenfedern, Gasdruckstoßdämpfer, Stabilisator
Hinterradaufhängung:	Einzelradaufhängung an Mehrlenkerhinterachse mit LSA-System und Fahrschemel aus Leichtmetall, Schraubenfedern, Gasdruckstoßdämpfer, Stabilisator
Bremse v/h (Durchm. x B (mm)):	Porsche Ceramic Composite Brake (PCCB) innenbelüftete gelochte Keramikfaser-Scheiben (410 x 36) / innenbelüftete gelochte Keramikfaser-Scheiben (390 x 32) gelbe 6-Kolben-Monobloc-Aluminium-Festsättel / gelbe 4-Kolben-Monobloc-Aluminium-Festsättel PSM 9.0, ABS 8.0
Räder v/h:	9 J x 20 – ET 51 / 11,5 J x 20 – ET 56
Reifen v/h:	245/35 ZR 20 / 305/30 ZR 20

Elektrik

Lichtmaschinenleistung (W):	2100
Batterie (Ah/A):	95/520

Abmessungen, Gewichte und Volumen

Spurweite v/h (mm):	1539 / 1590
Radstand (mm):	2450
Maße (L x B x H (mm)):	4506 x 1880 x 1296
Cabriolet:	4506 x 1880 x 1292
Leergewicht nach DIN (kg):	1605
Cabriolet:	1675
zul. Gesamtgewicht (kg):	1990
Cabriolet:	2045
Kofferraumvolumen (VDA (l)):	115
Gepäckraum im Innenraum*:	260/160**
Tankvolumen (l):	68
C_W x A (m²) Speed:	0,31 x 2,07 = 0,642
Performance:	0,34 x 2,07 = 0,704
Leistungsgewicht (kg/kW / kg/PS):	3,90/2,87
Cabriolet bei geschl. Verdeck:	4,07/2,99

***bei umgeklappten Rücksitzlehnen**
****Cabriolet bei geschl. Verdeck**

Kraftstoffverbrauch

nach Euro 5 im NEFZ (l/100 km):	98 ROZ Super plus bleifrei	
	Coupé	Cabriolet
Innerstädtisch:	13,2	13,4
Außerstädtisch:	7,7	7,8
Gesamt:	9,7	9,9
CO_2-Emissionen (g/km):	227	231

Fahrleistungen, Stückzahlen, Preise

Beschleunigung 0–100 km/h (s):	3,1*
Cabriolet:	3,2*
0–160 km/h (s):	6,8*
Cabriolet:	7,1*
0–200 km/h (s):	10,3*
Cabriolet:	10,8*
Höchstgeschw. (km/h):	318
***mit Sport Plus-Taste gedrückt**	
Stückzahl:	
Coupé:	in Produktion
Cabriolet:	in Produktion
Listenpreise:	
06/2013 Coupé:	Euro 195.256,-
09/2013 Cabriolet:	Euro 207.989,-
06/2014 Coupé:	Euro 197.041,-
Cabriolet:	Euro 209.774,-

911 TARGA 4 [PDK] AB MJ 2014/15

MOTOR

Bauart:	6-Zylinder-Boxermotor
Einbauposition:	Heckmotor
Kühlung:	wassergekühlt
Motor-Typ:	MA104
Hubraum (cm³):	3436
Bohrung x Hub:	97 x 77,5
Leistung (kW/PS):	257/350 bei 7400/min
Max. Drehzahl/Begrenzung kalt:	7800/6300
Drehmoment (Nm):	390 bei 5600/min
Literleistung (kW/l / PS/l):	74,8 / 101,9
Verdichtung:	12,5 : 1
Ventilsteuerung:	dohc über Doppelkette, 4 Ventile pro Zylinder, VarioCam Plus, Einlaß-Nockenwellenverstellung, Ventilhubschaltung
Motorsteuerung:	elektronisches Motormanagement EMS SDI 9, E-Gas, Benzin-Direkteinspritzung Direct Fuel Injection - DFI, ruhende Hochspannungsverteilung, zylinderselektive Klopfregelung, Stereo-Lambdaregelung
Zündfolge:	1 - 6 - 2 - 4 - 3 - 5
Schmierung:	Integrierte Trockensumpfschmierung mit bedarfsgeregelter Ölpumpe
Ölmenge (l):	10,1

KRAFTÜBERTRAGUNG

Antrieb:	Allradantrieb mit kennfeldgesteuerter Lamellenkupplung
Schaltgetriebe:	7-Gang
Sonderwunsch PDK:	[7-Gang]
Getriebe-Typ:	G 91.30 [CG 1.35]
Übersetzungen:	
1. Gang:	3,909 [3,909]
2. Gang:	2,292 [2,292]
3. Gang:	1,552 [1,654]
4. Gang:	1,303 [1,303]
5. Gang:	1,081 [1,081]
6. Gang:	0,881 [0,881]
7. Gang:	0,711 [0,617]
Rückwärtsgang:	3,545 [3,545]
Achsübersetzung Hinterachse:	3,444 [3,444]
Achsübersetzung Vorderachse:	3,333 [3,333]

KAROSSERIE, FAHRWERK, BREMSE, RÄDER UND REIFEN

Karosserie:	2-türige, 2 + 2-sitzige, selbsttragende Karosserie aus Aluminium-Stahl-Verbundbauweise mit Überrollbügel aus Stahl und elektrisch abklappbarem Dachmittelteil, vordere Kotflügel, Hauben und Türen aus Aluminium, um 44 mm verbreiterte Kotflügel hinten, schmales Rückleuchtenband, verformbare Bug- und Heckverkleidungen aus Kunststoff, Heckdeckel mit automatisch ausfahrbarem Heckspoiler
Vorderradaufhängung:	Einzelradaufhängung an McPherson-Federbeinen mit Längslenkern und Querlenkern aus Leichtmetall, Schraubenfedern, Gasdruckstoßdämpfer, Stabilisator
Hinterradaufhängung:	Einzelradaufhängung an Mehrlenkerhinterachse mit LSA-System und Fahrschemel aus Leichtmetall, Schraubenfedern,Gasdruckstoßdämpfer, Stabilisator
Bremse v/h (Durchm. x B (mm)):	innenbelüftete gelochte Scheiben (330 x 28) / innenbelüftete gelochte Scheiben (330 x 28) schwarze 4-Kolben-Monobloc-Aluminium-Festsättel / schwarze 4-Kolben-Monobloc-Aluminium-Festsättel
Sonderwunsch:	Porsche Ceramic Composite Brake (PCCB) innenbelüftete gelochte Keramikfaser-Scheiben (350 x 34) / innenbelüftete gelochte Keramikfaser-Scheiben (350 x 28) gelbe 6-Kolben-Monobloc-Aluminium-Festsättel / gelbe 4-Kolben-Monobloc-Aluminium-Festsättel PSM 9.0, ABS 8.0
Räder v/h:	8 J x 19 – ET 54 / 11 J x 19 – ET 48
Reifen v/h:	235/40 ZR 19 / 295/35 ZR 19
Sonderwunsch:	8,5 J x 20 – ET 51 / 11 J x 20 – ET 52 245/35 ZR 20 / 305/30 ZR 20 9 J x 20 – ET 51 / 11,5 J x 20 – ET 48 245/35 ZR 20 / 305/30 ZR 20

ELEKTRIK

Lichtmaschinenleistung (W):	2100
Batterie (Ah/A):	70/450

ABMESSUNGEN, GEWICHTE UND VOLUMEN

Spurweite v/h (mm):	1532 / 1560
mit 8,5 J x 20 / 11 J x 20:	1538 / 1552
mit 9 J x 20 / 11,5 J x 20:	1538 / 1560
Radstand (mm):	2450
Maße (L x B x H (mm)):	4491 x 1852 x 1298
mit PASM:	4491 x 1852 x 1287
Leergewicht nach DIN (kg):	1540 [1560]
zul. Gesamtgewicht (kg):	1925 [1945]
Kofferraumvolumen (VDA (l)):	125
Gepäckraum im Innenraum*:	160**
Tankvolumen (l):	68, davon 10 Reserve
C_w x A (m²):	0,30 x 2,05 = 0,615
Leistungsgewicht (kg/kW / kg/PS):	5,99 [6,07] / 4,40 [4,46]
***bei umgeklappten Rücksitzlehnen**	
****bei geschlossenem Dach**	

KRAFTSTOFFVERBRAUCH

nach Euro 6 im NEFZ (l/100 km):	98 ROZ Super plus bleifrei
Innerstädtisch:	13,1 [11,8]
Außerstädtisch:	7,5 [6,9]
Gesamt:	9,5 [8,7]
CO_2-Emissionen (g/km):	223 [204]

FAHRLEISTUNGEN, STÜCKZAHLEN, PREISE

Beschleunigung 0–100 km/h (s):	5,2 [5,0] [4,8]*
0–160 km/h (s):	11,2 [10,8] [10,5]*
0–200 km/h (s):	18,0 [17,5] [17,2]*
Höchstgeschw. (km/h):	282 [280]
***mit Sport Plus-Taste gedrückt**	
Stückzahl:	
Targa:	in Produktion
Listenpreise:	
03/2014:	Euro 109.338,- [Euro 112.848,50]

911 TARGA 4S [PDK] AB MJ 2014/15

MOTOR

Bauart:	6-Zylinder-Boxermotor
Einbauposition:	Heckmotor
Kühlung:	wassergekühlt
Motor-Typ:	MA103
Hubraum (cm³):	3800
Bohrung x Hub:	102 x 77,5
Leistung (kW/PS):	294/400 bei 7400/min
Max. Drehzahl/Begrenzung kalt:	7800/6300
Drehmoment (Nm):	440 bei 5600/min
Literleistung (kW/l / PS/l):	77,4 / 105,3
Verdichtung:	12,5 : 1
Ventilsteuerung:	dohc über Doppelkette, 4 Ventile pro Zylinder, VarioCam Plus, Einlaß-Nockenwellenverstellung, Ventilhubschaltung
Motorsteuerung:	elektronisches Motormanagement EMS SDI 9, E-Gas, Benzin-Direkteinspritzung Direct Fuel Injection - DFI, ruhende Hochspannungsverteilung, zylinderselektive Klopfregelung, Stereo-Lambdaregelung
Zündfolge:	1 - 6 - 2 - 4 - 3 - 5
Schmierung:	Integrierte Trockensumpfschmierung mit bedarfsgeregelter Ölpumpe
Ölmenge (l):	10,1

KRAFTÜBERTRAGUNG

Antrieb:	Allradantrieb mit kennfeldgesteuerter Lamellenkupplung
Schaltgetriebe:	7-Gang
Sonderwunsch PDK:	[7-Gang]
Getriebe-Typ:	G 91.30 [CG 1.35]
Übersetzungen:	
1. Gang:	3,909 [3,909]
2. Gang:	2,292 [2,292]
3. Gang:	1,552 [1,654]
4. Gang:	1,303 [1,303]
5. Gang:	1,081 [1,081]
6. Gang:	0,881 [0,881]
7. Gang:	0,711 [0,617]
Rückwärtsgang:	3,545 [3,545]
Achsübersetzung Hinterachse:	3,444 [3,444]
Achsübersetzung Vorderachse:	3,333 [3,333]

KAROSSERIE, FAHRWERK, BREMSE, RÄDER UND REIFEN

Karosserie:	2-türige, 2 + 2-sitzige, selbsttragende Karosserie aus Aluminium-Stahl-Verbundbauweise mit Überrollbügel aus Stahl und elektrisch abklappbarem Dachmittelteil, vordere Kotflügel, Hauben und Türen aus Aluminium, um 44 mm verbreiterte Kotflügel hinten, schmales Rückleuchtenband, verformbare Bug- und Heckverkleidungen aus Kunststoff, Heckdeckel mit automatisch ausfahrbarem Heckspoiler
Vorderradaufhängung:	Einzelradaufhängung an McPherson-Federbeinen mit Längslenkern und Querlenkern aus Leichtmetall, Schraubenfedern, Gasdruckstoßdämpfer, Stabilisator
Hinterradaufhängung:	Einzelradaufhängung an Mehrlenkerhinterachse mit LSA-System und Fahrschemel aus Leichtmetall, Schraubenfedern, Gasdruckstoßdämpfer, Stabilisator
Bremse v/h (Durchm. x B (mm)):	innenbelüftete gelochte Scheiben (340 x 34) / innenbelüftete gelochte Scheiben (330 x 28) rote 6-Kolben-Monobloc-Aluminium-Festsättel / rote 4-Kolben-Monobloc-Aluminium-Festsättel
Sonderwunsch:	Porsche Ceramic Composite Brake (PCCB) innenbelüftete gelochte Keramikfaser-Scheiben (350 x 34) / innenbelüftete gelochte Keramikfaser-Scheiben (350 x 28) gelbe 6-Kolben-Monobloc-Aluminium-Festsättel / gelbe 4-Kolben-Monobloc-Aluminium-Festsättel PSM 9.0, ABS 8.0
Räder v/h:	8,5 J x 20 – ET 51 / 11 J x 20 – ET 52
Reifen v/h:	245/35 ZR 20 / 305/30 ZR 20
Sonderwunsch:	9 J x 20 – ET 51 / 11,5 J x 20 – ET 48 245/35 ZR 20 / 305/30 ZR 20

ELEKTRIK

Lichtmaschinenleistung (W):	2100
Batterie (Ah/A):	70/450

ABMESSUNGEN, GEWICHTE UND VOLUMEN

Spurweite v/h (mm):	1538 / 1552
mit 9 J x 20 / 11,5 J x 20:	1538 / 1560
Radstand (mm):	2450
Maße (L x B x H (mm)):	4491 x 1852 x 1291 [1289]
Leergewicht nach DIN (kg):	1555 [1575]
zul. Gesamtgewicht (kg):	1960 [1980]
Kofferraumvolumen (VDA (l)):	125
Gepäckraum im Innenraum*:	160**
Tankvolumen (l):	68, davon 10 Reserve
C_w x A (m²):	0,30 x 2,04 = 0,612
Leistungsgewicht (kg/kW / kg/PS):	5,29 [5,35] / 3,89 [3,94]
***bei umgeklappten Rücksitzlehnen**	
****bei geschlossenem Dach**	

KRAFTSTOFFVERBRAUCH

nach Euro 6 im NEFZ (l/100 km):	98 ROZ Super plus bleifrei
Innerstädtisch:	13,9 [12,5]
Außerstädtisch:	7,7 [7,1]
Gesamt:	10,0 [9,2]
CO_2-Emissionen (g/km):	237 [214]

FAHRLEISTUNGEN, STÜCKZAHLEN, PREISE

Beschleunigung 0–100 km/h (s):	4,8 [4,6] [4,4]*
0–160 km/h (s):	10,2 [9,8] [9,5]*
0–200 km/h (s):	16,0 [15,5] [15,2]*
Höchstgeschw. (km/h):	296 [294]
***mit Sport Plus-Taste gedrückt**	
Stückzahl:	
Targa:	in Produktion
Listenpreise:	
03/2014:	Euro 124.094,- [Euro 127.604,50]

911 Targa 4S mit Leistungssteigerung [PDK] ab MJ 2014/15

Motor

Bauart:	6-Zylinder-Boxermotor
Einbauposition:	Heckmotor
Kühlung:	wassergekühlt
Motor-Typ:	MA103S
Hubraum (cm³):	3800
Bohrung x Hub:	102 x 77,5
Leistung (kW/PS):	316/430 bei 7500/min
Max. Drehzahl/Begrenzung kalt:	7800/6300
Drehmoment (Nm):	440 bei 5750/min
Literleistung (kW/l / PS/l):	83,2 / 113,2
Verdichtung:	12,5 : 1
Saugrohr:	Sauganlage mit schaltbarer Sammelklappe und 6 schaltbaren Saugrohrklappen
Ventilsteuerung:	dohc über Doppelkette, 4 Ventile pro Zylinder, VarioCam Plus, Einlaß-Nockenwellenverstellung, Ventilhubschaltung
Motorsteuerung:	elektronisches Motormanagement EMS SDI 9, E-Gas, Benzin-Direkteinspritzung Direct Fuel Injection - DFI, ruhende Hochspannungsverteilung, zylinderselektive Klopfregelung, Stereo-Lambdaregelung
Zündfolge:	1 - 6 - 2 - 4 - 3 - 5
Schmierung:	Integrierte Trockensumpfschmierung mit bedarfsgeregelter Ölpumpe
Ölmenge (l):	10,1

Kraftübertragung

Antrieb:	Allradantrieb mit kennfeldgesteuerter Lamellenkupplung
Schaltgetriebe:	7-Gang
Sonderwunsch PDK:	[7-Gang]
Getriebe-Typ:	G 91.30 [CG 1.35]
Übersetzungen:	
1. Gang:	3,909 [3,909]
2. Gang:	2,292 [2,292]
3. Gang:	1,552 [1,654]
4. Gang:	1,303 [1,303]
5. Gang:	1,081 [1,081]
6. Gang:	0,881 [0,881]
7. Gang:	0,711 [0,617]
Rückwärtsgang:	3,545 [3,545]
Achsübersetzung Hinterachse:	3,444 [3,444]
Achsübersetzung Vorderachse:	3,333 [3,333]

Karosserie, Fahrwerk, Bremse, Räder und Reifen

Karosserie:	2-türige, 2 + 2-sitzige, selbsttragende Karosserie aus Aluminium-Stahl-Verbundbauweise mit Überrollbügel aus Stahl und elektrisch abklappbarem Dachmittelteil, vordere Kotflügel, Hauben und Türen aus Aluminium, um 44 mm verbreiterte Kotflügel hinten, schmales Rückleuchtenband, verformbare Bug- und Heckverkleidungen aus Kunststoff, Heckdeckel mit automatisch ausfahrbarem Heckspoiler
Vorderradaufhängung:	Einzelradaufhängung an McPherson-Federbeinen mit Längslenkern und Querlenkern aus Leichtmetall, Schraubenfedern, Gasdruckstoßdämpfer, Stabilisator
Hinterradaufhängung:	Einzelradaufhängung an Mehrlenkerhinterachse mit LSA-System und Fahrschemel aus Leichtmetall, Schraubenfedern, Gasdruckstoßdämpfer, Stabilisator
Bremse v/h (Durchm. x B (mm)):	innenbelüftete gelochte Scheiben (340 x 34) / innenbelüftete gelochte Scheiben (330 x 28) rote 6-Kolben-Monobloc-Aluminium-Festsättel / rote 4-Kolben-Monobloc-Aluminium-Festsättel
Sonderwunsch:	Porsche Ceramic Composite Brake (PCCB) innenbelüftete gelochte Keramikfaser-Scheiben (350 x 34) / innenbelüftete gelochte Keramikfaser-Scheiben (350 x 28) gelbe 6-Kolben-Monobloc-Aluminium-Festsättel / gelbe 4-Kolben-Monobloc-Aluminium-Festsättel PSM 9.0, ABS 8.0
Räder v/h:	8,5 J x 20 – ET 51 / 11 J x 20 – ET 52
Reifen v/h:	245/35 ZR 20 / 305/30 ZR 20
Sonderwunsch:	9 J x 20 – ET 51 / 11,5 J x 20 – ET 48 245/35 ZR 20 / 305/30 ZR 20

Elektrik

Lichtmaschinenleistung (W):	2100
Batterie (Ah/A):	70/450

Abmessungen, Gewichte und Volumen

Spurweite v/h (mm):	1538 / 1552
mit 9 J x 20 / 11,5 J x 20:	1538 / 1560
Radstand (mm):	2450
Maße (L x B x H (mm)):	4491 x 1852 x 1291 [1289]
Leergewicht nach DIN (kg):	1555 [1575]
zul. Gesamtgewicht (kg):	1960 [1980]
Kofferraumvolumen (VDA (l)):	125
Gepäckraum im Innenraum*:	160**
Tankvolumen (l):	68, davon 10 Reserve
C_w x A (m²):	0,30 x 2,04 = 0,612
Leistungsgewicht (kg/kW / kg/PS):	4,92 [4,98] / 3,62 [3,66]
***bei umgeklappten Rücksitzlehnen**	
****bei geschlossenem Dach**	

Kraftstoffverbrauch

nach Euro 6 im NEFZ (l/100 km):	98 ROZ Super plus bleifrei
Innerstädtisch:	13,9 [12,5]
Außerstädtisch:	7,7 [7,1]
Gesamt:	10,0 [9,2]
CO_2-Emissionen (g/km):	237 [214]

Fahrleistungen, Stückzahlen, Preise

Beschleunigung 0–100 km/h (s):	4,7 [4,5] [4,3]*
0–160 km/h (s):	10,0 [9,6] [9,3]*
0–200 km/h (s):	15,7 [15,2] [14,9]*
Höchstgeschw. (km/h):	300 [298]
***mit Sport Plus-Taste gedrückt**	
Stückzahl:	
Targa:	in Produktion
Listenpreise:	
03/2014:	Euro 137.898,- [Euro 141.408,90]

Porsche 914

Porsche 914 und 914/6

Mit dem Porsche 914, der auch gerne als »VW-Porsche« bezeichnet wird, präsentieren Porsche und Volkswagen 1969 eine Gemeinschaftsentwicklung. Dieser waren Studien vorausgegangen, in denen beide Firmen unabhängig voneinander erkannten, daß die Mittelmotoranordnung bei Sportwagen eine zukunftsträchtige Entwicklung darstellt. Hierbei sitzt der Motor hinter dem Fahrer, aber vor der Hinterachse. Da zwischen Volkswagen und Porsche schon ein Vertrag über Zusammenarbeit existiert, übernimmt Porsche die Konstruktion. Fahrzeuge mit Mittelmotor zeichnen sich vor allem durch ihr präzises Handling aus, dieses resultiert durch das verringerte Trägheitsmoment des Fahrzeugs um die Hochachse. Für seine Fahrzeuglänge hat der 914 einen auffallend langen Radstand und sehr kurze Überhänge. Zum ersten Mal ist der Porsche 914 auf der Internationalen Automobil Ausstellung (IAA) in Frankfurt am Main zu bewundern. Zwei unterschiedliche Varianten sind im Angebot: Der 914 mit einem vom VW 411 E entliehenen 1,7-Liter-Vierzylinder-Boxer mit 80 PS (59 kW) und der 914/6 mit dem 2-Liter-Sechszylinder-Motor des 911 T mit 110 PS (81 kW). Den 914/6 baut Porsche in Zuffenhausen, den 914 Karmann in Osnabrück.

Modelljahr 1970 (C-Serie)

Die zweitürige Ganzstahlkarosserie besitzt einen Sicherheitsbügel und in den Karosseriekörper integrierte verchromte Stoßfänger mit runden Zusatzscheinwerfern. Das nur 7,9 Kilogramm schwere Dach aus glasfaserverstärktem Kunststoff kann herausgenommen und im hinteren der beiden Kofferräume untergebracht werden. Insgesamt sind 370 Liter Gepäckraumvolumen vorhanden, davon 160 Liter vorn und 210 Liter hinten. In den vorderen Ecken der Fronthaube sind Aussparungen für die Klappscheinwerfer, die über zwei Elektromotoren angetrieben werden. Hinter einer Schottwand ist gut geschützt der 62-Liter-

Porsche 914/4 Modelljahr 1970

Porsche 914/6 Modelljahr 1970

Tank untergebracht. Bei der Karosserieform des nur 123 Zentimeter hohen Sportwagens wird auf gute Aerodynamik wertgelegt, deshalb ist die Windschutzscheibe bündig eingeklebt. Im Aufbau ist die Karosserie durch vier Querwände unterteilt und verstärkt.

Jeder 914 ist mit einer Sicherheitszahnstangenlenkung ausgerüstet. An der Vorderachse werden die doppeltwirkenden Stoßdämpferbeine über ein Stützlager an der Karosserie befestigt. Ein Hilfsträger fixiert die Querlenker und die Lenkung. Die Aufnahme des Torsionsstabes und das Kugelgelenk für die Stoßdämpferbeinlagerung tragen die Querlenker. Nach oben begrenzt eine progressiv wirkende Gummihohlfeder im Dämpferbein den Radhub. Hinten übernimmt eine Schräglenkerachse die Führung der Räder. Die Kinematik ist durch Sturz- und Vorspuränderungen der Räder so gewählt, daß sich ein gutes Fahrverhalten ergibt. Die Federung erfolgt über Schraubenfedern und Schwingungsdämpfer. Der 914 ist mit einer Zweikreisbremsanlage mit vier Bremsscheiben und einer kleinen Bremstrommel für die Handbremse ausgestattet. Der Griff für die Handbremse befindet sich links neben dem Fahrersitz. Der 914/6 ist vorn mit innenbelüfteten Bremsscheiben ausgestattet. Der 914 ist mit den Serienrädern des VW 411 E ausgerüstet. Die Stahlräder der Größe 4,5 J x 15 sind mit 155 SR 15 Reifen bestückt. Auf Wunsch sind auch Reifen der Dimension 165 SR 15 erhältlich. Beim 914/6 sind serienmäßig 5,5 J x 15 Stahlräder und Reifen der Dimension 165 HR 15 montiert. Während die Räder des Vierzylinder-Modells nur mit vier Radmuttern fixiert sind, verwendet Porsche beim Sechszylinder fünf Radmuttern.

Der Innenraum des Wagens ist für zwei Personen ausgelegt. Wegen der großen Breite können auf kurzen Strecken auch zwei Mitfahrer Platz finden. Erstmals sind die Sitze mit integrierten Kopfstützen versehen. Der Fahrersitz ist längsverstellbar, der breitere Beifahrersitz jedoch nicht. Eine Anpassung an verschiedengroße Beifahrer erfolgt durch die als »Hundeknochen« bezeichnete Fußstütze. Die linke Türverkleidung ist mit einer Ablagetasche ausgerüstet, die rechte mit einer Armlehne mit Haltegriff. Der Windschutzscheibenrahmen und der Überrollbügel sind innen gepolstert, der Boden und die Kofferräume mit Nadelfilz ausgelegt. Die Innenraumentlüftung übernehmen zwei Kanäle hinter den Rücksitzen. Das gepolsterte Armaturenbrett ist mit drei Rundinstrumenten ausgestattet: Links ein Kombiinstrument mit Tank- und Öltemperaturanzeige, in der Mitte der Drehzahlmesser und rechts der Tachometer. Desweiteren sind das stufenlos regelbare Heizungs- und Belüftungssystem, Handschuhkasten, Aschenbecher und Zigarettenanzünder integriert. Die Hebel für Heizung und Handgas sind auf dem Mitteltunnel platziert. Das Zündschloss des 914/6 befindet sich, wie man es bei einem Porsche gewohnt ist, links vom Lenkrad. Beim 914 sitzt es dagegen auf der rechten Seite.

Der 914 wird mit zwei verschiedenen Motorversionen angeboten. Der 914 wird mit dem 1,7-Liter-Vierzylinder-Einspritzmotor des VW 411 E, der 80 PS (59 kW) bei 4.900/min leistet, ausgeliefert. Der 914/6 erhält den 2-Liter-Sechszylinder des 911 T. Der 110 PS (81 kW) starke Boxer ist mit Graugußzylindern ausgestattet und erreicht seine Nennleistung bei 5.800/min. Die Verdichtung ist auf 8,6 : 1 heruntergenommen. Das maximale Drehmoment von 157 Nm erreicht der Sechszylinder bei 4.200/min. Zur Gemischaufbereitung dienen zwei Weber-Dreifach-Vergaser. Wie beim 911 läuft der Ölkreislauf über eine Trockensumpfschmierung.

Beim luftgekühlten Vierzylinder-Boxer sind Zylinder und Kühlrippen aus Grauguß gefertigt, die Zylinderköpfe bestehen aus Leichtmetall. Über Stirnräder wird die zentrale Nockenwelle von der Kurbelwelle angetrieben. Die hängenden Ventile werden über Kipphebel betätigt. Der mit nur 8,2 : 1 verdichtete Motor ist mit einer Druckumlaufschmierung versehen. Für die Kühlung sorgt ein direkt auf der Kurbelwelle sitzendes Radialgebläse.

In beiden Typen ist ein Porsche 5-Gang-Schaltgetriebe serienmäßig eingebaut. Ab Anfang 1970 ist auch die Sportomatic erhältlich. Die Betätigung der Einscheibentrockenkupplung erfolgt über Seilzug. Die Motorleistung wird an die Hinterräder über Doppelgelenkwellen übertragen.

Bei den Fahrleistungen gibt Porsche für den 914 in der Beschleunigung auf 100 km/h 13 Sekunden an, als Höchstgeschwindigkeit 177 km/h. Der 914/6 wird mit 9,9 Sekunden und 201 km/h angegeben. Besonders gut eingefahrene Sechszylinder-Modelle spurten sogar in nur 8,5 Sekunden von Null auf Hundert und erreichen mit geschlossenem Dach 207 km/h als Spitze.

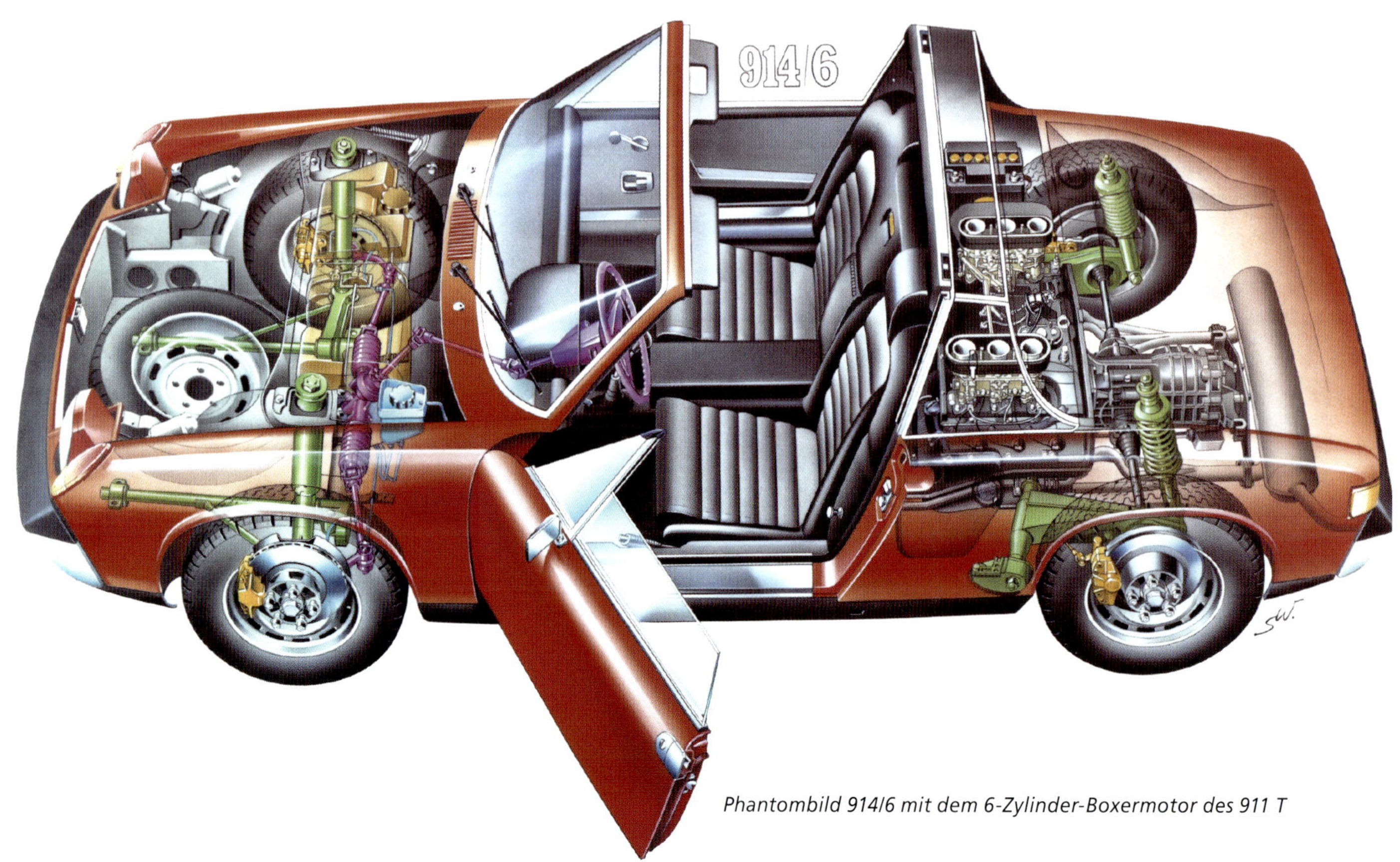

Phantombild 914/6 mit dem 6-Zylinder-Boxermotor des 911 T

Modelljahr 1971 (D-Serie)

Die verkürzte Heckschürze erhält senkrechte Schlitze, um die heiße Luft um den Auspufftopf besser ableiten zu können.

Die Optik des »Marathon de la Route«-Wagens kann als Sonderausstattung (M 471) erworben werden. Die angeschweißten Kotflügelverbreiterungen bieten geschmiedeten 7 Zoll breiten Fuchsrädern mit der Reifengröße 185/70 HR 15 Platz. An Vorder- und Hinterachse werden Stabilisatoren montiert.

Für den 914 stehen 5,5 x 15 Zoll Stahl- oder Leichtmetallräder im Programm. Die Leichtmetallräder liefert der italienische Hersteller Pedrini.

Im Innenraum fällt die Mitteldüse zur Entfrostung der Windschutzscheibe und der zusätzliche Kleiderhaken rechts am Überrollbügel auf. Neue Zündschlösser und die Änderung der Scheinwerfersteuerung, bei der die Scheinwerfer nur in der Null-Stellung eingeklappt werden können, sind weitere Detailänderungen.

Einige Länder in Europa haben die Abgasgesetze verschärft. Daraufhin ändert Porsche Teile der elektronischen Einspritzanlage der Vierzylinder-Motoren: Steuergerät, Zündverteiler, Druckfühler und der Drosselklappenstutzen werden modifiziert. Die Schubabschaltung fällt weg, da sich Kunden beim Schalten über störende Platsch-Geräusche geäußert haben. Die USA-Version des 1,7 Liter-Motors erhält einen Aktivkohlefilter für das Kraftstoffsystem.

Modelljahr 1972 (E-Serie)

Der 914/6 steht nicht mehr in der Preisliste. Die letzten vorrätigen Exemplare werden allerdings noch im Modelljahr 1972 verkauft.

Der Innenraum erhält einige Detailverbesserungen. Zur besseren Belüftung werden links und rechts in die Schalttafel zusätzliche Düsen integriert. Die Verkleidung der Türtafeln ist in der sogenannten Flechtnarbung ausgeführt. Der Beifahrersitz ist jetzt verstellbar. Die Wischer- und Wascherschalter sind am Lenkrad zu einer Schalteinheit zusammengefaßt, außerdem wird die Lenksäule verändert. Die Trennwand zwischen dem Innen- und dem Motorraum wird modifiziert, um den Einbau von Automatik-Sicherheitsgurten zu ermöglichen.

Der Vierzylinder erhält eine neue Abstimmung der Einspritzanlage und des Motors.

Modelljahr 1973 (F-Serie)

Optisch lassen sich die neuen 914 des Modelljahrs 1973 an den mattschwarzen Stoßfängern erkennen. Der Schriftzug am Heck ist ebenfalls schwarz. Die Heckschürze ist verkürzt, um ein Aufsetzen auf welliger Fahrbahn zu verhindern. Eine Dämmatte auf der Rückseite des Fahrgastraums soll das Innengeräusch senken. Eine weitere Dämmung soll den Wärmestau im Gepäckraum hinten vermindern. Das herausnehmbare Kunststoffdach erhält auf der Innenseite eine Verkleidung mit dem Stoffbezug der Sitze.

Das Fahrwerk erhält zur Steigerung des Federungskomforts eine weichere Abstimmung.

Mattschwarze Fensterkurbeln und Türgriffschalen setzen den neuen Trend im Innenraum fort. Die neu eingeführte 2-Liter-Version erhält einen Tachometer mit dem Skalenendwert 250 km/h. In einer Komfortausstattung sind ein Vinylbezug am Überrollbügel mit Chromzierleisten, unempfindliche Veloursteppiche, eine Lederschaltmanschette, eine Mittelkonsole mit Zeituhr, Öltemperaturanzeige und Voltmeter sowie ein Doppeltonhorn enthalten. Ein Sportpaket enthält geschmiedete Leichtmetallräder von Fuchs, Stabilisatoren an Vorder- und Hinterachse und Halogenhauptscheinwerfer.

Das Wichtigste im neuen Modelljahr ist der neue 2-Liter-Vierzylindermotor. Er basiert auf der Basis des 1,7-Liter-Triebwerks. Der mit einer D-Jetronic-Einspritzung ausgestattete Motor leistet 100 PS (74 kW) bei 5.000/min. Das maximale Drehmoment von 157 Nm liegt bei nur 3.500/min an. Ein neuer Trockenluftfilter und neue Motorlager senken das Motorgeräusch.

Eine exaktere Schaltführung und ein kürzerer Schalthebel bringen noch mehr Spaß am sportlichen Fahren.

Der 914 2.0 beschleunigt in nur 10,5 Sekunden von 0 auf 100 km/h. Die Höchstgeschwindigkeit liegt bei über 190 km/h. Auch das Überholen läßt sich nun schneller und sicherer angehen.

Modelljahr 1974 (G-Serie)

An der vorderen Schloßquerwand ist in einer Bohrung eine zusätzliche Abschleppöse montiert. Die Modelle für die Märkte in Übersee erhalten große Gummipuffer auf den hinteren Stoßfängern.

Alle 914 Modelle erhalten serienmäßig neu gestaltete Räder.

Der Innenraum zeigen sich die Armaturentafel und die Türverkleidungen in einem überarbeiteten Design. Die Symbole auf dem Armaturenträger sind zum Teil überarbeitet. Der 914 mit dem neuen 1,8-Liter-Aggregat erhält den Tachometer des 2-Liter-Modells mit dem bis 250 km/h reichenden Skalenendwert.

Der Verstellbereich der Sitze wird, um die Sicherheit zu verbessern, nach vorne hin begrenzt. Zur Sicherheitsausstattung gehören jetzt serienmäßig zwei Dreipunkt-Automatikgurte.

Der 1,7-Liter-Motor wird durch ein 1,8-Liter-Aggregat ersetzt. Für den europäischen Markt erhält der Motor zwei Fallstromvergaser. Die Leistung beträgt 85 PS (63 kW) bei 5.000/min, das maximale Drehmoment 138 Nm bei 3.400/min. Die Bohrung wird von 90 auf 93 Millimeter vergrößert. Weitere Modifikationen werden an der Brennraumform im Zylinderkopf, an den

Ein- und Auslaßkanälen, am Durchmesser der Ventilteller und an den Kipphebeln vorgenommen. Für die Märkte Kanada und USA wird der Motor mit der neuen Bosch L-Jetronic-Einspritzung ausgerüstet. Dadurch hat der Motor eine Leistung von 76 PS (56 kW) bei 4.800/min, das maximale Drehmoment von 128 Nm liegt bei 3.400/min an der Kurbelwelle an.
Die Kupplung erhält eine verstärkte Andruckplatte. Der 2-Liter-Motor wird geringfügig überarbeitet. An den technischen Daten ändert sich nichts.
Die Fahrleistungen für den 914 mit dem 1,8-Liter-Vergasermotor sind in der Höchstgeschwindigkeit mit 178 km/h und in der Beschleunigung aus dem Stand auf 100 km/h in 12,0 Sekunden angegeben.

Modelljahr 1975 (H-Serie)

Die Fahrzeuge des Modelljahrs 1975 fallen durch neugestaltete Sicherheitsstoßfänger auf. Unter einer gummiähnlichen Verkleidung ist ein kräftiges Stahlblechprofil montiert, welches einen Aufprall bis 8 km/h (5 mph) übersteht. Die vorn im Stoßfänger integrierten Zusatzscheinwerfer sind nun rechteckig. Hinten wird das amtliche Kennzeichen wie beim 911 von der Seite beleuchtet. Die beiden Hupen hängen links und rechts vorn am Gepäckraumboden. Als Sonderausstattung ist ein Frontspoiler aus Kunststoff im Programm. Das Comfort-Paket beinhaltet Sportlenkrad, Mittelkonsole mit Zeituhr, Ölthermometer und Voltmeter, Ledermanschette für den Schalthebel, Doppeltonhorn und H 4-Halogen-Hauptscheinwerfer. Im GT-Paket sind Frontspoiler, Leichtmetallräder von Mahle sowie Stabilisatoren vorn und hinten enthalten. Vom 914 2.0 gibt es das Sondermodell »GT«.
Die Motoren für den europäischen Markt werden ohne Änderungen weitergebaut. Die für Kalifornien und die USA gebauten Motoren werden aufgrund neuer Abgasbestimmungen überarbeitet. Die Abgasanlagen für Kalifornien enthalten Reaktionsrohr, Wärmetauscher, Vorschalldämpfer, Katalysator und Nachschalldämpfer. Und speziell für Kalifornien ist auch eine Abgasrückführung eingebaut. Bei der Abgasanlage für den US-Markt wird der Katalysator durch ein Verbindungsrohr ersetzt. Die Benzinpumpe sitzt nun direkt unter dem Tank, der Ausdehnungsbehälter des Tanks erhält eine geänderte Form und ist aus einem neuen Material gefertigt.
Im Frühjahr 1976 wird die Produktion des 914 eingestellt. Die letzten Exemplare werden ausschließlich in die USA exportiert. Vom 914 mit den Vierzylindermotoren werden 115.646 Fahrzeuge gebaut, vom 914/6 nur 3.338 Stück.

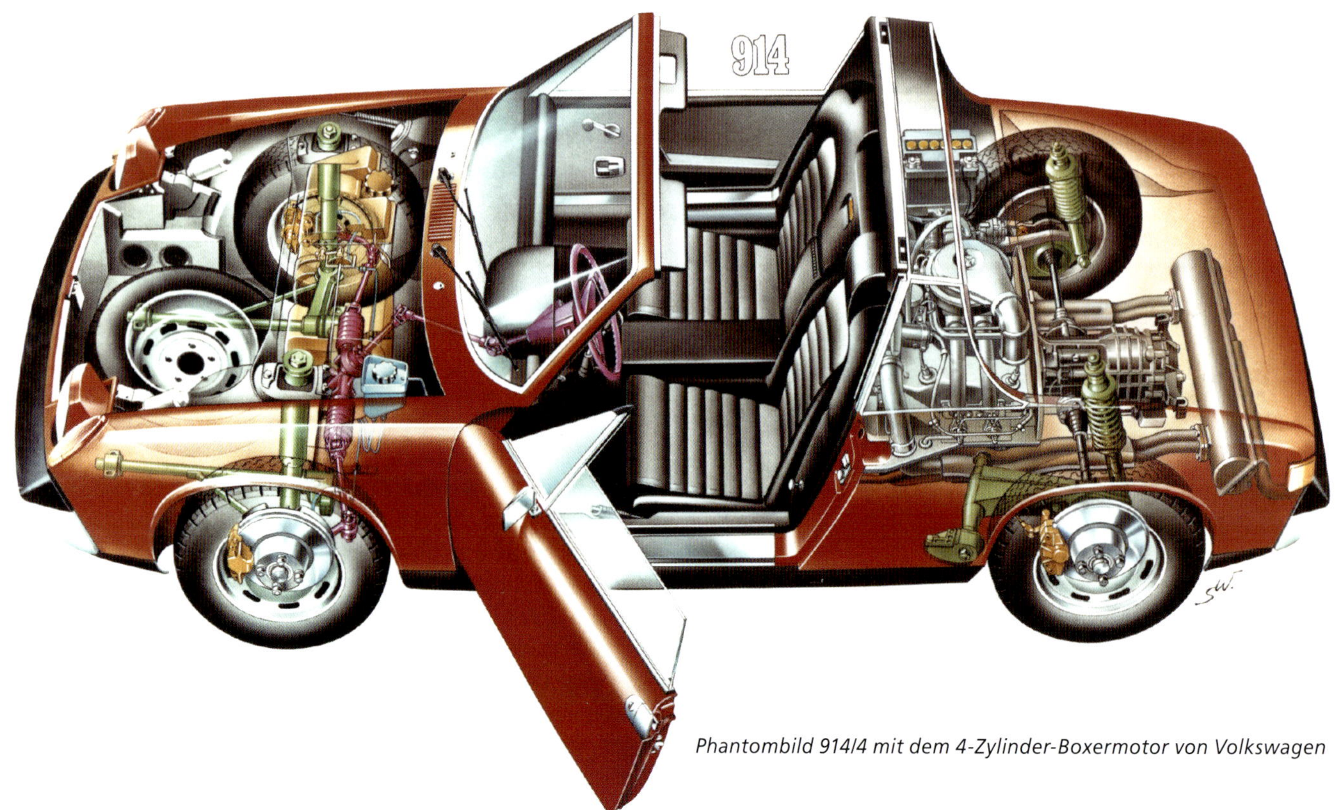

Phantombild 914/4 mit dem 4-Zylinder-Boxermotor von Volkswagen

914-1.7 [Sportomatic] MJ 1970 bis MJ 1973

Motor

Bauart:	4-Zylinder-Boxermotor
Einbauposition:	Mittelmotor
Kühlung:	luftgekühlt
Motor-Kennbuchstaben*:	W
Hubraum (cm³):	1679
Bohrung x Hub:	90 x 66
Leistung (kW/PS):	59/80 bei 4900/min
Drehmoment (Nm):	133 bei 2700/min
Literleistung (kW/l / PS/l):	35,1 / 47,6
Verdichtung:	8,2 : 1
Ventilsteuerung:	ohv über Stirnräder, 2 Ventile pro Zylinder
Gemischaufbereitung:	Bosch D-Jetronic Einspritzung
Zündung:	Batteriezündung
Zündfolge:	1 - 4 - 3 - 2
Schmierung:	Druckumlaufschmierung
Ölmenge (l):	3,5
***da Volkswagenmotor**	

Kraftübertragung

Antrieb:	Heckantrieb
Schaltgetriebe:	5-Gang
Sonderwunsch Sportomatic:	[4-Gang]*
Getriebe-Typ:	914/11 [914/15]
MJ 1973:	914/12
Übersetzungen:	
1. Gang:	3,091 [2,400]
2. Gang:	1,889 [1,476]
3. Gang:	1,261 [1,040]
4. Gang:	0,926 [0,793]
5. Gang:	0,710
Rückwärtsgang:	3,127 [2,533]
Achsübersetzung:	4,429 [3,857]
***bis MJ 1971**	

Karosserie, Fahrwerk, Bremse, Räder und Reifen

Karosserie:	2-türige, 2 (+1)-sitzige, selbsttragende Roadster-Karosserie aus Stahlblech mit Sicherheitsbügel, herausnehmbares Dach aus glasfaserverstärktem Kunststoff (GfK), Klappscheinwerfer vorn, bündig mit der Karosserie verklebte Frontscheibe, in die Karosserieform integrierte verchromte Stoßfänger mit eingelassenen runden Zusatzscheinwerfern
MJ 1973:	Mattschwarze Stoßfänger mit eingelassenen runden Zusatzscheinwerfern
Vorderradaufhängung:	Einzeln an Dämpferbeinen und Querlenkern aufgehängte Räder, je Rad ein runder Drehstab in Längsrichtung liegend, doppeltwirkende Teleskopstoßdämpfer
Hinterradaufhängung:	Einzeln an Längslenkern aufgehängte Räder, je Rad ein Federbein mit Schraubenfeder und Gummihohlfeder, doppeltwirkende Teleskopstoßdämpfer
Bremse v/h (Durchm. x B (mm)):	Scheiben (282,5 x 12,7) / Scheiben (286 x 12,7) 2-Kolben-Grauguß-Festsättel / 2-Kolben-Grauguß-Festsättel
Räder v/h:	4,5 J x 15 / 4,5 J x 15
Reifen v/h:	155 SR 15 / 155 SR 15
Sonderwunsch,	5,5 J x 15 / 5,5 J x 15
MJ 1973 Serie:	165 SR 15 / 165 SR 15

Elektrik

Lichtmaschinenleistung (W/A):	700 / 50
Batterie (V/Ah):	12 / 45

Abmessungen, Gewichte und Volumen

Spurweite v/h (mm):	1337 / 1374
MJ 1973:	1343 / 1383
Radstand (mm):	2450
Maße (L x B x H (mm)):	3985 x 1650 x 1230
Leergewicht nach DIN (kg):	900
MJ 1973:	950
zul. Gesamtgewicht (kg):	1220
Kofferraumvolumen v/h (VDA (l)):	160 / 210
Tankvolumen (l):	62, davon 6 Reserve
C_W x A (m²):	0,38 x 1,60 = 0,608
Leistungsgewicht (kg/kW / kg/PS):	15,25 / 11,25
ab MJ 1973:	16,10 / 11,87

Kraftstoffverbrauch

nach DIN 70 030 (l/100 km):	8,0; 98 ROZ Super verbleit

Fahrleistungen, Stückzahlen, Preise

Beschleunigung 0–100 km/h (s):	13,0
Höchstgeschw. (km/h):	177 [170]
Stückzahl:	65.351
Listenpreise:	
12/1969:	DM 11.954,70
09/1970:	DM 11.955,-
09/1971:	DM 12.250,-
08/1972:	DM 13.360,-
02/1973:	DM 13.990,-

914/6 [Sportomatic] MJ 1970 bis MJ 1972

Motor

Bauart:	6-Zylinder-Boxermotor
Einbauposition:	Mittelmotor
Kühlung:	luftgekühlt
Motor-Typ:	901/36 [901/37]
Hubraum (cm³):	1991
Bohrung x Hub:	80 x 66
Leistung (kW/PS):	81/110 bei 5800/min
Drehmoment (Nm):	157 bei 4200/min
Literleistung (kW/l / PS/l):	40,7 / 55,2
Verdichtung:	8,6 : 1
Ventilsteuerung:	ohc über Doppelkette, 2 Ventile pro Zylinder
Gemischaufbereitung:	2 Dreifachvergaser Weber IDT 3 C/3 C 1 auch IDT-PS 4
Zündung:	BHKZ (Batterie-Hochleistungs-Kondensator-Zündung)
Zündfolge:	1 - 6 - 2 - 4 - 3 - 5
Schmierung:	Trockensumpfschmierung
Ölmenge (l):	9,0

Kraftübertragung

Antrieb:	Heckantrieb
Schaltgetriebe:	5-Gang
Sonderwunsch Sportomatic:	[4-Gang]*
Getriebe-Typ:	914/01 [914/05]
Übersetzungen:	
1. Gang:	3,091 [2,400]
2. Gang:	1,778 [1,550]
3. Gang:	1,217 [1,125]
4. Gang:	0,926 [0,857]
5. Gang:	0,759
Rückwärtsgang:	3,127 [2,533]
Achsübersetzung:	4,429 [3,857]
***bis MJ 1971**	

Karosserie, Fahrwerk, Bremse, Räder und Reifen

Karosserie:	2-türige, 2 (+1)-sitzige, selbsttragende Roadster-Karosserie aus Stahlblech mit Sicherheitsbügel, herausnehmbares Dach aus glasfaserverstärktem Kunststoff (GfK), Klappscheinwerfer vorn, bündig mit der Karosserie verklebte Frontscheibe, in die Karosserieform integrierte verchromte Stoßfänger mit eingelassenen runden Zusatzscheinwerfern
Sonderwunsch (M 471):	Kotflügelverbreiterungen
Vorderradaufhängung:	Einzeln an Dämpferbeinen und Querlenkern aufgehängte Räder, je Rad ein runder Drehstab in Längsrichtung liegend, doppeltwirkende Teleskopstoßdämpfer
Sonderwunsch (M 471):	Stabilisator
Hinterradaufhängung:	Einzeln an Längslenkern aufgehängte Räder, je Rad ein Federbein mit Schraubenfeder und Gummihohlfeder, doppeltwirkende Teleskopstoßdämpfer
Sonderwunsch (M 471):	Stabilisator
Bremse v/h (Durchm. x B (mm)):	innenbelüftete Scheiben (282,5 x 20) / Scheiben (286 x 12,7) 2-Kolben-Grauguß-Festsättel / 2-Kolben-Grauguß-Festsättel
Räder v/h:	5,5 J x 15 / 5,5 J x 15
Reifen v/h:	165 HR 15 / 165 HR 15
Sonderwunsch:	5,5 J x 14 / 5,5 J x 14 185 HR 14 / 185 HR 14
Sonderwunsch (M 471):	7 J x 15 / 7 J x 15 185/70 HR 15/185/70 / HR 15

Elektrik

Lichtmaschinenleistung (W/A):	770 / 55
Batterie (V/Ah):	12 / 45

Abmessungen, Gewichte und Volumen

Spurweite v/h (mm):	1361 / 1382
Radstand (mm):	2450
Maße (L x B x H (mm)):	3985 x 1650 x 1240
Leergewicht nach DIN (kg):	940
zul. Gesamtgewicht (kg):	1260
Kofferraumvolumen v/h (VDA (l)):	160 / 210
Tankvolumen (l):	62, davon 6 Reserve
C_W x A (m²):	0,38 x 1,60 = 0,608
Leistungsgewicht (kg/kW / kg/PS):	11,60 / 8,54

Kraftstoffverbrauch

nach DIN 70 030 (l/100 km):	9,0; 96 ROZ Super verbleit

Fahrleistungen, Stückzahlen, Preise

Beschleunigung 0–100 km/h (s):	9,9
Höchstgeschw. (km/h):	201 [197]
Stückzahl:	3.338
Listenpreise:	
12/1969:	DM 19.980,-
09/1970:	DM 19.980,-
09/1971:	DM 19.980,-
08/1972:	DM 19.980,-

914-2.0
MJ 1973 bis MJ 1976

Motor

Bauart:	4-Zylinder-Boxermotor
Einbauposition:	Mittelmotor
Kühlung:	luftgekühlt
Motor-Kennbuchstaben*:	GB
Hubraum (cm³):	1971
Bohrung x Hub:	94 x 71
Leistung (kW/PS):	74/100 bei 5000/min
Drehmoment (Nm):	157 bei 3500/min
Literleistung (kW/l / PS/l):	37,5 / 50,7
Verdichtung:	8,0 : 1
Ventilsteuerung:	ohv über Stirnräder, 2 Ventile pro Zylinder
Gemischaufbereitung:	Bosch D-Jetronic Einspritzung
Zündung:	Batteriezündung
Zündfolge:	1 - 4 - 3 - 2
Schmierung:	Druckumlaufschmierung
Ölmenge (l):	3,5
***da Volkswagenmotor**	

Kraftübertragung

Antrieb:	Heckantrieb
Schaltgetriebe:	5-Gang
Getriebe-Typ:	914/12
Übersetzungen:	
1. Gang:	3,091
2. Gang:	1,889
3. Gang:	1,261
4. Gang:	0,926
5. Gang:	0,710
Rückwärtsgang:	3,127
Achsübersetzung:	4,429

Karosserie, Fahrwerk, Bremse, Räder und Reifen

Karosserie:	2-türige, 2 (+1)-sitzige, selbsttragende Roadster-Karosserie aus Stahlblech mit Sicherheitsbügel, herausnehmbares Dach aus glasfaserverstärktem Kunststoff (GfK), Klappscheinwerfer vorn, bündig mit der Karosserie verklebte Frontscheibe, in die Karosserieform integrierte mattschwarze Stoßfänger mit eingelassenen runden Zusatzscheinwerfern
ab MJ 1975:	Schwarze Sicherheitsstoßfänger mit eingelassenen rechteckigen Zusatzscheinwerfern
Vorderradaufhängung:	Einzeln an Dämpferbeinen und Querlenkern aufgehängte Räder, je Rad ein runder Drehstab in Längsrichtung liegend, doppeltwirkende Teleskopstoßdämpfer
Hinterradaufhängung:	Einzeln an Längslenkern aufgehängte Räder, je Rad ein Federbein mit Schraubenfeder und Gummihohlfeder, doppeltwirkende Teleskopstoßdämpfer
Bremse v/h (Durchm. x B (mm)):	Scheiben (282,5 x 12,7) / Scheiben (286 x 12,7) 2-Kolben-Graugruß-Festsättel / 2-Kolben-Graugruß-Festsättel
Räder v/h:	5,5 J x 15 / 5,5 J x 15
Reifen v/h:	165 HR 15 / 165 HR 15

Elektrik

Lichtmaschinenleistung (W/A):	700 / 50
Batterie (V/Ah):	12 / 45

Abmessungen, Gewichte und Volumen

Spurweite v/h (mm):	1343 / 1383
Radstand (mm):	2450
Maße (L x B x H (mm)):	3985 x 1650 x 1230
ab MJ 1975:	4114 x 1650 x 1230
Leergewicht nach DIN (kg):	950
ab MJ 1975:	965
zul. Gesamtgewicht (kg):	1220
Kofferraumvolumen v/h (VDA (l)):	160 / 210
Tankvolumen (l):	62, davon 6 Reserve
C_W x A (m²):	0,38 x 1,60 = 0,608
ab MJ 1975:	0,377 x 1,60 = 0,603
Leistungsgewicht (kg/kW / kg/PS):	12,83 / 9,50
ab 1975:	13,04 / 9,65

Kraftstoffverbrauch

nach DIN 70 030 (l/100 km):	7,8; 95 ROZ Super verbleit

Fahrleistungen, Stückzahlen, Preise

Beschleunigung 0–100 km/h (s):	10,5
Höchstgeschw. (km/h):	190
Stückzahl:	32.522
Listenpreise:	
08/1972:	DM 13.360,-
02/1973:	DM 14.450,-
08/1973:	DM 14.990,-
05/1974:	DM 16.870,-
01/1975:	DM 17.460,-
04/1975:	DM 18.335,-

914-1.8 MJ 1974 bis MJ 1976

Motor

Bauart:	4-Zylinder-Boxermotor
Einbauposition:	Mittelmotor
Kühlung:	luftgekühlt
Motor-Kennbuchstaben*:	AN
Hubraum (cm³):	1795
Bohrung x Hub:	93 x 66
Leistung (kW/PS):	63/85 bei 5000/min
Drehmoment (Nm):	138 bei 3400/min
Literleistung (kW/l / PS/l):	35,1 / 47,4
Verdichtung:	8,6 : 1
Ventilsteuerung:	ohv über Stirnräder, 2 Ventile pro Zylinder
Gemischaufbereitung:	2 Fallstromvergaser Solex 40 PDSIT
Zündung:	Batteriezündung
Zündfolge:	1 - 4 - 3 - 2
Schmierung:	Druckumlaufschmierung
Ölmenge (l):	3,5
***da Volkswagenmotor**	

Kraftübertragung

Antrieb:	Heckantrieb
Schaltgetriebe:	5-Gang
Getriebe-Typ:	914/12
Übersetzungen:	
1. Gang:	3,091
2. Gang:	1,889
3. Gang:	1,261
4. Gang:	0,926
5. Gang:	0,710
Rückwärtsgang:	3,127
Achsübersetzung:	4,429

Karosserie, Fahrwerk, Bremse, Räder und Reifen

Karosserie:	2-türige, 2 (+1)-sitzige, selbsttragende Roadster-Karosserie aus Stahlblech mit Sicherheitsbügel, herausnehmbares Dach aus glasfaserverstärktem Kunststoff (GfK), Klappscheinwerfer vorn, bündig mit der Karosserie verklebte Frontscheibe, in die Karosserieform integrierte mattschwarze Stoßfänger mit eingelassenen runden Zusatzscheinwerfern
ab MJ 1975:	Schwarze Sicherheitsstoßfänger mit eingelassenen rechteckigen Zusatzscheinwerfern
Vorderradaufhängung:	Einzeln an Dämpferbeinen und Querlenkern aufgehängte Räder, je Rad ein runder Drehstab in Längsrichtung liegend, doppeltwirkende Teleskopstoßdämpfer
Sonderwunsch bei Sportpaket:	Stabilisator
Hinterradaufhängung:	Einzeln an Längslenkern aufgehängte Räder, je Rad ein Federbein mit Schraubenfeder und Gummihohlfeder, doppeltwirkende Teleskopstoßdämpfer
Sonderwunsch bei Sportpaket:	Stabilisator
Bremse v/h (Durchm. x B (mm)):	Scheiben (282,5 x 12,7) / Scheiben (286 x 12,7) 2-Kolben-Graugauß-Festsättel / 2-Kolben-Graugauß-Festsättel
Räder v/h:	5,5 J x 15 / 5,5 J x 15
Reifen v/h:	165 SR 15 / 165 SR 15

Elektrik

Lichtmaschinenleistung (W/A):	700 / 50
Batterie (V/Ah):	12 / 45

Abmessungen, Gewichte und Volumen

Spurweite v/h (mm):	1343 / 1383
Radstand (mm):	2450
Maße (L x B x H (mm)):	3985 x 1650 x 1230
ab MJ 1975:	4114 x 1650 x 1230
Leergewicht nach DIN (kg):	950
ab MJ 1975:	965
zul. Gesamtgewicht (kg):	1220
Kofferraumvolumen v/h (VDA (l)):	160 / 210
Tankvolumen (l):	62, davon 6 Reserve
C_W x A (m²):	0,38 x 1,60 = 0,608
ab MJ 1975:	0,377 x 1,60 = 0,603
Leistungsgewicht (kg/kW / kg/PS):	15,97 / 11,17
ab MJ 1975:	15,31 / 11,35

Kraftstoffverbrauch

nach DIN 70 030 (l/100 km):	7,0; 98 ROZ Super verbleit

Fahrleistungen, Stückzahlen, Preise

Beschleunigung 0–100 km/h (s):	12,0
Höchstgeschw. (km/h):	178
Stückzahl:	17.773
Listenpreise:	
08/1973:	DM 13.990,-
05/1974:	DM 15.750,-
01/1975:	DM 16.300,-
04/1974:	DM 17.115,-

Porsche 914/8

Von diesem ganz besonderen 914 werden nur zwei Stück gebaut. Ein rotes und ein silbernes Exemplar. Diese sind mit dem Achtzylinder-Motor des Porsche Rennwagens 908 versehen. Äußerlich sind diese beiden Fahrzeuge kaum von den Serienversionen zu unterscheiden.

Die Klappscheinwerfer des roten Exemplars sind etwas breiter und mit zwei runden Scheinwerfern versehen. Der Tank kann von außen betankt werden. Im Bug ist eine Öffnung für den dahinterliegenden Ölkühler, die Zusatzscheinwerfer entfallen. Die Radläufe sind etwas erweitert, um größere Räder unterzubringen. Das Fahrwerk erhält Schraubenfedern aus Titan und härter abgestimmte Stoßdämpfer. Das Fahrzeug ist mit dem im Orginal belassenen Renntriebwerk mit Einspritzanlage versehen. Einzig ein Schalldämpfer wird zur Geräuschreduzierung montiert. Der Motor leistet 300 PS (221 kW) bei 8200/min. Dieser über 250 km/h schnelle Wagen hat keine Straßenzulassung, kann aber zu Versuchszwecken mit einer roten Nummer auf öffentlichen Straßen bewegt werden.

Der zweite Wagen, der 914/8 S-II, ist silber lackiert und mit den normalen Klappscheinwerfern des 914 versehen. Im vorderen Stoßfänger sind die serienmäßigen Zusatzscheinwerfer und eine zusätzliche Öffnung für den dahinter montierten Ölkühler eingelassen. Der Motor wird auf vier Doppelvergaser und einen Luftfilter umgerüstet. Das Ergebnis sind 260 PS (191 kW) mit Straßenzulassung. Statt des herausnehmbaren Dachs hat der Wagen ein festverschweißtes Stahldach, in dem ein Schiebedach eingebaut ist. Dr. Ferry Porsche bekommt diesen Wagen am 19. September 1969 zu seinem 60. Geburtstag von der Porsche Belegschaft geschenkt. Er legt damit insgesamt über 10.000 Kilometer zurück.

Porsche 916

Dieser Ableger des 914 ist eine Rarität. Nur elf Prototypen werden gebaut. Ursprünglich sollte der 916 eine Art Gegenstück des Dino von Ferrari werden. Doch als die Kostenrechnung 1972 einen Preis von ca. 40.000 DM kalkuliert, wird das Projekt eingestellt. Fünf Exemplare bleiben im Besitz der Familien Porsche und Piëch. Weitere fünf Fahrzeuge werden in Deutschland an treue Porsche-Kunden verkauft und ein Wagen wird in die USA exportiert.

Die Karosserie basiert auf der Rohkarosse des 914/6. Statt des abnehmbaren Kunststoffdachs ist ein Dach aus Stahlblech fest mit dem Windschutzscheibenrahmen und dem Sicherheitsbügel verschweißt. Die Längsträger im Bodenblech sind verstärkt. Im Frontstoßfänger sind ein Spoiler, ein Ölkühler und zwei Zusatzscheinwerfer integriert. Die Stoßfänger sind in Wagenfarbe lackiert. Die Kotflügel sind um neun Zentimeter verbreitert, um Reifen der Größe 185/70 VR 15 auf 7 J x 15 Zoll breiten Leichtmetallrädern unterzubringen. Das Fahrwerk ist vom 914/6 des Modelljahrs 1971 abgeleitet. Stoßdämpfer von Bilstein und Stabilisatoren sind an Vorder- und Hinterachse montiert. Die Bremsanlage mit den vier innenbelüfteten Bremsscheiben stammt vom 911 S.

Die Innenausstattung können die Käufer nach eigenen Wünschen wählen.

Ursprünglich ist ein 2,6-Liter-Sechszylinder mit 210 PS (154 kW) vorgesehen. Dieser Motor ist auf Superbenzin abgestimmt. Wegen der Ersatzteilversorgung kommt das auf Normalbenzin abgestimmte 2,4-Liter- Aggregat mit 190 PS (140 kW) aus dem 911 S zum Einsatz.

Aus dem Stand auf 100 km/h beschleunigt der Wagen in knapp 7 Sekunden. Die Endgeschwindigkeit wird mit ungefähr 230 km/h gemessen. Obwohl der 916 nie ein offizielles Modell der Verkaufspalette war, markiert er doch ein Stück der Porsche-Firmengeschichte.

914/8 S-I (Versuchsfahrzeug von Ferdinand Piëch) 1969

Motor

Bauart:	8-Zylinder-Boxermotor
Einbauposition:	Mittelmotor
Kühlung:	luftgekühlt
Motor-Typ:	918
Hubraum (cm³):	2996
Bohrung x Hub:	85 x 66
Leistung (kW/PS):	221/300 bei 8200/min
Drehmoment (Nm):	319 bei 6700/min
Literleistung (kW/l / PS/l):	73,7 / 100,1
Verdichtung:	10,5 : 1
Ventilsteuerung:	dohc über Kette, 2 Ventile pro Zylinder
Gemischaufbereitung:	mechanische Bosch Saugrohreinspritzung mit Doppelreihen-8-Stempelpumpe
Zündung:	Transistor-Doppelzündung
Zündfolge:	1 - 5 - 2 - 7 - 4 - 8 - 3 - 6
Schmierung:	Trockensumpfschmierung
Ölmenge (l):	15,0

Kraftübertragung

Antrieb:	Heckantrieb
Schaltgetriebe:	5-Gang
Getriebe-Typ:	916
Übersetzungen:	
1. Gang:	2,82
2. Gang:	1,76
3. Gang:	1,32
4. Gang:	1,04
5. Gang:	0,82
Rückwärtsgang:	2,29
Achsübersetzung:	4,429
Sperrdifferential	

Karosserie, Fahrwerk, Bremse, Räder und Reifen

Karosserie:	2-türige, 2-sitzige, selbsttragende Roadster-Karosserie aus Stahlblech mit Sicherheitsbügel, dezent ausgestellte Radläufe, festeingeschweißtes Stahldach, breite Klappscheinwerfer mit runden Doppelscheinwerfer vorn, bündig mit der Karosserie verklebte Frontscheibe, in die Karosserieform integrierte verchromte Stoßfänger mit Ölkühlereinlass
Vorderradaufhängung:	Einzeln an Dämpferbeinen und Querlenkern aufgehängte Räder, je Rad ein runder Drehstab in Längsrichtung liegend, doppeltwirkende Teleskopstoßdämpfer
Hinterradaufhängung:	Einzeln an Längslenkern aufgehängte Räder, je Rad ein Federbein mit Schraubenfeder aus Titan, doppeltwirkende Teleskopstoßdämpfer
Bremse v/h (Durchm. x B (mm)):	innenbelüftete Scheiben (282,5 x 20) / innenbelüftete Scheiben (290 x 20) 2-Kolben-Aluminium-Festsättel / 2-Kolben-Grauguß-Festsättel
Räder v/h:	7 J x 15 / 7 J x 15
Reifen v/h:	185/70 VR 15 / 185/70 VR 15

Elektrik

Lichtmaschinenleistung (W/A):	770 / 55
Batterie (V/Ah):	12 / 45

Abmessungen, Gewichte und Volumen

Spurweite v/h (mm):	1261 / 1337
Radstand (mm):	2450
Maße (L x B x H (mm)):	3985 x 1650 x 1240
Leergewicht nach DIN (kg):	1150
zul. Gesamtgewicht (kg):	1350
Kofferraumvolumen v/h (VDA (l)):	160 / 210*
Tankvolumen (l):	117, davon 10 Reserve
C_W x A (m²):	0,38 x 1,60 = 0,608
Leistungsgewicht (kg/kW / kg/PS):	4,75 / 3,50
*durch Einbau von Nebenaggregten leicht reduziertes Volumen	

Kraftstoff

	98 ROZ Super verbleit

Fahrleistungen, Stückzahlen, Preise

Beschleunigung 0–100 km/h (s):	ca. 6,0
Höchstgeschw. (km/h):	über 250
Stückzahl:	1

914/8 S-II (zum 60. Geburtstag von Ferry Porsche) 1969

Motor

Bauart:	8-Zylinder-Boxermotor
Einbauposition:	Mittelmotor
Kühlung:	luftgekühlt
Motor-Typ:	918
Hubraum (cm³):	2996
Bohrung x Hub:	85 x 66
Leistung (kW/PS):	191/260 bei 7700/min
Drehmoment (Nm):	260 bei 6200/min
Literleistung (kW/l / PS/l):	63,7 / 86,8
Verdichtung:	10,2 : 1
Ventilsteuerung:	dohc über Kette, 2 Ventile pro Zylinder
Gemischaufbereitung:	4 Doppelvergaser Weber 46 IDA 2/3
Zündung:	Batterie-Doppelzündung
Zündfolge:	1 - 5 - 2 - 7 - 4 - 8 - 3 - 6
Schmierung:	Trockensumpfschmierung
Ölmenge (l):	15,0

Kraftübertragung

Antrieb:	Heckantrieb
Schaltgetriebe:	5-Gang
Getriebe-Typ:	916
Übersetzungen:	
1. Gang:	2,82
2. Gang:	1,76
3. Gang:	1,32
4. Gang:	1,04
5. Gang:	0,82
Rückwärtsgang:	2,29
Achsübersetzung:	4,429
Sperrdifferential	

Karosserie, Fahrwerk, Bremse, Räder und Reifen

Karosserie:	2-türige, 2-sitzige, selbsttragende Roadster-Karosserie aus Stahlblech mit Sicherheitsbügel, festverschweißtes Stahldach mit Schiebedach, Klappscheinwerfer vorn, bündig mit der Karosserie verklebte Frontscheibe, in die Karosserieform integrierte verchromte Stoßfänger mit eingelassenen runden Zusatzscheinwerfern und Ölkühlereinlass
Vorderradaufhängung:	Einzeln an Dämpferbeinen und Querlenkern aufgehängte Räder, je Rad ein runder Drehstab in Längsrichtung liegend, doppeltwirkende Teleskopstoßdämpfer
Hinterradaufhängung:	Einzeln an Längslenkern aufgehängte Räder, je Rad ein Federbein mit Schraubenfeder aus Titan, doppeltwirkende Teleskopstoßdämpfer
Bremse v/h (Durchm. x B (mm)):	innenbelüftete Scheiben (282,5 x 20) / innenbelüftete Scheiben (290 x 20) 2-Kolben-Aluminium-Festsättel / 2-Kolben-Grauguß-Festsättel
Räder v/h:	6 J x 15 / 6 J x 15
Reifen v/h:	185/70 VR 15 / 185/70 VR 15

Elektrik

Lichtmaschinenleistung (W/A):	770 / 55
Batterie (V/Ah):	12 / 45

Abmessungen, Gewichte und Volumen

Spurweite v/h (mm):	1380 / 1403
Radstand (mm):	2450
Maße (L x B x H (mm)):	3985 x 1650 x 1240
Leergewicht nach DIN (kg):	1150
zul. Gesamtgewicht (kg):	1350
Kofferraumvolumen v/h (VDA (l)):	160 / 210*
Tankvolumen (l):	117, davon 10 Reserve
C_W x A (m²):	0,38 x 1,60 = 0,608
Leistungsgewicht (kg/kW / kg/PS):	6,02 / 4,42
***durch Einbau von Nebenaggregten leicht reduziertes Volumen**	

Kraftstoff

	98 ROZ Super verbleit

Fahrleistungen

Beschleunigung 0–100 km/h (s):	ca. 6,0
Höchstgeschw. (km/h):	252
Stückzahl:	1

916
MJ 1972

Motor

Bauart:	6-Zylinder-Boxermotor
Einbauposition:	Mittelmotor
Kühlung:	luftgekühlt
Motor-Typ:	911/56
geplant für Europa:	911/86
Hubraum (cm³):	2341
911/86:	2538
Bohrung x Hub:	84 x 70,4
911/86:	87,5 x 70,4
Leistung (kW/PS):	140/190 bei 6500/min
911/86:	154/210 bei 6800/min
Drehmoment (Nm):	216 bei 5200/min
911/86:	240 bei 5200/min
Literleistung (kW/l / PS/l):	59,8 / 81,2
911/86:	60,7 / 82,7
Verdichtung:	8,5 : 1
911/86:	9,8 : 1
Ventilsteuerung:	ohc über Kette, 2 Ventile pro Zylinder
Gemischaufbereitung:	mechanische Bosch Saugrohreinspritzung mit Doppelreihen-6-Stempelpumpe
Zündung:	Batteriezündung
Zündfolge:	1 - 6 - 2 - 4 - 3 - 5
Schmierung:	Trockensumpfschmierung
Ölmenge (l):	12,0

Kraftübertragung

Antrieb:	Heckantrieb
Schaltgetriebe:	5-Gang
Getriebe-Typ:	915/20
Übersetzungen:	
1. Gang:	3,182
2. Gang:	1,833
3. Gang:	1,261
4. Gang:	0,962
5. Gang:	0,759
Rückwärtsgang:	3,325
Achsübersetzung:	4,429
Sperrdifferential	

Karosserie, Fahrwerk, Bremse, Räder und Reifen

Karosserie:	2-türige, 2-sitzige, selbsttragende Roadster-Karosserie aus Stahlblech mit Sicherheitsbügel, Kotflügelverbreiterungen vorne und hinten, festeingeschweißtes Stahldach, Klappscheinwerfer vorn, bündig mit der Karosserie verklebte Frontscheibe, in die Karosserieform integrierte, in Wagenfarbe lackierte, Kunststoffstoßfänger mit eingelassenen runden Zusatzscheinwerfern, Ölkühlereinlass und angeformtem Frontspoiler
Vorderradaufhängung:	Einzeln an Dämpferbeinen und Querlenkern aufgehängte Räder, je Rad ein runder Drehstab in Längsrichtung liegend, doppeltwirkende Teleskopstoßdämpfer, Stabilisator
Hinterradaufhängung:	Einzeln an Längslenkern aufgehängte Räder, je Rad ein Federbein mit Schraubenfeder und Gummihohlfeder, doppeltwirkende Teleskopstoßdämpfer, Stabilisator
Bremse v/h (Durchm. x B (mm)):	innenbelüftete Scheiben (282,5 x 20) / innenbelüftete Scheiben (290 x 20) 2-Kolben-Aluminium-Festsättel / 2-Kolben-Grauguß-Festsättel
Räder v/h:	7 J x 15 / 7 J x 15
Reifen v/h:	185/70 VR 15 / 185/70 VR 15

Elektrik

Lichtmaschinenleistung (W/A):	770 / 55
Batterie (V/Ah)	12 / 45

Abmessungen, Gewichte und Volumen

Spurweite v/h (mm):	1392 / 1445
Radstand (mm):	2450
Maße (L x B x H (mm)):	4010 x 1740 x 1230
Leergewicht nach DIN (kg):	1000
zul. Gesamtgewicht (kg):	1260
Kofferraumvolumen v/h (VDA (l)):	160 / 210
Tankvolumen (l):	62, davon 6 Reserve
C_W x A (m²):	n. a.
Leistungsgewicht (kg/kW / kg/PS):	7,14 / 5,26
911/86:	6,49 / 4,76

Kraftstoffverbrauch

nach DIN 70 030/1 (l/100 km):	98 ROZ Super verbleit
Bei 90 km/h konstant:	ca. 6,6
Bei 120 km/h konstant:	ca. 8,1
im EG-Abgas-Stadtzyklus:	ca. 12,4

Fahrleistungen, Stückzahlen, Preise

Beschleunigung 0–100 km/h (s):	7,0
911/86:	unter 7,0
Höchstgeschw. (km/h):	ca. 230
911/86:	ca. 235
Stückzahl: ***Auslieferung nur mit Motor 911/56**	11*
Verkaufspreis:	DM 39.980,-

Porsche 918 Spyder

Am 27. September 2009 fällt der Porsche-Vorstand die Entscheidung, den Showcar eines Supersportwagens zu bauen. Auf dem Genfer Auto-Salon präsentiert das Zuffenhausener Unternehmen am 2. März 2010 die Konzeptstudie 918 Spyder, um die Reaktionen der Kunden und der Messebesucher zu testen. Das Design ist aus den Genen der Porsche Sport- und Rennwagen Carrera GT, 917 und RS Spyder entstanden. Die Resonanz auf den Porsche Hybrid-Supersportwagen fällt mit großer Begeisterung der Kunden aus. Porsche beschließt, den 918 Spyder in einer limitierten Stückzahl von 918 Fahrzeugen zu bauen und mit der Serienentwicklung zu beginnen.

Ab dem 21. März 2011 kann der Supersportwagen 918 Spyder mit innovativem Plug-in-Hybridantrieb zu einem Verkaufspreis von 768.026 Euro inklusive Mehrwertsteuer und länderspezifischer Ausstattung bestellt werden. Um den Spyder-Kunden die Wartezeit zu verkürzen, können diese exklusiv einen von ebenfalls auf 918 Exemplare limitierten 911 turbo S »Edition 918 Spyder« erwerben. Das als Coupé und Cabriolet gebaute Sondermodell wird zeitgleich mit dem Verkaufsstart des 918 Spyder angeboten und ab Juni 2011 ausgeliefert. Bei Testfahrten auf der Nordschleife des Nürburgrings im September 2012 umrundet der 918 Spyder Prototyp, in Anwesenheit internationaler Journalisten, die »Grüne Hölle« in offiziell 7 Minuten und 14 Sekunden. Damit ist er 18 Sekunden schneller als der Porsche-Supersportwagen Carrera GT.

Auf der Internationalen Automobilausstellung in Frankfurt am Main feiert der 918 Spyder zusammen mit dem 911 turbo Coupé, dem 911 turbo S Coupé und dem limitierten Jubiläumsmodell »50 Jahre 911« im September 2013 seine Weltpremiere. Der 918 Spyder mit Plug-in-Hybridantrieb läutet eine neue Ära im Supersportwagenbau ein. Kein Supersportwagen hat bisher diese herausragende Fahrdynamik in Verbindung mit einem Kraftstoffverbrauch im NEFZ von 3,0 (mit Weissach-Paket) auf 100 Kilometer erreicht. Das Konzept des 918 Spyder ermöglicht überdies den abgestimmten Einsatz von verbrennungs- und elektromotorischem Antrieb zur weiteren Optimierung der Fahrdynamik. Produktionsstart des 918 Spyder ist gemäß der englischen und amerikanischen Schreibweise des Datums »9-18« der 18. September 2013 in einer Art Manufakturfertigung im Porsche-Stammwerk in Stuttgart-Zuffenhausen. Schon im November 2013 beginnt die Auslieferung der ersten 918 Spyder an die Kunden. Im Gegensatz zur Studie erhält das Serienfahrzeug des auf einem Monocoque aus kohlefaserverstärktem Kunststoff (CfK) aufbauenden Zweisitzers zwei herausnehmbare Dachhälften, die wie beim Carrera GT vorne im Kofferraum verstaut werden können. Konsequent verbindet der 918 Spyder als Plug-In-Hybridfahrzeug die Dynamik eines 887 PS (652 kW) starken Rennfahrzeugs mit einem Verbrauch von 3,3 Litern auf 100 Kilometer im NEFZ.

Der 918 Spyder verbindet reinrassige Rennsporttechnik mit uneingeschränkter Alltagstauglichkeit sowie minimalem Verbrauch mit maximaler Leistung. Die Aufgabe für die Entwicklung war der Supersportwagen der nächsten Dekade mit einem höchst effizienten sowie extrem leistungsstarken Hybridantrieb. Diese völlige Neuentwicklung ermöglicht ein Konzept ohne Kompromisse. Das komplette Fahrzeug ist um den Hybridantrieb herum konzipiert. Der 918 Spyder zeigt sämtliche Potentiale auf, die im Hybrid-Antrieb steckten. Dazu gehört die gleichzeitige Steigerung von Leistung und Effizienz.

Im 918 Spyder stecken alle Voraussetzungen für den Sportwagen der Zukunft. Das Fahrzeug zeigt in vielen Perspektiven die Nähe zum Motorsport auf. Konstruiert und entwickelt wird er von Porsche-Renningenieuren, gefertigt von Serienspezialisten. Zahlreiche Erkenntnisse aus der Entwicklung des Porsche-Rennwagens für die 24 Stunden von Le Mans 2014 fließen in den 918 Spyder und umgekehrt. Das Basiskonzept des 918 Spyder mit einem Rolling Chassis ist bei Porsche Rennwagen Tradition.

Der V8-Motorkonzept stammt aus dem LMP2-Rennwagen RS Spyder. Die tragenden Strukturen des Monocoques und des Aggregateträgers sind aus kohlefaserverstärktem Kunststoff (CfK) gefertigt. Porsche besitzt eine langjährige Erfahrung im Umgang mit diesem hochfesten Leichtbauwerkstoff. Bei der Entwicklung der 918-Spyder-Serienfertigung leistet das Zuffenhausener Unternehmen eine weitere Spitzenleistung. Viele Teile des Supersportwagens werden von Herstellern aus dem Motorsport zugeliefert.

Der Hybridantrieb des 918 Spyder ist ein Gewinn für die extrem sportliche Fahrdynamik, die durch das einzigartige Allradkonzept mit dem kombinierten Antrieb aus Verbrennungs- und Elektromotor an der Hinterachse sowie dem zweiten Elektromotor an der Vorderachse umgesetzt wird. Die nötigen Erkenntnisse hat Porsche mit dem 911 GT3 R Hybrid im Renneinsatz gesammelt. Durch die zusätzlich angetriebenen Vorderräder lassen sich insbesondere in Kurven extrem hohe und sichere Kurvengeschwindigkeiten realisieren. Die weiterentwickelte »Boost«-Strategie steuert den Energiehaushalt des Elektroantriebs derart intelligent, daß für Sprints mit maximaler Beschleunigung die volle Gesamtleistung des 918 Spyder einfach über das durchgetretene Gaspedal abrufbar ist. Dem Fahrer erschließt der 918 Spyder ein besonderes längs- und querdynamisches Erlebnis.

Durch den direkt vom Rennsport abgeleiteten Stand der Technik bringt der 918 Spyder ideale Voraussetzungen für seine überragende Fahrdynamik mit. Die gesamte tragende Karosseriestruktur aus kohlefaserverstärktem Kunststoff (CfK) ist extrem verwindungssteif ausgelegt. An Front und Heck dienen zusätzliche Crashelemente dazu, die Energie bei einem Aufprall aufzunehmen und abzubauen. Gleichzeitig senkt das Karosseriekonzept das Fahrzeuggewicht auf 1.675 Kilogramm (1.634 kg mit Weissach-Paket). Für ein Hybridfahrzeug in dieser Leistungsklasse ist dies ein ganz hervorragender Wert.

Alle Komponenten des Antriebsstrangs, sowie die Bauteile mit einem Gewicht von mehr als 50 Kilogramm Gewicht, sind so tief und zentral wie möglich angeordnet. Das Resultat ist eine leicht heckbetonte Achslastverteilung von 57 Prozent hinten und 43 Prozent vorne. Diese Gewichtsverteilung wirkt sich positiv auf die Fahrdynamik aus. Die extrem tiefe Schwerpunktlage liegt auf Höhe der Radnaben. Direkt hinter dem Fahrer unterstützt die tief und zentral positionierte Traktionsbatterie die Absenkung des Schwerpunkts und die Konzentration der Massen. Auch unter thermischen Gesichtspunkten bietet diese Einbauposition die besten Voraussetzungen für eine optimale Leistungsfähigkeit der Transaktionsbatterie.

Die Porsche Active Aerodynamic (PAA) ist ein System verstellbarer Aerodynamikelemente. Die einzigartige, variable Aerodynamik operiert automatisch in drei Stufen zwischen optimaler Effizienz und maximalem Abtrieb und ist zudem auf die Betriebsmodi des Hybridantriebs abgestimmt. Der ausfahrbare Heckflügel wird im »Race«-Modus steil angestellt. Dies erzeugt einen hohen Anpreßdruck auf die Hinterachse. Im Bereich des Strömungsabrisses fährt zwischen den beiden Stützen des Heckflügels ergänzend eine Spoilerkante aus. Zudem öffnen sich zwei verstellbare Luftklappen im Unterboden vor der Vorderachse und leiten einen Teil der Luft in die Diffusorkanäle der Unterbodenverkleidung. An der Vorderachse entsteht dadurch ein »Ground-Effect«.

Um eine höhere Endgeschwindigkeit zu erzielen, nimmt die Aerodynamiksteuerung im »Sport«-Modus den Anstellwinkel des ausgefahrenen Heckflügels entsprechend zurück. Im Unterboden schließen die Aerodynamikklappen, um den Luftwiderstand ebenfalls zu reduzieren und die Geschwindigkeit zu erhöhen. Im »E«-Modus setzt die Steuerung ganz auf einen geringen Luftwiderstand, indem Heckflügel und Spoiler eingefahren und die Unterbodenklappen geschlossen bleiben. Unter den Hauptscheinwerfern ergänzen verstellbare Lufteinlässe das adaptive Aerodynamiksystem, diese sind im »Sport«- und »Race«-Modus sowie bei stehendem Fahrzeug für maximale Kühlluftzufuhr geöffnet. Bei aktiviertem »E-Power«- und »Hybrid«-Modus schließen sie sich gleich nach dem Anfahren, um den Luftwiderstand zu reduzieren. Erst bei erhöhtem Kühlbedarf oder bei Geschwindigkeiten ab 130 Kilometer pro Stunde werden sie geöffnet.

Die Basis des 918-Spyder-Konzepts ist die Aufteilung des Antriebs auf drei Motoren. Ein intelligentes elektronisches Management steuert deren Zusammenarbeit. Fünf verschiedene Betriebsmodi ermöglichen eine große Spreizung dieser Anwendungen. In Anlehnung zum Motorsport werden diese über einen »Map-Schalter« (Kennfeldschalter) im Lenkrad aktiviert. Damit sich der Fahrer voll auf die Strecke konzentrieren kann, steuert der 918 Spyder die bestgeeignete Betriebs- und Booststrategie ohne weiteres Zutun nach dem vorgewählten Modus.

Beim Start des Fahrzeugs ist der »E-Power«-Modus der standardmäßig eingestellte Betriebsmodus, vorausgesetzt ist ein ausreichender Ladezustand der Batterie. Rein elektrisch beschleunigt der 918 Spyder aus dem Stand in 6,8 Sekunden auf 100 Stundenkilometer und kann bis zu einer Höchstgeschwindigkeit von 150 Kilometer pro Stunde elektrisch fahren. In diesem Modus wird der Verbrennungsmotor nur bei Bedarf genutzt. Sobald der Ladezustand der Batterie unter einen vorgegebenen Minimalwert fällt, wird automatisch in den Hybrid-Modus umgeschaltet.

Im »Hybrid«-Modus arbeiten Verbrennungsmotor und Elektromaschinen abwechselnd mit dem Ziel der höchsten Effizienz sowie des geringsten Kraftstoffverbrauchs. Der Leistungseinsatz der diversen Antriebskomponenten orientiert sich an den jeweils vorliegenden Fahrsituationen und den gewünschten Fahrleistungen. Die verbrauchs- und komfortorientierte Fahrweise ist das bevorzugte Einsatzgebiet des Hybrid-Modus. Der 918 Spyder setzt seine Motoren im Modus »Sport-Hybrid« für mehr Dynamik ein. Der Verbrennungsmotor übernimmt den Hauptantrieb. Er ist jetzt immer in Betrieb. Die Elektromaschinen unterstützen durch zusätzlichen elektrischen Boost, ebenso kann der Betriebspunkt des Verbrennungsmotors für mehr Effizienz optimiert werden. Dieser Modus legt den Hauptaugenmerk auf Leistung und sportliche Fahrweise bei Höchstgeschwindigkeit.

Der Modus »Race-Hybrid« ist für besonders sportliche Fahrweise mit höchstmöglicher Performance. Der V8-Verbrennungsmotor wird bevorzugt unter hoher Last betrieben. Sofern der Fahrer nicht die maximale Leistung abruft, lädt die Batterie. Die Elektromaschinen unterstützen zusätzlich durch Boosten. Gleichzeitig wird das Schaltprogramm des PDK noch sportlicher ausgelegt. Um die größtmögliche Leistung für den Rennstreckeneinsatz zu erhalten, werden die Elektromaschinen bis zur maximalen Leistungsgrenze genutzt. Der Ladezustand der Batterie wird in diesem Modus nicht konstant gehalten. Er schwankt über den gesamten Ladungsbereich. Im Vergleich zum »Sport-Hybrid«-Modus werden die Elektromaschinen kurzzeitig an der maximalen Leistungsgrenze betrieben, um höhere Boost-Leistungen zu erhalten. Die gesteigerte Leistungsabgabe wird dadurch kompensiert, daß der Verbrennungsmotor verstärkt die Batterie lädt. Auch für mehrere sehr schnelle Runden steht dem Fahrer genügend elektrische Leistung zur Verfügung.

Der »Hot Lap«-Knopf in der Mitte des Map-Schalters setzt auch die letzten Leistungsreserven frei. Er ist nur im »Race-Hybrid«-Modus aktivierbar. Die Traktionsbatterie wird, ähnlich einem Qualifikations-Modus, für einige schnelle Runden an der maximalen Leistungsgrenze betrieben und die komplette verfügbare elektrische Energie abgerufen. Als Hauptantriebsquelle dient ein 4,6-Liter-Achtzylindermotor mit einer Leistung von 608 PS (447 kW) bei 8.700 Umdrehungen pro Minute und einem maximalen Drehmoment von 540 Newtonmetern bei einer Drehzahl von 6.700/min. Das V8-Triebwerk ist direkt vom Rennmotor des RS Spyder abgeleitet. Das Aggregat erlaubt hohe Drehzahlen von bis zu 9.150 Touren. Analog zum Triebwerk des RS Spyder ist auch der 918-Spyder-Motor mit einer Trockensumpfschmierung mit separatem Öltank und Ölabsaugung ausgerüstet. Komponenten wie der Öltank, die Luftansaugung und der im Aggregateträger integrierte Luftfilterkasten sind zur Gewichtsoptimierung aus CfK gefertigt.

Weitere umfangreiche Leichtbaumaßnahmen werden am Kurbelgehäuse aus Dünnwandniederdruckguß, den Titanpleueln, einer festigkeitsoptimierten Leichtbaukurbelwelle aus hochfestem Stahl mit 180 Grad Kurbelzapfenversatz, den Zylinderköpfen sowie der extrem dünnwandig ausgeführten Abgasanlage aus einer speziellen Stahl-Nickel-Legierung realisiert. Der V8 trägt keine Nebenaggregate mehr und es gibt keine äußeren Riemenantriebe, dadurch ist das Triebwerk äußerst kompakt. Ergebnis der Performance- und Gewichtsoptimierungen ist eine Literleistung von über 132 PS pro Liter – die höchste Literleistung, die bisher in einem Porsche-Saugmotor realisiert werden konnte.

Der V8-Motor emotionalisiert nicht nur durch seine explosive Leistungsfähigkeit, sondern auch durch seinen Klang. Dafür sind vor allem die so genannten Top Pipes verantwortlich. Die beiden Auspuffendrohre münden jeweils über dem Motor durch die gelochte Heckabdeckung ins Freie. Bisher weist kein anderes Serienfahrzeug eine solche Lösung für die Abgasanlage auf. Die beiden größten Vorteile der Top Pipes sind die optimale Wärmeabfuhr, die die heißen Abgase auf dem kürzesten und direktesten Weg abführt, sowie der geringe Abgasgegendruck. Diese Konstruktion benötigt ein neues thermodynamisches Luftführungskonzept. Beim HSI-Motor liegen die Saugseiten außen und die Abgaskrümmer entsprechend innen zwischen den beiden Zylinderbänken im »V«. Ein weiterer großer Vorteil ist, im Motorraum sind die Temperaturen niedriger. Davon profitiert vor allem die Lithium-Ionen-Traktionsbatterie, die in einem Temperaturbereich von 20 bis 40 Grad Celsius die besten Leistungswerte liefert, und auch der Aufwand für die aktive Kühlung der Batterie geringer ist.

Der 918 Spyder ist wie die aktuellen Porsche-Hybrid-Modelle als Parallel-Hybrid ausgelegt, bei dem sich das Hybridmodul an den V8-Motor anschließt. Das Hybridmodul besteht aus einem rund 115 kW (156 PS) starken Elektromotor und einer Trennkupplung als Verbindungselement zum Verbrennungsmotor. Durch die Anordnung als Parallel-Hybrid kann der 918 Spyder an der Hinterachse sowohl einzeln über den Verbrennungsmotor oder die Elektromaschine, als auch über beide Antriebe kombiniert betrieben werden. Beim 918 Spyder sitzt die Triebwerkseinheit in Mittelmotoranordnung vor der Hinterachse. Es existiert keine direkte mechanische Verbindung zur Vorderachse.

An der Vorderachse ist eine weitere, unabhängige Elektromaschine mit einer Leistung von rund 95 kW (129 PS) untergebracht. Dieser Elektroantrieb treibt die vorderen Räder über eine feste Übersetzung an. Ab 265 Kilometern pro Stunde kuppelt eine Trennkupplung die Elektromaschine ab, um ein Überdrehen der Maschine zu verhindern. Für jede Achse wird das Antriebsmoment selbständig geregelt, um eine sehr schnell reagierende Allradfunktion darstellen zu können, die ein hohes Potential an Traktion und Fahrdynamik bietet.

Eine flüssigkeitsgekühlte Lithium-Ionen-Batterie mit 312 Einzelzellen und einem Energiegehalt von 6,8 Kilowattstunden übernimmt die Speicherung der elektrischen Energie für die beiden Elektromaschinen. Um den Leistungsanforderungen der Elektromaschinen gerecht zu werden, ist die Batterie des 918 Spyders sowohl bei der Abgabe als auch bei der Aufnahme von elektrischer Leistung performanceorientiert ausgelegt. Leistungsfähigkeit sowie Lebensdauer sind bei der Lithium-Ionen-Traktionsbatterie weitgehend von ihrem thermischen Zustand abhängig, deshalb ist sie über einen eigenen Kühlkreislauf flüssigkeitsgekühlt. Für die Traktionsbatterie beträgt die Garantiezeit weltweit sieben Jahre, für das Fahrzeug selbst vier Jahre.

Porsche hat speziell für ihre Energiezufuhr ein neues System mit einer Plug-In-Ladeschnittstelle und einem verbesserten Rekuperationspotential entwickelt. Über den standardisierten und länderspezifisch ausgeführten Ladeanschluß in der B-Säule der Beifahrerseite kann die Batterie direkt mit dem 230-Volt-Stromnetz verbunden und geladen werden. Das Onboard-Ladegerät ist in der Nähe der Traktionsbatterie untergebracht, welches den Wechselstrom des Stromnetzes in Gleichstrom mit einer maximalen Ladeleistung von 3,6 Kilowatt umwandelt. Die Traktionsbatterie kann in Deutschland über das mitgelieferte Porsche Universal-Ladegerät (AC) an einer mit zehn Ampere abgesicherten 230-Volt-Steckdose innerhalb von vier Stunden geladen werden. Mit Hilfe eines Ladedocks kann das Porsche Universal-Ladegerät (AC) fest in der Garage zu Hause installiert werden. Dies erlaubt ein schnelles und komfortables Laden in

rund zwei Stunden. Auf Wunsch ist die Porsche Schnell-Ladestation (DC) lieferbar, welche die Hochvoltbatterie des 918 Spyders in knapp 25 Minuten völlig laden kann.
Die Kraftübertragung an der Hinterachse erfolgt über ein 7-Gang-Doppelkupplungsgetriebe (PDK). Das im 918 Spyder verwendete Hochleistungsgetriebe ist die sportlichste Auslegung des bewährten PDK. Es ist völlig überarbeitet und weiter optimiert worden. Das Getriebe ist im Vergleich zu den anderen Porsche-Baureihen um 180 Grad um die Längsachse, sozusagen auf den Kopf, gedreht, um eine möglichst tiefe Einbau- und Schwerpunktlage des Gesamtfahrzeugs zu erhalten. Benötigt die Hinterachse keine Antriebsleistung, so können die beiden Antriebe durch Öffnen von PDK- und Trennkupplungen entkoppelt werden. Dadurch wird das für den Hybridantrieb typische »Segeln« mit abgeschaltetem Verbrennungsmotor ermöglicht.
Das Mehrlenker-Fahrwerk des Porsche 918 Spyder stammt direkt aus dem Rennwagenbau. Es wird durch weitere Systeme wie das variable Dämpfersystem PASM und die aktive Hinterachslenkung ergänzt. Diese besteht im Wesentlichen, wie beim 911 GT3 und dem 911 turbo, aus einem elektromechanischen Verstellsystem für jedes Hinterrad. Die geschwindigkeitsabhängige Verstellung realisiert in beide Richtungen Lenkwinkel von bis zu drei Grad. Damit kann die Hinterachse in die gleiche Richtung oder in die entgegengesetzte Richtung zum Lenkeinschlag der Vorderräder gesteuert werden. Bei niedriger Geschwindigkeit lenkt das System die Hinterräder entgegen der eingeschlagenen Vorderräder. Das Kurvenfahren wird noch zielgenauer, präziser und schneller. Der Wendekreis wird ebenfalls kleiner. Erst bei höheren Geschwindigkeiten lenkt das System die Hinterräder in die gleiche Richtung wie die eingeschlagenen Vorderräder. Bei schnellen Spurwechseln erhöht sich die Stabilität des Hecks deutlich. Das Ergebnis ist ein sehr sicheres und stabiles Fahrverhalten bei jeder Geschwindigkeit.
Die sehr leichte und äußerst leistungsfähige Keramikbremsanlage Porsche Ceramic Composite Brake (PCCB) verfügt über 6-Kolben-Aluminium-Festsättel mit gelochten, innenbelüfteten 410-Millimeter-Bremsscheiben vorn und 6-Kolben-Aluminium-Festsättel mit gelochten, innenbelüfteten 390-Millimeter-Bremsscheiben hinten. Zur Verringerung des Gewichts und der ungefederten Massen bestehen die vier Bremstöpfe aller Verbund-Bremsscheiben aus Aluminium, dadurch reduziert sich das Gewicht im Vergleich zu Bremstöpfen aus Edelstahl. Die Bremssättel sind in der Farbe Aicdgreen lackiert.
Der 918 Spyder rollt auf Rädern mit Zentralverschluß und eigens für ihn entwickelten Michelin Pilot Cup 2-Sportreifen mit besonders ausgeprägter Haftung für noch höhere Querbeschleunigungen. Aus dem Rennsport stammen auch die Vielzahn-Zentralmuttern. Auf der linken Seite weisen die beiden roten Zentralmuttern ein Rechtsgewinde auf, wogegen rechts zur verwechslungssicheren Unterscheidung zwei blaue Zentralmuttern mit Linksgewinde verwendet werden. An der Vorderachse sind 9,5 J x 20 Zoll-Räder mit Reifen der Dimension 265/35 ZR 20 montiert, an der Hinterachse 12,5 J x 21 mit 325/30 ZR 21-Bereifung. Beim »Weissach-Paket« bestehen die Räder aus leichtem, geschmiedeten Magnesium.
Der Fahrer steht trotz aller Technik im Mittelpunkt des Porsche Supersportwagens. Er ist in einem Porsche-typischen, klar gegliederten Cockpit integriert, das in seiner Klarheit wegweisend ist. Bei der Bedienung geht Porsche neue Wege. Drei große einzelne Rundinstrumente mit zentralem Drehzahlmesser liefern dem 918-Spyder-Piloten alle wichtigen Informationen. Rund um das Multifunktionslenkrad sind die zum Fahren wesentlichen Bedienelemente angeordnet. In der hochgezogenen Mittelkonsole, im Stil des Carrera GT, ist ein Infotainmentblock mit drei Drehreglern untergebracht. Via Multitouch lassen sich die Steuerungsfunktionen in der neuartig ausgeführten Black-Panel-Technologie intuitiv bedienen. So können die Funktionen der Flügelverstellung, des Lichts, der Klimaanlage sowie das Porsche Communication Management (PCM) inklusive des Burmester® High End-Soundsystems gesteuert werden. Lederbezogene Leichtbau-Schalensitze geben Fahrer und Beifahrer selbst in den schnellsten Kurven besten Seitenhalt. Hochwertige Aluminium-Applikationen an Armaturenbrett, Mittelkonsole und Türtafeln runden das exklusiv-sportive Cockpit ab.
Das um 41 Kilogramm leichtere »Weissach-Paket« ist für besonders leistungsorientierte 918-Spyder-Kunden gedacht. Der gewichtsoptimierte Supersportwagen läßt sich leicht an einigen Merkmalen erkennen, auf Wunsch auch mit dem Design und den Farben, das an bekannte Porsche-Rennwagen angelehnt ist. Frontscheibenrahmen, Dach, Außenspiegel und Heckflügel sind aus Sichtcarbon geformt. Selbstverständlich wird nach altem Rezept auch die Geräuschdämmung reduziert. Besonders leichte Magnesiumräder verringern die ungefederten Massen sowie das Gesamtgewicht und steigern gleichzeitig die Fahrdynamik. Zugunsten einer optionalen Folierung und zusätzlicher Sichtcarbon-Aerodynamikteile kann die Lackierung entfallen. Eine weitere Zutat aus dem Motorsport sind die 6-Punkt-Gurte für Fahrer und Beifahrer. Teile des Interieurs sind statt Leder mit leichterem Alcantara bezogen, Aluminium wird durch Sichtcarbon ersetzt.
Hatte ein Prototyp bei Testfahrten bereits im September 2012 die 20,832 Kilometer lange Nürburgring-Nordschleife in 7:14 Minuten umrundet, so stehen am 3. und 4. September 2013 zwei serienmäßige 918 Spyder mit dem optionalen »Weissach-Paket« und serienmäßigen, speziell für den Hybrid-Supersportler entwickelten Michelin-Reifen zu einem offiziellen Rekordversuch bereit. Die drei Piloten von Projektleiter Frank-Steffen Walliser sind der zweifache Rallye-Weltmeister Walter Röhrl, Porsche-Werksfahrer Marc Lieb und der Porsche-Testfahrer Timo Kluck. Das Fahrer-Trio unterbietet die vier Jahre alte Re-

kordzeit von Florian Gruber im Gumpert Apollo Sport mit 7:11 Minuten gleich zu Anfang und treibt sich gegenseitig zu neuen Bestzeiten im Bereich von sieben Minuten. Marc Lieb fährt mit dem Hybrid-Supersportwagen die perfekte Runde. Die Stopuhr bleibt bei einer Zeit von 6 Minuten und 57 Sekunden stehen. Das entspricht einer Durchschnittsgeschwindigkeit von 179,5 Kilometern pro Stunde. Der Porsche 918 Spyder hat als erstes Fahrzeug mit weltweiter Straßenzulassung die Nürburgring-Nordschleife in weniger als sieben Minuten umrundet!

Um die Rundenzeit von Marc Lieb gebührend würdigen zu können, seien noch folgende Vergleiche aus dem Rennsport erlaubt: Am 3. August 1975 umrundete der Schweizer Vize-Formel-1-Weltmeister von 1974 »Clay« (Gian-Claudio Giuseppe) Regazzoni mit dem Ferrari 312T im Grand Prix von Deutschland die Nordschleife in 7:06,4 Minuten. Tags zuvor holte sich sein Teamkollege »Niki« (Andreas Nikolaus) Lauda mit einer Rundenzeit von 6:58,4 im Training die Pole-Position. Niki Lauda ist der einzige Formel-1-Rennfahrer, der die Nürburgring-Nordschleife in unter sieben Minuten umrundet hat. Im Training zum 1000-km-Rennen auf der Nordschleife des Nürburgrings setzt der unvergessene Porsche-Werksfahrer Stefan Bellof am 28. Mai 1983 im 956 Gruppe-C-Rennwagen (Werkswagen: 956.007) mit einer sensationellen Rundenzeit von 6:11,13 Minuten eine bis heute gültige Bestmarke – vielleicht sogar einen Rekord für die Ewigkeit. Der Rundendurchschnitt liegt bei über 202 km/h. Sein Teamkollege Jochen Mass (Werkswagen: 956.005) ist mit 6:16,85 Minuten gute fünf Sekunden langsamer. Ein offizieller Rundenrekord kann jedoch nur im Rennen aufgestellt werden. Hier erzielte Bellof am 29. Mai 1983 eine Zeit von 6:25,91 Minuten, bevor sich sein Porsche 956 am Pflanzgarten durch Unterluft überschlagen hat.

Wolfgang Hatz, der Porsche Forschungs- und Entwicklungsvorstand, hatte versprochen, mit dem 918 Spyder Fahrspaß, Performance und Effizienz neu zu definieren. Er hat Wort gehalten! Die Nürburgring-Nordschleife mit einem weltweit straßenzugelassenen Sportwagen in 6:57 Minuten – schneller als die 1975iger Formel 1! Chapeau – Porsche-Entwicklungsteam-Weissach! Chapeau – Marc Lieb!

Cockpit des 918 Spyder.

918 Spyder ab MJ 2014

Motor

Bauart:	8-Zylinder-V-Motor, 90°
Elektromotoren:	2 permanenterregte Synchronmaschinen
Einbauposition:	Mittelmotor
Elektromotoren:	je einer vorne und hinten
Kühlung:	wassergekühlt
Motor-Typ:	n/a
Hubraum (cm³):	4593
Bohrung x Hub:	98 x 76,1
Leistung (kW/PS):	447/608 bei 8700/min
Max. Drehzahl:	9150/min
Systemgesamtleistung (kW/PS):	652/887 bei 8500/min
Gesamtleistung Elektrom. (kW/PS):	286/210 bei 6500/min
Elektromotor vorne:	129/95 bei 6500/min
Elektromotor hinten:	156/115 bei 6500/min
Drehmoment (Nm):	540 bei 6700/min
Systemgesamtdrehmoment (Nm): 917 (1. Gang) bis 1280 (7. Gang), je nach Gang über 800 bei 800-5000/min	
Elektromotor vorne (Nm):	210 bei 0-3500/min
Elektromotor hinten (Nm):	375 bei 0-2000/min
Literleistung (kW/l / PS/l):	97,3 / 132,4
Verdichtung:	12,5 : 1
Ventilsteuerung:	dohc über Zahnräder und Doppelkette, 4 Ventile pro Zylinder, VarioCam
Gemischaufbereitung:	Elektronische Motorsteuerung
Zündung:	Elektronische Motorsteuerung
Zündfolge:	1 - 3 - 7 - 2 - 6 - 5 - 4 - 8
Schmierung:	Trockensumpfschmierung
Ölmenge (l):	n/a

Kraftübertragung

Antrieb:	Hinterradantrieb, vordere Elektromaschine mit Getriebe für Antrieb der Vorderräder (ab 265 km/h abgekoppelt)
Schaltgetriebe:	7-Gang-Doppelkupplung
Getriebe-Typ:	n/a
Übersetzungen:	
1. Gang:	3,91
2. Gang:	2,29
3. Gang:	1,58
4. Gang:	1,19
5. Gang:	0,97
6. Gang:	0,83
7. Gang:	0,67
Rückwärtsgang:	3,55
Achsübersetzung:	3,09
Sperrdifferential (Zug/Schub):	

Karosserie, Fahrwerk, Bremse, Räder und Reifen

Karosserie:	2-türige, 2-sitzige Spyderkarosserie mit zweiteiligem, herausnehmbarem Festdach aus kohlefaserverstärktem Kunststoff (CfK), Monocoque aus kohlefaserverstärktem Kunststoff (CfK) mit CfK-Aggregateträger verblockt, feststehender Überrollschutz

Vorderradaufhängung:	Einzelradaufhängung, Doppelquerlenker-Achse aus Aluminium, Schraubenfedern, Zweirohr-Gasdruckdämpfer mit PASM, Stabilisator
Sonderwunsch:	elektropneumatisches Liftsystem
Hinterradaufhängung:	Einzelradaufhängung, Mehrlenker-Achse aus Aluminium, Schraubenfedern, Zweirohr-Gasdruckdämpfer mit PASM, Stabilisator
Bremse v/h (Durchm. x B (mm)):	Hochleistungs-Hybridbremssystem mit adaptiver Rekuperation Porsche Ceramic Composite Brake (PCCB) innenbelüftete gelochte Keramikfaser-Scheiben (410 x 36) / innenbelüftete gelochte Keramikfaser-Scheiben (390 x 32) acidgrüne 6-Kolben-Monobloc-Aluminium-Festsättel / acidgrüne 6-Kolben-Monobloc-Aluminium-Festsättel Bosch ABS 5.7
Räder v/h:	9,5 J x 20 / 12,5 J x 21
mit Weissach-Paket:	9,5 J x 20 / 12,5 J x 21 – Magnesium-Schmiederad
Reifen v/h:	265/35 ZR 20 / 325/30 ZR 21, Michelin Pilot Cup 2

Elektrik

High-Performance-Lithium-Ionen-Transaktionsbatterie (kWh):	6,8
max. Leistungsabgabe (kW):	230
On-Board-Ladegerät (kW):	3,6

Abmessungen, Gewichte und Volumen

Spurweite v/h (mm):	1664 / 1612
Radstand (mm):	2730
Maße (L x B x H (mm)):	4643 x 1940 x 1167
Leergewicht nach DIN (kg):	1675
mit Weissach-Paket:	1634
zul. Gesamtgewicht (kg):	1900
Kofferraumvolumen (VDA (l)):	ca. 110
Tankvolumen (l):	70
C_W x A (m²):	n/a
Leistungsgewicht (kg/kW / kg/PS):	2,57 / 1,89
mit Weissach-Paket:	2,51 / 1,84

Kraftstoffverbrauch

nach Euro 5 im NEFZ (l/100 km):	98 ROZ Super plus bleifrei
Gesamt:	3,1
mit Weissach-Paket:	3,0
CO_2-Emissionen (g/km):	72
mit Weissach-Paket:	70
Elektrische Reichweite (km):	16–31
Stromverbrauch (kWh/100km):	12,7
mit Weissach-Paket:	12,7

Fahrleistungen, Stückzahlen, Preise

Beschleunigung 0-100 km/h (s):	2,6
0-200 km/h (s):	7,3
mit Weissach-Paket:	7,2
0-300 km/h (s):	20,9
mit Weissach-Paket:	19,9
Höchstgeschw. (km/h):	345
Fahrleistungen elektrisch:	
0-60 km/h (s):	3,3
mit Weissach-Paket:	3,2
0-100 km/h (s):	6,9
mit Weissach-Paket:	6,8
Höchstgeschw. (km/h):	150
Stückzahl:	limitiert auf 918 Fahrzeuge
Listenpreis:	
03/2011:	Euro 768.026,-
mit Weissach-Paket:	
10/2012:	768.026,-
mit Weissach-Paket:	839.426,-
09/2013:	768.026,-
mit Weissach-Paket:	839.426,-

Porsche 924

Porsche 924, 924 Turbo und 924 Carrera GT

Im Auftrag von Volkswagen entwickelt Porsche einen Sportwagen. Der Porsche 924 wird ursprünglich als Nachfolger des VW-Porsche 914 geplant. Unter dem Entwicklungsauftrag EA 425 läuft seit 1970 dieses Projekt. Zuerst beschließt Volkswagen den Wagen selbst als reinen VW zu bauen, bis der Sportwagen dann ganz aus dem VW-Programm gestrichen wird. Doch die Konstruktion des 924 ist einfach zu gut gelungen, um sie in der Schublade verschwinden zu lassen. Porsche kauft die Konstruktion von Volkswagen zurück und läßt den Sportwagen unter Eigenregie bei Audi in Neckarsulm bauen. Der Porsche 924 ist als zweite Modellreihe unterhalb des Porsche 911 angesiedelt und übernimmt die Funktion des Einstiegsmodells. Im Herbst 1975 startet die Produktion für das Modelljahr 1976.

Modelljahr 1976 (J-Serie)

Die Karosserie dieses Coupés ist eine komplette Neuentwicklung. Bei der Konstruktion steht eine gute Aerodynamik im Vordergrund. Eine flache Fronthaube und Klappscheinwerfer helfen einen c_w-Wert von 0,36 zu realisieren. Ein geringer Luftwiderstand senkt nicht nur den Kraftstoffverbrauch, er sorgt auch für geringe Windgeräusche bei höherer Geschwindigkeit. Blinker und Fernscheinwerfer sind in der vorderen Stoßstange integriert. Unterhalb der Stoßstange ist der in die Frontschürze integrierte Lufteinlaß für den Wasserkühler des Motors. Auffallend ist die große gläserne Heckklappe. Die Bodengruppe der Karosserie ist feuerverzinkt, dadurch erhält der 924 wie auch der 911 eine Rostschutzgarantie von 6 Jahren. Im porscheeigenen Entwicklungszentrum Weissach erhält die Karosseriestruktur in unzähligen Crashtests die passive Sicherheit, die dem neusten Stand der Technik entspricht.

Im Fahrverhalten gibt sich der 924 weitgehend neutral, auch der Geradeauslauf bei hohen Geschwindigkeiten ist tadellos. Die vorderen Räder und Federbeine sind einzeln nach dem McPherson-Prinzip an Querlenkern aufgehängt. Die Federung übernehmen koaxiale Schraubenfedern mit hydraulischen Stoßdämpfern. Diese Konstruktion ist der Vorderachse eines VW Golf recht ähnlich. Die Hinterachse besteht aus einzeln an Schräglenkern aufgehängten Rädern, querliegenden Drehstäben und hydraulischen Stoßdämpfern. Diese Art der Hinterachsaufhängung ist vom VW Käfer 1302 und 1303 bekannt. Die Zweikreisbremsanlage ist auf zwei diagonal verlaufende Kreise ausgelegt: Scheibenbremsen mit Schwimmsattelbremszangen vorn und Trommelbremsen hinten. Zur Minderung des Pedaldrucks beim Bremsen ist ein Bremskraftverstärker eingebaut. Stahlscheibenräder der Größe 5,5 J x 14 sind mit Reifen der Dimension 165 HR 14 bestückt. Auf Wunsch sind Leichtmetallräder der Größe 6 J x 14 mit Stahlgürtelreifen 185/70 HR 15 lieferbar. Eine Zahnstangenlenkung sorgt für agiles Handling, Leichtgängigkeit und guten Fahrbahnkontakt.

Der Innenraum des 924 ist ganz auf Funktionalität ausgelegt. Im Armaturenträger sind drei einzeln eingebaute Rundinstrumente hinter dem zweispeichigen Lenkrad zu sehen. Links ein Kombiinstrument mit Tank- und Kühlmitteltemperaturanzeige sowie einige Kontrollampen, mittig der in 50er Schritten skalierte, bis 250 km/h reichende Tachometer und rechts der Drehzahlmesser. Die Zusatzinstrumente in der Mittelkonsole zeigen Uhrzeit, als Sonderwunsch Öldruck und die Batteriespannung (Voltmeter) an. Unter diesen drei Instrumenten ist die Heizungsregelung für die überdimensionierte Heiz- und Lüftungsanlage und das Radio untergebracht. Davor ist auf dem Mitteltunnel ein kurzer Schalthebel und der Aschenbecher angebracht. Die Sitze mit den integrierten Kopfstützen sind vom 911 übernommen. Im Armaturenbrett sind ein abschließbares Handschuhfach und vier zum Innenraum gerichtete Luftausströmer integriert. Der Handbremshebel sitzt links neben dem Fahrersitz. Die Rücksitzlehne kann zur Vergrößerung des Gepäckraums von 318 auf 514 Liter nach vorne umgeklappt werden. Weitere Ausstattungsdetails sind Halogenlicht, mehrstufige Scheibenwischer und eine beheizbare Heckscheibe.

Beim Motor geht Porsche ganz neue Wege. Zum ersten Mal sitzt der Motor vorn. Ebenso neu für einen Porsche ist die Wasserkühlung und die Anordnung der Zylinder in einer Reihe. Der 1984 cm^3 große Motor basiert auf dem Triebwerk, das auch im Audi 100 und im VW LT eingesetzt wird, ist jedoch mit einer K-Jetronic-Benzineinspritzung bestückt. Das 9,3 : 1 verdichtete Aggregat leistet 125 PS (92 kW) bei 5.800/min. Das maximale Drehmoment von 165 Nm steht bereits bei 3.500/min zur Verfügung. Das Kurbelgehäuse besteht aus Grauguß, Ölwanne und der Querstromzylinderkopf aus Aluminium. Die geschmiedete Kurbelwelle läuft auf fünf Gleitlagern. Die obenliegende Nockenwelle wird durch einen Zahnriemen angetrieben. Die Schmierung des Zweiventilers erfolgt über die Druckumlaufschmierung. Die Abgase münden über eine Doppelabgasanlage mit einem runden Auspuffendrohr ins Freie. Am Motor ist eine

Einscheibentrockenkupplung angeflanscht. Das 4-Gang-Schaltgetriebe sitzt an der Hinterachse. Die Kraftübertragung zwischen der Kupplung und dem Getriebe übernimmt das Transaxle-System. In einem starren Tragrohr läuft die vierfach gelagerte 20 Millimeter dicke drehelastische Antriebswelle. Vom Getriebe, über das Differential, übertragen Doppelgelenkwellen die Antriebsleistung auf die Hinterräder.
Der Porsche 924 ist bis zu 200 km/h schnell. In der Beschleunigung auf 100 km/h vergehen 9,9 Sekunden.

Modelljahr 1977 (K-Serie)

Im Januar 1977 legt Porsche die Sonderserie »924 Martini« auf. Anlaß dafür sind zwei gewonnene Weltmeisterschaften im Rennsport. Eine Plakette erinnert zusätzlich an den Gewinn.
Das Sondermodell »924 Martini« ist weiß lackiert und an den Seiten mit rot-blauen Dekorstreifen, den Farben des Porsche-Martini-Werksteams, beklebt. Das Fahrwerk ist mit Stabilisatoren vorn und hinten, mit weiß lackierten 6 J x 14 Zoll großen Aluminiumrädern und 185/70 HR 14 Breitreifen für eine sportliche Fahrweise vorbereitet. Vorder- und Rücksitze sind mit roten Stoffmittelbahnen und blauen Nahtkanten versehen. Teppichboden und Gepäckraumverkleidung sind ebenfalls rot. Der Lenkradkranz ist mit Leder überzogen.
Serienmäßig sind jetzt alle 924 mit einer seitlichen Gummizierleiste ausgestattet.
Für das Serienmodell sind die Stabilisatoren, vorn mit 20 und hinten mit 18 Millimetern Durchmesser sowie die breitere Rad-/Reifenkombination auf Wunsch lieferbar. Die Aluminiumräder für das Standardmodell sind silber lackiert.
Ein leicht bedienbares Rollo schützt den Gepäckraum vor neugierigen Blicken. Halterungen zur Befestigung von Gepäckstücken verhindern ein Verrutschen der Ladung auch bei flotter Kurvenfahrt. Volt- und Öldruckanzeige sind serienmäßig in der Mittelkonsole eingebaut. Auf Wunsch sind eine Scheinwerferreinigungsanlage, ein Heckscheibenwischer, eine Klimaanlage und ein herausnehmbares Dach, welches in einer Tasche im Kofferraum verstaut werden kann, lieferbar.
Ab Oktober 1976 rollt der 924 auf Kundenwunsch auch mit einem 3-Gang-Automatic-Getriebe vom Band.

Modelljahr 1978 (L-Serie)

Der Porsche 924 ist erst 26 Monate in Produktion, da läuft am 24. April 1978 der 50.000. Wagen vom Band.
Die Innenausstattung und die Gepäckraumabdeckung gibt es jetzt in den drei Farben schwarz, braun oder beige. Elektrische Fensterheber ergänzen die Sonderausstattungsliste.
Die Abgasanlage wird überarbeitet. Durch ein größeres ovales Auspuffendrohr gewinnt der Wagen von hinten an Attraktivität. Auch der Klang des Motors erhält durch diese Maßnahme eine akustische Aufwertung. Auf Wunsch ist ein 5-Gang-Schaltgetriebe lieferbar.

Modelljahr 1979 (M-Serie)

Mit der Markteinführung des 924 turbo mit 170 PS (125 kW), schließt Porsche die leistungsmäßige Lücke zwischen dem 924 und dem 911 SC.
Die Karosserie des 924 turbo basiert auf der Serienkarosse des 924 mit Saugmotor. Auffällig sind die zusätzlichen Öffnungen an der Wagenfront. Die in der Bugschürze eingelassenen Schlitze versorgen Bremsen und Ölkühler mit Frischluft. Die vier mit schwarzen Ziergittern versehenen Kühlöffnungen zwischen den Klappscheinwerfern und die sogenannte NACA-Öffnung rechts in der Motorhaube belüften bzw. entlüften den Motorraum. Die durchgeführten Änderungen dienen technisch-funktionellen Optimierungen und nicht irgendwelchen optischen Effekten. An der Heckklappe fällt der aus schwarzem Polyurethan gefertigte Spoiler auf. Dadurch verbessert sich der Luftwiderstandsbeiwert auf 0,33. Weitere Unterscheidungsmerkmale sind schwarze Scheibeneinfassungen und Schwellerblenden. Das Kofferraumvolumen ist wie beim 924 durch Umklappen der Rücksitzlehnen von 318 auf 514 Liter erweiterbar. Der 924 turbo ist mit einem platzsparenden Faltreserverad ausgerüstet.
Das Fahrwerk wird der stärkeren Belastung angepaßt. Da der Turbomotor mit den Nebenaggregaten ungefähr 30 Kilogramm schwerer ist, wird die Federung straffer ausgelegt sowie vorn und hinten mit Stabilisatoren versehen. Auf Wunsch sind noch sportlicher abgestimmte Stoßdämpfer erhältlich. An den verstärkten Radlagern sind Aufnahmen für Räder, die mit fünf Radmuttern befestigt werden. Zum Vergleich, der 924 hat nur vier. Daran werden 6 J x 15 Zoll Aluminiumräder im Speichendesign mit einer 185/70 VR 15 Bereifung montiert, die ausreichend Platz für eine vergrößerte Zweikreisbremsanlage mit vier innenbelüfteten Bremsscheiben bietet. Der Bremskraftverstärker ist auf neun Zoll dimensioniert. Die Handbremse wirkt auf separate Trommeln an der Hinterachse, dadurch fällt die hintere Spur um 20 mm breiter aus.
Für das Interieur findet das Lederlenkrad des 911 turbo Verwendung, ein Vierspeichen-Lenkrad ist auf Wunsch erhältlich. Der Schalthebel ist mit Leder bezogen, die Seiten der Mittelkonsole mit Teppich. Exklusiv für den 924 turbo vorbehalten sind auch die Sitzbezüge mit Schottenkarostoff. Die Skalen der Instrumente sind in hellem Grün gehalten. Der Tacho ist in Teilschritten von 20 km/h unterteilt, als Höchstwert sind 260 km/h angegeben.
Die Verdichtung des 2-Liter-Motors wird auf 7,5 : 1 reduziert. Der maximal 90.000/min drehende Turbolader drückt die Frischluft mit bis zu 0,7 bar Ladedruck in die Brennräume. Daraus resultieren 170 PS (125 kW) bei 5.500/min. Das Drehmoment steigt

auf bis zu 245 Nm bei 3.500/min. Die K-Jetronic wird der erhöhten Leistung angepaßt und mit Benzin von zwei Kraftstoffpumpen versorgt. Ein zusätzlicher Ölkühler und eine verschleißfreie, kontaktlose Transistorzündung mit Platinzündkerzen runden die Modifikationen ab. Trotz der wesentlich höheren Leistung ist das Auspuffgeräusch leiser als beim Saugmotor, da die Abgasturbine eine geräuschdämpfende Eigenschaft aufweist.

Das 5-Gang-Schaltgetriebe und die Achswellen sind dem höheren Drehmoment und der stärkeren Motorleistung angepaßt. Die Transaxlewelle wird im Durchmesser von 20 auf 25 Millimeter verstärkt, die hydraulische Kupplung auf 225 Millimeter vergrößert.

Die Fahrleistungen des 924 turbo betragen in der Endgeschwindigkeit 225 km/h. In der Beschleunigung aus dem Stand auf 100 km/h vergehen nur 7,8 Sekunden.

Beim 924 Basismodell sind jetzt die silber lackierten 6 J x 14 Aluminiumräder mit 185/70 HR 14 Reifen serienmäßig montiert. Gegen Aufpreis sind sportlich abgestimmte Stoßdämpfer oder Räder mit schwarz lackiertem Felgenstern erhältlich.

Im Innenraum fällt die neue Tachometerskalierung in 20er Teilschritten mit dem Tachoendwert 240 km/h auf. Die Skalierung der gesamte Instrumentierung ist weiß.

Modelljahr 1980 (A-Programm)

Neben neuen Lackfarben sind auch Zweifarblackierungen und neue Innenausstattungen erhältlich. Die Scheibeneinfassungen sind nun auch beim 924 mit Saugmotor schwarz. Der Außenspiegel ist jetzt serienmäßig von innen einstellbar. Der Tankdeckel ist von einer in Wagenfarbe lackierten Klappe verdeckt. Diese Modifikationen betreffen auch den 924 turbo.

Der Bremskraftverstärker des Basismodells wird von sieben auf neun Zoll vergrößert, dadurch fällt der benötigte Pedaldruck geringer aus.

Phantombild 924 Coupé mit 2-Liter-Einspritzmotor

Beim Öffnen des gläsernen Heckdeckels schaltet sich automatisch eine Kofferraumbeleuchtung ein. Der 924 turbo erhält elektrische Fensterheber und eine Nebelschlußleuchte.
Das Basismodell der 924 Reihe ist jetzt serienmäßig mit einem 5-Gang-Schaltgetriebe ausgestattet. Das Schaltschema entspricht dem des 911 SC. 1. und 2. Gang liegen auf einer Schaltebene, ebenso der 3. und der 4., gegenüber des 5. Ganges liegt hinten rechts der Rückwärtsgang. Die Beschleunigungswerte verbessern sich durch das 5-Gang-Getriebe geringfügig.

Modelljahr 1981 (B-Programm)

Die Garantie gegen Durchrostung wird durch die Verwendung von feuerverzinkten Stahlblechen für die ganze Karosserie auf 7 Jahre erweitert. Der 924 turbo erhält eine überarbeitete, sparsamere Motorisierung. Als Nebenprodukt ist diese Maschine sogar noch um 7 PS (5 kW) stärker geworden. Das Sondermodell »924 Le Mans« ist bis zum Spätherbst im Angebot. Am 4. Februar 1981 läuft der 100.000. Porsche 924 vom Band.
Der »924 Le Mans« ist alpinweiß lackiert und äußerlich an den dreifarbigen, umlaufenden Streifen mit den »Le Mans«-Schriftzügen erkennbar. Das Heck ziert der Spoiler des 924 turbo. Die schwarzen Aluminiumspeichenräder der Größe 6 J x 15 sind auf der Vorderseite matt blank geschliffen und mit 205/60 HR 15 Breitreifen bestückt. Ein sportlicher abgestimmtes Fahrwerk wird durch straffere Stoßdämpfer und zwei Stabilisatoren erreicht. Das Interieur hat eine schwarze Kunstlederausstattung, kombiniert mit schwarzem Stoff mit weißen Nadelstreifen und weißen Paspeln. Das kleine 36 Zentimeter große Vierspeichen-Lederlenkrad, welches sonst nur als Sonderwunsch lieferbar ist, gehört hier zum sportlichen Standard. An den vorderen Kotflügeln sind an allen 924 Seitenblinker angebracht. Der 924 erhält jetzt ebenfalls serienmäßig eine Nebelschlußleuchte und dieselbe Fanfare wie der 924 turbo. Zusätzliche Dämmung reduziert das Innengeräusch.
Zur Verminderung der Seitenneigung bei schneller Kurvenfahrt erhält der 924 einen Stabilisator mit 21 Millimetern Durchmesser vorn und stärkere Drehstäbe hinten. Außerdem sind die vom 924 turbo bekannten Aluminium-Speichenräder in einer Version mit vier Befestigungsschrauben und der 60er Bereifung auch für den normalen 924 lieferbar.
Neue Lackierungen, neue Innenausstattungen und neue Türtafeln mit Porsche-Schriftzug unterscheiden die Modelle des Jahrgangs 1981 vom Vorjahr. Zu den Extras zählen neue Berberstoffe für die Sitzanlage, eine Kassettenablage auf der Mittelkonsole und eine neue Radiogeneration mit Digitalanzeige.
Das Antriebsaggregat des 924 turbo wird komplett überarbeitet. Durch eine neue elektronische Zündanlage kann der Motor effektiver ausgelegt werden. Die Verdichtung wird von 7,5 : 1 auf 8,5 : 1 erhöht. Der Verbrauch sinkt dadurch um 13 Prozent. Die Leistung steigt gleichzeitig auf 177 PS (130 kW), das Drehmoment auf 250 Nm. Am Drehzahlniveau ändert sich im Vergleich zum Vorgängermodell nichts. Im unteren Drehzahlbereich gibt sich der neue Motor noch durchzugsstärker. Für den deutschen Markt wächst das Volumen des Kraftstofftanks auf 84 Liter.
Die Fahrleistungen des 924 turbo verbessern sich durch die zusätzliche Leistung. In der Beschleunigung von 0 auf 100 km/h vergehen 7,7 Sekunden. Die Höchstgeschwindigkeit wird erst bei 230 km/h erreicht.

Porsche 924 Carrera GT

Auf der IAA in Frankfurt am Main präsentiert Porsche den 924 Carrera GT. Dieser Sportwagen ist für öffentliche Straßen und Rennstrecken gleichermaßen geeignet. Für den Einsatz in der Gruppe 4 entstehen in den darauf folgenden 12 Monaten 406 Fahrzeuge. Durch die Verwendung von Leichtbauteilen und einer reduzierten Innenausstattung konnte das Wagengewicht sehr niedrig gehalten werden. Optisch wirkt der 924 Carrera GT viel bulliger als sein Serienpendant. Die Bugschürze, die breiteren vorderen Kotflügel, die mit den Seitenblinkern des Porsche 928 versehen sind, und die hinteren Verbreiterungen sind aus glasfaserverstärktem Kunststoff gefertigt. Die vier Lufteinlässe zwischen den Klappscheinwerfern und die Lufthutze für den Ladelüftkühler auf der rechten Seite der Aluminium-Motorhaube prägen das markante Erscheinungsbild. Für die Türen wird ebenfalls der Leichtbauwerkstoff Aluminium verwendet. Getönte Dünnglasscheiben senken das Gewicht um einige weitere Kilogramm, wobei die Türseitenscheiben eine normale Glasstärke haben. An der gläsernen Heckklappe ist ein vergrößerter Heckspoiler montiert. Der Innenraum wirkt trotz der gewichtseinsparenden Maßnahmen geradezu komfortabel. Dazu tragen ein Dreispeichen-Lederlenkrad, die mit schwarz/rotem Nadelstreifenstoff bezogenen Sportsitze mit den roten Kedern und die mit dem gleichen Stoff bezogenen Türverkleidungen bei.
Der Motor mit 1984 cm^3 Hubraum erhält eine auf 8,5 : 1 erhöhte Verdichtung, eine modifizierte elektronische Zündanlage und einen Ladeluftkühler, der genau unter der Lufthutze sitzt. Durch diese Modifikationen leistet der Turbomotor 210 PS (154 kW) bei 6.000/min. Das 5-Gang-Schaltgetriebe wird an die stärkere Motorleistung angepaßt und für eine höhere Endgeschwindigkeit ausgelegt.
Ab Werk ist der 924 Carrera GT mit geschmiedeten »Fuchs«-Aluminiumrädern der Dimension 7 J x 15 Zoll und 215/60 VR 15 Reifen bestückt. Optional stehen 16-Zoll-Räder zur Verfügung. Vorn 205/55 VR 16 auf sieben und hinten 225/50 VR 16 Reifen auf acht Zoll breiten Rädern.
Aus dem Stand beschleunigt der 924 Carrera GT in nur 6,9 Se-

kunden auf 100 Kilometer pro Stunde. Erst bei 240 km/h wird ein weiterer Vortrieb gestoppt.

Modelljahr 1982 (C-Programm)

Ende des Modelljahrs 1982 wird der 924 turbo vom Markt genommen, da der neueingeführte Porsche 944 dem 924 turbo auf vielen Märkten den Rang abläuft. Die einzige Ausnahme bleibt Italien, weil Fahrzeuge bis 2 Liter Hubraum erheblich niedriger besteuert werden. Dort bleibt der 924 turbo bis 1984 im Programm.

Porsche erhöht die zulässige Dachlast von 35 auf 75 Kilogramm, so lassen sich auch zwei Surfbretter oder mehrere Fahrräder auf dem Dach transportieren. Die Tankentlüftung wird geändert, ebenso die Einbaulage des Luftfilters.

An der Vorderachse wird ein dünnerer Stabilisator mit 20 Millimetern Durchmesser eingebaut, ebenso werden die Werte für den Nachlauf der Achsgeometrie des Basismodells geändert.

Der 924 wird jetzt mit dem Lenkraddesign des 924 turbo ausgeliefert. Die Ablagekästen der Türen sind mit Teppich ausgelegt. Ein kleines wegdrehbares Porsche-Wappen deckt das Schloß des Handschuhfachdeckels ab. Zur Sicherheit der Fontpassagiere sind an den Rücksitzen statische Beckengurte installiert. Die Heizung erhält einen verbesserten Durchsatz und auf Wunsch ist eine noch besser auf die Heizung abgestimmte Klimaanlage in Angebot.

Am Automatikgetriebe werden einige Detailverbesserungen durchgeführt. Das Schaltgetriebe erhält verbesserte Synchronringe und ein Abweisblech an der Getriebeentlüftung. Auf Wunsch ist ein Sperrdifferential mit 40% Sperrfaktor lieferbar.

Modelljahr 1983 (D-Programm)

Aus dem Lieferprogramm 1983 entfallen die Modelle für USA, Kanada und Japan, ebenso das Automatic-Getriebe und die Zweifarblackierung.

Der Heckspoiler des 924 turbo ist jetzt auch beim 924 Serie. Er verbessert den c_w-Wert von 0,36 auf 0,33. Durch die verbesserte Aerodynamik steigt die Höchstgeschwindigkeit etwas an. Der 924 verfügt jetzt über die bessere Innenraumdämmung des 924 turbo. Gasdruckfedern erleichtern das Öffnen der Motorhaube.

Die beiden vorderen Sitze sind in Teillederausstattung lieferbar. Zu den neuen Stereo-Kassetten-Radios werden verbesserte Lautsprecher eingebaut, zwei in den Türtafeln und zwei in den Fondseitenwänden.

Modelljahr 1984 (E-Programm)

Bisher sind über 130.000 Sportwagen der 924 Baureihe verkauft worden, damit gehört er zu den erfolgreichsten Porsche-Fahrzeugen überhaupt.

Das als Option lieferbare herausnehmbare Dach kann jetzt auch während der Fahrt hinten elektrisch hochgestellt werden. Die gläserne Heckklappe kann vom Fahrersitz aus elektrisch entriegelt und geöffnet werden. In beide Sonnenblenden sind Make-up-Spiegel integriert. Ein Tempostat, der automatisch die eingestellte Geschwindigkeit festhält, ist ebenfalls als Sonderausstattung lieferbar.

Modelljahr 1985 (F-Programm)

Der 924 mit dem 2-Liter-Motor geht in sein letztes Baujahr. Mit einem serienmäßigen Seitenaufprallschutz in den Türen verbessert Porsche den Insassenschutz bei einem Seitenaufprall. Durch die Modellpflege fließen eine grün getönte Rundumverglasung und beheizte Scheibenwaschdüsen in die Serie ein. Die Blaupunkt-Radios »Hamburg« und »Boston« stehen neu im Lieferprogramm.

Von allen Porsche 924 mit 2-Liter-Motoren werden insgesamt 121.510 Stück als Basis-Modell 924, 12.427 Stück als 924 turbo und nur 406 Stück als 924 Carrera GT gebaut.

Porsche 924 S

Modelljahr 1986 (G-Programm)

Mit der Einführung des 924 S wird die 924 Baureihe technisch aufgewertet. Die Karosserie des 924 S wird ohne äußerliche Veränderungen weiter gebaut. Wie alle Porsche hat auch der 924 S einen massiven Seitenaufprallschutz in den Türen integriert.

Bremse und Fahrwerkskomponenten stammen vom Porsche 944. So erhält der 924 S dieselben Fahrwerkskomponenten aus Leichtmetall wie die größeren Vierzylindermodelle. Die Bremsanlage besteht aus vier innenbelüfteten Bremsscheiben und Schwimmrahmenbremssättel. Zur Serie gehören 195/65 VR 15 Reifen, die auf 6 J x 15 Zoll Aluminiumrädern im »Telefon«-Design montiert sind. Im Zusatzangebot stehen 6 J x 16 Zoll Schmiederäder im Scheibenstyling, die mit 205/55 VR 16 Reifen bestückt sind.

Die vom 924 übernommene Innenausstattung wird mit einigen Serienteilen des 944 wie Fensterkurbeln und Sicherungsknöpfen der Türverriegelung ergänzt. Zu den Sonderausstattungen zählen unter anderem Klimaanlage, Sportsitze, Tempostat, Servolenkung, elektrische Fensterheber und das herausnehmbare Dach mit elektrischer Hubverstellung, welches auch während der Fahrt hinten hochgestellt werden kann.

Der im 924 S eingebaute Motor ist mit dem Aggregat des 944

baugleich. Allerdings ist die Variante im 924 S nur auf 9,7 : 1 verdichtet und kann somit mit Normalbenzin betrieben werden. Die Leistung fällt deshalb mit 150 PS (110 kW) bei 5.800/min etwas geringer aus. Auch das maximal erreichbare Drehmoment ist mit 190 Nm bei 3.000/min etwas niedriger. Die gleichen Leistungswerte werden auch von der zusätzlich im Programm stehenden Katalysatorversion erreicht. Diese ist auf bleifreies Normalbenzin abgestimmt.

Serienmäßig ist beim 924 S ein 5-Gang-Schaltgetriebe eingebaut. Auf Kundenwunsch ist jedoch auch eine 3-Gang-Automatic lieferbar.

Die Fahrleistungen sind erheblich besser als die des Vorgängers. Die Höchstgeschwindigkeit liegt bei 215 km/h. In der Beschleunigung von 0 auf 100 km/h nimmt sich der 1210 kg schwere 924 S nur 8,5 Sekunden Zeit. Auch in der Elastizität gibt sich das 2,5-Liter-Triebwerk viel durchzugsstärker.

Modelljahr 1987 (H-Programm)

Im Modelljahr 1987 werden am 924 S nur geringfügige Modifikationen durchgeführt. So erhalten die Zündschlüssel kleine Lampen, damit das Auffinden der Schlösser bei Dunkelheit erleichtert wird. Die Kassetten-Radios sind jetzt mit einer Codierung versehen, um das Gerät nach einem Diebstahl unbrauchbar werden zu lassen.

Modelljahr 1988 (J-Programm)

In das letzte Modelljahr der gesamten 924 Baureihe geht der 924 S mit einem überarbeiteten Motor. Porsche bietet auf Basis des 924 S zwei Exklusivmodelle an.

Die Karosserie des 924 S erhält jetzt serienmäßig zwei elektrisch verstell- und beheizbare Außenspiegel und einen Heckscheibenwischer.

924 S Coupé mit dem 2,5-Liter-Motor des 944

Der 924 S ist die letzte Evolutionsstufe der 924-Baureihe

Die Exklusiv-Modelle sind in den beiden Lackierungen Schwarz und Weiß erhältlich. Die Seitenschutzleisten sind in Wagenfarbe lackiert. Das herausnehmbare Dach mit elektrischer Hubverstellung und Spritzschutzecken sind weitere exklusive Merkmale.
Bei allen 924 S fließt der hintere Stabilisator in die Serie ein. Die 195/65 VR 15 Reifen der Sondermodelle sind vorn auf 6 Zoll und hinten auf 7 Zoll breiten Rädern montiert. Die Aluminiumräder sind in Wagenfarbe lackiert. Der Felgenrand des schwarzen Modells ist türkisfarben, der des weißen ist ockerfarben abgesetzt. Zusätzlich sind ein Sportfahrwerk und dickere hintere Drehstäbe enthalten.
Die Serienausstattung des 924 S wird durch eine Antenne, vier Lautsprecher, Kassetten- und Münzbehälter, elektrische Fensterheber, Dreispeichen-Lederlenkrad und einen Lederschalthebel aufgewertet.
Beim Exklusiv-Modell sind zusätzlich Sportsitze und ein 36 Zentimeter großes Sportlenkrad enthalten. Die Sitzanlage und die Türtafeln sind mit speziellem Flanellstoff bezogen. An die Außenfarbe angepaßt ist der Stoff grau/türkis oder grau/ockergelb. Das Kunstleder der Innenverkleidungen ist schwarz, der Kunstlederkern ist türkis oder ocker.
Durch die Erhöhung der Verdichtung auf 10,2 : 1 und die Abstimmung des Motors auf Euro-Superbenzin mit 95 Oktan wächst die Motorleistung auf 160 PS (118 kW) an. Dieses gilt für beide angebotene Versionen mit oder ohne Katalysator. Die Fahrleistungen steigern sich auf 220 km/h Höchstgeschwindigkeit und 8,2 Sekunden im Spurt auf 100 km/h.
Der 924 S erreicht eine Produktionszahl von 16.274 Stück.

924 Coupé [Automatic] MJ 1976 bis MJ 1985

Motor

Bauart:	4-Zylinder-Reihenmotor
Einbauposition:	Frontmotor
Kühlung:	wassergekühlt
Motor-Typ:	047/8 [047/9]
Motorkennbuchstaben:	XK
Hubraum (cm³):	1984
Bohrung x Hub:	86,5 x 84,4
Leistung (kW/PS):	92/125 bei 5800/min
Drehmoment (Nm):	165 bei 3500/min
Literleistung (kW/l / PS/l):	46,4 / 63,0
Verdichtung:	9,3 : 1
Ventilsteuerung:	ohc über Zahnriemen, 2 Ventile pro Zylinder
Gemischaufbereitung:	Bosch K-Jetronic Einspritzung
Zündung:	Batteriezündung
ab MJ 1980:	Transistorzündung (TSZ)
Zündfolge:	1 - 3 - 4 - 2
Schmierung:	Druckumlaufschmierung
Ölmenge (l):	5,0

Kraftübertragung

Antrieb:	Heckantrieb, Transaxlebauweise
Schaltgetriebe:	4-Gang (5-Gang)
Sonderwunsch Automatic:	[3-Gang]3
Getriebe-Typ:	088/6 (016Z)* (016/8)2 [087/3]Δ
Übersetzungen:	
1. Gang:	3,600 (2,786)* (3,600)2 [2,551]3
2. Gang:	2,125 (1,722)* (2,125)2 [1,448]3
3. Gang:	1,360 (1,217)* (1,458)2 [1,000]3
4. Gang:	0,966 (0,931)* (1,107)2
5. Gang:	(0,706)* (0,857)2
Rückwärtsgang:	3,500 (2,503)* (3,500)2 [2,461]3
Achsübersetzung:	3,444 (4,714)* (3,889)2 [3,454]3
2Sonderwunsch ab MJ 1978	
Serie ab MJ 1980	
3ab MJ 1977 bis MJ 1982	

Karosserie, Fahrwerk, Bremse, Räder und Reifen

Karosserie:	2-türige, 2 + 2-sitzige, selbsttragende Coupé-Karosserie aus Stahlblech, Bodenblech beidseitig feuerverzinkt, Klappscheinwerfer, in die Karosserieform integrierte Stoßfänger, große Heckklappe aus Glas,
ab MJ 1981:	Beidseitig feuerverzinkte Karosseriebleche, seitliche Blinkleuchten an den Kotflügeln vorn
MJ 1985:	Seitenaufprallschutz in den Türen
ab MJ 1983:	Große Heckklappe aus Glas mit schwarzem PU-Heckspoiler
Sonderwunsch ab MJ 1977:	Herausnehmbaes Dach
ab MJ 1984:	Herausnehmbares Dach mit elektrischer Hubverstellung
Vorderradaufhängung:	Räder einzeln an Querlenkern und Federbeinen aufgehängt (McPherson), je Rad eine Schraubenfeder koaxial mit Dämpferbein, ab doppelt wirkende hydraulische Stoßdämpfer
Sonderwunsch ab MJ 1977, Serie ab MJ 1981:	Stabilisator
Hinterradaufhängung:	Räder einzeln an Schräglenkern aufgehängt, je Seite eine querliegende Drehstabfeder im Achsquerrohr, Querrohraufhängungen aus Leichtmetall, wirkende hydraulische Stoßdämpfer
Sonderwunsch ab MJ 1977:	Stabilisator
Bremse v/h (Durchm. X B (mm)):	Scheiben (257 x 13) / Trommeln Simplex (230 x 38,6) Schwimmrahmensättel vorn
Räder v/h:	5,5 J x 14 / 5,5 J x 14
Reifen v/h:	165 HR 14 / 165 HR 14
Sonderwunsch bzw.	6 J x 14 / 6 J x 14
Serie ab MJ 1979:	185/70 HR 14 / 185/70 HR 14
Sonderwunsch ab MJ 1981:	6 J x 15 / 6 J x 15
	205/60 HR 15 / 205/60 HR 15

Elektrik

Lichtmaschinenleistung (W/A):	1050 / 75
Batterie (V/Ah):	12 / 45 [12 / 63]
Sonderwunsch:	12 / 63

Abmessungen, Gewichte und Volumen

Spurweite v/h (mm):	1418 / 1372
Radstand (mm):	2400
Maße (L x B x H (mm)):	4212 x 1685 x 1270
Leergewicht nach DIN (kg):	1080
ab MJ 1979:	1130
zul. Gesamtgewicht (kg):	1400
ab MJ 1979:	1450
Kofferraumvolumen (VDA (l)):	318
mit Rücksitzlehnen umgeklappt:	514
Tankvolumen (l):	62, davon 5 Reserve
ab MJ 1980:	66, davon 6 Reserve
C_W x A (m²):	0,36 x 1,76 = 0,634
ab MJ 1983:	0,33 x 1,79 = 0,591
Leistungsgewicht (kg/kW / kg/PS):	11,73 / 8,64
ab MJ 1979:	12,28 / 9,04

Kraftstoffverbrauch

nach DIN 70 030/1 (l/100 km):	98 ROZ Super verbleit
Bei 90 km/h konstant:	6,6 [7,4]
Bei 120 km/h konstant:	8,1 [9,2]
im EG-Abgas-Stadtzyklus:	12,4 [12,8]

Fahrleistungen, Stückzahlen, Preise

Beschleunigung 0–100 km/h (s):	10,5
ab MJ 1977:	9,9 [11,4]
mit 5-Gang:	9,6
0–160 km/h (s):	26,5 [31,4]
Höchstgeschw. (km/h):	200 [195]
ab MJ 1980:	204
Stückzahl:	121.510
Listenpreise:	
01/1976:	DM 23.240,-
08/1976:	DM 23.450,- [DM 24.940,-]
02/1977:	DM 24.300,- [DM 25.790,-]
06/1977:	DM 24.980,- [DM 26.530,-]
01/1978:	DM 25.960,- [DM 27.510,-]
08/1978:	DM 26.850,- [DM 28.400,-]
01/1979:	DM 26.850,- [DM 28.400,-]
08/1979:	DM 27.980,- [DM 29.430,-]
04/1980:	DM 28.980,- [DM 30.480,-]
08/1980:	DM 28.980,- [DM 30.480,-]
02/1981:	DM 29.530,- [DM 31.030,-]
08/1981:	DM 29.980,- [DM 31.480,-]
01/1982:	DM 30.980,- [DM 32.480,-]
08/1982:	DM 31.480,-
03/1983:	DM 32.350,-
08/1983:	DM 32.950,-
02/1984:	DM 33.250,-
10/1984:	DM 33.950,-
02/1985:	DM 34.650,-

924 Turbo Coupé (Typ 931) Januar 1979 bis MJ 1980

Motor

Bauart:	4-Zylinder-Reihenmotor mit Turboaufladung
Einbauposition:	Frontmotor
Kühlung:	wassergekühlt
Motor-Typ:	M 31/01
Hubraum (cm³):	1984
Bohrung x Hub:	86,5 x 84,4
Leistung (kW/PS):	125/170 bei 5500/min
Drehmoment (Nm):	245 bei 3500/min
Literleistung (kW/l / PS/l):	63,0 / 85,7
Verdichtung:	7,5 : 1
Maximaler Ladedruck (bar):	0,7
Ventilsteuerung:	ohc über Zahnriemen, 2 Ventile pro Zylinder
Gemischaufbereitung:	Bosch K-Jetronic Einspritzung
Zündung:	kontaktlose Transistorzündung (TSZ)
Zündfolge:	1 - 3 - 4 - 2
Schmierung:	Druckumlaufschmierung
Ölmenge (l):	5,5

Kraftübertragung

Antrieb:	Heckantrieb, Transaxlebauweise
Schaltgetriebe:	5-Gang
Getriebe-Typ:	G 31/01
Übersetzungen:	
1. Gang:	3,166
2. Gang:	1,777
3. Gang:	1,217
4. Gang:	0,931
5. Gang:	0,706
Rückwärtsgang:	2,909
Achsübersetzung:	4,125
Sonderwunsch:	Sperrdifferential 40%

Karosserie, Fahrwerk, Bremse, Räder und Reifen

Karosserie:	2-türige, 2 + 2-sitzige, selbsttragende Coupé-Karosserie aus Stahlblech, Bodenblech beidseitig feuerverzinkt, Klappscheinwerfer, in die Karosserieform integrierte Stoßfänger, Frontschürze mit zusätzlichen senkrechten Lüftungsschlitzen, Frontteil mit vier Lufteinlässen mit schwarzem Grill, NACA-Öffung rechts in der Motorhaube, große Heckklappe aus Glas mit schwarzem PU-Heckspoiler
Sonderwunsch:	Herausnehmbares Dach
Vorderradaufhängung:	Räder einzeln an Querlenkern und Federbeinen aufgehängt (McPherson), je Rad eine Schraubenfeder koaxial mit Dämpferbein, Stabilisator, doppelt wirkende hydraulische Stoßdämpfer
Hinterradaufhängung:	Räder einzeln an Schräglenkern aufgehängt, je Seite eine querliegende Drehstabfeder im Achsquerrohr, Querrohraufhängungen aus Leichtmetall, Stabilisator, doppelt wirkende hydraulische Stoßdämpfer
Bremse v/h (Durchm. x B (mm)):	innenbelüftete Scheiben (282,5 x 20,5) / innenbelüftete Scheiben (289 x 20) Schwimmrahmensättel / Schwimmrahmensättel
Räder v/h:	6 J x 15 / 6 J x 15
Reifen v/h:	185/70 VR 15 / 185/70 VR 15
Sonderwunsch:	6 J x 16 / 6 J x 16 205/55 VR 16 / 205/55 VR 16

Elektrik

Lichtmaschinenleistung (W/A):	1050 / 75
Batterie (V/Ah):	12 / 45
Sonderwunsch:	12 / 63

Abmessungen, Gewichte und Volumen

Spurweite v/h (mm):	1418 / 1392
Radstand (mm):	2400
Maße (L x B x H (mm)):	4212 x 1685 x 1270
Leergewicht nach DIN (kg):	1180
zul. Gesamtgewicht (kg):	1500
Kofferraumvolumen (VDA (l)):	318
mit Rücksitzlehnen umgeklappt:	514
Tankvolumen (l):	66, davon 6 Reserve
C_W x A (m²):	0,34 x 1,79 = 0,609
Leistungsgewicht (kg/kW / kg/PS):	9,44 / 6,94

Kraftstoffverbrauch

nach DIN 70 030/1 (l/100 km):	98 ROZ Super verbleit
Bei 90 km/h konstant:	7,8
Bei 120 km/h konstant:	10,5
im EG-Abgas-Stadtzyklus:	15,3

Fahrleistungen, Stückzahlen, Preise

Beschleunigung 0–100 km/h (s):	7,8
0–160 km/h (s):	17,8
Höchstgeschw. (km/h):	225
Stückzahl:	7.136
Listenpreise:	
01/1979:	DM 39.480,-
08/1979:	DM 39.980,-
04/1980:	DM 41.480,-

924 Turbo Coupé (Typ 931) MJ 1981 bis MJ 1982 (Italien bis MJ 1984)

Motor

Bauart:	4-Zylinder-Reihenmotor mit Turboaufladung
Einbauposition:	Frontmotor
Kühlung:	wassergekühlt
Motor-Typ:	M 31/03
Hubraum (cm³):	1984
Bohrung x Hub:	86,5 x 84,4
Leistung (kW/PS):	130/177 bei 5500/min
Drehmoment (Nm):	250 bei 3500/min
Literleistung (kW/l / PS/l):	65,5/ 89,2
Verdichtung:	8,5 : 1
Maximaler Ladedruck (bar):	0,63
Ventilsteuerung:	ohc über Zahnriemen, 2 Ventile pro Zylinder
Gemischaufbereitung:	Bosch K-Jetronic Einspritzung
Zündung:	Transistorzündung mit digitaler Zündwinkelverstellung (DZV)
Zündfolge:	1 - 3 - 4 - 2
Schmierung:	Druckumlaufschmierung
Ölmenge (l):	5,5

Kraftübertragung

Antrieb:	Heckantrieb, Transaxlebauweise
Schaltgetriebe:	5-Gang
Getriebe-Typ:	G 31/01
Übersetzungen:	
1. Gang:	3,166
2. Gang:	1,777
3. Gang:	1,217
4. Gang:	0,931
5. Gang:	0,706
Rückwärtsgang:	2,909
Achsübersetzung:	4,125
Sonderwunsch:	Sperrdifferential 40%

Karosserie, Fahrwerk, Bremse, Räder und Reifen

Karosserie:	2-türige, 2 + 2-sitzige, selbsttragende Coupé-Karosserie aus beidseitig feuerverzinktem Stahlblech, Klappscheinwerfer, in die Karosserieform integrierte Stoßfänger, Frontschürze mit zusätzlichen senkrechten Lüftungsschlitzen, Frontteil mit vier Lufteinlässen mit schwarzem Grill, NACA-Öffung rechts in der Motorhaube, große Heckklappe aus Glas mit schwarzem PU-Heckspoiler, seitliche Blinkleuchten an den Kotflügeln vorn
Sonderwunsch:	Herausnehmbares Dach
Vorderradaufhängung:	Räder einzeln an Querlenkern und Federbeinen aufgehängt (McPherson), je Rad eine Schraubenfeder koaxial mit Dämpferbein, Stabilisator, doppelt wirkende hydraulische Stoßdämpfer
Hinterradaufhängung:	Räder einzeln an Schräglenkern aufgehängt, je Seite eine querliegende Drehstabfeder im Achsquerrohr, Querrohraufhängungen aus Leichtmetall, Stabilisator, doppelt wirkende hydraulische Stoßdämpfer
Bremse v/h (Durchm. x B (mm)):	innenbelüftete Scheiben (282,5 x 20,5) / innenbelüftete Scheiben (289 x 20) Schwimmrahmensättel / Schwimmrahmensättel
Räder v/h:	6 J x 15 / 6 J x 15
Reifen v/h:	185/70 VR 15 / 185/70 VR 15
Sonderwunsch:	6 J x 16 / 6 J x 16 205/55 VR 16 / 205/55 VR 16

Elektrik

Lichtmaschinenleistung (W/A):	1050 / 75
Batterie (V/Ah):	12 / 45
Sonderwunsch:	12 / 63

Abmessungen, Gewichte und Volumen

Spurweite v/h (mm):	1418 / 1392
Radstand (mm):	2400
Maße (L x B x H (mm)):	4212 x 1685 x 1270
Leergewicht nach DIN (kg):	1180
zul. Gesamtgewicht (kg):	1500
Kofferraumvolumen (VDA (l)):	318
mit Rücksitzlehnen umgeklappt:	514
Tankvolumen (l):	84, davon 7 Reserve
C_W x A (m²):	0,34 x 1,79 = 0,609
Leistungsgewicht (kg/kW / kg/PS):	9,07 / 6,66

Kraftstoffverbrauch

nach DIN 70 030/1 (l/100 km):	98 ROZ Super verbleit
Bei 90 km/h konstant:	6,7
Bei 120 km/h konstant:	8,6
im EG-Abgas-Stadtzyklus:	11,3

Fahrleistungen, Stückzahlen, Preise

Beschleunigung 0–100 km/h (s):	7,7
Höchstgeschw. (km/h):	230
Stückzahl:	5.291
Listenpreise:	
08/1980:	DM 41.980,-
02/1981:	DM 42.780,-
08/1981:	DM 42.780,-
01/1982:	DM 44.200,-

924 Carrera GT Coupé MJ 1981

Motor

Bauart:	4-Zylinder-Reihenmotor mit Turboaufladung und Ladeluftkühlung
Einbauposition:	Frontmotor
Kühlung:	wassergekühlt
Motor-Typ:	M 31/50
Hubraum (cm³):	1984
Bohrung x Hub:	86,5 x 84,4
Leistung (kW/PS):	154/210 bei 6000/min
Drehmoment (Nm):	280 bei 3500/min
Literleistung (kW/l / PS/l):	77,6 / 105,8
Verdichtung:	8,5 : 1
Maximaler Ladedruck (bar):	0,85
Ventilsteuerung:	ohc über Zahnriemen, 2 Ventile pro Zylinder
Gemischaufbereitung:	Bosch K-Jetronic Einspritzung
Zündung:	Transistorzündung mit digitaler Zündwinkelverstellung (DZV)
Zündfolge:	1-3-4-2
Schmierung:	Druckumlaufschmierung
Ölmenge (l):	5,5

Kraftübertragung

Antrieb:	Heckantrieb, Transaxlebauweise
Schaltgetriebe:	5-Gang
Getriebe-Typ:	G 31/03
Übersetzungen:	
1. Gang:	3,166
2. Gang:	1,777
3. Gang:	1,217
4. Gang:	0,931
5. Gang:	0,706
Rückwärtsgang:	2,909
Achsübersetzung:	3,889
Sonderwunsch:	Sperrdifferential 40%

Karosserie, Fahrwerk, Bremse, Räder und Reifen

Karosserie:	2-türige, 2-sitzige, selbsttragende Coupé-Karosserie aus beidseitig feuerverzinktem Stahlblech, Klappscheinwerfer, Motorhaube und Türen aus Aluminium, Frontschürze mit integriertem Stoßfänger, vordere verbreiterte Kotflügel und aufgesetzte hintere Kotflügelverbreiterungen aus glasfaserverstärktem Kunststoff, Frontteil mit vier Lufteinlässen mit schwarzem Grill, aufgesetzte Lufthutze rechts auf der Motorhaube, hinten in die Karosserieform integrierter Stoßfänger, große Heckklappe aus Glas mit vergrößertem schwarzem PU-Heckspoiler, getönte Dünnglasscheiben, Tür-Kurbelfenster in normaler Glasstärke, seitliche Blinkleuchten an den Kotflügeln vorn vom 928
Vorderradaufhängung:	Räder einzeln an Querlenkern und Federbeinen aufgehängt (McPherson), je Rad eine Schraubenfeder koaxial mit Dämpferbein Stabilisator, doppelt wirkende hydraulische Stoßdämpfer
Hinterradaufhängung:	Räder einzeln an Schräglenkern aufgehängt, je Seite eine querliegende Drehstabfeder im Achsquerrohr, Querrohraufhängungen aus Leichtmetall, Stabilisator, doppelt wirkende hydraulische Stoßdämpfer
Bremse v/h (Durchm. x B (mm)):	innenbelüftete Scheiben (282,5 x 20,5) / innenbelüftete Scheiben (289 x 20) Schwimmrahmensättel / Schwimmrahmensättel
Räder v/h:	7 J x 15 / 7 J x 15*
Reifen v/h:	215/60 VR 15 / 215/60 VR 15
Sonderwunsch:	7 J x 15 / 8 J x 15 215/60 VR 15 / 215/60 VR 15
Sonderwunsch:	7 J x 16 / 8 J x 16 205/55 VR 16 / 225/50 VR 16
***hinten Distanzscheiben 21 mm pro Rad**	

Elektrik

Lichtmaschinenleistung (W/A):	1050 / 75
Batterie (V/Ah):	12 / 45

Abmessungen, Gewichte und Volumen

Spurweite v/h (mm):	1477 / 1451
mit 7 J x 15 / 8 J x 15:	1477 / 1476
mit 7 J x 16 / 8 J x 16:	1477 / 1476
Radstand (mm):	2400
Maße (L x B x H (mm)):	4320 x 1735 x 1275
Leergewicht nach DIN (kg):	1180
zul. Gesamtgewicht (kg):	1500
Kofferraumvolumen (VDA (l))	
ohne Rücksitze:	514
Tankvolumen (l):	84, davon 7 Reserve
C_W x A (m²):	0,34 x 1,82 = 0,619
Leistungsgewicht (kg/kW / kg/PS):	7,66 / 5,61

Kraftstoffverbrauch

nach DIN 70 030/1 (l/100 km):	98 ROZ Super verbleit
Bei 90 km/h konstant:	6,3
Bei 120 km/h konstant:	8,5
im EG-Abgas-Stadtzyklus:	12,4

Fahrleistungen, Stückzahlen, Preise

Beschleunigung 0–100 km/h (s):	6,9
Höchstgeschw. (km/h):	240
Stückzahl:	406
Listenpreis:	DM 60.000,-

924 S Coupé [Automatic] MJ 1986 bis MJ 1987

Motor

Bauart:	4-Zylinder-Reihenmotor
Einbauposition:	Frontmotor
Kühlung:	wassergekühlt
Motor-Typ:	M 44/07 [M 44/08]
Hubraum (cm3):	2479
Bohrung x Hub:	100 x 78,9
Leistung (kW/PS):	110/150 bei 5800/min
Drehmoment (Nm):	190 bei 3000/min
Literleistung (kW/l / PS/l):	44,4 / 60,5
Verdichtung:	9,7 : 1
Ventilsteuerung:	ohc über Zahnriemen, 2 Ventile pro Zylinder
Gemischaufbereitung:	DME, Bosch L-Jetronic Einspritzung
Zündung:	DME, kontaktlos
Zündfolge:	1 - 3 - 4 - 2
Schmierung:	Druckumlaufschmierung
Ölmenge (l):	6,0

Kraftübertragung

Antrieb:	Heckantrieb, Transaxlebauweise
Schaltgetriebe:	5-Gang
Sonderwunsch Automatic:	[3-Gang]
Getriebe-Typ:	016J [087M]
Übersetzungen:	
1. Gang:	3,600 [2,714]
2. Gang:	2,125 [1,500]
3. Gang:	1,458 [1,000]
4. Gang:	1,107
5. Gang:	0,829
Rückwärtsgang:	3,500 [2,429]
Achsübersetzung:	3,889 [3,083]
Sonderwunsch bei Schaltgetriebe:	Sperrdifferential 40%

Karosserie, Fahrwerk, Bremse, Räder und Reifen

Karosserie:	2-türige, 2 + 2-sitzige, selbsttragende Coupé-Karosserie aus beidseitig feuerverzinktem Stahlblech, Seitenaufprallschutz in den Türen, Klappscheinwerfer, in die Karosserieform integrierte Stoßfänger, große Heckklappe aus Glas mit schwarzem PU-Heckspoiler, seitliche Blinkleuchten an den Kotflügeln vorn
Sonderwunsch:	Herausnehmbares Dach mit elektrischer Hubverstellung
Vorderradaufhängung:	Räder einzeln an Querlenkern und Federbeinen aufgehängt (McPherson), je Rad eine Schraubenfeder koaxial mit Dämpferbein Stabilisator, doppelt wirkende hydraulische Stoßdämpfer
Hinterradaufhängung:	Räder einzeln an Schräglenkern aufgehängt, je Seite eine querliegende Drehstabfeder im Achsquerrohr, Querrohraufhängungen aus Leichtmetall, Stabilisator, doppelt wirkende hydraulische Stoßdämpfer
Bremse v/h (Durchm. x B (mm)):	innenbelüftete Scheiben (282,5 x 20,5) / innenbelüftete Scheiben (289 x 20) Schwimmrahmensättel / Schwimmrahmensättel
Sonderwunsch MJ 1987:	ABS
Räder v/h:	6 J x 15 / 6 J x 15
Reifen v/h:	195/65 VR 15 / 195/65 VR 15
Sonderwunsch:	6 J x 16 / 6 J x 16 205/55 VR 16 / 205/55 VR 16

Elektrik

Lichtmaschinenleistung (W/A):	1260 / 90
Batterie (V/Ah):	12 / 50 [12 / 63]
Sonderwunsch:	12 / 63

Abmessungen, Gewichte und Volumen

Spurweite v/h (mm):	1419 / 1393
Radstand (mm):	2400
Maße (L x B x H (mm)):	4212 x 1685 x 1275
Leergewicht nach DIN (kg):	1210
zul. Gesamtgewicht (kg):	1530
Kofferraumvolumen (VDA (l)):	318
mit Rücksitzlehnen umgeklappt:	514
Tankvolumen (l):	66, davon 9 Reserve
C_W x A (m²):	0,33 x 1,81 = 0,597
Leistungsgewicht (kg/kW / kg/PS):	11,00 / 8,06

Kraftstoffverbrauch

ohne Katalysator:	
nach EG-Norm 80/1268 (l/100 km):	91 ROZ Normal verbleit oder bleifrei
Bei 90 km/h konstant:	6,1 [7,2]
Bei 120 km/h konstant:	8,1 [8,7]
im EG-Abgas-Stadtzyklus:	12,3 [12,4]
mit Katalysator:	
nach EG-Norm 80/1268 (l/100 km):	91 ROZ Normal bleifrei
Bei 90 km/h konstant:	6,3 [7,3]
Bei 120 km/h konstant:	8,3 [8,9]
im EG-Abgas-Stadtzyklus:	12,6 [12,6]

Fahrleistungen, Stückzahlen, Preise

Beschleunigung 0–100 km/h (s):	8,5 [10,0]
Höchstgeschw. (km/h):	215 [215]
Stückzahl:	12.195
Listenpreise:	
08/1985:	DM 41.950,- [DM 44.250,-]
mit Katalysator:	DM 44.140,- [DM 46.440,-]
08/1986:	DM 43.750,- [DM 46.230,-]
mit Katalysator:	DM 45.115,- [DM 47.595,-]
03/1987:	DM 44.590,- [DM 47.090,-]
mit Katalysator:	DM 45.955,- [DM 48.455,-]

924 S Coupé [Automatic] MJ 1988

Motor

Bauart:	4-Zylinder-Reihenmotor
Einbauposition:	Frontmotor
Kühlung:	wassergekühlt
Motor-Typ:	M 44/09 [M 44/10]
Hubraum (cm³):	2479
Bohrung x Hub:	100 x 78,9
Leistung (kW/PS):	118/160 bei 5900/min
Drehmoment (Nm):	210 bei 4500/min
Literleistung (kW/l / PS/l):	47,6 / 64,5
Verdichtung:	10,2 : 1
Ventilsteuerung:	ohc über Zahnriemen, 2 Ventile pro Zylinder
Gemischaufbereitung:	DME, Bosch L-Jetronic Einspritzung
Zündung:	DME, kontaktlos
Zündfolge:	1 - 3 - 4 - 2
Schmierung:	Druckumlaufschmierung
Ölmenge (l):	6,5

Kraftübertragung

Antrieb:	Heckantrieb, Transaxlebauweise
Schaltgetriebe:	5-Gang
Sonderwunsch Automatic:	[3-Gang]
Getriebe-Typ:	016J [087M]
Übersetzungen:	
1. Gang:	3,600 [2,714]
2. Gang:	2,125 [1,500]
3. Gang:	1,458 [1,000]
4. Gang:	1,107
5. Gang:	0,829
Rückwärtsgang:	3,500 [2,429]
Achsübersetzung:	3,889 [3,083]
Sonderwunsch bei Schaltgetriebe:	Sperrdifferential 40%

Karosserie, Fahrwerk, Bremse, Räder und Reifen

Karosserie:	2-türige, 2 + 2-sitzige, selbsttragende Coupé-Karosserie aus beidseitig feuerverzinktem Stahlblech, Seitenaufprallschutz in den Türen, Klappscheinwerfer, in die Karosserieform integrierte Stoßfänger, große Heckklappe aus Glas mit schwarzem PU-Heckspoiler, seitliche Blinkleuchten an den Kotflügeln vorn, Außenspiegel in Wagenfarbe elektrisch verstellbar
Sonderwunsch:	Herausnehmbares Dach mit elektrischer Hubverstellung
Vorderradaufhängung:	Räder einzeln an Querlenkern und Federbeinen aufgehängt (McPherson), je Rad eine Schraubenfeder koaxial mit Dämpferbein Stabilisator, doppelt wirkende hydraulische Stoßdämpfer
Hinterradaufhängung:	Räder einzeln an Schräglenkern aufgehängt, je Seite eine querliegende Drehstabfeder im Achsquerrohr, Querrohraufhängungen aus Leichtmetall, Stabilisator, doppelt wirkende hydraulische Stoßdämpfer
Bremse v/h (Durchm. x B (mm)):	innenbelüftete Scheiben (282,5 x 20,5) / innenbelüftete Scheiben (289 x 20) Schwimmrahmensättel / Schwimmrahmensättel
Sonderwunsch:	ABS
Räder v/h::	6 J x 15 / 6 J x 15
Reifen v/h:	195/65 VR 15 / 195/65 VR 15
Sonderwunsch:	6 J x 16 / 6 J x 16 205/55 VR 16 / 205/55 VR 16

Elektrik

Lichtmaschinenleistung (W/A):	1260 / 90
Batterie (V/Ah):	12 / 50 [12 / 63]
Sonderwunsch:	12 / 63

Abmessungen, Gewichte und Volumen

Spurweite v/h (mm):	1419 / 1393
Radstand (mm):	2400
Maße (L x B x H (mm)):	4212 x 1685 x 1275
Leergewicht nach DIN (kg):	1240
zul. Gesamtgewicht (kg):	1560
Kofferraumvolumen (VDA (l)):	318
mit Rücksitzlehnen umgeklappt:	514
Tankvolumen (l):	66, davon 9 Reserve
C_W x A (m²):	0,33 x 1,81 = 0,597
Leistungsgewicht (kg/kW / kg/PS):	10,50 / 7,75

Kraftstoffverbrauch

ohne Katalysator:	
nach EG-Norm 80/1268 (l/100 km):	95 ROZ Super verbleit oder bleifrei
Bei 90 km/h konstant:	6,7 [7,3]
Bei 120 km/h konstant:	8,3 [8,8]
im EG-Abgas-Stadtzyklus:	12,6 [12,1]
mit Katalysator:	
nach EG-Norm 80/1268 (l/100 km):	95 ROZ Super bleifrei
Bei 90 km/h konstant:	6,7 [7,3]
Bei 120 km/h konstant:	8,3 [8,9]
im EG-Abgas-Stadtzyklus:	12,6 [12,6]

Fahrleistungen, Stückzahlen, Preise

Beschleunigung 0–100 km/h (s):	8,2 [9,5]
Höchstgeschw. (km/h):	220 [218]
Stückzahl:	4.079
Listenpreise:	
07/1987:	DM 47.900,- [DM 50.400,-]
mit Katalysator:	DM 49.265,- [DM 51.765,-]
04/1988:	DM 48.800,- [DM 51.300,-]
mit Katalysator:	DM 50.165,- [DM 52.665,-]

Porsche 928

Porsche 928 und 928 S

Schon 1968 machte sich die Porsche Konstruktions- und Stylingabteilung über eine neue Modellgeneration erste Gedanken. Bereits 1971 wird das Konzept mit Frontmotor und hintenliegendem Getriebe, welche über ein Zentralrohr miteinander verbunden sind, verabschiedet. Beim Motorenkonzept ist ein besonders niedrig bauender V-8 mit Wasserkühlung und einem Zylinderwinkel von 90 Grad vorgesehen. Aus knapp fünf Litern Hubraum werden etwa 300 PS (221 kW) erwartet.

Mitte Februar 1972 sind die ersten Fahrzeugmodelle im Maßstab 1:5 im Windkanal. Im Juni des gleichen Jahres ist die Sitzkiste, ein 1:1 Modell des Interieurs, fertiggestellt. In der Aggregaterprobungsphase werden fünf Erprobungsträger eingesetzt. Ein Mercedes Benz 350 SL, der intern V 1 genannt wird, dient der Erprobung des Transaxle-Systems, mit dem die Antriebsleistung des vorn eingebauten Motors zum Getriebe an die Hinterachse weitergeleitet wird. Ein Opel Admiral (V 2) wird vornehmlich zum Test der Fahrwerkskomponenten verwendet. Schließlich wird der gesamte Antriebsstrang, bestehend aus Motor, Transaxle, Zentralrohr und Getriebe mit Differential im V 3, einem Audi 100 Coupé, implantiert. Es folgen mit V 4 und V 5 zwei weitere Audi 100 Coupé. Ein weiteres Erprobungsfahrzeug ist der »Munga« für die Motorenerprobung. Vom eigentlichen 928 werden insgesamt 12 Prototypen mit der Bezeichnung W 1 bis W 12 gefertigt. Wobei der letzte Prototyp schon der inzwischen aufgelegten Null-Serie entspricht.

Modelljahr 1978 (L-Serie)

Die Konstruktion der Karosserie des 928 steht ganz im Zeichen modernen Leichtbaus. Der Rohbau der selbsttragenden Karosserie ist aus beidseitig feuerverzinktem Stahlblech ausgeführt. Die beiden Türen, die vorderen Kotflügel und die Motorhaube sind aus Aluminium gefertigt. Bei diesen Teilen wird gegenüber der Verwendung von Stahlblech 50 Prozent an Gewicht eingespart. Hinten ist eine Heckklappe mit einer großen Heckscheibe für den Gepäckraum vorgesehen. Diese läßt sich mittels zweier Gasfedern leicht öffnen. Der Kofferraum faßt 200 Liter, kann aber durch umklappen der beiden Rücksitzlehnen auf das doppelte Volumen vergrößert werden. Die Heckklappe läßt sich nur mit dem Schlüssel öffnen. Hinter einer Verkleidung in der Heckwand ist das Bordwerkzeug, der Wagenheber und das Warndreieck untergebracht. Unterhalb des Gepäckraums sind das Getriebe, die Batterie, das Faltrad und der 86 Liter fassende Kraftstofftank aus elastischem Polyethylen untergebracht. Hinter den in die Karosserieform integrierten Kunststoffstoßfängern befinden sich solide Aluminiumprofile, die einen Aufprall bis 8 km/h ohne Verformung überstehen. Vorn sind Blinker, Fern- und Nebelscheinwerfer in den Stoßfänger integriert, hinten die Rückleuchteneinheiten. Die Hauptscheinwerfer können aus den Kotflügeln elektrisch hochgeklappt werden. In Ruhestellung sind die Streuscheiben der Scheinwerfer auf den Kotflügeln zu sehen. Eine Scheinwerferwaschanlage und eine Leuchtweitenregulierung sind serienmäßig eingebaut. Der auf der Heckklappe montierte Heckscheibenwischer gehört ebenfalls zur Serie. Der in Wagenfarbe lackierte Außenspiegel kann elektrisch verstellt und beheizt werden. Je nach Ausstattung wiegt der 928 zwischen 1450 und 1540 Kilogramm. Das zulässige Gesamtgewicht liegt bei 1870 Kilogramm.

Die Querlenker-Vorderachsaufhängung ist mit einem negativen Lenkrollradius, extrem steifen Doppelquerlenkern aus Aluminiumguß und Schraubenfedern mit innenliegenden Stoßdämpfern ausgestattet. Das Antidive sorgt für ein um 30 Prozent verringertes Eintauchen des Vorderwagens beim Bremsen. Eine absolute Neuheit stellt die Hinterachse, die sogenannte Weissach-Achse, dar. Eine Besonderheit dieser Doppelquerlenker-Achse ist die vorspurstabilisierende Eigenschaft. Am unteren Achslenker mit Diagonallenker und Steuerschwinge wird durch die Anlenkschwinge erreicht, daß das normal gefährliche Eindrehverhalten eliminiert wird. Dieses ist ein richtungsweisender Beitrag zur aktiven Fahrsicherheit. Auch an der Hinterachse laufen die Stoßdämpfer in den Schraubenfedern. Die Sturzcharakteristik der Hinterachse hält auch den Reifenverschleiß gering. Das Antisquat reduziert das Einsacken des Fahrzeughecks beim Anfahren um 60 Prozent. Beim Zweikreisbremssystem sind die beiden Bremskreise diagonal ausgeführt. Schwimmrahmenbremssättel greifen an Vorder- und Hinterachse auf innenbelüftete Bremsscheiben. In den hinteren Bremsscheiben sind kleine Bremstrommeln für die Handbremse integriert.

Die serienmäßigen gegossenen 5-Loch-Leichtmetallräder, im sogenannten Telefondesign, haben die Dimension 7 J x 16 Zoll. Darauf sind Reifen der Größe 225/50 VR 16 montiert. Optional sind auch 7 J x 15 Zoll Räder mit 215/60 VR 60 Bereifung, die etwas mehr Komfort bieten, erhältlich.

Die Ausstattung des 2 + 2-sitzigen Coupés ist sehr reichhaltig.

Phantombild 928 Coupé mit 4,5-Liter-V8-Motor

Im Innenraum herrscht Funktionalität und passive Sicherheit vor. Der Instrumententräger und das Dreispeichen-Lederlenkrad sind als komplette Einheit höhenverstellbar. Die Instrumentierung besteht aus Tachometer, Drehzahlmesser, Tank-, Kühlmittel-, Öldruck- und Voltanzeige. Links und rechts im Instrumententräger sind die wichtigsten Schalter griffgünstig angeordnet. In der Mittelkonsole sind zwei Luftausströmer, die Schieberegler für die Heizung, das Radio sowie einige Schalter und eine runde Analoguhr integriert. In den Türverkleidungen sind verstellbare Luftdüsen eingebaut. Durch vorklappen der Armlehnen in den Türen sind die Ablagekästen zugänglich. Die vorderen Sitze sind auf Wunsch vollelektrisch verstellbar. Elektrische Fensterheber sind serienmäßig. Die Türen sind über eine unterdruckgesteuerte Zentralverriegelung verschließbar. In der Sonnenblende auf der Beifahrerseite ist ein beleuchteter Make-up-Spiegel eingelassen. Ein Tempostat gehört ebenfalls zur Serienausstattung. Für die Sicherheit der Fondpassagiere sorgen zwei automatische Beckengurte. Ein Gepäcknetz im Kofferraum sichert das Gepäck vor Verrutschen, ein Sichtschutz vor neugierigen Blicken. Die auf Wunsch erhältliche Klimaanlage kühlt auch das Handschuhfach. Die als Extra lieferbare Kassetten-Radio-Stereoanlage ist mit je zwei Lautsprechern in den Türen und Fondseitenverkleidungen kombiniert. Der 928 ist der erste Porsche mit serienmäßiger Servolenkung. Als Sonderausstatung ist ein elektrisches Schiebedach vorgesehen, welches aber bei Serienanlauf noch nicht zur Verfügung steht.

Im Wagenbug ist ein wassergekühlter Achtzylinder-V-Motor eingebaut. Aus 4.474 cm³ leistet der mit 8,5 : 1 verdichtete und auf Normalbenzin abgestimmte Leichtmetallmotor 240 PS (176 kW) bei 5.500/min. Bei 3.600/min liegt ein maximales Drehmoment von 350 Nm an. Die geschmiedete Kurbelwelle läuft 5-fach gelagert in Gleitlagern aus sintergeschmiedetem Stahl. Der Antrieb der Nockenwellen erfolgt über Zahnriemen.

Ein- und Auslaßventile sind mit hydraulischen Tassenstößeln ausgerüstet, dadurch entfällt die Ventilspielkontrolle. Die Ölversorgung erfolgt über eine Druckumlaufschmierung mit Mondsichelpumpe. Wartungs- und Ölwechselintervalle sind nur noch alle 20.000 km nötig. Die Kraftstoffversorgung erfolgt über eine elektrische Förderpumpe und eine K-Jetronic-Einspritzanlage. Die kontaktlose Transistor-Spulen-Zündung, kurz TSZ genannt, hat die Zündfolge 1-3-7-2-6-5-4-8.

Eine Zweischeiben-Kupplung ist vorn am Motor angeflanscht.

Das 5-Gang-Schaltgetriebe ist an der Hinterachse installiert. Die Kraftübertragung erfolgt über ein Transaxle-System, welches die Antriebskraft über eine sich drehende starre Welle zum Getriebe weiterleitet. Auf Wunsch ist ein 3-Gang-Automaticgetriebe von Daimler-Benz erhältlich, das für den 928 sportlicher ausgelegt wird.
Mit Schaltgetriebe spurtet der 928 in 7,2 Sekunden auf 100 km/h. Die Höchstgeschwindigkeit liegt bei über 230 km/h. Mit Automatic ist die Beschleunigung mit 7,8 Sekunden und die Höchstgeschwindigkeit mit 225 km/h angegeben.
1978 wird der 928 als erster und bis heute einziger Sportwagen als »Auto des Jahres« ausgezeichnet.

Modelljahr 1979 (M-Serie)

Im Modelljahr 1979 wird der Porsche 928 ohne große Änderungen zum vorherigen Modelljahr gebaut.

Modelljahr 1980 (A-Programm)

Porsche führt das Spitzenmodell der 928er Baureihe ein, den 928 S. Mit einem 300 PS (221 kW) starken 4,7-Liter-V-8-Motor hat dieser die gleiche Leistung wie der 911 turbo. Aber auch der 928 wird einer Modellpflege unterzogen, so wird der Motor im Sinne einer Verbrauchsreduzierung überarbeitet.
Der 928 S ist vor allem an seinem Front- und Heckspoiler aus schwarzem, geschäumten Polyurethan zu erkennen, desweiteren sind in Wagenfarbe lackierte Seitenschutzleisten montiert. Die Spoiler reduzieren den Luftwiderstandsbeiwert auf 0,38. Der Heckscheibenwischer gehört beim 928 S zur Standardausführung.
Das gegenüber dem 928 unveränderte Fahrwerk bietet gleichen Fahrkomfort. Die Bremse wird der höheren Motorleistung durch vergrößerte Bremsbeläge und dickere Scheiben angepaßt. Die eloxierte Oberfläche der geschmiedeten Aluminiumscheibenräder verleihen dem 928 S eine noch exklusivere Erscheinung. Die Reifen der Dimension 225/50 VR 16 sind auf 7 J x 16 Zoll Rädern montiert.
Die Serienausstattung des 928 S ist sehr komplett: So gehören beispielsweise Tempostat, elektronisches Zentralwarngerät, Scheinweferreinigungsanlage, Fondsonnenblenden, vier Lautsprecher und eine Kassetten- und Münzablage dazu. Serienmäßig ist auch eine Teillederausstattung und ein Vierspeichen-Lenkrad. Neu sind auch verbesserte Radios mit Zusatzverstärker, die auf Wunsch lieferbar sind. Eine völlige Neuentwicklung ist die elektronisch gesteuerte Klimaanlage. Sie hält die einmal gewählte Temperatur konstant.
Der Motor des 928 S erhält eine von 95 Millimeter auf 97 Millimeter vergrößerte Bohrung. Dadurch steigt der Hubraum auf 4.664 cm^3. Die auf 10 : 1 verdichtete Maschine benötigt Super-Benzin. Für einen schnellen Gaswechsel werden Ansaugtrakt und Auspuffanlage optimiert. Bei einer Drehzahl von 5.900/min werden 300 PS (221 kW) freigesetzt. Dieser V-8 ist sportlicher als das Basisaggregat des 928 ausgelegt, so erreicht der S-Motor sein maximales Drehmoment von 385 Nm Drehmoment erst bei 4.500/min.
Der 928 S kann mit einem 5-Gang-Schaltgetriebe oder optional mit einer 3-Gang-Automatic geordert werden. Mit Schaltgetriebe sind in 6,6 Sekunden 100 km/h und maximale 250 km/h erreichbar.
Beim 928 wird der Motor für einen sparsameren Umgang mit dem Kraftstoff überarbeitet. Die Verdichtung wird auf 10 : 1 erhöht und das Triebwerk auf Super-Benzin abgestimmt. Die Leistung bleibt mit 240 PS (176 kW) unverändert, wird aber schon bei einer etwas niedrigeren Drehzahl erreicht (5.250/min statt 5.500/min). Das Drehmoment steigt aber von 350 Nm auf 380 Nm, bei einer unveränderter Drehzahl von 3.600/min. Die Fahrleistungen ändern sich dadurch nicht.
Beim 928-Basismodell entfällt der serienmäßige Heckscheibenwischer und die Scheinwerferreinigungsanlage.

Modelljahr 1981 (B-Programm)

Porsche verlängt die Rostschutzgarantie von sechs auf sieben Jahre. Sie wird von der Bodengruppe auf die gesamte Karosserie ausgedehnt.
Die Karosserie des 928 wird serienmäßig mit einem Heckscheibenwischer, einer Scheinwerferreinigungsanlage und einer Nebelschlußleuchte ausgestattet. Der 928 S erhält ebenfalls eine Nebelschlußleuchte. Als Sonderausstattung können die Seriensitze mit Berberstoffen bezogen oder Sportsitze in Ganzleder bestellt werden. Statt der Porsche-Radios sind jetzt Blaupunkt QTS-Radios erhältlich.

Modelljahr 1982 (C-Programm)

Das Basismodell, der 928 mit dem 4,5-Liter-Motor, geht in sein letztes Modelljahr. Die zulässige Dachlast der 928 Modellreihe wird von 35 auf 75 Kilogramm angehoben.
Als Diebstahlsicherung für die Räder sind abschließbare Radmuttern als Sonderwunsch erhältlich.
Die Ausstattung des 928 wird mit einer genau arbeitenden Benzinverbrauchsanzeige, einer im Luftdurchlaß um 10 Prozent verbesserten Lüftung, Kassetten- und Münzbox auf dem Mitteltunnel, Fondsonnenblenden, Kofferraumbeleuchtung, Vierspeichen-Lenkrad, Intensiv-Scheibenreinigung, vier Lautsprechern mit Überblendregler und elektrischer Antenne ergänzt. Auch der 928 S erhält eine verbesserte Lüftung, eine neue Benzinverbrauchsanzeige und eine elektrische Sitzverstellung für den Fahrersitz.

Bei Fahrzeugen mit 5-Gang-Schaltgetriebe erhält der Rückwärtsgang eine Sperre.
Der 928 wird nach 17.669 Fahrzeugen produzierten eingestellt.

Modelljahr 1983 (D-Programm)

Der 928 S ist das einzige Modell in der Achtzylinder-Modellreihe. Für die USA und Kanada sind Automatic, zwei elektrische Außenspiegel und die geschmiedeten 16-Zoll-Räder Serie. Dafür entfallen in diesen Märkten die Seitenleisten und die hintere 928 S Modellbezeichnung.
Die Karosserie kann mit fünf neuen Metallic-Lackierungen geliefert werden. Die grüne Wärmeschutzverglasung gehört zur Serienausstattung.
Der 928 S ist jetzt serienmäßig mit den gegossenen 16-Zoll-Aluminiumrädern im Telefondesign und 225/50 VR 50 Bereifung bestückt. Die eloxierten Schmiederäder sind weiterhin als Sonderwunsch im Programm.
Der Instrumententräger und das Lenkrad sind in der gleichen Farbe wie der Rest der Innenverkleidungen eingefärbt. Die runde Analoguhr wird durch eine Digitaluhr ersetzt. Einstiegsleuchten und die automatische Klimaanlage sind weitere Ausstattungsdetails.
Neue hydraulische Motorlager und Zahnriemenspanner verbessern die Geräuschreduzierung.

Modelljahr 1984 (E-Programm)

Im Rahmen der Modellpflege wird der V-8 Motor einer gründlichen Überarbeitung unterzogen. Als erstes Porsche-Modell überhaupt ist der 928 S als Sonderwunsch mit einem Anti-Blockier-System, kurz ABS, lieferbar.
Zum besseren Schutz der Insassen ist die Windschutzscheibe als besonders stabile Sekuriflexscheibe ausgeführt. Die beheizten Scheibenwaschdüsen verhindern wirkungsvoll ein Vereisen im Winter. Der Heckdeckel kann elektrisch vom Fahrersitz aus entriegelt werden.
Die veränderte vordere Sitzkonstruktion ermöglicht für großgewachsene Personen noch mehr Kopffreiheit. Durch eine Verriegelungstaste auf der Mittelkonsole können die Türen von innen gegen ungewünschte Besucher verschlossen werden.
Der Motor wird mit dem Ziel der Verbrauchsreduzierung mit einer Bosch LH-Jetronic mit einer Luftmassenmessung über Hitzdraht, Schubabschaltung und einer elektronischen Kennfeld-Transistorzündung überarbeitet. Die Verdichtung wird auf 10,4 : 1 angehoben. Als erfreulicher Nebeneffekt steigt die Leistung um 10 PS (7 kW) auf 310 PS (228 kW) bei 5.900/min an. Das Drehmoment wird ebenfalls positiv beeinflußt. Dem Fahrer stehen 400 Nm bei 4.100/min zur Verfügung. Neu ist auch die 4-Stufen-Getriebeautomatic, die von Mercedes-Benz zugeliefert wird. Die Fahrleistungen des 928 S mit Schaltgetriebe verbessern sich. Die Endgeschwindigkeit liegt bei 255 km/h, die Beschleunigung von null auf hundert in 6,2 Sekunden.

Phantombild 928 S Coupé mit 4,7-Liter-V8-Motor

928 S Coupé USA-Version

MODELLJAHR 1985 (F-PROGRAMM)

Im September 1984 erhält Dr. Ferry Porsche mit dem »Doktorwagen« einen viersitzigen 928 zu seinem 75. Geburtstag geschenkt. Dieser Wagen ist ein Unikat.

Der 928 S wird für alle Märkte weltweit mit einem Seitenaufprallschutz in den Türen ausgeliefert. Diese Maßnahme erhöht die passive Sicherheit des Fahrzeugs noch weiter.

Die Antenne für die Radioanlage ist unauffällig in der Windschutzscheibe integriert. Elektrisch verstellbare Komfortsitze, die dem Stil der neuen Sitzgeneration der 911 Baureihe angepaßt sind, verbessern Sitzkomfort und Seitenhalt deutlich. Die Gurtschlösser sind am Sitzgestell befestigt. Auf Wunsch sind diese Sitze beheizbar. In der Instrumentierung ist eine Ganganzeige für Automatic-Fahrzeuge und eine Warnanzeige für die Spannung des Zahnriemens untergebracht. Die Prallplatte des Lenkrads ist wie der neugestaltete Automaticwählhebel mit Leder bezogen. Eine komplette Radiovorbereitung ist eingebaut. Für besonders heiße Länder ist für das Fond eine zweite Klimaanlage lieferbar, dafür entfällt der abschließbare Anlagekasten zwischen den Rücksitzen.

Die Lichtmaschine ist jetzt mit 115 Ampere erheblich leistungsfähiger.

Das 5-Gang-Schaltgetriebe ist neu synchronisiert und damit läßt es sich noch schneller und präziser schalten. Dadurch sitzt der Schalthebel etwas tiefer.

MODELLJAHR 1986 (G-PROGRAMM)

Der 928 S geht in sein letztes Modelljahr. Für eine saubere Umwelt kann der 928 S auf Wunsch auch mit Katalysator geliefert werden. Das Anti-Blockier-System ist jetzt serienmäßig.

Die gegossenen Räder im Telefondesign sind nicht mehr lieferbar. Die geschmiedeten Scheibenräder sind jetzt in der Dimension 7 J x 16 Serie und mit abschließbaren Radmuttern versehen. Die neu entwickelte sehr leistungsfähige 4-Kolben-Festsattelbremse ist serienmäßig mit dem ABS kombiniert.

Erstmals ist der 928 S mit einem geregelten Drei-Wege-Katalysator lieferbar. Hierbei wird auf den für den US-Markt entwickelten Vierventil-Motor zurückgegriffen. Dieser 5 Liter große V-8 ist auf Normalbenzin abgestimmt und leistet 288 PS (212 kW) bei 5.750/min. Das maximale Drehmoment von 400 Nm ist mit dem des unentgifteten 4,7-Liter-Motors identisch. Es liegt aber schon bei 2.700/min an. Die Fahrleistungen liegen in etwa auf dem Niveau des 4,7-Liter-Motors. Eine geänderte Abgasanlage reduziert das Geräuschniveau.

Interessant ist auch die Tatsache, daß weltweit 70 Prozent der 928 S mit der Automatic verkauft werden.

PORSCHE 928 S4, 928 S4 CLUBSPORT, 928 GT UND 928 GTS

Porsche unterzieht den 928 einer größeren Modellpflege. Der 928 S4 tritt mit einer neuen aerodynamisch verbesserten Karosserie und neuem 5-Liter-Vierventil-Motor an.

MODELLJAHR 1987 (H-PROGRAMM)

Schon auf den ersten Blick ist der 928 S4 von seinen Vorgängern zu unterscheiden. Dazu trägt die für eine bessere Aerodynamik stark überarbeitete Karosserie bei. Das viel rundere Bugteil mit modifiziertem Frontspoiler ist mit Blinkern, Fern- und Nebelscheinwerfern sowie Lufteinlässen für die Bremsenkühlung versehen. Im ebenfalls geänderten Heckteil sind größere Heckleuchten mit integrierter Nebelschlußleuchte bündig eingepaßt. Auffällig ist der größere von der Karosserie abstehende Heckflügel aus schwarzem Polyurethan-Schaum. Schwellerblenden und eine großflächige Unterbodenverkleidung runden die Modifikationen ab. Das Gesamtergebnis kann sich sehen lassen; der Luftwiderstandsbeiwert sinkt von c_w 0,38 auf nunmehr c_w 0,34.

Weitere tiefgreifende Änderungen erfährt der Antrieb. Der auf bleifreies Euro-Superbenzin mit einer Oktanzahl von 95 ROZ ausgelegte V-8-Motor leistet mit oder ohne Katalysator 320 PS (235 kW) bei 6.000/min. Auch in der Durchzugskraft zeigt sich das auf 10 : 1 verdichtete Aggregat stark verbessert. Das maximale Drehmoment von 430 Nm wird bei 3.000/min erreicht. Durch eine von 97 auf 100 Millimeter erweiterte Bohrung wächst das Hubvolumen des V-8 auf 4.957 cm^3. Für einen schnelleren Gaswechsel sorgen die 4 Ventile in jedem Zylinder. Die Einlaßventile haben einen Durchmesser von 37 Millimeter, die Auslaßventile von 34 Millimeter. Bei der Einspritzanlage bleibt es bei der bewährten LH-Jetronic. Durch eine Klopfregelung erkennt die Elektronik, daß Kraftstoff von niederer Qualität getankt wurde und nimmt den Zündzeitpunkt in den Zylindern zurück. Statt des mit einem Keilriemen angetriebenen Visco-Lüfters sorgen jetzt zwei elektrische Ventilatoren für die Lüftung des Motorraums. Neu ist auch das geschlossene, geregelte Tankentlüftungssystem.

Das 5-Gang-Schaltgetriebe, welches jetzt über eine Einscheiben-Trockenkupplung betätigt wird und die 4-Gang-Automatic erhalten leicht geänderte Achsübersetzungen. Das Sperrdifferential ist weiterhin auf Kundenwunsch erhältlich.

An der Hinterachse verbessern 245/45 VR 16 Reifen auf 8 Zoll breiten Schmiederädern das Fahrverhalten.

Als neues Extra ist eine Sitzpositionssteuerung erhältlich. Diese speichert die Sitz- und Außenspiegeleinstellungen für drei verschiedene Personen. Per Knopfdruck können diese Einstellungen aus dem Memory abgerufen und automatisch eingestellt werden.

Die Fahrleistungen des 928 S4 sind erheblich besser als beim Vorgängermodell. Die Endgeschwindigkeit des Fahrzeugs beträgt mit Schaltgetriebe 270 km/h, mit Automatic 265 km/h. Damit ist der 928 S4 der zur Zeit schnellste Serien-Porsche. Die Beschleunigung von 0 auf 100 km/h absolviert dieser Grand Tourisme in 5,9 Sekunden, mit Automatic in 6,3 Sekunden.

MODELLJAHR 1988 (J-PROGRAMM)

Mit der um etwa 130 Kilogramm erleichterten Clubsport-Version bietet Porsche einen extrem sportlichen 928 S4 an. Die Gewichtserleichterung erfolgt durch gezielten Verzicht an Ausstattung. Der 928 S4 Clubsport wird ohne den PVC-Unterbodenschutz ausgeliefert, dadurch werden 15 Kilogramm Gewicht eingespart. Bei der reduzierten Ausstattung des Clubsport fehlen: Klimaanlage, Heckwischer, Fondsonnenblenden. Die elektrisch verstellbaren Sitze weichen solchen mit mechanischer Verstellung. Auspuffanlage, Anlasser, Batterie und Lichtmaschine werden durch leichtere Exemplare ersetzt. Die Hinterachse des Leichtbau 928 ist um drei Prozent kürzer übersetzt.

Das Fahrwerk ist um 20 Millimeter tiefergelegt und straffer abgestimmt. Die geschmiedeten Leichtmetallräder haben ein neues Design und sparen dadurch weitere 1,2 Kilogramm ein. Vorn sind 225/50 VR 16 Reifen auf 8 Zoll, hinten 245/45 VR 16 auf 9 Zoll breiten Rädern montiert.

In der Beschleunigung und in der Elastizität ist er seinem Serienpendant überlegen. In der Höchstgeschwindigkeit ist der 928 S4 Clubsport gleich schnell.

Der Serien 928 S4 ist mit einer präzisen elektronischen Steuerung für die automatische Geschwindigkeitsregelung ausgerüstet. Ferner wird die Ausstattung durch die Sitzpositionssteuerung für den Fahrersitz und ein Lautsprecherklangpaket aufgewertet. Raffleder und eine Vorbereitung für den nachträglichen Einbau eines C-Netz Telefons sind weitere mögliche Extras.

MODELLJAHR 1989 (K-PROGRAMM)

Als erstes Serienfahrzeug weltweit wird der 928 S4 mit einem Reifenluftdruck-Kontrollsystem und im Cockpit integriertem Informations- und Diagnosesystem ausgeliefert. Im Frühjahr 1989 erfolgt die Markteinführung des noch sportlicheren 928 GT.

Das Triebwerk des 928 GT ist in seiner Leistungscharakteristik

Phantombild 928 S4 Coupé mit 5-Liter-V8-Motor

sportlicher ausgelegt. Der 5-Liter-Motor leistet 330 PS (243 kW) bei 6.200/min. Die Mehrleistung wird durch ein geändertes Steuergerät, sportlicher ausgelegten Nockenwellen mit anderen Steuerzeiten und einem Millimeter höheren Nocken, sowie Modifikationen im Ansaugtrakt erreicht. Das maximale Drehmoment von 430 Nm erreicht der Sportmotor erst bei 4.100/min. Die Abregeldrehzahl liegt bei 6.800/min.

Da der 928 GT die sportliche Rolle im Achtzylinder-Programm übernimmt, kann das Fahrwerk mit straffer abgestimmten Boge-Gasdruckstoßdämpfern geordert werden. Der GT rollt auf geschmiedeten Aluminiumrädern in geändertem Design, vorn 8 J x 16 mit 225/50 ZR 16 Reifen, hinten 9 J x 16 mit 245/45 ZR 16. Der 928 S4 ist weiterhin mit den bekannten Schmiederädern im Scheibendesign ausgerüstet. Alle 928 sind mit dem Reifenluftdruck-Kontrollsystem ausgestattet. In jedem Rad sind zwei Sensoren montiert, die zuverlässig den Luftdruck im Reifen überprüfen und einen Druckverlust optisch im Kombiinstrument anzeigt.

In den überarbeiteten Kombiinstrumenten ist ein Informations- und Diagnosesystem untergebracht. Je nach Ausstattungsumfang können bis zu 21 verschiedene Informationen schriftlich oder symbolisch auf den LCD-Displays angezeigt werden. Die Werkstätten in den Porsche-Zentren können das eingebaute Onboard-Diagnose-System ebenfall über die Displays abrufen. Eine neue Alarmanlage, die durch Abschließen einer Tür aktiviert wird, zeigt dies am Blinken der roten LED in den Türverriegelungsstiften an. Die Zentralverriegelung ist auf das neue System adaptiert. Ein Klangpaket, bestehend aus 10 Lautsprechern und einem Verstärker, gehört zur Serie. Es kann mit einem Radio mit CD-Player kombiniert werden.

Die Seitenflanken der Karosserie des 928 GT werden serienmäßig ohne Schutzleisten ausgeliefert. Diese können vom Kunden aber ohne Aufpreis bestellt werden.

Der 928 S4 ist nur noch mit einem Automaticgetriebe lieferbar, dessen neue Abstimmung noch sportlicher ausgelegt ist. Dafür kann der 928 GT nur mit einem mechanischen 5-Gang-Schaltgetriebe und serienmäßigem Sperrdifferential mit 40% Sperrfaktor geordert werden.

Die Höchstgeschwindigkeit des sportlichen 928 GT liegt bei 275 km/h.

Modelljahr 1990 (L-Programm)

Ab Modelljahr 1990 ist bei allen Porsche 928 ein geregelter 3-Wege-Katalysator serienmäßig. Der 928 S4 wird nur mit der 4-Gang-Automatic geliefert, der 928 GT nur mit 5-Gang-Schaltgetriebe. Bei beiden Versionen fließt das elektronisch geregelte Porsche-Sperrdifferential (PSD) in die Serie ein. Der 928 GT erhält die neuen gegossenen Aluminiumräder im Design 90.

Vorne sind die Räder 7,5 Zoll breit, hinten 9 Zoll. Der 928 S4 ist ohne Aufpreis mit den breiteren gegossenen Rädern und Reifen des 928 GT lieferbar.

Phantombild 928 GT Coupé mit einem noch sportlicher abgestimmten 5-Liter-V8-Motor

5-Liter-V8-Motor mit 4-Ventil-Zylinderkopf und geregeltem Katalysator eines 928 S4

Phantombild 928 GTS Coupé mit 5,4-Liter-V8-Motor

Zur besseren Luftverteilung an der Frontscheibe sorgt eine einteilige Defroströffnung. Statt der Digitaluhr wird auf der Mittelkonsole wieder eine analoge Ausführung eingebaut. Serienmäßig sind Dreipunkt-Automatikgurte an den Rücksitzen montiert.

Modelljahr 1991 (M-Programm)

Die beiden 5-Liter-Modelle 928 S4 und 928 GT gehen in das letzte Modelljahr. Durch wirksameres Dämmaterial, vor allem im Heckbereich, wird das Innengeräuschniveau weiter gesenkt.
Ab Februar 1991 ist der 928 S4 serienmäßig mit der gleichen Rad-/Reifenkombination wie der 928 GT auf dem Markt.
Der mit Leder bezogene Handbremsgriff ist abgerundet, um den Einstieg zu erleichtern. Der Lenkradkranz ist dicker aufgepolstert. Die überarbeitete Servolenkung gibt dem Fahrer noch mehr Rückmeldung beim Fahren und läßt den Porsche noch agiler bewegen. Ab dem 1. Februar 1991 sind alle linksgelenkten Porsche-Fahrzeuge weltweit serienmäßig mit Fahrer- und Beifahrerairbag ausgestattet.
Von den Modellen 928 S4, 928 GT und 928 S4 Clubsport entstehen insgesamt 17.894 Exemplare.

Modelljahr 1992 (N-Programm)

Mit dem 928 GTS beginnt die letzte Evolutionstufe des Porsche V-8-Boliden. Die Karosserie des neuen 928 GTS ist an den breiteren hinteren Kotflügeln, dem roten durchgehenden Leuchtenband am Heck, dem in Wagenfarbe lackierten Heckflügel und den neuen Außenspiegeln im Cup-Design zu erkennen. Die Seitenschutzleisten entfallen ganz.
Zum ersten Mal ist der große Achtzylinder-Sportwagen mit 17-Zoll-Leichtmetallrädern im Cup-Design ausgerüstet. An der Vorderachse sind die 225/45 ZR 17 Reifen auf 7,5 Zoll breiten Rädern aufgezogen, an der Hinterachse sind die 255/40 ZR 17 Reifen auf 9 Zöllern montiert. Das Reifendruck-Kontrollsystem ist weiterhin im Einsatz. An der Vorderachse kommen größere innenbelüftete Bremsscheiben mit 322 Millimeter Durchmesser zum Einsatz. Die besonders leistungsfähige 4-Kolben-Festsattelbremsanlage ist mit ABS ausgerüstet.
Die umfangreiche Komfortausstattung macht den 928 GTS zum idealen Langstreckensportwagen. Neu im Programm ist das Radio Symphony mit RDS und Senderidentifikation.
Das Herzstück des 928 GTS ist ohne Zweifel der überarbeitete V-8-Motor. Über eine neue Kurbelwelle mit einen Hub von 85,9 Millimeter wird der Hubraum auf 5.397 cm³ aufgestockt. 4-Ventilzylinderköpfe, LH-Jetronic-Einspritzung, Resonanzansaugan-

lage und elektronische Kennfeldzündung sind weitere technische Details. Dieser Motor leistet 350 PS (257 kW) bei 5.700/min. Aber noch eindrucksvoller als die Ausbeute in Pferdestärken oder Kilowatt ist die Drehmomentcharakteristik. Der Maximalwert von 500 Nm steht bei 4.250/min zur Verfügung. Zwischen 1.000 und 6.000/min sind immer mehr als 400 Nm abrufbar.
Der 928 GTS ist mit 5-Gang-Schaltgetriebe oder ohne Aufpreis mit 4-Gang-Automaticgetriebe erhältlich. Das PSD ist bei beiden Ausführungen serienmäßig.
Die 5-Gang-Version beschleunigt in 5,7 Sekunden von 0 auf 100 km/h, die Automatic-Version ist nur 0,2 Sekunden langsamer. Die maximal erreichbare Geschwindigkeit liegt in beiden Fällen bei 275 km/h.

MODELLJAHR 1993 (P-PROGRAMM)

Im Modelljahr 1993 führt Porsche einige Änderungen in der Produktion und in den Fahrzeugen ein, die zur Entlastung der Umwelt beitragen. In der Lackiererei werden die meisten Lacke auf umweltfreundliche Wasserbasislacke umgestellt, dadurch werden erheblich weniger Lösungsmittel beim Lackierprozeß freigesetzt.
Die Bremsanlage wird mit einer neuen Bremsflüssigkeit DOT 4 Type 200 mit höherem Naßsiedepunkt befüllt. Das Wechselintervall wird auf drei Jahre verlängert.
Die Klimaanlage wird auf das umweltfreundliche FCKW-freie Kältemittel R 134 a umgestellt. Hierfür werden sämtliche Dichtungen und Bauteile der Klimanlage auf das neue Kühlmittel abgestimmt. Für die rechtsgelenkten 928 GTS-Modelle ist der Fahrerairbag serienmäßig im Lenkrad eingebaut. Zudem werden neue Radiogeräte mit CD-Player und Code-Karte gegen Diebstahl angeboten.

MODELLJAHR 1994 (R-PROGRAMM)

Um die Luftqualität im Innenraum zu verbessern, wird die Lüftungs- und Heizungsanlage mit einem Pollenfilter ausgerüstet, der Staub und Pollen ab einer Größe von1/1000 Millimeter aus der Luft herausfiltert. Das Wechselintervall dieses Filters beträgt 20.000 Kilometer.
Die Aluminiumräder werden im neuen Cup-Design 93 ausgeliefert. Rad- und Reifengröße bleiben unverändert. Das Reifendruck-Kontrollsystem entfällt in Verbindung mit den neuen Rädern.
Bei der Getriebeautomatic wird ein dynamischer Kick-down eingeführt. Sie reagiert jetzt schon beim schnellen Heruntertreten des Gaspedals mit dem Herunterschalten in einen niedrigeren Gang. Das Gaspedal muß hierzu nicht mehr voll durchgetreten werden.

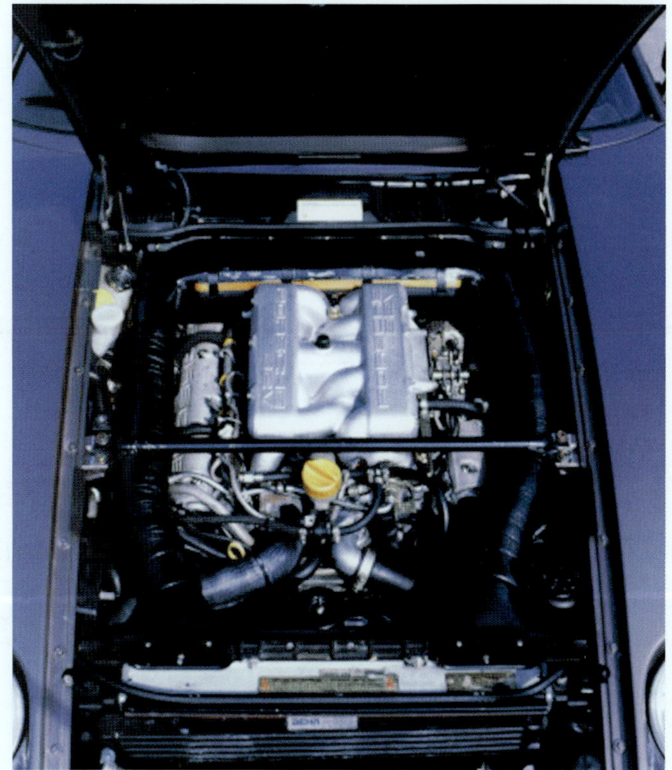

Blick in den Motorraum eines 928 S4 Coupé

MODELLJAHR 1995 (S-PROGRAMM)

Im Modelljahr 1995 endet die 928 Baureihe. Der 928 GTS wird im Vergleich zum Vorjahr ohne Änderungen weitergebaut.
Vom 928 GTS entstehen 2.831 Exemplare. Insgesamt werden von der 928 Baureihe 61.056 Fahrzeuge gebaut.

928 Coupé [Automatic] MJ 1978 bis MJ 1982

Motor

Bauart:	8-Zylinder-V-Motor, 90°
Einbauposition:	Frontmotor
Kühlung:	wassergekühlt
Motor-Typ:	M 28/01 [M 28/02]
ab MJ 1980:	M 28/09 [M 28/10]
Hubraum (cm³):	4474
Bohrung x Hub:	95 x 78,9
Leistung (kW/PS):	177/240 bei 5500/min
ab MJ 1980:	177/240 bei 5250/min
Drehmoment (Nm):	350 bei 3600/min
ab MJ 1980:	380 bei 3600/min
Literleistung (kW/l / PS/l):	39,6 / 53,6
Verdichtung:	8,5 : 1
ab MJ 1980:	10,0 : 1
Ventilsteuerung:	ohc über Zahnriemen, 2 Ventile pro Zylinder
Gemischaufbereitung:	Bosch K-Jetronic
Zündung:	TSZ (Transisor-Spulen-Zündung)
Zündfolge:	1-3-7-2-6-5-4-8
Schmierung:	Druckumlaufschmierung
Ölmenge (l):	7,5

Kraftübertragung

Antrieb:	Heckantrieb, Transaxlebauweise
Schaltgetriebe:	5-Gang
Sonderwunsch Automatic:	[3-Gang]
Getriebe-Typ:	G 28/03 [A 22/01]
ab MJ 1981:	G 28/05
Übersetzungen:	
1. Gang:	3,601 [2,306]
2. Gang:	2,465 [1,460]
3. Gang:	1,819 [1,000]
4. Gang:	1,343
5. Gang:	1,000
Rückwärtsgang:	3,162 [1,836]
Achsübersetzung:	2,750 [2,750]
ab Januar 1981:	2,727
Sonderwunsch bei Schaltgetriebe:	Sperrdifferential 40%

Karosserie, Fahrwerk, Bremse, Räder und Reifen

Karosserie:	2-türige, 2 + 2-sitzige, selbsttragende Coupé-Karosserie aus beidseitig feuerverzinktem Stahlblech, Motorhaube, vordere Kotflügel und Türen aus Aluminium, Klappscheinwerfer, verformbare Bug- und Heckverkleidungen aus Kunststoff mit integrierten Leichtmetallstoßfängern an Prallrohren befestigt, große Heckklappe, Außenspiegel in Wagenfarbe elektrisch verstellbar
Sonderwunsch:	Elektrisches Schiebedach
Vorderradaufhängung:	Einzelradaufhängung mit Doppelquerlenkern aus Leichtmetall mit Schraubenfedern und innenliegenden Schwingungsdämpfern, negativer Lenkrollradius, Stabilisator, doppeltwirkende hydraulische Stoßdämpfer
Hinterradaufhängung:	Einzelradaufhängung mit unteren Diagonallenkern und oberen Querlenkern, Schraubenfedern und innenliegenden Schwingungsdämpfern, selbststeuernde Ausgleichscharakteristik, (vorspurkorrigierende „Weissach-Achse") Stabilisator, doppeltwirkende hydraulische Stoßdämpfer
Bremse v/h (Durchm. x B (mm)):	innenbelüftete Scheiben (282 x 32) / innenbelüftete Scheiben (289 x 20) Faustsättel / Schwimmrahmen-Bremszangen
Räder v/h:	7 J x 16 / 7 J x 16
Reifen v/h:	225/50 VR 16 / 225/50 VR 16
Sonderwunsch	7 J x 15 / 7 J x 15
ab MJ 1980 Serie:	215/60 VR 15 / 215/60 VR 15

Elektrik

Lichtmaschinenleistung (W/A):	1260 / 90
Batterie (V/Ah):	12 / 66
Sonderwunsch:	12 / 88

Abmessungen, Gewichte und Volumen

Spurweite v/h (mm):	1551 / 1530
ab MJ 1980:	1552 / 1529
Radstand (mm):	2500
Maße (L x B x H (mm)):	4447 x 1836 x 1313
ab MJ 1980:	4447 x 1836 x 1282
Leergewicht nach DIN (kg):	1450
zul. Gesamtgewicht (kg):	1870
Kofferraumvolumen (VDA (l)):	200
mit Rücksitzlehnen umgeklappt:	400
Tankvolumen (l):	86, davon 8 Reserve
C_W x A (m²):	0,41 x 1,95 = 0,799
Leistungsgewicht (kg/kW / kg/PS):	8,19 / 6,04

Kraftstoffverbrauch

nach DIN 70 030 (l/100 km):	91 ROZ Normal verbleit
Bei 90 km/h konstant:	11,3 [9,7]
Bei 120 km/h konstant:	13,0 [16,9]
Stadtzyklus:	26,7 [21,4]
MJ 1980:	
nach DIN 70 030 (l/100 km):	98 ROZ Super verbleit
Bei 90 km/h konstant:	9,5 [10,6]
Bei 120 km/h konstant:	11,9 [13,3]
Stadtzyklus:	17,6 [16,4]
ab MJ 1981:	
nach DIN 70 030 (l/100 km):	98 ROZ Super verbleit
Bei 90 km/h konstant:	9,4 [9,7]
Bei 120 km/h konstant:	11,5 [12,3]
Stadtzyklus:	18,4 [15,0]

Fahrleistungen, Stückzahlen, Preise

Beschleunigung 0–100 km/h (s):	6,8 [8,0]
ab MJ 1980:	7,2 [7,7]
Höchstgeschw. (km/h):	230 [225]
Stückzahl:	17.669
Listenpreise:	
06/1977:	DM 55.000,- [DM 56.890,-]
01/1978:	DM 58.800,- [DM 60.707,-]
08/1978:	DM 58.800,- [DM 60.780,-]
01/1979:	DM 58.800,- [DM 60.780,-]
08/1979:	DM 56.900,- [DM 59.000,-]
04/1980:	DM 59.100,- [DM 61.200,-]
08/1980:	DM 59.900,- [DM 62.280,-]
02/1981:	DM 61.650,- [DM 64.030,-]
08/1981:	DM 62.750,- [DM 65.540,-]
01/1982:	DM 64.900,- [DM 67.690,-]

928 S Coupé [Automatic] MJ 1980 bis MJ 1983

Motor

Bauart:	8-Zylinder-V-Motor, 90°
Einbauposition:	Frontmotor
Kühlung:	wassergekühlt
Motor-Typ:	M 28/11 [M 28/12]
Hubraum (cm³):	4664
Bohrung x Hub:	97 x 78,9
Leistung (kW/PS):	221/300 bei 5900/min
Drehmoment (Nm):	385 bei 4500/min
Literleistung (kW/l / PS/l):	45,2 / 64,3
Verdichtung:	10,0 : 1
Ventilsteuerung:	ohc über Zahnriemen, 2 Ventile pro Zylinder
Gemischaufbereitung:	Bosch K-Jetronic
Zündung:	TSZ (Transisor-Spulen-Zündung)
Zündfolge:	1-3-7-2-6-5-4-8
Schmierung:	Druckumlaufschmierung
Ölmenge (l):	7,5

Kraftübertragung

Antrieb:	Heckantrieb, Transaxlebauweise
Schaltgetriebe:	5-Gang
Sonderwunsch Automatic:	[3-Gang]
Getriebe-Typ:	G 28/05 (G 28/07)* [A 22/04]
Übersetzungen:	
1. Gang:	3,601 (3,765) [2,306]
2. Gang:	2,465 (2,512) [1,460]
3. Gang:	1,819 (1,790) [1,000]
4. Gang:	1,343 (1,354)
5. Gang:	1,000 (1,000)
Rückwärtsgang:	3,162 (3,306) [1,836]
Achsübersetzung:	2,750 [2,750]
ab 14.01.1981:	2,727 (2,727)
Sonderwunsch bei Schaltgetriebe:	Sperrdifferential 40%
***MJ 1983**	

Karosserie, Fahrwerk, Bremse, Räder und Reifen

Karosserie:	2-türige, 2 + 2-sitzige, selbsttragende Coupé-Karosserie aus beidseitig feuerverzinktem Stahlblech, Motorhaube, vordere Kotflügel und Türen aus Aluminium, Klappscheinwerfer, verformbare Bug- und Heckverkleidungen aus Kunststoff mit integrierten Leichtmetallstoßfängern an Prallrohren befestigt, große Heckklappe, kleiner Front- und Heckspoiler aus schwarzem PU (Polyurethan), Außenspiegel in Wagenfarbe elektrisch verstellbar
Sonderwunsch:	Elektrisches Schiebedach
Vorderradaufhängung:	Einzelradaufhängung mit Doppelquerlenkern aus Leichtmetall mit Schraubenfedern und innenliegenden Schwingungsdämpfern, negativer Lenkrollradius, Stabilisator, doppeltwirkende hydraulische Stoßdämpfer
Hinterradaufhängung:	Einzelradaufhängung mit unteren Diagonallenkern und oberen Querlenkern, Schraubenfedern und innenliegenden Schwingungsdämpfern, selbststeuernde Ausgleichscharakteristik, (vorspurkorrigierende »Weissach-Achse«) Stabilisator, doppeltwirkende hydraulische Stoßdämpfer
Bremse v/h (Durchm. x B (mm)):	innenbelüftete Scheiben (282 x 32) / innenbelüftete Scheiben (289 x 20) Faustsättel / Schwimmrahmen-Bremszangen
Räder v/h:	7 J x 16 / 7 J x 16
Reifen v/h:	225/50 VR 16 / 225/50 VR 16

Elektrik

Lichtmaschinenleistung (W/A):	1260 / 90
Batterie (V/Ah):	12 / 66
Sonderwunsch, MJ 1983 Serie:	12 / 88

Abmessungen, Gewichte und Volumen

Spurweite v/h (mm):	1552 / 1529
Radstand (mm):	2500
Maße (L x B x H (mm)):	4447 x 1836 x 1282
Leergewicht nach DIN (kg):	1450
zul. Gesamtgewicht (kg):	1870
Kofferraumvolumen (VDA (l)):	200
mit Rücksitzlehnen umgeklappt:	400
Tankvolumen (l):	86, davon 8 Reserve
C_W x A (m²):	0,38 x 1,95 = 0,741
Leistungsgewicht (kg/kW / kg/PS):	6,56 / 4,83

Kraftstoffverbrauch

nach DIN 70 030/1 (l/100 km):	98 ROZ Super verbleit
Bei 90 km/h konstant:	9,9 [10,3]
Bei 120 km/h konstant:	12,5 [13,2]
Stadtzyklus:	19,7 [17,7]
ab MJ 1981:	
nach DIN 70 030/1 (l/100 km):	98 ROZ Super verbleit
Bei 90 km/h konstant:	9,7 [10,0]
Bei 120 km/h konstant:	12,8 [12,6]
Stadtzyklus:	19,7 [18,2]

Fahrleistungen, Stückzahlen, Preise

Beschleunigung 0–100 km/h (s):	6,6 [7,2]
Höchstgeschw. (km/h):	250 [245]
Stückzahl:	8.315
Listenpreise:	
04/1980:	DM 75.750,- [DM 77.850,-]
08/1980:	DM 75.750,- [DM 78.130,-]
02/1981:	DM 77.950,- [DM 80.330,-]
08/1981:	DM 79.100,- [DM 81.890,-]
01/1982:	DM 81.800,- [DM 84.590,-]
08/1982:	DM 79.950,- [DM 82.940,-]
03/1983:	DM 81.950,- [DM 84.940,-]

928 S Coupé [Automatic] MJ 1984 bis MJ 1986

Motor

Bauart:	8-Zylinder-V-Motor, 90°
Einbauposition:	Frontmotor
Kühlung:	wassergekühlt
Motor-Typ:	M 28/21 [M 28/22]
Hubraum (cm³):	4664
Bohrung x Hub:	97 x 78,9
Leistung (kW/PS):	228/310 bei 5900/min
Drehmoment (Nm):	400 bei 4100/min
Literleistung (kW/l / PS/l):	48,9 / 66,5
Verdichtung:	10,4 : 1
Ventilsteuerung:	ohc über Zahnriemen, 2 Ventile pro Zylinder
Gemischaufbereitung:	Bosch LH-Jetronic
Zündung:	EZF (Elektronische Zündung, kontaktlos)
Zündfolge:	1-3-7-2-6-5-4-8
Schmierung:	Druckumlaufschmierung
Ölmenge (l):	7,5

Kraftübertragung

Antrieb:	Heckantrieb, Transaxlebauweise
Schaltgetriebe:	5-Gang
Sonderwunsch Automatic:	[4-Gang]
Getriebe-Typ:	G 28/07 [A 28/02] [A 28/04]* [A 28/08]~
Übersetzungen:	
Übersetzungen:	
1. Gang:	3,765 [3,676] [3,676]* [3,676]~
2. Gang:	2,512 [2,412] [2,412]* [2,412]~
3. Gang:	1,790 [1,436] [1,436]* [1,436]~
4. Gang:	1,354 [1,000] [1,000]* [1,000]~
5. Gang:	1,000
Rückwärtsgang:	3,306 [5,139] [5,139]* [5,139]~
Achsübersetzung:	2,727 [2,357] [2,200]* [2,357]~
Sonderwunsch:	[2,538]
Sonderwunsch bei Schaltgetriebe:	Sperrdifferential 40%
*Sonderwunsch MJ 1985	
~Sonderwunsch MJ 1986	

Karosserie, Fahrwerk, Bremse, Räder und Reifen

Karosserie:	2-türige, 2 + 2-sitzige, selbsttragende Coupé-Karosserie aus beidseitig feuerverzinktem Stahlblech, Motorhaube, vordere Kotflügel und Türen aus Aluminium, Klappscheinwerfer, verformbare Bug- und Heckverkleidungen aus Kunststoff mit integrierten Leichtmetallstoßfängern an Prallrohren befestigt, große Heckklappe, kleiner Front- und Heckspoiler aus schwarzem PU (Polyurethan), Außenspiegel in Wagenfarbe elektrisch verstellbar
ab MJ 1985:	Seitenaufprallschutz in den Türen
Sonderwunsch:	Elektrisches Schiebedach
Vorderradaufhängung:	Einzelradaufhängung mit Doppelquerlenkern aus Leichtmetall mit Schraubenfedern und innenliegenden Schwingungsdämpfern, negativer Lenkrollradius, Stabilisator, doppeltwirkende hydraulische Stoßdämpfer
Hinterradaufhängung:	Einzelradaufhängung mit unteren Diagonallenkern und oberen Querlenkern, Schraubenfedern und innenliegenden Schwingungsdämpfern, selbststeuernde Ausgleichscharakteristik, (vorspurkorrigierende »Weissach-Achse«) Stabilisator, doppeltwirkende hydraulische Stoßdämpfer
Bremse v/h (Durchm. x B (mm)):	innenbelüftete Scheiben (282 x 32) / innenbelüftete Scheiben (289 x 20) Faustsättel / Schwimmrahmen-Bremszangen
MJ 1986:	innenbelüftete Scheiben (304 x 32) / innenbelüftete Scheiben (299 x 24) schwarze 4-Kolben-Aluminium-Festsättel / schwarze 4-Kolben-Aluminium-Festsättel
Sonderwunsch MJ 1986:	ABS
Räder v/h:	7 J x 16 / 7 J x 16
Reifen v/h:	225/50 VR 16 / 225/50 VR 16

Elektrik

Lichtmaschinenleistung (W/A):	1260 / 90
ab MJ 1985:	1610 / 115
Batterie (V/Ah):	12 / 88
MJ 1986:	12 / 72

Abmessungen, Gewichte und Volumen

Spurweite v/h (mm):	1552 / 1529
ab MJ 1985:	1549 / 1521
Radstand (mm):	2500
Maße (L x B x H (mm)):	4447 x 1836 x 1282
Leergewicht nach DIN (kg):	1500 [1520]
ab MJ 1985:	1530 [1550]
zul. Gesamtgewicht (kg):	1870 [1870]
ab MJ 1985:	1890 [1890]
Kofferraumvolumen (VDA (l)):	200
mit Rücksitzlehnen umgeklappt:	400
Tankvolumen (l):	86, davon 8 Reserve
C_W x A (m²):	0,38 x 1,95 = 0,741
Leistungsgewicht (kg/kW / kg/PS):	6,57 [6,66] / 4,83 [4,90]
ab MJ 1985:	6,71 [6,79] / 4,93 [5,00]

Kraftstoffverbrauch

nach DIN 70 030/1 (l/100 km):	98 ROZ Super verbleit
Bei 90 km/h konstant:	8,7 [8,6]
Bei 120 km/h konstant:	10,2 [10,5]
im EG-Abgas-Stadtzyklus:	19,1 [16,7]
ab MJ 1985:	
nach EG-Norm 80/1268 (l/100 km):	98 ROZ Super verbleit
Bei 90 km/h konstant:	8,7 [8,6]
Bei 120 km/h konstant:	10,2 [10,5]
im EG-Abgas-Stadtzyklus:	19,1 [16,7]

Fahrleistungen, Stückzahlen, Preise

Beschleunigung 0–100 km/h (s):	6,2 [6,7]
Höchstgeschw. (km/h):	255 [250]
Stückzahl (ohne/mit Katalysator):	14.347
Listenpreise:	
08/1983:	DM 84.950,- [DM 88.240,-]
02/1984:	DM 87.650,- [DM 90.940,-]
10/1984:	DM 90.950,- [DM 94.900,-]
02/1985:	DM 93.000,- [DM 96.950,-]
08/1985:	DM 100.000,- [DM 103.990,-]

928 S Coupé Katalysator [Automatic] MJ 1986

Motor

Bauart:	8-Zylinder-V-Motor, 90°
Einbauposition:	Frontmotor
Kühlung:	wassergekühlt
Motor-Typ:	M 28/45 [M 28/46]
Hubraum (cm³):	4957
Bohrung x Hub:	100 x 78,9
Leistung (kW/PS):	212/288 bei 5750/min
Drehmoment (Nm):	400 bei 2700/min
Literleistung (kW/l / PS/l):	42,8 / 58,1
Verdichtung:	9,3 : 1
Ventilsteuerung:	dohc über Zahnriemen, 4 Ventile pro Zylinder
Gemischaufbereitung:	Bosch LH-Jetronic
Zündung:	EZK (Elektronische Kennfeldzündung, kontaktlos)
Zündfolge:	1 - 3 - 7 - 2 - 6 - 5 - 4 - 8
Schmierung:	Druckumlaufschmierung
Ölmenge (l):	7,5

Kraftübertragung

Antrieb:	Heckantrieb, Transaxlebauweise
Schaltgetriebe:	5-Gang
Sonderwunsch Automatic:	[4-Gang]
Getriebe-Typ:	G 28/10 [A 28/11]
Übersetzungen:	
1. Gang:	3,764 [3,676]
2. Gang:	2,512 [2,412]
3. Gang:	1,790 [1,436]
4. Gang:	1,354 [1,000]
5. Gang:	1,000
Rückwärtsgang:	3,305 [5,139]
Achsübersetzung:	2,727 [2,538]
Sonderwunsch bei Schaltgetriebe:	Sperrdifferential 40%

Karosserie, Fahrwerk, Bremse, Räder und Reifen

Karosserie:	2-türige, 2 + 2-sitzige, selbsttragende Coupé-Karosserie aus beidseitig feuerverzinktem Stahlblech, Motorhaube, vordere Kotflügel und Türen aus Aluminium, Seitenaufprallschutz in den Türen, Klappscheinwerfer, verformbare Bug- und Heckverkleidungen aus Kunststoff mit integrierten Leichtmetallstoßfängern an Prallrohren befestigt, große Heckklappe, kleiner Front- und Heckspoiler aus schwarzem PU (Polyurethan), Außenspiegel in Wagenfarbe elektrisch verstellbar
Sonderwunsch:	Elektrisches Schiebedach
Vorderradaufhängung:	Einzelradaufhängung mit Doppelquerlenkern aus Leichtmetall mit Schraubenfedern und innenliegenden Schwingungsdämpfern, negativer Lenkrollradius, Stabilisator, doppeltwirkende hydraulische Stoßdämpfer
Hinterradaufhängung:	Einzelradaufhängung mit unteren Diagonallenkern und oberen Querlenkern, Schraubenfedern und innenliegenden Schwingungsdämpfern, selbststeuernde Ausgleichscharakteristik, (vorspurkorrigierende »Weissach-Achse«) Stabilisator, doppeltwirkende hydraulische Stoßdämpfer
Bremse v/h (Durchm. x B (mm)):	innenbelüftete Scheiben (304 x 32) / innenbelüftete Scheiben (299 x 24) schwarze 4-Kolben-Aluminium-Festsättel / schwarze 4-Kolben-Aluminium-Festsättel
Sonderwunsch:	ABS
Räder v/h:	7 J x 16 / 7 J x 16
Reifen v/h:	225/50 VR 16 / 225/50 VR 16

Elektrik

Lichtmaschinenleistung (W/A):	1610 / 115
Batterie (V/Ah):	12 / 72

Abmessungen, Gewichte und Volumen

Spurweite v/h (mm):	1549 / 1521
Radstand (mm):	2500
Maße (L x B x H (mm)):	4447 x 1836 x 1282
Leergewicht nach DIN (kg):	1530 [1550]
zul. Gesamtgewicht (kg):	1890 [1890]
Kofferraumvolumen (VDA (l)):	200
mit Rücksitzlehnen umgeklappt:	400
Tankvolumen (l):	86, davon 8 Reserve
C_W x A (m²):	0,38 x 1,95 = 0,741
Leistungsgewicht (kg/kW / kg/PS):	7,21 [7,31] / 5,31 [5,38]

Kraftstoffverbrauch

nach EG-Norm 80/1268 (l/100 km):	91 ROZ Normal bleifrei
Bei 90 km/h konstant:	9,4 [9,5]
Bei 120 km/h konstant:	11,4 [12,8]
im EG-Abgas-Stadtzyklus:	19,8 [17,2]

Fahrleistungen, Stückzahlen, Preise

Beschleunigung 0–100 km/h (s):	6,2 [6,7]
Höchstgeschw. (km/h):	252 [247]
Stückzahl (ohne/mit Katalysator):	14.347
Listenpreis:	
08/1985:	DM 109.000,- [DM 112.990,-]

928 S4 Coupé [Automatic] MJ 1987 bis MJ 1991

Motor

Bauart:	8-Zylinder-V-Motor, 90°
Einbauposition:	Frontmotor
Kühlung:	wassergekühlt
Motor-Typ:	M 28/41 [M 28/42]
Hubraum (cm³):	4957
Bohrung x Hub:	100 x 78,9
Leistung (kW/PS):	235/320 bei 6000/min
Drehmoment (Nm):	430 bei 3000/min
Literleistung (kW/l / PS/l):	47,4 / 64,6
Verdichtung:	10,0 : 1
Ventilsteuerung:	dohc über Zahnriemen, 4 Ventile pro Zylinder
Gemischaufbereitung:	Bosch LH-Jetronic
Zündung:	EZK (Elektronische Kennfeldzündung, kontaktlos)
Zündfolge:	1-3-7-2-6-5-4-8
Schmierung:	Druckumlaufschmierung
Ölmenge (l):	7,5

Kraftübertragung

Antrieb:	Heckantrieb, Transaxlebauweise
Schaltgetriebe (nur bis MJ 1989):	5-Gang
Sonderwunsch Automatic:	[4-Gang]
Getriebe-Typ:	G 28/12 [A 22/14] [A 22/16]*
Übersetzungen:	
1. Gang:	3,765 [3,676] [3,870]*
2. Gang:	2,512 [2,412] [2,250]*
3. Gang:	1,790 [1,436] [1,440]*
4. Gang:	1,354 [1,000] [1,000]*
5. Gang:	1,000*
Rückwärtsgang:	3,306 [5,139] [5,590]*
Achsübersetzung:	2,636 [2,538] [2,538]*
Sonderwunsch bei Schaltgetriebe:	Sperrdifferential 40%
ab MJ 1990 Serie:	Porsche-Differentialsperre (PDS)
***ab MJ 1989**	

Karosserie, Fahrwerk, Bremse, Räder und Reifen

Karosserie:	2-türige, 2 + 2-sitzige, selbsttragende Coupé-Karosserie aus beidseitig feuerverzinktem Stahlblech, Motorhaube, vordere Kotflügel und Türen aus Aluminium, Seitenaufprallschutz in den Türen, Klappscheinwerfer, verformbare Bug- und Heckverkleidungen aus Kunststoff mit integrierten Leichtmetallstoßfängern an Prallrohren befestigt, große bündig eingepaßte Heckleuchten, große Heckklappe, großer Heckflügel aus schwarzem PU (Polyurethan), Außenspiegel in Wagenfarbe elektrisch verstellbar
Sonderwunsch:	Elektrisches Schiebedach
Vorderradaufhängung:	Einzelradaufhängung mit Doppelquerlenkern aus Leichtmetall mit Schraubenfedern und innenliegenden Schwingungsdämpfern, negativer Lenkrollradius, Stabilisator, doppeltwirkende hydraulische Stoßdämpfer
Hinterradaufhängung:	Einzelradaufhängung mit unteren Diagonallenkern und oberen Querlenkern, Schraubenfedern und innenliegenden Schwingungsdämpfern, selbststeuernde Ausgleichscharakteristik, (vorspurkorrigierende »Weissach-Achse«) Stabilisator, doppeltwirkende hydraulische Stoßdämpfer
Bremse v/h (Durchm. x B (mm)):	innenbelüftete Scheiben (304 x 32) / innenbelüftete Scheiben (299 x 24) schwarze 4-Kolben-Aluminium-Festsättel / schwarze 4-Kolben-Aluminium-Festsättel
Sonderwunsch, ab MJ 1989 Serie:	ABS
Räder v/h:	7 J x 16 / 8 J x 16
Reifen v/h:	225/50 VR 16 / 245/45 VR 16
ab MJ 1989:	225/50 ZR 16 / 245/45 ZR 16

Elektrik

Lichtmaschinenleistung (W/A):	1610 / 115
Batterie (V/Ah):	12 / 72

Abmessungen, Gewichte und Volumen

Spurweite v/h (mm):	1551 / 1546
Radstand (mm):	2500
Maße (L x B x H (mm)):	4520 x 1836 x 1282
Leergewicht nach DIN (kg):	1580 [1600]
zul. Gesamtgewicht (kg):	1920 [1920]
Kofferraumvolumen (VDA (l)):	200
mit Rücksitzlehnen umgeklappt:	400
Tankvolumen (l):	86, davon 8 Reserve
MJ 1991:	86, davon 12 Reserve
C_W x A (m²):	0,34 x 1,98 = 0,673
Leistungsgewicht (kg/kW / kg/PS):	6,72 [6,80] / 4,93 [5,00]

Kraftstoffverbrauch

ohne Katalysator:	
nach EG-Norm 80/1268 (l/100 km):	95 ROZ Super verbleit oder bleifrei
Bei 90 km/h konstant:	9,4 [9,0]
Bei 120 km/h konstant:	10,8 [10,9]
im EG-Abgas-Stadtzyklus:	19,6 [17,1]
mit Katalysator:	
nach EG-Norm 80/1268 (l/100 km):	95 ROZ Super bleifrei
Bei 90 km/h konstant:	9,8 [9,4]
Bei 120 km/h konstant:	11,2 [11,3]
im EG-Abgas-Stadtzyklus:	19,8 [17,5]
ab MJ 1989:	
mit Katalysator:	
nach EG-Norm 80/1268 (l/100 km):	95 ROZ Super bleifrei
Bei 90 km/h konstant:	[10,0]
Bei 120 km/h konstant:	[11,8]
im EG-Abgas-Stadtzyklus:	[16,6]

Fahrleistungen, Stückzahlen, Preise

Beschleunigung 0–100 km/h (s):	5,9 [6,3]
Höchstgeschw. (km/h):	270 [265]
Stückzahl (S4 und GT,):	17.875
Listenpreise:	
08/1986:	DM 119.500,- [DM 123.790,-]
mit Katalysator:	DM 121.365,- [DM 125.655,-]
03/1987:	DM 121.950,- [DM 126.240,-]
mit Katalysator:	DM 123.815,- [DM 128.105,-]
07/1987:	DM 126.000,- [DM 130.590,-]
mit Katalysator:	DM 127.865,- [DM 132.455,-]
04/1988:	DM 128.500,- [DM 133.090,-]
mit Katalysator:	DM 130.365,- [DM 134.955,-]
08/1988:	DM 133.000,- [DM 137.900,-]
mit Katalysator:	DM 134.865,- [DM 139.765,-]
04/1989:	DM 133.000,- [DM 137.900,-]
mit Katalysator:	DM 134.865,- [DM 139.765,-]
08/1989:	[DM 143.000,-]
02/1990:	[DM 145.900,-]
07/1990:	[DM 148.380,-]
02/1991:	[DM 151.880,-]

928 S4 Clubsport Coupé MJ 1988

Motor

Bauart:	8-Zylinder-V-Motor, 90°
Einbauposition:	Frontmotor
Kühlung:	wassergekühlt
Motor-Typ:	M 28/41 Club Sport
Hubraum (cm³):	4957
Bohrung x Hub:	100 x 78,9
Leistung (kW/PS):	235/320 bei 6000/min
Drehmoment (Nm):	430 bei 3000/min
Literleistung (kW/l / PS/l):	47,4 / 64,6
Verdichtung:	10,0 : 1
Ventilsteuerung:	dohc über Zahnriemen, 4 Ventile pro Zylinder
Gemischaufbereitung:	Bosch LH-Jetronic
Zündung:	EZK (Elektronische Kennfeldzündung, kontaktlos)
Zündfolge:	1 - 3 - 7 - 2 - 6 - 5 - 4 - 8
Schmierung:	Druckumlaufschmierung
Ölmenge (l):	7,5

Kraftübertragung

Antrieb:	Heckantrieb, Transaxlebauweise
Schaltgetriebe:	5-Gang
Getriebe-Typ:	G 28/55
Übersetzungen:	
1. Gang:	3,765
2. Gang:	2,512
3. Gang:	1,790
4. Gang:	1,354
5. Gang:	1,000
Rückwärtsgang:	3,306
Achsübersetzung:	2,727
Serie:	Sperrdifferential 40%

Karosserie, Fahrwerk, Bremse, Räder und Reifen

Karosserie:	2-türige, 2 + 2-sitzige, selbsttragende Coupé-Karosserie aus beidseitig feuerverzinktem Stahlblech, Motorhaube, vordere Kotflügel und Türen aus Aluminium, Seitenaufprallschutz in den Türen, Klappscheinwerfer, verformbare Bug- und Heckverkleidungen aus Kunststoff mit integrierten Leichtmetallstoßfängern an Prallrohren befestigt, große bündig eingepaßte Heckleuchten, große Heckklappe, großer Heckflügel aus schwarzem PU (Polyurethan), Außenspiegel in Wagenfarbe elektrisch verstellbar
Vorderradaufhängung:	Einzelradaufhängung mit Doppelquerlenkern aus Leichtmetall mit Schraubenfedern und innenliegenden Schwingungsdämpfern, negativer Lenkrollradius, Stabilisator, doppeltwirkende hydraulische Stoßdämpfer
Hinterradaufhängung:	Einzelradaufhängung mit unteren Diagonallenkern und oberen Querlenkern, Schraubenfedern und innenliegenden Schwingungsdämpfern, selbststeuernde Ausgleichscharakteristik, (vorspurkorrigierende »Weissach-Achse«) Stabilisator, doppeltwirkende hydraulische Stoßdämpfer
Bremse v/h (Durchm. x B (mm)):	innenbelüftete Scheiben (304 x 32) / innenbelüftete Scheiben (299 x 24) schwarze 4-Kolben-Aluminium-Festsättel / schwarze 4-Kolben-Aluminium-Festsättel ABS
Räder v/h:	8 J x 16 / 9 J x 16
Reifen v/h:	225/50 VR 16 / 245/45 VR 16

Elektrik

Lichtmaschinenleistung (WA):	1610 / 115
Batterie (V/Ah):	12 / 72

Abmessungen, Gewichte und Volumen

Spurweite v/h (mm):	1561 / 1565
Radstand (mm):	2500
Maße (L x B x H (mm)):	4520 x 1836 x 1282
Leergewicht nach DIN (kg):	1450
zul. Gesamtgewicht (kg):	1920
Kofferraumvolumen (VDA (l)):	200
mit Rücksitzlehnen umgeklappt:	400
Tankvolumen (l):	86, davon 8 Reserve
C_W x A (m²):	0,34 x 1,98 = 0,673
Leistungsgewicht (kg/kW / kg/PS):	6,17 / 4,53

Kraftstoffverbrauch

ohne Katalysator:	
nach EG-Norm 80/1268 (l/100 km):	95 ROZ Super verbleit oder bleifrei
Bei 90 km/h konstant:	9,4
Bei 120 km/h konstant:	10,8
im EG-Abgas-Stadtzyklus:	19,6
mit Katalysator:	
nach EG-Norm 80/1268 (l/100 km):	95 ROZ Super bleifrei
Bei 90 km/h konstant:	9,8
Bei 120 km/h konstant:	11,2
im EG-Abgas-Stadtzyklus:	19,8

Fahrleistungen, Stückzahlen, Preise

Beschleunigung 0–100 km/h (s):	5,7
Höchstgeschw. (km/h):	270
Stückzahl Clubsport:	19
Listenpreis:	
04/1988:	DM 128.500,-
mit Katalysator:	DM 130.365,-

928 GT Coupé
Frühjahr 1989 bis MJ 1991

Motor

Bauart:	8-Zylinder-V-Motor, 90°
Einbauposition:	Frontmotor
Kühlung:	wassergekühlt
Motor-Typ:	M 28/47
Hubraum (cm³):	4957
Bohrung x Hub:	100 x 78,9
Leistung (kW/PS):	243/330 bei 6200/min
Drehmoment (Nm):	430 bei 4100/min
Literleistung (kW/l / PS/l):	49,0 / 66,6
Verdichtung:	10,0 : 1
Ventilsteuerung:	dohc über Zahnriemen, 4 Ventile pro Zylinder
Gemischaufbereitung:	Bosch LH-Jetronic
Zündung:	EZK (Elektronische Kennfeldzündung, kontaktlos)
Zündfolge:	1-3-7-2-6-5-4-8
Schmierung:	Druckumlaufschmierung
Ölmenge (l):	7,5

Kraftübertragung

Antrieb:	Heckantrieb, Transaxlebauweise
Schaltgetriebe:	5-Gang
Getriebe-Typ:	G 28/55
Übersetzungen:	
1. Gang:	3,765
2. Gang:	2,512
3. Gang:	1,790
4. Gang:	1,354
5. Gang:	1,000
Rückwärtsgang:	3,306
Achsübersetzung:	2,727
Serie:	Sperrdifferential 40%
ab MJ 1990:	Porsche-Differentialsperre (PDS)

Karosserie, Fahrwerk, Bremse, Räder und Reifen

Karosserie:	2-türige, 2 + 2-sitzige, selbsttragende Coupé-Karosserie aus beidseitig feuerverzinktem Stahlblech, Motorhaube, vordere Kotflügel und Türen aus Aluminium, Seitenaufprallschutz in den Türen, Klappscheinwerfer, verformbare Bug- und Heckverkleidungen aus Kunststoff mit integrierten Leichtmetallstoßfängern an Prallrohren befestigt, große bündig eingepaßte Heckleuchten, große Heckklappe, großer Heckflügel aus schwarzem PU (Polyurethan), Außenspiegel in Wagenfarbe elektrisch verstellbar
Sonderwunsch:	Elektrisches Schiebedach
Vorderradaufhängung:	Einzelradaufhängung mit Doppelquerlenkern aus Leichtmetall mit Schraubenfedern und innenliegenden Schwingungsdämpfern, negativer Lenkrollradius, Stabilisator, doppeltwirkende hydraulische Stoßdämpfer
Hinterradaufhängung:	Einzelradaufhängung mit unteren Diagonallenkern und oberen Querlenkern, Schraubenfedern und innenliegenden Schwingungsdämpfern, selbststeuernde Ausgleichscharakteristik, (vorspurkorrigierende »Weissach-Achse«) Stabilisator, doppeltwirkende hydraulische Stoßdämpfer
Bremse v/h (Durchm. x B (mm)):	innenbelüftete Scheiben (304 x 32) / innenbelüftete Scheiben (299 x 24) schwarze 4-Kolben-Aluminium-Festsättel / schwarze 4-Kolben-Aluminium-Festsättel ABS
Räder v/h:	8 J x 16 / 9 J x 16
ab MJ 1990:	7,5 J x 16 / 9 J x 16
Reifen v/h:	225/50 ZR 16 / 245/45 ZR 16

Elektrik

Lichtmaschinenleistung (W/A):	1610 / 115
Batterie (V/Ah):	12 / 72

Abmessungen, Gewichte und Volumen

Spurweite v/h (mm):	1561 / 1565
ab MJ 1990:	1551 / 1546
Radstand (mm):	2500
Maße (L x B x H (mm)):	4520 x 1836 x 1282
Leergewicht nach DIN (kg):	1580
zul. Gesamtgewicht (kg):	1920
Kofferraumvolumen (VDA (l)):	200
mit Rücksitzlehnen umgeklappt:	400
Tankvolumen (l):	86, davon 8 Reserve
MJ 1991:	86, davon 12 Reserve
c_W x A (m²):	0,34 x 1,98 = 0,673
Leistungsgewicht (kg/kW / kg/PS):	6,50 / 4,78

Kraftstoffverbrauch

ohne Katalysator:	
nach EG-Norm 80/1268 (l/100 km):	95 ROZ Super verbleit oder bleifrei
Bei 90 km/h konstant:	10,0
Bei 120 km/h konstant:	11,8
im EG-Abgas-Stadtzyklus:	21,9
mit Katalysator:	
nach EG-Norm 80/1268 (l/100 km):	95 ROZ Super bleifrei
Bei 90 km/h konstant:	9,7
Bei 120 km/h konstant:	12,0
im EG-Abgas-Stadtzyklus:	21,9

Fahrleistungen, Stückzahlen, Preise

Beschleunigung 0–100 km/h (s):	5,8
Höchstgeschw. (km/h):	275
Stückzahl S4 und GT:	17.875
Listenpreise:	
04/1989:	DM 137.900,-
mit Katalysator:	DM 139.765,-
08/1989:	DM 143.000,-
02/1990:	DM 145.900,-
07/1990:	DM 148.380,-
02/1991:	DM 151.880,-

928 GTS Coupé [Automatic] MJ 1992 bis MJ 1995

Motor

Bauart:	8-Zylinder-V-Motor, 90°
Einbauposition:	Frontmotor
Kühlung:	wassergekühlt
Motor-Typ:	M 28/49 [M 28/50]
Hubraum (cm³):	5397
Bohrung x Hub:	100 x 85,9
Leistung (kW/PS):	257/350 bei 5700/min
Drehmoment (Nm):	500 bei 4250/min
Literleistung (kW/l / PS/l):	47,6 / 64,9
Verdichtung:	10,4 : 1
Ventilsteuerung:	dohc über Zahnriemen, 4 Ventile pro Zylinder
Gemischaufbereitung:	Bosch LH-Jetronic
Zündung:	EZK (Elektronische Kennfeldzündung, kontaktlos)
Zündfolge:	1-3-7-2-6-5-4-8
Schmierung:	Druckumlaufschmierung
Ölmenge (l):	7,5

Kraftübertragung

Antrieb:	Heckantrieb, Transaxlebauweise
Schaltgetriebe:	5-Gang
Sonderwunsch Automatic:	[4-Gang]
Getriebe-Typ:	G 28/57 [A 22/18]
Übersetzungen:	
1. Gang:	3,775 [3,870]
2. Gang:	2,519 [2,250]
3. Gang:	1,795 [1,440]
4. Gang:	1,358 [1,000]
5. Gang:	1,000
Rückwärtsgang:	3,314 [5,590]
Achsübersetzung:	2,727 [2,538]
Serie:	Porsche-Differentialsperre (PDS)

Karosserie, Fahrwerk, Bremse, Räder und Reifen

Karosserie:	2-türige, 2 + 2-sitzige, selbsttragende Coupé-Karosserie aus beidseitig feuerverzinktem Stahlblech mit verbreiterten Kotflügeln hinten, Motorhaube, vordere Kotflügel und Türen aus Aluminium, Seitenaufprallschutz in den Türen, Klappscheinwerfer, verformbare Bug- und Heckverkleidungen aus Kunststoff mit integrierten Leichtmetallstoßfängern an Prallrohren befestigt, große bündig eingepaßte Heckleuchten, rotes Heckleuchtenband, große Heckklappe, großer in Wagenfarbe lackierter Heckflügel aus PU (Polyurethan), Außenspiegel im Cup-Design elektrisch verstellbar
Sonderwunsch:	Elektrisches Schiebedach
Vorderradaufhängung:	Einzelradaufhängung mit Doppelquerlenkern aus Leichtmetall mit Schraubenfedern und innenliegenden Schwingungsdämpfern, negativer Lenkrollradius, Stabilisator, doppeltwirkende hydraulische Stoßdämpfer
Hinterradaufhängung:	Einzelradaufhängung mit unteren Diagonallenkern und oberen Querlenkern, Schraubenfedern und innenliegenden Schwingungsdämpfern, selbststeuernde Ausgleichscharakteristik, (vorspurkorrigierende »Weissach-Achse«) Stabilisator, doppeltwirkende hydraulische Stoßdämpfer
Bremse v/h (Durchm. x B (mm)):	innenbelüftete Scheiben (322 x 32) / innenbelüftete Scheiben (299 x 24) schwarze 4-Kolben-Aluminium-Festsättel / schwarze 4-Kolben-Aluminium-Festsättel ABS
Räder v/h:	7,5 J x 17 / 9 J x 17
Reifen v/h:	225/45 ZR 17 / 255/40 ZR 17

Elektrik

Lichtmaschinenleistung (W/A):	1610 / 115
Batterie (V/Ah):	12 / 72

Abmessungen, Gewichte und Volumen

Spurweite v/h (mm):	1551 / 1616
Radstand (mm):	2500
Maße (L x B x H (mm)):	4520 x 1890 x 1282
Leergewicht nach DIN (kg):	1620 [1640]
zul. Gesamtgewicht (kg):	1960 [1960]
Kofferraumvolumen (VDA (l)):	200
mit Rücksitzlehnen umgeklappt:	400
Tankvolumen (l):	86, davon 12 Reserve
C_W x A (m²):	0,35 x 2,02 = 0,707
Leistungsgewicht (kg/kW / kg/PS):	6,30 [6,38] / 4,62 [4,68]

Kraftstoffverbrauch

nach EG-Norm 80/1268 (l/100 km):	98 ROZ Super plus bleifrei
Bei 90 km/h konstant:	9,8 [9,8]
Bei 120 km/h konstant:	12,0 [11,9]
im EG-Abgas-Stadtzyklus:	20,7 [18,8]

Fahrleistungen, Stückzahlen, Preise

Beschleunigung 0–100 km/h (s):	5,7 [5,9]
Höchstgeschw. (km/h):	275 [275]
Stückzahl:	2.831
Listenpreise:	
07/1991:	DM 156.050,- [DM 156.050,-]
03/1992:	DM 158.860,- [DM 158.860,-]
08/1992:	DM 163.140,- [DM 163.140,-]
01/1993:	DM 164.571,- [DM 164.571,-]
08/1993:	DM 164.600,- [DM 164.600,-]
08/1994:	DM 164.600,- [DM 164.600,-]
02/1995:	DM 167.890,- [DM 167.890,-]

PORSCHE 944

PORSCHE 944, 944 S, 944 TURBO UND 944 TURBO S

Der 924 hat die Rolle des Einstiegsmodells in der Porsche Produktpalette. Dieser Wagen ist in Anschaffung und Unterhalt besonders ökonomisch. Für manche Porsche-Fans stellt der vom Audi 100 abgeleitete Motor des 924 ein Imageproblem dar, einfach zu wenig Porsche. Auch in der Form ist dieser Wagen für manchen nicht maskulin genug. Im Modellprogramm zwischen dem 924 und dem klassischen 911 SC ist also noch Platz für ein weiteres Modell vorhanden. In Leistung und Preis ist der neue 944 genau zwischen diesen beiden Modellen angesiedelt. In der Form als auch in der Motorisierung ist der 944 ein echter Porsche. Kraftvoll im Styling und im Maschinenraum zu 100% Porsche! Der 944 wird wie der 924 bei Audi in Neckarsulm gebaut.

MODELLJAHR 1982 (C-PROGRAMM)

Der Porsche 944 wird im Herbst 1981 vorgestellt. Seine Karosserie basiert auf der Konstruktion des 924. Allerdings fallen sofort die verbreiterten Kotflügel auf. Außerdem sind ein, in Wagenfarbe lackierter, Frontspoiler und an der gläsernen Heckklappe ein Heckspoiler aus schwarzem Polyurethan montiert. Das Aussehen des 944 erinnert an den bulligen 924 Carrera GT. Beim 944 ist die ganze Karosserie inklusive den verbreiterten Kotflügeln aus feuerverzinktem Stahlblech gefertigt. Motorhaube, Klappscheinwerfer, Dachaufbau, Türen, die Heckklappe aus Glas und das Heck mit den Leuchteneinheiten sind mit den Teilen der Porsche 924-Serie identisch. Die Aerodynamik ist im Vergleich zum 924 weiter optimiert. Mit einem c_W-Wert von 0,35 ist der 944 trotz breiterer Karosserie im Gesamtluftwiderstand ungefähr gleich windschlüpfrig wie der 924 des gleichen Modelljahrs. Auf Wunsch ist auf der Seite eine Flankenschutzleiste in Wagenfarbe aus stoßunempfindlichem Kunststoff erhältlich. Die Sonderwunschliste des 944 umfaßt unter anderem eine Klimaanlage, ein herausnehmbares Dach, welches in einer Tasche im Kofferraum untergebracht werden kann.

Die Vorderachse besteht aus einer Einzelradaufhängung mit Querlenkern und McPherson-Federbeinen mit Schraubenfedern und Teleskopstoßdämpfern. Außerdem werden noch ein Achsträger und ein Stabilisator mit 20 mm Durchmesser eingebaut. Die Befestigungen sind aus Leichtmetall gefertigt. An der Hinterachse kommt eine Einzelradaufhängung mit Schräglenkern zum Einsatz. Die Federung übernimmt je Seite eine querliegende Drehstabfeder im Achsquerrohr. Die Querrohraufhängungen sind aus Leichtmetall gefertigt.

Die hydraulische Zweikreisbremsanlage ist nach Vorder- und Hinterachse aufgeteilt. Die vier innenbelüfteten Bremsscheiben sind mit Schwimmrahmenbremssätteln versehen. Mit separaten Bremsstommeln ausgestattet, wirkt die Handbremse auf die Hinterachse. Die Reifen der Breite 185/70 VR 15 sind auf 7 J x 15 ATS-Aluminiumguß-Rädern montiert. Der Felgenstern ist schwarz lackiert. Auf Wunsch sind die vom 911 bekannten geschmiedeten »Fuchsfelgen« im Format 7 J x 16 mit 205/55 VR 16 Bereifung erhältlich. Diese Radkombination gibt dem 944 ein noch attraktiveres Aussehen.

Der 944 ist wie es sich für einen richtigen Sportwagen gehört als Zwei plus Zwei-Sitzer konzipiert. Hinten kann die Rücksitzlehne der Notsitzanlage umgelegt werden, dadurch vergrößert sich der Gepäckraum unter der Heckklappe. Die neuentwickelte Heizungs- und Lüftungsanlage kann auf Kundenwunsch mit einer leistungsfähigen Klimaanlage ergänzt werden. Auch das Interieur ist vom 924 abgeleitet. Anders als im 924 sind die metallisch glänzenden Blenden um die Instrumente herum und auf der Mittelkonsole. Die Skalen der Instrument sind in gelber Farbe aufgedruckt. Die Instrumentierung ist mit einem Kombiinstrument links mit Tankanzeige und Kühlwasserthermometer, dem Tachometer in der Mitte, dem Drehzahlmesser rechts, beim dem im oberen Bereich eine Verbrauchsanzeige integriert ist, und den drei Rundinstrumenten in der Mittelkonsole mit Öldruckmesser, Voltmeter und Uhr sehr komplett. Wobei bei Fahrzeugen mit Klimaanlage das Voltmeter entfällt, da der Drehschalter den Platz des mittleren Zusatzinstruments einnimmt. Zur Serienausstattung gehört eine selbstaufrollende Gepäckraumabdeckung, welche das Gepäck unter der Heckklappe aus getöntem Glas vor neugierigen Blicken schützt. Die Liste der Sonderausstattungen ist entsprechend lang: Elektrische Fensterheber, getönte Front- und Seitenscheiben, Alarmanlage, verschiedene Radioanlagen, Sportsitze in Leder oder Berberstoff, verschiedene Lederlenkräder und Stabilisatoren vorn und hinten sowie sportlicher abgestimmte Stoßdämpfer, sind nur einige Möglichkeiten den 944 auf den persönlichen Geschmack abzustimmen.

Der Motor des 944 ist eine Neukonstruktion. Ein echter Porsche-Motor, der vom Achtzylinder-V-Motor des Porsche 928 abgeleitet ist. Die Basis bildet ein aus Aluminium gegossener Vierzylin-

Schnittmodell eines 2,5-Liter-4-Zylinder-2-Ventilmotors des 944

derblock. Der Zylinderkopf gleicht ebenfalls dem des 928. Der Reihenmotor leistet 163 PS (120 kW) bei 5.800/min aus 2.479 cm³ Hubraum. Damit ist er einer der größten Vierzylinder auf dem Markt. Bei nur 3.000/min erreicht das 10,6 : 1 verdichtete Aggregat sein höchstes Drehmoment von 205 Nm. Der Zweiventiler ist mit zwei Ausgleichswellen versehen, die sich mit doppelter Kurbelwellendrehzahl drehen, und damit die Massenkräfte zweiter Ordnung ausgleichen. Die dadurch erreichte Laufkultur ist mit der eines Sechszylindermotors vergleichbar. Der bullige Drehmomentverlauf ermöglicht eine äußerst sparsame Fahrweise. Die Gemischbildung übernimmt eine L-Jetronic von Bosch und eine Digitale-Motor-Elektronik (DME) sorgt für den optimalen Zündzeitpunkt.

Der 944 kann mit einem 5-Gang-Schaltgetriebe oder einer 3-Gang-Automatic geordert werden. Mit Schaltgetriebe erreicht das 1.180 Kilogramm schwere Coupé in 8,4 Sekunden die 100 Kilometermarke. Die Endgeschwindigkeit ist mit 220 km/h angegeben. Als Sonderwunsch ist ein Sperrdifferential mit 40% Sperrwirkung erhältlich. Wie der 924 ist der 944 mit dem Transaxlesystem ausgerüstet. Motor und Kupplung sind bei der Schaltgetriebeversion vorn, das Getriebe hinten eingebaut. Die Verbindung stellt ein starres Rohr her, in dem eine rotierende Welle die Antriebsleistung überträgt. Vorteile der Transaxle-Bauweise sind ein gutmütiges Fahrverhalten, eine günstige Gewichtsverteilung und im unbeladenen sowie im beladenen Zustand genügend Traktion auf den Antriebsrädern.

Modelljahr 1983 (D-Programm)

Der 944 findet beim Kunden und in der Fachpresse eine positive Resonanz.

An der Karosserie fällt der neue in Wagenfarbe lackierte Außenspiegel auf. Dieser ist jetzt serienmäßig elektrisch verstell- und beheizbar. Außerdem sind auf Wunsch im Bugteil eingebaute Nebelscheinwerfer erhältlich. Neue Lackfarben werden ins Programm aufgenommen.

Gegen Aufpreis kann der Kunde für die Serienräder breitere Reifen der Größe 215/60 VR 15 ordern.

Neue Innenausstattungsfarben und Sitzbezugstoffe stehen zur Wahl. Die neue Radioanlage Blaupunkt Köln wird zusammen mit vier Lautsprechern, Antenne, Entstörung und Überblendregler angeboten. Gegen Aufpreis sind jetzt auch eine Scheinwerferreinigungsanlage oder eine Servolenkung lieferbar.

Für die Märkte Kanada und USA ist die Ausstattung erweitert: Klimaanlage, herausnehmbares Dach, getönte Wärmeschutzverglasung rundum, zwei elektrische Außenspiegel, 215/60 VR 15 Reifen, Radiovorbereitung mit vier Lautsprechern, elektrische Antenne und Überblendregler, Dreispeichen-Lederlenkrad, 63-Ah-Batterie und Nebellampen in der Bugschürze mit Lichthupenfunktion.

Modelljahr 1984 (E-Programm)

Links an der Seite des Fahrerfußraums befindet sich ein Schalter zur elektrischen Entriegelung der Heckklappe. In beiden Sonnenblenden sind Make-up-Spiegel eingebaut. Eine Bremsbelagverschleißanzeige trägt zur weiteren Sicherheit bei. Auf Kundenwunsch ist der 944 mit einer automatischen Geschwindigkeitsregelung lieferbar. Das herausnehmbare Dach ist mit einer elektrischen Hubfunktion ausgestattet, es kann jetzt auch während der Fahrt hinten elektrisch hochgestellt werden.

Optional können die Schmiederäder der Firma Fuchs auch mit einem in »grand prix weiß« oder »platin-metallic« lackierten Felgenstern ausgeliefert werden.

Modelljahr 1985 (F-Programm)

In den ersten drei Jahren werden vom 944 über 60.000 Fahrzeuge verkauft. Gleichzeitig mit der intensiven Modellpflege im Februar 1985 wird der 944 turbo vorgestellt.

Die Windschutzscheibe schließt bündig mit der Karosserie ab, um die Aerodynamik zu optimieren und die Windgeräusche zu minimieren. In die Windschutzscheibe ist eine aktive Scheibenantenne mit Leistungsverstärker integriert. Als Option ist eine Sekuriflex-Windschutzscheibe lieferbar, diese bietet noch mehr Schutz bei Steinschlag oder Unfall. Serienmäßig sind jetzt auch die getönten Scheiben rundum und die beheizten Waschdüsen. Alle Porsche-Modelle weltweit erhalten in den Türen stabile Schutzplanken. Diese verstärken die Türen und erhöhen die passive Sicherheit bei einen seitlichen Aufprall. Das von 66 auf

Phantombild 944 Coupé mit 2,5-Liter-4-Zylindermotor

Phantombild 944 turbo Coupé mit 2,5-Liter-4-Zylindermotor mit Turboaufladung

80 Liter vergrößerte Volumen des Kraftstofftanks ermöglicht eine noch größere Reichweite. Zusätzlich erhält das Tanksystem einen Aktivkohlefilter, der zuverläßig das Verdunsten von Benzin verhindert.
Der neue 944 turbo ist am neuen, aerodynamisch verbesserten Bugteil mit den integrierten Nebel- und Fernscheinwerfern, den schwarzen seitlichen Schwellerapplikationen und dem in Wagenfarbe lackierten Heckdiffusor unterhalb des Stoßfängers zu erkennen. Der c_w-Wert berägt beim 944 turbo nur 0,33!
Beim Fahrwerk des 944 und des 944 turbo kommen jetzt Vorder- und Hinterachslenker aus Aluminiumguß zum Einsatz. Die 7 J x 15 Zoll Aluminiumräder sind im 5-Lochstyling (Telefon-Design) der Räder des 928 ausgeführt.
Der 944 turbo besitzt eine straffere Fahrwerksabstimmung mit zwei Stabilisatoren, vorn mit 24 Millimetern Durchmesser, hinten mit 18 Millimetern. Die Bremsanlage ist noch leistungsstärker als beim 944 mit Saugmotor. Die vier innenbelüfteten Bremsscheiben werden mit schwarzen 4-Kolben-Festsattel-Bremszangen aus Aluminium bestückt. Die 16-Zoll-Aluminiumguß-Räder im 5-Lochstyling sind vorn 7 und hinten 8 Zoll breit. Vorn ist die Dimension der Reifen 205/55 VR 16, hinten 225/50 VR 16. Der turbo erhält serienmäßig eine Servolenkung.
Die größte Überarbeitung erhält der Innenraum. Hatte der 944 bisher das leicht modifizierte Interieur des 924, so ist es jetzt völlig eigenständig. Auffällig ist das neu gestaltete Armaturenbrett mit den großen Lüftungsgittern und den vier zentralen Rundinstrumenten des 928. Links die Anzeigen für Kühlmitteltemperatur und Tank, dann der Tachometer, im Drehzahlmesser ist die Verbrauchsanzeige und bei der Automatic-Version auch noch eine Ganganzeige untergebracht, beim 944 turbo ist statt der Verbrauchsanzeige eine Ladedruckanzeige vorhanden, und ein Kombiinstrument rechts für den Öldruck und die Batteriespannung. Die Digitaluhr mit Stoppfunktion ist in der Schalttafelblende eingelassen. Sämtliche Schalter und auch die Heizungsregelung sind überarbeitet, ebenso die Mittelkonsole und die Türverkleidungen. Die neue Sitzgeneration des Porsche 911 findet auch in der 944-Baureihe Einzug. Der Fahrersitz ist in Hö he und Neigung elektrisch einstellbar. Ein Vierspeichen-Lenkrad mit dem Porsche-Schriftzug auf der Prallplatte rundet die Ausstattung ab. Die Lenksäule ist um 12 Millimeter weiter oben befestigt, um mehr Platz für die Oberschenkel zu ermöglichen.
Der 944 turbo erhält eine erweiterte Serienausstattung: Vier Lautsprecher mit elektronisch verstärkter Scheibenantenne, elektrische Fensterheber, automatische Heizungsregelung, Scheinwerferreinigungsanlage, Lederlenkrad und Lederschalthebel.
Der Saugmotor des 944 wird mit neugestalteten Brennräumen versehen. Das Aggregat kann nun auch mit einer Superbenzinqualität von 96 Oktan betrieben werden. Auch die Form der Nockenwelle und die Leerlauffüllungsregelung erfahren eine Überarbeitung. Eine stärkere Lichtmaschine leistet 115 statt bisher 90 Ampere. Die Motoren können problemlos mit einem Katalysator nachgerüstet werden.

Beim aufgeladenen Motor des 944 turbo bringt Porsche seine langjährige Erfahrung mit der Turbotechnik ein. Die Fachpresse lobt das neue Triebwerk bei der Einführung, als den am besten abgestimmten Turbomotor, der gerade auf dem Markt erhältlich ist. Der modifizierte Motor bleibt in Bauart und Hubraum unverändert. Der mit einem Turbolader von KKK versehene Motor ist mit 8,0 : 1 verdichtet. Bei 5.800/min leistet das Turbotriebwerk 220 PS (162 kW). Das maximale Drehmoment von 330 Nm wird bei nur 3.500/min erreicht. Eine Besonderheit ist, daß der 944 turbo von Anfang an auch mit geregeltem Drei-Wege-Katalysator angeboten wird. Diese Version ist das erste deutsche Serienauto, welches mit oder ohne Katalysator die gleiche Leistung hat. Selbstverständlich ist der Katalysator auch vollgasfest. Während der 944 auch weiterhin auf Wunsch mit einer 3-Gang-Automatic ausgeliefert wird, ist der 944 turbo nur mit einem mechanischen 5-Gang-Schaltgetriebe lieferbar. Der Antrieb des 944 turbo erfolgt ebenfalls über die Hinterachse. Ein Sperrdifferential mit 40% Sperrfaktor ist auch für den turbo erhältlich. Der 944 turbo ist mit nur 6,3 Sekunden von Null auf Einhundert und mit einer Spitzengeschwindigkeit von 245 km/h angegeben.

Modelljahr 1986 (G-Programm)

Porsche entwickelt auch die Umweltfreundlichkeit der Fahrzeuge permanent weiter. Der 944 ist gegen Aufpreis mit einem Katalysator lieferbar. Da in Europa bleifreies Normalbenzin bisher am verbreitetsten ist, verdichtet Porsche den Motor nur auf 9,7 : 1 und stimmt ihn auf bleifreien Kraftstoff mit 91 Oktan ab. Die Leistung beträgt 150 PS (110 kW) bei 5.800/min. Das maximale Drehmoment von 190 Nm liegt bei nur 3.000/min an. Durch die geringere Leistung sinkt die Höchstgeschwindigkeit auf 210 km/h.

Der 944 rollt jetzt auf Reifen der Größe 195/65 VR 15. Auf Wunsch sind die geschmiedeten »Fuchsfelgen« mit 215/60 VR 15 Reifen lieferbar, vorn mit 7 J x 15, hinten 8 J x 15. Für den 944 und den 944 turbo ist auch die 16-Zoll Räder-/Reifenkombination des 911 turbo erhältlich. Die »Fuchsfelgen« in der Größe 7 J x 16 mit 205/55 VR 16 Reifen vorn und 8 J x 16 mit 225/50 VR 16 hinten.

Für alle 944 ist eine Zentralverriegelung als Sonderausstattung im Angebot.

Modelljahr 1987 (H-Programm)

Der 944 S mit einem Vierventilmotor wird vorgestellt. Gleichzeitig führt Porsche das ABS in die 944-Baureihe ein. Die Katalysatormodelle sind jetzt als eigenständige Typen im Verkaufsprogramm geführt.

Der neue 944 S ist in der Karosserieausführung und Ausstattung mit dem 944 Basismodell identisch. Einziges Unterscheidungsmerkmal bietet der 944 S Schriftzug am Heck und die als

Phantombild 944 S Coupé mit 2,5-Liter-4-Zylinder-4-Ventilmotor

Sonderwunsch lieferbare Seitenschutzleiste, die mit der Prägung »16 Ventiler« versehen ist.
Für alle 944-Modelle ist ein ABS auf Wunsch lieferbar. Hierfür wird die Vorderachse mit dem negativen Lenkrollradius angepaßt. Die »Fuchsfelgen« sind deshalb nicht mehr verwendbar. Dafür sind die vom 928 S bekannten geschmiedeten 16-Zoll-Lochscheibenräder, vorn 7 Zoll breit mit 205/55 VR 16 und hinten 225/50 VR 16 Reifen auf 8 Zoll, im Programm. Der Kunde kann auf Wunsch ein Sportfahrwerk für alle 944-Versionen bestellen.
Neu in der Aufpreisliste sind die vollelektrischen Sitze, auf Wunsch auch mit elektrisch einstellbarer Lordosenstütze. Für die US-Modelle sind Doppelairbags im Programm. Diese sind bei der US-Version des 944 turbo serienmäßig. Beim 944 und 944 S sind die Airbags Sonderwunsch. Porsche ist mit dem 944 turbo der erste europäische Hersteller, der in den USA ein Fahrzeug mit serienmäßigen Airbags anbietet. Ein Klangpaket mit 10 Lautsprechern und ein Blaupunkt Equalizer-Amplifier bieten noch höheren Musikgenuß beim Fahren.
Der Vierventilmotor des 944 S ist mit zwei obenliegenden Nockenwellen und zentraler Zündkerze im Zylinderkopf ausgerüstet. Außerdem sind der Nockenwellenantrieb verstärkt, die Magnesium-Ansauganlage, die Abgasanlage, die Ölwanne und die Digitale-Motor-Elektronik (DME) modifiziert. Der Motorblock stammt vom 944. Die Zylinderköpfe sind vom 928 S4 entliehen. Die Verdichtung ist auf 10,9 : 1 angehoben. Die Abstimmung erfolgt auf bleifreies Super Benzin mit 95 Oktan. Die maximale Leistung von 190 PS (140 kW) steht bei 6.000/min an, bei 4.300/min das höchste Drehmoment von 230 Nm. Die Leistung der Katalystor-Ausführung ist identisch. Der Vierventiler ist vor allem bei hohen Drehzahlen agiler. Der 944 S ist nur mit 5-Gang-Schaltgetriebe und Heckantrieb, optional mit einem Sperrdifferential mit 40% Sperrfaktor lieferbar. Die Beschleunigung auf 100 km/h schafft der 944 S in 7,9 Sekunden. Die Höchstgeschwindigkeit gibt Porsche mit 228 km/h an.

Modelljahr 1988 (J-Programm)

1988 ist das letzte Modelljahr in dem der 944 und der 944 S mit den 2,5-Liter-Vierzylindermotoren im Angebot stehen. Mit dem 99.800 DM teuren 944 turbo S bietet Porsche ein Sondermodell an. Im selben Modelljahr läuft der 100.000. Porsche 944 vom Band.
Das 2,5-Liter-Aggregat mit Katalysator wird neu auf bleifreien Superkraftstoff abgestimmt. Dadurch leistet es 160 PS (118 kW) bei 5.900/min. Das Drehmoment erhöht sich auf 210 Nm bei 4.500/min. Das Triebwerk des 944 leistet ohne Katalysator ebenfalls 160 PS (118 kW) und ist auf Superbenzin mit 95 Oktan ausgelegt. Die Fahrleistungen entsprechen ungefähr der bisherigen 163-PS-Version ohne Katalysator. An der Karosserie gibt es bis auf den jetzt serienmäßigen Heckscheibenwischer keine Änderungen. Beim 944 und 944 S ist der hintere Stabilisator in die Serie eingeflossen.
Die Serienausstattung des 944 und des 944 S wird aufgewertet: Servolenkung, Zentralverriegelung, elektrisch verstell- und beheizbarer Beifahreraußenspiegel, vier Lautsprecher und Frontscheibenantenne, Münz- und Kassettenbehälter, Vierspeichen-Lederlenkrad mit 36 Zentimetern Durchmesser und Lederbezug für Schalt- und Handbremshebel. Beim 944 turbo ist die Zentralverriegelung, der zweite elektrische Außenspiegel und das 36 Zentimeter große Lederlenkrad hinzugekommen.

944 Turbo S

Neues Spitzenmodell der 944 Baureihe ist der 944 turbo S, dessen Motor ein direkter Ableger des 944 turbo-Cup-Wettbewerbsaggregats ist. Er leistet ganze 250 PS (184 kW) bei 6.000/min. Auch das maximale Drehmoment steigt auf 350 Nm bei einer etwas erhöhten Drehzahl von 4.000/min an. Ein größerer Turbolader und ein auf 0,7 bar erhöhter Ladedruck machen den Leistungszuwachs möglich. Serienmäßig ist ein 5-Gang-Schaltgetriebe mit Getriebeölkühlung und ein verstärktes 40%iges Sperrdifferential, sowie eine der höheren Leistung angepaßten Kupplung.
Der 944 turbo S wird mit geschmiedeten 16-Zoll-Leichtmetall-Scheibenrädern und Goodyear Eagle Reifen ausgeliefert, vorn mit der Reifengröße 225/50 VR 16 auf 7 Zoll breiten Rädern und hinten 245/45 VR 16 auf 9 Zoll. Die vergrößerte Bremsanlage stammt vom 928 S4. Sie ist serienmäßig mit einem Anti-Blockier-System kombiniert. Ein speziell abgestimmtes Sportfahrwerk rundet das Paket ab.
Die Ausstattung des 944 turbo S läßt überhaupt keine Wünsche mehr offen. Schon die Außenfarbe »Silberrosametallic« und die Innenausstattung mit dem Stoffbezug »Multicolor Weinrot« lassen auf einen ganz exklusiven Charakter schließen. Zur kompletten Ausstattung gehören unter anderem: Servolenkung, Zentralverriegelung, elektrische Fensterheber, automatische Klimaanlage, Komfortsitze, geteilte Rücksitzbank, Scheinwerfer-Reinigungsanlage, Radio »Berlin«, Flankenschutzleisten und Sekuriflex-Windschutzscheibe.
Die Fahrleistungen liegen auf sehr hohem Niveau. In 5,9 Sekunden sind 100 km/h erreicht, die maximale Geschwindigkeit liegt bei 260 km/h.
Insgesamt entstehen vom 944 mit dem 2,5-Liter-Motor 111.500 Stück, vom 944 S 7.524 Stück, vom 944 turbo mit dem 220 PS-Motor 17.627 Stück und vom 944 turbo S 1.635 Stück.

Porsche 944, 944 S2, 944 S2 Cabriolet, 944 Turbo und 944 Turbo Cabriolet

Modelljahr 1989 (K-Programm)

Im letzten Produktionsjahr läuft das Basismodell 944 mit einem auf 2,7 Liter vergrößerten Motor vom Band. Der 944 S wird vom 944 S2 mit einem bulligen 3-Liter-Vierzylinder abgelöst. Dieser steht als Coupé und als Cabriolet im Programm. Der 944 turbo ist nun mit dem leistungsfähigeren Aggregat des Sondermodells 944 turbo S ausgestattet.

Während die Karosserie des Basismodells unverändert weitergebaut wird, erhält der 944 S2 die Karosserie des Turbo-Modells, die ebenfalls ohne Modifikationen im Programm bleibt.

Das 944 S2 Cabriolet basiert auf der Karosserie des 944 S2 Coupé. Bei ASC (American Sunroof Corportion) in Weinsberg wird die Rohkarosse in ein Cabriolet umgebaut, indem zuerst das Dach abgetrennt und der Windschutzscheibenrahmen verkürzt wird. Zur Verstärkung wird ein zweiter Boden eingeschweißt. Der Kofferraumdeckel ist aus Blech gefertigt. Das Volumen des Gepäckraums läßt sich durch Umklappen der Rücksitzlehnen vergrößern. Rechts im Kofferraum ist ein Schwingungstilger eingebaut, der Karosserievibrationen verringern soll. Im geöffneten Zustand läßt sich das mechanische Stoffverdeck durch eine Stoffpersenning abdecken. Gegen Aufpreis ist ein elektrischer Verdeckzubringer lieferbar, nur die Verriegelung des Verdecks am Windschutzscheibenrahmen muß noch von Hand betätigt werden. Das 944 S2 Cabriolet ist im offenen wie geschlossenen Zustand äußerst attraktiv.

Der 944 S2 ist mit 4 innenbelüfteten Bremsscheiben und 4-Kolben-Festsattelbremssätteln ausgerüstet. Die 16-Zoll-Aluminiumdruckguß-Räder im Design 90 sind vorn 7 und hinten 8 Zoll breit. Die dazu passende Bereifung beträgt vorn 205/55 ZR 16 und hinten 225/50 ZR 16. Der 944 turbo ist mit der Rädern des 944 turbo S ausgestattet, zusätzlich ist ein Sporfahrwerk und ABS eingebaut. Alle 944 Modelle haben jetzt eine Servolenkung serienmäßig.

Die Ausstattung des 944 S2 orientiert sich am Basismodell, die

Phantombild 944 S2 Coupé mit 3,0-Liter-4-Zylinder-4-Ventilmotor

944 S2 Cabriolet

äußere Karosserie am turbo. Neben neuen Außenfarben und neuen Stoffen erhalten alle Modelle die stärkere 63-Ah-Batterie, die automatische Heizungsregelung und die elektrische Höhenverstellung für den Beifahrersitz. Der 944 turbo ist zusätzlich mit einer automatischen Klimaanlage, einem integrierten Alarmsystem und Flankenschutzleisten in Wagenfarbe ausgerüstet. Auf Wunsch ist ein Radio mit CD-Player erhältlich.
Das Zweiventil-Aggregat präsentiert sich technisch überarbeitet. Die Bohrung wird auf 104 mm erweitert. Der auf 2.681 cm^3 angestiegene Hubraum sorgt für ein stattliches Drehmoment von 225 Nm bei 4.200/min. Die Leistung steigt mit oder ohne Katalysator nur geringfügig auf 165 PS (121 kW) bei 5.800/min an. Die Endgeschwindigkeit liegt bei 220 km/h, die Beschleunigung auf 100 km/h wird in 8,2 Sekunden erreicht. Optional ist für diesen Motor auch eine 3-Gang-Automatic lieferbar.
Beim 944 S2 kommt ein drehmomentstarker 2.990 cm^3 große Vierzylinder-Vierventiler zum Einsatz. der Vierzylinder mit dem größten Hubraum auf dem Weltmarkt. Die Leistung beträgt mit oder ohne Katalysator 211 PS (155 kW) bei 5.800/min, das maximale Drehmoment 280 Nm bei 4000/min. Die geschmiedeten Kolben, das neugestaltete Ansaugsystem, ei ne modifizierte Digitale-Motor-Elektronik und ein extrener Leichtmetallölkühler sind nur einige der Modifikationen. Die Fahrleistungen liegen beinahe auf dem Niveau des 944 turbo. In der Beschleunigung von 0 auf 100 km/h gibt Porsche 7,1 Sekunden an. In der Höchstgeschwindigkeit werden respektable 240 km/h erreicht.
Der 944 turbo erhält den Motor des 944 turbo S, dieser leistet 250 PS (184 kW) bei 6.000/min. Das maximale Drehmoment von 350 Nm liegt bei einer Drehzahl von 4.000/min an. Ein größerer Turbolader mit einem auf 0,7 bar erhöhten Ladedruck machen den Leistungszuwachs im Vergleich zum 220 PS starken Vorgänger möglich. Serienmäßig sind ein 5-Gang-Schaltgetriebe und ein Sperrdifferential mit 40% Sperrfaktor.
Die Fahrleistungen des 944 turbo sind mit denen des 944 turbo S identisch.

Modelljahr 1990 (L-Programm)

Der Basis-944 mit dem 2,7-Liter-Motor ist nicht mehr lieferbar. Es sind nur noch der 944 S2 und der 944 turbo im Programm.
An der Heckklappe des 944 turbo fällt der neue bügelförmig gestaltete Heckflügel auf. Beim 944 S2 Cabriolet ist der elektrische Verdeckzubringer serienmäßig. Die 944 Coupé-Varianten sind hinten mit 3-Punkt-Automatikgurten ausgerüstet.
Der 944 S2 ist nun serienmäßig mit dem AntiBlockier-System ausgerüstet. Der 944 turbo erhält gegossene Aluminiumräder im »Design 90«. An der Vorderachse sind die Räder jetzt 7,5 Zoll breit. Bereifung und hintere Räderbreite sind im Vergleich zum Vorjahr unverändert.

Modelljahr 1991 (M-Programm)

Die gesamte 944 Modellreihe geht in ihr letztes Produktionsjahr. Ab Herbst 1990 kann für die linksgelenkten 944 S2 ein Doppelairbag für Fahrer und Beifahrer als Sonderwunsch bestellt werden. Ab dem 01. Februar 1991 sind alle 944 S2-Modelle serienmäßig mit den Airbags ausgerüstet. Der 944 turbo wird in einer auf 528 Stück limitierten Sonderserie als Cabriolet gebaut. Das Verdeck ist mit einem elektrischen Verdeckzubringer ausgestattet. Einzig die Verriegelung des Verdecks am Windschutzscheibenrahmen muß noch von Hand betätigt werden. Ausstattung und Fahrleistungen entsprechen dem 944 turbo Coupé. Im April 1991 endet der Vertrag mit Audi in Neckarsulm. Gleichzeitig wird die Produktion des 944 turbo eingestellt. Die letzten 944 S2 laufen ab Mai 1991 in Zuffenhausen vom Band.
Das 944 S2 Coupé erhält den gleichen Heckflügel wie das 944 turbo Coupé. Für sportlich engagierte Fahrer bietet Porsche optional für den 944 S2 ein Fahrwerkspaket mit der strafferen Abstimmung und den breiteren Rädern des 944 turbo an.
Vom 944 mit dem 2,7-Liter-Motor entstehen 4.246 Stück, vom 944 S2 Coupé 9.352 Stück, vom 944 S2 Cabriolet 6.980 Stück, von 944 turbo Coupé mit dem 250 PS Motor 3.738 Stück und vom 944 turbo Cabriolet 528 Stück.
Insgesamt werden von der 944 Baureihe 163.302 Fahrzeuge gebaut, in dieser Stückzahl sind die 172 Fahrzeuge des 944 turbo-Cup mit einbezogen.

Cockpit des 944 turbo Coupé

944 Coupé (Serie I) [Automatic] MJ 1982 bis Dezember 1984

Motor

Bauart:	4-Zylinder-Reihenmotor
Einbauposition:	Frontmotor
Kühlung:	wassergekühlt
Motor-Typ:	M 44/01 [M 44/03]
ab MJ 1985:	M 44/05 [M 44/06]
Hubraum (cm³):	2479
Bohrung x Hub:	100 x 78,9
Leistung (kW/PS):	120/163 bei 5800/min
Drehmoment (Nm):	205 bei 3000/min
Literleistung (kW/l / PS/l):	48,4 / 65,7
Verdichtung:	10,6 : 1
Ventilsteuerung:	ohc über Zahnriemen, 2 Ventile pro Zylinder
Gemischaufbereitung:	Bosch L-Jetronic, DME
Zündung:	DME, kontaktlos
Zündfolge:	1 - 3 - 4 - 2
Schmierung:	Druckumlaufschmierung
Ölmenge (l):	5,5

Kraftübertragung

Antrieb:	Heckantrieb, Transaxlebauweise
Schaltgetriebe:	5-Gang
Sonderwunsch Automatic:	[3-Gang]
Getriebe-Typ:	016J [087M] [087M]
Übersetzungen:	
1. Gang:	3,600 [2,551] [2,714]*
2. Gang:	2,125 [1,448] [1,500]*
3. Gang:	1,458 [1,000] [1,000]*
4. Gang:	1,071
5. Gang:	0,829
Rückwärtsgang:	3,500 [2,461] [2,429]*
Achsübersetzung:	3,889 [3,083] [3,083]*
Sonderwunsch bei Schaltgetriebe:	Sperrdifferential 40%
*ab MJ 1983	

Karosserie, Fahrwerk, Bremse, Räder und Reifen

Karosserie:	2-türige, 2 + 2-sitzige, selbsttragende Coupé-Karosserie mit verbreiterten Kotflügeln aus beidseitig feuerverzinktem Stahlblech, Klappscheinwerfer, in die Karosserieform integrierte Stoßfänger, Frontspoiler aus Polyurethan, große Heckklappe aus Glas mit schwarzem PU-Heckspoiler
ab MJ 1983:	Außenspiegel in Wagenfarbe elektrisch verstellbar
MJ 1985:	Seitenaufprallschutz in den Türen
Sonderwunsch:	Herausnehmbares Dach
ab MJ 1984:	Herausnehmbares Dach mit elektrischer Hubverstellung
Vorderradaufhängung:	Räder einzeln an Querlenkern und Federbeinen aufgehängt (McPherson), je Rad eine Schraubenfeder koaxial mit Dämpferbein Stabilisator, doppelt wirkende hydraulische Stoßdämpfer
Hinterradaufhängung:	Räder einzeln an Schräglenkern aufgehängt, je Seite eine querliegende Drehstabfeder im Achsquerrohr, Querrohraufhängungen aus Leichtmetall, Stabilisator, doppelt wirkende hydraulische Stoßdämpfer
Bremse v/h (Durchm. x B (mm)):	innenbelüftete Scheiben (282,5 x 20,5) / innenbelüftete Scheiben (289 x 20) Schwimmrahmensättel / Schwimmrahmensättel
Räder v/h:	7 J x 15 / 7 J x 15
Reifen v/h:	185/70 VR 15 / 185/70 VR 15
Sonderwunsch:	215/60 VR 15 / 215/60 VR 15 7 J x 15 / 8 J x 15 185/70 VR 15 / 215/60 VR 15
Sonderwunsch:	7 J x 16 / 7 J x 16 205/55 VR 16 / 205/55 VR 16

Elektrik

Lichtmaschinenleistung (W/A):	1260 / 90
ab MJ 1984:	1610 / 115
Batterie (V/Ah):	12 / 50 [12 / 63]

Abmessungen, Gewichte und Volumen

Spurweite v/h (mm):	1477 / 1451
mit 7 J x 15 / 8 J x 15:	1477 / 1476
Radstand (mm):	2400
Maße (L x B x H (mm)):	4200 x 1735 x 1275
Leergewicht nach DIN (kg):	1180 [1210]
zul. Gesamtgewicht (kg):	1500 [1530]
Kofferraumvolumen (VDA (l)):	318
mit Rücksitzlehnen umgeklappt:	514
Tankvolumen (l):	66, davon 9 Reserve
C_W x A (m²):	0,35 x 1,82 = 0,637
Leistungsgewicht (kg/kW / kg/PS):	9,83 [10,08] / 7,23 [7,42]

Kraftstoffverbrauch

nach DIN 70 030/01 (l/100 km):	98 ROZ Super verbleit
Bei 90 km/h konstant:	7,0 [7,9]
Bei 120 km/h konstant:	8,7 [9,4]
im EG-Abgas-Stadtzyklus:	11,4 [11,2]
ab MJ 1985:	
nach EG-Norm 80/1268 (l/100 km):	98 ROZ Super verbleit
Bei 90 km/h konstant:	6,4 [6,5]
Bei 120 km/h konstant:	8,0 [8,1]
im EG-Abgas-Stadtzyklus:	11,5 [11,3]
Drittelmix:	8,6 [8,6]

Fahrleistungen, Stückzahlen, Preise

Beschleunigung 0–100 km/h (s):	8,4 [9,6]
Höchstgeschw. (km/h):	220 [220]
Stückzahl:	64.486
Listenpreise:	
08/1981:	DM 38.900,- [DM 40.400,-]
01/1982:	DM 38.900,- [DM 40.400,-]
08/1982:	DM 40.430,- [DM 42.030,-]
03/1983:	DM 41.850,- [DM 43.450,-]
08/1983:	DM 42.950,- [DM 44.800,-]
02/1984:	DM 43.950,- [DM 45.830,-]
10/1984:	DM 45.350,- [DM 47.350,-]

944 Coupé (Serie II) [Automatic]
Januar 1985 bis MJ 1987

Motor

Bauart:	4-Zylinder-Reihenmotor
Einbauposition:	Frontmotor
Kühlung:	wassergekühlt
Motor-Typ:	M 44/05 [M 44/06]
Hubraum (cm³):	2479
Bohrung x Hub:	100 x 78,9
Leistung (kW/PS):	120/163 bei 5800/min
Drehmoment (Nm):	205 bei 3000/min
Literleistung (kW/l / PS/l):	48,4 / 65,7
Verdichtung:	10,6 : 1
Ventilsteuerung:	ohc über Zahnriemen, 2 Ventile pro Zylinder
Gemischaufbereitung:	Bosch L-Jetronic, DME
Zündung:	DME, kontaktlos
Zündfolge:	1 - 3 - 4 - 2
Schmierung:	Druckumlaufschmierung
Ölmenge (l):	6,0
MJ 1988:	6,5

Kraftübertragung

Antrieb:	Heckantrieb, Transaxlebauweise
Schaltgetriebe:	5-Gang
Sonderwunsch Automatic:	[3-Gang]
Getriebe-Typ:	016J [087M]
Übersetzungen:	
1. Gang:	3,600 [2,714]
2. Gang:	2,125 [1,500]
3. Gang:	1,458 [1,000]
4. Gang:	1,071
5. Gang:	0,829
Rückwärtsgang:	3,500 [2,429]
Achsübersetzung:	3,889 [3,083]
Sonderwunsch bei Schaltgetriebe:	Sperrdifferential 40%

Karosserie, Fahrwerk, Bremse, Räder und Reifen

Karosserie:	2-türige, 2 + 2-sitzige, selbsttragende Coupé-Karosserie mit verbreiterten Kotflügeln aus beidseitig feuerverzinktem Stahlblech, Seitenaufprallschutz in den Türen, Klappscheinwerfer, in die Karosserieform integrierte Stoßfänger, Frontspoiler aus Polyurethan, große Heckklappe aus Glas mit schwarzem PU-Heckspoiler, Außenspiegel in Wagenfarbe elektrisch verstellbar
Sonderwunsch:	Herausnehmbares Dach mit elektrischer Hubverstellung
Vorderradaufhängung:	Räder einzeln an Querlenkern aus Leichtmetall und Federbeinen aufgehängt (McPherson), je Rad eine Schraubenfeder koaxial mit Dämpferbein Stabilisator, doppelt wirkende hydraulische Stoßdämpfer
Hinterradaufhängung:	Räder einzeln an Schräglenkern aufgehängt, je Seite eine querliegende Drehstabfeder im Achsquerrohr, Querrohraufhängungen aus Leichtmetall, Stabilisator, doppelt wirkende hydraulische Stoßdämpfer
Bremse v/h (Durchm. x B (mm)):	innenbelüftete Scheiben (282,5 x 20,5) / innenbelüftete Scheiben (289 x 20) Schwimmrahmensättel /
Sonderwunsch MJ 1987:	ABS
Räder v/h:	7 J x 15 / 7 J x 15
Reifen v/h:	195/65 VR 15 / 195/65 VR 15
Sonderwunsch:	215/60 VR 15 / 215/60 VR 15 7 J x 15 / 8 J x 15 195/65 VR 15 / 215/60 VR 15
Sonderwunsch:	7 J x 16 / 7 J x 16 205/55 VR 16 / 205/55 VR 16 ???

Elektrik

Lichtmaschinenleistung (W/A):	1610 / 115
Batterie (V/Ah):	12 / 50 [12 / 63]

Abmessungen, Gewichte und Volumen

Spurweite v/h (mm):	1477 / 1451
mit 7 J x 15 / 8 J x 15:	1477 / 1476
Radstand (mm):	2400
Maße (L x B x H (mm)):	4200 x 1735 x 1275
Leergewicht nach DIN (kg):	1210
MJ 1987:	1240
zul. Gesamtgewicht (kg):	1530
MJ 1987:	1560
Kofferraumvolumen (VDA (l)):	318
mit Rücksitzlehnen umgeklappt:	514
Tankvolumen (l):	80, davon 8 Reserve
C_W x A (m²):	0,35 x 1,82 = 0,637
Leistungsgewicht (kg/kW / kg/PS):	10,08 / 7,42
MJ 1987:	10,33 / 7,60

Kraftstoffverbrauch

nach DIN 70 030/01 (l/100 km):	98 ROZ Super verbleit
Bei 90 km/h konstant:	7,0 [7,9]
Bei 120 km/h konstant:	8,7 [9,4]
im EG-Abgas-Stadtzyklus:	11,4 [11,2]
nach EG-Norm 80/1268 (l/100 km):	96 ROZ Super verbleit
Bei 90 km/h konstant:	6,4 [7,5]
Bei 120 km/h konstant:	8,0 [9,0]
im EG-Abgas-Stadtzyklus:	11,5 [11,3]

Fahrleistungen, Stückzahlen, Preise

Beschleunigung 0–100 km/h (s):	8,4 [9,6]
Höchstgeschw. (km/h):	220 [220]
Stückzahl	
944 gesamt Jan. 1985 - MJ 1987:	41.174
Listenpreise:	
02/1985:	DM 48.950,- [DM 50.950,-]
08/1985:	DM 50.950,- [DM 53.250,-]
08/1986:	DM 52.950,- [DM 55.430,-]
03/1987:	DM 53.950,- [DM 56.450,-]

944 Turbo Coupé
Januar 1985 bis MJ 1988

Motor

Bauart:	4-Zylinder-Reihenmotor mit Turboaufladung und Ladeluftkühlung
Einbauposition:	Frontmotor
Kühlung:	wassergekühlt
Motor-Typ:	M 44/51
Hubraum (cm³):	2479
Bohrung x Hub:	100 x 78,9
Leistung (kW/PS):	162/220 bei 5800/min
Drehmoment (Nm):	330 bei 3500/min
Literleistung (kW/l / PS/l):	65,3 / 88,7
Verdichtung:	8,0 : 1
Maximaler Ladedruck (bar):	0,63
Ventilsteuerung:	ohc über Zahnriemen, 2 Ventile pro Zylinder
Gemischaufbereitung:	Bosch L-Jetronic, DME
Zündung:	DME, kontaktlos
Zündfolge:	1 - 3 - 4 - 2
Schmierung:	Druckumlaufschmierung
Ölmenge (l):	6,5
MJ 1988:	7,0

Kraftübertragung

Antrieb:	Heckantrieb, Transaxlebauweise
Schaltgetriebe:	5-Gang
Getriebe-Typ:	016R
MJ 1988:	016S/R
Übersetzungen:	
1. Gang:	3,500
2. Gang:	2,059
3. Gang:	1,400
4. Gang:	1,034
5. Gang:	0,829
Rückwärtsgang:	3,500
Achsübersetzung:	3,375
Sonderwunsch:	Sperrdifferential 40%

Karosserie, Fahrwerk, Bremse, Räder und Reifen

Karosserie:	2-türige, 2 + 2-sitzige, selbsttragende Coupé-Karosserie mit verbreiterten Kotflügeln aus beidseitig feuerverzinktem Stahlblech, Seitenaufprallschutz in den Türen, Klappscheinwerfer, verformbares Bugteil aus Kunststoff mit integrierten Leichtmetallstoßfängern an Prallrohren befestigt, in die Karosserieform integrierter hinterer Stoßfänger, große Heckklappe aus Glas mit schwarzem PU-Heckspoiler, Heckdiffusor unterhalb des Stoßfängers, Außenspiegel in Wagenfarbe elektrisch verstellbar
Sonderwunsch:	Herausnehmbares Dach mit elektrischer Hubverstellung
Vorderradaufhängung:	Räder einzeln an Leichtmetallquerlenkern und Federbeinen aufgehängt (McPherson), je Rad eine Schraubenfeder koaxial mit Dämpferbein Stabilisator, doppelt wirkende hydraulische Stoßdämpfer
Hinterradaufhängung:	Räder einzeln an Schräglenkern aufgehängt, je Seite eine querliegende Drehstabfeder im Achsquerrohr, Querrohraufhängungen aus Leichtmetall, Stabilisator, doppelt wirkende hydraulische Stoßdämpfer
Bremse v/h (Durchm. x B (mm)):	innenbelüftete Scheiben (298 x 28) / innenbelüftete Scheiben (299 x 24) schwarze 4-Kolben-Aluminium-Festsättel / schwarze 4-Kolben-Aluminium-Festsättel
Sonderwunsch ab MJ 1987:	ABS
Räder v/h:	7 J x 16 / 8 J x 16
Reifen v/h:	205/55 VR 16 / 225/50 VR 16

Elektrik

Lichtmaschinenleistung (W/A):	1610 / 115
Batterie (V/Ah):	12 / 50

Abmessungen, Gewichte und Volumen

Spurweite v/h (mm):	1477 / 1451
Radstand (mm):	2400
Maße (L x B x H (mm)):	4230 x 1735 x 1275
Leergewicht nach DIN (kg):	1280
ab MJ 1987:	1350
zul. Gesamtgewicht (kg):	1600
ab MJ 1987:	1670
Kofferraumvolumen (VDA (l)):	318
mit Rücksitzlehnen umgeklappt:	514
Tankvolumen (l):	80, davon 8 Reserve
C_W x A (m²):	0,33 x 1,89 = 0,624
Leistungsgewicht (kg/kW / kg/PS):	7,90 / 5,81
ab MJ 1987:	8,33 / 6,13

Kraftstoffverbrauch

nach DIN 70 030 (l/100 km):	96 ROZ Super verbleit
Bei 90 km/h konstant:	6,8
Bei 120 km/h konstant:	8,5
im EG-Abgas-Stadtzyklus:	12,3
ab MJ 1986 nach EG-Norm ohne Katalysator:	
nach EG-Norm 80/1268 (l/100 km):	95 ROZ Super verbleit oder bleifrei
Bei 90 km/h konstant:	6,4
Bei 120 km/h konstant:	8,8
im EG-Abgas-Stadtzyklus:	12,4
mit Katalysator:	
nach EG-Norm 80/1268 (l/100 km):	95 ROZ Super bleifrei
Bei 90 km/h konstant:	6,7
Bei 120 km/h konstant:	9,1
im EG-Abgas-Stadtzyklus:	12,7

Fahrleistungen, Stückzahlen, Preise

Beschleunigung 0–100 km/h (s):	6,3
Höchstgeschw. (km/h):	245
Stückzahl:	17.627
Listenpreise:	
02/1985:	DM 72.500,-
mit Katalysator:	DM 74.550,-
08/1985:	DM 72.500,-
mit Katalysator:	DM 74.690,-
08/1986:	DM 74.980,-
mit Katalysator:	DM 76.555,-
03/1987:	DM 75.790,-
mit Katalysator:	DM 77.365,-
07/1987:	DM 77.800,-
mit Katalysator:	DM 79.375,-
04/1988:	DM 80.000,-
mit Katalysator:	DM 81.575,-

944 Coupé mit Katalysator [Automatic] MJ 1986 bis MJ 1987

Motor

Bauart:	4-Zylinder-Reihenmotor
Einbauposition:	Frontmotor
Kühlung:	wassergekühlt
Motor-Typ:	M 44/07 [M 44/08]
Hubraum (cm³):	2479
Bohrung x Hub:	100 x 78,9
Leistung (kW/PS):	110/150 bei 5800/min
Drehmoment (Nm):	195 bei 3000/min
Literleistung (kW/l / PS/l):	44,4 / 60,5
Verdichtung:	9,7 : 1
Ventilsteuerung:	ohc über Zahnriemen, 2 Ventile pro Zylinder
Gemischaufbereitung:	Bosch L-Jetronic, DME
Zündung:	DME, kontaktlos
Zündfolge:	1- 3 - 4 - 2
Schmierung:	Druckumlaufschmierung
Ölmenge (l):	6,0

Kraftübertragung

Antrieb:	Heckantrieb, Transaxlebauweise
Schaltgetriebe:	5-Gang
Sonderwunsch Automatic:	[3-Gang]
Getriebe-Typ:	016J [087M]
Übersetzungen:	
1. Gang:	3,600 [2,714]
2. Gang:	2,125 [1,500]
3. Gang:	1,458 [1,000]
4. Gang:	1,071
5. Gang:	0,829
Rückwärtsgang:	3,500 [2,429]
Achsübersetzung:	3,889 [3,083]
Sonderwunsch bei Schaltgetriebe:	Sperrdifferential 40%

Karosserie, Fahrwerk, Bremse, Räder und Reifen

Karosserie:	2-türige, 2 + 2-sitzige, selbsttragende Coupé-Karosserie mit verbreiterten Kotflügeln aus beidseitig feuerverzinktem Stahlblech, Seitenaufprallschutz in den Türen, Klappscheinwerfer, in die Karosserieform integrierte Stoßfänger, Frontspoiler aus Polyurethan, große Heckklappe aus Glas mit schwarzem PU-Heckspoiler, Außenspiegel in Wagenfarbe elektrisch verstellbar
Sonderwunsch:	Herausnehmbares Dach mit elektrischer Hubverstellung
Vorderradaufhängung:	Räder einzeln an Leichtmetallquerlenkern und Federbeinen aufgehängt (McPherson), je Rad eine Schraubenfeder koaxial mit Dämpferbein Stabilisator, doppelt wirkende hydraulische Stoßdämpfer
Hinterradaufhängung:	Räder einzeln an Schräglenkern aufgehängt, je Seite eine querliegende Drehstabfeder im Achsquerrohr, Querrohraufhängungen aus Leichtmetall, Stabilisator, doppelt wirkende hydraulische Stoßdämpfer
Bremse v/h (Durchm. x B (mm)):	innenbelüftete Scheiben (282,5 x 20,5) / innenbelüftete Scheiben (289 x 20) Schwimmrahmensättel / Schwimmrahmensättel
Sonderwunsch MJ 1987:	ABS
Räder v/h:	7 J x 15 / 7 J x 15
Reifen v/h:	195/65 VR 15 / 195/65 VR 15
Sonderwunsch:	205/60 VR 15 / 205/60 VR 15
Sonderwunsch:	7 J x 16 7 7 J x 16 205/55 VR 16 / 205/55 VR 16

Elektrik

Lichtmaschinenleistung (W/A):	1610 / 115
Batterie (V/Ah):	12 / 50 [12 / 63]

Abmessungen, Gewichte und Volumen

Spurweite v/h (mm):	1477 / 1451
Radstand (mm):	2400
Maße (L x B x H (mm)):	4200 x 1735 x 1275
Leergewicht nach DIN (kg):	1210
ab MJ 1987:	1240
zul. Gesamtgewicht (kg):	1530
ab MJ 1987:	1560
Kofferraumvolumen (VDA (l)):	318
mit Rücksitzlehnen umgeklappt:	514
Tankvolumen (l):	80, davon 8 Reserve
C_W x A (m²):	0,35 x 1,82 = 0,637
Leistungsgewicht (kg/kW / kg/PS):	11,00 / 8,06
ab MJ 1987:	11,27 / 8,26

Kraftstoffverbrauch

nach EG-Norm 80/1268 (l/100 km):	91 ROZ Normal bleifrei
Bei 90 km/h konstant:	6,4 [7,5]
Bei 120 km/h konstant:	8,4 [9,0]
im EG-Abgas-Stadtzyklus:	12,6 [12,6]

Fahrleistungen, Stückzahlen, Preise

Beschleunigung 0–100 km/h (s):	8,5 [10,0]
Höchstgeschw. (km/h):	210 [210]
Stückzahl	
944 gesamt Jan. 1985 - MJ 1987:	41.174
Listenpreise:	
08/1985:	DM 53.140,- [DM 55.440,-]
08/1986:	DM 54.315,- [DM 56.795,-]
03/1987:	DM 55.315,- [DM 57.815,-]

944 S Coupé MJ 1987 bis MJ 1988

Motor

Bauart:	4-Zylinder-Reihenmotor
Einbauposition:	Frontmotor
Kühlung:	wassergekühlt
Motor-Typ:	M 44/40
Hubraum (cm³):	2479
Bohrung x Hub:	100 x 78,9
Leistung (kW/PS):	140/190 bei 6000/min
Drehmoment (Nm):	230 bei 4300/min
Literleistung (kW/l / PS/l):	56,5 / 76,6
Verdichtung:	10,9 : 1
Ventilsteuerung:	dohc über Zahnriemen, 4 Ventile pro Zylinder
Gemischaufbereitung:	Bosch L-Jetronic, DME
Zündung:	DME, kontaktlos
Zündfolge:	1 - 3 - 4 - 2
Schmierung:	Druckumlaufschmierung
Ölmenge (l):	6,5

Kraftübertragung

Antrieb:	Heckantrieb, Transaxlebauweise
Schaltgetriebe:	5-Gang
Getriebe-Typ:	083D
Übersetzungen:	
1. Gang:	3,500
2. Gang:	2,059
3. Gang:	1,400
4. Gang:	1,034
5. Gang:	0,829
Rückwärtsgang:	3,500
Achsübersetzung:	3,889
Sonderwunsch:	Sperrdifferential 40%

Karosserie, Fahrwerk, Bremse, Räder und Reifen

Karosserie:	2-türige, 2 + 2-sitzige, selbsttragende Coupé-Karosserie mit verbreiterten Kotflügeln aus beidseitig feuerverzinktem Stahlblech, Seitenaufprallschutz in den Türen, Klappscheinwerfer, in die Karosserieform integrierte Stoßfänger, Frontspoiler aus Polyurethan, große Heckklappe aus Glas mit schwarzem PU-Heckspoiler, Außenspiegel in Wagenfarbe elektrisch verstellbar
Sonderwunsch:	Herausnehmbares Dach mit elektrischer Hubverstellung
Vorderradaufhängung:	Räder einzeln an Leichtmetallquerlenkern und Federbeinen aufgehängt (McPherson), je Rad eine Schraubenfeder koaxial mit Dämpferbein Stabilisator, doppelt wirkende hydraulische Stoßdämpfer
Hinterradaufhängung:	Räder einzeln an Schräglenkern aufgehängt, je Seite eine querliegende Drehstabfeder im Achsquerrohr, Querrohraufhängungen aus Leichtmetall, doppeltwirkende hydraulische Stoßdämpfer
Sonderwunsch, Serie MJ 1988:	Stabilisator
Bremse v/h (Durchm. x B (mm)):	innenbelüftete Scheiben (282,5 x 20,5) / innenbelüftete Scheiben (289 x 20)
	Schwimmrahmensättel / Schwimmrahmensättel
Sonderwunsch:	ABS
Räder v/h:	7 J x 15 / 7 J x 15
Reifen v/h:	195/65 VR 15 / 195/65 VR 15
Sonderwunsch:	205/60 VR 15 / 205/60 VR 15
Sonderwunsch:	7 J x 16 / 7 J x 16
	205/55 VR 16 / 205/55 VR 16

Elektrik

Lichtmaschinenleistung (W/A):	1610 / 115
Batterie (V/Ah):	12 / 50

Abmessungen, Gewichte und Volumen

Spurweite v/h (mm):	1477 / 1451
Radstand (mm):	2400
Maße (L x B x H (mm)):	4200 x 1735 x 1275
Leergewicht nach DIN (kg):	1280
zul. Gesamtgewicht (kg):	1600
Kofferraumvolumen (VDA (l)):	318
mit Rücksitzlehnen umgeklappt:	514
Tankvolumen (l):	80, davon 8 Reserve
C_W x A (m²):	0,35 x 1,82 = 0,637
Leistungsgewicht (kg/kW / kg/PS):	9,14 / 6,74

Kraftstoffverbrauch

ohne Katalysator:	
nach EG-Norm 80/1268 (l/100 km):	95 ROZ Super verbleit oder bleifrei
Bei 90 km/h konstant:	6,6
Bei 120 km/h konstant:	8,3
im EG-Abgas-Stadtzyklus:	12,5
mit Katalysator:	
nach EG-Norm 80/1268 (l/100 km):	95 ROZ Super bleifrei
Bei 90 km/h konstant:	6,7
Bei 120 km/h konstant:	8,6
im EG-Abgas-Stadtzyklus:	12,6

Fahrleistungen, Stückzahlen, Preise

Beschleunigung 0–100 km/h (s):	7,9
Höchstgeschw. (km/h):	228
Stückzahl:	7.324
Listenpreise:	
08/1986:	DM 58.950,-
mit Katalysator:	DM 60.315,-
03/1987:	DM 59.990,-
mit Katalysator:	DM 61.355,-
07/1987:	DM 64.800,-
mit Katalysator:	DM 66.165,-
04/1988:	DM 66.000,-
mit Katalysator:	DM 67.365,-

944 Coupé mit Katalysator [Automatic] MJ 1988

Motor

Bauart:	4-Zylinder-Reihenmotor
Einbauposition:	Frontmotor
Kühlung:	wassergekühlt
Motor-Typ:	M 44/09 [M 44/10]
Hubraum (cm³):	2479
Bohrung x Hub:	100 x 78,9
Leistung (kW/PS):	118/160 bei 5900/min
Drehmoment (Nm):	210 bei 4500/min
Literleistung (kW/l / PS/l):	47,6 / 64,5
Verdichtung:	10,2 : 1
Ventilsteuerung:	ohc über Zahnriemen, 2 Ventile pro Zylinder
Gemischaufbereitung:	Bosch L-Jetronic, DME
Zündung:	DME, kontaktlos
Zündfolge:	1 - 3 - 4 - 2
Schmierung:	Druckumlaufschmierung
Ölmenge (l):	6,5

Kraftübertragung

Antrieb:	Heckantrieb, Transaxlebauweise
Schaltgetriebe:	5-Gang
Sondserwunsch Automatic:	[3-Gang]
Getriebe-Typ:	016J [087M]
Übersetzungen:	
1. Gang:	3,600 [2,714]
2. Gang:	2,125 [1,500]
3. Gang:	1,458 [1,000]
4. Gang:	1,071
5. Gang:	0,829
Rückwärtsgang:	3,500 [2,429]
Achsübersetzung:	3,889 [3,083]
Sonderwunsch bei Schaltgetriebe:	Sperrdifferential 40%

Karosserie, Fahrwerk, Bremse, Räder und Reifen

Karosserie:	2-türige, 2 + 2-sitzige, selbsttragende Coupé-Karosserie mit verbreiterten Kotflügeln aus beidseitig feuerverzinktem Stahlblech, Seitenaufprallschutz in den Türen, Klappscheinwerfer, in die Karosserieform integrierte Stoßfänger, Frontspoiler aus Polyurethan, große Heckklappe aus Glas mit schwarzem PU-Heckspoiler, Außenspiegel in Wagenfarbe elektrisch verstellbar
Sonderwunsch:	Herausnehmbares Dach mit elektrischer Hubverstellung
Vorderradaufhängung:	Räder einzeln an Leichtmetallquerlenkern und Federbeinen aufgehängt (McPherson), je Rad eine Schraubenfeder koaxial mit DämpferbeinStabilisator, doppelt wirkende hydraulische Stoßdämpfer
Hinterradaufhängung:	Räder einzeln an Schräglenkern aufgehängt, je Seite eine querliegende Drehstabfeder im Achsquerrohr, Querrohraufhängungen aus Leichtmetall, Stabilisator, doppelt wirkende hydraulische Stoßdämpfer
Bremse v/h (Durchm. x B (mm)):	innenbelüftete Scheiben (282,5 x 20,5) / innenbelüftete Scheiben (289 x 20) Schwimmrahmensättel / Schwimmrahmensättel
Sonderwunsch:	ABS
Räder v/h:	7 J x 15 / 7 J x 15
Reifen v/h:	195/65 VR 15 / 195/65 VR 15
Sonderwunsch:	205/60 VR 15 / 205/60 VR 15
Sonderwunsch:	7 J x 16 / 7 J x 16
	205/55 VR 16 / 205/55 VR 16

Elektrik

Lichtmaschinenleistung (W/A):	1610 / 115
Batterie (V/Ah):	12 / 50 [12 / 63]

Abmessungen, Gewichte und Volumen

Spurweite v/h (mm):	1477 / 1451
Radstand (mm):	2400
Maße (L x B x H (mm)):	4200 x 1735 x 1275
Leergewicht nach DIN (kg):	1260
zul. Gesamtgewicht (kg):	1580
Kofferraumvolumen (VDA (l)):	318
mit Rücksitzlehnen umgeklappt:	514
Tankvolumen (l):	80, davon 8 Reserve
C_W x A (m²):	0,35 x 1,82 = 0,637
Leistungsgewicht (kg/kW / kg/PS):	10,68 / 7,88

Kraftstoffverbrauch

ohne Katalysator:	
nach EG-Norm 80/1268 (l/100 km):	95 ROZ Super verbleit oder bleifrei
Bei 90 km/h konstant:	6,8 [7,5]
Bei 120 km/h konstant:	8,6 [9,1]
im EG-Abgas-Stadtzyklus:	12,6 [12,1]
mit Katalysator	
nach EG-Norm 80/1268 (l/100 km):	95 ROZ Super bleifrei
Bei 90 km/h konstant:	6,8 [7,5]
Bei 120 km/h konstant:	8,6 [9,0]
im EG-Abgas-Stadtzyklus:	12,6 [12,6]

Fahrleistungen, Stückzahlen, Preise

Beschleunigung 0–100 km/h (s):	8,4 [9,6]
Höchstgeschw. (km/h):	218 [215]
Stückzahl:	5.840
Listenpreise:	
07/1987:	DM 58.900,- [DM 61.400,-]
mit Katalysator:	DM 60.265,- [DM 62.765,-]
04/1988:	DM 60.000,- [DM 62.500,-]
mit Katalysator:	DM 61.365,- [DM 63.865,-]

944 Turbo S Coupé MJ 1988

Motor

Bauart:	4-Zylinder-Reihenmotor mit Turboaufladung und Ladeluftkühlung
Einbauposition:	Frontmotor
Kühlung:	wassergekühlt
Motor-Typ:	M 44/52
Hubraum (cm³):	2479
Bohrung x Hub:	100 x 78,9
Leistung (kW/PS):	184/250 bei 6000/min
Drehmoment (Nm):	350 bei 4000/min
Literleistung (kW/l / PS/l):	74,2 / 100,4
Verdichtung:	8,0 : 1
Ventilsteuerung:	ohc über Zahnriemen, 2 Ventile pro Zylinder
Gemischaufbereitung:	Bosch L-Jetronic, DME
Zündung:	DME, kontaktlos
Zündfolge:	1 - 3 - 4 - 2
Schmierung:	Druckumlaufschmierung
Ölmenge (l):	7,0

Kraftübertragung

Antrieb:	Heckantrieb, Transaxlebauweise
Schaltgetriebe:	5-Gang
Getriebe-Typ:	016R
Übersetzungen:	
1. Gang:	3,500
2. Gang:	2,059
3. Gang:	1,400
4. Gang:	1,034
5. Gang:	0,829
Rückwärtsgang:	3,500
Achsübersetzung:	3,375
Serie:	Sperrdifferential 40%

Karosserie, Fahrwerk, Bremse, Räder und Reifen

Karosserie:	2-türige, 2 + 2-sitzige, selbsttragende Coupé-Karosserie mit verbreiterten Kotflügeln aus beidseitig feuerverzinktem Stahlblech, Seitenaufprallschutz in den Türen, Klappscheinwerfer, verformbares Bugteil aus Kunststoff mit integrierten Leichtmetallstoßfängern an Prallrohren befestigt, in die Karosserieform integrierter hinterer Stoßfänger, große Heckklappe aus Glas mit schwarzem PU-Heckspoiler, Heckdiffusor unterhalb des Stoßfängers, Außenspiegel in Wagenfarbe elektrisch verstellbar
Sonderwunsch:	Herausnehmbares Dach mit elektrischer Hubverstellung
Vorderradaufhängung:	Räder einzeln an Leichtmetallquerlenkern und Federbeinen aufgehängt (McPherson), je Rad eine Schraubenfeder koaxial mit Dämpferbein Stabilisator, doppelt wirkende hydraulische Stoßdämpfer
Hinterradaufhängung:	Räder einzeln an Schräglenkern aufgehängt, je Seite eine querliegende Drehstabfeder im Achsquerrohr, Querrohraufhängungen aus Leichtmetall, Stabilisator, doppelt wirkende hydraulische Stoßdämpfer
Bremse v/h (Durchm. x B (mm)):	innenbelüftete Scheiben (304 x 32) / innenbelüftete Scheiben (299 x 24) schwarze 4-Kolben-Aluminium-Festsättel / schwarze 4-Kolben-Aluminium-Festsättel ABS
Räder v/h:	7 J x 16 / 9 J x 16
Reifen v/h:	225/50 VR 16 / 245/45 VR 16

Elektrik

Lichtmaschinenleistung (W/A):	1610 / 115
Batterie (V/Ah):	12 / 50

Abmessungen, Gewichte und Volumen

Spurweite v/h (mm):	1477 / 1442
Radstand (mm):	2400
Maße (L x B x H (mm)):	4230 x 1735 x 1275
Leergewicht nach DIN (kg):	1400
zul. Gesamtgewicht (kg):	1740
Kofferraumvolumen (VDA (l)):	318
mit Rücksitzlehnen umgeklappt:	514
Tankvolumen (l):	80, davon 8 Reserve
C_W x A (m²):	0,33 x 1,89 = 0,624
Leistungsgewicht (kg/kW / kg/PS):	7,61 / 5,60

Kraftstoffverbrauch

ohne Katalysator:	
nach EG-Norm 80/1268 (l/100 km):	95 ROZ Super verbleit oder bleifrei
Bei 90 km/h konstant:	6,9
Bei 120 km/h konstant:	9,0
im EG-Abgas-Stadtzyklus:	13,1
mit Katalysator:	
nach EG-Norm 80/1268 (l/100 km):	95 ROZ Super bleifrei
Bei 90 km/h konstant:	7,1
Bei 120 km/h konstant:	9,3
im EG-Abgas-Stadtzyklus:	13,3

Fahrleistungen, Stückzahlen, Preise

Beschleunigung 0–100 km/h (s):	5,9
Höchstgeschw. (km/h):	260
Stückzahl:	1.635
Listenpreise:	
07/1987:	DM 99.800,-
04/1988:	DM 99.800,-

944 Coupé [Automatic] MJ 1989

Motor

Bauart:	4-Zylinder-Reihenmotor
Einbauposition:	Frontmotor
Kühlung:	wassergekühlt
Motor-Typ:	M 44/11 [M 44/12]
Hubraum (cm³):	2681
Bohrung x Hub:	104 x 78,9
Leistung (kW/PS):	121/165 bei 5800/min
Drehmoment (Nm):	225 bei 4200/min
Literleistung (kW/l / PS/l):	45,1 / 61,5
Verdichtung:	10,9 : 1
Ventilsteuerung:	ohc über Zahnriemen, 2 Ventile pro Zylinder
Gemischaufbereitung:	Bosch L-Jetronic, DME
Zündung:	DME, kontaktlos
Zündfolge:	1 - 3 - 4 - 2
Schmierung:	Druckumlaufschmierung
Ölmenge (l):	6,0

Kraftübertragung

Antrieb:	Heckantrieb, Transaxlebauweise
Schaltgetriebe:	5-Gang
Sonderwunsch Automatic:	[3-Gang]
Getriebe-Typ:	016J [087M]
Übersetzungen:	
1. Gang:	3,600 [2,714]
2. Gang:	2,125 [1,500]
3. Gang:	1,458 [1,000]
4. Gang:	1,071
5. Gang:	0,829
Rückwärtsgang:	3,500 [2,429]
Achsübersetzung:	3,889 [3,083]
Sonderwunsch bei Schaltgetriebe:	Sperrdifferential 40%

Karosserie, Fahrwerk, Bremse, Räder und Reifen

Karosserie:	2-türige, 2 + 2-sitzige, selbsttragende Coupé-Karosserie mit verbreiterten Kotflügeln aus beidseitig feuerverzinktem Stahlblech, Seitenaufprallschutz in den Türen, Klappscheinwerfer, in die Karosserieform integrierte Stoßfänger, Frontspoiler aus Polyurethan, große Heckklappe aus Glas mit schwarzem PU-Heckspoiler, Außenspiegel in Wagenfarbe elektrisch verstellbar
Sonderwunsch:	Herausnehmbares Dach mit elektrischer Hubverstellung
Vorderradaufhängung:	Räder einzeln an Leichtmetallquerlenkern und Federbeinen aufgehängt (McPherson), je Rad eine Schraubenfeder koaxial mit Dämpferbein Stabilisator, doppelt wirkende hydraulische Stoßdämpfer
Hinterradaufhängung:	Räder einzeln an Schräglenkern aufgehängt, je Seite eine querliegende Drehstabfeder im Achsquerrohr, Querrohraufhängungen aus Leichtmetall, Stabilisator, doppelt wirkende hydraulische Stoßdämpfer
Bremse v/h (Durchm. x B (mm)):	innenbelüftete Scheiben (282,5 x 20,5) / innenbelüftete Scheiben (289 x 20) Schwimmrahmensättel / Schwimmrahmensättel
Sonderwunsch:	ABS
Räder v/h:	7 J x 15 / 7 J x 15
Reifen v/h:	195/65 VR 15 / 195/65 VR 15
Sonderwunsch:	205/60 VR 15 / 205/60 VR 15
Sonderwunsch:	7 J x 16 / 7 J x 16 205/55 VR 16 / 205/55 VR 16

Elektrik

Lichtmaschinenleistung (W/A):	1610 / 115
Batterie (V/Ah):	12 / 63

Abmessungen, Gewichte und Volumen

Spurweite v/h (mm):	1477 / 1451
Radstand (mm):	2400
Maße (L x B x H (mm)):	4200 x 1735 x 1275
Leergewicht nach DIN (kg):	1290
zul. Gesamtgewicht (kg):	1630
Kofferraumvolumen (VDA (l)):	318
mit Rücksitzlehnen umgeklappt:	514
Tankvolumen (l):	80, davon 8 Reserve
C_W x A (m²):	0,35 x 1,82 = 0,637
Leistungsgewicht (kg/kW / kg/PS):	10,66 / 7,82

Kraftstoffverbrauch

ohne Katalysator:	
nach EG-Norm 80/1268 (l/100 km):	95 ROZ Super verbleit oder bleifrei
Bei 90 km/h konstant:	6,9 [7,6]
Bei 120 km/h konstant:	8,5 [9,0]
im EG-Abgas-Stadtzyklus:	13,2 [11,9]
mit Katalysator:	
nach EG-Norm 80/1268 (l/100 km):	95 ROZ Super bleifrei
Bei 90 km/h konstant:	7,0 [7,7]
Bei 120 km/h konstant:	8,4 [9,2]
im EG-Abgas-Stadtzyklus:	13,5 [11,9]

Fahrleistungen, Stückzahlen, Preise

Beschleunigung 0–100 km/h (s):	8,2 [9,4]
Höchstgeschw. (km/h):	220 [218
Stückzahl:	4.426
Listenpreise:	
08/1988:	DM 61.900,- [DM 64.500,-]
mit Katalysator:	DM 63.265,- [DM 65.865,-]

944 S2 Coupé MJ 1989 bis MJ 1991

Motor

Bauart:	4-Zylinder-Reihenmotor
Einbauposition:	Frontmotor
Kühlung:	wassergekühlt
Motor-Typ:	M 44/41
Hubraum (cm³):	2990
Bohrung x Hub:	104 x 88
Leistung (kW/PS):	155/211 bei 5800/min
Drehmoment (Nm):	280 bei 4000/min
Literleistung (kW/l / PS/l):	51,8 / 70,6
Verdichtung:	10,9 : 1
Ventilsteuerung:	dohc über Zahnriemen, 4 Ventile pro Zylinder
Gemischaufbereitung:	Bosch L-Jetronic, DME
Zündung:	DME, kontaktlos
Zündfolge:	1 - 3 - 4 - 2
Schmierung:	Druckumlaufschmierung
Ölmenge (l):	6,5

Kraftübertragung

Antrieb:	Heckantrieb, Transaxlebauweise
Schaltgetriebe:	5-Gang
Getriebe-Typ:	083F
Übersetzungen:	
1. Gang:	3,500
2. Gang:	2,059
3. Gang:	1,400
4. Gang:	1,034
5. Gang:	0,778
Rückwärtsgang:	3,500
Achsübersetzung:	3,875
Sonderwunsch:	Sperrdifferential 40%

Karosserie, Fahrwerk, Bremse, Räder und Reifen

Karosserie:	2-türige, 2 + 2-sitzige, selbsttragende Coupé-Karosserie mit verbreiterten Kotflügeln aus beidseitig feuerverzinktem Stahlblech, Seitenaufprallschutz in den Türen, Klappscheinwerfer, verformbares Bugteil aus Kunststoff mit integrierten Leichtmetallstoßfängern an Prallrohren befestigt, in die Karosserieform integrierter hinterer Stoßfänger, große Heckklappe aus Glas mit schwarzem PU-Heckspoiler, Heckdiffusor unterhalb des Stoßfängers, Außenspiegel in Wagenfarbe elektrisch verstellbar
MJ 1991:	Heckflügel
Sonderwunsch:	Herausnehmbares Dach mit elektrischer Hubverstellung
Vorderradaufhängung:	Räder einzeln an Leichtmetallquerlenkern und Federbeinen aufgehängt (McPherson), je Rad eine Schraubenfeder koaxial mit Dämpferbein Stabilisator, doppelt wirkende hydraulische Stoßdämpfer
Hinterradaufhängung:	Räder einzeln an Schräglenkern aufgehängt, je Seite eine querliegende Drehstabfeder im Achsquerrohr, Querrohraufhängungen aus Leichtmetall, Stabilisator, doppelt wirkende hydraulische Stoßdämpfer
Bremse v/h (Durchm. x B (mm)):	innenbelüftete Scheiben (298 x 28) / innenbelüftete Scheiben (299 x 24) schwarze 4-Kolben-Aluminium-Festsättel / schwarze 4-Kolben-Aluminium-Festsättel ABS
Räder v/h:	7 J x 16 / 8 J x 16
Reifen v/h:	205/55 ZR 16 / 225/50 ZR 16

Elektrik

Lichtmaschinenleistung (W/A):	1610 / 115
Batterie (V/Ah):	12 / 63

Abmessungen, Gewichte und Volumen

Spurweite v/h (mm):	1477 / 1451
Radstand (mm):	2400
Maße (L x B x H (mm)):	4230 x 1735 x 1275
Leergewicht nach DIN (kg):	1310
ab MJ 1990:	1340
zul. Gesamtgewicht (kg):	1650
ab MJ 1990:	1680
Kofferraumvolumen (VDA (l)):	318
mit Rücksitzlehnen umgeklappt:	514
Tankvolumen (l):	80, davon 8 Reserve
C_W x A (m²):	0,33 x 1,89 = 0,624
Leistungsgewicht (kg/kW / kg/PS):	8,45 / 6,21
ab MJ 1990:	8,65 / 6,35

Kraftstoffverbrauch

nur MJ 1989 ohne Katalysator:	
nach EG-Norm 80/1268 (l/100 km):	95 ROZ Super verbleit oder bleifrei
Bei 90 km/h konstant:	6,8
Bei 120 km/h konstant:	8,4
im EG-Abgas-Stadtzyklus:	14,0
mit Katalysator:	
nach EG-Norm 80/1268 (l/100 km):	95 ROZ Super bleifrei
Bei 90 km/h konstant:	7,4
Bei 120 km/h konstant:	9,1
im EG-Abgas-Stadtzyklus:	14,3

Fahrleistungen, Stückzahlen, Preise

Beschleunigung 0–100 km/h (s):	7,1
Höchstgeschw. (km/h):	240
Stückzahl:	9.352
Listenpreise:	
08/1988:	DM 73.600,-
mit Katalysator:	DM 74.965,-
08/1989:	DM 78.100,-
02/1990:	DM 79.700,-
07/1990:	DM 81.055,-
02/1991:	DM 84.555,-

944 S2 Cabriolet MJ 1989 bis MJ 1991

Motor

Bauart:	4-Zylinder-Reihenmotor
Einbauposition:	Frontmotor
Kühlung:	wassergekühlt
Motor-Typ:	M 44/41
Hubraum (cm³):	2990
Bohrung x Hub:	104 x 88
Leistung (kW/PS):	155/211 bei 5800/min
Drehmoment (Nm):	280 bei 4000/min
Literleistung (kW/l / PS/l):	51,8 / 70,6
Verdichtung:	10,9 : 1
Ventilsteuerung:	dohc über Zahnriemen, 4 Ventile pro Zylinder
Gemischaufbereitung:	Bosch L-Jetronic, DME
Zündung:	DME, kontaktlos
Zündfolge:	1 - 3 - 4 - 2
Schmierung:	Druckumlaufschmierung
Ölmenge (l):	6,5

Kraftübertragung

Antrieb:	Heckantrieb, Transaxlebauweise
Schaltgetriebe:	5-Gang
Getriebe-Typ:	083F
Übersetzungen:	
1. Gang:	3,500
2. Gang:	2,059
3. Gang:	1,400
4. Gang:	1,034
5. Gang:	0,778
Rückwärtsgang:	3,500
Achsübersetzung:	3,875
Sonderwunsch:	Sperrdifferential 40%

Karosserie, Fahrwerk, Bremse, Räder und Reifen

Karosserie:	2-türige, 2 + 2-sitzige, selbsttragende Cabriolet-Karosserie mit verbreiterten Kotflügeln aus beidseitig feuerverzinktem Stahlblech, Seitenaufprallschutz in den Türen, Klappscheinwerfer, verformbares Bugteil aus Kunststoff mit integrierten Leichtmetallstoßfängern an Prallrohren befestigt, in die Karosserieform integrierter hinterer Stoßfänger, Heckdeckel aus Stahlblech, Heckdiffusor unterhalb des Stoßfängers, Außenspiegel in Wagenfarbe elektrisch verstellbar, manuelles Stoffverdeck mit flexibler Kunststoffheckscheibe, Heckdiffusor unterhalb des Stoßfängers
Sonderwunsch, Serie ab MJ 1990:	Stoffverdeck mit flexibler Kunststoffheckscheibe und elektrischem Verdeckzubringer
Vorderradaufhängung:	Räder einzeln an Leichtmetallquerlenkern und Federbeinen aufgehängt (McPherson), je Rad eine Schraubenfeder koaxial mit Dämpferbein Stabilisator, doppelt wirkende hydraulische Stoßdämpfer
Hinterradaufhängung:	Räder einzeln an Schräglenkern aufgehängt, je Seite eine querliegende Drehstabfeder im Achsquerrohr, Querrohraufhängungen aus Leichtmetall, Stabilisator, doppelt wirkende hydraulische Stoßdämpfer
Bremse v/h (Durchm. x B (mm)):	innenbelüftete Scheiben (298 x 28) / innenbelüftete Scheiben (299 x 24) schwarze 4-Kolben-Aluminium-Festsättel / schwarze 4-Kolben-Aluminium-Festsättel ABS
Räder v/h:	7 J x 16 / 8 J x 16
Reifen v/h:	205/55 ZR 16 / 225/50 ZR 16

Elektrik

Lichtmaschinenleistung (W/A):	1610 / 115
Batterie (V/Ah):	12 / 63

Abmessungen, Gewichte und Volumen

Spurweite v/h (mm):	1477 / 1451
Radstand (mm):	2400
Maße (L x B x H (mm)):	4230 x 1735 x 1275
Leergewicht nach DIN (kg):	1340
ab MJ 1990:	1390
zul. Gesamtgewicht (kg):	1650
ab MJ 1990:	1710
Kofferraumvolumen (VDA (l)):	162
Tankvolumen (l):	80, davon 8 Reserve
C_W x A (m²):	0,36 x 1,87 = 0,673
Leistungsgewicht (kg/kW / kg/PS):	8,64 / 6,35
ab MJ 1990:	8,96 / 6,58

Kraftstoffverbrauch

nur MJ 1989 ohne Katalysator:	
nach EG-Norm 80/1268 (l/100 km):	95 ROZ Super verbleit oder bleifrei
Bei 90 km/h konstant:	6,8
Bei 120 km/h konstant:	8,4
im EG-Abgas-Stadtzyklus:	14,0
mit Katalysator:	
nach EG-Norm 80/1268 (l/100 km):	95 ROZ Super bleifrei
Bei 90 km/h konstant:	7,4
Bei 120 km/h konstant:	9,1
im EG-Abgas-Stadtzyklus:	14,3

Fahrleistungen, Stückzahlen, Preise

Beschleunigung 0–100 km/h (s):	7,1
Höchstgeschw. (km/h):	240
Stückzahl:	6.980
Listenpreise:	
08/1988:	DM 84.900,-
mit Katalysator:	DM 86.265,-
08/1989:	DM 89.900,-
02/1990:	DM 91.700,-
07/1990:	DM 93.260,-
02/1991:	DM 96.760,-

944 Turbo Coupé MJ 1989 bis MJ 1991

Motor

Bauart:	4-Zylinder-Reihenmotor mit Turboaufladung und Ladeluftkühlung
Einbauposition:	Frontmotor
Kühlung:	wassergekühlt
Motor-Typ:	M 44/52
Hubraum (cm³):	2479
Bohrung x Hub:	100 x 78,9
Leistung (kW/PS):	184/250 bei 6000/min
Drehmoment (Nm):	350 bei 4000/min
Literleistung (kW/l / PS/l):	74,2 / 100,4
Verdichtung:	8,0 : 1
Maximaler Ladedruck (bar):	0,7
Ventilsteuerung:	ohc über Zahnriemen, 2 Ventile pro Zylinder
Gemischaufbereitung:	Bosch L-Jetronic, DME
Zündung:	DME, kontaktlos
Zündfolge:	1 - 3 - 4 - 2
Schmierung:	Druckumlaufschmierung
Ölmenge (l):	7,0

Kraftübertragung

Antrieb:	Heckantrieb, Transaxlebauweise
Schaltgetriebe:	5-Gang
Getriebe-Typ:	016S/R
ab MJ 1990:	016R
Übersetzungen:	
1. Gang:	3,500
2. Gang:	2,059
3. Gang:	1,400
4. Gang:	1,034
5. Gang:	0,829
Rückwärtsgang:	3,500
Achsübersetzung:	3,375
Serie:	Sperrdifferential 40%

Karosserie, Fahrwerk, Bremse, Räder und Reifen

Karosserie:	2-türige, 2 + 2-sitzige, selbsttragende Coupé-Karosserie mit verbreiterten Kotflügeln aus beidseitig feuerverzinktem Stahlblech, Seitenaufprallschutz in den Türen, Klappscheinwerfer, verformbares Bugteil aus Kunststoff mit integrierten Leichtmetallstoßfängern an Prallrohren befestigt, in die Karosserieform integrierter hinterer Stoßfänger, große Heckklappe aus Glas mit schwarzem PU-Heckspoiler, Heckdiffusor unterhalb des Stoßfängers, Außenspiegel in Wagenfarbe elektrisch verstellbar
ab MJ 1990:	Heckflügel
Sonderwunsch, Serie MJ 1991:	Herausnehmbares Dach mit elektrischer Hubverstellung
Vorderradaufhängung:	Räder einzeln an Leichtmetallquerlenkern und Federbeinen aufgehängt (McPherson), je Rad eine Schraubenfeder koaxial mit Dämpferbein Stabilisator, doppelt wirkende hydraulische Stoßdämpfer
Hinterradaufhängung:	Räder einzeln an Schräglenkern aufgehängt, je Seite eine querliegende Drehstabfeder im Achsquerrohr, Querrohraufhängungen aus Leichtmetall, Stabilisator, doppelt wirkende hydraulische Stoßdämpfer
Bremse v/h (Durchm. X B (mm)):	innenbelüftete Scheiben (304 x 32) / innenbelüftete Scheiben (299 x 24) schwarze 4-Kolben-Aluminium-Festsättel / schwarze 4-Kolben-Aluminium-Festsättel ABS
Räder v/h:	7 J x 16 / 9 J x 16
ab MJ 1990:	7,5 J x 16 / 9 J x 16
Reifen v/h:	225/50 VR 16 / 245/45 VR 16

Elektrik

Lichtmaschinenleistung (W/A):	1610 / 115
Batterie (V/Ah):	12 / 63

Abmessungen, Gewichte und Volumen

Spurweite v/h (mm):	1457 / 1436
MJ 1990:	1457 / 1451
Radstand (mm):	2400
Maße (L x B x H (mm)):	4230 x 1735 x 1275
Leergewicht nach DIN (kg):	1350
ab MJ 1990:	1400
zul. Gesamtgewicht (kg):	1670
ab MJ 1990:	1740
Kofferraumvolumen (VDA (l)):	318
mit Rücksitzlehnen umgeklappt:	514
Tankvolumen (l):	80, davon 8 Reserve
C_W x A (m²):	0,33 x 1,89 = 0,624
Leistungsgewicht (kg/kW / kg/PS):	7,33 / 5,40
ab MJ 1990:	7,60 / 5,60

Kraftstoffverbrauch

nur MJ 1989 ohne Katalysator:	
nach EG-Norm 80/1268 (l/100 km):	95 ROZ Super verbleit oder bleifrei
Bei 90 km/h konstant:	6,9
Bei 120 km/h konstant:	9,0
im EG-Abgas-Stadtzyklus:	13,1
mit Katalysator:	
nach EG-Norm 80/1268 (l/100 km):	95 ROZ Super bleifrei
Bei 90 km/h konstant:	7,1
Bei 120 km/h konstant:	9,3
im EG-Abgas-Stadtzyklus:	13,3

Fahrleistungen, Stückzahlen, Preise

Beschleunigung 0–100 km/h (s):	5,9
Höchstgeschw. (km/h):	260
Stückzahl:	3.738
Listenpreise:	
08/1988:	DM 93.500,-
mit Katalysator:	DM 95.075,-
08/1989:	DM 97.175,-
02/1990:	DM 97.175,-
07/1990:	DM 97.175,-
02/1991:	DM 97.175,-

944 Turbo Cabriolet MJ 1991

Motor

Bauart:	4-Zylinder-Reihenmotor mit Turboaufladung und Ladeluftkühlung
Einbauposition:	Frontmotor
Kühlung:	wassergekühlt
Motor-Typ:	M 44/52
Hubraum (cm³):	2479
Bohrung x Hub:	100 x 78,9
Leistung (kW/PS):	184/250 bei 6000/min
Drehmoment (Nm):	350 bei 4000/min
Literleistung (kW/l / PS/l):	74,2 / 100,4
Verdichtung:	8,0 : 1
Maximaler Ladedruck (bar):	0,7
Ventilsteuerung:	ohc über Zahnriemen, 2 Ventile pro Zylinder
Gemischaufbereitung:	Bosch L-Jetronic, DME
Zündung:	DME; kontaktlos
Zündfolge:	1 - 3 - 4 - 2
Schmierung:	Druckumlaufschmierung
Ölmenge (l):	7,0

Kraftübertragung

Antrieb:	Heckantrieb, Transaxlebauweise
Schaltgetriebe:	5-Gang
Getriebe-Typ:	016R
Übersetzungen:	
1. Gang:	3,500
2. Gang:	2,059
3. Gang:	1,400
4. Gang:	1,034
5. Gang:	0,829
Rückwärtsgang:	3,500
Achsübersetzung:	3,375
Serie:	Sperrdifferential 40%

Karosserie, Fahrwerk, Bremse, Räder und Reifen

Karosserie:	2-türige, 2 + 2-sitzige, selbsttragende Cabriolet-Karosserie mit verbreiterten Kotflügeln aus beidseitig feuerverzinktem Stahlblech, Seitenaufprallschutz in den Türen, Klappscheinwerfer, verformbares Bugteil aus Kunststoff mit integrierten Leichtmetallstoßfängern an Prallrohren befestigt, in die Karosserieform integrierter hinterer Stoßfänger, Heckdeckel aus Stahlblech, Heckdiffusor unterhalb des Stoßfängers, Außenspiegel in Wagenfarbe elektrisch verstellbar, Stoffverdeck mit flexibler Kunststoffheckscheibe und elektrischem Verdeckzubringer
Vorderradaufhängung:	Räder einzeln an Leichtmetallquerlenkern und Federbeinen aufgehängt (McPherson), je Rad eine Schraubenfeder koaxial mit Dämpferbein Stabilisator, doppelt wirkende hydraulische Stoßdämpfer
Hinterradaufhängung:	Räder einzeln an Schräglenkern aufgehängt, je Seite eine querliegende Drehstabfeder im Achsquerrohr, Querrohraufhängungen aus Leichtmetall, Stabilisator, doppelt wirkende hydraulische Stoßdämpfer
Bremse v/h (Durchm. x B (mm)):	innenbelüftete Scheiben (304 x 32) / innenbelüftete Scheiben (299 x 24) schwarze 4-Kolben-Aluminium-Festsättel / schwarze 4-Kolben-Aluminium-Festsättel ABS
Räder v/h:	7 J x 16 / 9 J x 16
Reifen v/h:	225/50 VR 16 / 245/45 VR 16

Elektrik

Lichtmaschinenleistung (W/A):	1610 / 115
Batterie (V/Ah):	12 / 63

Abmessungen, Gewichte und Volumen

Spurweite v/h (mm):	1457 / 1451
Radstand (mm):	2400
Maße (L x B x H (mm)):	4230 x 1735 x 1275
Leergewicht nach DIN (kg):	1400
zul. Gesamtgewicht (kg):	1740
Kofferraumvolumen (VDA (l)):	162
Tankvolumen (l):	80, davon 8 Reserve
C_W x A (m²):	0,36 x 1,87 = 0,673
Leistungsgewicht (kg/kW / kg/PS):	7,60 / 5,60

Kraftstoffverbrauch

nach EG-Norm 80/1268 (l/100 km):	95 ROZ Super bleifrei
Bei 90 km/h konstant:	7,1
Bei 120 km/h konstant:	9,3
im EG-Abgas-Stadtzyklus:	13,3

Fahrleistungen, Stückzahlen, Preise

Beschleunigung 0–100 km/h (s):	5,9
Höchstgeschw. (km/h):	260
Stückzahl:	528
Listenpreis:	DM 103.725,-

Porsche 959

Für den Einsatz im Rennsport in der Gruppe B konzipiert Porsche die Studie »Gruppe B«, die auf der IAA 1983 ausgestellt wird. Für diese Rennserie ist eine produzierte Mindeststückzahl von 200 Fahrzeugen vorgeschrieben. Der Wagen, der zwei Jahre später auf dem Stand der IAA steht, entspricht bis auf wenige Details dem Porsche 959, wie er in den Jahren 1986 bis 1988 an die Kunden ausgeliefert wird.

Der 959 ist ein High-End-Sportwagen, der sich hervorragend auf öffentlichen Straßen, aber auch im Renneinsatz bewegen läßt. Bei der Konstruktion des 959 werden eine Vielzahl von außergewöhnlichen technischen Lösungen eingesetzt. Aber auch Serienteile des 911 finden Verwendung, um die Kosten noch in einem vertretbaren Rahmen zu halten.

Die Karosserie ist unter besonderen Ansprüchen an die Aerodynamik geformt. Nicht nur der Luftwiderstand ist mit einem c_w-Wert von 0,31 äußerst niedrig, auch bei höchsten Geschwindigkeiten hat der Wagen praktisch keinen Auftrieb. Das Karosserie-Design enthält einen in die Form integrierten Heckflügel. Gleiches gilt für die Stoßfänger. Der Unterboden ist glattflächig verkleidet, um auch hier der Luft möglichst wenig Angriffsfläche zu bieten. Der Aufbau der Karosserie entsteht in einer gewichtssparenden Mischbauweise. Die Sicherheitszelle besteht aus feuerverzinktem Stahlblech, Türen und Fronthaube aus einer aushärtbaren Aluminiumlegierung, die Bugschürze aus Polyurethan-Integralschaum, Kotflügel, Heckpartie und Dachaußenhaut aus aramid- und glasfaserverstärktem Epoxydharz.

Auch beim Fahrwerk beschreitet Porsche neue Wege. Der 959 ist mit einer einstellbaren und geschwindigkeitsabhängigen Stoßdämpferregelung ausgestattet. An einem Drehschalter auf der Mittelkonsole kann die Härte der Stoßdämpfer manuell eingestellt werden. Bei höheren Geschwindigkeiten wird die Dämpfung, ganz im Sinne der Fahrsicherheit, automatisch angepaßt. An einem weiteren Drehschalter kann die Bodenfreiheit des 959 gewählt werden. Drei Stufen mit 120, 150 und 180 Millimeter. Diese Niveauregulierung funktioniert ebenfalls automatisch und senkt die Karosse bei hoher Geschwindigkeit ab. So verringert sich der Luftwiderstand und verbessert die Fahreigenschaften. Für die Bremsanlage wird ein spezielles Anti-Blockier-System entwickelt, das auch bei hoher Geschwindigkeit über 300 km/h beste Ergebnisse liefert. Die Bremsanlage selbst ist aus vier innenbelüfteten, gelochten Bremsscheiben und 4-Kolben-Aluminium-Festsätteln aufgebaut. Eine weitere Sicherheitstechnik stellt das Luftdruckkontrollsystem dar. Dieses meldet den Luftdruckverlust bei Reifenschäden oder bei Rissen in den Rädern. Die aus Magnesium gefertigten Räder haben hohlgegossene Speichen. Zusätzlich sorgt das Dunlop Denloc Sicherheitssystem, daß die Reifen auch bei Druckverlust noch genug Seitenführung bieten und der Wagen noch richtungsstabil bleibt. Die Leichtmetallräder werden über einen Zentralverschluß mit der Achsnabe verbunden. Vorne sind Reifen der Dimension 235/45 ZR 17 auf 8 x 17 Zoll breiten Rädern montiert, hinten 255/40 ZR 17 auf 9 x 17 Zoll. Auf Wunsch sind hinten 275/35 ZR 17 Reifen auf einer 10 Zoll breiten Felge erhältlich. Der 959 ist in zwei Ausstattungsvarianten erhältlich. Neben einer Sportversion ist auch eine Komfortversion im Programm. Die sportliche Variante bietet wärmedämmendes Glas, ein Stereoradio mit Cassettenteil, Servolenkung und elektrische Sitzhöhenverstellung. Zusätzlich ist die komfortablere Variante noch mit einem zweiten elektrisch verstellbaren Außenspiegel, elektrischen Fensterhebern, automatisch geregelter Klimaanlage, einer Ganzlederausstattung, vollelektrisch verstellbaren Sitzen und Zentralverriegelung ausgestattet. Die Niveauregulierung ist nur in der Komfortversion vorhanden. Durch die geballte Technik wiegt die Sportversion des 959 schon 1.350 Kilogramm. Das Gewicht der Komfortversion liegt um 100 Kilogramm höher.

Der Turbomotor des 959 stammt aus dem Rennsportwagen 962 C aus der Gruppe C. Für den Einsatz im Straßenverkehr werden dem Renntriebwerk zivile Manieren anerzogen. Das mit zwei Turboladern beatmete Aggregat leistet aus 2,85 Liter Hubraum ganze 450 PS (331 kW). Dies entspricht einer Literleistung von 158 PS/Liter. Auffallend ist der Aufbau des Motors. Der Kurbeltrieb und die 6 Zylinder sind luftgekühlt, die Zylinderköpfe und die Turbolader wassergekühlt. Jeder der beiden 4-Ventil-Zylinderköpfe ist mit einem hydraulischen Ventilspielausgleich und zwei obenliegenden Nockenwellen ausgestattet. Die Pleuel bestehen aus leichtem, hochfesten Titan. Eine Trockensumpfschmierung sorgt auch in schnell gefahrenen Kurven für beste Schmierung. Eine Besonderheit stellt die sogenannte Registeraufladung dar. Bei niedrigen Drehzahlen werden beide Zylinderreihen des Boxers nur mit dem kleineren, schnellansprechenden Turbolader beatmet. Bei 4.300/min schaltet sich der größere Lader hinzu, damit der Motor sein volles Leistungspotential entfalten kann. So können bestes Ansprechverhalten und höchste Leistung miteinander kombiniert werden. Eine Bosch-Motronic regelt die optimale Gemischzusammensetzung. Der Motor ist

Phantombild 959

auf bleifreien Kraftstoff mit 95 Oktan abgestimmt. Auf Wunsch können auch Katalysatoren eingebaut werden.
Die Antriebskraft wird über die Einscheiben-Trockenkupplung und das 6-Gang-Schaltgetriebe an den permanenten Allradantrieb mit elektronischer Kraftverteilung weitergeleitet. Der Allradantrieb ist in Transaxlebauweise ausgeführt. Eine Besonderheit stellen die vier verschiedenen Fahrprogramme dar. Diese sind im Cockpit vom Fahrer wählbar. Das Programm »Traktion« ist für erschwertes Anfahren in tiefem Schnee oder Schlamm gedacht. Die weiteren Möglichkeiten sind »Trocken«, »Nässe« und »Schnee und Eis«. So hat der Fahrer für jede erdenkliche Situation das richtige Programm zur Auswahl.
In den Fahrleistungen und den sicheren Fahreigenschaften setzt der 959 neue Maßstäbe. In der Beschleunigung von 0 auf 100 km/h setzt der Super-Sportwagen mit nur 3,9 Sekunden einen neuen Bestwert. Die Höchstgeschwindigkeit liegt bei über 315 km/h. Insgesamt baut Porsche 292 Fahrzeuge. Davon werden 29 Stück in einer leistungsgesteigerten Version ab Werk verkauft. Dieser, intern als 959 S bezeichnete Wagen, leistet 515 PS (379 kW) und fährt im Test bis zu 339 km/h schnell. Der Verkaufspreis von 420.000 DM des 959 ist angesichts der gebotenen Technik nicht zu teuer. Auch bis heute gibt es weltweit kein anderes Fahrzeug, welches diese geballte Technik zu bieten hat. Der Porsche 959 bleibt auch heute noch ein technischer Meilenstein der Automobilgeschichte.

959 Coupé MJ 1987 bis MJ 1988

Motor

Bauart:	6-Zylinder-Boxermotor mit Register-Bi-Turboaufladung und Ladeluftkühlung
Einbauposition:	Heckmotor
Kühlung:	luft-/wassergekühlt
Kühlgebläse; Schaufeln, Anzahl:	10, gerade
Motor-Typ:	959/50
Hubraum (cm³):	2849
Bohrung x Hub:	95 x 67
Leistung (kW/PS):	331/450 bei 6500/min
Drehmoment (Nm):	500 bei 5000/min
Literleistung (kW/l / PS/l):	116,2 / 158,0
Verdichtung:	8,3 : 1
Maximaler Ladedruck (bar):	1,0
Ventilsteuerung:	dohc über Doppelkette, 4 Ventile pro Zylinder
Gemischaufbereitung:	Bosch DME
Zündung:	DME
Zündfolge:	1 - 6 - 2 - 4 - 3 - 5
Schmierung:	Trockensumpfschmierung
Ölmenge (l):	18,0

Kraftübertragung

Antrieb:	variabler Allradantrieb mit Programmwahl, Transaxlebauweise
Schaltgetriebe:	6-Gang
Getriebe-Typ:	959
Übersetzungen:	
1. Gang:	3,500
2. Gang:	2,059
3. Gang:	1,409
4. Gang:	1,036
5. Gang:	0,813
6. Gang:	0,639
Rückwärtsgang:	2,860
Achsübersetzung:	4,125

Karosserie, Fahrwerk, Bremse, Räder und Reifen

Karosserie:	2-türige, 2 + 2-sitzige, selbsttragende Coupé-Karosserie mit Sicherheitszelle aus beidseitig feuerverzinktem Stahlblech, Fronthaube und Türen aus Aluminium, Seitenaufprallschutz in den Türen, verformbares Bugteil aus Polyurethan-Integralschaum, Kotflügel, Heckpartie mit integriertem, feststehenden Heckflügel und Dachaußenhaut aus aramid- und glasfaserverstärktem Epoxydharz, Außenspiegel im Cup-Design elektrisch verstellbar
Vorderradaufhängung:	Einzeln an doppelten Querlenkern aufgehängte Räder, je Rad doppelte Schraubenfedern und ein variabler und ein niveauregulierender Stoßdämpfer, Stabilisator
Hinterradaufhängung:	Einzeln an doppelten Querlenkern aufgehängte Räder, je Rad doppelte Schraubenfedern und ein variabler und ein niveauregulierender Stoßdämpfer, Stabilisator
Bremse v/h (Durchm. x B (mm)):	innenbelüftete gelochte Scheiben (322 x 32) / innenbelüftete gelochte Scheiben (304 x 28) schwarze 4-Kolben-Aluminium-Festsättel / schwarze 4-Kolben-Aluminium-Festsättel ABS
Räder v/h:	8 J x 17 / 9 J x 17
Reifen v/h:	235/45 ZR 17 / 255/40 ZR 17
Sonderwunsch:	8 J x 17 / 10 J x 17 235/45 ZR 17 / 275/35 ZR 17

Elektrik

Lichtmaschinenleistung (W/A):	1610 / 115
Batterie (V/Ah):	12 / 66
Sportversion:	12 / 50

Abmessungen, Gewichte und Volumen

Spurweite v/h (mm):	1504 / 1550
Radstand (mm):	2300
Maße (L x B x H (mm)):	4260 x 1840 x 1280
Leergewicht nach DIN (kg):	1450 - 1590
Sportversion:	1350 - 1550
zul. Gesamtgewicht (kg):	1770
Sportversion:	1690
Tankvolumen (l):	84, davon 15 Reserve
C_W x A (m²):	0,31 x 1,92 = 0,595
Leistungsgewicht (kg/kW / kg/PS):	4,38 - 4,80 / 3,22 - 3,53
Sportversion:	4,07 - 4,68 / 3,00 - 3,44

Kraftstoffverbrauch

nach 80/1269/EWG (l/100 km):	95 ROZ Super bleifrei
Bei 90 km/h konstant:	9,3
Bei 120 km/h konstant:	10,7
im EG-Abgas-Stadtzyklus:	17,5

Fahrleistungen, Stückzahlen, Preise

Beschleunigung 0–100 km/h (s):	3,9
0 – 200 km/h (s):	14,3
Höchstgeschw. (km/h):	315
Stückzahl:	292
Listenpreis:	DM 420.000,-

Porsche 968

Porsche 968 Coupé, 968 Cabriolet, 968 CS Coupé und 968 Turbo S Coupé

Mit dem im Herbst 1991 vorgestellten 968 findet die Krönung der Vierzylinder-Transaxle-Baureihe statt. Diese letzte Evolutionsstufe wird zunächst als Coupé und als Cabriolet angeboten. Rein stylistisch wird der Porsche 968 mehr dem Erscheinungsbild der übrigen Porsche-Modelle 911 und 928 angepaßt. Aber nicht nur optisch, auch technisch ist der 968 gegenüber seinem direkten Vorgänger, dem 944 S2 weiterentwickelt.

Modelljahr 1992 (N-Programm)

Der Porsche 968 ist als Coupé und als Cabriolet erhältlich. Ein Großteil der Karosserieteile ist von den zuletztgebauten 944 S2-Versionen übernommen. Insgesamt wirkt die Karosserie jedoch etwas runder und harmonischer. Von vorn erinnert der 968 auf den ersten Blick an den 928. Die Fronthaube ist nun schmaler und dafür länger gestaltet, sie reicht nun bis zum Stoßfänger. Die Streuscheiben der Klappscheinwerfer sind in Ruhestellung wie beim 928 zu sehen. Die vorderen Kotflügel sind im oberen Bereich konvex geformt. Das Bugteil ist ebenfalls runder gestaltet und mit Blinkern, Fern- und Nebelscheinwerfern versehen. Der Lufteinlaß für die Ansaugluft des Motors ist über der Nummerntafel, zwei längere Lufteinlässe darunter. An der Seite fällt die Kunststoffverkleidung des Schwellers auf. Vor dem hinteren Radlauf ist dieser etwas nach oben gezogen und dient somit als Steinschlagschutz. Das Heckteil ist an den Seiten bis zum Radausschnitt hingezogen. Beide Rückleuchten sind komplett in rot gehalten. Dazwischen ist ein im Stoßfänger eingeformter »Porsche«-Schriftzug zu sehen, dadurch ist die Nummerntafel weiter unten befestigt. Die neugeformten Türgriffe sind in Wagenfarbe lackiert. Der c_w-Wert des 968 Coupé liegt bei 0,34, der Gesamtluftwiderstand bei 0,639.
Die sportliche Fahrwerksabstimmung wird den hohen Fahrleistungen des Wagens angepaßt und vermittelt ein hohes Maß an Fahrfreude und Fahrsicherheit. Die McPherson-Vorderachse mit den unteren Leichtmetallquerlenkern ist mit Schraubenfedern und Gasdruckdämpfern ausgestattet, die Schräglenkerhinterachse mit elastokinematischer Auslegung des Fahrschemels mit querliegenden Drehstäben und Gasdruckdämpfern. Selbstverständlich arbeitet die Bremsanlage mit ABS, vier 4-Kolben-Festsätteln aus Aluminium und innenbelüfteten Bremsscheiben. In der Serienausführung sind Aluminiumräder im Cup-Design montiert, vorn 7 J x 16 Zoll mit 205/55 ZR 16 Reifen, hinten 8 J x 16 mit 225/50 ZR 16. Auf Wunsch ist ein Sportfahrwerk mit 17-Zoll-Cup-Rädern erhältlich. Vorn sind Reifen der Größe 225/45 ZR 17 auf 7,5 Zoll breiten Rädern aufgezogen, hinten 255/40 ZR 17 auf 9 Zoll.
Die Serienausstattung des 968 läßt kaum Wünsche offen: Grün getönte Scheiben, eine Radiovorbereitung mit sechs Lautsprechern, Servolenkung, elektrische Fensterheber, Airbags für Fahrer und Beifahrer bei allen linksgelenkten Fahrzeugen, elektrisch höhenverstellbare Sitze, elektrisch verstellbare und beheizbare Außenspiegel und eine Zentralverriegelung mit Alarmsystem. Lenkrad, Schalthebel und Handbremse sind mit Leder bezogen. Die Türverkleidungen sind wie beim 911 mit Ziernähten versehen. Aber auch die Instrumentierung ist komplett. Im Armaturenträger befinden sich Tachometer, Drehzahlmesser, Ölmanometer, Kühlwasserthermometer, Tankanzeige und Voltmeter. Bei Fahrzeugen mit Tiptronic ist im unteren Teil des Tachometers eine Ganganzeige integriert. Die Analoguhr ist in der Mittelkonsole untergebracht. Rechts neben der Heizungsregelung ist eine Außentemperaturanzeige eingebaut. Das Coupé ist mit einem Heckwischer, das Cabriolet mit einem elektrischen Verdeckzubringer ausgestattet. Am Windschutzscheibenrahmen wird das Verdeck von Hand entriegelt und per Knopfdruck geöffnet. Zum Schutz des offenen Verdecks kann eine Abdeckung aufgeknüpft werden. Auf Kundenwunsch sind Klimaanlage, Scheinwerferreinigungsanlage, Radio-Stereo-Kassettengeräte, Sitzheizung, Tempostat und eine Lederausstattung lieferbar. Für das Coupé ist auch ein herausnehmbares elektrisches Hubdach erhältlich.
Vorn unter der Haube ist ein drei Liter großer Vierzylinder-Vierventil-Motor längs eingebaut. Dieser leistet 240 PS (176 kW) bei 6.200/min. Das maximale Drehmoment von 305 Nm bei 4100/min liegt höher als bei allen anderen Saugmotoren gleicher Größe. Zwei gegenläufige Ausgleichswellen kompensieren Massenkräfte und -momente zweiter Ordnung. Dieses verleiht den

Phantombild 968 Coupé

Vierzylinder beinahe die Geschmeidigkeit eines Sechszylinders. Die Messung, der zur Verbrennung nötigen Luft, wird über einen Hitzdraht-Luftmassenmesser vorgenommen. Die Motronic steuert die genauen Werte der sequenziellen Einspritzanlage. Für ein fülliges Drehmoment bei niedrigen Drehzahlen sorgt das Vario Cam-System durch eine stärkere Überschneidung der Ventilsteuerzeiten zwischen 1.500 bis 5.000/min. Für eine möglichst saubere Verbrennung ist der mit 11,0 : 1 verdichtete Motor auf Super Plus mit 98 Oktan abgestimmt. Der Metallkatalysator hat besonders wenig Abgasgegendruck.

Porsche bietet den 968 mit zwei verschiedenen Getriebeversionen an. Ein 6-Gang-Schaltgetriebe oder ein 4-Gang-Tiptronic-Getriebe. Bei der Tiptronic handelt es sich um ein Automaticgetriebe, bei dem die Gänge entweder vollautomatisch, oder durch betätigen des Schalthebels in der manuellen Schaltgasse, gewechselt werden. Durch drücken des Schalthebels nach vorn schaltet der Fahrer hoch, zum Zurückschalten zieht er ihn nach hinten. Alle Schaltvorgänge werden ohne Zugkraftunterbrechung ausgeführt.

Der 968 ist wie sein Vorgänger mit einem Transaxle-System ausgestattet. Der Motor ist vorn eingebaut, das Getriebe und der Achsantrieb sind an der Hinterachse. Die Kupplung des Schaltgetriebes ist mit einem Zweimassenschwungrad ausgestattet. Auf Wunsch ist ein Sperrdifferential mit 40% Sperrfaktor erhältlich.

Die Fahrleistungen des 968 mit Schaltgetriebe sind fast auf dem hohen Niveau der 911 Carrera Modelle. In der Beschleunigung benötigt der Wagen von 0 auf 100 km/h nur 6,5 Sekunden. Die Endgeschwindigkeit liegt bei 252 km/h. Mit der Tiptronic beschleunigt der 968 in 7,9 Sekunden auf die 100 Kilometermarke. Die Höchstgeschwindigkeit beträgt 247 km/h.

Modelljahr 1993 (P-Programm)

Die Modellpflege für das 968 Coupé und das 968 Cabriolet kommt in erster Linie der Umwelt zugute. Die Umstellung auf das FCKW-freie Kältemittel für die Klimaanlage ist ein Beitrag zum Erhalt der Ozonschicht. Die verwendeten Lacke auf Wasserbasis enthalten erheblich weniger Lösungsmittel. Neben einer Kennzeichnung der Kunststoffbehälter zum Recycling kommt auch eine verbesserte Bremsflüssigkeit mit hohem Naßsiedepunkt zum Einsatz. Für alle rechtsgelenkten Fahrzeuge ist nun ein Airbag für den Fahrer serienmäßig.

Anfang 1993 ergänzt der 968 CS (Clubsport) das Vierzylinder-Modellprogramm. Das in der Ausstattung erleichterte Modell bildet den preisgünstigen Einstieg in das Porsche Fahrzeugprogramm. Durch den Verzicht auf gewichtsintensive Extras werden 50 Kilogramm eingespart. Der 968 CS ist nur als Coupé lieferbar.

Das Fahrwerk ist um 20 Millimeter tiefer gelegt und straffer

abgestimmt. Der CS rollt serienmäßig auf 17-Zoll-Cup-Rädern, vorn 7,5 J x 17 mit 225/45 ZR 17 und hinten 9 J x 17 mit 255/40 ZR 17 Bereifung.
Optional ist auch ein straffer abgestimmtes Sportpaket im Kombination mit einer Differentialsperre erhältlich.
Die Räder und der Heckspoiler sind in Wagenfarbe lackiert. Bei schwarzer Außenfarbe oder bei Sonderfarben sind die Räder silber.
Im Innenraum fallen die aus dem 911 Carrera RS bekannten Schalensitze auf. Im 968 CS sind diese mit schwarzem Stoff bespannt. Die Kunststoffschale ist in Wagenfarbe lackiert, bei Sonderfarben jedoch in schwarz. Hinten entfallen die Rücksitze, dafür wird der Gepäckraum verlängert. Ein kleineres Sportlenkrad mit drei Speichen kommt zum Einsatz. Es entfallen Fahrer- und Beifahrerairbags, diese sind aber auf Wunsch lieferbar. Durch den Verzicht an elektrischer Ausstattung können auch die Kabelstränge erleichtert werden. Es fehlen Zentralverriegelung, elektrische Fensterheber, elektrisch verstellbare Außenspiegel, elektrische Heckklappenentriegelung, Motorraumbeleuchtung und Hecklautsprecher. Die Heckklappe kann durch einen Bowdenzug entriegelt werden und zur Befestigung des Gepäcks ist ein Gepäcknetz serienmäßig. Durch die reduzierten Stromverbraucher reicht eine kleinere Batterie mit einer Kapazität von 36 Ah aus. Als Sonderausstattung kann geordert werden: Klimaanlage in Verbindung mit stärkerer Batterie, Hubdach, Radio Paris mit zwei Lautsprechern und die vorderen Seriensitze mit mechanischer Verstellung.
Die gesamte Antriebseinheit ist beim 968 CS mit den normalen 968-Versionen identisch. Durch das geringere Gewicht ist der Wagen allerdings etwas agiler in der Beschleunigung, im Handling und beim Bremsen. Selbst im Motorraum wird auf einige Verkleidungsteile verzichtet.

3-Liter-4-Zylinder-4-Ventilmotor eines 968

Porsche 968 Turbo S

Mit dem 968 turbo S Coupé bietet Porsche das leistungsfähigste 968-Modell an. Der 968 turbo S hat den 968 CS mit seiner gewichtserleichterten Ausstattung als Basis. Äußerlich ist die 968-Turbovariante vor allem an zwei zusätzlichen Lufteinlässen in der Motothaube, einer zusätzlichen Spoilerlippe unten am Bugteil und einem etwas vergrößerten, einstellbaren Heckflügel zu erkennen. Die Karosserie ist im Vergleich zum 968 CS um 20 Millimeter tiefergelegt, das Fahrwerk straffer abgestimmt. Auf den dreiteiligen Speedline-Rädern im Cup-Design in den Größen 8J x 18 vorn und 10J x 18 Zoll hinten sind Reifen der Dimension 235/40 ZR 18 und 265/35 ZR 18 aufgezogen. Darunter sind die roten 4-Kolben-Festsättel, der aus dem 911 turbo S übernommenen Bremsanlage mit den gelochten Scheiben zu sehen. Das ABS ist an die höheren Anforderungen angepaßt worden.
Der 3-Liter-Tubomotor hat im Vergleich zu den 968-Serienmodellen nur einen Zweiventil-Zylinderkopf. Mit einem KKK-Turbolader bringt es die Maschine auf 305 PS (224 kW) bei nur 5.400/min und einem maximalen Drehmoment von 500 Nm, die schon bei 3.000/min anliegen. Mit diesem Leistungspotential stürmt der nur 1.300 Kilogramm schwere Wagen ist in 5 Sekunden auf 100 km/h und ist bei Bedarf bis zu 280 km/h schnell.
Die Hinterachse, der fünfte und der sechste Gang sind länger übersetzt. Das Sperrdifferential ist in Zug und Schub auf bis zu 75% Sperrfaktor aus-

gelegt. Der Inneraum erinnert an den 968 CS mit seiner von Luxusextras befreiten Ausstattung. Der Erleichterungskur fallen die elektrischen Fensterheber, die Zentralverriegelung und die Rücksitze zum Opfer. Stattdessen gibt es vorn Schalensitze und dahinter eine Gepäckablage. Auf der hinteren Ablage ist der »turbo S«-Schriftzug eingestickt.

Modelljahr 1994 (R-Programm)

Die Porsche 968 gehen technisch und optisch fast unverändert ins neue Modelljahr. Serienmäßig ist nun ein Partikelfilter für den Innenraum installiert. Dieses filtert Pollen und andere Partikel heraus und sorgt für eine bessere Luftqualität.
Die Aluminiumräder sind nun im neuen »Cup-Design 93« ausgeführt. Einige Ausstattungen sind als Pakete zusammengefaßt lieferbar. Ein Sitzpaket beinhaltet neben den Ledersitzen auch eine Sitzheizug für Fahrer und Beifahrer. Im Sonderfahrwerkspaket ist neben einer härteren Fahrwerksabstimmung, den 17-Zoll-Rädern auch eine noch leistungsfähigere Bremsanlage enthalten.
Für den 968 CS werden besondere Pakete angeboten. Im Sportpaket ist neben einem strafferen Fahrwerk auch ein Sperrdifferential und eine leistungsstärkere Bremsanlage enthalten. Das Komfortpaket bietet elektrische Fensterheber, sowie elektrisch einstellbare Außenspiegel. Zentralverriegelung, Alarmanlage und abschließbare Radmuttern sind im Sicherheitspaket zusammengefaßt. Eine manuell verstellbare Ausführung der Seriensitze und die Rücksitzanlage inklusive elektrischer Heckdeckelentriegelung bietet Porsche ohne Aufpreis an.

Modelljahr 1995 (S-Programm)

Im letzten Jahr, in dem die Modellreihe gebaut wird, gibt es keine Änderungen mehr.

Insgesamt baut Porsche von 968 Coupé 5.731 Stück, vom 968 Cabriolet 3.959 Stück, vom 986 CS Coupé 1.538 Stück und vom 968 turbo S Coupé 14 Stück. Zusätzlich entstehen noch 3 Wettbewerbsfahrzeuge 968 turbo RS Coupé.

Nach nur 11.245 Exemplaren wird der 986 eingestellt. Mit dem letzten 968 geht bei Porsche die erfolgreiche Aera der Vier-Zylinder-Transaxle-Fahrzeuge zu Ende.

968 turbo S Coupé

968 Coupé [Tiptronic] MJ 1992 bis MJ 1995

Motor

Bauart:	4-Zylinder-Reihenmotor
Einbauposition:	Frontmotor
Kühlung:	wassergekühlt
Motor-Typ:	M 44/43 [M 44/44]
Hubraum (cm³):	2990
Bohrung x Hub:	104 x 88
Leistung (kW/PS):	176/240 bei 6200/min
Drehmoment (Nm):	305 bei 4100/min
Literleistung (kW/l / PS/l):	58,9 / 80,3
Verdichtung:	11,0 : 1
Ventilsteuerung:	dohc über Zahnriemen, 4 Ventile pro Zylinder, Vario-Cam
Gemischaufbereitung:	Bosch DME
Zündung:	DME
Zündfolge:	1 - 3 - 4 - 2
Schmierung:	Druckumlaufschmierung
Ölmenge (l):	7,0

Kraftübertragung

Antrieb:	Heckantrieb, Transaxlebauweise
Schaltgetriebe:	6-Gang
Sonderwunsch Tiptronic:	[4-Gang]
Getriebe-Typ:	G 44/00 [A 44/00]
Übersetzungen:	
1. Gang:	3,182 [2,579]
2. Gang:	2,000 [1,407]
3. Gang:	1,435 [1,000]
4. Gang:	1,111 [0,742]
5. Gang:	0,912
6. Gang:	0,778
Rückwärtsgang:	3,455 [2,882]
Achsübersetzung:	3,778 [3,250]
Sonderwunsch bei Schaltgetriebe:	Sperrdifferential 40%

Karosserie, Fahrwerk, Bremse, Räder und Reifen

Karosserie:	2-türige, 2 + 2-sitzige, selbsttragende Coupé-Karosserie mit verbreiterten Kotflügeln aus beidseitig feuerverzinktem Stahlblech, Seitenaufprallschutz in den Türen, Klappscheinwerfer, Kunststoffseitenschweller, verformbare Bug- und Heckverkleidungen aus Kunststoff mit integrierten Leichtmetallstoßfängern an Prallrohren befestigt, große Heckklappe aus Glas mit in Wagenfarbe lackiertem Heckflügel, Türgriffe in Wagenfarbe, Außenspiegel im Cup-Design elektrisch verstellbar
Sonderwunsch:	Herausnehmbares Dach mit elektrischer Hubverstellung
Vorderradaufhängung:	Räder einzeln an Querlenkern und Federbeinen aufgehängt, Stabilisator, Zweirohr-Stoßdämpfer
Hinterradaufhängung:	Räder einzeln an Schräglenkern aufgehängt, je Seite eine querliegende Drehstabfeder im Achsquerrohr, Querrohraufhängungen aus Leichtmetall, Stabilisator, Zweirohr-Stoßdämpfer
Bremse v/h (Durchm. x B (mm)):	innenbelüftete Scheiben (298 x 28) / innenbelüftete Scheiben (299 x 24) schwarze 4-Kolben-Aluminium-Festsättel / schwarze 4-Kolben-Aluminium-Festsättel, ABS
bei Sonderfahrwerk M 030:	innenbelüftete gelochte Scheiben (304 x 32) / innenbelüftete gelochte Scheiben (299 x 24) schwarze 4-Kolben-Aluminium-Festsättel / schwarze 4-Kolben-Aluminium-Festsättel ABS
Räder v/h:	7 J x 16 / 8 J x 16
Reifen v/h:	205/55 ZR 16 / 225/50 ZR 16
Sonderwunsch:	7,5 J x 17 / 9 J x 17 225/45 ZR 17 / 255/40 ZR 17

Elektrik

Lichtmaschinenleistung (W/A):	1610 / 115
Batterie (V/Ah):	12 / 63 [12 / 65]

Abmessungen, Gewichte und Volumen

Spurweite v/h (mm):	1477 / 1451
mit 7,5 J x17 / 9 J x 17:	1457 / 1445
Radstand (mm):	2400
Maße (L x B x H (mm)):	4320 x 1735 x 1275
mit Sonderfahrwerk M 030:	4320 x 1735 x 1255
Leergewicht nach DIN (kg):	1370 [1400]
zul. Gesamtgewicht (kg):	1700 [1730]
ab MJ 1993:	1730 [1760]
Kofferraumvolumen (VDA (l)):	318
mit Rücksitzlehnen umgeklappt:	514
Tankvolumen (l):	74, davon 8 Reserve
C_W x A (m²):	0,34 x 1,88 = 0,639
Leistungsgewicht (kg/kW / kg/PS):	7,78 [7,95] / 5,70 [5,83]

Kraftstoffverbrauch

nach EG-Norm 80/1268 (l/100 km):	98 ROZ Super plus bleifrei
Bei 90 km/h konstant:	7,2 [7,1]
Bei 120 km/h konstant:	8,8 [8,7]
im EG-Abgas-Stadtzyklus:	14,8 [14,6]

Fahrleistungen, Stückzahlen, Preise

Beschleunigung 0-100 km/h (s):	6,5 [7,9]
Höchstgeschw. (km/h):	252 [247]
Stückzahl:	5.731
Listenpreise:	
07/1991:	DM 89.800,- [DM 95.650,-]
03/1992:	DM 92.300,- [DM 98.300,-]
08/1992:	DM 94.790,- [DM 100.790,-]
01/1993:	DM 95.621,- [DM 101.674,-]
08/1993:	DM 97.440,- [DM 103.490,-]
03/1994:	DM 97.440,- [DM 103.490,-]
08/1994:	DM 97.440,- [DM 103.490,-]
02/1995:	DM 99.390,- [DM 105.440,-]

968 Cabriolet [Tiptronic]
MJ 1992 bis MJ 1995

Motor

Bauart:	4-Zylinder-Reihenmotor
Einbauposition:	Frontmotor
Kühlung:	wassergekühlt
Motor-Typ:	M 44/43 [M 44/44]
Hubraum (cm³):	2990
Bohrung x Hub:	104 x 88
Leistung (kW/PS):	176/240 bei 6200/min
Drehmoment (Nm):	305 bei 4100/min
Literleistung (kW/l / PS/l):	58,9 / 80,3
Verdichtung:	11,0 : 1
Ventilsteuerung:	dohc über Zahnriemen, 4 Ventile pro Zylinder, Vario-Cam
Gemischaufbereitung:	Bosch DME
Zündung:	DME
Zündfolge:	1 - 3 - 4 - 2
Schmierung:	Druckumlaufschmierung
Ölmenge (l):	7,0

Kraftübertragung

Antrieb:	Heckantrieb, Transaxlebauweise
Schaltgetriebe:	6-Gang
Sonderwunsch Tiptronic:	[4-Gang]
Getriebe-Typ:	G 44/00 [A 44/00]
Übersetzungen:	
1. Gang:	3,182 [2,579]
2. Gang:	2,000 [1,407]
3. Gang:	1,435 [1,000]
4. Gang:	1,111 [0,742]
5. Gang:	0,912
6. Gang:	0,778
Rückwärtsgang:	3,455 [2,882]
Achsübersetzung:	3,778 [3,250]
Sonderwunsch bei Schaltgetriebe:	Sperrdifferential 40%

Karosserie, Fahrwerk, Bremse, Räder und Reifen

Karosserie:	2-türige, 2 + 2-sitzige, selbsttragende Cabriolet-Karosserie mit verbreiterten Kotflügeln aus beidseitig feuerverzinktem Stahlblech, Seitenaufprallschutz in den Türen, Klappscheinwer-fer, Kunststoffseitenschweller, verformbare Bug- und Heckverkleidungen aus Kunststoff mit integrierten Leichtmetallstoßfängern an Prallrohren befestigt, Heckdeckel aus Stahlblech, Türgriffe in Wagenfarbe, Außenspiegel im Cup-Design elektrisch verstellbar, Stoffverdeck mit flexibler Kunststoffheckscheibe und elektrischem Verdeckzubringer
Vorderradaufhängung:	Räder einzeln an Querlenkern und Federbeinen aufgehängt, Stabilisator, Zweirohr-Stoßdämpfer
Hinterradaufhängung:	Räder einzeln an Schräglenkern aufgehängt, je Seite eine querliegende Drehstabfeder im Achsquerrohr, Querrohraufhängungen aus Leichtmetall, Stabilisator, Zweirohr-Stoßdämpfer
Bremse v/h (Durchm. x B (mm)):	innenbelüftete Scheiben (298 x 28) / innenbelüftete Scheiben (299 x 24) schwarze 4-Kolben-Aluminium-Festsättel / schwarze 4-Kolben-Aluminium-Festsättel ABS
Räder v/h:	7 J x 16 / 8 J x 16
Reifen v/h:	205/55 ZR 16 / 225/50 ZR 16
Sonderwunsch:	7,5 J x 17 / 9 J x 17 225/45 ZR 17 / 255/40 ZR 17

Elektrik

Lichtmaschinenleistung (W/A):	1610 / 115
Batterie (V/Ah):	12 / 63 [12 / 65]

Abmessungen, Gewichte und Volumen

Spurweite v/h (mm):	1477 / 1451
mit 7,5 J x17 / 9 J x 17:	1457 / 1445
Radstand (mm):	2400
Maße (L x B x H (mm)):	4320 x 1735 x 1275
Leergewicht nach DIN (kg):	1440 [1470]
zul. Gesamtgewicht (kg):	1760 [1790]
ab MJ 1993:	1790 [1820]
Kofferraumvolumen (VDA (l)):	162
Tankvolumen (l):	74, davon 8 Reserve
C_W x A (m²):	0,34 x 1,88 = 0,639
Leistungsgewicht (kg/kW / kg/PS):	8,18 [8,35] / 6,00 [6,12]

Kraftstoffverbrauch

nach EG-Norm 80/1268 (l/100 km):	98 ROZ Super plus bleifrei
Bei 90 km/h konstant:	7,2 [7,1]
Bei 120 km/h konstant:	8,8 [8,7]
im EG-Abgas-Stadtzyklus:	14,8 [14,6]

Fahrleistungen, Stückzahlen, Preise

Beschleunigung 0–100 km/h (s):	6,5 [7,9]
Höchstgeschw. (km/h):	252 [247]
Stückzahl:	3.959
Listenpreise:	
07/1991:	DM 99.800,- [DM 105.650,-]
03/1992:	DM 104.800,- [DM 110.800,-]
08/1992:	DM 107.630,- [DM 113.630,-]
01/1993:	DM 108.574,- [DM 114.627,-]
08/1993:	DM 110.640,- [DM 116.690,-]
03/1994:	DM 110.640,- [DM 116.690,-]
08/1994:	DM 110.640,- [DM 116.690,-]
02/1995:	DM 112.850,- [DM 118.900,-]

968 CS Coupé Januar 1993 bis MJ 1995

Motor

Bauart:	4-Zylinder-Reihenmotor
Einbauposition:	Frontmotor
Kühlung:	wassergekühlt
Motor-Typ:	M 44/43
Hubraum (cm³):	2990
Bohrung x Hub:	104 x 88
Leistung (kW/PS):	176/240 bei 6200/min
Drehmoment (Nm):	305 bei 4100/min
Literleistung (kW/l / PS/l):	58,9 / 80,3
Verdichtung:	11,0 : 1
Ventilsteuerung:	dohc über Zahnriemen, 4 Ventile pro Zylinder, Vario-Cam
Gemischaufbereitung:	Bosch DME
Zündung:	DME
Zündfolge:	1 - 3 - 4 - 2
Schmierung:	Druckumlaufschmierung
Ölmenge (l):	7,0

Kraftübertragung

Antrieb:	Heckantrieb, Transaxlebauweise
Schaltgetriebe:	6-Gang
Getriebe-Typ:	G 44/00
Übersetzungen:	
1. Gang:	3,182
2. Gang:	2,000
3. Gang:	1,435
4. Gang:	1,111
5. Gang:	0,912
6. Gang:	0,778
Rückwärtsgang:	3,455
Achsübersetzung:	3,778
Sonderwunsch:	Sperrdifferential 40%

Karosserie, Fahrwerk, Bremse, Räder und Reifen

Karosserie:	2-türige, 2 (+ 2)-sitzige, selbsttragende Coupé-Karosserie mit verbreiterten Kotflügeln aus beidseitig feuerverzinktem Stahlblech, Seitenaufprallschutz in den Türen, Klappscheinwerfer, Kunststoffseitenschweller, verformbare Bug- und Heckverkleidungen aus Kunststoff mit integrierten Leichtmetallstoßfängern an Prallrohren befestigt, große Heckklappe aus Glas mit in Wagenfarbe lackiertem Heckflügel, Türgriffe in Wagenfarbe, Außenspiegel im Cup-Design manuell verstellbar
Vorderradaufhängung:	Räder einzeln an Querlenkern und Federbeinen aufgehängt, Stabilisator, Zweirohr-Stoßdämpfer
Hinterradaufhängung:	Räder einzeln an Schräglenkern aufgehängt, je Seite eine querliegende Drehstabfeder im Achsquerrohr, Querrohraufhängungen aus Leichtmetall, Stabilisator, Zweirohr-Stoßdämpfer
Bremse v/h (Durchm. x B (mm)):	innenbelüftete Scheiben (298 x 28) / innenbelüftete Scheiben (299 x 24) schwarze 4-Kolben-Aluminium-Festsättel / schwarze 4-Kolben-Aluminium-Festsättel, ABS
bei Sonderfahrwerk M 030:	innenbelüftete gelochte Scheiben (304 x 32) / innenbelüftete gelochte Scheiben (299 x 24) schwarze 4-Kolben-Aluminium-Festsättel / schwarze 4-Kolben-Aluminium-Festsättel ABS
Räder v/h:	7,5 J x 17 / 9 J x 17
Reifen v/h:	225/45 ZR 17 / 255/40 ZR 17

Elektrik

Lichtmaschinenleistung (W/A):	1260 / 90
Batterie (V/Ah):	12 / 50

Abmessungen, Gewichte und Volumen

Spurweite v/h (mm):	1457 / 1445
Radstand (mm):	2400
Maße (L x B x H (mm)):	4320 x 1735 x 1255
Leergewicht nach DIN (kg):	1320
zul. Gesamtgewicht (kg):	1570
Kofferraumvolumen (VDA (l)):	318
mit Rücksitzlehnen umgeklappt:	514
Tankvolumen (l):	74, davon 8 Reserve
C_W x A (m²):	0,34 x 1,88 = 0,639
Leistungsgewicht (kg/kW / kg/PS):	7,50 / 5,50

Kraftstoffverbrauch

nach EG-Norm 80/1268 (l/100 km):	98 ROZ Super plus bleifrei
Bei 90 km/h konstant:	7,2
Bei 120 km/h konstant:	8,8
im EG-Abgas-Stadtzyklus:	14,8

Fahrleistungen, Stückzahlen, Preise

Beschleunigung 0–100 km/h (s):	6,5
Höchstgeschw. (km/h):	252
Stückzahl:	1.538
Listenpreise:	
01/1993:	DM 77.500,-
08/1993:	DM 79.300,-
03/1994:	DM 79.300,-
08/1994:	DM 79.300,-
02/1995:	DM 80.890,-

968 Turbo S Coupé MJ 1993 bis MJ 1994

Motor

Bauart:	4-Zylinder-Reihenmotor mit Turboaufladung und Ladeluftkühlung
Einbauposition:	Frontmotor
Kühlung:	wassergekühlt
Motor-Typ:	M 44/60
Hubraum (cm³):	2990
Bohrung x Hub:	104 x 88
Leistung (kW/PS):	224/305 bei 5400/min
Drehmoment (Nm):	500 bei 3000/min
Literleistung (kW/l / PS/l):	74,9 / 102,0
Verdichtung:	8,0 : 1
Maximaler Ladedruck (bar):	0,7
Ventilsteuerung:	ohc über Zahnriemen, 2 Ventile pro Zylinder
Gemischaufbereitung:	Bosch DME
Zündung:	DME
Zündfolge:	1 - 3 - 4 - 2
Schmierung:	Druckumlaufschmierung
Ölmenge (l):	7,0

Kraftübertragung

Antrieb:	Heckantrieb, Transaxlebauweise
Schaltgetriebe:	6-Gang
Getriebe-Typ:	G 44/00
Übersetzungen:	
1. Gang:	3,182
2. Gang:	2,000
3. Gang:	1,435
4. Gang:	1,111
5. Gang:	0,882
6. Gang:	0,711
Rückwärtsgang:	3,455
Achsübersetzung:	3,400
Sperrdifferential Schub/Zug (%):	75 / 75

Karosserie, Fahrwerk, Bremse, Räder und Reifen

Karosserie:	2-türige, 2-sitzige, selbsttragende Coupé-Karosserie mit verbreiterten Kotflügeln aus beidseitig feuerverzinktem Stahlblech, Seitenaufprallschutz in den Türen, Motorhaube mit zwei NACA-Lufteinlässen, Klappscheinwerfer, Kunststoffseitenschweller, verformbare Bug- und Heckverkleidungen aus Kunststoff mit integrierten Leichtmetallstoßfängern an Prallrohren befestigt, Frontspoilerlippe, große Heckklappe aus Glas mit großem, verstellbarem in Wagenfarbe lackiertem Heckflügel, Türgriffe in Wagenfarbe, Außenspiegel im Cup-Design manuell verstellbar
Vorderradaufhängung:	Räder einzeln an Querlenkern und Federbeinen aufgehängt, Stabilisator, Zweirohr-Stoßdämpfer
Hinterradaufhängung:	Räder einzeln an Schräglenkern aufgehängt, je Seite eine querliegende Drehstabfeder im Achsquerrohr, Querrohraufhängungen aus Leichtmetall, Stabilisator, Zweirohr-Stoßdämpfer
Bremse v/h (Durchm. x B (mm)):	innenbelüftete gelochte Scheiben (322 x 32) / innenbelüftete gelochte Scheiben (299 x 28) rote 4-Kolben-Aluminium-Festsättel / rote 4-Kolben-Aluminium-Festsättel ABS
Räder v/h:	8 J x 18 / 10 J x 18
Reifen v/h:	235/40 ZR 18 / 265/35 ZR 18

Elektrik

Lichtmaschinenleistung (W/A):	1260 / 90
Batterie (V/Ah):	12 / 50

Abmessungen, Gewichte und Volumen

Spurweite v/h (mm):	1522 / 1500
Radstand (mm):	2400
Maße (L x B x H (mm)):	4320 x 1735 x 1255
Leergewicht nach DIN (kg):	1300
zul. Gesamtgewicht (kg):	1550
Kofferraumvolumen (VDA (l))	
ohne Rücksitze:	514
Tankvolumen (l):	74, davon 8 Reserve
C_W x A (m²):	0,34 x 1,88 = 0,639
Leistungsgewicht (kg/kW / kg/PS):	5,80 / 4,26

Kraftstoffverbrauch

(l/100 km):	ca. 15,7; 98 ROZ Super plus bleifrei

Fahrleistungen, Stückzahlen, Preise

Beschleunigung 0–100 km/h (s):	5,0
0–200 km/h (s):	16,4
Höchstgeschw. (km/h):	280
Stückzahl incl. 968 turbo RS:	14
Listenpreis:	DM 175.000,-

Porsche Boxster
(Typ 986)

Anfang 1993 stellt Porsche auf der Detroit Motor Show den als Show Car konzipierten »Boxster« aus. Das Kunstwort Boxster setzt sich aus der ersten Silbe des Wortes Boxer und der zweiten Silbe des Wortes Roadster zusammen. Der »Boxster« ist ein zweisitziger Roadster mit Mittelmotor. Er setzt in der Formensprache die alte Porsche Spyder-Tradition der Typen 550 und 718 fort. Die Resonanz auf das Ausstellungsfahrzeug beim Fachpublikum ist überwältigend. Porsche verspricht die Realisierung des Boxster als Serienfahrzeug zu überdenken.

Modelljahr 1997 (V-Programm)

Im Herbst 1996 ist es dann so weit, der Porsche Boxster geht in Serie. Aus technischen Gründen weicht das Serienmodell etwas von der Studie ab. Es bleibt jedoch beim 2-sitzigen Roadster mit Mittelmotor.
Die Karosserie des Boxster nimmt schon einige Gestaltungs- und Konstruktionsmerkmale der neuen 911-Generation vorweg, die erst ein Jahr später folgen soll. Da beim Boxster und beim neuen 911 Carrera ein Gleichteilekonzept verwendet wird, sind die Fronthaube, die Frontscheinwerfereinheiten mit integrierten Nebel- und Blinkleuchten, die vorderen Kotflügel und die Türen identisch. Das Bugteil des Boxster ist jedoch anders geformt. Auch die Bodengruppe ist von den Blechteilen her bis zur B-Säule gleich. Der Radstand des Boxster beträgt 2.415 Millimeter. Eine Besonderheit der Karosserie ist, daß dieselbe Rohkarosserie sowohl für links- als auch als rechtsgelenkte Fahrzeuge aufgebaut werden kann. Porsche setzt beim Rohbau neben beidseitig verzinkten Stahlblechen zur Verstärkung der Karosseriesteifigkeit auch höherfeste Stähle ein. Der Seitenaufprallschutz in den Türen besteht aus extrem hochfesten Borstahl. Hinzukommen sogenannte Tailored Blanks, ein Verfahren, bei dem Karosserieteile unterschiedlicher Blechstärken im Laserschweißverfahren an den Blechkanten miteinander verschweißt werden. Das dicke Blech wird nur an den Stellen eingesetzt, wo es wirklich notwendig ist. Weitere Kilogramm werden an der Rohkarosse eingespart, indem die Kanten der übereinandergesetzten Bleche so zugeschnitten werden, daß nur die Blechlaschen stehen bleiben, an denen die Schweißpunkte gesetzt werden. Diese so zugeschnittenen Blechkanten bringen außerdem eine zusätzliche Torsionssteifigkeit. Am Fahrzeugheck fällt die bei 120 km/h automatisch ausfahrbare Abrißkante zwischen den großen Rückleuchten mit den orangefarbenen Blinkleuchten auf. An den hinteren Seitenteilen sind Lufteinlässe für die Ansaugluft und für die Entlüftung des Motorraums eingelassen. Die Außenspiegel sind vor dem Seitenfenster befestigt. Der c_W-Wert des Boxster liegt bei 0,31. Im 130 Liter fassenden vorderen Kofferraum ist ein schmales Notrad senkrecht vor dem 60-Liter-Tank befestigt. Der hintere Gepäckraum hat ebenfalls 130 Liter Volumen. Auf der rechten Seite ist eine Kontroll- und Nachfülleinheit für Öl und Kühlwasser untergebracht. Der Motor sitzt unter dem Verdeckkasten. Er ist zum Service von oben über einen Deckel unter dem Verdeckkasten, von unten oder von vorne durch eine Abdeckung vom Fahrzeuginnenraum her zugänglich. Das ungefütterte, elektrische Stoffverdeck ist mit einer flexiblen Heckscheibe aus Kunststoff ausgerüstet. Es läßt sich bei stehendem Fahrzeug in nur 12 Sekunden elektrisch öffnen oder schließen. Die Betätigung der Verriegelung am Windschutzscheibenrahmen erfolgt jedoch von Hand. Durch die Z-Faltung bleibt auch im geöffneten Zustand stets nur die Verdeckaußenseite oben. Der hintere Teil des Verdecks wird im geöffneten Zustand von einer automatisch bewegten Blechklappe abgedeckt. Hinter den Sitzen sind zwei fest installierte Überrollbügel zum Schutz der Insassen bei einem Überschlag montiert. Dazwischen kann ein optional erhältliches Windschott angebracht werden. Dieses besteht aus zwei schwarzen Kunststoffgittern, die genau in die einzelnen Überrollbügel passen und eine Plexiglasscheibe, die sich zwischen den beiden Bügeln spannt. Ein 25 Kilogramm schweres Aluminium-Hardtop mit elektrisch beheizbarer Heckscheibe ist als Sonderausstattung lieferbar.
Die neue Boxermotorengeneration im Boxster ist wassergekühlt. Die immer strenger werdenden Auflagen bei Abgas- und Geräuschvorschriften machen diesen Schritt notwendig. Zum einen dämpft das Kühlwasser um die Zylinder die Verbrennungsgeräusche nach außen, zum anderen ist der Einsatz von Mehrventiltechnik bei Hochleistungsmotoren für eine saubere Abgasqualität von Vorteil. Die Wasserkühlung der Zylinder ist als Querstromkühlung ausgelegt, damit alle Zylinder mit der gleichen Wassertemperatur umspült werden. Die beiden Wasserkühler sitzen im Wagenbug jeweils vor den Rädern. Der Hubraum des kurzhubig ausgelegten 6-Zylinder-Vierventil-Boxers beträgt 2.480 cm^3. Die Bohrung hat einen Durchmesser von 85,5 Millimeter, der Hub eine Länge von 72 Millimeter. Der Motor ist mit 11,0 : 1 verdichtet. Die Laufflächen der Zylinder werden nach dem Lokasil-Verfahren gefertigt. Die im mikroskopischen

Bereich gewollt rauhe Zylinderoberfläche besitzt besondere Eigenschaften auf der sich der Ölfilm besser aufbauen kann. Die Ölversorgung übernimmt eine integrierte Trockensumpfschmierung mit 8,75 Liter Inhalt, die ohne einen separaten Öltank auskommt. Die beiden Teile des Zylinderkurbelgehäuses werden im neuen »Squeeze-Cast«-Verfahren, einer besonderen Form des Aluminiumdruckgusses gegossen. Die siebenfach gelagerte Kurbelwelle sitzt in einer Aluminium-Kurbelwellenlagerbrücke mit eingegossenen Graugußelementen im Lagerbereich. Die Pleuel werden gecrackt, d.h. an einer genau definierten Sollbruchstelle wird das Pleuel im Bereich des Kurbelwellenpleuelauges gezielt auseinandergebrochen. Durch das Bruchbild kann das Pleuel bei der Montage auf der Kurbelwelle wieder genau zusammengefügt und verschraubt werden. Die Auslaßnockenwellen werden von der Kurbelwelle aus über Doppelketten und einer Zwischenwelle angetrieben. Von der Auslaßnockenwelle erfolgt der Antrieb der Einlaßnockenwelle über eine einfache Kette. Die Einlaßnockenwelle kann durch das VarioCam-System drehzahlabhängig verstellt werden. Bei niedrigen Drehzahlen werden so die Abgaswerte verringert und der Leerlauf stabilisiert, im mittleren Drehzahlbereich steigt das Drehmoment und im oberen Drehzahlbereich wird die maximale Motorleistung erreicht. Ein hydraulischer Ventilspielausgleich ist selbstverständlich auch im neuen Boxermotor Serie. Das Motormanagement wird von einer Bosch Motronic M 5.2 übernommen. Diese steuert die sequenzielle Einspritzanlage und die sechs Einzelzündspulen der ruhenden Hochspannungsverteilung. Eine zweistufige Resonanzansauganlage setzt drehzahlabhängig die Luftmasse im Ansaugtrakt für eine bessere Füllung in Schwingungen und sorgt für einen verbesserten Drehmomentverlauf. Die Abgasanlage ist aus Edelstahl gefertigt. Sie besteht aus je einem eigenständigen Abgasstrang mit je einem Metallkatalysator und einer Lambdasonde pro Zylinderreihe. Die Abgase werden durch den gemeinsamen Endschalldämpfer über ein großes ovales Endrohr in der Fahrzeugmitte ins Freie gelassen. Der wassergekühlte Boxer leistet 204 PS (150 kW) bei 6.000/min. Das maximale Drehmoment von 245 Nm erreicht der Motor bei 4.500/min.

Die fünf Gänge des Schaltgetriebes werden über eine neu entwickelte Seilzugschaltung gewechselt. Der Kupplungsdurchmesser beträgt 240 Millimeter. Ein Zweimassenschwungrad ist Serie. Auf Wunsch ist eine neuentwickelte 5-Gang-Tiptonic S lieferbar.

Beim Fahrwerk setzt Porsche an der Vorderachse auf eine McPherson-Achse mit Aluminium-Achslenkern. Ein Längslenker und ein zusätzlicher Querlenker sind über ein elastisches Gummilager miteinander verbunden. Die Federbeinachse bildet eine Einheit mit dem Vorderachsquerträger, dem Stabilisator und dem Lenkgetriebe. Die Hinterachse ist ebenfalls nach dem McPherson-Prinzip aufgebaut. Die Räder sind einzeln an Querlenkern und Längslenkern, Spurstangen und Federbeinen aufgehängt. Die Bremsanlage besteht aus schwarz lackierten 4-Kolben-Monobloc-Festsätteln und innenbelüfteten Scheiben. Vorne haben die Bremsscheiben einen Durchmesser von 298 Millimeter, hinten von 292 Millimeter. Die Monobloc-Bremssättel sind zur besseren Wärmeableitung aus einem Stück gefertigt. Im Boxster kommt das weiterentwickelte Anti-Blockier-System ABS 5.3 von Bosch zum Einsatz. Auf Wunsch ist eine Traction Controll (TC) zur Erhöhung der Fahrsicherheit lieferbar. TC ist eine Kombination von einem Automatischen Bremsdifferential (ABD) und einer Antriebsschlupfregelung (ASR).

Serienmäßig rollt der Boxster auf 16-Zoll-Rädern im Boxster-Design. Vorne sind Reifen der Größe 205/55 ZR 16 auf einer 6 Zoll breiten Felge aufgezogen, hinten sind auf einer Felgenbreite von 8 Zoll 225/50 ZR 16 Reifen montiert. Als Sonderwunsch kann ein um 10 Millimeter tiefergelegtes Sportfahrwerk und neu gestaltete 17-Zoll-Räder geordert werden. Vorne 7 J x 17 mit 205/50 ZR 17 Bereifung und hinten 8,5 J x 17 mit 255/40 ZR 17.

Auch im Innenraum des Boxster wird das Gleichteilekonzept mit dem späteren 911 schon vorweggenommen. Allerdings sind beim Boxster nur drei Instrumente im Armaturenträger eingebaut. Zentral in der Mitte sitzt der analoge Drehzahlmesser, bei dem im unteren Segment noch eine digitale Anzeige für die Geschwindigkeit oder für den Bordcomputer integriert ist. Links sitzt der analoge Tachometer mit einer digitalen Kilometeranzeige für die zurückgelegte Fahrstrecke. Rechts neben dem Drehzahlmesser ist ein Kombiinstrument mit analogen Anzeigen für die Kühlwassertemperatur und den Tankinhalt, sowie ein digitales Display für die Uhrzeit und die neue Ölstandskontrolle, die bei stehendem Motor abgelesen werden kann. Bei Fahrzeugen mit Tiptronic S ist zusätzlich noch eine Ganganzeige mit Leuchtdioden integriert. Brems- und Kupplungspedal sind beim Boxster hängend ausgeführt. Fahrer- und Beifahrerairbags sind Serie. Beim Boxster gibt es kein Handschuhfach im Armaturenbrett. Die Kopfstützen sind wie bei Porsche üblich in den Sitz integriert. Die mit Stoff und Kunstleder bezogenen vorderen Sitze sind mit einer elektrischen Lehnenverstellung ausgerüstet. Die Längs- und Höhenverstellung erfolgt manuell. Der Lenkradkranz, des axial um plus/minus 20 Millimeter verstellbaren Lenkrads, Schalthebel, Handbremshebelgriff und die Türzuziehgriffe sind mit schwarzem Leder bezogen. Elektrische Fensterheber mit Tip up/down-Funktion und elektrisch verstell- und beheizbare Außenspiegel gehören zur Serie. Eine Klimaanlage ist als Sonderausstattung lieferbar.

Mit 5-Gang-Schaltung beschleunigt der Boxster in nur 6,9 Sekunden von 0 auf 100 km/h, mit der Tiptronic S vergehen 7,6 Sekunden. Die Höchstgeschwindigkeit liegt mit Schaltgetriebe bei 240 km/h, mit der Tiptronic S bei 235 km/h.

Modelljahr 1998 (W-Programm)

Porsche weitet das Zubehörprogramm für den Boxster aus. Als Sonderausstattung ist das Porsche Communication Management (PCM) mit einem großen Farbmonitor in der Mittelkonsole lieferbar. Das PCM ist ein Informations- und Navigationssystem mit Kassettenradio, GSM-Freisprechtelefon, GPS-Navigationssystem mit separatem CD-ROM-Laufwerk und Bordcomputer. Ein weiteres interessantes Extra ist das Digitale Sound Processing einschließlich Klangpaket für die Radioanlagen und einer Ablagebox auf dem Motordeckel. Erstmals sind unter dem Namen Porsche Side Impact Protection System (POSIP) 30 Liter große Seitenairbags gegen Aufpreis lieferbar. Diese sind in den Türen untergebracht. Sie schützen den Oberkörper und den Kopf der Passagiere bei einem Seitenaufprall. Durch Größe und Konstruktion sind die Sidebags auch bei geöffneten Verdeck voll wirksam. Neu ist ebenfalls ein 3-Speichen-Sportlenkrad mit Airbag und die beiden Ausstattungs-Pakete »Sport-Design« und »Trend«. Das Paket »Sport-Design« beinhaltet eine schwarze Lederausstattung, Sportsitze und das 3-Speichen-Lederlenkrad. Dazu passend, kommen in Metallgrau lackierte Ausstattungsteile und mit schwarzer Rautenfolie bezogene Flächen hinzu. Die Ausstattung »Trend« ist in den beiden Außenfarben zenitblaumetallic oder libeltürkismetallic lieferbar. Das Verdeck ist in graffitigrau gehalten. Die Sitze sind mit graffitigrauen/anthrazitfarbenen Trendstoff bezogen. Einige Ausstattungdetails sind ebenfalls in Wagenfarbe lackiert.

Modelljahr 1999 (X-Programm)

Das Tankvolumen des Boxster steigt von 60 Liter auf 64 Liter an. Damit hat der Boxster eine etwas größere Reichweite bei Langstrecken. Neu in das Lieferprogramm aufgenommen ist das Boxster Classic Paket bestehend aus Ledersitzen, Metalliclackierung, Interieurteilen im Bernsteinlook und Granitgrau lackierte Blenden im Innenraum. Die neue Radiogeneration der Porsche Beckerradios fällt an den beiden Drehreglern auf. Neben Radios mit Kassette oder CD ist auch ein Minidisc-Radio im Programm. In Verbindung mit den Radioanlagen ist weiterhin ein CD-Wechsler für 6 CDs lieferbar.

Das 18-Zoll-Turbo-Look-Leichtmetallrad ist jetzt auch für den Boxster lieferbar. An der Vorderachse sind Räder der Dimension 7,5 J x 18 mit 225/40 ZR 18 Reifen kombiniert, an der Hinterachse 9 J x 18 mit 265/35 ZR 18.

Modelljahr 2000 (Y-Programm)

Im Herbst 1999 präsentiert Porsche das neue Spitzenmodell der Boxster-Baureihe, den Boxster S mit einem 3,2-Liter-Motor. Aber auch das Basismodell bekommt ein durchzugsstärkeres 2,7-Liter-Aggregat.

Die Kunststoffteile im Innenraum werden mit schwarzem Softlack überzogen, damit soll eine höhere Wertigkeit der Oberflächen erreicht werden. Die Sitzmittelbahnen sind mit Alcantara bezogen. Die Seitenairbags des Porsche Side Impact Protection System (POSIP) für Fahrer und Beifahrer gehören ab dem Modelljahr 2000 auch beim Boxster zur Serienausstattung. Das Lenkrad ist jetzt um 40 Millimeter axial verstellbar.

Durch eine neue Kurbelwelle mit 78 Millimeter Hub steigt der Hubraum des Motors für den Boxster auf 2.687 cm^3. Das neue Aggregat erhält das weiterentwickelte digitale Motormanagement Bosch M 7.2. Zur Verbesserung des Drehmomentverlaufs wird die zweistufige Resonanzansauganlage beibehalten. Der überarbeitete Boxer leistet 220 PS (162 kW) bei 6.400/min. Noch wichtiger als die 16 zusätzlichen Pferdestärken ist die im unteren Drehzahlbereich spürbar gestiegene Durchzugskraft. Das maximale Drehmoment von 260 Nm wird bei 4.750/min erreicht. Die Beschleunigung von 0 auf 100 km/h beträgt 6,6 Sekunden mit Schaltgetriebe und 7,4 Sekunden mit Tiptronic S. Die Höchstgeschwindigkeit liegt bei 250 km/h, mit Tiptronic S ist sie um 5 km/h langsamer. Das Topmodell, der Boxster S, unterscheidet sich optisch nur in Details vom Boxster mit 2,7-Liter-Motor. Vorn vorne ist der Boxster S an den grau lackierten Lüftungsgittern zu erkennen. Hinter dem mittleren Lufteinlaß sitzt ein Zusatzkühler. Die Türeinstiegsleisten sind mit einem Boxster S-Schriftzug ausgeführt. Den Heckdeckel ziert ein mattsilbernes Boxster S-Emblem. Aus der Heckschürze münden mittig zwei runde Auspuffendrohre.

Der Motor des Boxster S leistet aus 3,2-Liter Hubraum 252 PS (185 kW) bei 6.250/min. Der Hubraumzuwachs wird durch eine Bohrung von 93 Millimeter und einem Hub von 78 Millimeter erreicht. Das maximale Drehmoment von 305 Nm liegt bei 4.500 Umdrehungen an der Kurbelwelle an. Die Verdichtung beträgt 11,0 : 1. Wie der 2,7-Liter-Motor ist auch das S-Aggregat mit dem weiterentwickelten digitalen Motormanagement Bosch M 7.2 und der zweistufigen Resonanzansauganlage bestückt. Serienmäßig ist der Boxster S mit einem 6-Gang-Schaltgetriebe mit Zweimassenschwungrad ausgerüstet. Auf Wunsch ist eine 5-Gang-Tiptronic S lieferbar.

Das Fahrwerk des Boxster S ist sportlicher abgestimmt. Dazu passen die 17-Zoll-Leichtmetallräder im Boxster S-Design. Vorne sind diese 7 Zoll breit und mit Reifen der Größe 205/50 ZR 17 bestückt, hinten sind 255/40 ZR 17 Reifen auf einer 8,5 Zoll breiten Felge aufgezogen. Die Bremsanlage ist mit innenbelüfteten, gelochten Bremsscheiben und rot lackierten 4-Kolben-Monobloc-Bremssätteln ausgerüstet.

Das Verdeck des Boxster S ist mit einem Verdeckinnenhimmel ausgerüstet. Eine regelbare Intervallschaltung für die Scheibenwischer und eine funkferngesteuerte Alarmanlage mit Innenraumüberwachung sind beim Boxster S serienmäßig.

Von 0 auf 100 Kilometer spurtet der Boxster S in handgeschalteten 5,9 Sekunden. Mit Tiptronic S dauert es 0,6 Sekunden länger. Erst bei 260 km/h (Tiptronic S: 255 km/h) halten sich Motorleistung und die Fahrwiderstände die Waage.

Modelljahr 2001 (1-Programm)

Die Motoren des Boxster und des Boxster S werden mit der Motronic ME 7.2 und einem elektronischen Gaspedal, kurz E-Gas ausgerüstet. Dieser technische Schritt ist notwendig, da Porsche das vom 911 bekannte Porsche Stability Management (PSM) mit den Fahrstabilisierungssystemen ABS, ASR und ABD jetzt auch in der Boxster-Baureihe einführt. Nur über die per E-Gas elektronisch geregelte Drosselklappe ist ein blitzschnelles Reagieren dieser Systeme möglich.
Durch die Modellpflege wird jetzt auch das Stoffverdeck des Boxster durch einen Innenhimmel für mehr Fahrkomfort geräuschdämmend gefüttert. Im Interieur fallen das serienmäßige 3-Speichen-Sportlenkrad und die neu gestalteten Instrumente aus dem 911 Carrera auf. Der Analoge Tachometer reicht bis 300 km/h, der digitale Tacho ist im selben Instrument integriert. Im Drehzahlmesser ist eine vergrößete digitale Anzeige für den Bordcomputer integriert. Die digitale Uhr sitzt im Kombiinstrument rechts. Die Skalierung behält ihre Boxster-typische, abgerundete Schrift.

Modelljahr 2002 (2-Programm)

Keine nennenswerten Veränderungen zum Modelljahr 2002. Porsche bietet in Zusammenarbeit mit der Exclusive-Abteilung beinahe jede Möglichkeit der Individualisierung des Boxster an. Auf Kundenwunsch kann beinahe jeder Farbton für die Lackierung realisert werden. Räder in den Formaten 17 und 18-Zoll stehen in den unterschiedlichsten Designs zur Auswahl. Mehrere Ausstattungpakete für Interieur und Exterieur sind im Angebot.

Modelljahr 2003 (3-Programm)

Zum Modelljahr 2003 wird die ganze Modellreihe einem gründlichen Facelift unterzogen. Die karosserieseitige Frischzellenkur umfaßt neugestaltete Bug- und Heckteile, neugeformte seitliche Lufteinlässe mit in Wagenfarbe lackierten Grillblenden und ein geänderter Heckspoiler. Sämtliche Blinkleuchten sind jetzt hinter quarzfarbenen Streuscheiben untergebracht. Selbst das Auspuffendrohr erhält bei beiden Boxster-Modellen eine neue Formgebung. Der c_w-Wert des Boxster liegt bei 0,31. Der Boxster S hat in der Mitte des Bugteils eine weitere Öffnung für einen Zusatzkühler, dadurch erhöht sich der Luftwiderstandsbeiwert auf 0,32.
Beide Boxer-Motoren werden leicht überarbeitet und auf die neue Motronic ME 7.8 abgestimmt. Die Leistung des Basismotors steigt auf 228 PS (168 kW) bei 6.300/min, das Drehmoment hat einen Maximalwert von 260 Nm bei 4.700/min. Das S-Aggregat leistet jetzt 260 PS (191 kW) bei 6.200/min. Das maximale Drehmoment von 310 Nm wird bei 4.600/min erreicht. Die Fahrleistungen beider Modelle werden nur geringfügig besser.
Das Verdeck des Boxster wird grundlegend überarbeitet. Es ähnelt im geschlossenen Zustand in seiner noch runderen Kontur dem optional erhältlichen Hardtop. Die Heckscheibe besteht aus Sicherheitsglas und ist für eine bessere Sicht nach hinten bei Regen und im Winter beheizbar.
Im überarbeiteten Innenraum fällt sofort das abschließbare Handschuhfach auf der Beifahrerseite ins Auge. Dieses läßt sich nach unten hin vom Armaturenbrett wegklappen. Neu sind auch die beiden integrierten Cup-Holder, die sich unterhalb der beiden mittleren Ausströmdüsen herausziehen lassen. Porsche führt die nächste Generation von Radioanlagen im Boxster ein. Vom einfachen CD-Radio mit zwei Lautsprechern, über ein digitales Klangpaket oder CD-Wechsler bis hin zum Porsche Communication Management mit BOSE®-Sound-System.

Modelljahr 2004 (4-Programm)

Porsche feiert 50 Jahre 550 Spyder mit dem auf 1.953 Exemplare limitierten Boxster-Sondermodell »50 Jahre 550 Spyder«. Dieses ist ausschließlich in der Außenfarbe GT silbermetallic lieferbar, die bisher nur dem Carrera GT und dem 911 Sondermodell »40 Jahre 911« vorbehalten war. Die Gitter der Öffnungen über den Heckteilstreben sind silberfarben lackiert. Der Boxster S-Schriftzug am Heck ist verchromt. Die Innenfarbe »Cocoa«, ein dunkles Braun, ist ebenfalls exklusiv für dieses Modell. Das Verdeck ist in »Cocoa« oder in Schwarz lieferbar.
Die Leistung des 3,2-Liter-Triebwerks wird um 6 PS auf 266 PS (196 kW) bei 6.200/min gesteigert, das maximale Drehmoment von 310 Nm steht bei 4.600/min zur Verfügung. Das speziell gestylte Auspuffendrohr sorgt für den typischen Porsche-Sound. Serienmäßig ist ein 6-Gang-Schaltgetriebe mit um 15 Prozent verkürzten Schaltwegen. Die Tiptronic S mit den Schalttasten am Lenkrad ist als Sonderwunsch lieferbar.
Das straff abgestimmte Sportfahrwerk ist um 10 Millimeter tiefer gelegt. Das Porsche Stability Management (PSM) ist serienmäßig. Die Aluminium-Monobloc-Bremssättel sind für das Sondermodell aluminiumfarben lackiert. Die Felgensterne der 18-Zoll-Carrera-Räder sind in sealgrau ausgeführt. Farbige Porsche-Wappen zieren die Radnabenabdeckungen. Zwischen den Rädern und der Achsaufnahme sind fünf Millimeter breite Distantscheiben montiert.
Im Innenraum ist alternativ zur Farbe »Cocoa« auch ein dunkelgraues Naturleder lieferbar. Die Teppiche und das Verdeck sind bei dunkelgrauem Leder schwarz. Die Mittelbahnen der beheiz-

baren Sportsitze, Lenkradkranz, Schalthebelstulpe, Handbremshebelgriff und die Innentürzuziehgriffe sind mit besonders geprägtem Leder überzogen. Der Schalthebel in Kugeloptik ist in einer Aluminium-Leder-Kombination gefertigt. Die Instrumente sind mit verchromten Zierringen umrahmt. Die Schalen der Sitzrückenlehnen, der hintere Teil der Mittelkonsole, der Handbremshebel, die Nutleiste der Armaturentafel, die Schalterblende und die Rückseite der Überrollbügel sind als Kontrast in GT silbermetallic lackiert. Auf den schwarzen Einstigesleisten hebt sich ein hochglanzpolierter »Boxster S«-Schriftzug ab.

Auf der Mittelkonsole ist eine Plakette mit der fortlaufenden Nummer des Sondermodells befestigt. Serienmäßig sind die automatische Klimaanlage, das Radio CDR 23 mit Klangpaket, der Bordcomputer, ein Windschott und die Litronic-Scheinwerfer mit dynamischer Leuchtweitenregulierung und Scheinwerferreinigungsanlage.

Die Höchstgeschwindigkeit mit 6-Gang-Schaltgetriebe liegt bei 266 km/h, mit Tiptronic S bei 260 km/h. Handgeschaltet vergehen im Spurt auf 100 km/h 5,7 Sekunden. Die Tiptronic S benötig 6,4 Sekunden.

Phantombild 986 Boxster

986 Boxster [Tiptronic S] MJ 1997 bis MJ 1999

Motor

Bauart:	6-Zylinder-Boxermotor
Einbauposition:	Mittelmotor
Kühlung:	wassergekühlt
Motor-Typ:	M 96/20
Hubraum (cm³):	2480
Bohrung x Hub:	85,5 x 72
Leistung (kW/PS):	150/204 bei 6000/min
Drehmoment (Nm):	245 bei 4500/min
Literleistung (kW/l / PS/l):	60,5 / 82,3
Verdichtung:	11,0 : 1
Ventilsteuerung:	dohc über Doppelkette, 4 Ventile pro Zylinder, Vario-Cam
Gemischaufbereitung:	Bosch DME, Motronic M 5.2
Zündung:	DME mit ruhender Hochspannungsverteilung
Zündfolge:	1 - 6 - 2 - 4 - 3 - 5
Schmierung:	Integrierte Trockensumpfschmierung
Ölmenge (l):	8,75

Kraftübertragung

Antrieb:	Heckantrieb
Schaltgetriebe:	5-Gang
Sonderwunsch Tiptronic S:	[5-Gang]
Getriebe-Typ:	G 86/00 [A 86/00]
Übersetzungen:	
1. Gang:	3,50 [3,67]
2. Gang:	2,12 [2,00]
3. Gang:	1,43 [1,41]
4. Gang:	1,03 [1,00]
5. Gang:	0,79 [0,74]
Rückwärtsgang:	3,44 [4,10]
Achsübersetzung:	3,89 [4,21]

Karosserie, Fahrwerk, Bremse, Räder und Reifen

Karosserie:	2-türige, 2-sitzige, selbsttragende Roadster-Karosserie aus vollverzinktem Stahlblech, Bug- und Heckverkleidungen aus Kunststoff, automatisch ausfahrbarer Heckspoiler, elektrisch betätigtes Stoffverdeck mit flexibler Kunststoffheckscheibe
Sonderwunsch:	Hardtop aus Aluminium mit beheizbarer Heckscheibe
Vorderradaufhängung:	Einzelradaufhängung, McPherson Federbeine mit Leichtmetall Querlenkern, Leichtmetall Radträger, Querträger, Schraubenfedern, Zweirohr-Gasdruckdämpfer, Stabilisator
Hinterradaufhängung:	Einzelradaufhängung, McPherson Federbeine mit Leichtmetall Querlenkern, Leichtmetall Radträger, Hinterachshilfsrahmen, Schraubenfedern, Zweirohr-Gasdruckdämpfer, Stabilisator
Bremse v/h (Durchm. x B (mm)):	innenbelüftete Scheiben (298 x 24) / innenbelüftete Scheiben (292 x 20) schwarze 4-Kolben-Monobloc-Aluminium-Festsättel / schwarze 4-Kolben-Monobloc-Aluminium-Festsättel Bosch ABS 5.3
Räder v/h:	6 J x 16 / 7 J x 16
Reifen v/h:	205/55 ZR 16 / 225/50 ZR 16
Sonderwunsch:	7 J x 17 / 8,5 J x 17 205/50 ZR 17 / 255/40 ZR 17
Sonderwunsch ab MJ 1999:	7,5 J x 18 / 9 J x 18 225/40 ZR 18 / 265/35 ZR 18

Elektrik

Lichtmaschinenleistung (W/A):	1680 / 120
Batterie (V/Ah):	12 / 60 [12 / 70]

Abmessungen, Gewichte und Volumen

Spurweite v/h (mm):	1465 / 1528
mit 7 J x 17 / 8,5 J x 17:	1455 / 1508
mit 7,5 J x 18 / 9 J x 18:	1465 / 1504
Radstand (mm):	2415
Maße (L x B x H (mm)):	4315 x 1780 x 1290
Leergewicht nach DIN (kg):	1250 [1300]
zul. Gesamtgewicht (kg):	1560 [1610]
Kofferraumvolumen v/h (VDA (l)):	130 / 130
Tankvolumen (l):	58, davon 9 Reserve
MJ 1999:	64, davon 9 Reserve
C_W x A (m²):	0,31 x 1,93 = 0,598
Leistungsgewicht (kg/kW / kg/PS):	8,33 [8,66] / 6,12 [6,37]

Kraftstoffverbrauch

nach ECE (l/100 km)	98 ROZ Super plus bleifrei
Bei 90 km/h konstant:	6,3 [6,7]
Bei 120 km/h konstant:	8,1 [8,4]
Stadtzyklus:	12,1 [13,0]
Drittelmix:	8,9 [9,4]
nach EWG (l/100 km)	
Innerstädtisch:	14,3 [15,8]
Außerstädtisch:	7,1 [8,1]
Gesamt:	9,7 [10,9]
CO_2-Emissionen (g/km):	239 [263]

Fahrleistungen, Stückzahlen, Preise

Beschleunigung 0–100 km/h (s):	6,9 [7,6]
0–160 km/h (s):	16,5 [18,9]
Höchstgeschw. (km/h):	240 [235]
Stückzahl:	55.705
Listenpreise:	
08/1996:	DM 76.500,- [DM 81.400,-]
08/1997:	DM 78.030,- [DM 83.030,-]
08/1998:	DM 79.210,- [DM 84.250,-]

986 Boxster [Tiptronic S] MJ 2000 bis MJ 2002

Motor

Bauart:	6-Zylinder-Boxermotor
Einbauposition:	Mittelmotor
Kühlung:	wassergekühlt
Motor-Typ:	M 96/22
Hubraum (cm³):	2687
Bohrung x Hub:	85,5 x 78
Leistung (kW/PS):	162/220 bei 6400/min
Drehmoment (Nm):	260 bei 4750/min
Literleistung (kW/l / PS/l):	60,3 / 81,9
Verdichtung:	11,0 : 1
Ventilsteuerung:	dohc über Doppelkette, 4 Ventile pro Zylinder, Vario-Cam
Gemischaufbereitung:	Bosch DME, Motronic M 7.2
ab MJ 2001:	Bosch DME, Motronic ME 7.2
Zündung:	DME mit ruhender Hochspannungsverteilung
Zündfolge:	1 - 6 - 2 - 4 - 3 - 5
Schmierung:	Integrierte Trockensumpfschmierung
Ölmenge (l):	8,75

Kraftübertragung

Antrieb:	Heckantrieb
Schaltgetriebe:	5-Gang
Sonderwunsch Tiptronic S:	[5-Gang]
Getriebe-Typ:	G 86/01 [A 86/01]
Übersetzungen:	
1. Gang:	3,50 [3,66]
2. Gang:	2,12 [2,00]
3. Gang:	1,43 [1,41]
4. Gang:	1,09 [1,00]
5. Gang:	0,84 [0,74]
Rückwärtsgang:	3,44 [4,10]
Achsübersetzung:	3,56 [4,02]

Karosserie, Fahrwerk, Bremse, Räder und Reifen

Karosserie:	2-türige, 2-sitzige, selbsttragende Roadster-Karosserie aus vollverzinktem Stahlblech, Bug- und Heckverkleidungen aus Kunststoff, automatisch ausfahrbarer Heckspoiler, elektrisch betätigtes Stoffverdeck mit flexibler Kunststoffheckscheibe
Sonderwunsch:	Hardtop aus Aluminium mit beheizbarer Heckscheibe
Vorderradaufhängung:	Einzelradaufhängung, McPherson Federbeine mit Leichtmetall Querlenkern, Leichtmetall Radträger, Querträger, Schraubenfedern, Zweirohr-Gasdruckdämpfer, Stabilisator
Hinterradaufhängung:	Einzelradaufhängung, McPherson Federbeine mit Leichtmetall Querlenkern, Leichtmetall Radträger, Hinterachshilfsrahmen, Schraubenfedern, Zweirohr-Gasdruckdämpfer, Stabilisator
Bremse v/h (Durchm. x B (mm)):	innenbelüftete Scheiben (298 x 24) / innenbelüftete Scheiben (292 x 20) schwarze 4-Kolben-Monobloc-Aluminium-Festsättel schwarze 4-Kolben-Monobloc-Aluminium-Festsättel Bosch ABS 5.3
Räder v/h:	6 J x 16 / 7 J x 16
Reifen v/h:	205/55 ZR 16 / 225/50 ZR 16
Sonderwunsch:	7 J x 17 / 8,5 J x 17 205/50 ZR 17 / 255/40 ZR 17
Sonderwunsch:	7,5 J x 18 / 9 J x 18 225/40 ZR 18 / 265/35 ZR 18

Elektrik

Lichtmaschinenleistung (W/A):	1680 / 120
Batterie (V/Ah):	12 / 60 [12 / 70]

Abmessungen, Gewichte und Volumen

Spurweite v/h (mm):	1465 / 1528
mit 7 J x 17 / 8,5 J x 17:	1455 / 1508
mit 7,5 J x 18 / 9 J x 18:	1465 / 1504
Radstand (mm):	2415
Maße (L x B x H (mm)):	4315 x 1780 x 1290
Leergewicht nach DIN (kg):	1260 [1310]
zul. Gesamtgewicht (kg):	1570 [1620]
Kofferraumvolumen v/h (VDA (l)):	130 / 130
Tankvolumen (l):	64, davon 9 Reserve
C_W x A (m²):	0,31 x 1,93 = 0,598
Leistungsgewicht (kg/kW / kg/PS):	7,77 [8,08] / 5,72 [5,95]

Kraftstoffverbrauch

nach 93/116/EG (l/100 km):	98 ROZ Super plus bleifrei
Innerstädtisch:	14,6 [15,9]
Außerstädtisch:	7,4 [8,0]
Gesamt:	9,9 [10,9]
CO_2-Emissionen (g/km):	245 [264]

Fahrleistungen, Stückzahlen, Preise

Beschleunigung 0–100 km/h (s):	6,6 [7,4]
0–160 km/h (s):	15,9 [17,4]
Höchstgeschw. (km/h):	250 [245]
Stückzahl:	40.937
Listenpreise:	
08/1999:	DM 80.790,- [DM 85.830,-]
08/2000:	DM 80.790,- [DM 85.830,-]
08/2001:	DM 82.356,- [DM 87.393,-]

986 Boxster S [Tiptronic S] MJ 2000 bis MJ 2002

Motor

Bauart:	6-Zylinder-Boxermotor
Einbauposition:	Mittelmotor
Kühlung:	wassergekühlt
Motor-Typ:	M 96/21
Hubraum (cm³):	3179
Bohrung x Hub:	93 x 78
Leistung (kW/PS):	185/252 bei 6250/min
Drehmoment (Nm):	305 bei 4500/min
Literleistung (kW/l / PS/l):	58,2 / 79,3
Verdichtung:	11,0 : 1
Ventilsteuerung:	dohc über Doppelkette, 4 Ventile pro Zylinder, Vario-Cam
Gemischaufbereitung:	Bosch DME, Motronic M 7.2
ab MJ 2001:	Bosch DME, Motronic ME 7.2
Zündung:	DME mit ruhender Hochspannungsverteilung
Zündfolge:	1 - 6 - 2 - 4 - 3 - 5
Schmierung:	Integrierte Trockensumpfschmierung
Ölmenge (l):	8,75

Kraftübertragung

Antrieb:	Heckantrieb
Schaltgetriebe:	6-Gang
Sonderwunsch Tiptronic S:	[5-Gang]
Getriebe-Typ:	G 86/20 [A 86/20]
Übersetzungen:	
1. Gang:	3,82 [3,66]
2. Gang:	2,20 [2,00]
3. Gang:	1,52 [1,41]
4. Gang:	1,22 [1,00]
5. Gang:	1,02 [0,74]
6. Gang:	0,84
Rückwärtsgang:	3,55 [4,10]
Achsübersetzung:	3,44 [3,73]

Karosserie, Fahrwerk, Bremse, Räder und Reifen

Karosserie:	2-türige, 2-sitzige, selbsttragende Roadster-Karosserie aus vollverzinktem Stahlblech, Bug- und Heckverkleidungen aus Kunststoff, automatisch ausfahrbarer Heckspoiler, elektrisch betätigtes Stoffverdeck mit flexibler Kunststoffheckscheibe
Sonderwunsch:	Hardtop aus Aluminium mit beheizbarer Heckscheibe
Vorderradaufhängung:	Einzelradaufhängung, McPherson Federbeine mit Leichtmetall Querlenkern, Leichtmetall Radträger, Querträger, Schraubenfedern, Zweirohr-Gasdruckdämpfer, Stabilisator
Hinterradaufhängung:	Einzelradaufhängung, McPherson Federbeine mit Leichtmetall Querlenkern, Leichtmetall Radträger, Hinterachshilfsrahmen, Schraubenfedern, Zweirohr-Gasdruckdämpfer, Stabilisator
Bremse v/h (Durchm. x B (mm)):	innenbelüftete gelochte Scheiben (318 x 28) / innenbelüftete gelochte Scheiben (299 x 24) rote 4-Kolben-Monobloc-Aluminium-Festsättel / rote 4-Kolben-Monobloc-Aluminium-Festsättel Bosch ABS 5.3
Räder v/h:	7 J x 17 / 8,5 J x 17
Reifen v/h:	205/50 ZR 17 / 255/40 ZR 17
Sonderwunsch:	7,5 J x 18 / 9 J x 18 225/40 ZR 18 / 265/35 ZR 18

Elektrik

Lichtmaschinenleistung (W/A):	1680 / 120
Batterie (V/Ah):	12 / 60 [12 / 70]

Abmessungen, Gewichte und Volumen

Spurweite v/h (mm):	1455 / 1508
mit 7,5 J x 18 / 9 J x 18:	1465 / 1508
Radstand (mm):	2415
Maße (L x B x H (mm)):	4315 x 1780 x 1290
Leergewicht nach DIN (kg):	1295 [1335]
zul. Gesamtgewicht (kg):	1615 [1655]
Kofferraumvolumen v/h (VDA (l)):	130 / 130
Tankvolumen (l):	64, davon 9 Reserve
C_W x A (m²):	0,32 x 1,93 = 0,617
Leistungsgewicht (kg/kW / kg/PS):	7,00 [7,21] / 5,13 [5,29]

Kraftstoffverbrauch

nach 93/116/EG (l/100 km):	98 ROZ Super plus bleifrei
Innerstädtisch:	15,7 [17,2]
Außerstädtisch:	8,0 [8,2]
Gesamt:	10,7 [11,3]
CO_2-Emissionen (g/km):	265 [280]

Fahrleistungen, Stückzahlen, Preise

Beschleunigung 0–100 km/h (s):	5,9 [6,5]
0–160 km/h (s):	13,8 [15,1]
Höchstgeschw. (km/h):	260 [255]
Stückzahl:	35.575
Listenpreise:	
08/1999:	DM 94.900,- [DM 99.940,-]
08/2000:	DM 94.900,- [DM 99.940,-]
08/2001:	DM 97.330,- [DM 102.367,-]

986 Boxster [Tiptronic S] MJ 2003 bis MJ 2004

Motor

Bauart:	6-Zylinder-Boxermotor
Einbauposition:	Mittelmotor
Kühlung:	wassergekühlt
Motor-Typ:	M 96/23
Hubraum (cm³):	2687
Bohrung x Hub:	85,5 x 78
Leistung (kW/PS):	168/228 bei 6300/min
Drehmoment (Nm):	260 bei 4700/min
Literleistung (kW/l / PS/l):	62,5 / 84,9
Verdichtung:	11,0 : 1
Ventilsteuerung:	dohc über Doppelkette, 4 Ventile pro Zylinder, Vario-Cam
Gemischaufbereitung:	Bosch DME, Motronic ME 7.8
Zündung:	DME mit ruhender Hochspannungsverteilung
Zündfolge:	1 - 6 - 2 - 4 - 3 - 5
Schmierung:	Integrierte Trockensumpfschmierung
Ölmenge (l):	8,75

Kraftübertragung

Antrieb:	Heckantrieb
Schaltgetriebe:	5-Gang
Sonderwunsch Tiptronic S:	[5-Gang]
Getriebe-Typ:	G 86/01 [A 86/01]
Übersetzungen:	
1. Gang:	3,50 [3,66]
2. Gang:	2,12 [2,00]
3. Gang:	1,43 [1,41]
4. Gang:	1,09 [1,00]
5. Gang:	0,84 [0,74]
Rückwärtsgang:	3,44 [4,10]
Achsübersetzung:	3,56 [3,33]

Karosserie, Fahrwerk, Bremse, Räder und Reifen

Karosserie:	2-türige, 2-sitzige, selbsttragende Roadster-Karosserie aus vollverzinktem Stahlblech, Bug- und Heckverkleidungen aus Kunststoff, automatisch ausfahrbarer Heckspoiler, elektrisch betätigtes Stoffverdeck mit beheizbarer Glasheckscheibe
Sonderwunsch:	Hardtop aus Aluminium mit beheizbarer Heckscheibe
Vorderradaufhängung:	Einzelradaufhängung, McPherson Federbeine mit Leichtmetall Querlenkern, Leichtmetall Radträger, Querträger, Schraubenfedern, Zweirohr-Gasdruckdämpfer, Stabilisator
Hinterradaufhängung:	Einzelradaufhängung, McPherson Federbeine mit Leichtmetall Querlenkern, Leichtmetall Radträger, Hinterachshilfsrahmen, Schraubenfedern, Zweirohr-Gasdruckdämpfer, Stabilisator
Bremse v/h (Durchm. x B (mm)):	innenbelüftete Scheiben (298 x 24) / innenbelüftete Scheiben (292 x 20) schwarze 4-Kolben-Monobloc-Aluminium-Festsättel / schwarze 4-Kolben-Monobloc-Aluminium-Festsättel Bosch ABS 5.7
Räder v/h:	6 J x 16 / 7 J x 16
Reifen v/h:	205/55 ZR 16 / 225/50 ZR 16
Sonderwunsch:	7 J x 17 / 8,5 J x 17 205/50 ZR 17 / 255/40 ZR 17
Sonderwunsch:	7,5 J x 18 / 9 J x 18 225/40 ZR 18 / 265/35 ZR 18

Elektrik

Lichtmaschinenleistung (W/A):	1680 / 120
Batterie (V/Ah):	12 / 60 [12 / 70]

Abmessungen, Gewichte und Volumen

Spurweite v/h (mm):	1465 / 1528
mit 7 J x 17 / 8,5 J x 17:	1455 / 1514
Radstand (mm):	2415
Maße (L x B x H (mm)):	4320 x 1780 x 1290
Leergewicht nach DIN (kg):	1275 [1330]
zul. Gesamtgewicht (kg):	1600 [1655]
Kofferraumvolumen v/h (VDA (l)):	130 / 130
Tankvolumen (l):	64, davon 9 Reserve
C_W x A (m²):	0,31 x 1,93 = 0,598
Leistungsgewicht (kg/kW / kg/PS):	7,58 [7,91] / 5,59 [5,83]

Kraftstoffverbrauch

nach 1999/100/EG (l/100 km):	98 ROZ Super plus bleifrei
Innerstädtisch:	14,2 [15,3]
Außerstädtisch:	7,1 [7,9]
Gesamt:	9,7 [10,7]
CO_2-Emissionen (g/km):	233 [259]

Fahrleistungen, Stückzahlen, Preise

Beschleunigung 0–100 km/h (s):	6,4 [7,3]
0–160 km/h (s):	15,0 [17,2]
Höchstgeschw. (km/h):	253 [248]
Stückzahl:	17.325
Listenpreise:	
08/2002:	Euro 42.108,- [Euro 44.683,-]
04/2003:	Euro 42.912,- [Euro 44.831,-]

986 BOXSTER S [TIPTRONIC S] MJ 2003 BIS MJ 2004

MOTOR

Bauart:	6-Zylinder-Boxermotor
Einbauposition:	Mittelmotor
Kühlung:	wassergekühlt
Motor-Typ:	M 96/24
Hubraum (cm^3):	3179
Bohrung x Hub:	93 x 78
Leistung (kW/PS):	191/260 bei 6200/min
Drehmoment (Nm):	310 bei 4600/min
Literleistung (kW/l / PS/l):	60,1 / 81,8
Verdichtung:	11,0 : 1
Ventilsteuerung:	dohc über Doppelkette, 4 Ventile pro Zylinder, Vario-Cam
Gemischaufbereitung:	Bosch DME, Motronic ME 7.8
Zündung:	DME mit ruhender Hochspannungsverteilung
Zündfolge:	1 - 6 - 2 - 4 - 3 - 5
Schmierung:	Integrierte Trockensumpfschmierung
Ölmenge (l):	8,75

KRAFTÜBERTRAGUNG

Antrieb:	Heckantrieb
Schaltgetriebe:	6-Gang
Sonderwunsch Tiptronic S:	[5-Gang]
Getriebe-Typ:	G 86/20 [A 86/20]
Übersetzungen:	
1. Gang:	3,82 [3,66]
2. Gang:	2,20 [2,00]
3. Gang:	1,52 [1,41]
4. Gang:	1,22 [1,00]
5. Gang:	1,02 [0,74]
6. Gang:	0,84
Rückwärtsgang:	3,55 [4,10]
Achsübersetzung:	3,44 [3,09]

KAROSSERIE, FAHRWERK, BREMSE, RÄDER UND REIFEN

Karosserie:	2-türige, 2-sitzige, selbsttragende Roadster-Karosserie aus vollverzinktem Stahlblech, Bug- und Heckverkleidungen aus Kunststoff, automatisch ausfahrbarer Heckspoiler, elektrisch betätigtes Stoffverdeck mit beheizbarer Glasheckscheibe
Sonderwunsch:	Hardtop aus Aluminium mit beheizbarer Heckscheibe
Vorderradaufhängung:	Einzelradaufhängung, McPherson Federbeine mit Leichtmetall Querlenkern, Leichtmetall Radträger, Querträger, Schraubenfedern, Zweirohr-Gasdruckdämpfer, Stabilisator
Hinterradaufhängung:	Einzelradaufhängung, McPherson Federbeine mit Leichtmetall Querlenkern, Leichtmetall Radträger, Hinterachshilfsrahmen, Schraubenfedern, Zweirohr-Gasdruckdämpfer, Stabilisator
Bremse v/h (Durchm. x B (mm)):	innenbelüftete gelochte Scheiben (318 x 28) / innenbelüftete gelochte Scheiben (299 x 24) rote 4-Kolben-Monobloc-Aluminium-Festsättel / rote 4-Kolben-Monobloc-Aluminium-Festsättel Bosch ABS 5.7
Räder v/h:	7 J x 17 / 8,5 J x 17
Reifen v/h:	205/50 ZR 17 / 255/40 ZR 17
Sonderwunsch:	7,5 J x 18 / 9 J x 18 225/40 ZR 18 / 265/35 ZR 18

ELEKTRIK

Lichtmaschinenleistung (W/A):	1680 / 120
Batterie (V/Ah):	12 / 60 [12 / 70]

ABMESSUNGEN, GEWICHTE UND VOLUMEN

Spurweite v/h (mm):	1455 / 1514
Radstand (mm):	2415
Maße (L x B x H (mm)):	4320 x 1780 x 1290
Leergewicht nach DIN (kg):	1320 [1360]
zul. Gesamtgewicht (kg):	1630 [1670]
Kofferraumvolumen v/h (VDA (l)):	130 / 130
Tankvolumen (l):	64, davon 9 Reserve
C_W x A (m^2):	0,32 x 1,93 = 0,617
Leistungsgewicht (kg/kW / kg/PS):	6,91 [7,12] / 5,07 [5,23]

KRAFTSTOFFVERBRAUCH

nach 1999/100/EG (l/100 km):	98 ROZ Super plus bleifrei
Innerstädtisch:	15,3 [16,4]
Außerstädtisch:	7,8 [8,0]
Gesamt:	10,5 [11,1]
CO_2-Emissionen (g/km):	255 [268]

FAHRLEISTUNGEN, STÜCKZAHLEN, PREISE

Beschleunigung 0–100 km/h (s):	5,7 [6,4]
0–160 km/h (s):	13,2 [14,9]
Höchstgeschw. (km/h):	264 [258]
Stückzahl:	13.368
Listenpreise:	
08/2002:	Euro 49.764,- [Euro 52.339,-]
04/2003:	Euro 49.912,- [Euro 52.487,-]

986 Boxster S »50 Jahre 550 Spyder« [Tiptronic S] ab MJ 2004

Motor

Bauart:	6-Zylinder-Boxermotor
Einbauposition:	Mittelmotor
Kühlung:	wassergekühlt
Motor-Typ:	M 96/24
Hubraum (cm³):	3179
Bohrung x Hub:	93 x 78
Leistung (kW/PS):	196/266 bei 6200/min
Drehmoment (Nm):	310 bei 4600/min
Literleistung (kW/l / PS/l):	61,7 / 83,7
Verdichtung:	11,0 : 1
Ventilsteuerung:	dohc über Doppelkette, 4 Ventile pro Zylinder, Vario-Cam
Gemischaufbereitung:	Bosch DME, Motronic ME 7.8
Zündung:	DME mit ruhender Hochspannungsverteilung
Zündfolge:	1 - 6 - 2 - 4 - 3 - 5
Schmierung:	Integrierte Trockensumpfschmierung
Ölmenge (l):	8,75

Kraftübertragung

Antrieb:	Heckantrieb
Schaltgetriebe:	6-Gang
Sonderwunsch Tiptronic S:	[5-Gang]
Getriebe-Typ:	G 86/20 [A 86/20]
Übersetzungen:	
1. Gang:	3,82 [3,66]
2. Gang:	2,20 [2,00]
3. Gang:	1,52 [1,41]
4. Gang:	1,22 [1,00]
5. Gang:	1,02 [0,74]
6. Gang:	0,84
Rückwärtsgang:	3,55 [4,10]
Achsübersetzung:	3,44 [3,09]

Karosserie, Fahrwerk, Bremse, Räder und Reifen

Karosserie:	2-türige, 2-sitzige, selbsttragende Roadster-Karosserie aus vollverzinktem Stahlblech, Bug- und Heckverkleidungen aus Kunststoff, automatisch ausfahrbarer Heckspoiler, elektrisch betätigtes Stoffverdeck mit beheizbarer Glasheckscheibe
Exklusivfarbe:	GT silbermetallic
Sonderwunsch:	Hardtop aus Aluminium mit beheizbarer Heckscheibe
Vorderradaufhängung:	Einzelradaufhängung, McPherson Federbeine mit Leichtmetall Querlenkern, Leichtmetall Radträger, Querträger, Schraubenfedern, Zweirohr-Gasdruckdämpfer, Stabilisator
Hinterradaufhängung:	Einzelradaufhängung, McPherson Federbeine mit Leichtmetall Querlenkern, Leichtmetall Radträger, Hinterachshilfsrahmen, Schraubenfedern, Zweirohr-Gasdruckdämpfer, Stabilisator
Bremse v/h (Durchm. x B (mm)):	innenbelüftete gelochte Scheiben (318 x 28) / innenbelüftete gelochte Scheiben (299 x 24) rote 4-Kolben-Monobloc-Aluminium-Festsättel / rote 4-Kolben-Monobloc-Aluminium-Festsättel Bosch ABS 5.7
Räder v/h:	7,5 J x 18* / 9 J x 18*
Reifen v/h:	225/40 ZR 18 / 265/35 ZR 18
***und 5 mm Distanzscheiben**	

Elektrik

Lichtmaschinenleistung (W/A):	1680 / 120
Batterie (V/Ah):	12 / 60 [12 / 70]

Abmessungen, Gewichte und Volumen

Spurweite v/h (mm):	1455 / 1514
Radstand (mm):	2415
Maße (L x B x H (mm)):	4320 x 1780 x 1290
Leergewicht nach DIN (kg):	1320 [1360]
zul. Gesamtgewicht (kg):	1630 [1670]
Kofferraumvolumen v/h (VDA (l)):	130 / 130
Tankvolumen (l):	64, davon 9 Reserve
C_W x A (m²):	0,32 x 1,93 = 0,617
Leistungsgewicht (kg/kW / kg/PS):	6,73 [6,93] / 4,96 [5,11]

Kraftstoffverbrauch

nach 1999/100/EG (l/100 km):	98 ROZ Super plus bleifrei
Innerstädtisch:	15,3 [16,4]
Außerstädtisch:	7,8 [8,0]
Gesamt:	10,5 [11,1]
CO_2-Emissionen (g/km):	255 [268]

Fahrleistungen, Stückzahlen, Preise

Beschleunigung 0–100 km/h (s):	5,7 [6,4]
0–160 km/h (s):	13,2 [14,9]
Höchstgeschw. (km/h):	266 [260]
Stückzahl:	1.953 – limitiert
Listenpreise:	
11/2003:	Euro 59.192,- [Euro 61.767,-]

Porsche Boxster (Typ 987)

Modelljahr 2005 (5-Programm)

Am 27. November 2004 führt Porsche die zweite Generation des Erfolgsmodells Boxster in allen 85 deutschen Porsche-Zentren ein. Vom 986 Boxster hat Porsche mehr als 160.000 Fahrzeuge verkauft. Der neue Boxster trägt die Typenbezeichnung 987. Er wird in den Ausführungen Boxster und Boxster S angeboten. Der Boxster wird von einem 2,7-Liter-Sechszylinder-Motor mit 240 PS (176 kW) angetrieben, der Boxster S von einem 280 PS (206 kW) starken 3,2-Liter-Boxer. Der Boxster präsentiert sich optisch und technisch in einem neuen Outfit.

An der Wagenfront fallen die ovalen Scheinwerfer und die oberhalb der großen Lufteinlässe montierten Zusatzleuchten mit Positionslichtern und Nebelscheinwerfern ins Auge. Serienmäßig sind H7-Klarglashauptscheinwerfer mit Projektionstechnik, optional sind Bi-Xenonscheinwerfer lieferbar. Der Bugbereich ist so gestaltet, daß der Vorderwagen aerodynamisch effizient umströmt wird, aber auch die Kühlluftdurchströmung verbessert ist. Der Boxster hat an den Seiten unterhalb der Zusatzscheinwerfer jeweils einen Lufteinlaß mit einem schwarzen Ziergitter. In der Mitte des Bugteils hat der Boxster S noch eine zusätzliche Öffnung, die Ziergitter sind titanfarben. Die vorderen Kotflügel setzen sich durch die erhöhte Kammlinie von der Fronthaube ab. Der vordere und der hintere Kofferraumdeckel sind aus Aluminium gefertigt. In den vorderen Seitenscheibendreiecken sind elektrisch verstell- und beheizbare Doppelarm-Außenspiegel befestigt, auf der Fahrerseite mit einer asphärischen Wirkung. Eine grüngetönte Wärmeschutzverglasung und hydrophob beschichtete Türseitenscheiben gehören zur Serienausstattung. Die Seitenansicht wird durch die titanfarbenen Lufteinlässe mit den horizontalen Lamellen vor den Hinterrädern und den Bügeltürgriffen geprägt. Die Silhouette mit kräftigem Linienschwung und das Heck mit dem markanten Fugenverlauf wirken vertraut. Im oberen Bereich des Heckdeckels ist die dritte Bremsleuchte mit LED-Technik integriert. Zwischen den Rückleuchten ist der ausfahrbare Heckspoiler integriert. Im eingefahrenen Zustand verlängert er optisch den Fugenverlauf des Heckdeckels. Das Design ist klarer, straffer und funktionsbetonter geworden. Der Luftwiderstandsbeiwert des Boxster ist mit c_W = 0,29 für einen Roadster sehr gering. Geringe Auftriebsbeiwerte an Vorder- und Hinterachse, ermöglichen auch bei sehr hohen Geschwindigkeiten ein sicheres und stabiles Fahrverhalten. Die Fahrgastzelle wird bei einem Frontal- oder Offsetcrash vom oberen Lastpfad verstärkt, der auftretende Kräfte vom Vorderwagen über die Tür nach hinten ableitet. Die Tür ist dazu durch ein zusätzliches Stahlprofilblech verstärkt und stützt sich bei einem Unfall an der optimierten Seitenteilstruktur ab. Ein Stützrohr aus hochfestem Stahl, welches vom Schweller zur A-Säule verläuft, dient zur Verstärkung der Fahrgastzelle bei einem Offsetcrash. Die Boxster-Karosserie erfüllt alle internationalen Anforderungen an die passive Sicherheit. Der Insassenschutz wird durch die beiden Überrollbügel hinter den Sitzen ergänzt. Das elektrische Verdeck ist mit einem Innenhimmel und einer beheizbaren Festglasheckscheibe ausgerüstet. Es kann bis zu einer Geschwindigkeit von 50 Kilometer pro Stunde beim Fahren geöffnet oder geschlossen werden. Der Boxster ist an einem ovalen Abgasendrohr, dem titanfarben Boxster-Schriftzug auf dem Heckdeckel und schwarz eloxierten Bremssätteln zu erkennen, der Boxster S am silberfarbenen Schriftzug, an runden Doppelendrohren und rot lackierten Bremszangen. Optional sind für den Boxster auch ein Aluminium-Hardtop mit beheizbarer Heckscheibe und ein dreiteiliges Windschott inklusive Ablagebox auf der Motorabdeckung lieferbar.

Durch 85,5 Millimeter Bohrung und 78 Millimeter Hub beträgt der Hubraum des Motors für den Boxster 2.687 cm^3. Das weiterentwickelte Aggregat ist mit dem VarioCam-System, dem digitalen Motormanagement Bosch ME 7.8 und zur Verbesserung des Drehmomentverlaufs mit einer zweistufigen Resonanzansauganlage ausgerüstet. Der auf 11,0 : 1 verdichtete Boxer leistet 240 PS (176 kW) bei 6.400/min. Noch wichtiger als die zusätzlichen Pferdestärken ist die im unteren Drehzahlbereich spürbar gestiegene Durchzugskraft. Das maximale Drehmoment von 270 Nm wird bei 4.700 bis 6.000/min erreicht. Der Motor des Boxster S leistet aus 3,2 Liter Hubraum 280 PS (206 kW) bei 6.200/min. Der Hubraum wird durch eine Bohrung von 93 Millimeter und einem Hub von 78 Millimeter erreicht. Das maximale Drehmoment von 320 Nm liegt bei 4.700 bis 6.000 Umdrehungen an der Kurbelwelle an. Die Verdichtung beträgt 11,0 : 1. Wie der 2,7-Liter-Motor ist auch das S-Aggregat mit der Nockenwellenverstellung VarioCam, der digitalen Motorelektronik Bosch ME 7.8 und einer zweistufigen Resonanzansauganlage bestückt.

Die Kraftübertragung übernimmt beim Boxster ein 5-Gang-Schaltgetriebe. Im optionalen Sportpaket ist das 6-Gang-Schaltgetriebe, welches beim Boxster S serienmäßig ist, in Ver-

bindung mit dem aktiven Dämpfungssystem Porsche Active Suspension Management (PASM) lieferbar. Alternativ steht auch die 5-Stufen-Tiptronic S zur Wahl.
Für eine exzellente Verzögerung sorgt beim Boxster eine Bremsanlage mit großen innenbelüfteten, gelochten Bremsscheiben mit einem Durchmesser von 298 Millimeter an der Vorderachse und 299 Millimeter an der Hinterachse. An den Radträgern sind schwarz eloxierte 4-Kolben-Monobloc-Aluminium-Festsättel montiert. Der Verstärkungsfaktor der Servobremse wird um 17 Prozent erhöht. Geringere Betätigungskräfte und ein schnelles Ansprechen der Bremse sind die Folge. Eine mechanisch angetriebene Pumpe erzeugt den Servodruck für die Bremse.
Der Boxster S ist mit einer besonders standfesten Bremsanlage ausgerüstet. Beim Boxster S kommen vier rot lackierte 4-Kolben-Monobloc-Aluminium-Festsättel zum Einsatz. Der Durchmesser der innenbelüfteten, gelochten Bremsscheiben beträgt an der Vorderachse 318 Millimeter und an der Hinterachse 299 Millimeter. Das serienmäßige Porsche Stability Management (PSM) mit ABS (Antiblockiersystem), ASR (Antriebsschlupfregelung), MSR (Motorschleppmomentregelung) und ABD (Automatisches Bremsendifferential) sorgt für eine Steigerung der aktiven Sicherheit beim Bremsen, Beschleunigen und in Kurven. Das System erlaubt eine sportliche Fahrweise bei feinfühliger Regelung. Für den Boxster S ist auf Wunsch die Keramikbremse Porsche Ceramic Composite Brake (PCCB) lieferbar. Vier innenbelüftete, gelochte 350-Millimeter-Keramikbremsscheiben sorgen mit speziell abgestimmten Verbundbremsbelägen und den gelb lackierten 6-Kolben-Aluminium-Festsätteln an der Vorderachse und 4-Kolben-Aluminium-Festsätteln an der Hinterachse für hohe und konstante Verzögerungswerte. Selbst bei hoher Beanspruchung werden kürzeste Bremswege gewährleistet.
Das sehr gut abgestimmte Fahrwerk erhält eine etwas breitere Spur. Durch die Verwendung von Aluminiumteilen werden die ungefederten Massen gering gehalten. Die großen Rädern verbinden eine hohe Querbeschleunigung mit gutem Komfort. Serienmäßig ist der Boxster mit 17-Zoll-Aluminiumrädern ausgerüstet. An der Vorderachse sind Reifen der Dimension 205/55 ZR 17 auf 6,5 J x 17 Rädern aufgezogen, an der Hinterachse 235/50 ZR 17 auf 8 J x 17. Auf Wunsch wird der Boxster ab Werk auch mit 18- oder 19-Zoll-Aluminiumrädern ausgeliefert. Der Boxster S rollt serienmäßig auf 8 J x 18 Aluminiumrädern mit Reifen der Größe 235/40 ZR 18 an der Vorderachse und 9 x J 18 mit einer 265/40 ZR 18 Bereifung an der Hinterachse. Optional sind 19-Zoll-Aluminiumräder in vier verschiedenen Designs lieferbar.
Die variabel übersetzte Zahnstangenlenkung ermöglicht eine hohe Agilität auf kurvenreichen Strecken bei gleichzeitig erstklassiger Fahrstabilität bei sehr hohen Geschwindigkeiten.
Optional können beide Boxster-Modelle mit dem elektronisch geregelten Dämpfungssystem Porsche Active Suspension Management (PASM) ausgeliefert werden. Mit PASM liegt das Fahrzeug um zehn Millimeter tiefer. Per Knopfdruck auf der Mittelkonsole können die beiden unterschiedlichen Fahrwerkeinstellungen PASM-Normal für eine sportlich komfortable und PASM-Sport für eine sehr sportliche Fahrwerkseinstellung gewählt werden. Damit kann der Langstreckenkomfort und der querdynamische Grenzbereich verbessert werden. Die Stoßdämpfer sind in der Dämpfung elektrisch verstellbar. Je nach Fahrsituation und Fahrbahnbeschaffenheit werden sie kontinuierlich und automatisch abgestimmt. In der normalen Einstellung wechseln die Dämpfer bei dynamischer Fahrweise automatisch in einen zunehmend sportlicheren Modus. Bei langen Reisen auf der Autobahn nehmen die Insassen diesen Komfortgewinn wohlwollend zur Kenntnis. In der sportlichen Einstellung werden härtere Dämpferkennlinien für eine betont agile Fahrweise gewählt, die bei extremen Fahrbahnstößen auf eine komfortablere Einstellung umschaltet. Neben höherem Komfort wird auch ein konstanter Fahrbahnkontakt der Reifen und somit mehr aktive Sicherheit gewährleistet.
Eine weitere Option für den Boxster und den Boxster S ist das Sport Chrono Paket mit einer sehr sportlichen Abstimmung diverser Fahrzeugfunktionen. Es beeinflußt das Regelverhalten von Motorsteuerung, Porsche Stability Management (PSM) und so weit vorhanden von Tiptronic S und aktivem PASM-Fahrwerk. Der Wagen hängt spontaner am Gas und läßt durch die betont sportliche Abstimmung mehr Freiheiten im Grenzbereich. Das Erkennungsmerkmal ist der Analog-/Digital-Chronometer auf der Armaturentafel, welcher fahrdynamische Vergleiche wie Rundenzeiten auf der Rennstrecke mit einer Genauigkeit von Hundertstelsekunden erlaubt. Über den Lenkstockhebel wird die Zeitmessung gesteuert.
Selbstverständlich gehört auch eine umfangreiche Sicherheitsausstattung zur Serie. Auch in der passiven Sicherheit setzt der Boxster bei offenen Fahrzeug Maßstäbe. Front-Airbags für Fahrer und Beifahrer ergänzen die 3-Punkt-Automatikgurte mit Gurtstraffer und Gurtkraftbegrenzer. Bei einer Seitenkollision entfaltet sich ein Kopf-Airbag aus der Brüstung unter der Seitenscheibe in Kombination mit einem Thorax-Airbag, der in der Außenseite der Sitzlehne integriert ist.
Mit der Einführung der zweiten Boxster-Generation unterscheidet sich das Interieur deutlich von der 911 Baureihe. Zuerst fallen die vier ovalen Lüftungsdüsen ins Auge, jeweils eine an den Seiten und zwei in der Mitte der Armaturentafel. Die Türzuziehgriffe verlaufen in der Verlängerung der Deckel der Türablagekästen. Charakteristisch für den Boxster ist weiterhin das Kombiinstrument mit den drei Rundinstrumenten. Der Boxster trägt schwarze Zifferblätter, beim Boxster S sind diese in Aluminiumfarbe lackiert. Der Innenraum bietet durch die nach

vorne verlagerte Pedalerie, das axial und in der Höhe um 40 Millimeter verstellbare Lenkrad, die niedrige Sitzposition und die erweiterte Längsverstellung der Sitze auch groß gewachsenen Fahrern viel Platz. Der manuell verstellbare Seriensitz hat eine elektrische Lehnenverstellung und ist mit Kunstleder und einer Alcantara-Sitzmittelbahn bezogen. Der Beifahrersitz ist mit einer Vorrüstung für den nachträglichen Einbau eines ISO-FIX-Kindersitzbefestigungssystems und einem Schalter zum Deaktivieren des Beifahrer-Airbags ausgestattet. Als Option sind drei weitere Sitzvarianten lieferbar: Der vollelektrisch verstellbare Sitz mit Lordosenstütze, der Ledersportsitz mit verstärkten Seitenwangen und der adaptive Sportsitz mit individuell einstellbaren Seitenteilen. Der Lenkradkranz, die Schalthebelmanschette, der Handbremshebel und die Türgriffe sind mit Leder bezogen. Beim Boxster sind die Deckel der Ablagefächer in den Türen und auf der Mittelkonsole aus geschäumten Kunststoff, beim Boxster S sind diese ebenfalls mit Leder bezogen. Die Kunststoffteile sind mit Softlack bzw. in vulkangrau lackiert. Über dem Handschuhfach sind hinter der Zierleiste zwei ausklappbare und in der Größe verstellbare Getränkehalter integriert. Beim Boxster und Boxster S sorgen außerdem folgende in Aluminiumoptik lackierte Kunststoffteile für ein hochwertiges Ambiente: Handschuhfachgriff, Türöffner, Rahmen an Seiten- und Mittelbelüftungsdüsen, Blenden der Lenkradspeichen, bei Tiptronic S mit Schaltwippen, Applikationen am Schalthebel und die Abdeckung der Tiptronic S Kulisse. Der Boxster S trägt zusätzlich die Aluminiumoptik an der durchgehenden Zierblende an der Schalttafel und an den Zierblenden am Schalthebel. Die Türeinstiegsleisten sind mit einem Boxster- bzw. Boxster S-Schriftzug versehen.

Zum Serienumfang gehören elektrische Fensterheber, Klimaanlage mit Aktivkohlefilter, Bordcomputer mit erweiterten Funktionen, Zentralverriegelung mit Funkfernbedienung inklusive Kofferraumentriegelung, Wegfahrsperre, Radio CDR-24 mit 2x 25-Watt-Verstärker und vier Lautsprechern. Ebenso ist eine Vorrüstung für den nachträglichen Einbau eines CD-Wechslers vorhanden. Beim Boxster S ist zudem noch eine Alarmanlage serienmäßig. Porsche bietet mit der Klimaautomatik, dem Sportlenkrad, dem Multifunktionslenkrad, dem Porsche Communication Management (PCM) mit 5,8 Zoll-Farbdisplay und dem Navigationsmodul mit separatem DVD-Laufwerk, dem Sound Package Plus mit 7 Lautsprechern und 180 Watt Gesamtleistung inklusive CD-Ablage oder dem BOSE® Surround Sound-System mit 11 Lautsprechen und 325 Watt Musikleistung zahlreiche Individualisierungsmöglichkeiten an. In Verbindung mit dem Windschott entfällt die Ablagebox auf der Motorabdeckung, da dieser Platz für die Surround-Anlage benötigt wird.

Der Boxster beschleunigt mit 5-Gang-Schaltgetriebe in 6,2 Sekunden, mit der Tiptronic S in 7,1 Sekunden aus dem Stand auf 100 Stundenkilometer. Mit Schaltgetriebe ist er bis zu 256 Kilometer pro Stunde schnell, mit Tiptronic S nur 250 Kilometer pro Stunde. Der mit einem 6-Gang-Schaltgetriebe ausgestattete Boxster S sprintet in 5,5 Sekunden von 0 auf 100 km/h. Mit Automatik ist der um 0,8 Sekunden langsamer. Der handgeschaltete Wagen erreicht eine Höchstgeschwindigkeit von 268 km/h. Diese beträgt mit Tiptronic S nur 260 km/h.

Modelljahr 2006 (6-Programm)

Keine nennenswerten Veränderungen zum Modelljahr 2006. Porsche bietet in Zusammenarbeit mit der Exclusive-Abteilung beinahe jede Möglichkeit der Individualisierung des Boxster an. Auf Kundenwunsch kann beinahe jeder Farbton für die Lackierung realisiert werden. 19-Zoll-Leichtmetallräder stehen in den verschiedensten Designs zur Auswahl. Mehrere Ausstattungspakete für Interieur und Exterieur sind im Angebot. Das Interieur kann individuell mit Leder in Sonderfarben oder Naturleder bezogen werden. Luxuriöse, seidenmatte Holzapplikationen können in hellem Platane- oder in dunklem Makassarholz ausgesucht werden. Wer ein sportliches Cockpit bevorzugt kann zwischen Carbonverkleidungen oder einer Aluminiumoptik mit Edelstahleinstiegsleisten wählen.

Modelljahr 2007 (7-Programm)

Auf Wunsch vieler Boxster-Kunden reagiert Porsche und hebt die Nennleistungen der beiden Motoren auf das gleiche Niveau wie bei den Cayman-Modellen an.

Der 2,7-Liter-Boxermotor erhält die VarioCam Plus-Ventilsteuerung mit kontinuierlicher Verstellung der Einlaßsteuerzeiten (VarioCam) und variabler Ventilhubumschaltung (Plus). Die Steuerzeitenverstellung der Einlaßnockenwelle wird über einen um 40 Grad verstellbaren Flügelzellenversteller erreicht. Die Ventilhubumschaltung arbeitet über schaltbare Tassenstößel auf der Einlaßseite, welche durch ein elektrohydraulisches Ventil geschaltet werden. Die Tassenstößel bestehen aus zwei ineinander liegenden Stößeln, die durch einen Bolzen miteinander verbunden werden können. Diese Technik ermöglicht eine Motorcharakteristik, die kraftvolles Durchzugsvermögen mit einer hoher Spitzenleistung und einen niedrigen Kraftstoffverbrauch verbindet. Die Leistung des auf 11,3 : 1 verdichteten 2,7-Liter-Aggregats steigt um fünf PS auf 245 PS (180 kW) bei 6.500 Umdrehungen pro Minute. Das maximale Drehmoment klettert auf 273 Newtonmeter zwischen einer Drehzahl von 4.600 bis 6.000/min.

Das von 3,2 auf 3,4 Liter Hubraum vergrößerte Triebwerk des Boxster S erhält eine auf 96 Millimeter vergrößerte Bohrung. Der Hub von 78 Millimeter bleibt unverändert. Es erreicht seine Nennleistung von 295 PS (217 kW) bei 6.250 Umdrehungen pro Minute und wird damit 15 PS (11 kW) stärker. Das maximale

Drehmoment von 340 Nm liegt in einem Drehzahlbereich zwischen 4.400 und 6.000/min an der Kurbelwelle an. Die Zylinderköpfe und das VarioCam Plus-System stammen vom 911 Carrera. Zusammen mit den neuen Motoren ist auf Wunsch eine weiterentwickelte Tiptronic S mit neuer Hydraulik und Elektronik lieferbar. Die 5-Stufen-Automatik verfügt über variable Schaltprogramme und bietet in Kombination mit dem optionalen Sport Chrono Paket eine besonders sportliche Charakteristik. Bei gedrückter Sporttaste wird erst oberhalb von 3.000 Umdrehungen pro Minute hoch- oder heruntergeschaltet und Bremsrückschaltungen mit deutlich geringerer Verzögerung bei höherer Drehzahl durchgeführt. Die Schaltvorgänge sind betont sportlich, die Schaltzeiten kürzer und im manuellen Modus wird das Hochschalten bei Erreichen der Motorabregeldrehzahl verhindert.

Zum Modelljahr 2007 wird die Unterbringung der Serviceschale im hinteren Kofferraum verbessert. Die Einfüllstutzen für Motoröl und Kühlmittel sind hinter einer leicht zugänglichen Klappe zusammengefaßt, so daß sich der hintere Kofferraum noch besser nutzen läßt.

Der Boxster mit 5-Gang-Schaltgetriebe beschleunigt in 6,1 Sekunden auf 100 Stundenkilometer, die Höchstgeschwindigkeit liegt jetzt bei 258 km/h, mit dem optional erhältlichen 6-Gang-Schaltgetriebe sogar bei 260 km/h. Der Verbrauch wird trotz der besseren Fahrleistungen um 0,3 auf 9,3 Liter Super Plus pro 100 Kilometer gesenkt. Die Abgasgrenzwerte des Boxster liegen unterhalb der EU4 Norm und ULEV II in den USA.

Der neue Boxster S sprintet in nur 5,4 Sekunden auf 100 Kilometer pro Stunde und ist damit um 0,1 Sekunden schneller als der Boxster S mit 280 PS. Mit einer Endgeschwindigkeit von 272 km/h ist der neue Boxster S ebenfalls um vier Kilometer schneller. Der Durchschnittsverbrauch des 3,4-Liter-Modells liegt bei 10,6 Liter Super Plus pro 100 Kilometer. Der Boxster S unterschreitet die Grenzwerte nach EU4 und ULEV II.

Für den nordamerikanischen Markt in den USA legt Porsche eine Sonder-Edition von 500 Fahrzeugen in der Farbe GT3 RS Orange mit einem schwarzen Verdeck auf, die ab dem 28. September 2007 bei den Porsche Händlern stehen. Das mit den Serienmotoren, als Boxster und Boxster S, erhältliche Sondermodell ist an den Aerodynamikteilen des SportDesign Pakets zu erkennen. Das Bugteil trägt an den Seiten kleine Spoilerlippen, der ausfahrbare Heckspoiler ist etwas erhöht und das Heckteil hat in Wagenfarbe lackierte integrierte Diffusoren. Dazwischen münden die Doppelendrohre des Sportauspuffs ins Freie. Die beiden Überrollbügel sind ebenfalls in Wagenfarbe lackiert. Die beiden Außenspiegel, die seitlichen Lufteinlässe hinter den Türen und die Radschüsseln sind als sportiver Kontrast in glänzendem schwarz lackiert. Der Boxster rollt auf 18-Zoll-Aluminiumrädern, der Boxster S auf 19-Zoll-SportDesign-Rädern. Im schwarzen Interieur fallen die in orange lackierten Blenden an der Armaturentafel und hinter den Türgriffen sofort auf. Die Sitzmittelbahnen, der Lenkradkranz, der Schalthebel bei Fahrzeugen mit Schaltgetriebe und der Handbremshebel sind mit schwarzem Alcantara bezogen. Auf dem Handschuhfach trägt das Sondemodell eine »Limited Edition« Plakette. Insgesamt werden 251 Stück vom Boxster und 251 Stück vom Boxster S gebaut. Jeweils ein Exemplar mehr als geplant.

Im November 2006 läuft der 200.000ster Porsche Boxster vom Band. Der bei Valmet Automotive im finnischen Uusikaupunki gebaute meteorgraumetallicfarbene Boxster S wird an eine Kundin in den USA ausgeliefert.

Modelljahr 2008 (8-Programm)

Anfang Dezember 2007 präsentiert Porsche auf der Bologna Motor Show mit dem den Boxster S »RS 60 Spyder« eine neue Version des Mittelmotorroadsters. Dieser erinnert in Form, Farbe und Philosophie an den Porsche 718 RS 60 Spyder, mit dem Hans Herrmann und Olivier Gendebien im Jahr 1960 das 12-Stunden-Rennen von Sebring in Florida gewonnen haben. Dieses war der erste Gesamtsieg bei einem der prestigeträchtigsten Langstreckenrennen zur damaligen Markenweltmeisterschaft in den USA. Die weltweite Markteinführung des Porsche Boxster S »RS 60 Spyder« beginnt im März 2008. Er soll den Mythos des erfolgreichen Rennspyders mit Mittelmotor wieder aufleben lassen. Das Sondermodell ist analog zur Jahreszahl auf 1960 Stück begrenzt. Das Bugteil des »RS 60 Spyder« stammt aus dem SportDesign-Paket. Es unterscheidet sich deutlich von der Serienfront. Die exklusive Außenfarbe GT-silbermetallic ist vom Carrera GT entliehen. Weitere optische Highlights sind der schwarze Windschutzscheibenrahmen und die komplett in Rot gefärbten Heckleuchten. Als Kontrast zur Lackierung wird für die Innenausstattung ein carrerarotes Naturleder und dazu passend ein rotes Verdeck gewählt. Alternativ kann auch dunkelgraues Naturleder zusammen mit einem schwarzen Verdeck geordert werden.

Selbst bei der Motorleistung legt der Boxster S »RS 60 Spyder« noch ein paar Pferdestärken zu. Durch die modifizierte Abgasführung der Sportauspuffanlage mit runden Doppelendrohren steigt die Leistung von 295 PS (217 KW) auf 303 PS (223 kW) bei 6.250 Umdrehungen pro Minute. Wobei das maximale Drehmoment von 340 Nm bei 4.400 bis 6.000/min unverändert bleibt. Das serienmäßige Porsche Active Suspension Management (PASM) sorgt je nach gewählter Einstellung für einen komfortablen wie auch sportlich straffen Fahrgenuß. Das Sondermodell rollt auf 19-Zoll-SportDesign-Rädern, die an der Hinterachse zusammen mit fünf Millimeter starken Distanzscheiben montiert werden. An der Vorderachse sind auf 8 J x 19 Rädern Reifen der Größe 235/35 ZR 19 aufgezogen. An der Hinterachse kommen auf 9,5 J x 19 Rädern 265/35 ZR 19 Reifen zum Einsatz. Schon beim Öffnen der Türen fallen die serienmäßigen Edelstahl-Einstiegsblenden mit dem Schriftzug »RS 60 Spyder« ins Auge. Im Cockpit fällt sofort die fehlende Abdeckung über dem in GT-silbermetallic lackierten Instrumententräger auf. Dies soll eine eigenständige, puristische Rennwagen-Atmosphäre vermitteln. Weitere Ausstattungsdetails wie die Mittelkonsole, die Sitzrückenschalen und der Überrollbügel sind ebenfalls in GT-silbermetallic lackiert. Dazu harmonisieren die silberfarbenen Sicherheitsgurte. Ein betont sportlicher Aluminium-Leder-Schalthebel, spezielle Prägungen auf den Sportsitzmittelbahnen, den Türtafeln, dem Lenkradkranz und dem Handbremshebel unterstreichen das sportlich exklusive Flair. Der Deckel des Handschuhfachs trägt rechts eine Aluminiumplakette »RS 60 Spyder Limited Edition« und der Nummer des Fahrzeugs von 1960.

Cockpit 987 Boxster S Sondermodell RS 60 Spyder

MODELLJAHR 2009 (9-PROGRAMM)

Kurz vor dem Facelift des Mittelmotor-Roadsters präsentiert Porsche das auf 500 Exemplare limitierte Sondermodell Boxster S Porsche Design Edition 2. Die Karosserie ist in der Serienfarbe Carraraweiß lackiert und mit drei hellgrauen Längsstreifen, von denen der mittlere etwas schmäler ausfällt, versehen. Auf dem rechten Streifen ist auf der Fronthaube der Schriftzug »PORSCHE DESIGN« ausgespart. An den Seitenflanken werden die drei Streifen auch hinter dem Radlauf der vorderen Kotflügel und den Türen angebracht. Im oberen Streifen ist ebenfalls der Schriftzug »PORSCHE DESIGN« ausgespart, im unteren »EDITION 2«. Die Ziergitter der seitlichen Lufteinlässe hinter den Türen sind ebenfalls in Wagenfarbe lackiert. Die Heckleuchten sind komplett rot eingefärbt. Das Faltverdeck ist aus steingrauem Stoff gefertigt.

Der 3,4-Liter-Motor hat wie beim Sondermodell Boxster S »RS 60 Spyder« acht Pferdestärken mehr als ein serienmäßiger Boxster S. Die Leistung beträgt 303 PS (223 kW) bei 6.250 Umdrehungen pro Minute und das maximale Drehmoment 340 Newtonmeter zwischen 4.400 und 6.000/min.

Serienmäßig rollt das Sondermodell auf Carreraweiß lackierten 19-Zoll-SportDesign-Rädern, die an der Hinterachse zusammen mit fünf Millimeter starken Distanzscheiben montiert werden. An der Vorderachse sind 235/35 ZR 19 Reifen auf 8 J x 19 Rädern aufgezogen, an der Hinterachse 265/35 ZR 19 auf 9,5 J x 19.

Das Interieur präsentiert sich in einer Alcantara-Leder-Ausstattung. Die Lederausstattung ist klassisch schwarz. Das 3-Speichen-Sportlenkrad, der Schalthebel und der Handbremsgriff sind mit Alcantara bezogen. Auf dem Handschuhfachdeckel ist rechts eine Aluminiumplakette »Porsche Design Edition 2 Limited Edition« und der Nummer des Fahrzeugs von 500 angebracht. Die Zifferblätter der Instrumente, die Zierblenden der Armaturentafel und die Mittelkonsole zwischen den Sitzen sind in Carraraweiß lackiert. Selbst die Edelstahleinstiegsblenden tragen die Schriftzüge. Dazu gehört auch als einzigartiges Accessoire die Porsche Design-Herrenarmbanduhr »Edition 2 Chronograph« mit einem weißen Zifferblatt, die speziell für diesen Boxster aufgelegt worden ist.

Anfang Januar 2009 präsentiert Porsche die facegeliftete Boxster-Modellreihe. Die Modifikationen fallen analog zum Cayman aus, dessen Facelift schon im Herbst 2008 vorgestellt worden ist. Neu dimensionierte Lufteinlässe prägen das Erscheinungsbild und unterstreichen die hohe Leistung der überarbeiteten Modelle. Die beiden äußeren in Lufteinlässe integrierten Querstege sind beim Boxster in Wagenfarbe lackiert, beim Boxster S sind diese in kontrastreichem Schwarz gehalten. Über den vorderen seitlichen Lufteinlässen sind horizontal angeordnete LED-Positionsleuchten und Nebelscheinwerfer befestigt. Die Blinkleuchten sind in die neuen Halogenhauptscheinwerfer integriert. An den Carrera GT erinnert die Zwei-Tuben-Optik. Als Option stehen für alle Boxster-Modelle neue Bi-Xenon-Scheinwerfer mit Tagfahrleuchten, dynamischem Kurvenlicht, Scheinwerferreinigungsanlage und automatischer Leuchtweitenregulierung in der Ausstattungsliste. Die separaten LED-Tagfahrleuchten werden statt der Nebelscheinwerfer montiert. Deren Funktion wird von den in Streulicht und Seitenausleuchtung optimierten Bi-Xenon-Scheinwerfern mit übernommen.

Im Mittelpunkt des Facelifts stehen die von Grund auf neu entwickelten Sechszylinder-Boxermotoren mit 2,9 Liter im Boxster und 3,4 Liter Hubraum im Boxster S. Sie basieren auf der gleichen Motorenfamilie wie die Aggregate in der 997-Modellreihe und sind im Herbst 2008 schon in den Cayman-Modellen auf dem Markt eingeführt worden. Das auf 11,5 : 1 verdichtete Basistriebwerk mit Saugrohreinspritzung im Boxster leistet 255 PS (188 kW) bei 6.400/min und hat ein maximales Drehmoment von 290 Nm zwischen 4.400 und 6.000 Umdrehungen pro Minute. Der Sechszylinder mit Benzin-Direkteinspritzung im Boxster S ist mit 12,5 : 1 noch höher verdichtet. Er entwickelt 310 PS (228 kW) bei ebenfalls 6.400/min. Das maximale Drehmoment von 360 Newtonmeter liegt zwischen 4.400 und 5.500 Umdrehungen pro Minute an. Trotz Mehrleistung benötigen die überarbeiteten Boxster weniger Kraftstoff auf 100 Kilometer als bisher: 8,9 Liter beim Boxster und 9,2 Liter (nach EU4) beim Boxster S mit PDK. Beide Motoren erfüllen zudem die strengen Abgasnormen EU5 und ULEV.

Serienmäßig werden beide Boxster-Modelle mit einem 6-Gang-Schaltgetriebe ausgeliefert. Erstmals steht das aus dem Rennsport der Gruppe C abgeleitete Porsche-Doppelkupplungsgetriebe (PDK) für die Boxster-Baureihe zur Wahl. Dafür entfällt die bewährte Tiptronic S. Das neue PDK besitzt sieben Gänge und ist aus zwei Teilgetrieben aufgebaut, die über je eine eigene Kupplung mit dem Antrieb verbunden sind. Ein Teilgetriebe trägt die ungeraden Gänge 1, 3, 5 und 7 sowie den Rückwärtsgang, das andere die geraden Gänge 2, 4 und 6. Die Gangwechsel erfolgen sehr schnell, ruckfrei und ohne Zugkraftunterbrechung, indem die Kupplung des einen Teilgetriebes geöffnet und gleichzeitig die Kupplung des anderen Teilgetriebes geschlossen wird. In der Wählhebelstellung D geschieht das vollautomatisch. Über die Lenkradtasten oder das Antippen des Wählhebels kann aber auch manuell geschaltet werden. Das Kuppeln erfolgt automatisch, ohne ein Zutun des Fahrers. Das PDK verbessert nicht nur den Schaltkomfort, es sorgt auch für bessere Fahrleistungen und nochmals geringere Verbrauchswerte als beim Schaltgetriebe. Bei beiden Getriebeversionen ist ein Anfahrassistent serienmäßig. Dieser dient zur Entlastung des Fahrers im Alltagsbetrieb und verhindert für ungefähr zwei Sekunden das Vor- oder Zurückrollen des Fahrzeugs beim Anfahren am Berg durch automatisches Halten und Lösen der Fußbremse nach dem Loslassen des Bremspedals. Der Anfahrassistent ermöglicht ohne Handbremse ein einfaches Anfahren am Berg.

Über die »Sport Plus«-Taste kann eine »Launch Control« für die bestmögliche Beschleunigung aus dem Stand aktiviert werden, die in Verbindung mit PDK zum optionalen »Sport Chrono Paket« oder zum »Sport Chrono Paket Plus« gehört. Letzteres kommt exklusiv in Verbindung mit dem auf Wunsch erhältlichen Porsche Communication Management (PCM) zum Einsatz. Dieses bietet eine zusätzliche Performance-Anzeige und ein individuelles Memory. Mit der »Sport Plus«-Taste wird aber auch eine für die Rennstrecke ausgelegte, besonders sportliche Schaltweise für das PDK aktiviert. Außerdem bieten beide Pakete eine auf Knopfdruck wählbare, betont sportliche Abstimmung weiterer Fahrzeugsysteme wie der Motorsteuerung, des Porsche Stability Managements (PSM) und des optionalen PASM-Fahrwerks. Erkennungszeichen der Pakete sind die Aktivierungstasten in der Mittelkonsole und eine Analog-Digital-Stoppuhr auf der Armaturentafel, die über den Lenkstockhebel gesteuert wird und mit der sich auch Rundenzeiten stoppen lassen.

Für exzellente Verzögerungswerte sorgen bei beiden Boxster-Modellen innenbelüftete, gelochte Bremsscheiben. An der Vorderachse wird die Bremsenergie bei beiden Modellen von 4-Kolben-Monobloc-Aluminium-Festsätteln auf 318 Millimeter große und 28 Millimeter dicke Scheiben übertragen. Hinten sorgen beim Boxster 20 Millimeter starke und beim Boxster S 24 Millimeter dicke Bremsscheiben mit einem Durchmesser von 299 Millimetern und 4-Kolben-Monobloc-Aluminium-Festsätteln für eine standesgemäße Verzögerung. Die Bremssättel sind beim Boxster schwarz eloxiert und beim Boxster S rot lackiert. Zur optimalen Kühlung dienen große Bremsluftleitbleche, die den Fahrtwind gezielt an die thermisch hoch belasteten Bremsen führen. Auf Wunsch ist für den Boxster S auch die Keramikbremse Porsche Ceramic Composite Brake (PCCB) lieferbar. Vier Keramikscheiben mit einem Durchmesser von 350 Millimeter und darauf speziell abgestimmte Bremsbeläge ermöglichen zusammen mit gelben 6-Kolben-Aluminium-Festsätteln an der Vorderachse und 4-Kolben-Aluminium-Festsätteln an der Hinterachse hohe, konstante Verzögerungswerte und sehr kurze Bremswege.

Die jüngste Generation des Porsche Stability Managements (PSM) ist Serie. Damit umfasst das PSM nicht nur ABS (Antiblockiersystem), ASR (Antriebsschlupfregelung), MSR (Motorschleppmomentregelung) sowie ABD (Automatisches Bremsendifferenzial), sondern auch die neuen Funktionen »Bremsassistent« und »Vorbefüllung der Bremsanlage«.

Die außergewöhnliche Agilität des Boxster geht auf die breite Spur und das neu abgestimmte Fahrwerk zurück, welches trotz einer komfortableren Auslegung die Fahrdynamik noch weiter verbessert. Einen Teil zur Neuabstimmung des Fahrwerks tragen die neu entwickelten Reifen bei. Sie bieten eine verbesserte Leistung bei gleichzeitig mehr Fahrkomfort durch einen niedrigeren Reifendruck an der Hinterachse. Der Boxster wird serienmäßig auf 17-Zoll-Aluminiumrädern ausgeliefert, die um je ein halbes Zoll verbreitert wurden, um die größere Bremsanlage des Boxster S an der Vorderachse aufnehmen zu können. Das Reifenformat bleibt unverändert 205/55 ZR 17 an der Vorderachse und 235/50 ZR 17 an der Hinterachse. Der Boxster S rollt an der Vorderachse auf 8 J x 18 und an der Hinterachse auf 9 J x 18 Leichtmetallrädern, die vorn mit Reifen der Dimension 235/40 ZR 18 und hinten mit 265/40 ZR 18 bestückt sind.

In Verbindung mit 18- oder 19-Zoll-Rädern ist ein Sperrdifferential lieferbar. Die Sperrwerte betragen 22 Prozent im Zug und 27 Prozent im Schub. Damit werden Traktion und Stabilität auf kurvenreichen Straßen und auf der Rennstrecke deutlich verbessert. Ein großer Vorteil ist das ebenfalls stabilere Lastwechselverhalten. Das mechanische Sperrdifferential entlastet durch seine Funktionsweise den elektronischen Bremseingriff (ABD) der Traktionskontrolle, da ein Durchdrehen des Rads auf einseitig glatter Fahrbahn durch die Sperrwirkung verzögert wird. Auf Wunsch ist das Porsche Active Suspension Management (PASM) lieferbar. Das PASM verändert auf Knopfdruck die Dämpferkennung und ermöglicht so eine Abstimmung zwischen einem sportlich komfortablen und einem sportlich straffen Fahrwerk.

Die beiden zweistufig auslösenden Fullsize-Airbags bieten den Insassen zusammen mit Gurtstraffern und Gurtkraftbegrenzern eine sehr hohe passive Sicherheit. Kopf-Airbags schützen Fahrer und Beifahrer bei einer seitlichen Kollision zusätzlich zum Seitenaufprall-Schutz in den Türen, indem sie aus den Verkleidungen unterhalb der Seitenscheiben herausschnellen. Zusätzlich entfalten sich Thorax-Airbags in den Außenteilen der Sitzlehnen.

Ein Novum ist die in Verbindung mit der Sitzheizung auf Wunsch lieferbare Sitzbelüftung für Seriensitze und Komfortsitze mit Leder oder Teillederbezug. Die aktive Sitzbelüftung bietet in der warmen Jahreszeit ein komfortables und trockenes Klima an der Oberfläche des Sitzes. Die Sitzfläche wird dabei gezielt an jenen Stellen ventiliert, an denen der Körper Kontakt hat. Die Sitzbelüftung kann zusammen mit der Sitzheizung verwendet werden. Dies sichert einen kontinuierlichen Abtransport von Feuchtigkeit bei wohl temperierter Sitzoberfläche.

Serienmäßig ist das Audiosystem CDR-30 mit einem gut ablesbaren 5-Zoll-Monochrom-Display, 2x 25 Watt und vier Lautsprechern. Das integrierte CD-Laufwerk spielt auch Musik im MP3-Format. Optional ist das neue Porsche Communication Management (PCM) lieferbar, welches noch vielseitiger, leistungsfähiger und einfacher zu bedienen ist. Das PCM dient als

Cockpit 987 Boxster S Modelljahr 2009

Kommandozentrale für alle Ausstattungen im Bereich Audio, Kommunikation und Navigation. Durch den neuen 6,5-Zoll-Touch-Screen kann die Anzahl der Tasten auf insgesamt 16 halbiert werden. In Verbindung mit der optional erhältlichen universellen Audio-Schnittstelle können über PCM jetzt auch externe Audiogeräte wie iPod® oder USB-Stick bedient werden. Weitere Optionen für das PCM sind die neue Spracheingabe und das elektronische Fahrtenbuch. Für einen guten Klang ist das Porsche Sound Package Plus mit Radio, CD-Player und neun Lautsprechern oder das BOSE® Surround-Sound-System mit zehn Lautsprechern und 7-Kanal-Digitalverstärker mit fahrzeugspezifischer Abstimmung als Sonderausstattung lieferbar.

Mit 6-Gang-Schaltgetriebe beschleunigt der Boxster in 5,9 Sekunden auf 100 Stundenkilometer, der Boxster S in nur 5,3 Sekunden. In Verbindung mit dem PDK gelingt dies ohne Zugkraftunterbrechung nochmals um 0,1 Sekunden schneller. Eine Verbesserung von weiteren 0,2 Sekunden von 0 auf 100 km/h läßt sich mit PDK und der »Launch Control« erreichen, die elektronisch die bestmögliche Anfahrbeschleunigung regelt.

Die Höchstgeschwindigkeit für den Boxster liegt bei 263 km/h, für den Boxster S bei 274 km/h. Mit PDK verringert sich dieser Wert um jeweils zwei Stundenkilometer.

Modelljahr 2010 (A-Programm)

Ab dem Modelljahr 2010 und dem A-Programm stellt Porsche, nach den numerischen Programmbezeichnungen bis inklusive Modelljahr 2009, turnusmäßig wieder auf die alphabetische Bezeichnung um. Auf der Los Angeles Motor Show feiert der Porsche Boxster Spyder vom 4. bis 13. Dezember 2009 Weltpremiere. Der Mittelmotorsportwagen verkörpert die puristische Form des Porsche-Fahrens – leicht, stark und so offen wie möglich. Nach diesem Baumuster sind bei Porsche schon immer Straßen- und Rennsportwagen mit besonderem Flair entstanden, angefangen beim 550 Spyder in den 1950ern bis hin zum Carrera GT. Auf vielfachen Wunsch langjähriger Porsche-Kunden führt der Boxster Spyder diese Linie fort. Mit 1.275 Kilogramm Leergewicht ist der Boxster Spyder nicht nur der leichteste Boxster, sondern sogar das leichteste Modell der aktuellen Porsche-Modellpalette. Der kompromißlos offene, zweisitzige Roadster ist als neues Spitzenmodell der Boxster-Baureihe gedacht. Er ist in den drei Serienfarben Carraraweiß, Indischrot und Schwarz lieferbar. Der Aufpreis beträgt gegenüber dem Porsche Boxster S rund 7.000 Euro, die Markteinführung ist im Februar 2010.

Das neue Mitglied der Boxster-Familie unterscheidet sich schon auf den ersten Blick deutlich von den anderen Modellen, denn der Boxster Spyder ist in erster Linie zum Offenfahren bestimmt. Das flache, weit nach hinten reichende leichte Stoffsegel dient lediglich als Sonnen- und Wetterschutz. Geschlossen verleiht es dem Boxster Spyder zusammen mit den niedrigeren Seitenscheiben und den beiden prägnanten Hutzen auf dem Heckdeckel eine gestreckte Silhouette. Erinnerungen an den Carrera GT werden wach. Selbstverständlich hält der Boxster Spyder fahrdynamisch das, was der optische Eindruck verspricht. Im Vergleich zum Boxster S bietet er deutlich weniger Gewicht, ein neuentwickeltes Sportfahrwerk und einen noch tieferen Schwerpunkt.

Schon von vorne unterscheidet sich der puristische Boxster Spyder von seinen Schwester-Modellen. Die vorderen seitlichen Lufteinlässe werden durch einen titanfarbenen Rahmen betont. Im oberen schwarzen Segment ist je eine schlichte, schmale LED-Positionsleuchte integriert, darunter eine einzige schwarze Lamelle. Auf der gesamten unteren Fahrzeugflanke spannt sich von Radhaus zu Radhaus ein »Porsche«-Schriftzug, der in ein schlichtes Streifen-Design eingebettet ist. Die Lufteintrittsöffnungen in den Fondseitenteilen sind ebenfalls von einem titanfarbenen Rahmen umgeben, das schlichte schwarze Ziergitter ist rautenförmig ausgelegt. Ein Blick zeigt auf, daß der Frontscheibenrahmen des Porsche Boxster Spyder nicht verkürzt ist. Die Kontur der flachen Seitenscheiben verläuft in einem Bogen, der sich nach hinten immer mehr verjüngt.

Der lange Aluminiumheckdeckel ist in seiner Form mit den beiden Hutzen dem Carrera GT nachempfunden. In der Querstrebe, die die Hutzen miteinander verbindet, ist die schmale dritte LED-Bremsleuchte integriert. Außen, neben den Hutzen, ist je eine Vertiefung mit einer roten Öse zum Einhaken des aus schwarzen Verdeckstoffs bestehenden Sonnensegels eingelassen. Da die Aluminiumheckhaube bis zur Unterkante der Rückleuchten reicht, entfällt der ausfahrbare Heckspoiler. Statt dessen ist ein leichter, feststehender Heckspoiler aufgesetzt. Darunter ist ein dreidimensionaler schwarzer »Boxster Spyder«-Schriftzug aufgeklebt. Zentral, zwischen den beiden kleinen Heckdiffusoren, münden schwarze runde Doppelendrohre ins Freie.

Insgesamt sind gegenüber dem Boxster S ganze 80 Kilogramm an Gewicht eingespart worden. Die ersten 15 Kilogramm gehen auf das Konto der Aluminiumtüren mit Seitenaufprallschutz, der Entfall des elektrischen Verdecks bringt weitere 21 Kilogramm, der Verzicht auf die Klimaanlage die nächsten 12 Kilogramm und im Cockpit sparen die serienmäßigen Sportschalensitze nochmals 12 Kilogramm ein. Wer möchte, kann noch auf die acht Kilogramm des Radio-Navigations- und Soundsystems verzichten. Selbst der auf 54 Liter verkleinerte Kraftstofftank trägt nochmals sieben Kilogramm zur Gewichtseinsparung bei.

Statt eines elektrisch bedienbaren Roadsterverdecks ist der Boxster Spyder mit einem 2-teiligen Wetterschutz ausgestattet, welcher mit etwas Übung in zwei bis drei Minuten manuell montiert werden kann. Der erste Teil kann auch als Sonnensegel verwendet werden. Es wird am Windschutzscheibenrahmen und den Ösen in der Aluminiumheckhaube befestigt und zusammen mit zwei seitlichen Bügeln gespannt. Bei geöffneten Seitenscheiben sind Fahrer und Beifahrer gegen die direkte Sonneneinstrahlung geschützt, verbunden mit einem luftigen Fahrerlebnis. Bei Regen wird hinter den Sitzen das hintere Element mit einer Kunststoffheckscheibe montiert, welches integrierte Führungsschienen für die Seitenscheiben enthält. Beide Verdeckelemente lassen sich in einem eigens dafür vorgesehenen Platz so verstauen, daß das gesamte Kofferraumvolumen für das Gepäck zur Verfügung steht. Ein Windschott ist serienmäßig an Bord. Für Waschanlagen ist der Boxster Spyder nicht geeignet. Aber Hand aufs Herz, wer würde mit so einem Wagen freiwillig durch die Waschanlage fahren?!

Vor der Hinterachse des Boxster Spyder ist der 10 PS (7 kW) stärkere 3,4-Liter-Boxermotor des Cayman S implantiert. Dieser leistet mit der Benzin-Direkteinspritzung (DFI) 320 PS (235 kW) bei 7.200/min. Das maximale Drehmoment von 370 Nm liegt bei 4.750 Umdrehungen pro Minute an der Kurbelwelle an. Serienmäßig ist ein 6-Gang-Schaltgetriebe montiert. Gegen Aufpreis kann das 7-Gang-Doppelkupplungsgetriebe (PDK) geliefert werden, welches schnelle Gangwechsel ohne Zugkraftunterbrechung ermöglicht. Eine mechanische Hinterachsquersperre gehört zum Serienumfang.

Das um 20 Millimeter tiefergelegte Sportfahrwerk ist mit kürzeren und steiferen Schraubenfedern, Stabilisatoren an Vorder- und Hinterachse und mit einer strafferen Abstimmung der Zug- und Druckstufe der Stoßdämpfer sehr sportlich ausgelegt. Das Ergebnis ist ein ungewöhnlich berechenbar neutrales Fahrverhalten. Auch die erhöhte Agilität geht nicht zu sehr zu Lasten des Komforts. Durch das geringere Fahrzeuggewicht kann die vom Boxster S entliehene Bremsanlage ihre Wirksamkeit noch besser entfalten. Serienmäßig rollt der Boxster Spyder auf 19-Zoll-Boxster-Spyder-Rädern im 10-Speichen-Design. Auf der Vorderachse sind auf 8,5 Zoll breiten Felgen Reifen der Größe 235/35 ZR 19 aufgezogen, hinten 265/35 ZR19 Bereifung auf 10 Zoll.

Der Purismus zeigt sich auch an den Türschwellern, auf die je ein »Boxster Spyder«-Schriftzug direkt auf das lackierte Blech geklebt ist. Türeinstiegsblenden sucht man vergebens. Das Interieur beschränkt sich auf des Wesentliche, so sind lederbezogene Leichtbauschalensitze mit Alcantara bezogener Mittelbahn installiert. Durch die äußeren Öffnungen in den Seitenwangen

der Sitze werden die roten Sicherheitsgurte durchgeführt. Die Leichtbautürtafeln kommen ohne Ablagekästen aus. Der Metalltüröffner wird durch eine rote Stoffschlaufe ersetzt. Beim Blick durch das 3-Speichen-Leder-Sportlenkrad auf die schwarzen Zifferblätter der Instrumente fällt sofort auf, daß auf die Abdeckung oberhalb der drei Rundinstrumente verzichtet wurde. Die Mittelkonsole zwischen den Sitzen und die Zierblende in der Schalttafel sind in Wagenfarbe lackiert. Selbst die Cupholder fehlen.
Aus dem Stand beschleunigt der Boxster Spyder mit 6-Gang-Schaltgetriebe in 5,1 Sekunden auf 100 km/h. Mit dem aufpreispflichtigen 7-Gang-PDK-Getriebe geht es nochmals eine Zehntelsekunde schneller und mit gedrückter Sport Plus-Taste bleibt die Stoppuhr bei nur 4,8 Sekunden stehen. Schließlich pendelt sich die Höchstgeschwindigkeit im Porsche Spyder bei 267 Kilometer pro Stunde (PDK: 265 km/h) ein – wohlgemerkt, offen! Mit aufgespanntem Sonnensegel erlaubt Porsche nicht schneller als 200 Stundenkilometer zu fahren. Mehr macht wegen der immer lauter werdenden Windgeräusche auf Dauer sicher auch keinen Spaß.
Der amerikanische Schauspieler und Porsche 550 Spyder-Fahrer James Dean hätte am Porsche Boxster Spyder sicher seine pure Freude gehabt. Ab März 2010 erweitert Porsche das Individualisierungsangebot für den Boxster um vier neue Ausstattungspakete. Diese bieten im Vergleich zur Bestellung der jeweilig einzelnen Sonderausstattungen einen Preisvorteil von ungefähr 30 Prozent.
Die Pakete »Komfort« und »Infotainment« enthalten eine Anzahl der populärsten Sonderausstattungen. Das Paket »Komfort« umfaßt Klimaautomatik, Bi-Xenon-Scheinwerfer inklusive dynamischem Kurvenlicht, Windschott mit Ablagebox, Tempostat, automatisch abblendbare Innen- und Außenspiegel, Regensensor sowie, in Verbindung mit Ledersitzen, geprägte Porsche-Wappen auf den Kopfstützen. Das Paket »Infotainment« beinhaltet das Porsche Communication Management (PCM) mit Navigationsmodul, eine universelle Audio-Schnittstelle zum Anschluß von MP3-Playern und iPods® sowie das Sound Package Plus mit sieben Lautsprechern und einer Gesamtleistung von 185 Watt. Eine CD-Ablage und eine Bluetooth-Handyvorbereitung gehören ebenfalls zum Lieferumfang. Das »Komfort«-Paket kostet für beide Boxster-Modelle 2.606,10 Euro, das »Infotainment«-Paket 3.141,60 Euro.
In einem neuen, sportlich-dezenten Outfit erscheinen die Boxster-Modelle mit einem der beiden »Design«-Pakete. Ein be-

Boxster Spyder

sonderes Highlight sind die sehr leichten 19-Zoll-Spyder-Räder mit schwarz lackiertem Felgenstern, die für die Boxster-Modelle nur exklusiv in den beiden neuen Ausstattungspaketen lieferbar sind. Das Gleiche gilt für das geschwärzte Doppelendrohr. Weitere im »Design«-Paket enthaltene, in Schwarz gehaltene Exterieur- und Interieur-Elemente sind unter anderem die Außenspiegelgehäuse, die beiden Überrollbügel, die beiden seitlichen Lufteinlässe, die Zierblende der Schalttafel sowie der Boxster- bzw. Boxster-S-Schriftzug. Das »Design Sport«-Paket beinhaltet zusätzlich zum Lieferumfang des »Design«-Pakets eine eigenständige Bugverkleidung mit angepaßter Spoilerlippe und einen speziellen Heckspoiler aus dem Porsche Exclusive Programm. Das »Design«-Paket kostet den Kunden in Deutschland für den Boxster 3.831,80 Euro und für den Boxster S 2.558,50 Euro. Der Preis für das »Design Sport«-Paket beträgt für den Boxster 6.747,30 Euro und für den Boxster S 5.474 Euro.

Modelljahr 2011 (B-Programm)

Kurz nach dem 911 Carrera Black Edition führt Porsche im März 2011 das Sondermodell Boxster S Black Edition mit uni-schwarzer Lackierung auf dem deutschen Markt ein. Diese Boxster-Sonderedition ist auf eine Stückzahl von 987 Fahrzeugen limitiert. Exklusiv für den stark expandierenden chinesischen Markt legt Porsche das auf 188 Fahrzeuge limitierte Sondermodell Boxster Black Edition China mit dem 255 PS (188 kW) starken 2,9-Liter-Basismotor auf.

An der Roadster-Karosserie sind die vergrößerte Frontspoilerlippe, die Lufteinlässe in den Fondseitenwänden und die Modellbezeichnung schwarz lackiert. Das Lufteinlaßgitter im Bugteil ist aus schwarzem Kunststoff gefertigt, auf Wunsch kann dieses ebenfalls in Wagenfarbe lackiert werden. Auf dem schwarzen Stoffverdeck ist seitlich ein Schriftzug »Black Edition« angebracht. Bi-Xenon-Scheinwerfer mit dynamischem Kurvenlicht und LED-Tagfahrlicht und ein Windschott sind serienmäßig an Bord.

Der vom Cayman S entliehene 320 PS (235 kW) starke 3,4-Liter-Boxermotor leistet 10 PS (7 kW) mehr als das Serienaggregat des Boxster S. Die maximale Nennleistung liegt erst bei 7.200/min an der Kurbelwelle an. Mit der Motorleistung steigt ebenfalls das maximale Drehmoment um 10 Newtonmeter auf 370 Nm bei 4.750 Umdrehungen pro Minute. Das mittig ins Freie mündende Doppelendrohr ist geschwärzt. Auf Wunsch ist eine noch durchlaßstärkere Sportabgasanlage erhältlich.

Der Boxster S Black Edition ist mit 19-Zoll-Boxster-Spyder-Rädern im 10-Speichen-Design mit schwarz lackiertem Felgenstern, vorne 8,5 J x 19 mit Reifen der Größe 235/35 ZR 19 und hinten 10 J x 19 mit Reifen der Dimension 265/35 ZR 19, ausgestattet. Die Nabenabdeckungen tragen ein farbiges Porsche-Wappen.

Zur Serienfunktionsausstattung gehören automatisch abblendende Innen- und Außenspiegel mit integriertem Regensensor, eine Klimaautomatik, das SportDesign-Lenkrad und Tempostat, das PCM mit Navigationsmodul, das Sound Package Plus, die universelle Audio-Schnittstelle, die Handyvorbereitung mit Bluetooth sowie die Ausstattungspakete »Komfort«, »Infotainment« und »Design«. Die Edelstahl-Türeinstiegsblenden tragen den Sondermodellschriftzug »Black Edition«. Das Interieur kann ebenfalls nur in der Farbe Schwarz ausstaffiert werden. In den Kopfstützen der Teilledersitze sind Porsche-Wappen eingeprägt. Lenkradkranz, Schalthebel, Handbremsgriff, Türgriffe, die Deckel der Türablagefächer und das Ablagefach in der Mittelkonsole sind mit Leder bezogen. Schwarz lackiert sind die Zierblenden der Schalttafel inklusive der Blenden für die Getränkehalter und die Zierblende des Schalt-/Wählhebels. Die Zifferblätter der Instrumente sind ebenfalls in Schwarz gehalten. Auf dem Handschuhfachdeckel ist eine Limitierungsplakette mit der fortlaufenden Seriennummer des Fahrzeugs angebracht.

Die Beschleunigungszeiten von 0 auf 100 km/h verbessern sich im Vergleich zum Serien-Boxster-S um jeweils eine Zehntelsekunde auf 5,2 Sekunden mit 6-Gang-Schaltgetriebe und auf 5,1 Sekunden mit PDK. Mit Sport Chrono-Paket und Launch Control kann der schwarze Roadster sogar in 4,9 Sekunden von null auf 100 km/h beschleunigen. Die Höchstgeschwindigkeit des Boxster S Black Edition liegt bei 276 Stundenkilometern und bei 274 km/h mit PDK.

Cockpit des Boxster S Black Edition

Modelljahr 2012 (C-Programm)

Die letzten Boxster-Modelle der Baureihe 987 werden noch im Modelljahr 2012 ausgeliefert.

987 Boxster [Tiptronic S] MJ 2005 bis MJ 2006

Motor

Bauart:	6-Zylinder-Boxermotor
Einbauposition:	Mittelmotor
Kühlung:	wassergekühlt
Motor-Typ:	M 96/25
Hubraum (cm³):	2687
Bohrung x Hub:	85,5 x 78
Leistung (kW/PS):	176/240 bei 6400/min
Belgien:	155/211 bei 5500/min
Drehmoment (Nm):	270 bei 4700–6000/min
Belgien:	270 bei 4600–5300/min
Literleistung (kW/l / PS/l):	65,5 / 89,3
Belgien:	57,7 / 78,5
Verdichtung:	11,0 : 1
Ventilsteuerung:	dohc über Doppelkette, 4 Ventile pro Zylinder, Vario-Cam, Einlaß-Nockenwellenverstellung
Motorsteuerung:	Bosch Motronic ME 7.8-40, sequenzielle Einspritzung, E-Gas, ruhende Hochspannungsverteilung, Einzelzündspulen, zylinderselektive Klopfregelung, Stereo-Lambdaregelung
Zündfolge:	1 - 6 - 2 - 4 - 3 - 5
Schmierung:	Integrierte Trockensumpfschmierung
Ölmenge (l):	9,7

Kraftübertragung

Antrieb:	Heckantrieb
Schaltgetriebe:	5-Gang
Sonderwunsch Tiptronic S:	[5-Gang]
Getriebe-Typ:	G 87/01 [A 87/01]
Übersetzungen:	
1. Gang:	3,50 [3,66]
2. Gang:	2,12 [2,00]
3. Gang:	1,43 [1,41]
4. Gang:	1,09 [1,00]
5. Gang:	0,84 [0,74]
Rückwärtsgang:	3,44 [4,10]
Achsübersetzung:	3,75 [4,38]

Karosserie, Fahrwerk, Bremse, Räder und Reifen

Karosserie:	2-türige, 2-sitzige, selbsttragende Roadster-Karosserie aus vollverzinktem Stahlblech, Aluminium-Front- und Heckdeckel, Bug- und Heckverkleidungen aus Kunststoff, automatisch ausfahrbarer Heckspoiler, elektrisch betätigtes Stoffverdeck mit beheizbarer Glasheckscheibe, feststehender zweiteiliger Überrollschutz
Sonderwunsch:	Hardtop aus Aluminium mit beheizbarer Heckscheibe
Vorderradaufhängung:	Einzelradaufhängung, McPherson-Federbeine mit Leichtmetall-Querlenkern, Leichtmetall-Radträger, Querträger, Schraubenfedern, Gasdruckdämpfer, Stabilisator
Hinterradaufhängung:	Einzelradaufhängung, McPherson-Federbeine mit Leichtmetall-Querlenkern, Leichtmetall-Radträger, Hinterachshilfsrahmen, Schraubenfedern, Gasdruckdämpfer, Stabilisator
Bremse v/h (Durchm. x B (mm)):	innenbelüftete gelochte Scheiben (298 x 24) / innenbelüftete gelochte Scheiben (299 x 20) schwarze 4-Kolben-Monobloc-Aluminium-Festsättel / schwarze 4-Kolben-Monobloc-Aluminium-Festsättel-Bosch ABS 8.0
Räder v/h:	6,5 J x 17 – ET 55 / 8 J x 17 – ET 40
Reifen v/h:	205/55 ZR 17 / 235/50 ZR 17
Sonderwunsch:	8 J x 18 – ET 57 / 9 J x 18 – ET 43 235/40 ZR 18 / 265/40 ZR 18 8 J x 19 – ET 57 / 9,5 J x 19 – ET 46 235/35 ZR 19 / 265/35 ZR 19

Elektrik

Lichtmaschinenleistung (W):	2100
Batterie (V/Ah):	12 / 60

Abmessungen, Gewichte und Volumen

Spurweite v/h (mm):	1490 / 1534
mit 8 J x 18 / 9 J x 18:	1486 / 1528
mit 8 J x 19 / 9,5 J x 19:	1486 / 1522
Radstand (mm):	2415
Maße (L x B x H (mm)):	4329 x 1801 x 1295
Leergewicht nach DIN (kg):	1295 [1355]
zul. Gesamtgewicht (kg):	1610 [1655]
Kofferraumvolumen v/h (VDA (l)):	150 / 130
Tankvolumen (l):	64
C_W x A (m²):	0,29 x 1,96 = 0,568
mit Tiptronic S:	0,30 x 1,96 = 0,588
Leistungsgewicht (kg/kW / kg/PS):	7,36 [7,70] / 5,40 [5,65]
Belgien:	8,35 [8,74] / 6,13 [6,42]

Kraftstoffverbrauch

nach 1999/100/EG (l/100 km):	98 ROZ Super plus bleifrei
Innerstädtisch:	13,9 [15,2]
Außerstädtisch:	6,9 [7,8]
Gesamt:	9,6 [10,5]
CO_2-Emissionen (g/km):	229 [250]

Fahrleistungen, Stückzahlen, Preise

Beschleunigung 0–100 km/h (s):	6,2 [7,1]
0–160 km/h (s):	14,5 [16,4]
0–200 km/h (s):	24,6 [27,2]
Höchstgeschw. (km/h):	256 [250]
Stückzahl:	19.150
Listenpreise:	
08/2004:	Euro 43.068,- [Euro 45.643,20]
05/2005:	Euro 43.333,- [Euro 45.908,20]

987 Boxster S [Tiptronic S] MJ 2005 bis MJ 2006

Motor

Bauart:	6-Zylinder-Boxermotor
Einbauposition:	Mittelmotor
Kühlung:	wassergekühlt
Motor-Typ:	M 96/26
Hubraum (cm³):	3179
Bohrung x Hub:	93 x 78
Leistung (kW/PS):	206/280 bei 6200/min
Drehmoment (Nm):	320 bei 4700-6000/min
Literleistung (kW/l / PS/l):	64,8 / 88,1
Verdichtung:	11,0 : 1
Ventilsteuerung:	dohc über Doppelkette, 4 Ventile pro Zylinder, Vario-Cam, Einlaß-Nockenwellenverstellung
Motorsteuerung:	Bosch Motronic ME 7.8-40, sequenzielle Einspritzung, E-Gas, ruhende Hochspannungsverteilung, Einzelzündspulen, zylinderselektive Klopfregelung, Stereo-Lambdaregelung
Zündfolge:	1 - 6 - 2 - 4 - 3 - 5
Schmierung:	Integrierte Trockensumpfschmierung
Ölmenge (l):	9,7

Kraftübertragung

Antrieb:	Heckantrieb
Schaltgetriebe:	6-Gang
Sonderwunsch Tiptronic S:	[5-Gang]
Getriebe-Typ:	G 87/20 [A 87/20]
Übersetzungen:	
1. Gang:	3,67 [3,66]
2. Gang:	2,05 [2,00]
3. Gang:	1,41 [1,41]
4. Gang:	1,13 [1,00]
5. Gang:	0,97 [0,74]
6. Gang:	0,82
Rückwärtsgang:	3,33 [4,10]
Achsübersetzung:	3,88 [3,91]

Karosserie, Fahrwerk, Bremse, Räder und Reifen

Karosserie:	2-türige, 2-sitzige, selbsttragende Roadster-Karosserie aus vollverzinktem Stahlblech, Aluminium-Front- und Heckdeckel, Bug- und Heckverkleidungen aus Kunststoff, automatisch ausfahrbarer Heckspoiler, elektrisch betätigtes Stoffverdeck mit beheizbarer Glasheckscheibe, feststehender zweiteiliger Überrollschutz
Sonderwunsch:	Hardtop aus Aluminium mit beheizbarer Heckscheibe
Vorderradaufhängung:	Einzelradaufhängung, McPherson-Federbeine mit Leichtmetall-Querlenkern, Leichtmetall-Radträger, Querträger, Schraubenfedern, Gasdruckdämpfer, Stabilisator
Hinterradaufhängung:	Einzelradaufhängung, McPherson-Federbeine mit Leichtmetall-Querlenkern, Leichtmetall-Radträger, Hinterachshilfsrahmen, Schraubenfedern, Gasdruckdämpfer, Stabilisator
Bremse v/h (Durchm. x B (mm)):	innenbelüftete gelochte Scheiben (318 x 28) / innenbelüftete gelochte Scheiben (299 x 24) rote 4-Kolben-Monobloc-Aluminium-Festsättel / rote 4-Kolben-Monobloc-Aluminium-Festsättel Bosch ABS 8.0
Sonderwunsch:	Porsche Ceramic Composite Brake (PCCB) innenbelüftete gelochte Keramikfaser-Scheiben (350 x 34) / innenbelüftete gelochte Keramikfaser-Scheiben (350 x 28) gelbe 6-Kolben-Monobloc-Aluminium-Festsättel / gelbe 4-Kolben-Monobloc-Aluminium-Festsättel
Räder v/h:	8 J x 18 – ET 57 / 9 J x 18 – ET 43
Reifen v/h:	235/40 ZR 18 / 265/40 ZR 18
Sonderwunsch:	8 J x 19 – ET 57 / 9,5 J x 19 – ET 46 235/35 ZR 19 / 265/35 ZR 19

Elektrik

Lichtmaschinenleistung (W):	2100
Batterie (V/Ah):	12 / 60 [12 / 70]

Abmessungen, Gewichte und Volumen

Spurweite v/h (mm):	1486 / 1528
mit 8 J x 19 / 9,5 J x 19:	1486 / 1522
Radstand (mm):	2415
Maße (L x B x H (mm)):	4329 x 1801 x 1295
Leergewicht nach DIN (kg):	1345 [1385]
zul. Gesamtgewicht (kg):	1630 [1670]
Kofferraumvolumen v/h (VDA (l)):	150 / 130
Tankvolumen (l):	64
C_W x A (m²):	0,30 x 1,97 = 0,591
mit Tiptronic S:	0,31 x 1,97 = 0,611
Leistungsgewicht (kg/kW / kg/PS):	6,52 [6,72] / 4,80 [4,95]

Kraftstoffverbrauch

nach 1999/100/EG (l/100 km):	98 ROZ Super plus bleifrei
Innerstädtisch:	15,2 [16,3]
Außerstädtisch:	7,7 [7,9]
Gesamt:	10,4 [11,0]
CO_2-Emissionen (g/km):	248 [262]

Fahrleistungen, Stückzahlen, Preise

Beschleunigung 0–100 km/h (s):	5,5 [6,3]
0–160 km/h (s):	12,3 [13,9]
0–200 km/h (s):	20,2 [23,3]
Höchstgeschw. (km/h):	268 [260]
Stückzahl:	14.711
Listenpreise:	
08/2004:	Euro 51.304,- [Euro 53.879,20]
05/2005:	Euro 52.265,- [Euro 54.840,20]

987 Boxster [Tiptronic S] MJ 2007 bis MJ 2009

Motor

Bauart:	6-Zylinder-Boxermotor
Einbauposition:	Mittelmotor
Kühlung:	wassergekühlt
Motor-Typ:	M 97/20
Hubraum (cm³):	2687
Bohrung x Hub:	85,5 x 78
Leistung (kW/PS):	180/245 bei 6500/min
Belgien:	155/211 bei 5500/min
Drehmoment (Nm):	273 bei 4600-6000/min
Belgien:	273 bei 4600-5500/min
Literleistung (kW/l / PS/l):	67,0 / 91,2
Belgien:	57,7 / 78,5
Verdichtung:	11,3 : 1
Ventilsteuerung:	dohc über Doppelkette, 4 Ventile pro Zylinder, VarioCam Plus, Einlaß-Nockenwellenverstellung, Ventilhubschaltung
Motorsteuerung:	Bosch Motronic ME 7.8-40, sequenzielle Einspritzung, E-Gas, ruhende Hochspannungsverteilung, Einzelzündspulen, zylinderselektive Klopfregelung, Stereo-Lambdaregelung
Zündfolge:	1 - 6 - 2 - 4 - 3 - 5
Schmierung:	Integrierte Trockensumpfschmierung
Ölmenge (l):	7,75

Kraftübertragung

Antrieb:	Heckantrieb
Schaltgetriebe:	5-Gang
Sonderwunsch:	(6-Gang)
Sonderwunsch Tiptronic S:	[5-Gang]
Getriebe-Typ:	G 87/01 (G 87/20) [A 87/02]
Übersetzungen:	
1. Gang:	3,50 (3,67) [3,66]
2. Gang:	2,12 (2,05) [2,00]
3. Gang:	1,43 (1,41) [1,41]
4. Gang:	1,09 (1,13) [1,00]
5. Gang:	0,84 (0,97) [0,74]
6. Gang:	(0,82)
Rückwärtsgang:	3,44 (3,33) [4,10]
Achsübersetzung:	3,75 (3,88) [4,38]

Karosserie, Fahrwerk, Bremse, Räder und Reifen

Karosserie:	2-türige, 2-sitzige, selbsttragende Roadster-Karosserie aus vollverzinktem Stahlblech, Aluminium-Front- und Heckdeckel, Bug- und Heckverkleidungen aus Kunststoff, automatisch ausfahrbarer Heckspoiler, elektrisch betätigtes Stoffverdeck mit beheizbarer Glasheckscheibe, feststehender zweiteiliger Überrollschutz
Sonderwunsch:	Hardtop aus Aluminium mit beheizbarer Heckscheibe
Vorderradaufhängung:	Einzelradaufhängung, McPherson-Federbeine mit Leichtmetall-Querlenkern, Leichtmetall-Radträger, Querträger, Schraubenfedern, Gasdruckdämpfer, Stabilisator
Hinterradaufhängung:	Einzelradaufhängung, McPherson-Federbeine mit Leichtmetall-Querlenkern, Leichtmetall-Radträger, Hinterachshilfsrahmen, Schraubenfedern, Gasdruckdämpfer, Stabilisator
Bremse v/h (Durchm. x B (mm)):	innenbelüftete gelochte Scheiben (298 x 24) / innenbelüftete gelochte Scheiben (299 x 20) schwarze 4-Kolben-Monobloc-Aluminium-Festsättel / schwarze 4-Kolben-Monobloc-Aluminium-Festsättel Bosch ABS 8.0
Räder v/h:	6,5 J x 17 – ET 55 / 8 J x 17 – ET 40
Reifen v/h:	205/55 ZR 17 / 235/50 ZR 17
Sonderwunsch:	8 J x 18 – ET 57 / 9 J x 18 – ET 43 235/40 ZR 18 / 265/40 ZR 18 8 J x 19 – ET 57 / 9,5 J x 19 – ET 46 235/35 ZR 19 / 265/35 ZR 19

Elektrik

Lichtmaschinenleistung (W):	2100
Batterie (V/Ah):	12 / 60 [12 / 70]

Abmessungen, Gewichte und Volumen

Spurweite v/h (mm):	1490 / 1534
mit 8 J x 18 / 9 J x 18:	1486 / 1528
mit 8 J x 19 / 9,5 J x 19:	1486 / 1522
Radstand (mm):	2415
Maße (L x B x H (mm)):	4329 x 1801 x 1292
Leergewicht nach DIN (kg):	1305 [1365]
zul. Gesamtgewicht (kg):	1620 [1665]
Kofferraumvolumen v/h (VDA (l)):	150 / 130
Tankvolumen (l):	64
C_W x A (m²):	0,29 x 1,96 = 0,568
mit Tiptronic S:	0,30 x 1,96 = 0,588
Leistungsgewicht (kg/kW / kg/PS):	7,25 [7,58] / 5,32 [5,57]
Belgien:	8,42 [8,81] / 6,18 [6,47]

Kraftstoffverbrauch

nach 1999/100/EG (l/100 km):	98 ROZ Super plus bleifrei
Innerstädtisch:	13,8 (14,1) [14,9]
Außerstädtisch:	6,8 (7,1) [7,7]
Gesamt:	9,3 (9,5) [10,1]
CO_2-Emissionen (g/km):	222 (227) [242]

Fahrleistungen, Stückzahlen, Preise

Beschleunigung 0–100 km/h (s):	6,1 (6,1) [7,0]
0–160 km/h (s):	14,2 (14,0) [16,4]
0–200 km/h (s):	23,7 (23,2) [27,3]
Höchstgeschw. (km/h):	258 (260) [251]
Stückzahl:	12.228
Listenpreise:	
05/2006:	Euro 43.935,00 [Euro 46.510,20]
10/2006:	Euro 45.071,25 [Euro 47.713,05]
05/2007:	Euro 45.309,00 [Euro 47.950,80]

987 Boxster S [Tiptronic S] MJ 2007 bis MJ 2009

Motor

Bauart:	6-Zylinder-Boxermotor
Einbauposition:	Mittelmotor
Kühlung:	wassergekühlt
Motor-Typ:	M 97/21
Hubraum (cm³):	3387
Bohrung x Hub:	96 x 78
Leistung (kW/PS):	217/295 bei 6250/min
Drehmoment (Nm):	340 bei 4400-6000/min
Literleistung (kW/l / PS/l):	64,1 / 87,1
Verdichtung:	11,1 : 1
Ventilsteuerung:	dohc über Doppelkette, 4 Ventile pro Zylinder, VarioCam Plus, Einlaß-Nockenwellenverstellung, Ventilhubschaltung
Motorsteuerung:	Bosch Motronic ME 7.8-40, sequenzielle Einspritzung, E-Gas, ruhende Hochspannungsverteilung, Einzelzündspulen, zylinderselektive Klopfregelung, Stereo-Lambdaregelung
Zündfolge:	1 - 6 - 2 - 4 - 3 - 5
Schmierung:	Integrierte Trockensumpfschmierung
Ölmenge (l):	7,75

Kraftübertragung

Antrieb:	Heckantrieb
Schaltgetriebe:	6-Gang
Sonderwunsch Tiptronic S:	[5-Gang]
Getriebe-Typ:	G 87/21 [A 87/21]
Übersetzungen:	
1. Gang:	3,31 [3,66]
2. Gang:	1,95 [2,00]
3. Gang:	1,41 [1,41]
4. Gang:	1,13 [1,00]
5. Gang:	0,97 [0,74]
6. Gang:	0,82
Rückwärtsgang:	3,00 [4,10]
Achsübersetzung:	3,88 [4,16]

Karosserie, Fahrwerk, Bremse, Räder und Reifen

Karosserie:	2-türige, 2-sitzige, selbsttragende Roadster-Karosserie aus vollverzinktem Stahlblech, Aluminium-Front- und Heckdeckel, Bug- und Heckverkleidungen aus Kunststoff, automatisch ausfahrbarer Heckspoiler, elektrisch betätigtes Stoffverdeck mit beheizbarer Glasheckscheibe, feststehender zweiteiliger Überrollschutz
Sonderwunsch:	Hardtop aus Aluminium mit beheizbarer Heckscheibe
Vorderradaufhängung:	Einzelradaufhängung, McPherson-Federbeine mit Leichtmetall-Querlenkern, Leichtmetall-Radträger, Querträger, Schraubenfedern, Gasdruckdämpfer, Stabilisator
Hinterradaufhängung:	Einzelradaufhängung, McPherson-Federbeine mit Leichtmetall-Querlenkern, Leichtmetall-Radträger, Hinterachshilfsrahmen, Schraubenfedern, Gasdruckdämpfer, Stabilisator
Bremse v/h (Durchm. x B (mm)):	innenbelüftete gelochte Scheiben (318 x 28) / innenbelüftete gelochte Scheiben (299 x 24) rote 4-Kolben-Monobloc-Aluminium-Festsättel / rote 4-Kolben-Monobloc-Aluminium-Festsättel Bosch ABS 8.0
Sonderwunsch:	Porsche Ceramic Composite Brake (PCCB) innenbelüftete gelochte Keramikfaser-Scheiben (350 x 34) / innenbelüftete gelochte Keramikfaser-Scheiben (350 x 28) gelbe 6-Kolben-Monobloc-Aluminium-Festsättel / gelbe 4-Kolben-Monobloc-Aluminium-Festsättel
Räder v/h:	8 J x 18 – ET 57 / 9 J x 18 – ET 43
Reifen v/h:	235/40 ZR 18 / 265/40 ZR 18
Sonderwunsch:	8 J x 19 – ET 57 / 9,5 J x 19 – ET 46 235/35 ZR 19 / 265/35 ZR 19

Elektrik

Lichtmaschinenleistung (W):	2100
Batterie (V/Ah):	12 / 60 [12 / 70]

Abmessungen, Gewichte und Volumen

Spurweite v/h (mm):	1486 / 1528
mit 8 J x 19 / 9,5 J x 19:	1486 / 1522
Radstand (mm):	2415
Maße (L x B x H (mm)):	4329 x 1801 x 1292
Leergewicht nach DIN (kg):	1355 [1395]
zul. Gesamtgewicht (kg):	1630 [1670]
Kofferraumvolumen v/h (VDA (l)):	150 / 130
Tankvolumen (l):	64
C_W x A (m²):	0,30 x 1,97 = 0,591
mit Tiptronic S:	0,31 x 1,97 = 0,611
Leistungsgewicht (kg/kW / kg/PS):	6,24 [6,42] / 4,59 [4,73]

Kraftstoffverbrauch

nach 1999/100/EG (l/100 km):	98 ROZ Super plus bleifrei
Innerstädtisch:	15,3 [16,3]
Außerstädtisch:	7,8 [7,9]
Gesamt:	10,6 [11,0]
CO_2-Emissionen (g/km):	254 [262]

Fahrleistungen, Stückzahlen, Preise

Beschleunigung 0–100 km/h (s):	5,4 [6,1]
0–160 km/h (s):	11,8 [13,6]
0–200 km/h (s):	18,8 [21,8]
Höchstgeschw. (km/h):	272 [264]
Stückzahl:	7.873
Listenpreise:	
05/2006:	Euro 53.099,00 [Euro 55.674,20]
10/2006:	Euro 54.472,25 [Euro 57.114,05]
05/2007:	Euro 54.710,00 [Euro 57.351,80]

987 Boxster »USA« GT3 RS Orange limitiert [Tiptronic S] MJ 2008

Motor

Bauart:	6-Zylinder-Boxermotor
Einbauposition:	Mittelmotor
Kühlung:	wassergekühlt
Motor-Typ:	M 97/20
Hubraum (cm^3):	2687
Bohrung x Hub:	85,5 x 78
Leistung (kW/PS):	180/245 bei 6500/min
Drehmoment (Nm):	273 bei 4600–6000/min
Literleistung (kW/l / PS/l):	67,0 / 91,2
Verdichtung:	11,3 : 1
Ventilsteuerung:	dohc über Doppelkette, 4 Ventile pro Zylinder, VarioCam Plus, Einlaß-Nockenwellenverstellung, Ventilhubschaltung
Motorsteuerung:	Bosch Motronic ME 7.8-40, sequenzielle Einspritzung, E-Gas, ruhende Hochspannungsverteilung, Einzelzündspulen, zylinderselektive Klopfregelung, Stereo-Lambdaregelung
Zündfolge:	1 - 6 - 2 - 4 - 3 - 5
Schmierung:	Integrierte Trockensumpfschmierung
Ölmenge (l):	7,75

Kraftübertragung

Antrieb:	Heckantrieb		
Schaltgetriebe:	5-Gang		
Sonderwunsch:	(6-Gang)		
Sonderwunsch Tiptronic S:	[5-Gang]		
Getriebe-Typ:	G 87/01 (G 87/20) [A 87/02]		
Übersetzungen:			
1. Gang:	3,50	(3,67)	[3,66]
2. Gang:	2,12	(2,05)	[2,00]
3. Gang:	1,43	(1,41)	[1,41]
4. Gang:	1,09	(1,13)	[1,00]
5. Gang:	0,84	(0,97)	[0,74]
6. Gang:		(0,82)	
Rückwärtsgang:	3,44	(3,33)	[4,10]
Achsübersetzung:	3,75	(3,88)	[4,38]

Karosserie, Fahrwerk, Bremse, Räder und Reifen

Karosserie:	2-türige, 2-sitzige, selbsttragende Roadster-Karosserie aus vollverzinktem Stahlblech, Aluminium-Front- und Heckdeckel, Bug- und Heckverkleidungen aus Kunststoff, automatisch ausfahrbarer Heckspoiler, elektrisch betätigtes Stoffverdeck mit beheizbarer Glasheckscheibe, feststehender zweiteiliger Überrollschutz
Sonderwunsch:	Hardtop aus Aluminium mit beheizbarer Heckscheibe
Vorderradaufhängung:	Einzelradaufhängung, McPherson-Federbeine mit Leichtmetall Querlenkern, Leichtmetall-Radträger, Querträger, Schraubenfedern, Gasdruckdämpfer, Stabilisator
Hinterradaufhängung:	Einzelradaufhängung, McPherson-Federbeine mit Leichtmetall-Querlenkern, Leichtmetall-Radträger, Hinterachshilfsrahmen, Schraubenfedern, Gasdruckdämpfer, Stabilisator
Bremse v/h (Durchm. x B (mm)):	innenbelüftete gelochte Scheiben (298 x 24) / innenbelüftete gelochte Scheiben (299 x 20) schwarze 4-Kolben-Monobloc-Aluminium-Festsättel / schwarze 4-Kolben-Monobloc-Aluminium-Festsättel Bosch ABS 8.0
Räder v/h:	6,5 J x 17 – ET 55 / 8 J x 17 – ET 40
Reifen v/h:	205/55 ZR 17 / 235/50 ZR 17
Sonderwunsch:	8 J x 18 – ET 57 / 9 J x 18 – ET 43 235/40 ZR 18 / 265/40 ZR 18

Elektrik

Lichtmaschinenleistung (W):	2100
Batterie (V/Ah):	12 / 60 [12 / 70]

Abmessungen, Gewichte und Volumen

Spurweite v/h (mm):	1490 / 1534
mit 8 J x 18 / 9 J x 18:	1486 / 1528
Radstand (mm):	2415
Maße (L x B x H (mm)):	4329 x 1801 x 1292
Leergewicht nach DIN (kg):	1305 [1365]
zul. Gesamtgewicht (kg):	1620 [1665]
Kofferraumvolumen v/h (VDA (l)):	150 / 130
Tankvolumen (l):	64
C_W x A (m^2):	0,29 x 1,96 = 0,568
mit Tiptronic S:	0,30 x 1,96 = 0,588
Leistungsgewicht (kg/kW / kg/PS):	7,25 [7,58] / 5,32 [5,57]

Kraftstoffverbrauch

nach 1999/100/EG (l/100 km):	98 ROZ Super plus bleifrei
Innerstädtisch:	13,8 (14,1) [14,9]
Außerstädtisch:	6,8 (7,1) [7,7]
Gesamt:	9,3 (9,5) [10,1]
CO_2-Emissionen (g/km):	222 (227) [242]

Fahrleistungen, Stückzahlen, Preise

Beschleunigung 0–100 km/h (s):	6,1 (6,1) [7,0]
0–160 km/h (s):	14,2 (14,0) [16,4]
0–200 km/h (s):	23,7 (23,2) [27,3]
Höchstgeschw. (km/h):	258 (260) [251]
Stückzahl:	251, limitiert auf 251 Fahrzeuge
Listenpreise:	
08/2007:	US $ 49.990,-

987 Boxster S »USA« GT3 RS Orange limitiert [Tiptronic S] MJ 2008

Motor

Bauart:	6-Zylinder-Boxermotor
Einbauposition:	Mittelmotor
Kühlung:	wassergekühlt
Motor-Typ:	M 97/21
Hubraum (cm³):	3387
Bohrung x Hub:	96 x 78
Leistung (kW/PS):	217/295 bei 6250/min
Drehmoment (Nm):	340 bei 4400–6000/min
Literleistung (kW/l / PS/l):	64,1 / 87,1
Verdichtung:	11,1 : 1
Ventilsteuerung:	dohc über Doppelkette, 4 Ventile pro Zylinder, VarioCam Plus, Einlaß-Nockenwellenverstellung, Ventilhubschaltung
Motorsteuerung:	Bosch Motronic ME 7.8-40, sequenzielle Einspritzung, E-Gas, ruhende Hochspannungsverteilung, Einzelzündspulen, zylinderselektive Klopfregelung, Stereo-Lambdaregelung
Zündfolge:	1 - 6 - 2 - 4 - 3 - 5
Schmierung:	Integrierte Trockensumpfschmierung
Ölmenge (l):	7,75

Kraftübertragung

Antrieb:	Heckantrieb
Schaltgetriebe:	6-Gang
Sonderwunsch Tiptronic S:	[5-Gang]
Getriebe-Typ:	G 87/21 [A 87/21]
Übersetzungen:	
1. Gang:	3,31 [3,66]
2. Gang:	1,95 [2,00]
3. Gang:	1,41 [1,41]
4. Gang:	1,13 [1,00]
5. Gang:	0,97 [0,74]
6. Gang:	0,82
Rückwärtsgang:	3,00 [4,10]
Achsübersetzung:	3,88 [4,16]

Karosserie, Fahrwerk, Bremse, Räder und Reifen

Karosserie:	2-türige, 2-sitzige, selbsttragende Roadster-Karosserie aus vollverzinktem Stahlblech, Aluminium-Front- und Heckdeckel, Bug- und Heckverkleidungen aus Kunststoff, automatisch ausfahrbarer Heckspoiler, elektrisch betätigtes Stoffverdeck mit beheizbarer Glasheckscheibe, feststehender zweiteiliger Überrollschutz
Sonderwunsch:	Hardtop aus Aluminium mit beheizbarer Heckscheibe
Vorderradaufhängung:	Einzelradaufhängung, McPherson-Federbeine mit Leichtmetall-Querlenkern, Leichtmetall-Radträger, Querträger, Schraubenfedern, Gasdruckdämpfer, Stabilisator
Hinterradaufhängung:	Einzelradaufhängung, McPherson-Federbeine mit Leichtmetall-Querlenkern, Leichtmetall-Radträger, Hinterachshilfsrahmen, Schraubenfedern, Gasdruckdämpfer, Stabilisator
Bremse v/h (Durchm. x B (mm)):	innenbelüftete gelochte Scheiben (318 x 28) / innenbelüftete gelochte Scheiben (299 x 24) rote 4-Kolben-Monobloc-Aluminium-Festsättel / rote 4-Kolben-Monobloc-Aluminium-Festsättel Bosch ABS 8.0
Sonderwunsch:	Porsche Ceramic Composite Brake (PCCB) innenbelüftete gelochte Keramikfaser-Scheiben (350 x 34) / innenbelüftete gelochte Keramikfaser-Scheiben (350 x 28) gelbe 6-Kolben-Monobloc-Aluminium-Festsättel / gelbe 4-Kolben-Monobloc-Aluminium-Festsättel
Räder v/h:	8 J x 18 – ET 57 / 9 J x 18 – ET 43
Reifen v/h:	235/40 ZR 18 / 265/40 ZR 18
Sonderwunsch:	8 J x 19 – ET 57 / 9,5 J x 19 – ET 46 235/35 ZR 19 / 265/35 ZR 19

Elektrik

Lichtmaschinenleistung (W):	2100
Batterie (V/Ah):	12 / 60 [12 / 70]

Abmessungen, Gewichte und Volumen

Spurweite v/h (mm):	1486 / 1528
mit 8 J x 19 / 9,5 J x 19:	1486 / 1522
Radstand (mm):	2415
Maße (L x B x H (mm)):	4329 x 1801 x 1292
Leergewicht nach DIN (kg):	1355 [1395]
zul. Gesamtgewicht (kg):	1630 [1670]
Kofferraumvolumen v/h (VDA (l)):	150 / 130
Tankvolumen (l):	64
C_W x A (m²):	0,30 x 1,97 = 0,591
mit Tiptronic S:	0,31 x 1,97 = 0,611
Leistungsgewicht (kg/kW / kg/PS):	6,24 [6,42] / 4,59 [4,73]

Kraftstoffverbrauch

nach 1999/100/EG (l/100 km):	98 ROZ Super plus bleifrei
Innerstädtisch:	15,3 [16,3]
Außerstädtisch:	7,8 [7,9]
Gesamt:	10,6 [11,0]
CO_2-Emissionen (g/km):	254 [262]

Fahrleistungen, Stückzahlen, Preise

Beschleunigung 0–100 km/h (s):	5,4 [6,1]
0–160 km/h (s):	11,8 [13,6]
0–200 km/h (s):	18,8 [21,8]
Höchstgeschw. (km/h):	272 [264]
Stückzahl:	251, limitiert auf 251 Fahrzeuge
Listenpreise:	
08/2007:	US $ 59.990,-

987 Boxster S »RS 60 Spyder« [Tiptronic S] MJ 2008

Motor	
Bauart:	6-Zylinder-Boxermotor
Einbauposition:	Mittelmotor
Kühlung:	wassergekühlt
Motor-Typ:	M 97/22
Hubraum (cm³):	3387
Bohrung x Hub:	96 x 78
Leistung (kW/PS):	223/303 bei 6250/min
Drehmoment (Nm):	340 bei 4400-6000/min
Literleistung (kW/l / PS/l):	65,8 / 89,5
Verdichtung:	11,1 : 1
Ventilsteuerung:	dohc über Doppelkette, 4 Ventile pro Zylinder, VarioCam Plus, Einlaß-Nockenwellenverstellung, Ventilhubschaltung
Motorsteuerung:	Bosch Motronic ME 7.8-40, sequenzielle Einspritzung, E-Gas, ruhende Hochspannungsverteilung, Einzelzündspulen, zylinderselektive Klopfregelung, Stereo-Lambdaregelung
Zündfolge:	1 - 6 - 2 - 4 - 3 - 5
Schmierung:	Integrierte Trockensumpfschmierung
Ölmenge (l):	7,75

Kraftübertragung	
Antrieb:	Heckantrieb
Schaltgetriebe:	6-Gang
Sonderwunsch Tiptronic S:	[5-Gang]
Getriebe-Typ:	G 87/21 [A 87/21]
Übersetzungen:	
1. Gang:	3,31 [3,66]
2. Gang:	1,95 [2,00]
3. Gang:	1,41 [1,41]
4. Gang:	1,13 [1,00]
5. Gang:	0,97 [0,74]
6. Gang:	0,82
Rückwärtsgang:	3,00 [4,10]
Achsübersetzung:	3,88 [4,16]

Karosserie, Fahrwerk, Bremse, Räder und Reifen	
Karosserie:	2-türige, 2-sitzige, selbsttragende Roadster-Karosserie aus vollverzinktem Stahlblech, Aluminium-Front- und Heckdeckel, Bug- und Heckverkleidungen aus Kunststoff, automatisch ausfahrbarer Heckspoiler, elektrisch betätigtes Stoffverdeck mit beheizbarer Glasheckscheibe, feststehender zweiteiliger Überrollschutz
Sonderwunsch:	Hardtop aus Aluminium mit beheizbarer Heckscheibe
Vorderradaufhängung:	Einzelradaufhängung, McPherson-Federbeine mit Leichtmetall-Querlenkern, Leichtmetall-Radträger, Querträger, Schraubenfedern, Gasdruckdämpfer, Stabilisator
Hinterradaufhängung:	Einzelradaufhängung, McPherson-Federbeine mit Leichtmetall-Querlenkern, Leichtmetall-Radträger, Hinterachshilfsrahmen, Schraubenfedern, Gasdruckdämpfer, Stabilisator
Bremse v/h (Durchm. x B (mm)):	innenbelüftete gelochte Scheiben (318 x 28) / innenbelüftete gelochte Scheiben (299 x 24) rote 4-Kolben-Monobloc-Aluminium-Festsättel / rote 4-Kolben-Monobloc-Aluminium-Festsättel Bosch ABS 8.0
Sonderwunsch:	Porsche Ceramic Composite Brake (PCCB) innenbelüftete gelochte Keramikfaser-Scheiben (350 x 34) / innenbelüftete gelochte Keramikfaser-Scheiben (350 x 28) gelbe 6-Kolben-Monobloc-Aluminium-Festsättel / gelbe 4-Kolben-Monobloc-Aluminium-Festsättel
Räder v/h:	8 J x 19 – ET 57 / 9,5 J x 19 – ET 46
Reifen v/h:	235/40 ZR 18 / 265/40 ZR 18

Elektrik	
Lichtmaschinenleistung (W):	2100
Batterie (V/Ah):	12 / 60 [12 / 70]

Abmessungen, Gewichte und Volumen	
Spurweite v/h (mm):	1486 / 1528
Radstand (mm):	2415
Maße (L x B x H (mm)):	4329 x 1801 x 1292
Leergewicht nach DIN (kg):	1355 [1395]
zul. Gesamtgewicht (kg):	1630 [1670]
Kofferraumvolumen v/h (VDA (l)):	150 / 130
Tankvolumen (l):	64
C_W x A (m²):	0,30 x
mit Tiptronic S:	0,31 x
Leistungsgewicht (kg/kW / kg/PS):	6,24 [6,42] / 4,59 [4,73]

Kraftstoffverbrauch	
nach 1999/100/EG (l/100 km):	98 ROZ Super plus bleifrei
Innerstädtisch:	15,3 [16,3]
Außerstädtisch:	7,8 [7,9]
Gesamt:	10,6 [11,0]
CO_2-Emissionen (g/km):	254 [262]

Fahrleistungen, Stückzahlen, Preise	
Beschleunigung 0–100 km/h (s):	5,4 [6,1]
0–160 km/h (s):	11,8 [13,6]
Höchstgeschw. (km/h):	273 [265]
Stückzahl:	1.964, limitiert auf 1.960 Fahrzeuge
Listenpreise:	
03/2008:	Euro 63.873,- [Euro 66.514,80]

987 Boxster S Porsche Design Edition 2 [Tiptronic S] MJ 2008

Motor

Bauart:	6-Zylinder-Boxermotor
Einbauposition:	Mittelmotor
Kühlung:	wassergekühlt
Motor-Typ:	M 97/22
Hubraum (cm³):	3387
Bohrung x Hub:	96 x 78
Leistung (kW/PS):	223/303 bei 6250/min
Drehmoment (Nm):	340 bei 4400-6000/min
Literleistung (kW/l / PS/l):	65,8 / 89,5
Verdichtung:	11,1 : 1
Ventilsteuerung:	dohc über Doppelkette, 4 Ventile pro Zylinder, VarioCam Plus, Einlaß-Nockenwellenverstellung, Ventilhubschaltung
Motorsteuerung:	Bosch Motronic ME 7.8, sequenzielle Einspritzung, E-Gas, ruhende Hochspannungsverteilung, Einzelzündspulen, zylinderselektive Klopfregelung, Stereo-Lambdaregelung
Zündfolge:	1 - 6 - 2 - 4 - 3 - 5
Schmierung:	Integrierte Trockensumpfschmierung
Ölmenge (l):	7,75

Kraftübertragung

Antrieb:	Heckantrieb
Schaltgetriebe:	6-Gang
Sonderwunsch Tiptronic S:	[5-Gang]
Getriebe-Typ:	G 87/21 [A 87/21]
Übersetzungen:	
1. Gang:	3,31 [3,66]
2. Gang:	1,95 [2,00]
3. Gang:	1,41 [1,41]
4. Gang:	1,13 [1,00]
5. Gang:	0,97 [0,74]
6. Gang:	0,82
Rückwärtsgang:	3,00 [4,10]
Achsübersetzung:	3,88 [4,16]

Karosserie, Fahrwerk, Bremse, Räder und Reifen

Karosserie:	2-türige, 2-sitzige, selbsttragende Roadster-Karosserie aus vollverzinktem Stahlblech, Aluminium-Front- und Heckdeckel, Bug- und Heckverkleidungen aus Kunststoff, automatisch ausfahrbarer Heckspoiler, elektrisch betätigtes Stoffverdeck mit beheizbarer Glasheckscheibe, feststehender zweiteiliger Überrollschutz
Sonderwunsch:	Hardtop aus Aluminium mit beheizbarer Heckscheibe
Vorderradaufhängung:	Einzelradaufhängung, McPherson-Federbeine mit Leichtmetall Querlenkern, Leichtmetall Radträger, Querträger, Schraubenfedern, Gasdruckdämpfer, Stabilisator
Hinterradaufhängung:	Einzelradaufhängung, McPherson-Federbeine mit Leichtmetall Querlenkern, Leichtmetall Radträger, Hinterachshilfsrahmen, Schraubenfedern, Gasdruckdämpfer, Stabilisator
Bremse v/h (Durchm. x B (mm)):	innenbelüftete gelochte Scheiben (318 x 28) / innenbelüftete gelochte Scheiben (299 x 24) rote 4-Kolben-Monobloc-Aluminium-Festsättel / rote 4-Kolben-Monobloc-Aluminium-Festsättel Bosch ABS 8.0
Sonderwunsch:	Porsche Ceramic Composite Brake (PCCB) innenbelüftete gelochte Keramikfaser-Scheiben (350 x 34) / innenbelüftete gelochte Keramikfaser-Scheiben (350 x 28) gelbe 6-Kolben-Monobloc-Aluminium-Festsättel / gelbe 4-Kolben-Monobloc-Aluminium-Festsättel
Räder v/h:	8 J x 19 / 9,5 J x 19
Reifen v/h:	235/35 ZR 19 / 265/35 ZR 19

Elektrik

Lichtmaschinenleistung (W):	2100
Batterie (V/Ah):	12 / 60 [12 / 70]

Abmessungen, Gewichte und Volumen

Spurweite v/h (mm):	1486 / 1528
Radstand (mm):	2415
Maße (L x B x H (mm)):	4329 x 1801 x 1292
Leergewicht nach DIN (kg):	1355 [1395]
zul. Gesamtgewicht (kg):	1630 [1670]
Kofferraumvolumen v/h (VDA (l)):	150 / 130
Tankvolumen (l):	64
C_W x A (m²):	0,30 x 1,97 = 0,591
mit Tiptronic S:	0,31 x 1,97 = 0,611
Leistungsgewicht (kg/kW / kg/PS):	6,24 [6,42] / 4,59 [4,73]

Kraftstoffverbrauch

nach 1999/100/EG (l/100 km):	98 ROZ Super plus bleifrei
Innerstädtisch:	15,3 [16,3]
Außerstädtisch:	7,8 [7,9]
Gesamt:	10,6 [11,0]
CO_2-Emissionen (g/km):	254 [262]

Fahrleistungen, Stückzahlen, Preise

Beschleunigung 0–100 km/h (s):	5,4 [6,1]
0–160 km/h (s):	11,8 [13,6]
Höchstgeschw. (km/h):	273 [265]
Stückzahl:	500 – limitiert
Listenpreise:	
08/2008:	Euro 65.539,- [Euro 68.180,80]

987 Boxster [PDK] MJ 2009 bis MJ 2011

Motor

Bauart:	6-Zylinder-Boxermotor
Einbauposition:	Mittelmotor
Kühlung:	wassergekühlt
Motor-Typ:	MA 1.20
Hubraum (cm³):	2893
Bohrung x Hub:	89 x 77,5
Leistung (kW/PS):	188/255 bei 6400/min
Belgien:	155/211 bei 6400/min
Drehmoment (Nm):	290 bei 4400–6000/min
Belgien:	290 bei 4400–5000/min
Literleistung (kW/l / PS/l):	65,0 / 88,1
Belgien:	53,6 / 72,9
Verdichtung:	11,5 : 1
Ventilsteuerung:	dohc über Doppelkette, 4 Ventile pro Zylinder, VarioCam Plus, Einlaß-Nockenwellenverstellung, Ventilhubschaltung
Motorsteuerung:	Bosch Motronic ME 7.8.2, sequenzielle Einspritzung, E-Gas, ruhende Hochspannungsverteilung, Einzelzündspulen, zylinderselektive Klopfregelung, Stereo-Lambdaregelung
Zündfolge:	1 - 6 - 2 - 4 - 3 - 5
Schmierung:	Integrierte Trockensumpfschmierung
Ölmenge (l):	10,0

Kraftübertragung

Antrieb:	Heckantrieb
Schaltgetriebe:	6-Gang
Sonderwunsch PDK:	[7-Gang]
Getriebe-Typ:	G 87/10 [CG 2/00]
Übersetzungen:	
1. Gang:	3,67 [3,91]
2. Gang:	2,05 [2,29]
3. Gang:	1,41 [1,65]
4. Gang:	1,13 [1,30]
5. Gang:	0,97 [1,08]
6. Gang:	0,84 [0,88]
7. Gang:	[0,62]
Rückwärtsgang:	3,33 [3,55]
Achsübersetzung:	3,88 [3,25]

Karosserie, Fahrwerk, Bremse, Räder und Reifen

Karosserie:	2-türige, 2-sitzige, selbsttragende Roadster-Karosserie aus vollverzinktem Stahlblech, Aluminium-Front- und Heckdeckel, Bug- und Heckverkleidungen aus Kunststoff, automatisch ausfahrbarer Heckspoiler, elektrisch betätigtes Stoffverdeck mit beheizbarer Glasheckscheibe, feststehender zweiteiliger Überrollschutz
Sonderwunsch:	Hardtop aus Aluminium mit beheizbarer Heckscheibe
Vorderradaufhängung:	Einzelradaufhängung, McPherson-Federbeine mit Leichtmetall-Querlenkern, Leichtmetall-Radträger, Querträger, Schraubenfedern, Gasdruckdämpfer, Stabilisator
Hinterradaufhängung:	Einzelradaufhängung, McPherson-Federbeine mit Leichtmetall-Querlenkern, Leichtmetall-Radträger, Hinterachshilfsrahmen, Schraubenfedern, Gasdruckdämpfer, Stabilisator
Bremse v/h (Durchm. x B (mm)):	innenbelüftete gelochte Scheiben (318 x 28) / innenbelüftete gelochte Scheiben (299 x 20) schwarze 4-Kolben-Monobloc-Aluminium-Festsättel / schwarze 4-Kolben-Monobloc-Aluminium-Festsättel Bosch ABS 8.0
Räder v/h:	7 J x 17 – ET 55 / 8,5 J x 17 – ET 40
Reifen v/h:	205/55 ZR 17 / 235/50 ZR 17
	8 J x 18 – ET 57 / 9 J x 18 – ET 43
	235/40 ZR 18 / 265/40 ZR 18
	8 J x 19 – ET 57 / 9,5 J x 19 – ET 46
	235/35 ZR 19 / 265/35 ZR 19
Exclusive, Tequipment:	8,5 J x 19 – ET 55 / 10 J x 19 – ET 46
	235/35 ZR 19 / 265/35 ZR 19

Elektrik

Lichtmaschinenleistung (W):	2100
Batterie (Ah/A):	70 / 340

Abmessungen, Gewichte und Volumen

Spurweite v/h (mm):	1490 / 1534
mit 8 J x 18 / 9 J x 18:	1486 / 1528
mit 8 J x 19 / 9,5 J x 19:	1486 / 1528
mit 8,5 J x 19 / 10 J x 19:	1490 / 1522
Radstand (mm):	2415
Maße (L x B x H (mm)):	4342 x 1801 x 1292
Leergewicht nach DIN (kg):	1335 [1365]
zul. Gesamtgewicht (kg):	1635 [1670]
Kofferraumvolumen v/h (VDA (l)):	150 / 130
Tankvolumen (l):	64
C_W x A (m²):	0,29 x 1,97 = 0,571
mit PDK:	0,30 x 1,97 = 0,591
Leistungsgewicht (kg/kW / kg/PS):	7,10 [7,26] / 5,24 [5,35]
Belgien:	8,61 [8,81] / 6,33 [6,47]

Kraftstoffverbrauch

nach Euro 5 im NEFZ (l/100 km):	98 ROZ Super plus bleifrei
Innerstädtisch:	13,8 [13,6]
Außerstädtisch:	6,9 [6,5]
Gesamt:	9,4 [9,1]
CO_2-Emissionen (g/km):	221 [214]

Fahrleistungen, Stückzahlen, Preise

Beschleunigung 0–100 km/h (s):	5,9 [5,8] [5,6]*
0–160 km/h (s):	13,6 [13,4] [13,1]*
0–200 km/h (s):	22,3 [22,1] [21,8]*
Höchstgeschw. (km/h):	263 [261]
***mit Sport Plus-Taste gedrückt**	
Stückzahl:	12.074
Listenpreise:	
11/2008:	Euro 46.142,- [Euro 49.087,25]
06/2009:	Euro 46.506,- [Euro 49.451,25]
05/2010:	Euro 46.506,- [Euro 49.451,25]
08/2010:	Euro 46.982,- [Euro 49.927,25]
04/2011:	Euro 46.982,- [Euro 49.927,25]

987 Boxster S [PDK] MJ 2009 bis MJ 2011

Motor

Bauart:	6-Zylinder-Boxermotor
Einbauposition:	Mittelmotor
Kühlung:	wassergekühlt
Motor-Typ:	MA 1.21
Hubraum (cm^3):	3436
Bohrung x Hub:	97 x 77,5
Leistung (kW/PS):	228/310 bei 6400/min
Drehmoment (Nm):	360 bei 4400-5500/min
Literleistung (kW/l / PS/l):	66,4 / 90,2
Verdichtung:	12,5 : 1
Ventilsteuerung:	dohc über Doppelkette, 4 Ventile pro Zylinder, VarioCam Plus, Einlaß-Nockenwellenverstellung, Ventilhubschaltung
Motorsteuerung:	elektronisches Motormanagement SDI 3.1, E-Gas, Benzin-Direkteinspritzung Direct Fuel Injection - DFI, ruhende Hochspannungsverteilung, Einzelzündspulen, zylinderselektive Klopfregelung, Stereo-Lambdaregelung
Zündfolge:	1 - 6 - 2 - 4 - 3 - 5
Schmierung:	Integrierte Trockensumpfschmierung
Ölmenge (l):	10,0

Kraftübertragung

Antrieb:	Heckantrieb
Schaltgetriebe:	6-Gang
Sonderwunsch PDK:	[7-Gang]
Getriebe-Typ:	G 87/40 [CG 2/20]
Übersetzungen:	
1. Gang:	3,31 [3,91]
2. Gang:	1,95 [2,29]
3. Gang:	1,41 [1,65]
4. Gang:	1,13 [1,30]
5. Gang:	0,95 [1,08]
6. Gang:	0,81 [0,88]
7. Gang:	[0,62]
Rückwärtsgang:	3,00 [3,55]
Achsübersetzung:	3,89 [3,25]

Karosserie, Fahrwerk, Bremse, Räder und Reifen

Karosserie:	2-türige, 2-sitzige, selbsttragende Roadster-Karosserie aus vollverzinktem Stahlblech, Aluminium-Front- und Heckdeckel, Bug- und Heckverkleidungen aus Kunststoff, automatisch ausfahrbarer Heckspoiler, elektrisch betätigtes Stoffverdeck mit beheizbarer Glasheckscheibe, feststehender zweiteiliger Überrollschutz
Sonderwunsch:	Hardtop aus Aluminium mit beheizbarer Heckscheibe
Vorderradaufhängung:	Einzelradaufhängung, McPherson-Federbeine mit Leichtmetall-Querlenkern, Leichtmetall-Radträger, Querträger, Schraubenfedern, Gasdruckdämpfer, Stabilisator
Hinterradaufhängung:	Einzelradaufhängung, McPherson-Federbeine mit Leichtmetall-Querlenkern, Leichtmetall-Radträger, Hinterachshilfsrahmen, Schraubenfedern, Gasdruckdämpfer, Stabilisator
Bremse v/h (Durchm. x B (mm)):	innenbelüftete gelochte Scheiben (318 x 28) / innenbelüftete gelochte Scheiben (299 x 24) rote 4-Kolben-Monobloc-Aluminium-Festsättel / rote 4-Kolben-Monobloc-Aluminium-Festsättel Bosch ABS 8.0
Sonderwunsch:	Porsche Ceramic Composite Brake (PCCB) innenbelüftete gelochte Keramikfaser-Scheiben (350 x 34) / innenbelüftete gelochte Keramikfaser-Scheiben (350 x 28) gelbe 6-Kolben-Monobloc-Aluminium-Festsättel / gelbe 4-Kolben-Monobloc-Aluminium-Festsättel
Räder v/h:	8 J x 18 – ET 57 / 9 J x 18 – ET 43
Reifen v/h:	235/40 ZR 18 / 265/40 ZR 18
	8 J x 19 – ET 57 / 9,5 J x 19 – ET 46
	235/35 ZR 19 / 265/35 ZR 19
Exclusive, Tequipment:	8,5 J x 19 – ET 55 / 10 J x 19 – ET 46
	235/35 ZR 19 / 265/35 ZR 19

Elektrik

Lichtmaschinenleistung (W):	2100
Batterie (Ah/A):	70 / 340

Abmessungen, Gewichte und Volumen

Spurweite v/h (mm):	1486 / 1528
mit 8 J x 19 / 9,5 J x 19:	1486 / 1528
mit 8,5 J x 19 / 10 J x 19:	1490 / 1522
Radstand (mm):	2415
Maße (L x B x H (mm)):	4342 x 1801 x 1294
Leergewicht nach DIN (kg):	1355 [1380]
zul. Gesamtgewicht (kg):	1645 [1675]
Kofferraumvolumen v/h (VDA (l)):	150 / 130
Tankvolumen (l):	64
C_W x A (m^2):	0,30 x 1,98 = 0,594
mit PDK:	0,31 x 1,98 = 0,614
Leistungsgewicht (kg/kW / kg/PS):	5,94 [6,05] / 4,37 [4,45]

Kraftstoffverbrauch

nach Euro 5 im NEFZ (l/100 km):	98 ROZ Super plus bleifrei
Innerstädtisch:	14,4 [14,1]
Außerstädtisch:	7,2 [6,6]
Gesamt:	9,8 [9,4]
CO_2-Emissionen (g/km):	230 [221]

Fahrleistungen, Stückzahlen, Preise

Beschleunigung 0–100 km/h (s):	5,3 [5,2] [5,0]*
0–160 km/h (s):	11,6 [11,4] [11,1]*
0–200 km/h (s):	18,4 [18,2] [17,9]*
Höchstgeschw. (km/h):	274 [272]
***mit Sport Plus-Taste gedrückt**	
Stückzahl:	6.700
Listenpreise:	
11/2008:	Euro 55.781,- [Euro 58.726,25]
06/2009:	Euro 56.383,- [Euro 59.328,25]
05/2010:	Euro 56.383,- [Euro 59.328,25]
08/2010:	Euro 56.978,- [Euro 59.923,25]
04/2011:	Euro 56.978,- [Euro 59.923,25]

987 Boxster Spyder [PDK] MJ 2010 bis MJ 2011

Motor

Bauart:	6-Zylinder-Boxermotor
Einbauposition:	Mittelmotor
Kühlung:	wassergekühlt
Motor-Typ:	MA 1.21
Hubraum (cm³):	3436
Bohrung x Hub:	97 x 77,5
Leistung (kW/PS):	235/320 bei 7200/min
Max. Drehzahl:	7500
Drehmoment (Nm):	370 bei 4750/min
Literleistung (kW/l / PS/l):	68,4 / 93,1
Verdichtung:	12,5 : 1
Ventilsteuerung:	dohc über Doppelkette, 4 Ventile pro Zylinder, VarioCam Plus, Einlaß-Nockenwellenverstellung, Ventilhubschaltung
Motorsteuerung:	elektronisches Motormanagement SDI 3.1, E-Gas, Benzin-Direkteinspritzung Direct Fuel Injection - DFI, ruhende Hochspannungsverteilung, Einzelzündspulen, zylinderselektive Klopfregelung, Stereo-Lambdaregelung
Zündfolge:	1 - 6 - 2 - 4 - 3 - 5
Schmierung:	Integrierte Trockensumpfschmierung
Ölmenge (l):	10,0

Kraftübertragung

Antrieb:	Heckantrieb
Schaltgetriebe:	6-Gang
Sonderwunsch PDK:	[7-Gang]
Getriebe-Typ:	G 87/40 [CG 2/20]
Übersetzungen:	
1. Gang:	3,31 [3,91]
2. Gang:	1,95 [2,29]
3. Gang:	1,41 [1,65]
4. Gang:	1,13 [1,30]
5. Gang:	0,95 [1,08]
6. Gang:	0,81 [0,88]
7. Gang:	[0,62]
Rückwärtsgang:	3,00 [3,55]
Achsübersetzung:	3,89 [3,25]
Sperrdifferential:	

Karosserie, Fahrwerk, Bremse, Räder und Reifen

Karosserie:	2-türige, 2-sitzige, selbsttragende Spyder-Karosserie aus vollverzinktem Stahlblech, Aluminium-Frontdeckel, Heckhaube mit zwei großen Auswölbungen, Bug- und Heckverkleidungen aus Kunststoff, feststehender Heckspoiler, manuell aufspannbares Sonnensegel aus schwarzem Stoff, Wetterschutz mit Heckscheibe, feststehender zweiteiliger Überrollschutz, speziell geformte Seitenscheiben
Sonderwunsch:	Hardtop aus Aluminium mit beheizbarer Heckscheibe
Vorderradaufhängung:	Einzelradaufhängung, McPherson-Federbeine mit Leichtmetall-Querlenkern, Leichtmetall-Radträger, Querträger, Schraubenfedern, Gasdruckdämpfer, Stabilisator
Hinterradaufhängung:	Einzelradaufhängung, McPherson-Federbeine mit Leichtmetall-Querlenkern, Leichtmetall-Radträger, Hinterachshilfsrahmen, Schraubenfedern, Gasdruckdämpfer, Stabilisator
Bremse v/h (Durchm. x B (mm)):	innenbelüftete gelochte Scheiben (318 x 28) / innenbelüftete gelochte Scheiben (299 x 24) rote 4-Kolben-Monobloc-Aluminium-Festsättel / rote 4-Kolben-Monobloc-Aluminium-Festsättel Bosch ABS 8.0
Sonderwunsch:	Porsche Ceramic Composite Brake (PCCB) innenbelüftete gelochte Keramikfaser-Scheiben (350 x 34) / innenbelüftete gelochte Keramikfaser-Scheiben (350 x 28) gelbe 6-Kolben-Monobloc-Aluminium-Festsättel / gelbe 4-Kolben-Monobloc-Aluminium-Festsättel
Räder v/h:	8,5 J x 19 – ET 55 / 10 J x 19 – ET 42 Boxster Spyder Rad 10-Speichen-Design
Reifen v/h:	235/35 ZR 19 / 265/35 ZR 19

Elektrik

Lichtmaschinenleistung (W):	2100
Batterie (Ah/A):	70 / 340

Abmessungen, Gewichte und Volumen

Spurweite v/h (mm):	1490 / 1530
Radstand (mm):	2415
Maße (L x B x H (mm)):	4342 x 1801 x 1231
Leergewicht nach DIN (kg):	1275 [1300]
zul. Gesamtgewicht (kg):	1555 [1585]
Kofferraumvolumen v/h (VDA (l)):	150 / 130
Tankvolumen (l):	ca. 54 (Nachfüllvolumen)
C_W x A (m²) – Verdeck geschlossen:	0,30 x 1,95 = 0,585
Verdeck geschlossen mit PDK:	0,31 x 1,95 = 0,605
Verdeck offen:	0,39 x 1,91 = 0,745
Verdeck offen mit PDK:	0,39 x 1,91 = 0,745
Leistungsgewicht (kg/kW / kg/PS):	5,43 [5,53] / 3,99 [4,06]

Kraftstoffverbrauch

nach Euro 5 im NEFZ (l/100 km):	98 ROZ Super plus bleifrei
Innerstädtisch:	14,2 [14,0]
Außerstädtisch:	7,1 [6,6]
Gesamt:	9,7 [9,3]
CO_2-Emissionen (g/km):	228 [218]

Fahrleistungen, Stückzahlen, Preise

Beschleunigung 0–100 km/h (s):	5,1 [5,0] [4,8]*
0–160 km/h (s):	10,8 [10,6] [10,3]*
0–200 km/h (s):	17,5 [17,3] [17,0]*
Höchstgeschw. (km/h):	267 [265] – offen
mit aufgespannten Sonnensegel:	200 [200] – geschlossen limitiert
***mit Sport Plus-Taste gedrückt**	
Stückzahl:	1.944
Listenpreise:	
06/2009:	Euro 63.404,- [Euro 66.349,25]
11/2009:	Euro 63.404,- [Euro 66.349,25]
08/2010:	Euro 64.118,- [Euro 67.063,25]

987 Boxster Black Edition China MJ 2011

Motor

Bauart:	6-Zylinder-Boxermotor
Einbauposition:	Mittelmotor
Kühlung:	wassergekühlt
Motor-Typ:	MA 1.20
Hubraum (cm^3):	2893
Bohrung x Hub:	89 x 77,5
Leistung (kW/PS):	188/255 bei 6400/min
Max. Drehzahl:	7500
Drehmoment (Nm):	290 bei 4400-6000/min
Literleistung (kW/l / PS/l):	65,0 / 88,1
Verdichtung:	11,5 : 1
Ventilsteuerung:	dohc über Doppelkette, 4 Ventile pro Zylinder, VarioCam Plus, Einlaß-Nockenwellenverstellung, Ventilhubschaltung
Motorsteuerung:	Bosch Motronic ME 7.8.2, sequenzielle Einspritzung, E-Gas, ruhende Hochspannungsverteilung, Einzelzündspulen, zylinderselektive Klopfregelung, Stereo-Lambdaregelung
Zündfolge:	1 - 6 - 2 - 4 - 3 - 5
Schmierung:	Integrierte Trockensumpfschmierung
Ölmenge (l):	10,0

Kraftübertragung

Antrieb:	Heckantrieb
PDK:	7-Gang
Getriebe-Typ:	CG 2.00
Übersetzungen:	
1. Gang:	3,909
2. Gang:	2,292
3. Gang:	1,654
4. Gang:	1,303
5. Gang:	1,081
6. Gang:	0,881
7. Gang:	0,617
Rückwärtsgang:	3,545
Achsübersetzung:	3,250

Karosserie, Fahrwerk, Bremse, Räder und Reifen

Karosserie:	2-türige, 2-sitzige, selbsttragende Roadster-Karosserie aus vollverzinktem Stahlblech, Aluminium-Front- und Heckdeckel, Bug- und Heckverkleidungen aus Kunststoff, automatisch ausfahrbarer Heckspoiler, elektrisch betätigtes Stoffverdeck mit beheizbarer Glasheckscheibe, feststehender zweiteiliger Überrollschutz, Farbe: Uni-Schwarz
Sonderwunsch:	Hardtop aus Aluminium mit beheizbarer Heckscheibe
Vorderradaufhängung:	Einzelradaufhängung, McPherson-Federbeine mit Leichtmetall-Querlenkern, Leichtmetall-Radträger, Querträger, Schraubenfedern, Gasdruckdämpfer, Stabilisator
Hinterradaufhängung:	Einzelradaufhängung, McPherson-Federbeine mit Leichtmetall-Querlenkern, Leichtmetall-Radträger, Hinterachshilfsrahmen, Schraubenfedern, Gasdruckdämpfer, Stabilisator
Bremse v/h (Durchm. x B (mm)):	innenbelüftete gelochte Scheiben (318 x 28) / innenbelüftete gelochte Scheiben (299 x 20) schwarze 4-Kolben-Monobloc-Aluminium-Festsättel / schwarze 4-Kolben-Monobloc-Aluminium-Festsättel Bosch ABS 8.0
Räder v/h:	8,5 J x 19 – ET 55 / 10 J x 19 – ET 42 Boxster Spyder Rad, 10-Speichen-Design, Felgenstern schwarz
Reifen v/h:	235/35 ZR 19 / 265/35 ZR 19

Elektrik

Lichtmaschinenleistung (W):	2100
Batterie (Ah/A):	70 / 340

Abmessungen, Gewichte und Volumen

Spurweite v/h (mm):	1490 / 1530
Radstand (mm):	2415
Maße (L x B x H (mm)):	4342 x 1801 x 1292
mit PASM-Sportfahrwerk:	4342 x 1801 x 1282
Leergewicht nach DIN (kg):	1365
zul. Gesamtgewicht (kg):	1670
Kofferraumvolumen v/h (VDA (l)):	150 / 130
Tankvolumen (l):	64
C_W x A (m^2):	0,30 x 1,97 = 0,591
Leistungsgewicht (kg/kW / kg/PS):	7,26 / 5,35

Kraftstoffverbrauch

nach Euro 5 im NEFZ (l/100 km):	98 ROZ Super plus bleifrei
Innerstädtisch:	13,6
Außerstädtisch:	6,5
Gesamt:	9,1
CO_2-Emissionen (g/km):	214

Fahrleistungen, Stückzahlen, Preise

Beschleunigung 0–100 km/h (s):	5,8 5,6*
0–160 km/h (s):	13,4 13,1*
0–200 km/h (s):	22,1 21,8*
Höchstgeschw. (km/h):	261
*mit Sport Plus-Taste gedrückt	
Stückzahl:	152, limitiert auf 188 Fahrzeuge
Listenpreis:	n/a

987 Boxster S Black Edition [PDK] MJ 2011

Motor

Bauart:	6-Zylinder-Boxermotor
Einbauposition:	Mittelmotor
Kühlung:	wassergekühlt
Motor-Typ:	MA 1.21
Hubraum (cm³):	3436
Bohrung x Hub:	97 x 77,5
Leistung (kW/PS):	235/320 bei 7200/min
Max. Drehzahl:	7500
Drehmoment (Nm):	370 bei 4750/min
Literleistung (kW/l / PS/l):	68,4 / 93,1
Verdichtung:	12,5 : 1
Ventilsteuerung:	dohc über Doppelkette, 4 Ventile pro Zylinder, VarioCam Plus, Einlaß-Nockenwellenverstellung, Ventilhubschaltung
Motorsteuerung:	elektronisches Motormanagement SDI 3.1, E-Gas, Benzin-Direkteinspritzung Direct Fuel Injection - DFI, ruhende Hochspannungsverteilung, Einzelzündspulen, zylinderselektive Klopfregelung, Stereo-Lambdaregelung
Zündfolge:	1 - 6 - 2 - 4 - 3 - 5
Schmierung:	Integrierte Trockensumpfschmierung
Ölmenge (l):	10,0

Kraftübertragung

Antrieb:	Heckantrieb
Schaltgetriebe:	6-Gang
Sonderwunsch PDK:	[7-Gang]
Getriebe-Typ:	G 87/40 [CG 2/20]
Übersetzungen:	
1. Gang:	3,308 [3,909]
2. Gang:	1,950 [2,292]
3. Gang:	1,407 [1,654]
4. Gang:	1,133 [1,303]
5. Gang:	0,950 [1,081]
6. Gang:	0,814 [0,881]
7. Gang:	[0,617]
Rückwärtsgang:	3,000 [3,545]
Achsübersetzung:	3,889 [3,250]

Karosserie, Fahrwerk, Bremse, Räder und Reifen

Karosserie:	2-türige, 2-sitzige, selbsttragende Roadster-Karosserie aus vollverzinktem Stahlblech, schwarz lackiert, Aluminium-Front- und Heckdeckel, Bug- und Heckverkleidungen aus Kunststoff, automatisch ausfahrbarer Heckspoiler, elektrisch betätigtes Stoffverdeck mit beheizbarer Glasheckscheibe, feststehender zweiteiliger Überrollschutz, Farbe: Uni-Schwarz
Sonderwunsch:	Hardtop aus Aluminium mit beheizbarer Heckscheibe
Vorderradaufhängung:	Einzelradaufhängung, McPherson-Federbeine mit Leichtmetall-Querlenkern, Leichtmetall-Radträger, Querträger, Schraubenfedern, Gasdruckdämpfer, Stabilisator
Hinterradaufhängung:	Einzelradaufhängung, McPherson-Federbeine mit Leichtmetall-Querlenkern, Leichtmetall-Radträger, Hinterachshilfsrahmen, Schraubenfedern, Gasdruckdämpfer, Stabilisator
Bremse v/h (Durchm. x B (mm)):	innenbelüftete gelochte Scheiben (318 x 28) / innenbelüftete gelochte Scheiben (299 x 24) rote 4-Kolben-Monobloc-Aluminium-Festsättel / rote 4-Kolben-Monobloc-Aluminium-Festsättel Bosch ABS 8.0
Sonderwunsch:	Porsche Ceramic Composite Brake (PCCB) innenbelüftete gelochte Keramikfaser-Scheiben (350 x 34) / innenbelüftete gelochte Keramikfaser-Scheiben (350 x 28) gelbe 6-Kolben-Monobloc-Aluminium-Festsättel / gelbe 4-Kolben-Monobloc-Aluminium-Festsättel
Räder v/h:	8,5 J x 19 – ET 55 / 10 J x 19 – ET 42 Boxster Spyder Rad, 10-Speichen-Design, Felgenstern schwarz
Reifen v/h:	235/35 ZR 19 / 265/35 ZR 19

Elektrik

Lichtmaschinenleistung (W):	2100
Batterie (Ah/A):	70 / 340

Abmessungen, Gewichte und Volumen

Spurweite v/h (mm):	1490 / 1530
Radstand (mm):	2415
Maße (L x B x H (mm)):	4342 x 1801 x 1294
mit PASM-Sportfahrwerk:	4342 x 1801 x 1284
Leergewicht nach DIN (kg):	1355 [1380]
zul. Gesamtgewicht (kg):	1645 [1675]
Kofferraumvolumen v/h (VDA (l)):	150 / 130
Tankvolumen (l):	64
C_W x A (m²):	0,30 x 1,98 = 0,594
mit PDK:	0,31 x 1,98 = 0,614
Leistungsgewicht (kg/kW / kg/PS):	5,77 [5,87] / 4,23 [4,31]

Kraftstoffverbrauch

nach Euro 5 im NEFZ (l/100 km):	98 ROZ Super plus bleifrei
Innerstädtisch:	14,4 [14,1]
Außerstädtisch:	7,2 [6,6]
Gesamt:	9,8 [9,4]
CO_2-Emissionen (g/km):	230 [221]

Fahrleistungen, Stückzahlen, Preise

Beschleunigung 0–100 km/h (s):	5,2 [5,1] [4,9]*
0–160 km/h (s):	11,4 [11,2] [10,9]*
0–200 km/h (s):	18,1 [17,9] [17,6]*
Höchstgeschw. (km/h):	276 [274]
***mit Sport Plus-Taste gedrückt**	
Stückzahl:	855, limitiert auf 987 Fahrzeuge
Listenpreise:	
03/2011:	Euro 63.404,- [Euro 66.551,55]

Porsche Boxster (Typ 981)

Modelljahr 2012 (C-Programm)

Auf der technischen Basis des 911 Carrera der Baureihe 991 stellt Porsche den 981 Boxster am 6. März 2012, um 9:30 Uhr, auf dem Genfer Autosalon in Halle 1 den internationalen Fachjournalisten vor. Es ist bereits die dritte Generation des beliebten Mittelmotor-Roadsters.

Leichter und sparsamer, schneller und agiler ist das Porsche-Motto bei der 981-Boxster-Generation. Mit neuer Leichtbau-Karosserie und völlig überarbeitetem Fahrwerk setzt der 981 Boxster neue Bestwerte für »Porsche Intelligent Performance«. Das spürbar niedrigere Fahrzeuggewicht, der längere Radstand, die breitere Spur und die größeren Räder bieten die wahrscheinlich klassenbeste Fahrdynamik im Wettbewerbsumfeld. Alle Boxster-Varianten verfügen über modernste Sechszylinder-Saugmotoren mit Benzin-Direkteinspritzung. Sie kommen mit weniger als neun Litern Kraftstoff auf 100 Kilometer aus, der Boxster mit PDK sogar mit weniger als acht Litern. Die Markteinführung der 981-Boxster-Generation ist am 14. April 2012.

Der 981 Boxster läßt sich auf einen Blick von seinen Vorgängermodellen unterscheiden, denn die Fahrzeugproportionen haben sich nachhaltig verändert. Die Karosserie des 981 Boxster ist 32 Millimeter länger als bisher. So wächst der Radstand um 60 Millimeter, bei einem gleichzeitig um 27 Millimeter reduzierten vorderen Überhang. Die Spurweite wird vorne um bis zu 40 Millimeter verbreitert, hinten um bis zu 18 Millimeter, so daß die Räder bündig mit der Karosserie abschließen. Die flachere Frontscheibe ist um rund 100 Millimeter weiter vorn angeordnet, wodurch der Boxster 13 Millimeter niedriger wird. Seine weit nach hinten gestreckte Verdecklinie erzeugt eine sehr elegante Silhouette. Im weiterentwickelten Design läuft die Schulterlinie aus dem stark nach oben gewölbten vorderen Kotflügel bis in das Fondseitenteil weiter. Die Außenspiegel sind jetzt wieder, wie früher bei den luftgekühlten 911-Modellen, auf den Türen angebracht. Besonders charakteristisch sind die in die Türen eingeformten Luftführungen im Stil des Carrera GT, welche die Ansaugluft für den Mittelmotor zu den großen Lufteinlässen in den Fondseitenteilen leiten. Durch die deutlicher ausgeprägten Formen von Kotflügeln, Türen, Ansaugluftführungen und Verdeck betont das Design-Team von Michael Mauer die stärkere Akzentuierung der Radausschnitte.

Die Front des 981 Boxster wird von den großen seitlichen Kühleröffnungen mit zwei Querstegen, beim Boxster in Wagenfarbe, beim Boxster S in Schwarz ausgeführt und den Klarglas-Hauptscheinwerfern mit integrierten Blinkleuchten bestimmt. Sowohl die beim Boxster serienmäßigen Halogen-Projektionsscheinwerfer als auch die beim Boxster S serienmäßigen neuen Bi-Xenon-Scheinwerfer sind völlig neu entwickelt worden. Über den markanten Lufteinlässen sind dezente Bugleuchten mit LED-Tagfahr- und Positionsleuchten integriert. Völlig neu gestaltet präsentiert sich die Heckpartie des Boxsters ohne den Verdeckkastendeckel. In den Heckdeckel ist in einer Sicke die dritte Bremsleuchte eingelassen. Am unteren Ende des Deckels sind in einzelnen, hartverchromten Lettern »P O R S C H E« und darunter »Boxster« bzw. »Boxster S« aufgesetzt. Heckflügel und -leuchten verbindet eine ausgeprägte Abrißkante über die gesamte Fahrzeugbreite.

Die integrierte zentrale Rückleuchteneinheit vereint Nebelschlußleuchte und Rückfahrscheinwerfer in einem flachen Band. Die neuen LED-Heckleuchten sind durch ihre um die Fahrzeugecken herumgezogene Form perfekt in die Heckansicht integriert. Im zentralen Bereich des konvex geformten Heckstoßfängers ist eine große ebene Fläche für die Nummerntafel eingelassen. Den unteren optischen Abschluß bildet der Heckdiffusor, aus dem zentral die Abgasanlage mit gebürstetem Edelstahl-Endrohr ins Freie mündet. Das Erkennungsmerkmal des Boxsters ist nach wie vor ein ovales Endrohr, während der Boxster S ein 2-flutiges Doppelendrohr hat. Optional steht eine Sportabgasanlage zur Verfügung.

Ein wesentliches Entwicklungsziel für die 981-Boxster-Generation mit maßgeblicher Auswirkung auf Fahrleistungen, Agilität und Handling sowie Verbrauch und CO_2-Emission war eine deutliche Reduzierung des Gewichts. Zunächst stieg das Gewicht, ausgehend vom Vorgängermodell, um 20 Kilogramm, damit die gestiegenen Anforderungen an Sicherheit und Torsionssteifigkeit erfüllt werden konnten. Durch intelligenten Leichtbau konnte das Fahrzeuggesamtgewicht bei den 981-Boxster-Modellen, im Vergleich zum 987 Boxster, um bis zu 35 Kilogramm gesenkt werden. Der 981 Boxster ist der leichteste Sportwagen in seinem Wettbewerbsumfeld. Dem Fahrer nutzt die Gewichtsreduzierung im Alltag mehrfach. Durch die reduzierte Masse wird der Verbrauch verringert und bei voller Motorleistung bieten die leichteren Boxster-Modelle bessere Fahrleistungen.

Die statische Torsionssteifigkeit ist um 40 Prozent erhöht worden. Der Schwerpunkt der neuen Karosserie liegt um rund sechs Millimeter tiefer. Die Karosserie der 981-Boxster-Baureihe wurde völlig neu entwickelt. Die intelligente Aluminium-Stahl-Mischbauweise setzt Stahlteile immer nur dort ein, wo sie unverzichtbar sind. So kommen Aluminium-Druckguß, Aluminiumblech, Magnesium und hochfeste Stähle zum Einsatz. Die entsprechenden Teile sind für den jeweiligen Einsatzbereich in der Karosserie maßgeschneidert und dabei für sehr hohe Steifigkeit bei möglichst geringem Bauteilgewicht ausgelegt. Mehr als 46 Prozent der Boxster-Rohkarosserie besteht aus Aluminium, wie der Vorderwagen, die Bodengruppe und der Hinterwagen, die Türen und beide Kofferraumhauben. Die Grundstruktur der beiden Überrollbügel besteht ebenfalls aus Aluminium, die Bügel selbst jedoch aus Stahl. Diese dienen auch als Verankerung für das optionale Netzwindschott.
Die Form des 981 Boxsters ist nicht nur prägnanter, sondern auch aerodynamisch effizienter. Obwohl die gesteigerte Motor- und Bremsleistung eine leistungsfähigere Kühlung erfordern, liegt der Luftwiderstandsbeiwert bei nur 0,30. Die Kühlluftzufuhr übernehmen jetzt nur noch die beiden großen äußeren Lufteinlässe im Bugteil. Deren Anströmung ist soweit verbessert, daß der bisherige Mittelkühler bei PDK-Fahrzeugen entfallen kann. Die Lufteinlässe sind bei beiden Boxster-Modellen gleich groß. Beim Boxster deckt jedoch eine schwarze Blende einen Teil davon ab, wegen des geringeren Kühlluftbedarfs. Der Auftrieb an beiden Achsen konnte nochmals verringert werden, was sich besonders positiv auf die Fahrstabilität bei hohen Geschwindigkeiten auswirkt. Eine neu geformte Bugspoilerlippe und zusätzlich vor den Vorderrädern angeordnete Anlaufkörper senken den Auftrieb an der Vorderachse deutlich. An der Hinterachse erzeugen der Heckflügel und die umlaufende Abrißkante mehr Abtrieb als der bisherige ausfahrbare Heckspoiler und setzt der Luftströmung weniger Widerstand entgegen. Der Flügel ist formschön in das Heck integriert und fährt bei Bedarf bogenförmig automatisch oder manuell aus. Die seitliche Fortsetzung der Flügelhinterkante bei eingefahrenem Flügel führt zu einer definierten und stabilen Strömungsablösung im Bereich der Heckleuchten und reduziert weiter den Auftrieb an der Hinterachse und den aerodynamischen Widerstand. Diese funktionale Integration von Abrißkante in die Rückfahrleuchten der Heckleuchteneinheit verbindet Design, effektive Aerodynamik und innovative Leuchtenfunktion.
Das Design des 981 Boxster wird vom Zusammenspiel zwischen der flacheren, weiter vorn fixierten Windschutzscheibe und dem langgestreckten Verdeck, welches erst über den Hinterrädern endet, bestimmt. Nur der obere Scheibenrahmen, an dem das Verdeck eingehakt wird, ist als Fixpunkt der Verdeckgeometrie geblieben. Der vordere Magnesium-Dachrahmen ist beim neuen Verdeck vergrößert, so daß er in geöffnetem Zustand den Verdeckkasten abdeckt. Somit kann der Verdeckkastendeckel entfallen und rund zwölf Kilogramm Gewicht eingespart werden. Dadurch wirkt der 981 Boxster mit offenem Verdeck auch optisch leichter. Das vollelektrische Verdeck der 981-Boxster-Modellreihe ist völlig neu entwickelt worden, wobei das technische Grundkonzept vom Vorgängermodell stammt. Zwei Elektromotoren übernehmen das Öffnen und das Schließen des Stoffverdecks. Eine vollelektrische Verriegelung arretiert das Verdeck über einen Zentralverschluß am Frontscheibenrahmen, wodurch der mechanische Betätigungsriegel entfällt. Die gestreckte, sportlich-elegante Verdeckform wird durch die um 120 Millimeter verlängerte Heckscheibe unterstrichen.
Zur Reduzierung des Innenraumgeräuschniveaus gegenüber dem Vorgängermodell von rund 75 Dezibel auf 71 Dezibel bei 100 km/h, was gefühlsmäßig einer Halbierung des Pegels entspricht, setzt Porsche einen speziellen Verdeckstoff in Akustikausführung ein. Ein integriertes, vollflächiges Polstervlies trägt ebenfalls zu den geringeren Geräuschen im Innenraum bei und zu einer verbesserten Optik, da sich die Verdeckspriegel geringer abzeichnen. Das Verdeck lässt sich bis zu einer Geschwindigkeit von 50 km/h über einen Tippschalter in der Mittelkonsole in weniger als neun Sekunden öffnen oder schließen. Zum Öffnen genügt ein kurzer Druck auf den Tippschalter, beim Schließen muß der Schalter aus Sicherheitsgründen die ganze Zeit über gedrückt bleiben. Über den neuen Fahrzeugschlüssel kann das Verdeck auch im Stand per Fernbedienung betätigt werden. Ein Hardtop aus Aluminium, wie bei den beiden Vorgängermodellreihen, ist beim 981 Boxster nicht mehr im Angebot.
Das Mittelmotorkonzept des Boxster ist schon immer die Voraussetzung für seine überragende Agilität gewesen. Die 6-Zylinder-Boxer-Motoren der beiden 981-Boxster-Modelle sind mit Benzin-Direkteinspritzung, Thermomanagement, Bordnetzrekuperation und Auto-Start-Stop-Funktion ausgestattet. Auf der einen Seite sind die Motoren noch leistungsfähiger, auf der anderen Seite, je nach Modell, um mehr als 15 Prozent sparsamer.
Das Triebwerk des Boxster ist nach dem Downsizing-Prinzip aus dem 3,4-Liter-Motor des Boxster S abgeleitet und verfügt über 2,7 Liter Hubraum. Das sind 0,2 Liter weniger als beim Vorgängermodell. Zur Hubraumreduzierung werden sowohl die Zylinderbohrung als auch der Kurbelwellenhub verringert. Der Leistungszuwachs im Vergleich zum Motor des 987 Boxster wird durch eine auf 12,5 :1 erhöhte Verdichtung, einer Drehzahlerhöhung, geänderte Leichtmetallkolben und dem spezifischen Brennraumdesign der Benzin-Direkteinspritzung erreicht. Das Resultat dieser Down-Sizing-Leistungskur sind 265 PS (195 kW) bei 6.700 Umdrehungen pro Minute und ein maximales Dreh-

moment von 280 Newtonmeter in einem Drehzahlbereich von 4.500 bis 6.500/min. Beide Motoren verfügen über eine Ventilhubumschaltung und variable Steuerzeiten (VarioCam Plus) für die Einlaßnockenwelle mit einem von 40 auf 50 Grad vergrößerten Verstellbereich.

Die Motoren atmen die Luft durch eine besonders strömungsgünstig ausgelegte Sauganlage. Eine wesentliche Ursache für die Verringerung des Ansaugwiderstands ist, daß die Luft von beiden Lufteinlässen links und rechts in der Karosserie angesaugt wird. Zudem erfaßt statt eines konventionellen Heißfilm-Luftmassenmessers, der im Luftstrom steht und dadurch die Strömungsgeschwindigkeit etwas abbremst, ein Drucksensor den Saugrohrdruck. Für den Markt in Belgien wird der 2,7-Liter-Motor in einer gedrosselten Version mit 211 PS (155 kW) bei 6.700 Umdrehungen pro Minute angeboten. Die Werte für das maximale Drehmoment verändern sich nicht. Beim 3,4-Liter-Sechszylinder des Boxster S verbessert zudem eine schaltbare Resonanzklappe den Füllungsgrad und sorgt so für ein hohes Drehmoment schon bei niedrigen Drehzahlen sowie einen gleichmäßigen Drehmomentverlauf, der zwischen 4.500 bis 5.800 Umdrehungen pro Minute bei einem Höchstwert von 360 Nm gipfelt. Die maximale Leistung von 315 PS (232 kW) erreicht das Boxster-S-Aggregat bei 6.700 Touren.

Zur Effizienzsteigerung sind beide Boxermotoren mit einer Bordnetzrekuperation und einem kennfeldgesteuerten Kühlwasser-Thermomanagement ausgerüstet. Bei der Rekuperation wird die Batterie verstärkt, während der Brems- beziehungsweise Schubphasen geladen. Die Drosselung des Generatorladestroms bei voll geladener Batterie entlastet den Verbrennungsmotor in Beschleunigungsphasen, da dieser weniger Leistung zum Laden der Batterie abzugeben hat. Dank gemeinsam, intelligent gesteuerter Kühlsysteme für Motor und Getriebe erreichen beide Triebwerke schneller ihre optimale Betriebstemperaturen und dadurch eine bessere Verbrennung im Teillastbereich bei weniger Reibung. Um Nachteile unter Vollast zu vermeiden, wird durch den Kennfeldthermostat sehr schnell die Temperatur bei Vollast abgesenkt und damit eine optimale Füllung und maximale Leistung sichergestellt.

Porsche führt beim Boxster die Start-Stop-Funktion für Motoren mit Schaltgetriebe und PDK ein. Das Prinzip des sogenannten Segelns, Motorleistung nur dann abzurufen, wenn sie auch gebraucht wird, übernimmt der Boxster mit PDK vom 911 Carrera. Unter Segeln versteht man das antriebslose Rollen, bei dem der Motor bei Leerlaufdrehzahl verbrauchsgünstig läuft. In der Praxis bedeutet dies bei vorausschauender Fahrweise im Alltagsbetrieb eine mögliche Kraftstoffeinsparungen von bis zu einem Liter auf 100 Kilometer. Segeln ist verbrauchsgünstiger, weil das Fahrzeug die kinetische Energie nutzen kann, um sie in Bewegung umzusetzen. Eingeleitet wird das Segeln durch langsames Rücknehmen des Fahrpedals oder durch einen manuellen Hochschaltimpuls, der aktiviert wird, wenn der für die Fahrsituation gerade höchstmögliche Gang bereits verwendet wird. Beendet wird das Segeln durch Gasgeben, Bremsen oder Schalten.

Serienmäßig sind beide Boxster-Modelle mit einem 6-Gang-Schaltgetriebe ausgerüstet, dessen Gangabstufungen optimal auf die Motorcharakteristika ausgelegt sind. Als Sonderausstattung bietet Porsche ein überarbeitetes 7-Gang-Doppelkupplungsgetriebe (PDK) an. Das neue PDK ist konsequent auf Leistung weiterentwickelt worden, bei weiter optimierten Verbrauchs- und Komforteigenschaften. Die Schaltpunkte passen sich wesentlich schneller an die Wünsche des Fahrers an. Der Boxster hängt spürbar besser am Gas. Im Normalmodus werden hohe Drehzahlen schneller erreicht und somit die Agilität erhöht. Auch Überholvorgänge werden durch eine PDK-Funktion unterstützt. Durch ein kurzes, kräftiges Niederdrücken des Fahrpedals erkennt das PDK den anstehenden Beschleunigungswunsch und wählt einen möglichst niedrigen Gang, um eine hohe Beschleunigungsleistung für einen kurzen Überholvorgang abzurufen.

Bei starken Bremsmanövern wird die Unterstützung einer schnelleren Rückschaltung bei hoher Motordrehzahl mit Zwischengas schon früher eingeleitet. Damit bleibt ein höheres Drehzahlniveau und somit entsprechende Leistungsreserven erhalten. Dies sorgt für eine höhere Leistung am Kurvenausgang, was den geschärften Schaltprogrammen, aber auch den spürbar verkürzten Schaltzeiten zu verdanken ist, vor allem auch im manuellen Modus. So ist mit ausgeschaltetem Porsche Stability Management (PSM) auch ein kontrollierter Drift möglich. Durch Erkennen des Gierwinkels und des Lenkeinschlags setzt die Hochschaltverhinderung ein. Ein Druck auf die serienmäßige Sport-Taste liefert eine weitere Steigerung der Leistung, sowohl was die Gasannahme des Motors als auch die Schaltstrategien des PDK betrifft.

Eine sehr weite Spreizung zwischen einer sportlichen Abstimmung für die Rundstrecke und dem Fahrkomfort im Alltagsbetrieb ermöglicht das optionale Sport-Chrono-Paket. Es unterstützt in Verbindung mit PDK und der Sport-Plus-Taste mit »Launch Control« die bestmögliche Anfahrbeschleunigung. So ist der Sprint von 0 auf 100 km/h in der Regel 0,2 s schneller als im Normalmodus. Zusätzlich aktiviert die Sport-Plus-Taste die PDK-Schaltstrategie »Rennstrecke«, es wird stets im kleinst möglichen Gang gefahren, Bremsrückschaltungen erfolgen bereits ab etwa 4.000 Umdrehungen pro Minute mit den kürzestmöglichen Schaltzeiten, den optimalen Schaltpunkten und einer Drehmomentüberhöhung in den Schaltvorgängen. Auch der Komfort kommt nicht zu kurz. Nach einer sportlich-dynamischen Fahrweise geht der Wechsel in komfortablere und benzinsparendere Drehzahlen ebenfalls schneller. Zudem wurde das Anfahrverhalten optimiert. Es ist nun komfortabel entspannt als auch sehr agil mit höchster Leistung möglich. Serienmäßig ist eine Sport-Taste, über die der Fahrer zwischen einer sportlichen oder einer komfortablen, verbrauchsoptimierten Abstimmung wählen kann. Im Sport-Modus reagiert das elektronische Motormanagement das 6-Zylinder-Boxers noch spontaner. Bei PDK-Fahrzeugen im Automatikmodus erfolgt das Hochschalten erst später und das Zurückschalten schon früher. Zudem wird die Start-Stop-Funktion und die Funktion »Segeln« deaktiviert.

Eine Verbesserung sowohl in der Fahrdynamik als auch im Fahrkomfort stellt das Sport-Chrono-Paket mit zusätzlich dynamischen Getriebelagern dar, die in Abhängigkeit der jeweiligen Fahrsituation aktiv ihre Steifigkeit und Dämpfung ändern. Die Motor-Getriebe-Einheit des Boxster ist an drei Punkten, dem vorderen Motorlager und den beiden hinteren Getriebelagern, mit der Karosserie verbunden. Durch die dynamischen Getriebelager wird die Übertragung der Schwingungen und Vibrationen der gesamten Motor-Getriebe-Einheit auf die Karosserie deutlich minimiert. Dafür nutzt das System eine Dämpferflüssigkeit mit magnetischen Eigenschaften und ein elektrisches Magnetfeld, welches die Partikel in der Flüssigkeit mehr oder weniger stark magnetisiert und dadurch die Viskosität dieser Flüssigkeit verändert und somit die Getriebelager straffer oder weicher einstellt.

Die Dämpfungseigenschaften der Motor- und Getriebelager haben speziell bei Sportwagen einen erheblichen Einfluß auf das Fahrverhalten. Mit steifen Lagern wird beim Einlenken in eine Kurve sowie bei schnellen Wechselkurven der verzögerte Kraftimpuls durch die Massenträgheit des Antriebsstranges deutlich reduziert und ein Nachdrängen des Fahrzeughecks minimiert. Wird ein Antriebsaggregat, wie bei einem Rennwagen, fest mit der Karosserie verschraubt, führt dies zu einem stabileren und präziseren Fahrverhalten. Nachteile sind spürbare Aggregatvibrationen und eine reduzierte Alltagstauglichkeit bei einer komfortorientierten Fahrweise. Weichere Lager filtern diese Vibrationen.

Die dynamischen Getriebelager ermöglichen eine Kombination der beiden Vorteile und reduzieren zudem die vertikalen Schwingungen des Getriebes beim Beschleunigen unter Volllast. Das Ergebnis ist eine gleichmäßigere, höhere Antriebskraft an der Hinterachse mit höherer Traktion und besserer Beschleunigung. Das System garantiert in jeder Fahrsituation eine optimale Anbindung des Antriebsaggregats an die Karosserie und leistet damit einen entscheidenden Beitrag zur Verbesserung der Handlingeigenschaften bei gleichzeitig hohem Fahr- und Schwingungskomfort.

Als Mittelmotor-Sportwagen ist der Boxster schon von Haus aus mit den richtigen Genen ausgestattet. Das neuentwickelte Fahrwerk des Roadsters kultiviert diese auf ein Niveau, welches deutlich über dem 987 Boxster liegt. Allein die Grundwerte schaffen dafür schon beste Voraussetzungen: 60 Millimeter mehr Radstand für einen stabileren Geradeauslauf bei hohen Geschwindigkeiten, eine breitere Spur an beiden Achsen für zusätzliche Agilität und Fahrstabilität in Kurven, größere verbesserte Reifen für noch bessere Haftung bis in den Grenzbereich. Den Beweis erbringt der 981 Boxster S mit der fahrdynamisch optimalen Ausstattung auf der Nürburgring-Nordschleife. Mit einer Rundenzeit von 7:58 Minuten ist er ganze zwölf Sekunden schneller als der vergleichbar ausgestattete 987 Boxster S. Dabei garantieren fahrdynamische Sonderausstattungen wie das weiterentwickelte Porsche Active Suspension Management (PASM), das Porsche Torque Vectoring (PTV), die dynamische Motorlagerung und die optionalen 20-Zoll-Räder höchste Fahr-Performance.

Besonderen Wert legten die Porsche-Ingenieure bei der Entwicklung und Abstimmung des 981-Boxster-Fahrwerks aber nicht nur auf Agilität und Fahrdynamik, sondern verbesserten gleichzeitig auch die Bereiche Komfort und Alltagstauglichkeit. So ist das Serienfahrwerk mit konventionellen hydraulischen Gasdruckstoßdämpfern komplett überarbeitet. Die neu konstruierte Vorderachse ist mit gewichtsoptimierten Leichtbau-McPherson-Federbeinen bestückt. Die neuen Federbeine sind kompakter ausgelegt, dadurch sind sie steifer und genauer in der Einhaltung des Radsturzes. Ein neues, leichtes Aluminium-Federbein-Stützlager trennt die Krafteinleitung von Dämpfer und Zusatzfeder und ermöglicht eine noch präzisere Fahrwerksabstimmung. Gleichzeitig wurde der Vorderachsquerträger crash- und steifigkeitsoptimiert ausgelegt.

Durch eine Erhöhung der Anti-Dive-Eigenschaft reduziert sich das Eintauchen des Vorderwagens bei einer Vollbremsung und der Bremsweg wird dadurch kürzer. Die Hinterachse ist eine Weiterentwicklung auf Basis der bisherigen Achse. Wie bei der Vorderachse sind zahlreiche Bauteile erleichtert worden, ohne jedoch Nachteile in puncto Steifigkeit und Festigkeit in Kauf nehmen zu müssen. Der Großteil der Achskomponenten besteht aus Aluminium. Stark belastete Teile, wie der untere Achsquerträger, sind aus Festigkeitsgründen aus Stahlblech gefertigt und damit leichter und kompakter als vergleichbare Teile aus Aluminium.

Die elektromechanische Servolenkung der 991-Carrera-Generation verbessert auch die Agilität und die Reaktionsschnelligkeit des 981 Boxster. Der Vorteil gegenüber einer hydraulischen Servolenkung besteht in einem reduzierten Kraftstoffverbrauch von mindestens 0,1 Liter auf 100 Kilometer. Sie erhöht durch Zusatzfunktionen den Komfort und die Sicherheit. Es werden gezielt Rückmeldungen über das Lenkrad an den Fahrer weitergegeben, aber negative oder unnötige Störungen gezielt herausgefiltert. Schon bei niedriger Geschwindigkeit sorgt eine aktive Rückstellung der Lenkung für ein automatisches Rückführen des Lenkrads in die Mittellage. Beim Bremsen auf Fahrbahnoberflächen mit unterschiedlichen Reibwerten wird ein minimaler Lenkimpuls am Lenkrad in die zu steuernde Richtung gegeben, so daß das Fahrzeug durch den Fahrer einfacher stabilisiert und in der gewünschten Fahrtrichtung gehalten werden kann. Ein weiteres Merkmal ist die fahrdynamische Lenkinformation an den Fahrer, die ihm eine direkte Rückmeldung zum Fahrzustand vermittelt. Auf Wunsch ist die elektromechanische, geschwindigkeitsabhängige »Servolenkung Plus« lieferbar, die verringerte Lenkkräfte beim Rangieren bei niedrigen Geschwindigkeiten bis 50 km/h bereit hält.

Bisher war beim Boxster als Sonderausstattung nur eine mechanische Hinterachsquersperre zur Steigerung der Traktion lieferbar. Das Porsche Torque Vectoring (PTV), welches in Verbindung mit PASM lieferbar ist, kann noch wesentlich mehr, indem es die Kurvendynamik bereits ab dem Einlenken verbessert. PTV ist das intelligente Zusammenwirken der Hinterachsquersperre mit gezielten radselektiven Bremseneingriffen am kurveninneren Hinterrad, einer Zusatzfunktion des Porsche Stability Management (PSM). Bereits beim Einlenken wird das Bremsmoment aktiviert. Dadurch besitzt das kurvenäußere Hinterrad einen Antriebsmomentsüberschuß. Durch diese Momentendifferenz wirkt auf das Fahrzeug eine Drehkraft, welche den Lenkeinschlag zusätzlich unterstützt. Das Ergebnis ist ein deutlicher Zugewinn an Agilität mit progressiver Einlenkfunktion. Die Hinterachsquersperre verbessert beim Herausbeschleunigen aus der Kurve die Traktion spürbar.

In den Disziplinen Fahrdynamik und Fahrstabilität ist das PTV die ideale Ergänzung zum PSM. Während das PSM die Bremseneingriffe zur passiven Fahrzeugstabilisierung einsetzt, nutzt das PTV die Bremseneingriffe zur Steigerung der Agilität und Fahrdynamik. So sind die Bremseneingriffe des PTV auch bei abgeschaltetem PSM aktiv. Die im PTV enthaltene mechanische Hinterachsquersperre besitzt die gleiche asymmetrische Sperrwirkung von 22 Prozent im Zug und 27 Prozent im Schub wie im 987 Boxster. Das als Sonderausstattung erhältliche, weiterentwickelte aktive Dämpfersystem PASM ist noch besser auf die Dynamik des Boxster abgestimmt. Über die vier zusätzlichen Vertikalsensoren an den Vorder- und Hinterrädern wird eine noch bessere, feinfühligere Regelung erreicht. Eine optimal geregelte Dämpfung verbessert die Bodenhaftung des Fahrzeugs und sorgt damit für mehr Fahrstabilität, besseren Komfort, eine gesteigerte Performance und einen kürzeren Bremsweg. Der Fahrer kann über die PASM-Fahrwerktaste auf der Mittelkonsole zwischen den beiden Programmen »Normal« und »Sport« wählen. Das System agiert dabei auch in Abhängigkeit von der jeweiligen Fahrsituation, um die Fahrfreude nicht zu kurz kommen zu lassen. Bei ruhiger Autobahnfahrt werden nur moderate Dämpfkräfte angefordert, ändert sich diese in einen sportlichen Fahrstil, so regelt das System automatisch nach und läßt den Fahrer den gewünschten direkten Kontakt zur Straße spüren.

Die Leistungsfähigkeit der Bremsanlage wird an die gesteigerten Fahrleistungen der 981 Boxster-Modelle angepaßt. Neben den neuen, steiferen Bremssätteln an der Vorderachse, der optimierten Bremsbelagführung und der größeren Bremsfläche wurde auch die Bremsscheibenkühlung verbessert. Neu gestaltete Luftleitschaufeln an Vorder- und Hinterachse sorgen für eine zusätzliche Bremsenkühlung. Beim Boxster sind an der Vorderachse gelochte, innenbelüftete Bremsscheiben mit einem Durchmesser von 315 Millimeter montiert, an der Hinterachse mit 299 Millimetern. Darüber hinaus verfügt der Boxster S über größere 330-Millimeter-Bremsscheiben an der Vorderachse, welche aus dem 911 Carrera stammen. Zur Steigerung der Verkehrssicherheit und zur Warnung des nachfolgenden Verkehrs pulsiert das Bremslicht des Boxsters, sobald das ABS aktiv ist. Auf Wunsch steht auch weiterhin die im Rennsport erprobte Porsche Ceramic Composite Brake (PCCB) zur Verfügung. An der Vorder- und Hinterachse kommen bei allen Boxster-Modellen Bremsscheiben mit einem Durchmesser von 350 mm zum Einsatz. Die Bremssättel sind weiterhin gelb lackiert. An der Vorderachse kommen die 6-Kolben-Aluminium-Monobloc-Festsättel des 911 Carrera zum Einsatz.

Die Boxster-Modelle erhalten, wie alle Porsche-Baureihen, eine elektrisch betätigte Parkbremse, die über eine Taste links an der Schalttafel bedient wird. Die elektrische Parkbremse wird manuell aktiviert und deaktiviert. Sie löst sich aber auch selbständig beim Anfahren, aber nur, wenn der Sicherheitsgurt angelegt ist. Zudem verhindert das neue Stillstandsmanagement ein unerwünschtes Rollen des Fahrzeuges. Kommt das Fahrzeug beim Bremsen an einer Steigung zum Stillstand, wird die Auto-Hold-Funktionalität aktiv und der Bremsdruck über das PSM aufrechterhalten. Bei Fahrzeugen mit optionalem PDK hält das System das Fahrzeug auch, wenn der Fahrer das Fahrzeug an einer Steigung ausrollen läßt. Kommt das Fahrzeug ohne den Einfluß des Fahrers zum Stillstand, so wird der Bremsdruck über das PSM bis zum Wiederanfahren beibehalten. Nach fünf Minuten oder wenn der Fahrer das Fahrzeug verläßt, wird die Haltefunktion von der elektrischen Parkbremse übernommen.

Die 981 Boxster-Modelle rollen serienmäßig auf 18- und 19-Zoll-Rädern mit neu entwickelten Reifen. Beim Boxster sind vorne 8 J x 18-Räder mit 235/45 ZR 18-Reifen montiert und hinten 9 J x 18 mit 265/45 ZR 18. Der Boxster S erhält 19-Zoll-Räder. An der Vorderachse sind auf 8 Zoll breiten Felgen Reifen der Dimension 235/40 ZR 19 aufgezogen, an der Hinterachse eine 265/40 ZR 19-Bereifung auf 9,5 Zoll. Auffällig sind die gleichen Reifenquerschnitte an beiden Achsen bei verschiedener Reifenbreite, wodurch sich ein größerer Abrollumfang an der Hinterachse ergibt. Das optionale Räderprogramm für den 981 Boxster umfaßt das 20-Zoll-Carrera S-Rad, das 20-Zoll-Carrera-Classic-Rad in Bi-Color-Optik sowie das 20-Zoll-SportTechno-Rad aus dem Exclusive Programm. Optional sind für alle Räder auch weiterhin die Radnabenabdeckungen mit farbigem Porsche-Wappen lieferbar.

Die neue Reifengeneration wurde in Bezug auf Handling, Bremsweg, Gewicht sowie Rollwiderstand optimiert. Die Reduzierung des Rollwiderstands um sieben Prozent gegenüber der vorherigen Reifengeneration trägt zur signifikanten Senkung des Kraftstoffverbrauchs bei. Durch die Vergrößerung des Abrollumfangs an der Vorder- und Hinterachse um jeweils vier Prozent gegenüber den Vorgängermodellen wurden der Fahrkomfort, aber auch die Handlingeigenschaften verbessert.

Die Ergonomie des Innenraums ist völlig neu ausgelegt. In ihrer Grundfunktion ist sie von anderen Porsche-Modellen bekannt. Neben Ergonomie sind Funktionalität und Komfort weitere umgesetzte Entwicklungsziele. Das neue hochwertige Interieurdesign trägt die Formensprache der klaren Linien des Supersportwagens Carrera GT. Durch die nach vorne ansteigende Mittelkonsole mit dem hochgesetzten Schalt- bzw. Wählhebel fühlt sich der Fahrer jetzt noch stärker in das Cockpit eingebunden. Durch die kurzen Wege zwischen Lenkrad und Schalt- oder Wählhebel können Gangwechsel noch schneller ausgeführt werden, mit dem Resultat, das Fahrgefühl wird noch sportlicher.

Selbst im Innenraum setzt sich der Leichtbau konsequent fort, so ist der Cockpitträger aus besonders leichtem Magnesium-Druckguß gefertigt. Klassisch für den Boxster sind die drei Rundinstrumente mit dem großen zentralen Drehzahlmesser, dessen Zifferblatt beim Boxster in Schwarz, beim Boxster S in Silber ausgeführt ist. Eine Ganganzeige im Drehzahlmesser informiert den Fahrer über den eingelegten Gang, die Hochschaltempfehlung im Kombiinstrument dient als Orientierungshilfe für einen verbrauchsoptimierten Fahrstil. Die anderen Instrumente sind für beide Modelle schwarz hinterlegt. Neu ist der hoch auflösende 4,6-Zoll-VGA-Multifunktionsbildschirm im rechten Instrument. Er zeigt außer den wichtigsten Bordcomputerfunktionen auch die Kartendarstellungen des optionalen PCM mit Navigationsmodul. Die hochkant angeordneten Luftausströmer sind von Aluminiumblenden umrahmt und geben dem Cockpit, im Vergleich zum 911, eine individuelle Note.

Das links neben dem Lenkrad angeordnete Zündschloß erzeugt den Übergang zur bekannten Cockpitumgebung. Zentral in Reichweite, im oberen Bereich der Mittelkonsole, ist der 7-Zoll-Touchscreen des serienmäßigen Audiosystems CDR angeordnet. Die dazu gehörenden Funktionstasten und Drehregler sind darunter platziert. Im Anschluß daran ist die Regeleinheit für die Zweizonen-Klimaanlage positioniert. Hinter dem Schalt- bzw. Wählhebel befindet sich zentral der Schalter für die elektrische Verdeckbetätigung, der von jeweils mehreren Funktions-Tasten für Fahrdynamik- und Fahrwerkseinstellungen flankiert wird, welche sich schnell und intuitiv bedienen lassen.

Der schwarz verkleidete Innenhimmel ist Serie. Die serienmäßigen Sportsitze bieten dank einer um fünf Millimeter tieferen Sitzposition mehr Beinfreiheit für Fahrer und Beifahrer sowie mehr Langstreckenkomfort, aber auch guten Seitenhalt bei dynamischer Fahrweise. Die Seriensitze sind mechanisch längs- und höhenverstellbar, die Rückenlehne ist elektrisch in der Neigung einstellbar. Im Vergleich zum 987 Boxster fällt der Beinraum um 25 Millimeter länger aus und bietet damit mehr Komfort und Platz. Das Lenkrad ist mechanisch in Höhe und Abstand zum Armaturenbrett verstellbar.

Der Längsverstellbereich wird um zehn Millimeter erweitert. Dadurch ist die bestmögliche Sitzposition auch für großgewachsene Fahrer bequem einstellbar. Noch mehr Seitenhalt bieten die optionalen Sportsitze Plus. Sie verfügen über höhere Seitenwangen an Sitzfläche und -lehnen, eine stärkere Ausformung im Schulterbereich und ein eigenes Nahtbild. Diese vollelektrischen Sportsitze sind 14-fach verstellbar und stellen auch höchste Komfortansprüche zufrieden. Dazu gehören unter anderem elektrische Längs- und Höhenverstellung, elektrische Sitzkissentiefen und -neigungsjustierung sowie 4-Wege-Lordosenstützen für Fahrer und Beifahrer. Sie sind zudem mit der elektrischen Lenksäulenverstellung und den Komfort-Memory-Paket kombiniert.

Die Krönung des Sitzprogramms sind die Adaptiven Sportsitze Plus mit individuellem Nahtbild sowie 18-Wege-Verstellung und Memory-Paket. Diese bieten durch höhere, elektrisch verstellbare Seitenwangen an Sitzfläche und -lehnen sowie stärkerer Ausformung im Schulterbereich zusätzlichen Seitenhalt. Als Sonderausstattung ist eine 3-stufige Sitzheizung lieferbar, welche über Schalter auf der Mittelkonsole regelbar ist. Für alle Sitzversionen ist optional eine Sitzbelüftung erhältlich, welche durch die Regulierung des Wärme- und Feuchtigkeitstransportes zur Konditionsverbesserung der Insassen beiträgt. Die Sitzbelüftung ist in drei Stufen individuell einstellbar.

Das umfangreiche Angebot an Individualausstattungen bietet unzählige Möglichkeiten, das Interieur des Boxster nach dem persönlichen Geschmack einzurichten. So können die Sportsitze auf Wunsch mit Leder an den Sitzseitenwangen oder den Sitzmittelbahnen bezogen werden. In diesem Lieferumfang sind die Armauflagen der Türverkleidungen, die Türziehgriffe, der Deckel des Ablagefachs auf der Mittelkonsole und die Hutze über den Instrumenten im Lederpaket enthalten. Umfangreiche Lederausstattungen in Serien- und Sonderfarben, in Bi-Color oder Naturleder stehen ebenfalls zur Wahl.

Der Boxster ist weiterhin mit verschiedenen Lenkrädern lieferbar. Serienausführung ist das Sportlenkrad mit einem Glattlederlenkradkranz. Das Airbagmodul ist in Interieurfarbe ausgeführt. Bei Fahrzeugen mit PDK kann über die Schiebetasten am Lenkrad manuell geschaltet werden. Eine Lenkradheizung ist auf Wunsch erhältlich. Als Sonderwunsch ist ein Multifunktionslenkrad lieferbar, welches über Tasten und Walzen eine einfache, schnelle und sichere Bedienung von Audio, Kommunikation sowie Bordcomputer während der Fahrt erlaubt. Eine weitere Option ist das besonders attraktiv gestaltete Sport-Design-Lenkrad, welches in Verbindung mit PDK Leichtmetall-Schaltpaddles für manuelle Gangwechsel bietet.
Das optionale Licht-Komfort-Paket schafft ein ganz besonderes Lichtambiente in einer weißen Lichtfarbe. Dazu sind LEDs in der Dachkonsole, den Sonnenblenden, im Bereich der Türgriffe der Türablagefächer und im Fußraum installiert. Eine stufenlos dimmbare Ausleuchtung des Innenraums ist möglich. Die Dimmung kann über das Kombiinstrument individuell geregelt werden.
Mit dem Fahrzeug-Generationswechsel erhält auch das optionale Porsche Communication Management (PCM) eine weiterentwickelte Ausbaustufe. Die aktuellste PCM-Generation mit Navigationsmodul bietet einige Neuerungen wie den hochauflösenden 7-Zoll-WVGA (Wide Video Graphics Array)-Bildschirm, die 3D-Navigationskarte mit City- und Terrain-Modell sowie überlagerter Satellitenkarte und Kartendarstellung auch im Kombiinstrument. Hinzu kommen neue Assistenzfunktionen, wie die auf Navigationsdaten basierende Tempolimit-Anzeige im PCM und Kombiinstrument und die visuelle Fahrspurinformation auf komplexen Kreuzungen. Das Audiosystem CDR mit integriertem CD-/DVD-Laufwerk ermöglicht die Audio-Wiedergabe von Audio- und Video-DVDs, aber auch von komprimierten Musikformaten.
Für den Radioempfang können bis zu 48 Sender gespeichert werden, davon sind 42 Speicherplätze frei belegbar und sechs für die empfangsstärksten Sender »Best FM« reserviert. Mit dem optionalen TV-Tuner erweitert sich die Kapazität durch die 18 TV-Speicherplätze auf insgesamt 66 Speichermöglichkeiten. Die serienmäßige AUX-Schnittstelle wird um einen USB-Anschluß für diverse iPod®- und iPhone®-Modelle sowie sonstige MP3-Player erweitert. Die Bedienung dieser Geräte ist über die jeweiligen Optionen PCM, Multifunktionslenkrad oder Sprachbedienung möglich. Dem PCM steht die Funktion Audioübertragung per Bluetooth® zur Verfügung. Damit können Audiodaten von externen Geräten wie Music-Playern oder Mobiltelefonen über die Bluetooth®-Schnittstelle des PCM übertragen oder Internetradio empfangen werden, wenn diese Funktion von einem mit Bluetooth® verbundenen Gerät angeboten wird.
Die universelle Audio-Schnittstelle des PCM wurde so modifiziert, daß jetzt auch diverse iPod®- und iPhone®-Modelle über den USB-Anschluß mit dem Audiosystem verbunden werden können. Als Sonderausstattung bietet Porsche für den Boxster zwei weitere Soundsysteme an. Das optionale Sound-Package Plus enthält sieben Lautsprecher, aufgeteilt in fünf Kanäle, sowie einen externen 185-Watt-Verstärker. Als Spitzenanlage fungiert das optionale BOSE® Surround Sound-System mit 445 Watt Verstärkerleistung, zehn Lautsprechern, die von acht digitalen Verstärkerkanälen angesteuert werden. Highlight der Anlage ist der unsichtbar in die Rohbaustruktur integrierte Aktivsubwoofer mit Class-D-Endstufe und einem Membrandurchmesser von 130 Millimetern, der die tiefen Frequenzen in den Hohlraum im Bereich der A-Säule abstrahlt und für kräftige Bässe sorgt. In Verbindung mit dem PCM bietet das System bei der Musikwiedergabe von Audio- oder Video-DVD das Klangspektrum digitaler 5.1 Aufnahmen.
Porsche bietet eine breite Palette weiterer Optionen für die 981-Boxster-Generation an, wie: Bi-Xenon-Hauptscheinwerfer mit Porsche Dynamic Light System (PDLS), Zweizonen-Klimaautomatik, elektrisch anklappbare Außenspiegel einschließlich Vorfeldbeleuchtung sowie ParkAssistent vorne und hinten mit Top-View.
Der Boxster beschleunigt von null bis 100 km/h in 5,8 Sekunden, mit der optionalen PDK in 5,7 Sekunden (5,5 Sekunden mit Sport Chrono Paket). Die Höchstgeschwindigkeit wird mit Schaltgetriebe bei 264 km/h erreicht, mit PDK bei 262 km/h. Noch schneller geht die Beschleunigung im Boxster S. Aus dem Stand wird die 100 Stundenkilometer-Marke handgeschaltet in 5,1 Sekunden durcheilt. Mit PDK ohne Zugkraftunterbrechung vergehen nur 5,0 Sekunden (4,8 Sekunden mit Sport Chrono Paket). Erst bei einer Höchstgeschwindigkeit von 279 km/h, mit PDK von 277 km/h, endet der Vortrieb.

MODELLJAHR 2013 (D-PROGRAMM)

Am 19. September 2012, Ferry Porsche wäre an diesem Tag 103 Jahre alt geworden, läuft bei der Volkswagen Osnabrück GmbH der erste Boxster der 981-Baureihe, ein indischroter Boxster S mit schwarzem Verdeck, vom Band. Porsche hat sich für einen zweiten Produktionsstandort für den Boxster entschieden, da die Kapazität im Stuttgarter Stammwerk in Zuffenhausen nicht mehr ausreicht. Für den 981 Boxster, der nach seinem Serienstart zunächst nur in Stuttgart gefertigt worden ist, liefert das Karosseriewerk der Volkswagen Osnabrück GmbH seit Produktionsbeginn die Seitenteile und den Hinterwagen. Schon früher wurden im Werk in Osnabrück, unter Karmann, Karosserien für das 356 Hardtop-Coupé in den 1960ern gebaut. Von 1969 bis 1975 sind alle 914-Modelle mit 4-Zylinder-Motoren komplett bei Karmann in Osnabrück gefertigt worden.
Für Boxster-Modelle mit PDK bietet Porsche optional eine Stei-

Cockpit des Boxster S

gerungsmöglichkeit der Sicherheit und des Fahrkomforts an: Der Abstandsregeltempostat Adaptive Cruise Control (ACC) inklusive der Sicherheitsfunktion Porsche Active Safe (PAS). ACC basiert auf einem Radarsensor im mittleren Bugteil, der den Bereich vor dem Fahrzeug bis zu 200 Metern auf der Fahrbahn erfaßt. Die ACC hält einen in vier Stufen vorwählbaren, geschwindigkeitsabhängigen Abstand zu einem vorausfahrenden Fahrzeug ein und paßt die Fahrgeschwindigkeit auch bis zum Fahrzeugstillstand automatisch an. Durch diese Funktion wird der Fahrer insbesondere bei zähfließendem Verkehr und in Stausituationen entlastet. PAS baut auf diesem System auf und kann Auffahrunfälle, auch bei ausgeschaltetem ACC, vermeiden helfen. Das Frontradarsystem prüft permanent den Verkehr auf deutlich langsamer vorausfahrende Fahrzeuge. Sobald das System eine drohende Gefahrensituation erkennt, wird die Bremsanlage vorkonditioniert und der Bremsassistent sensibilisiert. Wird die Gefahrensituation kritischer, gibt PAS ein akustisches und optisches Warnsignal aus, zudem wird der Fahrer durch einen Bremsruck auf das notwendige Eingreifen hingewiesen. Reagiert der Fahrer jetzt nicht mit einer angemessenen Bremsung, verstärkt das System den Bremsdruck je nach Situation bis hin zu einer Vollbremsung.

Modelljahr 2013/14 (E-Programm)

Die Boxster-Modellreihe geht ohne große Änderungen in das neue Modelljahr 2013/14, dem E-Programm.

Boxster der Baureihe 981

Modelljahr 2014/15 (F-Programm)

Am 20. April 2014 präsentiert Porsche auf der Auto China in Peking den Boxster GTS als Weltpremiere. Als weitere Neuheit feiert die Sportwagenschmiede den Cayman GTS. Die Markteinführung des Boxster GTS startet im Mai 2014.

Im November 1963 hatte das Zuffenhausener Unternehmen den 904 Carrera GTS auf der Solitude vorgestellt. Erstmals hatte Porsche die Abkürzung GTS verwendet, diese steht für Gran Turismo Sport. Mit dem neuen Spitzenmodell Boxster GTS erweitert Porsche die aktuell aus den Cayenne GTS und Panamera GTS bestehende GTS-Familie. Porsche GTS-Modelle stehen für herausragende Fahrdynamik und unterscheiden sich von den Basis- und S-Modellen durch eigenständige Erkennungsmerkmale.

Im neuen, markant gestalteten Bugteil mit angepaßter Spoilerlippe fallen die drei vergrößerten, schwarzumrandeten Lufteinlässe auf. In den äußeren Lufteinlässen bilden schwarz eingefaßte, ebenfalls schwarz-abgedunkelte LED-Tagfahrleuchten eine konturierte Lichtlinie. Als einziges Roadster-Modell ist der Boxster GTS mit einem dritten, in der Mitte platzierten Kühler ausgestattet, um den Kühlbedarf auch bei höchst dynamischer Fahrweise sicherstellen zu können. Abgedunkelte Bi-Xenon-Scheinwerfer mit serienmäßigem Porsche Dynamic Light System (PDLS) unterstreichen das besonders sportlich-dynamische Frontdesign. Abhängig von Fahrgeschwindigkeit und Lenkwinkel schwenkt das dynamische Abblendlicht den Lichtkegel der Hauptscheinwerfer zur Ausleuchtung enger Kurven oder beim Abbiegen. Zudem ist die geschwindigkeitsabhängige Fahrlichtsteuerung in das System integriert, welche den Lichtkegel in Abhängigkeit von der Geschwindigkeit adaptiert. Die Lichtintensität wird für eine bessere Sicht gesteuert. Weitere Elemente des Boxster GTS sind in der Kontrastfarbe Schwarz gehalten. Bei den abgedunkelten Heckleuchten sind die Innenbauteile partiell in Schwarz ausgeführt. Äußeres Erkennungsmerkmal der Sportabgasanlage sind die beiden runden schwarzchromatierten Endrohre, die mittig durch das Heckunterteil mit Diffusoroptik und geschlossenen Finnen ins Freie münden. Bedingt durch die geänderten Bug- und Heckteile wächst die Karosserielänge um 30 Millimeter. Die Exterieur-Schriftzüge, wie das »GTS«-Dekor auf den Türen sowie »P O R S C H E« und »Boxster GTS« auf dem Heckdeckel, sind in Schwarz-Seidenglanz ausgeführt und signalisieren dezent aber unmißverständlich das neue Boxster-Spitzenmodell. Erstmals bietet Porsche den Boxster in der Lackfarbe Karminrot an, diese bleibt bis Juni 2014 exklusiv dem GTS-Modell vorenthalten. Auf Wunsch können die farblichen Umfänge noch erweitert werden. Exklusiv für den Boxster GTS ist das »GTS-Exterieur-Paket schwarz« lieferbar. In schwarzem Hochglanzlack sind alle Kunststoffteile wie der Bugspoiler, die Lufteinlässe vorne und in den Fondseitenteilen, die Außenspiegel-Unterschalen, das Heckunterteil sowie die Überrollbügel und die Schriftzüge auf dem Heckdeckel ausgeführt.

Beim Boxster GTS kommt der bislang stärkste 6-Zylinder-Boxermotor der Mittelmotor-Roadster-Baureihe zum Einsatz. Das GTS-Triebwerk basiert auf dem 3,4-Liter-Aggregat des Boxster S. Durch optimierte Gaswechsel der variablen Einlaßnockenwellensteuerung VarioCam Plus mit Ventilhubverstellung, einer Sportabgasanlage und einem feinabgestimmten Motormanagement steigt die Leistung um 15 PS (11 kW). Das Ergebnis ist eine Motorleistung von 330 PS (243 kW) bei 6.700 Umdrehungen pro Minute. In einem Drehzahlbereich von 4.500/min bis 5.800/min liegt ein um 10 Newtonmeter gesteigertes maximales Drehmoment von 370 Newtonmetern an der Kurbelwelle an. Perfekte Anschlüsse der Gänge beim Herausbeschleunigen sind damit sicher. Der Sportmotor verbindet ein spontanes Ansprechverhalten mit einem harmonischen Drehmomentverlauf, ausgeprägter Drehfreude sowie hoher Leistung im oberen Drehzahlbereich bis zu einer Abregeldrehzahl von 7.800 Touren. Die auf den Boxster GTS abgestimmte Edelstahl-Sportauspuffanlage verbindet kultivierte Dämpfung sowie ein emotionales Klangspektrum mit verringertem Abgasgegendruck. Per Knopfdruck oder über die Sport Plus-Taste in der Mittelkonsole kann der Fahrer die Sportauspuffanlage aktivieren. In Abhängigkeit zur Fahrsituation steuert das Motormanagement die Schaltklappen. Das Triebwerk erfüllt die Abgasnorm Euro 6.

Serienmäßig ist der Boxster GTS mit einem 6-Gang-Schaltgetriebe ausgerüstet, dessen Übersetzungsverhältnisse analog zum Boxster S ausgelegt sind. Als Sonderausstattung bietet Porsche das 7-Gang-Doppelkupplungsgetriebe (PDK) an.

Einen entscheidenden Anteil an der hervorragenden Fahrdynamik hat die um 10 Millimeter tiefergelegte Karosserie mit dem serienmäßigen adaptiven Dämpfersystem PASM, welches zusammen mit dem Sport Chrono-Paket auf Knopfdruck den Wechsel zwischen Fahrkomfort im Alltag mit ausgeprägter Langstreckentauglichkeit und progressiver Sportlichkeit auf der Rennstrecke erlaubt. Das Paket bietet als Besonderheit dynamische Getriebelager, welche in Abhängigkeit von der jeweiligen Fahrsituation ihre Steifigkeit und Dämpfung verändern. Durch Aktivieren der Sport Plus-Taste werden die Lager härter, das serienmäßige PASM-Fahrwerk straffer und die Sportabgasanlage entdrosselt. Beim Zurückschalten des 6-Gang-Schaltgetriebes wird automatisch Zwischengas gegeben, um die Motordrehzahl bei schnellen Schaltvorgängen noch besser an den niedrigeren Gang anzupassen. Mit dem auf Wunsch lieferbaren Porsche Torque Vectoring (PTV) kann das fahrdynamische Potential des Boxster GTS noch erweitert werden. Im PTV wirken radselektive Bremseneingriffe mit einer mechanischen Hinterachsquersperre intelligent zusammen. Im wesentlichen verbessern gezielte Bremseneingriffe am kurveninneren Hinterrad das Lenkverhalten, die Lenkpräzision und die Agilität des Fahrzeugs. Die Hinterachsquersperre, mit einer asymmetrischen Sperrwirkung von 22 Prozent im Zug und 27 Prozent im Schub, verbessert das Traktionsvermögen beim Herausbeschleunigen aus Kurven deutlich.

Die Leistungsfähigkeit der Boxster-S-Bremsanlage reicht auch für die gesteigerten Fahrleistungen des Boxster GTS aus. Auf Wunsch steht auch für den Boxster GTS die im Rennsport erprobte Porsche Ceramic Composite Brake (PCCB) zur Verfügung. An der Vorder- und Hinterachse kommen Bremsscheiben mit einem Durchmesser von 350 Millimetern zum Einsatz. Die Bremssättel sind gelb lackiert. Die Vorderachse ist mit den 6-Kolben-Festsätteln des 911 Carrera ausgerüstet, die Hinterachse mit 4-Kolben-Festsätteln.

Der Boxster GTS rollt serienmäßig auf 20-Zoll-Carrera-S-Rädern, die auf Wunsch auch komplett in Schwarz-Seidenglanz lieferbar sind. An der Vorderachse sind auf 8 Zoll breiten Felgen Reifen der Dimension 235/35 ZR 20 aufgezogen, an der Hinterachse eine 265/35 ZR 20 Bereifung auf 9,5 Zoll. Die Bereifung wird beim Fahren permanent durch die serienmäßige Luftdruckkontrolle RDK überwacht. Das optionale Räderprogramm für den Boxster umfaßt erstmals die geschmiedeten 20-Zoll-911-turbo-Räder sowie die 20-Zoll-Carrera-Classic-Räder in Bi-Color-Optik (titanfarben/glanzgedreht). Diese sind vorne 8,5 Zoll und hinten 10 Zoll breit. Die Dimensionen der Reifen entsprechen der Serie.

Das Interieur präsentiert sich analog zu den anderen GTS-Modellen im Porsche-Programm in einer schwarzen Leder-Alcantara-Ausstattung. Serienmäßig sind die Sportsitze Plus mit erhöhten Seitenwangen, stärkerer Ausformung des Schulterbereichs und speziellem Nahtbild mit elektrischer Lehnenverstellung sowie manueller Längs- und Höhenverstellung installiert. Die Schalen der Rückenlehnen sind silbergrau lackiert. In schwarzem Glattleder sind das Schalttafeloberteil inklusive Airbagdeckel, die Instrumentenabdeckung, das Airbagmodul des Lenkrads, die Mittelkonsole und deren Seitenteile, das Oberteil der Türverkleidungen, die Sitzwangen an Sitzfläche und -lehne sowie die Kopfstützen überzogen. Je ein »GTS«-Schriftzug ist in schwarzem Garn auf den Kopfstützen eingestickt. Die Mittelbahnen der serienmäßigen Sportsitze Plus sind mit Alcantara bezogen und unterstreichen das hochwertige Ambiente. Mit schwarzem Alcantara sind zudem das Unterteil der Schalttafel inklusive des Handschuhfachdeckels, die Mittelbahn des Ablagefachdeckels der Mittelkonsole, Türzuziehgriffe, Türarmauflagen, Türtafeln, der Kranz des serienmäßigen Sport Design-Lenkrads sowie der Schalt- bzw. der PDK-Wählhebel aufgewertet. Im Vergleich zum Boxster S sind zusätzliche Interieurteile wie die Zierblenden der Türtafeln und die Türzuziehgriffe in Galvanosilber ausgeführt. Ein »GTS«-Schriftzug ziert das schwarze Zifferblatt des Drehzahlmessers. Auf Wunsch können erstmalig die Zierleisten im Innenraum in schwarzeloxiertem Aluminium ausgeführt werden. Die Einstiegsleisten tragen ebenfalls einen schwarzen »GTS«-Schriftzug. Der Verdeckinnenhimmel besteht aus schwarzem Stoff, bei der Ausstattung »Luxorbeige mit großem L« ist der Himmel in der gleichen Farbe ausgeführt.

Porsche bietet für die serienmäßige Leder-Alcantara-Ausstattung das »Interieur-Paket GTS« als Option in zwei Versionen mit den Kontrastfarben Karminrot und Rhodiumsilber an. Alle Ziernähte und der »GTS«-Schriftzug auf den Kopfstützen sind im entsprechenden Farbton abgesetzt. Die Nähte der schwarz eingefaßten Fußmatten und der eingestickte »Porsche«-Schriftzug sind in der jeweiligen Farbe ausgeführt. Selbst die Sicherheitsgurtränder tragen die Kontrastfarbe. Das Zifferblatt des Drehzahlmessers ist in der Kontrastfarbe lackiert. Die Zierblenden an Schalttafel, Mittelkonsole und Türtafeln sind mit Carbon beschichtet. Zudem sind alle Interieurfarben bei Vollederausstattung lieferbar. Für besonders anspruchsvolle Kunden sind optional die adaptiven Sportsitze Plus mit 18-Wege-Einstellung oder leichte Sportschalensitze mit integriertem Thorax-Airbag lieferbar. Selbstverständlich bietet Porsche auch die vom Boxster S bekannten Sonderausstattungen an.

Im Zuge der Markteinführung des Boxster GTS erweitert Porsche die Sonderausstattungen für die offenen Mittelmotor-Zweisitzer. Den Mittelpunkt bilden zwei kamerabasierte Assistenzsysteme. Das erste ist das Porsche Dynamic Light System plus (PDLS plus), welches auf dem im Boxster GTS serienmäßig verbauten Lichtsystem basiert und um eine automatische Fernlichtsteuerung erweitert worden ist. Eine am Innenspiegel verbaute Kamera erkennt die Heckleuchten der vorausfahrenden und die Scheinwerfer der entgegenkommenden Fahrzeuge. Entsprechend wechselt das System gleitend zwischen Fern- und Abblendlicht. Als weitere Zusatzausstattung steht, in Verbindung mit dem Porsche Communication Management (PCM), eine Verkehrszeichenerkennung, die auch Zusatzschilder erkennt, zur Verfügung. Mittels Kamera erkennt das System die Verkehrszeichen von Geschwindigkeitsbegrenzungen und Überholverboten sowie deren spätere Aufhebung. Als weitere Sonderausstattung steht der Park Assistent mit Ultraschallsensoren in den Bug- und Heckverkleidungen sowie einer Rückfahrkamera in der Optionsliste. Über das PCM-Display kann der Fahrweg mit dem jeweils aktuellen Lenkeinschlag nachverfolgt werden. Eine transparente, rechteckige Farbfläche im Bildschirm stellt den Parkbereich des Fahrzeugs dar und bietet eine zusätzliche Unterstützung beim Einparken. Die Bilder der Rückfahrkamera können mit der Draufsicht des Park Assistent kombiniert werden.

Die gesteigerte Motorleistung wirkt sich spürbar positiv auf das Leistungsgewicht des Boxster GTS aus, mit Schaltgetriebe liegt es bei nur 4,08 Kilogramm pro PS, mit optionalem PDK bei 4,17 Kilogramm pro PS. Entsprechend profitieren auch die Fahrleistungen davon. Handgeschaltet beschleunigt der Boxster GTS in glatten 5,0 Sekunden aus dem Stand auf 100 Stundenkilometer. Mit PDK ohne Zugkraftunterbrechung vergehen nur 4,9 Sekunden bzw. 4,7 Sekunden mit dem serienmäßigen Sport Chrono-Paket und aktivierter Launch Control. Erst bei einer Höchstgeschwindigkeit von 281 km/h, mit PDK von 279 km/h, halten sich Motorleistung und Fahrwiderstände die Waage.

981 Boxster [PDK] ab MJ 2012

Motor

Bauart:	6-Zylinder-Boxermotor, Resonanzansauganlage
Einbauposition:	Mittelmotor
Kühlung:	wassergekühlt
Motor-Typ:	MA 122
Hubraum (cm³):	2706
Bohrung x Hub:	89 x 72,5
Leistung (kW/PS):	195/265 bei 6700/min
Belgien:	155/211 bei 6700/min
Drehmoment (Nm):	280 bei 4500–6500/min
Max. Drehzahl:	7800
Literleistung (kW/l / PS/l):	72,1 / 97,9
Belgien:	57,3 / 78,0
Verdichtung:	12,5 : 1
Ventilsteuerung:	dohc über Doppelkette, 4 Ventile pro Zylinder, gebaute Nockenwellen, VarioCam Plus, Einlaß-Nockenwellenverstellung, Ventilhubschaltung
Motorsteuerung:	Digitale-Motor-Elektronik Continental SDI 9, E-Gas, Benzin-Direkteinspritzung Direct Fuel Injection-DFI, sequentielle Ansteuerung der Mehrloch-Hochdruckinjektoren, ruhende Hochspannungsverteilung, Einzelzündspulen, zylinderselektive Klopfregelung, Stereo-Lambdaregelung
Zündfolge:	1 - 6 - 2 - 4 - 3 - 5
Schmierung:	Integrierte Trockensumpfschmierung
Ölmenge (l):	10,1

Kraftübertragung

Antrieb:	Heckantrieb
Schaltgetriebe:	6-Gang
Sonderwunsch PDK:	[7-Gang]
Getriebe-Typ:	G 81.00 [CG 2.05]
Übersetzungen:	
1. Gang:	3,667 [3,909]
2. Gang:	2,050 [2,292]
3. Gang:	1,462 [1,654]
4. Gang:	1,133 [1,303]
5. Gang:	0,972 [1,081]
6. Gang:	0,841 [0,881]
7. Gang:	[0,617]
Rückwärtsgang:	3,333 [3,545]
Achsübersetzung:	3,889 [3,250]

Karosserie, Fahrwerk, Bremse, Räder und Reifen

Karosserie:	2-türige, 2-sitzige, selbsttragende Roadster-Karosserie in Aluminium-Stahl-Verbundbauweise, Aluminium-Front- und Heckdeckel, Aluminium-Türen, Bug- und Heckverkleidungen aus Kunststoff, automatisch ausfahrbarer Heckspoiler, elektrisch betätigtes Stoffverdeck mit beheizbarer Glasheckscheibe, feststehender zweiteiliger Überrollschutz
Vorderradaufhängung:	Einzelradaufhängung, McPherson-Federbeine mit Leichtmetall-Querlenkern, Leichtmetall-Radträger, Querträger, Schraubenfedern, Gasdruckdämpfer, Stabilisator
Hinterradaufhängung:	Einzelradaufhängung, McPherson-Federbeine mit Leichtmetall-Querlenkern, Leichtmetall-Radträger, Hinterachshilfsrahmen, Schraubenfedern, Gasdruckdämpfer, Stabilisator
Bremse v/h (Durchm. x B (mm)):	innenbelüftete gelochte Scheiben (315 x 28) / innenbelüftete gelochte Scheiben (299 x 20) schwarze 4-Kolben-Monobloc-Aluminium-Festsättel/ schwarze 4-Kolben-Monobloc-Aluminium-Festsättel, Bosch ABS 9.0
Sonderwunsch:	Porsche Ceramic Composite Brake (PCCB), innenbelüftete gelochte Keramikfaser-Scheiben (350 x 34) / innenbelüftete gelochte Keramikfaser-Scheiben (350 x 28) gelbe 6-Kolben-Monobloc-Aluminium-Festsättel / gelbe 4-Kolben-Monobloc-Aluminium-Festsättel
Räder v/h:	8 J x 18 – ET 57 / 9 J x 18 – ET 47
Reifen v/h:	235/45 ZR 18 / 265/45 ZR 18
Sonderwunsch:	8 J x 19 – ET 57 / 9,5 J x 19 – ET 45, 235/40 ZR 19 / 265/40 ZR 19, 8 J x 20 – ET 57 / 9,5 J x 20 – ET 45, 235/35 ZR 20 / 265/35 ZR 20, 8 J x 20 – ET 57 / 10 J x 20 – ET 50, 235/35 ZR 20 / 265/35 ZR 20

Elektrik

Lichtmaschinenleistung (W):	2100
Batterie (Ah/A):	70 / 450

Abmessungen, Gewichte und Volumen

Spurweite v/h (mm):	1526 / 1536
mit 8 J x 19 / 9,5 J x 19:	1526 / 1540
mit 8 J x 20 / 9,5 J x 20:	1526 / 1540
mit 8 J x 20 / 10 J x 20:	1526 / 1530
Radstand (mm):	2475
Maße (L x B x H (mm)):	4374 x 1801 x 1282
mit PASM:	4374 x 1801 x 1273
Leergewicht nach DIN (kg):	1310 [1340]
zul. Gesamtgewicht (kg):	1645 [1675]
Kofferraumvolumen v/h (VDA (l)):	150 / 130
Tankvolumen (l):	64
C_W x A (m²):	0,30 x 1,98 = 0,594
Leistungsgewicht (kg/kW / kg/PS):	6,72 [6,87] / 4,94 [5,06]
Belgien:	8,45 [8,65] / 6,21 [6,35]

Kraftstoffverbrauch

nach Euro 5 im NEFZ (l/100 km):	98 ROZ Super plus bleifrei
Innerstädtisch:	11,4 [10,6]
Außerstädtisch:	6,3 [5,9]
Gesamt:	8,2 [7,7]
CO_2-Emissionen (g/km):	192 [180]

Fahrleistungen, Stückzahlen, Preise

Beschleunigung 0–100 km/h (s):	5,8 [5,7] [5,5]*
0–160 km/h (s):	13,1 [13,0] [12,7]*
0–200 km/h (s):	21,3 [21,2] [20,9]*
Höchstgeschw. (km/h):	264 [262]
Belgien:	246 [244]
***mit Sport Plus-Taste gedrückt**	
Stückzahl:	in Produktion
Listenpreise:	
04/2012:	Euro 48.291,00 [Euro 51.117,25]
04/2013:	Euro 49.243,00 [Euro 52.069,25]
04/2014:	Euro 49.957,00 [Euro 52.783,25]

981 Boxster S [PDK] ab MJ 2012

Motor

Bauart:	6-Zylinder-Boxermotor, Resonanzansauganlage 1-stufig schaltbar
Einbauposition:	Mittelmotor
Kühlung:	wassergekühlt
Motor-Typ:	MA 123
Hubraum (cm³):	3436
Bohrung x Hub:	97 x 77,5
Leistung (kW/PS):	232/315 bei 6700/min
Drehmoment (Nm):	360 bei 4500–5800/min
Max. Drehzahl:	7800
Literleistung (kW/l / PS/l):	67,5 / 91,7
Verdichtung:	12,5 : 1
Ventilsteuerung:	dohc über Doppelkette, 4 Ventile pro Zylinder, gebaute Nockenwellen, VarioCam Plus, Einlaß-Nockenwellenverstellung, Ventilhubschaltung
Motorsteuerung:	Digitale-Motor-Elektronik Continental SDI 9, E-Gas, Benzin-Direkteinspritzung Direct Fuel Injection-DFI, sequentielle Ansteuerung der Mehrloch-Hochdruckinjektoren, ruhende Hochspannungsverteilung, Einzelzündspulen, zylinderselektive Klopfregelung, Stereo-Lambdaregelung
Zündfolge:	1 - 6 - 2 - 4 - 3 - 5
Schmierung:	Integrierte Trockensumpfschmierung
Ölmenge (l):	10,1

Kraftübertragung

Antrieb:	Heckantrieb
Schaltgetriebe:	6-Gang
Sonderwunsch PDK:	[7-Gang]
Getriebe-Typ:	G 81.20 [CG 2.25]
Übersetzungen:	
1. Gang:	3,308 [3,909]
2. Gang:	1,950 [2,292]
3. Gang:	1,407 [1,654]
4. Gang:	1,133 [1,303]
5. Gang:	0,950 [1,081]
6. Gang:	0,814 [0,881]
7. Gang:	[0,617]
Rückwärtsgang:	3,000 [3,545]
Achsübersetzung:	3,889 [3,250]

Karosserie, Fahrwerk, Bremse, Räder und Reifen

Karosserie:	2-türige, 2-sitzige, selbsttragende Roadster-Karosserie in Aluminium-Stahl-Verbundbauweise, Aluminium-Front- und Heckdeckel, Aluminium-Türen, Bug- und Heckverkleidungen aus Kunststoff, automatisch ausfahrbarer Heckspoiler, elektrisch betätigtes Stoffverdeck mit beheizbarer Glasheckscheibe, feststehender zweiteiliger Überrollschutz
Vorderradaufhängung:	Einzelradaufhängung, McPherson-Federbeine mit Leichtmetall-Querlenkern, Leichtmetall-Radträger, Querträger, Schraubenfedern, Gasdruckdämpfer, Stabilisator
Hinterradaufhängung:	Einzelradaufhängung, McPherson-Federbeine mit Leichtmetall-Querlenkern, Leichtmetall-Radträger, Hinterachshilfsrahmen, Schraubenfedern, Gasdruckdämpfer, Stabilisator
Bremse v/h (Durchm. x B (mm)):	innenbelüftete gelochte Scheiben (330 x 28) / innenbelüftete gelochte Scheiben (299 x 24) rote 4-Kolben-Monobloc-Aluminium-Festsättel / rote 4-Kolben-Monobloc-Aluminium-Festsättel Bosch ABS 9.0
Sonderwunsch:	Porsche Ceramic Composite Brake (PCCB) innenbelüftete gelochte Keramikfaser-Scheiben (350 x 34) / innenbelüftete gelochte Keramikfaser-Scheiben (350 x 28) gelbe 6-Kolben-Monobloc-Aluminium-Festsättel / gelbe 4-Kolben-Monobloc-Aluminium-Festsättel
Räder v/h:	8 J x 19 – ET 57 / 9,5 J x 19 – ET 45
Reifen v/h:	235/40 ZR 19 / 265/40 ZR 19
Sonderwunsch:	8 J x 20 – ET 57 / 9,5 J x 20 – ET 45, 235/35 ZR 20 / 265/35 ZR 20, 8 J x 20 – ET 57 / 10 J x 20 – ET 50, 235/35 ZR 20 / 265/35 ZR 20

Elektrik

Lichtmaschinenleistung (W):	2100
Batterie (Ah/A):	70 / 450

Abmessungen, Gewichte und Volumen

Spurweite v/h (mm):	1526 / 1540
mit 8 J x 20 / 9,5 J x 20:	1526 / 1540
mit 8 J x 20 / 10 J x 20:	1526 / 1530
Radstand (mm):	2475
Maße (L x B x H (mm)):	4374 x 1801 x 1281
mit PASM:	4374 x 1801 x 1271
Leergewicht nach DIN (kg):	1320 [1350]
zul. Gesamtgewicht (kg):	1655 [1685]
Kofferraumvolumen v/h (VDA (l)):	150 / 130
Tankvolumen (l):	64
C_W x A (m²):	0,31 x 1,98 = 0,614
Leistungsgewicht (kg/kW / kg/PS):	5,69 [5,82] / 4,19 [4,29]

Kraftstoffverbrauch

nach Euro 5 im NEFZ (l/100 km):	98 ROZ Super plus bleifrei
Innerstädtisch:	12,2 [11,2]
Außerstädtisch:	6,9 [6,2]
Gesamt:	8,8 [8,0]
CO_2-Emissionen (g/km):	206 [188]

Fahrleistungen, Stückzahlen, Preise

Beschleunigung 0–100 km/h (s):	5,1 [5,0] [4,8]*
0–160 km/h (s):	11,0 [10,9] [10,7]*
0–200 km/h (s):	17,6 [17,5] [17,3]*
Höchstgeschw. (km/h):	279 [277]
*mit Sport Plus-Taste gedrückt	
Stückzahl:	in Produktion
Listenpreise:	
04/2012:	Euro 59.120,00 [Euro 61.946,25]
04/2013:	Euro 60.191,00 [Euro 63.017,25]
04/2014:	Euro 61.381,00 [Euro 64.207,25]

981 Boxster GTS [PDK] ab MJ 2014/15

Motor

Bauart:	6-Zylinder-Boxermotor, Resonanzansauganlage 1-stufig schaltbar
Einbauposition:	Mittelmotor
Kühlung:	wassergekühlt
Motor-Typ:	MA 123D
Hubraum (cm^3):	3436
Bohrung x Hub:	97 x 77,5
Leistung (kW/PS):	243/330 bei 6700/min
Drehmoment (Nm):	370 bei 4500-5800/min
Max. Drehzahl;	7800
Literleistung (kW/l / PS/l):	70,7 / 96,0
Verdichtung:	12,5 : 1
Ventilsteuerung:	dohc über Doppelkette, 4 Ventile pro Zylinder, gebaute Nockenwellen, VarioCam Plus, Einlaß-Nockenwellenverstellung, Ventilhubschaltung
Motorsteuerung:	Digitale-Motor-Elektronik Continental SDI 9, E-Gas, Benzin-Direkteinspritzung Direct Fuel Injection-DFI, 120 bar, sequentielle Ansteuerung der Mehrloch-Hochdruckinjektoren, Continental VDO XL2, ruhende Hochspannungsverteilung, Einzelzündspulen, zylinderselektive Klopfregelung, Stereo-Lambdaregelung
Zündfolge:	1 - 6 - 2 - 4 - 3 - 5
Schmierung:	Integrierte Trockensumpfschmierung
Ölmenge (l):	10,1

Kraftübertragung

Antrieb:	Heckantrieb
Schaltgetriebe:	6-Gang
Sonderwunsch PDK:	[7-Gang]
Getriebe-Typ:	G 81.20 [CG 2.25]
Übersetzungen:	
1. Gang:	3,308 [3,909]
2. Gang:	1,950 [2,292]
3. Gang:	1,407 [1,654]
4. Gang:	1,133 [1,303]
5. Gang:	0,950 [1,081]
6. Gang:	0,814 [0,881]
7. Gang:	[0,617]
Rückwärtsgang:	3,000 [3,545]
Achsübersetzung:	3,889 [3,250]

Karosserie, Fahrwerk, Bremse, Räder und Reifen

Karosserie:	2-türige, 2-sitzige, selbsttragende Roadster-Karosserie in Aluminium-Stahl-Verbundbauweise, Aluminium-Front- und Heckdeckel, Aluminium-Türen, Bug- und Heckverkleidungen aus Kunststoff, automatisch ausfahrbarer Heckspoiler, elektrisch betätigtes Stoffverdeck mit beheizbarer Glasheckscheibe, feststehender zweiteiliger Überrollschutz
Vorderradaufhängung:	Einzelradaufhängung, McPherson-Federbeine mit Leichtmetall Querlenkern, Leichtmetall Radträger, Querträger, Schraubenfedern, Gasdruckdämpfer, Stabilisator
Hinterradaufhängung:	Einzelradaufhängung, McPherson-Federbeine mit Leichtmetall Querlenkern, Leichtmetall Radträger, Hinterachshilfsrahmen, Schraubenfedern, Gasdruckdämpfer, Stabilisator
Bremse v/h (Durchm. x B (mm)):	innenbelüftete gelochte Scheiben (330 x 28) / innenbelüftete gelochte Scheiben (299 x 20) rote 4-Kolben-Monobloc-Aluminium-Festsättel / rote 4-Kolben-Monobloc-Aluminium-Festsättel Bosch ABS 9.0
Sonderwunsch:	Porsche Ceramic Composite Brake (PCCB) innenbelüftete gelochte Keramikfaser-Scheiben (350 x 34) / innenbelüftete gelochte Keramikfaser-Scheiben (350 x 28) gelbe 6-Kolben-Monobloc-Aluminium-Festsättel / gelbe 4-Kolben-Monobloc-Aluminium-Festsättel
Räder v/h:	8 J x 20 – ET 57 / 9,5 J x 20 – ET 45
Reifen v/h:	235/35 ZR 20 / 265/35 ZR 20
Sonderwunsch:	8,5 J x 20 – ET 57 / 10 J x 20 – ET 50 235/35 ZR 20 / 265/35 ZR 20

Elektrik

Lichtmaschinenleistung (W):	2100
Batterie (Ah/A):	70 / 450

Abmessungen, Gewichte und Volumen

Spurweite v/h (mm):	1526 / 1540
mit 8 J x 20 / 10 J x 20:	1526 / 1530
Radstand (mm):	2475
Maße (L x B x H (mm)):	4404 x 1801 x 1273
mit Exclusive Sportfahrwerk:	4404 x 1801 x 1262
Leergewicht nach DIN (kg):	1345 [1375]
zul. Gesamtgewicht (kg):	1655 [1685]
Kofferraumvolumen v/h (VDA (l)):	150 / 130
Tankvolumen (l):	64, davon 10 Reserve
C_w x A (m^2):	0,32 x 1,98 = 0,634
Leistungsgewicht (kg/kW / kg/PS):	5,53 [5,66] / 4,08 [4,17]

Kraftstoffverbrauch

nach Euro 6 im NEFZ (l/100 km):	98 ROZ Super plus bleifrei
Innerstädtisch:	12,7 [11,4]
Außerstädtisch:	7,1 [6,3]
Gesamt:	9,0 [8,2]
CO_2-Emissionen (g/km):	211 [190]

Fahrleistungen, Stückzahlen, Preise

Beschleunigung 0–100 km/h (s):	5,0 [4,9] [4,7]*
0–160 km/h (s):	10,8 [10,7] [10,5]*
0–200 km/h (s):	17,3 [17,2] [17,0]*
Höchstgeschw. (km/h):	281 [279]
***mit Sport Plus-Taste gedrückt**	
Stückzahl:	in Produktion
Listenpreise:	
04/2014:	Euro 69.949,- [Euro 73.405,95]

S GO 2300

Porsche Cayman
(Typ C7)

Modelljahr 2006 (6-Programm)

Im November 2005 stellt Porsche ein zweisitziges Mittelmotor-Coupé auf Basis des 987 Boxster S vor. Porsche nennt die neue Karosserievariante nicht einfach Boxster-Coupé sondern Cayman S (Typ C7) und positioniert das Coupé als eigenständige Modellvariante am Markt. Interessant ist, daß Porsche den Cayman S preislich über dem Boxster S positioniert, während ein 911 Coupé stets preiswerter gewesen ist als die offenen Elfer-Varianten. Damit schließt der Cayman S preislich und leistungsmäßig die Lücke im Modellprogramm zwischen dem Boxster S und dem 911 Carrera. Der Cayman S steht in einer Reihe mit den Modellbezeichnungen Boxster, Carrera und Cayenne. Der Name stammt aus der Tierwelt. Der Kaiman gehört zur Familie der kleinen, wendigen Krokodile und gilt als spezialisierter Jäger, der sich durch Kraft, Agilität und Reflexstärke auszeichnet. Die Form des Cayman S läßt klassische Design-Merkmale des 550 Coupé von 1953 und des 904 Carrera GTS Coupé erkennen. Das Design und die Proportionen unterscheiden sich signifikant vom Boxster und vom 911 Carrera.

Die Fahrzeugfront prägen die asymmetrischen Hauptscheinwerfer und die großen, seitlichen Lufteinlässe mit schwarzen Ziergittern, in die auf schmalen Stegen runde Nebel- und Positionsleuchten integriert sind. Unten am Bugteil sind zwei titanfarben lackierte Spoilerlippen befestigt. Der Cayman S ist serienmäßig mit H7-Klarglashauptscheinwerfern mit Projektionstechnik ausgestattet. Optional sind Bi-Xenon-Scheinwerfer lieferbar. Im vorderen Dreieck der hydrophob beschichteten Türseitenscheiben sind elektrisch verstell- und beheizbare Doppelarm-Außenspiegel befestigt, auf der Fahrerseite mit einer asphärischen Wirkung. Die Seitenlinie betont die kompakte Mittelmotorbauweise des Sportcoupés. Sie wird dominiert von muskulösen Kotflügeln, einer starken Dachwölbung und der flach abfallenden Heckpartie. Die seitlichen in Wagenfarbe lackierten Lufteinlässe hinter den Türen unterscheiden sich deutlich durch die senkrechten Lamellen vom Boxster. Serienmäßig ist eine grüngetönte Wärmeschutzverglasung und eine Vorrüstung für die Montage eines Dachtransportsystems mit bis zu 60 Kilogramm Zuladung. Die Heckansicht wird von der großen Heckklappe mit dem silbernen Cayman S-Schriftzug geprägt. Die dritte Bremsleuchte, in LED-Technik ausgeführt, sitzt am unteren Rand der Heckscheibe. Auf Wunsch ist ein Heckscheibenwischer lieferbar. Unterhalb der Heckklappe befindet sich der neue Spaltflügel, der bei einer Geschwindigkeit von 120 km/h um 80 Millimeter ausgefahren wird. Im Vergleich zum Heckspoiler des Boxster, setzt der Spaltflügel der Luft nur einen geringen Widerstand entgegen und erzeugt durch seinen Anstellwinkel dennoch Abtrieb. Der Unterboden ist nahezu vollständig verkleidet. Durch verschiedene Optimierungsmaßnahmen fällt der Auftrieb an allen vier Rädern im Vergleich zum Boxster um 20 Prozent geringer aus. Mit einem c_w-Wert von 0,29 ist der Cayman S sehr windschlüpfrig. Die Rückleuchten zeigen die formale Verwandtschaft zum Boxster. Die speziell geformten Doppelendrohre aus gebürstetem Edelstahl werden beidseitig von einem Unterflurspoiler mit waagrechten Flügeln flankiert.

Die Karosseriestruktur des Cayman basiert auf der des Boxster, der als offener Sportwagen konstruiert ist und auch ohne Dach eine hohe Stabilität bietet. Mit dem festen Coupédach entsteht eine besonders biege- und torsionssteife Karosserie. Die hohe Steifigkeit hat unmittelbare Auswirkungen auf die Fahrwerkspräzision, so daß das Sportcoupé wie auf Schienen fährt. Zudem bedeutet eine steife Karosserie auch eine hohe passive Sicherheit. Der Cayman erfüllt alle gültigen Vorschriften im Bereich passiver Fahrzeugsicherheit und unterschreitet auch die vom Gesetzgeber geforderten Grenzwerte für Frontal-, Schräg-, Seiten-, Heckaufprall und Überschlag.

Ein Vorteil der Mittelmotorbauweise sind die beiden Kofferräume mit insgesamt bis zu 410 Liter Ladekapazität, die einem Sportwagen sehr viel Gepäckraum bieten. Der Frontdeckel ist aus Aluminium gefertigt, die Heckklappe besteht aus Stahl. Der vordere Kofferraums faßt 150 Liter. Er ist vollständig bis zum unteren Rahmen der Windschutzscheibe verkleidet. Werkzeugtasche, Reifendichtmittel und ein elektrischer Kompressor befinden sind hinter einer Seitenverkleidung. Neben der komfortableren Handhabung spart das Reifendichtmittel durch den Verzicht auf Notrad und Wagenheber zehn Kilogramm Gewicht. Die Verkleidung ist unten in einer Halteschiene fixiert. Sie läßt sich leicht öffnen und nach vorne klappen, um bequem an die sich dahinter befindenden Gegenstände zu gelangen. Auf der Oberseite ist der Halter mit dem Warndreieck integriert. Die Verbandstasche ist rechts auf der Schottwand verstaut.

Die 116 mal 90 Zentimeter große Heckklappe läßt sich mit Hilfe der zweistufigen Gasdruckfedern mühelos öffnen. Sie schwenkt bis zu 1,95 Meter hoch und ermöglicht einen bequemen Zugang zum hinteren Kofferraum. Durch Überdrücken der Arretierung läßt sich die Klappe in eine Servicestellung von rund 70 Grad zur Horizontalen stellen. Der Kofferraum teilt sich in zwei Ebenen, die durch eine Edelstahlblende optisch voneinander getrennt sind. Die tiefere, hintere Ebene wird bei geschlossenem Deckel durch den serienmäßigen Sichtschutz abgedeckt. Bis zur Scheibenunterkante bietet das Kofferraumvolumen 185 Liter Platz, bei voller Nutzung bis unter das Dach sind es 260 Liter. Dies ergibt einen hohen Freizeitwert mit der Möglichkeit ein Snowboard oder eine Taucherausrüstung im hinteren Gepäckraum zu transportieren. Über Festzurrösen können die Gegenstände mit Gepäcknetzen gegen Verrutschen gesichert werden. Ein stabiler Metallbügel zwischen den Kopfstützen hält darüber hinaus nach vorn rutschende Gepäckstücke zurück. Auf Wunsch gibt es eine klappbare Laderaumsicherung, die mit vier Schnellverschlüssen im Dachrahmen und der Gepäckschutzleiste hinter den Sitzen befestigt wird. Neben den C-Säulen nehmen zwei je 4,5 Liter große Ablagefächer mit Deckel kleine Gegenstände auf.

Der 6-Zylinder-Boxer des Cayman S ist vor der Hinterachse angeordnet. Das Mittelmotorkonzept und das gute Leistungsgewicht erlauben eine hohe Fahrdynamik, welche unmittelbar auf die Lenkbefehle und das dynamische Kurvenverhalten reagiert. Der neue 3.387 Kubikzentimeter große Sechszylindermotor hat ein Bohrung-Hub-Verhältnis von 96 zu 78 Millimeter und ist auf 11,1 : 1 verdichtet. Kurbelgehäuse und die Zylinderköpfe sind aus Aluminium gegossen. Die Nockenwellen- und Ventilhubverstellung VarioCam Plus stammen vom 911 Carrera. Die aufwendige Ventilsteuerung ermöglicht eine hohe Motorleistung von 295 PS (217 kW) bei 6.250/min, ein kraftvolles Drehmoment von 340 Newtonmeter zwischen 4.400 und 6.000 Umdrehungen pro Minute und einen niedrigen Kraftstoffverbrauch. Der Motor atmet seine Luft durch ein variables Resonanzansaugsystem. Wie der Boxster und der 911 Carrera hat auch der Motor des Cayman S eine integrierte Trockensumpfschmierung.

Serienmäßig ist der Cayman S mit einem 6-Gang-Schaltgetriebe mit Zweimassenschwungrad und exakten, sportlich kurzen Schaltwegen ausgerüstet. Auf Wunsch ist eine Schaltwegverkürzung für weiter reduzierte Schaltwege und eine verbesserte Schaltgassenführung erhältlich. Optional ist auch die 5-stufige Tiptronic S mit einer neuen hydraulischen sowie elektronischen Steuerung und den aus dem Carrera bekannten variablen Schaltprogrammen lieferbar.

Das Fahrwerk des Cayman S ist vom Boxster S abgeleitet. Es ist jedoch deutlich sportlicher ausgelegt und mit straffer abgestimmten Federn, Dämpfern und Stabilisatoren ausgestattet. In Verbindung mit der sehr verwindungssteifen Karosserie erhält der Cayman S ein völlig eigenständiges Fahrverhalten mit hohen Sicherheitsreserven und angemessenem Fahrkomfort. Die Mittelmotorbauweise bietet mit der ausgeglichenen Gewichtsverteilung Handlingeigenschaften und Querbeschleunigungen auf einem sehr hohen Niveau. Zur Serienausstattung des Cayman S gehört das Porsche Stability Management (PSM) mit ABS 8.0, ASR, ABD und MSR. Optional kann der Cayman S mit dem elektronisch geregelten Dämpfungssystem Porsche Active Suspension Management (PASM) ausgeliefert werden. Mit PASM liegt das Fahrzeug um zehn Millimeter tiefer. Per Knopfdruck können die beiden unterschiedlichen Fahrwerkeinstellungen PASM-Normal für eine sportlich komfortable und PASM-Sport für eine sehr sportliche Fahrwerkseinstellung gewählt werden. Eine weitere Option für den Cayman S ist das Sport Chrono Paket mit einer sehr sportlichen Abstimmung diverser Fahrzeugparameter. Es beeinflußt das Regelverhalten von Motorsteuerung, Porsche Stability Management (PSM) und so weit vorhanden von Tiptronic S und aktivem PASM-Fahrwerk. Der Wagen hängt spontaner am Gas und läßt, durch die betont sportliche Abstimmung, mehr Freiheiten im Grenzbereich. Das Erkennungsmerkmal ist der Analog-/Digital-Chronometer auf der Armaturentafel, welche fahrdynamische Vergleiche mit einer Genauigkeit von Hundertstelsekunden erlaubt. Im Sport-Chrono-Modus umrundet das Mittelmotorcoupé die Nürburgring-Nordschleife ganze drei Sekunden schneller.

Die Bremsanlage des Cayman S setzt sich aus Komponenten des 911 Carrera und des Boxster S zusammen und ist damit auch höchsten Beanspruchungen gewachsen. Die vier 4-Kolben-Monobloc-Aluminium-Festsättel sind rot lackiert. An der Vorderachse wird die Bremsleistung auf innenbelüftete, gelochte 318-Millimeter-Scheiben und an der Hinterachse auf innenbelüftete, gelochte Bremsscheiben mit einem Durchmesser von 299 Millimetern übertragen. Für den Cayman S ist auf Wunsch die Keramikbremse Porsche Ceramic Composite Brake (PCCB) erhältlich. Vier innenbelüftete, gelochte 350-Millimeter-Keramikbremsscheiben sorgen mit speziell abgestimmten Verbundbremsbelägen und den gelben 6-Kolben-Aluminium-Festsätteln an der Vorderachse und 4-Kolben-Aluminium-Festsätteln an der Hinterachse selbst bei höchster Belastung für hohe und konstante Verzögerungswerte.

Der Cayman S rollt serienmäßig auf 18-Zoll-Alumiumrädern. An der Vorderachse sind auf 8 J x 18 Rädern Reifen der Größe 235/40 ZR 18 aufgezogen, an der Hinterachse 265/40 ZR 18 Reifen auf 9 J x 18. Auf Wunsch können 19-Zoll-Leichtmetallräder in vier verschiedenen Designs geordert werden.

Der Cayman S bietet mit sechs Airbags eine hohe passive Sicherheit. Neben Dreipunkt-Automatikgurten mit Gurtstraffer und Gurtkraftbegrenzer gewähren Fahrer- und Beifahrer-Fullsize-Airbags einen hohen Schutz bei einem Frontcrash. Bei einem Seitenaufprall schützen jeweils ein Kopf- und ein Thorax-Airbag mit einem Volumen von acht Litern. Porsche Side Impact Protection (POSIP) heißt dieses System, das den Seitenaufprallschutz in den Türen ergänzt.

Der vom Boxster abgeleitete Innenraum bietet durch die nach vorne verlagerten Pedale, das in der Höhe und axial um 40 Millimeter verstellbare 3-Speichen-Lenkrad, die niedrige Sitzposition und die erweiterte Längsverstellung der Sitze auch groß gewachsenen Fahrern viel Platz. Der manuell verstellbare Seriensitz hat eine elektrische Lehnenverstellung und ist mit Kunstleder und einer Alcantara-Sitzmittelbahn bezogen. Der Beifahrersitz ist mit einer Vorrüstung für den nachträglichen Einbau eines ISOFIX-Kindersitzbefestigungssystems und einem Schalter zum Deaktivieren des Beifahrer-Airbags ausgestattet. Als Option sind drei weitere Sitzvarianten lieferbar: Der vollelektrisch verstellbare Sitz mit Lordosenstütze, der Ledersportsitz mit verstärkten Seitenwangen und der adaptive Sportsitz mit individuell einstellbaren Seitenteilen. Der Innenhimmel ist passend zur jeweiligen Interieurfarbe abgestimmt. Die Kunststoffteile sind mit Softlack bzw. in vulkangrau lackiert. Lenkradkranz, Schalthebel, Handbremshebelgriff, Türgriff, die Deckel der Ablagefächer in den Türen und auf der Mittelkonsole sind mit Leder in Interieurfarbe bezogen. Über dem Handschuhfach sind hinter der Zierleiste zwei ausklappbare und in der Größe verstellbare Getränkehalter integriert. Charakteristisch für den Cayman S ist die, im Vergleich zum Boxster, über dem mittleren Rundinstrument erhöhte Abdeckhutze des Kombiinstruments. Die drei Rundinstrumente haben in Aluminiumfarbe lackierte Zifferblätter. Beim Cayman S sorgen außerdem folgende in Aluminiumoptik lackierte Kunststoffteile für ein hochwertiges Ambiente: Durchgehende Zierblende an der Schalttafel, Handschuhfachgriff, Türöffner, Rahmen an Seiten- und Mittelbelüftungsdüsen, Blenden der Lenkradspeichen, bei Tiptronic S mit Schaltwippen, Applikationen und Zierblende am Schalthebel und die Abdeckung der Tiptronic S Kulisse. Die Türeinstiegsleisten sind mit einem Cayman S Schriftzug versehen.

Zum Serienumfang gehören elektrische Fensterheber, Klimaanlage mit Aktivkohlefilter, Bordcomputer mit erweiterten Funktionen, Zentralverriegelung mit Funkfernbedienung inklusive Kofferraumentriegelung, Wegfahrsperre mit Alarmanlage, Radio CDR-24 mit 2x 25-Watt-Verstärker und vier Lautsprechern. Ebenso ist eine Vorrüstung für den nachträglichen Einbau eines CD-Wechslers vorhanden. Porsche bietet mit der Klimaautomatik, dem Sportlenkrad, dem Multifunktionslenkrad, dem Porsche Communication Management (PCM) mit 5,8 Zoll-Farbdisplay und dem Navigationsmodul mit separatem DVD-Laufwerk, dem Sound Package Plus mit 9 Lautsprechern und 235 Watt Gesamtleistung inklusive CD-Ablage oder dem BOSE® Surround Sound-System mit 10 Lautsprechen und 325 Watt Musikleistung zahlreiche Individualisierungsmöglichkeiten an.

Das Mittelmotorcoupé sprintet in 5,4 Sekunden von 0 auf 100 Kilometer pro Stunde und erreicht eine Höchstgeschwindigkeit von 275 km/h. Der Cayman S ist durch die hohe Karosseriesteifigkeit und die ausgewogene Gewichtsverteilung eine Fahrmaschine, die in acht Minuten und 20 Sekunden die Nürburgring-Nordschleife umrundet. Der Cayman S verbraucht im EU-Durchschnitt 10,6 Liter Super Plus auf 100 Kilometer und unterschreitet die europäische Abgasnorm nach EU4 und die in den USA gültige ULEV II-Norm.

Im April 2006 wird der Cayman S von einer Jury, die aus 46 internationalen Fachjournalisten besteht, anläßlich der New York International Auto Show zum »World Performance Car« des Jahres 2006 gewählt. Die »perfekte Kombination aus herausragendem Handling, Aussehen und Leistung« haben die Fachjury überzeugt.

Modelljahr 2007 (7-Programm)

Ab Mai 2006 ergänzt der Basis Cayman mit einem 2,7-Liter-Motor die Modellreihe. Der Cayman unterscheidet sich vom S-Modell durch seine eigenständigere Optik zu der schwarze Frontspoilerlippen, schwarz eloxierte Bremssättel, neue 17-Zoll-Aluminiumräder mit fünf Doppelspeichen, ein titanfarbener Cayman-Schriftzug und ein ovales Abgasendrohr aus gebürstetem Edelstahl gehören. Der Luftwiderstandsbeiwert beträgt wie beim Cayman S 0,29. Beim Cayman S sind ab dem Modelljahr 2007 die beiden Spoilerlippen unten am Bugteil in Wagenfarbe lackiert.

Der Cayman wird von einem 2,7-Liter-Boxermotor mit VarioCam Plus-Ventilsteuerung angetrieben. Dadurch verbessern sich die Leistung, das Drehmoment und auch der Kraftstoffverbrauch. Das vom 911 und Cayman S bekannte VarioCam Plus ist die Kombination aus Steuerzeitenverstellung der Einlaßnockenwelle (VarioCam) und der Ventilhubumschaltung (Plus). Die Nennleistung beträgt 245 PS (180 kW) bei 6.500 Umdrehungen pro Minute. Das maximale Drehmoment von 273 Newtonmeter wird zwischen 4.600 und 6.000 Umdrehungen pro Minute erreicht. Die spezifische Leistung beträgt 91,2 PS (66,9 kW) pro Liter Hubraum. Wie beim 3,4-Liter-Treibwerk beträgt der Hub des 2,7-Liter-Motors 78 Millimeter, wobei die Kurbelwelle erleichtert ist. Der kleinere Hubraum wird durch einem auf 85,5 Millimeter verringerten Zylinderdurchmesser und entsprechenden Gußkolben erreicht. Durch eine vergrößerte Bohrung der hohlen Kolbenbolzen können jeweils sechs Gramm einspart werden, was der Drehfreudigkeit des Motors zugute kommt. Eine nach dem Gießprozess zwischen den beiden Auslaßventilen eingebrachte Injektorbohrung verringert die thermische Belastung an dieser Stelle und reduziert so die Klopfgefahr. Im Vergleich zum Cayman S wird die Verdichtung des Basismotors um 0,2 auf 11,3 : 1 erhöht. Für ein hohes Drehmoment über den gesamten Drehzahlbereich sorgt eine Sauganlage mit Resonanzklappe, zweiflutigem Verteilrohr und Verteilrohrklappe. Die Anlage entspricht, bis auf die an den kleineren Hubraum angepaßten Schaltschwellen der Klappen, der des 3,4-Liter-Cayman-S-Motors. Der Motor des Cayman verfügt über eine integrierte Trockensumpfschmierung. Die Auspuffanlage des Cayman verbindet ein zurückhaltendes Standgeräusch mit dem typischen, kernigen Boxerklang beim Fahren. Die Abgasanlage ermöglicht durch große Rohrquerschnitte und einem geringen Abgasgegendruck eine hohe Motorleistung. Das auf Wunsch erhältliche Sport-Chrono-Paket richtet alle fahrdynamisch relevanten Kennfelder und Regelungen noch sportlicher aus. Damit fühlt sich der Cayman noch bissiger an.

Der Cayman wird serienmäßig mit einem 5-Gang-Schaltgetriebe ausgeliefert. Als Option ist auch ein 6-Gang-Schaltgetriebe oder eine 5-stufige Tiptronic S lieferbar. Auf Wunsch ist ein Sportpaket mit dem Porsche Active Suspension Management (PASM) und einem 6-Gang-Schaltgetriebe mit einer längeren Übersetzung des höchsten Gangs erhältlich.

Auch der Cayman hat das Porsche Stability Management (PSM) serienmäßig, auf Wunsch kann das sehr fahrdynamische Porsche Active Suspension Management (PASM) bestellt werden.

Die leistungsfähige Bremsanlage des Cayman ist vom Cayman S abgeleitet. Sie ist durch schwarz eloxierte 4-Kolben-Monobloc-Aluminium-Festsätteln zu erkennen. Der Durchmesser der innenbelüfteten, gelochten Bremsscheiben beträgt vorne 298 Millimeter, hinten werden die gleichen 299-Millimeter-Scheiben wie beim Cayman S verbaut. Die Bremsen des Cayman werden über einen Bremsluftspoiler mit zusätzlicher Kühlluft versorgt. Eine von der Auslaßnockenwelle der rechten Zylinderbank angetriebene Flügelzellenpumpe erzeugt den Unterdruck des Bremskraftverstärkers. Die Porsche Ceramic Composite Brake ist für den Basis-Cayman nicht erhältlich.

Der Cayman rollt serienmäßig auf 17-Zoll-Leichtmetallrädern im individuellen 5-Doppelspeichen-Design. An der Vorderachse sind Reifen der Dimension 205/55 ZR 17 auf 6, 5 J x 17 Rädern aufgezogen, an der Hinterachse lautet die Rad-Reifen-Kombination 235/50 ZR 17 auf 8 J x 17. Verschiedene 18- und 19-Zoll-Aluminiumräder sind als Sonderwunsch ab Werk lieferbar.

Im Innenraum überzeugt der Cayman durch eine sportliche, funktionelle Ausstattung. Unterschiede zum Cayman S betreffen im Wesentlichen die schwarz hinterlegten Instrumente, der Entfall der Alarmanlage, den vulkangrauen Zierleisten an der Schalttafel und am Schalthebel sowie den Einstiegsleisten mit Cayman-Schriftzug. Serienmäßig bietet der Cayman eine Klimaanlage mit kombiniertem Innenraumfilter, die Radioanlage CDR-24 und 6-fach verstellbare Sitze mit Mittelbahnen aus Alcantara. Der Lenkradkranz, die Schalthebelmanschette, der Handbremshebel und die Türgriffe sind mit Leder bezogen. Die Deckel der Ablagefächer in den Türen und auf der Mittelkonsole sind aus geschäumten Kunststoff gefertigt und müssen auf den Lederbezug wie beim Cayman S verzichten. Als Individualausstattung stehen vollelektrisch verstellbare Sitze sowie Sportsitze in zwei Versionen zur Wahl. Auf Wunsch können eine Klimaautomatik oder Sitzbezüge aus glattem oder genarbtem Leder bestellt werden.

Mit dem serienmäßigen 5-Gang-Schaltgetriebe beschleunigt der Cayman in 6,1 Sekunden auf 100 Stundekilometer. Die Höchstgeschwindigkeit wird bei 258 Kilometer pro Stunde erreicht, mit dem optionalen 6-Gang-Schaltgetriebe sind sogar 260 km/h möglich. Der Beschleunigungswert von 0 auf 100 km/h entspricht dem der 5-Gang-Version. Mit der Tiptronic S vergehen 7,0 Sekunden auf Tempo 100, die Endgeschwindigkeit beträgt 253 km/h. Das Basismodell verbraucht nach EU nur 9,3 Liter pro 100 Kilometer und erfüllt die strengen Abgasgrenzwerte nach EU4 und ULEV II.

Modelljahr 2008 (8-Programm)

Auf der Internationalen Automobil-Ausstellung in Frankfurt am Main stellt Porsche den Cayman S »Porsche Design Edition 1« erstmals der Öffentlichkeit vor. Das schwarze Sondermodell wird mit einem Aktenkoffer mit ausgesuchten Porsche Design Produkten ausgeliefert. Die Edition 1 ist eine Hommage an das erste Produkt von Porsche Design, des schwarzen Chronographen von 1972. Ab November 2007 beginnt die Auslieferung über die Porsche Zentren in Deutschland, in den USA erfolgt die Markteinführung im Frühjahr 2008. Der Cayman S Edition 1 ist auf 777 Fahrzeuge limitiert. Die Karosserie ist schwarz lackiert und mit drei mattschwarzen Längsstreifen, von denen der mittlere etwas schmäler ausfällt, versehen. Auf dem rechten Streifen ist auf der Fronthaube der Schriftzug »PORSCHE DESIGN« ausgespart. Der 3,4-Liter-Boxermotor hat die Serienleistung des Cayman S von 295 PS (217 kW). Das serienmäßige PASM-Fahrwerk legt die Karosserie um 10 Millimeter tiefer. Per Knopfdruck kann die Dämpferhärte verstellt werden und bietet einen besonders fahrdynamisch ausgelegten Sportmodus. Serienmäßig rollt das Sondermodell auf 19-Zoll-Turbo-Rädern, die an der Hinterachse zusammen mit fünf Millimeter starken Distanzscheiben montiert werden. An der Vorderachse sind 235/35 ZR 19 Reifen auf 8 J x 19 Rädern aufgezogen, an der Hinterachse 265/35 ZR 19 auf 9,5 J x 19. Das Interieur präsentiert sich in einer Leder-Alcantara-Ausstattung. In den Kopfstützen der Sitze ist das Porsche-Wappen eingeprägt. Armaturenbrett, Türverkleidungen und die Mittelkonsole sind mit schwarzem Leder verkleidet. Das 3-Speichen-Sportlenkrad, der Schalthebel, der Handbremsgriff und der Dachhimmel sind mit Alcantara bezogen. Dieser Materialmix führt das Thema schwarz in glänzend und matt auch im Innenraum fort. Auf dem Handschuhfachdeckel ist rechts eine Aluminiumplakette »Porsche Design Edition 1« und der Nummer des Fahrzeugs von 777 angebracht.

Die Zifferblätter der Instrumente sind dem Design des ersten Porsche Chronographen nachempfunden. Zur Serienausstattung der Design Edition gehört auch ein schwarzer Aktenkoffer mit allen Accessoires in derselben Farbe wie einem sportlichen Chronographen, einer Sonnenbrille, einem Schreibstift, einem Schlüsselanhänger und einem Taschenmesser, bei dem selbst die Klingen schwarz gefärbt sind. Verwendet werden nur hochwertige Materialien wie Stahl, Titan, Aluminium und Leder.

Modelljahr 2009 (9-Programm)

Kurz vor dem Facelift des Mittelmotor-Coupés präsentiert Porsche das auf 700 Stück limitierte Sondermodell Cayman S Sport. Porsche liefert den Cayman S Sport in dem leuchtenden Orange oder dem strahlenden Grün des 911 GT3 RS aus. Bei diesen beiden Farben ist an den Seitenflanken, ganz im Stil des Carrera RS der 70er Jahre, eine schwarze »Cayman S« Folie aufgeklebt. Außerdem sind auch Lackierungen in Carraraweiß, Speedgelb, Indischrot, Schwarz und gegen Aufpreis Arktissilbermetallic möglich. Die Gehäuse der Außenspiegel, die seitlichen Lufteinlässe, das Cayman S-Logo auf dem Heckdeckel und die Räder sind bis auf einen kleinen silbernen Rand am Felgenhorn als sportlicher Kontrast schwarz lackiert. Die serienmäßigen Bi-Xenon-Scheinwerfer erhöhen die Sicherheit bei nächtlicher Fahrt. Erstmals durchbricht ein Cayman-Modell die magische 300-PS-Marke. Der aus dem Sondermodell Boxster S »RS 60 Spyder« bekannte 3,4-Liter-Motor leistet 303 PS (223 kW) bei 6.250 Umdrehungen pro Minute und hat ein maximales Drehmoment von

Cockpit des Cayman S Sport

340 Newtonmeter bei 4.400 bis 6.000/min. Die Leistungssteigerung vom 8 PS (6 kW) wird durch eine optimierte Abgasführung und eine Sportauspuffanlage mit zwei runden Endrohren erreicht.
Das serienmäßige PASM-Fahrwerk legt die Karosserie um 10 Millimeter tiefer. Das Sondermodell rollt auf 19-Zoll-Sport-Design-Rädern, die an der Hinterachse zusammen mit fünf Millimeter starken Distanzscheiben montiert werden. An der Vorderachse sind 235/35 ZR 19 Reifen auf 8 J x 19 Rädern aufgezogen, an der Hinterachse 265/35 ZR 19 auf 9,5 J x 19. Das Interieur präsentiert sich in einer Alcantara-Leder-Ausstattung. Die serienmäßigen Sportsitze sind mit schwarzem Leder, das 3-Speichen-Sportlenkrad, der Schalthebel, der Handbremsgriff und der Dachhimmel mit Alcantara bezogen. Wie schon beim Sondermodell des Boxster S »RS 60 Spyder« fehlt auch beim Cayman S Sport die Abdeckungshutze, die die Instrumente überspannt. Auf dem Handschuhfachdeckel ist rechts eine Aluminiumplakette »Cayman S Sport Limited Edition« und der Nummer des Fahrzeugs von 700 angebracht. Das »Sport Chrono Paket« mit dem runden Chronographen auf der Armaturentafel und eine Fußstütze in Sportoptik vervollständigen die sportive Ausstattung.
Im Herbst 2008 wird die Cayman-Modellreihe nach nur drei Jahren einem dezenten Facelift unterzogen. Die überarbeitete Karosserie des Cayman trägt eine modifizierte Bug- und Heckpartie sowie neue Scheinwerfer und Heckleuchten. Größere, von einer Kante gesäumte, äußere Lufteinlässe unterstreichen die dynamische Front. Sie übernimmt die Fugengrafik des Kofferraumdeckels und führt sie beim mittleren Lufteinlaß zusammen. Die Blinkleuchten sind in die Halogenhauptscheinwerfer integriert. Die Zwei-Tuben-Optik erinnert an den Carrera GT. Neben den serienmäßigen, runden Nebelscheinwerfern sind in den vorderen Lufteinlässen die neuen LED-Positionsleuchten in Form von Lichtstäben angebracht. Als Option sind Bi-Xenon-Scheinwerfer mit dynamischem Kurvenlicht, separaten LED-Tagfahrleuchten und einer Scheinwerferreinigungsanlage erhältlich. Das Tagfahrlicht mit den in Kreuzform angeordneten weißen Leuchtdioden sitzt in der Bugverkleidung an Stelle der Nebelscheinwerfer. Deren Funktion wird von den in Streulicht und Seitenausleuchtung optimierten Bi-Xenon-Scheinwerfern übernommen. Der vordere Kofferraumdeckel des Cayman besteht aus Aluminium. Das bedeutet eine Gewichtseinsparung im Vergleich zu Stahl von sechs Kilogramm. Die Heckklappe mit großer, heizbarer Heckscheibe ist eine Leichtbaukonstruktion aus Stahl. Auf Wunsch ist ein Wischer für die Heckscheibe lieferbar. Wie alle aktuellen Porsche-Sportwagen erhält auch der Cayman die neu gestalteten Doppelarmaußenspiegel, die mit der nach hinten vergrößerten Sichtfläche auch künftige Gesetzesanforderungen erfüllen. Die optimierte Aerodynamik des Spiegelgehäuses sorgt für eine geringere Verschmutzung des Spiegelglases bei Regen. Die Seitenlinie wird durch den langen Radstand, dem seitlichen Lufteinlass und dem Hüftschwung geprägt. In der modifizierten Heckverkleidung sind neu gestaltete Rückleuchten integriert, in denen alle roten Leuchten in LED-Technik ausgeführt sind. Die LED-Grafik sorgt für ein dynamisches Lichtdesign bei Tag und in der Nacht. Das Nachtdesign der Heckleuchten orientiert sich an der Kontur der hinteren Kotflügel. Der Spaltflügel am Heck des Cayman fährt bei einer Geschwindigkeiten von 120 km/h um 80 Millimeter aus und nach Unterschreiten von 80 km/h automatisch wieder ein. Ein Spaltflügel setzt der Luft praktisch keinen Widerstand entgegen. Durch sein Profil erhöht sich er Anpressdruck an der Hinterachse bei einer Geschwindigkeit von 270 Kilometer pro Stunde um 14 Kilogramm. Unterhalb des Kennzeichenausschnitts münden die neu gestalteten mittigen Endrohre ins Freie. Beim Cayman ist es ein rechteckiges Einzelendrohr, beim Cayman S ein rundes Doppelendrohr, welches direkt aus dem Zwischenrohr der Abgasanlage herausragt. Der Luftwiderstandsbeiwert für die Cayman-Modelle mit 6-Gang-Schaltgetriebe beträgt 0,29. Beide Cayman sind konsequent auf Leichtbau hin entwickelt. Mit einem Leergewicht von 1.330 Kilogramm beim Cayman und 1.350 Kilogramm beim Cayman S sind beide Fahrzeuge sogar leichter als der sehr sportliche Porsche 911 GT3. Das ist ein Vorteil für die Dynamik, den Verbrauch und die Agilität.
Die neuen Sechszylinder-Boxermotoren im Cayman und Cayman S setzen in ihrem hohen Leistungsvermögen und großer Zuverlässigkeit, steigender Wirtschaftlichkeit und sinkenden Emissionen bei Sportmotoren Maßstäbe. Beide Motoren werden von der neuen Motorengeneration der kürzlich überarbeiteten 911-Baureihe abgeleitet. Im Cayman ersetzt ein 2,9-Liter-Triebwerk den bisherigen 2,7-Liter-Motor. Mit einer Nennleistung von 265 PS (195 kW) bei 7.200 Umdrehungen pro Minute übertrifft es den bisherigen Sechszylinder um 20 PS (15 kW). Das maximale Drehmoment steigt um 27 Newtonmeter auf 300 Nm bei 4.400 bis 6.000 Umdrehungen pro Minute. Der Motor des Cayman S hat weiterhin 3,4 Liter Hubraum. Er leistet mit der neuen Benzin-Direkteinspritzung (DFI) 320 PS (235 kW) bei 7.200/min und damit 25 PS (18 kW) mehr als beim Motor mit Saugrohreinspritzung. Das maximale Drehmoment wurde ebenfalls um 30 Newtonmeter gesteigert und beträgt jetzt 370 Nm bei 4.750 Umdrehungen pro Minute. Die konsequente Weiterentwicklung der Motoren mit weniger Gewicht, reduzierter innerer Reibung und geringeren bewegten Massen sorgen bei den Sechszylinderboxern für mehr Leistung bei einem gleichzeitig gesenkten Verbrauch. Die neuen Triebwerke sind um rund sechs Kilogramm leichter geworden. Ein zweiteiliges Kurbelgehäuse mit integrierten Kurbelwellenlagern löst den bisher vierteiligen Block mit separatem Lagergehäuse ab. Die Vorteile sind ein niedrigeres Gewicht und eine geringere Anzahl von Bauteilen. Durch die Umstellung der Kurbelgehäusekonstruktion von

Phantombild Cayman S Modelljahr 2009

der Open- auf die Closed-Deck-Bauweise erhöht sich zudem die thermische und mechanische Solidität des Motors. Die bisher im Bereich der Zylinderkopfdichtung frei stehenden Zylinderlaufbüchsen sind jetzt mit dem Gehäuse durch eine eingegossene Deckplatte verbunden, welche den Wassermantel mit einschließt. Dieses wirkt sich in einer höheren Formstabilität der Zylinder aus. Ein weiterer Effekt ist der reduzierte Ölverbrauch und eine Senkung des Kraftstoffverbrauchs aufgrund der verringerten Reibleistung. Eine neue Motorlagerung mit zusätzlichen Queranschlägen und neuer Lagerkennung sorgt für noch mehr Komfort bei verbesserter Fahrdynamik, da das Antriebsaggregat straffer fixiert ist und somit weniger Bewegung in der Karosserie zuläßt.

Der 3,4-Liter-Motor des Cayman S erhält eine Benzin-Direkteinspritzung - Direct Fuel Injection (DFI), die mit einem homogenen Gemisch arbeitet. Das Luft-Kraftstoff-Gemisch wird gleichmäßig im Brennraum verteilt und ermöglicht dadurch eine optimale Verbrennung. Bei diesem Verfahren wird das Benzin abhängig von Last und Drehzahl mit bis zu 120 bar direkt in den Brennraum eingespritzt. Der prinzipbedingte Vorteil ist, daß im Gegensatz zur konventionellen Saugrohreinspritzung die Gemischbildung direkt im Brennraum stattfindet. Bei einer Saugrohreinspritzung wird der Kraftstoff zum Teil vor den geschlossenen Einlaßventilen zerstäubt. Bei der Direkteinspritzung wird das Benzin erst bei geöffneten Ventilen direkt in den Zylinder eingespritzt. Die Einspritzdüse ist zwischen den beiden Einlaßventilen angebracht und zielt direkt in die beiden Luftströme. Es entfallen die so genannten Wandfilmverluste, die sich bei der konventionellen Einspritzung durch den Niederschlag des Kraftstoffnebels an den Saugrohrwänden bilden. Luft und Kraftstoff werden im Zylinder für eine saubere und vollständige Verbrennung besser vermischt. Die zur Kraftstoffverdampfung benötigte Wärmeenergie wird der Verbrennungsluft im Brennraum entzogen, wodurch sie abkühlt. Dadurch verringert sich das Volumen der Zylinderladung. Durch das geöffnete Einlaßventil wird zusätzliche Luft angesaugt, die

die Zylinderfüllung verbessert. Diese Temperaturabsenkung verbessert zudem die Klopfempfindlichkeit und ermöglicht die Erhöhung der Verdichtung auf 12,5 : 1, was wiederum den thermischen Wirkungsgrad des Motors steigert. Das Ergebnis ist eine höhere Leistung bei geringerem Kraftstoffverbrauch. Nicht nur auf den Wirkungsgrad hat die Direkteinspritzung eine positive Wirkung, sondern auch auf die Motorcharakteristik. Der Fahrer spürt ein spontaneres Reagieren des Boxermotors auf jede Bewegung des Gaspedals, da der Kraftstoff erst Sekundenbruchteile vor der Verbrennung eingespritzt wird.
Beide Motoren erfüllen heute schon die kommenden Emissionsgrenzwerte nach EU5 und für die USA den ULEV-Standard. Um dies zu erreichen, verfügt der 2,9-Liter-Motor über eine Sekundärluftpumpe, die beim Kaltstart hilft, unverbrannten Kraftstoff im Abgas zu verbrennen und dadurch die Katalysatoren schneller auf Betriebstemperatur zu bringen. Einen vergleichbaren Effekt wird beim 3,4-Liter-Motor mit dem Hochdruckschichtstart und anschließender Katalysatoraufheizung erzielt. Dabei erhöht eine Doppeleinspritzung die Abgastemperatur und heizt den Katalysator möglichst schnell auf Betriebstemperatur. Das Luft-Kraftstoff-Gemisch wird sehr spät gezündet, um die Abgastemperatur weiter zu erhöhen und die Emissionen während der Startphase zu reduzieren. Eine neu entwickelte Auspuffanlage mit zwei in den Abgaskrümmern integrierten, motornahen Vorkatalysatoren sowie zwei Hauptkatalysatoren sorgt für eine möglichst schnelle und vollständige Reinigung der Abgase.
Durch den Einsatz neuer hochbelastbarer Steuerketten entfällt die bisher eingesetzte Zwischenwelle für den Antrieb der Steuerketten. Dadurch werden nicht nur die bewegten Massen, sondern auch das Motorgewicht reduziert. Durch den verkürzten Abstand zwischen dem Schwungrad und dem ersten Kurbelwellenlager verkleinert sich der Hebelarm für eine steifere Anbindung und einen noch geschmeidigeren Motorlauf. Die Zahnräder der beiden Doppelrollenketten für den Antrieb der Nockenwellen sitzen beide auf dem gegenüberliegenden, riemenseitigen Kurbelwellenstumpf. Die neuen einteiligen Zylinderköpfe sind mit integrierten Nockenwellenlagern und den Führungszylindern der hydraulischen Tassenstößel versehen. Die Gesamtkonstruktion ist leichter und auch stabiler. Die Triebwerke haben die bewährte Nockenwellenverstellung VarioCam Plus mit einlaßseitiger Steuerzeitenverstellung und Ventilhubumschaltung. Die Ventilhubverstellung erfolgt über hydraulisch schaltbare Tassenstößel auf der Einlaßseite des Motors, die von zwei unterschiedlich großen Nocken auf der Einlaßnockenwelle betätigt werden. Das VarioCam Plus erreicht ein Optimum an Leistung und Drehmoment, ebenso verbessert das System Kraftstoffverbrauch, Emissionsverhalten und Laufkultur des Motors. In Verbindung mit der neuen Benzin-Direkteinspritzung ergibt sich so eine ideale Verbindung von Leistungssteigerung und Drehmomenterhöhung bei gleichzeitiger Verbrauchsreduzierung. Um das Ansprechverhalten, die Wirtschaftlichkeit sowie die Drehzahlfestigkeit zu steigern, wird der Ventiltrieb neu ausgelegt. Der Durchmesser der Schaltstößel für die Einlaßventile reduziert sich von 33 auf 31 Millimeter und die Größe der Stößel für die Auslaßventile von 33 auf 28 Millimeter. Die kleineren Abmessungen und das geringere Gewicht der schnell bewegten Stößel reduzieren die Massenträgheit und erlauben höhere Drehzahlen. Beide Motoren erreichen ihre Nennleistung bei 7.200/min. Die maximale Motordrehzahl steigt auf 7.500/min. Die Kühlkanäle im Zylinderkopf sind überarbeitet, um die Wärmeabfuhr im thermisch hoch belasteten Bereich des Zylinderkopfs sicherzustellen. Zudem werden die heißesten Stellen an den Sitzringen der Auslaßventile zusätzlich gekühlt. Die Wasserpumpe wird als separates Bauteil außerhalb des Kurbelgehäuses angebracht. Der Vorteil ist eine flexible Anpassung der Wasserpumpengröße sowie eine Verringerung der Instandsetzungskosten. Der maximale Volumenstrom der neuen Wasserpumpe wird um rund 20 Prozent angehoben, um eine ausreichende Motorkühlung des leistungsgesteigerten Aggregats zur gewährleisten.
Die Cayman-Motoren erhalten eine neue Sauganlage. Die aus Kunststoff gefertigte Resonanzsauganlage hat ein Resonanz- und Verteilrohr zwischen dem rechten und linken Ansaugverteiler. Neu gestaltet ist das Mittelteils zwischen dem rechten und linken Ansaugverteiler. Resonanz- und Verteilrohr sind jetzt in einem Bauteil zusammengefaßt. Die Resonanz- beziehungsweise Verteilrohrklappe wird in ihrer Geometrie mit einem entsprechenden Halboval an die Form des ovalen Mittelteils angepaßt. Die schaltbare Resonanzklappe ermöglicht eine Anpassung der Luftschwingungen im Ansaugsystem an die Motordrehzahl für ein hohes Drehmoment schon bei niedrigen Drehzahlen, einen gleichmäßigeren Verlauf des Drehmoments und eine hohe Motorleistung. Das zweiflutige Verteilrohr mit Schaltklappe optimiert außerdem den Drehmomentverlauf im unteren Drehzahlbereich. Die Ansaugverteiler der beiden Zylinderbänke sind geometrisch differenziert an die jeweilige Motorcharakteristik der beiden Triebwerke angepaßt. Die Resonanzkammer im oberen Teil der Ansaugverteiler ist ebenfalls neu ausgelegt. Diese Modifikation dämpft beim Basismotor akustisch störende Resonanzgeräusche im oberen Drehzahlbereich. Zusammen mit der neuen Abgasanlage wird das Klangbild für mehr Brillanz und Dynamik neu abgestimmt. Ab April 2009 sind als Option eine Sportauspuffanlage mit schaltbaren Klappen sowie sportlich gestalteten runden Doppelendrohren lieferbar.
Ein weiterer Schritt zur Steigerung der Effizienz der Motoren ist die Optimierung des Ölkreislaufs, bei der die Ölversorgung auch bei hohen Quer- und Längsbeschleunigungen zuverlässig gegeben ist und eine Verringerung der Reibleistungs- und

Antriebsverluste. Der Ölkreislauf mit der integrierten Trockensumpfschmierung besteht aus einer Ölpumpe mit vier Saug- und einer erstmals geregelten Druckstufe. Das Motormanagement paßt die Förderleistung an den jeweiligen Bedarf an. Dazu dient ein hydraulisch axial verschiebbares Zahnrad, mit dem die im Eingriff befindliche Zahnbreite und damit das geometrische Verdrängungsvolumen des Radsatzes der Druckstufe verändert werden kann. So verbraucht die Ölpumpe nur die gerade benötigte Energie und sichert gleichzeitig eine bedarfsgerechte Schmierung. Die Druckölstufe liegt auf einer Welle mit den vier Saugstufen im Bereich der Ölwanne. Über eine Kette wird die Ölpumpe direkt von der Kurbelwelle angetrieben. Jeweils zwei Saugstufen ziehen das Öl aus den Zylinderköpfen ab und leiten es in die Ölwanne. Dort trennt ein neues Schwallblech das Kurbelgehäuse weitgehend von der Ölwanne ab, was Panschverluste im Kurbelgehäuse und ein Aufschäumen des Öls in der Wanne reduziert. Zudem ist die Ölversorgung selbst bei höchster Beanspruchung gesichert. Durch die verminderte Reibung erhöht sich außerdem die Leistung des Motors.

Serienmäßig werden beide Cayman-Modelle mit einem 6-Gang-Schaltgetriebe ausgeliefert. Am Getriebe beider Motorvarianten sitzt die selbst nachstellende X-Tend-Kupplung. Diese Kupplung reagiert auf die Abnahme der Belagstärke und gleicht die Differenz im Abstand durch Verdrehen eines Stellrings in der Druckplatte aus. Der Vorteil ist, daß es die bis zur Verschleißgrenze anwachsende Pedalkraft im Vergleich zu einer konventionellen Kupplung um rund 50 Prozent reduziert. Eine dreieckige Hochschaltanzeige im Drehzahlmesser, die sich rechts neben der digitalen Geschwindigkeitsanzeige befindet, unterstützt den Fahrer bei einer wirtschaftlicheren Fahrweise. Sie erfolgt in Abhängigkeit von den Parametern: Gewählter Gang, Motordrehzahl und Gaspedalstellung. Leuchtet die Anzeige auf, gibt sie dem Fahrer die Empfehlung in den nächst höheren Gang zu schalten, um die Drehzahl und damit den Kraftstoffverbrauch zu reduzieren. Die Empfehlung erfolgt nur dann, wenn im nächst höheren Gang die zuvor gewählte Geschwindigkeit oder Beschleunigung gleich bleiben kann.

Erstmals steht das aus dem Rennsport der Gruppe C abgeleitete Porsche-Doppelkupplungsgetriebe (PDK) für die Cayman-Baureihe zur Wahl. Dafür entfällt die bewährte Tiptronic S. Das neue PDK besitzt sieben Gänge. Die ersten sechs Gänge sind sportlich kurz übersetzt. Die Höchstgeschwindigkeit wird im sechsten Gang erreicht. Der siebte Gang ist als Schongang ausgelegt. Er senkt durch die lange Übersetzung Drehzahl und Verbrauch. Das PDK besteht aus zwei Teilgetrieben und einer hydraulischen Steuereinheit. Kern des Getriebes sind zwei auf einer gemeinsamen Achse angeordnete Lamellenkupplungen in einem Ölbad, die hydraulisch betätigt werden. Die hydraulische Steuereinheit regelt über Druckventile die Kupplungen und die Schaltzylinder zum Einlegen der gewünschten Getriebeübersetzung. Ein Teilgetriebe trägt die ungeraden Gänge 1, 3, 5 und 7 sowie den Rückwärtsgang, das andere die geraden Gänge 2, 4 und 6. Die Gangwechsel erfolgen sehr schnell, ruckfrei und ohne Zugkraftunterbrechung, indem die Kupplung des einen Teilgetriebes geöffnet und gleichzeitig die Kupplung des anderen Teilgetriebes geschlossen wird. In der Wählhebelstellung D geschieht das vollautomatisch und komfortabel. Zwei wesentliche Vorteile sind um bis zu 60 Prozent schnellere Gangwechsel gegenüber Schalt- und Wandler-Automatikgetrieben, sowie zehn Kilogramm weniger Gewicht im Vergleich zum Tiptronic S-Getriebe. Über die Lenkradtasten oder das Antippen des Wählhebels kann aber auch manuell geschaltet werden. Das Kuppeln erfolgt automatisch, ohne ein Zutun des Fahrers. Das PDK verbessert nicht nur den Schaltkomfort, es sorgt auch für bessere Fahrleistungen und nochmals geringere Verbrauchswerte als mit dem Schaltgetriebe. Bei beiden Getriebeversionen ist ein Anfahrassistent serienmäßig. Dieser dient zur Entlastung des Fahrers im Alltagsbetrieb und verhindert für zwei Sekunden das Vor- oder Zurückrollen des Fahrzeugs beim Anfahren am Berg durch automatisches Halten und Lösen der Fußbremse nach dem Loslassen des Bremspedals. Der Anfahrassistent ermöglicht ohne Handbremse ein einfaches Anfahren am Berg.

Beim Fahren kann das Doppelkupplungsgetriebe analog der bisherigen Tiptronic S bedient werden. Entweder über den ebenfalls neu geformten Wählhebel in der Mittelkonsole oder per Schalttasten am neu gestalteten PDK-Lenkrad. Das Lenkrad im sportlichen 3-Speichen-Design verfügt über zwei ergonomisch angebrachte Schalttasten, die beide die gleichen Funktionen haben. Zum Hochschalten wird die Taste in Richtung Instrumententräger gedrückt, zum Zurückschalten wird sie von der Rückseite des Lenkrads zum Fahrer hin gezogen. Die PDK-Schaltanzeige besteht aus einer gut ablesbaren numerischen Anzeige des gerade eingelegten Gangs (eins bis sieben) und roten Leuchtdioden neben dem Schaltschema des eingelegten Fahrprogramms (P, R, N, D und M).

Als Option ist das Sport Chrono Paket lieferbar, in Verbindung mit dem Porsche Communication Management PCM das Sport Chrono Paket Plus. Bei der PDK, beinhaltet das Sport Chrono Paket Plus das zusätzliche Anfahrprogramm »Launch Control« und eine über die Sport Plus-Taste wählbare Schaltstrategie für extrem sportliches Fahren. Mit »Launch Control« verkürzt sich die Beschleunigungszeit mit PDK von 0 auf 100 km/h um weitere 0,2 Sekunden.

Mit der Betätigung des zusätzlichen Sport Plus-Tasters wird ein extrem sportliches Schaltprogramm für beste Fahrleistungen auf der Rennstrecke gewählt. In diesem Programm kann die »Launch Control« zur bestmöglichen Anfahrbeschleunigung eingesetzt werden. Um einen Rennstart durchzuführen, muß der Fahrer mit dem linken Fuß auf das Bremspedal stehen und

mit dem rechten das Gaspedal bis zum Anschlag durchtreten. Die Motordrehzahl steigt auf 6.500 Umdrehungen pro Minute. Nimmt der Fahrer den Fuß vom Bremspedal, startet das Fahrzeug mit maximaler Beschleunigung.
Die Fahrwerksabstimmung ist der höheren Motorleistung angepaßt und bei erhöhter Sportlichkeit im Komfort optimiert. Die Kombination von großer Spurweite mit breiten Rädern und Reifen in Verbindung mit Mittelmotor ermöglicht eine sehr gute Fahrdynamik bei hoher Fahrstabilität und Querbeschleunigung. Wanken und Nicken tritt nur in geringem Maße auf. Der relativ lange Radstand sorgt zusätzlich für einen guten Geradeauslauf. Die meisten Komponenten des Fahrwerks der neuen Cayman-Modelle bestehen aus Aluminium. Die Vorderradaufhängung besteht aus einer Leichtbaufederbeinachse mit Längs- und Querlenkern. Diese sorgt für äußerst präzise Radführung, verbunden mit einem hohen Maß an Abrollkomfort. Eine zusätzliche Zuganschlagfeder im Vorderachsdämpferbein reduziert den Wankwinkel, so daß der Wagen bei hoher Querbeschleunigung stabiler bleibt. Die hinteren Federbeine sind in speziellen Federauflagen gelagert, welche die Übertragung von Stößen, Geräuschen und Vibrationen auf die Karosserie zusätzlich dämpfen und den Abrollkomfort spürbar erhöhen. Die Abstimmung des Fahrwerks wird der höheren Motorleistung angepaßt und bei noch mehr Sportlichkeit im Komfort spürbar optimiert. Auf Wunsch können Cayman und Cayman S mit dem aktiven Fahrwerk PASM, dem Porsche Active Suspension Management, einem elektronisch geregelten Dämpfungssystem ausgestattet werden. PASM verbindet ein sportlich-komfortables Fahrwerk für den Alltagsbetrieb und ein betont sportliches für eine schnelle Fahrweise auf der Rennstrecke. Im Vergleich zum Serienfahrwerk liegt das Fahrzeug mit PASM um zehn Millimeter tiefer. Der Fahrkomfort des optimierten PASM-Fahrwerks wird ohne Abstriche in der Fahrdynamik weiter verbessert.
Beim Porsche Active Suspension Management (PASM) kann der Fahrer über eine Taste in der Mittelkonsole zwischen zwei Fahrwerkprogrammen wählen. Im Display des Kombiinstruments erscheint für vier Sekunden ein Stoßdämpfersymbol mit dem Hinweis »PASM Normal« oder »PASM Sport«. Die Normal-Stufe bietet eine komfortablere Grundabstimmung der Dämpfer, die bei dynamischer Fahrweise automatisch zunehmend sportlicher werden. Besonders auf längeren Fahrten spüren die Insassen einen deutlich besseren Federungskomfort, denn kleinere und mittlere Fahrbahnunebenheiten absorbiert das PASM besser als das Standard-Fahrwerk. In der Sport-Stufe werden härtere Dämpferkennlinien angesteuert, die eine sehr agile, sportliche Fahrweise unterstützen. Diese Stufe bietet die Vorteile eines Sportfahrwerks, denn durch die nochmals verringerten Aufbaubewegungen lassen sich schnelle Rundenzeiten leichter erzielen. Das PASM-System besteht aus adaptiven Dämpfern mit kontinuierlich einstellbarer Dämpferkraft, zwei Beschleunigungssensoren zur Ermittlung der Karosserievertikalbewegungen und dem PASM-Steuergerät. Das Steuergerät setzt die Signale der beiden Beschleunigungssensoren an den vorderen Dämpferdomen, in Relation zu Querbeschleunigung, Lenkwinkel, Fahrgeschwindigkeit, Bremsdruck und Motormoment. Aus diesen Werten, die über den CAN-Bus abgerufen werden, bestimmt die Steuerung, die in der jeweiligen Fahrsituation optimale Dämpferkennlinie und regelt getrennt für jedes einzelne Rad die entsprechende Dämpferhärte.
In Verbindung mit 18- oder 19-Zoll-Rädern ist ein Sperrdifferential lieferbar. Die Sperrwerte betragen 22 Prozent im Zug und 27 Prozent im Schub. Damit werden Traktion und Stabilität auf kurvenreichen Straßen und auf der Rennstrecke deutlich verbessert. Ein großer Vorteil ist das ebenfalls stabilere Lastwechselverhalten. Das mechanische Sperrdifferential entlastet durch seine Funktionsweise den elektronischen Bremseingriff (ABD) der Traktionskontrolle, da ein Durchdrehen des Rads auf einseitig glatter Fahrbahn durch die Sperrwirkung verzögert wird.
Die Grundkomponenten der Bremsanlage stammen vom 911 Carrera. Für exzellente Verzögerungswerte sorgen bei beiden Cayman-Modellen innenbelüftete, gelochte Bremsscheiben. An der Vorderachse wird die Bremsenergie bei beiden Modellen von 4-Kolben-Aluminium-Monobloc-Festsätteln auf 318 Millimeter große und 28 Millimeter dicke Scheiben übertragen. Hinten sorgen beim Cayman 20 Millimeter starke und beim Cayman S 24 Millimeter dicke Bremsscheiben mit einem Durchmesser von 299 Millimetern und 4-Kolben-Aluminium-Monobloc-Festsättel für eine standesgemäße Verzögerung. Die Bremssättel sind beim Cayman schwarz eloxiert und beim Cayman S rot lackiert. Zur optimalen Kühlung dienen große Bremsluftleitbleche, die den Fahrtwind gezielt an die thermisch hoch belasteten Bremsen führen. Um unabhängig von der Motorlast die Betätigungskräfte des Bremspedals zu verringern und das Ansprechverhalten der Bremse zu verbessern wird der Bremskraftverstärker von einer mechanischen Unterdruckpumpe am Motor mit Servokraft versorgt. Diese Pumpe wird zusammen mit der Ölabsaugpumpe in Tandembauweise von der Auslaßnockenwelle der rechten Zylinderbank angetrieben.
Auf Wunsch kann der Cayman S mit der Porsche Ceramic Composite Brake (PCCB) ausgerüstet werden. Die innenbelüfteten, gelochten Keramikverbundbremsscheiben mit einem Durchmesser von 350 Millimeter sind rund 50 Prozent leichter als gleich große Bremsscheiben aus Grauguß. Sie verringern die ungefederten Massen und verbessern das Ansprechverhalten der Federung. Spezielle Bremsbeläge entwickeln zusammen mit den Keramikbremsscheiben hohe und vor allem konstante Reibwerte während der Bremsverzögerung. Durch die extreme Oberflächenhärte der Keramik-Bremsscheiben ist der Abrieb

ist im Vergleich zu konventionellen Graugußbremsscheiben äußerst gering. Entsprechend hoch ist die Lebenserwartung, die auch durch die Korrosionssicherheit des verwendeten Keramikwerkstoffs garantiert wird. Zusammen mit gelben 6-Kolben-Aluminium-Festsätteln an der Vorderachse und 4-Kolben-Aluminium-Festsätteln an der Hinterachse ergeben sich hohe, konstante Verzögerungswerte und sehr kurze Bremswege.
Der Cayman rollt serienmäßig auf 17-Zoll-Aluminiumrädern. Die neu gestalteten Cayman-II-Räder im sternförmigen 5-Speichen-Design sind mit den Dimensionen 7 J x 17 vorn und 8,5 J x 17 hinten jeweils um ein halbes Zoll breiter geworden. Die Reifengrößen bleiben jedoch unverändert an der Vorderachse bei 205/55 ZR 17 und an der Hinterachse bei 235/50 ZR 17. Der Cayman S erhält serienmäßig neue 18-Zoll-Cayman-S-II-Räder mit turbinenartiger Anordnung der fünf Speichen bei unveränderten Abmessungen. Vorne 8 J x 18 mit Reifen 235/40 ZR 18 und hinten 9 J x 18 mit Reifen 265/40 ZR 18 montiert. Eine Besonderheit sind die neu entwickelten Reifen. Sie bestehen bereits aus PAH-freien Gummimischungen (Polycyclic Aromatic Hydrocarbons, so genannte polyzyklische, aromatische Kohlenwasserstoffe), die weniger Schadstoffe enthalten und erst ab dem Jahr 2010 gesetzlich vorgeschrieben werden. Durch diese Neuentwicklung kann der Reifenluftdruck bei 17- und 18-Zoll-Rädern an der Hinterachse zur Verbesserung des Komforts und gleichzeitiger Verringerung des Rollwiderstandes von 2,5 bar auf 2,1 bar verringert werden. Bei der optionalen 19-Zoll-Bereifung sinkt der Fülldruck der Hinterreifen auf 2,3 bar.
Als Sonderwunsch ist das neue, schnellere Reifendruckkontrollsystem RDK lieferbar. Es schützt durch frühzeitige Warnung vor Druckverlust bei Reifenschäden sowie durch die Anzeige des korrekten Luftdrucks vor ungleichmäßigem Reifenverschleiß und zu hohem Kraftstoffverbrauch. Schon beim Öffnen der Fahrertür initialisiert sich das System. Beim Einschalten der Zündung beginnt bereits die Kontrollabfrage der Luftdrücke in den Reifen. Innerhalb weniger Sekunden werden die ermittelten Werte im Kombiinstrument angezeigt. Selbst nach einem Radwechsel, bei dem das System die neuen elektronischen Sensoren im Inneren des Reifens registrieren und anlernen muß, vergehen maximal drei Minuten, bis der Fahrer über die neuen Werte informiert wird. Mit dem neuen System kann bei Ausfall von ein oder zwei elektronischen Sensoren der Reifendruck in den anderen Rädern weiterhin überwacht werden.
Die hydraulisch unterstützte Zahnstangenlenkung mit variabler Lenkübersetzung ermöglicht einerseits eine hervorragende Agilität auf kurvenreichen Strecken, gleichzeitig aber auch ausgezeichnete Fahrstabilität bei sehr hohen Geschwindigkeiten. In der Mittellage, bei kleinen Lenkradeinschlägen, ist das Übersetzungsverhältnis größer. Besonders bei hohem Tempo verhält sich das Fahrzeug dadurch sehr ruhig. Bei Lenkradeinschlägen von mehr als 30 Grad wird die Lenkübersetzung zunehmend direkter. Das führt zu deutlich mehr Agilität auf kurvenreichen Strecken und zu mehr Handlichkeit, beim Abbiegen, in engen Kurven oder beim Einparken. Zweieinhalb Lenkradumdrehungen genügen von Anschlag zu Anschlag.
Die jüngste Generation des Porsche Stability Managements (PSM) ist Serie. Damit umfaßt das PSM nicht nur ABS (Antiblockiersystem), ASR (Antriebsschlupfregelung), MSR (Motorschleppmomentregelung) sowie ABD (Automatisches Bremsendifferenzial), sondern auch die neuen Funktionen »Bremsassistent« und »Vorbefüllung der Bremsanlage«. Die neu im PSM hinzugekommene erhöhte Bremsbereitschaft durch Vorbefüllung der Bremsanlage dient der Verkürzung des Anhalteweges vor Notbremsungen. Bei sehr schnellem Lösen des Gaspedals wird schon vor dem Bremsen vom PSM-Hydraulikaggregat etwas Druck an den Scheibenbremsen aufgebaut, um die Bremsbeläge leicht an die Scheiben anzulegen und die Bremsanlage für die bevorstehende Vollbremsung optimal vorzubereiten. Das Ansprechverhalten der Bremsanlage wird dadurch deutlich verbessert und der Anhalteweg verkürzt. Die Aufgabe des Bremsassistenten ist es ebenfalls den Anhalteweg zu verkürzen. Neben der unterdruckgesteuerten Bremskraftunterstützung über den Bremskraftverstärker kommt bei einer Notbremsung eine zusätzliche hydraulische Bremskraftunterstützung zum Einsatz. Durch Überschreiten einer festgelegten Betätigungsgeschwindigkeit und definierten Pedalkraft am Bremspedal, wird eine Notbremsung erkannt und das PSM-Hydraulikaggregat stellt aktiv den zur maximalen Verzögerung benötigten Bremsdruck zur Verfügung. Zur Steigerung der Fahrdynamik wird der Bremsassistent bei ausgeschaltetem PSM oder durch Betätigen der Sport-Taste des optional erhältlichen Sport Chrono Pakets deaktiviert. PSM greift in kritischen Fahrsituationen erst nahe dem Grenzbereich durch gezielte selektive Bremseneingriffe stabilisierend ein. Dadurch verbindet das System eine sehr hohe aktive Fahrsicherheit mit der Porsche-typischen Agilität und damit hohem Fahrspaß. Das PSM setzt bei niedrigen Geschwindigkeiten bis etwa 70 km/h erst spät ein, um ein agiles Fahrverhalten in engen Kurven zu ermöglichen. Der Fahrer kann das PSM auch abschalten, so daß es nur beim Bremsen wieder aktiv wird. Die Reaktivierung des Systems erfolgt jetzt aber erst bei stärkerem Durchtreten des Bremspedals, wenn sich mindestens ein Vorderrad im ABS-Regelbereich befindet. Sportliche Fahrer genießen damit einen großen Spielraum, da beim schwachen Bremsen noch kein PSM eingreift und das Fahrzeug somit neutraler in die Kurve eingebremst werden kann.
Selbstverständlich erhält der Cayman die gleichen passiven Sicherheitssysteme wie die anderen Porsche-Sportwagen. Mit einem Volumen von 62 Litern auf der Fahrerseite und 122 Litern auf der Beifahrerseite bieten die beiden Fullsize-Airbags einen

hohen Schutz vor Verletzungen bei Frontal-Zusammenstößen. Auf der Fahrer- und Beifahrerseite bieten je ein Window-Airbag verbunden mit je einem Thorax-Seitenairbag über den gesamten Längsverstellbereich der Sitze einen sehr guten Schutz bei einem Seitenaufprall. POSIP, die Kurzform für Porsche Side Impact Protection, steht für dieses System.
Der Innenraum zeigt sich mit hochwertigen Materialien mit angenehmer Anmutung und Haptik. Alle Serienlenkräder sind mit einem Glattlederlenkradkranz ausgestattet. Die sympathische Griffigkeit wird durch die eingearbeitete Maschinennaht verstärkt. Das in Softlack gestaltete Airbag-Modul rundet das Lenkraddesign ab. Die neu gestaltete Mittelkonsole ist in elegantem Schwarz gehalten. Das serienmäßige Audiosystem CDR-30 ist mit einem monochromen 5-Zoll-Bildschirm für klare Ablesbarkeit und einem MP3-fähigen CD-Laufwerk, 2x 25 Watt und vier Lautsprechern ausgestattet. Auf Wunsch ist eine Bluetooth®-Handyvorbereitung lieferbar, wobei das Audiosystem auch als Freisprechanlage für das Mobiltelefon dient. Außerdem sind Anschlüsse für iPod® und MP3-Player erhältlich. Der auf Wunsch lieferbare 6fach-CD-Wechsler ist jetzt in das CDR-30 integriert und nicht mehr wie bisher im vorderen Kofferraum untergebrachten. In der Mittelkonsole ist das neue Klimabedienteil mit den Tasten für die neue optionale Sitzbelüftung integriert. Die Tasten unterhalb des Klimabedienteils wurden in ihrer Ergonomie optimiert.
Die Längs- und Höheneinstellung der Cayman-Sitze erfolgt mechanisch, die Lehnenneigung elektrisch. Für die Höhenverstellung ist eine Schrittmechanik zuständig, die zwischen Sitz und Schweller angeordnet ist und die eine präzise und leichtgängige Einstellung der Sitzhöhe ermöglicht. Optional sind vollelektrisch einstellbare Sitze, Sportsitze oder adaptive Sportsitze erhältlich. Ein Novum ist die in Verbindung mit der Sitzheizung auf Wunsch lieferbare Sitzbelüftung für Seriensitze und Komfortsitze mit Leder oder Teillederbezug. Die aktive Sitzbelüftung bietet in der warmen Jahreszeit ein komfortables und trockenes Klima an der Oberfläche des Sitzes. Diese ist an der charakteristischen Perforation des Sitzbezuges zu erkennen. Die Belüftung erfolgt durch je einen Lüfter in der Sitzfläche und in der Lehne, der die feuchte Luft zwischen den Fahrzeuginsassen und Sitzoberfläche durch die perforierte Sitz- und Lehnenmittelbahn ansaugt. Diese Luft strömt durch ein spezielles Luftleitgewebe und wird über eine Schlauchführung unter beziehungsweise hinter dem Sitz abtransportiert. Per Tastendruck in der Mittelkonsole läßt sich die Sitzbelüftung zunächst in der höchsten der drei Komfortstufen aktivieren. Drei blaue Leuchtdioden zeigen die eingestellte Ventilationsstufe an. Diese bleibt so lange aktiv, bis Fahrer oder Beifahrer eine andere Stufe wählen. Um zu niedrige Temperaturen zu verhindern, schaltet das System ab einer Oberflächentemperatur des Sitzes von weniger als 15 Grad ab. Die Sitzfläche wird dabei gezielt an jenen Stellen ventiliert, an denen ein Körperkontakt stattfindet. Die Sitzbelüftung kann zusammen mit der Sitzheizung verwendet werden. Dies sichert einen kontinuierlichen Abtransport von Feuchtigkeit und eine wohl temperierte Sitzoberfläche.
In Verbindung mit dem Radio CDR-30 ist auf Wunsch das Sport Chrono Paket und mit dem Porsche Communication Management (PCM) das Sport Chrono Paket Plus lieferbar. Beide Pakete enthalten die analoge Stoppuhr auf der Armaturentafel sowie einen Sportmodus für den Motor, für das Porsche Stability Management (PSM) und gegebenenfalls für das Porsche Active Suspension Management (PASM), welcher über die Sport-Taste aktiviert wird. In Kombination mit dem PCM kommen noch eine Performance Anzeige im Kombiinstrument und ein individueller Speicher dazu.
Das optionale Porsche Communication Managements (PCM) ist die zentrale Steuereinheit für alle Ausstattungen im Bereich Audio, Kommunikation und Navigation. Das neue PCM ist noch leistungsfähiger, vielseitiger und einfacher in der Handhabung. Hauptmerkmal des neuen PCM ist der leicht zu reinigende Touch-Screen-Monitor. Im Vergleich zur Vorgängergeneration ist der Farbbildschirm von 5,8 auf 6,5 Zoll gewachsen, da der bislang neben dem Monitor installierte Ziffernblock in die Touchscreen-Bedienung integriert wird. Im Vergleich zum Vorgängermodell halbierte sich die Anzahl der Tasten auf 16. Die Menü-Führung erfolgt über eine logische und übersichtliche Darstellung. So findet der Fahrer oder der Beifahrer die wichtigsten Funktionen in einem Hauptmenü. Selten genutzten Funktionen sind in die Option-Menü-Ebene verlagert. Die Menü-Felder werden im Vergleich zum Vorgängersystem von sieben auf fünf reduziert. Das Navigationsmodul des PCM verfügt über eine integrierte 40-GB-Festplatte mit den Navigationsdaten. So ist eine sehr schnelle Routenberechnung möglich, welche drei alternative Routenvorschläge zur Auswahl angezeigten kann. Dank des Touchscreen-Monitors ist zudem eine einfache Zieleingabe möglich. Informationen zu Staus und Sonderzielen sind durch Antippen der Symbole auf der Karte abrufbar und in Verbindung mit dem optionalen Telefonmodul direkt anrufbar. Zwischenziele, wie die nächstgelegene Tankstelle, lassen sich schnell und einfach in die laufende Zielführung integrieren. Zusätzlichen Komfort und Sicherheit bietet in Verbindung mit dem neuen PCM erstmals eine Sprachbedienung der neuesten Generation mit Ganzworteingabe. Die Sprachbedienung wird durch Betätigen der Bordcomputertaste am Lenkstockhebel aktiviert. Nahezu alle Funktionen des PCM lassen sich so per Spracheingabe auswählen. Mit der Sprachbedienung kann jeder Menüpunkt so gesprochen werden, wie er auf dem Bildschirm angezeigt wird. Das System erkennt Kommandos oder Ziffernfolgen unabhängig vom jeweiligen Sprecher, ohne ein langwieriges

Anlernen des Systems. Die Sprachbedienung gibt akustische Rückmeldung und führt dialoggestützt durch die Funktionen. Das Radioteil des PCM bietet bis zu 48 Stationsspeicherplätze, einen FM-Doppeltuner mit RDS sowie die neueste Generation der Antennen-Diversity. Es wird stets die empfangsstärkste Frequenz des gewählten Senders gesucht und eine oder mehrere der vier FM-Radioantennen für einen optimalen Empfang zusammengeschaltet (Scan- und Phase-Diversity). Das integrierte Laufwerk kann Musik-CDs, aber auch Audio- und Video-DVDs wiedergeben, mit der Sonderausstattung BOSE® Surround Sound-System sogar im 5.1 Discrete Surround Format. Folgende Formate können gelesen werden: MP3, AAC, WMA, Dolby Digital, MLP und DTS.

Anstelle des serienmäßigen Einzel-CD-/DVD-Laufwerks kann optional ein im PCM integrierter 6-fach CD-/DVD-Wechsler geordert werden, der sich ergonomisch im Griffbereich des Fahrers befindet. Der Wechsler unterstützt dieselben Formate wie das Einzel-CD-/DVD-Laufwerk. Die Kapazität des Wechslers ist so groß, daß über Musik-DVD über 400 Stunden Musik gespeichert werden können. Das Einziehen und Auswerfen der CDs oder DVDs erfolgt nach vorheriger Auswahl des Magazinfachs nacheinander über den PCM-Schacht. Darüber hinaus bietet die neue optionale universelle Audio-Schnittstelle erstmals die Möglichkeit externe Audioquellen, wie einen iPod® oder einen USB-Stick, anzuschließen und über das PCM zu steuern. Im Ablagefach in der Mittelkonsole stehen dazu drei entsprechende Anschlüsse zur Verfügung. Der optional erhältliche TV-Tuner empfängt unverschlüsselte analoge und digitale DVB-T-Fernsehsignale. Aus Sicherheitsgründen und aufgrund der gesetzlichen Vorschriften ist während der Fahrt nur der Ton zu hören, aber keine Anzeige des Fernsehbilds möglich.

Das optional erhältliche GSM-Telefonmodul bietet eine komfortable Bedienung und eine hochwertige Sprachqualität. Das System erlaubt zwei Betriebsarten: Telefonieren mit eingelegter SIM-Karte und die automatische Kopplung eines kompatiblen SAP-unterstützenden Mobiltelefons (SIM Access Profile) mit dem Telefonmoduls via Bluetooth®-Verbindung. Bei einem GSM-Bluetooth®-Handy stellt das Telefonmodul die technisch beste Lösung dar, da die Funkverbindung mit dem Netz über die externe Antenne und nicht über das mobile Telefon erfolgt. Damit aber auch Anwender mit einem Mobiltelefon, das nur das Handsfree Profile (HFP) unterstützt, eine komfortable Bluetooth®-Telefonlösung nutzen können, ist auf Wunsch eine Handy-Vorbereitung erhältlich. Bei der Verbindung über das Handsfree Profile dient PCM lediglich als Freisprechanlage. In beiden Fällen erfolgt die Synchronisierung der Telefonbücher mit dem PCM, so daß alle Einträge dort per Bildschirm oder optionaler Sprachbedienung anwählbar sind.

Eine weitere Option für das PCM ist das elektronische Fahrtenbuch, welches in Verbindung mit dem Navigationssystem bis zu 1.500 Fahrten eigenständig aufzeichnet. Die Daten können über eine Bluetooth®-Schnittstelle oder einen optionalen USB-Anschluß des PCM auf ein Notebook übertragen und mit der beigelegten Software bearbeitet werden. Für Musikliebhaber ist optional das Porsche Sound Package Plus mit Radio, CD-Player und neun Lautsprechern lieferbar oder das BOSE® Surround-Sound-System mit zehn Lautsprechern und 7-Kanal-Digitalverstärker mit fahrzeugspezifischer Abstimmung. Die Verstärkerleistung steigt gegenüber den Vorgängermodellen von 325 auf 385 Watt. In Verbindung mit dem auf Wunsch erhältlichen PCM erschließt sich beim Abspielen von Audio- oder Video-DVDs das beeindruckende Klangspektrum digitaler 5.1 Aufnahmen. Im 5.1 Format ist die Musik bereits im Mehrkanalformat aufgenommen, die ursprüngliche Information bleibt bei der Wiedergabe originalgetreu erhalten.

Weitere Sonderausstattungen sind ein Dachtransportsystem, automatisch abblendende Rückspiegel, der Parkassistent oder das programmierbare HomeLink System.

Mit dem serienmäßigen 6-Gang-Schaltgetriebe beschleunigt der Cayman in 5,8 Sekunden von 0 auf 100 km/h, mit PDK sogar in 5,7 Sekunden. Die Höchstgeschwindigkeit der 6-Gang-Version beträgt 265 km/h beziehungsweise 263 km/h mit PDK. In Verbindung mit dem optionalen Porsche-Doppelkupplungsgetriebe (PDK) sinkt der Verbrauch auf 8,9 Liter pro 100 Kilometer. Der Cayman S sprintet mit dem serienmäßigen 6-Gang-Schaltgetriebe in 5,2 Sekunden (PDK: 5,1 Sekunden) aus dem Stand auf 100 km/h und erreicht eine Spitzengeschwindigkeit von 277 km/h (PDK: 275 km/h). Der Verbrauch mit PDK liegt bei 9,2 Litern auf 100 Kilometer. Beide Cayman-Modelle erfüllen die strengen Abgasnormen EU5 und Ultra Low Emission Vehicle (ULEV).

Modelljahr 2010 (A-Programm)

Ab dem Modelljahr 2010 und dem A-Programm stellt Porsche, nach den numerischen Programmbezeichnungen bis inklusive Modelljahr 2009, turnusmäßig wieder auf die alphabetische Bezeichnung um. Für das Modelljahr 2010 erhält die Cayman-Baureihe nur kleine Modifikationen. So erhalten die Cayman-Modelle mit Schaltgetriebe statt des bisherigen Lenkrads mit 375 Millimetern Durchmesser das 370-Millimeter-Lenkrad, welches schon in den Fahrzeugen mit PDK eingebaut worden ist.

Ab März 2010 erweitert Porsche das Individualisierungsangebot für den Cayman um vier neue Ausstattungspakete. Diese bieten im Vergleich zur Bestellung der jeweilig einzelnen Sonderausstattungen einen Preisvorteil von ungefähr 30 Prozent. Die Pakete »Komfort« und »Infotainment« enthalten eine Anzahl der populärsten Sonderausstattungen. Das Paket »Komfort« umfaßt Klimaautomatik, Bi-Xenon-Scheinwerfer inklusive dynamischem Kurvenlicht, automatisch abblendbare Innen-

und Außenspiegel, Regensensor sowie, in Verbindung mit Ledersitzen, geprägte Porsche-Wappen auf den Kopfstützen. Das Paket »Infotainment« beinhaltet das Porsche Communication Management (PCM) mit Navigationsmodul, einer universellen Audio-Schnittstelle zum Anschluß von MP3-Playern und iPods® sowie das Sound Package Plus mit neun Lautsprechern und einer Gesamtleistung von 235 Watt. Eine CD-Ablage und eine Bluetooth-Handyvorbereitung gehören ebenfalls zum Lieferumfang. Das »Komfort«-Paket kostet für beide Cayman-Modelle 2.380 Euro, das »Infotainment«-Paket 3.141,60 Euro.
In einem neuen, sportlich-dezenten Outfit erscheinen die Cayman-Modelle mit einem der beiden »Design«-Pakete. Ein besonderes Highlight sind die sehr leichten 19-Zoll-Spyder-Räder mit schwarz lackiertem Felgenstern, die für die Cayman-Modelle nur exklusiv in den beiden neuen Ausstattungspaketen lieferbar sind. Das Gleiche gilt für das geschwärzte Doppelendrohr. Weitere im »Design«-Paket enthaltene, in Schwarz gehaltene Exterieur- und Interieur-Elemente sind unter anderem die Außenspiegelgehäuse, die beiden seitlichen Lufteinlässe, die Zierblende der Schalttafel sowie der Cayman- bzw. Cayman-S-Schriftzug. Das »Design Sport«-Paket beinhaltet zusätzlich zum Lieferumfang des Aerokits eine eigenständige Bugverkleidung mit angepaßter Spoilerlippe und einen speziellen Heckspoiler aus dem Porsche Exclusive Programm. Das »Design«-Paket kostet den Kunden in Deutschland für den Cayman 3.558,10 Euro und für den Cayman S 2.296,70 Euro. Der Preis für das Design Sport«-Paket beträgt für den Cayman 6.473,60 Euro und für den Cayman S 5.212,20 Euro.

Modelljahr 2011 (B-Programm)

Am 25. November 2010 feiert der Porsche Cayman R auf der Los Angeles Auto Show seine Weltpremiere. Auf Basis des Cayman S entsteht eine besonders sportlich-präzise Variante des agilen Mittelmotorcoupés. Der konsequente Einsatz von Leichtbaukomponenten und der bewußte Verzicht auf Komfortausstattungen bringt eine Gewichtseinsparung von 55 Kilogramm. Hierdurch sinkt das DIN-Leergewicht auf 1.295 Kilogramm, das Leistungsgewicht mit 6-Gang-Schaltgetriebe auf 3,9 Kilogramm pro PS mit PDK auf vier Kilogramm pro PS.
Die Namensgebung ist eine Reminiszenz an den legendären 911 R mit dem 210 PS starken Carrera-6-Doppelzündungsmotor von 1967, der mit extremer Magerausstattung und vielen Kunststoffteilen nur 830 Kilogramm auf die Waage bringt und damit der leichteste Rennelfer aller Zeiten ist. Auf dem Nürburgring gewannen Vic Elford, Hans Herrmann und Jochen Neerpasch 1967 den 84 Stunden »Marathon de la Route« in einem 911 R mit Sportomatic-Getriebe. 1969 war Gérard Larrousse mit dem Werks-911-R bei der »Tour de France« siegreich.
Die Karosserie des Cayman R unterscheidet sich vom Cayman S durch eine stärker ausgeprägte Bugspoilerlippe und einem feststehenden Heckflügel, der den automatisch ausfahrbaren Spaltflügel ersetzt. Durch diese aerodynamischen Maßnahmen verringern sich die Auftriebswerte an beiden Achsen deutlich. An der Vorderachse reduziert sich der Auftrieb um 15 Prozent, an der Hinterachse um 40 Prozent. In den Radhausschalen verbessern optimierte Umlenkschaufeln die Bremsenkühlung. Die Scheinwerfer sind ganz im Stil klassischer Porsche-Rennwagen in Schwarz eingefaßt. Die Außenspiegel, die seitlichen Lufteinlässe, das Heckspoileroberteil, die Einfassung über den beiden Auspuffendrohren sowie der seitliche »PORSCHE«-Dekorschriftzug im Stil der 60er Jahre sind in der Kontrastfarbe Schwarz oder je nach Außenfarbe in Silber ausgeführt.
Der vordere Kofferraumdeckel ist, wie bei allen Cayman, eine Schalenkonstruktion aus Aluminium. Weitere 15 Kilogramm Einsparung gehen auf das Konto der Aluminiumtüren des 911 turbo. Optional kann der Cayman R ab Werk mit einer Lithium-Ionen-Leichtbau-Batterie ausgeliefert werden, die schon beim 911 GT3/GT3 RS und Boxster Spyder zusätzliche Kilogramm einspart.
Der 3,4-Liter-Motor des Cayman R basiert auf dem Triebwerk des Cayman S. Durch eine geänderte Abgasanlage mit einem im Durchmesser vergrößerten Vorrohr sowie einer angepaßten Motorsteuerung steigt die Motorleistung um 10 PS (7 kW) auf 330 PS (243 kW) bei 7.400 Umdrehungen pro Minute an. Nur 100 Umdrehungen später dreht der Motor aus. Das maximale Drehmoment von 370 Newtonmetern liegt bei 4.750/min an. Passend zur sportlichen Auslegung ist die spontan auf das Gaspedal ansprechende Kennlinie des Steuergeräts. Das zweiflutige Doppelendrohr des Cayman R ist in sportlichem Schwarz ausgeführt. Auf Wunsch ist ab Werk eine akustisch präsentere Sportabgasanlage mit einem zweiflutigen Doppelendrohr aus poliertem Edelstahl lieferbar.
Das 6-Gang-Schaltgetriebe oder das optional erhältliche 7-Gang-Porsche-Doppelkupplungsgetriebe PDK haben die gleiche Übersetzung wie beim Cayman S. Für das 6-Gang-Schaltgetriebe bietet die Exclusive-Abteilung auf Wunsch eine Schaltwegverkürzung an. Serienmäßig, zur Verbesserung der Traktion und Fahrstabilität in schnell gefahrenen Kurven, ist ein Sperrdifferential mit einem Sperrwert von 22 Prozent im Zug und 27 Prozent im Schub. Durch die Funktionsweise des mechanischen Sperrdifferentials wird der elektronische Bremseingriff (ABD) des Porsche Stability Management (PSM) entlastet, da ein Durchdrehen des Rades auf einseitig glatter Fahrbahn durch die Sperrwirkung verzögert wird.
Das Sportfahrwerk des Cayman R ist mit kürzeren Federn, straffer abgestimmten Stoßdämpfern und stärkeren Stabilisatoren mit einem Durchmesser von 24,5 Millimeter an der Vorderachse und 20,7 Millimeter an der Hinterachse deutlich straffer ausgelegt. Zudem ist an beiden Achsen ein größerer negativer Sturz

eingestellt. Insgesamt liegt das Fahrzeug um 22 Millimeter tiefer, 20 Millimeter durch die Fahrwerkmodifikationen und zwei Millimeter durch die Schwerpunktabsenkung wegen des niedrigeren Fahrzeuggewichts. Der Cayman R lenkt im Vergleich zu den anderen Cayman-Modellen noch agiler und präziser ein, Wanken und Nicken sind nahezu eliminiert. Das elektronisch geregelte Dämpfungssystem Porsche Active Suspension Management (PASM) ist wegen der sportlich-puristischen Auslegung für den Cayman R nicht lieferbar.

Die sehr leistungsfähige Serienbremsanlage oder die gegen Aufpreis erhältliche Keramikbremse Porsche Ceramic Composite Brake (PCCB) verfügt über die gleiche Dimension wie beim Cayman S. Das Porsche Stability Management PSM und ein Bremsassistent sind Serie.

Der Cayman R rollt auf den leichtesten 19-Zoll-Rädern des Porsche-Programms, den Boxster-Spyder-Rädern im 10-Speichen-Design, vorne 8,5 J x 19 mit Reifen der Größe 235/35 ZR 19 und hinten 10 J x 19 mit Reifen der Dimension 265/35 ZR 19. Durch die geänderte Einpresstiefe der Räder verbreitert sich die Spur vorne um vier, hinten um zwei Millimeter.

Mit den optionalen Paketen Sport Chrono oder Sport Chrono Plus läßt sich das sportliche Potential des Cayman R noch weiter ausschöpfen. Über die Sport-Taste in der Mittelkonsole wird der Sportmodus für Motor und PSM aktiviert. Bei Fahrzeugen mit Doppelkupplungsgetriebe kommt die Sport Plus-Taste dazu, welche das PDK auf ein sportliches Schaltprogramm mit besonders schnellen Gangwechseln für beste Fahrleistungen programmiert. In Verbindung mit dem optionalen PCM kommt das Sport Chrono Paket Plus mit zusätzlicher Performance-Anzeige im Kombiinstrument und einem individuellen Speicher für Licht-, Wischer- und Türverriegelungseinstellungen zum Einsatz.

Im Interieur zeigt der Cayman R sportliche Funktionalität, welche Ergonomie mit Authentizität und Purismus miteinander verbindet. Das ausschließlich in der Farbe Schwarz erhältliche Interieur wird mit Komponenten in Exterieurfarbe sowie roten und silbernen Farbakzenten ergänzt. Aus Gewichtsgründen reduziert sich die Ausstattung auf das Wesentliche. So entfällt die Hutze über den Rundinstrumenten mit den schwarzen Zifferblättern und den in Aluminiumfarbe lackierten Gehäusen. Leichte Sportschalensitze aus glas- und kohlefaserverstärktem Kunststoff (GfK/CfK) mit attraktiver Sichtcarbonoberfläche geben einen erstklassigen Seitenhalt in Kurven. Gleichzeitig reduzieren sie das Gewicht im Vergleich zum Seriensitz des Cayman S um ganze 12 Kilogramm.

Die Sitzmittelbahnen sind mit hochwertigem Alcantara bezogen, die Seitenwangen mit schwarzem Leder. Alternativ können die normalen Sportsitze, ohne Aufpreis, geordert werden. Die Mittelkonsole und die Zierblenden an der Schalttafel sind in Wagenfarbe lackiert. An den Leichtbautürverkleidungen entfallen die Türtaschen, eine rote Stoffschlaufe dient als Türöffner. Das im Schaltknauf eingravierte Gangschema sowie die Sicherheitsgurte sind ebenfalls in Rot ausgeführt. Je nach Außenfarbe sind diese drei roten Details auch in Schwarz oder optional in Silber lieferbar. Eine weitere Gewichtsersparnis bringt der Entfall der Klimaanlage und die durch eine Ablage ersetzte Radioanlage. Allerdings kann auf Wunsch, ebenfalls ohne Aufpreis, das Audiosystem CDR-30 mit einem 5-Zoll-Monochrom-Bildschirm und integriertem CD-Laufwerk ab Werk installiert werden. Selbst die nur wenige Gramm schweren Cupholder entfallen, sie sind nur auf ausdrücklichen Sonderwunsch erhältlich. Diese Maßnahmen senken das Gewicht um weitere 15 Kilogramm.

Mit 6-Gang-Schaltgetriebe beschleunigt der Cayman R in 5,0 Sekunden von 0 auf 100 km/h, mit PDK in 4,9 Sekunden. Darüber hinaus kann mit der gedrückten Sport Plus-Taste der optionalen Sport Chrono Pakete die Launch Control zur bestmöglichen Anfahrbeschleunigung aktiviert werden. Für einen Rennstart tritt der Fahrer mit dem linken Fuß das Bremspedal durch und mit dem rechten voll auf das Gaspedal (Kick-down). Der Motor regelt sich auf eine Drehzahl von 6.500/min ein. Nimmt der Fahrer den Fuß vom Bremspedal, so startet das Fahrzeug mit der maximal möglichen Beschleunigung und der Cayman R spurtet in 4,7 Sekunden von null auf 100 km/h. Die Höchstgeschwindigkeit der 6-Gang-Version beträgt 282 km/h beziehungsweise 280 km/h mit PDK.

Modelljahr 2012 (C-Programm)

Nach der Black Edition für den 911 Carrera und den Boxster S führt Porsche ab Juli 2011 das Modell Cayman S Black Edition mit uni-schwarzer Lackierung auf dem Markt ein. Das Publikumsdebüt ist auf der IAA in Frankfurt im September 2011. Allerdings ist diese Sonderedition auf eine Stückzahl von 500 Fahrzeugen limitiert. Exklusiv für den stark expandierenden chinesischen Markt legt Porsche das auf 188 Fahrzeuge limitierte Sondermodell Cayman Black Edition China mit den 19-Zoll-Boxster-Spyder-Rädern und dem 265 PS (195 kW) starken 2,9-Liter-Motor auf. Das Sondereditionsmodell wird zu einem Listenpreis von 852.900,- CNY verkauft.

An der Coupé-Karosserie sind die vergrößerte Frontspoilerlippe, die Lufteinlässe in den Fondseitenwänden und die Modellbezeichnung schwarz lackiert. Das Lufteinlaßgitter im Bugteil ist aus schwarzem Kunststoff gefertigt, auf Wunsch kann dieses ebenfalls in Wagenfarbe lackiert werden. Bi-Xenon-Scheinwerfer mit dynamischem Kurvenlicht und LED-Tagfahrlicht sind serienmäßig an Bord.

Das 330 PS (243 kW) starke 3,4-Liter-Triebwerk des Cayman S Black Edition sowie die Abgasanlage mit dem schwarz beschichteten, zweiflutigen Doppelendrohr sind vom Cayman R entlie-

hen. Auf Wunsch kann der Kunde auch eine noch klangvollere Sportabgasanlage erhalten.
Der Cayman S Black Edition ist mit 19-Zoll-Boxster-Spyder-Rädern im 10-Speichen-Design mit schwarz lackiertem Felgenstern, vorne 8,5 J x 19 mit Reifen der Größe 235/35 ZR 19 und hinten 10 J x 19 mit Reifen der Dimension 265/35 ZR 19, ausgestattet. Die Nabenabdeckungen tragen ein farbiges Porsche-Wappen.
Zur Serienfunktionsausstattung gehören automatisch abblendende Innen- und Außenspiegel mit integriertem Regensensor, eine Klimaautomatik, das SportDesign-Lenkrad und Tempostat, das PCM mit Navigationsmodul, das Sound Package Plus, die universelle Audio-Schnittstelle, die Handyvorbereitung mit Bluetooth sowie die Ausstattungspakete »Komfort«, »Infotainment« und »Design«. Die Edelstahl-Türeinstiegsblenden tragen den Sondermodellschriftzug »Black Edition«. Das Interieur kann ebenfalls nur in der Farbe Schwarz ausstaffiert werden. In den Kopfstützen der Teilledersitze sind Porsche-Wappen eingeprägt. Lenkradkranz, Schalthebel, Handbremsgriff, Türgriffe, die Deckel der Türablagefächer und das Ablagefach in der Mittelkonsole sind mit Leder bezogen. Schwarz lackiert sind die Zierblenden der Schalttafel inklusive der Blenden für die Getränkehalter und die Zierblende des Schalt-/Wählhebels. Die Zifferblätter der Instrumente sind ebenfalls in Schwarz gehalten. Auf dem Handschuhfachdeckel ist eine Limitierungsplakette mit der fortlaufenden Seriennummer des Fahrzeugs angebracht.
Die Beschleunigungszeiten von 0 auf 100 km/h verbessern sich im Vergleich zum Serien-Cayman-S um jeweils eine Zehntelsekunde auf 5,1 Sekunden mit 6-Gang-Schaltgetriebe und auf glatte 5,0 Sekunden mit PDK. Mit Sport Chrono Paket und Launch Control kann das schwarze Coupé auch in 4,8 Sekunden von null auf 100 km/h beschleunigen. Die Höchstgeschwindigkeit des Cayman S Black Edition liegt bei 279 Stundenkilometern und bei 277 km/h mit PDK.

Cayman R

Cayman S Black Edition

987 Cayman [Tiptronic S] MJ 2006 bis MJ 2009

Motor

Bauart:	6-Zylinder-Boxermotor
Einbauposition:	Mittelmotor
Kühlung:	wassergekühlt
Motor-Typ:	M 97/20
Hubraum (cm³):	2687
Bohrung x Hub:	85,5 x 78
Leistung (kW/PS):	180/245 bei 6500/min
Drehmoment (Nm):	273 bei 4600–6000/min
Literleistung (kW/l / PS/l):	67,0 / 91,2
Verdichtung:	11,3 : 1
Ventilsteuerung:	dohc über Doppelkette, 4 Ventile pro Zylinder, VarioCam Plus, Einlaß-Nockenwellenverstellung, Ventilhubschaltung
Motorsteuerung:	Bosch Motronic ME 7.8-40, sequenzielle Einspritzung, E-Gas, ruhende Hochspannungsverteilung, Einzelzündspulen, zylinderselektive Klopfregelung, Stereo-Lambdaregelung
Zündfolge:	1 - 6 - 2 - 4 - 3 - 5
Schmierung:	Integrierte Trockensumpfschmierung
Ölmenge (l):	9,7

Kraftübertragung

Antrieb:	Heckantrieb
Schaltgetriebe:	5-Gang
Sonderwunsch:	(6-Gang)
Sonderwunsch Tiptronic S:	[5-Gang]
Getriebe-Typ:	G 87/01 (G 87/20) [A 87/02]
Übersetzungen:	
1. Gang:	3,50 (3,67) [3,66]
2. Gang:	2,12 (2,05) [2,00]
3. Gang:	1,43 (1,41) [1,41]
4. Gang:	1,09 (1,13) [1,00]
5. Gang:	0,84 (0,97) [0,74]
6. Gang:	(0,82)
Rückwärtsgang:	3,44 (3,33) [4,10]
Achsübersetzung:	3,75 (3,88) [4,38]

Karosserie, Fahrwerk, Bremse, Räder und Reifen

Karosserie:	2-türige, 2-sitzige, selbsttragende Coupé-Karosserie mit großer Heckklappe aus vollverzinktem Stahlblech, Aluminium-Fronthaube, Bug- und Heckverkleidungen aus Kunststoff, automatisch ausfahrbarer Spaltflügel
Vorderradaufhängung:	Einzelradaufhängung, McPherson-Federbeine mit Leichtmetall-Querlenkern, Leichtmetall-Radträger, Querträger, Schraubenfedern, Gasdruckdämpfer, Stabilisator
Hinterradaufhängung:	Einzelradaufhängung, McPherson-Federbeine mit Leichtmetall Querlenkern, Leichtmetall Radträger, Hinterachshilfsrahmen, Schraubenfedern, Gasdruckdämpfer, Stabilisator
Bremse v/h (Durchm. x B (mm)):	innenbelüftete gelochte Scheiben (298 x 24) / innenbelüftete gelochte Scheiben (299 x 20) schwarze 4-Kolben-Monobloc-Aluminium-Festsättel / schwarze 4-Kolben-Monobloc-Aluminium-Festsättel Bosch ABS 8.0
Räder v/h:	6,5 J x 17- ET 55 / 8 J x 17 – ET 40
Reifen v/h:	205/55 ZR 17 / 235/50 ZR 17
Sonderwunsch:	8 J x 18 – ET 57 / 9 J x 18 – ET 43 235/40 ZR 18 / 265/40 ZR 18 8 J x 19 – ET 57 / 9,5 J x 19 – ET 46 235/35 ZR 19 / 265/35 ZR 19

Elektrik

Lichtmaschinenleistung (W):	2100
Batterie (V/Ah):	12 / 60 [12 / 70]

Abmessungen, Gewichte und Volumen

Spurweite v/h (mm):	1490 / 1534
mit 8 J x 18 / 9 J x 18:	1486 / 1528
mit 8 J x 19 / 9,5 J x 19:	1486 / 1522
Radstand (mm):	2415
Maße (L x B x H (mm)):	4341 x 1801 x 1305
Leergewicht nach DIN (kg):	1300 [1360]
zul. Gesamtgewicht (kg):	1620 [1665]
Kofferraumvolumen v/h (VDA (l)):	150 / 260
Tankvolumen (l):	64
C_W x A (m²):	0,29 x 1,98 = 0,574
mit Tiptronic S:	0,29 x 1,98 = 0,574
Leistungsgewicht (kg/kW / kg/PS):	7,22 [7,56] / 5,31 [5,57]

Kraftstoffverbrauch

nach 1999/100/EG (l/100 km):	98 ROZ Super plus bleifrei
Innerstädtisch:	13,8 (14,1) [14,9]
Außerstädtisch:	6,8 (7,1) [7,7]
Gesamt:	9,3 (9,5) [10,1]
CO_2-Emissionen (g/km):	222 (227) [242]

Fahrleistungen, Stückzahlen, Preise

Beschleunigung 0–100 km/h (s):	6,1 (6,1) [7,0]
0–160 km/h (s):	14,2 (14,0) [16,3]
0–200 km/h (s):	23,7 (23,2) [27,0]
Höchstgeschw. (km/h):	258 (260) [253]
Stückzahl:	16.015
Listenpreise:	
05/2006:	Euro 47.647,- [Euro 50.222,20]
05/2007:	Euro 48.879,- [Euro 51.520,80]

987 Cayman S [Tiptronic S] MJ 2006 bis MJ 2009

Motor

Bauart:	6-Zylinder-Boxermotor
Einbauposition:	Mittelmotor
Kühlung:	wassergekühlt
Motor-Typ:	M 97/21
Hubraum (cm³):	3387
Bohrung x Hub:	96 x 78
Leistung (kW/PS):	217/295 bei 6250/min
Drehmoment (Nm):	340 bei 4400–6000/min
Literleistung (kW/l / PS/l):	64,1 / 87,1
Verdichtung:	11,1 : 1
Ventilsteuerung:	dohc über Doppelkette, 4 Ventile pro Zylinder, VarioCam Plus, Einlaß-Nockenwellenverstellung, Ventilhubschaltung
Motorsteuerung:	Bosch Motronic ME 7.8-40, sequenzielle Einspritzung, E-Gas, ruhende Hochspannungsverteilung, Einzelzündspulen, zylinderselektive Klopfregelung, Stereo-Lambdaregelung
Zündfolge:	1 - 6 - 2 - 4 - 3 - 5
Schmierung:	Integrierte Trockensumpfschmierung
Ölmenge (l):	9,7

Kraftübertragung

Antrieb:	Heckantrieb
Schaltgetriebe:	6-Gang
Sonderwunsch Tiptronic S:	[5-Gang]
Getriebe-Typ:	G 87/21 [A 87/21]
Übersetzungen:	
1. Gang:	3,31 [3,66]
2. Gang:	1,95 [2,00]
3. Gang:	1,41 [1,41]
4. Gang:	1,13 [1,00]
5. Gang:	0,97 [0,74]
6. Gang:	0,82
Rückwärtsgang:	3,00 [4,10]
Achsübersetzung:	3,88 [4,16]

Karosserie, Fahrwerk, Bremse, Räder und Reifen

Karosserie:	2-türige, 2-sitzige, selbsttragende Coupé-Karosserie mit großer Heckklappe aus vollverzinktem Stahlblech, Aluminium-Fronthaube, Bug- und Heckverkleidungen aus Kunststoff, automatisch ausfahrbarer Spaltflügel
Vorderradaufhängung:	Einzelradaufhängung, McPherson-Federbeine mit Leichtmetall-Querlenkern, Leichtmetall-Radträger, Querträger, Schraubenfedern, Gasdruckdämpfer, Stabilisator
Hinterradaufhängung:	Einzelradaufhängung, McPherson-Federbeine mit Leichtmetall-Querlenkern, Leichtmetall-Radträger, Hinterachshilfsrahmen, Schraubenfedern, Gasdruckdämpfer, Stabilisator
Bremse v/h (Durchm. x B (mm)):	innenbelüftete gelochte Scheiben (318 x 28) / innenbelüftete gelochte Scheiben (299 x 24) rote 4-Kolben-Monobloc-Aluminium-Festsättel / rote 4-Kolben-Monobloc-Aluminium-Festsättel Bosch ABS 8.0
Sonderwunsch:	Porsche Ceramic Composite Brake (PCCB) innenbelüftete gelochte Keramikfaser-Scheiben (350 x 34) / innenbelüftete gelochte Keramikfaser-Scheiben (350 x 28) gelbe 6-Kolben-Monobloc-Aluminium-Festsättel / gelbe 4-Kolben-Monobloc-Aluminium-Festsättel
Räder v/h:	8 J x 18 – ET 57 / 9 J x 18 – ET 43
Reifen v/h:	235/40 ZR 18 / 265/40 ZR 18
Sonderwunsch:	8 J x 19 – ET 57 / 9,5 J x 19 – ET 46 235/35 ZR 19 / 265/35 ZR 19

Elektrik

Lichtmaschinenleistung (W):	2100
Batterie (V/Ah):	12 / 70

Abmessungen, Gewichte und Volumen

Spurweite v/h (mm):	1486 / 1528
mit 8 J x 19 / 9,5 J x 19:	1486 / 1522
Radstand (mm):	2415
Maße (L x B x H (mm)):	4341 x 1801 x 1305
Leergewicht nach DIN (kg):	1340 [1380]
ab MJ 2007:	1350 [1390]
zul. Gesamtgewicht (kg):	1630 [1670]
Kofferraumvolumen v/h (VDA (l)):	150 / 260
Tankvolumen (l):	64
C_W x A (m²):	0,29 x 1,98 = 0,574
mit Tiptronic S:	0,30 x 1,98 = 0,594
Leistungsgewicht (kg/kW / kg/PS):	6,17 [6,36] / 4,54 [4,67]
ab MJ 2007:	6,22 [6,41] / 4,57 [4,71]

Kraftstoffverbrauch

nach 1999/100/EG (l/100 km):	98 ROZ Super plus bleifrei
Innerstädtisch:	15,3 [16,3]
Außerstädtisch:	7,8 [7,9]
Gesamt:	10,6 [11,0]
CO_2-Emissionen (g/km):	254 [262]

Fahrleistungen, Stückzahlen, Preise

Beschleunigung 0–100 km/h (s):	5,4 [6,1]
0–160 km/h (s):	11,7 [13,5]
0–200 km/h (s):	18,6 [21,6]
Höchstgeschw. (km/h):	275 [267]
Stückzahl:	27.236
Listenpreise:	
03/2005:	Euro 58.529,- [Euro 61.104,20]
06/2005:	Euro 58.529,- [Euro 61.104,20]
05/2006:	Euro 58.551,- [Euro 61.126,20]
05/2007:	Euro 60.303,- [Euro 62.944,80]

987 Cayman S Porsche Design Edition 1 [Tiptronic S] November 2007 bis MJ 2008

Motor

Bauart:	6-Zylinder-Boxermotor
Einbauposition:	Mittelmotor
Kühlung:	wassergekühlt
Motor-Typ:	M 97/21
Hubraum (cm^3):	3387
Bohrung x Hub:	96 x 78
Leistung (kW/PS):	217/295 bei 6250/min
Drehmoment (Nm):	340 bei 4400-6000/min
Literleistung (kW/l / PS/l):	64,1 / 87,1
Verdichtung:	11,1 : 1
Ventilsteuerung:	dohc über Doppelkette, 4 Ventile pro Zylinder, VarioCam Plus, Einlaß-Nockenwellenverstellung, Ventilhubschaltung
Motorsteuerung:	Bosch Motronic ME 7.8-40, sequenzielle Einspritzung, E-Gas, ruhende Hochspannungsverteilung, Einzelzündspulen, zylinderselektive Klopfregelung, Stereo-Lambdaregelung
Zündfolge:	1 - 6 - 2 - 4 - 3 - 5
Schmierung:	Integrierte Trockensumpfschmierung
Ölmenge (l):	9,7

Kraftübertragung

Antrieb:	Heckantrieb
Schaltgetriebe:	6-Gang
Sonderwunsch Tiptronic S:	[5-Gang]
Getriebe-Typ:	G 87/21 [A 87/21]
Übersetzungen:	
1. Gang:	3,31 [3,66]
2. Gang:	1,95 [2,00]
3. Gang:	1,41 [1,41]
4. Gang:	1,13 [1,00]
5. Gang:	0,97 [0,74]
6. Gang:	0,82
Rückwärtsgang:	3,00 [4,10]
Achsübersetzung:	3,88 [4,16]

Karosserie, Fahrwerk, Bremse, Räder und Reifen

Karosserie:	2-türige, 2-sitzige, selbsttragende Coupé-Karosserie mit großer Heckklappe aus vollverzinktem Stahlblech, Aluminium-Fronthaube, Bug- und Heckverkleidungen aus Kunststoff, automatisch ausfahrbarer Spaltflügel
Vorderradaufhängung:	Einzelradaufhängung, McPherson-Federbeine mit Leichtmetall-Querlenkern, Leichtmetall-Radträger, Querträger, Schraubenfedern, Gasdruckdämpfer, Stabilisator
Hinterradaufhängung:	Einzelradaufhängung, McPherson-Federbeine mit Leichtmetall-Querlenkern, Leichtmetall-Radträger, Hinterachshilfsrahmen, Schraubenfedern, Gasdruckdämpfer, Stabilisator
Bremse v/h (Durchm. x B (mm)):	innenbelüftete gelochte Scheiben (318 x 28) / innenbelüftete gelochte Scheiben (299 x 24) rote 4-Kolben-Monobloc-Aluminium-Festsättel / rote 4-Kolben-Monobloc-Aluminium-Festsättel Bosch ABS 8.0
Sonderwunsch:	Porsche Ceramic Composite Brake (PCCB) innenbelüftete gelochte Keramikfaser-Scheiben (350 x 34) / innenbelüftete gelochte Keramikfaser-Scheiben (350 x 28) gelbe 6-Kolben-Monobloc-Aluminium-Festsättel / gelbe 4-Kolben-Monobloc-Aluminium-Festsättel
Räder v/h:	8 J x 19 – ET 57 / 9,5 J x 19 – ET 46
Reifen v/h:	235/35 ZR 19 / 265/35 ZR 19

Elektrik

Lichtmaschinenleistung (W):	2100
Batterie (V/Ah):	12 / 70

Abmessungen, Gewichte und Volumen

Spurweite v/h (mm):	1486 / 1528
Radstand (mm):	2415
Maße (L x B x H (mm)):	4341 x 1801 x 1305
Leergewicht nach DIN (kg):	1350 [1390]
zul. Gesamtgewicht (kg):	1630 [1670]
Kofferraumvolumen v/h (VDA (l)):	150 / 260
Tankvolumen (l):	64
C_W x A (m^2):	0,29 x 1,98 = 0,574
mit Tiptronic S:	0,30 x 1,98 = 0,594
Leistungsgewicht (kg/kW / kg/PS):	6,22 [6,41] / 4,57 [4,71]

Kraftstoffverbrauch

nach 1999/100/EG (l/100 km):	98 ROZ Super plus bleifrei
Innerstädtisch:	15,3 [16,3]
Außerstädtisch:	7,8 [7,9]
Gesamt:	10,6 [11,0]
CO_2-Emissionen (g/km):	254 [262]

Fahrleistungen, Stückzahlen, Preise

Beschleunigung 0–100 km/h (s):	5,4 [6,1]
0–160 km/h (s):	11,7 [13,5]
0–200 km/h (s):	18,6 [21,6]
Höchstgeschw. (km/h):	275 [267]
Stückzahl:	777, limitiert auf 777 Fahrzeuge
Listenpreise:	
08/2007:	Euro 69.942,- [Euro 72.583,80]

987 CAYMAN S SPORT [TIPTRONIC S] MJ 2008 BIS MJ 2009

MOTOR

Bauart:	6-Zylinder-Boxermotor
Einbauposition:	Mittelmotor
Kühlung:	wassergekühlt
Motor-Typ:	M 97/22
Hubraum (cm³):	3387
Bohrung x Hub:	96 x 78
Leistung (kW/PS):	223/303 bei 6250/min
Drehmoment (Nm):	340 bei 4400-6000/min
Literleistung (kW/l / PS/l):	65,8 / 89,5
Verdichtung:	11,1 : 1
Ventilsteuerung:	dohc über Doppelkette, 4 Ventile pro Zylinder, VarioCam Plus, Einlaß-Nockenwellenverstellung, Ventilhubschaltung
Motorsteuerung:	Bosch Motronic ME 7.8-40, sequenzielle Einspritzung, E-Gas, ruhende Hochspannungsverteilung, Einzelzündspulen, zylinderselektive Klopfregelung, Stereo-Lambdaregelung
Zündfolge:	1 - 6 - 2 - 4 - 3 - 5
Schmierung:	Integrierte Trockensumpfschmierung
Ölmenge (l):	9,7

KRAFTÜBERTRAGUNG

Antrieb:	Heckantrieb
Schaltgetriebe:	6-Gang
Sonderwunsch Tiptronic S:	[5-Gang]
Getriebe-Typ:	G 87/21 [A 87/21]
Übersetzungen:	
1. Gang:	3,31 [3,66]
2. Gang:	1,95 [2,00]
3. Gang:	1,41 [1,41]
4. Gang:	1,13 [1,00]
5. Gang:	0,97 [0,74]
6. Gang:	0,82
Rückwärtsgang:	3,00 [4,10]
Achsübersetzung:	3,88 [4,16]

KAROSSERIE, FAHRWERK, BREMSE, RÄDER UND REIFEN

Karosserie:	2-türige, 2-sitzige, selbsttragende Coupé-Karosserie mit großer Heckklappe aus vollverzinktem Stahlblech, Aluminium-Fronthaube, Bug- und Heckverkleidungen aus Kunststoff, automatisch ausfahrbarer Spaltflügel
Vorderradaufhängung:	Einzelradaufhängung, McPherson-Federbeine mit Leichtmetall-Querlenkern, Leichtmetall-Radträger, Querträger, Schraubenfedern, Gasdruckdämpfer, Stabilisator
Hinterradaufhängung:	Einzelradaufhängung, McPherson-Federbeine mit Leichtmetall-Querlenkern, Leichtmetall-Radträger, Hinterachshilfsrahmen, Schraubenfedern, Gasdruckdämpfer, Stabilisator
Bremse v/h (Durchm. x B (mm)):	innenbelüftete gelochte Scheiben (318 x 28) / innenbelüftete gelochte Scheiben (299 x 24) rote 4-Kolben-Monobloc-Aluminium-Festsättel / rote 4-Kolben-Monobloc-Aluminium-Festsättel Bosch ABS 8.0
Sonderwunsch:	Porsche Ceramic Composite Brake (PCCB) innenbelüftete gelochte Keramikfaser-Scheiben (350 x 34) / innenbelüftete gelochte Keramikfaser-Scheiben (350 x 28) gelbe 6-Kolben-Monobloc-Aluminium-Festsättel / gelbe 4-Kolben-Monobloc-Aluminium-Festsättel
Räder v/h:	8 J x 19 – ET 57 / 9,5 J x 19 – ET 46
Reifen v/h:	235/35 ZR 19 / 265/35 ZR 19

ELEKTRIK

Lichtmaschinenleistung (W):	2100
Batterie (V/Ah):	12 / 70

ABMESSUNGEN, GEWICHTE UND VOLUMEN

Spurweite v/h (mm):	1486 / 1528
Radstand (mm):	2415
Maße (L x B x H (mm)):	4341 x 1801 x 1305
Leergewicht nach DIN (kg):	1340 [1380]
ab MJ 2007:	1350 [1390]
zul. Gesamtgewicht (kg):	1630 [1670]
Kofferraumvolumen v/h (VDA (l)):	150 / 260
Tankvolumen (l):	64
C_W x A (m²):	0,29 x 1,99 = 0,577
mit Tiptronic S:	0,30 x 1,99 = 0,597
Leistungsgewicht (kg/kW / kg/PS):	6,17 [6,36] / 4,54 [4,67]
ab MJ 2007:	6,22 [6,41] / 4,57 [4,71]

KRAFTSTOFFVERBRAUCH

nach 1999/100/EG (l/100 km):	98 ROZ Super plus bleifrei
Innerstädtisch:	15,3 [16,3]
Außerstädtisch:	7,8 [7,9]
Gesamt:	10,6 [11,0]
CO_2-Emissionen (g/km):	254 [262]

FAHRLEISTUNGEN, STÜCKZAHLEN, PREISE

Beschleunigung 0–100 km/h (s):	5,4 [6,1]
0–160 km/h (s):	11,7 [13,5]
Höchstgeschw. (km/h):	276 [268]
***mit Sport Plus-Taste gedrückt**	
Stückzahl:	632, limitiert auf 700 Fahrzeuge
Listenpreise:	
08/2008:	Euro 69.942,- [Euro 72.583,80]
11/2008:	Euro 69.942,- [Euro 72.583,80]

987 Cayman [PDK] MJ 2009 bis MJ 2012

Motor

Bauart:	6-Zylinder-Boxermotor
Einbauposition:	Mittelmotor
Kühlung:	wassergekühlt
Motor-Typ:	MA 1.20C
Hubraum (cm^3):	2893
Bohrung x Hub:	89 x 77,5
Leistung (kW/PS):	195/265 bei 7200/min
Belgien:	155/211 bei 7200/min
Max. Drehzahl:	7500
Drehmoment (Nm):	300 bei 4400–6000/min
Belgien, ab MJ 2010:	300 bei 4400–4750/min
Literleistung (kW/l / PS/l):	67,4 / 91,6
Belgien:	53,6 / 72,9
Verdichtung:	11,5 : 1
Ventilsteuerung:	dohc über Doppelkette, 4 Ventile pro Zylinder, VarioCam Plus, Einlaß-Nockenwellenverstellung, Ventilhubschaltung
Motorsteuerung:	Bosch Motronic ME 7.8.2-40, sequenzielle Einspritzung, E-Gas, ruhende Hochspannungsverteilung, Einzelzündspulen, zylinderselektive Klopfregelung, Stereo-Lambdaregelung
Zündfolge:	1 - 6 - 2 - 4 - 3 - 5
Schmierung:	Integrierte Trockensumpfschmierung
Ölmenge (l):	10,0

Kraftübertragung

Antrieb:	Heckantrieb
Schaltgetriebe:	6-Gang
Sonderwunsch PDK:	[7-Gang]
Getriebe-Typ:	G 87/10 [CG 2.00]
Übersetzungen:	
1. Gang:	3,667 [3,909]
2. Gang:	2,050 [2,292]
3. Gang:	1,407 [1,654]
4. Gang:	1,133 [1,303]
5. Gang:	0,972 [1,081]
6. Gang:	0,841 [0,881]
7. Gang:	[0,617]
Rückwärtsgang:	3,333 [3,545]
Achsübersetzung:	3,875 [3,250]

Karosserie, Fahrwerk, Bremse, Räder und Reifen

Karosserie:	2-türige, 2-sitzige, selbsttragende Coupé-Karosserie mit großer Heckklappe aus vollverzinktem Stahlblech, Aluminium-Fronthaube, Bug- und Heckverkleidungen aus Kunststoff, automatisch ausfahrbarer Spaltflügel
Vorderradaufhängung:	Einzelradaufhängung, McPherson-Federbeine mit Leichtmetall-Querlenkern, Leichtmetall-Radträger, Querträger, Schraubenfedern, Gasdruckdämpfer, Stabilisator
Hinterradaufhängung:	Einzelradaufhängung, McPherson-Federbeine mit Leichtmetall-Querlenkern, Leichtmetall-Radträger, Hinterachshilfsrahmen, Schraubenfedern, Gasdruckdämpfer, Stabilisator
Bremse v/h (Durchm. x B (mm)):	innenbelüftete gelochte Scheiben (318 x 28) / innenbelüftete gelochte Scheiben (299 x 20) schwarze 4-Kolben-Monobloc-Aluminium-Festsättel / schwarze 4-Kolben-Monobloc-Aluminium-Festsättel Bosch ABS 8.0
Räder v/h:	7 J x 17 – ET 55 / 8,5 J x 17 – ET 40
Reifen v/h:	205/55 ZR 17 / 235/50 ZR 17
Sonderwunsch:	8 J x 18 – ET 57 / 9 J x 18 – ET 43
	235/40 ZR 18 / 265/40 ZR 18
	8 J x 19 – ET 57 / 9,5 J x 19 – ET 46
	235/35 ZR 19 / 265/35 ZR 19
Exclusive, Tequipment:	8,5 J x 19 – ET 55 / 10 J x 19 – ET 42
	235/35 ZR 19 / 265/35 ZR 19

Elektrik

Lichtmaschinenleistung (W):	2100
Batterie (V/Ah):	12 / 60 [12 / 70]

Abmessungen, Gewichte und Volumen

Spurweite v/h (mm):	1490 / 1534
mit 8 J x 18 / 9 J x 18:	1486 / 1528
mit 8 J x 19 / 9,5 J x 19:	1468 / 1522
mit 8,5 J x 19 / 10 J x 19:	1490 / 1530
Radstand (mm):	2415
Maße (L x B x H (mm)):	4347 x 1801 x 1304
mit PASM:	4347 x 1801 x 1294
Leergewicht nach DIN (kg):	1330 [1360]
zul. Gesamtgewicht (kg):	1635 [1670]
Kofferraumvolumen v/h (VDA (l)):	150 / 260
Tankvolumen (l):	64
c_W x A (m^2):	0,29 x 1,99 = 0,577
Leistungsgewicht (kg/kW / kg/PS):	6,82 [6,97] / 5,02 [5,13]

Kraftstoffverbrauch

nach Euro 5 im NEFZ (l/100 km):	98 ROZ Super plus bleifrei
Innerstädtisch:	13,8 [13,6]
Außerstädtisch:	6,9 [6,5]
Gesamt:	9,4 [9,1]
CO_2-Emissionen (g/km):	221 [214]

Fahrleistungen, Stückzahlen, Preise

Beschleunigung 0–100 km/h (s):	5,8 [5,7] [5,5]*
0–160 km/h (s):	13,4 [13,2] [12,9]*
0–200 km/h (s):	22,0 [21,8] [21,5]*
Höchstgeschw. (km/h):	265 [263]
***mit Sport Plus-Taste gedrückt**	
Stückzahl:	10.379
Listenpreise:	
11/2008:	Euro 49.831,- [Euro 52.776,25]
06/2009:	Euro 50.314,- [Euro 53.259,25]
05/2010:	Euro 50.314,- [Euro 53.259,25]
08/2010:	Euro 50.790,- [Euro 53.735,25]
04/2011:	Euro 50.790,- [Euro 53.735,25]
03/2012:	Euro 50.790,- [Euro 53.735,25]

987 Cayman S [PDK] MJ 2009 bis MJ 2012

Motor

Bauart:	6-Zylinder-Boxermotor
Einbauposition:	Mittelmotor
Kühlung:	wassergekühlt
Motor-Typ:	MA 1.21C
Hubraum (cm^3):	3436
Bohrung x Hub:	97 x 77,5
Leistung (kW/PS):	235/320 bei 7200/min
Max. Drehzahl:	7500
Drehmoment (Nm):	370 bei 4750/min
Literleistung (kW/l / PS/l):	68,4 / 93,1
Verdichtung:	12,5 : 1
Ventilsteuerung:	dohc über Doppelkette, 4 Ventile pro Zylinder, VarioCam Plus, Einlaß-Nockenwellenverstellung, Ventilhubschaltung
Motorsteuerung:	elektronisches Motormanagement SDI 3.1, E-Gas, Benzin-Direkteinspritzung Direct Fuel Injection - DFI, ruhende Hochspannungsverteilung, Einzelzündspulen, zylinderselektive Klopfregelung, Stereo-Lambdaregelung
Zündfolge:	1 - 6 - 2 - 4 - 3 - 5
Schmierung:	Integrierte Trockensumpfschmierung
Ölmenge (l):	10,0

Kraftübertragung

Antrieb:	Heckantrieb
Schaltgetriebe:	6-Gang
Sonderwunsch PDK:	[7-Gang]
Getriebe-Typ:	G 87/40 [CG 2.20]
Übersetzungen:	
1. Gang:	3,308 [3,909]
2. Gang:	1,950 [2,292]
3. Gang:	1,407 [1,654]
4. Gang:	1,133 [1,303]
5. Gang:	0,950 [1,081]
6. Gang:	0,841 [0,881]
7. Gang:	[0,617]
Rückwärtsgang:	3,000 [3,545]
Achsübersetzung:	3,889 [3,250]

Karosserie, Fahrwerk, Bremse, Räder und Reifen

Karosserie:	2-türige, 2-sitzige, selbsttragende Coupé-Karosserie mit großer Heckklappe aus vollverzinktem Stahlblech, Aluminium-Fronthaube, Bug- und Heckverkleidungen aus Kunststoff, automatisch ausfahrbarer Spaltflügel
Vorderradaufhängung:	Einzelradaufhängung, McPherson-Federbeine mit Leichtmetall-Querlenkern, Leichtmetall-Radträger, Querträger, Schraubenfedern, Gasdruckdämpfer, Stabilisator
Hinterradaufhängung:	Einzelradaufhängung, McPherson-Federbeine mit Leichtmetall-Querlenkern, Leichtmetall-Radträger, Hinterachshilfsrahmen, Schraubenfedern, Gasdruckdämpfer, Stabilisator
Bremse v/h (Durchm. x B (mm)):	innenbelüftete gelochte Scheiben (318 x 28) / innenbelüftete gelochte Scheiben (299 x 24) rote 4-Kolben-Monobloc-Aluminium-Festsättel / rote 4-Kolben-Monobloc-Aluminium-Festsättel Bosch ABS 8.0
Sonderwunsch:	Porsche Ceramic Composite Brake (PCCB) innenbelüftete gelochte Keramikfaser-Scheiben (350 x 34) / innenbelüftete gelochte Keramikfaser-Scheiben (350 x 28) gelbe 6-Kolben-Monobloc-Aluminium-Festsättel / gelbe 4-Kolben-Monobloc-Aluminium-Festsättel
Räder v/h:	8 J x 18 – ET 57 / 9 J x 18 – ET 43
Reifen v/h:	235/40 ZR 18 / 265/40 ZR 18
Sonderwunsch:	8 J x 19 – ET 57 / 9,5 J x 19 – ET 46 235/35 ZR 19 / 265/35 ZR 19 Exclusive, Tequipment: 8,5 J x 19 – ET 55 / 10 J x 19 – ET 42 235/35 ZR 19 / 265/35 ZR 19

Elektrik

Lichtmaschinenleistung (W):	2100
Batterie (V/Ah):	12 / 60 [12 / 70]

Abmessungen, Gewichte und Volumen

Spurweite v/h (mm):	1486 / 1528
mit 8 J x 19 / 9,5 J x 19:	1468 / 1522
mit 8,5 J x 19 / 10 J x 19:	1490 / 1530
Radstand (mm):	2415
Maße (L x B x H (mm)):	4347 x 1801 x 1306
mit PASM:	4347 x 1801 x 1296
Leergewicht nach DIN (kg):	1350 [1375]
zul. Gesamtgewicht (kg):	1645 [1675]
Kofferraumvolumen v/h (VDA (l)):	150 / 260
Tankvolumen (l):	64
C_W x A (m^2):	0,29 x 1,99 = 0,577
mit PDK:	0,30 x 1,99 = 0,597
Leistungsgewicht (kg/kW / kg/PS):	5,74 [5,85] / 4,22 [4,30]

Kraftstoffverbrauch

nach Euro 5 im NEFZ (l/100 km):	98 ROZ Super plus bleifrei
Innerstädtisch:	14,4 [14,1]
Außerstädtisch:	7,2 [6,6]
Gesamt:	9,8 [9,4]
CO_2-Emissionen (g/km):	230 [221]

Fahrleistungen, Stückzahlen, Preise

Beschleunigung 0–100 km/h (s):	5,2 [5,1] [4,9]*
0–160 km/h (s):	11,4 [11,2] [10,9]*
0–200 km/h (s):	18,1 [17,9] [17,6]*
Höchstgeschw. (km/h):	277 [275]
***mit Sport Plus-Taste gedrückt**	
Stückzahl:	6.771
Listenpreise:	
11/2008:	Euro 61.493,- [Euro 64.438,25]
06/2009:	Euro 61.976,- [Euro 64.921,25]
05/2010:	Euro 61.976,- [Euro 64.921,25]
08/2010:	Euro 62.571,- [Euro 65.516,25]
04/2011:	Euro 62.571,- [Euro 65.516,25]
03/2012:	Euro 62.571,- [Euro 65.516,25]

987 Cayman R [PDK] MJ 2011 bis MJ 2012

Motor

Bauart:	6-Zylinder-Boxermotor
Einbauposition:	Mittelmotor
Kühlung:	wassergekühlt
Motor-Typ:	MA 1.21R
Hubraum (cm³):	3436
Bohrung x Hub:	97 x 77,5
Leistung (kW/PS):	243/330 bei 7400/min
Max. Drehzahl:	7500
Drehmoment (Nm):	370 bei 4750/min
Literleistung (kW/l / PS/l):	70,7 / 96,0
Verdichtung:	12,5 : 1
Ventilsteuerung:	dohc über Doppelkette, 4 Ventile pro Zylinder, VarioCam Plus, Einlaß-Nockenwellenverstellung, Ventilhubschaltung
Motorsteuerung:	elektronisches Motormanagement SDI 3.1, E-Gas, Benzin-Direkteinspritzung Direct Fuel Injection - DFI, ruhende Hochspannungsverteilung, Einzelzündspulen, zylinderselektive Klopfregelung, Stereo-Lambdaregelung
Zündfolge:	1 - 6 - 2 - 4 - 3 - 5
Schmierung:	Integrierte Trockensumpfschmierung
Ölmenge (l):	10,0

Kraftübertragung

Antrieb:	Heckantrieb
Schaltgetriebe:	6-Gang
Sonderwunsch PDK:	[7-Gang]
Getriebe-Typ:	G 87/40 [CG 2/20]
Übersetzungen:	
1. Gang:	3,308 [3,909]
2. Gang:	1,950 [2,292]
3. Gang:	1,407 [1,654]
4. Gang:	1,133 [1,303]
5. Gang:	0,950 [1,081]
6. Gang:	0,841 [0,881]
7. Gang:	[0,617]
Rückwärtsgang:	3,000 [3,545]
Achsübersetzung:	3,889 [3,250]

Karosserie, Fahrwerk, Bremse, Räder und Reifen

Karosserie:	2-türige, 2-sitzige, selbsttragende Coupé-Karosserie mit großer Heckklappe aus vollverzinktem Stahlblech, Aluminium-Fronthaube und Türen, Bug- und Heckverkleidungen aus Kunststoff, vergrößerte Bugspoilerlippe, feststehender Heckflügel
Vorderradaufhängung:	Einzelradaufhängung, McPherson-Federbeine mit Leichtmetall-Querlenkern, Leichtmetall-Radträger, Querträger, Schraubenfedern, Gasdruckdämpfer, Stabilisator
Hinterradaufhängung:	Einzelradaufhängung, McPherson-Federbeine mit Leichtmetall-Querlenkern, Leichtmetall-Radträger, Hinterachshilfsrahmen, Schraubenfedern, Gasdruckdämpfer, Stabilisator
Bremse v/h (Durchm. x B (mm)):	innenbelüftete gelochte Scheiben (318 x 28) / innenbelüftete gelochte Scheiben (299 x 24) rote 4-Kolben-Monobloc-Aluminium-Festsättel / rote 4-Kolben-Monobloc-Aluminium-Festsättel Bosch ABS 8.0
Sonderwunsch:	Porsche Ceramic Composite Brake (PCCB) innenbelüftete gelochte Keramikfaser-Scheiben (350 x 34) / innenbelüftete gelochte Keramikfaser-Scheiben (350 x 28) gelbe 6-Kolben-Monobloc-Aluminium-Festsättel / gelbe 4-Kolben-Monobloc-Aluminium-Festsättel
Räder v/h:	8,5 J x 19 – ET 55 / 10 J x 19 – ET 42
Reifen v/h:	235/35 ZR 19 / 265/35 ZR 19
Sonderwunsch:	8 J x 19 – ET 57 / 9,5 J x 19 – ET 46 235/35 ZR 19 / 265/35 ZR 19

Elektrik

Lichtmaschinenleistung (W):	2100
Batterie (V/Ah):	12 / 60 [12 / 70]

Abmessungen, Gewichte und Volumen

Spurweite v/h (mm):	1490 / 1528
mit 8 J x 19 / 9,5 J x 19:	1468 / 1522
Radstand (mm):	2415
Maße (L x B x H (mm)):	4347 x 1801 x 1285
Leergewicht nach DIN (kg):	1295 [1320]
zul. Gesamtgewicht (kg):	1595 [1620]
Kofferraumvolumen v/h (VDA (l)):	150 / 260
Tankvolumen (l):	54 (Nachfüllvolumen)
C_W x A (m²):	0,30 x 1,99 = 0,597
mit PDK:	0,30 x 1,99 = 0,597
Leistungsgewicht (kg/kW / kg/PS):	5,33 [5,43] / 3,92 [4,00]

Kraftstoffverbrauch

nach Euro 5 im NEFZ (l/100 km):	98 ROZ Super plus bleifrei
Innerstädtisch:	14,2 [14,0]
Außerstädtisch:	7,1 [6,6]
Gesamt:	9,7 [9,3]
CO_2-Emissionen (g/km):	228 [218]

Fahrleistungen, Stückzahlen, Preise

Beschleunigung 0–100 km/h (s):	5,0 [4,9] [4,7]*
0–160 km/h (s):	10,7 [10,5] [10,2]*
0–200 km/h (s):	17,2 [17,0] [16,7]*
Höchstgeschw. (km/h):	282 [280]
***mit Sport Plus-Taste gedrückt**	
Stückzahl:	1.621
Listenpreise:	
10/2010:	Euro 69.830,- [Euro 72.977,55]
04/2011:	Euro 69.830,- [Euro 72.977,55]
03/2012:	Euro 69.830,- [Euro 72.977,55]

987 Cayman Black Edition China MJ 2012

Motor

Bauart:	6-Zylinder-Boxermotor
Einbauposition:	Mittelmotor
Kühlung:	wassergekühlt
Motor-Typ:	MA 1.20C
Hubraum (cm^3):	2893
Bohrung x Hub:	89 x 77,5
Leistung (kW/PS):	195/265 bei 7200/min
Max. Drehzahl:	7500
Drehmoment (Nm):	300 bei 4400-6000/min
Literleistung (kW/l / PS/l):	67,4 / 91,6
Verdichtung:	11,5 : 1
Ventilsteuerung:	dohc über Doppelkette, 4 Ventile pro Zylinder, VarioCam Plus, Einlaß-Nockenwellenverstellung, Ventilhubschaltung
Motorsteuerung:	Bosch Motronic ME 7.8.2, sequenzielle Einspritzung, E-Gas, ruhende Hochspannungsverteilung, Einzelzündspulen, zylinderselektive Klopfregelung, Stereo-Lambdaregelung
Zündfolge:	1 - 6 - 2 - 4 - 3 - 5
Schmierung:	Integrierte Trockensumpfschmierung
Ölmenge (l):	10,0

Kraftübertragung

Antrieb:	Heckantrieb
PDK:	7-Gang
Getriebe-Typ:	CG 2.00
Übersetzungen:	
1. Gang:	3,909
2. Gang:	2,292
3. Gang:	1,654
4. Gang:	1,303
5. Gang:	1,081
6. Gang:	0,881
7. Gang:	0,617
Rückwärtsgang:	3,545
Achsübersetzung:	3,250

Karosserie, Fahrwerk, Bremse, Räder und Reifen

Karosserie:	2-türige, 2-sitzige, selbsttragende Coupé-Karosserie mit großer Heckklappe aus vollverzinktem Stahlblech, Aluminium-Fronthaube, Bug- und Heckverkleidungen aus Kunststoff, automatisch ausfahrbarer Spaltflügel, Farbe: Uni-Schwarz
Vorderradaufhängung:	Einzelradaufhängung, McPherson-Federbeine mit Leichtmetall-Querlenkern, Leichtmetall-Radträger, Querträger, Schraubenfedern, Gasdruckdämpfer, Stabilisator
Hinterradaufhängung:	Einzelradaufhängung, McPherson-Federbeine mit Leichtmetall-Querlenkern, Leichtmetall-Radträger, Hinterachshilfsrahmen, Schraubenfedern, Gasdruckdämpfer, Stabilisator
Bremse v/h (Durchm. x B (mm)):	innenbelüftete gelochte Scheiben (318 x 28) / innenbelüftete gelochte Scheiben (299 x 20) schwarze 4-Kolben-Monobloc-Aluminium-Festsättel / schwarze 4-Kolben-Monobloc-Aluminium-Festsättel Bosch ABS 8.0
Räder v/h:	7 J x 17 – ET 55 / 8,5 J x 17 – ET 40
Reifen v/h:	205/55 ZR 17 / 235/50 ZR 17
Sonderwunsch:	8 J x 18 – ET 57 / 9 J x 18 – ET 43 235/40 ZR 18 / 265/40 ZR 18 8 J x 19 – ET 57 / 9,5 J x 19 – ET 46 235/35 ZR 19 / 265/35 ZR 19
Exclusive, Tequipment:	8,5 J x 19 – ET 55 / 10 J x 19 – ET 42 235/35 ZR 19 / 265/35 ZR 19

Elektrik

Lichtmaschinenleistung (W):	2100
Batterie (Ah/):	70 / 340

Abmessungen, Gewichte und Volumen

Spurweite v/h (mm):	1490 / 1534
mit 8 J x 18 / 9 J x 18:	1486 / 1528
mit 8 J x 19 / 9,5 J x 19:	1468 / 1522
mit 8,5 J x 19 / 10 J x 19:	1490 / 1530
Radstand (mm):	2415
Maße (L x B x H (mm)):	4347 x 1801 x 1304
mit PASM:	4347 x 1801 x 1294
Leergewicht nach DIN (kg):	1360
zul. Gesamtgewicht (kg):	1670
Kofferraumvolumen v/h (VDA (l)):	150 / 260
Tankvolumen (l):	64
C_W x A (m^2):	0,29 x 1,99 = 0,577
Leistungsgewicht (kg/kW / kg/PS):	6,97 / 5,13

Kraftstoffverbrauch

nach Euro 5 im NEFZ (l/100 km):	98 ROZ Super plus bleifrei
Innerstädtisch:	13,6
Außerstädtisch:	6,5
Gesamt:	9,1
CO_2-Emissionen (g/km):	214

Fahrleistungen, Stückzahlen, Preise

Beschleunigung 0–100 km/h (s):	5,7 5,5*
0–160 km/h (s):	13,2 12,9*
0–200 km/h (s):	21,8 21,5*
Höchstgeschw. (km/h):	263
*mit Sport Plus-Taste gedrückt	
Stückzahl:	99, limitiert auf 188 Fahrzeuge
Listenpreis: 05/2011:	852.900,- CNY

987 Cayman S Black Edition [PDK] MJ 2012

Motor

Bauart:	6-Zylinder-Boxermotor
Einbauposition:	Mittelmotor
Kühlung:	wassergekühlt
Motor-Typ:	MA 1.21R
Hubraum (cm³):	3436
Bohrung x Hub:	97 x 77,5
Leistung (kW/PS):	243/330 bei 7400/min
Max. Drehzahl:	7500
Drehmoment (Nm):	370 bei 4750/min
Literleistung (kW/l / PS/l):	70,7 / 96,0
Verdichtung:	12,5 : 1
Ventilsteuerung:	dohc über Doppelkette, 4 Ventile pro Zylinder, VarioCam Plus, Einlaß-Nockenwellenverstellung, Ventilhubschaltung
Motorsteuerung:	elektronisches Motormanagement SDI 3.1, E-Gas, Benzin-Direkteinspritzung Direct Fuel Injection - DFI, ruhende Hochspannungsverteilung, Einzelzündspulen, zylinderselektive Klopfregelung, Stereo-Lambdaregelung
Zündfolge:	1 - 6 - 2 - 4 - 3 - 5
Schmierung:	Integrierte Trockensumpfschmierung
Ölmenge (l):	10,0

Kraftübertragung

Antrieb:	Heckantrieb
Schaltgetriebe:	6-Gang
Sonderwunsch PDK:	[7-Gang]
Getriebe-Typ:	G 87/40 [CG 2/20]
Übersetzungen:	
1. Gang:	3,308 [3,909]
2. Gang:	1,950 [2,292]
3. Gang:	1,407 [1,654]
4. Gang:	1,133 [1,303]
5. Gang:	0,950 [1,081]
6. Gang:	0,841 [0,881]
7. Gang:	[0,617]
Rückwärtsgang:	3,000 [3,545]
Achsübersetzung:	3,889 [3,250]

Karosserie, Fahrwerk, Bremse, Räder und Reifen

Karosserie:	2-türige, 2-sitzige, selbsttragende Coupé-Karosserie mit großer Heckklappe aus vollverzinktem Stahlblech, Aluminium-Fronthaube, Bug- und Heckverkleidungen aus Kunststoff, feststehender Heckflügel, Farbe: Uni-Schwarz
Vorderradaufhängung:	Einzelradaufhängung, McPherson-Federbeine mit Leichtmetall-Querlenkern, Leichtmetall-Radträger, Querträger, Schraubenfedern, Gasdruckdämpfer, Stabilisator
Hinterradaufhängung:	Einzelradaufhängung, McPherson-Federbeine mit Leichtmetall-Querlenkern, Leichtmetall Radträger, Hinterachshilfsrahmen, Schraubenfedern, Gasdruckdämpfer, Stabilisator
Bremse v/h (Durchm. x B (mm)):	innenbelüftete gelochte Scheiben (318 x 28) / innenbelüftete gelochte Scheiben (299 x 24) rote 4-Kolben-Monobloc-Aluminium-Festsättel / rote 4-Kolben-Monobloc-Aluminium-Festsättel Bosch ABS 8.0
Sonderwunsch:	Porsche Ceramic Composite Brake (PCCB) innenbelüftete gelochte Keramikfaser-Scheiben (350 x 34) / innenbelüftete gelochte Keramikfaser-Scheiben (350 x 28) gelbe 6-Kolben-Monobloc-Aluminium-Festsättel / gelbe 4-Kolben-Monobloc-Aluminium-Festsättel
Räder v/h:	8 J x 18 – ET 57 / 9 J x 18 – ET 43
Reifen v/h:	235/40 ZR 18 / 265/40 ZR 18
Sonderwunsch:	8 J x 19 – ET 57 / 9,5 J x 19 – ET 46 235/35 ZR 19 / 265/35 ZR 19
Exclusive, Tequipment:	8,5 J x 19 – ET 55 / 10 J x 19 – ET 42 235/35 ZR 19 / 265/35 ZR 19

Elektrik

Lichtmaschinenleistung (W):	2100
Batterie (Ah/):	70 / 340

Abmessungen, Gewichte und Volumen

Spurweite v/h (mm):	1486 / 1528
mit 8 J x 19 / 9,5 J x 19:	1468 / 1522
mit 8,5 J x 19 / 10 J x 19:	1490 / 1530
Radstand (mm):	2415
Maße (L x B x H (mm)):	4347 x 1801 x 1306
mit PASM:	4347 x 1801 x 1296
Leergewicht nach DIN (kg):	1350 [1375]
zul. Gesamtgewicht (kg):	1645 [1675]
Kofferraumvolumen v/h (VDA (l)):	150 / 260
Tankvolumen (l):	64
C_W x A (m²):	0,29 x 1,99 = 0,577
mit PDK:	0,30 x 1,99 = 0,597
Leistungsgewicht (kg/kW / kg/PS):	5,56 [5,66] / 4,09 [4,17]

Kraftstoffverbrauch

nach Euro 5 im NEFZ (l/100 km):	98 ROZ Super plus bleifrei
Innerstädtisch:	14,4 [14,1]
Außerstädtisch:	7,2 [6,7]
Gesamt:	9,8 [9,4]
CO_2-Emissionen (g/km):	230 [221]

Fahrleistungen, Stückzahlen, Preise

Beschleunigung 0–100 km/h (s):	5,1 [5,0] [4,8]*
0–160 km/h (s):	11,2 [11,0] [10,7]*
0–200 km/h (s):	17,8 [17,6] [17,3]*
Höchstgeschw. (km/h):	279 [277]
***mit Sport Plus-Taste gedrückt**	
Stückzahl:	500, limitiert auf 500 Fahrzeuge
Listenpreise:	
05/2011:	Euro 67.807,- [Euro 70.954,55]

Porsche Cayman
(Typ 981 C7-C7S)

Modelljahr 2013/14 (E-Programm)

Auf der gemeinsamen technischen Basis mit dem 911 Carrera der Baureihe 991 und dem 981 Boxster präsentiert Porsche den neuen Cayman Ende November 2012 auf der Los Angeles Auto Show. Mit neuer Leichtbau-Karosserie und völlig überarbeitetem Fahrwerk markiert der Cayman neue Bestwerte für »Porsche Intelligent Performance«. Das spürbar niedrigere Gewicht, der längere Radstand, die breitere Spur und die größeren Räder bieten die wahrscheinlich klassenbeste Fahrdynamik im Wettbewerbsumfeld. Alle Cayman-Varianten verfügen über modernste Sechszylinder-Saugmotoren mit Benzin-Direkteinspritzung und sie kommen mit bis zu 15 Prozent weniger Kraftstoff auf 100 Kilometer aus. Die Karosserie ist um 40 Prozent steifer, was die Sportlichkeit des Kurvenkünstlers noch weiter steigert. Der offizielle Verkaufsstart beginnt im Februar 2013, die Markteinführung in Europa erfolgt am 2. März 2013. Porsche ordnet die Cayman-Modelle dem Modelljahr 2013/14, dem E-Programm, zu.

Der 981 Cayman läßt sich auf einen Blick von seinen Vorgängermodellen unterscheiden, denn die Fahrzeugproportionen haben sich nachhaltig verändert. Die Karosserie des Cayman ist 33 Millimeter länger als bisher. So wächst der Radstand um 60 Millimeter, bei einem gleichzeitig um 26 Millimeter reduzierten vorderen Überhang. Mit dem Resultat, der Cayman bleibt weiterhin ein recht kompaktes Sportcoupé. Die Spurweite wird vorne um bis zu 40 Millimeter verbreitert, hinten um bis zu 18 Millimeter, so daß die Räder bündig mit der Karosserie abschließen. Die flachere Frontscheibe ist um rund 100 Millimeter weiter vorn angeordnet, wodurch der Cayman 10 Millimeter (Cayman S um 11 Millimeter) niedriger ausfällt. Seine weit nach hinten gestreckte Dachlinie erzeugt eine sehr elegante Silhouette.

Im weiterentwickelten Design läuft die Schulterlinie aus dem stark nach oben gewölbten vorderen Kotflügel bis in das Fondseitenteil weiter. Die Außenspiegel sind jetzt wieder, wie früher bei den luftgekühlten 911-Modellen, auf den Türen angebracht. Besonders charakteristisch sind die in die Türen eingeformten Luftführungen im Stil des Carrera GT, welche die Ansaugluft für den Mittelmotor zu den großen Lufteinlässen in den Fondseitenteilen leiten. In den Fondseitenteilen sind wieder kleine, hinten hochgezogene Seitenscheiben, die die elegante Dachlinie optisch betonen. Durch die deutlicher ausgeprägten Formen von Kotflügeln, Türen, Ansaugluftführungen und Dach betont das Design-Team von Michael Mauer die stärkere Akzentuierung der Radausschnitte. Eine Option gibt es, wie schon beim Vorgänger, auch bei dieser Cayman-Generation nicht, ein Schiebe-/Ausstelldach.

Die Front des 981 Cayman wird von den großen seitlichen Kühleröffnungen mit zwei Querstegen, beim Cayman in Wagenfarbe, beim Cayman S in Schwarz ausgeführt und den Klarglas-Hauptscheinwerfern mit integrierten Blinkleuchten bestimmt. Sowohl die beim Cayman serienmäßigen Halogen-Projektionsscheinwerfer als auch die beim Cayman S serienmäßigen neuen Bi-Xenon-Scheinwerfer sind völlig neu entwickelt worden. In den markanten Lufteinlässen sind runde Bugleuchten mit LED-Vier-Punkt-Tagfahr- und Positionsleuchten integriert.

Völlig neu gestaltet präsentiert sich die Heckpartie des Cayman, dessen Heckscheibe, jetzt weiter außen liegend, in der Kontur des Aluminiumheckdeckels fluchtet. Am unteren Ende des Heckdeckels sind in einzelnen, hartverchromten Lettern »P O R S C H E« und darunter »Cayman« bzw. »Cayman S« aufgesetzt. Heckflügel und -leuchten verbindet eine ausgeprägte Abrißkante über die gesamte Fahrzeugbreite. In der Abrißkante ist die dritte Bremsleuchte eingelassen. Die integrierte zentrale Rückleuchteneinheit vereint Nebelschlußleuchte und Rückfahrscheinwerfer in einem flachen Band. Die neuen LED-Heckleuchten sind durch ihre um die Fahrzeugecken herumgezogene Form perfekt in die Heckansicht integriert. Im zentralen Bereich des konvex geformten Heckstoßfängers ist eine große ebene Fläche für die Nummerntafel eingelassen. Den unteren optischen Abschluß bildet der Heckdiffusor aus dem zentral die Abgasanlage mit gebürstetem Edelstahl-Endrohr ins Freie mündet. Das Erkennungsmerkmal des Cayman ist nach wie vor ein ovales Endrohr, während der Cayman S ein 2-flutiges Doppelendrohr hat. Optional steht eine Sportabgasanlage zur Verfügung.

Ein wesentliches Entwicklungsziel für die Cayman-Generation mit maßgeblicher Auswirkung auf Fahrleistungen, Agilität und Handling sowie Verbrauch und CO_2-Emission war eine deutliche Reduzierung des Gewichts. Durch intelligenten Leichtbau konnte das Fahrzeuggesamtgewicht bei den 981-Cayman-Modellen, im Vergleich zum 987 Cayman, um bis zu 30 Kilogramm gesenkt werden. Dem Fahrer nutzt die Gewichtsreduzierung im Alltag mehrfach. Durch die reduzierte Masse wird der Ver-

brauch reduziert und bei voller Motorleistung bieten die leichteren Cayman-Modelle bessere Fahrleistungen. Die statische Torsionssteifigkeit ist um 40 Prozent erhöht worden.
Die Karosserie der Caymen-Baureihe wurde völlig neu entwickelt. Die intelligente Aluminium-Stahl-Mischbauweise setzt Stahlteile immer nur dort ein, wo sie unverzichtbar sind. So kommen Aluminiumdruckguß, Aluminiumblech, Magnesium und hochfeste Stähle zum Einsatz. Die entsprechenden Teile sind für den jeweiligen Einsatzbereich in der Karosserie maßgeschneidert und dabei für sehr hohe Steifigkeit bei möglichst geringem Bauteilgewicht ausgelegt. Mehr als 44 Prozent der Cayman-Rohkarosserie bestehen aus Aluminium, wie der Vorderwagen, die Bodengruppe und der Hinterwagen, die Türen und beide Kofferraumhauben.
Eine Spitzenleistung stellt in diesem Zusammenhang die Heckklappe dar. Das Rohbaugewicht des ganz aus Aluminium gefertigten Deckels inklusive Scharniere beträgt mit 6,6 Kilogramm weniger als die Hälfte des Vorgängerbauteils. Insgesamt steigt die statische Torsionssteifigkeit um fast 150 Prozent, die statische Biegesteifigkeit um mehr als 30 Prozent und die dynamische Biegesteifigkeit um über 70 Prozent, was in die Gesamtsolidität des Rohbaus eingeht.
Die Form des Cayman ist nicht nur prägnanter, sondern auch aerodynamisch effizienter. Obwohl die gesteigerte Motor- und Bremsleistung eine leistungsfähigere Kühlung erfordern, liegt der Luftwiderstandsbeiwert bei nur 0,30. Die Kühlluftzufuhr übernehmen jetzt nur noch die beiden großen äußeren Lufteinlässe im Bugteil. Deren Anströmung ist soweit verbessert, daß der bisherige Mittelkühler bei PDK-Fahrzeugen entfallen kann. Die Lufteinlässe sind bei beiden Cayman-Modellen gleich groß. Beim Cayman deckt jedoch eine schwarze Blende einen Teil davon ab, wegen des geringeren Kühlluftbedarfs. Der Auftrieb an beiden Achsen konnte nochmals um bis zu 25 Prozent verringert werden, was sich besonders positiv auf die Fahrstabilität bei hohen Geschwindigkeiten auswirkt.
Eine neu geformte Bugspoilerlippe und zusätzlich vor den Vorderrädern angeordnete Anlaufkörper senken den Auftrieb an der Vorderachse deutlich. An der Hinterachse erzeugen der Heckflügel und die umlaufende Abrißkante mehr Abtrieb als die bisherige ausfahrbare Version und setzt der Luftströmung weniger Widerstand entgegen. Der Flügel ist formschön in das Heck integriert und fährt bei Bedarf bogenförmig automatisch oder manuell aus. In Vergleich zum Boxster fährt er höher und steiler aus. Die seitliche Fortsetzung der Flügelhinterkante bei eingefahrenem Flügel führt zu einer definierten und stabilen Strömungsablösung im Bereich der Heckleuchten und reduziert den Auftrieb an der Hinterachse um 40 Prozent sowie den aerodynamischen Widerstand. Diese funktionale Integration von Abrißkanten in die Rückfahrleuchten der Heckleuchteneinheit verbindet Design, effektive Aerodynamik und innovative Leuchtenfunktion. Porsche setzt im Cayman zwei hochverdichtete Saugmotoren ein, die kräftiges Drehmoment mit hoher Leistung im oberen Drehzahlbereich verbinden. Das Hochdrehzahlkonzept ermöglicht den Hubraum des Basis-Boxers im Vergleich zum Vorgängermotor um 0,2 Liter zu verringern und dennoch eine höhere Leistung zu erzielen. Der Leistungszuwachs wird im Vergleich zum Motor des 987 Cayman durch eine auf 12,5 :1 erhöhte Verdichtung, einer Drehzahlerhöhung, geänderten Leichtmetallkolben und dem spezifischen Brennraumdesign der Benzin-Direkteinspritzung erreicht. Mit einer spezifischen Leistung von 101,6 PS/l überschreitet das 2,7-Liter-Triebwerk die für sportliche Saugmotoren magische Grenze von 100 PS pro Liter Hubraum und mit einem maximalen Drehmoment von 290 Nm, in einen Drehzahlbereich von 4.500 bis 6.500/min, auch die 100 Nm pro Liter Hubraum deutlich.
Beide Boxer-Motoren geben ihre Nennleistung bei 7.400/min ab, statt bisher bei 7.200/min. Die Spitzenleistung steigt beim Cayman um zehn PS auf 275 PS (202 kW), beim Cayman S um fünf PS auf 325 PS (239 kW). Beide Leistungskurven liegen über denen der bisherigen Triebwerke, so daß diese bei gleicher Drehzahl mehr Leistung abgeben. Für den Markt in Belgien wird der 2,7-Liter-Motor in einer gedrosselten Version mit 211 PS (155 kW) zwischen 5.100 und 7.400 Umdrehungen pro Minute angeboten. Das maximale Drehmoment von 290 Newtonmetern wird in einem engeren Drehzahlbereich von 4.500 bis 5.100 Umdrehungen pro Minute abgegeben.
Die Cayman-Modelle bieten serienmäßig eine Sport-Taste, über die der Fahrer zwischen einer sportlichen oder einer komfortablen, verbrauchsoptimierten Motorabstimmung wählen kann. Im Sport-Modus verändert das elektronische Motormanagement SDI 9 das Ansprechverhalten des Triebwerks und die Motordynamik wird noch direkter. Bei PDK-Fahrzeugen erfolgt im Automatikmodus das Hochschalten später und das Zurückschalten früher. Zudem wird die Start-Stop-Funktion und die Funktion »Segeln« deaktiviert. Beide Motoren verfügen über eine Ventilhubumschaltung und variable Steuerzeiten (VarioCam Plus) für die Einlaßnockenwelle mit einem von 40 auf 50 Grad vergrößerten Verstellbereich. Die Motoren atmen die Luft durch eine besonders strömungsgünstig ausgelegte Sauganlage.
Eine wesentliche Ursache für die Verringerung des Ansaugwiderstands ist, daß die Luft von beiden Lufteinlässen links und rechts in der Karosserie angesaugt wird. Zudem erfaßt statt eines konventionellen Heißfilm-Luftmassenmessers, der im Luftstrom steht und dadurch die Strömungsgeschwindigkeit etwas abbremst, ein Drucksensor den Saugrohrdruck. Beim 3,4-Liter-Sechszylinder des Cayman S verbessert zudem eine schaltbare Resonanzklappe den Füllungsgrad und sorgt so für ein hohes Drehmoment schon bei niedrigen Drehzahlen und einen gleichmäßigen Drehmomentverlauf, der zwischen 4.500

bis 5.800 Umdrehungen pro Minute bei einem Höchstwert von 370 Nm gipfelt.
Serienmäßig sind beide Cayman-Modelle mit einem 6-Gang-Schaltgetriebe ausgerüstet, dessen Gangabstufungen optimal auf die Motorcharakteristika ausgelegt sind. Als Sonderausstattung bietet Porsche ein überarbeitetes 7-Gang-Doppelkupplungsgetriebe (PDK) an. Das neue PDK ist konsequent auf Leistung weiterentwickelt worden, aber auch Verbrauchs- und Komforteigenschaften wurden weiter optimiert. Die Schaltpunkte passen sich wesentlich schneller an die Wünsche des Fahrers an. Der Cayman hängt spürbar besser am Gas. Im Normalmodus werden hohe Drehzahlen schneller erreicht und somit die Agilität erhöht. Auch Überholvorgänge werden durch eine PDK-Funktion unterstützt. Durch ein kurzes, kräftiges Niederdrücken des Fahrpedals erkennt das PDK den anstehenden Beschleunigungswunsch und wählt einen möglichst niedrigen Gang, um eine hohe Beschleunigungsleistung für einen kurzen Überholvorgang abzurufen.
Bei starken Bremsmanövern wird die Unterstützung einer schnelleren Rückschaltung bei hoher Motordrehzahl mit Zwischengas schon früher eingeleitet. Damit bleibt ein höheres Drehzahlniveau und somit entsprechende Leistungsreserven erhalten. Dies sorgt für eine höhere Leistung am Kurvenausgang, was den geschärften Schaltprogrammen, aber auch den spürbar verkürzten Schaltzeiten zu verdanken ist, vor allem auch im manuellen Modus. So ist mit ausgeschaltetem Porsche Stability Management (PSM) auch ein kontrollierter Drift möglich. Durch Erkennen des Gierwinkels und des Lenkeinschlags setzt die Hochschaltverhinderung ein. Ein Druck auf die serienmäßige Sport-Taste liefert eine weitere Steigerung der Leistung, sowohl was die Gasannahme des Motors als auch die Schaltstrategien des PDK betrifft.
Zur Effizienzsteigerung sind beide Boxermotoren mit einer Bordnetzrekuperation und einem kennfeldgesteuerten Kühlwasser-Thermomanagement ausgerüstet. Bei der Rekuperation wird die Batterie verstärkt, während der Brems- beziehungsweise Schubphasen geladen. Die Drosselung des Generatorladestroms bei voll geladener Batterie entlastet den Verbrennungsmotor in Beschleunigungsphasen, da dieser weniger Leistung zum Laden der Batterie abzugeben hat. Dank gemeinsam, intelligent gesteuerter Kühlsysteme für Motor und Getriebe erreichen beide Triebwerke schneller ihre optimale Betriebstemperaturen und dadurch eine bessere Verbrennung im Teillastbereich bei weniger Reibung. Um Nachteile unter Vollast zu vermeiden, wird durch den Kennfeldthermostat sehr schnell die Temperatur bei Vollast abgesenkt und damit eine optimale Füllung und maximale Leistung sichergestellt.
Porsche führt beim Cayman die Start-Stop-Funktion für Motoren mit Schaltgetriebe und PDK ein. Das Prinzip des sogenannten Segelns, Motorleistung nur dann abzurufen, wenn sie auch gebraucht wird, übernimmt der Cayman mit PDK vom 911 Carrera. Unter Segeln versteht man das antriebslose Rollen, bei dem der Motor bei Leerlaufdrehzahl verbrauchsgünstig läuft. In der Praxis bedeutet dies bei vorausschauender Fahrweise im Alltagsbetrieb eine mögliche Kraftstoffeinsparung von bis zu einem Liter auf 100 Kilometer. Segeln ist verbrauchsgünstiger, weil das Fahrzeug die kinetische Energie nutzen kann, um sie in Bewegung umzusetzen. Eingeleitet wird das Segeln durch langsames Rücknehmen des Fahrpedals oder durch einen manuellen Hochschaltimpuls, der aktiviert wird, wenn der für die Fahrsituation gerade höchstmögliche Gang bereits verwendet wird. Beendet wird das Segeln durch Gasgeben, Bremsen oder Schalten.
Eine sehr weite Spreizung zwischen einer sportlichen Abstimmung für die Rundstrecke und dem Fahrkomfort im Alltagsbetrieb ermöglicht das optionale Sport Chrono-Paket. Es unterstützt in Verbindung mit PDK und der Sport-Plus-Taste mit »Launch Control« die bestmögliche Anfahrbeschleunigung. So ist der Sprint von 0 auf 100 km/h in der Regel 0,2 s schneller als im Normalmodus. Zusätzlich aktiviert die Sport-Plus-Taste die PDK-Schaltstrategie »Rennstrecke«, es wird stets im kleinstmöglichen Gang gefahren, Bremsrückschaltungen erfolgen bereits ab etwa 4.000 Umdrehungen pro Minute mit den kürzestmöglichen Schaltzeiten, den optimalen Schaltpunkten und einer Drehmomentüberhöhung in den Schaltvorgängen. Eine Verbesserung sowohl in der Fahrdynamik als auch im Fahrkomfort stellt das Sport-Chrono-Paket mit zusätzlichen dynamischen Getriebelagern dar, die in Abhängigkeit der jeweiligen Fahrsituation aktiv ihre Steifigkeit und Dämpfung ändern.
Die Motor-Getriebe-Einheit des Cayman ist an drei Punkten, dem vorderen Motorlager und den beiden hinteren Getriebelagern, mit der Karosserie verbunden. Durch die dynamischen Getriebelager wird die Übertragung der Schwingungen und Vibrationen der gesamten Motor-Getriebe-Einheit auf die Karosserie deutlich minimiert. Dafür nutzt das System eine Dämpferflüssigkeit mit magnetischen Eigenschaften und ein elektrisches Magnetfeld, welches die Partikel in der Flüssigkeit mehr oder weniger stark magnetisiert und dadurch die Viskosität dieser Flüssigkeit verändert und somit die Getriebelager straffer oder weicher einstellt. Die Dämpfungseigenschaften der Motor- und Getriebelager haben speziell bei Sportwagen einen erheblichen Einfluß auf das Fahrverhalten. Mit steifen Lagern wird beim Einlenken in eine Kurve sowie bei schnellen Wechselkurven der verzögerte Kraftimpuls durch die Massenträgheit des Antriebsstranges deutlich reduziert und ein Nachdrängen des Fahrzeughecks minimiert.
Wird ein Antriebsaggregat, wie bei einem Rennwagen, fest mit der Karosserie verschraubt ist, führt dies zu einem stabileren und präziseren Fahrverhalten. Nachteile sind spürbare Ag-

gregatvibrationen und eine reduzierte Alltagstauglichkeit bei einer komfortorientierten Fahrweise. Weichere Lager filtern diese Vibrationen. Die dynamischen Getriebelager ermöglichen eine Kombination der beiden Vorteile und reduzieren zudem die vertikalen Schwingungen des Getriebes beim Beschleunigen unter Vollast. Das Ergebnis ist eine gleichmäßigere, höhere Antriebskraft an der Hinterachse mit höherer Traktion und besserer Beschleunigung. Das System garantiert in jeder Fahrsituation eine optimale Anbindung des Antriebsaggregats an die Karosserie und leistet damit einen entscheidenden Beitrag zur Verbesserung der Handlingeigenschaften bei gleichzeitig hohem Fahr- und Schwingungskomfort. Neu ist die Erweiterung des auf Wunsch erhältlichen Sport Chrono-Paketes, welches bei Fahrzeugen mit manuellem Schaltgetriebe im Sport Plus Modus automatisches Zwischengas beim Rückschalten umfaßt. Dadurch wird die Motordrehzahl bei schnellen Schaltvorgängen noch besser an den niedrigeren Gang angepaßt und der Fahrer kann Motorkraft oder -bremse besser nutzen.

Als Mittelmotor-Sportwagen ist der Cayman schon von Haus aus mit den richtigen Genen ausgestattet. Das neuentwickelte Fahrwerk des Sportcoupés kultiviert diese auf ein Niveau, welches deutlich über dem 987 Cayman liegt. Allein die Grundwerte schaffen dafür schon beste Voraussetzungen: 60 Millimeter mehr Radstand für einen stabileren Geradeauslauf bei hohen Geschwindigkeiten, eine breitere Spur an beiden Achsen für zusätzliche Agilität und Fahrstabilität in Kurven, größere weiterentwickelte Reifen für noch bessere Haftung bis in den Grenzbereich. An der Vorderachse ist die Spur des Cayman um 36 Millimeter verbreitert und die des Cayman S um 40 Millimeter. Auch an der Hinterachse stehen die beiden Cayman-Coupés um zwei beziehungsweise zwölf Millimeter breiter auf der Straße. Dabei garantieren fahrdynamische Sonderausstattungen wie das weiterentwickelte Porsche Active Suspension Management (PASM), das Porsche Torque Vectoring (PTV), die dynamische Motorlagerung und die optionalen 20-Zoll-Räder höchste Fahr-Performance.

Besonderen Wert legten die Porsche-Ingenieure bei der Entwicklung und Abstimmung des Cayman-Fahrwerks nicht nur auf Agilität und Fahrdynamik, sondern verbesserten gleichzeitig auch die Bereiche Komfort und Alltagstauglichkeit. So ist das Serienfahrwerk mit konventionellen hydraulischen Gasdruckstoßdämpfern komplett überarbeitet. Die neu konstruierte Vorderachse ist mit gewichtsoptimierten Leichtbau-McPherson-Federbeinen bestückt. Die neuen Federbeine sind kompakter ausgelegt, dadurch sind sie steifer und genauer in der Einhaltung des Radsturzes. Ein neues, leichtes Aluminium-Federbein-Stützlager trennt die Krafteinleitung von Dämpfer und Zusatzfeder und ermöglicht eine noch präzisere Fahrwerksabstimmung. Gleichzeitig wurde der Vorderachsquerträger crash- und steifigkeitsoptimiert ausgelegt. Durch eine Erhöhung der Anti-Dive-Eigenschaft reduziert sich das Eintauchen des Vorderwagens bei einer Vollbremsung und der Bremsweg wird dadurch kürzer. Die Hinterachse ist eine Weiterentwicklung auf Basis der bisherigen Achse. Wie bei der Vorderachse sind zahlreiche Bauteile erleichtert worden, ohne jedoch Nachteile in puncto Steifigkeit und Festigkeit in Kauf nehmen zu müssen. Der Großteil der Achskomponenten besteht aus Aluminium. Stark belastete Teile, wie der untere Achsquerträger, sind aus Festigkeitsgründen aus Stahlblech gefertigt und damit leichter und kompakter als vergleichbare Teile aus Aluminium.

Die elektromechanische Servolenkung der 991-Carrera-Generation verbessert auch die Agilität und die Reaktionsschnelligkeit des 981 Cayman. Der Vorteil gegenüber einer hydraulischen Servolenkung besteht in einem reduzierten Kraftstoffverbrauch von mindestens 0,1 Liter auf 100 Kilometer. Sie erhöht durch Zusatzfunktionen den Komfort und die Sicherheit. Es werden gezielt Rückmeldungen über das Lenkrad an den Fahrer weitergegeben, aber negative oder unnötige Störungen gezielt herausgefiltert. Schon bei niedriger Geschwindigkeit sorgt eine aktive Rückstellung der Lenkung für ein automatisches Rückführen des Lenkrads in die Mittellage. Beim Bremsen auf Fahrbahnoberflächen mit unterschiedlichen Reibwerten wird ein minimaler Lenkimpuls am Lenkrad in die zu steuernde Richtung gegeben, so daß das Fahrzeug durch den Fahrer einfacher stabilisiert und in der gewünschten Fahrtrichtung gehalten werden kann. Ein weiteres Merkmal ist die fahrdynamische Lenkinformation an den Fahrer, die ihm eine direkte Rückmeldung zum Fahrzustand vermittelt. Auf Wunsch ist die elektromechanische, geschwindigkeitsabhängige »Servolenkung Plus« lieferbar, die verringerte Lenkkräfte beim Rangieren bei niedrigen Geschwindigkeiten bis 50 km/h bereit hält.

Bisher war beim Cayman als Sonderausstattung nur eine mechanische Hinterachsquersperre zur Steigerung der Traktion lieferbar. Das Porsche Torque Vectoring (PTV), welches in Verbindung mit PASM lieferbar ist, kann noch wesentlich mehr, indem es die Kurvendynamik bereits ab dem Einlenken verbessert. PTV ist das intelligente Zusammenwirken der Hinterachsquersperre mit gezielten radselektiven Bremseneingriffen am kurveninneren Hinterrad, einer Zusatzfunktion des Porsche Stability Management (PSM). Bereits beim Einlenken wird das Bremsmoment aktiviert. Dadurch besitzt das kurvenäußere Hinterrad einen Antriebsmomentsüberschuß. Durch diese Momentendifferenz wirkt auf das Fahrzeug eine Drehkraft, welche den Lenkeinschlag zusätzlich unterstützt. Das Ergebnis ist ein deutlicher Zugewinn an Agilität mit progressiver Einlenkfunktion.

Die Hinterachsquersperre verbessert beim Herausbeschleunigen aus der Kurve die Traktion spürbar. In den Disziplinen Fahrdynamik und Fahrstabilität ist das PTV die ideale Ergänzung zum PSM. Während das PSM die Bremseneingriffe zur passiven Fahrzeugstabilisierung einsetzt, nutzt das PTV die Bremseneingriffe zur Steigerung der Agilität und Fahrdynamik. So sind die Bremseneingriffe des PTV auch bei abgeschaltetem PSM aktiv. Die in PTV enthaltene mechanische Hinterachsquersperre besitzt die gleiche asymmetrische Sperrwirkung von 22 Prozent im Zug und 27 Prozent im Schub wie im 987 Cayman. Das als Sonderausstattung erhältliche weiterentwickelte aktive Dämpfersystem PASM ist noch besser auf die Dynamik des Cayman abgestimmt. Über die vier zusätzlichen Vertikalsensoren an den Vorder- und Hinterrädern wird eine noch bessere, feinfühligere Regelung erreicht.

Eine optimal geregelte Dämpfung verbessert die Bodenhaftung des Fahrzeugs und sorgt damit für mehr Fahrstabilität, besseren Komfort, eine gesteigerte Performance und einen kürzeren Bremsweg. Der Fahrer kann über die PASM-Fahrwerktaste auf der Mittelkonsole zwischen den beiden Programmen »Normal« und »Sport« wählen. Das System agiert dabei auch in Abhängigkeit von der jeweiligen Fahrsituation, um die Fahrfreude nicht zu kurz kommen zu lassen. Bei ruhiger Autobahnfahrt werden nur moderate Dämpfkräfte angefordert, ändert sich diese in einen sportlichen Fahrstil so regelt das System automatisch nach und läßt den Fahrer den gewünschten direkten Kontakt zur Straße spüren.

Die Leistungsfähigkeit der Bremsanlage wird an die gesteigerten Fahrleistungen der 981-Cayman-Modelle angepaßt. Neben den neuen, steiferen Bremssätteln an der Vorderachse, der optimierten Bremsbelagführung und der größeren Bremsfläche wurde auch die Bremsscheibenkühlung verbessert. Neu gestaltete Luftleitschaufeln an Vorder- und Hinterachse sorgen für eine zusätzliche Bremsenkühlung. Beim Cayman sind an der Vorderachse gelochte, innenbelüftete Bremsscheiben mit einem Durchmesser von 315 Millimeter montiert, an der Hinterachse mit 299 Millimetern. Darüber hinaus verfügt der Cayman S über größere 330-Millimeter-Bremsscheiben an der Vorderachse, welche aus dem 911 Carrera stammen. Zur Steigerung der Verkehrssicherheit und zur Warnung des nachfolgenden Verkehrs pulsiert das Bremslicht des Cayman, sobald das ABS aktiv ist. Auf Wunsch steht auch weiterhin die im Rennsport erprobte Porsche Ceramic Composite Brake (PCCB) zur Verfügung. An der Vorder- und Hinterachse kommen bei allen Cayman-Modellen Bremsscheiben mit einem Durchmesser von 350 mm zum Einsatz. Die Bremssättel sind weiterhin gelb lackiert. An der Vorderachse kommen die 6-Kolben-Aluminium-Monobloc-Festsättel des 911 Carrera zum Einsatz.

Die Cayman-Modelle erhalten, wie alle Porsche-Baureihen, die elektrisch betätigte Parkbremse, die über eine Taste links an der Schalttafel bedient wird. Die elektrische Parkbremse wird manuell aktiviert und deaktiviert. Sie löst sich aber auch selbständig beim Anfahren, aber nur, wenn der Sicherheitsgurt angelegt ist. Beim Cayman verhindert das neue Stillstandsmanagement ein unerwünschtes Rollen des Fahrzeuges. Kommt das Fahrzeug beim Bremsen an einer Steigung zum Stillstand, wird die Auto-Hold-Funktionalität aktiv und der Bremsdruck über das PSM aufrechterhalten. Bei Fahrzeugen mit dem optionalen PDK hält das System das Fahrzeug auch, wenn der Fahrer das Fahrzeug an einer Steigung ausrollen läßt. Kommt das Fahrzeug ohne den Einfluß des Fahrers zum Stillstand, so wird der Bremsdruck über das PSM bis zum Wiederanfahren beibehalten. Nach fünf Minuten oder wenn der Fahrer das Fahrzeug verläßt, wird die Haltefunktion von der elektrischen Parkbremse übernommen.

Die 981-Cayman-Modelle rollen serienmäßig auf 18- und 19-Zoll-Rädern mit neu entwickelten Reifen. Beim Cayman sind vorne 8 J x 18-Räder mit 235/45 ZR 18-Reifen montiert und hinten 9 J x 18 mit 265/45 ZR 18. Der Cayman S erhält 19-Zoll-Räder. An der Vorderachse sind auf 8 Zoll breiten Felgen Reifen der Dimension 235/40 ZR 19 aufgezogen, an der Hinterachse eine 265/40 ZR 19-Bereifung auf 9,5 Zoll. Auffällig sind die gleichen Reifenquerschnitte an beiden Achsen bei verschiedener Reifenbreite, wodurch sich ein größerer Abrollumfang an der Hinterachse ergibt. Das optionale Räderprogramm für den 981 Boxster umfaßt das 20-Zoll-Carrera S-Rad, das 20-Zoll-Carrera-Classic-Rad in Bi-Color-Optik sowie das 20-Zoll-Sport-Techno-Rad aus dem Exclusive Programm. Optional sind für alle Räder auch weiterhin die Radnabenabdeckungen mit farbigem Porsche-Wappen lieferbar. Die neue Reifengeneration wurde in Bezug auf Handling, Bremsweg, Gewicht sowie Rollwiderstand optimiert. Die Reduzierung des Rollwiderstands um sieben Prozent gegenüber der vorherigen Reifengeneration trägt zur signifikanten Senkung des Kraftstoffverbrauchs bei. Durch die Vergrößerung des Abrollumfangs an der Vorder- und Hinterachse um jeweils vier Prozent gegenüber den Vorgängermodellen wurden der Fahrkomfort, aber auch die Handlingeigenschaften verbessert.

Die Ergonomie des Innenraums ist völlig neu gestaltet. In ihrer Grundfunktion ist sie aber von anderen Porsche-Modellen bekannt. Neben Ergonomie sind Funktionalität und Komfort weitere umgesetzte Entwicklungsziele. Das neue hochwertige Interieurdesign trägt die Formensprache der klaren Linien des Supersportwagens Carrera GT. Durch die nach vorne ansteigende Mittelkonsole mit dem hochgesetzten Schalt- bzw. Wählhebel fühlt sich der Fahrer jetzt noch stärker in das Cockpit eingebunden. Durch die kurzen Wege zwischen Lenkrad und Schalt- oder Wählhebel können Gangwechsel noch schneller ausgeführt werden, mit dem Resultat, das Fahrgefühl wird noch sportlicher.

Selbst im Innenraum setzt sich der Leichtbau konsequent fort, so ist der Cockpitträger aus besonders leichtem Magnesium-Druckguß gefertigt. Klassisch für den Cayman sind die drei Rundinstrumente mit dem großen zentralen Drehzahlmesser, dessen Zifferblatt beim Cayman in Schwarz, beim Cayman S in Silber ausgeführt ist. Eine Ganganzeige im Drehzahlmesser informiert den Fahrer über den eingelegten Gang, die Hochschaltempfehlung im Kombiinstrument dient als Orientierungshilfe für einen verbrauchsoptimierten Fahrstil. Die anderen Instrumente sind für beide Modelle schwarz hinterlegt. Neu ist der hoch auflösende 4,6-Zoll-VGA-Multifunktionsbildschirm im rechten Instrument. Er zeigt außer den wichtigsten Bordcomputerfunktionen auch die Kartendarstellungen des optionalen PCM mit Navigationsmodul. Die hochkant angeordneten Luftausströmer sind von Aluminiumblenden umrahmt, geben dem Cockpit, im Vergleich zum 911, eine individuelle Note. Das links neben dem Lenkrad angeordnete Zündschloß erzeugt den Übergang zur bekannten Cockpitumgebung. Zentral in Reichweite, im oberen Bereich der Mittelkonsole, ist der 7-Zoll-Touchscreen des serienmäßigen Audiosystems CDR angeordnet. Die dazu gehörenden Funktionstasten und Drehregler sind darunter angeordnet. Im Anschluß daran ist die Regeleinheit für die Zweizonen-Klimaanlage positioniert. Schalt- bzw. Wählhebel werden jeweils von mehreren Funktions-Tasten für Fahrdynamik- und Fahrwerkseinstellungen flankiert wird, welche sich schnell und intuitiv bedienen lassen.

Die serienmäßigen Sportsitze bieten dank einer um fünf Millimeter tieferen Sitzposition mehr Beinfreiheit für Fahrer und Beifahrer sowie mehr Langstreckenkomfort, aber auch guten Seitenhalt bei dynamischer Fahrweise. Die Seriensitze sind mechanisch längs- und höhenverstellbar, die Rückenlehne ist elektrisch in der Neigung einstellbar. Der Beinraum fällt im Vergleich zum 987 Cayman um 25 Millimeter länger aus und bietet damit mehr Komfort und Platz. Das Lenkrad ist mechanisch in Höhe und Abstand zum Armaturenbrett verstellbar. Der Längsverstellbereich wird um zehn Millimeter erweitert. Dadurch ist die bestmögliche Sitzposition auch für großgewachsene Fahrer bequem einstellbar. Die größere Heckklappe bietet einen besseren Zugang zum hinteren Gepäckraum, dessen Volumen bei dachhoher Beladung um 15 Liter auf 425 Liter ansteigt. Der Blickfang beim Öffnen der Heckklappe ist die Aluminiumblende, die sich zwischen den beiden Einfüllöffnungen für Kühlmittel und Motoröl quer über die Motorraumabdeckung erstreckt. Hinter den Kopfstützen spannt sich ein quer verlaufender Gepäckstopbügel, der ebenfalls aus gebürstetem Aluminium gefertigt ist.

Noch mehr Seitenhalt bieten die optionalen Sportsitze Plus. Sie verfügen über höhere Seitenwangen der Sitzflächen und -lehnen, eine stärkere Ausformung im Schulterbereich und ein eigenes Nahtbild. Diese vollelektrischen Sportsitze sind 14-fach verstellbar und stellen auch höchste Komfortansprüche zufrieden. Dazu gehören unter anderem elektrische Längs- und Höhenverstellung, elektrische Sitzkissentiefen und -neigungsjustierung sowie 4-Wege-Lordosenstützen für Fahrer und Beifahrer. Sie sind zudem mit der elektrischen Lenksäulenverstellung und dem Komfort-Memory-Paket kombiniert. Die Krönung des Sitzprogramms sind die Adaptiven Sportsitze Plus mit individuellem Nahtbild sowie 18-Wege-Verstellung und Memory-Paket. Diese bieten durch höhere, elektrisch verstellbare Seitenwangen der Sitzflächen und Sitzlehnen sowie stärkerer Ausformung im Schulterbereich zusätzlichen Seitenhalt. Als Sonderausstattung ist eine 3-stufige Sitzheizung lieferbar, welche über Schalter auf der Mittelkonsole regelbar ist. Für alle Sitzversionen ist optional eine Sitzbelüftung erhältlich, welche durch die Regulierung des Wärme- und Feuchtigkeitstransportes zur Konditionsverbesserung der Insassen beiträgt. Die Sitzbelüftung ist in drei Stufen individuell einstellbar.

Das umfangreiche Angebot an Individualausstattungen bietet unzählige Möglichkeiten, das Interieur des Cayman nach dem persönlichen Geschmack einzurichten. So können die Sportsitze auf Wunsch mit Leder an den Sitzseitenwangen oder den Sitzmittelbahnen bezogen werden. In diesem Lieferumfang sind die Armauflagen der Türverkleidungen, die Türzuziehgriffe, der Deckel des Ablagefachs auf der Mittelkonsole und die Hutze über den Instrumenten im Lederpaket enthalten. Umfangreiche Lederausstattungen in Serien- und Sonderfarben, in Bi-Color oder Naturleder stehen ebenfalls zur Wahl. Der Cayman ist weiterhin mit verschiedenen Lenkrädern lieferbar. Serienausführung ist das Sportlenkrad mit einem Glattlederlenkradkranz. Das Airbagmodul ist in Interieurfarbe ausgeführt. Bei Fahrzeugen mit PDK kann über die Schiebetasten am Lenkrad manuell geschaltet werden. Eine Lenkradheizung ist auf Wunsch erhältlich.

Als Sonderwunsch ist ein Multifunktionslenkrad lieferbar, welches über Tasten und Walzen eine einfache, schnelle und sichere Bedienung von Audio, Kommunikation sowie Bordcomputer während der Fahrt erlaubt. Eine weitere Option ist das besonders attraktiv gestaltete SportDesign-Lenkrad, welches in Verbindung mit PDK Leichtmetall-Schaltpaddles für manuelle Gangwechsel bietet. Das optionale Licht-Komfort-Paket schafft ein ganz besonderes Lichtambiente in einer weißen Lichtfarbe. Dazu sind LEDs in der Dachkonsole, den Sonnenblenden, im Bereich der Türgriffe der Türablagefächer und im Fußraum installiert. Eine stufenlos dimmbare Ausleuchtung des Innenraums ist möglich. Die Dimmung kann über das Kombiinstrument individuell geregelt werden.

Mit dem Fahrzeug-Generationswechsel erhält auch das optionale Porsche Communication Management (PCM) eine weiterentwickelte Ausbaustufe. Die aktuellste PCM-Generation mit Navigationsmodul bietet einige Neuerungen wie den hochauflösenden 7-Zoll-WVGA (Wide Video Graphics Array)-Bildschirm, die 3D-Navigationskarte mit City- und Terrain-Modell sowie überlagerter Satellitenkarte und Kartendarstellung auch im Kombiinstrument. Hinzu kommen neue Assistenzfunktionen, wie die auf Navigationsdaten basierende Tempolimit-Anzeige im PCM und Kombiinstrument und die visuelle Fahrspurinformation auf komplexen Kreuzungen. Das Radiosystem CDR mit integriertem CD-/DVD-Laufwerk ermöglicht die Audio-Wiedergabe von Audio- und Video-DVDs, aber auch von komprimierten Musikformaten. Für den Radioempfang können bis zu 48 Sender gespeichert werden, davon sind 42 Speicherplätze frei belegbar und sechs für die empfangsstärksten Sender »Best FM« reserviert. Mit dem optionalen TV-Tuner erweitert sich die Kapazität durch die 18 TV-Speicherplätze auf insgesamt 66 Speichermöglichkeiten. Die serienmäßige AUX-Schnittstelle wird um einen USB-Anschluß für diverse iPod®- und iPhone®-Modelle sowie sonstige MP3-Player erweitert. Die Bedienung dieser Geräte ist über die jeweiligen Opitionen PCM, Multifunktionslenkrad oder Sprachbedienung möglich. Dem PCM steht die Funktion Audioübertragung per Bluetooth® zur Verfügung. Damit können Audiodaten von externen Geräten wie Music-Playern oder Mobiltelefonen über die Bluetooth®-Schnittstelle des PCM übertragen oder Internetradio empfangen werden, wenn diese Funktion von einem mit Bluetooth® verbundenen Gerät angeboten wird. Die universelle Audio-Schnittstelle des PCM wurde so modifiziert, daß nun diverse iPod®- und iPhone®-Modelle über den USB-Anschluß mit dem Audiosystem verbunden werden können.

Als Sonderausstattung bietet Porsche für den Cayman drei weitere Soundsysteme an. Das optionale Sound-Package Plus enthält neun Lautsprecher, aufgeteilt in fünf Kanäle, sowie einen externen 235-Watt-Verstärker. Als Steigerung fungiert das optionale BOSE® Surround Sound-System mit 445 Watt Verstärkerleistung, zehn Lautsprechern, die von acht digitalen Verstärkerkanälen angesteuert werden. Highlight der Anlage ist der unsichtbar in die Rohbaustruktur integrierte Aktivsubwoofer mit Class-D-Endstufe und einem Membrandurchmesser von 130 Millimetern, der die tiefen Frequenzen in den Hohlraum im Bereich der A-Säule abstrahlt und für kräftige Bässe sorgt. In Verbindung mit dem PCM bietet das System bei der Musikwiedergabe von Audio- oder Video-DVD das Klangspektrum digitaler 5.1-Aufnahmen. Die neue Spitzenanlage bei den Soundsystemen hat Porsche in Zusammenarbeit mit dem Berliner High-End-Pionier Dieter Burmester für den Cayman entwickelt: Das Burmester® High-End Surround Sound-System. Mit den Erfahrungen aus den Systemen aus Panamera, Cayenne und 911 Carrera wird eine im Sportwagensegment herausragende Klangqualität und Gesamtleistung mit einer Gesamtmembranfläche von 1.340 cm² erreicht. Die Leistungsdaten zeigen dies eindrucksvoll in Zahlen: zwölf einzeln ansteuerbare Lautsprecher inklusive einem aktiven Rohbau-Subwoofer mit 140 Millimeter Membrandurchmesser und integrierten 300-Watt-Class-D-Endstufe; dazu zwölf Verstärker-Kanäle mit einer Gesamtleistung von 812 Watt.

Porsche bietet eine breite Palette weiterer Optionen für die 981-Cayman-Generation an, wie: Bi-Xenon-Hauptscheinwerfer mit Porsche Dynamic Light System (PDLS), Zweizonen-Klimaautomatik, elektrisch anklappbare Außenspiegel einschließlich Vorfeldbeleuchtung sowie ParkAssistent vorne und hinten mit Top-View. Erstmals bietet das Zuffenhausener Unternehmen das Porsche Entry & Drive in der Klasse des Cayman an, welches das schlüssellose und komfortable Ver- und Entriegeln der Türen und der Kofferräume sowie das Starten des Motors ermöglicht. Sobald der Fahrer den Türgriff berührt, fragt das System den Zugangscode ab, der im Schlüssel gespeichert ist. Ist dieser korrekt, entriegeln sich die Türen. Ebenso wird bei Annäherung an den Sensorbereich im Bug- oder Heckteil der jeweilige Gepäckraumdeckel entriegelt und kann danach geöffnet werden.

Für Cayman-Modelle mit PDK bietet Porsche eine neue Steigerungsmöglichkeit der Sicherheit und des Fahrkomforts an: Der Abstandsregeltempostat Adaptive Cruise Control (ACC) inklusive der Sicherheitsfunktion Porsche Active Safe (PAS). ACC basiert auf einem Radarsensor im mittleren Bugteil, der den Bereich vor dem Fahrzeug bis zu 200 Metern auf der Fahrbahn erfaßt. Die ACC hält einen in vier Stufen vorwählbaren, geschwindigkeitsabhängigen Abstand zu einem vorausfahrenden Fahrzeug ein und paßt die Fahrgeschwindigkeit auch bis zum Fahrzeugstillstand automatisch an. Durch diese Funktion wird der Fahrer insbesondere bei zähfließendem Verkehr und in Stausituationen entlastet. PAS baut auf diesem System auf und kann Auffahrunfälle, auch bei ausgeschaltetem ACC, vermeiden helfen. Das Frontradarsystem prüft permanent den Verkehr auf deutlich langsamer vorausfahrende Fahrzeuge. Sobald das System eine drohende Gefahrensituation erkennt, wird die Bremsanlage vorkonditioniert und der Bremsassistent sensibilisiert. Wird die Gefahrensituation kritischer, gibt PAS ein akustisches und optisches Warnsignal aus, zudem wird der Fahrer durch einen Bremsruck auf das notwendige Eingreifen hingewiesen. Reagiert der Fahrer jetzt nicht mit einer angemessenen Bremsung, verstärkt das System den Bremsdruck je nach Situation bis hin zu einer Vollbremsung.

Der Cayman beschleunigt von null bis 100 km/h in 5,7 Sekunden, mit der optionalen PDK in 5,6 Sekunden (5,4 Sekunden mit Sport Chrono Paket). Die Höchstgeschwindigkeit wird mit Schaltgetriebe bei 266 km/h erreicht, mit PDK bei 264 km/h. Noch schneller geht die Beschleunigung im Cayman S. Aus dem Stand wird die 100 Stundenkilometer-Marke handgeschaltet in 5,0 Sekunden durcheilt. Mit PDK ohne Zugkraftunterbrechung vergehen nur 4,9 Sekunden (4,7 Sekunden mit Sport Chrono Paket). Erst bei einer Höchstgeschwindigkeit von 283 km/h, mit PDK von 281 km/h, endet der Vortrieb.

Modelljahr 2014/15 (F-Programm)

Auf der Auto China in Peking feiert Porsche die Weltpremiere des Cayman GTS am 20. April 2014. Als weitere Neuheit präsentiert die Sportwagenschmiede den Boxster GTS. Die Markteinführung des Cayman GTS beginnt ab Mai 2014. Im November 1963 hatte Porsche den 904 Carrera GTS auf der Solitude vorgestellt. Die Abkürzung GTS steht für Gran Turismo Sport. Mit dem Cayman GTS hat das Zuffenhausener Unternehmen erstmals wieder ein Mittelmotor-Coupé mit der Abkürzung GTS im Programm. Porsche GTS-Modelle unterscheiden sich von den Basis- und S-Modellen durch eigenständige Erkennungsmerkmale.

Im neuen, markant gestalteten Bugteil mit angepaßter Spoilerlippe fallen die drei vergrößerten, schwarzumrandeten Lufteinlässe auf. In den äußeren Lufteinlässen bilden schwarz eingefaßte, ebenfalls schwarz-abgedunkelte, LED-Tagfahrleuchten eine konturierte Lichtlinie. Als einziger Cayman ist der GTS mit einem dritten, in der Mitte platzierten Kühler ausgestattet, um den Kühlbedarf auch bei höchst dynamischer Fahrweise sicherstellen zu können. Abgedunkelte Bi-Xenon-Scheinwerfer mit serienmäßigem Porsche Dynamic Light System (PDLS) unterstreichen das besonders sportlich-dynamische Frontdesign. Abhängig von Fahrgeschwindigkeit und Lenkwinkel schwenkt das dynamische Abblendlicht den Lichtkegel der Hauptscheinwerfer zur Ausleuchtung enger Kurven oder beim Abbiegen. Zudem ist die geschwindigkeitsabhängige Fahrlichtsteuerung in das System integriert, welche den Lichtkegel in Abhängigkeit von der Geschwindigkeit adaptiert. Die Lichtintensität wird für eine bessere Sicht gesteuert. Weitere Elemente des Cayman GTS sind in der Kontrastfarbe Schwarz gehalten, zudem ist die Dachleiste hochglänzend ausgeführt. Bei den abgedunkelten Heckleuchten sind die Innenbauteile partiell in Schwarz ausgeführt. Äußeres Erkennungsmerkmal der Sportabgasanlage sind die beiden runden schwarzchromatierten Endrohre, die mittig durch das Heckunterteil mit Diffusoroptik und geschlossenen Finnen ins Freie münden. Bedingt durch die geänderten Bug- und Heckteile wächst die Karosserielänge um 30 Millimeter. Die Exterieur-Schriftzüge, wie das »GTS«-Dekor auf den Türen sowie »PORSCHE« und »Cayman GTS« auf dem Heckdeckel, sind in Schwarz-Seidenglanz ausgeführt und signalisieren dezent aber unmißverständlich das neue Cayman-Spitzenmodell.

Erstmals bietet Porsche den Cayman in der Lackfarbe Karminrot an, diese bleibt bis Juni 2014 exklusiv dem GTS-Modell vorenthalten. Auf Wunsch können die farblichen Umfänge noch erweitert werden. Exklusiv für den Cayman GTS ist das »GTS-Exterieur-Paket schwarz« lieferbar. In schwarzem Hochglanzlack sind alle Kunststoffteile wie der Bugspoiler, die Lufteinlässe vorne und in den Fondseitenteilen, die Außenspiegel-Unterschalen, Heckunterteil sowie die Schriftzüge auf dem Heckdeckel ausgeführt.

Beim Cayman GTS kommt der bislang stärkste 6-Zylinder-Boxermotor der Mittelmotor-Coupé-Baureihe zum Einsatz. Das GTS-Triebwerk basiert auf dem 3,4-Liter-Aggregat des Cayman S. Durch optimierte Gaswechsel der variablen Einlaßnockenwellensteuerung VarioCam Plus mit Ventilhubverstellung, einer Sportabgasanlage und einem feinabgestimmten Motormanagement steigt die Leistung um 15 PS (11 kW). Das Ergebnis ist eine Motorleistung von 340 PS (250 kW) bei 7.400 Umdrehungen pro Minute. In einem Drehzahlbereich von 4.750/min bis 5.800/min liegt ein um 10 Newtonmeter gesteigertes maximales Drehmoment von 380 Newtonmetern an der Kurbelwelle an. Perfekte Anschlüsse der Gänge beim Herausbeschleunigen sind damit sicher. Der Sportmotor verbindet ein spontanes Ansprechverhalten mit einem harmonischen Drehmomentverlauf, ausgeprägter Drehfreude sowie hoher Leistung im oberen Drehzahlbereich bis zu einer Abregeldrehzahl von 7.800 Touren. Die auf den Cayman GTS abgestimmte Edelstahl-Sportauspuffanlage verbindet kultivierte Dämpfung sowie ein emotionales Klangspektrum mit verringertem Abgasgegendruck. Per Knopfdruck oder über die Sport Plus-Taste in der Mittelkonsole kann der Fahrer die Sportauspuffanlage aktivieren. In Abhängigkeit zur Fahrsituation steuert das Motormanagement die Schaltklappen. Das Triebwerk erfüllt die Abgasnorm Euro 6.

Serienmäßig ist der Cayman GTS mit einem 6-Gang-Schaltgetriebe ausgerüstet, dessen Übersetzungsverhältnisse analog zum Cayman S ausgelegt sind. Als Sonderausstattung bietet Porsche das 7-Gang-Doppelkupplungsgetriebe (PDK) an.

Einen entscheidenden Anteil an der hervorragenden Fahrdynamik hat die um 10 Millimeter tiefergelegte Karosserie mit dem serienmäßigen adaptiven Dämpfersystem PASM, welches zusammen mit dem Sport Chrono-Paket auf Knopfdruck den Wechsel zwischen Fahrkomfort im Alltag mit ausgeprägter Langstreckentauglichkeit und progressiver Sportlichkeit auf der Rennstrecke erlaubt. Das Paket bietet als Besonderheit dynamische Getriebelager, welche in Abhängigkeit von der jeweiligen Fahrsituation ihre Steifigkeit und Dämpfung verändern. Durch Aktivieren der Sport Plus-Taste werden die Lager härter, das serienmäßige PASM-Fahrwerk straffer und die Sportabgasanlage entdrosselt. Beim Zurückschalten des 6-Gang-Schaltgetriebes wird automatisch Zwischengas gegeben, um die Motordrehzahl bei schnellen Schaltvorgängen noch besser an den niedrigeren Gang anzupassen. Mit dem auf Wunsch lieferbaren Porsche Torque Vectoring (PTV) kann das fahrdynamische Potential des Cayman GTS noch erweitert werden. Im PTV wirken radselektive Bremseneingriffe mit einer mechanischen Hinterachsquersperre intelligent zusammen. Im Wesentlichen verbessern gezielte Bremseneingriffe am kurveninneren Hinterrad das Lenkverhalten, die Lenkpräzision und die Agilität des Fahrzeugs. Die Hinterachsquersperre, mit einer asymmetrischen Sperrwirkung von 22 Prozent im Zug und 27 Prozent im Schub, verbessert das Traktionsvermögen beim Herausbeschleunigen aus Kurven deutlich.

Die Leistungsfähigkeit der Cayman-S-Bremsanlage reicht auch für die gesteigerten Fahrleistungen des Cayman GTS aus. Auf Wunsch steht auch für den Cayman GTS die im Rennsport erprobte Porsche Ceramic Composite Brake (PCCB) zur Verfügung. An der Vorder- und Hinterachse kommen Bremsschei-

ben mit einem Durchmesser von 350 Millimetern zum Einsatz. Die Bremssättel sind gelb lackiert. Die Vorderachse ist mit den 6-Kolben-Festsätteln des 911 Carrera ausgerüstet, die Hinterachse mit 4-Kolben-Festsätteln.
Der Cayman GTS rollt serienmäßig auf 20-Zoll-Carrera-S-Rädern, die auf Wunsch auch komplett in Schwarz-Seidenglanz lieferbar sind. An der Vorderachse sind auf 8 Zoll breiten Felgen Reifen der Dimension 235/35 ZR 20 aufgezogen, an der Hinterachse eine 265/35 ZR 20-Bereifung auf 9,5 Zoll. Die Bereifung wird beim Fahren permanent durch die serienmäßige Luftdruckkontrolle RDK überwacht. Das optionale Räderprogramm für den Cayman umfaßt erstmals die geschmiedeten 20-Zoll-911-turbo-Räder sowie die 20-Zoll-Carrera-Classic-Räder in Bi-Color-Optik (titanfarben/glanzgedreht). Diese sind vorne 8,5 Zoll und hinten 10 Zoll breit. Die Dimensionen der Reifen entsprechen der Serie.
Das Interieur präsentiert sich analog zu den anderen GTS-Modellen im Porsche-Programm in einer schwarzen Leder-Alcantara-Ausstattung. Serienmäßig sind die Sportsitze Plus mit erhöhten Seitenwangen, stärkerer Ausformung des Schulterbereichs und speziellem Nahtbild mit elektrischer Lehnenverstellung sowie manueller Längs- und Höhenverstellung installiert. Die Schalen der Rückenlehnen sind silbergrau lackiert. In schwarzem Glattleder sind das Schalttafeloberteil inklusive Airbagdeckel, die Instrumentenabdeckung, das Airbagmodul des Lenkrads, die Mittelkonsole und deren Seitenteile, das Oberteil der Türverkleidungen, die Sitzwangen an Sitzflächen und -lehnen sowie die Kopfstützen überzogen. Je ein »GTS«-Schriftzug ist in schwarzem Garn auf den Kopfstützen eingestickt. Die Mittelbahnen der serienmäßigen Sportsitze Plus sind mit Alcantara bezogen und unterstreichen das hochwertige Ambiente. Mit schwarzem Alcantara sind zudem das Unterteil der Schalttafel inklusive des Handschuhfachdeckels, die Mittelbahn des Ablagefachdeckels der Mittelkonsole, Türzuziehgriffe, Türarmauflagen, Türtafeln, die A-Säulen, der Dachhimmel, der Kranz des serienmäßigen Sport Design-Lenkrads sowie der Schalt- bzw. der PDK-Wählhebel aufgewertet. Im Vergleich zum Cayman S sind zusätzliche Interieurteile wie die Zierblenden der Türtafeln und die Türzuziehgriffe in Galvanosilber ausgeführt. Ein »GTS«-Schriftzug ziert das schwarze Zifferblatt des Drehzahlmessers. Auf Wunsch können erstmalig die Zierleisten im Innenraum in schwarzeloxiertem Aluminium ausgeführt werden. Die Einstiegsleisten tragen ebenfalls einen schwarzen »GTS«-Schriftzug.
Porsche bietet für die serienmäßige Leder-Alcantara-Ausstattung das »Interieur-Paket GTS« als Option in zwei Versionen mit den Kontrastfarben Karminrot und Rhodiumsilber an. Alle Ziernähte und der »GTS«-Schriftzug auf den Kopfstützen sind im entsprechenden Farbton abgesetzt. Die Nähte der schwarz eingefaßten Fußmatten und der eingestickte »Porsche«-Schriftzug sind in der jeweiligen Farbe ausgeführt. Selbst die Sicherheitsgurtränder tragen die Kontrastfarbe. Das Zifferblatt des Drehzahlmessers ist in der Kontrastfarbe lackiert. Die Zierblenden an Schalttafel, Mittelkonsole und Türtafeln sind mit Carbon beschichtet. Zudem sind alle Interieurfarben bei Vollederausstattung lieferbar. Für besonders anspruchsvolle Kunden sind optional die adaptiven Sportsitze Plus mit 18-Wege-Einstellung oder leichte Sportschalensitze mit integriertem Thorax-Airbag lieferbar. Selbstverständlich bietet Porsche auch die vom Cayman S bekannten Sonderausstattungen an.
Im Zuge der Markteinführung des Cayman GTS erweitert Porsche die Sonderausstattungen für die Mittelmotor-Coupés. Den Mittelpunkt bilden zwei kamerabasierte Assistenzsysteme. Das Erste ist das Porsche Dynamic Light System plus (PDLS plus), welches auf dem im Cayman GTS serienmäßig verbauten Lichtsystem basiert und um eine automatische Fernlichtsteuerung erweitert worden ist. Eine am Innenspiegel verbaute Kamera erkennt die Heckleuchten der vorausfahrenden und die Scheinwerfer der entgegenkommenden Fahrzeuge. Entsprechend wechselt das System gleitend zwischen Fern- und Abblendlicht. Als weitere Zusatzausstattung steht, in Verbindung mit dem Porsche Communication Management (PCM), eine Verkehrszeichenerkennung, die auch Zusatzschilder erkennt, zur Verfügung. Mittels Kamera erkennt das System die Verkehrszeichen von Geschwindigkeitsbegrenzungen und Überholverboten sowie deren spätere Aufhebung. Als weitere Sonderausstattung steht der Park Assistent mit Ultraschallsensoren in den Bug- und Heckverkleidungen sowie einer Rückfahrkamera in der Optionsliste. Über das PCM-Display kann der Fahrweg mit dem jeweils aktuellen Lenkeinschlag nachverfolgt werden. Eine transparente, rechteckige Farbfläche im Bildschirm stellt den Parkbereich des Fahrzeugs dar und bietet eine zusätzliche Unterstützung beim Einparken. Die Bilder der Rückfahrkamera können mit der Draufsicht des Park Assistent kombiniert werden.
Die gesteigerte Motorleistung wirkt sich spürbar positiv auf das Leistungsgewicht des Cayman GTS aus, mit Schaltgetriebe liegt es bei nur 3,96 Kilogramm pro PS, mit optionalem PDK bei genau 4,00 Kilogramm pro PS. Entsprechend profitieren auch die Fahrleistungen davon. Handgeschaltet beschleunigt der Cayman GTS in 4,9 Sekunden aus dem Stand auf 100 Stundenkilometer. Mit PDK ohne Zugkraftunterbrechung vergehen nur 4,8 Sekunden bzw. 4,6 Sekunden mit dem serienmäßigen Sport Chrono-Paket und aktivierter Launch Control. Erst bei einer Höchstgeschwindigkeit von 285 km/h, mit PDK von 283 km/h, halten sich Motorleistung und Fahrwiderstände die Waage.

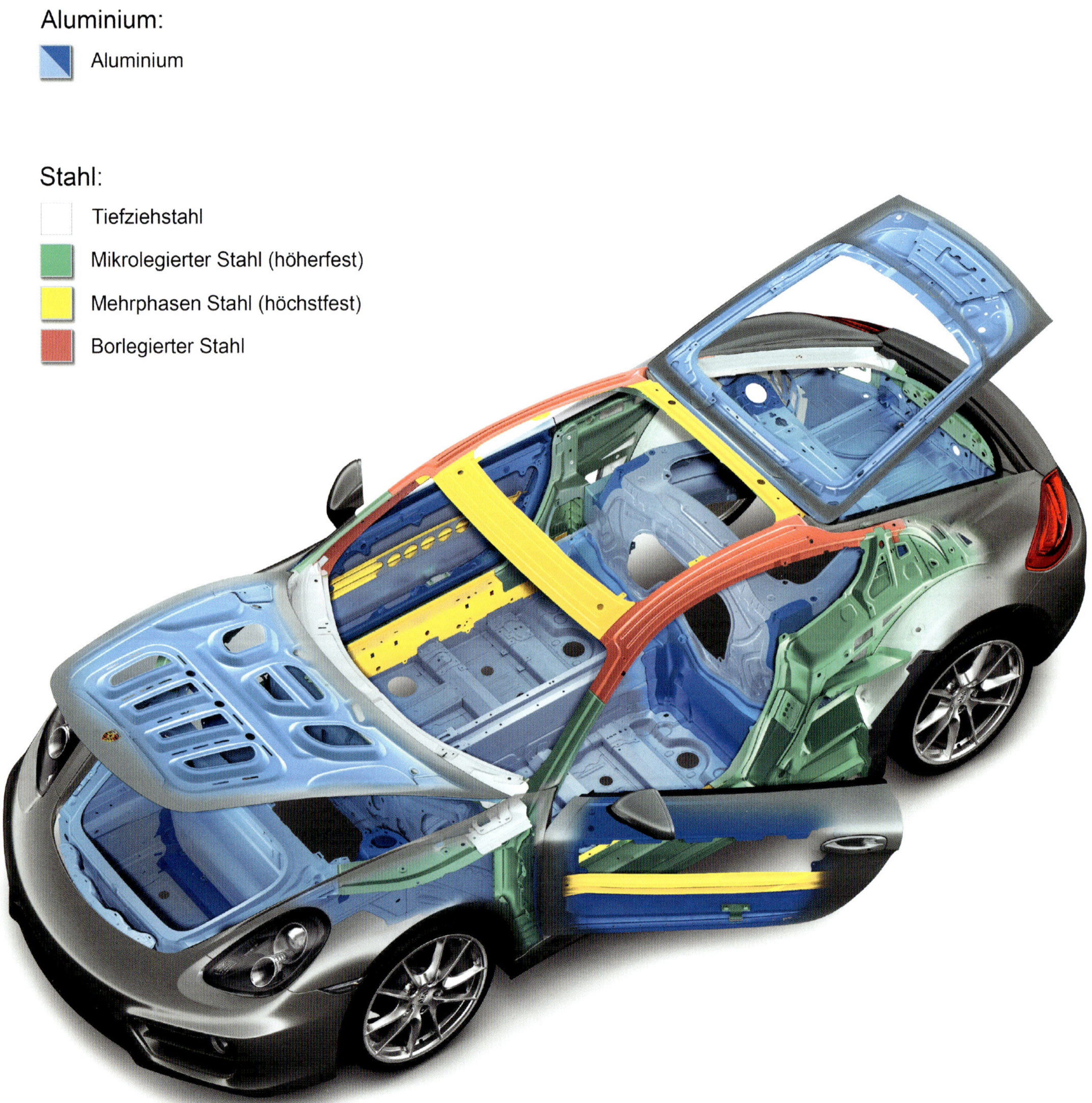

Aluminium:

Aluminium

Stahl:

Tiefziehstahl

Mikrolegierter Stahl (höherfest)

Mehrphasen Stahl (höchstfest)

Borlegierter Stahl

Karosserieaufbau und Materialmix des Cayman

981 Cayman [PDK] ab MJ 2013/14

Motor

Bauart:	6-Zylinder-Boxermotor, Resonanzansauganlage
Einbauposition:	Mittelmotor
Kühlung:	wassergekühlt
Motor-Typ:	MA 122C
Hubraum (cm³):	2706
Bohrung x Hub:	89 x 72,5
Leistung (kW/PS):	202/275 bei 7400/min
Belgien:	155/211 bei 5100–7400/min
Drehmoment (Nm):	290 bei 4500–6500/min
Belgien:	290 bei 4500–5100/min
Max. Drehzahl:	7800
Literleistung (kW/l / PS/l):	74,6 / 101,6
Belgien:	57,3 / 78,0
Verdichtung:	12,5 : 1
Ventilsteuerung:	dohc über Doppelkette, 4 Ventile pro Zylinder, gebaute Nockenwellen, VarioCam Plus, Einlaß-Nockenwellenverstellung, Ventilhubschaltung
Motorsteuerung:	Digitale-Motor-Elektronik Continental SDI 9, E-Gas, Benzin-Direkteinspritzung Direct Fuel Injection-DFI, sequentielle Ansteuerung der Mehrloch-Hochdruckinjektoren, ruhende Hochspannungsverteilung, Einzelzündspulen, zylinderselektive Klopfregelung, Stereo-Lambdaregelung
Zündfolge:	1 - 6 - 2 - 4 - 3 - 5
Schmierung:	Integrierte Trockensumpfschmierung
Ölmenge (l):	10,1

Kraftübertragung

Antrieb:	Heckantrieb
Schaltgetriebe:	6-Gang
Sonderwunsch PDK:	[7-Gang]
Getriebe-Typ:	G 81.00 [CG 2.05]
Übersetzungen:	
1. Gang:	3,667 [3,909]
2. Gang:	2,050 [2,292]
3. Gang:	1,462 [1,654]
4. Gang:	1,133 [1,303]
5. Gang:	0,972 [1,081]
6. Gang:	0,841 [0,881]
7. Gang:	[0,617]
Rückwärtsgang:	3,333 [3,545]
Achsübersetzung:	3,889 [3,250]

Karosserie, Fahrwerk, Bremse, Räder und Reifen

Karosserie:	2-türige, 2-sitzige, selbsttragende Coupé-Karosserie mit großer Heckklappe, Aluminium-Stahl-Verbundbauweise, Aluminium-Front- und Heckdeckel, Aluminium-Türen, Bug- und Heckverkleidungen aus Kunststoff, automatisch ausfahrbarer Heckflügel
Vorderradaufhängung:	Einzelradaufhängung, McPherson-Federbeine mit Leichtmetall-Querlenkern, Leichtmetall-Radträger, Querträger, Schraubenfedern, Gasdruckdämpfer, Stabilisator
Hinterradaufhängung:	Einzelradaufhängung, McPherson-Federbeine mit Leichtmetall-Querlenkern, Leichtmetall-Radträger, Hinterachshilfsrahmen, Schraubenfedern, Gasdruckdämpfer, Stabilisator
Bremse v/h (Durchm. x B (mm)):	innenbelüftete gelochte Scheiben (315 x 28) / innenbelüftete gelochte Scheiben (299 x 20) schwarze 4-Kolben-Monobloc-Aluminium-Festsättel/ schwarze 4-Kolben-Monobloc-Aluminium-Festsättel Bosch ABS 9.0
Sonderwunsch:	Porsche Ceramic Composite Brake (PCCB) innenbelüftete gelochte Keramikfaser-Scheiben (350 x 34) / innenbelüftete gelochte Keramikfaser-Scheiben (350 x 28) gelbe 6-Kolben-Monobloc-Aluminium-Festsättel / gelbe 4-Kolben-Monobloc-Aluminium-Festsättel
Räder v/h:	8 J x 18 – ET 57 / 9 J x 18 – ET 47
Reifen v/h:	235/45 ZR 18 / 265/45 ZR 18
Sonderwunsch:	8 J x 19 – ET 57 / 9,5 J x 19 – ET 45 235/40 ZR 19 / 265/40 ZR 19 8 J x 20 – ET 57 / 9,5 J x 20 – ET 45 235/35 ZR 20 / 265/35 ZR 20 8 J x 20 – ET 57 / 10 J x 20 – ET 50 235/35 ZR 20 / 265/35 ZR 20

Elektrik

Lichtmaschinenleistung (W):	2100
Batterie (Ah/A):	70 / 450

Abmessungen, Gewichte und Volumen

Spurweite v/h (mm):	1526 / 1536
mit 8 J x 19 / 9,5 J x 19:	1526 / 1540
mit 8 J x 20 / 9,5 J x 20:	1526 / 1540
mit 8 J x 20 / 10 J x 20:	1526 / 1530
Radstand (mm):	2475
Maße (L x B x H (mm)):	4380 x 1801 x 1294
mit PASM und 19-Zoll:	4380 x 1801 x 1287
Leergewicht nach DIN (kg):	1310 [1340]
zul. Gesamtgewicht (kg):	1655 [1685]
Kofferraumvolumen v/h (VDA (l)):	150 / 275
Tankvolumen (l):	64
C_W x A (m²):	0,30 x 2,00 = 0,6
Leistungsgewicht (kg/kW / kg/PS):	6,49 [6,63] / 4,76 [4,87]
Belgien:	8,45 [8,65] / 6,21 [6,35]

Kraftstoffverbrauch

nach Euro 5 im NEFZ (l/100 km):	98 ROZ Super plus bleifrei
Innerstädtisch:	11,4 [10,6]
Außerstädtisch:	6,3 [5,9]
Gesamt:	8,2 [7,7]
CO_2-Emissionen (g/km):	192 [180]

Fahrleistungen, Stückzahlen, Preise

Beschleunigung 0–100 km/h (s):	5,4 [5,3] [5,1]*
0–160 km/h (s):	12,9 [12,8] [12,5]*
0–200 km/h (s):	21,0 [20,9] [20,6]*
Höchstgeschw. (km/h):	266 [264]
Belgien:	246 [244]
*mit Sport Plus-Taste gedrückt	
Stückzahl:	in Produktion
Listenpreise:	
12/2012:	Euro 51.385,00 [Euro 54.211,25]
01/2013:	Euro 51.385,00 [Euro 54.211,25]
06/2013:	Euro 51.385,00 [Euro 54.211,25]
03/2014:	Euro 51.385,00 [Euro 54.211,25]

981 Cayman S [PDK] ab MJ 2013/14

Motor

Bauart:	6-Zylinder-Boxermotor, Resonanzansauganlage 1-stufig schaltbar
Einbauposition:	Mittelmotor
Kühlung:	wassergekühlt
Motor-Typ:	MA 123C
Hubraum (cm³):	3436
Bohrung x Hub:	97 x 77,5
Leistung (kW/PS):	239/325 bei 7400/min
Drehmoment (Nm):	370 bei 4500–5800/min
Max. Drehzahl;	7800
Literleistung (kW/l / PS/l):	69,6 / 94,6
Verdichtung:	12,5 : 1
Ventilsteuerung:	dohc über Doppelkette, 4 Ventile pro Zylinder, gebaute Nockenwellen, VarioCam Plus, Einlaß-Nockenwellenverstellung, Ventilhubschaltung
Motorsteuerung:	Digitale-Motor-Elektronik Continental SDI 9, E-Gas, Benzin-Direkteinspritzung Direct Fuel Injection-DFI, sequentielle Ansteuerung der Mehrloch-Hochdruckinjektoren, ruhende Hochspannungsverteilung, Einzelzündspulen, zylinderselektive Klopfregelung, Stereo-Lambdaregelung
Zündfolge:	1 - 6 - 2 - 4 - 3 - 5
Schmierung:	Integrierte Trockensumpfschmierung
Ölmenge (l):	10,1

Kraftübertragung

Antrieb:	Heckantrieb
Schaltgetriebe:	6-Gang
Sonderwunsch PDK:	[7-Gang]
Getriebe-Typ:	G 81.20 [CG 2.25]
Übersetzungen:	
1. Gang:	3,308 [3,909]
2. Gang:	1,950 [2,292]
3. Gang:	1,407 [1,654]
4. Gang:	1,133 [1,303]
5. Gang:	0,950 [1,081]
6. Gang:	0,814 [0,881]
7. Gang:	[0,617]
Rückwärtsgang:	3,000 [3,545]
Achsübersetzung:	3,889 [3,250]

Karosserie, Fahrwerk, Bremse, Räder und Reifen

Karosserie:	2-türige, 2-sitzige, selbsttragende Coupé-Karosserie mit großer Heckklappe aus vollverzinktem Stahlblech, Aluminium-Fronthaube, Bug- und Heckverkleidungen aus Kunststoff, automatisch ausfahrbarer Spaltflügel
Vorderradaufhängung:	Einzelradaufhängung, McPherson-Federbeine mit Leichtmetall-Querlenkern, Leichtmetall-Radträger, Querträger, Schraubenfedern, Gasdruckdämpfer, Stabilisator
Hinterradaufhängung:	Einzelradaufhängung, McPherson-Federbeine mit Leichtmetall-Querlenkern, Leichtmetall-Radträger, Hinterachshilfsrahmen, Schraubenfedern, Gasdruckdämpfer, Stabilisator
Bremse v/h (Durchm. x B (mm)):	innenbelüftete gelochte Scheiben (330 x 28) / innenbelüftete gelochte Scheiben (299 x 24) rote 4-Kolben-Monobloc-Aluminium-Festsättel / rote 4-Kolben-Monobloc-Aluminium-Festsättel Bosch ABS 9.0
Sonderwunsch:	Porsche Ceramic Composite Brake (PCCB) innenbelüftete gelochte Keramikfaser-Scheiben (350 x 34) / innenbelüftete gelochte Keramikfaser-Scheiben (350 x 28) gelbe 6-Kolben-Monobloc-Aluminium-Festsättel / gelbe 4-Kolben-Monobloc-Aluminium-Festsättel
Räder v/h:	8 J x 19 – ET 57 / 9,5 J x 19 – ET 45
Reifen v/h:	235/40 ZR 19 / 265/40 ZR 19
Sonderwunsch:	8 J x 20 – ET 57 / 9,5 J x 20 – ET 45 235/35 ZR 20 / 265/35 ZR 20 8 J x 20 – ET 57 / 10 J x 20 – ET 50 235/35 ZR 20 / 265/35 ZR 20

Elektrik

Lichtmaschinenleistung (W):	2100
Batterie (Ah/A):	70 / 450

Abmessungen, Gewichte und Volumen

Spurweite v/h (mm):	1526 / 1540
mit 8 J x 20 / 9,5 J x 20:	1526 / 1540
mit 8 J x 20 / 10 J x 20:	1526 / 1530
Radstand (mm):	2475
Maße (L x B x H (mm)):	4380 x 1801 x 1295
mit PASM und 20-Zoll:	4380 x 1801 x 1284
Leergewicht nach DIN (kg):	1320 [1350]
zul. Gesamtgewicht (kg):	1665 [1695]
Kofferraumvolumen v/h (VDA (l)):	150 / 275
Tankvolumen (l):	64
C_W x A (m²):	0,30 x 2,00 = 0,6
Leistungsgewicht (kg/kW / kg/PS):	5,52 [5,64] / 4,06 [4,15]

Kraftstoffverbrauch

nach Euro 5 im NEFZ (l/100 km):	98 ROZ Super plus bleifrei
Innerstädtisch:	12,2 [11,2]
Außerstädtisch:	6,9 [6,2]
Gesamt:	8,8 [8,0]
CO_2-Emissionen (g/km):	206 [188]

Fahrleistungen, Stückzahlen, Preise

Beschleunigung 0–100 km/h (s):	5,0 [4,9] [4,7]*
0–160 km/h (s):	10,8 [10,7] [10,5]*
0–200 km/h (s):	17,2 [17,1] [16,9]*
Höchstgeschw. (km/h):	283 [281]
***mit Sport Plus-Taste gedrückt**	
Stückzahl:	in Produktion
Listenpreise:	
12/2012:	Euro 64.118,00 [Euro 66.944,25]
01/2013:	Euro 64.118,00 [Euro 66.944,25]
06/2013:	Euro 64.118,00 [Euro 66.944,25]
03/2014:	Euro 64.118,00 [Euro 66.944,25]

981 CAYMAN GTS [PDK] AB MJ 2014/15

MOTOR

Bauart:	6-Zylinder-Boxermotor, Resonanzansauganlage 1-stufig schaltbar
Einbauposition:	Mittelmotor
Kühlung:	wassergekühlt
Motor-Typ:	MA 123E
Hubraum (cm³):	3436
Bohrung x Hub:	97 x 77,5
Leistung (kW/PS):	250/340 bei 7400/min
Drehmoment (Nm):	380 bei 4750-5800/min
Max. Drehzahl;	7800
Literleistung (kW/l / PS/l):	72,8 / 99,0
Verdichtung:	12,5 : 1
Ventilsteuerung:	dohc über Doppelkette, 4 Ventile pro Zylinder, gebaute Nockenwellen, VarioCam Plus, Einlaß-Nockenwellenverstellung, Ventilhubschaltung
Motorsteuerung:	Digitale-Motor-Elektronik Continental SDI 9, E-Gas, Benzin-Direkteinspritzung Direct Fuel Injection - DFI, 120 bar, sequentielle Ansteuerung der Mehrloch-Hochdruckinjektoren, Continental VDO XL2, ruhende Hochspannungsverteilung, Einzelzündspulen, zylinderselektive Klopfregelung, Stereo-Lambdaregelung
Zündfolge:	1 - 6 - 2 - 4 - 3 - 5
Schmierung:	Integrierte Trockensumpfschmierung
Ölmenge (l):	10,1

KRAFTÜBERTRAGUNG

Antrieb:	Heckantrieb
Schaltgetriebe:	6-Gang
Sonderwunsch PDK:	[7-Gang]
Getriebe-Typ:	G 81.20 [CG 2.25]
Übersetzungen:	
1. Gang:	3,308 [3,909]
2. Gang:	1,950 [2,292]
3. Gang:	1,407 [1,654]
4. Gang:	1,133 [1,303]
5. Gang:	0,950 [1,081]
6. Gang:	0,814 [0,881]
7. Gang:	[0,617]
Rückwärtsgang:	3,000 [3,545]
Achsübersetzung:	3,889 [3,250]

KAROSSERIE, FAHRWERK, BREMSE, RÄDER UND REIFEN

Karosserie:	2-türige, 2-sitzige, selbsttragende Coupé-Karosserie mit großer Heckklappe aus vollverzinktem Stahlblech, Aluminium-Fronthaube, Bug- und Heckverkleidungen aus Kunststoff, automatisch ausfahrbarer Spaltflügel
Vorderradaufhängung:	Einzelradaufhängung, McPherson-Federbeine mit Leichtmetall Querlenkern, Leichtmetall Radträger, Querträger, Schraubenfedern, Gasdruckdämpfer, Stabilisator
Hinterradaufhängung:	Einzelradaufhängung, McPherson-Federbeine mit Leichtmetall Querlenkern, Leichtmetall Radträger, Hinterachshilfsrahmen, Schraubenfedern, Gasdruckdämpfer, Stabilisator
Bremse v/h (Durchm. x B (mm)):	innenbelüftete gelochte Scheiben (330 x 28) / innenbelüftete gelochte Scheiben (299 x 20) rote 4-Kolben-Monobloc-Aluminium-Festsättel / rote 4-Kolben-Monobloc-Aluminium-Festsättel Bosch ABS 9.0
Sonderwunsch:	Porsche Ceramic Composite Brake (PCCB) innenbelüftete gelochte Keramikfaser-Scheiben (350 x 34) / innenbelüftete gelochte Keramikfaser-Scheiben (350 x 28) gelbe 6-Kolben-Monobloc-Aluminium-Festsättel / gelbe 4-Kolben-Monobloc-Aluminium-Festsättel
Räder v/h:	8 J x 20 – ET 57 / 9,5 J x 20 – ET 45
Reifen v/h:	235/35 ZR 20 / 265/35 ZR 20
Sonderwunsch:	8,5 J x 20 – ET 57 / 10 J x 20 – ET 50 235/35 ZR 20 / 265/35 ZR 20

ELEKTRIK

Lichtmaschinenleistung (W):	2100
Batterie (Ah/A):	70 / 450

ABMESSUNGEN, GEWICHTE UND VOLUMEN

Spurweite v/h (mm):	1526 / 1540
mit 8 J x 20 / 10 J x 20:	1526 / 1530
Radstand (mm):	2475
Maße (L x B x H (mm)):	4404 x 1801 x 1284
mit Exclusive Sportfahrwerk:	4404 x 1801 x 1276
Leergewicht nach DIN (kg):	1345 [1375]
zul. Gesamtgewicht (kg):	1665 [1695]
Kofferraumvolumen v/h (VDA (l)):	150 / 184, 275*
Tankvolumen (l):	64, davon 10 Reserve
C_w x A (m²):	0,31 x 2,00 = 0,62
Leistungsgewicht (kg/kW / kg/PS):	5,38 [5,50] / 3,96 [4,00]
***bei Beladung bis Fahrzeughimmel**	

KRAFTSTOFFVERBRAUCH

nach Euro 6 im NEFZ (l/100 km):	98 ROZ Super plus bleifrei
Innerstädtisch:	12,7 [11,4]
Außerstädtisch:	7,1 [6,3]
Gesamt:	9,0 [8,2]
CO_2-Emissionen (g/km):	211 [190]

FAHRLEISTUNGEN, STÜCKZAHLEN, PREISE

Beschleunigung 0–100 km/h (s):	4,9 [4,8] [4,6]*
0–160 km/h (s):	10,6 [10,5] [10,3]*
0–200 km/h (s):	16,9 [16,8] [16,6]*
Höchstgeschw. (km/h):	285 [283]
***mit Sport Plus-Taste gedrückt**	
Stückzahl:	in Produktion
Listenpreise:	
04/2014:	Euro 73.757,00 [Euro 77.213,95]

S GO 1330

PORSCHE CAYENNE

Mit dem Porsche Cayenne betritt der Stuttgarter Sportwagenhersteller gänzlich neues Terrain und das im wahrsten Sinne des Wortes, Porsche besetzt mit diesem voll geländetauglichen Wagen das ständig wachsende Segment der Sports Utility Vehicles, kurz SUVs genannt.

MODELLJAHR 2003 (3-PROGRAMM)

Ab Herbst 2002 wird der 3. Porsche, wie das Unternehmen den neuen Wagen in der Werbung bezeichnet, auf dem Markt eingeführt. Von Anfang an stehen zwei verschiedene Modellvarianten zur Auswahl, der Cayenne S und der Cayenne turbo.

Die selbsttragende SUV-Karosserie des Porsche Cayenne ist aus vollverzinktem Stahlblech gefertigt. Sie ist ungefähr 4,80 Meter lang, fast 2 Meter breit und 1,7 Meter hoch. Das Design der Frontpartie läßt die Familienähnlichkeit zum 911 erkennen. Durch vier große Türen können die Passagiere bequem zu den fünf Sitzplätzen im Innenraum einsteigen. Durch die weit nach oben schwenkbare Heckklappe können 540 Liter Gepäck verstaut werden, bei umgeklappten Rücksitzen läßt sich das Ladevolumen bis auf 1.770 Liter vergrößern. Die Bug- und Heckverkleidungen bestehen großflächig aus flexiblem Kunststoff. Der Cayenne turbo ist von vorne an den größeren Lufteinlässen im Bugteil und den beiden Powerdomes auf der Motorhaube, sowie an den Bi-Xenon-Scheinwerfern mit dynamisch geregeltem statischen Kurvenlicht zu erkennen. Hinten münden die Abgase durch zwei Doppelendrohre ins Freie. Der Cayenne S hingegen hat nur zwei einfache Endrohre. Außerdem ist ein Dachschienensystem serienmäßig, beim Cayenne S ist dieses schwarz, beim Cayenne turbo silberfarben.

Unter der Fronthaube sitzt bei beiden Modellen ein wassergekühlter V8-Motor mit 4.511 cm³ und 4-Ventil-Zylinderkopf. Mit einer Bohrung von 93 Millimeter und einem Hub von 83 Millimeter ist der Motor sportlich, kurzhubig ausgelegt. Beide Motoren sind mit einem hydraulischen Ventilspielausgleich, der Nockenwellenverstellung VarioCam und einem leistungsfähigen Motorsteuerungssystem Motronic ME 7.1.1 ausgerüstet. Zusätzlich verfügt der mit 11,5 : 1 verdichtete Saugmotor des Cayenne S über eine Ansauganlage mit Schwingrohraufladung. Die Leistungsausbeute beträgt 340 PS (250 kW) bei 6.000/min und ein maximales Drehmoment von 420 Nm zwischen 2.500 und 5.500/min. Der mit 9,5 : 1 verdichtete Motor des Cayenne turbo wird zusätzlich über zwei parallel ge-

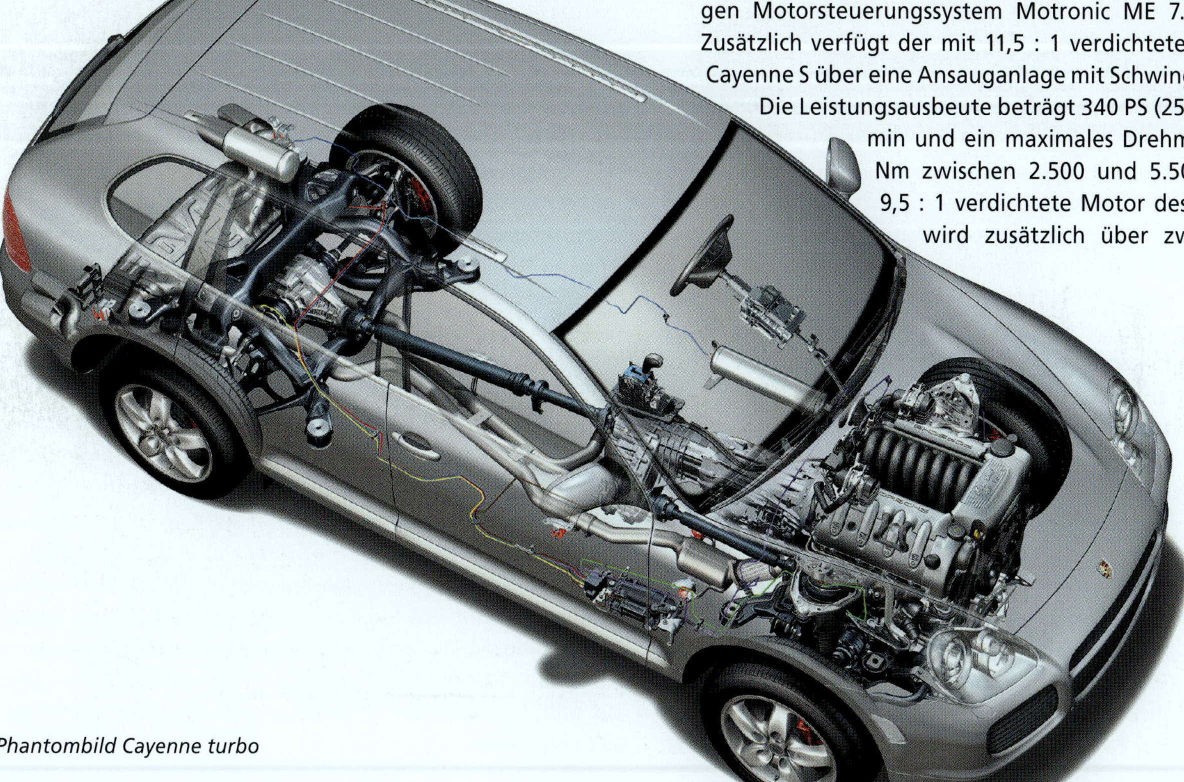

Phantombild Cayenne turbo

4,5-Liter-V8-Motor eines Cayenne turbo mit Bi-Turboaufladung

schaltete Abgasturbolader beatmet. Die Leistung beträgt 450 PS (331 kW) bei 6.000/min, das maximale Drehmoment von 620 Nm ist in dem Drehzahlband von 2.250 bis 4.750/min abrufbar. Beide Modelle werden mit einer 6-Gang-Tiptronic ausgeliefert. Für den Cayenne S ist noch ein manuelles 6-Gang-Schaltgetriebe in Vorbereitung, welches frühestens Ende 2003 erhältlich sein wird. Das Antriebssystem des Cayenne heißt Porsche Traction Management (PTM). Ein permanenter Allradantrieb mit einer Antriebsmoment-Grundverteilung von 38 Prozent an die Vorderachse und 62 Prozent an die Hinterachse ist mit einer elektronisch geregelten Längssperre, einem Reduktionsgetriebe (Low Range) für den extremen Geländeeinsatz, einer Antriebsschlupfregelung (ASR) und einem Automatischen Bremsendifferential (ABD) verfeinert. Serienmäßig ist das Porsche Stability Management (PSM), ein elektronisches Regelsystem zur Stabilisierung des Fahrzeugs im fahrdynamischen Grenzbereich und zur Steigerung der Fahrsicherheit. Im PSM ist das ABS enthalten.

Vorne sind die Räder einzeln an einer Groß-Basis-Doppelquerlenkerachse mit Stahl- und Aluminiumlenkern aufgehängt, hinten an einer Mehrlenkerachse mit Stahl- und Aluminiumlenkern. An beiden Achsen kommen beim Cayenne S Stahlfedern mit innenliegenden Stoßdämpfern zum Einsatz. Die Bodenfreiheit in der Achsmitte beträgt 217 Millimeter. Als Sonderwunsch ist für den Cayenne S eine Luftfederung mit Niveauregulierung und Höheneinstellung erhältlich, diese ist beim turbo Serie. Die Bodenfreiheit der Luftfederung kann in der Höhe auf sechs Niveaus eingestellt werden: Beladungsniveau mit 157 Millimeter, Sondertiefniveau mit 179 Millimeter, Tiefniveau mit 190 Millimeter, Normalniveau mit 217 Millimeter, Geländeniveau mit 243 Millimeter und Sondergeländeniveau mit 273 Millimeter. Die zum Durchqueren von Flußläufen wichtige maximale Wattiefe liegt beim Cayenne S mit Stahlfederung bei 500 Millimeter mit der Luftfederung im Sonderniveau sogar bei 555 Millimeter.

An der Vorderachse verzögern 6-Kolben-Monobloc-Aluminium-Festsättel an 350 Millimeter großen innenbelüfteten Scheiben, hinten sind 330 Millimeter große Scheiben und 4-Kolben-Monobloc-Aluminium-Festsättel montiert. Auf gelochte Scheiben wird bewußt wegen der möglichen Off-Road-Einsätze verzichtet. Beim Cayenne S sind die Bremssättel titanfarben, beim turbo rot lackiert. Serienmäßig rollen beide Fahrzeuge auf Rädern der Dimension 8 J x 18 mit Reifen der Größe 255/55 R 18. Allerdings unterscheidet sich das Rad-Design.
Das Interieur des Cayenne verbindet durch die Verwendung von Metalloptik bzw. Aluminium und Leder High-Tech mit der klassischen Linie. Wie bei Porsche schon gewohnt, ist das Zündschloß links neben dem Lenkrad angeordnet. Zwischen den beiden großen Rundinstrumenten, Drehzahlmesser links und Tachometer rechts, sitzt mittig ein Multifunktionsdisplay, beim turbo ist dieses als 5-Zoll-Farbmonitor ausgeführt. Die Mittelkonsole ist breit genug um den 6,5- Zoll-Farbbildschirm im 16 : 9 Format für das Porsche Communication Management (PCM) aufzunehmen. Das PCM ist beim Cayenne turbo Serie, beim Cayenne S als Sonderwunsch erhältlich. Es verknüpft die Funktionen, Navigation, Radio und optionales Telefon. Serienmäßig sind eine Lederausstattung, vier elektrische Fensterheber, Klimaautomatik, Bordcomputer und Radio. Darüber hinaus hat der turbo noch die folgende Zusatzausstattung: Sitzheizung vorne und hinten, elektrische Lenkradverstellung/-heizung, ParkAssistent, PCM mit Bose-Sound-System, Bi-Xenon-Scheinwerfer, Glattleder, Komfortsitzanlage mit elektrischer Verstellung und Memory, Dachhimmel in Alcantara und Aluminiumblenden.
Die Fahrleistungen des Cayenne S lassen keine Wünsche offen. Mit der Tiptronic S beschleunigt der Wagen in 7,2 Sekunden von 0 auf 100 km/h. Die Höchstgeschwindigkeit wird bei 242 km/h gemessen. Der Cayenne turbo beschleunigt bis auf 266 km/h, wobei er die 100 km/h aus dem Stand schon nach 5,6 Sekunden hinter sich läßt. Schneller ist derzeit kein anderer Serien-SUV.

Modelljahr 2004 (4-Programm)

Porsche erweitert das Cayenne-Programm um ein Einstiegsmodell mit 6-Zylinder-Motor. Damit ist die Modellreihe mit den drei Varianten Cayenne, Cayenne S und Cayenne turbo sehr komplett.
Das neue Basismodell wird von einem längs eingebauten 3.189 cm^3 großen V6-Saugmotor mit 24 Ventilen angetrieben. Dieser leistet 250 PS (184 kW) bei 6.000/min, das maximale Drehmoment von 310 Nm liegt zwischen 2.500 und 5.500/min an. Anders als die beiden V8-Motoren ist das mit 11,5 : 1 verdichtete V6-Aggregat mit einer Bohrung von 84 Millimeter und einem Hub von 95,9 Millimeter langhubig ausgelegt. Der Grund hierfür ist, daß für den V6 technische Komponenten vom 3,2-Liter-Volkswagenmotor entliehen sind. Porsche betreibt auch beim 6-Zylinder einen hohen technischen Aufwand. So gehören eine kontinuierliche Einlaß- und Auslaßnockenwellenverstellung, eine Ansauganlage mit 2-stufiger Längenschaltung, ein elektronisches Gaspedal und eine Motronic ME 7.1.1 zum Standard.
Bei der Markteinführung steht nur die 6-Gang-Tiptronic S zur Verfügung. Ab Anfang 2004 ist das serienmäßige 6-Gang-Schaltgetriebe lieferbar.
Karosserie und Fahrwerk des Cayenne sind weitgehend mit dem Cayenne S identisch. Das Fahrwerk des Cayenne ist mit einer Stahlfederung ausgestattet. Als Sonderwunsch ist jedoch die Luftfederung lieferbar. Serienmäßig rollt der Cayenne auf Rädern der Größe 7,5 J x 17 mit 235/65 R 17 Reifen. Die vorderen Bremsscheiben sind mit einem Durchmesser von 330 Millimeter und einer Breite von 32 Millimeter etwas kleiner dimensioniert als bei den V8-Modellen. Die Bremssättel sind schwarz lackiert.
Im Innenraum unterscheidet sich der Cayenne nur in einigen Details vom Cayenne S. So fallen schwarze statt silberner Instrumentenringe und Rahmen beim Schalthebel und die Bedieneinheit der manuellen statt automatischen Klimaanlage ins Auge. Der Teppich ist in Tuftvelours statt Perlvelours gehalten, Einstiegsleisten und Pedalkappen bestehen aus Kunststoff statt Edelstahl und die Mittelarmlehne hat keinen Lederbezug.
Der Cayenne bietet auch mit dem 6-Zylinder-Motor für einen SUV mehr als zufriedenstellende Fahrleistungen. Mit dem ab Anfang 2004 lieferbaren 6-Gang-Schaltgetriebe vergehen 9,1 Sekunden von 0 auf 100 km/h, mit der Tiptronic S verlängert sich diese Zeit um 0,6 Sekunden. Die Höchstgeschwindigkeit ist bei beiden Getriebevarianten mit 214 km/h angegeben.
Ab Anfang 2004 wird auch der Cayenne S mit einem 6-Gang-Schaltgetriebe lieferbar. In der Beschleunigung von 0 auf 100 km/h benötigt der handgeschaltene V8 nur 6,8 Sekunden.

Modelljahr 2005 (5-Programm)

Porsche bietet, nach Art des Hauses, für den Cayenne turbo eine Leistungssteigerung von 450 PS (331 kW) auf 500 PS (368 kW) an. Das Paket beinhaltet die Anhebung der Motorleistung, eine größere, leistungsstärkere Bremsanlage und ein an die höheren Fahrleistungen angepaßtes Fahrwerk.
Erreicht wird die Leistungssteigerung des Cayenne turbo durch größere, leistungsfördernde Ladeluftkühler, strömungsgünstigere Luftführungen und eine neu abgestimmte Motorelektronik. Die angehobene Motorleistung beträgt 500 PS (368 kW), sie wird zwischen 5.500 und 6.000 Umdrehungen pro Minute erreicht. Das maximale Drehmoment wird um 80 Newtonmeter auf 700 Newtonmeter angehoben. Es liegt zwischen 2.250 und 4.750 Umdrehungen pro Minute an der Kurbelwelle an. Das Ergebnis ist eine noch bulligere Motorcharakteristik.
Da die serienmäßige Bremsanlage des Cayenne turbo durch das hohe Wagengewicht schon einmal an ihre Leistungsgrenze

kommen kann, spendiert Porsche dem werksleistungsgesteigerten Wagen eine größere, leistungsfähigere Bremsanlage. Durch zusätzliche, speziell entwickelte Bremsluftzuführungen werden die vorderen Bremsen nochmals besser belüftet. An der Vorderachse sind 6-Kolben-Monobloc-Aluminium-Bremssättel mit zweiteiligen, innenbelüfteten Bremsscheiben montiert. Der Durchmesser wächst von 350 auf 380 Millimeter und die Dicke von 34 auf 38 Millimeter. An der Hinterachse kommen 4-Kolben-Monobloc-Aluminium-Bremssättel zum Einsatz. Die Bremsscheibendurchmesser wird von 330 auf 358 Millimeter angehoben, wobei die Stärke von 28 Millimetern unverändert bleibt.
Um die Freigängigkeit der Räder zu gewährleisten, müssen wegen der größeren Bremsanlage mindestens 19-Zoll-Aluminiumräder mit einer entsprechenden Porsche-Freigabe montiert werden.
Der leistungsgesteigerte Cayenne turbo beschleunigt in nur 5,3 Sekunden von 0 auf 100 Stundenkilometer. Die Höchstgeschwindigkeit wird bei 270 Kilometer pro Stunde erreicht.
Anfang Juni 2005 läuft im Porsche-Werk in Leipzig der 100.000ste Cayenne vom Band. In so kurzer Zeit hat Porsche noch von keiner Baureihe eine so hohe Stückzahl gebaut. Der Cayenne ist ein voller Erfolg!

Modelljahr 2006 (6-Programm)

Pünktlich zum Modelljahr 2006 präsentiert Porsche das neue Spitzenmodell der SUV-Baureihe, den Cayenne turbo S, welches auch exklusiv in der Exterieurfarbe marinblaumetallic erhältlich ist. Sämtliche Lufteinlaßgitter im Bug sind ebenfalls in dieser Sonderfarbe matt lackiert. Ohne Aufpreis sind diese auch in schwarz erhältlich. Speziell entwickelte zusätzliche Bremsluftführungen verbessern den Luftstrom zur verstärkten Bremsanlage. Auf der Hecklappe ist oberhalb der Nummerntafel ein silberner »Cayenne turbo S« Schriftzug aufgeklebt. Die zweiflutige Abgasanlage mündet durch zwei ineinander übergehende ovale hochglanzverchromte Doppelendrohre ins Freie. Dieses Ausstattungsdetail unterstreicht den besonders sportlichen Charakter des Cayenne turbo S.
Optional ist das SportDesign Paket mit in Aluminiumoptik matt lackierten Anbauteilen, wie einer optimierten Bugblende mit integrierten runden Nebelscheinwerfern, Schwellerverkleidungen, einem abgeänderten Heckunterteil in Diffusoroptik und einem größeren Dachspoiler lieferbar. Die im Porsche Windkanal entwickelten Aerodynamikteile lassen den SUV optisch tiefer erscheinen.
Unter der Fronthaube ist der wassergekühlte V8-Motor mit 4.511 cm^3 und 4-Ventil-Zylinderkopf implantiert. Mit einer Bohrung von 93 Millimeter und einem Hub von 83 Millimeter ist der Motor sportlich, kurzhubig ausgelegt. Das Triebwerk ist mit einem hydraulischen Ventilspielausgleich, der Nockenwellenverstellung VarioCam und dem Motorsteuerungssystem Motronic ME 7.1.1 ausgerüstet. Das mit 9,5 : 1 verdichtete Aggregat des Cayenne turbo S wird über zwei parallel geschaltete Abgasturbolader beatmet. Die Leistung beträgt 521 PS (383 kW) bei 5.500 Umdrehungen pro Minute, das sind 71 PS (52 kW) mehr als der normale Cayenne turbo bei einer um 500 Umdrehungen niedrigeren Nenndrehzahl. Das maximale Drehmoment von 720 Nm ist in einem Drehzahlband von 2.750 bis 3.750/min abrufbar. Der Höchstwert wird um 100 Newtonmeter angehoben. Die zusätzliche Leistung wird über eine Weiterentwicklung der Motorsteuerung, einer verbesserten Luftführung und größeren, leistungsoptimierten Ladeluftkühlern erreicht.
Serienmäßig ist ein 6-Stufen-Tiptronic S Automatikgetriebe, welches das erhöhte Leistungspotential zuverlässig und harmonisch auf die vier Antriebsräder überträgt.
Das Luftfederfahrwerk des turbo S wird an die Mehrleistung angepaßt. An der Vorderachse werden die Spurstangen, Querlenker und Stoßdämpfer überarbeitet. Über eine optimierte Software wird die Luftfederung neu abgestimmt.
Auch die Bremsanlage wird an die gesteigerten Fahrleistungen angepaßt. Die innenbelüfteten Bremsscheiben an der Vorderachse werden im Durchmesser von 350 auf 380 Millimeter und in der Dicke von 34 auf 38 Millimeter vergrößert. An der Hinterachse wird der Bremsscheibendurchmesser von 330 auf 358 Millimeter bei gleichbleibender Scheibenstärke von 28 Millimeter vergrößert. Vorne verzögern 6-Kolben-Monobloc-Aluminium-Festsättel und hinten 4-Kolben-Monobloc-Aluminium-Festsättel. Die Bremszangen sind turbo-typisch rot lackiert.
Der Cayenne turbo S rollt serienmäßig auf 20-Zoll-Aluminiumrädern im 5-speichigen SportTechno-Design. An der Vorderachse sind 9 J x 20 und an der Hinterachse 10 J x 20 Räder montiert. An beiden Achsen sind Reifen der Größe 275/40 R 20 aufgezogen. Alternativ sind ohne Mehrpreis auch vier 9 J x 20 SportDesign-Räder mit fünf V-Speichen und gleicher Bereifung lieferbar.
Beim Öffnen der Türen fallen sofort die Edelstahleinstiegsblenden mit dem »Cayenne turbo S« Schriftzug ins Auge. Die Abdeckung der Klimaanlagensteuerung auf der Mittelkonsole trägt den gleichen Schriftzug. Auf den Kopfstützen der Vordersitze ist jeweils ein großes Porsche-Wappen in das Leder eingeprägt. Das aufgepolsterte Lederlenkrad verbindet eine sportlich griffige Haptik mit einer optisch edlen Anmutung. Die Ausstattung ist an den Cayenne turbo angelehnt.
Der Cayenne turbo S beschleunigt bis zu einer Höchstgeschwindigkeit von 270 Stundenkilometer, wobei er die 100 km/h aus dem Stand schon nach 5,2 Sekunden hinter sich läßt. Damit ist der Cayenne turbo S aktuell der schnellste serienmäßige SUV.
Mit einem Doppelsieg durch Privatteams gewinnen zwei speziell vorbereitete Cayenne S im August 2006 die über 10.000 Kilometer lange III. Internationale Rallye Transsyberia 2006. Die

Porsche Cayenne S Transsyberia

Route ging von Berlin über Moskau, Novosibirsk, die Mongolei bis nach Irkutsk und zum Baikalsee.

Modelljahr 2007 (7-Programm)

Am 2. Februar 2007 ist die Markteinführung des facegelifteten Porsche Cayenne. Die neu gestaltete Bugpartie mit den neuen breiten Klarglasscheinwerfern lassen den Cayenne breiter und die neue Linie der vorderen Kotflügel markanter erscheinen. Die neue Fahrzeugfront ist mit einer spürbaren Verbesserung der Aerodynamik verbunden. Die Front des Cayenne und des Cayenne S ist von drei Lufteinlässen durchbrochen. In den seitlichen Einlässen verlaufen zwei horizontale, in Wagenfarbe lackierte, Querstreben und jeweils an der äußeren Seite ist senkrecht die Zusatzleuchte mit Blinker und Begrenzungslicht angebracht. Das Topmodell, der Cayenne turbo, setzt außer den beiden Powerdomes auf der Motorhaube auch durch die größeren Lufteinlässe und der waagrechten Blinkeranordnung neue Akzente. Das Bugteil des Cayenne turbo ist in drei große Lufteinlässe mit schwarzen Lamellengittern unterteilt, wobei die mittlere Öffnung deutlich größer ausfällt als bei den Saugmotormodellen. Die Blink- und Positionsleuchten haben ein völlig eigenständiges Design. Sie sitzen beim Cayenne turbo horizontal im oberen Drittel der seitlichen Lufteinlässe. Das Positionslicht besteht aus einer LED-Lichtleiste, wodurch sich das Spitzenmodell auch bei Nacht durch ein eigenständiges Lichtdesign von den beiden Schwestermodellen unterscheidet. Im unteren Bereich des Bugteils sind runde Nebelscheinwerfer und rechteckige Luftführungen für die Bremsanlage eingelassen, die beim Turbomodell ebenfalls größer ausfallen. Eine hydrophobe Beschichtung der vorderen Türseitenscheiben vermindert die Verschmutzung bei Regen. Die Außenspiegel sind elektrisch verstell-, beheiz- und anklappbar. Auf der Fahrerseite ist das Spiegelglas asphärisch ausgeführt. Der Luftwiderstandsbeiwert sinkt von 0,38 beim Sechszylinder und von 0,39 bei den Achtzylindermodellen auf jeweils 0,35. Die strömungsgünstigere Karosserie wird durch eine Reihe von Maßnahmen erreicht, zu denen eine neue Anspoilerung der hinteren Räder durch die Form der Seitenschweller, eine weiter nach unten reichende Frontspoilerlippe, neu geformte Außenspiegel und ein aerodynamisch optimierter Dachspoiler zählen. Neben höheren Fahrleistungen kommt die verbesserte Aerodynamik auch dem Kraftstoffverbrauch zugute. Das weiterentwickelte Heckdesign zeigt sich an den neuen, an der unteren inneren Ecke schräg abgephasten Rückleuchten. Insgesamt ist der optische Schwerpunkt weiter nach unten verlagert worden. Zur leichteren Handhabung ist die Heckklappe mit einer elektrischen Zuziehhilfe ausgestattet. Der Heckscheibenwischer ist mit einer Inter-

vallschaltung und einer Waschdüse im Dachspoiler ausgerüstet. Aus allen Blickwinkeln vermittelt der Cayenne einen noch kräftigeren Eindruck, sportlich und dennoch für das Gelände gerüstet. Bei den beiden Saugmotormodellen münden die Abgase links und rechts durch zwei silbermattierte Einzelendrohre ins Freie. Der Cayenne turbo ist an zwei silbermattierten Doppelendrohren zu erkennen. Das serienmäßige Dachschienensystem ist bei den Cayenne mit Saugmotor schwarz und beim turbo silberfarben. Bei den Modellen Cayenne und Cayenne S sind die Antennen im Dachspoiler untergebracht. Außerdem ist beim Cayenne turbo eine Metalliclackierung, der ParkAssistent vorn und hinten sowie ein im Dachspoiler und in der Heckscheibe integriertes Antennendiversity serienmäßig. Eine attraktive Option ist das Panoramadach, welches aus drei variabel verstellbaren Glasmodulen, sowie einem fest mit der Karosserie verbundenen Segment aus grau getöntem Sicherheitsglas besteht. Es ist im Vergleich zum Schiebe-/Hubdach fast viermal so groß und erstreckt sich über eine Fläche fast 1,4 Quadratmetern und damit nahezu über das gesamte Dach.
Serienmäßig werden die Modelle Cayenne und Cayenne S mit neuen H7-Klarglas-Scheinwerfern mit Projektionstechnik ausgeliefert. Das Licht wird nicht mehr über einen Reflektor, sondern über eine Linse direkt auf die Fahrbahn projiziert. Hinter den neu gestalteten Klarglasabdeckungen sitzen beim Cayenne turbo serienmäßig Bi-Xenon-Scheinwerfer mit statischem sowie dynamischem Kurvenlicht. Die Bi-Xenon-Einheit ist dreigeteilt. Außen sitzt die kardanisch schwenkbare Xenon-Einheit, in der Mitte das statische Kurvenlicht und innen der zusätzliche Fernscheinwerfer. Ab einer Geschwindigkeit von drei Kilometer pro Stunde schwenkt das dynamische Kurvenlicht bis zu einem Winkel von 15 Grad in die Kurve. Durch das zusätzliche statische Kurvenlicht wird die Straße im Nahbereich vor dem Fahrzeug noch besser ausgeleuchtet. Dies ist ein großer Vorteil beim Abbiegen in eine Seitenstraße oder auf kurvenreichen Strecken. Das Bi-Xenon-Lichtsystem ist für die Modelle Cayenne und Cayenne S auf Wunsch lieferbar.
Unter den Motorhauben aller drei Modelle kommen leistungsstärkere 4-Ventil-Motoren mit Benzin-Direkteinspritzung zum Einsatz. Alle Triebwerke verfügen über Aluminiumzylinderköpfe mit einem hydraulischen Ventilspielausgleich. Über das elektronische Gaspedal werden Pedalbewegungen in Vortrieb umgesetzt. Das korrekte Verhältnis des zündfähigen Benzin-Luft-Gemisches übernimmt ein Heißfilm-Luftmassenmesser. Dieses wird über die Einzelzündspulen der ruhenden Hochspannungsverteilung zylinderselektiv zur Explosion gebracht. Für umweltgerechte Abgaswerte sorgt eine Stereo-Lambdaregelung und die On-Board-Diagnose II überwacht das Abgasreinigungssystem.
Die Hubräume werden vergrößert und die Achtzylinder erhalten die variable Ventilsteuerung VarioCam Plus. Die Leistungs-

Porsche Cayenne S Transsyberia

werte stiegen dadurch auf 290 PS (213 kW) beim V6 und 385 PS (283 kW) beim V8. Der Turbomotor leistet jetzt ganze 500 PS (368 kW).
Als Basismotorisierung arbeitet im Cayenne weiterhin ein V6-Motor. Zusammen mit der Vergrößerung des Hubraums auf 3,6 Liter, durch eine Bohrung von 89 Millimetern und einem Hub von 96,4 Millimetern, wird der Zylinderwinkel des Graugußblocks von 15 auf 10,6 Grad reduziert und die Verdichtung auf 12,3 : 1 erhöht. So gehören eine kontinuierliche Einlaß- und Auslaßnockenwellenverstellung, eine Ansauganlage mit Schwingrohraufladung und Saugrohrlängenumschaltung und das elektronische Motormanagement MED 9.1 zum Standard. Die Leistung des Sechszylinders steigt dadurch auf 290 PS (213 kW) bei 6.200 Umdrehungen pro Minute. Die Direkteinspritzung, welche mit 40 bis 120 bar Einspritzdruck arbeitet, hebt neben der Leistung auch das Drehmoment von 310 auf 385 Newtonmeter bei 3.000 Umdrehungen pro Minute an. Das Resultat sind deutlich bessere Fahrleistungen und bis zu 15 Prozent weniger Kraftstoffverbrauch im täglichen Fahrbetrieb. Als einziger Motor im aktuellen Porsche-Modellprogramm ist der V6 mit einer Naßsumpfschmierung ausgestattet.
Bei den Achtzylindermotoren wird zusammen mit der neuen DFI-Gemischaufbereitung die VarioCam Plus-Ventilsteuerung eingeführt. Durch die stufenlose Steuerzeitenverstellung und die einlaßseitige Ventilhubumschaltung sowie zylinderselektive Auslaßnockenkonturen erreicht der, durch eine auf 96 Millimeter erweiterte Bohrung, auf 4,8 Liter vergrößerte Saugmotor des Cayenne S eine Motorleistung von 385 PS (283 kW) bei 6.200/min und ein maximales Drehmoment von 500 Newtonmeter bei 3.500/min. Die Verdichtung des Direkteinspritzers wird auf 12,5 : 1 erhöht. Mehr Leistung und ein fülligeres Drehmoment bei gleichzeitig niedrigerem Kraftstoffverbrauch sind das Ergebnis der Überarbeitung des V8-Saugmotors. Noch deutlicher fällt die Leistungssteigerung beim Cayenne turbo mit dem neuen 4,8-Liter-Achtzylinder-Biturbo aus. Das Spitzenmodell der Cayenne-Baureihe leistet im Vergleich zum Vorgänger 50 PS (37 kW) mehr. Das für einen Turbomotor mit 10,5 : 1 sehr hoch verdichtete Aggregat, leistet exakt 500 PS (368 kW) bei 6.000 Umdrehungen pro Minute und stemmt zwischen 2.250 und 4.500/min ein maximales Drehmoment von 700 Newtonmetern auf die Kurbelwelle. Bei den Achtzylindern übernimmt eine integrierte Trockensumpfschmierung mit zweistufiger Absaugung den Ölkreislauf.
Cayenne und Cayenne S werden serienmäßig mit einem verstärkten 6-Gang-Schaltgetriebe mit Zweimassenschwungrad ausgeliefert, welches beim 8-Zylinder-Modell mit Zahnrädern aus höherfestem Material und optimierten Lagern ausgerüstet ist. Das Schaltgetriebe ist serienmäßig mit dem Porsche Drive Off Assistant (PDOA) kombiniert. Das Assistenzsystem entlastet den Fahrer beim Anfahren an Steigungen, da es das Fahrzeug durch einen automatischen Bremseneingriff vor dem Zurückrollen schützt. Kuppelt der Fahrer ein, so wird der Bremsdruck automatisch zurückgenommen und der Wagen kann sicher losfahren. PDOA wird automatisch aktiviert, wenn das Fahrzeug bei laufendem Motor und eingelegtem Vorwärtsgang steht und der Fahrer gleichzeitig Kupplung und Bremse betätigt. Wird der Fuß vom Bremspedal genommen oder die Feststellbremse gelöst, hält PDOA den Bremsdruck bis zum Einkuppeln aufrecht. Wird der Anfahrvorgang unterbrochen, baut sich das Bremsmoment sofort wieder auf. PDOA dient jedoch nicht als Ersatz für die Feststellbremse, deshalb funktioniert das System auch nur bei laufendem Motor. Der Cayenne turbo erhält serienmäßig das 6-stufige, weiterentwickelte Automatikgetriebe Tiptronic S, welches optional auch für den Cayenne und Cayenne S erhältlich ist. Darüber hinaus bietet das Automatikgetriebe eine Hill-Holder-Funktion. Das System hat die gleiche Funktion wie der »Drive Off Assistant« bei der Schaltgetriebeversion und verhindert das Zurückrollen des Fahrzeugs beim Anfahren am Berg. Darüber hinaus hilft die so genannte Standabkopplung Kraftstoff zu sparen. Bei einem eben stehenden Fahrzeug trennt die Eingangskupplung der Tiptronic S bei eingelegter Fahrstufe und gleichzeitig betätigter Fußbremse den Motor vom Antriebsstrang. Für den Cayenne S mit Tiptronic S ist eine Sportabgasanlage im Angebot, die durch einen modifizierten Hauptschalldämpfer für einen noch voluminöseren V8-Sound sorgt, der über die Sporttaste aktiviert wird. Der Klang ist abhängig von Last, Geschwindigkeit und Drehzahl. Erkennbar ist die Sportabgasanlage an Doppelendrohrblenden aus verchromtem Edelstahl. Alle Modelle werden zur Verringerung der Motordrehzahl mit einer verlängerten Achsübersetzung ausgerüstet.
Der permanente Allradantrieb, das Porsche Traction Management (PTM), ist mit einer Grundverteilung der Antriebskraft von 38 Prozent vorne und 62 Prozent hinten, einer elektronisch geregelten Längssperre, einem Low-Range-Reduktionsgetriebe, einem automatischen Bremsendifferential (ABD) und einer Antriebsschlupfregelung (ASR) für alle Einsätze auf asphaltierten Straßen, losem Untergrund oder unwegsamem Gelände bestens vorbereitet.
Die überarbeiteten Cayenne-Modelle bieten die Möglichkeit, den Charakter des Fahrzeugs selbst zu bestimmen. Hierzu dient die serienmäßige Sport-Taste, die dem Fahrer die Wahl zwischen einer Standard- und einer sportlichen Abstimmung ermöglicht. Die Sport-Taste beeinflußt je nach Fahrzeugausstattung die Steuerungen von Gaspedalkennlinie, Automatikgetriebe, Dämpfungssystem PASM, Wankstabilisierung PDCC und beim Cayenne S mit Tiptronic S die optionale Sportabgasanlage.
Das Fahrwerk der Modelle Cayenne und Cayenne S ist serienmäßig mit Stahlfedern ausgerüstet. Der Cayenne turbo verfügt über eine Luftfederung mit aktiver Dämpferregelung,

dem Porsche Active Suspension Management (PASM). Optional steht dieses Fahrwerk auch für den Cayenne und Cayenne S zur Verfügung. Es bietet neben einer in drei Stufen justierbaren Dämpferkennung auch die Möglichkeit, die Karosserie auf verschiedene Höhenniveaus anzuheben oder zu senken. Für Geländefahrten bietet der Cayenne eine sehr gute Bodenfreiheit von 271 Millimeter. Die integrierte Niveauregulierung gewährleistet gleichzeitig eine vom Beladungszustand unabhängige, konstante Fahrzeuglage. Eine weitere Funktion ist die automatische Absenkung des Fahrzeugs bei zunehmender Geschwindigkeit, was die aktive Sicherheit weiter erhöht, die Aerodynamik verbessert und dadurch den Verbrauch senkt. Das variable Dämpfungssystem PASM ermöglicht es, während der Fahrt eine ganz individuelle Dämpfereinstellung vorzunehmen. In der Auswahl stehen die Programme »Komfort«, »Normal« und »Sport«.

Die Fahrdynamik läßt sich durch Luftfederung mit PASM und der kombinierbaren Wankstabilisierung Porsche Dynamic Chassis Control (PDCC) weiter steigern. Die kontinuierliche Wankregelung minimiert die Seitenneigung des Fahrzeugs in Kurven und gleicht sie in fast allen Fahrsituationen fast vollständig aus. Dank der schnellen Reaktionsgeschwindigkeit und einem Maximaldruck von bis zu 180 bar kann PDCC über aktive Stabilisatoren mit hydraulischen Schwenkmotoren, die anstelle der konventionellen Stabilisatoren an Vorder- und Hinterachse montiert sind, ein Stützmoment aufbauen, bevor sich die Karosserie in Kurven zur Seite neigt. Damit ergibt sich ein spürbar verbessertes Handling, eine deutliche Verbesserung der Fahrstabilität und des Fahrkomforts. Fahrbahnunebenheiten werden von der Skyhook-Regelung ausgeglichen und der Fahrkomfort spürbar verbessert. Im Offroad-Modus läßt das System unterhalb einer Geschwindigkeit von 35 Kilometer pro Stunde eine maximal mögliche Achsverschränkung zu.

Die Bremsanlage des Cayenne turbo ist an den roten Bremssätteln zu erkennen. Um der deutlich gestiegenen Motorleistung gerecht zu werden, wird eine größer dimensionierte Bremsanlage mit höherer Servounterstützung eingesetzt. Der Durchmesser der innenbelüfteten Bremsscheiben an der Vorderachse wird von 350 auf 368 Millimeter erhöht und hinten von 330 auf 358 Millimeter. Vorne verzögern 6-Kolben-Monobloc-Aluminium-Festsättel und hinten 4-Kolben-Monobloc-Aluminium-Festsättel. An den größer dimensionierten vorderen Bremssätteln kommt je ein zusätzlicher Verstärkungsrahmen zum Einsatz, der mit dem Sattelgehäuse 4-fach verschraubt ist und zusätzliche Steifigkeit bringt. Luftleitbleche an den vorderen Federbeinen bringen zusätzliche Kühlluft zu den Bremsscheiben, um die beim Bremsen entstehende Wärme auch bei hoher Belastung sicher abzuführen. Mit der größeren Bremsanlage steigt die Fadingstabilität und die Standfestigkeit gegenüber dem Vorgängermodell um ungefähr zehn Prozent. Die Bremsscheibendurchmesser der beiden Cayenne-Modelle mit Saugmotor bleiben unverändert. Die 4-Kolben-Monobloc-Aluminium-Festsättel beim Cayenne sind schwarz und beim Cayenne S silberfarben lackiert.

Der neue Cayenne rollt auf 7,5 J x 17 Aluminiumrädern mit 235/65 R 17 Bereifung. Beim Cayenne S und Cayenne turbo sind jeweils neu gestaltete Räder im Format 8 J x 18 mit Reifen der Größe 255/55 R 18 serienmäßig. Ab Werk rollt der turbo auf Reifen, die für eine Höchstgeschwindigkeit bis 300 Stundenkilometer zugelassen sind. Für alle Cayenne-Modelle sind auch 19-Zoll-All-Season-Reifen verfügbar. Für den Cayenne turbo sind spezielle Leichtbaualuminiumräder in den Größen 18, 19 und 20 Zoll entwickelt worden. In Flow-Forming-Technik hergestellt, wird das Felgenbett dünnwandig ausgewalzt. Das führt je nach Radgröße zu einer Gewichtsreduzierung von einem bis 1,5 Kilogramm. Erstmals sind für den Cayenne auch 21-Zoll-Räder lieferbar, die als Cayenne-Sport-Rad im Zehnspeichen-Design und als SportPlus-Rad im Mehrspeichen-Design gestaltet sind. Sie bringen ungefähr das gleiche Gewicht auf die Waage wie die weiterhin erhältlichen 20-Zoll-Räder.

Für eine außergewöhnliche Kombination von herausragenden Straßen- und Geländeeigenschaften sorgt der permanente Allradantrieb Porsche Traction Management (PTM). Der Antrieb verteilt die Motorkraft im Grundmodus zwischen Vorder- und Hinterachse im Verhältnis 38 zu 62. Über eine elektromotorisch betätigte und elektronisch geregelte Lamellenkupplung kann das Verteilungsverhältnis an die entsprechende Fahrsituation angepaßt werden. Sensoren messen die Fahrzeuggeschwindigkeit, die Querbeschleunigung, den Lenkwinkel und die Gaspedalstellung. Sie tragen so zu hoher Sicherheit und zur besseren Kontrollierbarkeit im Grenzbereich bei. Für Geländeeinsätze greift PTM auf die im Verteilergetriebe integrierte Geländereduktion mit einem Untersetzungsverhältnis von 2,7 : 1 zurück. Sollten dabei einzelne Räder den Bodenkontakt verlieren, sichert eine 100-Prozent-Längssperre den weiteren Vortrieb. Die serienmäßige Fahrstabilitätsregelung Porsche Stability Management (PSM) steht mit PTM in ständiger Verbindung, greift aber erst ganz nahe am Grenzbereich ein. Bei kritischem Unter- oder Übersteuern wird die Längssperre geöffnet, um das Fahrzeug durch gezieltes Abbremsen einzelner Räder wieder zu stabilisieren. Das PSM dirigiert die sicherheitsrelevanten Systeme wie ABS, ASR und ABD, greift aber nur im Grenzbereich ein, so daß sich das Fahrzeug jederzeit sportlich bewegen lässt. Das ABS erkennt, wenn das Fahrzeug auf losem Untergrund abgebremst wird. Das Offroad-ABS erhöht in diesem Fall periodisch den Schlupf während der Bremszyklen. So kann sich beim Bremsen auf Schnee, Sand oder feinem Kies ein Keil vor den Rädern aufbauen, der eine zusätzliche Bremswirkung hat. Eine zusätzliche Verbesserung der Bremsfunktion wird durch den neuen Bremsassistenten und die Vorbefüllung der Bremsanlage erreicht. Der Bremsassistent stellt beim Erkennen einer Notbremsung über das Hydraulikaggregat des PSM den maximalen Bremsdruck her. Bei der Funktion Vorbefüllung der Bremsanlage baut sich bereits bei schneller Gaswegnahme ein Druck im System auf, der bei einer Vollbremsung den Anhalteweg verkürzt. Bei Gespannfahrten erkennt das PSM ein eventuelles Aufschaukeln und wirkt mit gezielten beidseitigen Bremseingriffen stabilisierend entgegen.

Sechs Airbags sorgen für eine hohe passive Sicherheit im Innenraum des Cayenne. Zwei Fullsize-Airbags für Fahrer und Beifahrer, zwei Thorax-Seitenairbags sowie zwei Kopf-Airbags im Dachrahmen, welche die Seitenscheiben durchgehend abdecken. Mit Ausnahme des mittleren Rücksitzplatzes schützen Gurtstraffer und auf den vorderen Sitzen auch Gurtkraftbegrenzer die Insassen. Neben Kollisionen in Längs- und Querrichtung erkennen Sensoren jetzt auch einen drohenden Überschlag. Ein neuer Drehratensensor im Airbag-Steuergerät aktiviert bei einem Unfall Gurtstraffer und Kopf-Airbags. Erstmals verfügen die Cayenne-Modelle über einen Überschlagsensor, der im Ernstfall Gurtstraffer und Kopf-Airbags gezielt auslöst und dadurch für die Insassen die Verletzungsgefahr bei Überschlägen erheblich verringert.

Das hochwertige Interieur des Cayenne bietet serienmäßig fünf komfortable Sitzplätze. Vorne sind elektrisch verstellbare Sitze mit elektrischer Verstellung der Sitzhöhe, der Sitz- und Lehnenneigung, der Längsverstellung und der Lordosenstütze eingebaut. Das Lenkrad ist manuell in Höhe und Länge verstellbar. Beim Cayenne turbo werden die serienmäßigen Komfortsitze vorne oder die optional ohne Mehrpreis erhältlichen Sportsitze mit einer elektrischen Gurthöhenverstellung vorne, einer elektrischen Lenksäulenverstellung und einer erweiterten Memory-Funktion ergänzt, zudem ist eine Sitzheizung für die vorderen und hinteren Plätze sowie ein beheiztes Lenkrad im Lieferumfang enthalten. Die in Metalloptik gehaltenen Interieurblenden sind beim turbo in Aluminium gehalten. Pedalkappen und Einstiegsleisten sind beim 6-Zylinder-Modell aus Kunststoff gefertigt, bei den 8-Zylindern aus Edelstahl. Schon beim Cayenne sind die Sitze, die Haltegriffe an der Mittelkonsole, die Griffe und Armauflagen an den Türverkleidungen, der Lenkradkranz sowie der Schalt- oder Wählhebel mit geprägtem Leder bezogen. Zusätzlich ist beim Cayenne S die Armauflage der Mittelkonsole aus geprägtem Leder gefertigt. Außerdem sind die Schalttafel, die Türverkleidungen und die Mittelkonsole beim Cayenne turbo glatt beledert und das Airbagmodul des Lenkrads erhält einen geprägten Lederbezug. Die 8-Zylindermodelle sind mit einem zusätzlichen Ablagefach in der Mittelkonsole hinten ausgestattet. Der Dachhimmel ist mit Stoff bezogen, beim turbo in Alcantara. Statt Tuftvelours ist der Teppich im Spitzenmodell mit Perlvelours ausgelegt. Die fünf Rundinstrumente sind mit schwarzen Rahmen versehen, die nur beim turbo silberfarben lackiert sind. Im Kombiinstrument ist ein 3-Zoll-Punktmatrix-Display mit einer Ganganzeige für die Tiptronic S, Service-Intervall-Anzeige, Außentemperaturanzeige sowie verschiedene Warnanzeigen und gelber LED-Beleuchtung integriert. Beim Cayenne turbo ist dieses Display als hochauflösender 5-Zoll-TFT-Farbbildschirm mit weißer Kaltkathodenbeleuchtung ausgeführt. Analoge Anzeigen informieren über Öltemperatur, Kühlwassertemperatur, Tankinhalt und Batteriespannung. Anstelle des Voltmeters erhält der turbo eine Ladedruckanzeige. Nach wie vor ist das Zündschloß links neben dem Lenkrad angeordnet. Schon im Basismodell gehört eine Klimaanlage inklusive Partikel-/Pollenfilter und Aktivkohlefilter zur Grundausstattung. Ab dem Cayenne S ist eine Klimaautomatik mit getrennter Temperatureinstellung für Fahrer und Beifahrer mit automatischer Umluftsteuerung und Luftgütesensor Serie. Vier elektrische Fensterheber mit Komfortschließfunktion und Einklemmschutz, Zentralverriegelung mit Funkfernbedienung, Bordcomputer sowie fünf 12-Volt-Steckdosen gehören bei allen Cayenne zum Lieferumfang. Zusätzlich ist der Cayenne turbo mit einem Tempostat ausgestattet.

Für Musikliebhaber sind speziell für den Cayenne entwickelte und abgestimmte Soundsysteme im Angebot. Bei den Modellen mit Saugmotor ist das Audio-System CDR-23 mit 12 Lautsprechern und 4x 25 Watt Musikleistung serienmäßig. Beim Cayenne turbo gehört das Porsche Communication Management (PCM) inklusive DVD-Navigation, Radiotuner, einem CD-Player mit MP3-Abspielfunktion und einem Bordcomputer mit erweiterten Funktionen zur Grundausstattung. An der Spitze steht das BOSE® Surround-Sound-System mit 14 Lautsprechern inklusive Aktiv-Subwoofer und 350 Watt Musikleistung, welches beim Cayenne turbo zur Serie und bei den übrigen Modellen zur Sonderausstattung gehört. Hinter der rechten Verstauklappe im Gepäckraum sind bereits die Kabel und die Halterung für den nachträglichen Einbau eines CD-Wechslers vorhanden. Die zweite Generation des Cayenne kann noch individueller gestaltet werden. So ermöglicht die als Sonderausstattung erhältliche automatische Heckklappe ein bequemes Öffnen und Schließen per Knopfdruck. Zum optional bestellbaren Laderaummanagement gehören ein in den Boden integriertes Schienensystem, eine robuste Teleskopstange, ein Gepäckraumtrennetz und ein Gurtabroller. Damit können Gepäckstücke rutschsicher im Kofferraum verankert werden. Auf Wunsch kann das Interieur mit einer Lederausstattung in schwarz-kastanienbraunem Naturleder bezogen werden.

Der 6-Zylinder-Cayenne beschleunigt mit 6-Gang-Schaltgetriebe in 8,1 Sekunden aus dem Stand auf Tempo 100, mit der optional erhältlichen Tiptronic S in 8,5 Sekunden. Die Höchstgeschwindigkeit steigt von 214 auf 227 Kilometer pro Stunde. Beim Cayenne S mit 6-Gang-Schaltgetriebe beträgt die Beschleunigungszeit von 0 auf 100 Kilometer 6,6 Sekunden. Mit Tiptronic S dauert es 0,2 Sekunden länger. Die maximale Geschwindigkeit erhöht sich um 10 km/h auf 252 km/h, mit Automatikgetriebe auf 250 km/h. Das Spitzenmodell Cayenne turbo sprintet von Null auf Tempo 100 in nur 5,1 Sekunden. Die Spitzengeschwindigkeit beträgt 275 Kilometer pro Stunde. Trotz der verbesserten Fahrleistungen konnte der Kraftstoffverbrauch im Neuen Europäischen Fahrzyklus (NEFZ) um über acht Prozent gesenkt werden. Im täglichen Fahrbetrieb in der Stadt, auf der Landstraße und der deutschen Autobahn sind sogar Einsparungen von bis zu 15 Prozent möglich.

Porsche kündigt bis zum Ende des Jahrzehnts eine Cayenne-Version mit Hybrid-Antrieb an. Heute sind schon die ersten Prototypen auf Basis des Cayenne V6 im Einsatz. Beim Cayenne-Hybrid wird der 3,6-Liter-Benzin-Direkteinspritzer (DFI) mit einem Elektromotor kombiniert. Derzeit realisiert das Fahrzeug einen Durchschnittsverbrauch von 9,8 Liter auf 100 Kilometer nach dem Neuen Europäischen Fahrzyklus (NEFZ) oder 28 Meilen pro Gallone nach dem amerikanischen FTP-Zyklus. Bis zur Markteinführung wird eine Verbrauchssenkung auf 8,9 Liter auf 100 Kilometer angestrebt.

Statt des leistungsverzweigten Hybrid-Antriebs setzte Porsche auf einen Parallel-Full-Hybrid. Für dieses Konzept sprechen mehrere Gründe. Die hohe Kompatibilität der Hybrid-Komponenten passen zur aktuellen Cayenne-Grundplattform. Einschränkungen beim Kofferraumvolumen oder der Allradtechnik lassen sich durch den Parallel-Full-Hybrid erheblich reduzieren. Außerdem können größere Verbrauchseinsparungen bei Überland- und Autobahnfahrten erzielt werden. Im Gegensatz zu anderen Hybridsystemen, die ihre Vorteile in der Regel im Stadtbetrieb ausspielen, bietet dieses Konzept die Möglichkeit, bis zu einer Geschwindigkeit von 120 Kilometer pro Stunde ohne Verbrennungsmotor zu fahren. Der Parallel-Full-Hybrid verbessert Beschleunigung und Elastizität nochmals spürbar. Das Konzept kombiniert außergewöhnliche Fahrleistungen mit gleichzeitig höchster Effizienz.

Der Parallel-Full-Hybrid besteht aus Verbrennungs-, Elektromotor und Batterie. Diese Komponenten werden über einen Hybrid-Manager koordiniert, der alle Fahr- und Energieinformationen enthält. Er steuert den Elektro- und den Verbren-

Porsche Cayenne Hybrid

Porsche Cayenne Hybrid

nungsmotor in jeder Fahrsituation verbrauchsoptimal an. Für den Hybrid-Manager müssen rund 20.000 Datenparameter definiert werden. Eine Motorsteuerung kommt beispielsweise mit 6.000 Parametern aus.

Die Batterie befindet sich in der Reserveradmulde des Cayenne. Sie besteht aus 240 Zellen, die eine Spannung von 288 Volt ermöglichen. Die Batterie arbeitet mit einer Leistung von 38 Kilowatt und speichert die Energie, die während des Fahrens durch das rekuperative Bremsen und durch die verbrauchsoptimierende Lastpunktverschiebung des Verbrennungsmotors geladen wird. Die so gewonnene Energie kann genutzt werden, um nur mit dem Elektromotor zu fahren oder den Verbrennungsmotor im Betrieb zu unterstützen.

Bei der Hybrid-Technologie sind weitere technische Änderungen umzusetzen. Bei herkömmlichen Fahrzeugen sind die Servounterstützung der Lenkung und die Unterdruckpumpe des Bremskraftverstärkers vom laufenden Verbrennungsmotor abhängig. Für den Hybrid-Antrieb werden Lenkung und Bremskraftverstärker elektrisch angetrieben und die mechanische Ölpumpe des Automatikgetriebes durch eine Elektropumpe ersetzt. Erstmals setzt Porsche in dieser Fahrzeugklasse eine elektro-hydraulische Lenkung mit der Porsche-typischen Lenkpräzision ein.

Professor Ferdinand Porsche präsentierte bereits im Jahre 1900 auf der Weltausstellung in Paris den Lohner-Porsche »Mixte«, der neben einem Verbrennungs- auch einen Elektromotor besaß und überschüssige Energie in einer Batterie zwischenspeichern konnte. Die ersten Patente für den Radnabenmotor hatte Ferdinand Porsche bereits im Jahr 1897 angemeldet. Angetrieben wurde das Fahrzeug von einem Vierzylindermotor, der direkt mit einem 80-Volt-Dynamo verbunden war. Der Generator lieferte den Strom für die in den Vorderrädern eingebauten Radnaben-Elektromotoren. Das Fahrzeug war sozusagen das erste serienmäßige Auto mit Hybrid-Antrieb mit Frontantrieb.

Im September 1900 wurde sogar ein allradgetriebener Lohner-Porsche mit vier elektrischen Radnabenmotoren für Renn- und Rekordzwecke an den britischen Sportsmann E.W. Hart nach Luton bei London ausgeliefert.
Die Transsyberia Rallye 2007, einer der härtesten Offroad-Veranstaltungen der Welt, endet mit einem dreifachen Sieg. Drei Porsche Cayenne S Transsyberia belegen die ersten drei Plätze. Insgesamt sind acht Porsche unter den ersten zehn. Nach zwei Wochen und 7.100 Kilometer Fahrt von Moskau nach Ulan Bator erreichen der 3-fache amerikanische Rallyemeister Rod Millen und sein Beifahrer Richard Kelsey mit einem Porsche Cayenne S Transsyberia am 17. August 2007 das Ziel in der Hauptstadt der Mongolei als Sieger. Der Cayenne hat seine hohe Zuverlässigkeit erneut unter Beweis gestellt. Kein Einziger der 27 gestarteten Cayenne ist durch einen technischen Defekt ausgefallen.

Modelljahr 2008 (8-Programm)

Im November 2007 ergänzt Porsche die Modellreihe um eine betont sportliche Variante mit einem 405 PS (298 kW) starken Saugmotor. Der Cayenne GTS zeichnet sich durch ein speziell für diese Modellvariante entwickeltes Fahrwerk aus. Erstmals wird in der Cayenne-Baureihe eine Stahlfederung mit dem von den Sportwagenmodellen bekannten Porsche Active Suspension Management (PASM) kombiniert. Der Cayenne GTS ist schon auf den ersten Blick erkennbar. Bug- und Heckteile sind vom Cayenne turbo übernommen, allerdings muß der GTS ohne die turbotypischen Powerdomes auf der Motorhaube auskommen. Die seitlichen Schwellerverkleidungen des SportDesign-Pakets verleihen dem GTS eine markante Optik. Auf jeder Seite sind 14,5 Millimeter breite, in Wagenfarbe lackierte, Radhausverbreiterungen aufgesetzt. Mit einer Breite von 1.957 Millimetern steht der Cayenne GTS satt auf der Straße und machen ihn zum optisch kraftvollsten Modell. Schwarze B- und C-Säulenblenden sowie die schwarzen Scheibeneinfassungen und Türgriffe ermöglichen dem Cayenne GTS einen charaktervollen Auftritt. Oben am Heckabschluß ist ein Dachspoiler angebracht. Dieser kann optional durch einen verlängerten, feststehenden Flügel mit Doppelprofil ersetzt werden. Auf dem Heckdeckel ist der Cayenne GTS-Schriftzug aufgeklebt. Durch das Heckteil münden die verchromten Doppelendrohre der Sportabgasanlage ins Freie.
Der V8-Motor des Cayenne GTS basiert auf dem Triebwerk des Cayenne S auf und verfügt über die identische Grundkonstruktion, zu der unter anderem die Benzin-Direkteinspritzung »Direct Fuel Injection« (DFI) in Verbindung mit der Einlaßnockenwellenverstellung und Ventilhubumschaltung VarioCam Plus zählen. Die Mehrleistung zeichnet sich vor allem im oberen Drehzahlbereich ab. Bei 6.500 Umdrehungen pro Minute erreicht der Achtzylinder eine Nennleistung von 405 PS (298 kW). Gegenüber dem Cayenne S ist dies ein Zuwachs von 20 PS (15 kW). Das maximale Drehmoment von 500 Newtonmeter liegt bei 3.500 Umdrehungen pro Minute an der Kurbelwelle an. Der Leistungszuwachs wird durch detaillierte Feinarbeit am Motor erreicht. Die Luftzufuhr der Sauganlage wird entdrosselt. Durch einen vergrößerten Querschnitt der Y-förmigen Luftführung gelangt mehr Luft zu der von 76 auf 82 Millimeter Durchmesser vergrößerten Drosselklappe. Dadurch verbessert sich die Füllung der Brennräume. Die Schaltpunkte der Nockenwellenverstellung, das Zündkennfeld sowie die Einspritzzeitpunkte und Einspritzmengen werden entsprechend angepaßt. Den bulligen Charakter verdankt der Achtzylinder zudem der Schaltsauganlage. Mit langen Ansaugwegen entwickelt der Motor bereits bei niedrigen Drehzahlen ein hohes Drehmoment, mit kurzen Saugwegen steigt dagegen die Motorleistung im oberen Drehzahlbereich. Die serienmäßige Sporttaste stellt das Ansprechverhalten von Motor, der optionalen Tiptronic S und Regelsystemen von einer verbrauchsoptimierten Grundeinstellung sportlicher ein. Zudem wird die beim Cayenne GTS serienmäßige Sportabgasanlage auf geringeren Gegendruck geschaltet und beim Porsche Active Suspension Management (PASM) der Sportmodus aktiviert. Die integrierte Trockensumpfschmierung stellt die Ölversorgung in allen Fahrsituationen sicher. Dabei kommt eine variable Ölpumpe zum Einsatz, die über eine öldruckgesteuerte hydraulische Verstellung der Zahnradbreite ihre Förderleistung je nach Bedarf reguliert. Hierdurch sinkt der Energieverbrauch der Ölpumpe und im jeweiligen Motorlastbereich wird die entsprechende Ölversorgung gewährleistet. Der GTS erfüllt wie alle Cayenne die Abgasnorm Euro 4-Norm.
Der Cayenne GTS ist serienmäßig mit einem 6-Gang-Schaltgetriebe ausgestattet. Während die Abstufungen der Gänge sich nicht von denen des Cayenne S unterscheiden, wird die Achsübersetzung von 3,55 : 1 auf 4,1 : 1 kürzer ausgelegt. In Verbindung mit der höheren Motorleistung bietet der GTS eine noch bessere Beschleunigung und schnellere Zwischenspurts gelingen noch schneller als mit dem bereits sehr souveränen Cayenne S. Gleichzeitig ermöglicht die enorme Zugkraft des Motors ein schaltfaules Fahren mit niedrigen Drehzahlen bei hohen Geschwindigkeiten. Das Schaltgetriebe ist serienmäßig mit dem Porsche Drive Off Assistant (PDOA) kombiniert. Das Assistenzsystem entlastet den Fahrer beim Anfahren an Steigungen, da es das Fahrzeug durch einen automatischen Bremseneingriff vor dem Zurückrollen schützt. Kuppelt der Fahrer ein, so wird der Bremsdruck automatisch zurückgenommen, und der Cayenne GTS kann sicher losfahren. PDOA wird automatisch aktiviert, wenn das Fahrzeug bei laufendem Motor und eingelegtem Vorwärtsgang steht und der Fahrer gleichzeitig Kupplung und Bremse betätigt. Wird der Fuß vom Bremspedal genommen oder die Feststellbremse gelöst, hält PDOA den Bremsdruck bis zum Einkuppeln aufrecht. Wird der Anfahrvor-

gang unterbrochen, baut sich das Bremsmoment sofort wieder auf. PDOA dient jedoch nicht als Ersatz für die Feststellbremse, deshalb funktioniert das System auch nur bei laufendem Motor. Auf Wunsch ist der Cayenne GTS mit 6-Stufen-Tiptronic S mit einer sportlicheren Charakteristik der Schaltpunkte geliefert. Die Achse ist mit 4,1 : 1 genauso kurz übersetzt wie beim manuellen 6-Gang-Schaltgetriebe. Mit der Tiptronic S fährt der Cayenne GTS im Sportmodus spürbar agiler als ein vergleichbare Cayenne S. Darüber hinaus bietet das Automatikgetriebe eine so genannte Hill-Holder-Funktion. Das System hat die gleiche Funktion wie der »Drive Off Assistant« bei der Schaltgetriebeversion und verhindert das Zurückrollen des Fahrzeugs beim Anfahren am Berg.

Für eine besondere Kombination von außergewöhnlichen Straßen- und Geländeeigenschaften sorgt der permanente Allradantrieb Porsche Traction Management (PTM). Der Antrieb verteilt die Motorkraft im Grundmodus zwischen Vorder- und Hinterachse im Verhältnis 38 zu 62. Über eine elektromotorisch betätigte und elektronisch geregelte Lamellenkupplung kann das Verteilungsverhältnis an die entsprechende Fahrsituation angepaßt werden. Sensoren messen die Geschwindigkeit, die Querbeschleunigung, den Lenkwinkel sowie die Gaspedalbetätigung und tragen so zu hoher Sicherheit und zur besseren Kontrollierbarkeit im Grenzbereich bei. Für Geländeeinsätze greift PTM auf die im Verteilergetriebe integrierte Geländereduktion mit einem Untersetzungsverhältnis von 2,7 : 1 zurück. Sollten dabei einzelne Räder den Bodenkontakt verlieren, sichert eine 100-Prozent-Längssperre den weiteren Vortrieb. Die serienmäßige Fahrstabilitätsregelung Porsche Stability Management (PSM) steht mit PTM in ständiger Verbindung, greift aber erst ganz nahe am Grenzbereich ein. Bei kritischem Unter- oder Übersteuern wird die Längssperre geöffnet, um das Fahrzeug durch gezieltes Abbremsen einzelner Räder wieder zu stabilisieren.

Erstmals wird bei einem Cayenne die Stahlfederung mit dem adaptiven Dämpfungssystem Porsche Active Suspension Management (PASM) kombiniert. Im Vergleich zum Cayenne S sind beim Cayenne GTS die Stahlfedern straffer abgestimmt und das Fahrzeug liegt um 24 Millimeter tiefer. Der Sturz an Vorder- und Hinterachse ist negativer eingestellt, damit der Cayenne GTS höhere Querbeschleunigungen erzielen kann. Passend zur Stahlfederung ist für den GTS eine individuelle Variante des adaptiven Dämpfungssystems PASM entwickelt worden. PASM regelt kontinuierlich die Dämpfkraft in Abhängigkeit von Fahrbahnzustand und Fahrweise. Es bietet dem Fahrer die Möglichkeit, während der Fahrt zwischen drei Dämpfereinstellungen »Komfort«, »Normal« und »Sport« zu wählen.

Die auf Wunsch erhältliche Luftfederung des GTS ist straffer abgestimmt und legt das Fahrzeug 20 Millimeter tiefer als ein vergleichbarer Cayenne S. Die Torsionssteifigkeit des vorderen Stabilisators ist im Vergleich zum Cayenne S höher, die Wankabstützung verbessert und die Rollneigung reduziert. Der Fahrer bemerkt dies durch die geringere Seitenneigung des Fahrzeugs und mehr Präzision in schnell gefahrenen Kurven. Die Luftfederung bietet dem Cayenne GTS größere Ein- und Ausfederwege. Die Fahrdynamik läßt sich durch Luftfederung mit PASM und der kombinierbaren Wankstabilisierung Porsche Dynamic Chassis Control (PDCC) weiter steigern. Die kontinuierliche Wankregelung minimiert die Seitenneigung des Fahrzeugs in Kurven und gleicht sie in beinahe allen Fahrsituationen fast vollständig aus. Dank der schnellen Reaktionsgeschwindigkeit und einem Maximaldruck von bis zu 180 bar kann PDCC über aktive Stabilisatoren mit hydraulischen Schwenkmotoren, die anstelle der konventionellen Stabilisatoren an Vorder- und Hinterachse eingebaut sind, ein Stützmoment aufbauen, bevor sich die Karosserie bei Kurvenfahrt zur Seite neigen kann. Damit ergibt sich nicht nur ein spürbar besseres Handling, sondern auch eine deutliche Verbesserung der Fahrstabilität und des Fahrkomforts.

An der Vorderachse des Cayenne GTS verzögert eine Bremsanlage mit innenbelüfteten Bremsscheiben mit einem Durchmesser von 350 Millimeter und einer Breite von 34 Millimeter sowie rot lackierten 6-Kolben-Monobloc-Festsätteln aus Aluminium. An der Hinterachse kommen rote 4-Kolben-Monobloc-Aluminium-Festsättel mit 330 Millimeter großen und 28 Millimeter breiten Bremsscheiben zum Einsatz. Bei abrupter Gaswegnahme wird im Bremssystem bereits genügend Druck aufgebaut, der bei einer Bremsung den Anhalteweg verkürzen hilft. Der Bremsassistent baut darüber hinaus beim Erkennen einer Notbremsung den zur maximalen Verzögerung erforderlichen Bremsdruck auf. Die Gespannstabilisierung erkennt Pendelbewegungen des Anhängers und greift durch gezielte, individuelle Radbremseneingriffe am Fahrzeug stabilisierend ein.

Serienmäßig rollt der sportlich exklusive Cayenne GTS auf 10 J x 21-Zoll-Cayenne-Sport-Rädern und Reifen der Größe 295/35 R 21 Y.

Die serienmäßige Sport-Taste im unteren Bereich der Mittelkonsole bietet die Möglichkeit, per Knopfdruck den Charakter des Fahrzeugs noch sportlicher zu gestalten. Der Fahrer hat die Wahl zwischen einer verbrauchsoptimierten Grundeinstellung oder einer betont sportlichen Abstimmung. Im Normal-Modus sind die Motor- sowie die Getriebesteuerung der optionalen Tiptronic S auf einen Fahrstil im mittleren Drehzahlbereich programmiert. Im Sport-Modus, den das Kombiinstrument durch das Wort »Sport« angezeigt, spricht der Motor dank einer steileren Gaspedalkennlinie noch spontaner an und führt Lastwechselbefehle direkter und härter aus. Serienmäßig strömen die Abgase durch eine Sportauspuffanlage mit einer Schaltklappe im Hauptschalldämpfer, die im Sportmodus auf einen kernigeren Klang umschaltet. Der kraftvolle Sound wird abhängig von Last, Geschwindigkeit, Drehzahl und Übersetzung gesteuert.

Bei gedrückter Sport-Taste schaltet das im Cayenne GTS serienmäßige PASM automatisch in das Sportprogramm des variablen Dämpfungssystems und senkt Fahrzeuge mit Luftfederung in das Tief-Niveau ab. Zusätzlich wird das optional erhältliche aktive Fahrwerksregelsystem Porsche Dynamic Chassis Control (PDCC) in den Sport-Modus geschaltet. Der Sport-Modus bleibt solange in Aktion, bis die Taste ein zweites Mal gedrückt oder die Zündung ausgeschaltet wird.

Für den Cayenne GTS wurde eine exklusive Ausstattung gewählt, die auch durch ihre zahlreichen Details überzeugt. Die Edelstahl-Türeinstiegsleisten sind mit dem Modellschriftzug versehen. Satinierte Aluminiumzierblenden sind auf der Instrumententafel und den Türen angebracht. Serienmäßig ist eine Lederausstattung, die auch Teile der Schalttafel, der Mittelkonsole und der Türverkleidungen umfaßt. Mit Alcantara sind im Cayenne GTS der Innenhimmel, Teile der Türverkleidungen, die Armauflage der Mittelkonsole und der Schaltsack bezogen. Der aufgepolsterte Lederlenkradkranz ermöglicht einen sicheren Griff. Ein besonderes Ausstattungsmerkmal ist die sportlich komfortable Sitzanlage des GTS. Fahrer und Beifahrer sitzen auf 12-Wege-Sportsitzen mit erhöhten Seitenwangen. Die Sitze lassen sich per Knopfdruck in Längsrichtung und Höhe elektrisch verstellen. Die elektromotorische Verstellmöglichkeit umfaßt außerdem die Neigung der Lehne und der Sitzfläche sowie die Einstellung der Lordosenstütze. Die Sitzmittelbahnen sind mit Alcantara bespannt, die inneren Seitenwangen der Sitze sowie die Mittelbahnen der Kopfstützen sind mit Leder bezogen. Die beiden außen sitzenden Fondpassagiere kommen in den Genuß einer Sitzanlage mit erhöhten Seitenwangen, die eine ausgeprägte Einzelsitzcharakteristik bieten. In der Mitte kann im Fond trotzdem eine dritte Person Platz nehmen.

Durch die höhere Motorleistung und die kürzere Übersetzung fährt sich der Cayenne GTS besonders agil. Mit Schaltgetriebe spurtet er in nur 6,1 Sekunden von 0 auf 100 Kilometer pro Stunde, die Höchstgeschwindigkeit wird bei 253 km/h erreicht. Für die Elastizitätsmessung von 80 auf 120 km/h im fünften Gang vergehen nur 6,6 Sekunden. Der Durchschnittsverbrauch mit Schaltgetriebe liegt bei 15,1 Liter pro 100 Kilometer, mit dem optionalen Tiptronic S-Automatikgetriebe bei 13,9 Litern.

Ab Januar 2008 bietet Porsche werksseitig für den Cayenne turbo mit 4,8-Liter-Motor eine Leistungssteigerung an, die bezüglich Leistungscharakteristik und Haltbarkeit auch höchste Ansprüche erfüllt. Der Leistungskit kann zusammen mit dem Neuwagen bestellt werden oder auch später über Porsche Tequipment nachgerüstet werden. Das Kit beinhaltet eine Steigerung der Motorleistung um 40 PS (29 kW) auf 540 PS (397 kW) bei 6.000 Umdrehungen pro Minute und einen Anstieg des maximalen Drehmoments von 50 auf 750 Newtonmeter in einem Drehzahlbereich von 2.250 bis 4.500 Touren. Im Motorraum deutet eine Drosselklappenabdeckung aus Karbon und eine Plakette aus gebürstetem Aluminium auf die Leistungssteigerung hin.

Zusammen mit der Leistungssteigerung werden ein überarbeitetes Fahrwerk mit neuen Spurstangen an der Vorderachse, eine modifizierte Kardanwelle und größere Bremsscheiben vorn montiert. Der Bremsscheibendurchmesser wächst von 368 auf 380 Millimeter, die Stärke von 36 am 38 Millimeter. Um die Freigängigkeit der Räder, durch die größeren Bremsscheiben zu gewährleisten, werden im Sommer 21-Zoll-Räder und im Winter spezielle 20-Zoll-Räder zwingend nötig.

Der Cayenne turbo mit Werksleistungskit sprintet in 4,9 Sekunden auf 100 Stundenkilometer und erreicht eine Höchstgeschwindigkeit von 279 km/h.

In Porsche Werk Leipzig läuft im Januar 2008 der 200.000ste Cayenne vom Band.

Im April 2008 kündigt Porsche den neuen Cayenne turbo S an. Äußerlich ist der Turbo S an 21-Zoll-Aluminiumrädern, lackierten Radhausverbreiterungen und den vier Sportendrohren der Auspuffanlage zu erkennen. Dem Cayenne turbo S ist exklusiv die Lackfarbe Lavagraumetallic vorbehalten. Außerdem sind die vorderen Lufteinlassgitter, wie schon beim Vorgängermodell, ebenfalls in Wagenfarbe lackiert.

Die Leistungssteigerung von 50 PS (38 kW) gegenüber dem Cayenne turbo wird beim turbo S über eine modifizierte Ansauganlage sowie eine optimierte Motorsteuerung erreicht. Die Motorleistung von 550 PS (404 kW) wird bei 6.000/min erreicht. Der Anstieg des maximalen Drehmoments von 50 auf 750 Newtonmeter liegt in einem Drehzahlbereich von 2.250 bis 4.500 Umdrehungen pro Minute an der Kurbelwelle an.

Der Cayenne turbo S beschleunigt in 4,8 Sekunden von null auf 100 Kilometer pro Stunde. Die Endgeschwindigkeit wird erst bei 280 km/h erreicht. Der Durchschnittsverbrauch liegt bei 14,9 Liter auf 100 Kilometer, der CO_2-Ausstoß bei 358 Gramm pro Kilometer.

Die Neuauflage der Transsyberia Rallye vom 11. bis 25. Juli 2008 endet nach über 7.000 Kilometern mit dem weiterentwickelten Rallye-Cayenne S mit einem Sechsfachsieg für Porsche.

Modelljahr 2009 (9-Programm)

Porsche würdigt die sportlichen Rallye-Erfolge der Cayenne-Baureihe mit einem eigenen Modell für Straße und Gelände. Seinen ersten öffentlichen Auftritt hat das neue Modell Cayenne S Transsyberia auf dem Pariser Automobilsalon vom 4. bis 19. Oktober 2008. Der Begriff »Transsyberia« steht dabei für die interkontinentale Rallye von Moskau in die rund 7.200 Kilometer entfernte mongolische Hauptstadt Ulaanbaatar (Ulan Bator), die der Porsche Cayenne in den Jahren 2006, 2007 und 2008 dreimal gewinnen konnte. Ab Januar 2009 kommt das neue Modell Cayenne S Transsyberia zu einem Preis von

77.558,- Euro inklusive Mehrwertsteuer in den Handel. Das Motorsport-Design des Cayenne S Transsyberia ist an die Wettbewerbsfahrzeuge angelehnt und sorgt für ein zusätzliches Rallye-Flair. Insgesamt stehen vier Farbkombinationen zur Verfügung. Neben den vom Rallyefahrzeug übernommenen Kombinationen Schwarz/Orange und Kristallmetallic/Orange, hat der Kunde außerdem die dezenteren Varianten Schwarz/Meteorgraumetallic sowie Meteorgraumetallic/Kristallsilbermetallic zur Auswahl. In Kontrastfarbe lackiert sind die Lamellen der seitlichen Lufteinlaßgitter, die Außenspiegelgehäuse und das Oberteil des verlängerten Dachspoilers mit Doppelflügelprofil. Optional, ohne Aufpreis, werden die in der gleichen Farbe ausgeführten seitlichen Dekorschriftzüge »Cayenne S Transsyberia« angebracht. Zur Ausstattung gehören ein Schwellerschutz mit integrierten Skidplates, ein verstärkter unterer Triebwerkschutz und ein zusätzlicher Schutz für Tank und Hinterachse sowie eine zweite Abschleppöse. Die aus dem Wettbewerbsfahrzeug bekannten Offroad-Dachscheinwerfer sind auf Wunsch ohne Aufpreis lieferbar. Sie werden dem Fahrzeug beigelegt, da sie in Deutschland nicht für den Einsatz auf öffentlichen Straßen zugelassen sind. Eine Kombination mit der Dachreling, dem Schiebedach oder dem Panorama Dachsystem ist jedoch nicht möglich.

Wie die Wettbewerbsfahrzeuge basiert das Sondermodell auf dem Cayenne S. Es hat allerdings den leistungsgesteigerten 4,8 Liter großen V8-Saugmotor mit kraftstoffsparender Benzin-Direkteinspritzung des Cayenne GTS unter der Haube, welches 405 PS (298 kW) bei 6.500/min leistet und über ein maximales Drehmoment von 500 Newtonmeter bei 3.500/min verfügt. Den sportlichen Anspruch des Cayenne S Transsyberia unterstreicht die serienmäßige Sportabgasanlage mit zwei Doppelendrohren aus verchromtem Edelstahl sowohl optisch als auch mit einem kernigen Klang.

Serienmäßig wird der Cayenne S Transsyberia mit einem 6-Gang-Schaltgetriebe ausgeliefert. Die ebenfalls aus dem Cayenne GTS stammende Achsübersetzung ist um 15 Prozent auf 4,1 : 1 verkürzt. Als Option ist selbstverständlich auch das 6-Stufen-Automatikgetriebe Tiptronic S verfügbar.

Der permanente Allradantrieb Porsche Traction Management (PTM) verteilt das Motordrehmoment im Grundmodus zu 38 Prozent an die Vorderräder und 62 Prozent an die Hinterräder. Eine geregelte Längssperre variiert die Verteilung je nach Fahrsituation und kann zu 100 Prozent gesperrt werden.

Für den Einsatz im Gelände ist die Luftfederung einschließlich Porsche Active Suspension Management (PASM) mit einer elektronischen Verstellung des Stoßdämpfersystems serienmäßig. Die Niveauregulierung sorgt für eine konstante Fahrzeuglage und erlaubt die Bodenfreiheit anzupassen. Bei Aktivierung des serienmäßigen Reduktionsgetriebes wird automatisch der Geländemodus für ABS und für das automatische Bremsendifferenzial eingeschaltet sowie das Geländeniveau der Luftfederung eingestellt. In der Einstellung Sondergeländeniveau kann die Bodenfreiheit bis auf 271 Millimeter und der Böschungswinkel vorne bis auf 31,8 Grad und hinten auf 25,4 Grad angehoben werden. Auf Wunsch steigert das Offroad-Technik-Paket die hohe Geländetauglichkeit des Cayenne S Transsyberia mittels einer schaltbaren und elektronisch geregelten Hinterachsdifferentialsperre noch weiter.

An der Vorderachse verzögern 6-Kolben-Monobloc-Aluminium-Festsättel an 350 Millimeter großen innenbelüfteten Scheiben, hinten sind 330 Millimeter große Scheiben und 4-Kolben-Monobloc-Aluminium-Festsättel montiert. Die Bremssättel sind silberfarben lackiert.

Die 18-Zoll-Cayenne-S-II-Räder sind mit Ausnahme der Farbkombination Meteorgraumetallic/Kristallsilbermetallic in der jeweiligen Kontrastfarbe lackiert. An beiden Achsen sind Reifen der Größe 255/55 R 18 auf 8 J x 18 Aluminiumrädern montiert.

Der Cayenne S Transsyberia empfängt die Insassen mit einem sportlich exklusiven Interieur. Die Sportsitze mit Komfort-Memory-Paket sind in einer Kombination aus schwarzem Leder-/Alcantara bezogen. Sitzmittelbahnen, Dachhimmel und -säulen, Sonnenblenden und der aufgepolsterte Lenkradkranz sind mit Alcantara bezogen. In der 12-Uhr-Stellung ist in Anlehnung an den Rennsport eine Markierung in der jeweiligen Kontrastfarbe angebracht. Die Zifferblätter der Instrumente, die Gurte, die Zierleisten auf der Armaturentafel, den Türen und die farbigen Keder der Fußmatten sind in der gewählten Kontrastfarbe des Exterieurs abgesetzt. In Verbindung mit den Außenfarbkombinationen schwarz/meteorgraumetallic sowie meteorgraumetallic/kristallsilbermetallic gehört das Aluminium-Paket »Sport« zum Lieferumfang.

Mit dem serienmäßigen 6-Gang-Schaltgetriebe dauert die Beschleunigung von 0 auf 100 km/h mit 6,1 Sekunden genau gleich lang wie beim Cayenne GTS. Mit der Tiptronic vergehen 6,5 Sekunden. Der Zwischenspurt wird im 5. Gang von 80 auf 120 km/h in 6,6 Sekunden absolviert. Damit ist der Cayenne S Transsyberia mit Schaltgetriebe zwei Sekunden schneller als der normale Cayenne S. Bei der Höchstgeschwindigkeit erreicht der handgeschaltete Cayenne S Transsyberia mit 253 Stundenkilometer das gleiche Tempo wie der Cayenne GTS, mit Tiptronic 251 km/h.

Der Cayenne turbo erhält ein überarbeitetes Fahrwerk mit neuen Spurstangen an der Vorderachse, eine modifizierte Kardanwelle und größere Bremsscheiben vorn. Der Bremsscheibendurchmesser wächst von 368 auf 380 Millimeter, die Stärke von 36 am 38 Millimeter.

Im Rahmen der Modellpflege erhält der Cayenne turbo das weiterentwickelte Porsche Communication Management (PCM) mit einem 6,5 Zoll großen Touch-Screen. Für alle anderen Cayenne Modelle ist das neue PCM gegen Aufpreis als Sonderausstattung lieferbar. Die Bedienung wird stark vereinfacht, da viele Funktionen über den berührungsempfindlichen Bildschirm gesteuert werden. Dadurch wird die Anzahl der Bedientasten auf die übersichtliche Hälfte reduziert. Das Radioteil des PCM ist mit 48 Speicherplätzen, einem FM-Doppeltuner mit RDS und der neusten Scan-/Phase-Diversity für einen optimalen Empfang ausgestattet. Das integrierte Laufwerk kann Musik von CDs, von Audio- und Video-DVDs in Stereo-Klang wiedergeben, in Verbindung mit dem optionalen BOSE® Surround-Sound-System auch im 5.1 Discrete-Surround-Format. Als Sonderausstattung ist statt des einfachen CD-/DVD-Laufwerks ein im PCM integrierter 6-fach CD-/DVD-Wechsler lieferbar, der sich bequem vom Fahrersitz aus bedienen läßt. Auf Wunsch bietet eine universelle Audio-Schnittstelle erstmals die Möglichkeit einen iPod® oder einen USB-Stick anzuschließen und über das PCM zu steuern. Als Aufrüstung für das PCM sind ein Navigationsmodul mit 40-GB-Festplatte, ein Fernsehtuner, eine Sprachbedienung und ein Telefonmodul mit Bluetooth®-Schnittstelle möglich.

Im Februar 2009 erweitert Porsche erstmals das Modellprogramm mit einem Personenkraftwagen mit Dieselmotor. Der Cayenne Diesel wird mit einem V6-Turbodieseltriebwerk modernster Technologie auf dem Markt eingeführt. Porsche gibt den bisherigen Widerstand gegen ein Dieselaggregat auf und kann jetzt im konzerneigenen Motorenregal bei Audi zugreifen. Doch statt den leistungsstärksten V8- oder V12-Dieselmotoren entscheidet sich Porsche bewußt für den 3-Liter-V6, der einen hervorragenden Kompromiß zwischen ausreichend Leistung, hohem Drehmoment und geringem Kraftstoffverbrauch mit niedrigem CO_2-Ausstoß bietet. Der sportliche und vielseitige Porsche-SUV wird mit dem wirtschaftlichen und drehmomentstarken Dieselantrieb zu einem idealen Langstrecken- und Zugfahrzeug. Die bekannten Eigenschaften wie Fahrdynamik, Sicherheit und Geländetauglichkeit bleiben auch mit dem Dieselmotor voll erhalten. Äußerlich entspricht das Dieselmodell mit dem getönten Wärmeschutzglas dem Cayenne V6 mit Benzinmotor und trägt wie dieser einen »Cayenne«-Schriftzug auf der Heckklappe.

Serienmäßig sind H7-Hauptscheinwerfer in Projektionstechnik und manueller Leuchtweitenregulierung. Auf Wunsch sind für eine höhere aktive Sicherheit Bi-Xenon-Scheinwerfer mit statischem und dynamischem Kurvenlicht, automatischer Leuchtweitenregulierung und Scheinwerferreinigungsanlage lieferbar. Schon bei einer Geschwindigkeit von drei Stundenkilometern wird das dynamische Kurvenlicht aktiv und sorgt für eine verbesserte Ausleuchtung von kurvigen Straßen. Das statische Kurvenlicht leuchtet die Fahrbahn beim Abbiegen zusätzlich im Nahbereich noch besser aus.

Der Cayenne Diesel wird akustisch mit größter Sorgfalt dem Porsche-Standard angepaßt. Eine Rückmeldung ist erwünscht, Belästigung hingegen nicht. Ansauggeräusch und Auspuffklang werden entsprechend aufeinander abgestimmt. Weitere wesentliche Maßnahmen werden an der Karosserie vorgenommen. Eine spezielle Dämmfolie in der Verbundglaswindschutzscheibe verringert störende Brummfrequenzen aus dem Motorraum. Zur konventionellen Dämmung wird ein spezielles Vliesmaterial verwendet, welches bei gleicher Geräuschabsorption im Vergleich zu herkömmlichen Dämmpaketen in Dieselfahrzeugen ungefähr 20 Kilogramm Gewicht einspart.

Unter der Fronthaube identifiziert die Motorabdeckung mit dem Schriftzug »3.0 V6 Turbo Diesel Injection« den Selbstzünder. Der kultiviert laufende Sechszylindermotor entwickelt aus 2.967 Kubikzentimetern Hubraum zwischen 4.000 und 4.400 Umdrehungen pro Minute eine Höchstleistung von 240 PS (176 kW). Noch bemerkenswerter ist allerdings der Drehmomentverlauf, der schon zwischen 2.000 und 2.250 Kurbelwellenumdrehungen pro Minute den beeindruckenden Maximalwert von 550 Newtonmetern erreicht.

Der Motorblock besteht aus einem Kurbelgehäuse mit zwei im 90-Grad-Winkel zueinander stehenden Zylinderbänken. Zur Verbesserung der Laufkultur ist eine Ausgleichswelle montiert. Die Zylinder weisen eine Bohrung von 83 Millimetern auf. Die Kolben haben einen Hub von 91,4 Millimetern. Die Aluminium-Zylinderköpfe bergen jeweils zwei obenliegende Nockenwellen mit jeweils vier senkrecht stehenden Ventilen pro Zylinder. Die Ventile werden über reibungsarme Rollenschlepphebel mit hydraulischen Ventilspielausgleichselementen betätigt. Das zentrale Einspritzventil ist direkt über der mittigen Kolbenmulde angeordnet, um eine gute Gemischbildung für einen niedrigen Kraftstoffverbrauch und geringe Abgasemissionen zu erreichen. In den Saugrohren beider Zylinderbänke befinden sich stufenlos regelbare Drallklappen, die abhängig von Motordrehzahl und -last, den Drall der Ansaugluft durch die Stellung der Klappen einstellen. Im Leerlauf und bei niedrigen Drehzahlen sind die Klappen geschlossen, um eine hohe Drallwirkung für eine verbesserte Gemischbildung zu erzeugen. Ab einer Drehzahl von 1.250 Umdrehungen pro Minute werden die Klappen kontinuierlich geöffnet, um mit dem erhöhten Luftdurchsatz eine gute Füllung des Brennraumes zu erzielen. Schließlich sind die Drallklappen ab einer Drehzahl von 2.750 Umdrehungen pro Minute vollständig geöffnet.

Der V6-Selbstzünder repräsentiert den modernsten Stand der Dieseltechnologie mit Common-Rail-Direkteinspritzung und Piezo-Einspritzventilen, einem Turbolader mit variabler Turbinengeometrie (VTG) und elektronisch angesteuerten Leitschaufeln sowie Abgasreinigung durch geregelte Abgasrückführung, Oxidationskatalysator und Partikelfilter. Damit kommen zu hoher Leistung, fülligem Drehmomentverlauf und niedrigem Kraftstoffverbrauch noch Laufruhe, Zuverlässigkeit und geringer Emissionsausstoß. Der Cayenne Diesel erfüllt alle Grenzwerte nach Euro 4. Auf bestimmten Märkten ist auch eine

Euro-3-Version erhältlich. Der V6-Turbodiesel arbeitet mit einem hohen Wirkungsgrad, daß nur wenig Abwärme über das Kühlwasser abgeführt wird. Um bei kalter Witterung angenehme Innenraumtemperaturen zu erhalten, ergänzt eine Zusatzheizung die Heizungs- und Klimaanlage. Die Kraftstoffversorgung übernimmt ein Common-Rail-System, in dem der Dieselkraftstoff mit einem Druck von bis zu 1.800 bar über kurze Leitungen von den Injektoren eingespritzt wird. Die drei Vorteile sind, daß der Einspritzdruck im Kennfeld nahezu frei wählbar ist. Zudem ermöglicht der hohe Druck eine optimale Gemischbildung. Und schließlich kann der Einspritzverlauf mit Vor-, Haupt- und Nacheinspritzungen sehr flexibel ausgelegt werden. Die Kraftstoffeinspritzung in die Brennräume übernehmen piezogesteuerte Einspritzventile, die in weniger als einer zehntausendstel Sekunde schalten. Zur Steuerung der Einspritzventile wird der umgekehrte piezoelektrische Effekt genutzt, indem sich beim Anlegen einer Spannung das Piezo-Element ausdehnt. Die Düsennadel gibt dadurch den Einspritzkanal frei. Diese Technik spart gegenüber den elektromagnetisch gesteuerten Einspritzventilen ungefähr 75 Prozent bewegte Masse an der Düsennadel. Diese Gewichtsreduzierung ermöglicht sehr kurze Ansprechzeiten, exakt dosierbare Einspritzmengen und dadurch bis zu fünf höchst präzise Teileinspritzungen pro Arbeitstakt. Im unteren Drehzahlbereich leiten zwei Voreinspritzungen den Arbeitstakt ein. Nach der Haupteinspritzmenge können bis zu zwei Nacheinspritzungen folgen. Dieses Prinzip verbindet eine weiche Verbrennung mit geringen Emissionen.

Ein Turbolader mit variabler Turbinengeometrie (VTG) und nachgeschalteter Ladeluftkühlung übernimmt die Versorgung mit Verbrennungsluft. Der Lader verfügt über verstellbare Leitschaufeln, durch die der Abgasstrom des Turbinenrads beeinflußt werden kann. Im Jahr 1996 hat Audi erstmals VTG-Lader erstmals bei Turbodieselmotoren auf dem Markt eingeführt. Beim aktuellen 911 turbo setzt Porsche diese Technik erstmals bei thermisch höher belasteten Turbo-Benzinmotoren ein. Die verstellbaren Leitschaufeln leiten im unteren Drehzahlbereich den gesamten Abgasdruck auf das Schaufelrad und ermöglichen ein hohes Drehmoment und ein gutes Anfahrverhalten. Im oberen Drehzahlbereich öffnen sie sich und reduzieren so den Abgasgegendruck, der für einen geringen Kraftstoffverbrauch und niedrige Abgaswerte sorgt. Die Leitschaufeln werden durch einen elektrischen Stellmotor bewegt. Durch diesen Vorteil wird über den gesamten Drehzahlbereich der passende Ladedruck und damit eine gute Verbrennung sichergestellt. Unter Vollast beträgt der maximale Ladedruck 1,3 bar. Seitlich im Bugteil sind zwei Ladeluftkühler untergebracht, welche die durch den Turbolader verdichtete und damit erwärmte Luft herunterkühlen, um eine hohe Zylinderfüllung und damit einen spontanen Drehmomentaufbau sowie niedrige Bauteiltemperaturen zu erreichen. Eine aufwendige Abgasreinigung gewährleistet die Einhaltung der aktuellen Grenzwerte der EU4-Norm. Ein Teil der Abgase wird kennfeldgesteuert über eine wassergekühlte Abgasrückführung dem Verbrennungsprozess erneut zugeführt und sorgt dafür, daß die Verbrennungstemperatur zusätzlich gesenkt wird und damit auch weniger Stickoxidemissionen erzeugt werden. Nach dem Turbolader durchströmen die Abgase zuerst den Oxidationskatalysator, dann den Dieselpartikelfilter (DPF) und zum Schluß den Schalldämpfer. Damit die Rußpartikel den Filter nicht zusetzen und in seiner Funktion beeinträchtigen, wird, für die Insassen unbemerkt, der im Partikelfilter gesammelte Ruß in regelmäßigen Zeitabständen verbrannt. Durch den Dieselpartikelfilter liegt der Partikelausstoß bei nur 7,6 Prozent des gesetzlich zulässigen Grenzwerts.

Der Cayenne Diesel ist ausschließlich mit der 6-stufigen Tiptronic S lieferbar. Die Steuerung des Automatikgetriebes wird aufgrund des schmaleren Drehzahlbands an den Dieselmotor angepaßt und mit neuen Schaltpunkten versehen. Selbstverständlich wird bei der Anpassung der Schaltpunkte auch die Fahrweise und Streckenprofil berücksichtigt. Der Gangwechsel kann alternativ auch manuell durch den Wählhebel in der manuellen Schaltgasse oder über die Wippschalter am Lenkrad erfolgen. Dieses dient vor allem dem sicheren Schalten im Gelände. Um das hohe Drehmoment des V6-Turbodiesel zu übertragen, verfügt die Überbrückungskupplung wie bei den Achtzylindermotoren über zwei Reibscheiben, die höhere Momente übertragen können. Die Tiptronic S verfügt über eine Standabkopplung, die automatisch in die Neutralstellung schaltet, wenn bei stehendem Fahrzeug auf ebener Fahrbahn die Fußbremse betätigt wird, um Kraftstoff zu sparen. Das Automatikgetriebe bietet eine Hill-Holder-Funktion zum komfortablen Anfahren an Steigungen.

Wie alle Cayenne-Modelle mit Ottomotor erhält auch der Cayenne Diesel die Möglichkeit, über die Sport-Taste zwischen der normalen und einer sportlichen Abstimmung zu wählen. Im Sport-Modus ist die Gaspedalkennlinie steiler ausgelegt, der Motor und das angepaßte Tiptronic S-Getriebe reagieren spontaner. Bei Fahrzeugen mit Luftfederung sind die variablen Dämpfer des Porsche Active Suspension Management (PASM) ebenfalls sportlicher abgestimmt.

Die serienmäßige Fahrstabilitätsregelung Porsche Stability Management (PSM) ist auf die besondere Charakteristik des Dieselmotors abgestimmt. Das Off-road-ABS erkennt, wenn das Fahrzeug auf losem Untergrund bremst und erhöht in diesem Fall periodisch den Schlupf während der Bremszyklen. Die Gespannstabilisierung erkennt Schlingerbewegungen des Anhängers und stabilisiert das Fahrzeug durch gezielte, individuelle Bremseneingriffe.

Für die beste Kombination von sehr guten Fahreigenschaften

Porsche Cayenne Diesel

auf der Straße und im Gelände sorgt auch beim Cayenne Diesel der intelligente Allradantrieb, das Porsche Traction Management (PTM), welches die Antriebskraft im Normalfall zwischen den Vorder- und Hinterrädern im Verhältnis 38:62 verteilt.

Der Cayenne Diesel ist wie der Cayenne V6 serienmäßig mit einem konventionellen Fahrwerk mit Stahlfedern ausgerüstet. Die Federraten von Federn und Stabilisatoren unterscheiden sich jedoch bei der Fahrwerksabstimmung des Cayenne Diesel. Selbst die Dämpfer weisen andere Kennlinien auf. Optional ist der Cayenne Diesel auch mit Luftfederung inklusive Porsche Active Suspension Management (PASM) lieferbar. Dieses Fahrwerk bietet eine in drei Stufen einstellbare Dämpferkennung und die Möglichkeit, die Karosserie über einen Verstellbereich von 110 Millimetern auf sechs verschiedene Höhenniveaus abzusenken oder anzuheben. Die integrierte Niveauregulierung gewährleistet darüber hinaus eine vom Beladungszustand unabhängige, konstante Fahrzeughöhe. Bei hoher Geschwindigkeit senkt sich die Karosserie des Fahrzeugs automatisch ab, was die aktive Sicherheit weiter erhöht, die Aerodynamik verbessert und den Verbrauch reduziert. Für Geländefahrten bietet der Cayenne Diesel eine sehr hohe Bodenfreiheit von 271 Millimetern.

Bremse und Räder sind gleich dimensioniert wie beim Cayenne mit V6-Benzinmotor.

Im Interieur empfängt der Cayenne Diesel den Fahrer und die Passagiere mit dem gewohnt einladenden Ambiente der Modellreihe. Vorne sind die serienmäßigen Komfortsitze mit elektrischer 12-Wege-Verstellung ausgerüstet. Zur Serienausstattung gehören elektrische Fensterheber, Zentralverriegelung mit Funkfernbedienung, Bordcomputer, Alarmanlage und eine Klimaanlage. Auf Wunsch ist eine Klimaautomatik lieferbar. Zum Lieferumfang gehört ebenfalls das MP3-taugliche CD-Radio CDR-30 mit Doppeltuner, monochromem 5-Zoll-Monitor und zwölf Lautsprechern.

Der Cayenne Diesel läßt sich analog zu den Cayenne-Modellen mit Benzinmotor ganz individuell gestalten und ausstatten. Die auf Wunsch lieferbare automatische Heckklappe wird per Tastendruck bequem geöffnet oder geschlossen. Als Option ist eine elektrisch ausfahrbare Anhängekupplung oder alternativ eine mit abnehmbarem Kugelkopf lieferbar. Damit ist der Cayenne Diesel, mit einer gebremsten Anhängelast von bis zu 3,5 Tonnen, das ideale Zugfahrzeug für Pferde- oder Bootsanhänger.

Der Cayenne Diesel beschleunigt in 8,3 Sekunden von 0 auf 100 Stundenkilometer. Um die gesamte Motorkraft einsetzen zu können und spontaneres Ansprechen zu gewährleisten, schaltet die Motorsteuerung beim Anfahren und Beschleunigen den Klimakompressor kurzzeitig ab. Auch die Höchstgeschwindigkeit von 214 Kilometer pro Stunde ist für einen SUV dieser Größe völlig ausreichend. Wichtiger ist die bei einem Cayenne bisher nicht gekannte Reichweite von bis zu 1.000 Kilometern, der durch den 100-Liter-Tank und einen Durchschnittsverbrauch von 9,3 Litern Diesel auf 100 Kilometern im NEFZ (Neuer Europäischer Fahrzyklus) erreicht wird. Der CO_2-Ausstoß beträgt 244 Gramm pro Kilometer.

Am 6. März 2009 läuft im Porsche Werk Leipzig der 250.000ste Cayenne vom Band. Das Jubiläumsfahrzeug ist ein weißer Cayenne Diesel.

Modelljahr 2010 (A-Programm)

Ab dem Modelljahr 2010 und dem A-Programm stellt Porsche, nach den numerischen Programmbezeichnungen bis inklusive Modelljahr 2009, turnusmäßig wieder auf die alphabetische Bezeichnung um.

Die Markteinführung des Cayenne GTS »Porsche Design Edition 3« findet in Deutschland Ende Mai 2009 statt. Der Cayenne GTS »Porsche Design Edition 3« wird in einer auf 1.000 Exemplare limitierten Auflage verkauft. Er wird mit einer exklusiven Ausstattung, einschließlich Automatik-Chronograph und vierteiligem Kofferset, in Deutschland zu einem Preis von 94.344,- Euro inklusive Mehrwertsteuer angeboten.

Der Cayenne setzt die erfolgreiche Design-Linie fort, die Porsche zuerst mit dem Cayman S »Porsche Design Edition 1« und dem Boxster S »Porsche Design Edition 2« begonnen hat. Schon die Außenfarbe Lavagraumetallic betont den sportlichen Auftritt, mit den bekannten drei schwarzen Designstreifen auf der Motorhaube und je einem Seitendekor an den Fahrzeugflanken. Auf den Vordertüren ist die Aufschrift »Porsche Design« in silber und darunter das von silber in rot übergehende »Edition 3« angebracht. Weitere Exterieur-Details sind die serienmäßigen Bi-Xenon-Scheinwerfer und der ab der B-Säule dunkel gefärbten Privacy-Verglasung sowie der schwarzen Modellbezeichnung »Cayenne GTS« mit einem roten »S« auf der Heckklappe. Auf Wunsch ist ohne Aufpreis ein verlängerter Dachspoiler mit feststehendem Doppelflügelprofil lieferbar. Auch die serienmäßigen 21-Zoll-SportPlus-Räder sind bis auf einen kleinen silbernen Ring am Felgenhorn in Wagenfarbe lackiert.

Der 405 PS (298 kW) starke 4,8-Liter-V8-Motor, die serienmäßige 6-Stufen-Tiptronic S, das Fahrwerk und die Bremsanlage mit den roten Bremssätteln sind mit dem normalen Cayenne GTS identisch. Per Knopfdruck kann das charakteristische Klangerlebnis der serienmäßigen Sportabgasanlage noch gesteigert werden. Auf Wunsch ist die Keramikbremse PCCB lieferbar.

Das Interieur des Cayenne GTS »Porsche Design Edition 3« wird in einer exklusiven schwarzen Lederausstattung mit roten Kontrastnähten auf der Armaturentafel und den Türbrüstungen ausgeliefert. Das aufgepolsterte 3-Speichen-Multifunktionslenkrad gehört zum Lieferumfang. Elektrisch verstellbare Sportsitze mit erhöhten Seitenwangen und Komfort-Memory-Paket bieten Fahrer und Beifahrer einen guten Sitzkomfort in Kombination mit bester Seitenführung. In das Leder der vorderen Kopfstützen ist das Porsche-Wappen eingeprägt. Sitzmittelbahnen, Teile der Mittelkonsole und der Türverkleidungen, die Innenseite der Türgriffe und der Dachhimmel sind mit Alcantara bezogen. Dieses Material erzeugt ein dezentes, hochwertiges Ambiente. Carbonzierleisten verleihen eine Affinität zum Motorsport. Der Schriftzug »Porsche Design Edition 3« ziert den Drehzahlmesser und die vorderen Einstiegsblenden. Auf dem Handschuhfachdeckel ist rechts eine Aluminiumplakette »Porsche Design Edition 3« und der Nummer des Fahrzeugs von 1.000 angebracht. Eine Radioanlage mit Bose-5.1-Surround-Sound-System, 14 Lautsprechern und einer Gesamtleistung von 410 Watt ist serienmäßig.

Traditionell gehören zu jeder »Porsche Design Edition« auch Porsche Design-Accessoires zum Lieferumfang. Vor allem der exklusiv für jedes Fahrzeug kreierte Chronograph genießt inzwischen fast schon Sammlerstatus. Bei der Edition 3 setzt das Porsche Design-Studio auf einen Automatik-Chronographen des Typs P'6612. Das leichte 42-Millimeter-Titangehäuse und das Metallarmband sind mit einer »Diamond Like Carbon« DLC-Beschichtung veredelt. Diese Beschichtungstechnik stammt aus dem Rennmotorenbau und verleiht der Uhr die charakteristische Fahrzeugfarbe. Das exklusiv gestaltete Ziffernblatt nimmt Design-Elemente aus dem Innenraum des Cayenne auf. Dazu paßt auch das vierteilige Gepäckset »Porsche Design Edition 3«. Es besteht aus einer funktionellen Aktentasche und drei Trolleys unterschiedlicher Größe mit roten Kontrastnähten an der vorderen Tasche. Bis auf den, mit einem Volumen von 62 Litern, größten Trolley sind alle Gepäckstücke kompakt genug, um bei Flügen als Handgepäck mitgenommen zu werden.

Der Cayenne GTS »Porsche Design Edition 3« beschleunigt mit der serienmäßigen 6-Gang-Tiptronic S in nur 6,5 Sekunden von null auf 100 km/h. Die Höchstgeschwindigkeit wird bei 251 km/h erreicht.

Cayenne S [Tiptronic S] MJ 2003 bis MJ 2007

Motor

Bauart:	8-Zylinder-V-Motor, 90°
Einbauposition:	Frontmotor
Kühlung:	wassergekühlt
Motor-Typ:	M 48/00
Hubraum (cm³):	4511
Bohrung x Hub:	93 x 83
Leistung (kW/PS):	250/340 bei 6000/min
Drehmoment (Nm):	420 bei 2500–5500/min
Literleistung (kW/l / PS/l):	55,4 / 75,4
Verdichtung:	11,5 : 1
Ventilsteuerung:	dohc über Doppelkette, 4 Ventile pro Zylinder, hydraulische Tassenstößel, VarioCam
Motorsteuerung:	DME, Bosch Motronic ME 7.1.1
Zündfolge:	1 - 3 - 7 - 2 - 6 - 5 - 4 - 8
Schmierung:	Integrierte Trockensumpfschmierung
Ölmenge (l):	8,75

Kraftübertragung

Antrieb:	permanenter Allradantrieb 38% / 62%
Schaltgetriebe:	6-Gang
Sonderwunsch Tiptronic S:	[6-Gang]
Getriebe-Typ:	G 48/00 [A 48/00]
Übersetzungen:	
1. Gang:	4,68 [4,15]
2. Gang:	2,53 [2,37]
3. Gang:	1,69 [1,56]
4. Gang:	1,22 [1,16]
5. Gang:	1,00 [0,86]
6. Gang:	0,84 [0,69]
Rückwärtsgang:	4,27 [3,39]
Achsübersetzung:	3,70 [4,10]

Karosserie, Fahrwerk, Bremse, Räder und Reifen

Karosserie:	4-türige, 5-sitzige, selbsttragende SUV-Karosserie mit großer Heckklappe aus vollverzinktem Stahl, Bug- und Heckverkleidungen aus Kunststoff
Sonderwunsch:	Schiebe-/Hubdach bzw. Panorama Dachsystem
Vorderradaufhängung:	Einzelradaufhängung, Groß-Basis-Doppelquerlenkerachse mit Stahl- und Aluminiumlenkern, Fahrschemel aus leichtem, hochfestem Stahl, Schraubenfedern mit innenliegenden Stoßdämpfern, Stabilisator
Sonderwunsch:	Luftfederung
Hinterradaufhängung:	Einzelradaufhängung, Mehrlenkerachse mit Stahl- und Aluminiumlenkern, Fahrschemel aus leichtem, hochfestem Stahl, Schraubenfedern mit innenliegenden Stoßdämpfern, Stabilisator
Sonderwunsch:	Luftfederung
Bremse v/h (Durchm. x B (mm)):	innenbelüftete Scheiben (350 x 34) / innenbelüftete Scheiben (330 x 28) titanfarbene 6-Kolben-Monobloc-Aluminium-Festsättel / titanfarbene 4-Kolben-Monobloc-Aluminium-Festsättel PSM mit ABS
Räder v/h:	8 J x 18 – ET 57 / 8 J x 18 – ET 57
Reifen v/h:	255/55 R 18 109 Y / 255/55 R 18 109 Y
Sonderwunsch:	9 J x 19 – ET 60 / 9 J x 19 – ET 60 275/45 R 19 108 Y / 275/45 R 19 108 Y 9 J x 20 – ET 60 / 9 J x 20 – ET 60 275/40 R 20 106 Y / 275/40 R 20 106 Y 9 J x 20 – ET 60 / 10 J x 20 – ET 55 275/40 R 20 106 Y / 275/40 R 20 106 Y

Elektrik

Lichtmaschinenleistung (W):	2660
Batterie (V/Ah):	12 / 95 bzw. 12 / 110
***Abhängig von der gewählten Ausstattung**	

Abmessungen, Gewichte und Volumen

Spurweite v/h (mm):	1647 / 1662
mit 9 J x 19 / 9 J x 19:	1641 / 1656
mit 9 J x 20 / 9 J x 20:	1641 / 1656
Radstand (mm):	2855
Maße (L x B x H (mm)):	4782 x 1928 x 1699
mit externem Reserverad:	5018 x 1928 x 1699
Leergewicht nach DIN (kg):	2225 [2245]
zul. Gesamtgewicht (kg):	3060 [3060]
ab MJ 2004:	3080 [3080]
zul. Dachlast/mit Dachreling (kg):	100 / 75
zul. Stützlast (kg):	140
zul. Anhängelast gebr./ungebr. (kg):	3500 [3500] / 750 [750]
Kofferraumvolumen (VDA (l)):	540
bei umgeklappten Rücksitzen:	1770
Tankvolumen (l):	100, davon 12 Reserve
ab MJ 2004:	100, davon 15 Reserve
C_W x A (m²):	0,39 x 2,78 = 1,084
Leistungsgewicht (kg/kW / kg/PS):	8,90 [8,98] / 6,54 [6,60]

Kraftstoffverbrauch

nach 80/1268/EWG (l/100 km):	98 ROZ Super plus bleifrei
Innerstädtisch:	22,8 [20,9]
Außerstädtisch:	11,8 [11,2]
Gesamt:	15,8 [14,9]
CO_2-Emissionen (g/km):	380 [361]

Fahrleistungen, Stückzahlen, Preise

Beschleunigung 0–100 km/h (s):	6,8 [7,2]
0–160 km/h (s):	16,4 [16,8]
Höchstgeschw. (km/h):	242 [242]
Stückzahl:	76.123
Listenpreise:	
08/2002:	[Euro 60.204,00]
06/2003:	[Euro 60.352,00]
08/2003:	Euro 60.352,- [Euro 62.927,00]
06/2004:	Euro 61.512,- [Euro 64.087,20]
06/2005:	Euro 63.285,- [Euro 68.860,20]

Cayenne Turbo
MJ 2003 bis MJ 2007

Motor

Bauart:	8-Zylinder-V-Motor, 90°, Bi-Turboaufladung und Ladeluftkühlung
Einbauposition:	Frontmotor
Kühlung:	wassergekühlt
Motor-Typ:	M 48/50
Hubraum (cm^3):	4511
Bohrung x Hub:	93 x 83
Leistung (kW/PS):	331/450 bei 6000/min
Drehmoment (Nm):	620 bei 2250–4750/min
Literleistung (kW/l / PS/l):	73,4 / 99,8
Verdichtung:	9,5 : 1
maximaler Ladedruck (bar):	0,6
Ventilsteuerung:	dohc über Doppelkette, 4 Ventile pro Zylinder, hydraulische Tassenstößel, VarioCam
Motorsteuerung:	DME, Bosch Motronic ME 7.1.1
Zündfolge:	1-3-7-2-6-5-4-8
Schmierung:	Integrierte Trockensumpfschmierung
Ölmenge (l):	8,75

Kraftübertragung

Antrieb:	permanenter Allradantrieb 38% / 62%
Tiptronic S:	6-Gang
Getriebe-Typ:	A 48/50
Übersetzungen:	
1. Gang:	4,15
2. Gang:	2,37
3. Gang:	1,56
4. Gang:	1,16
5. Gang:	0,86
6. Gang:	0,69
Rückwärtsgang:	3,39
Achsübersetzung:	3,70

Karosserie, Fahrwerk, Bremse, Räder und Reifen

Karosserie:	4-türige, 5-sitzige, selbsttragende SUV-Karosserie mit großer Heckklappe aus vollverzinktem Stahl, Bug- und Heckverkleidungen aus Kunststoff, vergrößerte Kühlluftöffnungen im Bugteil, Motorhaube mit zwei Powerdomes
Sonderwunsch:	Schiebe-/Hubdach bzw. Panorama Dachsystem
Vorderradaufhängung:	Einzelradaufhängung, Groß-Basis-Doppelquerlenkerachse mit Stahl- und Aluminiumlenkern, Fahrschemel aus leichtem, hochfestem Stahl, Luftfederung, Stabilisator
Hinterradaufhängung:	Einzelradaufhängung, Mehrlenkerachse mit Stahl- und Aluminiumlenkern, Fahrschemel aus leichtem, hochfestem Stahl, Luftfederung, Stabilisator
Bremse v/h (Durchm. x B (mm)):	innenbelüftete Scheiben (350 x 34) / innenbelüftete Scheiben (330 x 28) rote 6-Kolben-Monobloc-Aluminium-Festsättel / rote 4-Kolben-Monobloc-Aluminium-Festsättel PSM mit ABS
Räder v/h:	8 J x 18 – ET 57 / 8 J x 18 – ET 57
Reifen v/h:	255/55 R 18 109 Y / 255/55 R 18 109 Y
Sonderwunsch:	9 J x 19 – ET 60 / 9 J x 19 – ET 60 275/45 R 19 108 Y / 275/45 R 19 108 Y 9 J x 20 – ET 60 / 9 J x 20 – ET 60 275/40 R 20 106 Y / 275/40 R 20 106 Y 9 J x 20 – ET 60 / 10 J x 20 – ET 55 275/40 R 20 106 Y / 275/40 R 20 106 Y

Elektrik

Lichtmaschinenleistung (W):	2660
Batterie (V/Ah):	12 / 110

Abmessungen, Gewichte und Volumen

Spurweite v/h (mm):	1647 / 1662
mit 9 J x 19 / 9 J x 19:	1641 / 1656
mit 9 J x 20 / 9 J x 20:	1641 / 1656
Radstand (mm):	2855
Maße (L x B x H (mm)):	4786 x 1928 x 1699
mit externem Reserverad:	5018 x 1928 x 1699
Leergewicht nach DIN (kg):	2355
zul. Gesamtgewicht (kg):	3080
zul. Dachlast/mit Dachreling (kg):	100 / 75
zul. Stützlast (kg):	140
zul. Anhängelast gebr./ungebr. (kg):	3500 / 750
Kofferraumvolumen (VDA (l)):	540
bei umgeklappten Rücksitzen:	1770
Tankvolumen (l):	100, davon 12 Reserve
ab MJ 2004:	100, davon 15 Reserve
C_W x A (m^2):	0,39 x 2,78 = 1,084
Leistungsgewicht (kg/kW / kg/PS):	7,11 / 5,23

Kraftstoffverbrauch

nach 80/1268/EWG (l/100 km):	98 ROZ Super plus bleifrei
Innerstädtisch:	21,9
Außerstädtisch:	11,9
Gesamt:	15,7
CO_2-Emissionen (g/km):	378

Fahrleistungen, Stückzahlen, Preise

Beschleunigung 0–100 km/h (s):	5,6
0–160 km/h (s):	12,9
Höchstgeschw. (km/h):	266
Stückzahl:	25.986
Listenpreise:	
08/2002:	Euro 99.876,-
06/2003:	Euro 100.024,-
08/2003:	Euro 100.024,-
06/2004:	Euro 101.880,-
06/2005:	Euro 101.913,-

Cayenne [Tiptronic S] MJ 2004 bis MJ 2007

Motor

Bauart:	6-Zylinder-V-Motor, 15°, Sauganlage mit 2-stufiger Längenschaltung
Einbauposition:	Frontmotor
Kühlung:	wassergekühlt
Motor-Typ:	BFD
Hubraum (cm³):	3189
Bohrung x Hub:	84 x 95,9
Leistung (kW/PS):	184/250 bei 6000/min
Drehmoment (Nm):	310 bei 2500–5500/min
Literleistung (kW/l / PS/l):	57,7 / 78,4
Verdichtung:	11,5 : 1
Ventilsteuerung:	dohc über Rollenkette, 4 Ventile pro Zylinder, Rollenschlepphebel mit hydraulischem Ventilspielausgleich, kontinuierliche Ein- und Auslaß-Nockenwellenverstellung
Motorsteuerung:	DME, Bosch Motronic ME 7.1.1
Zündfolge:	1 - 5 - 3 - 6 - 2 - 4
Schmierung:	Druckumlaufschmierung
Ölmenge (l):	6,3

Kraftübertragung

Antrieb:	permanenter Allradantrieb 38% / 62%
Schaltgetriebe:	6-Gang
Sonderwunsch Tiptronic S:	[6-Gang]
Getriebe-Typ:	G 48/20 [A 48/20]
Übersetzungen:	
1. Gang:	4,68 [4,15]
2. Gang:	2,53 [2,37]
3. Gang:	1,69 [1,56]
4. Gang:	1,22 [1,16]
5. Gang:	1,00 [0,86]
6. Gang:	0,84 [0,69]
Rückwärtsgang:	4,27 [3,39]
Achsübersetzung:	4,10 [4,56]

Karosserie, Fahrwerk, Bremse, Räder und Reifen

Karosserie:	4-türige, 5-sitzige, selbsttragende SUV-Karosserie mit großer Heckklappe aus vollverzinktem Stahl, Bug- und Heckverkleidungen aus Kunststoff
Sonderwunsch:	Schiebe-/Hubdach bzw. Panorama Dachsystem
Vorderradaufhängung:	Einzelradaufhängung, Groß-Basis-Doppelquerlenkerachse mit Stahl- und Aluminiumlenkern, Fahrschemel aus leichtem, hochfestem Stahl, Schraubenfedern mit innenliegenden Stoßdämpfern, Stabilisator
Sonderwunsch:	Luftfederung
Hinterradaufhängung:	Einzelradaufhängung, Mehrlenkerachse mit Stahl- und Aluminiumlenkern, hochfestem Stahl, Schraubenfedern mit innenliegenden Stoßdämpfern, Stabilisator
Sonderwunsch:	Luftfederung
Bremse v/h (Durchm. x B (mm)):	innenbelüftete Scheiben (330 x 32) / innenbelüftete Scheiben (330 x 28) schwarze 6-Kolben-Monobloc-Aluminium-Festsättel / schwarze 4-Kolben-Monobloc-Aluminium-Festsättel PSM mit ABS
Räder v/h:	7,5 J x 17 – ET 53 / 7,5 J x 17 – ET 53
Reifen v/h:	235/65 R 17 108 V / 235/65 R 17 108 V
Sonderwunsch:	8 J x 18 – ET 57 / 8 J x 18 – ET 57 255/55 R 18 109 Y / 255/55 R 18 109 Y 9 J x 19 – ET 60 / 9 J x 19 – ET 60 275/45 R 19 108 Y / 275/45 R 19 108 Y 9 J x 20 – ET 60 / 9 J x 20 – ET 60 275/40 R 20 106 Y / 275/40 R 20 106 Y 9 J x 20 – ET 60 / 10 J x 20 – ET 55 275/40 R 20 106 Y / 275/40 R 20 106 Y

Elektrik

Lichtmaschinenleistung (W):	2100 bzw. 2660*
Batterie (V/Ah):	12 / 70 bzw. 12 / 95*
***Abhängig von der gewählten Ausstattung**	

Abmessungen, Gewichte und Volumen

Spurweite v/h (mm):	1655 / 1670
mit 8 J x 18 / 8 J x 18:	1647 / 1662
mit 9 J x 19 / 9 J x 19:	1641 / 1656
mit 9 J x 20 / 9 J x 20:	1641 / 1656
Radstand (mm):	2855
Maße (L x B x H (mm)):	4782 x 1928 x 1699
mit externem Reserverad:	5018 x 1928 x 1699
Leergewicht nach DIN (kg):	2160 [2170]
zul. Gesamtgewicht (kg):	2945 [2945]
zul. Dachlast/mit Dachreling (kg):	100 / 75
zul. Stützlast (kg):	140
zul. Anhängelast gebr./ungebr. (kg):	3500 [3500] / 750 [750]
Kofferraumvolumen (VDA (l)):	540
bei umgeklappten Rücksitzen:	1770
Tankvolumen (l):	100, davon 15 Reserve
C_W x A (m²):	0,38 x 2,78 = 1,056
Leistungsgewicht (kg/kW / kg/PS):	11,73 [11,79] / 8,64 [8,68]
***bis 12% Steigung**	

Kraftstoffverbrauch

nach 80/1268/EWG (l/100 km):	98 ROZ Super plus bleifrei
Innerstädtisch:	17,8 [18,4]
Außerstädtisch:	10,6 [10,7]
Gesamt:	13,2 [13,5]
CO_2-Emissionen (g/km):	320 [324]

Fahrleistungen, Stückzahlen, Preise

Beschleunigung 0–100 km/h (s):	9,1 [9,7]
0–160 km/h (s):	23,8 [25,0]
Höchstgeschw. (km/h):	214 [214]
Stückzahl:	45.131
Listenpreise:	
08/2003:	Euro 47.592,- [Euro 50.167,00]
06/2004:	Euro 48.984,- [Euro 51.559,20]
06/2005:	Euro 49.017,- [Euro 51.592,20]

Cayenne Turbo mit Leistungssteigerung MJ 2005 bis MJ 2007

Motor

Bauart:	8-Zylinder-V-Motor, 90°, Bi-Turboaufladung und Ladeluftkühlung
Einbauposition:	Frontmotor
Kühlung:	wassergekühlt
Motor-Typ:	M 48/50
Hubraum (cm³):	4511
Bohrung x Hub:	93 x 83
Leistung (kW/PS):	368/500 bei 5500–6000/min
Drehmoment (Nm):	700 bei 2250–4750/min
Literleistung (kW/l / PS/l):	81,6 / 110,8
Verdichtung:	9,5 : 1
maximaler Ladedruck (bar):	0,8
Ventilsteuerung:	dohc über Doppelkette, 4 Ventile pro Zylinder, hydraulische Tassenstößel, VarioCam
Motorsteuerung:	DME, Bosch Motronic ME 7.1.1
Zündfolge:	1 - 3 - 7 - 2 - 6 - 5 - 4 - 8
Schmierung:	Integrierte Trockensumpfschmierung
Ölmenge (l):	8,75

Kraftübertragung

Antrieb:	permanenter Allradantrieb 38% / 62%
Tiptronic S:	6-Gang
Getriebe-Typ:	A 48/50
Übersetzungen:	
1. Gang:	4,15
2. Gang:	2,37
3. Gang:	1,56
4. Gang:	1,16
5. Gang:	0,86
6. Gang:	0,69
Rückwärtsgang:	3,39
Achsübersetzung:	3,70

Karosserie, Fahrwerk, Bremse, Räder und Reifen

Karosserie:	4-türige, 5-sitzige, selbsttragende SUV-Karosserie mit großer Heckklappe aus vollverzinktem Stahl, Bug- und Heckverkleidungen aus Kunststoff, vergrößerte Kühlluftöffnungen im Bugteil, Motorhaube mit zwei Powerdomes
Sonderwunsch:	Schiebe-/Hubdach bzw. Panorama Dachsystem
Vorderradaufhängung:	Einzelradaufhängung, Groß-Basis-Doppelquerlenkerachse mit Stahl- und Aluminiumlenkern, Fahrschemel aus leichtem, hochfestem Stahl, Luftfederung, Stabilisator
Hinterradaufhängung:	Einzelradaufhängung, Mehrlenkerachse mit Stahl- und Aluminiumlenkern, Fahrschemel aus leichtem, hochfestem Stahl, Luftfederung, Stabilisator
Bremse v/h (Durchm. x B (mm)):	innenbelüftete Scheiben (380 x 38) / innenbelüftete Scheiben (358 x 28) rote 6-Kolben-Monobloc-Aluminium-Festsättel / rote 4-Kolben-Monobloc-Aluminium-Festsättel PSM mit ABS
Räder v/h:	9 J x 19 – ET 60 / 9 J x 19 – ET 60
Reifen v/h:	275/45 R 19 108 Y / 275/45 R 19 108 Y
Sonderwunsch:	9 J x 20 – ET 60 / 9 J x 20 – ET 60 275/40 R 20 106 Y / 275/40 R 20 106 Y 9 J x 20 – ET 60 / 10 J x 20 – ET 55 275/40 R 20 106 Y / 275/40 R 20 106 Y

Elektrik

Lichtmaschinenleistung (W):	2660
Batterie (V/Ah):	12 / 110

Abmessungen, Gewichte und Volumen

Spurweite v/h (mm):	1647 / 1662
mit 9 J x 19 / 9 J x 19:	1641 / 1656
mit 9 J x 20 / 9 J x 20:	1641 / 1656
Radstand (mm):	2855
Maße (L x B x H (mm)):	4786 x 1928 x 1699
mit externem Reserverad:	5018 x 1928 x 1699
Leergewicht nach DIN (kg):	2355
zul. Gesamtgewicht (kg):	3080
zul. Dachlast/mit Dachreling (kg):	100 / 75
zul. Stützlast (kg):	140
zul. Anhängelast gebr./ungebr. (kg):	3500 / 750
Kofferraumvolumen (VDA (l)):	540
bei umgeklappten Rücksitzen:	1770
Tankvolumen (l):	100, davon 12 Reserve
ab MJ 2004:	100, davon 15 Reserve
C_W x A (m²):	0,39 x 2,78 = 1,084
Leistungsgewicht (kg/kW / kg/PS):	6,40 / 4,71

Kraftstoffverbrauch

nach 80/1268/EWG (l/100 km):	98 ROZ Super plus bleifrei
Innerstädtisch:	21,9
Außerstädtisch:	11,9
Gesamt:	15,7
CO_2-Emissionen (g/km):	378

Fahrleistungen, Stückzahlen, Preise

Beschleunigung 0–100 km/h (s):	5,3
Höchstgeschw. (km/h):	270
Stückzahl:	n/a
Listenpreise:	
06/2005:	Euro 116.877,-

Cayenne Turbo S MJ 2006 bis MJ 2007

Motor

Bauart:	8-Zylinder-V-Motor, 90°, Bi-Turboaufladung und Ladeluftkühlung
Einbauposition:	Frontmotor
Kühlung:	wassergekühlt
Motor-Typ:	M 48/50
Hubraum (cm³):	4511
Bohrung x Hub:	93 x 83
Leistung (kW/PS):	383/521 bei 5500/min
Drehmoment (Nm):	720 bei 2750–3750/min
Literleistung (kW/l / PS/l):	84,9 / 115,5
Verdichtung:	9,5 : 1
maximaler Ladedruck (bar):	0,8
Ventilsteuerung:	dohc über Doppelkette, 4 Ventile pro Zylinder, hydraulische Tassenstößel, VarioCam
Motorsteuerung:	DME, Bosch Motronic ME 7.1.1
Zündfolge:	1 - 3 - 7 - 2 - 6 - 5 - 4 - 8
Schmierung:	Integrierte Trockensumpfschmierung
Ölmenge (l):	8,75

Kraftübertragung

Antrieb:	permanenter Allradantrieb 38% / 62%
Tiptronic S:	6-Gang
Getriebe-Typ:	A 48/50
Übersetzungen:	
1. Gang:	4,15
2. Gang:	2,37
3. Gang:	1,56
4. Gang:	1,16
5. Gang:	0,86
6. Gang:	0,69
Rückwärtsgang:	3,39
Achsübersetzung:	3,70

Karosserie, Fahrwerk, Bremse, Räder und Reifen

Karosserie:	4-türige, 5-sitzige, selbsttragende SUV-Karosserie mit großer Heckklappe aus vollverzinktem Stahl, Bug- und Heckverkleidungen aus Kunststoff, vergrößerte Kühlluftöffnungen im Bugteil, Motorhaube mit zwei Powerdomes
Sonderwunsch:	Schiebe-/Hubdach bzw. Panorama Dachsystem
Vorderradaufhängung:	Einzelradaufhängung, Groß-Basis-Doppelquerlenkerachse mit Stahl- und Aluminiumlenkern, Fahrschemel aus leichtem, hochfestem Stahl, Luftfederung, Stabilisator
Hinterradaufhängung:	Einzelradaufhängung, Mehrlenkerachse mit Stahl- und Aluminiumlenkern, Fahrschemel aus leichtem, hochfestem Stahl, Luftfederung, Stabilisator
Bremse v/h (Durchm. x B (mm)):	innenbelüftete Scheiben (380 x 38) / innenbelüftete Scheiben (358 x 28) rote 6-Kolben-Monobloc-Aluminium-Festsättel / rote 4-Kolben-Monobloc-Aluminium-Festsättel PSM mit ABS
Räder v/h:	9 J x 20 – ET 60 / 10 J x 20 – ET 55
Wahlweise:	9 J x 20 – ET 60 / 9 J x 20 – ET 60
Reifen v/h:	275/40 R 20 106 Y / 275/40 R 20 106 Y

Elektrik

Lichtmaschinenleistung (W):	2660
Batterie (V/Ah):	12 / 110

Abmessungen, Gewichte und Volumen

Spurweite v/h (mm):	1641 / 1656
Radstand (mm):	2855
Maße (L x B x H (mm)):	4786 x 1928 x 1699
mit externem Reserverad:	5018 x 1928 x 1699
Leergewicht nach DIN (kg):	2355
zul. Gesamtgewicht (kg):	3080
zul. Dachlast/mit Dachreling (kg):	100 / 75
zul. Stützlast (kg):	140
zul. Anhängelast gebr./ungebr. (kg):	3500 / 750
Kofferraumvolumen (VDA (l)):	540
bei umgeklappten Rücksitzen:	1770
Tankvolumen (l):	100, davon 15 Reserve
C_W x A (m²):	0,39 x 2,78 = 1,084
Leistungsgewicht (kg/kW / kg/PS):	6,14 / 4,52

Kraftstoffverbrauch

nach 80/1268/EWG (l/100 km):	98 ROZ Super plus bleifrei
Innerstädtisch:	21,9
Außerstädtisch:	11,9
Gesamt:	15,7
CO_2-Emissionen (g/km):	378

Fahrleistungen, Stückzahlen, Preise

Beschleunigung 0–100 km/h (s):	5,2
0–160 km/h (s):	11,9
Höchstgeschw. (km/h):	270
Stückzahl:	3.261
Listenpreise:	
10/2005:	Euro 117.573,-

Cayenne [Tiptronic S]
MJ 2007 bis MJ 2010

Motor

Bauart:	6-Zylinder-V-Motor, 10,6°, Saugrohrlängenumschaltung
Einbauposition:	Frontmotor
Kühlung:	wassergekühlt
Motor-Typ:	M 55/01
Hubraum (cm^3):	3598
Bohrung x Hub:	89 x 96,4
Leistung (kW/PS):	216/290 bei 6200/min
Drehmoment (Nm):	385 bei 3000/min
Literleistung (kW/l / PS/l):	60,0 / 80,6
Verdichtung:	12,3 : 1
Ventilsteuerung:	dohc über Rollenkette, 4 Ventile pro Zylinder, Rollenschlepphebel mit hydraulischem Ventilspielausgleich, kontinuierliche Ein- und Auslaß-Nockenwellenverstellung
Gemischaufbereitung:	Benzin-Direkteinspritzung (DFI)
Motorsteuerung:	DME, Bosch MED 9.1
Zündfolge:	1 - 5 - 3 - 6 - 2 - 4
Schmierung:	Druckumlaufschmierung
Ölmenge (l):	6,9

Kraftübertragung

Antrieb:	permanenter Allradantrieb 38% / 62%
Schaltgetriebe*:	6-Gang
Sonderwunsch Tiptronic S:	[6-Gang]
Getriebe-Typ:	G 48/20 [A 48/20]
Übersetzungen:	
1. Gang:	4,68 [4,15]
2. Gang:	2,53 [2,37]
3. Gang:	1,69 [1,56]
4. Gang:	1,22 [1,16]
5. Gang:	1,00 [0,86]
6. Gang:	0,84 [0,69]
Rückwärtsgang:	4,27 [3,39]
Achsübersetzung:	3,70 [4,30]

Karosserie, Fahrwerk, Bremse, Räder und Reifen

Karosserie:	4-türige, 5-sitzige, selbsttragende SUV-Karosserie mit großer Heckklappe aus vollverzinktem Stahl, Bug- und Heckverkleidungen aus Kunststoff
Sonderwunsch:	Schiebe-/Hubdach bzw. Panorama Dachsystem
Vorderradaufhängung:	Einzelradaufhängung, Groß-Basis-Doppelquerlenkerachse mit Stahl- und Aluminiumlenkern, Fahrschemel aus leichtem, hochfestem Stahl, Schraubenfedern mit innenliegenden Stoßdämpfern, Stabilisator
Sonderwunsch:	Luftfederung
Hinterradaufhängung:	Einzelradaufhängung, Mehrlenkerachse mit Stahl- und Aluminiumlenkern, Fahrschemel aus leichtem, hochfestem Stahl, Schraubenfedern mit innenliegenden Stoßdämpfern, Stabilisator
Sonderwunsch:	Luftfederung
Bremse v/h (Durchm. x B (mm)):	innenbelüftete Scheiben (330 x 32) / innenbelüftete Scheiben (330 x 28) schwarze 6-Kolben-Monobloc-Aluminium-Festsättel / schwarze 4-Kolben-Monobloc-Aluminium-Festsättel PSM mit ABS
Räder v/h:	7,5 J x 17 – ET 53 / 7,5 J x 17 – ET 53
Reifen v/h:	235/65 R 17 108 V / 235/65 R 17 108 V
Sonderwunsch:	8 J x 18 – ET 57 / 8 J x 18 – ET 57 255/55 R 18 109 Y / 255/55 R 18 109 Y 9 J x 19 – ET 60 / 9 J x 19 – ET 60 275/45 R 19 108 Y / 275/45 R 19 108 Y 9 J x 20 – ET 60 / 9 J x 20 – ET 60 275/40 R 20 106 Y / 275/40 R 20 106 Y 9 J x 20 – ET 60 / 10 J x 20 – ET 55 275/40 R 20 106 Y / 275/40 R 20 106 Y 10 J x 21 – E 50 / 10 J x 21 – ET 50 295/35 R 21 107 Y / 295/35 R 21 107 Y

Elektrik

Lichtmaschinenleistung (W/A):	2520 bzw. 2660 / 190*
ab MJ 2010:	3080 / 220
Batterie (Ah/A):	70 / 340
*Abhängig von der gewählten Ausstattung	

Abmessungen, Gewichte und Volumen

Spurweite v/h (mm):	1655 / 1670
mit 8 J x 18 / 8 J x 18:	1647 / 1662
mit 9 J x 19 / 9 J x 19:	1641 / 1656
mit 9 J x 20 / 9 J x 20:	1641 / 1656
mit 10 J x 21 / 10 J x 21:	1659 / 1682
Radstand (mm):	2855
Maße (L x B x H (mm)):	4798 x 1928 x 1699
bei 21-Zoll-Rädern:	4798 x 1957 x 1699
Leergewicht nach DIN (kg):	2160 [2170]
zul. Gesamtgewicht (kg):	2945 [2945]
zul. Dachlast/mit Dachreling (kg):	100 / 75
zul. Stützlast (kg):	140
zul. Anhängelast gebr./ungebr. (kg):	3500 / 750
Kofferraumvolumen (VDA (l)):	540
bei umgeklappten Rücksitzen:	1770
Tankvolumen (l):	100, davon 12 Reserve
C_W x A (m^2):	0,35 x 2,78 = 0,973
Leistungsgewicht (kg/kW / kg/PS):	10,00 [10,05] / 7,45 [7,48]

Kraftstoffverbrauch

nach 80/1268/EWG (l/100 km):	98 ROZ Super plus bleifrei	
		ab MJ 2008
Innerstädtisch:	18,5 [18,3]	18,5 [18,3]
Außerstädtisch:	9,7 [9,8]	9,8 [9,9]
Gesamt:	12,9 [12,9]	12,9 [12,9]
CO_2-Emissionen (g/km):	310 [310]	310 [310]

Fahrleistungen, Stückzahlen, Preise

Beschleunigung 0–100 km/h (s):	8,1 [8,5]
0–160 km/h (s):	20,1 [20,6]
Höchstgeschw. (km/h):	227 [227]
Stückzahl:	53.863
Listenpreise:	
10/2006:	Euro 51.735,- [Euro 54.376,80]
09/2007:	Euro 51.735,- [Euro 54.376,80]
05/2008:	Euro 52.449,- [Euro 55.090,80]
04/2009:	Euro 52.932,- [Euro 55.573,80]

Cayenne S [Tiptronic S] MJ 2007 bis MJ 2010

Motor

Bauart:	8-Zylinder-V-Motor, 90°, Saugrohrlängenumschaltung
Einbauposition:	Frontmotor
Kühlung:	wassergekühlt
Motor-Typ:	M 48/01
Hubraum (cm³):	4806
Bohrung x Hub:	96 x 83
Leistung (kW/PS):	283/385 bei 6200/min
Drehmoment (Nm):	500 bei 3500/min
Literleistung (kW/l / PS/l):	58,9 / 80,1
Verdichtung:	12,5 : 1
Ventilsteuerung:	dohc über Doppelkette, 4 Ventile pro Zylinder, hydraulische Tassenstößel, VarioCam Plus
Gemischaufbereitung:	Benzin-Direkteinspritzung (DFI)
Motorsteuerung:	DME, Siemens EMS SDI 4.1
Zündfolge:	1 - 3 - 7 - 2 - 6 - 5 - 4 - 8
Schmierung:	Integrierte Trockensumpfschmierung
Ölmenge (l):	9,0

Kraftübertragung

Antrieb:	permanenter Allradantrieb 38% / 62%
Schaltgetriebe:	6-Gang
Sonderwunsch Tiptronic S:	[6-Gang]
Getriebe-Typ:	G 48/00 [A 48/00]
Übersetzungen:	
1. Gang:	4,68 [4,15]
2. Gang:	2,53 [2,37]
3. Gang:	1,69 [1,56]
4. Gang:	1,22 [1,16]
5. Gang:	1,00 [0,86]
6. Gang:	0,84 [0,69]
Rückwärtsgang:	4,27 [3,39]
Achsübersetzung:	3,55 [3,55]

Karosserie, Fahrwerk, Bremse, Räder und Reifen

Karosserie:	4-türige, 5-sitzige, selbsttragende SUV-Karosserie mit großer Heckklappe aus vollverzinktem Stahl, Bug- und Heckverkleidungen aus Kunststoff
Sonderwunsch:	Schiebe-/Hubdach bzw. Panorama Dachsystem
Vorderradaufhängung:	Einzelradaufhängung, Groß-Basis-Doppelquerlenkerachse mit Stahl- und Aluminiumlenkern, Fahrschemel aus leichtem, hochfestem Stahl, Schraubenfedern mit innenliegenden Stoßdämpfern, Stabilisator
Sonderwunsch:	Luftfederung
Hinterradaufhängung:	Einzelradaufhängung, Mehrlenkerachse mit Stahl- und Aluminiumlenkern, Fahrschemel aus leichtem, hochfestem Stahl, Schraubenfedern mit innenliegenden Stoßdämpfern, Stabilisator
Sonderwunsch:	Luftfederung
Bremse v/h (Durchm. x B (mm)):	innenbelüftete Scheiben (350 x 34) / innenbelüftete Scheiben (330 x 28) titanfarbene 6-Kolben-Monobloc-Aluminium-Festsättel / titanfarbene 4-Kolben-Monobloc-Aluminium-Festsättel PSM mit ABS
Sonderwunsch ab MJ 2009: nur mit 20- oder 21-Zoll-Rädern	Porsche Ceramic Composite Brake (PCCB) innenbelüftete gelochte Keramikfaser-Scheiben (410 x 38) / innenbelüftete gelochte Keramikfaser-Scheiben (370 x 28) gelbe 6-Kolben-Monobloc-Aluminium-Festsättel / gelbe 4-Kolben-Monobloc-Aluminium-Festsättel PSM mit ABS
Räder v/h:	8 J x 18 – ET 57 / 8 J x 18 – ET 57
Reifen v/h:	255/55 R 18 109 Y / 255/55 R 18 109 Y
Sonderwunsch:	9 J x 19 – ET 60 / 9 J x 19 – ET 60 275/45 R 19 108 Y / 275/45 R 19 108 Y 9 J x 20 – ET 60 / 9 J x 20 – ET 60 275/40 R 20 106 Y / 275/40 R 20 106 Y 9 J x 20 – ET 60 / 10 J x 20 – ET 55 275/40 R 20 106 Y / 275/40 R 20 106 Y 10 J x 21 – E 50 / 10 J x 21 – ET 50 295/35 R 21 107 Y / 295/35 R 21 107 Y

Elektrik

Lichtmaschinenleistung (W/A):	2660 / 190
Batterie (Ah/A):	95 / 450

Abmessungen, Gewichte und Volumen

Spurweite v/h (mm):	1647 / 1662
mit 9 J x 19 / 9 J x 19:	1641 / 1656
mit 9 J x 20 / 9 J x 20:	1641 / 1656
mit 10 J x 21 / 10 J x 21:	1659 / 1682
Radstand (mm):	2855
Maße (L x B x H (mm)):	4798 x 1928 x 1699
bei 21-Zoll-Rädern:	4798 x 1957 x 1699
Leergewicht nach DIN (kg):	2225 [2245]
zul. Gesamtgewicht (kg):	3080 [3080]
zul. Dachlast/mit Dachreling (kg):	100 / 75
zul. Stützlast (kg):	140
zul. Anhängelast gebr./ungebr. (kg):	3500 / 750
Kofferraumvolumen (VDA (l)):	540
bei umgeklappten Rücksitzen:	1770
Tankvolumen (l):	100, davon 12 Reserve
C_W x A (m²):	0,35 x 2,79 = 0,977
Leistungsgewicht (kg/kW / kg/PS):	7,86 [7,93] / 5,78 [5,83]

Kraftstoffverbrauch

nach 80/1268/EWG (l/100 km):	98 ROZ Super plus bleifrei	
		ab MJ 2008
Innerstädtisch:	22,1 [20,3]	22,1 [20,2]
Außerstädtisch:	10,7 [9,9]	10,8 [10,1]
Gesamt:	14,9 [13,7]	14,9 [13,7]
CO_2-Emissionen (g/km):	358 [329]	358 [329]

Fahrleistungen, Stückzahlen, Preise

Beschleunigung 0–100 km/h (s):	6,6 [6,8]
0–160 km/h (s):	15,7 [15,7]
Höchstgeschw. (km/h):	252 [250]
Stückzahl:	31.604
Listenpreise:	
10/2006:	Euro 66.610,- [Euro 69.251,80]
09/2007:	Euro 66.610,- [Euro 69.251,80]
05/2008:	Euro 67.681,- [Euro 70.322,80]
04/2009:	Euro 68.283,- [Euro 70.924,80]

CAYENNE TURBO MJ 2007 BIS MJ 2010

MOTOR

Bauart:	8-Zylinder-V-Motor, 90°, Bi-Turboaufladung und Ladeluftkühlung
Einbauposition:	Frontmotor
Kühlung:	wassergekühlt
Motor-Typ:	M 48/51
Hubraum (cm³):	4806
Bohrung x Hub:	96 x 83
Leistung (kW/PS):	368/500 bei 6000/min
Drehmoment (Nm):	700 bei 2250–4500/min
Literleistung (kW/l / PS/l):	76,6 / 104,0
Verdichtung:	10,5 : 1
maximaler Ladedruck (bar):	0,8
Ventilsteuerung:	dohc über Doppelkette, 4 Ventile pro Zylinder, hydraulische Tassenstößel, VarioCam Plus
Gemischaufbereitung:	Benzin-Direkteinspritzung (DFI)
Motorsteuerung:	DME, Siemens EMS SDI 4.1
Zündfolge:	1-3-7-2-6-5-4-8
Schmierung:	Integrierte Trockensumpfschmierung
Ölmenge (l):	9,0

KRAFTÜBERTRAGUNG

Antrieb:	permanenter Allradantrieb 38% / 62%
Tiptronic S:	6-Gang
Getriebe-Typ:	A 48/50
Übersetzungen:	
1. Gang:	4,15
2. Gang:	2,37
3. Gang:	1,56
4. Gang:	1,16
5. Gang:	0,86
6. Gang:	0,69
Rückwärtsgang:	3,39
Achsübersetzung:	3,27

KAROSSERIE, FAHRWERK, BREMSE, RÄDER UND REIFEN

Karosserie:	4-türige, 5-sitzige, selbsttragende SUV-Karosserie mit großer Heckklappe aus vollverzinktem Stahl, Bug- und Heckverkleidungen aus Kunststoff, vergrößerte Kühlluftöffnungen im Bugteil, Motorhaube mit zwei Powerdomes
Sonderwunsch:	Schiebe-/Hubdach bzw. Panorama Dachsystem
Vorderradaufhängung:	Einzelradaufhängung, Groß-Basis-Doppelquerlenkerachse mit Stahl- und Aluminiumlenkern, Fahrschemel aus leichtem, hochfestem Stahl, Luftfederung, Stabilisator
Hinterradaufhängung:	Einzelradaufhängung, Mehrlenkerachse mit Stahl- und Aluminiumlenkern, Fahrschemel aus leichtem, hochfestem Stahl, Luftfederung, Stabilisator
Bremse v/h (Durchm. x B (mm)):	innenbelüftete Scheiben (368 x 36) / innenbelüftete Scheiben (358 x 28)
ab MJ 2009:	innenbelüftete Scheiben (380 x 38) / innenbelüftete Scheiben (358 x 28) rote 6-Kolben-Monobloc-Aluminium-Festsättel / rote 4-Kolben-Monobloc-Aluminium-Festsättel PSM mit ABS
Sonderwunsch ab MJ 2009: nur mit 20- oder 21-Zoll-Rädern	Porsche Ceramic Composite Brake (PCCB) innenbelüftete gelochte Keramikfaser-Scheiben (410 x 38) / innenbelüftete gelochte Keramikfaser-Scheiben (370 x 28) gelbe 6-Kolben-Monobloc-Aluminium-Festsättel / gelbe 4-Kolben-Monobloc-Aluminium-Festsättel PSM mit ABS
Räder v/h:	8 J x 18 – ET 57 / 8 J x 18 – ET 57
Reifen v/h:	255/55 R 18 109 Y / 255/55 R 18 109 Y
Sonderwunsch, Serie ab MJ 2009:	9 J x 19 – ET 60 / 9 J x 19 – ET 60 275/45 R 19 108 Y / 275/45 R 19 108 Y
Sonderwunsch:	9 J x 20 – ET 60 / 9 J x 20 – ET 60 275/40 R 20 106 Y / 275/40 R 20 106 Y 9 J x 20 – ET 60 / 10 J x 20 – ET 55 275/40 R 20 106 Y / 275/40 R 20 106 Y 10 J x 21 – E 50 / 10 J x 21 – ET 50 295/35 R 21 107 Y / 295/35 R 21 107 Y

ELEKTRIK

Lichtmaschinenleistung (W/A):	2660 / 190
Batterie (Ah/A):	110 / 520

ABMESSUNGEN, GEWICHTE UND VOLUMEN

Spurweite v/h (mm):	1647 / 1662
mit 9 J x 19 / 9 J x 19:	1641 / 1656
mit 9 J x 20 / 9 J x 20:	1641 / 1656
mit 10 J x 21 / 10 J x 21:	1659 / 1682
Radstand (mm):	2855
Maße (L x B x H (mm)):	4795 x 1928 x 1696
bei 21-Zoll-Rädern:	4795 x 1957 x 1696
Leergewicht nach DIN (kg):	2355
zul. Gesamtgewicht (kg):	3080
zul. Dachlast/mit Dachreling (kg):	100 / 75
zul. Stützlast (kg):	140
zul. Anhängelast gebr./ungebr. (kg):	3500 / 750
Kofferraumvolumen (VDA (l)):	540
bei umgeklappten Rücksitzen:	1770
Tankvolumen (l):	100, davon 12 Reserve
c_W x A (m²):	0,35 x 2,78 = 0,973
Leistungsgewicht (kg/kW / kg/PS):	6,40 / 4,71

KRAFTSTOFFVERBRAUCH

nach 80/1268/EWG (l/100 km):	98 ROZ Super plus bleifrei
Innerstädtisch:	22,5
Außerstädtisch:	10,5
Gesamt:	14,9
CO_2-Emissionen (g/km):	358

FAHRLEISTUNGEN, STÜCKZAHLEN, PREISE

Beschleunigung 0–100 km/h (s):	5,1
0–160 km/h (s):	11,4
Höchstgeschw. (km/h):	275
Stückzahl:	13.388
Listenpreis:	
10/2006:	Euro 108.617,-
09/2007:	Euro 108.617,-
05/2008:	Euro 111.711,-
04/2009:	Euro 112.670,-

Cayenne Turbo mit Leistungssteigerung MJ 2008 bis MJ 2010

Motor

Bauart:	8-Zylinder-V-Motor, 90°, Bi-Turboaufladung und Ladeluftkühlung
Einbauposition:	Frontmotor
Kühlung:	wassergekühlt
Motor-Typ:	M 48/51S
Hubraum (cm³):	4806
Bohrung x Hub:	96 x 83
Leistung (kW/PS):	397/540 bei 6000/min
Drehmoment (Nm):	750 bei 2250–4500/min
Literleistung (kW/l / PS/l):	82,6 / 112,4
Verdichtung:	10,5 : 1
maximaler Ladedruck (bar):	1,0
Ventilsteuerung:	dohc über Doppelkette, 4 Ventile pro Zylinder, hydraulische Tassenstößel, VarioCam Plus
Gemischaufbereitung:	Benzin-Direkteinspritzung (DFI)
Motorsteuerung:	DME, Siemens EMS SDI 4.1
Zündfolge:	1 - 3 - 7 - 2 - 6 - 5 - 4 - 8
Schmierung:	Integrierte Trockensumpfschmierung
Ölmenge (l):	9,0

Kraftübertragung

Antrieb:	permanenter Allradantrieb 38% / 62%
Tiptronic S:	6-Gang
Getriebe-Typ:	A 48/50
Übersetzungen:	
1. Gang:	4,15
2. Gang:	2,37
3. Gang:	1,56
4. Gang:	1,16
5. Gang:	0,86
6. Gang:	0,69
Rückwärtsgang:	3,39
Achsübersetzung:	3,27

Karosserie, Fahrwerk, Bremse, Räder und Reifen

Karosserie:	4-türige, 5-sitzige, selbsttragende SUV-Karosserie mit großer Heckklappe aus vollverzinktem Stahl, Bug- und Heckverkleidungen aus Kunststoff, vergrößerte Kühlluftöffnungen im Bugteil, Motorhaube mit zwei Powerdomes
Sonderwunsch:	Schiebe-/Hubdach bzw. Panorama Dachsystem
Vorderradaufhängung:	Einzelradaufhängung, Groß-Basis-Doppelquerlenkerachse mit Stahl- und Aluminiumlenkern, Fahrschemel aus leichtem, hochfestem Stahl, Luftfederung, Stabilisator
Hinterradaufhängung:	Einzelradaufhängung, Mehrlenkerachse mit Stahl- und Aluminiumlenkern, Fahrschemel aus leichtem, hochfestem Stahl, Luftfederung, Stabilisator
Bremse v/h (Durchm. x B (mm)):	innenbelüftete Scheiben (380 x 38) / innenbelüftete Scheiben (358 x 28) rote 6-Kolben-Monobloc-Aluminium-Festsättel / rote 4-Kolben-Monobloc-Aluminium-Festsättel PSM mit ABS
Sonderwunsch ab MJ 2009: nur mit 20- oder 21-Zoll-Rädern	Porsche Ceramic Composite Brake (PCCB) innenbelüftete gelochte Keramikfaser-Scheiben (410 x 38) / innenbelüftete gelochte Keramikfaser-Scheiben (370 x 28) gelbe 6-Kolben-Monobloc-Aluminium-Festsättel / gelbe 4-Kolben-Monobloc-Aluminium-Festsättel PSM mit ABS
Räder v/h:	9 J x 19 – ET 60 / 9 J x 19 – ET 60
Reifen v/h:	275/45 R 19 108 Y / 275/45 R 19 108 Y
Sonderwunsch:	9 J x 20 – ET 60 / 9 J x 20 – ET 60 275/40 R 20 106 Y / 275/40 R 20 106 Y 9 J x 20 – ET 60 / 10 J x 20 – ET 55 275/40 R 20 106 Y / 275/40 R 20 106 Y 10 J x 21 – E 50 / 10 J x 21 – ET 50 295/35 R 21 107 Y / 295/35 R 21 107 Y

Elektrik

Lichtmaschinenleistung (W/A):	2660 / 190
Batterie (Ah/A):	110 / 520

Abmessungen, Gewichte und Volumen

Spurweite v/h (mm):	1641 / 1656
mit 9 J x 20 / 9 J x 20:	1641 / 1656
mit 10 J x 21 / 10 J x 21:	1659 / 1682
Radstand (mm):	2855
Maße (L x B x H (mm)):	4795 x 1928 x 1696
bei 21-Zoll-Rädern:	4795 x 1957 x 1696
Leergewicht nach DIN (kg):	2355
zul. Gesamtgewicht (kg):	3080
zul. Dachlast/mit Dachreling (kg):	100 / 75
zul. Stützlast (kg):	140
zul. Anhängelast gebr./ungebr. (kg):	3500 / 750
Kofferraumvolumen (VDA (l)):	540
bei umgeklappten Rücksitzen:	1770
Tankvolumen (l):	100, davon 12 Reserve
C_W x A (m²):	0,35 x 2,78 = 0,973
Leistungsgewicht (kg/kW / kg/PS):	5,93 / 4,36

Kraftstoffverbrauch

nach 80/1268/EWG (l/100 km):	98 ROZ Super plus bleifrei
Innerstädtisch:	22,5
Außerstädtisch:	10,5
Gesamt:	14,9
CO_2-Emissionen (g/km):	358

Fahrleistungen, Stückzahlen, Preise

Beschleunigung 0–100 km/h (s):	4,9
Höchstgeschw. (km/h):	279
Stückzahl:	n/a
Listenpreis:	
09/2007:	Euro 123.968,00
05/2008:	Euro 126.383,70
04/2009:	Euro 127.342,70

Cayenne GTS [Tiptronic S] MJ 2008 bis MJ 2010

Motor

Bauart:	8-Zylinder-V-Motor, 90°, Saugrohrlängenumschaltung
Einbauposition:	Frontmotor
Kühlung:	wassergekühlt
Motor-Typ:	M 48/01 G
Hubraum (cm³):	4806
Bohrung x Hub:	96 x 83
Leistung (kW/PS):	298/405 bei 6500/min
Drehmoment (Nm):	500 bei 3500/min
Literleistung (kW/l / PS/l):	62,0 / 84,3
Verdichtung:	12,5 : 1
Ventilsteuerung:	dohc über Doppelkette, 4 Ventile pro Zylinder, hydraulische Tassenstößel, VarioCam Plus
Gemischaufbereitung:	Benzin-Direkteinspritzung (DFI)
Motorsteuerung:	DME, Siemens EMS SDI 4.1
Zündfolge:	1 - 3 - 7 - 2 - 6 - 5 - 4 - 8
Schmierung:	Integrierte Trockensumpfschmierung
Ölmenge (l):	9,0

Kraftübertragung

Antrieb:	permanenter Allradantrieb 38% / 62%
Schaltgetriebe:	6-Gang
Sonderwunsch Tiptronic S:	[6-Gang]
Getriebe-Typ:	G 48/00 [A 48/00]
Übersetzungen:	
1. Gang:	4,68 [4,15]
2. Gang:	2,53 [2,37]
3. Gang:	1,69 [1,56]
4. Gang:	1,22 [1,16]
5. Gang:	1,00 [0,86]
6. Gang:	0,84 [0,69]
Rückwärtsgang:	4,27 [3,39]
Achsübersetzung:	4,10 [4,10]

Karosserie, Fahrwerk, Bremse, Räder und Reifen

Karosserie:	4-türige, 5-sitzige, selbsttragende SUV-Karosserie mit großer Heckklappe aus vollverzinktem Stahl, Bug- und Heckverkleidungen aus Kunststoff
Sonderwunsch:	Schiebe-/Hubdach bzw. Panorama Dachsystem
Vorderradaufhängung:	Einzelradaufhängung, Groß-Basis-Doppelquerlenkerachse mit Stahl- und Aluminiumlenkern, Fahrschemel aus leichtem, hochfestem Stahl, Schraubenfedern mit innenliegenden Stoßdämpfern, Stabilisator, 24 Millimeter tiefergelegt, PASM
Sonderwunsch:	Luftfederung mit 20 Millimeter tiefergelegtem Normalniveau
Hinterradaufhängung:	Einzelradaufhängung, Mehrlenkerachse mit Stahl- und Aluminiumlenkern, Fahrschemel aus leichtem, hochfestem Stahl, Schraubenfedern mit innenliegenden Stoßdämpfern, Stabilisator, 24 Millimeter tiefergelegt, PASM
Sonderwunsch:	Luftfederung mit 20 Millimeter tiefergelegtem Normalniveau
Bremse v/h (Durchm. x B (mm)):	innenbelüftete Scheiben (350 x 34) / innenbelüftete Scheiben (330 x 28) rote 6-Kolben-Monobloc-Aluminium-Festsättel / rote 4-Kolben-Monobloc-Aluminium-Festsättel PSM mit ABS
Sonderwunsch ab MJ 2009:	Porsche Ceramic Composite Brake (PCCB) innenbelüftete gelochte Keramikfaser-Scheiben (410 x 38) / innenbelüftete gelochte Keramikfaser-Scheiben (370 x 28) gelbe 6-Kolben-Monobloc-Aluminium-Festsättel / gelbe 4-Kolben-Monobloc-Aluminium-Festsättel PSM mit ABS
Räder v/h:	10 J x 21 – ET 50 / 10 J x 21 – ET 50
Reifen v/h:	295/35 R 21 107 Y / 295/35 R 21 107 Y

Elektrik

Lichtmaschinenleistung (W/A):	2660 / 190
Batterie (Ah/A):	95 / 450

Abmessungen, Gewichte und Volumen

Spurweite v/h (mm):	1659 / 1682
Radstand (mm):	2855
Maße (L x B x H (mm)):	4795 x 1957 x 1675
Leergewicht nach DIN (kg):	2225 [2245]
zul. Gesamtgewicht (kg):	3080 [3080]
zul. Dachlast/mit Dachreling (kg):	100 / 75
zul. Stützlast (kg):	140
zul. Anhängelast gebr./ungebr. (kg):	3080 / 750
mit Luftfederung:	3500 / 750
Kofferraumvolumen (VDA (l)):	540
bei umgeklappten Rücksitzen:	1770
Tankvolumen (l):	100, davon 12 Reserve
C_W x A (m²):	0,36 x 2,83 = 1,019
Leistungsgewicht (kg/kW / kg/PS):	7,47 [7,53] / 5,49 [5,54]

Kraftstoffverbrauch

nach 80/1268/EWG (l/100 km):	98 ROZ Super plus bleifrei
Innerstädtisch:	22,6 [20,6]
Außerstädtisch:	10,9 [10,2]
Gesamt:	15,1 [13,9]
CO_2-Emissionen (g/km):	361 [332]

Fahrleistungen, Stückzahlen, Preise

Beschleunigung 0–100 km/h (s):	6,1 [6,5]
0–160 km/h (s):	14,7 [15,2]
Höchstgeschw. (km/h):	253 [251]
Stückzahl:	15.427
Listenpreise:	
09/2007:	Euro 76.725,- [Euro 79.366,80]
05/2008:	Euro 78.034,- [Euro 80.675,80]
04/2009:	Euro 78.755,- [Euro 81.396,80]

Cayenne Turbo S MJ 2008 bis MJ 2010

Motor

Bauart:	8-Zylinder-V-Motor, 90°, Bi-Turboaufladung und Ladeluftkühlung
Einbauposition:	Frontmotor
Kühlung:	wassergekühlt
Motor-Typ:	M 48/51T
Hubraum (cm³):	4806
Bohrung x Hub:	96 x 83
Leistung (kW/PS):	404/550 bei 6000/min
Drehmoment (Nm):	750 bei 2250–4500/min
Literleistung (kW/l / PS/l):	84,1 / 114,4
Verdichtung:	10,5 : 1
maximaler Ladedruck (bar):	1,0
Ventilsteuerung:	dohc über Doppelkette, 4 Ventile pro Zylinder, hydraulische Tassenstößel, VarioCam Plus
Gemischaufbereitung:	Benzin-Direkteinspritzung (DFI)
Motorsteuerung:	DME, Siemens EMS SDI 4.1
Zündfolge:	1 - 3 - 7 - 2 - 6 - 5 - 4 - 8
Schmierung:	Integrierte Trockensumpfschmierung
Ölmenge (l):	9,0

Kraftübertragung

Antrieb:	permanenter Allradantrieb 38% / 62%
Tiptronic S:	6-Gang
Getriebe-Typ:	A 48/50
Übersetzungen:	
1. Gang:	4,15
2. Gang:	2,37
3. Gang:	1,56
4. Gang:	1,16
5. Gang:	0,86
6. Gang:	0,69
Rückwärtsgang:	3,39
Achsübersetzung:	3,27

Karosserie, Fahrwerk, Bremse, Räder und Reifen

Karosserie:	4-türige, 5-sitzige, selbsttragende SUV-Karosserie mit großer Heckklappe aus vollverzinktem Stahl, Bug- und Heckverkleidungen aus Kunststoff, vergrößerte Kühlluftöffnungen im Bugteil, Motorhaube mit zwei Powerdomes
Sonderwunsch:	Schiebe-/Hubdach bzw. Panorama Dachsystem
Vorderradaufhängung:	Einzelradaufhängung, Groß-Basis-Doppelquerlenkerachse mit Stahl- und Aluminiumlenkern, Fahrschemel aus leichtem, hochfestem Stahl, Luftfederung, Stabilisator
Hinterradaufhängung:	Einzelradaufhängung, Mehrlenkerachse mit Stahl- und Aluminiumlenkern, Fahrschemel aus leichtem, hochfestem Stahl, Luftfederung, Stabilisator
Bremse v/h (Durchm. x B (mm)):	innenbelüftete Scheiben (380 x 38) / innenbelüftete Scheiben (358 x 28) rote 6-Kolben-Monobloc-Aluminium-Festsättel / rote 4-Kolben-Monobloc-Aluminium-Festsättel PSM mit ABS
Sonderwunsch ab MJ 2009: nur mit 20- oder 21-Zoll-Rädern	Porsche Ceramic Composite Brake (PCCB) innenbelüftete gelochte Keramikfaser-Scheiben (410 x 38) / innenbelüftete gelochte Keramikfaser-Scheiben (370 x 28) gelbe 6-Kolben-Monobloc-Aluminium-Festsättel / gelbe 4-Kolben-Monobloc-Aluminium-Festsättel PSM mit ABS
Räder v/h:	9 J x 19 – ET 60 / 9 J x 19 – ET 60
Reifen v/h:	275/45 R 19 108 Y / 275/45 R 19 108 Y
Sonderwunsch:	9 J x 20 – ET 60 / 9 J x 20 – ET 60 275/40 R 20 106 Y / 275/40 R 20 106 Y 9 J x 20 – ET 60 / 10 J x 20 – ET 55 275/40 R 20 106 Y / 275/40 R 20 106 Y 10 J x 21 – E 50 / 10 J x 21 – ET 50 295/35 R 21 107 Y / 295/35 R 21 107 Y

Elektrik

Lichtmaschinenleistung (W/A):	2660 / 190
Batterie (Ah/A):	110 / 520

Abmessungen, Gewichte und Volumen

Spurweite v/h (mm):	1641 / 1656
mit 9 J x 20 / 9 J x 20:	1641 / 1656
mit 10 J x 21 / 10 J x 21:	1659 / 1682
Radstand (mm):	2855
Maße (L x B x H (mm)):	4795 x 1957 x 1675
Leergewicht nach DIN (kg):	2355
zul. Gesamtgewicht (kg):	3080
zul. Dachlast/mit Dachreling (kg):	100 / 75
zul. Stützlast (kg):	140
zul. Anhängelast gebr./ungebr. (kg):	3500 / 750
Kofferraumvolumen (VDA (l)):	540
bei umgeklappten Rücksitzen:	1770
Tankvolumen (l):	100, davon 12 Reserve
C_W x A (m²):	0,35 x 2,78 = 0,973
Leistungsgewicht (kg/kW / kg/PS):	5,83 / 4,28

Kraftstoffverbrauch

nach 80/1268/EWG (l/100 km):	98 ROZ Super plus bleifrei
Innerstädtisch:	22,5
Außerstädtisch:	10,5
Gesamt:	14,9
CO_2-Emissionen (g/km):	358

Fahrleistungen, Stückzahlen, Preise

Beschleunigung 0–100 km/h (s):	4,8
Höchstgeschw. (km/h):	280
Stückzahl:	2.184
Listenpreis:	
05/2008:	Euro 132.774,-
04/2009:	Euro 133.971,-

Cayenne S Transsyberia [Tiptronic S] MJ 2009 bis MJ 2010

Motor

Bauart:	8-Zylinder-V-Motor, 90°, Saugrohrlängenumschaltung
Einbauposition:	Frontmotor
Kühlung:	wassergekühlt
Motor-Typ:	M 48/01
Hubraum (cm³):	4806
Bohrung x Hub:	96 x 83
Leistung (kW/PS):	298/405 bei 6500/min
Drehmoment (Nm):	500 bei 3500/min
Literleistung (kW/l / PS/l):	62,0 / 84,3
Verdichtung:	12,5 : 1
Ventilsteuerung:	dohc über Doppelkette, 4 Ventile pro Zylinder, hydraulische Tassenstößel, VarioCam Plus
Gemischaufbereitung:	Benzin-Direkteinspritzung (DFI)
Motorsteuerung:	DME, Siemens EMS SDI 4.1
Zündfolge:	1 - 3 - 7 - 2 - 6 - 5 - 4 - 8
Schmierung:	Integrierte Trockensumpfschmierung
Ölmenge (l):	9,0

Kraftübertragung

Antrieb:	permanenter Allradantrieb 38% / 62%
Schaltgetriebe:	6-Gang
Sonderwunsch Tiptronic S:	[6-Gang]
Getriebe-Typ:	G 48/02 [A 48/02]
Übersetzungen:	
1. Gang:	4,68 [4,15]
2. Gang:	2,53 [2,37]
3. Gang:	1,69 [1,56]
4. Gang:	1,22 [1,16]
5. Gang:	1,00 [0,86]
6. Gang:	0,84 [0,69]
Rückwärtsgang:	4,27 [3,39]
Achsübersetzung:	4,10 [4,10]

Karosserie, Fahrwerk, Bremse, Räder und Reifen

Karosserie:	4-türige, 5-sitzige, selbsttragende SUV-Karosserie mit großer Heckklappe aus vollverzinktem Stahl, Bug- und Heckverkleidungen aus Kunststoff
Sonderwunsch:	Schiebe-/Hubdach bzw. Panorama Dachsystem
Vorderradaufhängung:	Einzelradaufhängung, Groß-Basis-Doppelquerlenkerachse mit Stahl- und Aluminiumlenkern, Fahrschemel aus leichtem, hochfestem Stahl, Schraubenfedern mit innenliegenden Stoßdämpfern, Stabilisator
Sonderwunsch:	Luftfederung
Hinterradaufhängung:	Einzelradaufhängung, Mehrlenkerachse mit Stahl- und Aluminiumlenkern, Fahrschemel aus leichtem, hochfestem Stahl, Schraubenfedern mit innenliegenden Stoßdämpfern, Stabilisator
Sonderwunsch:	Luftfederung
Bremse v/h (Durchm. x B (mm)):	innenbelüftete Scheiben (350 x 34) / innenbelüftete Scheiben (330 x 28) silberfarbene 6-Kolben-Monobloc-Aluminium-Festsättel / silberfarbene 4-Kolben-Monobloc-Aluminium-Festsättel PSM mit ABS
Sonderwunsch: nur mit 20- oder 21-Zoll-Rädern	Porsche Ceramic Composite Brake (PCCB) innenbelüftete gelochte Keramikfaser-Scheiben (410 x 38) / innenbelüftete gelochte Keramikfaser-Scheiben (370 x 28) gelbe 6-Kolben-Monobloc-Aluminium-Festsättel / gelbe 4-Kolben-Monobloc-Aluminium-Festsättel PSM mit ABS
Räder v/h:	8 J x 18 – ET 57 / 8 J x 18 – ET 57
Reifen v/h:	255/55 R 18 109 Y / 255/55 R 18 109 Y
Sonderwunsch:	9 J x 19 – ET 60 / 9 J x 19 – ET 60 275/45 R 19 108 Y / 275/45 R 19 108 Y 9 J x 20 – ET 60 / 9 J x 20 – ET 60 275/40 R 20 106 Y / 275/40 R 20 106 Y 9 J x 20 – ET 60 / 10 J x 20 – ET 55 275/40 R 20 106 Y / 275/40 R 20 106 Y 10 J x 21 – E 50 / 10 J x 21 – ET 50 295/35 R 21 107 Y / 295/35 R 21 107 Y

Elektrik

Lichtmaschinenleistung (W/A):	2660 / 190
Batterie (Ah/A):	95 / 450

Abmessungen, Gewichte und Volumen

Spurweite v/h (mm):	1647 / 1662
mit 9 J x 19 / 9 J x 19:	1641 / 1656
mit 9 J x 20 / 9 J x 20:	1641 / 1656
mit 10 J x 21 / 10 J x 21:	1659 / 1682
Radstand (mm):	2855
Maße (L x B x H (mm)):	4798 x 1928 x 1699
bei 21-Zoll-Rädern:	4798 x 1957 x 1699
Leergewicht nach DIN (kg):	2225 [2245]
zul. Gesamtgewicht (kg):	3080 [3080]
zul. Dachlast/mit Dachreling (kg):	100 / 75
zul. Stützlast (kg):	140
zul. Anhängelast gebr./ungebr. (kg):	3500 / 750
Kofferraumvolumen (VDA (l)):	540
bei umgeklappten Rücksitzen:	1770
Tankvolumen (l):	100, davon 12 Reserve
C_W x A (m²):	0,35 x 2,79 = 0,977
Leistungsgewicht (kg/kW / kg/PS):	7,47 [7,53] / 5,49 [5,54]

Kraftstoffverbrauch

nach 80/1268/EWG (l/100 km):	98 ROZ Super plus bleifrei
Innerstädtisch:	22,6 [20,6]
Außerstädtisch:	10,9 [10,2]
Gesamt:	15,1 [13,9]
CO_2-Emissionen (g/km):	361 [332]

Fahrleistungen, Stückzahlen, Preise

Beschleunigung 0–100 km/h (s):	6,1 [6,5]
0–160 km/h (s):	14,7 [15,2]
Höchstgeschw. (km/h):	253 [251]
Stückzahl:	285
Listenpreise:	
05/2008:	Euro 77.558,- [Euro 80.199,80]
01/2009:	Euro 77.558,- [Euro 80.199,80]
04/2009:	Euro 77.558,- [Euro 80.199,80]

Cayenne Diesel [Tiptronic S] MJ 2009 bis MJ 2010

Motor

Bauart:	6-Zylinder-V-Diesel-Motor, 90°, VTG-Abgasturbolader und Doppel-Ladeluftkühlung
Einbauposition:	Frontmotor
Kühlung:	wassergekühlt
Motor-Typ:	CAS
Hubraum (cm³):	2967
Bohrung x Hub:	83,0 x 91,4
Leistung (kW/PS bei 1/min):	176/240 bei 4000–4400
Drehmoment (Nm bei 1/min):	550 bei 2000–2250
Literleistung (kW/l / PS/l):	59,3 / 80,9
Verdichtung:	16,8 : 1
Turbolader, max. Ladedruck (bar):	Garret ATL GTB 2260 mit verstellbaren Leitschaufeln (VTG), 1,3
Ventilsteuerung:	2 dohc über Hülsenkette, 4 Ventile, Rollenschlepphebel mit hydraulischem Ventilspielausgleich
Gemischaufbereitung:	Bosch CP 4.2 Common-Rail-Direkteinspritzung, 1800 bar mit Piezoinjektoren, Direkteinspritzung, 8-Loch-Düsen, Mengen-, Spritzbeginn-, Ladedruck-, AGR-Regelung, CAN-Bus
Motorsteuerung:	elektronische Motorsteuerung Bosch EDC 17 mit EOBD, E-Gas
Zündfolge:	1 - 4 - 3 - 6 - 2 - 5
Schmierung:	Druckumlaufschmierung
Ölmenge (l):	8,3

Kraftübertragung

Antrieb:	permanenter Allradantrieb 38% / 62%
Tiptronic S:	6-Gang
Getriebe-Typ:	AL750-6A
Übersetzungen:	
1. Gang:	4,15
2. Gang:	2,37
3. Gang:	1,56
4. Gang:	1,16
5. Gang:	0,86
6. Gang:	0,69
Rückwärtsgang:	3,39
Achsübersetzung:	3,90

Karosserie, Fahrwerk, Bremse, Räder und Reifen

Karosserie:	4-türige, 5-sitzige, selbsttragende SUV-Karosserie mit großer Heckklappe aus vollverzinktem Stahl, Bug- und Heckverkleidungen aus Kunststoff
Sonderwunsch:	Schiebe-/Hubdach bzw. Panorama Dachsystem
Vorderradaufhängung:	Einzelradaufhängung, Groß-Basis-Doppelquerlenkerachse mit Stahl- und Aluminiumlenkern, Fahrschemel aus leichtem, hochfestem Stahl, Schraubenfedern mit innenliegenden Stoßdämpfern, Stabilisator
Sonderwunsch:	Luftfederung
Hinterradaufhängung:	Einzelradaufhängung, Mehrlenkerachse mit Stahl- und Aluminiumlenkern, Fahrschemel aus leichtem, hochfestem Stahl, Schraubenfedern mit innenliegenden Stoßdämpfern, Stabilisator
Sonderwunsch:	Luftfederung
Bremse v/h (Durchm. x B (mm)):	innenbelüftete Scheiben (330 x 32) / innenbelüftete Scheiben (330 x 28) schwarze 6-Kolben-Monobloc-Aluminium-Festsättel / schwarze 4-Kolben-Monobloc-Aluminium-Festsättel PSM mit ABS
Räder v/h:	7,5 J x 17 – ET 53 / 7,5 J x 17 – ET 53
Reifen v/h:	235/65 R 17 108 V / 235/65 R 17 108 V
Sonderwunsch:	8 J x 18 – ET 57 / 8 J x 18 – ET 57 255/55 R 18 109 Y / 255/55 R 18 109 Y 9 J x 19 – ET 60 / 9 J x 19 – ET 60 275/45 R 19 108 Y / 275/45 R 19 108 Y 9 J x 20 – ET 60 / 9 J x 20 – ET 60 275/40 R 20 106 Y / 275/40 R 20 106 Y 9 J x 20 – ET 60 / 10 J x 20 – ET 55 275/40 R 20 106 Y / 275/40 R 20 106 Y 10 J x 21 – E 50 / 10 J x 21 – ET 50 295/35 R 21 107 Y / 295/35 R 21 107 Y

Elektrik

Lichtmaschinenleistung (W/A):	2660 / 190
ab MJ 2010:	3080 / 220
Batterie (Ah/A):	110 / 520

Abmessungen, Gewichte und Volumen

Spurweite v/h (mm):	1655 / 1670
mit 8 J x 18 / 8 J x 18:	1647 / 1662
mit 9 J x 19 / 9 J x 19:	1641 / 1656
mit 9 J x 20 / 9 J x 20:	1641 / 1656
mit 10 J x 21 / 10 J x 21:	1659 / 1682
Radstand (mm):	2855
Maße (L x B x H (mm)):	4798 x 1928 x 1699
bei 21-Zoll-Rädern:	4798 x 1957 x 1699
Leergewicht nach DIN (kg):	2240
zul. Gesamtgewicht (kg):	3015
zul. Dachlast/mit Dachreling (kg):	100 / 75
zul. Stützlast (kg):	140
zul. Anhängelast gebr./ungebr. (kg):	3500 / 750
Kofferraumvolumen (VDA (l)):	540
bei umgeklappten Rücksitzen:	1770
Tankvolumen (l):	100, davon 12 Reserve
C_W x A (m²):	0,36 x 2,78 = 1,00
Leistungsgewicht (kg/kW / kg/PS):	13,15 / 9,64

Kraftstoffverbrauch

nach 80/1268/EWG (l/100 km):	Diesel nach DIN EN 590*
Innerstädtisch:	11,6
Außerstädtisch:	7,9
Gesamt:	9,3
CO_2-Emissionen (g/km):	244
***kein Bio-Diesel**	

Fahrleistungen, Stückzahlen, Preise

Beschleunigung 0–100 km/h (s):	8,3
0–160 km/h (s):	23,5
Höchstgeschw. (km/h):	214
Stückzahl:	8.799
Listenpreise:	
05/2008:	Euro 56.436,-
08/2008:	Euro 56.436,-
04/2009:	Euro 56.859,-

Cayenne GTS Porsche Design Edition 3 MJ 2010

Motor

Bauart:	8-Zylinder-V-Motor, 90°, Saugrohrlängenumschaltung
Einbauposition:	Frontmotor
Kühlung:	wassergekühlt
Motor-Typ:	M 48/01 G
Hubraum (cm^3):	4806
Bohrung x Hub:	96 x 83
Leistung (kW/PS):	298/405 bei 6500/min
Drehmoment (Nm):	500 bei 3500/min
Literleistung (kW/l / PS/l):	62,0 / 84,3
Verdichtung:	12,5 : 1
Ventilsteuerung:	dohc über Doppelkette, 4 Ventile pro Zylinder, hydraulische Tassenstößel, VarioCam Plus
Gemischaufbereitung:	Benzin-Direkteinspritzung (DFI)
Motorsteuerung:	DME, Siemens EMS SDI 4.1
Zündfolge:	1 - 3 - 7 - 2 - 6 - 5 - 4 - 8
Schmierung:	Integrierte Trockensumpfschmierung
Ölmenge (l):	9,0

Kraftübertragung

Antrieb:	permanenter Allradantrieb 38% / 62%
Tiptronic S:	6-Gang
Getriebe-Typ:	A 48/00
Übersetzungen:	
1. Gang:	4,15
2. Gang:	2,37
3. Gang:	1,56
4. Gang:	1,16
5. Gang:	0,86
6. Gang:	0,69
Rückwärtsgang:	3,39
Achsübersetzung:	4,10

Karosserie, Fahrwerk, Bremse, Räder und Reifen

Karosserie:	4-türige, 5-sitzige, selbsttragende SUV-Karosserie mit großer Heckklappe aus vollverzinktem Stahl, Bug- und Heckverkleidungen aus Kunststoff
Sonderwunsch:	Schiebe-/Hubdach bzw. Panorama Dachsystem
Vorderradaufhängung:	Einzelradaufhängung, Groß-Basis-Doppelquerlenkerachse mit Stahl- und Aluminiumlenkern, Fahrschemel aus leichtem, hochfestem Stahl, Schraubenfedern mit innenliegenden Stoßdämpfern, Stabilisator, 24 Millimeter tiefergelegt, PASM
Sonderwunsch:	Luftfederung mit 20 Millimeter tiefergelegtem Normalniveau
Hinterradaufhängung:	Einzelradaufhängung, Mehrlenkerachse mit Stahl- und Aluminiumlenkern, Fahrschemel aus leichtem, hochfestem Stahl, Schraubenfedern mit innenliegenden Stoßdämpfern, Stabilisator, 24 Millimeter tiefergelegt, PASM
Sonderwunsch:	Luftfederung mit 20 Millimeter tiefergelegtem Normalniveau
Bremse v/h (Durchm. x B (mm)):	innenbelüftete Scheiben (350 x 34) / innenbelüftete Scheiben (330 x 28) rote 6-Kolben-Monobloc-Aluminium-Festsättel / rote 4-Kolben-Monobloc-Aluminium-Festsättel PSM mit ABS
Sonderwunsch:	Porsche Ceramic Composite Brake (PCCB) innenbelüftete gelochte Keramikfaser-Scheiben (410 x 38) / innenbelüftete gelochte Keramikfaser-Scheiben (370 x 28) gelbe 6-Kolben-Monobloc-Aluminium-Festsättel / gelbe 4-Kolben-Monobloc-Aluminium-Festsättel PSM mit ABS
Räder v/h:	10 J x 21 – ET 50 / 10 J x 21 – ET 50
Reifen v/h:	295/35 R 21 107 Y / 295/35 R 21 107 Y

Elektrik

Lichtmaschinenleistung (W/A):	2660 / 190
Batterie (Ah/A):	95 / 450

Abmessungen, Gewichte und Volumen

Spurweite v/h (mm):	1659 / 1682
Radstand (mm):	2855
Maße (L x B x H (mm)):	4795 x 1957 x 1675
Leergewicht nach DIN (kg):	2245
zul. Gesamtgewicht (kg):	3080
zul. Dachlast/mit Dachreling (kg):	100 / 75
zul. Stützlast (kg):	140
zul. Anhängelast gebr./ungebr. (kg):	3080 / 750
mit Luftfederung:	3500 / 750
Kofferraumvolumen (VDA (l)):	540
bei umgeklappten Rücksitzen:	1770
Tankvolumen (l):	100, davon 12 Reserve
C_W x A (m^2):	0,36 x 2,83 = 1,019
Leistungsgewicht (kg/kW / kg/PS):	7,53 / 5,54

Kraftstoffverbrauch

nach 80/1268/EWG (l/100 km):	98 ROZ Super plus bleifrei
Innerstädtisch:	20,6
Außerstädtisch:	10,2
Gesamt:	13,9
CO_2-Emissionen (g/km):	332

Fahrleistungen, Stückzahlen, Preise

Beschleunigung 0–100 km/h (s):	6,5
0–160 km/h (s):	15,2
Höchstgeschw. (km/h):	251
Stückzahl:	593, limitiert auf 1.000 Fahrzeuge
Listenpreise:	
05/2009:	Euro 94.344,-

Porsche Cayenne (E2)

Modelljahr 2011 (B-Programm)

Mit der Cayenne-Modellreihe hat Porsche auf Anhieb einen Bestseller gelandet, den selbst viele Autokenner im Vorfeld nicht für möglich gehalten haben. Im April 2010 stellt Porsche die zweite Generation der SUV-Baureihe vor. Die selbst auferlegte Zielsetzung ist hoch angesetzt. Der neue Cayenne soll dynamischer und zugleich effizienter, aber auch geräumiger und leichter, selbstverständlich technologisch zukunftsweisend sowie sportlich-eleganter werden als sein Vorgänger. Kurz gesagt, mehr Porsche als je zuvor. Der Verkauf des Cayenne der zweiten Generation startet europaweit am 8. Mai 2010 in fünf verschiedenen Versionen.

Auch den Cayenne entwickelt Porsche nach dem Grundsatz der »Porsche Intelligent Performance«. Darin sind bessere Fahrleistungen bei geringerem Verbrauch sowie mehr Effizienz bei weniger CO_2-Emissionen verankert. Der Verbrauch konnte im Vergleich zu den Vorgängerfahrzeugen um bis zu 23 Prozent reduziert werden. Drei der fünf Modelle bleiben unter der ma-

Mittelkonsole des Cayenne mit 8-Gang-Automatikgetriebe Tiptronic S

gischen Grenze von zehn Litern Kraftstoff auf 100 Kilometer im NEFZ. Der Cayenne S Hybrid mit 193 g/km und der Cayenne Diesel mit 195 g/km unterschreiten sogar die Emissionsgrenze von 200 Gramm CO_2 pro Kilometer. Erreicht wurden die signifikanten Verbrauchseinsparungen durch den Einsatz von zukunftsweisenden Technologien wie dem neuen 8-Gang-Automatikgetriebe Tiptronic S mit einer großen Übersetzungsspreizung und Auto-Start-Stop-Funktion, durch Bordnetz-Rekuperation und variable Schubabschaltung, durch Thermomanagement für Motor- und Getriebekühlkreislauf, sowie durch Gewichtsreduktion mit intelligentem Leichtbau. Gewichtsoptimierter Material-Mix und konzeptionelle Änderungen am Gesamtfahrzeug wie am neuen leichten und aktiven Allradantrieb senken das Gewicht des Cayenne turbo, trotz verbesserter Produktsubstanz und erhöhter Sicherheit, um beispielsweise 185 Kilogramm. Das neue, sportlich-elegante Design integriert die Cayenne-Baureihe des Modelljahrs 2011 optisch noch besser in die Porsche-Familie.

Porsche bringt mit dem Cayenne S Hybrid erstmals ein Serienfahrzeug mit Parallel-Vollhybridsystem auf den Markt. Mit der Entwicklung des Systems nehmen die Porsche-Ingenieure den Gedanken wieder auf, den Ferdinand Porsche bereits im Jahr 1900 mit den Lohner-Porsche »Semper Vivus« entwickelt und erprobt hatte. Dieses Fahrzeug gilt als das erste fahrfähige Vollhybridautomobil der Welt. Primäres Antriebsaggregat des Cayenne S Hybrid ist ein Dreiliter-V6-Kompressormotor mit Benzin-Direkteinspritzung. Das von Audi zugelieferte Triebwerk leistet 333 PS (245 kW) in einem Drehzahlband von 5.500 bis 6.500 Umdrehungen pro Minute. Es ist mit einer Elektromaschine mit einer Leistung von 34 kW (47 PS) gekoppelt, die ein maximales Drehmoment von 300 Nm bis zu einer Drehzahl von 1.150 Umdrehungen pro Minute konstant zur Verfügung stellt. Die E-Maschine kann den Cayenne S Hybrid alleine antreiben oder den V6-Motor unterstützen. Sie dient zudem als Generator und Starter. Zusammen mit der Trennkupplung bildet sie das Hybridmodul, welches zwischen Verbrennungsmotor und dem 8-Gang-Automatikgetriebe untergebracht ist. Zum Hybridsystem gehört auch die 288-Volt-Nickel-Metallhydrid-Batterie (NiMH) unter dem Kofferraumboden, in der die beim Fahren

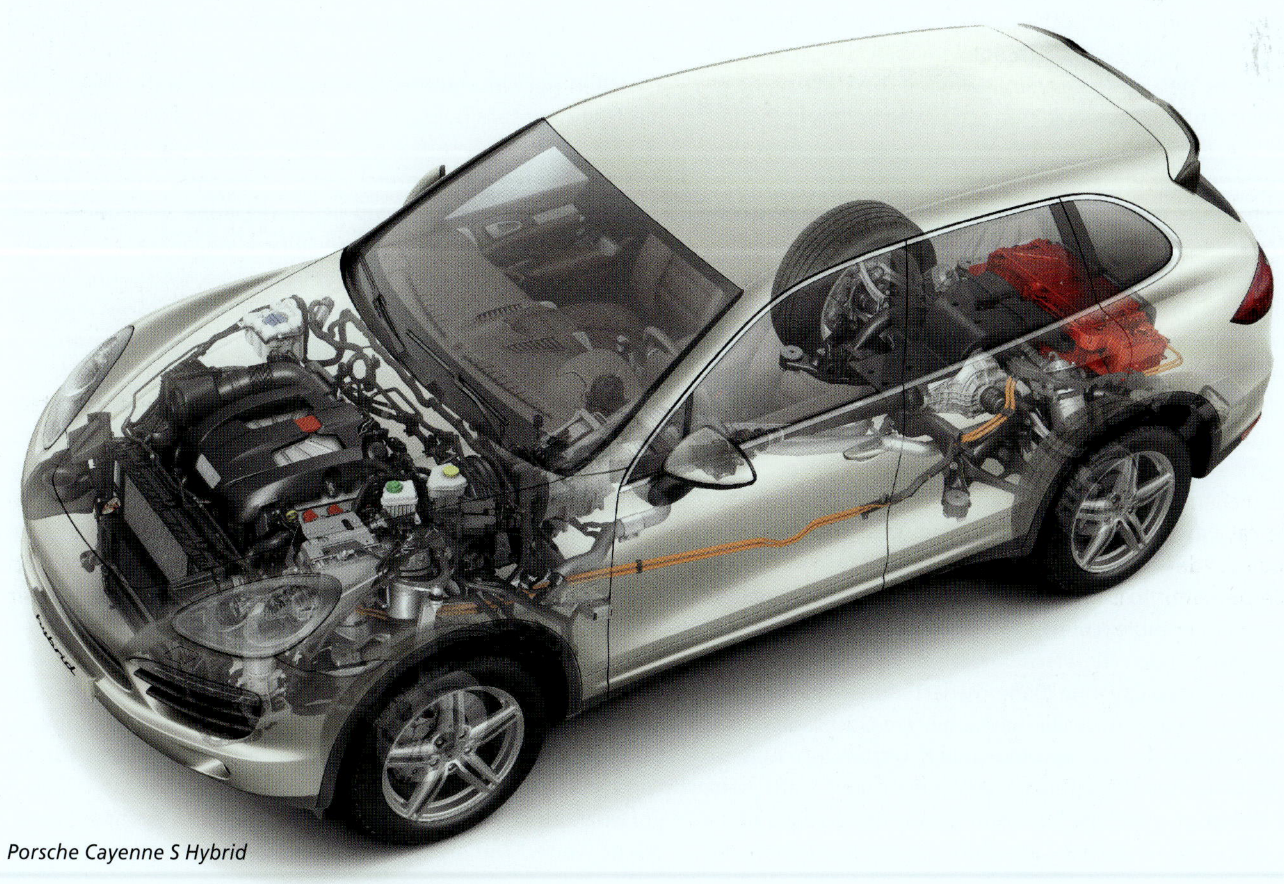

Porsche Cayenne S Hybrid

und Bremsen zurückgewonnene elektrische Energie gespeichert wird. Der Cayenne S Hybrid bietet die Leistung eines V8 bei einem deutlich geringeren Kraftstoffverbrauch. Bei einer Gesamtsystemleistung von 380 PS (279 kW) bei 5.500 Touren verbraucht der Cayenne S Hybrid im NEFZ 8,2 l/100 km und die CO_2-Emissionen betragen 193 g/km. Aktuell hat der Cayenne S Hybrid den niedrigsten CO_2-Ausstoß der gesamten Porsche-Modellpalette.

Die Formensprache der zweiten Cayenne-Generation setzt auf mehr Sportlichkeit, mehr Dynamik und auf mehr Porsche. Der Radstand zeigt sich für ein verbessertes Raumangebot im Innenraum und eine erhöhte Variabilität um 40 Millimeter verlängert. Insgesamt wird der Cayenne 48 Millimeter länger, 11 Millimeter breiter und sechs Millimeter höher. Trotz der gewachsenen Außenabmessungen wirkt der Cayenne kompakter als bisher. Die Frontansicht des Cayenne bleibt unverwechselbar. Im Bugteil flankieren zwei kleinere Lufteinlässe die große mittlere Lufteintrittsöffnung und bringen das Leistungsvermögen der Cayenne-Modelle zum Ausdruck.

Selbstbewußtsein demonstrieren auch die gegenüber der Motorhaube überhöhten Kotflügel. Die stärkere Betonung der Motorhaube wird von vorne durch den Powerdome und die Porsche-typische V-förmige Haubenform deutlich. Optisch wird der Mittelpunkt durch die nach vorne spitz und tief zulaufende Front abgesenkt. Alle Cayenne-Modelle haben die Scheinwerfergraphik mit den jeweils innenliegenden Zusatzfernscheinwerfern gemeinsam. Die dunkleren Scheinwerferinnenblenden und die silberfarbenen Ringe der Leuchteinheit verleihen den Scheinwerfern mehr Präsenz, die in den seitlichen Lufteinlässen platzierten Bugleuchten mehr Ausdrucksstärke. Die verschiedenen Modelle lassen sich in der Frontansicht eindeutig differenzieren. Die seitlichen Lufteinlässe von Cayenne und Cayenne Diesel sind mit in Wagenfarbe lackierten Lamellen versehen, die V8-Modelle und den Cayenne S Hybrid mit schwarzen.

Der Cayenne turbo hebt sich durch seinen vergrößerten mittleren Lufteinlaß, dem grobmaschigeren Ziergitter, dem stärker ausgeprägten Powerdome und der nach oben gezogenen unteren Bugverkleidung von den übrigen Modellen ab. Bei allen Cayenne-Modellen kommt ein LED-Tagfahrlicht zum Einsatz, das für Cayenne, Cayenne Diesel, Cayenne S und Cayenne S Hybrid in die Bugleuchten oberhalb der äußeren Lufteinlässe integriert ist. Der Cayenne turbo ist an seinen frei in den äußeren Lufteinlässen stehenden Bugleuchten sowie an den vier LED-Spots für das Tagfahrlicht in den Hauptscheinwerfern zu erkennen.

Die Seitenlinie des Cayenne demonstriert durch die langgestreckte Motorhaube sowie die flache hintere Dachsäule mehr Länge und Dynamik. Die aerodynamisch geformten Außenspiegel sind flacher ausgeführt. Der Spiegelfuß ist auf dem Türblatt befestigt, statt wie bisher im Fensterdreieck. Die neue Position und Form nimmt die Linienführung des Vorderwagens auf. Aerodynamik, Windgeräusche und die Übersichtlichkeit in engen Kurven können durch eine kleine zusätzliche Scheibe im ehemaligen Spiegeldreieck verbessert werden. An den Seiten der vorderen Kotflügel weist ein Chrom-Schriftzug auf den Cayenne Diesel oder den Cayenne S Hybrid hin. Die Gestaltung der Kotflügel und Türen betont die Radhäuser noch deutlicher. Die modern gezeichneten Fondtüren schließen mit den hinteren Radlaufblenden ab. Schwarze Kunststoffblenden an den Radhauskanten schützen diese vor Steinschlag und verbinden die schwarzen Unterteile der Stoßfänger auch optisch mit den schwarzen Schwellerverkleidungen und Türabschlußleisten.

Entscheidend zum neuen Erscheinungsbild trägt auch die Fenstergraphik bei. Die Form der Scheiben folgt dabei der eleganten Dachlinie von der A-Säule beginnend bis in die schnell auslaufende D-Säule. Durch die neue Dachlinie weisen die Cayenne-Modelle einen schwungvollen, coupéhaften Charakter auf, bei der die hintere D-Säule recht schlank ausfällt. Der Schwung der Dachlinie betont das Cayenne-Heck. Über die Heckleuchten läuft die Designlinie der Kotflügel ins Heck über. Bei der Gestaltung der geteilten LED-Rückleuchten wurde sehr auf den vorherrschenden Geschmack der wichtigen asiatischen Märkte geachtet. Die Heckleuchten laufen weit in die hinteren Kotflügel hinein und betonen mit ihrer spitz auslaufenden Form die Länge des Cayenne. Ein großzügig dimensionierter Dachspoiler läßt die Luftströmung hinter dem Wagenheck abreißen.

Zwischen der Unterkante der Heckscheibe und der Blende für die Nummerntafelbeleuchtung ist in großen Einzellettern ein »P O R S C H E« Schriftzug in Chrom-Optik und darunter die durchgehende Typenbezeichnung angebracht. Eine Chromzierleiste bildet den Abschluß der Heckklappe zum Stoßfänger. Zwei trapezförmige Einfachendrohre kennzeichnen Cayenne, Cayenne Diesel, Cayenne S sowie Cayenne S Hybrid und schließen das Fahrzeug unterhalb des Stoßfängers optisch ab. Den Cayenne turbo identifizieren je zwei runde Doppelendrohre.

Mit dem Rohbau der Cayenne-Karosserie haben die Porsche-Ingenieure durch intelligenten Materialmix einen weiteren Schritt in Richtung Leichtbau unternommen. Trotz längerem, stabileren Fahrzeugaufbau konnte das Gewicht der Rohkarosse um insgesamt 111 Kilogramm reduziert werden. An Motorhaube, Türen und Heckklappe konnten ganze 39 Kilogramm eingespart werden. Auch die Aluminium-Kotflügel tragen ihren Beitrag zur Gewichtsreduzierung bei. Porsche gelingt es trotz der erhöhten Sicherheitsreserven sowohl die Fahrdynamik als auch die Verbrauchswerte zu verbessern. Die Insassen werden serienmäßig durch Fahrer- und Beifahrer-Airbags, Seitenairbags auf den vorderen Plätzen und Curtain-Airbags für den Kopf bei Unfällen geschützt. Optional sind auch Seiten-Airbags für die Fondpassagiere lieferbar.

Porsche entwickelt den Stahlleichtbau des Cayenne konsequent weiter. Die Steifigkeitswerte können im Vergleich zum

Vorgänger weiter verbessert werden. Die bei einem Crash einwirkenden Kräfte werden definiert auf die Längs- und Querträgerstrukturen von Vorder- und Hinterwagen verteilt. Mehrphasenstähle sorgen für hohe Festigkeit, genau definierte Verformbarkeit und optimale Energieaufnahme. Verstärkungen aus höchstfesten, warmumgeformten Stählen schützen die Insassen bei einem Seitenaufprall. Sie umgeben die Fahrgastzelle wie ein Käfig und tragen entscheidend mit dem Erhalt des Innenraums zum Schutz der Insassen bei. Im Bereich der Dachstruktur verbessern warmumgeformte Stähle das Sicherheitsniveau zusätzlich.

Die vier gepreßten Leichtbau-Stahltüren sind mit einem Seitenaufprallschutz aus höchstfesten, warmumgeformten Stahlprofilen ausgerüstet. Die Aluminium-Heckklappe ist als Folge von konstruktivem Leichtbau um mehr als 50 Prozent leichter als beim Vorgänger. Das reduzierte Gewicht erleichtert die Bedienung beim Öffnen und Schließen durch geringen Kraftaufwand. Eine automatische Heckklappe ist als Option erhältlich, welche auf einem elektrischen Spindeltrieb auf beiden Seiten basiert, der durch eine Schraubenfeder unterstützt wird. Die Heckklappe läßt sich auf drei verschiedene Arten öffnen, mit dem Schalter im Innenraum, der Schlüsselfernbedienung oder der Grifftaster an der Heckklappe. Zum Schließen wird die Taste an der Innenseite betätigt. Die Öffnungshöhe der Heckklappe läßt sich per Knopfdruck individuell auf die Deckenhöhe der Garage abstimmen.

Serienmäßig sind alle Cayenne mit einer getönten Wärmeschutzverglasung, einem Graukeil an der Windschutzscheibe sowie hydrophob beschichteten vorderen Türseitenscheiben ausgestattet. Diese Nanobeschichtung sorgt dafür, daß die Seitenscheiben deutlich weniger verschmutzen, um die Durchsicht bei Regen und im Winter zu verbessern. Erstmalig ist eine beheizbare Frontscheibe für alle Cayenne lieferbar. Diese ist mit allen Glasoptionen kombinierbar und stellt auch unter extremen Bedingungen eine beschlagfreie Windschutzscheibe sowie ein schnelles Abtauen im Winter sicher.

Als Sonderausstattung sind ein elektrisches Schiebe-Hubdach aus Glas oder ein Panorama-Dachsystem lieferbar. Das elektrische Glasschiebe-Hubdach besteht aus getöntem, 0,39 Quadratmeter großem Einscheibensicherheitsglas mit manuellem Schiebehimmel und Komfortschließfunktion. Bedient wird das elektrische Schiebe-Hubdach über einen Schalter an der Dachkonsole. Beim optionalen Panorama-Dachsystem reicht die Glasfläche bis über die Fondsitze hinaus. Es besteht aus zwei Glaselementen mit Windabweiser. Das vordere Element kann elektrisch über das hintere geschoben werden. Alle für den Bauraum entscheidenden Elemente wie Führungsschienen und Antrieb sind optimiert, um die Kopffreiheit nicht zu beeinträchtigen. Die Konstruktion ist um mehr als 13 Kilogramm leichter geworden. Gegen zu starke Sonneneinstrahlung schützt beim Panorama-Dachsystem neben dem eingesetzten hoch wärmedämmenden Glas zusätzlich ein elektrisches Sonnenrollo.

Ab Werk ist eine in das Fahrzeugdesign integrierte Aluminium-Dachreling lieferbar. Zur Dachreling gehören auch die drei Dachschutzleisten, welche beim optionalen Panorama-Dach entfallen. Die Dachreling ist die Voraussetzung für das optionale Dachtransportsystem des Cayenne. Der Cayenne erlaubt eine maximale Dachlast von 100 Kilogramm.

Alle Cayenne-Modelle sind ab Werk mit einer Anhängekupplungsvorrüstung ausgestattet, um eine Nachrüstung zu erleichtern. Für die Modelle Cayenne, Cayenne Diesel, Cayenne S und Cayenne turbo ist eine Anhängekupplung mit abnehmbarem Kugelkopf erhältlich. Die maximale gebremste Zuglast von bis zu 3,5 Tonnen ist mehr als ausreichend, um schwere Boots- oder Pferdeanhänger zu ziehen. Beim Cayenne mit Schaltgetriebe reduziert sich die maximale gebremste Zuglast auf 2,7 Tonnen. Eine elektrisch ausfahrbare Anhängekupplung ist ebenfalls lieferbar, bei der der Kugelkopf per Knopfdruck elektrisch aus- oder eingeklappt werden kann. Im eingeklappten Zustand verschwindet die elektrisch ausfahrbare Anhängekupplung komplett unter dem Heckteil. Rechts in der Seitenverkleidung des Gepäckraums ist die Taste zum Ein- und Ausklappen angebracht. Für den Cayenne S Hybrid ist ausschließlich die elektrisch betätigte Anhängekupplung lieferbar.

Eine neue Option ist das Porsche Dynamic Light System Plus (PDLS). Dieses ist eine Weiterentwicklung des konventionellen Xenonlicht-Systems, welches über ein dynamisches sowie statisches Kurvenlicht und eine geschwindigkeitsabhängige Fahrlichtsteuerung mit Landstraßenlicht, Autobahnlicht sowie Schlechtwetterlicht verfügt. Das Landstraßenlicht bietet eine größere Reichweite am linken Straßenrand und eine breiter gefächerte Lichtstreuung. Beim Cayenne turbo S wird das System in Verbindung mit schwarz ausgeführten Bi-Xenon-Hauptscheinwerfern geliefert. Das PDLS Plus bietet im Vergleich zum bisher angebotenen aktiven Scheinwerfersystem PDLS zusätzlich eine automatische Fernlichtsteuerung und eine Kreuzungslichtfunktion. Bei der automatischen Fernlichtsteuerung erkennt die am Innenspiegel montierte Kamera die Lichter der vorausfahrenden und entgegenkommenden Fahrzeuge und schaltet automatisch zwischen Abblend- und Fernlicht um. Das System kann erst ab einer Geschwindigkeit von 65 Kilometer pro Stunde aktiviert werden, um das Einschalten des Fernlichts innerhalb geschlossener Ortschaften zu vermeiden.

Die Kreuzungslichtfunktion erkennt über Navigationsdaten Einmündungen und Kreuzungen. Das System schaltet dann das statische Kurvenlicht zur optimalen Ausleuchtung der Einmündung auf die entsprechende Seite ein. Bei einer Kreuzung schaltet sich das statische Kurvenlicht auf beiden Seiten gleichzeitig ein. Die Steuerung paßt den Lichtkegel bei hohen Geschwindigkeiten an, indem er weiter nach vorne wächst und

damit die Sicht verbessert, selbstverständlich ohne dabei den Gegenverkehr zu blenden. Ab 130 Kilometern pro Stunde wird das Autobahnlicht aktiv. Es erhöht die Leuchtweite spürbar. Mit dem Einschalten der Nebelscheinwerfer wird das Schlechtwetterlicht aktiviert. Es reduziert bei schlechten Sichtverhältnissen wie Regen, Nebel oder Schneefall die Eigenblendung. Dazu wird das Abblendlicht breiter aufgefächert. Der linke Scheinwerfer schwenkt weiter nach links und paßt die Hell-Dunkel-Grenze horizontal an, um die Reichweite des Lichtkegels zu reduzieren. Die Blendwirkung für den Fahrer wird erheblich reduziert. Das Schlechtwetterlicht kann bis zu einer Geschwindigkeit von 70 km/h eingesetzt werden.
Das PDLS besteht aus einem Projektionssystem sowie einem schwenkbaren PDLS-Modul für das dynamische Kurvenlicht und der Leuchtweitenregulierung. Es besteht aus einer Linse und einer drehbaren Walze, die mit verschiedenen Konturen die Hell-Dunkel-Grenze verändern kann. Die Bi-Xenon-Scheinwerfer stellen unterschiedliche Lichtmodi über die Walze und die Veränderung der Lichtleistung zur Verfügung. Das statische Kurvenlicht ergänzt die PDLS. In Kombination zum normalen Xenon-Fernlicht wird auch beim PDLS ein Halogenzusatzfernlicht zugeschaltet. Alle Cayenne-Modelle verfügen über Bugleuchten mit Blink- und Positionslicht in LED-Technik. Mit Ausnahme des Cayenne turbo nehmen die Bugleuchten zudem das LED-Tagfahrlicht auf. Beim Cayenne turbo ist das Tagfahrlicht mit je vier LED-Spots in den Hauptscheinwerfern untergebracht. Als Einfassung der Blinker ist das Positionslicht ausgeführt. Beim Cayenne turbo gehört das PDLS zur Serienausstattung. Alle anderen Cayenne-Modelle sind mit Halogenscheinwerfern mit Projektionstechnik ausgerüstet, PDLS ist als Sonderausstattung erhältlich.
In den Cayenne-Modellen der zweiten Generation kommen weiterentwickelte Versionen der bewährten V6- und V8-Motoren zum Einsatz. Alle Aggregate sind in wesentlichen Punkten überarbeitet und modernisiert worden, was sich teilweise in leicht gesteigerten Leistungsangaben, aber bei allen Modellen in einem niedrigeren Verbrauch niederschlägt. Porsche setzt drei Sechszylinder-V-Motoren mit Direkteinspritzung ein. Im Cayenne kommt das weiterentwickelte 3,6-Liter-Triebwerk zum Einsatz. Der neue Cayenne S Hybrid wird erstmals bei Porsche von einem Dreiliter-Motor mit Kompressoraufladung angetrieben. Im Cayenne Diesel arbeitet weiterhin der Dreiliter-Turbodiesel, der auf dem Aggregat des Vorgängermodells basiert.
Ziel der Weiterentwicklung des V6-Saugmotors war eine deutliche Reduzierung des Kraftstoffverbrauchs, aber auch eine leichte Anhebung der Leistung und des Drehmoments. Die Leistungssteigerung um zehn PS auf 300 PS (220 kW) bei 6.300 Umdrehungen pro Minute und das um 15 Nm höhere maximale Drehmoment von 400 Newtonmeter bei 3.000/min sind das Ergebnis einer Reihe von Maßnahmen. So wurden die innermotorischen Reibungsverluste reduziert, der Heißfilm-Luftmassenmesser optimiert, und das elektronische Motormanagement entsprechend neu abgestimmt. Der Einsatz eines neuen Honverfahrens verbessert die Gleichmäßigkeit der Oberflächenrauheit der Grauguß-Zylinderlaufbahnen. Der Einsatz von leichteren Schmiedekolben und neu ausgelegten Kolbenringen verringert das Gewicht. Als Nebeneffekt konnten damit der Kolbenringverschleiß und die Ladungswechselverluste minimiert werden, wodurch ein höherer Abgasdurchsatz erzielt werden konnte.
Der überarbeitete Heißfilm-Luftmassenmesser bietet der Ansaugluft einen geringeren Widerstand. Dadurch verbessert sich der Luftdurchsatz und die Zylinderfüllung. Außer der Verbesserung des Verbrauchs und der Leistung sind weitere Entwicklungsziele Detailmaßnahmen zur Optimierung der Laufruhe und der Komfortsteigerung gewesen. Im weiterentwickelten 3,6-Liter-V6-Motor sorgt eine geschmiedete Stahlkurbelwelle für eine Gewichtsersparnis und für einem ruhigeren Motorlauf. Durch den Einsatz einer elektronischen Ölstandsmessung des Motoröls ist es jetzt möglich, den Ölstand während des Leerlaufs zu überprüfen, ohne die Motorhaube zu öffnen. Mit einem Gesamtverbrauch im NEFZ von nur 9,9 l/100 km liegt der Cayenne mit der 8-Gang-Tiptronic S etwa 20 Prozent unter dem Verbrauch des Vorgängermodells. Mit dem serienmäßigen 6-Gang-Schaltgetriebe beträgt der Verbrauch 11,2 l/100 km, was einer Einsparung von rund zehn Prozent entspricht.
Beim Dreiliter-V6-Turbodiesel des Cayenne Diesel standen bei der Überarbeitung vor allem eine weitere Senkung des Verbrauchs und der Abgasemissionen im Vordergrund. Der Verbrauch sinkt von 9,3 auf 7,4 l/100 km bei gleichbleibender Leistung von 240 PS (176 kW) zwischen 4.000 und 4.400 Umdrehungen pro Minute. Diesel-typisch ist das maximale Drehmoment von 550 Newtonmeter, welches in einem Drehzahlbereich zwischen 2.000 und 2.250 Umdrehungen pro Minute an der Kurbelwelle anliegt. Für die Märkte in Belgien und Norwegen wird der V6-Dieselmotor mit einer reduzierten Leistung von 211 PS (155 kW) bei 3.000 bis 4.750/min bei gleichbleibendem maximalem Drehmoment angeboten. Zudem erfüllt der überarbeitete Cayenne Diesel durch weniger Emissionen die Euro 5-Abgasgrenzwerte.
Der Diesel-Kraftstoff wird über Piezo-Einspritzdüsen mit bis zu 1.800 bar Druck in die Brennräume eingespritzt. Die Aufladung erfolgt durch einen Abgasturbolader mit variabler Turbinen-Geometrie (VTG-Lader). Eine geregelte Abgasrückführung (AGR), ein Oxidationskatalysator sowie ein Partikelfilter sorgen für eine effektive Abgasreinigung. Das Abgasrückführungsmodul erhält eine größere Kühlleistung sowie einen größeren Durchsatz. Als Folge sinkt die Verbrennungsspitzentemperatur, so daß schon bei der Verbrennung weniger Stickoxide entstehen. Ein wesentlicher Bestandteil für die Effizienzsteigerung

war die Integration der geregelten Ölpumpe. Die bedarfsgerechte Steuerung erfolgt über das Motormanagement, die Verstellung selbst erfolgt hydraulisch. Der Öldruck wird durch axiales Verschieben eines Zahnrades und damit die Veränderung des geometrischen Verdrängungsvolumens angepaßt. Die Ölpumpe trägt dazu bei, daß nur die für den jeweiligen Lastbereich des Motors notwendige Pumparbeit abgerufen wird.

Die V8-Motorenfamilie des Cayenne ist grundlegend überarbeitet worden. Der leistungsgesteigerte 4,8-Liter-Saugmotor des Cayenne S verfügt über satte 400 PS (294 kW) bei 6.500/min und ein maximales Drehmoment von 500 Nm zwischen 3.500 und 5.300 Umdrehungen pro Minute. Im Cayenne turbo leistet die aufgeladene Version ganze 500 PS (368 kW) bei 6.000 Touren. Das maximale Drehmoment von 700 Newtonmetern liegt in einem Drehzahlbereich von 2.250/min bis 4.500/min an der Kurbelwelle an. Durch die gemeinsame Konstruktion können besonders viele Gleichteile beim Saug- und Turbomotor verwendet werden. Beide V8-Motoren verfügen über die gleichen neuen Technologien zur Verbrauchsreduzierung wie variable Schubabschaltung, Bordnetzrekuperation, Thermomanagement und Auto-Start-Stop-Funktion.

Die bewährten V8-Leichtmetallmotoren sind durch den gezielten weiteren Einsatz von Aluminium und Magnesium noch leichter geworden. Die Gewichtseinsparungen bei Kurbeltrieb, Nockenwellenversteller, Schrauben, Steuerkasten- und Ventildeckel verringern das Motorgewicht um rund sieben Kilogramm. Ein neuer Leichtbau-Nockenwellenversteller für die VarioCam Plus in Vollaluminiumausführung bringt eine Gewichtsreduktion von rund 1,7 Kilogramm und eine Verringerung der rotatorischen Massen. Dadurch werden agilere Verstellgeschwindigkeiten und ein spontaneres Ansprechverhalten des Motors erreicht. Beide Motoren wurden bei der Luftmassenerfassung von einem Heißfilm-Luftmassenmesser auf eine druckgeführte Erfassung umgestellt. Der Vorteil ist ein sinkender Ansaugluftwiderstand und eine bessere Luftströmung.

Im V8-Saugmotor reduzieren eine leichtere Kurbelwelle und gewichtsreduzierte Pleuel die bewegten Massen. Insgesamt wird der Kurbeltrieb um 2,3 Kilogramm leichter. Ein Ölführungsgehäuse aus Magnesium senkt das Gewicht um weitere zwei Kilogramm. Die Einlaßnockenwellen sind für den bestmöglichen Leistungs- und Drehmomentverlauf überarbeitet worden. Die neue Ansauganlage mit vergrößerter Drosselklappe und die angepaßte elektronische Motorsteuerung runden die Optimierungsmaßnahmen ab. Der modellgepflegte Cayenne S benötigt im NEFZ nur 10,5 l/100 km und damit um rund 23 Prozent weniger als das Vorgängermodell. Die CO_2-Emissionen sinken um 26 Prozent auf 245 g/km.

Auch der V8-Biturbo-Motor des Cayenne turbo besitzt die neue, gewichtsoptimierte Kurbelwelle und das neue Aluminium-Ölführungsgehäuse. Die Kurbelwelle ist mit einem erhöhten Gegengewichtsradius versehen. In der Summe ist der Kurbeltrieb jetzt um 0,6 Kilogramm leichter als bisher. Der Cayenne turbo hat einen Verbrauch von 11,5 l/100 km im NEFZ, das sind 23 Prozent weniger im Vergleich zum Vorgängermodell. Der CO_2-Ausstoß von 270 g/km liegt um 25 Prozent niedriger.

Alle Cayenne-Modelle sind mit speziell auf jedes Aggregat ausgelegte Abgasanlagen ausgerüstet, um alle weltweit gültigen Abgasvorschriften zu erfüllen. Sämtliche Abgasanlagen bestehen aus hochwertigem, langlebigen Edelstahl. Um die Emissionen vor allem in der Kaltstartphase möglichst gering zu halten, ist es wichtig, daß der Katalysator möglichst schnell auf seine optimale Betriebstemperatur kommt. Dazu sind alle Abgaskrümmer sehr kurz ausgeführt, um die hohe Abgastemperatur zur Aufheizung der Katalysatoren zu nutzen. Die hochwirksamen Vor- und Hauptkatalysatoren heizen schnell auf, um die Abgase schneller effektiv zu reinigen. Für den Cayenne und den Cayenne S mit Tiptronic S ist auf Wunsch eine Sportabgasanlage mit einem noch kernigeren Klangvolumen lieferbar. Über die serienmäßige Sporttaste in der Mittelkonsole erfolgt die Betätigung der Klappen für die Sportabgasanlage.

Erstmals kommt bei den Cayenne-Modellen ein kennfeldgesteuertes Thermomanagement zum Einsatz, welches die im Fahrzeug ablaufenden thermischen Prozesse steuert. Als Teil des Thermomanagements verfügt das Kühlsystem über zwei Kreisläufe, welche je nach Kühlmitteltemperatur geschaltet werden. Dies erfolgt über einen Thermostaten, der eine automatische, bedarfsgerechte Unterdrückung des Kühlwasserflusses ermöglicht. Dadurch heizt sich der Motor schneller auf, Reibung, Kraftstoffverbrauch und Emissionen in der Warmlaufphase werden deutlich reduziert. Abhängig von der Motortemperaturerhöhung wird in der Warmlaufphase der Kühlwasserdurchfluß des kleinen Kreislaufs durch den Motor zugeschaltet. Danach erfolgt abhängig vom Betriebspunkt des Motors das Zuschalten des großen Kreislaufs mit dem Kühlmittelkühler. Durch das Thermomanagement konnte eine Reduktion des Kraftstoffverbrauchs von bis zu 1,5 Prozent durch eine Verkürzung der Warmlaufphase nach einem Kaltstart erzielt werden. Bei allen Cayenne-Modellen mit Tiptronic S wird das Thermomanagement mit dem Ziel auf das Getriebe ausgedehnt, möglichst schnell die optimale Betriebstemperatur zu erreichen, um die Reibungsverluste zu minimieren. Der Wärmetauscher des Kühlkreislaufs der 8-Gang-Tiptronic S ist mit dem Kühlkreislauf des Motors verbunden. Bei Bedarf kann die Wärme des bereits aufgeheizten Motorkühlmittels genutzt werden, um das Getriebe schneller auf Betriebstemperatur zu bringen.

Eine weiteres Instrument zur Verbrauchsreduzierung ist die Bordnetzrekuperation. Bei allen Cayenne-Modellen wird damit die Energieerzeugung über den Generator zum Laden der Starterbatterie, wenn möglich in die Bremsphasen des Fahrzeugs verlegt. Ein Teil der Bewegungsenergie kann so in der Starterbatterie gespeichert werden. Bei konstanter Fahrt oder beim Beschleunigen erzeugt der Generator hingegen möglichst wenig Energie und das Bordnetz wird aus der beim Bremsen aufgeladenen Starterbatterie versorgt. Das entlastet den Verbrennungsmotor vom Generatorbetrieb, was sich in einem niedrigeren Kraftstoffverbrauch bemerkbar macht. Im NEFZ bringt die Bordnetzrekuperation beim Cayenne einen Verbrauchsvorteil von 0,15 Liter Kraftstoff auf 100 Kilometer.

Die neue variable Schubabschaltung ist eine gesteuerte Unterbrechung der Kraftstoffzufuhr im Schiebebetrieb, wenn der Fahrer beim Heranrollen an eine Kreuzung oder bei Bergabfahrt vom Gas geht. Im Vergleich zur üblichen Schubabschaltung, die ab einer bestimmten Drehzahl wieder Kraftstoff einspritzt, erfolgt dies bei der variablen Schubabschaltung in Abhängigkeit von der Fahrsituation deutlich später, wodurch eine zusätzliche Verbrauchseinsparung erzielt wird.

Der Antrieb des Cayenne S Hybrid feiert nicht nur wegen der zusätzlichen Elektromaschine eine Premiere bei Porsche. Zum ersten Mal verwendet Porsche einen V6-Motor mit Benzindirekteinspritzung und Kompressoraufladung. Aus 2.995 Kubikzentimetern Hubraum leistet das von Audi zugelieferte Triebwerk 333 PS (245 kW) bei 5.500/min bis 6.500/min und stellt ein maximales Drehmoment von 440 Newtonmetern in einem Drehzahlband von 3.000 bis 5.250 Umdrehungen pro Minute zur Verfügung.

Neben einem Leistungsanspruch auf V8-Niveau sind für die Verwendung dieses Triebwerks der niedrige Verbrauch, die geringen CO_2-Emissionen sowie die Erfüllung aller weltweit geltenden Emissionsvorschriften entscheidend gewesen. Der Cayenne S Hybrid erreicht die von Porsche gewohnte effiziente Leistung auf eine ganz neue Art. Der Motor hat einen Aluminium-Motorblock mit einem Zylinderbankwinkel von 90 Grad und zwei Aluminium-Vierventil-Zylinderköpfe mit je zwei Nockenwellen. Wie die V8-Motoren von Cayenne S und Cayenne turbo verfügt das neue Dreiliter-V6-Triebwerk über moderne Motorentechnologie wie eine geregelte Ölpumpe und ein Thermomanagement für das Kühlwasser.

Die Ölversorgung erfolgt analog den anderen Cayenne-V6-Motoren über eine Naßsumpfschmierung. Anders als bei Porsche sonst üblich erfolgt die Aufladung des neuen V6-Triebwerks nicht mit Abgasturboladern, sondern durch einen mechanischen Kompressor mit Ladeluftkühlung. Für den Einsatz des Parallel-Vollhybridantriebs in einem SUV bietet dieses Konzept entscheidende Vorteile. Da der Kompressor durch einen Riemen permanent mit dem Kurbelwellenantrieb verbunden ist, steht der Ladedruck unmittelbar zur Verfügung und der Luftmassendurchsatz steigt mit der Drehzahl des Verbrennungsmotors kontinuierlich. Durch die Position des Kompressors zwischen den beiden Zylinderbänken sind die Wege für die angesaugte und komprimierte Luft in die Zylinder kurz, so daß sich der Kompressormotor durch ein spontanes Ansprechverhalten und ein hohes Drehmoment schon bei niedrigen Drehzahlen auszeichnet. Zudem harmoniert das Aggregat hervorragend mit der Elektromaschine. Als Kompressor fungiert ein so genanntes Roots-Gebläse mit Bypassklappe. Im Kompressorgehäuse werden zwei über Zahnräder verbundene parallele Wellen über einen separaten Riementrieb angetrieben. Auf beiden Wellen sitzen Rotoren, die gegenüber den Schaufeln des anderen Rotors sowie dem Kompressorgehäuse abdichten. Die gegenläufige Bewegung der beiden Wellen fördert die Luftmasse ohne Kompression zwischen den Rotoren vom Lufteintritt in den Kompressor zum Luftaustritt.

Die um 160 Grad zur Längsachse verdrehten Rotoren sind mit jeweils vier Flügeln ausgestattet. Dadurch wird eine kontinuierliche Luftförderung erreicht. Die Kompression erfolgt, indem die Luft in die vor den Einlaßventilen aufgestaute Luftmasse hineingedrückt wird. Der Kompressor verfügt pro Zylinderbank über einen Ladeluftkühler mit einem Niedertemperaturkühlkreislauf, der durch die kühlere Luft den Aufladungseffekt verbessert. Da nicht in allen Betriebszuständen Ladeluft benötigt wird und durch den kontinuierlichen Ladedruckaufbau ein Luftstau mit einhergehendem Leistungsverlust auftreten würde, verfügt der Kompressor über eine integrierte Ladedruckregelung mit geregelter Bypassklappe.

Der Cayenne S Hybrid kann in den folgenden hybridspezifischen Fahrzuständen betrieben werden:

- Rein elektrisches Fahren: Die Elektromaschine treibt das Fahrzeug alleine, ganz ohne die Unterstützung des Verbrennungsmotors, an. Bei moderater Fahrweise können so im Stadtgebiet kürzere Entfernungen geräuscharm und emissionsfrei bis zu einer Geschwindigkeit von 60 Stundenkilometern gefahren werden.
- Boosten: Der Antrieb erfolgt durch den Verbrennungsmotor und die Elektromaschine gemeinsam. Die Antriebsleistungen der beiden Aggregate werden für die beste Beschleunigungsleistung addiert.
- Lastpunktverschiebung: Der Verbrennungsmotor treibt das Fahrzeug alleine an. Gleichzeitig lädt er die 288-Volt-Nickel-Metallhydrid-Batterie über die als Generator betriebene Elektromaschine auf. Die abgenommene Generatorleistung belastet den Verbrennungsmotor zusätzlich, wodurch dieser in einem energetisch günstigeren Lastpunkt mit höherem Wirkungsgrad arbeiten kann.
- Rekuperation: Beim Bremsen des Fahrzeugs wird die Bewegungsenergie in elektrische Energie umgewandelt und in der Batterie gespeichert.
- Segeln: Beim Gaswegnehmen wird bei Geschwindigkeiten bis 156 Stundenkilometern der Verbrennungsmotor ausgeschal-

tet und abgekoppelt, um Schleppmomente zu vermeiden. Die E-Maschine arbeitet im Generatorbetrieb und erzeugt elektrische Energie.

- Auto-Start-Stop: Im Stand, an einer roten Ampel oder im Stau schaltet sich der Verbrennungsmotor automatisch ab.

Porsche setzt einen Parallel-Vollhybrid ein, da dieser außer dem rein elektrischen Fahren im Stadtgebiet auch die Möglichkeit bietet, bis zu einer Geschwindigkeit von 156 km/h ohne den Verbrennungsmotor zu segeln. Ein weiterer Vorteil ist die Porsche-typische Beschleunigung und Elastizität ohne den Gummiband-Effekt, den leistungsverzweigte Hybridsysteme oft aufweisen. Mit einer Länge von 147,5 Millimetern baut das zwischen Verbrennungsmotor und Getriebe integrierte komplette Hybridmodul äußerst kompakt. Es besteht im Wesentlichen aus dem ringförmigen Synchronmotor und einer Trennkupplung an der Seite zum V6-Motor, so daß Kraftfluß und Charakteristik einem konventionellen Antrieb entsprechen.

Der Parallel-Vollhybridantrieb stellt hohe Anforderungen an die Komponenten und an die Regelung. Das extrem komplexe Zusammenspiel der Hauptkomponenten Verbrennungsmotor, Elektromaschine, Trennkupplung und Batterie wird über den Hybridmanager koordiniert. Dieser erhält alle Fahr- und Energieinformationen und steuert Verbrennungsmotor sowie Elektromaschine in jeder Fahrsituation verbrauchsoptimal an. Außerdem sorgt die Regelung dafür, daß die Batterie weder zu oft be- und entladen noch zu tief entladen wird.

Ein Kernelement des Parallel-Vollhybridsystems ist die Trennkupplung zwischen dem Verbrennungs- und dem Elektromotor, die mit besonders standfesten Reibbelägen versehen ist. Sie arbeitet derart feinfühlig, daß Fahrer und Passagiere das An- und Abkuppeln des Verbrennungsmotors nicht wahrnehmen. Trotzdem steht jederzeit die volle Beschleunigungskraft der beiden Motoren zur Verfügung, indem bei ausgeschaltetem Verbrennungsmotor bei Druck aufs Gaspedal innerhalb von 300 Millisekunden das Triebwerk startet, auf Drehzahl kommt und die Kupplung schließt, ohne daß der Fahrer etwas davon mitbekommt. Beim Zuschalten des Verbrennungsmotors öffnet sich die Überbrückungskupplung des Drehmomentwandlers im Automatikgetriebe und das Drehmoment des Elektromotors wird zum Starten des Verbrennungsmotors kurzfristig erhöht. Gleichzeitig schließt sich die Kupplung zwischen Elektro- und Verbrennungsmotor mit definiertem Druckverlauf innerhalb von 70 Millisekunden.

Neben dem ausgeklügelten Zusammenspiel von V6- und Elektromotor ist dafür der innovative Spindelaktuator der Kupplungssteuerung verantwortlich. Dieser steuert den hydraulischen Druck, der die Kupplung betätigt, mit einer bisher nicht erreichten Präzision. Beim Zuschalten werden die Fahrsituation sowie der Beschleunigungseinsatz vom Hybridmanager ausgewertet und ein geeignetes Startverfahren wird gewählt. Dabei wird entweder der »Komfortstart« des Verbrennungsmotors oder bei höherem Leistungseinsatz der besonders schnelle »Power-Start« realisiert.

Der Porsche-Vollhybridantrieb bietet durch die Trennkupplung weitere Verbrauchspotentiale durch das so genannte »Segeln«. Sobald keine Antriebsleistung benötigt wird, wird beim Gaswegnehmen der Verbrennungsmotor bei Geschwindigkeiten bis 156 Kilometer pro Stunde automatisch abgeschaltet und über die Trennkupplung vom Antriebsstrang abgekoppelt. Das Motorschleppmoment wird mit seiner Bremswirkung beim Segeln eliminiert, was die Fahrwiderstände und damit den Verbrauch reduziert. Die E-Maschine arbeitet im Generatorbetrieb und erzeugt elektrische Energie. Gibt der Fahrer zum Beschleunigen oder zum Überholen im Segel-Modus Gas, so wird der Verbrennungsmotor ultraschnell und komfortabel wieder gestartet und die Drehzahl entsprechend der gefahrenen Geschwindigkeit gebracht. Zwischenspurts sind selbst bei diesem Tempo genauso spontan möglich, wie bei jedem anderen Cayenne. Die maximale Leistung bietet der Cayenne S Hybrid beim so genannten »Boosten«. Hier werden die Antriebsmomente des Verbrennungs- und des Elektromotors überlagert und addiert. Dies ist einer der großen Vorteile des Parallel-Vollhybridantriebs.

Während der Verbrennungsmotor sein maximales Drehmoment von 440 Nm erst in einem Drehzahlbereich von 3.000/min bis 5.250/min entwickelt, kann die Elektromaschine ihr Drehmoment von bis zu 300 Newtonmetern bereits aus dem Stillstand in Vortrieb umsetzen. Die maximale Leistung der beiden Antriebe von 380 PS (279 kW) steht bei 5.500 Umdrehungen pro Minute zur Verfügung. Das kombinierte Drehmoment, welches bereits bei 1.000 Umdrehungen pro Minute 580 Newtonmeter bietet, sorgt für einen bulligen Antritt. Das maximale Drehmoment der Antriebe kann nicht einfach addiert werden, da diese in unterschiedlichen Drehzahlbereichen anliegen. Bei höheren Drehzahlen fällt das maximale Drehmoment des Elektromotors konzeptbedingt ab. Bei hohen Drehzahlen sorgt der Verbrennungsmotor für eine konstante und effiziente Leistungsentwicklung, bei der die Elektromaschine weiterhin unterstützt.

Die beiden Antriebe ergänzen sich in idealer Weise. Der Fahrer kann eine kraftvolle Leistungsentfaltung über den gesamten Drehzahlbereich nutzen. Beim Cayenne S Hybrid arbeiten beide Motoren intelligent zusammen und bieten ein besonders sportliches Anfahrverhalten aus dem Stand und hohe Fahrdynamik auch bei höheren Geschwindigkeiten wie beim Überholen. Das elektrische Boosten steht über die Kick-down-Funktion sofort zur Verfügung. Bei gedrückter Sport-Taste agiert der Boost-Bereich schon früher, da die beiden Antriebe bereits ab einer Fahrpedalstellung von 80 Prozent mit maximaler Kraft zusammenarbeiten.

Das Drücken der E-Power-Taste auf der Mittelkonsole erweitert den Bereich, in dem rein elektrisch gefahren werden kann. Die Aktivierung wird über eine LED auf der Taste angezeigt, zudem leuchtet im Kombiinstrument der blaue Hinweistext »E-Power«. Die Verfügbarkeit ist abhängig von den Parametern Batterieladestatus und Batterietemperatur. Im E-Power-Modus wird die Gaspedalkennlinie verändert, so daß die Beschleunigung wesentlich moderater umgesetzt wird und dadurch ein frühzeitiger automatischer Start des Verbrennungsmotors bei höherer Leistungsanforderung verhindert wird.

Eine elementare Aufgabe des Hybridmanagers ist die so genannte Lastpunktverschiebung beim Fahren mit Verbrennungsmotor. Jedes Triebwerk hat einen bestimmten Lastbereich, in dem es am effektivsten arbeitet. Läuft der Sechszylinder in Teillast unterhalb dieses Bereichs, gibt der Hybridmanager automatisch mehr Gas und nutzt das zusätzlich erzeugte Moment zur Stromerzeugung. Die Generatorleistung und die Drosselklappenstellung werden so geregelt, daß der Verbrennungsmotor im Bereich mit einem höheren Wirkungsgrad arbeitet, wodurch der eingesetzte Kraftstoff optimal genutzt wird und ein Teil davon als elektrische Energie in der Batterie gespeichert wird. Dieser Vorgang bleibt vom Fahrer unbemerkt, weil sich weder die Motordrehzahl noch die Geschwindigkeit ändert. Der Hybridmanager sorgt auch dafür, daß beim Betätigen des Bremspedals zunächst möglichst viel elektrische Energie über den Generatorbetrieb der Elektromaschine in die Batterie abgeführt wird. Dazu stellt das Steuersystem analog zum Pedalweg des Bremspedals die Stromstärke des Generators ein, wodurch das Fahrzeug elektrisch verzögert wird. Erst bei höheren Geschwindigkeiten und stärkerer Verzögerung wird die normale Bremsanlage aktiv.

Porsche verwendet beim Cayenne S Hybrid die bewährte, wartungsfreie und gasdichte Nickel-Metallhydrid-Traktionsbatterie. Die kompakten Abmessungen ermöglichen es, sie unter dem ebenen Ladeboden unterzubringen. Dadurch bleibt die Nutzbarkeit des Gepäckraums uneingeschränkt erhalten. Die Batterieeinheit gibt eine Leistung von maximal 38 kW ab und kann bis zu 1,7 Kilowattstunden Energie speichern. Die effektive Batteriekapazität wird im Kombiinstrument und auf dem Monitor des optionalen Porsche Communication Management (PCM) in Prozent angezeigt. Der Stromspeicher wird während des Fahrens durch die verbrauchsoptimierende Lastpunktverschiebung des Verbrennungsmotors und durch das rekuperative Bremsen geladen. Das System ist in der Lage, pro 100 Kilometer Fahrstrecke die Energie von bis zu einem Liter Kraftstoff zurückzugewinnen. Die gespeicherte Energie kann genutzt werden, um ausschließlich mit der Elektromaschine zu fahren oder den Verbrennungsmotor im Betrieb zu unterstützen.

Mit Rahmen wiegt die Batterie 80 Kilogramm. Sie besteht aus 240 Zellen, welche die erforderliche Spannung von 288 Volt erzeugen. Ihr Arbeitsbereich liegt zwischen minus 30 Grad Celsius bis plus 40 Grad Celsius. Bei den Be- und Entladungszyklen erzeugt die Batterie über ihren inneren Widerstand Wärme, die zum Schutz der Zellen abgeführt werden muß. Zur Kühlung der Batterie wird klimatisierte Luft aus dem Innenraum über Kanäle unter der Rücksitzbank angesaugt. Die 12-Volt-Batterie für das Bordnetz sitzt beim Cayenne S Hybrid unter dem Fahrersitz. Sie kann mit einem konventionellen Ladegerät aufgeladen werden. Der Porsche-Kundendienst hat die Möglichkeit die 288-Volt-Traktionsbatterie über einen Hochvolt-Anschluß mit einer speziellen Ladeeinheit zu laden. Im Parkmodus kontrolliert der Batteriemanager außer dem Ladezustand auch die einzelnen Zellspannungen.

Um den Ladezustand der Batterie zu optimieren und die Zellspannungen im Toleranzbereich zu halten, kann ein automatischer Ladungsausgleich zwischen den Zellen oder eine gezielte Zellentladung durchgeführt werden. Beim Parken wird der gesamte Hochvoltkreislauf durch einen Hochleistungsschalter geöffnet, um den Abfluß des Stroms während der Fahrzeugstillstandsphasen zu verhindern. Damit ist die Traktionsbatterie gegen Selbstentladung gesichert. Beim Start schließt der über das 12-Volt-Bordnetz betätigte Schutzschalter, um den Verbrennungsmotor mit der Elektromaschine zu starten und den Hochvoltkreis wieder zu schließen.

Das serienmäßige 6-Gang-Schaltgetriebe und das Zweimassenschwungrad des Cayenne-V6-Basismodells sind optimal an die hohen Leistungswerte und die Charakteristik des V6-Motors angepaßt. Die Achsübersetzung ist für hervorragende Performance, gute Langstreckentauglichkeit und hohen Komfort ausgelegt. Das Getriebe kommuniziert mit einer Hochschaltanzeige im Kombiinstrument und gibt eine Schaltempfehlung in den nächst höheren Gang, um den Kraftstoffverbrauch zu senken. Für die zweite Cayenne-Generation hat Porsche die erste Tiptronic S mit acht Gängen entwickelt. Diese ist mit Ausnahme des Cayenne mit 3,6-Liter-V6-Motor bei allen anderen Modellen serienmäßig an Bord.

Mit der 8-Gang-Tiptronic S bietet Porsche eine Wandlerautomatik an, die sich durch einen hohen Wirkungsgrad und schnelle Schaltvorgänge bei überragendem Schalt- und Fahrkomfort auszeichnet. Das neue Automatikgetriebe entstand auf Basis der bisherigen 6-Gang-Automatik, die um ein zusätzliches Schaltelement für die beiden zusätzlichen Gangstufen erweitert wurde. Trotz der zusätzlichen Gänge ist die Baulänge des Getriebes gleich geblieben. Um die große Übersetzungsspreizung darstellen zu können, wurden der vordere und der hintere Planetenradsatz neu ausgelegt. So kann die um 20 Prozent vergrößerte Getriebespreizung genutzt werden, um die beiden zusätzlichen Fahrstufen als lang übersetzte Overdrive-Gänge auszulegen. Der Motor kann dadurch immer im optimalen Betriebsbereich gehalten werden. In der siebten und

achten Stufe wird die Drehzahl um jeweils 20 Prozent gesenkt, was auf langen Autobahnetappen entscheidend zur Reduzierung des Kraftstoffverbrauchs, des Motorgeräuschs und des Verschleißes beiträgt.
Um ein optimales Startverhalten zu erzielen, erfolgt der Anfahrvorgang immer in der ersten Fahrstufe. Die Höchstgeschwindigkeit wird in der sechsten Stufe erreicht. Höchste Spontaneität und Fahrfreude garantieren die bis zu 0,15 Sekunden schnelleren Gangwechsel, die vom Fahrer kaum noch spürbar sind. Schnelle Gangwechsel fast ohne Zugkraftunterbrechung ermöglichen auch im Automatikbetrieb eine agile Fahrweise. Die schnelleren Schaltzeiten werden durch die neue Auslegung der Schalthydraulik mit direkter Ansteuerung der Ventile sowie einem optimierten Einsatz der Schaltelemente erreicht. Dank intelligenter Schaltprogramme kann der Fahrer über Fahr- und Bremspedal gezielt Einfluß auf das Schaltverhalten der Tiptronic S nehmen. Bei schnellem Drükken des Gaspedals werden die Schaltpunkte, ohne Kick-down, sofort in das Dynamikkennfeld verschoben. Bei rascher Gaswegnahme wird so die Schubhochschaltung unterdrückt. Eine Gangfixierung verhindert das Hochschalten in Kurven. Bei starkem Bremsen schaltet die Tiptronic S gleichzeitig in den niedrigeren Gang, um die Motorbremse zu nutzen. Die Bergerkennung sorgt für mehr Beschleunigungspotential bergauf und ein größeres Motorbremsmoment bergab. Der Fahrer kann weiterhin zwischen einem »Normal«- und einem »Sport«-Modus wählen, entsprechend ist die Schaltstrategie besonders ökonomisch oder betont sportlich ausgelegt. Für den Einsatz im Gelände verfügt die Tiptronic S bei allen Cayenne-Modellen, mit Ausnahme des Cayenne S Hybrid, über eine Offroad-Abstimmung, die über die zentrale Offroad-Schalterwippe auf der Mittelkonsole aktiviert werden kann. Die Tiptronic S wechselt in ein an die Anforderungen im Gelände angepaßtes Schaltprogramm.
Bedient wird die 8-Gang-Tiptronic über den Wählhebel in der Mittelkonsole oder über die beiden Schiebetasten am Lenkrad. Wird eine der beiden Schiebetasten nach vorne gedrückt, schaltet die Tiptronic S hoch, wird eine der Tasten von der Rückseite des Lenkrades zum Fahrer hin gezogen, schaltet die Tiptronic S zurück. Als Sonderwunsch ist ein 3-Speichen-Sportlenkrad mit Schaltpaddles lieferbar. Der gewählte Fahrmodus und der Gang sind in der Digitalanzeige des Drehzahlmessers ablesbar. Für ein sportlich-direktes Fahrgefühl sorgt eine Hochschaltverhinderung, die bis zu einem voll durchgedrückten Gaspedal ein automatisches Hochschalten vor der Erreichung des Drehzahlbegrenzers verhindert. Erst bei Betätigung des Wählhebels, der Schiebetasten am Lenkrad oder durch den Kick-down erfolgt eine Hochschaltung.
Bis auf das Cayenne-Basismodell sind alle Cayenne-Modelle serienmäßig mit der 8-Gang-Tiptronic S und der Auto-Start-Stop-Funktion ausgestattet. Diese stellt beim Fahrzeugstillstand an Ampeln oder im Stau den Verbrennungsmotor ab und verringert damit Kraftstoffverbrauch und Emissionen. Kommt das Fahrzeug durch Bremsen zum Stillstand und wird das Bremspedal gedrückt gehalten, stellt die Auto-Start-Stop-Funktion den Motor ab. Das grüne Auto-Start-Stop-Symbol im Kombiinstrument zeigt dies dem Fahrer an. Der Wählhebel kann in der Position D oder M bleiben. Der Motor bleibt auch bei einem Wechsel nach N oder P ausgeschaltet. Sobald der Fahrer den Bremsdruck reduziert, wird der Motor gestartet und es kann sofort angefahren werden. Der Start des Motors wird allerdings unterbunden, falls die Fahrertür oder die Motorhaube geöffnet ist sowie der Sicherheitsgurt des Fahrers nicht angelegt ist. Bei genau definierten Bedingungen wird der Motor bei einem Stop nicht abgestellt, wie bei aktiviertem Sport-Modus, bei Anhängerbetrieb und beim Einparken oder Rangieren. In diesen Fällen informiert ein gelbes Auto-Start-Stop-Symbol im Kombiinstrument den Fahrer.
Das Getriebe des Cayenne S Hybrid ist in seiner Schaltcharakteristik für die erweiterten Betriebsbedingungen angepaßt. Dies ist nötig, um bei der Bremskraftrückgewinnung durch Anpassung der Schaltdrehzahlen (Rückschaltvorgänge) die Rekuperationsleistung zu erhöhen oder aus dem rein elektrischen Fahrbetrieb einen komfortablen Wiederstart des Verbrennungsmotors zu ermöglichen. Auch während dem Boosten mit zusätzlichem Antriebsmoment der Elektromaschine sorgt die spezielle Abstimmung der 8-Gang-Tiptronic S für die optimale Schaltstrategie. Die beiden Ölpumpen erzeugen einen höheren Volumenstrom, der speziell bei hoher Lastanforderung beim Boosten oder bei der Rekuperation nötig ist, um die hohen Antriebsmomente zu übertragen. Die elektrische Ölpumpe wird bedarfsgesteuert hinzugeschaltet.
Porsche hat für den Cayenne der zweiten Generation den Allradantrieb für weniger Gewicht und noch mehr Agilität auf der Straße weiterentwickelt. Der Einsatz des überarbeiteten Porsche Traction Management (PTM) mit der 8-Gang-Tiptronic S ermöglicht den Verzicht auf das Reduktionsgetriebe, ohne Abstriche bei den im normalen Kundenbetrieb relevanten Offroad-Anforderungen. Am übrigen Antriebsstrang können zahlreiche Maßnahmen zur Gewichtsreduzierung umgesetzt werden. Durch den Einsatz von Leichtbaukardanwellen, leichteren Achsgetrieben an Vorder- und Hinterachse sowie den Verzicht auf das Reduktionsgetriebe werden rund 33 Kilogramm eingespart.
Der Entwicklungsfokus des PTM lag in der Optimierung der Fahrdynamik auf der Straße unter Beibehaltung guter Offroad-Eigenschaften. Das Ergebnis sind zwei eigenständige PTM-Systeme, die auf die spezifischen Eigenschaften der einzelnen Cayenne-Modelle abgestimmt sind. Das PTM für die Modelle Cayenne, Cayenne S und Cayenne turbo verfügt über einen

aktiven Allradantrieb mit elektronisch geregelter, kennfeldgesteuerter Lamellenkupplung. Beim Porsche Traction Management (PTM) mit aktivem Allradantrieb wird die Hinterachse direkt angetrieben. Die elektronisch über einen Elektromotor angesteuerte Lamellenkupplung regelt die Verteilung der Antriebskraft zur Vorderachse völlig variabel und ohne feste Grundverteilung. Erhöht sich der Schlupf an der Hinterachse beim Beschleunigen, so wird über den Eingriff der Lamellenkupplung mehr Antriebskraft nach vorne geleitet. Grundsätzlich ist die Funktionsweise des aktiven Allradantriebs der überarbeiteten Cayenne-Generation mit dem System des Panamera identisch. Für die modellgepflegten Cayenne-Modelle wurde großer Wert auf die komplexe Abstimmung zwischen Straßen- und Offroad-Anforderungen gelegt.
Das Porsche Traction Management verteilt die Antriebskraft bedarfsgerecht von der Hinter- an die Vorderachse und steigert damit die Traktion, die Fahrstabilität in Verbindung mit einem ausgesprochen agilen Handling. Das äußerst kompakte Verteilergetriebe des Allradantriebs ist in einem eigenständigen Gehäuse untergebracht, das direkt an das Getriebe angeflanscht ist. Das PTM beinhaltet das automatische Bremsendifferential (ABD) zur Traktionsverbesserung, eine Antriebsschlupfregelung (ASR) zur Verbesserung der Fahrzeugstabilität sowie eine zuschaltbare Porsche Hill Control (PHC), eine Bergabfahrhilfe zur kontrollierten Abfahrt steiler Hänge.
Im Cayenne Diesel und im Cayenne S Hybrid verfügt das PTM über einen permanenten Allradantrieb mit selbstsperrendem Mittendifferential, welcher in der Regel 60 Prozent der Antriebskraft an die Hinterachse und 40 Prozent an die Vorderachse verteilt. Durch die serienmäßige variable Momentenverteilung an der Hinterachse ist auch beim PTM mit permanentem Allradantrieb eine Porsche-typische Performance und Fahrdynamik vorhanden.
Je nach Modell kann der Fahrer die Geländefähigkeiten in drei Stufen anpassen. Alle Systeme werden mit dem Ziel optimiert, die Traktion beim Offroad-Einsatz zu verbessern. Beim Cayenne S Hybrid dient ein separater Schalter dazu, die Bergabfahrhilfe zu aktivieren, die ab einem Gefälle von zwölf Prozent einsetzt. Cayenne, Cayenne Diesel, Cayenne S und Cayenne turbo bieten noch weitere Funktionen, die über die zentrale Offroad-Schalterwippe in der Mittelkonsole geschaltet werden. Offroad-Modus 1 schaltet zusätzlich zur Bergabfahrhilfe alle relevanten Systeme wie das ABS in ein traktionsorientiertes Geländeprogramm. Bei Cayenne mit Luftfederung und PASM wird das Geländeniveau eingestellt. Über die Schalterwippe der Luftfederung ist auch die Wahl des Sondergeländeniveaus zur Erhöhung des Böschungs- und Rampenwinkels sowie der Wattiefe möglich.
Cayenne, Cayenne S und Cayenne turbo bieten durch das aktive Allradsystem eine weitere Schaltstufe. Wählt der Fahrer den Offroad-Modus 2, wird für eine optimale Traktion im schwierigen Gelände die Längskupplung zu 100 Prozent geschlossen. Die elektronisch gesteuerte Hinterachsquersperre des auf Wunsch lieferbaren Porsche Torque Vectoring Plus (PTV Plus) ist mit der Allradregelung verknüpft. Vollkommen automatisch sorgt sie für die bestmögliche Kraftdosierung bei besonders schlechter Bodenbeschaffenheit im Gelände. Beginnt ein Hinterrad auf losem oder rutschigem Untergrund durchzudrehen, stellt die Quersperre durch sensible Verteilung der Antriebskraft auf das andere Hinterrad die Traktion wieder her. Wenn erforderlich, kann über einen weiteren Druck auf die Offroad-Schalterwippe der Offroad-Modus 3 und damit das Hinterachsdifferential voll gesperrt werden.
Der aktive Allradantrieb der Modelle Cayenne, Cayenne S und Cayenne turbo kann erstmals optional mit dem Porsche Torque Vectoring Plus (PTV Plus) ergänzt werden. PTV Plus steigert die Fahrdynamik und -stabilität. Das System arbeitet mit einer variablen Momentenverteilung an den Hinterrädern und einer elektronisch geregelten Hinterachsquersperre. In Abhängigkeit von Lenkwinkel und -geschwindigkeit, Fahrpedalstellung, Gierrate sowie Fahrzeuggeschwindigkeit verbessert PTV Plus das Lenkverhalten und die Lenkpräzision durch gezielte Bremseingriffe an der Hinterachse. Bei dynamischer Fahrweise wird zusammen mit dem Einlenken das kurveninnere Hinterrad leicht abgebremst, wodurch das kurvenäußere Hinterrad eine höhere Antriebskraft erhält und so einen zusätzlichen Drehimpuls in die eingeschlagene Richtung ermöglicht. Das Ergebnis ist ein direktes dynamisches Einlenken in die Kurve. Zudem verbessert die geregelte Hinterachsquersperre die Traktion der Hinterräder auf unterschiedlich griffigen Straßenoberflächen sowie auf Nässe und Schnee. Im Offroad-Einsatz reduziert das PTV Plus das Durchdrehen der Hinterräder. Bremseingriffe werden gezielt an den Offroad-Einsatz angepaßt.
Die Porsche-Ingenieure können durch zusätzliche Leichtbaumaßnahmen, die Fahrwerkeigenschaften des Cayenne nochmals verbessern. Ganze 66 Kilogramm konnten durch konstruktive Maßnahmen und den erweiterten Einsatz von Aluminium und Kunststoffen eingespart werden. Die Gewichtsreduzierung führt zu einer gesteigerten Fahrdynamik bei geringerem Kraftstoffverbrauch und trägt durch eine Verringerung der ungefederten Massen entscheidend zur Verbesserung der Straßenlage und des Komforts bei. Alle Modelle außer der Cayenne turbo sind serienmäßig mit Stahlfederung ausgerüstet, die erstmals optional mit dem Porsche Active Suspension Management (PASM) kombiniert werden kann. Der Fahrer kann über die PASM-Fahrwerkstasten auf der Mittelkonsole zwischen den drei Programmen »Komfort«, »Normal« und »Sport« wählen.
Der Cayenne turbo verfügt serienmäßig über die weiterentwickelte Luftfederung mit PASM. Beides ist als Sonderausstattung auch für die anderen Modelle lieferbar. Die gewichtsopti-

mierten Luftfederbeine an Vorder- und Hinterachse sind jetzt direkt mit der Karosserie verbunden, was die Verwindungssteifigkeit erhöht und das Fahrverhalten verbessert. Die neue Luftfederung ist als geschlossenes System ausgeführt, welches bei Veränderung der Höhenniveaus die Luft im Hochdruckspeicher des Systems zwischenspeichert und Energie spart, indem ein an die neuen Anforderungen optimierter Kompressor zum Einsatz kommt. Zusätzlich werden die Höhenniveaus bei manueller und automatischer Anwahl schneller umgesetzt. Die neue Softwareabstimmung des Luftfedersystem mit PASM sorgt für eine noch breitere Spreizung der drei Programme »Komfort«, »Normal« und »Sport«.

Cayenne, Cayenne S und Cayenne turbo mit Luftfederung und PASM sind auf Wunsch mit dem aktiven Fahrwerksregelsystem Porsche Dynamic Chassis Control (PDCC) erweiterbar. PDCC ist ein aktives System, welches den Fahrzeugaufbau bei Kurvenfahrt stabilisiert. Es steigert sowohl die Fahrdynamik als auch den Fahrkomfort und sorgt für eine optimale Fahrzeugbalance. Über die hydraulischen Schwenkmotoren der aktiven Stabilisatoren an beiden Achsen werden je nach Lenkeinschlag und Querbeschleunigung Kräfte aufgebaut, die der Seitenneigung des Fahrzeugs in Kurven entgegenwirken. Über den Wippschalter in der Mittelkonsole wird der Offroad-Modus von PDCC aktiviert, bei dem eine noch bessere Traktion auf unebenem Untergrund erreicht wird, indem die beiden Hälften der aktiven Stabilisatoren weitgehend entkoppelt werden. Somit wird eine größere Achsverschränkung erreicht, damit die Räder länger am Boden bleiben und mehr Kraft übertragen können.

Das weiterentwickelte Porsche Stability Management (PSM) ist in jedem Cayenne serienmäßig. Für die neue Generation wurde die Abstimmung des PSM auf den Einsatz des neuen Porsche Traction Management und des optionalen Porsche Torque Vectoring Plus abgestimmt. Die Sensoren des PSM ermitteln permanent Fahrtrichtung, Fahrgeschwindigkeit, Querbeschleunigung und Giergeschwindigkeit. Aus den Werten errechnet das PSM die Bewegungsrichtung des Fahrzeugs. Weicht diese von der gewünschten Richtung ab, leitet das PSM gezielte Bremsvorgänge an einzelnen Rädern zur Stabilisierung des Fahrzeugs ein.

Die überarbeitete Lenkung der zweiten Cayenne-Generation ist noch sportlicher ausgelegt. Vor allem in der Mittellage ist sie noch direkter. Die variable Übersetzung und die Abstimmung der hydraulischen Servounterstützung bieten eine herausragende Agilität. Zusätzlich wurde der Wirkungsgrad verbessert, die vom Verbrennungsmotor angetriebene Servopumpe arbeitet bedarfsgerecht und der notwendige Volumenstrom wird abhängig von der Fahrsituation variabel gesteuert. Die beim Cayenne S Hybrid serienmäßige Servotronic ist eine geschwindigkeitsabhängige Servolenkung, die auf Wunsch auch für die anderen Cayenne-Modelle lieferbar ist. Bei niedriger Geschwindigkeit ist die Servotronic zum komfortablen Rangieren leichtgängig ausgelegt, bei hohen Geschwindigkeiten wird die Lenkung direkter und straffer. Das Lenksystem des Cayenne S Hybrid hat eine elektro-hydraulische Lenkung mit einer elektrisch angetriebenen, bedarfsgeregelten Servopumpe.

Porsche wird den hohen Ansprüchen an die Bremsleistung mehr als gerecht und stattet die Cayenne-Modelle mit einer größeren, optimierten Bremsanlage aus. Optisch werden die Bremsanlagen der einzelnen Cayenne an der Farbe der Bremssätteln unterschieden. Schwarze Bremssättel kennzeichnen Cayenne und Cayenne Diesel, silberfarbene Bremssättel den Cayenne S und Cayenne S Hybrid und rote Bremssättel den Cayenne turbo. Vorne kommen bei Cayenne und Cayenne Diesel 6-Kolben-Aluminium-Monobloc-Festsättel in Verbindung mit innenbelüfteten 350-Millimeter-Bremsscheiben zum Einsatz. Bei Cayenne S und Cayenne S Hybrid haben die Scheiben einen Durchmesser von 360 Millimeter. Der Cayenne turbo verfügt über Verbundbremsscheiben mit separatem Aluminiumtopf und Graugußreibring mit einem Durchmesser von 390 Millimetern, diese tragen zur Reduktion des Gewichts und der ungefederten Massen bei, um die Bodenhaftung und den Abrollkomfort zu verbessern. Hinten werden fast alle Cayenne mit 4-Kolben-Aluminium-Monobloc-Festsätteln und 330-Millimeter-Bremsscheiben verzögert. Einzige Ausnahme ist der Cayenne turbo, der aufgrund der sehr hohen Fahrleistungen an der Hinterachse Bremsscheiben mit einem Durchmesser von 358 Millimetern trägt.

Auch für alle Cayenne-Modelle ist auf Wunsch die besonders leistungsfähige Keramikbremsanlage Porsche Ceramic Composite Brake (PCCB) mit gelben Bremssätteln ab Werk erhältlich. Erstmals ist die PCCB auch für die Modelle Cayenne und Cayenne Diesel im Angebot. Ein wichtiger Vorteil der Keramikbremse liegt im niedrigen Gewicht der Bremsscheiben, denn sie sind ungefähr 50 Prozent leichter als Graugußscheiben gleicher Größe. Das Ansprechverhalten der Bremse erfolgt schneller und mit deutlich reduzierter Pedalkraft.

Die PCCB ist für den Cayenne turbo ab einer Radgröße von 20 Zoll und ab 19 Zoll für die übrigen Cayenne-Modelle erhältlich. Beim Cayenne turbo sind an der Vorderachse 420-Millimeter-Bremsscheiben montiert, an der Hinterachse 370-Millimeter-Scheiben. Bei allen anderen Cayenne-Modellen haben die vorderen Bremsscheiben einen Durchmesser von 390 Millimeter und hinten von 370 Millimetern.

Alle Cayenne-Modelle haben eine elektrisch betätigte Parkbremse, die über eine Taste links neben dem Lenkrad bedient werden kann. Die elektrische Parkbremse kann per Tastendruck manuell aktiviert und bei getretener Fußbremse deaktiviert werden. Sie löst sich automatisch, wenn beim Anfahren das Gaspedal gedrückt wird. Die elektrische Parkbremse bietet mehr Komfort und Sicherheit beim Abstellen des Fahrzeugs.

Die zweite Cayenne-Generation rollt auf neu entwickelten Rädern mit Raddurchmessern von 18- bis 21-Zoll. Bei der Entwicklung der Räder wurde großer Wert auf Leichtbau sowie ein attraktives, eigenständiges Design gelegt. Gleichzeitig wird auch eine neue Generation von Reifen eingeführt, die speziell in den Eigenschaften Fahrperformance, Handling, Rollwiderstand, Reifenverschleiß und Gewicht weiter verbessert worden sind. Dabei wurden die drei grundlegenden Komponenten der Reifen optimiert: Die Gummimischung, die Profilgestaltung und die Architektur der Reifenkarkasse. Lieferbar sind die neuen Pneus als Sommer-, Winter- und All-Season-Reifen. Das Reifendruck-Kontrollsystem (RDK) ist im Cayenne turbo Serie, für die anderen Modelle gegen Aufpreis erhältlich. Bis auf den Cayenne turbo sind alle Cayenne mit 18-Zoll-Aluminium-Leichtbau-Rädern ausgestattet. An der Vorderachse sind jeweils 245/50 ZR 18-Reifen auf acht Zoll breiten Felgen aufgezogen, an der Hinterachse sind 275/45 ZR 18-Reifen auf einer Felgenbreite von neun Zoll montiert. Das 19-Zoll-Serienrad des Cayenne turbo stammt vom Porsche Panamera turbo. Es besticht durch sein filigranes Fünf-Doppelspeichen-Design. Vorne rollt der Cayenne turbo auf neun Zoll breiten Rädern mit Reifen der Dimension 255/45 ZR 19 und hinten auf zehn Zoll breiten Rädern mit einer 285/40 ZR 19-Bereifung. Als Sonderausstattung sind 20- und 21-Zoll-Räder in verschiedenen Designs lieferbar.

Bei der Gestaltung, Funktionalität und Ergonomie des Cayenne-Innenraums orientiert sich Porsche am Panamera. Auffällig ist die nach vorne ansteigende Mittelkonsole mit hochgesetztem Schalt- bzw. Wählhebel, die dem vorderen Interieur einen Cockpitcharakter verleiht. Fahrer- und Beifahrer werden durch die Sitzposition sowie das spannungsbetonte Design von Armaturentafel und Mittelkonsole stärker in das sportliche Cockpit integriert. Ein Cayenne-typisches Designelement sind die neu gestalteten Haltegriffe an der Mittelkonsole, die sich auch an den vier Türen wiederfinden. Auf der Mittelkonsole sind, links und rechts neben dem Schalt- oder Wählhebel, die Tasten nach Funktionen in Gruppen angeordnet, um eine schnelle, intuitive Bedienung zu ermöglichen. Den zentral auf der Mittelkonsole platzierte 7-Zoll-TFT-Touchscreen, der von zusätzlichem Bedienkomfort unterstützt wird, flankieren – analog zum Panamera – hochkant stehende Belüftungsdüsen. Auch die Armaturentafel mit dem Kombiinstrument wurde nach dem ergonomischen Vorbild des Panamera neu gestaltet. Beibehalten wurden selbstverständlich die fünf Rundinstrumente mit dem großen Drehzahlmesser in der Mitte. Das serienmäßige 3-Speichen-Lederlenkrad hat im Vergleich zum Vorgängermodell einen um 20 Millimeter kleineren Durchmesser. Bei allen Lenkradversionen ist der Griffbereich in Glattleder in der jeweiligen Serienfarbe ausgeführt. Auf Wunsch sind ein 3-Speichen-Sportlenkrad mit Schaltpaddels oder ein 3-Speichen-Multifunktionslenkrad erhältlich. Weiterhin ist eine Lenkradheizung als Option lieferbar. Das hochwertige Interieur von Cayenne, Cayenne Diesel, Cayenne S und Cayenne S Hybrid erfüllt höchste Ansprüche. Eine neue Oberflächenstruktur im Bereich von Armaturentafel und Türen wertet den Innenraum spürbar auf. Serienmäßig sind im Cayenne viele Flächen mit geprägtem Leder bezogen. Diese sorgen für eine hochwertige Optik und angenehme Haptik. Umfangreiche Interieuroptionen bieten individuelle Möglichkeiten, den Cayenne ganz nach dem persönlichen Geschmack zu gestalten. Beim Cayenne turbo ist eine Glattlederausstattung Serie, bei allen anderen Cayenne-Modellen ist sie als Sonderwunsch erhältlich.

Bei Wahl der optionalen Bi-Color-Lederausstattung wird der Innenraum mit Leder in zwei Kontrastfarben ausstaffiert. Die farbliche Abtrennung im Innenraum erzeugt eine elegant-sportliche Atmosphäre, die selbst bis in das letzte Detail präzise ausgeführt ist. Eine Besonderheit ist eine Lederausstattung in Naturleder mit denselben Umfängen wie bei der Lederausstattung in Serienfarbe. Im Gegensatz zum Glattleder wird schonend durchgefärbtes Leder verwendet, bei dem aufgrund eines speziellen Gerbverfahrens die ursprüngliche Struktur und die natürlichen Merkmale erhalten bleiben. Dies verleiht dem Innenraum ein Ambiente mit besonderem Charme. Die Naturlederausstattung ist ebenfalls in Bi-Color erhältlich, eine weitere Option ist Raffleder.

Die Sitzanlage im Cayenne bietet fünf Sitzplätze, vorne zwei Einzelsitze und hinten eine dreisitzige Rückbank. Die vorderen sowie die hinteren äußeren Kopfstützen lassen sich individuell justieren. Die serienmäßigen Komfortsitze, vorne mit elektrischer Acht-Wege-Verstellung, bieten Einstellmöglichkeiten von Sitzhöhe und -neigung, Lehnenneigung sowie Längsverstellung und sorgen für einen ausgezeichneten Reisekomfort. Das optionale Fahrermemory-Paket ermöglicht die Speicherung individueller Einstellungen. Darüber hinaus bietet das auf Wunsch lieferbare Komfort-Memory-Paket erstmals eine elektrisch verstellbare Lenksäule, eine Sitzflächenlängenverstellung, eine Vier-Wege-Lordosenstütze für Fahrer und Beifahrer, sowie eine in den Außenspiegelgehäusen integrierte Umfeldbeleuchtung.

Serie beim Cayenne turbo, Option bei den übrigen Cayenne-Modellen, sind die in 18 Positionen verstellbaren adaptiven Sportsitze mit Komfort-Memory-Paket. Sie passen sich durch die verstellbaren Luftkissen in den Seitenwangen genau an die Kontur des Fahrers an. Auch in schnell gefahrenen Kurven bietet der Sportsitz einen optimalen Seitenhalt. Auf Wunsch ist eine Sitzheizung für die Vordersitze erhältlich, die erstmals ohne die separate Lenkradheizung geordert werden kann. Die Sitzheizung heizt die Sitzflächen und Rückenlehnen sowie deren Seitenwangen. Zusätzlich ist eine Sitzheizung für die Fondsitzbank lieferbar. Beim Cayenne turbo gehört beides zur Serie.

Die Sitzheizung ist jeweils individuell dreistufig, für vorne oder hinten getrennt, über die Schalter auf der Mittelkonsole regelbar. Für die Vordersitze ist eine dreistufig einstellbare Sitzbelüftung als Ergänzung zur Sitzheizung lieferbar. Die aktive Ventilation der perforierten Sitz- und Rückenlehnenmittelbahnen erzeugt einen Luftsog, der Transpirationsfeuchte aufnimmt und über spezielle Luftkanäle abtransportiert.
Mehr Sitzkomfort und Beinfreiheit im Fond bietet der um 40 Millimeter verlängerte Radstand. Die Rücksitzlehnen sind im Verhältnis 40:20:40 getrennt klappbar und beinhalten serienmäßig eine Durchladefunktion in Form der separat umklappbaren mittleren Sitzlehne. Die Rücksitzbank ist, manuell um 160 Millimeter verschiebbar, im Verhältnis 40:60 geteilt. Die äußeren Sitzlehnen sind zusammen mit den Kopfstützen getrennt umklappbar. Noch mehr Komfort bietet auch die in drei Positionen einstellbare Lehnenneigung. Aus der Mittelposition heraus lassen sich die Rückenlehnen unabhängig von einander entweder um drei Grad nach vorne oder um drei Grad nach hinten verstellen.
Der Gepäckraum des Cayenne hat ein Volumen von 670 Liter, beim Cayenne S Hybrid 580 Liter. Die komplett oder geteilt umklappbaren Rücksitze vergrößern das Gepäckraumvolumen bei Bedarf auf bis zu 1.780 Liter, beim Cayenne S Hybrid auf 1.690 Liter. Je nach Position der längsverschiebbaren Rücksitzbank beträgt der Abstand von der Heckklappe zur Lehne zwischen 98,7 und 114,7 Zentimeter. Bei umgeklappten Rücksitzen ist der Laderaum des Cayenne von der Heckklappe bis zu den Lehnen der Vordersitzen an der kürzesten Stelle 165,7 Zentimeter lang und an der schmalsten Stelle 116,6 Zentimeter breit. Das auf Wunsch lieferbare Laderaummanagement ermöglicht das individuelle Aufteilen des Gepäckraums und beinhaltet ein integriertes Schienensystem, ein Gepäckraumtrennnetz sowie eine Teleskopstange.
Der Cayenne verfügt zusätzlich über ein hochauflösendes 4,8-Zoll-TFT-Farbdisplay im Kombiinstrument. Dieses ist im zweiten Rundinstrument von rechts integriert. Die Bedienung erfolgt über den rechten Lenkstockhebel oder über die rechte Drehwalze des optionalen Multifunktionslenkrads. Im TFT-Farbdisplay informieren reichhaltige Anzeigen über Fahrzeugeinstellungen, Audio, Telefon, Navigation, Kartendarstellung, Trip, Reifendruckkontrolle und Abstandsregeltempostat.
Das Kombiinstrument des Cayenne S Hybrid unterscheidet sich in einigen Anzeigen, die das eigenständige Fahrzeugkonzept von den anderen Cayenne-Modellen unterstreichen. Der Fahrer kann den innovativen Hybridantrieb über die Instrumentenanzeige ablesen. Im mittleren Instrument wurde der Drehzahlmesser um eine »Ready«-Anzeige ergänzt, die beim Start mit dem Schlüssel neben einem akustischen Signal die Bereitschaft des Hybridantriebs zum rein elektrischen Anfahren anzeigt. Das E-Power-Meter im linken Instrument ist eine analoge Leistungsanzeige. Sie gibt dem Fahrer in Echtzeit Rückmeldung zum Leistungsstatus der Elektromaschine. Der Zeigerausschlag in den »Power«-Bereich indiziert die Leistungsanforderung für den rein elektrischen Fahrzeugvortrieb und während des Boostens, wenn beide Antriebe zusammen arbeiten. Die »Charge«-Anzeige zeigt die Generatorleistung der Elektromaschine bei der Bremsenergierückgewinnung (Rekuperation) an.
Zur Information des Fahrers werden im TFT-Display des Kombiinstruments die hybridspezifischen Fahrzustände und das Zusammenspiel der beiden Antriebsquellen dargestellt. In Echtzeit sieht er hier den Ladestatus der Traktionsbatterie sowie die Energieflüsse, die via Pfeilsymbol die entsprechende Fließrichtung anzeigen. Der Ladestatus der Traktionsbatterie wird ebenfalls aufgezeigt. Alle hybridspezifischen Fahrzustände können in Echtzeit im optionalen PCM in einer detaillierten Fahrzeuggraphik per Abbildung des Antriebsstrangs verfolgt werden. Die Grafik informiert über den aktuellen Betriebszustand des Hybridantriebs, indem entsprechende Energieflüsse zwischen den Komponenten des Hybridantriebs sowie über den Ladezustand der Traktionsbatterie dargestellt werden. Für eine kraftstoffsparende Fahrweise erhält der Fahrer Rückmeldung zur Fahrsituation und seinem Fahrverhalten. Im PCM kann eine weitere Bildschirmanzeige abgerufen werden, um die statistische Auswertung des Fahrbetriebs darzustellen. Ein Balkendiagramm zeigt den Hybrid-E-Betrieb als prozentualen Fahrzeitanteil der Gesamtfahrzeit an. Folgende Betriebszustände werden statistisch erfaßt und im Gesamtwert-Hybrid-E-Betrieb berücksichtigt: Auto-Start-Stop, Rekuperation, Segeln und rein elektrischer Betrieb.
Alle Cayenne-Modelle sind serienmäßig mit einer Zweizonen-Klimaautomatik ausgestattet. Erstmals werden beim Cayenne neben der Temperatur und der Luftverteilung auch die Luftmenge für Fahrer und Beifahrer getrennt vollautomatisch geregelt. Sämtliche Funktionen können auch manuell über die zentral angeordnete Bedieneinheit in der Mittelkonsole eingestellt werden. Die Kühlleistung im Cayenne konnte durch einen vergrößerten Kondensator sowie durch den Einsatz eines zusätzlichen integrierten Wärmetauschers im Kältekreislauf deutlich gesteigert werden. Bei heißem Sommerwetter kann so eine noch schnellere Abkühlung erreicht werden. Der im Kältekreislauf integrierte Wärmetauscher reduziert gleichzeitig den Kraftstoffverbrauch. Als Sonderwunsch ist für alle Cayenne-Modelle, mit Ausnahme des Cayenne S Hybrid, anstelle der serienmäßigen Zweizonen-Klimaautomatik eine Vierzonen-Klimaautomatik lieferbar, welche die getrennte individuelle Klimatisierung des Fonds ermöglicht. Die Fondklimatisierung wird durch ein separates hinteres Klimagerät mit Verdampfer und Wärmetauscher realisiert, die unabhängig von der vorderen Klimaautomatik funktioniert und über ein eigenes Bedienfeld in der Mittelkonsole hinten regelbar ist.

Bereits serienmäßig sind alle Cayenne mit dem Tempostat, einer automatischen Geschwindigkeitsregelung, ausgestattet. Dieser erhöht auf langen Strecken den Fahrkomfort, da die gewählte Reisegeschwindigkeit in einem einstellbaren Geschwindigkeitsbereich von 30 bis 210 Kilometer pro Stunde automatisch gehalten wird. In Verbindung mit der Tiptronic S ist optional ein Abstandsregeltempostat erhältlich, der mittels Radarsensorik die Distanz zum vorausfahrenden Fahrzeug überwacht. Das System hält den Abstand automatisch und bremst gegebenenfalls ab, wenn nötig bis zum Stillstand. Zur Komforterhöhung geht das System vor dem Anhalten in eine Kriechphase über, damit bei nur kurzem Stop des vorausfahrenden Fahrzeuges ein Anhalten des eigenen Fahrzeugs vermieden wird und ein flüssiges, langsames Fahren ermöglicht wird.
Der Abstandsregeltempostat beinhaltet auch Sonderfunktionen wie Überholhilfe, Kurvengeschwindigkeitskontrolle sowie Abstandswarnung. Setzt der Fahrer den Blinker, wird die Abstandsregelung unterbrochen und der Tempostat nimmt die vom Fahrer ursprünglich eingestellte Geschwindigkeit auf. Die Kurvengeschwindigkeitskontrolle setzt beim Durchfahren von Kurven ab einer bestimmten Querbeschleunigung ein. Dadurch wird beim Durchfahren eines Kreisverkehrs eine Abstandsregeltempostat-Beschleunigung verringert oder unterbrochen. Nach Verlassen der Kurve versucht das System erneut die gewählte Geschwindigkeit wiederherzustellen. Die Funktionen des Abstandsregeltempostaten können im Farbdisplay des Kombiinstruments mit Informationen zu Soll- und Ist-Abstand, eingestellter Geschwindigkeit oder Geschwindigkeit des vorausfahrenden Fahrzeugs angezeigt werden. Nimmt der Abstand zum vorausfahrenden Fahrzeug ab, so erhöht das System die Bremsbereitschaft durch Vorbefüllen der Bremsanlage, um bei Bedarf den Bremsweg zu verkürzen. Darüber hinaus warnt das System den Fahrer in Gefahrensituationen bei zu schnellem Annähern an ein vorausfahrendes Fahrzeug akustisch und optisch sowie zusätzlich erstmalig mit einem Bremsruck. Die Abstandswarnung unterstützt den Fahrer selbst im deaktivierten Zustand des Abstandsregeltempostaten.
Als Sonderwunsch ist ein Spurwechselassistent (SWA) erhältlich. Dieser überwacht mit zwei Radarsensoren im hinteren Stoßfänger die Fahrspuren rechts und links bis 70 Meter hinter dem Fahrzeug inklusive des jeweiligen toten Winkels. Nicht nur auf der Autobahn erhöht der Spurwechselassistent so die Sicherheit. Der Spurwechselassistent steht für einen Geschwindigkeitsbereich von 30 km/h bis 250 km/h zur Verfügung. Befindet sich ein anderes Fahrzeug im toten Winkel oder nähert es sich schnell von hinten, wird der Fahrer über vier LED auf der Innenseite des entsprechenden Außenspiegels darauf hingewiesen. Diese Information erfolgt in zwei Stufen: Solange der Fahrer nicht blinkt, signalisieren die LEDs lediglich unauffällig und unterschwellig erkannte Fahrzeuge ab einer Entfernung von 55 Metern auf den Nebenspuren. Setzt der Fahrer in dieser Situation den Blinker, um einen Spurwechsel zu signalisieren, informieren ihn die LEDs durch intensives Blinken über das näherkommende Fahrzeug. Der Cayenne turbo ist serienmäßig mit einem Parkassistenten mit optischem und akustischem Signal ausgestattet, für die anderen Cayenne-Modelle ist dieses System als Sonderausstattung erhältlich. Eine Rückfahrkamera kann optional zum Ausbau des Einparksystems bestellt werden.
Für den Cayenne stehen die aus dem Panamera bekannten Audio- und Kommunikationssysteme zur Verfügung. Der 7-Zoll-Farbbildschirm des Audiosystems CDR-31 ist bei den Modellen Cayenne, Cayenne Diesel, Cayenne S und Cayenne S Hybrid Serie. Das beim Cayenne turbo zum Lieferumfang gehörende Porsche Communication Management (PCM) ist für eine bessere Bedienbarkeit des Touchscreens höher in der Armaturentafel positioniert. Als Individualisierungsmöglichkeiten im Bereich Audio und Kommunikation sind das BOSE®-Surround Sound System sowie das High-End Surround Sound-System der Berliner Firma Burmester® erhältlich. An die universelle Audio-Schnittstelle können nun diverse iPod®- und iPhone®-Modelle über den USB-Anschluß mit dem Audiosystem verbunden werden. Das Telefonmodul ist mit einer größeren Anzahl von Mobiltelefonen kompatibel.
Das im Cayenne turbo serienmäßig installierte und für die anderen Cayenne-Modelle optionale BOSE®-Surround Sound-System beinhaltet 14 Lautsprecher, einen 200-Watt-Aktivsubwoofer mit Class-D-Endstufe und einem Membrandurchmesser von 200 Millimetern sowie neun Verstärker-Kanäle, die für ein beeindruckendes Klangerlebnis sorgen. Insgesamt steht eine Musikleistung von 585 Watt zur Verfügung.
Das aus dem Panamera bekannte Burmester®-High-End Surround Sound-System gehört zum Besten was in Fahrzeugen eingebaut werden kann. Es wurde speziell auf den Cayenne abgestimmt. Es bietet eine überlegene Gesamtleistung und Klangqualität. Die Leistungsdaten belegen dies eindrucksvoll: 16 einzeln ansteuerbare Lautsprecher inklusive einem 300-Watt-Aktivsubwoofer mit Class-D-Endstufe und 250 Millimeter Membrandurchmesser, 16 Verstärker-Kanäle sowie eine Gesamtleistung von mehr als 1.000 Watt. Hinzu kommen aufwendige Komponenten aus dem High-End-Bereich wie spezielle Bändchen-Hochtöner (Air Motion Transformer, AMT) und eine akustisch wirksame Gesamtmembranfläche von mehr als 2.400 cm². Diese erhalten selbst bei sehr hohen Pegeln die Präzision der Wiedergabe.
Die Beschleunigungswerte und die Höchstgeschwindigkeiten der einzelnen Panamera-Modelle:

- Cayenne, Schaltgetriebe: Beschleunigung 0–100 km/h in 7,5 Sekunden, Höchstgeschwindigkeit 230 km/h.
- Cayenne, Tiptronic S: Beschleunigung 0–100 km/h in 7,8 Sekunden, Höchstgeschwindigkeit 230 km/h.

Cayenne S Hybrid

- Cayenne Diesel: Beschleunigung 0–100 km/h in 7,8 Sekunden, Höchstgeschwindigkeit 218 km/h.
- Cayenne S: Beschleunigung 0–100 km/h in 5,9 Sekunden, Höchstgeschwindigkeit 258 km/h.
- Cayenne S Hybrid: Beschleunigung 0–100 km/h in 6,5 Sekunden, Höchstgeschwindigkeit 242 km/h.
- Cayenne Turbo: Beschleunigung 0–100 km/h in 4,7 Sekunden, Höchstgeschwindigkeit 278 km/h.

Modelljahr 2012 (C-Programm)

Ab dem Sommer 2011 bietet Porsche Exclusive für den Cayenne turbo eine Leistungssteigerung mit 40 PS (29 kW) an. Das V8-Triebwerk setzt eine Leistung von 540 PS (397 kW) bei 6.000 Umdrehungen pro Minute frei. Gleichzeitig steigt das maximale Drehmoment auf 750 Newtonmeter, welches in einem Drehzahlbereich zwischen 2.250 und 4.500 Touren abgegeben wird. Der Leistungszuwachs wird über einen Abgasturbolader, bei dem das Turbinen- und das Verdichterrad aus besonders leichtem Titan-Aluminium gefertigt sind, und einer angepaßten Motorsteuerung erreicht. Durch die erleichterten Laufräder spricht der Turbolader spontaner an und dreht auch schneller hoch.

Auch ein neues Motorraumstyling mit einer Drosselklappenabdeckung mit einer Plakette in Carbon, titanfarbener Sauganlage mit Einlegern in Carbon und silberfarbenem »turbo«-Schriftzug weist auf die Werksleistungssteigerung hin. Die Kühlung der Bremsen ist nochmals verbessert und die optionale Porsche Ceramic Composite Brake (PCCB) verzögert jetzt an der Vorderachse mit auf 420 Millimeter Durchmesser vergrößerten Bremsscheiben. Für diese Fahrzeuge steht ein 20-Zoll-Faltnotrad zur Wahl. Auch die Fahrleistungen verbessern sich um 0,1 Sekunden auf nun 4,6 Sekunden für den Spurt von 0 auf 100 Stundenkilometer und die Höchstgeschwindigkeit erhöht sich um 3 Kilometer pro Stunde auf 281 km/h.

Der Cayenne Diesel erhält einen überarbeiteten, um fünf PS stärkeren V6-Dieselmotor, der 245 PS (180 kW) zwischen 3.800 und 4.400 Umdrehungen pro Minute leistet. Das maximale Drehmoment von 550 Newtonmeter hat sich im Höchstwert nicht verändert, es steht allerdings in einem weitaus größeren Drehzahlbereich von 1.750 bis 2.750 Umdrehungen pro Minute zur Verfügung. Porsche erreicht die Verbesserungen durch den Einsatz neuer Materialien zur Gewichtsreduzierung über verringerte Reibungswiderstände, einem erweiterten Thermomanagement, der Überarbeitung des Einspritzsystems und einem neukonstruierten Turbolader. Eine neue, leichtere Kurbelwelle mit weniger Gegengewichten und Hohlbohrungen verleiht dem Motor eine höhere Drehfreude als bisher. Der Druck der Direkteinspritzung wird um 200 bar auf 2.000 bar erhöht, um die Qualität der Gemischbildung zu verbessern.

Der VTG-Abgasturbolader ist eine Neukonstruktion mit optimierten Lagern und einem neuen Verdichterrad. Der neue Turbolader macht sich durch ein verbessertes Ansprechverhalten und einen höheren Wirkungsgrad bemerkbar. Durch diese Maßnahmen sinkt das Motorgewicht um 20 Kilogramm und somit auch das Leergewicht des Cayenne Diesel auf 2080 Kilogramm. Gleichzeitig wird der Cayenne Diesel etwas agiler im Handling, da weniger Gewicht auf der Vorderachse lastet. Der Verbrauch sinkt um 0,2 Liter auf 7,2 Liter Diesel auf 100 km, gleichzeitig sinken die CO_2-Emissionen um sechs Gramm auf 189 g/km. Der Leistungszuwachs macht sich selbstverständlich auch bei den Fahrleistungen bemerkbar. Die Beschleunigungszeit von 0 auf 100 km/h verkürzt sich um 0,2 Sekunden auf 7,6 Sekunden, die Höchstgeschwindigkeit steigt gleichzeitig um zwei Stundenkilometer auf 220 Kilometer pro Stunde.

Porsche Exclusive bietet für das Exterieur des Cayenne Bi-Xenon-Hauptscheinwerfer in Schwarz inklusive Porsche Dynamic Light System (PDLS) sowie abgedunkelte LED-Rückleuchten und Sportendrohre in Vier-Rohr-Optik an. Für das Interieur des Cayenne hat Porsche Exclusive ebenfalls zahlreiche neue Möglichkeiten zur optischen Individualisierung im Programm, wie neue Leder- und Ziernahtpakete und das hochwertige Edelholz Yachting Mahagoni. Neue Türeinstiegsblenden aus Edelstahl sowie Carbon oder der aus vollem Aluminium gefräste Tiptronic S-Wählhebel runden das Angebot ab.

Am 20. Januar 2012 läuft im Porsche Werk Leipzig der 100.000ste Cayenne der zweiten Generation von Band.

Cayenne Diesel

Cockpit des Cayenne Diesel

MODELLJAHR 2013 (D-PROGRAMM)

Zur Reduzierung der inneren Reibung im Motor erhalten die Cayenne S und Cayenne turbo V8-Triebwerke neue Alusil-Laufflächen mit Spiralstrukturhonung. Durch diese Maßnahmen werden die Verbrauchwerte und damit auch die CO_2-Emissionen positiv beeinflußt.

Auf der Messe Auto China in Peking vom 27. April bis 2. Mai 2012 feiert der Porsche Cayenne GTS seine Weltpremiere. In Europa wird der besonders sportliche SUV erstmals auf der Automobil International (AMI) in Leipzig am 1. Juni 2012 präsentiert. Mit dem Cayenne GTS bietet Porsche, wie schon bei der ersten SUV-Generation, ein besonders fahrdynamisches Modell an, welches hohen Fahrspaß bietet. Der Cayenne GTS verbindet mehr Motorleistung, dynamischere Kraftentfaltung und ein strafferes Fahrwerk sowie tiefer gelegter Karosserie mit dennoch hohem Komfort. Als konsequente Weiterführung des GTS-Konzeptes positioniert sich der Cayenne GTS nicht nur zwischen dem Cayenne S und dem Cayenne turbo, sondern stellt auch ein auf Emotionalität und Sportlichkeit ausgelegtes Modell mit eigenständigem Charakter dar. Die sportliche Auslegung machte bereits das Vorgängermodell zum Erfolgsgaranten. Von der Analogie des Porsche 911 abgeleitet, könnte man sagen, der Cayenne GTS ist der »Turbo-Look« der Baureihe.

Der sportliche Charakter des Cayenne GTS wird nicht nur von seinen Fahrleistungen, sondern auch durch sein Exterieur mit dem serienmäßigen SportDesign-Paket geprägt. Erkennungsmerkmal der Cayenne-GTS-Front ist das Bugteil mit den größeren Kühlluftöffnungen des Cayenne turbo und den schwarzen Grillgittern mit zusätzlichen senkrechten Streben sowie dem eigenständigen Bugunterteil mit zusätzlichen Lufteinlässen in der Mitte. Das Porsche Dynamic Light System (PDLS) gehört beim Cayenne GTS zur Serienausstattung.

PDLS ist die Weiterentwicklung des Bi-Xenonlicht-Systems mit integriertem dynamischem und statischem Kurvenlicht, geschwindigkeitsabhängiger Fahrlichtsteuerung in Form von Landstraßenlicht und Autobahnlicht, sowie Schlechtwetterlicht. Die Leuchtengraphik ist mit dem Cayenne turbo identisch. In den Hauptscheinwerfern, mit schwarz ausgeführten Innen-

Sound-Symposer-System des Cayenne GTS

blenden, sind vier LED-Spots für das Tagfahrlicht integriert. Die Bugleuchten sind in den äußeren Lufteinlässen montiert. Im Bugteil außen sind runde Nebelscheinwerfer in je einer schwarzen Blende eingelassen.

Dynamische Schwellerverkleidungen und eigenständige Radhausverbreiterungen in Wagenfarbe bestimmen die Seitenansicht. Die Scheibenrahmen sind mit schwarzem Hochglanzlack überzogen. Blickfang am Heck ist der markante Dachspoiler mit Doppelflügelprofil, der den Abtrieb an der Hinterachse zusätzlich verstärkt. Alle aerodynamischen Komponenten sind im Porsche Windkanal auf hohe Effizienz abgestimmt. Die hochglänzend schwarze Zierleiste auf der Heckklappe, die abgedunkelten LED-Rückleuchten und die beiden mattschwarzen Doppelendrohre runden das Sportprogramm am Heck ab.

Das Triebwerk des Cayenne GTS ist der leistungsstärkste Saugmotor der Cayenne-Baureihe. Es steht für reine Emotion und Sportlichkeit. Mehr Leistung und Drehmoment sowie eine größere Drehfreude waren das Entwicklungsziel bei der Überarbeitung des 4,8-Liter-V8-Motors. Das Ergebnis der Leistungssteigerung um 20 PS (15 kW) sind, im Vergleich zum Cayenne-S-Triebwerk, 420 PS (309 kW) bei 6.500 Umdrehungen pro Minute. Damit verbunden ist ein Drehmomentplus von 15 Nm. Das maximale Drehmoment von 515 Newtonmetern gibt die Kurbelwelle bei 3.500 Umdrehungen pro Minute ab.

Um dem V8 die Gaswechsel zu erleichtern, erhöhten die Ingenieure den Hub der Nockenwelle für die Einlaßventile um einen auf elf Millimeter. Die neugestaltete Nockenwelle hat höhere und steilere Nockenprofile, passend dazu sind die verstärkten Ventilfedern. Darüber hinaus sind die Steuerzeiten und die gesamte Motorsteuerung neu berechnet. Die Kurbelwelle dreht sich um jeweils fünf Grad weiter, bevor sich Ein- und Auslaßventile öffnen und schließen.

Der Achtzylinder im GTS hängt nochmals deutlich direkter am Gas und gibt dem Fahrer auch akustisch eine noch intensivere Rückmeldung. Die leistungsorientierte Steuerung des GTS-Triebwerks macht sich, sobald der Fahrer das Aggregat behutsam warmgefahren hat, durch ein schnelles Hochdrehen bemerkbar. Beim Fahren sorgt es mit einem noch schnelleren

Aufbau des Drehmoments für ein spürbar agileres Ansprechverhalten. Die geänderte Motorsteuerung führt darüber hinaus eine kurzzeitige, partielle Zylinderabschaltung bei Schaltvorgängen durch, wodurch die Motordrehzahl noch schneller an die Getriebedrehzahl angepaßt wird und sich dadurch die Schaltzeiten nochmals verkürzen. Besonders im Sport-Modus, der über die Sport-Taste in der Mittelkonsole aktiviert werden kann, schöpft die Motorsteuerung das gesamte Leistungspotential des V8-Saugmotors aus. Der Cayenne GTS quittiert dies mit einem höchst sportlichen Motorklang: So reagiert der V8-Motor beim Gaswegnehmen mit einem tieffrequenten Brabbeln und mit so genanntem Backfire beim Herunterschalten.

Das akustische Erlebnis einen Cayenne GTS zu fahren wird durch das speziell komponierte Ansaug- und Abgasmündungsgeräusch noch intensiver. Als erster Cayenne erhält er ein zweiflutiges Sound-Symposer-System, welches die Insassen unmißverständlich über die Atemfrequenz des V8-Motors auf dem Laufenden hält. Das neue System besteht aus zwei Akustikkanälen, die in die A-Säulen münden. Diese beiden Kanäle werden durch Drücken der Sport-Taste geöffnet und leiten den Klang der Ansaugimpulse in die Hohlräume der Karosserie weiter. Wie die Mehrleistung klingen kann, zeigt die serienmäßige Sportabgasanlage. Durch die Sport-Taste kann der Gasdurchsatz noch verbessert werden. Die Sportabgasanlage besteht wie die Serienabgasanlage aus zwei Vor- und zwei Hauptkatalysatoren, einem Mittelschalldämpfer und einem Endschalldämpfer. Das Ergebnis ist ein kerniges und voluminöses Klangbild. Zwischen den Endschalldämpfern und den Endrohrblenden sind jeweils zwei Abgasklappen angeordnet, die per Sport-Taste aktiviert werden. Die Steuerung der Klappen erfolgt unter Berücksichtigung von Last, Drehzahl, Geschwindigkeit und Gangstufe. Geöffnete Klappen verbessern die Motorleistung durch einen verbesserten Gasdurchsatz. Die Sportabgasanlage macht dies durch einen kraftvolleren, sportlicheren Klang hörbar.

Serienmäßig ist der Cayenne GTS mit der 8-Gang-Tiptronic S ausgerüstet. Die Übersetzungen der einzelnen Gangstufen der Automatik sind unverändert, die Schaltvorgänge indes laufen kürzer und sportlicher ab. Durch kürzere Übersetzungen der Vorder- und Hinterachse kann der V8-Motor seine ausgeprägte Drehfreude noch besser in Beschleunigung umsetzen. Neben einer ausgeprägten Startüberhöhung verfügt der GTS auch über eine Momentenüberhöhung. Diese sorgt für eine erhöhte Leistung und ebenso für einen kernigeren Klang. Beim Schalten in die nächsthöhere Gangstufe wird das Moment des hochdrehenden Motors durch besonders schnelles Schließen der Drehmomentwandler-Überbrückungskupplung in bessere Beschleunigungswerte umgesetzt. Die knackigen Schaltungen fühlen sich nicht nur sportlicher an, auch die Leistung ist dabei noch höher. Im Sportmodus wird die Momentenüberhöhungsfunktion aktiviert. Die serienmäßige Auto-Start-Stop-Funktion demonstriert, daß selbst bei einem so sportlichen Fahrzeug wie dem Cayenne GTS auch die Effizienz im Vordergrund steht. Trotz Mehrleistung und sportlicherer Auslegung liegt der Cayenne GTS im Verbrauch nur 0,2 Liter über dem Cayenne S.

Der Cayenne GTS bringt seine Antriebskraft über das Porsche Traction Management (PTM) sicher auf die Straße. Auf Wunsch können die fahrdynamischen Eigenschaften mit dem optionalen Porsche Torque Vectoring Plus (PTV Plus) noch weiter optimiert werden.

Die überragende Fahrdynamik des Cayenne GTS ist zu einem Großteil das Ergebnis des komplett neu abgestimmten Fahrwerks. Mit serienmäßiger Stahlfederung liegt die Karosserie des Cayenne GTS um 24 Millimeter tiefer als der Cayenne S, mit der optionalen Luftfederung um 20 Millimeter. Durch die Tieferlegung hat der Cayenne GTS einen niedrigeren Schwerpunkt, was sich in der Agilität in Kurven besonders bemerkbar macht. Sowohl mit der Stahlfederung als auch mit der optionalen Luftfederung verfügt der Cayenne GTS über das Porsche Active Suspension Management (PASM). PASM ist die elektronische Verstellung des Stoßdämpfersystems. Es regelt abhängig von Fahrbahnzustand und Fahrweise aktiv und kontinuierlich die Dämpferkraft. Durch eine überarbeitete Regelstrategie des PASM sowie die Modifikationen an den Fahrwerkslagern bietet der Cayenne GTS eine bisher nicht da gewesene Spreizung zwischen Sportlichkeit und Komfort. Der Fahrer kann zwischen beidem per Knopfdruck wählen.

Die auf Wunsch lieferbare Luftfederung bietet darüber hinaus fünf verschiedene Höhenniveaus, die ganz auf die Leistung des Cayenne GTS zugeschnitten sind und sich deutlich von denen des luftgefederten Cayenne S unterscheiden. Die Fahrdynamik des Cayenne GTS läßt sich durch die Luftfederung mit Porsche Active Suspension Management (PASM) und die für diese werkvariante optionale Wankstabilisierung Porsche Dynamic Chassis Control (PDCC) noch weiter steigern. Die kontinuierliche Wankregelung begrenzt die Seitenneigung des Cayenne GTS in Kurven und gleicht sie in beinahe allen Fahrsituationen nahezu vollständig aus.

Die Bremsanlage des Cayenne GTS stammt aus dem Cayenne S. Sie ist auch den harten Anforderungen des sportlichen Fahrens souverän gewachsen. Vorne kommen 6-Kolben-Aluminium-Monobloc-Festsättel und Bremsscheiben mit einem Durchmesser von 360 Millimeter zum Einsatz. Hinten verzögern 4-Kolben-Aluminium-Monobloc-Festsättel mit 330 Millimeter großen Scheiben. Die Bremssättel des Cayenne GTS sind rot lackiert, wodurch sie sich von den silbernen Sätteln des Cayenne S absetzen. Auf Wunsch ist die besonders leistungsfähige Keramikbremsanlage Porsche Ceramic Composite Brake (PCCB) mit gelben Bremssätteln ab Werk erhältlich. Beim Cayenne GTS

sind die gleichen Scheiben wie beim Cayenne turbo montiert, an der Vorderachse 410-Millimeter-Bremsscheiben, an der Hinterachse 370-Millimeter-Scheiben.
Die serienmäßigen 20-Zoll-Räder im RS-Spyder-Design leisten mit ihrer verringerten Einpreßtiefe einen weiteren Beitrag zum sportlichen Fahrverhalten des Cayenne GTS, die Räder schließen außen bündig an den verbreiterten Radhäusern ab. Dadurch verbreitert sich die Spurweite des Cayenne GTS an der Hinterachse, im Vergleich zum Cayenne S, um 17 Millimeter.
Mit dem Cayenne GTS führt Porsche das optionale Sport Chrono Paket in die SUV-Modellreihe ein. Es beinhaltet eine Stopuhr auf der Armaturentafel und die Performanceanzeige im Porsche Communication Management (PCM). Mit der Stopuhr oder dem Beschleunigungssensor lassen sich die gesteigerten Leistungswerte in Form von Rundenzeiten oder den Quer- und Längsbeschleunigungen festhalten. Eine grafische Darstellung zum Auswerten der Zeiten ist über das PCM möglich.
Die perfekte Synthese aus Exklusivität und Sportlichkeit drückt sich auch im Interieur des Cayenne GTS aus. Serienmäßig ist eine Lederausstattung mit zahlreichen Alcantara-Applikationen. So sind die Sitzmittelbahnen, die Türtafeln, die Armauflagen der Türverkleidungen, die Armauflage der Mittelkonsole und der Dachhimmel sowie -säulen mit Alcantara bezogen. Fahrer und Beifahrer sitzen auf exklusiven, achtfach elektrisch verstellbaren GTS-Sportsitzen. Die Fondsitze mit Einzelsitzcharakter bieten den Passagieren hervorragenden Seitenhalt.
Für manuelle Schalteingriffe stehen die Schaltpaddles des serienmäßigen SportDesign-Lenkrads zur Verfügung. Es fügt sich passend in das sportive Cockpit ein. Auf Wunsch ist das SportDesign-Lenkrad auch mit einem Alcantara-Lenkradkranz erhältlich. Mit den optionalen Interieurpaketen, die ausschließlich für den GTS erhältlich sind, kann der SUV noch individueller und exklusiver ausgestattet werden. Diese beinhalten Kontrastnähte auf der Schalttafel, den Sitzen, den Türelementen sowie der Armauflage der Mittelkonsole in Peridot oder Karminrot. Auch die gestickten »GTS«-Logos auf den Kopfstützen, die Sicherheitsgurte und die Nähte der Fußmatten sind in der entsprechenden Farbe gehalten und komplettieren die »GTS-Linie« im Interieur.
Zur weiteren Individualisierung stehen die vielfältigen Sonderausstattungen des Cayenne-Programms zur Wahl. Das Angebot reicht von der Sitzheizung und -belüftung über die Vierzonen-Klimaautomatik zur individuellen Klimatisierung des Fonds, bis hin zu intelligenten Assistenzsystemen. Als Option ist der Spurwechselassistent (SWA) erhältlich. Für den Cayenne GTS steht die gleiche Auswahl der aktuellen Generation an Audio- und Kommunikationssystemen zur Verfügung wie für die anderen Cayenne-Modelle. Anspruchsvolle Musikliebhaber können zwischen dem BOSE®-Surround Sound System sowie das High-End Surround Sound-System der Berliner Firma Burmester® wählen. Durch Sonder- und Exclusive-Ausstattungen kann der Cayenne GTS ganz auf den individuellen Geschmack abgestimmt werden.
Der sportliche Cayenne GTS erledigt den klassischen Spurt aus dem Stand auf 100 km/h in 5,7 Sekunden. Die Höchstgeschwindigkeit pendelt sich bei 261 Kilometer pro Stunde ein.
Im September 2012 kündigt Porsche den Ausbau des Cayenne-Diesel-Programms an. Porsche stellt dem Cayenne Diesel mit Sechszylinder-Motor den Cayenne S Diesel mit einem 4,2-Liter-V8 zur Seite. Die Leistung 382 PS (281 kW) und das maximale Drehmoment von 850 Newtonmetern werden über ein 8-Stufen-Automatikgetriebe und den intelligenten Allradantrieb, das Porsche Traction Management (PTM), an alle vier Räder verteilt. In den Parametern Leistung, Drehmoment und Effizienz setzt sich der Panamera S Diesel an die Spitze des Marktsegments. Als weltweit einziger SUV mit V8-Diesel bietet er eine automatische Start-Stop-Funktion. Der Cayenne Diesel mit V6-Motor setzt auf beste Effizienz bei möglichst sportlichen Fahrleistungen – der Cayenne S Diesel auf maximale Sportlichkeit bei hoher Effizienz.
In Laufruhe und Sound erreicht der Achtzylinderselbstzünder annähernd das hohe Niveau der V8-Benzin-Motoren. Kraft und Wirtschaftlichkeit machen den Cayenne S Diesel zum idealen und komfortablen Reisefahrzeug für Langstrecken. Mit einer Füllung des optionalen 100-Liter-Tanks beträgt die Reichweite bei NEFZ-Verbrauch rund 1.200 Kilometer. Mit seinem drehmomentstarken V8-Diesel-Motor und einer maximalen gebremsten Zuglast von 3,5 Tonnen ist der Cayenne S Diesel als Zugfahrzeug für Boots- oder Pferdetrailer prädestiniert, auch auf unwegsamem Terrain. Die Markteinführung des Cayenne S Diesel erfolgt im Januar 2013.
Die Karosserie des Cayenne S Diesel ist mit sämtlichen Merkmalen von den Achtzylindermodellen übernommen. Im Bugteil betonen die schwarzen Lamellen die offenen Lufteintrittsöffnungen. Selbst die silberfarbenen Bremssättel und die 18 Zoll großen Cayenne-S-III-Räder kommen zum Einsatz. An beiden vorderen Kotflügeln weisen »diesel«-Schriftzüge auf das Verbrennungsverfahren des Kraftstoffs hin. Auf der Heckklappe ist ein »Cayenne S«-Schriftzug angebracht. Unter dem Heckstoßfänger münden links und rechts je ein silbermattiertes Einzelendrohr ins Freie.
Mit dem neuen V8-Motor krönt Porsche nicht nur sein Diesel-Angebot, sondern übernimmt auch gleichzeitig die Spitzenposition im Marktsegment. Die Basis für den 4,2-Liter-Dieselmotor liefert Audi. Porsche hat den Motor in vielen Punkten auf die eigenen Ansprüche optimiert und verfeinert. Das Ergebnis ist eine Leistung von 382 PS (281 kW) bei 3.750 Umdrehungen pro Minute. Das gewaltige Drehmoment von 850 Newtonmetern gibt das Triebwerk zwischen 2.000 und 2.750 Umdrehungen pro Minute ab und schiebt den Cayenne S Die-

sel vom Start weg mit Nachdruck an. Damit ist der V8-Diesel das bisher drehmomentstärkste Serienaggregat, das Porsche in einem Fahrzeug bislang auf den Markt gebracht hat. Durch Maßnahmen zur Energieeinsparung wie der automatischen Start-Stop-Funktion, der Bordnetzrekuperation und dem Thermomanagement beschränkt sich der kombinierte Verbrauch im NEFZ auf nur 8,3 l/100 km.

Der erste Diesel-Achtzylinder in einem Porsche ist ein Vorzeigestück in Sachen Laufruhe und Klang. Ein völlig neu entwickelter Algorithmus steuert Rail-Druck, Einspritzmengen und -zeiten so, daß die dieseltypischen Verbrennungsmerkmale vollständig verschwunden sind. Der V8 dreht harmonisch vibrationsarm hoch, ohne störende dieseltypische Geräusche. Im Gegenteil, der V8 klingt im Bass genau so druckvoll und tieffrequent wie die Porsche-V8-Benzinmotoren. Das Achtzylinder-Dieselaggregat ist wie die Benzinmotoren von Porsche ein klassischer V8 mit 90 Grad Zylinderbankwinkel. Der Motorblock ist aus Grauguß gefertigt, die Zylinderköpfe aus Aluminium. Die Kraftstoffversorgung führt über ein Common-Rail-System, in dem bis zu 2.000 bar Druck aufgebaut werden, zu den Piezoinjektoren mit 8-Loch-Düsen, die ihn direkt in die Brennräume spritzen.

Pro Zylinderbank sorgt je ein Abgasturbolader mit variabler Turbinen-Geometrie (VTG) für ein spontaneres Ansprechverhalten und eine bessere Zylinderfüllung. Das Abgas hat beim Eintritt in die Turbine eine relativ hohe Temperatur, um die gespeicherte Energie möglichst effektiv zu nutzen. Die beiden Verdichter komprimieren die Luft auf bis zu 1,9 bar, weltweit ein Spitzenwert für Seriendieselmotoren. Die dabei entstehende Wärme ist jedoch wenig leistungsfördernd. Die Ladeluft wird durch die gleichen Hochleistungsladeluftkühler geleitet, die auch im Cayenne turbo montiert sind. Sie bewirken eine wesentlich stärkere Abkühlung der Luft als konventionelle Wärmetauscher. Außerdem setzen sie der Ladeluft erheblich weniger Widerstand entgegen und halten dadurch den Druckverlust sehr gering. Der hohe Ladedruck und die Abgastemperatur erfordern besonders hochwertige Motorkomponenten. Porsche setzt deshalb beim Spitzendieseltriebwerk Kolben ein, deren Muldenrand per Laserstrahl kontrolliert umgeschmolzen sind, um so den besonders hohen mechanischen und thermischen Belastungen standzuhalten. Die Auslaßventile bestehen aus einer besonders warmfesten Speziallegierung aus dem Rennsportmotorenbau.

Viel technisches Know-how und Aufwand stecken auch in der zweiflutigen Abgasanlage mit zwei komplett voneinander getrennten Anlagen für jede Zylinderbank, von der jede einen Oxidationskatalysator und einen Diesel-Partikelfilter enthält. Die Partikelfilter sind in Dünnwandtechnik gefertigt und bieten eine besonders große Oberfläche. Diese Maßnahme verringert die Regenerationsdauer und vermindert den Abgasgegendruck, dies wiederum reduziert Kraftstoffverbrauch und Emissionen. Die Abgasanlage besteht für eine besonders lange Lebensdauer aus Edelstahl. Sie ist durchgängig luftspaltisoliert, um den Wärmeverlust möglichst gering zu halten. Zur Vorbehandlung werden die Abgase über eine gekühlte Abgasrückführung zurück in die Brennräume geleitet. Somit sinken die Verbrennungsspitzentemperaturen und damit die Stickoxidanteile bereits im unbehandelten Rohgas.

Der Cayenne S Diesel ist serienmäßig mit dem 8-Gang-Automatikgetriebe, der Tiptronic S, ausgerüstet. Aufgrund des sehr hohen Motordrehmoments ist die Tiptronic S mechanisch weitgehend mit der des Cayenne turbo identisch. Die komplette Schaltstrategie ist an die Charakteristik des bulligen Dieselaggregats angepaßt. Hochschaltpunkte erfolgen in der Regel unterhalb von 4.000 Umdrehungen pro Minute um den Drehmomentverlauf des Turbodiesels optimal ausnutzen zu können und gleichzeitig den Verbrauch gering zu halten. Beim Ausrollen des Fahrzeugs schaltet die Tiptronic S erst sehr spät zurück, um die Effizienz zu steigern. Beim Schalten in den siebten und achten Gang wird die Drehzahl um jeweils 20 Prozent gesenkt. Insbesondere auf langen Autobahnetappen wird der Kraftstoffverbrauch entscheidend gesenkt. Um ein optimales Startverhalten zu erzielen, erfolgt das Anfahren immer im ersten Gang. Die Höchstgeschwindigkeit erreicht der Cayenne S Diesel im achten Gang.

Die Bergerkennung sorgt für mehr Beschleunigung bergauf und ein größeres Motorbremsmoment bergab. Der Fahrer des Cayenne S Diesel, kann wie bei den anderen Cayenne-Modellen, zwischen den beiden Modi »Normal« und »Sport« wählen. Innerhalb dieser Grundprogramme findet weiterhin eine adaptive Anpassung der Schaltkennlinien an die Fahrweise statt. Nicht nur der Motor, auch das Getriebe wird diversen verbrauchsoptimierenden Maßnahmen unterzogen. Eine eigene elektrische Ölpumpe ermöglicht eine schnelle Reaktion der automatischen Start-Stop-Funktion, die im Stadtverkehr Kraftstoff einsparen hilft. Kein anderer Wettbewerbsdiesel-V8 im Marktsegment bietet diese Funktion.

Nach einem Kaltstart ermöglicht das Thermomanagement der Tiptronic S schnell die optimale Betriebstemperatur zu erreichen und dadurch die Reibung im Getriebe zu verringern. Dazu ist der Kühlkreislauf des Getriebes über einen Wärmetauscher mit dem Motorkühlsystem verbunden, um einen weiteren Beitrag zur Verbrauchsreduktion zu leisten. Der Kühlkreislauf des Getriebes wird bei einem Motorkaltstart durch das schneller aufgeheizte Motorkühlmittel erwärmt, um die Reibungswiderstände im Getriebe möglichst schnell abzusenken. Bei hohen Temperaturen wird der Wärmetauscher zur Kühlung genutzt. Reicht die Kühlung über den Wärmetauscher nicht mehr aus, so kühlt das System über den im Vorderwagen installierten leistungsstarken Luft-Wärmetauscher.

Im neuen Cayenne S Diesel trifft der kraftvolle V8-Diesel zusam-

Cayenne Diesel

men mit der 8-Gang-Tiptronic S und dem aktiven Allradantrieb Porsche Traction Management (PTM) auf ein ideales Umfeld. PTM verfügt über das automatische Bremsendifferential (ABD) zur Traktionsverbesserung, die Antriebsschlupfregelung (ASR) zur Verbesserung der Fahrzeugstabilität sowie die Porsche Hill Control (PHC), eine zuschaltbare Bergabfahrhilfe zur kontrollierten Abfahrt steiler Hänge.

Beim Cayenne S Diesel kann der Fahrer die Geländefähigkeiten in drei Stufen anpassen. Der Cayenne S Diesel kann als Sonderausstattung mit dem Porsche Torque Vectoring Plus (PTV Plus) in Fahrdynamik und -stabilität noch weiter optimiert werden.

Die Fahrwerksabstimmung hatte bei der Entwicklung des Cayenne S Diesel eine zentrale Rolle. Das Fahrwerk des Diesel-Modells wurde an die Leistungscharakteristik und das Mehrgewicht des V8-Triebwerks angepaßt. Die Vorderachse wurde mit verstärkten Schraubenfedern auf das höhere Motorgewicht neu abgestimmt. Durch diese Maßnahmen und einer modellspezifischen Fahrwerksabstimmung unterscheidet sich die Fahrdynamik sowie das Eigen- und Einlenkverhalten nicht vom Cayenne S mit Benzinmotor. Als Option ist für den Cayenne S Diesel das Porsche Active Suspension Management (PASM) in einer speziell abgestimmten Version lieferbar. Ein eigens für den starken Cayenne S Diesel entwickelter Regelalgorithmus und neue Dämpferregler gewährleisten ein Porsche-typisches Fahrverhalten.

Die elektronische Stoßdämpferverstellung regelt abhängig von Fahrbahnzustand und Fahrweise aktiv und kontinuierlich die Dämpferkraft. Zur Wahl stehen die drei Programme »Komfort«, »Normal« und »Sport«, die sich automatisch an die jeweilige Fahrsituation anpassen. Beim für den Langstreckeneinsatz prädestinierten Cayenne S Diesel macht sich diese Kombination komfortsteigernd bemerkbar. Die gewichtsoptimierten Luftfederbeine an Vorder- und Hinterachse sind jetzt direkt an die Karosserie angebunden, was die Verwindungssteifigkeit erhöht und das Fahrverhalten verbessert. Die neue Luftfederung ist als geschlossenes System ausgeführt, welches bei Veränderung der Höhenniveaus die Luft im Hochdruckspeicher des Systems zwischenspeichert und Energie spart, indem ein an die neuen Anforderungen optimierter Kompressor zum Einsatz kommt. Zusätzlich werden die Höhenniveaus bei manueller und automatischer Anwahl schneller umgesetzt.

Die Bremsanlage des Cayenne S Diesel ist mit der des Cayenne S identisch. Vorne kommen silber lackierte 6-Kolben-Aluminium-Monobloc-Festsättel und Bremsscheiben mit einem Durchmesser von 360 Millimeter zum Einsatz. Hinten verzögern 4-Kolben-Aluminium-Monobloc-Festsättel die 330-Millimeter-Scheiben. Als Option steht die Keramik-Bremsanlage Porsche Ceramic Composite Brake (PCCB) mit den gelb lackierten Bremssätteln zur Verfügung. Serienmäßig rollt der Cayenne S Diesel auf 18-Zoll-Cayenne-S-III-Rädern mit 255/55 ZR 18-Bereifung an beiden Achsen, die auf 8 Zoll breite Felgen aufgezogen worden sind.

Mit dem Cayenne S Diesel führt Porsche eine Anzahl neuer und erweiterter Optionen für die SUV-Modellreihe ein. Im Mittelpunkt steht dabei die weitere Steigerung von Sicherheit und Komfort durch neue Assistenzsysteme und weitere Funktionen. Auch sportlich ambitionierte Fahrer kommen bei dem erweiterten Angebot bei der Konfiguration ihres ganz persönlichen Cayenne auf ihre Kosten. Ab Jahresende 2012 wird das Assistenzpaket aus Cruise Control und Abstandsregelung, das Porsche Active Safe (PAS), noch intelligenter und leistungsfähiger. PAS hilft, auch bei ausgeschalteter Abstandsregelung, zusätzlich Auffahrunfälle zu vermeiden. Ein Frontradarsystem überwacht permanent den vorausfahrenden Verkehr, erscheint eine kritische Auffahrsituation auf ein vorausfahrendes Fahrzeug, wird die Bremsanlage durch leichtes Anlegen der Bremsbeläge vorkonditioniert sowie der Bremsassistent sensibilisiert. Bei Gefahr eines möglichen Auffahrunfalls wird eine akustische und optische Warnung ausgelöst und der Fahrer durch einen Bremsruck auf ein nötiges Eingreifen hingewiesen. Sollte der Fahrer mit zu geringem Pedaldruck reagieren, so verstärkt das System je nach Situation den Bremsdruck bis hin zur Vollbremsung. Das PAS kann im Kombiinstrument deaktiviert werden.

Ab Dezember 2012 wird das bisher zweistufige Multimedia-Angebot, bestehend aus dem Audiosystem CDR und dem Porsche Communication Management (PCM), um die Option des Audiosystems CDR-Plus ergänzt. Technisch basiert das System auf dem PCM und umfaßt einen hoch auflösenden 7-Zoll-TFT-Touchscreen, Radio mit analogem sowie digitalem Doppeltuner, elf Lautsprecher mit einer Gesamtleistung von 235 Watt. Gespeicherte Medien können über das Single-CD/DVD-Laufwerk, den USB-Anschluß für diverse iPod- und iPhone-Modelle sowie USB-Memory-Sticks eingespielt werden. Die Bedienung erfolgt über das Audiosystem CDR-Plus oder das auf Wunsch

lieferbare Multifunktionslenkrad. Weitere Audio-Quellen können über die AUX-Schnittstelle angeschlossen werden, wobei die Bedienung über das angeschlossene Endgerät erfolgt. Mit dem CDR-Plus können zudem weitere nützliche Sonderausstattungen kombiniert werden wie das Telefonmodul, der DVD-Wechsler für sechs Compact Disks oder die Rückfahrkamera.
Das PCM wird mit neuen Funktionen ausgestattet. Für noch individuelleren und nahezu unbegrenzten Musikgenuß wird das optionale Porsche Communication Management (PCM) um die Jukebox, einer Musikspeichermöglichkeit auf der internen Festplatte, erweitert. Der Fahrer kann nun bis zu 10.000 Audio-Dateien oder maximal 40 GB speichern und wiedergeben. Das Kopieren auf die Jukebox erfolgt über den USB-Anschluß der Universellen Audio-Schnittstelle mit einem USB-Memory-Stick. Der Verkehrsinfodienst TMC Pro löst das bisherige TMC für Deutschland, Österreich und die Schweiz als Bestandteil des PCM zur dynamischen Routenberechnung ab. TMC Pro greift auf Daten aus über 4.000 Datensensoren an Autobahnbrücken, 5.500 in die Fahrbahndecke integrierte Sensorschleifen und mehr als 10.000 Fahrzeuge mit FCD (Floating Car Data) zurück. Durch die verbesserte Datenqualität und -aktualität hat der Fahrer einen deutlichen Vorteil bei der Berechnung von Alternativrouten.
Als Erweiterung des PCM mit Navigationsmodul ist ab Januar 2013 die optionale Tempolimitanzeige erhältlich. Dieses Informationssystem erkennt mit einer Kamera Geschwindigkeitsbegrenzungen, Überholverbote sowie deren Aufhebung. Ist ein Tempolimit auf die nasse Fahrbahn, auf die Abbiegespur oder auf bestimmte Uhrzeiten beschränkt oder gilt es nur für Fahrzeuge mit Anhänger, dann gleicht das System das erkannte Zusatzschild mit den fahrzeugseitig vorhanden Informationen wie Regensensor, Navigationsdaten, Uhrzeit und Anhängerkupplung ab. Das Tempolimit wird dem Fahrer im TFT-Bildschirm des Kombiinstruments und auf dem Bildschirm des PCM angezeigt. Sollte ein Zeichen durch die Kamera nicht erkannt werden, wie bei starkem Regen, wird automatisch die im Navigationssystem hinterlegte Geschwindigkeitsbegrenzung angezeigt.
Auf Wunsch kann für das PCM ein Empfänger für Digitalradio bestellt werden. Es ermöglicht den Empfang der Formate DAB, DAB+ und DMB Audio. Die Klangqualität ist im Vergleich zum analogen Radio deutlich besser. Für den optimalen Empfang des gewählten Senders wird ein DAB-Doppeltuner mit automatischer digital-/analog-Umschaltung eingesetzt. Der Empfang ist abhängig von der lokalen digitalen Netzverfügbarkeit. Mit der AHA-Radio-App können Online-Funktionen in das PCM integriert werden. Die AHA-Radio-App ist kostenfrei über iTunes für das iPhone sowie den Android Marketplace für Android Geräte erhältlich. Der Online-Dienst umfaßt unter anderem Web-Radio, News-Feeds, Podcasts und Audio-Magazine. Zudem wird die Google POI-Suche angeboten, deren Ergebnisse als Navigationsziel ins PCM übernommen werden können. So sind ein freier Parkplatz, eine nahe gelegene, preiswerte Tankstelle oder ein gutes Restaurant schnell gefunden und können direkt angesteuert werden. Für die Anwendung über das iPhone ist die optionale Universelle Audio Schnittstelle nötig. Bei Anwendung über Android-Geräte werden die optionale Handyvorbereitung oder das optionale Telefonmodul benötigt.
Der Cayenne S Diesel beschleunigt in 5,7 Sekunden von null auf 100 Stundenkilometer. Die Höchstgeschwindigkeit wird bei 252 Kilometer pro Stunde erreicht. Nicht schlecht für einen Diesel. Am 5. Juli 2013 wird im Porsche Werk Leipzig der 500.000ste Cayenne, ein weißer Cayenne S Diesel, persönlich an seinen Besitzer aus Österreich übergeben.

Modelljahr 2013/14 (E-Programm)

Porsche bezeichnet das E-Programm als Modelljahr 2013/14. Im Rahmen der Modellpflege wird der Cayenne S Diesel mit einem überarbeiteten 8-Gang-Tiptronic S des Getriebetyps A57/04 ausgerüstet. Die V8-Motoren des Cayenne GTS erhalten neue Alusil-Laufflächen mit Spiralstrukturhonung, um die Reibung zwischen den Zylindern und den Kolbenringen zu verringern. Durch diese Maßnahme werden die Verbrauchwerte und damit auch die CO_2-Emissionen positiv beeinflußt.
Das im Dezember 2012 vorgestellte Spitzenmodell der SUV-Modellreihe, der Porsche Cayenne turbo S, bietet eine überlegene Motorleistung von 550 PS (405 kW) und eine hohe Exklusivität. Durch sein aufwendiges aktives Fahrwerk übertrifft der Cayenne turbo S in der Fahrdynamik viele Sportwagen. Alle Cayenne-Eigenschaften wie erstklassige Geländetauglichkeit, überdurchschnittlicher Reisekomfort und hohe Zugkraft bleiben uneingeschränkt erhalten.
Der Cayenne turbo S zeigt sich äußerlich nur dezent verändert. Die aufgesetzten Radhausverbreiterungen und der Dachspoiler sind in Exterieurfarbe lackiert. Im Bugteil ist das komplette Lufteinlaßgitter inklusive Lamellen und dem Bugleuchtengehäuse serienmäßig in edlem Schwarz hochglanzlackiert, ebenso der Spiegelfuß der Außenspiegel. Ein besonderer Blickfang am Heck sind die beiden Doppel-Sportendrohre aus hochglanzpoliertem Aluminium. Porsche bietet für den Cayenne turbo S einige Sonderausstattungen zur weiteren Individualisierung des optischen Erscheinungsbildes an. Dazu zählen das Exterieur-Paket Schwarz-Hochglanz, der Aluminium-Schwellerschutz, die Edelstahl-Bug- und Heckblenden sowie die abgedunkelten LED-Rückleuchten mit adaptivem Bremslicht. Eine weitere Option ist das Porsche Dynamic Light System Plus (PDSL). Beim Cayenne turbo S wird das System in Verbindung mit schwarz ausgeführten Bi-Xenon-Hauptscheinwerfern geliefert.
Souveräne Motorleistung, über ein breites Drehzahlband abrufbar, ist ein traditionelles Merkmal für das Turbospitzenmo-

Motor des Cayenne S Diesel

dell der Cayenne-Baureihe. Das Triebwerk des Cayenne turbo S stellt seine Höchstleistung von 550 PS (405 kW) bei 6.000/min und zwischen 2.250 und 4.500 Umdrehungen pro Minute ein maximales Drehmoment von 750 Newtonmeter zur Verfügung. Das 4,8-Liter-V8-Triebwerk hat einen Zylinderbankwinkel von 90 Grad. Zwei wassergekühlte Abgasturbolader drücken die verdichtete Luft durch zwei Ladeluftkühler in die acht Brennräume. Der Leistungszuwachs wird im Vergleich zum Basistriebwerk über Abgasturbolader, bei denen das Turbinen- und das Verdichterrad aus besonders leichtem Titan-Aluminium gefertigt sind, einem höheren Ladedruck und einer angepaßten Motorsteuerung erreicht. Durch die erleichterten Laufräder sprechen die Turbolader spontaner an und drehen auch schneller hoch. Selbstverständlich sind auch die Alusil-Zylinderlaufflächen des turbo-S-Motor in der reibungsoptimierten Spiralstrukturhonung bearbeitet worden. In Kombination ergibt dies eine Mehrleistung von 50 PS (37 kW) und ein um 50 Newtonmeter gesteigertes Drehmoment. Optisch ist die Leistungssteigerung auch im Motorraum an der Design-Abdeckung mit Carbon-Elementen und »turbo S«-Schriftzug sichtbar.

Der Cayenne turbo S überträgt die Leistung über eine 8-Gang-Tiptronic S mit Auto-Start-Stop-Funktion auf alle vier Räder. Trotz der um 50 PS (37 kW) gestiegenen Motorleistung und den verbesserten Fahrleistungen liegen die Verbrauchswerte mit durchschnittlich 11,5 l/100 km auf dem Niveau des Cayenne turbo.

Der Cayenne turbo S ist darauf abgestimmt, die souveräne Antriebsleistung in maximale Fahrdynamik umzusetzen. Entsprechend ist das Spitzenmodell der Cayenne-Baureihe serienmäßig mit allen technischen Fahrdynamiksystemen ausgerüstet, die eine besonders sportliche Fahrweise unterstützen. Die Basis bildet der aktive Allradantrieb, das Porsche Traction Management (PTM) und die Luftfederung inklusive Porsche Active Suspension Management (PASM). Durch die spezielle Abstimmung von Luftfederung und PASM mit neuen Lagern und Dämpfern bietet das Fahrwerk eine nochmals breitere Spreizung zwischen Sportlichkeit und Komfort, hinzu kommt die serienmäßige aktive Wankstabilisierung Porsche Dynamic Chassis Control (PDCC), welches die Wankneigung in Kurven nahezu vollständig reduziert und so Agiliät und Komfort gleichermaßen steigert. Der Porsche Cayenne turbo S hat zur weiteren Steigerung der Fahrdynamik und -stabilität das Porsche Torque Vectoring Plus (PTV Plus) mit einer variablen Momentverteilung an den Hinterrädern und einer elektronisch geregelten Hinterachsquersperre an Bord.

Das serienmäßige Sport Chrono Paket hält die Leistungswerte des Cayenne turbo S in Form von Rundenzeiten oder der Quer- und Längsbeschleunigung fest. Der Fahrer kann sich über das Porsche Communication Management (PCM) grafische Auswertungen der Zeiten anzeigen lassen. Darüber hinaus können Quer- und Längsbeschleunigung auch im TFT-Display des PCM dargestellt werden.

Porsche setzt beim Cayenne turbo S serienmäßig die geschwindigkeitsabhängige Servolenkung Plus ein, die sich bei niedrigen Geschwindigkeiten leichtgängig bei Rangier- und Einparkmanövern bedienen läßt. Bei zunehmend höherer Geschwindigkeit wird die Servolenkung für eine bessere Rückmeldung von der Straße straffer, so daß der Fahrer präziser lenken kann.

Die serienmäßigen 21 Zoll großen 911 Turbo II-Räder mit farbigem Porsche-Wappen sind innen ebenfalls in Schwarz hochglanzlackiert. An beiden Achsen sind auf Rädern der Größe 10 J x 21 Reifen der Dimension 295/35 ZR 21 montiert. Die standfeste Hochleistungs-Bremsanlage ist vom Cayenne turbo entliehen. Auf Wunsch ist die PCCB lieferbar.

Exklusiv für das Interieur des Cayenne turbo S haben die Porsche-Designer zwei Bi-Color-Lederausstattungen in neuen Farben und Farbkombinationen kreiert. Zur Wahl stehen die beiden Farbkombinationen Schwarz/Luxorbeige und Schwarz/Carrerarot. Ziernähte in den Kontrastfarben Luxorbeige und Carrerarot zieren die Schalttafel, die Türbrüstungen, die Sitzrückenlehnen und die Rückseiten der vorderen Kopfstützen, sowie die serienmäßigen Fußmatten. In alle Kopfstützen ist das Porsche-Wappen eingeprägt. Das Interieur-Paket Carbon paßt zur Bi-Color-Lederausstattung und unterstreicht die hochwertige Qualität des Fahrzeugs sowie der verwendeten Materialien. Zur eindeutigen Identifizierung des Cayenne-Spitzenmodells tragen die vorderen Einstiegsleisten und der Drehzahlmesser einen »turbo S«-Schriftzug. Durch eine große Auswahl an Sonder- und Exclusive-Ausstattungen kann der Cayenne turbo S auf Kundenwunsch noch weiter individualisiert werden.

Der Cayenne turbo S sprintet aus dem Stand in nur 4,5 Sekunden auf 100 Kilometer pro Stunde. Erst bei einer Höchstgeschwindigkeit von 283 km/h hört der Vortrieb auf.

Cayenne turbo S

Das Interieur des Cayenne turbo S, hier in Schwarz/Carrerarot

Cayenne [Tiptronic S] ab MJ 2011

Motor

Bauart:	6-Zylinder-V-Motor, 10,6° – Schwingrohraufladung und zweistufige Saugrohr-Längenumschaltung
Einbauposition:	Frontmotor
Kühlung:	wassergekühlt
Motor-Typ:	M55/02
Hubraum (cm³):	3598
Bohrung x Hub:	89 x 96,4
Leistung (kW/PS):	220/300 bei 6300/min
Max. Drehzahl:	6700/min
Drehmoment (Nm):	400 bei 3000/min
Literleistung (kW/l / PS/l):	61,1 / 83,4
Verdichtung:	11,7 : 1
Ventilsteuerung:	dohc über Rollenkette, 4 Ventile pro Zylinder, kontinuierlich verstellbare Ein- und Auslaßnockenwelle, Rollenschlepphebel
Gemischaufbereitung:	Benzin-Direkteinspritzung (DFI)
Motorsteuerung:	elektronische Motorsteuerung Bosch MED17 1.6, E-Gas
Zündfolge:	1 - 5 - 3 - 6 - 2 - 4
Schmierung:	Druckumlaufschmierung mit Naßsumpf
Ölmenge (l):	8,2

Kraftübertragung

Antrieb:	permanenter Allradantrieb Hang-On-Prinzip, Porsche Traction Management (PTM) mit elektronisch geregelter Lamellenkupplung
Schaltgetriebe:	6-Gang
Sonderwunsch Tiptronic S:	[8-Gang]
Getriebe-Typ:	M55/04 [A55/04]
Übersetzungen:	
1. Gang:	4,68 [4,85]
2. Gang:	2,53 [2,84]
3. Gang:	1,69 [1,86]
4. Gang:	1,21 [1,44]
5. Gang:	1,00 [1,21]
6. Gang:	0,84 [1,00]
7. Gang:	[0,82]
8. Gang:	[0,67]
Rückwärtsgang:	4,27 [3,83]
Achsübersetzung Vorderachse:	3,27 [3,27]
Achsübersetzung Hinterachse:	3,70 [3,70]

Karosserieaufbau, Fahrwerk, Räder, Bremse

Karosserie:	4-türige, 5-sitzige, selbsttragende SUV-Karosserie mit großer Heckklappe aus vollverzinktem Stahl, Stahl-Leichtbau-Türen, Motorhaube mit Powerdome, vordere Kotflügel und Heckklappe aus Aluminium, Bug- und Heckverkleidungen aus Kunststoff, große geteilte Heckleuchten, Dachspoiler
Sonderwunsch:	Schiebe-/Hubdach bzw. Panorama Dachsystem
Vorderradaufhängung:	Einzelradaufhängung, Aluminium-Groß-Basis-Doppelquerlenkerdachse, Federbeine mit Stahlschraubenfedern mit innenliegenden, hydraulischen Zweirohr-Gasdruckstoßdämpfern, Stabilisator
Sonderwunsch:	Luftfederung
Hinterradaufhängung:	Einzelradaufhängung, Mehrlenkerachse mit unterem Querlenker, zwei einzelne Lenker oben und Spurstange, Federbeine mit Stahlschraubenfedern mit innenliegenden, hydraulischen Zweirohr-Gasdruckstoßdämpfern, Stabilisator
Sonderwunsch:	Luftfederung
Bremse v/h (Durchm. x B (mm)):	innenbelüftete Scheiben (350 x 34) / innenbelüftete Scheiben (330 x 28) schwarze 6-Kolben-Monobloc-Aluminium-Festsättel / schwarze 4-Kolben-Monobloc-Aluminium-Festsättel PSM mit ABS
Sonderwunsch: nur ab 19-Zoll-Rädern	innenbelüftete gelochte Keramikfaser-Scheiben (390 x 38) / innenbelüftete gelochte Keramikfaser-Scheiben 370 x 30) gelbe 6-Kolben-Monobloc-Aluminium-Festsättel / gelbe 4-Kolben-Monobloc-Aluminium-Festsättel
Räder v/h:	8 J x 18 – ET 53 / 8 J x 18 – ET 53
Reifen v/h:	255/55 R 18 109 Y XL / 255/55 R 18 109 Y XL
Sonderwunsch:	8,5 J x 19 – ET 59 / 8,5 J x 19 – ET 59 265/50 R 19 110 Y XL / 265/50 R 19 110 Y XL 9 J x 20 – ET 57 / 9 J x 20 – ET 57 275/40 R 20 110 Y XL / 275/40 R 20 110 Y XL
Sonderwunsch mit Radhausverbreiterung:	10 J x 21 – ET 50 / 10 J x 21 – ET 50 295/35 R 21 107 Y XL / 295/35 R 21 107 Y XL

Elektrik

Lichtmaschinenleistung (W/A):	3080 / 220
Batterie (Ah/A):	92 / 520
Sonderwunsch:	105 / 580

Abmessungen, Gewichte und Volumen

Spurweite v/h (mm):	1655 / 1669
mit 9 J x 19 / 9 J x 19:	1643 / 1657
mit 9 J x 20 / 9 J x 20:	1647 / 1661
mit 10 J x 21 / 10 J x 21:	1661 / 1675
Radstand (mm):	2895
Maße (L x B x H (mm)):	4846 x 1939 x 1705,1724* [1711, 1730*]
mit 21-Zoll-Rädern:	4846 x 1954 x 1705,1724* [1711, 1730*]
Normalniveau Luftfederung, 18-Zoll:	4846 x 1939 x 1699, 1717*
Leergewicht nach DIN (kg):	1995 [2030]
zul. Gesamtgewicht (kg):	2765 [2800]
zul. Dachlast/Stützlast (kg):	100 / 140
zul. Anhängelast gebr./ungebr. (kg):	2700 [3500] / 750 [750]
Kofferraumvolumen (VDA (l)):	670
bei umgeklappten Rücksitzen:	1780
Tankvolumen (l):	85, davon 15 Reserve
Sonderwunsch:	100, davon 15 Reserve
C_W x A (m²):	0,36 x 2,80 = 1,008
Leistungsgewicht (kg/kW / kg/PS):	9,07 [9,23] / 6,65 [6,77]
*mit Dachreling	

Kraftstoffverbrauch

nach Euro 5 im NEFZ (l/100 km):	98 ROZ Super plus bleifrei
Innerstädtisch:	15,9 [13,2]
Außerstädtisch:	8,4 [8,0]
Gesamt:	11,2 [9,9]
CO_2-Emissionen (g/km):	263 [236]

Fahrleistungen, Stückzahlen, Preise

Beschleunigung 0–100 km/h (s):	7,5 [7,8]
0–160 km/h (s):	19,0 [19,7]
Höchstgeschw. (km/h):	230 [230]
Stückzahl:	in Produktion, 31.193 bis Ende 2012
davon Schaltgetriebe:	510
davon Tiptronic S:	30.683
Listenpreise:	
02/2010:	Euro 55.431,- [58.072,80]
01/2011:	Euro 56.502,- [59.143,80]
06/2011:	Euro 57.930,- [60.571,80]
03/2012:	Euro 57.930,- [60.571,80]
04/2012:	Euro 58.525,- [61.166,80]
12/2012:	Euro 58.525,- [61.166,80]
05/2013:	Euro 59.358,- [61.999,80]
03/2014:	Euro 59.358,- [61.999,80]

Cayenne 3.0 TFSI – nur für China ab MJ 2011

Motor	
Bauart:	6-Zylinder-V-Motor, 90°, Ausgleichswelle, Kompressor, Ladeluftkühlung
Einbauposition:	Frontmotor
Kühlung:	wassergekühlt
Motor-Typ:	M06EC
ab MJ 2012:	CJTB
Hubraum (cm³):	2995
Bohrung x Hub:	84,5 x 89
Leistung (kW/PS):	245/333 bei 5500–6500/min
Max. Drehzahl:	6500/min
Drehmoment (Nm):	440 bei 3000-5750/min
Literleistung (kW/l / PS/l):	81,8 / 111,2
Verdichtung:	10,5 : 1
maximaler Ladedruck (bar):	0,8
Ventilsteuerung:	dohc über Rollenkette, 4 Ventile pro Zylinder, Rollenschlepphebel
Gemischaufbereitung:	Benzin-Direkteinspritzung (DFI)
Motorsteuerung:	elektronische Motorsteuerung Conti-Simos 8.5, E-Gas
Zündfolge:	1 - 4 - 3 - 6 - 2 - 5
Schmierung:	2-stufig geregelte Druckumlaufschmierung mit Naßsumpf
Ölmenge (l):	8,1
Kraftübertragung	
Antrieb:	permanenter Allradantrieb mit Torsen-Verteilergetriebe, Momentenverteilung Vorderachse 42%, Hinterachse 58%
Tiptronic S:	8-Gang
Getriebe-Typ:	AL 1000-A8
Übersetzungen:	
1. Gang:	4,845
2. Gang:	2,840
3. Gang:	1,864
4. Gang:	1,437
5. Gang:	1,217
6. Gang:	1,000
7. Gang:	0,816
8. Gang:	0,672
Rückwärtsgang:	3,825
Achsübersetzung Vorderachse:	3,273
Achsübersetzung Hinterachse:	3,273
Karosserieaufbau, Fahrwerk, Räder, Bremse	
Karosserie:	4-türige, 5-sitzige, selbsttragende SUV-Karosserie mit großer Heckklappe aus vollverzinktem Stahl, Stahl-Leichtbau-Türen, Motorhaube mit Powerdome, vordere Kotflügel und Heckklappe aus Aluminium, Bug- und Heckverkleidungen aus Kunststoff, große geteilte Heckleuchten, Dachspoiler
Sonderwunsch:	Schiebe-/Hubdach bzw. Panorama Dachsystem
Vorderradaufhängung:	Einzelradaufhängung, Aluminium-Groß-Basis-Doppelquerlenkerdachse, Luftfederung, PASM, Stabilisator
Hinterradaufhängung:	Einzelradaufhängung, Mehrlenkerachse mit unterem Querlenker, zwei einzelne Lenker oben und Spurstange, Luftfederung, PASM, Stabilisator
Bremse v/h (Durchm. x B (mm)):	innenbelüftete Scheiben (350 x 34) / innenbelüftete Scheiben (330 x 28) schwarze 6-Kolben-Monobloc-Aluminium-Festsättel / schwarze 4-Kolben-Monobloc-Aluminium-Festsättel PSM mit ABS
Sonderwunsch: nur ab 19-Zoll-Rädern	innenbelüftete gelochte Keramikfaser-Scheiben (390 x 38) / innenbelüftete gelochte Keramikfaser-Scheiben 370 x 30) gelbe 6-Kolben-Monobloc-Aluminium-Festsättel / gelbe 4-Kolben-Monobloc-Aluminium-Festsättel
Räder v/h:	8 J x 18 – ET 53 / 8 J x 18 – ET 53
Reifen v/h:	255/55 R 18 109 Y XL / 255/55 R 18 109 Y XL
Sonderwunsch:	8,5 J x 19 – ET 59 / 8,5 J x 19 – ET 59 265/50 R 19 110 Y XL / 265/50 R 19 110 Y XL 9 J x 20 ET 57 / 9 J x 20 – ET 57 275/40 R 20 110 Y XL / 275/40 R 20 110 Y XL
ab MJ 2013 auch:	9,5 J x 20 ET 47 / 9,5 J x 20 – ET 47 275/40 R 20 110 Y XL / 275/40 R 20 110 Y XL
Sonderwunsch mit Radhausverbreiterung:	10 J x 21 – ET 50 / 10 J x 21 – ET 50 295/35 R 21 107 Y XL / 295/35 R 21 107 Y XL
Elektrik	
Lichtmaschinenleistung (W/A):	3080 / 220
Batterie (Ah/A):	92 / 520
Sonderwunsch:	105 / 580
Abmessungen, Gewichte und Volumen	
Spurweite v/h (mm):	1655 / 1669
mit 9 J x 19 / 9 J x 19:	1643 / 1657
mit 9 J x 20 / 9 J x 20:	1647 / 1661
mit 9,5 J x 20 / 9,5 J x 20:	1667 / 1682
mit 10 J x 21 / 10 J x 21:	1661 / 1675
Radstand (mm):	2895
Maße (L x B x H (mm)):	4846 x 1939 x 1697,9, 1716,2*
Leergewicht nach DIN (kg):	2155
zul. Gesamtgewicht (kg):	2820
zul. Dachlast (kg):	100
Kofferraumvolumen (VDA (l)):	670
bei umgeklappten Rücksitzen:	1780
Tankvolumen (l):	85, davon 15 Reserve
Sonderwunsch:	100, davon 15 Reserve
C_W x A (m²):	0,36 x 2,80 = 1,008
Leistungsgewicht (kg/kW / kg/PS):	8,03 / 5,89
***mit Dachreling**	
Kraftstoffverbrauch	
nach Euro 4 (l/100 km):	95 ROZ Super bleifrei
Innerstädtisch:	16,3
Außerstädtisch:	8,4
Gesamt:	11,3
CO_2-Emissionen (g/km):	265
Fahrleistungen, Stückzahlen, Preise	
Beschleunigung 0–100 km/h (s):	7,0
0–160 km/h (s):	16,7
Höchstgeschw. (km/h):	239
Stückzahl:	in Produktion, 32.994 bis Ende 2012
Listenpreise:	n/a

Cayenne S ab MJ 2011

Motor

Bauart:	8-Zylinder-V-Motor, 90° - Schwingrohraufladung und zweistufige Saugrohr-Längenumschaltung
Einbauposition:	Frontmotor
Kühlung:	wassergekühlt
Motor-Typ:	M 48/02 (M48/02V)*
Hubraum (cm³):	4806
Bohrung x Hub:	96 x 83
Leistung (kW/PS):	294/400 bei 6500/min
Max. Drehzahl:	6700/min
Drehmoment (Nm):	500 bei 3500–5300/min
ab MJ 2012:	500 bei 3500–5000/min
Literleistung (kW/l / PS/l):	61,2 / 83,2
Verdichtung:	12,5 : 1
definierte Schlechtkraftstoffländer:	11,5 : 1
Ventilsteuerung:	dohc über Doppelkette, 4 Ventile pro Zylinder, Vario-Cam Plus, hydr. Tasselstößeltrieb mit Einlaßventil-hubumschaltung
Gemischaufbereitung:	Benzin-Direkteinspritzung (DFI)
Motorsteuerung:	elektronische Motorsteuerung Siemens EMS SDI 8, E-Gas
Zündfolge:	1 - 3 - 7 - 2 - 6 - 5 - 4 - 8
Schmierung:	Integrierte Trockensumpfschmierung
Ölmenge (l):	10,55
***in definierten Schlechtkraftstoff-ländern**	

Kraftübertragung

Antrieb:	permanenter Allradantrieb Hang-On-Prinzip, Porsche Traction Management (PTM) mit elektronisch geregelter Lamellenkupplung
Tiptronic S:	8-Gang
Getriebe-Typ:	A 48/04
Übersetzungen:	
1. Gang:	4,97
2. Gang:	2,84
3. Gang:	1,86
4. Gang:	1,44
5. Gang:	1,21
6. Gang:	1,00
7. Gang:	0,83
8. Gang:	0,69
Rückwärtsgang:	4,07
Achsübersetzung Vorderachse:	2,73
Achsübersetzung Hinterachse:	3,09

Karosserie, Fahrwerk, Bremse, Räder und Reifen

Karosserie:	4-türige, 5-sitzige, selbsttragende SUV-Karosserie mit großer Heckklappe aus vollverzinktem Stahl, Stahl-Leichtbau-Türen, Motorhaube mit Powerdome, vordere Kotflügel und Heckklappe aus Aluminium, Bug- und Heckverkleidungen aus Kunststoff, große geteilte Heckleuchten, Dachspoiler
Sonderwunsch:	Schiebe-/Hubdach bzw. Panorama Dachsystem
Vorderradaufhängung:	Einzelradaufhängung, Aluminium-Groß-Basis-Doppelquerlenkerdachse, Federbeine mit Stahlschraubenfedern mit innenliegenden, hydraulischen Zweirohr-Gasdruckstoßdämpfern, Stabilisator
Sonderwunsch:	Luftfederung
Hinterradaufhängung:	Einzelradaufhängung, Mehrlenkerachse mit unterem Querlenker, zwei einzelne Lenker oben und Spurstange, Federbeine mit Stahlschraubenfedern mit innenliegenden, hydraulischen Zweirohr-Gasdruckstoßdämpfern, Stabilisator
Sonderwunsch:	Luftfederung
Bremse v/h (Durchm. x B (mm)):	innenbelüftete Scheiben (360 x 36) / innenbelüftete Scheiben (330 x 28) silberne 6-Kolben-Monobloc-Aluminium-Festsättel / silberne 4-Kolben-Monobloc-Aluminium-Festsättel PSM mit ABS
Sonderwunsch: nur ab 19-Zoll-Rädern	innenbelüftete gelochte Keramikfaser-Scheiben (390 x 38) / innenbelüftete gelochte Keramikfaser-Scheiben 370 x 30) gelbe 6-Kolben-Monobloc-Aluminium-Festsättel / gelbe 4-Kolben-Monobloc-Aluminium-Festsättel
Räder v/h:	8 J x 18 – ET 53 / 8 J x 18 – ET 53
Reifen v/h:	255/55 R 18 109 Y XL / 255/55 R 18 109 Y XL
Sonderwunsch:	8,5 J x 19 – ET 59 / 8,5 J x 19 – ET 59 265/50 R 19 110 Y XL / 265/50 R 19 110 Y XL 9 J x 20 ET 57 / 9 J x 20 – ET 57 275/40 R 20 110 Y XL / 275/40 R 20 110 Y XL
Sonderwunsch mit Radhausverbreiterung:	10 J x 21 – ET 50 / 10 J x 21 – ET 50 295/35 R 21 107 Y XL / 295/35 R 21 107 Y XL

Elektrik

Lichtmaschinenleistung (W/A):	2660 / 190
Batterie (Ah/A):	92 / 520
Sonderwunsch:	105 / 580

Abmessungen, Gewichte und Volumen

Spurweite v/h (mm):	1655 / 1669
mit 9 J x 19 / 9 J x 19:	1643 / 1657
mit 9 J x 20 / 9 J x 20:	1647 / 1661
mit 10 J x 21 / 10 J x 21:	1661 / 1675
Radstand (mm):	2895
Maße (L x B x H (mm)):	4846 x 1939 x 1711, 1730*
mit 21-Zoll-Rädern:	4846 x 1954 x 1711, 1730*
Normalniveau Luftfederung, 18-Zoll:	4846 x 1939 x 1699, 1717*
Leergewicht nach DIN (kg):	2065
zul. Gesamtgewicht (kg):	2840
zul. Dachlast/Stützlast (kg):	100 / 140
zul. Anhängelast gebr./ungebr. (kg):	3500 / 750
Kofferraumvolumen (VDA (l)):	670
bei umgeklappten Rücksitzen:	1780
Tankvolumen (l):	85, davon 15 Reserve
Sonderwunsch:	100, davon 15 Reserve
C_W x A (m²):	0,36 x 2,80 = 1,008
Leistungsgewicht (kg/kW / kg/PS):	7,02 / 5,16
***mit Dachreling**	

Kraftstoffverbrauch

nach Euro 5 im NEFZ (l/100 km):	98 ROZ Super plus bleifrei
Innerstädtisch:	14,5
Außerstädtisch:	8,2
Gesamt:	10,5
CO_2-Emissionen (g/km):	245

Fahrleistungen, Stückzahlen, Preise

Beschleunigung 0–100 km/h (s):	5,9
0–160 km/h (s):	13,9
Höchstgeschw. (km/h):	258
Stückzahl:	in Produktion, 32.999 bis Ende 2012
Listenpreise:	
02/2010:	Euro 72.686,-
01/2011:	Euro 73.043,-
06/2011:	Euro 74.828,-
03/2012:	Euro 74.828,-
04/2012:	Euro 75.542,-
10/2012:	Euro 75.542,-
10/2012:	Euro 76.613,-
05/2013:	Euro 76.613,-
03/2014:	Euro 76.613,-

Cayenne Turbo ab MJ 2011

Motor

Bauart:	8-Zylinder-V-Motor, 90°, Bi-Turboaufladung und Ladeluftkühlung
Einbauposition:	Frontmotor
Kühlung:	wassergekühlt
Motor-Typ:	M 48/52
Hubraum (cm³):	4806
Bohrung x Hub:	96 x 83
Leistung (kW/PS):	368/500 bei 6000/min
Max. Drehzahl:	6700/min
Drehmoment (Nm):	700 bei 2250-4500/min
Literleistung (kW/l / PS/l):	76,6 / 104,0
Verdichtung:	10,5 : 1
maximaler Ladedruck (bar):	0,8
Ventilsteuerung:	dohc über Doppelkette, 4 Ventile pro Zylinder, VarioCam Plus, hydr. Tasselstößeltrieb mit Einlaßventilhubumschaltung
Gemischaufbereitung:	Benzin-Direkteinspritzung (DFI)
Motorsteuerung:	elektronische Motorsteuerung Siemens EMS SDI 8 E-Gas
Zündfolge:	1 - 3 - 7 - 2 - 6 - 5 - 4 - 8
Schmierung:	Integrierte Trockensumpfschmierung
Ölmenge (l):	10,55

Kraftübertragung

Antrieb:	permanenter Allradantrieb Hang-On-Prinzip, Porsche Traction Management (PTM) mit elektronisch geregelter Lamellenkupplung
Tiptronic S:	8-Gang
Getriebe-Typ:	A 48/54
Übersetzungen:	
1. Gang:	4,919
2. Gang:	2,811
3. Gang:	1,844
4. Gang:	1,429
5. Gang:	1,207
6. Gang:	1,000
7. Gang:	0,827
8. Gang:	0,686
Rückwärtsgang:	4,024
Achsübersetzung Vorderachse:	2,583
Achsübersetzung Hinterachse:	2,917

Karosserie, Fahrwerk, Bremse, Räder und Reifen

Karosserie:	4-türige, 5-sitzige, selbsttragende SUV-Karosserie mit großer Heckklappe aus vollverzinktem Stahl, Stahl-Leichtbau-Türen, Motorhaube mit großem Powerdome, vordere Kotflügel und Heckklappe aus Aluminium, Bug- und Heckverkleidungen aus Kunststoff, große geteilte Heckleuchten, Dachspoiler
Sonderwunsch:	Schiebe-/Hubdach bzw. Panorama Dachsystem
Vorderradaufhängung:	Einzelradaufhängung, Aluminium-Groß-Basis-Doppelquerlenkerdachse, Luftfederung, Stabilisator
Hinterradaufhängung:	Einzelradaufhängung, Mehrlenkerachse mit unterem Querlenker, zwei einzelne Lenker oben und Spurstange, Luftfederung, Stabilisator
Bremse v/h (Durchm. x B (mm)):	innenbelüftete Scheiben (390 x 38) / innenbelüftete Scheiben (358 x 28) rote 6-Kolben-Monobloc-Aluminium-Festsättel / rote 4-Kolben-Monobloc-Aluminium-Festsättel
Sonderwunsch: nur mit 20- oder 21-Zoll-Rädern	Porsche Ceramic Composite Brake (PCCB) innenbelüftete gelochte Keramikfaser-Scheiben (420 x 40) / innenbelüftete gelochte Keramikfaser-Scheiben (370 x 30) gelbe 6-Kolben-Monobloc-Aluminium-Festsättel / gelbe 4-Kolben-Monobloc-Aluminium-Festsättel
Räder v/h:	8,5 J x 19 – ET 59 / 8,5 J x 19 – ET 59
Reifen v/h:	265/50 R 19 110 Y XL / 265/50 R 19 110 Y XL
alternativ:	275/45 R 19 108 Y XL / 275/45 R 19 108 Y XL
Sonderwunsch:	9 J x 20 ET 57 / 9 J x 20 – ET 57 275/40 R 20 110 Y XL / 275/40 R 20 110 Y XL
Sonderwunsch mit Radhausverbreiterung:	10 J x 21 – ET 50 / 10 J x 21 – ET 50 295/35 R 21 107 Y XL / 295/35 R 21 107 Y XL

Elektrik

Lichtmaschinenleistung (W/A):	2660 / 190
Batterie (Ah/A):	92 / 520
Sonderwunsch:	105 / 580

Abmessungen, Gewichte und Volumen

Spurweite v/h (mm):	1643 / 1657
mit 9 J x 20 / 9 J x 20:	1647 / 1661
mit 10 J x 21 / 10 J x 21:	1661 / 1675
Radstand (mm):	2895
Maße (L x B x H (mm)):	4846 x 1939 x 1702, 1721*
mit 21-Zoll-Rädern:	4846 x 1954 x 1702, 1721*
Leergewicht nach DIN (kg):	2170
zul. Gesamtgewicht (kg):	2880
zul. Dachlast/Stützlast (kg):	100 / 140
zul. Anhängelast gebr./ungebr. (kg):	3500 / 750
Kofferraumvolumen (VDA (l)):	670
bei umgeklappten Rücksitzen:	1780
Tankvolumen (l):	100, davon 15 Reserve
C_W x A (m²):	0,36 x 2,79 = 1,004
Leistungsgewicht (kg/kW / kg/PS):	5,90 / 4,34
***mit Dachreling**	

Kraftstoffverbrauch

nach Euro 5 im NEFZ (l/100 km):	98 ROZ Super plus bleifrei
Innerstädtisch:	14,5
Außerstädtisch:	8,4
Gesamt:	11,5
CO_2-Emissionen (g/km):	270

Fahrleistungen, Stückzahlen, Preise

Beschleunigung 0–100 km/h (s):	4,7
0–160 km/h (s):	10,5
Höchstgeschw. (km/h):	278
Stückzahl:	in Produktion, 16.079 bis Ende 2012
Listenpreis:	
02/2010:	Euro 115.526,-
01/2011:	Euro 117.787,-
06/2011:	Euro 120.762,-
03/2012:	Euro 120.762,-
04/2012:	Euro 121.982,-
12/2012:	Euro 121.982,-
05/2013:	Euro 123.856,-
03/2014:	Euro 123.856,-

Cayenne S Hybrid ab MJ 2011

Motor

Bauart:	6-Zylinder-V-Motor, 90°, Ausgleichswelle, Kompressor, Ladeluftkühlung
Elektromotor:	Synchron E-Maschine mit Trennkupplung
Einbauposition:	Frontmotor
Kühlung:	wassergekühlt
Motor-Typ:	M06EC
ab MJ 2012 EU5 / ULEV2:	CGEA / CGFA
Hubraum (cm³):	2995
Bohrung x Hub:	84,5 x 89
Leistung (kW/PS):	245/333 bei 5500–6500/min
Elektromotor:	30/47 (kurzfristig) größer 1150/min
Gesamtleistung:	279/380 bei 5500/min
Max. Drehzahl:	6700/min (1. & 2. Gang), 6500/min
Drehmoment (Nm):	440 bei 3000–5750/min
Elektromotor:	300 kleiner 1150/min
Gesamtdrehmoment:	580 bei 1000/min
Literleistung (kW/l / PS/l):	81,8 / 111,2
Verdichtung:	10,5 : 1
maximaler Ladedruck (bar):	0,8
Ventilsteuerung:	dohc über Rollenkette, 4 Ventile pro Zylinder, Rollenschlepphebel
Gemischaufbereitung:	Benzin-Direkteinspritzung (DFI)
Motorsteuerung:	elektronische Motorsteuerung Bosch MED 17, E-Gas
Zündfolge:	1 - 4 - 3 - 6 - 2 - 5
Schmierung:	2-stufig geregelte Druckumlaufschmierung mit Naßsumpf
Ölmenge (l):	8,1

Kraftübertragung

Antrieb:	permanenter Allradantrieb mit Torsen-Verteilergetriebe, Momentenverteilung Vorderachse 40%, Hinterachse 60%
Tiptronic S:	8-Gang
Getriebe-Typ:	A 06/04
Übersetzungen:	
1. Gang:	4,919
2. Gang:	2,811
3. Gang:	1,844
4. Gang:	1,429
5. Gang:	1,207
6. Gang:	1,000
7. Gang:	0,827
8. Gang:	0,686
Rückwärtsgang:	4,024
Achsübersetzung Vorderachse:	3,273
Achsübersetzung Hinterachse:	3,273

Karosserie, Fahrwerk, Bremse, Räder und Reifen

Karosserie:	4-türige, 5-sitzige, selbsttragende SUV-Karosserie mit großer Heckklappe aus vollverzinktem Stahl, Stahl-Leichtbau-Türen, Motorhaube mit Powerdome, vordere Kotflügel und Heckklappe aus Aluminium, Bug- und Heckverkleidungen aus Kunststoff, große geteilte Heckleuchten, Dachspoiler
Sonderwunsch:	Schiebe-/Hubdach bzw. Panorama Dachsystem
Vorderradaufhängung:	Einzelradaufhängung, Aluminium-Groß-Basis-Doppelquerlenkerdachse, Federbeine mit Stahlschraubenfedern mit innenliegenden, hydraulischen Zweirohr-Gasdruckstoßdämpfern, Stabilisator
Sonderwunsch:	Luftfederung
Hinterradaufhängung:	Einzelradaufhängung, Mehrlenkerachse mit unterem Querlenker, zwei einzelne Lenker oben und Spurstange, Federbeine mit Stahlschraubenfedern mit innenliegenden, hydraulischen Zweirohr-Gasdruckstoßdämpfern, Stabilisator
Sonderwunsch:	Luftfederung
Bremse v/h (Durchm. x B (mm)):	innenbelüftete Scheiben (360 x 36) / innenbelüftete Scheiben (330 x 28) silberne 6-Kolben-Monobloc-Aluminium-Festsättel / silberne 4-Kolben-Monobloc-Aluminium-Festsättel
Sonderwunsch, ab MJ 2013/14: nur ab 19-Zoll-Rädern	Porsche Ceramic Composite Brake (PCCB) innenbelüftete gelochte Keramikfaser-Scheiben (390 x 38) / innenbelüftete gelochte Keramikfaser-Scheiben (370 x 30) gelbe 6-Kolben-Monobloc-Aluminium-Festsättel / gelbe 4-Kolben-Monobloc-Aluminium-Festsättel PSM mit ABS, rekuperationsfähiges Bremssystem
Räder v/h:	8 J x 18 – ET 53 / 8 J x 18 – ET 53
Reifen v/h:	255/55 R 18 109 Y XL / 255/55 R 18 109 Y XL
Sonderwunsch:	8,5 J x 19 – ET 59 / 8,5 J x 19 – ET 59
	265/50 R 19 110 Y XL / 265/50 R 19 110 Y XL
	9 J x 20 ET 57 / 9 J x 20 – ET 57
	275/40 R 20 110 Y XL / 275/40 R 20 110 Y XL
ab MJ 2013 auch:	9,5 J x 20 ET 47 / 9,5 J x 20 – ET 47
	275/40 R 20 110 Y XL / 275/40 R 20 110 Y XL
Sonderwunsch mit Radhausverbreiterung:	10 J x 21 – ET 50 / 10 J x 21 – ET 50 295/35 R 21 107 Y XL / 295/35 R 21 107 Y XL

Elektrik

Batterie (Ah/A):	92 / 520
ab MJ 2013/14:	75 / 420
Sonderwunsch:	105 / 580
ab MJ 2013/14:	92 / 580
Netzspannung Hochvoltanlage (V):	288
Batteriekapa. Hochvoltbatterie (Ah):	6
HV-Sicherheit:	GRSP-42-01
ab MJ 2013/14:	ECE-R100

Abmessungen, Gewichte und Volumen

Spurweite v/h (mm):	1655 / 1669
mit 9 J x 19 / 9 J x 19:	1643 / 1657
mit 9 J x 20 / 9 J x 20:	1647 / 1661
mit 9,5 J x 20 / 9,5 J x 20:	1667 / 1682
mit 10 J x 21 / 10 J x 21:	1661 / 1675
Radstand (mm):	2895
Maße (L x B x H (mm)):	4846 x 1939 x 1704, 1722*
mit 21-Zoll-Rädern:	4846 x 1954 x 1704, 1722*
Normalniveau Luftfederung, 18-Zoll:	4846 x 1939 x 1697, 1715*
Leergewicht nach DIN (kg):	2240
zul. Gesamtgewicht (kg):	2910
zul. Dachlast/Stützlast (kg):	100 / 140
zul. Anhängelast gebr./ungebr. (kg):	3500 / 750
Kofferraumvolumen (VDA (l)):	580
bei umgeklappten Rücksitzen:	1690
Tankvolumen (l):	85, davon 15 Reserve
Sonderwunsch:	100, davon 15 Reserve
C_W x A (m²):	0,36 x 2,80 = 1,008
Leistungsgewicht (kg/kW / kg/PS):	8,03 / 5,89
*mit Dachreling	

Kraftstoffverbrauch

nach Euro 5 im NEFZ (l/100 km):	95 ROZ Super bleifrei
Innerstädtisch:	8,7
Außerstädtisch:	7,9
Gesamt:	8,2
CO_2-Emissionen (g/km):	193

Fahrleistungen, Stückzahlen, Preise

Beschleunigung 0–100 km/h (s):	6,5
0–160 km/h (s):	16,5
Höchstgeschw. (km/h):	242
Stückzahl:	in Produktion, 10.463 bis Ende 2012
Listenpreise:	
02/2010:	Euro 78.636,-
01/2011:	Euro 78.993,-
06/2011:	Euro 81.016,-
03/2012:	Euro 81.016,-
04/2012:	Euro 81.849,-
10/2012:	Euro 81.849,-
05/2013:	Euro 83.039,-
03/2014:	Euro 83.039,-

Cayenne Diesel ab MJ 2011

Motor

Bauart:	6-Zylinder-V-Diesel-Motor, 90°, VTG-Abgasturbolader und Doppel-Ladeluftkühlung
Einbauposition:	Frontmotor
Kühlung:	wassergekühlt
Motor-Typ:	M 05/9E
ab MJ 2012:	CRCA
ab MJ 2012, Belgien, Norwegen:	CRCB
Hubraum (cm³):	2967
Bohrung x Hub:	83,0 x 91,4
Leistung (kW/PS bei 1/min):	176/240 bei 4000–4400
ab MJ 2012:	180/245 bei 3800–4400
Belgien, Norwegen:	155/211 bei 3000–4750
ab MJ 2012:	155/211 bei 2750–4400
Max. Drehzahl:	5100/min
ab MJ 2012:	4600/min
Drehmoment (Nm bei 1/min):	550 bei 2000–2250
ab MJ 2012:	550 bei 1750–2750
ab MJ 2012, Belgien, Norwegen:	550 bei 1750–2500
Literleistung (kW/l / PS/l):	59,3 / 80,9
ab MJ2012:	60,7 / 82,6
Belgien, Norwegen:	52,2 / 71,1
Verdichtung:	16,8 : 1
Turbolader, max. Ladedruck (bar):	Garret GTB 2260, 1,3
Ventilsteuerung:	2 dohc über Hülsenkette, 4 Ventile, Rollenschlepphebel mit hydraulischem Ventilspielausgleich, gebaute Nockenwelle mit Stahlnocken
Motormanagement:	Common-Rail-Einspritzsystem Bosch CP 4.2, 1800 bar mit Piezoinjektoren, Direkteinspritzung, 8-Loch-Düsen, Mengen-, Spritzbeginn-, Ladedruck-, AGR-Regelung, CAN-Bus, Bosch EDC 17 CP44
Zündfolge:	1 - 4 - 3 - 6 - 2 - 5
Schmierung:	Druckumlaufschmierung
Ölmenge (l):	8,3
ab MJ 2012:	9,3

Kraftübertragung

Antrieb:	permanenter Allradantrieb mit Torsen-Verteilergetriebe, Momentenverteilung Vorderachse 40%, Hinterachse 60%
Tiptronic S:	8-Gang
Getriebe-Typ:	A 59/04
Übersetzungen:	
1. Gang:	4,970
2. Gang:	2,840
3. Gang:	1,864
4. Gang:	1,437
5. Gang:	1,210
6. Gang:	1,000
7. Gang:	0,825
8. Gang:	0,686
Rückwärtsgang:	4,066
Achsübersetzung Vorderachse:	3,273
Achsübersetzung Hinterachse:	3,273

Karosserie, Fahrwerk, Bremse, Räder und Reifen

Karosserie:	4-türige, 5-sitzige, selbsttragende SUV-Karosserie mit großer Heckklappe aus vollverzinktem Stahl, Stahl-Leichtbau-Türen, Motorhaube mit Powerdome, vordere Kotflügel und Heckklappe aus Aluminium, Bug- und Heckverkleidungen aus Kunststoff, große geteilte Heckleuchten, Dachspoiler
Sonderwunsch:	Schiebe-/Hubdach bzw. Panorama Dachsystem
Vorderradaufhängung:	Einzelradaufhängung, Aluminium-Groß-Basis-Doppelquerlenkerdachse, Federbeine mit Stahlschraubenfedern mit innenliegenden, hydraulischen Zweirohr-Gasdruckstoßdämpfern, Stabilisator
Sonderwunsch:	Luftfederung
Hinterradaufhängung:	Einzelradaufhängung, Mehrlenkerachse mit unterem Querlenker, zwei einzelne Lenker oben und Spurstange, Federbeine mit Stahlschraubenfedern mit innenliegenden, hydraulischen Zweirohr-Gasdruckstoßdämpfern, Stabilisator
Sonderwunsch:	Luftfederung
Bremse v/h (Durchm. x B (mm)):	innenbelüftete Scheiben (350 x 34) / innenbelüftete Scheiben (330 x 28) schwarze 6-Kolben-Monobloc-Aluminium-Festsättel / schwarze 4-Kolben-Monobloc-Aluminium-Festsättel
Sonderwunsch:	Porsche Ceramic Composite Brake (PCCB)
nur ab 19-Zoll-Rädern	innenbelüftete gelochte Keramikfaser-Scheiben (390 x 38) / innenbelüftete gelochte Keramikfaser-Scheiben (370 x 30) gelbe 6-Kolben-Monobloc-Aluminium-Festsättel / gelbe 4-Kolben-Monobloc-Aluminium-Festsättel PSM mit ABS
Räder v/h:	8 J x 18 – ET 53 / 8 J x 18 – ET 53
Reifen v/h:	255/55 R 18 109 Y XL / 255/55 R 18 109 Y XL
Sonderwunsch:	8,5 J x 19 – ET 59 / 8,5 J x 19 – ET 59 265/50 R 19 110 Y XL / 265/50 R 19 110 Y XL 9 J x 20 ET 57 / 9 J x 20 – ET 57 275/40 R 20 110 Y XL / 275/40 R 20 110 Y XL
ab MJ 2013 auch:	9,5 J x 20 ET 47 / 9,5 J x 20 – ET 47 275/40 R 20 110 Y XL / 275/40 R 20 110 Y XL
Sonderwunsch mit Radhausverbreiterung:	10 J x 21 – ET 50 / 10 J x 21 – ET 50 295/35 R 21 107 Y XL / 295/35 R 21 107 Y XL

Elektrik

Lichtmaschinenleistung (W/A):	3080 / 220
Batterie (Ah/A):	92 / 520
Sonderwunsch:	105 / 580

Abmessungen, Gewichte und Volumen

Spurweite v/h (mm):	1655 / 1669
mit 9 J x 19 / 9 J x 19:	1643 / 1657
mit 9 J x 20 / 9 J x 20:	1647 / 1661
mit 9,5 J x 20 / 9,5 J x 20:	1667 / 1682
mit 10 J x 21 / 10 J x 21:	1661 / 1675
Radstand (mm):	2895
Maße (L x B x H (mm)):	4846 x 1939 x 1701, 1719*
mit 21-Zoll-Rädern:	4846 x 1954 x 1701, 1719*
Normalniveau Luftfederung, 18-Zoll:	4846 x 1939 x 1699, 1717*
Leergewicht nach DIN (kg):	2100
ab MJ 2012:	2080
zul. Gesamtgewicht (kg):	2860
ab MJ 2012:	2840
zul. Dachlast/Stützlast (kg):	100 / 140
zul. Anhängelast gebr./ungebr. (kg):	3500 / 750
Kofferraumvolumen (VDA (l)):	670
bei umgeklappten Rücksitzen:	1780
Tankvolumen (l):	85, davon 15 Reserve
Sonderwunsch:	100, davon 15 Reserve
C_W x A (m²):	0,36 x 2,80 = 1,008
Leistungsgewicht (kg/kW / kg/PS):	11,93 / 8,75
ab MJ 2012:	11,56 / 8,49
Belgien, Norwegen:	13,54 / 9,95
ab MJ 2012:	13,42 / 9,86
***mit Dachreling**	

Kraftstoffverbrauch

nach Euro 5 im NEFZ (l/100 km): *kein Bio-Diesel	Diesel nach DIN EN 590*	ab MJ 2012
Innerstädtisch:	8,8	8,4
Außerstädtisch:	6,5	6,5
Gesamt:	7,4	7,2
CO_2-Emissionen (g/km):	195	189

Fahrleistungen, Stückzahlen, Preise

		Belgien, Norwegen
Beschleunigung 0–100 km/h (s):	7,8	8,5
MJ 2012:	7,6	8,5
0–160 km/h (s):	20,2	23,2
MJ 2012:	20,0	23,2
Höchstgeschw. (km/h):	218	209
MJ 2012:	220	209

Stückzahl:	in Produktion, 47.343 bis Ende 2012
Belgien, Norwegen:	in Produktion, 1.416 bis Ende 2012

Listenpreise:	
02/2010:	Euro 59.596,-
01/2011:	Euro 59.834,-
06/2011:	Euro 61.381,-
03/2012:	Euro 61.381,-
04/2012:	Euro 61.976,-
10/2012:	Euro 61.976,-
05/2013:	Euro 62.928,-
03/2014:	Euro 62.928,-

Cayenne Turbo mit Leistungssteigerung ab MJ 2012

Motor

Bauart:	8-Zylinder-V-Motor, 90°, Bi-Turboaufladung und Ladeluftkühlung
Einbauposition:	Frontmotor
Kühlung:	wassergekühlt
Motor-Typ:	M 48/52 S
Hubraum (cm³):	4806
Bohrung x Hub:	96 x 83
Leistung (kW/PS):	397/540 bei 6000/min
Max. Drehzahl:	6700/min
Drehmoment (Nm):	750 bei 2250–4500/min
Literleistung (kW/l / PS/l):	82,6 / 112,4
Verdichtung:	10,5 : 1
maximaler Ladedruck (bar):	1,0
Ventilsteuerung:	dohc über Doppelkette, 4 Ventile pro Zylinder, Vario-Cam Plus, hydr. Tasselstößeltrieb mit Einlaßventil-hubumschaltung
Gemischaufbereitung:	Benzin-Direkteinspritzung (DFI)
Motorsteuerung:	elektronische Motorsteuerung Siemens EMS SDI 8 E-Gas
Zündfolge:	1 - 3 - 7 - 2 - 6 - 5 - 4 - 8
Schmierung:	Integrierte Trockensumpfschmierung
Ölmenge (l):	10,55

Kraftübertragung

Antrieb:	permanenter Allradantrieb Hang-On-Prinzip, Porsche Traction Management (PTM) mit elektronisch geregelter Lamellenkupplung
Tiptronic S:	8-Gang
Getriebe-Typ:	A 48/54
Übersetzungen:	
1. Gang:	4,919
2. Gang:	2,811
3. Gang:	1,844
4. Gang:	1,429
5. Gang:	1,207
6. Gang:	1,000
7. Gang:	0,827
8. Gang:	0,686
Rückwärtsgang:	4,024
Achsübersetzung Vorderachse:	2,583
Achsübersetzung Hinterachse:	2,917

Karosserie, Fahrwerk, Bremse, Räder und Reifen

Karosserie:	4-türige, 5-sitzige, selbsttragende SUV-Karosserie mit großer Heckklappe aus vollverzinktem Stahl, Stahl-Leichtbau-Türen, Motorhaube mit großem Powerdome, vordere Kotflügel und Heckklappe aus Aluminium, Bug- und Heckverkleidungen aus Kunststoff, große geteilte Heckleuchten, Dachspoiler
Sonderwunsch:	Schiebe-/Hubdach bzw. Panorama Dachsystem
Vorderradaufhängung:	Einzelradaufhängung, Aluminium-Groß-Basis-Doppelquerlenkerdachse, Luftfederung, Stabilisator
Hinterradaufhängung:	Einzelradaufhängung, Mehrlenkerachse mit unterem Querlenker, zwei einzelne Lenker oben und Spurstange, Luftfederung, Stabilisator
Bremse v/h (Durchm. x B (mm)):	innenbelüftete Scheiben (390 x 38) / innenbelüftete Scheiben (358 x 28) rote 6-Kolben-Monobloc-Aluminium-Festsättel / rote 4-Kolben-Monobloc-Aluminium-Festsättel
Sonderwunsch: nur mit 20- oder 21-Zoll-Rädern	Porsche Ceramic Composite Brake (PCCB) innenbelüftete gelochte Keramikfaser-Scheiben (420 x 40) / innenbelüftete gelochte Keramikfaser-Scheiben (370 x 30) gelbe 6-Kolben-Monobloc-Aluminium-Festsättel / gelbe 4-Kolben-Monobloc-Aluminium-Festsättel
Räder v/h:	8,5 J x 19 – ET 59 / 8,5 J x 19 – ET 59
Reifen v/h:	265/50 R 19 110 Y XL / 265/50 R 19 110 Y XL
alternativ:	275/45 R 19 108 Y XL / 275/45 R 19 108 Y XL
Sonderwunsch:	9 J x 20 ET 57 / 9 J x 20 – ET 57 275/40 R 20 110 Y XL / 275/40 R 20 110 Y XL
Sonderwunsch mit Radhausverbreiterung:	10 J x 21 – ET 50 / 10 J x 21 – ET 50 295/35 R 21 107 Y XL / 295/35 R 21 107 Y XL

Elektrik

Lichtmaschinenleistung (W/A):	2660 / 190
Batterie (Ah/A):	92 / 520
Sonderwunsch:	105 / 580

Abmessungen, Gewichte und Volumen

Spurweite v/h (mm):	1643 / 1657
mit 9 J x 20 / 9 J x 20:	1647 / 1661
mit 10 J x 21 / 10 J x 21:	1661 / 1675
Radstand (mm):	2895
Maße (L x B x H (mm)):	4846 x 1939 x 1702, 1721*
mit 21-Zoll-Rädern:	4846 x 1954 x 1702, 1721*
Leergewicht nach DIN (kg):	2170
zul. Gesamtgewicht (kg):	2880
zul. Dachlast/Stützlast (kg):	100 / 140
zul. Anhängelast gebr./ungebr. (kg):	3500 / 750
Kofferraumvolumen (VDA (l)):	670
bei umgeklappten Rücksitzen:	1780
Tankvolumen (l):	100, davon 15 Reserve
C_W x A (m²):	0,36 x 2,79 = 1,004
Leistungsgewicht (kg/kW / kg/PS):	5,47 / 4,02
***mit Dachreling**	

Kraftstoffverbrauch

nach Euro 5 im NEFZ (l/100 km):	98 ROZ Super plus bleifrei
Innerstädtisch:	14,5
Außerstädtisch:	8,4
Gesamt:	11,5
CO_2-Emissionen (g/km):	270

Fahrleistungen, Stückzahlen, Preise

Beschleunigung 0–100 km/h (s):	4,6
0–160 km/h (s):	10,3
Höchstgeschw. (km/h):	281
Stückzahl:	n/a
Listenpreis:	
06/2011:	Euro 135.434,70
03/2012:	Euro 135.434,70
04/2012:	Euro 136.654,70
12/2012:	Euro 136.654,70
05/2013:	Euro 138.528,70
03/2014:	Euro 138.528,70

Cayenne GTS ab MJ 2012

Motor

Bauart:	8-Zylinder-V-Motor, 90° - Saugrohrlängenumschaltung
Einbauposition:	Frontmotor
Kühlung:	wassergekühlt
Motor-Typ:	M 48/02 G (M 48/02 GV)*
Hubraum (cm³):	4806
Bohrung x Hub:	96 x 83
Leistung (kW/PS):	309/420 bei 6500/min
Max. Drehzahl:	6700/min
Drehmoment (Nm):	515 bei 3500/min
Literleistung (kW/l / PS/l):	64,3 / 87,4
Verdichtung:	12,5 : 1
definierte Schlechtkraftstoffländer:	11,5 : 1
Ventilsteuerung:	dohc über Doppelkette, 4 Ventile pro Zylinder, VarioCam Plus, hydr. Tasselstößeltrieb mit Einlaßventilhubumschaltung
Gemischaufbereitung:	Benzin-Direkteinspritzung (DFI)
Motorsteuerung:	elektronische Motorsteuerung Siemens EMS SDI 8, E-Gas
Zündfolge:	1 - 3 - 7 - 2 - 6 - 5 - 4 - 8
Schmierung:	Integrierte Trockensumpfschmierung
Ölmenge (l):	10,55
***in definierten Schlechtkraftstoffländern**	

Kraftübertragung

Antrieb:	permanenter Allradantrieb Hang-On-Prinzip, Porsche Traction Management (PTM) mit elektronisch geregelter Lamellenkupplung
Tiptronic S:	8-Gang
Getriebe-Typ:	A 48/04
Übersetzungen:	
1. Gang:	4,970
2. Gang:	2,840
3. Gang:	1,864
4. Gang:	1,437
5. Gang:	1,210
6. Gang:	1,000
7. Gang:	0,825
8. Gang:	0,686
Rückwärtsgang:	4,066
Achsübersetzung Vorderachse:	3,273
Achsübersetzung Hinterachse:	3,700

Karosserie, Fahrwerk, Bremse, Räder und Reifen

Karosserie:	4-türige, 5-sitzige, selbsttragende SUV-Karosserie mit großer Heckklappe aus vollverzinktem Stahl, Stahl-Leichtbau-Türen, Motorhaube mit Powerdome, vordere Kotflügel und Heckklappe aus Aluminium, Radhausverbreiterungen vorne und hinten, Bug- und Heckverkleidungen aus Kunststoff, große geteilte Heckleuchten, Dachspoiler
Sonderwunsch:	Schiebe-/Hubdach bzw. Panorama Dachsystem
Vorderradaufhängung:	Einzelradaufhängung, Aluminium-Groß-Basis-Doppelquerlenkerdachse, Federbeine mit Stahlschraubenfedern mit innenliegenden, hydraulischen Zweirohr-Gasdruckstoßdämpfern, Stabilisator, 24 Millimeter tiefergelegt, PASM
Sonderwunsch:	Luftfederung mit 20 Millimeter tiefergelegtem Normalniveau
Hinterradaufhängung:	Einzelradaufhängung, Mehrlenkerachse mit unterem Querlenker, zwei einzelne Lenker oben und Spurstange, Federbeine mit Stahlschraubenfedern mit innenliegenden, hydraulischen Zweirohr-Gasdruckstoß-dämpfern, Stabilisator, 24 Millimeter tiefergelegt, PASM
Sonderwunsch:	Luftfederung mit 20 Millimeter tiefergelegtem Normalniveau
Bremse v/h (Durchm. x B (mm)):	innenbelüftete Scheiben (360 x 36) / innenbelüftete Scheiben (330 x 28) rote 6-Kolben-Monobloc-Aluminium-Festsättel / rote 4-Kolben-Monobloc-Aluminium-Festsättel
Sonderwunsch, ab MJ 2013/14:	Porsche Ceramic Composite Brake (PCCB) innenbelüftete gelochte Keramikfaser-Scheiben (420 x 40) / innenbelüftete gelochte Keramikfaser-Scheiben (370 x 30) gelbe 6-Kolben-Monobloc-Aluminium Festsättel / gelbe 4-Kolben-Monobloc-Aluminium-Festsättel
Räder v/h:	9,5 J x 20 ET 47 / 9,5 J x 20 – ET 47
Reifen v/h:	275/40 R 20 110 Y XL / 275/40 R 20 110 Y XL

Elektrik

Lichtmaschinenleistung (W/A):	2660 / 190
Batterie (V/Ah):	12 / 95

Abmessungen, Gewichte und Volumen

Spurweite v/h (mm):	1660 / 1678
mit 10 J x 21 / 10 J x 21:	1654 / 1672
Radstand (mm):	2895
Maße (L x B x H (mm)):	4846 x 1954 x 1688, 1708*
Normalniveau Luftfederung:	4846 x 1954 x 1685, 1705*
Leergewicht nach DIN (kg):	2085
zul. Gesamtgewicht (kg):	2840
zul. Dachlast/Stützlast (kg):	100 / 140
zul. Anhängelast gebr./ungebr. (kg):	3500 / 750
Kofferraumvolumen (VDA (l)):	670
bei umgeklappten Rücksitzen:	1780
Tankvolumen (l):	85, davon 15 Reserve
Sonderwunsch:	100, davon 15 Reserve
C_W x A (m²):	0,37 x 2,83 = 1,047
Leistungsgewicht (kg/kW / kg/PS):	6,75 / 4,96
***mit Dachreling**	

Kraftstoffverbrauch

nach Euro 5 im NEFZ (l/100 km):	98 ROZ Super plus bleifrei	
Innerstädtisch:	14,8	15,8*
Außerstädtisch:	8,5	8,9*
Gesamt:	10,7	11,4*
CO_2-Emissionen (g/km):	251	266*
***in definierten Schlechtkraftstoffländern**		

Fahrleistungen, Stückzahlen, Preise

Beschleunigung 0–100 km/h (s):	5,7
0–160 km/h (s):	13,3
Höchstgeschw. (km/h):	261
Stückzahl:	in Produktion, 7.282 bis Ende 2012
Listenpreise:	
04/2012:	Euro 90.774,-
10/2012:	Euro 90.774,-
05/2013:	Euro 92.202,-
03/2014:	Euro 92.202,-

Cayenne S Diesel ab MJ 2013

Motor

Bauart:	8-Zylinder-V-Diesel-Motor, 90°, VTG-Abgasturbolader und Doppel-Ladeluftkühlung
Einbauposition:	Frontmotor
Kühlung:	wassergekühlt
Motor-Typ:	CUDB
Hubraum (cm³):	4134
Bohrung x Hub:	83,0 x 95,5
Leistung (kW/PS bei 1/min):	281/382 bei 3750
Max. Drehzahl:	4600/min
Drehmoment (Nm bei 1/min):	850 bei 2000–2750
Literleistung (kW/l / PS/l):	70,0 / 92,4
Verdichtung:	16,4 : 1
Turbolader, max. Ladedruck (bar):	Garret ATL mit verstellbaren Leitschaufeln (VTG), 1,9
Ventilsteuerung:	2 dohc über Hülsenkette, 4 Ventile, Rollenschlepphebel mit hydraulischem Ventilspielausgleich, gebaute Nockenwelle mit Stahlnocken
Motormanagement:	Common-Rail-Einspritzsystem Bosch CP 4.2, 2000 bar mit Piezoinjektoren, Direkteinspritzung, 8-Loch-Düsen, Mengen-, Spritzbeginn-, Ladedruck-, AGR-Regelung, CAN-Bus, Bosch EDC 17 CP44
Zündfolge:	1 - 5 - 4 - 8 - 6 – 3 – 7 – 2
Schmierung:	Druckumlaufschmierung
Ölmenge (l):	10,2

Kraftübertragung

Antrieb:	permanenter Allradantrieb Hang-On-Prinzip, Porsche Traction Management (PTM) mit elektronisch geregelter Lamellenkupplung
Tiptronic S:	8-Gang
Getriebe-Typ:	A 48/54
ab MJ2013/14 (E-Programm):	A 57/04
Übersetzungen:	
1. Gang:	4,919
2. Gang:	2,811
3. Gang:	1,844
4. Gang:	1,429
5. Gang:	1,207
6. Gang:	1,000
7. Gang:	0,827
8. Gang:	0,686
Rückwärtsgang:	4,024
Achsübersetzung Vorderachse:	2,583
Achsübersetzung Hinterachse:	2,917

Karosserie, Fahrwerk, Bremse, Räder und Reifen

Karosserie:	4-türige, 5-sitzige, selbsttragende SUV-Karosserie mit großer Heckklappe aus vollverzinktem Stahl, Stahl-Leichtbau-Türen, Motorhaube mit Powerdome, vordere Kotflügel und Heckklappe aus Aluminium, Bug- und Heckverkleidungen aus Kunststoff, große geteilte Heckleuchten, Dachspoiler
Sonderwunsch:	Schiebe-/Hubdach bzw. Panorama Dachsystem
Vorderradaufhängung:	Einzelradaufhängung, Aluminium-Groß-Basis-Doppelquerlenkerdachse, Federbeine mit Stahlschraubenfedern mit innenliegenden, hydraulischen Zweirohr-Gasdruckstoßdämpfern, Stabilisator
Sonderwunsch:	Luftfederung
Hinterradaufhängung:	Einzelradaufhängung, Mehrlenkerachse mit unterem Querlenker, zwei einzelne Lenker oben und Spurstange, Federbeine mit Stahlschraubenfedern mit innenliegenden, hydraulischen Zweirohr-Gasdruckstoßdämpfern, Stabilisator
Sonderwunsch:	Luftfederung
Bremse v/h (Durchm. x B (mm)):	innenbelüftete Scheiben (360 x 36) / innenbelüftete Scheiben (330 x 28) silberne 6-Kolben-Monobloc-Aluminium-Festsättel / silberne 4-Kolben-Monobloc-Aluminium-Festsättel
Sonderwunsch: nur ab 19-Zoll-Rädern	Porsche Ceramic Composite Brake (PCCB) innenbelüftete gelochte Keramikfaser-Scheiben (390 x 38) / innenbelüftete gelochte Keramikfaser-Scheiben (370 x 30) gelbe 6-Kolben-Monobloc-Aluminium-Festsättel / gelbe 4-Kolben-Monobloc-Aluminium-Festsättel PSM mit ABS
Räder v/h:	8 J x 18 – ET 53 / 8 J x 18 – ET 53
Reifen v/h:	255/55 R 18 109 Y XL / 255/55 R 18 109 Y XL
Sonderwunsch:	8,5 J x 19 – ET 59 / 8,5 J x 19 – ET 59 265/50 R 19 110 Y XL / 265/50 R 19 110 Y XL 9 J x 20 ET 57 / 9 J x 20 – ET 57 275/40 R 20 110 Y XL / 275/40 R 20 110 Y XL
Sonderwunsch mit Radhausverbreiterung:	10 J x 21 – ET 50 / 10 J x 21 – ET 50 295/35 R 21 107 Y XL / 295/35 R 21 107 Y XL

Elektrik

Lichtmaschinenleistung (W/A):	2660 / 190
Batterie (Ah/A):	92 / 520
Sonderw., ab MJ 2013/14* Serie:	105 / 580
***(E-Programm)**	

Abmessungen, Gewichte und Volumen

Spurweite v/h (mm):	1655 / 1669
mit 9 J x 19 / 9 J x 19:	1643 / 1657
mit 9 J x 20 / 9 J x 20:	1647 / 1661
mit 10 J x 21 / 10 J x 21:	1661 / 1675
Radstand (mm):	2895
Maße (L x B x H (mm)):	4846 x 1939 x 1701,1719*
mit 21-Zoll-Rädern:	4846 x 1954 x 1701,1719*
Normalniveau Luftfederung, 18-Zoll:	4846 x 1939 x 1699, 1717*
Leergewicht nach DIN (kg):	2195
zul. Gesamtgewicht (kg):	2935
zul. Dachlast/Stützlast (kg):	100 / 140
zul. Anhängelast gebr./ungebr. (kg):	3500 / 750
Kofferraumvolumen (VDA (l)):	670
bei umgeklappten Rücksitzen:	1780
Tankvolumen (l):	85, davon 15 Reserve
Sonderwunsch:	100, davon 15 Reserve
C_W x A (m²):	0,36 x 2,80 = 1,008
Leistungsgewicht (kg/kW / kg/PS):	7,81 / 5,75
***mit Dachreling**	

Kraftstoffverbrauch

nach Euro 5 im NEFZ (l/100 km):	Diesel nach DIN EN 590*
Innerstädtisch:	10,0
Außerstädtisch:	7,3
Gesamt:	8,3
CO_2-Emissionen (g/km):	234
***kein Bio-Diesel**	

Fahrleistungen, Stückzahlen, Preise

Beschleunigung 0–100 km/h (s):	5,7
0–160 km/h (s):	13,8
Höchstgeschw. (km/h):	252
Stückzahl:	in Produktion, 356 bis Ende 2012
Listenpreise:	
10/2012:	Euro 77.684,-
05/2013:	Euro 78.874,-
03/2014:	Euro 78.874,-

Cayenne Turbo S ab MJ 2013/14

Motor

Bauart:	8-Zylinder-V-Motor, 90°, Bi-Turboaufladung und Ladeluftkühlung
Einbauposition:	Frontmotor
Kühlung:	wassergekühlt
Motor-Typ:	M 48/52 T
Hubraum (cm³):	4806
Bohrung x Hub:	96 x 83
Leistung (kW/PS):	405/550 bei 6000/min
Max. Drehzahl:	6700/min
Drehmoment (Nm):	750 bei 2250–4500/min
Literleistung (kW/l / PS/l):	84,3 / 114,4
Verdichtung:	10,5 : 1
maximaler Ladedruck (bar):	1,0
Ventilsteuerung:	dohc über Doppelkette, 4 Ventile pro Zylinder, Vario-Cam Plus, hydr. Tasselstoßeltrieb mit Einlaß-ventilhubumschaltung
Gemischaufbereitung:	Benzin-Direkteinspritzung (DFI)
Motorsteuerung:	elektronische Motorsteuerung Siemens EMS SDI 8 E-Gas
Zündfolge:	1 - 3 - 7 - 2 - 6 - 5 - 4 - 8
Schmierung:	Integrierte Trockensumpfschmierung
Ölmenge (l):	10,55

Kraftübertragung

Antrieb:	permanenter Allradantrieb Hang-On-Prinzip, Porsche Traction Management (PTM) mit elektronisch geregelter Lamellenkupplung
Tiptronic S:	8-Gang
Getriebe-Typ:	A 48/54
Übersetzungen:	
1. Gang:	4,919
2. Gang:	2,811
3. Gang:	1,844
4. Gang:	1,429
5. Gang:	1,207
6. Gang:	1,000
7. Gang:	0,827
8. Gang:	0,686
Rückwärtsgang:	4,024
Achsübersetzung Vorderachse:	2,583
Achsübersetzung Hinterachse:	2,917

Karosserie, Fahrwerk, Bremse, Räder und Reifen

Karosserie:	4-türige, 5-sitzige, selbsttragende SUV-Karosserie mit großer Heckklappe aus vollverzinktem Stahl, Stahl-Leichtbau-Türen, Motorhaube mit großem Powerdome, vordere Kotflügel und Heckklappe aus Aluminium, Bug- und Heckverkleidungen aus Kunststoff, Radhausverbreiterungen vorne und hinten, große geteilte Heckleuchten, Dachspoiler
Vorderradaufhängung:	Einzelradaufhängung, Aluminium-Groß-Basis-Doppelquerlenkerdachse, Luftfederung, Stabilisator
Hinterradaufhängung:	Einzelradaufhängung, Mehrlenkerachse mit unterem Querlenker, zwei einzelne Lenker oben und Spurstange, Luftfederung, Stabilisator
Bremse v/h (Durchm. x B (mm)):	innenbelüftete Scheiben (390 x 38) / innenbelüftete Scheiben (358 x 28) rote 6-Kolben-Monobloc-Aluminium-Festsättel / rote 4-Kolben-Monobloc-Aluminium-Festsättel
Sonderwunsch:	Porsche Ceramic Composite Brake (PCCB) innenbelüftete gelochte Keramikfaser-Scheiben (420 x 40) / innenbelüftete gelochte Keramikfaser-Scheiben (370 x 30) gelbe 6-Kolben-Monobloc-Aluminium-Festsättel / gelbe 4-Kolben-Monobloc-Aluminium-Festsättel
Räder v/h:	10 J x 21 – ET 50 / 10 J x 21 – ET 50
Reifen v/h:	295/35 R 21 107 Y XL / 295/35 R 21 107 Y XL

Elektrik

Lichtmaschinenleistung (W/A):	2660 / 190
Batterie (Ah/A):	92 / 520
Sonderwunsch:	105 / 580

Abmessungen, Gewichte und Volumen

Spurweite v/h (mm):	1661 / 1675
Radstand (mm):	2895
Maße (L x B x H (mm)):	4846 x 1954 x 1702, 1721*
Leergewicht nach DIN (kg):	2215
zul. Gesamtgewicht (kg):	2880
zul. Dachlast/Stützlast (kg):	100 / 140
zul. Anhängelast gebr./ungebr. (kg):	3500 / 750
Kofferraumvolumen (VDA (l)):	670
bei umgeklappten Rücksitzen:	1780
Tankvolumen (l):	100, davon 15 Reserve
C_W x A (m²):	0,36 x 2,83 = 1,019
Leistungsgewicht (kg/kW / kg/PS):	5,47 / 4,03
*mit Dachreling	

Kraftstoffverbrauch

nach Euro 5 im NEFZ (l/100 km):	98 ROZ Super plus bleifrei
Innerstädtisch:	15,8
Außerstädtisch:	8,4
Gesamt:	11,5
CO_2-Emissionen (g/km):	270

Fahrleistungen, Stückzahlen, Preise

Beschleunigung 0–100 km/h (s):	4,4
0–160 km/h (s):	9,9
Höchstgeschw. (km/h):	283
Stückzahl:	in Produktion, 305 bis Ende 2012
Listenpreis:	
10/2012:	Euro 151.702,-
05/2013:	Euro 151.702,-
03/2014:	Euro 151.702,-

Porsche Carrera GT

Der Startschuß zur Entwicklung des Carrera GT fällt schon im Februar 1999. Nur 18 Monate vergehen bis zur Fertigstellung des Ausstellungsfahrzeugs. Am 28. September 2000 präsentiert Porsche unter großem Beifall auf dem Pariser Automobilsalon eine seriennahe Studie eines offenen Hochleistungssportwagens. Der Carrera GT basiert in seiner Konstruktion auf purer Renntechnik. Das gilt für das Chassis und das Fahrwerk, aber auch für den 10-Zylinder-Saugmotor, der direkt von einem ursprünglich für Le Mans konzipierten Rennaggregat abgeleitet worden ist. Dieser soll aus 5,5 Litern Hubraum 558 PS und 600 Newtonmeter Drehmoment leisten. Genug für eine Beschleunigung von unter 10 Sekunden von 0 auf 200 km/h und einer Höchstgeschwindigkeit von 330 Kilometern pro Stunde. Selbstverständlich ist der Carrera GT voll fahrbereit. Walter Röhrl pilotiert den Wagen in Paris über die Champs-d'Elysées zum Louvre. Anfang Januar 2002 gibt Dr. Wendelin Wiedeking, Vorstandsvorsitzender der Porsche AG, auf der Detroit Motorshow bekannt, daß der Carrera GT in einer Stückzahl von rund 1.000 Exemplaren gebaut werden soll. Die Markteinführung ist für den Herbst 2003 geplant.

Beim Carrera GT setzt Porsche modernste rennwagenspezifische Konstruktions- und Fertigungsmethoden ein. Ziel des Fahrzeugkonzepts ist es, den unverfälschten Charakter eines Rennfahrzeugs für ein straßenzugelassenes Fahrzeug so zu kultivieren, daß dabei ein maximaler Fahrspaß erreicht wird. Bei der Konstruktion des Fahrzeugs stehen niedriges Gewicht, hohe Verwindungssteifgkeit und ein möglichst niedriger Fahrzeugschwerpunkt im Mittelpunkt.

Schon das Exterieur-Design des offenen Zweisitzers zeigt unverkennbar, ein Porsche. Vorne erinnert der Carrera GT ein wenig an die legendären Porsche 718 RSK Spyder der späten 50er Jahre. Im Bugteil sind drei große Kühlöffnungen eingelassen. Hinter Kunststoffklarglasstreuscheiben sitzen die Bi-Xenon-Lichtmodule für Fern- und Abblendlicht sowie die Blinkleuchten. Seitlich fällt der durch die Mittelmotorbauweise bedingte lange Radstand und der kurze hintere Überhang auf. Die Türen

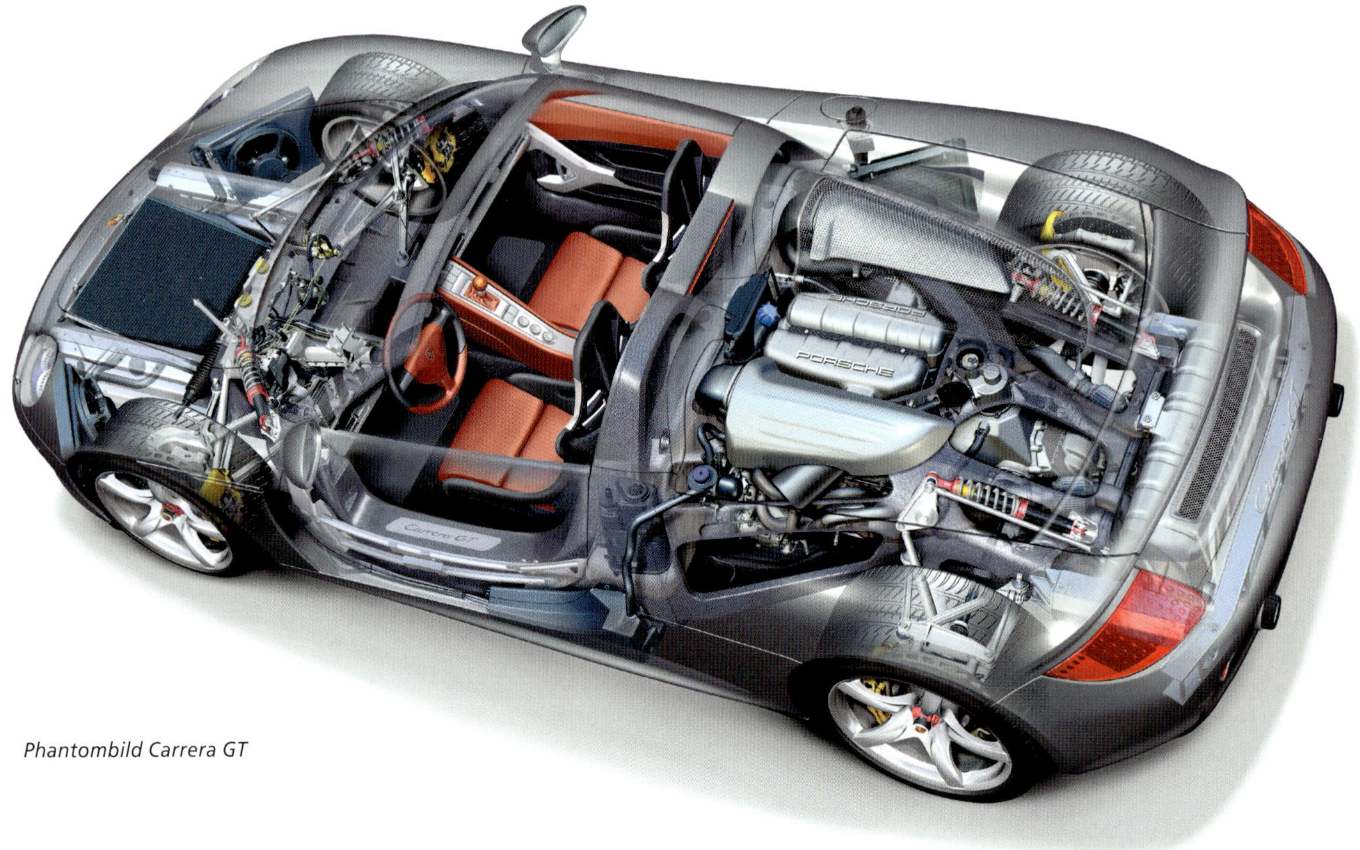

Phantombild Carrera GT

V10-Zylinder-Motor mit 5,7 Liter Hubraum des Carrera GT

sind von der Fahrzeugflanke weg nach innen versetzt angeordnet, um innen Platz für die vordere Radhausentlüftung und die hinteren Kühlöffnungen zu erhalten. Die ovalen Außenspiegel sitzen auf v-förmigen Streben. Hinter den Sitzen sind zwei über einen Quersteg verbundene Überrollbügel integriert. Dazwischen spannt sich die dreigeteilte Heckscheibe aus leichtem Polycarbonat, die beim Offenfahren gleichzeitig die Funktion eines Windschotts übernimmt. Die beiden leichten Dachhälften aus Cfk-Honeycomb können zum Offenfahren abgenommen und vorne im Kofferraum verstaut werden. Unter der Abdekkung mit den beiden Höckern sitzt der in Längsrichtung eingebaute Motor. Am Heck fällt das markante Heckflügelprofil auf. Das Flügelmittelteil fährt über eine elektronisch gesteuerte Hydraulik bei 120 km/h in weniger als 5 Sekunden um 160 Millimeter nach oben und fährt bei 80 km/h wieder automatisch in die Ausgangsposition zurück. Über dem Heckdiffusor ist eine schwarze Kohlefaserblende angeordnet. Durch diese münden links und rechts neben der Nummerntafel die Auspuffendrohre ins Freie. Jeweils außen ist auf der linken Seite die Nebelschlußleuchte und auf der rechten Seite der Rückfahrscheinwerfer eingebaut. Die Heckleuchten sind mit LEDs (Light Emitting Diode) bestückt. Der Vorteil der LEDs besteht darin, daß sie eine kurze Ansprechzeit und eine lange Lebensdauer haben.

Auch in der Wahl der verwendeten Materialien geht Porsche technisch anspruchsvolle Wege. Die Karosserie wird nach einem im Rennsport üblichen Monocoque aus Kohlefaser-Sandwich-Material konstruiert. Erstmals wird auch der Aggregateträger in dieser Technik hergestellt. Das Chassis aus CfK, bestehend aus Monocoque, Windschutzscheibenrahmen und Überrollbügeln, ist mit dem in CfK-Honeycomb-Bauweise gefertigten Aggregateträger als tragender Strukturverbund verschraubt. Front- und Heckdeckel, die Fondseitenteile, Schwellerblenden und die Türen mit integriertem Aufprallschutz sind aus kohlefaserverstärktem Kunststoff (CfK) gefertigt. Bug- und Heckverkleidungen sind aus verformbarem Kunststoff hergestellt.

Der V10-Saugmotor des Carrera GT ist ursprünglich für den Einsatz in Le Mans entwickelt worden. Für den Carrera GT wird der Hubraum durch eine größere Bohrung von 5,5 auf 5,7 Liter

angehoben und der Zylinderwinkel mit 68 Grad optimiert. Die Verdichtung ist mit 12,0 : 1 sehr hoch. Die Höchstleistung von 612 PS (450 kW) erreicht der V10 bei 8.000/min, das maximale Drehmoment von 590 Nm bei 5.750/min. Die Zylinderlaufbahnen sind mit Nikasil beschichtet, die Pleuel aus Titan gefertigt. Die Trockensumpfschmierung arbeitet mit 10 Ölpumpen: Eine Druckölpumpe und 9 Ölabsaugpumpen. Das VarioCam steuert die Einlaßnockenwelle kontinuierlich über einen Verstellbereich von 40 Grad. Zwei Steuergeräte der Motronic ME 7.1.1 werden als Master-Slave-Konfiguration angeordnet.
Während der Motor längs eingebaut ist, ist das speziell für den Carrera GT entwickelte Getriebe quer eingebaut, um möglichst nahe an der Hinterachse zu sein. Das 6-Gang-Schaltgetriebe ist kompakt, hat einen tiefen Schwerpunkt und ist sehr leistungsfähig. Als weltweit erstes Fahrzeug hat der Carrera GT eine Zwei-Scheiben-Keramik-Kupplung. Die Porsche Ceramic Composite Clutch (PCCC) hat einem Durchmesser von nur 169 Millimeter.
Aufgrund der Fahrwerksabstimmung, die kompromißlos auf Fahrdynamik ausgelegt ist, erhalten alle Carrera GT weltweit die gleiche Abstimmung. Die Einzelradaufhängung der Vorderachse ist als Doppelquerlenker-Pushrod-Achse aus Aluminium konstruiert. Die progressiven Schraubenfedern sind mit den federtragenden Gasdruckdämpfern in einer Leichtbaueinheit zusammengefaßt. Hinten sind die Räder ebenfalls einzeln an einer Aluminium-Doppelquerlenker-Pushrod-Achse geführt. Die federtragenden Gasdruckdämpfer in Leichtbauweise sind mit den progressiven Schraubenfedern als eine Einheit montiert. Die Betätigung der Stabilisatoren über Pushrods und Umlenkhebel ermöglichen eine direkte Wegübersetzung zwischen Rad und Stabilisator und somit eine gewichtsgünstige Auslegung des Stabilisators.
Der Carrera GT ist mit einer weiterentwickelten Porsche 380-Millimeter-Ceramic Composite Brake (PCCB) ausgerüstet. Die gelochten 380-Millimeter-Keramikfaser-Bremsscheiben sind innen von evolventenförmigen Kühlkanälen durchzogen. Die Keramikfaserscheiben zeichnen sich durch ein um 50 Prozent geringeres Gewicht und eine höhere Lebensdauer der Bremsscheiben im Vergleich zu Grauguß aus. An der Vorder- und Hinterachse sind 6-Kolben-Aluminium-Monobloc-Festsättel montiert. Die Handbremse greift über zusätzliche Faustsättel an den hinteren Bremsscheiben. Ein 4-Kanal-ABS 5.7 verhindert zuverlässig das Blockieren der Räder bei einer Vollbremsung.
Die 5-Speichen-Räder bestehen aus leichtem, geschmiedeten Magnesium. Aus dem Rennsport stammen auch die Vielzahn-Zentralmuttern. Auf der linken Seite weisen die beiden roten Zentralmuttern ein Rechtsgewinde auf, wogegen rechts zur verwechslungssicheren Unterscheidung zwei blaue Zentralmuttern mit Linksgewinde verwendet werden. An der Vorderachse sind 9,5 J x 19 Zoll-Räder mit Reifen der Dimension 265/35 ZR 19 montiert, an der Hinterachse 12,5 J x 20 mit 335/30 ZR 20.

Auch im Interieur dominieren die Leichbauwerkstoffe Kohlefaser, Magnesium und Aluminium kombiniert mit Leder. Die Schalensitze aus leichtem Kohlefaser-Kevlar-Verbund sind mit Leder bezogen. Sie sind in zwei Breiten lieferbar. Die Blende der Schalttafel besteht aus titanfarbenlackierter Kohlefaser. Die Blende der Mittelkonsole und die Türöffner sind aus Magnesium, die Pedale aus Aluminium gefertigt. Aus der auffällig weit nach oben gezogenen Mittelkonsole ragt ein kurzer Aluminiumschalthebel mit Holzschaltknauf, außerdem sind die wichtigsten Bedienschalter darauf übersichtlich angeordnet. Die fünf Instrumente sind wie beim 911 angeordnet. Das 3-Speichen-Lederlenkrad ist manuell um 40 Millimeter axial verstellbar. Front- und Seitenairbags für Fahrer und Beifahrer sind selbstverständlich Serie. Außerdem gehört ein auf den Carrera GT maßgeschneidertes Gepäckset zum Lieferumfang. Dieses umfaßt: Reisetasche, Kleidersack, Akten-, Umhänge- und eine Mittelkonsolentasche, die genau in den Raum hinter der Mittelkonsole paßt. Ohne Aufpreis kann auf Wunsch eine manuelle Klimaanlage und das Porsche Online Pro CD-Radio mit Navigationssystem, Telefon und ein Bose-Sound-System mit 6 Lautsprechern geordert werden. Die Hoch- und Mitteltöner sitzen in den Türen, der Basslautsprecher im Fußraum.
Die Fahrleistungen des Carrera GT liegen auf Rennwagenniveau. In der Beschleunigung vergehen nach dem Start nur 3,9 Sekunden bis 100 km/h erreicht werden und in atemberaubenden 9,9 Sekunden wird die 200 km/h-Marke durcheilt. Erst bei einer Höchstgeschwindigkeit von 330 km/h halten sich die Motorleistung und die Fahrwiderstände die Waage.
Der Preis beträgt 452.690,- Euro. Von Herbst 2003 bis zum 6. Mai 2006 wird der Carrera GT in Leipzig von Hand gefertigt. Insgesamt werden 1.270 Fahrzeuge gebaut.

CARRERA GT
MJ 2004 BIS MJ 2006

MOTOR

Bauart:	10-Zylinder-V-Motor, 68°
Einbauposition:	Mittelmotor
Kühlung:	wassergekühlt
Motor-Typ:	M 80/01
Hubraum (cm³):	5733
Bohrung x Hub:	98 x 76
Leistung (kW/PS):	450/612 bei 8000/min
Drehmoment (Nm):	590 bei 5750/min
Literleistung (kW/l / PS/l):	78,5 / 106,7
Verdichtung:	12,0 : 1
Ventilsteuerung:	dohc über Zahnräder und Doppelkette, 4 Ventile pro Zylinder, VarioCam mit Verstellbereich 40°
Gemischaufbereitung:	Bosch DME, 2 x Motronic ME 7.1.1
Zündung:	DME
Zündfolge:	1 - 6 - 3 - 8 - 5 - 10 - 4 - 9 - 2 - 7
Schmierung:	Trockensumpfschmierung
Ölmenge (l):	10,5

KRAFTÜBERTRAGUNG

Antrieb:	Heckantrieb
Schaltgetriebe:	6-Gang
Getriebe-Typ:	G 80/01
Übersetzungen:	
1. Gang:	3,20
2. Gang:	1,87
3. Gang:	1,36
4. Gang:	1,07
5. Gang:	0,90
6. Gang:	0,75
Rückwärtsgang:	2,19
Achsübersetzung:	4,44
Sperrdifferential (Zug/Schub):	25% / 25%

KAROSSERIE, FAHRWERK, BREMSE, RÄDER UND REIFEN

Karosserie:	2-türige, 2-sitzige Roadsterkarosserie mit zweiteiligem, herausnehmbarem Festdach aus Kohlefaser-verstärktem Kunststoff (CfK), Chassis (bestehend aus Monocoque, Windschutzscheibenrahmen und Überrollstruktur) aus CfK, Aggregateträger für Motor-Getriebe-Einheit und Radaufhängungen hinten aus CfK, Chassis und Aggregateträger in CfK-Honeycomb-Bauweise als tragender Strukturverbund verschraubt, Türen mit integrierten Aufprallschutz, Front-/Heckdeckel, Fondseitenteile und Schwellerblenden aus CfK, Bug- und Heckverkleidungen aus Kunststoff, automatisch ausfahrbarer Heckflügel, Unterbodenverkleidung mit Diffusor
Vorderradaufhängung:	Einzelradaufhängung, Doppelquerlenker-Pushrod-Achse aus Aluminium, progressive Schraubenfedern, federtragende Gasdruckdämpfer in Leichtbauweise, Stabilisator
Hinterradaufhängung:	Einzelradaufhängung, Doppelquerlenker-Pushrod-Achse aus Aluminium, progressive Schraubenfedern, federtragende Gasdruckdämpfer in Leichtbauweise, Stabilisator
Bremse v/h (Durchm. x B (mm)):	Porsche Ceramic Composite Brake (PCCB) innenbelüftete gelochte Keramikfaser-Scheiben (380 x 34) / innenbelüftete gelochte Keramikfaser-Scheiben (380 x 34) gelbe 6-Kolben-Monobloc-Aluminium-Festsättel / gelbe 6-Kolben-Monobloc-Aluminium-Festsättel, Bosch ABS 5.7
Räder v/h:	9,5 J x 19 / 12,5 J x 20
Reifen v/h:	265/35 ZR 19 / 335/30 ZR 20

ELEKTRIK

Lichtmaschinenleistung (W/A):	2100 / 150
Batterie (V/Ah):	12 / 60
mit Klima/Radio:	12 / 80

ABMESSUNGEN, GEWICHTE UND VOLUMEN

Spurweite v/h (mm):	1612 / 1587
Radstand (mm):	2730
Maße (L x B x H (mm)):	4613 x 1921 x 1166
Leergewicht nach DIN (kg):	1380 - 1445
zul. Gesamtgewicht (kg):	1635
Kofferraumvolumen (VDA (l)):	76
Tankvolumen (l):	92, davon 13,5 Reserve
C_W x A (m²):	0,396 x 1,94 = 0,768
Leistungsgewicht (kg/kW / kg/PS):	3,06 / 2,25

KRAFTSTOFFVERBRAUCH

nach 80/1268/EWG (l/100 km):	98 ROZ Super plus bleifrei
Innerstädtisch:	27,8
Außerstädtisch:	12,4
Gesamt:	17,9
CO_2-Emissionen (g/km):	432

FAHRLEISTUNGEN, STÜCKZAHLEN, PREISE

Beschleunigung 0–100 km/h (s):	3,9
0–160 km/h (s):	6,9
0–200 km/h (s):	9,9
Höchstgeschw. (km/h):	330
Stückzahl:	1.270
Listenpreis: 08/2003:	Euro 452.690,-

Porsche Panamera

Im Herbst 2008 veröffentlicht Porsche die ersten Werksfotos seiner vierten Baureihe, des neuen Porsche Panamera. Der Name Panamera ist von dem legendären Straßenrennen Carrera Panamericana in Mexiko abgeleitet, bei dem Porsche schon in den 50er Jahren sehr erfolgreich gewesen ist. Carrera, den ersten Teil des Namens verwendet Porsche schon seit über 50 Jahren.

Modelljahr 2010 (A-Programm)

Ab dem Modelljahr 2010 und dem A-Programm stellt Porsche, nach den numerischen Programmbezeichnungen bis inklusive Modelljahr 2009, turnusmäßig wieder auf die alphabetische Bezeichnung um.

Die offizielle Weltpremiere erlebt der Panamera am 19. April 2009 bei der Pressekonferenz der Auto Shanghai in China. Die weltweite Auslieferung der Fahrzeuge beginnt im Spätsommer 2009. Bei der Markteinführung in Deutschland am 12. September 2009 ist der Panamera mit den V8-Motoren und einer Luxusausstattung erhältlich. Das Design des viertürigen, viersitzigen Reisesportwagens läßt ihn sofort als vollwertiges Mitglied der Porsche Modellfamilie erkennen. Der Panamera vereint viele Tugenden, wie sportliche Fahrdynamik, einen groß dimensionierten, variablen Innenraum und den souveränen Fahrkomfort eines klassischen Gran Turismo. Der Panamera ist neben den Heckmotorfahrzeugen 911, den Mittelmotorwagen Boxster und Cayman sowie dem geländetauglichen Sports Utility Vehicle Cayenne die vierte Baureihe. Die Gesamtinvestitionen inklusive des Entwicklungsaufwands für die Panamera-Baureihe belaufen sich auf gut eine Milliarde Euro und werden aus eigenen Mitteln finanziert.

Gebaut wird die neue Modellreihe im Werk Leipzig. Die Motoren des Panamera werden im Porsche-Stammwerk in Zuffenhausen montiert. Das Volkswagen-Werk in Hannover liefert die fertig lackierten Rohkarosserien zu. Im Leipziger Werk werden die Fahrzeuge dann endmontiert. Rund 20.000 Fahrzeuge sollen pro Jahr ausgeliefert werden. Porsche wird auch beim Panamera in erster Linie mit deutschen Zulieferern zusammenarbeiten, damit rund 70 Prozent Wertschöpfung im Inland erfolgt. Der Panamera ist ein typischer Porsche »Made in Germany«.

Die Designer entwerfen mit dem Panamera ein völlig eigenständiges Fahrzeugmodell, welches formal als typischer Porsche zu erkennen ist. Schon die Proportionen heben ihn von seinen Wettbewerbern ab. Die gestreckte GT-Form entsteht durch eine Fahrzeuglänge von 4.970 Millimeter und knackig kurzen Überhängen. Mit einer Wagenbreite von 1.931 Millimeter ist der Panamera breiter und mit einer Gesamthöhe von 1.418 Millimeter niedriger als vergleichbare viertürige Wettbewerbsfahrzeuge.

Das viertürige Fastback-Coupé vereint eine Fülle von scheinbar gegensätzlichen Eigenschaften, wie kein anderes Fahrzeug im Premiumsegment. Der Panamera ist sportlich wie ein Porsche und bietet gleichzeitig einen hohen Fahrkomfort. Die Formensprache des Panamera verbindet typische Sportwagengene, wie die der Coupéform mit den Vorzügen eines viersitzigen, variablen Raumkonzepts. Statt eines Kühlergrills verfügt der Panamera über individuell gestaltete Lufteinlässe. Die Doppellamellen in den seitlichen Lufteinlässen sind beim Panamera S schwarz und beim Panamera 4S titanfarben. Bei beiden Modellen sind die Zusatzleuchten mit LED-Positions- und Tagfahrlichtern sowie Blinkleuchten im Bugteil über den seitlichen Lufteintrittsöffnungen platziert. Turbotypisch zeigen sich beim Spitzenmodell die vergrößerten Lufteinlässe und die vom Porsche 997 turbo bekannten Zusatzleuchten mit LED-Positions- und Blinkleuchten in den seitlichen Luftschächten. Das Tagfahrlicht ist beim Panamera turbo mit je vier LED-Spots in den Hauptscheinwerfern integriert. Die Bi-Xenon-Hauptscheinwerfer sind mit H7-Zusatzscheinwerfern, automatischer, dynamischer Leuchtweitenregulierung, Scheinwerferreinigungsanlage, Heimkehrfunktion und Fahrtlichtassistent ausgerüstet. Zusätzlich erhält der Panamera turbo ein adaptives Lichtsystem mit statischem und dynamischem Kurvenlicht sowie geschwindigkeitsabhängiger Fahrlichtsteuerung und Schlechtwetterlicht. Porsche-typisch geschwungene Aluminiumkotflügel flankieren die lange Motorhaube. Zum Fußgängerschutz ist der Panamera mit einer aktiven Motorhaube aus Aluminium ausgestattet, die sich bei einem Aufprall leicht anhebt, um die Verletzungen zu reduzieren. Die Fahrzeugfront erinnert bewußt an den 911. In den vorderen Kotflügeln ist seitlich je eine Entlüftungsöffnung des Radhauses integriert, welche in einer Sicke in den Vordertüren fortgeführt wird. Das Luftauslaßgitter ist bei den Modellen mit Saugmotor schwarz und beim turbo inklusive der Finnen in Chrom gehalten. Der Seitenblinker ist am Anfang dieser Sicke montiert. An den Seitenscheiben verläuft die untere Linie im Abschluß parabelförmig nach oben. Die Seitenscheibenleisten sind in Chromoptik gehalten. Rundherum sind die Scheiben wärmereflektierend getönt. Die Windschutzscheibe trägt serienmäßig einen Graukeil. Eine hydrophobe Beschichtung der vorderen Türseitenscheiben vermindert die Verschmutzung bei Regen. Die Leichtbautüren besitzen eine tragende Struktur aus laserbearbeitetem Aluminiumdruckguß, einen Seitenaufprallschutz und eine Aluminiumaußenhaut. Die Türscheibenrahmen sind aus dünnwandigem Magnesiumdruckguß gefertigt. Die Außenspiegel sind elektrisch verstell-, beheiz- und anklappbar. Auf der Fahrerseite ist das Spiegelglas asphärisch ausgeführt. Außen- und Innenspiegel sind zudem automatisch abblendbar. Trotz seiner flachen Silhouette bietet der Innenraum großzügige Platzverhältnisse für vier Passagiere und einen variablen Laderaum für umfangreiches Reisegepäck, welches unter der weit nach oben schwenkbaren und mit einer elektrischen Zuziehhilfe ausgestatteten Aluminiumheckklappe bequem verstaut werden kann. Auf der Heckklappe ist, auf Höhe der LED-Rückleuchten, eine Chromzierleiste angebracht. Für die in die Heckklappe integrierte dritte Bremsleuchte wird ebenfalls LED-Technik verwendet. Unterhalb der Heckscheibe ist ein automatisch ausfahrbarer Heckspoiler eingebaut. Dieser ist beim Panamera turbo als aktiver Vier-Wege-Heckspoiler, der durch sein fahrsituationsabhängiges Management von Anstellwinkel und Flächengeometrie die Aerodynamik und die Performance optimiert, ausgeführt. Im hinteren Stoßfänger sind die Sensoren des serienmäßigen ParkAssistant mit akustischer Warnung eingelassen. Auf Wunsch kann dieses System durch vordere Parksensoren und eine Rückfahrkamera ergänzt werden. Beim turbo gehört der ParkAssistant vorne und hinten mit einer zusätzlichen optischen Anzeige zur Serienausstattung. An der geschwungenen Coupé-Dachlinie, den dominanten hinteren Radhäuser und dem Diffusor im Heckunterteil mit den beiden aus gebürstetem Edelstahl gefertigten Doppelendrohren der zweiflutigen Abgasanlage zeigt sich unverkennbar die Porsche-Abstammung. Das Mittelteil des Diffusors, die sogenannten Finnen, sind bei den Saugmotormodellen in schwarz gehalten, beim Panamera turbo titanfarben. Erstmals wird mit dem Panamera in diesem Fahrzeugsegment die Unterbodenverkleidung auch im Bereich des Mitteltunnels und der Nachschalldämpfer umgesetzt, um so den Luftwiderstand und den Auftrieb an den Achsen zu reduzieren. Das Ergebnis ist ein geringerer Kraftstoffverbrauch, eine höhere Fahrdynamik und ein insgesamt niedriges Windgeräuschniveau. Intelligenter Leichtbau wird durch den gezielten Einsatz von hochfesten Stählen, den Leichtmetallen Aluminium und Magnesium sowie Kunststoff erreicht. Er senkt das Gewicht auf ein für diese Wagenklasse niedriges Niveau. Der Panamera S wiegt gerade einmal 1.770 Kilogramm. Der Luftwiderstandsbeiwert liegt bei den Modellen Panamera S und 4S bei 0,29 und beim Panamera turbo bei 0,30. Das niedrigere Gewicht und die gute Aerodynamik kommen dem Verbrauch und auch der Fahrdynamik zugute.

Es kommen Triebwerke zum Einsatz, die bei aller gebotenen Dynamik doch sehr effizient mit dem Kraftstoff umgehen. Unter der Fronthaube arbeiten die vom Cayenne bekannten V6- und V8-Motoren mit Benzin-Direkteinspritzung, die ein Leistungsspektrum von 300 (221 kW) bis 500 PS (368 kW) abdecken. Alle reibungsoptimierten Triebwerke sind mit einem kennfeldgesteuerten Kühlwasserthermomanagement ausgestattet. Motorblock und Zylinderköpfe sind aus Aluminium, die Ventildeckel aus noch leichterem Magnesium gefertigt. Die Gewichtsreduzierung an bewegten Bauteilen und Nebenaggregaten verbessert den Wirkungsgrad. Bei der Markteinführung wird der Panamera zunächst nur mit den 4,8 Liter großen V8-Motoren und Heck- bzw. Allradantrieb angeboten. Beide Aggregate sind mit einer Bohrung von 96 Millimeter und einem Hub von 83 Millimeter kurzhubig ausgelegt. Die Vierventiler sind mit einer Benzin-Direkteinspritzung EMS SDI 6.1, einem elektronischen Gaspedal, einem hydraulischen Ventilspielausgleich und der VarioCam Plus-Ventilsteuerung mit einer stufenlosen Steuerzeitenverstellung sowie einer einlaßseitigen Ventilhubumschaltung ausgerüstet. Das Abgasreinigungssystem wird von einer On-Board-Diagnose (OBD) überwacht. Die Modelle Panamera S und 4S werden von einem V8-Saugmotor mit einer Leistung von 400 PS (294 kW) bei 6.500 Umdrehungen pro Minute angetrieben. Das mit 12,5 : 1 sehr hoch verdichtete Aggregat erreicht ein maximales Drehmoment von 500 Newtonmeter zwischen 3.500 und 5.000/min. Zur Optimierung des Drehmomentverlaufs ist die Sauganlage mit einer Schwingrohraufladung und einer Saugrohrlängenumschaltung ausgerüstet. Das Biturbo-Aggregat des Spitzenmodells Panamera turbo ist ebenfalls mit einem Saugrohr mit Schwingrohraufladung ausgerüstet. Es wartet mit einer Nennleistung von 500 PS (368 kW) bei 6.000 Umdrehungen pro Minute und einem Drehmomentverlauf, der in einem Drehzahlbereich von 2.250 bis 4.500 Touren bei 700 Newtonmetern gipfelt, auf. Bei Overboost im SportPlus-Modus erhöht sich dieser Wert zwischen 3.000 und 4.000 Umdrehungen pro Minute auf 770 Newtonmeter. Die Verdichtung des aufgeladenen V8 beträgt 10,5 : 1, der maximale Ladedruck 0,8 bar. Durch die gezielte Abstimmung der drei Geräuschquellen Luftansaugung, Verbrennung im Motor und Abgasanlage, ist es den Akustikern gelungen, für den Panamera ein harmonisches, charakteristisches Porsche-Klangbild zu erzeugen. So reicht das Klangspektrum von dezenter Zurückhaltung beim Cruisen bis zu Kraft und Dynamik beim Beschleunigen und bei sportlicher Fahrweise.

Die Kraftübertragung übernimmt beim Panamera S ein 6-Gang-Schaltgetriebe mit Zweimassenschwungrad und einer Hochschaltanzeige im Kombiinstrument. Optional ist das Porsche-Doppelkupplungsgetriebe (PDK) mit sieben Gängen und der neuen Auto-Start-Stop-Funktion lieferbar. Diese schaltet den Motor bei stehendem Fahrzeug und gedrücktem Bremspedal an der Ampel oder im Stau automatisch aus. Das PDK ist das ers-

te Doppelkupplungsgetriebe, das in diesem Marktsegment angeboten wird. Es trägt zu besserer Wirtschaftlichkeit, zu mehr Sportlichkeit und zu mehr Fahrkomfort bei. Im Wirkungsgrad ist das PDK einem Wandlerautomatikgetriebe deutlich überlegen. Der lange, als Overdrive ausgelegte siebte Gang spart noch zusätzlich Kraftstoff ein. Durch die optimale Abstufung der Gänge und die schnelle Schaltgeschwindigkeit ohne Zugkraftunterbrechung können hervorragende Fahrleistungen mit sportwagentypischer Fahrdynamik erzielt werden. Bei den allradangetriebenen Modellen Panamera 4S und Panamera turbo gehört das PDK zum serienmäßigen Lieferumfang. Damit läßt sich der Panamera sowohl sportlich als auch besonders komfortabel fahren. Auf Wunsch ist der Gran Turismo mit dem Sport Chrono Paket lieferbar, welches Motor- und Schaltcharakteristik noch sportlicher auslegt und noch mehr Dynamik freisetzt.
Die Panamera mit V6- und V8-Saugmotoren werden über die Hinterräder angetrieben. Der Panamera 4S und das Spitzenmodell mit V8-Turbomotor sind serienmäßig mit dem Porsche Traction Management (PTM), einem besonders leichten, aktiven Allradantrieb mit elektronisch geregelter, kennfeldgesteuerter Lamellenkupplung sowie automatischem Bremsendifferential (ABD) und Antriebsschlupfregelung (ASR), ausgerüstet. Porsche hat auch noch eine besonders sparsame Hybridversion in Vorbereitung.
Das Fahrwerk des Panamera ist mit der Aluminium-Doppelquerlenker-Vorderachse und der Aluminium-Mehrlenker-Hinterachse kein Kompromiß zwischen Sportlichkeit und Komfort, sondern eine Kombination aus beidem. In der Grundabstimmung bietet es einen sehr hohen Reisekomfort, per Knopfdruck verwandelt sich das elektronisch geregelte Dämpfersystem PASM mit drei manuell ansteuerbaren Kennfeldern in ein fahraktives Sportfahrwerk. Neben einer sportlich-komfortabel abgestimmten Stahlfederung mit variablen Dämpfern sind der Panamera S und 4S auf Wunsch auch mit der völlig neu entwickelten, adaptiven Luftfederung mit zusätzlichem Luftvolumen für jede Feder lieferbar. Diese erlaubt sehr viele Möglichkeiten bei der Fahrwerksauslegung. Beim Panamera turbo gehört die Luftfederung zur Serie. Ein noch höherer Fahrkomfort auf der einen sowie eine besonders sportliche Fahrdynamik auf der anderen Seite. Die Luftfederung senkt im Sport Plus-Modus die Karosserie ab. Die Aerodynamik und der Schwerpunkt des Panamera verbessern sich, wodurch die Fahrsicherheit steigt und der Verbrauch sinkt. Optional können Fahrdynamik und Komfort der Panamera-Modelle zusätzlich mit der aktiven Wankstabilisierung Porsche Dynamic Chassis Control (PDCC) und einer geregelten Hinterachsquersperre ausgestattet werden. Der Seitenneigung in Kurven wird aktiv entgegenwirkt und zugleich bei Geradeausfahrt das Ansprechverhalten auf einseitigen Fahrbahnunebenheiten verbessert. Die auf Wunsch lieferbaren Sport Chrono-Pakete ermöglichen bei gedrückter Sport Plus-Taste eine kompromißlos auf hohe Fahrdynamik ausgelegte Abstimmung aller Antriebs- und Fahrwerkssysteme. Die Servolenkung paßt sich durch eine variable Lenkübersetzung an alle Fahrsituationen perfekt an.
Selbstverständlich ist auch der Panamera mit einer Hochleistungsbremsanlage ausgerüstet. An der Vorderachse sorgen 6-Kolben-Monobloc-Aluminium-Festsättel und an der Hinterachse 4-Kolben-Monobloc-Aluminium-Festsättel für eine hohe Verzögerung. Beim Panamera S und 4S sind die Bremszangen silberfarben, beim Panamera turbo rot lackiert. Bei den Bremsscheiben geht Porsche neue Wege und setzt erstmals bei einem Serienfahrzeug innenbelüftete, genutete Integralbremsscheiben ein. Bei den Modellen mit V8-Saugmotor haben diese vorne einen Durchmesser von 360 und hinten von 330 Millimeter. Beim turbo beträgt der Durchmesser der Verbundbremsscheiben vorne 390 und der Integralbremsscheiben hinten 350 Millimeter. Zur Effizienzsteigerung des Fahrzeugs gehören auch verringerte Restbremsmomente, durch weniger Reibung zwischen Scheiben und Belägen bei nicht betätigter Bremse. Serienmäßig ist auch eine elektrische Parkbremse. Auf Wunsch ist auch eine Porsche Ceramic Composite Brake (PCCB) mit gelb lackierten Bremszangen und innenbelüfteten, gelochten Bremsscheiben lieferbar. An der Vorderachse haben diese einen Durchmesser von 410 Millimeter, an der Hinterachse 350 Millimeter.
Das Fahrstabilisierungssystem PSM (Porsche Stability Management) ist mit Antiblockiersystem (ABS), Motorschleppmomentregelung (MSR), Bremsassistent, Gespannstabilisierung und Porsche Drive-off-Assistant beim 6-Gang-Schaltgetriebe bzw. Stillstandsmanagement beim PDK ausgerüstet.
Porsche setzt bei der Panamera-Baureihe auf rollwiderstandsarme Reifen. Die Modelle Panamera S und Panamera 4S rollen an der Vorderachse auf 8 J x 18 Leichtmetallrädern mit 245/50 ZR 18 Reifen und an der Hinterachse auf 9 J x 18 mit 275/45 ZR 18 Reifen. Beim Panamera turbo sind vorne 255/45 ZR 19 Breitreifen auf 9 J x 19 Rädern und hinten 285/40 ZR 19 auf 10 J x 19 montiert.
Unter dem elegant gespannten Dachbogen befindet sich ein großzügiges, einladendes Interieur. Die Türeinstiegsblenden bestehen aus gebürstetem Aluminium, vorne mit modellspezifischem Schriftzug. Ein neues Raum- und Fahrgefühl auf allen vier Sitzplätzen bietet der viertürige Gran Turismo mit einer vom Armaturenträger bis zu den Fondsitzen durchgehenden Mittelkonsole, ähnlich wie beim Lamborghini Espada von 1968. Das Cockpit bietet ideale ergonomische Voraussetzungen für den Fahrer. Jeder einzelne Passagier erhält darüber hinaus auf seinem maßgeschneiderten Einzelsitz mit integrierter Kopfstütze eine ganz persönliche Sphäre. Die tiefe Sitzposition und das sportlich stehende, manuell bzw. beim turbo elektrisch höhen- und längsverstellbare, 3-Speichen-Sportlenkrad vermitteln einen direkten Kontakt zur Straße. Klassisch sind die fünf Rund-

instrumente mit schwarzen Zifferblättern und zentralem silbergrauen Drehzahlmesser. Ganz links außen sitzt das Ölthermometer, daneben der bis 330 km/h reichende Tachometer. Rechts neben dem Drehzahlmesser ist ein rundes, Kombiinstrument mit hochauflösendem 4,8-Zoll-TFT-Farbbildschirm angeordnet, welches von der Kühlmitteltemperaturanzeige flankiert wird. Eine weiße Instrumentenbeleuchtung sorgt für eine klare Ablesbarkeit der Skalen bei Nacht. Der Farbmonitor in der Mitte der Armaturentafel wird von zwei großen senkrecht stehenden Luftdüsen eingerahmt. Die zahlreichen Bedientasten sind griffgünstig vor und neben dem Schalthebel angeordnet. Beim Panamera S und 4S ist das Interieurpaket in hochglänzendem Schwarz ausgeführt, beim Panamera turbo in Nußbaumwurzelholz. Die Akzentleisten sind silberfarben abgesetzt. Der Panamera bietet zahlreiche Möglichkeiten, die Innenraumausstattung individuell zu gestalten. Glatt- und Naturleder-Bezüge in 13 Farb- und Materialkombinationen, inklusive der vier Bi-Color-Ausstattungen, können mit sieben verschiedenen Dekorapplikationen kombiniert werden. Darunter sind auch so exklusive Materialien wie Carbon oder das offenporige Holz »Olive Natur«. Ein ausgeklügeltes Innenraumbeleuchtungskonzept erleichtert die sichere Orientierung bei Dunkelheit im gesamten Interieur und Gepäckraum. Serienmäßig werden die Insassen im Panamera von Fahrer- und Beifahrer-Airbags, Knie-Airbags für Fahrer und Beifahrer, Kopf-Airbags und auf den vorderen Sitzen auch durch 2-Kammer-Seiten-Airbags bei Unfällen geschützt. Auf Wunsch sind auch für die Fondsitze Seiten-Airbags erhältlich.

Die im Panamera S und 4S serienmäßigen vorderen Komfortsitze sind sportlich ausgelegt und für einen hohen Reisekomfort elektrisch beheiz- und achtfach verstellbar. Im Fond bieten zwei Einzelsitze mit speziellen Kopfstützen und klappbarer Mittelarmlehne auch für große Passagiere großzügige Kopf- und Beinfreiheit. Sitz- und Lehnenflächen, Türgriffe und Armauflagen in den Türverkleidungen, das Oberteil der Armauflage in der Mittelkonsole, der Schalt- bzw. Wählhebel und der Lenkradkranz sind mit Glattleder bezogen. Beim turbo sind zusätzlich die Armaturentafel, die kompletten Sitze, die Türverkleidungen, die Armauflage und die Seiten des Mitteltunnels mit Leder bezogen, außerdem sind alle vier Sitze serienmäßig beheizt. Der Dachhimmel, die A- und B-Säulen und die Sonnenblenden sind mit hochwertigem Alcantara bezogen. Im Panamera turbo sind die elektrischen Sitze mit einem Komfort-Memory-Paket ausgerüstet, welches zusätzlich eine Sitzflächenverlängerung, Lordosenstütze und eine elektrische Verstellung der Lenksäule beinhaltet. Auf Wunsch sind adaptive Sportsitze sowie vielfach elektrisch verstell- und klimatisierbare Komfortsitze im Fond lieferbar. Eine Klimaautomatik mit getrennter Temperatureinstellung und Luftverteilung für Fahrer und Beifahrer inklusive Luftgütesensor, Restwärmefunktion, Partikel-/Pollenfilter und Aktivkohlefilter ist Serie. Optional ist eine Vier-Zonen-Klimaautomatik lieferbar, mit der Temperatur, Gebläsestärke und Luftverteilung für jeden Sitzplatz separat und ganz individuell geregelt werden können. An den Fondsitzen ist eine ISOFIX-Befestigung für Kindersitze vorhanden. Auf der Mittelkonsole befinden sich eine Sporttaste und in Verbindung mit PDK ein Schalter zur Deaktivierung der Start-Stop-Funktion. Elektrische Fensterheber mit Komfortschließfunktion und Einklemmschutz, Zentralverriegelung mit Funkfernbedienung, Bordcomputer, Tempostat, vier 12-Volt-Steckdosen sowie eine Wegfahrsperre (Transpondersystem) mit Diebstahlwarnanlage und Ultraschallinnenraumüberwachung gehören bei allen Panamera zum Lieferumfang. Zusätzlich ist der Panamera turbo mit dem Porsche Entre & Drive ausgestattet.

Serienmäßig sind der Panamera S und 4S mit der Audioanlage CDR-31 mit einem 7-Zoll-Farbtouchscreen, Radio-Doppeltuner mit MP3-fähigem CD-Laufwerk sowie 10 Lautsprechern und 100 Watt Leistung ausgerüstet. Gegen Aufpreis ist das PCM mit 11 Lautsprechern und einer Leistung 235 Watt lieferbar. Der Panamera turbo ist serienmäßig mit dem Porsche Communication Management (PCM) mit einem hochauflösendem 7-Zoll-TFT-Bildschirm in Wide-Video-Graphics-Array-Ausführung, RDS-Doppeltuner und einem CD-/DVD-Laufwerk, welches auch für die Wiedergabe von Musik im MP3-Format geeignet ist, ausgestattet. Das beim turbo serienmäßige BOSE® Surround-Sound-System mit Subwoofer und AudioPilot sowie 14 Lautsprechern und 585 Watt Musikleistung sorgt für einen erstklassigen Klang. Auf Wunsch steht erstmals in einem Porsche, als Krönung des Hörgenusses, das High-End-Surround-Sound-System der Berliner Edelmanufaktur Burmester zur Verfügung, welches von Anfang an zusammen mit dem Fahrzeug entwickelt worden ist. Seit 1977 produziert Dieter Burmester in Berlin High-End-Audio-Geräte der absoluten Spitzenklasse. Heute ist er einer der renommiertesten High-End-Audio-Anbieter weltweit. Mehr als 2.400 Quadratzentimeter wirksame Gesamtmembranfläche erzeugen einen Sound, der einem Live-Konzert sehr nahe kommt. 16 Lautsprecher werden von 16 Verstärker-Kanälen mit einer Gesamtleistung von mehr als 1.000 Watt angetrieben. Das einzigartige Klangerlebnis wird von einem Aktivsubwoofer mit 300-Watt-Class-D-Verstärker abgerundet. Das ist das Fundament und die Voraussetzung für den unverwechselbaren Burmester-Klang, bei gleichzeitig bemerkenswert geringem Gewicht der Komponenten. Schon zuvor hatten Dieter Burmester und das Bugatti-Team bereits in der Entwicklung des Monocoques für den Bugatti EB 16.4 VEYRON die optimale Anordnung der High-End-Audio-Komponenten in einem Fahrzeug berücksichtigt. Optional ist ein TV-Tuner und ab Herbst 2009 auch ein Rear Seat Entertainment für die Fondpassagiere lieferbar.

Beim mit Velours verkleideten Kofferraum zeigt sich die große Alltagstauglichkeit des Panamera. Unter der großen Heckklappe lassen sich bequem vier stehende Koffer hinter den Fondsitzen unterbringen. Beim Panamera S und 4S beträgt das Gepäckraumvolumen 445 Liter, beim Panamera turbo 432 Liter. Durch die zu 60 Prozent zu 40 Prozent geteilt umklappbaren Fondsitzlehnen entsteht ein stufenloser Ladeboden. Das variable Ladevolumen wächst beim Panamera S und 4S bis auf 1.263 Liter und beim turbo bis auf 1.250 Liter an. Unter dem Ladeboden befindet sich ein zusätzliches Ablagefach. Als Sichtschutz dient ein flexibles Gepäckraumrollo. Das Tankvolumen faßt beim heckangetriebenen Panamera S 80 Liter, bei den Modellen mit Allradantrieb 100 Liter, davon sind jeweils 15 Liter Reserve.

Der Panamera S beschleunigt von 0 auf 100 km/h in 5,4 Sekunden. Die Höchstgeschwindigkeit wird bei 283 Stundenkilometer erreicht. Der Kraftstoffverbrauch liegt bei 10,8 l auf 100 Kilometer, die CO_2-Emission bei 253 g/km. Selbstverständlich wird die EU5-Norm erreicht. Der Panamera S mit 6-Gang-Schaltgetriebe wird in Deutschland zu einem Preis von 94.575,- Euro inklusive Mehrwertsteuer angeboten, mit dem PDK-Getriebe erhöht sich der Preis auf 98.085,50 Euro.

Der Panamera 4S mit serienmäßigem Allradantrieb und PDK sprintet von 0 auf 100 km/h in 5,0 Sekunden.

Die Beschleunigung endet bei 282 Kilometer pro Stunde. Für eine Fahrstrecke von 100 Kilometer verbraucht der Panamera 4S 11,1 Liter. Pro gefahrenen Kilometer werden 260 Gramm CO_2 ausgestoßen. Der Endpreis beträgt 102.251,- Euro. Der allradangetriebene Panamera turbo spurtet mit PDK in nur 4,2 Sekunden von 0 auf 100 Kilometer pro Stunde. Die Endgeschwindigkeit wird bei 303 km/h erreicht. Der Normverbrauch beträgt 12,2 l/100 km, die CO_2-Emission 286 g/km. Der Preis inklusive Mehrwertsteuer liegt bei 135.154,- Euro.

Phantombild Panamera 4S

MODELLJAHR 2011 (B-PROGRAMM)

Der viertürige Porsche Gran Turismo ist von Anfang an ein Erfolgsmodell. Im Juli 2010, nur zehn Monate nach dem Verkaufsstart, rollt im Porsche-Werk Leipzig der 25.000. Panamera vom Band. Auch zahlreiche internationale Auszeichnungen belegen bis heute die Wertschätzung dieses Automobils bei Kunden und Presse. So errang der Panamera turbo S in Deutschland den Titel des Wertmeisters und gewann die Auto Trophy. In den USA wurde der Panamera zu einem der attraktivsten Fahrzeuge gewählt.

Porsche baut die Panamera-Familie im Einstiegssegment weiter aus. Mit dem Panamera und dem Panamera 4 erweitern zwei Fahrzeuge die Modellpalette, die von dem völlig neu entwickelten Porsche-V6-Motor angetrieben werden. Die beiden V6-Modelle verbinden eine neue Wirtschaftlichkeit mit der bekannten Exklusivität und Sportlichkeit. Mit dem Porsche-Doppelkupplungsgetriebe (PDK) und Auto-Start-Stop-Funktion verbrauchen sie deutlich weniger als zehn Liter Kraftstoff auf 100 Kilometer im NEFZ. Optionale rollwiderstandsoptimierte 19-Zoll-Ganzjahresreifen senken diese Verbrauchswerte um weitere 0,2 Liter. Beide 6-Zylinder-Panamera erfüllen die strenge europäische Abgasnorm Euro 5 in Europa sowie in den Vereinigten Staaten die LEV. Der Panamera und der Panamera 4 sind ab Mai 2010 erhältlich.

Die V6-Modelle Panamera und Panamera 4 unterscheiden sich optisch von außen in verschiedenen Details von den V8-Versionen. Wie bei den V8-Modellen sind die Doppellamellen in den seitlichen Lufteinlässen im Bugteil beim Panamera mit Hinterradantrieb schwarz und beim Panamera 4 mit Allradantrieb titanfarben ausgeführt. Die bei den V8-Modellen in Chrom-Optik geführten Einfassungen der Seitenscheiben sind beim Panamera und Panamera 4 in Mattschwarz gehalten. Die Abgasanlagen der V6-Modelle haben statt den beiden runden Doppelendrohren der V8-Modelle zwei ovale Einzelendrohre aus gebürstetem Edelstahl, die nach außen hin flach zulaufen, um den dynamischen Heckabschluß des Panamera zu betonen.

Der 3,6-Liter-V6-Motor der Modelle Panamera und Panamera 4 ist eine Ableitung des Achtzylindermotors, der den Panamera S und den Panamera 4S antreibt. Damit verfügt er über alle Eigenschaften und technischen Finessen, die auch die V8-Triebwerke auszeichnen. So teilt sich der Sechszylinder auch den 90 Grad Zylinderwinkel mit dem V8. Die Motorauslegung spielt beim Fahrzeugschwerpunkt eine entscheidende Rolle. Da V-Motoren mit 90 Grad Zylinderbankwinkel prinzipbedingt flacher bauen als V6 Motoren mit 60 Grad Bankwinkel, senken diese auch den Fahrzeugschwerpunkt ab. Die Bohrung mit 96 Millimetern und der Hub mit 83 Millimetern sind mit dem V8 identisch, ebenso die Verdichtung von 12,5 : 1.

Zu den eingesetzten Technikbausteinen zählen die Benzin-Direkteinspritzung (DFI) Continental EMS SDI 7.1, die stufenlose Einlaßnockenwellenverstellung mit Ventilhubumschaltung (VarioCam Plus), die Sauganlage mit Schaltsaugrohr, die Wasserkühlung mit Thermomanagement, die bedarfsgeregelte Ölpumpe und die integrierte Trockensumpfschmierung mit zweistufiger Ölabsaugung. Das Ergebnis von 300 PS (220 kW) bei 6.200 Touren und ein maximales Drehmoment von 400 Newtonmeter bei 3.750 Umdrehungen pro Minute kann sich durchaus sehen lassen.

Eine große Rolle bei der Entwicklung eines Motors spielt das Gewicht. So sind Kurbelgehäuse und Zylinderköpfe aus Aluminium gegossen. Steuerkasten- und Ventildeckel, beim Panamera mit Hinterradantrieb auch das Ölführungsgehäuse, bestehen aus noch leichterem Magnesium. Die Leichtbaunockenwellenversteller sind ebenfalls aus Aluminium gefertigt. Spezielle Aluminiumschrauben verbinden alle Magnesiumteile sowie die Motor-Getriebe-Einheit. Ein V6-Motor, der für das PDK-Getriebe vorbereitet ist, wiegt nach DIN 70020 etwa 183 Kilogramm und ist damit um 30 Kilogramm leichter als der V8.

Für eine ausgewogene Achslastverteilung sitzt die Motor-Getriebe-Einheit so weit wie möglich hinten im Motorraum an der Spritzwand. Dadurch bieten Panamera und Panamera 4 die gleiche überlegene Straßenlage und Agilität wie die V8-Modelle. Damit der V6-Motor einen ähnlich vibrationsarmen Motorlauf erhält wie die Achtzylinder, kompensiert eine Ausgleichswelle die freien Massenmomente. Sie rotiert im Ölsumpf und wird zusammen mit der Ölpumpe angetrieben. Wie bei den V8-Motoren ermöglicht eine flache Ölwanne eine tiefe Einbauposition des Triebwerks. Beim Panamera 4 werden die Antriebswellen der Vorderachse durch die Ölwanne geführt.

Serienmäßig wird die Kraft des V6-Motors beim Panamera über ein 6-Gang-Schaltgetriebe an die Hinterräder übertragen. Eine Hochschaltanzeige im Kombiinstrument soll den Fahrer mit entsprechenden Empfehlungen beim verbrauchsoptimalen Fahren unterstützen. Der Panamera 4 ist serienmäßig mit dem 7-Gang-Porsche-Doppelkupplungsgetriebe (PDK) ausgestattet. Für den Panamera mit Heckantrieb ist PDK als Sonderwunsch lieferbar. Die Abstufungen der Gänge sind bei Schalt- und Doppelkupplungsgetriebe mit denen der V8-Modelle identisch, nur die Achsübersetzungen sind für einen besseren Durchzug kürzer übersetzt. Wie jeder Panamera mit PDK verfügen auch die V6-Modelle über die Auto-Start-Stop-Funktion, die den Motor beim Fahrzeugstillstand an der Ampel oder im Stau bei gedrücktem Bremspedal automatisch abstellt. Eine weitere Verbrauchsreduktion wird über die Bordnetzrekuperation erreicht, bei der die Batterie während der Bremsphasen geladen wird. Beim Beschleunigen wird der Ladestrom der Lichtmaschine gedrosselt, so daß der Verbrennungsmotor weniger Leistung zum Laden der Batterie abgeben muß.

Der Panamera 4 verfügt über einen aktiven Allradantrieb mit elektronisch geregelter, kennfeldgesteuerter Lamellenkupp-

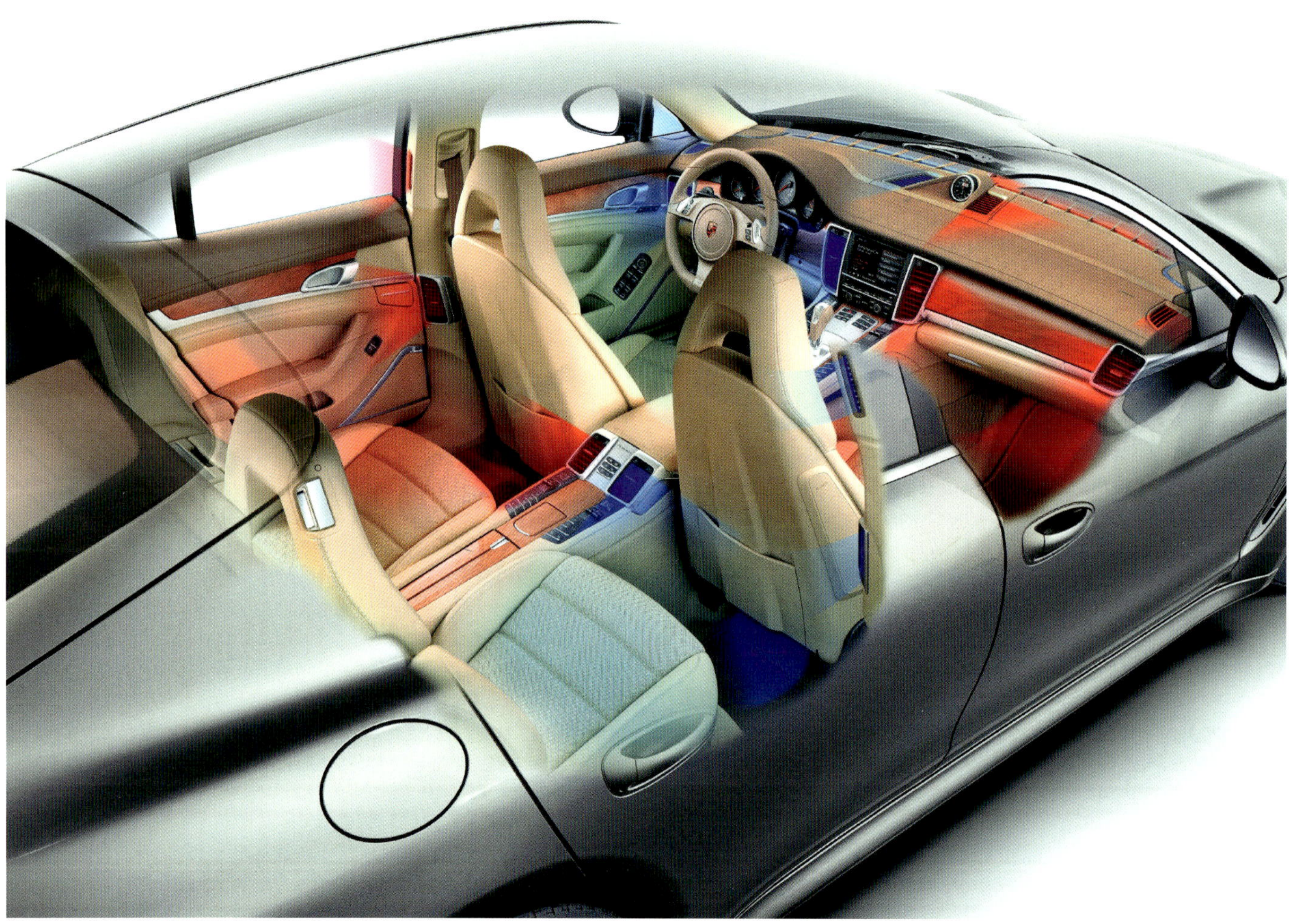

Phantombild der Luftverteilung von Klimaautomatik und Heizung im Panamera

lung, das Porsche Traction Management (PTM). Die kennfeldgesteuerte Lamellenkupplung ist im Gehäuse des Porsche-Doppelkupplungsgetriebes integriert. Sie übernimmt die Verteilung der Antriebskraft zwischen der permanent angetriebenen Hinterachse und der Vorderachse voll variabel, ohne feste Grundverteilung. Durch die permanente Überwachung des Fahrzustandes kann das System auf unterschiedliche Fahrsituationen blitzschnell reagieren und die Antriebskraft entsprechend verteilen. Dadurch verbessert das PTM die Parameter Traktion, Dynamik und Handling deutlich.

Serienmäßig ist bei allen Panamera-Modellen die Sport-Taste, welche die Motorabstimmung und die Gaspedalkennlinie beeinflußt. Bei Fahrzeugen mit Porsche Active Suspension Management (PASM), adaptiver Luftfederung und Porsche Dynamic Chassis Control (PDCC) werden die Fahrwerkseinstellungen sportlicher ausgelegt, bei Fahrzeugen mit PDK ebenfalls die Getriebesteuerung. Bei aktivierter Sport-Taste wird bei Panamera-Modellen mit PDK die Auto-Start-Stop-Funktion ausgeschaltet. Die Sport-Taste wählt zwischen komfort- und verbrauchsoptimierter sowie betont sportlicher Fahrweise. Als Sonderausstattung ist für die Panamera V6-Modelle das Sport Chrono Paket mit analoger Stoppuhr, Sport Plus-Taste sowie Performance-Anzeige für Rundenzeiten im PCM lieferbar.

Das Stahlfederfahrwerk des Panamera und des Panamera 4 ist mit der Aluminium-Doppelquerlenker-Vorderachse und der Aluminium-Mehrlenker-Hinterachse eine Kombination von Sportlichkeit und Komfort. An der Vorderachse kommen Federbeine mit zylindrischen Schraubenfedern und innenliegenden Zweirohrstoßdämpfern zum Einsatz sowie separat angeordnete Federn und Stoßdämpfer an der Hinterachse. Als Option ist die, bei den V8-Modellen serienmäßige, adaptive Dämpferregelung Porsche Active Suspension Management (PASM) erhältlich. Diese verändert kontinuierlich die Dämpferkräfte in Abhängigkeit von Fahrbahngegebenheiten und Fahrweise. Die Dämpfereinstellungen sind vom Fahrer in den drei Stufen »Komfort«, »Sport«, »Sport Plus« wählbar. Ebenfalls auf Wunsch bietet Por-

sche für Panamera und Panamera 4 die adaptive Luftfederung inklusive PASM an. Diese bietet ein schaltbares Zusatzvolumen zur Veränderung der Federrate, eine Niveauregulierung für den Beladungsausgleich und eine dreistufige Höhenverstellung, somit wird eine breite Variation der Fahrwerkscharakteristik von sehr komfortabel bis sehr sportlich ermöglicht. Eine weitere Steigerungsstufe bietet das optional lieferbare, auf Luftfederung und PASM aufbauende Fahrwerksregelsystem Porsche Dynamic Chassis Control (PDCC) inklusive Porsche Torque Vectoring Plus (PTV Plus). PDCC ist ein System zur aktiven Wankstabilisierung, welches die Seitenneigung des Fahrzeugs in Kurven deutlich reduziert. Aktive Stabilisatoren an beiden Achsen bauen je nach Lenkeinschlag und Querbeschleunigung gezielt Kräfte auf, die der Seitenneigung des Fahrzeugs aktiv entgegenwirken. Bei Geradeausfahrt verbessert PDCC durch Entkoppelung der Stabilisatorhälften das Ansprechverhalten der Federung auf welliger Fahrbahn. Mit PDCC liegen Panamera und Panamera 4 noch satter auf der Straße, bei gleichzeitig gesteigertem Komfort.
Das mit dem PDCC kombinierte PTV Plus ist ein System zur Steigerung der Fahrdynamik und Stabilität. Das System arbeitet mit einer variablen Momentenverteilung an den Hinterrädern und einer elektronisch geregelten Hinterachsquersperre. In Abhängigkeit von Lenkwinkel und -geschwindigkeit, Fahrpedalstellung, Gierrate sowie Fahrzeuggeschwindigkeit verbessert PTV Plus das Lenkverhalten und die Lenkpräzision durch gezielte Bremseingriffe an der Hinterachse. Bei dynamischer Fahrweise wird zusammen mit dem Einlenken das kurveninnere Hinterrad leicht abgebremst, wodurch das kurvenäußere Hinterrad eine höhere Antriebskraft erhält und so einen zusätzlichen Drehimpuls in die eingeschlagene Richtung ermöglicht. Das Ergebnis ist ein direktes dynamisches Einlenken in die Kurve. Zudem verbessert die geregelte Hinterachsquersperre die Traktion der Hinterräder auf unterschiedlich griffigen Straßenoberflächen sowie auf Nässe und Schnee. Ab Mai 2010 ist das PTV Puls auch für die V8-Modelle erhältlich.
Die Bremsanlagen von Panamera und Panamera 4 bestehen aus den gleichen leistungsfähigen Komponenten wie die Bremse der V8-Modelle mit Saugmotor. An der Vorderachse verzögern 6-Kolben-Aluminium-Monobloc-Festsättel und Bremsscheiben mit einem Durchmesser von 360 Millimeter. An der Hinterachse sind 4-Kolben-Aluminium-Monobloc-Festsättel und Bremsscheiben mit einem Durchmesser von 330 Millimeter montiert. Die Bremssättel sind bei den V6-Modellen schwarz lackiert. Auf Wunsch ist die besonders leistungsfähige Keramikbremsanlage Porsche Ceramic Composite Brake (PCCB) mit gelb lackierten Bremszangen und innenbelüfteten, gelochten Bremsscheiben lieferbar. An der Vorderachse haben diese einen Durchmesser von 390 Millimeter, an der Hinterachse 350 Millimeter. Bei den V6-Modellen beinhaltet das serienmäßige Porsche Stability Management (PSM) ebenfalls den Bremsassistenten, die Gespannstabilisierung und die Vorbefüllung der Bremsanlage zur Verkürzung des Anhaltewegs in Gefahrensituationen. Die elektrische Parkbremse löst sich beim Anfahren automatisch.
Panamera und Panamera 4 rollen serienmäßig auf 18-Zoll-Leichtmetallrädern im Fünf-Speichen-Design. An der Vorderachse sind Reifen der Größe 245/50 ZR 18 auf 8 Zoll breiten Felgen montiert, an der Hinterachse ist die 275/45 ZR 18-Bereifung auf 9-Zoll-Felgen aufgezogen.
Das Interieur des Panamera und des Panamera 4 bietet in Ambiente und Ausstattung das elegante, sportliche Niveau der V8-Modelle. Bei den Sechszylinder-Modellen trägt der zentrale Drehzahlmesser ein schwarzes Zifferblatt, gleich wie alle übrigen Instrumente. Auch die V6-Modelle verfügen serienmäßig über die Komfortsitze mit elektrischer Acht-Wege-Verstellung von Sitzhöhe, Sitz- und Lehnenneigung sowie Längsverstellung. Optional sind das Fahrer-Memory- und das Komfort-Memory-Paket, letzteres mit elektrischer 14-Wege-Verstellung, sowie die adaptiven Sportsitze mit höheren Seitenwangen und elektrischer 18-Wege-Verstellung lieferbar.
Die Sitzheizung für Fahrer- und Beifahrer, die bei den V8-Modellen zur Serienausstattung gehört, ist bei den V6-Panamera als Option, gegen Aufpreis, zu haben, ebenso für die beiden Einzelsitze im Fond. Den Innenraum des Panamera und des Panamera 4 kühlt analog zu den übrigen Modellen die serienmäßige Zweizonen-Klimaautomatik mit getrennter Temperatureinstellung und Luftverteilung für Fahrer- und Beifahrerseite. Eine Vierzonen-Klimaautomatik mit getrennter Regelung für den Fondbereich steht auf Wunsch ebenfalls zur Wahl.
Zur Serienausstattung von Panamera und Panamera 4 gehört ebenfalls das Audiosystem CDR-31 inklusive 7-Zoll-Farbbildschirm mit Touchscreen-Funktion, zehn Lautsprechern und einer Gesamtleistung von 100 Watt. Darauf aufbauend folgt das aus Panamera S und 4S bekannte Angebot aus Porsche Communication Management (PCM), BOSE® Surround-Sound-System oder das High-End-Surround-Sound-System von Burmester®.
In Verbindung mit PDK ist das vom 911 turbo bekannte 3-Speichen-Sportlenkrad mit Schaltpaddles erhältlich. Die Form des 370-Millimeter-Lenkradkranzes, die Griffstärke und die Daumenauflagen entsprechen dem Sportwagenlenkrad. Auf Wunsch sind Individualausstattungen wie der ParkAssistent vorne und hinten, Porsche Entry & Drive oder der Abstandsregeltempostat auch für die Panamera-V6-Modelle ab Werk lieferbar.
Mit 6-Gang-Schaltgetriebe beschleunigt der Panamera von null auf 100 km/h in 6,8 Sekunden. Flotter geht es mit der aufpreispflichtigen PDK in 6,3 Sekunden. Die Höchstgeschwindigkeit erreicht der Schaltwagen bei 261 Kilometern pro Stunde, das Pendant mit PDK bei 259 Stundenkilometern.

Durch die bessere Traktion des Allradantriebs ist der Panamera 4 mit serienmäßigem PDK im Spurt aus dem Stand auf 100 Stundenkilometer mit 6,1 Sekunden noch etwas schneller. Dafür ist der Panamera 4 wegen der höheren inneren Reibung des Allradantriebs mit einer maximalen Geschwindigkeit von 257 Kilometern pro Stunde etwas langsamer als der Panamera mit Heckantrieb.

Ab August 2010 gehen die Panamera-V8-Modelle des Modelljahres 2011 noch effizienter mit dem Kraftstoff um. Die optimierte Auto-Start-Stop-Funktion erlaubt jetzt ein noch schnelleres und komfortableres Anfahren nach Stop-Phasen. Primäre Ursache der Effizienzsteigerung ist die Bordnetzrekuperation, welche die Batterie vor allem während der Brems- und Schubphasen nachlädt. Beim Beschleunigen wird der Ladestrom des Generators dagegen reduziert, damit der Verbrennungsmotor weniger belastet wird, um weniger Leistung zum Laden der Batterie abzugeben. Diese Leistung steht dem Fahrer dann zusätzlich beim Beschleunigen zur Verfügung.

Bei jedem Panamera können die neu entwickelten, optionalen 19-Zoll-Ganzjahresreifen die Kraftstoffbilanz zusätzlich um weitere 0,2 Liter auf 100 Kilometer verbessern. Ein spezielles Reifenprofil sorgt zusammen mit einer weiterentwickelten Gummimischung für einen geringeren Rollwiderstand bei gleichzeitig erhöhter Laufleistung. Allerdings ist die erlaubte Höchstgeschwindigkeit der Allwetterreifen auf 240 Stundenkilometer begrenzt. Mit all diesen Maßnahmen verbraucht der 500 PS (368 kW) starke Panamera turbo im NEFZ nur noch 11,3 statt 12,2 Liter Benzin auf 100 Kilometer. Dies entspricht einer Verringerung der CO_2-Emissionen um 21 Gramm pro gefahrenem Kilometer. Beim Panamera S und beim Panamera 4S verbessert sich die Ökobilanz um 0,5 Liter weniger Kraftstoff auf 100 Kilometer bzw. um minus 11 Gramm CO_2/km. Im NEFZ liegt der Durchschnittsverbrauch jetzt bei 10,3 l/100 km bzw. 10,6 l/100 km.

Für alle Panamera-V8-Modelle ist das Porsche Torque Vectoring Plus (PTV Plus) erhältlich, welches als Optionspaket mit dem Wankausgleich Porsche Dynamic Chassis Control (PDCC) und einer geregelten Hinterachsquersperre angeboten wird.

Darüber hinaus erweitert Porsche für die Panamera-Baureihe das Angebot an Lackfarben, Sonder- und Lederausstattungen. Fahrzeuge mit dem Porsche-Doppelkupplungsgetriebe (PDK) können mit einem 3-Speichen-Sportlenkrad mit Schaltpaddles

Panamera 4 S

bestellt werden. Das optionale Navigationssystem erhält eine verbesserte dreidimensionale Kartendarstellung. Diese kann jetzt zusätzlich mit einem Satellitenbild überlagert werden und bietet dadurch eine noch realistischere Darstellung und somit eine noch bessere Orientierung. In Europa und den USA werden jetzt an Kreuzungen mit nicht eindeutiger Verkehrsführung auch Informationen zu den Fahrspuren angezeigt. Bisher hat die Tempolimit-Anzeige nur Autobahnen berücksichtigt. Nun zeigt sich diese Funktion, abhängig vom Datenstand des Kartenmaterials, auch für Hauptstraßen und wichtige Ausfallstraßen erweitert. Zudem ist eine Standheizung lieferbar.
Ab Herbst 2010 bietet Porsche Exclusive für den Panamera turbo eine Leistungssteigerung mit 40 PS (29 kW) an. Das V8-Triebwerk setzt eine Leistung von 540 PS (397 kW) bei 6.000 Umdrehungen pro Minute frei. Gleichzeitig steigt das maximale Drehmoment auf 750 Newtonmeter, welches in einem Drehzahlbereich zwischen 2.250 und 4.500 Touren abgegeben wird. Bei Fahrzeugen mit Sport Chrono Paket Turbo wird mit der Aktivierung der zeitlich begrenzten Turbo-Overboost-Funktion das Drehmoment zwischen 3.000/min und 4.000/min auf 800 Nm erhöht. Der Leistungszuwachs wird über zwei Abgasturbolader, bei denen das Turbinen- und das Verdichterrad aus besonders leichtem Titan-Aluminium gefertigt sind, und einer angepaßten Motorsteuerung erreicht.
Durch die erleichterten Laufräder spricht der Turbolader spontaner an und dreht auch schneller hoch. Auch ein neues Motorraumstyling mit einer Drosselklappenabdeckung mit einer Plakette in Carbon, titanfarbener Sauganlage mit Einlegern in Carbon und silberfarbenem »turbo«-Schriftzug weist auf die Werksleistungssteigerung hin. Die Fahrleistungen verbessern sich um 0,1 Sekunden auf nun 4,1 Sekunden (3,9 Sekunden mit Launch Control) für den Spurt von 0 auf 100 Stundenkilometer und die Höchstgeschwindigkeit erhöht sich um zwei Kilometer pro Stunde auf 305 km/h.

MODELLJAHR 2012 (C-PROGRAMM)

Mit der Weltpremiere des Panamera S Hybrid schlägt das Stuttgarter Unternehmen bei der Pressekonferenz am 1. März 2011 auf dem Genfer Auto-Salon ein neues Kapitel der Porsche Intelligent Performance auf. Dieser Panamera mit Parallel-Vollhybrid ist das sparsamste Fahrzeug, das Porsche bisher gebaut hat. In Verbrauch und CO_2-Emissionen schlägt dieser Porsche alle Vollhybrid-Serienfahrzeuge der Luxusklasse um Längen. Die rein elektrische Reichweite liegt bei bis zu zwei Kilometern. Rein elektrisches Fahren ist bis zu einer Geschwindigkeit von 85 Stundenkilometern möglich. Als weltweit einziges System ermöglicht der Porsche-Hybrid auch Verbrauchsvorteile in höheren Geschwindigkeitsbereichen durch das Rollen mit abgeschaltetem Verbrennungsmotor auf Landstraßen und Autobahnen, dem so genannten »Segeln«. Dabei wird bei Geschwindigkeiten von bis zu 165 Kilometer pro Stunde in Phasen ohne Antriebsleistung der Verbrennungsmotor vom Antriebsstrang abgekoppelt und abgeschaltet. In Deutschland kommt der Panamera S Hybrid im Juni 2011 auf den Markt.
Durch die geringen Emissionen bringt der Panamera S Hybrid in vielen Märkten derzeit Steuervorteile mit sich. In Deutschland ist die Kraftfahrzeugsteuer um 204 Euro pro Jahr niedriger als bei einem Panamera S. In Frankreich spart der Käufer des Hybrid-Modells einmalig 1.850 Euro, in Spanien 4.475 Euro und in den Niederlanden sogar 8.584 Euro. Auch auf den Überseemärkten sind Einsparungen möglich: In den USA sind es bis zu 2.200 US-Dollar, Japan erläßt dem Käufer rund 4.000 Euro und in China beläuft sich der Vorteil auf rund 15.000 Euro.
Der Panamera S Hybrid entspricht äußerlich weitestgehend dem Panamera S. Unterscheidungsmerkmale sind die Schriftzüge »hybrid« auf beiden Vordertüren auf Höhe der Seitenblinker und »Panamera S hybrid« am Heck.
Auch in der Ausstattung liegt der Panamera S Hybrid auf dem hohen Niveau des Panamera S mit V8. Darüber hinaus ist das Hybrid-Modell serienmäßig mit der adaptiven Luftfederung inklusive Active Suspension Management (PASM), mit Servotronic und einem Heckwischer ausgestattet. Außerdem besitzt das Hybridfahrzeug ein innovatives Anzeigekonzept im Cockpit, welches dem Fahrer alle relevanten Informationen über die hybridspezifischen Fahrzustände liefert. Das Antriebskonzept des Panamera S Hybrid basiert auf dem System, welches sich im Cayenne S Hybrid bewährt. Weiterentwicklung und Anpassung an den Panamera bescheren dem Hybridantrieb weitere Verbesserungen und Zusatzfunktionen. Die Geschwindigkeiten für rein elektrisches Fahren und Segeln sind höher, das Fahren im E-Modus ist länger möglich und eine aktive Batteriekühlung erhöht die Verfügbarkeit des Hybridsystems.
Primäres Antriebsaggregat des Panamera S Hybrid ist ein mit bis zu 0,8 bar aufgeladener Dreiliter-V6-Kompressormotor mit Benzin-Direkteinspritzung. Das von Audi entliehene Triebwerk leistet 333 PS (245 kW) in einem Drehzahlbereich von 5.500 bis 6.500 Umdrehungen pro Minute. Es ist mit einer Elektromaschine mit einer Leistung von 34 kW gekoppelt, die ein maximales Drehmoment von maximal 300 Nm bis zu einer Drehzahl von 1.150 Umdrehungen pro Minute konstant zur Verfügung stellt. Die E-Maschine kann den Panamera S Hybrid alleine antreiben oder den V6-Motor unterstützen. Sie dient zudem als Generator und Starter. Zusammen mit der Trennkupplung bildet sie das Hybridmodul, welches zwischen dem Verbrennungsmotor und dem 8-Gang-Automatikgetriebe untergebracht ist. Zum Hybridsystem gehört auch die 288-Volt-Nickel-Metallhydrid-Batterie (NiMH) und ein Energieinhalt von 1,7 kWh unter dem Kofferraumboden, in der die beim Fahren und Bremsen zurückgewonnene elektrische Energie gespeichert wird. Der Panamera-

ra S Hybrid bietet die Leistung eines V8 bei einem deutlich geringeren Kraftstoffverbrauch.

Der Panamera S Hybrid ist ausschließlich mit Hinterradantrieb lieferbar. Die Kraftübertragung übernimmt die aus den Cayenne-Modellen bekannte 8-Gang-Tiptronic S. Diese ist in der Schaltcharakteristik an die erweiterten Betriebsbedingungen des Hybridantriebes angepaßt, um bei der Bremskraftrückgewinnung durch Anpassung der Schaltdrehzahlen (Rückschaltvorgänge) die Rekuperationsleistung zu erhöhen oder aus dem rein elektrischen Fahrbetrieb einen komfortablen Wiederstart des Verbrennungsmotors zu ermöglichen. Die spezielle Abstimmung der 8-Gang-Tiptronic S sorgt auch während dem Boosten mit zusätzlichem Antriebsmoment der Elektromaschine für die optimale Schaltstrategie.

Statt des leistungsverzweigten Hybrid-Antriebs setzt Porsche einen Parallel-Vollhybrid ein. Im Gegensatz zu anderen Hybrid-Konzepten, welche ihre Vorteile in erster Linie im Stadtbetrieb ausspielen, bietet das Porsche-System die Möglichkeit bis zu einer Geschwindigkeit von 165 Kilometern pro Stunde ohne Verbrennungs- und Elektromotor antriebslos zu segeln. Der Parallel-Vollhybrid ermöglicht eine Porsche-typische Beschleunigung und Elastizität, ohne dabei den Gummiband-Effekt leistungsverzweigter Hybridsysteme aufzuweisen.

Mit einer Länge von 147,5 Millimeter baut das zwischen Verbrennungsmotor und Getriebe integrierte komplette Hybridmodul äußerst kompakt. Es besteht im wesentlichen aus dem ringförmigen Synchronmotor und einer Trennkupplung an der Seite zum V6-Motor, so daß Kraftfluß und Charakteristik einem konventionellen Antrieb entsprechen. Durch das geringe Zusatzgewicht des Porsche-Hybridsystems liegt der Panamera S Hybrid mit einem Leergewicht von 1.980 Kilogramm am unteren Ende in seiner Klasse und erlaubt eine Zuladung von maximal 505 Kilogramm. Auch beim rein elektrischen Fahren bleiben alle Fahrzeugfunktionen erhalten. Dafür sorgen unter anderem elektrische Pumpen für die Servolenkung, den Bremskraftverstärker, den Ölkreislauf des Automatikgetriebes und für den Kompressor der Klimaanlage.

Der Panamera S Hybrid fährt sich genauso sportlich und einfach wie jeder andere Panamera. Einsatz und Zusammenarbeit von Verbrennungsmotor und E-Maschine werden vollautomatisch geregelt. Über den Umgang mit dem Gas- und Bremspedal oder über die E-Power-Taste kann der Fahrer gezielt Einfluß nehmen. Beim Startvorgang entscheidet das System, ob der Panamera S Hybrid mit Verbrennungsmotor oder rein elektrisch anfährt. Der viertürige Gran Turismo fährt bei sanftem Gasgeben nur mit dem Elektromotor an, wenn Öl, Kühlwasser und Batterie über 15 Grad Celsius warm sind, die Umgebungstemperatur über zehn Grad liegt und die Batterie zu mehr als 38 Prozent geladen ist.

Der Fahrer kann mit dem über Nacht in der Garage abgestellten Fahrzeug am nächsten Morgen rein elektrisch herausfahren. Bei Heizbedarf oder Beschlagsrisiko der Scheiben startet das System nach rund einer halben Minute den Verbrennungsmotor, bei aktivierter E-Power-Taste nach rund zwei Minuten. Wird der Verbrennungsmotor nicht benötigt, kann der Panamera S Hybrid bei moderater Fahrweise kürzere Distanzen emissionsfrei und geräuscharm mit bis zu 85 Stundenkilometern zurücklegen. Auf ebener Strecke liegt die Reichweite bei rein elektrischer Fahrt bei rund zwei Kilometern. Nach einer langen Bergabfahrt, wie in den Alpen, kann der Panamera S Hybrid durch die intensiven Batterieladephasen beim Bremsen auch deutlich längere Strecken rein elektrisch zurücklegen.

Das Drücken der E-Power-Taste auf der Mittelkonsole erweitert den Bereich, in dem rein elektrisch gefahren werden kann. Die Aktivierung wird über eine LED auf der Taste angezeigt, zudem leuchtet im Kombiinstrument der blaue Hinweistext »E-Power«. Die Verfügbarkeit ist abhängig von den Parametern Batterieladestatus und Batterietemperatur. Im E-Power-Modus wird die Gaspedalkennlinie verändert, so daß die Beschleunigung wesentlich moderater umgesetzt wird und dadurch ein frühzeitiger automatischer Start des Verbrennungsmotors bei höherer Leistungsanforderung verhindert wird. Im Vergleich zum Cayenne S Hybrid ist beim Panamera die Momentenreserve für den Wiederstart von 100 auf 50 Newtonmeter reduziert worden. Damit steht zum Beschleunigen im E-Betrieb mehr Kraft zur Verfügung. In der Praxis bedeutet das, der Fahrer kann elektrisch kraftvoller Beschleunigen, ohne daß der Verbrennungsmotor zugeschaltet werden muß. Bei Geschwindigkeiten über 75 Kilometer pro Stunde wird der E-Power-Modus deaktiviert.

Fordert der Fahrer durch Tritt auf das Fahrpedal mehr Leistung an, so wird der Verbrennungsmotor gestartet. Bei voller Beschleunigung durch Kick-down tritt das sogenannte »Boosten« in Kraft, dem Fahrer steht kurzzeitig die maximale Gesamtleistung des Panamera S Hybrid zur Verfügung. Hier werden die Antriebsmomente des Verbrennungs- und des Elektromotors überlagert und addiert. Dies ist einer der großen Vorteile des Parallel-Vollhybridantriebs.

Während der Verbrennungsmotor sein maximales Drehmoment von 440 Nm erst in einem Drehzahlbereich von 3.000/min bis 5.250/min entwickelt, kann die Elektromaschine ihr Drehmoment von bis zu 300 Newtonmetern bereits aus dem Stand in Vortrieb umsetzen. Die maximale Leistung der beiden Antriebe von 380 PS (279 kW) steht bei 5.500 Umdrehungen pro Minute zur Verfügung. Das kombinierte Drehmoment, welches bereits bei 1.000 Umdrehungen pro Minute 580 Newtonmeter bietet, sorgt für einen bulligen Antritt.

Das maximale Drehmoment der Antriebe kann nicht einfach addiert werden, da diese in unterschiedlichen Drehzahlbereichen anliegen. Bei höheren Drehzahlen fällt das maximale Drehmoment des Elektromotors konzeptbedingt ab. Bei hohen Drehzahlen sorgt der Verbrennungsmotor für eine konstante und effiziente Leistungsentwicklung, bei der die Elektromaschine weiterhin unterstützt. Die beiden Antriebe ergänzen sich in idealer Weise. Der Fahrer kann eine kraftvolle Leistungsentfaltung über den gesamten Drehzahlbereich nutzen. Beim Panamera S Hybrid arbeiten beide Motoren intelligent zusammen und bieten ein besonders sportliches Anfahrverhalten aus dem Stand und hohe Fahrdynamik auch bei höheren Geschwindigkeiten, wie beim Überholen. Das elektrische Boosten steht über die Kick-down-Funktion sofort zur Verfügung. Bei gedrückter Sport-Taste agiert der Boost-Bereich schon früher, da die beiden Antriebe bereits ab einer Fahrpedalstellung von 80 Prozent mit maximaler Kraft zusammenarbeiten.

Der Porsche-Vollhybridantrieb bietet durch die Trennkupplung weitere Verbrauchspotentiale durch das so genannte Segeln. Sobald keine Antriebsleistung benötigt wird, wird beim Gaswegnehmen der Verbrennungsmotor bei Geschwindigkeiten bis 165 Kilometer pro Stunde automatisch abgeschaltet und über die Trennkupplung vom Antriebsstrang abgekoppelt. Das Motorschleppmoment wird mit seiner Bremswirkung beim Segeln eliminiert, was die Fahrwiderstände und damit den Verbrauch reduziert. In der Praxis wechselt der Panamera S Hybrid auf Autobahnfahrten häufig in den Segel-Modus, wenn die Strecke ein leichtes Gefälle aufweist und mit gleichmäßigem Tempo gefahren wird. Die E-Maschine arbeitet im Generatorbetrieb und erzeugt elektrische Energie. Gibt der Fahrer zum Beschleunigen oder zum Überholen im Segel-Modus Gas, so wird der Verbrennungsmotor ultraschnell und komfortabel wieder gestartet und die Drehzahl entsprechend der gefahrenen Geschwindigkeit gebracht. Zwischenspurts sind selbst bei diesem Tempo genauso spontan möglich, wie bei jedem anderen Panamera.

Die sehr niedrigen Verbrauchswerte des Panamera S Hybrid beruhen zu einem großen Teil auf der Fähigkeit, die Bewegungsenergie des Fahrzeugs beim Bremsen als elektrische Energie zurückzugewinnen. Der Parallel-Vollhybrid ist deshalb darauf optimiert, daß beim Betätigen des Bremspedals zunächst möglichst viel elektrische Energie über den Generatorbetrieb der Elektromaschine in die Batterie abgeführt wird. Dazu stellt das Steuersystem analog zum Pedalweg des Bremspedals die Stromstärke des Generators ein, wodurch das Fahrzeug elektrisch verzögert wird. Erst bei höheren Geschwindigkeiten und stärkerer Verzögerung wird die normale Bremsanlage aktiv.

Bei Bedarf wird die Batterie alternativ durch die so genannte Lastpunktverschiebung über den Verbrennungsmotor beim Fahren nachgeladen. Jedes Triebwerk hat einen bestimmten Lastbereich, in dem es am effektivsten arbeitet. Läuft der Sechszylinder in Teillast unterhalb dieses Bereichs, gibt der Hybridmanager automatisch mehr Gas und nutzt das zusätzlich erzeugte Moment zur Stromerzeugung. Die Generatorleistung und die Drosselklappenstellung werden so geregelt, daß der Verbrennungsmotor im Bereich mit einem höheren Wirkungsgrad arbeitet, wodurch der eingesetzte Kraftstoff optimal genutzt wird und ein Teil davon als elektrische Energie in der Batterie gespeichert wird. Dieser Vorgang bleibt vom Fahrer unbemerkt, weil sich weder die Motordrehzahl noch die Geschwindigkeit ändert. Das Fahrzeug verhält sich so, als wenn es mit eingeschaltetem Tempostat und konstanter Geschwindigkeit von der Ebene in eine Steigung fahren würde.

Der Parallel-Vollhybridantrieb stellt hohe Anforderungen an die Komponenten und an die Regelung. Das extrem komplexe Zusammenspiel der Hauptkomponenten Verbrennungsmotor, Elektromaschine, Trennkupplung und Batterie wird über den Hybridmanager koordiniert. Dieser erhält alle Fahr- und Energieinformationen und steuert Verbrennungsmotor sowie Elektromaschine in jeder Fahrsituation verbrauchsoptimal an. Außerdem sorgt die Regelung dafür, daß die Batterie weder zu oft be- und entladen noch zu tief entladen wird.

Ein Kernelement des Parallel-Vollhybridsystems ist die Trennkupplung zwischen dem Verbrennungs- und dem Elektromotor, die mit besonders standfesten Reibbelägen versehen ist. Sie arbeitet derart feinfühlig, daß Fahrer und Passagiere das An- und Abkuppeln des Verbrennungsmotors nicht wahrnehmen. Trotzdem steht jederzeit die volle Beschleunigungskraft der beiden Motoren zur Verfügung, indem bei ausgeschaltetem Verbrennungsmotor beim Druck auf das Gaspedal innerhalb von 300 Millisekunden das Triebwerk startet, auf Drehzahl kommt und die Kupplung schließt, ohne daß der Fahrer etwas davon mitbekommt.

Beim Zuschalten des Verbrennungsmotors öffnet sich die Überbrückungskupplung des Drehmomentwandlers im Automatikgetriebe und das Drehmoment des Elektromotors wird zum Starten des Verbrennungsmotors kurzfristig erhöht. Gleichzeitig schließt sich die Kupplung zwischen Elektro- und Verbrennungsmotor mit definiertem Druckverlauf innerhalb von 70 Millisekunden. Neben dem ausgeklügelten Zusammenspiel von V6- und Elektromotor ist dafür der innovative Spindelaktuator der Kupplungssteuerung verantwortlich. Dieser steuert den hydraulischen Druck, der die Kupplung betätigt, mit einer bisher nicht erreichten Präzision. Beim Zuschalten werden die Fahrsituation sowie der Beschleunigungseinsatz vom Hybridmanager ausgewertet und ein geeignetes Startverfahren wird gewählt. Dabei wird entweder der »Komfortstart« des Verbrennungsmotors oder bei höherem Leistungseinsatz der besonders schnelle »Power-Start« realisiert.

Porsche setzt beim Panamera S Hybrid als Traktionsbatterie auf die bei Automobilen bewährte Nickel-Metallhydrid-Batterie. Die Batterieeinheit gibt eine Leistung von maximal 34 kW ab und kann bis zu 1,7 Kilowattstunden Energie speichern. Der wartungsfreie und gasdichte Akku ist unter dem vollkommen ebenen Kofferraumboden untergebracht, wodurch die Nutzbarkeit des Kofferraums nahezu uneingeschränkt erhalten bleibt. Nur die seitlichen Taschen sind entfallen. Samt Schutzgehäuse wiegt die Batterie 70 Kilogramm. Sie besteht aus 240 Zellen, die die erforderliche Spannung von 288 Volt erzeugen. Ihr Arbeitsbereich liegt zwischen minus 30 Grad Celsius bis plus 38 Grad Celsius.

Bei den Be- und Entladungszyklen erzeugt die Batterie über ihren inneren Widerstand Wärme, die zum Schutz der Zellen abgeführt werden muß. Zur Kühlung der Batterie ist deshalb in den Kühlkanal, welcher hinten rechts unter dem Kofferraumboden Luft aus dem Innenraum ansaugt, ein zusätzliches Kühlelement integriert. Es besteht aus einem kompakten Kondensator, der an die Klimaanlage angeschlossen ist. Die aktive Kühlung erweitert den Einsatz des Elektroantriebes bei hohen Außentemperaturen, somit kann der Fahrer länger die hybridspezifischen Fahrzustände nutzen. Zudem verfügt der Panamera S Hybrid über eine konventionelle 12-Volt-Batterie für das Bordnetz. Sie kann mit einem konventionellen Ladegerät aufgeladen werden. Der Porsche-Kundendienst hat die Möglichkeit die 288-Volt-Traktionsbatterie über einen Hochvolt-Anschluß mit einer speziellen Ladeeinheit zu laden.

Im Parkmodus kontrolliert der Batteriemanager außer dem Ladezustand auch die einzelnen Zellspannungen. Um den Ladezustand der Batterie zu optimieren und die Zellspannungen im Toleranzbereich zu halten, kann ein automatischer Ladungsausgleich zwischen den Zellen oder eine gezielte Zellentladung durchgeführt werden. Beim Parken wird der gesamte Hochvoltkreislauf durch einen Hochleistungsschalter geöffnet, um den Abfluß des Stroms während der Fahrzeugstillstandsphasen zu verhindern. Damit ist die Traktionsbatterie gegen Selbstentladung gesichert. Beim Start schließt der über das 12-Volt-Bordnetz betätigte Schutzschalter, um den Verbrennungsmotor mit der Elektromaschine zu starten und den Hochvoltkreis wieder zu schließen.

Das Fahrwerk des Panamera S Hybrid ist serienmäßig mit der adaptiven Luftfederung und dem Porsche Active Suspension Management (PASM) ausgerüstet. Das PASM variiert die Dämpferkräfte stufenlos und paßt sie an Fahrweise und Fahrbahnoberfläche an. Der Fahrer kann über die PASM-Fahrwerkstaste auf der Mittelkonsole zwischen den drei Kennfeldern »Komfort«, »Sport« und »Sport Plus« wählen. Dazu passend ermöglicht die adaptive Luftfederung durch Schaltung unterschiedlicher Federraten eine noch breitere Spreizung der Fahrwerkscharakteristik. Diese reicht von sehr hohem Fahrkomfort bis zu sehr sportlicher Fahrdynamik.

Die adaptive Luftfederung besteht aus vier Luftfedern mit jeweils einem integrierten schaltbaren Zusatzvolumen zur Veränderung der Federrate. In der Komforteinstellung ermöglicht jede Luftfeder mit ihrem Gesamtluftvolumen von rund 2,2 Litern ein besonders sanftes Gleiten, welches vor allem auf langen Reisen die Kondition der Passagiere schont. Bei sportlicher Fahrweise reduziert sich das aktive Volumen durch Schließen eines Ventils auf ein Volumen von rund 1,1 Litern. Hierdurch erhöht sich die Federrate. Die Kennlinie wird über dem Einfederweg progressiver, somit wird das Fahrwerk straffer. Die Regelung erfolgt zusammen mit der PASM-Dämpferkennung, die ebenfalls auf das Sport-Plus-Programm schaltet und damit die vom Fahrer gewünschte Fahrwerksabstimmung verstärkt. Somit ist eine breite Variation zwischen komfortabel und sehr sportlich möglich.

Ein weiterer Vorteil der Luftfederung ist die Höhenverstellung, die es erlaubt, die Bodenfreiheit in drei Stufen zu verändern. Das manuell anwählbare Hochniveau, welches eine maximale Geschwindigkeit von 30 Kilometer pro Stunde zuläßt, ermöglicht das Anheben des Fahrzeugaufbaus um 20 Millimeter, um sicher über steile Rampen in Parkhäusern oder über hohe Bordsteine fahren zu können. Durch die Wahl des Sport-Plus-Fahrwerkprogramms wird die Fahrzeuglage automatisch um 25 Millimeter auf das Tiefniveau abgesenkt. Um eine härtere Federrate einzustellen, wird das wirksame Luftvolumen reduziert. Das PASM stellt dazu das passende Dämpferkennfeld ein. Jeder Niveau-Wechsel benötigt ungefähr vier Sekunden.

Als einziger Gran Turismo ist der Panamera S Hybrid bereits serienmäßig mit der Servotronic, einer geschwindigkeitsabhängigen Lenkunterstützung, ausgerüstet. Bei niedrigen Geschwindigkeiten ermöglicht die Lenkung besonders leichtgängiges Rangieren und Einparken, bei hohen Geschwindigkeiten ist sie hingegen straff. Das Ergebnis sind sehr präzise Lenkmanöver, bei gleichzeitig hohem Lenkkomfort.

Serienausstattung sind die 18-Zoll-Panamera-Räder mit Reifen der Größe 245/50 ZR 18 auf 8-Zoll vorne und 275/45 ZR 18 auf 9-Zoll hinten. Um Verbrauch und Emissionen des Panamera S Hybrid noch zu verbessern, ist er mit optionalen Leichtlaufreifen lieferbar, die in Zusammenarbeit mit Michelin speziell für den Porsche Panamera entwickelt worden sind. Die Laufflächenmischung besitzt einen besonders niedrigen Rollwiderstand und eine optimierte Karkasse mit verringerten Reibungsverlusten. Sie sind für eine Montage auf allen 19-Zoll-Rädern gedacht. An der Vorderachse sind Reifen der Dimension 255/45 VR 19 für neun Zoll breite Felgen, an der Hinterachse Reifen der Größe 285/40 VR 19 für zehn Zoll breite Felgen vorgesehen. Die All-Season-Reifen mit M+S-Kennzeichnung sind auf eine Höchstgeschwindigkeit von 240 km/h begrenzt.

Das Interieur des Panamera S Hybrid ist in Anmutung und Ausstattung mit dem Innenraum des Panamera S mit V8 weitgehend identisch. Der Panamera S Hybrid zeigt seinem Fahrer jederzeit an, in welchen Modus der Hybridmanager geschaltet hat: Elektrisch fahren, boosten, segeln, rekuperieren oder laden durch Lastpunktverschiebung. Analog zum Cayenne S Hybrid unterscheidet sich auch das Kombiinstrument des Panamera S Hybrid in einigen Details von den anderen Modellen. Im mittleren Instrument wurde der Drehzahlmesser um eine »Ready«-Anzeige ergänzt, die beim Start mit dem Schlüssel neben einem akustischen Signal die Bereitschaft des Hybridantriebs zum rein elektrischen Anfahren anzeigt. Das E-Power-Meter im linken Instrument ist eine analoge Leistungsanzeige. Sie gibt dem Fahrer in Echtzeit Rückmeldung zum Leistungsstatus der Elektromaschine. Der Zeigerausschlag in den »Power«-Bereich indiziert die Leistungsanforderung für den rein elektrischen Fahrzeugvortrieb und während des Boostens, wenn beide Antriebe zusammen arbeiten. Die »Charge«-Anzeige zeigt die Generatorleistung der Elektromaschine bei der Bremsenergierückgewinnung an. Zur Information des Fahrers werden im TFT-Display des Kombiinstruments die hybridspezifischen Fahrzustände und das Zusammenspiel der beiden Antriebsquellen dargestellt. In Echtzeit sieht er hier den Ladestatus der Traktionsbatterie sowie die Energieflüsse, die über ein Pfeilsymbol die entsprechende Fließrichtung anzeigen. Im optional erhältlichen PCM können alle hybridspezifischen Fahrzustände in einer detaillierten Fahrzeuggraphik mit einer Darstellung des Antriebsstrangs verfolgt werden. Die Statistikanzeige im PCM, die Hybrid-Zero-Emission-Anzeige, informiert den Fahrer über den Fahrtanteil ohne Verbrennungsmotor, somit ohne Emissionen, an der Gesamtfahrzeit und stellt diesen Anteil graphisch in einem Balkendiagramm dar. Dies ist der Fall beim rein elektrischen Fahren, beim Rekuperieren durch Bremsen, beim Segeln und bei stehendem Fahrzeug. Alle Fahrzustände werden berücksichtigt, in denen der Panamera S Hybrid ohne Emissionen betrieben wird – da der Verbrennungsmotor ausgeschaltet ist und keinen Kraftstoff verbraucht.

Mit Ausnehme des Burmester® High-End-Surround-Sound-Systems sind für den Panamera Hybrid S die gleichen Sonderausstattungen für den Innenraum wie bei den anderen Panamera-Modellen lieferbar. So können auf Wunsch die Fondpassagiere ihr ganz persönliches Unterhaltungsprogramm gestalten. Das Porsche Rear Seat Entertainment, von Porsche Exclusive, beinhaltet zwei in die Rückenlehnen der Vordersitze integrierte Konsolen mit schwenkbaren 7-Zoll-TFT-Displays und integrierten Playern sowie drahtlosen Infrarot-Kopfhörern. Die Bedienung erfolgt über Touchscreen und die Konsolen. Die Gehäuse der Bildschirme sind passend zum Interieur mit Leder bezogen.

Der Panamera S Hybrid beschleunigt in kurzweiligen 6,0 Sekunden von null auf 100 km/h. Die Höchstgeschwindigkeit beträgt 270 km/h. Diese Werte zeigen auf sehr beeindruckende Weise, daß sich dynamische Fahrleistungen mit Ökonomie und Umweltschutz sehr gut vereinbaren lassen.

Ende März 2011 legt Porsche die Meßlatte im Marktsegment sportlicher Viertürer der Luxusklasse mit dem Panamera turbo S erneut eine Stufe höher. Der Panamera turbo S verbindet auf einzigartige Weise Leistung mit Effizienz und Fahrdynamik mit Komfort. Die Auslieferung des neuen Spitzenmodells beginnt ab Juni 2011.

Der sportliche Charakter des Panamera turbo S zeigt sich am Exterieur. Serienmäßige Porsche Exclusive-Schwellerverkleidungen verleihen der Karosserie zusätzlich optische Breite. Ein weiteres Alleinstellungsmerkmal innerhalb der Panamera-Familie ist der in Wagenfarbe lackierte adaptiv ausfahrende Vier-Wege-Heckspoiler. Auf Wunsch ist dieser auch in Schwarz lieferbar. Auf dem Heckdeckel ist ein »Panamera turbo S«-Schriftzug angebracht. Ab Herbst 2011 ist der Panamera turbo S, ohne Aufpreis, in der Exterieurfarbe Achatgraumetallic lieferbar. Dieser Farbton ist exklusiv für den Panamera turbo S erschaffen worden. Der Panamera turbo S ist selbst für ein Spitzenmodell in der Luxusklasse außergewöhnlich umfangreich ausgestattet. Passend zum sportlichen Konzept ist eine Sportabgasanlage mit je zwei Doppelendrohren für einen hochemotionalen V8-Motorsound Serie, ebenfalls alle Fahrdynamikregelsysteme, die Porsche für den viertürigen Gran Turismo entwickelt hat.

Der Panamera turbo S ist serienmäßig mit dem hochentwikkelten adaptiven Lichtsystem ausgestattet, das Bi-Xenon-Scheinwerfer, geschwindigkeitsabhängige Fahrlichtsteuerung, Schlechtwetterlicht, dynamisches und statisches Kurvenlicht sowie Abbiegelicht umfaßt. Das dynamische Kurvenlicht wird ab einer Geschwindigkeit von zehn Stundenkilometern aktiviert. Die Lichtsteuerung schwenkt die Hauptscheinwerfer um bis zu 15 Grad in die Kurve. Das statische Kurvenlicht aktiviert zusätzlich die Halogen-Nebelscheinwerfer, die einem Abstrahlwinkel von rund 30 Grad zur Fahrtrichtung haben. Es wird im Stand und bei Geschwindigkeiten bis zu 40 Kilometern pro Stunde durch den Blinker oder die eingeschlagene Lenkung aktiviert. So wird beim Einbiegen in eine Seitenstraße der Fahrbahnrand besser ausgeleuchtet. Bei höheren Geschwindigkeiten erfolgt die Aktivierung des Kurvenlichts nur noch über den Lenkwinkel. Das Landstraßenlicht bietet gegenüber der Grundeinstellung des Abblendlichts eine weitere Ausleuchtung des linken Straßenrands sowie eine breitere Lichtstreuung. Bei zunehmender Geschwindigkeit paßt die Steuerung den Lichtkegel an. Er wächst weiter nach vorne und verbessert damit die Fernsicht, ohne den Gegenverkehr zu blenden. Die Aktivierung des Autobahnlichts erfolgt bei Geschwindigkeiten über 130 Kilometern pro Stunde bzw. bei mehr als 110 Stundenkilometern mit einer längeren Strecke bei der nur geringe Lenkwinkel auftreten. Das Autobahnlicht steigert die Lichtleistung und stellt eine für höhere Geschwindigkeiten effektivere Hell-Dunkel-Abgrenzung ein. Mit dem Einschalten der Nebelschlußleuchte wird das Schlechtwetterlicht aktiviert. Es reduziert durch Ausblenden des oberen Lichtkegels bei schwierigen Sichtverhältnissen wie Nebel die Reflexionen.

Das Triebwerk des Panamera turbo S ist technisch weitgehend identisch mit dem aufgeladenen 4,8-Liter-V8 des Panamera turbo. Die Leistungssteigerung beim turbo-S-Motor um 50 PS (37 kW) auf die 550 PS (405 kW) bei 6.000 Umdrehungen pro Minute ist auf die verbesserten Abgasturbolader mit Titan-Aluminium-Turbinenrädern und einem angepaßten Motormanagement zurückzuführen. Der Einsatz der innovativen Titan-Aluminium-Legierung senkt das Gewicht des Turbinenrads. Es beträgt nur 50 Prozent des konventionellen Inconel-Turbinenrads. Das geringere Massenträgheitsmoment führt zu einem verbesserten Ansprechverhalten des Motors, mit dem Ergebnis, daß analog zur Leistung auch das Drehmoment um 50 Nm ansteigt. In einem Drehzahlbereich von 2.250 bis 4.500 Umdrehungen pro Minute steht ein maximales Drehmoment von 750 Newtonmeter zur Verfügung.

Beim Kick-down im Normal-Modus oder im Sport- und Sport Plus-Modus des serienmäßigen Sport Chrono Pakets turbo werden mit der so genannten Overboost-Funktion sogar 800 Nm im Drehzahlfenster von 3.000 bis 4.000 Umdrehungen pro Minute erreicht. Darüber hinaus bietet die Launch Control durch die gezielte Abstimmung von Motorsteuerung und PDK-Schaltprogramm die bestmögliche Beschleunigung beim Anfahren. Gemäß den Grundsätzen der Porsche Intelligent Performance bietet der turbo-S-Motor mehr Leistung beim gleichen Kraftstoffverbrauch des Panamera turbo, dazu gehören auch die Auto-Start-Stop-Funktion und die Bordnetzrekuperation.

Die Antriebskraft des Panamera turbo S wird über das 7-Gang-Porsche-Doppelkupplungsgetriebe (PDK) und den aktiven Allradantrieb, dem so genannten Porsche Traction Management (PTM), an alle vier Räder verteilt. Manuelle Gangwechsel ruft der Fahrer beim PDK entweder über den Wählhebel in der Mittelkonsole oder über die beiden Schiebetasten in den Lenkradspeichen ab. Wahlweise, ohne Aufpreis, ist auch das 3-Speichen-Sportlenkrad mit Schaltpaddles lieferbar.

Der intelligente Porsche Allradantrieb PTM im Panamera turbo S ist ein aktiver Allradantrieb, der als Hang-on-System ausgeführt ist und im Gehäuse des Porsche-Doppelkupplungsgetriebes integriert ist. Die darin verbaute, elektronisch gesteuerte Lamellenkupplung verteilt die Antriebskraft zwischen der permanent angetriebenen Hinterachse und der Vorderachse variabel, ohne feste Grundverteilung. Durch die permanente Überwachung des Fahrzustands kann so blitzschnell auf unterschiedliche Fahrsituationen reagiert werden. Unter anderen kontrollieren Sensoren kontinuierlich die Drehzahlen an allen vier Rädern, die Längs- und Querbeschleunigung des Fahrzeugs sowie den Lenkwinkel. Sollten beim Beschleunigen die Hinterräder durchdrehen, so verteilt die Lamellenkupplung mehr Antriebskraft nach vorne. In Kurven wird immer nur so viel Antriebskraft an die Vorderräder geleitet, daß die optimale Seitenführung gewährleistet ist. Bei Eingriffen der Bremsregelsysteme entkoppelt das PTM die Vorderachse, um individuelle PSM-Eingriffe an den einzelnen Rädern zu ermöglichen.

Das Fahrwerk des Panamera turbo S ist serienmäßig mit allen Systemen ausgerüstet, die Porsche für die viertürigen Gran Turismo entwickelt und auf dem Markt eingeführt hat. Grundlage ist das Porsche Active Suspension Management (PASM), die Kombination von adaptiver Luftfederung und adaptiver Dämpferregelung. Das PASM variiert die Dämpferkräfte stufenlos und paßt sie an Fahrweise und Fahrbahnoberfläche an. Der Fahrer kann über die PASM-Fahrwerkstaste auf der Mittelkonsole zwischen den drei Kennfeldern »Komfort«, »Sport« und »Sport Plus« wählen. Dazu passend ermöglicht die adaptive Luftfederung durch Schaltung unterschiedlicher Federraten eine noch breitere Spreizung der Fahrwerks-Charakteristik. Diese reicht von sehr hohem Fahrkomfort bis zu sehr sportlicher Fahrdynamik.

Die adaptive Luftfederung besteht aus vier Luftfedern mit jeweils einem integrierten schaltbaren Zusatzvolumen zur Veränderung der Federrate. In der Komforteinstellung ermöglicht jede Luftfeder mit ihrem Gesamtluftvolumen von rund 2,2 Litern ein besonders sanftes Gleiten, welches vor allem auf langen Reisen die Kondition der Passagiere schont. Bei sportlicher Fahrweise reduziert sich das aktive Volumen durch Schließen eines Ventils auf ein Volumen von rund 1,1 Liter. Hierdurch erhöht sich die Federrate. Die Kennlinie wird über dem Einfederweg progressiver, somit wird das Fahrwerk straffer. Die Regelung erfolgt zusammen mit der PASM-Dämpferkennung, die ebenfalls auf das Sport-Plus-Programm schaltet und damit die vom Fahrer gewünschte Fahrwerksabstimmung verstärkt. Somit ist eine breite Variation zwischen komfortabel und sehr sportlich möglich. Die adaptive Luftfederung senkt im »Sport Plus«-Modus die Karosserie ab, wodurch sich die Schwerpunktlage und die Aerodynamik des Panamera turbo S, zu Gunsten von Fahrsicherheit und Verbrauch, weiter verbessern.

Mit der Porsche Dynamic Chassis Control (PDCC), kombiniert mit dem Porsche Torque Vectoring Plus (PTV Plus), bietet der Panamera turbo S serienmäßig die bestmögliche Ausbaustufe der im Panamera angebotenen Fahrwerkstechnik. Das PDCC verhindert Wankbewegungen der Karosserie um die Fahrzeuglängsachse durch ein Gegenmoment der beiden aktiven Stabilisatoren an Vorder- und Hinterachse. Durch eine dynamische Wankmomentenverteilung verbessert das System die Fahrzeugbalance. Das Resultat ist eine hohe Agilität in allen gefahrenen Geschwindigkeitsbereichen sowie optimales Einlenk- und ausgeglichenes Lastwechselverhalten. Die erhöhte Agilität wird durch die stets ideale Stellung des Reifens zur Fahrbahn und damit optimierten Seitenkraftaufbau des Reifens bewirkt. Gleichzeitig läßt sich das Eigenlenkverhalten

durch die variable Wankmomentenverteilung positiv beeinflussen.
Als Ergebnis aus erhöhter Agilität und reduzierter Seitenneigung werden mit dem PDCC Fahrperformance, Handling, Fahrkomfort und Fahrstabilität merklich verbessert. Dies macht sich vor allem auf kurvenreichen Strecken und bei hohen Geschwindigkeiten bemerkbar. Die Stabilisatorhälften sind bei Geradeauslauf entkoppelt, dadurch spricht die Federung noch sensibler und komfortabler auf einseitige Fahrbahnunebenheiten an. Luftfederung, PASM und PDCC werden immer gemeinsam über die Auswahl eines der drei Fahrwerksprogramme geregelt. In der Komforteinstellung trägt das PDCC durch die Wankentkopplung zur entspannten, komfortablen Fahrt auf unebener Straße bei. Im Sport- und Sport Plus-Modus beeinflussen die aktiven Eingriffe der Systeme die maximale Wankabstützung, das Eigenlenkverhalten und die Traktion so, daß eine maximale Fahragilität möglich ist.
Das Porsche Torque Vectoring Plus (PTV Plus) und die elektronisch geregelte Hinterachsquersperre mit variabler Sperrwirkung verstärken die fahrdynamischen Vorzüge der PDCC zusätzlich. Das System arbeitet mit einer variablen Momentenverteilung an den Hinterrädern und einer elektronisch geregelten Hinterachsquersperre. Bei sportlicher Fahrweise optimiert es das Einlenkverhalten. Bremseneingriffe erzeugen am kurveninneren Hinterrad einen zusätzlichen Drehimpuls in Richtung des Lenkradeinschlags. Das Ergebnis ist ein direkteres und dynamischeres Einlenken in die Kurve.
Das PTV Plus verbessert bei hohen Querbeschleunigungen, beim Beschleunigen auf Fahrbahnoberflächen mit unterschiedlichen Reibwerten und beim Herausbeschleunigen aus engen Kurven bedarfsgerecht die Traktion. Bei Lastwechseln in Kurven dreht das Fahrzeug durch das von der Hinterachsquersperre aufgebaute entgegengerichtete Giermoment weniger ein und bleibt dadurch besser in der Spur. Daraus ergibt sich eine hohe querdynamische Fahrzeugstabilisierung, eine optimale Traktion sowie eine hohe Agilität in jedem Geschwindigkeitsbereich, gepaart mit präzisem Einlenk- und ausgeglichenem Lastwechselverhalten.
Porsche setzt beim Panamera turbo S serienmäßig die geschwindigkeitsabhängige Servotronic ein, die sich bei niedrigen Geschwindigkeiten leichtgängig bei Rangier- und Einparkmanövern bedienen läßt. Bei zunehmend höherer Geschwindigkeit wird die Servolenkung für eine bessere Rückmeldung von der Straße straffer, so daß der Fahrer präziser lenken kann.
Die roten Bremssättel deuten auf die leistungsstärkste konventionelle Bremsanlage hin, die Porsche bei den viertürigen Gran Turismo einsetzt. An der Vorderachse verzögern 6-Kolben-Aluminium-Monobloc-Festsättel die 390-Millimeter-Verbundbremsscheiben. Diese genuteten, innenbelüfteten Bremsscheiben bestehen aus einem Graugußreibring, der über einen leichten Aluminiumtopf mit der Radnabe verbunden ist, um die ungefederten Massen zu verringern. An der Hinterachse sind 4-Kolben-Aluminium-Monobloc-Festsättel mit 350-Millimeter-Bremsscheiben montiert. Eine der wenigen technischen Optionen, die der turbo S noch offen läßt, ist die Porsche Ceramic Composite Brake (PCCB) mit gelb lackierten Bremssätteln. Die gelochten, innenbelüfteten Bremsscheiben haben vorne einen Durchmesser von 410 Millimetern, hinten von 350 Millimetern.
Für eine besonders sportliche Performance und Optik sorgen die 20-Zoll-911-turbo-II-Schmiederäder und Radnabenabdeckungen mit farbigem Porsche-Wappen. Um den hohen Ansprüchen von Porsche an Reifen gerecht zu werden, entwickelt Porsche zusammen mit den Partnern der Reifenindustrie spezielle auf den Panamera turbo S abgestimmte Reifenspezifikationen. An der Vorderachse sind auf 9,5 J x 20 Zoll-Rädern Reifen der Größe 255/40 ZR 20 montiert, an der Hinterachse sind Reifen der Dimension 295/35 ZR 20 auf 11 J x 20 Zoll-Rädern aufgezogen. Zusätzlich wird an der Hinterachse eine Spurverbreiterung durch zwei je fünf Millimeter starke Distanzscheiben erreicht. Dank der Kombination von breiter Spurweite und den Rädern mit unterschiedlichen Reifendimensionen an Vorder- und Hinterachse zeigt der Panamera turbo S ein agiles und sicheres Fahrverhalten.
Der Panamera turbo S kommt mit einer neuen Fahrdynamik-Anzeige im rechten Kombiinstrument auf den Markt. Diese informiert den Fahrer über die momentane und maximale Beschleunigung in Längs- und Querrichtung mit entsprechenden Darstellungen. Damit wird die Fahrleistung des Panamera turbo S auch für den Fahrer sichtbar. Ab Herbst 2011 ist die Fahrdynamik-Anzeige als neue Funktion auch im Porsche Communication Management (PCM) integriert. Im manuellen Schaltmodus des PDK unterstützt eine Gangempfehlung im Kombiinstrument das verbrauchsoptimierte Fahren.
Im Interieur wird die Verbindung von Exklusivität und Sportlichkeit durch die serienmäßige Bi-Color-Lederausstattung weitergeführt. Exklusiv für den Panamera turbo S wird die neue Farbkombination Schwarz/Crema angeboten, ab Herbst 2011 wird diese mit Achatgrau/Crema als Exklusivkombination ergänzt. Das Interieur-Paket Birke-Anthrazit und das geprägte Porsche-Wappen auf den vorderen Kopfstützen geben dem Interieur des Panamera turbo S eine besondere Note. Die vorderen Einstiegsleisten und der Drehzahlmesser sind mit einem »turbo S«-Schriftzug versehen. Die serienmäßigen Komfortsitze vorne sind 14-fach verstellbar. Für besten Langstreckenreisekomfort sind sie mit dem Komfort-Memory-Paket kombiniert, welches Sitzflächenverlängerungen, Lordosenstützen sowie eine elektrische Lenksäulenverstellung beinhaltet. Eine Sitzheizung für Vorder- und Rücksitze ist Serie. Als Sonderwunsch ist ab Werk eine Sitzbelüftung lieferbar. Optional sind die Ad-

aptiven Sportsitze mit höheren Seitenwangen, elektrischer 18-Wege-Verstellung und Komfort-Memory-Paket erhältlich. Serienmäßig können die Passagiere des Panamera turbo S den Klang des BOSE® Surround-Sound-System genießen. 14 Lautsprecher, ein 200-Watt-Aktivsubwoofer mit Class-D-Endstufe und 200 Millimeter Membrandurchmesser sowie neun Verstärkerkanäle sorgen für ein besonderes Klangerlebnis. Insgesamt steht eine Gesamtleistung von 585 Watt zur Verfügung. Für besondere Musikliebhaber ist das optionale High-End-Surround-Sound-System von Burmester® gedacht. 16 Lautsprecher, die von 16 Verstärker-Kanälen mit mehr als 1.000 Watt Gesamtleistung angesteuert werden, sorgen für ein einzigartiges Klangerlebnis, welches durch einen 250-Millimeter-Aktivsubwoofer mit 300-Watt-Class-D-Verstärker abgerundet wird. Die verwendete Frequenzweichen-Technologie ist aus dem Home-Audio-Bereich von Burmester® abgeleitet. Analoge und digitale Filter sind auf den individuellen Einsatzzweck präzise abgestimmt.

Im Panamera werden vorne Bändchen-Hochtöner (Air-Motion-Transformer, AMT) eingesetzt, die sich durch eine klare und präzise Hochtonwiedergabe auszeichnen. Die maßgeschneiderten Lautsprecherchassis sind exakt auf den Innenraum des Panamera zugeschnitten und liefern ein Höchstmaß an Baßfundament, Auflösung und Impulsgenauigkeit. Das Ergebnis ist selbst bei höchster Lautstärke ein bisher unerreichter, natürlicher und

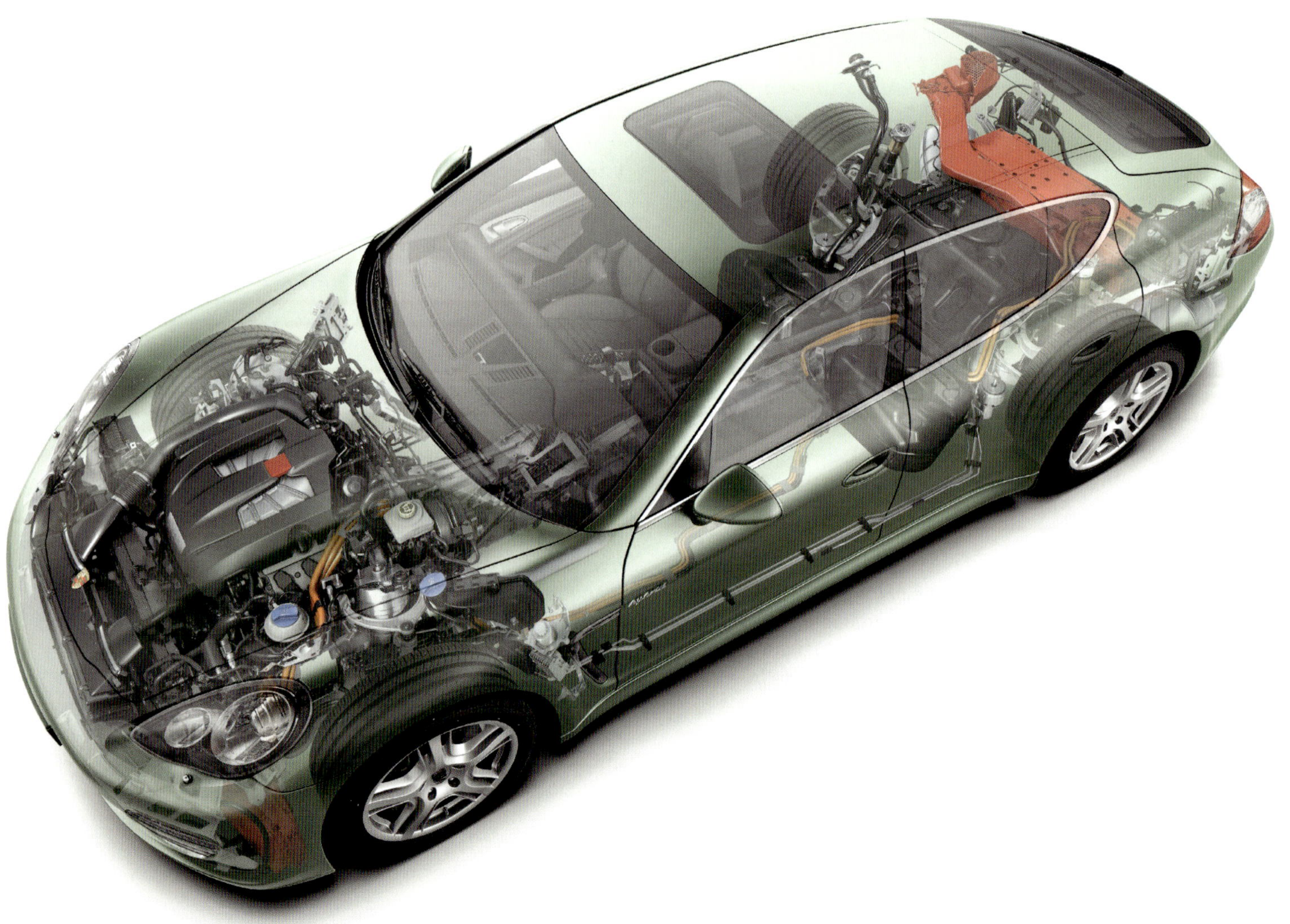

Phantomgrafik des Panamera S Hybrid

substanzreicher Raumklang. Selbst beim Sound-System spielt Leichtbau eine wichtige Rolle. Alle Komponenten der Burmester®-Anlage wiegen zusammen unter zwölf Kilogramm.
Mit aktivierter Launch Control sprintet der Panamera turbo S aus dem Stand in nur 3,8 Sekunden auf 100 Stundenkilometer. Für den Zwischenspurt von 100 auf 200 Stundenkilometer benötigt er nur 9,1 Sekunden. Die Höchstgeschwindigkeit wird erst jenseits der 300-Stundenkilometer-Marke erreicht, bei genau 306 km/h.
Anfang Mai 2011 stellt Porsche den Panamera Diesel der Presse vor. Mit diesem Modell reagiert das Zuffenhausener Unternehmen auf die stets größere Beliebtheit von Dieselfahrzeugen in diesem Marktsegment. Mit einer einzigen Tankfüllung von 80 Litern ist eine Reichweite von über 1.200 Kilometern möglich, damit ist der Panamera Diesel in doppelter Hinsicht ein echter Gran Turismo. Durch den Dieselmotor wird der Panamera zu einem wirtschaftlichen, spurt- und durchzugsstarken Langstreckenläufer. Die Auslieferung an die ersten Kunden beginnt im August 2011.
Die Karosserie und die Aufbaudetails des Panamera Diesel sind weitgehend mit dem Panamera mit V6-Benzin-Motor identisch. Die einzigen äußeren Unterscheidungsmerkmale sind die »diesel«-Schriftzüge auf den Vordertüren auf Höhe der Seitenblinker und die speziell für den Panamera Diesel entwickelten ovalen Endrohrblenden.
Der von Audi angelieferte Grundmotor ist von Porsche für die eigenen Ansprüche optimiert worden. Er besteht aus einem Kurbelgehäuse aus GJV-Guß (Grauguß) mit zwei im 90-Grad-Winkel zueinander stehenden Zylinderbänken. Eine Ausgleichswelle unterdrückt Schwingungen und sorgt für eine verbesserte Laufruhe. Die sechs Zylinder haben eine Bohrung von 83 Millimetern. Die Kurbelwelle hat einen Hub von 91,4 Millimetern. Der V6-Dieselmotor weist einen Gesamthubraum von 2.967 cm^3 auf. In den Aluminium-Zylinderköpfen sind jeweils zwei obenliegende Nockenwellen mit vier senkrecht stehenden Ventilen pro Zylinder untergebracht. Reibungsarme Rollenschlepphebel mit hydraulischen Ventilspiel-Ausgleichselementen übernehmen die Betätigung der Ventile. Der senkrecht stehende, zentral angeordnete Injektor ist direkt über der Mulde in der Kolbenmitte positioniert. Diese Konstellation bewirkt eine gute Gemischbildung, aus der ein niedriger Kraftstoffverbrauch und geringe Abgasrohemissionen resultieren.
Im Saugrohr ist eine stufenlos regelbare Drallklappe integriert, die je nach Stellung, abhängig von Motordrehzahl und -last, der Drall der Ansaugluft regelt. Im Leerlauf und bei niedrigen Drehzahlen bleibt die Klappe geschlossen, dadurch entsteht eine hohe Drallwirkung und eine verbesserte Gemischbildung. Ab einer Drehzahl von rund 1.250 Umdrehungen pro Minute öffnet sich die Klappe kontinuierlich. Der erhöhte Luftdurchsatz erzielt eine gute Füllung des Brennraums. Ab einer Drehzahl von 2.750 Umdrehungen pro Minute ist die Drallklappe dann vollständig geöffnet.
Die Kraftstoffversorgung des V6-Dieselmotors erfolgt über ein Common-Rail-System, in dem der Dieselkraftstoff unter einem Druck von bis zu 2.000 bar steht und so über kurze Einspritzleitungen den Piezo-Injektoren zur Verfügung gestellt wird. Das hat die folgenden drei Vorteile: Der Einspritzdruck kann im Kennfeld nahezu frei gewählt werden, der hohe Einspritzdruck ermöglicht eine optimale Gemischbildung und der Einspritzverlauf mit Vor-, Haupt- und Nacheinspritzung kann ebenfalls sehr flexibel ausgelegt werden. Die Kraftstoffeinspritzung in die Brennräume übernehmen piezogesteuerte Injektoren, die in weniger als einer zehntausendstel Sekunde schalten. Zur Steuerung des Piezo-Aktors wird der umgekehrte piezoelektrische Effekt genutzt. Bei einer Spannung von 110 bis 148 Volt dehnt sich der Piezo-Aktor bis zu 0,03 mm aus. Dieser Effekt wird auf die Düsennadel übertragen und gibt dadurch blitzschnell den Einspritzkanal frei.
Die Piezo-Technologie hat gegenüber Magnet-Einspritzventilen eine um rund 75 Prozent geringere bewegte Masse an der Düsennadel. Durch diese Gewichtsreduzierung sind sehr kurze Schaltzeiten, exakt dosierbare Einspritzmengen und mehrere höchst präzise Einspritzungen pro Arbeitstakt möglich. In den Brennräumen werden je nach Betriebspunkt bis zu fünf Teileinspritzungen pro Arbeitstakt eingeleitet. Im unteren Drehzahlbereich leiten zwei Voreinspritzungen den Arbeitstakt ein, nach der Einspritzung der Hauptkraftstoffmenge folgen zwei Nacheinspritzungen. Diese ermöglicht geringe Emissionen mit einem weichen Verbrennungsverlauf. Ermöglicht wird diese schnelle und präzise Ansteuerung der Einspritzventile durch die elektronische Motorsteuerung EDC 17 CP44 3.7 von Bosch.
Die Versorgung mit Verbrennungsluft übernimmt ein Abgasturbolader mit variabler Turbinen-Geometrie (VTG) und zwei in Reihe angeordneten Ladeluftkühlern. Der Lader verfügt über verstellbare Leitschaufeln, die das Aufstauverhalten der Turbine verändern können. Die verstellbaren Leitschaufeln ermöglichen im unteren Drehzahlbereich ein spontanes Ansprechverhalten sowie ein gutes Anfahrverhalten und ein hohes Drehmoment. Dies geschieht, indem sie bei geschlossenen Schaufeln und noch geringen Massendurchsätzen ein hohes Aufstau- und damit Arbeitsvermögen der Turbine gewährleisten. Je höher die Drehzahlen, desto weiter werden die Leitschaufeln kontinuierlich geöffnet und sorgen durch einen verminderten Abgasgegendruck für einen geringen Kraftstoffverbrauch. Ein Elektromotor verstellt die Leitschaufeln, was ein sehr schnelles und präzises Anpassen der Leitschaufeln und damit eine spontane Reaktion des Motors ermöglicht.
Die VTG-Technik wurde bei Audi-Dieselmotoren im Jahr 1996 auf dem Markt eingeführt. Bei Vollast beträgt der maximale Ladedruck 1,5 bar. Er wird ab einer Drehzahl von 1.750 Umdrehun-

gen pro Minute aufgebaut. Um eine möglichst hohe Zylinderfüllung und damit einen spontanen Drehmomentaufbau sowie niedrige Bauteiltemperaturen zu erreichen, muß die durch den Turbolader verdichtete, erwärmte Luft wieder herunter gekühlt werden. Diese Aufgabe übernehmen zwei Ladeluftkühler, die seitlich im Bugteil untergebracht sind. Das Ergebnis des hohen technischen Aufwands ist eine Motorleistung von 250 PS (184 kW) von 3.800 bis 4.400 Umdrehungen pro Minute. Dieseltypisch ist das maximales Drehmoment von 550 Newtonmeter, 50 Nm mehr als beim Panamera S mit V8-Benzinmotor, welches in einem Drehzahlbereich zwischen 1.750 und 2.750 Umdrehungen pro Minute an der Kurbelwelle anliegt. Für die Märkte in Belgien und Norwegen wird der V6-Dieselmotor mit einer reduzierten Leistung von 211 PS (155 kW) bei 2.750 bis 4.400/min und einem maximalen Drehmoment von 550 Nm, welches zwischen 1.750 und 2.500/min zur Verfügung steht, angeboten.
Das aufwendige Abgassystem sorgt dafür, daß die aktuellen Grenzwerte der EU5-Norm zuverlässig eingehalten werden. Ein Teil der Rohgase wird bereits kennfeldgesteuert über die Abgasrückführung erneut dem Verbrennungsprozeß zugeführt. Die Zufuhr von Inertgasen bewirkt eine Reduzierung der Verbrennungsspitzentemperatur und damit eine Senkung der Stickoxidemission. Ein Kühler im Abgasrückstrang sorgt zusätzlich dafür, daß die Verbrennungstemperatur gesenkt wird und zudem eine größere Menge von Abgasen zurückgeführt werden kann. Nach dem Turbolader durchströmen die Abgase zuerst den Oxidationskatalysator, danach den Dieselpartikelfilter (DPF) und zuletzt den Schalldämpfer.
Die Rußbeladung des Partikelfilters wird durch zwei in der Motorsteuerung vorprogrammierte Beladungsmodelle berechnet. Das erste Modell wird aus dem Fahrprofil des Benutzers sowie den Signalen der Abgastemperaturen und der Lambdasonde ermittelt. Das zweite Beladungsmodell ist der Strömungswiderstand im Dieselpartikelfilter, der aus den Signalen des Drucksensors für das Abgas, des Abgastemperaturgebers und des Luftmassenmessers errechnet wird. Damit der katalytisch beschichtete Partikelfilter nicht von Rußpartikeln zugesetzt wird, die ihn in seiner Funktion beeinträchtigen oder gar zerstören, wird er regelmäßig regeneriert. Beim Regenerationsvorgang werden die Rußpartikel im Partikelfilter verbrannt. Dabei wird in passive (ohne Eingriff der Motorsteuerung) und aktive Regeneration (Eingriff über die Motorsteuerung) unterschieden. Beide Regenerationsvorgänge laufen für den Fahrer nicht spürbar ab. Der Partikelausstoß liegt aufgrund DPF-Technologie bei nur 7,6 Prozent des gesetzlich zulässigen Grenzwerts. Der V6 arbeitet mit einem hohen Wirkungsgrad, so daß nur noch relativ wenig Abwärme über das Kühlwasser abgeführt werden muß. Ein Zusatzheizer ergänzt das Heizsystem, um bei kalter Witterung dennoch angenehme Innenraumtemperaturen zu erreichen.

Der Panamera Diesel ist serienmäßig mit der Auto-Start-Stop-Funktion ausgerüstet, die den Motor beim Fahrzeugstillstand und gedrücktem Bremspedal automatisch abstellt. Wird die Bremse gelöst, startet das System den Motor wieder. Audio und Kommunikationssysteme funktionieren trotz Motorabschaltung weiter, auch die Klimaanlage hält die gewählte Temperatur. Eine weitere Verbrauchsreduktion wird durch die Bordnetzrekuperation erreicht. Für einen zuverlässigen Kaltstart des Dieselmotor ist eine stärkere 105-Ah-Batterie an Bord.
Der Panamera Diesel ist wie der Panamera S Hybrid ausschließlich mit dem 8-stufigen Automatikgetriebe, der Tiptronic S, lieferbar. Aufgrund des schmaleren Drehzahlbands ist das Steuerprogramm mit den Schaltpunkten speziell auf den Dieselmotor abgestimmt. Auch beim Panamera Diesel kann ein manueller Gangwechsel über die Wippschalter am Lenkrad oder durch Antippen des Wählhebels erfolgen. Um das hohe Drehmoment des Dieselmotors mit möglichst geringen Verlusten zu übertragen ist der Wandler mit einer Überbrückungskupplung ausgerüstet. Die 8-Gang-Tiptronic S verfügt zur Kraftstoffeinsparung über eine Stand-Abkopplung, die mit der Auto-Start-Stop-Funktion synchronisiert ist und automatisch in die Neutralstellung des Getriebes schaltet, wenn bei stehendem Fahrzeug, laufendem Motor und ebener Fahrbahn das Bremspedal durchgedrückt wird.
Der Panamera Diesel verfügt wie alle anderen Panamera über die Sport-Taste, die dem Fahrer die Möglichkeit bietet, zwischen einer Standard-Abstimmung und einem Sport-Modus zu wählen. Im Sport-Modus reagiert der Motor spontaner, dazu ist die Gaspedalkennlinie steiler ausgelegt. Das Automatikgetriebe sowie die optionale Luftfederung und das Porsche Active Suspension Management (PASM) werden entsprechend sportlicher abgestimmt. Zudem wird die Auto-Start-Stop-Funktion deaktiviert.
Das Stahlfederfahrwerk des Panamera Diesel ist mit der Aluminium-Doppelquerlenker-Vorderachse und der Aluminium-Mehrlenker-Hinterachse kein Kompromiß zwischen Sportlichkeit und Komfort, sondern eine Kombination aus beidem. An der Vorderachse kommen Federbeine mit zylindrischen Schraubenfedern und innenliegenden Zweirohrstoßdämpfern zum Einsatz sowie separat angeordneten Federn und Stoßdämpfern an der Hinterachse. Als Option ist die adaptive Dämpferregelung Porsche Active Suspension Management (PASM) erhältlich. Ebenfalls auf Wunsch bietet Porsche für den Panamera Diesel die adaptive Luftfederung inklusive PASM an. Eine weitere Steigerungsstufe bietet das optional lieferbare, auf Luftfederung und PASM aufbauende Fahrwerksregelsystem Porsche Dynamic Chassis Control (PDCC) inklusive Porsche Torque Vectoring Plus (PTV Plus). Mit PDCC liegt der Panamera Diesel noch satter auf der Straße, bei gleichzeitig gesteigertem Fahrkomfort.
Der Panamera Diesel rollt serienmäßig auf 18-Zoll-Leichtmetall-

Panamera Diesel

rädern im Fünf-Speichen-Design. An der Vorderachse sind Reifen der Größe 245/50 ZR 18 auf 8 Zoll breiten Felgen montiert, an der Hinterachse ist die 275/45 ZR 18-Bereifung auf 9-Zoll-Felgen aufgezogen.

Die Bremsanlage des Panamera Diesel besteht aus den gleichen leistungsfähigen Komponenten wie die Bremse der Panamera V6- und V8-Modelle mit Saugmotor. An der Vorderachse verzögern 6-Kolben-Aluminium-Monobloc-Festsättel und Bremsscheiben mit einem Durchmesser von 360 Millimeter. An der Hinterachse sind 4-Kolben-Aluminium-Monobloc-Festsättel und Bremsscheiben mit einem Durchmesser von 330 Millimeter montiert. Die Bremssättel sind wie bei allen V6-Modellen schwarz lackiert. Auf Wunsch ist für den Panamera Diesel die besonders leistungsfähige Keramik-Bremsanlage Porsche Ceramic Composite Brake (PCCB) mit gelb lackierten Bremszangen und innenbelüfteten, gelochten Bremsscheiben lieferbar. An der Vorderachse haben diese einen Durchmesser von 390 Millimeter, an der Hinterachse 350 Millimeter.

Beim V6-Diesel-Modell beinhaltet das serienmäßige Porsche Stability Management (PSM) ebenfalls den Bremsassistenten, die Gespannstabilisierung und die Vorbefüllung der Bremsanlage zur Verkürzung des Anhaltewegs in Gefahrensituationen. Die elektrische Parkbremse löst sich beim Anfahren automatisch.

Das Interieur des Panamera Diesel bietet in Ambiente und Ausstattung das elegante, sportliche Niveau der V6-Modelle mit Benzinmotor. Alle Instrumente tragen schwarze Zifferblätter. Der Drehzahlmesser ist auf den niedrigeren Drehzahlbereich des Dieselmotors angepaßt. Auch der Panamera Diesel verfügt serienmäßig über die Komfortsitze mit elektrischer Acht-

Panamera Diesel

Wege-Verstellung von Sitzhöhe, Sitz- und Lehnenneigung sowie Längsverstellung. Den Innenraum kühlt die serienmäßige Zweizonen-Klimaautomatik mit getrennter Temperatureinstellung und Luftverteilung für Fahrer- und Beifahrerseite.
Zur Serienausstattung des Panamera Diesel gehört ebenfalls das Audiosystem CDR-31 inklusive 7-Zoll-Farbbildschirm mit Touchscreen-Funktion, zehn Lautsprechern und einer Gesamtleistung von 100 Watt. Für die Beschleunigung von null auf 100 km/h benötigt der Panamera Diesel 6,8 Sekunden. Die Höchstgeschwindigkeit wird bei 242 km/h erreicht.
Im Juni 2011 ist es mit der Option »drahtloser Internet-Zugang« möglich, im Panamera online zu gehen. Ab Herbst 2011 werden die Sonderausstattungen durch den Spurwechselassistent (SWA) erweitert, der vom Cayenne adaptiert wurde. Mittels zweier Radarsensoren, die seitlich im hinteren Stoßfänger integriert sind, überwacht das System die linke und rechte Fahrspur bis 70 Meter hinter dem Fahrzeug sowie den toten Winkel und informiert den Fahrer über LEDs im Außenspiegel, sobald ein anderes Fahrzeug auf der Nebenspur erkannt wird. Der Spurwechselassistent wird über einen Taster an der Fahrertür aktiviert und hat einen Funktionsbereich von 30 bis 250 Stundenkilometern. Porsche Exclusive bietet als neue Optionen für das Exterieur des Panamera Bi-Xenon-Hauptscheinwerfer in Schwarz, einschließlich Porsche Dynamic Light System (PDLS), sowie Sportendrohre in einem überarbeiteten Design an.

Modelljahr 2013 (D-Programm)

Mit der Markteinführung des Panamera GTS im Februar 2012 rundet Porsche das Angebot der viertürigen Gran-Turismo-Baureihe, analog zur 911- und Cayenne-Modellreihe, mit dem leistungsstärksten Panamera mit Saugmotor ab. Der besonders sportliche GTS verfügt über einen 430 PS starken V8-Motor, das 7-Gang-Porsche-Doppelkupplungsgetriebe (PDK) und den fahrdynamischen Allradantrieb. Die Nomenklatur GTS steht bei Porsche für Gran Turismo Sport. Eine Bezeichnung, die der Porsche 904 Carrera GTS schon im Jahr 1963 getragen hat. Der Panamera GTS verbindet besondere Sportlichkeit mit hoher Alltagstauglichkeit. Am 6. März 2012 feiert der Panamera GTS auf dem Genfer Autosalon seine Europapremiere.
Der Panamera GTS trägt serienmäßig das Bugteil aus dem Sport-Design-Paket des Panamera turbo. Die großen Lufteinlaßöffnungen unterstreichen die sportliche Dynamik des Fahrzeugs und versorgen die GTS-spezifischen Staudruckluftfilter zusätzlich mit Luft. Am Heck ist der adaptiv ausfahrende Vier-Wege-Heckspoiler des Panamera turbo montiert, der ab einer Geschwindigkeit von 205 km/h Abtrieb an der Hinterachse erzeugt und damit für stabile Fahrsicherheit bei hohen Geschwindigkeiten sorgt. Ein weiteres Alleinstellungsmerkmal sind die Bi-Xenon Scheinwerfer mit schwarz ausgeführten Innenblenden. Die Hauptscheinwerfer verfügen über je vier LED-Tagfahrlicht-Spots, die wie beim Panamera turbo nicht in die Bugleuchten integriert sind.
Exklusiv für den Panamera GTS ist die Sonderwunschfarbe Karminrot, welche die Sportlichkeit des Fahrzeugs betont und einen Kontrast zu den schwarzen Exterieurumfängen bildet, die den optischen Auftritt des Fahrzeugs prägen. Das serienmäßige Exterieur-Paket Schwarz-Hochglanz setzt sportliche Akzente. Es umfaßt die seitlichen Luftauslaßblenden, die Abdeckung der Scheinwerferreinigungsanlage, die Seitenscheibenleisten, die Zierleiste auf dem Heckdeckel sowie den Heckdiffusor. In Verbindung mit den schwarzen Seitenenden des Bugteils, den Schwellerverkleidungen, dem Heckteil und den mattschwarzen Endrohren der Sportabgasanlage ergibt sich so ein klares stimmiges Erscheinungsbild.
Das Herzstück des Panamera GTS ist der weiterentwickelte V8-Saugmotor mit 4,8 Litern Hubraum, dessen Leistung durch zahlreiche Modifikationen auf 430 PS (316 kW) bei 6.700 Umdrehungen pro Minute steigt. Die Leistungssteigerung um 30 PS (22 kW) gegenüber dem Basis-V8-Triebwerk ist ebenfalls mit einem Drehmoment-Plus von 20 Newtonmetern verbunden. Das maximale Drehmoment steigt auf 520 Nm bei 3.500/min. Um diese Leistungssteigerung zu erreichen, erhöhten die Porsche-Ingenieure die Nenndrehzahl um 200 Umdrehungen pro Minute. Das gesamte Drehzahlband wurde um 400/min erweitert, die Abregeldrehzahl liegt bei 7.100 Umdrehungen pro Minute.
Ein Schwerpunkt bei der Überarbeitung des V8 liegt auf der Optimierung des Gaswechsels. Eine erweiterte Luftansaugung mit zwei zusätzlichen Luftfiltergehäusen links und rechts im Bugteil sorgt für eine verbesserte Frischluftzufuhr. Bei niedrigen Geschwindigkeiten verschließt jeweils eine Klappe die Ansaugöffnung. Bei Drehzahlen über 3.500 Umdrehungen pro Minute öffnen sich die beiden Klappen und zusätzliche Frischluft strömt in den Saugtrakt. Bei höheren Geschwindigkeiten bildet sich ein Staudruck, der einen leichten Aufladeeffekt erzeugt,

der zu einer Leistungssteigerung führt. Um die gestiegene Zufuhr von Verbrennungsluft optimal nutzen zu können, steuern zwei überarbeitete Nockenwellen mit einem um einen Millimeter erhöhten Nockenhub die Einlaßventile. Angepaßte Ventilfedern mit erhöhter Vorspannung, die unter allen Umständen das präzise Öffnen und Schließen der Ventile gewährleisten, sorgen für optimale Gaswechsel. Das Ergebnis: Das Triebwerk saugt bei höheren Drehzahlen mehr Luft an, die Zylinderfüllung steigt und damit die Leistung. Diese Motorcharakteristik erlaubt es, noch später zu schalten und höhere Anschlußdrehzahlen beim Hochschalten zu nutzen.
Fahrer und Passagiere können das Ansaugen des GTS-Motors auf Knopfdruck noch besser hören. Der Sound-Symposer leitet das Ansauggeräusch per Knopfdruck in den Innenraum weiter. Ein Akustikkanal nimmt die Ansaugschwingungen zwischen Drosselklappe und Luftfilter auf. Die im Akustikkanal integrierte Membran überträgt die Schwingungen als Motorsound in die A-Säule. Vor der Membran befindet sich eine steuerbare Klappe, die den Sound-Symposer über die Sport-Taste aktiviert oder deaktiviert. Die Abgase verlassen den GTS-Motor über die serienmäßige durchsatzstärkere Sportabgasanlage mit vergrößerten Rohrdurchmessern und geringerem Gegendruck. Auch diese Komponente der Leistungssteigerung kann akustisch noch stärker hervorgehoben werden.
Die Sportabgasanlage verfügt über zwei Schaltklappen, welche zusätzliche Austrittsöffnungen freigeben und damit einen noch kräftigeren Klang abgeben. Die beiden Klappen werden über einen Schalter in der Mittelkonsole betätigt. Über eine »last mode«-Funktion kann die letzte Einstellung der Klappen beim nächsten Start wieder hergestellt werden. Die Steuerung des GTS-Triebwerks übernimmt ein angepaßtes Motormanagement, das sich schon beim Motorstart durch ein kurzes Hochdrehen des Triebwerks bemerkbar macht. Beim Gasgeben sorgt es für einen schnelleren Aufbau des Drehmoments und damit für ein spürbar besseres Ansprechverhalten.
Das optimierte Motormanagement ermöglicht bei Schaltvorgängen ein kurzzeitiges Ausblenden einzelner Zylinder, wodurch die Motordrehzahl schneller an die Getriebedrehzahl angepaßt werden kann. Die Schaltzeiten verkürzen sich nochmals, begleitet von einem sportlichen Motorsound. Bei aktiviertem Sport-Modus sorgt ein Motorbrabbeln und das sogenannte Backfire, ein kurzer, prägnanter Sound aus der Abgasanlage, welches beim Herunterschalten hörbar ist, für ein kernigeres Sportwagengefühl.
Der Panamera GTS verfügt serienmäßig über eine sportliche, abgestimmte Adaptive Luftfederung inklusive Porsche Active Suspension Management (PASM) mit Niveauregulierung, Höhenverstellung, einer Verstellung der Federrate und einer elektrischen Verstellung des Stoßdämpfersystems für Komfort oder Fahrdynamik. Im Normalniveau der Luftfederung liegt der Panamera GTS, im Vergleich zu den anderen Panamera-Modellen, zehn Millimeter tiefer und die Dämpfung ist entsprechend dem sportlichen Charakter straffer ausgelegt.
Der sportliche Panamera GTS ist serienmäßig mit dem Sport Chrono Paket ausgestattet, das die Modi »Normal«, »Sport« und »Sport Plus« anbietet. Je nach Modus werden bestimmte Eigenschaften des viertürigen Gran Turismo nochmals geschärft. Der Motor reagiert sensibler auf das Gaspedal, die Übergänge zwischen Zug und Schub und umgekehrt werden spontaner, die Lastwechsel dynamischer. Die Steuerung von Motor und PDK-Kupplungen unterstützt diese unmittelbare Reaktion. Der gesamte Triebstrang ist immer leicht vorgespannt, um jede Leistungsanforderung des Fahrers sofort in Vortrieb umsetzen zu können.
Im Sport Plus-Modus sind die PDK-Schaltzeiten noch kürzer und die Schaltvorgänge sportlicher. Schon bei leichtem Bremsen, selbst bei hohen Drehzahlen, schaltet im Automatik-Modus eine dynamischere Bremsrückschaltung blitzschnell zurück. Zudem werden die Schaltpunkte in höhere Drehzahlen verlegt, um später hochschalten und früher zurückschalten zu können. Beim Hochschalten wird die Anpassung der Motordrehzahl außer Kraft gesetzt, so daß beim Schließen der Kupplung zum nächst höheren Gang eine Momentenüberhöhung für einen zusätzlichen Schubimpuls sorgt. Für spürbar mehr Längs- und Querdynamik greift das Stabilisierungssystem PSM im Modus Sport Plus deutlich später ein. Damit ist das Einbremsen in Kurven merkbar agiler. Das PSM läßt nun, vor allem im niedrigen Geschwindigkeitsbereich, eine sportlichere Fahrweise beim Anbremsen und Herausbeschleunigen zu und sorgt so für mehr Fahrfreude.
Noch mehr Agilität und Fahrspaß bietet der Sport Plus Modus bei ausgeschaltetem PSM. Zur Sicherheit bleibt es jedoch stets im Hintergrund präsent, es greift aber erst ein, wenn beide Vorderräder im ABS-Regelbereich sind. Die adaptive Luftfederung senkt das Fahrzeug zusätzlich auf das Tiefniveau und schaltet in eine härtere Federrate. Selbst der Anstellwinkel des adaptiv ausfahrenden Vier-Wege-Heckspoilers geht in die performanceorientierte Stellung. Eine weitere Steigerungsstufe des Panamera GTS-Fahrwerks bietet das optional lieferbare, auf Luftfederung und PASM aufbauende Fahrwerksregelsystem Porsche Dynamic Chassis Control (PDCC) inklusive Porsche Torque Vectoring Plus (PTV Plus).
Der Panamera GTS ist mit der souveränen Hochleistungsbremsanlage des Panamera turbo mit den großen rot lackierten Bremssätteln ausgerüstet. An der Vorderachse sorgen 6-Kolben-Monobloc-Aluminium-Festsättel und an der Hinterachse 4-Kolben-Monobloc-Aluminium-Festsättel für eine hohe Verzögerung. Der Durchmesser der Verbundbremsscheiben beträgt vorne 390 Millimeter und der Integralbremsscheiben hinten 350 Millimeter. Auf Wunsch ist der GTS auch mit der Porsche

Panamera GTS mit Porsche Ceramic Composite Brake

Ceramic Composite Brake (PCCB) für den Panamera turbo mit gelb lackierten Bremszangen und innenbelüfteten, gelochten Bremsscheiben lieferbar. An der Vorderachse haben diese einen Durchmesser von 410 Millimetern, an der Hinterachse von 350 Millimetern.

Der Panamera GTS rollt auf 19-Zoll-Panamera-Turbo-Räder mit Mischbereifung. Den notwendigen Grip übernehmen vorne 255/45 ZR 19-Breitreifen auf 9 J x 19-Rädern, hinten sind 285/40 ZR 19-Niederquerschnittsreifen auf 10 J x 19 montiert. Je fünf Millimeter breite Distanzscheiben zwischen Rad und Radträger verbreitern die Spur an der Hinterachse zusätzlich.

Die spürbare Agilität des Panamera GTS in Kurven ist jetzt auch in der Anzeige für Quer- und Längsbeschleunigung für den Fahrer im Cockpit sichtbar. Die Darstellung im rechten Display des Kombiinstruments und dem optionalen Porsche Communication Management (PCM) informiert den Fahrer über die momentane Beschleunigung und zeigt damit das Potential für hohe Kurvengeschwindigkeiten und Fahrperformance auf.

Der sportliche Charakter des Panamera GTS setzt sich im gesamten Interieur fort. Fahrer und Passagiere sind in einem Ambiente aus Leder und Alcantara in wahlweise fünf Interieurfarben untergebracht. Die Sitzmittelbahnen der serienmäßigen adaptiven 18-Wege-Sportsitze, der Dachhimmel, die Oberteile der Armauflagen in den Türen sowie die Armauflage der Mittelkonsole vorne sind mit Alcantara bezogen. Das serienmäßige SportDesign-Lenkrad mit Zwölf-Uhr-Markierung auf dem Lenkradkranz und den beiden Schaltpaddles vereint sportliche Funktionalität und Optik. Auf Wunsch kann es ebenfalls mit schwarzem Alcantarabezug geordert werden.

Die vorderen Edelstahl-Einstiegsleisten sind mit einem »Panamera GTS«-Schriftzug versehen. Weitere »GTS«-Logos finden sich im Drehzahlmesser und gestickt in den Kopfstützen wieder. Diese Details machen den Panamera GTS unverwechselbar. Porsche hat exklusiv für den Panamera GTS in Verbindung mit einem schwarzen Interieur optionale Ausstattungspakete geschnürt, bei denen die Ziernähte der Schalttafeloberseite, Fußmatten, Türbrüstungen, Zuziehgriffe, Armauflagen auf Türtafeln und Mittelkonsole sowie die Nähte an den Sitzen in der Kontrastfarbe GT-Silber oder Karminrot abgesetzt sind. Auch die Sicherheitsgurte sowie die gestickten »GTS«-Logos auf den Kopfstützen sind in der Kontrastfarbe gehalten und runden so das Gesamtbild ab.

Der Panamera GTS beschleunigt mit Launch Control in 4,5 Sekunden aus dem Stand auf 100 Kilometer pro Stunde. Die Höchstgeschwindigkeit wird erst bei 288 km/h erreicht.

Ab Ende November 2012 kurbelt Porsche den Absatz des Panamera zum Ende des Produktlebenszyklus vor der Modellpflege mit der besonders exklusiven Platinum Edition an. Die elegante Sonder-Edition wird für die 6-Zylinder-Modelle Panamera, Panamera 4 und Panamera Diesel angeboten. Sie setzt sich durch

dezente eigenständige Designmerkmale in Platinsilbermetallic, einer erweiterten Serienausstattung und einigen exklusiven Details vom Serienmodell ab.
Die Lamellen der Lufteinlaßgitter im Bugteil, die seitlichen turbospezifischen Luftauslaßblenden in den vorderen Kotflügeln vor den Türen, die untere Schale der Außenspiegelgehäuse, die Zierleiste auf der Heckklappe und der Heckdiffusor sind in Platinsilbermetallic lackiert. Diese Details ergeben mit den fünf lieferbaren Lackfarben ein elegantes, harmonisches Erscheinungsbild. Im Angebot stehen die beiden Serienfarben Uni-Schwarz und Uni-Weiß, sowie die drei Metalliclackierungen Basaltschwarzmetallic, Carbongraumetallic und Mahagonimetallic. Die in Schwarz-Hochglanz abgesetzten Umrandungen der Seitenscheiben runden das Gesamtbild des Exterieurs stimmig ab. Porsche wertet die Serienausstattung der Panamera Platinum Edition mit zahlreichen Optionen auf. Dazu gehören die Bi-Xenon-Hauptscheinwerfer und der Park Assistent vorne. Die automatisch abblendbaren Innen- und Außenspiegel reduzieren die Blendung durch die Scheinwerfer des nachfolgenden Verkehrs spürbar.
Die 19-Zoll-Panamera-Turbo-Räder mit den farbigen Porsche-Wappen verleihen dem Fahrzeug zusätzlich eine dezent-elegante Note. Vorne sind 255/45 ZR 19-Reifen auf 9 J x 19-Rädern und hinten 285/40 ZR 19-Breitreifen auf 10 J x 19 montiert. Die neue Bi-Color-Kombination Schwarz/Luxorbeige beschert dem Fahrzeuginnenraum ein besonders edles Ambiente. Exklusiv für die Panamera Platinum Edition ist sie serienmäßig als Teillederausstattung und auf Wunsch auch als Vollederausstattung erhältlich. Im Vergleich zur bisherigen Bi-Color-Ausstattung ist diese Kombination mit einer modifizierten Farbaufteilung versehen. So sind neben dem Armaturenbrettoberteil und den oberen Türverkleidungen auch der Fußraum, die Rückseite der Vordersitze und die Laderaumabdeckung in Schwarz gehalten, während der übrige Teil des Innenraums in Luxorbeige ausgeführt ist. Das serienmäßige SportDesign-Lenkrad, die geprägten Porsche-Wappen auf den vorderen und hinteren Kopfstützen sowie die Türeinstiegsblenden vorne, mit dem Schriftzug »Platinum Edition«, setzen weitere Akzente.
Darüber hinaus gehört zum erweiterten Lieferumfang die geschwindigkeitsabhängige Servolenkung Plus und die Sitzheizung für die Vordersitze. Das Navigationsmodul des serienmäßigen Porsche Communication Management (PCM) mit einem hochauflösenden 7-Zoll-TFT-Touchscreen läßt den Fahrer eines Panamera der Platinum Edition stets den Weg finden. Das 235-Watt-Soundsystem mit elf Lautsprechern sorgt für den richtigen Musikklang im Fahrzeug.

Cockpit des Panamera GTS

MODELLJAHR 2013/14 (E-PROGRAMM)

Am 20. April 2013 präsentiert der Porsche Vorstandsvorsitzende Matthias Müller die modellgepflegte Panamera-Baureihe des Modelljahrs 2013/14 auf der Auto Shanghai in China. Nach nur vier Jahren Bauzeit wird mit dem Anlauf der überarbeiteten Generation bereits der 100.000ste Panamera gefertigt. Am 15. Mai 2013 läuft im Porsche Werk Leipzig der 100.000ste Porsche Panamera, ein Panamera S E-Hybrid in Rhodium-Silbermetallic, vom Band. Der facegeliftete Porsche Panamera fällt noch sportlicher, komfortabler, aber auch eleganter und effizienter aus. Insgesamt stehen bei der Markteinführung zehn verschiedene Modelle im Angebot.

Ein neu entwickeltes, verbrauchsoptimiertes 3-Liter-V6-Biturboaggregat mit 420 PS (309 kW) ersetzt im Panamera S und Panamera 4S das bisherige V8-Triebwerk. Erstmals ist der viertürige Gran Turismo als Panamera 4S Executive auch mit einem um 150 Millimeter verlängerten Radstand lieferbar. Limousinen in einer Langversion werden von einigen namhaften Herstellern angeboten. Einen Gran Turismo mit optionalem langen Radstand gab es bisher noch nicht, damit hat Porsche ein Alleinstellungsmerkmal. Als weltweit erster Plug-in-Hybrid in der Luxusklasse setzt der Panamera S E-Hybrid mit einer Systemleistung von 416 PS (306 kW) einen neuen technologischen Maßstab, auch unter den beiden, auf den ersten Blick, kontroversen Gesichtspunkten Sportlichkeit und Effizienz. Den Panamera turbo Executive gibt es ebenfalls als Langversion mit besonders viel Beinraum im Fond. 2014 kommen der Porsche Panamera turbo S und die Langversion Panamera turbo S Executive auf den Markt und bilden dann den sportlich-exklusiven Gipfel im Modellprogramm.

Der modellgepflegte Panamera unterstreicht seine ausdrucksvolle Designsprache mit strafferen Linien, ausgeprägteren Konturen und neu gestalteten Karosseriedetails. Die überarbeitete Linienführung des Bugteils ist vor allem an den größeren Lufteintrittsöffnungen und dem harmonischen Übergang zu den neu gestalteten Scheinwerfern sichtbar. Durch die im Bugteil versenkt angeordneten, ausfahrbaren Düsen für die Scheinwerferreinigungsanlage konnte die untere Linie der Haupt-

Panamera GTS

scheinwerfer in einem einzigen Schwung ausgeführt werden und verleiht der Front des Panamera ein noch ästhetischeres Erscheinungsbild.

Die Doppellamellen in den seitlichen Lufteinlässen im Bugteil sind bei den Panamera-Modellen mit Heckantrieb schwarz ausgeführt, bei den Modellen Panamera 4, Panamera 4S und 4S Executive titanfarben. In der Seitenansicht erzeugt die flachere Heckscheibe eine gestrecktere Silhouette. Auch in der Seitenlinie hat sich der überarbeitete Panamera optisch weiterentwickelt. So ist an den Seitenschwellern eine deutlich sichtbare Kante im Außenbereich angeformt. Diese Kante ist auch im Außenspiegel sichtbar.

Die Luftauslässe in den Kotflügeln hinter den Vorderrädern sind schwarz, beim Panamera GTS in einer Hochglanzausführung und bei den turbo-Modellen in Chrom-Optik ausgeführt. Matt-schwarze Seitenscheibenleisten prägen die seitliche Optik des Panamera, des Panamera 4 und des Panamera Diesel, beim GTS sind diese ebenfalls hochglänzend ausgeführt. Die S- und turbo-Modelle tragen indes Chrom-Optik. Auf den beiden Vordertüren ist beim Panamera Diesel je ein verchromter »diesel«-Schriftzug angebracht, beim Panamera S E-Hybrid analog ein »e-hybrid«-Schriftzug mit einer Umrandung in Acidgreen.

Die Heckansicht identifiziert die überarbeitete Panamera-Generation vor allem durch die neu gestaltete Heckklappe, ohne die aufgesetzte blanke Leiste. Darauf ist ein »PORSCHE«-Schriftzug und die Modellbezeichnung in Chrom-Optik angebracht, beim Panamera S E-Hybrid mit einer Umrandung in Acidgreen.

Die breitere Heckscheibe betont den sportlichen Charakter des viertürigen Gran Turismo und läßt das Heck weniger wuchtig erscheinen. Dieser Effekt wird durch den neu gestalteten, filigraner gezeichneten Stoßfänger mit den beiden roten, unten angeordneten Reflektoren zusätzlich unterstützt. Der weiter unten im Stoßfänger angeordnete Kennzeichenträger und der Heckdiffusor lassen den Panamera optisch noch tiefer auf der Straße kauern. Auch der breitere, ausfahrbare 2-Wege-Heckspoiler (beim GTS und turbo: 4-Wege-Heckspoiler) ist neu geformt. Der schmale, silberweiße Längsstreifen im unteren Segment der neu gestalteten roten Rückleuchten unterstreicht die breite des Hecks noch zusätzlich.

Wie schon bei den Vorgängermodellen gibt es auch bei den facegelifteten Panamera-Modellen eine Anzahl an äußeren Unterscheidungsmerkmalen. Neben der Unterscheidung der Bremssättel nach den Farben Schwarz, Silber, Rot und beim Hybridmodell in Acidgreen sind je nach Motorisierung die unterschiedlich geformten Bugteile und die modellspezifischen Auspuffendrohre die signifikantesten Erkennungsmerkmale. Der Panamera GTS und der Panamera turbo unterscheiden sich deutlich von den anderen Modellen. So sind die Lufteinlässe im Bugteil nochmals größer und die zentrale Lufteintrittsöffnung besitzt eine nach unten hin auslaufende Form. Zusammen mit den in die seitlichen Lufteinlaßöffnungen integrierten Blinkern lassen sich die Spitzenmodelle so unterscheiden.

Alle Panamera mit Heckantrieb sind mit einem 80 Liter fassenden Kraftstofftank ausgerüstet. Der serienmäßige 100-Liter-Tank der Allradmodelle ist als Sonderausstattung lieferbar. Weitere Serienausstattungen wie die Bi-Xenon-Scheinwerfer, die automatische Heckklappe oder das Multifunktionslenkrad werten die Panamera-Modelle auf.

Zur den weiteren Individualisierungsoptionen zählen auch die neuen LED-Scheinwerfer, die dem viertürigen Gran Turismo ein ganz besonderes Licht verleihen. Die LED-Scheinwerfer sind mit dem intelligenten Lichtsystem Porsche Dynamic Light System Plus (PDLS Plus) gekoppelt. Das Design unterscheidet sich grundlegend zu dem des serienmäßigen Bi-Xenon-Systems. Das Fahrlicht wird direkt von zwei übereinander angeordneten LED-Einheiten erzeugt. Positionslicht und Blinkleuchten sind dagegen im Bugteil untergebracht. Zudem erweitert Porsche das Angebot an Assistenzsystemen für die Bereiche Sicherheit und Komfort. So kann die optimierte Abstandsregelung in Gefahrsituationen jetzt aktiv in den Bremsvorgang eingreifen. Eine kamerabasierte Verkehrszeichenerkennung und die Spurverlassenswarnung machen Überland- und Autobahnfahrten noch sicherer und komfortabler.

Den Einstieg markieren der Panamera und der Panamera 4 mit einem leicht überarbeiteten 3,6-Liter-V6-Saugmotor. Unter anderem erhält der Sechszylinder Alusil-Zylinderlaufflächen mit der besonders reibungsarmen Spiralgleithonung. Während die Leistung um 10 PS (7 kW) auf 310 PS (228 kW) bei 6.200 Umdrehungen pro Minute steigt, bleibt das maximale Drehmoment von 400 Newtonmeter bei 3.750 Touren gleich.

Unverändert wird das 3-Liter-Turbodieseltriebwerk mit 250 PS (184 kW) und der serienmäßigen 8-Gang-Tiptronic S angeboten. Als Langstrecken-Gran-Turismo schafft der Panamera Diesel mit einer Füllung des 80 Liter großen Serientanks eine Reichweite von über 1.200 Kilometern. Mit dem auf Wunsch erhältlichen 100-Liter-Tank werden es sogar noch einmal 25 Prozent mehr. Anfang des Jahres 2014 soll ein weiterentwickeltes Dieselaggregat mit 300 PS (221 kW) Leistung den aktuellen Motor ersetzen. Er soll noch mehr Fahrspaß bieten, bei der gewohnten Effizienz.

Die größte Änderung bei der Motorisierung erfolgt bei den S-Modellen der Panamera-Baureihe. Die Steigerung von Leistung und Effizienz war schon immer eine Kernkompetenz von Porsche. Bei der Modellpflege des Panamera führte das angewendete Downsizing-Konzept zu einer Reduzierung von acht auf sechs Zylinder. Das Ergebnis ist ein völlig neuer V6-Motor mit drei Litern Hubraum und Biturbo-Aufladung. Der mit 9,8 : 1 verdichtete V6-Biturbo löst das bisherige 4,8-Liter-V8-Triebwerk in Panamera S und Panamera 4S ab. Es kommt ebenfalls in der neuen Executive-Variante des Panamera 4S zum Einsatz. Bereits

die Eckdaten belegen den Fortschritt im Vergleich zum V8-Motor im Vorgänger. 20 PS Mehrleistung, ein um 20 Newtonmeter höheres Drehmoment bei bis zu 18 Prozent weniger Kraftstoffverbrauch können sich sehen lassen.
Dem Fahrer steht ein kraftvoller und effizienter Antrieb mit einer Höchstleistung von 420 PS (309 kW) bei 6.000 Umdrehungen pro Minute zur Verfügung, bei 6.700 Touren dreht das Triebwerk aus. Das maximale Drehmoment von 520 Newtonmeter ist über einen besonders breiten Drehzahlbereich von 1.750 bis 5.000 Umdrehungen pro Minute abrufbar, was eine souveräne und gleichmäßige Kraftentfaltung bereits bei niedrigen Drehzahlen bedeutet. Der 3,0-Liter-V6-Motor ist eine Ableitung des Achtzylindermotors. Damit verfügt er über alle Eigenschaften und technischen Finessen, die auch die V8-Motoren auszeichnen. So teilt sich der Sechszylinder-Motor auch den 90 Grad Zylinderwinkel mit dem V8.
Die Motorauslegung spielt beim Fahrzeugschwerpunkt eine entscheidende Rolle. Da V-Motoren mit 90 Grad Zylinderbankwinkel prinzipbedingt flacher bauen als V6-Motoren mit 60 Grad Bankwinkel, senken diese auch den Fahrzeugschwerpunkt ab. Für eine ausgewogene Achslastverteilung sitzt die Motor-Getriebe-Einheit so weit wie möglich hinten im Motorraum. Dadurch bieten Panamera S und Panamera 4S die gleiche überlegene Straßenlage und Agilität wie die V8-Modelle. Damit der V6-Motor einen ähnlich vibrationsarmen Motorlauf erhält wie die Achtzylinder, kompensiert eine Ausgleichswelle die freien Massenmomente. Sie rotiert im Ölsumpf und wird zusammen mit der Ölpumpe angetrieben. Wie bei den V8-Motoren ermöglicht eine flache Ölwanne eine tiefe Einbauposition des Triebwerks. Beim Panamera 4S werden die Antriebswellen der Vorderachse durch die Ölwanne geführt.
Die Kurbelwelle hat im Vergleich zu den V8-Motoren einen geringeren Hub mit 69 Millimeter, dadurch ist der Motor besonders drehfreudig. Zwei kleine schnell ansprechende Turbolader verdichten die Verbrennungsluft auf bis zu 1,2 bar Überdruck. Durch zwei Einlaßventile pro Zylinder mit unterschiedlichem Hub strömt die Luft mit dem gewünschten Drall in die Brennräume. Die VarioCam Plus-Einlaßnockenwellen passen die Steuerzeiten und den Ventilhub an Last und Drehzahl an. Als erster Porsche-V-Motor hat der V6-Biturbo auch auf der Auslaßseite Nockenwellen mit verstellbaren Steuerzeiten. Die Kraftstoffversorgung übernimmt eine Benzin-Direkteinspritzung mit einem 200 bar Hochdrucksystem und Mehrlochinjektoren. Die elektronische Motorsteuerung (EMS) übernimmt die SDI 10 von Continental.
Das drehfreudige Biturbo-Triebwerk zeigt sich auch akustisch von seiner sportlich-emotionalen Seite, denn wie beim Panamera GTS leitet ein Sound-Symposer das Ansauggeräusch per Knopfdruck in den Innenraum weiter. Ein Akustikkanal nimmt die Ansaugschwingungen zwischen Drosselklappe und Luftfilter auf. Die im Akustikkanal integrierte Membran überträgt die Schwingungen als Motorsound in die A-Säule. Vor der Membran befindet sich eine steuerbare Klappe, die den Sound-Symposer über die Sport-Taste aktiviert oder deaktiviert. Auch das Mündungsgeräusch der Abgasanlage läßt sich durch die Sport-Taste modellieren. Ist sie aktiviert, betätigt sie drei schaltbare Klappen, eine im Mittelschalldämpfer zur Verbindung der beiden Abgasstränge und jeweils eine in den beiden Endschalldämpfern. Sie werden je nach Last und Drehzahl geöffnet oder geschlossen und sorgen so für einen besonders sonoren Auspuffsound. Sound-Symposer und Klappenabgasanlage stehen bei der Executive-Version nicht im Lieferprogramm.
Speziell für den chinesischen Markt zugeschnitten, bietet Porsche die L-Version des Panamera mit dem 3-Liter-V6-Bi-Turbomotor in zwei Leistungsstufen an. Der chinesische Panamera und Panamera 4 mit Allradantrieb sind mit einem 320-PS-(235-kW)-Triebwerk ausgerüstet. Der Panamera S und Panamera 4S leisten wie in der Rest-der-Welt-Version 420 PS (309 kW).
Der Panamera GTS ist das einzige Modell mit einem V8-Saugmotor. Der GTS legt in der Leistung um 10 PS (7 kW) auf 440 PS (324 kW) bei 6.700 Umdrehungen pro Minute zu. Das unveränderte maximale Drehmoment von 520 Newtonmeter wird bei einer Drehzahl von 3.500/min erreicht.
Das Spitzenmodell der facegelifteten Baureihe ist der Panamera turbo mit einem weiterentwickelten 520 PS (382 kW) starken V8-Biturbotriebwerk, welches seine Höchstleistung bei 6.000 Umdrehungen pro Minute erreicht. In einem breiten Drehzahlband von 2.250 bis 4.500 Umdrehungen pro Minute ist das maximale Drehmoment von 700 Nm abrufbar. Alusil-Zylinderlaufflächen mit Spiralgleithonung senken die innere Reibung im Motor und tragen damit zu einem reduzierten Kraftstoffverbrauch bei. Das Ergebnis aller Optimierungsmaßnahmen ist eine Kraftstoffersparnis von 1,3 Litern auf 100 Kilometer.
Der Panamera S E-Hybrid bietet ein völlig neues Fahrerlebnis der Elektromobilität und die Möglichkeit mit 70 Kilowatt auf bis zu 135 Kilometer pro Stunde geräuschlos zu beschleunigen. Der Normverbrauch von 3,1 Liter auf 100 Kilometer im NEFZ entspricht einem CO_2-Ausstoß von 71 g/km. Der Panamera S E-Hybrid ist die konsequente Weiterentwicklung des Parallel-Vollhybrids mit einem leistungsstarken Elektromotor, leistungsfähigerer und energiereicherer Batterie sowie externer Auflademöglichkeit am Stromnetz. Der Elektromotor leistet mit 95 PS (70 kW) mehr als das Doppelte der 47 PS (34 kW) starken E-Maschine des Vorgängers. Die neu entwickelte Lithium-Ionen-Batterie verfügt mit 9,4 kWh über mehr als den fünffachen Energieinhalt der bisherigen 1,7-kWh-Nickel-Metallhydrid-Batterie. Kombiniert mit dem 333 PS (245 kW) starken V6-Kompressormotor kommt der Panamera S E-Hybrid auf eine Systemleistung von 416 PS (306 kW), damit liegt der Plug-in-Hybrid auf dem Leistungsniveau eines V8-Aggregats.

Der Fahrspaß, den der Panamera S E-Hybrid seinem Fahrer bietet, liegt im intelligenten Zusammenspiel der beiden Antriebsarten, indem sie ihre Vorteile auf ideale Weise ergänzen. Die Elektromaschine entfaltet ihr größtes Drehmoment bereits beim Anfahren aus dem Stand. Der kraftvolle Antritt wirkt durch die fast geräuschlose Beschleunigung noch eindrucksvoller. Nach 6,1 Sekunden werden durch die Kraft des E-Antriebes 50 Stundenkilometer erreicht. Auf einer Stadtautobahn kann der Panamera S E-Hybrid auch ohne Einsatz des Verbrennungsmotors mühelos im Verkehr mitschwimmen. Die rein elektrische Reichweite des Panamera S E-Hybrid wurde im NEFZ mit 36 Kilometern ermittelt. Im Realbetrieb kann die Reichweite allerdings etwas schwanken. Die realistische, elektrische Reichweite im Alltagsbetrieb liegt zwischen 18 und 36 Kilometern, unter günstigsten Bedingungen kann sie sogar darüber liegen.

Das zusätzliche Plus an elektrischer Leistung bietet dem Fahrer des Panamera S E-Hybrid noch mehr Möglichkeiten beim Fahren. Dazu stellt der Panamera S E-Hybrid vier Fahrmodi zur Wahl, die über drei Tasten in der Mittelkonsole angesteuert werden können: Der E-Power-Modus ist für weitestgehend rein elektrisches Fahren ausgelegt. Nach Deaktivierung des E-Power-Modus erfolgt ein Wechsel der Betriebsstrategie in den Hybrid-Modus. Damit wird der aktuelle Ladezustand der Hochvolt-Batterie eingefroren und die elektrische Reichweite bleibt für die nächste Fahrt in der Stadt erhalten. Darüber hinaus kann die Hochvolt-Batterie während der Fahrt effizient über den E-Charge-Modus aufgeladen werden. Die finale Wahlmöglichkeit stellt der Sport-Modus für dynamische Antriebsleistung und eine besonders sportliche Charakteristik mit direktem Ansprechverhalten dar.

Im Kombiinstrument mit den hybridspezifischen Anzeigen und im optionalen Porsche Communication Management (PCM) erhält der Fahrer jederzeit die wichtigsten Informationen zum aktuellen Geschehen. Links im Kombiinstrument ist statt des analogen Tachometers das Power-Meter eingebaut, welches den Fahrer mit der Anzeige zur abgerufenen Antriebs- oder Rekuperationsleistung des Hybridsystems informiert. Die digitale Geschwindigkeitsanzeige erfolgt weiterhin im Display des zentralen Drehzahlmessers. Das Power-Meter zeigt dem Fahrer die Systembereitschaft bei eingeschalteter Zündung (Ready-Anzeige), den effizienten oder besonders sportlichen Fahrbereich (Efficiency-Bereich oder Boost-Bereich) sowie den Zuschaltpunkt des Verbrennungsmotors bei höherem Leistungsbedarf an.

Um jederzeit einen Blick auf beide vorhandene Energiereserven des Plug-in-Hybridantriebs zu haben, wurde die Kraftstofftankanzeige um eine analoge Anzeige zum Batterieladestatus ergänzt. Ein TFT-Display zeigt die elektrische Reichweite zusätzlich an. Die Berechnung berücksichtigt dabei die elektrische Reichweite im E-Power-Modus, auf Basis des Batterieinhalts, sowie auf Basis des Inhalts des Kraftstofftanks die Restreichweite des Hybridsystems. Beide Restreichweiten werden separat ausgewiesen. Der E-Power-Modus ist als Standard aktiviert, so daß jede Fahrt, vorausgesetzt, daß ein entsprechender Batterieladestand rein elektrisch gestartet wird. Voraussetzung für die effiziente Nutzung des E-Power-Modus ist die regelmäßige externe Aufladung der Hochvolt-Batterie, am Arbeitsplatz oder über Nacht in der Garage zu Hause.

Im Winter ist eine elektrische Kaltanfahrt mit dem Panamera S E-Hybrid ab einer Motoröltemperatur von null Grad Celsius möglich. Das Power-Meter im Kombiinstrument zeigt die Leistungsschwelle, an der sich der Verbrennungsmotor zuschaltet. Rein elektrisches Fahren ist somit besser kontrollierbar, da der Fahrer eine optische Rückmeldung über das Power-Meter erhält. Zum Überholen kann per Kickdown jederzeit die gesamte Systemleistung abgerufen werden. Dabei bleibt der E-Power-Modus im Hintergrund aktiviert und ermöglicht wieder rein elektrisches Fahren, sobald die Beschleunigung zurück geht und die elektrische Höchstgeschwindigkeit nicht überschritten wird. Bei deaktivierter E-Power-Taste fährt das Fahrzeug im Hybrid-Betrieb. Auf Effizienz ausgelegt, wechselt die Betriebsstrategie vollautomatisch zwischen den Fahrzuständen: Rein elektrisches Fahren, hybridisches Fahren mit Lastpunktverschiebung, Segeln, Rekuperation und Boosten. Hierbei unterstützt der im TFT-Display des rechten Kombiinstruments anwählbare E-Power-Assistent den Fahrer, der mit Hilfe der Anzeige genau dosieren kann, ob er rein elektrisch oder mit Verbrennungsmotor fährt. Der V6 schaltet sich im Hybrid-Betrieb schon früher zu, um den verfügbaren Batterieinhalt für spätere elektrische Fahrten vorzuhalten.

Der E-Charge-Modus ist ein neu entwickeltes Fahrprogramm, das über eine Taste in der Mittelkonsole aktivierbar ist. Während der Fahrt lädt er die Hochvolt-Batterie auf. Dazu wird der Elektromotor auf Generatorfunktion geschaltet, um eine zusätzliche Last zu erzeugen, bis der Verbrennungsmotor in einem besonders effizienten Betriebsbereich arbeitet. Beim Nachladen über den Verbrennungsmotor holt der Panamera S E-Hybrid mehr Energie aus jedem Tropfen Kraftstoff, die dann in der Fahrbatterie gespeichert wird und für spätere, rein elektrische Zero-Emission-Fahrten zur Verfügung steht. Besonders nützlich ist dieser Modus bei Fahrten mit hohem Verbrennungsmotoranteil, um gezielt die elektrische Reichweite zu erhöhen, wenn zum Beispiel im Anschluß an Autobahnetappen noch eine Stadtfahrt folgt. Während der Autobahnfahrt wird die Batterie geladen, um später in der Stadt rein elektrisch, ohne lokale Emissionen, fahren zu können. Im Stop-and-go-Verkehr wird aus Effizienzgründen das Laden der Batterie reduziert. So können auch im E-Charge-Modus typische Hybridmerkmale, wie der abgeschaltete Verbrennungsmotor bei Fahrzeugstillstand oder langsames elektrisches Anfahren, beibehalten werden.

Wie schon beim Vorgängermodell ermöglicht das Bremssystem

des Panamera S E-Hybrid die Rückgewinnung von Bremsenergie durch Rekuperation und Speicherung in der Hochvolt-Batterie. Abhängig von Druck auf das Bremspedal wird zunächst die Generatorfunktion des Elektromotors bis zur maximal möglichen Last eingeschaltet und danach von der Scheibenbremsanlage überlagert. Dieses Rekuperationskennfeld wurde an die stärkere E-Maschine angepaßt und hinsichtlich Fahrbarkeit und Pedalgefühl weiter verfeinert.

Über die Sport-Taste wird der Sport-Modus und damit das volle Leistungspotential des Hybridantriebs aktiviert. Mit dem Boosten wird die sportliche Seite des Panamera S E-Hybrid erfahrbar. E-Maschine und Verbrennungsmotor arbeiten bereits ab einer Gaspedalstellung von 80 Prozent zusammen und addieren Leistung sowie Drehmoment für den Porsche-typischen Fahrspaß. Das intelligente Zusammenspiel der beiden Antriebsarten ist nach jedem Schaltvorgang deutlich spürbar. Bei niedrigen Anschlußdrehzahlen schiebt zuerst die E-Maschine mit ihrem hohen Drehmoment kraftvoll aus dem Drehzahlkeller, bei steigender Drehzahl übernimmt der 6-Zylinder-Kompressormotor den Hauptanteil. Dadurch überzeugt der Panamera S E-Hybrid auch in sportlicher Disziplin durch eine noch kräftigere Leistungsentfaltung als ein vergleichbarer V8-Saugmotor.

Die Elektrifizierung der Nebenaggregate wie der Klimatisierung bietet beim Plug-in-Hybrid die Voraussetzung für die besonders komfortable Option der Standklimatisierung. Ohne laufenden Verbrennungsmotor heizt oder kühlt sie den Fahrzeuginnenraum auf 23 Grad Celsius. Bei hohen Außentemperaturen kühlt der elektrisch angetriebene Klimakompressor, bei niedrigeren Temperaturen heizt ein 5-kW-Hochvolt-Zuheizer. Der Panamera-Fahrer hat mehrere Möglichkeiten, die Standklimatisierung in Betrieb zu nehmen. Bei eingeschalteter Zündung kann er diese sofort aktivieren. Die Klimatisierung startet erst nach dem Ausschalten der Zündung und ist für 30 Minuten aktiv. Alternativ kann er sie mit dem Lade-Timer, der die Batterieladung steuert, kombinieren.

Die Klimatisierung startet 30 Minuten vor der programmierten Abfahrtszeit, so daß beim Einsteigen die Hochvolt-Batterie vollgeladen und der Innenraum angenehm temperiert ist. Das Vorheizen bei niedrigen Außentemperaturen hat darüber hinaus den Vorteil, daß die elektrische Reichweite erhöht wird, da der Kaltstart mit dem damit verbundenen höheren Energiebedarf entfällt. Wird die Standklimatisierung über das Menü im Fahrzeug programmiert, kann diese nur bei eingestecktem Ladekabel aktiviert werden. Alternativ ist die komfortable Fernsteuerung der Standklimatisierung über Porsche Car Connect per Smartphone-App möglich. Für den Panamera S E-Hybrid spielt die Vernetzung von Fahrer und Fahrzeug über ein Smartphone eine besondere Rolle, da Funktionen wie das externe Aufladen der Hochvolt-Batterie transparenter werden.

Mit der Smartphone-App kann der Fahrer wichtige Informationen über sein Fahrzeug abrufen und steuern. Die Funktionen von E-Mobility werden in vier Menübereiche unterteilt: Ladestatusübersicht, Reichweiten-Management, Lade-Timer und optional Fernsteuerung der Standklimatisierung. Neben dem Batterie-Ladestatus mit verbleibender Restladezeit ist die aktuelle Reichweite sowohl elektrisch als auch für den Verbrennungsmotor einsehbar. Dabei wird die elektrische Reichweite in einer Navigationskarte anschaulich dargestellt. Über die Funktion Lade-Timer sind drei verschiedene Einstellmöglichkeiten zur Abfahrtszeit wählbar. Auf dieser Basis steuert das System den Ladevorgang so, daß die Batterie möglichst schonend und kostenoptimal geladen wird. Die Standklimatisierung per App ist sowohl bei angeschlossenem Stromnetz, als auch nur mit Batterie möglich. Hier stehen dem Fahrer zwei Möglichkeiten zur Wahl. Das Smartphone schaltet die Klimatisierung sofort für eine Dauer von 30 Minuten ein, oder die Standklimatisierung beginnt zu einem beliebigen Zeitpunkt unabhängig vom Lade-Timer. Die Klimatisierung startet dann 30 Minuten vor der programmierten Uhrzeit.

Für den Panamera S E-Hybrid hat Porsche ein völlig neues Plug-in-Ladesystem entwickelt. Serienmäßig liegt jedem Fahrzeug das von Porsche Design gestaltete Universal-AC-Ladegerät bei. AC steht für Alternating Current, das bedeutet Wechselstrom. Die Fahrzeugbatterien können mit Wechselstrom aus dem Stromnetz aufgeladen werden. Zum Lieferumfang des Ladegeräts gehören zwei Netzkabel, eines für 230-Volt-Haushalts-Steckdosen, das andere für Industrie- beziehungsweise Starkstrom-Steckdosen. Je nach verfügbarem Anschluß kann der Kunde den jeweils passenden Netzadapter anschließen.

Über die Ladeschnittstelle des Fahrzeugs im Fondseitenteil links, gegenüber der Tankklappe für den Benzintank, kann die Lithium-Ionen-Batterie aufgeladen werden. Zwei integrierte LED-Ladeleuchten informieren über den Verbindungszustand (linke LED) und über den Ladezustand (rechte LED). Beide LEDs sind in der Nähe der Steckverbindung angebracht. Leuchtet die rechte LED konstant grün, ist die Batterie vollständig geladen, während ein schnelles Pulsieren den aktiven Ladevorgang kennzeichnet. Je langsamer die LED pulsiert, desto höher ist der Batterieladezustand. Abhängig vom Stromanschluß ist der Panamera S E-Hybrid bei 16 Ampere in nur 2,5 Stunden oder bei zehn Ampere in weniger als vier Stunden geladen. Über die Multifunktionsanzeige des Kombiinstruments können bis zu drei Abfahrts-Timer programmiert werden. Die Batterie wird dabei so geladen, daß sie zum festgelegten Zeitpunkt voll geladen ist. Hierbei ist vorteilhaft, daß günstige Nachtstromtarife genutzt werden können und auch die Batterielebensdauer erhöht wird, da der Ladevorgang batterieschonend gesteuert werden kann. Ist kein Abfahrts-Timer programmiert, wird die Batterie sofort geladen. Die Rückmeldung erfolgt über das integrierte Leuchtsignal in der Abfahrts-Timer-Taste.

Mit Porsche Car Connect steht für die Panamera-Modelle in den meisten Märkten eine neuartige Komfortoption zur Wahl. Es bietet dem Fahrer, über eine App seines Smartphones, die Möglichkeit, mit seinem Panamera Verbindung aufzunehmen und Funktionen zu steuern. Porsche Car Connect ist eine neue Option, die zusätzlich zu den bereits bestehenden Online-Diensten angeboten wird. So zeigt die App auf Wunsch die Fahrzeugposition, den Verriegelungsstatus, die Reichweite oder läßt die Spiegel anklappen. Die Dienste von Porsche Car Connect sind in den ersten sechs Monaten, die speziellen E-Mobilitätsdienste in den ersten fünf Jahren kostenlos. Beim Panamera S E-Hybrid gehört Porsche Car Connect zur Serie. Das zukunftsweisende Konzept des Panamera S E-Hybrid beinhaltet auch völlig neue Komfortfunktionen, die ebenfalls über die Smartphone-App Porsche Car Connect aktiviert und abgerufen werden können. Porsche Car Connect wird in drei Kategorien gegliedert: E-Mobilität mit Hybrid-spezifischem Inhalt, Remote für allgemeine Funktionen sowie das Vehicle Tracking System (VTS).

Die verbesserten Fahrleistungen in Verbindung mit einem geringeren Kraftstoffverbrauch sind auch ein Verdienst der weiterentwickelten, sportlich optimierten Getriebesteuerung mit neuen Funktionen. Die Porsche-Ingenieure haben die sieben Gangstufen des PDK um virtuelle Zwischengänge ergänzt, die den Verbrauch und den Komfort weiter verbessern. Bei ruhiger Fahrweise bis zu einer Geschwindigkeit von rund 80 Stundenkilometern senken diese die Drehzahl, wenn die nächsthöhere Gangstufe die untere Drehzahlgrenze des Motors unterschreiten würde. Die Getriebesteuerung legt dazu die benachbarten Gangstufen ein, regelt die beiden Kupplungen auf einen definierten Schlupf und überträgt so die Antriebskraft. Sobald der Fahrer Gas gibt, schaltet das PDK blitzschnell zurück in den passenden Gang. Da das Doppelkupplungsgetriebe über Ölbad-Kupplungen verfügt, ist diese innovative Getriebefunktion garantiert verschleißfrei. Sie wird bei allen Gran Turismo mit PDK-Getriebe eingesetzt.

Eine Ausnahme bildet der betont sportliche Panamera GTS. Bereits beim Ausrollen schaltet die weiterentwickelte Start-Stop-Funktion des PDK den Motor ab und spart damit zusätzlichen Kraftstoff. Alle Modelle mit PDK, mit Ausnahme des Panamera GTS, verfügen über die Segel-Funktion, bei der sich in Schubphasen die Kupplungen öffnen, der Motor in den Leerlauf geht und das Fahrzeug somit im Freilauf rollt. Bei Reisen auf der Autobahn mit konstanter Geschwindigkeit kann diese Funktion den Kraftstoffverbrauch deutlich verringern.

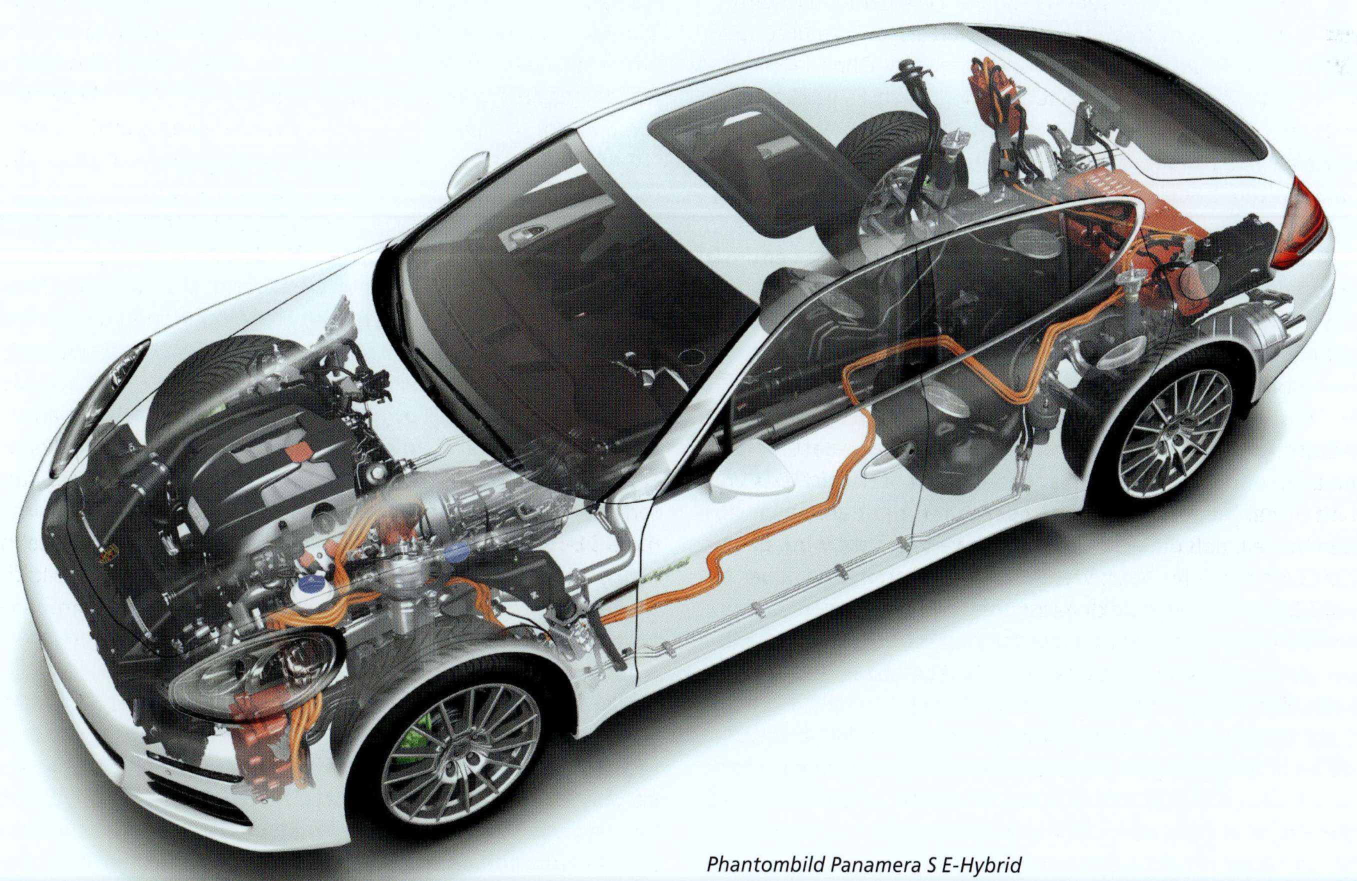

Phantombild Panamera S E-Hybrid

3-Liter-V6-Motor des Panamera S E-Hbrid

Das Fahrwerk der überarbeiteten Panamera-Modelle zeigt sich grundlegend überarbeitet. Zielvorgabe war, die mögliche Spreizung zwischen Sportlichkeit und Komfort noch zu erweitern. Die entsprechenden Fahrwerkskomponenten sind so optimiert, daß ein noch komfortableres Fahrerlebnis möglich geworden ist. So wird der Öldurchfluß in den einzelnen Modi der adaptiven Dämpfer des Porsche Active Suspension Management (PASM) an Vorder- und Hinterachse angepaßt. Der verbesserte Ölfluß führt zu einer weicheren Dämpfung und somit zu einem höheren Fahrkomfort. Die Fahrwerksingenieure haben die Steuerungssoftware der Luftfedereinheiten und Dämpfer an allen vier Rädern neu abgestimmt und erreichen damit ebenfalls eine Komfortsteigerung. An der Vorderachse sind die Fahrwerkslager größer dimensioniert und bieten jetzt durch mehr Stabilität noch mehr Komfort. Das weiterentwickelte Lenkgetriebelager sorgt für ein direkteres Ansprechen in der Mittellage und damit für mehr Neutralität im Vorderwagen. Fahrdynamik und Bremsleistung können durch den Einsatz neu entwickelter Reifen und ein darauf abgestimmtes Porsche Stability Management (PSM) nochmals gesteigert werden.

Die serienmäßigen 18-Zoll-Panamera-Räder tragen einen wesentlichen Teil zu Komfort und Sportlichkeit bei. Eine als »Flow-Forming« bezeichnete Leichtbautechnologie spart zusätzlich Gewicht in der Aluminiumräderproduktion, um die ungefederten Massen weiter zu reduzieren. Neue Varianten ergänzen das umfangreiche Räderangebot. Das 19-Zoll-Panamera-Design-II-Rad ersetzt das bisherige 19-Zoll-Panamera-Design-Rad und gehört zur Serienausstattung der Executive-Modelle. Das beim Panamera GTS und dem Panamera turbo serienmäßig eingesetzte Panamera-Turbo-II-Rad ergänzt das Angebot um ein weiteres Raddesign.

Das Konzept des Gran Turismo mit der Einzelsitzanlage im Fond hat sich als so erfolgreich erwiesen, daß Porsche es im überarbeiteten Panamera weiter ausbaut. Die Executive-Modelle bieten durch einen um 150 Millimeter verlängerten Radstand mehr Fußraum im Fond und nochmals gesteigerten Fahrkomfort. Schon beim Einsteigen durch die um 15 Zentimeter verlängerten hinteren Türen nehmen die Passagiere mühelos auf den beiden bequemen Einzelsitzen im Fond Platz. Dank der serienmäßigen Zuziehhilfe schließen die Soft-Close-Türen nahezu geräuschlos. Die Geräusch- und Wärmeschutzverglasung inklusive Privacy-Abdunklung der hinteren Seitenscheiben stellt durch die starke Tönung und erhöhte Reflexion eine ungestörte Privatsphäre im Fond sicher. Das elektrische Schiebe-/ Hubdach besteht aus getöntem Einscheibensicherheitsglas mit manuellem Schiebehimmel und Komfortschließfunktion. Auf Knopfdruck gibt es die ungehinderte Sicht nach oben frei oder sorgt geschlossen durch das gedämpfte Außenlicht für ein angenehmes Raumgefühl im Fahrzeug.

Alle Executive-Modelle sind serienmäßig mit der innovativen Panamera-Luftfederung ausgerüstet, die hervorragenden Abrollkomfort mit agilen Fahreigenschaften verbindet. Die Park-Assistenten, vorne und hinten, sorgen bei jedem Einparkmanöver für die richtige Übersicht. Die Gestaltung des Exterieurs der Panamera Executive-Modelle lehnt sich an das Design der jeweiligen Basisversionen an. Als Panamera 4S Executive und Panamera turbo Executive erhältlich, zeigt das Exterieur der Fahrzeuge dieselben Differenzierungsmerkmale des entsprechenden Basismodells. Auffällig ist jedoch die gestreckte Silhouette des Panamera. Die serienmäßigen 19-Zoll-Panamera-Design-II-Räder im Fünf-Doppelspeichen-Leichtbaudesign verleihen dem gestreckten Gran Turismo eine besondere Eleganz.

Die Fondpassagiere umgibt ein rundum komfortables Ambiente. Das vergrößerte Raumangebot ermöglicht eine flachere Neigung der elektrisch verstellbaren Fondsitzlehnen für noch entspannteres Sitzen auf Reisen sowie einen um 120 Millimeter verlängerten Fußraum für mehr Beinfreiheit. Die serienmäßigen Komfortsitze, hinten mit Komfortkopfstützen, sind getrennt einstellbar. Sie bieten neben einer elektrischen Lehnenverstellung, einer elektrischen Sitzflächen-Längenverstellung auch eine elektrische Vier-Wege-Lordosenstütze zur Unterstützung der Lendenwirbelsäule. Serie ist für die Vorder- und Fondsitze eine getrennt sowie dreistufig regelbare Sitzheizung und -belüftung, die ganzjährig für ein angenehmes Sitzklima sorgt.

Für ein behagliches Ambiente sorgt das Innenraum-Licht-Paket, welches speziell für den Fondbereich ausgelegt ist. Es beinhaltet Fußraumbeleuchtung, beleuchtete Türablagefächer und dimmbare Beleuchtung in der Dachkonsole sowie zwei zusätzliche Lesespots. Serienmäßig sind die Executive-Modelle mit zwei beleuchteten Make-up-Spiegeln im Fond ausgestattet. Die Vierzonen-Klimaautomatik bietet durch einzeln für jeden Sitzplatz einstellbare Klimabereiche hohen individuellen Reisekomfort. Die große Mittelkonsole bietet neben einer Armauflage und zusätzlichem Stauraum je nach Länderausstattung auch eine 230-Volt- bzw. 110-Volt-Steckdose. Damit haben die Fondpassagiere die Möglichkeit, während der Fahrt elektronische Geräte zu laden oder über das Bordnetz direkt zu nutzen. Elektrische Sonnenrollos an den Fondseitenscheiben und hinter den Fondkopfstützen bieten bei Bedarf zusätzlichen Sonnen- und Sichtschutz. Die Panamera Executive-Modelle besitzen außerdem Fondtüreinstiegsblenden aus gebürstetem Aluminium mit einem „executive"-Schriftzug. Abgerundet wird das Ambiente des Interieurs durch die Lederausstattung in einer der fünf Serienfarben. Auf Wunsch sind auch Lederaustattungen in Bi-Color, Naturleder oder in Naturleder Bi-Color erhältlich.

Die Beschleunigungswerte und die Höchstgeschwindigkeiten der einzelnen Panamera-Modelle:

- Panamera: Beschleunigung 0–100 km/h in 6,3 Sekunden, Höchstgeschwindigkeit 259 km/h.
- Panamera 4: Beschleunigung 0–100 km/h in 6,1 Sekunden, Höchstgeschwindigkeit 257 km/h.
- Panamera Diesel: Beschleunigung 0–100 km/h in 6,8 Sekunden, Höchstgeschwindigkeit 244 km/h.
- Panamera S: Beschleunigung 0–100 km/h in 5,1 Sekunden, Höchstgeschwindigkeit 287 km/h.
- Panamera S E-Hybrid: Beschleunigung 0–100 km/h in 5,5 Sekunden, Höchstgeschwindigkeit 270 km/h.
- Panamera 4S: 0–100 km/h in 4,8 Sekunden, Höchstgeschwindigkeit 286 km/h.
- Panamera 4S Executive: 0–100 km/h in 5,0 Sekunden, Höchstgeschwindigkeit 286 km/h.
- Panamera GTS: 0–100 km/h in 4,4 Sekunden, Höchstgeschwindigkeit 288 km/h.
- Panamera turbo: 0–100 km/h in 4,1 Sekunden, Höchstgeschwindigkeit 305 km/h.
- Panamera turbo Executive: 0–100 km/h in 4,2 Sekunden, Höchstgeschwindigkeit 305 km/h.

Auf der IAA in Frankfurt am Main präsentiert Porsche im September 2013 den schon bei der Vorstellung des modellgepflegten Panamera im Frühjahr 2013 angekündigten 300 PS (221 kW) starken Panamera Diesel, der das bisherige Modell mit 250 PS (184 kW) ab Januar 2014 ablösen soll. Vom Panamera Diesel wurden bisher fast 8.500 Fahrzeuge ausgeliefert, das entspricht einem Verkaufsanteil von rund 15 Prozent an der gesamten Modellpalette.

Das überarbeitete 3-Liter-V6-Triebwerk hat vom Vorgängeraggregat nur die Grundabmessungen übernommen. Alle beweglichen Teile wie Kurbeltrieb und Kolben sind für die Mehrleistung neu dimensioniert und neu konstruiert worden. Porsche setzt beim neuen Dieselmotor erstmals einen wassergekühlten Abgasturbolader ein. Der neue Turbolader erlaubt einen von 1,5 bar auf 2,0 bar gesteigerten Ladedruck sowie mehr Luftdurchsatz. Neben dem zwanzig-prozentigen Leistungszuwachs von 50 PS (37 kW) auf 300 PS (221 kW) bei 4.000/min steigt auch das maximale Drehmoment um 100 Nm auf 650 Newtonmeter in einem Drehzahlbereich von 1.750 bis 2.500 Umdrehungen pro Minute.

Auch die Getriebeabstimmung wird an die kraftvollere Charakteristik des leistungsstärkeren Turbomotors angepaßt. Die ersten vier Gänge der 8-Gang-Tiptronic S sind etwas kürzer übersetzt, um eine kraftvollere Beschleunigung für Zwischenspurts zu ermöglichen. Gleichzeitig wird die Hinterachse länger übersetzt, um bei höheren Geschwindigkeiten den Komfort zu steigern und den Verbrauch zu senken. Damit erreicht der Panamera Diesel seine Reisegeschwindigkeit schon bei niedrigen Drehzahlen.

Die zusätzliche Kraft muß bei niedrigen Drehzahlen zuverlässig in Traktion umgesetzt werden. Dafür erhält der Panamera Diesel erstmals serienmäßig das Porsche Torque Vectoring Plus (PTV Plus) mit gezielten Bremseingriffen an den Hinterrädern und der geregelten Hinterachsquersperre. Das System ist bisher nur den Modellen mit Benzinmotor vorbehalten gewesen. Das PTV Plus erhöht bei niedrigen und mittleren Geschwindigkeiten die Agilität und die Lenkpräzision, bei hoher Geschwindigkeit und beim schnellen Herausbeschleunigen aus Kurven die Fahrstabilität. Das Fahrwerk wird an die erhöhten Fahrleistungen und die gesteigerte Agilität angepaßt und neu angestimmt. Durch die stärkeren Stabilisatoren an Vorder- und Hinterachse läßt sich der Panamera Diesel mit weniger Seitenneigung noch sportlicher um Kurven zirkeln.

Der 300 PS (221 kW) starke Panamera Diesel beschleunigt aus dem Stand auf 100 Stundenkilometer in nur 6,0 Sekunden bzw. in 24,5 Sekunden von 0 auf 200 km/h. Die Höchstgeschwindigkeit liegt bei 259 Kilometern pro Stunde. Nicht schlecht für den 1.900 Kilogramm schweren 3-Liter-Diesel-Gran-Turismo. Das sind Fahrleistungen, die der sicher nicht gerade langsame Porsche 944 turbo S vor 25 Jahren auch nicht besser hinbekommen hat.

Das Fond des Panamera turbo Executive bietet viel Beinfreiheit für die Passagiere

Modelljahr 2014/15 (F-Programm)

Auf der Tokio Motor Show, am 20. November 2013, werden der Porsche Panamera turbo S und der Panamera turbo S Executive, mit einem um 15 Zentimeter verlängerten Radstand, erstmals der internationalen Presse vorgestellt. Der Panamera turbo S Executive bietet noch mehr Komfort und ein größeres Platzangebot im Fond. Damit stellt Porsche der Gran-Turismo-Baureihe mit 570 PS (419 kW) den stärksten, mit 310 km/h den schnellsten und den luxuriösesten ausgestatteten Panamera an die Spitze. In Deutschland stehen die neuen Topmodelle der Panamera-Baureihe ab Januar 2014 beim Händler.

Der besondere Charakter des Panamera turbo S und des Panamera turbo S Executive zeigt sich außer den sportlichen Fahrleistungen auch in den speziellen optischen Differenzierungsmerkmalen. Exklusiv für die beiden Panamera turbo S-Modelle ist die Außenfarbe palladiummetallic. Ein weiteres Karosseriedetail ist der in Exterieurfarbe lackierte Vier-Wege-Heckspoiler. Porsche stattet die beiden Spitzenmodelle serienmäßig besonders umfangreich aus, dazu gehört auch eine Geräusch- und Wärmeschutzverglasung inklusive Privacy-Verglasung.

Herz der beiden Panamera turbo S-Modelle ist der um 50 PS (37 kW) leistungsgesteigerte 4,8-Liter-V8-Biturbo-Motor. Dieser leistet 570 PS (419 kW) bei 6.000 Umdrehungen pro Minute. Gleichzeitig steigt das maximale Drehmoment um 50 Nm auf 750 Newtonmeter zwischen 2.500 und 5.000 Umdrehungen pro Minute. Im SportPlus-Modus mit Overboost liegen in einem Drehzahlbereich von 2.500 bis 4.500/min sogar 800 Nm an. Damit können Überholvorgänge noch schneller ausgeführt werden. Die gesteigerten Leistungsdaten sind das Ergebnis einer gezielten Überarbeitung des Triebwerks durch eine bessere Füllung der Brennräume mit dem Benzin-Luft-Gemisch. Dazu setzt Porsche zwei neue Abgasturbolader mit größeren Verdichtern ein, um den Luftdurchsatz zu erhöhen. Insbesondere bei hoher Last und Drehzahl drücken diese Turbolader mehr Sauerstoff in die Brennräume. Als weitere leistungsfördernde Maßnahme wird der Einspritzdruck um 20 bar auf 140 bar erhöht. Um den dadurch entstehenden höheren Bauteilbelastungen entgegen zu wirken, sind die Kolben aus einer neuen Aluminiumlegierung gefertigt und mit speziell beschichteten Kolbenringen bestückt. Mit einem Kraftstoffverbrauch im NEFZ gesamt von nur 10,2 Litern auf 100 Kilometern liegt der Panamera turbo S auf dem Niveau des normalen turbos und unterbietet damit das Vorgängermodell um mehr als 11 Prozent. Auf Wunsch ist eine Sportabgasanlage lieferbar, welche vom Fahrer per Knopfdruck aktiviert werden kann. Über einen Akustikkanal wird der Motorsound, der an den Rennsport erinnert, in den Innenraum geleitet. Beim Hochschalten werden einzelne Zylinder kurz ausgeblendet, damit die Drehzahl schneller sinkt und die Kupplung des Doppelkupplungsgetriebes schneller schließen kann. Das Porsche Doppelkupplungsgetriebe (PDK) wechselt durch die überarbeitete Schaltstrategie die sieben Gänge noch schneller. Der Allradantrieb Porsche Traction Management (PTM) setzt die Mehrleistung und das höhere Drehmoment des Panamera turbo S in sportlichen Vortrieb um. Per Knopfdruck stimmt das serienmäßige Sport Chrono-Paket den Antrieb und das Fahrwerk noch sportlicher ab. Die Overboost-Funktion wird im Sport- sowie im Sport Plus-Modus und beim Kickdown im Normal-Modus aktiviert, dadurch wird der Ladedruck temporär angehoben. Damit sind noch kraftvollere Beschleunigungswerte und Zwischenspurts möglich. Die Launch Control stimmt die Motorsteuerung und das PDK-Schaltprogramm für die bestmögliche Beschleunigung beim Anfahren ab. Die Servolenkung Plus arbeitet geschwindigkeitsabhängig.

Das Fahrwerk verfügt serienmäßig über alle aktiven Systeme der Baureihe. Es basiert auf der Kombination von adaptiver Luftfederung mit zusätzlichem Luftvolumen und adaptiver Dämpferregelung, dem Porsche Active Suspension Management (PASM), welches die Dämpferkräfte stufenlos an die Fahrbahngegebenheiten und die Fahrweise anpaßt. Der Fahrer kann über die PASM-Fahrwerkstaste auf der Mittelkonsole zwischen den drei Kennfeldern »Komfort«, »Sport« und »Sport Plus« wählen. Neben allen fahrdynamischen Regelsystemen der Modellreihe sind auch die Porsche Dynamic Chassis Control (PDCC), ein System zur aktiven Wankstabilisierung, sowie das Porsche Torque Vectoring Plus (PTV Plus) zur variablen Momentverteilung an den Hinterrädern inklusive einer elektronisch geregelten Hinterachsquersperre mit variabler Sperrwirkung Serie. Damit besitzt der Panamera turbo S ab Werk über die aktuell höchste Ausbaustufe des Panamera-Fahrwerks.

Serienmäßig ist die besonders leistungsfähige Keramikbremsanlage Porsche Ceramic Composite Brake (PCCB) mit gelb lackierten Bremszangen und innenbelüfteten, gelochten Bremsscheiben verbaut. An der Vorderachse haben diese einen Durchmesser von 420 Millimeter, an der Hinterachse 350 Millimeter. Vorne sind 6-Kolben-Monobloc-Aluminium-Festsättel montiert, hinten 4-Kolben. Die Vorteile gegenüber konventionellen Graugußscheiben ist ein um 50 Prozent geringeres Gewicht sowie die Korrosionsbeständigkeit der Bremsscheibenringe. Zudem sind die Reibringe besonders verschleißfest und fadingstabil.

Für die hervorragende Fahrdynamik sind auch die 20-Zoll-911-turbo-II-Räder verantwortlich. Diese sind größer und breiter als die Serienräder der anderen Panamera-Modelle. An der Vorderachse sind 255/40 ZR 20-Reifen auf 9,5 J x 20-Rädern, an der Hinterachse sind neben 295/35 ZR 20-Breitreifen auf 11 J x 20-Rädern noch 5 Millimeter Distanzscheiben montiert, welche die Spur zusätzlich verbreitern.

Im Interieur setzt Porsche durch die serienmäßige Bi-Color-Lederausstattung auf die perfekte Symbiose aus Sportlichkeit und Exklusivität. Die folgenden sechs attraktiven Farbkombinationen Schwarz/Granatrot, Luxorbeige/Crema, Marsala/Crema, Achatgrau/Crema, Schwarz/Crema und Schwarz/Sattelbraun- stehen zur Auswahl. Besondere Akzente setzt das neue Interieur-Paket »Nussbaum-Wurzel dunkel«. Das Holzdekor besitzt etwas weniger Rotanteil und erscheint dadurch eine Nuance kühler. Der Drehzahlmesser trägt einen silberfarbenen Zierring und einen »turbo S«-Schriftzug. Zur Serienausstattung gehören 14-fach verstellbare Komfortsitze vorne. Diese bieten mit dem Komfort-Memory-Paket, welches eine Sitzflächenverlängerung sowie Lordosenstütze und eine elektrische Lenksäulenverstellung umfaßt, einen ausgezeichneten Reisekomfort. Die vorderen Kopfstützen sind mit geprägten Porsche-Wappen versehen. Vorder- und Rücksitze sind serienmäßig mit einer Sitzheizung ausgerüstet. Beim Panamera turbo S Executive gehört eine Sitzbelüftung ebenfalls zum Lieferumfang. Als Option sind die adaptiven Sportsitze mit erhöhten Seitenwangen sowie elektrischer 18-Wege-Verstellung und Komfort-Memory-Paket lieferbar. Das fondorientierte Innenraum-Licht-Paket und die große Mittelkonsole im Fond sind weitere Ausstattungsdetails. Im Wagenfond bieten zwei Einzelsitze mit klappbarer Mittelarmlehne auch großen Passagieren eine großzügige Bein- und Kopffreiheit. Noch mehr bequemen Reisekomfort erleben die hinteren Passagiere durch den um zwölf Zentimeter verlängerten Fußraum auf den Fondeinzelsitzen im Panamera turbo S Executive. Die Sitze sind mit einer aktiven Belüftung ausgestattet. Das elektrische Sonnenrollo ermöglicht mehr Privatsphäre. Hintere Seitenairbags schützen die Fondpassagiere im Bedarfsfall. Durch den längeren Radstand vergrößert sich bei umgelegten Rücksitzlehnen auch das Gepäckraumvolumen von 1.250 auf 1.385 Liter.

Der Panamera turbo S beschleunigt in kurzweiligen 3,8 Sekunden aus dem Stand auf 100 Kilometer pro Stunde, der etwas schwerere Panamera turbo S benötigt gerade einmal eine Zehntelsekunde mehr. Bei der Höchstgeschwindigkeit herrscht Pattsituation, beide Modelle sind mit 310 Stundenkilometern gleich schnell.

Panamera S [PDK] MJ 2010 bis MJ 2013

Motor

Bauart:	8-Zylinder-V-Motor, 90° - Schwingrohraufladung
Einbauposition:	Frontmotor
Kühlung:	wassergekühlt
Motor-Typ:	M 48/20
Hubraum (cm³):	4806
Bohrung x Hub:	96 x 83
Leistung (kW/PS):	294/400 bei 6500/min
Max. Drehzahl:	6700/min
Drehmoment (Nm):	500 bei 3500–5000/min
Literleistung (kW/l / PS/l):	61,2 / 83,2
Verdichtung:	12,5 : 1
Ventilsteuerung:	dohc über Doppelkette, 4 Ventile pro Zylinder, Vario-Cam Plus
Gemischaufbereitung:	Benzin-Direkteinspritzung (DFI)
Motorsteuerung:	elektronische Motorsteuerung, EMS SDI 6.1, Continental, E-Gas
Zündfolge:	1 - 3 - 7 - 2 - 6 - 5 - 4 - 8
Schmierung:	Integrierte Trockensumpfschmierung
Ölmenge (l):	11,3

Kraftübertragung

Antrieb:	Heckantrieb
Schaltgetriebe:	6-Gang
Sonderwunsch PDK:	[7-Gang]
Getriebe-Typ:	G 70.00 [C 70.05]
Übersetzungen:	
1. Gang:	4,680 [5,970]
2. Gang:	2,530 [3,308]
3. Gang:	1,687 [2,013]
4. Gang:	1,215 [1,366]
5. Gang:	1,000 [1,000]
6. Gang:	0,837 [0,807]
7. Gang:	[0,587]
Rückwärtsgang:	4,273 [4,570]
Achsübersetzung:	3,417 [3,545]

Karosserie, Fahrwerk, Bremse, Räder und Reifen

Karosserie:	4-türige, 4-sitzige, selbsttragende Fastback-Leichtbaukarosserie in Stahl-Aluminium-Magnesium-Mischbauweise mit großer Heckklappe, Kotflügel, Türen und Hauben aus Aluminium, aktive Fronthaube zum Fußgängerschutz, Bug- und Heckverkleidungen aus Kunststoff, ausfahrbarer Zwei-Wege-Heckspoiler
Sonderwunsch:	Schiebe-/Hubdach
Vorderradaufhängung:	Aluminium-Doppelquerlenkerachse, Schraubenfedern, innenliegende elektronisch geregelte Zweirohr-Gasdruckstoßdämpfer (PASM), Stabilisator
Hinterradaufhängung:	Aluminium-Mehrlenkerhinterachse mit Fahrschemel, einzeln an vier Lenkern geführte Räder, Schraubenfedern, elektronisch geregelte Zweirohr-Gasdruckstoßdämpfer (PASM), Zweirohr-Gasdruckstoßdämpfer, Stabilisator
Sonderwunsch:	Adaptive Luftfederung inkl. PASM mit volltragenden Luftfederbeinen mit integrierten Dämpfern vorne und separaten Dämpfern und Luftfedern hinten
Bremse v/h (Durchm. x B (mm)):	innenbelüftete genutete Scheiben (360 x 36) / innenbelüftete genutete Scheiben (330 x 28) silberfarbene 6-Kolben-Monobloc-Aluminium-Festsättel / silberfarbene 4-Kolben-Monobloc-Aluminium-Festsättel PSM
Sonderwunsch:	Porsche Ceramic Composite Brake (PCCB) innenbelüftete gelochte Keramikfaser-Scheiben (390 x 38) / innenbelüftete gelochte Keramikfaser-Scheiben (350 x 28) gelbe 6-Kolben-Monobloc-Aluminium-Festsättel / gelbe 4-Kolben-Monobloc-Aluminium-Festsättel PSM
Räder v/h:	8 J x 18 ET 59 / 9 J x 18 ET 53
Reifen v/h:	245/50 ZR 18 / 275/45 ZR 18
Sonderwunsch:	9 J x 19 ET 60 / 10 J x 19 ET 61 255/45 ZR 19 / 285/40 ZR 19 9,5 J x 20 ET 65 / 11 J x 20 ET 68 255/40 ZR 20 / 295/35 ZR 20

Elektrik

Lichtmaschinenleistung (W):	2660
Batterie (V/Ah):	12 / 95

Abmessungen, Gewichte und Volumen

Spurweite v/h (mm):	1658 / 1662
mit 9 J x 19 / 10 J x 19:	1656 / 1646
mit 9,5 J x 20 / 11 J x 20:	1646 / 1632
Radstand (mm):	2920
Maße (L x B x H (mm)):	4970 x 1931 x 1418
Leergewicht nach DIN (kg):	1770 [1800]
zul. Gesamtgewicht (kg):	2375 [2405]
zul. Dachlast/Stützlast (kg):	75 / 100
zul. Anhängelast gebr./ungebr. (kg):	2200 / 750
Kofferraumvolumen (VDA (l)):	445
bei umgeklappten Rücksitzen:	1263
Tankvolumen (l):	80, davon 15 Reserve
C_W x A (m²) 90–205 km/h:	0,29 x 2,33 = 0,676
205 km/h - Vmax:	0,30 x 2,33 = 0,699
Leistungsgewicht (kg/kW / kg/PS):	6,02 / 4,43

Kraftstoffverbrauch

nach Euro 5 im NEFZ (l/100 km):	98 ROZ Super plus bleifrei
Innerstädtisch:	18,8 [16,0]
ab MJ 2011:	18,8 (18,5)* [15,3 (14,9)*]
Außerstädtisch:	8,9 [7,9]
ab MJ 2011:	8,9 (8,7) [7,8 (7,5)*]
Gesamt:	12,5 [10,8]
ab MJ 2011:	12,5 (12,3)* [10,5 (10,3)*]
CO_2-Emissionen (g/km):	293 [253]
ab MJ 2011:	293 (288)* [247 (242)*]
*** mit optionalen rollwiderstandsoptimierten 19-Zoll-All-Season-Reifen (bis max. 240 km/h)**	

Fahrleistungen, Stückzahlen, Preise

Beschleunigung 0–100 km/h (s):	5,6 [5,4] [5,2]*
0–160 km/h (s):	12,1 [11,7] [11,5]*
0–200 km/h (s):	18,6 [18,5] [18,3]*
Höchstgeschw. (km/h):	285 [283]
***mit Sport Plus Taste**	
Stückzahl:	in Produktion, 8.693 bis Ende 2012
Listenpreise:	
04/2009:	Euro 94.575,- [Euro 98.085,50]
08/2010:	Euro 94.582,- [Euro 98.092,50]
05/2011:	Euro 95.594,- [Euro 99.104,50]
02/2012:	Euro 95.594,- [Euro 99.104,50]
06/2012:	Euro 96.605,- [Euro 100.115,50]

Panamera 4S MJ 2010 bis MJ 2013

Motor

Bauart:	8-Zylinder-V-Motor, 90° - Schwingrohraufladung
Einbauposition:	Frontmotor
Kühlung:	wassergekühlt
Motor-Typ:	M 48/40
Hubraum (cm³):	4806
Bohrung x Hub:	96 x 83
Leistung (kW/PS):	294/400 bei 6500/min
Max. Drehzahl:	6700/min
Drehmoment (Nm):	500 bei 3500–5000/min
Literleistung (kW/l / PS/l):	61,2 / 83,2
Verdichtung:	12,5 : 1
Ventilsteuerung:	dohc über Doppelkette, 4 Ventile pro Zylinder, Vario-Cam Plus
Gemischaufbereitung:	Benzin-Direkteinspritzung (DFI)
Motorsteuerung:	elektronische Motorsteuerung, EMS SDI 6.1, Continental, E-Gas
Zündfolge:	1 - 3 - 7 - 2 - 6 - 5 - 4 - 8
Schmierung:	Integrierte Trockensumpfschmierung
Ölmenge (l):	11,3

Kraftübertragung

Antrieb:	Porsche Traction Management (PTM): aktiver Allradantrieb mit elektronisch geregelter, kennfeldgesteuerter Lamellenkupplung sowie automatischem Bremsendifferenzial (ABD) und Antriebsschlupfregelung (ASR)
PDK:	7-Gang
Getriebe-Typ:	C 70.35
Übersetzungen:	
1. Gang:	5,970
2. Gang:	3,308
3. Gang:	2,013
4. Gang:	1,366
5. Gang:	1,000
6. Gang:	0,807
7. Gang:	0,587
Rückwärtsgang:	4,570
Achsübersetzung Vorderachse:	3,727
Achsübersetzung Hinterachse:	3,545

Karosserie, Fahrwerk, Bremse, Räder und Reifen

Karosserie:	4-türige, 4-sitzige, selbsttragende Fastback-Leichtbaukarosserie in Stahl-Aluminium-Magnesium-Mischbauweise mit großer Heckklappe, Kotflügel, Türen und Hauben aus Aluminium, aktive Fronthaube zum Fußgängerschutz, Bug- und Heckverkleidungen aus Kunststoff, ausfahrbarer Zwei-Wege-Heckspoiler
Sonderwunsch:	Schiebe-/Hubdach
Vorderradaufhängung:	Aluminium-Doppelquerlenkerachse, Schraubenfedern, innenliegende elektronisch geregelte Zweirohr-Gasdruckstoßdämpfer (PASM), Stabilisator
Hinterradaufhängung:	Aluminium-Mehrlenkerhinterachse mit Fahrschemel, einzeln an vier Lenkern geführte Räder, Schraubenfedern, elektronisch geregelte Zweirohr-Gasdruckstoßdämpfer (PASM), Zweirohr-Gasdruckstoßdämpfer, Stabilisator
Sonderwunsch:	Adaptive Luftfederung inkl. PASM mit volltragenden Luftfederbeinen mit integrierten Dämpfern vorne und separaten Dämpfern und Luftfedern hinten
Bremse v/h (Durchm. x B (mm)):	innenbelüftete genutete Scheiben (360 x 36) / innenbelüftete genutete Scheiben (330 x 28) silberfarbene 6-Kolben-Monobloc-Aluminium-Festsättel / silberfarbene 4-Kolben-Monobloc-Aluminium-Festsättel PSM
Sonderwunsch:	Porsche Ceramic Composite Brake (PCCB) innenbelüftete gelochte Keramikfaser-Scheiben (390 x 38) / innenbelüftete gelochte Keramikfaser-Scheiben (350 x 28) gelbe 6-Kolben-Monobloc-Aluminium-Festsättel / gelbe 4-Kolben-Monobloc-Aluminium-Festsättel PSM
Räder v/h:	8 J x 18 ET 59 / 9 J x 18 ET 53
Reifen v/h:	245/50 ZR 18 / 275/45 ZR 18
Sonderwunsch:	9 J x 19 ET 60 / 10 J x 19 ET 61 255/45 ZR 19 / 285/40 ZR 19 9,5 J x 20 ET 65 / 11 J x 20 ET 68 255/40 ZR 20 / 295/35 ZR 20

Elektrik

Lichtmaschinenleistung (W):	2660
Batterie (V/Ah):	12 / 95

Abmessungen, Gewichte und Volumen

Spurweite v/h (mm):	1658 / 1662
mit 9 J x 19 / 10 J x 19:	1656 / 1646
mit 9,5 J x 20 / 11 J x 20:	1646 / 1632
Radstand (mm):	2920
Maße (L x B x H (mm)):	4970 x 1931 x 1418
Leergewicht nach DIN (kg):	1860
zul. Gesamtgewicht (kg):	2440
zul. Dachlast/Stützlast (kg):	75 / 100
zul. Anhängelast gebr./ungebr. (kg):	2200 / 750
Kofferraumvolumen (VDA (l)):	445
bei umgeklappten Rücksitzen:	1263
Tankvolumen (l):	100, davon 15 Reserve
C_W x A (m²) 90–205 km/h:	0,29 x 2,33 = 0,676
205 km/h - Vmax:	0,30 x 2,33 = 0,699
Leistungsgewicht (kg/kW / kg/PS):	6,33 / 4,65

Kraftstoffverbrauch

nach Euro 5 im NEFZ (l/100 km):	98 ROZ Super plus bleifrei
Innerstädtisch:	16,4
ab MJ 2011:	16,0 (15,7)*
Außerstädtisch:	8,1
ab MJ 2011:	7,9 (7,7)*
Gesamt:	11,1
ab MJ 2011:	10,8 (10,6)*
CO_2-Emissionen (g/km):	260
ab MJ 2011:	254 (249)*
*** mit optionalen rollwiderstandsoptimierten 19-Zoll-All-Season-Reifen (bis max. 240 km/h)**	

Fahrleistungen, Stückzahlen, Preise

Beschleunigung 0–100 km/h (s):	5,0 4,8*
0–160 km/h (s):	11,5 11,3*
0–200 km/h (s):	18,5 18,3*
Höchstgeschw. (km/h):	282
***mit Sport Plus Taste**	
Stückzahl:	in Produktion, 17.558 bis Ende 2012
Listenpreise:	
04/2009:	Euro 102.251,-
08/2010:	Euro 103.150,-
05/2011:	Euro 104.281,-
02/2012:	Euro 104.281,-
06/2012:	Euro 105.292,-

Panamera Turbo MJ 2010 bis MJ 2013

Motor

Bauart:	8-Zylinder-V-Motor, 90°, Bi-Turboaufladung und Ladeluftkühlung
Einbauposition:	Frontmotor
Kühlung:	wassergekühlt
Motor-Typ:	M 48/70
Hubraum (cm³):	4806
Bohrung x Hub:	96 x 83
Leistung (kW/PS):	368/500 bei 6000/min
Max. Drehzahl:	6700/min
Drehmoment (Nm):	700 bei 2250–4500/min
mit Overboost im SportPlus-Modus:	770 bei 3000–4000/min
Literleistung (kW/l / PS/l):	76,6 / 104,0
Verdichtung:	10,5 : 1
maximaler Ladedruck (bar):	0,8
mit Overboost:	1,0
Ventilsteuerung:	dohc über Doppelkette, 4 Ventile pro Zylinder, VarioCam Plus
Gemischaufbereitung:	Benzin-Direkteinspritzung (DFI)
Motorsteuerung:	elektronische Motorsteuerung, EMS SDI 6.1, Continental, E-Gas
Zündfolge:	1 - 3 - 7 - 2 - 6 - 5 - 4 - 8
Schmierung:	Integrierte Trockensumpfschmierung
Ölmenge (l):	11,3

Kraftübertragung

Antrieb:	Porsche Traction Management (PTM): aktiver Allradantrieb mit elektronisch geregelter, kennfeldgesteuerter Lamellenkupplung sowie automatischem Bremsendifferenzial (ABD) und Antriebsschlupfregelung (ASR)
PDK:	7-Gang
Getriebe-Typ:	C 70.50
Übersetzungen:	
1. Gang:	5,970
2. Gang:	3,308
3. Gang:	2,013
4. Gang:	1,366
5. Gang:	1,000
6. Gang:	0,807
7. Gang:	0,587
Rückwärtsgang:	4,570
Achsübersetzung Vorderachse:	3,308
Achsübersetzung Hinterachse:	3,154

Karosserie, Fahrwerk, Bremse, Räder und Reifen

Karosserie:	4-türige, 4-sitzige, selbsttragende Fastback-Leichtbaukarosserie in Stahl-Aluminium-Magnesium-Mischbauweise mit großer Heckklappe, Kotflügel, Türen und Hauben aus Aluminium, aktive Fronthaube zum Fußgängerschutz, Bug- und Heckverkleidungen aus Kunststoff, ausfahrbarer Vier-Wege-Heckspoiler
Sonderwunsch:	Schiebe-/Hubdach
Vorderradaufhängung:	Aluminium-Doppelquerlenkerachse, volltragende Luftfedern, elektronisch geregelte Zweirohr-Gasdruckstoßdämpfer (PASM), Stabilisator
Hinterradaufhängung:	Aluminium-Mehrlenkerhinterachse mit Fahrschemel, einzeln an vier Lenkern geführte Räder, Luftfeder mit abkoppelbarem Zusatzvolumen je Rad, elektronisch geregelte Zweirohr-Gasdruckstoßdämpfer (PASM), Stabilisator
Bremse v/h (Durchm. x B (mm)):	innenbelüftete genutete Scheiben (390 x 38) / innenbelüftete genutete Scheiben (350 x 28) rote 6-Kolben-Monobloc-Aluminium-Festsättel / rote 4-Kolben-Monobloc-Aluminium-Festsättel PSM
Sonderwunsch:	Porsche Ceramic Composite Brake (PCCB) innenbelüftete gelochte Keramikfaser-Scheiben (410 x 38) / innenbelüftete gelochte Keramikfaser-Scheiben (350 x 28) gelbe 6-Kolben-Monobloc-Aluminium-Festsättel / gelbe 4-Kolben-Monobloc-Aluminium-Festsättel PSM
Räder v/h:	9 J x 19 ET 60 / 10 J x 19 ET 61
Reifen v/h:	255/45 ZR 19 / 285/40 ZR 19
Sonderwunsch:	9,5 J x 20 ET 65 / 11 J x 20 ET 68 255/40 ZR 20 / 295/35 ZR 20

Elektrik

Lichtmaschinenleistung (W):	2660
Batterie (V/Ah):	12 / 95

Abmessungen, Gewichte und Volumen

Spurweite v/h (mm):	1656 / 1646
mit 9,5 J x 20 / 11 J x 20:	1646 / 1632
Radstand (mm):	2920
Maße (L x B x H (mm)):	4970 x 1931 x 1418
Leergewicht nach DIN (kg):	1970
zul. Gesamtgewicht (kg):	2500
zul. Dachlast/Stützlast (kg):	75 / 100
zul. Anhängelast gebr./ungebr. (kg):	2200 / 750
Kofferraumvolumen (VDA (l)):	432
bei umgeklappten Rücksitzen:	1250
Tankvolumen (l):	100, davon 15 Reserve
C_W x A (m²) 90–205 km/h:	0,30 x 2,33 = 0,699
205 km/h - Vmax:	0,31 x 2,33 = 0,722
Leistungsgewicht (kg/kW / kg/PS):	5,35 / 3,94

Kraftstoffverbrauch

nach Euro 5 im NEFZ (l/100 km):	98 ROZ Super plus bleifrei
Innerstädtisch:	18,0
ab MJ 2011:	17,0 (16,7)*
Außerstädtisch:	8,9
ab MJ 2011:	8,4 (8,3)*
Gesamt:	12,2
ab MJ 2011:	11,5 (11,3)*
CO_2-Emissionen (g/km):	286
ab MJ 2011:	270 (265)*
* mit optionalen rollwiderstandsoptimierten 19-Zoll-All-Season-Reifen (bis max. 240 km/h)	

Fahrleistungen, Stückzahlen, Preise

Beschleunigung 0–100 km/h (s):	4,2	4,0*
0–160 km/h (s):	9,0	8,8*
0–200 km/h (s):	13,9	13,7*
Höchstgeschw. (km/h):	303	
*mit Sport Plus Taste		
Stückzahl:	in Produktion, 10.589 bis Ende 2012	
Listenpreis:		
04/2009:	Euro 135.154,-	
08/2010:	Euro 137.898,-	
05/2011:	Euro 139.624,-	
02/2012:	Euro 139.624,-	
06/2012:	Euro 141.022,-	

PANAMERA [PDK] MJ 2011 BIS MJ 2013

MOTOR

Bauart:	6-Zylinder-V-Motor, 90°, Ausgleichswelle - Schwingrohraufladung
Einbauposition:	Frontmotor
Kühlung:	wassergekühlt
Motor-Typ:	M 46/20 (M 46/20 V)*
Hubraum (cm³):	3605
Bohrung x Hub:	96 x 83
Leistung (kW/PS):	220/300 bei 6200/min
Max. Drehzahl:	6700/min
Drehmoment (Nm):	400 bei 3750/min
Literleistung (kW/l / PS/l):	61,0 / 83,2
Verdichtung:	12,5 : 1
definierte Schlechtkraftstoffländer:	11,5 : 1
Ventilsteuerung:	dohc über Doppelkette, 4 Ventile pro Zylinder, VarioCam Plus
Gemischaufbereitung:	Benzin-Direkteinspritzung (DFI)
Motorsteuerung:	elektronische Motorsteuerung, EMS SDI 7.1, Continental, E-Gas
Zündfolge:	1 - 5 - 3 - 6 - 2 - 4
Schmierung:	Integrierte Trockensumpfschmierung
Ölmenge (l):	9,5
***definierte Schlechtkraftstoffländer**	

KRAFTÜBERTRAGUNG

Antrieb:	Heckantrieb
Schaltgetriebe:	6-Gang
Sonderwunsch PDK:	[7-Gang]
Getriebe-Typ:	G 70.00 [C 70.00]
Übersetzungen:	
1. Gang:	4,680 [5,970]
2. Gang:	2,530 [3,308]
3. Gang:	1,687 [2,013]
4. Gang:	1,215 [1,366]
5. Gang:	1,000 [1,000]
6. Gang:	0,837 [0,807]
7. Gang:	[0,587]
Rückwärtsgang:	4,273 [4,570]
Achsübersetzung:	3,700 [3,900]

KAROSSERIE, FAHRWERK, BREMSE, RÄDER UND REIFEN

Karosserie:	4-türige, 4-sitzige, selbsttragende Fastback-Leichtbaukarosserie in Stahl-Aluminium-Magnesium-Mischbauweise mit großer Heckklappe, Kotflügel, Türen und Hauben aus Aluminium, aktive Fronthaube zum Fußgängerschutz, Bug- und Heckverkleidungen aus Kunststoff, ausfahrbarer Zwei-Wege-Heckspoiler
Sonderwunsch:	Schiebe-/Hubdach
Vorderradaufhängung:	Aluminium-Doppelquerlenkerachse, Schraubenfedern, innenliegende doppeltwirkende Zweirohr-Gasdruckstoßdämpfer, Stabilisator
Hinterradaufhängung:	Aluminium-Mehrlenkerhinterachse mit Fahrschemel, einzeln an vier Lenkern geführte Räder, Schraubenfedern, doppeltwirkende Zweirohr-Gasdruckstoßdämpfer, Stabilisator
Sonderwunsch:	Porsche Active Suspension Management (PASM)
Alternativ:	Adaptive Luftfederung inkl. PASM mit volltragenden Luftfederbeinen mit integrierten Dämpfern vorne und separaten Dämpfern und Luftfedern hinten
Bremse v/h (Durchm. x B (mm)):	innenbelüftete genutete Scheiben (360 x 36) / innenbelüftete genutete Scheiben (330 x 28) schwarze 6-Kolben-Monobloc-Aluminium-Festsättel / schwarze 4-Kolben-Monobloc-Aluminium-Festsättel PSM
Sonderwunsch:	Porsche Ceramic Composite Brake (PCCB) innenbelüftete gelochte Keramikfaser-Scheiben (390 x 38) / innenbelüftete gelochte Keramikfaser-Scheiben (350 x 28) gelbe 6-Kolben-Monobloc-Aluminium-Festsättel / gelbe 4-Kolben-Monobloc-Aluminium-Festsättel PSM
Räder v/h:	8 J x 18 ET 59 / 9 J x 18 ET 53
Reifen v/h:	245/50 ZR 18 / 275/45 ZR 18
Sonderwunsch:	9 J x 19 ET 60 / 10 J x 19 ET 61 255/45 ZR 19 / 285/40 ZR 19 9,5 J x 20 ET 65 / 11 J x 20 ET 68 255/40 ZR 20 / 295/35 ZR 20

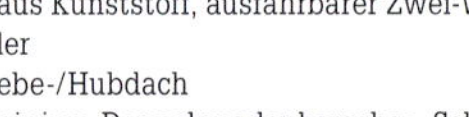

ELEKTRIK

Lichtmaschinenleistung (W):	2660
Batterie (V/Ah):	12 / 95

ABMESSUNGEN, GEWICHTE UND VOLUMEN

Spurweite v/h (mm):	1658 / 1662
mit 9 J x 19 / 10 J x 19:	1656 / 1646
mit 9,5 J x 20 / 11 J x 20:	1646 / 1632
Radstand (mm):	2920
Maße (L x B x H (mm)):	4970 x 1931 x 1418
Leergewicht nach DIN (kg):	1730 [1760]
zul. Gesamtgewicht (kg):	2335 [2365]
zul. Dachlast/Stützlast (kg):	75 / 100
zul. Anhängelast gebr./ungebr. (kg):	2200 / 750
Kofferraumvolumen (VDA (l)):	445
bei umgeklappten Rücksitzen:	1263
Tankvolumen (l):	80, davon 15 Reserve
Sonderwunsch:	100, davon 15 Reserve
C_W x A (m²) 90–205 km/h:	0,30 x 2,33 = 0,699
205 km/h - Vmax:	0,31 x 2,33 = 0,722
Leistungsgewicht (kg/kW / kg/PS):	7,86 [8,00] / 5,77 [5,87]

KRAFTSTOFFVERBRAUCH

nach Euro 5 im NEFZ (l/100 km):	98 ROZ Super plus bleifrei
Innerstädtisch:	16,4 (16,1)* [12,7 (12,5)*]
Außerstädtisch:	7,8 (7,6) [6,9 (6,8)*]
Gesamt:	11,3 (11,1)* [9,3 (9,1)*]
CO_2-Emissionen (g/km):	265 (260)* [218 (213)*]
*** mit optionalen rollwiderstandsoptimierten 19-Zoll-All-Season-Reifen (bis max. 240 km/h)**	

FAHRLEISTUNGEN, STÜCKZAHLEN, PREISE

Beschleunigung 0–100 km/h (s):	6,8 [6,3] [6,1]*
0–160 km/h (s):	15,6 [15,0] [14,8]*
0–200 km/h (s):	26,2 [25,8] [25,6]*
Höchstgeschw. (km/h):	261 [259]
***mit Sport Plus Taste**	
Stückzahl:	in Produktion, 20.003 bis Ende 2012
Listenpreise:	
04/2010:	Euro 75.899,- [Euro 79.409,50]
08/2010:	Euro 75.899,- [Euro 79.409,50]
05/2011:	Euro 76.673,- [Euro 80.183,50]
02/2012:	Euro 76.673,- [Euro 80.183,50]
06/2012:	Euro 77.446,- [Euro 80.956,50]

PANAMERA 4
MJ 2011 BIS MJ 2013

MOTOR

Bauart:	6-Zylinder-V-Motor, 90°, Ausgleichswelle - Schwingrohraufladung
Einbauposition:	Frontmotor
Kühlung:	wassergekühlt
Motor-Typ:	M 46/20
Hubraum (cm³):	3605
Bohrung x Hub:	96 x 83
Leistung (kW/PS):	220/300 bei 6200/min
Max. Drehzahl:	6700/min
Drehmoment (Nm):	400 bei 3750/min
Literleistung (kW/l / PS/l):	61,0 / 83,2
Verdichtung:	12,5 : 1
definierte Schlechtkraftstoffländer:	11,5 : 1
Ventilsteuerung:	dohc uber Doppelkette, 4 Ventile pro Zylinder, Vario-Cam Plus
Gemischaufbereitung:	Benzin-Direkteinspritzung (DFI)
Motorsteuerung:	elektronische Motorsteuerung, EMS SDI 7.1, Continental, E-Gas
Zündfolge:	1 - 5 - 3 - 6 - 2 - 4
Schmierung:	Integrierte Trockensumpfschmierung
Ölmenge (l):	9,5

KRAFTÜBERTRAGUNG

Antrieb:	Porsche Traction Management (PTM): aktiver Allradantrieb mit elektronisch geregelter, kennfeldgesteuerter Lamellenkupplung sowie automatischem Bremsendifferenzial (ABD) und Antriebsschlupfregelung (ASR)
PDK:	7-Gang
Getriebe-Typ:	C 70.30
Übersetzungen:	
1. Gang:	5,970
2. Gang:	3,308
3. Gang:	2,013
4. Gang:	1,366
5. Gang:	1,000
6. Gang:	0,807
7. Gang:	0,587
Rückwärtsgang:	4,570
Achsübersetzung Vorderachse:	4,091
Achsübersetzung Hinterachse:	3,900

KAROSSERIE, FAHRWERK, BREMSE, RÄDER UND REIFEN

Karosserie:	4-türige, 4-sitzige, selbsttragende Fastback-Leichtbaukarosserie in Stahl-Aluminium-Magnesium-Mischbauweise mit großer Heckklappe, Kotflügel, Türen und Hauben aus Aluminium, aktive Fronthaube zum Fußgängerschutz, Bug- und Heckverkleidungen aus Kunststoff, ausfahrbarer Zwei-Wege-Heckspoiler
Sonderwunsch:	Schiebe-/Hubdach
Vorderradaufhängung:	Aluminium-Doppelquerlenkerachse, Schraubenfedern, innenliegende doppeltwirkende Zweirohr-Gasdruckstoßdämpfer, Stabilisator
Hinterradaufhängung:	Aluminium-Mehrlenkerhinterachse mit Fahrschemel, einzeln an vier Lenkern geführte Räder, Schraubenfedern, doppeltwirkende Zweirohr-Gasdruckstoßdämpfer, Stabilisator
Sonderwunsch:	Porsche Active Suspension Management (PASM)
Alternativ:	Adaptive Luftfederung inkl. PASM mit volltragenden Luftfederbeinen mit integrierten Dämpfern vorne und separaten Dämpfern und Luftfedern hinten
Bremse v/h (Durchm. x B (mm)):	innenbelüftete genutete Scheiben (360 x 36) / innenbelüftete genutete Scheiben (330 x 28) schwarze 6-Kolben-Monobloc-Aluminium-Festsättel / schwarze 4-Kolben-Monobloc-Aluminium-Festsättel PSM
Sonderwunsch:	Porsche Ceramic Composite Brake (PCCB) innenbelüftete gelochte Keramikfaser-Scheiben (390 x 38) / innenbelüftete gelochte Keramikfaser-Scheiben (350 x 28) gelbe 6-Kolben-Monobloc-Aluminium-Festsättel / gelbe 4-Kolben-Monobloc-Aluminium-Festsättel PSM
Räder v/h:	8 J x 18 ET 59 / 9 J x 18 ET 53
Reifen v/h:	245/50 ZR 18 / 275/45 ZR 18
Sonderwunsch:	9 J x 19 ET 60 / 10 J x 19 ET 61 255/45 ZR 19 / 285/40 ZR 19 9,5 J x 20 ET 65 / 11 J x 20 ET 68 255/40 ZR 20 / 295/35 ZR 20

ELEKTRIK

Lichtmaschinenleistung (W):	2660
Batterie (V/Ah):	12 / 95

ABMESSUNGEN, GEWICHTE UND VOLUMEN

Spurweite v/h (mm):	1658 / 1662
mit 9 J x 19 / 10 J x 19:	1656 / 1646
mit 9,5 J x 20 / 11 J x 20:	1646 / 1632
Radstand (mm):	2920
Maße (L x B x H (mm)):	4970 x 1931 x 1418
Leergewicht nach DIN (kg):	1820
zul. Gesamtgewicht (kg):	2400
zul. Dachlast/Stützlast (kg):	75 / 100
zul. Anhängelast gebr./ungebr. (kg):	2200 / 750
Kofferraumvolumen (VDA (l)):	445
bei umgeklappten Rücksitzen:	1263
Tankvolumen (l):	80, davon 15 Reserve
Sonderwunsch:	100, davon 15 Reserve
C_W x A (m²) 90–205 km/h:	0,30 x 2,33 = 0,699
205 km/h - Vmax:	0,31 x 2,33 = 0,722
Leistungsgewicht (kg/kW / kg/PS):	8,27 / 6.07

KRAFTSTOFFVERBRAUCH

nach Euro 5 im NEFZ (l/100 km):	98 ROZ Super plus bleifrei
Innerstädtisch:	12,8 (12,7)*
Außerstädtisch:	7,2 (6,9)*
Gesamt:	9,6 (9,4)*
CO_2-Emissionen (g/km):	225 (220)*
* mit optionalen rollwiderstandsoptimierten 19-Zoll-All-Season-Reifen (bis max. 240 km/h)	

FAHRLEISTUNGEN, STÜCKZAHLEN, PREISE

Beschleunigung 0–100 km/h (s):	6,1 5,9*
0–160 km/h (s):	15,2 15,0
0–200 km/h (s):	26,6 26,4*
Höchstgeschw. (km/h):	257
*mit Sport Plus Taste	
Stückzahl:	in Produktion, 19.148 bis Ende 2012
Listenpreise:	
04/2010:	Euro 84.110,-
08/2010:	Euro 84.110,-
05/2011:	Euro 85.003,-
02/2012:	Euro 85.003,-
06/2012:	Euro 85.895,-

Panamera Turbo mit Leistungssteigerung MJ 2011 bis MJ 2013

Motor

Bauart:	8-Zylinder-V-Motor, 90°, Bi-Turboaufladung und Ladeluftkühlung
Einbauposition:	Frontmotor
Kühlung:	wassergekühlt
Motor-Typ:	M 48/70S
Hubraum (cm³):	4806
Bohrung x Hub:	96 x 83
Leistung (kW/PS):	397/540 bei 6000/min
Max. Drehzahl:	6700/min
Drehmoment (Nm):	750 bei 2250–4500/min
mit Overboost im SportPlus-Modus:	800 bei 3000–4000/min
Literleistung (kW/l / PS/l):	82,6 / 112,5
Verdichtung:	10,5 : 1
maximaler Ladedruck (bar):	0,8
mit Overboost:	1,0
Ventilsteuerung:	dohc über Doppelkette, 4 Ventile pro Zylinder, Vario-Cam Plus
Gemischaufbereitung:	Benzin-Direkteinspritzung (DFI)
Motorsteuerung:	elektronische Motorsteuerung, EMS SDI 6.1, Continental, E-Gas
Zündfolge:	1 - 3 - 7 - 2 - 6 - 5 - 4 - 8
Schmierung:	Integrierte Trockensumpfschmierung
Ölmenge (l):	11,3

Kraftübertragung

Antrieb:	Porsche Traction Management (PTM): aktiver Allradantrieb mit elektronisch geregelter, kennfeldgesteuerter Lamellenkupplung sowie automatischem Bremsendifferenzial (ABD) und Antriebsschlupfregelung (ASR)
PDK:	7-Gang
Getriebe-Typ:	C 70.50
Übersetzungen:	
1. Gang:	5,970
2. Gang:	3,308
3. Gang:	2,013
4. Gang:	1,366
5. Gang:	1,000
6. Gang:	0,807
7. Gang:	0,587
Rückwärtsgang:	4,570
Achsübersetzung Vorderachse:	3,308
Achsübersetzung Hinterachse:	3,154

Karosserie, Fahrwerk, Bremse, Räder und Reifen

Karosserie:	4-türige, 4-sitzige, selbsttragende Fastback-Leichtbaukarosserie in Stahl-Aluminium-Magnesium-Mischbauweise mit großer Heckklappe, Kotflügel, Türen und Hauben aus Aluminium, aktive Fronthaube zum Fußgängerschutz, Bug- und Heckverkleidungen aus Kunststoff, ausfahrbarer Vier-Wege-Heckspoiler
Sonderwunsch:	Schiebe-/Hubdach
Vorderradaufhängung:	Aluminium-Doppelquerlenkerachse, volltragende Luftfedern, elektronisch geregelte Zweirohr-Gasdruckstoßdämpfer (PASM), Stabilisator
Hinterradaufhängung:	Aluminium-Mehrlenkerhinterachse mit Fahrschemel, einzeln an vier Lenkern geführte Räder, Luftfeder mit abkoppelbarem Zusatzvolumen je Rad, elektronisch geregelte Zweirohr-Gasdruckstoßdämpfer (PASM), Stabilisator
Bremse v/h (Durchm. x B (mm)):	innenbelüftete genutete Scheiben (390 x 38) / innenbelüftete genutete Scheiben (350 x 28) rote 6-Kolben-Monobloc-Aluminium-Festsättel / rote 4-Kolben-Monobloc-Aluminium-Festsättel PSM
Sonderwunsch:	Porsche Ceramic Composite Brake (PCCB) innenbelüftete gelochte Keramikfaser-Scheiben (410 x 38) / innenbelüftete gelochte Keramikfaser-Scheiben (350 x 28) gelbe 6-Kolben-Monobloc-Aluminium-Festsättel / gelbe 4-Kolben-Monobloc-Aluminium-Festsättel PSM
Räder v/h:	9 J x 19 ET 60 / 10 J x 19 ET 61
Reifen v/h:	255/45 ZR 19 / 285/40 ZR 19
Sonderwunsch:	9,5 J x 20 ET 65 / 11 J x 20 ET 68 255/40 ZR 20 / 295/35 ZR 20

Elektrik

Lichtmaschinenleistung (W):	2660
Batterie (V/Ah):	12 / 95

Abmessungen, Gewichte und Volumen

Spurweite v/h (mm):	1656 / 1646
mit 9,5 J x 20 / 11 J x 20:	1646 / 1632
Radstand (mm):	2920
Maße (L x B x H (mm)):	4970 x 1931 x 1418
Leergewicht nach DIN (kg):	1970
zul. Gesamtgewicht (kg):	2500
zul. Dachlast/Stützlast (kg):	75 / 100
zul. Anhängelast gebr./ungebr. (kg):	2200 / 750
Kofferraumvolumen (VDA (l)):	432
bei umgeklappten Rücksitzen:	1250
Tankvolumen (l):	100, davon 15 Reserve
C_W x A (m²) 90–205 km/h:	0,30 x 2,33 = 0,699
205 km/h - Vmax:	0,31 x 2,33 = 0,722
Leistungsgewicht (kg/kW / kg/PS):	4,96 / 3,65

Kraftstoffverbrauch

nach Euro 5 im NEFZ (l/100 km):	98 ROZ Super plus bleifrei
Innerstädtisch:	17,0 (16,7)*
Außerstädtisch:	8,4 (8,3)*
Gesamt:	11,5 (11,3)*
CO_2-Emissionen (g/km):	270 (265)*
*** mit optionalen rollwiderstandsoptimierten 19-Zoll-All-Season-Reifen (bis max. 240 km/h)**	

Fahrleistungen, Stückzahlen, Preise

Beschleunigung 0–100 km/h (s):	4,1	3,9*
0–160 km/h (s):	8,6	8,4*
0–200 km/h (s):	13,3	13,1*
Höchstgeschw. (km/h):	305	
***mit Sport Plus Taste**		
Stückzahl:	n/a	
Listenpreis:		
08/2010:	Euro 154.593,70	
05/2011:	Euro 156.319,70	
02/2012:	Euro 156.319,70	
06/2012:	Euro 157.717,70	

Panamera S Hybrid
MJ 2012 bis MJ 2013

Motor

Bauart:	6-Zylinder-V-Motor, 90°, Ausgleichswelle, Kompressor, Ladeluftkühlung
Elektromotor:	Synchron E-Maschine mit Trennkupplung
Einbauposition:	Frontmotor
Kühlung:	wassergekühlt
Motor-Typ:	CGEA (EU5) / CGFA (ULEV2)
Hubraum (cm^3):	2995
Bohrung x Hub:	84,5 x 89
Leistung (kW/PS):	245/333 bei 5500–6500/min
Elektromotor:	30/47 (kurzfristig) größer 1150/min
Gesamtleistung:	279/380 bei 5500/min
Max. Drehzahl:	6700/min (1. & 2. Gang), 6500/min
Drehmoment (Nm):	440 bei 3000–5750/min
Elektromotor:	300 kleiner 1150/min
Gesamtdrehmoment:	580 bei 1000/min
Literleistung (kW/l / PS/l):	81,8 / 111,2
Verdichtung:	10,5 : 1
maximaler Ladedruck (bar):	0,8
Ventilsteuerung:	dohc über Doppelkette, 4 Ventile pro Zylinder, VarioCam Plus
Gemischaufbereitung:	Bosch CP 4.2 Common-Rail-Direkteinspritzung, 2.000 bar
Motorsteuerung:	elektronische Motorsteuerung Bosch MED 17, E-Gas
Zündfolge:	1 - 4 - 3 - 6 - 2 - 5
Schmierung:	2-stufig geregelte Druckumlaufschmierung mit Naßsumpf
Ölmenge (l):	8,1

Kraftübertragung

Antrieb:	Heckantrieb
Tiptronic S:	8-Gang
Getriebe-Typ:	A70.00
Übersetzungen:	
1. Gang:	4,92
2. Gang:	2,81
3. Gang:	1,84
4. Gang:	1,43
5. Gang:	1,21
6. Gang:	1,00
7. Gang:	0,83
8. Gang:	0,69
Rückwärtsgang:	4,07
Achsübersetzung:	2,92

Karosserie, Fahrwerk, Bremse, Räder und Reifen

Karosserie:	4-türige, 4-sitzige, selbsttragende Fastback-Leichtbaukarosserie in Stahl-Aluminium-Magnesium-Mischbauweise mit großer Heckklappe, Kotflügel, Türen und Hauben aus Aluminium, aktive Fronthaube zum Fußgängerschutz, Bug- und Heckverkleidungen aus Kunststoff, ausfahrbarer Zwei-Wege-Heckspoiler
Sonderwunsch:	Schiebe-/Hubdach
Vorderradaufhängung:	Aluminium-Doppelquerlenkerachse, volltragende Luftfedern, elektronisch geregelte Zweirohr-Gasdruckstoßdämpfer (PASM), Stabilisator
Hinterradaufhängung:	Aluminium-Mehrlenkerhinterachse mit Fahrschemel, einzeln an vier Lenkern geführte Räder, Luftfeder mit abkoppelbarem Zusatzvolumen je Rad, elektronisch geregelte Zweirohr-Gasdruckstoßdämpfer (PASM), Stabilisator
Bremse v/h (Durchm. x B (mm)):	innenbelüftete genutete Scheiben (360 x 36) / innenbelüftete genutete Scheiben (330 x 28) schwarze 6-Kolben-Monobloc-Aluminium-Festsättel / schwarze 4-Kolben-Monobloc-Aluminium-Festsättel PSM
Sonderwunsch:	Porsche Ceramic Composite Brake (PCCB) innenbelüftete gelochte Keramikfaser-Scheiben (390 x 38) / innenbelüftete gelochte Keramikfaser-Scheiben (350 x 28) gelbe 6-Kolben-Monobloc-Aluminium-Festsättel / gelbe 4-Kolben-Monobloc-Aluminium-Festsättel PSM
Räder v/h:	8 J x 18 ET 59 / 9 J x 18 ET 53
Reifen v/h:	245/50 ZR 18 / 275/45 ZR 18
Sonderwunsch:	9 J x 19 ET 60 / 10 J x 19 ET 61 255/45 ZR 19 / 285/40 ZR 19 9,5 J x 20 ET 65 / 11 J x 20 ET 68 255/40 ZR 20 / 295/35 ZR 20

Elektrik

Lichtmaschinenleistung (W):	3080
Batterie (V/Ah):	12 / 75

Abmessungen, Gewichte und Volumen

Spurweite v/h (mm):	1658 / 1662
mit 9 J x 19 / 10 J x 19:	1656 / 1646
mit 9,5 J x 20 / 11 J x 20:	1646 / 1632
Radstand (mm):	2920
Maße (L x B x H (mm)):	4970 x 1931 x 1418
Leergewicht nach DIN (kg):	1980
zul. Gesamtgewicht (kg):	2485
zul. Dachlast (kg):	-
Kofferraumvolumen (VDA (l)):	335
bei umgeklappten Rücksitzen:	1153
Tankvolumen (l):	80, davon 15 Reserve
Sonderwunsch:	100, davon 15 Reserve
C_W x A (m^2) 90–160 km/h:	0,29 x 2,33 = 0,676
160 km/h - Vmax:	0,30 x 2,33 = 0,699
Leistungsgewicht (kg/kW / kg/PS):	7,10 / 5,21

Kraftstoffverbrauch

nach Euro 5 im NEFZ (l/100 km):	95 ROZ Super plus bleifrei
Innerstädtisch:	7,6 (7,4)*
Außerstädtisch:	6,8 (6,6)*
Gesamt:	7,1 (6,8)*
CO_2-Emissionen (g/km):	167 (159)*
***mit optionalen rollwiderstands-optimierten 19-Zoll-All-Season-Reifen (bis max. 240 km/h)**	

Fahrleistungen, Stückzahlen, Preise

Beschleunigung 0–100 km/h (s):	6,0
0–160 km/h (s):	14,4
0–200 km/h (s):	24,3
Höchstgeschw. (km/h):	270
Stückzahl:	in Produktion, 2.434 bis Ende 2012
Listenpreise:	
02/2011:	Euro 106.185,-
05/2011:	Euro 106.185,-
02/2012:	Euro 106.185,-
06/2012:	Euro 107.196,-

Panamera Turbo S
MJ 2012 bis MJ 2013

Motor

Bauart:	8-Zylinder-V-Motor, 90°, Bi-Turboaufladung und Ladeluftkühlung
Einbauposition:	Frontmotor
Kühlung:	wassergekühlt
Motor-Typ:	M 48/70T
Hubraum (cm³):	4806
Bohrung x Hub:	96 x 83
Leistung (kW/PS):	405/550 bei 6000/min
Max. Drehzahl:	6700/min
Drehmoment (Nm):	750 bei 2250–4500/min
mit Overboost im SportPlus-Modus:	800 bei 3000–4000/min
Literleistung (kW/l / PS/l):	84,3 / 114,4
Verdichtung:	10,5 : 1
maximaler Ladedruck (bar):	0,8
Ventilsteuerung:	dohc über Doppelkette, 4 Ventile pro Zylinder, VarioCam Plus
Gemischaufbereitung:	Benzin-Direkteinspritzung (DFI)
Motorsteuerung:	elektronische Motorsteuerung, EMS SDI 6.1, Continental, E-Gas
Zündfolge:	1 - 3 - 7 - 2 - 6 - 5 - 4 - 8
Schmierung:	Integrierte Trockensumpfschmierung
Ölmenge (l):	11,3

Kraftübertragung

Antrieb:	Porsche Traction Management (PTM): aktiver Allradantrieb mit elektronisch geregelter, kennfeldgesteuerter Lamellenkupplung sowie automatischem Bremsendifferenzial (ABD) und Antriebsschlupfregelung (ASR)
PDK:	7-Gang
Getriebe-Typ:	C 70.50
Übersetzungen:	
1. Gang:	5,970
2. Gang:	3,308
3. Gang:	2,013
4. Gang:	1,366
5. Gang:	1,000
6. Gang:	0,807
7. Gang:	0,587
Rückwärtsgang:	4,570
Achsübersetzung Vorderachse:	3,308
Achsübersetzung Hinterachse:	3,154

Karosserie, Fahrwerk, Bremse, Räder und Reifen

Karosserie:	4-türige, 4-sitzige, selbsttragende Fastback-Leichtbaukarosserie in Stahl-Aluminium-Magnesium-Mischbauweise mit großer Heckklappe, Kotflügel, Türen und Hauben aus Aluminium, aktive Fronthaube zum Fußgängerschutz, Bug- und Heckverkleidungen aus Kunststoff, ausfahrbarer Vier-Wege-Heckspoiler
Sonderwunsch:	Schiebe-/Hubdach
Vorderradaufhängung:	Aluminium-Doppelquerlenkerachse, volltragende Luftfedern, elektronisch geregelte Zweirohr-Gasdruckstoßdämpfer (PASM), Stabilisator
Hinterradaufhängung:	Aluminium-Mehrlenkerhinterachse mit Fahrschemel, einzeln an vier Lenkern geführte Räder, Luftfeder mit abkoppelbarem Zusatzvolumen je Rad, elektronisch geregelte Zweirohr-Gasdruckstoßdämpfer (PASM), Stabilisator
Bremse v/h (Durchm. x B (mm)):	innenbelüftete genutete Scheiben (390 x 38) / innenbelüftete genutete Scheiben (350 x 28) rote 6-Kolben-Monobloc-Aluminium-Festsättel / rote 4-Kolben-Monobloc-Aluminium-Festsättel PSM
Sonderwunsch:	Porsche Ceramic Composite Brake (PCCB) innenbelüftete gelochte Keramikfaser-Scheiben (410 x 38) / innenbelüftete gelochte Keramikfaser-Scheiben (350 x 28) gelbe 6-Kolben-Monobloc-Aluminium-Festsättel / gelbe 4-Kolben-Monobloc-Aluminium-Festsättel PSM
Räder v/h:	9,5 J x 20 ET 65 / 11 J x 20 ET 68
Reifen v/h:	255/40 ZR 20 / 295/35 ZR 20

Elektrik

Lichtmaschinenleistung (W):	2660
Batterie (V/Ah):	12 / 95

Abmessungen, Gewichte und Volumen

Spurweite v/h (mm):	1646 / 1646
mit zwei 5-mm-Distanzscheiben h.:	1646 / 1656
Radstand (mm):	2920
Maße (L x B x H (mm)):	4970 x 1931 x 1418
Leergewicht nach DIN (kg):	1995
zul. Gesamtgewicht (kg):	2500
zul. Dachlast/Stützlast (kg):	75 / 100
zul. Anhängelast gebr./ungebr. (kg):	2200 / 750
Kofferraumvolumen (VDA (l)):	432
bei umgeklappten Rücksitzen:	1250
Tankvolumen (l):	100, davon 15 Reserve
C_W x A (m²) 90–205 km/h:	0,32 x 2,34 = 0,749
205 km/h - Vmax:	0,33 x 2,34 = 0,772
Leistungsgewicht (kg/kW / kg/PS):	4,93 / 3,63

Kraftstoffverbrauch

nach Euro 5 im NEFZ (l/100 km):	98 ROZ Super plus bleifrei
Innerstädtisch:	17,0 (16,7)*
Außerstädtisch:	8,4 (8,3)*
Gesamt:	11,5 (11,3)*
CO_2-Emissionen (g/km):	270 (265)*
***mit optionalen rollwiderstandsoptimierten 19-Zoll-All-Season-Reifen (bis max. 240 km/h)**	

Fahrleistungen, Stückzahlen, Preise

Beschleunigung 0–100 km/h (s):	3,8*
0–160 km/h (s):	8,3*
0–200 km/h (s):	12,9*
Höchstgeschw. (km/h):	306
***mit Sport Plus Taste**	
Stückzahl:	in Produktion, 1.322 bis Ende 2012
Listenpreis:	
06/2011:	Euro 167.076,-
02/2012:	Euro 167.291,-
06/2012:	Euro 168.987,-

Panamera Diesel MJ 2012 bis MJ 2013

Motor

Bauart:	6-Zylinder-V-Motor, 90°, Ausgleichswelle, Turboaufladung und Ladeluftkühlung
Einbauposition:	Frontmotor
Kühlung:	wassergekühlt
Motor-Typ:	CRC
Hubraum (cm³):	2967
Bohrung x Hub:	83 x 91,4
Leistung (kW/PS):	184/250 bei 3800–4400/min
Belgien/Norwegen:	155/211 bei 2750–4400/min
Max. Drehzahl unter/ohne Last:	4800/min / 5300/min
Drehmoment (Nm):	550 bei 1750–2750/min
Belgien/Norwegen:	550 bei 1750–2500/min
Literleistung (kW/l / PS/l):	62,0 / 84,3
Belgien/Norwegen:	52,2 / 71,1
Verdichtung:	16,8 : 1
Turbolader, max. Ladedruck (bar):	Garret ATL GTB 2260 mit verstellbaren Leitschaufeln (VTG), 1,5
Ventilsteuerung:	dohc über Hülsenkette, 4 Ventile pro Zylinder, Rollenschlepphebel
Gemischaufbereitung:	Bosch CP 4.2 Common-Rail-Direkteinspritzung, 2.000 bar
Motorsteuerung:	elektronische Motorsteuerung Bosch EDC 17 CP44 3.7, E-Gas
Zündfolge:	1 - 4 - 3 - 6 - 2 - 5
Schmierung:	2-stufig geregelte Druckumlaufschmierung mit Naßsumpf
Ölmenge (l):	8,7

Kraftübertragung

Antrieb:	Heckantrieb
Tiptronic S:	8-Gang
Getriebe-Typ:	A59.04
Übersetzungen:	
1. Gang:	4,97
2. Gang:	2,84
3. Gang:	1,86
4. Gang:	1,44
5. Gang:	1,21
6. Gang:	1,00
7. Gang:	0,83
8. Gang:	0,69
Rückwärtsgang:	4,07
Achsübersetzung:	2,92

Karosserie, Fahrwerk, Bremse, Räder und Reifen

Karosserie:	4-türige, 4-sitzige, selbsttragende Fastback-Leichtbaukarosserie in Stahl-Aluminium-Magnesium-Mischbauweise mit großer Heckklappe, Kotflügel, Türen und Hauben aus Aluminium, aktive Fronthaube zum Fußgängerschutz, Bug- und Heckverkleidungen aus Kunststoff, ausfahrbarer Zwei-Wege-Heckspoiler
Sonderwunsch:	Schiebe-/Hubdach
Vorderradaufhängung:	Aluminium-Doppelquerlenkerachse, Schraubenfedern, innenliegende doppeltwirkende Zweirohr-Gasdruckstoßdämpfer, Stabilisator
Hinterradaufhängung:	Aluminium-Mehrlenkerhinterachse mit Fahrschemel, einzeln an vier Lenkern geführte Räder, Schraubenfedern, doppeltwirkende Zweirohr-Gasdruckstoßdämpfer, Stabilisator
Sonderwunsch:	Porsche Active Suspension Management (PASM)
Alternativ:	Adaptive Luftfederung inkl. PASM mit volltragenden Luftfederbeinen mit integrierten Dämpfern vorne und separaten Dämpfern und Luftfedern hinten
Bremse v/h (Durchm. x B (mm)):	innenbelüftete genutete Scheiben (360 x 36) / innenbelüftete genutete Scheiben (330 x 28) schwarze 6-Kolben-Monobloc-Aluminium-Festsättel / schwarze 4-Kolben-Monobloc-Aluminium-Festsättel PSM
Sonderwunsch:	Porsche Ceramic Composite Brake (PCCB) innenbelüftete gelochte Keramikfaser-Scheiben (390 x 38) / innenbelüftete gelochte Keramikfaser-Scheiben (350 x 28) gelbe 6-Kolben-Monobloc-Aluminium-Festsättel / gelbe 4-Kolben-Monobloc-Aluminium-Festsättel PSM
Räder v/h:	8 J x 18 ET 59 / 9 J x 18 ET 53
Reifen v/h:	245/50 ZR 18 / 275/45 ZR 18
Sonderwunsch:	9 J x 19 ET 60 / 10 J x 19 ET 61 255/45 ZR 19 / 285/40 ZR 19 9,5 J x 20 ET 65 / 11 J x 20 ET 68 255/40 ZR 20 / 295/35 ZR 20

Elektrik

Lichtmaschinenleistung (W):	3080
Batterie (V/Ah):	12 / 105

Abmessungen, Gewichte und Volumen

Spurweite v/h (mm):	1658 / 1662
mit 9 J x 19 / 10 J x 19:	1656 / 1646
mit 9,5 J x 20 / 11 J x 20:	1646 / 1632
Radstand (mm):	2920
Maße (L x B x H (mm)):	4970 x 1931 x 1418
Leergewicht nach DIN (kg):	1880
zul. Gesamtgewicht (kg):	2500
zul. Dachlast/Stützlast (kg):	75 / 100
zul. Anhängelast gebr./ungebr. (kg):	2200 / 750
Kofferraumvolumen (VDA (l)):	445
bei umgeklappten Rücksitzen:	1263
Tankvolumen (l):	80, davon 15 Reserve
Sonderwunsch:	100, davon 15 Reserve
C_W x A (m²) 90–160 km/h:	0,30 x 2,33 = 0,699
160 km/h - Vmax:	0,31 x 2,33 = 0,722
Leistungsgewicht (kg/kW / kg/PS):	10,22 / 7,52
Belgien/Norwegen EU:	12,13 / 8,91

Kraftstoffverbrauch

nach Euro 5 im NEFZ (l/100 km):	Diesel DIN EN 590
Innerstädtisch:	8,1 (7,8)*
Außerstädtisch:	5,6 (5,5)*
Gesamt:	6,5 (6,3)*
CO2-Emissionen (g/km):	172 (167)*
* mit optionalen rollwiderstandsoptimierten 19-Zoll-All-Season-Reifen (bis max. 240 km/h)	

Fahrleistungen, Stückzahlen, Preise

Beschleunigung 0–100 km/h (s):	6,8	7,0*
0–160 km/h (s):	16,8	19,3*
0–200 km/h (s):	30,4	36,4*
Höchstgeschw. (km/h):	242	230*
*mit 155 kW Belgien/ Norwegen		
Stückzahl:	in Produktion, 7.184 bis Ende 2012	
Listenpreise:		
05/2011:	Euro 80.183,-	
02/2012:	Euro 80.183,-	
06/2012:	Euro 80.183,-	

Panamera GTS MJ 2012 bis MJ 2013

Motor

Bauart:	8-Zylinder-V-Motor, 90° - Schwingrohraufladung
Einbauposition:	Frontmotor
Kühlung:	wassergekühlt
Motor-Typ:	M 48/40G
Hubraum (cm³):	4806
Bohrung x Hub:	96 x 83
Leistung (kW/PS):	316/430 bei 6700/min
Max. Drehzahl:	7100/min
Drehmoment (Nm):	520 bei 3500/min
Literleistung (kW/l / PS/l):	65,8 / 89,5
Verdichtung:	12,5 : 1
Ventilsteuerung:	dohc über Doppelkette, 4 Ventile pro Zylinder, Vario-Cam Plus
Gemischaufbereitung:	Benzin-Direkteinspritzung (DFI)
Motorsteuerung:	elektronische Motorsteuerung, EMS SDI 6.1, Continental, E-Gas
Zündfolge:	1 - 3 - 7 - 2 - 6 - 5 - 4 - 8
Schmierung:	Integrierte Trockensumpfschmierung
Ölmenge (l):	10,85

Kraftübertragung

Antrieb:	Porsche Traction Management (PTM): aktiver Allradantrieb mit elektronisch geregelter, kennfeldgesteuerter Lamellenkupplung sowie automatischem Bremsendifferenzial (ABD) und Antriebsschlupfregelung (ASR)
PDK:	7-Gang
Getriebe-Typ:	C 70.35
Übersetzungen:	
1. Gang:	5,970
2. Gang:	3,308
3. Gang:	2,013
4. Gang:	1,366
5. Gang:	1,000
6. Gang:	0,807
7. Gang:	0,587
Rückwärtsgang:	4,570
Achsübersetzung Vorderachse:	3,727
Achsübersetzung Hinterachse:	3,545

Karosserie, Fahrwerk, Bremse, Räder und Reifen

Karosserie:	4-türige, 4-sitzige, selbsttragende Fastback-Leichtbaukarosserie in Stahl-Aluminium-Magnesium-Mischbauweise mit großer Heckklappe, Kotflügel, Türen und Hauben aus Aluminium, aktive Fronthaube zum Fußgängerschutz, Bug- und Heckverkleidungen aus Kunststoff, ausfahrbarer Zwei-Wege-Heckspoiler
Sonderwunsch:	Schiebe-/Hubdach
Vorderradaufhängung:	Aluminium-Doppelquerlenkerachse, volltragende Luftfedern, elektronisch geregelte Zweirohr-Gasdruckstoßdämpfer (PASM), Stabilisator
Hinterradaufhängung:	Aluminium-Mehrlenkerhinterachse mit Fahrschemel, einzeln an vier Lenkern geführte Räder, Luftfeder mit abkoppelbarem Zusatzvolumen je Rad, elektronisch geregelte Zweirohr-Gasdruckstoßdämpfer (PASM), Stabilisator
Bremse v/h (Durchm. x B (mm)):	innenbelüftete genutete Verbundscheiben (390 x 38) / innenbelüftete genutete Integralscheiben (350 x 28) silberfarbene 6-Kolben-Monobloc-Aluminium-Festsättel / silberfarbene 4-Kolben-Monobloc-Aluminium-Festsättel PSM
Sonderw., i.V. mit 20-Zoll-Rad:	Porsche Ceramic Composite Brake (PCCB) innenbelüftete gelochte Keramikfaser-Scheiben (410 x 38) / innenbelüftete gelochte Keramikfaser-Scheiben (350 x 28) gelbe 6-Kolben-Monobloc-Aluminium-Festsättel / gelbe 4-Kolben-Monobloc-Aluminium-Festsättel PSM
Räder v/h:	9 J x 19 ET 60 / 10 J x 19 ET 61*
Reifen v/h:	255/45 ZR 19 / 285/40 ZR 19
Sonderwunsch:	

Elektrik

Lichtmaschinenleistung (W):	2660
Batterie (V/Ah):	12 / 95

Abmessungen, Gewichte und Volumen

Spurweite v/h (mm):	1656 / 1646
mit 9,5 J x 20 / 11 J x 20:	1646 / 1632
Radstand (mm):	2920
Maße (L x B x H (mm)):	4970 x 1931 x 1408
Leergewicht nach DIN (kg):	1920
zul. Gesamtgewicht (kg):	2480
zul. Dachlast/Stützlast (kg):	75 / 100
zul. Anhängelast gebr./ungebr. (kg):	2200 / 750
Kofferraumvolumen (VDA (l)):	445
bei umgeklappten Rücksitzen:	1263
Tankvolumen (l):	100, davon 12 Reserve
C_W x A (m²) 90–205 km/h:	0,30 x 2,33 = 0,699
205 km/h - Vmax:	0,31 x 2,33 = 0,722
Leistungsgewicht (kg/kW / kg/PS):	6,08 / 4,47

Kraftstoffverbrauch

nach Euro 5 im NEFZ (l/100 km):	98 ROZ Super plus bleifrei
Innerstädtisch:	16,1 (15,8)*
Außerstädtisch:	8,0 (7,8)*
Gesamt:	10,9 (10,7)*
CO_2-Emissionen (g/km):	256 (251)*
*** mit optionalen rollwiderstandsoptimierten 19-Zoll-All-Season-Reifen (bis max. 240 km/h)**	

Fahrleistungen, Stückzahlen, Preise

Beschleunigung 0–100 km/h (s):	4,5*
0–160 km/h (s):	10,9*
0–200 km/h (s):	17,9*
Höchstgeschw. (km/h):	288
***mit Sport Plus Taste**	
Stückzahl:	in Produktion, 3.928 bis Ende 2012
Listenpreise:	
11/2011:	Euro 116.716,-
02/2012:	Euro 116.716,-
06/2012:	Euro 117.906,-

Panamera Platinum [PDK] MJ 2013

Motor

Bauart:	6-Zylinder-V-Motor, 90°, Ausgleichswelle - Schwingrohraufladung
Einbauposition:	Frontmotor
Kühlung:	wassergekühlt
Motor-Typ:	M 46/20 (M 46/20 V)*
Hubraum (cm³):	3605
Bohrung x Hub:	96 x 83
Leistung (kW/PS):	220/300 bei 6200/min
Max. Drehzahl:	6700/min
Drehmoment (Nm):	400 bei 3750/min
Literleistung (kW/l / PS/l):	61,0 / 83,2
Verdichtung:	12,5 : 1
definierte Schlechtkraftstoffländer:	11,5 : 1
Ventilsteuerung:	dohc über Doppelkette, 4 Ventile pro Zylinder, VarioCam Plus
Gemischaufbereitung:	Benzin-Direkteinspritzung (DFI)
Motorsteuerung:	elektronische Motorsteuerung, EMS SDI 7.1, Continental, E-Gas
Zündfolge:	1 - 5 - 3 - 6 - 2 - 4
Schmierung:	Integrierte Trockensumpfschmierung
Ölmenge (l)	9,5
***definierte Schlechtkraftstoffländer:**	

Kraftübertragung

Antrieb:	Heckantrieb
Schaltgetriebe:	6-Gang
Sonderwunsch PDK:	[7-Gang]
Getriebe-Typ:	G 70.00 [C 70.00]
Übersetzungen:	
1. Gang:	4,680 [5,970]
2. Gang:	2,530 [3,308]
3. Gang:	1,687 [2,013]
4. Gang:	1,215 [1,366]
5. Gang:	1,000 [1,000]
6. Gang:	0,837 [0,807]
7. Gang:	[0,587]
Rückwärtsgang:	4,273 [4,570]
Achsübersetzung:	3,700 [3,900]

Karosserie, Fahrwerk, Bremse, Räder und Reifen

Karosserie:	4-türige, 4-sitzige, selbsttragende Fastback-Leichtbaukarosserie in Stahl-Aluminium-Magnesium-Mischbauweise mit großer Heckklappe, Kotflügel, Türen und Hauben aus Aluminium, aktive Fronthaube zum Fußgängerschutz, Bug- und Heckverkleidungen aus Kunststoff, ausfahrbarer Zwei-Wege-Heckspoiler
Sonderwunsch:	Schiebe-/Hubdach
Vorderradaufhängung:	Aluminium-Doppelquerlenkerachse, Schraubenfedern, innenliegende doppeltwirkende Zweirohr-Gasdruckstoßdämpfer, Stabilisator
Hinterradaufhängung:	Aluminium-Mehrlenkerhinterachse mit Fahrschemel, einzeln an vier Lenkern geführte Räder, Schraubenfedern, doppeltwirkende Zweirohr-Gasdruckstoßdämpfer, Stabilisator
Sonderwunsch:	Porsche Active Suspension Management (PASM)
Alternativ:	Adaptive Luftfederung inkl. PASM mit volltragenden Luftfederbeinen mit integrierten Dämpfern vorne und separaten Dämpfern und Luftfedern hinten
Bremse v/h (Durchm. x B (mm)):	innenbelüftete genutete Scheiben (360 x 36) / innenbelüftete genutete Scheiben (330 x 28) schwarze 6-Kolben-Monobloc-Aluminium-Festsättel / schwarze 4-Kolben-Monobloc-Aluminium-Festsättel PSM
Sonderwunsch:	Porsche Ceramic Composite Brake (PCCB) innenbelüftete gelochte Keramikfaser-Scheiben (390 x 38) / innenbelüftete gelochte Keramikfaser-Scheiben (350 x 28) gelbe 6-Kolben-Monobloc-Aluminium-Festsättel / gelbe 4-Kolben-Monobloc-Aluminium-Festsättel PSM
Räder v/h:	9 J x 19 ET 60 / 10 J x 19 ET 61
Reifen v/h:	255/45 ZR 19 / 285/40 ZR 19
Sonderwunsch:	9,5 J x 20 ET 65 / 11 J x 20 ET 68 255/40 ZR 20 / 295/35 ZR 20

Elektrik

Lichtmaschinenleistung (W):	2660
Batterie (V/Ah):	12 / 95

Abmessungen, Gewichte und Volumen

Spurweite v/h (mm):	1656 / 1646
mit 9,5 J x 20 / 11 J x 20:	1646 / 1632
Radstand (mm):	2920
Maße (L x B x H (mm)):	4970 x 1931 x 1418
Leergewicht nach DIN (kg):	1730 [1760]
zul. Gesamtgewicht (kg):	2335 [2365]
zul. Dachlast/Stützlast (kg):	75 / 100
zul. Anhängelast gebr./ungebr. (kg):	2200 / 750
Kofferraumvolumen (VDA (l)):	445
bei umgeklappten Rücksitzen:	1263
Tankvolumen (l):	80, davon 15 Reserve
Sonderwunsch:	100, davon 15 Reserve
C_W x A (m²) 90–205 km/h:	0,30 x 2,33 = 0,699
205 km/h - Vmax:	0,31 x 2,33 = 0,722
Leistungsgewicht (kg/kW / kg/PS):	7,86 [8,00] / 5,77 [5,87]

Kraftstoffverbrauch

nach Euro 5 im NEFZ (l/100 km):	98 ROZ Super plus bleifrei
Innerstädtisch:	16,4 (16,1)* [12,7 (12,5)*]
Außerstädtisch:	7,8 (7,6) [6,9 (6,8)*]
Gesamt:	11,3 (11,1)* [9,3 (9,1)*]
CO_2-Emissionen (g/km):	265 (260)* [218 (213)*]
***mit optionalen rollwiderstandsoptimierten 19-Zoll-All-Season-Reifen (bis max. 240 km/h)**	

Fahrleistungen, Stückzahlen, Preise

Beschleunigung 0–100 km/h (s):	6,8 [6,3] [6,1]*
0–160 km/h (s):	15,6 [15,0] [14,8]*
0–200 km/h (s):	26,2 [25,8] [25,6]*
Höchstgeschw. (km/h):	261 [259]
***mit Sport Plus Taste**	
Stückzahl:	in Produktion, 978 bis Ende 2012
Listenpreise:	
06/2012:	Euro 79.707,- [Euro 83.217,50]

Panamera 4 Platinum MJ 2013

Motor

Bauart:	6-Zylinder-V-Motor, 90°, Ausgleichswelle - Schwingrohraufladung
Einbauposition:	Frontmotor
Kühlung:	wassergekühlt
Motor-Typ:	M 46/20
Hubraum (cm³):	3605
Bohrung x Hub:	96 x 83
Leistung (kW/PS):	220/300 bei 6200/min
Max. Drehzahl:	6700/min
Drehmoment (Nm):	400 bei 3750/min
Literleistung (kW/l / PS/l):	61,0 / 83,2
Verdichtung:	12,5 : 1
definierte Schlechtkraftstoffländer:	11,5 : 1
Ventilsteuerung:	dohc über Doppelkette, 4 Ventile pro Zylinder, VarioCam Plus
Gemischaufbereitung:	Benzin-Direkteinspritzung (DFI)
Motorsteuerung:	elektronische Motorsteuerung, EMS SDI 7.1, Continental, E-Gas
Zündfolge:	1 - 5 - 3 - 6 - 2 - 4
Schmierung:	Integrierte Trockensumpfschmierung
Ölmenge (l):	9,5

Kraftübertragung

Antrieb:	Porsche Traction Management (PTM): aktiver Allradantrieb mit elektronisch geregelter, kennfeldgesteuerter Lamellenkupplung sowie automatischem Bremsendifferenzial (ABD) und Antriebsschlupfregelung (ASR)
PDK:	7-Gang
Getriebe-Typ:	C 70.30
Übersetzungen:	
1. Gang:	5,970
2. Gang:	3,308
3. Gang:	2,013
4. Gang:	1,366
5. Gang:	1,000
6. Gang:	0,807
7. Gang:	0,587
Rückwärtsgang:	4,570
Achsübersetzung Vorderachse:	4,091
Achsübersetzung Hinterachse:	3,900

Karosserie, Fahrwerk, Bremse, Räder und Reifen

Karosserie:	4-türige, 4-sitzige, selbsttragende Fastback-Leichtbaukarosserie in Stahl-Aluminium-Magnesium-Mischbauweise mit großer Heckklappe, Kotflügel, Türen und Hauben aus Aluminium, aktive Fronthaube zum Fußgängerschutz, Bug- und Heckverkleidungen aus Kunststoff, ausfahrbarer Zwei-Wege-Heckspoiler
Sonderwunsch:	Schiebe-/Hubdach
Vorderradaufhängung:	Aluminium-Doppelquerlenkerachse, Schraubenfedern, innenliegende doppeltwirkende Zweirohr-Gasdruckstoßdämpfer, Stabilisator
Hinterradaufhängung:	Aluminium-Mehrlenkerhinterachse mit Fahrschemel, einzeln an vier Lenkern geführte Räder, Schraubenfedern, doppeltwirkende Zweirohr-Gasdruckstoßdämpfer, Stabilisator
Sonderwunsch:	Porsche Active Suspension Management (PASM)
Alternativ:	Adaptive Luftfederung inkl. PASM mit volltragenden Luftfederbeinen mit integrierten Dämpfern vorne und separaten Dämpfern und Luftfedern hinten
Bremse v/h (Durchm. x B (mm)):	innenbelüftete genutete Scheiben (360 x 36) / innenbelüftete genutete Scheiben (330 x 28) schwarze 6-Kolben-Monobloc-Aluminium-Festsättel / schwarze 4-Kolben-Monobloc-Aluminium-Festsättel PSM
Sonderwunsch:	Porsche Ceramic Composite Brake (PCCB) innenbelüftete gelochte Keramikfaser-Scheiben (390 x 38) / innenbelüftete gelochte Keramikfaser-Scheiben (350 x 28) gelbe 6-Kolben-Monobloc-Aluminium-Festsättel / gelbe 4-Kolben-Monobloc-Aluminium-Festsättel PSM
Räder v/h:	9 J x 19 ET 60 / 10 J x 19 ET 61
Reifen v/h:	255/45 ZR 19 / 285/40 ZR 19
Sonderwunsch:	9,5 J x 20 ET 65 / 11 J x 20 ET 68 255/40 ZR 20 / 295/35 ZR 20

Elektrik

Lichtmaschinenleistung (W):	2660
Batterie (V/Ah):	12 / 95

Abmessungen, Gewichte und Volumen

Spurweite v/h (mm):	1658 / 1662
mit 9 J x 19 / 10 J x 19:	1656 / 1646
mit 9,5 J x 20 / 11 J x 20:	1646 / 1632
Radstand (mm):	2920
Maße (L x B x H (mm)):	4970 x 1931 x 1418
Leergewicht nach DIN (kg):	1820
zul. Gesamtgewicht (kg):	2400
zul. Dachlast/Stützlast (kg):	75 / 100
zul. Anhängelast gebr./ungebr. (kg):	2200 / 750
Kofferraumvolumen (VDA (l)):	445
bei umgeklappten Rücksitzen:	1263
Tankvolumen (l):	80, davon 15 Reserve
Sonderwunsch:	100, davon 15 Reserve
C_W x A (m²) 90–205 km/h:	0,30 x 2,33 = 0,699
205 km/h - Vmax:	0,31 x 2,33 = 0,722
Leistungsgewicht (kg/kW / kg/PS):	8,27 / 6.07

Kraftstoffverbrauch

nach Euro 5 im NEFZ (l/100 km):	98 ROZ Super plus bleifrei
Innerstädtisch:	12,8 (12,7)*
Außerstädtisch:	7,2 (6,9)*
Gesamt:	9,6 (9,4)*
CO_2-Emissionen (g/km):	225 (220)*
***mit optionalen rollwiderstandsoptimierten 19-Zoll-All-Season-Reifen (bis max. 240 km/h)**	

Fahrleistungen, Stückzahlen, Preise

Beschleunigung 0–100 km/h (s):	6,1 5,9*
0–160 km/h (s):	15,2 15,0
0–200 km/h (s):	26,6 26,4*
Höchstgeschw. (km/h):	257
***mit Sport Plus Taste**	
Stückzahl:	in Produktion, 1.059 bis Ende 2012
Listenpreise:	
06/2012:	Euro 87.323,-

Panamera Diesel Platinum MJ 2013

Motor

Bauart:	6-Zylinder-V-Motor, 90°, Ausgleichswelle, Turboaufladung und Ladeluftkühlung
Einbauposition:	Frontmotor
Kühlung:	wassergekühlt
Motor-Typ:	CRC
Hubraum (cm³):	2967
Bohrung x Hub:	83 x 91,4
Leistung (kW/PS):	184/250 bei 3800–4400/min
Belgien/Norwegen:	155/211 bei 2750–4400/min
Max. Drehzahl unter/ohne Last:	4800/min / 5300/min
Drehmoment (Nm):	550 bei 1750–2750/min
Belgien/Norwegen:	550 bei 1750–2500/min
Literleistung (kW/l / PS/l):	62,0 / 84,3
Belgien/Norwegen:	52,2 / 71,1
Verdichtung:	16,8 : 1
Turbolader, max. Ladedruck (bar):	Garret ATL GTB 2260 mit verstellbaren Leitschaufeln (VTG), 1,5
Ventilsteuerung:	dohc über Hülsenkette, 4 Ventile pro Zylinder, Rollenschlepphebel
Gemischaufbereitung:	Bosch CP 4.2 Common-Rail-Direkteinspritzung, 2.000 bar
Motorsteuerung:	elektronische Motorsteuerung Bosch EDC 17 CP44 3.7, E-Gas
Zündfolge:	1 - 4 - 3 - 6 - 2 - 5
Schmierung:	2-stufig geregelte Druckumlaufschmierung mit Naßsumpf
Ölmenge (l):	8,7

Kraftübertragung

Antrieb:	Heckantrieb
Tiptronic S:	8-Gang
Getriebe-Typ:	A59.04
Übersetzungen: xs	
1. Gang:	4,97
2. Gang:	2,84
3. Gang:	1,86
4. Gang:	1,44
5. Gang:	1,21
6. Gang:	1,00
7. Gang:	0,83
8. Gang:	0,69
Rückwärtsgang:	4,07
Achsübersetzung:	2,92

Karosserie, Fahrwerk, Bremse, Räder und Reifen

Karosserie:	4-türige, 4-sitzige, selbsttragende Fastback-Leichtbaukarosserie in Stahl-Aluminium-Magnesium-Mischbauweise mit großer Heckklappe, Kotflügel, Türen und Hauben aus Aluminium, aktive Fronthaube zum Fußgängerschutz, Bug- und Heckverkleidungen aus Kunststoff, ausfahrbarer Zwei-Wege-Heckspoiler
Sonderwunsch:	Schiebe-/Hubdach
Vorderradaufhängung:	Aluminium-Doppelquerlenkerachse, Schraubenfedern, innenliegende doppeltwirkende Zweirohr-Gasdruckstoßdämpfer, Stabilisator
Hinterradaufhängung:	Aluminium-Mehrlenkerhinterachse mit Fahrschemel, einzeln an vier Lenkern geführte Räder, Schraubenfedern, doppeltwirkende Zweirohr-Gasdruckstoßdämpfer, Stabilisator
Sonderwunsch:	Porsche Active Suspension Management (PASM)
Alternativ:	Adaptive Luftfederung inkl. PASM mit volltragenden Luftfederbeinen mit integrierten Dämpfern vorne und separaten Dämpfern und Luftfedern hinten
Bremse v/h (Durchm. x B (mm)):	innenbelüftete genutete Scheiben (360 x 36) / innenbelüftete genutete Scheiben (330 x 28) schwarze 6-Kolben-Monobloc-Aluminium-Festsättel / schwarze 4-Kolben-Monobloc-Aluminium-Festsättel PSM
Sonderwunsch:	Porsche Ceramic Composite Brake (PCCB) innenbelüftete gelochte Keramikfaser-Scheiben (390 x 38) / innenbelüftete gelochte Keramikfaser-Scheiben (350 x 28) gelbe 6-Kolben-Monobloc-Aluminium-Festsättel / gelbe 4-Kolben-Monobloc-Aluminium-Festsättel PSM
Räder v/h:	9 J x 19 ET 60 / 10 J x 19 ET 61
Reifen v/h:	255/45 ZR 19 / 285/40 ZR 19
Sonderwunsch:	9,5 J x 20 ET 65 / 11 J x 20 ET 68 255/40 ZR 20 / 295/35 ZR 20

Elektrik

Lichtmaschinenleistung (W):	3080
Batterie (V/Ah):	12 / 105

Abmessungen, Gewichte und Volumen

Spurweite v/h (mm):	1658 / 1662
mit 9 J x 19 / 10 J x 19:	1656 / 1646
mit 9,5 J x 20 / 11 J x 20:	1646 / 1632
Radstand (mm):	2920
Maße (L x B x H (mm)):	4970 x 1931 x 1418
Leergewicht nach DIN (kg):	1880
zul. Gesamtgewicht (kg):	2500
zul. Dachlast/Stützlast (kg):	75 / 100
zul. Anhängelast gebr./ungebr. (kg):	2200 / 750
Kofferraumvolumen (VDA (l)):	445
bei umgeklappten Rücksitzen:	1263
Tankvolumen (l):	80, davon 15 Reserve
Sonderwunsch:	100, davon 15 Reserve
C_W x A (m²) 90–160 km/h:	0,30 x 2,33 = 0,699
160 km/h - Vmax:	0,31 x 2,33 = 0,722
Leistungsgewicht (kg/kW / kg/PS):	10,22 / 7,52
Belgien/Norwegen EU5:	12,13 / 8,91

Kraftstoffverbrauch

nach Euro 5 im NEFZ (l/100 km):	Diesel DIN EN 590
Innerstädtisch:	8,1 (7,8)*
Außerstädtisch:	5,6 (5,5)*
Gesamt:	6,5 (6,3)*
CO_2-Emissionen (g/km):	172 (167)*
*mit optionalen rollwiderstandsoptimierten 19-Zoll-All-Season-Reifen (bis max. 240 km/h)	

Fahrleistungen, Stückzahlen, Preise

Beschleunigung 0–100 km/h (s):	6,8	7,0*
0–160 km/h (s):	16,8	19,3*
0–200 km/h (s):	30,4	36,4*
Höchstgeschw. (km/h):	242	230*
*mit 155 kW Belgien/Norwegen		
Stückzahl:	in Produktion, 551 bis Ende 2012	
Listenpreise:		
06/2012:	Euro 82.206,-	

Panamera ab MJ 2013/14

Motor

Bauart:	6-Zylinder-V-Motor, 90°, Ausgleichswelle - Schwingrohraufladung
Einbauposition:	Frontmotor
Kühlung:	wassergekühlt
Motor-Typ:	CWA (M 46.20)
definierte Schlechtkraftstoffländer:	CXN (M 46.20 V)
Hubraum (cm³):	3605
Bohrung x Hub:	96 x 83
Leistung (kW/PS):	228/310 bei 6200/min
definierte Schlechtkraftstoffländer:	220/300 bei 6200/min
Max. Drehzahl:	6700/min
Drehmoment (Nm):	400 bei 3750/min
Literleistung (kW/l / PS/l):	63,2 / 86,0
definierte Schlechtkraftstoffländer:	61,0 / 83,2
Verdichtung:	12,5 : 1
definierte Schlechtkraftstoffländer:	11,5 : 1
Ventilsteuerung:	dohc über Doppelkette, 4 Ventile pro Zylinder, Vario-Cam Plus
Gemischaufbereitung:	Benzin-Direkteinspritzung (DFI)
Motorsteuerung:	elektronische Motorsteuerung (EMS) SDI 7.1, Continental, E-Gas
Zündfolge:	1 - 5 - 3 - 6 - 2 - 4
Schmierung:	Integrierte Trockensumpfschmierung
Ölmenge (l):	10,0

Kraftübertragung

Antrieb:	Heckantrieb
PDK:	7-Gang
Getriebe-Typ:	C 70.00
Übersetzungen:	
1. Gang:	5,970
2. Gang:	3,308
3. Gang:	2,013
4. Gang:	1,366
5. Gang:	1,000
6. Gang:	0,807
7. Gang:	0,587
Rückwärtsgang:	4,570
Achsübersetzung:	3,700

Karosserie, Fahrwerk, Bremse, Räder und Reifen

Karosserie:	4-türige, 4-sitzige, selbsttragende Fastback-Leichtbaukarosserie in Stahl-Aluminium-Magnesium-Mischbauweise mit großer Heckklappe, Kotflügel, Türen und Hauben aus Aluminium, aktive Fronthaube zum Fußgängerschutz, Bug- und Heckverkleidungen aus Kunststoff, ausfahrbarer Zwei-Wege-Heckspoiler
Sonderwunsch:	Schiebe-/Hubdach
Vorderradaufhängung:	Aluminium-Doppelquerlenkerachse, Schraubenfedern, innenliegende doppeltwirkende Zweirohr-Gasdruckstoßdämpfer, Stabilisator
Hinterradaufhängung:	Aluminium-Mehrlenkerhinterachse mit Fahrschemel, einzeln an vier Lenkern geführte Räder, Schraubenfedern, doppeltwirkende Zweirohr-Gasdruckstoßdämpfer, Stabilisator
Sonderwunsch:	Porsche Active Suspension Management (PASM)
Alternativ:	Adaptive Luftfederung inkl. PASM mit volltragenden Luftfederbeinen mit integrierten Dämpfern vorne und separaten Dämpfern und Luftfedern hinten
Bremse v/h (Durchm. x B (mm)):	innenbelüftete genutete Scheiben (360 x 36) / innenbelüftete genutete Scheiben (330 x 28) schwarze 6-Kolben-Monobloc-Aluminium-Festsättel / schwarze 4-Kolben-Monobloc-Aluminium-Festsättel PSM
Sonderwunsch:	Porsche Ceramic Composite Brake (PCCB) innenbelüftete gelochte Keramikfaser-Scheiben (390 x 38) / innenbelüftete gelochte Keramikfaser-Scheiben (350 x 28) gelbe 6-Kolben-Monobloc-Aluminium-Festsättel / gelbe 4-Kolben-Monobloc-Aluminium-Festsättel PSM
Räder v/h:	8 J x 18 ET 59 / 9 J x 18 ET 53
Reifen v/h:	245/50 ZR 18 / 275/45 ZR 18
Sonderwunsch:	9 J x 19 ET 60 / 10 J x 19 ET 61
	255/45 ZR 19 / 285/40 ZR 19
	9,5 J x 20 ET 65 / 11 J x 20 ET 68
	255/40 ZR 20 / 295/35 ZR 20

Elektrik

Lichtmaschinenleistung (W):	2660
Batterie (V/Ah):	12 / 95

Abmessungen, Gewichte und Volumen

Spurweite v/h (mm):	1658 / 1662
mit 9 J x 19 / 10 J x 19:	1656 / 1646
mit 9,5 J x 20 / 11 J x 20:	1646 / 1632
Radstand (mm):	2920
Maße (L x B x H (mm)):	5015 x 1931 x 1418
Leergewicht nach DIN (kg):	1770
zul. Gesamtgewicht (kg):	2380
zul. Dachlast/Stützlast (kg):	75 / 100
zul. Anhängelast gebr./ungebr. (kg):	2200 / 750
Kofferraumvolumen (VDA (l)):	445
bei umgeklappten Rücksitzen:	1263
Tankvolumen (l):	80, davon 12 Reserve
Sonderwunsch:	100, davon 12 Reserve
C_W x A (m²) 90–205 km/h:	0,30 x 2,33 = 0,699
205 km/h - Vmax:	0,31 x 2,33 = 0,722
Leistungsgewicht (kg/kW / kg/PS):	7,76 / 5,71
definierte Schlechtkraftstoffländer:	8,05 / 5,90

Kraftstoffverbrauch

nach Euro 5 im NEFZ (l/100 km):	98 ROZ Super plus bleifrei
Innerstädtisch:	11,2 (15,8)*
Außerstädtisch:	6,8 (7,5)
Gesamt:	8,4 (10,5)*
CO_2-Emissionen (g/km):	196 (250)*
*definierte Schlechtkraftstoffländer	

Fahrleistungen, Stückzahlen, Preise

Beschleunigung 0–100 km/h (s):	6,3 6,0*
0–200 km/h (s):	25,8 25,5*
Höchstgeschw. (km/h):	259
*mit Sport Plus Taste	
Stückzahl:	in Produktion
Listenpreise:	
04/2013:	Euro 83.277,-

PANAMERA 4 AB MJ 2013/14

MOTOR

Bauart:	6-Zylinder-V-Motor, 90°, Ausgleichswelle - Schwingrohraufladung
Einbauposition:	Frontmotor
Kühlung:	wassergekühlt
Motor-Typ:	CWA (M 46.20)
definierte Schlechtkraftstoffländer:	CXN (M 46.20 V)
Hubraum (cm^3):	3605
Bohrung x Hub:	96 x 83
Leistung (kW/PS):	228/310 bei 6200/min
definierte Schlechtkraftstoffländer:	220/300 bei 6200/min
Max. Drehzahl:	6700/min
Drehmoment (Nm):	400 bei 3750/min
Literleistung (kW/l / PS/l):	63,2 / 86,0
definierte Schlechtkraftstoffländer:	61,0 / 83,2
Verdichtung:	12,5 : 1
definierte Schlechtkraftstoffländer:	11,5 : 1
Ventilsteuerung:	dohc über Doppelkette, 4 Ventile pro Zylinder, VarioCam Plus
Gemischaufbereitung:	Benzin-Direkteinspritzung (DFI)
Motorsteuerung:	elektronische Motorsteuerung (EMS) SDI 7.1, Continental, E-Gas
Zündfolge:	1 - 5 - 3 - 6 - 2 - 4
Schmierung:	Integrierte Trockensumpfschmierung
Ölmenge (l):	10,0

KRAFTÜBERTRAGUNG

Antrieb:	Porsche Traction Management (PTM): aktiver Allradantrieb mit elektronisch geregelter, kennfeldgesteuerter Lamellenkupplung und Antriebsschlupfregelung (ASR)
PDK:	7-Gang
Getriebe-Typ:	C 70.30
Übersetzungen:	
1. Gang:	5,970
2. Gang:	3,308
3. Gang:	2,013
4. Gang:	1,366
5. Gang:	1,000
6. Gang:	0,807
7. Gang:	0,587
Rückwärtsgang:	4,570
Achsübersetzung Vorderachse:	4,091
Achsübersetzung Hinterachse:	3,900

KAROSSERIE, FAHRWERK, BREMSE, RÄDER UND REIFEN

Karosserie:	4-türige, 4-sitzige, selbsttragende Fastback-Leichtbaukarosserie in Stahl-Aluminium-Magnesium-Mischbauweise mit großer Heckklappe, Kotflügel, Türen und Hauben aus Aluminium, aktive Fronthaube zum Fußgängerschutz, Bug- und Heckverkleidungen aus Kunststoff, ausfahrbarer Zwei-Wege-Heckspoiler
Sonderwunsch:	Schiebe-/Hubdach
Vorderradaufhängung:	Aluminium-Doppelquerlenkerachse, Schraubenfedern, innenliegende doppeltwirkende Zweirohr-Gasdruckstoßdämpfer, Stabilisator
Hinterradaufhängung:	Aluminium-Mehrlenkerhinterachse mit Fahrschemel, einzeln an vier Lenkern geführte Räder, Schraubenfedern, doppeltwirkende Zweirohr-Gasdruckstoßdämpfer, Stabilisator
Sonderwunsch:	Porsche Active Suspension Management (PASM)
Alternativ:	Adaptive Luftfederung inkl. PASM mit volltragenden Luftfederbeinen mit integrierten Dämpfern vorne und separaten Dämpfern und Luftfedern hinten
Bremse v/h (Durchm. x B (mm)):	innenbelüftete genutete Scheiben (360 x 36) / innenbelüftete genutete Scheiben (330 x 28) schwarze 6-Kolben-Monobloc-Aluminium-Festsättel / schwarze 4-Kolben-Monobloc-Aluminium-Festsättel PSM
Sonderwunsch:	Porsche Ceramic Composite Brake (PCCB) innenbelüftete gelochte Keramikfaser-Scheiben (390 x 38) / innenbelüftete gelochte Keramikfaser-Scheiben (350 x 28) gelbe 6-Kolben-Monobloc-Aluminium-Festsättel / gelbe 4-Kolben-Monobloc-Aluminium-Festsättel PSM
Räder v/h:	8 J x 18 ET 59 / 9 J x 18 ET 53
Reifen v/h:	245/50 ZR 18 / 275/45 ZR 18
Sonderwunsch:	9 J x 19 ET 60 / 10 J x 19 ET 61 255/45 ZR 19 / 285/40 ZR 19 9,5 J x 20 ET 65 / 11 J x 20 ET 68 255/40 ZR 20 / 295/35 ZR 20

ELEKTRIK

Lichtmaschinenleistung (W):	2660
Batterie (V/Ah):	12 / 95

ABMESSUNGEN, GEWICHTE UND VOLUMEN

Spurweite v/h (mm):	1658 / 1662
mit 9 J x 19 / 10 J x 19:	1656 / 1646
mit 9,5 J x 20 / 11 J x 20:	1646 / 1632
Radstand (mm):	2920
Maße (L x B x H (mm)):	5015 x 1931 x 1418
Leergewicht nach DIN (kg):	1820
zul. Gesamtgewicht (kg):	2420
zul. Dachlast/Stützlast (kg):	75 / 100
zul. Anhängelast gebr./ungebr. (kg):	2200 / 750
Kofferraumvolumen (VDA (l)):	445
bei umgeklappten Rücksitzen:	1263
Tankvolumen (l):	80, davon 12 Reserve
Sonderwunsch:	100, davon 12 Reserve
C_W x A (m^2) 90–205 km/h:	0,30 x 2,33 = 0,699
205 km/h - Vmax:	0,31 x 2,33 = 0,722
Leistungsgewicht (kg/kW / kg/PS):	7,98 / 5.87
definierte Schlechtkraftstoffländer:	8,27 / 6.07

KRAFTSTOFFVERBRAUCH

nach Euro 5 im NEFZ (l/100 km):	98 ROZ Super plus bleifrei
Innerstädtisch:	11,4 (15,5)*
Außerstädtisch:	7,1 (7,7)*
Gesamt:	8,7 (10,6)*
CO_2-Emissionen (g/km):	203 (251)*
*definierte Schlechtkraftstoffländer	

FAHRLEISTUNGEN, STÜCKZAHLEN, PREISE

Beschleunigung 0–100 km/h (s):	6,1 5,8*
0–200 km/h (s):	26,5 26,1*
Höchstgeschw. (km/h):	257
*mit Sport Plus Taste	
Stückzahl:	in Produktion
Listenpreise:	
04/2013:	Euro 88.513,-
11/2013:	Euro 88.513,-
03/2014:	Euro 88.513,-

Panamera S ab MJ 2013/14

Motor

Bauart:	6-Zylinder-V-Motor, 90°, Ausgleichswelle, Bi-Turboaufladung mit Ladeluftkühlung
Einbauposition:	Frontmotor
Kühlung:	wassergekühlt
Motor-Typ:	CWD (M 46.60)
Hubraum (cm³):	2997
Bohrung x Hub:	96 x 69
Leistung (kW/PS):	309/420 bei 6000/min
Max. Drehzahl:	6700/min
Drehmoment (Nm):	520 bei 1750–5000/min
Literleistung (kW/l / PS/l):	103,1 / 140,1
Verdichtung:	9,8 : 1
maximaler Ladedruck (bar):	1,2
Ventilsteuerung:	dohc über Doppelkette, 4 Ventile pro Zylinder, VarioCam Plus
Gemischaufbereitung:	Benzin-Direkteinspritzung (DFI)
Motorsteuerung:	elektronische Motorsteuerung (EMS) SDI 10, Continental, E-Gas
Zündfolge:	1 - 5 - 3 - 6 - 2 – 4
Schmierung:	Integrierte Trockensumpfschmierung
Ölmenge (l):	10,0

Kraftübertragung

Antrieb:	Heckantrieb
PDK:	7-Gang
Getriebe-Typ:	C 70.05
Übersetzungen:	
1. Gang:	5,970
2. Gang:	3,308
3. Gang:	2,013
4. Gang:	1,366
5. Gang:	1,000
6. Gang:	0,807
7. Gang:	0,587
Rückwärtsgang:	4,570
Achsübersetzung:	3,545

Karosserie, Fahrwerk, Bremse, Räder und Reifen

Karosserie:	4-türige, 4-sitzige, selbsttragende Fastback-Leichtbaukarosserie in Stahl-Aluminium-Magnesium-Mischbauweise mit großer Heckklappe, Kotflügel, Türen und Hauben aus Aluminium, aktive Fronthaube zum Fußgängerschutz, Bug- und Heckverkleidungen aus Kunststoff, ausfahrbarer Zwei-Wege-Heckspoiler
Sonderwunsch:	Schiebe-/Hubdach
Vorderradaufhängung:	Aluminium-Doppelquerlenkerachse, Schraubenfedern, innenliegende elektronisch geregelte Zweirohr-Gasdruckstoßdämpfer (PASM), Stabilisator
Hinterradaufhängung:	Aluminium-Mehrlenkerhinterachse mit Fahrschemel, einzeln an vier Lenkern geführte Räder, Schraubenfedern, elektronisch geregelte Zweirohr-Gasdruckstoßdämpfer (PASM), Zweirohr-Gasdruckstoßdämpfer, Stabilisator
Sonderwunsch:	Adaptive Luftfederung inkl. PASM mit volltragenden Luftfederbeinen mit integrierten Dämpfern vorne und separaten Dämpfern und Luftfedern hinten
Bremse v/h (Durchm. x B (mm)):	innenbelüftete genutete Scheiben (360 x 36) / innenbelüftete genutete Scheiben (330 x 28) schwarze 6-Kolben-Monobloc-Aluminium-Festsättel / schwarze 4-Kolben-Monobloc-Aluminium-Festsättel PSM
Sonderwunsch:	Porsche Ceramic Composite Brake (PCCB) innenbelüftete gelochte Keramikfaser-Scheiben (390 x 38) / innenbelüftete gelochte Keramikfaser-Scheiben (350 x 28) gelbe 6-Kolben-Monobloc-Aluminium-Festsättel / gelbe 4-Kolben-Monobloc-Aluminium-Festsättel PSM
Räder v/h:	8 J x 18 ET 59 / 9 J x 18 ET 53
Reifen v/h:	245/50 ZR 18 / 275/45 ZR 18
Sonderwunsch:	9 J x 19 ET 60 / 10 J x 19 ET 61 255/45 ZR 19 / 285/40 ZR 19 9,5 J x 20 ET 65 / 11 J x 20 ET 68 255/40 ZR 20 / 295/35 ZR 20

Elektrik

Lichtmaschinenleistung (W):	2660
Batterie (V/Ah):	12 / 95

Abmessungen, Gewichte und Volumen

Spurweite v/h (mm):	1658 / 1662
mit 9 J x 19 / 10 J x 19:	1656 / 1646
mit 9,5 J x 20 / 11 J x 20:	1646 / 1632
Radstand (mm):	2920
Maße (L x B x H (mm)):	5015 x 1931 x 1418
Leergewicht nach DIN (kg):	1810
zul. Gesamtgewicht (kg):	2415
zul. Dachlast/Stützlast (kg):	75 / 100
zul. Anhängelast gebr./ungebr. (kg):	2200 / 750
Kofferraumvolumen (VDA (l)):	445
bei umgeklappten Rücksitzen:	1263
Tankvolumen (l):	80, davon 12 Reserve
Sonderwunsch:	100, davon 12 Reserve
C_W x A (m²) 90–205 km/h:	0,30 x 2,33 = 0,699
205 km/h - Vmax:	0,31 x 2,33 = 0,722
Leistungsgewicht (kg/kW / kg/PS):	5,86 / 4,31

Kraftstoffverbrauch

nach Euro 5 im NEFZ (l/100 km):	98 ROZ Super plus bleifrei
Innerstädtisch:	11,9
Außerstädtisch:	6,9
Gesamt:	8,7
CO_2-Emissionen (g/km):	204

Fahrleistungen, Stückzahlen, Preise

Beschleunigung 0–100 km/h (s):	5,1 4,8*
0–200 km/h (s):	17,3 16,9*
Höchstgeschw. (km/h):	287
***mit Sport Plus Taste**	
Stückzahl:	in Produktion
Listenpreise:	
04/2013:	Euro 101.841,-
11/2013:	Euro 101.841,-
03/2014:	Euro 101.841,-

Panamera 4S ab MJ 2013/14

Motor

Bauart:	6-Zylinder-V-Motor, 90°, Ausgleichswelle, Bi-Turboaufladung mit Ladeluftkühlung
Einbauposition:	Frontmotor
Kühlung:	wassergekühlt
Motor-Typ:	CWD (M 46.60)
Hubraum (cm^3):	2997
Bohrung x Hub:	96 x 69
Leistung (kW/PS):	309/420 bei 6000/min
Max. Drehzahl:	6700/min
Drehmoment (Nm):	520 bei 1750–5000/min
Literleistung (kW/l / PS/l):	103,1 / 140,1
Verdichtung:	9,8 : 1
maximaler Ladedruck (bar):	1,2
Ventilsteuerung:	dohc über Doppelkette, 4 Ventile pro Zylinder, VarioCam Plus
Gemischaufbereitung:	Benzin-Direkteinspritzung (DFI)
Motorsteuerung:	elektronische Motorsteuerung (EMS) SDI 10, Continental, E-Gas
Zündfolge:	1 - 5 - 3 - 6 - 2 – 4
Schmierung:	Integrierte Trockensumpfschmierung
Ölmenge (l):	10,0

Kraftübertragung

Antrieb:	Porsche Traction Management (PTM): aktiver Allradantrieb mit elektronisch geregelter, kennfeldgesteuerter Lamellenkupplung und Antriebsschlupfregelung (ASR)
PDK:	7-Gang
Getriebe-Typ:	C 70.35
Übersetzungen:	
1. Gang:	5,970
2. Gang:	3,308
3. Gang:	2,013
4. Gang:	1,366
5. Gang:	1,000
6. Gang:	0,807
7. Gang:	0,587
Rückwärtsgang:	4,570
Achsübersetzung Vorderachse:	3,727
Achsübersetzung Hinterachse:	3,545

Karosserie, Fahrwerk, Bremse, Räder und Reifen

Karosserie:	4-türige, 4-sitzige, selbsttragende Fastback-Leichtbaukarosserie in Stahl-Aluminium-Magnesium-Mischbauweise mit großer Heckklappe, Kotflügel, Türen und Hauben aus Aluminium, aktive Fronthaube zum Fußgängerschutz, Bug- und Heckverkleidungen aus Kunststoff, ausfahrbarer Zwei-Wege-Heckspoiler
Sonderwunsch:	Schiebe-/Hubdach
Vorderradaufhängung:	Aluminium-Doppelquerlenkerachse, Schraubenfedern, innenliegende elektronisch geregelte Zweirohr-Gasdruckstoßdämpfer (PASM), Stabilisator
Hinterradaufhängung:	Aluminium-Mehrlenkerhinterachse mit Fahrschemel, einzeln an vier Lenkern geführte Räder, Schraubenfedern, elektronisch geregelte Zweirohr-Gasdruckstoßdämpfer (PASM), Zweirohr-Gasdruckstoßdämpfer, Stabilisator
Sonderwunsch:	Adaptive Luftfederung inkl. PASM mit volltragenden Luftfederbeinen mit integrierten Dämpfern vorne und separaten Dämpfern und Luftfedern hinten
Bremse v/h (Durchm. x B (mm)):	innenbelüftete genutete Scheiben (360 x 36) / innenbelüftete genutete Scheiben (330 x 28) schwarze 6-Kolben-Monobloc-Aluminium-Festsättel / schwarze 4-Kolben-Monobloc-Aluminium-Festsättel PSM
Sonderwunsch:	Porsche Ceramic Composite Brake (PCCB) innenbelüftete gelochte Keramikfaser-Scheiben (390 x 38) / innenbelüftete gelochte Keramikfaser-Scheiben (350 x 28) gelbe 6-Kolben-Monobloc-Aluminium-Festsättel / gelbe 4-Kolben-Monobloc-Aluminium-Festsättel PSM
Räder v/h:	8 J x 18 ET 59 / 9 J x 18 ET 53
Reifen v/h:	245/50 ZR 18 / 275/45 ZR 18
Sonderwunsch:	9 J x 19 ET 60 / 10 J x 19 ET 61 255/45 ZR 19 / 285/40 ZR 19 9,5 J x 20 ET 65 / 11 J x 20 ET 68 255/40 ZR 20 / 295/35 ZR 20

Elektrik

Lichtmaschinenleistung (W/A):	3080 / 220
Batterie (V/Ah):	12 / 95

Abmessungen, Gewichte und Volumen

Spurweite v/h (mm):	1658 / 1662
mit 9 J x 19 / 10 J x 19:	1656 / 1646
mit 9,5 J x 20 / 11 J x 20:	1646 / 1632
Radstand (mm):	2920
Maße (L x B x H (mm)):	5015 x 1931 x 1418
Leergewicht nach DIN (kg):	1870
zul. Gesamtgewicht (kg):	2450
zul. Dachlast/Stützlast (kg):	75 / 100
zul. Anhängelast gebr./ungebr. (kg):	2200 / 750
Kofferraumvolumen (VDA (l)):	445
bei umgeklappten Rücksitzen:	1263
Tankvolumen (l):	100, davon 12 Reserve
C_W x A (m^2) 90–205 km/h:	0,30 x 2,33 = 0,699
205 km/h - Vmax:	0,31 x 2,33 = 0,722
Leistungsgewicht (kg/kW / kg/PS):	6,05 / 4,45

Kraftstoffverbrauch

nach Euro 5 im NEFZ (l/100 km):	98 ROZ Super plus bleifrei
Innerstädtisch:	12,2
Außerstädtisch:	7,2
Gesamt:	8,9
CO_2-Emissionen (g/km):	208

Fahrleistungen, Stückzahlen, Preise

Beschleunigung 0–100 km/h (s):	4,8 4,5*
Executive:	5,0 4,7*
0–200 km/h (s):	17,3 16,9*
Executive:	18,0 17,6*
Höchstgeschw. (km/h):	286
***mit Sport Plus Taste**	
Stückzahl:	in Produktion
Listenpreise:	
04/2013:	Euro 107.196,-
11/2013:	Euro 107.196,-
03/2014:	Euro 107.196,-

Panamera 4S Executive ab MJ 2013/14

Motor

Bauart:	6-Zylinder-V-Motor, 90°, Ausgleichswelle, Bi-Turboaufladung mit Ladeluftkühlung
Einbauposition:	Frontmotor
Kühlung:	wassergekühlt
Motor-Typ:	CWD (M 46.60)
Hubraum (cm³):	2997
Bohrung x Hub:	96 x 69
Leistung (kW/PS):	309/420 bei 6000/min
Max. Drehzahl:	6700/min
Drehmoment (Nm):	520 bei 1750–5000/min
Literleistung (kW/l / PS/l):	103,1 / 140,1
Verdichtung:	9,8 : 1
maximaler Ladedruck (bar):	1,2
Ventilsteuerung:	dohc über Doppelkette, 4 Ventile pro Zylinder, VarioCam Plus
Gemischaufbereitung:	Benzin-Direkteinspritzung (DFI)
Motorsteuerung:	elektronische Motorsteuerung (EMS) SDI 10, Continental, E-Gas
Zündfolge:	1 - 5 - 3 - 6 - 2 – 4
Schmierung:	Integrierte Trockensumpfschmierung
Ölmenge (l):	10,0

Kraftübertragung

Antrieb:	Porsche Traction Management (PTM): aktiver Allradantrieb mit elektronisch geregelter, kennfeldgesteuerter Lamellenkupplung und Antriebsschlupfregelung (ASR)
PDK:	7-Gang
Getriebe-Typ:	C 70.35
Übersetzungen:	
1. Gang:	5,970
2. Gang:	3,308
3. Gang:	2,013
4. Gang:	1,366
5. Gang:	1,000
6. Gang:	0,807
7. Gang:	0,587
Rückwärtsgang:	4,570
Achsübersetzung Vorderachse:	3,727
Achsübersetzung Hinterachse:	3,545

Karosserie, Fahrwerk, Bremse, Räder und Reifen

Karosserie:	4-türige, 4-sitzige, selbsttragende Fastback-Leichtbaukarosserie in Stahl-Aluminium-Magnesium-Mischbauweise mit großer Heckklappe, Kotflügel, Türen und Hauben aus Aluminium, aktive Fronthaube zum Fußgängerschutz, Bug- und Heckverkleidungen aus Kunststoff, ausfahrbarer Zwei-Wege-Heckspoiler
Sonderwunsch:	Schiebe-/Hubdach
Vorderradaufhängung:	Aluminium-Doppelquerlenkerachse, volltragende Luftfedern, elektronisch geregelte Zweirohr-Gasdruckstoßdämpfer (PASM), Stabilisator
Hinterradaufhängung:	Aluminium-Mehrlenkerhinterachse mit Fahrschemel, einzeln an vier Lenkern geführte Räder, Luftfeder mit abkoppelbarem Zusatzvolumen je Rad, elektronisch geregelte Zweirohr-Gasdruckstoßdämpfer (PASM), Stabilisator
Bremse v/h (Durchm. x B (mm)):	innenbelüftete genutete Scheiben (360 x 36) / innenbelüftete genutete Scheiben (330 x 28) schwarze 6-Kolben-Monobloc-Aluminium-Festsättel / schwarze 4-Kolben-Monobloc-Aluminium-Festsättel PSM
Sonderwunsch:	Porsche Ceramic Composite Brake (PCCB) innenbelüftete gelochte Keramikfaser-Scheiben (390 x 38) / innenbelüftete gelochte Keramikfaser-Scheiben (350 x 28) gelbe 6-Kolben-Monobloc-Aluminium-Festsättel / gelbe 4-Kolben-Monobloc-Aluminium-Festsättel PSM
Räder v/h:	9 J x 19 ET 60 / 10 J x 19 ET 61
Reifen v/h:	255/45 ZR 19 / 285/40 ZR 19
Sonderwunsch:	9,5 J x 20 ET 65 / 11 J x 20 ET 68 255/40 ZR 20 / 295/35 ZR 20

Elektrik

Lichtmaschinenleistung (W/A):	3080 / 220
Batterie (V/Ah):	12 / 95

Abmessungen, Gewichte und Volumen

Spurweite v/h (mm):	1656 / 1646
mit 9,5 J x 20 / 11 J x 20:	1646 / 1632
Radstand (mm):	3070
Maße (L x B x H (mm)):	5165 x 1931 x 1425
Leergewicht nach DIN (kg):	2000
zul. Gesamtgewicht (kg):	2485
zul. Dachlast (kg):	-
Kofferraumvolumen (VDA (l)):	445
bei umgeklappten Rücksitzen:	1385
Tankvolumen (l):	100, davon 12 Reserve
C_W x A (m²) 90–205 km/h:	0,30 x 2,33 = 0,699
205 km/h - Vmax:	0,31 x 2,33 = 0,722
Leistungsgewicht (kg/kW / kg/PS):	6,47 / 4,76

Kraftstoffverbrauch

nach Euro 5 im NEFZ (l/100 km):	98 ROZ Super plus bleifrei
Innerstädtisch:	12,4
Außerstädtisch:	7,3
Gesamt:	9,0
CO_2-Emissionen (g/km):	210

Fahrleistungen, Stückzahlen, Preise

Beschleunigung 0–100 km/h (s):	5,0 4,7*
0–200 km/h (s):	18,0 17,6*
Höchstgeschw. (km/h):	286
***mit Sport Plus Taste**	
Stückzahl:	in Produktion
Listenpreise:	
04/2013:	Euro 132.662,-
11/2013:	Euro 132.662,-
03/2014:	Euro 132.662,-

Panamera GTS ab MJ 2013/14

Motor	
Bauart:	8-Zylinder-V-Motor, 90°, Schwingrohraufladung
Einbauposition:	Frontmotor
Kühlung:	wassergekühlt
Motor-Typ:	CXP (M 48/40G)
definierte Schlechtkraftstoffländer:	CXR (M 48/40G)
Hubraum (cm^3):	4806
Bohrung x Hub:	96 x 83
Leistung (kW/PS):	324/440 bei 6700/min
definierte Schlechtkraftstoffländer:	316/430 bei 6700/min
Max. Drehzahl:	7100/min
Drehmoment (Nm):	520 bei 3500/min
Literleistung (kW/l / PS/l):	67,4 / 91,6
definierte Schlechtkraftstoffländer:	65,8 / 89,5
Verdichtung:	12,5 : 1
definierte Schlechtkraftstoffländer:	11,5 : 1
Ventilsteuerung:	dohc über Doppelkette, 4 Ventile pro Zylinder, Vario-Cam Plus
Gemischaufbereitung:	Benzin-Direkteinspritzung (DFI)
Motorsteuerung:	elektronische Motorsteuerung (EMS) SDI 6.1, Continental, E-Gas
Zündfolge:	1 - 3 - 7 - 2 - 6 - 5 - 4 - 8
Schmierung:	Integrierte Trockensumpfschmierung
Ölmenge (l):	10,85

Kraftübertragung	
Antrieb:	Porsche Traction Management (PTM): aktiver Allradantrieb mit elektronisch geregelter, kennfeldgesteuerter Lamellenkupplung und Antriebsschlupfregelung (ASR)
PDK:	7-Gang
Getriebe-Typ:	C 70.35
Übersetzungen:	
1. Gang:	5,970
2. Gang:	3,308
3. Gang:	2,013
4. Gang:	1,366
5. Gang:	1,000
6. Gang:	0,807
7. Gang:	0,587
Rückwärtsgang:	4,570
Achsübersetzung Vorderachse:	3,727
Achsübersetzung Hinterachse:	3,545

Karosserie, Fahrwerk, Bremse, Räder und Reifen	
Karosserie:	4-türige, 4-sitzige, selbsttragende Fastback-Leichtbaukarosserie in Stahl-Aluminium-Magnesium-Mischbauweise mit großer Heckklappe, Kotflügel, Türen und Hauben aus Aluminium, aktive Fronthaube zum Fußgängerschutz, Bug- und Heckverkleidungen aus Kunststoff, ausfahrbarer Zwei-Wege-Heckspoiler
Sonderwunsch:	Schiebe-/Hubdach
Vorderradaufhängung:	Aluminium-Doppelquerlenkerachse, volltragende Luftfedern, elektronisch geregelte Zweirohr-Gasdruckstoßdämpfer (PASM), Stabilisator
Hinterradaufhängung:	Aluminium-Mehrlenkerhinterachse mit Fahrschemel, einzeln an vier Lenkern geführte Räder, Luftfeder mit abkoppelbarem Zusatzvolumen je Rad, elektronisch geregelte Zweirohr-Gasdruckstoßdämpfer (PASM), Stabilisator
Bremse v/h (Durchm. x B (mm)):	innenbelüftete genutete Verbundscheiben (390 x 38) / innenbelüftete genutete Integralscheiben (350 x 28) silberfarbene 6-Kolben-Monobloc-Aluminium-Festsättel / silberfarbene 4-Kolben-Monobloc-Aluminium-Festsättel PSM
Sonderw., i.V. mit 20-Zoll-Rad:	Porsche Ceramic Composite Brake (PCCB) innenbelüftete gelochte Keramikfaser-Scheiben (410 x 38) / innenbelüftete gelochte Keramikfaser-Scheiben (350 x 28) gelbe 6-Kolben-Monobloc-Aluminium-Festsättel / gelbe 4-Kolben-Monobloc-Aluminium-Festsättel PSM
Räder v/h:	9 J x 19 ET 60 / 10 J x 19 ET 61*
Reifen v/h:	255/45 ZR 19 / 285/40 ZR 19
Sonderwunsch:	9,5 J x 20 ET 65 / 11 J x 20 ET 68*
***Serie an HA:**	255/40 ZR 20 / 295/35 ZR 20
zwei 5-mm-Distanzscheiben	

Elektrik	
Lichtmaschinenleistung (W):	2660
Batterie (V/Ah):	12 / 95

Abmessungen, Gewichte und Volumen	
Spurweite v/h (mm):	1656 / 1646
mit 9,5 J x 20 / 11 J x 20:	1646 / 1632
Radstand (mm):	2920
Maße (L x B x H (mm)):	5015 x 1931 x 1408
Leergewicht nach DIN (kg):	1925
zul. Gesamtgewicht (kg):	2500
zul. Dachlast/Stützlast (kg):	75 / 100
zul. Anhängelast gebr./ungebr. (kg):	2200 / 750
Kofferraumvolumen (VDA (l)):	445
bei umgeklappten Rücksitzen:	1263
Tankvolumen (l):	100, davon 12 Reserve
c_W x A (m^2) 90–205 km/h:	0,30 x 2,33 = 0,699
205 km/h - Vmax:	0,31 x 2,33 = 0,722
Leistungsgewicht (kg/kW / kg/PS):	5,94 / 4,38
definierte Schlechtkraftstoffländer:	6,09 / 4,48

Kraftstoffverbrauch	
nach Euro 5 im NEFZ (l/100 km):	98 ROZ Super plus bleifrei
Innerstädtisch:	15,7 (16,2)*
Außerstädtisch:	7,8 (8,2)*
Gesamt:	10,7 (11,1)*
CO_2-Emissionen (g/km):	249 (259)*
***definierte Schlechtkraftstoffländer**	

Fahrleistungen, Stückzahlen, Preise	
Beschleunigung 0–100 km/h (s):	4,4*
0–160 km/h (s):	10,7*
0–200 km/h (s):	17,5*
Höchstgeschw. (km/h):	288
***mit Sport Plus Taste**	
Stückzahl:	in Produktion
Listenpreise:	
04/2013:	Euro 121.595,-
11/2013:	Euro 121.595,-
03/2014:	Euro 121.595,-

Panamera Turbo ab MJ 2013/14

Motor

Bauart:	8-Zylinder-V-Motor, 90°, Bi-Turboaufladung mit Ladeluftkühlung
Einbauposition:	Frontmotor
Kühlung:	wassergekühlt
Motor-Typ:	CWB (M 48/70)
Hubraum (cm³):	4806
Bohrung x Hub:	96 x 83
Leistung (kW/PS):	382/520 bei 6000/min
Max. Drehzahl:	6700/min
Drehmoment (Nm):	700 bei 2250–4500/min
mit Overboost im SportPlus-Modus:	770 bei 2500–4000/min
Literleistung (kW/l / PS/l):	79,5 / 108,2
Verdichtung:	10,5 : 1
maximaler Ladedruck (bar):	0,8
mit Overboost:	1,0
Ventilsteuerung:	dohc über Doppelkette, 4 Ventile pro Zylinder, VarioCam Plus
Gemischaufbereitung:	Benzin-Direkteinspritzung (DFI)
Motorsteuerung:	elektronische Motorsteuerung (EMS) SDI 6.1, Continental, E-Gas
Zündfolge:	1 - 3 - 7 - 2 - 6 - 5 - 4 - 8
Schmierung:	Integrierte Trockensumpfschmierung
Ölmenge (l):	10,85

Kraftübertragung

Antrieb:	Porsche Traction Management (PTM): aktiver Allradantrieb mit elektronisch geregelter, kennfeldgesteuerter Lamellenkupplung und Antriebsschlupfregelung (ASR)
PDK:	7-Gang
Getriebe-Typ:	C 70.50
Übersetzungen:	
1. Gang:	5,970
2. Gang:	3,308
3. Gang:	2,013
4. Gang:	1,366
5. Gang:	1,000
6. Gang:	0,807
7. Gang:	0,587
Rückwärtsgang:	4,570
Achsübersetzung Vorderachse:	3,308
Achsübersetzung Hinterachse:	3,154

Karosserie, Fahrwerk, Bremse, Räder und Reifen

Karosserie:	4-türige, 4-sitzige, selbsttragende Fastback-Leichtbaukarosserie in Stahl-Aluminium-Magnesium-Mischbauweise mit großer Heckklappe, Kotflügel, Türen und Hauben aus Aluminium, aktive Fronthaube zum Fußgängerschutz, Bug- und Heckverkleidungen aus Kunststoff, ausfahrbarer Vier-Wege-Heckspoiler
Sonderwunsch:	Schiebe-/Hubdach
Vorderradaufhängung:	Aluminium-Doppelquerlenkerachse, volltragende Luftfedern, elektronisch geregelte Zweirohr-Gasdruckstoßdämpfer (PASM), Stabilisator
Hinterradaufhängung:	Aluminium-Mehrlenkerhinterachse mit Fahrschemel, einzeln an vier Lenkern geführte Räder, Luftfeder mit abkoppelbarem Zusatzvolumen je Rad, elektronisch geregelte Zweirohr-Gasdruckstoßdämpfer (PASM), Stabilisator
Bremse v/h (Durchm. x B (mm)):	innenbelüftete genutete Scheiben (390 x 38) / innenbelüftete genutete Scheiben (350 x 28) rote 6-Kolben-Monobloc-Aluminium-Festsättel / rote 4-Kolben-Monobloc-Aluminium-Festsättel PSM
Sonderwunsch:	Porsche Ceramic Composite Brake (PCCB) innenbelüftete gelochte Keramikfaser-Scheiben (410 x 38) / innenbelüftete gelochte Keramikfaser-Scheiben (350 x 28) gelbe 6-Kolben-Monobloc-Aluminium-Festsättel / gelbe 4-Kolben-Monobloc-Aluminium-Festsättel PSM
Räder v/h:	9 J x 19 ET 60 / 10 J x 19 ET 61
Reifen v/h:	255/45 ZR 19 / 285/40 ZR 19
Sonderwunsch:	9,5 J x 20 ET 65 / 11 J x 20 ET 68 255/40 ZR 20 / 295/35 ZR 20

Elektrik

Lichtmaschinenleistung (W/A):	2660 / 190
Batterie (V/Ah):	12 / 95

Abmessungen, Gewichte und Volumen

Spurweite v/h (mm):	1656 / 1646
mit 9,5 J x 20 / 11 J x 20:	1646 / 1632
Radstand (mm):	2920
Maße (L x B x H (mm)):	5015 x 1931 x 1418
Leergewicht nach DIN (kg):	1970
zul. Gesamtgewicht (kg):	2500
zul. Dachlast/Stützlast (kg):	75 / 100
zul. Anhängelast gebr./ungebr. (kg):	2200 / 750
Kofferraumvolumen (VDA (l)):	432
bei umgeklappten Rücksitzen:	1250
Tankvolumen (l):	100, davon 12 Reserve
C_W x A (m²) 90–205 km/h:	0,30 x 2,33 = 0,699
205 km/h - Vmax:	0,31 x 2,33 = 0,722
Leistungsgewicht (kg/kW / kg/PS):	5,16 / 3,79

Kraftstoffverbrauch

nach Euro 5 im NEFZ (l/100 km):	98 ROZ Super plus bleifrei
Innerstädtisch:	14,7
Außerstädtisch:	7,7
Gesamt:	10,2
CO_2-Emissionen (g/km):	239

Fahrleistungen, Stückzahlen, Preise

Beschleunigung 0–100 km/h (s):	4,1 3,9*
Executive:	4,2 4,0*
0–200 km/h (s):	13,8 13,5*
Executive:	14,2 13,9*
Höchstgeschw. (km/h):	305
***mit Sport Plus Taste**	
Stückzahl:	in Produktion
Listenpreis:	
04/2013:	Euro 145.990,-
11/2013:	Euro 145.990,-
03/2014:	Euro 145.990,-

Panamera Turbo Executive ab MJ 2013/14

Motor

Bauart:	8-Zylinder-V-Motor, 90°, Bi-Turboaufladung mit Ladeluftkühlung
Einbauposition:	Frontmotor
Kühlung:	wassergekühlt
Motor-Typ:	CWB (M 48/70)
Hubraum (cm³):	4806
Bohrung x Hub:	96 x 83
Leistung (kW/PS):	382/520 bei 6000/min
Max. Drehzahl:	6700/min
Drehmoment (Nm):	700 bei 2250–4500/min
mit Overboost im SportPlus-Modus:	770 bei 2500–4000/min
Literleistung (kW/l / PS/l):	79,5 / 108,2
Verdichtung:	10,5 : 1
maximaler Ladedruck (bar):	0,8
mit Overboost:	1,0
Ventilsteuerung:	dohc über Doppelkette, 4 Ventile pro Zylinder, VarioCam Plus
Gemischaufbereitung:	Benzin-Direkteinspritzung (DFI)
Motorsteuerung:	elektronische Motorsteuerung (EMS) SDI 6.1, Continental, E-Gas
Zündfolge:	1 - 3 - 7 - 2 - 6 - 5 - 4 - 8
Schmierung:	Integrierte Trockensumpfschmierung
Ölmenge (l):	10,85

Kraftübertragung

Antrieb:	Porsche Traction Management (PTM): aktiver Allradantrieb mit elektronisch geregelter, kennfeldgesteuerter Lamellenkupplung und Antriebsschlupfregelung (ASR)
PDK:	7-Gang
Getriebe-Typ:	C 70.50
Übersetzungen:	
1. Gang:	5,970
2. Gang:	3,308
3. Gang:	2,013
4. Gang:	1,366
5. Gang:	1,000
6. Gang:	0,807
7. Gang:	0,587
Rückwärtsgang:	4,570
Achsübersetzung Vorderachse:	3,308
Achsübersetzung Hinterachse:	3,154

Karosserie, Fahrwerk, Bremse, Räder und Reifen

Karosserie:	4-türige, 4-sitzige, selbsttragende Fastback-Leichtbaukarosserie in Stahl-Aluminium-Magnesium-Mischbauweise mit großer Heckklappe, Kotflügel, Türen und Hauben aus Aluminium, aktive Fronthaube zum Fußgängerschutz, Bug- und Heckverkleidungen aus Kunststoff, ausfahrbarer Vier-Wege-Heckspoiler
Sonderwunsch:	Schiebe-/Hubdach
Vorderradaufhängung:	Aluminium-Doppelquerlenkerachse, volltragende Luftfedern, elektronisch geregelte Zweirohr-Gasdruckstoßdämpfer (PASM), Stabilisator
Hinterradaufhängung:	Aluminium-Mehrlenkerhinterachse mit Fahrschemel, einzeln an vier Lenkern geführte Räder, Luftfeder mit abkoppelbarem Zusatzvolumen je Rad, elektronisch geregelte Zweirohr-Gasdruckstoßdämpfer (PASM), Stabilisator
Bremse v/h (Durchm. x B (mm)):	innenbelüftete genutete Scheiben (390 x 38) / innenbelüftete genutete Scheiben (350 x 28) rote 6-Kolben-Monobloc-Aluminium-Festsättel / rote 4-Kolben-Monobloc-Aluminium-Festsättel PSM
Sonderwunsch:	Porsche Ceramic Composite Brake (PCCB) innenbelüftete gelochte Keramikfaser-Scheiben (410 x 38) / innenbelüftete gelochte Keramikfaser-Scheiben (350 x 28) gelbe 6-Kolben-Monobloc-Aluminium-Festsättel / gelbe 4-Kolben-Monobloc-Aluminium-Festsättel PSM
Räder v/h:	9 J x 19 ET 60 / 10 J x 19 ET 61
Reifen v/h:	255/45 ZR 19 / 285/40 ZR 19
Sonderwunsch:	9,5 J x 20 ET 65 / 11 J x 20 ET 68 255/40 ZR 20 / 295/35 ZR 20

Elektrik

Lichtmaschinenleistung (W/A):	2660 / 190
Batterie (V/Ah):	12 / 95

Abmessungen, Gewichte und Volumen

Spurweite v/h (mm):	1656 / 1646
mit 9,5 J x 20 / 11 J x 20:	1646 / 1632
Radstand (mm):	3070
Maße (L x B x H (mm)):	5165 x 1931 x 1425
Leergewicht nach DIN (kg):	2070
zul. Gesamtgewicht (kg):	2560
zul. Dachlast (kg):	-
Kofferraumvolumen (VDA (l)):	432
bei umgeklappten Rücksitzen:	1385
Tankvolumen (l):	100, davon 12 Reserve
C_W x A (m²) 90–205 km/h:	0,30 x 2,33 = 0,699
205 km/h - Vmax:	0,31 x 2,33 = 0,722
Leistungsgewicht (kg/kW / kg/PS):	5,42 / 3,98

Kraftstoffverbrauch

nach Euro 5 im NEFZ (l/100 km):	98 ROZ Super plus bleifrei
Innerstädtisch:	14,9
Außerstädtisch:	7,8
Gesamt:	10,3
CO_2-Emissionen (g/km):	242

Fahrleistungen, Stückzahlen, Preise

Beschleunigung 0–100 km/h (s):	4,2 4,0*
0–200 km/h (s):	14,2 13,9*
Höchstgeschw. (km/h):	305
***mit Sport Plus Taste**	
Stückzahl:	in Produktion
Listenpreis:	
04/2013:	Euro 163.364,-
11/2013:	Euro 163.364,-
03/2014:	Euro 163.364,-

Panamera S E-Hybrid ab MJ 2013/14

Motor

Bauart:	6-Zylinder-V-Motor, 90°, Ausgleichswelle, Kompressor, Ladeluftkühlung
Elektromotor:	JMG300 permanent erregte Synchronmaschine mit Trennkupplung
Einbauposition:	Frontmotor
Kühlung:	wassergekühlt
Motor-Typ:	CGE
Hubraum (cm³):	2995
Bohrung x Hub:	84,5 x 89
Leistung (kW/PS):	245/333 bei 5500–6500/min
Elektromotor:	70/95 360V bei 2200–2600/min
bei max. Leistung Verbrennungsm.:	61/83 360V bei 5500/min
Gesamtleistung:	306/416 bei 5500/min
Max. Drehzahl:	6700/min (1. & 2. Gang), 6500/min
Drehmoment (Nm):	440 bei 3000–5250/min
Elektromotor:	310 kleiner 1700/min
Gesamtdrehmoment:	590 bei 1250–4000/min
Literleistung (kW/l / PS/l):	81,8 / 111,2
Verdichtung:	10,5 : 1
maximaler Ladedruck (bar):	0,8
Ventilsteuerung:	dohc über Doppelkette, 4 Ventile pro Zylinder, VarioCam Plus
Gemischaufbereitung:	Benzin-Direkteinspritzung (DFI)
Motorsteuerung:	elektronische Motorsteuerung Bosch MED 17, E-Gas
Zündfolge:	1 - 4 - 3 - 6 - 2 - 5
Schmierung:	2-stufig geregelte Druckumlaufschmierung mit Naßsumpf
Ölmenge (l):	8,1

Kraftübertragung

Antrieb:	Heckantrieb
Tiptronic S:	8-Gang
Getriebe-Typ:	A70.00
Übersetzungen:	
1. Gang:	4,920
2. Gang:	2,810
3. Gang:	1,840
4. Gang:	1,430
5. Gang:	1,210
6. Gang:	1,000
7. Gang:	0,830
8. Gang:	0,690
Rückwärtsgang:	4,070
Achsübersetzung:	2,920

Karosserie, Fahrwerk, Bremse, Räder und Reifen

Karosserie:	4-türige, 4-sitzige, selbsttragende Fastback-Leichtbaukarosserie in Stahl-Aluminium-Magnesium-Mischbauweise mit großer Heckklappe, Kotflügel, Türen und Hauben aus Aluminium, aktive Fronthaube zum Fußgängerschutz, Bug- und Heckverkleidungen aus Kunststoff, ausfahrbarer Zwei-Wege-Heckspoiler
Sonderwunsch:	Schiebe-/Hubdach
Vorderradaufhängung:	Aluminium-Doppelquerlenkerachse, volltragende Luftfedern, elektronisch geregelte Zweirohr-Gasdruckstoßdämpfer (PASM), Stabilisator
Hinterradaufhängung:	Aluminium-Mehrlenkerhinterachse mit Fahrschemel, einzeln an vier Lenkern geführte Räder, Luftfeder mit abkoppelbarem Zusatzvolumen je Rad, elektronisch geregelte Zweirohr-Gasdruckstoßdämpfer (PASM), Stabilisator
Bremse v/h (Durchm. x B (mm)):	innenbelüftete genutete Scheiben (360 x 36) / innenbelüftete genutete Scheiben (330 x 28) schwarze 6-Kolben-Monobloc-Aluminium-Festsättel / schwarze 4-Kolben-Monobloc-Aluminium-Festsättel PSM
Sonderwunsch:	Porsche Ceramic Composite Brake (PCCB) innenbelüftete gelochte Keramikfaser-Scheiben (390 x 38) / innenbelüftete gelochte Keramikfaser-Scheiben (350 x 28) gelbe 6-Kolben-Monobloc-Aluminium-Festsättel / gelbe 4-Kolben-Monobloc-Aluminium-Festsättel PSM
Räder v/h:	8 J x 18 ET 59 / 9 J x 18 ET 53
Reifen v/h:	245/50 ZR 18 / 275/45 ZR 18
Sonderwunsch:	9 J x 19 ET 60 / 10 J x 19 ET 61 255/45 ZR 19 / 285/40 ZR 19 9,5 J x 20 ET 65 / 11 J x 20 ET 68 255/40 ZR 20 / 295/35 ZR 20

Elektrik

Batterie – Niedervolt (V/Ah):	12 / 75
DC/DC Wandler (kW/A)	2,2 / 170
Zwischenkreisspannung (VDC):	430
Drei-Phasenstrom (Amax):	450
HV-Batterie (V/kWh):	384 / 9,4
Energiegehalt nom./nutzbar (kWh):	9,40/ 7,5
Batteriekapazität HV-Batterie (Ah):	24
Leistungsdichte (W/kg):	896
Energiedichte:	70
max. Leistungsabgabe 10 s (kW):	120

Abmessungen, Gewichte und Volumen

Spurweite v/h (mm):	1658 / 1662
mit 9 J x 19 / 10 J x 19:	1656 / 1646
mit 9,5 J x 20 / 11 J x 20:	1646 / 1632
Radstand (mm):	2920
Maße (L x B x H (mm)):	5015 x 1931 x 1418
Leergewicht nach DIN (kg):	2095
zul. Gesamtgewicht (kg):	2580
zul. Dachlast (kg):	75
Kofferraumvolumen (VDA (l)):	335
bei umgeklappten Rücksitzen:	1153
Tankvolumen (l):	80, davon 12 Reserve
Sonderwunsch:	100, davon 12 Reserve
C_W x A (m²) 90–160 km/h:	0,29 x 2,33 = 0,676
160 km/h - Vmax:	0,30 x 2,33 = 0,699
Leistungsgewicht (kg/kW / kg/PS):	6,85 / 5,04

Kraftstoffverbrauch, E-Reichweite, Stromverbrauch

nach Euro 5 im NEFZ (l/100 km):	95 ROZ Super plus bleifrei
Geladene Batterie:	0,0
Entladene Batterie:	7,4
Gesamt:	3,1
CO_2-Emissionen (g/km):	71
Elektrische Reichweite (km):	36
Stromverbrauch (kWh/100km):	16,2

Fahrleistungen, Stückzahlen, Preise

Beschleunigung 0–100 km/h (s):	5,5
0–160 km/h (s):	12,2
0–200 km/h (s):	19,0
Höchstgeschw. (km/h):	270
Fahrleistungen elektrisch:	
0–50 km/h (s):	6,1
0–60 km/h (s):	8,4
Höchstgeschw. (km/h):	135
Segeln:	165
Stückzahl:	in Produktion
Listenpreise:	
04/2013:	Euro 110.409,-
11/2013:	Euro 110.409,-
03/2014:	Euro 110.409,-

PANAMERA DIESEL MJ 2013/14

MOTOR

Bauart:	6-Zylinder-V-Motor, 90°, Ausgleichswelle, Turboaufladung mit Ladeluftkühler
Einbauposition:	Frontmotor
Kühlung:	wassergekühlt
Motor-Typ:	CRC
Hubraum (cm³):	2967
Bohrung x Hub:	83 x 91,4
Leistung (kW/PS):	184/250 bei 3800–4400/min
Belgien/Norwegen:	155/211 bei 2750–4400/min
Max. Drehzahl unter/ohne Last:	4800/min / 5300/min
Drehmoment (Nm):	550 bei 1750–2750/min
Belgien/Norwegen:	550 bei 1750–2500/min
Literleistung (kW/l / PS/l):	62,0 / 84,3
Belgien/Norwegen:	52,2 / 71,1
Verdichtung:	16,8 : 1
Turbolader, max. Ladedruck (bar):	Garret ATL GTB 2260 mit verstellbaren Leitschaufeln (VTG), 1,5
Ventilsteuerung:	dohc über Doppelkette, 4 Ventile pro Zylinder, VarioCam Plus
Gemischaufbereitung:	Bosch CP 4.2 Common-Rail-Direkteinspritzung, 2.000 bar
Motorsteuerung:	elektronische Motorsteuerung Bosch EDC 17 CP44 3.7, E-Gas
Zündfolge:	1 - 4 - 3 - 6 - 2 - 5
Schmierung:	2-stufig geregelte Druckumlaufschmierung mit Naßsumpf
Ölmenge (l):	8,7

KRAFTÜBERTRAGUNG

Antrieb:	Heckantrieb
Tiptronic S:	8-Gang
Getriebe-Typ:	A59.04
Übersetzungen:	
1. Gang:	4,97
2. Gang:	2,84
3. Gang:	1,86
4. Gang:	1,44
5. Gang:	1,21
6. Gang:	1,00
7. Gang:	0,83
8. Gang:	0,69
Rückwärtsgang:	4,07
Achsübersetzung:	2,92

KAROSSERIE, FAHRWERK, BREMSE, RÄDER UND REIFEN

Karosserie:	4-türige, 4-sitzige, selbsttragende Fastback-Leichtbaukarosserie in Stahl-Aluminium-Magnesium-Mischbauweise mit großer Heckklappe, Kotflügel, Türen und Hauben aus Aluminium, aktive Fronthaube zum Fußgängerschutz, Bug- und Heckverkleidungen aus Kunststoff, ausfahrbarer Zwei-Wege-Heckspoiler
Sonderwunsch:	Schiebe-/Hubdach
Vorderradaufhängung:	Aluminium-Doppelquerlenkerachse, Schraubenfedern, innenliegende doppeltwirkende Zweirohr-Gasdruckstoßdämpfer, Stabilisator
Hinterradaufhängung:	Aluminium-Mehrlenkerhinterachse mit Fahrschemel, einzeln an vier Lenkern geführte Räder, Schraubenfedern, doppeltwirkende Zweirohr-Gasdruckstoßdämpfer, Stabilisator
Sonderwunsch:	Porsche Active Suspension Management (PASM) alternativAdaptive Luftfederung inkl. PASM mit volltragenden Luftfederbeinen mit integrierten Dämpfern vorne und separaten Dämpfern und Luftfedern hinten
Bremse v/h (Durchm. x B (mm)):	innenbelüftete genutete Scheiben (360 x 36) / innenbelüftete genutete Scheiben (330 x 28) schwarze 6-Kolben-Monobloc-Aluminium-Festsättel / schwarze 4-Kolben-Monobloc-Aluminium-Festsättel PSM
Sonderwunsch:	Porsche Ceramic Composite Brake (PCCB) innenbelüftete gelochte Keramikfaser-Scheiben (390 x 38) / innenbelüftete gelochte Keramikfaser-Scheiben (350 x 28) gelbe 6-Kolben-Monobloc-Aluminium-Festsättel / gelbe 4-Kolben-Monobloc-Aluminium-Festsättel PSM
Räder v/h:	8 J x 18 ET 59 / 9 J x 18 ET 53
Reifen v/h:	245/50 ZR 18 / 275/45 ZR 18
Sonderwunsch:	9 J x 19 ET 60 / 10 J x 19 ET 61 255/45 ZR 19 / 285/40 ZR 19 9,5 J x 20 ET 65 / 11 J x 20 ET 68 255/40 ZR 20 / 295/35 ZR 20

ELEKTRIK

Lichtmaschinenleistung (W/A):	3080 / 220
Batterie (V/Ah):	12 / 105

ABMESSUNGEN, GEWICHTE UND VOLUMEN

Spurweite v/h (mm):	1658 / 1662
mit 9 J x 19 / 10 J x 19:	1656 / 1646
mit 9,5 J x 20 / 11 J x 20:	1646 / 1632
Radstand (mm):	2920
Maße (L x B x H (mm)):	5015 x 1931 x 1418
Leergewicht nach DIN (kg):	1880
zul. Gesamtgewicht (kg):	2500
zul. Dachlast/Stützlast (kg):	75 / 100
zul. Anhängelast gebr./ungebr. (kg):	2200 / 750
Kofferraumvolumen (VDA (l)):	445
bei umgeklappten Rücksitzen:	1263
Tankvolumen (l):	80, davon 10 Reserve
Sonderwunsch:	100, davon 10 Reserve
C_W x A (m²) 90–160 km/h:	0,30 x 2,33 = 0,699
160 km/h - Vmax:	0,31 x 2,33 = 0,722
Leistungsgewicht (kg/kW / kg/PS):	10,22 / 7,52
Belgien/Norwegen EU5:	12,13 / 8,91

KRAFTSTOFFVERBRAUCH

nach Euro 5 im NEFZ (l/100 km):	Diesel DIN EN 590
Innerstädtisch:	7,8
Außerstädtisch:	5,5
Gesamt:	6,3
CO_2-Emissionen (g/km):	166

FAHRLEISTUNGEN, STÜCKZAHLEN, PREISE

Beschleunigung 0–100 km/h (s):	6,8	7,0*
0–160 km/h (s):	16,8	19,3*
0–200 km/h (s):	30,4	36,4*
Höchstgeschw. (km/h):	244	230*
***mit 155 kW Belgien/Norwegen**		
Stückzahl:	in Produktion	
Listenpreise:		
04/2013:	Euro 81.849,-	

Panamera Diesel ab MJ 2014

Motor

Bauart:	6-Zylinder-V-Motor, 90°, Ausgleichswelle, Turboaufladung mit Ladeluftkühler
Einbauposition:	Frontmotor
Kühlung:	wassergekühlt
Motor-Typ:	CWJ
Hubraum (cm³):	2967
Bohrung x Hub:	83 x 91,4
Leistung (kW/PS):	221/300 bei 4000/min
Belgien/Norwegen:	155/211 bei 2750–4400/min
Max. Drehzahl unter/ohne Last:	4800/min / 5300/min
Drehmoment (Nm):	650 bei 1750-2500/min
Literleistung (kW/l / PS/l):	71,1 / 101,1
Verdichtung:	16,8 : 1
Turbolader, max. Ladedruck (bar):	Garret ATL mit verstellbaren Leitschaufeln (VTG), 2,0
Ventilsteuerung:	dohc über Doppelkette, 4 Ventile pro Zylinder, VarioCam Plus
Gemischaufbereitung:	Bosch CP 4.2 Common-Rail-Direkteinspritzung, 2.000 bar
Motorsteuerung:	elektronische Motorsteuerung Bosch EDC 17 CP44 3.7, E-Gas
Zündfolge:	1 - 4 - 3 - 6 - 2 - 5
Schmierung:	2-stufig geregelte Druckumlaufschmierung mit Naßsumpf
Ölmenge (l):	8,7

Kraftübertragung

Antrieb:	Heckantrieb
Tiptronic S:	8-Gang
Getriebe-Typ:	A70.11
Übersetzungen:	
1. Gang:	4,92
2. Gang:	2,81
3. Gang:	1,84
4. Gang:	1,43
5. Gang:	1,21
6. Gang:	1,00
7. Gang:	0,83
8. Gang:	0,69
Rückwärtsgang:	4,02
Achsübersetzung:	2,69

Karosserie, Fahrwerk, Bremse, Räder und Reifen

Karosserie:	4-türige, 4-sitzige, selbsttragende Fastback-Leichtbaukarosserie in Stahl-Aluminium-Magnesium-Mischbauweise mit großer Heckklappe, Kotflügel, Türen und Hauben aus Aluminium, aktive Fronthaube zum Fußgängerschutz, Bug- und Heckverkleidungen aus Kunststoff, ausfahrbarer Zwei-Wege-Heckspoiler
Sonderwunsch:	Schiebe-/Hubdach
Vorderradaufhängung:	Aluminium-Doppelquerlenkerachse, Schraubenfedern, innenliegende doppeltwirkende Zweirohr-Gasdruckstoßdämpfer, Stabilisator
Hinterradaufhängung:	Aluminium-Mehrlenkerhinterachse mit Fahrschemel, einzeln an vier Lenkern geführte Räder, Schraubenfedern, doppeltwirkende Zweirohr-Gasdruckstoßdämpfer, Stabilisator
Sonderwunsch:	Porsche Active Suspension Management (PASM)
Alternativ:	Adaptive Luftfederung inkl. PASM mit volltragenden Luftfederbeinen mit integrierten Dämpfern vorne und separaten Dämpfern und Luftfedern hinten
Bremse v/h (Durchm. x B (mm)):	innenbelüftete genutete Scheiben (360 x 36) / innenbelüftete genutete Scheiben (330 x 28) schwarze 6-Kolben-Monobloc-Aluminium-Festsättel / schwarze 4-Kolben-Monobloc-Aluminium-Festsättel PSM
Sonderwunsch:	Porsche Ceramic Composite Brake (PCCB) innenbelüftete gelochte Keramikfaser-Scheiben (390 x 38) / innenbelüftete gelochte Keramikfaser-Scheiben (350 x 28) gelbe 6-Kolben-Monobloc-Aluminium-Festsättel / gelbe 4-Kolben-Monobloc-Aluminium-Festsättel PSM
Räder v/h:	8 J x 18 ET 59 / 9 J x 18 ET 53
Reifen v/h:	245/50 ZR 18 / 275/45 ZR 18
Sonderwunsch:	9 J x 19 ET 60 / 10 J x 19 ET 61 255/45 ZR 19 / 285/40 ZR 19 9,5 J x 20 ET 65 / 11 J x 20 ET 68 255/40 ZR 20 / 295/35 ZR 20

Elektrik

Lichtmaschinenleistung (W/A):	3080 / 220
Batterie (V/Ah):	12 / 105

Abmessungen, Gewichte und Volumen

Spurweite v/h (mm):	1658 / 1662
mit 9 J x 19 / 10 J x 19:	1656 / 1646
mit 9,5 J x 20 / 11 J x 20:	1646 / 1632
Radstand (mm):	2920
Maße (L x B x H (mm)):	5015 x 1931 x 1418
Leergewicht nach DIN (kg):	1900
zul. Gesamtgewicht (kg):	2500
zul. Dachlast/Stützlast (kg):	75 / 100
zul. Anhängelast gebr./ungebr. (kg):	2200 / 750
Kofferraumvolumen (VDA (l)):	445
bei umgeklappten Rücksitzen:	1263
Tankvolumen (l):	80, davon 10 Reserve
Sonderwunsch:	100, davon 10 Reserve
C_W x A (m²) 90–160 km/h:	0,30 x 2,33 = 0,699
160 km/h - Vmax:	0,31 x 2,33 = 0,722
Leistungsgewicht (kg/kW / kg/PS):	9,60 / 6.33

Kraftstoffverbrauch

nach Euro 5 im NEFZ (l/100 km):	Diesel DIN EN 590
Innerstädtisch:	7,7
Außerstädtisch:	5,6
Gesamt:	6,4
CO_2-Emissionen (g/km):	169

Fahrleistungen, Stückzahlen, Preise

Beschleunigung 0–100 km/h (s):	6,0
0–160 km/h (s):	14,4
0–200 km/h (s):	24,5
Höchstgeschw. (km/h):	259
Stückzahl:	in Produktion
Listenpreise:	
09/2013:	Euro 85.300,-
11/2013:	Euro 85.300,-
03/2014:	Euro 85.300,-

Panamera Turbo S ab MJ 2014/15

Motor

Bauart:	8-Zylinder-V-Motor, 90°, Bi-Turboaufladung mit Ladeluftkühlung
Einbauposition:	Frontmotor
Kühlung:	wassergekühlt
Motor-Typ:	CWC (M 48/70)
Hubraum (cm^3):	4806
Bohrung x Hub:	96 x 83
Leistung (kW/PS):	419/570 bei 6000/min
Max. Drehzahl:	6700/min
Drehmoment (Nm):	750 bei 2500-5000/min
mit Overboost im SportPlus-Modus:	800 bei 2500-4500/min
Literleistung (kW/l / PS/l):	87,2 / 118,5
Verdichtung:	10,5 : 1
maximaler Ladedruck (bar):	1,0
mit Overboost:	1,2
Ventilsteuerung:	dohc über Doppelkette, 4 Ventile pro Zylinder, VarioCam Plus
Gemischaufbereitung:	Benzin-Direkteinspritzung (DFI) mittels Drallinjektoren, 140 bar
Motorsteuerung:	elektronische Motorsteuerung (EMS) SDI 6.1, Continental, E-Gas
Zündfolge:	1 - 3 - 7 - 2 - 6 - 5 - 4 - 8
Schmierung:	Integrierte Trockensumpfschmierung
Ölmenge (l):	10,85

Kraftübertragung

Antrieb:	Porsche Traction Management (PTM): aktiver Allradantrieb mit elektronisch geregelter, kennfeldgesteuerter Lamellenkupplung und Antriebsschlupfregelung (ASR)
PDK:	7-Gang
Getriebe-Typ:	C 70.51
Übersetzungen:	
1. Gang:	5,970
2. Gang:	3,308
3. Gang:	2,013
4. Gang:	1,366
5. Gang:	1,000
6. Gang:	0,807
7. Gang:	0,587
Rückwärtsgang:	4,568
Achsübersetzung Vorderachse:	3,308
Achsübersetzung Hinterachse:	3,154

Karosserie, Fahrwerk, Bremse, Räder und Reifen

Karosserie:	4-türige, 4-sitzige, selbsttragende Fastback-Leichtbaukarosserie in Stahl-Aluminium-Magnesium-Mischbauweise mit großer Heckklappe, Kotflügel, Türen und Hauben aus Aluminium, aktive Fronthaube zum Fußgängerschutz, Bug- und Heckverkleidungen aus Kunststoff, ausfahrbarer Vier-Wege-Heckspoiler
Sonderwunsch:	Schiebe-/Hubdach
Vorderradaufhängung:	Aluminium-Doppelquerlenkerachse, volltragende Luftfedern, elektronisch geregelte Zweirohr-Gasdruckstoßdämpfer (PASM), Stabilisator
Hinterradaufhängung:	Aluminium-Mehrlenkerhinterachse mit Fahrschemel, einzeln an vier Lenkern geführte Räder, Luftfeder mit abkoppelbarem Zusatzvolumen je Rad, elektronisch geregelte Zweirohr-Gasdruckstoßdämpfer (PASM), Stabilisator
Bremse v/h (Durchm. x B (mm)):	Porsche Ceramic Composite Brake (PCCB) innenbelüftete gelochte Keramikfaser-Scheiben (420 x 40) / innenbelüftete gelochte Keramikfaser-Scheiben (350 x 28) gelbe 6-Kolben-Monobloc-Aluminium-Festsättel / gelbe 4-Kolben-Monobloc-Aluminium-Festsättel PSM
Räder v/h:	9,5 J x 20 ET 65 / 11 J x 20 ET 68
Reifen v/h:	255/40 ZR 20 / 295/35 ZR 20
Sonderwunsch:	9,5 J x 20 ET 65 / 11,5 J x 20 ET 63 255/40 ZR 20 / 295/35 ZR 20

Elektrik

Lichtmaschinenleistung (W/A):	2660 / 190
Batterie (V/Ah):	12 / 95

Abmessungen, Gewichte und Volumen

Spurweite v/h (mm):	1646 / 1642*
mit 9,5 J x 20 / 11,5 J x 20:	1646 / 1642*
Radstand (mm):	2920
Maße (L x B x H (mm)):	5015 x 1931 x 1418
Leergewicht nach DIN (kg):	1995
zul. Gesamtgewicht (kg):	2500
zul. Dachlast/Stützlast (kg):	75 / 100
zul. Anhängelast gebr./ungebr. (kg):	2200 / 750
Kofferraumvolumen (VDA (l)):	432
bei umgeklappten Rücksitzen:	1250
Tankvolumen (l):	100, davon 12 Reserve
C_W x A (m^2) 90 - 205 km/h:	0,32 x 2,34 = 0,749
205 km/h - Vmax:	0,33 x 2,34 = 0,772
Leistungsgewicht (kg/kW / kg/PS):	4,76 / 3,50
*mit je 5-mm-Distanzscheiben	

Kraftstoffverbrauch

nach Euro 5 im NEFZ (l/100 km):	98 ROZ Super plus bleifrei
Innerstädtisch:	14,7
Außerstädtisch:	7,7
Gesamt:	10,2
CO_2-Emissionen (g/km):	239

Fahrleistungen, Stückzahlen, Preise

Beschleunigung 0–100 km/h (s):	3,8*
0–160 km/h (s):	8,2*
0–200 km/h (s):	12,8*
Höchstgeschw. (km/h):	310
*mit Sport Plus Taste	
Stückzahl:	in Produktion
Listenpreis:	
11/2013:	Euro 180.024,-
03/2014:	Euro 180.024,-

Panamera Turbo S Executive ab MJ 2014/15

Motor

Bauart:	8-Zylinder-V-Motor, 90°, Bi-Turboaufladung mit Ladeluftkühlung
Einbauposition:	Frontmotor
Kühlung:	wassergekühlt
Motor-Typ:	CWC (M 48/70)
Hubraum (cm^3):	4806
Bohrung x Hub:	96 x 83
Leistung (kW/PS):	419/570 bei 6000/min
Max. Drehzahl:	6700/min
Drehmoment (Nm):	750 bei 2500-5000/min
mit Overboost im SportPlus-Modus:	800 bei 2500-4500/min
Literleistung (kW/l / PS/l):	87,2 / 118,5
Verdichtung:	10,5 : 1
maximaler Ladedruck (bar):	1,0
mit Overboost:	1,2
Ventilsteuerung:	dohc über Doppelkette, 4 Ventile pro Zylinder, VarioCam Plus
Gemischaufbereitung:	Benzin-Direkteinspritzung (DFI) mittels Drallinjektoren, 140 bar
Motorsteuerung:	elektronische Motorsteuerung (EMS) SDI 6.1, Continental, E-Gas
Zündfolge:	1 - 3 - 7 - 2 - 6 - 5 - 4 - 8
Schmierung:	Integrierte Trockensumpfschmierung
Ölmenge (l):	10,85

Kraftübertragung

Antrieb:	Porsche Traction Management (PTM): aktiver Allradantrieb mit elektronisch geregelter, kennfeldgesteuerter Lamellenkupplung und Antriebsschlupfregelung (ASR)
PDK:	7-Gang
Getriebe-Typ:	C 70.51
Übersetzungen:	
1. Gang:	5,970
2. Gang:	3,308
3. Gang:	2,013
4. Gang:	1,366
5. Gang:	1,000
6. Gang:	0,807
7. Gang:	0,587
Rückwärtsgang:	4,568
Achsübersetzung Vorderachse:	3,308
Achsübersetzung Hinterachse:	3,154

Karosserie, Fahrwerk, Bremse, Räder und Reifen

Karosserie:	4-türige, 4-sitzige, selbsttragende Fastback-Leichtbaukarosserie in Stahl-Aluminium-Magnesium-Mischbauweise mit großer Heckklappe, Kotflügel, Türen und Hauben aus Aluminium, aktive Fronthaube zum Fußgängerschutz, Bug- und Heckverkleidungen aus Kunststoff, ausfahrbarer Vier-Wege-Heckspoiler
Sonderwunsch:	Schiebe-/Hubdach
Vorderradaufhängung:	Aluminium-Doppelquerlenkerachse, volltragende Luftfedern, elektronisch geregelte Zweirohr-Gasdruckstoßdämpfer (PASM), Stabilisator
Hinterradaufhängung:	Aluminium-Mehrlenkerhinterachse mit Fahrschemel, einzeln an vier Lenkern geführte Räder, Luftfeder mit abkoppelbarem Zusatzvolumen je Rad, elektronisch geregelte Zweirohr-Gasdruckstoßdämpfer (PASM), Stabilisator
Bremse v/h (Durchm. x B (mm)):	Porsche Ceramic Composite Brake (PCCB) innenbelüftete gelochte Keramikfaser-Scheiben (420 x 40) / innenbelüftete gelochte Keramikfaser-Scheiben (350 x 28) gelbe 6-Kolben-Monobloc-Aluminium-Festsättel / gelbe 4-Kolben-Monobloc-Aluminium-Festsättel PSM
Räder v/h:	9,5 J x 20 ET 65 / 11 J x 20 ET 68
Reifen v/h:	255/40 ZR 20 / 295/35 ZR 20
Sonderwunsch:	9,5 J x 20 ET 65 / 11,5 J x 20 ET 63 255/40 ZR 20 / 295/35 ZR 20

Elektrik

Lichtmaschinenleistung (W/A):	2660 / 190
Batterie (V/Ah):	12 / 95

Abmessungen, Gewichte und Volumen

Spurweite v/h (mm):	1646 / 1642*
mit 9,5 J x 20 / 11,5 J x 20:	1646 / 1642
Radstand (mm):	3070
Maße (L x B x H (mm)):	5165 x 1931 x 1425
Leergewicht nach DIN (kg):	2080
zul. Gesamtgewicht (kg):	2560
zul. Dachlast (kg):	-
Kofferraumvolumen (VDA (l)):	432
bei umgeklappten Rücksitzen:	1385
Tankvolumen (l):	100, davon 12 Reserve
C_W x A (m^2) 90 - 205 km/h:	0,32 x 2,34 = 0,749
205 km/h - Vmax:	0,33 x 2,34 = 0,772
Leistungsgewicht (kg/kW / kg/PS):	4,96 / 3,65
***mit je 5-mm-Distanzscheiben**	

Kraftstoffverbrauch

nach Euro 5 im NEFZ (l/100 km):	98 ROZ Super plus bleifrei
Innerstädtisch:	14,9
Außerstädtisch:	7,8
Gesamt:	10,3
CO_2-Emissionen (g/km):	242

Fahrleistungen, Stückzahlen, Preise

Beschleunigung 0–100 km/h (s):	3,9*
0–160 km/h (s):	8,4*
0–200 km/h (s):	13,2*
Höchstgeschw. (km/h):	310
***mit Sport Plus Taste**	
Stückzahl:	in Produktion
Listenpreis:	
11/2013:	Euro 197.041,-
03/2014:	Euro 197.041,-

Porsche Macan

Modelljahr 2014/15 (F-Programm)

Die Weltpremiere des Macan findet auf der Los Angeles Auto Show statt. Porsche präsentiert das neue kompakte Sport Utility Vehicle auf dem Messe-Stand in der Petree Hall erstmals am 19. November 2013 um 19:55 Uhr Ortszeit. Die Pressekonferenz findet am nächsten Tag um 11:35 Uhr Ortszeit statt. Der Name Macan ist abgeleitet vom indonesischen Wort »Tiger«. Sein Design symbolisiert genau die Eigenschaften, kräftig und jederzeit zum Sprung bereit. Auf der Straße ist das Fahrverhalten leichtfüßig, im Gelände entsprechend ausdauernd. Auf dem Markt in Deutschland wird der Macan ab dem 5. April 2014 eingeführt. Die deutschen Preise inklusive Mehrwertsteuer beginnen für den Macan S und den Macan S Diesel bei je 57.930 Euro und enden für den Macan turbo bei 79.826 Euro. Der Macan wird im Werk Leipzig mit höchstem Qualitätsanspruch gefertigt, dazu hat Porsche 500 Millionen Euro in den Aufbau einer kompletten Fertigungslinie investiert. Diese ist auf eine Fertigungskapazität von 50.000 Fahrzeuge pro Jahr ausgelegt. Typisch Porsche – »Made in Germany«! Porsche positioniert den Macan als ersten Sportwagen unter den kompakten SUV. Doch das hohe Gewicht und der bauartbedingte hohe Fahrzeugschwerpunkt werden dem Sportwagenanspruch nicht ganz gerecht. Dafür ist der Macan aber ganz sicher der sportlichste SUV auf dem Markt und setzt neue Maßstäbe in den Punkten Fahrspaß und Fahrdynamik, sowohl auf der Straße als auch abseits davon. Die sportlichen Gene des Macan lassen sich beim Beschleunigen, beim Bremsen und beim agilen Einlenken spüren. Das Design wirkt durch seine abfallende Dachkontur für einen SUV recht flach und breit. Zudem steht der Macan kompakt und kraftvoll auf der Straße. Die Proportionen der Formensprache verbinden Sportlichkeit mit einer schlichten Eleganz, gepaart mit den stilistischen Details der Porsche-Gene, so daß der neue kompakte SUV schon auf den ersten Blick als echter Porsche wahrgenommen wird. Auch die Mischbereifung mit großen Rädern unterstützt das sportive Design des Macan.

Mit dem vollverzinkten Rohbau der Macan-Karosserie haben die Porsche-Ingenieure durch intelligenten Materialmix einen großen Schritt in Richtung Leichtbau unternommen. Porsche entwickelt den Stahlleichtbau für den Macan konsequent weiter. Die bei einem Crash einwirkenden Kräfte werden definiert auf die Längs- und Querträgerstrukturen von Vorder- und Hinterwagen verteilt. Mehrphasenstähle sorgen für hohe Festigkeit, genau definierte Verformbarkeit und optimale Energieaufnahme. Verstärkungen aus höchstfesten warmumgeformten Stählen schützen die Insassen bei einem Seitenaufprall. Sie umgeben die Fahrgastzelle wie ein Käfig und tragen mit dem Erhalt des Innenraums entscheidend zum Schutz der Insassen bei. Im Bereich der Dachstruktur verbessern warmumgeformte Stähle das Sicherheitsniveau zusätzlich. Die vier Stahltüren sind mit einem Seitenaufprallschutz aus je zwei höchstfesten warmumgeformten Stahlprofilen ausgerüstet. Motorhaube und Heckklappe sind zur Gewichtsreduzierung aus Aluminium gefertigt. Die Frontperspektive des Macan ist von den drei großen Kühllufteinlässen des Bugteils geprägt. Beim Macan S und Macan Diesel S ist der Kühlergrill des mittleren Lufteinlasses feiner unterteilt als beim Macan turbo. Die seitlichen Lufteinlässe werden von schwarzen Einsätzen mit zwei horizontal verlaufenden Querstreben unterteilt. Beim turbo sind darin die beiden separaten LED-Leuchten für die Blinker und die Positionslichter integriert. Die S-Modelle tragen Bugleuchten mit kombinierten Positionslichtern und Blinkern. Analog zu den Fronthauben der Modelle Cayenne und Panamera ist der mittlere Teil für den Fußgängerschutz höher gesetzt und ebenso wie die seitlich angeformten Peilkanten durch Designlinien konturiert. Sie umschließt die gesamte Breite des Vorderwagens bis zur Oberkante der Radhäuser. Als Nebeneffekt bietet die fehlende Karosseriespalte zwischen Motorhaube und Kotflügel dem Fahrwind weniger Angriffsfläche und verbessert dadurch die Aerodynamik. Darüber hinaus sind beim Macan S Diesel an beiden Seiten der Haube verchromte »diesel«-Schriftzüge angebracht. Die Hauptscheinwerfer, die von der Grundform der Leuchten des 918 Spyder inspiriert sind, werden formal völlig von der Fronthaube umrandet. Beim Hochklappen der Haube werden die beiden Aussparungen deutlich sichtbar.

Die Scheinwerfersysteme des Porsche Macan verbinden Design mit hoher Funktionalität. Großzügige Hauptscheinwerfermodule, das Tagfahrlicht sowie die Anordnung der Nebelscheinwerfer prägen die Front des Fahrzeugs. Halogen-Hauptscheinwerfer in Projektionstechnik sind beim Macan S und Macan S Diesel Serie. Bi-Xenon-Hauptscheinwerfer, ebenfalls in Projektionstechnik ausgeführt, inklusive Scheinwerferreinigungsanlage gehören beim Macan turbo zur Serienausstattung. Für die anderen Modelle sind sie als Option lieferbar. Zudem gehört das Porsche Dynamic Light System (PDLS) mit geschwindigkeitsabhängiger Fahrlichtsteuerung inklusive dynamischem und statischem Kurvenlicht zum Lieferumfang. Das Tagfahrlicht ist beim Macan S und Macan S Diesel in Halogentechnik ausgeführt, beim Macan turbo als 4-Punkt-LED. Nebelscheinwerfer sind bei allen Macan-Modellen serienmäßig. Während beim Macan S und Macan S Diesel runde Halogen-Nebelscheinwerfer im Bugteil integriert sind, bestehen diese beim Macan turbo in länglicher LED-Technik. Alle Macan sind mit einem Fahrlichtassistenten und Heimleuchtautomatik ausgestattet. Das PDLS kann auf Kundenwunsch noch mit dem Porsche Dynamik Light System plus (PDLS+) mit dynamischem Fernlicht, welches sich stufenlos an die Verkehrssituation anpaßt, sowie navigationsgestützter Erkennung von Kreuzungen und Einmündungen zur Aktivierung des statischen Kurvenlichts erweitert werden.

Serienmäßig sind alle Macan mit einer getönten Wärmeschutzverglasung und einem Graukeil an der Windschutzscheibe ausgestattet. Die Seitenscheiben werden von Aluminiumleisten umrandet. Optional sind die Seitenscheibenleisten, zur Setzung besonderer optischer Akzente, auch in hochglänzendem Schwarz lieferbar. Ein kleiner senkrechtstehender Steig, auf Höhe der Außenspiegel, trennt die vordere Seitenscheibe. Die auf der Türaußenhaut angebrachten Außenspiegel sind elektrisch verstell- und heizbar und können ebenfalls an die Karosserie angeklappt werden. Die Seitenansicht der fließend abfallenden Dachlinie unterstreicht den sportlichen coupéhaften Charakter des SUVs. In Verbindung mit der optionalen Dachreling, welche in Aluminium oder schwarz lackiert bestellt werden kann, können Basisträger für Dachboxen oder Skiträger montiert werden. Das Panorama Dachsystem besteht aus zwei getönten Glasteilen, von denen das vordere elektrisch ausgestellt und geöffnet werden kann. Zu viel Sonneneinstrahlung verhindert ein elektrisch bedienbares Rollo, welches die gesamte Glasfläche abdecken kann. Auf Wunsch schützt eine Privacy-Verglasung mit stärker getönten Heck- und hinteren Seitenscheiben vor neugierigen Blicken. Diese kann auch mit einer Wärmeschutzverglasung mit geräusch- und wärmedämmendem Verbundglas kombiniert werden. Eine weitere Option zum Schutz vor direkter Sonneneinstrahlung sind mechanische Sonnenrollos an den Fondseitenscheiben. Die Seitenflanken werden durch die ausgestellten Radhäuser und die in den Türen weitergeleitete Form der Seitenschweller bestimmt.

Die modern gezeichneten hinteren Türen schließen exakt an der Kante des Radhauses ab und lassen die Seitenlinie des Macan dadurch in zeitloser Eleganz erstrahlen. Ein Designelement,

Das optionale Burmester®-High-End Surround Sound-System im Macan

das zugleich Möglichkeiten zur Individualisierung bietet, sind die sogenannten Sideblades, welche im unteren Bereich der Vorder- und Hintertüren eingearbeitet sind, um die Fahrzeugflanken optisch schlanker wirken zu lassen. In Verbindung mit den grazil geformten Bügeltürgriffen wirken die Proportionen der Türen deutlich schmaler. Bei den Modellen Macan S und Macan S Diesel sind die konkav geformten Einlageelemente in Lavaschwarz gehalten. Optional können die Sideblades für einen klassisch-eleganten Auftritt, analog zur serienmäßigen Ausführung des Macan turbo, auch in Wagenfarbe lackiert werden. Die auf Wunsch für alle Modelle erhältlichen Sideblades in Echtcarbon verleihen dem Macan eine besonders sportlich-edle Anmutung. Die schwarzen Unterteile der Bug- und Heckstoßfänger werden durch die schwarzen durchgehenden Seitenschwellerverkleidungen optisch miteinander verbunden. Optional können die Bugblende oder auch die Bug- und die Heckblende in Edelstahl ausgeführt werden. Porsche Exclusive bietet eigenständig gestaltete, in Wagenfarbe lackierte SportDesign Schwellerblenden an. Diese sind für den Macan turbo ab April 2014 lieferbar, für den Macan S und den Macan S Diesel ab Juni 2014.

Die fließende Linie der Dachkontur läuft in einem langgezogenen, schwarz lackierten Spoiler aus, der die Oberkante und die beiden Ecken der Heckscheibe harmonisch umschließt. Selbst die Sicke im hinteren Bereich der Dachaußenhaut wird im Dachspoiler fortgesetzt und führt auf die im Abschluß integrierte dritte LED-Bremsleuchte hin. Die Aluminiumheckklappe ist unterhalb der Heckscheibe als große schlichte Fläche gestaltet, die von einer konvexen in eine geschwungene konkave Form übergeht. Zwischen den Rückleuchtenanteilen auf dem Heckdeckel ist in Chrombuchstaben der »P O R S C H E«-Schriftzug und darunter die Macan-Modellbezeichnung aufgeklebt. Auf Wunsch, ohne Mehrpreis, sind alle Macan-Modelle ohne jegliche Modellbezeichnung zu haben, lediglich der hintere »P O R S C H E«-Schriftzug bleibt bestehen. Um die Harmonie dieser reinen Formenlehre nicht zu stören, ist der Schalter für die serienmäßige automatische Öffnung der Heckklappe unauffällig im Fuß des Scheibenwischers integriert. Die Kennzeichentafel ist im unteren Heckbereich in einer Sicke im Stoßfänger untergebracht.

In Anlehnung an das Design des 918 sind die schmalen, geteilten LED-Rückleuchten des Macan dreidimensional herausgearbeitet. Die obere Ebene der Leuchten ist rot gehalten. In der Mitte ist das schmale horizontale Schlußlicht platziert, das adaptive Bremslicht gibt ihm den entsprechenden Rahmen. Der nach hinten gesetzte Teil der Blinker ist in einem dunklen transluzenten Grauton gehalten, um eine zusätzliche Tiefenwirkung zu erzeugen. Das dreidimensionale Design macht das Heck des Macan gleichermaßen bei Tag und in der Nacht unverwechselbar, denn die Leuchtengrafik sorgt für einen hohen Wiedererkennungseffekt. Im unteren Bereich der Stoßfänger sind rote Rückstrahler zusammen mit den LED-Rückfahrleuchten integriert. Auf Wunsch ist der ParkAssistent vorne und hinten mit Ultraschallsensoren in den Stoßfängern lieferbar, als zweite Option auch in Verbindung mit einer Rückfahrkamera. Bei allen Modellen wird der Heckdiffusor links und rechts von jeweils zwei Doppelendrohren flankiert. Beim Macan S und Macan S Diesel sind diese rund geformt und beim Macan turbo eckig. Auf Wunsch sind Sportendrohre aus verchromtem Edelstahl für alle Macan-Modelle erhältlich.

Serienmäßig bietet Porsche die Macan-Modelle mit drei verschieden großen Tankvolumen an. Der Macan Diesel S verfügt über 60 Liter, der Macan S über 65 Liter und der Macan turbo über 75 Liter. Der große Kraftstofftank des Macan turbo ist für die beiden S-Modelle optional, ohne Aufpreis, lieferbar. Eine Vorrüstung für Anhängezugvorrichtungen ist serienmäßig installiert. Diese kann als Sonderausstattung mit einem elektrisch aus- und einklappbaren Kugelkopf bestückt werden. Damit können gebremste Anhänger mit bis zu einem Gesamtgewicht von 2.400 Kilogramm gezogen werden.

Bei der Markteinführung sind drei aufgeladene V6-Triebwerke erhältlich: Zwei Benzinmotoren und ein Dieselaggregat. Alle Motoren sind mit einem Thermomanagement inklusive aktiver Kühlerjalousie, Bordnetzrekuperation, Segel-Funktion und Auto Start-Stop-Funktion ausgerüstet.

Dem Fahrer des Macan S steht ein mit 9,8 : 1 verdichteter V6-Motor mit drei Litern Hubraum und Biturbo-Aufladung zur Verfügung. Der kraftvolle und effiziente Antrieb leistet 340 PS (250 kW) bei 5.500 bis 6.500 Umdrehungen pro Minute. Bei 6.700 Touren dreht das Triebwerk aus. Das maximale Drehmoment von 460 Newtonmeter ist über einen besonders breiten Drehzahlbereich von 1.450 bis 5.000 Umdrehungen pro Minute abrufbar, was eine souveräne und gleichmäßige Kraftentfaltung bereits bei niedrigen Drehzahlen bedeutet. Die Motorauslegung spielt beim Fahrzeugschwerpunkt eine entscheidende Rolle. Da V-Motoren mit 90 Grad Zylinderbankwinkel prinzipbedingt flacher bauen als V6-Motoren mit 60 Grad Bankwinkel, senken diese auch den Fahrzeugschwerpunkt ab. Für eine ausgewogene Achslastverteilung sitzt die Motor-Getriebe-Einheit so weit wie möglich hinten im Motorraum. Damit der V6-Motor einen möglichst vibrationsarmen Motorlauf erhält, kompensiert eine Ausgleichswelle die freien Massenmomente. Sie rotiert im Ölsumpf und wird zusammen mit der Ölpumpe angetrieben. Die integrierte Trockensumpfschmierung mit zweistufiger Ölabsaugung ermöglicht eine flache Ölwanne und damit tiefe Einbauposition des Triebwerks.

Die Kurbelwelle hat einen sehr geringen Hub von 69 Millimetern, dadurch ist der extrem kurzhubige Motor besonders drehfreudig. Zwei kleine schnell ansprechende Turbolader verdichten die Verbrennungsluft mit bis zu 1,0 bar Überdruck. Durch

Das Herz des Macan turbo, der 3,6-Liter-V6-Bi-Turbomotor

zwei Einlaßventile pro Zylinder mit unterschiedlichem Hub strömt die Luft mit dem gewünschten Drall in die Brennräume. Die VarioCam Plus-Einlaßnockenwellen passen die Steuerzeiten und den Ventilhub an Last und Drehzahl an. Die Nockenwellen werden über haltbare Doppelketten angetrieben. Als erster Porsche-V-Motor hat der V6-Biturbo auch auf der Auslaßseite Nockenwellen mit verstellbaren Steuerzeiten. Die Kraftstoffversorgung übernimmt eine Benzin-Direkteinspritzung mit einem 200 bar Hochdrucksystem und Mehrlochinjektoren. Die elektronische Motorsteuerung (EMS) übernimmt die SDI 10 von Continental. Der Verbrauch liegt nach Euro 6 im NEFZ bei 8,7 bis 9,0 Liter Super Plus auf 100 km, in Abhängigkeit vom verwendeten Reifensatz, die CO_2-Emissionen bei 204 bis 212 g/km. Auf derselben konstruktiven Basis ist auch das Triebwerk des Macan turbo aufgebaut. Das Kurbelgehäuse besitzt die gleiche Bohrung von 96 Millimetern wie der S-Motor. Durch eine Kurbelwelle aus dem Porsche-Motorenbaukasten mit einem von 69 auf 83 Millimeter erhöhten Hub steigt der Hubraum auf 3,6 Liter an. Das Spitzentriebwerk ist mit 10,5 : 1 höher verdichtet als das Basisaggregat. Zudem wird der Ladedruck von einem auf 1,2 bar erhöht. Das Ergebnis ist eine maximale Leistung von 400 PS (294 kW) bei 6.000 Umdrehungen pro Minute. Gleichzeitig steigt das maximale Drehmoment in einem Drehzahlbereich von 1.350 bis 4.500 Umdrehungen pro Minute auf 550 Newtonmeter an. Damit ist der Antritt aus dem Drehzahlkeller noch kraftvoller. Die spezifische Leistung des Triebwerks liegt bei über 110 PS pro Liter. Der Gesamtverbrauch im NEFZ liegt nach Euro 6, in Abhängigkeit vom verwendeten Reifensatz, bei 8,9 bis 9,2 Liter Super Plus auf 100 km. Je gefahrenem Kilometer werden 208 bis 216 Gramm CO_2 emittiert.

Der Macan S Diesel erhält einen 90-Grad-V6-Dieselmotor, der zwischen 4.000 und 4.250 Umdrehungen pro Minute 258 PS (190 kW) leistet. Das maximale Drehmoment von 580 Newtonmeter steht in einem Drehzahlbereich von 1.750 bis 2.500 Umdrehungen pro Minute zur Verfügung. Die Abregeldrehzahl liegt bei 5.200/min. Für den italienischen Markt leistet das Triebwerk 250 PS (184 kW) bei 3.500 bis 4.500 Touren. In Belgien und Norwegen ist das Aggregat in der Leistung auf 211 PS (155 kW) reduziert. Diese steht in einem breiten Drehzahlbereich von 2.750/min und 5.000/min zur Verfügung. Die Werte für das maximale Drehmoment sind bei allen Motorenversionen gleich. Porsche erzielt Verbesserungen beim Dieselaggregat durch den Einsatz neuer Materialien zur Gewichtsreduzierung, über verringerte Reibungswiderstände, einer Überarbeitung des Einspritzsystems und einem Abgasturbolader mit verstellbaren Leitschaufeln sowie Doppel-Ladeluftkühlung.

Der Motor ist für möglichst gute Rohemissionen auf 16,8 : 1 verdichtet. Eine leichte Kurbelwelle mit wenig Gegengewichten und Hohlbohrungen verleiht dem Motor eine hohe Drehfreude. Über eine Hülsenkette werden die obenliegenden, mit Stahlnocken gebauten Nockenwellen des 4-Ventilers angetrieben. Die Rollenschlepphebel sind mit einem hydraulischen Ventilspielausgleich ausgerüstet. Der Druck der Common-Rail-Direkteinspritzung von Bosch ist auf 2.000 bar erhöht, um die Qualität der Gemischbildung zu verbessern. Der Dieselkraftstoff wird durch 8-Loch-Injektoren direkt in die Brennräume eingespritzt. Der VTG-Abgasturbolader ist eine Konstruktion mit optimierten Lagern und einem neuen Verdichterrad, der sich durch ein verbessertes Ansprechverhalten und einen höheren Wirkungsgrad bemerkbar macht. Gleichzeitig wirkt der Macan Diesel S agil im Handling, da wenig Gewicht auf der Vorderachse lastet. Die Ölversorgung an den Schmierstellen übernimmt eine konventionelle Naßsumpfschmierung. Ein Dieselpartikelfilter mit SCR-System (Selective Catalytic Reduction) dient der Abgasreinigung. Der Verbrauch liegt, in Abhängigkeit vom verwendeten Reifensatz, nach Euro 6 im NEFZ bei 6,1 bis 6,3 Liter Diesel auf 100 km, gleichzeitig sinken die CO_2-Emissionen auf 159 bis 164 g/km.

Beim Getriebeangebot orientiert sich Porsche am Zeitgeist und bietet mit dem Macan erstmals eine Modellreihe ausschließlich mit einem serienmäßigen 7-Gang-Porsche-Doppelkupplungsgetriebe (PDK) an. Das PDK verfügt über zwei Schaltgassen, während in der linken manuell geschaltet werden kann, wird in der rechten Gasse über den Wählhebel die Schaltstufe eingelegt. Selbstverständlich können die Gänge auch über die serienmäßigen Schaltpaddles am Lenkrad gewechselt werden. Zu den

Macan Diesel

Vorteilen des PDK gehören ein überdurchschnittlicher Schaltkomfort mit extrem kurzen Reaktionszeiten für sehr schnelle Gangwechsel ohne Zugkraftunterbrechung. Hinzu kommen ein niedriger Kraftstoffverbrauch und eine sehr hohe Anfahrbeschleunigung.

Der bei allen Macan-Modellen serienmäßige aktive Allradantrieb ist Teil des Porsche Traction Management (PTM), zu dem ebenfalls die elektronisch geregelte, kennfeldgesteuerte Lamellenkupplung, die Antriebsschlupfregelung (ASR) sowie das automatische Bremsdifferential (ABD) gehören. Das reaktionsschnelle System bietet jederzeit Traktion und Sicherheit. Es unterstützt mit seiner Auslegung den sportlichen Charakter des Macan. Während die Hinterachse permanent angetrieben wird, erhält die Vorderachse das Antriebsmoment, in Abhängigkeit des Sperrgrads der elektronisch geregelten Lamellenkupplung, von der Hinterachse. Über eine Taste in der Mittelkonsole kann der serienmäßige Offroad-Modus in einem Geschwindigkeitsbereich von 0 und 80 Kilometer pro Stunde aktiviert werden und schaltet entsprechend alle benötigten Systeme in ein Geländeprogramm mit maximaler Traktion. Schaltdrehzahlen und -geschwindigkeiten sind auf höhere Traktion ausgelegt. Auch die Kupplung ist stärker vorgespannt, damit die Vorderachse noch schneller mit dem passenden Antriebsmoment versorgt werden kann. Zudem wird die Momentenverteilung zwischen der Vorder- und der Hinterachse sowie die Fahrpedalkennlinie an die Bedingungen im Gelände angepaßt. Beim optionalen Fahrwerk mit Luftfederung erhöht sich die Bodenfreiheit gegenüber Normalniveau um 40 Millimeter auf eine maximale Bodenfreiheit von 230 Millimeter.

Erstmals ist eine elektromechanische Servolenkung in einem Porsche-SUV eingebaut. In jeder Fahrsituation ermöglicht sie ein präzises und direktes Lenken mit der für einen Porsche typischen Rückmeldung. Das elektromechanische System spart im Vergleich zur konventionellen hydraulischen Servolenkung bis zu 0,1 Liter Kraftstoff auf 100 Kilometer, da nur beim Lenken Energie verbraucht wird. In Verbindung mit dem optionalen Spurhalteassistenten steuert die elektromechanische Servolenkung bei unbeabsichtigtem Verlassen der Fahrspur mit aktiven Lenkeingriffen dagegen. Das System erkennt Fahrbahnbegrenzungslinien kameraunterstützt und ist ab einer Geschwindigkeit von 65 Kilometer pro Stunde aktiv. Gegen Aufpreis bietet die geschwindigkeitsabhängige Servolenkung Plus geringere Lenkkräfte bei niedrigeren Geschwindigkeiten sowie beim Einparken und Rangieren.

Das Fahrwerk des Macan S und des Macan S Diesel basiert auf einer Stahlfederung. An der Vorderachse ist eine Fünf-Lenker-Konstruktion aus Aluminium montiert, hinten eine Aluminium-Trapezlenker-Achse. Fahrkomfort und Fahrdynamik profitieren vom konsequenten Leichtbau durch die Verwendung von Achs- und Fahrwerksteilen aus Aluminium. An der Hinterachse verbessern getrennte Schraubenfedern und Stoßdämpfer auf den Radträgern das Ansprechverhalten der Dämpfer und den Federungskomfort. Gleichzeitig profitiert die Durchladebreite des Gepäckraums davon. Schon das Standardfahrwerk erfüllt alle Anforderungen an Fahrdynamik, Agilität, Fahrkomfort und Geländetauglichkeit.

Zur Serienausstattung des Macan turbo gehört das Porsche Active Suspension Management (PASM), eine elektronisch gesteuerte Stoßdämpferverstellung. Das System regelt die Dämpferkraft an beiden Achsen aktiv und kontinuierlich. Ein Fahrzeug zeigt im sportlichen Fahrstil bei starkem Beschleunigen und Bremsen deutliche Karosseriebewegungen. Diese werden durch den aktiven Eingriff des PASM reduziert, dies erhöht nicht nur den Fahrspaß, sondern auch die Fahrsicherheit und den Komfort. Auf Wunsch kann der Fahrer zwischen den drei Programmen »Komfort«, »Sport« und »Sport Plus« wählen. Für die Modelle Macan S und Macan S Diesel ist das PASM optional lieferbar.

Exklusiv und als Alleinstellungsmerkmal in diesem Fahrzeugsegment bietet Porsche als Sonderausstattung für die Macan-Baureihe eine Luftfederung mit Niveauregulierung, Höhenverstellung und PASM an. Unabhängig von der Beladung ermöglicht die Luftfederung eine kontinuierlich konstante Fahrzeuglage. Das Fahrwerk überzeugt in jeder der Disziplinen Performance, Sportlichkeit und Komfort. Im Normalniveau liegt der Macan mit Luftfederung, im Vergleich zur Stahlfederung, um 15 Millimeter tiefer. Durch die niedrigere Schwerpunktlage steigt die Fahrdynamik bei gleichzeitig verbessertem Komfort. Per Knopfdruck läßt sich die Bodenfreiheit in drei Stufen variieren: Geländeniveau, Normalniveau und Tiefniveau. Im Geländeniveau liegt das Fahrzeug mit einer maximalen Bodenfreiheit von 230 Millimetern ganze 40 Millimeter über dem Normalniveau. Über die Offroad-Taste und ist eine Aktivierung in einem Geschwindigkeitsbereich von 0 bis 80 Kilometer pro Stunde möglich.

Serienmäßig sind alle Macan-Modelle mit der Sport-Taste links auf der Mittelkonsole ausgestattet. Im gedrückten Zustand steuert das elektronische Motormanagement das Triebwerk. Es reagiert spürbar bissiger auf Gaspedalbewegungen. Zudem regelt der Drehzahlbegrenzer härter ab, damit die Motordynamik mehr Rennsportcharakter erhält. Die Schaltpunkte des PDK werden in den oberen, sportlicheren Drehzahlbereich verschoben. Die Schaltzeiten fallen entsprechend kürzer aus und beim Zurückschalten wird automatisch Zwischengas gegeben. Selbst der Sound des Motors wird angepaßt, indem er nochmals kerniger klingt. Ist PASM an Bord, wird dieses in den Sportmodus geschalten. Das Ergebnis ist eine sportlichere Dämpfung, ein direktes Einlenken und damit ein noch agileres Fahrverhalten.

Die mittig auf der Schalttafel montierte analog-digitale Stopuhr und die zusätzliche Sport Plus-Taste in der Mittelkonsole identifizieren das optionale Sport Chrono-Paket, welches per Tastendruck eine noch sportlichere Abstimmung von Motor, Getriebe und Fahrwerk bietet. Gleichzeitig gerät der Sound noch eine Spur emotionaler. Im optionalen Porsche Communication Management (PCM) ist zudem eine Performance-Anzeige integriert, welche über die gefahrene Strecke der aktuellen Runde, die jeweils erreichten Rundenzeiten oder die Gesamtfahrzeit anzeigt. Eine Rennstartfunktion, die sogenannte Launch Control, verbessert den klassischen Sprint von 0 auf 100 Stundenkilometer um 0,2 Sekunden. Mit der Schaltstrategie »Rennstrecke« verbessern sich die Rundenzeiten spürbar und erhöhen den Fahrspaß.

Der aktive Allradantrieb der Macan-Modelle kann optional mit dem Porsche Torque Vectoring Plus (PTV Plus) ergänzt werden. PTV Plus steigert die Fahrdynamik und -stabilität. Das System arbeitet mit einer variablen Momentenverteilung an den Hinterrädern und einer elektronisch geregelten Hinterachsquersperre. In Abhängigkeit von Lenkwinkel und -geschwindigkeit, Fahrpedalstellung, Gierrate sowie Fahrzeuggeschwindigkeit verbessert PTV Plus das Lenkverhalten und die Lenkpräzision durch gezielte Bremseingriffe an der Hinterachse. Bei dynamischer Fahrweise wird zusammen mit dem Einlenken das kurveninnere Hinterrad leicht abgebremst, wodurch das kurvenäußere Hinterrad eine höhere Antriebskraft erhält und so einen zusätzlichen Drehimpuls in die eingeschlagene Richtung ermöglicht. Das Ergebnis ist ein direktes dynamisches Einlenken in die Kurve. Zudem verbessert die geregelte Hinterachsquersperre die Traktion der Hinterräder auf unterschiedlich griffigen Straßenoberflächen sowie bei Nässe und Schnee. Im Offroad-Einsatz reduziert das PTV Plus das Durchdrehen der Hinterräder. Bremseingriffe werden gezielt an den Offroad-Einsatz angepaßt.

Porsche paßt die Bremsanlage des kompakten SUVs an die ho-

Der optionale Abstandsregeltempostat Adaptive Cruise Control ACC

hen, sportlichen Fahrleistungen und das Fahrzeuggewicht an. Alle Macan-Modelle sind vorne mit leistungsfähigen 6-Kolben-Monobloc-Aluminium-Festsätteln ausgerüstet. Diese werden beim Macan S und Macan S Diesel mit innenbelüfteten 350-Millimeter-Bremsscheiben und beim Macan turbo mit einem Durchmesser von 360 Millimeter kombiniert. Die Bremssättel der Modelle Macan S und Macan S Diesel sind silberfarben lackiert, beim Macan turbo rot. An der Hinterachse geht Porsche neue, ungewöhnliche Wege. Statt den üblichen 4-Kolben-Monobloc-Aluminium-Festsättel kommen bei allen Modellen Ein-Kolben-Kombi-Faustsättel mit integrierter elektrischer Parkbremse zum Einsatz, die für mehr Komfort und Sicherheit beim Abstellen des Fahrzeugs sorgt. Beim Anfahren löst sich die elektronische Parkbremse automatisch. Neu ist ebenfalls die Hold-Funktion, welche über das Nachdrücken des Bremspedals aktiviert wird. Beim Macan S und Macan S Diesel sind die hinteren innenbelüfteten Bremsscheiben mit einem Durchmesser von 330 Millimetern ausgeführt, beim Macan turbo mit 356 Millimetern. Serienmäßig ist bei allen Macan das Fahrstabilisierungssystem Porsche Stability Management (PSM) mit den Funktionen ABS, ASR, ABD, MSR und der Gespannstabilisierung sowie der Berganfahrassistent Porsche Hill Control (PHC). Als Option steht die Keramik-Bremsanlage Porsche Ceramic Composite Brake (PCCB) mit innenbelüfteten gelochten Keramikfaser-Scheiben und gelb lackierten Bremssätteln zur Verfügung. An der Vorderachse sind 6-Kolben-Monobloc-Aluminium-Festsättel mit 38 Millimeter breiten 390-Millimeter-Bremsscheiben montiert, an der Hinterachse 30 Millimeter breite 370-Millimeter-Scheiben und 4-Kolben-Monobloc-Aluminium-Festsättel.

Bei den Rädern des Macan setzt Porsche in altbewährter Sportwagenmanier auf Mischbereifung mit unterschiedlichen Größen an Vorder- und Hinterachse. Schmalere Vorderreifen unterstützen das sportlich präzise Lenkgefühl und tragen damit zur Agilität des Fahrzeugs bei, zudem verhindern sie eine all zu große Empfindlichkeit der Vorderachse auf Spurrinnen. An der Hinterachse steigern die breiteren Reifen im Zusammenspiel mit dem heckbetonten Allradantrieb die Traktion und erhöhen die Fahrstabilität sowie eine höhere Querbeschleunigung in Kurven. Macan S und Macan S Diesel sind serienmäßig an der Vorderachse mit 8 J x 18 Macan-S-Rädern und Reifen der Dimension 235/60 R 18 103 W und an der Hinterachse 9 J x 18-Rädern mit 255/55 R 18 105 W Niederquerschnittsreifen ausgestattet. Der Macan turbo rollt vorne auf 235/55 R 19 101 Y-Reifen, die auf 8 J x 19 Macan-turbo-Rädern montiert sind, hinten auf 255/50 R 19 103 Y-Bereifung auf 9-Zoll-Felgen. Als Sonderwunsch sind für alle Modelle verschiedene Radsätze in den Größen 20- und 21-Zoll in unterschiedlichen Designs lieferbar. Im 20-Zoll-Format sind vorne 265/45 R 20 104 Y-Reifen auf 9 Zoll aufgezogen, hinten 295/40 R 20 106 Y auf 10 Zoll. Maximale, ab Werk lieferbare, Rädergröße sind 21-Zoll. An der Vorderachse ist auf 9 J x 21 eine 265/40 R 21 101 Y-Bereifung aufgezogen und an der Hinterachse auf 10 J x 21 die Reifengröße 295/35 R 21 103 Y.

Ohne Aufpreis sind für die 18- bis 20-Zoll-Leichtmetallräder All-Season-Reifen lieferbar, die für den ganzjährigen Einsatz eine M+S-Kennzeichnung tragen. Die maximale Höchstgeschwindigkeit der All-Season-Reifen ist allerdings auf 240 Kilometer pro Stunde limitiert. Als Sonderausstattung bietet Porsche ein 18-Zoll-Faltnotrad inklusive Wagenheber mit Klappkeilen an, welches im Kofferraum unter dem Ladeboden verstaut ist. Dafür entfällt das Reifendichtmittel.

Im Interieur des Macan führt Porsche das aktuelle, hochwertige Innenraumdesign- und sportliche Ergonomiekonzept weiter fort. Dazu tragen in erster Linie die relativ tiefe Sitzposition des Fahrers, die ansteigende Mittelkonsole sowie silberfarbene Akzentleisten bei. Alle vier äußeren Sitze sind mit Gurtstraffern mit Gurtkraftbegrenzung versehen. Die Insassen werden serienmäßig durch Fahrer- und Beifahrer-Airbags, Seitenairbags in den Vordersitzen und Curtain-Airbags für den Kopf bei Unfällen geschützt. Optional sind Seiten-Airbags für die Fondpassagiere lieferbar. Die sehr kurzen Wege zwischen dem Lederlenkrad und dem lederbezogenen PDK-Wählhebel sind weitere Vorteile des Bedienkonzepts. Auf der Mittelkonsole sind die Tasten aller wichtigen Funktionen und Einstellungen in logischen Gruppen zusammengefaßt und lassen sich griffgünstig, schnell und intuitiv bedienen. Das Cockpit schafft durch seine durchdachte Linienführung und präzise eingepaßte Verkleidungen eine stimmige Symbiose aus Eleganz und Sportlichkeit. Das Design des serienmäßigen Multifunktions-Sportlenkrads stammt aus dem 918 Spyder. Es vereint die Multifunktionstasten für Bordcomputer, Radio und Telefon. Ergonomisch angeordnete Schaltpadd-

Macan turbo mit Panorama Dachsystem

les an der Rückseite sorgen dafür, daß die Hände beim Schalten am Lenkrad bleiben können, damit die uneingeschränkte Konzentration auf die Fahrbahn gerichtet bleibt.
Selbstverständlich ist das beleuchtete Zündschloß da platziert, wo es der Fahrer bei einem Porsche erwartet, nämlich links vom Lenkrad. Drei klassische Rundinstrumente mit zentral positioniertem Drehzahlmesser bilden das Kombiinstrument. Links neben dem großen zentralen Drehzahlmesser, mit integrierter digitaler Ganganzeige, ist der analoge Tachometer angeordnet, rechts davon das hochauflösende 4,8-Zoll-Farbdisplay. Darin sind eine Außentemperatur-, Service-Intervall- und verschiedene Warnanzeigen und bei Fahrzeugen mit Benzinmotor eine digitale Ladedruckanzeige integriert. Es zeigt neben den wichtigsten Bordcomputerfunktionen auch die Kartendarstellung des optionalen Porsche Communication Management (PCM) mit festplattenbasiertem Navigationsmodul und 3-D-Navigationskarte.
Schon beim Einsteigen in die Modelle Macan S und Macan S Diesel fallen die vorderen Aluminiumeinstiegsblenden mit der Modellbezeichnung »Macan S« auf. Die Kunstleder/Alcantara-Ausstattung kann in den Serienfarben Schwarz, Achatgrau und Luxorbeige bestellt werden. Vorne sind Komfortsitze mit elektrischer 8-Wege-Verstellung von Sitzhöhe, Längsverstellung, Sitz- und Lehnenneigung auf der Fahrerseite sowie eine manuelle 6-Wege-Verstellung für Sitzhöhe, Lehnenneigung und Längsverstellung auf der Beifahrerseite Serie. Beide Vordersitze sind mit 4-Wege-Kopfstützen ausgerüstet. Das Interieur Paket Klavierlack schwarz mit Dekorblenden in der Schalttafel und den vier Türen rundet das Ambiente ab. Die beiden äußeren Fondsitze sind bequem ausgeformt und mit dem ISOFIX-Befestigungssystem für Kindersitze ausgestattet, welches für den Beifahrersitz ebenfalls auf Wunsch lieferbar ist. Der Dachhimmel ist mit Stoff bespannt. Ein weiteres Erkennungsmerkmal der S-Modelle ist der silberfarben ausgeführte Drehzahlmesser.
Schon beim Öffnen der Türen empfängt das Spitzenmodell Fahrer- und Beifahrer mit »Macan turbo«-Einstiegsblenden aus Aluminium. Beim Platznehmen fällt der Blick des Fahrers auf das schwarze Zifferblatt des zentral angeordneten Drehzahlmessers mit dem silbernen »turbo«-Schriftzug, der unmißverständlich das Topmodell der Baureihe signalisiert. Das serienmäßige Lederpaket des Macan turbo ist nicht nur in den bekannten Serienfarben Schwarz, Achatgrau und Luxorbeige lieferbar, sondern auch in den Bi-Color-Ausführungen Schwarz/Granatrot und Schwarz/Sattelbraun. Die Oberseite der Schalttafel, die Sitzmittelbahnen und die inneren Seitenwangen sowie die Vorderseite der Kopfstützen, der Deckel des Ablagefachs der Mittelkonsole sowie die Armauflage der Türverkleidung und der Türzuziehgriff sind mit glattem Leder bezogen. Bei der Ausführung in Bi-Color sind die Sitzmittelbahnen, der Deckel des Ablagefachs der Mittelkonsole sowie die Armauflage der Türverkleidung und der Türzuziehgriff entsprechend in der helleren Kontrastfarbe ausgeführt.
Serienmäßig sind adaptive Sportsitze mit einem 18-Wege-Komfort-Memory-Paket installiert. Fahrer- und Beifahrersitz sind neben der elektrischen Sitzkissentiefeneinstellung und der 4-Wege-Lordosenstütze mit einer elektrischen Verstellung der Seitenwangen von Sitzfläche und -lehne sowie einer elektrischen Lenksäulenverstellung und Spiegelumfeldbeleuchtung ausgestattet. Die darin enthaltene Memoryfunktion speichert die individuellen Einstellungen von Fahrer- und Beifahrersitz, Lenksäule, Außenspiegel, Licht, Scheibenwischer, Klimaregelung, Türverriegelung, Kombiinstrument, PCM sowie die Bordsteinautomatik der Außenspiegel beim Einparken. Die gespeicherten Parameter sind über den Fahrzeugschlüssel und über die Memorytasten in der Türverkleidung abrufbar. Beide Vordersitze und die Fondsitzbank verfügen über erhöhte Seitenwangen und ein eigenes Nahtbild. Durch die erhöhten Seitenwangen verbleibt bei umgelegten Rücksitzen ein Neigungswinkel zum Ladeboden von ungefähr 15 Grad. Dachhimmel, A-Säulenverkleidungen, die B-Säulenoberteile sowie die Sonnenblenden des Macan turbo sind mit edlem Alcantara bezogen. Für den Macan S sowie den Macan S Diesel ist das Lederpaket und der Alcantara-Dachhimmel jeweils als Sonderausstattung lieferbar.
Für alle Modelle ist eine umfangreiche Lederausstattung in den Serienfarben sowie der zusätzlichen Lederfarbe Sattelbraun und in den Bi-Color-Farbkombinationen Sattelbraun/Luxorbeige, Achatgrau/Kieselgrau sowie Schwarz/Granatrot lieferbar. Eine weitere Option stellt die Naturlederausstattung in der Farbe Espresso aus schonend durchgefärbtem Leder mit Naturmerkmalen dar. Zudem sind die optionalen Interieur-Pakete Nussbaum-Wurzel dunkel und Carbon erhältlich. Die Dekorblenden in der Schalttafel sowie in den vier Türen sind im entsprechenden Material beschichtet. Dazu passend sind die 3-Speichen-Multifunktions-Sportlenkräder Nussbaum-Wurzel dunkel oder Carbon mit Lenkradheizung lieferbar. Der Lenkradkranz ist, mit Ausnahme des Griffbereichs neben den beiden oberen Speichen, welche mit Leder bezogen sind, aus dem entsprechenden Material gefertigt.
Die Fondsitzanlage, mit getrennt umklappbarer Sitzbank und ausklappbarer Mittelarmlehne, kann im Verhältnis 40:20:40 umgelegt werden, dadurch vergrößert sich das Gepäckraumvolumen von 500 auf 1.500 Liter. Seitlich ist im Laderaum ein Staufach integriert und in der Reserveradmulde ein weiteres Ablagefach. Gegen neugierige Blicke schützt die feste, herausnehmbare Laderaumabdeckung. Noch sicherer wird der Transport von Gegenständen und Gepäckstücken durch das Laderaummanagement. Das variable System besteht aus zwei im Ladeboden integrierten Befestigungsschienen, vier Verzurrösen, einer Teleskopstange, einem Gurtabroller, einem Gepäckraumtrennnetz und einer Wendematte. Zusätzlich kann ein ent-

nehmbarer Skisack zum Transport mehrerer Paar Ski oder Snowboards, auch außerhalb des Fahrzeugs, bestellt werden.
Porsche hat bei der Gestaltung des Innenraums sehr viel Wert auf praktische Ablagemöglichkeiten gelegt. Außer dem beleuchteten abschließbaren Handschuhfach sind zwischen den Vordersitzen zwei variable Becherhalter in der Mittelkonsole eingelassen sowie mehrere Ablagefächer. Die Armauflage ist hochklappbar und kann in Längsrichtung verschoben werden. Großzügig dimensionierte Türablagefächer vorne und hinten nehmen auch große Getränkeflaschen bei Familienausflügen auf. In der Mittelarmlehne hinten sind ebenfalls zwei Getränkehalter integriert. Serienmäßig ist zudem das Nichtraucherpaket sowie vier 12-Volt-Steckdosen (vorne in der Mittelkonsole, im Ablagefach in der Mittelkonsole, auf der Rückseite der Mittelkonsole für die Fondpassagiere und im Laderaum). Optional bietet das Ablagepaket weitere intelligente Verstaumöglichkeiten wie den Kartenhalter im Handschuhfach, den Ablagefächern unter den Vordersitzen, den Ablagetaschen an den Lehnenschalen der Vordersitze und dem Ablagenetz unter der Laderaumabdeckung. Ebenso durchdacht zeigt sich das Innenraumbeleuchtungskonzept, welches Lesespots für Fahrer und Beifahrer bereit hält und Leseleuchten für die äußeren Fondpassagiere. Eine ideale Ergänzung dazu ist das Licht-Komfort-Paket, in dem alle serienmäßigen Innenbeleuchtungsumfänge in LED-Technik ausgeführt sind. Zusätzlich werden die Türablagefächer, die Ambientebeleuchtung in den Türverkleidungen, die Türöffner, der vordere und hintere Fußraum, die Spiegelumfeldbeleuchtung, die Make-up-Leuchten im Dachhimmel und die zusätzlichen Positionsleuchten in den Türen mit LEDs illuminiert.
Serienmäßig ist eine Klimaautomatik mit getrennter Temperatureinstellung und Luftmengenregelung für Fahrer- und Beifahrer sowie automatischer Umluftsteuerung inklusive Luftgütesensor mit Aktivkohle-Partikel-/Pollenfilter. Optional ist eine 3-Zonen-Klimaautomatik mit zusätzlich regelbarer Temperatur im Fond, Kühlfunktion des Handschuhfachs und Restwärmefunktion erhältlich. Zur Steigerung des Fahrkomforts in der kälteren Jahreszeit ist eine 3-stufig regelbare Sitzheizung für die Vordersitze bzw. für die Vorder- und die beiden äußeren Rücksitze lieferbar. Als Ergänzung bietet Porsche eine Lenkradheizung an, die über die Bedientasten im Volant zu- oder abgeschaltet werden kann. In Kombiinstrument wird ein entsprechender Hinweis sichtbar. In Verbindung mit der Sitzheizung können die Vordersitze mit einer Sitzbelüftung ausgerüstet werden. Ab April 2014 ergänzt eine Standheizung, welche über das Kombiinstrument programmiert oder per Fernbedienung aktiviert werden kann, das Lieferprogramm.
Der Macan S und der Macan S Diesel sind mit dem Audiosystem CDR Plus mit RDS-Doppeltuner-Radio und Single-CD/DVD-Laufwerk inklusive Wiedergabemöglichkeit von Musik im MP3-Format, universeller Audio-Schnittstelle, integriertem Antennensystem für Audio, Navigation, Telefon sowie TV, einem hochauflösenden 7-Zoll-Touchscreen, 11 Lautsprechern und einem externen Verstärker mit einer Gesamtleistung von 235 Watt ausgestattet. Das für die S-Modelle optionale PCM gehört beim Macan turbo zusammen mit dem ebenfalls optionalen BOSE®-Surround Sound System mit 14 Lautsprechern inklusive Subwoofer, neun Verstärkerkanälen und einer Gesamtleistung von 545 Watt zur Serienausstattung. Erstmals ist in dieser Fahrzeugklasse das Burmester®-High-End Surround Sound-System als Sonderausstattung lieferbar. Es ist akustisch speziell auf den Innenraum des Macan abgestimmt und bietet eine überlegene Gesamtleistung und Klangqualität. Die Leistungsdaten belegen dies eindrucksvoll: 16 einzeln ansteuerbare Lautsprecher inklusive einem 300-Watt-Aktivsubwoofer mit Class-D-Endstufe und 250 Millimeter Membrandurchmesser, 16 Verstärker-Kanäle sowie eine Gesamtleistung von mehr als 1.000 Watt. Hinzu kommen aufwendige Komponenten aus dem High-End-Bereich wie spezielle Bändchen-Hochtöner (AMT – Air Motion Transformer) und eine akustisch wirksame Gesamtmembranfläche von mehr als 2.400 cm² , diese erhalten selbst bei sehr hohen Pegeln die Präzision der Wiedergabe. Als Ergänzung kann ein 6-fach CD/DVD-Player im Audiosystem CDR Plus/PCM integriert werden. Selbstverständlich bietet Porsche für den Macan auch die von den anderen Modellreihen bekannten Audio- und Kommunikationssonderausstattungen wie Digitalradio, digitaler TV-Tuner, Sprachbedienung, Elektronisches Fahrtenbuch, Porsche Car Connect, Porsche Car Connect mit Porsche Vehicle Tracking System Plus (PVTS Plus), Handyvorbereitung, Telefonmodul, Telefonmodul mit Bluetooth und Bedienhörer® sowie Online-Dienste an.
Alle Macan-Modelle können mit dem Tempostat, einer automatischen Geschwindigkeitsregelung, ausgestattet werden. Dieser erhöht auf langen Strecken den Fahrkomfort, da die gewählte Reisegeschwindigkeit in einem einstellbaren Geschwindigkeitsbereich von 30 bis 210 Kilometer pro Stunde automatisch gehalten wird. Als alternative Option ist der Abstandsregeltempostat Adaptive Cruise Control (ACC) inklusive Porsche Active Safe (PAS) erhältlich, der mittels Radarsensorik die Distanz zum vorausfahrenden Fahrzeug überwacht. Das System hält den Abstand automatisch und bremst gegebenenfalls ab, wenn nötig bis zum Stillstand. Die Funktionen des Abstandsregeltempostaten können im Farbdisplay des Kombiinstruments mit Informationen zu Soll- und Ist-Abstand, eingestellter Geschwindigkeit oder Geschwindigkeit des vorausfahrenden Fahrzeugs angezeigt werden. Nimmt der Abstand zum vorausfahrenden Fahrzeug ab, so erhöht das System durch PAS die Bremsbereitschaft durch Vorbefüllen der Bremsanlage, um bei Bedarf den Bremsweg zu verkürzen. Darüber hinaus warnt das System den Fahrer in Gefahrensituationen bei zu schnellem Annähern an

Interieur des Macan turbo mit schwarz/granatroter Bi-Color-Lederausstattung

ein vorausfahrendes Fahrzeug akustisch und optisch sowie zusätzlich erstmalig mit einem Bremsruck. Die Abstandswarnung unterstützt den Fahrer selbst im deaktivierten Zustand des Abstandsregeltempostaten.

Als Sonderwunsch ist ein Spurwechselassistent erhältlich. Dieser überwacht mit zwei Radarsensoren im hinteren Stoßfänger die Fahrspuren rechts und links bis 70 Meter hinter dem Fahrzeug inklusive des jeweiligen toten Winkels. Nicht nur auf der Autobahn erhöht der Spurwechselassistent so die Sicherheit. Er steht für einen Geschwindigkeitsbereich von 30 km/h bis 250 km/h zur Verfügung. Befindet sich ein anderes Fahrzeug im toten Winkel oder nähert es sich schnell von hinten, wird der Fahrer über vier LED auf der Innenseite des entsprechenden Außenspiegels darauf hingewiesen. Diese Information erfolgt in zwei Stufen: Solange der Fahrer nicht blinkt, signalisieren die LEDs lediglich unauffällig und unterschwellig erkannte Fahrzeuge ab einer Entfernung von 55 Metern auf den Nebenspuren. Setzt der Fahrer in dieser Situation den Blinker, um einen Spurwechsel zu signalisieren, informieren ihn die LEDs durch intensives Blinken über das näherkommende Fahrzeug. Der Spurwechselassistent funktioniert jedoch nicht im Anhängerzugbetrieb.

Als Erweiterung des PCM mit Navigationsmodul ist die optionale Tempolimitanzeige erhältlich. Dieses Informationssystem erkennt mit einer Kamera Geschwindigkeitsbegrenzungen, Überholverbote sowie deren Aufhebung. Ist ein Tempolimit auf die nasse Fahrbahn, auf die Abbiegespur oder auf bestimmte Uhrzeiten beschränkt oder gilt es nur für Fahrzeuge mit Anhänger, dann gleicht das System das erkannte Zusatzschild mit den fahrzeugseitig vorhanden Informationen wie Regensensor, Navigationsdaten, Uhrzeit und Anhängerkupplung ab. Das Tempolimit wird dem Fahrer im TFT-Bildschirm des Kombiinstruments und auf dem Bildschirm des PCM angezeigt. Sollte ein Zeichen durch die Kamera nicht erkannt werden, wie bei starkem Regen oder Dunkelheit, wird automatisch die im Navigationssystem hinterlegte Geschwindigkeitsbegrenzung angezeigt.

Das Komfortsystem Porsche Entry & Drive ermöglicht die Nutzung des Fahrzeugs, ohne den Schlüssel aktiv einzusetzen. Auf Wunsch ist eine zentral auf dem Armaturenbrett installierte Kompaßanzeige lieferbar, die analog die Himmelsrichtung anzeigt sowie in digitaler Anzeige die Höhe, Gradzahl der Fahrtrichtung und Uhrzeit.

Den klassischen Sprint von 0 auf 100 km/h absolviert der Macan S in 5,4 Sekunden. Mit dem optionalen Sport Chrono-Paket und Launch Control vergehen nur 5,2 Sekunden. Der Vortrieb endet bei 254 Stundenkilometer. Das PDK wechselt die Gänge ohne Zugkraftunterbrechung, dadurch beschleunigt der Macan turbo in 4,8 Sekunden von Null auf 100 Kilometer pro Stunde. Mit Sport Chrono-Paket geht es ebenfalls zwei Zehntelsekunden schneller. Bei einer Endgeschwindigkeit von 266 Kilometern pro Stunde halten sich Motorleistung und Fahrwiderstände die Waage. Der Macan S Diesel beschleunigt in 6,3 Sekunden, in Belgien und Norwegen in 7,3 Sekunden, von 0 auf 100 km/h. Bei 230 km/h (Belgien, Norwegen: 216 km/h) wird die Höchstgeschwindigkeit erreicht.

Macan S ab MJ 2014/15

Motor

Bauart:	6-Zylinder-V-Motor, 90°, Ausgleichswelle, Bi-Turbo-aufladung mit Ladeluftkühlung
Einbauposition:	Frontmotor
Kühlung:	wassergekühlt
Motor-Typ:	CTM (M 46.30)
Hubraum (cm³):	2997
Bohrung x Hub:	96 x 69
Leistung (kW/PS):	250/340 bei 5500–6500/min
Max. Drehzahl:	6700/min
Drehmoment (Nm):	460 bei 1450–5000/min
Literleistung (kW/l / PS/l):	83,4 / 113,4
Verdichtung:	9,8 : 1
maximaler Ladedruck (bar):	1,0
Ventilsteuerung:	dohc über Doppelkette, 4 Ventile pro Zylinder, Vario-Cam Plus
Gemischaufbereitung:	Benzin-Direkteinspritzung (DFI)
Motorsteuerung:	elektronische Motorsteuerung (EMS) SDI 10, Continental, E-Gas
Zündfolge:	1-4-3-6-2-5
Schmierung:	Integrierte Trockensumpfschmierung
Ölmenge (l):	9,5

Kraftübertragung

Antrieb:	permanenter Allradantrieb Hang-On-Prinzip, Porsche Traction Management (PTM) mit elektronisch geregelter Lamellenkupplung
PDK:	7-Gang
Getriebe-Typ:	DL501-7A
Übersetzungen:	
1. Gang:	3,692
2. Gang:	2,150
3. Gang:	1,406
4. Gang:	1,025
5. Gang:	0,787
6. Gang:	0,625
7. Gang:	0,519
Rückwärtsgang:	2,944
Achsübersetzung Vorderachse:	3,875
Achsübersetzung Hinterachse:	4,400

Karosserie, Fahrwerk, Bremse, Räder und Reifen

Karosserie:	4-türige, 5-sitzige, selbsttragende SUV-Karosserie mit großer Heckklappe aus vollverzinktem Stahl, Motorhaube und Heckklappe aus Aluminium, Sideblades in Schwarz, Bug- und Heckverkleidungen aus Kunststoff, große geteilte Heckleuchten, Dachspoiler
Sonderwunsch:	Panorama Dachsystem
Vorderradaufhängung:	Einzelradaufhängung, 5-Lenker-Aluminium-Achse, Federbeine mit Stahlschraubenfedern mit innenliegenden, hydraulischen Zweirohr-Gasdruckstoßdämpfern, Stabilisator
Sonderwunsch:	PASM
Sonderwunsch:	Luftfederung
Hinterradaufhängung:	Einzelradaufhängung, Aluminium-Trapezlenker-Achse, aufgelöste Querlenker oben und unten, Stahlschraubenfedern und hydraulische Zweirohr-Gasdruckstoßdämpfern getrennt, Stabilisator
Sonderwunsch:	PASM
Sonderwunsch:	Luftfederung
Bremse v/h (Durchm. x B (mm)):	innenbelüftete Scheiben (350 x 34) / innenbelüftete Scheiben (330 x 22) silberne 6-Kolben-Monobloc-Aluminium-Festsättel / silberne 1-Kolben-Kombi-Faustsättel PSM mit ABS, ASR (TC+MSR), ABD
Sonderwunsch:	Porsche Ceramic Composite Brake (PCCB) innenbelüftete gelochte Keramikfaser-Scheiben (396 x 38) / innenbelüftete gelochte Keramikfaser-Scheiben (370 x 30) gelbe 6-Kolben-Monobloc-Aluminium-Festsättel / gelbe 1-Kolben-Kombi-Faustsättel PSM mit ABS, ASR (TC+MSR), ABD
Räder v/h:	8 J x 18 – ET 21 / 9 J x 18 – ET 21
Reifen v/h:	235/60 R 18 103 W / 255/55 R 18 105 W
Sonderwunsch:	8 J x 19 – ET 21 / 9 J x 19 – ET 21 235/55 R 19 101 Y / 255/50 R 19 103 Y 9 J x 20 ET 26 / 10 J x 20 – ET 19 265/45 R 20 104 Y / 295/40 R 20 106 Y 9 J x 21 – ET 26 / 10 J x 21 – ET 19 265/40 R 21 101 Y / 295/35 R 21 103 Y

Elektrik

Lichtmaschinenleistung (W/A):	3000 / 220
Batterie (Ah/A):	92 / 520
Sonderwunsch:	105 / 580

Abmessungen, Gewichte und Volumen

Spurweite v/h (mm):	1655 / 1651
bei Luftfederung:	1659 / 1656
mit 8 J x 19 / 9 J x 19:	1655 / 1651
bei Luftfederung:	1659 / 1656
mit 9 J x 20 / 9 J x 20:	1645 / 1655
bei Luftfederung:	1649 / 1660
mit 10 J x 21 / 10 J x 21:	1645 / 1655
bei Luftfederung:	1649 / 1660
Radstand (mm):	2807
Maße (L x B x H (mm)):	4681 x 1923 x 1617, 1621*
Normalniveau Luftfederung:	4681 x 1923 x 1609, 1615*
Leergewicht nach DIN (kg):	1865
zul. Gesamtgewicht (kg):	2550
zul. Dachlast/Stützlast (kg):	75 / 96
zul. Anhängelast gebr./ungebr. (kg):	2400 / 750
Kofferraumvolumen (VDA (l)):	500
bei umgeklappten Rücksitzen:	1500
Tankvolumen (l):	65, davon 9 Reserve
Sonderwunsch, ohne Aufpreis:	75, davon 10 Reserve
C_W x A (m²):	0,36 x 2,62 = 0,943
Leistungsgewicht (kg/kW / kg/PS):	7,02 / 5,16
***mit Dachreling**	

Kraftstoffverbrauch

nach Euro 6 im NEFZ (l/100 km):	98 ROZ Super plus bleifrei
Innerstädtisch:	11,3-11,6*
Außerstädtisch:	7,3-7,6*
Gesamt:	8,7-9,0*
CO_2-Emissionen (g/km):	204-212*
***abhängig vom Radsatz**	

Fahrleistungen, Stückzahlen, Preise

Beschleunigung 0–100 km/h (s):	5,4 5,2*
0–160 km/h (s):	13,2 13,0*
Höchstgeschw. (km/h):	254
***mit Sport Plus-Taste gedrückt**	
Stückzahl:	in Produktion
Listenpreise:	
11/2013:	Euro 57.930,-
06/2014:	Euro 57.930,-

Macan Turbo ab MJ 2014/15

Motor

Bauart:	6-Zylinder-V-Motor, 90°, Ausgleichswelle, Bi-Turbo-aufladung mit Ladeluftkühlung
Einbauposition:	Frontmotor
Kühlung:	wassergekühlt
Motor-Typ:	CTL (M 46.35)
Hubraum (cm³):	3604
Bohrung x Hub:	96 x 83
Leistung (kW/PS):	294/400 bei 6000/min
Max. Drehzahl:	6700/min
Drehmoment (Nm):	550 bei 1350-4500/min
Literleistung (kW/l / PS/l):	81,6 / 110,9
Verdichtung:	10,5 : 1
maximaler Ladedruck (bar):	1,2
Ventilsteuerung:	dohc über Doppelkette, 4 Ventile pro Zylinder, Vario-Cam Plus
Gemischaufbereitung:	Benzin-Direkteinspritzung (DFI)
Motorsteuerung:	elektronische Motorsteuerung (EMS) SDI 10, Continental, E-Gas
Zündfolge:	1 - 4 - 3 - 6 - 2 - 5
Schmierung:	Integrierte Trockensumpfschmierung
Ölmenge (l):	9,5

Kraftübertragung

Antrieb:	permanenter Allradantrieb Hang-On-Prinzip, Porsche Traction Management (PTM) mit elektronisch geregelter Lamellenkupplung
PDK:	7-Gang
Getriebe-Typ:	DL501-7A
Übersetzungen:	
1. Gang:	3,692
2. Gang:	2,150
3. Gang:	1,406
4. Gang:	1,025
5. Gang:	0,787
6. Gang:	0,625
7. Gang:	0,519
Rückwärtsgang:	2,944
Achsübersetzung Vorderachse:	3,875
Achsübersetzung Hinterachse:	4,400

Karosserie, Fahrwerk, Bremse, Räder und Reifen

Karosserie:	4-türige, 5-sitzige, selbsttragende SUV-Karosserie mit großer Heckklappe aus vollverzinktem Stahl, Motorhaube und Heckklappe aus Aluminium, Sideblades in Wagenfarbe, Bug- und Heckverkleidungen aus Kunststoff, große geteilte Heckleuchten, Dachspoiler
Sonderwunsch:	Panorama Dachsystem
Vorderradaufhängung:	Einzelradaufhängung, 5-Lenker-Aluminium-Achse, Federbeine mit Stahlschraubenfedern mit innenliegenden, hydraulischen Zweirohr-Gasdruckstoßdämpfern, Stabilisator, PASM
Sonderwunsch:	Luftfederung
Hinterradaufhängung:	Einzelradaufhängung, Aluminium-Trapezlenker-Achse, aufgelöste Querlenker oben und unten, Stahlschraubenfedern und hydraulische Zweirohr-Gasdruckstoßdämpfern getrennt, Stabilisator, PASM
Sonderwunsch:	Luftfederung
Bremse v/h (Durchm. x B (mm)):	innenbelüftete Scheiben (360 x 36) / innenbelüftete Scheiben (356 x 28) rote 6-Kolben-Monobloc-Aluminium-Festsättel / rote 1-Kolben-Kombi-Faustsättel PSM mit ABS, ASR (TC+MSR), ABD
Sonderwunsch:	Porsche Ceramic Composite Brake (PCCB) innenbelüftete gelochte Keramikfaser-Scheiben (396 x 38) / innenbelüftete gelochte Keramikfaser-Scheiben (370 x 30) gelbe 6-Kolben-Monobloc-Aluminium-Festsättel / gelbe 4-Kolben-Monobloc-Aluminium-Festsättel PSM mit ABS, ASR (TC+MSR), ABD
Räder v/h:	8 J x 19 – ET 21 / 9 J x 19 – ET 21
Reifen v/h:	235/55 R 19 101 Y / 255/50 R 19 103 Y
Sonderwunsch:	9 J x 20 ET 26 / 10 J x 20 – ET 19 265/45 R 20 104 Y / 295/40 R 20 106 Y 9 J x 21 – ET 26 / 10 J x 21 – ET 19 265/40 R 21 101 Y / 295/35 R 21 103 Y

Elektrik

Lichtmaschinenleistung (W/A):	3000 / 220
Batterie (Ah/A):	92 / 520
Sonderwunsch:	105 / 580

Abmessungen, Gewichte und Volumen

Spurweite v/h (mm):	1643 / 1657
bei Luftfederung:	1659 / 1656
mit 9 J x 20 / 9 J x 20:	1645 / 1655
bei Luftfederung:	1649 / 1660
mit 10 J x 21 / 10 J x 21:	1645 / 1655
bei Luftfederung:	1649 / 1660
Radstand (mm):	2807
Maße (L x B x H (mm)):	4699 x 1923 x 1615, 1621*
Normalniveau Luftfederung:	4699 x 1923 x 1609, 1615*
Leergewicht nach DIN (kg):	1925
zul. Gesamtgewicht (kg):	2550
zul. Dachlast/Stützlast (kg):	75 / 96
zul. Anhängelast gebr./ungebr. (kg):	2400 / 750
Kofferraumvolumen (VDA (l)):	500
bei umgeklappten Rücksitzen:	1500
Tankvolumen (l):	75, davon 10 Reserve
Cw x A (m²):	0,37 x 2,62 = 0,969
Leistungsgewicht (kg/kW / kg/PS):	5,90 / 4,34
*mit Dachreling	

Kraftstoffverbrauch

nach Euro 6 im NEFZ (l/100 km):	98 ROZ Super plus bleifrei
Innerstädtisch:	11,5-11,8*
Außerstädtisch:	7,5-7,8*
Gesamt:	8,9-9,2*
CO_2-Emissionen (g/km):	208-216*
*abhängig vom Radsatz	

Fahrleistungen, Stückzahlen, Preise

Beschleunigung 0–100 km/h (s):	4,8 4,6*
0–160 km/h (s):	11,1 10,9*
Höchstgeschw. (km/h):	266
*mit Sport Plus-Taste gedrückt	
Stückzahl:	in Produktion
Listenpreis:	
11/2013:	Euro 79.826,-
06/2014:	Euro 79.826,-

Macan Diesel S ab MJ 2014/15

Motor

Bauart:	6-Zylinder-V-Diesel-Motor, 90°, VTG-Abgasturbolader und Doppel-Ladeluftkühlung
Einbauposition:	Frontmotor
Kühlung:	wassergekühlt
Motor-Typ:	CTB
Hubraum (cm³):	2967
Bohrung x Hub:	83,0 x 91,4
Leistung (kW/PS bei 1/min):	190/258 bei 4000-4250
Belgien, Norwegen:	155/211 bei 2750-5000
Italien:	184/250 bei 3500-4500
Max. Drehzahl:	5200/min
Drehmoment (Nm bei 1/min):	580 bei 1750-2500
Literleistung (kW/l / PS/l):	64,0 / 87,1
Belgien, Norwegen:	52,2 / 71,1
Italien:	62,0 / 84,3
Verdichtung:	16,8 : 1
Turbolader, max. Ladedruck (bar):	Garret ATL GTB 2260 mit verstellbaren Leitschaufeln (VTG), 1,5
Ventilsteuerung:	2 dohc über Hülsenkette, 4 Ventile, Rollenschlepphebel mit hydraulischem Ventilspielausgleich, gebaute Nockenwelle mit Stahlnocken
Motormanagement:	Common-Rail-Einspritzsystem Bosch CP 4.2, 2000 bar mit Piezoinjektoren, Direkteinspritzung, 8-Loch-Düsen, Mengen-, Spritzbeginn-, Ladedruck-, AGR-Regelung, CAN-Bus, Bosch EDC 17 CP44-36
Zündfolge:	1 - 4 - 3 - 6 - 2 - 5
Schmierung:	Druckumlaufschmierung
Ölmenge (l):	8,0

Kraftübertragung

Antrieb:	permanenter Allradantrieb Hang-On-Prinzip, Porsche Traction Management (PTM) mit elektronisch geregelter Lamellenkupplung
PDK:	7-Gang
Getriebe-Typ:	DL501-7A
Übersetzungen:	
1. Gang:	3,692
2. Gang:	2,150
3. Gang:	1,344
4. Gang:	0,974
5. Gang:	0,739
6. Gang:	0,574
7. Gang:	0,462
Rückwärtsgang:	2,944
Achsübersetzung Vorderachse:	4,125
Achsübersetzung Hinterachse:	4,667

Karosserie, Fahrwerk, Bremse, Räder und Reifen

Karosserie:	4-türige, 5-sitzige, selbsttragende SUV-Karosserie mit großer Heckklappe aus vollverzinktem Stahl, Motorhaube und Heckklappe aus Aluminium, Sideblades in Schwarz, Bug- und Heckverkleidungen aus Kunststoff, große geteilte Heckleuchten, Dachspoiler
Sonderwunsch:	Panorama Dachsystem
Vorderradaufhängung:	Einzelradaufhängung, 5-Lenker-Aluminium-Achse, Federbeine mit Stahlschraubenfedern mit innenliegenden, hydraulischen Zweirohr-Gasdruckstoßdämpfern, Stabilisator
Sonderwunsch:	PASM
Sonderwunsch:	Luftfederung
Hinterradaufhängung:	Einzelradaufhängung, Aluminium-Trapezlenker-Achse, aufgelöste Querlenker oben und unten, Stahlschraubenfedern und hydraulische Zweirohr-Gasdruckstoßdämpfern getrennt, Stabilisator
Sonderwunsch:	PASM
Sonderwunsch:	Luftfederung
Bremse v/h (Durchm. x B (mm)):	innenbelüftete Scheiben (350 x 34) / innenbelüftete Scheiben (330 x 22) silberne 6-Kolben-Monobloc-Aluminium-Festsättel / silberne 1-Kolben-Kombi-Faustsättel PSM mit ABS, ASR (TC+MSR), ABD
Sonderwunsch:	Porsche Ceramic Composite Brake (PCCB) innenbelüftete gelochte Keramikfaser-Scheiben (390 x 38) / innenbelüftete gelochte Keramikfaser-Scheiben (370 x 30) gelbe 6-Kolben-Monobloc-Aluminium-Festsättel / gelbe 4-Kolben-Monobloc-Aluminium-Festsättel PSM mit ABS, ASR (TC+MSR), ABD
Räder v/h:	8 J x 18 – ET 21 / 9 J x 18 – ET 21
Reifen v/h:	235/60 R 18 103 W / 255/55 R 18 105 W
Sonderwunsch:	8 J x 19 – ET 21 / 9 J x 19 – ET 21 235/55 R 19 101 Y / 255/50 R 19 103 Y 9 J x 20 ET 26 / 10 J x 20 – ET 19 265/45 R 20 104 Y / 295/40 R 20 106 Y 9 J x 21 – ET 26 / 10 J x 21 – ET 19 265/40 R 21 101 Y / 295/35 R 21 103 Y

Elektrik

Lichtmaschinenleistung (W/A):	2400 / 180
Batterie (Ah/A):	105 / 580

Abmessungen, Gewichte und Volumen

Spurweite v/h (mm):	1655 / 1651
bei Luftfederung:	1659 / 1656
mit 8 J x 19 / 9 J x 19:	1655 / 1651
bei Luftfederung:	1659 / 1656
mit 9 J x 20 / 9 J x 20:	1645 / 1655
bei Luftfederung:	1649 / 1660
mit 10 J x 21 / 10 J x 21:	1645 / 1655
bei Luftfederung:	1649 / 1660
Radstand (mm):	2807
Maße (L x B x H (mm)):	4681 x 1923 x 1617, 1623*
Normalniveau Luftfederung:	4681 x 1923 x 1609, 1615*
Leergewicht nach DIN (kg):	1880
zul. Gesamtgewicht (kg):	2575
zul. Dachlast/Stützlast (kg):	75 / 96
zul. Anhängelast gebr./ungebr. (kg):	2400 / 750
Kofferraumvolumen (VDA (l)):	500
bei umgeklappten Rücksitzen:	1500
Tankvolumen (l):	60, davon 8 Reserve
Sonderwunsch, ohne Aufpreis:	75, davon 8 Reserve
C_W x A (m²):	0,35 x 2,62 = 0,917
Leistungsgewicht (kg/kW / kg/PS):	9,90 / 7,29
Belgien, Norwegen:	12,13 / 8,91
Italien:	10,22 / 7,52
***mit Dachreling**	

Kraftstoffverbrauch

nach Euro 6 im NEFZ (l/100 km):	Diesel nach DIN EN 590
Innerstädtisch:	6,4-6,9*
Außerstädtisch:	5,7-5,9*
Gesamt:	6,1-6,3*
CO_2-Emissionen (g/km):	159-164*
***abhängig vom Radsatz**	

Fahrleistungen, Stückzahlen, Preise

		Belgien, Norwegen
Beschleunigung 0–100 km/h (s):	6,3	7,3
0–160 km/h (s):	16,7	21,5
Höchstgeschw. (km/h):	230	216
Stückzahl:	in Produktion	
Listenpreise:		
11/2013:	Euro 57.930,-	
06/2014:	Euro 57.930,-	

Macan S

S GO 1018

Zum Weiterlesen aus dem Motorbuch Verlag

Jörg Austen
Porsche 924, 944, 968

256 Seiten, 184 Abbildungen
Format 210 x 242 mm, gebunden
ISBN 978-3-613-03499-0
€ 39.90 / CHF 55.90 / € (A) 41.10

Diese Monografie beschreibt alle Porsche Vierzylinder-Modelle vom 1976 eingeführten 924 bis hin zum 968, der 1995 die Ära beendete. Der Autor zeigt die Entwicklungsgeschichte und die detaillierte Technik der Modelle. Alle Versionen, auch die ausländischen, werden mit technischen Daten genannt.

Paul Frère
Die Porsche 911 Story

744 Seiten, 617 Abbildungen
Format 170 x 240 mm, gebunden
ISBN 978-3-613-03182-1
€ 29.90 / CHF 39.90 / € (A) 30.80

Ein Klassiker unter den Motorbüchern - Paul Frères Buch über den Porsche 911. Die Höhepunkte dieser einmaligen Erfolgsgeschichte im Sportwagenbau zeichnet dieser Bestseller kompetent und übersichtlich nach. Zum 50-jährigen Jubiläum erscheint dieses Standardwerk zur Porsche-Geschichte überarbeitet.

Jörg Austen / Sigmund Walter
Porsche 911 - Die technische Dokumentation von 1963 bis 2009

384 Seiten, 267 Abbildungen
Format 210 x 242 mm, gebunden
ISBN 978-3-613-02973-6
€ 19.95 / CHF 27.90 / € (A) 20.60

Die Faszination, die ein Sportwagen von Porsche ausstrahlt, ist ungebrochen. Das gilt vor allem für den Typ 911. In mehreren Auflagen erschienen, behandelt dieses Buch alle 911-Jahrgänge bis einschließlich 2009. In gewohnter Manier listet es penibel auf, was sich von Modelljahr zu Modelljahr änderte.

Alexander Franc Storz
Porsche 356 - 1948 - 1965

96 Seiten, 147 Abbildungen
Format 240 x 220 mm, gebunden
ISBN 978-3-613-03629-1
€ 9.95 / CHF 14.00 / € (A) 10.30

Mit dem 356 legte Porsche einst den Grundstein zu seinem heute weltweit verbreiteten Ruf als exzellenter Sportwagenbauer.
Auch in wirtschaftlicher Hinsicht war der 356, gebaut in fünf Generationen von 1948 bis 1965, ein Erfolgsmodell für die Edelschmiede aus Zuffenhausen.

Überall, wo es Bücher gibt, oder unter
www.motorbuch-verlag.de
Service-Hotline: 0711/ 98 809 984

Stand August 2014

Änderungen in Preis und Lieferfähigkeit vorbehalten.